태양 ... 가 집필한

# 신재생 태양광 에너지

## 발전설비산업기사

한/권/으/로/끝/내/기

필기

## Always with you

사람이 길에서 우연하게 만나거나 함께 살아가는 것만이 인연은 아니라고 생각합니다.
책을 펴내는 출판사와 그 책을 읽는 독자의 만남도 소중한 인연입니다.
**(주)시대고시기획**은 항상 독자의 마음을 헤아리기 위해 노력하고 있습니다.
늘 독자와 함께하겠습니다.

화석연료 사용으로 인한 지구 환경문제와 고갈에 따른 대체에너지의 필요성이 대두되고 있습니다. 세계 선진국들에서는 정부 주도하에 신재생에너지에 대한 연구개발이 꾸준히 이루어지고 있고 지구 환경을 보전하고 한정된 자원을 고려한 국가적 탄소배출규제를 강화하고 있는 실정입니다.

정부에서는 2035년까지 신재생에너지 보급률을 11%로 늘린다는 목표를 정하고 에너지 저장장치(ESS), 태양광발전, 풍력발전, 지열냉난방, 전기자동차 분야로 나누어 육성하고 있습니다. 또, '저탄소 녹색성장'의 국가 비전에 따라 신재생에너지발전소 설치의 인 · 허가를 판단하고 기획 · 설계 · 시공 · 감리 · 운영관리 업무를 담당할 전문가가 필요하다는 의견이 지속적으로 제기되었습니다. 2011년 국가기술자격법을 개정하여 2012년 8월 14일 관련 자격증의 출제기준을 마련하고 2013년부터 '신재생에너지발전설비(태양광)기사 · 산업기사 · 기능사' 자격 시험을 실시하였습니다.

국내외적으로 신재생에너지 시장의 급속한 성장으로 인해 세계 시장에서 경쟁력 있는 전문가 육성이 요구되고 있는 지금, 태양광발전 및 관련 분야의 첫걸음은 바로 자격증 취득입니다. '짧은 시간 안에 효율적으로 시험을 대비할 수 있는 방법은 없을까?' 시험에 임하는 모든 수험생들의 공통적인 고민일 것입니다. 이러한 수험생들의 마음을 부응하기 위해 이 책은 단시간에 효율적으로 학습할 수 있도록 구성하였습니다.

한국산업인력공단에서 발표한 출제기준에 맞춰 신재생에너지발전설비의 태양광발전시스템 분야를 이론, 시공, 운영 및 관련 법규 4과목으로 구성하여 기본 지식을 습득할 수 있도록 하였고, 또 국가기술자격증 취득뿐만 아니라 산업현장에서 실무자가 쉽게 이해할 수 있는 실용도서의 역할도 할 수 있도록 만들었습니다.

## 이 교재의 특징은

**첫 째,** 핵심내용을 요약하여 최종 복습을 할 수 있도록 하였습니다.

**둘 째,** 수험생들의 눈높이에 맞추어 중요한 부분을 강조하고 풍부한 해설을 수록하였습니다.

**셋 째,** 예상문제는 시험출제 가능성이 매우 높은 문제로 실었으며, 과년도 기출문제는 자세한 해설을 통해서 실전 대비를 할 수 있도록 하였습니다.

최선을 다해 집필하였지만 다소 미흡한 부분이 있을 것으로 예상됩니다. 이 점에 대해서는 독자 여러분의 넓은 아량과 이해를 바라며, 진심어린 의견을 보내 주시길 바랍니다. 잘못되거나 미흡한 부분은 추후 개정판에 보완할 것을 약속드리며 수험생을 위한 최고의 교재가 되도록 최선을 다할 것입니다. 신재생에너지발전설비산업기사를 준비하는 모든 수험생들이 이 교재를 통하여 합격하시기를 진심으로 기원합니다. 이해를 바탕으로 꾸준히 학습을 하신다면 반드시 합격하리라고 확신합니다.

끝으로, 출판을 위해 수고해주신 도서출판 **(주)시대고시기획** 임 · 직원 관계자 여러분께 진심으로 감사한 마음을 전합니다.

**편저자 씀**

## 개 요

신재생에너지발전설비산업기사는 태양광, 풍력, 수력, 연료전지의 신재생에너지발전설비 시스템에 대한 기술 기초이론 지식 또는 숙련기능을 바탕으로 독립적인 신재생에너지 발전소 및 건축물과 시설 등의 기획, 설계, 시공, 운영, 유지 및 보수와 관련된 복합적인 기초기술 및 기능 업무를 수행하는 직무이다.

## 수행직무

신재생에너지 발전소나 모든 건물 및 시설의 신재생에너지발전시스템 설계 및 인허가, 신재생에너지발전설비 시공 및 감독, 신재생에너지발전시스템의 시공 및 작동상태를 감리, 신재생에너지발전설비의 효율적 운영을 위한 유지보수 및 안전관리 업무 등을 수행한다.

## 진로 및 전망

국내외 신재생에너지 관련 시장의 급속한 성장과 신재생에너지 발전 사업이 국내 및 세계시장에서의 경쟁력 확보를 위한 전문가 육성의 필요성이 대두되어 태양광발전 및 관련분야의 취업을 위한 첫 단계이다.

## 시험일정

| 구 분 | 필기원서접수<br>(인터넷) | 필기시험 | 필기합격<br>(예정자)발표 | 실기원서접수 | 실기시험 | 최종합격자<br>발표일 |
|---|---|---|---|---|---|---|
| 제1회 | 2.25~2.28 | 3.22 | 4.3 | 4.6~4.9 | 5.9~5.24 | 6.26 |
| 제2회 | 5.12~5.15 | 6.6 | 6.26 | 6.29~7.2 | 7.25~8.9 | 9.11 |
| 제4회 | 8.25~8.28 | 9.20~9.26 | 10.8 | 10.12~10.15 | 11.14~11.29 | 12.24 |

※ 상기 시험일정은 시행처의 사정에 따라 변경될 수 있으니, www.q-net.or.kr에서 확인하시기 바랍니다.

## 시험요강

❶ **시행처** : 한국산업인력공단(www.q-net.or.kr)

❷ **시험과목**

㉠ 필기 : 태양광발전시스템 이론, 태양광발전시스템 시공, 태양광발전시스템 운영, 신재생에너지관련법규

㉡ 실기 : 태양광발전설비 실무(필답형)

❸ **검정방법**

㉠ 필기 : 객관식 4지 택일형[80문항(2시간)]

㉡ 실기 : 필답형(2시간 정도)

❹ **합격기준**

㉠ 필기 : 100점을 만점으로 하여 과목당 40점 이상, 전과목 평균 60점 이상

㉡ 실기 : 100점을 만점으로 하여 60점 이상

## 출제기준 필기 [신재생에너지발전설비산업기사(태양광)]

| 필기과목명 | 주요항목 | 세부항목 |
|---|---|---|
| 태양광발전시스템 이론 | 신재생에너지 개요 | 신재생에너지 원리 및 특징 |
| | 태양광발전시스템 개요 | • 태양광발전 개요<br>• 태양광발전시스템 정의 및 종류<br>• 태양전지<br>• 태양광시스템 구성요소 |
| | 태양광 모듈 | • 태양광 모듈 개요<br>• 태양광 모듈의 설치 유형 |
| | 태양광 인버터 | • 태양광 인버터의 개요<br>• 태양광 인버터의 기능 |
| | 관련기기 및 부품 | • 바이패스 소자와 역류방지 소자<br>• 접속함<br>• 교류측 기기<br>• 축전지<br>• 낙뢰 대책 |
| | 기초이론 | 전기, 전자 |
| 태양광발전시스템 시공 | 태양광발전시스템 시공 | • 태양광발전시스템 시공 준비<br>• 태양광발전시스템 구조물 시공<br>• 배관 · 배선공사<br>• 접지공사 |
| | 태양광발전시스템 감리 | • 태양광발전시스템 감리 개요<br>• 설계감리<br>• 착공감리<br>• 시공감리<br>• 사용 전 검사<br>• 준공검사 |
| | 송전설비 | 송 · 변전설비 기초 |
| 태양광발전시스템 운영 | 태양광발전시스템 운영 | • 운영 계획 및 사업개시<br>• 태양광발전시스템 운전 |
| | 태양광발전시스템 품질관리 | • 성능평가<br>• 품질관리 기준 |
| | 태양광발전시스템 유지보수 | • 유지보수 개요<br>• 유지보수 세부내용 |
| | 태양광발전설비 안전관리 | • 위험요소 및 위험관리방법<br>• 안전관리 장비<br>• 태양광발전 시공상 안전 확인 |
| 신재생에너지관련법규 | 관련법규 | • 신재생에너지관련법<br>• 전기관계법규 |

CONTENTS

## 제1과목 태양광발전시스템 이론

## 제2과목 신재생에너지관련법규



## 제3과목 태양광발전시스템 시공

## 제4과목 태양광발전시스템 운영



## 부 록 과년도 기출문제 및 해설

제 1 과목

신재생에너지발전설비산업기사(태양광)

# 태양광발전시스템 이론

# 신재생에너지 발전설비산업기사 (태양광) [필기]

**Always with you**

사람이 길에서 우연하게 만나거나 함께 살아가는 것만이 인연은 아니라고 생각합니다.
책을 펴내는 출판사와 그 책을 읽는 독자의 만남도 소중한 인연입니다.
(주)시대고시기획은 항상 독자의 마음을 헤아리기 위해 노력하고 있습니다. 늘 독자와 함께하겠습니다.

# 신재생에너지의 개요

## 제1절 신재생에너지의 원리 및 특성

### 1 태양광발전(Photovoltaic)

태양에너지는 일반적으로 태양전지로 전기를 발생시켜 이용하는 태양광 발전과 태양열로 물을 데워 증기를 만들고 이 증기로 터빈을 돌려 전기를 만드는 태양열 발전 그리고 태양열로 난방 및 온수를 공급하는 급탕 시스템 등의 형태로 이용되고 있다.

#### (1) 태양광발전의 원리

① 태양에너지의 이용 측면

㉠ 직접적 측면 : 광합성(식물과 바이오매스), 빛(조명과 광화학전지), 열(태양열발전과 난방)

㉡ 간접적 측면 : 온도차발전, 수력, 풍력

② 태양 복사에너지가 지표면에 도달되는 형태

㉠ 태양의 복사에너지가 대기권에서 산란, 굴절, 편광되지 않고 지표면에 곧바로 도달되는 직사광선인 방향성을 갖는 직달일사(Beam or Direct Radiation)의 형태

㉡ 지구의 대기권에 수분, 공기입자, 공해물질에 의해서 산란된 형태의 무방향성 복사에너지인 산란일사(Diffuse Radiation)의 형태

③ 태양광의 일반적인 법칙

㉠ 수평면 총일사량에 대한 경사면 총일사량의 비율

$$R = \frac{\text{경사면의 총일사량}}{\text{수평면 직달일사량}} = \frac{I_T}{I}$$

㉡ Bouger법칙

맑은 하늘상태에서 태양광이 지표면에 도달하기 전에 대기권에서 흡수되는 에너지에 따른 법칙이다.

$I_b = I_o e^{-km}$

④ 일사량 측정기기의 종류

㉠ 전천일사계 : 일사의 강도를 측정하는 계기로서 전천으로부터 수평면에 도달하는 일사량을 측정하는 기기

㉡ 직달일사계 : 산란 등에 의한 산란일사를 제외한 태양으로부터 직접 도달하는 일사량을 측정하는 기기

㉢ 애플리일사계 : 전천일사계로서 열전쌍을 이용한 기기

㉣ 로비치일사계 : 바이메탈을 이용한 기기

⑤ 일사량 측정방법에서 장소 선정 완료 시 유의사항

㉠ 주변 장애물(TV 안테나 등)의 그림자가 생기지 않도록 할 것

㉡ 자연적 조건의 반사광으로부터 차단당하지 않도록 할 것

㉢ 인공적인 불빛에 노출되지 않도록 할 것

⑥ 일사계를 설치할 입지를 선정할 경우

일사계의 감지부 평면이 태양광선을 잘 받아들일 수 있도록 주위의 장애물로부터 충분히 떨어진 장소를 택해야 한다. 만일 이와 같은 조건을 갖춘 장소를 찾기 곤란한 경우에는 최소한 다음 조건을 만족하는 장소를 선정한다. 즉, 일사계를 기준으로 동북동쪽에서 남쪽을 경유하여 서북서쪽에 이르는 수평방향에 장애물이 없는 곳을 선정하고 장애물이 있더라도 그 높이가 수평방향에서 5° 이상 높이 않은 장소를 선정한다.

⑦ 태양광발전 특징

| 장 점 | 단 점 |
|---|---|
| • 자원이 거의 무한대이다.<br>• 수명이 길다(약 20년 이상).<br>• 환경오염이 없는 청정에너지원이다.<br>• 유지관리 및 보수가 용이하다. | • 에너지의 밀도가 낮아 큰 설치면적이 필요하다.<br>• 초기투자비용이 많이 들고 발전단가가 높다.<br>• 일사량 변동에 따른 발전량의 편차가 커 출력이 불안정하다. |

⑧ 태양광발전시스템의 구성

㉠ 태양전지 : 광전효과를 통해 빛에너지를 전기에너지로 변환시킨다.

㉡ 인버터 : 직류전력을 교류전력으로 변환시킨다.

㉢ 축전지 : 전력을 저장하여 야간과 기상조건이 좋지 않은 날 사용한다.

㉣ 충전조절기 : 태양전지판에 유기된 전력을 축전지에 충전시키거나 인버터에 공급한다(Controller).

⑨ 태양광발전의 분류

㉠ 계통연계형 : 태양광발전시스템에서 생산된 전력을 지역 전력망에 공급할 수 있도록 구성된 형식

㉡ 독립형 : 전력계통형과 분리되어 있는 형식으로 축전지를 이용하여 태양전지에서 생산된 전력을 저장하고 저장된 전력을 필요시에 사용하는 방식

㉢ 복합형 : 태양광발전에 풍력발전, 디젤발전, 열병합발전 등의 타 에너지원의 발전시스템과 결합하여 발전하는 방식

⑩ 태양광발전의 전력변환장치 절연방식

㉠ 상용주파수 변압기 절연방식 : 60[Hz]의 낮은 주파수 변압기를 이용하기 때문에 중량이 무거워 소형 경량에는 불합리하다.

㉡ 고주파 변압기 절연방식 : 소형, 경량이지만 회로가 복잡하고 많은 노하우가 요구된다. 이 방식을 고수하는 국가가 많이 있기 때문에 권장할 만한 방식이다.

㉢ 트랜스리스(Transformerless, 무변압기)방식 : 소형, 경량으로 저렴하게 구현할 수가 있으며 신뢰도가 높다.

### (2) 그 외 태양광발전 정리

① 태양광발전의 기본적인 원리는 P형 반도체와 N형 반도체의 접합으로 구성된 태양전지에 태양광이 비치면 전자와 정공이 이동하여 전류가 흐르게 되며, 이때 발생되는 기전력에 의해 전류가 흐르게 된다. 즉, P-N접합 다이오드의 원리를 이용한 것이다.

② 에너지 변환효율을 높이기 위한 방법

㉠ 가급적 많은 태양빛이 반도체 내부에 흡수되도록 한다.

㉡ 태양빛에 의해 생성된 전자가 쉽게 소멸되지 않고 외부회로까지 전달될 수 있도록 한다.

㉢ P-N접합부에 큰 전기장이 생기도록 소재 및 공정을 디자인 하도록 한다.

③ 광전효과

물질에 빛에너지가 주어지면 그 결과로 빛의 입자(광자)를 흡수하여 전자가 방출되는 현상

㉠ 광도전효과 : 빛에 의한 물질의 도전율이 변화하는 현상

㉡ 광방출효과 : 빛의 조사를 받는 물질로부터의 전자 방출 현상

㉢ 광기전효과 : 빛에 의한 전지 작용

> **Check!** **광 자**
> 광속으로 이동하는 빛의 입자이며, 전자기파에 해당한다.

④ 태양광의 발전원리 순서

광흡수 → 전하생성 → 전하분리 → 전하수집

⑤ 태양전지(Solar Cell)

㉠ 태양에너지를 전기에너지로 변환할 수 있도록 제작된 광전지를 말한다.

㉡ 반도체의 P-N접합면에 빛을 비추면 광전효과에 의해 광기전력이 일어나는 것을 이용하여 금속과 반도체의 접촉면을 결합시킨 소자이다.

㉢ 반도체 P-N접합을 사용하여 태양전지로 이용되고 있는 광전지는 대부분이 실리콘 광전지이다.

㉣ 금속과 반도체의 접촉을 이용한 아황산구리 광전지 또는 셀렌 광전지가 있다.

## 2 풍 력

### (1) 풍력발전의 개요

풍차발전을 이용한 바람에너지가 회전자(풍차날개)에 의해 기계적 에너지(회전력)로 변환시키고, 이 기계적 에너지가 발전기를 구동함으로써 전력을 얻는 발전방식이다.

### (2) 풍력발전기의 구성요소

① 로터(회전날개와 회전축으로 구성) : 수평축 풍력발전기는 바람이 가진 에너지를 회전력으로 변환시켜 준다.

② 나셀(기어박스, 발전기, 제어장치 포함) : 회전력을 전기에너지로 변환시켜 준다.

③ 타워 : 풍력발전기를 지탱해 준다.

### (3) 풍차발전기의 종류

회전축의 방향에 따라 수직축과 수평축이 결정된다. 현재까지는 수직축에 비해 수평축이 효율이 높고 안정적이어서 상업용 풍력발전단지에 사용된다.

### (4) 풍력발전의 특성

| 장 점 | 단 점 |
|---|---|
| • 에너지원이 바람이기 때문에 고갈될 염려가 없다.<br>• 발열이나 열 공해, 대기오염, 방사능 누출 등의 환경오염이 없다.<br>• 소요면적이 가장 작다(1,335[$m^2$/GWh]).<br>(석탄 3,642[$m^2$/GWh], 태양열 3,561[$m^2$/GWh], 태양광 3,237[$m^2$/GWh])<br>• 유지 및 보수가 용이하다. | • 소음공해를 유발할 수 있다.<br>• 바람이 불 때만 발전이 가능하다.<br>• 풍력발전기의 규모가 커 조망권에 지장을 줄 우려가 있다. |

### (5) 육상풍력발전기와 해상풍력발전기 비교

| 육상과 비교되는 해상의 장점 | 육상과 비교되는 해상의 단점 |
|---|---|
| • 설치부지의 한계가 없다.<br>• 소음의 문제가 없다.<br>• 바다에서도 제어가 가능하다.<br>• 풍력에너지가 막대하고 풍속의 변화가 적다.<br>• 전체적인 비용이 육지보다 저렴하다. | • 각종 해상에서의 사고를 유발할 수 있다.<br>• 소음과 진동이 강해 바다생물에 영향을 미친다.<br>• 염분과 바람의 세기가 강하므로 수리에 대한 문제가 크게 생긴다. |

### (6) 풍력발전시스템의 분류

| 분류 | 내용 |
|---|---|
| 분구조상분류(회전축 방향) | 수평축 풍력시스템(HAWT) : 프로펠러형 |
| | 수직축 풍력시스템(VAWT) : 다리우스형, 사보니우스형 |
| 출력제어방식 | Pitch(날개각) Control |
| | Stall Control(한계풍속 이상이 되었을 때 양력이 회전날개에 작용하지 못하도록 날개의 공기 역학적 형상에 의한 제어) |
| 전력사용방식 | 독립전원(동기발전기, 직류발전기) |
| | 계통연계(유도발전기, 동기발전기) |
| 운전방식 | 정속운전(Fixed Roter Speed Type) : 통상 Geared형 |
| | 가변속운전(Variable Roter Speed Type) : 통상 Gearless형 |
| 공기 역학적 방식 | 양력식(Lift Type) 풍력발전기 |
| | 항력식(Drag Type) 풍력발전기 |
| 설치장소 | 육 상 |
| | 해 상 |

**Check!** **발전풍속(수평식)**
- 발전 가능한 평균 초속 4[m/s] 이상
- 발전 한계속도 초속 20[m/s] 이상
- 발전의 최적속도 초속 15~17[m/s]

① 수직축은 바람의 방향에 관계없이 평원, 사막 등에 설치하여 사용할 수 있지만 재료가 고가이며 수평축에 비해 효율이 낮다.
② 수평축은 구조가 간단하고 설치하기 편리하다. 하지만 바람의 방향에 영향을 많이 받는다.
③ 프로펠러형은 풍력발전시스템의 날개를 3개로 하고 있다. 그 이유는 하중을 균등하게 분배하고, 진동을 줄일 수 있으며, 경제성을 향상시킬 수 있기 때문이다.
④ 100[kW]급 이하는 소형으로서 수직축을 사용하고, 100[kW]급 이상의 중형은 수평축을 사용한다.

### (7) 풍력터빈의 제어

풍력터빈의 회전속도와 피치각은 바람의 세기에 따라 매순간 조절이 가능하며, 제어시스템은 이들 변수의 적정값을 선택한다.

① **바람이 약할 때** : 발전기가 계통에서 분류된다.
② **바람이 보통일 때** : 발전기 계통과 연결되지만 정격전력에는 부족하다.
③ **바람이 강할 때** : 터빈이 정격전력을 생산한다.
④ **바람이 매우 강할 때** : 발전기는 분리되고 풍력터빈이 동작하지 않는다.

### (8) 풍력발전시스템 구성도

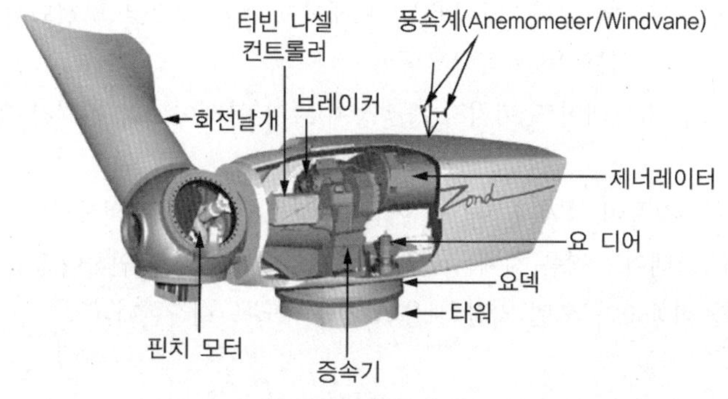


① **기계장치부** : 바람으로부터 회전력을 생산하는 Blade(회전날개), Shaft(회전축)를 포함한 Rotor(회전자), 이를 적정 속도로 변환하는 증속기(Gearbox)와 기동·제동 및 운용 효율성 향상을 위한 Brake, Pitching & Yawing System 등의 제어장치로 구성되어 있다.
② **전기장치부** : 발전기 및 기타 안정된 전력을 공급하는 전력안정화 장치로 구성된다.
③ **제어장치부** : 풍력발전기의 무인운전이 가능하도록 설정·운전하는 Control System, Yawing & Pitching Controller와 원격지 제어시스템, 지상에서 시스템 상태 판별을 가능하게 하는 Monitoring System으로 구성된다.

※ Yaw Control : 바람이 부는 방향을 향하도록 블레이드의 방향을 조절

※ 풍력발전 출력제어방식

④ Pitch Control : 날개의 경사각(Pitch)을 조절하여 출력을 능동적으로 제어한다.
⑤ Stall(실속) Control : 한계풍속 이상 시 양력이 회전날개에 작용하지 못하도록 날개의 공기역학적 형상에 의하여 제어한다.

### (9) 풍력발전기의 주요 구성품

① 블레이드

바람이 가진 에너지를 회전력으로 변환시켜 주는 장치이다.

② 허브로터

바람의 에너지를 기계적 에너지로 변환하는 가장 중요한 부분이다.

③ 주 회전축

허브는 주 회전축에 연결되어 주 회전축을 회전시킨다.

④ 기어트레인

피치(Pitch), 요(Yaw), 감속기, 증속기로 구성되어 있다. 피치감속기는 블레이드를 회전시켜 피치제어를 하는 감속기이며, 요 감속기는 나셀을 회전시켜 위치제어를 하는 감속기이다. 증속기는 블레이드에서 발생된 동력을 발전기로 전달하는 기어장치이다.

⑤ 나셀 메인 프레임

메인 프레임은 동력전달장치의 장착 및 정확한 고정을 위한 장치로서 강한 구조물 특성이 요구된다.

⑥ 요잉기어

요 에러가 발생하였을 때 로터 블레이드의 회전속도를 줄이기 위하여 필요한 장치이다. 시스템은 전기적 제어장치에 의해 구동되며 모터, 기어박스, 브레이크, 베어링으로 구성되어 있다.

⑦ 피칭기어

가변 피치각 구동장치(블레이드 피치각 조정장치)로서 블레이드의 피치각 조절을 위해 사용된다.

⑧ 브레이크

기계적 브레이크는 강풍이 불거나 시스템 이상 또는 보수 점검 등 비상사태 시에 로터를 정지시키기 위하여 사용한다. 브레이크 작동 시에는 급격한 에너지의 발산으로 인하여 많은 열이 발생하므로 내열, 내마모성 재료를 적용하여 오랜 기간 사용이 가능하도록 제작한다.

⑨ 발전기

㉠ 동기발전기 : 로터의 회전을 받은 주회전축의 회전에너지를 전기로 전환하기 위하여 발전기가 사용된다.

㉡ 유도발전기 : 발전기 내부의 회전자가 동기속도 1,500[rpm]을 넘었을 때 로터의 속도가 자기장의 회전속도보다 빨라지게 되는데 이때 회전자에 강한 전류가 유도되는 성질을 이용한 발진기이다.

⑩ 타 워

풍력발전기를 지탱해 주는 구조물로써 수평축 풍력발전기의 경우 나셀과 로터부를 지상에서부터 일정한 높이에 위치시켜 지탱해 주는 역할을 한다. 수직축 풍력발전기의 경우에는 회전축의 역할까지 담당하는 구조물이다.

### (10) 풍력발전장치의 제어

① **정속제어** : 유도형 발전기의 높은 정격회전수에 맞추기 위해 회전자의 회전속도를 증속하는 기어장치가 장착되어 있는 형태

② **가변피치제어** : 블레이드 전체 피치로 제어하여 로터의 효율을 최대 상태로 운전시킬 수 있지만, 허브구조가 복잡하게 되고 충분한 출력에 대비한 액추에이터 시스템이 필요하게 된다. 또한 보수나 수리를 할 때에는 블레이드 전체를 허브에서 떼어낼 수 있다.

③ **날개단제어** : 블레이드 선단부에서만 피치를 제어하는 방식으로 허브와 블레이드 부착부분은 간단하다. 또 액추에이터나 날개단 베어링을 보수·점검할 때에는 블레이드 전체를 떼어내지 않고도 가능하다.

④ **실속제어** : 가장 간단하고 저렴한 제어시스템이다. 단순한 허브나 일체형 블레이드를 이용할 수 있고 파워 액추에이터를 위한 보조기계도 필요 없다. 로터 회전수를 독립으로 제어할 수 없고 보통 유도발전기와 조합하여 사용한다.

### (11) 그 외 풍력발전 정리

① **풍차의 공기역학은 베츠(Albert Betz)의 운동량이론** : 1차원 운동량이론을 따른다. 통상 풍력발전기의 날개를 무한한 작동원단으로 가정할 때 날개를 통과하는 공기의 흐름을 이용하여 풍력의 최대이론효율을 나타내었다.

② **풍력발전기의 출력**

이동에너지의 운동에너지 $E=\frac{1}{2}mv^2$

$$P=E=\frac{1}{2}mv^2$$

$m=\rho vA$ ($\rho$ : 공기밀도, $A$ : 단면적, $v$ : 속도)

③ **풍력발전기의 고장원인** : 항상 외부조건에 노출되어 있기 때문에 외부조건 변화에 많은 영향을 받으며 가장 중요한 변수는 바람의 조건변화이다. 대체로 집중하중에 의하여 각종 부품이 파손되고 시스템의 전반적인 부조화가 고장원인이 된다.

④ 이론적으로 59.3[%]를 전기에너지로 변환 가능하다. 그러나 날개의 형태에 따라 효율, 발전기의 효율 또는 기계적인 마찰 때문에 손실이 발생하기 때문에 실제적인 효율은 20~40[%]이다.

## 3 수 력

### (1) 수력발전

① 물의 유동 및 위치에너지를 이용하여 발전을 한다.

② 보통 3,000[kW] 미만의 발전소가 국내에서 운영되고 있다.

③ 2005년 국내에서는 시설용량 10[MW] 이하를 소수력으로 규정하였지만, 새롭게 만들어진 신에너지 및 재생에너지 개발·이용·보급촉진법에서는 소수력을 포함하여 수력 전체를 신재생에너지로 정의하고 있다.

### (2) 소수력 시스템 구성도

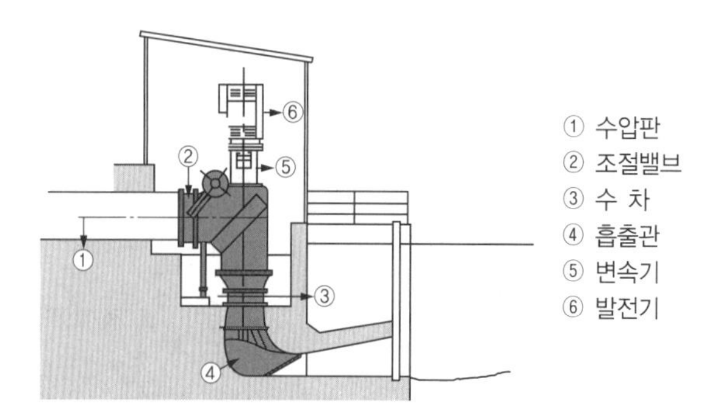


### (3) 소수력발전의 특징

| 장 점 | 단 점 |
|---|---|
| • 연간 유지비가 적게 든다.<br>• 비교적 계획, 설계, 시공기간이 짧다.<br>• 댐 건설이 필요하지 않으며 설비와 투자비용이 적게 든다. | • 첨두부하에 대한 기여도가 크지 않다.<br>• 기상과 계절에 따라 강수량이 차이가 있어 발전량의 변동이 심하다.<br>• 소수력발전을 하기 위한 자연낙차가 큰 장소가 드물다. |

**Check!** **첨두부하**
하루 전력사용 상황으로 보아 여러 가지 부하가 겹쳐져서 종합수요가 커지는 시각의 부하

### (4) 수차의 종류 및 특징

| 수차의 종류 | | | 특 징 |
|---|---|---|---|
| 충동수차 | 펠턴(Pelton)수차<br>튜고(Turgo)수차<br>오스버그(Ossberger)수차 | | • 수차가 물에 완전히 잠기지 않는다.<br>• 물은 수차의 일부 방향에서만 공급되며, 운동에너지만을 전환한다. |
| 반동수차 | 프란시스(Francis)수차 | | • 수차가 물에 완전히 잠긴다. |
| | 프로펠러수차 | 카플란(Kaplan)수차<br>튜블러(Tubular)수차<br>벌브(Bulb)수차<br>림(Rim)수차 | • 수차의 원주방향에서 물이 공급된다.<br>• 동압(Dynamic Pressure) 및 정압(Static Pressure)이 전환된다. |

### (5) 소수력발전의 분류

| 분 류 | | | 비 고 |
|---|---|---|---|
| 설비용량 | Micro Hydropower<br>Mini Hydropower<br>Small Hydropower | 100[kW] 미만<br>100~1,000[kW]<br>1,000~10,000[kW] | 국내의 경우 소수력발전은 저낙차, 터널식 및 댐식으로 이용(예 방우리, 금강 등) |
| 낙 차 | 저낙차(Low Head)<br>중낙차(Medium Head)<br>고낙차(High Head) | 2~20[m]<br>20~150[m]<br>150[m] 이상 | |
| 발전방식 | 수로식(Run-of-river Type)<br>댐식(Storage Type)<br>터널식(Tunnel Type) | • 하천경사가 급한 중·상류지역<br>• 하천경사가 작고 유량이 많은 지점<br>• 하천이 오메가([Ω]) 형태인 지점 | |

① 수로식 발전(자연유량과 자연낙차를 이용한 방식)

하천의 경사 낙차를 그대로 이용한 방식으로서 경사가 급격하고 굴곡이 많은 하천의 중・상류부에서 완만한 경사의 직선 수로를 시설하고 발전하는 방식으로서 하류측에서 비교적 짧은 거리에서 큰 낙차를 얻을 수 있다(발전량은 지형과 계절, 강수량의 영향에 따라 크게 달라진다).

② 댐식 발전(댐의 낙차가 클수록 효율이 높은 방식)

댐식 발전은 댐에 근접하여 건설하고 하천경사가 작은 중・하류의 유량이 많은 지점이 좋다. 하천의 기울기가 완만하고 유량이 풍부한 곳과 낙차가 크나 하천의 수위 변동이 큰 지역이 효율이 좋다.

㉠ 하천 본류에서 막아 댐의 상・하류에 생기는 큰 수위차를 이용한 발전방식이다.

㉡ 낙차를 크게 하여 안정적인 발전량을 지속적으로 사용하기 위해 댐식 발전을 사용한다.

③ 터널식 발전(수로식과 댐식을 혼합한 발전방식)

지형상 지하 터널로 수로를 만들어서 낙차가 크고 수로식 소수력발전의 변형이다.

### (6) 수차의 종류 및 특징

① 충격수차 : 물이 갖는 속도에너지를 이용하여 회전차를 충격시켜 회전력을 얻는 수차이다. 물이 노즐을 통해 발사되는 힘에 의해 회전차를 직접 충격시켜서 회전력을 얻는 수차를 의미한다.

② 반동수차 : 물이 회전차를 지나는 동안 압력에너지를 회전차에 전달하여 회전력을 얻는 수차이다. 즉, 물이 케이싱에서 안내깃을 통하여 회전차를 빠져나갈 때 빠져나가는 힘의 반동에 의해 회전차를 돌려주는 수차를 의미한다.

### (7) 유속(Flow Velocity)

유체 입자가 단위시간 내에 이동한 거리를 말한다.

① 유속측정의 종류에는 1차원적 측정, 2차원적 측정, 3차원적 측정이 있다. 3차원적 측정이란 공간의 물리좌표계($x$, $y$, $z$)에서 각 축의 유동운동성분인 $u$, $v$, $w$를 모두 측정하는 것이며, 2차원적 측정이란 $u$, $v$ 성분을 측정하는 것이다. 1차원적 측정은 $u$ 성분만을 측정한다.

② 유속측정법의 종류

㉠ 초음파 유속계

㉡ 입자영상유속계

㉢ 회전형 풍속계

㉣ 열선 유속계

㉤ 피토관 측정법

㉥ 레이저 도플러 유속계

### (8) 소수력발전의 개발상 문제점

① 환경단체 등의 부정적 여론

② 국내 산업기반 취약

③ 주문제작형 수차발전기로 제작기간이 장기간

④ 투자규모의 절대적 부족
⑤ 낮은 경제성
⑥ 설비용량의 제한

### (9) 수차의 공동현상

물과 접촉하는 기계부분의 표면 및 표면 가까운 곳에 물이 충만되지 않아 공동현상이 발생한다. 효율의 저하, 진동과 소음의 증대, 부식 등을 초래한다.

① 수차의 공동현상 방지책
㉠ 침식에 대하여 강한 재료를 사용한다.
㉡ 수차의 특유속도를 작게 선택한다.
㉢ 흡출관의 높이를 너무 높게 하지 않아야 한다(7[m] 이하).
㉣ 수차를 설계할 때, 러너형상을 적절히 조정한다.
㉤ 가공과 표면의 정도를 높인다.
㉥ 흡출관의 입구에 구멍을 만들어 적당량의 공기를 넣어 진공을 파괴한다.
㉦ 수차를 가능한 부분부하로 운전하지 않아야 한다.

### (10) 그 외 수력발전 정리

① 베르누이 정리
㉠ 임의의 관내를 유동하는 유체의 에너지 총합은 일정하다.
㉡ 운동에너지 + 위치에너지 + 압력에너지
㉢ 수학적인 지식을 소수력 발전시스템에 응용함으로써 비교적 간단한 에너지 손실을 추측할 수 있다.

② 신재생에너지 연구개발 및 보급 대상은 주로 발전설비용량 10[MW] 이하를 대상으로 하고 있으며, 발전차액지원제도는 5[MW] 이하를 지원하고 있다.

③ 소수력의 가장 중요한 설비는 수차(Turbine)이다.

④ 유황곡선(Flow Duration Curve, Discharge Duration Curve ; 지속곡선 또는 유량지속곡선)
횡측에 일수, 종측에 유량을 나타내고 하천의 일평균유량을 1년에 걸쳐서 크기순으로 나열해서 얻은 곡선이다.

⑤ 수력발전 전력에너지
에너지의 단위는 줄[J]을 사용하며 전기에너지의 단위는 [kWh]를 사용한다. 즉, 전력의 단위시간 동안 발생시킨 에너지를 의미한다.

$$P = \eta \rho g Q H$$

($P$ : 전력, $\eta$ : 터빈의 수력효율, $\rho$ : 물의 밀도(1,000[kg/m$^3$]), $g$ : 중력가속도(9.8[m/s$^2$]), $Q$ : 유량[m$^3$/s], $H$ : 유효수두[m])

⑥ 수력발전의 출력

$$P_m = 9.8 QH\eta_t\eta_G \text{[kW]}$$

($Q$ : 유량, $H$ : 낙차(높이), $\eta_t$ : 수차효율, $\eta_G$ : 발전기효율)

## 4 연료전지

### (1) 연료전지

수소와 산소의 화학반응으로 생기는 화학에너지를 직접 전기에너지로 변환시키는 기술

$H_2 + \frac{1}{2}O_2 \rightarrow H_2O + 전기$

또는 연료의 화학에너지를 이용해 전기화학반응으로 생성되는 화학에너지를 직접 전기적인 에너지로 변환시키는 기술을 말한다.

### (2) 연료전지의 발전효율

생성물이 전기와 순수(純水)이고 발전효율이 30~40[%], 열효율이 40[%] 이상으로 총 70~80[%]의 효율을 갖는 신기술이다.

### (3) 연료전지의 특징

| 장 점 | 단 점 |
|---|---|
| • 도심 부근에 설치가 가능하여 송·배전 시의 설비 및 전력 손실이 적다.<br>• 천연가스, 메탄올, 석탄가스 등 다양한 연료사용이 가능하다.<br>• 회전부위가 없어 소음이 없으며, 기존 화력발전과 같은 다량의 냉각수가 불필요하다.<br>• 발전효율이 40~60[%]이며, 열병합발전 시 80[%] 이상 가능하다.<br>• 부하변동에 따라 신속히 반응한다.<br>• 설치형태에 따라서 현지설치용, 분산배치형, 중앙집중형 등의 다양한 용도로 사용이 가능하다.<br>• 환경공해가 감소한다. | • 내구성과 신뢰성의 문제 등 상용화를 위해서는 아직 해결해야 할 기술적 난제가 존재한다.<br>• 고도의 기술과 고가의 재료 사용으로 인해 경제성이 많이 떨어진다.<br>• 연료전지에 공급할 원료(수소 등)의 대량 생산과 저장, 운송, 공급 등의 기술적 해결이 어렵다.<br>• 연료전지의 상용화를 위한 인프라 구축 역시 미비한 상황이다. |

### (4) 각 연료전지의 발전현황

① 알칼리형(AFC ; Alkaline Fuel Cell)

㉠ 1960년대 군사용(우주선 : 아폴로 11호)으로 개발되었다.

㉡ 순수소 및 순산소를 사용하고 있다.

② 인산형(PAFC ; Phosphoric Acid Fuel Cell)

㉠ 1970년대 민간차원에서 처음으로 기술개발된 1세대 연료전지이며 병원, 호텔, 건물 등 분산형 전원으로 이용되고 있다.

㉡ 현재 가장 앞선 기술로 미국, 일본에서 실용화 단계에 있다.

③ 용융탄산염형(MCFC ; Molten Carbonate Fuel Cell)

㉠ 1980년대에 기술개발된 2세대 연료전지이며 대형발전소, 아파트단지, 대형건물의 분산형 전원으로 이용되고 있다.

㉡ 미국, 일본에서 기술개발을 완료하고 성능평가가 진행 중이다(250[kW] 상용화, 2[MW] 실증).

④ 고체산화물형(SOFC ; Solid Oxide Fuel Cell)

㉠ 1980년대에 본격적으로 기술개발된 3세대이며 MCFC보다 효율이 우수한 연료전지, 대형발전소, 아파트단지 및 대형건물의 분산형 전원으로 이용되고 있다.

㉡ 최근 선진국에서는 가정용, 자동차용 등으로도 연구를 진행하고 있으나 우리나라는 다른 연료전지에 비해 기술력이 가장 낮다.

⑤ 고분자전해질형(PEMFC ; Polymer Electrolyte Membrane Fuel Cell)

㉠ 1990년대에 기술개발된 4세대 연료전지이며 가정용, 자동차용, 이동용 전원으로 이용된다.

㉡ 가장 활발하게 연구되는 분야이며, 실용화 및 상용화도 타 연료전지보다 빠르게 진행되고 있다.

⑥ 직접메탄올연료전지(DMFC ; Direct Methanol Fuel Cell)

㉠ 1990년대 말부터 기술개발된 연료전지이며, 이동용(핸드폰, 노트북 등) 전원으로 이용되고 있다.

㉡ 고분자 전해질형 연료전지와 함께 가장 활발하게 연구되는 분야이다.

### (5) 연료전지의 종류(전해질 종류에 따른 구분)

| 구 분 | 알칼리 (AFC) | 인산형 (PAFC) | 용융탄산염형 (MCFC) | 고체산화물형 (SOFC) | 고분자전해질형 (PEMFC) | 직접메탄올 (DMFC) |
|---|---|---|---|---|---|---|
| 전해질 | 알칼리 | 인산염 | 탄산염 | 세라믹 | 이온교환막 | 이온교환막 |
| 동작온도 [℃] | 120 이하 | 250 이하 | 700 이하 | 1,200 이하 | 100 이하 | 100 이하 |
| 효 율 [%] | 85 | 70 | 80 | 85 | 75 | 40 |
| 용 도 | 우주발사체 전원 | 중형건물 (200[kW]) | 중・대형건물 (100[kW]~[MW]) | 소・중・대용량발전 (1[kW]~[MW]) | 가정・상업용 (1~10[kW]) | 소형이동 (1[kW] 이하) |
| 특 징 | – | CO 내구성 큼, 열병합 대응 가능 | 발전효율 높음, 내부개질 가능, 열병합 대응 가능 | 발전효율 높음, 내부개질 가능, 복합발전 가능 | 저온작동 고출력밀도 | 저온작동 고출력밀도 |

### (6) 연료전지 발전시스템 구성도

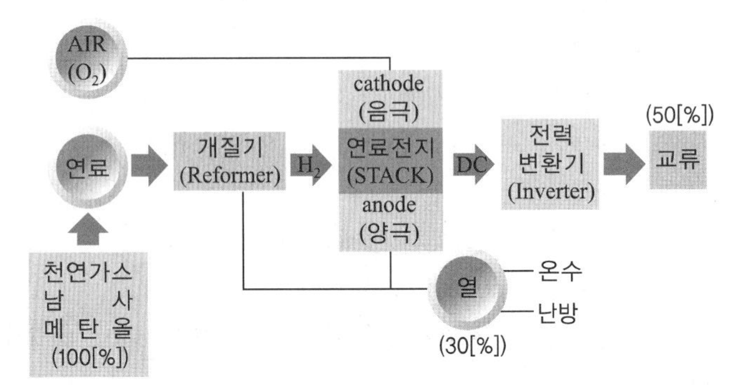


① 개질기(Reformer) : 화석연료(천연가스, 메탄올, 석유 등)로부터 수소를 발생시키는 장치로서 시스템에 악영향을 주는 황(10[ppb] 이하), 일산화탄소(10[ppm] 이하) 제어 및 시스템 효율향상을 위한 Compact가 핵심기술이다.

② **연료전지(스택(Stack))** : 원하는 전기출력을 얻기 위해 단위전지를 수십 장, 수백 장 직렬로 쌓아 올린 본체로서 단위전지 제조, 단위전지 적층 및 밀봉, 수소공급과 열 회수를 위한 분리판 설계·제작 등이 핵심기술이다.

③ **전력변환기(Inverter)** : 연료전지에서 나오는 직류전기(DC)를 우리가 사용하는 교류(AC)로 변환시키는 장치이다.

④ **주변보조기기(BOP ; Balance Of Plant)** : 연료, 공기, 열 회수 등을 위한 펌프류, 블로어(Blower), 센서 등을 말하며, 연료전지의 특성에 맞는 기술이 미비하다.

### (7) 연료전지의 발전원리(단위전지)

연료 중 수소와 공기 중 산소가 전기화학 반응에 의해 직접 발전한다.

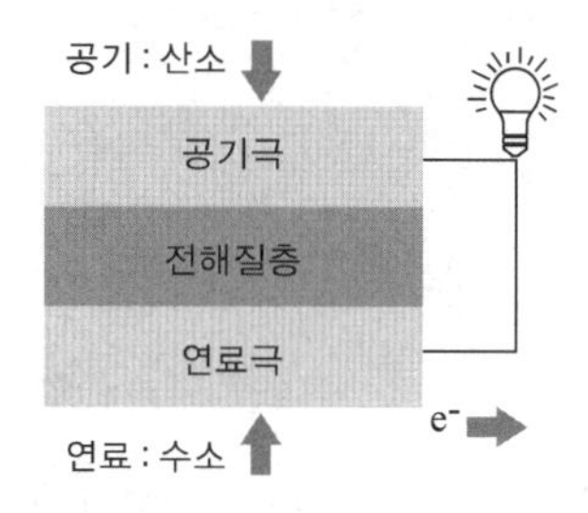


① 연료극에 공급된 수소는 수소이온과 전자로 분리

② 수소이온은 전해질층을 통해 공기극으로 이동, 전자는 외부회로를 통해 공기극으로 이동

③ 공기극 쪽에서 산소이온과 수소이온이 만나 반응생성물(물)을 생성

⇒ 최종적인 반응은 수소와 산소가 결합하여 전기, 물 및 열 생성

④ $H_2$(수소) + $\frac{1}{2}O_2$(산소) → $H_2O$(물) + 전기, 열

### (8) 그 외 연료전지 정리

① 화석연료에서 수소가 발생되어 공기 중에 산소와 연료전지를 통해 반응이 오는데, 30[%]의 열이 발생하고 온수와 난방에 이용된다. 전력변환장치를 통해 직류전기를 교류전기로 변환한다.

② 연료전지 두 개의 전극으로 되어 있고 전극 사이에 전해질이 들어 있다.

## 5 기타 신재생에너지

### (1) 신재생에너지

① 개 요

신에너지 및 재생에너지를 일컫는 말로 "신에너지 및 재생에너지 개발·이용·보급촉진법" 제2조의 규정에 의해서 "기존의 화석연료를 변환시켜 이용하거나 수소·산소 등의 화학 반응을 통하여 전기 또는 열을 이용하는 에너지(신에너지) 또는 햇빛·물·지열·강수·생물유기체 등을 포함하는 재생 가능한 에너지를 변환시켜 이용하는 에너지(재생에너지)"이다.

② 종 류

㉠ 신에너지(화학 반응을 통해 전기 또는 열을 이용한 에너지)

- 연료전지
- 수소에너지
- 중질잔사유를 가스화한 에너지
- 석탄을 액화 · 가스화한 에너지
- 기타 석탄 · 석유 · 원자력이나 천연가스가 아닌 에너지

㉡ 재생에너지(물, 바람, 햇빛 등 자연을 이용한 에너지)

- 태양에너지
- 수력에너지
- 풍력에너지
- 바이오에너지
- 지열에너지
- 해양에너지
- 폐기물에너지
- 그 밖에 석탄 · 석유 · 원자력 또는 천연가스가 아닌 에너지

③ 중요성

㉠ 전 세계적으로 자원이 고갈되기 때문에 에너지 부족현상으로 에너지 공급방식의 다양화가 필요하다.

㉡ 앞으로 기존 에너지원에 비해 저렴한 금액으로 차세대 성장사업이기 때문에 많은 일자리 창출이 가능하다.

㉢ 친환경적이기 때문에 지구의 환경오염이 감소한다.

④ 특 징

㉠ 친환경적 청정에너지이다.

㉡ 미래에너지이다.

㉢ 무한에너지원이다.

㉣ 연구개발에 의해 에너지 자원 확보가 가능하다.

### (2) 수소에너지 기술

수소를 연소시켜 얻은 에너지로서 수소를 태우면 같은 무게의 가솔린보다 4배나 많은 에너지를 방출시킨다. 수소는 연소 시 산소와 결합하여 다시 물로 환원되기 때문에 배기가스로 인한 환경오염도가 전혀 없다. 수소는 가스나 액체로 수송할 수 있으며 액체수소, 고압가스, 금속수소화물 등 다양한 형태로 저장이 가능하다.

① 개 요

㉠ 물, 유기물, 화석연료 등의 화합물 형태로 존재하는 수소를 분리, 생산해서 이용하는 기술이다.

㉡ 수소는 물의 전기분해로 가장 쉽게 제조할 수 있으나 입력에너지(전기에너지)에 비해 수소에너지의 경제성이 너무 낮으므로 대체전원 또는 촉매를 이용한 제조기술을 연구하고 있다.

㉢ 에너지 보존 법칙상 입력에너지(수소생산)가 출력에너지(수소이용)보다 큰 근본적인 문제가 있다.

㉣ 수소는 가스나 액체로 수송할 수 있으며 고압가스, 액체수소, 금속수소화물 등의 다양한 형태로 저장 가능하다.

㉤ 현재 수소는 기체 상태로 저장하고 있으나 단위 부피당 수소저장밀도가 너무 낮아 경제성과 안정성이 부족하여 액체 및 고체저장법을 연구하고 있다.

② 수소에너지의 특징

| 장 점 | 단 점 |
| --- | --- |
| • 저장과 수송이 쉽다.<br>• 오염물질이 거의 배출되지 않는다.<br>• 물에서 수소를 얻을 수 있어 무한정 사용이 가능한 에너지 자원이다.<br>• 석유를 대신해서 유체 에너지원으로 가능하기 때문에 자동차, 항공기 연료로 사용이 가능하다.<br>• 연료전지의 연료원으로서 고효율에너지로 사용이 가능하다.<br>• 수소와 탄소원료의 탄화수소로서 화학공업 재료로 이용할 수 있다. | • 물을 전기분해하여 수소를 쉽게 제조할 수 있으나 분해 시에 많은 양의 에너지가 요구된다.<br>• 현재 단위 부피당 수소저장밀도가 너무 낮아 경제성과 안정성이 부족하다. |

③ 수소제조기술의 종류

㉠ 수증기 개질법(Stream Reforming) : 천연가스와 나프타 등의 경질탄화수소에 사용되며 고온에서 촉매가 존재하는 원료와 수증기를 반응시켜 수소밀도가 높은 개질가스를 얻는 방법이다.

㉡ 부분 산화법(Partial Oxidation) : 촉매를 사용하지 않는 방법이 일반적이다. 높은 온도에서 원료에 산소를 공급하면 부분 산화를 통하여 개질가스를 얻는 방법이며, 경질탄화수소뿐만 아니라 중질유, 석탄 등을 포함하는 탄화수소 전반에 걸쳐 사용할 수 있는 방법이다. 그러나 수증기 개질법에 비하여 에너지 효율이 낮고 설비비가 고가이다.

㉢ 자기열 개질법(Autothermal Reforming) : 주반응이 흡열반응으로 수증기 개질반응에 발열반응과 조합한 방법이다. 니켈 또는 귀금속 혼합촉매는 탄화수소의 개질에 사용된다. 발열반응을 하는 부분 산화법과 함께 내부에서 진행되는 열적 자립이 가능한 방법이다.

㉣ 전기분해법 : 물에 1.75[V] 이상의 전류를 흘려 양극에서는 산소를, 음극에서는 수소를 얻는 방법이다.

㉤ 석탄가스화 및 열분해법 : 석탄을 가스화하면서 수소를 얻는다.

㉥ 열화학분해법 : 800[℃]의 고온에서 여러 단계의 화학공정을 거쳐 물을 분해하고 수소를 얻는 방법이다.

④ 수소의 저장기술

㉠ 기체상태 저장기술 : 150~200 기압으로 압축한 수소가스를 연강제의 원통형 저장용기에 충전하는 방식으로 가장 널리 사용된다.

㉡ 액체상태 저장기술

• 수소를 -250[℃]의 온도에서 액화시켜 저장하는 방식으로 기체상태의 압축 수소보다 부피가 작고 질량에너지 밀도가 높다.

• 공업용 수소가스나 우주개발용 로켓에 사용된다.

ⓒ 수소저장합금에 의한 저장기술 : 수소는 금속의 틈 사이로 스며들기 쉬운데 이 성질을 이용한 것이다. 냉각 또는 가압하면 수소를 흡수하여 금속수소화물이 되고, 반대로 가열 또는 감압하면 다시 수소를 방출한다.

⑤ 수소의 이용

수소는 화석연료의 대체 사용이 가능한 에너지원으로서 화석연료를 사용하는 분야와 금속수소화합물을 이용한 2차 전지 등에서 활용이 가능하다.

㉠ 수소자동차

㉡ 연료전지(노트북, 휴대폰)

㉢ 화학공업(정유공업, 석유정제공업)

㉣ 식품유지공업(쇼트닝이나 마가린 제조)

⑥ 수소의 수송

㉠ 용기에 의한 수송

- 기체수소 : 봄베, 집합용기, 트레일러
- 액체수소 : 소형컨테이너, 로리

㉡ 파이프라인에 의한 수송

### (3) 지열에너지 발전기술

① 개 요

㉠ 물, 지하수 및 지하의 열 등의 온도차를 이용하여 냉·난방에 활용하는 발전기술이다.

㉡ 태양열의 약 47[%]가 지표면을 통해 지하에 저장되며, 태양열을 흡수한 땅속의 온도는 지형에 따라 다르지만 지표면 가까운 땅속의 온도는 개략 10~20[℃] 정도이며, 이 온도를 유지하여 열펌프를 가동하는 냉난방시스템에 이용된다.

㉢ 우리나라 일부지역의 심부(지중 1~2[km]) 지중온도는 80[℃] 정도로서 직접 냉난방에 이용 가능하다.

② 지열발전기술의 구성도

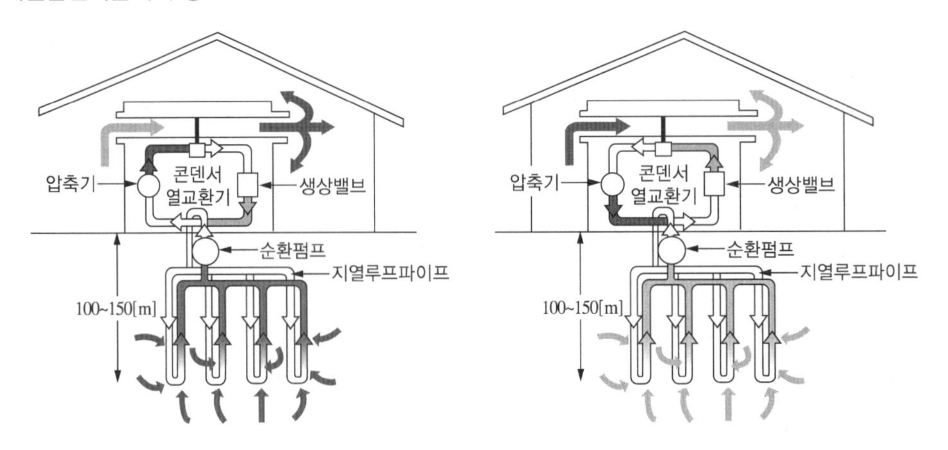

③ 지열발전의 종류

지열시스템의 종류는 대표적으로 지열을 회수하는 파이프(열교환기) 회로구성에 따라 폐회로(Closed Loop)와 개방회로(Open Loop)로 구분된다.

㉠ 일반적으로 적용되는 폐회로는 파이프로 구성되어 있다. 파이프 내에는 지열을 회수(열교환)하기 위한 열매가 순환되며, 파이프의 재질은 고밀도 폴리에틸렌이 사용된다.

㉡ 폐회로시스템(폐쇄형)은 루프의 형태에 따라 수직, 수평루프시스템으로 구분된다. 수직 100~150[m], 수평 1.2~1.8[m] 정도 깊이로 묻히게 되며 상대적으로 냉난방부하가 작은 곳에 사용된다.

㉢ 개방회로는 온천수, 지하수에서 공급받은 물을 운반하는 파이프가 개방되어 있는 것으로 풍부한 수원지가 있는 곳에서 적용되고 있다.

㉣ 폐회로가 파이프 내의 열매(물 또는 부동액)와 지열 Source가 열교환되는 것에 비해 개방회로는 파이프 내로 직접 지열 Source가 회수되므로 열전달효과가 높고 설치비용이 저렴한 장점이 있으나 폐회로에 비해 보수가 필요한 단점이 있다.

④ 지열발전의 특징

| 장 점 | 단 점 |
|---|---|
| • 주위 환경과 잘 어울린다.<br>• 친환경 청정에너지이다.<br>• 발전 비용이 다른 발전에 비해 저렴하다.<br>• 반영구적으로 사용이 가능하다.<br>• 운영이 쉽다.<br>• 화재나 폭발의 위험성이 없다. | • 시공이 어렵다.<br>• 유지관리와 보수가 어렵다.<br>• 상황 파악이 어렵다. |

⑤ 히트펌프시스템

지중열교환기와 열펌프로 구성된 냉・난방 겸용시스템이다. 히트펌프는 냉동사이클을 기본으로 한다는 점에서 일반적인 에어컨과 동일하나, 냉동사이클을 역으로 운전시킬 때는 난방이 가능한 장치이다. 히트펌프의 가장 큰 장점은 에너지 효율이 매우 높다는 것이다.

## (4) 바이오에너지 이용기술

바이오에너지 기술이란 바이오매스(Biomass, 유기성 생물체를 총칭)를 직접 또는 생・화학적, 물리적 변환과정을 통해 액체, 가스, 고체연료나 전기・열에너지 형태로 이용하는 화학, 생물, 연소공학 등의 기술을 말한다.

**Check!** Biomass란?

태양에너지를 받은 식물과 미생물의 광합성에 의해 생성되는 식물체・균체와 이를 먹고 살아가는 동물체를 포함하는 생물 유기체

① 바이오에너지 기술의 분류

| 대분류 | 중분류 | 내 용 |
|---|---|---|
| 바이오액체연료 생산기술 | 연료용 바이오에탄올 생산기술 | 당질계, 전분질계, 목질계 |
| | 바이오디젤 생산기술 | 바이오디젤 전환 및 엔진적용기술 |
| | 바이오매스 액화기술(열적전환) | 바이오매스 액화, 연소, 엔진이용기술 |

| 대분류 | 중분류 | 내 용 |
|---|---|---|
| 바이오매스 가스화기술 | 혐기소화에 의한 메탄가스화 기술 | 유기성 폐수의 메탄가스화 기술 및 매립지 가스 이용 기술(LFG) |
| | 바이오매스 가스화기술(열적전환) | 바이오매스 열분해, 가스화, 가스화발전 기술 |
| | 바이오수소 생산기술 | 생물학적 바이오수소 생산기술 |
| 바이오매스생산, 가공기술 | 에너지 작물 기술 | 에너지 작물 재배, 육종, 수집, 운반, 가공 기술 |
| | 생물학적 $CO_2$ 고정화 기술 | 바이오매스 재배, 산림녹화, 미세조류 배양기술 |
| | 바이오 고형연료 생산, 이용기술 | 바이오 고형연료 생산 및 이용기술(왕겨탄, 칩, RDF(폐기물연료) 등) |

② 바이오매스의 특징

| 장 점 | 단 점 |
|---|---|
| • 환경 친화적으로 환경오염이 적다.<br>• 에너지 저장이 가능하다.<br>• 생성에너지의 형태가 다양하다(전력, 알코올, 메탄, 수소연료, 천연 화학물 등).<br>• 최소자본으로 이용기술 개발이 가능하다.<br>• 풍부한 자원과 큰 파급효과가 있다. | • 과도한 이용 시 환경이 파괴된다.<br>• 많은 생산을 하기 위해 넓은 면적의 토지가 필요하다.<br>• 다양한 자원을 이용하기 때문에 이용기술이 다양해야 한다.<br>• 수송이 불편하고 자원 수집이 어렵다. |

### (5) 폐기물에너지 기술

폐기물을 변환시켜 연료 및 에너지를 생산하는 기술로서 사업장 또는 가정에서 발생되는 가연성 폐기물 중 에너지 함량이 높은 폐기물을 열분해에 의한 오일화, 성형고체연료의 제조기술, 가스화에 의한 가연성 가스 제조기술 및 소각에 의한 열 회수기술 등의 가공·처리 방법을 통해 고체연료, 액체연료, 가스연료, 폐열 등을 생산하고, 이를 산업 생산 활동에 필요한 에너지로 이용될 수 있도록 재생에너지를 생산하는 기술이다.

① 폐기물 신재생에너지의 종류

㉠ 성형고체연료(RDF ; Refuse Derived Fuel) : 종이, 나무, 플라스틱 등의 가연성 폐기물을 파쇄, 분리, 건조, 성형 등의 공정을 거쳐 제조한 고체연료

㉡ 폐유 정제유 : 자동차 폐윤활유 등의 폐유를 이온정제법, 열분해 정제법, 감압증류법 등의 공정으로 정제하여 생산한 재생유

㉢ 플라스틱 열분해 연료유 : 플라스틱, 합성수지, 고무, 타이어 등의 고분자 폐기물을 열분해하여 생산한 청정 연료유

㉣ 폐기물 소각열 : 연성 폐기물 소각열 회수에 의한 스팀생산 및 발전으로의 이용

② 폐기물에너지의 특징

| 장 점 | 단 점 |
|---|---|
| • 환경오염이 절감된다.<br>• 환경을 순환시킬 수 있다.<br>• 경제적이다.<br>• 다양한 에너지원을 얻을 수 있다. | • 나중에 처리 비용이 많이 들게 된다.<br>• 다양한 기술개발이 필요하다. |

### (6) 석탄가스화기술

가스화 복합발전기술(IGCC ; Integrated Gasification Combined Cycle)은 석탄, 중질잔사유 등의 저급원료를 고온·고압의 가스화기에서 수증기와 함께 한정된 산소로 불완전연소 및 가스화시켜 일산화탄소와 수소가 주성분인 합성가스를 만들어 정제공정을 거친 후 가스터빈 및 증기터빈 등을 구동하여 발전하는 신기술이다.

### (7) 석탄액화기술

고체연료인 석탄을 휘발유 및 디젤유 등의 액체연료로 전환시키는 기술로 고온·고압의 상태에서 용매를 사용하여 전환시키는 직접액화방식과, 석탄가스화 후 촉매상에서 액체연료로 전환시키는 간접액화기술이 있다.

① 석탄 액화·가스화 에너지 시스템 구성도

석탄이용기술은 가스화부, 가스정제부, 발전부 등 3가지 주요 Block과 활용 에너지의 다변화를 위해 추가되는 수소 및 액화연료부 등으로 구성된다.

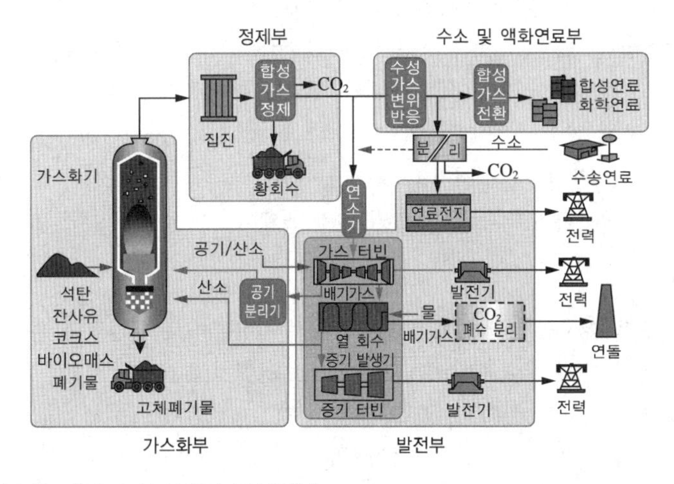


② 석탄 액화·가스화 에너지 시스템의 구성부분

㉠ 가스화부 : 석탄, 잔사유, 코크스, 바이오매스, 폐기물 등을 가스화하고 고체폐기물은 배출한다.

㉡ 정제부 : 석탄 액화·가스화 에너지시스템의 구성 중 합성가스를 정제하면서 이산화탄소를 분리하고 황 회수를 배출한다.

㉢ 발전부 : 연소기, 가스터빈, 배기가스, 열 회수 증기발생기, 증기터빈시설, 연료전지로 구성되어 있으며, 이산화탄소와 폐수를 분리하고 전력으로 이어진다.

㉣ 수소 및 액화 연료부 : 수성가스의 변위반응으로 합성가스를 전환하고, 합성연료와 화학연료를 생성한다.

③ 석탄액화(Coal Liquefaction)법

㉠ 직접액화법 : 석탄액화방법 중 석탄을 고온, 고압에서 열분해한 후 수소에 의하여 안정화시켜 저분자 탄화수소를 생성시키는 방법이다.

㉡ 간접액화법 : 석탄을 일단 가스화시킨 후, $CO+H_2$ 가스로 변환시키고 피셔·트로프슈 합성, 모빌법 등에 의해 탄화수소를 생성시키는 방법이다.

④ 석탄액화 · 가스화 에너지의 특징

| 장 점 | 단 점 |
|---|---|
| • 고효율 발전<br>• $SO_x$를 95[%] 이상, $NO_x$를 90[%] 이상 저감하는 환경친화기술<br>• 다양한 저급연료(석탄, 중질잔사유, 폐기물 등)를 활용한 전기생산 가능, 화학플랜트 활용, 액화연료 생산 등 다양한 형태의 고부가가치의 에너지화 | • 소요 면적이 넓은 대형 장치산업으로 시스템 비용이 고가이므로 초기 투자비용이 높음<br>• 복합설비로 전체 설비의 구성과 제어가 복잡하여 연계시스템의 최적화, 시스템 고효율화, 운영 안정화 및 저비용화가 요구된다. |

⑤ 석탄 액화 · 가스기술의 분류

㉠ 석탄 가스화 기술 : 석탄을 고온 · 고압 상태의 가스화기에서 한정된 산소와 함께 불완전 연소시켜 CO와 $H_2$가 주성분인 합성가스를 생성하는 기술로 전체 시스템 중 가장 중요한 부분으로 석탄 종류 및 반응조건에 따라 생성가스의 성분과 성질이 달라지며 건식가스화 기술과 습식가스화 기술이 있다.

㉡ 가스 정제기술 : 생성된 합성가스를 고효율 청정발전 및 청정에너지에 사용할 수 있도록 오염가스와 분진($H_2S$, HCl, $NH_3$) 등을 제거하는 기술이다.

㉢ 가스터빈 복합발전시스템(IGCC ; Integrated Gasification Combined Cycle) : 정제된 가스를 사용하여 1차로 가스터빈을 돌려 발전하고, 배기가스열을 이용하여 보일러로 증기를 발생시켜 증기터빈을 돌려 발전하는 방식이다.

㉣ 수소 및 액화연료 생산 : 연료전지의 원료로 사용할 수 있도록 합성가스로부터 수소를 분리하는 기술과 생성된 합성가스의 촉매 반응을 통해 액체연료인 합성석유를 생산하는 기술이다.

## (8) 태양열 이용기술

태양광선의 파동성질을 이용하는 태양에너지 광열학적 이용분야로 태양열의 흡수 · 저장 · 열변환 등을 통하여 건물의 냉난방 및 급탕 등에 활용하는 기술로서 태양열 이용기술의 핵심은 태양열 집열기술, 축열기술, 시스템 제어기술, 시스템 설계기술 등이 있다.

① 태양열시스템의 구성

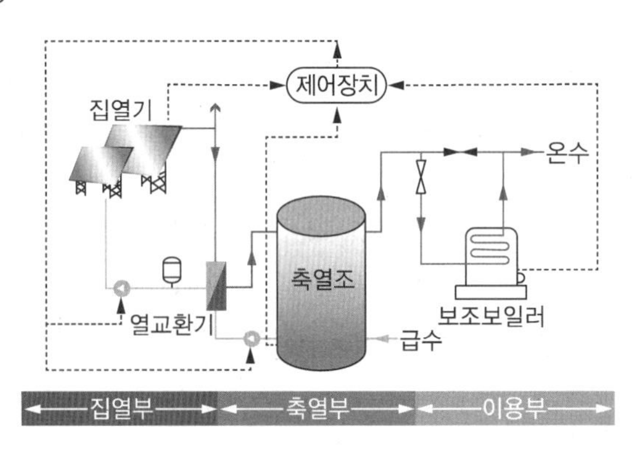


㉠ 집열부 : 태양열 집열이 이루어지는 부분으로 집열온도는 집열기의 열손실률과 집광장치의 유무에 따라 결정된다.

㉡ 축열부 : 열시점과 집열량이 이용시점과 부하량에 일치하지 않기 때문에 필요한 일종의 버퍼(Buffer) 역할을 할 수 있는 열저장 탱크이다.

㉢ 이용부 : 태양열 축열조에 저장된 태양열을 효과적으로 공급하고, 부족할 경우 보조열원에 의해 공급한다.

㉣ 제어장치 : 태양열을 효과적으로 집열 및 축열하여 공급하고, 태양열 시스템의 성능 및 신뢰성 등에 중요한 역할을 해 주는 장치이다.

**Check!** 태양열에너지는 에너지 밀도가 낮고 계절별, 시간별 변화가 심한 에너지이므로 집열과 축열기술이 가장 기본이 되는 기술이다.

② 태양열 이용기술의 분류

태양열시스템은 열매체의 구동장치 유무에 따라서 자연형(Passive) 시스템과 설비형(Aactive) 시스템으로 구분된다. 자연형 시스템은 온실, 트롬월(Trombe Wall)과 같이 남측의 창문이나 벽면 등 주로 건물 구조물을 활용하여 태양열을 집열하는 장치이며, 설비형 시스템은 집열기를 별도로 설치하여 펌프와 같은 열매체 구동장치를 활용하여 태양열을 집열하므로 흔히 태양열시스템이라고 한다.

집열 또는 활용온도에 따른 분류는 일반적으로 저온용, 중온용, 고온용으로 분류하기도 하며, 각 온도별 적정 집열기, 축열방법 및 이용분야는 다음과 같다.

| 구 분 | 자연형 | 설비형 | | |
|---|---|---|---|---|
| | 저온용 | 중온용 | 고온용 | |
| 활용온도 | 60[℃] 이하 | 100[℃] 이하 | 300[℃] 이하 | 300[℃] 이상 |
| 집열부 | 자연형시스템<br>공기식 집열기 | 평판형 집열기 | PTC형 집열기,<br>CPC형 집열기,<br>진공관형 집열기 | Dish형 집열기,<br>Power Tower |
| 축열부 | Trombe Wall<br>(자갈, 현열) | 저온축열<br>(현열, 잠열) | 중온축열<br>(잠열, 화학) | 고온축열<br>(화학) |
| 이용분야 | 건물공간난방 | 냉난방·급탕, 농수산<br>(건조, 난방) | 건물 및 농수산분야 냉·난방,<br>담수화, 산업공정열, 열발전 | 산업공정열, 열발전, 우주용,<br>광촉매폐수처리, 광화학, 신물질제조 |

※ PTC(Parabolic Trough solar Collector), CPC(Compound Parabolic Collector)

③ 태양열시스템의 집열기

㉠ 평판형(Flat Plate Type) 태양열 집열기 : 태양열 난방 및 급탕용으로 가장 많이 사용되고 있는 형식으로 평판 형태이며, 투과체, 흡열판, 열매체관, 단열재 등으로 구성된다. 크게 액체식과 공기식으로 구분한다.

- 투과체 : 태양의 복사광선을 투과시키며, 집열기로부터의 열 손실을 줄여 주고 흡수관을 보호하는 역할을 한다.
- 흡열판 : 복사광선을 최대한 흡수하여 열에너지로 변환시켜 주는 역할을 수행하며, 표면에 무광 흑색도장을 하여 최대한 복사광선을 흡수하도록 한다.
- 열매체관 : 열매체가 축열조나 기타 필요한 곳으로 이동하는 관이다.
- 단열재 : 열에너지의 손실을 줄여 주는 역할을 한다.

㉡ 진공관형(Evacuated Tube Type) 태양열 집열기 : 투과체 내부를 진공으로 만들고 그 안에 흡수관을 설치한 집열기이다. 진공관의 형태에 따라 단일 진공관과 2중 진공관이 있는데 단일 진공관은 유리관의 내부 전체가 진공으로 된 것이고, 2중 진공관은 2중으로 되어 있어 유리관 사이가 진공상태인 것이다.

㉢ PTC형(Parabolic Trough Concentrator) 태양열 집열기 : 태양의 고도에 따라 태양을 추적하기 위한 포물선 형태의 반사판이 있고 그 중앙에 흡수판의 역할을 하는 집열관을 설치한 집열기이다. 반사판에 의해 모아진 일사광선은 집열관에 집광되어 집열관 내부의 열매체를 가열시키게 된다. 또한 일사광선을 고밀도로 집광하며, 열손실이 집열관에 국한되므로 200~250[℃] 정도의 고온을 쉽게 얻는다.

㉣ Dish형 태양열 집열기 : 일사광선이 한 점에 집광될 수 있는 접시 모양의 반사판을 갖는 집열기이다. 300[℃] 이상의 고온을 집열하는데 사용된다. 태양열 발전용으로 주로 사용된다.

④ 태양열 이용분야를 중심으로 분류

㉠ 태양열 온수급탕 시스템

㉡ 태양열 냉난방 시스템

㉢ 태양열 산업공정열 시스템

㉣ 태양열발전시스템

⑤ 태양열발전시스템의 발전원리

집광 → 축열 → 열전달 → 증기발생 → 터빈(동력 → 발전)

### (9) 해양에너지

해양의 조수·파도·해류·온도차 등을 변환시켜 전기 또는 열을 생산하는 기술로써 전기를 생산하는 방식은 조력·파력·조류·온도차 발전 등이 있다.

① 해양에너지 발전기술

㉠ 조력발전 : 조석간만의 차를 동력원으로 해수면의 상승하강운동을 이용하여 전기를 생산하는 기술이다.

• 조력발전의 특징

| 장 점 | 단 점 |
|---|---|
| • 청정에너지원이다.<br>• 희소하거나 고갈되지 않는 무한 에너지원이다.<br>• 태양광, 풍력, 연료전지에 비해 경제성이 우수하다.<br>• 발전을 하는 지점이 결정되면 그 지점에 있어서 조위의 변화를 예측할 수 있다. | • 초기 투자시설비가 많이 들어 간다.<br>• 해안 생태계에 큰 영향을 준다.<br>• 하루 중 2번은 발전이 중단된다(밀물과 썰물의 중간 시기).<br>• 간만의 차가 연간 균일하지 않다.<br>• 지역적으로 한정된 장소에만 적용이 가능하다. |

㉡ 파력발전 : 연안 또는 심해의 파랑에너지를 이용하여 전기를 생산하는 기술이다.

• 파력발전의 종류

– 가동 물체형 파력발전 : 수면의 움직임에 따라 민감하게 반응하도록 고안된 기구를 사용하여 파랑에너지를 기구에 직접 전달하여 기구의 움직임을 전기 에너지로 변환하는 방식이다. 파랑에너지가 직접 기구에 작용하므로 파랑에 의한 외력을 견뎌야 한다는 점에서 구조적인 안전성에

취약한 단점이 있으나 파랑에너지를 직접적으로 흡수하므로 에너지 변환 효율이 상대적으로 높다는 장점이 있다.

– 월파형 파력발전 : 파랑의 진행방향 전면에 사면을 두어 운동에너지에 의해 파랑이 사면을 넘어서게 되면, 이것이 위치에너지로 변환하여 저수된다. 이때 형성된 수두차(1차 변환)로 인해 저장된 해수가 저수지의 하부로 흐르게 되고, 통로 하부에 설치된 수차터빈(2차 변환)이 회전하여 발전하는 방식이다. 2차 변환장치가 파의 운동을 직접 감당하지 않아 파랑 충격에 대한 위험이 적으며 상대적으로 발생 전력의 변동성이 작아 제어가 용이하다는 장점이 있다.

• 진동수주형 파력발전 : 워터칼럼(급수관) 내부로 유입된 파랑에 의하여 생기는 공간의 변화를 내부 공기의 유동으로 변환하고, 이를 유도관으로 유입하여 공기의 흐름을 생성시키고 유도관 내에 설치된 터빈을 회전시켜 전기를 얻는 방식이다. 효율 관점에서는 낮은 위치를 차지하지만 중요 기계류가 해수와 분리된 별도의 공간에 위치하게 됨으로써 장치 자체의 신뢰도가 매우 우수하고, 안정성 및 유지보수 편이성이 매우 좋다는 장점을 가지고 있다.

• 파력발전의 특징

| 장 점 | 단 점 |
|---|---|
| • 고갈될 염려가 없는 미래 에너지원이다.<br>• 한 번 설치하면 반영구적으로 사용할 수 있다.<br>• 공해 발생 문제가 없는 청정에너지원이다. | • 발전량에 비해 시설비가 고가이다.<br>• 에너지 밀도가 작다.<br>• 대용량 발전이 불가능하다.<br>• 입지조건이 까다롭다(파도가 센 곳).<br>• 유지 관리비가 많이 든다. |

ⓒ 조류발전 : 해수의 유동에 의한 운동에너지를 이용하여 전기를 생산하는 발전기술이다.

• 조류발전의 특징

| 장 점 | 단 점 |
|---|---|
| • 공해문제가 없는 무한 청정에너지원이다.<br>• 날씨와 계절에 관계없이 연중 안정적인 발전이 가능하다.<br>• 전기, 기계, 조선·해양 등 타 산업과의 연관성이 높다.<br>• 둑과 댐을 건설할 필요가 없어 해양환경에 미치는 영향이 적다. | • 조류의 흐름이 강한 지역만 설치가 가능하다.<br>• 발전단가가 상용발전에 비해 매우 높다.<br>• 발전기의 제작비용이 상당히 많이 들어간다.<br>• 초기 투자비용이 많이 들어간다.<br>• 유속이 빠른 지형에서만 설치가 가능하기 때문에 설치가 어렵다. |

ⓓ 온도차발전 : 해양 표면층의 온수(예 25~30[℃])와 심해 500~1,000[m] 정도의 냉수(예 5~7[℃])와의 온도차를 이용하여 열에너지를 기계적 에너지로 변환시켜 발전하는 기술이다.

• 온도차발전의 특징

| 장 점 | 단 점 |
|---|---|
| • 공해 발생이 없는 무한대 청정에너지원이다.<br>• 조석이나 파랑 등에 별로 영향을 받지 않고 전력을 발생할 수가 있다.<br>• 주간이나 야간 구별이 없이 전력생산이 가능한 안정적인 에너지원이고 특별한 저장시설이 필요 없으며, 계절적인 변동을 사전에 감안해 계획적인 발전이 가능한 우수한 자원이다. | • 수증기의 압력이 높아야 많은 양의 증기압을 얻을 수 있으므로, 터빈 등의 장치가 대형화되어야 한다.<br>• 발전설비 자체를 바닷물에 부식하지 않는 것들로 만들어야 한다.<br>• 생물 때문에 생기는 오염을 막기 위한 대책이 필요하다.<br>• 전력 생산 시 열역학 시스템의 총효율은 2.5~3[%] 정도이다. |

- 해양에너지 기술의 시스템 구성도

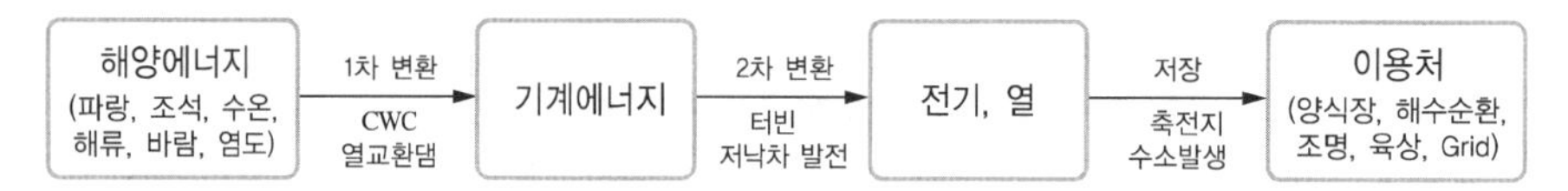


- 해양에너지 발전의 입지조건 : 에너지 이용방식에 따라 조력, 파력, 온도차발전으로 구분되며, 기타 해류발전, 근해 풍력발전, 해양 생물자원의 에너지화 및 염도차발전 등이 있다.

| 구 분 | 조력발전 | 파력발전 | 조류발전 | 온도차발전 |
|---|---|---|---|---|
| 입지 조건 | • 평균조차 : 3[m] 이상<br>• 폐쇄된 만의 형태<br>• 해저의 지반이 강고<br>• 에너지 수요처와 근거리 | • 자원량이 풍부한 연안<br>• 육지에서 거리 30[km] 미만<br>• 수심 300[m] 미만의 해상<br>• 항해, 항만 기능에 방해되지 않을 것 | • 조류의 흐름이 2[m/s] 이상인 곳<br>• 조류흐름의 특징이 분명한 곳 | • 연중 표층수, 심층수와 온도차가 17[℃] 이상인 기간이 많을 것<br>• 어업 및 선박 항행에 방해되지 않을 것 |

② 그리드 코드(Grid Code)

해상으로부터 획득한 에너지를 사용하기 위해서는 획득한 에너지인 전기를 기존의 송・배전망에 연결해야 한다. 이를 위해서는 획득한 에너지는 전력계통의 안정성 관점에서 여러 가지 조건이 필요한데 이러한 요구사항을 말한다.

# 적중예상문제

**01** **태양에너지의 이용은 크게 두 가지 측면에서 이용되고 있다. 직접적인 이용과 간접적인 이용이 있는데 이 중 간접적으로 이용하는 방식으로 틀린 것은?**

① 수 력　　② 광합성
③ 온도차발전　　④ 풍 력

해설

태양에너지의 이용 측면
- 직접적 측면 : 광합성(식물과 바이오매스), 빛(조명과 광화학전지), 열(태양열발전과 난방)
- 간접적 측면 : 온도차발전, 수력, 풍력

**02** **다음 ( )에 들어갈 내용은?**

> "태양에너지는 일반적으로 ( )로 전기를 발생시켜 이용하는 태양광발전과 태양열로 물을 데워 증기를 만들고 이 증기로 터빈을 돌려 전기를 만드는 태양열발전 그리고 태양열로 난방 및 온수를 공급하는 급탕 시스템 등의 형태로 이용되고 있다."

① 태양광　　② 태양열
③ 태양전지　　④ 솔라시스템

해설

태양에너지는 일반적으로 태양전지로 전기를 발생시켜 이용하는 태양광발전과 태양열로 물을 데워 증기를 만들고 이 증기로 터빈을 돌려 전기를 만드는 태양열발전 그리고 태양열로 난방 및 온수를 공급하는 급탕 시스템 등의 형태로 이용되고 있다.

**03** **태양복사에너지가 지표면에 도달되는 형태로 맞는 것은?**

① 태양의 복사에너지가 대기권에서 산란, 굴절, 편광되지 않고 지표면에 곧바로 도달되는 직사광선은 방향성을 갖는 직달일사(Direct Radiation)이다.
② 태양의 복사에너지가 대기권에서 산란, 굴절, 편광되지 않고 지표면에 곧바로 도달되는 직사광선은 방향성을 갖는 산란일사(Diffuse Radiation)이다.
③ 지구의 대기권에 수분, 공기입자, 공해물질에 의해서 산란되지 않은 형태의 방향성 복사에너지는 산란일사(Diffuse Radiation)이다.
④ 지구의 대기권에 수분, 공기입자, 공해물질에 의해서 산란된 형태의 무방향성 복사에너지는 직달일사(Beam or Direct Radiation)이다.

해설

태양 복사에너지가 지표면에 도달되는 형태
- 태양의 복사에너지가 대기권에서 산란, 굴절, 편광되지 않고 지표면에 곧바로 도달되는 직사광선인 방향성을 갖는 직달일사(Beam or Direct Radiation)
- 지구의 대기권에 수분, 공기입자, 공해물질에 의해서 산란된 형태의 무방향성 복사에너지인 산란일사(Diffuse Radiation)

**04** **대기권에 흡수되는 에너지의 법칙은?(단, $I_b$ : 대기권 밖의 태양일사량, $I_o$ : 표면상의 태양일사량, $k$ : 광흡수상수, $m$ : 공기질량비)**

① $I_b = I_o e^{km}$　　② $I_b = I_o e^{-km}$
③ $I_b = I_o e$　　④ $I_b = e^{-km}$

해설

Bouger 법칙
맑은 하늘상태에서 태양광이 지표면에 도달하기 전에 대기권에서 흡수되는 에너지에 따른 법칙이다.
$I_b = I_o e^{-km}$

**05** **수평면 총일사량에 대한 경사면 총일사량의 비율은?(단, $I$는 수평면 직달일사량, $I_T$는 경사면 총일사량, $K$는 수직면 직달일사량이다)**

① $R = \frac{\text{경사면 총일사량}}{\text{수직면 직달일사량}} = \frac{I_T}{K}$

② $R = \frac{\text{수직면 직달일사량}}{\text{경사면 총일사량}} = \frac{K}{I_T}$

정답 1 ② 2 ③ 3 ① 4 ② 5 ④

③ $R=\frac{\text{경사면 총일사량}}{\text{수평면 직달일사량}}=I$

④ $R=\frac{\text{경사면 총일사량}}{\text{수평면 직달일사량}}=\frac{I_T}{I}$

**해설**

수평면 총일사량에 대한 경사면 총일사량의 비율

$R=\frac{\text{경사면 총일사량}}{\text{수평면 직달일사량}}=\frac{I_T}{I}$

## 06 일사량을 측정하는 측정기기에 대한 설명이다. 어떤 일사계인가?

"일사의 강도를 측정하는 계기로서 전천으로부터 수평면에 도달하는 일사량을 측정하는 기기"

① 전천일사계
② 직달일사계
③ 애플리일사계
④ 로비치일사계

**해설**

일사량 측정기기의 종류

- 전천일사계 : 일사의 강도를 측정하는 계기로서 전천으로부터 수평면에 도달하는 일사량을 측정하는 기기
- 직달일사계 : 산란 등에 의한 산란일사를 제외한 태양으로부터 직접 도달하는 일사량을 측정하는 기기
- 애플리일사계 : 전천일사계로서 열전쌍을 이용한 기기
- 로비치일사계 : 바이메탈을 이용한 기기

## 07 일반용 일사계에 대한 설명으로 틀린 것은?

① PSP(Precisions Spectral Pyranometer)형 일사계와 B&W(Black and White)형 일사계의 두 종류가 있다.
② PSP 일사계는 현재까지 범용으로 공급된 단파대역의 전일사량 측정기기 중에서 가장 정밀도가 높다.
③ B&W 일사계는 단파장 일사에너지 측정에 사용되는 기기로 Eppley 10형 및 50형 직달일사계를 개량한 것이다.
④ PSP 일사계는 단파대역의 일사에너지 측정만 가능하다.

**해설**

일반용 일사계

- 일사량 측정에 흔히 사용되고 있는 일사계는 대표적으로 PSP(Precisions Spectral Pyranometer)형 일사계와 B&W(Black and White)형 일사계의 두 종류가 있다.
- PSP 일사계는 1957년도에 미국 Eppley Instrument사에서 개발한 것으로 현재까지 범용으로 공급된 단파대역의 전일사량 측정기기 중에서 가장 정밀도가 높은 기기로 평가되고 있다.
- PSP 일사계는 단파대역의 일사에너지 측정뿐만 아니라 단파장 반사에너지의 측정에너지의 측정은 물론, 태양 차폐장치를 부착하면 산란일사량만을 측정할 수 있는 등 용도가 다양하다.
- PSP 일사계의 수감부 평면은 Copper-constantan의 합금재로 원형의 Multi-junction Theromopile 형태를 이루고 있으며, 경우에 따라서는 Wirewound 형으로 제작하여 외기 온도에 영향을 받지 않도록 온도보상을 해 줄 수 있게 설계 제작한 것도 있다.
- B&W 일사계는 단파장 일사에너지 측정에 사용되는 기기로 Eppley 10형 및 50형 직달일사계를 개량한 것이다. 감지부는 평면 재질이 Copper-constantan이며 흑색과 백색으로 도장하여 Hot-junction과 Cold-junction을 형성함으로써 PSP 일사계와는 달리 단일투과체만을 사용하였고, 광선의 투과 허용파장은 PSP와 동일하다.

## 08 지상의 실험실에서 인공태양을 이용한 실험결과와는 달리 인공위성이 실제로 비행 중에 겪게 되는 평형온도의 변동성 때문에 일사에너지의 절댓값에 대한 측정기기의 유효성 문제가 생기게 되어 1960년대 중반 우주개발 경쟁이 본격화되면서부터 증가하였던 일사계는?

① 일반용일사계 ② 절대표준일사계
③ 범용일사계 ④ 로비치일사계

**해설**

절대표준일사계(Absolute Calibration Radiometer)의 필요성은 1960년대 중반 우주개발 경쟁이 본격화되면서부터 증가하였다. 지상의 실험실에서 인공태양을 이용한 실험결과와는 달리 인공위성이 실제로 비행 중에 겪게 되는 평형온도의 변동성 때문에 일사에너지의 절댓값에 대한 측정기기의 유효성 문제가 생기게 되었다.

## 09 일사량 측정방법에서 장소 선정이 완료되면 유의해야 할 사항으로 옳지 않은 것은?

① 주변 장애물(TV 안테나 등)의 그림자가 생기지 않도록 할 것
② 자연적 조건의 반사광으로부터 차단당하지 않도록 할 것



정답 6 ① 7 ④ 8 ② 9 ③

③ 항상 그 지역에서 가장 높은 곳에 설치할 것
④ 인공적인 불빛에 노출되지 않도록 할 것

**해설**

**일사량 측정방법에서 장소 선정이 완료되면 유의사항**
- 주변 장애물(TV 안테나 등)의 그림자가 생기지 않도록 할 것
- 자연적 조건의 반사광으로부터 차단당하지 않도록 할 것
- 인공적인 불빛에 노출되지 않도록 할 것

### 10 ( ) 안에 들어갈 각도는?

> "일사계를 기준으로 동북동쪽에서 남쪽을 경유하여 서북서쪽에 이르는 수평방향에 장애물이 없는 곳을 선정하고 장애물이 있더라도 그 높이가 수평방향에서 (　　)도 이상 높지 않은 장소를 선정한다."

① 5　② 7
③ 10　④ 30

**해설**

일사계를 설치할 입지를 선정할 경우에는 일사계의 감지부 평면이 태양광선을 잘 받아들일 수 있도록 주위의 장애물로부터 충분히 떨어진 장소를 택해야 한다. 만일 이와 같은 조건을 갖춘 장소를 찾기 곤란한 경우에는 최소한의 조건을 만족하는 장소를 선정한다. 즉, 일사계를 기준으로 동북동쪽에서 남쪽을 경유하여 서북서쪽에 이르는 수평방향에 장애물이 없는 곳을 선정하고 장애물이 있더라도 그 높이가 수평방향에서 5° 이상 높지 않은 장소를 선정한다.

### 11 태양광발전의 특징 중 장점이 아닌 것은?

① 거의 무한하다.
② 수명이 길다.
③ 유지관리 및 보수가 용이하다.
④ 초기 투자비용이 적게 들어간다.

**해설**

태양광발전의 특징

| 장 점 | 단 점 |
|---|---|
| • 자원이 거의 무한대이다.<br>• 수명이 길다(약 20년 이상).<br>• 환경오염이 없는 청정에너지원이다.<br>• 유지관리 및 보수가 용이하다. | • 에너지의 밀도가 낮아 큰 설치면적이 필요하다.<br>• 초기 투자비용이 많이 들고 발전단가가 높다.<br>• 일사량 변동에 따른 발전량의 편차가 커 출력이 불안정하다. |

### 12 태양광발전시스템의 구성에 속하지 않는 것은?

① 태양전지　② 인버터
③ 동축케이블　④ 축전지

**해설**

**태양광발전시스템의 구성**
- 태양전지 : 광전효과를 통해 빛에너지를 전기에너지로 변환시킨다.
- 인버터 : 직류전력을 교류전력으로 변환시킨다.
- 축전지 : 전력을 저장하여 야간과 기상조건이 좋지 않은 날 사용한다.
- 충전조절기 : 태양전지판에 유기된 전력을 축전지에 충전시키거나 인버터에 공급한다(Controller).

### 13 에너지 변환 효율을 높이기 위해 어떻게 하는 것이 가장 효율적인가?

① 적당한 태양빛이 반도체 내부에 흡수되도록 한다.
② 태양빛에 의해 생성된 전자가 쉽게 소멸되지 않고 외부회로까지 전달될 수 있도록 한다.
③ 태양빛에 의해 생성된 전자가 쉽게 소멸되지 않고 내부회로까지 전달될 수 있도록 한다.
④ P-N접합부에 작은 전기장이 생기도록 소재 및 공정을 디자인 하도록 한다.

**해설**

**에너지 변환효율을 높이기 위한 방법**
- 가급적 많은 태양빛이 반도체 내부에 흡수되도록 한다.
- 태양빛에 의해 생성된 전자가 쉽게 소멸되지 않고 외부회로까지 전달될 수 있도록 한다.
- P-N접합부에 큰 전기장이 생기도록 소재 및 공정을 디자인하도록 한다.

### 14 태양광발전의 분류에 해당되지 않는 것은?

① 혼합연계형　② 복합형
③ 계통연계형　④ 독립형

**해설**

태양광발전의 분류
- 계통연계형 : 태양광발전시스템에서 생산된 전력을 지역 전력망에 공급할 수 있도록 구성된 형식
- 독립형 : 전력계통형과 분리되어 있는 형식으로 축전지를 이용하여 태양전지에서 생산된 전력을 저장하고 저장된 전력을 필요시에 사용하는 방식
- 복합형 : 태양광발전에 풍력발전, 디젤발전, 열병합발전 등의 타 에너지원의 발전시스템과 결합하여 발전하는 방식

**정답** 10 ① 11 ④ 12 ③ 13 ② 14 ①

## 15 다음의 내용은 어떤 태양광발전으로 볼 수 있는가?

"전력계통형과 분리되어 있는 형식으로 축전지를 이용하여 태양전지에서 생산된 전력을 저장하고 저장된 전력을 필요시에 사용하는 방식"

① 독립형 ② 복합형
③ 계통연계형 ④ 혼합형

**해설**

14번 해설 참고

## 16 태양빛을 이용하는 발전방식의 P-N접합에 의한 발전원리순서로 적합한 것은?

① 광흡수 → 전하분리 → 전하수집 → 전하생성
② 전하생성 → 전하분리 → 광흡수 → 전하수집
③ 광흡수 → 전하생성 → 전하분리 → 전하수집
④ 전하생성 → 광흡수 → 전하수집 → 전하분리

**해설**

태양광의 발전원리 순서
빛흡수 → 전하생성 → 전하분리→ 전하수집

## 17 태양의 빛에너지를 변환시켜 전기를 생산하는 발전기술을 무엇이라 하는가?

① 태양광발전 ② 풍력발전
③ 수력발전 ④ 화력발전

**해설**

태양광발전
태양의 빛에너지를 변환시켜 전기를 생산하는 발전기술
햇빛을 받으면 광전효과에 의해 전기를 발생하는 태양전지를 이용한 발전방식으로 태양광발전시스템은 태양전지(Solar Cell)로 구성된 모듈(Module)과 축전지 및 전력변환장치로 구성된다.

## 18 햇빛을 받으면 전기를 발생시키는 효과를 무엇이라 하는가?

① 광전효과 ② 광도전효과
③ 광방출효과 ④ 광기전효과

**해설**

광전효과
물질에 빛에너지가 주어지면 그 결과로 빛의 입자를 흡수하여 전자가 방출되는 현상
② 광도전효과 : 빛에 의한 물질의 도전율이 변화하는 현상
③ 광방출효과 : 빛의 조사를 받는 물질로부터의 전자 방출 현상
④ 광기전효과 : 빛에 의한 전지 작용

## 19 태양광발전의 기본적인 원리로서 어떤 전자 소자를 사용하는가?

① 트랜지스터 ② 다이오드
③ 저 항 ④ 콘덴서

**해설**

태양광발전의 기본적인 원리는 P형 반도체와 N형 반도체의 접합으로 구성된 태양전지에 태양광이 비치면 전자와 정공이 이동하여 전류가 흐르게 되며, 이때 발생되는 기전력에 의해 전류가 흐르게 된다. 즉, P-N접합다이오드의 원리를 이용한 것이다.

## 20 태양광발전에서 전력변환장치의 절연방식 종류로 옳지 않은 것은?

① 상용주파수 변압기 절연방식
② 고주파 변압기 절연방식
③ 트랜지스터 변압기 절연방식
④ 트랜스리스 방식

**해설**

태양광발전의 전력변환장치 절연방식
- 상용주파수 변압기 절연방식 : 60[Hz]의 낮은 주파수 변압기를 이용하기 때문에 중량이 무거워 소형 경량에는 불합리하다.
- 고주파 변압기 절연방식 : 소형, 경량이며 회로가 복잡하고 많은 노하우가 요구되지만 이 방식을 고수하는 국가가 많이 있기 때문에 권장할 만한 방식이다.
- 트랜스리스(Transformerless : 무변압기)방식 : 소형, 경량으로 저렴하게 구현할 수가 있으며 신뢰도가 높다.

## 21 풍차발전을 이용한 바람에너지가 회전자에 의해 기계적 에너지로 변환시키고, 이 기계적 에너지가 발전기를 구동함으로써 전력을 얻는 발전방식을 무엇이라 하는가?

① 풍 력 ② 태양광
③ 태양열 ④ 지 열



15 ① 16 ③ 17 ① 18 ① 19 ② 20 ③ 21 ① 정답

풍력발전

풍차발전을 이용한 바람에너지가 회전자(풍차날개)에 의해 기계적 에너지(회전력)로 변환시키고, 이 기계적 에너지가 발전기를 구동함으로써 전력을 얻는 발전방식이다.

**22** 풍차발전기의 종류로 바르게 연결된 것은?

① 수평축과 평형축
② 수평축과 직선축
③ 수평축과 대각선축
④ 수평축과 수직축

해 설

풍차발전기의 종류

회전축의 방향에 따라 수직축과 수평축이 결정된다. 현재까지는 수직축에 비해 수평축이 효율이 높고 안정적이어서 상업용 풍력발전단지에 사용된다.

**23** 풍력발전기의 구성요소가 아닌 것은?

① 로 터 ② 전 기
③ 나 셀 ④ 타 워

해 설

풍력발전기의 구성요소

① 로터(회전날개와 회전축으로 구성) : 수평축 풍력발전기는 바람이 가진 에너지를 회전력으로 변환시켜 준다.
③ 나셀(기어박스, 발전기, 제어장치 포함) : 회전력을 전기에너지로 변환시켜 준다.
④ 타워 : 풍력발전기를 지탱해 준다.

**24** 풍력발전기의 구성 요소 중에 나셀의 기본요소가 아닌 것은?

① 기어박스 ② 전동기
③ 발전기 ④ 제어장치

해 설

23번 해설 참고

**25** 나셀은 동력전달방식에 따라 구분이 된다. 이 중에 정속운전 유도형 발전기를 사용하는 방식을 무엇이라 하는가?

① 직접구동형 ② 간접구동형
③ 유도형 ④ 발산형

해 설

동력전달방식에 따른 나셀의 구분

- 직접구동형 : 가변속 운전동기형 발전기를 사용하여 인버터가 필요하다.
- 간접구동형 : 정속운전 유도형 발전기를 사용하여 증속기가 필요하다. 단, 상대적으로 경제적이고 우수한 품질의 좋은 전기를 생산하려면 간접구동형을 사용해야 한다.

**26** 풍력발전의 특징이 아닌 것은?

① 소요면적이 가장 크다.
② 환경오염이 적다.
③ 소음공해가 생길 수 있다.
④ 바람이 있을 때만 발전이 가능하다.

해 설

풍력발전의 특징

- 장 점
  - 에너지원이 바람이기 때문에 고갈될 염려가 없다.
  - 발열이나 열 공해, 대기오염, 방사능 누출 등의 환경오염이 없다.
  - 소요면적이 가장 작다(1,335[$m^2$/GWh])(석탄 3,642[$m^2$/GWh], 태양열 3,561[$m^2$/GWh], 태양광3,237[$m^2$/GWh])
  - 유지보수가 용이하다.
- 단 점
  - 소음공해를 유발할 수 있다.
  - 바람이 불 때만 발전이 가능하다.
  - 풍력발전기의 규모가 커 조망권에 지장을 줄 우려가 있다.

**27** 소요면적이 가장 작은 발전방식은?

① 태양광 ② 태양열
③ 풍 력 ④ 지 열

해 설

26번 해설 참고

정답 22 ④ 23 ② 24 ② 25 ② 26 ① 27 ③

## 28 풍력발전시스템을 분류할 때 해당되는 사항으로 옳지 않은 것은?

① 분구조상 분류
② 출력제어방식에 따른 분류
③ 전력사용방식에 따른 분류
④ 재료산출방식에 따른 분류

**해설**

풍력발전시스템의 분류

|  |  |
|---|---|
| 분구조상 분류(회전축 방향) | 수평축 풍력시스템(HAWT) : 프로펠러형 |
| | 수직축 풍력시스템(VAWT) : 다리우스형, 사보니우스형 |
| 출력제어방식 | Pitch(날개각) Control |
| | Stall Control(한계풍속 이상이 되었을 때 양력이 회전날개에 작용하지 못하도록 날개의 공기역학적 형상에 의한 제어) |
| 전력사용방식 | 독립전원(동기발전기, 직류발전기) |
| | 계통연계(유도발전기, 동기발전기) |
| 운전방식 | 정속운전(Fixed Roter Speed Type) : 통상 Geared형 |
| | 가변속운전(Variable Roter Speed Type) : 통상 Gearless형 |
| 공기 역학적 방식 | 양력식(Lift Type) 풍력발전기 |
| | 항력식(Drag Type) 풍력발전기 |
| 설치장소 | 육 상 |
| | 해 상 |

## 29 풍력발전시스템의 운전방식 중 Geared형을 무엇이라 하는가?

① 정속운전 ② 가변속운전
③ 수평축운전 ④ 수직축운전

**해설**

28번 해설 참고

## 30 육상풍력발전기의 특징이 아닌 것은?

① 친환경적이다.
② 설치부지에 한계가 없다.
③ 전기가 계속 생성된다.
④ 발전소 건설비가 많이 든다.

**해설**

육상풍력발전기의 특징

| 장 점 | 단 점 |
|---|---|
| • 친환경적이다.<br>• 전기가 계속 생성된다.<br>• 반영구적으로 사용 가능하다. | • 바람이 부는 날에만 생성된다.<br>• 발전소 건설비가 많이 든다.<br>• 생산되는 전력량이 다른 시설에 비해 적다. |

육상과 비교되는 해상의 특징

| 장 점 | 단 점 |
|---|---|
| • 설치부지의 한계가 없다.<br>• 소음의 문제가 없다.<br>• 바다에서도 제어가 가능하다.<br>• 풍력에너지가 막대하고 풍속의 변화가 적다.<br>• 전체적인 비용이 육지보다 저렴하다. | • 각종 해상에서의 사고를 유발할 수 있다.<br>• 소음과 진동이 강해 바다생물에 영향을 미친다.<br>• 염분과 바람의 세기가 강하므로 수리에 대한 문제가 크게 생긴다. |

## 31 육상풍력발전을 해상풍력발전과 비교했을 시 해상풍력발전의 장점이 아닌 것은?

① 바다에서도 제어가 가능하다.
② 전체적인 비용이 육지보다 저렴하다.
③ 소음의 문제가 없다.
④ 바람이 부는 날에만 생성된다.

**해설**

30번 해설 참고

## 32 풍력발전기의 풍속은 출력의 몇 승에 비례하는가?(단, $\rho$는 공기밀도(15도, 1.225[kg/m$^3$]), $A$는 단면적, $v$는 속도이다)

① 5 ② 4
③ 3 ④ 2

**해설**

풍력발전기의 출력

이동에너지의 운동에너지 $E=\frac{1}{2}mv^2$

$P=E=\frac{1}{2}mv^2$

$m=\rho vA$

따라서, $P=\frac{1}{2}\rho Av^3$으로 나타낼 수 있다. 즉, 풍력발전기의 출력은 풍속의 3승에 비례한다.



28 ④ 29 ① 30 ② 31 ④ 32 ③ 정답

## 33 풍력터빈을 제어할 때 바람의 세기에 따라 분류가 가능하다. 바람의 세기와 단계가 바르게 연결되지 않은 것은?

① 바람이 약할 때 : 발전기가 계통에서 분류된다.
② 바람이 보통일 때 : 발전기 계통과 연결되지만 정격 전력에는 부족하다.
③ 바람이 강할 때 : 터빈이 정격 전력을 생산한다.
④ 바람이 매우 강할 때 : 발전기는 분리되고 풍력터빈이 동작한다.

해설
풍력터빈의 제어
풍력터빈의 회전속도와 피치각은 바람의 세기에 따라 매순간 조절이 가능하며, 제어시스템은 이들 변수의 적정값을 선택한다.
- 바람이 약할 때 : 발전기가 계통에서 분류된다.
- 바람이 보통일 때 : 발전기 계통과 연결되지만 정격 전력에는 부족하다.
- 바람이 강할 때 : 터빈이 정격 전력을 생산한다.
- 바람이 매우 강할 때 : 발전기는 분리되고 풍력터빈이 동작하지 않는다.

## 34 풍차의 공기역학의 운동량 이론은?

① Betz의 1차원 운동량 이론
② Maxwell의 공기역학 운동량 이론
③ Millman의 풍차 운동량 이론
④ Volt의 2차원 운동량 이론

해설
풍차의 공기역학은 Betz의 운동량 이론, 즉 1차원 운동량 이론을 따른다. 통상 풍력발전기의 날개를 무한한 작동원단으로 가정할 때 날개를 통과하는 공기의 흐름을 이용하여 풍력의 최대이론효율을 나타내었다.

## 35 풍력발전기의 종류 중에 다음에 대한 발전기는 무엇인가?

> "로터의 회전을 받은 주회전축의 회전에너지를 전기로 전환하기 위하여 발전기가 사용된다."

① 동기발전기 ② 동력발전기
③ 유도발전기 ④ 방사발전기

해설
풍력발전기의 종류
- 동기발전기 : 로터의 회전을 받은 주회전축의 회전에너지를 전기로 전환하기 위하여 발전기가 사용된다.
- 유도발전기 : 발전기 내부의 회전자가 동기속도 1,500[rpm]을 넘었을 때 로터의 속도가 자기장의 회전속도보다 빨라지게 되는데 이때 회전자에 강한 전류가 유도되는 성질을 이용한 발진기이다.

## 36 풍력발전시스템의 상세구조에 해당되는 사항이 아닌 것은?

① 기계장치부 ② 전기장치부
③ 공압장치부 ④ 제어장치부

해설
풍력발전시스템 구성도

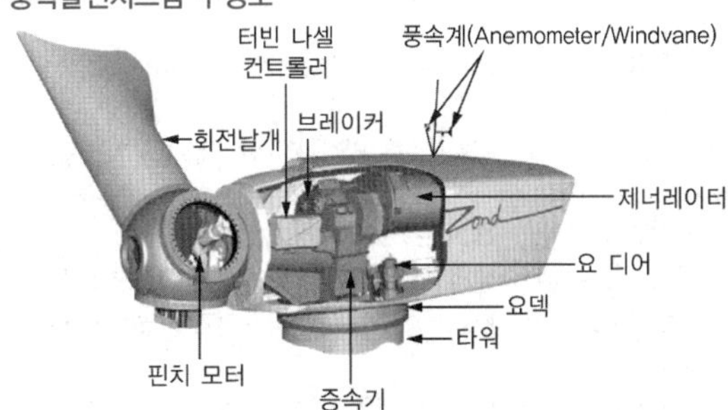


- 기계장치부 : 바람으로부터 회전력을 생산하는 회전날개(Blade), 회전축(Shaft)를 포함한 회전자(Rotor), 이를 적정 속도로 변환하는 증속기(Gearbox)와 기동·제동 및 운용 효율성 향상을 위한 Brake, Pitching & Yawing System 등의 제어장치로 구성되어 있다.
- 전기장치부 : 발전기 및 기타 안정된 전력을 공급하는 전력안정화 장치로 구성된다.
- 제어장치부 : 풍력발전기의 무인 운전이 가능하도록 설정, 운전하는 Control System 및 Yawing & Pitching Controller와 원격지 제어 및 지상에서 시스템 상태 판별을 가능하게 하는 Monitoring System으로 구성된다.
  ※ Yaw Control : 바람이 부는 방향을 향하도록 블레이드의 방향을 조절
  ※ 풍력발전 출력제어방식
- Pitch Control : 날개의 경사각(Pitch)을 조절하여 출력을 능동적으로 제어한다.
- Stall(실속) Control : 한계풍속 이상 시 양력이 회전날개에 작용하지 못하도록 날개의 공기역학적 형상에 의하여 제어한다.

정답 33 ④ 34 ① 35 ① 36 ③

## 37 풍력발전시스템 구성도에서 발전기 및 기타 안정된 전력을 공급하는 전력안정화 장치로 구성된 부분은?

① 기계장치부 ② 제어장치부
③ 전기장치부 ④ 유압장치부

**해설**

36번 해설 참고

## 38 풍력발전기의 주요 구성품에 해당되지 않는 것은?

① 블레이드 ② 브레이크
③ 타 워 ④ 유도기

**해설**

풍력발전기의 주요 구성품

- 블레이드 : 바람이 가진 에너지를 회전력으로 변환시켜 주는 장치이다.
- 허브로터 : 바람의 에너지를 기계적 에너지로 변환하는 가장 중요한 부분이다.
- 주 회전축 : 허브는 주 회전축에 연결되어 주 회전축을 회전시킨다.
- 기어트레인 : 피치(Pitch), 요(Yaw), 감속기, 증속기로 구성되어 있다. 피치감속기는 블레이드를 회전시켜 피치제어를 위한 감속기이며, 요 감속기는 나셀을 회전시켜 위치제어를 위한 감속기이다. 증속기는 블레이드에서 발생된 동력을 발전기로 전달하는 기어장치이다.
- 나셀 메인 프레임 : 메인 프레임은 동력전달장치의 장착 및 정확한 고정을 위한 장치로서 강한 구조물 특성이 요구된다.
- 요잉기어 : 요 에러가 발생하였을 때 로터 블레이드의 회전속도를 줄이기 위하여 필요한 장치이다. 시스템은 전기적 제어장치에 의해 구동되며 모터, 기어박스, 브레이크, 베어링으로 구성되어 있다.
- 피칭기어 : 가변 피치각 구동장치(블레이드 피치각 조정장치)로서 블레이드의 피치 각 조절을 위해 사용된다.
- 브레이크 : 기계적 브레이크는 강풍이 불거나 시스템 이상 또는 보수 점검 등 비상사태 시에 로터를 정지시키기 위하여 사용한다. 브레이크 작동 시에는 급격한 에너지의 발산으로 인하여 많은 열이 발생하므로 내열, 내마모성 재료를 적용하여 오랜 기간 사용이 가능하도록 제작한다.
- 발전기
  - 동기발전기 : 로터의 회전을 받은 주회전축의 회전에너지를 전기로 전환하기 위하여 발전기가 사용된다.
  - 유도발전기 : 발전기 내부의 회전자가 동기속도 1,500[rpm]을 넘었을 때 로터의 속도가 자기장의 회전속도보다 빨라지게 되는데 이때 회전자에 강한 전류가 유도되는 성질을 이용한 발진기이다.
- 타워 : 풍력발전기를 지탱해 주는 구조물로써 수평축 풍력발전기의 경우 나셀과 로터부를 지상에서부터 일정한 높이에 위치시켜 지탱해 주는 역할을 한다. 수직축 풍력발전기의 경우에는 회전축의 역할까지 담당하는 구조물이다.

## 39 풍력발전장치의 출력제어의 종류 중에서 블레이드 전체 피치로 제어하여 로터의 효율을 최대 상태로 운전시킬 수 있는 제어는 무엇인가?

① 가변피치제어 ② 정속제어
③ 실속제어 ④ 날개단제어

**해설**

풍력발전장치의 제어

- 가변피치제어 : 블레이드 전체 피치로 제어하여 로터의 효율을 최대 상태로 운전시킬 수 있지만, 허브구조가 복잡하게 되고 충분한 출력을 대비한 액추에이터 시스템이 필요하게 된다. 또한 보수나 수리를 할 때에는 블레이드 전체를 허브에서 떼어낼 수 있다.
- 정속제어 : 유도형 발전기의 높은 정격회전수에 맞추기 위해 회전자의 회전속도를 증속하는 기어장치가 장착되어 있는 형태
- 날개단제어 : 블레이드 선단부에서만 피치를 제어하는 방식으로 허브와 블레이드 부착부는 간단하게 된다. 또 액추에이터나 날개단 베어링을 보수·점검할 때에는 블레이드 전체를 떼어내지 않고도 가능하다.
- 실속제어 : 가장 간단하고 저렴한 제어시스템이다. 단순한 허브나 일체형 블레이드를 이용할 수 있고 파워 액추에이터를 위한 보조기계도 필요 없다. 로터 회전수를 독립으로 제어할 수 없고 보통 유도발전기와 조합하여 사용한다.

## 40 풍력발전기의 고장원인이 되는 가장 큰 문제가 무엇인가?

① 주변환경 ② 하 중
③ 태양빛 ④ 발전기

**해설**

항상 외부조건에 노출되어 있기 때문에 외부조건 변화에 많은 영향을 받으나 가장 중요한 변수는 바람의 조건변화이다. 예를 들면 브레이크가 고속 축을 정지시킬 때와 바람이 로터를 때릴 때의 작은 진동이 발생하는 긴 시간, 약한 바람이 불 동안의 낮은 속도와 가벼운 하중의 긴 시간, 바람이 시동속도 아래일 때 높은 속도와 낮은 하중의 긴 시간, 발전기가 그리드에 물렸을 때 높은 과도적인 부하, 정상운전 동안에 급격한 부하변동, 제동하는 동안 발생하는 과도하고 충격적인 부하 등으로 시스템의 파손이 발생된다. 대체로 집중하중에 의하여 각종 부품이 파손되고 시스템의 전반적인 부조화가 고장원인이 된다.

## 41 물의 유동 및 위치에너지를 이용하여 발전을 하는 방식은?

① 풍 력 ② 태양광
③ 태양열 ④ 수 력



37 ③ 38 ④ 39 ① 40 ② 41 ④ 정답

해설

수력발전

물의 유동 및 위치에너지를 이용하여 발전을 한다.

## 42 신재생에너지 연구개발 및 보급대상의 발전설비용량은 몇 [MW] 이상을 대상으로 하고 있는가?

① 1 ② 2
③ 5 ④ 10

해설

신재생에너지 연구개발 및 보급 대상은 주로 발전설비용량 10[MW] 이하를 대상으로 하고 있으며, 발전차액지원제도는 5[MW] 이하를 지원하고 있다.

## 43 다음의 그림은 소수력시스템의 구성도이다. 번호의 내용이 틀린 것은?

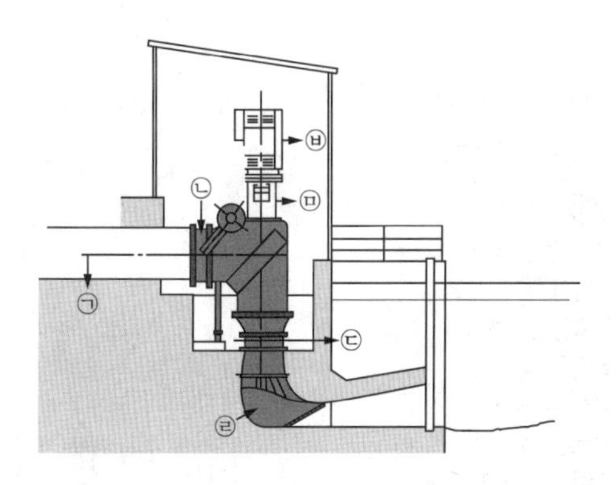


① ㉠ 수압판
② ㉡ 조절밸브, ㉢ 파이프
③ ㉣ 흡출관, ㉤ 변속기
④ ㉥ 발전기

해설

소수력시스템 구성도

㉠ 수압판
㉡ 조절밸브
㉢ 수 차
㉣ 흡출관
㉤ 변속기
㉥ 발전기

## 44 소수력의 가장 중요한 설비는 무엇인가?

① 변속기 ② 발전기
③ 수 차 ④ 수압판

해설

소수력의 가장 중요한 설비는 수차(Turbine)이다.

## 45 소수력발전의 특징이 아닌 것은?

① 연간 유지비가 적게 든다.
② 비교적 계획, 설계, 시공기간이 짧다.
③ 자연낙차가 적은 장소가 드물다.
④ 투자비용이 적게 든다.

해설

소수력발전의 특징

- 장 점
  - 연간 유지비가 적게 든다.
  - 비교적 계획, 설계, 시공기간이 짧다.
  - 댐 건설이 필요치 않으며 설비와 투자비용이 적게 든다.
- 단 점
  - 첨두부하에 대한 기여도가 크지 않다.
  - 기상과 계절에 따라 강수량에 차이가 있어 발전량의 변동이 심하다.
  - 소수력발전을 하기 위한 자연낙차가 큰 장소가 드물다.

※ 첨두부하 : 하루 전력사용 상황으로 보아 여러 가지 부하가 겹쳐져서 종합수요가 커지는 시각의 부하

## 46 충동수차의 종류가 아닌 것은?

① 펠턴 수차 ② 튜고 수차
③ 오스버그 수차 ④ 벌브 수차

해설

수차의 종류 및 특징

| | 수차의 종류 | | 특 징 |
|---|---|---|---|
| 충동수차 | 펠턴(Pelton) 수차, 튜고(Turgo) 수차, 오스버그(Ossberger) 수차 | | • 수차가 물에 완전히 잠기지 않는다.<br>• 물은 수차의 일부 방향에서만 공급되며, 운동에너지만을 전환한다. |
| 반동수차 | 프란시스(Francis) 수차 | | • 수차가 물에 완전히 잠긴다. |
| | 프로펠러수차 | 카플란(Kaplan) 수차, 튜블러(Tubular) 수차, 벌브(Bulb) 수차, 림(Rim) 수차 | • 수차의 원주방향에서 물이 공급된다.<br>• 동압(Dynamic Pressure) 및 정압(Static Pressure)이 전환된다. |

정답 42 ④ 43 ② 44 ③ 45 ③ 46 ④

## 47 소수력발전의 분류에 해당되지 않는 것은?

① 설비용량 ② 크 기
③ 낙 차 ④ 발전방식

해설

소수력발전의 분류

| 분 류 | | | 비 고 |
|---|---|---|---|
| 설비용량 | Micro Hydropower | 100[kW] 미만 | 국내의 경우 소수력발전은 저낙차, 터널식 및 댐식으로 이용(예 방우리, 금강 등) |
| | Mini Hydropower | 100~1,000[kW] | |
| | Small Hydropower | 1,000~10,000[kW] | |
| 낙 차 | 저낙차(Low Head) | 2~20[m] | |
| | 중낙차(Medium Head) | 20~150[m] | |
| | 고낙차(High Head) | 150[m] 이상 | |
| 발전방식 | 수로식(Run-of-river Type) | 하천의 경사가 급한 중·상류지역 | |
| | 댐식(Storage Type) | 하천의 경사가 작고 유량이 큰 지점 | |
| | 터널식(Tunnel Type) | 하천이 오메가[Ω] 형태인 지점 | |

## 48 소수력발전의 분류에서 발전방식으로 분류했을 경우 하천의 경사가 작고 유량이 큰 지점에 유리한 방식은?

① 댐 식 ② 터널식
③ 수로식 ④ 유량식

해설

47번 해설 참고

## 49 수차의 종류 중에서 물이 갖는 속도에너지를 이용하여 회전차를 충격시켜 회전력을 얻는 수차를 무엇이라 하는가?

① 반동수차 ② 충격수차
③ 비충격수차 ④ 자동수차

해설

수차의 종류 및 특징

- 반동수차 : 물이 회전차를 지나는 동안 압력에너지를 회전차에 전달하여 회전력을 얻는 수차이다. 즉, 물이 케이싱에서 안내깃을 통하여 회전차를 빠져나갈 때 빠져나가는 힘의 반동에 의해 회전차를 돌려 주는 수차를 의미한다.
- 충격수차 : 물이 갖는 속도에너지를 이용하여 회전차를 충격시켜 회전력을 얻는 수차이다. 물이 노즐이라는 곳에서 발사되는 힘에 의해 회전차를 직접 충격시켜서 회전력을 얻는 수차를 의미한다.

## 50 유속의 정의로 옳은 것은?

① 유체의 입자가 일정시간 동안에 흐른 양을 이야기한다.
② 물의 흐름을 말한다.
③ 유체 입자가 단위시간 내에 이동한 거리를 말한다.
④ 물의 크기가 이동한 거리를 말한다.

해설

유속(Flow Velocity)
유체 입자가 단위시간 내에 이동한 거리를 말한다.

## 51 유속측정법의 종류에 해당되지 않는 것은?

① 초음파 유속계
② 열선 유속계
③ 레이저 도플러 유속계
④ 유압 유속계

해설

유속측정법의 종류
- 초음파 유속계
- 입자영상유속계
- 회전형 풍속계
- 열선 유속계
- 피토관 측정법
- 레이저 도플러 유속계

## 52 "임의의 관내를 유동하는 유체의 에너지 총합은 일정하다" 라는 이론은?

① 베르누이 정리
② 맥스웰의 전계방정식
③ 베네치아 정리
④ 가우스의 정리

해설

베르누이 정리
- 임의의 관내를 유동하는 유체의 에너지 총합은 일정하다.
- 운동에너지+위치에너지+압력에너지



47 ② 48 ① 49 ② 50 ③ 51 ④ 52 ① 정답

## 53 소수력발전의 개발상의 문제점에 해당되지 않는 것은?

① 경제성이 낮다.
② 국제 규모의 절대적 부족
③ 국내 산업 기반이 취약하다.
④ 설비용량에 제한이 있다.

**해설**

소수력발전의 개발상의 문제점
- 환경단체 등의 부정적 여론
- 국내 산업 기반 취약
- 주문제작형 수차발전기로 제작기간이 장기간
- 투자규모의 절대적 부족
- 낮은 경제성
- 설비용량의 제한

## 54 수차의 공동현상이 발생하는 원인은 무엇인가?

① 물과 접촉하는 기계부분의 표면 및 표면 가까운 곳에 물이 충만되지 않을 경우
② 공기 중에 분자가 수차와 결합하여 생길 경우
③ 수차의 기계표면이 물과 접촉하였을 경우 기포가 발생하는 현상
④ 수차를 2개 사용했을 경우 서로 간에 간섭에 의해 생기는 현상

**해설**

수차의 공동현상
물과 접촉하는 기계부분의 표면 및 표면 가까운 곳에 물이 충만되지 않아 공동현상이 발생한다. 효율의 저하, 진동과 소음의 증대, 부식 등을 초래한다.

## 55 수차의 공동현상의 방지책에 해당되지 않는 것은?

① 흡출관의 입구에 구멍을 만들어 적당량의 공기를 넣어 진공을 파괴한다.
② 수차를 가능한 전부하로 운전하지 않아야 한다.
③ 수차의 특유속도를 작게 선택한다.
④ 가공과 표면의 정도를 높인다.

**해설**

수차의 공동현상 방지책
- 침식에 강한 재료를 사용한다.
- 수차의 특유속도를 작게 선택한다.
- 흡출관의 높이를 너무 높게 하지 않아야 한다(7[m] 이하).
- 수차를 설계할 때, 러너형상을 적절히 조정한다.
- 가공과 표면의 정도를 높인다.
- 흡출관의 입구에 구멍을 만들어 적당량의 공기를 넣어 진공을 파괴한다.
- 수차를 가능한 부분부하로 운전하지 않아야 한다.

## 56 유황곡선에서 연간 95일은 보존되는 수량을 의미하는 것은?

① 평수량
② 풍수량
③ 갈수량
④ 저수량

**해설**

유황곡선(Flow Duration Curve, Discharge Duration Curve; 지속곡선 또는 유량지속곡선)
횡축에 일수, 종축에 유량을 나타내고 하천의 일평균유량을 1년에 걸쳐서 크기순으로 나열해서 얻은 곡선이다. 이 곡선에서 95, 185, 275, 355의 각 일수에 대응하는 양이 각각 풍수량, 평균량, 저수량, 갈수량에 해당한다. 유황곡선에 의해서 어떤 것의 수량이 연간 며칠 정도 이용 가능한가를 알 수 있기 때문에 이수상 중요하다. 유황곡선은 하천마다 그 형상이 다른데 그것은 강수량, 유역면적, 지형, 지질, 식생 등에 차이가 있기 때문이다.
이렇게 얻은 유황곡선은 어떤 지점에서의 하천유량의 규모와 유량의 변동특성을 평가할 수 있으며, 타 하천과의 유황비교에 효과적이며 풍수량, 평수량, 갈수량, 저수량 등을 결정하여 하천의 기본계획 및 설계에 이용한다.

## 57 수력발전에 의해 생성된 전력을 구하는 공식은? (단, $P$ : 전력, $\eta$ : 터빈의 수력효율, $\rho$ : 물의 밀도(1,000[kg/m$^3$]), $g$ : 중력가속도(9.8[m/s$^2$]), $Q$ : 유량[m$^3$/s], $H$ : 유효수두[m]이다)

① $P=\frac{3}{4}\eta\rho gQH$
② $P=\frac{QH}{\eta\rho g}$
③ $P=\eta\rho gQH$
④ $P=\frac{\eta\rho g}{QH}$

**해설**

수력발전 전력에너지
에너지의 단위는 줄[J]을 사용하며 전기에너지의 단위는 [kWh]를 사용한다. 즉, 전력의 단위 시간 동안 발생시킨 에너지를 의미한다.
$P=\eta\rho gQH$

**정답** 53 ② 54 ① 55 ② 56 ② 57 ③

**58** 수소와 산소의 화학반응으로 생기는 화학에너지를 직접 전기에너지로 변환시키는 기술을 무엇이라 하는가?

① 연료전지 ② 태양광
③ 태양열 ④ 지 열

**해설**

연료전지

수소와 산소의 화학반응으로 생기는 화학에너지를 직접 전기에너지로 변환시키는 기술

$H_2 + \frac{1}{2}O_2 \rightarrow H_2O +$ 전기

**59** 연료전지의 발전효율은 총효율이 몇 [%] 정도되는가?

① 40 ② 50
③ 60 ④ 70

**해설**

생성물이 전기와 순수(純水)이고 발전효율이 30~40[%], 열효율이 40[%] 이상으로 총 70~80[%]의 효율을 갖는 신기술이다.

**60** 연료전지의 발전원리에 해당되지 않는 것은?

① 수소이온은 전해질층을 통해 공기극으로 이동
② 연료극에 공급된 수소는 수소이온과 전자로 분리
③ 전자는 내부회로를 통해 공기극으로 이동
④ 공기극 쪽에서 산소이온과 수소이온이 만나 반응생성물(물)을 생성

**해설**

연료전지의 발전원리(단위전지)

연료 중 수소와 공기 중 산소가 전기 화학 반응에 의해 직접 발전

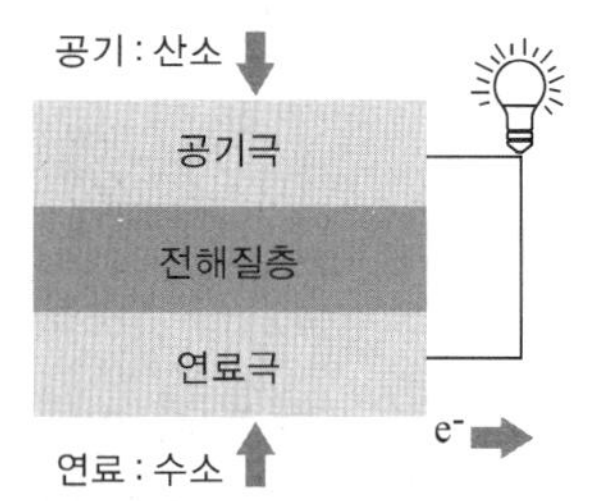


- 연료극에 공급된 수소는 수소이온과 전자로 분리
- 수소이온은 전해질층을 통해 공기극으로 이동, 전자는 외부회로를 통해 공기극으로 이동
- 공기극 쪽에서 산소이온과 수소이온이 만나 반응생성물(물)을 생성
  → 최종적인 반응은 수소와 산소가 결합하여 전기, 물 및 열 생성

**61** 연료전지의 최종적인 반응은 수소와 산소가 결합하여 생성된다. 생성되는 물질이 아닌 것은 무엇인가?

① 전 기 ② 열
③ 빛 ④ 물

**해설**

60번 해설 참고

**62** 연료전지의 특징이 아닌 것은?

① 부하변동에 따라 신속히 반응한다.
② 발전효율이 80[%] 이상이며, 열병합발전 시 100[%] 가능하다.
③ 고도의 기술과 고가의 재료 사용으로 인해 경제성이 많이 떨어진다.
④ 환경공해가 감소한다.

**해설**

연료전지의 특징

- 장 점
  - 도심 부근에 설치가 가능하여 송·배전 시의 설비 및 전력손실이 적다.
  - 천연가스, 메탄올, 석탄가스 등 다양한 연료사용이 가능하다.
  - 회전부위가 없어 소음이 없으며, 기존 화력발전과 같은 다량의 냉각수가 필요하지 않다.
  - 발전효율이 40~60[%]이며, 열병합발전 시 80[%] 이상 가능하다.
  - 부하변동에 따라 신속히 반응한다.
  - 설치형태에 따라서 현지설치용, 분산배치형, 중앙집중형 등의 다양한 용도로 사용이 가능하다.
  - 환경공해가 감소한다.
- 단 점
  - 내구성과 신뢰성의 문제 등 상용화를 위해서는 아직 해결해야 할 기술적 난제가 존재한다.
  - 고도의 기술과 고가의 재료 사용으로 인해 경제성이 많이 떨어진다.
  - 연료전지에 공급할 원료(수소 등)의 대량 생산과 저장, 운송, 공급 등의 기술적 해결이 어렵다.
  - 연료전지의 상용화를 위한 인프라 구축 역시 미비한 상황이다.



58 ① 59 ④ 60 ③ 61 ③ 62 ② 정답

**63** 연료전지의 발전현황 기술에 해당되지 않는 것은?

① 알칼리형　② 산성형
③ 용융탄산염형　④ 인산형

해설

각 연료전지의 발전현황
- 알칼리형(AFC ; Alkaline Fuel Cell)
  - 1960년대 군사용(우주선 : 아폴로 11호)으로 개발되었다.
  - 순수소 및 순산소를 사용하고 있다.
- 인산형(PAFC ; Phosphoric Acid Fuel Cell)
  - 1970년대 민간차원에서 처음으로 기술개발된 1세대 연료전지로 병원, 호텔, 건물 등 산형 전원으로 이용되고 있다.
  - 현재 가장 앞선 기술로 미국, 일본에서 실용화 단계에 있다.
- 용융탄산염형(MCFC ; Molten Carbonate Fuel Cell)
  - 1980년대에 기술개발된 2세대 연료전지로 대형발전소, 아파트 단지, 대형건물의 분산형 전원으로 이용되고 있다.
  - 미국, 일본에서 기술개발을 완료하고 성능평가가 진행 중이다 (250[kW] 상용화, 2[MW] 실증).
- 고체산화물형(SOFC ; Solid Oxide Fuel Cell)
  - 1980년대에 본격적으로 기술개발된 3세대로서, MCFC보다 효율이 우수한 연료전지, 대형발전소, 아파트단지 및 대형건물의 분산형 전원으로 이용되고 있다.
  - 최근 선진국에서는 가정용, 자동차용 등으로도 연구를 진행하고 있으나 우리나라는 다른 연료전지에 비해 기술력이 가장 낮다.
- 고분자전해질형(PEMFC ; Polymer Electrolyte Membrane Fuel Cell)
  - 1990년대에 기술개발된 4세대 연료전지로 가정용, 자동차용, 이동용 전원으로 이용되고 있다.
  - 가장 활발하게 연구되는 분야이며, 실용화 및 상용화도 타 연료전지보다 빠르게 진행되고 있다.
- 직접메탄올연료전지(DMFC ; Direct Methanol Fuel Cell)
  - 1990년대 말부터 기술개발된 연료전지로 이동용(핸드폰, 노트북 등) 전원으로 이용하고 있다.
  - 고분자 전해질 형 연료전지와 함께 가장 활발하게 연구되는 분야이다.

**64** 1990년대 말부터 기술개발된 연료전지로 이동용(핸드폰, 노트북 등) 전원으로 이용하고 있는 연료전지 기술은?

① 고분자전해질형　② 고체산화물형
③ 직접메탄올연료전지　④ 용융탄산염형

해설

63번 해설 참조

**65** 연료전지 발전시스템 구성요소에 해당되지 않는 것은?

① 개질기　② 연료전지
③ 컨버터　④ 인버터

해설

연료전지 발전시스템 구성도

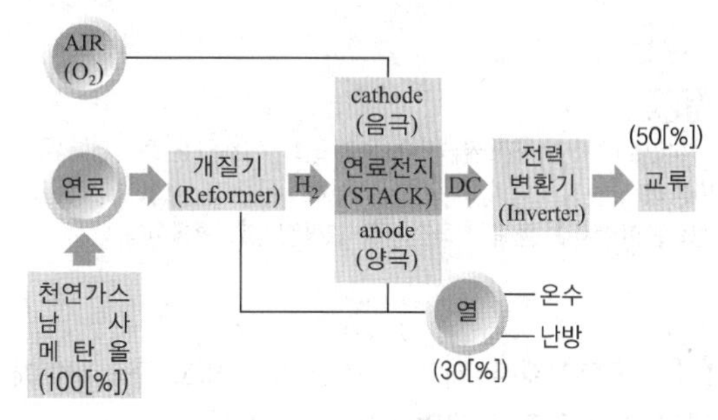


- 개질기(Reformer) : 화석연료(천연가스, 메탄올, 석유 등)로 부터 수소를 발생시키는 장치로서 시스템에 악영향을 주는 황(10[ppb] 이하), 일산화탄소(10[ppm] 이하) 제어 및 시스템 효율향상을 위한 Compact가 핵심기술이다.
- 연료전지(스택(Stack)) : 원하는 전기출력을 얻기 위해 단위전지를 수십 장, 수백 장 직렬로 쌓아 올린 본체로서 단위전지 제조, 단위전지 적층 및 밀봉, 수소공급과 열 회수를 위한 분리판 설계·제작 등이 핵심기술이다.
- 전력변환기(Inverter) : 연료전지에서 나오는 직류전기(DC)를 우리가 사용하는 교류(AC)로 변환시키는 장치이다.
- 주변보조기기(BOP ; Balance Of Plant) : 연료, 공기, 열 회수 등을 위한 펌프류, Blower, 센서 등을 말하며, 연료전지의 특성에 맞는 기술이 미비하다.

**66** 원하는 전기출력을 얻기 위해 단위전지를 수십 장, 수백 장 직렬로 쌓아 올린 본체로서 단위전지 제조, 단위전지 적층 및 밀봉, 수소공급과 열 회수를 위한 분리판 설계·제작 등이 핵심기술인 것은?

① 개질기　② 연료전지
③ 전력변환기　④ 보조기기

해설

65번 해설 참고

정답　63 ②　64 ③　65 ③　66 ②

## 67 다음 중 ( ) 안의 내용으로 알맞은 것은?

"화석연료에서 수소가 발생되어 공기 중에 산소와 연료전지를 통해 반응이 오는데, ( )[%]의 열이 발생하고 온수와 난방에 이용된다."

① 30　② 50
③ 70　④ 90

해설
화석연료에서 수소가 발생되어 공기 중의 산소와 연료전지를 통해 반응이 오는데, 30[%]의 열이 발생하고 온수와 난방에 이용된다. 전력변환장치를 통해 직류전기를 교류전기로 변환한다.

## 68 연료전지 두 개의 전극으로 되어 있고 전극 사이에 들어 있는 물질은 무엇인가?

① 정 공　② 전 자
③ 전해질　④ 수 소

해설
전해질은 연료전지 두 개의 전극으로 되어 있고 전극 사이에 전해질이 들어 있다.

## 69 연료전지의 종류 중 효율이 가장 우수한 방식은?

① 고체산화물형(SOFC)
② 직접메탄올형(DMFC)
③ 고분자전해질형(PEMFC)
④ 용융탄산염형(MFFC)

해설
연료전지의 종류(전해질 종류에 따른 구분)

| 구 분 | 알칼리 (AFC) | 인산형 (PAFC) | 용융탄산염형 (MCFC) |
|---|---|---|---|
| 전해질 | 알칼리 | 인산염 | 탄산염 |
| 동작온도 [℃] | 120 이하 | 250 이하 | 700 이하 |
| 효율[%] | 85 | 70 | 80 |
| 용 도 | 우주발사체 전원 | 중형건물 (200[kW]) 중형건물 | 중·대형건물 (100[[kW] ~[MW]) |
| 특 징 | - | CO 내구성 큼, 열병합 대응 가능 | 발전효율 높음, 내부개질 가능, 열병합 대응 가능 |

| 구 분 | 고체산화물형 (SOFC) | 고분자전해질형 (PEMFC) | 직접메탄올 (DMFC) |
|---|---|---|---|
| 전해질 | 세라믹 | 이온교환막 | 이온교환막 |
| 동작온도 [℃] | 1,200 이하 | 100 이하 | 100 이하 |
| 효율[%] | 85 | 75 | 40 |
| 용 도 | 소·중·대형건물 (1[kW]~[MW]) | 가정·상업용 (1~10[kW]) | 소형이동 (1[kW]) |
| 특 징 | 발전효율 높음, 내부개질 가능, 복합발전 가능 | 저온작동, 고출력밀도 | 저온작동, 고출력밀도 |

## 70 신에너지의 종류가 아닌 것은?

① 수소에너지
② 연료에너지
③ 석탄을 액화·가스화한 에너지
④ 태양에너지

해설
신재생에너지
- 신에너지(화학 반응을 통해 전기 또는 열을 이용한 에너지)
  - 연료전지
  - 수소에너지
  - 중질잔사유를 가스화한 에너지
  - 석탄을 액화·가스화한 에너지
  - 기타 석탄·석유·원자력이나 천연가스가 아닌 에너지
- 재생에너지(물, 바람, 햇빛 등 자연을 이용한 에너지)
  - 태양에너지
  - 수력에너지
  - 풍력에너지
  - 바이오에너지
  - 지열에너지
  - 해양에너지
  - 폐기물에너지
  - 그 밖에 석탄·석유·원자력 또는 천연가스가 아닌 에너지

## 71 재생에너지로 바르게 연결된 것은?

① 태양에너지와 수소에너지
② 풍력에너지와 연료전지
③ 수소에너지와 연료전지
④ 지열에너지와 태양에너지

해설
70번 해설 참조



67 ① 68 ③ 69 ① 70 ④ 71 ④ 정답

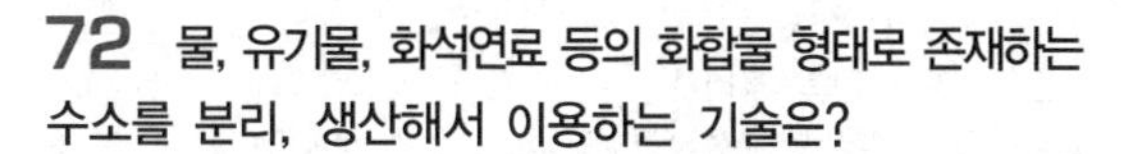

## 72 물, 유기물, 화석연료 등의 화합물 형태로 존재하는 수소를 분리, 생산해서 이용하는 기술은?

① 화학에너지기술
② 수소에너지기술
③ 산소에너지기술
④ 바이오에너지기술

해설

**수소에너지기술**

- 물, 유기물, 화석연료 등의 화합물 형태로 존재하는 수소를 분리, 생산해서 이용하는 기술이다.
- 수소는 물의 전기분해로 가장 쉽게 제조할 수 있으나 입력에너지(전기에너지)에 비해 수소에너지의 경제성이 너무 낮으므로 대체 전원 또는 촉매를 이용한 제조기술을 연구하고 있다.
- 에너지보존법칙상 입력에너지(수소생산)가 출력에너지(수소이용)보다 큰 근본적인 문제가 있다.
- 수소는 가스나 액체로 수송할 수 있으며 고압가스, 액체수소, 금속수소화물 등의 다양한 형태로 저장 가능하다.
- 현재 수소는 기체 상태로 저장하고 있으나 단위 부피당 수소저장밀도가 너무 낮아 경제성과 안정성이 부족하여 액체 및 고체저장법을 연구하고 있다.

## 73 수소에너지의 특징이 아닌 것은?

① LPG나 LNG에 비해 불안전하다.
② 현재 단위 부피당 수소저장밀도가 너무 낮아 경제성과 안정성이 부족하다.
③ 오염물질이 거의 배출되지 않는다.
④ 연료전지의 연료원으로서 고효율에너지로 사용가능하다.

해설

**수소에너지의 특징**

- 장 점
  - 저장과 수송이 쉽다.
  - 오염물질이 거의 배출되지 않는다.
  - 물에서 수소를 얻을 수 있어 무한정 사용이 가능한 에너지 자원이다.
  - 석유를 대신해서 유체 에너지원으로 가능하기 때문에 자동차, 항공기 연료로 사용이 가능하다.
  - 연료전지의 연료원으로서 고효율에너지로 사용가능하다.
  - 수소와 탄소원료의 탄화수소로서 화학공업 재료로 이용할 수 있다.
- 단 점
  - 물을 전기분해하여 수소를 쉽게 제조할 수 있으나 분해 시에 많은 양의 에너지가 요구된다.
  - 현재 단위 부피당 수소저장밀도가 너무 낮아 경제성과 안정성이 부족하다.

## 74 수소제조기술의 종류로 옳지 않은 것은?

① 부분산화법
② 자기열개질법
③ 산화개질법
④ 수증기개질법

해설

**수소제조기술의 종류**

- 수증기개질법(Stream Reforming) : 천연가스와 나프타 등의 경질 탄화수소에 사용되며 고온에서 촉매존재 하의 원료와 수증기를 반응시키는 것에 의하여 수소밀도가 높은 개질가스를 얻는 것이다.
- 부분산화법(Partial Oxidation) : 촉매를 사용하지 않는 방법이 일반적이다. 높은 온도에서 원료에 산소를 공급함으로써 부분산화를 통하여 개질가스를 얻는 방법으로 경질탄화수소 뿐만 아니라 중질유, 석탄 등을 포함하는 탄화수소 전반에 걸쳐 사용할 수 있는 방법이다. 그러나 수증기 개질법에 비하여 에너지 효율이 낮고 설비비가 고가이다.
- 자기열개질법(Autothermal Reforming) : 주반응이 흡열반응으로 수증기 개질반응에 발열반응과 조합한 방법이다. 니켈 또는 귀금속 혼합촉매는 탄화수소의 개질에 사용된다. 발열반응을 하는 부분산화법과 함께 내부에서 진행되는 열적 자립이 가능한 방법이다.
- 전기분해법 : 물에 1.75[V] 이상의 전류를 흘려 양극에서는 산소를, 음극에서는 수소를 얻는 방법이다.
- 석탄가스화 및 열분해법 : 석탄을 가스화하면서 수소를 얻는다.
- 열화학분해법 : 800[℃]의 고온에서 여러 단계의 화학공정을 거쳐 물을 분해하고 수소를 얻는 방법이다.

## 75 수소의 제조기술 중 800[℃]의 고온에서 여러 단계의 화학공정을 거쳐 물을 분해하고 수소를 얻는 방법을 무엇이라 하는가?

① 전기분해법
② 열화학분해법
③ 석탄가스화 및 열분해법
④ 수증기개질법

해설

74번 해설 참고

정답 72 ② 73 ① 74 ③ 75 ②

## 76 공업용 수소가스나 우주개발용 로켓에 사용되는 수소 저장기술은?

① 고체상태 저장기술
② 기체상태 저장기술
③ 수소저장합금에 의한 저장기술
④ 액체상태 저장기술

**해설**

수소의 저장기술
• 기체상태 저장기술 : 150~200기압으로 압축한 수소가스를 연강제의 원통형 저장용기에 충전하는 방식으로 가장 널리 사용된다.
• 액체상태 저장기술
 – 수소를 −250[℃]의 온도에서 액화시켜 저장하는 방식으로 기체상태의 압축수소보다 부피가 작고 질량에너지 밀도가 높다.
 – 공업용 수소가스나 우주개발용 로켓에 사용된다.
• 수조저장합금에 의한 저장기술 : 수소는 금속의 틈 사이로 스며들기 쉬운데 이 성질을 이용한 것이다. 냉각 또는 가압하면 수소를 흡수하여 금속수소화물이 되고, 반대로 가열 또는 감압하면 다시 수소를 방출한다.

## 77 수소를 수송할 경우 기체수소의 이송방법이 아닌 것은?

① 봄 베　　② 트레일러
③ 롤 리　　④ 집합용기

**해설**

수소의 수송
• 용기에 의한 수송
 – 기체수소 : 봄베, 집합용기, 트레일러
 – 액체수소 : 소형컨테이너, 롤리
• 파이프라인에 의한 수송

## 78 수소의 이용분야로 틀린 것은?

① 연료전지　　② 식품유지공업
③ 에어컨　　④ 수소자동차

**해설**

수소의 이용
수소는 화석연료의 대체 사용이 가능한 에너지원으로서 화석연료를 사용하는 분야와 금속수소화합물을 이용한 2차 전지 등에서 활용이 가능하다.
• 수소자동차
• 연료전지(노트북, 휴대폰)
• 화학공업(정유공업, 석유정제공업)
• 식품유지공업(쇼트닝이나 마가린 제조)

## 79 물, 지하수 및 지하의 열 등의 온도차를 이용하여 냉 · 난방에 활용하는 발전기술은?

① 지열에너지 발전기술
② 폐기물에너지 발전기술
③ 수력에너지 발전기술
④ 바이오에너지 발전기술

**해설**

지열에너지 발전기술
• 물, 지하수 및 지하의 열 등의 온도차를 이용하여 냉 · 난방에 활용하는 발전기술이다.
• 태양열의 약 47[%]가 지표면을 통해 지하에 저장되며, 태양열을 흡수한 땅속의 온도는 지형에 따라 다르다. 지표면 가까운 땅속의 온도는 개략 10~20[℃] 정도 유지하여 열펌프를 이용하는 냉난방 시스템에 이용된다.
• 우리나라 일부지역의 심부(지중 1~2[km]) 지중온도는 80[℃] 정도로서 직접 냉난방에 이용 가능하다.

## 80 지열발전기술의 구성에 해당되지 않는 것은?

① 압축기
② 열교환기
③ 열수축기
④ 순환펌프

**해설**

지열발전기술의 구성도

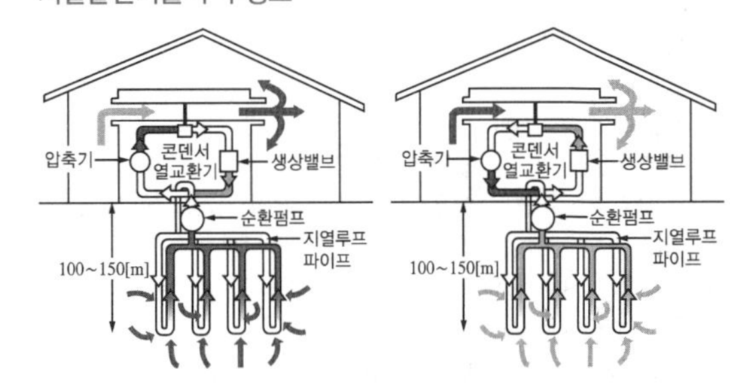




76 ④ 77 ③ 78 ③ 79 ① 80 ③ 정답

## 81 지열발전의 종류 중에서 일반적으로 사용되는 회로는?

① 폐회로 ② 개방회로
③ 순환회로 ② 주회로

해설

지열발전의 종류

지열시스템의 종류는 대표적으로 지열을 회수하는 파이프(열교환기) 회로구성에 따라 폐회로(Closed Loop)와 개방회로(Open Loop)로 구분된다.

- 일반적으로 적용되는 폐회로는 파이프로 구성되어 있는데, 파이프 내에는 지열을 회수(열 교환)하기 위한 열매가 순환되며, 파이프의 재질은 고밀도 폴리에틸렌이 사용된다.
- 폐회로시스템(폐쇄형)은 루프의 형태에 따라 수직, 수평루프시스템으로 구분되는데 수직 100~150[m], 수평 1.2~1.8[m] 정도 깊이로 묻히게 되며 상대적으로 냉난방부하가 적은 곳에 사용된다.
- 개방회로는 온천수, 지하수에서 공급받은 물을 운반하는 파이프가 개방되어 있는 것으로 풍부한 수원지가 있는 곳에서 적용되고 있다.
- 폐회로가 파이프 내의 열매(물 또는 부동액)와 지열 Source가 열교환되는 것에 비해 개방회로는 파이프 내로 직접 지열 Source가 회수되므로 열전달효과가 높고 설치비용이 저렴한 장점이 있으나 폐회로에 비해 보수가 필요한 단점이 있다.

## 82 지열발전의 장점이 아닌 것은?

① 발전비용이 비교적 저렴하고 운전기술이 비교적 간단하다.
② 다시 보충할 수 없어 재생이 불가능한 에너지이다.
③ 공해물질 배출이 없다.
④ 가동률이 높고, 잉여열을 지역에너지로 이용할 수 있다.

해설

지열발전의 특징

- 장 점
  - 공해물질 배출이 없다.
  - 가동률이 높고, 잉여열을 지역에너지로 이용할 수 있다.
  - 발전비용이 비교적 저렴하고 운전기술이 비교적 간단하다.
- 단 점
  - 다시 보충할 수 없어 재생이 불가능한 에너지이다.
  - 지열발전이 가능한 지역이 한정되어 우리나라는 적격지가 많지 않다.
  - 땅의 침전이 있을 수 있으며 지중상황 파악이 곤란하다.

## 83 지중열교환기와 열펌프로 구성된 냉·난방 겸용시스템을 무엇이라 하는가?

① 열교환기
② 히트펌프
③ 지열루프파이프
④ 순환펌프

해설

히트펌프시스템

지중열교환기와 열펌프로 구성된 냉·난방 겸용시스템이다. 히트펌프는 냉동사이클을 기본으로 한다는 점에서 일반적인 에어컨과 동일하나, 냉동사이클을 역으로 운전시킬 때는 난방이 가능한 장치이다. 히트펌프의 가장 큰 장점은 에너지 효율이 매우 높다는 것이다.

## 84 직접 또는 생·화학적, 물리적 변환과정을 통해 액체, 가스, 고체연료나 전기·열에너지 형태로 이용하는 화학, 생물, 연소공학 등의 기술을 총칭하는 기술은?

① 폐기물에너지 기술
② 바이오에너지 기술
③ 석탄가스·액화기술
④ 수소에너지 기술

해설

바이오에너지 이용기술

바이오매스(Biomass, 유기성 생물체를 총칭)를 직접 또는 생·화학적, 물리적 변환과정을 통해 액체, 가스, 고체연료나 전기·열에너지 형태로 이용하는 화학, 생물, 연소공학 등의 기술을 말한다.

※ Biomass
태양에너지를 받은 식물과 미생물의 광합성에 의해 생성되는 식물체·균체와 이를 먹고 살아가는 동물체를 포함하는 생물 유기체

## 85 바이오에너지 기술의 분류에 해당되지 않는 사항은?

① 바이오액체연료 생산기술
② 바이오매스생산, 가공기술
③ 바이오매스 가스화기술
④ 바이오매스 기체화기술

정답 81 ① 82 ② 83 ② 84 ② 85 ④

해설

바이오에너지 기술의 분류

| 대분류 | 중분류 | 내 용 |
|---|---|---|
| 바이오 액체연료 생산기술 | 연료용 바이오 에탄올 생산기술 | 당질계, 전분질계, 목질계 |
| | 바이오디젤 생산기술 | 바이오디젤 전환 및 엔진 적용기술 |
| | 바이오매스 액화기술 (열적전환) | 바이오매스 액화, 연소, 엔진이용기술 |
| 바이오 매스 가스화 기술 | 혐기소화에 의한 메탄가스화기술 | 유기성 폐수의 메탄가스화 기술 및 매립지 가스 이용기술(LFG) |
| | 바이오매스 가스화기술 (열적전환) | 바이오매스 열분해, 가스화, 가스화발전 기술 |
| | 바이오수소 생산기술 | 생물학적 바이오 수소 생산기술 |
| 바이오 매스생산, 가공기술 | 에너지 작물 기술 | 에너지 작물 재배, 육종, 수집, 운반, 가공기술 |
| | 생물학적 $CO_2$ 고정화 기술 | 바이오매스 재배, 산림녹화, 미세조류 배양기술 |
| | 바이오 고형연료 생산, 이용기술 | 바이오 고형연료 생산 및 이용기술(왕겨탄, 칩, RDF(폐기물연료) 등) |

**86** 폐기물을 변환시켜 연료 및 에너지를 생산하는 기술은?

① 폐기물에너지 기술
② 해양에너지 기술
③ 바이오에너지 기술
④ 담력에너지 기술

해설

폐기물에너지 기술

폐기물을 변환시켜 연료 및 에너지를 생산하는 기술로서 사업장 또는 가정에서 발생되는 가연성 폐기물 중 에너지 함량이 높은 폐기물을 열분해에 의한 오일화, 성형고체연료의 제조기술, 가스화에 의한 가연성 가스제조기술 및 소각에 의한 열회수기술 등의 가공·처리 방법을 통해 고체연료, 액체연료, 가스연료, 폐열 등을 생산하고, 이를 산업 생산활동에 필요한 에너지로 이용될 수 있도록 재생에너지를 생산하는 기술이다.

**87** 폐기물 신재생에너지의 종류에 해당되지 않는 것은?

① 폐유 정제유
② 폐기물 소각열
③ 성형액체연료
④ 플라스틱 열분해 연료유

해설

폐기물 신재생에너지의 종류

- 폐유 정제유 : 자동차 폐윤활유 등의 폐유를 이온정제법, 열분해 정제법, 감압증류법 등의 공정으로 정제하여 생산한 재생유
- 폐기물 소각열 : 연성 폐기물 소각열 회수에 의한 스팀생산 및 발전으로의 이용
- 성형고체연료(RDF ; Refuse Derived Fuel) : 종이, 나무, 플라스틱 등의 가연성 폐기물을 파쇄, 분리, 건조, 성형 등의 공정을 거쳐 제조한 고체연료
- 플라스틱 열분해 연료유 : 플라스틱, 합성수지, 고무, 타이어 등의 고분자 폐기물을 열분해하여 생산한 청정 연료유

**88** 석탄, 중질잔사유 등의 저급원료를 고온·고압의 가스화기에서 수증기와 함께 한정된 산소로 불완전연소 및 가스화시켜 일산화탄소와 수소가 주성분인 합성가스를 만들어 정제공정을 거친 후 가스터빈 및 증기터빈 등을 구동하여 발전하는 신기술을 무엇이라 하는가?

① 석탄가스화기술 ② 석탄액화기술
③ 연료전지기술 ④ 바이오에너지기술

해설

석탄가스화기술

가스화 복합발전기술(IGCC ; Integrated Gasification Combined Cycle)은 석탄, 중질잔사유 등의 저급원료를 고온·고압의 가스화기에서 수증기와 함께 한정된 산소로 불완전연소 및 가스화시켜 일산화탄소와 수소가 주성분인 합성가스를 만들어 정제공정을 거친 후 가스터빈 및 증기터빈 등을 구동하여 발전하는 신기술이다.

**89** 고체연료인 석탄을 휘발유 및 디젤유 등의 액체연료로 전환시키는 기술을 무엇이라 하는가?

① 석탄가스화기술 ② 석탄액화기술
③ 연료전지기술 ④ 바이오에너지기술



86 ① 87 ③ 88 ① 89 ② 정답

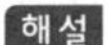

**해설**

석탄액화기술

고체연료인 석탄을 휘발유 및 디젤유 등의 액체연료로 전환시키는 기술로 고온·고압의 상태에서 용매를 사용하여 전환시키는 직접액화 방식과, 석탄가스화 후 촉매 상에서 액체연료로 전환시키는 간접액화기술이 있다.

## 90 석탄액화·가스화 에너지시스템 구성에 해당되지 않는 것은?

① 가스정제부
② 가스연소부
③ 수소 및 액화연료부
④ 발전부

**해설**

석탄액화·가스화 에너지시스템 구성도

석탄이용기술은 가스화부, 가스정제부, 발전부 등 3가지 주요 Block과 활용 에너지의 다변화를 위해 추가되는 수소 및 액화연료부 등으로 구성된다.

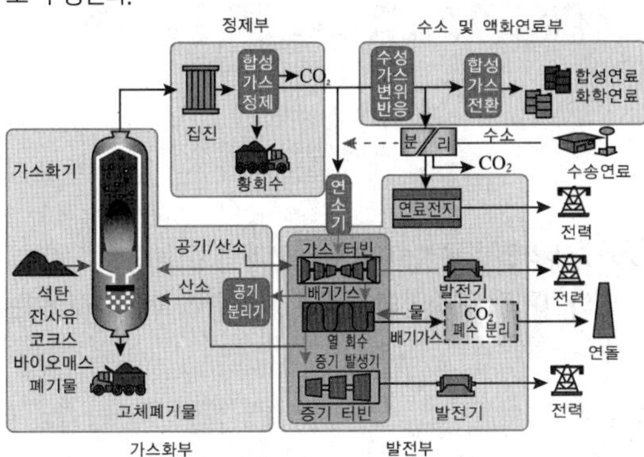


## 91 석탄액화·가스화 에너지시스템의 구성 중 합성가스를 정제하면서 이산화탄소를 분리하고 황 회수를 배출하는 부분은?

① 정제부 ② 가스화부
③ 발전부 ④ 수소 및 액화연료부

**해설**

석탄액화·가스화 에너지시스템의 구성부분

- 정제부 : 석탄액화·가스화 에너지시스템의 구성 중 합성가스를 정제하면서 이산화탄소를 분리하고 황 회수를 배출한다.
- 가스화부 : 석탄, 잔사유, 코크스, 바이오매스, 폐기물 등을 가스화하고 고체폐기물은 배출한다.
- 발전부 : 연소기, 가스터빈, 배기가스, 열 회수 증기발생기, 증기터빈시설, 연료전지로 구성되어 있으며, 이산화탄소와 폐수를 분리하고 전력으로 이어진다.
- 수소 및 액화연료부 : 수성가스의 변위반응으로 합성가스를 전환하고, 합성연료와 화학연료를 생성한다.

## 92 석탄액화방법 중 석탄을 고온, 고압에서 열분해한 후 수소에 의하여 안정화시켜 저분자 탄화수소를 생성시키는 방법을 무엇이라 하는가?

① 간접액화법 ② 직접액화법
③ 상대액화법 ④ 증류액화법

**해설**

석탄액화(Coal Liquefaction)

- 간접액화법 : 석탄을 일단 가스화시킨 후, $CO+H_2$ 가스로 변환시키고 피셔·트로프슈 합성, 모빌법 등에 의해 탄화수소를 생성시키는 방법을 말한다.
- 직접액화법 : 석탄액화방법 중 석탄을 고온, 고압에서 열분해한 후 수소에 의하여 안정화시켜 저분자 탄화수소를 생성시키는 방법을 말한다.

## 93 석탄액화·가스화 에너지의 특징이 아닌 것은?

① 고효율 발전이 가능하다.
② 다양한 저급연료를 활용할 수 있다.
③ 초기 투자비용이 적다.
④ 시스템의 고효율화가 요구된다.

**해설**

석탄액화·가스화 에너지의 특징

| 장 점 | 단 점 |
|---|---|
| • 고효율 발전<br>• SOx를 95[%] 이상, NOx를 90[%] 이상 저감하는 환경친화기술<br>• 다양한 저급연료(석탄, 중질잔사유, 폐기물 등)를 활용한 전기생산 가능, 화학플랜트 활용, 액화연료 생산 등 다양한 형태의 고부가가치의 에너지화 | • 소요면적이 넓은 대형 장치산업으로 시스템 비용이 고가이므로 초기 투자비용이 높음<br>• 복합설비로 전체 설비의 구성과 제어가 복잡하여 연계시스템의 최적화, 시스템 고효율화, 운영안정화 및 저비용화가 요구된다. |

**정답** 90 ② 91 ① 92 ② 93 ③

## 94 석탄액화 · 가스기술의 분류에 해당되지 않는 것은?

① 석탄가스화기술
② 가스정제기술
③ 가스터빈 복합발전시스템
④ 액체연료 생산

**해설**

석탄액화 · 가스기술의 분류
- 석탄가스화기술 : 석탄을 고온 · 고압 상태의 가스화기에서 한정된 산소와 함께 불완전 연소시켜 CO와 $H_2$가 주성분인 합성가스를 생성하는 기술로 전체 시스템 중 가장 중요한 부분으로 석탄 종류 및 반응조건에 따라 생성가스의 성분과 성질이 달라지며 건식가스화기술과 습식가스화기술이 있다.
- 가스정제기술 : 생성된 합성가스를 고효율 청정발전 및 청정에너지에 사용할 수 있도록 오염가스와 분진($H_2S$, HCl, $NH_3$ 등) 등을 제거하는 기술이다.
- 가스터빈 복합발전시스템(IGCC ; Integrated Gasification Combined Cycle) : 정제된 가스를 사용하여 1차로 가스터빈을 돌려 발전하고, 배기 가스열을 이용하여 보일러로 증기를 발생시켜 증기터빈을 돌려 발전하는 방식이다.
- 수소 및 액화연료 생산 : 연료전지의 원료로 사용할 수 있도록 합성가스로부터 수소를 분리하는 기술과 생성된 합성가스의 촉매 반응을 통해 액체연료인 합성석유를 생산하는 기술이다.

## 95 태양광선의 파동성질을 이용하는 태양에너지 광열학적 이용분야로 태양열의 흡수 · 저장 · 열변환 등을 통하여 건물의 냉난방 및 급탕 등에 활용하는 기술은?

① 태양광 ② 풍 력
③ 태양열 ④ 지 열

**해설**

태양열 이용기술
태양광선의 파동성질을 이용하는 태양에너지 광열학적 이용분야로 태양열의 흡수 · 저장 · 열변환 등을 통하여 건물의 냉난방 및 급탕 등에 활용하는 기술로서 태양열 이용기술의 핵심은 태양열 집열기술, 축열기술, 시스템 제어기술, 시스템 설계기술 등이 있다.

## 96 태양열시스템의 구성에 해당되지 않는 부분은?

① 축열부 ② 이용부
③ 집열부 ④ 감열부

**해설**

태양열시스템의 구성
- 집열부 : 태양열 집열이 이루어지는 부분으로 집열온도는 집열기의 열손실률과 집광장치의 유무에 따라 결정된다.
- 축열부 : 열 시점과 집열량이 이용시점과 부하량에 일치하지 않기 때문에 필요한 일종의 버퍼(Buffer) 역할을 할 수 있는 열저장 탱크이다.
- 이용부 : 태양열 축열조에 저장된 태양열을 효과적으로 공급하고, 부족할 경우 보조열원에 의해 공급한다.
- 제어장치 : 태양열을 효과적으로 집열 및 축열하여 공급하고, 태양열 시스템의 성능 및 신뢰성 등에 중요한 역할을 해 주는 장치이다.

※ 태양열 에너지는 에너지 밀도가 낮고 계절별, 시간별 변화가 심한 에너지이므로 집열과 축열 기술이 가장 기본이 되는 기술이다.

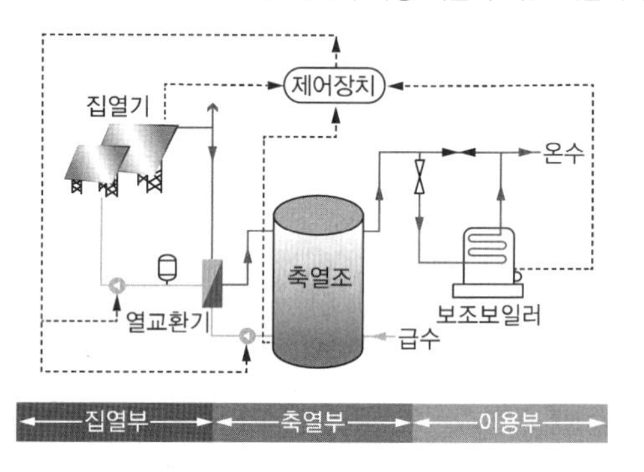


## 97 태양열이용기술의 자연형과 설비형으로 구분할 수 있다. 이 중 설비형의 활용온도 범위에 포함되지 않는 것은?

① 60[℃] 이하 ② 100[℃] 이하
③ 300[℃] 이하 ④ 300[℃] 이상

**해설**

태양열이용기술의 분류
태양열시스템은 열매체의 구동장치 유무에 따라서 자연형(Passive) 시스템과 설비형(Active)시스템으로 구분된다. 자연형시스템은 온실, 트롬월(Trombe Wall)과 같이 남측의 창문이나 벽면 등 주로 건물 구조물을 활용하여 태양열을 집열하는 장치이다. 설비형시스템은 집열기를 별도 설치해서 펌프와 같은 열매체 구동장치를 활용하여 태양열을 집열하는 시스템으로 흔히 태양열 시스템이라고 한다. 집열 또는 활용온도에 따른 분류는 일반적으로 저온용, 중온용, 고온용으로 분류하기도 하며, 각 온도별 적정 집열기, 축열방법 및 이용분야는 다음과 같다.



정답 94 ④ 95 ③ 96 ④ 97 ①

| 구 분 | 자연형 | 설비형 | | |
|---|---|---|---|---|
| | 저온용 | 중온용 | 고온용 | |
| 활용 온도 | 60[℃] 이하 | 100[℃] 이하 | 300[℃] 이하 | 300[℃] 이상 |
| 집열부 | 자연형 시스템 공기식 집열기 | 평판형 집열기 | • PTC형 집열기<br>• CPC형 집열기<br>• 진공관형 집열기 | Dish형 집열기 Power Tower |
| 축열부 | Trombe Wall (자갈, 현열) | 저온축열 (현열, 잠열) | 중온축열 (잠열, 화학) | 고온축열 (화학) |
| 이용 분야 | 건물공간 난방 | 냉난방 · 급탕, 농수산분야 (건조, 난방) | 건물 및 농수산분야 냉 · 난방, 담수화, 산업공정열, 열발전 | 산업공정열, 열발전, 우주용, 광촉매폐수 처리, 광화학, 신물질제조 |

※ PTC(Parabolic Trough solar Collector)

※ CPC(Compound Parabolic Collector)

## 98 태양열 이용분야 중심의 분류에 해당되지 않는 것은?

① 태양열 온수급탕시스템

② 태양열 발전시스템

③ 태양열 냉난방시스템

④ 태양열 공조시스템

**해설**

태양열 이용분야를 중심으로 분류

- 태양열 온수급탕시스템
- 태양열 냉난방시스템
- 태양열 산업공정열시스템
- 태양열 발전시스템

## 99 태양열시스템의 구성 중 집열부는 열에너지를 흡수하여 열매체에 전달하여 열을 모으는 부분이다. 태양열 난방 및 급탕용으로 가장 많이 사용되는 집열기는?

① 평판형 ② 진공관형

③ PTC형 ④ Dish형

**해설**

태양열시스템의 집열기

- 평판형(Flat Plate Type) 태양열 집열기 : 태양열 난방 및 급탕용으로 가장 많이 사용되고 있는 형식으로 평판 형태이며 투과체, 흡열판, 열매체관, 단열재 등으로 구성된다. 크게 액체식과 공기식으로 구분한다.
  - 투과체 : 태양의 복사광선을 투과시키며, 집열기로부터의 열손실을 줄여 주고 흡수관을 보호하는 역할을 한다.
  - 흡열판 : 복사광선을 최대한 흡수하여 열에너지로 변환시켜 주는 역할을 수행하며, 표면에 무광 흑색도장을 하여 최대한 복사광선을 흡수하도록 한다.
  - 열매체관 : 열매체가 축열조나 기타 필요한 곳으로 이동하는 관이다.
  - 단열재 : 열에너지의 손실을 줄여 주는 역할을 한다.
- 진공관형(Evacuated Tube Type) 태양열 집열기 : 투과체 내부를 진공으로 만들고 그 안에 흡수관을 설치한 집열기이다. 진공관의 형태에 따라 단일 진공관과 2중 진공관이 있는데 단일 진공관은 유리관의 내부 전체가 진공으로 된 것이고, 2중 진공관은 2중으로 되어 있어 유리관 사이가 진공상태로 된 것이다.
- PTC형(Parabolic Trough Concentrator) 태양열 집열기 : 태양의 고도에 따라 태양을 추적하기 위한 포물선 형태의 반사판이 있고, 그 중앙에 흡수판의 역할을 하는 집열관을 설치한 집열기이다. 반사판에 의해 모아진 일사광선은 집열관에 집광되어 집열관 내부의 열매체를 가열시키게 된다. 또한 일사광선의 고밀도로 집광하며, 열손실이 집열관에 국한되므로 200~250[℃] 정도의 고온을 쉽게 얻는다.
- Dish형 태양열 집열기 : 일사광선이 한 점에 집광될 수 있는 접시 모양의 반사판을 갖는 집열기이다. 300[℃] 이상의 고온을 집열하는데 사용된다. 태양열 발전용으로 주로 사용된다.

## 100 해양의 조수 · 파도 · 해류 · 온도차 등을 변환시켜 전기 또는 열을 생산하는 기술은?

① 해양에너지

② 풍력에너지

③ 태양광에너지

④ 지열에너지

**해설**

해양에너지

해양의 조수 · 파도 · 해류 · 온도차 등을 변환시켜 전기 또는 열을 생산하는 기술로써 전기를 생산하는 방식은 조력 · 파력 · 조류 · 온도차 발전 등이 있다.

정답 98 ④ 99 ① 100 ①

**101** 해양에너지 발전기술 중 해수의 유동에 의한 운동에너지를 이용하여 전기를 생산하는 발전기술은?

① 조력발전 ② 파력발전
③ 조류발전 ④ 온도차발전

해설

해양에너지 발전기술

- 조력발전 : 조석간만의 차를 동력원으로 해수면의 상승하강운동을 이용하여 전기를 생산하는 기술이다.
- 파력발전 : 연안 또는 심해의 파랑에너지를 이용하여 전기를 생산하는 기술이다.
- 조류발전 : 해수의 유동에 의한 운동에너지를 이용하여 전기를 생산하는 발전기술이다.
- 온도차발전 : 해양 표면층의 온수(예 25~30[℃])와 심해 500~1,000[m] 정도의 냉수(예 5~7[℃])와의 온도차를 이용하여 열에너지를 기계적 에너지로 변환시켜 발전하는 기술이다.

**102** 해양에너지 기술은 1차 변환과 2차 변환을 하는데 1차와 2차 변환의 형태를 바르게 연결한 것은?

① 기계에너지, 빛에너지
② 전기에너지, 빛에너지
③ 기계에너지, 전기·열에너지
④ 전기에너지, 수력에너지

해설

해양에너지 기술의 시스템 구성도

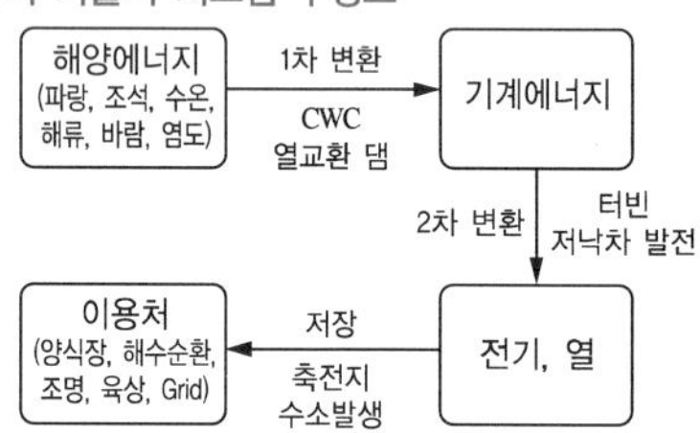


**103** 해양에너지발전의 입지조건 중 폐쇄된 만의 형태를 갖고 있어야 하는 발전은?

① 파력발전 ② 조력발전
③ 온도차발전 ④ 조류발전

해설

해양에너지 발전의 입지조건

에너지 이용방식에 따라 조력, 파력, 온도차발전으로 구분되며, 기타 해류발전, 근해 풍력발전, 해양 생물자원의 에너지화 및 염도차발전 등이 있다.

| 구 분 | 입지조건 |
|---|---|
| 조력발전 | • 평균조차 : 3[m] 이상<br>• 폐쇄된 만의 형태<br>• 해저의 지반이 강고<br>• 에너지 수요처와 근거리 |
| 파력발전 | • 자원량이 풍부한 연안<br>• 육지에서 거리 30[km] 미만<br>• 수심 300[m] 미만의 해상<br>• 항해, 항만 기능에 방해되지 않을 것 |
| 조류발전 | • 조류의 흐름이 2[m/s] 이상인 곳<br>• 조류 흐름의 특징이 분명한 곳 |
| 온도차발전 | • 연중 표·심층수와 온도차가 17[℃] 이상이고 기간이 길 것<br>• 어업 및 선박 항해에 방해되지 않을 것 |

**104** 파력발전의 종류 중 수면의 움직임에 따라 민감하게 반응하도록 고안된 기구를 사용하여 파랑에너지를 기구에 직접 전달하여 기구의 움직임을 전기 에너지로 변환하는 방식을 무엇이라 하는가?

① 진동수주형 파력발전
② 월파형 파력발전
③ 가동 물체형 파력발전
④ 철편형 파력발전

해설

파력발전의 종류

- 가동 물체형 파력발전 : 수면의 움직임에 따라 민감하게 반응하도록 고안된 기구를 사용하여 파랑에너지를 기구에 직접 전달하여 기구의 움직임을 전기에너지로 변환하는 방식이다. 파랑에너지가 직접 기구에 작용하므로 파랑에 의한 외력을 견뎌야 한다는 점에서 구조적인 안전성에 취약한 단점이 있으나 파랑에너지를 직접적으로 흡수하므로 에너지 변환 효율이 상대적으로 높다는 장점이 있다.
- 월파형 파력발전 : 파랑의 진행방향 전면에 사면을 두면 운동에너지에 의해 파랑이 사면을 넘어서게 된다. 이것이 위치에너지로 변환되면 수두차(1차 변환)로 인해 해수가 저수지의 하부로 흐르게 되고, 이후 통로 하부에 설치된 수차터빈(2차 변환)이 회전하여 발전하는 방식이다. 2차 변환장치가 파의 운동을 직접 감당하지 않아 파랑 충격에 대한 위험이 적으며 상대적으로 발생 전력의 변동성이 작아 제어가 용이하다는 장점이 있다.



101 ③ 102 ③ 103 ② 104 ③ 정답

• 진동수주형 파력발전 : 워터칼럼(급수관) 내부로 유입된 파랑에 의하여 생기는 공간의 변화를 내부공기의 유동으로 변환한다. 이를 유도관으로 유입하여 공기의 흐름을 생성시키고 유도관 내에 설치된 터빈을 회전시켜 전기를 얻는 방식이다. 효율 관점에서는 낮은 위치를 차지하지만 중요 기계류가 해수와 분리된 별도의 공간에 위치하게 됨으로써 장치 자체의 신뢰도가 매우 우수하고, 안정성 및 유지보수 편이성이 매우 좋다는 장점을 가지고 있다.

## 105 파력발전의 특징이 아닌 것은?

① 고갈될 염려가 없는 미래 에너지원이다.
② 유지 관리비가 적게 든다.
③ 대용량 발전이 불가능하다.
④ 공해 발생 문제가 없는 청정에너지원이다.

해설

파력발전의 특징

• 장 점
  - 고갈될 염려가 없는 미래 에너지원이다.
  - 한번 설치하면 반영구적으로 사용할 수 있다.
  - 공해 발생 문제가 없는 청정에너지원이다.
• 단 점
  - 발전량에 비해 시설비가 고가이다.
  - 에너지 밀도가 작다.
  - 대용량 발전이 불가능하다.
  - 입지조건이 까다롭다(파도가 센 곳).
  - 유지 관리비가 많이 든다.

## 106 조력발전의 특징이 아닌 것은?

① 청정에너지원이다.
② 무한에너지원이다.
③ 해안 생태계에 큰 영향을 준다.
④ 장소에 구애를 받지 않는다.

해설

조력발전의 특징

• 장 점
  - 청정에너지원이다.
  - 희소하거나 고갈되지 않는 무한 에너지원이다.
  - 태양광, 풍력, 연료전지에 비해 경제성이 우수하다.
  - 발전을 하는 지점이 결정되면 그 지점에 있어서 조위의 변화를 예측할 수 있다.
• 단 점
  - 초기 투자시설비가 많이 들어간다.
  - 해안 생태계에 큰 영향을 준다.
  - 하루 중 2번은 발전이 중단된다(밀물과 썰물의 중간 시기).
  - 간만의 차가 연간 균일하지 않다.
  - 지역적으로 한정된 장소에만 적용이 가능하다.

## 107 조류발전의 특징이 아닌 것은?

① 발전단가가 상용발전에 비해 매우 낮다.
② 유속이 빠른 지형에서만 설치가 가능하기 때문에 설치가 어렵다.
③ 전기, 기계, 조선·해양 등 타 산업과의 연관성이 높다.
④ 둑과 댐을 건설할 필요가 없어 해양환경에 미치는 영향이 적다.

해설

조류발전의 특징

• 장 점
  - 공해문제가 없는 무한 청정에너지원이다.
  - 날씨와 계절에 관계없이 연중 안정적인 발전이 가능하다.
  - 전기, 기계, 조선·해양 등 타 산업과의 연관성이 높다.
  - 둑과 댐을 건설할 필요가 없어 해양환경에 미치는 영향이 적다.
• 단 점
  - 조류의 흐름이 강한 지역만 설치가 가능하다.
  - 발전단가가 상용발전에 비해 매우 높다.
  - 발전기의 제작비용이 상당히 많이 들어간다.
  - 초기 투자비용이 많이 들어간다.
  - 유속이 빠른 지형에서만 설치가 가능하기 때문에 설치가 어렵다.

## 108 온도차발전의 특징이 아닌 것은?

① 효율이 높다.
② 발전설비 자체를 바닷물에 부식하지 않는 것들로 만들어야 한다.
③ 조석이나 파랑 등에 별로 영향을 받지 않고 전력을 발생할 수가 있다.
④ 생물 때문에 생기는 오염을 막기 위한 대책이 필요하다.

정답 105 ② 106 ④ 107 ① 108 ①

해설

온도차발전의 특징

• 장 점
  - 공해 발생이 없는 무한대 청정에너지원이다.
  - 조석이나 파랑 등에 별로 영향을 받지 않고 전력을 발생할 수가 있다.
  - 주간이나 야간 구별이 없이 전력생산이 가능한 안정적인 에너지원이고 특별한 저장 시설이 필요 없으며, 계절적인 변동을 사전에 감안해 계획적인 발전이 가능한 우수한 자원이다.
• 단 점
  - 수증기의 압력이 높아야 많은 양의 증기압을 얻을 수 있으므로, 터빈 등의 장치가 대형화되어야 한다.
  - 발전설비 자체를 바닷물에 부식하지 않는 것들로 만들어야 한다.
  - 생물 때문에 생기는 오염을 막기 위한 대책이 필요하다.
  - 전력 생산 시 열역학 시스템의 총 효율은 2.5~3[%] 정도이다.

**109** **해양에너지의 여러 가지 수차기술 중 해상으로부터 획득한 에너지를 사용하기 위해서는 획득한 에너지인 전기를 기존의 송·배전망에 연결해야 한다. 이를 위해서는 획득한 에너지는 전력계통의 안정성 관점에서 여러 가지 조건이 필요한데 이러한 요구사항을 무엇이라 하는가?**

① 전력변환방식 ② 그리드 코드
③ 수차기술 ④ 발전기

해설

그리드 코드(Grid Code)

해상으로부터 획득한 에너지를 사용하기 위해서는 획득한 에너지인 전기를 기존의 송·배전망에 연결해야 한다. 이를 위해서는 획득한 에너지는 전력계통의 안정성 관점에서 여러 가지 조건이 필요한데 이러한 요구사항을 말한다.



109 ② 정답

# 태양광발전시스템 개요

## 제1절 태양광발전 개요

### 1 태양광발전의 정의

발전기의 도움 없이 태양전지를 이용하여 태양빛을 전기에너지로 직접 변환시키는 발전방식으로서 도체로 만들어진 태양전지에 빛에너지가 투입되면 전자의 이동이 일어나서 전류가 흐르고 전기가 발생하는 원리를 이용한 것이다. 전류의 세기는 태양전지의 크기에 따라 달라진다.

#### (1) 태양광발전 원리

① 광전효과

빛의 진동수가 어떤 한계 진동수보다 높은 빛이 금속에 흡수되어 전자가 생성되는 현상으로서 태양광발전의 기본원리를 말한다.

㉠ 한계 파장보다 짧은 파장의 빛을 고체 표면에 조사했을 경우 외부에 자유전자를 방출하는 현상을 외부 광전효과라고 한다.

㉡ 절연체, 반도체에 빛을 조사하면 충만대 또는 불순물 주위에 있는 전자가 빛에너지를 흡수하여 전도대까지 올라가 자유로이 움직일 수 있는 전자로서 정공이 생겨 전도도가 증가하는 현상을 내부 광전효과라고 한다.

㉢ $\alpha$선이나 $X$선 등을 기체에 조사하면 기체의 원자나 분자가 전자를 방출해서 양이온이 형성화 되는 현상을 광이온화라고 한다.

② 태양광 모듈의 태양전지 셀을 직렬과 병렬로 연결하여 태양광 아래 일정한 전압을 생성한다.

③ 태양전지 셀은 태양전지의 가장 기본소자로서 실리콘 재질의 재료를 가장 많이 사용한다. 셀 1개에서 얻을 수 있는 전압은 약 0.5~0.6[V], 전류는 4~8[A] 정도이다.

#### (2) 태양광발전시스템의 구성

태양으로부터 햇빛을 받아 직류전기를 생성하고 이러한 전기와 태양전지 모듈을 제어해 주는 전력시스템 제어장치, 발생된 전력을 저장하는 축전지, 직류전기를 교류전기로 바꾸어 주는 인버터(Inverter)로 구성되어 있다.

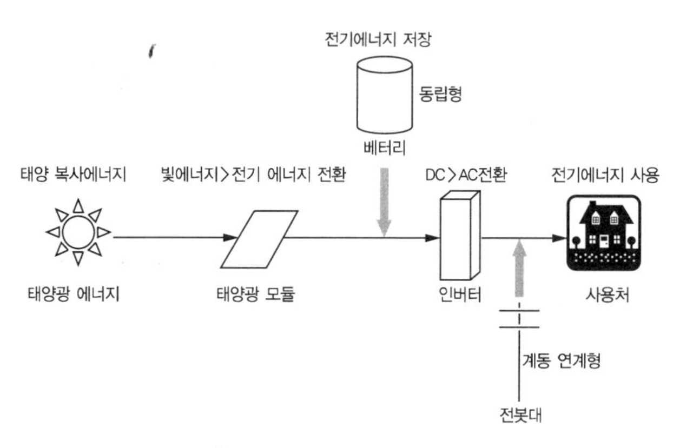


[태양광 에너지의 사용경로]

## 2 태양광발전의 역사

태양광발전은 태양전지의 발명으로 인하여 가능해졌는데 그 시작은 19세기 중엽이다.

### (1) 1800년대

① 1839년 : 프랑스의 베크렐(Becquerel)에 의해서 처음으로 광전효과(Photovoltaic Effect)를 발견하였다.

② 1870년 : 헤르츠(Herz)가 셀레늄(Selenium : Se)의 광전효과연구 이후에 효율 1~2[%]의 Se Cell을 개발하여 사진기의 노출계로 사용하였다.

③ 1877년 : Adams와 Day가 광전효과 실증에 대해 알렸다.

④ 1883년 : 프리츠(Fritts)가 셀레늄 반도체에 극 미세 금을 코팅하여 세계 최초로 박막형 태양전지를 발명하였다. 그러나 효율은 1870년대에 개발한 것과 큰 차이가 나지 않았다(1[%]).

### (2) 1900년대

① 1921년 : Albert Einstein이 광전도 효과를 발견하여 빛을 전도성 금속에 비추면 전자가 방출된다는 원리를 규명하였다.

② 1940년~1950년대 : 초고순도 단결정 실리콘을 제조할 수 있는 초그랄스키(Czochralski Process) 공정이 개발되었다.

③ 1950년 : 최초로 사용할 수 있는 태양광 발전기술이 탄생하였다.

④ 1954년 : 벨연구소에서 효율 실리콘 태양전지를 개발하였다(효율 4~6[%]).

⑤ 1958년 : 미국 뱅가드(Vanguard) 위성에 처음으로 태양전지를 탑재하였다. 그 이후 위성에는 모두 태양전지를 사용하였다.

⑥ 1960년 : 우주분야에서 전원 공급원으로 독자적인 전력공급 방식으로 사용되었다.

⑦ 1970년 : 중동 오일 쇼크로 인해서 태양전지의 연구개발이 가속화되었고 상업화에 이르러 수십억 달러가 투자되면서 태양전지 산업이 급속화되었다.

㉠ 원격지 전원 공급

㉡ 소규모 이동용 전자기기(시계, 전자계산기 등)의 전원 공급

⑧ 1980년 : 태양전지 효율향상 및 시장의 꾸준한 성장으로 인해 수명과 효율이 증가하였다(수명 약 20년 이상, 효율 7~20[%]).

⑨ 1994년 : 가정에서 태양열발전시스템 설치 장려

⑩ 1999년 : 공장과 일반중소기업에서 태양광 발전설비 사용

### (3) 2000년대

① 독일은 발전차액지원제도 시스템을 재생 가능한 에너지 자원의 일부로 개정한 뒤부터 세계적으로 앞서 가는 태양열 발전시장이 되었다(효율 100[MW]로 2007년에는 4,150[MW]까지 증가하였다).

② 2005년 : 가정에 태양광발전설비 설치가 확산되어 기본적인 전기를 상용화할 수 있게 되었다.

## 3 태양광발전의 특징

### (1) 태 양

① 무한정한 에너지를 공급한다.

② 지구 크기의 109배 정도가 된다.

③ 지구로부터 1억 5천만[km]에 위치하고 있다.

④ 표면온도 6,000[℃] 이상이다.

⑤ 중심부 온도 1,500만[℃] 이상이다.

### (2) 태양에너지

① 초당 $3.8 \times 10^{23}$[kW]의 에너지를 우주에 방출한다.

② 지구 표면에 방사하는 에너지 양은 $1.2 \times 10^{14}$[kW]로서 전 인류의 에너지 소비량의 만 배에 해당하는 양이다.

③ 지표면 1[$m^2$]당 1,000[W]의 에너지를 지구로 방출하여 태양 자신이 방사하는 에너지 양의 22억분의 1이다.

### (3) 태양광발전의 장 · 단점

| 장 점 | 단 점 |
|---|---|
| • 태양전지의 수명이 길다(약 20년 이상).<br>• 설비의 보수가 간단하고 고장이 적다.<br>• 규모나 지역에 관계없이 설치가 가능하고 유지비용이 거의 들지 않는다.<br>• 필요한 장소에 필요량 발전이 가능하다.<br>• 운전 및 유지 관리에 따른 비용을 최소화할 수 있다.<br>• 무한정, 무공해의 태양에너지 사용으로 연료비가 불필요하고, 대기오염이나 폐기물 발생이 없다.<br>• 발전부위가 반도체 소자이고 제어부가 전자 부품이므로 기계적인 소음과 진동이 존재하지 않는다.<br>• 원재료에서부터 모듈 설치에 이르기까지 산업화가 가능해 부가가치 창출 및 고용창출 효과가 크다.<br>• 전 세계적으로 사용이 가능하다. | • 에너지밀도가 낮아 큰 설치면적이 필요하다.<br>• 전력생산량이 지역별 일사량에 의존한다.<br>• 야간이나 우천 시에는 발전이 불가능하다.<br>• 초기 투자비용이 많이 들어간다.<br>• 상용전원에 비하여 발전 단가가 높다. |

## 4 태양광발전의 원리

### (1) 개 요

태양전지는 실리콘으로 대표되는 반도체로서 반도체 기술의 발달과 반도체 특성에 의해 자연스럽게 개발되어 태양의 빛에너지를 전기에너지로 변환시키는 발전기술이다. 햇빛을 받으면 광전효과에 의해서 전기를 생성하고 태양전지를 이용하여 발전하는 방식으로 모듈과 축전지 및 전력변환장치로 구성된다.

### (2) 발전원리

태양전지는 태양에너지를 전기에너지로 변환시켜 주는 반도체 소자로서 N형 반도체와 P형 반도체의 결합인 P-N접합 다이오드 형태로 동작한다.

### (3) 태양전지

① 태양에너지를 전기에너지로 변화시키기 위해 광전지를 금속과 반도체의 접촉면 또는 반도체의 P-N접합에 빛을 조사하여 광전효과에 의해 광기전력이 일어나는 것을 이용한다.

② 햇빛에 노출되었을 때 빛에너지를 직접적인 전기에너지로 변환시키는 반도체 소자이다.

③ 즉, 반도체의 P-N접합에 빛을 비추면 광전효과에 의해 광기전력이 일어나는 것을 이용한 것이다.

④ 태양전지에 태양빛이 닿으면 태양전지 속으로 흡수되며, 흡수된 태양빛이 가지고 있는 에너지에 의해 반도체 내에서 정공(+ : Hole)과 전자(- : Electron)의 전기를 갖는 입자가 발생하여 각각 자유롭게 태양전지 속을 움직인다. 정공은 +로서 P형 반도체라 하고 전자는 -로서 N형 반도체라고 한다.

⑤ 태양광발전은 햇빛을 이용한 발전이므로 태양광발전 이용률은 일조량의 영향이 가장 크며 발전소 설비 효율과 기타 운영조건 등에 따라 달라진다. 태양광발전은 일출과 함께 발전을 시작하여 일조량이 가장 많은 정오에서 오후 1시 사이에 최대발전을 하고 일몰 후에 발전을 마친다.

⑥ 태양복사에너지는 핵융합에 의해 생성되는 태양에너지가 복사 형태로 전파되는 것으로, 이 중에서 지구까지 도착한 단위 면적당 에너지, 즉 열량을 환산하여 사용하는 것을 흔히 태양상수라 한다. 태양상수의 단위는 [cal/min · cm$^2$]를 사용한다.

### (4) P-N접합에 의한 발전원리

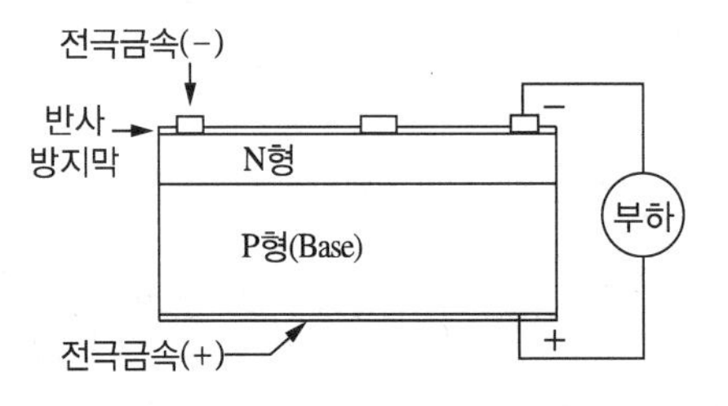


① P형 실리콘 반도체를 기본으로 하고 그 표면에 인(P)을 확산시켜서 N형 실리콘 반도체 층을 형성함으로서 만들어진다(P-N접합에 의해 전계가 발생).

② 태양전지에 빛이 입사되면 반도체 내의 전자(-)와 정공(+)이 생성되어서 반도체 내부를 자유로이 이동하게 된다.

③ 자유로이 이동하다가 P-N접합에 의해 생긴 전계에 들어오게 되면 전자는 N형 반도체에, 정공은 P형 반도체에 흐르게 되고 N형 반도체와 P형 반도체 표면에 전극이 형성되어서 전자를 외부 회로로 흐르게 하면 기전력이 발생하게 된다.

### (5) 태양전지 구분

① 금속과 반도체의 접촉을 이용한 전지 : 셀렌 광전지, 아황산구리 광전지

② 반도체 P-N접합을 이용한 전지 : 실리콘 광전지

### (6) 태양광발전의 산업구조

① 소재(폴리실리콘)

② 전지(잉곳 · 웨이퍼, 셀)

③ 전력기기(모듈, 패널)

④ 설치 · 서비스(시공, 관리)

### (7) 태양광산업의 분류

① 소재 및 부품 분야 : 실리콘원료, 잉곳 · 웨이퍼

② 태양전지 분야 : 실리콘, 화합물, 박막형

③ 모듈 및 시스템 분야 : 집광시스템, 추적시스템, 시스템 설치

④ 전력변환 분야 : 축전지, 인버터

⑤ 관련 장비 분야 : 증착장비, 잉곳성장장비, 식각장비

### (8) 태양광발전의 주요 단계

① 폴리실리콘 : 모래에서 뽑아낸 태양광 기초소재

② 잉곳 : 폴리실리콘을 녹여 기둥형태로 만드는 과정

③ 웨이퍼 : 잉곳을 얇은 슬라이스 형태로 자르는 과정

④ 태양전지 : 웨이퍼를 삽입하여 솔라 셀을 생산하는 과정

⑤ 모듈 : 태양전지를 집적시켜 만드는 과정

### (9) 전력제어장치(PCS ; Power Conditioning System)

태양광 모듈에서 나온 직류전원을 교류전원으로 전환하는 과정

### (10) 태양광시스템 설치

창호업체 등이 태양광 수집 장치와 설비를 마련하는 과정

## 5 태양광발전의 시장 전망

태양광발전 산업은 최근 연평균 30[%] 이상의 고속 성장을 기록하고 있으며, 현재 가장 빠르게 성장하는 산업 중 하나이다.

### (1) RPS(Renewable Portfolio Standard) 제도

2012년도에 도입된 신재생에너지 의무할당제로서 국내 태양광발전의 성장 및 보급 확대와 자생력을 키우는데 기여할 것으로 보인다.

### (2) 최근 태양광발전 시장 동향

① 태양광발전의 시장 규모는 경제를 통한 원가 경쟁력 확보가 중요시 되면서 글로벌 기업들이 생산 규모를 GW급으로 확대하였다.

② 원재료인 폴리실리콘을 비롯한 태양광발전 소재와 부품의 가격이 지속적으로 하락하고 있어 태양광발전 단가가 화석연료와 같아지는 시점인 그리드 패리티에 도달할 것으로 보고 있다. 이렇게 되면 전 세계적으로 태양광발전의 수요는 급격히 증가하여 최고의 글로벌 사업이 될 것이다.

> **Check!** **그리드 패리티** : 신재생에너지 발전단가와 화석연료 발전단가가 같아지는 시기

③ 국내 태양광발전 시장 규모는 아직 미비하나 정부의 급진적인 정책으로 빠른 속도로 확대되고 있다.

④ 국내 태양광발전 생산능력대비 시장 규모가 작아 전체 매출 중 수출비중이 약 60[%]에 도달하고 있으며 최근에는 글로벌 태양광발전 수요 확대로 수출액 및 수출 비중이 매년 성장하고 있는 실정이다.

### (3) 국내 태양광시장의 전망

① 신기술 개발과 신성장 동력사업인 태양광발전은 소득과 일자리 창출의 거대 시장으로 성장하기 때문에 전략적인 계획이 필요하다.

② 외국에 에너지 의존도가 높은 우리나라는 유가급등이나 석탄값 급등에도 안정적인 에너지를 공급할 수 있는 기술을 개발하여 전 세계를 주도해 나갈 전망이다.

③ 전문 인력 양성을 통한 전문성을 확보하고 국가경쟁력 향상에 기여하도록 하여야 한다.

④ 저탄소 녹색 성장을 향후 60년의 새로운 국가비전으로 제시하여 신재생에너지의 비중을 늘려나가야 한다.

### (4) 해결과제

① 다양한 태양전지의 개발

현재 사용되고 있는 태양전지는 실리콘을 기반으로 한 것이 대부분이다. 재료도 많고 비용도 저렴하지만 제조공정이 단순하고 원자재 비용이 더욱 저렴하고 설치가 간단하며 효율이 높은 태양전지 개발이 필요하다.

② 효율증가

현재는 단결정이 가장 효율이 높지만 아직까지는 상용전기에 비해 효율이 극히 나쁘다. 현재의 상용전기만큼 효율을 증대시켜야 한다.

③ 모듈의 수명연장

내구성이 강한 소재를 개발하여 수명이 연장되면 태양전지로부터 생산되는 에너지 양이 많아지게 되고 투자대비 회수율이 높아지기 때문에 경쟁력이 생기게 된다.

④ 제조공정의 자동화

대량생산을 하여 태양전지의 가격을 낮추어야 한다.

## 6 태양복사에너지

### (1) 태양복사에너지의 양

지구상에 내리쬐는 태양에너지의 양은 약 $1.77 \times 10^{14}$[kW]로 전 세계 전력 소비량의 약 10만 배 정도 크기에 해당된다. 또한 쾌청한 날에 태양이 20분간 지구 전체에 내리쬐는 에너지 양으로 전 세계에서 소비하는 1년간의 에너지를 충당할 수 있다는 계산도 나오고 있는 실정이다.

### (2) 태양광에너지 밀도(방사조도 또는 일사량)

태양표면에서 방사되는 태양광에너지를 전력으로 환산해 보면 약 $3.8 \times 10^{23}$[kW] 정도로 추정하고 있다. 이것은 약 1억 5천만[km]의 우주 공간을 거쳐서 지구표면에 도달하게 되는데 인공위성으로 실측된 대기권 밖의 에너지 밀도(태양과 지구의 평균거리 $1.495 \times 10^8$[km]의 도달광 에너지 밀도)는 1[$m^2$]당 1.353[kW]이다. STC 조건에서의 에너지밀도는 1[$m^2$] 당 1,000[W]이다.

> **Check!** STC(Standard Test Conditions : 표준시험조건)
> 태양전지와 모듈의 특성을 측정하기 위한 기준을 표준화한 것이다.

### (3) 태양광 스펙트럼의 영역별 구분

태양광 빛을 분광기로 보았을 때 색깔의 띠가 생기게 되는데 이것을 스펙트럼(Spectrum)이라고 한다.

① 파장대별 영역의 구분

㉠ 적외선 영역(760[nm] 이상) : 에너지비율 49[%] 정도(빨간색 아래 부분)

㉡ 가시광선 영역(380~760[nm]) : 에너지비율 46[%] 정도(빨간색~보라색)

㉢ 자외선 영역(0~380[nm]) : 에너지비율 5[%] 정도(보라색 이상)

② 적외선, 가시광선 영역에서 대기 외부와 지표상의 스펙트럼 차이가 발생하는데 이는 지구의 대기층에서 흡수하기 때문이다.

### (4) 대기질량 정수(AM ; Air Mass) : 최단 경로의 길이

태양광선이 지구 대기를 지나오는 경로의 길이이다. 임의의 해수면상 관측점으로 햇빛이 지나가는 경로의 길이를 관측점 바로 위에 태양이 있을 때 햇빛이 지나오는 거리의 배수로 나타낸 것을 말한다. 태양광이 지구 대기를 통과하는 표준상태를 대기압에 연직으로 입사되기 때문에 생기는 비율을 나타내며 AM으로 표시한다.

① 대기질량 정수의 구분

㉠ AM0

- 우주에서의 태양 스펙트럼을 나타내는 조건으로 대기 외부이다.
- 인공위성 또는 우주 비행체가 노출되는 환경이다.

㉡ AM1

- 태양이 천정에 위치할 때의 지표상의 스펙트럼이다.

㉢ AM1.5

- 기본적으로 우리나라가 중위도에 있기 때문에 표준으로 사용한다.
- 지상의 누적 평균 일조량에 적합하다.
- 태양전지 개발 시 기준 값으로 사용한다.

㉣ AM2

- 고도각 $\theta$가 30°일 경우 약 0.75[kW/m$^2$]를 나타낸다.

### (5) 지표면의 태양복사

① 대기효과

㉠ 지표면에서 태양 일사강도에 여러 가지 영향을 미치는 요인들

- 태양복사에 분산이나 간접적인 요소의 도입
- 대기에서의 산란, 반사, 흡수 등에 의해 태양 복사 출력 감소
- 구름, 수증기, 오염과 같은 대기에서의 국부적인 변화와 입사출력, 스펙트럼, 방향성에 추가적인 영향
- 특정 파장의 흡수나 산란이 강한 것에 기인한 태양복사 분광 분포의 변화

㉡ 지표면에 흡수되는 태양복사에 영향을 미치는 요인들

- 지리상의 위치(경도와 위도)
- 흡수와 산란을 포함하는 대기에서의 효과들
- 하루 중 시간적인 변화와 계절의 변화
- 구름, 수증기, 오염과 같은 대기에서의 국부적인 변화

② 고도각과 천정각의 계산법

㉠ 고도각 $\theta$ : 지표면에서 태양을 올려다보는 각 $\left(\dfrac{1}{\sin\theta}\right)$

㉡ 천정각 $\theta$ : 지표면에서 수직선이며 태양이 바로 머리 위에 있을 때 각도 $\left(\dfrac{1}{\cos\theta}\right)$

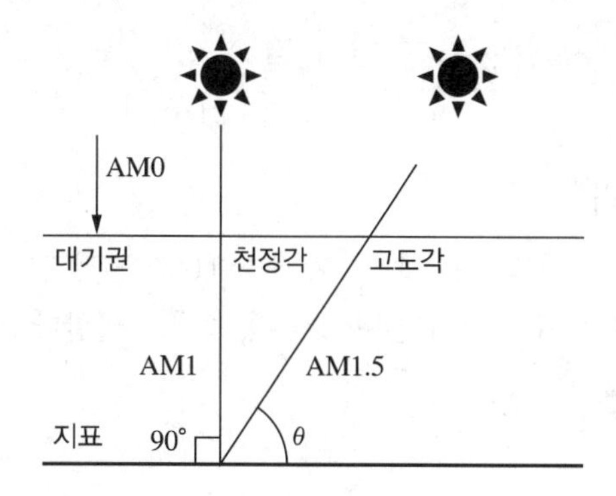


### (6) 태양에너지와 태양광발전

① 태양전지의 정격출력 및 필요면적

㉠ 정격출력[kW/h] = 시스템의 총 변환효율[%]× 단위면적[$m^2$] × 빛의 조사강도[kW]

㉡ 필요면적[$m^2$] = $\dfrac{\text{필요출력[kW]}}{\text{빛의 조사강도[kW]} \times \text{시스템의 총 변환효율[\%]}}$

② 태양전지의 효율

㉠ 태양광발전장치의 효율은 온도에 반비례한다.

㉡ 설치된 출력의 실제 이용 상태를 말하는 것이다.

㉢ 효율($\eta$) = $\dfrac{\text{생산전력}}{\text{기본 일사량}} \times 100[\%]$

## 7 그 외 정리

### (1) 태양복사 강도

① 태양복사 강도는 무엇보다 태양 고도각($\theta$)에 따라 달라진다.

② 태양고도가 지구와 수직을 이룰 때 햇빛은 지구대기에서 최단 경로를 취한다. 그러나 태양이 예각을 이룰 때 대기를 통과하는 경로는 길어지게 된다.

### (2) 복사강도의 감소

① 대기를 통과하는 경로가 길어지면 태양복사의 흡수와 산란이 높아지고 복사강도는 감소한다. 이러한 감소 정도는 에어매스(AM ; Air Mass)라는 값으로 나타낸다.

② AM0은 지구 대기권 밖의 스펙트럼이며, AM1은 태양이 중천에 있을 때 직각으로 지상에 도달하는 쾌청한 날의 스펙트럼을 표준화한 에너지이다. 또한 중위도 지역에 위치한 우리나라 등의 스펙트럼 분포는 AM1.5이다(AM = $1/\cos\theta$로 나타낸다).

## 제2절 태양광발전시스템의 정의 및 종류

### 1 태양광발전시스템의 정의

광기전력 효과를 이용하는 태양광발전 전지를 사용하여 태양에너지를 전기에너지로 변환하고, 부하에 적합한 전력을 공급하기 위하여 구성된 장치와 이에 딸린 장치의 총체를 말한다.

#### (1) 태양광발전시스템 기본적인 기능

① 출력조절기

② 전력저장기능

③ 시스템 관측과 제어 및 계통 접속기능

#### (2) 태양광발전시스템의 구성요소

① 태양전지

태양전지 모듈과 이것을 지지하는 구조물로 구성되어 있다. 태양전지 어레이라고도 한다.

② 축전지

태양빛을 전기에너지로 변환하여 저장하는 전력저장장치이다.

③ 직류전력 조절장치

충·방전 제어장치

④ 인버터

직류(DC)를 교류(AC)로 바꾸어 주는 장치

⑤ 계통 연계 제어장치

㉠ 태양전지 어레이 구조물과 그 이외의 구성기기로서 일반적으로 주변장치(BOS)라고 한다.

㉡ 주변장치(BOS ; Balance Of System) : 시스템 구성기기 중 태양광발전 모듈 이외에 축전지, 개폐기, 출력조절기, 가대, 계층장치 등의 전부를 포함한 용어이다.

⑥ 전력 조절장치(PCS ; Power Conditioning System)

㉠ 인버터와 직류전력 조절장치 그리고 계통 연계 제어장치를 결합한 것을 의미한다.

㉡ 태양광발전 어레이의 전기적 출력을 사용하기 적합한 형태의 전력으로 변환하는데 사용하는 장치이다.

㉢ 태양광발전시스템의 중심이 되는 장치로서, 감시·제어장치, 직류조절기, 직류-교류 변환장치, 직류-직류 접속장치, 교류-교류 접속장치, 계통연계 보호장치 등의 일부 또는 모두로 구성되며, 태양전지 어레이의 출력을 원하는 형태의 전력으로 변환하는 기능을 가지고 있다.

⑦ 전력 변환장치

인버터와 충전조절기

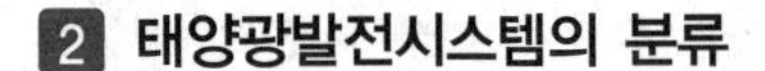

## 2 태양광발전시스템의 분류

### (1) 계통 연계 유무

① 계통 연계형 시스템(Grid Connected System)

태양광시스템에서 생산된 전력을 지역 전력망에 공급할 수 있도록 구성되어 있으며, 주택용이나 상업용 태양광발전의 가장 일반적인 형태이다. 초과 생산된 전력을 계통에 보내거나 전력 생산이 불충분할 경우 계통으로부터 전력을 받을 수 있으므로 전력 저장장치가 필요하지 않아 시스템 가격이 상대적으로 낮다.

㉠ 계통 연계형 태양광발전시스템의 필수 구성요소

- PV(Photo Voltaic) 모듈(모듈이 고정 프레임과 직렬 또는 병렬로 연결되어 있다)
- 직류 케이블링
- 인버터
- 교류 케이블링
- PV 어레이 접속반(보호장치 포함)
- 직류 메인 절연 스위치(차단기)
- 배전시스템, 공급 계량기 및 차단기, 송전설비

㉡ 시스템의 구성

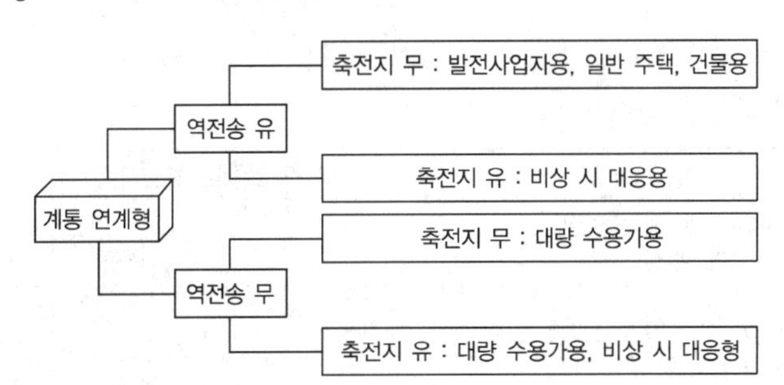


- 역전송이 있는 시스템
  - 태양광으로 발전된 직류전력을 인버터에 항상 공급하여 상용 전력으로 변환시켜서 안정된 전원을 전력계통과 연계하여 수요자에게 공급하는 시스템이다.
  - 태양광발전시스템의 출력은 날씨에 의해 결정되므로 안정된 전기 사용을 위해서 전력회사의 전력계통과 연계하여 운전해야 한다.
  - 태양광발전시스템에서 전력이 발생했을 때 전력회사가 이를 매입하는 제도를 이용한다(RPS).
  - 태양광발전시스템의 출력이 부족할 경우에는 부족분이 전력회사의 배전선에서 공급되고, 태양광발전시스템의 출력에 남는 전력이 생기게 되면 전력회사의 배전선으로 역송전하는 방식이다.
  - 정전 시에는 비상용 부하에 전력을 공급하여 축전지처럼 적용되는 시스템이다.
  - 태양광으로 발전된 직류 전기를 인버터에 공급하여 사용 전력으로 변환할 경우 안정된 전원을 전력계통과 연계해서 수요자에게 공급한다.

- 계통과 연계가 가능하게 하여 야간이나 비가 올 때 태양광발전 전력이 부족하게 되면 계통전압을 유입하여 사용하고 남는 전력은 계통전원으로 역전송하도록 한다.
- 계통선의 안전성을 위해 계통선과 태양광발전 전력이 계통연계 보호장치를 통해 연계되어 있어야 한다.
- 상용 전력 계통과 병렬로 접속되어서 발전된 전력을 계통으로 내보내거나 계통으로부터 전력을 공급받는 태양광발전시스템으로서, 계통 병렬 연결시스템이라고도 한다.
- 발전용량이 부하설비용량보다 많을 때 가능한 발전이다.

• 역전송이 없는 시스템

- 역방향 조류가 발생한 경우 태양광시스템의 출력을 낮추거나 운전을 정지시킬 수 있는 역송전 방지 기능이 필요하다.
- 구내의 전력부하가 항상 태양광발전시스템의 출력보다 크고 역송전 전력을 발생할 가능성이 없는 경우에 사용한다.
- 발전용량이 부하설비용량보다 적을 때 가능한 발전이다.

㉢ 축전지가 필요한 경우

• 발전전력이 갑자기 변할 경우(버퍼역할을 함) : 태양광발전시스템의 출력변동을 막기 위해 필요하다.
• 전력저장 : 태양전지 출력이 남을 경우 저장하기 위해 필요하다.
• 피크시프트 : 발전출력의 최댓값을 지연시키고자 할 때 필요하다.
• 천재지변으로 인한 전력공급이 되지 않을 경우에 필요하다.

㉣ 태양광 발전기의 설비용량에 따라 분류

| 전압구분 | 연계용량 | 연계조건(해당 변압기 용량) | | 연계금지 |
|---|---|---|---|---|
| 저 압 | 100[kW] 미만, 배전용변압기 용량의 50[%] 이하 | 일반선로 | 25[%] 이하 | 50[%]를 초과, 정격용량초과 |
| 특고압 | 100[kW]~10,000[kW] 이하, 선로의 상시운전용량 이하 | 22.9[kV] 일반선로 | 15[%] 이하 간소검토, 15[%] 초과 연계용량 평가 기술요건을 만족하는 경우 | |
| | 10,000[kW] 초과 | 22.9[kV] 전용선로 | • 기술요건을 만족 하지 못하는 경우<br>• 일반선로의 상시운전용량 초과 | |
| | 10,000~20,000[kW] 미만 | 대용량 배전방식에 의해 연계 | 송전선로 154[kV] 연계 | |

㉤ 연계구분에 따른 계통의 전기방식

| 구 분 | 연계계통의 전기방식 |
|---|---|
| 저압 한전계통 연계 100[kW] 미만 | 교류 단상 220[V] 또는 교류 산상 380[V] 중 기술적으로 타당하다고 한전이 정한 한 가지 전기방식 |
| 특고압 한전계통 연계 100[kW] 이상 | 교류 3상 22,900[V] |

② 계통 지원형 시스템(Grid Support)

지역 전력 계통과 연결되어 있을 뿐 아니라 축전지와도 연결되어 있는 구조로서 시스템에서 생산된 전력을 축전지에 저장해 두었다가 지역 전력사업자에 판매하게 된다.

③ 독립형 시스템(Off Grid/Stand Alone System)

전력 계통과 분리된 발전방식으로 축전지에 태양광 전력을 저장하여 사용하는 방식이다. 생산된 직류 전력을 그대로 사용할 수 있도록 직류용 가전제품과 연결하거나 인버터를 통해 교류로 바꿔 준다. 오지 및 도서산간지역의 주택 전력공급용이나 통신, 양수펌프, 백신용의 약품냉동보관, 안전표지, 제어 및 항해 보조도구 등 소규모 전력공급용으로 사용된다. 설치 가격이 비싸며, 유지보수 비용이 많이 들어간다. 축전지의 교환 주기는 2~3년 정도이고, 야간이나 태양이 일시적으로 적을 때를 대비하여 축전지를 설치하기 때문에 태양이 장기간 적을 때를 대비해서 비상발전기(디젤발전기)를 설치해야 한다.

㉠ 독립시스템 응용 분야

- 조경 미화 적용
- 원거리 산장이나 별장 및 개도국 마을의 전화
- 자동차, 캠프용 밴, 보트 등에 설치된 이동 시스템
- SOS 전화, 주차권 발급기, 교통신호 및 관측 시스템
- 식수와 관개를 위한 태양광 물 펌프 시스템 및 태양광 물 소독과 탈염

㉡ 특 징

- 야간이나 태양광이 적을 경우 전력을 공급하기 위해 축전 설비를 갖추고 있어 태양광발전이 가능한 기간 동안 축전지에 전력용 전력을 저장하였다가 사용하는 방식이다.
- 태양광이 적은 날이 지속적이면 시스템 고장 등으로 문제가 발생하게 되는데 이때 보조용으로 디젤발전기 및 풍력발전기 시설을 갖춘 복합 발전시스템으로도 활용이 가능하다.
- 사용가능한 전력량은 태양광발전시스템의 발전량 이하로 제한되어 있다.
- 상용 전력 계통으로부터 독립되어 독자적으로 전력을 공급하는 태양광발전시스템 기술이다.
- 부하의 용도에 따라 축전지를 사용하며 보조 발전기로도 사용할 수 있다.

㉢ 주요 구성

- 직류(DC) 부하일 경우 : 축전지, 충·방전제어기, 접속함, 모듈
- 교류(AC) 부하일 경우 : 축전지, 충·방전제어기, 인버터, 접속함, 모듈

④ 하이브리드형

태양광발전시스템과 다른 발전시스템을 결합하여 발전하는 방식으로 지역 전력계통과는 완전히 분리 또는 계통 연계할 수 있는 발전방식으로 태양광, 풍력, 디젤 기타 발전기를 사용하여 충전장치와 축전지에 연결시켜 생산된 전력을 저장하고 사용하는 방식이다. 두 가지 이상의 발전방식을 결합하였으므로 주간이나 야간에도 안정적으로 전원을 공급할 수 있다.

### (2) 형태에 따른 태양광발전시스템의 분류

태양광발전시스템은 형태에 따라 추적식과 고정식으로 분류할 수 있는데 추적식은 고정식에 비해 약 20~30[%] 정도 높은 발전 효율을 보이지만 설치비용적인 측면에서 고정식에 비해 단가가 높다. 그러므로 사전에 발전량과 설치비용에 대한 검토 후 손익분기점을 계산하여 결정해야 한다.

① 추적식 어레이

발전효율을 극대화하기 위한 방식으로 태양의 직사광선이 항상 태양전지판의 전면에 수직으로 입사할 수 있도록 동력 또는 기기조작을 통해 태양의 위치를 추적하는 방식을 말한다.

㉠ 양방향 추적식

태양 전지판이 항상 태양의 방향을 향하여 일사량이 최대가 될 수 있도록 상하좌우가 동시에 태양을 향하도록 설계된 장치이다. 고정식에 비해 설치단가가 높은 반면에 발전량은 30~40[%] 정도 높다. 초기투자비와 장기간 유지보수비 등을 종합적으로 고려해야 하며, 대형 발전 사업이나 바람이 강한 지역, 태풍이 자주 지나가는 지역은 설치하면 안 된다. 태양전지의 방위각은 60~120°로 하고 경사각은 0~80°까지 변경이 가능하다.

• 특징

| 장 점 | 단 점 |
|---|---|
| • 발전효율이 고정식에 비해 30~50[%] 증가<br>• 경사지 및 설치조건이 불리한 곳에 설치 가능<br>• 다수의 추적 장치를 동시에 제어하고 발전·운전 효율을 향상시킴<br>• 고정식에 비해 개별 발전장치 간격이 5배까지 증가<br>• 발전장치의 경사각을 수평에 가깝게 자동 변경하여 태풍피해 예방가능 | • 작업의 전문성으로 인해 운영교육과 설치교육이 필요<br>• 풍속 측정 장치의 고장이나 바람으로 인해 파손 사고 가능<br>• 태풍 상황에서 구조물의 안정성을 높이기 위해 강선을 추가로 이용해서 고정을 해야 하기 때문에 비용이 상승 |

• 프로그램 추적법(Program Tracking)

어레이 설치위치에서 태양의 연중 이동궤도를 추적하는 프로그램을 내장한 컴퓨터나 마이크로프로세서를 사용하여 프로그램이 지시하는 연월일에 따라서 태양의 위치를 추적하는 방식이다. 비교적 안정하게 태양의 위치를 추적할 수 있으나 설치지역의 위치에 따라서 약간의 프로그램 수정이 필요하다.

• 감지식 추적법(Sensor Tracking)

태양의 추적방식이 센서를 이용하여 최대 일사량을 추적하는 방식으로 감지부의 형태와 종류에 따라서 다소 오차가 발생하기도 한다. 특히 태양이 구름에 가리거나 부분음영이 발생하는 경우 감지부의 정확한 태양 궤도 추적을 할 수 없게 된다.

• 혼합식 추적법(Mixed Tracking)

프로그램 추적법과 감지식 추적법의 단점을 보완하고 장점만 살려서 만든 방식으로 주로 프로그램 추적법을 중심으로 운영하면서 설치위치에 따라 발생하는 편차는 센서를 이용하여 주기적으로 보정 또는 수정해 주는 가장 이상적인 추적방식을 말한다.

㉡ 단방향 추적식

태양전지 어레이가 태양의 한 축만을 추적하도록 설계된 방식으로 상하 추적식과 좌우 추적식으로 구분할 수가 있다. 고정식에 비해서 발전량이 증가된다. 태양전지를 동서 방향으로 30~150° 회전할 수 있다.

• 특 징

| 장 점 | 단 점 |
|---|---|
| • 발전효율이 고정식에 비해 20~30[%] 증가<br>• 고정식에 비해 개별 발전장치 간격이 20~30[%] 증가<br>• 발전장치의 방위각을 지면과 수평에 가깝게 자동 변경하여 태풍 피해를 예방<br>• 다수의 추적 장치를 병렬제어로 하여 운전효율을 향상 | • 작업의 전문성으로 인해 운영교육과 설치교육이 필요<br>• 풍속 측정 장치 고장이나 바람에 의한 파손사고 가능<br>• 태풍 상황에서 구조물의 안전성을 높이기 위해 강선을 추가로 이용해서 고정을 해야 하기 때문에 비용이 상승 |

② 고정식 어레이

㉠ 고정형 어레이(경사 고정형)

• 어레이 지지형태가 가장 저렴하고 안정된 구조로써 비교적 원격지역의 면적에 제약이 없는 곳에 설치한다.

• 설치경사각을 연평균 발전 효율이 가장 높은 각으로 고정하여 설치한다.

• 반고정 어레이에 비해 발전효율이 낮고, 보수 관리의 위험성이 작아서 상대적으로 많이 이용되는 방식이다.

• 태양전지 방위각(정남향) 및 경사각을 30~35[%]로 고정하여 설치한다.

• 특 징

| 장 점 | 단 점 |
|---|---|
| • 구조물의 구동이 없어 하단부 공간 활용이 가능하다.<br>• 구조가 상대적으로 안전하여 전복이나 오작동에 의한 사고 가능성이 낮다. | • [kW]당 점유면적이 추적식 대비 80[%]까지 감소한다.<br>• 발전효율이 상대적으로 낮다. |

㉡ 반고정 어레이(경사 가변형)

• 태양전지 어레이 경사각을 월별 또는 계절에 따라 상하로 변화시켜 주는 어레이 지지방식이다.

• 어레이 경사각은 설치 지역의 위도에 따라서 최대 경사면 일사량을 갖도록 설치한다.

• 발전량은 고정형에 비해 15~20[%] 정도 발전량이 높다.

• 태양전지의 방위각 및 경사각을 0~60°까지 조절할 수 있다.

• 특 징

| 장 점 | 단 점 |
|---|---|
| • 고정식과 유사한 지지구조로 설치비용 감소<br>• 구조물의 회동이 적어 제한적으로 하단부 공간 활용이 가능<br>• 개별 장치의 설치간격이 상대적으로 좁아 비용대비 발전 효율 증가<br>• 발전장치의 경사각을 수평에 가깝게 변경하여 태풍피해를 예방함<br>• 발전효율이 고정식에 비해 좋음<br>• 고정식에 비해 개별 발전장치 간격이 증가 | • 구조물의 안전성을 높이기 위해 강선을 이용한 추가 고정 장치가 필요 |

# 제3절 태양전지

## 1 태양전지 원리

### (1) 태양전지란?

햇빛을 받을 때 빛에너지를 직접 전기에너지로 변환하는 반도체 소자를 말하지만 일반적으로 태양전지 셀, 태양전지 모듈, 태양전지 어레이 등을 총칭하기도 한다. 근래에는 태양광발전전지(Photovoltaic Cell)라는 용어로 통일하여 사용하고 있다. 태양전지의 종류로는 실리콘 태양전지, 화합물 반도체 태양전지, 염료 태양전지, 고분자 태양전지 등이 있다.

① 태양전지는 반도체 물질로 구성되는데 태양빛이 태양전지 내에 흡수되면 태양전지 내부에서 정공, 전자가 1쌍으로 만들어진다.

② 생성된 쌍은 P-N접합에서 발생한 전기장에 의해 정공은 +, 전자는 −가 생성되어 각각의 표면에 있는 전극으로 수집된다.

③ 수집된 전하는 외부회로에 부하가 연결된 경우 부하에 흐르는 전류로서 부하를 동작할 수 있는 에너지원으로 사용하게 된다.

### (2) 태양전지의 기본 구조

결정질의 실리콘 태양전지는 실리콘에 붕소를 첨가한 P형 반도체와 그 표면에 인을 확산시킨 N형 반도체를 접합한 P-N접합 형태의 구조로 되어 있다. P형 반도체는 다수의 정공(+)을 가지고 있으며, N형 반도체는 다수의 전자(−)를 갖는다.

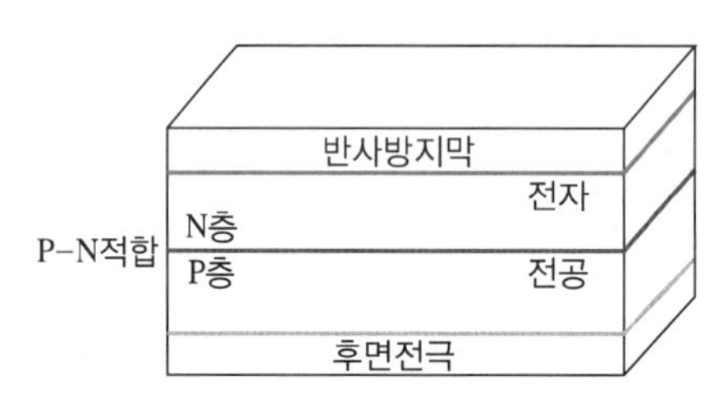


### (3) 태양전지 구동순서

① **태양광 흡수** : 태양광이 실리콘 내부로 흡수되어 태양광의 양을 증가시키기 위해 실리콘 표면에 반사방지막을 증착시켜서 표면을 거칠게 한다. 반사방지막은 반사율을 감소시킨다.

② **전하생성** : 흡수된 태양빛에 의해 P-N접합 내의 전자결합이 끊기면 반도체 내에서 정공과 전자의 전기를 갖는 정공과 전자가 발생하여 각각 자유롭게 태양전지 속에서 움직인다.

③ **전하분리** : 태양전지 속을 자유로이 움직이다가 정공(+)은 P형 반도체로, 전자(−)는 N형 반도체로 모이게 되면서 전위차가 발생하게 된다.

④ **전하수집** : 태양광이 흡수되면 전위차가 발생하게 되는데 정공이 모인 쪽을 P형 반도체인 양극이 되고, 전자가 모인 쪽은 N형 반도체인 음극이 된다.

### (4) 전하의 수집확률

① 흡수된 태양광에 의해 생성된 Carrier가 P-N접합에 의해 수집될 확률(분리되어 전극으로 이동되는 가능성을 말한다)

② Carrier의 이동거리가 클수록, P-N접합 영역에서 멀수록 감소한다.

③ 표면층의 Carrier는 재결합률이 높으므로 수집확률이 감소한다(산화막이나 질화막으로 코팅하여 감소).

### (5) 양자효율

① 특정에너지를 가지고 태양전지에 입사된 광자의 개수대비 태양전지에 의해 수집된 Carrier(반송자) 개수의 비율

② 특정파장의 모든 광자들이 흡수되고 그 결과 소수 Carrier들이 수집되면 그 특정파장에서 양자효율은 1이 된다.

③ 태양전지의 양자효율은 대부분 재결합효과 때문에 감소한다.

④ Band Gap보다 낮은 에너지를 가진 광자들의 양자효율은 0이 된다.

### (6) 태양전지의 전압과 전류의 조정

태양전지에서 전압의 세기는 여러 장의 태양전지를 직렬로 연결시켜 조정하고, 전류의 세기는 병렬연결이나 태양전지의 면적으로 조정할 수 있다.

### (7) 태양전지의 가장 큰 특성

태양전지는 전지라고 부르기는 하지만 축전지(Battery)처럼 전기를 저장하지 못한다. 즉, 건전지나 납축전지와는 그 구조나 특성이 전혀 다른 제품이다. 건전지나 납축전지는 생산된 전기를 저장하는 기구이며, 태양전지는 빛이 있을 때 전기를 생산하는 기능만 가능하다.

### (8) 반도체의 개념

반도체란 도체와 부도체의 중간 형태로서 일정한 전압 즉, 규격전압이 인가되면 도체화되고, 규격전압 이하이거나 이상이 되면 부도체화되는 소자이다. 반도체의 기본적인 재료로 사용되는 것은 실리콘(Si)과 게르마늄(Ge)이 있는데, 순수한 물질로서 순도가 높은 반도체를 진성 반도체(4가)라고 하며 실리콘과 게르마늄이 최외곽 궤도에 4개의 전자를 가지고 있기 때문에 4가 물질이라 한다. 즉, 최외각 궤도의 4개의 전자는 각각 서로 다른 원자와 전자를 공유하는 결정체 구조로 구성되어 있다. 이런 공유 결합으로 인해 절연체가 되고 전기적으로는 사용할 수가 없기 때문에 불순물을 첨가(Doping)하게 되는데 여기서 만들어진 반도체를 불순물 반도체라고 한다. 이 불순물 반도체는 4가 원소인 실리콘에 3가 원소(알루미늄, 붕소, 갈륨)를 첨가하여 P형 반도체를 만들고, 4가 원소인 실리콘에 5가 원소(비소, 안티몬, 비소)를 첨가하여 N형 반도체를 만든다. 그래서 P형과 N형을 결합하여 P-N접합 다이오드를 만들 수 있고, 이러한 원리를 이용하여 태양전지에 사용한다.

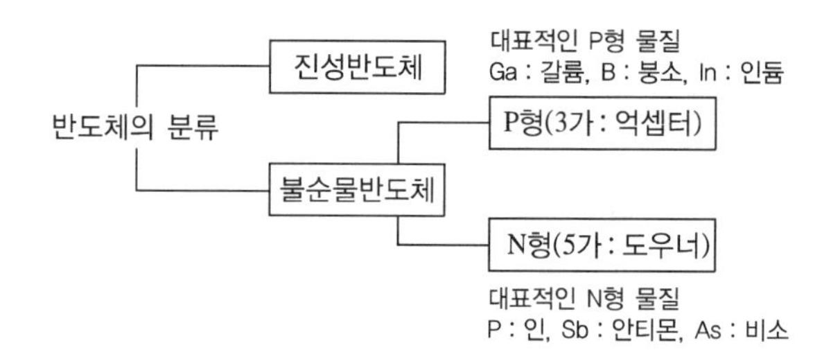


## 2 태양전지의 변환효율

태양광을 전기에너지로 바꾸어 주는 태양전지의 성능을 결정하는 중요한 요소 가운데 하나로서, 같은 조건하에서 태양전지 셀에 태양이 조사되었을 경우 태양광에너지가 발생시키는 전기에너지의 양을 말한다. 태양전지의 최대출력($P_{max}$)을 발전하는 면적(태양전지의 면적 : $A$)과 규정된 시험조건에서 측정한 입사조사강도(Incidence Irradiance : $E$)의 곱으로 나눈 값을 백분율로 나타낸 것이며 [%]로 표시한다.

### (1) 태양전지의 변환효율

$$\eta = \frac{P_o(\text{출력에너지})}{P_i(\text{입력에너지})}$$

$$= \frac{I_m(\text{최대출력 전류}) \times V_m(\text{최대출력 전압})}{P_i}$$

$$= \frac{V_{oc} \times I_{sc} \times FF}{P_i}$$

$$= \frac{\text{최대출력}(P_{max})}{\text{태양전지 모듈의 면적}(A) \times \text{조사강도}(E)} \times 100[\%]$$

① 태양전지의 최대출력

$P_{max} = V_{oc}(\text{개방전압}) \times I_{sc}(\text{단락전류}) \times FF(\text{충진율})$

② 공칭효율

국제전기규격표준화위원회(IEC TC-82)에서 지상용 태양전지에 대해서 태양복사의 공기질량 통화조건을 AM 1.5로 1,000[W/$m^2$]라는 입사광 전력으로 부하조건을 바꾼 경우 최대 전기출력과의 비를 백분율로 표시한 것을 말한다.

③ 결정질 실리콘 태양전지의 효율 극대화에 관한 사항

㉠ 분리된 캐리어가 재결합되지 않고 축적이 되어야 한다.

㉡ 캐리어의 이동과 외부전극과의 접촉 과정에서 각종 전기적인 저항손실을 최소화하여 전극패턴과 소재 선정 등을 고려해야 한다.

㉢ 빛의 흡수율을 극대화할 수 있는 구조의 디자인을 사용해야 한다.

### (2) 태양전지의 종류

태양전지는 크게 실리콘계, 화합물계, 기타 태양전지로 구분하며, 실리콘계가 산업의 95[%] 이상을 차지하고 있다.

① 실리콘계 : 단결정, 다결정, 비정질

② 화합물계 : Ⅲ-Ⅴ형(GaAs, InP), Ⅱ-Ⅴ형(Cds/CdTe, CIS)

③ 기타 : 염료 감응형, 광화학 반응형, 유기물

### (3) 셀의 기본 크기

셀은 태양전지의 가장 기본적인 소자이며 태양전지 모듈을 구성하는 최소 단위로서 크기는 보통 5인치(125[mm]×125[mm]), 6인치(156[mm]×156[mm])이다. 모듈은 다수의 셀을 연결시켜 한 장의 패키지로 만든 제품을 말하며, 태양전지판 또는 솔라 패널이라 한다.

### (4) 태양전지 셀의 변환효율

① 단결정질 : 16~18[%]

② 다결정질 : 15~17[%]

③ 비정질 박막형 : 10[%]

※ 회사별 등급에 따라 차이가 조금씩 있지만 실리콘 결정질 셀의 최대이론효율은 약 29[%] 정도이다.

④ 셀의 변환효율 계산

㉠ 기본적인 변환효율(국제표준시험조건(NOCT))

- 입사조도의 여건과 조건 : 스펙트럼(AM : 대기질량) 1.5, 풍속 1[m/s], 온도 25[℃], 1,000[W/m²]

㉡ 실제적인 셀의 변환효율 계산식(먼저 표준조건에 입사되는 에너지 양을 계산한다)

- 태양광 셀에 입사된 에너지 양[W]
  = 기본적인 셀 넓이(5인치(125[mm]×125[mm]), 6인치(156[mm]×156[mm]))×1,000[W/m²]
- 태양전지 셀 최대출력($P_{max}$)
- 셀의 변환효율(%) $= \dfrac{\text{태양전지 셀 최대출력}(P_{max})}{\text{태양광 셀에 입사된 에너지 양}(W)} \times 100[\%]$

⑤ 모듈의 변환효율

㉠ 기본적인 조건은 셀의 변환효율과 동일하다.

㉡ 실제적인 모듈의 변환효율 계산식(제조사의 모듈 사양에 따라 다르다)

- 모듈의 출력($P_{max}$)[W] = 최대출력전압($V_{out(max)}$)[V] × 최대출력전류($I_{out(max)}$)[A]
- 모듈의 크기 면적($A$)[m²]
- 예 모듈의 출력이 500[W]이고,
  모듈의 크기면적이 2,550[mm]×1,200[mm] = 3,060,000[mm²]
  = 3.06[m²]
  따라서, 500[W] 모듈의 출력에서 면적당 에너지 산출량은
  3.06[m²]×1,000[W·m²] = 3,060[W]

- 모듈 변환효율[%] $= \dfrac{\text{태양전지 모듈의 출력}(P_{\max})}{\text{모듈 면적당 에너지 산출량}} \times 100[\%]$

⑥ 태양전지 모듈의 효율비교

㉠ 태양전지 모듈에서 효율이 높거나 낮다고 하는 것은 그 모듈이 똑같은 면적을 가졌을 때의 출력을 비교해야 한다.

㉡ 출력이 100[W]의 표준전지 모듈은 표준조건하에서 출력 100[W]가 나온다. 출력은 모두 일정하지만 효율이 높은 제품은 그 효율의 비율만큼 제품의 크기가 작아진다.

㉢ 태양전지 셀과 모듈의 효율이 다른 이유

- 셀 5~6인치를 모듈로 만들고자 할 경우 셀과 셀의 빈 공간이 발생하게 된다.
- 셀과 셀을 부착하여 선으로 연결을 할 때에도 전력손실이 발생한다.

### (5) 곡선인자(충진율 FF ; Fill Factor)

개방전압과 단락전류의 곱에 대한 최대출력전력(최대출력전류와 최대출력전압을 곱한 값)의 비율이다. FF값은 0에서 1 사이의 값으로 나타낸다. 주로 내부의 직·병렬 저항과 다이오드 성능계수에 따라 달라진다.

$$FF(\text{충진율}) = \frac{P_{\max}(\text{최대출력전력})}{I_{sc}(\text{단락전류}) \times V_{oc}(\text{개방전압})} = \frac{V_{\max}(\text{최대출력전압}) \times I_{\max}(\text{최대출력전류})}{I_{sc}(\text{단락전류}) \times V_{oc}(\text{개방전압})}$$

① 실리콘 태양전지의 개방전압이 약 0.6[V]이므로 충진율을 0.7~0.8 사이로 나타난다.

② GaAs의 개방전압은 약 0.95[V]이므로 충진율은 약 0.78~0.85 사이로 나타난다.

③ 충진율에 영향을 주는 요소는 정규화된 개방전압에서 이상적인 다이오드 특성으로부터 벗어나는 $n$값 때문이다.

④ 직렬저항(충진율의 최소화)

㉠ 이상적인 태양전지에 대해 직렬로 작용하는 저항으로서 이미터와 베이스를 통해 전류가 움직이는 것이다.

㉡ 이미터와 상단 그리드 전극이 전체 직렬저항을 좌우한다.

㉢ 저항이 커지고 단락전류가 낮아지고 충진율이 낮아지게 되면 결과적으로 변환효율이 감소하게 된다.

㉣ 금속전극과 실리콘 사이에 접촉저항으로서 주로 앞뒷면에 있는 전극을 금속 저항성 접촉과 아주 얇은 표면층에 기인하도록 되어 있다.

⑤ 직렬저항의 요소

㉠ 표면층의 면 저항

㉡ 금속전극 자체 저항성분

㉢ 전지의 전·후면 금속접촉

㉣ 기판 자체 저항

⑥ 병렬저항(제조상의 결함)

㉠ 이상적인 태양전지에 대해 병렬로 작용하는 저항으로서 저항이 커지면 효율이 증가한다.

㉡ 주로 접합의 불순물과 결정의 품질에 따라 달라지고 개방전압과 단락전류가 낮아지게 되어 결국에는 출력이 저하된다.

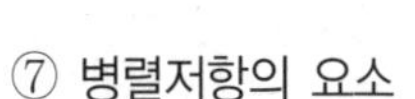

⑦ 병렬저항의 요소
㉠ 접합의 결함누설
㉡ 측면의 표면누설
㉢ 결정과 전극의 미세균열에 의한 누설
㉣ 전위 또는 결정입계에 따라 발생하는 누설

⑧ 개방전압($V_{OC}$ : Open Circuit Voltage)
㉠ 일조강도와 특정한 온도에 부하를 연결하지 않은 상태로서 태양광발전 장치의 양단에 걸리는 전압이다.
㉡ 광 흡수에 의해 발생된 캐리어는 전지 양단의 표면으로 분리 이동해 전압을 형성하기 때문에 높은 전압을 발생시키기 위해 재결합 방지를 해야 하고, 광량이 증가함에 따라 발생전압이 상승한다. 그렇기 때문에 고순도(캐리어의 수명이 길다) 기판을 사용해야 하며, 캐터링 공정(기판의 불순물을 제거)과 패시베이션 공정(표면의 결함을 제거)을 통해서 캐리어의 수명을 최대한 높여주어야 한다. 결과적으로 병렬저항이 작으면 누설전류가 커지고 개방전압을 낮추게 된다.

⑨ 단락전류($I_{SC}$ : Short Circuit Current)
㉠ 일사조사강도와 특정한 온도에서 단락조건이 있는 태양전지나 모듈 등 태양광발전 장치의 출력전류를 말한다.
㉡ 단락전류의 영향을 미치는 요소는 태양전지의 면적과 빛의 반사율과 흡수율, 태양전지 수집확률, 입사광 스펙트럼이 있다. 광의 흡수량에 정확히 비례해야 한다.

### (6) 태양전지 재료의 두께에 따른 빛의 흡수율

① 램베르트 비어 법칙(Lambert–Beer's Law) : 일정한 파장을 갖는 빛이 조사되었을 경우 물질에 투과한 빛의 세기가 두께에 따라 지수 함수적으로 감소한다.
② 태양전지 재료의 흡수계수가 작은 경우에는 두께가 두꺼울수록 좋다.
③ 태양전지 재료의 흡수계수가 큰 경우일수록 태양전지의 두께가 얇아도 빛의 흡수율이 증가한다.

### (7) 태양전지의 광학적 손실

① 표면에서 반사되거나 태양전지에 흡수되지 않아 발생되는 손실을 말하며 다음과 같은 손실이 존재한다.
㉠ 태양전지 표면에 의한 반사
㉡ 표면전극에 의한 반사
㉢ 후면전극에 의한 반사

② 손실을 줄일 수 있는 방법
㉠ 태양전지 표면에 반사방지 코팅을 사용하여 표면 텍스처링에 의한 반사방지를 한다.
㉡ 태양전지 표면에서 전극이 차지하는 부분(면적)을 최소화해야 한다. 대신 이 경우에는 직렬저항이 증가할 수도 있기 때문에 주의해야 한다.
㉢ 표면과 후면 텍스처링과 빛을 가두었을 경우 태양전지에서 광 경로의 길이를 증가시킬 수 있다.
㉣ 실리콘의 흡수계수가 작아지기 때문에 광 흡수를 증가하기 위한 두께를 증가시킨다.

## 3 태양전지 특성의 측정법

태양전지는 태양빛을 받아 전력을 생산하는 반도체 소자이다. 최대출력($P_{max}$), 단락전류($I_{SC}$), 개방전압($V_{OC}$), 충진률($FF$), 변환효율($\eta$) 등의 지표는 태양전지의 성능 및 시장에서의 거래가격을 결정하는 주요 요소이다. 태양전지 성능지표는 IEC 규격에서 제시하는 특정한 스펙트럼 및 조사 강도를 가지는 빛에 태양전지를 노출시킨 후 태양전지가 출력하는 전류-전압 특성을 측정함으로서 확인할 수 있다.

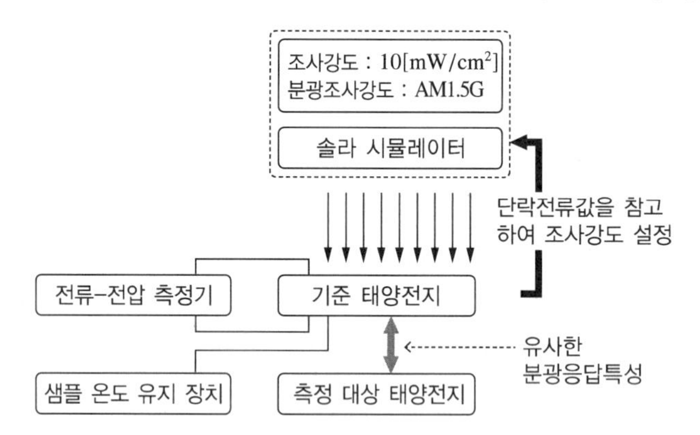


### (1) 태양전지 특성 측정을 위한 장치

솔라 시뮬레이터를 사용하여 옥내에서 태양전지 소자의 발전성능을 시험하기 위한 것으로 자연 태양광과 유사한 강도와 스펙트럼 분포를 가진 인공광원 장치이다.

※ 인공광원의 조건

- 조사 강도의 장소 불균일성으로 ±2[%] 이내이어야 한다.
- 시간적 불안정성 ±2[%] 이내의 A등급 이상을 사용한다.
- 400~1,100[nm]의 스펙트럼 구간에서 자연 태양광 스펙트럼과의 정합이 0.75~1.25이어야 한다.

① 우박시험장치

우박의 충격에 대한 태양전지 모듈의 기계적 강도를 조사하기 위한 시험장치이다.

② 전류-전압 측정기

시험편의 단자로부터 독립된 리드를 사용하여 ±0.5[%]의 정확도로 태양전지의 전류-전압 특성곡선을 측정할 수 있는 장치이다.

③ 온도 유지장치

측정시간동안 태양전지의 온도를 25[℃]로 유지시켜 주는 장치이다.

④ 기준 태양전지

표준 시험 조건에서 항상 일정한 단락전류를 출력하는 특성이 안정된 태양전지로 솔라 시뮬레이터의 조사강도를 표준시험값인 100[mW/cm$^2$]를 조정하는 데 사용한다.

㉠ 교정방법에 따라 1차와 2차 기준 태양전지로 구분하여 사용한다.

㉡ 전압-전류 특성 시험에는 2차 기준 태양전지를 사용한다.

- 1차 기준 : 국제복사계기준 규격이나 복사계에 적합한 규격을 기준으로 교정된 기준전지

- 2차 기준 : 1차 기준 전지에 대해 자연 태양광 또는 솔라 시뮬레이터하에서 교정된 기준전지

㉢ 기준전지 사용 요구 조건

- 태양전지 응답 파장 범위 내에서 입사광의 95[%] 이상 흡수가 가능해야 한다.
- 개구각이 160° 이상이어야 한다.
- 개구각 범위에서 기준 전지의 모든 표면이 빛을 반사하지 않아야 한다.
- 단락 전류값이 조사강도에 따라 직선으로 변화해야 한다.
- 태양전지의 온도를 일정하게 유지할 수 있는 구조이어야 한다.

㉣ 기준전지의 전기적 연결 방식은 4선 접촉식(켈빈 프로브 방식)을 사용해야 한다.

㉤ 보호창을 사용하여 보호창과 태양전지 사이의 공간은 안정하고 투명한 보호 충진재로 채운다.

㉥ 높은 입사각에서 빛의 내부 반사로 인한 오차를 최소화하기 위해서는 보호 충진재의 굴절률을 보호창과 10[%] 이내로 유사하게 하고, 보호 충진재의 투명성과 균일성 및 부착력은 자외선 및 기준전지의 작동 온도에 의해 영향을 받지 않아야 한다.

㉦ 전지를 홀더에 결합시키기 위해 사용한 재료는 전기적 및 광학적인 성능이 저하되지 않아야 하며 재료의 물리적 특성은 전체 사용기간 동안 안정적으로 유지되어야 한다.

⑤ 염수분무장치

태양전지 모듈의 구성 재료 및 패키지 염분의 내구성을 시험하기 위한 환경 체임버이다.

⑥ 기계적 하중 시험장치

태양전지 모듈이 바람, 눈 및 얼음에 의해 발생하는 하중에 대한 기계적 내구성을 조사하기 위한 장치이다.

⑦ 단자강도 시험장치

태양전지 모듈의 단자부분이 모듈의 부착, 배선 또는 사용 중에 가해지는 외력에 대하여 충분한 강도가 있었는지를 조사하기 위한 장치이다.

⑧ 항온항습기

태양전지 모듈의 온도 사이클 시험, 습도-동결시험, 고온고습시험을 하기 위한 환경 체임버 장치이며, 온도 ±2[℃] 이내, 습도 ±5[%] 이내이어야 한다.

⑨ UV 시험장치

태양전지 모듈이 태양광에 노출되는 경우에 따라서 유기되는 열화 정도를 시험하기 위한 장치이다. KS C IEC 61215의 규정에 따른다.

⑩ 분광응답측정기

⑪ 분광복사계

㉠ 태양전지 시료의 분광응답파장영역에서 솔라 시뮬레이터의 분광조사강도를 측정할 수 있어야 한다.

㉡ 측정결과로부터 KS규격 기준의 태양광 스펙트럼 분포와 인공광원의 스펙트럼 조사강도 분포화의 정합도를 구할 수 있다.

㉢ 솔라 시뮬레이터 측정용 분광복사계의 파장 간격은 5[nm] 이하이어야 한다.

### (2) 모듈 구성 재료

① 셀

② 표면재(강화유리) : 수명을 길게 하기 위해 백판 강화유리를 사용하고 있다.

③ 충전재 : 실리콘수지, PVB, EVA(봉지재)가 사용된다. 태양전지를 처음 제조할 때에는 실리콘 수지가 사용되었으나 충전할 때 기포방지와 셀의 상하 이동으로 인한 균일성을 유지하는 데에 시간이 걸리기 때문에 PVB, EVA(봉지재)가 쓰이게 되었다.

④ Back Sheet Seal재 : 외부충격과 부식, 불순물 침투 방지, 태양광 반사 역할로 사용하는 재료는 PVF가 대부분이다.

⑤ 프라임재(패널재) : 통상적으로 표면 산화한 알루미늄이 사용되지만, 민생용 등에서는 고무를 사용한다.

⑥ Seal재 : 리드의 출입부나 모듈의 단면부를 처리하기 위해 이용된다.

### (3) 방사조도

지표면 $1[m^2]$당 도달하는 태양광에너지의 양을 나타내고 단위는 $[W/m^2]$을 사용한다. 대기권 밖에서는 일반적으로 $1,400[W/m^2]$이지만 태양광에너지가 대기를 통과해 지표면에 도달하면 1,000[W/m] 정도가 된다.

### (4) 웨이퍼(Wafer) 가공처리 단계

① 모서리가공 : 모서리가공 및 연마를 통해 웨이퍼 간 마찰로 인한 손상을 예방한다.

② 에칭(Etching, 식각공정) : 화학용액에 담가 한 번 더 표면을 벗겨낸다.

③ 열처리 : 금속열처리로부터 웨이퍼 내의 산소불순물을 제거한다.

④ 경면(웨이퍼 표면)연마 : 표면을 매우 균일하게 조정한다.

⑤ 검사 : 완성품으로부터 저항, 두께, 평탄도, 불순물, 생존시간, 육안검사 등을 실시한다.

### (5) 태양전지 모듈의 특성 판정기준

① 옥외노출 시험

이 시험은 모듈의 옥외 조건이 갖는 내구성을 일차적으로 평가하고, 시험소의 시험에서 검출될 수 없는 복합적 열화의 영향을 파악하는 것을 목적으로 한다. 태양전지 모듈을 적산 일사량계로 측정한 적산 일사량이 $60[kWh/m^2]$에 도달할 때까지 시험하며, KS C IEC 61215의 시험방법에 따라 시험한다.

㉠ 최대출력 : 시험 전 값의 95[%] 이상일 것

㉡ 절연저항 기준에 만족할 것

㉢ 외관 : 두드러진 이상이 없고, 표시는 판독할 수 있으며 외관검사 기준에 만족할 것

② 절연시험

㉠ 절연내력시험은 최대시스템전압의 두 배에 1,000[V]를 더한 것과 동일한 전압을 최대 500[V/s] 이하의 상승률로 태양전지 모듈의 출력단자와 패널 또는 접지단자(프레임)에 1분간 유지한다. 다만, 최대시스템전압이 50[V] 이하일 때는 인가전압은 500[V]로 한다.

㉡ 절연저항 시험은 시험기 전압을 500[V/s]를 초과하지 않는 상승률로 500[V] 또는 모듈시스템의 최대전압이 500[V]보다 큰 경우 모듈의 최대시스템전압까지 올린 후 이 수준에서 2분간 유지한다. KS C IEC 6215의 시험방법에 따라 시험한다.

- ㉠항의 시험동안 절연파괴 또는 표면 균열이 없어야 한다.
- ㉡항은 모듈의 시험 면적에 따라 0.1[$m^2$] 이상에서는 측정값과 면적의 곱이 40[MΩ · $m^2$] 이상일 것
- ㉡항은 모듈의 측정 면적에 따라 0.1[$m^2$] 미만에서는 400[MΩ] 이상일 것

③ 공칭 태양전지 동작온도의 측정

공칭 태양전지 동작온도(NOCT)의 측정(Nominal Operating Cell Temperature)은 모듈의 공칭 태양전지 동작온도(NOCT)를 결정하는 것을 목적으로 하며, KS C IEC 61215의 시험방법에 따라 시험한다. 별도의 판정기준을 갖지 않으며, 해당 태양전지 모듈의 NOTC를 측정한다.

④ 바이패스 다이오드 열 시험(Bypass Diode Thermal Test)

태양전지모듈의 핫-스폿 현상에 대한 유해한 결과를 제한하기 위해 사용된 바이패스 다이오드가 열에 대한 내성설계를 잘하였는지 평가한다. 또한 유사한 환경에서 장시간 사용할 경우 신뢰성이 확보되었는지 평가하는 것을 목적으로 하며, STC조건에서 단락전류의 1.25배와 같은 전류를 적용한다. KS C IEC 61215의 시험방법에 따라 시험한다.

㉠ 최대출력 : 시험 전 값의 95[%] 이상일 것
㉡ 외관 : 두드러진 이상이 없고, 표시는 판독할 수 있으며 외관검사 기준에 만족할 것
㉢ 절연저항 기준에 만족할 것
㉣ 시험이 끝난 후에도 다이오드의 기능을 유지하여야 한다. 다이오드 접합 온도는 다이오드 제조자가 제시한 정격 최대 온도를 초과하지 않아야 한다.

⑤ 외관검사

1,000[Lux] 이상의 광 조사상태에서 검사하며, KS C IEC 61215의 시험방법에 따라 시험한다.

㉠ Cell, Glass, J-Box, Frame, 기타 사항(접지단자, 출력단자) 등의 이상이 없을 것
㉡ 접착에 결함이 없는 것
㉢ 셀 : 깨짐, 크랙이 없는 것
㉣ 셀 간 접속 및 다른 접속부분에 결함이 없는 것
㉤ 셀과 셀, 셀과 프레임의 터치가 없는 것
㉥ 셀과 모듈 끝 부분을 연결하는 기포 또는 박리가 없는 것
㉦ 모듈외관 : 크랙, 구부러짐, 갈라짐 등이 없는 것

⑥ 온도계수의 측정

모듈 측정을 통해 전류의 온도계수($\alpha$), 전압의 온도계수($\beta$) 및 피크전력($\delta$)을 조사하는 것을 목적으로 한다. 이렇게 결정된 계수는 측정한 방사조도에서 유효하다. 다른 방사조도 수준에서의 모듈의 온도계수 계산은 KS C IEC 60904-10을 참조하며, KS C IEC 61215의 시험방법에 따라 시험한다. 별도의 판정기준을 갖지 않으며, 해당 태양광모듈의 온도계수를 측정한다.

⑦ 열점 내구성 시험

태양전지 모듈의 과열점 가열의 영향에 대한 내구성을 결정하는 것을 목적으로 한다. 이 결함은 셀의 부정합, 균열, 내부접속 불량, 부분적인 그늘 또는 오손에 의해 유발될 수 있다. 시험은 KS C IEC 61215의 시험방법에 따라 시험한다.

㉠ 최대출력 : 시험 전 값의 95[%] 이상일 것

㉡ 절연저항 기준에 만족할 것

㉢ 외관 : 두드러진 이상이 없고, 표시는 판독할 수 있으며 외관검사 기준에 만족할 것

⑧ 최대출력 결정

이 시험은 환경시험 전후에 모듈의 최대출력을 결정하는 시험으로 인공 광원법에 의해 태양광 모듈의 I-V 특성시험을 수행하며, AM1.5, 방사조도 1[kW/m$^2$], 온도 25[℃] 조건에서 기준 셀을 이용하여 시험을 실시하여 개방전압($V_{OC}$), 단락전류($I_{SC}$), 최대전압($V_{\max}$), 최대전류($I_{\max}$), 최대출력($P_{\max}$), 곡선율(F.F) 및 효율(eff)을 측정한다. KS C IEC 61215에서 정하는 KS C IEC 60906-9의 솔라 시뮬레이터를 사용하여 KS C IEC 60904-1 시험방법에 따라 시험한다. 단, 시험시료는 9매를 기준으로 한다.

AM이란 에어매스(Air Mass)의 약자인데, 이것은 태양직사광이 지상에 입사하기까지 통과하는 대기의 양을 표시하고 있다. 바로 위(태양고도 90°)에서의 일사를 AM=1로 하여 그 배율로 표시한 파라미터로서, AM1.5는 광의 통과거리가 1.5배로 되고 태양고도 42°에 상당한다. AM이 크게 되면 아침 해와 석양의 해처럼 짧은 파장의 빛이 대기에 흡수되어 적외선(적광)이 많게 되고, AM이 적게 되면 자외선(청광)이 강하게 된다. 태양전지는 그 종류 및 구성 재료나 제조방법에서 빛의 파장감도와는 다르지만, 빛의 질(분광분포)을 일치하여 측정할 필요가 있다.

㉠ 해당 태양광 모듈의 최대출력을 측정하되, 시험시료의 평균출력은 정격출력 이상일 것

㉡ 시험시료의 최종 환경시험 후 최대출력의 열화는 최초 최대출력의 −8[%]를 초과하지 않을 것

㉢ 시험시료의 출력 균일도는 평균출력의 ±3[%] 이내일 것

⑨ 습도-동결 시험

고온·고습, 영하의 기온 등의 가혹한 자연환경에 장시간 반복하여 놓였을 때, 영 팽창률의 차이나 수분의 침입·확산, 호흡작용 등에 의한 구조와 재료의 영향을 시험한다. 고온 측 온도조건을 85[℃] ±2[℃], 상대습도 85[%] ±5[%]에서 20시간 이상 유지하고, 저온 측 온도조건을 −40[℃] ±2[℃] 조건에서 0.5시간 이상 유지한다.

위의 조건을 1사이클로 하여 24시간 이내에 하고 10회 실시한다. 최소 2~4시간의 회복시간 후, KS C IEC 61215의 시험방법에 따라 시험한다.

㉠ 최대출력 : 시험 전 값의 95[%] 이상일 것

㉡ 외관 : 두드러진 이상이 없고, 표시는 판독할 수 있으며 외관검사 기준에 만족할 것

㉢ 절연저항 기준에 만족할 것

⑩ 습윤 누설 전류 시험

모듈이 옥외에서 강우에 노출되는 경우의 적성을 시험하며, KS C IEC 61215의 시험방법에 따라 시험한다.

㉠ 모듈의 측정 면적에 따라 0.1[m²] 이상에서는 절연저항 측정값과 모듈 면적의 곱이 40[MΩ·m²] 이상일 것

㉡ 모듈의 측정 면적에 따라 0.1[m²] 미만에서는 절연저항 측정값이 400[MΩ] 이상일 것

⑪ 시리즈 인증

시리즈 인증은 기본 모델(시리즈 기본 모델)의 정격출력 ±10[%] 범위 내의 모델에 대하여 적용한다.

㉠ 기본 모델에 대하여 전 항목을 시험한다. 단, 시리즈 모델에 대한 유사모델 시험은 부속서에 따라 시리즈 기본 모델에 적용한다.

㉡ 시리즈 모델 중 최대정격출력 모델에 대하여 외관검사, 절연저항시험, 발전성능시험을 실시한다.

⑫ 염수분무 시험

염해를 받을 우려가 있는 지역에서 사용되는 모듈의 구성 재료 및 패키지의 염분에 대한 내구성을 시험한다. 시험품은 이상 부식을 방지하기 위하여 미리 연선의 단자부 봉지 등 실사용 조건과 같은 단자처리 또는 보호를 해 준다. 소정의 염수 분무실에서 15~35[℃] 사이의 온도를 염수농도 5[%] ±1[%]의 무게비로 하여 2시간 염수분무 후 온도 40[℃] ±2[℃], 상대습도 93[%] ±5[%]의 조건에서 7일간 시험하고, 위의 시험을 4회 반복한다. 소금 부착물을 상온의 흐르는 물로 5분간 세척한 후 증류수 또는 탈이온수로 씻고 부드러운 솔을 사용하여 물방울을 제거한다. 이후 55[℃] ±2[℃]의 조건에서 1시간 건조시킨 다음 표준 상태에서 1~2시간 이내로 방치하고 냉각한다. KS C IEC 61215의 시험방법에 따라 시험한다.

㉠ 최대출력 : 시험 전 값의 95[%] 이상일 것

㉡ 절연저항 기준에 만족할 것

㉢ 외관 : 두드러진 이상이 없고, 표시는 판독할 수 있으며 외관검사 기준에 만족할 것

⑬ 온도 사이클 시험(시험(A) : 200 사이클, 시험(B) : 50 사이클)

환경온도의 불규칙한 반복에서, 구조나 재료간의 열전도나 열팽창률의 차이에 의한 스트레스의 내구성을 시험한다. 고온 측 85[℃] ±2[℃] 및 저온 측 −40[℃] ±2[℃]로 10분 이상 유지하고 고온에서 저온으로 또는 저온에서 고온으로 최대 100[℃/h]의 비율로 온도를 변화시킨다. 이것을 1사이클로 하고 6시간 이내에 하며 특별히 규정이 없는 한 UV 전처리시험 후 온도 사이클 시험(B) 50회, 습윤 누설 전류시험 후 온도 사이클 시험(A) 200회를 실시한다. 최소 1시간의 회복시간 후, KS C IEC 61215의 시험방법에 따라 시험한다.

㉠ 최대출력 : 시험 전 값의 95[%] 이상일 것

㉡ 시험 도중에 회로가 손상(Open Circuit)되지 않을 것

㉢ 외관 : 두드러진 이상이 없고, 표시는 판독할 수 있으며 외관검사 기준에 만족할 것

㉣ 절연저항 기준에 만족할 것

⑭ 낮은 조사강도에서의 특성 시험

이 시험은 모듈의 전기적 특성이 25[℃] 및 200[W/m²](적절한 기준기기로 측정)의 방사조도에서, 부하와 함께 어떻게 변화하는지를 자연광 또는 규정의 요구에 적합한 B등급 이상의 시뮬레이터를 사용하여 KS C IEC 60904-1에 의해 전기적 특성을 결정하는 것을 목적으로 하며, KS C IEC 61215의

시험방법에 따라 시험한다. 별도의 판정기준을 갖지 않으며, 해당 태양전지모듈의 낮은 조사강도에서의 성능 특성을 측정한다.

모듈의 전기특성이 STC(KS C IEC 60904-3의 기준 분광방사조도를 가진 25[℃]에서 1,000[W/m$^2$]의 방사조도) 조건일 때와 NOCT(KS C IEC 60904-3의 기준 분광방사조도를 가진 800[W/m$^2$]의 방사조도) 조건일 때, 부하와 함께 어떻게 변화하는지 결정하는 것을 목적으로 하며, 시험방법은 KS C IEC 61215의 시험방법에 따라 시험한다. 별도의 판정기준을 갖지 않으며, 해당 태양광모듈의 STC, NOCT 조건일 때의 부하에 따른 성능특성을 측정한다.

⑮ UV 전처리 시험(UV Preconditioning Test)

태양전지 모듈이 태양광에 노출되는 경우에 따라 유기되는 열화 정도를 시험한다. 제논아크 등을 사용하여 모듈 온도 60[℃] ±5[℃]의 건조한 조건을 유지하고 파장 범위 280[nm]~320[nm]에서 방사조도 5[kWh/m$^2$] 또는 파장범위 280[nm]~380[nm]에서 방사조도 15[kWh/m$^2$]에서 시험하며, KS C IEC 61215의 시험방법에 따라 시험한다.

㉠ 최대출력 : 시험 전 값의 95[%] 이상일 것

㉡ 절연저항 기준에 만족할 것

㉢ 외관 : 두드러진 이상이 없고, 표시는 판독할 수 있으며 외관검사 기준에 만족할 것

⑯ 기계적 하중시험

태양전지모듈에 대하여 바람, 눈 및 얼음에 의해 발생하는 하중에 대한 기계적 내구성을 시험하며, KS C IEC 61215의 시험방법에 따라 시험한다.

㉠ 최대출력 : 시험 전 값의 95[%] 이상일 것

㉡ 시험을 하는 동안 회로 단선(Open Circuit)이 없어야 한다.

㉢ 외관 : 두드러진 이상이 없고, 표시는 판독할 수 있으며 외관검사 기준에 만족할 것

㉣ 절연저항 기준에 만족할 것

⑰ 단자강도시험

모듈의 단자부분이 모듈의 부착, 배선 또는 사용 중에 가해지는 외력에 충분한 강도가 있는 지를 시험하며, KS C IEC 61215의 시험방법에 따라 시험한다.

㉠ 최대출력 : 시험 전 값의 95[%] 이상일 것

㉡ 절연저항 기준에 만족할 것

㉢ 외관 : 두드러진 이상이 없고, 표시는 판독할 수 있으며 외관검사 기준에 만족할 것

⑱ 우박시험

우박의 충격에 대한 모듈의 기계적 강도를 시험하며, KS C IEC 61215의 시험방법에 따라 시험한다.

㉠ 최대출력 : 시험 전 값의 95[%] 이상일 것

㉡ 절연저항 기준에 만족할 것

㉢ 외관 : 두드러진 이상이 없고, 표시는 판독할 수 있으며 외관검사 기준에 만족할 것

⑲ 고온고습 시험

고온·고습 상태에서 사용 및 저장하는 경우의 태양전지 모듈의 열적 스트레스와 적성을 시험한다.

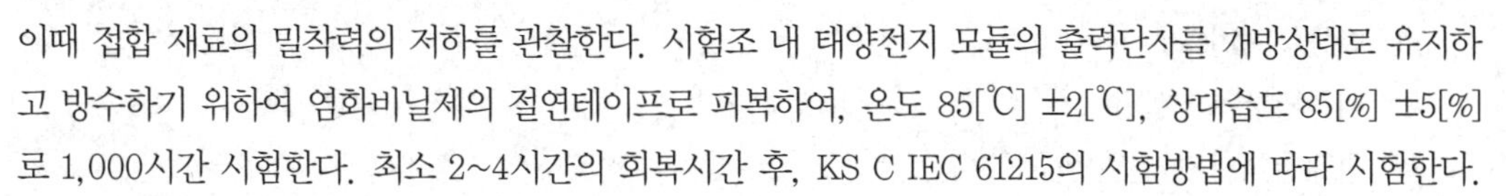

이때 접합 재료의 밀착력의 저하를 관찰한다. 시험조 내 태양전지 모듈의 출력단자를 개방상태로 유지하고 방수하기 위하여 염화비닐제의 절연테이프로 피복하여, 온도 85[℃] ±2[℃], 상대습도 85[%] ±5[%]로 1,000시간 시험한다. 최소 2~4시간의 회복시간 후, KS C IEC 61215의 시험방법에 따라 시험한다.

㉠ 최대출력 : 시험 전 값의 95[%] 이상일 것

㉡ 절연저항 기준에 만족할 것

㉢ 습윤 누설 전류시험 기준에 만족할 것

㉣ 외관 : 두드러진 이상이 없고, 표시는 판독할 수 있으며 외관검사 기준에 만족할 것

### (6) 태양전지 소자의 시험항목 및 평가기준

| 시험항목 | 평가기준 |
|---|---|
| 육안외형 및 치수검사 | • 셀에 깨짐이 없고 크랙이 없을 것<br>• 두께는 제시한 값 대비 ±40[$\mu$m]이고, 치수는 156[mm] 미만일 때 제시한 값 대비 ±0.5[mm] |
| 전압-전류 특성시험 | 출력의 분포는 정격출력의 ±3[%] 이내 |
| 스펙트럼 응답 특성시험 | 평가기준 없음(시험결과만 표기) |
| 온도계수시험 | |
| 2차 기준 태양전지 교정시험 | • 신규 교정시험<br>• 재 교정 시 초기 교정값의 5[%] 이상 변화하면 사용 불가<br>• 인증 필수시험항목이 아닌 선택 시험항목 |

### (7) 태양전지 모듈의 특성 판정 기준 중 옥외노출시험

① **외관** : 두드러진 이상이 없고, 표시는 판독할 수 있어야 한다.

② **최대출력** : 시험 전 값의 95[%] 이상일 것

③ **절연저항** : 적정한 값을 유지할 수 있을 것

### (8) 태양전지 모듈의 특성 판정 기준 중 습윤누설 전류시험

모듈이 옥외에서 강우에 노출되는 경우 적정성을 시험하는 것

① 모듈의 측정면적에 따라 0.1[$m^2$] 미만에서 절연저항 측정값이 400[MΩ] 이상일 것

② 모듈의 측정면적에 따라 0.1[$m^2$] 이상에서 절연저항 측정값과 모듈면적의 곱이 40[MΩ · $m^2$] 이상일 것

### (9) 태양전지의 측정순서

태양광조사 → 표준(기준) 셀 선택 → 표준(기준) 셀 교정 → 태양광 시뮬레이터 광량조절 → 샘플측정 → 출력

### (10) 태양전지의 제조 및 사용표시

내구성이 있어야 하며 소비자가 명확하게 인식할 수 있도록 표시되어야 한다.

① 제조연월일

② 업체명 및 소재지

③ 정격(최대시스템 전압, 정격최대출력, 최대출력의 최솟값 등) 및 적용조건

④ 인증부여번호

⑤ 제품명 및 모델명

⑥ 신재생에너지 설비인증표지

⑦ 기타 사항

## 4 태양전지 종류와 특징

### (1) 결정질 실리콘 태양전지(1세대)

① **단결정질 실리콘 태양전지** : 실리콘 원자배열이 균일하고 일정하여 전자 이동에 걸림돌이 없어서 다결정보다 변환효율이 높다. 잉곳의 모양은 원주형으로 네 귀퉁이가 원형형태로 되어서 셀 모양도 원형형태이며 공정이 복잡하고 제조비용이 높다.

② **다결정질 실리콘 태양전지** : 낮은 순도의 실리콘을 주형에 넣어 결정화하여 만든 것으로 공정이 간단하여서 제조비용이 낮지만 단결정에 비해 변환효율이 조금 낮다. 사각형 틀(주형)에 넣어서 잉곳을 만들며 셀 모양은 사각형인 특징이 있다. 현재 가장 많이 보급되어 있는 형태이다.

> **Check!** **다결정질 태양전지의 제조과정**
> 규석(모래) → 폴리실리콘 → 잉곳(사각형 긴 덩어리) → 웨이퍼(사각형 얇은 판) → 셀(웨이퍼를 가공한 상태 모양) → 모듈(셀 여러 개를 배열하여 결합한 상태의 구조물)

③ 장·단점

| 특징 \ 종류 | 단결정 | 다결정 | 비정질 |
|---|---|---|---|
| 장 점 | • 효율이 가장 높다. | • 단결정에 비해 가격이 저렴하다.<br>• 재료가 풍부하다. | • 표면이 불규칙한 곳이나 장치하기 어려운 곳에 쉽게 적용이 가능하며, 운반과 보관이 용이하다.<br>• 플렉시블하다. |
| 단 점 | • 가격이 비싸다.<br>• 무겁고 색깔이 불투명하다. | • 효율이 낮다.<br>• 많은 면적이 필요하다. | • 효율이 낮고, 설치면적이 넓다.<br>• 공사비용이 많이 든다. |

### (2) 박막형 태양전지(2세대)

유리, 금속판, 플라스틱 같은 저가의 일반적인 물질을 기판으로 사용하여 빛흡수층 물질을 마이크론 두께의 아주 얇은 막을 입혀 만든 태양전지이다.

① 비정질 실리콘 박막형 태양전지

실리콘의 두께를 극한까지 얇게 한 것으로, 실리콘의 사용량을 약 1/100까지 줄일 수 있어서 결정질보다 제조비용이 낮아서 좋다. 결정질보다는 배열이 비규칙적으로 흩어져 있어서 변환효율이 낮다.

② 화합물 박막형 태양전지

실리콘 이외에 반도체 특성을 갖는 화합물인 구리(Cu), 인듐(In), 갈륨(Ga), 셀레늄(Se)으로 구성된 박막형 태양전지이다.

㉠ CdTe(Cadmium Telluride) : Cd(2족), Te(4족)이 결합된 직접 천이형 화합물 반도체로 높은 광흡수와 낮은 제조단가로 상용화에 유리하며 차세대 태양전지로 각광을 받고 있다.

㉡ CIGS(Cu, In, Gs, Se) : 유리기판, 알루미늄, 스테인리스 등의 유연한 기판에 구리, 인듐, 갈륨, 셀레늄 화합물 등을 증착시켜 실리콘을 사용하지 않으면서도 태양광을 전기적으로 변환시켜 주는 태양전지로서 변환효율이 높다.

③ 장 · 단점

| 종류 \ 특징 | 실리콘계 | 화합물계 | |
|---|---|---|---|
| | 비정질 | CdTe | CIGS |
| 장 점 | • 실리콘 박막의 두께로 얇게 하여 재료비를 절감할 수 있다.<br>• 플렉시블하다.<br>• 장치를 설치하기 어려운 곳에 가능하다. | • 비정질 실리콘보다 고효율이다.<br>• 초기에 열화현상이 없기 때문에 안정성이 높다. | • 안정성이 우수하며 가볍다.<br>• 휴대성이 있다.<br>• 비실리콘 태양전지 중에는 효율이 최고이다.<br>• 두께가 얇은 빛흡수성층만으로 효율이 높은 높인 태양전지 제조가 가능하다.<br>• 곡선제작이 가능할 정도로 유연하다.<br>• 생산비용이 저렴하다. |
| 단 점 | • 설치면적이 넓다.<br>• 초기에 열화현상이 발생한다.<br>• 저효율성 | • 대량생산이 불가능하다(재료의 한계성과 희소성(카드뮴)).<br>• 공해유발 | • 대량생산이 어렵다.<br>• 원자재 가격이 고가이다. |

### (3) 차세대 태양전지(3세대)

① 염료 감응형(Dye-Sensitized) 태양전지 : 유기염료와 나노기술을 이용하여 고도의 효율을 갖도록 개발된 태양전지로서 날씨가 흐리거나 빛의 투사각도가 Zero(0°)에 가까워도 발전을 한다. 반투명과 투명으로 만들 수 있고 유기염료의 종류에 따라서 빨간색, 노란색, 파란색, 하늘색 등 다양한 색상이 있고 원하는 그림을 넣을 수가 있어서 인테리어로도 활용할 수 있다.

② 유기물(Organic) 태양전지 : 플라스틱의 원료인 유기물질로 만든 것으로 자유자재로 휠 수 있는 기판위에 유기물질을 분사하여 제작하므로 다양한 모양의 대량생산이 가능하다. 실리콘계 태양전지보다 변환효율이 떨어지기 때문에 아직 많이 사용하지 않으나 발전이 기대된다.

2세대와 3세대 태양전지는 얇은 플라스틱처럼 휠 수가 있기 때문에 플렉시블하다고 할 수 있다. 벽이나 기둥, 창문, 지붕 등에도 다용도로 사용할 수가 있으며 실리콘 결정질보다 가벼워 건축물 지붕 등 활용도 면에서 발전성이 높다.

③ 장 · 단점

| 종류 \ 특징 | 염료 감응형 | 나노구조 | 유기물 |
|---|---|---|---|
| 장 점 | • 발전단가가 저렴하다.<br>• 빛의 조사각도가 10° 내외에서도 발전 가능하다.<br>• 흐린 날씨에도 발전이 가능하다.<br>• 다양한 색상과 무늬로 제작이 가능하다.<br>• 투명, 반투명 제품도 제작이 가능하다. | • 가장 작은 크기로 만들 수 있다.<br>• 작은 면적으로 큰 효율이 가능하다. | • 무게가 매우 가볍고 플렉시블하다.<br>• 프린팅이 가능하다.<br>• 다양한 용도로 응용 제품개발이 가능하다. |
| 단 점 | • 원자재 가격이 고가이다(루테인 염료). | • 원자재 가격이 고가이다.<br>• 고도의 기술력이 요구된다. | • 원자재 가격이 고가이다. |

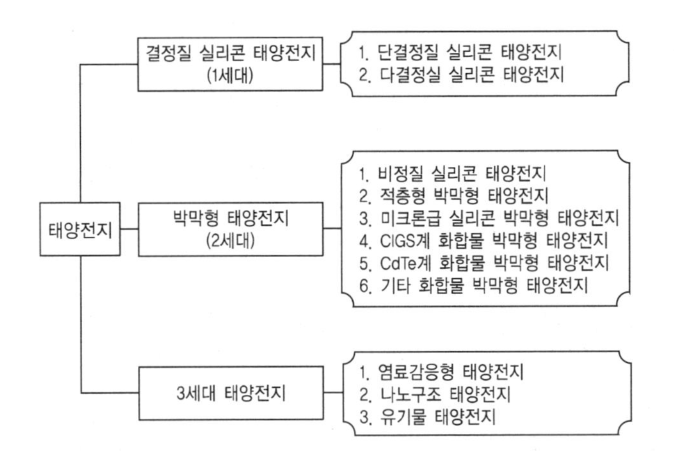


**Check!** **무기·유기 하이브리드 태양전지(4세대)**

무기재료의 장점(열 안정성과 주위의 환경 적응성)과 유기재료의 장점(벌크 이종접합과 유사한 구조, 유연성 및 대면적화의 잠재성 등)을 결합해서 장기적 구조 안정성을 확보하고 광전변환의 효율을 극대화시킬 수 있다.

### (4) 세계와 국내 셀의 종류와 시장점유율

① 세계 셀의 종류와 시장점유율

| 종 류 | 비율[%] |
|---|---|
| 단결정 실리콘 | 34 |
| 다결정 실리콘 | 48 |
| 화합물 박막(CIGS + CdTe) | 8 |
| 실리콘 박막 | 5 |
| 아몰퍼스 실리콘·단결정 실리콘 | 3 |

㉠ 단결정과 다결정 실리콘이 대부분을 차지한다.

㉡ 화합물 박막의 태양전지는 현재 가장 급격한 상승세를 보이고 있다.

② 국내 셀의 종류와 시장점유율

| 종 류 | 비율[%] |
|---|---|
| 단결정 실리콘 | 26 |
| 다결정 실리콘 | 71 |
| 화합물 박막(CIGS + CdTe) | 2 |
| 실리콘 박막 | 1 |

㉠ 단결정과 다결정이 97[%]의 점유율로 국내에서는 압도적이다.

㉡ 해외와 비교하여 화합물과 박막에 많은 기술의 진보에 큰 연구를 가져야 한다.

### (5) 결정질 실리콘과 비교한 화합물 반도체의 특징

① 온도계수가 작아 고온에서 출력이 감소하게 된다.
② 큰 에너지 갭으로 인해 짧은 파장보다는 긴 파장의 빛 흡수율이 좋다.
③ 에너지 갭은 크나 직접 천이 에너지 갭으로 광 특성이 아주 좋다.
④ CdTe는 에너지 갭이 실리콘보다 크기 때문에 고온 환경에서 박막 태양전지로 많이 이용된다.

### (6) 태양전지의 수명

① 태양전지의 실제 수명은 여러 가지 환경적인 요인에 따라 달라지겠지만 대략 20년 정도이다. 이것은 태양전지의 자체적인 문제도 있지만, 제작과정이나 구성 재료의 장시간 사용에 따라 노후화가 진행이 되기 때문에 품질의 저하가 발생하는 것이다.
② 태양전지의 자체적인 수명은 대략 70년 이상으로 반영구적으로 사용할 수 있다.

### (7) 다접합 태양전지(우주용 태양전지의 일종)

우주의 광조건(AM0)에서 34~36[%]의 고효율을 기대할 수 있으며, 이전의 단일 접합보다 훨씬 효율적으로 태양에너지를 이용할 수 있다.

### (8) 태양전지의 과제

① 결정질 실리콘 태양전지
㉠ 수명 연장
㉡ 저비용, 고생산이 가능한 재료의 양산개발
㉢ 실리콘을 더욱 얇게 자르는 기술의 개발
㉣ 신재료나 신구조 등으로 변환효율을 높이는 태양전지 구조개발

② 박막 실리콘 태양전지
㉠ 유리를 대신하는 저가의 기반을 개발
㉡ 신재료나 신구조 등으로 변환효율이 높은 태양전지 구조개발
㉢ 새로운 구조 등으로 모듈 재료의 수명을 연장

③ 화합물계 태양전지
㉠ 희소성 없는 재료개발
㉡ 빛을 효과적으로 가두기 위한 기술개발
㉢ 집광 시스템의 개발 등으로 1,000배 이상의 고배율 집광개발

④ 유기물 태양전지
㉠ 생산 프로세스 개발
㉡ 신재료, 고성능 구조를 개발

⑤ 염료감응 태양전지
㉠ 셀의 양산 프로세스 개발
㉡ 내구성이 높은 재료 개발
㉢ 빛의 넓은 파장을 커버하는 염료개발과 저가개발

## 5 그 외 정리

① 태양전지는 크게 빛에너지와 열에너지로 나눌 수 있는데, 이 중에서 태양의 빛에너지를 이용하여 전기를 생산하는 것이 태양전지이다.

② 전압이 0일 때 전류를 단락전류(Short Circuit Current : $I_{SC}$)라고 하고, 태양전지에 전류가 흐르고 있지 않을 때의 전압을 개방전압(Open Circuit Volt : $V_{OC}$)이라고 한다.

③ 셀은 태양전지를 구성하는 가장 기본단위이며, 크기는 5인치(125[mm]×125[mm])와 6인치(156[mm]×156[mm])가 있고 모양은 얇은 사각 또는 둥근 판 모양으로 되어 있다. 하나의 셀에서 나오는 정격전압은 약 0.5[V]이며, 효율은 14~17[%] 정도이다.

# 제4절 태양광시스템 구성요소

## 1 태양전지 모듈 및 어레이

태양전지 셀을 직·병렬로 연결하여 태양광 아래서 일정한 전압과 전류를 발생시키는 장치로 그 용도에 따라서 여러 가지 형태로 제작되어 있다.

### (1) 태양광발전의 주요 구성요소

① 태양전지(셀, 모듈, 어레이) : 태양전지를 크기별로 나타낼 수 있지만 총칭하여 어레이로 표현하며, 대부분 모듈을 조합하여 배선하고 설치하는 것을 이야기한다.

② 축전지 : 전기를 저장하는 전력저장장치이다.

③ 인버터(PCS : Power Conditioning System) : 직류(DC)를 교류(AC)로 변환하여 전력품질을 극대화하고 보호한다.

④ 직류전력 조절장치 : 충전과 방전을 제어한다.

⑤ 계통연계장치 : 전력계통에 연계하는 장치이다.

### (2) 모듈과 어레이

① 모 듈

셀의 집합으로 셀 하나당 0.5~0.6[V]의 출력이 나오기 때문에 수십 장의 셀을 직렬로 연결시켜서 전압과 전력을 얻을 수 있는 판이다.

㉠ 구 성

- 전력출력을 증가시키기 위해서 전기적으로 직렬 연결된 개별 태양전지들로 구성되어 있다.
- 태양전지에 대한 기계적인 손상을 방지하고 수증기나 물에 대한 전기 접촉이 생기기 때문에 부식을 막아야 한다.

- 여러 개의 태양전지를 상호로 연결하고 밀봉하여 오래 견딜 수 있게 하나의 튼튼한 구조로 만들어야 한다.
- 수명은 약 20년 정도이며 시간이 갈수록 효율은 점점 떨어진다.

㉡ 모듈 선정 시 고려사항

- 모듈의 변환효율

$$\eta = \frac{\text{모듈의 단위용량[W]}}{\text{모듈의 단위면적}[m^2] \times 1{,}000[W/m^2] \text{ 표준일사강도}} \times 100[\%]$$

- 신뢰성 : 모듈은 장기간 사용해야 하기 때문에 전기적, 환경적, 기계적으로 안정해야 한다. 또한 각 제조사별로 효율보증과 품질보증 및 A/S가 철저한 제품을 선택해야 한다.
- 경제성 : 각 제조사별로 환경적인 여건과 저렴한 금액에 맞추어야 하며 여러 가지 비용을 생각해야 한다.
- 오차(Power Tolerance) : 모듈의 제작사마다 모듈의 최대 출력에 대한 오차가 있기 때문에 다수의 모듈을 직렬과 병렬로 연결하였을 때 스트링 구성을 해야 하고, 가급적이면 오차가 작은 제조사의 것을 선택해야 한다.

㉢ 태양광 모듈의 핵심기술 : 태양전지가 외부에 설치되었을 때 외부환경, 즉 온도, 습기, 눈, 비, 바람, 우박 등 다양한 악조건에서도 태양전지의 파손 및 부식 등을 방지하고 수명을 연장시키기 위한 제조기술과 설치장소와 용도에 따라 설치하기 용이하도록 다양한 형태의 설계기술로 나눌 수 있다.

② 어레이

모듈을 직렬과 병렬로 연결하여 전압과 전력을 만들어내는 태양전지 중 가장 큰 것을 말하며, 일반적인 태양전지판이다. 즉, 필요한 만큼의 전력을 얻기 위해 1장 또는 여러 장의 태양전지 모듈을 최상의 조건(경사각, 방위각)을 고려하여 거치대를 설치하여 사용 여건에 맞게 연결시켜 놓은 장치이다.

㉠ 특 징

- 설치면적은 모듈의 효율에 따라 다르지만 약 1[kW]당 7~12[$cm^2$]가 필요하다.
- 시스템의 용량은 표준 태양전지 어레이출력으로 표시하고, 표준 조건은 일사강도 1,000[$W/m^2$], 셀의 온도는 25[℃]로 한다.
- 어레이를 고정하기 위해서는 금속성 가대를 이용하게 되는데 주변 환경에 따라 가대의 재질을 잘 선택하여야 한다.

③ 태양전지 모듈의 직렬과 병렬 구성

㉠ 직렬구성(전압 상승)

- 모듈회로의 개방전압이 항상 최대 전력점보다 크기 때문에 인버터의 입력허용전압보다 크지 않게 설계를 해야 한다.
- 전체 태양광발전시스템의 손실을 줄이기 위해서 같은 종류의 모듈을 사용해야 한다.
- 직렬로 연결된 모듈 열을 스트링(String)이라고 한다.

• 전압값 산출식

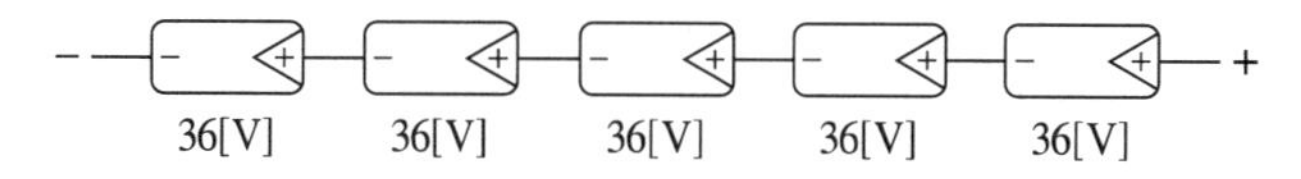


개방회로($V_{OC}$)의 전압이 36[V]인 모듈 5개가 직렬로 연결되어 있기 때문에 전체 어레이의 개방 전압은 180[V]이다(36 × 5 = 180).

(모듈의 전압($V$) = 직렬 셀의 개수 × 셀 단위 정격전압값[V])

㉡ 병렬구성(전류 상승)

• 단락회로전류($I_{SC}$)를 병렬로 연결하면 전체 어레이는 상승한다.

• 전류값 산출식

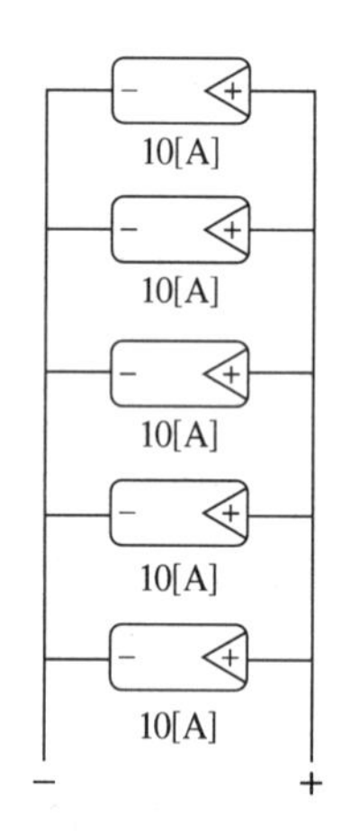


10[A]인 모듈 5개를 병렬로 연결하게 되면 전체 어레이의 단락회로 전류는 50[A]이다. (5×10 = 50).

(정격전류($I$) = 병렬 셀의 개수 × 셀 단위 정격전류값[A] $=\dfrac{\text{모듈출력}}{\text{전격전압}}$[A])

㉢ 출력전압과 전류값

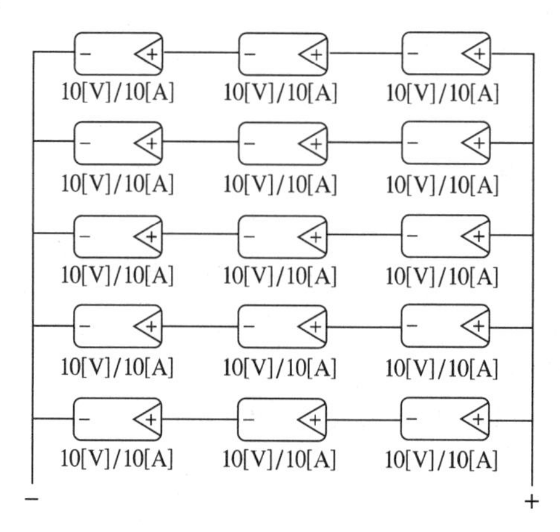

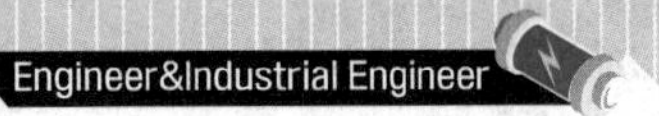

- 출력전압($V$)=직렬 셀의 개수×셀 단위 정격전압값[V]=3×10=30[V]
- 출력전류($I$)=병렬 셀의 개수×셀 단위 정격전류값[A]=5×10=50[A]

따라서, 전지 3개를 직렬로 접속하고 5줄을 병렬로 접속하였을 때 전압값은 3배로 증가하고, 전류는 5배로 증가하게 된다. 그러므로 직렬은 전압이 증가하고 병렬은 전류가 증가하는 구조이다.

④ 어레이의 전기적인 구성요소

㉠ 바이패스 다이오드, 역류방지소자, 스트링을 접속한다.

㉡ 각 스트링은 역류방지소자를 연결해서 접속해야 한다.

㉢ 태양전지 어레이의 직류 전기회로에는 원래 접지를 하지 않지만, 모듈이나 인버터에 따라 접지가 필요한 경우에 접지를 설치해야 한다.

⑤ 어레이의 전기적 결선 방법

양단에 병렬 다이오드를 연결하고 직렬로 된 병렬회로의 출력측에 직렬 다이오드를 연결하는 것이 일반적이다. 직렬 다이오드의 연결은 태양전지 접속함에서 연결하며, 이외의 차단스위치 및 피뢰방지용 소자 등도 접속함에서 연결하는 것이 일반적이다.

⑥ 어레이 설치형태에 따른 분류

㉠ 경사 고정식 어레이

㉡ 경사 가변식 어레이

㉢ 추적식 어레이

⑦ 어레이의 위도에 따른 각도

㉠ 경사 고정식 어레이 : 30~33°

㉡ 경사 가변식 어레이

- 일반적 : 47~52°
- 춘추절기 32~37°
- 하절기 : 15~20°

### (3) 태양전지판 형태

태양전지 모듈은 여러 개의 셀을 원 상태 또는 잘라서 서로 직·병렬로 연결시킨다. 셀 자체가 너무 얇아 파손되기 쉬우므로 외부충격이나 악천후로부터 보호하기 위하여 견고한 알루미늄 프레임 안에 프런트 커버 → 충전재 → 태양전지 셀 → 충전재 → 후면시트 등의 순서로 제작한 제품과 케이블, 배전반을 붙여 하나의 태양전지판 형태를 만든 제품이다.

### (4) 태양전지판 집광유무에 따른 분류

① **평판형(Flat-Plate System, 비집광식) 태양전지 모듈** : 집열면이 평면형상이고 평판집전장치에 의해 전력을 생산하는 방식으로 태양에너지 흡수면적이 태양에너지의 입사면적과 동일한 형태를 의미하는 가장 보편화된 시스템이다.

② **집광형(Concentrator System) 태양전지 모듈** : 태양전지 배열의 성능을 향상시키기 위해 태양광을 렌즈로 모아 태양전지에 집중시켜 태양전지 소자에 입사하는 태양광의 강도를 증가시키는 방식이다. 일반적으로 빛을 집중하는 렌즈, 셀 부품, 입사중심을 빗겨난 광선을 반사시키는 2차 집중기, 과도한 열을 소산시키는 장치 등으로 구성하며 평판시스템보다 신뢰도가 높은 제어장치를 설치한다. 집중기를 사용하므로 필요한 태양전지 셀의 크기 또는 개수가 감소하고 셀의 효율이 증가하는 장점이 있다. 그러나 집중형 광학장치의 가격이 비싸고, 태양을 추적하는 장치와 집중된 열을 해소하는 장치에 대한 추가적인 비용이 필요한 단점이 있다.

## 2 인버터(Inverter)

직류전류를 단상 또는 다상의 교류전류로 변환시키는 전기에너지 변환기로서 직류전력을 교류전력으로 변환하는 장치이다. 또한 인버터는 출력조절기(PCS ; Power Conditioning System)라는 이름으로 통칭되는 여러 구성요소 중의 하나이다. 계통 연계형 인버터는 태양전지 모듈로부터 직류전원을 공급받아 계통 상태에 따라 안정된 교류전원을 공급하는 장치이다. 한전계통과 병렬운전이 가능하여야 하며, 한전 배전용 전기설비 이용규정에 적합한 안정된 전력을 주 변압기를 통해 한전 배전선로에 송전하여야 한다.

### (1) 태양광 인버터의 효율

직류입력전압 범위는 발전시스템 구성 시 태양광 모듈의 직렬연결조합을 다양하게 할 수 있도록 하기 위하여 입력전압 범위가 넓다. 250~850[Vdc]로서 용량에 따라 다르다.

### (2) 구 성

① **전력변환장치** : IGBT(Insulated Gate Bipolar mode Transistor : 전력용 절연계 양극성 트랜지스터)를 이용하여 태양전지의 직류출력을 매우 빠른 속도로 나누어 이를 다시 배치하고 교류(AC)로 변환하는 전력공급장치이다.

② **제어장치** : 전력변환장치를 조절하고 전자회로 구성 계통측에 이상이 발생하면 장치를 안전하게 정지시키고 계통을 보호하는 장치이다.

③ **보호장치** : 전자회로로 구성되며 내부 고장에 대비한 장치로서 안전장치로 동작한다.

**Check!** **전력용 절연계 양극성 트랜지스터(IGBT ; Insulated Gate Bipolar mode Transistor)**
금속 산화막 반도체 전계효과 트랜지스터(MOSFET)를 게이트부에 짜 넣은 접합형 트랜지스터이다. 게이트-이미터 간에 전압이 구동되어 입력 신호에 의해서 온・오프가 생기는 자기소호형이므로, 대전력의 고속 스위칭이 가능한 반도체 소자이다.

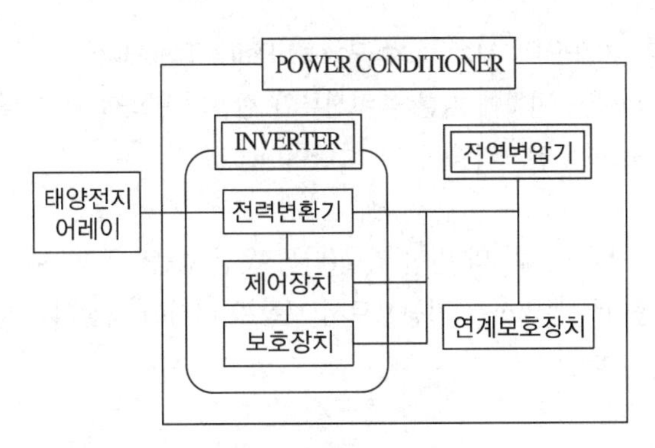


[절연 트랜스 방식]

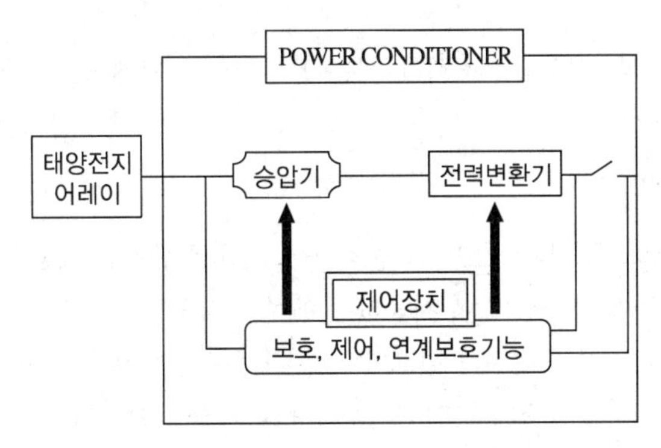


[트랜스리스 방식]

### (3) 기 능

① 단독운전방지(Anti-Islanding) 기능

㉠ 능동적 방식 : 항상 인버터에 변동요인을 인위적으로 주어서 연계운전 시에는 그 변동요인이 출력에 나타나지 않고 단독운전 시에는 변동요인이 나타나도록 하여 그것을 감지하여 인버터를 정지시키는 방식이다.

- 무효전력 변동방식
- 유효전력 변동방식
- 부하 변동방식
- 주파수 시프트방식

㉡ 수동적 방식 : 연계운전에서 단독운전으로 동작 시 전압파형 및 위상 등의 변화를 감지하여 인버터를 정지시키는 방식이다.

- 전압위상도약 검출방식
- 주파수변화율 검출방식
- 3차 고조파전압 왜율 급증 검출방식

② 고주파 전류 억제기능

계통전력에 악영향을 미치지 않도록 고조파 전류를 억제한 전류를 출력한다.

③ 최대전력 추종 제어기능(MPPT ; Maximum Power Point Tracking)

태양전지의 일사강도와 온도변화에 따른 출력전류가 전압의 변화에 대해 태양전지의 출력을 항상 최대한으로 이끌어내는 중요한 알고리즘 중의 하나이다.

④ 계통 연계 보호장치

과부족 전압의 검출, 계통 연계측의 정전 검출(단독 운전 검출), 주파수의 상승과 저하의 검출에 의해 태양광 시스템을 계통에서 분리하는 기능으로서 보통 인버터에 내장되어 있고 대용량은 송・변전설비에 별도로 설치해야 한다.

⑤ 자동전압 조정기능

계통연계로 역송전할 경우에는 전압을 정해진 범위 내로 유지해야 하기 때문에 필요하다.

⑥ 직류 검출기능

고장 시 태양광 설비의 직류가 전력회사 계통에 유입되지 않게 하는 기능이다.

## 3 축전지(전력저장장치)

양과 음의 전극판과 전해액으로 구성되어 있어 화학작용에 의해 직류기전력을 생기게 하여 전원으로 사용할 수 있는 장치이다. 태양광발전에서 가장 많이 사용하는 에너지 저장장치는 납축전지이다. 납축전지의 수명은 2~5년 정도이기 때문에 수명이 긴 축전지가 필요하다. 실제로 사용하고 있는 독립형 태양광발전시스템에는 납축전지가 그 시스템의 안전성을 유지하는데 가장 커다란 요인이기도 하다.

### (1) 축전지의 일반적인 내용

① 무정전 전원장치와 백업용으로 충・방전 사이클을 갖는 축전지를 사용해야 한다.

② 산업용으로 가장 많이 사용하는 축전지는 니켈-카드뮴과 연축전지이다.

③ 태양광발전시스템에는 충・방전 효율이 좋은 축전지를 사용해야 한다.

④ 특 징

㉠ 장시간 사용이 가능해야 한다.

㉡ 독립된 전원이다.

㉢ 가격이 저렴해야 한다.

㉣ 100[%] 직류(DC) 전원이어야 한다.

㉤ 유지보수가 용이해야 한다.

### (2) 축전지의 종류

① 납축전지

② 리튬 2차 전지

③ 니켈-카드뮴 축전지

④ 니켈-수소 축전지

- 태양광발전시스템용 축전지로는 납축전지가 가장 많이 사용된다. 보수가 필요하지 않은 제어밸브식 거치 납축전지가 사용된다.
- 축전지의 기대 수명은 방전심도와 방전횟수, 사용온도, 사용장소의 온도에 따라 좌우되는데 사용하는 형식과 조건에 따라 약 3~15년 정도 큰 차이가 있다.

### (3) 축전지의 사용조건

① 필요한 축전지 용량계산 시 고려사항

㉠ 온도의 영향

㉡ 필요한 일일-계절의 사이클

㉢ 현장에 접근하는 데 필요한 시간

㉣ 미래의 부하 증가량

② 물리적 보호

축전지는 불리한 조건의 영향을 받지 않도록 물리적인 보호조치가 꼭 필요하다.

㉠ 직사광선(UV방사)에 대한 노출

㉡ 불균등한 온도 분포와 극온

㉢ 높은 습도와 홍수

㉣ 공기 중의 먼지와 모래

㉤ 폭발성 대기

㉥ 쇼크와 진동

㉦ 지 진

③ 일일 사이클

㉠ 낮 시간의 충전과 밤 시간의 방전

㉡ 전형적인 일일 방전은 전지용량의 약 2~20[%] 정도이다.

④ 계절 사이클

㉠ 평균 충전 조건이 변하기 때문에 전지는 충전상태의 계절 사이클을 가진다.

㉡ 태양광 방사가 높은 기간 : 전지를 거의 완전히 충전시킬 수 있는 여름에는 전지가 과충전이 될 수 있다.

㉢ 태양광 방사가 낮은 기간 : 에너지 생산이 낮은 겨울에 전지의 충전상태(사용 가능한 용량)는 정격용량의 20[%] 또는 그 이하로 내려갈 수 있다.

### (4) 축전지 충전기의 구성요소

① 정류 및 충전부

② 출력 필터부

③ 제어 회로부

④ 회로차단기(MCCB)
⑤ 만충전 감지회로
⑥ 운용감시반

### (5) 축전지의 선정 기준

① 전압, 전류특성 등의 전기적 성능과 가격
② 중 량
③ 치 수
④ 안전 리사이클(Recycle)
⑤ 보수성
⑥ 수 명

### (6) 축전지의 요구 조건

① 수명이 길고 유지보수가 용이해야 한다.
② 에너지 밀도가 높아야 한다.
③ 가격이 저렴해야 한다.
④ 성능이 우수해야 한다.
⑤ 운반이 용이해야 하므로 경량이어야 한다.
⑥ 방전시간이 낮아야 한다. 즉, 장시간 사용이 가능해야 한다.
⑦ 효율이 높아야 한다.
⑧ 가능한 많은 횟수의 충·방전이 가능해야 한다.

### (7) 축전지 설치 장소의 조건

① 일광에 노출되지 않는 장소일 것
② 환기가 잘되고 배수가 용이해야 할 것
③ 축전지에 영향을 줄 수 있는 기기와 완전히 차폐된 장소일 것
④ 하절기의 과도한 고온과 동절기에 과도한 저온을 피할 수 있을 것(표준 온도 25[℃])

### (8) 축전지 용량이 감퇴하는 원인

① 전해액 부족
② 전해액 비중 과·소
③ 백색 황산납의 생성
④ 극판의 부식과 균열
⑤ 충·방전 전류의 과대
⑥ 국부 및 성극작용

### (9) 축전지의 용량

축전지의 용량은 [Ah](암페어시) 또는 [Wh](와트시)로 나타낸다([Ah]=방전전류×방전시간).

또는 $[\text{Ah}] = \dfrac{\text{축전지설비용량[Wh]}}{\text{시스템 전압[V]}}$로 나타낼 수도 있다.

### (10) 충전의 종류

① **초충전** : 최초로 행해지는 충전으로서 전지의 일생을 좌·우 2[V] 정도에서 급상승한 후 서서히 상승하다가 2.3~2.4[V]에서 다시 급상승한 후 일정값(2.6~2.8[V])으로 나타난다.

② **평상충전** : $\dfrac{\text{규정전압}}{\text{규정전류}}$

③ **급속충전** : 전압이 2.4[V]가 될 때까지는 평상전류의 2배로 급속충전하고 다음은 평상충전을 한다.

④ **균등충전** : 충전 시 충전 부족이 없도록 하는 충전이다.

⑤ **과충전** : 평상충전 후 평상전류의 $\dfrac{1}{2}$배로 계속 충전하여 전해액 내의 기포로 백색 황산납을 씻어내기 위한 충전이다.

⑥ **부동충전** : 충전지와 부하를 병렬로 연결한 상태로 방전된 만큼 충전을 행하는 방식이다. 표준부동전압 2.15~2.17[V]가 가장 좋다.

### (11) 충전 종료 시 축전지의 상태

① 전해액의 비중이 높아진다.

② 가스(물거품)가 발생한다.

③ 전해액의 온도가 높아진다.

④ 극판의 색이 변한다.

⑤ 단자 전압이 매 전지당 2.4~2.8[V] 정도까지 상승한다.

### (12) 축전지의 독립 작동시간

축전지는 태양광 없이 또는 최소한의 태양광만으로도 3~15일 동안 규정된 조건하에서 에너지를 공급하도록 설계되어야 한다.

① 고충전 상태기간

㉠ 여름에는 전지가 고충전 상태이어서 통상적으로 정격용량 80~100[%] 중 약 85[%] 사이에서 동작하게 된다. 재충전 기간 동안 전압조절 시스템은 보통 전지전압을 제한한다.

㉡ 전형적인 최대 전지 전압을 제한한다.

- 니켈-카드뮴 전지 1개당 : 1.55[V]
- 니켈-수소전지 1개당 : 1.45[V]
- 납축전지 1개당 : 2.4[V]

㉢ 일부 조절기의 경우에 급속충전과 균등충전을 위해 단기간에 전지의 최대전압값을 초과하도록 허용한다.

㉣ 일반적으로 고충전 상태에서 태양광시스템에 사용되는 전지의 예상수명은 연속 부동충전 상태에서 사용된 전지의 수명보다 짧을 수 있다.

㉤ 작동 온도가 20[℃]에서 많이 벗어날 경우에는 온도 보상회로를 사용해서 수명과 용량을 늘려 주어야 한다.

② 지속적인 저충전 상태기간

㉠ 태양 어레이에서의 낮은 태양광 방사는 겨울철, 두꺼운 구름, 눈이나 비 또는 먼지가 많이 축적된 지리적인 위치에서 발생한다.

㉡ 태양광 방사가 낮은 기간에 태양으로부터 발생된 에너지는 전지를 재충전하기에 충분하지 않을 수 있다. 그러면 전지는 저충전 상태가 되며 사이클링이 발생할 것이다.

## (13) 작동온도

온도는 전지의 수명을 결정하는 가장 중요한 요소이다. 어떤 지역에 어떤 전지를 설치하느냐에 따라 시스템을 장기간 유지할 수 있는 조건이 될 것이다.

| 전 지 | 온 도 | 습 도 |
|---|---|---|
| 니켈-카드뮴, 니켈-수소(표준 전해질) | -20~45[℃] | 90[%] 이상에서 견딜 수 있을 것 |
| 니켈-카드뮴, 니켈-수소(고밀도 전해질) | -40~45[℃] | |
| 납축전지 | -15~45[℃] | |

## (14) 과방전 보호

① 납축전지는 비가역적인 황산염 발생으로 인해 용량 손실을 방지해야 한다. 즉, 과방전이 되지 않도록 해야 한다.

② 최대방전 심도를 초과할 때 발생되는 저전압 상태를 없애면 과방전 보호를 할 수 있다.

③ 일반적으로 니켈-카드뮴 전지와 니켈-수소 전지는 이런 종류의 보호가 필요하지 않다.

## (15) 용어의 정의

① **무효전력** : 전원으로 돌아가는 전기에너지

② **유효전력** : 부하에서 사용되는 전기에너지

③ 전체전력(피상전력) = 유효전력 + 무효전력

④ **역률** : 교류전압과 전류의 위상차(전체 전력에서 차지하는 유효전력의 비)

# 적중예상문제

**01** 다음이 설명하는 것은 무엇인가?

> "도체로 만들어진 태양전지에 빛에너지가 투입되면 전자의 이동이 일어나서 전류가 흐르고 전기가 발생하는 원리를 이용한 발전방식이다."

① 풍력발전 ② 태양광발전
③ 태양열발전 ④ 지열발전

해설
태양광발전의 정의
발전기의 도움 없이 태양전지를 이용하여 태양빛을 직접 전기에너지로 변환시키는 발전방식으로서 도체로 만들어진 태양전지에 빛에너지가 투입되면 전자의 이동이 일어나서 전류가 흐르고 전기가 발생하는 원리를 이용한 것이다. 전류의 세기는 태양전지의 크기에 따라 달라진다.

**02** 태양광발전의 기본원리는?

① 광도전효과 ② 광기전 효과
③ 광전효과 ④ 광합성효과

해설
태양광발전 원리
광전효과란 빛의 진동수가 어떤 한계 진동수보다 높은 빛이 금속에 흡수되어 전자가 생성되는 현상으로서 태양광발전의 기본원리를 말한다.

**03** 태양전지의 가장 기본적인 재질로 많이 사용하는 것은?

① 실리콘 ② 게르마늄
③ 붕 소 ④ 알루미늄

해설
태양전지 셀은 태양전지의 가장 기본소자로서 실리콘 재질의 재료를 가장 많이 사용한다.

**04** 셀 1개에서 얻을 수 있는 전압과 전류는 약 얼마인가?

① 0.5[V], 10[A] ② 0.6[V], 10[A]
③ 0.5[V], 6[A] ④ 0.6[V], 2[A]

해설
셀 1개에서 얻을 수 있는 전압은 약 0.5~0.6[V], 전류는 4~8[A] 정도이다.

**05** 태양광발전시스템의 구성요소가 아닌 것은?

① 제어장치 ② 축전지
③ 인버터 ④ 컨버터

해설
태양광발전시스템의 구성
태양으로부터 햇빛을 받아 직류전기를 생성하고 태양전지 모듈과 이러한 전기를 제어해 주는 전력시스템 제어장치, 발생된 전력을 저장하는 축전지, 직류전기를 교류전기로 바꾸어 주는 인버터(Inverter)로 구성되어 있다.

**06** 태양광발전은 태양전지의 발명으로 인하여 가능해졌는데 그 시작은 언제인가?

① 19세기 ② 20세기
③ 21세기 ④ 22세기

해설
태양광발전의 역사
태양광발전은 19세기 중엽부터 태양전지의 발명으로 인하여 가능해졌다.

**07** 미국 벨연구소에서 4[%] 실리콘 태양전지를 개발한 시기는 언제인가?

① 1800년대 ② 1910년대
③ 1950년대 ④ 2000년대

정답 1 ② 2 ③ 3 ① 4 ③ 5 ④ 6 ① 7 ③

해설

1950년대

- 1954년 미국 벨연구소에서 4[%] 실리콘 태양전지를 개발
- 1955년 레오날드가 CdS 태양전지 발명
- 1956년 주에니 등이 GaAs 태양전지 발명
- 1958년 미국의 통신위성 뱅가드에 최초로 태양전지를 탑재한 이후 모든 위성에 태양전지 사용

## 08 2000년대 독일에서 시행한 태양열발전 정책은?

① 발전차액지원제도
② 시스템정책지원제도
③ 도제제도
④ 발전금액적립제도

해설

독일은 발전차액지원제도 시스템을 재생 가능한 에너지 자원의 일부로 개정한 뒤부터 세계적으로 앞서가는 태양열 발전시장이 되었다(효율 100[MW]로 2007년에는 4,150[MW]까지 증가하였다).

## 09 태양광발전의 장점이 아닌 것은?

① 운전 및 유지 관리에 따른 비용을 최소화할 수 있다.
② 필요한 장소에 필요량 발전이 가능하다.
③ 전 세계적으로 사용이 가능하다.
④ 에너지밀도가 낮아 큰 설치면적이 필요하다.

해설

태양광발전의 특징

- 장 점
  - 태양전지의 수명이 길다(약 20년 이상).
  - 설비의 보수가 간단하고 고장이 적다.
  - 규모나 지역에 관계없이 설치가 가능하고 유지비용이 거의 들지 않는다.
  - 필요한 장소에 필요량 발전이 가능하다.
  - 운전 및 유지 관리에 따른 비용을 최소화할 수 있다.
  - 무한정, 무공해의 태양에너지 사용으로 연료비가 불필요하고, 대기오염이나 폐기물 발생이 없다.
  - 발전부위가 반도체 소자이고 제어부가 전자부품이므로 기계적인 소음과 진동이 존재하지 않는다.
  - 원재료에서부터 모듈 설치에 이르기까지 산업화가 가능해 부가가치 창출 및 고용창출 효과가 크다.
  - 전 세계적으로 사용이 가능하다.
- 단 점
  - 에너지밀도가 낮아 큰 설치면적이 필요하다.
  - 전력생산량이 지역별 일사량에 의존한다.
  - 야간이나 우천 시에는 발전이 불가능하다.
  - 초기 투자비용이 많이 들어간다.
  - 상용전원에 비하여 발전 단가가 높다.

## 10 태양광발전의 단점이 아닌 것은?

① 전력생산량이 지역별 일사량에 의존한다.
② 초기 투자비용이 많이 들어간다.
③ 필요한 장소에 필요량 발전이 가능하다.
④ 상용전원에 비하여 발전 단가가 높다.

해설

9번 해설 참고

## 11 태양에 대한 내용이 틀린 것은?

① 지구 크기의 109배 정도 된다.
② 표면온도 100,000[℃] 이상이다.
③ 중심부 온도 1,500만[℃] 이상이다.
④ 무한정한 에너지를 공급한다.

해설

태 양

- 무한정한 에너지를 공급한다.
- 지구 크기의 109배 정도된다.
- 지구로부터 1억 5천만[km]에 위치하고 있다.
- 표면온도 6,000[℃] 이상이다.
- 중심부 온도 1,500만[℃] 이상이다.

## 12 태양전지는 반도체의 어떤 접합에 의해서 만들어지는가?

① 광 접합 ② 열 접합
③ P-N 접합 ④ 가스 접합

해설

태양전지는 반도체의 P-N 접합에 빛을 비추면 광전효과에 의해 광기전력이 일어나는 것을 이용한 것이다.



8 ① 9 ④ 10 ③ 11 ② 12 ③ 정답

**13** 반도체 P-N접합을 이용한 전지의 종류로 옳은 것은?

① 실리콘 광전지
② 아황산구리 광전지
③ 이산화황 광전지
④ 셀렌 광전지

해설
태양전지
• 금속과 반도체의 접촉을 이용한 전지 : 셀렌 광전지, 아황산구리 광전지
• 반도체 P-N 접합을 이용한 전지 : 실리콘 광전지

**14** 태양광발전의 산업구조에 해당되지 않는 것은?

① 소 재 ② 설치 · 서비스
③ 바이패스 ④ 전 지

해설
태양광발전의 산업구조
• 소재(폴리실리콘)
• 전지(잉곳 · 웨이퍼, 셀)
• 전력기기(모듈, 패널)
• 설치 · 서비스(시공, 관리)

**15** 태양광산업과 관련된 분야를 세분하여 보면 여러 가지로 분류할 수 있다. 이 중 축전지나 인버터 분야를 무엇이라 하는가?

① 전력변환 분야
② 태양전지 분야
③ 소재 및 부품 분야
④ 모듈 및 시스템 분야

해설
태양광산업의 분류
• 소재 및 부품 분야 : 실리콘원료, 잉곳 · 웨이퍼
• 태양전지 분야 : 실리콘, 화합물, 박막형
• 모듈 및 시스템 분야 : 집광시스템, 추적시스템, 시스템 설치
• 전력변환 분야 : 축전지, 인버터
• 관련 장비 분야 : 증착장비, 잉곳성장장비, 식각장비

**16** 태양광발전 산업은 최근 연평균 몇 [%] 이상 성장하고 있는가?

① 10[%] ② 20[%]
③ 30[%] ④ 40[%]

해설
태양광발전의 세계시장 현황
태양광발전 산업은 최근 연평균 30[%] 이상의 고속 성장을 기록하고 있으며 현재 가장 빠르게 성장하는 산업 중 하나이다.

**17** RPS(Renewable Portfolio Standard) 제도는 무엇인가?

① 2012년도에 도입된 신재생에너지 의무할당제
② 2012년도에 도입된 신재생에너지 공급의무제
③ 2012년도에 도입된 신재생에너지 발전지원차액제
④ 2012년도에 도입된 신재생에너지 공급비율제

해설
RPS(Renewable Portfolio Standard) 제도
2012년도에 도입된 신재생에너지 의무할당제로서 국내 태양광발전의 성장 및 보급 확대와 자생력을 키우는 데 기여할 것으로 보인다.

**18** 신재생에너지 발전단가와 화석연료 발전단가가 같아지는 시기를 무엇이라 하는가?

① 그리드 패리티 ② 스위스 마트
③ 글로벌 와츠 ④ 생산능력

해설
그리드 패리티 : 신재생에너지 발전단가와 화석연료 발전단가가 같아지는 시기

**19** 태양광발전 시장전망의 해결과제가 아닌 것은?

① 효율을 증가시킨다.
② 모듈의 수명을 연장한다.
③ 다양한 태양전지를 개발해야 한다.
④ 제조공정을 가내수공으로 한다.

정답 13 ① 14 ③ 15 ① 16 ③ 17 ① 18 ① 19 ④

**해설**

태양광발전 시장전망의 해결과제
- 다양한 태양전지를 개발해야 한다.
- 효율을 증가시킨다.
- 모듈의 수명을 연장한다.
- 제조공정을 자동화한다.

## 20 태양에너지의 양은 약 얼마인가?

① $1.77 \times 10^{10}$[kW]
② $1.77 \times 10^{12}$[kW]
③ $1.77 \times 10^{14}$[kW]
④ $1.77 \times 10^{16}$[kW]

**해설**

태양에너지의 양
지구상에 내리쬐는 태양에너지의 양은 약 $1.77 \times 10^{14}$[kW]로 전 세계 전력 소비량의 약 10만 배 정도 크기에 해당된다. 또한 쾌청한 날에 태양이 20분간 지구 전체에 내리쬐는 에너지 양으로 전세계에서 소비하는 1년간의 에너지를 충당할 수 있다는 계산도 나오고 있는 실정이다.

## 21 표준 시험조건(STC : Standard Test Condition)에서 태양광 에너지 밀도는 1[$m^2$] 당 몇 [W]인가?

① 1,000　② 2,000
③ 3,000　④ 4,000

**해설**

태양광에너지 밀도(방사조도 또는 일사량)
태양표면에서 방사되는 태양광에너지를 전력으로 환산해 보면 약 $3.8 \times 10^{23}$[kW] 정도로 추정하고 있다. 이것은 약 1억 5천만[km]의 우주 공간을 거쳐서 지구표면에 도달하게 되는데 인공위성으로 실측된 대기권 밖의 에너지 밀도(태양과 지구의 평균거리 $1.495 \times 10^8$[km]의 도달한 빛의 에너지 밀도)는 1[$m^2$]당 1.353[kW]이다. STC 조건에서의 에너지밀도는 1[$m^2$]당 1,000[W]이다.

## 22 적외선, 가시광선 영역에서 대기외부와 지표상의 스펙트럼 차이가 발생하는데 이것은 지구 대기층의 어떤 원리 때문인가?

① 만 곡　② 흡 수
③ 반 사　④ 굴 절

**해설**

태양광 스펙트럼의 영역별 구분
적외선, 가시광선 영역에서 대기외부와 지표상의 스펙트럼 차이가 발생하는데 이는 지구의 대기층에서 흡수하기 때문이다.

## 23 태양복사에너지가 지구까지 도착한 단위 면적당 에너지, 즉 열량을 환산하여 사용하는 것을 무엇이라 하는가?

① 태양상수　② 태양정수
③ 복사정수　④ 대기상수

**해설**

태양복사에너지는 핵융합에 의해 생성되는 태양에너지가 복사 형태로 전파되는 것으로, 이 중에서 지구까지 도착한 단위 면적당 에너지, 즉 열량을 환산하여 사용하는 것을 흔히 태양상수라 한다. 태양상수의 단위는 [cal/min·$cm^2$]를 사용한다.

## 24 우리나라 등의 스펙트럼 분포 에어매스(AM ; Air Mass)는 얼마인가?

① 5　② 3.5
③ 2　④ 1.5

**해설**

태양복사 강도는 무엇보다 태양 고도각($\theta$)에 따라 달라진다. 태양고도가 지구와 수직을 이룰 때 햇빛은 지구대기에서 최단 경로를 취한다. 그러나 태양이 예각을 이룰 때 대기를 통과하는 경로는 길어지게 되며, 그 결과 태양복사의 흡수와 산란이 높아지고 복사강도는 감소한다. 이러한 감소 정도는 에어매스(AM ; Air Mass)라는 값으로 나타낼 수 있는데, AM0은 지구 대기권 밖의 스펙트럼이며, AM1은 태양이 중천에 있을 때 직각으로 지상에 도달하는 쾌청한 날의 스펙트럼을 표준화한 에너지이다. 또한 중위도 지역에 위치한 우리나라 등의 스펙트럼 분포는 AM1.5이다($AM = 1/\cos\theta$로 나타낸다).

## 25 지표면에서 태양 일사강도에 여러 가지 영향을 미치는 요인들에 해당하지 않는 것은?

① 대기에서의 산란, 반사, 흡수 등에 의해 태양복사 출력 감소
② 태양복사에 분산이나 간접적인 요소의 도입
③ 특정 파장의 흡수나 산란이 강한 것에 기인한 태양복사 분광 분포의 변화
④ 스넬의 법칙



정답: 20 ③ 21 ① 22 ② 23 ① 24 ④ 25 ④

해설

지표면에서 태양 일사강도에 여러 가지 영향을 미치는 요인들
- 태양복사에 분산이나 간접적인 요소의 도입
- 대기에서의 산란, 반사, 흡수 등에 의해 태양 복사 출력 감소
- 구름, 수증기, 오염과 같은 대기에서의 국부적인 변화와 입사출력, 스펙트럼, 방향성에 추가적인 영향
- 특정 파장의 흡수나 산란이 강한 것에 기인한 태양복사 분광 분포의 변화

## 26 지표면에 흡수되는 태양복사에 영향을 미치는 요인들에 해당되지 않는 것은?

① 바다에 의한 흡수
② 구름, 수증기, 오염과 같은 대기에서의 국부적인 변화
③ 흡수와 산란을 포함하는 대기에서의 효과들
④ 하루 중 시간적인 변화와 계절의 변화

해설

지표면에 흡수되는 태양복사에 영향을 미치는 요인들
- 지리상의 위치(경도와 위도)
- 흡수와 산란을 포함하는 대기에서의 효과들
- 하루 중 시간적인 변화와 계절의 변화
- 구름, 수증기, 오염과 같은 대기에서의 국부적인 변화

## 27 태양전지의 단위면적이 10[m$^2$]이고, 빛의 조사강도가 1,000[kW]이다. 이때 시스템의 총 변환효율이 35[%]일 경우 정격출력[kW/h]은?

① $3.5 \times 10^2$[kW/h] ② $3.5 \times 10^3$[kW/h]
③ $3.5 \times 10^4$[kW/h] ④ $3.5 \times 10^5$[kW/h]

해설

정격출력[kW/h]
= 시스템의 총변환효율[%] × 단위면적[m$^2$] × 빛의 조사강도[kW]
$= 0.35 \times 10 \times 1{,}000 = 3.5 \times 10^3$[kW/h]

## 28 태양전지 시스템의 총변환효율이 65[%]이고, 필요출력이 500[kW]이다. 이때 빛의 조사강도가 100[kW]이면 필요면적[m$^2$]은?

① 8.3 ② 8.0
③ 7.7 ④ 7.0

해설

$$\text{필요면적}[m^2] = \frac{\text{필요출력}[kW]}{\text{빛의 조사강도}[kW] \times \text{시스템의 총변환효율}[\%]}$$
$$= \frac{500}{100 \times 0.65} \fallingdotseq 7.6923[m^2]$$

## 29 태양광발전장치의 효율은 온도에 따라 어떻게 달라지는가?

① 아무런 변화가 없다.
② 비례한다.
③ 반비례한다.
④ 0이 된다.

해설

태양광발전장치의 효율은 온도에 반비례한다.

## 30 생산전력이 50[kW]이고, 기본적인 일사량이 80[kW/m$^2$]일 경우 태양전지의 효율은?

① 62.5[%] ② 58.2[%]
③ 78.3[%] ④ 45.9[%]

해설

$$\text{태양전지의 효율}(\eta) = \frac{\text{생산전력}}{\text{기본 일사량}} \times 100[\%]$$
$$= \frac{50}{80} \times 100 = 62.5[\%]$$

## 31 태양광발전시스템의 정의로 옳은 것은?

① 광도전효과를 이용하는 태양광발전 전지를 사용하여 태양열에너지를 전기에너지로 변환하는 시스템이다.
② 광기전력효과를 이용하는 태양광발전 전지를 사용하여 태양에너지를 전기에너지로 변환하고, 부하에 적합한 전력을 공급하기 위하여 구성된 장치와 이에 딸린 장치의 총체이다.
③ 빛을 이용한 모든 장치를 말한다.
④ 열을 이용한 모든 장치를 말한다.

정답 26 ① 27 ② 28 ③ 29 ③ 30 ① 31 ②

**해설**

태양광발전시스템

광기전력효과를 이용하는 태양광발전 전지를 사용하여 태양에너지를 전기에너지로 변환하고, 부하에 적합한 전력을 공급하기 위하여 구성된 장치와 이에 딸린 장치의 총체를 말한다.

## 32 태양광발전시스템 기본적인 기능이 아닌 것은?

① 전력저장기능　② 시스템 관측기능
③ 계통접속기능　④ 입력저장기능

**해설**

태양광발전시스템 기본적인 기능
- 출력조절기능
- 전력저장기능
- 시스템 관측과 제어 및 계통접속기능

## 33 태양광발전시스템의 구성요소로 바른 것은?

① 태양전지와 컨버터
② 축전지와 화학전지
③ 태양전지 모듈과 전력변환장치
④ 축전지와 컨버터

**해설**

태양광발전시스템의 구성요소
- 태양전지
- 축전지
- 직류전력 조절장치
- 인버터
- 계통연계제어장치
- 전력조절장치(PCS ; Power Conditioning System)
- 전력변환장치

## 34 태양광발전의 전력조절장치에 대한 내용으로 틀린 것은?

① 태양광발전 어레이의 전기적 출력을 사용하기 적합한 형태의 전력으로 변환하는 데 사용하는 장치이다.
② 인버터와 직류전력조절장치 그리고 계통연계제어장치를 결합한 것을 의미한다.
③ 인버터와 충전조절기로 구성된다.
④ 태양광발전시스템의 중심이 되는 장치로서, 감시·제어장치, 직류조절기, 직류-교류변환장치, 직류-직류 접속장치, 교류-교류 접속장치, 계통연계보호장치 등의 일부 또는 모두로 구성되며, 태양전지 어레이의 출력을 원하는 형태의 전력으로 변환하는 기능을 가지고 있다.

**해설**

전력조절장치(PCS ; Power Conditioning System)
- 인버터와 직류전력조절장치 그리고 계통연계제어장치를 결합한 것을 의미한다.
- 태양광발전 어레이의 전기적 출력을 사용하기 적합한 형태의 전력으로 변환하는데 사용하는 장치이다.
- 태양광발전시스템의 중심이 되는 장치로서, 감시·제어장치, 직류조절기, 직류-교류변환장치, 직류-직류 접속장치, 교류-교류 접속장치, 계통연계보호장치 등의 일부 또는 모두로 구성되며, 태양전지 어레이의 출력을 원하는 형태의 전력으로 변환하는 기능을 가지고 있다.

## 35 태양광발전시스템의 특징으로 옳지 않은 것은?

① 태양전지는 광기전효과를 통해 빛에너지를 전기에너지로 변환시킨다.
② 축전지는 야간 및 악천후를 대비하여 전력을 저장한다.
③ 인버터는 직류전력을 교류전력으로 변환시킨다.
④ 충전조절기는 태양전지판에서 발생된 전력을 충전기에 충전시키거나 인버터에 공급한다.

**해설**

태양광발전시스템의 특징
- 태양전지는 광전효과를 통해 빛에너지를 전기에너지로 변환시킨다.
- 축전지는 야간 및 악천후를 대비하여 전력을 저장한다.
- 충전조절기는 태양전지판에서 발생된 전력을 충전기에 충전시키거나 인버터에 공급한다.
- 인버터는 직류전력을 교류전력으로 변환시킨다.

## 36 태양광발전시스템의 분류가 아닌 것은?

① 계통 연계형　② 독립 연계형
③ 계통 지원형　④ 독립 지원형



32 ④ 33 ③ 34 ③ 35 ① 36 ④ 정답

해설

태양광발전시스템의 분류

- 계통 연계형 시스템(Grid-connected System) : 태양광시스템에서 생산된 전력을 지역 전력망에 공급할 수 있도록 구성되어 있으며, 주택용이나 상업용 태양광발전의 가장 일반적인 형태이다. 초과 생산된 전력을 계통에 보내거나 전력 생산이 불충분할 경우 계통으로부터 전력을 받을 수 있으므로 전력 저장장치가 필요하지 않아 시스템 가격이 상대적으로 낮다.
- 계통 지원형 시스템(Grid-support) : 지역 전력 계통과 연결되어 있을 뿐 아니라 축전지와도 연결되어 있는 구조로서 시스템에서 생산된 전력을 축전지에 저장해 두었다가 지역 전력사업자에 판매하게 된다.
- 독립형 시스템(Off-grid/Stand-alone System) : 전력 계통과 분리된 발전방식으로 축전지에 태양광 전력을 저장하여 사용하는 방식이다. 생산된 직류전력을 그대로 사용할 수 있도록 직류용 가전제품과 연결하거나 인버터를 통해 교류로 바꿔준다. 오지 및 도서산간지역의 주택 전력공급용이나 통신, 양수펌프, 백신용의 약품냉동보관, 안전표지, 제어 및 항해 보조도구 등 소규모 전력공급용으로 사용된다.

## 37 태양광발전시스템 중 태양광 시스템에서 생산된 전력을 지역 전력망에 공급할 수 있도록 구성되며, 주택용이나 상업용 태양광발전의 가장 일반적인 형태는?

① 계통 연계형 ② 독립 연계형
③ 계통 지원형 ④ 독립 지원형

해설

36번 해설 참고

## 38 계통 연계형 태양광발전시스템의 필수 구성요소가 아닌 것은?

① 인버터
② 컨버터
③ 직·교류 케이블링
④ PV모듈

해설

계통 연계형 태양광발전시스템의 필수 구성요소

- PV(Photo Voltaic) 모듈(모듈이 고정 프레임과 직렬 또는 병렬로 연결되어 있다)
- 직류 케이블링
- 인버터
- 교류 케이블링
- PV 어레이 접속반(보호 장치 포함)
- 직류 메인 절연 스위치(차단기)
- 배전시스템, 공급 계량기 및 차단기, 송전설비

## 39 태양광발전시스템에서 역전송이 있는 시스템의 특징으로 틀린 것은?

① 발전용량이 부하설비용량보다 적을 때 가능한 발전이다.
② 태양광발전시스템의 출력이 부족할 경우에는 부족분이 전력회사의 배전선에서 공급되고, 태양광발전시스템의 출력에 남는 전력이 생기게 되면 전력회사의 배전선으로 역송전하는 방식이다.
③ 계통선의 안전성을 위해 반드시 계통연계 보호 장치를 통해 계통선과 태양광발전전력이 연계되어 있어야 한다.
④ 정전 시에는 비상용 부하에 전력을 공급하여 축전지처럼 적용되는 시스템이다.

해설

태양광발전시스템에서 역전송이 있는 시스템의 특징

- 태양광으로 발전된 직류전력을 인버터에 항상 공급하여 상용 전력으로 변환시켜서 안정된 전원을 전력계통과 연계하여 수요자에게 공급하는 시스템이다.
- 태양광발전시스템의 출력은 날씨에 의해 결정되므로 안정된 전기 사용을 위해서 전력회사의 전력계통과 연계하여 운전해야 한다.
- 태양광발전시스템에서 전력이 발생했을 때 전력회사가 이를 매입하는 제도이를 이용한다(RPS).
- 태양광발전시스템의 출력이 부족할 경우에는 부족분이 전력회사의 배전선에서 공급되고, 태양광발전시스템의 출력에 남는 전력이 생기게 되면 전력회사의 배전선으로 역송전하는 방식이다.
- 정전 시에는 비상용 부하에 전력을 공급하여 축전지처럼 적용되는 시스템이다.
- 태양광으로 발전된 직류 전기를 인버터에 공급하여 사용 전력으로 변환할 경우 안정된 전원을 전력계통과 연계해서 수요자에게 공급한다.
- 계통과 연계가 가능하게 하여 야간이나 비가 올 때 태양광발전전력이 부족하며 계통전압을 유입하여 사용하게 하고 남는 전력으로 계통전원을 역전송하도록 한다.
- 계통선의 안전성을 위해 반드시 계통연계 보호 장치를 통해 계통선과 태양광발전전력이 연계되어 있어야 한다.
- 상용 전력계통과 병렬로 접속되어서 발전된 전력을 계통으로 내보내거나 계통으로부터 전력을 공급받는 태양광발전시스템으로서, 계통 병렬 연결시스템이라고도 한다.
- 발전용량이 부하설비용량보다 많을 때 가능한 발전이다.

정답 37 ① 38 ② 39 ①

**40** 태양전지 출력이 남을 경우 저장하기 위해 필요한 것은?

① 천재지변으로 인한 전력공급이 되지 않을 경우
② 피크시프트
③ 전력저장
④ 발전전력이 갑자기 변할 경우

**해설**

축전지가 필요한 경우
- 전력저장 : 태양전지 출력이 남을 경우 저장하기 위해 필요하다.
- 천재지변으로 인한 전력공급이 되지 않을 경우에 필요하다.
- 피크시프트 : 발전출력의 최댓값을 지연시키고자 할 때 필요하다.
- 발전전력이 갑자기 변할 경우(버퍼역할을 한다) : 태양광발전시스템의 출력변동을 막기 위해 필요하다.

**41** 지역 전력 계통과 연결되어 있을 뿐 아니라 축전지와도 연결되어 있는 구조로서 시스템에서 생산된 전력을 축전지에 저장해 두었다가 지역 전력사업자에 판매하는 시스템은?

① 독립형 시스템
② 계통 지원형 시스템
③ 연계형 시스템
④ 연계 지원형 시스템

**해설**

36번 해설 참조

**42** 독립시스템으로 응용할 수 있는 분야가 아닌 것은?

① 교통신호 및 관측 시스템
② 자동차 이동 시스템
③ 근거리 산장이나 별장 및 개도국 마을의 전화
④ 조경 미화 적용

**해설**

독립시스템 응용 분야
- 조경 미화 적용
- 원거리 산장이나 별장 및 개도국 마을의 전화
- 자동차, 캠프용 밴, 보트 등에 설치된 이동 시스템
- SOS 전화, 주차권 발급기, 교통신호 및 관측 시스템
- 식수와 관개를 위한 태양광 물 펌프 시스템 및 태양광 물 소독과 탈염

**43** 독립형시스템 주요 구성 중 직류 부하일 경우 구성품으로 옳은 것은?

① 축전지, 충·방전제어기, 인버터
② 축전지, 충·방전제어기
③ 축전지, 충·방전제어기, 인버터, 접속함, 모듈
④ 축전지, 충·방전제어기, 접속함, 모듈

**해설**

독립형시스템 주요 구성
- 직류(DC) 부하일 경우 : 축전지, 충·방전제어기, 접속함, 모듈
- 교류(AC) 부하일 경우 : 축전지, 충·방전제어기, 인버터, 접속함, 모듈

**44** 태양광발전시스템 방식 중 두 가지 이상의 발전방식을 결합하여 주간이나 야간에도 안정적으로 전원을 공급하는 방식은?

① 독립시스템방식 ② 하이브리드방식
③ 연계시스템방식 ④ 정류방식

**해설**

하이브리드형
태양광발전시스템과 다른 발전시스템을 결합하여 발전하는 방식으로 지역 전력계통과는 완전히 분리 또는 계통 연계할 수 있는 발전방식으로 태양광, 풍력, 디젤 기타 발전기를 사용하여 충전장치와 축전지에 연결시켜 생산된 전력을 저장하고 사용하는 방식이다. 두 가지 이상의 발전방식을 결합하였으므로 주간이나 야간에도 안정적으로 전원을 공급할 수 있다.

**45** 태양광발전시스템 방식에 따라 고정식과 추적식으로 나눌 수 있다. 추적식은 고정식에 비해 약 몇 [%] 정도 높은 효율을 얻을 수 있는가?

① 10[%] ② 20~30[%]
③ 60~70[%] ④ 80[%]

**해설**

형태에 따른 태양광발전시스템의 분류
태양광발전시스템은 형태에 따라 추적식과 고정식으로 분류할 수 있는데 추적식은 고정식에 비해 약 20~30[%] 정도 높은 발전 효율을 보이지만 설치비용적인 측면에서 고정식에 비해 단가가 높다. 그러므로 사전에 발전량과 설치비용에 대한 검토 후 손익분기점을 계산해서 결정해야 한다.



40 ③ 41 ② 42 ③ 43 ④ 44 ② 45 ② 정답

- 추적식 : 발전효율을 극대화하기 위한 방식으로 태양의 직사광선이 항상 태양전지판의 전면에 수직으로 입사할 수 있도록 동력 또는 기기조작을 통해 태양의 위치를 추적하는 방식을 말한다.
- 양방향 추적식 : 태양 전지판이 항상 태양의 방향을 향하여 일사량이 최대가 될 수 있도록 상하좌우를 동시에 태양을 향하게 설계된 장치이다. 고정식에 비해 설치단가가 높은 반면에 발전량은 30~40[%] 정도 증가한다. 초기 투자비와 장기간 유지보수비 등을 종합적으로 고려해야 하며, 대형 발전 사업이나 바람이 강한 지역과 태풍이 자주 지나가는 지역은 설치하지 않는다.
  - 프로그램 추적법(Program Tracking) : 어레이 설치위치에서 태양의 연중 이동궤도를 추적하는 프로그램을 내장한 컴퓨터나 마이크로프로세서를 사용하여 프로그램이 지시하는 연월일에 따라서 태양의 위치를 추적하는 방식이다. 비교적 안정하게 태양의 위치를 추적할 수 있으나 설치지역 위치에 따라서 약간의 프로그램 수정이 필요하다.
  - 감지식 추적법(Sensor Tracking) : 태양의 추적방식이 센서를 이용하여 최대 일사량을 추적하는 방식으로 감지부의 형태와 종류에 따라서 다소 오차가 발생하기도 한다. 특히 태양이 구름에 가리거나 부분음영이 발생하는 경우 감지부의 정확한 태양궤도 추적을 할 수 없게 된다.
  - 혼합식 추적법(Mixed Tracking) : 프로그램 추적법과 감지식 추적법의 단점을 보완하고 장점만 살려서 만든 방식으로 주로 프로그램 추적법을 중심으로 운영하면서 설치위치에 따라 발생하는 편차를 센서를 이용하여 주기적으로 보정 또는 수정해 주는 가장 이상적인 추적방식을 말한다.
- 단방향 추적식 : 태양전지 어레이가 태양의 한 축만을 추적하도록 설계된 방식으로 상하 추적식과 좌우 추적식으로 구분할 수가 있다. 고정식에 비해서 발전량이 증가된다.

## 46 태양광발전시스템의 추적식 형태가 아닌 것은?

① 감지식 추적법 ② 혼합식 추적법
③ 감미식 추적법 ④ 프로그램 추적법

**해설**

45번 해설 참고

## 47 태양의 추적방식이 센서를 이용하여 최대일사량을 추적하는 방식으로 감지부의 형태와 종류에 따라서 다소 오차가 발생하기도 하지만, 태양이 구름에 가리거나 부분음영이 발생하는 경우 감지부의 정확한 태양궤도 추적을 할 수 없게 되는 방식은?

① 감지식 추적법 ② 혼합식 추적법
③ 감미식 추적법 ④ 프로그램 추적법

**해설**

45번 해설 참고

## 48 고정식 어레이의 종류 중 태양전지 어레이 경사각을 월별 또는 계절에 따라 상하로 변화시켜 주는 어레이 지지방식은?

① 고정형 어레이 ② 반고정 어레이
③ 가변 어레이 ④ 상하 어레이

**해설**

고정식 어레이
- 고정형 어레이(경사 고정형)
  - 어레이 지지형태가 가장 저렴하고 안정된 구조로써 비교적 원격지역에 면적의 제약이 없는 곳에 설치한다.
  - 설치경사각을 연평균 발전 효율이 가장 높은 각으로 고정하여 설치한다.
  - 반고정 어레이에 비해 발전효율이 낮고, 보수 관리의 위험성이 적어서 상대적으로 많이 이용되는 방식이다.
  - 태양전지 방위각(정남향) 및 경사각을 30~35[%]로 고정하여 설치한다.
- 반고정 어레이(경사 가변형)
  - 태양전지 어레이 경사각을 월별 또는 계절에 따라 상하로 변화시켜 주는 어레이 지지방식이다.
  - 어레이 경사각은 설치 지역의 위도에 따라서 최대 경사면 일사량을 갖도록 설치한다.
  - 발전량은 고정형에 비해 15~20[%] 정도 발전량이 높다.
  - 태양전지의 방위각 및 경사각을 0~60°까지 조절할 수 있다.

## 49 고정형 어레이는 태양전지 방위각 및 경사각을 몇 [%] 로 고정해야 하는가?

① 15~20[%] ② 30~35[%]
③ 40~50[%] ④ 25~30[%]

**해설**

50번 해설 참고

## 50 고정식 어레이의 장점이 아닌 것은?

① 구조물의 구동이 없다.
② 구조가 상대적으로 안전하다.
③ 하단부 공간의 활용이 가능하다.
④ 발전효율이 상대적으로 낮다.

정답 46 ③ 47 ① 48 ② 49 ② 50 ④

**해설**

고정식 어레이의 특징

| 장 점 | 단 점 |
|---|---|
| • 구조물의 구동이 없어 하단부 공간 활용이 가능하다.<br>• 구조가 상대적으로 안전하여 전복이나 오작동에 의한 사고 가능성이 낮다. | • [kW]당 점유면적이 추적식 대비 80[%]까지 감소한다.<br>• 발전효율이 상대적으로 낮다. |

## 51 햇빛을 받을 때 빛에너지를 직접 전기에너지로 변환하는 반도체 소자를 말하지만 일반적으로 태양전지 셀, 태양전지 모듈, 태양전지 어레이 등을 총칭하여 표현하는 것을 무엇이라 하는가?

① 태양전지 ② 태양광발전
③ 태양열발전 ④ 풍력전지

**해설**

태양전지
햇빛을 받을 때 빛에너지를 직접 전기에너지로 변환하는 반도체 소자를 말하지만 일반적으로 태양전지 셀, 태양전지 모듈, 태양전지 어레이 등을 총칭한다. 근래에는 태양광발전 전지(Photovoltaic Cell)라는 용어로 통일하여 사용하기도 한다.

## 52 태양의 빛에너지를 이용하여 전기를 생산하는 것은?

① 태양전지 ② 태양전자
③ 지열전지 ④ 화력발전

**해설**

태양전지는 크게 빛에너지와 열에너지로 나눌 수 있는데, 이 중에서 태양의 빛에너지를 이용하여 전기를 생산하는 것이 태양전지이다.

## 53 태양전지의 기본구조로 바르게 연결된 것은?

① P형 반도체와 K형 반도체
② P형 반도체와 진성반도체
③ P형 반도체와 N형 반도체
④ 진성반도체와 N형 반도체

**해설**

태양전지의 기본 구조
결정질의 실리콘 태양전지는 실리콘에 붕소를 첨가한 P형 반도체와 그 표면에 인을 확산시킨 N형 반도체를 접합한 P-N접합 형태의 구조로 되어 있다. P형 반도체는 다수의 정공(+)을 가지고 있으며, N형 반도체는 다수의 전자(-)를 갖는다.

## 54 태양전지의 구동순서를 바르게 나열한 것은?

① 태양광 흡수 → 전하분리 → 전하생성 → 전하수집
② 태양광 흡수 → 전하생성 → 전하수집 → 전하분리
③ 태양광 흡수 → 전하수집 → 전하생성 → 전하분리
④ 태양광 흡수 → 전하생성 → 전하분리 → 전하수집

**해설**

태양전지 구동순서
태양광 흡수 → 전하생성 → 전하분리 → 전하수집

## 55 다음에 ( ) 안에 맞는 내용으로 바르게 연결된 것은 무엇인가?

> "태양전지의 전압의 세기는 여러 장의 태양전지를 ( )로 연결시켜 조정하고, 전류의 세기는 ( ) 연결이나 태양전지의 면적으로 조정할 수 있다."

① 병렬-직렬 ② 병렬-병렬
③ 직렬-직렬 ④ 직렬-병렬

**해설**

태양전지의 전압과 전류의 조정
태양전지 전압의 세기는 여러 장의 태양전지를 직렬로 연결시켜 조정하고, 전류의 세기는 병렬연결이나 태양전지의 면적으로 조정할 수 있다.

## 56 특정에너지를 가지고 태양전지에 입사된 빛 입자의 개수대비 태양전지에 의해 수집된 Carrier(반송자) 개수의 비율을 무엇이라 하는가?

① 양자효율 ② 음이온
③ 전자개수 ④ 자유전자



51 ① 52 ① 53 ③ 54 ④ 55 ④ 56 ① **정답**

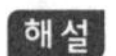

해설

양자효율

- 특정에너지를 가지고 태양전지에 입사된 빛 입자의 개수대비 태양전지에 의해 수집된 Carrier(반송자)의 개수의 비율
- 특정파장의 모든 광자들이 흡수되고 그 결과 소수 Carrier들이 수집되면 그 특정파장에서 양자효율은 1이 된다.
- 태양전지의 양자효율은 대부분 재결합효과 때문에 감소한다.
- Band Gap보다 낮은 에너지를 가진 빛 입자들의 양자효율은 0이 된다.

## 57 태양전지의 양자효율은 대부분 재결합 효과에 의해 어떻게 되는가?

① 감소한다. ② 증가한다.
③ 변화없다. ④ 무한대이다.

해설

56번 해설 참고

## 58 태양전지의 최대출력을 발전하는 면적과 규정된 시험조건에서 측정한 입사조사강도의 곱으로 나눈 값을 무엇이라 하는가?

① 전력조절 ② 변환효율
③ 주변효율 ④ 전극반사막

해설

태양전지의 변환효율

태양전지의 최대출력($P_{max}$)을 발전하는 면적(태양전지의 면적 : $A$)과 규정된 시험조건에서 측정한 입사조사강도(Incidence Irradiance : $E$)의 곱으로 나눈 값을 백분율로 나타낸 것으로서 [%]로 표시한다.

## 59 태양전지의 변환효율($\eta$)는?

① $\eta = \dfrac{\text{최대출력}(P_{max})}{\text{태양전지 모듈의 면적}(A)\times\text{조사강도}(E)}\times 100[\%]$

② $\eta = \dfrac{\text{태양전지 모듈의 면적}(A)\times\text{최대출력}(P_{max})}{\text{조사강도}(E)}\times 100[\%]$

③ $\eta = \dfrac{\text{최대출력}(P_{max})\times\text{조사강도}(E)}{\text{태양전지 모듈의 면적}(A)}\times 100[\%]$

④ $\eta = \dfrac{\text{태양전지 모듈의 면적}(A)\times\text{조사강도}(E)}{\text{최대출력}(P_{max})}\times 100[\%]$

해설

태양전지의 변환효율

$$\eta = \frac{P_o(\text{출력에너지})}{P_i(\text{입력에너지})}$$

$$= \frac{I_m(\text{최대출력 전류})\times V_m(\text{최대출력 전압})}{P_i}$$

$$= \frac{V_{oc}\times I_{sc}\times FF}{P_i}$$

$$= \frac{\text{최대출력}(P_{max})}{\text{태양전지 모듈의 면적}(A)\times\text{조사강도}(E)}\times 100[\%]$$

## 60 태양전지의 개방전압이 12[V]이고, 단락전류가 15[A]일 경우 태양전지의 최대출력은 몇 [W]인가?(단, 충진률은 85[%]이다)

① 150 ② 151
③ 152 ④ 153

해설

태양전지의 최대출력($P_{max}$)

= $V_{OC}$(개방전압) × $I_{SC}$(단락전류) × $FF$(충진률)[W]

= 12×15 × 0.85 = 153[W]

## 61 결정질 실리콘 태양전지의 효율 극대화에 관한 사항이 아닌 것은?

① 빛의 흡수율을 극대화할 수 있는 구조의 디자인을 사용해야 한다.
② 분리된 캐리어가 재결합되고 축적이 되면 안 된다.
③ 캐리어의 이동과 외부전극과의 접촉 과정에서 각종 전기적인 저항손실을 최소화하여 전극패턴과 소재 선정 등을 고려해야 한다.
④ 분리된 캐리어가 재결합되지 않고 축적이 되어야 한다.

해설

결정질 실리콘 태양전지의 효율 극대화에 관한 사항

- 분리된 캐리어가 재결합되지 않고 축적이 되어야 한다.
- 캐리어의 이동과 외부전극과의 접촉 과정에서 각종 전기적인 저항손실을 최소화하여 전극패턴과 소재 선정 등을 고려해야 한다.
- 빛의 흡수율을 극대화할 수 있는 구조의 디자인을 사용해야 한다.

정답 57 ① 58 ② 59 ① 60 ④ 61 ②

## 62 태양전지의 실리콘계 종류가 아닌 것은?

① 단결정 ② 비정질
③ 유기물 ④ 다결정

**해설**

태양전지의 종류
태양전지는 크게 실리콘계, 화합물계, 기타 태양전지로 구분하며, 실리콘계가 산업의 95[%] 이상을 차지하고 있다.
- 실리콘계 : 단결정, 다결정, 비정질
- 화합물계 : Ⅲ-Ⅴ형(GaAs, InP), Ⅱ-Ⅴ형(Cds/CdTe, CIS)
- 기타 : 염료 감응형, 광화학 반응형, 유기물

## 63 셀의 기본 크기는 얼마인가?

① 2, 3인치 ② 5, 6인치
③ 7, 10인치 ④ 12, 15인치

**해설**

셀은 태양전지의 가장 기본적인 소자이며 태양전지 모듈을 구성하는 최소 단위로서 크기는 보통 5인치(125[mm]×125[mm]), 6인치(156[mm]×156[mm])이다. 모듈은 다수의 셀을 연결시켜 한 장의 패키지로 만든 제품을 말하며, 태양전지판 또는 솔라 패널이라 한다.

## 64 어떤 회사가 5인치 다결정질 1등급 셀을 만들었다. 셀의 사양은 최대전류($I_{\max}$)가 8.125[A]이고, 최대전압($V_{\max}$)이 0.775[V], 출력전력($P_{\text{out}}$)이 6.297[W]라고 할 때, 이 셀의 변환효율은 약 [%]인가?

① 10 ② 20
③ 30 ④ 40

**해설**

태양전지 셀의 변환효율
셀 변환효율[%] = 태양전지출력 ÷ 입사된 에너지량 × 100[%]
※ 입사된 에너지량
= 5인치 셀의 입방면적(125[mm] × 125[mm] = 0.015625[m$^2$])
× 1,000[W/m$^2$] = 15.625[W]
= 6.297[W] ÷ 15.625[W] × 100[%] ≒ 40.301[%]

## 65 태양전지의 셀 변환효율 중 가장 높은 것은 어느 것인가?

① 단결정질 ② 비결정질 박막형
③ 다결정질 ④ 모두 같다.

**해설**

태양전지 셀의 변환효율
- 단결정질 : 16~18[%]
- 다결정질 : 15~17[%]
- 비결정질 박막형 : 10[%] 전후

※ 회사별 등급에 따라 차이가 조금씩 있지만 실리콘 결정질 셀의 최대이론효율은 약 29[%] 정도이다.

## 66 어떤 모듈 제조사의 태양전지 모듈 사양이 최대전류($I_{\max}$)가 5.85[A]이고, 최대전압($V_{\max}$)이 23.5[V], 출력전력($P_{\text{out}}$)이 137.48[W]이며, 면적의 가로 세로가 0.84[m]×1.51[m] 할 때, 이 모듈의 변환효율은 약 [%]인가?

① 10 ② 10.8
③ 12.4 ④ 15.8

**해설**

태양전지 모듈 변환효율[%]
= 태양전지출력 ÷ 입사된 에너지량 × 100[%]
= 137.48 ÷ 1,268.4[W] × 100[%]
≒ 10.839[%]
※ 입사된 에너지량[W/m$^2$] = 단위면적 × 1,000[W/m$^2$]
= 1.2684[m$^2$] × 1,000[W/m$^2$] = 1,268.4[W]
※ 단위면적 = 가로 × 세로 = 0.84[m] × 1.51[m] = 1.2684[m$^2$]

## 67 개방전압과 단락전류의 곱에 대한 최대출력의 비율을 무엇이라 하는가?

① 성능지수 ② 효 율
③ 성능계수 ④ 충진율

**해설**

곡선인자(충진율 : Fill Factor(FF))
개방전압과 단락전류의 곱에 대한 최대출력(최대출력전류와 최대출력전압)의 곱한 값의 비율이다. FF값은 0에서 1 사이의 값으로 나타낸다. 통상 0.7~0.8 사이로 나타난다. 주로 내부의 직·병렬 저항과 다이오드 성능계수에 따라 달라진다.



정답: 62 ③ 63 ② 64 ④ 65 ① 66 ② 67 ④

## 68 곡선인자가 달라지는 이유는?

① 외부저항　② 내부저항과 다이오드
③ 내부압력　④ 콘덴서

**해설**

67번 해설 참고

## 69 다음 중 충진률의 직렬저항 요소가 아닌 내용은?

① 표면층의 면 저항
② 기판 자체 저항
③ 금속전극 자체 저항성분
④ 측면의 표면누설

**해설**

충진률의 직렬저항 요소
- 표면층의 면 저항
- 금속전극 자체 저항성분
- 전지의 전·후면 금속접촉
- 기판 자체 저항

## 70 다음 중 충진률의 병렬저항 요소가 아닌 것은?

① 전지의 전·후면 금속접촉
② 접합의 결함누설
③ 전위 또는 결정입계에 따라 발생하는 누설
④ 결정과 전극의 미세균열에 의한 누설

**해설**

충진률의 병렬저항의 요소
- 접합의 결함누설
- 측면의 표면누설
- 결정과 전극의 미세균열에 의한 누설
- 전위 또는 결정입계에 따라 발생하는 누설

## 71 일조강도와 특정한 온도에 부하를 연결하지 않은 상태로서 태양광발전 장치의 양단에 걸리는 전압을 무엇이라 하는가?

① 개방전류　② 개방전압
③ 선단전압　④ 지류전류

**해설**

개방전압($V_{OC}$ : Open Circuit Voltage)
일조강도와 특정한 온도에 부하를 연결하지 않은 상태로서 태양광발전 장치의 양단에 걸리는 전압이다.

## 72 일사조사강도와 특정한 온도에서 단락조건에 있는 태양전지나 모듈 등 태양광발전 장치의 출력전류는?

① 단락전류　② 선단전류
③ 지락전류　④ 궤환전류

**해설**

단락전류($I_{SC}$ : Short Circuit Current)
일사조사강도와 특정한 온도에서 단락조건에 있는 태양전지나 모듈 등 태양광발전 장치의 출력전류를 말한다.

## 73 태양전지의 재료 두께에 따른 빛의 흡수율에 따른 것으로서 일정한 파장을 갖는 빛이 조사되었을 경우, 물질에 투과한 빛의 세기가 두께에 따라 지수 함수적으로 감소한다는 법칙은?

① 옴의 법칙　② 키르히호프 법칙
③ 람베르트 비어 법칙　④ 쿨롱의 법칙

**해설**

태양전지 재료의 두께에 따른 빛의 흡수율
- 람베르트 비어 법칙(Lambert-Beer Law) : 일정한 파장을 갖는 빛이 조사되었을 경우, 물질에 투과한 빛의 세기가 두께에 따라 지수함수적으로 감소한다.
- 태양전지 재료의 흡수계수가 작은 경우에는 두께가 두꺼울수록 좋다.
- 태양전지 재료의 흡수계수가 큰 경우일수록 태양전지의 두께가 얇아도 빛의 흡수율이 증가한다.

## 74 다음 중 (　)에 알맞은 내용은?

> "태양전지의 재료 두께에 따른 빛의 흡수율은 태양전지 재료의 흡수계수가 작은 경우에는 두께가 (　) 좋다."

① 얇을수록　② 가늘수록
③ 두꺼울수록　④ 평평할수록

**해설**

73번 해설 참고

정답 68 ② 69 ④ 70 ① 71 ② 72 ① 73 ③ 74 ③

## 75 태양전지의 광학적 손실에 대한 반사가 아닌 것은?

① 표면전극에 의한 반사
② 후면전극에 의한 반사
③ 태양전지 표면에 의한 반사
④ 태양전지판 컨트롤러의 반사

**해설**

태양전지의 광학적 손실

표면에서 반사되거나 태양전지에 흡수되지 않아 발생되는 손실을 말하며 다음과 같은 손실이 존재한다.

- 태양전지 표면에 의한 반사
- 표면전극에 의한 반사
- 후면전극에 의한 반사

## 76 태양전지 특성 측정을 위한 인공광원의 조건에 해당되지 않는 것은?

① 시간적 불안정성 ±2[%] 이내의 A등급 이상을 사용
② 조사 강도의 장소 불균일성으로 인해 ±2[%] 이내
③ 백열등을 사용한다.
④ 400~1,100[nm]의 스펙트럼 구간에서 자연 태양광 스펙트럼과의 정합이 0.75~1.25이어야 한다.

**해설**

태양전지 특성 측정을 위한 인공광원의 조건

- 조사 강도의 장소 불균일성으로 인해 ±2[%] 이내이어야 한다.
- 시간적 불안정성 ±2[%] 이내의 A등급 이상을 사용한다.
- 400~1,100[nm]의 스펙트럼 구간에서 자연 태양광 스펙트럼과의 정합이 0.75~1.25이어야 한다.

## 77 태양전지 특성 측정을 위한 장치 구성에 대한 사항이 아닌 것은?

① 온도 유지장치 ② 항온항습기
③ UV 시험장치 ④ 테스터기

**해설**

태양전지 특성 측정을 위한 장치

- 우박시험장치 : 우박의 충격에 대한 태양전지 모듈의 기계적 강도를 조사하기 위한 시험 장치이다.
- 전류-전압 측정기 : 시험편의 단자로부터 독립된 리드를 사용하여 ±0.5[%]의 정확도로 측정할 수 있는 장치로서 태양전지의 전류-전압 특성곡선을 측정하는 장치이다.
- 온도 유지장치 : 측정시간동안 태양전지의 온도를 25[℃] 유지시켜 주는 장치이다.
- 기준 태양전지 : 표준 시험 조건에서 항상 일정한 단락전류를 출력하는 특성이 안정된 태양전지로 솔라 시뮬레이터의 조사강도를 표준시험값인 100[$mW/cm^2$]를 조정하는 데 사용한다.
- 염수분무장치 : 태양전지 모듈의 구성 재료 및 패키지의 염분에 대한 내구성을 시험하기 위한 환경 체임버이다.
- 기계적 하중 시험장치 : 태양전지 모듈에 대하여 바람, 눈 및 얼음에 의한 하중에 대한 기계적 내구성을 조사하기 위한 장치이다.
- 단자강도 시험장치 : 태양전지 모듈의 단자부분이 모듈의 부착, 배선 또는 사용 중에 가해지는 외력에 대하여 충분한 강도가 있는지를 조사하기 위한 장치이다.
- 항온항습기 : 태양전지 모듈의 온도 사이클 시험, 습도-동결시험, 고온고습시험을 하기 위한 환경 체임버 장치이며, 온도 ±2[℃] 이내, 습도 ±5[%] 이내이어야 한다.
- UV 시험장치 : 태양전지 모듈이 태양광에 노출되는 경우에 따라서 유기되는 열화 정도를 시험하기 위한 장치이다. KS C IEC 61215의 규정에 따른다.
- 분광응답측정기
- 분광복사계

## 78 태양전지 모듈의 단자부분이 모듈의 부착, 배선 또는 사용 중에 가해지는 외력에 대하여 충분한 강도가 있는지를 조사하기 위한 장치를 무엇이라 하는가?

① 단자강도 시험장치
② 염수분무장치
③ UV 시험장치
④ 분광복사계

**해설**

77번 해설 참고

## 79 항온항습장치의 온도와 습도는?

① 온도 ±3[℃] 이내, 습도 ±4[%] 이내
② 온도 ±3[℃] 이내, 습도 ±5[%] 이내
③ 온도 ±2[℃] 이내, 습도 ±5[%] 이내
④ 온도 ±2[℃] 이내, 습도 ±4[%] 이내

**해설**

77번 해설 참고



75 ④ 76 ③ 77 ④ 78 ① 79 ③ 정답

**80** **기준전지 사용 요구 조건에 대한 내용으로 맞는 것은?**

① 개구각이 160° 이상이어야 한다.
② 단락 전류값이 조사강도에 따라 곡선으로 변화해야 한다.
③ 태양전지 응답 파장 범위 내에서 입사광의 100[℃] 이상 흡수가 가능해야 한다.
④ 태양전지의 온도를 일정하게 유지하면 안 된다.

**해설**

기준전지 사용 요구 조건
- 태양전지 응답 파장 범위 내에서 입사광의 95[℃] 이상 흡수가 가능해야 한다.
- 개구각이 160° 이상이어야 한다.
- 개구각 범위에서 기준 전지의 모든 표면이 빛을 반사하지 않아야 한다.
- 단락 전류값이 조사강도에 따라 직선으로 변화해야 한다.
- 태양전지의 온도를 일정하게 유지할 수 있는 구조이어야 한다.

**81** **태양전지를 구성하는 단위인 셀, 모듈, 어레이 중에 모듈의 구성 재료가 아닌 것은?**

① 셀　② 충전재
③ 어레이　④ 표면재

**해설**

모듈 구성 재료
- 셀
- 표면재(강화유리) : 수명을 길게 하기 위해 백판 강화유리를 사용하고 있다.
- 충전재 : 실리콘수지, PVB, EVA(봉지재)가 사용된다. 태양전지를 처음 제조할 때에는 실리콘 수지가 사용되었으나 충전할 때 기포방지와 셀의 상하 이동으로 인한 균일성을 유지하는 데에 시간이 걸리기 때문에 PVB, EVA(봉지재)가 쓰이게 되었다.
- Back Sheet Seal재 : 외부충격과 부식, 불순물 침투 방지, 태양광 반사 역할로 사용하는 재료는 PVF가 대부분이다.
- 프레임재(패널재) : 통상 표면 산화한 알루미늄이 사용되지만, 민생용 등에서는 고무를 사용한다.
- Seal재 : 리드의 출입부나 모듈의 단면부를 처리하기 위해 이용된다.

**82** **하나의 셀에서 나오는 정격전압과 효율은 약 얼마인가?**

① 0.5[V], 14~17[%]
② 1[V], 14~17[%]
③ 0.5[V], 18~20[%]
④ 1[V], 18~20[%]

**해설**

셀은 태양전지를 구성하는 가장 기본 단위이며, 크기는 5인치(125[mm]×125[mm])와 6인치(156[mm]×156[mm])가 있고 모양은 얇은 사각 또는 둥근 판 모양으로 되어 있다. 하나의 셀에서 나오는 정격전압은 약 0.5[V]이며, 효율은 14~17[%] 정도이다.

**83** **지표면 1[m²]당 도달하는 태양광에너지의 양을 나타내고 단위는 [W/m²]을 사용하는 것은?**

① 모듈온도　② 방사조도
③ 분광분포　④ 표면변화

**해설**

방사조도
지표면 1[m²]당 도달하는 태양광에너지의 양을 나타내고 단위는 [W/m²]을 사용한다. 대기권 밖에서는 일반적으로 1,400 [W/m²]이지만 태양광에너지가 대기를 통과해 지표면에 도달하면 1,000 [W/m²] 정도가 된다.

**84** **웨이퍼(Wafer) 가공처리 단계에 해당되지 않는 사항은?**

① 식각공　② 냉 각
③ 열처리　④ 검 사

**해설**

웨이퍼(Wafer) 가공처리 단계
- 모서리가공 : 모서리가공 및 연마를 통해 웨이퍼 간 마찰로 인한 손상을 예방한다.
- Etching(에칭, 식각공정) : 화학용액에 담가 한 번 더 표면을 벗겨낸다.
- 열처리 : 금속열처리로부터 웨이퍼 내의 산소불순물을 제거한다.
- 경면(웨이퍼 표면)연마 : 표면을 매우 균일하게 조정한다.
- 검사 : 완성품으로부터 저항, 두께, 평탄도, 불순물, 생존시간, 육안검사 등을 실시한다.

정답　80 ①　81 ③　82 ①　83 ②　84 ②

## 85 표면을 매우 균일하게 조정하는 웨이퍼 가공처리 단계는?

① 모서리가공 ② 에 칭
③ 열처리 ④ 경면연마

**해설**

84번 해설 참고

## 86 태양전지 모듈의 특성 판정기준에 대한 내용이 아닌 것은?

① 최대출력결정 ② 단자강도 시험
③ 시리즈 인증 ④ 접지 실험

**해설**

태양전지 모듈의 특성 판정기준

- 옥외노출 시험
- 절연 시험
- 공칭 태양전지 동작온도의 측정
- 바이패스 다이오드 열 시험
- 외관검사
- 온도계수의 측정
- 열점 내구성 시험
- 최대출력결정
- 습도-동결 시험
- 습윤 누설 전류 시험
- 시리즈 인증
- 염수분무 시험
- 온도 사이클 시험
- 낮은 조사강도에서의 특성 시험
- STC(Standard Test Condition) 및 NOCT 시험
- UV 전처리 시험
- 기계적 하중 시험
- 단자강도 시험
- 우박 시험
- 고온고습 시험

## 87 태양전지 모듈의 특성판정기준 중 옥외노출 시험의 내용이 아닌 것은?

① 최대출력 ② 전압특성
③ 절연저항 ④ 외 관

**해설**

태양전지 모듈의 특성판정기준 중 옥외노출 시험

- 외관 : 두드러진 이상이 없고, 표시는 판독할 수 있어야 한다.
- 최대출력 : 시험 전 값의 95[%] 이상일 것
- 절연저항 : 적정한 값을 유지할 수 있을 것

## 88 태양전지 모듈의 특성판정기준 중 습윤누설전류 시험에 대한 내용으로 맞는 것은?

① 모듈의 측정면적에 따라 0.2[$m^2$] 미만에서 절연저항 측정값이 500[$M\Omega$] 이상일 것
② 모듈의 측정면적에 따라 0.1[$m^2$] 미만에서 절연저항 측정값이 400[$M\Omega$] 이상일 것
③ 모듈의 측정면적에 따라 0.2[$m^2$] 이상에서 절연저항 측정값과 모듈면적의 곱이 40[$M\Omega \cdot m^2$] 이상일 것
④ 모듈의 측정면적에 따라 0.1[$m^2$] 이상에서 절연저항 측정값과 모듈면적의 곱이 400[$M\Omega \cdot m^2$] 이상일 것

**해설**

태양전지 모듈의 특성판정기준 중 습윤누설전류 시험

모듈이 옥외에서 강우에 노출되는 경우 적정성을 시험하는 것

- 모듈의 측정면적에 따라 0.1[$m^2$] 미만에서 절연저항 측정값이 400[$M\Omega$] 이상일 것
- 모듈의 측정면적에 따라 0.1[$m^2$] 이상에서 절연저항 측정값과 모듈면적의 곱이 40[$M\Omega \cdot m^2$] 이상일 것

## 89 태양전지 모듈의 특성판정기준에서 절연내력시험은 최대시스템 전압의 두 배에 1,000[V]를 더한 것과 같은 전압을 최대 얼마의 [V/s] 이하의 상승률로 태양전지 모듈의 출력단자와 패널 또는 접지단자(프레임)에 1분간 유지해야 하는가?

① 500 ② 600
③ 900 ④ 1,000

**해설**

절연시험

- 절연내력시험은 최대시스템 전압의 두 배에 1,000[V]를 더한 것과 같은 전압을 최대 500[V/s] 이하의 상승률로 태양전지 모듈의 출력단자와 패널 또는 접지단자(프레임)에 1분간 유지한다. 다만, 최대 시스템 전압이 50[V] 이하일 때는 인가전압은 500[V]로 한다.
- 절연저항 시험은 시험기 전압을 500[V/s]를 초과하지 않는 상승률로 500[V] 또는 모듈시스템의 최대전압이 500[V]보다 큰 경우 모듈의 최대시스템전압까지 올린 후 이 수준에서 2분간 유지한다. KS C IEC 6215의 시험방법에 따라 시험한다.



85 ④ 86 ④ 87 ② 88 ② 89 ① 정답

**90** 절연저항 시험은 시험기 전압을 500[V/s]를 초과하지 않는 상승률로 500[V] 또는 모듈시스템의 최대전압이 500[V] 보다 큰 경우 모듈의 최대시스템전압까지 올린 후 이 수준에서 ( ) 분간 유지한다. ( ) 안에 들어갈 내용은?

① 2　② 3
③ 4　④ 5

해설
89번 해설 참고

**91** 태양전지 모듈의 특성 판정기준 중 외관검사를 할 경우 얼마 정도의 빛을 조사해야 하는가?

① 5,000[Lux]
② 2,000[Lux]
③ 1,000[Lux]
④ 500[Lux]

해설
외관검사
1,000[Lux] 이상의 빛 조사상태에서 모듈외관, 태양전지 셀 등에 크랙, 구부러짐, 갈라짐 등이 없는지를 확인하고, 셀간 접속 및 다른 접속부분에 결함이 없는지, 셀과 셀, 셀과 프레임상의 터치가 없는지, 접착에 결함이 없는지, 셀과 모듈 끝 부분을 연결하는 기포 또는 박리가 없는지 등을 검사하며, KS C IEC 61215의 시험방법에 따라 시험한다.

**92** 태양전지 모듈의 특성 판정기준 중 습도-동결 시험을 했을 때 고온 측 온도조건 85[℃] ±2[℃], 상대습도 85[%] ±5[%]에서 몇 시간 이상 유지해야 하는가?

① 10시간　② 20시간
③ 30시간　④ 40시간

해설
습도-동결 시험
고온·고습, 영하의 기온 등 가혹한 자연환경에 장시간 반복하여 놓았을 때, 열 팽창률의 차이나 수분의 침입·확산, 호흡작용 등에 의한 구조나 재료의 영향을 시험한다. 고온 측 온도조건을 85[℃] ±2[℃], 상대습도 85[%] ±5[%]에서 20시간 이상 유지하고, 저온 측 온도조건을 -40[℃] ±2[℃] 조건에서 0.5시간 이상 유지한다.

**93** 태양전지의 측정순서를 바르게 나타낸 것은?

① 태양광 조사 → 표준(기준) 셀 선택 → 표준(기준) 셀 교정 → 태양광 시뮬레이터 광량조절 → 샘플측정 → 출력
② 태양광 조사 → 표준(기준) 셀 교정 → 태양광 시뮬레이터 광량조절 → 표준(기준) 셀 선택 → 샘플측정 → 출력
③ 태양광 조사 → 샘플측정 → 태양광 시뮬레이터 광량조절 → 표준(기준) 셀 교정 → 표준(기준) 셀 선택 → 출력
④ 태양광 조사 → 샘플측정 → 표준(기준) 셀 선택 → 태양광 시뮬레이터 광량조절 → 표준(기준) 셀 교정 → 출력

해설
태양전지의 측정순서
태양광 조사 → 표준(기준) 셀 선택 → 표준(기준) 셀 교정 → 태양광 시뮬레이터 광량조절 → 샘플측정 → 출력

**94** 태양전지의 제조 및 사용 표시에 대한 내용으로 틀린 것은?

① 제품명　② 소재지
③ 일련번호　④ 제조연월일

해설
제조 및 사용표시
- 제조연월일
- 업체명 및 소재지
- 정격 및 적용조건
- 인증부여번호
- 제품명 및 모델명
- 신재생에너지 설비인증표지
- 기타 사항

**95** 실리콘 원자배열이 균일하고 일정하여 전자 이동에 걸림돌이 없고, 잉곳의 모양은 정사각형이 아니고 원주형으로 네 귀퉁이가 원형형태로 되어서 셀 모양도 원형형태이며 공정이 복잡하고 제조비용이 높은 실리콘 태양전지는?

① 다결정질　② 단순결정질
③ 소수경질　④ 단결정질

정답 90 ① 91 ③ 92 ② 93 ① 94 ③ 95 ④

해설

단결정질 실리콘 태양전지

실리콘 원자배열이 균일하고 일정하여 전자 이동에 걸림돌이 없어서 다결정보다 변환효율이 높다. 잉곳의 모양은 정사각형이 아니고 원주형으로 네 귀퉁이가 원형형태로 되어서 셀 모양도 운형형태이며 공정이 복잡하고 제조비용이 높다.

**96** 다결정질 태양전지의 제조과정을 바르게 나열한 것은?

① 규석 → 폴리실리콘 → 잉곳 → 웨이퍼 → 셀 → 모듈
② 규석 → 폴리실리콘 → 모듈 → 잉곳 → 셀 → 웨이퍼
③ 규석 → 잉곳 → 폴리실리콘 → 셀 → 웨이퍼 → 모듈
④ 규석 → 셀 → 잉곳 → 폴리실리콘 → 모듈 → 웨이퍼

해설

다결정질 태양전지의 제조과정

규석(모래) → 폴리실리콘 → 잉곳(원통형 긴 덩어리) → 웨이퍼(원형판 얇은 판) → 셀(웨이퍼를 가공한 상태 모양) → 모듈(셀 여러 개를 배열하여 결합한 상태의 구조물)

**97** 비정질 태양전지의 장점이 아닌 것은?

① 표면이 불규칙한 곳에 적용이 가능하다.
② 플렉시블하다.
③ 운반과 보관이 용이하다.
④ 공사비용이 많이 든다.

해설

1세대 태양전지의 장 · 단점

| 종류 / 특징 | 단결정 | 다결정 | 비정질 |
|---|---|---|---|
| 장 점 | • 효율이 가장 높다. | • 단결정에 비해 가격이 저렴하다.<br>• 재료가 풍부하다. | • 표면이 불규칙한 곳이나 장치하기 어려운 곳에 쉽게 적용이 가능하며, 운반과 보관이 용이하다.<br>• 플렉시블하다. |
| 단 점 | • 가격이 비싸다.<br>• 무겁고 색깔이 불투명하다. | • 효율이 낮다.<br>• 많은 면적이 필요하다. | • 효율이 낮고, 설치 면적이 넓다.<br>• 공사비용이 많이 든다. |

**98** 유리, 금속판, 플라스틱 같은 저가의 일반적인 물질을 기판으로 사용하여 빛 흡수층 물질을 마이크론 두께로 아주 얇은 막을 입혀 만든 태양전지는?

① 단결정질 태양전지
② 박막형 태양전지
③ 다결정질 태양전지
④ 유기물 태양전지

해설

박막형 태양전지(2세대)

유리, 금속판, 플라스틱 같은 저가의 일반적인 물질을 기판으로 사용하여 빛 흡수층 물질을 마이크론 두께로 아주 얇은 막을 입혀 만든 태양전지이다.

**99** 박막형 태양전지의 종류에 해당되지 않는 것은?

① 비정질 실리콘　② CdTe
③ 단결정질 실리콘　④ CIGS

해설

박막형 태양전지의 종류

- 비정질 실리콘 박막형 태양전지
- 화합물 박막형 태양전지
  - CdTe(Cadmium Telluride)
  - CIGS(Cu, In, Gs, Se)

**100** 유기염료와 나노기술을 이용하여 고도의 효율을 갖도록 개발된 태양전지로서 날씨가 흐리거나 빛의 투사각도가 Zero(0°)에 가까워도 발전하는 태양전지는?

① 유기물
② 염료 감응형
③ 화합물 박막형 태양전지
④ 비정질 실리콘

해설

염료 감응형(Dye-Sensitized) 태양전지

유기염료와 나노기술을 이용하여 고도의 효율을 갖도록 개발된 태양전지로서 날씨가 흐리거나 빛의 투사각도가 Zero(0°)에 가까워도 발전을 한다. 반투명과 투명으로 만들 수 있고 유기염료의 종류에 따라서 빨간색, 노란색, 파란색, 하늘색 등 다양한 색상이 있고 원하는 그림을 넣을 수가 있어서 인테리어로도 활용할 수 있다.



정답 96 ① 97 ④ 98 ② 99 ③ 100 ②

**101** 플라스틱의 원료인 유기물질로 만든 것으로 자유자재로 휠 수 있는 기판 위에 유기물질을 분사하여 제작하는 것은?

① 유기물
② 염료 감응형
③ 화합물 박막형 태양전지
④ 비정질 실리콘

해설
유기물(Organic) 태양전지
플라스틱의 원료인 유기물질로 만든 것으로 자유자재로 휠 수 있는 기판 위에 유기물질을 분사하여 제작하므로 다양한 모양의 대량생산이 가능하다. 실리콘계 태양전지보다 변환효율이 떨어지기 때문에 많이 사용하지 않으나 많은 발전이 기대된다.

**102** 결정질 실리콘과 비교한 화합물 반도체의 특징에 해당되지 않는 것은?

① 큰 에너지 갭으로 인해 짧은 파장보다는 긴 파장의 빛의 흡수율이 좋다.
② 에너지 갭은 크나 직접 천이 에너지 갭으로 빛 특성이 아주 좋다.
③ 온도계수가 커서 저온에서 출력이 증가하게 된다.
④ CdTe는 에너지 갭이 실리콘보다 크기 때문에 고온 환경에서 박막 태양전지로 많이 이용된다.

해설
결정질 실리콘과 비교한 화합물 반도체의 특징
- 온도계수가 작아 고온에서 출력이 감소하게 된다.
- 큰 에너지 갭으로 인해 짧은 파장보다는 긴 파장의 빛 흡수율이 좋다.
- 에너지 갭은 크나 직접 천이 에너지 갭으로 빛 특성이 아주 좋다.
- CdTe는 에너지 갭이 실리콘보다 크기 때문에 고온 환경에서 박막 태양전지로 많이 이용된다.

**103** 태양전지의 수명은 대략 몇 년인가?

① 20년　　② 15년
③ 30년　　④ 5년

해설
태양전지의 수명
태양전지의 실제 수명은 여러 가지 환경적인 요인에 따라 다르지만 대략 20년 정도이다. 이것은 태양전지의 자체적인 문제도 있지만 태양전지의 제작과정과 구성 재료를 장시간 사용하면 노후화가 진행이 되기 때문에 품질이 저하된다.

**104** 우주의 빛 조건(AM0)에서 34~36[%]의 고효율을 기대할 수 있는 태양전지는?

① 나 노　　② 유기물
③ 다접합　　④ 박막형

해설
다접합 태양전지(우주용 태양전지의 일종)
우주의 빛 조건(AM0)에서 34~36[%]의 고효율을 기대할 수 있어 이전의 단일 접합보다 훨씬 효율적으로 태양에너지를 이용할 수 있다.

**105** 결정질 실리콘 태양전지의 과제에 대한 내용으로 틀린 것은?

① 실리콘을 더욱 얇게 자르는 기술개발
② 수명 연장
③ 저비용, 고생산이 가능한 재료의 양산개발
④ 희소성 없는 재료개발

해설
결정질 실리콘 태양전지 과제
- 수명 연장
- 저비용, 고생산이 가능한 재료의 양산개발
- 실리콘을 더욱 얇게 자르는 기술개발
- 신재료나 신구조 등으로 변환효율을 높이는 태양전지 구조개발

**106** 태양전지 셀을 직·병렬로 연결해서 전압과 전류를 발생시키는 장치는?

① 태양전지 어레이
② 태양전지 모듈
③ 태양전지 축전지
④ 태양전지 모터

정답 101 ① 102 ③ 103 ① 104 ③ 105 ④ 106 ②

해설

태양전지 모듈

태양전지 셀을 직·병렬로 연결하여 태양광 아래 일정한 전압과 전류를 발생시키는 장치로 그 용도에 따라서 여러 가지 형태로 제작되어 있다.

**107** 셀의 집합으로 셀 하나당 0.5~0.6[V]의 출력이 나오기 때문에 수십 장의 셀을 직렬로 연결시켜서 전압과 전력을 얻을 수 있는 판을 무엇이라 하는가?

① 어레이 ② 모 듈
③ 셀 ④ 통

해설

모 듈

셀의 집합으로 셀 하나당 0.5~0.6[V]의 출력이 나오기 때문에 수십 장의 셀을 직렬로 연결시켜서 전압과 전력을 얻을 수 있는 판이다.

**108** 모듈 선정 시 고려사항이 아닌 것은?

① 신뢰성 ② 오 차
③ 굴절률 ⑤ 경제성

해설

모듈 선정 시 고려사항

- 모듈의 변환효율
- 신뢰성
- 경제성
- 오차(Power Tolerance)

**109** 태양광 모듈의 핵심기술의 내용으로 맞게 연결된 것은?

① 제조기술과 연장기술
② 제조기술과 설계기술
③ 제조기술과 식각기술
④ 제조기술과 파손방지기술

해설

태양광 모듈의 핵심기술

태양전지가 외부에 설치되었을 때 외부환경, 즉 온도, 습기, 눈, 비, 바람, 우박 등 다양한 악조건에서도 태양전지의 파손 및 부식 등을 방지하고 수명을 연장시키기 위한 제조기술과 설치장소 및 용도에 따라 설치하기 용이하도록 다양한 형태의 설계기술로 나눌 수 있다.

**110** 모듈을 직렬과 병렬로 연결하여 전압과 전력을 만들어내는 태양전지 중 가장 큰 것을 말하며 가장 일반적인 태양전지 판을 무엇이라 하는가?

① 어레이 ② 모 듈
③ 셀 ④ 통

해설

어레이

모듈을 직렬과 병렬로 연결하여 전압과 전력을 만들어내는 태양전지 중 가장 큰 것을 말하며 우리가 보통 이야기하는 태양전지 판이다. 즉, 필요한 만큼의 전력을 얻기 위해 1장 또는 여러 장의 태양전지 모듈을 최상의 조건(경사각, 방위각)을 고려하여 거치대를 설치하여 사용 여건에 맞게 연결시켜 놓은 장치이다.

**111** 개방회로 1개에 12[V]의 셀 출력을 5개의 직렬로 연결했을 경우 개방전압은 얼마인가?

① 40[V] ② 45[V]
③ 50[V] ④ 60[V]

해설

직렬회로 구성(전압상승)

모듈의 전압($V$) = 직렬 셀의 개수 × 셀 단위 정격전압 값[V]

$12 \times 5 = 60$[V]

**112** 어레이의 전기적인 구성요소에 해당되지 않는 사항은?

① 각 스트링은 역류방지소자를 연결해서 접속해야 한다.
② 태양전지 어레이의 직류 전기회로에는 원래 접지를 하지 않지만 모듈이나 인버터에 따라 접지가 필요한 경우에 접지를 꼭 설치해야 한다.
③ 어레이에 피뢰침을 꼭 설치해야 한다.
④ 바이패스 다이오드, 역류방지소자, 스트링, 접속함

해설

어레이의 전기적인 구성요소

- 바이패스 다이오드, 역류방지소자, 스트링, 접속함
- 각 스트링은 역류방지소자를 연결해서 접속해야 한다.
- 태양전지 어레이의 직류 전기회로에는 원래 접지를 하지 않지만 모듈이나 인버터에 따라 접지가 필요한 경우에 접지를 꼭 설치해야 한다.



107 ② 108 ③ 109 ② 110 ① 111 ④ 112 ③ 정답

**113** 어레이 설치형태에 따른 분류에 해당되지 않는 것은?

① 경사 가변식 어레이 ② 각도 조정식 어레이
③ 추적식 어레이 ④ 경사 고정식 어레이

해설
어레이 설치형태에 따른 분류
- 경사 고정식 어레이
- 경사 가변식 어레이
- 추적식 어레이

**114** 모듈은 집열면이 평면형상이고 평판집전장치에 의해 전력을 생산하는 방식으로 태양에너지 흡수면적이 태양에너지의 입사면적과 동일한 형태를 의미하는 가장 보편화된 시스템을 무엇이라 하는가?

① 집광형 태양전지 모듈
② 원형 태양전지 모듈
③ 수직형 태양전지 모듈
④ 평판형 태양전지 모듈

해설
태양전지판 집광유무에 따른 분류
- 평판형(Flat-plate System, 비집광식) 태양전지 모듈 : 집열면이 평면형상이고 평판집전장치에 의해 전력을 생산하는 방식으로 태양에너지 흡수면적이 태양에너지의 입사면적과 동일한 형태를 의미하는 가장 보편화된 시스템이다.
- 집광형(Concentrator System) 태양전지 모듈 : 태양전지 배열의 성능을 향상시키기 위해 태양광을 렌즈로 모아 태양전지에 집중시켜 태양전지 소자에 입사하는 태양광의 강도를 증가시키는 방식이다. 일반적으로 빛을 집중하는 렌즈, 셀 부품, 입사중심을 빗겨난 빛 광선을 반사시키는 2차 집중기, 과도한 열을 소산시키는 장치 등으로 구성하며 평판시스템보다 신뢰도가 높은 제어장치를 설치한다. 집중기를 사용하므로 필요한 태양전지 셀의 크기 또는 개수가 감소하고 셀의 효율이 증가하는 장점이 있다. 그러나 집중형 광학장치의 가격이 비싸고, 태양을 추적하는 장치와 집중된 열을 해소하는 장치에 대한 추가적인 비용이 필요한 단점이 있다.

**115** 집광형 태양전지 모듈의 특징이 아닌 것은?

① 셀의 크기 또는 개수를 감소할 수 있다.
② 셀의 효율이 증가한다.
③ 가격이 저렴하다.
④ 태양을 추적하는 장치와 집중된 열을 해소하는 장치에 대한 추가적인 비용이 들어간다.

해설
114번 해설 참고

**116** 어레이의 전기적 결선 방법으로 옳은 것은?

① 양단에 병렬 다이오드를 연결하고 직렬로 된 병렬회로의 출력 측에 직렬 다이오드를 연결
② 양단에 직렬 다이오드를 연결하고 직렬로 된 병렬회로의 출력 측에 직렬 다이오드를 연결
③ 양단에 병렬 다이오드를 연결하고 직렬로 된 병렬회로의 출력 측에 병렬 다이오드를 연결
④ 양단에 직렬 다이오드를 연결하고 직렬로 된 병렬회로의 출력 측에 병렬 다이오드를 연결

해설
어레이의 전기적 결선은 양단에 병렬 다이오드를 연결하고 직렬로 된 병렬회로의 출력 측에 직렬 다이오드를 연결하는 것이 일반적이다. 직렬 다이오드의 연결은 태양전지 접속함에서 연결하며, 이외의 차단스위치 및 피뢰방지용 소자 등도 접속함에서 연결하는 것이 일반적이다.

**117** 직류전류를 단상 또는 다상의 교류전류로 변환시키는 전기에너지 변환기를 무엇이라 하는가?

① 정류기 ② 컨버터
③ 교환기 ④ 인버터

해설
인버터(Inverter)
직류전류를 단상 또는 다상의 교류전류로 변환시키는 전기에너지 변환기로서 직류전력을 교류전력으로 변환하는 장치를 말한다.

**118** 출력조절기(PCS ; Power Conditioning System)라는 이름으로 통칭되는 구성요소를 무엇이라 하는가?

① 인버터 ② 컨버터
③ 코 덱 ④ 모 뎀

정답 113 ② 114 ④ 115 ③ 116 ① 117 ④ 118 ①

해설

인버터는 출력조절기(PCS ; Power Conditioning System)라는 이름으로 통칭되는 여러 구성요소 중의 하나이다.

**119** 인버터의 구성요소에 해당되지 않는 것은?

① 전력변환장치 ② 보호장치
③ 제어장치 ④ 구동장치

해설

인버터의 구성요소
- 전력변환장치
- 제어장치
- 보호장치

**120** 인버터의 기능에 해당되지 않는 것은?

① 고주파 전류 억제기능
② 직류 검출기능
③ 무정전 기능
④ 자동전압 조정기능

해설

인버터의 기능
- 단독운전방지(Anti-Islanding) 기능
  - 능동적 방식
  - 수동적 방식
- 고주파 전류 억제기능
  - 최대전력 추종제어기능(MPPT ; Maximum Power Point Tracking)
  - 계통 연계 보호장치
  - 자동전압 조정기능
  - 직류 검출기능

**121** 인버터의 기능 중 단독운전방지 기능에 해당되는 방식에서 항상 인버터에 변동요인을 인위적으로 주어서 연계운전 시에는 그 변동요인이 출력에 나타나지 않고 단독운전 시에 변동요인이 나타나도록 하여 그것을 감지하여 인버터를 정지시키는 방식은?

① 수동적 방식 ② 능동적 방식
③ 반수동적 방식 ④ 차동적 방식

해설

능동적 방식 단독운전방지(Anti-Islanding) 기능
항상 인버터에 변동요인을 인위적으로 주어서 연계운전 시에는 그 변동요인이 출력에 나타나지 않고 단독운전 시에 변동요인이 나타나도록 하여 그것을 감지하여 인버터를 정지시키는 방식

**122** 단독운전방지 기능 중 수동적 방식에 포함되지 않는 것은?

① 전압위상도약 검출방식
② 주파수변화율 검출방식
③ 3차 고조파전압 왜율 급증 검출방식
④ 주파수 시프트 방식

해설

단독운전방지 기능의 수동적 방식
- 전압위상도약 검출방식
- 주파수변화율 검출방식
- 3차 고조파전압 왜율 급증 검출방식

**123** 태양광 인버터의 직류입력전압의 범위는 얼마인가?

① 150~200[V]
② 250~850[V]
③ 900~1,550[V]
④ 1,800~2,400[V]

해설

태양광 인버터의 효율 중 직류입력전압 범위는 발전시스템 구성 시 태양광 모듈의 직렬연결조합을 다양하게 할 수 있도록 하기 위하여 입력전압 범위가 넓다. 250~850[Vdc]로서 용량에 따라 다르다.

**124** 태양전지의 일사강도와 온도변화에 따른 출력 전류가 전압의 변화에 대해 태양전지의 출력을 항상 최대한으로 이끌어내는 중요한 알고리즘은?

① 최대전력 추종제어기능
② 자동전압 조정기능
③ 고주파 전류 억제기능
④ 계통 연계 보호 장치



119 ④ 120 ③ 121 ② 122 ④ 123 ② 124 ① 정답

해설

최대전력 추종제어기능(MPPT ; Maximum Power Point Tracking)
태양전지의 일사강도와 온도변화에 따른 출력전류와 전압의 변화에 대해 태양전지의 출력을 항상 최대한으로 이끌어내는 중요한 알고리즘 중의 하나이다.

### 125 양과 음의 전극판과 전해액으로 구성되어 있어 화학작용에 의해 직류기저력을 생기게 하여 전원으로 사용할 수 있는 장치를 무엇이라 하는가?

① 태양광 셀 ② 태양광 모듈
③ 축전지 ④ 어레이

해설

축전지(전력저장장치)
양과 음의 전극판과 전해액으로 구성되어 있어 화학작용에 의해 직류기저력을 생기게 하여 전원으로 사용할 수 있는 장치이다.

### 126 축전지의 특징이 아닌 것은?

① 단시간 사용이 가능해야 한다.
② 유지보수가 용이해야 한다.
③ 독립된 전원이다.
④ 가격이 저렴해야 한다.

해설

축전지의 특징
- 장시간 사용이 가능해야 한다.
- 독립된 전원이다.
- 가격이 저렴해야 한다.
- 100[%] 직류(DC) 전원이어야 한다.
- 유지보수가 용이해야 한다.

### 127 축전지의 사용조건 중 필요한 축전지 용량계산 시 고려사항에 해당되지 않는 사항은?

① 필요한 일일-계절 사이클
② 현장에 접근하는 데 필요한 시간
③ 온도의 영향
④ 과거의 부하 증가량

해설

축전지의 사용조건 중 필요한 축전지 용량계산 시 고려사항
- 온도의 영향
- 필요한 일일-계절 사이클
- 현장에 접근하는 데 필요한 시간
- 미래의 부하 증가량

### 128 축전지 충전기의 구성요소에 해당되지 않는 것은?

① 제어 회로부 ② 출력 Filter부
③ 전압 및 변압부 ④ 운용감시반

해설

축전지 충전기의 구성요소
- 정류 및 충전부
- 출력 필터부
- 제어 회로부
- 회로차단기(MCCB)
- 만충전 감지회로
- 운용감시반

### 129 축전지의 선정기준 내용이 아닌 것은?

① 중 량 ② 수 명
③ 지속성 ④ 치 수

해설

축전지의 선정 기준
- 전압, 전류특성 등의 전기적 성능과 가격
- 중 량
- 치 수
- 안전 Recycle
- 보수성
- 수 명

### 130 축전지의 종류가 아닌 것은?

① 수소-헬륨 축전지 ② 니켈-수소 축전지
③ 납축전지 ④ 리튬 2차 전지

해설

축전지의 종류
- 납축전지
- 리튬 2차 전지
- 니켈-카드뮴 축전지
- 니켈-수소 축전지

정답 125 ③ 126 ① 127 ④ 128 ③ 129 ③ 130 ①

## 131 축전지의 요구조건에 대한 사항으로 틀린 것은?

① 에너지 밀도가 높아야 한다.
② 성능이 우수해야 한다.
③ 효율이 낮아야 한다.
④ 가격이 저렴해야 한다.

**해설**

축전지의 요구조건
- 수명이 길고 유지보수가 용이해야 한다.
- 에너지 밀도가 높아야 한다.
- 가격이 저렴해야 한다.
- 성능이 우수해야 한다.
- 운반이 용이해야 하므로 경량이어야 한다.
- 방전시간이 낮아야 한다. 즉, 장시간 사용이 가능해야 한다.
- 효율이 높아야 한다.
- 가능한 많은 횟수의 충·방전이 가능해야 한다.

## 132 축전지 설치 장소의 조건으로 맞는 것은?

① 환기가 잘되고 배수가 용이해야 할 것
② 하절기의 저온과 동절기 과도한 고온을 피할 수 있어야 할 것
③ 일광에 노출되는 장소일 것
④ 축전지에 영향을 주어도 괜찮을 것

**해설**

축전지 설치 장소의 조건
- 일광에 노출되지 않는 장소일 것
- 환기가 잘되고 배수가 용이해야 할 것
- 축전지에 영향을 줄 수 있는 기기와 완전히 차폐된 장소일 것
- 하절기의 과도한 고온과 동절기에 과도한 저온을 피할 수 있어야 할 것(표준온도 25[℃])

## 133 축전지 용량이 감퇴하는 원인이 아닌 것은?

① 극판의 부식과 균열
② 전해액 비중 과·소
③ 전해액 부족
④ 백색 황산납의 균열

**해설**

축전지 용량이 감퇴하는 원인
- 전해액 부족
- 전해액 비중 과·소
- 백색 황산납의 생성
- 극판의 부식과 균열
- 충·방전 전류의 과대
- 국부작용 및 분극작용(성극작용)

## 134 축전지의 용량을 구하는 공식은?

① [Ah] = 방전전류 × 방전시간
② [Ah] = 방전전압 × 방전전류
③ [Ah] = 방전전류 × 충전시간
④ [Ah] = 방전전압 × 충전시간

**해설**

축전지의 용량
축전지의 용량은 [Ah](암페어시) 또는 [Wh](와트시)로 나타낸다([Ah] = 방전전류 × 방전시간).

또는 $[\text{Ah}] = \dfrac{\text{축전지설비용량[Wh]}}{\text{시스템전압[V]}}$로 나타낼 수도 있다.

## 135 충전의 종류에 해당되지 않는 것은?

① 속충전 ② 현충전
③ 과충전 ④ 초충전

**해설**

충전의 종류
- 초충전 : 최초로 행해지는 충전으로서 전지의 일생을 좌·우하며, 2[V] 정도에서 급상승한 후 서서히 상승하다가 2.3~2.4[V]에서 다시 급상승한 후 일정치(2.6~2.8[V])로 나타난다.
- 평상충전 : $\dfrac{\text{규정전압}}{\text{규정전류}}$
- 속충전 : 전압이 2.4[V]가 될 때까지는 평상전류의 2배로 급속 충전하고 다음은 평상충전을 한다.
- 균등충전 : 충전 시 충전 부족이 없도록 하는 충전이다.
- 과충전 : 평상충전 후 평상전류의 $\frac{1}{2}$배로 계속 충전하여 전해액 내의 기포로 백색 황산납을 씻어내기 위한 충전이다.
- 부동충전 : 충전지와 부하를 병렬로 연결한 상태로 방전된 만큼 충전을 행하는 방식이다. 표준부동전압 2.15~2.17[V]가 가장 좋다.



정답: 131 ③ 132 ① 133 ④ 134 ① 135 ②

**136** 평상충전 후 평상전류의 $\frac{1}{2}$ 배로 계속 충전하여 전해액 내의 기포로 백색 황산납을 씻어내기 위한 충전은?

① 부동충전　② 과충전
③ 균등충전　④ 초충전

해설
135번 해설 참고

**137** 축전지의 독립 작동시간에서 고충전 상태기간에 대한 내용으로 옳은 것은?

① 일반적으로 고충전 상태에서서는 태양광시스템에 사용되는 전지의 예상 수명은 연속 부동충전 상태에서 사용된 전지의 수명보다 항상 길다.
② 여름에는 전지가 고충전 상태이어서 통상적으로 정격용량이 10~20[%] 중 약 100[%] 사이에서 동작을 하게 된다.
③ 전형적인 최대전지전압을 무한으로 한다.
④ 작동 온도가 20[℃]에서 많이 벗어날 경우에는 온도 보상회로를 사용해서 수명과 용량을 늘려줘야 한다.

해설
고충전 상태기간 축전지의 독립 작동시간
- 여름에는 전지가 고충전 상태이어서 통상적으로 정격 용량이 80~100[%] 중 약 85[%] 사이에서 동작을 하게 된다. 재충전 기간 동안 전압조절 시스템은 보통 전지전압을 제한한다.
- 전형적인 최대전지전압을 제한한다.
- 일부 조절기의 경우에 급속충전과 균등충전을 위해 단기간에 전지의 최대전압값을 초과하도록 허용한다.
- 일반적으로 고충전 상태에서 태양광시스템에 사용되는 전지의 예상 수명은 연속 부동충전 상태에서 사용된 전지의 수명보다 짧을 수 있다.
- 작동 온도가 20[℃]에서 많이 벗어날 경우에는 온도 보상회로를 사용해서 수명과 용량을 늘려줘야 한다.

**138** 과방전 보호에 대한 사항이 아닌 것은?

① 최대방전심도를 초과할 때 발생되는 저전압 상태를 없애면 과방전 보호를 할 수 있다.
② 납축전지는 비가역적인 황산염 발생으로 인해 용량 손실을 방지해야 한다.
③ 축전지를 병렬로 연결하여 보호할 수 있다.
④ 일반적으로 니켈-카드뮴전지와 니켈-수소전지는 이런 종류의 보호가 필요하지 않다.

해설
과방전 보호
- 납축전지는 비가역적인 황산염 발생으로 인해 용량 손실을 방지해야 한다. 즉, 과방전이 되지 않도록 해야 한다.
- 최대방전심도를 초과할 때 발생되는 저전압 상태를 없애면 과방전 보호를 할 수 있다.
- 일반적으로 니켈-카드뮴전지와 니켈-수소전지는 이런 종류의 보호가 필요하지 않다.

정답 136 ② 137 ④ 138 ③

# 태양광 모듈

## 제1절 태양광 모듈 개요

(1) 태양전지 모듈에 입사된 태양에너지가 변환되어 발생하는 전기적 출력의 특성을 전류($I$)−전압($V$) 특성이라 하며, $IV$곡선이라고 한다.

(2) 최대출력($P_{\max}$)=최대출력 동작전류($I_{mp}$)×최대출력 동작전압($V_{mp}$)

> **Check!** 1[kW/m²]란?
> 태양전지 모듈의 출력 측정기준은 AM 1.5, 1[kW/m²]에서 동작할 때를 기준으로 하는데 이는 지구의 중위도(정중앙 위도 AM 1.5)에서의 태양빛 스펙트럼을 나타내고 아주 맑을 때 수직으로 태양빛을 입사했을 때의 강도(1[kW/m²])를 의미한다.

### 1 태양광 모듈의 특성

태양전지 모듈은 태양빛을 받아 전력을 생산하는 반도체 소자로서 최대출력, 단락전류, 개방전압, 충진률, 변환효율 등의 지표는 태양전지의 성능과 시장에서의 거래 가격을 결정하는 주원인이다.

#### (1) 모듈의 전압-전류특성

① **단락전류($I_{SC}$)** : 정부극 간을 단락한 상태에서 흐르는 전류로서 임피던스가 낮을 때 단락회로 조건에 상응하는 셀을 통해 전달되는 최대전류를 말한다. 이 상태는 전압이 0일 때 스위프 시작에서 발생한다. 즉, 이상적인 셀은 최대전류값이 빛 입자에 의해 태양전지에서 생성된 전체 전류이다.

② **개방전압($V_{OC}$)** : 정부극 간을 개방한 상태의 전압으로서 셀 전반의 최대전압차이이고, 셀을 통해 전달되는 전류가 없을 때 발생한다.

③ **최대출력 동작전압($V_m$)** : 최대출력 시의 동작전압

④ **최대출력 동작전류($I_m$)** : 최대출력 시의 동작전류

**Check!** 태양전지 모듈의 전류-전압 특성

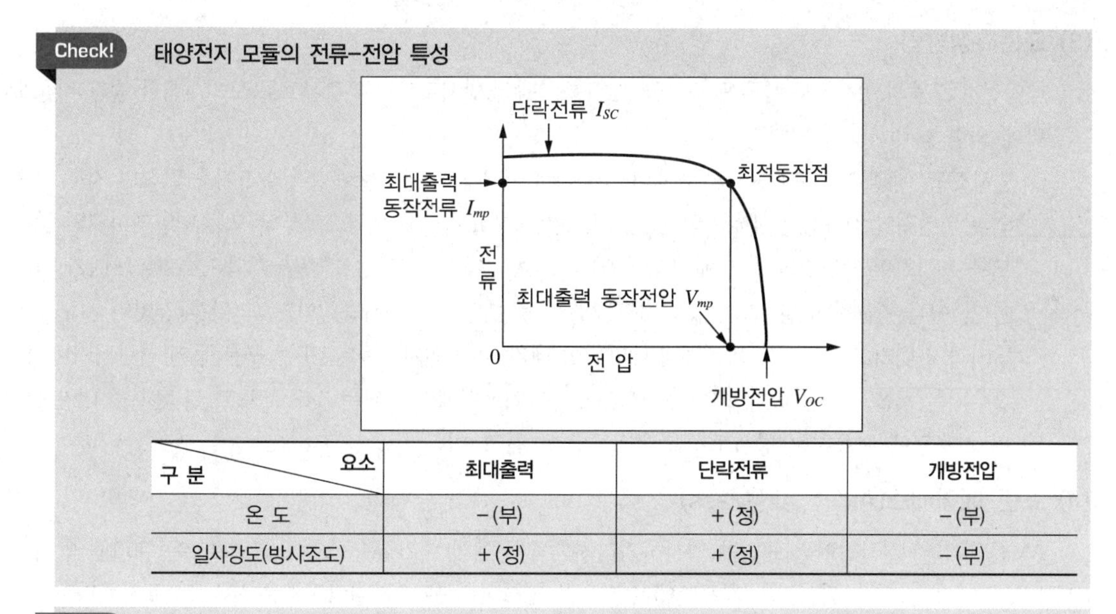


| 구 분 \ 요소 | 최대출력 | 단락전류 | 개방전압 |
|---|---|---|---|
| 온 도 | -(부) | +(정) | -(부) |
| 일사강도(방사조도) | +(정) | +(정) | -(부) |

**Check!**

충진율$(FF) = \dfrac{I_m \cdot V_m}{I_{sc} \cdot V_{oc}}$

효율$(\eta) = \dfrac{I_m \cdot V_m}{A_{cell} \cdot P_{light}}$ ($A_{cell}$ : 태양전지 면적, $P_{light}$ : 입사광의 조사강도)

## (2) 태양광 모듈의 저항 특성

① 병렬저항의 요소

㉠ 접합의 결함에 의한 누설저항과 전위

㉡ 측면의 표면 누설저항

㉢ 결정이나 전극의 미세균열에 의한 누설저항

㉣ 결정입계에 따라 발생하는 누설저항

② 직렬저항의 요소

㉠ 표면층의 면 저항

㉡ 기판 자체 저항

㉢ 금속 전극 자체의 저항

③ 병렬과 직렬 요소의 특성

㉠ 병렬저항이 직렬저항보다 큰 출력 손실을 발생시킨다.

㉡ 낮은 병렬저항은 누설전류가 발생된다.

㉢ P-N접합의 빛 생성 전압과 전류를 감소시킨다.

㉣ 시판되는 태양전지의 병렬저항은 일반적으로 1[kΩ]보다 상당히 크다.

㉤ 시판되는 태양전지의 직렬저항은 일반적으로 0.5[Ω] 이하이다.

### (3) 표준측정방법

태양전지 모듈의 방사조도 특성을 평가할 경우 태양광의 방사조도와 분광분포를 모의시험한 솔라 시뮬레이터에 의한 옥내측정을 말한다.

① **방사조도** : 태양으로부터 방사되는 에너지 중에서 지구에 도달하는 에너지의 크기를 말하며 지구 지표면의 단위면적당 작용하는 에너지의 크기로 단위는 [W/m²]이다. 태양으로부터 오는 태양에너지의 방사조도를 측정하면 일조량과 지역에 따라서 달라질 수 있지만 대략 1,325[W/m²]와 1,412[W/m²]가 된다고 한다. 이를 평균하여 얻어지는 값 1,367[W/m²]를 태양상수로 사용한다. 그러나 태양빛이 지구표면에 닿기까지 대기를 통과하는 과정에서 태양빛이 대기 중의 먼지나 수분 또는 구름 등에 산란되거나 반사, 흡수되는 것을 제외한 나머지 약 1,000[W/m²]가 지표면에 방사되는 것으로 보고 이 수치를 태양으로부터 지표면에 작용하는 방사조도값의 표준으로 하고 있다.

### (4) 표준 에어매스(AM ; Air Mass)

AM은 태양의 직사광이 지표면에 입사하기까지의 과정에서 대기질량정수이다. AM 0은 대기권 밖에서의 일조량이며, 태양의 직사광이 지표면에 수직으로 입사한 경우 대기질량정수는 AM 1로 표시한다. 그러나 지구의 자전에 의해 지표면의 일정한 부분에 태양의 직사광이 항상 수직으로 입사할 수 없음으로 태양의 직사광이 지표면에 경사를 가지고 입사하는 경우 수직으로 입사하는 것과 비교하여 그 비율로 AM 정수로 표시한다. 따라서 표준시험 조건에서 대기질량 정수를 AM 1.5를 기준으로 하는데, 이것은 태양의 직사광이 지표면에 경사각 약 48.18°로 입사할 때의 대기질량정수 표시이다. 즉, 직사광이 지표면에 경사각 48.18°로 입사할 때의 대기질량정수 표시이므로, 직사광이 지표면에 경사각 48.187°로 입사하면 수직으로 입사할 때보다 태양광의 통과거리가 약 1.5배가 된다는 뜻이다.

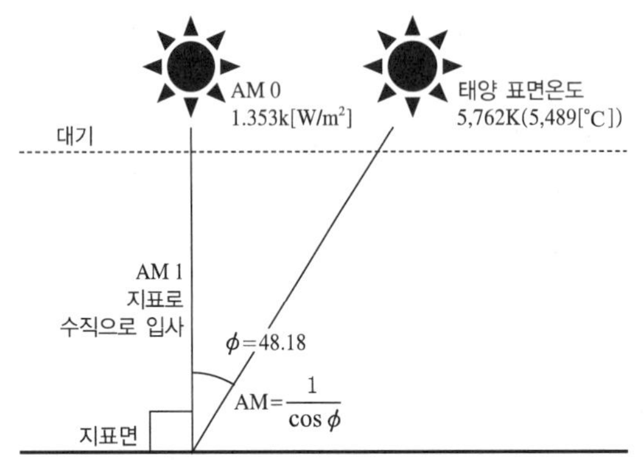


※ Air Mass(대기질량정수) : 수직으로 태양광선이 대기를 지나가는 경로의 길이 비

일반적으로 태양광발전의 경우 태양빛이 가장 강렬한 여름철에 가장 발전량이 많을 것으로 예상할 수 있지만, 실제로는 그렇지 않다. 이것은 다음 그림과 같이 태양전지의 일사량과 온도특성곡선에서 보듯이 태양전지표면의 온도가 같을 때 일사량이 많이 조사되면 태양전지의 전류가 증가하여 출력용량이 증가하지만, 반대로 방사량이 일정하고 태양전지의 표면온도가 외기온도에 비례해서 상온보다 20~40[℃] 높아지면 태양전지에서 발생하는 전압이 낮아지기 때문에 태양전지의 출력용량도 줄어든다. 이 때문에 방사량이

같을 경우 태양광발전설비의 출력량은 여름철보다 겨울철이 더 클 수 있다. 그리고 아몰퍼스 박막형 태양전지는 초기열화에 의해 출력의 저하가 발생하지만 온도상승에 따른 출력 감소는 온도 상승 1° 대비 0.25[%] 정도로 결정질계 기판형 태양전지에 비해서 적다.

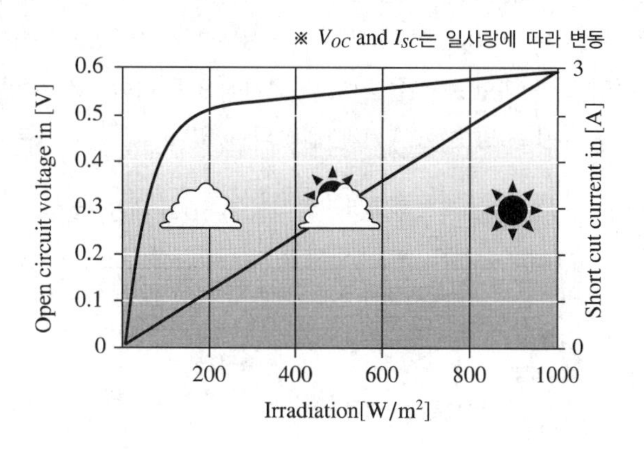


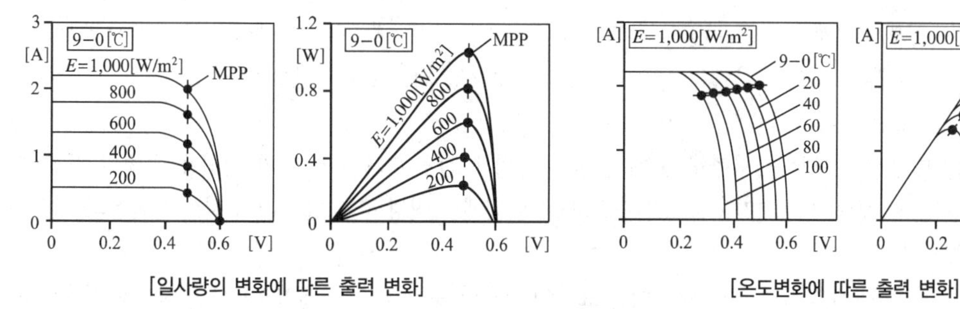


[일사량의 변화에 따른 출력 변화]

[온도변화에 따른 출력 변화]

① AM의 색에 의한 구분 : AM이 크게 되면 짧은 파장의 빛이 대기에 흡수되어 붉은빛이 많아지고, AM이 작게 되면 푸른빛이 강해진다.

② AM의 구분

| 구 분 | 내 용 |
|---|---|
| AM 0 | 우주공간에서의 조사에너지로 1,353[kW/m²](태양정수) |
| AM 1 | 적도상에서 수직일사(태양고도 90°), 천정각 0°, 해발 0[m], 약 1[kW/m²] |
| AM 1.5 | 경사각 $\theta$가 약 42°(천정각 48°), 약 1[kW/m²](표준사양) |
| AM 2 | 경사각 $\theta$가 30°(천정각 60°) 약 0.75[kW/m²] |

## (5) 온도특성

태양전지 모듈은 온도가 상승하면 출력이 내려가고 온도가 하강하면 출력이 올라가는 부(−)의 온도특성이 있다. 방사를 받는 태양전지 모듈의 표면온도는 외기온도에 비례해서 맑은 날에는 20~40[℃] 정도 높아지므로 기준 상태에서의 출력에 비해 저하된다. 또한 계절에 따른 온도변화로 출력이 변동하고 방사조도가 동일하면 여름철에 비해 겨울철의 출력이 크다. 방사조도와 동일하게 태양전지 모듈 온도가 상승하는 경우 개방전압이나 최대출력이 저하한다.

## 2 태양전지 모듈의 구조

내후성이 뛰어난 충전재로 봉한 태양전지 셀을 수광면의 프런트 커버와 내후성 필름의 후면시트 사이에 끼운 구조로 되어 있다. 또한 모듈의 주위를 기계적으로 보호하고 태양전지 어레이에 설치하기 위한 설치부가 있다. 프레임은 주변부의 Seal 성능 향상을 위해 보통 고무로 만든 Seal재가 사용되며, 태양전지 셀 사이에는 도전재료인 내부 연결전극이 접속되고, 뒷면에는 모듈 사이를 전기적으로 접속하기 위한 단자함이 설치되어 이에 출력리드선이 접속되며 앞쪽 끝에는 방수 커넥터가 접속되어 있다.

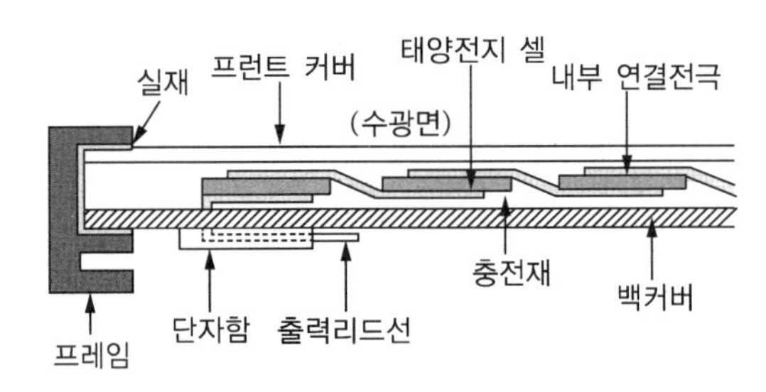


① **프런트 커버(표면재)** : 보통 90[%] 이상의 투과율을 확보하고 높은 내충격력을 보유한 약 3[mm] 두께의 백판 열처리 유리 혹은 저철분 강화유리 등이 일반적으로 사용되고 있다. 일부 아크릴, 폴리카보네이트, 불소수지 등의 합성수지도 이용되고 있다.

② **설치용 구멍** : 태양전지 모듈을 구조물 등에 설치하기 위해 직경 6~9.7[mm]의 설치용 구멍이 양쪽 긴 방향 프레임에 3~4개씩, 합 6~8개 정도가 필요하다. 이외에도 직경 4~6.5[mm]의 지면 설치용과 배선용 구멍을 필요로 한다.

③ **프레임** : 알루마이트로 내식처리를 한 알루미늄 표면에 아크릴 도장을 한 프레임재가 일반적으로 사용되며, 긴 방향 구조는 크게 ㄷ자형과 중공형이 있다. 설치 리브(Rib)의 대부분은 내측에 설치되어 있으나 외측으로 낸 것도 있다.

④ **충전재** : 실리콘 수지, 폴리비닐부티랄(PVB ; Polyvinyl Butyral), 에틸렌초산비닐(EVA ; Ethylene Vinyl Acetate)이 많이 사용된다. 처음 태양광 모듈을 제조할 때에는 실리콘 수지가 대부분이었으나 충진할 때 기포방지와 셀이 상하로 움직이는 균일성 유지에 시간이 걸리기 때문에 현재는 PVB와 EVA가 많이 이용된다.

⑤ **Back Sheet** : 재료 대신 유리를 이용한 것을 더블 글래스 타입이라고 한다. 이 더블 글래스 타입은 다소 오래된 타입이지만 현재에도 유럽을 위주로 미국 일부에서도 사용되고 있다.

⑥ **Seal재** : 전극리드의 출입부나 모듈의 단면부를 Sealing 하기 위해 이용되며, 재료로서는 실리콘 실란트, 폴리우레탄, 폴리설파이드, 부틸고무 등이 있다. 현재는 작업의 편의성을 고려하여 테이프 형태의 부틸고무 제품을 가장 많이 사용한다.

> **Check!** **조립순서**
> 프런트 커버(표면재 저철분 강화유리) → EVA(충진재) → 태양전지 셀(금속리본으로 연결) → EVA(충진재) → 백 커버(Back Sheet) → 프레임 조립

### (1) 태양전지 모듈의 프레임 구조 종류

| 종 류 | 모듈타입 |
|---|---|
| 박막형 | 플렉시블<br>슈퍼 스트레이트<br>서브 스트레이트 |
| 벌크형 | 더블유리<br>슈퍼 스트레이트<br>서브 스트레이트<br>엔 케이프 |

### (2) 태양광 모듈에 사용하기 위한 EVA(Ethylene Vinyl Acetate) Sheet의 요구조건

① −40~90[℃]에서도 구성품의 변형 및 파손이 없어야 한다.
② 전기적으로 절연이 되어야 한다.
③ 높은 투과율이 유지되어야 한다(90[%] 이상).
④ 모듈 제조 시 취급이 간편해야 한다.
⑤ 수명이 반영구적이어야 한다(약 20~25년 이상).
⑥ 외부 환경과 물리적인 충격에 태양전지의 파손이 없어야 한다.
⑦ 염해 및 온도의 변화에 따라서 모듈에 손상이 없어야 한다.
⑧ 급변하는 온도에 태양광 모듈 형태의 변화가 없어야 한다(공기층 형성, 탈착, 이탈, 변색).

### (3) EVA의 종류

① Fast Cure용 : 동일한 라미네이터 내에서 라미네이션과 큐어링을 동시에 수행할 때 사용된다.
② Standard Cure용 : 대규모 자동화 라인에서 많이 사용하는 방법으로 별도의 큐어 오븐에서 큐어링을 실시하게 된다.
③ EVA Sheet용

## 3 단자함 및 기타

### (1) 단자함

① 태양광 모듈로부터 생성된 전기를 연결시켜 주는 주요한 부속품이다.
② 단자함 내부의 전기회로 연결부는 동 및 황동이 사용된다.
③ 단자함 내부에 위치한 전기회로 연결부에 습기나 비가 직접 침투하지 못하도록 고분자 재료의 보호 커버로 구성되어 있다.
④ 이 보호 커버와 태양광 모듈의 후면 백 시트와 실리콘 또는 접착 양면 고무테이프 등 고분자 재료를 사용해서 부착시켜야 된다.
⑤ Seal재는 전극리드의 출입부나 모듈의 단면부를 Sealing 하기 위해 사용되며 재료로서는 부틸고무, 실리콘 실란트, 폴리설파이드, 폴리우레탄 등이 많이 사용된다.

⑥ 단자함 및 모듈에서 출력을 끌어내는 리드선(절연케이블)이 하나로 연결되어 있다.
⑦ 리드선의 앞쪽 끝에는 전용 방소 커넥터가 부착되어 있기 때문에 다른 모듈과 외부 케이블 연결이 가능하다.
⑧ 내부에는 방수를 위해서 실리콘계 포팅재가 충전되어 있다.
⑨ 모듈 내의 리드선은 단자함 내에서 절연케이블을 사용하여 단자함 밖으로 +, - 한 줄씩 두 줄이 나오게 되는데, 이 경우 다른 모듈과 병렬 또는 직렬연결이 가능해진다.

### (2) 단자함의 구성요소

① 리드선

보통 가교 폴리에틸렌 절연 비닐시스 케이블(CV케이블)이 사용된다. 근래에는 에코케이블도 사용되고 있으며 규격은 각 회사별 모듈의 출력에 따라 다르며 케이블의 색에 따른 표시 또한 각 회사 및 국가별로 다르다. 리드선은 극성을 표시할 때에는 케이블에 플러스(+)와 마이너스(-)의 마크 표시를 케이블 색에 따라 해야 한다.

② 바이패스 소자

출력저하 및 발열억제를 위해 단자함 안에 바이패스 다이오드를 내장한다.

㉠ 직렬접속에서는 모든 전류가 같은 값이기 때문에 하나의 스트링에 흐르는 전류의 크기는 전류가 가장 적은 패널로 결정된다.
㉡ 전류가 적은 패널은 전류 발생능력이 높은 다른 패널에서 무리하게 전류를 흘리려고 하기 때문에 바이패스 다이오드를 패널과 병렬로 넣어서 전류의 우회 동작회로로 작동시킨다.
㉢ 전체 파워 다운의 영향을 줄여 준다. 이것은 셀 레벨이든 모듈 레벨이든 직렬 접속되어 있는 경우에 가능하다. 실제로 바이패스 다이오드는 패널에 내장되어 있다.
㉣ 모듈의 집합체 어레이는 직렬접속인 경우 바이패스 다이오드를, 병렬접속인 경우 역전류 방지 다이오드를 넣어 전체의 특성을 유지한다.

③ 역전류 방지 다이오드

㉠ 1대의 인버터에 연결된 태양전지 직렬군이 2병렬 이상일 경우에는 각 직렬군에 역전류 방지 다이오드를 별도의 접속함에 설치해야 한다.
㉡ 접속함에는 발생하는 열을 외부에 방출할 수 있도록 환기구 및 방열판 등을 갖추어야 한다.
㉢ 용량은 모듈 단락전류의 2배 이상이어야 하며 현장에서 확인할 수 있도록 표시하여야 한다.
㉣ 태양전지를 병렬로 접속할 때 전류의 역류를 방지하는 다이오드이다.

- 모든 태양전지에 똑같이 빛을 가하면 각 스트링의 출력 전압이 일치하는 경우는 상관없지만 부분적인 그림자 등으로 인해 스트링마다 전압이 다를 경우가 발생하게 되는데, 이때 전압이 높은 스트링에 전압이 낮은 스트링으로 전류가 흘러들어 손실이 발생한다.
- 이것을 방지하기 위해 병렬접속할 경우에는 역전류 방지 다이오드를 삽입하여 전류를 합성한다.
- 보통 주택용 접속 박스에는 역전류방지 다이오드로 대용량 역전류방지・바이패스용 쇼트키 다이오드가 3개 들어가 있다.

### (3) 커넥터(접속 배선함)

태양전지판의 프레임은 냉각 압연강판 또는 알루미늄 재질을 사용하여 밀봉 처리되어 빗물 침입을 방지하는 구조이어야 하며 부착할 경우에 흔들림 없이 고정되어야 한다. 그리고 태양전지판 결선 시에 접속 배선함 구멍에 맞추어 압착단자를 사용하여 견고하게 전선을 연결해야 하며 접속 배선함 연결부위는 방수용 커넥터를 사용해야 한다.

### (4) 태양전지 모듈의 뒷면에 표시되는 내용(KSC-IEC규격)

① 제조연월일 및 제조번호
② 제조연월을 알 수 있는 제조번호
③ 공칭질량[kg]
④ 제조업자명 또는 그 약호
⑤ 공칭 개방전압($V$)
⑥ 공칭 개방전류($I$)
⑦ 공칭 최대출력($P$)
⑧ 내풍압성의 등급
⑨ 공칭 최대출력 동작전압($V$)
⑩ 공칭 최대출력 동작전류($A$)
⑪ 최대시스템전압
⑫ 어레이의 조립 형태
⑬ 역 내

## 4 태양전지 모듈의 종류

### (1) 모듈의 종류

그 모양과 셀의 종류 그리고 용도에 따라 결정된다.
① 결정질 실리콘 모듈
② 비결정질 박막형 모듈
③ 휘어지는 플렉시블 모듈
④ 지붕 기와형 모듈
⑤ 원형모듈
⑥ 삼각형 모듈
⑦ 유리창으로 쓸 수 있는 건축자재 일체형 모듈(BIPV)

### (2) 모듈의 등급별 용도

| 등 급 | 용 도 |
|---|---|
| A | • 접근 제한 없음. 위험한 전압과 전력용<br>• 직류 50[V] 이상 또는 전력 200[W] 이상에서 동작하는 것으로 일반인의 접근이 예상되는 곳에 사용 |
| B | • 접근 제한. 위험한 전압과 전력용<br>• 울타리나 위치 등으로 공공의 접근을 금지한 시스템이며 사용이 제한 |
| C | • 제한된 전압과 전력용<br>• 직류 50[V] 미만 또는 전력 240[W] 미만에서 동작하는 것으로 일반인의 접근이 예상되는 곳에서 사용 |

## 5 그 외 정리

### (1) 태양전지 모듈의 외형적인 모양

그 형상이 사각형이나 정사각형에 가까운 직사각형의 모양을 하고 있다.

### (2) 폴리비닐부티랄(PVB ; Polyvinyl Butyral)과 에틸렌초산비닐(EVA ; Ethylene Vinyl Acetate) 비교

| | PVB | EVA |
|---|---|---|
| 광투과율 | 낮다. | 높다. |
| 자외선 노출 | 강하다. | 약하다. |
| 가 격 | 저 가 | 고 가 |
| 내습성 | 낮다. | 높다. |
| 밀착도 | 낮다. | 높다. |

### (3) 단자함 내부 재질

방수를 위해 실리콘계 포팅재가 충전되어 있다.

### (4) 기대수명

태양전지 모듈은 안전성 및 내구성을 감안하여 고안 및 설계해야 하며, 약 20년 이상의 내용연수가 기대된다.

# 제2절 태양광 모듈의 설치 분류

태양전지 모듈은 부가기능, 설치부위, 설치방식에 따라 분류한다.

## 1 시공 설치관련 분류의 정의

### (1) 태양광 모듈의 인증

① 모듈은 신재생 에너지 센터에서 인증한 것을 사용해야 한다. 다만, 건물일체형인 경우 인증모델과 유사한 형태의 모듈을 사용할 수 있다. 이럴 때에는 용량이 다른 모듈에 대해 신재생에너지 설비 인증에 관한 규정상의 발전 성능시험 결과가 포함된 시험 성적서를 제출하여 규격 모델임을 입증해야 한다.

② 기타 인증 설비가 아닌 경우에는 분야별위원회의 심의를 거쳐 신재생에너지센터 소장이 인정하는 경우에만 사용이 가능하다.

### (2) 태양광 모듈 설치용량

사업계획서상에 제시된 설계용량 이상이어야 하고, 설계용량의 103[%]를 초과할 수 없다.

### (3) 모듈의 설치 방향과 경사각도

① 최적 설치방향(방위각)

정남향으로 설치하여 그림자의 영향을 받지 않아야 한다. 건축물의 디자인 등에 부합되도록 현장여건에 따라 정남향으로 디자인해야 한다.

② 최적 경사각도

태양전지 모듈과 태양광선의 각도가 90°가 되게 해야 한다.

③ 일사시간

㉠ 장애물로 인한 음영에도 일사시간은 1일 5시간 이상이어야 한다. 그리고 안테나, 피뢰침, 전기줄 등 경미한 음영은 장애물로 취급하지 아니한다.

㉡ 태양광모듈 설치 열이 2열 이상일 경우 앞 열은 뒷 열에 음영이 생기지 않도록 설치해야 한다.

### (4) 부식과 고정

부식이 되지 않도록 현장의 여건과 상황에 따라 설치해야 하며, 모듈의 자체 하중과 바람의 압력, 충격, 눈과 비의 하중을 고려하여 용량별 어레이로 구성된 프레임 위에 견고하게 고정시켜야 한다.

### (5) 내진대책

① 태양광발전시스템은 건물의 외벽이나 옥상, 옥외지상 지역에 설치하기 때문에 비용이 많이 들어가게 된다. 그러므로 내진대책이 꼭 필요하다.

② 지진과 강풍 같은 자연재해와 인공적인 재해들이 성능에 지장을 주지 않도록 설치해야 한다.

③ 강풍 내진대책

㉠ 면진설계 : 지진파와 건축물 등의 진동이 공진점에 도달하지 않고 피할 수 있도록 설계하는 방법

㉡ 내진설계 : 설비 자체를 내진에 견딜 수 있도록 충분히 검토해서 설계하는 방법

## 2 태양전지 모듈의 시공 및 설치 방식의 특징

### (1) 지붕 설치형

① 평 지붕형

㉠ 아스팔트 방수, 시트 방수 등의 방수층 위에 철골가대를 설치하고 그 위에 태양전지 모듈을 설치하는 형태이다.

㉡ 주로 학교 관사 옥상이나 청사에 설치하는 공법으로서 각 모듈 제조회사의 표준사양으로 되어 있다.

② 경사 지붕형

㉠ 착색 슬레이트, 금속지붕, 기와 등의 지붕재에 전용 지지기구와 받침대를 설치하여 그 위에 태양전지 모듈을 설치하는 형태이다.

㉡ 주로 주택용 설치공법으로서 각 모듈 제조회사의 표준사양으로 되어 있다.

### (2) 지붕 건재형

① 지붕재형

㉠ 태양전지 모듈 자체가 지붕재로서의 역할을 하는 형태이다.

㉡ 지붕재와의 배합이 가능하다.

㉢ 주로 신축 주택용 건물에 설치된다.

② 지붕재 일체형

㉠ 주변 지붕재와 동일한 형상을 하고 있기 때문에 지붕과 일체감이 있고 건축의 미적 디자인을 손상시키지 않는다.

㉡ 금속지붕, 평판기와 등의 지붕재에 태양전지 모듈을 부착시킨 형태이다.

㉢ 방수성, 내구성 등 지붕의 여러 기능을 겸비한다.

### (3) 벽 건재형

① 셀의 배치에 따라 개구율을 변경할 수 있다.

② 알루미늄 새시의 활용 등 지지공법이 다양하다.

③ 태양전지 모듈이 벽재로서의 기능을 하는 형태이다.

④ 주로 커튼월 등으로 설치되어 있다.

### (4) 벽 설치형

① 벽에 가대 등을 설치하고 그 위에 태양전지 유리를 설치한 형태이다.

② 중・고층건물의 벽면을 유효적절하게 활용할 수 있다.

### (5) 톱라이트형(삼각형 모양처럼 생긴 사각형)

① 톱라이트로서의 채광 및 셀에 의한 차폐효과가 있다.
② 톱라이트의 유리부분에 맞게 태양전지 유리를 설치한 형태이다.
③ 셀의 배치에 따라 개구효율을 변경할 수 있다.

### (6) 창재형

① 채광성, 투시성 등 유리창의 기능을 보유하고 있는 형태이다.
② 셀의 배치에 따라 개구율을 변경할 수 있다.

### (7) 난간형

① 수직으로 설치하므로 공각적인 여유가 있고, 가대가 불필요하며 옥상에 설치하지 않기 때문에 그 공간을 유효적절하게 활용할 수 있다.
② 양면수광형 태양전지 모듈 등 수직설치공법이 가능하다.

### (8) 차양형

창의 상부 등 건물 외부에 가대를 설치하고 태양전지 모듈을 설치하여 차양기능을 보완한 형태로 한국에너지기술연구원에 설치되어 있다.

### (9) 루버형

① 개구부의 블라인드 기능을 가지고 있는 형태이다.
② 기존 루퍼재와 같은 의장성을 재현하여 건축의 디자인을 손상시키지 않고도 설치할 수 있다.

### (10) 설치방식과 형태 결정에서 주요한 고려요소

① 통 풍
② 온 도
③ 습 도
④ 조 도

## 3 그 외 정리

① 우리나라에서 일반적으로 최대의 일사 획득이 가능한 방위는 정남향이다. 시스템이 정서 또는 정동향으로 설치되는 경우 보통 정남향으로 설치했을 때의 60[%] 정도의 일사량만을 획득하는 것으로 나타났다.
② 최대 전력생산에서 가장 중요한 요소인 일사량은 위도에 따라 변화하며, PV시스템의 설치 위치 즉, 방위각과 경사각에 의해 결정되어야 하며 지역별 특성에 따라 다소 다르게 나타난다.
③ 경사각은 그 지역의 위도에 의해 결정되는데 우리나라는 일반적으로 수평면으로부터 경사각이 30~35°가 적절하다.
④ 태양전지 모듈은 고온일수록 출력이 저하되므로 태양전지모듈의 발열을 저감시킬 수 있도록 통풍이나 기타 온도 저감 방안이 모듈설치 시 반드시 모색되어야 한다.

# 적중예상문제

**01** 입사된 태양에너지가 변환되어 발생하는 전기적 출력의 특성을 나타내는 곡선을 무엇이라 하는가?

① $I-V$곡선
② $P$곡선
③ $T-K$곡선
④ 베타곡선

**해설**
태양전지 모듈에 입사된 태양에너지가 변환되어 발생하는 전기적 출력의 특성을 전류($I$)–전압($V$) 특성이라 하며, $I-V$곡선이라고 한다.

**02** 최대출력($P_{max}$)를 얻을 수 있는 공식으로 옳은 것은?

① 최대출력($P_{max}$) = 최소출력 동작전류($I_{mp}$) × 최대출력 동작전압($V_{mp}$)
② 최대출력($P_{max}$) = 최소출력 동작전류($I_{mp}$) × 최소출력 동작전압($V_{mp}$)
③ 최대출력($P_{max}$) = 최대출력 동작전류($I_{mp}$) × 최대출력 동작전압($V_{mp}$)
④ 최대출력($P_{max}$) = 최대출력 동작전류($I_{mp}$) × 최소출력 동작전압($V_{mp}$)

**해설**
최대출력($P_{max}$)
= 최대출력 동작전류($I_{mp}$) × 최대출력 동작전압($V_{mp}$)

**03** 1 [kW/m$^2$]가 의미하는 내용은?

① 비가 어느 정도 오고 태양빛이 입사했을 때의 강도
② 눈이 어느 정도 오고 태양빛이 입사했을 때의 강도
③ 일출 시 입사 강도
④ 아주 맑을 때 수직으로 태양빛을 입사했을 때의 강도

**해설**
1 [kW/m$^2$]
태양전지 모듈의 출력 측정기준은 AM 1.5, 1 [kW/m$^2$]에서 동작할 때를 기준으로 하는데 이는 지구의 중위도(정중앙 위도 AM 1.5)에서의 태양빛 스펙트럼을 나타내고 아주 맑을 때 수직으로 태양빛을 입사했을 때의 강도(1[kW/m$^2$])를 의미한다.

**04** 정부 극간을 단락한 상태에서 흐르는 전류로서 임피던스가 낮을 때 단락회로 조건에 상응하는 셀을 통해 전달되는 최대전류를 무엇이라 하는가?

① 단락전류 ② 개방전류
③ 소스전류 ④ 코드전류

**해설**
단락전류($I_{SC}$)
정부 극간을 단락한 상태에서 흐르는 전류로서 임피던스가 낮을 때 단락회로 조건에 상응하는 셀을 통해 전달되는 최대전류를 말한다. 이 상태는 전압이 0일 때 스위프 시작에서 발생한다. 즉, 이상적인 셀은 최대전류값이 빛 입자에 의해 태양전지에서 생성된 전체 전류이다.

**05** 정부 극간을 개발한 상태의 전압으로서 셀 전반의 최대전압 차이를 무엇이라 하는가?

① 단락전류 ② 개방전압
③ 소스전류 ④ 코드전류

**해설**
개방전압($V_{OC}$)
정부 극간을 개발한 상태의 전압으로서 셀 전반의 최대전압 차이이고, 셀을 통해 전달되는 전류가 없을 때 발생한다.
참고 : 태양전지 모듈의 전류–전압 특성

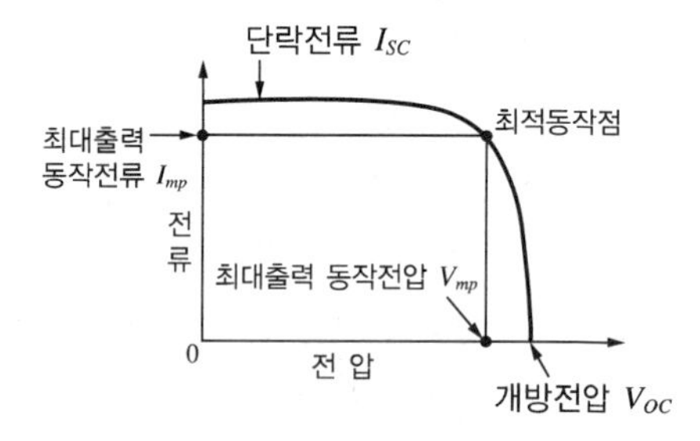




1 ① 2 ③ 3 ④ 4 ① 5 ② 정답

## 06 태양광 모듈의 저항 특성 중에서 병렬저항의 요소가 아닌 것은?

① 측면의 표면 누설저항
② 표면층의 면 저항
③ 접합의 결함에 의한 누설저항과 전위
④ 결정입계에 따라 발생하는 누설저항

**해설**

태양광 모듈의 저항 특성의 병렬저항 요소
- 접합의 결함에 의한 누설저항과 전위
- 측면의 표면 누설저항
- 결정이나 전극의 미세균열에 의한 누설저항
- 결정입계에 따라 발생하는 누설저항

## 07 태양광 모듈의 저항 특성 중에서 직렬저항 요소 사항이 아닌 것은?

① 기판 자체 저항
② 금속 전극 자체의 저항
③ 표면층의 면 저항
④ 결정이나 전극의 미세균열에 의한 누설저항

**해설**

태양광 모듈의 저항 특성의 직렬저항
- 표면층의 면 저항
- 기판 자체 저항
- 금속 전극 자체의 저항

## 08 태양광 모듈의 저항 특성에서 병렬과 직렬 요소의 특성에 해당되지 않는 것은?

① 시판되는 태양전지의 병렬저항은 일반적으로 1[kΩ]보다 상당히 크다.
② P-N접합의 빛생성 전압과 전류를 감소시킨다.
③ 낮은 병렬저항은 누설전류가 발생된다.
④ 직렬저항이 병렬저항보다 큰 출력손실이 생긴다.

**해설**

태양광 모듈의 저항 특성에서 병렬과 직렬 요소의 특성
- 병렬저항이 직렬저항보다 큰 출력손실이 생긴다.
- 낮은 병렬저항은 누설전류가 발생된다.
- P-N접합의 빛생성 전압과 전류를 감소시킨다.
- 시판되는 태양전지의 병렬저항은 일반적으로 1[kΩ]보다 상당히 크다.
- 시판되는 태양전지의 직렬저항은 일반적으로 0.5[Ω] 이하이다.

## 09 방사조도의 특성을 측정하고자 할 때 표준측정 방법으로 옳은 것은?

① 방사조도와 일정시간
② 방사조도와 옥내측정
③ 옥외측정과 일정시간
④ 옥외측정과 옥내측정

**해설**

표준측정방법
태양전지 모듈의 방사조도 특성을 평가할 경우 태양광의 방사조도와 분광분포를 모의시험 한 솔라 시뮬레이터에 의한 옥내측정을 말한다.

## 10 태양광이 대기권에 수직으로 입사되었을 경우, 투과한 거리를 1로 하고, 임의의 지점에서 경사각 $\theta$를 이용한 에어매스(AM ; Air Mass)를 구하는 공식은?

① $AM = \dfrac{1}{\sin\theta}$　② $AM = \dfrac{1}{\cos\theta}$
③ $AM = \dfrac{1}{\sin^{-1}\theta}$　④ $AM = \dfrac{1}{\cos^{-1}\theta}$

**해설**

표준 에어매스(Air Mass : AM)

$AM = \dfrac{1}{\cos\theta}$

## 11 ( ) 안에 들어갈 내용으로 옳은 것은?

> "AM이 크게 되면 짧은 파장의 빛이 대기에 흡수되어 (　　)이 많아지고, AM이 작게 되면 (　　)이 강해진다."

① 노란빛 - 녹색빛
② 붉은빛 - 주황빛
③ 붉은빛 - 푸른빛
④ 보랏빛 - 노란빛

**해설**

AM의 색에 의한 구분
AM이 크게 되면 짧은 파장의 빛이 대기에 흡수되어 붉은빛이 많아지고, AM이 작게 되면 푸른빛이 강해진다.

정답　6 ②　7 ④　8 ④　9 ②　10 ②　11 ③

## 12 태양전지 모듈의 온도특성에 대한 내용으로 옳지 않은 것은?

① 태양전지 모듈은 온도가 상승하면 출력이 내려간다.
② 방사조도가 동일하면 여름철에 비해 겨울철의 출력이 크다.
③ 계절에 따른 온도변화로 출력이 변동한다.
④ 온도가 하강하면 출력이 올라가는 정(+)의 온도 특성을 갖는다.

**해설**

온도특성
태양전지 모듈은 온도가 상승하면 출력이 내려가고 온도가 하강하면 출력이 올라가는 부(-)의 온도 특성이 있다. 방사를 받는 태양전지 모듈의 표면온도는 외기온도에 비례해서 맑은 날에는 20~40[℃] 정도 높아지므로 기준 상태에서의 출력에 비해 저하된다. 또한 계절에 따른 온도변화로 출력이 변동하고 방사조도가 동일하면 여름철에 비해 겨울철의 출력이 크다. 방사조도와 동일하게 태양전지 모듈 온도가 상승한 경우 개방전압이나 최대출력도 저하한다.

## 13 태양전지 모듈의 외형적인 모양이 아닌 것은?

① 사각형 ② 직사각형
③ 팔각형 ④ 정사각형

**해설**

태양전지 모듈의 외형적인 모양은 사각형이나 정사각형에 가까운 직사각형이다.

## 14 태양전지 모듈의 구조 중에서 모듈의 주위를 기계적으로 보호하고 태양전지 어레이에 설치하기 위한 부분은?

① 수광면 ② 단자함
③ 설치부 ④ 연결전극

**해설**

태양전지 모듈의 구조
내후성이 뛰어난 충전재로 봉한 태양전지 셀을 수광면의 프런트 커버와 내후성 필름의 후면시트 사이에 끼운 구조로 되어 있다. 또한 모듈의 주위를 기계적으로 보호하고 태양전지 어레이에 설치하기 위한 설치부가 있다. 프레임은 주변부의 Seal 성능 향상을 위해 보통 고무로 만든 Seal재가 사용되며, 태양전지 셀 사이에는 도전재료인 내부 연결전극이 접속되고 뒷면에는 모듈 사이를 전기적으로 접속하기 위한 단자함이 설치되어 이에 출력리드선이 접속되며 앞쪽 끝에는 방수 커넥터가 접속되어 있다.

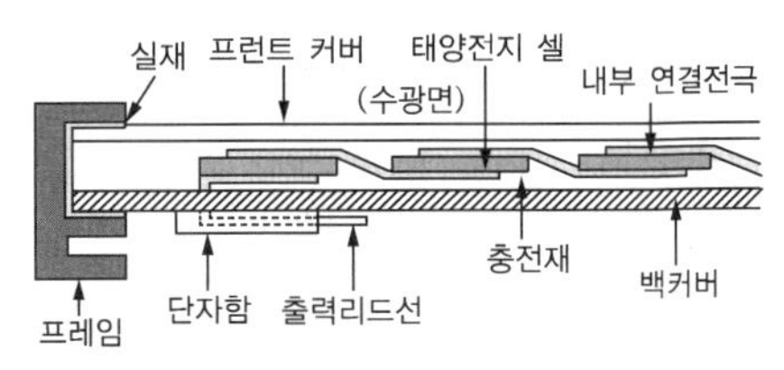


- 프런트 커버(표면재) : 보통 90[%] 이상의 투과율을 확보하고 높은 내충격력을 보유한 약 3[mm] 두께의 백판 열처리 유리 또는 저철분 강화유리 등이 일반적으로 사용되고 있다. 일부 아크릴, 폴리카보네이트, 불소수지 등의 합성수지도 이용되고 있다.
- 설치용 구멍 : 태양전지 모듈을 구조물 등에 설치하기 위해 직경 6~9.7[mm]의 설치용 구멍이 양쪽 긴 방향 프레임에 3~4개씩, 합 6~8개 정도가 필요하다. 이 이외에도 직경 4~6.5[mm]의 지면 설치용과 배선용 구멍을 필요로 한다.
- 프레임 : 알루마이트로 내식처리 한 알루미늄 표면에 아크릴 도장을 한 프레임재가 일반적으로 사용되며, 긴 방향 구조는 크게 ㄷ자형과 중공형이 있다. 설치 리브(Rib)의 대부분은 내측에 설치되어 있으나 외측으로 낸 것도 있다.
- 충전재 : 실리콘 수지, 폴리비닐부티랄(PVB ; Polyvinyl Butyral), 에틸렌초산비닐(EVA ; Ethylene Vinyl Acetate)이 많이 사용된다. 처음 태양광 모듈을 제조할 때에는 실리콘 수지가 대부분이었으나 충진하는데 기포 방지와 셀의 상하로 움직이는 균일성을 유지하는 데에 시간이 걸리기 때문에 현재는 PVB와 EVA가 많이 이용된다.
- Back Sheet : 재료 대신 유리를 이용한 것을 더블 글래스 타입이라고 한다. 이 더블 글래스 타입은 다소 오래된 타입이지만 현재에도 유럽을 위주로 미국 일부에서도 사용되고 있다.
- Seal재 : 전극리드의 출입부나 모듈의 단면부를 Sealing 하기 위해 이용되며, 재료로서는 실리콘 실란트, 폴리우레탄, 폴리설파이드, 부틸고무 등이 있다. 현재는 작업의 편의성을 고려하여 테이프 형태의 부틸고무 제품을 가장 많이 사용한다.

## 15 태양광 모듈의 프런트 커버는 몇 [%] 정도의 투과율을 확보해야 하는가?

① 95 ② 80
③ 100 ④ 90

**해설**

14번 해설 참고

## 16 태양광 모듈에서 프레임의 구조로 맞는 것은?

① ㄷ자형 ② ㅁ자형
③ 거치형 ④ ㄹ자형

**해설**

14번 해설 참고



12 ④ 13 ③ 14 ③ 15 ④ 16 ① 정답

## 17 태양광 모듈에서 충전재의 종류가 아닌 것은?

① EVA ② 아크릴
③ 실리콘 수지 ④ PVB

**해설**

14번 해설 참고

## 18 전극 리드의 출입부나 모듈의 단면부를 Sealing 하기 위해 이용되는 부분은?

① 충전재 ② Seal재
③ 표면재 ④ 프레임

**해설**

14번 해설 참고

## 19 태양광 모듈의 조립순서로 바르게 연결된 것은?

① 프런트 커버 → EVA → 태양전지 셀 → EVA → 백 커버 → 프레임 조립
② 프런트 커버 → EVA → 백 커버 → EVA → 태양전지 셀 → 프레임 조립
③ 프런트 커버 → EVA → 백 커버 → 태양전지 셀 → EVA → 프레임 조립
④ 프런트 커버 → 태양전지 셀 → EVA → 백 커버 → EVA → 프레임 조립

**해설**

조립순서
프런트 커버(표면재 저철분 강화유리) → EVA(충진재) → 태양전지 셀(금속리본으로 연결) → EVA(충진재) → 백 커버(Back Sheet) → 프레임 조립

## 20 태양전지 모듈의 프레임 구조 종류 중 박막형 모듈 타입이 아닌 것은?

① 플렉시블
② 더블유리
③ 슈퍼 스트레이트
④ 서브 스트레이트

**해설**

태양전지 모듈의 프레임 구조 종류

| 종 류 | 모듈타입 |
|---|---|
| 박막형 | 플렉시블<br>슈퍼 스트레이트<br>서브 스트레이트 |
| 벌크형 | 더블유리<br>슈퍼 스트레이트<br>서브 스트레이트<br>엔 케이프 |

## 21 태양광 모듈에 사용하기 위한 EVA(Ethylene Vinyl Acetate) Sheet의 요구조건에 해당되지 않는 사항은?

① 전기적으로 절연이 되어야 한다.
② 수명이 반영구적이어야 한다.
③ 낮은 투과율이 유지되어야 한다.
④ 모듈 제조 시 취급이 간편해야 한다.

**해설**

태양광 모듈에 사용하기 위한 EVA(Ethylene Vinyl Acetate) Sheet의 요구조건

- −40~90[℃]에서도 구성품의 변형 및 파손이 없어야 한다.
- 전기적으로 절연이 되어야 한다.
- 높은 투과율이 유지되어야 한다(90[%] 이상).
- 모듈 제조 시 취급이 간편해야 한다.
- 수명이 반영구적이어야 한다(약 20~25년 이상).
- 외부환경과 물리적인 충격에 태양전지의 파손이 없어야 한다.
- 염해 및 온도의 변화에 따라서 모듈에 손상이 없어야 한다.
- 급변하는 온도에 태양광 모듈 형태의 변화가 없어야 한다(공기층 형성, 탈착, 이탈, 변색).

## 22 태양광 모듈에 사용하기 위한 EVA(Ethylene Vinyl Acetate) Sheet의 수명은 약 몇 년인가?

① 25 ② 40
③ 80 ④ 100

**해설**

21번 해설 참고

정답 17 ② 18 ② 19 ① 20 ② 21 ③ 22 ①

## 23 PVB의 특징으로 올바른 것은?

① PVB는 가격이 고가하다.
② PVB 광투과율이 높다.
③ PVB는 밀착도가 낮다.
④ PVB 자외선노출에 약하다.

**해설**

폴리비닐부티랄(PVB ; Polyvinyl Butyral)과 에틸렌초산비닐(EVA ; Ethylene Vinyl Acetate) 비교

| | PVB | EVA |
|---|---|---|
| 광투과율 | 낮다. | 높다. |
| 자외선 노출 | 강하다. | 약하다. |
| 가 격 | 저 가 | 고 가 |
| 내습성 | 낮다. | 높다. |
| 밀착도 | 낮다. | 높다. |

## 24 EVA에 대한 특징이 아닌 것은?

① 광투과율이 높다.
② 내습성이 높다.
③ 밀착도가 낮다.
④ 자외선 노출에 약하다.

**해설**

23번 해설 참고

## 25 EVA의 종류가 아닌 것은?

① Standard Cure용
② EVA Sheet용
③ Fast Cure용
④ Alone Cure용

**해설**

EVA의 종류

- Fast Cure용 : 동일한 라미네이터 내에서 라미네이션과 큐어링을 동시에 수행할 때 사용된다.
- Standard Cure용 : 대규모 자동화 라인에서 많이 사용하는 방법으로 별도의 큐어 오븐에서 큐어링을 실시하게 된다.
- EVA Sheet용

## 26 태양광 모듈로부터 발생된 전기를 연결시켜 주는 역할을 하는 부분은?

① 충전재 ② 밴드캡
③ 단자함 ④ 강화유리함

**해설**

단자함
태양광 모듈로부터 발생된 전기를 연결시켜 주는 중요한 역할을 한다.

## 27 단자함 내부에는 방수를 위해 포팅재가 충전되어 있다. 포팅재의 재질은?

① 실리콘 ② 나 무
③ 게르마늄 ④ 비 소

**해설**

단자함 내부에는 방수를 위해 실리콘계 포팅재가 충전되어 있다.

## 28 단자함의 구성요소로 바르게 연결된 것은?

① 리드선과 바이패스 소자
② 프런트 커버와 프레임
③ 리드선과 콘덴서
④ 프런트 커버와 다이오드

**해설**

단자함의 구성요소

- 리드선 : 보통 가교 폴리에틸렌 절연 비닐시스 케이블(CV케이블)이 사용된다. 근래에는 에코케이블도 사용되고 있으며 규격은 각 회사별 모듈의 출력에 따라 다르며 케이블의 색에 따른 표시 또한 각 회사 및 국가별로 다르다.
- 바이패스 소자 : 출력저하 및 발열억제를 위해 단자함 안에 바이패스 다이오드를 내장한다.

## 29 출력저하 및 발열을 억제하기 위한 소자는 무엇인가?

① 리드선 ② 바이패스
③ 콘덴서 ④ 저 항

**해설**

28번 해설 참고



23 ③ 24 ③ 25 ④ 26 ③ 27 ① 28 ① 29 ② 정답

## 30 태양전지 모듈의 뒷면에 표시된 내용이 아닌 것은?

① 공칭질량
② 공칭 최대출력
③ 어레이의 조립 형태
④ 회로도

해설

태양전지 모듈의 뒷면 표시(KSC-IEC규격)
- 제조연월일 및 제조번호
- 제조연월을 알 수 있는 제조번호
- 공칭질량[kg]
- 제조업자명 또는 그 약호
- 공칭 개방전압($V$)
- 공칭 개방전류($I$)
- 공칭 최대출력($P$)
- 내풍압성의 등급
- 공칭 최대출력 동작전압($V$)
- 공칭 최대출력 동작전류($A$)
- 최대시스템 전압
- 어레이의 조립 형태
- 역내전압 : 바이패스 다이오드의 유무

## 31 태양전지의 기대수명은 약 몇 년인가?

① 10년 ② 15년
③ 20년 ④ 30년

해설

기대수명
태양전지 모듈은 안전성 및 내구성을 감안하여 고안 및 설계해야 하는데 약 20년 이상의 내용연수가 기대된다.

## 32 접속 배선함 연결부위에 사용하는 커넥터의 종류는?

① R13P형 ② 외수용
③ 방수용 ④ 내수용

해설

커넥터(접속 배선함)
태양전지판의 프레임은 냉각 압연강판 또는 알루미늄 재질을 사용하여 밀봉 처리되어 빗물 침입을 방지하는 구조이어야 하며 부착할 경우에 흔들림 없이 고정되어야 한다. 그리고 태양전지판 결선 시에 접속 배선함 구멍에 맞추어 압착단자를 사용하여 견고하게 전선을 연결해야 하며 접속 배선함 연결부위는 방수용 커넥터를 사용해야 한다.

## 33 태양전지 모듈의 종류를 분류할 때 고려사항이 아닌 것은?

① 크 기 ② 종 류
③ 모 양 ④ 용 도

해설

태양전지 모듈의 종류는 그 모양과 셀의 종류, 용도에 따라 결정된다.

## 34 태양전지 모듈의 종류로 볼 수 없는 것은?

① 원형모듈 ② 삼각형 모듈
③ 결정질 실리콘 모듈 ④ 육각형 모듈

해설

태양전지 모듈의 종류
- 결정질 실리콘 모듈
- 비결정질 박막형 모듈
- 휘어지는 플렉시블 모듈
- 지붕 기와형 모듈
- 원형모듈
- 삼각형 모듈
- 유리창으로 쓸 수 있는 건축자재 일체형 모듈(BIPV)

## 35 유리창으로 쓸 수 있는 모듈을 무엇이라고 하는가?

① 휘어지는 플렉시블 모듈
② 지붕기와형 모듈
③ 비결정질 박막형 모듈
④ 건축자재 일체형 모듈

해설

34번 해설 참고

## 36 다음에서 설명하는 태양전지 모듈의 등급은?

> "접근제한이 되며, 위험한 전압과 전력용으로 나누어진다. 또한 울타리나 위치 등으로 공공의 접근을 금지한 시스템이며 사용이 제한된다."

① A급 ② B급
③ C급 ④ D급

정답 30 ④ 31 ③ 32 ③ 33 ① 34 ④ 35 ④ 36 ②

해설

모듈의 등급별 용도

| 등 급 | 용 도 |
|---|---|
| A | • 접근 제한 없음. 위험한 전압과 전력용<br>• 직류 50[V] 이상 또는 200[W] 이상에서 동작하는 것으로 일반인의 접근이 예상되는 곳에 사용 |
| B | • 접근 제한. 위험한 전압과 전력용<br>• 울타리나 위치 등으로 공공 접근을 금지한 시스템이며 사용이 제한 |
| C | • 제한된 전압과 전력용<br>• 직류 50[V] 미만 또는 240[W] 미만에서 동작하는 것으로 일반인의 접근이 예상되는 곳에서 사용 |

## 37 태양전지 모듈의 분류에 포함되지 않는 것은?

① 설치방식 ② 크 기

③ 부가기능 ④ 설치부위

해설

태양전지 모듈의 분류는 부가기능, 설치부위, 설치방식에 따라 분류한다.

## 38 태양전지 모듈의 시공과 설치 방식의 특징 중에서 지붕 설치형의 특징으로 옳은 것은?

① 벽에 가대 등을 설치하고 그 위에 태양전지 유리를 설치한 형태이다.

② 금속지붕, 평판기와 등의 지붕재에 태양전지 모듈을 부착시킨 형태이다.

③ 아스팔트 방수, 시트 방수 등의 방수층 위에 철골가대를 설치하고 그 위에 태양전지 모듈을 설치하는 형태이다.

④ 수직으로 설치하므로 공간적인 여유가 있고, 가대가 불필요하며 옥상에 설치하지 않기 때문에 그 공간을 유효적절하게 활용할 수 있다.

해설

지붕 설치형

• 평 지붕형
  - 아스팔트 방수, 시트 방수 등의 방수층 위에 철골가대를 설치하고 그 위에 태양전지 모듈을 설치하는 형태이다.
  - 주로 학교 관사 옥상이나 청사에 설치하는 공법으로서 각 모듈 제조회사의 표준사양으로 되어 있다.
• 경사 지붕형
  - 착색 슬레이트, 금속지붕, 기와 등의 지붕재에 전용 지지기구와 받침대를 설치하여 그 위에 태양전지 모듈을 설치하는 형태이다.
  - 주로 주택용 설치공법으로서 각 모듈 제조회사의 표준사양으로 되어 있다.

지붕 건재형

• 지붕재형
  - 태양전지 모듈 자체가 지붕재로서의 역할을 하는 형태이다.
  - 지붕재와의 배합이 가능하다.
  - 신축 주택용 건물에 설치된다.
• 지붕재 일체형
  - 주변 지붕재와 동일한 형상을 하고 있기 때문에 지붕과 일체감이 있고 건축의 미적 디자인을 손상시키지 않는다.
  - 금속지붕, 평판기와 등의 지붕재에 태양전지 모듈을 부착시킨 형태이다.
  - 방수성, 내구성 등 지붕의 여러 기능을 겸비한다.

벽 건재형

• 셀의 배치에 따라 개구율을 변경할 수 있다.
• 알루미늄 새시의 활용 등 지지공법이 다양하다.
  태양전지 모듈이 벽재로서의 기능을 하는 형태이다.
• 주로 커튼월 등으로 설치되어 있다.

벽 설치형

• 벽에 가대 등을 설치하고 그 위에 태양전지 유리를 설치한 형태이다.
• 중·고층건물의 벽면을 유효적절하게 활용할 수 있다.

톱라이트형(삼각형 모양처럼 생긴 사각형)

• 톱라이트로서의 채광 및 셀에 의한 차폐효과가 있다.
• 톱라이트의 유리부분에 맞게 태양전지 유리를 설치한 형태이다.
• 셀의 배치에 따라 개구효율을 변경할 수 있다.

창재형

• 채광성, 투시성 등 유리창의 기능을 보유하고 있는 형태이다.
• 셀의 배치에 따라 개구율을 변경할 수 있다.

난간형

• 수직으로 설치하므로 공각적인 여유가 있고, 가대가 불필요하며 옥상에 설치하지 않기 때문에 그 공간을 유효적절하게 활용할 수 있다.
• 양면수광형 태양전지 모듈 등의 수직설치공법이 가능하다.

차양형

• 창의 상부 등 건물 외부에 가대를 설치하고 태양전지 모듈을 설치하여 차양기능을 보완한 형태로 한국에너지기술연구원에 설치되어 있다.

루버형

• 개구부 블라인드 기능을 가지고 있는 형태이다.
• 기존 루퍼재와 같은 의장성을 재현하여 건축의 디자인을 손상시키지 않고도 설치할 수 있다.



37 ② 38 ③ 정답

## 39 지붕 설치형의 종류로 바르게 연결된 것은?

① 루버형과 창재형
② 평 지붕형과 경사 지붕형
③ 난간형과 창재형
④ 지붕 일체형과 벽설치형

**해설**

38번 해설 참고

## 40 다음 지붕 설치형 중 지붕 건재형에 속하는 것은?

① 지붕재형
② 경사 지붕형
③ 톱라이트형
④ 차양형

**해설**

38번 해설 참고

## 41 지붕재형의 특징으로 맞지 않는 것은?

① 태양전지 모듈 자체가 지붕재로서의 역할을 하는 형태이다.
② 지붕재와의 배합이 가능하다.
③ 주로 신축 주택용 건물에 설치된다.
④ 중·고층건물의 벽면을 유효적절하게 활용할 수 있다.

**해설**

38번 해설 참고

## 42 톱라이트형의 내용으로 틀린 것은?

① 톱라이트로서의 채광 및 셀에 의한 차폐효과가 있다.
② 톱라이트의 유리부분에 맞게 태양전지 유리를 설치한 형태이다.
③ 셀의 배치에 따라 개구효율을 변경할 수 없다.
④ 셀의 배치에 따라 개구효율을 변경할 수 있다.

**해설**

38번 해설 참고

## 43 다음이 설명하는 모듈의 종류는 무엇인가?

> "수직으로 설치하므로 공각적인 여유가 있고, 가대가 불필요하며 옥상에 설치하지 않기 때문에 그 공간을 유효적절하게 활용할 수 있다."

① 창재형 ② 루버형
③ 난간형 ④ 톱라이트형

**해설**

38번 해설 참고

## 44 최대전력생산에 있어서 가장 중요한 요소는 일사량이다. 일사량은 무엇에 따라 변경되는가?

① 위 도 ② 경 도
③ 온 도 ④ 습 도

**해설**

최대전력생산에 있어서 가장 중요한 요소인 일사량은 위도에 따라 변화하며, PV시스템의 설치 위치 즉, 방위각과 경사각에 의해 결정되어야 한다. 이는 지역별 특성에 따라 다소 다르게 나타난다.

## 45 우리나라에서 일반적으로 최대의 일사 획득이 가능한 방위는?

① 정동향 ② 북동향
③ 정서향 ④ 정남향

**해설**

우리나라에서 일반적으로 최대의 일사 획득이 가능한 방위는 정남향이고, 시스템이 정서 또는 정동향으로 설치되는 경우 보통 정남향으로 설치했을 때의 60[%] 정도의 일사량만을 획득하는 것으로 나타났다.

## 46 경사각은 그 지역의 위도에 의해 결정되는데 우리나라는 일반적으로 수평면으로부터 경사각이 몇 °인가?

① 25~29° ② 30~35°
③ 36~41° ④ 45~50°

**해설**

경사각은 그 지역의 위도에 의해 결정되는데 우리나라의 경사각은 수평면으로부터 30~35°가 적절하다.

정답 39 ② 40 ① 41 ④ 42 ③ 43 ③ 44 ① 45 ④ 46 ②

## 47 설치방식과 형태 결정에 있어서 주요한 고려요소에 해당되는 것은?

① 통 풍　② 비
③ 눈　④ 천 둥

해설
설치방식과 형태 결정에 있어서 주요한 고려요소
- 통 풍
- 온 도
- 습 도
- 조 도

## 48 태양전지 모듈이 고온일수록 출력은 어떻게 되는가?

① 증가한다.
② 저하된다.
③ 변화없다.
④ 증가했다가 일정 시간 후 감소한다.

해설
태양전지 모듈은 고온일수록 출력이 저하되므로 태양전지모듈의 발열을 저감시킬 수 있도록 통풍이나 기타 온도 저감 방안이 모듈설치 시 반드시 모색되어야 한다.

## 49 태양광 모듈 설치용량은 사업계획서상에 제시된 설계용량 이상이어야 하는데 설계용량에 얼마를 초과할 수 없는가?

① 100[%]　② 101[%]
③ 102[%]　④ 103[%]

해설
태양광 모듈 설치용량
사업계획서상에 제시된 설계용량 이상이어야 하고, 설계용량의 103[%]를 초과할 수 없다.

## 50 강풍 내진대책에서 설비 자체를 내진에 견딜 수 있도록 충분히 검토해서 설계하는 방법은?

① 면진설계　② 준공설계
③ 내진설계　④ 자체설계

해설
강풍 내진대책
- 면진설계 : 지진파와 건축물 등의 진동이 공진점에 도달하지 않고 피할 수 있도록 설계하는 방법
- 내진설계 : 설비 자체를 내진에 견딜 수 있도록 충분히 검토해서 설계하는 방법



47 ① 48 ② 49 ④ 50 ③ 정답

# 태양광 인버터

## 제1절 태양광 인버터의 개요

### 1 개 요

(1) 전력변환장치와 고주파 필터, 출력 필터 그리고 연계형 변압기 등으로 구성되어 있다.

(2) 태양전지 모듈을 제외하고는 주변장치 중에서 가장 큰 비중을 차지한다.

(3) 태양광 모듈로부터 입력되는 직류전력을 상용주파수 전압의 교류로 변환하여 한전에 연계송전이 가능한 교류전력으로 변환하는 전력변환장치이다.

(4) 시스템의 직류와 교류 측의 전기적인 감시 보호를 하고 있으며, 태양전지 본체를 제외한 주변장치 중에서 신뢰성 향상과 가격이 하락하는 중요한 부분이다.

(5) 전력계통에 접속한 태양전지 시스템 전체의 전력변환 효율을 결정하는 중요한 척도이다.

(6) 계통과 병렬운전을 수행하는 데 필요한 전압과 주파수, 위상, 기동정지, 무효전력, 동기출력의 품질 제어기능을 기본적으로 갖추고 있다.

### 2 인버터의 역할

① 교류계통으로 접속된 부하설비에 전력을 공급한다.
② 태양전지에서 출력되는 직류전류를 최대 효율의 교류전력으로 변환한다.
③ 이상이 있을 시에 회로를 보호한다.
④ 태양전지의 발전전력을 최대로 이끌어내는 제어기능이 있다.
⑤ 시스템의 직류, 교류 측의 전기적인 감시와 모니터링 기능 그리고 보호기능이 있다.

#### (1) DC-AC 인버터

태양전지에서 얻어지는 12[V] 직류전력을 220[V] 교류전력으로 변환시켜 주는 장치를 말한다.

#### (2) 인버터의 기본 기능

① DC 전기를 태양광 어레이에서 생성하게 되었을 때 AC로 변환하여 전압과 주파수 그리고 위항에 맞추어 계통으로 공급한다(3상 : 380[V]/60[Hz], 단상 : 220[V]/60[Hz]).
② 계통으로 인해 발생할 수 있는 사고를 보호하고, 태양광발전시스템의 고장과 인버터 자체의 고장으로부터 각종 보호기능을 내장한다.

③ MPPT(Maximum Power Point Tracking : 최대전력점 추종제어기능) 기능으로 일사량과 태양전지 어레이의 표면 온도, 장애물과 구름 등에 의한 그림자가 발생될 수 있기 때문에 태양전지 어레이를 항상 최적의 상태로 추적할 수 있도록 하는 기능이 있어야 한다.

### (3) 인버터의 주요 기능

① 태양광 출력에 따른 자동운전, 자동정지 및 최대전력 추종제어

② 태양광발전설비와 전력망과의 병렬운전을 위한 주파수, 전압, 위상제어

③ 발전출력의 품질(전압변동, 고조파)을 제어

④ 전력망 이상 발생 시 단독운전 방지

⑤ 태양광발전설비 및 인버터 자체고장 진단 및 이상 발생 시 자동정지

### (4) 인버터의 구성요소

① 입력필터

인버터에서 스위칭 시 발생하는 노이즈가 최소화되도록 설계 제작하고, 인버터의 직류 입력 측에 EMI 필터를 설치하여 노이즈가 외부로 나가지 못하도록 하여야 한다.

② 인버터부

㉠ IGBT 모듈, 퓨즈, 방열판, 조립용 각종 부품으로 구성되며, 정류부로부터 정류된 직류를 IGBT에 공급한다. 검출 장치로부터 출력파형을 검출한 후, 순시파형 정형보상회로를 통하여 정현파 펄스폭 변조 방식의 인버터로 설계, 제작하여야 하며 본 장치 보호를 위하여 직류 입력측에 반도체 보호용 고속 퓨즈를 구비하여야 한다.

㉡ 컴퓨터와 같은 비선형 부하 인가 시에도 파형 찌그러짐이 최소화되도록 하고, 스위칭 주파수를 가청 주파수 이상으로 설계, 제작하여 운전 소음을 최소화하도록 하여야 한다.

③ 출력 변압기

리액터 기능을 포함한 단일 복권 변압기 구조로 제작되어 역변환으로부터의 출력을 합성하여 고조파 성분을 극소화시키며 시스템 효율을 극대화하도록 설계, 제작되어야 한다.

④ 제어부(Power Supply)

고성능 스위칭 방식에 의한 컨버터 방식을 사용해서 절체 또는 가동 시 오동작 없이 안정적으로 동작되어야 한다.

⑤ 돌입전류 제한 리액터

과도 부하 등에 의한 돌입 전류를 제한하여 인버터를 보호하고 안정적으로 사용할 수 있도록 한다.

⑥ 피뢰기

외부로부터의 서지 유입 및 유출 방지를 위하여 입·출력단에 서지 보호회로를 설치하여 보호한다.

⑦ 냉각팬

팬 설치부분에 필터를 설치하여 먼지 및 염분의 외기공기가 직접 흡입되지 않도록 하여야 한다.

### (5) 인버터 사양의 중요 내용

① 중 량

㉠ 3[kW] 이하의 주택용 태양광발전시스템의 경우에는 제조사, 무게, 사이즈에 신경을 써야 한다.

㉡ 거치, 설치, 점검이 편리해야 하기 때문에 가벼워야 한다.

② 인버터의 손실요소

㉠ 대기전력 손실 : 0.1~0.3[%]

㉡ 변압기 손실 : 1.5~2.5[%]

㉢ 전력변환 손실 : 2~3[%]

㉣ MPPT 손실 : 3~4[%]

③ 직류 입력전압의 범위

용량에 따라 다르지만 태양광발전시스템을 구성할 때 태양광 모듈의 직렬연결 조합을 다양하게 할 수 있도록 하기 위해 입력전압 범위가 넓어야 한다.

④ 소음 저감

㉠ 강제 공랭식으로 할 경우 팬 속도를 제어하는 방식을 사용하여 부하에 따라 팬 속도를 조절해 주어야 한다.

㉡ 옥내용의 경우 소음이 적어야 한다.

㉢ 스위칭 주파수를 가청 주파수 이상으로 올려서 소음을 제거해야 하며 자연 냉각 방식으로 팬 소음을 제거해야 한다.

⑤ 대기전력

㉠ 태양광발전시스템은 대기전력이 적은 회로를 선택해야 한다.

㉡ 야간 등과 같이 태양광발전시스템을 발전할 수 없을 경우에는 자체적으로 소비되는 전력도 중요하기 때문에 대기전력을 최소화할 수 있게 설계되어야 한다.

⑥ 냉각방식 및 보호등급

㉠ 10[kW] 이하의 소용량 태양광발전시스템의 경우에는 옥외에 설치되는 경우가 많이 있기 때문에 빗물과 먼지의 침투를 방지하기 위해 자연냉각이 필요하다.

㉡ 보호등급은 실외형일 경우 IP44 이상이며, 실내형일 경우 IP20이어야 한다.

⑦ 고효율 제어를 위한 고려요소

㉠ 변압기 사용

㉡ MPPT 효율

㉢ 전력변환 효율

### (6) 인버터 선정 시 고려사항

① 옥내·옥외용으로 구분하여 설치 가능해야 한다. 만약 옥내용을 옥외에 설치할 경우 5[kW] 이상의 용량일 경우에만 사용이 가능하다. 옥외용은 환경적인 조건이 옥내보다 나쁘기 때문에 세부적인 사항을 고려해야 한다.

② 인버터의 출력 정격이 태양광 어레이의 최대출력의 90[%] 이하가 되지 않도록 해야 하고 박막형 모듈일 경우 초기 출력이 6~12개월 정도 정격보다 높게 나오기 때문에 고려해야 한다.
③ 인버터 정격이 어레이의 최대전압과 전류에 견딜 수 있어야 한다.
④ 인버터 설치용량은 설계 용량 이상으로 설계해야 하며, 인버터에 연결된 모듈의 설치용량은 105[%] 이내로 한다. 단, 각 직렬군의 태양전지 개방전압은 인버터 입력전압 범위 내로 한다.
⑤ 태양광 어레이와 스트링의 최대전압과 전류가 인버터의 전압 전류 정격을 초과하지 않아야 하며 인버터의 MPP와 태양광 어레이의 동작 전압이 맞아야 한다.
⑥ 입력단 전압, 전류, 전력과 출력단의 전압, 전류, 전력, 주파수, 누적발전량, 역률, 최대출력량이 표시되어 있어야 한다.

### (7) 인버터 운용 감시반의 기능

① 계측기능
② 경보표시
③ 운용상태 표시
④ 데이터 입력기능
⑤ 제어조작기능
⑥ 기기 원격 감시 제어를 위한 통신기능을 내장해야 한다.

### (8) 인버터 운용 상태

인버터의 원활한 운전과 운영상태의 식별이 용이하도록 제어반 전면 상단에 LED 및 LCD로 된 표시창을 운영 감시반에 설치하고 마이크로프로세서를 내장하여 본 장치의 모든 기능 수행에 적합한 소프트웨어를 설치하고 운용상태 및 계측상태를 표시창에 표시되도록 하며 원격 제어 감시용 통신 기능을 구비해야 한다.

### (9) 태양전지의 전압

태양전지에서 만들어지는 전기는 직류(DC)이며, 전압은 다양하게 낼 수 있으나 주로 많이 사용되는 것은 12[V]와 24[V]이다.

## 3 인버터 회로 방식

### (1) 상용주파 변압기 절연방식(저주파 변압기 절연방식)

태양전지(PV) → 인버터(DC → AC) → 공진회로 → 변압기
① 태양전지의 직류출력을 상용주파의 교류로 변환한 후 변압기로 절연한다.
② 내뢰성(번개에 견디어 낼 수 있는 성질)과 노이즈 컷(잡음을 차단)이 뛰어나지만 상용주파 변압기를 이용하기 때문에 중량이 무겁다.
③ **공진회로** : 인버터 회로에서 생성된 고주파 전압(구형파)을 코일과 콘덴서를 통해 정현파로 바꾸어 주는 회로이다.

### (2) 고주파 변압기 절연방식

태양전지(PV) → 고주파 인버터(DC → AC) → 고주파 변압기(AC → DC) → 인버터(DC → AC) → 공진회로

① 소형이고 경량이다.

② 회로가 복잡하다.

③ 태양전지의 직류출력을 고주파의 교류로 변환한 후 소형의 고주파 변압기로 절연을 한다.

④ 절연 후 직류로 변환하고 재차 상용주파의 교류로 변환한다.

### (3) 트랜스리스 방식

태양전지(PV) → 승압형 컨버터 → 인버터 → 공진회로

① 소형이고 경량이다.

② 비용이 저렴하고 신뢰성이 높다.

③ 태양전지의 직류출력을 DC-DC 컨버터로 승압하고 인버터를 이용하여 상용주파의 교류로 변환한다.

④ 상용전원과의 사이는 비절연이다.

⑤ 비용, 크기, 중량 및 효율면에서 우수하여 가장 많이 사용되고 있다.

### (4) 인버터 구성방식의 비교

| 종 류 / 항 목 | 상용주파수 절연방식 | 고주파 절연방식 | 트랜스리스 방식 |
|---|---|---|---|
| 안정성 | 고 | 고 | 중 |
| 효 율 | 저 | 고 | 고 |
| 무게와 크기 | 저 | 중 | 고 |
| 회로구성 | 고 | 저 | 고 |
| 가 격 | 저 | 저 | 고 |

## 4 인버터의 원리

### (1) 기본 방식

① 전류방식

㉠ 자기전류방식

㉡ 강제전류방식

② 제어방식

㉠ 전압 제어형

㉡ 전류 제어형

③ 절연방식

㉠ 상용주파

㉡ 고주파

㉢ 무변압기

### (2) 인버터의 방식 구분

① **정현파 인버터** : 출력 파형이 계통에서 일반 가정에 공급되는 전기의 파형을 정현파라고 부르며, 이 파형의 전기는 가정에서 사용하는 교류전기 제품을 모두 사용할 수 있다. 독립형 태양광발전시스템이나 측정기기, 통신기기, 의료기기, 음향기기, 형광등, PC 등 고가 정밀기기에 사용해야 한다.

② **유사 정현파 인버터** : 정현파와 비슷하지만 파형의 왜곡에 있어서 정격출력에 도달하면 파형이 찌그러지는 현상이 생겨 서지가 발생되고 잡음과 화상 노이즈 현상이 발생된다. 변형된 파형이기 때문에 민감한 전자제품은 사용을 하지 않는 것이 좋으며 이 파형으로 사용할 수 있는 제품은 파형에 민감하지 않는 모터류, 전열기구, 전등이다.

### (3) 저압계통 연계 시 직류유출방지 변압기의 시설

분산형 전원을 인버터에서 배전사업자의 저압 전력계통에 연계하는 경우에 인버터에서 직류가 계통으로 유출되는 것을 방지하기 위하여 접속점과 인버터 사이에 상용주파수 변압기를 시설하여야 한다. 다만, 다음을 모두 충족하는 경우에는 예외로 한다.

① 인버터의 직류 측 회로가 비접지인 경우 또는 고주파 변압기를 사용하는 경우

② 인버터의 교류출력 측에 직류 검출기를 구비하고, 직류 검출 시에 교류출력을 정지하는 기능을 갖춘 경우

### (4) 인버터의 용량

① **일반 주택용** : 수[kW]

② **대형 상업용 발전소** : 수십~수백[kW]

③ 단독 사용도 가능하지만 태양전지 설비용량을 맞추어 여러 대를 병렬로 조합하여 사용할 수 있기 때문에 용량에 제약은 없다.

### (5) 인버터 스위칭 소자에 따른 분류

| 스위칭 소자 | 고속 SCR | IGBT | GTO | MOSFET |
|---|---|---|---|---|
| 스위칭 속도 | 수백[Hz] 이하 | 15[kHz] 이하 | 1[kHz] 이하 | 15[kHz] 초과 |
| 적용용량 | 대용량 | 중대용량<br>(1[MW] 미만) | 초대용량<br>(1[MW] 이상) | 소용량<br>(5[kW] 이하) |
| 특 징 | 전류형 인버터에 사용한다. | 대전류, 고전압에서 대응이 가능하면서도 스위칭 속도가 빠른 특성을 보유하여 가장 많이 사용되고 있다. | 대전압과 고전압 방식에 유리한다. | 일반 트랜지스터 베이스 전류 구동방식을 전압 구동방식으로 하여 고속 스위칭이 가능하다. |

### (6) 인버터 이득 제어방식

인버터 이득을 변화시키는 방법은 다양하며 이득을 제어하는 가장 효율적인 방법으로 펄스폭변조(PWM)제어 방식이 있다.

### (7) 환류 다이오드

전압형 단상 인버터의 내부 구조에서 트랜지스터 ON-OFF 시 인덕터 양단에 나타나는 역기전력에 의해 트랜지스터의 내전압을 초과하여 소손되는 것을 방지하기 위하여 환류 다이오드(Free Wheeling Diode)가 있다.

### (8) 저압연계 시스템 회로

① 저전압 계전기(UVR)
② 과전압 계전기(OVR)
③ 저주파수 계전기(UFR)
④ 과주파수 계전기(OFR)

### (9) 태양광발전용 인버터의 분류

| 용 도 | 형 식 | 설치장소 | 비 고 |
|---|---|---|---|
| 독립형 | 3상 | 실외/실내 | 실내형 : IP20 이상<br>실외형 : IP44 이상 |
| 계통연계형 | | | |

**Check!** **보호등급(IP20)**
- IP는 외관보호등급을 나타낸다.
- 숫자 20
  - 첫 번째 자리숫자 2는 외부 이물질의 접촉과 침입에 대한 보호등급을 나타낸다.
  - 두 번째 자리숫자 0은 물(빗물, 눈, 폭풍우 등)의 침입에 대한 보호등급을 나타낸다.

### (10) 설치상태

옥내와 옥외용을 구분하여 설치하는데 옥내용을 옥외로 설치하는 경우 5[kW] 이상 용량일 경우에만 가능하며 이 경우 빗물 침투를 방지할 수 있도록 옥내에 준하는 수준의 외함 등을 설치하여야 한다.

### (11) 고압연계 시스템 보호장치

고압연계 시스템 보호장치로는 지락 과전압 계전기(OVGR)가 추가되어야 한다.

### (12) 표시사항

① 입력단(모듈출력)전압과 전류
② 전력과 출력단(인버터출력)의 전압과 전류
③ 전력과 역률
④ 주파수
⑤ 누적발전량
⑥ 최대출력량

### (13) 태양광발전용 독립형과 연계형, 중대형 인버터의 시험항목

① 구조시험
② 절연성능시험
③ 보호기능시험(독립형은 일부 제외)
④ 정상특성시험(독립형은 일부 제외)
⑤ 과도응답 특성시험(독립형은 일부 제외)
⑥ 외부 사고시험(독립형은 일부 제외)
⑦ 내 전기 환경시험(독립형과 연계형은 일부 제외)
⑧ 내 주위 환경시험
⑨ 전자기적합성(EMC)

### (14) 인버터 선정기준

| 검토항목 | 설비용량[kW] |
|---|---|
| 부하의 종류와 특성 | 모터종류 |
| 기계사양 | – |
| 운전방법 | – |
| 모터선정 | 모터용량 |
| 인버터 용량선정 | 인버터 용량 |
| 인버터 기종선정 | – |
| 인버터 선정 | 인버터 기종 |
| 주변기기 및 옵션 | 주변기기 및 옵션 |
| 설치방법 | 설치판패널 |
| 투자효과 | – |
| 결 정 | – |

### (15) 인버터 선정, 설치 및 사용 시의 고려사항

① 전기적 표준
② 전력용량
③ 적용환경
④ 내부 보호 장치
⑤ 품질인증
⑥ 확장성 옵션
⑦ 전력의 품질(파형)
⑧ 유도성 부하 사용여부

### (16) 태양광의 유효이용 시 고려사항

① 전력 변환효율이 높아야 한다.

② 최대전력점 추종(MPPT ; Maximum Power Point Tracking)제어에 의한 최대전력의 추출이 가능해야 한다.

③ 야간 등의 대기 손실이 적어야 한다.

④ 저부하 시의 손실이 적어야 한다.

### (17) 인버터 선정 시 전력품질과 공급의 안전성

① 노이즈 발생이 적어야 한다.

② 고조파 발생이 적어야 한다.

③ 가동 및 정지 시 안정적으로 작동하여야 한다.

### (18) 설치 조건에 따른 계통 연계형 인버터의 설치 유형에 대한 내용

최근 [MW]급의 용량을 대규모로 설치하고 있기 때문에 계통 연계형 인버터는 고효율, 고성능, 고용량이 요구되고 있다. 따라서 설치 조건에 따라 여러 가지 계통 연계형 인버터가 생산되고 있다. 태양전지 인버터의 유형은 태양전지 모듈과 어레이의 조합과 유형에 따라 MIC(Module Integrated Converter), 스트링(String), 멀티스트링(Multi String), 센트럴(Central), 멀티센트럴(Multi Central)로 구분할 수 있다.

① AC모듈

㉠ 장・단점

| 장 점 | 단 점 |
|---|---|
| • 각 모듈별 인버터를 부착해서 별도의 DC 라인 배선이 필요하지 않기 때문에 설치가 간단하다.<br>• 최대에너지 생산(산출)이 가능하다. | • 대용량 구현 시 비용 부담이 크다.<br>• 효율이 낮다. |

② 스트링(String)방식

㉠ 특징 : 모듈 직렬군당 DC/AC 인버터를 사용하는 방식으로 스트링별 MPPT 제어가 가능하다.

㉡ 장・단점

| 장 점 | 단 점 |
|---|---|
| • 부분적인 그늘에 효과적인 에너지 생산(산출)이 가능하고 효율이 좋다.<br>• 중용량 태양광발전시스템에 아주 우수한 특성을 갖는다. | • 대용량 발전소에 적용할 때 인버터의 개수가 너무 많아진다.<br>• 유지보수 비용이 증가한다.<br>• 인버터의 중앙이 제어가 되지 않아 단독운전 방지와 같은 계통 보호 측면에 부적합하다. |

③ 멀티스트링(Multi String)

㉠ 특징 : 모듈 직렬군당 인버터 또는 DC/DC 컨버터를 사용하는 방식이다.

㉡ 장・단점

| 장 점 | 단 점 |
|---|---|
| 스트링과 센트럴 방식의 장점만 가지고 있다. | 2중 전력변환기를 사용하기 때문에 시스템 효율이 다소 낮다. |

④ 센트럴(Central)

㉠ 특징 : 대용량 산업용 인버터 방식에 주로 사용되고 있다. 센트럴 인버터 방식은 대용량 센트럴 인버터를 병렬로 연결해 하나의 대용량 인버터 시스템을 구현하는 방식이다.

㉡ 장・단점

| 장 점 | 단 점 |
|---|---|
| • 변환기 효율이 우수하다.<br>• 출력 용량대비 단가가 저렴하다.<br>• 단일 인버터 사용으로 계통보호가 유리하다.<br>• 유지보수 비용이 적다. | • 모든 모듈의 직・병렬 조합으로 에너지 생산(산출)이 다소 낮다.<br>• 단일 인버터를 사용하기 때문에 인버터 고장 시 전체 시스템이 작동하지 못한다. |

⑤ 멀티센트럴(Multi Central)

㉠ 특징 : 센트럴 방식의 인버터를 병렬로 연결한 구조로서 발전시스템 구성 시 1개의 인버터가 아닌 여러 대의 인버터로 구성되어 있다.

㉡ 장・단점

| 장 점 | 단 점 |
|---|---|
| • 최대 효율성을 확보할 수 있다.<br>• 태양광발전 설비에 대한 효율성을 향상시킬 수 있다.<br>• 시스템 내의 각 인버터 가동 시간을 모니터링해서 모든 인버터의 가동 시간을 동일하게 운전하는 순환방식 인버터를 통해 전체 인버터 시스템의 사용 수명을 연장시킬 수 있다.<br>• 시스템 중 하나의 인버터에 문제가 발생해도 다른 인버터가 높은 에너지 레벨에서 발전을 지속할 수 있어 장애상태로 인한 에너지 손실이 매우 낮다.<br>• 고압 계통선에 변압기 1차 측을 다권선 변압기를 채용해서 직접 연계할 수 있다. | • 비용이 많이 든다.<br>• 시스템 구성이 어렵다. |

## 5 인버터의 종류 및 특징

### (1) 인버터의 종류

① **계통 상호 작용형 인버터(Utility Interactive Inverter)** : 전력계통의 배전 시스템이나 송전 시스템과 병렬로 공통의 부하에 전력을 공급할 수 있는 인버터이다. 전력계통의 배전과 송전 시스템 쪽으로도 송전이 가능하다.

② **계통 연계형 인버터(Grid Connected Inverter)** : 전력계통의 배전 시스템이나 송전 시스템과 병렬로 동작할 수 있는 인버터이다.

③ **계통 의존형 인버터(Grid Dependent Inverter)** : 계통 전력에 의존해서만 운영할 수 있는 인버터이다.

④ **계통 주파수 결합형 인버터(Utility Frequency Link Inverter)** : 출력단에 계통과의 격리(절연)를 위한 상용 계통 주파수 변압기를 가진 구조의 계통 연계 인버터이다. 즉, 인버터의 출력 측과 부하 측, 계통 측을 계통 주파수 격리 변압기를 사용하여 전기적으로 격리하는 방식이다.

⑤ **고주파 결합형 인버터(High Frequency Link Inverter)** : 인버터의 입력 및 출력 회로 사이의 전기적인 격리에 고주파 변압기를 사용하는 방식으로 고주파 격리 방식 인버터라고 부르는 경우도 있다.

⑥ 단독 운전 방지 인버터(Non Islanding Inverter) : 전력계통에 연계되는 인버터로서 배전 계통의 전압이나 주파수가 정상 운전조건을 벗어나는 경우에는 계통 쪽으로 전력 송전을 중단하는 기능을 가진 인버터이다.

⑦ 독립형 인버터(Stand Alone Inverter) : 전력계통의 배전 시스템이나 송전 시스템에 연결되지 않는 부하에 전력을 공급하는 인버터로서 축전지 전원 인버터라고도 한다.

⑧ 모듈 인버터(Module Inverter) : 모듈의 출력단에 내장되는 인버터이다. 모듈 인버터는 모듈의 뒷면에 붙어 있으며 교류 모듈이라고도 한다.

⑨ 변압기 없는 인버터(Transformerless Inverter) : 격리(절연) 변압기가 없는 방식의 인버터로 인버터의 직류 측과 교류 측(부하 측과 계통 측)이 격리되지 않은 상태이다.

⑩ 스트링 인버터(String Inverter) : 태양광발전 모듈로 이루어지는 스트링 하나의 추력만으로 동작할 수 있도록 설계한 인버터이다. 교류 출력은 다른 스트링 인버터의 교류 출력에 병렬로 연결시킬 수 있다.

⑪ 전력망 상호 작용형 인버터(Grid Interactive Inverter) : 독립형과 병렬운전의 두 가지 방식으로 운전할 수 있다. 전력망 상호 작용형 인버터는 처음 동작할 때만 전력망 병렬방식으로 동작한다. 계통 상호 작용형 인버터와는 다르다.

⑫ 전류 안정형 인버터(Current Stiff Inverter) : 기본적으로 직류 입력 전류가 잘 변하지 않는 특성을 요구한다. 입력 전류에 잔결이 적고 평탄한 특성을 요구한다. 즉, 전류원이 안정된 것을 요구하는 인버터를 가리키며, 전류형 인버터라고도 한다.

⑬ 전류 제어형 인버터(Current Control Inverter) : 펄스 폭 변조나 이와 유사한 다른 제어 기법을 이용하여 규정된 진폭과 위상 및 주파수를 가진 정현파 출력 전류를 만들어 내는 인버터이다.

⑭ 전압 안정형 인버터(Voltage Stiff Inverter) : DC 입력 전압이 잘 변하지 않는 특성을 요구하는 것으로서 입력 전압에 잔결이 적고 평탄한 특성을 요구하는 인버터이다. 즉, 전압원이 안정된 것을 요구하는 인버터를 가리키며, 전압형 인버터라고도 한다.

⑮ 전압 제어형 인버터(Voltage Control Inverter) : 펄스 너비 변조와 유사한 다른 제어 기법을 이용하여 규정된 진폭과 위상 및 주파수를 가진 정현파 출력 전압을 만드는 인버터이다.

### (2) 태양광 인버터의 특징

① 소용량 여러 대를 사용하거나 대용량을 소수로 사용할 수 있다.

② 소용량 여러 대를 설치할 경우 1대 고장 시 그 어레이만 발전이 정지된다.

③ 고장 시 전력 손실이 적고, 쉽게 대처할 수 있다.

④ 여러 대를 운용하게 될 경우 고장의 확률이 높고 보호 및 제어회로가 복잡하다.

⑤ 설치 공간이 많이 소요된다.

⑥ 고장 확률이 높음에 따라 유지보수비가 많이 든다.

⑦ 초기에 설비비가 많이 든다.

### (3) 전압형 인버터와 전류형 인버터

① 전압형 인버터 : 교류전압을 출력으로 하며, 부하역률에 따라 전류위상이 변한다.

② 전류형 인버터 : 교류전류를 출력으로 하며, 부하역률에 따라 전압위상이 변한다.

### (4) 인버터 선정 시 고려사항

① 인버터 제어방식 : 전압형 전류제어방식

② 평균효율 : 고효율 방식

③ 출력 기본파 역률 : 95[%] 이상

④ 전류 변형률 : 총합 5[%] 이하, 각 차수마다 3[%] 이하

### (5) 일반적인 선정 시 주의해야 할 사항

① 계통 연계 보호장치

② 계통의 주파수, 전압과 전류, 기본적인 상수특성

③ 태양광 모듈의 출력특성 분석

## 6 그 외 정리

### (1) 인버터의 설치용량

인버터의 설치용량은 설계용량 이상이어야 하고, 인버터에 연결된 모듈의 설치용량은 인버터 설치용량의 105[%] 이내이어야 한다. 단, 각 직렬군의 태양전지 개방전압은 인버터 입력전압 범위 안에 있어야 한다.

### (2) 분산형 전원 배전계통 연계기술기준

① 태양전지의 발전전력을 최대로 이끌어내며 동시에 일반배전계통과 연계운전을 한다.

② 전력품질 확보에 관련된 계통 연계기술기준에서는 기본적으로 인버터와 연계하는 계통의 전기방식을 일치시키고 있다.

③ 인버터는 단상 2선식과 3상 3선식이 한전 계통과 연계해서 사용되고 있다.

### (3) 전압형 단상 인버터

입력전원의 내부는 “0”이 이상적이나 일반적으로 내부 임피던스가 존재하므로 정류전원을 인버터의 입력으로 사용하는 경우 정류전원과 병렬로, 큰 용량의 콘덴서를 병렬로 접속하여 사용한다.

### (4) 인버터 선정 시 검토해야 할 요소

① 입력 정격

- DC 입력 정격 및 최대전압
- DC 입력 정격 및 최대전류
- DC 입력 정격 및 최대전력
- 인버터가 계통으로 급전을 시작하는데 필요한 최소전력
- 대기 전력 손실
- MPP 전압 범위

② 출력 정격
- AC 출력 정격 및 최대전류
- AC 출력 정격 및 최대전력
- 인버터가 계통으로 급전을 시작하는데 필요한 최소전력
- 대기 전력 손실
- 전 부하범위에 걸친 인버터 효율(5[%], 10[%], 20[%], 30[%], 50[%], 100[%], 110[%](European 효율))

③ 기타 사항
- 중량 및 크기
- 기대 수명
- 가 격
- 보증기간
- 서비스 레벨
- 기타 수반되는 비용

## 제2절 태양광 인버터의 기능

### 1 자동운전 정지기능

#### (1) 인버터의 정지기능

① 인버터는 일출과 함께 일사강도가 증대하여 출력을 얻을 수 있는 조건이 되면 자동적으로 운전을 시작한다. 운전을 시작하면 태양전지의 출력을 스스로 감시하여 자동적으로 운전을 한다.

② 전력계통이나 인버터에 이상이 있을 때 안전하게 분리하는 기능으로서 인버터를 정지시킨다. 해가 질 때도 출력을 얻을 수 있는 한 운전을 계속하며, 해가 완전히 없어지면 운전을 정지한다.

③ 또한 흐린 날이나 비오는 날에도 운전을 계속할 수 있지만 태양전지의 출력이 적어져 인버터의 출력이 거의 0으로 되면 대기상태가 된다.

#### (2) 인버터의 보호기능

인버터는 직류를 교류로 변환시키는 것뿐만 아니라 태양전지의 성능을 최대한 끌어내기 위한 기능과 이상 발생 및 고장 발생 시를 위한 보호기능이 있다.

## 2 최대전력 추종제어(MPPT)

### (1) 최대전력 추종제어(MPPT ; Maximum Power Point Tracking)의 기능

태양전지의 출력은 일사강도나 태양전지의 표면온도에 의해 변동이 된다. 이러한 변동에 대해 태양전지의 동작점이 항상 최대출력점을 추종하도록 변화시켜 태양전지에서 최대출력을 얻을 수 있는 제어이다. 즉, 인버터의 직류동작전압을 일정시간 간격으로 변동시켜 태양전지 출력전력을 계측한 후 이전의 것과 비교하여 항상 전력이 크게 되는 방향으로 인버터의 직류전압을 변화시키는 것이다.

| 구 분 | 단락전압 | 단락전류 | 최대출력 |
|---|---|---|---|
| 태양전지 표면온도 | -(부) | +(정) | -(부) |
| 일사강도(방사조도) | -(부) | +(정) | +(정) |

### (2) 최대전력 추종제어방식의 종류

① 직접 제어방식

센서를 통해 온도, 일사량 등 외부조건을 측정하여 최대전력 동작점이 변하는 파라미터를 미리 입력하여 비례제어하는 방식으로 구성이 간단하고 외부 상황에 즉각적인 대응이 가능하지만 성능이 떨어진다.

② 간접 제어방식

㉠ Incremental Conductance(IncCond) 제어

- 최대전력점에서 어레이 출력이 안정된다.
- 계산량이 많아서 빠른 프로세서가 필요하다.
- 태양전지 출력의 컨덕턴스와 증분 컨덕턴스를 비교하여 최대전력 동작점을 추종하는 방식이다.
- 일사량이 급변하는 경우에도 대응성이 좋다.

㉡ Pertube & Observe(P&O) 제어

- 간단하여 가장 많이 사용되는 방식이다.
- 외부 조건이 급변할 경우 전력손실이 커지며 제어가 불안정하게 된다.
- 태양전지 어레이의 출력전압을 주기적으로 증가·감소시키고 이전의 출력전력을 현재의 출력전력을 비교하여 최대전력 동작점을 찾는 방식이다.
- 최대전력점 부근에서 진동이 발생하여 손실이 생긴다.

㉢ Hysterisis Band 변동제어

- 어레이 그림자 영향 또는 모듈의 특성으로 인하여 최대전력점 부근에서 최대전력점이 한 개 이상 생기는 경우 최대전력점을 추종할 수 있다.
- 태양전지 어레이 출력전압을 최대전력점까지 증가시킨 후 임의의 이득을 최대전력점에서 전력과 곱하여 최소전력값을 지정한다.
- 매 주기마다 어레이 출력전압을 증가, 감소시키므로 최대전력점에서 손실이 발생된다.
- 지정된 최소전력값은 두 개가 생기므로 최대전력점을 기준으로 어레이 출력전압을 증가 또는 감소시키면서 매 주기 동작한다.

### (3) 최대전력 추종제어(MPPT)의 장 · 단점

① 최대전력 추종제어는 직접제어, InCond, P&O, Hysterisis Band 등에서 가능하다.

② 최대전력 추종제어는 출력전압의 증감을 감시하여 항상 최대전력점에서 동작이 되도록 제어하는 것인데 최대출력점의 95[%] 이상 추적이 가능하다.

③ 최대전력 추종제어(MPPT)의 장 · 단점

| 구 분 | 장 점 | 단 점 |
|---|---|---|
| 직접제어 | • 즉각적인 대응이 가능하다.<br>• 구성이 단순하다. | 성능이 나쁘다. |
| InCond | 최대출력점에서 안정된다. | 연산이 많다. |
| P&O | 제어가 간단하다. | 출력전압이 연속적으로 진동하여 손실이 생긴다. |
| Hysterisis Band | 일사량 변화 시 효율이 높다. | 성능이 나쁘다(InCond와 비교 시). |

## 3 단독운전 방지기능

### (1) 단독운전 방지기능

태양광발전시스템은 계통에 연계되어 있는 상태에서 계통 측에 정전이 발생했을 때 부하전력이 인버터의 출력전력과 같은 경우 인버터의 출력전압 · 주파수 계전기에서는 정전을 검출할 수가 없다. 이와 같은 이유로 계속해서 태양광발전시스템에서 계통에 전력이 공급될 가능성이 있다. 이러한 운전 상태를 단독운전이라 한다. 단독운전이 발생하면 전력회사의 배전망이 끊어져 있는 배전선에 태양광발전시스템에서 전력이 공급되기 때문에 보수점검자에게 위험을 줄 우려가 있는 태양광발전시스템을 정지할 필요가 있지만, 단독운전 상태의 전압계전기(UVR, OVR)와 주파수 계전기(UFR, OFR)에서는 보호할 수 없다. 따라서 이에 대한 대책의 일환으로 단독운전 방지기능을 설정하여 안전하게 정지할 수 있도록 한다.

### (2) 단독운전 방지기능의 종류

① 수동적 방식

연계운전에서 단독운전으로 이행했을 때 전압파형이나 위상 등의 변화를 포착하여 단독운전을 검출하도록 하는 방식이다. 수동적 방식의 구분유지시간은 5~10초, 검출시간은 0.5초 이내이다.

㉠ 주파수 변화율 검출방식 : 주로 단독운전 이행 시 발전전력과 부하의 불평형에 의한 주파수 급변을 검출한다.

㉡ 제3차 고주파 전압급증 검출방식 : 단독운전 이행 시 변압기에 여자전류 공급에 따른 변압 왜곡의 급증을 검출한다. 부하가 되는 변압기와의 조합이기 때문에 오작동의 확률이 비교적 높다.

㉢ 전압위상 도약 검출방식 : 계통과 연계하는 인버터는 상시 역률 1에서 운전되어 전압과 전류는 거의 동상이며, 유효전력만 공급하고 있다. 단독운전 상태가 되면 그 순간부터 무효전력도 포함시켜 공급해야 하므로 전압위상이 급변한다. 이때 전압위상의 급변을 검출하는 것이 바로 전압위상 도약 검출방식이다. 이 방식에서는 계통에 접속되어 있는 변압기의 돌입전류 등으로부터 오작동이 발생하지 않도록 설계되어 있다. 단독운전 이행 시에 위상변화가 발생하지 않을 때는 검출되지 않으며, 오작동이 적고 실용적이다.

② 능동적 방식

항상 인버터에 변동요인을 부여하고 연계운전 시에는 그 변동요인이 출력에 나타나지 않고 단독운전 시에만 나타나도록 하여 이상을 검출하는 방식이다. 능동적 방식의 구분검출시간은 0.5~1초이다.

㉠ 유효전력 변동방식 : 인버터의 출력에 주기적인 유효전력 변동을 부여하고, 단독운전 시에 나타나는 전압·주파수 변동을 검출한다.

㉡ 무효전력 변동방식 : 인버터의 출력전압 주기를 일정기간마다 변동시키면 평상시 계통 측의 Back-Power가 크기 때문에 출력주파수는 변하지 않고 무효전력의 변화로서 나타난다. 단독운전 상태에서는 일정한 주기마다 주파수의 변화로서 나타나기 때문에 이 주파수의 변화를 빨리 검출해서 단독운전을 판정하도록 한다. 또한 오동작을 방지하기 위해 주기를 변동시켰을 경우에만 출력변동을 검출하는 방법을 취하는 것도 있다.

- 부하 변동방식 : 인버터의 출력과 병렬로 임피던스를 순간적 또는 주기적으로 삽입하여 전압 또는 전류의 급변을 검출하는 방식이다.
- 주파수 시프트 방식 : 인버터의 내부발전기에 주파수 바이어스를 부여하고 단독운전 시에 나타나는 주파수 변동을 검출하는 방식이다.

## 4 자동전압 조정기능

태양광발전시스템을 계통에 접속하여 역송전 운전을 하는 경우 전력 전송을 위한 수전점의 전압이 상승하여 전력회사의 운용범위를 초과할 가능성이 있다. 따라서 이를 예방하기 위해 자동전압 조정기능을 설정하여 전압의 상승을 방지하고 있다.

### (1) 자동전압 조정기능의 종류

① **진상무효 전력제어** : 계통에 연계하는 인버터는 계통전압과 출력전류의 위상을 같게 하고 평상시에 역률 1로 운전한다. 연계점의 전압이 상승하여 진상무효 전력제어의 설정전압 이상으로 되면 역률 1의 제어를 해소하여 인버터의 전류위상이 계통전압보다 앞선다. 이에 따라 계통 측에서 유입하는 전류가 늦어져 연계점의 전압을 떨어뜨리는 방향으로 작용한다. 앞선 전류의 제어는 역률 0.8까지 실행되고 이에 따른 전압상승의 억제효과는 최대 2~3[%] 정도가 되며, 전압의 유지범위는 다음과 같다.

| 구 분 | 공칭전압(V) | 전압유지범위(V) | 비 고 |
|---|---|---|---|
| 특별고압 | 22,900 | 20,800~23,800(−2,100~+900) | 배선설비 고장 등의 이상상태에서는 이 유지범위를 벗어날 수 있다. |
| 고 압 | 6,600 | 6,000~6,900(−600~+300) | |
| 저 압 | 380 | 342~418(±38) | |
| | 220 | 207~233(±13) | |

② **출력제어** : 진상무효 전력제어에 따른 전력제어가 한계에 도달했음에도 불구하고 계통전압이 상승하는 경우에는 태양광발전시스템의 출력 자체를 제한하여 연계점의 전압상승을 방지하도록 한다. 특히, 배전선의 전압이 높은 경우에는 출력제어가 동작하여 발전량이 떨어지므로 주의를 요한다.

## 5 직류 검출기능

### (1) 직류 검출기능

인버터는 직류를 교류로 변환하기 위하여 반도체 스위칭 소자를 주파수로 스위칭하기 때문에 소자의 불규칙 분포 등에 의해 그 출력은 적지만 직류분이 잡음형태로 포함된다. 즉, 직류에 포함되어 있는 교류분(Ripple)을 제거하는 기능을 말한다.

또한 상용주파 절연변압기 방식은 절연변압기에 의해 줄일 수 있기 때문에 유출되지 않으며, 고주파 변압기 절연방식과 트랜스리스 방식에서는 인버터 출력이 직접 계통에 접속되기 때문에 직류분이 존재하게 되면 주상변압기의 자기포화 등 계통 측에 악영향을 주게 된다.

### (2) 직류 검출기능의 자기포화로 인해 발생하는 현상

① 계전기의 오·부동작

② 고조파 발생

> **Check!** 고주파 변압기 절연방식이나 트랜스리스 방식에서 출력전류에 중첩되는 직류분이 정격교류 출력전류의 0.5[%] 이하일 것을 요구하고 있으며, 직류분을 제어하는 직류 제어기능과 함께 만일 이 기능에 장해가 생긴 경우에 인버터를 정지시키는 보호기능이 있다.

## 6 직류 지락 검출기능

일반적으로 수·배전설비의 배전반 또는 분전반에는 누전경보기 또는 누전차단기가 설치되어 옥내 배선과 부하기기의 지락을 감시하고 있지만, 태양전지 어레이의 직류 측에서 지락사고가 발생하면 지락전류에 직류성분이 중첩되어 일반적으로 사용되고 있는 누전차단기는 이를 검출할 수 없는 상황이 발생한다.

### (1) 지락(Grounding)

전선 또는 전로 중 일부가 직접 또는 간접으로 대지(접지)에 연결된 경우로 전로와 대지 간의 절연이 저하하여 아크 또는 도전성 물질의 영향으로 전로 또는 기기의 외부에 위험한 전압이 나타나거나 전류가 흐르게 되는 상태를 말한다. 이렇게 하여 흐르게 된 전류를 지락전류라고 하며 인체감전, 누전화재 또는 기기의 손상 등을 일으키는 원인이 된다.

### (2) 일반적인 내용 정리

① 인버터의 내부에 직류 지락검출기를 설치하여 검출·보호하는 것이 필요하다.

② 일반적으로 직류 측 지락사고 검출 레벨은 100[mA]로 설정되어 운전되고 있다.

## 7 계통 연계 보호장치

이상 또는 고장이 발생했을 경우 자동적으로 분산형 전원을 전력계통으로부터 분리해 내기 위한 장치를 시설해야 한다.

① 단독운전 상태
② 분산형 전원의 이상 또는 고장
③ 연계형 전력계통의 이상 또는 고장

### (1) 계통 연계장치의 요소를 검출 판별하는 장치

① 과전압계전기(OVR ; Over Voltage Relay)
② 부족전압계전기(UVR ; Under Voltage Relay)
③ 주파수상승계전기(OFR ; Over Frequency Relay)
④ 주파수저하계전기(UFR ; Under Frequency Relay)

### (2) 보호계전기의 검출레벨과 동작시한

| 계전기기 | 기기번호 | 용 도 | 동작시간 | 검출레벨 |
|---|---|---|---|---|
| 유효전력 계전기 | 32P | 유효전력 역송방지 | 0.5~2초 | 상시 병렬운전 상태에서 전력계통 동요 및 외부사고 시 오동작하지 않는 범위 내에서 최솟값 |
| 무효전력 계전기 | 32Q | 단락사고 보호 | | 배후계통 최소조건 하에서 상대단 모선 2상 단락사고 시 유입 무효전력의 1/3 이하 |
| 부족전력 계전기 | 32U | 부족전력 검출 | | 상시 병렬운전 발전 상태에서 전력계통 동요 및 외부 사고 시 오동작하지 않는 범위 내에서 최솟값, 계전기의 동작은 발전기의 운전상태에서만 차단기 트립되도록 한다. |
| 과전압 계전기 | 59 | 과전압 보호 | 순시정정치의 120[%]에서 2초 | • 순시형 : 정격전압의 150[%]<br>• 반한시형 : 정격전압의 115[%] |
| 저전압 계전기 | 27 | 사고검출 또는 무전압 검출 | 감시용 0.2~0.3초 | 정격전압의 80[%] |
| 주파수 계전기 | 81O/81U | 주파수 변동 검출 | 0.5초/1분 | • 과주파수 : 63[Hz]<br>• 저주파수 : 57[Hz] |
| 과전류 계전기 | 50/51 | 과전류 보호 | TR 2차 3상 단락 시 0.6초 이하 | • 순시 : 단락보호<br>• 한시 : 150[%]에서 과부하보호 및 후미보호 |

### (3) 연계 계통 이상 시 태양광발전시스템의 분리와 투입 만족 조건

① 정전·복전 후 5분을 초과하여 재투입
② 차단장치는 한전계통의 정전 시 투입 불가능하도록 시설
③ 단락 및 지락고장으로 인한 선로 보호장치 설치
④ 연계 계통 고장 시에는 0.5초 이내 분리하는 단독운전 방지장치 설치

### (4) 분산형 전원을 송전사업자의 특고압 전력계통에 연계하는 경우

① 계통 안정화 또는 조류 억제 등의 이유로 운전제어가 필요할 경우 분산형 전원에 필요한 운전 제어 장치를 시설한다.

② 연계용 변압기 중성점의 접지 : 전력계통에 연결되어 있는 다른 전기설비의 정격을 초과하는 과전압을 유발하거나 전력계통의 지락고장 보호협조를 방해하지 않도록 하는 시설

### (5) 역송전이 있는 저압 연계 시스템(계통 연계 보호계전기)

① 저전압계전기, 저주파수계전기, 과전압계전기, 과주파수계전기로 구성된다.

② 보호계전기의 설치장소는 인버터의 출력점이 좋다.

### (6) 역송전이 있는 고압 연계 시스템(계통 연계 보호계전기)

① 저전압계전기, 저주파수계전기, 과전압계전기, 과주파수계전기, 지락과전류 계전기, 지락과전압 계전기로 구성된다.

② 고압 연계의 보호계전기의 설치장소로는 태양광발전소 구내 수전보호 배전반에 설치해야 한다.

③ 계통 연계 보호장치는 전력회사와 사전에 협의하여 결정한다.

## 8 그 외 내용정리

(1) 계통 연계 보호장치는 일반적으로 인버터에 내장되어 있는 경우가 많다.

### (2) 특고압 연계에서의 보호계전기 설치장소

특고압 연계에서는 보호계전기의 설치장소로 지락 과전류 계전기(OCGR)를 수용가 특고압측에 설치하여 과전류, 과주파수, 저주파수 계전기 인버터에 출력점에 설치하는 것이 보호기능면에서 좋다.

# 적중예상문제

## 01 태양전지에서 주로 사용되는 전압은 얼마인가?

① 6[V] ② 12[V]
③ 36[V] ④ 48[V]

**해설**
태양전지에서 만들어지는 전기는 직류(DC)이며, 전압은 다양하게 낼 수 있으나 주로 많이 사용되는 것은 12[V]와 24[V]이다.

## 02 태양전지에서 얻어지는 직류전압을 교류전압으로 변환시켜 주는 장치를 무엇이라 하는가?

① 인버터 ② 컨버터
③ 교환기 ④ 정류기

**해설**
DC-AC 인버터
태양전지에서 얻어지는 12[V] 직류전력을 220[V] 교류전력으로 변환시켜 주는 장치를 말한다.

## 03 인버터의 역할로 맞는 것은?

① 태양전지의 발전전력을 최소로 이끌어내는 제어기능이 있다.
② 태양전지에서 출력되는 교류전류를 최대 효율의 직류전력으로 변환한다.
③ 교류계통으로 접속된 부하설비에 전력을 공급한다.
④ 이상이 있을 시에도 회로는 계속하여 동작한다.

**해설**
인버터의 역할
- 교류계통으로 접속된 부하설비에 전력을 공급한다.
- 태양전지에서 출력되는 직류전류를 최대 효율의 교류전력으로 변환한다.
- 이상이 있을 시에 회로를 보호한다.
- 태양전지의 발전전력을 최대로 이끌어내는 제어기능이 있다.
- 시스템의 직류, 교류 측의 전기적인 감시와 모니터링 기능, 보호기능이 있다.

## 04 인버터의 기본 기능에 포함되는 사항이 아닌 것은?

① AC를 DC로 변환한다.
② MPPT 기능이 있기 때문에 일사량과 태양전지 어레이의 표면 온도, 장애물과 구름 등에 의한 그림자의 발생 시 태양전지 어레이를 항상 최적의 상태로 추적할 수 있도록 하는 기능이 있어야 한다.
③ 계통으로 인해 발생할 수 있는 사고를 방지하고, 태양광발전시스템의 고장과 인버터 자체의 고장으로부터 각종 보호기능을 내장한다.
④ DC 전기를 태양광 어레이에서 생성하게 되었을 때 AC로 변환하여 계통에서 요구되는 전압과 주파수, 위항에 맞추어 계통으로 공급한다.

**해설**
인버터의 기본 기능
- DC 전기를 태양광 어레이에서 생성하게 되었을 때 AC로 변환하여 계통에서 요구되는 전압과 주파수, 위항에 맞추어 계통으로 공급한다.
- 계통으로 인해 발생할 수 있는 사고를 방지하고, 태양광발전시스템의 고장과 인버터 자체의 고장으로부터 각종 보호기능을 내장한다.
- MPPT(Maximum Power Point Tracking : 최대전력점 추종제어 기능) 기능이 있기 때문에 일사량과 태양전지 어레이의 표면 온도, 장애물과 구름 등에 의한 그림자의 발생 시 태양전지 어레이를 항상 최적의 상태로 추적할 수 있도록 하는 기능이 있어야 한다.

## 05 인버터의 주요 기능이 아닌 것은?

① 태양광발전설비 및 인버터 자체고장 진단
② 전력망 이상 발생 시 단독운전 방지
③ 이상 발생 시 자동정지
④ 전력의 생성

**해설**
인버터의 주요 기능
- 태양광 출력에 따른 자동운전, 자동정지 및 최대전력 추종제어
- 태양광발전설비와 전력망과의 병렬운전을 위한 주파수, 전압, 위상제어
- 발전출력의 품질(전압변동, 고조파)을 제어
- 전력망 이상 발생 시 단독운전 방지
- 태양광발전설비 및 인버터 자체고장 진단 및 이상 발생 시 자동정지



1 ② 2 ① 3 ③ 4 ① 5 ④ 정답

## 06 인버터의 구성요소에 해당되지 않는 것은?

① 적분기　　② 냉각팬
③ 피뢰기　　④ 인버터부

**해설**

인버터의 구성요소
- 입력필터 : 인버터에서 스위칭 시 발생하는 노이즈가 최소화되도록 설계 제작하고, 인버터의 직류 입력측에 EMI 필터를 설치하여 노이즈가 외부로 나가지 못하도록 하여야 한다.
- 인버터부
  - IGBT 모듈, 퓨즈, 방열판, 조립용 각종 부품으로 구성되며, 정류부로부터 정류된 직류를 IGBT에 공급하고 검출 장치로부터 출력 파형을 검출하여 순시 파형 정형보상회로를 통하여 정현파 펄스폭 변조 방식의 인버터로 설계, 제작하여야 하며 본 장치 보호를 위하여 직류 입력 측에 반도체 보호용 고속 퓨즈를 구비하여야 한다.
  - 컴퓨터와 같은 비선형 부하 인가 시에도 파형 찌그러짐이 최소화되도록 하고, 스위칭 주파수를 가청 주파수 이상으로 설계, 제작하여 운전 소음을 최소화하도록 하여야 한다.
- 출력 변압기 : 리액터 기능을 포함한 단일 복권 변압기 구조로 제작되어 역변환으로부터의 출력을 합성하여 고조파 성분을 극소화시키며 시스템 효율을 극대화하도록 설계, 제작되어야 한다.
- 제어부(Power Supply) : 고성능 스위칭 방식에 의한 컨버터 방식을 사용해서 절체 또는 가동 시 오동작 없이 안정적으로 동작되어야 한다.
- 돌입전류 제한 리액터 : 과도 부하 등에 의한 돌입 전류를 제한하여 인버터를 보호하고 안정적으로 사용할 수 있도록 한다.
- 피뢰기 : 외부로부터 서지 유입 및 유출 방지를 위하여 입·출력단에 서지 보호회로를 설치하여 보호한다.
- 냉각팬 : 팬 설치부분에 필터를 설치하여 먼지 및 염분의 외기공기가 직접 흡입되지 않도록 하여야 한다.

## 07 인버터의 구성요소 중 인버터부의 구성으로 옳지 않은 것은?

① IGBT 모듈　　② 퓨 즈
③ 방열판　　④ 필 터

**해설**

6번 해설 참고

## 08 다음 설명은 어느 것에 대한 설명인가?

> "고성능 스위칭 방식에 의한 컨버터 방식을 사용해서 절체 또는 가동 시 오동작 없이 안정적으로 동작되어야 한다."

① 입력필터　　② 냉각팬
③ 제어부　　④ 피뢰기

**해설**

6번 해설 참고

## 09 인버터의 손실요소에 해당되지 않는 것은?

① 변압기 손실
② 전력변환 손실
③ 대기전력 손실
④ 자체저항 손실

**해설**

인버터의 손실요소
- 대기전력 손실
- 변압기 손실
- 전력변환 손실
- MPPT 손실

## 10 인버터 사양의 중요 내용 중 냉각방식 및 보호등급에 대한 사항이 아닌 것은?

① 보호등급은 실외형일 경우 IP44 이상일 것
② 10[kW] 이하의 소용량 태양광발전시스템의 경우에는 실내에 설치
③ 빗물과 먼지의 침투를 방지하기 위해 자연냉각이 필요하다.
④ 실내형일 경우 IP20이어야 한다.

**해설**

인버터 사양의 중요 내용 중 냉각방식 및 보호등급
- 10[kW] 이하의 소용량 태양광발전시스템의 경우에는 옥외에 설치되는 경우가 많이 있기 때문에 빗물과 먼지의 침투를 방지하기 위해 자연냉각이 필요하다.
- 보호등급은 실외형일 경우 IP44 이상이며, 실내형일 경우 IP20이어야 한다.

정답 6 ① 7 ④ 8 ③ 9 ④ 10 ②

## 11 인버터 운용 감시반의 기능에 포함되지 않는 것은?

① 계측기능 ② 경보기능
③ 제어조작기능 ④ 감지기능

**해설**

인버터 운용 감시반의 기능
- 계측기능
- 경보표시
- 운용상태 표시
- 데이터 입력기능
- 제어조작기능
- 기기 원격 감시 제어를 위한 통신기능을 내장해야 한다.

## 12 인버터 운용 상태에 대한 내용으로 올바르게 설명한 것은?

① 인버터의 운용은 항상 사람이 감시를 해야 한다.
② 인버터의 원활한 운전과 운영상태의 식별이 용이하도록 기능 인력을 항상 대기시켜야 한다.
③ 인버터 운용 상태를 표시하기 위해서 원격 제어 감시용 통신 기능을 구비해야 한다.
④ 제어반 전면 상단에 팩스 기능을 추가해야 한다.

**해설**

인버터의 원활한 운전과 운영상태의 식별이 용이하도록 제어반 전면 상단에 LED 및 LCD로 된 표시창을 운영 감시반에 설치하고 마이크로프로세서를 내장하여 본 장치의 모든 기능 수행에 적합한 소프트웨어를 설치하고 운용상태 및 계측상태를 표시창에 표시되도록 하며 원격 제어 감시용 통신 기능을 구비해야 한다.

## 13 인버터의 회로 방식의 종류가 아닌 것은?

① 상용주파 변압기 절연방식
② 트랜스리스 방식
③ 고주파 변압기 절연방식
④ 사이리스트 방식

**해설**

인버터 회로 방식
- 상용주파 변압기 절연방식(저주파 변압기 절연방식)
  - 태양전지(PV) → 인버터(DC → AC) → 변압기
  - 태양전지의 직류출력을 상용주파의 교류로 변환한 후 변압기로 절연한다.
  - 내뢰성(번개에 견딜 수 있는 성질)과 노이즈 컷(잡음을 차단)이 뛰어나지만 상용주파 변압기를 이용하기 때문에 중량이 무겁다.
- 고주파 변압기 절연방식
  - 태양전지(PV) → 고주파 인버터(DC → AC) → 고주파 변압기(AC → DC) → 인버터(DC → AC)
  - 소형이고 경량이다.
  - 회로가 복잡하다.
  - 태양전지의 직류출력을 고주파의 교류로 변환한 후 소형의 고주파 변압기로 절연을 한다.
  - 절연 후 직류로 변환하고 재차 상용주파의 교류로 변환한다.
- 트랜스리스 방식
  - 태양전지(PV) → 컨버터 → 인버터
  - 소형이고 경량이다.
  - 비용이 저렴하고 신뢰성이 높다.
  - 태양전지의 직류출력을 DC - DC 컨버터로 승압하고 인버터를 상용주파의 교류로 변환한다.
  - 상용전원과의 사이는 비절연이다.
  - 비용, 크기, 중량 및 효율면에서 우수하여 가장 많이 사용되고 있다.

## 14 인버터 회로 방식 중 효율이 우수하여 가장 많이 사용되는 방식은?

① 트랜지스터 방식
② 상용주파 변압기 절연방식
③ 고주파 변압기 절연방식
④ 트랜스리스 방식

**해설**

13번 해설 참고

## 15 다음에서 설명하고 있는 회로 방식은 무엇인가?

| 태양전지(PV) → 인버터(DC → AC) → 변압기 |
|---|

① 상용주파 변압기 절연방식
② 고주파 변압기 절연방식
③ 트랜스리스 방식
④ 셀룰러 방식

**해설**

13번 해설 참고



11 ④ 12 ③ 13 ④ 14 ④ 15 ① 정답

**16** 고주파 변압기 절연방식에 대한 특징으로 옳지 않은 것은?

① 소형이고 경량이다.
② 절연 후 직류로 변환하고 재차 상용주파의 교류로 변환한다.
③ 회로가 단순하다.
④ 태양전지의 직류 출력을 고주파의 교류로 변환한 후 소형의 고주파 변압기로 절연을 한다.

**해설**

13번 해설 참고

**17** 인버터를 크게 분류할 때 전류방식과 제어방식 그리고 절연방식으로 분류할 수 있다. 이 중 제어방식의 종류로 바르게 연결된 것은?

① 자기전류방식과 강제전류방식
② 전압 제어형과 전류 제어형
③ 자기전류방식과 고주파 절연방식
④ 무변압기방식과 강제전류방식

**해설**

인버터의 구분

- 전류방식
  - 자기전류방식
  - 강제전류방식
- 제어방식
  - 전압 제어형
  - 전류 제어형
- 절연방식
  - 상용주파
  - 고주파
  - 무변압기

**18** 인버터의 용량은 여러 대를 병렬로 조합하면 제약이 없이 사용할 수 있다. 비용이 많이 들기 때문에 가정에서는 일반적으로 어느 정도까지의 용량이 가능한가?

① 수십[kW] ② 수백[kW]
③ 수[kW] ④ 수천[kW]

**해설**

인버터의 용량

- 일반 주택용 : 수[kW]
- 대형 상업용 발전소 : 수십[kW]~수백[kW]
- 단독 사용도 가능하지만 태양전지 설비용량을 맞추어 여러 대를 병렬로 조합하여 사용할 수 있기 때문에 용량에 제약은 없다.

**19** 다음은 어떤 인버터에 대한 설명인가?

> "이 파형의 전기는 가정에서 사용하는 교류전기 제품을 모두 사용할 수 있다."

① 정현파 인버터
② 비 정현파 인버터
③ 입력 인버터
④ 출력 인버터

**해설**

인버터의 구분

- 정현파 인버터 : 출력 파형이 계통에서 일반 가정에 공급되는 전기의 파형을 정현파라고 부르며, 이 파형의 전기는 가정에서 사용하는 교류전기 제품을 모두 사용할 수 있다. 독립형 태양광발전시스템이나 측정기기, 통신기기, 의료기기, 음향기기, 형광등, PC 등 고가 정밀기기에 사용해야 한다.
- 유사 정현파 인버터 : 정현파와 비슷하지만 파형의 왜곡에 있어서 정격출력에 도달하면 파형이 찌그러지는 현상이 생겨 서지가 발생되고 잡음과 환상 노이즈 현상이 발생된다. 변형된 파형이기 때문에 민감한 전자제품은 사용을 하지 않는 것이 좋으며 이 파형으로 사용할 수 있는 제품은 파형에 민감하지 않은 모터류, 전열기구, 전등이다.

**20** 파형에 따라 인버터를 분류했을 때 유사 정현파 인버터를 사용할 수 있는 것은?

① 측정기기 ② 통신기기
③ 전열기구 ④ 의료기기

**해설**

19번 해설 참고

정답 16 ③ 17 ② 18 ③ 19 ① 20 ③

**21** 저압계통 연계 시 직류유출방지 변압기의 시설에서 분산형 전원을 인버터로 이용하여 배전사업자의 저압 전력계통에 연계하는 경우 인버터로부터 직류가 계통으로 유출되는 것을 방지하기 위하여 접속점과 인버터 사이에 상용주파수 변압기를 시설하여야 한다. 이때 예외가 되는 사항으로 옳은 것은?

① 인버터의 교류 측 회로가 접지인 경우
② 고주파 변압기를 사용하는 경우
③ 인버터의 교류출력측에 교류 검출기를 구비한 경우
④ 직류 검출 시에 직류출력을 정지하는 기능을 갖춘 경우

**해설**

저압계통 연계 시 직류유출방지 변압기의 시설
분산형 전원을 인버터로 이용하여 배전사업자의 저압 전력계통에 연계하는 경우 인버터로부터 직류가 계통으로 유출되는 것을 방지하기 위하여 접속점과 인버터 사이에 상용주파수 변압기를 시설하여야 한다. 다만, 다음을 모두 충족하는 경우에는 예외로 한다.

- 인버터의 직류 측 회로가 비접지인 경우 또는 고주파 변압기를 사용하는 경우
- 인버터의 교류출력측에 직류 검출기를 구비하고, 직류 검출 시에 교류출력을 정지하는 기능을 갖춘 경우

**22** 인버터 스위칭 소자에 따른 분류에 해당되지 않는 것은?

① SCR ② IGBT
③ MOSFET ④ 트랜지스터

**해설**

인버터 스위칭 소자에 따른 분류

| 스위칭 소자 | 고속SCR | IGBT | GTO | MOSFET |
|---|---|---|---|---|
| 스위칭 속도 | 수백 [Hz] 이하 | 15[kHz] 이하 | 1[kHz] 이하 | 15[kHz] 초과 |
| 적용 용량 | 대용량 | 중대용량 (1[MW] 미만) | 초대용량 (1[MW] 이상) | 소용량 (5[kW] 이하) |
| 특 징 | 전류형 인버터에 사용한다. | 대전류, 고전압에서 대응이 가능하면서도 스위칭 속도가 빠른 특성을 보유하여 가장 많이 사용되고 있다. | 대전압과 고전압 방식에 유리하다. | 일반 트랜지스터 베이스 전류 구동 방식을 전압 구동 방식으로 하여 고속 스위칭이 가능하다. |

**23** 인버터 스위칭 소자에서 적용용량이 가장 작은 것은?

① 고속 SCR ② IGBT
③ GTO ④ MOSFET

**해설**

22번 해설 참고

**24** 인버터 스위칭 소자 중 속도가 가장 빠른 것은?

① 고속SCR ② IGBT
③ GTO ④ MOSFET

**해설**

22번 해설 참고

**25** 대전류, 고전압에서 대응이 가능하면서도 스위칭 속도가 빠른 특성을 보유하여 가장 많이 사용되고 있는 인버터 방식은?

① 고속 SCR ② IGBT
③ GTO ④ MOSFET

**해설**

22번 해설 참고

**26** 대전압과 고전압 방식에 유리한 인버터 방식은?

① 고속 SCR ② IGBT
③ GTO ④ MOSFET

**해설**

22번 해설 참고

**27** 이득을 제어하는 가장 효율적인 제어방식은?

① 펄스진폭변조 ② 펄스폭변조
③ 펄스위상변조 ④ 펄스주파수변조

**해설**

인버터 이득을 변화시키는 방법은 다양하며 이득을 제어하는 가장 효율적인 방법으로 펄스폭변조(PWM)제어 방식이 있다.

정답: 21 ② 22 ④ 23 ④ 24 ④ 25 ② 26 ③ 27 ②

## 28 다음에서 설명하는 소자는?

> "전압형 단상 인버터의 내부 구조에서 트랜지스터 ON-OFF 시 인덕터 양단에 나타나는 역기전력에 의해 트랜지스터의 내전압을 초과하여 소손되는 것을 방지하기 위한 것"

① 정류 다이오드 ② 환류 다이오드
③ 검파 다이오드 ④ 다이오드

**해설**

환류 다이오드(Free Wheeling Diode)
전압형 단상 인버터의 내부 구조에서 트랜지스터 ON-OFF 시 인덕터 양단에 나타나는 역기전력에 의해 트랜지스터의 내전압을 초과하여 소손되는 것을 방지하기 위한 것이다.

## 29 저압연계 시스템 회로의 종류가 아닌 것은?

① OVR ② OFR
③ UVR ④ UHF

**해설**

저압연계 시스템 회로
- 저전압 계전기(UVR)
- 과전압 계전기(OVR)
- 저주파수 계전기(UFR)
- 과주파수 계전기(OFR)

## 30 고압연계 시스템 보호장치로는 추가되어야 할 계전기는?

① 지락 과전류 계전기
② 단락 과전류 계전기
③ 지락 과전압 계전기
④ 단락 과전압 계전기

**해설**

고압 연계 시스템 보호장치로는 지락 과전압 계전기(OVGR)가 추가되어야 한다.

## 31 인버터의 표시사항에 포함되지 않는 내용은?

① 전력과 역률 ② 주 기
③ 최대출력량 ④ 누적발전량

**해설**

인버터의 표시사항
- 입력단(모듈출력)전압과 전류
- 전력과 출력단(인버터출력)의 전압과 전류
- 전력과 역률
- 주파수
- 누적발전량
- 최대출력량

## 32 태양광발전용 독립형과 연계형, 중대형 인버터의 시험항목으로 옳지 않은 것은?

① 절단시험 ② 보호기능시험
③ 절연성능시험 ④ 구조시험

**해설**

태양광발전용 독립형과 연계형, 중대형 인버터의 시험항목
- 구조시험
- 절연성능시험
- 보호기능시험(독립형은 일부 제외)
- 정상특성시험(독립형은 일부 제외)
- 과도응답 특성시험(독립형은 일부 제외)
- 외부사고시험(독립형은 일부 제외)
- 내 전기 환경시험(독립형과 연계형은 일부 제외)
- 내 주위 환경시험
- 전자기적합성(EMC)

## 33 태양광 인버터의 특징이 아닌 것은?

① 고장 시 전력 손실이 적고 쉽게 대처할 수 있다.
② 초기에 설비비가 많이 든다.
③ 설치 공간이 적게 소요된다.
④ 소용량을 여러 대를 설치할 경우 1대 고장 시 그 어레이만 발전이 정지된다.

**해설**

태양광 인버터의 특징
- 소용량 여러 대를 사용하거나 대용량을 소수로 사용할 수 있다.
- 소용량 여러 대를 설치할 경우 1대 고장 시 그 어레이만 발전이 정지된다.
- 고장 시 전력 손실이 적고 쉽게 대처할 수 있다.
- 여러 대를 운용하게 될 경우 고장의 확률이 높고 보호 및 제어회로가 복잡하다.
- 설치 공간이 많이 소요된다.
- 공장 확률이 높음에 따라 유지보수비가 많이 든다.
- 초기에 설비비가 많이 든다.

**정답** 28 ② 29 ④ 30 ③ 31 ② 32 ① 33 ③

## 34 전류형 인버터에 대한 내용으로 옳은 것은?

① 교류전압을 출력으로 하며, 부하역률에 따라 전류위상이 변한다.
② 교류전압을 출력으로 하며, 부하역률에 따라 전압위상이 변한다.
③ 교류전류를 출력으로 하며, 부하역률에 따라 전압위상이 변한다.
④ 교류전류를 출력으로 하며, 부하역률에 따라 전류위상이 변한다.

**해설**

전압형 인버터와 전류형 인버터
- 전압형 인버터 : 교류전압을 출력으로 하며, 부하역률에 따라 전류위상이 변한다.
- 전류형 인버터 : 교류전류를 출력으로 하며, 부하역률에 따라 전압위상이 변한다.

## 35 태양광의 유효이용 시 고려사항이 아닌 것은?

① 전력 변환효율이 높아야 한다.
② 야간 등의 대기 손실이 커야 한다.
③ 저부하 시의 손실이 적어야 한다.
④ 최대전력점 추종제어에 의한 최대전력의 추출이 가능해야 한다.

**해설**

태양광의 유효이용 시 고려사항
- 전력 변환효율이 높아야 한다.
- 최대전력점 추종(MPPT ; Maximum Power Point Tracking)제어에 의한 최대전력의 추출이 가능해야 한다.
- 야간 등의 대기 손실이 적어야 한다.
- 저부하 시의 손실이 적어야 한다.

## 36 인버터 선정 시 전력품질과 공급의 안전성에 해당되지 않는 사항은?

① 고조파 발생이 적어야 한다.
② 노이즈 발생이 적어야 한다.
③ 가동 및 정지 시 안정적으로 작동하여야 한다.
④ 고주파 발생이 많아야 한다.

**해설**

인버터 선정 시 전력품질과 공급의 안전성
- 노이즈 발생이 적어야 한다.
- 고조파 발생이 적어야 한다.
- 가동 및 정지 시 안정적으로 작동하여야 한다.

## 37 멀티센트럴의 장점이 아닌 것은?

① 최대 효율성을 확보할 수 있다.
② 고압 계통선에 변압기 1차 측을 다권선 변압기를 채용해서 직접 연계할 수 있다.
③ 시스템 구성이 어렵다.
④ 태양광발전 설비에 대한 효율성을 향상시킬 수 있다.

**해설**

멀티센트럴(Multi Central) 장·단점

| 장 점 | 단 점 |
|---|---|
| • 최대 효율성을 확보할 수 있다.<br>• 태양광발전 설비에 대한 효율성을 향상시킬 수 있다.<br>• 시스템 내의 각 인버터 가동 시간을 모니터링해서 모든 인버터의 가동 시간을 동일하게 운전하는 순환방식 인버터를 통해 전체 인버터 시스템의 사용 수명을 연장시킬 수 있다.<br>• 시스템 중 하나의 인버터에 문제가 발생해도 다른 인버터는 높은 에너지 레벨에서 발전을 지속할 수 있어 장애상태로 인한 에너지 손실이 매우 낮다.<br>• 고압 계통선에 변압기 1차 측을 다권선 변압기를 채용해서 직접 연계할 수 있다. | • 비용이 많이 든다.<br>• 시스템 구성이 어렵다. |

## 38 인버터의 종류가 아닌 것은?

① 계통 연계형 인버터
② 단독 운전 방지 인버터
③ 전류 제어형 인버터
④ 전력 차단형 인버터

**해설**

인버터의 종류 및 특징
- 계통 상호 작용형 인버터(Utility Interactive Inverter) : 전력계통의 배전 시스템이나 송전 시스템과 병렬로 공통의 부하에 전력을 공급할 수 있는 인버터이다. 전력계통의 배전과 송전 시스템쪽으로도 송전이 가능하다.



34 ③ 35 ② 36 ④ 37 ③ 38 ④ 정답

- 계통 연계형 인버터(Grid Connected Inverter) : 전력계통의 배전 시스템이나 송전 시스템과 병렬로 동작할 수 있는 인버터이다.
- 계통 의존형 인버터(Grid Dependent Inverter) : 계통 전력에 의존해서만 운영할 수 있는 인버터이다.
- 계통 주파수 결합형 인버터(Utility Frequency Link Inverter) : 출력단에 계통과의 격리(절연)를 위한 상용 계통 주파수 변압기를 가진 구조의 계통 연계 인버터이다. 즉, 인버터의 출력측과 부하측, 계통측을 계통 주파수 격리 변압기를 사용하여 전기적으로 격리하는 방식이다.
- 고주파 결합형 인버터(High Frequency Link Inverter) : 인버터의 입력 및 출력 회로 사이의 전기적인 격리에 고주파 변압기를 사용하는 방식으로 고주파 격리 방식 인버터라고 부르는 경우도 있다.
- 단독 운전 방지 인버터(Non Islanding Inverter) : 전력계통에 연계되는 인버터로서 배전 계통의 전압이나 주파수가 정상 운전조건을 벗어나는 경우에는 계통쪽으로 전력 송전을 중단하는 기능을 가진 인버터이다.
- 독립형 인버터(Stand Alone Inverter) : 전력계통의 배전 시스템이나 송전 시스템에 연결되지 않는 부하에 전력을 공급하는 인버터로서 축전지 전원 인버터라고도 한다.
- 모듈 인버터(Module Inverter) : 모듈의 출력단에 내장되는 인버터이다. 모듈 인버터는 모듈의 뒷면에 붙어 있으며 교류 모듈이라고도 한다.
- 변압기 없는 인버터(Transformerless Inverter) : 격리(절연) 변압기가 없는 방식의 인버터로 인버터의 직류측과 교류측(부하측과 계통측)이 격리되지 않은 상태이다.
- 스트링 인버터(String Inverter) : 태양광발전 모듈로 이루어지는 스트링 하나의 추력만으로 동작할 수 있도록 설계한 인버터이다. 교류 출력은 다른 스트링 인버터의 교류 출력에 병렬로 연결시킬 수 있다.
- 전력망 상호 작용형 인버터(Grid Interactive Inverter) : 독립형과 병렬운전의 두 가지 방식으로 운전할 수 있다. 전력망 상호 작용형 인버터는 처음 동작할 때만 전력망 병렬방식으로 동작한다. 계통 상호 작용형 인버터와는 다르다.
- 전류 안정형 인버터(Current Stiff Inverter) : 기본적으로 직류 입력 전류가 잘 변하지 않는 특성을 요구하는 것으로서 입력 전류에 잔결이 적고 평탄한 특성을 요구하는 인버터로 전류원이 안정되어 있을 것을 요구하는 인버터를 가리키며 전류형 인버터라고도 한다.
- 전류 제어형 인버터(Current Control Inverter) : 펄스 폭 변조나 이와 유사한 다른 제어 기법을 이용하여 규정된 진폭과 위상 및 주파수를 가진 정현파 출력 전류를 만들어 내는 인버터이다.
- 전압 안정형 인버터(Voltage Stiff Inverter) : DC 입력 전압이 잘 변하지 않는 특성을 요구하는 것으로서 입력 전압에 잔결이 적고 평탄한 특성을 요구하는 인버터이다. 즉, 전압원이 안정되어 있을 것을 요구하는 인버터를 가리키며, 전압형 인버터라고도 한다.
- 전압 제어형 인버터(Voltage Control Inverter) : 펄스 너비 변조와 유사한 다른 제어 기법을 이용하여 규정된 진폭과 위상 및 주파수를 가진 정현파 출력 전압을 만드는 인버터이다.

**39** 전력계통의 배전 시스템이나 송전 시스템과 병렬로 공통의 부하에 전력을 공급할 수 있는 인버터로서 전력계통의 배전과 송전 시스템 쪽으로도 송전이 가능한 방식은?

① 고주파 결합형 인버터
② 스트링 인버터
③ 계통 주파수 결합형 인버터
④ 계통 상호 작용형 인버터

**해설**
38번 해설 참고

**40** 전력계통의 배전 시스템이나 송전 시스템에 연결되지 않는 부하에 전력을 공급하는 인버터로서 축전지 전원 인버터라고도 하는 방식은?

① 전압 안정형 인버터
② 단독 운전 방지 인버터
③ 독립형 인버터
④ 전력망 상호작용형 인버터

**해설**
38번 해설 참고

**41** 펄스 너비 변조와 유사한 다른 제어 기법을 이용하여 규정된 진폭과 위상 및 주파수를 가진 정현파 출력 전압을 만드는 인버터 방식은?

① 전압 제어형 인버터
② 전류 제어형 인버터
③ 계통 의존형 인버터
④ 변압기 없는 인버터

**해설**
38번 해설 참고

**42** 태양광발전용 인버터의 설치용량은 설계용량 이상이어야 한다. 또한 인버터에 연결된 모듈의 설치용량은 어느 정도이어야 하는가?

① 90[%] ② 100[%]
③ 105[%] ④ 110[%]

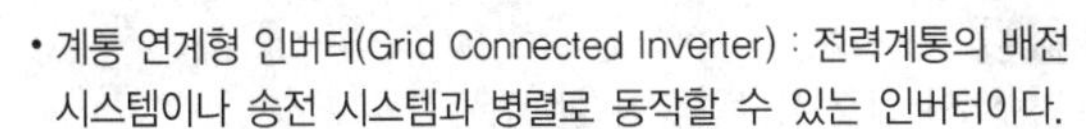

정답 39 ④ 40 ③ 41 ① 42 ③

해설

인버터의 설치용량은 설계용량 이상이어야 하고, 인버터에 연결된 모듈의 설치용량은 인버터 설치용량의 105[%] 이내이어야 한다. 단, 각 직렬군의 태양전지 개방전압은 인버터 입력전압 범위 안에 있어야 한다.

## 43 다음 ( ) 알맞은 소자는?

> "전압형 단상 인버터에서 입력전원 내부는 "0"이 이상적이나 일반적으로 내부 임피던스가 존재하므로 정류전원을 인버터의 입력으로 사용하는 경우 큰 용량의 (   )를 정류전원과 병렬로 접속하여 사용한다."

① 콘덴서 ② 코 일
③ 트랜지스터 ④ 다이오드

해설

전압형 단상 인버터에서 입력전원 내부는 "0"이 이상적이나 일반적으로 내부 임피던스가 존재하므로 정류전원을 인버터의 입력으로 사용하는 경우 큰 용량의 콘덴서를 정류전원과 접속하여 사용한다.

## 44 인버터 선정 시 고려사항을 바르게 연결하지 않는 내용은?

① 평균효율 : 고효율 방식
② 인버터 제어방식 : 전류형 전류제어방식
③ 전류 변형률 : 총합 5[%] 이하, 각 차수마다 3[%] 이하
④ 출력 기본파 역률 : 95[%] 이상

해설

인버터 선정 시 고려사항
- 인버터 제어방식 : 전압형 전류제어방식
- 평균효율 : 고효율 방식
- 출력 기본파 역률 : 95[%] 이상
- 전류 변형률 : 총합 5[%] 이하, 각 차수마다 3[%] 이하

## 45 인버터의 일반적인 선정 시 주의해야 할 사항으로 옳지 않은 것은?

① 계통의 주파수, 전압과 전류, 기본적인 상수특성
② 계통 연계 보호장치
③ 태양광 모듈의 출력특성 분석
④ 어레이의 크기

해설

일반적인 선정 시 주의해야 할 사항
- 계통 연계 보호장치
- 계통의 주파수, 전압과 전류, 기본적인 상수특성
- 태양광 모듈의 출력특성 분석

## 46 인버터 선정 시 검토해야 할 요소 중 입력 정격에 대한 사항이 아닌 것은?

① DC 입력 정격 및 최대전압
② DC 입력 정격 및 최대전력
③ 전 부하범위에 걸친 인버터 효율
④ MPP 전압 범위

해설

인버터 선정 시 검토해야 할 요소 중 입력 정격에 대한 사항
- DC 입력 정격 및 최대전압
- DC 입력 정격 및 최대전류
- DC 입력 정격 및 최대전력
- 인버터가 계통으로 급전을 시작하는데 필요한 최소전력
- 대기 전력 손실
- MPP 전압 범위

## 47 인버터 선정 시 기타 사항에 포함되지 않는 내용은?

① 기대 수명 ② 서비스 센터
③ 보증기간 ④ 가 격

해설

인버터 선정 시 기타 사항
- 중량 및 크기
- 기대 수명
- 가 격
- 보증기간
- 서비스 레벨
- 기타 수반되는 비용

## 48 전력계통이나 인버터에 이상이 있을 때 안전하게 분리하는 기능을 무엇이라 하는가?

① 기동기능
② 동작기능
③ 자동운전 정지기능
④ 직류 지락 검출기능



43 ① 44 ② 45 ④ 46 ③ 47 ② 48 ③ 정답

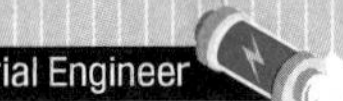

해설

자동운전 정지기능

전력계통이나 인버터에 이상이 있을 때 안전하게 분리하는 기능으로서 인버터를 정지시킨다.

## 49 다음에서 설명하는 인버터의 기능은?

> "일출과 함께 일사강도가 증대하여 출력을 얻을 수 있는 조건이 되면 자동적으로 운전을 시작한다. 운전을 시작하면 태양전지의 출력을 스스로 감시하여 자동적으로 운전을 한다."

① 자동운전 정지기능
② 최대전력 추종제어기능
③ 단독운전 방지기능
④ 자동전압 조정기능

해설

자동운전 정지기능

인버터는 일출과 함께 일사강도가 증대하여 출력을 얻을 수 있는 조건이 되면 자동적으로 운전을 시작한다. 운전을 시작하면 태양전지의 출력을 스스로 감시하여 자동적으로 운전을 한다.

## 50 자동운전 정지기능은 해가 있을 때에는 비가 오나 흐린 날에도 동작이 가능하다. 그러나 태양전지의 출력이 적어져 인버터의 출력이 얼마가 나오면 대기상태가 되는가?

① 0 ② 1
③ 2 ④ 3

해설

해가 질 때도 출력을 얻을 수 있는 한 운전을 계속하며, 해가 완전히 없어지면 운전을 정지한다. 또한 흐린 날이나 비오는 날에도 운전을 계속할 수 있지만 태양전지의 출력이 적어져 인버터의 출력이 거의 0으로 되면 대기상태가 된다.

## 51 인버터의 가장 중요한 기능은 직류를 교류로 변환시키는 것이다. 이외에 어떠한 기능을 가지고 있는가?

① 증폭기능 ② 보호기능
③ 발전기능 ④ 발진기능

해설

인버터는 직류를 교류로 변환시키는 것뿐만 아니라 태양전지의 성능을 최대한 끌어내기 위한 기능과 이상 및 고장 시를 위한 보호기능이 있다.

## 52 태양전지의 동작점이 항상 최대출력점을 추종하도록 변화시켜 태양전지에서 최대출력을 얻을 수 있는 제어를 무엇이라 하는가?

① 단독운전 방지제어
② 최대전력 추종제어
③ 자동전압 조정제어
④ 직류 검출제어

해설

최대전력 추종제어(MPPT ; Maximum Power Point Tracking)

태양전지의 출력은 일사강도나 태양전지의 표면온도에 의해 변동이 된다. 이러한 변동에 대해 태양전지의 동작점이 항상 최대출력점을 추종하도록 변화시켜 태양전지에서 최대출력을 얻을 수 있는 제어

## 53 최대전력 추종제어방식의 종류에 해당되지 않는 것은?

① Incremental Conductance 제어
② Pertube & Observe 제어
③ 직접제어
④ Hybrid Control 제어

해설

최대전력 추종제어방식의 종류

▸ 직접 제어방식

센서를 통해 온도, 일사량 등 외부조건을 측정하여 최대전력 동작점이 변하는 파라미터를 미리 입력하여 비례제어하는 방식으로 구성이 간단하고 외부 상황에 즉각적인 대응이 가능하지만 성능이 떨어진다.

▸ 간접 제어방식

- Incremental Conductance(IncCond)제어
  - 최대전력점에서 어레이 출력이 안정된다.
  - 계산량이 많아서 빠른 프로세서가 필요하다.
  - 태양전지 출력의 컨덕턴스와 증분 컨덕턴스를 비교하여 최대전력 동작점을 추종하는 방식이다.
  - 일사량이 급변하는 경우에도 대응성이 좋다.
- Pertube & Observe(P & O)제어
  - 간단하여 가장 많이 사용되는 방식이다.

정답 49 ① 50 ① 51 ② 52 ② 53 ④

- 외부 조건이 급변할 경우 전력손실이 커지며 제어가 불안정하게 된다.
- 태양전지 어레이의 출력전압을 주기적으로 증가·감소시키고 이전의 출력전력과 현재의 출력전력을 비교하여 최대전력 동작점을 찾는 방식이다.
- 최대전력점 부근에서 진동이 발생하여 손실이 생긴다.

• Hysterisis Band 변동제어
- 어레이 그림자 영향 또는 모듈의 특성으로 인하여 최대전력점 부근에서 최대전력점이 한 개 이상 생기는 경우 최대전력 점을 추종할 수 있다.
- 태양전지 어레이 출력전압을 최대전력점까지 증가시킨 후 임의의 이득을 최대전력점에서 전력과 곱하여 최소전력값을 지정한다.
- 매 주기마다 어레이 출력전압을 증가, 감소시키므로 최대전력점에서 손실이 발생된다.
- 지정된 최소전력값은 두 개가 생기므로 최대전력점을 기준으로 어레이 출력전압을 증가 또는 감소시키면서 매 주기 동작한다.

### 54 간접제어방식의 종류가 아닌 것은?

① Hysterisis Band 변동제어
② Incremental Conductance 제어
③ Berister Conditional 제어
④ Pertube & Observe 제어

**해설**
53번 해설 참고

### 55 다음에서 설명하는 제어방식은?

> "센서를 통해 온도, 일사량 등 외부조건을 측정하여 최대전력 동작점이 변하는 파라미터를 미리 입력하여 비례제어하는 방식으로 구성이 간단하고 외부 상황에 즉각적인 대응이 가능하지만 성능이 떨어진다."

① 직접제어　② 간접제어
③ 근접제어　④ 연동제어

**해설**
53번 해설 참고

### 56 Incremental Conductance 제어의 특징으로 옳지 않는 것은?

① 일사량이 급변하는 경우에도 대응성이 좋다.
② 간단하여 가장 많이 사용되는 방식이다.
③ 최대전력점에서 어레이 출력이 안정된다.
④ 계산량이 많아서 빠른 프로세서가 필요하다.

**해설**
53번 해설 참고

### 57 최대전력점 부근에서 진동이 발생하여 손실이 생기는 제어방식은?

① 직접 제어방식
② Incremental Conductance 제어
③ Pertube & Observe 제어
④ Hysterisis Band 변동제어

**해설**
53번 해설 참고

### 58 최대전력 추종제어(MPPT)의 기능을 바르게 설명한 것은?

① 인버터의 직류동작전류를 일정시간 간격으로 변동시켜 최대전압을 얻을 수 있도록 한다.
② 인버터의 최대전력을 얻을 수 있도록 인버터의 직류전류를 변화시킨다.
③ 인버터의 출력을 항상 일정하게 유지시킨다.
④ 인버터의 직류동작전압을 일정시간 간격으로 변동시켜 항상 최대전력을 얻을 수 있도록 직류전압을 변화시킨다.

**해설**
최대전력 추종제어(MPPT ; Maximum Power Point Tracking)의 기능
인버터의 직류동작전압을 일정시간 간격으로 변동시켜 그 때의 태양전지 출력전력을 계측하여 이전에 발생한 부분과 비교하여 항상 최대전력을 얻을 수 있도록 인버터는 직류전압을 변화시키는 기능을 한다.



54 ③ 55 ① 56 ② 57 ③ 58 ④ 정답

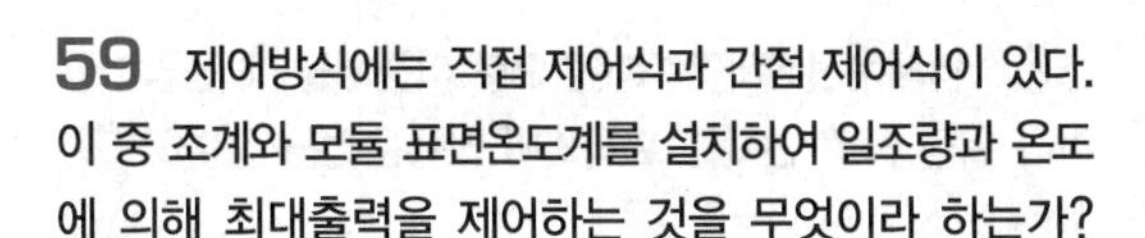

**59** 제어방식에는 직접 제어식과 간접 제어식이 있다. 이 중 조계와 모듈 표면온도계를 설치하여 일조량과 온도에 의해 최대출력을 제어하는 것을 무엇이라 하는가?

① 직접제어 ② 간접제어
③ 기술제어 ④ 전력제어

해설
제어방식에는 직접제어식과 간접제어식이 있으며, 일조계와 모듈 표면온도계를 설치하여 일조량과 온도에 의해 최대출력을 제어하는 것은 직접제어방식이라고 하고, 태양전지 어레이의 출력전압과 전류를 검출하여 최대출력을 추종하는 것을 간접 제어방식이라고 한다.

**60** 제어방식 중 태양전지 어레이의 출력전압과 전류를 검출하여 최대출력을 추종하는 것은?

① 직접제어 ② 간접제어
③ 기술제어 ④ 전력제어

해설
59번 해설 참고

**61** 최대전력 추종제어 기법의 장·단점에 대한 설명으로 틀린 것은?

① 직접제어는 성능이 나쁘다.
② InCond 제어는 최대출력점에서 불안하다.
③ Hysterisis Band 제어는 일사량 변화 시 효율이 높다.
④ P&O 제어는 제어가 간단하다.

해설
최대전력 추종제어(MPPT ; Maximum Power Point Tracking) 기법의 장점과 단점

| 구 분 | 장 점 | 단 점 |
|---|---|---|
| 직접제어 | • 즉각적인 대응이 가능하다.<br>• 구성이 단순하다. | 성능이 나쁘다. |
| InCond | 최대출력점에서 안정된다. | 연산이 많다. |
| P&O | 제어가 간단하다. | 출력전압이 연속적으로 진동하여 손실이 생긴다. |
| Hysterisis Band | 일사량 변화 시 효율이 높다. | 성능이 나쁘다(InCond와 비교 시). |

**62** 최대전력 추종(MPPT) 제어는 출력전압의 증감을 감시하여 항상 최대전력점에서 동작이 되도록 제어하는 것인데 최대출력점의 몇 [%] 이상 추적이 가능한가?

① 80 ② 90
③ 95 ④ 105

해설
MPPT 제어는 출력전압의 증감을 감시하여 항상 최대전력점에서 동작이 되도록 제어하는 것인데 최대출력점의 95[%] 이상 추적이 가능하다.

**63** 다음이 설명하는 기능은 무엇인가?

> "단독운전이 발생하면 전력회사의 배전망이 끊어져 있는 배전선에 태양광발전시스템에서 전력이 공급되며 보수점검자에게 위험을 줄 우려가 있기 때문에 태양광발전시스템을 정지할 필요가 있지만, 단독운전 상태에서는 전압계전기(UVR, OVR)와 주파수 계전기(UFR, OFR)에서는 보호할 수 없다. 따라서 이에 대한 대책의 일환으로 단독운전 방지기능이 설정되어 안전하게 정지할 수 있도록 한다."

① 자동운전 정지기능
② 최대전력 추종제어기능
③ 단독운전 방지기능
④ 자동전압 조정기능

해설
단독운전 방지기능
태양광발전시스템은 계통에 연계되어 있는 상태에서 계통측에 정전이 발생했을 때 부하전력이 인버터의 출력전력과 같은 경우에는 인버터의 출력전압·주파수 계전기에서는 정전을 검출할 수가 없다. 이와 같은 이유로 계속해서 태양광발전시스템에서 계통에 전력이 공급될 가능성이 있다. 이러한 운전 상태를 단독운전이라 한다. 단독운전이 발생하면 전력회사의 배전망이 끊어져 있는 배전선에 태양광발전시스템에서 전력이 공급되며 보수점검자에게 위험을 줄 우려가 있기 때문에 태양광발전시스템을 정지할 필요가 있지만 단독운전 상태에서 전압계전기(UVR, OVR)와 주파수 계전기(UFR, OFR)에서는 보호할 수 없다. 따라서 이에 대한 대책의 일환으로 단독운전 방지기능이 설정되어 안전하게 정지할 수 있도록 한다.

정답 59 ① 60 ② 61 ② 62 ③ 63 ③

**64** 단독운전 방지기능의 종류를 바르게 연결한 것은?

① 수동적 방식과 반수동적 방식
② 능동적 방식과 반능동적 방식
③ 수동적 방식과 능동적 방식
④ 반 수동적 방식과 반능동적 방식

**해설**

단독운전 방지기능의 종류

▸ 수동적 방식

연계운전에서 단독운전으로 이행했을 때 전압파형이나 위상 등의 변화를 포착하여 단독운전을 검출하도록 하는 방식이다.

- 수동적 방식의 구분(유지시간은 5~10초, 검출시간은 0.5초 이내)
  - 주파수 변화율 검출방식 : 주로 단독운전 이행 시 발전전력과 부하의 불평형에 의한 주파수 급변을 검출한다.
  - 제3차 고주파 전압급증 검출방식 : 단독운전 이행 시 변압기에 여자전류 공급에 따른 변압 왜곡의 급증을 검출한다. 부하가 되는 변압기와의 조합이기 때문에 오작동의 확률이 비교적 높다.
  - 전압위상 도약검출방식 : 계통과 연계하는 인버터는 상시 역률 1에서 운전되어 전압과 전류는 거의 동상이며, 유효전력만 공급하고 있다. 단독운전 상태가 되면 그 순간부터 무효전력도 포함시켜 공급해야 하므로 전압위상이 급변한다. 이때 전압위상의 급변을 검출하는 것이 바로 전압위상 도약검출방식이다. 이 방식에서는 계통에 접속되어 있는 변압기의 돌입전류 등으로부터 오작동이 발생하지 않도록 설계되어 있다. 단독운전 이행 시에 위상변화가 발생하지 않을 때는 검출되지 않는다. 오작동이 적고 실용적이다.

▸ 능동적 방식

항상 인버터에 변동요인을 부여하고 연계운전 시에는 그 변동요인이 출력에 나타나지 않고 단독운전 시에만 나타나도록 하여 이상을 검출하는 방식이다.

- 능동적 방식의 구분(검출시간은 0.5~1초)
  - 유효전력 변동방식 : 인버터의 출력에 주기적인 유효전력 변동을 부여하고, 단독운전 시에 나타나는 전압・주파수 변동을 검출한다.
  - 무효전력 변동방식 : 인버터의 출력전압 주기를 일정기간마다 변동시키면 평상시 계통측의 Back-Power가 크기 때문에 출력주파수는 변하지 않고 무효전력의 변화로서 나타난다. 단독운전 상태에서는 일정한 주기마다 주파수의 변화로서 나타나기 때문에 이 주파수의 변화를 빨리 검출해서 단독운전을 판정하도록 한다. 또한 오동작을 방지하기 위해 주기를 변동시켰을 경우에만 출력변동을 검출하는 방법을 취하는 것도 있다.
  - 부하 변동방식 : 인버터의 출력과 병렬로 임피던스를 순간적 또는 주기적으로 삽입하여 전압 또는 전류의 급변을 검출하는 방식이다.
  - 주파수 시프트 방식 : 인버터의 내부발전기에 주파수 바이어스를 부여하고 단독운전 시에 나타나는 주파수 변동을 검출하는 방식이다.

**65** 연계운전에서 단독운전으로 이행했을 때 전압파형이나 위상 등의 변화를 포착하여 단독운전을 검출하도록 하는 방식은?

① 수동적 방식 ② 능동적 방식
③ 반능동적 방식 ④ 반수동적 방식

**해설**

64번 해설 참고

**66** 수동적 방식의 유지시간과 검출시간은 얼마인가?

① 5~10초, 1초 이상
② 5~10초, 0.5초 이내
③ 10초 이상, 1초 이내
④ 5초 이내, 1초 이상

**해설**

64번 해설 참고

**67** 수동적 방식의 종류에 해당되지 않는 것은?

① 주파수 변화율 검출방식
② 전압위상 도약 검출방식
③ 제3차 고주파 전압급증 검출방식
④ 부하 변동 검출방식

**해설**

64번 해설 참고

**68** 주로 단독운전 이행 시 발전전력과 부하의 불평형에 의한 주파수 급변을 검출하는 방식은?

① 주파수 변화율 검출방식
② 제3차 고주파 전압급증 검출방식
③ 전압위상 도약 검출방식
④ 주파수 시프트 방식

**해설**

64번 해설 참고



정답: 64 ③ 65 ① 66 ② 67 ④ 68 ①

**69** 단독 운전 이행 시에 위상변화가 발생하지 않을 때는 검출되지 않고 오작동이 적고 실용적인 검출방식은?

① 주파수 변화율 검출방식
② 제3차 고주파 전압급증 검출방식
③ 전압위상 도약 검출방식
④ 주파수 시프트 방식

해설
64번 해설 참고

**70** 항상 인버터에 변동요인을 부여하고 연계운전 시에는 그 변동요인이 출력에 나타나지 않고 단독운전 시에만 나타나도록 하여 이상을 검출하는 방식은?

① 수동적 방식 ② 능동적 방식
③ 긍정적 방식 ④ 효율적 방식

해설
64번 해설 참고

**71** 능동적 방식의 종류가 아닌 것은?

① 무효전력 변동방식
② 주파수 시프트 방식
③ 부하 변동방식
④ 주파수 변화율 검출방식

해설
64번 해설 참고

**72** 인버터의 출력과 병렬로 임피던스를 순간적 또는 주기적으로 삽입하여 전압 또는 전류의 급변을 검출하는 방식은?

① 무효전력 변동방식
② 주파수 시프트 방식
③ 부하 변동방식
④ 주파수 변화율 검출방식

해설
64번 해설 참고

**73** 인버터의 내부발전기에 주파수 바이어스를 부여하고 단독운전 시에 나타나는 주파수 변동을 검출하는 방식은?

① 무효전력 변동방식
② 주파수 시프트 방식
③ 부하 변동방식
④ 주파수 변화율 검출방식

해설
64번 해설 참고

**74** 태양광발전시스템을 계통에 접속하여 역송전 운전을 하는 경우 전력 전송을 위한 수전점의 전압이 상승하여 전력회사의 운용범위를 초과할 가능성이 있다. 이를 예방하기 위한 기능은?

① 직류 검출기능 ② 자동전압 조정기능
③ 자동운전 정지기능 ④ 계통연계 보호장치기능

해설
자동전압 조정기능
태양광발전시스템을 계통에 접속하여 역송전 운전을 하는 경우 전력 전송을 위한 수전점의 전압이 상승하여 전력회사의 운용범위를 초과할 가능성이 있다. 따라서, 이를 예방하기 위해 자동전압 조정기능을 설정하여 전압의 상승을 방지하고 있다.

**75** 전압의 상승을 방지하는 기능은?

① 최대전력 추종제어기능
② 직류 지락 검출기능
③ 자동전압 조정기능
④ 단독운전 방지기능

해설
74번 해설 참고

**76** 자동전압 조정기능 중 계통에 연계하는 인버터는 계통전압과 출력전류의 위상을 같게 하고 평상시에 역률 1로 운전하는 것을 무엇이라 하는가?

① 출력제어 ② 입력제어
③ 진상무효 전력제어 ④ 전압제어

정답 69 ③ 70 ② 71 ④ 72 ③ 73 ② 74 ② 75 ③ 76 ③

**해설**

자동전압 조정기능

- 진상무효 전력제어 : 계통에 연계하는 인버터는 계통전압과 출력 전류의 위상을 같게 하고 평상시에 역률 1로 운전한다. 연계점의 전압이 상승하여 진상무효 전력제어 설정전압 이상으로 되면 역률 1의 제어를 해소하여 인버터의 전류위상이 계통전압보다 앞선다. 이에 따라 계통측에서 유입하는 전류가 늦어져 연계점의 전압을 떨어뜨리는 방향으로 작용한다. 앞선 전류의 제어는 역률 0.8까지 실행되고 이에 따른 전압상승의 억제효과는 최대 2~3[%] 정도가 된다.
- 출력제어 : 진상무효 전력제어에 따른 전력제어가 한계에 도달했음에도 불구하고 계통전압이 상승하는 경우에는 태양광발전시스템의 출력 자체를 제한하여 연계점의 전압상승을 방지하도록 한다. 특히, 배전선의 전압이 높은 경우에는 출력제어가 동작하여 발전량이 떨어지므로 주의를 요한다.

**77** 진상무효 전력제어에서 앞선 전류의 제어는 역률의 얼마까지 실행되어야 하는가?

① 0.8 ② 1
③ 1.5 ④ 4

**해설**

76번 해설 참고

**78** 진상무효 전력제어에서 역률이 0.8까지 실행되고 이에 따른 전압상승의 억제효과는 최대 몇 [%] 정도되는가?

① 10~20 ② 5~10
③ 3~5 ④ 2~3

**해설**

76번 해설 참고

**79** 출력제어에서 배전선의 전압이 높은 경우 출력제어가 동작하는데 이때, 발전량은 어떻게 되는가?

① 떨어진다. ② 늘어난다.
③ 기울어진다. ④ 상관없다.

**해설**

76번 해설 참고

**80** 고주파 변압기 절연방식이나 트랜스리스 방식에서 출력 전류에 중첩되는 직류분이 정격교류 출력전류의 몇 [%] 이하를 요구하는가?

① 0.5 ② 1
③ 2 ④ 10

**해설**

고주파 변압기 절연방식이나 트랜스리스 방식에서 출력전류에 중첩되는 직류분이 정격교류 출력전류의 0.5[%] 이하일 것을 요구하고 있으며, 직류분을 제어하는 직류제어기능과 함께 만일 이 기능에 장해가 생긴 경우에 인버터를 정지시키는 보호기능이 있다.

**81** 직류검출기능 중 교류성분에 직류분을 함유하는 경우 주상변압기의 자기포화로 인해 발생하는 현상으로 옳은 것은?

① 고주파 발생
② 고조파 발생
③ 신호 발생
④ 계전기의 정상동작

**해설**

직류검출기능의 자기포화로 인해 발생하는 현상

- 계전기의 오·부동작
- 고조파 발생

**82** 인버터는 직류를 교류로 변환하기 위하여 반도체 스위칭 소자를 주파수로 스위칭하기 때문에 소자의 불규칙 분포 등에 의해 그 출력은 적지만 직류분이 잡음형태로 포함된다. 이 잡음을 제거해 주는 것을 무엇이라 하는가?

① 자동운전 정지기능
② 최대전력 추종제어기능
③ 단독운전 방지기능
④ 직류검출기능

**해설**

직류검출기능

인버터는 직류를 교류로 변환하기 위하여 반도체 스위칭 소자를 주파수로 스위칭하기 때문에 소자의 불규칙 분포 등에 의해 그 출력은 적지만 직류분이 잡음형태로 포함된다. 즉, 직류에 포함되어 있는 교류분(Ripple)을 제거하는 기능을 말한다.



정답: 77 ① 78 ④ 79 ① 80 ① 81 ② 82 ④

**83** 다음 ( )에 들어갈 내용으로 바르게 짝지어진 것은?

> "일반적으로 수·배전설비의 배전반 또는 분전반에는 (     ) 또는 (     )가 설치되어 옥내 배선과 부하기기의 지락을 감시하고 있다."

① 누전경보기, 누전차단기
② 열 감지기, 연기 감지기
③ 분계점, 분기점
④ 적외선 탐지기, 테스터기

해설

직류 지락 검출기능

일반적으로 수·배전설비의 배전반 또는 분전반에는 누전경보기 또는 누전차단기가 설치되어 옥내 배선과 부하기기의 지락을 감시하고 있지만, 태양전지 어레이의 직류 측에서 지락사고가 발생하면 지락전류에 직류성분이 중첩되어 일반적으로 사용되고 있는 누전차단기는 이를 검출할 수 없는 상황이 발생한다.

**84** 일반적으로 직류 측 지락사고 검출 레벨은 얼마로 설정되어 있는가?

① 100[A]　② 10[A]
③ 100[mA]　④ 10[mA]

해설

일반적으로 직류 측 지락사고 검출 레벨은 100[mA]로 설정되어 운전되고 있다.

**85** 직류 지락 검출기는 인버터의 어느 부분에 설치하여야 하는가?

① 축전기　② 외 부
③ 전원부　④ 내 부

해설

인버터의 내부에 직류 지락 검출기를 설치하여 검출·보호하는 것이 필요하다.

**86** 다음이 설명하는 것은 무엇인가?

> "전선 또는 전로 중 일부가 직접 또는 간접으로 대지(접지)에 연결된 경우로 전로와 대지간의 절연이 저하하여 아크 또는 도전성 물질의 영향으로 전로 또는 기기의 외부에 위험한 전압이 나타나거나 전류가 흐르게 되는 상태를 말한다."

① 단 로　② 지 락
③ 폐회로　④ 스위치

해설

지락(Grounding)

전선 또는 전로 중 일부가 직접 또는 간접으로 대지(접지)에 연결된 경우로 전로와 대지 간의 절연이 저하하여 아크 또는 도전성 물질의 영향으로 전로 또는 기기의 외부에 위험한 전압이 나타나거나 전류가 흐르게 되는 상태를 말한다. 이렇게 하여 흐르게 된 전류를 지락전류라고 하며 인체감전, 누전화재 또는 기기의 손상 등을 일으키는 원인이 된다.

**87** 지락전류가 일으키는 원인에 해당되지 않는 것은?

① 인체감전
② 누전화재
③ 기기 손상
④ 차 단

해설

86번 해설 참고

**88** 계통연계장치의 요소를 검출 판별하는 장치가 아닌 것은?

① OVR　② UFR
③ OFB　④ UVR

해설

계통연계장치의 요소를 검출 판별하는 장치

- 과전압계전기(OVR ; Over Voltage Relay)
- 부족전압계전기(UVR ; Under Voltage Relay)
- 주파수상승계전기(OFR ; Over Frequency Relay)
- 주파수저하계전기(UFR ; Under Frequency Relay)

정답 83 ① 84 ③ 85 ④ 86 ② 87 ④ 88 ③

## 89 계통연계 보호장치는 어디에 내장되어 있는가?

① 컨트롤러　② 인버터
③ 컨버터　④ 태양전지

해설
계통연계 보호장치는 일반적으로 인버터에 내장되어 있는 경우가 많다.

## 90 특고압 연계에서 보호계전기의 설치장소에 꼭 설치해야 하는 장치는?

① OCGR　② OFR
③ UFR　④ OVR

해설
특고압 연계에서의 보호계전기 설치장소 : 지락 과전류 계전기(OCGR)는 수용가 특고압 측에 설치하고 과전압, 저전압, 과주파수, 저주파수 계전기는 인버터의 출력점에 설치하는 것이 보호기능 측면에서 좋다.

## 91 특고압 연계의 보호계전기의 설치장소는?

① 태양광발전소 구내 송신점
② 태양광발전소 구내 수신점
③ 태양광발전소 보호 송신점
④ 태양광발전소 보호 수신점

해설
특고압 연계의 보호계전기의 설치장소는 태양광발전소 구내 수신점(수전보호 배전반)에 설치함을 원칙으로 하고 있다.

## 92 보호계전기의 검출레벨에서 계전기기의 종류가 아닌 것은?

① 유효전력 계전기기
② 무효전력 계전기기
③ 저전압 계전기
④ 저전류 계전기

해설
보호계전기의 검출레벨과 동작시한

| 계전기기 | 기기번호 | 용도 | 동작시간 | 검출레벨 |
|---|---|---|---|---|
| 유효전력 계전기 | 32P | 유효전력 역송방지 | 0.5~2초 | 상시 병렬운전 상태에서 전력계통 동요 및 외부 사고 시 오동작하지 않는 범위 내에서 최솟값 |
| 무효전력 계전기 | 32Q | 단락사고 보호 | 0.5~2초 | 배후계통 최소조건하에서 상대단 모선 2상 단락 사고 시 유입 무효전력의 1/3 이하 |
| 부족전력 계전기 | 32U | 부족전력 검출 | 0.5~2초 | 상시 병렬운전 발전 상태에서 전력계통 동요 및 외부 사고 시 오동작하지 않는 범위 내에서 최솟값, 계전기의 동작은 발전기의 운전 상태에서만 차단기 트립 되도록 한다. |
| 과전압 계전기 | 59 | 과전압 보호 | 순시 형정치의 120[%]에서 2초 | • 순시형 : 정격전압의 150[%]<br>• 반한시형 : 정격전압의 115[%] |
| 저전압 계전기 | 27 | 사고검출 또는 무전압 검출 | 감시용 0.2~0.3초 | 정격전압의 80[%] |
| 주파수 계전기 | 81O/81U | 주파수 변동 검출 | 0.5초/1분 | • 과주파수 : 63[Hz]<br>• 저주파수 : 57[Hz] |
| 과전류 계전기 | 50/51 | 과전류 보호 | TR 2차 3상 단락 시 0.6초 이하 | • 순시 : 단락보호<br>• 한시 : 150[%]에서 과부하보호 및 후미보호 |

## 93 보호계전기의 동작시간이 가장 긴 계전기기는?

① 주파수 계전기　② 과전압 계전기
③ 무효전력 계전기　⑤ 저전압 계전기

해설
92번 해설 참고

## 94 보호계전기의 용도 중 단락사고를 보호하는 계전기기는?

① 부족전력 계전기　② 과전류 계전기
③ 무효전력 계전기　④ 유효전력 계전기

해설
92번 해설 참고



89 ② 90 ① 91 ② 92 ④ 93 ① 94 ③ 정답

**95** 저전압 계전기의 검출레벨로 옳은 것은?

① 정격전압의 70[%]
② 정격전압의 80[%]
③ 정격전압의 90[%]
④ 정격전압의 100[%]

해설

92번 해설 참고

**96** 주파수 계전기의 검출레벨 중 저주파수는 얼마인가?

① 63[Hz] ② 57[Hz]
③ 50[Hz] ④ 49[Hz]

해설

92번 해설 참고

**97** 연계 계통 이상 시 태양광발전시스템의 분리와 투입 만족 조건이 아닌 것은?

① 연계 계통 고장 시에는 1분 이내 분리하는 단독운전 방지 장치 설치
② 차단장치는 한전계통의 정전 시에는 투입이 불가능하도록 시설
③ 정전복전 후 5분을 초과하여 재투입
④ 단락 및 지락고장으로 인한 선로 보호 장치 설치

해설

연계 계통 이상 시 태양광발전시스템의 분리와 투입 만족 조건
- 정전복전 후 5분을 초과하여 재투입
- 차단장치는 한전계통의 정전 시에는 투입이 불가능하도록 시설
- 단락 및 지락고장으로 인한 선로보호장치 설치
- 연계 계통 고장 시에는 0.5초 이내 분리하는 단독운전 방지장치 설치

**98** 분산형 전원을 송전사업자의 특고압 전력계통에 연계하는 경우 분산형 전원에 필요한 운전 제어장치를 시설해야 하는 경우는?

① 계통 안정화 또는 조류 억제 등의 이유로 운전제어가 필요할 경우
② 직류 전류를 분리할 경우
③ 특고압의 과전류가 흐를 경우
④ 발전사업자의 운전제어가 필요할 경우

해설

분산형 전원을 송전사업자의 특고압 전력계통에 연계하는 경우 계통안정화 또는 조류억제 등의 이유로 운전제어가 필요할 경우는 분산형 전원에 필요한 운전 제어 장치를 시설한다.

**99** 역송전이 있는 저압 연계 시스템(계통 연계 보호계전기)의 구성요소가 아닌 것은?

① 저주파수계전기
② 저전류계전기
③ 과주파수계전기
④ 저전압계전기

해설

역송전이 있는 저압 연계 시스템(계통 연계 보호계전기) 구성요소
- 저전압계전기
- 저주파수계전기
- 과전압계전기
- 과주파수계전기

정답 95 ② 96 ② 97 ① 98 ① 99 ②

# 관련 기기 및 부품

태양광발전시스템의 여러 가지 관련 기기나 부품이 있는데 바이패스, 역류방지, 교류 측의 기기, 축전지, 낙뢰 보호기기 등이 있다. 이러한 부품들은 시스템을 구성하는 기기 사이를 중계하기 위해 꼭 필요한 기기들이다. 이것은 시스템의 보호기능을 유지하고 시스템의 운전·보수를 용이하게 하기 위한 역할을 하고 있고, 독립전원 시스템이나 계통 연계 시스템에서도 자립운전기능을 가진 시스템의 경우 축전지를 설치하는 경우가 있다.

## 제1절 바이패스 소자와 역류방지 소자

### 1 바이패스 소자의 설치 목적

태양전지 모듈 중에서 일부의 태양전지 셀에 나뭇잎 등으로 그늘이 지거나 셀의 일부가 고장이 나면 그 부분의 셀은 발전하지 못하며 저항이 크게 된다. 이 셀에는 직렬로 접속된 스트링(회로)의 모든 전압이 인가되어 고저항의 셀에 전류가 흐름으로써 발열이 발생한다. 셀의 온도가 높아지게 되면 셀 및 그 주변의 충진 수지가 변색되고 뒷면의 커버가 팽창하게 된다. 셀의 온도가 계속 높아지면 그 셀과 태양전지 모듈의 파손방지는 물론 이를 방진할 목적으로 고저항이 된 태양전지 셀 또는 모듈에 흐르는 전류를 우회하는 것이 필요하다. 이것이 바로 바이패스 소자를 설치하는 목적이다.

#### (1) 바이패스 소자

태양전지 어레이를 구성하는 태양전지 모듈마다 바이패스 소자를 설치하는 것이 일반적이며, 대부분의 바이패스 소자로는 다이오드를 사용한다. 우회로를 만드는 다이오드 역할을 한다.

#### (2) 용 량

공칭 최대출력 동작전압의 1.5배 이상인 역내전압을 가지고 그 스트링의 단락전류를 충분히 바이패스할 수 있는 정격전류를 가진 다이오드로서 결정질 모듈의 성능실험에서 바이패스 다이오드의 열 시험을 했을 때 모듈의 온도를 75±5[℃]로 유지해야 한다. 또한 STC 조건에서 단락전류의 1.25배와 같은 전류를 적용하여 1시간 동안 측정을 해보아야 한다.

#### (3) 설치장소

직렬로 접속한 복수의 태양전지 모듈마다 같은 모양의 방법으로 모듈 후면에 출력단자함의 출력단자 +(정), −(부) 극간에 설치된다. 일반적으로 보통 모듈장당 2~3개(셀 18~20개당 1개)를 설치한다.

### (4) 태양전지 모듈에서 태양전지 셀이 발전되지 않을 경우

① 나뭇잎이나 응달 또는 셀의 일부 고장으로 발전되지 않는 부분은 셀의 저항이 크게 된다.

② 셀의 온도가 높아지게 되면 셀 및 그 주변의 충진 수지가 변색되거나 이면 커버의 부풀림 등이 생기게 된다.

③ 셀의 온도가 올라가게 되면 그 셀 및 태양전지 모듈이 고장난다.

④ 셀에 직렬접속 되고 있는 회로의 전압이 인가되어 고저항 셀에 전류가 흘러서 발열된다.

### (5) 핫스팟(Hot Spot)

태양전지 모듈의 일부 셀이 나뭇잎, 새 배설물 등으로 그늘(음영)이 발생하면, 그 부분의 셀은 전기를 생산하지 못하고 저항이 증가하게 된다. 이때 그늘진 셀에는 직렬로 접속된 다른 셀들의 회로에서 모든 전압이 인가되어 그늘진 셀은 발열하게 된다. 이 발열된 부분이 핫스팟이다. 셀이 고온이 되면 셀과 그 주변의 충진재(EVA)가 변색되고 뒷면 커버의 팽창, 음영 셀의 파손 등을 일으킬 수 있다.

### (6) 태양전지 모듈 이면의 단자대에 바이패스 소자를 설치하는 경우

① 설치장소가 옥외인 경우 태양의 열에너지에 의해서 주위온도보다 20~30[℃] 높아지는 경우가 있다.

② 이 경우 당연히 다이오드의 케이스 온도도 높아지기 때문에 제한온도 이상을 넘지 않도록 해야 하며, 평균 순전류값보다 적은 전류를 사용해야 한다.

③ 다이오드 사용 시 온도를 측정하여 안전한 온도에서 사용해야 하고 바이패스될 수 있는 정격전류의 다이오드를 선정해야 한다.

**Check!** 모듈의 집합체 어레이는 직렬접속인 경우 바이패스 다이오드를 사용하고, 병렬인 경우에는 역류방지 다이오드를 넣어 전체의 특성을 유지한다.

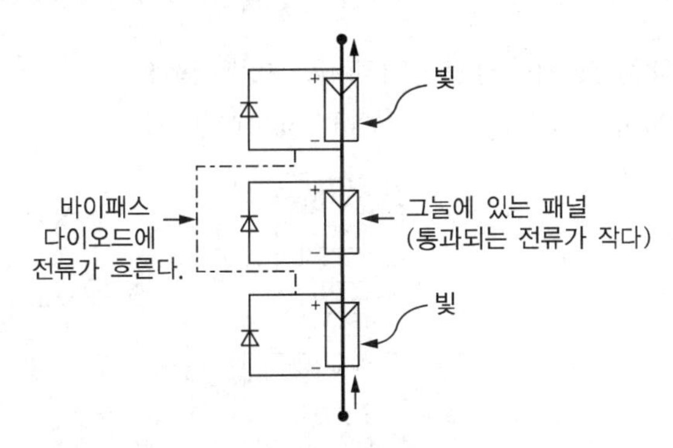


[음영이 있는 지역에서 태양전지를 보호하는 바이패스 다이오드]

### (7) 음영과 모듈의 직 · 병렬에 따른 출력전력

① 모듈이 직렬연결일 경우 출력전력을 구하는 공식

A = 150[Wp] × 4 = 600[Wp]

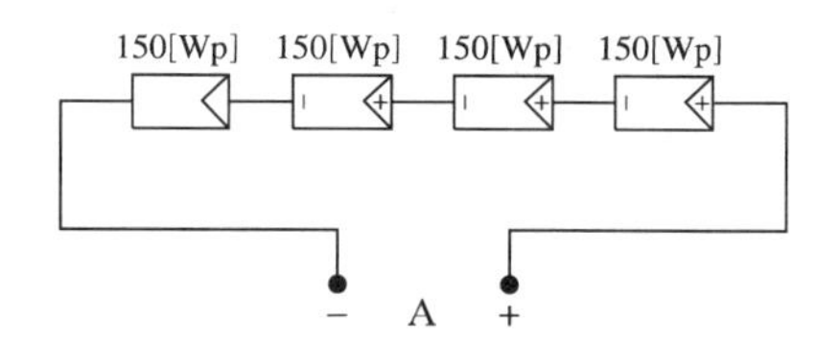


② 모듈이 직렬연결일 경우 음영지역 셀의 출력전력을 구하는 공식

B = 100[Wp] × 4 = 400[Wp]

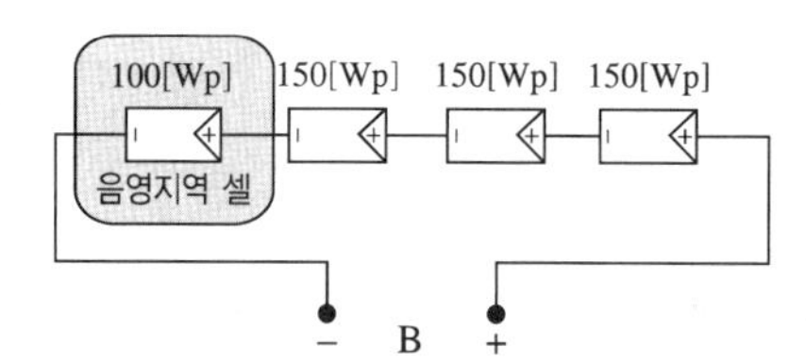


③ 모듈이 병렬연결일 경우 출력전력을 구하는 공식

C = 150[Wp] + 150[Wp] + 150[Wp] + 150[Wp] = 600[Wp]

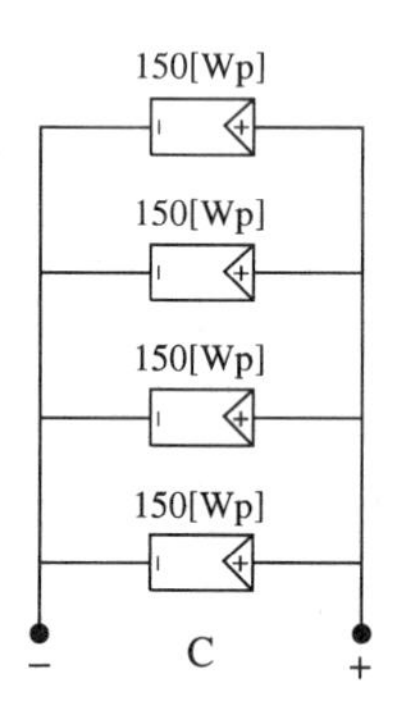


④ 모듈이 병렬연결일 경우 음영지역 셀의 출력전력을 구하는 공식

D = 100[Wp] + 150[Wp] + 150[Wp] + 150[Wp] = 550[Wp]

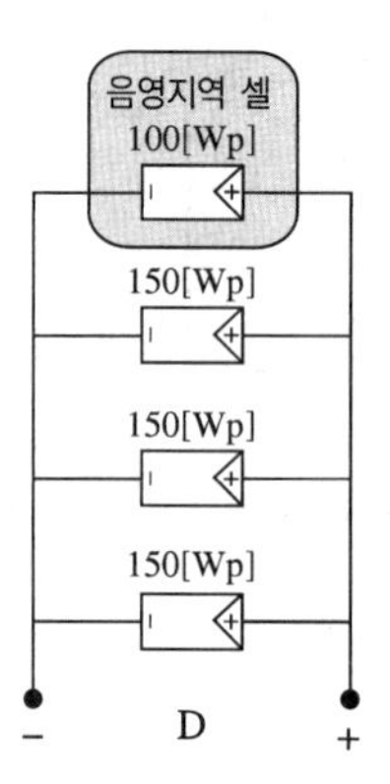


### (8) 박막계 태양전지 모듈의 음영 특성

부분 음영 시 출력 특성은 바이패스 다이오드가 모듈 1장에 1개만 설치되어 있어도 음영 부분의 면적과 음영의 농도에 비례해서 출력이 떨어지게 된다.

## 2 역류방지 소자(Blocking Diode)

태양전지 어레이의 스트링별로 설치된다. 역류방지 소자는 태양전지 모듈에 다른 태양전지 회로와 축전지의 전류가 흘러 들어오는 것을 방지하기 위해 설치하며, 보통 다이오드가 사용된다.

### (1) 역류방지 소자의 설치 목적

① 태양전지 모듈에 그늘 음영이 생긴 경우 그 스트링 전압이 낮아져 부하가 되는 것을 방지한다.

② 독립형 태양광발전시스템에서 축전지를 가진 시스템이 야간에 태양광 발전이 정지된 상태에서 축전지 전력이 태양전지 모듈 쪽으로 흘러들어 소모되는 것을 방지한다.

### (2) 역류방지 소자의 설치 장소

접속함 내에 설치한다. 태양전지 모듈의 단자함 내부에 설치하는 경우도 있지만 설치 장소에 따라 역류방지 소자의 온도가 높아지는 경우에는 바이패스 소자의 선정과 동일한 방법으로 대처한다.

### (3) 용 량

역류방지 소자는 1대의 인버터에 연결된 태양전지 직렬군이 2병렬 이상일 경우에 각 직렬군에 역류방지소자를 별도의 접속함에 설치해야 한다. 회로의 최대전류를 안전하게 흘릴 수 있음과 동시에 최대역전압에 충분히 견딜 수 있도록 선정되어야 하고 용량은 모듈 단락전류의 2배 이상이어야 하며 현장에서 확인할 수 있도록 표시된 것을 사용해야 한다.

### (4) 태양전지 어레이의 직류출력 회로에 축전지가 설치되어 있는 경우

① 야간 등 태양전지가 발전하지 않는 시간대에는 태양전지는 축전지에 의해서 부하된다.

② 축전지에서의 방전은 일사가 회복되거나 축전지 용량이 사라질 때까지 계속하게 되고 비축한 전력이 비효율적으로 소비하게 된다.

③ 이런 현상을 방지하는 것이 역류방지 소자의 역할 중에 하나이다.

## 3 그 외 정리

(1) 최적 효율을 위해서는 각 셀 양단에 바이패스 다이오드를 설치하는 것이 바람직하나 제조 공정의 복잡화 및 경제성을 고려하여 일반적으로 셀 18~20개마다 1개의 바이패스 다이오드를 설치하고 있다.

(2) 바이패스 소자는 보통 태양전지 모듈에 설치하거나 내장시켜 판매되는데 만일 태양전지 바이패스 소자를 준비할 필요가 있는 경우, 보호하고자 하는 스트링의 공정 최대출력 동작전압의 1.5배 이상의 역 내압으로 써 그 스트링의 단락전류를 충분히 우회할 수 있는 정격전류를 가진 다이오드를 사용할 필요가 있다.

(3) 태양전지 모듈 뒷면에 있는 단자함에 바이패스 소자를 설치할 경우 설치장소의 온도는 옥외에서 태양전지의 열에너지에 의해 주위 온도보다 20~30[℃] 높아질 수 있다. 이 경우 다이오드 케이스의 온도도 높아지기 때문에 평균 순전류값보다 적은 전류를 사용해야 한다.

## 제2절 접속함

### 1 접속함의 개요

여러 개의 태양전지 모듈의 스트링을 하나의 접속점에 모아 보수·점검 시에 회로를 분리하거나 점검 작업을 용이하게 하는 장치이다. 태양전지 어레이에 고장이 발생해도 정지범위를 최대한 적게 하는 등의 목적으로 보수·점검이 용이한 장소에 설치한다. 여러 개의 태양전지 모듈을 연결한 스트링 배선을 하나로 접속점에 모아 인버터에 보내는 기기로서 태양전지 어레이에 고장이 발생하더라도 정지범위를 최대한 적게 해야 한다.

#### (1) 접속함의 특징

① 역류방지소자가 설치되어 있다.

② 스트링 배선을 하나로 모아 인버터로 보내는 기기이다.

③ 피뢰소자가 설치되어 있다.

④ 보수와 점검을 할 때 회로를 분리해서 점검을 쉽게 한다.

#### (2) 접속함의 구성요소

① 태양전지 어레이 측 개폐기

② 주 개폐기

③ 서지보호장치(SPD ; Surge Protected Device)

④ 역류방지 소자

⑤ 출력용 단자대

⑥ Multi Power Transducer

⑦ 감시용 DCCT, DCPT(Shunt), T/D(Transducer)

> **Check!** 태양전지 어레이 측 개폐기는 모듈의 단락전류를 차단할 수 있는 용량의 것을 선택해야 하며, 일반적으로 MCCB, 퓨즈, 단로기를 사용하고 있다. 특히 퓨즈나 단로기를 통해서 개폐할 때에는 반드시 인버터측 주 개폐기를 먼저 차단하고 조작해야 한다.

#### (3) 내부 수납소자

① 각각의 어레이 입력 스트링 케이블과 직류 주 케이블 등의 연결을 위한 연결단자대(터미널), 공기순환을 위한 펜, 역류방지 다이오드의 방열장치, 동작상태 확인을 위한 미터계 등이 기본적으로 내장되어 있다.

② 직류 측의 보호장치로는 어레이 직류 개폐기와 퓨즈 그리고 역전류 방지 다이오드가 있고, 피뢰소자, 주 차단기 등을 수납하며 외함은 등 전위 접지를 사용한다.

**등 전위 접지**

노출 도전성 부분 또는 계통의 도전성 부분을 등 전위시키기 위해 한 곳에 전기적으로 접속시켜 설치하는 접지를 말한다. 모든 금속부의 전위차를 10[mV] 이하로 제한하는 것을 말하며, 피뢰설비의 등 전위 접지에서는 피 보호물 내외부에 위치한 모든 접지 대상을 피뢰 설비와 상호 접속하여 등 전위가 되도록 하여야 하며, 상호 접속에 사용되는 도선의 굵기는 30[$mm^2$] 이상의 동선을 사용하여야 한다.

③ 정격절연전압 장치가 내장되어 있어, 접속함의 모든 회로의 정격작동전압을 일시적으로 정격전압을 넘게 되면 작동을 금지시킨다(정격절연전압의 100[%] 초과 금지).

④ 단자함 내부에 양극과 음극을 분명하게 구분하고 스트링 퓨즈는 병렬로 연결된 스트링에 각각 설치한다.

⑤ 피뢰기는 서지전압을 대지로 방전시키기 위해 단자함 내에 설치해야 한다.

## (4) 접속함의 종류

| 모듈 보호전류에 의한 분류 | 사용전압에 의한 분류 |
|---|---|
| 15[A] 초과 | 1,000[V] 이하 |
| 10[A] 초과 15[A] 이하 | 600[V] 초과 1,000[V] 이하 |
| 10[A] 이하 | 600[V] 이하 |

## (5) 시험기준

① 표준대기조건

| 온 도 | 습 도 | 압 력 |
|---|---|---|
| 15~35[℃] | 25~75[%] | 86~106[kPa] |

② 성능시험

<table>
<tr><th colspan="3">시험항목</th><th>판정기준</th></tr>
<tr><td colspan="3">내전압</td><td>$2E+1,000$[V](≒1,005.436), 1분간 견딜 수 있을 것</td></tr>
<tr><td colspan="3">절연저항</td><td>1[MΩ] 이상일 것</td></tr>
<tr><td colspan="3">차단기 성능</td><td>KS C IEC 60898-2에 따른 승인을 받은 부품을 사용해야 한다(태양광 어레이의 최대 개방전압 이상의 직류 차단전압을 가지고 있을 것).</td></tr>
<tr><td rowspan="5">조작성능</td><td rowspan="4">전기조작</td><td>투입조작</td><td>조작회로의 정격전압(85~110[%]) 범위에서 지장 없이 투입할 수 있을 것</td></tr>
<tr><td>개방조작</td><td>조작회로의 정격전압(85~110[%]) 범위에서 지장 없이 개방 및 리셋할 수 있을 것</td></tr>
<tr><td>전압트립</td><td>조작회로의 정격전압(75~125[%]) 범위 내의 모든 트립 전압에서 지장 없이 트립이 될 것</td></tr>
<tr><td>트립자유</td><td>차단기 트립을 확실히 할 수 있을 것</td></tr>
<tr><td>수동조작</td><td>개폐조작</td><td>조작이 원활하고 확실하게 개폐동작을 할 수 있을 것</td></tr>
</table>

㉠ 성능시험방법

- 내전압 시험 : 정격전압이 $E$일 경우($2E+1,000$[V])로 60초간 연속해서 가하는 실험으로서 시험은 태양전지 어레이와 태양광 인버터를 분리하고 개폐를 통전상태로 하여 입력단자(태양전지 어레이 쪽) 또는 출력단자(태양광 인버터 쪽)를 단락하고 구분하여 대지 사이에 인가해서 시험한다.

태양전지 어레이 또는 태양광 인버터의 출력단자 1단 또는 중간점이 접지된 경우 그 접지를 떼어내고 시행해야 한다. 또한 접속함 중에 이 시험 전압으로 시험하는 것이 부당한 전자부품이 있는 경우 그것을 제외하고 시험해야 한다.

- 절연저항 : 500[V](시험품의 정격전압이 300[V] 초과 600[V] 이하의 것에서는 1,000[V])의 절연저항계 또는 이와 동등한 성능이 있는 절연저항계로 입력단자 및 출력단자를 각각 단락하고 그 단자와 대지 사이에서 측정해야 한다.

㉡ 서지내성 레벨시험

| 레 벨 | 개방회로 시험전압(±10[%][kV]) | |
|---|---|---|
| 1 | 0.5 | |
| 2 | 1.0 | |
| 3 | 2.0 | |
| 4 | 4.0 | |
| X | 특 별 | 제품 시방서상의 레벨 |

㉢ 구조시험

- 수납된 부속품의 온도 간 최고의 온도를 초과하지 않는 구조일 것
- 전기회로의 충전부는 노출되지 않을 것
- 외함 및 틀은 수송 또는 시설 중에 일어나는 일반적 충격에 충분히 견디는 기계적 강도와 장기간에 걸쳐 내후성을 갖는 금속 또는 이와 동등 이상의 성능을 갖는 재료로 만들어야 할 것
- 외함은 사용상태에서 내부에서 기능상 지장을 주는 침수나 결로가 생기지 않은 구조일 것
- 태양전지 어레이로부터 병렬로 접속하는 전로에 단락이 생긴 경우 전로를 보호하는 과전류 차단기 및 기타의 기구를 시설할 것
- 접속함의 구조는 접속점에 근접하여 개폐기 그 밖의 이와 유사한 기구를 시설할 것

### (6) 표시사항

① 제조연월일
② 제조업체명과 상호
③ 제조번호
④ 보호등급
⑤ 종별 및 형식
⑥ 보호등급
⑦ 보조회로의 정격전압
⑧ 무 게
⑨ 내부 분리형태
⑩ 작동 전류의 유형
⑪ 각 회로의 정격전류
⑫ 접속함이 설계된 접지 체계의 유형

⑬ 높이, 깊이, 치수
⑭ 재료군
⑮ 경고사항

접속함이 설치될 때 위와 같은 사항은 보기 쉽고, 읽기 편하고, 물에 쉽게 지워지지 않도록 표시해야 한다. 또한 제조사는 문서나 목록에 조건을 명시해야 하며 부속품의 설치, 권한, 작동, 보수에 대한 내용을 포함해야 한다.

### (7) 인증 설비에 대한 표시사항

① 모델명 및 설비명
② 제조연월일
③ 인증부여번호
④ 업체명 및 소재지
⑤ 신재생에너지 설비인증표지
⑥ 정격 및 최고사용압력
⑦ 기타 ①~⑥ 이외 인증 설비에 꼭 필요한 사항

### (8) 참고 부품 사항(권장 부품)

① 퓨 즈
정격전류는 모듈 단락전류의 1.25~2배 이하, 정격차단전압은 시스템전압의 1.5배 이상이어야 한다.

② 블로킹 다이오드
정격전류는 모듈 단락전류의 1.3배 이상, 정격전압은 어레이 개방전압의 2배 이상이어야 한다.

③ 낙뢰보호장치(SPD ; Surge Protect Device)
㉠ 공칭 방전전류는 10[kA] 이상
㉡ 최대연속 운전전압은 직류(DC) 600[V], 1,000[V]

④ 직류(DC) 차단기
㉠ 태양광 어레이의 최대개방전압 이상의 직류차단전압을 가지고 있어야 한다.
㉡ 정격전류는 어레이 전류의 1.25~1배 이하이어야 한다.

## 2 태양전지 어레이 측 개폐기

(1) 적은 어레이나 어레이의 출력단자에 설치하여 부하 측 설비와 전기적으로 연결하거나 차단하기 위한 개폐기로서 태양전지 어레이 측 개폐기는 태양전지 어레이의 보수와 점검을 할 경우 태양전지 모듈에 불합리한 부분을 분리하기 위해 설치한다. 즉, 어레이 회로에서 발생하는 지락, 단락, 과전류 등의 이상을 검출하여 이들을 분리, 제거하거나 경보하기 위한 장치이다.

(2) 태양전지는 보낼 수 있는 최대의 직류전류를 차단하는 능력을 가지고 있어야 한다. 따라서 일반적으로 퓨즈 또는 배선용 차단기(MCCB ; Mold Case Current Breaker) 등을 사용하고 있다.

① 차단기 : 정격전류는 어레이전류의 1.25~2배 이하
② 퓨즈 : 정격전류 - 모듈 단락전류의 1.25~2배 이하
③ 정격차단전압 : 시스템전압의 1.5배 이상
④ 태양광 어레이의 최대개방전압 이상의 직류차단전압을 가지고 있어야 한다.

(3) 태양전지는 태양광이 비추면 항상 전압을 발생하며 일사강도에 따라 전류가 흐르고 있다. 따라서 개폐기는 태양전지에 흐를 수 있는 최대의 직류전지를 차단하는 능력이 있어야 한다. 일반적으로 배선용 차단기(MCCB ; Mold Case Current Breaker) 등을 사용했으나 근래에는 태양전지 어레이의 고장이 없기 때문에 소형, 경량, 경제성에서 차단능력이 없는 단로 단자를 사용한다. 이 경우 주개폐기를 필히 먼저 Off하여 전류를 차단하고 단로 단자를 조작할 필요가 있어 주의해야 한다.

## 3 주 개폐기

### (1) 주 개폐기의 설치장소

태양전지 어레이의 전체 출력을 하나로 모아 인버터 측으로 보내는 회로 중간에 설치된다. 주 개폐기는 태양전지 어레이 측 개폐기와 같은 목적으로 사용한다. 그렇기 때문에 태양전지 어레이가 1개의 스트링으로 구성된 경우에 생략이 가능하다. 태양전지 어레이 측 개폐기로 단로기나 퓨즈를 사용할 때는 반드시 주 개폐기로 MCCB를 설치한다. 태양전지 어레이의 최대사용전압, 태양전지 어레이의 합산된 단락전류를 개폐할 수 있는 용량의 것을 선정해야 하며, 태양전지 어레이측의 합산 단락전류에 의해 차단되지 않는 것을 선정해야 된다.

### (2) 특 징

① 직류전류의 과전류 차단기로서 직류용으로 표시해야 한다(직류단락전류 차단).
② 태양전지 어레이의 최대사용전압, 통과전류를 만족하는 것으로 최대통과전류(표준 태양전지 어레이 단락전류)를 개폐할 수 있는 것을 사용해야 한다.
③ 태양전지측 개폐기와 목적이 같기 때문에 사용하지 않는 경우도 있으나 단로기를 설치한 경우에는 주개폐기를 꼭 설치해야 한다.
④ 정격전류는 어레이 전류의 1.25~2배 이하로서 태양광 어레이의 최대개방전압 이상의 직류차단전압을 가지고 있어야 한다.

## 4 서지보호소자(SPD)

저압 전기설비에서의 피뢰소자는 서지보호소자(SPD ; Surge Protected Device)라고 하며, 태양광발전설비가 피뢰침에 의해 직격뢰로부터 보호되어야 한다. 즉, 태양광발전시스템은 모듈을 비롯하여 파워컨디셔너 등 각종 전기와 전자 설비들로 순간적인 과전압이나 전류에 매우 취약한 반도체들로 구성되어 있기 때문에 낙뢰나 스위칭 개폐 등에 의해 발생되는 순간적인 과전압으로부터 기기들이 순식간에 손상될 수 있다. 따라서 이를 보호하기 위하여 서지보호소자 등을 중요 지점에 각각 설치해야 한다.

### (1) 피뢰소자 구비조건

① 정전용량이 적을 것
② 동작전압이 낮을 것
③ 응답시간이 빠를 것

### (2) 뇌 보호영역(LPZ)별 피뢰소자 선택기준

뇌 보호영역(LPZ ; Lightning Protection Zone)별 피뢰소자 선택기준은 LPZ 1, LPZ 2, LPZ 3으로 나누어 살펴볼 수 있다.

| 구 분 | 적용 피뢰소자 | 내 용 |
|---|---|---|
| LPZ 1 | Class Ⅰ | 10/350[$\mu$s] 파형 기준의 임펄스 전류 $I_{imp}$ = 15~60[kA](직격뢰용) |
| LPZ 2 | Class Ⅱ | 8/20[$\mu$s] 파형 기준의 최대방전전류 $I_{\max}$ = 40~160[kA] |
| LPZ 3 | Class Ⅲ | 1.2/50[$\mu$s](전압), 8/20[$\mu$s](전류) 조합파 기준(유도뢰용) |

### (3) 피뢰소자의 구분

피뢰소자는 반도체형과 갭형으로 구분한다.

### (4) 피뢰소자의 일반 정리

① 접속함에는 태양전지 어레이의 보호를 위해서 스트링마다 서지보호소자를 설치하며 낙뢰 빈도가 높은 경우에 주 개폐기 측에도 설치해야 한다.
② 피뢰소자 접지 측 배선은 접지단자에서 최대한 짧게 한다.
③ 서지보호소자의 접지 측 배선을 일괄하여 접속함의 주접지단자에 접속하면 태양전지 어레이 회로의 절연저항 측정 등을 위한 접지의 일시적 분리가 편리하다. 일반적으로 동일회로에서도 배선이 길며, 직격뢰 또는 유도뢰를 받기 쉬운 곳에 위치한 배선은 배선의 근처 양단(수전단과 송전단)에 설치해야 한다.
④ 기능면으로 구별해 보면 차단형과 억제형으로 구분할 수 있다.

## 5 단자대

태양전지 어레이의 스트링별로 배선의 접속함까지 가지고 와서 접속함 내부에 단자대를 통해 접속한다. 단자대는 스트링 케이블의 굵기에 적합한 링형 압착단자를 선정해야 한다. 링형 압착 단자대는 KS 표준품의 것을 사용해야 한다. 특히, 직류회로이기 때문에 단자대의 용량을 충분히 여유 있게 시설하는 것이 필요하다.

## 6 수납함(배전함)

단자대, 직류 측 개폐기, 역류방지소자, 피뢰소자(SPD) 등을 설치하는 외관이다.

### (1) 수납함의 설치장소에 따른 분류

① 옥외용

② 옥내용

### (2) 수납함의 재료에 따른 분류

① 스테인리스

② 철

### (3) 접속함 선정 시 고려사항

① **전류** : 정격입력전류는 접속함에 안전하게 흘릴 수 있는 전류값이어야 하며, 최대전류를 기준으로 선정해야 한다.

② **전압** : 접속함의 정격전압은 태양전지 스트링의 개방 시의 최대직류전압으로 선정해야 한다.

③ **보호구조** : 노출된 장소에 설치되는 경우 빗물, 먼지 등이 접속함에 침입하지 않는 구조이어야 하며, 보호등급으로는 IP44 이상의 것을 선정해야 한다.

④ **보수 및 점검** : 태양전지 어레이의 점검 및 보수 시 스트링별로 분리하거나 내부 부품 교체 시 작업의 편리성을 고려한 공간의 여유를 고려하여 선정하여야 한다.

### (4) 시판 수납함 두께

시판되고 있는 수납함 표준품의 판 두께는 1.6[mm]로 얇은 것을 많이 사용한다. 구멍가공을 하기에 편리하다.

## 제3절 교류 측 기기

### 1 분전반

(1) 상용전력계통과 계통 연계하는 경우에 인버터의 교류출력을 계통으로 접속할 때 사용하는 차단기를 수납하는 함이다. 분전반은 대다수의 주택에 이미 설치되어 있기 때문에 태양광발전시스템의 정격출력전류에 맞는 차단기가 있으면 그것을 사용하도록 한다.

(2) 이미 설치되어 있는 분전반에 여유가 없는 경우에는 별도의 분전반을 준비하거나 기설되어 있는 분전반 근처에 설치하는 것이 일반적이다. 또한 태양광발전시스템용으로 설치하는 차단기는 지락검출기능이 있는 과전류 차단기가 꼭 필요하다.

(3) 단상 3선식 계통에 연계하는 경우에 부하의 불평형에 의해 중성선에 최대전류가 발생할 위험이 있으므로 수전점에서 3극의 과전류 분리를 가진 차단기(3P-3E)를 설치해야 한다.

### 2 적산전력량계

역송전이 있는 계통연계 시스템에서 역송전한 전력량을 계측하여 전력회사에 판매할 전력요금을 산출하기 위한 계량기로 계량법에 의한 검정을 받은 적산전력량계를 사용할 필요가 있다. 역송전한 전력량만을 분리・계측하기 위해서 역전방지장치가 부착된 것을 사용한다. 기존 전력회사가 설치한 수요전력계량용 적산전력량계도 역송전이 있는 계통연계 시스템에 설치할 경우에는 옥외 사양으로 하거나 옥내용에 창문을 만들어 옥외용 접속함 속에 설치한다. 역송전 계량용 적산전력량계는 수용전력계량용 적산전력량계와는 달리 수용가측을 전원측으로 접속한다. 또한 역송전 계량용 적산전력량계의 비용부담은 수용가 부담으로 되어 있다.

#### (1) 적산전력계의 구비조건

① 가격이 저렴할 것
② 주위 온도나 환경에 영향을 받지 않을 것
③ 오차가 적을 것
④ 내구성이 좋고, 재질이 튼튼할 것
⑤ 구입이 용이할 것

#### (2) 적산전력계의 종류

① 단상 2선식
② 3상 3선식
③ 3상 4선식

### (3) 부착방법

① 매입형

② 노출형

## 제4절 축전지

화학에너지를 전기적인 에너지로 변환하여 사용하는 것을 전지라 하며, 직류기전력을 전원으로 사용할 수 있는 장치를 말한다. 축전지는 양과 음의 전극판과 전해액으로 구성되어 있고 항상 양극판보다 음극판이 1개 더 많다.

### (1) 전 지

화학에너지와 전기에너지 사이에 전환이 일어날 수 있도록 만든 것을 축전지라 하는데, 그 횟수가 1회에 한정되어 사용하는 1회용 건전지를 1차 전지라 하고, 여러 번 축전을 하여 사용할 수 있는 전지를 2차 전지(축전지)라 한다. 종류로는 납축전지, 니켈-수소 축전지, 리튬이온 축전지 등이 있다.

| 종 류 / 내 용 | 납축전지 | 니켈-수소 축전지 | 리튬이온 축전지 |
|---|---|---|---|
| 공칭전압 | 2[V] | 1.2[V] | 3.7[V] |
| 대전류방전 | ~ 3[CA] 가능 | 10[CA] 가능 | 20[CA] 정도 |
| 에너지밀도 | 30~400[Wh/kg] | 10~100[Wh/kg] | 50~200[Wh/kg] |
| 충전방식 | 정전압, 정전류 | 정전류 | 정전압, 정전류 |
| 중간충전상태 사용 | 연속사용 불가 | 메모리 효과 있음 | 연속사용 가능 |
| 가 격 | 저 가 | 보 통 | 고 가 |

### (2) 축전지에 필요한 특성

① 충・방전 효율이 좋아야 한다. 즉, 충전량에 대한 방전량의 비가 높아야 한다.

② 셀 전압이 높고 충・방전 중의 전압변화가 적어야 한다.

③ 에너지밀도가 높으며 소형, 경량이어야 한다.

④ 사이클 수명이 길어야 한다.

⑤ 고・저온 시에 성능과 수명의 열화가 없어야 한다.

⑥ 관리 및 정비가 용이해야 한다.

⑦ 장시간 사용하여도 안전해야 한다.

⑧ 재사용이 가능해야 한다.

⑨ 관리 및 정비가 용이해야 한다.

⑩ 중간 영역의 충전상태에서 연속으로 사용하여도 성능의 열화가 없어야 한다.

### (3) 축전지 선정 기준

① 비 용
② 중 량
③ 전압-전류 특성 등의 전기적 성능
④ 안전성
⑤ 수 치
⑥ 수 명
⑦ 보수성
⑧ 재활용성
⑨ 경제성

### (4) 축전지에 사용되는 재료

① 납(가장 많이 사용)
② 리 튬
③ 니켈-수소
④ 니켈-카드뮴

### (5) 축전지의 이용 목적

① 독립전원용
㉠ 태양전지의 발전전력을 저장하여 야간, 일조 없는 날에 전력을 사용한다.
㉡ 저장용량은 일조가 없는 날의 수 및 공급신뢰성으로 좌우된다.

② 계통연계용
㉠ 계통정전 시의 비상용 전원 : 정전 시에 독립운전을 하여 부하를 백업하고 평상시에는 저장량을 100[%]로 충전한다.
㉡ 계통전압 상승억제 : 역조류에 의한 계통전압의 상승을 방지하고 전압 상승 시에만 잉여전력을 저장한다.
㉢ 발전전력의 평준화 : 태양전지의 출력변동을 평준화하고 저장용량이 비교적 작기 때문에 급격한 충·방전이 발생한다.
㉣ 야간 전력의 저장 : 야간에 계통으로부터 전력을 저장하여 주간에 태양광을 병용하여 사용한다. 매일 충·방전이 일어난다.

### (6) 계통연계 시스템용 축전지

축전지를 부가함으로써 전력의 공급, 발전전력 급변 시의 버퍼, 전력저장, 피크시프트 등 시스템의 적용범위의 확대를 통한 부가가치를 높일 수 있는 방식으로 태양광발전시스템이 계통에 연계될 때 계통전압 안정화를 통한 축전지가 많이 활용된다.

## (7) 납축전지의 종류와 특징

| 명 칭 | 종 류 | 형 식 | 기대수명(25도) | | 용량[Ah] | 보 수 | 용 도 | 시스템 예 |
|---|---|---|---|---|---|---|---|---|
| | | | 부동 충전 시 | 사이클 사용 시 | | | | |
| 제어 밸브식 거치 | 표 준 | MSE | 7~9년 | DOD 50[%]에서 1,000사이클 | 50~3,000 | 필요 없음 | 연계자립, 방재 대응형 | 건축시설에 설치하는 방재형 시스템 등 |
| | 긴 수명 | FVL | 13~15년 | | | | | |
| | 사이클 서비스 | SLM | – | DOD 30[%]에서 2,000사이클 | | | 피크컷, 독립형 전원 | 피크컷 시스템용 전력저장 및 독립형 시스템 전원 |
| | | 12CTE | – | DOD 20[%]에서 2,200사이클 | 80~120 (12[V]) | | | |
| 소형 제어 밸브식 | 표 준 | m | 약 3년 | DOD 50[%]에서 400사이클 | 2~65 (12[V]) | | 소형연계자립, 독립형 전원 | 소형시스템 예 게시판 방송시스템 등 |
| | 긴 수명 | FML | 약 6년 | | 0.8~17 (12[V]) | | | |
| | 가장 긴 수명 | FLH | 약 15년 | | 2~65 (12[V]) | | | |
| 소형 전동자용 | 제어 밸브식 | EBC | – | DOD 75[%]에서 500사이클 | 65~100 (12[V]) | | 소형피크컷, 독립형 전원 | 독립형 통신용 전원, 가로등용 등 |
| | 액 식 | EB | – | DOD 75[%]에서 600사이클 | 15~160 (12[V]) | 필 요 | | |
| 자동차용 | 시동용 | | 2~3년 | DOD 50[%]에서 200사이클 | 50~176 (12[V]) (5시간율) | | 소형연계자립, 독립형 전원 | 소형시스템 예 게시판, 방송시스템 등 |

※ DOD(Depth Of Discharge) : 방전심도

# 1 계통연계 시스템용 축전지의 종류

## (1) 방재 대응형

보통 계통연계 시스템으로 동작하고 정전 등 재해 발생 시 인버터를 자동운전으로 전환함과 동시에 특정 재해 대응 부하로 전력을 공급하도록 한다. 보통 때는 자립운전을 하고, 정전 시에는 연계운전, 정전 회복 후에는 야간 충전운전을 한다.

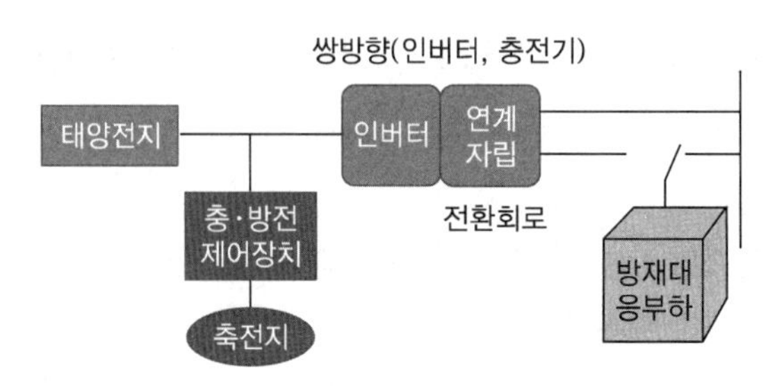

### (2) 부하평준화 대응형

태양전지 출력과 축전지 출력을 병용하여 부하의 피크 시에 인버터를 필요한 출력으로 운전하여 수전전력의 증대를 억제하고 기본전력요금을 절감하도록 하는 시스템이다. 즉, 수용가에게는 전력요금의 절감, 전력회사에게는 피크전력 대응의 설비투자 절감의 효과가 있다. 설치되는 축전지의 크기에 따라 일조량의 급격한 변화에 대하여 계통으로부터 부하급변의 영향을 적게 하기 위한 일사급변 보상형과 발전전력의 피크와 수요 피크를 수시간(2~4시간 정도) 보상하기 위한 피크 시프트형, 심야전력으로 충전한 전력을 주간의 피크 시에 방전하여 주간전력을 축전지에 공급하도록 하는 야간전력 저장형 등으로 분류할 수 있다. 보통 때는 연계운전, 피크 시 태양전지 축전지 겸용 연계운전 그리고 정전 회복 후 야간 충전운전을 한다.

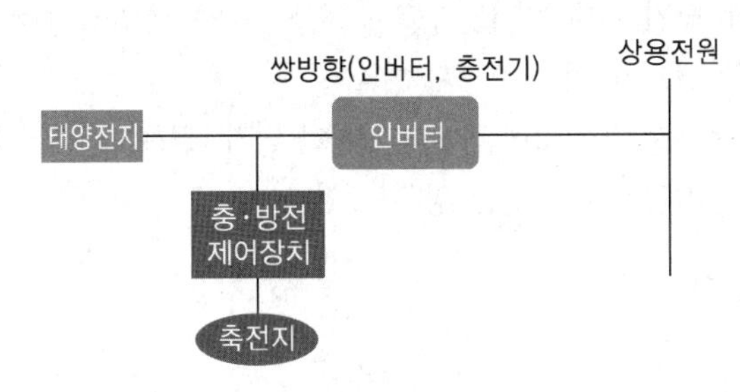


### (3) 계통안정화 대응형

태양전지와 축전지를 병렬로 운전하여 기후가 급변할 때 또는 계통부하가 급변하는 경우에 축전지를 방전하고 태양전지 출력이 증대하여 계통전압이 상승할 때에는 축전지를 충전하여 역전류를 줄이고 전압의 상승을 방지하는 방식이다.

### (4) 계통연계 시스템에서 축전지의 4대 기능

① 피크시프트

② 전력저장

③ 재해 시 전력공급

④ 발전전력 급변 시의 버퍼

### (5) 축전지의 용량산출

① 방전전류

② 방전시간

③ 허용 최저전압

④ 축전지의 예상 최저온도

⑤ 셀 수의 선정

### (6) 부하평준화 대응형 축전지의 용량산출 방식

① 용량산출 일반식

$$C = \frac{KI}{L}$$

여기서, $C$ : 온도 25[℃]에서 정격 방전율 환산용량(축전지의 표시용량)

$K$ : 방전시간, 축전지 온도, 허용최저전압으로 결정되는 용량환산시간

$I$ : 평균 방전전류

$L$ : 보수율(수명 말기의 용량 감소율) 0.8

② 충・방전 횟수가 많으므로 일반적으로 사이클 서비스용 축전지를 사용한다.

③ 충・방전을 많이 하게 되면 기대수명을 다할 수 있도록 방전심도(DOD)와 수명의 관계를 고려하여 축전지 용량을 결정할 필요가 있다.

④ 부하평준화 운전 시에 축전지에서 보면 정전력 부하가 되기 때문에 직류입력전류를 구할 때의 직류전압으로서 방전 중의 평균전압을 사용하는 경우도 있다.

### (7) 축전지의 기대수명 결정요소

① 방전심도

② 방전횟수

③ 사용온도

### (8) 방전심도(DOD)

방전심도(DOD ; Depth Of Discharge)는 전기 저장장치에서 방전상태를 나타내는 지표의 값으로 보통은 축전지의 방전상태를 표시하는 수치이다. 일반적으로 정격용량에 대한 방전량은 백분율로 표시한다.

$$\text{방전심도} = \frac{\text{실제 방전량}}{\text{축전지의 정격용량}} \times 100[\%]$$

## 2 독립형 시스템용 축전지

수시로 충・방전을 반복하고 기계적으로 조합하여 유지보수가 곤란한 장소에 설치하는 경우가 많다. 또한 충전상태도 일정치 않아 축전지 측면에서 보면 불안정한 사용상태에 놓여 있다고 할 수 있다.

### (1) 독립형 전원시스템 축전지의 기대수명의 결정요인

① 사용온도

② 방전횟수

③ 방전심도

### (2) 독립형 전원시스템용 축전지 선정의 핵심요소

우선 부하의 필요전력량을 상세하게 검토하여 태양전지의 용량과 축전지의 용량, 충·방전 제어장치의 설정값을 어떻게 최적화시키는가에 달려 있다.

### (3) 기종 선정

태양광발전시스템에서는 충·방전량이 날씨의 영향을 많이 받기 때문에 평균적인 방전심도를 설정하여 축전지의 기종을 선정할 필요가 있다.

### (4) 독립형 전원시스템의 구조

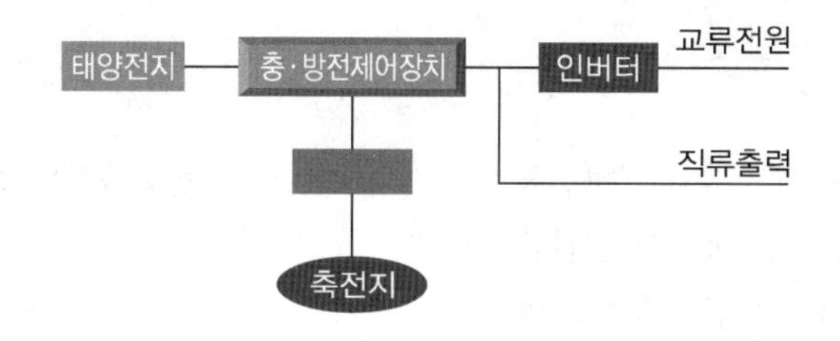


### (5) 그 외 정리

① 통상 일조가 없는 일수를 5~15일로 하기 때문에 방전심도는 낮은 경우가 많지만 일반적으로 50~75[%]가 채용된다. 보수율은 0.8로 하여 계산한다.

② 기기 내의 수납형으로는 보수가 용이한 소형 제어밸브식 납축전지, 거치용으로는 제어밸브식 거치 납축전지 등이 사용된다.

## 3 축전지의 설계

### (1) 축전지 취급 시 주의사항

① 축전지의 하중을 견딜 수 있는 곳을 설치장소로 선정한다.

② 상시 유지충전방법을 충분히 검토한다.

③ 내진 구조로 설치한다.

④ 항상 축전지를 양호한 상태로 유지하도록 한다.

⑤ 방재 대응형에 있어서는 재해 등에 의한 정전 시 태양전지에서 충전을 하기 때문에 충전 전력량과 축전지 용량을 상호 대비할 필요가 있다.

⑥ 축전지 직렬 개수는 태양전지에서도 충전이 가능한지 혹은 인버터 입력전압 범위에 포함되는지 여부를 확인한 후에 선정하도록 한다.

### (2) 큐비클식 축전지 설비의 이격거리

| 이격거리를 확보해야 할 부분 | 이격거리[m] |
|---|---|
| 큐비클식 이외의 발전설비와의 사이 | 1.0 |
| 큐비클식 이외의 변전설비와의 사이 | 1.0 |
| 전면 또는 조작면 | 1.0 |
| 점검면 | 0.6 |
| 전면, 조작면, 점검면 이외의 환기구 설치면 | 0.2 |
| 옥외에 설치할 경우 건물과의 사이 | 2.0 |

### (3) 방재 대응형 축전지의 설계

① 방전전류

㉠ 방전개시에서 종료 시까지 부하전류의 크기와 경과시간 변화를 산출한다.

㉡ 전류가 변동하는 경우에는 평균값을 구한다.

㉢ 부하의 소비전력으로 산출하는 방법이다.

② 방전시간

예측되는 최장 백업시간으로 12~24시간을 설정한다.

③ 허용 최저전압

부하기기의 최저동작전압에 전압강하를 고려한 것으로서 1Cell당 1.8[V]로 한다.

④ 축전지의 예상 최저온도

㉠ 실내의 경우 25[℃], 옥외의 경우 -5[℃]

㉡ 축전지의 온도가 보장되는 경우에는 그 온도로 한다.

⑤ 셀 수의 선정

부하의 최고·최저 허용전압, 축전지 방전종지전압, 태양전지에서 충전할 경우 충전전압을 고려해야 한다.

⑥ 계산식의 예

㉠ 평균부하용량($P$) : 4[kW](kW·h/방전시간)

㉡ 방전유지시간($T$) : 10시간

㉢ 인버터 최저동작 직류 입력전압($V_i$) : 600[V]

㉣ 축전지 최저동작온도 : 25[℃]

㉤ 축전지 방전 종지전압 : 1.8[V]/셀

㉥ 축전지 인버터 간의 전압강하($V_d$) : 3[V]

㉦ 보수율($L$) : 0.8

㉧ 인버터의 효율($E_f$) : 80[%](자립운전 시의 실질효율을 적용)

- 축전지 용량($C$)$= \dfrac{KI}{L} = \dfrac{24 \times 8.29}{0.8} ≒ 248.7$[Ah]
- 인버터 직류입력전류($I_d = I$)$= \dfrac{P \times 1{,}000}{E_f(V_i + V_d)} = \dfrac{4 \times 1{,}000}{0.8(600+3)} ≒ 8.2919$[A]

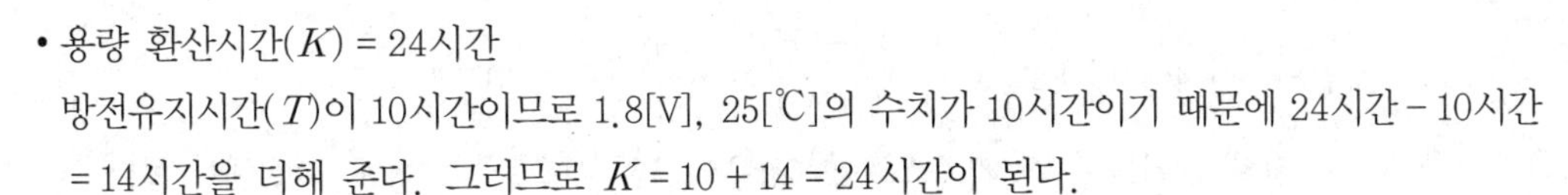

- 용량 환산시간($K$) = 24시간

  방전유지시간($T$)이 10시간이므로 1.8[V], 25[℃]의 수치가 10시간이기 때문에 24시간 − 10시간 = 14시간을 더해 준다. 그러므로 $K = 10 + 14 = 24$시간이 된다.

MSE형 축전지의 용량환산시간($K$값)

| 방전시간 | 온도[℃] | 허용최저전압[V/셀] | | | |
|---|---|---|---|---|---|
| | | 1.6 | 1.7 | 1.8 | 1.9 |
| 1시간<br>(60분) | 25 | 1.55 | 1.65 | 1.9 | 2.4 |
| | 5 | 1.7 | 1.8 | 2.05 | 3.1 |
| | −5 | 1.8 | 1.95 | 2.26 | 3.5 |
| 1시간 30분<br>(90분) | 25 | 2.1 | 2.21 | 2.5 | 3.1 |
| | 5 | 2.25 | 2.42 | 2.7 | 3.8 |
| | −5 | 2.42 | 2.57 | 3 | 4.35 |
| 2시간<br>(120분) | 25 | 2.6 | 2.75 | 3.05 | 3.7 |
| | 5 | 2.8 | 3 | 3.3 | 4.5 |
| | −5 | 3 | 3.15 | 3.7 | 5.1 |
| 3시간<br>(180분) | 25 | 3.5 | 3.72 | 4.1 | 4.8 |
| | 5 | 3.8 | 4.05 | 4.4 | 5.8 |
| | −5 | 4.1 | 4.5 | 5 | 6.5 |
| 4시간<br>(240분) | 25 | 4.4 | 4.6 | 5 | 5.9 |
| | 5 | 4.75 | 5 | 5.4 | 7 |
| | −5 | 5.1 | 5.4 | 6.1 | 7.7 |
| 5시간<br>(300분) | 25 | 5.2 | 5.5 | 5.95 | 7 |
| | 5 | 5.6 | 6 | 6.3 | 8 |
| | −5 | 6.1 | 6.4 | 7.2 | 9 |
| 6시간<br>(360분) | 25 | 6 | 6.3 | 6.8 | 8 |
| | 5 | 6.4 | 6.8 | 7.2 | 9 |
| | −5 | 7 | 7.4 | 8.3 | 10 |
| 7시간<br>(420분) | 25 | 6.7 | 7.1 | 7.6 | 8.9 |
| | 5 | 7.3 | 7.6 | 8 | 10 |
| | −5 | 8 | 8.4 | 9.4 | 11 |
| 8시간<br>(480분) | 25 | 7.5 | 7.9 | 8.4 | 9.9 |
| | 5 | 8.1 | 8.4 | 8.9 | 11 |
| | −5 | 9 | 9.3 | 10.3 | 12 |
| 9시간<br>(540분) | 25 | 8.2 | 8.7 | 9.2 | 10.8 |
| | 5 | 8.9 | 9.2 | 9.7 | 11.8 |
| | −5 | 9.8 | 10 | 11.1 | 13 |
| 10시간<br>(600분) | 25 | 8.9 | 9.4 | 10 | 11.5 |
| | 5 | 9.7 | 10 | 10.5 | 12.7 |
| | −5 | 10.6 | 11 | 12 | 14 |

• 필요축전지 직렬개수$(N)=\dfrac{V_i+V_d}{1.8[\mathrm{V}]}=\dfrac{600+3}{1.8[\mathrm{V}]}=335$개

(축전지 단위를 6[V] 기준으로 할 경우에 6의 배수로 336개로 결정해야 한다)

• 축전지의 단위는 [Ah]로, 10[Ah]를 기준으로 하여, 용량은 250[Ah], 축전지 개수는 336개이다.

### (4) 부하평준화 대응형 축전지의 설계

① 기본적으로 방재 대응형 축전지의 용량 산출방법과 같다. 그러나 충·방전 횟수가 많기 때문에 일반적으로는 사이클 서비스용 축전지를 권장한다. 이 경우 방전심도와 수명의 관계를 고려하여 기대수명을 다할 수 있도록 축전지 용량을 결정해야 한다.

② 계산식의 예

㉠ 출력용량$(P)$ : 300[kW]

㉡ 방전유지시간$(T)$ : 5시간

㉢ 인버터 최저동작 직류 입력전압$(V_i)$ : 500[V]

㉣ 설계온도 : 25[℃]

㉤ 축전지 방전 종지전압 : 1.8[V]/셀

㉥ 축전지 인버터 간의 전압강하$(V_d)$ : 2[V]

㉦ 보수율$(L)$ : 0.85

㉧ 인버터의 효율$(E_f)$ : 90[%](자립운전 시의 실질효율을 적용)

• 축전지 용량$(C)=\dfrac{KI}{L}=\dfrac{5.95\times 664.01}{0.85}\fallingdotseq 4{,}648.1[\mathrm{Ah}]$

• 인버터 직류입력전류$(I_d=I)=\dfrac{P\times 1{,}000}{E_f(V_i+V_d)}=\dfrac{300\times 1{,}000}{0.9(500+2)}\fallingdotseq 664.01[\mathrm{A}]$

• 용량 환산시간$(K)=5.95$시간

• 필요축전지 직렬개수$(N)=\dfrac{V_i+V_d}{1.8[\mathrm{V}]}=\dfrac{500+2}{1.8[\mathrm{V}]}\fallingdotseq 278.89$[개]

(축전지 단위를 6[V] 기준으로 할 경우에 6의 배수로 282개로 결정해야 한다)

• 축전지의 단위는 [Ah]로 1,000[Ah]를 기준으로 하여, 용량은 5,000[Ah], 축전지 개수는 282개이다.

• 방전심도$=\dfrac{\text{실제 발전량}}{\text{축전지의 정격용량}}\times 100[\%]=\dfrac{664.01\times 5}{5{,}000}\times 100\fallingdotseq 66.401[\%]$

(실제발전량은 인버터 직류입력전류$(I_d=I)$에 축전지의 정격용량을 축전지 단위로 나눈 값을 곱하면 된다. 즉, 현재 축전지의 정격용량이 5,000[Ah]이므로 기본 단위가 1,000[Ah]이다. 따라서, $\dfrac{5{,}000}{1{,}000}=5$이다)

### (5) 독립형 축전지의 설계

① 독립형 전원시스템용 축전지의 설계순서

㉠ 부하에 필요한 직류 입력전력량을 상세하게 검토한다(인버터의 입력전력을 파악한다).

㉡ 설치 예정 장소의 일사량 데이터를 입수한다.

㉢ 설치장소의 일사조건이나 부하의 중요성에서 일조가 없는 시간을 설정한다(보통 5~15일 정도).

㉣ 축전지의 기대수명에서 방전심도를 설정한다.

㉤ 일사 최저 월에도 충전량이 부하의 방전량보다 크게 되도록 태양전지 용량 어레이의 각도 등도 함께 결정한다.

㉥ 축전지 용량($C$)을 계산한다.

$$C = \frac{\text{1일 소비전력량} \times \text{불일조 일수}}{\text{보수율} \times \text{방전종지전압(축전지전압)} \times \text{방전심도}} \text{[Ah]}$$

㉦ 방전심도(DOD ; Depth Of Discharge)의 용량이 1,000[mA]라고 가정하면, 1,000[mAh]를 100[%] 방전하였을 경우 충전했을 때의 방전심도는 1이고, 80[%] 사용하고 충전을 한다면 방전심도는 0.8이다.

㉧ 직류부하 전용일 경우에는 인버터가 필요 없다.

㉨ 직류출력 전압과 축전지 전압을 서로 같게 한다.

㉩ 불일조 일수는 기상상태의 변화로 발전을 할 수 없을 때의 일수이다.

② 용량산출의 일반식

$$C = \frac{D_f \times L_d \times 1,000}{DOD \times N \times V_b \times L} \text{[Ah]}$$

여기서, $D_f$ : 일조가 없는 날(일)

$L_d$ : 1일 적산 부하 전력량[kWh]

$DOD$ : 방전심도[%](일조가 없는 날의 마지막 날에 축전지의 용량의 85[%]까지 방전하는 설계를 한 경우는 DOD 85[%]로 한다)

$N$ : 축전지 개수(개)

$V_b$ : 공칭 축전지 전압[V] → 납축전지일 경우는 2[V](알칼리 축전지일 경우 1.2[V])

$L$ : 보수율(보통 0.8이나 0.85)

③ 계산식의 예

$D_f = 8$일, $L_d = 1.5$[kWh], $DOD = 0.55$, $N = 40$(개), $V_b = 2$[V], $L = 0.85$일 경우

(축전지 용량의 단위는 100[Ah]이다)

$$C = \frac{8 \times 1.5 \times 1,000}{0.55 \times 40 \times 2 \times 0.85} \fallingdotseq 320\text{[Ah]}$$

(320[Ah] 납축전지를 40개 직렬로 접속하면 된다)

## 제5절 낙뢰대책

### 1 낙뢰개요

#### (1) 낙 뢰

뇌운에서 대지로 방출하는 전하 또는 번개의 종류 가운데 구름과 대지 사이에서 발생하는 방전현상을 말한다.

#### (2) 용어의 정의

① 낙뢰(Lightning Flash to Earth) : 뇌운전하와 대지 간에 유도된 전하 사이에 발생하는 대지 뇌 방전이다. 이 낙뢰에는 1회 이상의 뇌격을 포함한다.

② 뇌격(Lightning Stroke) : 낙뢰에서 단일한 방전

③ 선행방전(Leader) : 귀환뇌격에 선행해 뇌운에서 대지를 향해 진전하는 방전

④ 계단형 선행방전(Stepped Leader) : 휴지시간을 동반하는 계단형 선행방전, 제1뇌격 시 이 형태를 취한다.

⑤ 화살형 선행방전(Dart Leader) : 제1뇌격 후 계단형이 되지 않고 연속적으로 리더가 앞의 방전로를 통과하는 선행방전

⑥ 뇌격거리(Striking Distance, Final Jump Distance) : 선행방전이 대지에 접근해 최종적으로 방전하는 거리. 이 거리는 $KIn$[m]로 주어진다. $I$는 뇌 전류[kA], $K$와 $n$은 상수이다. 이 값은 각 연구자에 따라 여러 종류가 있다.

⑦ 귀환뇌격(Return Stroke) : 선행방전이 대지와 결합한 후 형성된 고도전성 방전로를 통해 대지에서 뇌운 방향으로 흐르는 대규모 전류방전

⑧ 다중 뇌(Multiple Stroke) : 맨 처음 형성된 방전로를 따라 2회 이상의 뇌격을 반복하는 뇌 방전

⑨ 뇌격점(Stroke Point, Point of Strike) : 낙뢰가 대지와 구조물 또는 피뢰설비와 접촉하는 장소

⑩ 뇌 전류(Lightning Current) : 뇌격점에 흐르는 전류

⑪ 뇌 전류 피크값(Peak Value of Lightning Current) : 낙뢰에서 최대전류값

⑫ 낙뢰 계속 시간(Flash Duration) : 뇌 전류 시작부터 끝까지의 시간

⑬ 뇌 방전 전하(Electric Charge of Lightning Discharge) : 뇌 전류 시간적분

⑭ 연간 뇌우 일수(IKL, Iso Keraunic Level) : 일정한 지역에서 천둥소리를 듣거나 뇌광을 눈으로 확인한 일수를 1년간 합한 일수

⑮ 뇌 차폐(Shielding) : 보호해야 할 건축물과 전력선로에 대한 뇌격을 피하기 위해 차폐선과 피뢰침을 이용해 보호하는 것

⑯ 직격뢰(Direct Strokes) : 직접 상도체로 뇌격함으로써 발생하는 과전압. 배전선인 경우에는 가공지선과 콘크리트 기둥에 뇌격한 경우도 포함

⑰ 역섬락(Back Flashover) : 송전선 철탑과 가공지선으로 뇌격한 경우 접지저항과 철탑 서지임피던스에 의해 철탑과 가공지선의 전위상승이 커져 반대로 상도체로 방전하는 현상

⑱ 유도뢰(Induced Over-Voltages Due to Nearby Strokes) : 근처 수목과 건축물에 낙뢰한 경우 뇌 방전로를 흐르는 전류에 의해 선로 근처 전자계가 급변해 생기는 과전압

⑲ 역류뢰(Backflow Current) : 건축물에 대한 뇌격 시 접지저항이 충분히 낮지 않으므로 전원을 공급하는 전력선에 뇌격전류 일부가 유입되는 것. 산정 상 부하공급 배전선에서 피해가 많이 발생

⑳ 간헐 뇌격(Intermittent Stroke) : 연속적인 전류를 동반하지 않는 뇌격

㉑ 감전(Electric Shock) : 인체에 전류가 흘러 생리적 변화를 일으키는 것

㉒ 공지 간 전류(Air-Earth Current) : 대기-지표 간 전류로서 방사선, 우주선 등에서 대기가 이온화되어 아래쪽으로 향하는 전기장이 만들어질 때, 양으로 하전된 대기로부터 음으로 하전된 지면을 향해 흐르는 전하의 흐름이다. 맑은 날에는 미약하지만, 강수·강설, 뇌운 접근 시에 공지 간 전류가 크게 변함

㉓ 구상 번개(Ball Lightning) : 뇌우가 심할 때 나타나는 지름 10~50[cm] 정도의 광구로, 주로 주황색에서 파란색까지 다양하며 낮에도 보일 정도로 밝은 색을 띠는 번개

㉔ 구슬 번개(Beaded Lightning) : 관측자가 우연히 불규칙한 채널의 일부 끝에서 관찰할 때 마치 구슬을 길게 엮어 놓은 모양으로 채널을 따라 연속적으로 더 밝게 나타나는 번개

㉕ 뇌운 강수(Thundery Precipitation) : 뇌운으로부터 내리는 소낙성 강수

㉖ 뇌우(Thunderstorm) : 천둥과 번개를 동반한 비

㉗ 뇌우 고기압(Thunderstorm High) : 뇌운 아래의 찬 공기덩이의 무게에 의해 형성되어 뇌우에 동반되는 중규모 고기압

㉘ 뇌우 전하분리(Thunderstorm Charge Separation) : 뇌운 내부에서 전기가 정극성과 부극성으로 분리되는 과정

㉙ 뇌우의 코(Nose of Thunderstorm) : 뇌우가 통과할 때 관측되는 기압의 급상승 부분

㉚ 뇌운(Thunder Cloud) : 천둥번개를 동반하는 구름으로 적란운 혹은 웅대적운

㉛ 다지점 낙뢰(Multi-Point Strike) : 동일 낙뢰에 포함되는 뇌격으로, 하나의 구름에서 시작되나 여러 대지면에 동시에 떨어지는 낙뢰

㉜ 도달시간 분석법(TOA ; Time Of Arrival technique) : 전자기 신호가 서로 다른 센서에 도달하는 시간을 이용하여 발생시점의 위치를 역으로 추측하는 기술로서, 뇌격의 발생위치를 추정하기 위한 시스템에 이용되는 기술 중의 하나

㉝ 되돌이뇌격(Return Stroke) : 귀환뇌격, 복귀뇌격으로서 계단선도와 반대방향으로 향하는 선도가 만나는 부착 과정(Attachment Process)이 이루어진 후, 처음 시작된 계단선도의 반대방향으로 전하의 이동이 연속하여 이루어지는 현상

㉞ 단기선 도달시간 분석기술(Short-Baseline Time of Arrival Technique) : 도달시간 분석기술에서 센서 간의 거리를 짧게 설치하여 위치를 파악하는 기술

㉟ 대기방전(Air Discharge) : 구름과 지면 사이의 전위차로 구름에서 시작된 방전이 지면까지 도달하지 못하고 구름과 대기 사이에서 일어나는 방전

㊱ 리본 번개(Ribbon Lightning) : 바람에 의하여 채널의 수평변위가 한 무리의 리본처럼 보이는 번개
㊲ 마른 뇌우(Dry Thunderstorm) : 비가 오지 않는데도 발생하는 뇌우
㊳ 방향 탐측 시스템(Direction Finding System) : 낙뢰로부터 발생한 전자파가 도달하는 방향을 측정하여 발생한 위치를 결정하는 낙뢰 관측의 하나
㊴ 삼극자 구조(Tripple Structure) : 번개를 유발하는 뇌운 내에 대전된 입자의 분포가 세 개의 덩어리로 존재하는 구조
㊵ 수뢰침(Lightning Rod) : 낙뢰침이 대신 낙뢰를 끌어들여 보호하고자 하는 건축물에 낙뢰가 직접 맞는 것을 방지하고, 안전하게 지면으로 낙뢰의 전기를 수송하기 위한 침 형태의 구조물
㊶ 적란운(Cumulonimbus) : 소나기, 천둥번개, 우박 등을 동반한 뇌운
㊷ 첨단방전(Point Discharge) : 끝점방전으로 뾰족한 끝에서 전자가 모여 발생하는 방전
㊸ 코로나(Corona) : 끝이 뾰족한 형태의 전극에 의해 전계가 집중되는 곳에 전하가 집중되는 현상으로, 완전한 절연파괴현상인 방전현상 이전에 전계의 크기가 일정한 크기로 유지되는 현상
㊹ 포크형 번개(Fork Lightning) : 여러 지점에 낙뢰가 동시에 발생하는 현상으로, 마치 지면으로 내려오는 모습이 포크의 모양을 닮아 붙여진 이름
㊺ 풀구라이트(Fulgurite) : 땅에 벼락이 쳤을 때 생기는 나무뿌리 같은 유리 막대 모양의 물체

### (3) 낙뢰의 종류

① 직격뢰

뇌운에서 태양전지 어레이, 저압배전선, 전기기기 및 배선 등에 직접 방전이 되는 낙뢰 또는 근방에 떨어지는 낙뢰이며, 에너지가 매우 크다(15~20[kA]가 약 50[%] 정도를 차지하며, 200~300[kA]인 것도 있음). 태양광발전시스템의 보호를 위해서 대책이 필요하다.

② 유도뢰

뇌운에 의해서 축적된 전하로 케이블에 유도된 역극성의 전하가 케이블 이외의 장소에서 낙뢰로 인해 해방되어 케이블 위를 좌우로 진행파가 되어 진행하는 현상이다. 번개구름에 의해 유도된 전류가 순간적인 높은 전압으로 장비에 유입되어 피해를 주게 된다. 여기서 순간적인 전압상승을 뇌 서지라고 한다.

㉠ 유도뢰의 종류

- 정전유도 유도뢰 : 케이블에 유도된 플러스 전하가 낙뢰로 인한 지표면 전하의 중화에 의해 뇌 서지가 되는 현상
- 전자유도 유도뢰 : 케이블 부근에 낙뢰로 인한 뇌 전류에 따라 케이블에 유도되어 뇌 서지가 되는 현상

㉡ 여름뢰와 겨울뢰

- 여름뢰 : 시베리아에서 불어온 찬 공기가 상공으로 진입하면 뇌가 발생하기 쉬운 현상
- 겨울뢰 : 겨울에는 동해쪽에서 기온이 낮아지면서 같은 조건이 생겨 대기가 대단히 불안하게 되는 현상

㉢ 여름뢰와 겨울뢰의 차이점

- 겨울뢰는 여름뢰에 비해 파고값이 1,000~수천[A]로 작다. 하지만 지속시간이 1,000배 이상 길고 대지전류도 길게 먼 곳까지 흘러들어가므로 여름뢰에 비해 넓은 범위까지 영향을 미친다.
- 여름 뇌운은 1.5~10[km] 이상 높이의 층을 가지고 있으며, 겨울 뇌운은 300[m]~6[km] 정도로 층의 높이가 상대적으로 낮다.
- 겨울철 동해 연안에는 대기의 상층부가 하층부보다 풍속이 강하기 때문에 수평 방향으로 확장되며, 대지로의 1회 방전으로 구름의 전체 전하가 방전되어 버리는 경우가 많다.

㉣ 직격뢰 보호 소자

- 가공지선
- 피뢰침

③ 뇌운 사이에서 방전에 의해 일어나는 경우

상공에 두 개의 뇌운이 접근하여 떠 있는 경우, 정전기와 부전기층에서 방전을 일으키면 뇌운파가 발생한다. 이때 정전유도작용에 의해 전력선이나 통신선상에 고여 있던 전하의 리듬을 파괴한다. 그 결과 전하가 선의 양방향에 서지로 흘러나오게 된다.

## (4) 낙뢰 피해 형태

① 직접적인 피해

㉠ 낙뢰에 의한 감전

㉡ 건축물 설비의 파괴

㉢ 가옥 산림의 화재

② 간접적인 피해

㉠ 통신시설의 파손(정파)

㉡ 전력설비의 파손(정전)

㉢ 공장, 빌딩의 손상(조업정지)

㉣ 철도, 교통시설의 파손(불통)

③ 전력설비에서 낙뢰 피해의 원인

㉠ 배전선에서의 유도뢰와 역류뢰

㉡ 송전선, 배전선에 대한 직격뢰

## (5) 낙뢰의 침입경로

① 접지선, 피뢰침, 전원선, 안테나, 통신선로를 통해 유입된다.

② 뇌 서지 침입경로로 태양전지 어레이에서의 침입 이외에 배전선이나 접지선에 의한 침입 및 그 조합에 의한 침입 등이 있다.

③ 접지선에서의 침입은 주변의 낙뢰에 의해서 대지전위가 상승하고 상대적으로 전원 측의 전위가 낮게 되어 접지선에서 반대로 전원 측으로 흐르는 경우에 발생하게 된다.

㉠ 접지 간의 전위차
- 낙뢰가 발생하였을 경우 개별접지 간에 전위차가 발생되기 때문에 장치 쪽에 과전압이 가해져 내전압을 초과하게 되어 피해가 발생된다.
- 태양전지 어레이와 여러 가지 태양광발전설비의 대부분은 옥외에 설치되어 있기 때문에 장치마다 다른 접지극을 가지고 있다.
- 각 장치 사이마다 접지선이 접속되어 외관상으로는 등 전위가 이루어진 것처럼 보이지만 배선거리가 길면 서지 전반속도와 접지선 인덕턴스 등의 영향을 무시할 수 없게 되어 완전한 등 전위가 어렵다.

## 2 뇌 서지 대책

① 인버터 2차 교류 측에도 방전갭(서지보호기)을 설치한다.
② 태양광발전 주 회로의 양극과 음극 사이에 방전갭(서지보호기)을 설치한다.
③ 배전계통과 연계되는 개소에 피뢰기를 설치한다.
④ 태양전지 어레이의 금속제 구조부분은 적절히 접지한다.
⑤ 과전압 보호기의 정격전압은 태양전지 어레이의 무부하 시 최대발전전압으로 한다.
⑥ 방전갭(서지보호기)의 방전용량은 15[kA] 이상으로 하고, 동작 시 제한전압은 2[kA] 이하로 한다.
⑦ 방전갭(서지보호기)의 접지측 및 보호대상 기기의 노출 도전성 부분은 태양광발전시스템이 설치된 건물 구조체의 주 등 전위 접지선에 접속한다.

### (1) 뇌보호시스템

① **내부 뇌보호** : 낙뢰로 인한 전위차로 발생된 위험을 방지하는 것이다.
㉠ 안전이격거리 : 발생된 전위차로 인하여 불꽃방전이 일어나지 않게 거리를 두어서 절연하는 것이다.
㉡ 등 전위 본딩 : 발생된 전위차를 저감하기 위해 건축물 내부의 금속부분을 도체처럼 서지 보호장치에 접속하는 것이다.
㉢ 접 지
㉣ 서지 보호장치(SPD)
㉤ 차 폐

② **외부 뇌 보호** : 뇌 전류를 신속하고 효과적으로 대지에 방류하기 위한 시스템이다.
㉠ 접지극 : 낙뢰 전류를 대지로 흘려보내는 것으로서 동판, 접지선과 접지봉을 건축물의 가장 꼭대기에 설치하여 기초 접지로 설치하는 것을 말한다.
㉡ 인하도선 : 직격뢰를 받을 수뢰부로부터 대지까지 뇌 전류가 통전하는 경로이며, 도선과 건축물의 철골과 철근 등을 인하도선으로 사용한다.
㉢ 수뢰부 : 피뢰침, 돌침 등 직격뢰를 받아서 대지로 분류하는 금속체이다.
㉣ 안전이격거리
㉤ 차 폐

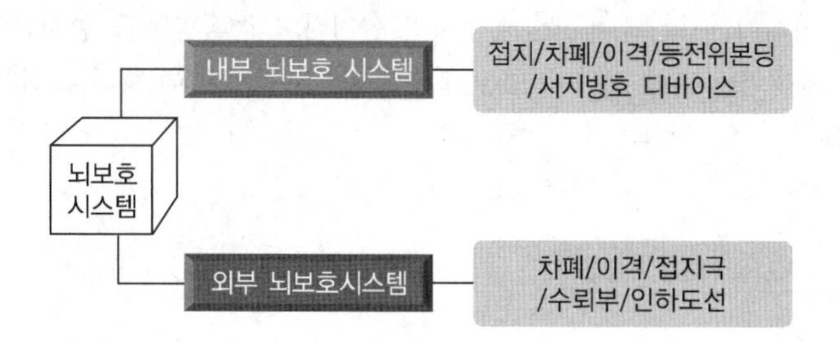


### (2) 뇌보호시스템의 상세 설명

① **수평도체방식** : 건물의 상부 파라펫(Parapet, 동환봉 또는 부스바)이라는 부분에 설치한다. 넓은 부지에 설치한 대용량 태양광발전시스템에 가장 적합한 보호방식이다. 보호하고자 하는 태양광발전시스템 상부에 수평도체를 가설하고 뇌격을 흡수하게 한 후에 인하도선을 통해 뇌격전류를 대지에 방류한다. 지상에 넓게 설치한 발전소의 경우 경제적인 부담이 있지만 그림자가 발생하지 않아 완전보호가 가능하기에 가장 바람직한 방식 중에 하나이다.

② **돌침방식** : 가장 많이 시설하는 방식으로서 뇌격은 선단이 뾰족한 피뢰침 같은 금속도체에 잘 떨어지기 때문에, 건축물이나 태양광발전설비 근방에 접근한 뇌격을 흡인하여 선단과 대지 사이를 접속한 도체를 통해 뇌격전류를 대지로 안전하게 방류한다. 건물을 신축할 때 동시에 시설하는 태양광발전설비에 아주 적합한 방식이지만 용량이 많은 경우 불합리한 방식이다.

③ **그물법** : 수뢰도체는 가능한 짧고 직선경로로 하여 뇌격전류가 최소한 2개 이상의 금속루트를 통하여 대지에 접속되도록 구성한 방식이다. 건물 측면 태양전지 모듈에 그물도체로 덮인 내측을 보호범위로 하는 방법으로서 그물폭은 태양광발전에 지장이 없는 범위로 정하여 설치한다. 그물도체의 수는 수뢰효과에 따른 접지효과 및 뇌 전류의 통로를 저임피던스로 하여 전압강하 저감을 주목적으로 하기 때문에 그물형상은 반드시 망상을 구성할 필요는 없고 평행도체를 구성하면 보호효과는 동일하다.

④ **회전구체법** : 고층건물에 피뢰 설비하는 방식으로서 2개 이상의 수뢰부에 동시 또는 1개 이상의 수뢰부와 대지를 동시에 접하도록 구체를 회전시킬 때, 구체 표면의 포물선으로부터 피보호물을 보호범위로 한다.

### (3) 태양광발전설비의 낙뢰 대책

① 뇌 서지 침입

㉠ 태양전지 어레이 침입

㉡ 접지선에서의 침입

㉢ 배전선 침입

㉣ 배전선과 접지선 조합에서의 침입

② 뇌 서지 대비 방법

㉠ 광역 피뢰침뿐만 아니라 서지 보호장치를 설치한다.

㉡ 저압 배전선에서 침입하는 뇌 서지에 대해서는 분전반과 피뢰소자를 설치한다.

ⓒ 피뢰소자를 어레이 주회로 내부에 분산시켜 설치하고 접속함에도 설치한다.

ⓔ 뇌우 다발지역에서는 교류 전원 측으로 내뢰 트랜스를 설치하여 보다 완전한 대책을 세워야 한다.

③ 피뢰대책용 부품

ⓐ 어레스터

ⓑ 서지업서버

ⓒ 내뢰 트랜스

### (4) 뇌 서지가 흐르는 이유

접지선에서의 침입은 주변의 낙뢰에 의해 대지전위가 상승하고 상대적으로 전원 측의 전위가 낮게 되어 접지선에서 반대로 전원 측으로 흐르는 경우에 발생한다.

## 3 피뢰소자(SPD)의 선정

접속함과 분전반 안에 설치하는 피뢰소자(SPD ; Surge Protect Device)는 방전내량이 큰 어레스터를 선정하고 태양전지 어레이 주 회로 안에 설치하는 피뢰소자는 방전내량이 적은 서지업서버를 선정한다. 피뢰소자는 서지로부터 각종 장비들을 보호하는 장치이다.

### (1) 피뢰대책용 부품 종류

① 피뢰소자

② 내뢰 트랜스

### (2) 태양광발전시스템의 피뢰소자의 종류

① 서지업서버

② 어레스터

### (3) 선정 절차

① 선정 시작

② 설치장소 확인

③ 보호소자 선정환경 확인

④ 고장모드 추정

⑤ 보호소자와 다른 기기와의 상호관계성

⑥ 보호소자 규격 선정

⑤ 선정종료

### (4) 저압 피뢰소자의 기본적인 요건

① 제한전압이 낮아야 한다.

② 고장 시 전원회로와 분리되어 전원의 정상상태를 유지할 수 있어야 한다.

③ 최대서지전류에 소손되지 않아야 한다.

④ 보호소자 고장 시 고장상태를 표시할 수 있는 기능이 있어야 한다.

⑤ 보호소자의 기본소자인 MOV(Metal Oxide Varistor)는 화재폭발의 가능성이 있기 때문에 안전성이 보장되어야 한다.

### (5) 서지업서버 선정방법

① 방전 뇌량은 최저 4[kA] 이상인 것을 선정한다.

② 회로에서 쉽게 떨어지고 붙일 수 있는 구조가 좋다.

③ 설치하려는 단자 간의 최대전압을 확인한다.

④ 유도뢰 서지 전류로서 1,000[A](8/20[$\mu$s])의 제한전압이 2,000[V] 이하인 것을 선정한다.

⑤ 제조회사의 제품안내서에서 최대허용 회로전압 DC[V]란에서 그 전압 이상인 형식을 선정한다.

### (6) 어레스터 선정방법

① 낙뢰에 의한 과전압을 방전으로 억제하여 기기를 보호한다. 과전압이 소멸한 후 속류(전원에 의한 방전전류)를 차단하여 원상으로 자연 복귀하는 기능을 가진 장치를 말한다.

② 접속함에는 제조회사 제품안내서의 최대허용 전압란 또는 정격 전압란에 기재되어 있는 전압이 어레스트를 설치하려고 하는 단자 간의 최대전압 이상에서 가까운 전압의 형식을 선정한다. 분전반에는 제조회사의 제품안내서의 정격 전압란에 기재되어 있는 전압 또는 제조회사가 권장하는 전압의 형식을 선정한다.

③ 어레스터는 회로에서 쉽게 떨어지고 붙일 수 있는 구조가 좋다. 이것은 절연저항 측정에 있어 작업의 능률 향상에 도움을 준다.

④ 어레스터는 뇌 전류에 의해 열화하면 최악의 경우 단락상태가 되므로, 열화했을 때 자동으로 회로에서 분리되는 기능을 가진 제품을 선정하면 보수점검이 용이하다.

⑤ 어레스터 1,000[A](8/20[$\mu$s])에서 제한전압(서지전류가 흘렀을 때 서지전압이 제한된 어레스터 양 단자 간에 잔류하는 전압)이 2,000[V] 이하인 것을 선정한다. 또한 태양전지 어레이의 임펄스 내 전압은 4,500[V]로서 어레스터의 접지선의 길이에 따라 서지 임피던스의 상승분을 고려하여 제한전압을 2,000[V] 이하로 한다. 한편, 접지선은 가능한 한 짧게 배선할 필요가 있다.

⑥ 유기되는 파형은 8/20[$\mu$s] 뿐만 아니라 그 이상의 길이를 가진 에너지가 큰 파형도 있기 때문에 어레스터의 방전내압(서지내량, 즉 실질적으로 장애를 일으키는 일 없이 5분 간격으로 2회 흘려보낼 수 있는 8/20[$\mu$s] 또는 4/10[$\mu$s] 정도 파형의 방전전류 파고값의 최대한도를 말한다)은 최저 4[kA] 이상이 필요한데 가능하면 20[kA]가 가장 바람직하다.

## (7) 내뢰 트랜스

어레스터와 서지업서버로 보호할 수 없는 경우 사용되는 소자로서 실드부착 절연트랜스를 주체로 이에 어레스트 및 콘덴서를 부가시킨 것이다. 뇌 서지가 침입한 경우 내부에 넣은 어레스터 제어 및 1차 측과 2차 측 간의 고절연화, 실드에 의해 뇌 서지의 흐름을 완전히 차단할 수 있도록 한 장치이다.

① 선정방법

㉠ 1차 측과 2차 측 사이에 실드판이 있고, 이 판수가 많을수록 뇌 서지에 대한 억제 효과도 커지기 때문에 많은 것을 선정한다.

㉡ 1차 측, 2차 측의 전압 및 용량을 결정하고 제품안내서에 의해 형식을 선정한다.

㉢ 전기특성(전압변동률, 효율, 절연강도, 서지감쇠량, 충격률(뇌 임펄스))이 양호한 것을 선정한다.

## (8) 보호장치의 기타 조건

① 절연저항 측정

설비의 절연저항을 측정할 때 보호소자가 설비의 인입구 부근이나 배전반에 설치되어야 하며, 정격전압이 절연측정 전압과 맞지 않았을 경우에 보호소자를 분리할 수 있어야 한다.

② 간접적인 접촉의 예방

㉠ 감전방지가 있어 보호소자가 고장이 났을 경우에도 보호가 되어야 한다.

㉡ 자동 전원 차단기를 설치하여 보호소자의 전원 측 과전류 보호를 할 수 있어야 한다.

㉢ 자동 전원 차단기를 설치하여 누전차단기의 부하 측에 보호 소자를 설치해야 한다.

③ 보호소자의 고장 표시

과전압이나 과전류가 되어서 보호하지 못했을 경우에 동작표시기 등에 표시되어야 한다(보통 적색등이 고장이며, 녹색등이 안전이다).

# 적중예상문제

**01** 바이패스 소자를 설치하는 목적은?

① 온도가 상승하여 태양전지 모듈이 파손되는 것을 방지하기 위해서
② 전류의 흐름을 원활하게 하기 위해서
③ 많은 양의 전류를 받기 위해서
④ 태양전지 모듈이 잘 접착되게 하기 위해서

해설

**바이패스소자의 설치 목적**

태양전지 모듈 중에서 일부의 태양전지 셀에 그늘이 지면 그 부분의 셀은 발전하지 못하며 저항이 크게 된다. 이 셀에는 직렬로 접속된 스트링(회로)의 모든 전압이 인가되어 고저항의 셀에 전류가 흐름으로써 발열이 발생한다. 셀이 고온으로 되면 셀 및 그 주변의 충진 수지가 변색되고 뒷면의 커버가 팽창하게 된다. 셀의 온도가 계속 높아지면 그 셀과 태양전지 모듈이 파손되기도 하지만 이를 방진할 목적으로 고저항이 된 태양전지 셀 또는 모듈에 흐르는 전류를 우회하는 것이 필요하다. 이것이 바로 바이패스 소자의 설치하는 목적이다.

**02** 다음 중 ( ) 알맞은 내용은?

> "태양전지 모듈 중에서 일부의 태양전지 셀에 그늘이 지면 그 부분의 셀은 발전하지 못하며 저항이 (     ) 된다."

① 크 게　② 작 게
③ 보통으로　④ 변화 없게

해설

1번 해설 참고

**03** 바이패스 소자로 사용되는 것은?

① 저 항　② 다이오드
③ 콘덴서　④ 코 일

해설

태양전지 어레이를 구성하는 태양전지 모듈마다 바이패스 소자를 설치하는 것이 일반적이며, 대부분의 바이패스 소자로는 다이오드를 사용한다.

**04** 바이패스 소자가 설치되는 장소는?

① 태양전지 모듈 앞면
② 인버터와 컨버터 사이
③ 태양전지 모듈 뒷면에 있는 단자함
④ 단자함 내부

해설

바이패스 소자는 보통 태양전지 모듈 뒷면에 있는 단자함의 출력단자 정·부극 간에 설치한다.

**05** 바이패스 소자는 보통 태양전지 모듈에 설치하거나 내장시켜 출하하는데 만일 태양전지 바이패스 소자를 준비할 필요가 있는 경우에는 보호하고자 하는 스트링의 공정 최대출력 동작전압의 몇 배 이상이어야 하는가?

① 5배　② 2.5배
③ 1.5배　④ 1.2배

해설

바이패스 소자는 보통 태양전지 모듈에 설치하거나 내장시켜 출하하는데 만일 태양전지 바이패스 소자를 준비할 필요가 있는 경우에는 보호하고자 하는 스트링의 공정 최대출력 동작전압의 1.5배 이상의 역내압으로써 그 스트링의 단락전류를 충분히 우회할 수 있는 정격전류를 가진 다이오드를 사용할 필요가 있다.

**06** 다음 ( )에 들어갈 내용은?

> 태양전지 모듈 뒷면에 바이패스 소자를 설치하게 되면 주위 온도보다 온도가 많이 높아지게 된다. 이때 다이오드 케이스의 온도도 같이 높아지기 때문에 평균 순전류값보다 (     )를 사용해야 한다.

① 적은 전압
② 큰 전압
③ 큰 전류
④ 적은 전류

정답 1 ① 2 ① 3 ② 4 ③ 5 ③ 6 ④

**해설**

태양전지 모듈 뒷면에 있는 단자함에 바이패스 소자를 설치할 경우에 설치장소의 온도는 옥외에서 태양전지의 열에너지에 의해 주위 온도보다 20~30[℃] 높아지는 경우가 있다. 이 경우 다이오드 케이스의 온도도 높아지기 때문에 평균 순전류값보다 적은 전류를 사용해야 한다.

## 07 최적 효율을 내기 위해서 일반적으로 셀 몇 개마다 1개의 바이패스 다이오드를 설치하는가?

① 8~11개 ② 11~13개
③ 14~17개 ④ 18~20개

**해설**

최적 효율을 위해서는 각 셀 양단에 바이패스 다이오드를 설치하는 것이 바람직하나 제조 공정의 복잡화 및 경제성을 고려하여 일반적으로 셀 18~20개마다 1개의 바이패스 다이오드를 설치하고 있다.

## 08 모듈의 집합체 어레이는 직렬접속인 경우 (　　) 를 사용하고, 병렬인 경우에는 (　　)를 넣어 전체의 특성을 유지한다. ( ) 안에 알맞은 내용으로 바르게 연결된 것은?

① 박막형 다이오드, 유기물 다이오드
② 실리콘 다이오드, 게르마늄 다이오드
③ 바이패스 다이오드, 역류방지 다이오드
④ 과전류 다이오드, 과전압 다이오드

**해설**

모듈의 집합체 어레이는 직렬접속인 경우 바이패스 다이오드를 사용하고, 병렬인 경우에는 역류방지 다이오드를 넣어 전체의 특성을 유지한다.

## 09 5개의 모듈이 직렬로 연결되어 있다. 이때 1개의 모듈이 100[Wp]이다. 출력전력[Wp]은 얼마인가?

① 100 ② 200
③ 400 ④ 500

**해설**

모듈이 직렬연결일 경우 출력전력을 구하는 공식

$A$ = 모듈의 수 × 1개의 모듈 전력 = 5 × 100[Wp] = 500[Wp]

## 10 4개의 모듈이 병렬로 연결되어 있다. 이때 가장 위에 모듈이 음영지역이어서 50[Wp]의 전력을 가지고 있다. 정상적인 모듈은 100[Wp]일 경우 전체 출력전력[Wp]는?

① 300 ② 350
③ 400 ④ 450

**해설**

모듈이 병렬연결일 경우 음영지역 셀의 출력전력을 구하는 공식

$D$ = 음영지역 모듈 + 일반적인 모듈 = 50 + 100 + 100 + 100
= 350[Wp]

## 11 태양전지 어레이의 스트링 별로 설치되는 것은?

① 분전반
② 단자대
③ 역류방지 소자
④ 피뢰기

**해설**

역류방지 소자(Blocking Diode)
태양전지 어레이의 스트링별로 설치된다.

## 12 역류방지 소자의 설치 목적이 맞는 것은?

① 태양전지 모듈에 그늘(음영)이 생긴 경우 그 스트링 전압이 높아지는 것을 방지하기 위해서
② 태양전지 모듈에 태양광을 많이 받기 위해서
③ 주간에 태양광발전이 계속되거나 태양전지 발전을 할 때 열이 많이 발생되는 것을 방지
④ 야간에 태양광발전이 정지된 상태에서 축전지 전력이 태양전지 모듈 쪽으로 흘러들어 소모되는 것을 방지

**해설**

역류방지 소자의 설치 목적

- 태양전지 모듈에 그늘 음영이 생긴 경우 그 스트링 전압이 낮아져 부하가 되는 것을 방지
- 독립형 태양광발전시스템에서 축전지를 가진 시스템이 야간에 태양광발전이 정지된 상태에서 축전지 전력이 태양전지 모듈 쪽으로 흘러들어 소모되는 것을 방지



7 ④ 8 ③ 9 ④ 10 ② 11 ③ 12 ④ 정답

## 13 역류방지 소자의 내용을 설명한 것 중 잘못된 것은?

① 용량은 모듈 단락전류의 2배 이상되어야 역전압에 견딜 수 있다.
② 역류방지 소자는 1대의 인버터에 연결된 태양전지 직렬군이 2병렬 이상일 경우에 각 직렬군에 역류방지 소자를 별도의 접속함에 설치해야 한다.
③ 회로의 최대전류를 안전하게 흘릴 수 있어야 한다.
④ 역류방지 소자는 공장에서 확인할 수 있도록 표시된 것을 사용해야 한다.

**해설**

역류방지 소자는 1대의 인버터에 연결된 태양전지 직렬군이 2병렬 이상일 경우에 각 직렬군에 역류방지 소자를 별도의 접속함에 설치해야 한다. 회로의 최대전류를 안전하게 흘릴 수 있음과 동시에 최대 역전압에 충분히 견딜 수 있도록 선정되어야 하고 용량은 모듈 단락전류의 2배 이상이어야 하며 현장에서 확인할 수 있도록 표시된 것을 사용해야 한다.

## 14 역류방지 소자로 사용되는 것은?

① 다이오드
② 콘덴서
③ LED
④ 저 항

**해설**

역류방지 소자는 태양전지 모듈에 다른 태양전지 회로와 축전지의 전류가 흘러 들어오는 것을 방지하기 위해 설치하며, 보통 다이오드가 사용된다.

## 15 역류방지 다이오드의 용량은 모듈 단락전류의 몇 배 이상이어야 하는가?

① 1.5배　② 2배
③ 2.5배　④ 3배

**해설**

13번 해설 참고

## 16 여러 개의 태양전지 모듈의 스트링을 하나의 접속점에 모아 보수·점검 시에 회로를 분리하거나 점검 작업을 용이하게 하는 장치는 무엇인가?

① 직류보호장치　② 교류 측 기기
③ 접속함　④ 바이패스소자

**해설**

접속함

접속함은 여러 개의 태양전지 모듈의 스트링을 하나의 접속점에 모아 보수·점검 시에 회로를 분리하거나 점검 작업을 용이하게 하는 장치이다.

## 17 접속함의 특징으로 틀린 것은?

① 피뢰소자가 설치되어 있다.
② 보수와 점검을 할 때 회로를 분리해서 점검을 쉽게 한다.
③ 스트링 배선을 여러 개로 모아 하나의 인버터로 보내는 기기이다.
④ 역류방지 소자가 설치되어 있다.

**해설**

접속함의 특징

- 역류방지 소자가 설치되어 있다.
- 스트링 배선을 하나로 모아 인버터로 보내는 기기이다.
- 피뢰소자가 설치되어 있다.
- 보수와 점검을 할 때 회로를 분리해서 점검을 쉽게 한다.

## 18 접속함의 구성요소에 해당되지 않는 것은?

① 접지장치
② 출력용 단자대
③ 역류방지 소자
④ 주 개폐기

**해설**

접속함의 구성요소

- 태양전지 어레이 측 개폐기
- 주 개폐기
- 서지보호장치(SPD ; Surge Protected Device)
- 역류방지 소자
- 출력용 단자대
- Multi Power Transducer
- 감시용 DCCT, DCPT(Shunt), T/D(Transducer)

정답 13 ④ 14 ① 15 ② 16 ③ 17 ③ 18 ①

**19** 접속함의 성능기준의 성능시험항목에 포함되지 않는 사항은?

① 정격전압 ② 내전압
③ 차단기 성능 ④ 절연저항

**해설**

성능시험

<table>
<tr><th colspan="3">시험항목</th><th>판정기준</th></tr>
<tr><td colspan="3">내전압</td><td>2E+1,000[V](≒1,005.436), 1분간 견딜 수 있을 것</td></tr>
<tr><td colspan="3">절연저항</td><td>1[MΩ] 이상일 것</td></tr>
<tr><td colspan="3">차단기 성능</td><td>KS C IEC 60898-2에 따른 승인을 받은 부품을 사용해야 한다(태양광 어레이의 최대개방전압 이상의 직류 차단전압을 가지고 있을 것).</td></tr>
<tr><td rowspan="5">조작 성능</td><td rowspan="4">전기 조작</td><td>투입 조작</td><td>조작회로의 정격전압(85~110[%]) 범위에서 지장 없이 투입할 수 있을 것</td></tr>
<tr><td>개방 조작</td><td>조작회로의 정격전압(85~110[%]) 범위에서 지장 없이 개방 및 리셋할 수 있을 것</td></tr>
<tr><td>전압 트립</td><td>조작회로의 정격전압(75~125[%]) 범위 내의 모든 트립 전압에서 지장 없이 트립이 될 것</td></tr>
<tr><td>트립 자유</td><td>차단기 트립을 확실히 할 수 있을 것</td></tr>
<tr><td>수동 조작</td><td>개폐 조작</td><td>조작이 원활하고 확실하게 개폐동작을 할 수 있을 것</td></tr>
</table>

**20** 접속함의 성능시험의 절연저항은 몇 [MΩ] 이상이어야 하는가?

① 1 ② 2
③ 5 ④ 10

**해설**

19번 해설 참고

**21** 접속함 시험기준의 서지내성 레벨시험 중 레벨 2일 때의 개방회로 시험전압은 몇 [kV]인가?(단, ±10[%]의 차이가 날 수 있다)

① 0.5 ② 1.0
③ 2.0 ④ 4.0

**해설**

접속함 서지내성 레벨시험

| 레 벨 | 개방회로 시험전압 (±10[%][kV]) | |
|---|---|---|
| 1 | 0.5 | |
| 2 | 1.0 | |
| 3 | 2.0 | |
| 4 | 4.0 | |
| X | 특 별 | 제품 시방서상의 레벨 |

**22** 접속함의 구조시험에 대한 사항이 아닌 것은?

① 외함은 사용 상태에 내부에 기능상 지장이 되는 침수나 결로가 생기지 않은 구조일 것
② 전기회로의 충전부는 노출되지 않을 것
③ 접속함의 구조는 접속점에 근접하여 개폐기 그 밖의 이와 유사한 기구를 시설할 것
④ 수납된 부속품의 온도 간 최고허용온도를 초과하여도 안전한 구조일 것

**해설**

접속함의 구조시험

- 수납된 부속품의 온도 간 최고허용온도를 초과하지 않는 구조일 것
- 전기회로의 충전부는 노출되지 않을 것
- 외함 및 틀은 수송 또는 시설 중에 일어나는 일반적 충격에 충분히 견디는 기계적 강도와 장기간에 걸쳐 내후성을 갖는 금속 또는 이와 동등 이상의 성능을 갖는 재료로 만들어야 할 것
- 외함은 사용 상태에 내부에 기능상 지장을 주는 침수나 결로가 생기지 않은 구조일 것
- 태양전지 어레이로부터 병렬로 접속하는 전로에는 그 전로에 단락이 생긴 경우 전로를 보호하는 과전류 차단기 및 기타의 기구를 시설할 것
- 접속함의 구조는 접속점에 근접하여 개폐기 그 밖의 이와 유사한 기구를 시설할 것

**23** 접속함의 표시사항에 해당되지 않는 것은?

① 설명서
② 제조번호
③ 무 게
④ 보호등급



19 ① 20 ① 21 ② 22 ④ 23 ① 정답

해설

접속함의 표시사항

- 제조연월일
- 제조업체명과 상호
- 제조번호
- 보호등급
- 종별 및 형식
- 보조회로의 정격전압
- 무 게
- 내부 분리형태
- 작동 전류의 유형
- 각 회로의 정격전류
- 접속함이 설계된 접지 체계의 유형
- 높이, 깊이, 치수
- 재료군
- 경고사항

**24** 인증 설비에 대한 표시사항에 포함되지 않는 것은?

① 신재생에너지 설비인증표시
② 제조연월일
③ 제조회사
④ 모델명

해설

인증 설비에 대한 표시

- 모델명 및 설비명
- 제조연월일
- 인증부여번호
- 업체명 및 소재지
- 신재생에너지 설비인증표지
- 정격 및 최고사용압력

**25** 출력단락용 개폐기를 설치하는 경우로 옳은 것은?

① 절연저항측정을 하기 위해서
② 단락전압을 확인하기 위해서
③ 개방전압을 확인하기 위해서
④ 측정저항을 확인하기 위해서

해설

출력단락용 개폐기를 설치하는 경우는 절연저항측정 및 정기적인 단락전류 확인을 위해서이다.

**26** 태양전지 어레이 측 개폐기는 태양전지 어레이의 점검·보수 또는 일부 태양전지 모듈의 고장 발생 시 어떤 단위로 설치하는가?

① 셀　② 모 듈
③ 스트링　④ 어레이

해설

태양전지 어레이 측 개폐기는 태양전지 어레이의 점검·보수 또는 일부 태양전지 모듈의 고장 발생 시 스트링 단위로 회로를 분리시키기 위해 스트링 단위로 설치한다.

**27** 태양전지 어레이 측 개폐기는 모듈의 단락전류를 차단할 수 있는 용량의 것을 선택해야 한다. 이 중 보호회로에 종류에 해당되지 않는 것은?

① MCCB　② EOCR
③ 단로기　④ 퓨 즈

해설

태양전지 어레이 측 개폐기는 모듈의 단락전류를 차단할 수 있는 용량의 것을 선택해야 하며, 일반적으로 MCCB, 퓨즈, 단로기를 사용하고 있다. 특히 퓨즈나 단로기를 통해서 개폐할 때에는 꼭 인버터 측 주 개폐기를 먼저 차단하고 조작해야 한다.

**28** 3극 MCCB를 사용할 때 직류전압이 몇 [V]까지 가능한 것을 사용해야 하는가?

① 100　② 200
③ 500　④ 750

해설

3극 MCCB를 사용하여 3점으로 나눈 회로로 결선하는 경우에는 적용회로 전압이 직류 500[V] 정도까지 가능한 것을 사용해야 한다.

**29** 주 개폐기의 설치장소로 올바른 것은?

① 컨버터 좌측
② 차단기 중간
③ 인버터 측으로 보내는 회로 중간
④ 보호기 차단회로 아래

정답 24 ③ 25 ① 26 ③ 27 ② 28 ③ 29 ③

**해설**

주 개폐기의 설치장소
태양전지 어레이의 전체 출력을 하나로 모아 인버터 측으로 보내는 회로 중간에 설치된다.

## 30 주 개폐기와 같은 목적으로 사용하는 장치는?

① 어레이 측 개폐기 ② 태양전지
③ 모 듈 ④ 컨트롤러

**해설**

주 개폐기는 태양전지 어레이 측 개폐기와 같은 목적으로 사용한다. 그렇기 때문에 태양전지 어레이가 1개의 스트링으로 구성된 경우에 생략이 가능하다.

## 31 태양전지 어레이 측 개폐기로 단로기나 퓨즈를 사용할 때는 반드시 주개폐기로 설치되어야 하는 장비는?

① 적산전력계 ② MCCB
③ 바이패스 소자 ④ 수납함

**해설**

태양전지 어레이 측 개폐기로 단로기나 퓨즈를 사용할 때는 반드시 주 개폐기로 MCCB를 설치한다.

## 32 주 개폐기의 내용으로 가장 옳은 것은?

① 태양전지는 최대일사량일 때 주개폐기가 오픈되어 과전류를 흐르도록 한다.
② 단자대와 연결하여 가장 큰 합산 단락전류를 활용할 수 있도록 한다.
③ 태양전지 어레이 측의 합산 단락전류에 의해 꼭 차단되는 것을 선정해야 한다.
④ 태양전지 어레이의 최대사용전압과 태양전지 어레이의 합산된 단락전류를 개폐할 수 있는 용량의 것을 선정해야 한다.

**해설**

태양전지 어레이의 최대사용전압, 태양전지 어레이의 합산된 단락전류를 개폐할 수 있는 용량의 것을 선정해야 하며 태양전지 어레이 측의 합산 단락전류에 의해 차단되지 않는 것을 선정해야 된다.

## 33 주 개폐기의 특징에 해당되지 않는 것은?

① 태양전지 어레이의 최대사용전압, 통과전류를 만족하는 것으로 최대통과전류
② 정격전류는 어레이 전류의 1.25~2배 이하로서 태양광 어레이의 최대개방전압 이상의 직류차단전압을 가지고 있어야 한다.
③ 태양전지 측 개폐기와 목적이 같기 때문에 사용하지 않는 경우도 있으나 단로기를 설치한 경우에는 주 개폐기를 꼭 설치해야 한다.
④ 교류전류의 과전압 차단기로서 교류용으로 표시해야 한다.

**해설**

주 개폐기의 특징
- 직류전류의 과전류 차단기로서 직류용으로 표시해야 한다(직류단락전류 차단).
- 태양전지 어레이의 최대사용전압, 통과전류를 만족하는 것으로 최대통과전류(표준 태양전지 어레이 단락전류)를 개폐할 수 있는 것을 사용해야 한다.
- 태양전지 측 개폐기와 목적이 같기 때문에 사용하지 않는 경우도 있으나 단로기를 설치한 경우에는 주 개폐기를 꼭 설치해야 한다.
- 정격전류는 어레이 전류의 1.25~2배 이하로서 태양광 어레이의 최대개방전압 이상의 직류 차단 전압을 가지고 있어야 한다.

## 34 저압 전기설비에서 피뢰소자를 무엇이라 하는가?

① 수납함 ② 피뢰기
③ 서지보호소자 ④ 분전반

**해설**

저압 전기설비에서의 피뢰소자는 서지보호소자(SPD ; Surge Protected Device)라고 말하며, 태양광발전설비가 피뢰침에 의해 직격뢰로부터 보호되어야 한다.

## 35 접속함에도 피뢰소자를 설치하는데 어떤 단위마다 설치를 하는가?

① 스트링 ② 모 듈
③ 어레이 ④ 셀

**해설**

접속함에는 태양전지 어레이의 보호를 위해서 스트링마다 서지보호소자를 설치하며 낙뢰 빈도가 높은 경우에 주 개폐기 측에도 설치해야 한다.



30 ① 31 ② 32 ④ 33 ④ 34 ③ 35 ① **정답**

**36** 피뢰소자 접지 측 배선은 접지단자에서 최대한 어떻게 해야 하는가?

① 길 게 ② 짧 게
③ 보 통 ④ 굵 게

해설
피뢰소자 접지 측 배선은 접지단자에서 최대한 짧게 한다.

**37** 피뢰소자에 대한 설명으로 바르지 않은 것은?

① 서지보호소자는 접지 측 배선을 길게 하여 절연저항 측정을 한다.
② 동일회로에서도 배선이 길며, 배선의 근방에 설치한다.
③ 배선의 양단에 설치한다.
④ 접지 측 배선을 일괄하여 접속함에 설치하면 절연저항 측정 시에 접지를 일시적으로 분리할 수 있다.

해설
서지보호소자의 접지 측 배선을 일괄하여 접속함의 주접지단자에 접속하면 태양전지 어레이 회로의 절연저항 측정 등을 위한 접지의 일시적 분리 시 편리하다. 일반적으로 동일회로에서도 배선이 길고 배선의 근방에 직격뢰 또는 유도뢰를 받기 쉬운 곳에 위치한 배선은 배선의 양단(수전단과 송전단)에 설치해야 한다.

**38** 피뢰소자의 종류로 바르게 연결된 것은?

① 반도체형과 트랩형
② 유도전자형과 전자유도형
③ 디지털형과 아날로그형
④ 반도체형과 갭형

해설
피뢰소자는 반도체형과 갭형으로 구분한다.

**39** 피뢰소자를 기능면으로 구별해 보면 억제형과 또 어떤 형으로 구별할 수 있는가?

① 연속형 ② 지속형
③ 임시형 ④ 차단형

해설
기능면으로 구별해 보면 억제형과 차단형으로 구분할 수 있다.

**40** 피뢰소자의 구비조건으로 틀린 것은?

① 동작전압이 낮을 것
② 정전용량이 적을 것
③ 사용자가 편리할 것
④ 응답시간이 빠를 것

해설
피뢰소자 구비조건
- 정전용량이 적을 것
- 동작전압이 낮을 것
- 응답시간이 빠를 것

**41** 뇌 보호영역별 피뢰소자 선택기준 중 LPZ 2의 최대 방전전류는 얼마인가?

① 15~60[kA] ② 20~100[kA]
③ 40~160[kA] ④ 200~1,200[kA]

해설
뇌 보호영역(LPZ ; Lightning Protection Zone)별 피뢰소자 선택 기준

| 구 분 | 적용 피뢰소자 | 내 용 |
|---|---|---|
| LPZ 1 | Class Ⅰ | 10/350[$\mu$s] 파형 기준의 임펄스 전류 $I_{imp}$ = 15~60[kA](직격뢰용) |
| LPZ 2 | Class Ⅱ | 8/20[$\mu$s] 파형 기준의 최대방전전류 $I_{\max}$ = 40~160[kA] |
| LPZ 3 | Class Ⅲ | 1.2/50[$\mu$s](전압), 8/20[$\mu$s](전류) 조합파 기준(유도뢰용) |

**42** 태양전지 어레이의 스트링별로 배선의 접속함까지 가지고 와서 접속함 내부의 어느 곳에 연결하는가?

① 수납함 ② 분전반
③ 개폐기 ④ 단자대

해설
단자대
태양전지 어레이의 스트링별로 배선의 접속함까지 가지고 와서 접속함 내부에 단자대를 통해 접속한다.

정답 36 ② 37 ① 38 ④ 39 ④ 40 ③ 41 ③ 42 ④

## 43 단자대에 사용해야 하는 압착단자의 모양은?

① 사각형　② 성 형
③ 링 형　④ 원 형

**해설**
단자대는 스트링 케이블의 굵기에 적합한 링형 압착단자로 적합한 것을 선정해야 한다.

## 44 압착 단자대의 표준규격은?

① KS　② ISO
③ TTA　④ FTA

**해설**
링형 압착 단자대는 KS 표준품의 것을 사용해야 한다.

## 45 단자대, 직류 측 개폐기, 역류방지소자, 피뢰소자(SPD) 등을 설치하는 외관은?

① 주 개폐기　② 배전함
③ 분전반　④ 적산전력계

**해설**
수납함(배전함)
단자대, 직류 측 개폐기, 역류방지소자, 피뢰소자(SPD) 등을 설치하는 외관이다.

## 46 수납함을 설치장소에 따라 분류했을 때 옳은 것은?

① 실내용과 옥상용　② 옥외용과 옥내용
③ 수중형과 비수중형　④ 상공용과 지상용

**해설**
수납함의 설치장소에 따른 분류
- 옥외용
- 옥내용

## 47 수납함을 재료에 따라 분류했을 때의 내용으로 옳은 것은?

① 목재형　② 구리형
③ 알루미늄형　④ 철재형

**해설**
수납함의 재료에 따른 분류
- 스테인리스
- 철 재

## 48 현재 시판되고 있는 수납함 표준품의 판 두께는 약 얼마인가?

① 1.6[mm]　② 2.5[mm]
③ 3[mm]　④ 1[cm]

**해설**
시판되고 있는 수납함 표준품의 판 두께는 1.6[mm]로 얇은 것을 많이 사용한다. 구멍가공을 하기에 편리하다.

## 49 접속함 선정 시 고려사항으로 옳지 않은 것은?

① 접속함의 정격전압은 태양전지 스트링의 개방 시 최대직류전압으로 선정해야 한다.
② 보호구조는 노출된 장소에 설치되는 경우 빗물, 먼지 등이 함에 침입하지 않는 구조이어야 하며 보호등급으로는 IP100 이상의 것을 선정해야 한다.
③ 보수 및 점검은 태양전지 어레이의 점검 시, 보수 시 스트링별로 분리하거나 또는 내부 부품 교체 시 작업의 편리성을 고려한 공간의 여유를 고려하여 선정하여야 한다.
④ 정격입력전류는 접속함에 안전하게 흘릴 수 있는 전류값이어야 하며, 최대전류를 기준으로 선정해야 한다.

**해설**
접속함 선정 시 고려사항
- 전류 : 정격입력전류는 접속함에 안전하게 흘릴 수 있는 전류값이어야 하며, 최대전류를 기준으로 선정해야 한다.
- 전압 : 접속함의 정격전압은 태양전지 스트링의 개방 시 최대직류전압으로 선정해야 한다.
- 보호구조 : 노출된 장소에 설치되는 경우 빗물, 먼지 등이 함에 침입하지 않는 구조이어야 하며 보호등급으로는 IP44 이상의 것을 선정해야 한다.
- 보수 및 점검 : 태양전지 어레이의 점검 시, 보수 시 스트링별로 분리하거나 또는 내부 부품 교체 시 작업의 편리성을 고려한 공간의 여유를 고려하여 선정하여야 한다.



정답: 43 ③ 44 ① 45 ② 46 ② 47 ④ 48 ① 49 ②

**50** **상용전력계통과 계통 연계하는 경우에 인버터의 교류출력을 계통으로 접속할 때 사용하는 차단기를 수납 곳은?**

① 배전반 ② 수납함
③ 분전반 ④ 단자함

해설
분전반 : 상용전력계통과 계통 연계하는 경우에 인버터의 교류출력을 계통으로 접속할 때 사용하는 차단기를 수납하는 함

**51** **다음 중 분전반에 대한 내용으로 틀린 것은?**

① 기존에 분전반이 설치되어 있으면 그것을 그대로 사용한다.
② 분전반은 접속함과 같은 역할을 한다.
③ 기설되어 있는 분전반에 여유가 없을 경우 별도의 분전반을 설치한다.
④ 과전류 차단기는 태양광발전시스템용으로 설치하는 차단기로서 지락검출기능이 있어야 한다.

해설
분전반은 주택에서 대다수의 경우 이미 설치되어 있기 때문에 태양광발전시스템의 정격출력전류에 맞는 차단기가 있으면 그것을 사용하도록 한다. 이미 설치되어 있는 분전반에 여유가 없는 경우에는 별도의 분전반을 준비하거나 기설되어 있는 분전반 근처에 설치하는 것이 일반적이다. 또한 태양광발전시스템용으로 설치하는 차단기는 지락검출기능이 있는 과전류 차단기가 꼭 필요하다.

**52** **역송전이 있는 계통연계시스템에서 역송전한 전력량을 계측하여 전력회사에 판매할 전력요금을 산출하기 위한 계량기는?**

① 테스터기
② 교류기기
③ 역류기
④ 적산전력량계

해설
적산전력량계
역송전이 있는 계통연계시스템에서 역송전한 전력량을 계측하여 전력회사에 판매할 전력요금을 산출하기 위한 계량기로 계량법에 의한 검정을 받은 적산전력량계를 사용할 필요가 있다.

**53** **적산전력계의 구비조건으로 옳은 것은?**

① 오차가 클 것
② 구입이 용이할 것
③ 주위 온도에 민감하게 반응할 것
④ 재질이 얇고 가벼울 것

해설
적산전력계의 구비조건
• 가격이 저렴할 것
• 주위 온도나 환경에 영향을 받지 않을 것
• 오차가 적을 것
• 내구성이 좋고, 재질이 튼튼할 것
• 구입이 용이할 것

**54** **역전방지장치를 부착해야 하는 경우는?**

① 가입자 측에 전력량을 분리하기 위해서
② 전송한 전력을 다시 가입자 측에 역전송하기 위해서
③ 이미 설치되어 있는 적산전력장치를 보호하기 위해서
④ 역송전한 전력량만을 분리·계측하기 위해서

해설
역송전한 전력량만을 분리·계측하기 위해서 역전방지장치가 부착된 것을 사용한다.

**55** **역송전 계량용 적산전력량계의 비용부담은 어디서 하는가?**

① 수용가 ② 한 전
③ 지방자치단체 ④ 국 가

해설
역송전 계량용 적산전력량계는 수용전력계량용 적산전력량계와는 달리 수용가측을 전원 측으로 접속한다. 또한 역송전 계량용 적산전력량계의 비용부담은 수용가 부담으로 되어 있다.

**56** **축전지의 구성에 해당되지 않는 것은?**

① 알칼리 ② 양극판
③ 음극판 ④ 전해액

정답 50 ③ 51 ② 52 ④ 53 ② 54 ④ 55 ① 56 ①

**해설**

축전지는 양과 음의 전극판과 전해액으로 구성되어 있고 항상 양극판보다 음극판이 1개 더 많다.

**57** 화학작용에 의해 직류기전력을 생기게 하여 전원으로 사용할 수 있는 장치는?

① 배전함 ② 축전지
③ 코 일 ④ 분전반

**해설**

축전지
화학에너지를 전기적인 에너지로 변환하여 사용하는 것을 전지라 하며, 직류기전력을 전원으로 사용할 수 있는 장치를 말한다.

**58** 축전지 중 여러 번 충전해서 사용가능한 전지를 무엇이라 하는가?

① 1차 전지 ② 2차 전지
③ 3차 전지 ④ 4차 전지

**해설**

화학에너지와 전기에너지 사이에 전환이 일어날 수 있도록 만든 것을 축전지라 하는데 그 횟수가 1회에 한정되어 사용하는 1회용 건전지를 1차 전지라 하고, 여러 번 축전을 하여 사용할 수 있는 전지를 2차 전지(축전지)라 한다.

**59** 축전지 선정 기준에 해당되지 않는 것은?

① 중 량 ② 경제성
③ 모 양 ④ 비 용

**해설**

축전지 선정 기준
- 비 용
- 중 량
- 전압-전류 특성 등의 전기적 성능
- 안전성
- 수 치
- 수 명
- 보수성
- 재활용성
- 경제성

**60** 축전지에 사용되는 재료가 아닌 것은?

① 구 리 ② 니켈-수소
③ 리 튬 ④ 납

**해설**

축전지에 사용되는 재료
- 납
- 리 튬
- 니켈-수소
- 니켈-카드뮴

**61** 태양광발전시스템용 축전지로 가장 많이 사용하는 것은?

① 니켈-카드뮴 ② 리 튬
③ 납 ④ 니켈-수소

**해설**

태양광발전시스템용 축전지로 가장 많이 사용하는 것은 현재 납축전지이며 보수가 필요하지 않는 제어밸브식 거치 납축전지가 사용된다.

**62** 독립형 시스템 등과 같은 사이클 서비스적인 용도의 경우에는 일반적으로 거치 납축전지에 비해 충·방전 특성을 강화한 방식이 사용된다. 이 방식은?

① 고정식 ② 제어밸브식
③ 반수동식 ④ 자동변식

**해설**

독립형 시스템 등과 같은 사이클 서비스적인 용도의 경우에는 일반적으로 거치 납축전지에 비해 충·방전 특성을 강화한 제어밸브식 거치 납축전지가 사용된다.

**63** 축전지를 부가함으로써 전력의 공급, 발전전력 급변 시의 버퍼, 전력저장, 피크시프트 등 시스템의 적용범위의 확대를 통한 부가가치를 높일 수 있는 방식은?

① 독립형 시스템용 축전지
② 가변연동식 축전지
③ 자동시스템용 축전지
④ 계통연계시스템용 축전지



정답: 57 ② 58 ② 59 ③ 60 ① 61 ③ 62 ② 63 ④

계통연계시스템용 축전지

축전지를 부가함으로써 전력의 공급, 발전전력 급변 시의 버퍼, 전력저장, 피크시프트 등 시스템의 적용범위의 확대를 통한 부가가치를 높일 수 있는 방식으로 태양광발전시스템이 계통에 연계될 때 계통 전압 안정화를 통한 축전지가 많이 활용된다.

## 64 축전지의 기대수명을 결정하는 요소로 옳지 않은 것은?

① 충전횟수　② 방전횟수
③ 사용온도　④ 방전심도

해설

축전지의 기대수명 결정요소
- 방전심도
- 방전횟수
- 사용온도

## 65 납축전지의 종류와 특징에 해당되지 않는 것은?

① 제어밸브식 거치　② 소형 제어밸브식
③ 자동차용　④ 대형 전동자용

해설

납축전지의 종류와 특징

| 명 칭 | 종 류 | 형 식 | 기대수명(25도) | |
|---|---|---|---|---|
| | | | 부동충전 시 | 사이클 사용 시 |
| 제어밸브식 거치 | 표 준 | MSE | 7~9년 | DOD 50[%]에서 1,000사이클 |
| | 긴 수명 | FVL | 13~15년 | |
| | 사이클 서비스 | SLM | - | DOD 30[%]에서 2,000사이클 |
| | | 12CTE | - | DOD 20[%]에서 2,200사이클 |
| 소형 제어밸브식 | 표 준 | m | 약 3년 | DOD 50[%]에서 400사이클 |
| | 긴 수명 | FML | 약 6년 | |
| | 가장 긴 수명 | FLH | 약 15년 | |
| 소형 전동자용 | 제어밸브식 | EBC | - | DOD 75[%]에서 500사이클 |
| | 액 식 | EB | - | DOD 75[%]에서 600사이클 |
| 자동차용 | 시동용 | | 2~3년 | DOD 50[%]에서 200사이클 |

| 명 칭 | 용량[Ah] | 보 수 | 용 도 | 시스템 예 |
|---|---|---|---|---|
| 제어밸브식 거치 | 50~3,000 | 필요 없음 | 연계자립, 방재 대응형 | 건축시설에 설치하는 방재형 시스템 등 |
| | 80~120 (12[V]) | | 피크컷, 독립형 전원 | 피크컷 시스템용 전력저장 및 독립형 시스템 전원 |
| 소형 제어밸브식 | 2~65 (12[V]) | | 소형연계자립, 독립형 전원 | 소형시스템 예 게시판, 방송시스템 등 |
| | 0.8~17 (12[V]) | | | |
| | 2~65 (12[V]) | | | |
| 소형 전동자용 | 65~100 (12[V]) | | 소형피크컷, 독립형 전원 | 독립형 통신용 전원, 가로등용 등 |
| | 15~160 (12[V]) | 필 요 | | |
| 자동차용 | 50~176 (12[V]) (5시간율) | | 소형연계자립, 독립형 전원 | 소형시스템 예 게시판, 방송시스템 등 |

※ DOD(Depth Of Discharge) : 방전심도

## 66 제어밸브식 거치 납축전지의 종류 중에서 표준형식의 기대수명은 얼마인가?(단, 25[℃]에 부동 충전 시)

① 1~2년　② 2~3년
③ 5~7년　④ 7~9년

해설

65번 해설 참고

## 67 소형 제어밸브식의 표준 종류의 용량은 몇 [Ah]인가?

① 50~3,000　② 80~120
③ 2~65　④ 0.8~17

해설

65번 해설 참고

## 68 계통연계시스템용 축전지의 종류에 해당되지 않는 것은?

① 부하평준화 대응형　② 방재 대응형
③ 계통안정화 대응형　④ 산화평준화 대응형

정답 64 ① 65 ④ 66 ④ 67 ③ 68 ④

해설

계통연계시스템용 축전지의 종류

- 부하평준화 대응형 : 태양전지 출력과 축전지 출력을 병용하여 부하의 피크 시에 인버터를 필요한 출력으로 운전하여 수전전력의 증대를 억제하고 기본 전력요금을 절감하도록 하는 시스템이다. 즉, 수용가에게는 전력요금의 절감, 전력회사에게는 피크전력 대응의 설비투자 절감의 효과를 가져온다. 설치되는 축전지의 크기에 따라 일조량의 급격한 변화에 대하여 계통으로부터 부하급변의 영향을 적게 하기 위한 일사급변 보상형과 발전전력의 피크와 수요 피크를 수시간(2~4시간 정도) 보상하기 위한 피크 시프트형, 심야전력으로 충전한 전력을 주간의 피크 시에 방전하여 주간 전력을 축전지에 공급하도록 하는 야간전력 저장형 등으로 분류할 수 있다.

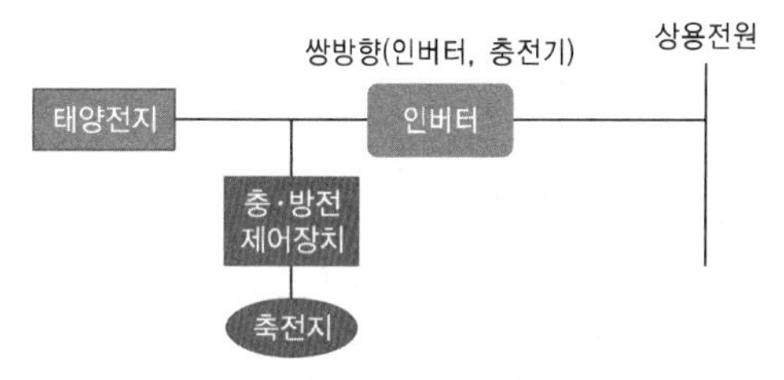


- 방재 대응형 : 보통 계통연계시스템으로 동작하고 정전 등 재해 발생 시 인버터를 자동운전으로 전환함과 동시에 특정 재해 대응 부하로 전력을 공급하도록 한다.

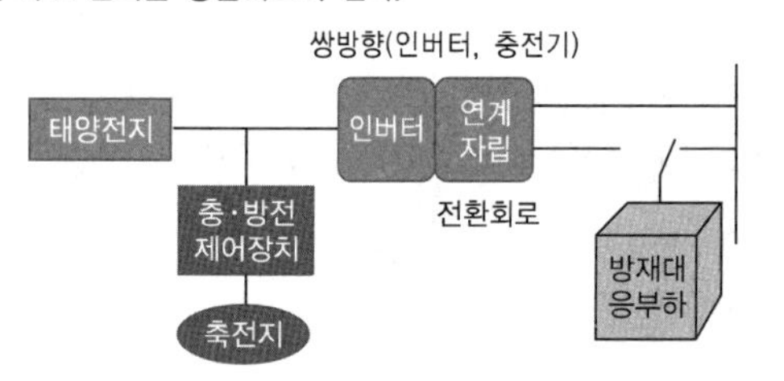


- 계통안정화 대응형 : 태양전지와 축전지를 병렬로 운전하여 기후가 급변할 때 또는 계통부하가 급변하는 경우에 축전지를 방전하고 태양전지 출력이 증대하여 계통전압이 상승할 때에는 축전지를 충전하여 역전류를 줄이고 전압의 상승을 방지하는 방식이다.

**69** 보통 계통연계시스템으로 동작하고 정전 등 재해 발생 시 인버터를 자동운전으로 전환함과 동시에 특정 재해 대응 부하로 전력을 공급하는 방식은?

① 방재 대응형
② 부하평준화 대응형
③ 계통안정화 대응형
④ 전압 연계 대응형

해설

68번 해설 참고

**70** 태양전지 출력과 축전지 출력을 병용하여 부하의 피크 시에 인버터를 필요한 출력으로 운전하여 수전전력의 증대를 억제하고 기본 전력요금을 절감하도록 하는 시스템은?

① 방재 대응형
② 부하평준화 대응형
③ 계통안정화 대응형
④ 전압연계 대응형

해설

68번 해설 참고

**71** 부하평준화 대응형의 가장 큰 장점은?

① 수용가에게는 피크전력 대응의 설비투자 절감의 효과를 가져온다.
② 수용가에게는 전력요금의 절감을 가져온다.
③ 부하를 줄여서 누구에게나 쉽게 사용할 수 있다.
④ 전력회사에 직원이 줄어든다.

해설

68번 해설 참고

**72** 부하평준화 대응형 중 설치되는 축전지의 크기에 따라 일조량의 급격한 변화에 대하여 계통으로부터 부하급변의 영향을 적게 하기 위한 방식은?

① 전류급변 방식
② 피크 시프트형
③ 일사급변 보상형
④ 야간전력 저장형

해설

68번 해설 참고



69 ① 70 ② 71 ② 72 ③ 정답

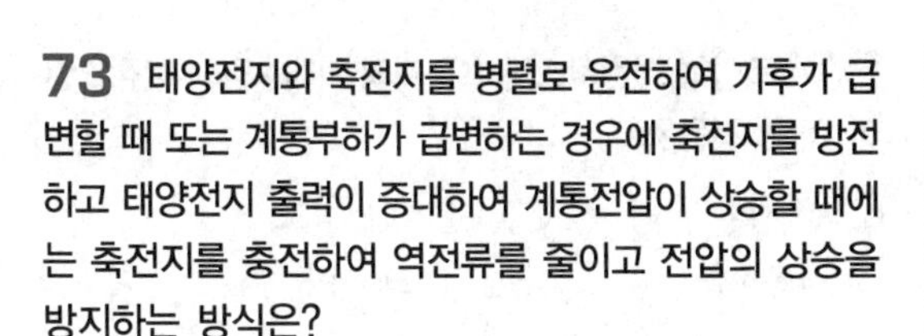

**73** **태양전지와 축전지를 병렬로 운전하여 기후가 급변할 때 또는 계통부하가 급변하는 경우에 축전지를 방전하고 태양전지 출력이 증대하여 계통전압이 상승할 때에는 축전지를 충전하여 역전류를 줄이고 전압의 상승을 방지하는 방식은?**

① 방재 대응형
② 부하평준화 대응형
③ 계통안정화 대응형
④ 전압연계 대응형

해설
68번 해설 참고

**74** **축전지의 용량 산출을 할 때 해당되지 않는 사항은?**

① 방전시간　② 방전전류
③ 허용 최저전압　④ 충전시간

해설
축전지의 용량 산출
- 방전전류
- 방전시간
- 허용 최저전압
- 예상 최저 축전지 온도
- 셀 수의 선정

**75** **용량산출($C$) 일반식으로 옳은 것은?(단, $C$ : 온도 25[℃]에서 정격 방전율 환산용량(축전지의 표시용량), $K$ : 방전시간, 축전지 온도, 허용최저전압으로 결정되는 용량환산시간, $I$ : 평균 방전전류, $L$ : 보수율(수명 말기의 용량 감소율) 0.8)**

① $C=\frac{KL}{I}$　② $C=KI$
③ $C=\frac{L}{KI}$　④ $C=\frac{KI}{L}$

해설
용량산출 일반식
$C=\frac{KI}{L}$

여기서, $C$ = 온도 25[℃]에서 정격 방전율 환산용량(축전지의 표시용량)
$K$ = 방전시간, 축전지 온도, 허용최저전압으로 결정되는 용량환산시간
$I$ = 평균 방전전류
$L$ = 보수율(수명 말기의 용량 감소율) 0.8

**76** **부하평준화 대응형 축전지의 용량산출 방식에 대한 내용으로 틀린 것은?**

① 충·방전 횟수가 많으므로 일반적으로 사이클 서비스용 축전지를 사용한다.
② 충·방전을 많이 하게 되면 기대수명이 줄어든다. 그렇기 때문에 충·방전을 하지 않는다.
③ 부하평준화 운전 시에 축전지에서 보면 정전력 부하가 되기 때문에 직류입력전류를 구할 때의 직류전압으로서 방전 중의 평균전압을 사용하는 경우도 있다.
④ 용량산출 일반식 $C=\frac{KI}{L}$이다.

해설
부하평준화 대응형 축전지의 용량산출 방식
- 용량산출 일반식 $C=\frac{KI}{L}$이다.
- 충·방전 횟수가 많으므로 일반적으로 사이클 서비스용 축전지를 사용한다.
- 충·방전을 많이 하게 되면 기대수명을 다할 수 있도록 방전심도(DOD)와 수명의 관계를 고려하여 축전지 용량을 결정할 필요가 있다.
- 부하평준화 운전 시에 축전지에서 보면 정전력 부하가 되기 때문에 직류입력전류를 구할 때의 직류전압으로서 방전 중의 평균전압을 사용하는 경우도 있다.

**77** **보통은 축전지의 방전상태를 표시하는 수치는?**

① 충전도　② 방전심도
③ 충진율　④ 수신율

해설
방전심도(DOD ; Depth Of Discharge)
전기 저장장치에서 방전상태를 나타내는 지표의 값으로 보통은 축전지의 방전상태를 표시하는 수치이다. 일반적으로 정격용량에 대한 방전량은 백분율로 표시한다.

정답　73 ③　74 ④　75 ④　76 ②　77 ②

## 78 방전심도는 어떻게 구하는가?

① $\frac{\text{축전지의 정격용량}}{\text{실제 방전량}} \times 100[\%]$

② $\frac{\text{실제 방전량}}{\text{축전지의 정격용량}} \times 100[\%]$

③ 축전지의 정격용량 × 100[%]

④ 실제 방전량 × 100[%]

**해설**

$$\text{방전심도} = \frac{\text{실제 방전량}}{\text{축전지의 정격용량}} \times 100[\%]$$

## 79 계통연계시스템에서 축전지의 4대 기능에 포함되지 않는 것은?

① 피크시프트

② 전력사용

③ 재해 시 전력공급

④ 발전전력 급변 시의 버퍼

**해설**

계통연계시스템에서 축전지의 4대 기능

- 피크시프트
- 전력저장
- 재해 시 전력공급
- 발전전력 급변 시의 버퍼

## 80 수시로 충·방전을 반복하고 기계적으로 조합하여 유지보수가 곤란한 장소에 설치하는 축전지는?

① 독립형 전원시스템용 축전지

② 계통연계 시스템용 축전지

③ 부하평준화 대응형 축전지

④ 계통안정화 대응형 축전지

**해설**

독립형 시스템용 축전지

수시로 충·방전을 반복하고 기계적으로 조합하여 유지보수가 곤란한 장소에 설치하는 경우가 많다. 또한 충전상태도 일정치 않아 축전지 측면에서 보면 불안정한 사용 상태에 놓여 있다고 할 수 있다.

## 81 독립형 전원시스템 축전지의 기대수명의 결정요인이 아닌 것은?

① 방전횟수 ② 방전심도

③ 사용온도 ④ 크 기

**해설**

독립형 전원시스템 축전지의 기대수명의 결정요인

- 방전횟수
- 방전심도
- 사용온도

## 82 독립형 전원시스템의 구조에 해당되지 않는 것은?

① 충·방전 제어장치

② 인버터

③ 주파수 발생장치

④ 축전지

**해설**

독립형 전원시스템의 구조

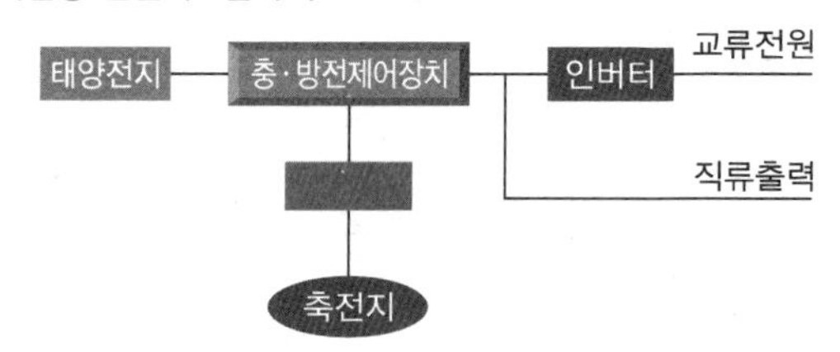


## 83 독립형 전원시스템용 축전지 선정의 핵심요소로 틀린 것은?

① 태양전지의 크기

② 충·방전 제어장치의 설정값

③ 태양전지의 용량

④ 축전지의 용량

**해설**

독립형 전원시스템용 축전지 선정의 핵심요소

우선 부하의 필요전력량을 상세하게 검토하여 태양전지의 용량과 축전지의 용량, 충·방전 제어장치의 설정값을 어떻게 최적화시키는가에 달려 있다.



78 ② 79 ② 80 ① 81 ④ 82 ③ 83 ① 정답

**84** 독립형 전원시스템용 축전지의 설계순서에 대한 내용이 아닌 것은?

① 설치 예정 장소의 일사량 데이터를 입수한다.
② 축전지의 기대수명에서 방전심도를 설정한다.
③ 축전지 용량($C$)을 계산한다.
④ 부하에 필요한 교류 입력 전력량을 상세하게 검토한다.

해설
독립형 전원시스템용 축전지의 설계순서
- 부하에 필요한 직류 입력전력량을 상세하게 검토한다(인버터의 입력전력을 파악한다).
- 설치 예정 장소의 일사량 데이터를 입수한다.
- 설치장소의 일사조건이나 부하의 중요성에서 일조가 없는 시간을 설정한다(보통 5~15일 정도).
- 축전지의 기대수명에서 방전심도를 설정한다.
- 일사 최저 월에도 충전량이 부하의 방전량보다 크게 되도록 태양전지 용량 어레이의 각도 등도 함께 결정한다.
- 축전지 용량($C$)을 계산한다.

$$C=\frac{\text{1일 소비전력량}\times\text{불일조 일수}}{\text{보수율}\times\text{방전종지전압}\times\text{방전심도}}[\text{Ah}]$$

**85** 독립형 전원시스템용 축전지 용량($C$)은?

① $C=\frac{\text{1일 소비전력량}\times\text{불일조 일수}}{\text{보수율}\times\text{방전종지전압}}[\text{Ah}]$

② $C=\frac{\text{1일 소비전력량}\times\text{불일조 일수}}{\text{보수율}\times\text{방전종지전압}\times\text{방전심도}}[\text{Ah}]$

③ $C=\frac{\text{1일 소비전력량}}{\text{보수율}\times\text{불일조일수}\times\text{방전종지전압}\times\text{방전심도}}[\text{Ah}]$

④ $C=\frac{\text{보수율}\times\text{1일 소비전력량}\times\text{방전심도}}{\text{방전종지전압}\times\text{불일조 일수}}[\text{Ah}]$

해설
84번 해설 참고

**86** 독립형 전원시스템용 축전지에서 기기 내의 수납형으로는 보수가 용이한 납축전지 방식은?

① 제어밸브식 거치 납축전지
② 소형 제어밸브식 납축전지
③ 가변형식 거치 납축전지
④ 고정형식 대형 납축전지

해설
기기 내의 수납형으로는 보수가 용이한 소형 제어밸브식 납축전지, 거치용으로는 제어밸브식 거치 납축전지 등이 사용된다.

**87** 독립형 전원시스템용 축전지에서 통상 일조가 없는 일수를 5~15일로 한다. 이때 방전심도는 낮은 경우가 많지만 통상적으로 몇 [%]를 채용하는가?

① 10~20　② 20~30
③ 30~50　④ 50~75

해설
통상 일조가 없는 일수를 5~15일로 하기 때문에 방전심도는 낮은 경우가 많지만 일반적으로 50~75[%]가 채용된다. 보수율은 0.8로 하여 계산한다.

**88** 축전지 취급 시 주의사항에 해당되지 않는 것은?

① 내진 구조로 설치한다.
② 축전지 직렬 개수는 태양전지에서도 충전이 가능한지 혹은 인버터 입력전압 범위에 포함되는지 여부를 확인한 후에 선정하도록 한다.
③ 상시 유지충전방법을 충분히 검토한다.
④ 축전지의 하중은 얼마 되지 않기 때문에 평평한 곳에 설치한다.

해설
축전지 취급 시 주의사항
- 축전지의 하중을 견딜 수 있는 곳을 설치장소로 선정한다.
- 상시 유지충전방법을 충분히 검토한다.
- 내진 구조로 설치한다.
- 항상 축전지를 양호한 상태로 유지하도록 한다.
- 방재 대응형에 있어서는 재해 등에 의한 정전 시 태양전지에서 충전을 하기 때문에 충전 전력량과 축전지 용량을 상호 대비할 필요가 있다.
- 축전지 직렬 개수는 태양전지에서도 충전이 가능한지 혹은 인버터 입력전압 범위에 포함되는지 여부를 확인한 후에 선정하도록 한다.

**89** 큐비클식 축전지 설비 설치기준의 고려사항으로 알맞은 것은?

① 중 량　② 모 양
③ 이격거리　④ 길 이

정답 84 ④ 85 ② 86 ② 87 ④ 88 ④ 89 ③

해설

큐비클식 축전지 설비의 설치기준에서 시스템의 설계에 있어 충분히 고려해야 할 사항으로는 이격거리가 있다.

**90** 큐비클식 축전지의 이격거리가 1.0[m]에 해당하지 않는 내용은?

① 큐비클 이외의 발전설비와의 사이
② 전면 또는 조작면
③ 큐비클 이외의 변전설비와의 사이
④ 점검면

해설

큐비클식 축전지 설비의 이격거리

| 이격거리를 확보해야 할 부분 | 이격거리[m] |
|---|---|
| 큐비클식 이외의 발전설비와의 사이 | 1.0 |
| 큐비클식 이외의 변전설비와의 사이 | 1.0 |
| 전면 또는 조작면 | 1.0 |
| 점검면 | 0.6 |
| 전면, 조작면, 점검면 이외의 환기구 설치면 | 0.2 |
| 옥외에 설치할 경우 건물과의 사이 | 2.0 |

**91** 방재 대응형 축전지의 설계에서 방전전류에 대한 내용이 아닌 것은?

① 부하의 소비전력으로 산출하는 방법이다.
② 방전개시에서 종료 시까지 부하전류의 크기와 경과 시간 변화를 산출한다.
③ 전류가 변동하는 경우에는 평균값을 구한다.
④ 충전개시에서 종료 시까지 부하전류의 크기와 경과 시간 변화를 산출한다.

해설

방전전류의 방재 대응형 축전지의 설계

- 방전개시에서 종료 시까지 부하전류의 크기와 경과시간 변화를 산출한다.
- 전류가 변동하는 경우에는 평균값을 구한다.
- 부하의 소비전력으로 산출하는 방법이다.

**92** 방재 대응형 축전지의 설계 시 허용 최저전압은 1Cell당 얼마인가?

① 1.8[V] ② 2[V]
③ 1.5[V] ⑤ 2.5[V]

해설

방재 대응형 축전지의 설계 시 허용 최저전압
부하기기의 최저 동작전압에 전압강하를 고려한 것으로서 1Cell당 1.8[V]로 한다.

**93** 보수율이 0.8이고, 30일 중 불일조 일수는 8일이다. 용량이 1,000[mA]에 80[%]가 충전되었고, 1일 소비전력량이 100[W]이다. 이때 축전지의 용량($C$)는 얼마인가?(단, 축전지전압은 10[V]이다)

① 100 ② 125
③ 150 ④ 180

해설

축전지 용량($C$)

$$C = \frac{\text{1일 소비전력량} \times \text{불일조 일수}}{\text{보수율} \times \text{방전종지전압(축전지전압)} \times \text{방전심도}}[\text{Ah}]$$

$$= \frac{100 \times 8}{0.8 \times 10 \times 0.8} = 125[\text{Ah}]$$

방전심도(DOD ; Depth Of Discharge)의 용량이 1,000[mA]라고 가정하면, 1,000[mAh]를 100[%] 방전하였을 경우 충전했을 때의 방전심도는 1이고, 80[%] 사용하고 충전을 한다면 방전심도는 0.8이다.

**94** $D_f = 8$일, $L_d = 1.5$[kWh], $DOD = 0.55$, $N = 40$개, $V_b = 2$[V], $L = 0.85$일 경우에 용량은 얼마인가?

① 300[Ah] ② 320[Ah]
③ 350[Ah] ④ 380[Ah]

해설

용량산출의 일반식

$$C = \frac{D_f \times L_d \times 1{,}000}{DOD \times N \times V_b \times L}[\text{Ah}]$$

여기서, $D_f$ : 일조가 없는 날(일)
$L_d$ : 1일 적산 부하 전력량[kWh]
$DOD$ : 방전심도[%]
$N$ : 축전지 개수(개)



90 ④ 91 ④ 92 ① 93 ② 94 ② 정답

$L$ : 보수율(보통 0.80이나 0.85)
$V_b$ : 공칭 축전지 전압[V] → 납축전지일 경우는 2[V](알칼리 축전지일 경우 1.2[V])

$D_f = 8$일, $L_d = 1.5$[kWh], $DOD = 0.55$, $N = 40$개, $V_b = 2$[V], $L = 0.85$일 경우

$$C = \frac{8 \times 1.5 \times 1,000}{0.55 \times 40 \times 2 \times 0.85} \fallingdotseq 320[Ah]$$

## 95 뇌운에서 대지로 방출하는 전하는?

① 낙 뢰 ② 괴 뢰
③ 노 뢰 ④ 차폐뢰

해설
낙뢰
뇌운에서 대지로 방출하는 전하 또는 번개의 종류 가운데 구름과 대지 사이에서 발생하는 방전현상을 말한다.

## 96 선행방전에 대해 바르게 설명한 것은?

① 귀환뇌격에 선행해 뇌운에서 대지를 향해 진전하는 방전
② 낙뢰에서 단일한 방전
③ 휴지시간을 동반하는 계단형 선행방전
④ 제1뇌격 후 계단형이 되지 않고 연속적으로 리더가 앞의 방전로를 통과하는 선행방전

해설
선행방전(Leader)
귀환뇌격에 선행해 뇌운에서 대지를 향해 진전하는 방전

## 97 전자기 신호가 서로 다른 센서에 도달하는 시간을 이용하여 발생시점의 위치를 역으로 추측하는 기술은?

① 되돌이 뇌격
② 단기선 도달시간 분석기술
③ 도달시간 분석법
④ 다지점 낙뢰

해설
도달시간 분석법(TOA ; Time Of Arrival technique)
전자기 신호가 서로 다른 센서에 도달하는 시간을 이용하여 발생시점의 위치를 역으로 추측하는 기술로서, 뇌격의 발생위치를 추정하기 위한 시스템에 이용되는 기술 중의 하나

## 98 끝이 뾰족한 형태의 전극에 의해 전계가 집중되는 곳에 전하가 집중되는 현상은?

① 적란운 ② 코로나
③ 풀구라이트 ④ 수뢰침

해설
코로나(Corona)
끝이 뾰족한 형태의 전극에 의해 전계가 집중되는 곳에 전하가 집중되는 현상으로, 완전한 절연파괴현상인 방전현상 이전에 전계의 크기가 일정한 크기로 유지되는 현상

## 99 낙뢰의 종류 중에 직격뢰를 바르게 설명한 것은?

① 괴뢰에 의해 발생되는 전압
② 뇌운에서 태양전지 어레이, 저압배전선, 전기기기 및 배선 등에 직접 방전이 되는 낙뢰 또는 근방에 떨어지는 낙뢰
③ 뇌운에 의해서 축적된 전하로 케이블에 유도된 역극성의 전하가 케이블 이외의 장소에서 낙뢰로 인해 해방되어 케이블 위를 좌우로 진행파가 되어 진행하는 현상
④ 한계에 도달하는 뇌운에 의해 발생되는 뇌 서지

해설
직격뢰
뇌운에서 태양전지 어레이, 저압배전선, 전기기기 및 배선 등에 직접 방전이 되는 낙뢰 또는 근방에 떨어지는 낙뢰이며, 에너지가 매우 크다(15~20[kA]가 약 50[%] 정도를 차지하며, 200~300[kA]인 것도 있다). 태양광발전시스템의 보호를 위해서 대책이 필요하다.

## 100 직격뢰에 대한 설명으로 맞는 것은?

① 에너지가 매우 작다.
② 뇌운에 의해서 축적된 전하를 케이블 이외의 장소로 진행하는 진행파
③ 에너지가 매우 크다.
④ 번개구름에 의해 유도된 전류가 순간적인 높은 전압으로 장비에 유입되어 피해

해설
99번 해설 참고

정답 95 ① 96 ① 97 ③ 98 ② 99 ② 100 ③

**101** 뇌운에 의해서 축적된 전하로 케이블에 유도된 역극성의 전하가 케이블 이외의 장소에서 낙뢰로 인해 해방되어 케이블 위를 좌우로 진행파가 되어 진행하는 현상을 무엇이라 하는가?

① 직격뢰　② 공간뢰
③ 일파뢰　④ 유도뢰

해설
유도뢰
뇌운에 의해서 축적된 전하로 케이블에 유도된 역극성의 전하가 케이블 이외의 장소에서 낙뢰로 인해 해방되어 케이블 위를 좌우로 진행파가 되어 진행하는 현상이다. 번개구름에 의해 유도된 전류가 순간적인 높은 전압으로 장비에 유입되어 피해를 입히게 된다. 여기서 순간적인 전압상승을 뇌 서지라고 한다.

**102** 유도뢰의 종류로 맞게 연결된 것은?

① 전자유도와 전류유도
② 전계유도와 자계유도
③ 결합유도와 저항유도
④ 정전유도와 전자유도

해설
유도뢰의 종류
- 정전유도 유도뢰 : 케이블에 유도된 플러스가 전하가 낙뢰로 인한 지표면 전하의 중화에 의해 뇌 서지가 되는 현상
- 전자유도 유도뢰 : 케이블 부근에 낙뢰로 인한 뇌 전류에 따라 케이블에 유도되어 뇌 서지가 되는 현상

**103** 시베리아에서 불어온 찬 공기가 상공으로 진입하면 뇌가 발생하기 쉬운 현상은?

① 겨울뢰　② 여름뢰
③ 가을뢰　④ 봄뢰

해설
여름뢰와 겨울뢰
- 여름뢰 : 시베리아에서 불어온 찬 공기가 상공으로 진입하면 뇌가 발생하기 쉬운 현상
- 겨울뢰 : 겨울에는 동해 측에서 기온이 낮아지면서 같은 조건이 생겨 대기가 대단히 불안하게 되는 현상

**104** 여름뢰와 겨울뢰의 차이점으로 틀린 설명을 한 것은?

① 여름뢰가 겨울뢰에 비해서 넓은 범위까지 영향을 미친다.
② 여름뢰가 겨울뢰에 비해서 높은 층을 갖고 있다.
③ 겨울뢰는 여름뢰에 비해 파고값이 작다.
④ 겨울뢰는 여름뢰에 비해 지속시간이 1,000배 이상 길다.

해설
여름뢰와 겨울뢰의 차이점
- 겨울뢰는 여름뢰에 비해 파고값이 1,000~수천[A]로 작다. 하지만 지속시간이 1,000배 이상 길고 대지전류도 길어 먼 곳까지 흘러들어가므로 여름뢰에 비해 넓은 범위까지 영향을 미친다.
- 여름 뇌운은 1.5~10[km] 이상 높이의 층을 가지고 있으며, 겨울 뇌운은 300~6[km] 정도로 상대적으로 낮다.
- 겨울철 동해 연안에는 대기의 상층부가 하층부보다 풍속이 강하기 때문에 수평 방향으로 확장되며, 대지로의 1회 방전으로 구름의 전체 전하가 방전되어 버리는 경우가 많다.

**105** 직격뢰에 대한 보호 소자로 바른 것은?

① 자동차단기　② 공랭장치
③ 피뢰침　④ 수냉장치

해설
직격뢰 보호 소자
- 가공지선
- 피뢰침

**106** 낙뢰의 직접적인 피해 형태에 해당되지 않는 것은?

① 건축물 설비의 파괴
② 가옥 산림의 화재
③ 낙뢰에 의한 감전
④ 전력설비의 파손

해설
직접적인 낙뢰 피해 형태
- 낙뢰에 의한 감전
- 건축물 설비의 파괴
- 가옥 산림의 화재



101 ④ 102 ④ 103 ② 104 ① 105 ③ 106 ④ 정답

**107** 낙뢰가 침입할 때 유입되는 경로에 해당되지 않는 것은?

① 접지선
② 전원선
③ 안테나
④ 대 지

해설
낙뢰의 침입경로
접지선, 피뢰침, 전원선, 안테나, 통신선로를 통해 유입된다.

**108** 접지 간의 전위차에 대한 설명으로 바르지 않는 것은?

① 피뢰침에서 낙뢰가 발생하였을 경우 과전류를 흐르게 하여 대지로 방전한다.
② 낙뢰가 발생하였을 경우 개별접지 간에 전위차가 발생되기 때문에 장치 쪽에 과전압이 가해져 내전압을 초과하게 된다.
③ 각 장치 사이마다 접지선이 접속돼 외관상으로는 등전위가 이루어진 것처럼 보이지만 배선거리가 길면 서지 전반속도와 접지선 인덕턴스 등의 영향을 무시할 수 없게 되어 완전한 등 전위가 어렵다.
④ 태양전지 어레이와 여러 가지 태양광발전설비의 대부분은 옥외에 설치되어 있기 때문에 장치마다 다른 접지극을 가지고 있다.

해설
접지 간의 전위차
- 낙뢰가 발생하였을 경우 개별접지 간에 전위차가 발생되기 때문에 장치 쪽에 과전압이 가해져 내전압을 초과하게 된다. 이때 피해가 발생된다.
- 태양전지 어레이와 여러 가지 태양광발전설비의 대부분은 옥외에 설치되어 있기 때문에 장치마다 다른 접지극을 가지고 있다.
- 각 장치 사이마다 접지선이 접속돼 외관상으로는 등 전위가 이루어진 것처럼 보이지만 배선거리가 길면 서지 전반속도와 접지선 인덕턴스 등의 영향을 무시할 수 없게 되어 완전한 등 전위가 어렵다.

**109** 뇌 서지 침입은 태양전지 어레이 침입 외에도 여러 경로가 있다. 이 중 해당되지 않는 사항은?

① 배전선 침입
② 낙뢰침입
③ 접지선에서의 침입
④ 배전선과 접지선 조합에서의 침입

해설
뇌 서지 침입
- 태양전지 어레이 침입
- 접지선에서의 침입
- 배전선 침입
- 배전선과 접지선 조합에서의 침입

**110** 뇌 서지 대책으로 바르지 않는 것은?

① 배전계통과 연계되는 개소에 피뢰기를 설치한다.
② 태양전지 어레이의 금속제 구조부분은 적절히 접지한다.
③ 태양광발전 주 회로의 양극과 음극 사이에 방전갭(서지보호기)를 설치한다.
④ 과전압 보호기의 정격전압은 태양전지 어레이의 무부하 시 최대발전전류로 한다.

해설
뇌 서지 대책
- 인버터 2차 교류 측에도 방전갭(서지보호기)를 설치한다.
- 태양광발전 주 회로의 양극과 음극 사이에 방전갭(서지보호기)를 설치한다.
- 배전계통과 연계되는 개소에 피뢰기를 설치한다.
- 태양전지 어레이의 금속제 구조부분은 적절히 접지한다.
- 과전압 보호기의 정격전압은 태양전지 어레이의 무부하 시 최대발전전압으로 한다.
- 방전갭(서지보호기)의 방전용량은 15[kA] 이상으로 하고, 동작 시 제한전압은 2[kA] 이하로 한다.
- 방전갭(서지보호기)의 접지 측 및 보호대상 기기의 노출 도전성 부분은 태양광발전시스템이 설치된 건물 구조체의 주 등전위 접지선에 접속한다.

정답 107 ④ 108 ① 109 ② 110 ④

**111** 뇌보호시스템 중 내부 뇌보호와 외부 뇌보호가 있다. 이 중 내부 뇌보호에 해당되지 않는 것은?

① 등 전위 본딩 ② 접지극
③ 서지보호 장치 ④ 접 지

해설
뇌보호시스템
- 내부 뇌보호 : 낙뢰로 인한 전위차로 발생된 위험을 방지하는 것
  - 안전이격거리 : 발생된 전위차로 인하여 불꽃방전이 일어나지 않게 거리를 두어서 절연하는 것이다.
  - 등 전위 본딩 : 발생된 전위차를 저감하기 위해 건축물 내부의 금속부분을 도체처럼 서지보호 장치에 접속하는 것이다.
  - 접 지
  - 서지 보호 장치(SPD)
  - 차 폐
- 외부 뇌보호 : 뇌 전류를 신속하고 효과적으로 대지로 방류하기 위한 시스템이다.
  - 접지극 : 낙뢰 전류를 대지로 흘려보내는 것으로서 동판, 접지선과 접지봉을 건축물의 가장 꼭대기에 설치하여 기초접지로 설치하는 것을 말한다.
  - 인하도선 : 직격뢰를 받을 수뢰부로부터 대지까지 뇌 전류가 통전하는 경로이며, 도선과 건축물의 철골과 철근 등을 인하도선으로 사용한다.
  - 수뢰부 : 피뢰침, 돌침 등 직격뢰를 받아서 대지로 분류하는 금속체이다.
  - 안전이격거리
  - 차 폐

**112** 발생된 전위차로 인하여 불꽃방전이 일어나지 않게 거리를 두어서 절연하는 것을 무엇이라 하는가?

① 접 지 ② 안전이격거리
③ 수뢰부 ④ 차 폐

해설
111번 해설 참고

**113** 뇌 전류를 신속하고 효과적으로 대지로 방류하기 위한 시스템은?

① 내부 뇌보호 ② 외부 뇌보호
③ 차 폐 ④ 수뢰부

해설
111번 해설 참고

**114** 직격뢰를 받을 수뢰부로부터 대지까지 뇌 전류가 통전하는 경로를 무엇이라 하는가?

① 인하도선 ② 접지극
③ 등 전위 본딩 ④ 차 폐

해설
111번 해설 참고

**115** 뇌보호시스템의 방식에 해당되지 않는 것은?

① 돌침방식
② 회전구체법
③ 수평도체방식
④ 접지극법

해설
뇌보호시스템의 방식
- 수평도체방식
- 돌침방식
- 그물법
- 회전구체법

**116** 가장 많이 시설하는 방식으로서 뇌격은 선단이 뾰족한 피뢰침 같은 금속도체에 잘 떨어지기 때문에 건축물이나 태양광발전설비 근방에 접근한 뇌격을 흡인해서 선단과 대지 사이를 접속한 도체를 통해 뇌격전류를 대지로 안전하게 방류하는 뇌 보호시스템 방식은?

① 돌침방식
② 수평도체방식
③ 그물법
④ 회전구체법

해설
돌침방식
가장 많이 시설하는 방식으로서 뇌격은 선단이 뾰족한 피뢰침 같은 금속도체에 잘 떨어지기 때문에 건축물이나 태양광발전설비 근방에 접근한 뇌격을 흡인해서 선단과 대지 사이를 접속한 도체를 통해 뇌격전류를 대지로 안전하게 방류한다. 건물을 신축할 때 동시에 시설하는 태양광발전설비에 아주 적합한 방식이지만 용량이 많은 경우 불합리한 방식이다.

정답 111 ② 112 ② 113 ② 114 ① 115 ④ 116 ①

## 117 태양광발전설비의 낙뢰 대책 중 뇌 서지 대비 방법에 해당되지 않는 것은?

① 피뢰소자를 어레이 주회로 내부에 분산시켜 설치하고 접속함에도 설치한다.
② 광역 피뢰침뿐만 아니라 서지보호 장치를 설치한다.
③ 뇌우 다발지역에서는 교류 전원 측으로 내뢰 트랜스를 설치하여 보다 완전한 대책을 세워야 한다.
④ 고압 배전선에서 침입하는 뇌 서지에 대해서는 접속함과 차단기를 설치한다.

**해설**

태양광발전설비의 낙뢰 대책 중 뇌 서지 대비 방법
- 광역 피뢰침뿐만 아니라 서지보호 장치를 설치한다.
- 저압 배전선에서 침입하는 뇌 서지에 대해서는 분전반과 피뢰소자를 설치한다.
- 피뢰소자를 어레이 주 회로 내부에 분산시켜 설치하고 접속함에도 설치한다.
- 뇌우 다발지역에서는 교류 전원 측으로 내뢰 트랜스를 설치하여 보다 완전한 대책을 세워야 한다.

## 118 뇌 서지가 흐르는 이유는?

① 접지선에서의 침입은 주변의 낙뢰에 의해 대지전위가 상승하기 때문에
② 접지선이 전원과 멀리 떨어져 있을 경우
③ 대지의 전압이 상대적으로 높을 경우
④ 접지선 주위에 전류가 많이 흐를 경우

**해설**

뇌 서지가 흐르는 이유는 접지선에서의 침입은 주변의 낙뢰에 의해 대지전위가 상승하고 상대적으로 전원 측의 전위가 낮게 되어 접지선에서 반대로 전원 측으로 흐르는 경우에 발생한다.

## 119 피뢰대책용 부품의 종류에 해당되는 것은?

① 트랜지스터 ② 다이오드
③ 피뢰소자 ④ 전원 트랜스

**해설**

피뢰대책용 부품 종류
- 피뢰소자
- 내뢰 트랜스

## 120 태양광발전시스템의 피뢰소자의 종류는?

① 어레스터 ② IC
③ LED ④ 퓨 즈

**해설**

태양광발전시스템의 피뢰소자의 종류
- 서지업서버
- 어레스터

## 121 피뢰소자의 선정절차에 바르게 나열한 것은?

① 선정시작 → 보호소자와 다른 기기와의 상호관계성 → 보호소자 규격선정 → 고장모드 추정 → 설치장소 확인 → 보호소자 선정환경 확인 → 선정종료
② 선정시작 → 설치장소확인 → 보호소자 선정환경 확인 → 고장모드 추정 → 보호소자와 다른 기기와의 상호관계성 → 보호소자 규격선정 → 선정종료
③ 선정시작 → 보호소자 선정환경 확인 → 설치장소확인 → 보호소자 규격선정 → 보호소자와 다른 기기와의 상호관계성 → 고장모드 추정 → 선정종료
④ 선정시작 → 보호소자 선정환경 확인 → 보호소자와 다른 기기와의 상호관계성 → 설치장소확인 → 보호소자 규격선정 → 고장모드 추정 → 선정종료

**해설**

피뢰소자의 선정절차
선정시작 → 설치장소확인 → 보호소자 선정환경 확인 → 고장모드 추정 → 보호소자와 다른 기기와의 상호관계성 → 보호소자 규격선정 → 선정종료

## 122 저압 피뢰소자의 기본적인 요건에 해당되지 않는 것은?

① 고장 시 전원회로와 분리되어 전원의 정상상태를 유지할 수 있어야 한다.
② 보호소자 고장 시 고장상태를 표시할 수 있는 기능이 있어야 한다.
③ 최대 서지전류에 파괴되어야 한다.
④ 제한전압이 낮아야 한다.

정답 117 ④ 118 ① 119 ③ 120 ① 121 ② 122 ③

해설

저압 피뢰소자의 기본적인 요건
- 제한전압이 낮아야 한다.
- 고장 시 전원회로와 분리되어 전원의 정상상태를 유지할 수 있어야 한다.
- 최대 서지전류에 소손되지 않아야 한다.
- 보호소자 고장 시 고장상태를 표시할 수 있는 기능이 있어야 한다.
- 보호소자의 기본소자인 MOV(Metal Oxide Varistor)는 화재폭발의 가능성이 있기 때문에 안전성이 보장되어야 한다.

## 123 태양전지 어레이 주 회로 안에 설치하는 피뢰소자는?

① 어레스터
② 서지업서버
③ 다이오드
④ 퓨 즈

해설

피뢰소자의 선정
접속함과 분전반 안에 설치하는 피뢰소자는 방전내량이 큰 어레스터를 선정하고 태양전지 어레이 주 회로 안에 설치하는 피뢰소자는 방전내량이 적은 서지업서버를 선정한다.

## 124 서지업서버 선정방법이 아닌 것은?

① 회로에서 쉽게 떨어지고 붙일 수 있는 구조가 좋다.
② 설치하려는 단자 간의 최대전압을 확인한다.
③ 제조회사의 제품안내서에서 최대허용 회로전압 DC[V]란에서 그 전압 이상인 형식을 선정한다.
④ 방전내량은 최저 100[kA] 이상인 것을 선정한다.

해설

서지업서버 선정방법
- 방전내량은 최저 4[kA] 이상인 것을 선정한다.
- 회로에서 쉽게 떨어지고 붙일 수 있는 구조가 좋다.
- 설치하려는 단자 간의 최대전압을 확인한다.
- 유도뢰 서지 전류로서 1,000[A](8/20[$\mu$s])의 제한전압이 2,000[V] 이하인 것을 선정한다.
- 제조회사의 제품안내서에서 최대허용 회로전압 DC[V]란에서 그 전압 이상인 형식을 선정한다.

## 125 어레스터 선정방법의 내용으로 틀린 것은?

① 분전반에는 제조회사의 제품안내서의 정격 전압란에 기재되어 있는 전압 또는 제조회사가 권장하는 전압의 형식을 선정한다.
② 어레스터는 회로에서 쉽게 떨어지고 붙일 수 있는 구조가 좋다.
③ 어레스터는 뇌 전류에 의해 열화하면 최악의 경우 오픈상태가 되므로 열화했을 때 자동으로 회로에서 분리하는 기능을 가진 제품을 선정하면 보수점검이 어렵다.
④ 낙뢰에 의한 과전압을 방전으로 억제하여 기기를 보호한다.

해설

어레스터 선정방법
- 낙뢰에 의한 과전압을 방전으로 억제하여 기기를 보호한다. 과전압이 소멸한 후는 속류(전원에 의한 방전전류)를 차단하여 원상으로 자연 복귀하는 기능을 가진 장치를 말한다.
- 접속함에는 제조회사 제품안내서의 최대허용전압란 또는 정격 전압란에 기재되어 있는 전압이 어레스터를 설치하려고 하는 단자 간의 최대전압 이상에서 가까운 전압의 형식을 선정한다. 분전반에는 제조회사의 제품안내서의 정격 전압란에 기재되어 있는 전압 또는 제조회사가 권장하는 전압의 형식을 선정한다.
- 어레스터는 회로에서 쉽게 떨어지고 붙일 수 있는 구조가 좋다. 이것은 절연저항 측정에 있어 작업의 능률 향상에 도움을 준다.
- 어레스터는 뇌 전류에 의해 열화하면 최악의 경우 단락상태가 되므로 열화했을 때 자동으로 회로에서 분리하는 기능을 가진 제품을 선정하면 보수점검이 용이하다.
- 어레스터 1,000[A](8/20[$\mu$s])에서 제한전압(서지전류가 흘렀을 때 서지전압이 제한된 어레스터 양단자 간에 잔류하는 전압)이 2,000[V] 이하인 것을 선정한다. 또한 태양전지 어레이의 임펄스 내 전압은 4,500[V]로서 어레스터의 접지선의 길이에 따라 서지 임피던스의 상승분을 고려하여 제한 전압을 2,000[V] 이하로 한다. 한편, 접지선은 가능한 한 짧게 배선할 필요가 있다.
- 유기되는 파형은 8/20[$\mu$s] 뿐만 아니라 그 이상의 길이를 가진 에너지가 큰 파형도 있기 때문에 어레스터의 방전내압(서지내량, 즉 실질적으로 장애를 일으키는 일 없이 5분 간격으로 2회 흘려보낼 수 있는 8/20[$\mu$s] 또는 4/10[$\mu$s] 정도 파형의 방전전류 파고치의 최대한도를 말함)은 최저 4[kA] 이상이 필요한데 가능하면 20[kA]가 가장 바람직하다.



123 ② 124 ④ 125 ③ 정답

**126** 어레스터와 서지업서버로 보호할 수 없는 경우 사용되는 소자는?

① 다이오드 ② 트랜지스터
③ IC ④ 내뢰 트랜스

해설

내뢰 트랜스

어레스터와 서지업서버로 보호할 수 없는 경우 사용되는 소자로서 실드부착 절연트랜스를 주체로 이에 어레스트 및 콘덴서를 부가시킨 것이다. 뇌 서지가 침입한 경우 내부에 넣은 어레스터 제어 및 1차측과 2차측 간의 고절연화, 실드에 의해 뇌서지의 흐름을 완전히 차단할 수 있도록 한 장치이다.

**127** 내뢰 트랜스의 선정방법에 해당되지 않는 것은?

① 전기특성이 양호한 것을 선정한다.
② 실드판의 수가 많을수록 뇌 서지에 대한 억제 효과는 작아지기 때문에 적은 것을 선정한다.
③ 1차 측, 2차 측의 전압 및 용량을 결정하고 제품안내서에 의해 형식을 선정한다.
④ 1차 측과 2차 측 사이에 실드판이 있는 것을 사용한다.

해설

내뢰 트랜스의 선정방법

- 1차 측과 2차 측 사이에 실드판이 있고, 이 판수가 많을수록 뇌 서지에 대한 억제효과도 커지기 때문에 많은 것을 선정한다.
- 1차 측, 2차 측의 전압 및 용량을 결정하고 제품안내서에 의해 형식을 선정한다.
- 전기특성(전압변동률, 효율, 절연강도, 서지감쇠량, 충격률(뇌 임펄스))이 양호한 것을 선정한다.

**128** 보호장치의 기타 조건 중 간접적인 접촉의 예방에 대한 사항이 아닌 것은?

① 감전방지가 있어 보호소자가 고장이 났을 경우에도 보호가 되어야 한다.
② 감전방지가 있어서 접지시설은 하지 않아도 된다.
③ 자동전원차단기를 설치하여 보호소자의 전원 측 과전류보호를 할 수 있어야 한다.
④ 자동전원차단기를 설치하여 누전차단기의 부하 측에 보호소자를 설치해야 한다.

해설

보호장치의 기타 조건 중 간접적인 접촉의 예방

- 감전방지가 있어 보호소자가 고장이 났을 경우에도 보호가 되어야 한다.
- 자동전원차단기를 설치하여 보호소자의 전원 측 과전류 보호를 할 수 있어야 한다.
- 자동전원차단기를 설치하여 누전차단기의 부하 측에 보호 소자를 설치해야 한다.

정답 126 ④ 127 ② 128 ②

# 기초이론

## 제1절 전기기초

### (1) 직류회로

① 전압(Volt : $V$[V])

㉠ 전압 : 전기적인 차이(압력), 전위, 전위차

㉡ 기전력 : 전류를 연속해서 흘리기 위해 전압을 연속적으로 만들어 주는 힘으로서(b)와 같이 대전체에 전지를 연결하여 전위차를 일정하게 유지시켜 주면 계속해서 전류를 흘릴 수 있게 되는데, 여기서 전지와 같이 전위차를 만들어주는 힘을 EMF(Electromotive Force : 기전력)라 한다. 크기는 연속적으로 발생되는 전위차의 대소, 즉 전압으로 표시되기 때문에 기전력 단위는 [V]를 사용한다.

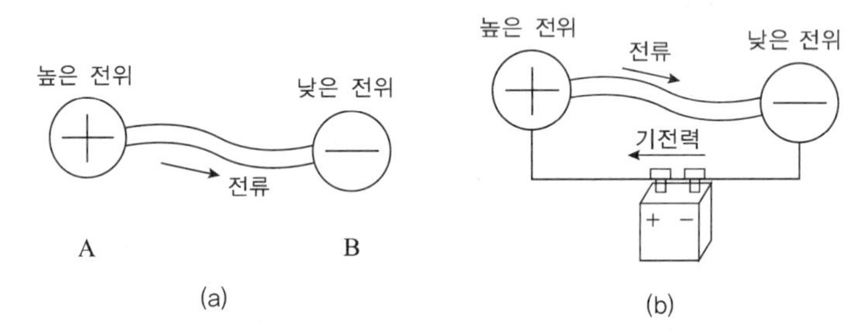


- 전위차 구하는 공식 : $V = \dfrac{W}{Q}$[V]($Q$ : 전하량, $W$ : 일량)
- 에너지량 구하는 공식 : $W = Q \cdot V$[J]
- 전지의 기전력 구하는 공식 : $E = I(R + r)$
  ($E$ : 기전력, $R$ : 외부저항, $r$ : 내부저항, $I$ : 전류)
- 전지의 전압 구하는 공식 : $V = E - Ir$[V]

㉢ 접지 : 그라운드 즉, 0전위

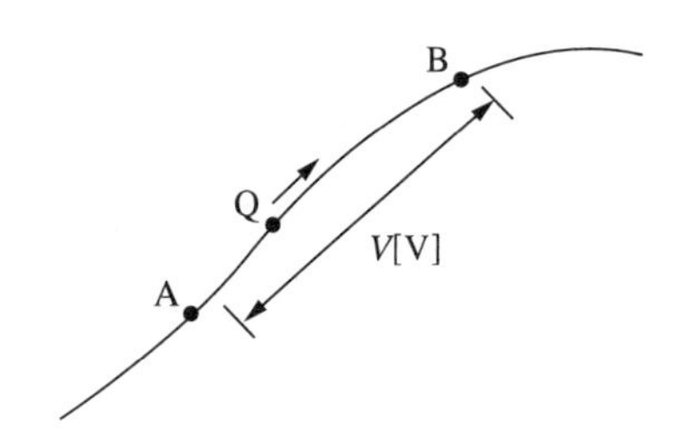


[전하의 이동과 전위차(전압)]

② 전류(Current : $I$[A])

㉠ 전류 : 전자의 이동(전기회로에서 전하량의 이동은 전류를 형성하게 된다)

㉡ 전류의 세기는 단위 시간당 이동한 전기의 양으로서 $Q = It$ [C], $I = \frac{Q}{t}$ [A]이다.

③ 전하(Electric Charge)

가장 기본적인 전기적인 양으로 전자 1개가 갖는 전하량은 $1.602 \times 10^{-19}$쿨롱이다.

$e = 1.602 \times 10^{-19}$[C]

따라서, 1[C]의 전하량은

$6.25 \times 10^{18}$개$\left(\frac{1}{1.602 \times 10^{-19}} = 6.25 \times 10^{18}\right)$의 전자가 갖고 있는 전하량이 된다.

$Q$[C]가 두 점 A와 B 사이를 이동하면서 얻거나 잃는 에너지를 $W$[J]이라면,

두 점 A, B 사이의 전위차(전압) $V$는 $V = \frac{W[\mathrm{J}]}{Q[\mathrm{C}]} = \frac{W}{Q}$[V], $W = QV$[J]이다.

④ 저항(Resistance)

전류가 흐를 때 전류의 흐름을 방해하는 성질을 갖는 것으로서 기호는 $R$이고, 단위는[Ω]이다. 저항 양단간에는 옴의 법칙이 성립하며, 저항 양단에 가해진 억압에 비례하여 전류가 흐른다. 옴의 법칙이란 한 도체에 전압이 가해졌을 때 두 점 사이에 흐르는 전류의 크기는 가해진 억압에 비례하고, 도체의 저항에 반비례한다는 법칙으로 가해진 전압을 $V$[V], 전류는 $I$[A], 도체의 저항을 $R$[Ω]이라고 하면, 이들 세 가지의 양 사이에는 다음 식이 성립하게 된다.

**Check!** 1[Ω]은 도체의 양단에 1[V]의 전압을 인가할 때 1[A]의 전류가 흐르는 경우의 저항값을 말한다.

㉠ 옴의 법칙

$V = IR$[V], $R = \frac{V}{I}$[Ω], $I = \frac{V}{R}$[A]

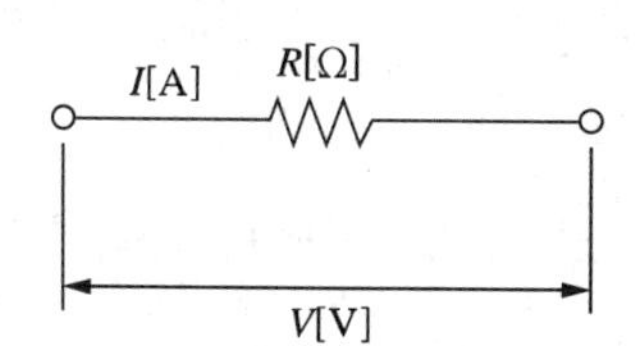


㉡ 컨덕턴스 : 전류의 흐르는 정도

$G = \frac{1}{R}$[℧]

㉢ 저항의 접속

- 직렬접속 : 직렬저항의 합성저항은 각 저항의 총합으로 이루어진다.

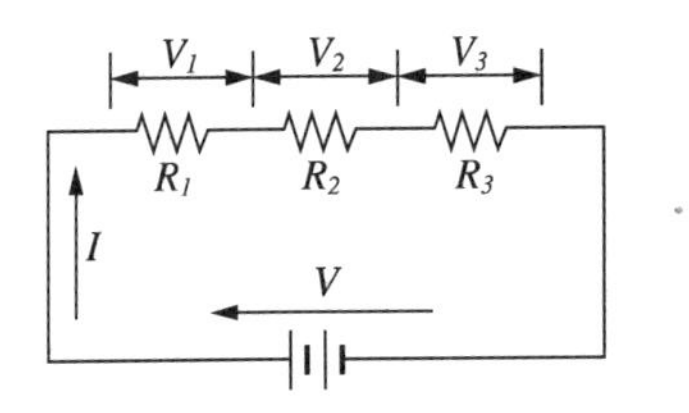


$R = R_1 + R_2 + R_3 + \cdots + R_n[\Omega]$

- 병렬접속 : 병렬저항의 합성저항은 각 저항들의 역수의 총합을 구하고, 다시 그 총합의 역수로 이루어진다.

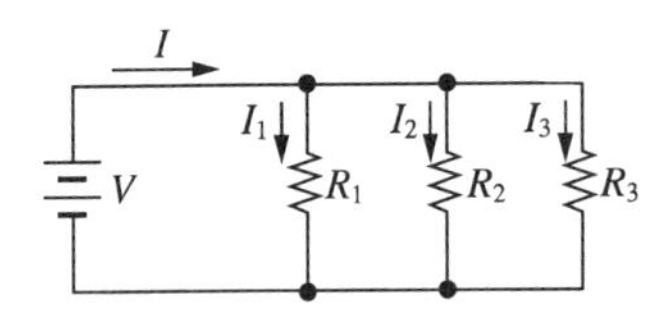


$$R = \frac{1}{\left(\frac{1}{R_1} + \frac{1}{R_2} + \frac{1}{R_3} + \cdots + \frac{1}{R_n}\right)}[\Omega]$$

- 직, 병렬접속

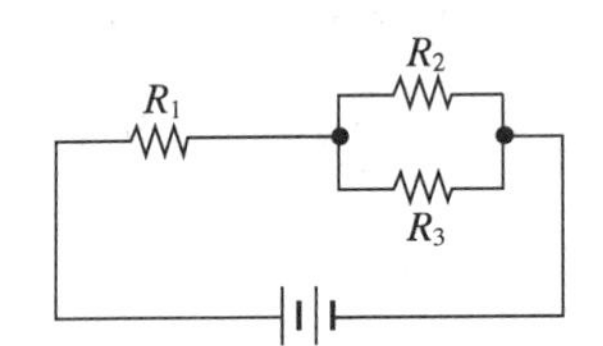


$$R = R_1 + \left(\frac{1}{\frac{1}{R_2} + \frac{1}{R_3}}\right) = R_1 + \frac{R_2 \times R_3}{R_2 + R_3}[\Omega]$$

㉣ 고유저항 : 각 변의 길이가 1[m], 부피가 1[m$^3$]인 정육면체의 맞선 두 면 사이의 도체저항으로서 도체저항$(R) = \rho\frac{l}{S}[\Omega]$이다. 고유저항의 단위는[$\Omega$/m]이다.

**Check!** **전도율** : 도체에 전기가 잘 통하는 정도

㉤ 저항의 온도계수 : 금속도체의 저항은 온도상승과 함께 증가하고 반도체는 급격한 저항감소를 보인다. 전해액, 반도체, 절연체 등은 부성특성의 온도계수를 갖는다.

⑤ 키르히호프법칙

㉠ 제1법칙(전류) : 유입되는 전류의 합과 유출되는 전류의 합은 같다. 즉, 유입과 유출의 합은 0이다. ($I_1 + I_4 = I_2 + I_3 + I_5$) 이를 일반화하면 $\sum I = 0$이다.

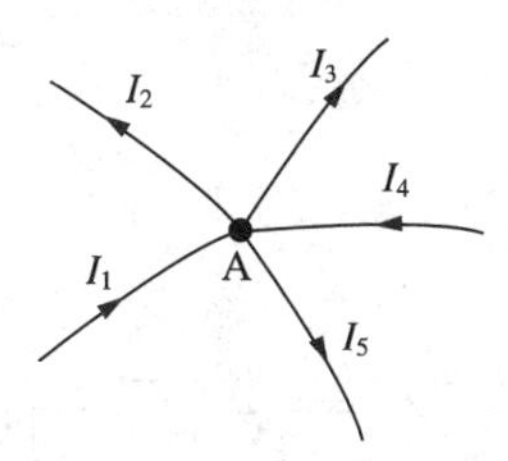


㉡ 제2법칙(전압) : 회로망 중심의 폐회로 내에서 전압강하의 합은 그 회로의 기전력 합과 같다 ($E_1 - E_2 + E_3 - E_4 = IR_1 + IR_2 + IR_3 + IR_4$). 일반적으로 $\sum V = 0$이다.

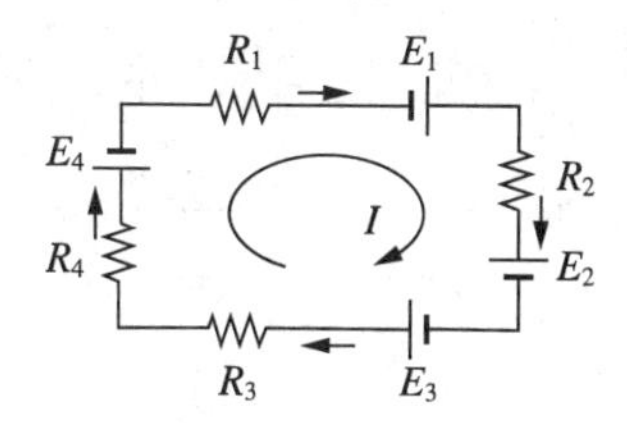


㉢ 전압 · 전류원의 합성

• 전압원의 합성

3[V] 10[V] 4[V] → 3[V] 10[V] 4[V] → 17[V]
합성전압

3[V] 10[V] 4[V] → 3[V] 10[V] 4[V] → 3[V]
합성전압

• 전류원의 합성

P $I$ $I_1$ $I_2$ $I_3$ → P $I$ $I_1$ $I_2$ $I_3$ → $I = I_1 + I_2 - I_3$

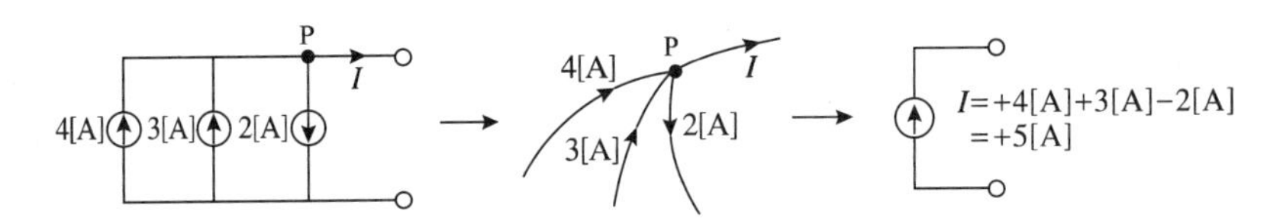


$4[A] + 3[A] - I[A] - 2[A] = 0$

$\therefore I[A] = 4[A] + 3[A] - 2[A]$

㉣ 사다리꼴 회로

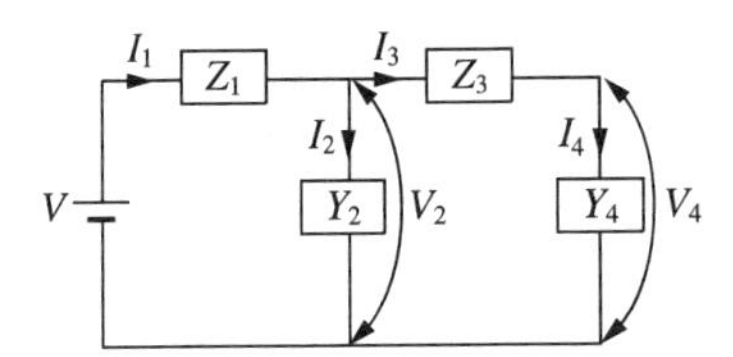


$Y_2, Y_4$는 임피던스 $Z_2, Z_4$의 각각의 어드미턴스이다.

회로의 합성임피던스 $Z = Z_1 + \dfrac{1}{Y_2 + \dfrac{1}{Z_3 + \dfrac{1}{Y_4}}}$ 이다.

$I_1 = \dfrac{V}{Z},\ V = V_2 + Z_1 I_1$

$I_2 = V_2 Y_2$

$I_3 = I_1 - I_2,\ V_4 = V_2 - Z_3 I_3$

$I_4 = V_4 Y_4$

㉤ 휘트스톤 브리지(Wheatstone Bridge) 회로

- 휘트스톤 브리지 회로의 정의 : 다음 그림에서와 같이 4개의 저항 $R_1$, $R_2$, $R_3$, $R_x$와 검류계 G를 다리(Bridge)와 같이 접속한 회로를 휘트스톤 브리지 회로라고 하며, 0.5[Ω]~$10^5$[Ω] 정도의 중저항의 측정에 널리 사용하고 있다.

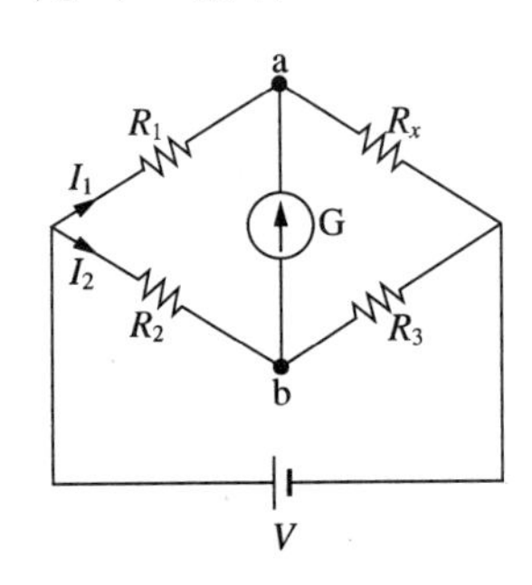


[휘트스톤 브리지 회로]

- 브리지 회로에서의 평형조건
  - a지점과 b지점 사이에 전류가 흐르지 않게 저항 $R_1$, $R_2$, $R_3$ 저항값을 조절한다.

- 평형상태에서는 a지점과 b지점의 전위차는 동일하다. 다음과 같은 등가회로가 된다.

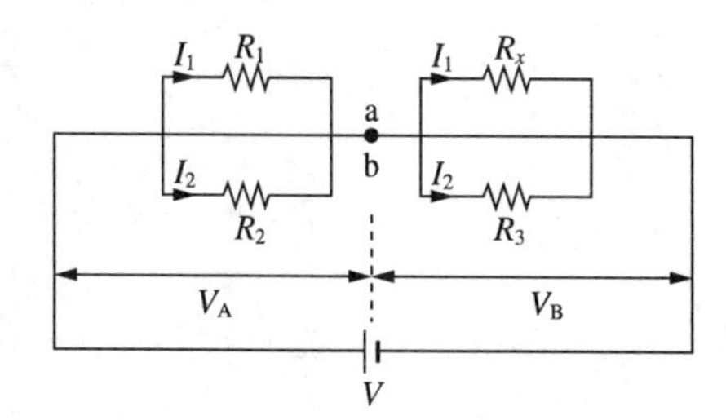


- 즉, $R_1$, $R_2$ 양단간의 전압강하는 $V_A$로 같고, 또한 $R_x$, $R_3$ 양단 간의 전압강하도 $V_B$로 같게 된다.

  따라서, $V_A = I_1R_1 = I_2R_2$ ········ ⓐ

  $V_B = I_1R_x = I_2R_3$ ········ ⓑ

  ⓐ식으로부터 $I_1 = \frac{I_2R_2}{R_1}$, ⓑ식으로부터 $I_1 = \frac{I_2R_3}{R_x}$ 따라서, $\frac{I_2R_2}{R_1} = \frac{I_2R_3}{R_x}$가 된다.

- 평형상태에서 미지의 저항 $R_x = \frac{I_2R_1R_3}{I_2R_2} = \frac{R_1R_3}{R_2}$

⑥ 회로망 정리

㉠ 중첩의 원리 : 여러 개의 전압 또는 전류가 선형 회로망에 있어서 회로 내의 임의의 점에서 전류 또는 임의의 두 점 사이의 전압은 각각의 전원이 개별적으로 작용할 때 그 점을 흐르는 전류 또는 2점 사이의 전압을 합한 것과 같다. 중첩의 원리는 $R$, $L$, $C$ 선형 소자에만 적용된다.

㉡ 노턴의 정리 : 2개의 독립된 회로망을 접속하였을 때 전원회로를 하나의 전류원과 병렬저항으로 대치한다.

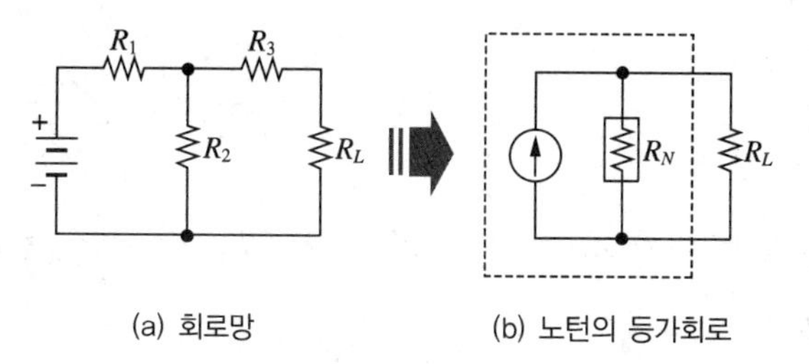


(a) 회로망 (b) 노턴의 등가회로

㉢ 테브낭의 정리 : 전압 또는 전류 전원과 임피던스를 포함하는 2단자 회로망은 단일 전압원과 임피던스가 직렬로 연결된 회로로 대처할 수 있다.

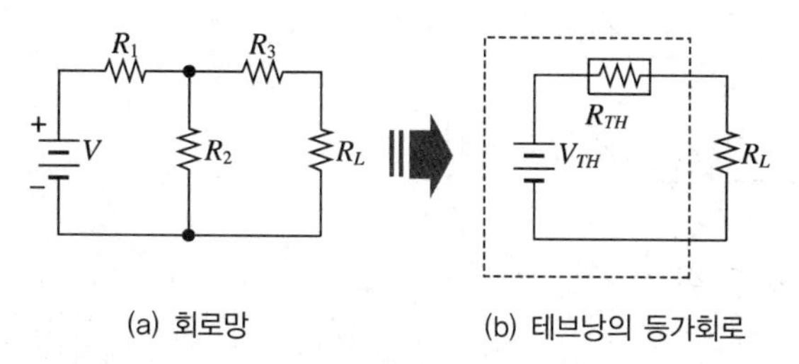


(a) 회로망 (b) 테브낭의 등가회로

㉣ △ - Y결선

- △ 회로의 등가회로

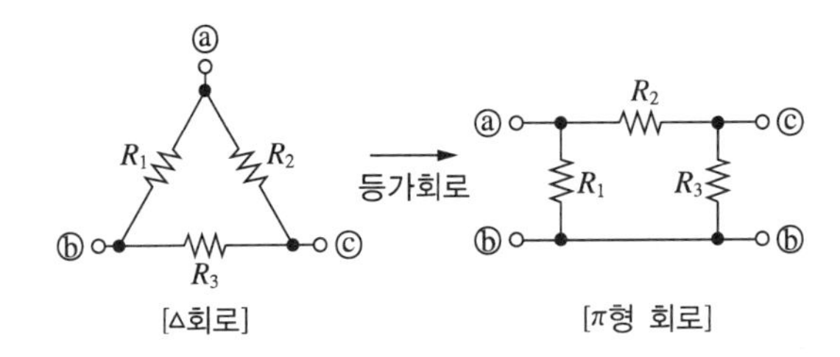


[△회로] [π형 회로]

- Y회로의 등가회로

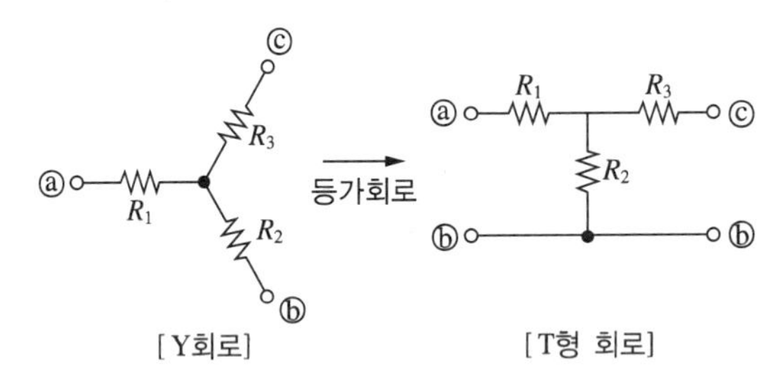


[Y회로] [T형 회로]

㉤ 임피던스의 △(삼각결선)-Y 변환과 Y(성형결선)-△ 변환

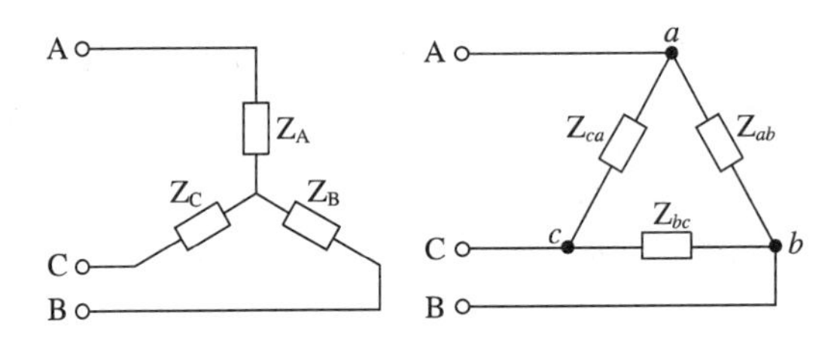


- △ → Y 변환

$$Z_A = \frac{Z_{ca}Z_{ab}}{Z_{ab}+Z_{bc}+Z_{ca}},\ Z_B = \frac{Z_{ab}Z_{bc}}{Z_{ab}+Z_{bc}+Z_{ca}},\ Z_C = \frac{Z_{bc}Z_{ca}}{Z_{ab}+Z_{bc}+Z_{ca}}$$

만일, 회로가 대칭이어서 $Z_{ab} = Z_{bc} = Z_{ca} = Z$이면, $Z_A = Z_B = Z_C = \frac{Z}{3}$이다.

- Y → △ 변환

$$Z_{ab} = \frac{Z_AZ_B + Z_BZ_C + Z_CZ_A}{Z_C}$$

$$Z_{bc} = \frac{Z_AZ_B + Z_BZ_C + Z_CZ_A}{Z_A}$$

$$Z_{ca} = \frac{Z_AZ_B + Z_BZ_C + Z_CZ_A}{Z_B}$$

만일, $Z_A = Z_B = Z_C = Z$ 이면 $Z_{ab} = Z_{bc} = Z_{ca} = 3Z$이다.

## (2) 교류회로

① 사인파의 교류

크기와 방향이 시간의 흐름에 따라 변하는 파형이며 교류의 기본파이다.

㉠ 순시값($v$)= $V_m \sin\theta$ [V]= $V_m \sin \omega t$ [V], $I_m \sin\omega t$[A]= $I_m \sin\theta$[A]

($V_m$($I_m$) : 정현파 교류전압(전류)의 최댓값, $\omega$ : 각속도 또는 각주파수)

주파수 $f$의 정현파 교류의 경우 1초 동안 변하는 전기각은 $2\pi f$[rad]이 되고 이를 각속도 또는 각주파수라 하며 식은 다음과 같다.

$\omega = 2\pi f$[rad]

따라서, 정현파 교류 전압·전류를 달리 표시하면

$v = V_m \sin 2\pi f t$[V], $i = I_m \sin 2\pi f t$[A]이다.

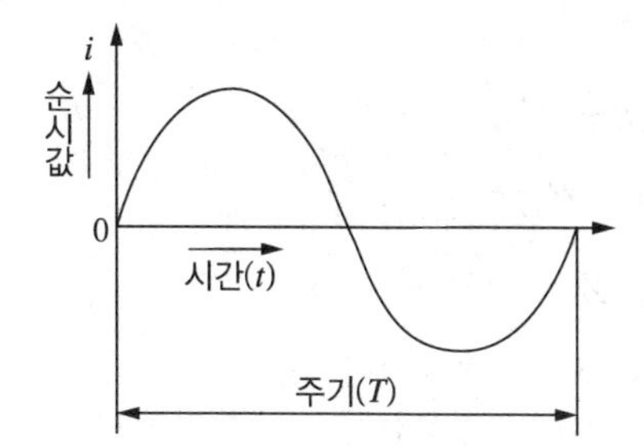


㉡ 실횻값 : 교류와 같은 일을 하는 직류의 값으로 표현하는 것으로서 사인파 전류의 최곳값에 약 0.707배이다. 즉, 저항에 직류를 가했을 때와 교류를 가했을 때의 전력량이 같을 때이다(0.707 $V_m$).

㉢ 평균값 : 사인파의 반주기를 말한다. 즉, 교류의 + 또는 −의 반주기 순시값의 평균값(0.637 $V_m$)

| 구 분 | 평균값 | 실횻값 |
|---|---|---|
| 정현파 교류전압<br>$v = V_m \sin\omega t$[V] | $V_{평균} = \frac{2}{\pi} V_m \fallingdotseq 0.637 V_m$ | $V = \frac{V_m}{\sqrt{2}} \fallingdotseq 0.707 V_m$ |
| 정현파 교류전류<br>$i = I_m \sin\omega t$[A] | $I_{평균} = \frac{2}{\pi} I_m \fallingdotseq 0.637 I_m$ | $I = \frac{I_m}{\sqrt{2}} \fallingdotseq 0.707 I_m$ |

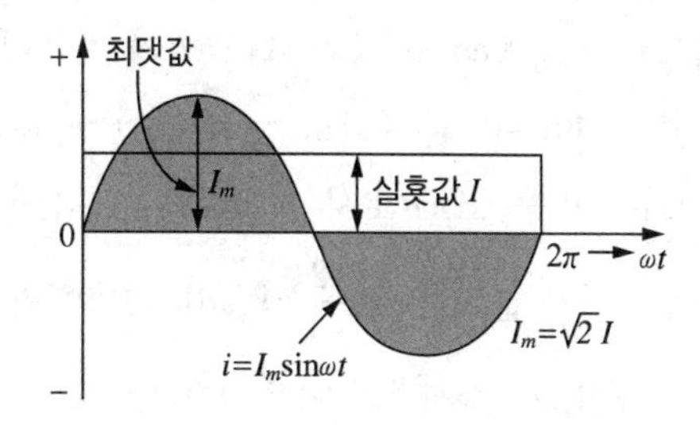

② 주기, 주파수, 위상차

㉠ 주기 : 1[Hz] 진동하는 동안 걸리는 시간 $\left(T=\frac{1}{f}[\text{sec}]\right)$

㉡ 주파수 : 1초 동안 발생하는 진동의 수 $\left(f=\frac{1}{T}[\text{Hz}]\right)$

㉢ 위상차($\phi$) : 상대적인 위치의 차이

㉣ 각속도($\omega$) : 1초 동안에 회전한 각도로 $\omega=2\pi f$ [rad/sec]

㉤ 위상각($\theta$)

③ 파형률과 파고율

㉠ 파형률 = 실횻값/평균값 = $0.707\,V_m/0.637\,V_m=1.11$

㉡ 파고율 = 최댓값/실횻값 = $V_m/0.707\,V_m=1.414$

④ 역률

㉠ 무효전력($P_r$) = $VI\sin\theta=I^2X$ [Var]

㉡ 유효전력($P$) = $VI\cos\theta=I^2R$ [W]

㉢ 피상전력($P_a$) = $VI=I^2Z=\sqrt{P^2+P_r^2}$ [VA]

㉣ 역률(유효역률 : $\cos\theta$) = $\frac{P}{VI}=\frac{\text{유효전력}}{\text{피상전력}}$

㉤ 무효율(무효역률 : $\sin\theta$) = $\frac{P_r}{VI}=\sqrt{1-\cos^2\theta}=\frac{\text{무효전력}}{\text{피상전력}}$

⑤ Vector 기호법에 의한 계산

㉠ 벡터는 방향과 크기를 가진 값으로 화살표로 표시한다. 화살표와 기준선 사이의 각도가 벡터의 방향이고 화살표의 길이는 벡터의 크기이다.

㉡ 복소수 $\dot{A}=a+jb$가 기본식인데 여기서, $a$는 실수부이고, $b$는 허수부이다.

절댓값으로 표현하면 $A=\sqrt{a^2+b^2}$ 으로 나타낼 수 있다.

㉢ 허수의 단위는 $\sqrt{-1}$ 이다. $j$는 벡터 연산자로서 90°를 말하며 $j^2=-1$이다.

㉣ 극좌표 표시는 일반적으로 $a=A\cos\theta$, $b=A\sin\theta$가 기본이다.

결론적으로 $\dot{A}=a+jb=A\cos\theta+jA\sin\theta=A(\cos\theta+j\sin\theta)=A\angle\theta$이다.

㉤ 지수, 함수표시는 $\varepsilon^{j\theta}=\cos\theta+j\sin\theta$로서 $\dot{A}=A\varepsilon^{j\theta}$이다.

㉥ 3상 교류는 각 기전력의 크기가 같고, 서로 $\frac{2}{3}\pi$[rad](= 120°)만큼씩 위상차가 있는 교류를 대칭 3상 교류라 하며, 3상 교류의 각 순시값의 합은 0이다.

⑥ $RLC$ 기본회로

㉠ 저항($R$)회로

- 전압과 전류의 위상은 동위상이다.

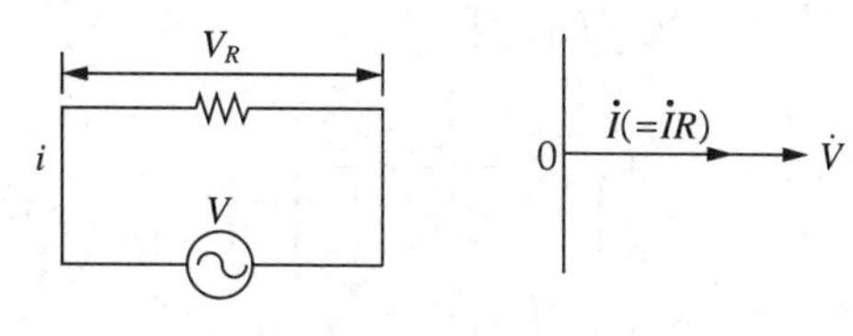


[저항회로와 벡터도]

- 전압과 전류의 관계는 사인파 교류에서의 실횻값은 옴의 법칙이 성립된다.

$I = \dfrac{V}{R}$ [A], $V = IR$ [V]

- 저항만의 회로에 정현파 전류 $I$가 $R$를 흐를 경우

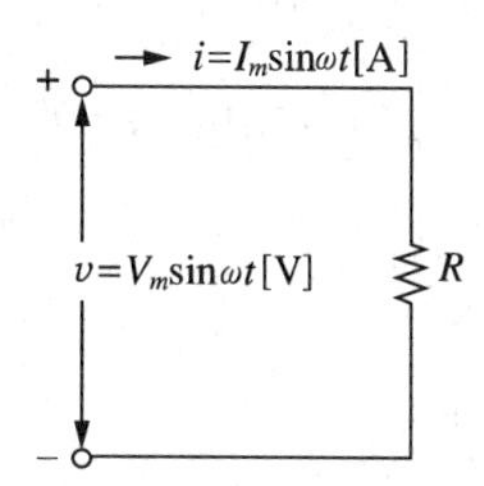


$R$만의 회로에서 전류 $i = I_m \sin\omega t$[A]가 흐를 경우, 전압 $v$는

$v = iR = RI_m \sin\omega t$[V]$= V_m \sin\omega t$이다.

즉, 저항만의 회로에서 교류전류 $i = I_m \sin\omega t$[A]가 흐를 때 $v = RI_m \sin\omega t$[V]가 된다.

**Check! 전압 · 전류와의 관계**

| 전압 · 전류의 비 | 최댓값 관계 | 실횻값 관계 | 주파수 관계 | 위상 관계 |
|---|---|---|---|---|
| 저항 : $R$[Ω] | $V_m = RI_m$ | $V = RI$ | 동일주파수 $f$ | 동위상 |

㉡ 인덕턴스($L$)회로

- 전압은 전류보다 $\dfrac{\pi}{2}$[rad](= 90°)만큼 위상이 앞선다.

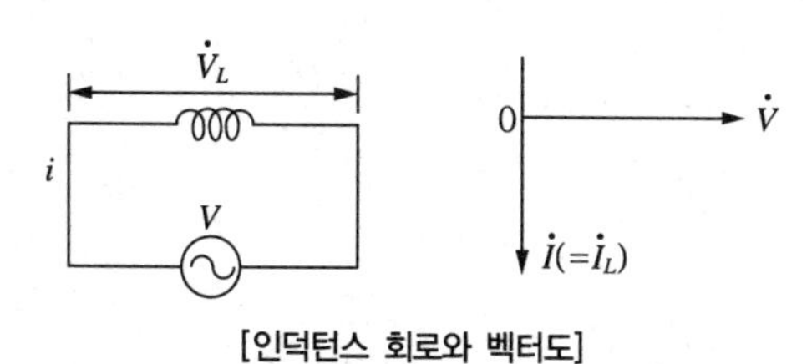


[인덕턴스 회로와 벡터도]

- 전압과 전류의 관계식

$\dot{V} = \omega L \dot{I}$ [V], $\dot{I} = \dfrac{\dot{V}}{\omega L}$ [A]

- 유도 리액턴스($X_L$) = $\omega L = 2\pi f L$ [Ω]

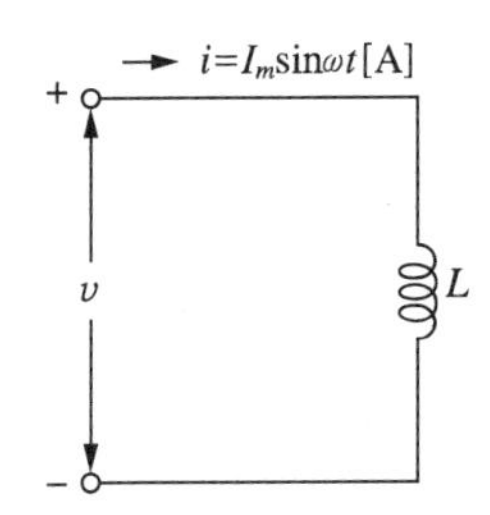


- $L$만의 회로에서 전류 $i = I_m\sin\omega t$[A]가 흐를 경우, 전압 $v$는

$$v = L\frac{di}{dt} = L\frac{d}{dt}(I_m\sin\omega t) = \omega L I_m \cos\omega t$$
$$= \omega L I_m \sin(\omega t + 90°)\,[\text{V}]$$
$$= V_m \sin(\omega t + 90°)\,[\text{V}]$$

즉, 코일 $L$만의 회로에서 교류전류 $i = I_m\sin\omega t$[A]가 흐를 경우 $v = \omega L I_m \sin(\omega t + 90°)$[V]가 된다.

**Check!** **전압 · 전류와의 관계**

| 전압 · 전류의 비 | 최댓값 관계 | 실횻값 관계 | 주파수 관계 | 위상 관계 |
|---|---|---|---|---|
| 유도성 리액턴스 $X_L$<br>$X_L = \omega L$<br>$= 2\pi f L$[Ω] | $V_m = \omega L I_m$ | $V = \omega L I$ | 동일주파수 $f$ | 전압 $v$가 전류 $I$보다 위상이 90° 앞선다. |

㉢ 정전용량($C$)회로

- 전류는 전압보다 $\dfrac{\pi}{2}$ [rad](= 90°)만큼 위상이 앞선다.
- 전압과 전류의 관계식

$\dot{I} = \omega C \dot{V}$ [A], $\dot{V} = \dfrac{1}{\omega C}\dot{I}$ [V]

- 용량 리액턴스($X_C$) = $\dfrac{1}{\omega C} = \dfrac{1}{2\pi f C}[\Omega]$

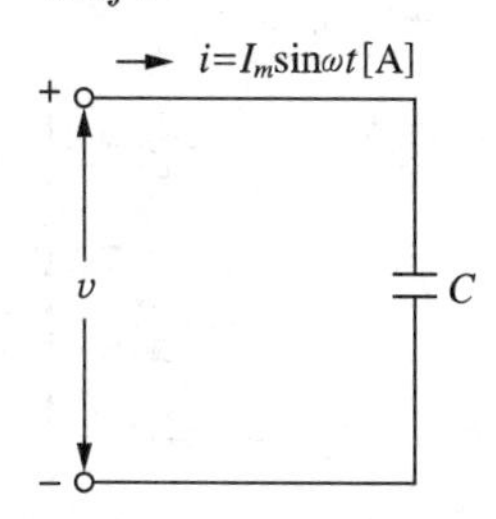


- $C$만의 회로에서 $i = I_m\sin\omega t[\mathrm{A}]$가 흐를 경우, 전압 $v$는

$$V = \frac{1}{C}\int idt = \frac{1}{C}\int (I_m\sin\omega t)dt = -\frac{1}{\omega C}I_m\cos\omega t = \frac{1}{\omega C}I_m\sin(\omega t - 90°)[\mathrm{V}]$$

즉, $C$만의 회로에서 교류전류 $i = I_m\sin\omega t[\mathrm{A}]$가 흐를 경우

$v = \dfrac{1}{\omega C}I_m\sin(\omega t - 90°)[\mathrm{V}]$가 된다.

**Check!** **전압 · 전류와의 관계**

| 전압 · 전류의 비 | 최댓값 관계 | 실횻값 관계 | 주파수 관계 | 위상 관계 |
|---|---|---|---|---|
| 용량성 리액턴스 $X_C$<br>$X_C = \dfrac{1}{\omega C} = \dfrac{1}{2\pi f C}[\Omega]$ | $V_m = \dfrac{1}{\omega C}I_m$ | $V = \dfrac{1}{\omega C}I$ | 동일주파수 $f$ | 전압 $v$가 전류 $i$보다 위상이 90° 느리다. |

- 유도성 리액턴스 $X_L$과의 구별을 위해 통상 $X_L$은 부호(+), $X_C$는 부호(−)를 표기한다.

㉣ $R$, $L$, $C$ 회로에서의 전압과 전류 관계식

| 회로방식 | 회로도 | 식 | 위 상 | 벡터도 |
|---|---|---|---|---|
| 저항회로 | $V_R$, $i$, $V$ | $v = V_m\sin\omega t$<br>$i = I_m\sin\omega t$ | 전압($V$)과 전류($I$)는 동상 | 0, $\dot{I}(=\dot{I}_R)$, $\dot{V}$ |
| 유도회로 | $\dot{V}_L$, $i$, $V$ | $i = I_m\sin\omega t$<br>$v = V_m\sin\left(\omega t + \dfrac{\pi}{2}\right)$ | 전압($V$)은 전류($I$)보다 $\dfrac{\pi}{2}$[rad] 앞선다. | 0, $\dot{V}$, $\dot{I}(=\dot{I}_L)$ |
| 정전용량 회로 | $\dot{V}_L$, $i$, $V$ | $v = V_m\sin\omega t$<br>$i = I_m\sin\left(\omega t + \dfrac{\pi}{2}\right)$ | 전압($V$)은 전류($I$)보다 $\dfrac{\pi}{2}$[rad] 뒤진다. | $\dot{I}(=\dot{I}_L)$, 0, $\dot{V}$ |

㉤ $R-L$ 직렬회로

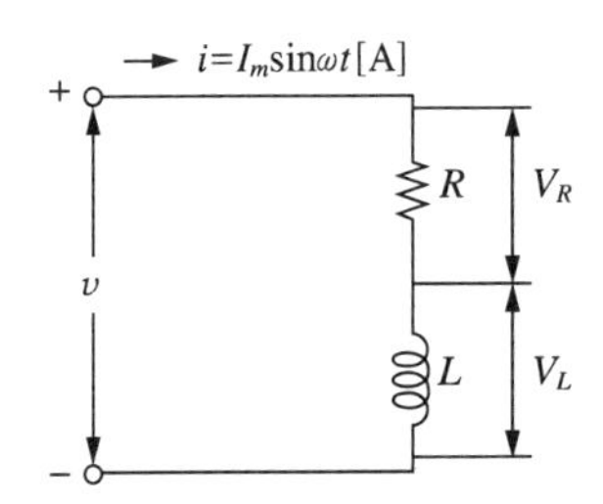


$R-L$ 직렬회로에 $i=I_m\sin\omega t$[A]의 전류가 흐를 경우, 전압 $v$는 $v=v_R+v_L$이다. 이때 각각의 전압 $v_R$, $v_L$은 다음과 같다.

$v_R=iR=RI_m\sin\omega t$

$v_L=L\dfrac{di}{dt}=L\dfrac{d}{dt}(I_m\sin\omega t)=\omega LI_m\cos\omega t=X_LI_m\cos\omega t$

따라서, $v=RI_m\sin\omega t+X_LI_m\cos\omega t=I_m(R\sin\omega t+X_L\cos\omega t)$

$=I_m\sqrt{R^2+X_L^2}\,\sin(\omega t+\theta)$[V]

여기서, $\theta=\tan^{-1}\dfrac{X_L}{R}=\tan^{-1}\dfrac{\omega L}{R}$이 된다.

즉, 전류 $i=I_m\sin\omega t$[A]

전압 $v=I_m\sqrt{R^2+X_L^2}\,\sin(\omega t+\theta)$[V]가 된다.

**Check!** **전압·전류와의 관계**

| 전압·전류의 비 | 최댓값 관계 | 실횻값 관계 | 주파수 관계 | 위상 관계 |
|---|---|---|---|---|
| 임피던스 $Z$<br>$Z=\sqrt{R^2+X_L^2}$<br>$=\sqrt{R^2+(\omega L)^2}$ [Ω] | $V_m=\sqrt{R^2+X_L^2}\,I_m$ | $V=\sqrt{R^2+X_L^2}\,I$ | 동일 주파수 $f$[Hz] | 전압 $v$가 전류 $I$보다 위상이 $\theta$만큼 앞선다. |

㉥ $R-C$ 직렬회로

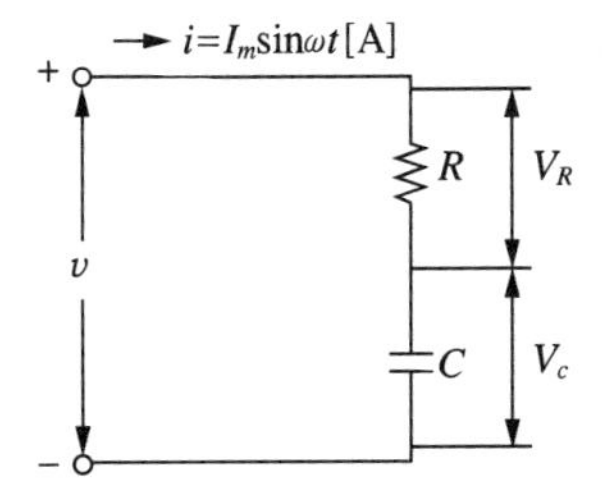


$R-C$ 직렬회로에 $i=I_m\sin\omega t$[A]의 전류가 흐를 경우, 전압 $v$는 $v=v_R+v_C$ 이며, 각각의 전압은 $V_R=iR=RI_m\sin\omega t$

$v_C=\dfrac{1}{C}\displaystyle\int idt=\dfrac{1}{C}\int(I_m\sin\omega t)dt=-\dfrac{1}{\omega C}I_m\cos\omega t=X_CI_m\cos\omega t$이다.

따라서, $v = RI_m \sin\omega t + X_C I_m \cos\omega t$

$= I_m(R\sin\omega t + X_C \cos\omega t)$

$= I_m \sqrt{R^2 + X_C^2}\,\sin(\omega t - \theta)[\mathrm{V}]$

여기서, $\theta = \tan^{-1}\left(\dfrac{X_C}{R}\right) = \tan^{-1}\left(-\dfrac{1}{\omega CR}\right)$이므로 $\theta$는(-)의 부호를 갖게 된다.

**Check!** **전압 · 전류와의 관계**

| 전압 · 전류의 비 | 최댓값 관계 | 실횻값 관계 | 주파수 관계 | 위상 관계 |
|---|---|---|---|---|
| $Z = \sqrt{R^2 + X_C^2}$<br>$= \sqrt{R + \left(-\dfrac{1}{\omega C}\right)^2}\ [\Omega]$ | $V_m = \sqrt{R^2 + X_C^2}\, I_m$ | $V = \sqrt{R^2 + X_C^2}\, I$ | 동일<br>주파수<br>$f$ | 전압 $v$가 전류<br>$I$보다 $\theta$만큼<br>느리다. |

㉦ $RLC$ 직렬회로

| 회로 방식 | 회로도 | 임피던스 | 전 압 | 위 상 | 벡터도 |
|---|---|---|---|---|---|
| $RL$ 직렬 회로 | $\dot{V}_R$, $\dot{V}_C$, $i$, $V$ | $\dot{Z} = \sqrt{R^2 + X_L^2}$ | $V = V_m \sin(\omega t + \theta)$ | $\theta = \tan^{-1}\dfrac{X_L}{R}$[rad]<br>즉, 전류보다 전압의 위상이 $\theta$[rad]만큼 앞선다. | $\dot{V}_l$, $\dot{V}$, $\omega LI$, $\theta$, $\dot{V}_R$, $\dot{I}$, $IR$ |
| $RC$ 직렬 회로 | $\dot{V}_R$, $\dot{V}_C$, $i$, $V$ | $\dot{Z} = \sqrt{R^2 + X_C^2}$ | $V = V_m \sin(\omega t - \theta)$ | $\theta = \tan^{-1}\dfrac{X_C}{R}$<br>$= \tan^{-1}\dfrac{-1}{\omega RC}$[rad]<br>즉, 전류보다 전압의 위상이 $\theta$[rad]만큼 뒤진다. | $\dot{I}$, $\dot{V}_R$, $\theta$, $\frac{\pi}{2}$, $\dot{V}$, $\dot{V}_C$ |
| $RLC$ 직렬 회로 | $\dot{V}_r$, $\dot{V}_l$, $\dot{V}_r$, $i$, $V$ | $\dot{Z} = \sqrt{R^2 + X^2}$ | $V = V_m \sin(\omega t + \theta)$ | $\theta = \tan^{-1}\dfrac{X}{R}$<br>$= \tan^{-1}\dfrac{X_L - X_C}{R}$<br>$= \tan^{-1}\dfrac{\omega L - \frac{1}{\omega C}}{R}$[rad]<br>$X_L > X_C$일 때는 유도성 회로가 되어 전류는 전압보다 $\theta$만큼 뒤진다.<br>$X_L < X_C$일 때는 용량성 회로가 되어 전류는 전압보다 $\theta$만큼 앞선다. | $\dot{V}_l$, $\dot{V}_r$, $\dot{V}$, $\dot{V}_R$, $\dot{I}$, $\dot{V}_r$<br>유도성회로<br>$\dot{V}_r$, $\dot{V}_R$, $\dot{I}$, $\dot{V}$, $\dot{V}_r$, $\dot{V}_c$<br>용량성회로 |

ⓞ $RLC$ 병렬회로

| 회로 방식 | 회로도 | 어드미턴스 | 전 류 | 위 상 | 벡터도 |
|---|---|---|---|---|---|
| $RL$ 병렬 회로 | 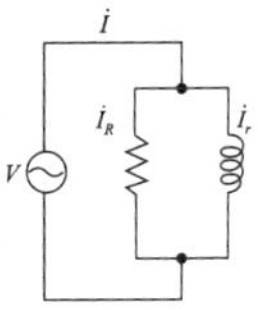 $i$, $i_R$, $i_L$, $V$ | $\dot{Y}=\sqrt{G^2+B^2}$ $=\dfrac{\sqrt{R^2+(\omega L)^2}}{\omega RL}$ | $\dot{I}=\sqrt{\left(\dfrac{1}{R}\right)^2+\left(\dfrac{1}{\omega L}\right)^2}\,V$ | $\theta=\tan^{-1}-\dfrac{\frac{1}{\omega L}}{\frac{1}{R}}$ $=\tan^{-1}\dfrac{-R}{\omega L}$[rad] | 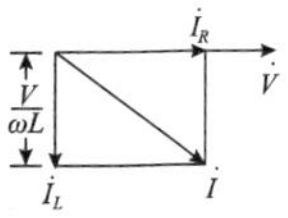 $i_R$, $\dot{V}$, $\dfrac{V}{\omega L}$, $i_L$, $i$ |
| $RC$ 병렬 회로 | 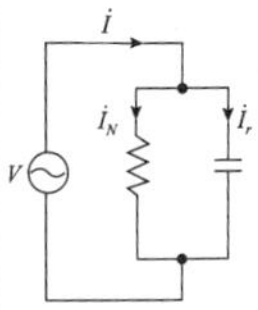 $i$, $i_N$, $i_r$, $V$ | $\dot{Y}=\sqrt{\left(\dfrac{1}{R}\right)^2+\left(\dfrac{1}{X_C}\right)^2}$ | $\dot{I}=\sqrt{\left(\dfrac{1}{R}\right)^2+(\omega C)^2}\,V$ | $\theta=\tan^{-1}\dfrac{\omega C}{\frac{1}{R}}$ $=\tan^{-1}\omega RC$[rad] | 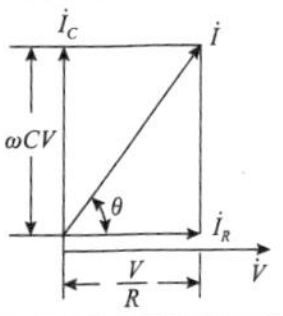 $i_C$, $i$, $\omega CV$, $\theta$, $i_R$, $\dot{V}$, $\dfrac{V}{R}$ |
| $RLC$ 병렬 회로 | 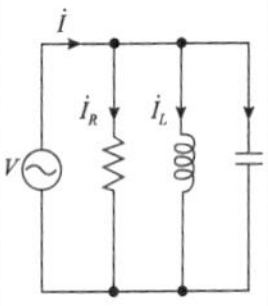 $i$, $i_R$, $i_L$, $V$ | $\dot{Y}=\sqrt{\left(\dfrac{1}{R}\right)^2+\left(\omega C-\dfrac{1}{\omega L}\right)^2}$ | $\dot{I}=\sqrt{\left(\dfrac{1}{R}\right)^2+\left(\omega C-\dfrac{1}{\omega L}\right)^2}\,V$ | $X_L > X_C$인 경우, 용량성 회로로 전압보다 전류가 $\theta$[rad]만큼 앞선다. | 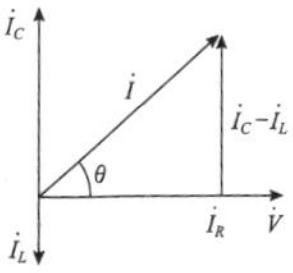 $i_C$, $i$, $i_C-i_L$, $\theta$, $i_L$, $i_R$, $\dot{V}$ |
|  |  |  |  | $X_L < X_C$인 경우, 유도성 회로로 전압보다 전류가 $\theta$[rad]만큼 뒤진다. | 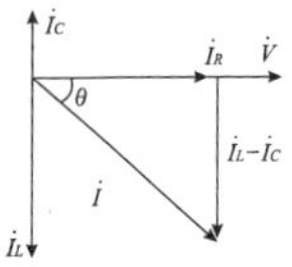 $i_C$, $i_R$, $\dot{V}$, $\theta$, $i_L-i_C$, $i$, $i_L$ |

## (3) 전기계측

① 전력측정

㉠ 직류전력측정

- 직접측정법 : 전류력계형 전력계를 이용한다.
- 간접측정법 : 전류계와 전압계를 조합하여 측정한다.

㉡ 교류전력측정(단상 전력측정)

- 직접측정법 : 고압 소전류용, 저압 대전류용, 역률 측정
- 간접측정법 : 3전류계법, 3전압계법

㉢ 3상 전력측정

- 2전력계법 : 부하의 평형 또는 불평형에 상관없다.
- 3전력계법
- 벡터해법

㉣ 고주파의 전력측정

- 의사부하법 : 의사부하(전구, 물 등)를 사용하여 전력을 측정한다.
- C-C형 전력계
  - 콘덴서를 사용하여 부하전력의 전압 및 전류에 비례하는 양을 구한다.
  - 30[MHz] 정도까지의 단파대에서 100[W] 이하의 전력을 측정하는 경우에 사용한다.

- C-M형 전력계
  - 동축 케이블로 전달되는 초단파대의 전력측정에 사용되는 전력계이다.
  - 단파대에서 100[kW] 정도의 전력계 설계도 가능하며, 또 단파대에서는 동축케이블로 선로를 사용하므로 구조상 유리하다.
- 볼로미터 전력계
  - 저항의 온도계수가 매우 큰 저항소자인 볼로미터(Bolometer)에 전력을 가하여 발생되는 열에 의한 저항변화를 측정함으로써 전력을 측정하는 전력계이다.
  - 직류에서 마이크로파(1~3[GHz])까지의 전력을 정밀하게 측정할 수 없으나, 주로 마이크로파용의 전력계로 사용된다.

ⓜ 역률측정
- 직접측정법 : 비율계형 및 변환기형 역률계를 사용하여 역률을 직접 측정하는 방법이 널리 이용된다.
- 간접측정법

② 교류전압측정

㉠ 측정계기
- 전압의 크기만 측정 : 지시전압계, 전자전압계가 사용된다.
- 전압의 크기와 위상측정 : 교류전위차계가 사용된다.

㉡ 교류 전위차계(AC. Potentiometer)
- 직각좌표식 전위차계의 원리 : 라슨식(Larson Type)의 전위차계를 사용, 전압 벡터를 직각좌표식으로 측정한다.
- 극좌표식 전위차계의 원리 : 드라이스데일(Drysdale)형

㉢ 교류전자 전압계
- 진공관 전압계에서 진공관 대신 반도체 소자를 사용한 것이다.
- 교류전압을 정류하여 직류전압으로 변환시키고, 이 값을 가동코일형 계기로 지시한다(정류 증폭형과 증폭 정류형).

③ 직류전압측정

㉠ 측정계기
- 전류력계형 전압계
- 열전대(쌍)형 전압계
- 정전형전압계
- 디지털전압계
- 가동코일형 전압계

㉡ 측정범위 확대
- 정전형 전압계 : 용량 배율기가 사용된다.
- 검류계, 전위계 : 미소전압측정에 사용된다.

- 가동코일형 전압계 : 배율기가 사용된다.
- 전위차계 : 저항분압기가 사용된다(1[V] 정도 또는 그 이하의 전압측정에 사용).

㉢ 직류전위차계(DC. Potentiometer)

- 피측정 회로로부터 전류의 공급을 받지 않기 때문에 정밀한 측정이 된다.
- 영위법으로서 표준 전지와 비교하여 측정한다.
- 측정 범위 : 0[V]~1.6[V]로서 정밀측정에 사용된다.
- 용도 : 전압계와 전류계의 눈금교정, 전류측정, 저항측정에 사용된다.

㉣ 직류전자전압계

- 직접결합직류증폭기(Dircct-Coupled DC Amplifier)를 사용한 직류전압계
  - 값이 저렴하다.
  - 입력 임피던스는 10[MΩ] 정도로 측정회로에 대한 계기 자체의 부하효과를 무시해도 좋을 만큼 매우 높은 값이다.
- 초퍼형 증폭기(Chopper-Type DC Amplifier)를 이용한 직류 전압계
  - 직접결합 직류증폭기에서 일어나는 드리프트(Drift) 현상을 피하기 위해서 고감도 전압계는 보통 초퍼형 직류증폭기를 사용하고 있다.
  - 입력 임피던스는 보통 10[MΩ] 이상이다.

④ 저압측정

㉠ 교류전압측정

- 진동검류계 : 미소교류 전압검출
- 정류형 검류계 : 0.1~1[μV]
- 교류전위차계 : 0.1[μV] 이하

㉡ 직류전압측정

- 미소전압측정 : 직류검류계(고감도)가 사용된다.
- 전위계 : 정전형 전압계의 감도를 높인 것으로 전압강하가 없으며, 도금된 파이버의 변위로 측정한다.

㉢ 고압측정

- 교류전압의 측정
- 계기용변압기(PT)로 측정 범위를 확대한다.
- 정전형 전압계는 용량 분압기를 사용하여 77[kV] 이상을 측정할 수 있다.
- 배율기분압기 : 10[kV] 이하의 측정에 사용된다.
- 구형 공극 : 10[kV] 이상의 측정에 사용된다.

㉣ 직류전압의 측정

- 가동코일형 전압계 : 배율기를 사용하여 측정 범위를 확대한다.
- 정전형 전압계 : 높은 정도를 필요로 하지 않는 측정

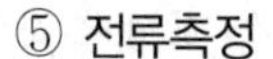

⑤ 전류측정

㉠ 내용

- 교류 : 가동철편형, 전류력계형 전류계의 측정 범위 확대에는 계기용 변류기(CT)가 사용된다.
- 직류 : 가동코일형 전류계의 측정 범위 확대에는 분류기(대전류)가 사용된다.
- 미소교류 : 정류형 직류검류계로 측정한다.
- 미소직류 : 교정된 검류계로 측정한다.
- 보통의 교류(100[Hz] 이상) : 정류형 전류계, 열전대(쌍)형 전류계가 사용된다.

㉡ 고주파전류측정

- 휴대용은 5[MHz]까지, 기기 장치용은 100[MHz]까지 측정할 수 있다.
- 수백[mA]까지 측정 가능하다.
- 1[A] 이상은 고주파 변류기가 사용된다.

㉢ 소전류측정

- 소전류측정 : 반조형 검류계($10^{-11}$[A/mm])나 진동검류계($10^{-8}$[A/mm])로 측정한다.
- 전자식 검류계에 의한 미소전류측정
  - 미소직류입력은 FET 초퍼에 의하여 직류를 교류로 변환하고 증폭한 후 동기 정류기로 정류하여 직류값을 지시(평균값 지시)하도록 한다.
  - 전압감도는 0.2[$\mu$V/div], 전류감도는 0.2[nA/div] 정도이다.
  - 빠른 응답성(0.5[s])과 취급이 간편하다.

㉣ 대전류측정

- 대전류측정 : 분류기는 열손실이 크기 때문에 수천[A]의 큰 직류전류측정에는 직류용 변류기가 사용된다.
- 직류계기용 변성기를 사용한 전류측정
  - 수천~수만[A]까지 측정할 수 있다.
  - 가포화 리액터(자기증폭기)가 이용된다.
  - 자기 변조 초퍼를 사용한다.

## (4) 측정 일반

① 측정의 정의

측정(또는 계측)이란 일방적으로 어떤 양이나 변수의 크기를 결정하는 것을 말하며, 대소를 수량적으로 나타내는 조작을 하는데 필요한 장치를 측정기, 계측기, 또는 계기라고 한다.

② 측정의 종류

㉠ 직접측정(Direct Measurement) : 측정량을 같은 종류의 기준량과 직접 비교하여 그 양의 크기를 결정하는 방법이다.

예 자료 길이를 재고, 전압계로 전압을 측정하며, 전류계로 전류를 측정하는 것 등

ⓛ 간접 측정(Indirect Measurement) : 측정량과 어떤 관계가 있는 독립된 양을 각각 직접 측정으로 구하여, 그 결과로부터 계산에 의해 요구되는 측정량의 값을 결정하는 방법이다.

예 부하 전력 $P = V \cdot I$[W]의 식으로부터 계산하여 구하는 것 등

ⓒ 절대 측정(Absolute Measurement) : 측정하려고 하는 양을 길이, 질량, 시간으로 측정함으로써 직접 미지의 양을 결정하는 방법이다.

예 전류저울

ⓔ 비교 측정(Relative Measurement) : 미지의 양을 이와 같은 성질의 기지의 양 또는 표준기와 비교하여 측정하는 방법(실용적인 것)이다.

- 편위법(Deflection Method) : 전압계로서 전압을 측정하는 것과 같이 지시눈금으로 나타내는 것으로 측정감도는 떨어지나 신속하게 측정할 수 있으므로 가장 많이 사용된다.
- 영위법(Zero Method) : 미지의 양을 기지의 양과 비교할 때 측정기의 지시가 0이 되도록 평형을 취하는 방법(휘트스톤 브리지로써 저항을 측정할 때 검류계의 지시가 영이 되는 점을 찾아서 측정하는 방법, 전위계차법)이다.

### (5) 전압계와 전류계의 특성

① 전압계의 특성

ⓐ 전압계는 직렬로 연결하게 되면 전압계의 내부 저항에 의해 전압이 나누어지고 내부 저항이 매우 커서 전압이 거의 전압계에 걸리게 된다.

ⓛ 내부저항을 크게 해야 한다.

ⓒ 이유는 저항값이 높기 때문이다.

② 전류계의 특성

ⓐ 전류계를 저항에 직렬 연결하는 이유 : 전류계는 내부저항이 거의 없기 때문에 저항과 직렬로 연결해야 하며 병렬로 연결하면 전류가 저항으로 흐르지 않고 전류계로 흐르기 때문이다.

ⓛ 저항에 영향을 주지 않기 위해서는 전류계의 내부저항이 적어야 한다(거의 없어야 한다).

ⓒ 전류계로 큰 전류가 흘러 전류계가 고장이 발생할 수 있다.

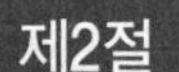

## 제2절 전자기초

### (1) 반도체 이론

① 특 징

반도체는 온도가 올라가면 저항값이 내려가는 부성 온도계수를 가지고 있다. 그리고 정류작용, 홀효과, 광기전력효과, 광전효과 등의 특징이 있으며 특히 불순물이 없는 단일 원소일 경우 저항값이 크고 불순물이 많아질수록 저항값이 작아지며 자유전자와 정공의 이동이 반도체 중의 전류가 된다.

㉠ 절연체(Insulator) : 석영, 유리 → P(고유저항) = $10^{12}$ ~$10^{18}$[Ω · m]

㉡ 반도체(Semiconductor) : Ge, Si(Iv족) → P = $10^{-4}$ ~$10^{6}$[Ω · m]

㉢ 도체(Conductor) : Ag, Au, Al(금속류) → P = $10^{-8}$ ~$10^{-6}$[Ω · m]

② 종 류

㉠ 진성 반도체 : 순도가 높은 순수 반도체

㉡ 불순물 반도체 : 순도가 낮고 불순물 원자를 주입해서 자유전자나 정공을 늘리는 것

- N형 반도체 : 비소(As), 인(P), 안티몬(Sb)와 같은 5족 원소를 혼합하여 만든 것으로서 도우너(Doner : 전자를 준다)라고 한다.
- P형 반도체 : 붕소(B), 갈륨(Ga), 인듐(In), 알루미늄(Al)과 같은 3족 원소를 혼합하여 만든 것으로서 억셉터(Acceptor : 전자를 뺐다)라고 한다.

㉢ 실리콘(Si) 다이오드와 게르마늄(Ge) 다이오드의 특성 비교

- 실리콘 다이오드
  - 고역 내 전압의 것이 만들어진다.
  - 역 바이어스시의 전류가 극히 적다.
  - 순방향의 전압강하는 비교적 크다(약 0.6~0.7[V]). : 역방향 포화전류가 적으므로 항복전압이 크다.
  - 고온에서도 특성이 거의 변화하지 않는다(약 120[℃]).
  - 제작이 약간 곤란하다.
- 게르마늄(Ge) 다이오드
  - 온도 특성이 나쁘다(최고 85[℃] 정도).
  - 역내 전압은 높지 않다.
  - 순방향의 전압강하가 적다(약 0.2~0.3[V]). : 역방향 포화전류가 많으므로 항복전압이 낮다.
  - 제조가 비교적 용이하고 취급이 쉽다.

③ 다이오드(Diode)

㉠ PN접합 다이오드

- PN 다이오드의 정특성 : 이상적 PN 다이오드에서 바이어스 전압 $V$를 걸 때 흐르는 다이오드 전류 $I$는 다음과 같다.

  $I = I_0(e^{eV/kT} - 1)$ 단, $I_0$는 역포화전류이다.

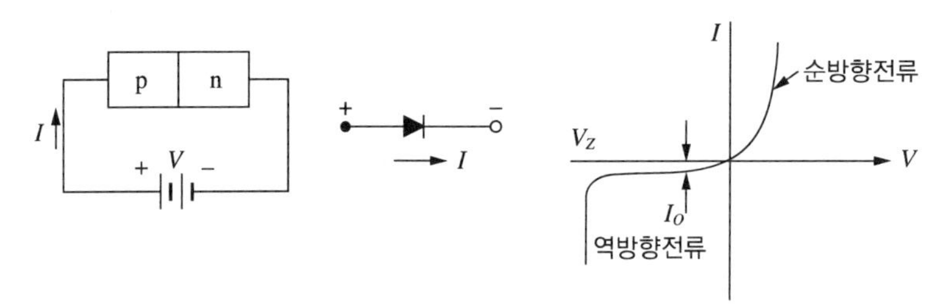


[다이오드의 정특성]

- 제너 다이오드 : 전압을 일정하게 유지하기 위한 전압제어 소자로 널리 이용(전압 안정화에 응용에 이용)
- 터널 다이오드(Tunnel Diode) : 불순물 농도를 매우 크게 하여 공간전하 영역 폭을 줄여 Carrier의 Tunneling 현상을 이용한다.
- 특 징
  - 작은 순 Bias상태에서 저항은 대단히 적다.
  - 역 Bias 상태에서 훌륭한 도체이다.
  - 부성저항($dv/dI < 0$)을 나타낸다.
  - 응용 고속 스위칭 회로, 마이크로웨이브 발진가동

㉢ 다이오드의 Cutin 전압(Threshold Voltage) → 문턱전압

㉣ 항복현상(Break Down) : 실제 다이오드에서 역 전압이 어떤 임계값($Vz$)에 달하면 전류가 갑자기 증대하기 시작하여 소자가 파괴되는 현상

- 애벌란치 항복(Avalanche Breakdown : 전자사태) : 높은 에너지를 갖는 홀/전자가 충돌에 의해 제2의 Carrier를 형성
- 제너 항복(Zener Breakdown) : 고농도의 불순물 첨가시키면 공간 전하영역을 좁아지게 하고 이렇게 되면 전자 Tunneling 현상이 일어날 수 있다.

  ☞ 결국, 높은 전압에서 항복을 일으키는 다이오드는 애벌란치 효과를 이용한 것이고, 낮은 전압에서 항복을 일으키는 것은 제너효과를 이용한 것이다.
- 공간전하용량($C_T$) 천이용량 : 회로적으로 볼 때 콘덴서 역할을 한다.
- 역 포화 전류($I_O$)는 온도에 민감하다(10[℃]↑~ 2배).

㉤ Carrier의 이동

- 확산(Diffusion)전류 : 반도체(N형 or P형)에서는 캐리어 농도 차에 의한 캐리어의 이동으로 전류가 발생(확산 전류)
- 드리프트 전류(Drift) : 반도체에 전계(전압)를 가하면 캐리어가 힘을 받아 이동하여 전류가 발생(Drift 전류)
- 열평형 상태 : 확산전류(Diffusion) & 드리프트 전류(Drift)의 합이 0이 될 때

## (2) 증폭회로

① 트랜지스터(BJT)

㉠ 트랜지스터의 구조 : 트랜지스터는 3층 반도체 디바이스로서 npn형 트랜지스터와 pnp형 트랜지스터가 있다. BJT(Bipolar Junction Transistor)는 전자(−)와 정공(+)의 두 개의 캐리어를 사용한다는 것을 의미한다. 오직 한 캐리어만이 사용되는 경우는 유니폴라(Unipolar) 디바이스이다.

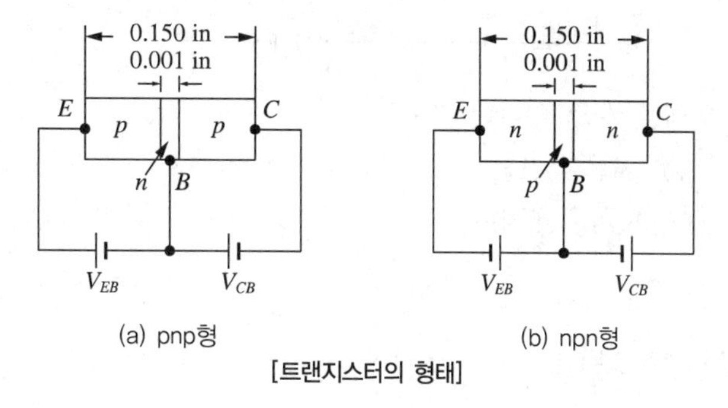


(a) pnp형 (b) npn형

[트랜지스터의 형태]

㉡ 그림에서 E는 이미터(Emitter), C는 컬렉터(Collector), B는 베이스(Base)를 나타내는 대문자로 표시되어 있다.

② TR의 동작특성

㉠ TR이 증폭능력이 일어나는가를 일어나지 않는가는 베이스에 일정한 전압이 존재하느냐에 따라 결정된다.

㉡ 트랜지스터의 동작상태 = BJT의 동작 영역

| 동작모드 | EB 접합 | CB 접합 |
|---|---|---|
| 활성상태 | 순바이어스 | 역바이어스 |
| 차단상태 | 역바이어스 | 역바이어스 |
| 포화상태 | 순바이어스 | 순바이어스 |
| 역활성상태 | 역바이어스 | 순바이어스 |

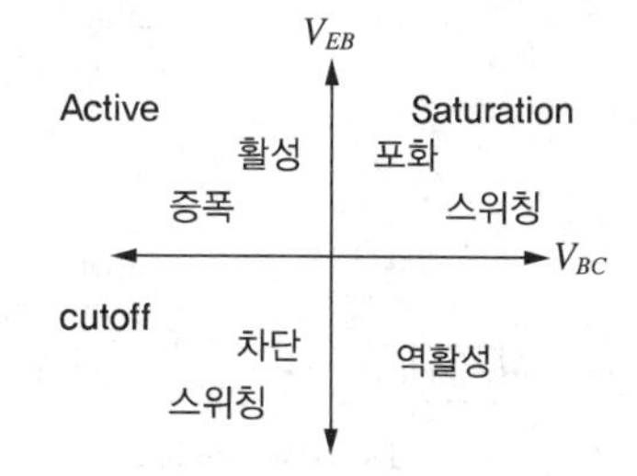

③ TR의 전류 성분 및 전류 증폭률

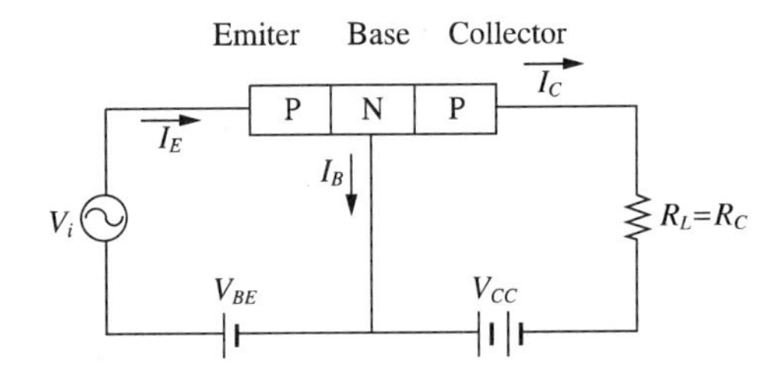


㉠ $I_E = I_B + I_C$ 입력을 $I_E$로 인가한 경우의 전류 증폭률$(x)$

= CB회로에 대한 전류 증폭률

㉡ $I_E = I_B + I_C$(Kirchhoff's 법칙)

100 = 2 + 98

㉢ 입력이 출력으로 나온 비율 $h = \dfrac{I_C}{I_E} < 1 < R_1$

㉣ 베이스 접지 시 컬렉터 전류 $I_C = \alpha I_E$, $\alpha = \dfrac{I_C}{I_E}$(CB회로에 대한 전류 증폭률)

$\alpha$ : 베이스 접지 시 전류 증폭률 $h_{FB} = \alpha = \dfrac{I_C}{I_E} \mid V_{CB}$ 일정 $= \dfrac{\beta}{1+\beta}$

㉤ 이미터 접지 시 컬렉터 전류 $I_C = \beta I_B + (1+\beta) I_{CO}$

$\beta$ : 이미터 접지 시 전류 증폭률 $H_{FE} = \dfrac{\partial I_C}{\partial I_B} \mid V_{CE} =$ 일정 $= \dfrac{\alpha}{1-\alpha}$

$\beta = \dfrac{I_C}{I_B} R \fallingdotseq 10 \sim 300$ 정도 가한다.

㉥ 입력을 베이스 출력은 컬렉터로 가했을 때 $\begin{cases} \alpha = \dfrac{\beta}{1+\beta} \\ \beta = \dfrac{\alpha}{1-\alpha} \end{cases}$

④ TR의 Bias 회로의 해석

TR의 안정성을 평가하는 것이 목적

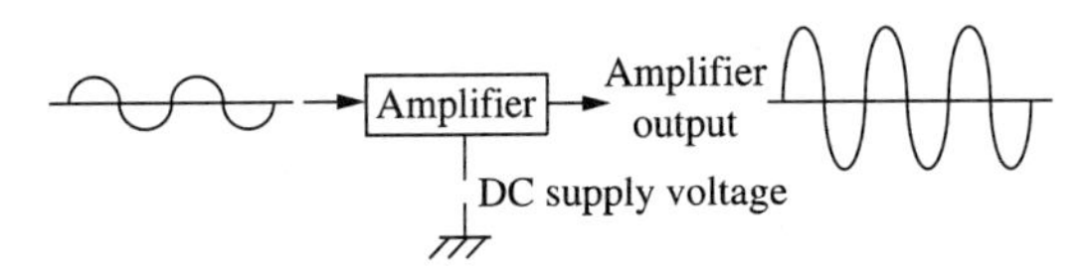


TR이 증폭작용을 할 수 있도록 바이어스 전원 즉, 직류를 동시에 인가해야 한다.
일반적으로 다이오드가 TR로 구성된 전자회로에서는 반드시 교류전원(AC)와 직류전원(DC)가 필요하지만 2개의 전원($V_{BB}$, Vcc) 중 하나의 전원만 이용하고 그 대신 회로에 적절한 저항을 접속하여, 접속된 저항에 의해 전압강하를 일으켜 $V_{BB}$처럼 사용하는 전자회로를 가리켜 바이어스 회로라고 한다.

⑤ 안정계수(Stability Factor) : S

낮을수록 좋다. 하지만 1 보다는 크다.

⑥ 증폭 회로의 찌그러짐과 잡음

㉠ 증폭 회로의 왜곡(Distortion)

- 직선 왜곡 – 주파수 왜곡(감쇠 왜곡)
  – 위상 왜곡(지연 왜곡)
- 비직선 왜곡 – 진폭 왜곡(파형 왜곡)

㉡ 진폭 왜곡(Amplitude Distortion) : 비직선의(또는 고조파의)라고 하며 능동 소자(진공관, 트랜지스터, FET 등) 특성의 비직선성에 의해 생기는 것으로, 입력파형(기본파) 이외에 기본파의 제2, 제3고조파가 포함되어 있으므로 고조파 찌그러짐(Harmonics Distortion)이라고도 한다.

왜률 $K = \frac{\sqrt{I_2^2 + I_3^2 + \cdots}}{I_1} \times 100[\%] = 20\log\frac{\sqrt{I_2^2 + I_3^2 + \cdots}}{I_1}[\text{dB}]$

단, $I_1$ : 기본파 전류의 실횻값

$I_2$, $I_3$ : 제2, 제3고조파 전류의 실횻값이다.

㉢ 주파수 왜곡(frequency distortion) : 능동소자의 부하가 순저항성이 아니고 리액턴스 성분을 포함하므로 입력 주파수 성분이 달라지면 증폭도도 일정하지 않다. 즉, 고역과 저역에서는 증폭도가 저하하여 그 주파수 특성이 곡선화 하는 때의 왜(歪)를 주파수 왜곡이라 한다.

㉣ 위상 왜곡(Phase Distortion) : 증폭기에 가해지는 입력신호가 단일주파수가 아닌 경우 각각의 주파수에 따른 지연시간의 차이가 있게 되어 출력측에는 그에 따라 위상 왜곡이 생긴다.

⑦ 증폭회로의 잡음

㉠ 저항($R$)에 의한 열잡음 = $\sqrt{4KTBR}$ [V] = $V_m$(잡음 전압의 실횻값)

- $K$ : 볼트만 상수 ⇒ $1.38 \times 10^{-23}$[J/K]
- $B$ : 주파수 대역폭[Hz]
- $T$ : 절대온도 [K](273+t(℃))
- $R$ : 저항체의 저항[Ω]

⇒ 유효잡음전력 $(P_m) = \left(\frac{V_m}{2R}\right)^2 \cdot R = KTB \rightarrow (R = R_L$일 때 : $P_m = 4TB)$

↳ $R = R_L$일 때 부하 $R_L$에 공급되는 잡음전력은 최대가 되며 이것을 유효 잡음전력이라 한다.

㉡ 잡음지수 $(F) = \frac{\text{입력 측의 } S/N\text{비}}{\text{출력 측의 } S/N\text{비}} = 10\log\frac{S_i/N_i}{S_o/N_o}$

(Noise figure)

↳ F ≥ 1(F = 1일 때 최상)

㉢ 다단 증폭기에 대한 잡음 지수

$$NF_o = NF_1 + \frac{NF_2 - 1}{G_1} + \frac{NF_3 - 1}{G_1 G_2} + \cdots\cdots$$

↳ 다단을 행할수록 NF는 증가한다.

㉣ $T_r$의 잡음

- 산탄 잡음(Shot Noise)
- 플리커 잡음(Flicker Noise)
- 분배 잡음(Partition Noise)

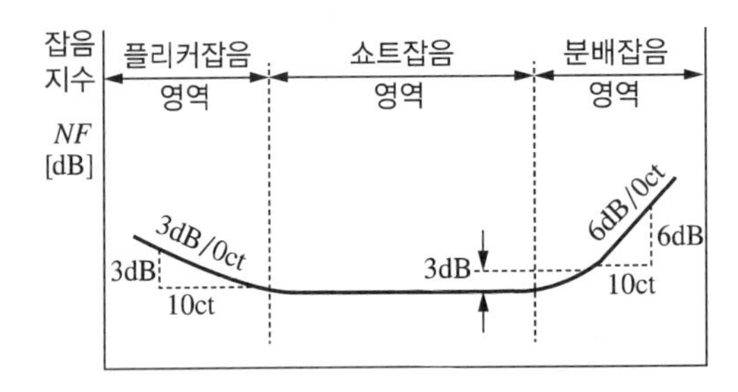


⑧ FET(전계효과 트랜지스터 : Field Effect Transister)

㉠ FET의 분류 및 특성

- JFET(Junction Field Effect Transistor)
- MESFET(Metal Semiconductor FET)
- MOSFET(Metal Oxide-Semiconductor FET)

㉡ 기본회로 CS(Common Source)를 이용 = 입력을 게이트 출력을 드레인

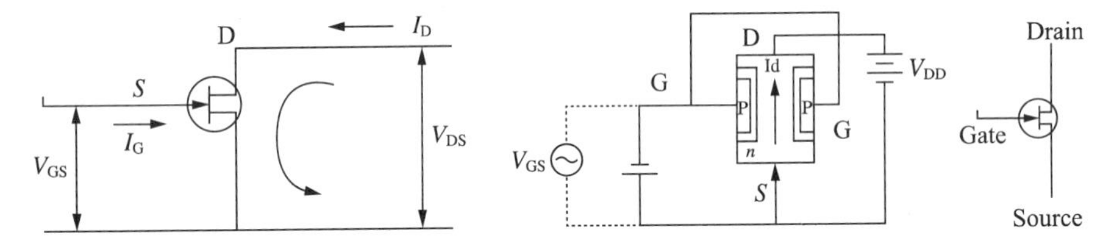


㉢ FET의 특징

- 고입력 임피던스 = 입력 임피던스가 매우 높다(수[MΩ]).
- 저잡음 = 진공관 또는 일반 트랜지스터 보다 잡음이 적다(FET접합에서는 게이트를 흐르는 캐리어에 의한 산란(Shot)잡음이 적다).
- 다수 반송자(캐리어) 만의 이동에 의해 동작하는 단일 극성(Unipolar) 소자이다. 트랜지스터는 다수 캐리어와 소수 캐리어의 움직임에 관련되므로 양극소자(Bipolar Device)또는 BJT(Bipolar Junction Transistor)라고 한다.

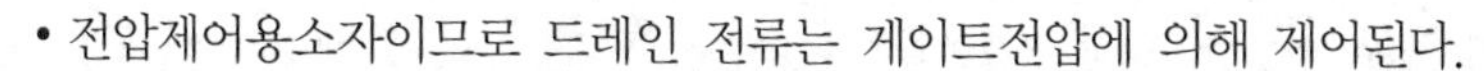

• 전압제어용소자이므로 드레인 전류는 게이트전압에 의해 제어된다.

$$I_D = I_{DSS}\left(1 - \frac{V_{GS}}{V_P}\right)^2$$

$I_{DSS}$ : $V_{GS} = 0$일 때의 포화드레인 전류

= 드레인-소스 포화 전류(Drain-Source Saturation Current)

• 기억소자로 사용

- ROM → Flip-Flop
- RAM
  - SRAM
  - DRAM → MOSFET+Condenser

• 오프셋 전압

- 전류가 적어서 초퍼(chopper)회로로 사용한다.
- Off 상태에서는 거의 전류가 흐르지 않고 On 상태에서는 드레인과 소스 사이의 저항이 작기 때문에 단락상태에 있다고 볼 수 있다. 따라서 오프셋 전압이 적다.

㉣ FET의 3정수

• $g_m$(전달컨덕턴스) $g_m = \left.\frac{\partial I_D}{\partial V_{GS}}\right|_{V_{DS}=\text{일정}}$

• $r_d$(출력저항(드레인 저항)) $r_d = \left.\frac{\partial V_{DS}}{\partial I_D}\right|_{V_{GS}=\text{일정}}$

• $\mu$(증폭정수, 전압증폭률) $\mu = \left.\frac{\partial V_{DS}}{\partial V_{GS}}\right|_{I_D=\text{일정}}$

## (3) 궤환 증폭회로

① 궤환 증폭 회로

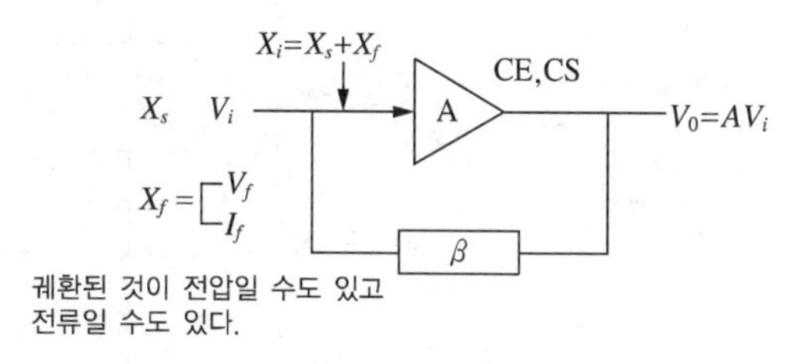


㉠ 궤환율 : $\beta = X_f / X_0$

㉡ 궤환 시 이득 : $A_f = \frac{X_o}{X_s} = \frac{A}{1+\beta A}$

• $|1+\beta A| > 1$일 때 $|A_f| < |A|$ : 부궤환(NFB ; Negative Feed Back)

• $|1+\beta A| < 1$일 때 $|A_f| > |A|$ : 정궤환(PFB ; Positive Feed Back)

• $|\beta A| = 1$일 때 $A_f \to \infty$ : 발진

② 부궤환 시 증폭기의 특징

㉠ 이득이 감소 $A_v = \dfrac{A}{1+A\beta}$

㉡ 비직선 일그러짐 감소 $D_f = \dfrac{D}{1+\beta A}$ ($D$ : Distortion(왜곡))

㉢ 왜곡(왜율) 및 잡음의 감소

$\Rightarrow$ $D$(Distortion) : $D_f = \dfrac{A}{1+A\beta}$

$\Rightarrow$ $N$(Noise) : $N_f = \dfrac{N}{1+A\beta}$

㉣ 주파수 특성이 개선

㉤ 대역폭이 증가한다.

㉥ 감도의 감소(안정성이 우수하다)

㉦ 입·출력 임피던스가 변화한다.

### (4) 연산증폭회로

① 차동 증폭기의 모델

㉠ 이상적 차동 증폭기의 기능 : 차동 증폭기(DIFF AMP ; Differential Amplifier)는 2개의 입력 신호의 차를 증폭하는 것이다. 연산증폭기는 차동증폭기이다. 이것은 연산증폭기의 두 입력 단에 인가된 전압의 차이만을 증폭한다는 의미이다. 차의 전압을 구분해 내는 능력은 연산증폭기의 종류에 따라서 달라지는데, 인가된 두 전압의 차이를 구분해 낸 후, 이를 증폭할 수 있는 능력의 정도를 가늠하게 해 주는 파라미터가 CMRR이다.

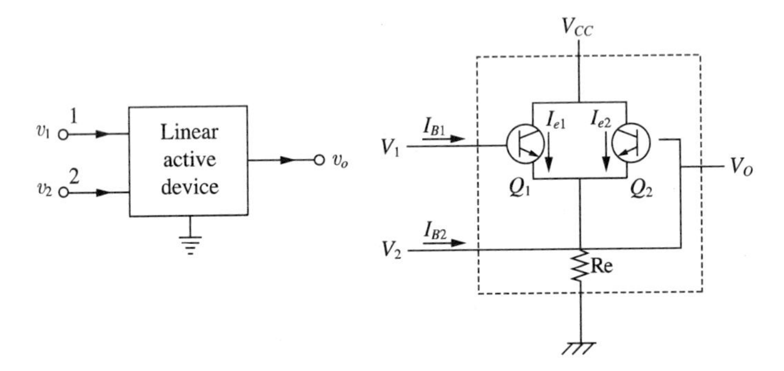


$CMRR = \left| \dfrac{A_d}{A_c} \right|$ : 동상 신호 제거비(Commom Mode Rejection Ratio)

② 연산증폭회로(OP-Amp)

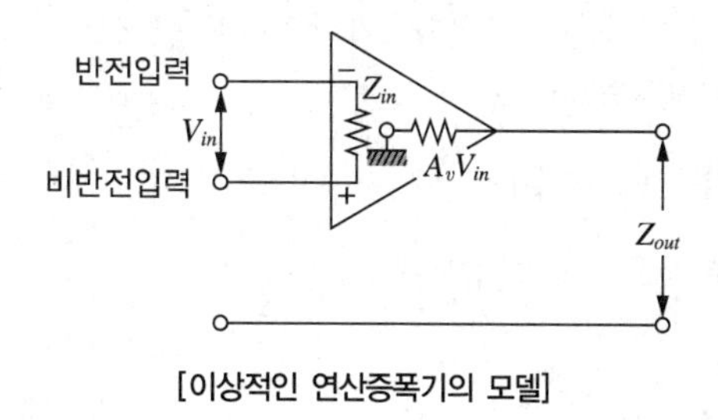


[이상적인 연산증폭기의 모델]

㉠ 연산증폭회로(OP-Amp)의 특징

- 직류증폭기이며, 입력 임피던스 $Z_{in}$이 무한대(∞)
- 출력 임피던스 $Z_{out}$가 0
- 전압 이득 $A_v$가 무한대
- 대역폭이 $DC$에서부터 무한대
- 응답 시간은 0이어야 한다.
- 특성은 온도에 대하여 Drift되지 않는다.
- 잡음이 없으며 입력이 0일 때 출력도 0일 것
- $CMRR = \infty$
- $I_{B1} = I_{B2} = 0$(직류 바이어스 전류는 0)
- $I_{I0} = V_{I0} = 0$(입력 오프셋 전류 및 전압은 0)

㉡ 연산증폭기의 종류(OP-Amp의 종류)

- 반전증폭기(Inverting Operational Amplifier) = 신호변환기

$\Rightarrow V_o = \theta \dfrac{R_f}{R_1} V_i$  $\theta$ : 신호변환기(위상반전)

원리 : $\dfrac{V_i}{R_1} = -\dfrac{V_o}{R_f}$  $\because \dfrac{V_o}{V_i} = -\dfrac{R_f}{R_1}$

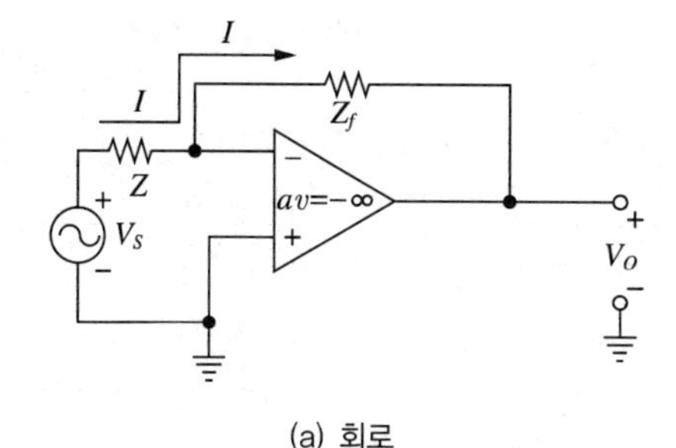


(a) 회로

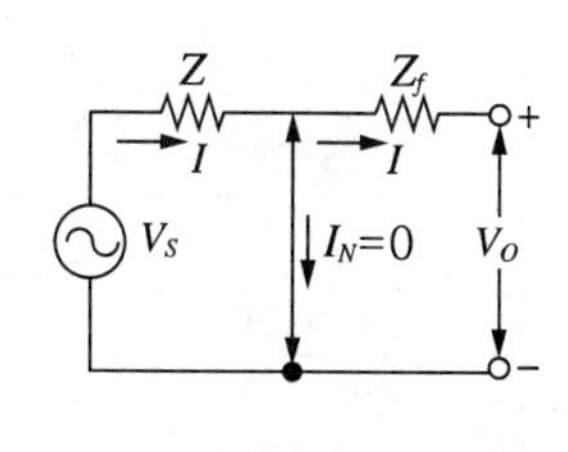


(b) 등가회로

[반전연산증폭기]

반전증폭기는 출력과 입력의 위상이 역위상인 증폭기이다. 이 증폭기의 해석에는 가상접지(Virtual Ground)의 개념을 이용한다. 가상접지란 그 점의 전압은 0이 되어도 증폭기의 입력단자를 통하여 접지점으로는 전류가 흐르지 않음($I_N = 0$)을 의미한다.

• 비반전증폭기(Noninverting Operational Amplifier) = 계수 변환기

$\Rightarrow V_o = \left(1 + \dfrac{R_f}{R_1}\right) V_i$ $\Rightarrow$ 페루프 이득이 항상 1보다 크다.

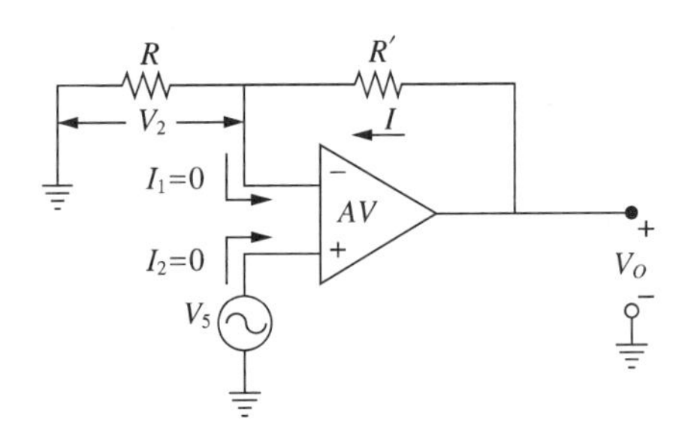


[비반전연산증폭기]

비반전연산증폭기는 출력과 입력의 위상이 동위상이고, 페루프 이득이 항상 1보다 크다는 특징이 있다.

## (5) 전력증폭회로

① (대 신호)전력증폭기

대신호증폭기인 전력증폭기(Power Amplifier)는 최종증폭단으로 스피커, 브라운관, 안테나 등의 변환기를 동작시키기 위한 것이므로 큰 출력전압, 전류 또는 전력을 부하에 공급할 수 있어야 한다. 동작 형태에 따라 A급, B급, AB급, C급 증폭기로 분류된다.

② 증폭기의 동작점 $Q$에 의한 분류

| 구 분 \ 분류 | A급 | B급 | AB급 | C급 |
|---|---|---|---|---|
| 동작점 | 전달 특성 곡선의 직선부의 중앙점 | 전달 특성 곡선의 차단점 | 전달 특성 곡선의 중앙점과 차단점 사이 | 전달 특성 곡선의 차단점 밖 |
| 유통각 | $\theta = 2\pi$ | $\theta = \pi$ | $\pi < \theta < 2\pi$ | $\theta < \pi$ |
| 파 형 | 전 파 | 반 파 | 전파보다 작고, 반파보다 크다. | 반파보다 작다. |
| 왜 곡 | 거의 없다. | 반파 정도 왜곡 | 약간 왜곡 | 반파 이상 왜곡 |
| 전력 손실 | 크다. | 적다. | 약간 있다. | 거의 없다. |
| 효 율 | 50% 이하 | 78.5% 이하 | 50% 이상 | 78.5% 이상 |
| 용 도 | 무왜 증폭기<br>완충 증폭기 | Push-Pull 증폭기 | 저주파 증폭기 | 체배증폭기<br>RF전력 증폭기 |

## (6) 전원회로

전자회로(다이오드나 TR로 구성되는)에서는 반드시 직류, 교류전원이 필요하다.

AC(Alternating Current) = 교류, DC(Direct Current) = 직류

호도법(이론적) = 60분법(실용적) Peak to Peak Value, rms(root mean square)

$\pi(\text{rad}) = 180° = \frac{A}{\sqrt{2}} \sim 0.7A$

직류전원회로에서는 건전지 이외에 교류를 직류로 변환해서 사용하는 장치가 필요한데 이 장치가 전원회로이며 전원회로의 구성은 정류회로, 평활회로, 정전압 전원회로 등으로 이루어진다.

정류회로는 다이오드 등을 이용한 교류를 한쪽 방향의 전류로 변환하며, 평활회로(Filter 중에서 LPF)는 변환된 전류 속에 포함된 교류성분(맥류라고 부르며 원하지 않는 일종의 noise)을 제거하여 직류성분을 얻는데 필요한 회로이며, 정전압 전원회로는 교류 입력전압의 변동에 따른 직류전압의 변동, 부하의 변동에 따른 직류출력전력의 변화, 온도에 의한 회로소자의 특성변화 등의 직류출력전압변동의 주요 원인이므로 정전압회로를 달아서 일정한 직류전압을 얻는 데 필요한 회로이다.

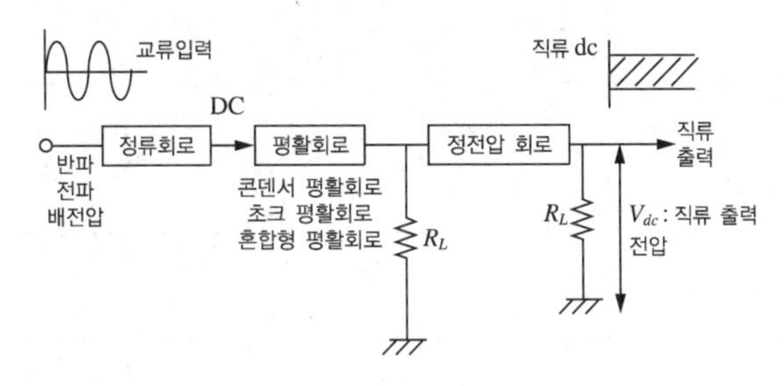


① 전원회로의 평가 파라미터

전원회로를 평가하기 위한 도구로서는 각 회로가 갖는 리플(Ripple : 맥동)률, 정류효율, 전압변동률, 최대역전압 등이 이용된다.

㉠ 맥동률(Ripple Factor = $\gamma$) : 정류된 출력에 포함되어 있는 교류분, 즉 맥동률(양)의 정도를 나타낸 것

$$\gamma = \frac{\text{출력파형의 교류 성분의 실횻값}}{\text{출력 파형의 평균값}} \times 100$$

㉡ 정류효율(Rectification Efficiency = $\eta$) : 입력 교류전력이 출력의 직류전력으로 바꿀 수 있는 비율을 나타내는 것

$$\eta = \frac{p_{dc}}{p_{ac}(=\pi)} \times 100\% = \frac{I_{dc}^2 R_L}{I_s^2(R_f + R_L)} \times 100\%$$

㉢ 전압 변동률(Voltage Regulation = $\Delta V$) 출력전압이 부하의 변동에 대해 어느 정도 변화하는가, 즉, 부하전류의 변화에 따라 직류출력 전압의 변화 정도를 나타낸다($I_{dc}$의 변화에 따라 $V_{dc}$의 변화 정도).

$$\Delta V = \frac{V_{\text{noload}} - V_{\text{fullload}}}{V_{\text{fullload}}(V_L)} \times 100\%$$

㉣ 최대역전압(PIV ; Peak Inverse Voltage) : 최대역내전압으로 다이오드가 견딜 수 있는 전압을 나타내는 것으로 정류회로서 다이오드가 동작하지 않을 경우 다이오드에 걸리는 최대역방향전압을 말한다.

② 정류회로

평균값이 0인 교류신호를 평균값이 0이 아닌 신호로 변환하기 위한 회로이다.

| 정류방식 \ 항목 | 단상반파정류 | 단상전파정류 |
| --- | --- | --- |
| 평균값 : $I_{dc}$ | $\frac{I_m}{\pi} = 0.318 \cdot I_m$ | $\frac{2}{\pi} I_m = 0.637 \cdot I_m$ |
| 최댓값 : $I_m$ | $I_m = \frac{V_m}{r_f + R_L}$ | |
| 실횻값 : $I_s$ | $\frac{I_m}{2} = 0.5 \cdot I_m$ | $\frac{I_m}{\sqrt{2}} = 0.707 \cdot I_m$ |
| 출력전력 : $P_{DC} = I_{dc}^2 \cdot R_L$ | $\frac{V_m^2 \cdot R_L}{\pi^2 (r_f + R_L)^2}$ | $\frac{4 V_m^2 \cdot R_L}{\pi^2 (r_f + R_L)^2}$ |
| 정류효율 : $\eta = \frac{P_{dc}}{P_{ac}}$ | $\eta = \frac{P_{dc}}{P_{ac}} = \frac{40.6}{1 + \frac{r_f}{R_L}}$ | $\eta = \frac{P_{dc}}{P_{ac}} = \frac{81.2}{1 + \frac{r_f}{R_L}}$ |
| 맥동률 : $\gamma = \frac{I_{rms}}{I_{dc}}$ | 121[%] | 48.2[%] |
| PIV | PIV = $V_m$ | 중간탭형 : PIV = $2V_m$<br>Bridge형 : PIV = $V_m$ |

㉠ 브리지형 정류회로(전파정류회로)의 특징

- 고압 정류회로에 적합하다(고전압, 고전류).
- 변압기의 2차 전선의 절연저하는 입력 전압이 일정해도 출력전압이 몹시 저하된다.
- 전원변압기의 2차 코일에 중간 탭이 필요하지 않다(작은 변압기 사용가능).
- 높은 출력전압이 얻어진다.
- 각 정류소자에 대한 $PIV = V_m$ 이다.

㉡ 반파 배전압 정류회로의 특징(RL = ∞)

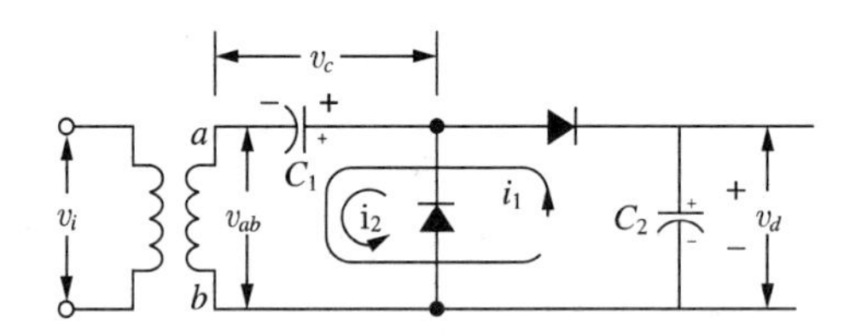


- $C_2$의 용량을 가능한 크게 한다(∴ $C_2$값이 작게 되면 전압 변동률이 나쁘다).
- 구형파인가 시 계단파 발생

㉢ 전파 배전압 정류회로의 특징

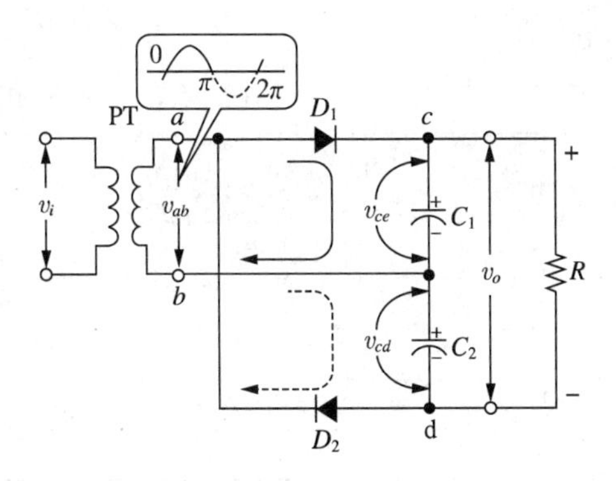


- 승압변압기가 필요 없다.
- 고전압용
- 큰 전류를 흘릴 수 없다.
- PIV = 2 $V_m$ 이다.
- 전압 변동률을 줄이기 위해서 용량이 큰 콘덴서를 사용한다.

㉣ 맥동률과 맥동주파수

| | 단상 반파 | 단상 전파 | 3상 반파 | 3상 전파 |
|---|---|---|---|---|
| 맥동률 | $r$ = 1.21 | $r$ = 0.482 | $r$ = 0.183 | $r$ = 0.042 |
| 맥동주파수 | $f$ | $2f$ | $3f$ | $6f$ |

③ 평활회로(Smoothing Circuit) = LPF

일반적으로 정류회로에서 부하저항에 흐르는 전압이나 전류는 맥동전압, 전류이다. 이와 같이 정류기의 출력전압 속에 포함되어 있는 맥동을 적게 하기 위해 쓰이는 일종의 LPF 적분회로이며, 평활회로에 인가된 교류성분이 부하에 나타나는 동일 주파수의 리플 전압비로서 평활정수값이 50일 때 바람직하다.

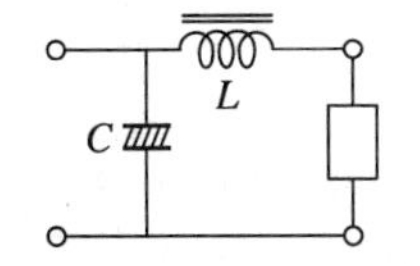


(a) 콘덴서 입력형 평활회로

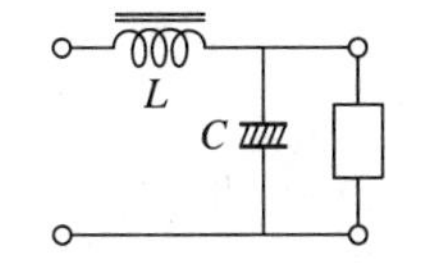


(b) 초크(choke) 입력형 평활회로

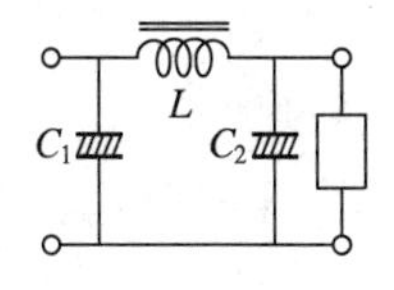


(c) π형 평활회로

㉠ 콘덴서 필터(Capacitance Filter)

- 부하가 클 때 맥동률이 적고, 출력 전압이 높다.
- 전압변동률이 나쁘다.
- Diode에 흐르는 전류가 날카로운 펄스모양이다.
- 소전력 수신기에 많이 사용

㉡ 초크 입력형 평활회로

- 맥동률이 적고, 전압변동률이 좋다.

- 초크코일 $L_1$에 의한 전압 강하로 출력전압이 저하된다.
- 대전력 송신기에 적합

㉢ 콘덴서 입력형 평활회로와 초크 입력형 평활회로 필터의 특성 비교

| | 콘덴서 입력형 (Condenser Type LPF) | 초크 입력형 (Choke Coil Type LPF) |
|---|---|---|
| 직류출력전압($V_{dc}$) | 높다(병렬연결). | 낮다(직렬연결). |
| 전압 변동률($\triangle V$) | 크다. | 작다. |
| 맥동률 | 적다. | 부하전류가 작을수록 크다. |
| 역전압 | 높다(소전력송신기). | 낮다(대전력송신기). |
| 가 격 | 싸다. | 비싸다. |

④ 전원안정화 회로(=직류안정화 전원회로)

평활회로를 사용한 일반정류회로는 전원전압의 변동이나 부하전류 또는 온도의 변화에도 출력전압이 변동하여 안정화된 전원이 되지 못한다. 제너다이오드나 TR을 정전압회로 소자로 구성하면 전원전압의 변동, 부하전류의 변화, 온도의 변화에도 출력전압의 변동을 자동적으로 방지하여 거의 일정한 직류 출력전압을 얻는다.

㉠ 정전압 전원회로의 분류

- 연속제어방식 : 직렬형 정전압회로
- 병렬형 정전압회로
- 단속제어방식
  - 교류입력제어용
  - 직류입력제어용

㉡ 정전압회로의 파라미터 : 정전압전원의 안정도를 나타내는 파라미터

- 전압안정계수
- 온도안정계수
- 출력저항

㉢ 직렬형 정전압회로 : 효율은 우수하나 과부하 시에 TR이 파괴되는 단점이 있다.

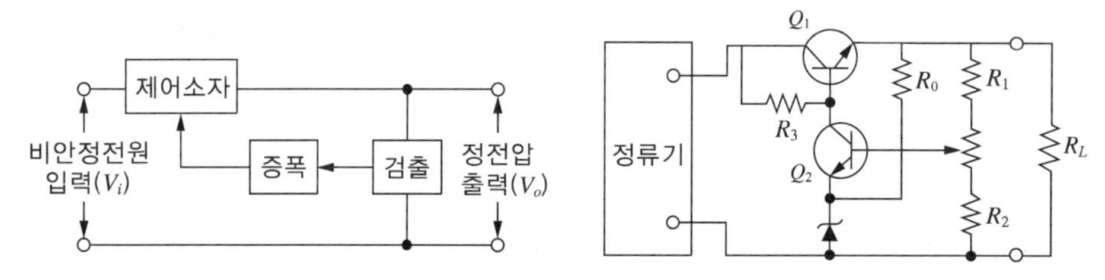


각 부분의 용도는 $Q_1$ : 제어용 트랜지스터, $Q_2$ : 검출, 비교 및 증폭용 TR, 제너다이오드는 정전압 다이오드로 전류에 관계없이 기준전압을 일정하게 유지하는 역할

㉣ 병렬형 정전압회로

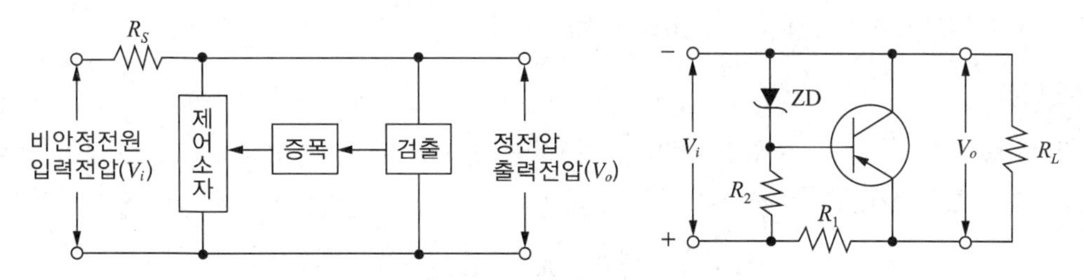


- 과부하에 대해 보호능력이 있으나 효율이 나쁘다.
- TR과 $R_L$이 병렬연결, 부하변동이 적고 소전류일 때 이용된다.

## (7) 발진회로

교류입력 신호를 갖지 않는 자신의 직류전원으로부터 교류출력을 발생시킨다.

⇒ 발진회로를 설계할 때 가장 중요한 사항은 안정도이다.

① 궤환의 구성도

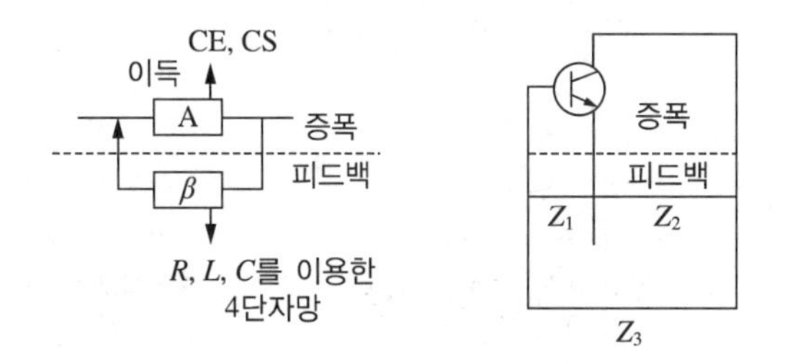


$A_f = \dfrac{A}{1+A\beta}$(부궤환) 정궤환 $A_f = \dfrac{A}{1-A\beta} \to \infty$ 발진조건 : $A\beta = 1$

순방향 이득과 역방향 이득의 곱이 1을 만족할 때

② 발진원리 및 종류

㉠ 발진원리와 3-reactance 일반형 : 지속적으로 임의의 신호파형을 발생하는 회로를 발진회로라고 한다. 폐루프 이득 $A_f$가 1보다 크고 위상 조건을 만족하는 정궤환 증폭기는 발진기로 동작한다.

- 바크하우젠(Barkhausen)의 발진 조건 : 궤환 증폭기의 이득 $A_f = \dfrac{A}{1+\beta A}$에서 $|\beta A| = 1$이면 $A_f = \infty$이므로 이 조건이 만족할 때에는 외부에서 가하는 입력신호 전압이 없어도 출력교류 전압이 존재함을 의미한다.
- $|\beta A| = 1$의 조건을 바크하우젠의 발진조건이라 한다.
- $\beta A$를 루프이득(loop gain)이라고 한다.
- $|\beta A| = 1$이라는 조건만 만족되면 지속진동(발진)을 한다.

㉡ 3-Reactance 일반형

- $Z_1$, $Z_2$, $Z_3$는 리액턴스 소자이어야 하며 $X_1 + X_2 + X_3 = 0$과 $1 = A \cdot X_1/X_2$의 조건을 만족하여야 한다.

- $X_1, X_2 > 0$(유도성), $X_3 < 0$(용량성) : 하틀레이 발진기
- $X_1, X_2 < 0$(용량성), $X_3 > 0$(유도성) : 콜피츠 발진기

### (8) 펄스회로

시간적으로 불연속이고 충분히 짧은 시간에만 존재하는 전류전압을 취급하는 회로로서 전압전류가 급격히 변화하여 한정된 시간에만 존재하는 파형

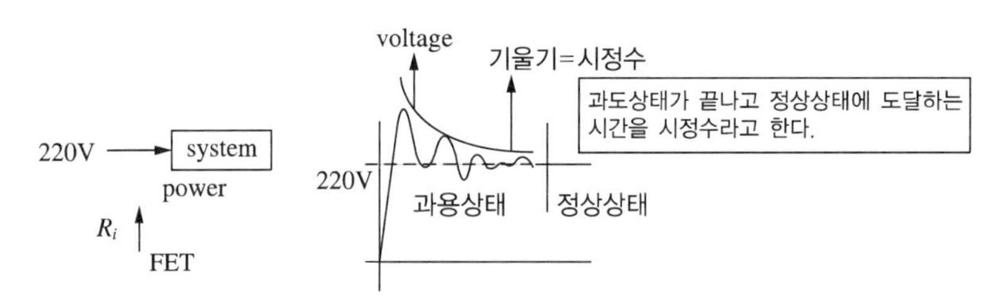


① 펄스의 특징

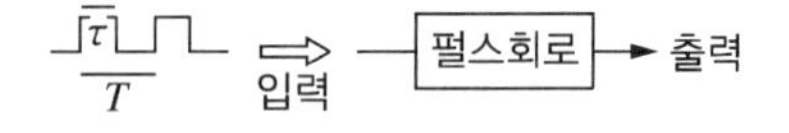


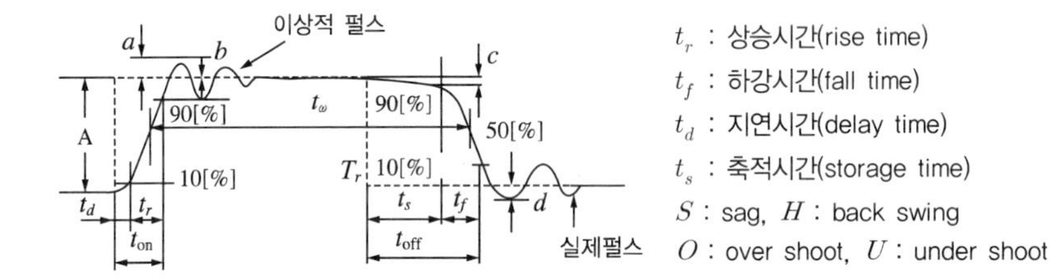


㉠ $t_d$(delay time) : 펄스의 지연시간 → 입력펄스가 들어온 후 최대진폭의 10[%]가 되기까지의 시간

㉡ $t_r$(rise time) : 펄스의 상승시간 → 펄스가 최대진폭의 10[%]에서 90[%]까지 사용하는 시간

㉢ $t_f$(fall time) : 펄스의 하강시간 → 펄스가 최대진폭의 90[%] ~ 10[%]

㉣ $t_s$(storage time) : 펄스의 축적시간 → 입력펄스가 끝난 후 출력펄스가 최대진폭의 90[%]

㉤ $t_{on}$(turn on time) : 상승 + 지연

㉥ $t_{off}$(turn off time) : 축적 + 하강

㉦ $S$(Sag) : 하강 속도의 비(낮은 주파수 성분이나 직류분이 작동하지 않아서)

㉧ Ringing(물결현상) : 펄스의 상승부분에서 진동의 정도, 높은 주파수 성분에 공진하기 때문에 생긴다.

② 파형의 정형

파형의 정형
- Clipper(clipping)
  - Base 클리퍼
  - peak
- Slicer(=Limitter=schmitt)
- Clamper
  - Positive peak clamp(정(+)피크 클램퍼)
  - Negative peak clamp(부피크 클램퍼)

㉠ 파형의 정형회로 : 필요에 따라 원하는 파형을 끌어내거나, 직류 성분을 첨가해서 목적한 형태를 변형해서 입력파형과 다른 출력파형을 얻는 회로를 말한다.

㉡ 클리퍼(Clipper) 또는 클리피(Clipphy) 회로 : 입력 파형의 진폭을 바꾸는 회로로, 입력파형을 기준 전압으로 제한하기 위한 회로

• Peak Clipper

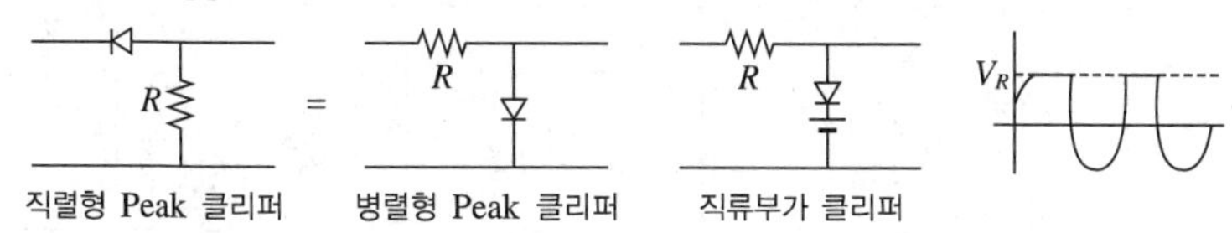


• Base Clipper

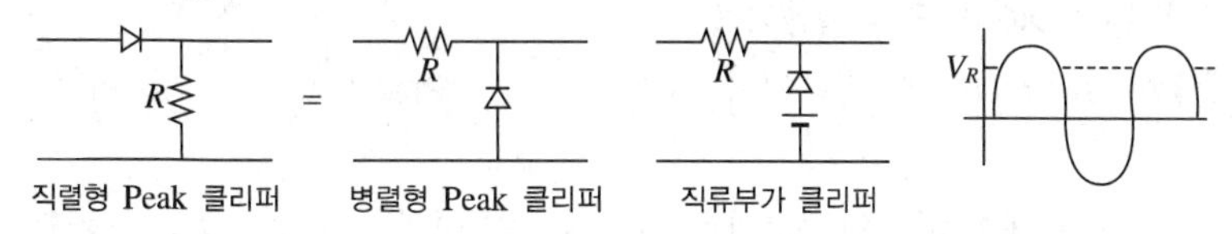


• Slicer 회로(= Limitter 진폭제한회로, Schmitt)

Peak Clipper와 Base clipper를 조합한 회로로써 중앙부의 파형을 출력시키는 회로를 말한다(일반적으로 펄스파를 발생시키는 회로로 Blocking 발진기 또는 Multivibrator를 이용하지만 Slicer 회로를 이용해서 Trigger신호를 발생시킬 수 있다).

• 직렬형 Diode Slice 회로

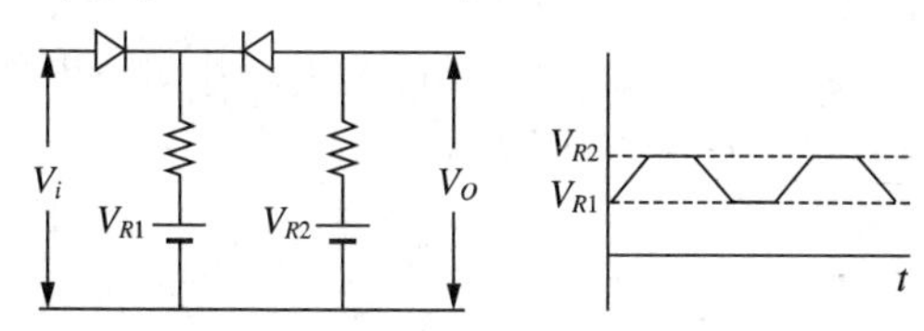


• 병렬형 Diode Slice 회로

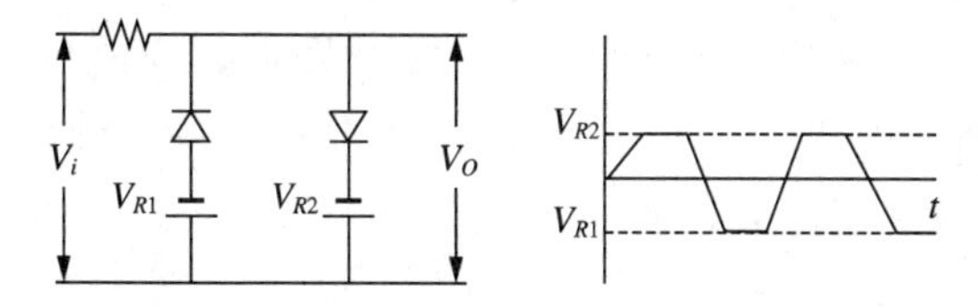


☞ 만일 $V_{R1} = V_{R2}$이면 거의 직선전압을 얻을 수 있다.

㉢ 클램퍼(Clamper 회로) : 입력파형의 기준레벨을 일정레벨에 고정하는 것

| 명 칭 | 입 력 | 회 로 | 출 력 |
|---|---|---|---|
| Positive Peak Clamp<br>정(+) 피크 클램프 | $V_i$, V, −V, t | C, +, −, $V_i$, R, $V_O$ | 2V, 0, 2V, t |

| 명 칭 | 입 력 | 회 로 | 출 력 |
|---|---|---|---|
| Negative Peak Clamp<br>부(-) 피크 클램프 | $V_i$, V, t, -V | C, +, $V_i$, R, $V_O$, - | t, 0, 2V, -2V |
| 직류 부가 클램프<br>(순 Bias) | $V_i$, V, n, t, -V | C, +, $V_i$, R, $V_O$, $V_R$, - | 2V, $V_R$, 0, t |

③ 펄스 발생회로 – Multivibrator(구형파 발생회로)

㉠ Astable(비안정)Multivibrator : 외부에서 어떤 조건이 없어도 On, Off가 일어난다.

- 특징
  - 비안정 멀티바이브레이터는 안정상태를 가지지 못하며 2개의 준안정상태를 가진다.
  - 비안정 MV는 펄스폭과 주기가 반복되는 펄스를 발생시키는 회로이다.
  - 구형파를 발생시킨다.
  - 2개의 결합회로는 CR 결합의 교류결합으로 구성되어 있다.

㉡ Mono-Stable(단안정)Multivibrator : 외부에서 trigger를 받을 때만 출력의 변화가 일어나 일정 시간(시정수)후에는 원래(처음의 안정 상태)상태로 복귀한다.

㉢ Bi-stable(쌍안정 = Flip-Flop)Multivibrator : 외부로부터 Trigger 펄스가 인가될 때마다 2개의 안정상태가 교체되면서 안정상태로 계속 유지한다.

㉣ 멀티바이브레이터의 공통 특징

- 정궤환이 이루어져 있는 회로이다.
- 회로의 시정수 τ에 의해 출력 파형의 반복주기 T가 결정된다.
- 스위칭 회로의 기본이 되는 회로로서 특히 구형파 발생회로나 계수기 등에 널리 사용되는 회로이다.
- 전원전압이 변화해도 발진 주파수에는 큰 영향을 주지 못하기 때문에 발진 주파수는 안정된 회로이다.
- 출력에서 고차의 고주파를 포함시켜 펄스를 발생시키는 회로이다.

④ Schmitt(Trigger)회로

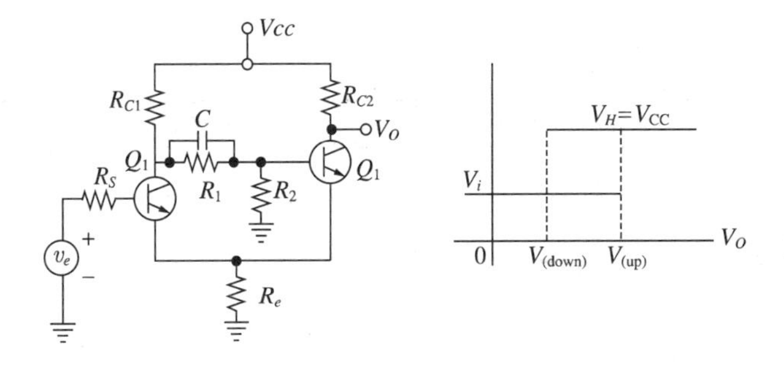

※ 특징

- 쌍안정 멀티바이브레이터 회로의 일종이다.
- 입력파형에 관계없이 출력은 항상 구형파이다.
- 펄스파 발생회로 : 방현파(Squaring Circuit)이다.
- A/D 변환기
- 전압 비교회로(Comparator)이다.

# 적중예상문제

**01** 전기적인 차이를 무엇이라 하는가?

① 전 압 ② 전 류
③ 저 항 ④ 코 일

**해설**
전압 : 전기적인 차이(압력), 전위, 전위차

**02** 전류를 연속해서 흘리기 위해 전압을 연속적으로 만들어 주는 힘은?

① 전 압 ② 기전력
③ 전 위 ④ 전 력

**해설**
기전력 : 전류를 연속해서 흘리기 위해 전압을 연속적으로 만들어 주는 힘

**03** 전하량 $Q$ = 20이고, 일량 $W$ = 10일 경우 전위차 [V]는?

① 0.1 ② 0.5
③ 1.0 ④ 2.0

**해설**
전위차 구하는 공식
$V = \frac{W}{Q}$[V] = $\frac{10}{20}$ = 0.5[V]($Q$ : 전하량, $W$ : 일량)

**04** 외부저항 $R$ = 100[Ω], 내부저항 $r$ = 50[Ω]이다. 이때 기전력은 얼마인가?(단, 전류($I$) = 10[A])

① 500 ② 1,000
③ 1,500 ④ 3,000

**해설**
전지의 기전력 구하는 공식($E$)
$E = I(R+r)$ = 10(100 + 50) = 1,500
($E$ : 기전력, $R$ : 외부저항, $r$ : 내부저항, $I$ : 전류)

**05** 전기가 15초 정도 지났을 경우에 전하량 $Q$ = 15이다. 이때 전류는 얼마인가?

① 1 ② 2
③ 3 ④ 4

**해설**
전류 $I$[A]
$I = \frac{Q}{t} = \frac{15}{15}$ = 1[A]

**06** 옴의 법칙에 해당되지 않는 것은?

① $V = IR$[V] ② $I = \frac{V}{R}$[A]
③ $V = I^2R$[V] ④ $R = \frac{V}{I}$[Ω]

**해설**
옴의 법칙
$V = IR$[V], $R = \frac{V}{I}$[Ω], $I = \frac{V}{R}$[A]

**07** 1[Ω]의 정의로 올바르게 설명한 것은?

① 도체의 양단에 1[V]의 전압을 인가할 때 1[A]의 전류가 흐르는 경우의 저항값
② 도체의 끝단에 1[A]의 전류를 인가할 때 1[V]의 전압이 흐르는 경우의 저항값
③ 도체의 양단에 1[Ω]의 저항에 1[A]의 부하가 걸릴 경우
④ 도체의 끝단에 1[H]의 코일에 1[A]의 전류가 흐를 때의 전류값

**해설**
1[Ω]은 도체의 양단에 1[V]의 전압을 인가할 때 1[A]의 전류가 흐르는 경우의 저항값을 말한다.

정답 1 ① 2 ② 3 ② 4 ③ 5 ① 6 ③ 7 ①

**08** $R_1$ = 10[Ω], $R_2$ = 20[Ω], $R_3$ = 30[Ω]인 병렬접속에 저항값[Ω]은 약 얼마인가?

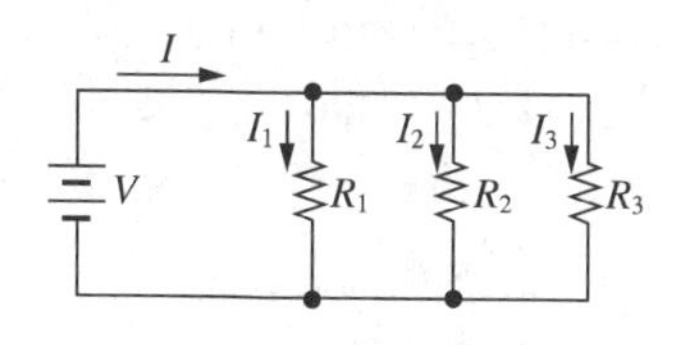


① 5.0 ② 5.45
③ 5.89 ④ 6.47

**해설**

저항의 병렬접속
병렬저항의 합성저항은 각 저항들의 역수의 총합을 구하고, 다시 그 총합의 역수로 이루어진다.

$$R=\frac{1}{\left(\frac{1}{R_1}+\frac{1}{R_2}+\frac{1}{R_3}+\ldots+\frac{1}{R_n}\right)}[\Omega]$$

$$=\frac{1}{\frac{1}{10}+\frac{1}{20}+\frac{1}{30}} \fallingdotseq 5.4545[\Omega]$$

**09** 유입되는 전류의 합과 유출되는 전류의 합은 같다. 이 법칙은?

① 암페어 오른나사 법칙 ② 렌츠의 법칙
③ 옴의 법칙 ④ 키르히호프 법칙

**해설**

키르히호프 제1법칙(전류)
유입되는 전류의 합과 유출되는 전류의 합은 같다. 즉, 유입과 유출의 합은 0이다. 이를 일반화하면, $\sum I=0$이다.

**10** 2개의 독립된 회로망을 접속하였을 때 전원회로를 하나의 전류원과 병렬저항으로 대치하는 회로망 정리는?

① 테브낭의 정리 ② 쿨롱의 정리
③ 중첩의 정리 ④ 노턴의 정리

**해설**

노턴의 정리
2개의 독립된 회로망을 접속하였을 때 전원회로를 하나의 전류원과 병렬저항으로 대치한다.

**11** 전압 또는 전류전원과 임피던스를 포함하는 2단자 회로망은 단일 전압원과 임피던스가 직렬로 연결된 회로로 대처할 수 있는 회로망 정리는?

① 테브낭의 정리 ② 쿨롱의 정리
③ 중첩의 정리 ④ 노턴의 정리

**해설**

테브낭의 정리
전압 또는 전류전원과 임피던스를 포함하는 2단자 회로망은 단일 전압원과 임피던스가 직렬로 연결된 회로로 대처할 수 있다.

**12** 교류와 같은 일을 하는 직류의 값으로 표현하는 것으로서 사인파 전류의 최곳값에 약 0.707배인 값은?

① 평균값 ② 최저값
③ 실횻값 ④ 파형률

**해설**

실횻값
교류와 같은 일을 하는 직류의 값으로 표현하는 것으로서 사인파 전류의 최곳값에 약 0.707배이다. 즉, 저항에 직류를 가했을 때와 교류를 가했을 때의 전력량이 같을 때이다(0.707 $V_m$).

**13** 사인파의 반주기를 무엇이라 하는가?

① 최곳값 ② 최저값
③ 실횻값 ④ 평균값

**해설**

평균값
사인파의 반주기를 말한다. 즉, 교류의 + 또는 −의 반주기 순시값의 평균값(0.637 $V_m$)

**14** 한 주기($T$)가 15[sec]이다. 주파수($f$)[Hz]는?

① 1 ② 0.0667
③ 1.5 ④ 0.0578

**해설**

주파수
1초 동안 발생하는 진동의 수 $\left(f=\frac{1}{T}\right)$[Hz] $=\frac{1}{15} \fallingdotseq 0.0667$[Hz]

정답 8 ② 9 ④ 10 ④ 11 ① 12 ③ 13 ④ 14 ②

## 15 파형률과 파고율에 관계식으로 옳은 것은?

① 파형률 = 실횻값/평균값, 파고율 = 실횻값/최댓값
② 파형률 = 평균값/실횻값, 파고율 = 최댓값/실횻값
③ 파형률 = 실횻값/평균값, 파고율 = 최댓값/실횻값
④ 파형률 = 최댓값/실횻값, 파고율 = 실횻값/평균값

**해설**

파형률과 파고율
- 파형률 = 실횻값/평균값 = 0.707/0.637 ≒ 1.11 $V_m$
- 파고율 = 최댓값/실횻값 = 1/0.707 ≒ 1.414 $V_m$

## 16 무효전력($P_r$) = 10[W]이고, 유효전력($P$) = 100[W]일 경우 피상전력($P_a$)[VA]는 얼마인가?

① 55　② 90
③ 100.5　④ 115

**해설**

피상전력($P_a$) = $VI = I^2Z = \sqrt{P^2 + P_r^2}$ [VA]
$= \sqrt{10^2 + 100^2} ≒ 100.50$[VA]

## 17 전류($I$) = 18[A]이고, 저항($R$) = 20[Ω]일 경우 유효전력($P$)[W]는?

① 7,000　② 7,300
③ 4,500　④ 6,480

**해설**

유효전력($P$) = $VI\cos\theta = I^2R$[W] = $18^2 \times 20$ = 6,480[W]

## 18 최대전류값($I_m$) = 100[A]이고, 주파수($f$)가 50[Hz]이다. 60분 기준이었을 경우 저항만의 회로에 교류전류($i$)[A] 약 얼마인가?

① −55　② −60
③ −52　④ −68

**해설**

저항만의 회로에서 교류전류
$i = I_m \sin\omega t$[A]가 흐를 때 $v = RI_m \sin\omega t$[V]가 된다.
$i = 100\sin(2\pi \times 50 \times 3{,}600) ≒ -54.983$[A]

## 19 $R-L-C$ 회로에 대한 설명으로 옳은 것은?

① $R$ 회로는 $V$가 $I$보다 90° 앞선다.
② $L$ 회로는 $V$가 $I$보다 90° 뒤진다.
③ $C$ 회로는 $V$가 $I$보다 90° 앞선다.
④ $L$ 회로는 $V$가 $I$보다 90° 앞선다.

**해설**

$R$, $L$, $C$ 회로에서의 전압과 전류 관계식

| 회로 방식 | 회로도 | 식 | 위 상 | 벡터도 |
|---|---|---|---|---|
| 저항 회로 | $V_R$, $i$, $V$ | $v = V_m \sin\omega t$<br>$i = I_m \sin\omega t$ | 전압($V$)과 전류($I$)는 동상 | $i(=i_R)$, $\dot{V}$, 0 |
| 유도 회로 | $\dot{V}_L$, $i$, $V$ | $i = I_m \sin\omega t$<br>$v = V_m \sin\left(\omega t + \frac{\pi}{2}\right)$ | 전압($V$)은 전류($I$)보다 $\frac{\pi}{2}$[rad] 앞선다. | 0, $\dot{V}$, $i(=i_L)$ |
| 정전 용량 회로 | $\dot{V}_C$, $i$, $V$ | $v = V_m \sin\omega t$<br>$i = I_m \sin\left(\omega t + \frac{\pi}{2}\right)$ | 전압($V$)은 전류($I$)보다 $\frac{\pi}{2}$[rad] 뒤진다. | $i(=i_C)$, 0, $\dot{V}$ |

## 20 $R-L$ 회로에서 저항값($R$)이 100[Ω]이고, 인덕터($L$)가 10[mH]일 경우에 임피던스 $Z$는 얼마인가? (단, 주파수($f$)는 60[Hz]이다)

① 100　② 200
③ 300　④ 400

**해설**

임피던스($Z$) = $\sqrt{R^2 + X_L^2} = \sqrt{R^2 + (\omega L)^2}$ [Ω]
$= \sqrt{100^2 + (2\pi \times 60 \times 10 \times 10^{-3})^2} = 100$

## 21 직류전력측정 중 전류력계형 전력계를 이용하는 측정법은?

① 간접측정법　② 직접측정법
③ 비교측정법　④ 상대측정법

**해설**

직류전력측정
- 직접측정법 : 전류력계형 전력계를 이용한다.
- 간접측정법 : 전류계와 전압계를 조합하여 측정한다.

정답: 15 ③ 16 ③ 17 ④ 18 ① 19 ④ 20 ① 21 ②

## 22 고주파의 전력측정에 해당되지 않는 전력계는?

① AM전력계 ② C-M형 전력계
③ C-C형 전력계 ④ 볼로미터 전력계

**해설**

고주파의 전력측정
- 의사부하법 : 의사부하(전구, 물 등)를 사용하여 전력을 측정한다.
- C-C형 전력계
  - 콘덴서를 사용하여 부하전력의 전압 및 전류에 비례하는 양을 구한다.
  - 30[MHz] 정도까지의 단파대에서 100[W] 이하의 전력을 측정하는 경우에 사용한다.
- C-M형 전력계
  - 동축케이블로 전달되는 초단파대의 전력측정에 사용되는 전력계이다.
  - 단파대에서 100[kW] 정도의 전력계 설계도 가능하며, 또 단파대에서는 동축케이블로 선로를 사용하므로 구조상 유리하다.
- 볼로미터 전력계
  - 저항의 온도계수가 매우 큰 저항소자인 볼로미터에 전력을 가하여 발생되는 열에 의한 저항변화를 측정함으로써 전력을 측정하는 전력계이다.
  - 직류에서 마이크로파(1~3[GHz])까지의 전력을 정밀하게 측정할 수 없으나, 주로 마이크로파용의 전력계로 사용된다.

## 23 고주파의 전력측정 중 콘덴서를 사용하여 부하전력의 전압 및 전류에 비례하는 양을 구하는 방식은?

① 의사부하법 ② C-M형 전력계
③ C-C형 전력계 ④ 볼로미터 전력계

**해설**

22번 해설 참고

## 24 고주파의 전력측정 중 동축케이블로 전달되는 초단파대의 전력측정에 사용되는 전력계는?

① 의사부하법 ② C-M형 전력계
③ C-C형 전력계 ④ 볼로미터 전력계

**해설**

22번 해설 참고

## 25 저항의 온도계수가 매우 큰 저항소자를 이용하여 열에 의한 저항변화를 측정함으로써 전력을 측정하는 전력계는?

① 의사부하법 ② C-M형 전력계
③ C-C형 전력계 ④ 볼로미터 전력계

**해설**

22번 해설 참고

## 26 교류 전위차계의 원리 중 전압의 크기만 측정하는 장비로 사용되는 것은?

① 지시전압계 ② 교류전압계
③ 교류전위차계 ④ 직류전압계

**해설**

측정계기의 교류전압측정
- 전압의 크기만 측정 : 지시전압계, 전자전압계가 사용된다.
- 전압의 크기와 위상 측정 : 교류전위차계가 사용된다.

## 27 직류전압측정 계기의 종류에 해당되지 않는 것은?

① 정전형 전압계 ② 가동코일형 전압계
③ 아날로그 전압계 ④ 전류력계형 전압계

**해설**

직류전압측정 계기
- 전류력계형 전압계
- 열전대(쌍)형 전압계
- 정전형 전압계
- 디지털전압계
- 가동코일형 전압계

## 28 측정범위 확대 시에 정전형 전압계에 사용되는 계측장비는?

① 미소전압 측정기 ② 분류기
③ 저항분압기 ④ 용량배율기

**해설**

측정범위 확대
정전형 전압계 : 용량배율기가 사용된다.

**정답** 22 ① 23 ③ 24 ② 25 ④ 26 ① 27 ③ 28 ④

**29** 교류전압의 저압측정 중에서 교류 전위차계의 전압은 얼마 이하인가?

① 10[$\mu$V] ② 5[$\mu$V]
③ 1[$\mu$V] ④ 0.1[$\mu$V]

해설
교류전압의 저압측정
- 진동검류계 : 미소교류 전압검출
- 정류형 검류계 : 0.1~1[$\mu$V]
- 교류전위차계 : 0.1[$\mu$V] 이하

**30** 전류측정의 내용이 바르게 연결된 것은?

① 직류 : 가동코일형 전류계의 측정범위 확대에는 분류기(대전류)가 사용된다.
② 미소직류 : 정류형 직류 검류계로 측정한다.
③ 미소교류 : 교정된 검류계로 측정한다.
④ 교류 : 정류형 전류계, 열전대(쌍)형 전류계가 사용된다.

해설
전류측정의 내용
- 교류 : 가동철편형, 전류계형 전류계의 측정범위 확대에는 계기용 변류기(CT)가 사용된다.
- 직류 : 가동코일형 전류계의 측정 범위 확대에는 분류기(대전류)가 사용된다.
- 미소교류 : 정류형 직류검류계로 측정한다.
- 미소직류 : 교정된 검류계로 측정한다.
- 보통의 교류(100[Hz] 이상) : 정류형 전류계, 열전대(쌍)형 전류계가 사용된다.

**31** 일방적으로 어떤 양이나 변수의 크기를 결정하는 것을 무엇이라 하는가?

① 요 구 ② 변 위
③ 측 정 ④ 단 락

해설
측정의 정의
측정(또는 계측)이란 일방적으로 어떤 양이나 변수의 크기를 결정하는 것을 말하며, 대소를 수량적으로 나타내는 조작을 하는 데 필요한 장치를 측정기, 계측기, 또는 계기라고 한다.

**32** 측정의 종류에 해당하지 않는 것은?

① 상대측정 ② 간접측정
③ 직접측정 ④ 비교측정

해설
측정의 종류
- 직접측정(Direct Measurement) : 측정량을 같은 종류의 기준량과 직접 비교하여 그 양의 크기를 결정하는 방법이다.
  예 자료 길이를 재고, 전압계로 전압을 측정하며, 전류계로 전류를 측정하는 것 등
- 간접측정(Indirect Measurement) : 측정량과 어떤 관계가 있는 독립된 양을 각각 직접 측정으로 구하여, 그 결과로부터 계산에 의해 요구되는 측정량의 값을 결정하는 방법이다.
  예 부하 전력 $P = V \cdot I$[W]의 식으로부터 계산하여 구하는 것 등
- 절대 측정(Absolute Measurement) : 측정하려고 하는 양을 길이, 질량, 시간으로 측정함으로써 직접 미지의 양을 결정하는 방법이다.
  예 전류저울
- 비교 측정(Relative Measurement) : 미지의 양을 이와 같은 성질의 기지의 양 또는 표준기와 비교하여 측정하는 방법(실용적인 것)이다.
  - 편위법(Deflection Method) : 전압계로서 전압을 측정하는 것과 같이 지시눈금으로 나타내는 것으로 측정 감도는 떨어지나 신속하게 측정할 수 있으므로 가장 많이 사용된다.
  - 영위법(Zero Method) : 미지의 양을 기지의 양과 비교할 때 측정기의 지시가 0이 되도록 평형을 취하는 방법(휘트스톤 브리지로 저항을 측정할 때 검류계의 지시가 영이 되는 점을 찾아서 측정하는 방법, 전위계차법)이다.

**33** 전류저울은 어떤 측정의 원리를 이용한 것인가?

① 절대측정 ② 간접측정
③ 직접측정 ④ 비교측정

해설
32번 해설 참고

**34** 측정량을 같은 종류의 기준량과 직접 비교하여 그 양의 크기를 결정하는 방법의 측정은?

① 절대측정 ② 간접측정
③ 직접측정 ④ 비교측정

해설
32번 해설 참고



정답 29 ④ 30 ① 31 ③ 32 ① 33 ① 34 ③

## 35 미지의 양을 이와 같은 성질의 기지의 양 또는 표준기와 비교하여 측정하는 방법은?

① 절대측정 ② 간접측정
③ 직접측정 ④ 비교측정

**해설**

32번 해설 참고

## 36 전압계로서 전압을 측정하는 것과 같이 지시눈금으로 나타내는 것으로 측정 감도는 떨어지나 신속하게 측정할 수 있으므로 가장 많이 사용하는 측정법은?

① 편위법
② 이상법
③ 휘트스톤 브리지법
④ 영위법

**해설**

32번 해설 참고

## 37 미지의 양을 기지의 양과 비교할 때 측정기의 지시가 0이 되도록 평형을 취하는 방법은?

① 편위법
② 이상법
③ 휘트스톤 브리지법
④ 영위법

**해설**

32번 해설 참고

## 38 전압계의 특성에 해당되지 않는 사항은?

① 내부저항을 크게 해야 한다.
② 저항에 영향을 주지 않기 위해서는 전류계의 내부저항이 적어야 한다.
③ 전압계는 직렬로 연결하게 되면 전압계의 내부저항에 의해 전압이 나누어진다.
④ 내부저항이 매우 커서 전압이 거의 전압계에 걸리게 된다.

**해설**

전압계의 특성
- 전압계는 직렬로 연결하게 되면 전압계의 내부저항에 의해 전압이 나누어지고 내부저항이 매우 커서 전압이 거의 전압계에 걸리게 된다.
- 내부저항을 크게 해야 한다.
- 이유는 저항값이 높기 때문이다.

## 39 전류계를 저항에 직렬 연결하는 이유로 바르게 설명한 것은?

① 전류계는 내부저항이 크기 때문에
② 전압계의 외부저항이 크기 때문에
③ 전류계는 내부저항이 거의 없기 때문에
④ 전압계의 외부저항이 작기 때문에

**해설**

전류계를 저항에 직렬 연결하는 이유
전류계는 내부저항이 거의 없기 때문에 저항과 직렬로 연결해야 하며 병렬로 연결하면 전류가 저항으로 흐르지 않고 전류계로 흐르기 때문이다.

## 40 반도체의 종류가 아닌 것은?

① N형 반도체
② 진성 반도체
③ P형 반도체
④ D형 반도체

**해설**

반도체의 종류에는 순도가 높은 순수 반도체인 진성반도체와 순도가 낮고 불순물을 넣은 불순물 반도체가 있다. 불순물 반도체는 N형과 P형으로 나눌 수 있다.

## 41 실리콘 다이오드의 특성으로 옳지 않은 것은?

① 역바이어스 시의 전류가 극히 적다.
② 고온에서도 특성이 거의 변화하지 않는다.
③ 역방향 포화전류가 적으므로 항복전압이 크다.
④ 역내 전압은 높지 않다.

**정답** 35 ④ 36 ① 37 ④ 38 ② 39 ③ 40 ④ 41 ④

**해설**

실리콘 다이오드의 특성

- 고역 내 전압의 것이 만들어진다.
- 역 바이어스 시의 전류가 극히 적다.
- 순방향의 전압강하는 비교적 크다(약 0.6~0.7[V]).
- 역방향 포화전류가 적으므로 항복전압이 크다.
- 고온에서도 특성이 거의 변화하지 않는다(약 120[℃]).
- 제작이 약간 곤란하다.

## 42 다이오드의 종류 중에서 전압을 일정하게 유지하기 위한 전압제어 소자로 널리 이용되는 다이오드는?

① 터널 다이오드
② 제너 다이오드
③ 범용 다이오드
④ 가변용량 다이오드

**해설**

제너 다이오드 : 전압을 일정하게 유지하기 위한 전압제어 소자로 널리 이용

## 43 실제 다이오드에서 역전압이 어떤 임계값($V_z$) 에 달하면 전류가 갑자기 증대하기 시작하여 소자가 파괴되는 현상은?

① 항복현상 ② 도너 현상
③ 억셉터 현상 ④ 도핑현상

**해설**

항복현상(Break Down)

실제 다이오드에서 역전압이 어떤 임계값($V_z$)에 달하면 전류가 갑자기 증대하기 시작하여 소자가 파괴되는 현상

## 44 전자와 정공의 두 개의 캐리어를 사용하는 트랜지스터는?

① UJT ② BJT
③ FET ④ CSU

**해설**

BJT(Bipolar Junction Transistor) : 전자와 정공의 두 개의 캐리어를 사용한다는 것을 의미한다.

## 45 다음은 이미터 접지에 대한 내용이다. $\alpha$ =0.58이고, $I_B$ =100[mA]일 때, 컬렉터 전류는 얼마인가? (단, $I_{CO}$ =10[mA]이다)

① 0.8 ② 0.1619
③ 0.016 ④ 1

**해설**

이미터 접지 시 컬렉터 전류

$Ic=\beta I_B+(1+\beta)I_{CO}=1.381\times100\times10^{-3}+(1+1.381)10\times10^{-3}$

$=0.1381+0.02381=0.16191$

$\because \beta=\frac{\alpha}{1-\alpha}=\frac{0.58}{1-0.58}\fallingdotseq 1.3809$

입력을 베이스 출력은 컬렉터로 가했을 때 $\begin{cases}\alpha=\dfrac{\beta}{1+\beta}\\ \beta=\dfrac{\alpha}{1-\alpha}\end{cases}$

## 46 증폭 회로의 찌그러짐과 잡음 중 직선왜곡에 해당되지 않는 것은?

① 감쇠왜곡 ② 위상왜곡
③ 진폭왜곡 ④ 주파수왜곡

**해설**

증폭회로의 찌그러짐과 잡음

- 직선왜곡
  - 주파수왜곡(감쇠왜곡)
  - 위상왜곡(지연왜곡)
- 비직선왜곡
  - 진폭왜곡(파형왜곡)

## 47 초단 증폭기의 이득이 10이고, 잡음이 20이다. 두 번째 단의 증폭기 이득은 20이고, 잡음이 20이다. 이 경우 종합잡음지수($NF$)는?

① 20.95 ② 21.9
③ 28 ④ 30.1

**해설**

다단 증폭기에 대한 잡음 지수

$$NF_1=F_1+\frac{F_2-1}{G_1}+\frac{F_3-1}{G_1\cdot G_2}+\cdots\frac{F_n-1}{G_1\cdots G_n}$$

$$=20+\frac{20-1}{10}=21.9$$



42 ② 43 ① 44 ② 45 ② 46 ③ 47 ② 정답

## 48 $T_r$의 잡음에 해당되지 않는 것은?

① 산탄 잡음 ② 플리커 잡음
③ 환경잡음 ④ 분배 잡음

**해설**

$T_r$의 잡음
- 산탄 잡음(Shot Noise)
- 플리커 잡음(Flicker Noise)
- 분배 잡음(Partition Noise)

## 49 FET의 특징에 해당되지 않는 것은?

① 저잡음
② 저입력 임피던스
③ 기억소자로 사용
④ 오프셋 전압

**해설**

FET의 특징
- 고입력 임피던스
- 저잡음
- 다수 반송자(캐리어) 만의 이동에 의해 동작하는 단일 극성(Unipolar) 소자이다. 트랜지스터는 다수 캐리어와 소수 캐리어의 움직임에 관련되므로 양극소자(Bipolar Device) 또는 BJT(Bipolar Junction Transistor)라고 한다.
- 전압제어용소자이므로 드레인 전류는 게이트전압에 의해 제어된다.
- 기억소자로 사용
- 오프셋 전압

## 50 FET의 3정수에 해당되지 않는 것은?

① 출력저항 ② 증폭정수
③ 전달컨덕턴스 ④ 입력저항

**해설**

FET의 3정수
- 전달컨덕턴스($g_m$)
- 출력저항($\gamma_d$)
- 증폭정수($\mu$)

## 51 발진요소인 궤환 증폭은?

① 부궤환 ② 미궤환
③ 정궤환 ④ 후궤환

**해설**

정궤환은 발진회로로 사용되고 부궤환은 증폭회로로 사용된다.

## 52 발진공식으로 올바른 것은?

① $|\beta A| = 1$ ② $|\beta A| = 0$
③ $|\beta A| = 100$ ④ $|\beta A| = 10$

**해설**

바크하우젠 발진법칙
$|\beta A| = 1$일 때 $A_f \rightarrow \infty$ : 발진

## 53 부궤환 시 증폭기의 특징에 해당되지 않는 것은?

① 주파수 특성이 개선
② 이득이 증가
③ 대역폭이 증가
④ 감도의 감소

**해설**

부궤환 시 증폭기의 특징
- 이득이 감소
- 비직선 일그러짐 감소
- 왜곡(왜율) 및 잡음의 감소
- 주파수 특성이 개선
- 대역폭이 증가한다.
- 감도의 감소(안정성이 우수하다)
- 입·출력 임피던스가 변화한다.

## 54 증폭할 수 있는 능력의 정도를 가늠하게 해 주는 파라미터는?

① 대역폭(Bw) ② 전압증폭도(Av)
③ 입력임피던스(Ri) ④ 동상신호제거비(CMRR)

**해설**

증폭할 수 있는 능력의 정도를 가늠하게 해 주는 파라미터가 CMRR이다.

**정답** 48 ③ 49 ② 50 ④ 51 ③ 52 ① 53 ② 54 ④

## 55 이상적인 연산증폭기의 특징이 아닌 것은?

① 전압 이득이 무한대
② 응답 시간은 0
③ 직류증폭기이며 입력 임피던스가 무한대
④ 출력 임피던스가 ∞

**해설**

연산증폭회로(op-Amp)의 특징

- 직류증폭기이며 입력 임피던스가 무한대(∞)
- 출력 임피던스가 0
- 전압 이득이 무한대
- 대역폭이 DC에서부터 무한대
- 응답시간은 0이어야 한다.
- 특성은 온도에 대하여 Drift되지 않는다.
- CMRR = ∞

## 56 궤환 저항이 100[kΩ]이고 입력저항이 10[kΩ]이다. 이때 입력전압이 5[V]일 때 반전증폭기의 출력전압값은 얼마인가?

① −100[V] ② −50[V]
③ −30[V] ④ −35[V]

**해설**

반전증폭기(Inverting Operational Amplifier) = 신호변환기

$$V_o = -\frac{R_f}{R_i}V_i = -\frac{100}{10}\times 5 = -50[V]$$

## 57 입력저항이 10[kΩ]이고 궤환저항이 10[kΩ]이다. 이때 입력전압이 3[V]라고 하면 비반전 연산증폭기의 출력전압값은 얼마인가?

① 6[V] ② −6[V]
③ 12[V] ④ −12[V]

**해설**

비반전증폭기(Noninverting Operational Amplifier) = 계수변환기

$$V_o = \left(1+\frac{R_f}{R_i}\right)V_i = \left(1+\frac{10}{10}\right)\times 3 = 6[V]$$

## 58 전력증폭기의 효율로 바르게 연결된 것은?

① A급 = 100[%]
② B급 = 50[%] 이하
③ C급 = 78.5[%] 이상
④ AB급 = 50[%] 이하

**해설**

증폭기의 동작점 Q에 의한 분류

| 구분 \ 분류 | A급 | B급 | AB급 | C급 |
|---|---|---|---|---|
| 동작점 | 전달 특성 곡선의 직선부의 중앙점 | 전달 특성 곡선의 차단점 | 전달 특성 곡선의 중앙 점과 차단점 사이 | 전달 특성 곡선의 차단점 밖 |
| 유통각 | $\theta = 2\pi$ | $\theta = \pi$ | $\pi < \theta < 2\pi$ | $\theta < \pi$ |
| 파 형 | 전 파 | 반 파 | 전파보다 작고 반파보다 크다. | 반파보다 작다. |
| 왜 곡 | 거의 없다. | 반파정도 왜곡 | 약간 왜곡 | 반파이상 왜곡 |
| 전력 손실 | 크다. | 적다. | 약간 있다. | 거의 없다. |
| 효 율 | 50[%] 이하 | 78.5[%] 이하 | 50[%] 이상 | 78.5[%] 이상 |
| 용 도 | 무왜 증폭기 완충 증폭기 | Push-pull 증폭기 | 저주파 증폭기 | 체배 증폭기 RF전력 증폭기 |

## 59 전력손실이 가장 큰 전력증폭기는?

① C급 ② A급
③ AB급 ④ C급

**해설**

58번 해설 참고

## 60 전원회로의 구성요소에 포함되지 않는 사항은?

① 평활회로
② 가변회로
③ 정전압 회로
④ 정류회로



정답: 55 ④ 56 ② 57 ① 58 ③ 59 ② 60 ②

해설

전원회로

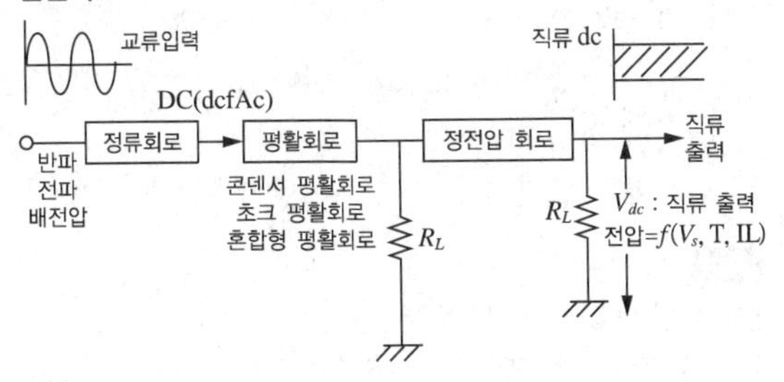


### 61 전원회로의 평가 파라미터가 아닌 것은?

① 맥동률 ② 전압변동률
③ 실횻값 ④ 정류효율

해설

전원회로의 평가 파라미터
- 맥동률
- 정류효율
- 전압변동률
- 최대역전압

### 62 발진회로를 설계할 때 가장 중요한 사항은?

① 안정도 ② 증폭도
③ 첨예도 ④ 대역폭

해설

발진회로를 설계할 때 가장 중요한 사항은 안정도이다.

### 63 3소자 리액턴스의 일반적인 조건에서 $Z_1$과 $Z_2$가 용량성이고, $Z_3$가 유도성인 발진회로는?

① 하틀레이 발진기
② 콜피츠 발진기
③ 클랩 발진기
④ 윈 발진기

해설

3-reactance 일반형
- $Z_1$과 $Z_2$가 용량성, $Z_3$가 유도성인 발진기는 콜피츠 발진기(용량성 : 콘덴서, 유도성 : 코일)
- $Z_1$과 $Z_2$가 유도성, $Z_3$가 용량성인 발진기는 하틀레이 발진기(용량성 : 콘덴서, 유도성 : 코일)

### 64 다음이 설명하는 회로는 무엇인가?

> "시간적으로 불연속이고 충분히 짧은 시간에만 존재하는 전류전압을 취급하는 회로로서 전압전류가 급격히 변화하여 한정된 시간에만 존재하는 파형"

① 새그회로 ② 단속회로
③ 펄스회로 ④ 전자회로

해설

펄스회로

시간적으로 불연속이고 충분히 짧은 시간에만 존재하는 전류전압을 취급하는 회로로서 전압전류가 급격히 변화하여 한정된 시간에만 존재하는 파형

### 65 펄스회로에서 Turn on Time에 대한 설명으로 옳은 것은?

① 지연 + 하강
② 상승 + 지연
③ 축적 + 지연
④ 축적 + 하강

해설

Ton(Turn on Time) = 상승 + 지연

### 66 입력파형의 아래 부분이 잘려 나가는 회로는?

① Peak Clipper
② Base Clipper
③ Positive peak clamp
④ Negative peak clamp

정답 61 ③ 62 ① 63 ② 64 ③ 65 ② 66 ②

**해설**

파형의 정형회로

- Peak Clipper : 파형의 윗부분이 잘려 나간다.
- Base Clipper : 파형의 아래 부분이 잘려 나간다.
- Limiter(Slicer) : Peak Clipper와 Base Clipper의 합성으로 윗부분과 아래 부분이 모두 잘려 나간다.

### 67 펄스 발생회로의 종류 중 Multivibrator(구형파 발생회로)가 아닌 것은?

① Astable(비 안정) Multivibrator
② Mono-stable(단안정) Multivibrator
③ Bi-stable(쌍안정) Multivibrator
④ Solo Multivibrator

**해설**

펄스 발생회로-Multivibrator(구형파 발생회로)

- Astable(비 안정) Multivibrator
- Mono-stable(단안정) Multivibrator
- Bi-stable(쌍안정 = Flip-Flop) Multivibrator

### 68 멀티바이브레이터의 공통특징에 포함되지 않는 사항은?

① 회로의 시정수 $\tau$에 의해 출력파형의 반복주기 $T$가 결정된다.
② 출력에서 고차의 저주파를 포함시켜 정현파를 발생시키는 회로이다.
③ 정궤환이 이루어져 있는 회로이다.
④ 전원전압이 변화해도 발진주파수에는 큰 영향을 주지 못하기 때문에 발진주파수는 안정된 회로이다.

**해설**

멀티바이브레이터의 공통특징

- 정궤환이 이루어져 있는 회로이다.
- 회로의 시정수 $\tau$에 의해 출력 파형의 반복주기 $T$가 결정된다.
- 스위칭 회로의 기본이 되는 회로로서 특히 구형파 발생회로나 계수기 등에 널리 사용되는 회로이다.
- 전원전압이 변화해도 발진주파수에는 큰 영향을 주지 못하기 때문에 발진주파수는 안정된 회로이다.
- 출력에서 고차의 고주파를 포함시켜 펄스를 발생시키는 회로이다.

### 69 Schmitt Trigger 회로의 특징이 아닌 것은?

① A/D 변환기
② 전압비교회로(Comparator)이다.
③ 정현파 발생회로이다.
④ 입력파형에 관계없이 출력은 항상 구형파이다.

**해설**

Schmitt Trigger 회로의 특징

- 쌍안정 멀티바이브레이터 회로의 일종이다.
- 입력파형에 관계없이 출력은 항상 구형파이다.
- 펄스파 발생회로 : 방현파(Squaring Circuit)이다.
- A/D 변환기
- 전압비교회로(Comparator)이다.

### 70 전파 정류회로의 평균값은?

① $\dfrac{I_m}{\pi}$　② $\dfrac{2I_m}{\pi}$
③ $\dfrac{I_m}{2}$　④ $\dfrac{I_m}{\sqrt{2}}$

**해설**

$$I_{dc} = \frac{2I_m}{\pi}$$

### 71 전파 정류회로의 정류효율은 반파 정류회로의 정류효율에 몇 배인가?

① 1.5배　② 2배
③ 3배　④ 4.5배

**해설**

반파 정류회로의 정류효율은 40.6[%]이고, 전파 정류회로의 정류효율은 81.2[%]이다. 따라서, 2배 차이가 난다.



67 ④ 68 ② 69 ③ 70 ② 71 ② 정답

## 72 다음 중 콘덴서 입력형 평활회로의 특징으로 틀린 것은?

① 맥동률이 크다.
② 전압변동률이 크다.
③ 역전압이 높다.
④ 가격이 저렴하다.

해설

평활회로의 비교

| | 콘덴서 입력형(Condenser Type LPE) | 초크 입력형(Choke Coil Type LPF) |
|---|---|---|
| 직류출력전압 ($V_{dc}$) | 높다(병렬연결). | 낮다(직렬연결). |
| 전압변동률 ($\triangle V$) | 크다. | 작다. |
| 맥동률 | 적다. | 부하전류가 작을수록 크다. |
| 역전압 | 높다(소전력송신기). | 낮다(대전력송신기). |
| 가 격 | 싸다. | 비싸다. |

## 73 정전압 전원회로의 파라미터에 해당되는 사항이 아닌 것은?

① 온도안정계수　② 출력저항
③ 전압안정계수　④ 전류안정계수

해설

정전압회로의 파라미터
- 전압안정계수
- 온도안정계수
- 출력저항

## 74 병렬형 정전압회로에 대한 특징으로 옳은 것은?

① 효율이 우수하다.
② 과부하 시 TR이 파괴된다.
③ 과부하에 대해 보호능력이 있다.
④ 부하변동이 많고 대전류일 때 사용된다.

해설

병렬형 정전압회로
- 과부하에 대해 보호능력이 있으나 효율이 나쁘다.
- Tr과 $RL$이 병렬연결, 부하변동이 적고 소전류일 때 이용된다.

정답　72 ①　73 ④　74 ③

MEMO

제 2 과목

신재생에너지발전설비산업기사(태양광)

# 신재생에너지 관련법규

# 신재생에너지 발전설비산업기사 (태양광) [필기]

**Always with you**

사람이 길에서 우연하게 만나거나 함께 살아가는 것만이 인연은 아니라고 생각합니다.
책을 펴내는 출판사와 그 책을 읽는 독자의 만남도 소중한 인연입니다.
(주)시대고시기획은 항상 독자의 마음을 헤아리기 위해 노력하고 있습니다. 늘 독자와 함께하겠습니다.

# 신재생에너지관련법

## 제1절 신에너지 및 재생에너지 개발 · 이용 · 보급 촉진법(법, 시행령, 시행규칙)

### 1 목적 및 용어정리

#### (1) 목적(법 제1조)

이 법은 신에너지 및 재생에너지의 기술개발 및 이용 · 보급 촉진과 신에너지 및 재생에너지 산업의 활성화를 통하여 에너지원을 다양화하고, 에너지의 안정적인 공급, 에너지 구조의 환경 친화적 전환 및 온실가스 배출의 감소를 추진함으로써 환경의 보전, 국가경제의 건전하고 지속적인 발전 및 국민복지의 증진에 이바지함을 목적으로 한다.

#### (2) 용어의 정의(법 제2조)

① "신에너지"란 기존의 화석연료를 변환시켜 이용하거나 수소 · 산소 등의 화학 반응을 통하여 전기 또는 열을 이용하는 에너지로서 다음 각 목의 어느 하나에 해당하는 것을 말한다.

㉠ 수소에너지

㉡ 연료전지

㉢ 석탄을 액화 · 가스화한 에너지 및 중질잔사유를 가스화한 에너지로서 대통령령으로 정하는 기준 및 범위에 해당하는 에너지

**중질잔사유** : 원유를 정제하고 남은 최종 잔재물로서 감압증류과정에서 나오는 감압잔사유 · 아스팔트와 열분해공정에서 나오는 코크 · 타르 · 피치 등을 말한다.

㉣ 그 밖에 석유 · 석탄 · 원자력 또는 천연가스가 아닌 에너지로서 대통령령으로 정하는 에너지

② "재생에너지"란 햇빛 · 물 · 지열 · 강수 · 생물유기체 등을 포함하는 재생 가능한 에너지를 변환시켜 이용하는 에너지로서 다음 각 목의 하나에 해당하는 것을 말한다.

㉠ 태양에너지

㉡ 풍 력

ⓒ 수 력

ⓓ 해양에너지

ⓔ 지열에너지

ⓕ 생물자원을 변환시켜 이용하는 바이오에너지로서 대통령령으로 정하는 기준 및 범위에 해당하는 에너지

ⓖ 폐기물에너지(비재생폐기물로부터 생산된 것은 제외한다)로서 대통령령으로 정하는 기준 및 범위에 해당하는 에너지

ⓗ 그 밖에 석유·석탄·원자력 또는 천연가스가 아닌 에너지로서 대통령령으로 정하는 에너지

③ "신에너지 및 재생에너지 설비"(이하 "신재생에너지 설비"라 한다)란 신에너지 및 재생에너지(이하 "신재생에너지"라 한다)를 생산 또는 이용하거나 신재생에너지의 전력계통 연계조건을 개선하기 위한 설비로서 산업통상자원부령으로 정하는 것을 말한다.

④ "신재생에너지 발전"이란 신재생에너지를 이용하여 전기를 생산하는 것을 말한다.

⑤ "신재생에너지 발전사업자"란 전기사업법에 따른 발전사업자 또는 자가용전기설비를 설치한 자로서 신재생에너지 발전을 하는 사업자를 말한다.

### (3) 석탄을 액화·가스화한 에너지 등의 기준 및 범위(영 제2조)

※ 바이오에너지 등의 기준 및 범위(별표 1)

| 에너지원의 종류 | 기준 및 범위 | |
|---|---|---|
| 1. 석탄을 액화·가스화한 에너지 | 기 준 | 석탄을 액화 및 가스화하여 얻어지는 에너지로서 다른 화합물과 혼합되지 않은 에너지 |
| | 범 위 | ㉠ 증기 공급용 에너지<br>㉡ 발전용 에너지 |
| 2. 중질잔사유를 가스화한 에너지 | 기 준 | ㉠ 중질잔사유(원유를 정제하고 남은 최종 잔재물로서 감압증류 과정에서 나오는 감압잔사유, 아스팔트와 열분해 공정에서 나오는 코크, 타르 및 피치 등을 말한다)를 가스화한 공정에서 얻어지는 연료<br>㉡ ㉠의 연료를 연소 또는 변환하여 얻어지는 에너지 |
| | 범 위 | 합성가스 |
| 3. 바이오에너지 | 기 준 | ㉠ 생물유기체를 변환시켜 얻어지는 기체, 액체 또는 고체의 연료<br>㉡ ㉠의 연료를 연소 또는 변환시켜 얻어지는 에너지<br>※ ㉠ 또는 ㉡의 에너지가 신재생에너지가 아닌 석유제품 등과 혼합된 경우에는 생물유기체로부터 생산된 부분만을 바이오에너지로 본다. |
| | 범 위 | ㉠ 생물유기체를 변환시킨 바이오가스, 바이오에탄올, 바이오액화유 및 합성가스<br>㉡ 쓰레기매립장의 유기성폐기물을 변환시킨 매립지가스<br>㉢ 동물·식물의 유지를 변환시킨 바이오디젤 및 바이오중유<br>㉣ 생물유기체를 변환시킨 땔감, 목재칩, 펠릿 및 목탄 등의 고체연료 |

| 에너지원의 종류 | | 기준 및 범위 |
|---|---|---|
| 4. 폐기물에너지 | 기 준 | ㉠ 폐기물을 변환시켜 얻어지는 기체, 액체 또는 고체의 연료<br>㉡ ㉠의 연료를 연소 또는 변환시켜 얻어지는 에너지<br>㉢ 폐기물의 소각열을 변환시킨 에너지<br>※ ㉠부터 ㉢까지의 에너지가 신재생에너지가 아닌 석유제품 등과 혼합되는 경우에는 폐기물로부터 생산된 부분만을 폐기물에너지로 보고, ㉠부터 ㉢까지의 에너지 중 비재생폐기물(석유, 석탄 등 화석연료에 기원한 화학섬유, 인조가죽, 비닐 등으로서 생물 기원이 아닌 폐기물을 말한다)로부터 생산된 것은 제외한다. |
| 5. 수열에너지 | 기 준 | 물의 열을 히트펌프(Heat Pump)를 사용하여 변환시켜 얻어지는 에너지 |
| | 범 위 | 해수의 표층 및 하천수의 열을 변환시켜 얻어지는 에너지 |

### (4) 신재생에너지 설비(시행규칙 제2조)

신에너지 및 재생에너지 개발·이용·보급 촉진법(이하 "법"이라 한다) 신에너지 및 재생에너지 설비에서 "산업통상자원부령으로 정하는 것"이란 다음 각 호의 설비 및 그 부대설비(이하 "신재생에너지 설비"라 한다)를 말한다.

① **수소에너지 설비** : 물이나 그 밖에 연료를 변환시켜 수소를 생산하거나 이용하는 설비

② **연료전지 설비** : 수소와 산소의 전기화학 반응을 통하여 전기 또는 열을 생산하는 설비

③ **석탄을 액화·가스화한 에너지 및 중질잔사유를 가스화한 에너지 설비** : 석탄 및 중질잔사유의 저급 연료를 액화 또는 가스화시켜 전기 또는 열을 생산하는 설비

④ **태양에너지 설비**

㉠ 태양열 설비 : 태양의 열에너지를 변환시켜 전기를 생산하거나 에너지원으로 이용하는 설비

㉡ 태양광 설비 : 태양의 빛에너지를 변환시켜 전기를 생산하거나 채광에 이용하는 설비

⑤ **풍력 설비** : 바람의 에너지를 변환시켜 전기를 생산하는 설비

⑥ **수력 설비** : 물의 유동에너지를 변환시켜 전기를 생산하는 설비

⑦ **해양에너지 설비** : 해양의 조수, 파도, 해류, 온도차 등을 변환시켜 전기 또는 열을 생산하는 설비

⑧ **지열에너지 설비** : 물, 지하수 및 지하의 열 등의 온도차를 변환시켜 에너지를 생산하는 설비

⑨ **바이오에너지 설비** : 신에너지 및 재생에너지 개발·이용·보급 촉진법 시행령(이하 "영"이라 한다) 별표 1의 바이오에너지를 생산하거나 이를 에너지원으로 이용하는 설비

⑩ **폐기물에너지 설비** : 폐기물을 변환시켜 연료 및 에너지를 생산하는 설비

⑪ **수열에너지 설비** : 물의 열을 변환시켜 에너지를 생산하는 설비

⑫ **전력저장 설비** : 신에너지 및 재생에너지(이하 "신재생에너지"라 한다)를 이용하여 전기를 생산하는 설비와 연계된 전력저장 설비

## 2 기본계획의 수립 및 실행계획

### (1) 기본계획의 수립(법 제5조)

① 산업통상자원부장관은 관계 중앙행정기관의 장과 협의를 한 후 신재생에너지정책심의회의 심의를 거쳐 신재생에너지의 기술개발 및 이용·보급을 촉진하기 위한 기본계획(이하 "기본계획"이라 한다)을 5년마다 수립하여야 한다.

② 기본계획의 계획기간은 10년 이상으로 하며, 기본계획에는 다음 각 호의 사항이 포함되어야 한다.

㉠ 기본계획의 목표 및 기간

㉡ 신재생에너지원별 기술개발 및 이용·보급의 목표

㉢ 총전력생산량 중 신재생에너지 발전량이 차지하는 비율의 목표

㉣ 에너지법에 따른 온실가스의 배출 감소 목표

㉤ 기본계획의 추진방법

㉥ 신재생에너지 기술수준의 평가와 보급전망 및 기대효과

㉦ 신재생에너지 기술개발 및 이용·보급에 관한 지원 방안

㉧ 신재생에너지 분야 전문 인력 양성계획

㉨ 직전 기본계획에 대한 평가

㉩ 그 밖에 기본계획의 목표달성을 위하여 산업통상자원부장관이 필요하다고 인정하는 사항

③ 산업통상자원부장관은 신재생에너지의 기술개발 동향, 에너지 수요·공급 동향의 변화, 그 밖의 사정으로 인하여 수립된 기본계획을 변경할 필요가 있다고 인정하면 관계 중앙행정기관의 장과 협의를 한 후 신재생에너지정책심의회의 심의를 거쳐 그 기본계획을 변경할 수 있다.

### (2) 연차별 실행계획(법 제6조)

① 산업통상자원부장관은 기본계획에서 정한 목표를 달성하기 위하여 신재생에너지의 종류별로 신재생에너지의 기술개발 및 이용·보급과 신재생에너지 발전에 의한 전기의 공급에 관한 실행계획(이하 "실행계획"이라 한다)을 매년 수립·시행하여야 한다.

② 산업통상자원부장관은 실행계획을 수립·시행하려면 미리 관계 중앙행정기관의 장과 협의하여야 한다.

③ 산업통상자원부장관은 실행계획을 수립하였을 때에는 이를 공고하여야 한다.

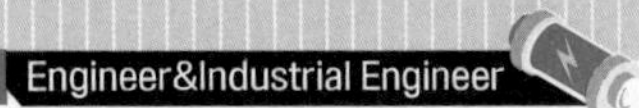

## 3 신재생에너지 기술개발 계획의 사전협의 및 정책심의회

### (1) 신재생에너지 기술개발 등에 관한 계획의 사전협의(법 제7조, 영 제3조)

국가기관, 지방자치단체, 공공기관, 그 밖에 대통령령으로 정하는 자가 신재생에너지 기술개발 및 이용·보급에 관한 계획을 수립·시행하려면 대통령령으로 정하는 바에 따라 미리 산업통상자원부장관과 협의하여야 한다.

① 신재생에너지 기술개발 등에 관한 계획의 사전협의에서 "대통령령으로 정하는 자"란 다음 각 호의 어느 하나에 해당하는 자를 말한다.

㉠ 정부로부터 출연금을 받은 자

㉡ 정부출연기관 또는 ㉠에 따른 자로부터 납입자본금의 100분의 50 이상을 출자 받은 자

② 신재생에너지 기술개발 등에 관한 계획의 사전협의에 따라 신에너지 및 재생에너지(이하 "신재생에너지"라 한다) 기술개발 및 이용·보급에 관한 계획을 협의하려는 자는 그 시행 사업연도 개시 4개월 전까지 산업통상자원부장관에게 계획서를 제출하여야 한다.

③ 산업통상자원부장관은 ②에 따라 계획서를 받았을 때에는 다음 각 호의 사항을 검토하여 협의를 요청한 자에게 그 의견을 통보하여야 한다.

㉠ 기본계획 수립에 따른 신재생에너지의 기술개발 및 이용·보급을 촉진하기 위한 기본계획(이하 "기본계획"이라 한다)과의 조화성

㉡ 시의성(사정에 맞거나 시기에 적합한 성질을 말한다)

㉢ 다른 계획과의 중복성

㉣ 공동연구의 가능성

### (2) 신재생에너지정책심의회(법 제8조)

① 신재생에너지의 기술개발 및 이용·보급에 관한 중요 사항을 심의하기 위하여 산업통상자원부에 신재생에너지정책심의회(이하 "심의회"라 한다)를 둔다.

② 심의회는 다음 각 호의 사항을 심의한다.

㉠ 기본계획의 수립 및 변경에 관한 사항. 다만, 기본계획의 내용 중 대통령령으로 정하는 경미한 사항을 변경하는 경우는 제외한다.

㉡ 신재생에너지의 기술개발 및 이용·보급에 관한 중요 사항

㉢ 신재생에너지 발전에 의하여 공급되는 전기의 기준가격 및 그 변경에 관한 사항

㉣ 그 밖에 산업통상자원부장관이 필요하다고 인정하는 사항

③ 심의회의 구성·운영과 그 밖에 필요한 사항은 대통령령으로 정한다.

### (3) 신재생에너지정책심의회의 구성(영 제4조)

① 신재생에너지정책심의회(이하 "심의회"라 한다)는 위원장 1명을 포함한 20명 이내의 위원으로 구성한다.

② 심의회의 위원장은 산업통상자원부 소속 에너지 분야의 업무를 담당하는 고위공무원단에 속하는 일반직공무원 중에서 산업통상자원부장관이 지명하는 사람으로 하고, 위원은 다음 각 호의 사람으로 한다.

㉠ 기획재정부, 과학기술정보통신부, 농림축산식품부, 산업통상자원부, 환경부, 국토교통부, 해양수산부의 3급 공무원 또는 고위공무원단에 속하는 일반직공무원 중 해당 기관의 장이 지명하는 사람 각 1명

㉡ 신재생에너지 분야에 관한 학식과 경험이 풍부한 사람 중 산업통상자원부장관이 위촉하는 사람

## 4 사업비의 사용 및 사업의 실시

### (1) 조성된 사업비의 사용(법 제10조)

산업통상자원부장관은 신재생에너지 기술개발 및 이용·보급 사업비의 조성에 따라 조성된 사업비를 다음 각 호의 사업에 사용한다.

① 신재생에너지의 자원조사, 기술수요조사 및 통계작성

② 신재생에너지의 연구·개발 및 기술평가

③ 신재생에너지 공급의무화 지원

④ 신재생에너지 설비의 성능평가·인증 및 사후관리

⑤ 신재생에너지 기술정보의 수집·분석 및 제공

⑥ 신재생에너지 분야 기술지도 및 교육·홍보

⑦ 신재생에너지 분야 특성화대학 및 핵심기술연구센터 육성

⑧ 신재생에너지 분야 전문 인력 양성

⑨ 신재생에너지 설비 설치기업의 지원

⑩ 신재생에너지 시범사업 및 보급사업

⑪ 신재생에너지 이용의무화 지원

⑫ 신재생에너지 관련 국제협력

⑬ 신재생에너지 기술의 국제표준화 지원

⑭ 신재생에너지 설비 및 그 부품의 공용화 지원

⑮ 그 밖에 신재생에너지의 기술개발 및 이용·보급을 위하여 필요한 사업으로서 대통령령으로 정하는 사업

### (2) 사업의 실시(법 제11조)

① 산업통상자원부장관은 조성된 사업비의 사용 각 호의 사업을 효율적으로 추진하기 위하여 필요하다고 인정하면 다음 각 호의 어느 하나에 해당하는 자와 협약을 맺어 그 사업을 하게 할 수 있다.

㉠ 특정연구기관 육성법에 따른 특정연구기관

㉡ 기초연구진흥 및 기술개발지원에 관한 법률에 따라 인정받은 기업부설연구소(연구 인력·시설 등 대통령령으로 정하는 기준에 해당하는 기업부설연구소 또는 연구개발전담부서)

㉢ 산업기술연구조합 육성법에 따른 산업기술연구조합

㉣ 고등교육법에 따른 대학 또는 전문대학

㉤ 국공립연구기관

㉥ 국가기관, 지방자치단체 및 공공기관

㉦ 그 밖에 산업통상자원부장관이 기술개발능력이 있다고 인정하는 자

② 산업통상자원부장관은 ①의 각 호의 하나에 해당하는 자가 하는 기술개발사업 또는 이용·보급 사업에 드는 비용의 전부 또는 일부를 출연할 수 있다.

③ ②의 따른 출연금의 지급·사용 및 관리 등에 필요한 사항은 대통령령으로 정한다.

## 5 투자권고 및 신재생에너지 이용의무화

### (1) 신재생에너지사업에의 투자권고 및 신재생에너지 이용의무화 등(법 제12조)

① 산업통상자원부장관은 신재생에너지의 기술개발 및 이용·보급을 촉진하기 위하여 필요하다고 인정하면 에너지 관련 사업을 하는 자에 대하여 조성된 사업비의 사용 각 호의 사업을 하거나 그 사업에 투자 또는 출연할 것을 권고할 수 있다.

② 산업통상자원부장관은 신재생에너지의 이용·보급을 촉진하고 신재생에너지산업의 활성화를 위하여 필요하다고 인정하면 다음 각 호의 하나에 해당하는 자가 신축·증축 또는 개축하는 건축물에 대하여 대통령령으로 정하는 바에 따라 그 설계 시 산출된 예상 에너지사용량의 일정 비율 이상을 신재생에너지를 이용하여 공급되는 에너지를 사용하도록 신재생에너지 설비를 의무적으로 설치하게 할 수 있다.

㉠ 국가 및 지방자치단체

㉡ 공공기관

㉢ 정부가 대통령령으로 정하는 금액 이상을 출연한 정부출연기관

㉣ 국유재산법에 따른 정부출자기업체

㉤ 지방자치단체 및 ㉡~㉣의 규정에 따른 공공기관, 정부출연기관 또는 정부출자기업체가 대통령령으로 정하는 비율 또는 금액 이상을 출자한 법인

㉥ 특별법에 따라 설립된 법인

③ 산업통상자원부장관은 신재생에너지의 활용 여건 등을 고려할 때 신재생에너지를 이용하는 것이 적절하다고 인정되는 공장·사업장 및 집단주택단지 등에 대하여 신재생에너지의 종류를 지정하여 이용하도록 권고하거나 그 이용설비를 설치하도록 권고할 수 있다.

### (2) 신재생에너지 공급의무화 등(법 제12조의 5)

① 산업통상자원부장관은 신재생에너지의 이용·보급을 촉진하고 신재생에너지산업의 활성화를 위하여 필요하다고 인정하면 다음 각 호의 하나에 해당하는 자 중 대통령령으로 정하는 자(이하 "공급의무자"라 한다)에게 발전량의 일정량 이상을 의무적으로 신재생에너지를 이용하여 공급하게 할 수 있다.

㉠ 전기사업법에 따른 발전사업자

㉡ 집단에너지사업법 및 전기사업법에 따른 발전사업의 허가를 받은 것으로 보는 자

㉢ 공공기관

② ①에 따라 공급의무자가 의무적으로 신재생에너지를 이용하여 공급하여야 하는 발전량(이하 "의무공급량"이라 한다)의 합계는 총전력생산량의 10[%] 이내의 범위에서 연도별로 대통령령으로 정한다. 이 경우 균형 있는 이용·보급이 필요한 신재생에너지에 대하여는 대통령령으로 정하는 바에 따라 총의무공급량 중 일부를 해당 신재생에너지를 이용하여 공급하게 할 수 있다.

③ 공급의무자의 의무공급량은 산업통상자원부장관이 공급의무자의 의견을 들어 공급의무자별로 정하여 고시한다. 이 경우 산업통상자원부장관은 공급의무자의 총발전량 및 발전원 등을 고려하여야 한다.

④ 공급의무자는 의무공급량의 일부에 대하여 3년의 범위에서 그 공급의무의 이행을 연기할 수 있다.

⑤ 공급의무자는 신재생에너지 공급인증서를 구매하여 의무공급량에 충당할 수 있다.

⑥ 산업통상자원부장관은 ①에 따른 공급의무의 이행 여부를 확인하기 위하여 공급의무자에게 대통령령으로 정하는 바에 따라 필요한 자료의 제출 또는 ⑤에 따라 구매하여 의무공급량에 충당하거나 발급받은 신재생에너지 공급인증서의 제출을 요구할 수 있다.

⑦ ④에 따라 공급의무의 이행을 연기할 수 있는 총량과 연차별 허용량, 그 밖에 필요한 사항은 대통령령으로 정한다.

### (3) 신재생에너지 공급의무 비율 등(영 제15조)

① 예상 에너지사용량에 대한 신재생에너지 공급의무 비율은 다음 각 호와 같다.

㉠ 건축법 시행령의 용도별 건축물 종류에 따라 신축·증축 또는 개축하는 부분의 연면적이 1,000[$m^2$] 이상인 건축물(해당 건축물의 건축 목적, 기능, 설계 조건 또는 시공 여건상의 특수성으로 인하여 신재생에너지 설비를 설치하는 것이 불합리하다고 인정되는 경우로서 산업통상자원부장관이 정하여 고시하는 건축물은 제외한다) : 별표 2에 따른 비율 이상

※ 신재생에너지의 공급의무 비율(별표 2)

| 해당 연도 | 공급의무 비율[%] |
|---|---|
| 2011~2012 | 10 |
| 2013 | 11 |
| 2014 | 12 |
| 2015 | 15 |
| 2016 | 18 |
| 2017 | 21 |
| 2018 | 24 |
| 2019 | 27 |
| 2020 이후 | 30 |

㉡ ㉠ 외의 건축물 : 산업통상자원부장관이 용도별 건축물의 종류로 정하여 고시하는 비율 이상

② ①의 ㉠에서 "연면적"이란 건축법 시행령에 따른 연면적을 말하되, 하나의 대지에 둘 이상의 건축물이 있는 경우에는 동일한 건축허가를 받은 건축물의 연면적 합계를 말한다.

③ ①에 따른 건축물의 예상 에너지사용량의 산정기준 및 산정방법 등은 신재생에너지의 균형 있는 보급과 기술개발의 촉진 및 산업 활성화 등을 고려하여 산업통상자원부장관이 정하여 고시한다.

### (4) 신재생에너지 설비의 설치계획서 제출 등(영 제17조)

① 신재생에너지사업에의 투자권고 및 신재생에너지 이용의무화 등(법 제12조)에 따른 각 호의 어느 하나에 해당하는 자(이하 "설치의무기관"이라 한다)의 장 또는 대표자가 신재생에너지 공급의무 비율 등(영 제15조)에 각 호의 어느 하나에 해당하는 건축물을 신축·증축 또는 개축하려는 경우에는 신재생에너지 설비의 설치계획서(이하 "설치계획서"라 한다)를 해당 건축물에 대한 건축허가를 신청하기 전에 산업통상자원부장관에게 제출하여야 한다.

② 산업통상자원부장관은 설치계획서를 받은 날부터 30일 이내에 타당성을 검토한 후 그 결과를 해당 설치의무기관의 장 또는 대표자에게 통보하여야 한다.

③ 산업통상자원부장관은 설치계획서를 검토한 결과 신재생에너지 공급의무 비율 등에 따른 기준에 미달한다고 판단한 경우에는 미리 그 내용을 설치의무기관의 장 또는 대표자에게 통지하여 의견을 들을 수 있다.

### (5) 신재생에너지 공급의무자(영 제18조의 3)

① 신재생에너지 공급의무화 등에서 "대통령령으로 정하는 자"란 다음 각 호의 어느 하나에 해당하는 자를 말한다.

㉠ 발전사업자, 발전사업의 허가를 받은 것으로 보는 자에 해당하는 자로서 500,000[kW] 이상의 발전설비(신재생에너지 설비는 제외한다)를 보유하는 자

㉡ 한국수자원공사법에 따른 한국수자원공사

㉢ 집단에너지사업법에 따른 한국지역난방공사

② 산업통상자원부장관은 ①의 각 호에 해당하는 자(이하 "공급의무자"라 한다)를 공고하여야 한다.

### (6) 연도별 의무공급량의 합계 등(영 제18조의 4)

① 의무공급량(이하 "의무공급량"이라 한다)의 연도별 합계는 공급의무자의 다음 계산식에 따른 총전력생산량에 별표 3에 따른 비율을 곱한 발전량 이상으로 한다. 이 경우 의무공급량은 공급인증서(이하 "공급인증서"라 한다)를 기준으로 산정한다.

※ 총전력생산량 = 지난 연도 총전력생산량 – (신재생에너지 발전량 + 전기사업법 일반용 전기설비에서 산업통상자원부장관이 정하여 고시하는 설비에서 생산된 발전량)

※ 연도별 의무공급량의 비율(별표 3)

| 해당 연도 | 비율[%] |
|---|---|
| 2012 | 2.0 |
| 2013 | 2.5 |
| 2014 | 3.0 |
| 2015 | 3.0 |
| 2016 | 3.5 |
| 2017 | 4.0 |
| 2018 | 5.0 |
| 2019 | 6.0 |
| 2020 | 7.0 |
| 2021 | 8.0 |
| 2022 | 9.0 |
| 2023년 이후 | 10.0 |

② 산업통상자원부장관은 3년마다 신재생에너지 관련 기술개발의 수준 등을 고려하여 별표 3에 따른 비율을 재검토하여야 한다. 다만, 신재생에너지의 보급목표 및 그 달성 실적과 그 밖의 여건 변화 등을 고려하여 재검토 기간을 단축할 수 있다.

③ 신재생에너지 공급의무화 등에 따라 공급하게 할 수 있는 신재생에너지의 종류 및 의무공급량에 대하여 2015년 12월 31일까지 적용하는 기준은 별표 4와 같다. 이 경우 공급의무자별 의무공급량은 산업통상자원부장관이 정하여 고시한다.

※ 신재생에너지의 종류 및 의무공급량(별표 4)

㉠ 종 류

태양에너지(태양의 빛에너지를 변환시켜 전기를 생산하는 방식에 한정한다)

㉡ 연도별 의무공급량

| 해당 연도 | 의무공급량(단위[GWh]) |
|---|---|
| 2012년 | 276 |
| 2013년 | 723 |
| 2014년 | 1,353 |
| 2015년 이후 | 1,971 |

④ ③에 따라 공급하는 신재생에너지에 대해서는 산업통상자원부장관이 정하여 고시하는 비율 및 방법 등에 따라 공급인증서를 구매하여 의무공급량에 충당할 수 있다.

⑤ 공급의무자는 의무공급량의 일부에 대하여 3년의 범위에서 그 공급의무의 이행을 연기할 수 있기 때문에 연도별 의무공급량(공급의무의 이행이 연기된 의무공급량은 포함하지 아니한다)의 100분의 20을 넘지 아니하는 범위에서 공급의무의 이행을 연기할 수 있다. 이 경우 공급의무자는 연기된 의무공급량의 공급이 완료되기까지는 그 연기된 의무공급량 중 매년 100분의 20 이상을 연도별 의무공급량에 우선하여 공급하여야 한다.

⑥ 공급의무자는 의무공급량의 일부에 대하여 3년의 범위에서 그 공급의무의 이행을 연기할 수 있기 때문에 그 공급의무의 이행을 연기하려는 경우에는 연기할 의무공급량, 연기 사유 등을 산업통상자원부장관에게 다음 연도 2월 말일까지 제출하여야 한다.

## 6 공급인증서 및 공급인증기관의 지정 등

### (1) 신재생에너지 공급인증서 등(법 제12조의 7)

① 신재생에너지를 이용하여 에너지를 공급한 자(이하 "신재생에너지 공급자"라 한다)는 산업통상자원부장관이 신재생에너지를 이용한 에너지 공급의 증명 등을 위하여 지정하는 기관(이하 "공급인증기관"이라 한다)으로부터 그 공급 사실을 증명하는 인증서(전자문서로 된 인증서를 포함한다. 이하 "공급인증서"라 한다)를 발급받을 수 있다. 다만, 발전차액을 지원받은 신재생에너지 공급자에 대한 공급인증서는 국가에 대하여 발급한다.

② 공급인증서를 발급받으려는 자는 공급인증기관에 대통령령으로 정하는 바에 따라 공급인증서의 발급을 신청하여야 한다.

③ 공급인증기관은 ②에 따른 신청을 받은 경우에는 신재생에너지의 종류별 공급량 및 공급기간 등을 확인한 후 다음 각 호의 기재사항을 포함한 공급인증서를 발급하여야 한다. 이 경우 균형 있는 이용·보급과 기술개발 촉진 등이 필요한 신재생에너지에 대하여는 대통령령으로 정하는 바에 따라 실제 공급량에 가중치를 곱한 양을 공급량으로 하는 공급인증서를 발급할 수 있다.

㉠ 신재생에너지 공급자

㉡ 신재생에너지의 종류별 공급량 및 공급기간

㉢ 유효기간

④ 공급인증서의 유효기간은 발급받은 날부터 3년으로 하되, 공급의무자가 구매하여 의무공급량에 충당하거나 발급받아 산업통상자원부장관에게 제출한 공급인증서는 그 효력을 상실한다. 이 경우 유효기간이 지나거나 효력을 상실한 해당 공급인증서는 폐기하여야 한다.

⑤ 공급인증서를 발급받은 자는 그 공급인증서를 거래하려면 공급인증서 발급 및 거래시장 운영에 관한 규칙으로 정하는 바에 따라 공급인증기관이 개설한 거래시장(이하 "거래시장"이라 한다)에서 거래하여야 한다.

⑥ 산업통상자원부장관은 다른 신재생에너지와의 형평을 고려하여 공급인증서가 일정 규모 이상의 수력을 이용하여 에너지를 공급하고 발급된 경우 등 산업통상자원부령으로 정하는 사유에 해당할 때에는 거래시장에서 해당 공급인증서가 거래될 수 없도록 할 수 있다.

⑦ 산업통상자원부장관은 거래시장의 수급조절과 가격안정화를 위하여 대통령령으로 정하는 바에 따라 국가에 대하여 발급된 공급인증서를 거래할 수 있다. 이 경우 산업통상자원부장관은 공급의무자의 의무공급량, 의무이행실적 및 거래시장 가격 등을 고려하여야 한다.

⑧ 신재생에너지 공급자가 신재생에너지 설비에 대한 지원 등 대통령령으로 정하는 정부의 지원을 받은 경우에는 대통령령으로 정하는 바에 따라 공급인증서의 발급을 제한할 수 있다.

### (2) 신재생에너지 공급인증서의 발급 신청 등(영 제18조의 8)

① 공급인증서를 발급받으려는 자는 공인인증기관에 대통령령으로 정하는 바에 따라 공급인증서의 발급을 신청해야 한다는 규정에 따라 공급인증서를 발급받으려는 자는 공급인증기관이 업무를 시작하기 전 산업통상자원부장관의 승인받아야 하는 규정에 따른 공급인증서 발급 및 거래시장 운영에 관한 규칙에서 정하는 바에 따라 신재생에너지를 공급한 날부터 90일 이내에 발급 신청을 하여야 한다.

② ①에 따라 발급 신청을 받은 공급인증기관은 발급 신청을 한 날부터 30일 이내에 공급인증서를 발급하여야 한다.

### (3) 공급인증기관의 지정 등(법 제12조의 8)

① 산업통상자원부장관은 공급인증서 관련 업무를 전문적이고 효율적으로 실시하고 공급인증서의 공정한 거래를 위하여 다음 각 호의 어느 하나에 해당하는 자를 공급인증기관으로 지정할 수 있다.

㉠ 신재생에너지센터

㉡ 전기사업법에 따른 한국전력거래소

㉢ 공급인증기관의 업무에 필요한 인력 · 기술능력 · 시설 · 장비 등 대통령령으로 정하는 기준에 맞는 자

② ①에 따라 공급인증기관으로 지정받으려는 자는 산업통상자원부장관에게 지정을 신청하여야 한다.

③ 공급인증기관의 지정방법 · 지정절차, 그 밖에 공급인증기관의 지정에 필요한 사항은 산업통상자원부령으로 정한다.

### (4) 공급인증기관의 업무 등(법 제12조의 9)

① 지정된 공급인증기관은 다음 각 호의 업무를 수행한다.

㉠ 공급인증서의 발급, 등록, 관리 및 폐기

㉡ 국가가 소유하는 공급인증서의 거래 및 관리에 관한 사무의 대행

㉢ 거래시장의 개설

㉣ 공급의무자가 신재생에너지 공급의무화 등에 따른 의무를 이행하는 데 지급한 비용의 정산에 관한 업무

㉤ 공급인증서 관련 정보의 제공

㉥ 그 밖에 공급인증서의 발급 및 거래에 딸린 업무

② 공급인증기관은 업무를 시작하기 전에 산업통상자원부령으로 정하는 바에 따라 공급인증서 발급 및 거래시장 운영에 관한 규칙(이하 "운영규칙"이라 한다)을 제정하여 산업통상자원부장관의 승인을 받아야 한다. 운영규칙을 변경하거나 폐지하는 경우(산업통상자원부령으로 정하는 경미한 사항의 변경은 제외한다)에도 또한 같다.

③ 산업통상자원부장관은 공급인증기관에 ①에 따른 업무의 계획 및 실적에 관한 보고를 명하거나 자료의 제출을 요구할 수 있다.

④ 산업통상자원부장관은 다음 각 호의 어느 하나에 해당하는 경우에는 공급인증기관에 시정기간을 정하여 시정을 명할 수 있다.

㉠ 운영규칙을 준수하지 아니한 경우

㉡ ③에 따른 보고를 하지 아니하거나 거짓으로 보고한 경우

㉢ ③에 따른 자료의 제출 요구에 따르지 아니하거나 거짓의 자료를 제출한 경우

## 7 신재생에너지 연료의 기준 및 품질검사기관

### (1) 신재생에너지의 가중치(영 제18조의 9)

신재생에너지의 가중치는 해당 신재생에너지에 대한 다음 각 호의 사항을 고려하여 산업통상자원부장관이 정하여 고시하는 바에 따른다.

① 환경, 기술개발 및 산업 활성화에 미치는 영향

② 발전 원가
③ 부존 잠재량
④ 온실가스 배출 저감에 미치는 효과
⑤ 전력 수급의 안정에 미치는 영향
⑥ 지역주민의 수용 정도

### (2) 신재생에너지 연료의 기준 및 범위(영 제18조의 12)

신재생에너지 연료 품질기준에서 "대통령령으로 정하는 기준 및 범위에 해당하는 것"이란 다음 각 호의 연료(폐기물관리법 제2조제1호에 따른 폐기물을 이용하여 제조한 것은 제외한다)를 말한다.

① 수 소
② 중질잔사유를 가스화한 공정에서 얻어지는 합성가스
③ 생물유기체를 변환시킨 바이오가스, 바이오에탄올, 바이오액화유 및 합성가스
④ 동물·식물의 유지를 변환시킨 바이오디젤 및 바이오중유
⑤ 생물유기체를 변환시킨 목재 칩, 펠릿 및 목탄 등의 고체연료

### (3) 신재생에너지 품질검사기관(영 제18조의 13)

신재생에너지 연료 품질검사에서 "대통령령으로 정하는 신재생에너지 품질검사기관"이란 다음 각 호의 기관을 말한다.

㉠ 석유 및 석유대체연료 사업법에 따라 설립된 한국석유관리원
㉡ 고압가스 안전관리법에 따라 설립된 한국가스안전공사
㉢ 임업 및 산촌 진흥촉진에 관한 법률에 따라 설립된 한국임업진흥원

## 8 신재생에너지 설비의 인증

### (1) 신재생에너지 설비의 인증 등(법 제13조)

① 신재생에너지 설비를 제조하거나 수입하여 판매하려는 자는 산업표준화법에 따른 제품의 인증(이하 "설비인증"이라 한다)을 받을 수 있다.

② 산업통상자원부장관은 산업통상자원부령으로 정하는 바에 따라 ①에 따른 설비인증에 드는 경비의 일부를 지원하거나, 산업표준화법에 따라 지정된 설비인증기관(이하 "설비인증기관"이라 한다)에 대하여 지정 목적상 필요한 범위에서 행정상의 지원 등을 할 수 있다.

③ 설비인증에 관하여 이 법에 특별한 규정이 있는 경우를 제외하고는 산업표준화법에서 정하는 바에 따른다.

### (2) 신재생에너지의 이용 · 보급의 촉진(영 제19조)

산업통상자원부장관은 신재생에너지의 이용·보급을 촉진하기 위하여 필요한 경우 관계 중앙행정기관 또는 지방자치단체에 대하여 관련 계획의 수립, 제도의 개선, 필요한 예산의 반영, 법 제13조제1항 신재생에너지 설비의 인증 등에 따라 인증(이하 "설비인증"이라 한다)을 받은 신재생에너지 설비의 사용 등을 요청할 수 있다.

## 9 국 · 공유재산의 임대 및 센터의 사업

### (1) 국유재산 · 공유재산의 임대 등(법 제26조)

① 국가 또는 지방자치단체는 신재생에너지 기술개발 및 이용·보급에 관한 사업을 위하여 필요하다고 인정하면 국유재산법 또는 공유재산 및 물품 관리법에도 불구하고 수의계약에 따라 국유재산 또는 공유재산을 신재생에너지 기술개발 및 이용·보급에 관한 사업을 하는 자에게 대부계약의 체결 또는 사용허가(이하 "임대"라 한다)를 하거나 처분할 수 있다.

② 국가 또는 지방자치단체가 ①에 따라 국유재산 또는 공유재산을 임대하는 경우에는 국유재산법 또는 공유재산 및 물품 관리법에도 불구하고 자진철거 및 철거비용의 공탁을 조건으로 영구시설물을 축조하게 할 수 있다. 다만, 공유재산에 영구시설물을 축조하려면 조례로 정하는 절차에 따라 지방의회의 동의를 받아야 한다.

③ ①에 따른 국유재산 및 공유재산의 임대기간은 10년 이내로 하되, 국유재산은 종전의 임대기간을 초과하지 아니하는 범위에서 갱신할 수 있고, 공유재산은 지방자치단체의 장이 필요하다고 인정하는 경우 1회에 한하여 10년 이내의 기간에서 연장할 수 있다.

④ ①에 따라 국유재산 또는 공유재산을 임차하거나 취득한 자가 임대일 또는 취득일부터 2년 이내에 해당 재산에서 신재생에너지 기술개발 및 이용·보급에 관한 사업을 시행하지 아니하는 경우에는 대부계약 또는 사용허가를 취소하거나 환매할 수 있다.

⑤ 지방자치단체가 ①에 따라 공유재산을 임대하는 경우에는 공유재산 및 물품 관리법에도 불구하고 임대료를 100분의 50의 범위에서 경감할 수 있다.

### (2) 신재생에너지센터(법 제31조)

① 산업통상자원부장관은 신재생에너지의 이용 및 보급을 전문적이고 효율적으로 추진하기 위하여 대통령령으로 정하는 에너지 관련 기관에 신재생에너지센터(이하 "센터"라 한다)를 두어 신재생에너지 분야에 관한 다음 각 호의 사업을 하게 할 수 있다.

Check! **신재생에너지 분야에 관한 다음 각 호의 사업**

- 신재생에너지의 기술개발 및 이용·보급사업의 실시자에 대한 지원·관리
- 신재생에너지 이용의무의 이행에 관한 지원·관리
- 신재생에너지 공급의무의 이행에 관한 지원·관리
- 공급인증기관의 업무에 관한 지원·관리
- 설비인증에 관한 지원·관리
- 이미 보급된 신재생에너지 설비에 대한 기술지원
- 신재생에너지 기술의 국제표준화에 대한 지원·관리
- 신재생에너지 설비 및 그 부품의 공용화에 관한 지원·관리
- 신재생에너지 설비 설치기업에 대한 지원·관리
- 신재생에너지 연료 혼합의무의 이행에 관한 지원·관리
- 통계관리
- 신재생에너지 보급사업의 지원·관리
- 신재생에너지 기술의 사업화에 관한 지원·관리
- 교육·홍보 및 전문 인력 양성에 관한 지원·관리
- 국내외 조사·연구 및 국제협력 사업
- 그 밖에 신재생에너지의 이용·보급 촉진을 위하여 필요한 사업으로서 산업통상자원부장관이 위탁하는 사업

② 산업통상자원부장관은 센터가 ①의 사업을 하는 경우 자금 출연이나 그 밖에 필요한 지원을 할 수 있다.

③ 센터의 조직·인력·예산 및 운영에 관하여 필요한 사항은 산업통상자원부령으로 정한다.

## 10 벌칙 및 과태료

### (1) 벌칙(법 제34조)

① 거짓이나 부정한 방법으로 신재생에너지 발전 기준가격의 고시 및 차액 지원에 따른 발전차액을 지원받은 자와 그 사실을 알면서 발전차액을 지급한 자는 3년 이하의 징역 또는 지원받은 금액의 3배 이하에 상당하는 벌금에 처한다.

② 거짓이나 부정한 방법으로 공급인증서를 발급받은 자와 그 사실을 알면서 공급인증서를 발급한 자는 3년 이하의 징역 또는 3천만원 이하의 벌금에 처한다.

③ 신재생에너지 공급인증서 등을 위반하여 공급인증기관이 개설한 거래시장 외에서 공급인증서를 거래한 자는 2년 이하의 징역 또는 2천만원 이하의 벌금에 처한다.

④ 법인의 대표자나 법인 또는 개인의 대리인, 사용인, 그 밖의 종업원이 그 법인 또는 개인의 업무에 관하여 ①~③까지 어느 하나에 해당하는 위반행위를 하면 그 행위자를 벌하는 외에 그 법인 또는 개인에게도 해당 조문의 벌금형을 과한다. 다만, 법인 또는 개인이 그 위반행위를 방지하기 위하여 해당 업무에 관하여 상당한 주의와 감독을 게을리 하지 아니한 경우에는 그러하지 아니하다.

### (2) 과태료 부과기준(영 제31조 별표 8)

① 일반기준

㉠ 위반행위 횟수에 따른 과태료의 가중된 부과기준은 최근 2년간 같은 위반행위로 과태료 부과처분을 받은 경우에 적용한다. 이 경우 기간의 계산은 위반행위에 대하여 과태료 부과처분을 받은 날과 그 처분 후 다시 같은 위반행위를 하여 적발한 날을 기준으로 한다.

㉡ ㉠에 따라 가중된 부과처분을 하는 경우 가중처분의 적용 차수는 그 위반행위 전 부과처분 차수(㉠에 따른 기간 내에 과태료 부과처분이 둘 이상 있었던 경우에는 높은 차수를 말한다)의 다음 차수로 한다.

㉢ 산업통상자원부장관은 다음의 어느 하나에 해당하는 경우에는 ②의 개별기준에 따른 과태료 금액의 2분의 1 범위에서 그 금액을 줄일 수 있다. 다만, 과태료를 체납하고 있는 위반행위자의 경우에는 그 금액을 줄일 수 없다.

- 위반행위자가 질서위반행위규제법 시행령 제2조의2제1항 각 호의 어느 하나에 해당하는 경우
- 위반행위가 사소한 부주의나 오류로 인한 것으로 인정되는 경우
- 위반행위자가 법 위반상태를 시정하거나 해소하기 위하여 노력한 것으로 인정되는 경우
- 그 밖에 위반행위의 정도, 위반행위의 동기와 그 결과 등을 고려하여 줄일 필요가 있다고 인정되는 경우

㉣ 산업통상자원부장관은 다음의 어느 하나에 해당하는 경우에는 ②의 개별기준에 따른 과태료 금액의 2분의 1 범위에서 그 금액을 늘릴 수 있다. 다만, 법 제35조제1항 각 호 외의 부분에 따른 과태료 금액의 상한을 넘을 수 없다.

- 위반의 내용·정도가 중대하다고 인정되는 경우
- 그 밖에 위반행위의 동기와 결과, 위반정도 등을 고려하여 과태료 금액을 늘릴 필요가 있다고 인정되는 경우

② 개별기준

| 위반행위 | 근거법령 | 과태료 | |
|---|---|---|---|
| | | 1회 위반 | 2회 이상 위반 |
| 법 제13조의2를 위반하여 보험 또는 공제에 가입하지 않은 경우 | 법 제35조 제1항제4호 | 200만원 | 500만원 |
| 법 제23조의2제2항에 따른 자료제출 요구에 따르지 않거나 거짓 자료를 제출한 경우 | 법 제35조 제1항제5호 | 300만원 | 500만원 |

# 제2절 저탄소 녹색성장기본법(녹색성장법, 시행령)

## 1 목적 및 용어의 정리

### (1) 목적(법 제1조)

이 법은 경제와 환경의 조화로운 발전을 위하여 저탄소 녹색성장에 필요한 기반을 조성하고 녹색기술과 녹색산업을 새로운 성장 동력으로 활용함으로써 국민경제의 발전을 도모하며 저탄소 사회 구현을 통하여 국민의 삶의 질을 높이고 국제사회에서 책임을 다하는 성숙한 선진 일류국가로 도약하는 데 이바지함을 목적으로 한다.

### (2) 용어의 정의(법 제2조)

① "저탄소"란 화석연료에 대한 의존도를 낮추고 청정에너지의 사용 및 보급을 확대하며 녹색기술 연구개발, 탄소 흡수원 확충 등을 통하여 온실가스를 적정수준 이하로 줄이는 것을 말한다.

② "녹색성장"이란 에너지와 자원을 절약하고 효율적으로 사용하여 기후변화와 환경훼손을 줄이고 청정에너지와 녹색기술의 연구개발을 통하여 새로운 성장 동력을 확보하며 새로운 일자리를 창출해 나가는 등 경제와 환경이 조화를 이루는 성장을 말한다.

③ "녹색기술"이란 온실가스 감축기술, 에너지 이용 효율화 기술, 청정생산기술, 청정에너지 기술, 자원순환 및 친환경 기술(관련 융합기술을 포함한다) 등 사회・경제 활동의 전 과정에 걸쳐 에너지와 자원을 절약하고 효율적으로 사용하여 온실가스 및 오염물질의 배출을 최소화하는 기술을 말한다.

④ "녹색제품"이란 에너지・자원의 투입과 온실가스 및 오염물질의 발생을 최소화하는 제품을 말한다.

⑤ "녹색경영"이란 기업이 경영활동에서 자원과 에너지를 절약하고 효율적으로 이용하며 온실가스 배출 및 환경오염의 발생을 최소화하면서 사회적, 윤리적 책임을 다하는 경영을 말한다.

⑥ "온실가스"란 이산화탄소($CO_2$), 메탄($CH_4$), 아산화질소($N_2O$), 수소불화탄소(HFCs), 과불화탄소(PFCs), 육불화황($SF_6$) 및 그 밖에 대통령령으로 정하는 것으로 적외선 복사열을 흡수하거나 재방출하여 온실효과를 유발하는 대기 중의 가스 상태의 물질을 말한다.

## 2 녹색성장의 기본원칙

### (1) 저탄소 녹색성장 추진의 기본원칙(법 제3조)

저탄소 녹색성장은 다음 각 호의 기본원칙에 따라 추진되어야 한다.

① 정부는 기후변화・에너지・자원문제의 해결, 성장동력 확충, 기업의 경쟁력 강화, 국토의 효율적 활용 및 쾌적한 환경조성 등을 포함하는 종합적인 국가발전전략을 추진한다.

② 정부는 시장기능을 최대한 활성화하여 민간이 주도하는 저탄소 녹색성장을 추진한다.

③ 정부는 녹색기술과 녹색산업을 경제성장의 핵심 동력으로 삼고 새로운 일자리를 창출・확대할 수 있는 새로운 경제체제를 구축한다.

④ 정부는 국가의 자원을 효율적으로 사용하기 위하여 성장잠재력과 경쟁력이 높은 녹색기술 및 녹색산업 분야에 대한 중점 투자 및 지원을 강화한다.

⑤ 정부는 사회・경제활동에서 에너지와 자원 이용의 효율성을 높이고 자원순환을 촉진한다.

⑥ 정부는 자연자원과 환경의 가치를 보존하면서 국토와 도시, 건물과 교통, 도로・항만・상하수도 등 기반시설을 저탄소 녹색성장에 적합하게 개편한다.

⑦ 정부는 환경오염이나 온실가스 배출로 인한 경제적 비용이 재화 또는 서비스의 시장가격에 합리적으로 반영되도록 조세체계와 금융체계를 개편하여 자원을 효율적으로 배분하고 국민의 소비 및 생활 방식이 저탄소 녹색성장에 기여하도록 적극 유도한다. 이 경우 국내산업의 국제경쟁력이 약화되지 않도록 고려하여야 한다.

⑧ 정부는 국민 모두가 참여하고 국가기관, 지방자치단체, 기업, 경제단체 및 시민단체가 협력하여 저탄소 녹색성장을 구현하도록 노력한다.

⑨ 정부는 저탄소 녹색성장에 관한 새로운 국제적 동향을 조기에 파악・분석하여 국가 정책에 합리적으로 반영하고, 국제사회의 구성원으로서 책임과 역할을 성실히 이행하여 국가의 위상과 품격을 높인다.

### (2) 국가의 책무(법 제4조)

① 국가는 정치・경제・사회・교육・문화 등 국정의 모든 부문에서 저탄소 녹색성장의 기본원칙이 반영될 수 있도록 노력하여야 한다.

② 국가는 각종 정책을 수립할 때 경제와 환경의 조화로운 발전 및 기후변화에 미치는 영향 등을 종합적으로 고려하여야 한다.

③ 국가는 지방자치단체의 저탄소 녹색성장 시책을 장려하고 지원하며, 녹색성장의 정착・확산을 위하여 사업자와 국민, 민간단체에 정보의 제공 및 재정 지원 등 필요한 조치를 할 수 있다.

④ 국가는 에너지와 자원의 위기 및 기후변화 문제에 대한 대응책을 정기적으로 점검하여 성과를 평가하고 국제협상의 동향 및 주요 국가의 정책을 분석하여 적절한 대책을 마련하여야 한다.

⑤ 국가는 국제적인 기후변화대응 및 에너지・자원 개발협력에 능동적으로 참여하고, 개발도상국가에 대한 기술적・재정적 지원을 할 수 있다.

### (3) 지방자치단체의 책무(법 제5조)

① 지방자치단체는 저탄소 녹색성장 실현을 위한 국가시책에 적극 협력하여야 한다.

② 지방자치단체는 저탄소 녹색성장대책을 수립 · 시행할 때 해당 지방자치단체의 지역적 특성과 여건을 고려하여야 한다.

③ 지방자치단체는 관할구역 내에서의 각종 계획 수립과 사업의 집행과정에서 그 계획과 사업이 저탄소 녹색성장에 미치는 영향을 종합적으로 고려하고, 지역주민에게 저탄소 녹색성장에 대한 교육과 홍보를 강화하여야 한다.

④ 지방자치단체는 관할구역 내의 사업자, 주민 및 민간단체의 저탄소 녹색성장을 위한 활동을 장려하기 위하여 정보제공, 재정지원 등 필요한 조치를 강구하여야 한다.

### (4) 에너지정책 등의 기본원칙(법 제39조)

정부는 저탄소 녹색성장을 추진하기 위하여 에너지정책 및 에너지와 관련된 계획을 다음 각 호의 원칙에 따라 수립 · 시행하여야 한다.

① 석유 · 석탄 등 화석연료의 사용을 단계적으로 축소하고 에너지 자립도를 획기적으로 향상시킨다.

② 에너지 가격의 합리화, 에너지의 절약, 에너지 이용효율 제고 등 에너지 수요관리를 강화하여 지구온난화를 예방하고 환경을 보전하며, 에너지 저소비 · 자원 순환형 경제 · 사회구조로 전환한다.

③ 태양에너지, 폐기물 · 바이오에너지, 풍력, 지열, 조력, 연료전지, 수소에너지 등 신재생에너지의 개발 · 생산 · 이용 및 보급을 확대하고 에너지 공급원을 다변화한다.

④ 에너지가격 및 에너지산업에 대한 시장경쟁 요소의 도입을 확대하고 공정거래 질서를 확립하며, 국제규범 및 외국의 법제도 등을 고려하여 에너지산업에 대한 규제를 합리적으로 도입 · 개선하여 새로운 시장을 창출한다.

⑤ 국민이 저탄소 녹색성장의 혜택을 고루 누릴 수 있도록 저소득층에 대한 에너지 이용 혜택을 확대하고 형평성을 제고하는 등 에너지와 관련한 복지를 확대한다.

⑥ 국외 에너지자원 확보, 에너지의 수입 다변화, 에너지 비축 등을 통하여 에너지를 안정적으로 공급함으로써 에너지에 관한 국가안보를 강화한다.

## 3 기후변화대응의 기본계획

### (1) 기후변화대응 기본계획(법 제40조)

① 정부는 기후변화대응의 기본원칙에 따라 20년을 계획기간으로 하는 기후변화대응 기본계획을 5년마다 수립 · 시행하여야 한다.

② 기후변화대응 기본계획을 수립하거나 변경하는 경우에는 위원회의 심의 및 국무회의 심의를 거쳐야 한다. 다만, 대통령령으로 정하는 경미한 사항을 변경하는 경우에는 그러하지 아니하다.

③ 기후변화대응 기본계획에는 다음 각 호의 사항이 포함되어야 한다.

㉠ 국내외 기후변화 경향 및 미래 전망과 대기 중의 온실가스 농도변화
㉡ 온실가스 배출·흡수 현황 및 전망
㉢ 온실가스 배출 중장기 감축목표 설정 및 부문별·단계별 대책
㉣ 기후변화대응을 위한 국제협력에 관한 사항
㉤ 기후변화대응을 위한 국가와 지방자치단체의 협력에 관한 사항
㉥ 기후변화대응 연구개발에 관한 사항
㉦ 기후변화대응 인력양성에 관한 사항
㉧ 기후변화의 감시·예측·영향·취약성평가 및 재난방지 등 적응대책에 관한 사항
㉨ 기후변화대응을 위한 교육·홍보에 관한 사항
㉩ 그 밖에 기후변화대응 추진을 위하여 필요한 사항

### (2) 에너지기본계획의 수립(법 제41조)

① 정부는 에너지정책의 기본원칙에 따라 20년을 계획기간으로 하는 에너지기본계획(이하 "에너지기본계획"이라 한다)을 5년마다 수립·시행하여야 한다.
② 에너지기본계획을 수립하거나 변경하는 경우에는 에너지법 에너지위원회의 구성 및 운영에 따른 에너지위원회의 심의를 거친 다음 위원회와 국무회의의 심의를 거쳐야 한다. 다만, 대통령령으로 정하는 경미한 사항을 변경하는 경우에는 그러하지 아니하다.
③ 에너지기본계획에는 다음 각 호의 사항이 포함되어야 한다.
㉠ 국내외 에너지 수요와 공급의 추이 및 전망에 관한 사항
㉡ 에너지의 안정적 확보, 도입·공급 및 관리를 위한 대책에 관한 사항
㉢ 에너지 수요 목표, 에너지원 구성, 에너지 절약 및 에너지 이용효율 향상에 관한 사항
㉣ 신재생에너지 등 환경 친화적 에너지의 공급 및 사용을 위한 대책에 관한 사항
㉤ 에너지 안전관리를 위한 대책에 관한 사항
㉥ 에너지 관련 기술개발 및 보급, 전문 인력 양성, 국제협력, 부존 에너지자원 개발 및 이용, 에너지 복지 등에 관한 사항

### (3) 기후변화대응 및 에너지의 목표관리(법 제42조)

① 정부는 범지구적인 온실가스 감축에 적극 대응하고 저탄소 녹색성장을 효율적·체계적으로 추진하기 위하여 다음 각 호의 사항에 대한 중장기 및 단계별 목표를 설정하고 그 달성을 위하여 필요한 조치를 강구하여야 한다.
㉠ 온실가스 감축 목표
㉡ 에너지 절약 목표 및 에너지 이용효율 목표
㉢ 에너지 자립 목표

㉣ 신재생에너지 보급 목표

② 정부는 ①에 따른 목표를 설정할 때 국내 여건 및 각국의 동향 등을 고려하여야 한다.

③ 정부는 ①의 ㉠에 따른 온실가스 감축 목표를 변경하는 경우에는 공청회 개최 등을 통하여 관계 전문가 및 이해관계자의 의견을 들어야 한다. 이 경우 그 의견이 타당하다고 인정하는 경우에는 이를 반영하여야 한다.

④ 정부는 ①에 따른 목표를 달성하기 위하여 관계 중앙행정기관, 지방자치단체 및 대통령령으로 정하는 공공기관 등에 대하여 대통령령으로 정하는 바에 따라 해당 기관별로 에너지절약 및 온실가스 감축목표를 설정하도록 하고 그 이행사항을 지도·감독할 수 있다.

⑤ 정부는 ①의 ㉠ 및 ㉡에 따른 목표를 달성할 수 있도록 산업, 교통·수송, 가정·상업 등 부문별 목표를 설정하고 그 달성을 위하여 필요한 조치를 적극 마련하여야 한다.

⑥ 정부는 ①의 ㉠ 및 ㉡에 따른 목표를 달성하기 위하여 대통령령으로 정하는 기준량 이상의 온실가스 배출업체 및 에너지 소비업체(이하 "관리업체"라 한다)별로 측정·보고·검증이 가능한 방식으로 목표를 설정·관리하여야 한다. 이 경우 정부는 관리업체와 미리 협의하여야 하며, 온실가스 배출 및 에너지 사용 등의 이력, 기술 수준, 국제경쟁력, 국가목표 등을 고려하여야 한다.

⑦ 관리업체는 ⑥에 따른 목표를 준수하여야 하며, 그 실적을 대통령령으로 정하는 바에 따라 정부에 보고하여야 한다.

⑧ 정부는 ⑦에 따라 보고받은 실적에 대하여 등록부를 작성하고 체계적으로 관리하여야 한다.

⑨ 정부는 관리업체의 준수실적이 ⑥에 따른 목표에 미달하는 경우 목표달성을 위하여 필요한 개선을 명할 수 있다. 이 경우 관리업체는 개선명령에 따른 이행계획을 작성하여 이를 성실히 이행하여야 한다.

⑩ 관리업체는 ⑨에 따른 이행결과를 측정·보고·검증이 가능한 방식으로 작성하여 대통령령으로 정하는 공신력 있는 외부 전문기관의 검증을 받아 정부에 보고하고 공개하여야 한다.

⑪ 정부는 관리업체가 ⑥에 따른 목표를 달성하고 ⑨에 따른 이행계획을 차질 없이 이행할 수 있도록 하기 위하여 필요한 경우 재정·세제·경영·기술지원, 실태조사 및 진단, 자료 및 정보의 제공 등을 할 수 있다.

⑫ ⑥부터 ⑩까지에서 규정한 사항 외에 등록부의 관리, 관리업체의 지원 등에 필요한 사항은 대통령령으로 정한다.

## 4 온실가스 감축

### (1) 온실가스 감축의 조기행동 촉진(법 제43조)

① 정부는 관리업체가 기후변화대응 및 에너지의 목표관리에 따른 목표관리를 받기 전에 자발적으로 행한 실적에 대해서는 이를 목표관리 실적으로 인정하거나 그 실적을 거래할 수 있도록 하는 등 자발적으로 온실가스를 미리 감축하는 행동을 하도록 촉진하여야 한다.

② ①에 따른 실적을 거래할 수 있는 방법 및 절차 등에 필요한 사항은 대통령령으로 정한다.

### (2) 온실가스 감축 국가목표 설정 · 관리(영 제25조)

① 온실가스 감축 목표는 2030년의 국가 온실가스 총배출량을 2017년의 온실가스 총배출량의 1,000분의 244만큼 감축하는 것으로 한다.

② ①에 따른 감축 목표 달성 여부에 대한 실적을 계산할 때에는 국제탄소시장 등을 활용한 국외 감축분, 법 제55조제2항 및 제3항에 따른 탄소흡수원을 활용한 감축분을 포함한다.

③ 환경부장관은 법 제42조제1항제1호에 따른 온실가스 감축 목표의 설정 · 관리 및 이행을 위한 범정부적 시책 마련 등 정책조정에 관한 업무를 지원한다. 이 경우 관계 중앙행정기관의 장은 환경부장관이 요청하는 자료를 제공하는 등 최대한 협조하여야 한다.

④ 위원회가 ①에 따른 온실가스 감축 목표의 세부 감축 목표 및 법 제42조제5항에 따른 부문별 목표의 설정 및 그 이행의 지원을 위하여 필요한 조치에 관한 사항을 심의하는 경우에는 위원회의 심의 전에 중장기전략위원회 규정 제2조에 따른 중장기전략위원회의 심의를 거쳐야 한다.

⑤ 위원회는 저탄소 녹색성장 정책의 기본방향을 심의할 때 ①에 따른 감축 목표가 달성될 수 있도록 국가전략, 중앙추진계획 및 지방추진계획 간의 정합성과 법 제40조에 따른 기후변화대응 기본계획, 법 제41조에 따른 에너지기본계획 및 법 제50조(지속가능발전 기본계획의 수립 · 시행)에 따른 지속가능발전 기본계획이 체계적으로 연계될 수 있는 방안을 우선적으로 고려하여야 한다.

## 5 과태료(법 제64조)

(1) 다음 각 호의 자에게는 1천만원 이하의 과태료를 부과한다.

① 실적을 대통령령으로 정하는 바에 따라 정부에 보고하지 않거나 이행결과를 측정 · 보고 · 검증이 가능한 방식으로 작성하여 대통령령으로 정하는 공신력 있는 외부 전문기관의 검증을 받아 정부에 보고하지 않을 경우 또는 관리업체가 사업장별로 매년 온실가스 배출량 및 에너지 소비량에 대하여 측정 · 보고 · 검증 가능한 방식으로 명세서를 작성하여 정부에 보고를 하지 아니하거나 거짓으로 보고한 자

② 준수실적이 목표에 미달하는 경우 목표달성을 위하여 필요한 개선을 명할 수 있다. 이때 개선명령에 따른 이행계획을 작성하여 이를 성실히 이행하여야 하며 이에 따른 개선명령을 이행하지 아니한 자
③ 이행결과를 측정·보고·검증이 가능한 방식으로 작성하여 대통령령으로 정하는 공신력 있는 외부 전문기관의 검증을 받아 정부에 보고하고 공개를 하지 아니한 자
④ 관리업체는 보고를 할 때 명세서의 신뢰성 여부에 대하여 대통령령으로 정하는 공신력 있는 외부 전문기관의 검증을 받아야 한다. 이 경우 정부는 명세서에 흠이 있거나 빠진 부분에 대하여 시정 또는 보완을 명할 수 있는데 그 시정이나 보완 명령을 이행하지 아니한 자

**(2)** (1)에 따른 과태료는 대통령령으로 정하는 바에 따라 관계 행정기관의 장이 부과·징수한다.

# 적중예상문제

**01** 신에너지 및 재생에너지의 기술개발 및 이용 · 보급 촉진법에 대한 목적이 아닌 것은?

① 에너지의 안정적인 공급
② 에너지 구조의 환경 친화적 전환 및 온실가스 배출의 감소를 추진함으로써 환경의 보전
③ 신에너지 및 재생에너지 산업의 활성화를 통하여 에너지원을 단일화
④ 국가경제의 건전하고 지속적인 발전 및 국민복지의 증진에 이바지

해설
목적(신에너지 및 재생에너지의 기술개발 및 이용 · 보급 촉진법 제1조)
이 법은 신에너지 및 재생에너지의 기술개발 및 이용 · 보급 촉진과 신에너지 및 재생에너지 산업의 활성화를 통하여 에너지원을 다양화하고, 에너지의 안정적인 공급, 에너지 구조의 환경 친화적 전환 및 온실가스 배출의 감소를 추진함으로써 환경의 보전, 국가경제의 건전하고 지속적인 발전 및 국민복지의 증진에 이바지함을 목적으로 한다.

**02** 신에너지의 종류에 해당되는 것은?

① 태양에너지
② 수 력
③ 풍 력
④ 수소에너지

해설
신에너지(신에너지 및 재생에너지 개발 · 이용 · 보급 촉진법 제2조)
- 수소에너지
- 연료전지
- 석탄을 액화 · 가스화한 에너지 및 중질잔사유를 가스화한 에너지로서 대통령령으로 정하는 기준 및 범위에 해당하는 에너지
- 그 밖에 석유 · 석탄 · 원자력 또는 천연가스가 아닌 에너지로서 대통령령으로 정하는 에너지

**03** 다음에서 정의하는 에너지는?

"햇빛 · 물 · 지열 · 강수 · 생물유기체 등을 포함하는 재생 가능한 에너지를 변환시켜 이용하는 에너지"

① 재생에너지
② 신에너지
③ 가스
④ 재활용에너지

해설
정의(신에너지 및 재생에너지 개발 · 이용 · 보급 촉진법 제2조)
"재생에너지"란 햇빛 · 물 · 지열 · 강수 · 생물유기체 등을 포함하는 재생 가능한 에너지를 변환시켜 이용하는 에너지

**04** 바이오에너지원의 종류에 해당되지 않는 것은?

① 태양열에너지
② 석탄을 액화 · 가스화한 에너지
③ 중질잔사유를 가스화한 에너지
④ 폐기물에너지

해설
바이오에너지 등의 기준 및 범위(신에너지 및 재생에너지 개발 · 이용 · 보급 촉진법 시행령 별표 1)

| 에너지원의 종류 | 기준 및 범위 | |
|---|---|---|
| 석탄을 액화 · 가스화한 에너지 | 기준 | 석탄을 액화 및 가스화하여 얻어지는 에너지로서 다른 화합물과 혼합되지 않은 에너지 |
| | 범위 | ㉠ 증기 공급용 에너지<br>㉡ 발전용 에너지 |



1 ③ 2 ④ 3 ① 4 ① 정답

| 에너지원의 종류 | 기준 및 범위 | |
|---|---|---|
| 중질잔사유를 가스화한 에너지 | 기준 | ㉠ 중질잔사유(원유를 정제하고 남은 최종 잔재물로서 감압증류 과정에서 나오는 감압잔사유, 아스팔트와 열분해 공정에서 나오는 코크, 타르 및 피치 등을 말한다)를 가스화한 공정에서 얻어지는 연료<br>㉡ ㉠의 연료를 연소 또는 변환하여 얻어지는 에너지 |
| | 범위 | 합성가스 |
| 바이오에너지 | 기준 | ㉠ 생물유기체를 변환시켜 얻어지는 기체, 액체 또는 고체의 연료<br>㉡ ㉠의 연료를 연소 또는 변환시켜 얻어지는 에너지<br>※ ㉠ 또는 ㉡의 에너지가 신재생에너지가 아닌 석유제품 등과 혼합된 경우에는 생물유기체로부터 생산된 부분만을 바이오에너지로 본다. |
| | 범위 | ㉠ 생물유기체를 변환시킨 바이오가스, 바이오에탄올, 바이오액화유 및 합성가스<br>㉡ 쓰레기매립장의 유기성폐기물을 변환시킨 매립지가스<br>㉢ 동물·식물의 유지를 변환시킨 바이오디젤 및 바이오중유<br>㉣ 생물유기체를 변환시킨 땔감, 목재칩, 펠릿 및 목탄 등의 고체연료 |
| 폐기물에너지 | 기준 | ㉠ 폐기물을 변환시켜 얻어지는 기체, 액체 또는 고체의 연료<br>㉡ ㉠의 연료를 연소 또는 변환시켜 얻어지는 에너지<br>㉢ 폐기물의 소각열을 변환시킨 에너지<br>※ ㉠부터 ㉢까지의 에너지가 신재생에너지가 아닌 석유제품 등과 혼합되는 경우에는 폐기물로부터 생산된 부분만을 폐기물에너지로 보고, ㉠부터 ㉢까지의 에너지 중 비재생폐기물(석유, 석탄 등 화석연료에 기원한 화학섬유, 인조가죽, 비닐 등으로서 생물 기원이 아닌 폐기물을 말한다)로부터 생산된 것은 제외한다. |
| 수열에너지 | 기준 | 물의 열을 히트펌프(Heat Pump)를 사용하여 변환시켜 얻어지는 에너지 |
| | 범위 | 해수의 표층 및 하천수의 열을 변환시켜 얻어지는 에너지 |

## 05 바이오에너지에 범위에 해당되지 않는 것은?

① 생물유기체를 변환시킨 바이오가스, 바이오에탄올, 바이오액화유 및 합성가스
② 쓰레기매립장의 유기성폐기물을 변환시킨 매립지가스
③ 동물·식물의 유지를 변환시킨 바이오디젤 및 바이오 중유
④ 해수의 표층 및 하천수의 열을 변환시켜 얻어지는 에너지

**해설**

4번 해설 참고

## 06 신재생에너지 설비의 용어의 정의로 바르게 연결된 것은?

① 수소에너지 설비 : 바람의 에너지를 변환시켜 전기를 생산하는 설비
② 태양광 설비 : 태양의 빛에너지를 변환시켜 전기를 생산하거나 채광에 이용하는 설비
③ 풍력 설비 : 물이나 그 밖에 연료를 변환시켜 수소를 생산하거나 이용하는 설비
④ 해양에너지 설비 : 물, 지하수 및 지하의 열 등의 온도차를 변환시켜 에너지를 생산하는 설비

**해설**

용어의 정의(신에너지 및 재생에너지 개발·이용·보급 촉진법 시행규칙 제2조)

- 수소에너지 설비 : 물이나 그 밖에 연료를 변환시켜 수소를 생산하거나 이용하는 설비
- 태양열 설비 : 태양의 열에너지를 변환시켜 전기를 생산하거나 에너지원으로 이용하는 설비
- 태양광 설비 : 태양의 빛에너지를 변환시켜 전기를 생산하거나 채광에 이용하는 설비
- 풍력 설비 : 바람의 에너지를 변환시켜 전기를 생산하는 설비
- 해양에너지 설비 : 해양의 조수, 파도, 해류, 온도차 등을 변환시켜 전기 또는 열을 생산하는 설비
- 지열에너지 설비 : 물, 지하수 및 지하의 열 등의 온도차를 변환시켜 에너지를 생산하는 설비

정답 5 ④ 6 ②

## 07 태양의 열에너지를 변환시켜 전기를 생산하거나 에너지원으로 이용하는 설비는?

① 태양광
② 태양열
③ 풍 력
④ 지 열

**해설**

6번 해설 참고

## 08 신에너지 및 재생에너지 개발 · 이용 · 보급 촉진법의 기본계획 수립은 몇 년마다 해야 하는가?

① 2년
② 5년
③ 10년
④ 20년

**해설**

기본계획의 수립(신에너지 및 재생에너지 개발 · 이용 · 보급 촉진법 제5조)
산업통상자원부장관은 관계 중앙행정기관의 장과 협의를 한 후 신재생에너지정책심의회의 심의를 거쳐 신재생에너지의 기술개발 및 이용 · 보급을 촉진하기 위한 기본계획을 5년마다 수립하여야 한다.

## 09 신에너지 및 재생에너지 개발 · 이용 · 보급 촉진법의 기본계획 기간은 몇 년 이상으로 하는가?

① 2년
② 5년
③ 10년
④ 20년

**해설**

기본계획의 수립(신에너지 및 재생에너지 개발 · 이용 · 보급 촉진법 제5조)
신에너지 및 재생에너지 개발 · 이용 · 보급 촉진법의 기본계획의 계획기간은 10년 이상으로 한다.

## 10 신에너지 및 재생에너지 개발 · 이용 · 보급 촉진법의 기본계획 사항에 해당되지 않는 것은?

① 산업안전법에 따른 배기가스의 배출 증가 목표
② 총전력생산량 중 신재생에너지 발전량이 차지하는 비율의 목표
③ 신재생에너지 기술개발 및 이용 · 보급에 관한 지원 방안
④ 기본계획의 목표 및 기간

**해설**

기본계획의 수립(신에너지 및 재생에너지 개발 · 이용 · 보급 촉진법 제5조)

- 기본계획의 목표 및 기간
- 신재생에너지원별 기술개발 및 이용 · 보급의 목표
- 총전력생산량 중 신재생에너지 발전량이 차지하는 비율의 목표
- 에너지법에 따른 온실가스의 배출 감소 목표
- 기본계획의 추진방법
- 신재생에너지 기술수준의 평가와 보급전망 및 기대효과
- 신재생에너지 기술개발 및 이용 · 보급에 관한 지원 방안
- 신재생에너지 분야 전문 인력 양성계획
- 직전 기본계획에 대한 평가
- 그 밖에 기본계획의 목표달성을 위하여 산업통상자원부장관이 필요하다고 인정하는 사항

## 11 산업통상자원부장관은 기본계획에서 정한 목표를 달성하기 위하여 신재생에너지의 종류별로 신재생에너지의 기술개발 및 이용 · 보급과 신재생에너지 발전에 의한 전기의 공급에 관한 실행계획을 수립해야 한다. 수립 · 시행은 몇 년마다 해야 하는가?

① 1년
② 2년
③ 4년
④ 5년

**해설**

연차별 실행계획(신에너지 및 재생에너지 개발 · 이용 · 보급 촉진법 제6조)
산업통상자원부장관은 기본계획에서 정한 목표를 달성하기 위하여 신재생에너지의 종류별로 신재생에너지의 기술개발 및 이용 · 보급과 신재생에너지 발전에 의한 전기의 공급에 관한 실행계획을 매년 수립 · 시행하여야 한다.



정답 7 ② 8 ② 9 ③ 10 ① 11 ①

**12** 신재생에너지 기술개발 등에 관한 계획의 사전협의는 누구와 해야 하는가?

① 대통령
② 국무총리
③ 보건산업협회장
④ 산업통상자원부장관

해설
신재생에너지 기술개발 등에 관한 계획의 사전협의(신에너지 및 재생에너지 개발 · 이용 · 보급 촉진법 제7조)
국가기관, 지방자치단체, 공공기관, 그 밖에 대통령령으로 정하는 자가 신재생에너지 기술개발 및 이용 · 보급에 관한 계획을 수립 · 시행하려면 대통령령으로 정하는 바에 따라 미리 산업통상자원부장관과 협의하여야 한다.

**13** 신재생에너지 기술개발 등에 관한 계획의 사전협의에 따라 신에너지 및 재생에너지 기술개발 및 이용 · 보급에 관한 계획을 협의하려는 자는 그 시행 사업연도 개시 몇 개월 전까지 산업통상자원부장관에게 계획서를 제출해야 하는가?

① 4개월
② 5개월
③ 8개월
④ 9개월

해설
신재생에너지 기술개발 등에 관한 계획의 사전협의(신에너지 및 재생에너지 개발 · 이용 · 보급 촉진법 시행령 제3조)
신재생에너지 기술개발 등에 관한 계획의 사전협의에 따라 신에너지 및 재생에너지기술개발 및 이용 · 보급에 관한 계획을 협의하려는 자는 그 시행 사업연도 개시 4개월 전까지 산업통상자원부장관에게 계획서를 제출하여야 한다.

**14** 산업통상자원부장관은 계획서를 받았을 때에는 사항을 검토하여 협의를 요청한 자에게 그 의견을 통보하여야 한다. 이때 검토사항에 포함되지 않는 것은?

① 공동연구의 가능성
② 시의성
③ 다른 계획과의 차별성
④ 기본계획 수립에 따른 신재생에너지의 기술개발 및 이용 · 보급을 촉진하기 위한 기본계획과의 조화성

해설
신재생에너지 기술개발 등에 관한 계획의 사전협의(신에너지 및 재생에너지 개발 · 이용 · 보급 촉진법 시행령 제3조)
산업통상자원부장관은 계획서를 받았을 때에는 다음 각 호의 사항을 검토하여 협의를 요청한 자에게 그 의견을 통보하여야 한다.
- 기본계획 수립에 따른 신재생에너지의 기술개발 및 이용 · 보급을 촉진하기 위한 기본계획과의 조화성
- 시의성(사정에 맞거나 시기에 적합한 성질을 말한다)
- 다른 계획과의 중복성
- 공동연구의 가능성

**15** 신재생에너지의 기술개발 및 이용 · 보급에 관한 중요 사항을 심의하기 위하여 산업통상자원부에 두는 기관은?

① 신재생에너지센터
② 신재생에너지정책심의회
③ 신재생에너지협의회
④ 신재생에너지관계행정위원회

해설
신재생에너지정책심의회(신에너지 및 재생에너지 개발 · 이용 · 보급 촉진법 제8조제1항)
신재생에너지의 기술개발 및 이용 · 보급에 관한 중요 사항을 심의하기 위하여 산업통상자원부에 신재생에너지정책심의회를 둔다.

**16** 신재생에너지정책심의회의 심의 사항에 포함되지 않는 것은?

① 종합계획의 내용과 앞으로의 발전방향에 대한 정책에 관한 사항
② 신재생에너지 발전에 의하여 공급되는 전기의 기준가격 및 그 변경에 관한 사항
③ 신재생에너지의 기술개발 및 이용 · 보급에 관한 중요 사항
④ 기본계획의 수립 및 변경에 관한 사항

정답 12 ④ 13 ① 14 ③ 15 ② 16 ①

**해설**

신재생에너지정책심의회(신에너지 및 재생에너지 개발 · 이용 보급 촉진법 제8조제2항)

신재생에너지정책심의회는 다음 각 호의 사항을 심의한다.

- 기본계획의 수립 및 변경에 관한 사항
- 신재생에너지의 기술개발 및 이용 · 보급에 관한 중요 사항
- 신재생에너지 발전에 의하여 공급되는 전기의 기준가격 및 그 변경에 관한 사항
- 그 밖에 산업통상자원부장관이 필요하다고 인정하는 사항

**17** 신재생에너지 기술개발 및 이용 · 보급 사업비의 조성에 따라 조성된 사업비를 사용해야 한다. 사용내용이 아닌 것은?

① 신재생에너지 이용의무화 지원
② 신재생에너지 공급의무화 지원
③ 신재생에너지 시범사업 및 보급사업
④ 신재생에너지 관련 국내협력

**해설**

조성된 사업비의 사용(신에너지 및 재생에너지 개발 · 이용 · 보급 촉진법 제10조)

산업통상자원부장관은 신재생에너지 기술개발 및 이용 · 보급 사업비의 조성에 따라 조성된 사업비를 다음 각 호의 사업에 사용한다.

- 신재생에너지의 자원조사, 기술수요조사 및 통계작성
- 신재생에너지의 연구 · 개발 및 기술평가
- 신재생에너지 공급의무화 지원
- 신재생에너지 설비의 성능평가 · 인증 및 사후관리
- 신재생에너지 기술정보의 수집 · 분석 및 제공
- 신재생에너지 분야 기술지도 및 교육 · 홍보
- 신재생에너지 분야 특성화대학 및 핵심기술연구센터 육성
- 신재생에너지 분야 전문 인력 양성
- 신재생에너지 설비 설치기업의 지원
- 신재생에너지 시범사업 및 보급사업
- 신재생에너지 이용의무화 지원
- 신재생에너지 관련 국제협력
- 신재생에너지 기술의 국제표준화 지원
- 신재생에너지 설비 및 그 부품의 공용화 지원
- 그 밖에 신재생에너지의 기술개발 및 이용 · 보급을 위하여 필요한 사업으로서 대통령령으로 정하는 사업

**18** 산업통상자원부장관은 신재생에너지의 이용 · 보급을 촉진하고 신재생에너지산업의 활성화를 위하여 필요하다고 인정하면 대통령령으로 정하는 자에게 발전량의 일정량 이상을 의무적으로 신재생에너지를 이용하여 공급하게 할 수 있다. 해당되지 않는 사항은?

① 공공기관
② 개인기관
③ 전기사업법에 따른 발전사업자
④ 집단에너지사업법 및 전기사업법에 따른 발전사업의 허가를 받은 것으로 보는 자

**해설**

신재생에너지 공급의무화 등(신에너지 및 재생에너지 개발 · 이용 · 보급 촉진법 제12조의5)

- 전기사업법에 따른 발전사업자
- 집단에너지사업법 및 전기사업법에 따른 발전사업의 허가를 받은 것으로 보는 자
- 공공기관

**19** 공급의무자는 의무공급량의 일부에 대하여 몇 년의 범위에서 그 공급의무의 이행을 연기할 수 있는가?

① 1년
② 2년
③ 3년
④ 4년

**해설**

신재생에너지 공급의무화 등(신에너지 및 재생에너지 개발 · 이용 · 보급 촉진법 제12조의5)

공급의무자는 의무공급량의 일부에 대하여 3년의 범위에서 그 공급의무의 이행을 연기할 수 있다.



17 ④ 18 ② 19 ③ 정답

## 20 2020년 이후의 신재생에너지 공급의무 비율은 몇 [%]인가?

① 50
② 40
③ 30
④ 27

해설

신재생에너지 공급의무 비율 등(신에너지 및 재생에너지 개발 · 이용 · 보급 촉진법 시행령 별표 2)

| 해당 연도 | 공급의무 비율[%] |
|---|---|
| 2011~2012 | 10 |
| 2013 | 11 |
| 2014 | 12 |
| 2015 | 15 |
| 2016 | 18 |
| 2017 | 21 |
| 2018 | 24 |
| 2019 | 27 |
| 2020 이후 | 30 |

## 21 산업통상자원부장관은 설치계획서를 받은 날부터 며칠 이내에 타당성을 검토한 후 그 결과를 해당 설치의무기관의 장 또는 대표자에게 통보해야 하는가?

① 10일
② 20일
③ 30일
④ 40일

해설

신재생에너지 설비의 설치계획서 제출 등(신에너지 및 재생에너지 개발 · 이용 · 보급 촉진법 시행령 제17조)

산업통상자원부장관은 설치계획서를 받은 날부터 30일 이내에 타당성을 검토한 후 그 결과를 해당 설치의무기관의 장 또는 대표자에게 통보하여야 한다.

## 22 산업통상자원부장관은 몇 년마다 신재생에너지 관련 기술개발의 수준 등을 고려하여 연도별 의무공급량의 비율을 재검토 해야 하는가?

① 1년
② 2년
③ 3년
④ 4년

해설

연도별 의무공급량의 합계 등(신에너지 및 재생에너지 개발 · 이용 · 보급 촉진법 시행령 제18조의4)

산업통상자원부장관은 3년마다 신재생에너지 관련 기술개발의 수준 등을 고려하여 별표 3(연도별 의무공급량의 비율)에 따른 비율을 재검토하여야 한다.

## 23 대통령령으로 정하는 신재생에너지 공급의무자에 해당되지 않는 사항은?

① 한국수자원공사법에 따른 한국수자원공사
② 발전사업자, 발전사업의 허가를 받은 것으로 보는 자에 해당하는 자로서 50만[kW] 이상의 발전설비를 보유하는 자
③ 발전사업자, 발전사업의 허가를 받은 것으로 보는 자에 해당하는 자로서 100만[kW] 이상의 발전설비를 보유하는 자
④ 집단에너지사업법에 따른 한국지역난방공사

해설

대통령령으로 정하는 신재생에너지 공급의무자(신에너지 및 재생에너지 개발 · 이용 · 보급 촉진법 시행령 제18조3)

- 발전사업자, 발전사업의 허가를 받은 것으로 보는 자에 해당하는 자로서 50만[kW] 이상의 발전설비(신재생에너지 설비는 제외한다)를 보유하는 자
- 한국수자원공사법에 따른 한국수자원공사
- 집단에너지사업법에 따른 한국지역난방공사

정답 20 ③ 21 ③ 22 ③ 23 ③

## 24 신재생에너지 공급인증서의 발급 신청은 신재생에너지를 공급한 날부터 며칠 이내에 발급 신청을 해야 하는가?

① 30일
② 60일
③ 90일
④ 120일

**해설**

신재생에너지 공급인증서의 발급 신청 등(신에너지 및 재생에너지 개발·이용·보급 촉진법 시행령 제18조8)
공급인증서를 발급받으려는 자는 공인인증기관에 대통령령으로 정하는 바에 따라 공급인증서의 발급을 신청해야 한다는 규정에 따라 공급인증서를 발급받으려는 자는 공급인증기관이 업무를 시작하기 전 제정하여 산업통상자원부장관의 승인받아야 한다는 규정에 따른 공급인증서 발급 및 거래시장 운영에 관한 규칙에서 정하는 바에 따라 신재생에너지를 공급한 날부터 90일 이내에 발급 신청을 하여야 한다.

## 25 신재생에너지의 가중치의 고시 내용에 해당되지 않는 사항은?

① 발전 원가
② 지역의 피해 정도
③ 환경, 기술개발 및 산업 활성화에 미치는 영향
④ 전력 수급의 안정에 미치는 영향

**해설**

신재생에너지의 가중치의 고시 내용(신에너지 및 재생에너지 개발·이용·보급 촉진법 시행령 제18조의9)
- 환경, 기술개발 및 산업 활성화에 미치는 영향
- 발전 원가
- 부존 잠재량
- 온실가스 배출 저감에 미치는 효과
- 전력 수급의 안정에 미치는 영향
- 지역주민의 수용 정도

## 26 신재생에너지 연료의 기준 및 범위의 해당되지 않는 사항은?

① 수 소
② 산 소
③ 생물유기체를 변환시킨 목재 칩, 펠릿 및 목탄 등의 고체연료
④ 동물·식물의 유지를 변환시킨 바이오디젤 및 바이오 중유

**해설**

신재생에너지 연료의 기준 및 범위(신에너지 및 재생에너지 개발·이용·보급 촉진법 시행령 제18조의12)
- 수 소
- 중질잔사유를 가스화한 공정에서 얻어지는 합성가스
- 생물유기체를 변환시킨 바이오가스, 바이오에탄올, 바이오액화유 및 합성가스
- 동물·식물의 유지를 변환시킨 바이오디젤 및 바이오중유
- 생물유기체를 변환시킨 목재 칩, 펠릿 및 목탄 등의 고체연료

## 27 신재생에너지 품질검사기관에 해당되지 않는 것은?

① 고압가스 안전관리법에 따라 설립된 한국가스안전공사
② 임업 및 산촌 진흥촉진에 관한 법률에 따라 설립된 한국임업진흥원
③ 석유 및 석유대체연료 사업법에 따라 설립된 한국석유관리원
④ 저탄소 녹색성장법에 따라 설립된 녹색환경연합회

**해설**

신재생에너지 품질검사기관(신에너지 및 재생에너지 개발·이용·보급 촉진법 시행령 제18조의13)
- 석유 및 석유대체연료 사업법에 따라 설립된 한국석유관리원
- 고압가스 안전 관리법에 따라 설립된 한국가스안전공사
- 임업 및 산촌 진흥촉진에 관한 법률에 따라 설립된 한국임업진흥원



24 ③ 25 ② 26 ② 27 ④ 정답

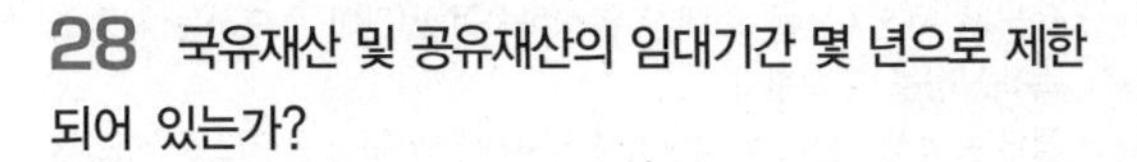

## 28 국유재산 및 공유재산의 임대기간 몇 년으로 제한되어 있는가?

① 10년
② 20년
③ 30년
④ 40년

**해설**

국유재산 · 공유재산의 임대 등(신에너지 및 재생에너지 개발 · 이용 · 보급 촉진법 제26조)
국유재산 및 공유재산의 임대기간은 10년 이내로 하되, 국유재산은 종전의 임대기간을 초과하지 아니하는 범위에서 갱신할 수 있고, 공유재산은 지방자치단체의 장이 필요하다고 인정하는 경우 1회에 한하여 10년 이내의 기간에서 연장할 수 있다.

## 29 거짓이나 부정한 방법으로 공급인증서를 발급받은 자와 그 사실을 알면서 공급인증서를 발급한 자의 처벌 기준으로 맞는 것은?

① 1년 이하의 징역 또는 1천만원 이하의 벌금
② 2년 이하의 징역 또는 2천만원 이하의 벌금
③ 3년 이하의 징역 또는 3천만원 이하의 벌금
④ 5년 이하의 징역 또는 5천만원 이하의 벌금

**해설**

벌칙(신에너지 및 재생에너지 개발 · 이용 · 보급 촉진법 제34조)
거짓이나 부정한 방법으로 공급인증서를 발급받은 자와 그 사실을 알면서 공급인증서를 발급한 자는 3년 이하의 징역 또는 3천만원 이하의 벌금에 처한다.

## 30 다음 내용은 어떤 용어의 정의인가?

> "화석연료에 대한 의존도를 낮추고 청정에너지의 사용 및 보급을 확대하며 녹색기술 연구개발, 탄소 흡수원 확충 등을 통하여 온실가스를 적정수준 이하로 줄이는 것을 말한다."

① 녹색경영
② 저탄소
③ 녹색기술
④ 온실가스

**해설**

용어의 정의(저탄소 녹색성장 기본법 제2조)
- 저탄소 : 화석연료에 대한 의존도를 낮추고 청정에너지의 사용 및 보급을 확대하며 녹색기술 연구개발, 탄소 흡수원 확충 등을 통하여 온실가스를 적정수준 이하로 줄이는 것을 말한다.
- 녹색성장 : 에너지와 자원을 절약하고 효율적으로 사용하여 기후변화와 환경훼손을 줄이고 청정에너지와 녹색기술의 연구개발을 통하여 새로운 성장 동력을 확보하며 새로운 일자리를 창출해 나가는 등 경제와 환경이 조화를 이루는 성장을 말한다.
- 녹색기술 : 온실가스 감축기술, 에너지 이용 효율화 기술, 청정생산기술, 청정에너지 기술, 자원순환 및 친환경 기술(관련 융합기술을 포함한다) 등 사회 · 경제 활동의 전과정에 걸쳐 에너지와 자원을 절약하고 효율적으로 사용하여 온실가스 및 오염물질의 배출을 최소화하는 기술을 말한다.
- 녹색제품 : 에너지 · 자원의 투입과 온실가스 및 오염물질의 발생을 최소화하는 제품을 말한다.
- 녹색경영 : 기업이 경영활동에서 자원과 에너지를 절약하고 효율적으로 이용하며 온실가스 배출 및 환경오염의 발생을 최소화하면서 사회적, 윤리적 책임을 다하는 경영을 말한다.
- 온실가스 : 이산화탄소($CO_2$), 메탄($CH_4$), 아산화질소($N_2O$), 수소불화탄소(HFCs), 과불화탄소(PFCs), 육불화황($SF_6$) 및 그 밖에 대통령령으로 정하는 것으로 적외선 복사열을 흡수하거나 재방출하여 온실효과를 유발하는 대기 중의 가스 상태의 물질을 말한다.

## 31 녹색기술의 정의로 옳은 것은?

① 에너지와 자원을 절약하고 효율적으로 사용하여 기후변화와 환경훼손을 줄이고 청정에너지와 녹색기술의 연구개발을 통하여 새로운 성장 동력을 확보하며 새로운 일자리를 창출해 나가는 등 경제와 환경이 조화를 이루는 성장을 말한다.
② 온실가스 감축기술, 에너지 이용 효율화 기술, 청정생산기술, 청정에너지 기술, 자원순환 및 친환경 기술(관련 융합기술을 포함한다) 등 사회 · 경제 활동의 전과정에 걸쳐 에너지와 자원을 절약하고 효율적으로 사용하여 온실가스 및 오염물질의 배출을 최소화하는 기술을 말한다.
③ 에너지 · 자원의 투입과 온실가스 및 오염물질의 발생을 최소화하는 제품을 말한다.
④ 기업이 경영활동에서 자원과 에너지를 절약하고 효율적으로 이용하며 온실가스 배출 및 환경오염의 발생을 최소화하면서 사회적, 윤리적 책임을 다하는 경영을 말한다.

정답 28 ① 29 ③ 30 ② 31 ②

**해설**

30번 해설 참고

## 32 다음 [보기]의 내용은 무엇에 대한 설명인가?

> [보 기]
>
> "이산화탄소($CO_2$), 메탄($CH_4$), 아산화질소($N_2O$), 수소불화탄소(HFCs), 과불화탄소(PFCs), 육불화황($SF_6$) 및 그 밖에 대통령령으로 정하는 것으로 적외선 복사열을 흡수하거나 재방출하여 온실효과를 유발하는 대기 중의 가스 상태의 물질을 말한다."

① 온실가스
② 대기오염
③ 녹색기술
④ 고탄소

**해설**

30번 해설 참고

## 33 저탄소 녹색성장 추진의 기본원칙의 내용으로 옳지 않은 것은?

① 정부는 시장기능을 최대한 활성화하여 민간이 주도하는 저탄소 녹색성장을 추진한다.
② 정부는 국가의 자원을 효율적으로 사용하기 위하여 성장잠재력과 경쟁력이 높은 녹색기술 및 녹색산업 분야에 대한 중점 투자 및 지원을 강화한다.
③ 정부는 녹색기술과 녹색산업을 경제성장의 핵심 동력으로 삼고 새로운 일자리를 창출·확대할 수 있는 새로운 경제체제를 구축한다.
④ 정부는 저탄소에 대한 경계를 강화하여 매연 등에 대한 규제를 엄격히 하여 산업화 현장의 철저한 감독을 해야 한다.

**해설**

저탄소 녹색성장 추진의 기본원칙(저탄소 녹색성장 기본법 제3조)

- 정부는 기후변화·에너지·자원 문제의 해결, 성장 동력 확충, 기업의 경쟁력 강화, 국토의 효율적 활용 및 쾌적한 환경 조성 등을 포함하는 종합적인 국가 발전전략을 추진한다.
- 정부는 시장기능을 최대한 활성화하여 민간이 주도하는 저탄소 녹색성장을 추진한다.
- 정부는 녹색기술과 녹색산업을 경제성장의 핵심 동력으로 삼고 새로운 일자리를 창출·확대할 수 있는 새로운 경제체제를 구축한다.
- 정부는 국가의 자원을 효율적으로 사용하기 위하여 성장잠재력과 경쟁력이 높은 녹색기술 및 녹색산업 분야에 대한 중점 투자 및 지원을 강화한다.
- 정부는 사회·경제 활동에서 에너지와 자원 이용의 효율성을 높이고 자원순환을 촉진한다.
- 정부는 자연자원과 환경의 가치를 보존하면서 국토와 도시, 건물과 교통, 도로·항만·상하수도 등 기반시설을 저탄소 녹색성장에 적합하게 개편한다.
- 정부는 환경오염이나 온실가스 배출로 인한 경제적 비용이 재화 또는 서비스의 시장가격에 합리적으로 반영되도록 조세체계와 금융체계를 개편하여 자원을 효율적으로 배분하고 국민의 소비 및 생활 방식이 저탄소 녹색성장에 기여하도록 적극 유도한다. 이 경우 국내산업의 국제경쟁력이 약화되지 않도록 고려하여야 한다.
- 정부는 국민 모두가 참여하고 국가기관, 지방자치단체, 기업, 경제단체 및 시민단체가 협력하여 저탄소 녹색성장을 구현하도록 노력한다.
- 정부는 저탄소 녹색성장에 관한 새로운 국제적 동향을 조기에 파악·분석하여 국가 정책에 합리적으로 반영하고, 국제사회의 구성원으로서 책임과 역할을 성실히 이행하여 국가의 위상과 품격을 높인다.

## 34 저탄소 녹색성장 국가의 책무에 대한 내용으로 틀린 것은?

① 국가는 정치·경제·사회·교육·문화 등 국정의 모든 부문에서 저탄소 녹색성장의 기본원칙이 반영될 수 있도록 노력하여야 한다.
② 국가는 각종 정책을 수립할 때 정치적인 환경과 산업 경제변화에 미치는 영향 등을 부분적으로 고려하여야 한다.
③ 국가는 지방자치단체의 저탄소 녹색성장 시책을 장려하고 지원하며, 녹색성장의 정착·확산을 위하여 사업자와 국민, 민간단체에 정보의 제공 및 재정 지원 등 필요한 조치를 할 수 있다.
④ 국가는 에너지와 자원의 위기 및 기후변화 문제에 대한 대응책을 정기적으로 점검하여 성과를 평가하고 국제협상의 동향 및 주요 국가의 정책을 분석하여 적절한 대책을 마련하여야 한다.



32 ① 33 ④ 34 ② **정답**

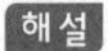

저탄소 녹색성장 국가의 책무(저탄소 녹색성장 기본법 제4조)
- 국가는 정치·경제·사회·교육·문화 등 국정의 모든 부문에서 저탄소 녹색성장의 기본원칙이 반영될 수 있도록 노력하여야 한다.
- 국가는 각종 정책을 수립할 때 경제와 환경의 조화로운 발전 및 기후변화에 미치는 영향 등을 종합적으로 고려하여야 한다.
- 국가는 지방자치단체의 저탄소 녹색성장 시책을 장려하고 지원하며, 녹색성장의 정착·확산을 위하여 사업자와 국민, 민간단체에 정보의 제공 및 재정 지원 등 필요한 조치를 할 수 있다.
- 국가는 에너지와 자원의 위기 및 기후변화 문제에 대한 대응책을 정기적으로 점검하여 성과를 평가하고 국제협상의 동향 및 주요 국가의 정책을 분석하여 적절한 대책을 마련하여야 한다.
- 국가는 국제적인 기후변화대응 및 에너지·자원 개발협력에 능동적으로 참여하고, 개발도상국가에 대한 기술적·재정적 지원을 할 수 있다.

**35** **저탄소 녹색성장 실현을 위한 지방자치단체의 책무가 아닌 것은?**

① 지방자치단체는 저탄소 녹색성장 실현을 위한 국가시책에 적극 협력하여야 한다.

② 지방자치단체는 저탄소 녹색성장대책을 수립·시행할 때 대한민국의 지정된 범위 내에서 여건을 고려해야 한다.

③ 지방자치단체는 관할구역 내에서의 각종 계획 수립과 사업의 집행과정에서 그 계획과 사업이 저탄소 녹색성장에 미치는 영향을 종합적으로 고려하고, 지역주민에게 저탄소 녹색성장에 대한 교육과 홍보를 강화하여야 한다.

④ 지방자치단체는 관할구역 내의 사업자, 주민 및 민간단체의 저탄소 녹색성장을 위한 활동을 장려하기 위하여 정보 제공, 재정 지원 등 필요한 조치를 강구하여야 한다.

해설

저탄소 녹색성장 실현을 위한 지방자치단체의 책무(저탄소 녹색성장 기본법 제5조)
- 지방자치단체는 저탄소 녹색성장 실현을 위한 국가시책에 적극 협력하여야 한다.
- 지방자치단체는 저탄소 녹색성장대책을 수립·시행할 때 해당 지방자치단체의 지역적 특성과 여건을 고려하여야 한다.
- 지방자치단체는 관할구역 내에서의 각종 계획 수립과 사업의 집행과정에서 그 계획과 사업이 저탄소 녹색성장에 미치는 영향을 종합적으로 고려하고, 지역주민에게 저탄소 녹색성장에 대한 교육과 홍보를 강화하여야 한다.
- 지방자치단체는 관할구역 내의 사업자, 주민 및 민간단체의 저탄소 녹색성장을 위한 활동을 장려하기 위하여 정보 제공, 재정 지원 등 필요한 조치를 강구하여야 한다.

**36** **저탄소 녹색성장 에너지정책 등의 기본원칙에 따라 수립·시행해야 하는 사항에 포함되지 않는 것은?**

① 석유·석탄 등 화석연료의 사용을 단계적으로 축소하고 에너지 자립도를 획기적으로 향상시킨다.

② 태양에너지, 폐기물·바이오에너지, 풍력, 지열, 조력, 연료전지, 수소에너지 등 신재생에너지의 개발·생산·이용 및 보급을 확대하고 에너지 공급원을 다변화한다.

③ 에너지가격 및 에너지산업에 대한 시장경쟁 요소의 도입을 확대하고 공정거래 질서를 확립하며, 국제규범 및 외국의 법제도 등을 고려하여 에너지산업에 대한 규제를 합리적으로 도입·개선하여 새로운 시장을 창출한다.

④ 국내 에너지자원 확보, 에너지의 수입 다변화, 에너지 비축 등을 통하여 에너지를 안정적으로 공급함으로써 에너지에 관한 국제안보를 강화한다.

해설

저탄소 녹색성장 에너지정책 등의 기본원칙에 따라 수립·시행해야 하는 사항(저탄소 녹색성장 기본법 제39조)
- 석유·석탄 등 화석연료의 사용을 단계적으로 축소하고 에너지 자립도를 획기적으로 향상시킨다.
- 에너지 가격의 합리화, 에너지의 절약, 에너지 이용효율 제고 등 에너지 수요관리를 강화하여 지구온난화를 예방하고 환경을 보전하며, 에너지 저소비·자원 순환형 경제·사회구조로 전환한다.
- 태양에너지, 폐기물·바이오에너지, 풍력, 지열, 조력, 연료전지, 수소에너지 등 신재생에너지의 개발·생산·이용 및 보급을 확대하고 에너지 공급원을 다변화한다.
- 에너지가격 및 에너지산업에 대한 시장경쟁 요소의 도입을 확대하고 공정거래 질서를 확립하며, 국제규범 및 외국의 법제도 등을 고려하여 에너지산업에 대한 규제를 합리적으로 도입·개선하여 새로운 시장을 창출한다.
- 국민이 저탄소 녹색성장의 혜택을 고루 누릴 수 있도록 저소득층에 대한 에너지 이용 혜택을 확대하고 형평성을 제고하는 등 에너지와 관련한 복지를 확대한다.

정답 35 ② 36 ④

• 국외 에너지자원 확보, 에너지의 수입 다변화, 에너지 비축 등을 통하여 에너지를 안정적으로 공급함으로써 에너지에 관한 국가안보를 강화한다.

## 37 저탄소 녹색성장 기후변화대응 기본원칙에 따라 계획기간을 몇 년으로 하는가?

① 10년
② 20년
③ 30년
④ 40년

해설

저탄소 녹색성장 기후변화대응 기본계획(저탄소 녹색성장 기본법 제40조)
정부는 기후변화대응의 기본원칙에 따라 20년을 계획기간으로 하는 기후변화대응 기본계획을 5년마다 수립·시행하여야 한다.

## 38 저탄소 녹색성장 기후변화대응 기본계획은 몇 년마다 수립·시행하는가?

① 1년
② 2년
③ 3년
④ 5년

해설

37번 해설 참고

## 39 저탄소 녹색성장 기후변화대응 기본계획에 포함되지 않는 사항은?

① 기후변화대응 연구개발에 관한 사항
② 기후변화대응 인력양성에 관한 사항
③ 온실가스 배출·흡수 현황 및 전망
④ 기후변화대응을 위한 국내협력에 관한 사항

해설

저탄소 녹색성장 기후변화대응 기본계획(저탄소 녹색성장 기본법 제40조)
• 국내외 기후변화 경향 및 미래 전망과 대기 중의 온실가스 농도 변화
• 온실가스 배출·흡수 현황 및 전망
• 온실가스 배출 중장기 감축목표 설정 및 부문별·단계별 대책
• 기후변화대응을 위한 국제협력에 관한 사항
• 기후변화대응을 위한 국가와 지방자치단체의 협력에 관한 사항
• 기후변화대응 연구개발에 관한 사항
• 기후변화대응 인력양성에 관한 사항
• 기후변화의 감시·예측·영향·취약성평가 및 재난방지 등 적응대책에 관한 사항
• 기후변화대응을 위한 교육·홍보에 관한 사항

## 40 에너지기본계획을 수립하거나 변경하는 경우에는 에너지법 에너지위원회의 구성 및 운영에 따른 에너지위원회의 심의를 거친 다음 위원회와 어디의 심의를 거쳐야 하는가?

① 국무회의
② 대법원
③ 대통령
④ 판 사

해설

에너지기본계획의 수립(저탄소 녹색성장 기본법 제41조)
에너지기본계획을 수립하거나 변경하는 경우에는 에너지법 에너지위원회의 구성 및 운영에 따른 에너지위원회의 심의를 거친 다음 위원회와 국무회의의 심의를 거쳐야 한다. 다만, 대통령령으로 정하는 경미한 사항을 변경하는 경우에는 그러하지 아니하다.

## 41 에너지기본계획에 포함되는 내용이 아닌 것은?

① 에너지 안전관리를 위한 대책에 관한 사항
② 국내외 에너지 수요와 공급의 추이 및 전망에 관한 사항
③ 국가의 에너지 정책에 대한 국민의 기대와 소외계층에 대한 대책에 관한 사항
④ 에너지의 안정적 확보, 도입·공급 및 관리를 위한 대책에 관한 사항



정답 37 ② 38 ④ 39 ④ 40 ① 41 ③

해설

에너지기본계획(저탄소 녹색성장 기본법 제41조)
- 국내외 에너지 수요와 공급의 추이 및 전망에 관한 사항
- 에너지의 안정적 확보, 도입·공급 및 관리를 위한 대책에 관한 사항
- 에너지 수요 목표, 에너지원 구성, 에너지 절약 및 에너지 이용효율 향상에 관한 사항
- 신재생에너지 등 환경 친화적 에너지의 공급 및 사용을 위한 대책에 관한 사항
- 에너지 안전관리를 위한 대책에 관한 사항
- 에너지 관련 기술개발 및 보급, 전문 인력 양성, 국제협력, 부존 에너지자원 개발 및 이용, 에너지 복지 등에 관한 사항

## 42 기후변화대응 및 에너지 목표관리의 내용이 아닌 것은?

① 에너지 자립 목표
② 화석에너지 증산의 목표
③ 온실가스 감축 목표
④ 신재생에너지 보급 목표

해설

기후변화대응 및 에너지 목표관리(저탄소 녹색성장 기본법 제42조)
정부는 범지구적인 온실가스 감축에 적극 대응하고 저탄소 녹색성장을 효율적·체계적으로 추진하기 위하여 다음 각 호의 사항에 대한 중장기 및 단계별 목표를 설정하고 그 달성을 위하여 필요한 조치를 강구하여야 한다.
- 온실가스 감축 목표
- 에너지 절약 목표 및 에너지 이용효율 목표
- 에너지 자립 목표
- 신재생에너지 보급 목표

## 43 온실가스 감축 목표는 2030년의 국가 온실가스 총배출량을 2017년의 온실가스 총배출량의 얼마까지 감축해야 하는가?

① 1,000분의 242
② 1,000분의 243
③ 1,000분의 244
④ 1,000분의 245

해설

온실가스 감축 국가목표 설정·관리(저탄소 녹색성장 기본법 시행령 제25조)
온실가스 감축 목표는 2030년의 국가 온실가스 총배출량을 2017년의 온실가스 총배출량의 1,000분의 244만큼 감축하는 것으로 한다.

정답 42 ② 43 ③

# 전기관계법규

## 제1절 전기사업법(법, 시행령, 시행규칙)

### 1 목적 및 용어정리

#### (1) 목적(법 제1조)

이 법은 전기사업에 관한 기본제도를 확립하고 전기사업의 경쟁과 새로운 기술 및 사업의 도입을 촉진함으로써 전기사업의 건전한 발전을 도모하고 전기사용자의 이익을 보호하여 국민경제의 발전에 이바지함을 목적으로 한다.

#### (2) 용어의 정의(법 제2조)

① "전기사업"이란 발전사업 · 송전사업 · 배전사업 · 전기 판매사업 및 구역전기사업을 말한다.

② "전기사업자"란 발전사업자 · 송전사업자 · 배전사업자 · 전기판매사업자 및 구역전기 사업자를 말한다.

③ "발전사업"이란 전기를 생산하여 이를 전력시장을 통하여 전기판매사업자에게 공급하는 것을 주된 목적으로 하는 사업을 말한다.

④ "발전사업자"란 발전사업의 허가를 받은 자를 말한다.

⑤ "송전사업"이란 발전소에서 생산된 전기를 배전사업자에게 송전하는 데 필요한 전기설비를 설치 · 관리하는 것을 주된 목적으로 하는 사업을 말한다.

⑥ "송전사업자"란 송전사업의 허가를 받은 자를 말한다.

⑦ "배전사업"이란 발전소로부터 송전된 전기를 전기사용자에게 배전하는 데 필요한 전기설비를 설치 · 운용하는 것을 주된 목적으로 하는 사업을 말한다.

⑧ "배전사업자"란 배전사업의 허가를 받은 자를 말한다.

⑨ "전기신사업"이란 전기자동차충전사업 및 소규모전력중개사업을 말한다.

⑩ "전기신사업자"란 전기자동차충전사업자 및 소규모전력중개사업자를 말한다.

⑪ "전기설비"란 발전 · 송전 · 변전 · 배전 · 전기공급 또는 전기사용을 위하여 설치하는 기계 · 기구 · 댐 · 수로 · 저수지 · 전선로 · 보안통신선로 및 그 밖의 설비(댐건설 및 주변지역지원 등에 관한 법률에 따라 건설되는 댐 · 저수지와 선박 · 차량 또는 항공기에 설치되는 것과 그 밖에 대통령령으로 정하는 것은 제외한다)로서 다음 각 목의 것을 말한다.

㉠ 전기사업용 전기설비
㉡ 일반용 전기설비
㉢ 자가용 전기설비

> **Check!** **전기설비에서 제외하는 설비(영 제2조)**
> "선박 · 차량 또는 항공기에 설치되는 것"이란 해당 선박 · 차량 또는 항공기가 기능을 유지하도록 하기 위하여 설치되는 전기설비를 말한다. "대통령령으로 정하는 것"이란 다음 각 호의 것을 말한다.
> • 전압 30[V] 미만의 전기설비로서 전압 30[V] 이상의 전기설비와 전기적으로 접속되어 있지 아니한 것
> • 전기통신기본법에 따른 전기통신설비. 다만, 전기를 공급하기 위한 수전설비는 제외한다.

⑫ "전선로"란 발전소 · 변전소 · 개폐소 및 이에 준하는 장소와 전기를 사용하는 장소 상호 간의 전선 및 이를 지지하거나 수용하는 시설물을 말한다.
⑬ "전기사업용 전기설비"란 전기설비 중 전기사업자가 전기사업에 사용하는 전기설비를 말한다.
⑭ "일반용 전기설비"란 산업통상자원부령으로 정하는 소규모의 전기설비로서 한정된 구역에서 전기를 사용하기 위하여 설치하는 전기설비를 말한다.
⑮ "자가용전기설비"란 전기사업용 전기설비 및 일반용 전기설비 외의 전기설비를 말한다.

### (3) 용어의 정의(시행규칙 제2조)

① "변전소"란 변전소의 밖으로부터 전압 50,000[V] 이상의 전기를 전송받아 이를 변성(전압을 올리거나 내리는 것 또는 전기의 성질을 변경시키는 것을 말한다)하여 변전소 밖의 장소로 전송할 목적으로 설치하는 변압기와 그 밖의 전기설비 전체를 말한다.
② "개폐소"란 다음 각 호의 곳의 전압 50,000[V] 이상의 송전선로를 연결하거나 차단하기 위한 전기설비를 말한다.
㉠ 발전소 상호 간
㉡ 변전소 상호 간
㉢ 발전소와 변전소 간
③ "송전선로"란 다음 각 호의 곳을 연결하는 전선로(통신용으로 전용하는 것은 제외한다)와 이에 속하는 전기설비를 말한다.
㉠ 발전소 상호 간
㉡ 변전소 상호 간
㉢ 발전소와 변전소 간
④ "배전선로"란 다음 각 호의 곳을 연결하는 전선로와 이에 속하는 전기설비를 말한다.
㉠ 발전소와 전기수용설비
㉡ 변전소와 전기수용설비
㉢ 송전선로와 전기수용설비

㉣ 전기수용설비 상호 간

⑤ "전기수용설비"란 수전설비와 구내배전설비를 말한다.

⑥ "수전설비"란 타인의 전기설비 또는 구내발전설비로부터 전기를 공급받아 구내배전설비로 전기를 공급하기 위한 전기설비로서 수전지점으로부터 배전반(구내배전설비로 전기를 배전하는 전기설비를 말한다)까지의 설비를 말한다.

⑦ "구내배전설비"란 수전설비의 배전반에서부터 전기사용기기에 이르는 전선로·개폐기·차단기·분전함·콘센트·제어반·스위치 및 그 밖의 부속설비를 말한다.

⑧ "저압"이란 직류에서는 750[V] 이하의 전압을 말하고, 교류에서는 600[V] 이하의 전압을 말한다.

⑨ "고압"이란 직류에서는 750[V]를 초과하고 7,000[V] 이하인 전압을 말하고, 교류에서는 600[V]를 초과하고 7,000[V] 이하인 전압을 말한다.

⑩ "특고압"이란 7,000[V]를 초과하는 전압을 말한다.

## 2 일반용 전기설비의 범위(시행규칙 제3조)

**(1)** 전기사업법(이하 "법"이라 한다)에 따른 일반용 전기설비는 다음 각 호의 어느 하나에 해당하는 전기설비로 한다.

① 전압 600[V] 이하로서 용량 75[kW](제조업 또는 심야전력을 이용하는 전기설비는 용량 100[kW]) 미만의 전력을 타인으로부터 수전하여 그 수전장소(담·울타리 또는 그 밖의 시설물로 타인의 출입을 제한하는 구역을 포함한다)에서 그 전기를 사용하기 위한 전기설비

② 전압 600[V] 이하로서 용량 10[kW] 이하인 발전설비

**(2)** (1)항에도 불구하고 다음 각 호의 하나에 해당하는 전기설비는 일반용 전기설비로 보지 아니한다.

① 자가용전기설비를 설치하는 자가 그 자가용전기설비의 설치장소와 동일한 수전장소에 설치하는 전기설비

② 다음 각 호의 위험시설에 설치하는 용량 20[kW] 이상의 전기설비

㉠ 총포·도검·화약류 등 단속법에 따른 화약류(장난감용 꽃불은 제외한다)를 제조하는 사업장

㉡ 광산안전법 시행령에 따른 갑종 탄광

㉢ 도시가스사업법에 따른 도시가스사업장, 액화석유가스의 안전관리 및 사업법에 따른 액화석유가스의 저장·충전 및 판매사업장 또는 고압가스 안전관리법에 따른 고압가스의 제조소 및 저장소

㉣ 위험물 안전관리법에 따른 위험물의 제조소 또는 취급소

③ 다음 각 호의 여러 사람이 이용하는 시설에 설치하는 용량 20[kW] 이상의 전기설비

㉠ 공연법에 따른 공연장
㉡ 영화 및 비디오물의 진흥에 관한 법률에 따른 영화상영관
㉢ 식품위생법 시행령에 따른 유흥주점·단란주점
㉣ 체육시설의 설치·이용에 관한 법률에 따른 체력단련장
㉤ 유통산업발전법에 따른 대규모점포 및 상점가
㉥ 의료법에 따른 의료기관
㉦ 관광진흥법에 따른 호텔
㉧ 소방시설 설치유지 및 안전관리에 관한 법률 시행령에 따른 집회장

**(3)** (1)의 ①에 따른 심야전력의 범위는 산업통상자원부장관이 정한다.

## 3 전기사업의 허가 등

### (1) 전기사업의 허가(법 제7조)

① 전기사업을 하려는 자는 전기사업의 종류별로 산업통상자원부장관의 허가를 받아야 한다. 허가받은 사항 중 산업통상자원부령으로 정하는 중요 사항을 변경하려는 경우에도 또한 같다.
② 산업통상자원부장관은 전기사업을 허가 또는 변경허가를 하려는 경우에는 미리 전기위원회의 심의를 거쳐야 한다.
③ 동일인에게는 두 종류 이상의 전기사업을 허가할 수 없다. 다만, 대통령령으로 정하는 경우에는 그러하지 아니하다.

Check!
※ **대통령령으로 정하는 두 종류 이상의 전기사업의 허가(영 제3조)**
동일인이 두 종류 이상의 전기사업을 할 수 있는 경우는 다음 각 호와 같다.
- 배전사업과 전기 판매 사업을 겸업하는 경우
- 도서지역에서 전기사업을 하는 경우
- 발전사업의 허가를 받은 것으로 보는 집단에너지사업자가 전기 판매 사업을 겸업하는 경우. 다만, 사업의 허가에 따라 허가받은 공급구역에 전기를 공급하려는 경우로 한정한다.

④ 산업통상자원부장관은 필요한 경우 사업구역 및 특정한 공급구역별로 구분하여 전기사업의 허가를 할 수 있다. 다만, 발전사업의 경우에는 발전소별로 허가할 수 있다.
⑤ 전기사업의 허가기준은 다음 각 호와 같다.
㉠ 전기사업을 적정하게 수행하는 데 필요한 재무능력 및 기술능력이 있을 것
㉡ 전기사업이 계획대로 수행될 수 있을 것

㉢ 배전사업 및 구역전기사업의 경우 둘 이상의 배전사업자의 사업구역 또는 구역전기사업자의 특정한 공급구역 중 그 전부 또는 일부가 중복되지 아니할 것

㉣ 구역전기사업의 경우 특정한 공급구역의 전력수요의 50[%] 이상으로서 대통령령으로 정하는 공급능력을 갖추고, 그 사업으로 인하여 인근 지역의 전기사용자에 대한 다른 전기사업자의 전기 공급에 차질이 없을 것

㉤ 발전소나 발전연료가 특정 지역에 편중되어 전력계통의 운영에 지장을 주지 아니할 것

㉥ 그 밖에 공익상 필요한 것으로서 대통령령으로 정하는 기준에 적합할 것

⑥ ①에 따른 허가의 세부기준·절차와 그 밖에 필요한 사항은 산업통상자원부령으로 정한다.

### (2) 사업허가의 신청(시행규칙 제4조)

① 전기사업의 허가에 따라 전기사업의 허가를 신청하려는 자는 전기사업허가신청서(전자문서로 된 신청서를 포함한다)에 다음 각 호의 서류(전자문서를 포함한다)를 첨부하여 산업통상자원부장관에게 제출하여야 한다. 다만, 발전설비용량이 3,000 [kW] 이하인 발전사업의 허가를 받으려는 자는 특별시장·광역시장·특별자치시장·도지사 또는 특별자치도지사(이하 "시·도지사"라 한다)에게 제출하여야 한다.

㉠ 별표 1의 작성방법에 따라 작성한 사업계획서. 이 경우 별표 1의 2에 따른 서류를 첨부하여야 한다.

※ 사업계획서 구비서류(별표 1의 2)

| 구 분 | 구비서류 |
|---|---|
| 1. 재무능력 관련 | ㉠ 신청자에 대한 신용평가(신용정보의 이용 및 보호에 관한 법률 제2조제4호에 따른 신용정보업자가 거래신뢰도를 평가한 것을 말한다)의 의견서. 다만, 신청자가 재무능력을 평가할 수 없는 신설 법인인 경우에는 신청자의 최대주주를 신청자로 본다.<br>㉡ 재원조달계획 관련 증명서류 |
| 2. 기술능력 관련 | 전기설비 건설 및 운영 계획 관련 증명서류 |
| 3. 계획에 따른 수행 가능 여부 관련 | ㉠ 발전설비 건설 예정지역 관할 지방자치단체(지방자치법 제2조제1항제2호에 따른 지방자치단체를 말한다)의 발전설비와 접속설비 건설에 대한 의견서(발전설비용량이 10,000[kW] 초과인 신청자만 해당한다. 다만, 신에너지 및 재생에너지 개발·이용·보급 촉진법 제2조제1호나목에 따른 연료전지 또는 같은 조 제2호가목·나목에 따른 태양에너지·풍력 발전설비의 경우에는 발전설비용량이 100,000[kW] 초과인 신청자만 해당한다)<br>㉡ 발전기의 전력계통 접속에 따른 영향에 관한 한국전력공사의 의견서(발전설비용량이 10,000[kW] 초과인 신청자만 해당한다)<br>㉢ 송전관계 일람도<br>㉣ 부지의 확보 및 배치 계획 관련 증명서류<br>㉤ 연료 및 용수 확보 계획 관련 증명서류(발전사업 또는 구역전기사업의 허가를 신청하는 경우만 해당한다)<br>㉥ 신청자의 과거 발전설비 준공, 포기 또는 지연이력 및 운영실적<br>㉦ 사업개시 예정일부터 5년 동안의 연도별 예상사업손익 산출서(별지 제2호 서식에 따른다) |

| 구 분 | 구비서류 |
|---|---|
| 4. 그 밖의 사항 관련 | ㉠ 사업구역의 경계를 명시한 50,000분의 1 지형도(배전사업의 허가를 신청하는 경우만 해당한다)<br>㉡ 특정한 공급구역의 위치 및 경계를 명시한 50,000분의 1 지형도(구역전기사업의 허가를 신청하는 경우만 해당한다)<br>㉢ 발전원가명세서(발전사업 또는 구역전기사업의 허가를 신청하는 경우만 해당한다)<br>㉣ 발전용 수력의 사용에 대한 하천법 제33조제1항의 허가 또는 발전용 원자로 및 관계시설의 건설에 대한 원자력안전법 제20조제1항의 허가사실을 증명할 수 있는 허가서의 사본(전기사업용 수력발전소 또는 원자력발전소를 설치하는 경우만 해당하며, 허가신청 중인 경우에는 그 신청서의 사본을 말한다) |

㉡ 정관, 대차대조표 및 손익계산서(신청자가 법인인 경우만 해당하며, 설립 중인 법인의 경우에는 정관만 제출한다)

㉢ 신청자(발전설비용량 3,000[kW] 이하인 신청자는 제외한다)의 주주명부. 이 경우 신청자가 재무능력을 평가할 수 없는 신설법인인 경우에는 신청자의 최대주주를 신청자로 본다.

② ①에 따른 신청을 받은 산업통상자원부장관 또는 시・도지사는 전자정부법에 따른 행정정보의 공동이용을 통하여 법인 등기사항증명서(법인인 경우만 해당한다)를 확인하여야 한다.

### (3) 변경허가사항 등(시행규칙 제5조)

① 전기사업의 허가에서 "산업통상자원부령으로 정하는 중요 사항"이란 다음 각 호의 사항을 말한다.

㉠ 사업구역 또는 특정한 공급구역

㉡ 공급전압

㉢ 발전사업 또는 구역전기사업의 경우 발전용 전기설비에 관한 다음의 어느 하나에 해당하는 사항

- 설치장소(동일한 읍・면・동에서 설치장소를 변경하는 경우는 제외한다)
- 설비용량(변경 정도가 허가 또는 변경허가를 받은 설비용량의 100분의 10 이하인 경우는 제외한다)
- 원동력의 종류(허가 또는 변경허가를 받은 설비용량이 300,000[kW] 이상인 발전용 전기설비에 신에너지 및 재생에너지 개발・이용・보급 촉진법에 따른 신재생에너지를 이용하는 발전용 전기설비를 추가로 설치하는 경우는 제외한다)

② 전기사업의 허가에 따라 변경허가를 받으려는 자는 사업허가 변경신청서에 변경내용을 증명하는 서류를 첨부하여 산업통상자원부장관 또는 시・도지사에게 제출하여야 한다.

### (4) 사업허가증(시행규칙 제6조)

산업통상자원부장관 또는 시・도지사(발전설비용량이 3,000[kW] 이하인 발전사업의 경우로 한정한다)는 전기사업의 허가에 따른 전기사업에 대한 허가(변경허가를 포함한다)를 하는 경우에는 (발전, 구역전기)사업허가증 또는 (송전, 배전, 전기 판매)사업허가증을 발급하여야 한다.

### (5) 전기설비의 설치 및 사업의 개시 의무(법 제9조)

① 전기사업자는 산업통상자원부장관이 지정한 준비기간에 사업에 필요한 전기설비를 설치하고 사업을 시작하여야 한다.

② ①에 따른 준비기간은 10년을 넘을 수 없다. 다만, 산업통상자원부장관이 정당한 사유가 있다고 인정하는 경우에는 준비기간을 연장할 수 있다.

③ 산업통상자원부장관은 전기사업을 허가할 때 필요하다고 인정하면 전기사업별 또는 전기설비별로 구분하여 준비기간을 지정할 수 있다.

④ 전기사업자는 사업을 시작한 경우에는 지체 없이 그 사실을 산업통상자원부장관에게 신고하여야 한다.

## 4 전기공급의 업무

### (1) 전기공급의 의무(법 제14조)

발전사업자, 전기판매사업자 및 전기자동차충전사업자는 대통령령으로 정하는 정당한 사유 없이 전기의 공급을 거부하여서는 아니 된다.

※ 전기의 공급약관(법 제16조)

1. 전기판매사업자는 대통령령으로 정하는 바에 따라 전기요금과 그 밖의 공급조건에 관한 약관(이하 "기본공급약관"이라 한다)을 작성하여 산업통상자원부장관의 인가를 받아야 한다. 이를 변경하려는 경우에도 또한 같다.

> Check!
> **대통령령으로 정하는 기본공급약관에 대한 인가기준(영 제7조)**
> 전기요금과 그 밖의 공급조건에 관한 약관에 대한 인가 또는 변경인가의 기준은 다음 각 호와 같다.
> • 전기요금이 적정 원가에 적정 이윤을 더한 것일 것
> • 전기요금을 공급 종류별 또는 전압별로 구분하여 규정하고 있을 것
> • 전기판매사업자와 전기사용자 간의 권리의무 관계와 책임에 관한 사항이 명확하게 규정되어 있을 것
> • 전력량계 등의 전기설비의 설치주체와 비용부담자가 명확하게 규정되어 있을 것
> 인가 또는 변경인가의 기준에 관한 세부적인 사항은 산업통상자원부장관이 정하여 고시한다.

2. 산업통상자원부장관은 1.에 따른 인가를 하려는 경우에는 전기위원회의 심의를 거쳐야 한다.
3. 전기판매사업자는 그 전기수요를 효율적으로 관리하기 위하여 필요한 범위에서 기본공급약관으로 정한 것과 다른 요금이나 그 밖의 공급조건을 내용으로 정하는 약관(이하 "선택공급약관"이라 한다)을 작성할 수 있으며, 전기사용자는 기본공급약관을 갈음하여 선택공급약관으로 정한 사항을 선택할 수 있다.

4. 전기판매사업자는 선택공급약관을 포함한 기본공급약관(이하 "공급약관"이라 한다)을 시행하기 전에 영업소 및 사업소 등에 이를 갖춰 두고 전기사용자가 열람할 수 있게 하여야 한다.
5. 전기판매사업자는 공급약관에 따라 전기를 공급하여야 한다.

### (2) 전기품질의 유지(법 제18조)

① 전기사업자 등은 산업통상자원부령으로 정하는 바에 따라 그가 공급하는 전기의 품질을 유지하여야 한다.

② 전기사업자 및 한국전력거래소는 산업통상자원부령으로 정하는 바에 따라 전기품질을 측정하고 그 결과를 기록·보존하여야 한다.

③ 산업통상자원부장관은 전기사업자 등이 공급하는 전기의 품질이 ①에 적합하게 유지되지 아니하여 전기사용자의 이익을 해친다고 인정하는 경우에는 전기위원회의 심의를 거쳐 그 전기사업자 등에게 전기설비의 수리 또는 개조, 전기설비의 운용방법의 개선, 그 밖에 필요한 조치를 할 것을 명할 수 있다.

### (3) 전기의 품질기준(시행규칙 제18조)

전기품질의 유지에 따라 전기사업자와 전기신사업자는 그가 공급하는 전기가 별표 3에 따른 표준전압·표준주파수 및 허용오차의 범위에서 유지되도록 하여야 한다.

Check!

**표준전압·표준주파수 및 허용오차(별표 3)**

1. 표준전압 및 허용오차

| 표준전압 | 허용오차 |
|---|---|
| 110[V] | 110[V]의 상하로 6[V] 이내 |
| 220[V] | 220[V]의 상하로 13[V] 이내 |
| 380[V] | 380[V]의 상하로 38[V] 이내 |

2. 표준주파수 및 허용오차

| 표준주파수 | 허용오차 |
|---|---|
| 60[Hz] | 60[Hz] 상하로 0.2[Hz] 이내 |

### (4) 전압 및 주파수의 측정(시행규칙 제19조)

① 전기사업자 및 한국전력거래소는 산업통상자원부령으로 정하는 바에 따라 전기품질을 측정하고 그 결과를 기록·보존하여야 한다는 규정에 따라 전기사업자 및 한국전력거래소는 다음 각 목의 사항을 매년 1회 이상 측정하여야 하며 측정 결과를 3년간 보존하여야 한다.

㉠ 발전사업자 및 송전사업자의 경우에는 전압 및 주파수

㉡ 배전사업자 및 전기판매사업자의 경우에는 전압

㉢ 한국전력거래소의 경우에는 주파수

② 전기사업자 및 한국전력거래소는 ①에 따른 전압 및 주파수의 측정기준·측정방법 및 보존방법 등을 정하여 산업통상자원부장관에게 제출하여야 한다.

### (5) 전력량계의 설치 · 관리(법 제19조)

① 다음 각 호의 자는 시간대별로 전력거래량을 측정할 수 있는 전력량계를 설치·관리하여야 한다.
   ㉠ 발전사업자(대통령령으로 정하는 발전사업자는 제외한다)
   ㉡ 자가용전기설비를 설치한 자
   ㉢ 구역전기사업자
   ㉣ 배전사업자
   ㉤ 전력의 직접 구매 단서에 따라 전력을 직접 구매하는 전기사용자

② ①에 따른 전력량계의 허용오차 등에 관한 사항은 산업통상자원부장관이 정한다.

### (6) 기본계획의 경미한 변경(시행규칙 제20조)

전력수급기본계획의 수립 단서에 따라 전력정책심의회의 설치 등에 따른 전력정책심의회의 심의를 거치지 아니하고 변경할 수 있는 사항은 다음 각 호와 같다.

① 전기설비 설치공사의 착공·준공 또는 공사기간을 2년 이내의 범위에서 조정하는 경우
② 전기설비별 용량의 20[%] 이내의 범위에서 그 용량을 변경하는 경우
③ 신규건설 또는 폐지되는 연도별 전기설비용량의 5[%] 이내의 범위에서 전기설비용량을 변경하는 경우

## 5 전력수급의 안정

### (1) 전력수급기본계획의 수립(법 제25조)

① 산업통상자원부장관은 전력수급의 안정을 위하여 전력수급기본계획(이하 "기본계획"이라 한다)을 수립하여야 한다.

② 산업통상자원부장관은 기본계획을 수립하거나 변경하고자 하는 때에는 관계 중앙행정기관의 장과 협의하고 공청회를 거쳐 의견을 수렴한 후 전력정책심의회의 심의를 거쳐 이를 확정한다. 다만, 산업통상자원부장관이 책임질 수 없는 사유로 공청회가 정상적으로 진행되지 못하는 등 대통령령으로 정하는 사유가 있는 경우에는 공청회를 개최하지 아니할 수 있으며 이 경우 대통령령으로 정하는 바에 따라 공청회에 준하는 방법으로 의견을 들어야 한다.

③ 기본계획 중 대통령령으로 정하는 경미한 사항을 변경하는 경우에는 ②에 따른 절차를 생략할 수 있다.

Check!

**기본계획의 경미한 사항의 변경(영 제15조의 2)**

"대통령령으로 정하는 경미한 사항을 변경하는 경우"란 다음 각 호의 하나에 해당하는 경우를 말한다.

- 전기설비 설치공사의 착공 또는 준공 등의 기간을 2년의 범위에서 조정하는 경우
- 전기설비별 용량의 20[%]의 범위에서 그 용량을 변경하는 경우
- 연도별 전기설비 총용량의 5[%]의 범위에서 그 총용량을 변경하는 경우

④ 산업통상자원부장관은 ②에 따라 기본계획이 확정된 때에는 지체없이 이를 공고하고, 관계 중앙행정기관의 장에게 통보하여야 한다.

⑤ 산업통상자원부장관은 기본계획을 수립하거나 변경하는 경우 국회소관 상임위원회에 보고하여야 한다. 이 경우, 제3조제2항에 따라 고려할 사항이 포함되어야 한다.

⑥ 기본계획에는 다음 각 호의 사항이 포함되어야 한다.

㉠ 전력수급의 기본방향에 관한 사항
㉡ 전력수급의 장기전망에 관한 사항
㉢ 발전설비계획 및 주요 송전·변전설비계획에 관한 사항
㉣ 전력수요의 관리에 관한 사항
㉤ 직전 기본계획의 평가에 관한 사항
㉥ 분산형 전원의 확대에 관한 사항
㉦ 그 밖에 전력수급에 관하여 필요하다고 인정하는 사항

⑦ 산업통상자원부장관은 기본계획이 저탄소 녹색성장 기본법에 따른 온실가스 감축 목표에 부합하도록 노력하여야 한다.

⑧ 산업통상자원부장관은 기본계획의 수립을 위하여 필요한 경우에는 전기사업자, 한국전력거래소, 그 밖에 대통령령으로 정하는 관계 기관 및 단체에 관련 자료의 제출을 요구할 수 있다.

⑨ 기본계획의 수립에 관하여 그 밖에 필요한 사항은 대통령령으로 정한다.

Check!

**전력수급기본계획의 수립(영 제15조)**

1. 전력수급기본계획은 2년 단위로 수립·시행한다.
2. 공청회가 정상적으로 진행되지 못하는 등 대통령령으로 정하는 사유란 다음 각 호의 어느 하나에 해당하는 경우를 말한다.
   - 이해관계자 등의 방해로 공청회가 개최되지 못한 횟수가 2회 이상인 경우
   - 공청회가 개최되었으나 이해관계자 등의 방해로 정상적으로 진행되지 못한 경우
3. 산업통상자원부장관은 정상적인 공청회를 개최하지 아니한 경우 다음 각 호의 사항을 일간신문 및 산업통상자원부 인터넷홈페이지에 게재하여 의견을 들어야 한다.
   - 공청회의 미개최 사유
   - 기본계획안의 열람방법
   - 의견 제출의 시기 및 방법
   - 그 밖에 산업통상자원부장관이 필요하다고 인정하는 사항

## 6 전력시장

### (1) 전력거래(법 제31조)

① 발전사업자 및 전기판매사업자는 전력시장운영규칙(법 제43조)으로 정하는 바에 따라 전력시장에서 전력거래를 하여야 한다. 다만, 도서지역 등 대통령령으로 정하는 경우에는 그러하지 아니하다.

② 자가용전기설비를 설치한 자는 그가 생산한 전력을 전력시장에서 거래할 수 없다. 다만, 대통령령으로 정하는 경우에는 그러하지 아니하다.

③ 구역전기사업자는 대통령령으로 정하는 바에 따라 특정한 공급구역의 수요에 부족하거나 남는 전력을 전력시장에서 거래할 수 있다.

④ 전기판매사업자는 다음 각 호의 어느 하나에 해당하는 자가 생산한 전력을 전력시장운영규칙(법 제43조)으로 정하는 바에 따라 우선적으로 구매할 수 있다.

㉠ 대통령령으로 정하는 규모 이하의 발전사업자

㉡ 자가용전기설비를 설치한 자(②의 단서에 따라 전력거래를 하는 경우만 해당한다)

㉢ 신에너지 및 재생에너지 개발·이용·보급 촉진법에 따른 신에너지 및 재생에너지를 이용하여 전기를 생산하는 발전사업자

㉣ 집단에너지사업법에 따라 발전사업의 허가를 받은 것으로 보는 집단에너지사업자

㉤ 수력발전소를 운영하는 발전사업자

⑤ 지능형전력망의 구축 및 이용촉진에 관한 법률에 따라 지능형전력망 서비스 제공사업자로 등록한 자 중 대통령령으로 정하는 자(이하 "수요관리사업자"라 한다)는 전력시장운영규칙으로 정하는 바에 따라 전력시장에서 전력거래를 할 수 있다. 다만, 수요관리사업자 중 독점규제 및 공정거래에 관한 법률의 상호 출자 제한 기업집단에 속하는 자가 전력거래를 하는 경우에는 대통령령으로 정하는 전력거래량의 비율에 관한 기준을 충족하여야 한다.

⑥ 소규모 전력중개사업자는 모집한 소규모 전력 자원에서 생산 또는 저장한 전력을 제43조에 따른 전력시장 운영 규칙으로 정하는 바에 따라 전력시장에서 거래하여야 한다.

### (2) 전력거래(영 제19조)

① 법 제31조의 ① 단서에서 "도서지역 등 대통령령으로 정하는 경우"란 다음 각 호의 경우를 말한다.

㉠ 한국전력거래소가 운영하는 전력계통에 연결되어 있지 아니한 도서지역에서 전력을 거래하는 경우

㉡ 신에너지 및 재생에너지 개발·이용·보급 촉진법에 따른 신재생에너지발전사업자가 1,000[kW] 이하의 발전설비용량을 이용하여 생산한 전력을 거래하는 경우

② 법 제31조의 ② 단서에서 "대통령령으로 정하는 경우"란 다음 각 호의 어느 하나에 해당하는 경우를 말한다.

㉠ 태양광 설비를 설치한 자가 해당 설비를 통하여 생산한 전력 중 자기가 사용하고 남은 전력을 거래하는 경우

ⓛ 태양광 설비 외의 설비(석탄을 에너지원으로 이용하는 설비는 2017년 2월 28일까지 법에 따른 설치공사 · 변경공사의 공사계획의 인가 신청 또는 신고를 한 경우로 한정한다)를 설치한 자가 해당 설비를 통하여 생산한 전력의 연간 총생산량의 50[%] 미만의 범위에서 전력을 거래하는 경우

③ 발전사업자, 전기판매사업자 및 자가용전기설비를 설치한 자 간의 전력거래 절차와 그 밖에 필요한 사항은 산업통상자원부장관이 정하여 고시한다.

④ 구역전기사업자는 다음 각 호의 어느 하나에 해당하는 전력을 전력시장에서 거래할 수 있다.

㉠ 허가받은 공급능력으로 해당 특정한 공급구역의 수요에 부족하거나 남는 전력

ⓛ 발전기의 고장, 정기점검 및 보수 등으로 인하여 해당 특정한 공급구역의 수요에 부족한 전력

ⓒ 집단에너지사업자의 전기 공급에 대한 특례에 해당하는 자가 산업통상자원부령으로 정하는 기간 동안 해당 특정한 공급구역의 열 수요가 감소함에 따라 발전기 가동을 단축하는 경우 생산한 전력으로는 해당 특정한 공급구역의 수요에 부족한 전력

※ 구역전기사업자의 전력거래에서 "산업통상자원부령으로 정하는 기간"이란 매년 3월 1일부터 11월 30일까지를 말한다(시행규칙 제22조의 2).

⑤ "대통령령으로 정하는 규모 이하의 발전사업자"란 설비용량이 20,000[kW] 이하인 발전사업자를 말한다.

⑥ "대통령령으로 정하는 자"란 지능형전력망의 구축 및 이용촉진에 관한 법률 시행령 별표 1에 따른 수요반응관리서비스제공사업자(이하 "수요관리사업자"라 한다)를 말한다.

※ 지능형전력망 사업자의 등록기준 및 업무범위(별표 1)

| 구 분 | 등록기준 | 업무범위 |
|---|---|---|
| 지능형전력망 기반 구축사업자 | 1. 전기사업법 제7조에 따라 허가받은 송전사업자, 배전사업자, 구역전기사업자 또는 같은 법 제35조에 따라 설립된 한국전력거래소일 것<br>2. 자본금 20억원 이상<br>3. 국가기술자격법에 따른 전기 · 정보통신 · 전자 · 기계 · 건축 · 토목 · 환경 분야의 기사 3명 이상(전기 분야의 기사 1명 이상 포함)을 둘 것<br>4. 법 제26조제1항에 따른 지능형전력망 정보의 신뢰성과 안전성을 확보하기 위한 보호조치 계획을 갖출 것 | 지능형전력망을 이용하여 전기를 공급하거나 전력계통의 운영에 관한 사업 |

| 구 분 | | 등록기준 | 업무범위 |
|---|---|---|---|
| 지능형전력망 서비스 제공사업자 | 수요반응 관리서비스 제공사업자 | 1. 국가기술자격법에 따른 전기·정보통신·전자·기계·건축·토목·환경 분야의 기사 2명 이상(전기 분야의 기사 1명 이상 포함)을 둘 것<br>2. 법 제26조제1항에 따른 지능형전력망 정보의 신뢰성과 안전성을 확보하기 위한 보호조치 계획을 갖출 것 | 지능형전력망을 이용하여 전력수요를 관리하는 사업 |
| | 전기차 충전 서비스 제공사업자 | 1. 국가기술자격법에 따른 전기·정보통신·전자·기계·건축·토목·환경 분야의 기사 1명 이상 또는 전기사업법 제73조제1항부터 제4항까지의 규정에 따라 선임 또는 선임의제된 전기안전관리자 1명 이상을 둘 것<br>2. 전기용품 및 생활용품 안전관리법 제3조에 따른 안전인증을 받은 전기차용 충전기를 갖출 것<br>3. 법 제26조제1항에 따른 지능형전력망 정보의 신뢰성과 안전성을 확보하기 위한 보호조치 계획을 갖출 것. 다만, 법 제22조에 따라 전력망개인정보를 수집·처리하는 자의 경우만 해당한다. | 환경친화적 자동차의 개발 및 보급 촉진에 관한 법률 제2조제3호에 따른 전기자동차에 전기를 충전하여 공급하는 사업 |
| | 그 밖의 서비스 제공사업자 | 1. 국가기술자격법에 따른 전기·정보통신·전자·기계·건축·토목·환경 분야의 기사 1명 이상을 둘 것<br>2. 법 제26조제1항에 따른 지능형전력망 정보의 신뢰성과 안전성을 확보하기 위한 보호조치 계획을 갖출 것. 다만, 법 제22조에 따라 전력망개인정보를 수집·처리하는 자의 경우만 해당한다. | 대용량 배터리에 전기를 저장하여 필요한 시기에 공급·판매하는 등 지능형전력망을 이용하여 서비스를 제공하는 사업 |

⑦ 독점규제 및 공정거래에 관한 법률에 따른 상호 출자 제한 기업집단(이하 "기업집단"이라 한다)에 속하는 수요관리사업자가 법 제31조 ⑤에 따라 전력거래를 하는 경우에는 ㉠ 및 ㉡을 합한 전력거래량에서 ㉠의 전력거래량이 차지하는 비율이 100분의 30을 넘어서는 아니 된다.

㉠ 해당 수요관리사업자가 속하는 기업집단 내부의 전력소비자(해당 수요관리사업자는 제외한다)의 전력소비감축(법 제45조제1항에 따라 한국전력거래소가 전력계통의 운영을 위하여 수요관리사업자에게 하는 전력소비 감축의 지시에 따라 감축하는 것을 말한다)을 통하여 확보한 전력거래량

㉡ 해당 수요관리사업자가 속하는 기업집단 외부의 전력소비자의 전력소비감축을 통하여 확보한 전력거래량

### (3) 전력의 직접 구매(법 제32조)

전기사용자는 전력시장에서 전력을 직접 구매할 수 없다. 다만, 대통령령으로 정하는 규모 이상의 전기사용자는 그러하지 아니하다.

※ "대통령령으로 정하는 규모 이상의 전기사용자"란 수전설비의 용량이 30,000[kVA] 이상인 전기사용자를 말한다(시행령 제20조).

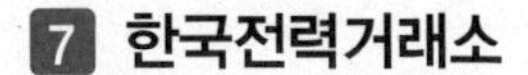

## 7 한국전력거래소

### (1) 한국전력거래소의 설립(법 제35조)

① 전력시장 및 전력계통의 운영을 위하여 한국전력거래소를 설립한다.
② 한국전력거래소는 법인으로 한다.
③ 한국전력거래소의 주된 사무소는 정관으로 정한다.
④ 한국전력거래소는 주된 사무소의 소재지에서 설립등기를 함으로써 성립한다.

### (2) 한국전력거래소의 업무(법 제36조)

한국전력거래소는 그 목적을 달성하기 위하여 다음 각 호의 업무를 수행한다.
① 전력시장 및 소규모전력중개시장의 개설・운영에 관한 업무
② 전력거래에 관한 업무
③ 회원의 자격 심사에 관한 업무
④ 전력거래대금 및 전력거래에 따른 비용의 청구・정산 및 지불에 관한 업무
⑤ 전력거래량의 계량에 관한 업무
⑥ 전력시장운영규칙 및 중개시장운영규칙 등 관련 규칙의 제정・개정에 관한 업무
⑦ 전력계통의 운영에 관한 업무
⑧ 전기품질의 측정・기록・보존에 관한 업무
⑨ 그 밖에 ①~⑧까지의 업무에 딸린 업무

### (3) 정관의 기재사항(법 제37조)

한국전력거래소의 정관에는 공공기관의 운영에 관한 법률에 따른 기재사항 외에 다음 각 호의 사항이 포함되어야 한다.
① 자산에 관한 사항
② 회원에 관한 사항
③ 회원의 보증금에 관한 사항
④ 회원의 지분 양도 및 반환에 관한 사항

## 8 전력산업의 기반조성

### (1) 전력산업기반조성계획의 수립 · 시행(법 제47조)

① 산업통상자원부장관은 전력산업의 지속적인 발전과 전력수급의 안정을 위하여 전력산업의 기반조성을 위한 계획(이하 "전력산업기반조성계획"이라 한다)을 수립 · 시행하여야 한다.

② 전력산업기반조성계획에는 다음 각 호의 사항이 포함되어야 한다.

㉠ 전력산업발전의 기본방향에 관한 사항

㉡ 기금의 사용 각 호에 규정된 사업에 관한 사항

㉢ 전력 산업 전문 인력의 양성에 관한 사항

㉣ 전력 분야의 연구기관 및 단체의 육성 · 지원에 관한 사항

㉤ 석탄산업법에 따른 석탄산업장기계획상 발전용 공급량의 사용에 관한 사항

㉥ 그 밖에 전력산업의 기반조성을 위하여 필요한 사항

③ 전력산업기반조성계획의 수립 · 시행에 필요한 사항은 대통령령으로 정한다.

### (2) 시행계획의 수립 등(영 제24조)

① 산업통상자원부장관은 전력산업기반조성계획을 효율적으로 추진하기 위하여 매년 시행계획을 수립하고 공고하여야 한다.

② ①에 따른 시행계획에는 다음 각 호의 사항이 포함되어야 한다.

㉠ 전력산업기반조성사업의 시행에 관한 사항

㉡ 필요한 자금 및 자금 조달계획

㉢ 시행방법

㉣ 자금지원에 관한 사항

㉤ 그 밖에 시행계획의 추진에 필요한 사항

③ 산업통상자원부장관은 ①에 따른 시행계획을 수립하려는 경우에는 전력정책심의회의 심의를 거쳐야 한다. 이를 변경하려는 경우에도 또한 같다.

## 9 전기위원회

### (1) 전기위원회의 설치 및 구성(법 제53조)

① 전기사업 등의 공정한 경쟁 환경 조성 및 전기사용자의 권익 보호에 관한 사항의 심의와 전기사업 등과 관련된 분쟁의 재정을 위하여 산업통상자원부에 전기위원회를 둔다.

② 전기위원회는 위원장 1명을 포함한 9명 이내의 위원으로 구성하되, 위원 중 대통령령으로 정하는 수의 위원은 상임으로 한다.

③ 전기위원회의 위원장을 포함한 위원은 산업통상자원부장관의 제청으로 대통령이 임명 또는 위촉한다.

④ 전기위원회의 사무를 처리하기 위하여 전기위원회에 사무기구를 둔다.

### (2) 전기위원회의 개회 및 운영(영 제39조)

① 전기위원회의 설치 및 구성에 따른 전기위원회의 위원장은 전기위원회의 회의를 소집하고, 그 의장이 된다.

② 전기위원회의 위원장은 회의를 소집하려는 경우에는 회의의 일시·장소 및 안건을 정하여 회의일 7일 전까지 각 위원에게 서면으로 알려야 한다. 다만, 긴급한 경우이거나 부득이한 사유가 있는 경우에는 그러하지 아니하다.

③ 전기위원회는 이해관계인, 참고인 또는 관계 전문가를 회의에 출석하게 하여 의견을 진술하게 하거나 필요한 자료를 제출하게 할 수 있다.

### (3) 전기위원회의 기능(법 제56조)

① 전기위원회는 다음 각 호의 사항을 심의하고 "전기위원회의 재정"에 따른 재정을 한다.

※ 전기위원회의 심의사항

- 전기사업의 허가 또는 변경허가에 관한 사항
- 전기사업의 양수 또는 법인의 분할·합병에 대한 인가에 관한 사항
- 전기사업의 허가취소, 사업정지, 사업구역의 감소 및 과징금의 부과에 관한 사항
- 송전용 또는 배전용 전기설비의 이용요금과 그 밖의 이용조건의 인가에 관한 사항
- 전기판매사업자의 기본공급약관 및 보완공급약관의 인가에 관한 사항
- 구역전기사업자의 기본공급약관의 인가에 관한 사항
- 전기설비의 수리 또는 개조, 전기설비의 운용방법의 개선, 그 밖에 필요한 조치에 관한 사항
- 금지행위에 대한 조치에 관한 사항
- 금지행위에 대한 과징금의 부과·징수에 관한 사항
- 전력거래가격의 상한에 관한 사항
- 차액계약의 인가에 관한 사항
- 전력시장운영규칙 및 중개시장운영규칙의 승인에 관한 사항
- 전력계통 신뢰도 관리업무에 대한 연간계획 및 실적, 관계 규정의 제정·개정 및 폐지 등에 관한 사항
- 산업통상자원부장관의 조치명령에 관한 사항
- 전기사용자의 보호에 관한 사항
- 전력산업의 경쟁체제 도입 등 전력산업의 구조개편에 관한 사항
- 다른 법령에서 전기위원회의 심의사항으로 규정한 사항
- 산업통상자원부장관이 심의를 요청한 사항

② 전기위원회는 산업통상자원부장관에게 전력시장의 관리・운영 등에 필요한 사항에 관한 건의를 할 수 있다.

## 10 전기설비의 안전관리

### (1) 전기안전관리자의 선임 등(시행규칙 제40조)

① 전기안전관리자를 선임하여야 하는 전기설비는 다음 각 호의 전기설비 외의 전기설비를 말한다.

㉠ 전압이 600[V] 이하인 전기수용설비(제3조제2항 각 호의 것은 제외한다)로서 제조업 및 기업 활동 규제완화에 관한 특별조치법 시행령에 따른 제조업관련서비스업에 설치하는 전기수용설비

㉡ 심야전력을 이용하는 전기설비로서 전압이 600[V] 이하인 전기수용설비

㉢ 휴지 중인 다음 각 호의 전기설비

- 전기설비의 소유자 또는 점유자가 전기사업자에게 전기설비의 휴지를 통보한 전기설비
- 심야전력 전기설비(전기 공급계약에 의하여 사용을 중지한 경우만 해당한다)
- 농사용 전기설비(전기를 공급받는 지점에서부터 사용설비까지의 모든 전기설비를 사용하지 아니하는 경우만 해당한다)

㉣ 설비용량 20[kW] 이하의 발전설비

② 전기안전관리자의 선임 등에 따라 전기안전관리자를 선임하여야 하는 자는 전기안전관리자를 전기설비의 사용전검사 신청 전 또는 사업개시 전에 전기설비 또는 사업장마다 별표 12에 따라 안전관리자와 안전관리보조원으로 구분하여 선임하여야 한다.

③ 전기안전관리자의 선임 등에 따라 선임되는 전기안전관리자는 그 전기설비의 소유자・점유자 또는 그 전기설비의 소유자・점유자로부터 안전관리업무를 위탁받은 자의 소속 기술인력으로서 전기설비의 설치장소의 사업장에 상시 근무를 하여야 하고, 다른 사업장 전기설비의 전기안전관리자로 선임될 수 없다. 다만, 전기사업자나 자가용전기설비의 소유자 또는 점유자는 전기설비(휴지 중인 전기설비는 제외한다)의 공사・유지 및 운용에 관한 안전관리업무를 수행하게 하기 위하여 산업통상자원부령으로 정하는 바에 따라 국가기술자격법에 따른 전기・기계・토목 분야의 기술자격을 취득한 사람 중에서 각 분야별로 전기안전관리자를 선임하여야 한다는 규정에 따라 선임되는 전기안전관리자는 다음 각 호의 어느 하나의 전기설비에 한정하여 안전관리업무를 1명이 할 수 있다.

㉠ 1,000[m] 이내에 있는 2개소의 유수지 배수펌프용 전기설비

㉡ 농사용으로 동일 수계에 설치된 4개소 이하의 양수 및 배수펌프용 전기설비

㉢ 동일 노선의 고속국도 또는 국도에 설치된 2개소(터널 전기설비를 원격감시 및 제어할 수 있는 교통관제시설을 갖춘 고속국도는 4개소)의 터널용 전기설비

㉣ 다음 각 호의 요건을 모두 갖춘 전기설비

- 동일 산업단지(산업입지 및 개발에 관한 법률에 따른 산업단지를 말하며, 이하 "산업단지"라 한다) 내에 2개 이상의 사업장을 운영 중인 동일 사업자의 설비일 것

• 설비용량(동일 산업단지 내 사업장에 설치된 전기설비의 설비용량만을 말한다)의 합계가 2,500[kW] 미만일 것

ⓜ 전기자동차충전사업자(자가용전기설비의 소유자 또는 점유자에 해당하는 경우를 말한다)의 경우 동일 사업자의 60개소 이하의 전기자동차충전소 전기설비

### (2) 안전관리업무의 대행 규모(시행규칙 제41조)

안전공사, 전기안전관리대행사업자(이하 "대행사업자"라 한다) 및 전기 분야의 기술자격을 취득한 사람으로서 대통령령으로 정하는 장비를 보유하고 있는 자에 따른 자(이하 "개인대행자"라 한다)가 안전관리업무를 대행할 수 있는 전기설비의 규모는 다음 각 호와 같다.

① 안전공사 및 대행사업자 : 다음 각 호의 어느 하나에 해당하는 전기설비(둘 이상의 전기설비 용량의 합계가 2,500[kW] 미만인 경우로 한정한다)
 ㉠ 용량 1,000[kW] 미만의 전기수용설비
 ㉡ 용량 300[kW] 미만의 발전설비. 단, 비상용 예비발전설비의 경우에는 용량 500[kW] 미만으로 한다.
 ㉢ 신에너지 및 재생에너지 개발・이용・보급 촉진법에 따른 태양에너지를 이용하는 발전설비(이하 "태양광발전설비"라 한다)로서 용량 1,000[kW] 미만인 것

② 개인대행자 : 다음 각 호의 어느 하나에 해당하는 전기설비(둘 이상의 용량의 합계가 1,050[kW] 미만인 전기설비로 한정한다)
 ㉠ 용량 500[kW] 미만의 전기수용설비
 ㉡ 용량 150[kW] 미만의 발전설비. 단, 비상용 예비발전설비의 경우에는 용량 300[kW] 미만으로 한다.
 ㉢ 용량 250[kW] 미만의 태양광발전설비

### (3) 전기안전관리자의 자격 및 직무(시행규칙 제44조)

① 전기안전관리자의 세부 기술자격은 별표 12와 같다.
 ※ 전기안전관리자의 선임기준 및 세부기술자격(별표 12)

| 구 분 | 안전관리 대상 | 안전관리자 자격기준 | 안전관리보조원인력 |
|---|---|---|---|
| 1. 발전설비<br>① 전기설비(수력, 기력, 가스터빈, 복합화력, 원자력 및 그 밖의 발전소 공통) | ㉠ 모든 전기설비의 공사・유지 및 운용<br>㉡ 전압 10만[V] 미만 전기설비의 공사・유지 및 운용<br>㉢ 전압 10만[V] 미만으로서 전기설비용량 2천[kW] 미만 전기설비의 공사・유지 및 운용<br>㉣ 전압 10만[V] 미만으로서 전기설비용량 1,500[kW] 미만 전기설비의 공사・유지 및 운용 | ㉠ 전기 분야 기술사 자격소지자, 전기기사 또는 전기기능장 자격소지자로서 실무경력 2년 이상인 사람<br>㉡ 전기산업기사 자격소지자로서 실무경력 4년 이상인 사람<br>㉢ 전기기사 또는 전기기능장 자격소지자로서 실무경력 1년 이상인 사람 또는 전기산업기사 자격소지자로서 실무경력 2년 이상인 사람<br>㉣ 전기산업기사 이상 자격소지자 | ㉠ 용량 50만[kW] 이상은 전기 및 기계 분야 각 2명<br>㉡ 용량 10만[kW] 이상 50만[kW] 미만은 전기 분야 2명, 기계 분야 1명<br>㉢ 용량 1만[kW] 이상 10만[kW] 미만은 전기 및 기계 분야 각 1명 |

| 구 분 | 안전관리 대상 | 안전관리자 자격기준 | 안전관리보조원인력 |
|---|---|---|---|
| ② 기계설비(기력, 가스터빈, 복합화력, 원자력 발전소만 해당함) | ㉠ 기력설비, 가스터빈설비 및 원자력설비(원자력법에 따라 규제를 받는 부분은 제외한다)의 공사·유지 및 운용(전기설비에 관한 것은 제외한다)<br>㉡ 압력이 [cm$^2$]당 100[kg] 미만의 기력설비, 가스터빈설비 및 원자력설비(원자력법에 따라 규제를 받는 부분은 제외한다)의 공사·유지 및 운용(전기설비에 관한 것은 제외한다) | ㉠ 산업기계설비, 공조냉동기계, 건설기계기술사 자격소지자 또는 일반기계기사, 건설기계기사 자격소지자로서 실무경력 2년 이상인 사람<br>㉡ 일반기계기사, 건설기계기사 자격소지자로서 실무경력 2년 이상인 사람 또는 컴퓨터응용가공산업기사, 생산기계산업기사, 건설기계산업기사 자격소지자로서 실무경력 4년 이상인 사람 | |
| ③ 토목설비(수력발전소만 해당함) | ㉠ 모든 수력설비의 공사·유지 및 운용(전기설비에 관한 것은 제외한다)<br>㉡ 높이 70[m] 미만의 댐, 압력이 [cm$^2$]당 6[kg] 미만의 도수로, 서지 탱크 및 방수로, 그 밖의 수력설비의 공사·유지 및 운용(전기설비에 관한 것은 제외한다) | ㉠ 토목구조·토목시공기술사 자격소지자 또는 토목기사 자격소지자로서 실무경력 2년 이상인 사람<br>㉡ 토목기사 자격소지자로서 실무경력 2년 이상인 사람 또는 토목산업기사 자격소지자로서 실무경력 4년 이상인 사람 | |
| 2. 송전·변전설비 및 배전설비 또는 그 설비를 관할하는 사업장 | ㉠ 모든 송전·변전설비 및 배전설비의 공사·유지 및 운용<br>㉡ 전압 10만[V] 미만 전기설비의 공사·유지 및 운용<br>㉢ 전압 10만[V] 미만으로서 전기설비 용량 2천[kW] 미만 전기설비의 공사·유지 및 운용<br>㉣ 전압 10만[V] 미만으로서 전기설비 용량 1,500[kW] 미만 전기설비의 공사·유지 및 운용 | ㉠ 전기 분야 기술사 자격소지자, 전기기사 또는 전기기능장 자격소지자로서 실무경력 2년 이상인 사람<br>㉡ 전기산업기사 자격소지자로서 실무경력 4년 이상인 사람<br>㉢ 전기기사 또는 전기기능장 자격소지자로서 실무경력 1년 이상인 사람 또는 전기산업기사 자격소지자로서 실무경력 2년 이상인 사람<br>㉣ 전기산업기사 이상 자격소지자 | ㉠ 용량 50만[kW] 이상은 전기 분야 3명<br>㉡ 용량 10만[kW] 이상 50만[kW] 미만은 전기 분야 2명<br>㉢ 용량 1,000[kW] 이상 10만[kW] 미만은 전기 분야 1명 |
| 3. 전기수용설비 및 비상용 예비발전 설비 | ㉠ 모든 전기설비의 공사·유지 및 운용<br>㉡ 전압 10만[V] 미만 전기설비의 공사·유지 및 운용<br>㉢ 전압 10만[V] 미만으로서 전기설비용량 2천[kW] 미만 전기설비의 공사·유지 및 운용<br>㉣ 전압 10만[V] 미만으로서 전기설비용량 1,500[kW] 미만 전기설비의 공사·유지 및 운용 | ㉠ 전기 분야 기술사 자격소지자, 전기기사 또는 전기기능장 자격소지자로서 실무경력 2년 이상인 사람<br>㉡ 전기산업기사 자격소지자로서 실무경력 4년 이상인 사람<br>㉢ 전기기사 또는 전기기능장 자격소지자로서 실무경력 1년 이상인 사람 또는 전기산업기사 자격소지자로서 실무경력 2년 이상인 사람<br>㉣ 전기산업기사 이상 자격소지자 | ㉠ 용량 1만[kW] 이상은 전기 분야 2명<br>㉡ 용량 5천[kW] 이상 1만[kW] 미만은 전기 분야 1명 |

② 전기안전관리자의 선임 등에 따라 선임된 전기안전관리자의 직무 범위는 다음 각 호와 같다.

㉠ 전기설비의 공사·유지 및 운용에 관한 업무 및 이에 종사하는 사람에 대한 안전교육

㉡ 전기설비의 안전관리를 위한 확인·점검 및 이에 대한 업무의 감독

㉢ 전기설비의 운전·조작 또는 이에 대한 업무의 감독

㉣ 전기설비의 안전관리에 관한 기록의 작성·보존 및 비치
㉤ 공사계획의 인가신청 또는 신고에 필요한 서류의 검토
㉥ 다음 각 목의 어느 하나에 해당하는 공사의 감리업무
- 비상용 예비발전설비의 설치·변경공사로서 총공사비가 1억원 미만인 공사
- 전기수용설비의 증설 또는 변경공사로서 총공사비가 5천만원 미만인 공사

㉦ 전기설비의 일상점검·정기점검·정밀점검의 절차, 방법 및 기준에 대한 안전관리규정의 작성
㉧ 전기재해의 발생을 예방하거나 그 피해를 줄이기 위하여 필요한 응급조치

③ ②의 각 호에 따른 전기안전관리자의 직무에 관한 세부적인 사항은 산업통상자원부장관이 정하여 고시한다.

## 11 한국전기안전공사

### (1) 한국전기안전공사의 설립(법 제74조)

① 전기로 인한 재해를 예방하기 위하여 전기안전에 관한 조사·연구·기술개발 및 홍보업무와 전기설비에 대한 검사·점검업무를 수행하기 위하여 한국전기안전공사를 설립한다.
② 안전공사는 법인으로 한다.
③ 안전공사는 주된 사업소의 소재지에서 설립등기를 함으로써 성립한다.

### (2) 임원(법 제76조)

① 안전공사의 임원은 사장 1명, 이사 8명 이내와 감사 1명으로 한다.
② 사장은 안전공사를 대표하고, 그 사무를 총괄한다.

### (3) 사업(법 제78조)

안전공사는 다음 각 호의 사업을 한다.

① 전기안전에 관한 조사 및 연구
② 전기안전에 관한 기술개발 및 보급
③ 전기안전에 관한 전문교육 및 정보의 제공
④ 전기안전에 관한 홍보
⑤ 전기설비에 대한 검사·점검 및 기술지원
⑥ 산업통상자원부장관은 전기사고의 재발방지를 위하여 필요하다고 인정하는 경우에는 대통령령으로 정하는 전기사고의 원인·경위 등에 관한 조사를 하게 할 수 있다는 규정에 따라 전기사고의 원인·경위 등의 조사

⑦ 전기안전에 관한 국제기술협력
⑧ 전기안전을 위하여 산업통상자원부장관 또는 시・도지사가 위탁하는 사업
⑨ 전기설비의 안전진단과 그 밖에 전기안전관리를 위하여 필요한 사업

## 12 토지 등의 사용

### (1) 다른 자의 토지 등의 사용(법 제87조)

① 전기사업자는 전기사업용전기설비의 설치나 이를 위한 실지조사・측량 및 시공 또는 전기사업용전기설비의 유지・보수를 위하여 필요한 경우에는 공익사업을 위한 토지 등의 취득 및 보상에 관한 법률에서 정하는 바에 따라 다른 자의 토지 또는 이에 정착된 건물이나 그 밖의 공작물(이하 "토지 등"이라 한다)을 사용하거나 다른 자의 식물 또는 그 밖의 장애물을 변경 또는 제거할 수 있다.

② 전기사업자는 다음 각 호의 어느 하나에 해당하는 경우에는 다른 자의 토지 등을 일시사용하거나 다른 자의 식물을 변경 또는 제거할 수 있다. 다만, 다른 자의 토지 등이 주거용으로 사용되고 있는 경우에는 그 사용 일시 및 기간에 관하여 미리 거주자와 협의하여야 한다.

㉠ 천재지변, 전시・사변, 그 밖의 긴급한 사태로 전기사업용전기설비 등이 파손되거나 파손될 우려가 있는 경우 15일 이내에서의 다른 자의 토지 등의 일시사용

㉡ 전기사업용 전선로에 장애가 되는 식물을 방치하여 그 전선로를 현저하게 파손하거나 화재 또는 그 밖의 재해를 일으키게 할 우려가 있다고 인정되는 경우 그 식물의 변경 또는 제거

③ 전기사업자는 ②에 따라 다른 자의 토지 등을 일시사용하거나 식물의 변경 또는 제거를 한 경우에는 즉시 그 점유자나 소유자에게 그 사실을 통지하여야 한다.

④ 토지 등의 점유자 또는 소유자는 정당한 사유 없이 ②에 따른 전기사업자의 토지 등의 일시사용 및 식물의 변경・제거 행위를 거부・방해 또는 기피하여서는 아니 된다.

### (2) 다른 자의 토지 등에의 출입(법 제88조)

① 전기사업자는 전기설비의 설치・유지 및 안전관리를 위하여 필요한 경우에는 다른 자의 토지 등에 출입할 수 있다. 이 경우 전기사업자는 출입방법 및 출입기간 등에 대하여 미리 토지 등의 소유자 또는 점유자와 협의하여야 한다.

② 전기사업자는 ①에 따른 협의가 성립되지 아니하거나 협의를 할 수 없는 경우에는 시장・군수 또는 구청장의 허가를 받아 토지 등에 출입할 수 있다.

③ 시장・군수 또는 구청장은 ②에 따른 허가신청이 있는 경우에는 그 사실을 토지 등의 소유자 또는 점유자에게 알리고 의견을 진술할 기회를 주어야 한다.

④ 전기사업자는 ②에 따라 다른 자의 토지 등에 출입하려면 미리 토지 등의 소유자 또는 점유자에게 그 사실을 알려야 한다.

⑤ ②에 따라 다른 자의 토지 등에 출입하는 자는 그 권한을 표시하는 증표를 지니고 이를 관계인에게 내보여야 한다.

## 13 벌 칙

### (1) 벌칙(법 제100조)

① 다음 각 호의 어느 하나에 해당하는 자는 10년 이하의 징역 또는 1억원 이하의 벌금에 처한다.

㉠ 전기사업용전기설비를 손괴하거나 절취하여 발전 · 송전 · 변전 또는 배전을 방해한 자

㉡ 전기사업용전기설비에 장애를 발생하게 하여 발전 · 송전 · 변전 또는 배전을 방해한 자

② 다음 각 호의 어느 하나에 해당하는 자는 5년 이하의 징역 또는 5천만원 이하의 벌금에 처한다.

㉠ 정당한 사유 없이 전기사업용전기설비를 조작하여 발전 · 송전 · 변전 또는 배전을 방해한 자

㉡ 전기사업에 종사하는 자로서 정당한 사유 없이 전기사업용전기설비의 유지 또는 운용업무를 수행하지 아니함으로써 발전 · 송전 · 변전 또는 배전에 장애가 발생하게 한 자

③ ① 및 ②의 ㉠ 미수범은 처벌한다.

### (2) 양벌규정(법 제107조)

법인의 대표자나 법인 또는 개인의 대리인, 사용인, 그 밖의 종업원이 그 법인 또는 개인의 업무에 관하여 위반행위를 하면 그 행위자를 벌하는 외에 그 법인 또는 개인에게도 해당 조문의 벌금형을 과한다. 다만, 법인 또는 개인이 그 위반행위를 방지하기 위하여 해당 업무에 관하여 상당한 주의와 감독을 게을리 하지 아니한 경우에는 그러하지 아니하다.

### (3) 과태료(법 제108조)

① 다음 각 호의 하나에 해당하는 자에게는 300만원 이하의 과태료를 부과한다.

㉠ 산업통상자원부장관은 사실조사 등에 따른 조사를 위하여 필요한 경우에는 전기 사업자 등에게 필요한 자료나 물건의 제출을 명할 수 있으며, 대통령령으로 정하는 바에 따라 전기위원회 소속 공무원으로 하여금 전기사업자 등의 사무소와 사업장 또는 전기사업자 등의 업무를 위탁받아 취급하는 자의 사업장에 출입하여 장부 · 서류나 그 밖의 자료 또는 물건을 조사하게 할 수 있다(법 제22조의 ②)는 규정에 따른 자료나 물건의 제출명령 또는 장부 · 서류나 그 밖의 자료 또는 물건의 조사를 거부 · 방해 또는 기피한 자

ⓛ 산업통상자원부장관은 전력계통 신뢰도 관리를 위하여 필요한 때에는 한국전력거래소 및 전기 사업자에게 자료의 제출을 요구할 수 있다. 이 경우 자료 제출을 요구받은 자는 특별한 사유가 없으면 이에 따라야 한다(법 제27조 2의 ④)는 규정에 따른 자료 제출 요구에 따르지 아니하거나 거짓으로 제출한 자

ⓒ 일반용 전기설비의 점검에 따른 시장・군수 또는 구청장, 안전공사의 개선명령을 위반한 자

ⓔ 기술기준에의 적합명령에 따라 일반용 전기설비의 소유자 또는 점유자에게 내린 명령을 위반한 자

ⓜ 전기안전관리자의 성실의무 등에 따른 기록을 하지 아니하거나 거짓으로 기록한 자 또는 기록을 보존하지 아니한 자

ⓑ 전기안전관리업무에 대한 실태조사 등에 따른 자료의 제출명령을 거부하거나, 장부・서류나 그 밖의 자료 또는 물건의 조사를 거부・방해 또는 기피한 자

ⓢ 유사명칭의 사용금지를 위반하여 한국전기안전공사 또는 이와 유사한 명칭을 사용한 자

ⓞ 상각 등에 따른 명령을 위반한 자

ⓩ 중대한 사고의 통보・조사에 따른 통보를 하지 아니한 자

② 다음 각 호의 하나에 해당하는 자에게는 100만원 이하의 과태료를 부과한다.

㉠ 전기설비의 설치 및 사업의 개시 의무, 사업의 승계 등, 전기설비의 시설계획 등의 신고, 전기안전관리자의 선임 및 해임신고 등, 전기 분야의 기술자격을 취득한 사람으로서 안전관리업무를 대행하려는 자는 시・도지사에게 신고 또는 등록 또는 신고한 사항 중 산업통상자원부령으로 정하는 사항이 변경된 경우에는 변경 사유가 발생한 날부터 30일 이내에 변경등록 또는 변경신고에 따른 신고 또는 변경신고를 하지 아니하거나 거짓으로 신고 또는 변경신고를 한 자

㉡ 전기판매사업자는 선택공급약관을 포함한 기본공급약관(이하 "공급약관"이라 한다)을 시행하기 전에 영업소 및 사업소 등에 이를 갖춰 두고 전기사용자가 열람할 수 있게 하여야 한다는 규정을 위반하여 공급약관을 갖춰 두지 아니하거나 열람할 수 있게 하지 아니한 자

㉢ 전기품질의 유지・일반용 전기설비의 점검 또는 여러 사람이 이용하는 시설 등에 대한 전기안전점검에 따른 기록을 하지 아니하거나 거짓 기록을 한 자 또는 기록을 보존하지 아니한 자

㉣ 전기사업용전기설비의 공사계획의 인가 또는 신고 또는 자가용전기설비의 공사계획의 인가 또는 신고를 위반하여 전기설비의 설치공사 또는 변경공사를 한 자

㉤ 일반용 전기설비의 점검에 따른 점검(주거용 시설물에 설치된 일반용 전기설비에 대한 점검은 제외한다)을 거부・방해 또는 기피한 자

㉥ 전기안전관리자의 교육 등을 위반하여 안전관리교육을 받지 아니한 사람 또는 안전관리교육을 받지 아니한 사람을 해임하지 아니한 자

③ ①, ②에 따른 과태료는 대통령령으로 정하는 바에 따라 산업통상자원부장관, 시・도지사 또는 시장・군수・구청장이 부과・징수한다.

## 제2절 전기공사업법(법, 시행령, 시행규칙)

### 1 목적 및 용어정리

#### (1) 목적(법 제1조)

이 법은 전기공사업과 전기공사의 시공·기술관리 및 도급에 관한 기본적인 사항을 정함으로써 전기공사업의 건전한 발전을 도모하고 전기공사의 안전하고 적정한 시공을 확보함을 목적으로 한다.

#### (2) 용어의 정의(법 제2조)

① "전기공사"란 다음 각 호의 하나에 해당하는 설비 등을 설치·유지·보수하는 공사 및 이에 따른 부대공사로서 대통령령으로 정하는 것을 말한다.

㉠ 전기사업법에 따른 전기설비

㉡ 전력 사용 장소에서 전력을 이용하기 위한 전기 계장 설비

㉢ 전기에 의한 신호표지

㉣ 신에너지 및 재생에너지 개발·이용·보급 촉진법에 따른 신재생에너지 설비 중 전기를 생산하는 설비

㉤ 지능형전력망의 구축 및 이용촉진에 관한 법률에 따른 지능형전력망 중 전기설비

② "공사업"이란 도급이나 그 밖에 어떠한 명칭이든 상관없이 전기공사를 업으로 하는 것을 말한다.

③ "공사업자"란 공사업의 등록을 한 자를 말한다.

④ "발주자"란 전기공사를 공사업자에게 도급을 주는 자를 말한다. 다만, 수급인으로서 도급받은 전기공사를 하도급 주는 자는 제외한다.

⑤ "도급"이란 원도급, 하도급, 위탁, 그 밖에 어떠한 명칭이든 상관없이 전기공사를 완성할 것을 약정하고, 상대방이 그 일의 결과에 대하여 대가를 지급할 것을 약정하는 계약을 말한다.

⑥ "하도급"이란 도급받은 전기공사의 전부 또는 일부를 수급인이 다른 공사업자와 체결하는 계약을 말한다.

⑦ "수급인"이란 발주자로부터 전기공사를 도급받은 공사업자를 말한다.

⑧ "하수급인"이란 수급인으로부터 전기공사를 하도급 받은 공사업자를 말한다.

⑨ "전기공사기술자"란 다음 각 호의 하나에 해당하는 사람으로서 산업통상자원부장관의 인정을 받은 사람을 말한다.

㉠ 국가기술자격법에 따른 전기 분야의 기술자격을 취득한 사람

㉡ 일정한 학력과 전기 분야에 관한 경력을 가진 사람

⑩ "전기공사관리"란 전기공사에 관한 기획, 타당성 조사·분석, 설계, 조달, 계약, 시공관리, 감리, 평가, 사후관리 등에 관한 관리를 수행하는 것을 말한다.

## 2 전기공사(영 제2조)

① 전기공사업법(이하 "법"이라 한다)에 따른 전기공사는 다음 각 호의 공사(저수지, 수로 및 이에 수반되는 구조물의 공사는 제외한다)로 한다.

㉠ 발전·송전·변전 및 배전 설비공사

㉡ 산업시설물, 건축물 및 구조물의 전기설비공사

㉢ 도로, 공항 및 항만의 전기설비공사

㉣ 전기철도 및 철도신호의 전기설비공사

㉤ ㉠~㉣까지의 규정에 따른 전기설비공사 외의 전기설비공사

㉥ ㉠~㉤까지의 규정에 따른 전기설비 등을 유지·보수하는 공사 및 그 부대공사

② ①의 ㉠~㉤까지의 규정에 따른 전기공사의 종류는 별표 1과 같다.

※ 전기공사의 종류(별표 1)

| 구 분 | 전기공사의 종류 | 전기공사의 예시 |
|---|---|---|
| 1. 발전·송전·변전 및 배전설비공사 | 발전설비공사 | • 발전소(원자력발전소, 화력발전소, 풍력발전소, 수력발전소, 조력발전소, 태양열발전소, 내연발전소, 열병합발전소, 태양광발전소 등의 발전소를 말한다)의 전기설비공사와 이에 따른 제어설비공사 |
| | 송전설비공사 | • 공중송전설비공사 : 공중송전설비공사에 부대되는 철탑기초공사 및 철탑조립공사(지지물설치 및 철탑도장을 포함한다), 공중전선 설치공사(금구류 설치를 포함한다), 횡단개소의 보조설비공사, 보호선·보호망공사<br>• 지중송전설비공사 : 지중송전설비공사에 부대되는 전력구설비공사, 공동구 안의 전기설비공사, 전력지중관로설비공사, 전력케이블설치공사(전선방재설비공사를 포함한다)<br>• 물밑송전설비공사 : 물밑전력케이블설치공사<br>• 터널 안 전선로공사 : 철도·궤도·자동차도·인도 등의 터널 안 전선로공사 |
| | 변전설비공사 | • 변전설비기초공사 : 변전기기, 철구, 가대 및 덕트 등의 설치를 위한 공사<br>• 모선설비공사 : 모선설치(금구류 및 애자장치를 포함한다), 지지 및 분기개소의 설비공사<br>• 변전기기설치공사 : 변압기, 개폐장치(차단기, 단로기 등을 말한다), 피뢰기 등의 설치공사<br>• 보호제어설비설치공사 : 보호·제어반 및 제어케이블의 설치공사 |
| | 배전설비공사 | • 공중배전설비공사 : 전주 등 지지물공사, 변압기 등 전기기기설치공사, 가선공사(수목전지공사를 포함한다)<br>• 지중배전설비공사 : 지중배전설비공사에 부대되는 전력구 설비공사, 공동구 안의 전기설비공사, 전력지중관로설비공사, 변압기 등 전기기기설치공사, 전력케이블설치공사(전선방재설비공사를 포함한다)<br>• 물밑배전설비공사 : 물밑전력케이블설치공사<br>• 터널 안 전선로공사 : 철도·궤도·자동차도·인도 등의 터널 안 전선로공사 |

| 구 분 | 전기공사의 종류 | 전기공사의 예시 |
|---|---|---|
| 2. 산업시설물・건축물 및 구조물의 전기 설비 공사 | 산업시설물의 전기설비공사 | • 산업시설물 및 환경산업시설물(소각로, 집진기, 열병합 발전소, 지역난방공사, 하수종말처리장, 폐기물처리시설, 그 밖의 산업설비를 말한다) 등의 전기설비공사<br>• 산업시설의 공정관리를 위한 전기설비의 자동제어설비(SCADA, TM/TC 등의 전력설비를 포함한다)공사 |
| | 건축물의 전기설비공사 | • 전원설비공사 : 수전・변전설비공사(큐비클 설치공사를 포함한다), 예비전원설비공사(비상용 발전기, 축전지, 충전장치, 무정전전원장치, 연료전지, 정류장치의 설비공사를 말한다) 및 보호・제어설비공사<br>• 전원공급설비공사 : 배전반, 분전반, 전력간선, 분기선 및 배관(덕트 및 트레이를 포함한다) 등의 설비공사<br>• 전력부하설비공사 : 조명설비(조명제어설비를 포함한다), 콘센트 등 기계・기구 및 동력설비의 공사<br>• 반송설비공사 : 이동보도(무빙워크), 주차설비, 엘리베이터, 에스컬레이터, 전동덤웨이터, 권상용 모터, 레일, 카, 컨베이어, 슈터, 곤돌라, 삭도 등 사람이나 물건을 운반하는 반송용 시설의 전기설비공사<br>• 방재 및 방범 설비공사 : 서지(Surge)・낙뢰설비, 잡음・전자파(EMI, EMC, EMS 등을 말한다)의 방지설비공사, 항공장애등설비공사, 헬리포트조명설비공사, 접지설비공사, 화재예방, 소방시설 설치・유지 및 안전관리에 관한 법률 시행령 별표 1에 따른 소방시설의 설치・유지에 관한 전기공사 및 도난 방지를 위한 전기설비공사<br>• 지능형 빌딩시스템 설비공사의 전기설비를 제어 및 감시하는 공사<br>• 지능형 주택자동화시스템 설비공사의 전기설비를 제어 및 감시하는 공사<br>• 약전설비공사 : 전기시계설비, 시보설비, 주차관제전기설비<br>• 그 밖에 건축물에서 요구되는 전기설비공사 |
| | 구조물의 전기설비공사 | • 전식방지공사 : 탱크 및 배관 등의 부식을 방지하기 위한 전기공사<br>• 동결방지공사 : 제설・제빙용, 바닥 난방용, 동파방지용, 일정온도유지용 등의 전기발열체의 설비공사<br>• 신호 및 표지 설비공사 : 네온사인, 큐빅보드, 광고표시등(전광판을 포함한다), 신호 등의 설치공사 및 제어설비의 공사<br>• 광장, 운동장 등에 설치하는 조명탑의 전기설비공사와 그 밖에 구조물에서 요구되는 전기설비공사 |
| 3. 도로・공항・항만 전기설비공사 | 도로전기설비공사 | • 가로등설치공사 : 가로등, 조경등, 보안등, 신호등, 터널 등의 설치공사<br>• 터널설비공사 : 터널조명설비공사와 터널방재에 필요한 전기설비공사<br>• 그 밖에 도로에서 필요한 전기설비공사 |
| | 공항전기설비공사 | • 항공법 제2조제8호에서 정하는 공항시설에 대한 전기설비공사<br>• 그 밖에 공항에서 필요한 전기설비공사 |
| | 항만전기설비공사 | • 조명타워공사 및 등대 등의 전기설비공사<br>• 그 밖에 항만에서 필요한 전기설비공사 |
| 4. 전기철도 및 철도신호 전기 설비공사 | 전기철도설비공사 | • 전기철도 및 지하철도의 전기시설공사, 수전선로설치공사, 변전소설치공사, 송배전선로의 설치공사, 전차선설비공사, 역사전기설비공사 |
| | 철도신호설비공사 | • 지하철도 및 지상철도의 전기신호설비, 역무자동화(AFC)설비, 전기 신호기 설치, 자동열차 정지장치, 열차집중 제어장치, 열차행선 안내표시기 및 각종 제어기설치공사 |
| 5. 그 밖의 전기설비 공사 | 전기설비의 설치를 위한 공사 | • 전기기계・전기기구(발전기, 변압기, 큐비클, 배전반, 조명탑 등을 말한다)의 설치공사<br>• 조광설비공사 등 에너지 절약을 위한 설비공사<br>• 주변전실 및 부변전실의 보호・제어를 위한 설비공사<br>• 유입케이블 또는 가스절연 송전선 등의 계측 및 보호를 위한 전기설비공사<br>• 하천변, 유원지, 교각, 빌딩, 고궁 등의 무대조명 및 경관조명을 위한 설비공사<br>• 전력설비의 내진・방재(소음・진동・화재 방지를 말한다)・계측 및 보호를 위한 설비공사<br>• 건축용 또는 토목공사용 가설 전기공사<br>• 전기충격울타리시설공사, 전기충격살충기시설공사, 풀용수중조명시설공사, 분수의 조명시설공사<br>• 그 밖에 전기를 동력으로 하는 전기공사 |

## 3 공사업의 등록 등

### (1) 공사업의 등록(법 제4조)

① 공사업을 하려는 자는 산업통상자원부령으로 정하는 바에 따라 주된 영업소의 소재지를 관할하는 특별시장・광역시장・특별자치시장・도지사 또는 특별자치도지사(이하 "시・도지사"라 한다)에게 등록하여야 한다.

② ①에 따른 공사업의 등록을 하려는 자는 대통령령으로 정하는 기술능력 및 자본금 등을 갖추어야 한다.

③ ①에 따라 공사업을 등록한 자 중 등록한 날부터 5년이 지나지 아니한 자는 ②에 따른 기술능력 및 자본금 등(이하 "등록기준"이라 한다)에 관한 사항을 대통령령으로 정하는 기간이 지날 때마다 산업통상자원부령으로 정하는 바에 따라 시・도지사에게 신고하여야 한다.

④ 시・도지사는 ①에 따라 공사업의 등록을 받으면 등록증 및 등록수첩을 내주어야 한다.

### (2) 공사업의 등록 등(영 제6조)

① 공사업의 등록을 하려는 자는 대통령령으로 정하는 기술능력 및 자본금 등을 갖추어야 한다(법 제4조)는 규정에 따라 공사업의 등록을 하려는 자가 갖추어야 할 기술능력, 자본금 및 사무실 등에 관한 기준은 다음 각 호와 같다.

㉠ 별표 3에 따른 기술능력, 자본금 및 사무실을 갖출 것

※ 공사업의 등록기준(별표 3)

| 항 목 | 공사업의 등록기준 |
|---|---|
| 기술능력 | 전기공사기술자 3명 이상(3명 중 1명 이상은 별표 4의 2 비고 제1호에 따른 기술사, 기능장, 기사 또는 산업기사의 자격을 취득한 사람이어야 한다) |
| 자본금 | 1억 5천만원 이상 |
| 사무실 | 공사업 운영을 위한 사무실 |

㉡ 전기공사공제조합법에 따른 전기공사공제조합 또는 산업통상자원부장관이 지정하는 금융기관(이하 "공제조합 등"이라 한다)이 다음 각 호의 요건을 모두 갖추어 발급하는 보증가능금액확인서(이하 "보증가능금액확인서"라 한다)를 제출할 것

- 공제조합 등이 보증가능금액확인서의 발급을 신청하는 자의 재무상태・신용상태 등을 평가하여 ㉠에 따른 자본금 기준금액의 100분의 25 이상에 해당하는 금액의 담보를 제공받거나 현금의 예치 또는 출자를 받을 것
- 공제조합 등이 보증가능금액확인서의 발급을 받는 자에게 ㉠에 따른 자본금 기준금액 이상의 금액에 대하여 전기공사공제조합법 시행령 제10조의 2에 따른 보증을 할 수 있다는 내용을 보증가능금액확인서에 적을 것

② 보증가능금액확인서를 발급하는 공제조합 등은 산업통상자원부장관이 정하여 고시하는 보증가능금액확인서의 발급 및 해지에 관한 기준에 따라 세부기준을 정하여 공시하여야 한다.

③ 특별시장 · 광역시장 · 도지사 또는 특별자치도지사(이하 "시 · 도지사"라 한다)는 공사업의 등록에 따른 공사업의 등록 신청이 다음 각 호의 하나에 해당하는 경우를 제외하고는 등록을 해 주어야 한다.

㉠ ①에 따른 등록기준을 갖추지 아니한 경우

㉡ 등록을 신청한 자가 결격사유 각 호의 어느 하나에 해당하는 경우

㉢ 그 밖에 법, 이 영 또는 다른 법령에 따른 제한에 위반되는 경우

④ 공사업의 등록에서 "대통령령으로 정하는 기간"이란 등록한 날부터 3년을 말한다.

### (3) 등록신청 등(시행규칙 제3조)

① 전기공사업법(이하 "법"이라 한다)에 따라 전기공사업을 등록하려는 자는 전기공사업 등록신청서(전자문서로 된 신청서를 포함한다)에 다음 각 호의 서류(전자문서를 포함한다)를 첨부하여 전기공사업법 시행령(이하 "영"이라 한다)에 따라 산업통상자원부장관이 지정하여 고시하는 공사업자단체(이하 "지정공사업자단체"라 한다)에 제출하여야 한다.

㉠ 신청인(외국인을 포함하되, 법인의 경우에는 대표자를 포함한 임원을 말한다)의 인적사항이 적힌 서류

㉡ 기업진단보고서

㉢ 확인서

㉣ 전기공사기술자(이하 "전기공사기술자"라 한다)의 명단과 해당 전기공사기술자의 경력수첩 사본

㉤ 사무실 사용 관련 서류 : 임대차계약서 사본(임대차인 경우만 해당한다)

㉥ 외국인이 전기공사업의 등록을 신청하는 경우에는 해당 국가에서 신청인(법인의 경우에는 대표자를 말한다)이 결격사유와 같거나 비슷한 사유에 해당되지 아니함을 확인한 확인서

② ①에 따라 등록신청을 받은 지정공사업자단체는 전자정부법에 따른 행정정보의 공동이용을 통하여 다음 각 호의 서류를 확인하여야 한다. 다만, 신청인이 ㉠ 또는 ㉣에 따른 사항의 확인에 동의하지 아니하는 경우에는 이를 제출하도록 하여야 하며, ㉣에 따른 증명서의 경우 고용보험 또는 산업재해보상보험의 가입증명서로 갈음할 수 있다.

㉠ 출입국관리법에 따른 외국인등록증(외국인인 경우만 해당하되, 법인의 경우에는 대표자를 포함한 임원을 말한다. 이하 "외국인등록증"이라 한다)

㉡ 법인 등기사항증명서(법인인 경우만 해당한다)

㉢ 사무실 사용 관련 서류

- 자기 소유인 경우 : 건물등기부 등본 또는 건축물대장
- 전세권이 설정된 경우 : 전세권이 설정되어 있는 사실이 표기된 건물등기부 등본
- 임대차인 경우 : 건물등기부 등본 또는 건축물대장

㉣ 전기공사기술자의 국민연금법 제16조에 따른 국민연금가입자 증명서 또는 국민건강보험법 제11조에 따라 건강보험의 가입자로서 자격을 취득하고 있다는 사실을 확인할 수 있는 증명서

③ ①의 각 호의 서류는 등록신청서 제출일 전 30일 이내에 작성되거나 발행된 것이어야 한다.

④ ①의 ㉡에 따른 기업진단보고서(이하 "기업진단보고서"라 한다)는 산업통상자원부장관이 고시하는 바에 따라 작성된 것이어야 한다.

## 4 도급 및 하도급

### (1) 하도급의 제한 등(법 제14조)

① 공사업자는 도급받은 전기공사를 다른 공사업자에게 하도급 주어서는 아니 된다. 다만, 대통령령으로 정하는 경우에는 도급받은 전기공사의 일부를 다른 공사업자에게 하도급을 줄 수 있다.

② 하수급인은 하도급 받은 전기공사를 다른 공사업자에게 다시 하도급 주어서는 아니 된다. 다만, 하도급 받은 전기공사 중에 전기기자재의 설치 부분이 포함되는 경우로서 그 전기기자재를 납품하는 공사업자가 그 전기기자재를 설치하기 위하여 전기공사를 하는 경우에는 하도급을 줄 수 있다.

③ 공사업자는 ①의 단서에 따라 전기공사를 하도급 주려면 미리 해당 전기공사의 발주자에게 이를 서면으로 알려야 한다.

④ 하수급인은 ②의 단서에 따라 전기공사를 다시 하도급 주려면 미리 해당 전기공사의 발주자 및 수급인에게 이를 서면으로 알려야 한다.

### (2) 하도급의 범위(영 제10조)

하도급의 제한 등에 따라 도급받은 전기공사의 일부를 다른 공사업자에게 하도급 줄 수 있는 경우는 다음 각 호 모두에 해당하는 경우로 한다.

① 도급받은 전기공사 중 공정별로 분리하여 시공하여도 전체 전기공사의 완성에 지장을 주지 아니하는 부분을 하도급 하는 경우

② 수급인이 시공관리책임자의 지정에 따른 시공관리책임자를 지정하여 하수급인을 지도·조정하는 경우

### (3) 하도급 통지서(시행규칙 제11조)

① 하도급의 제한 등에 따른 하도급 통지서는 전기공사 하도급계약 통지서(별지 제20호 서식)에 따른다.

② ①에 따른 하도급 통지서에는 다음 각 호의 서류를 첨부하여야 한다.

㉠ 하도급(재하도급)계약서 사본

㉡ 하도급(재하도급) 내용이 명시된 공사명세서

㉢ 공사 예정 공정표

㉣ 하수급인 또는 다시 하도급 받은 공사업자의 전기공사기술자 보유현황

㉤ 하수급인 또는 다시 하도급 받은 공사업자의 등록수첩 사본

### (4) 하수급인의 변경 요구 등(법 제15조, 영 제11조)

발주자 또는 수급인이 하수급인의 변경 요구 등에 따라 하도급 받거나 다시 하도급을 받은 공사업자의 변경을 요구할 때에는 그 사유가 있음을 안 날부터 15일 이내 또는 그 사유가 발생한 날부터 30일 이내에 서면으로 요구하여야 한다.

### (5) 전기공사 수급인의 하자담보책임(법 제15조의 2)

① 수급인은 발주자에 대하여 전기공사의 완공일부터 10년의 범위에서 전기공사의 종류별로 대통령령으로 정하는 기간에 해당 전기공사에서 발생하는 하자에 대하여 담보책임이 있다.

② ①에도 불구하고 수급인은 다음 각 호의 하나의 사유로 발생하는 하자에 대하여는 담보책임이 없다.
  ㉠ 발주자가 제공한 재료의 품질이나 규격 등의 기준미달로 인한 경우
  ㉡ 발주자의 지시에 따라 시공한 경우

③ 공사에 관한 하자담보책임에 관하여 다른 법률에 특별한 규정(민법 제670조 및 제671조는 제외한다)이 있는 경우에는 그 법률에서 정하는 바에 따른다.

### (6) 전기공사의 종류별 하자담보책임기간(영 제11조의 2)

전기공사 수급인의 하자담보책임에 따른 전기공사의 종류별 하자담보책임기간은 별표 3의 2와 같다.

※ 전기공사의 종류별 하자담보책임기간(별표 3의 2)

| 전기공사의 종류 | 하자담보책임기간 |
|---|---|
| 1. 발전설비공사 | |
| ㉠ 철근콘크리트 또는 철골구조부 | 7년 |
| ㉡ ㉠ 외 시설공사 | 3년 |
| 2. 터널식 및 개착식 전력구 송전·배전설비공사 | |
| ㉠ 철근콘크리트 또는 철골구조부 | 10년 |
| ㉡ ㉠ 외 송전설비공사 | 5년 |
| ㉢ ㉠ 외 배전설비공사 | 2년 |
| 3. 지중 송전·배전설비공사 | |
| ㉠ 송전설비공사(케이블공사 및 물밑 송전설비공사를 포함한다) | 5년 |
| ㉡ 배전설비공사 | 3년 |
| 4. 송전설비공사(제2호 및 제3호 외의 송전설비공사를 말한다) | 3년 |
| 5. 변전설비공사(전기설비 및 기기설치공사를 포함한다) | 3년 |
| 6. 배전설비공사(제2호 및 제3호 외의 배전설비공사를 말한다) | |
| ㉠ 배전설비 철탑공사 | 3년 |
| ㉡ ㉠ 외 배전설비공사 | 2년 |
| 7. 산업시설물, 건축물 및 구조물의 전기설비공사 | 1년 |
| 8. 그 밖의 전기설비공사 | 1년 |

## 5 시공 및 기술관리

### (1) 전기공사의 시공관리(법 제16조)

① 공사업자는 전기공사기술자가 아닌 자에게 전기공사의 시공관리를 맡겨서는 아니 된다.

② 공사업자는 전기공사의 규모별로 대통령령으로 정하는 구분에 따라 전기공사기술자로 하여금 전기공사의 시공관리를 하게 하여야 한다.

### (2) 전기공사기술자의 시공관리 구분(영 제12조)

공사업자는 전기공사의 규모별로 대통령령으로 정하는 구분에 따라 전기공사기술자로 하여금 전기공사의 시공관리를 하게 하여야 한다는 규정에 따른 전기공사의 규모별 전기공사기술자의 시공관리 구분은 별표 4와 같다.

※ 전기공사기술자의 시공관리 구분(별표 4)

| 전기공사기술자의 구분 | 전기공사의 규모별 시공관리 구분 |
|---|---|
| 1. 특급 전기공사기술자 또는 고급 전기공사기술자 | 모든 전기공사 |
| 2. 중급 전기공사기술자 | 전기공사 중 사용전압이 100,000[V] 이하인 전기공사 |
| 3. 초급 전기공사기술자 | 전기공사 중 사용전압이 1,000[V] 이하인 전기공사 |

### (3) 시공관리책임자의 지정(법 제17조)

공사업자는 전기공사를 효율적으로 시공하고 관리하게 하기 위하여 공사업자는 전기공사의 규모별로 대통령령으로 정하는 구분에 따라 전기공사기술자로 하여금 전기공사의 시공관리를 하게 하여야 한다(법 제16조 ②)는 규정에 따른 전기공사기술자 중에서 시공관리책임자를 지정하고 이를 그 전기공사의 발주자(공사업자가 하수급인인 경우에는 발주자 및 수급인, 공사업자가 다시 하도급 받은 자인 경우에는 발주자·수급인 및 하수급인을 말한다)에게 알려야 한다.

### (4) 전기공사기술자의 인정(법 제17조의 2)

① 전기공사기술자로 인정을 받으려는 사람은 산업통상자원부장관에게 신청하여야 한다.

② 산업통상자원부장관은 ①에 따른 신청인이 국가기술자격법에 따른 전기 분야의 기술자격을 취득한 사람이나 일정한 학력과 전기 분야에 관한 경력을 가진 사람을 전기공사기술자로 인정하여야 한다.

③ 산업통상자원부장관은 ①에 따른 신청인을 전기공사기술자로 인정하면 전기공사기술자의 등급 및 경력 등에 관한 증명서(이하 "경력수첩"이라 한다)를 해당 전기공사기술자에게 발급하여야 한다.

④ ①에 따른 신청절차와 ②에 따른 기술자격·학력·경력의 기준 및 범위 등은 대통령령으로 정한다.

### (5) 전기공사기술자의 인정 신청 등(영 제12조의 2, 시행규칙 제12조의 2)

① 전기공사기술자로 인정을 받으려는 사람은 산업통상자원부장관에게 신청하여야 한다(법 제17조의 2)는 규정에 따라 전기공사기술자로 인정을 받으려는 사람은 산업통상자원부령으로 정하는 바에 따라 신청서를 제출하여야 한다. 등급의 변경 또는 경력인정을 받으려는 경우에도 또한 같다.

② 산업통상자원부장관은 신청인이 국가기술자격법에 따른 '전기 분야의 기술자격을 취득한 사람이나 일정한 학력과 전기 분야에 관한 경력을 가진 사람을 전기공사기술자로 인정하여야 한다'라는 규정에 따라 전기공사기술자로 인정한 사람의 경력 및 등급 등에 관한 기록을 유지·관리하여야 한다.

③ '기술자격·학력·경력의 기준 및 범위 등은 대통령령으로 정한다'라는 규정에 따른 전기공사기술자의 등급 및 인정기준은 별표 4의 2와 같다.

※ 전기공사기술자의 등급 및 인정기준(별표 4의 2)

| 등 급 | 국가기술자격자 | 학력·경력자 |
|---|---|---|
| 특급 전기공사 기술자 | • 기술사 또는 기능장의 자격을 취득한 사람 | |
| 고급 전기공사 기술자 | • 기사의 자격을 취득한 후 5년 이상 전기공사업무를 수행한 사람<br>• 산업기사의 자격을 취득한 후 8년 이상 전기공사업무를 수행한 사람<br>• 기능사의 자격을 취득한 후 11년 이상 전기공사업무를 수행한 사람 | |
| 중급 전기공사 기술자 | • 기사의 자격을 취득한 후 2년 이상 전기공사업무를 수행한 사람<br>• 산업기사의 자격을 취득한 후 5년 이상 전기공사업무를 수행한 사람<br>• 기능사의 자격을 취득한 후 8년 이상 전기공사업무를 수행한 사람 | • 전기 관련 학과의 석사 이상의 학위를 취득한 후 5년 이상 전기공사업무를 수행한 사람<br>• 전기 관련 학과의 학사학위를 취득한 후 7년 이상 전기공사업무를 수행한 사람<br>• 전기 관련 학과의 전문학사 학위를 취득한 후 9년(3년제 전문학사 학위를 취득한 경우에는 8년) 이상 전기공사업무를 수행한 사람<br>• 전기 관련 학과의 고등학교를 졸업한 후 11년 이상 전기공사업무를 수행한 사람 |
| 초급 전기공사 기술자 | • 산업기사 또는 기사의 자격을 취득한 사람<br>• 기능사의 자격을 취득한 사람 | • 전기관련학과의 학사 이상의 학위를 취득한 사람<br>• 전기관련학과의 전문학사 학위를 취득한 후 2년(3년제 전문학사 학위를 취득한 경우에는 1년) 이상 전기공사업무를 수행한 사람<br>• 전기 관련 학과의 고등학교를 졸업한 후 4년 이상 전기공사업무를 수행한 사람<br>• 전기관련학과 외의 학사 이상의 학위를 취득한 후 4년 이상 전기공사업무를 수행한 사람<br>• 전기관련학과 외의 전문학사 학위를 취득한 후 6년(3년제 전문학사 학위를 취득한 경우에는 5년) 이상 전기공사업무를 수행한 사람<br>• 전기 관련 학과 외의 고등학교 이하인 학교를 졸업한 후 8년 이상 전기공사업무를 수행한 사람 |

④ 전기공사기술자의 인정에 따라 전기공사기술자로 인정을 받으려는 사람은 전기공사기술자 인정신청서(전자문서로 된 신청서를 포함한다)에 다음 각 호의 서류를 첨부하여 권한의 위임·위탁에 따라 산업통상자원부장관이 지정하여 고시하는 공사업자단체 또는 전기 분야 기술자를 관리하는 법인·단체(이하 "지정단체"라 한다)에 제출하여야 한다.

㉠ 졸업증명서

㉡ 전기공사업무 경력 확인서(전자문서로 된 확인서를 포함한다)

㉢ 증명사진

⑤ ④에 따라 신청서를 제출받은 지정단체는 전자정부법에 따른 행정정보의 공동이용을 통하여 다음 각 호에 해당하는 서류를 확인하여야 한다. 다만, 신청인이 확인에 동의하지 아니하는 경우에는 해당 서류를 제출하도록 하여야 하며 ㉣에 따른 증명서의 경우 고용보험 또는 산업재해보상보험의 가입증명서로 갈음할 수 있다.

㉠ 국가기술자격증(국가기술자격자인 경우만 해당한다)

㉡ 외국인등록증(외국인인 경우만 해당한다)

㉢ 병적증명서 등 병역사항을 확인할 수 있는 서류

㉣ 국민연금법에 따른 국민연금가입자 증명서 또는 국민건강보험법에 따라 건강보험의 가입자로서 자격을 취득하고 있다는 사실을 확인할 수 있는 증명서

⑥ 전기공사기술자의 인정 신청 등에 따른 등급의 변경을 인정받으려는 사람은 전기공사업무 경력·등급 변경 인정신청서(전자문서로 된 신청서를 포함한다)에 다음 각 호의 서류를 첨부하여 지정단체에 제출하여야 한다.

㉠ 전기공사업무 경력 확인서

㉡ 전기공사기술자 경력수첩

㉢ 증명사진

⑦ 전기공사기술자의 인정 신청 등에 따른 경력변경을 인정받으려는 사람은 전기공사업무 경력·등급변경 인정신청서(전자문서로 된 신청서를 포함한다)에 전기공사업무 경력 확인서를 첨부하여 지정단체에 제출하여야 한다.

⑧ 지정단체는 ④에 따른 전기공사기술자 인정신청자 또는 ⑥에 따른 등급변경 인정신청자에게 전기공사기술자 경력수첩을 발급하거나 재발급하여야 한다.

⑨ 전기공사기술자 경력수첩을 재발급 받으려는 전기공사기술자는 전기공사기술자 경력수첩 재발급신청서(전자문서로 된 신청서를 포함한다)에 다음 각 호의 서류를 첨부하여 지정단체에 제출하여야 한다.

㉠ 전기공사기술자 경력수첩(등급이 변경되거나 잃어버리거나 헐어서 못 쓰게 된 경우만 해당한다)

㉡ 증명사진

⑩ 지정단체는 ⑧에 따라 전기공사기술자 경력수첩을 발급하거나 재발급하였을 때에는 전기공사기술자 경력수첩 발급대장에 발급 또는 재발급 사실을 적어야 한다.

⑪ 지정단체는 전기공사기술자경력수첩의 발급현황을 매월 말일을 기준으로 하여 다음 달 10일까지 산업통상자원부장관에게 보고하여야 한다.

### (6) 전기공사기술자의 양성교육훈련(법 제19조)

① 산업통상자원부장관은 전기공사기술자의 원활한 수급과 안전한 시공을 위하여 산업통상자원부장관이 지정하는 교육훈련기관(이하 "지정교육훈련기관"이라 한다)이 전기공사기술자의 양성교육훈련을 실시하게 할 수 있다.

② ①에 따른 교육훈련기관의 지정요건 및 감독과 전기공사기술자 양성교육훈련의 종류·대상 및 내용은 대통령령으로 정한다.

### (7) 교육훈련기관의 지정요건(영 제12조의 3)

교육훈련기관(이하 "지정교육훈련기관"이라 한다)의 지정요건은 다음 각 호와 같다.

① 최근 3년간 전기공사 기술 인력에 대한 교육 실적이 있을 것

② 연면적 200[$m^2$] 이상의 교육훈련시설이 있을 것

### (8) 양성교육훈련의 실시 등(영 제12조의 4)

① 산업통상자원부장관은 지정교육훈련기관이 다음 각 호의 사람에 대하여 양성교육훈련을 실시하게 하여야 한다.

㉠ 초급 전기공사기술자로 인정을 받으려는 사람으로서 다음 각 호의 하나에 해당하는 사람

- 기능사의 자격을 취득한 사람
- 별표 4의 2에 따른 학력·경력자

㉡ 등급의 변경을 인정받으려는 전기공사기술자

② ①에 따른 양성교육훈련의 교육실시기준은 별표 4의 3과 같다.

※ 양성교육훈련의 교육 실시 기준(별표 4의 3)

| 대상자 | 교육 시간 | 교육 내용 |
|---|---|---|
| 별표 4의 2에 따른 전기공사기술자로 인정을 받으려는 사람 및 등급의 변경을 인정받으려는 전기공사기술자 | 20시간 | 기술능력의 향상 |

③ 공사업자는 그 소속 전기공사기술자가 양성교육훈련을 받는 데 필요한 편의를 제공하여야 하며, 양성교육훈련을 받는 것을 이유로 불이익을 주어서는 아니 된다.

④ 지정교육훈련기관은 양성교육훈련을 받은 전기공사기술자에 대하여 경력수첩에 교육 이수 사항을 기록하여야 한다.

## 6 감 독

### (1) 감독(영 제14조)

산업통상자원부장관은 공사업자단체로 하여금 다음 각 호의 사항을 보고하게 할 수 있다.

① 총회 또는 이사회의 중요 의결사항

② 회원의 실태에 관한 사항

③ 그 밖에 공사업자단체와 회원에 관계되는 중요한 사항

### (2) 등록취소 등(법 제28조)

① 시·도지사는 공사업자가 다음 각 호의 어느 하나에 해당하면 등록을 취소하거나 6개월 이내의 기간을 정하여 영업의 정지를 명할 수 있다. 다만, ㉠·㉣·㉤·㉨·㉩에 해당하는 경우에는 등록을 취소하여야 한다.

㉠ 거짓이나 그 밖의 부정한 방법으로 다음 각 호의 하나에 해당하는 행위를 한 경우

- 공사업의 등록
- 공사업의 등록기준에 관한 신고

㉡ 대통령령으로 정하는 기술능력 및 자본금 등에 미달하게 된 경우. 다만, 채무자 회생 및 파산에 관한 법률에 따라 법원이 회생절차개시의 결정을 하고 그 절차가 진행 중이거나 일시적으로 등록기준에 미달하는 등 대통령령으로 정하는 경우는 예외로 한다.

㉢ 공사업의 등록기준에 관한 신고를 하지 아니한 경우

㉣ 결격사유 중 어느 하나에 해당하게 된 경우

㉤ 타인에게 성명·상호를 사용하게 하거나 등록증 또는 등록수첩을 빌려 준 경우

㉥ 시정명령 또는 지시를 이행하지 아니한 경우

㉦ 해당 전기공사가 완료되어 같은 조에 따른 시정명령 또는 지시를 명할 수 없게 된 경우

㉧ 신고를 거짓으로 한 경우

㉨ 공사업의 등록을 한 후 1년 이내에 영업을 시작하지 아니하거나 계속하여 1년 이상 공사업을 휴업한 경우

㉩ 영업정지처분기간에 영업을 하거나 최근 5년간 3회 이상 영업정지처분을 받은 경우

② 다음 각 호의 하나에 해당하는 경우에는 결격사유에 해당하게 된 날 또는 상속을 개시한 날부터 6개월간은 ①을 적용하지 아니한다.

㉠ 법인이 결격사유에 해당하게 된 경우

㉡ 공사업의 지위를 승계한 상속인이 결격사유 중 어느 하나에 해당하는 경우

③ 시·도지사는 공사업자가 시정명령 또는 지시를 받고 이를 이행하지 아니하거나 ①의 ㉡에 해당되어 영업정지처분을 하는 경우 국민에게 심한 불편을 주거나 그 밖에 공익을 해칠 우려가 있을 때에는

영업정지처분을 갈음하여 1천만원 이하의 과징금을 부과할 수 있다.

④ 시·도지사는 ③에 따른 과징금을 내야 할 자가 납부기한까지 과징금을 내지 아니하면 지방세외수입금의 징수 등에 관한 법률에 따라 징수한다.

⑤ ①에 따라 행정처분을 하거나 ③에 따라 과징금을 부과하는 경우 위반행위의 종류와 위반 정도 등에 따른 행정처분의 기준 및 과징금의 금액은 산업통상자원부령으로 정한다.

### (3) 행정처분 및 과징금의 부과기준(시행규칙 제14조)

① 위반행위의 종류와 위반 정도 등에 따른 행정처분 및 과징금의 부과기준은 별표 1과 같다.

※ 행정처분 및 과징금의 부과기준(별표 1)

㉠ 일반기준

- 위반행위가 둘 이상인 경우 그 중 무거운 처분기준에 따른다. 다만, 둘 이상의 처분기준이 동일한 영업정지인 경우에는 각 처분기준을 합산한 기간을 넘지 않는 범위에서 무거운 처분기준의 2분의 1까지 늘릴 수 있다.
- 위반행위의 횟수에 따른 행정처분의 기준은 최근 5년간 같은 위반행위로 처분을 받은 경우에 적용한다. 이 경우 위반횟수는 같은 위반행위에 대하여 행청처분을 한 날과 다시 같은 위반행위를 적발한 날을 각각 기준으로 하여 계산한다.

㉡ 개별기준

| 위반행위 | 해당 법조문 | 부과기준 |
|---|---|---|
| 1. 거짓이나 그 밖의 부정한 방법으로 다음 각 목의 어느 하나에 해당하는 행위를 한 경우<br>• 법 제4조제1항에 따른 공사업의 등록<br>• 법 제4조제3항에 따른 공사업의 등록기준에 관한 신고 | 법 제28조제1항제1호 | 등록취소 |
| 2. 법 제4조제2항에 따른 등록기준에 미치지 못하는 경우 | 법 제28조제1항제2호 및 제3항 | |
| • 등록기준을 유지하지 못한 경우 | | 영업정지 1개월 또는 과징금 200만원 |
| • 위의 사유로 영업정지처분을 받고 처분종료일까지 또는 과징금을 부과받고 그 부과일부터 1개월 이내에 등록기준에 미치지 못하는 사항을 보완하지 않은 경우 | | 등록취소 |
| 2의2. 법 제4조제3항에 따른 공사업의 등록기준에 관한 신고를 하지 않은 경우 | 법 제28조제1항제2호의2 | |
| • 등록기준 신고기간 경과 후 90일이 지난 경우 | | 영업정지 2개월 또는 과징금 400만원 |
| • 위의 사유로 영업정지처분을 받고 영업정지기간 만료일까지 등록기준에 관한 신고를 하지 않거나 과징금을 부과받고 그 부과일부터 2개월 이내에 등록기준에 관한 신고를 하지 않은 경우 | | 등록취소 |
| 3. 법 제5조 각 호의 결격사유 중 어느 하나에 해당하게 된 경우 | 법 제28조제1항제3호 | 등록취소 |
| 4. 법 제10조를 위반하여 타인에게 성명·상호를 사용하게 하거나 등록증 또는 등록수첩을 빌려 준 경우 | 법 제28조제1항제4호 | 등록취소 |

| 위반행위 | 해당 법조문 | 부과기준 |
|---|---|---|
| 5. 다음의 위반행위에 대하여 법 제27조에 따른 시정명령 또는 지시를 받고 이행하지 않은 경우 | 법 제28조제1항제5호 | |
| • 법 제14조제1항 본문 또는 제2항 본문을 위반하여 하도급을 주거나 다시 하도급을 준 경우 | | 영업정지 6개월 |
| • 법 제16조제1항을 위반하여 전기공사기술자가 아닌 자에게 전기공사의 시공관리를 맡긴 경우 | | 영업정지 4개월 또는 과징금 600만원 |
| • 법 제16조제2항에 따라 전기공사의 시공관리를 하는 전기공사기술자가 부적당하다고 인정되는 경우 | | 영업정지 4개월 또는 과징금 600만원 |
| • 법 제17조에 따른 시공관리책임자를 지정하지 않거나 그 지정 사실을 알리지 않은 경우 | | 영업정지 2개월 또는 과징금 400만원 |
| • 법 제22조를 위반하여 이 법, 기술기준 및 설계도서에 적합하게 시공하지 않은 경우 | | 영업정지 2개월 또는 과징금 400만원 |
| • 정당한 사유 없이 도급받은 전기공사를 시공하지 않은 경우 | | 영업정지 2개월 |
| • 그 밖에 이 법 또는 이 법에 따른 명령을 위반한 경우 | | 영업정지 2개월 또는 과징금 400만원 |
| 6. 해당 전기공사가 완료되어 다음 위반행위에 대하여 법 제27조에 따른 시정명령 또는 지시를 명할 수 없게 된 경우 | | |
| • 법 제14조제1항 본문 또는 제2항 본문에 위반하여 하도급을 주거나 다시 하도급을 준 경우 | 법 제28조제1항제6호 | 영업정지 3개월 |
| • 법 제16조제1항에 위반하여 전기공사기술자가 아닌 자에게 전기공사의 시공관리를 하게 한 경우 | | 영업정지 3개월 |
| • 법 제16조제2항에 따라 전기공사의 시공관리를 하는 전기공사기술자가 부적당하다고 인정되는 경우 | | 영업정지 2개월 |
| • 법 제17조에 따른 시공관리책임자를 지정하지 아니하거나 그 지정 사실을 알리지 않은 경우 | | 영업정지 1개월 |
| • 법 제22조에 위반하여 이 법, 기술기준 및 설계도서에 적합하게 시공하지 않은 경우 | | 영업정지 3개월 |
| 6의2. 법 제31조제4항에 따른 신고를 거짓으로 신고한 경우 | 법 제28조제1항제6호의2 | |
| 가. 1회 거짓으로 신고한 경우 | | 영업정지 6개월 |
| 나. 2회 거짓으로 신고한 경우 | | 등록취소 |
| 7. 공사업의 등록을 한 후 1년 이내에 영업을 개시하지 아니하거나 계속하여 1년 이상 공사업을 휴업한 경우 | 법 제28조제1항제7호 | 등록취소 |
| 8. 영업정지처분기간에 영업을 하거나 최근 5년간 3회 이상 영업정지 처분을 받은 경우 | 법 제28조제1항제8호 | 등록취소 |

② 시・도지사는 위반행위의 동기, 내용 또는 그 횟수 등을 고려하여 ①에 따른 영업정지기간 또는 과징금의 금액의 2분의 1의 범위에서 늘리거나 줄일 수 있다. 이 경우 늘릴 때에도 영업정지의 총기간 또는 과징금의 총액은 등록취소 등에 따른 기간이나 금액을 초과할 수 없다.

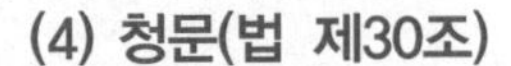

### (4) 청문(법 제30조)

산업통상자원부장관 또는 시·도지사는 다음 각 호의 처분을 하려면 청문을 하여야 한다.

① 지정교육훈련기관의 지정취소

② 공사업 등록의 취소

③ 전기공사기술자의 인정취소

## 7 벌 칙

### (1) 벌칙(법 제40조)

① 공사업자 또는 시공관리책임자의 지정에 따라 시공관리책임자로 지정된 사람으로서 전기공사기술자의 의무 또는 전기공사의 시공을 위반하여 전기공사를 시공함으로써 착공 후 하자담보책임기간에 대통령령으로 정하는 주요 전력시설물의 주요 부분에 중대한 파손을 일으키게 하여 사람들을 위험하게 한 자는 7년 이하의 징역 또는 7천만원 이하의 벌금에 처한다.

② ①의 죄를 범하여 사람을 상해에 이르게 한 경우에는 1년 이상의 유기징역 또는 1천만원 이상 2억원 이하의 벌금에 처하며, 사망에 이르게 한 경우에는 3년 이상의 유기징역 또는 3천만원 이상 5억원 이하의 벌금에 처한다.

### (2) 주요 전력시설물의 주요 부분의 범위(영 제17조)

벌칙에서 “대통령령으로 정하는 주요 전력시설물의 주요 부분”이란 다음 각 호의 부분을 말한다.

① 345[kV] 이상의 공중 송전설비 중 철탑 기초부분, 철탑 조립부분 및 공중전선 연결부분

② 345[kV] 이상의 변전소 개폐기 및 차단기의 연결부분

### (3) 벌칙(법 제41조)

① 업무상 과실로 법 제40조 벌칙의 ①항의 죄를 범한 자는 3년 이하의 금고 또는 3천만원 이하의 벌금에 처한다.

② 업무상 과실로 법 제40조 벌칙의 ①항의 죄를 범하여 사람을 상해에 이르게 한 경우에는 5년 이하의 금고 또는 5천만원 이하의 벌금에 처하며, 사망에 이르게 한 경우에는 7년 이하의 금고 또는 7천만원 이하의 벌금에 처한다.

### (4) 과태료(법 제46조)

① 다음 각 호의 어느 하나에 해당하는 자에게는 300만원 이하의 과태료를 부과한다.

㉠ 공사업의 등록기준에 관한 신고를 산업통상자원부령으로 정하는 기간 내에 하지 아니한 자

㉡ 영업정지처분 등을 받은 후의 계속공사에 따른 통지를 하지 아니한 공사업자 또는 그 승계인

㉢ 등록사항의 변경신고 등에 따른 신고를 하지 아니하거나 거짓으로 신고한 자

㉣ 전기공사의 도급계약 등의 도급계약 체결 시 의무를 이행하지 아니한 자

㉤ 전기공사의 도급계약 등에 따른 전기공사 도급대장을 비치하지 아니한 자

㉥ 하도급의 제한 등에 따른 하도급 통지를 하지 아니한 자

㉦ 시공관리책임자의 지정에 따른 시공관리책임자의 지정 사실을 알리지 아니한 자

㉧ 공사업자 표시의 제한을 위반하여 공사업자임을 표시하거나 공사업자로 오인될 우려가 있는 표시를 한 자

㉨ 전기공사 표지의 게시 등에 따른 표지를 게시하지 아니한 자 또는 표지판을 붙이지 아니하거나 설치하지 아니한 자

㉩ 소속 공무원에게 공사업자의 경영실태를 조사하게 하거나 공사시공에 필요한 자재 또는 시설을 검사하게 하는 것에 따른 조사 또는 검사를 거부・방해 또는 기피하거나, 거짓으로 보고를 한 자

② 공사업자에게 그 업무 및 시공 상황 등에 관한 보고를 명하는 것에 따른 보고를 하지 아니한 자에게는 100만원 이하의 과태료를 부과한다.

③ ① 및 ②에 따른 과태료는 대통령령으로 정하는 바에 따라 산업통상자원부장관 또는 시・도지사가 부과・징수한다.

## 제3절 전기설비기술기준 및 판단기준

# 1. 전기설비기술기준(산업통상자원부장관_부령, 기술기준)

## 1 목적 및 용어정리

### (1) 목적 등(기술기준 제1조)

이 고시는 전기사업법 제67조 기술기준 및 같은 법 시행령 제43조 기술기준의 제정에 따라 발전・송전・변전・배전 또는 전기사용을 위하여 시설하는 기계・기구・댐・수로・저수지・전선로・보안통신선로 그 밖의 시설물의 안전에 필요한 성능과 기술적 요건을 규정함을 목적으로 한다.

### (2) 용어의 정의(기술기준 제3조)

① 이 고시에서 사용하는 용어의 정의는 다음 각 호와 같다.

㉠ "발전소"란 발전기・원동기・연료전지・태양전지・해양에너지발전설비・전기저장장치 그 밖의 기계기구(비상용 예비전원을 얻을 목적으로 시설하는 것 및 휴대용 발전기를 제외한다)를 시설하여 전기를 생산(원자력, 화력, 신재생에너지 등을 이용하여 전기를 발생시키는 것과 양수발전, 전기저장장치와 같이 전기를 다른 에너지로 변환하여 저장 후 전기를 공급하는 것)하는 곳을 말한다.

㉡ "변전소"란 변전소의 밖으로부터 전송받은 전기를 변전소 안에 시설한 변압기・전동발전기・회전변류기・정류기 그 밖의 기계 기구에 의하여 변성하는 곳으로서 변성한 전기를 다시 변전소 밖으로 전송하는 곳을 말한다.

㉢ "개폐소"란 개폐소 안에 시설한 개폐기 및 기타 장치에 의하여 전로를 개폐하는 곳으로서 발전소・변전소 및 수용장소 이외의 곳을 말한다.

㉣ "급전소"란 전력계통의 운용에 관한 지시 및 급전조작을 하는 곳을 말한다.

㉤ "전선"이란 강전류 전기의 전송에 사용하는 전기도체, 절연물로 피복한 전기도체 또는 절연물로 피복한 전기도체를 다시 보호 피복한 전기도체를 말한다.

㉥ "전로"란 통상의 사용 상태에서 전기가 통하고 있는 곳을 말한다.

㉦ "전선로"란 발전소・변전소・개폐소, 이에 준하는 곳, 전기사용장소 상호 간의 전선(전차선을 제외한다) 및 이를 지지하거나 수용하는 시설물을 말한다.

㉧ "연접 인입선"이란 한 수용장소의 인입선에서 분기하여 지지물을 거치지 아니하고 다른 수용 장소의 인입구에 이르는 부분의 전선을 말한다. 여기에서 "인입선"이란 가공인입선(가공전선로의 지지물로부터 다른 지지물을 거치지 아니하고 수용장소의 붙임점에 이르는 가공전선(가공전선로의 전선을 말한다)을 말한다) 및 수용장소의 조영물(토지에 정착한 시설물 중 지붕 및 기둥 또는 벽이 있는

시설물을 말한다)의 옆면 등에 시설하는 전선으로서 그 수용장소의 인입구에 이르는 부분의 전선을 말한다.

ⓙ "배선"이란 전기사용 장소에 시설하는 전선(전기기계기구 내의 전선 및 전선로의 전선을 제외한다)을 말한다.

ⓚ "전력보안 통신설비"란 전력의 수급에 필요한 급전·운전·보수 등의 업무에 사용되는 전화 및 원격지에 있는 설비의 감시·제어·계측·계통보호를 위해 전기적·광학적으로 신호를 송·수신하는 제 장치·전송로설비 및 전원설비 등을 말한다.

② 전압을 구분하는 저압, 고압 및 특고압은 다음 각 호의 것을 말한다.

㉠ 저압 : 직류는 750[V] 이하, 교류는 600[V] 이하인 것

㉡ 고압 : 직류는 750[V]를, 교류는 600[V]를 초과하고, 7[kV] 이하인 것

㉢ 특고압 : 7[kV]를 초과하는 것

## 2 전기공급설비 및 전기사용설비

### (1) 전로의 절연(기술기준 제5조)

① 전로는 다음 각 호의 경우 이외에는 대지로부터 절연시켜야 하며, 그 절연성능은 저압전선로 중 절연부분의 전선과 대지 사이 및 전선의 심선 상호 간의 절연저항은 사용전압에 대한 누설전류가 최대공급전류의 1/2,000을 넘지 않도록 하여야 한다는 규정 및 저압 전로의 절연성능에 따른 절연저항 외에도 사고 시에 예상되는 이상전압을 고려하여 절연파괴에 의한 위험의 우려가 없는 것이어야 한다.

㉠ 구조상 부득이한 경우로서 통상 예견되는 사용형태로 보아 위험이 없는 경우

㉡ 혼촉에 의한 고전압의 침입 등의 이상이 발생하였을 때 위험을 방지하기 위한 접지 접속점 그 밖의 안전에 필요한 조치를 하는 경우

② 변성기 안의 권선과 그 변성기 안의 다른 권선 사이의 절연성능은 사고 시에 예상되는 이상전압을 고려하여 절연파괴에 의한 위험의 우려가 없는 것이어야 한다.

### (2) 유도장해 방지(기술기준 제17조)

① 특고압 가공전선로에서 발생하는 극저주파 전자계는 지표상 1[m]에서 전계가 3.5[kV/m] 이하, 자계가 83.3[$\mu$T] 이하가 되도록 시설하는 등 상시 정전유도 및 전자유도작용에 의하여 사람에게 위험을 줄 우려가 없도록 시설하여야 한다. 다만, 논밭, 산림 그 밖에 사람의 왕래가 적은 곳에서 사람에 위험을 줄 우려가 없도록 시설하는 경우에는 그러하지 아니하다.

② 특고압의 가공전선로는 전자유도작용이 약전류전선로(전력보안 통신설비는 제외한다)를 통하여 사람에 위험을 줄 우려가 없도록 시설하여야 한다.

③ 전력보안 통신설비는 가공전선로로부터의 정전유도작용 또는 전자유도작용에 의하여 사람에 위험을 줄 우려가 없도록 시설하여야 한다.

### (3) 발전소 등의 시설(공급설비)(기술기준 제21조)

① 고압 또는 특고압의 전기기계기구 · 모선 등을 시설하는 발전소 · 변전소 · 개폐소 또는 이에 준하는 곳에는 위험표시를 하고 취급자 이외의 사람이 쉽게 구내에 출입할 우려가 없도록 적절한 조치를 하여야 한다.
② 발전소 · 변전소 · 개폐소 또는 이에 준하는 곳에 시설하는 배전반에 고압용 또는 특고압용의 기구 또는 전선을 시설하는 경우에는 취급자에게 위험이 없도록 방호에 필요한 공간을 확보하여야 한다.
③ 발전소 · 변전소 · 개폐소 또는 이에 준하는 곳에는 감시 및 조작을 안전하고 확실하게 하기 위하여 필요한 조명 설비를 하여야 한다.
④ 고압 또는 특고압의 전기기계기구 · 모선 등을 시설하는 발전소 · 변전소 · 개폐소 또는 이에 준하는 곳은 침수의 우려가 없도록 방호장치 등 적절한 시설이 갖추어진 곳이어야 한다.
⑤ 고압 또는 특고압의 전기기계기구 · 모선 등을 시설하는 발전소 · 변전소 · 개폐소 또는 이에 준하는 곳에 시설하는 전기설비는 자중, 적재하중, 적설 또는 풍압 및 지진 그 밖의 진동과 충격에 대하여 안전한 구조이어야 한다.

### (4) 발전소 등의 부지 시설조건(기술기준 제21조의 2)

전기설비의 부지의 안정성 확보 및 설비 보호를 위하여 발전소 · 변전소 · 개폐소를 산지에 시설할 경우에는 풍수해, 산사태, 낙석 등으로부터 안전을 확보할 수 있도록 다음 각 호에 따라 시설하여야 한다.

① 부지조성을 위해 산지를 전용할 경우에는 전용하고자 하는 산지의 평균 경사도가 25° 이하이어야 하며, 산지전용면적 중 산지전용으로 발생되는 절 · 성토 경사면의 면적이 100분의 50을 초과해서는 아니 된다.
② 산지전용 후 발생하는 절 · 성토면의 수직높이는 15[m] 이하로 한다. 다만, 345[kV]급 이상 변전소 또는 전기사업용 전기설비인 발전소로서 불가피하게 절 · 성토면 수직높이가 15[m] 초과되는 장대비탈면이 발생할 경우에는 절 · 성토면의 안정성에 대한 전문용역기관(토질 및 기초와 구조분야 전문기술사를 보유한 엔지니어링 활동주체로 등록된 업체)의 검토 결과에 따라 용수, 배수, 법면보호 및 낙석방지 등 안전대책을 수립한 후 시행하여야 한다.
③ 산지전용 후 발생하는 절토면 최하단부에서 발전 및 변전설비까지의 최소이격거리는 보안울타리, 외곽도로, 수림대 등을 포함하여 6[m] 이상이 되어야 한다. 다만, 옥내변전소와 옹벽, 낙석방지망 등 안전대책을 수립한 시설의 경우에는 예외로 한다.

### (5) 발전기 등의 기계적 강도(기술기준 제23조)

① 발전기 · 변압기 · 조상기 · 계기용 변성기 · 모선 및 이를 지지하는 애자는 단락전류에 의하여 생기는 기계적 충격에 견디는 것이어야 한다.

② 수차 또는 풍차에 접속하는 발전기의 회전하는 부분은 부하를 차단한 경우에 일어나는 속도에 대하여, 증기터빈, 가스터빈 또는 내연기관에 접속하는 발전기의 회전하는 부분은 비상 조속장치 및 그 밖의 비상 정지장치가 동작하여 도달하는 속도에 대하여 견디는 것이어야 한다.

③ 증기터빈에 접속하는 발전기의 진동에 대한 기계적 강도는 증기・가스터빈 및 부속설비의 구조를 준용한다.

### (6) 발전소 등의 상시감시(기술기준 제24조)

① 다음의 발전소는 발전소의 운전에 필요한 지식 및 기능을 가진 사람이 그 발전소에서 상시 감시할 수 있는 시설을 하여야 한다.

㉠ 이상이 생겼을 경우에 사람에게 위해를 주거나 물건에 손상을 줄 우려가 없도록 이상상태에 따른 제어가 필요한 발전소

㉡ 전기사업에 관련된 전기의 원활한 공급에 지장을 주지 않도록 이상을 조기에 발견할 필요가 있는 발전소

㉢ ①의 발전소 이외의 발전소 또는 변전소(이에 준하는 장소로서 50[kV]를 초과하는 특고압의 전기를 변성하기 위한 것을 포함한다)로서 발전소 또는 변전소의 운전에 필요한 지식 및 기능을 가진 사람이 그 구내에서 상시감시하지 않는 발전소 또는 변전소(비상용 예비전원은 제외한다)는 이상이 생겼을 경우에 안전하고 또한 확실하게 정지할 수 있는 조치를 하여야 한다.

### (7) 수소냉각식 발전기 등의 시설(기술기준 제25조)

수소냉각식의 발전기 혹은 조상설비 또는 이에 부속하는 수소냉각장치는 다음에 따라 시설하여야 한다.

① 구조는 수소의 누설 또는 공기의 혼입 우려가 없는 것일 것

② 발전기, 조상설비, 수소를 통하는 관, 밸브 등은 수소가 대기압에서 폭발하는 경우에 생기는 압력에 견디는 강도를 갖는 것일 것

③ 발전기축의 밀봉부로부터 수소가 누설될 때 누설을 정지시키거나 또는 누설된 수소를 안전하게 외부로 방출할 수 있는 것일 것

④ 발전기 또는 조상설비 안으로 수소의 도입 및 발전기 또는 조상설비 밖으로 수소의 방출이 안전하게 될 수 있는 것일 것

⑤ 이상을 조기에 검지하여 경보하는 기능이 있을 것

### (8) 전선로의 전선 및 절연성능(기술기준 제27조)

① 저압 가공전선(중성선 다중접지식에서 중성선으로 사용하는 전선을 제외한다) 또는 고압 가공전선은 감전의 우려가 없도록 사용전압에 따른 절연성능을 갖는 절연전선 또는 케이블을 사용하여야 한다. 다만 해협 횡단・하천 횡단・산악지 등 통상 예견되는 사용 형태로 보아 감전의 우려가 없는 경우에는 그러하지 아니하다.

② 지중전선(지중전선로의 전선을 말한다)은 감전의 우려가 없도록 사용전압에 따른 절연성능을 갖는 케이블을 사용하여야 한다.

③ 저압 전선로 중 절연 부분의 전선과 대지 사이 및 전선의 심선 상호 간의 절연저항은 사용전압에 대한 누설전류가 최대 공급전류의 1/2,000을 넘지 않도록 하여야 한다.

### (9) 전선의 혼촉 방지(기술기준 제31조)

전선로의 전선, 전력보안 통신선 또는 전차선 등은 다른 전선이나 약전류전선 등과 접근하거나 교차하는 경우 또는 동일 지지물에 시설하는 경우에는 다른 전선 또는 약전류전선 등을 손상시킬 우려가 없고 접촉, 단선 등에 의해 생기는 혼촉에 의한 감전 또는 화재의 우려가 없도록 시설하여야 한다.

### (10) 특고압 가공전선과 동일 지지물에 시설하는 가공전선 등의 시설(기술기준 제32조)

① 특고압 가공전선과 저압 가공전선, 고압 가공전선 또는 전차선을 동일 지지물에 시설하는 경우에는 이상 시 고전압의 침입에 의해 저압측 또는 고압측의 전기설비에 장해를 주지 않도록 접지를 하고 그 밖에 적절한 조치를 하여야 한다.

② 특고압 가공전선로의 전선의 위쪽에서 그 지지물에 저압의 전기기계기구를 시설하는 경우는 이상 시 고전압의 침입에 의하여 저압측의 전기설비에 장해를 주지 않도록 접지를 하고 그 밖에 적절한 조치를 하여야 한다.

### (11) 지지물 강도(기술기준 제33조)

① 가공전선로 또는 가공전차선로 지지물의 재료 및 구조(지선을 시설하는 경우는 그 지선에 관계되는 것을 포함한다)는 그 지지물이 지지하는 전선 등에 의한 인장하중, 풍압하중 및 그 시설장소에서 통상 예상되는 기상의 변화, 진동, 충격 기타 외부 환경의 영향을 고려하여 도괴의 우려가 없도록 안전한 것이어야 한다. 다만, 인가(人家)가 많이 인접되어 있는 장소에 가공전선로를 시설하는 경우에는 그 장소의 풍압을 감안, 본문 풍압하중의 1/2을 고려하여 시설할 수 있다.

② 특고압 가공전선로의 지지물은 구조상 안전한 것으로 하는 등 연쇄적인 도괴의 우려가 없도록 시설하여야 한다.

### (12) 고압 및 특고압 전로의 피뢰기 시설(기술기준 제34조)

전로에 시설된 전기설비는 뇌 전압에 의한 손상을 방지할 수 있도록 그 전로 중 다음 각 호에 열거하는 곳 또는 이에 근접하는 곳에는 피뢰기를 시설하고 그 밖에 적절한 조치를 하여야 한다. 다만, 뇌 전압에 의한 손상의 우려가 없는 경우에는 그러하지 아니하다.

① 발전소·변전소 또는 이에 준하는 장소의 가공전선 인입구 및 인출구

② 가공전선로(25[kV] 이하의 중성점 다중접지식 특고압 가공전선로를 제외한다)에 접속하는 배전용 변압기의 고압 측 및 특고압 측

③ 고압 또는 특고압의 가공전선로로부터 공급을 받는 수용 장소의 인입구
④ 가공전선로와 지중전선로가 접속되는 곳

### (13) 특고압 가공전선과 건조물 등의 접근 또는 교차(기술기준 제36조)

① 사용전압이 400[kV] 이상의 특고압 가공전선과 건조물 사이의 수평거리는 그 건조물의 화재로 인한 그 전선의 손상 등에 의하여 전기사업에 관련된 전기의 원활한 공급에 지장을 줄 우려가 없도록 3[m] 이상 이격하여야 한다. 다만, 다음 각 호의 조건을 모두 충족하는 경우에는 예외로 한다.
㉠ 가공전선과 건조물 상부와의 수직거리가 28[m] 이상일 것
㉡ 사람이 거주하는 주택 및 다중 이용 시설이 아닌 건조물로서 내화구조일 것
㉢ 폭연성 분진, 가연성 가스, 인화성 물질, 석유류, 화약류 등 위험물질을 다루는 건조물이 아닐 것
㉣ 건조물 상부 기준으로 유도장해 방지의 규정에 따른 전계 및 자계 허용기준 이하일 것
㉤ 특고압 가공전선은 전선 등의 단선방지 및 지지물 강도의 규정에 따라 전선의 단선 및 지지물 도괴의 우려가 없도록 시설할 것

② 사용전압이 170[kV] 초과의 특고압 가공전선이 건조물, 도로, 보도교, 그 밖의 시설물의 아래쪽에 시설될 때의 상호 간의 수평이격 거리는 그 시설물의 도괴 등에 의한 그 전선의 손상에 의하여 전기사업에 관련된 전기의 원활한 공급에 지장을 줄 우려가 없도록 3[m] 이상 이격하여야 한다.

### (14) 전선과 다른 전선 및 시설물 등의 접근 또는 교차(기술기준 제37조)

① 전선로의 전선 또는 전차선 등은 다른 전선, 다른 시설물 또는 식물(이하 "다른 시설물 등"이라 한다)과 접근하거나 교차하는 경우에는 다른 시설물 등을 손상시킬 우려가 없고 접촉, 단선 등에 의해 생기는 감전 또는 화재의 위험이 없도록 시설하여야 한다.

② 지중전선, 옥측전선 및 터널 안의 전선, 그 밖에 시설물에 고정하여 시설하는 전선은 다른 전선, 약전류 전선 등 또는 관(이하 "다른 전선 등"이라 한다)과 접근하거나 교차하는 경우에는 고장 시의 아크방전에 의하여 다른 전선 등을 손상시킬 우려가 없도록 시설하여야 한다. 다만, 감전 또는 화재의 우려가 없는 경우로서 다른 전선 등의 관리자의 승낙을 받은 경우에는 그러하지 아니하다.

### (15) 지중전선로의 시설(기술기준 제38조)

① 지중전선로는 차량, 기타 중량물에 의한 압력에 견디고 그 지중전선로의 매설표시 등으로 굴착공사로부터의 영향을 받지 않도록 시설하여야 한다.
② 지중전선로 중 그 내부에서 작업이 가능한 것에는 방화조치를 하여야 한다.
③ 지중전선로에 시설하는 지중함은 취급자 이외의 사람이 쉽게 출입할 수 없도록 시설하여야 한다.

### (16) 연접인입선의 시설(기술기준 제39조)

고압 또는 특고압의 연접인입선은 시설하여서는 아니 된다. 다만, 특별한 사정이 있고, 그 전선로를 시설하는 조영물의 소유자 또는 점유자의 승낙을 받은 경우에는 그러하지 아니하다.

### (17) 옥내전선로 등의 시설(기술기준 제40조)

옥내를 관통하여 시설하는 전선로와 옥측, 옥상 또는 지상에 시설하는 전선로는 그 전선로로부터 전기의 공급을 받는 자 이외의 자의 구내에 시설하여서는 아니 된다. 다만, 특별한 사정이 있고, 그 전선로를 시설하는 조영물(지상에 시설하는 전선로에 있어서는 그 토지)의 소유자 또는 점유자의 승낙을 받은 경우에는 그러하지 아니하다.

### (18) 전차선로의 시설(기술기준 제46조)

① 직류 전차선로의 사용전압은 저압 또는 고압으로 하여야 한다.

② 교류 전차선로의 공칭전압은 25[kV] 이하로 하여야 한다.

③ 전차선로는 전기철도의 전용부지 안에 시설하여야 한다. 다만, 감전의 우려가 없는 경우에는 그러하지 아니하다.

④ ③의 전용부지는 전차선로가 제3레일방식인 경우 등 사람이 그 부지 안에 들어갔을 경우에 감전의 우려가 있는 경우에는 고가철도 등 사람이 쉽게 들어갈 수 없는 것이어야 한다.

### (19) 저압 전로의 절연성능(사용설비)(기술기준 제52조)

전기사용 장소의 사용전압이 저압인 전로의 전선 상호 간 및 전로와 대지 사이의 절연저항은 개폐기 또는 과전류차단기로 구분할 수 있는 전로마다 다음 표에서 정한 값 이상이어야 한다. 다만, 전동기 등 기계기구를 쉽게 분리하기 곤란한 분기회로의 경우 전로의 전선 상호 간의 절연저항에 대해서는 기기 접속 전에 측정한다.

| 전로의 사용전압 구분 | | 절연저항[MΩ] |
|---|---|---|
| 400[V] 미만 | 대지전압(접지식 전로는 전선과 대지 사이의 전압, 비접지식 전로는 전선 간의 전압을 말한다)이 150[V] 이하인 경우 | 0.1 |
| | 대지전압이 150[V] 초과 300[V] 이하인 경우 | 0.2 |
| | 사용전압이 300[V] 초과 400[V] 미만인 경우 | 0.3 |
| 400[V] 이상 | | 0.4 |

### (20) 저압 간선 등의 과전류에 대한 보호(기술기준 제56조)

① 저압 간선, 저압 간선에서 분기하여 전기기계기구에 이르는 저압의 전로 및 인입구에서 저압간선을 거치지 않고 전기기계기구에 이르는 저압의 전로(이하 "간선 등"이라 한다)에는 적절한 곳에 개폐기를 시설함과 동시에 과전류가 생겼을 경우에 그 간선 등을 보호할 수 있도록 자동적으로 전로를 차단하는

장치를 시설하여야 한다. 다만, 그 간선 등에서 단락사고에 의한 과전류가 생길 우려가 없는 경우에는 그러하지 아니하다.

② 전기사용 장소의 옥내에 시설하는 전동기(정격출력이 0.2[kW] 이하의 것을 제외한다)에는 과전류에 의한 그 전동기의 손상으로 인하여 화재가 발생할 우려가 없도록 과전류가 생겼을 때 자동적으로 전로를 차단하는 장치를 시설하고 그 밖에 적절한 조치를 하여야 한다. 다만, 전동기의 구조 또는 부하의 특성이 전동기를 손상될 정도의 과전류가 발생할 우려가 없는 경우에는 그러하지 아니하다.

③ 교통신호등, 그 밖에 손상으로 공공의 안전 확보에 지장을 줄 우려가 있는 것에 전기를 공급하는 전로에는 과전류에 의한 과열손상으로부터 그 기기들의 전선 및 전기기계기구를 보호할 수 있도록 과전류가 생겼을 때 자동적으로 전로를 차단하는 장치를 시설하여야 한다.

### (21) 분진이 많은 장소(기술기준 제60조)

분진이 많은 장소에 시설하는 전기설비는 분진에 의한 그 전기설비의 절연성능 또는 도전성능의 열화에 따른 감전 또는 화재의 우려가 없도록 시설하여야 한다.

### (22) 가연성 가스 등이 있는 장소(기술기준 제61조)

다음의 장소에 시설하는 전기설비는 통상 사용상태에서 그 전기설비가 점화원이 되어 폭발 또는 화재의 우려가 없도록 시설하여야 한다.

① 가연성 가스 또는 인화성 물질의 증기가 새거나 체류하는 장소로 점화원이 있으면 폭발할 우려가 있는 장소

② 분진이 있는 곳으로 점화원이 있으면 폭발할 우려가 있는 장소

③ 화약류가 있는 장소

④ 셀룰로이드, 성냥, 석유류, 기타 타기 쉬운 위험한 물질을 제조하거나 저장하는 장소

### (23) 부식성 가스 등이 있는 장소(기술기준 제62조)

부식성 가스 또는 용액이 발산되는 장소(산류, 알카리류, 염소산카리, 표백분, 염료 혹은 인조비료의 제조공장, 동, 아연 등의 제련소, 전기분동소, 전기도금공장, 개방형 축전지를 설치한 축전지실 또는 이에 준하는 장소를 말한다)에 시설하는 전기설비는 부식성 가스 또는 용액에 의한 그 전기설비의 절연성능 또는 도전성능의 열화에 따른 감전 또는 화재의 우려가 없도록 예방조치를 하여야 한다.

### (24) 화약류 저장소(기술기준 제63조)

조명을 위한 전기설비(개폐기 및 과전류차단기를 제외한다) 이외의 전기설비는 가연성 가스 등이 있는 장소의 규정에도 불구하고 화약류 저장소 안에 시설하여서는 아니 된다. 다만, 쉽게 착화하지 않도록 하는 조치가 강구되어 있는 화약류를 보관하는 장소로서 부득이한 경우에는 그러하지 아니하다.

### (25) 특수장소의 특고압 전기설비(기술기준 제64조)

특고압 전기설비는 분진이 많은 장소 및 가연성 가스 등이 있는 장소의 규정에도 불구하고 분진이 많은 장소 및 가연성 가스 등이 있는 장소에서 규정하는 장소에 시설하여서는 아니 된다. 다만, 가연성 가스 등에 착화할 우려가 없도록 조치가 강구된 정전도장장치(靜電塗裝裝置), 동기전동기, 동기발전기, 유도전동기 및 이에 전기를 공급하는 전기설비를 시설할 때는 그러하지 아니하다.

### (26) 특수장소의 접촉전선(기술기준 제65조)

① 접촉전선은 분진이 많은 장소 규정에도 불구하고 분진이 많은 장소에서 규정하는 장소에 시설하여서는 아니 된다. 다만, 개방된 장소에서 저압 접촉전선 및 그 주위에 분진이 집적하는 것을 방지하기 위한 조치를 하고 또한 면, 마, 견, 그 밖의 타기 쉬운 섬유의 분진이 존재하는 장소에는 저압 접촉전선과 그 접촉전선에 접촉되는 집전장치가 사용상태에서 떨어지기 어렵도록 시설한 경우에는 그러하지 아니하다.

② 접촉전선은 가연성 가스 등이 있는 장소의 규정에도 불구하고 가연성 가스 등이 있는 장소에서 규정하는 장소에 시설하여서는 아니 된다.

③ 고압 접촉전선은 부식성 가스 등이 있는 장소의 규정에도 불구하고 부식성 가스 등이 있는 장소에서 규정하는 장소에 시설하여서는 아니 된다.

### (27) 전기울타리의 시설(기술기준 제66조)

전기울타리(옥외에서 나전선을 고정하여 시설한 울타리로서 그 나전선을 충전하여 사용하는 것을 말한다)는 시설하여서는 아니 된다. 다만, 논밭, 목장 기타 이와 유사한 장소에서 짐승의 침입 또는 가축의 탈출을 방지하기 위하여 시설하는 경우로서 절연성이 없음을 고려하여 감전 또는 화재의 우려가 없도록 시설할 때는 그러하지 아니하다.

## 2. 전기설비기술기준의 판단기준(산업통상자원부장관_부령, 판단기준)

### 1 전기설비의 용어 및 접속

#### (1) 용어의 정의(판단기준 제2조)

① "가공인입선"이란 가공전선로의 지지물로부터 다른 지지물을 거치지 아니하고 수용장소의 붙임점에 이르는 가공전선을 말한다.

② "전기철도용 급전선"이란 전기철도용 변전소로부터 다른 전기철도용 변전소 또는 전차선에 이르는 전선을 말한다.

③ "전기철도용 급전선로"란 전기철도용 급전선 및 이를 지지하거나 수용하는 시설물을 말한다.

④ "옥내배선"이란 옥내의 전기사용장소에 고정시켜 시설하는 전선(전기기계기구 안의 배선, 관등회로의 배선, 엑스선관 회로의 배선, 전선로의 전선, 접촉전선, 소세력회로 및 출퇴표시등회로의 전선을 제외한다)을 말한다.

⑤ "옥측배선"이란 옥외의 전기사용장소에서 그 전기사용장소에서의 전기사용을 목적으로 조영물에 고정시켜 시설하는 전선(전기기계기구 안의 배선, 관등회로의 배선, 접촉 전선, 소세력회로 및 출퇴표시등회로의 전선을 제외한다)을 말한다.

⑥ "옥외배선"이란 옥외의 전기사용장소에서 그 전기사용장소에서의 전기사용을 목적으로 고정시켜 시설하는 전선(옥측배선, 전기기계기구 안의 배선, 관등회로의 배선, 접촉전선, 소세력회로 및 출퇴표시등회로의 전선을 제외한다)을 말한다.

⑦ "관등회로"란 방전등용 안정기(방전등용 변압기를 포함한다)로부터 방전관까지의 전로를 말한다.

⑧ "지중관로"란 지중전선로, 지중약전류전선로, 지중 광섬유 케이블 선로, 지중에 시설하는 수관 및 가스관과 이와 유사한 것 및 이들에 부속하는 지중함 등을 말한다.

⑨ "제1차 접근 상태"란 가공전선이 다른 시설물과 접근(병행하는 경우를 포함하며 교차하는 경우 및 동일 지지물에 시설하는 경우를 제외한다)하는 경우에 가공전선이 다른 시설물의 위쪽 또는 옆쪽에서 수평거리로 가공전선로의 지지물의 지표상의 높이에 상당하는 거리 안에 시설(수평 거리로 3[m] 미만인 곳에 시설되는 것을 제외한다)됨으로써 가공전선로의 전선의 절단, 지지물의 도괴 등의 경우에 그 전선이 다른 시설물에 접촉할 우려가 있는 상태를 말한다.

⑩ "제2차 접근상태"란 가공전선이 다른 시설물과 접근하는 경우에 그 가공전선이 다른 시설물의 위쪽 또는 옆쪽에서 수평거리로 3[m] 미만인 곳에 시설되는 상태를 말한다.

⑪ "접근상태"란 제1차 접근상태 및 제2차 접근상태를 말한다.

⑫ "이격거리"란 떨어져야 할 물체의 표면 간의 최단거리를 말한다.

⑬ "가섭선"이란 지지물에 가설되는 모든 선류를 말한다.

⑭ "분산형 전원"이란 중앙급전 전원과 구분되는 것으로서 전력소비지역 부근에 분산하여 배치 가능한 전원(상용전원의 정전 시에만 사용하는 비상용 예비전원을 제외한다)을 말하며, 신재생에너지 발전설비, 전기저장장치 등을 포함한다.

⑮ "계통연계"란 분산형 전원을 송전사업자나 배전사업자의 전력계통에 접속하는 것을 말한다.

⑯ "단독운전"이란 전력계통의 일부가 전력계통의 전원과 전기적으로 분리된 상태에서 분산형전원에 의해서만 가압되는 상태를 말한다.

⑰ "인버터"란 전력용 반도체소자의 스위칭 작용을 이용하여 직류전력을 교류전력으로 변환하는 장치를 말한다.

⑱ "접속설비"란 공용 전력계통으로부터 특정 분산형 전원 설치자의 전기설비에 이르기까지의 전선로와 이에 부속하는 개폐장치, 모선 및 기타 관련 설비를 말한다.

⑲ "리플프리직류"는 교류를 직류로 변환할 때 리플성분이 10[%](실홋값) 이하 포함한 직류를 말한다.

⑳ "단순 병렬운전"이란 자가용 발전설비를 배전계통에 연계하여 운전하되, 생산한 전력의 전부를 자체적으로 소비하기 위한 것으로서 생산한 전력이 연계계통으로 유입되지 않는 병렬 형태를 말한다.

## (2) 전선의 접속법(판단기준 제11조)

전선을 접속하는 경우에는 소세력 회로의 시설 또는 출퇴표시등 회로의 시설의 규정에 의하여 시설하는 경우 이외에는 전선의 전기저항을 증가시키지 아니하도록 접속하여야 하며 또한 다음 각 호에 따라야 한다.

① 나전선(다심형 전선의 절연물로 피복되어 있지 아니한 도체를 포함한다) 상호 또는 나전선과 절연전선(다심형 전선의 절연물로 피복한 도체를 포함한다) 캡타이어케이블 또는 케이블과 접속하는 경우에는 다음에 의할 것

㉠ 전선의 세기(인장하중으로 표시한다)를 20[%] 이상 감소시키지 아니할 것. 다만, 점퍼선을 접속하는 경우와 기타 전선에 가하여지는 장력이 전선의 세기에 비하여 현저히 작을 경우에는 그러하지 아니하다.

㉡ 접속부분은 접속관 기타의 기구를 사용할 것. 다만, 가공전선 상호, 전차선상호, 또는 광산의 갱도안에서 전선 상호를 접속하는 경우에 기술상 곤란할 때에는 그러하지 아니하다.

② 절연전선 상호・절연전선과 코드, 캡타이어케이블 또는 케이블과를 접속하는 경우에는 ①의 규정에 준하는 이외에 접속부분의 절연전선에 절연물과 동등 이상의 절연효력이 있는 접속기를 사용하는 경우 이외에는 접속부분을 그 부분의 절연전선의 절연물과 동등 이상의 절연효력이 있는 것으로 충분히 피복할 것

③ 코드 상호, 캡타이어케이블 상호, 케이블 상호 또는 이들 상호를 접속하는 경우에는 코드 접속기・접속함 기타의 기구를 사용할 것. 다만, 공칭단면적이 10[$mm^2$] 이상인 캡타이어케이블 상호를 접속하는 경우에는 접속부분을 ① 및 ②의 규정에 준하여 시설하고 또한 절연피복을 완전히 유화하거나 접속부분의 위에 견고한 금속제의 방호장치를 할 때 또는 금속 피복이 아닌 케이블상호를 ① 및 ②의 규정에 준하여 접속하는 경우에는 그러하지 아니하다.

④ 도체에 알루미늄(알루미늄 합금을 포함한다)을 사용하는 전선과 동(동합금을 포함한다)을 사용하는 전선을 접속하는 등 전기 화학적 성질이 다른 도체를 접속하는 경우에는 접속부분에 전기적 부식이 생기지 아니하도록 할 것

⑤ 도체에 알루미늄을 사용하는 절연전선 또는 케이블을 옥내배선, 옥측배선 또는 옥외배선에 사용하는 경우에 그 전선을 접속할 때에는 KS C IEC 60998-1(가정용 및 이와 유사한 용도의 저전압용 접속기구)의 "11 구조", "13 절연저항 및 내전압", "14 기계적 강도", "15 온도 상승", "16 내열성"에 적합한 기구를 사용할 것

⑥ 두 개 이상의 전선을 병렬로 사용하는 경우에는 다음 각 호에 의하여 시설할 것

㉠ 병렬로 사용하는 각 전선의 굵기는 동선 50[$mm^2$] 이상 또는 알루미늄 70[$mm^2$] 이상으로 하고, 전선은 같은 도체, 같은 재료, 같은 길이 및 같은 굵기의 것을 사용할 것

㉡ 같은 극의 각 전선은 동일한 터미널러그에 완전히 접속할 것

㉢ 같은 극인 각 전선의 터미널러그는 동일한 도체에 2개 이상의 리벳 또는 2개 이상의 나사로 접속할 것

㉣ 병렬로 사용하는 전선에는 각각에 퓨즈를 설치하지 말 것

㉤ 교류회로에서 병렬로 사용하는 전선은 금속관 안에 전자적 불평형이 생기지 않도록 시설할 것

⑦ 밀폐된 공간에서 전선의 접속부에 사용하는 테이프 및 튜브 등 도체의 절연에 사용되는 절연피복은 KS C IEC 60454에 적합한 것을 사용할 것

## 2 전로의 절연 및 접지

### (1) 전로의 절연(판단기준 제12조)

전로는 다음 각 호의 부분 이외에는 대지로부터 절연하여야 한다.

① 저압 전로에 접지공사를 하는 경우의 접지점

② 전로의 중성점에 접지공사를 하는 경우의 접지점

③ 계기용변성기의 2차 측 전로에 접지공사를 하는 경우의 접지점

④ 저압 가공전선의 특고압 가공전선과 동일 지지물에 시설되는 부분에 접지공사를 하는 경우의 접지점

⑤ 중성점이 접지된 특고압 가공선로의 중성선에 다중 접지를 하는 경우의 접지점

⑥ 소구경관(박스를 포함한다)에 접지공사를 하는 경우의 접지점

⑦ 저압 전로와 사용전압이 300[V] 이하의 저압 전로(자동제어회로, 원방조작회로, 원방 감시 장치의 신호회로 기타 이와 유사한 전기회로(이하 "제어회로 등"이라 한다)에 전기를 공급하는 전로에 한한다)를 결합하는 변압기의 2차 측 전로에 접지공사를 하는 경우의 접지점

⑧ 다음과 같이 절연할 수 없는 부분

㉠ 시험용 변압기, 기구 등의 전로의 절연내력에 규정하는 전력선 반송용 결합 리액터, 전기울타리용 전원장치, 엑스선발생장치(엑스선관, 엑스선관용변압기, 음극 가열용 변압기 및 이의 부속장치와 엑스선관 회로의 배선을 말한다), 전기부식방지용 양극, 단선식 전기철도의 귀선(가공 단선식 또는 제3레일식 전기철도의 레일 및 그 레일에 접속하는 전선을 말한다) 등 전로의 일부를 대지로부터 절연하지 아니하고 전기를 사용하는 것이 부득이한 것

㉡ 전기욕기 · 전기로 · 전기보일러 · 전해조 등 대지로부터 절연하는 것이 기술상 곤란한 것

⑨ 직류계통에 접지공사를 하는 경우의 접지점

### (2) 전로의 절연저항 및 절연내력(판단기준 제13조)

① 사용전압이 저압인 전로의 절연성능은 저압 전로의 절연성능 규정을 충족하여야 한다. 다만, 저압 전로에서 정전이 어려운 경우 등 절연저항 측정이 곤란한 경우 저항성분의 누설전류가 1[mA] 이하이면 그 전로의 절연성능은 적합한 것으로 본다.

② 고압 및 특고압의 전로(전로의 절연 규정 각 호의 부분, 회전기, 정류기, 연료전지 및 태양전지 모듈의 전로, 변압기의 전로, 기구 등의 전로 및 직류식 전기철도용 전차선을 제외한다)는 다음의 표에서 정한 시험전압을 전로와 대지 사이(다심케이블은 심선 상호 간 및 심선과 대지 사이)에 연속하여 10분간 가하여 절연내력을 시험하였을 때에 이에 견디어야 한다. 다만, 전선에 케이블을 사용하는 교류 전로로서 다음의 표에서 정한 시험전압의 2배의 직류전압을 전로와 대지 사이(다심케이블은 심선 상호 간 및 심선과 대지 사이)에 연속하여 10분간 가하여 절연내력을 시험하였을 때에 이에 견디는 것에 대하여는 그러하지 아니하다.

| 전로의 종류 | 시험전압 |
|---|---|
| 1. 최대사용전압 7[kV] 이하인 전로 | 최대사용전압의 1.5배의 전압 |
| 2. 최대사용전압 7[kV] 초과 25[kV] 이하인 중성점 접지식 전로(중성선을 가지는 것으로서 그 중성선을 다중접지 하는 것에 한한다) | 최대사용전압의 0.92배의 전압 |
| 3. 최대사용전압 7[kV] 초과 60[kV] 이하인 전로(2란의 것을 제외한다) | 최대사용전압의 1.25배의 전압(10,500[V] 미만으로 되는 경우는 10,500[V]) |
| 4. 최대사용전압 60[kV] 초과 중성점 비접지식전로(전위 변성기를 사용하여 접지하는 것을 포함한다) | 최대사용전압의 1.25배의 전압 |
| 5. 최대사용전압 60[kV] 초과 중성점 접지식 전로(전위 변성기를 사용하여 접지하는 것 및 6란과 7란의 것을 제외한다) | 최대사용전압의1.1배의 전압<br>(75[kV] 미만으로 되는 경우에는 75[kV] ) |
| 6. 최대사용전압이 60[kV] 초과 중성점 직접접지식 전로(7란의 것을 제외한다) | 최대사용전압의 0.72배의 전압 |
| 7. 최대사용전압이 170[kV] 초과 중성점 직접 접지식 전로로서 그 중성점이 직접 접지되어 있는 발전소 또는 변전소 혹은 이에 준하는 장소에 시설하는 것 | 최대사용전압의 0.64배의 전압 |
| 8. 최대사용전압이 60[kV] 를 초과하는 정류기에 접속되고 있는 전로 | 교류측 및 직류 고전압측에 접속되고 있는 전로는 교류측의 최대사용전압의 1.1배의 직류전압 |
| | 직류측 중성선 또는 귀선이 되는 전로(이하 "직류 저압측 전로"라 한다)는 아래에 규정하는 계산식에 의하여 구한 값 |

위 표의 8란에 따른 직류 저압측 전로의 절연내력시험 전압의 계산방법은 다음과 같이 한다.

$$E = V \times \frac{1}{\sqrt{2}} \times 0.5 \times 1.2$$

여기서, $E$ : 교류 시험전압([V]를 단위로 한다)

$V$ : 역변환기의 전류(轉流) 실패 시 중성선 또는 귀선이 되는 전로에 나타나는 교류성 이상전압의 파고값([V]를 단위로 한다). 다만, 전선에 케이블을 사용하는 경우 시험전압은 $E$의 2배의 직류전압으로 한다.

③ 최대사용전압이 60[kV]를 초과하는 중성점 직접접지식 전로에 사용되는 전력케이블은 정격전압을 24시간 가하여 절연내력을 시험하였을 때 이에 견디는 경우, ②의 규정에 의하지 아니할 수 있다(참고표준 : IEC 62067 및 IEC 60840).

④ 최대사용전압이 170[kV]를 초과하고 양단이 중성점 직접접지 되어 있는 지중전선로는, 최대사용전압의 0.64배의 전압을 전로와 대지 사이(다심케이블에 있어서는, 심선상호 간 및 심선과 대지 사이)에 연속 60분간 절연내력시험을 했을 때 견디는 것인 경우 ②의 규정에 의하지 아니할 수 있다.

⑤ 특고압 전로와 관련되는 절연내력에 있어 한국전기기술기준위원회 표준 KECS 1201-2011(전로의 절연내력 확인방법)에서 정하는 방법에 따르는 경우는 ②(표의 1란을 제외한다)의 규정에 의하지 아니할 수 있다.

⑥ 고압 및 특고압의 전로에 전선으로 사용하는 케이블의 절연체가 XLPE 등 고분자재료인 경우 0.1[Hz] 정현파전압을 상전압의 3배 크기로 전로와 대지사이에 연속하여 1시간 가하여 절연내력을 시험하였을 때에 이에 견디는 것에 대하여는 ②의 규정에 따르지 아니할 수 있다.

## (3) 회전기 및 정류기의 절연내력(판단기준 제14조)

회전기 및 정류기는 다음 표에서 정한 시험방법으로 절연내력을 시험하였을 때에 이에 견디어야 한다. 다만, 회전변류기 이외의 교류의 회전기로 다음 표에서 정한 시험전압의 1.6배의 직류전압으로 절연내력을 시험하였을 때 이에 견디는 것을 시설하는 경우에는 그러하지 아니하다.

| 종 류 | | | 시험전압 | 시험방법 |
|---|---|---|---|---|
| 회전기 | 발전기, 전동기, 조상기, 기타 회전기 | 최대사용전압 7[kV] 이하 | 최대사용전압의 1.5배의 전압(500[V] 미만으로 되는 경우에는 500[V]) | 권선과 대지 사이에 연속하여 10분간 가한다. |
| | | 최대사용전압 7[kV] 초과 | 최대사용전압의 1.25배의 전압(10,500[V] 미만으로 되는 경우에는 10,500[V]) | |
| | 회전변류기 | | 직류 측의 최대사용전압의 1배의 교류전압(500[V] 미만으로 되는 경우에는 500[V]) | |
| 정류기 | 최대사용전압이 60[kV] 이하 | | 직류 측의 최대사용전압의 1배의 교류전압(500[V] 미만으로 되는 경우에는 500[V]) | 충전부분과 외함 간에 연속하여 10분간 가한다. |
| | 최대사용전압이 60[kV] 초과 | | 교류 측의 최대사용전압의 1.1배의 교류전압 또는 직류 측의 최대사용전압의 1.1배의 직류전압 | 교류 측 및 직류 고전압 측 단자와 대지 사이에 연속하여 10분간 가한다. |

## (4) 연료전지 및 태양전지 모듈의 절연내력(판단기준 제15조)

연료전지 및 태양전지 모듈은 최대사용전압의 1.5배의 직류전압 또는 1배의 교류전압(500[V] 미만으로 되는 경우에는 500[V])을 충전부분과 대지 사이에 연속하여 10분간 가하여 절연내력을 시험하였을 때에 이에 견디는 것이어야 한다.

## (5) 변압기 전로의 절연내력(판단기준 제16조)

① 변압기(방전등용 변압기 · 엑스선관용 변압기 · 흡상 변압기 · 시험용 변압기 · 계기용변성기와 전기집진장치 등의 시설에서 규정하는 전기집진 응용 장치용의 변압기 기타 특수 용도에 사용되는 것을 제외한다)의 전로는 다음의 표에서 정하는 시험전압 및 시험방법으로 절연내력을 시험하였을 때에 이에 견디어야 한다.

| 권선의 종류 | 시험전압 | 시험방법 |
|---|---|---|
| 1. 최대 사용전압 7[kV] 이하 | 최대 사용전압의 1.5배의 전압(500[V] 미만으로 되는 경우에는 500[V]) 다만, 중성점이 접지되고 다중접지된 중성선을 가지는 전로에 접속하는 것은 0.92배의 전압(500[V] 미만으로 되는 경우에는 500[V]) | 시험되는 권선과 다른 권선, 철심 및 외함 간에 시험전압을 연속하여 10분간 가한다. |
| 2. 최대 사용전압 7[kV] 초과 25[kV] 이하의 권선으로서 중성점접지식전로(중선선을 가지는 것으로서 그 중성선에 다중접지를 하는 것에 한한다)에 접속하는 것 | 최대 사용전압의 0.92배의 전압 | |
| 3. 최대 사용전압 7[kV] 초과 60[kV] 이하의 권선(2란의 것을 제외한다) | 최대 사용전압의 1.25배의 전압(10,500[V] 미만으로 되는 경우에는 10,500[V]) | – |
| 4. 최대 사용전압이 60[kV] 를 초과하는 권선으로서 중성점 비접지식 전로(전위변성기를 사용하여 접지하는 것을 포함한다. 8란의 것을 제외한다)에 접속하는 것 | 최대 사용전압의 1.25배의 전압 | |
| 5. 최대 사용전압이 60[kV]를 초과하는 권선(성형결선, 또는 스콧결선의 것에 한한다)으로서 중성점 접지식 전로(전위 변성기를 사용하여 접지 하는 것, 6란 및 8란의 것을 제외한다)에 접속하고 또한 성형결선(星形結線)의 권선의 경우에는 그 중성점에, 스콧결선의 권선의 경우에는 T좌 권선과 주좌 권선의 접속점에 피뢰기를 시설하는 것 | 최대 사용전압의 1.1배의 전압(75[kV] 미만으로 되는 경우에는 75[kV]) | 시험되는 권선의 중성점단자(스콧결선의 경우에는 T좌권선과 주좌권선의 접속점 단자. 이하 이 표에서 같다) 이외의 임의의 1단자, 다른 권선(다른 권선이 2개 이상 있는 경우에는 각권선)의 임의의 1단자, 철심 및 외함을 접지하고 시험되는 권선의 중성점 단자 이외의 각 단자에 3상 교류의 시험전압을 연속하여 10분간 가한다. 다만, 3상 교류의 시험전압 가하기 곤란할 경우에는 시험되는 권선의 중성점 단자 및 접지되는 단자 이외의 임의의 1단자와 대지 사이에 단상교류의 시험전압을 연속하여 10분간 가하고 다시 중성점 단자와 대지 사이에 최대 사용전압의 0.64배(스콧 결선의 경우에는 0.96배)의 전압을 연속하여 10분간 가할 수 있다. |
| 6. 최대 사용전압이 60[kV]를 초과하는 권선(성형결선의 것에 한한다. 8란의 것을 제외한다)으로서 중성점 직접접지식전로에 접속하는 것. 다만, 170[kV]를 초과하는 권선에는 그 중성점에 피뢰기를 시설하는 것에 한한다. | 최대 사용전압의 0.72배의 전압 | 시험되는 권선의 중성점단자, 다른 권선(다른 권선이 2개 이상 있는 경우에는 각 권선)의 임의의 1단자, 철심 및 외함을 접지하고 시험되는 권선의 중성점 단자이외의 임의의 1단자와 대지 사이에 시험전압을 연속하여 10분간 가한다. 이 경우에 중성점에 피뢰기를 시설하는 것에 있어서는 다시 중성점 단자의 대지 간에 최대사용전압의 0.3배의 전압을 연속하여 10분간 가한다. |

| 권선의 종류 | 시험전압 | 시험방법 |
|---|---|---|
| 7. 최대 사용전압이 170[kV]를 초과하는 권선(성형결선의 것에 한한다. 8란의 것을 제외한다)으로서 중성점직접접지식 전로에 접속하고 또한 그 중성점을 직접 접지하는 것 | 최대 사용전압의 0.64배의 전압 | 시험되는 권선의 중성점 단자, 다른 권선(다른 권선이 2개 이상 있는 경우에는 각 권선)의 임의의 1단자, 철심 및 외함을 접지하고 시험되는 권선의 중성점 단자 이외의 임의의 1단자와 대지 사이에 시험전압을 연속하여 10분간 가한다. |
| 8. 최대 사용전압이 60[kV]를 초과하는 정류기에 접속하는 권선 | 정류기의 교류측의 최대 사용전압의 1.1배의 교류전압 또는 정류기의 직류측의 최대 사용전압의 1.1배의 직류전압 | 시험되는 권선과 다른 권선, 철심 및 외함 간에 시험전압을 연속하여 10분간 가한다. |
| 9. 기타 권선 | 최대 사용전압의 1.1배의 전압(75[kV] 미만으로 되는 경우는 75[kV]) | 시험되는 권선과 다른 권선, 철심 및 외함 간에 시험전압을 연속하여 10분간 가한다. |

② 특고압 전로와 관련되는 절연내력에 있어 한국전기기술기준위원회 표준 KECS 1201-2011(전로의 절연내력 확인방법)에서 정하는 방법에 따르는 경우는 제1항의 규정에 의하지 아니할 수 있다.

### (6) 기구 등의 전로의 절연내력(판단기준 제17조)

① 개폐기 · 차단기 · 전력용 커패시터 · 유도전압조정기 · 계기용 변성기 기타의 기구의 전로 및 발전소 · 변전소 · 개폐소 또는 이에 준하는 곳에 시설하는 기계기구의 접속선 및 모선(전로를 구성하는 것에 한한다. 이하 "기구 등의 전로"라 한다)은 다음 표에서 정하는 시험전압을 충전 부분과 대지 사이(다심케이블은 심선 상호 간 및 심선과 대지 사이)에 연속하여 10분간 가하여 절연내력을 시험하였을 때에 이에 견디어야 한다. 다만, 접지형 계기용 변압기 · 전력선 반송용 결합커패시터 · 뇌서지 흡수용 커패시터 · 지락검출용 커패시터 · 재기전압 억제용 커패시터 · 피뢰기 또는 전력선반송용 결합리액터로서 다음 각 호에 따른 표준에 적합한 것 혹은 전선에 케이블을 사용하는 기계기구의 교류의 접속선 또는 모선으로서 다음 표에서 정한 시험전압의 2배의 직류전압을 충전부분과 대지 사이(다심케이블에서는 심선 상호 간 및 심선과 대지 사이)에 연속하여 10분간 가하여 절연내력을 시험하였을 때에 이에 견디도록 시설할 때에는 그러하지 아니하다.

| 종 류 | 시험전압 |
|---|---|
| 1. 최대 사용전압이 7[kV] 이하인 기구 등의 전로 | 최대 사용전압이 1.5배의 전압(직류의 충전 부분에 대하여는 최대 사용전압의 1.5배의 직류전압 또는 1배의 교류전압)(500[V] 미만으로 되는 경우에는 500[V]) |
| 2. 최대 사용전압이 7[kV]를 초과하고 25[kV] 이하인 기구 등의 전로로서 중성점 접지식 전로(중성선을 가지는 것으로서 그 중성선에 다중접지하는 것에 한한다)에 접속하는 것 | 최대 사용전압의 0.92배의 전압 |
| 3. 최대 사용전압이 7[kV]를 초과하고 60[kV] 이하인 기구 등의 전로(2란의 것을 제외한다) | 최대 사용전압의 1.25배의 전압 (10,500[V] 미만으로 되는 경우에는 10,500[V]) |
| 4. 최대 사용전압이 60[kV]를 초과하는 기구 등의 전로로서 중성점 비접지식 전로(전위변성기를 사용하여 접지하는 것을 포함한다. 8란의 것을 제외한다)에 접속하는 것 | 최대 사용전압의 1.25배의 전압 |

| 종 류 | 시험전압 |
|---|---|
| 5. 최대 사용전압이 60[kV]를 초과하는 기구 등의 전로로서 중성점 접지식전로(전위변성기를 사용하여 접지하는 것을 제외한다)에 접속하는 것(7란과 8란의 것을 제외한다) | 최대 사용전압의 1.1배의 전압<br>(75[kV] 미만으로 되는 경우에는 75[kV]) |
| 6. 최대 사용전압이 170[kV]를 초과하는 기구 등의 전로로서 중성점직접접지식 전로에 접속하는 것(7란과 8란의 것을 제외한다) | 최대 사용전압의 0.72배의 전압 |
| 7. 최대 사용전압이 170[kV]를 초과하는 기구 등의 전로로서 중성점직접접지식 전로 중 중성점이 직접접지 되어 있는 발전소 또는 변전소 혹은 이에 준하는 장소의 전로에 접속하는 것(8란의 것을 제외한다) | 최대 사용전압의 0.64배의 전압 |
| 8. 최대 사용전압이 60[kV]를 초과하는 정류기의 교류측 및 직류측 전로에 접속하는 기구 등의 전로 | 교류측 및 직류 고전압측에 접속하는 기구 등의 전로는 교류측의 최대 사용전압의 1.1배의 교류전압 또는 직류측의 최대 사용전압의 1.1배의 직류전압 |
| | 직류 저압측 전로에 접속하는 기구 등의 전로는 제13조제2항에 규정하는 계산식으로 구한 값 |

㉠ 단서의 규정에 의한 접지형계기용변압기의 표준은 KS C 1706(2007) "계기용 변성기(표준용 및 일반 계기용)"의 "6.2.3 내전압" 또는 KS C 1707(2007) "계기용 변성기(전력수급용)"의 "6.2.4 내전압"에 적합할 것

㉡ 단서의 규정에 의한 전력선 반송용 결합커패시터의 표준은 고압 단자와 접지된 저압 단자 간 및 저압단자와 외함 간의 내전압이 각각 KS C 1706(2007) "계기용 변성기(표준용 및 일반 계기용)"의 "6.2.3 내전압"에 규정하는 커패시터형 계기용 변압기의 주 커패시터 단자 간 및 1차 접지측 단자와 외함 간의 내전압의 표준에 준할 것

㉢ 단서의 규정에 의한 뇌서지흡수용 커패시터 · 지락검출용 커패시터 · 재기전압억제용 커패시터의 표준은 다음과 같다.

- 사용전압이 고압 또는 특고압일 것
- 고압 단자 또는 특고압 단자 및 접지된 외함 사이에 다음의 표에서 정하고 있는 공칭전압의 구분 및 절연계급의 구분에 따라 각각 같은 표에서 정한 교류전압 및 직류전압을 다음과 같이 일정시간 가하여 절연내력을 시험하였을 때에 이에 견디는 것일 것
  - 교류전압에서는 1분간
  - 직류전압에서는 10초간

| 공칭전압의 구분[kV] | 절연계급의 구분 | 시험전압 | |
|---|---|---|---|
| | | 교류[kV] | 직류[kV] |
| 3.3 | A | 16 | 45 |
| | B | 10 | 30 |
| 6.6 | A | 22 | 60 |
| | B | 16 | 45 |
| 11 | A | 28 | 90 |
| | B | 28 | 75 |
| 22 | A | 50 | 150 |
| | B | 50 | 125 |
| | C | 50 | 180 |
| 33 | A | 70 | 200 |
| | B | 70 | 170 |
| | C | 70 | 240 |
| 66 | A | 140 | 350 |
| | C | 140 | 420 |
| 77 | A | 160 | 400 |
| | C | 160 | 480 |

※ 비 고

A : B 또는 C 이외의 경우

B : 뇌서지전압의 침입이 적은 경우 또는 피뢰기 등의 보호장치에 의해서 이상전압이 충분히 낮게 억제되는 경우

C : 피뢰기 등의 보호장치의 보호범위 외에 시설되는 경우

㉣ 단서의 규정에 의한 직렬 갭이 있는 피뢰기의 표준은 다음과 같다.

- 건조 및 주수상태에서 2분 이내의 시간 간격으로 10회 연속하여 상용주파 방전개시전압을 측정하였을 때 다음의 표의 상용주파 방전개시전압의 값 이상일 것
- 직렬 갭 및 특성요소를 수납하기 위한 자기용기 등 평상시 또는 동작 시에 전압이 인가되는 부분에 대하여 다음의 표의 "상용주파전압"을 건조상태에서 1분간, 주수상태에서 10초간 가할 때 섬락 또는 파괴되지 아니할 것
- 위의 항목과 동일한 부분에 대하여 다음의 표의 "뇌임펄스전압"을 건조 및 주수상태에서 정・부양극성으로 뇌임펄스전압(파두장 0.5[μs] 이상 1.5[μs] 이하, 파미장 32[μs] 이상 48[μs] 이하인 것)에서 각각 3회 가할 때 섬락 또는 파괴되지 아니할 것
- 건조 및 주수상태에서 다음의 표의 "뇌임펄스 방전개시전압(표준)"을 정・부양극성으로 각각 10회 인가하였을 때 모두 방전하고 또한, 정・부양극성의 뇌임펄스전압에 의하여 방전개시전압과 방전개시시간의 특성을 구할 때 0.5[μs]에서의 전압 값은 같은 표의 "뇌임펄스방전개시전압(0.5[μs])"의 값 이하일 것
- 정・부양극성의 뇌임펄스전류(파두장 0.5[μs] 이상 1.5[μs] 이하, 파미장 32[μs] 이상 48[μs] 이하의 파형인 것)에 의하여 제한전압과 방전전류와의 특성을 구할 때, 공칭방전전류에서의 전압

값은 다음의 표의 "제한전압"의 값 이하일 것

| 피뢰기 정격전압 (실효값) [kV] | 상용주파 방전 개시전압 (실효값) [kV] | 내전압[kV] | | | 충격방전개시전압 (파고값)[kV] | | 제한전압(파고값) [kV] | | |
|---|---|---|---|---|---|---|---|---|---|
| | | 상용주파 전압 (실효값) [kV] | 충격전압(파고값)[kV] | | | | | | |
| | | | 1.2×50 [μs] | 250×2,500[μs] | 1.2×50 [μs] | 250×2,500[μs] | 10[kA] | 5[kA] | 2.5[kA] |
| 7.5 | 11.25 | 21 (20) | 60 | – | 27 | – | 27 | 27 | 27 |
| 9 | 13.5 | 27 (24) | 75 | – | 32.5 | – | – | – | 32.5 |
| 12 | 18 | 50 (45) | 110 | – | 43 | – | 43 | 43 | – |
| 18 | 27 | 42 (36) | 125 | – | 65 | – | – | – | 65 |
| 21 | 31.5 | 70 (60) | 120 | – | 76 | – | 76 | 76 | – |
| 24 | 26 | 70 (60) | 150 | – | 87 | – | 87 | 87 | – |
| 72 75 | 112.5 | 175 (145) | 350 | – | 270 | – | 270 | 270 | – |
| 138 144 | 207 | 325 (325) | 750 | – | 460 | – | 460 | – | – |
| 288 | 432 | 450 (450) | 1,175 | 950 | 725 | 695 | 690 | – | – |

※ 비고 : ( ) 안의 숫자는 주수시험 시 적용

㉤ 단서의 규정에 의한 전력선 반송용 결합리액터의 표준은 다음과 같다.

- 사용전압은 고압일 것
- 60[Hz]의 주파수에 대한 임피던스는 사용전압의 구분에 따라 전압을 가하였을 때에 다음의 표에서 정한 값 이상일 것

| 사용전압의 구분 | 전 압 | 임피던스 |
|---|---|---|
| 3,500[V] 이하 | 2,000[V] | 500[kΩ] |
| 3,500[V] 초과 | 4,000[V] | 1,000[kΩ] |

- 권선과 철심 및 외함 간에 최대사용전압이 1.5배의 교류전압을 연속하여 10분간 가하였을 때에 (이에) 견딜 것

② 특고압 전로와 관련되는 절연내력에 있어 한국전기기술기준위원회 표준 KECS 1201-2011(전로의 절연내력 확인방법)에서 정하는 방법에 따르는 경우는 ①의 규정에 의하지 아니할 수 있다.

### (7) 접지공사의 종류(판단기준 제18조)

① 접지공사는 다음 표에서 정한 것으로 하며, 각 접지공사별 접지저항값은 다음 표에서 정한 값 이하로 유지하여야 한다. 다만, 다음 각 호의 접지공사는 예외로 한다.

㉠ 전로의 절연을 접지하는 경우

㉡ 수용장소의 인입구의 접지, 전로의 중성점의 접지, 피뢰기의 접지, 의료장소 전기설비의 시설에 의해 접지하는 경우

㉢ 중성점이 접지된 특고압 가공전선로의 중성선에 25[kV] 이하인 특고압 가공전선로의 시설에 따라 접지하는 경우

㉣ 저압 가공전선을 특고압 가공전선과 동일 지지물에 시설되는 부분에 접지공사를 하는 경우

㉤ 공통접지(Common Earthing System), 통합접지(Global Earthing System) 및 주택 등 저압 수용장소 접지에 따라 접지공사를 하는 경우

㉥ 저압 옥내직류 전기설비의 접지에 따라 직류계통을 접지하는 경우

| 접지공사의 종류 | 접지저항값 |
|---|---|
| 제1종 접지공사 | 10[Ω] |
| 제2종 접지공사 | 변압기의 고압 측 또는 특고압 측의 전로의 1선 지락전류의 암페어 수로 150을 나눈 값과 같은 [Ω]수 |
| 제3종 접지공사 | 100[Ω] |
| 특별 제3종 접지공사 | 10[Ω] |

② ①의 제2종 접지공사의 접지저항값은 고압 또는 특고압과 저압의 혼촉에 의한 위험방지 시설 또는 혼촉방지판이 있는 변압기에 접속하는 저압 옥외전선의 시설 등의 규정에 의하여 접지공사를 하는 경우에는 ①의 규정에 불구하고 5[Ω] 미만의 값이 아니어도 된다.

③ ①의 특고압 측의 전로의 1선 지락전류는 실측치에 의하는 것으로 한다. 실측치를 측정하기 곤란한 경우에는 선로정수 등에 의하여 계산한 값에 의할 수 있다.

④ 저압 전로에서 그 전로에 지락이 생겼을 경우에 0.5초 이내에 자동적으로 전로를 차단하는 장치를 시설하는 경우에는 ①의 규정에 불구하고 제3종 접지공사와 특별 제3종 접지공사의 접지저항값은 자동차단기의 정격감도전류에 따라 다음 표에서 정한 값 이하로 하여야 한다.

| 정격감도전류[mA] | 접지저항값[Ω] | |
|---|---|---|
| | 물기 있는 장소, 전기적 위험도가 높은 장소 | 그 외 다른 장소 |
| 30 이하 | 500 | 500 |
| 50 | 300 | 500 |
| 100 | 150 | 500 |
| 200 | 75 | 250 |
| 300 | 50 | 166 |
| 500 | 30 | 100 |

## (8) 각종 접지공사의 세목(판단기준 제19조)

① 접지공사의 종류에 접지공사의 접지선(②에서 규정하는 것 및 옥내에 시설하는 고압 접촉전선 공사(옥측 또는 옥외에 시설하는 접촉전선의 시설에서 준용하는 경우를 포함한다)에서 규정하는 것을 제외한다)은 다음 표에서 정한 굵기의 연동선 또는 이와 동등 이상의 세기 및 굵기의 쉽게 부식하지 않는 금속선으로서 고장 시 흐르는 전류를 안전하게 통할 수 있는 것을 사용하여야 한다.

| 접지공사의 종류 | 접지선의 굵기 |
|---|---|
| 제1종 접지공사 | 공칭단면적 6[$mm^2$] 이상의 연동선 |
| 제2종 접지공사 | 공칭단면적 16[$mm^2$] 이상의 연동선 (고압 전로 또는 특고압 가공전선로의 전로와 저압 전로를 변압기에 의하여 결합하는 경우에는 공칭단면적 6[$mm^2$] 이상의 연동선) |
| 제3종 접지공사 및 특별 제3종 접지공사 | 공칭단면적 2.5[$mm^2$] 이상의 연동선 |

② 이동하여 사용하는 전기기계기구의 금속제 외함 등에 접지공사를 하는 경우에는 각 접지공사의 접지선 중 가요성을 필요로 하는 부분에는 다음 표에서 정한 값 이상의 단면적을 가지는 접지선으로서 고장 시에 흐르는 전류를 안전하게 통할 수 있는 것을 사용하여야 한다.

| 접지공사의 종류 | 접지선의 종류 | 접지선의 단면적 |
|---|---|---|
| 제1종 접지공사 및 제2종 접지공사 | 3종 및 4종 클로로프렌캡타이어케이블, 3종 및 4종 클로로설포네이트폴리에틸렌캡다이어케이블의 일심 또는 다심 캡타이어케이블의 차폐 기타의 금속체 | 10[$mm^2$] |
| 제3종 접지공사 및 특별 제3종 접지공사 | 다심코드 또는 다심 캡타이어케이블의 일심 | 0.75[$mm^2$] |
| | 다심코드 및 다심 캡타이어케이블의 일심 이외의 가요성이 있는 연동연선 | 1.5[$mm^2$] |

③ 제1종 접지공사 또는 제2종 접지공사에 사용하는 접지선을 사람이 접촉할 우려가 있는 곳에 시설하는 경우에는 ②의 경우 이외에는 다음 각 호에 따라야 한다. 다만, 발전소 · 변전소 · 개폐소 또는 이에 준하는 곳에 접지극을 전로의 중성점의 접지의 규정에 준하여 시설하는 경우에는 그러하지 아니하다.

㉠ 접지극은 지하 75[cm] 이상으로 하되 동결 깊이를 감안하여 매설할 것

㉡ 접지선을 철주 기타의 금속체를 따라서 시설하는 경우에는 접지극을 철주의 밑면으로부터 30[cm] 이상의 깊이에 매설하는 경우 이외에는 접지극을 지중에서 그 금속체로부터 1[m] 이상 떼어 매설할 것

㉢ 접지선에는 절연전선(옥외용 비닐절연전선을 제외한다), 캡타이어케이블 또는 케이블(통신용 케이블을 제외한다)을 사용할 것. 다만, 접지선을 철주 기타의 금속체를 따라서 시설하는 경우 이외의 경우에는 접지선의 지표상 60[cm]를 초과하는 부분에 대하여는 그러하지 아니하다.

㉣ 접지선의 지하 75[cm]로부터 지표상 2[m]까지의 부분은 전기용품 및 생활용품 안전관리법의 적용을 받는 합성수지관(두께 2[mm] 미만의 합성수지제 전선관 및 난연성이 없는 콤바인덕트관을 제외한다) 또는 이와 동등 이상의 절연효력 및 강도를 가지는 몰드로 덮을 것.

④ 제1종 접지공사 또는 제2종 접지공사에 사용하는 접지선을 시설한 지지물에는 피뢰침용 지선을 시설하여서는 아니 된다.

### (9) 수도관 등의 접지극(판단기준 제21조)

① 지중에 매설되어 있고 대지와의 전기저항값이 3[Ω] 이하의 값을 유지하고 있는 금속제 수도관로는 이를 제1종 접지공사·제2종 접지공사·제3종 접지공사·특별 제3종 접지공사 기타의 접지공사의 접지극으로 사용할 수 있다.

② ①의 규정에 의하여 금속제 수도관로를 접지공사의 접지극으로 사용하는 경우에는 다음 각 호에 따라야 한다.

㉠ 접지선과 금속제 수도관로의 접속은 안지름 75[mm] 이상인 금속제 수도관의 부분 또는 이로부터 분기한 안지름 75[mm] 미만인 금속제 수도관의 분기점으로부터 5[m] 이내의 부분에서 할 것. 다만, 금속제 수도관로와 대지 사이의 전기저항값이 2[Ω] 이하인 경우에는 분기점으로부터의 거리는 5[m]을 넘을 수 있다.

㉡ 접지선과 금속제 수도관로의 접속부를 수도계량기로부터 수도 수용가측에 설치하는 경우에는 수도계량기를 사이에 두고 양측 수도관로를 전기적으로 확실하게 연결할 것

㉢ 접지선과 금속제 수도관로의 접속부를 사람이 접촉할 우려가 있는 곳에 설치하는 경우에는 손상을 방지하도록 방호장치를 설치할 것

㉣ 접지선과 금속제 수도관로의 접속에 사용하는 금속제는 접속부에 전기적 부식이 생기지 아니하는 것일 것

③ 대지와의 사이에 전기저항값이 2[Ω] 이하인 값을 유지하는 건물의 철골 기타의 금속제는 이를 비접지식 고압전로에 시설하는 기계기구의 철대(鐵臺) 또는 금속제 외함에 실시하는 제1종 접지공사나 비접지식 고압 전로와 저압 전로를 결합하는 변압기의 저압 전로에 시설하는 제2종 접지공사의 접지극으로 사용할 수 있다.

④ ① 또는 ③의 규정에 의하여 금속제 수도관로 또는 철골 기타의 금속체를 접지극으로 사용한 제1종 접지공사 또는 제2종 접지공사는 각종 접지공사의 세목의 규정에 의하지 아니할 수 있다. 이 경우에 접지선은 케이블 공사의 규정에 준하여 시설하여야 한다.

### (10) 고압 또는 특고압과 저압의 혼촉에 의한 위험방지 시설(판단기준 제23조)

① 고압 전로 또는 특고압 전로와 저압 전로를 결합하는 변압기(혼촉방지판이 있는 변압기에 접속하는 저압 옥외전선의 시설 등에서 규정하는 것 및 철도 또는 궤도의 신호용 변압기를 제외한다)의 저압측의 중성점에는 제2종 접지공사(사용전압이 35[kV] 이하의 특고압 전로로서 전로에 지락이 생겼을 때에 1초 이내에 자동적으로 이를 차단하는 장치가 되어 있는 것 및 25[kV] 이하인 특고압 가공전선로의 시설에서 규정하는 특고압 가공전선로의 전로 이외의 특고압 전로와 저압 전로를 결합하는 경우에 접지공사의 종류의 규정에 의하여 계산한 값이 10을 넘을 때에는 접지저항값이 10[Ω] 이하인 것에 한한다)를 하여야 한다. 다만, 저압전로의 사용전압이 300[V] 이하인 경우에 그 접지공사를 변압기의 중성점에 하기 어려울 때에는 저압측의 1단자에 시행할 수 있다.

② ①의 접지공사는 변압기의 시설장소마다 시행하여야 한다. 다만, 토지의 상황에 의하여 변압기의 시설장소에서 접지공사의 종류에서 규정하는 접지저항값을 얻기 어려운 경우에 인장강도 5.26[kN] 이상 또는 지름 4[mm] 이상의 가공접지선을 저압 가공전선에 관한 규정에 준하여 시설할 때에는 변압기의 시설장소로부터 200[m]까지 떼어놓을 수 있다.

③ ①의 접지공사를 하는 경우에 토지의 상황에 의하여 ②의 규정에 의하기 어려울 때에는 다음 각 호에 따라 가공공동지선(架空共同地線)을 설치하여 2 이상의 시설장소에 공통의 제2종 접지공사를 할 수 있다.

㉠ 가공공동지선은 인장강도 5.26[kN] 이상 또는 지름 4[mm] 이상의 경동선을 사용하여 저압 가공전선에 관한 규정에 준하여 시설할 것

㉡ 접지공사는 각 변압기를 중심으로 하는 지름 400[m] 이내의 지역으로서 그 변압기에 접속되는 전선로 바로 아래의 부분에서 각 변압기의 양쪽에 있도록 할 것. 다만, 그 시설장소에서 접지공사를 한 변압기에 대하여는 그러하지 아니하다.

㉢ 가공공동지선과 대지 사이의 합성 전기저항값은 1[km]를 지름으로 하는 지역 안마다 제18조제1항에 규정하는 제2종 접지공사의 접지저항값을 가지는 것으로 하고 또한 각 접지선을 가공공동지선으로부터 분리하였을 경우의 각 접지선과 대지 사이의 전기저항값은 300[Ω] 이하로 할 것

④ ③의 가공공동지선에는 인장강도 5.26[kN] 이상 또는 지름 4[mm]의 경동선을 사용하는 저압 가공전선의 1선을 겸용할 수 있다.

⑤ 직류단선식 전기철도용 회전변류기 · 전기로 · 전기보일러 기타 상시 전로의 일부를 대지로부터 절연하지 아니하고 사용하는 부하에 공급하는 전용의 변압기를 시설한 경우에는 ①의 규정에 의하지 아니할 수 있다.

### (11) 혼촉방지판이 있는 변압기에 접속하는 저압 옥외전선의 시설 등(판단기준 제24조)

고압 전로 또는 특고압 전로와 비접지식의 저압 전로를 결합하는 변압기(철도 또는 궤도의 신호용변압기를 제외한다)로서 그 고압권선 또는 특고압 권선과 저압 권선 간에 금속제의 혼촉방지판(混觸防止板)이 있고 또한 그 혼촉방지판에 제2종 접지공사(사용전압이 35[kV] 이하의 특고압 전로로서 전로에 지락이 생겼을 때 1초 이내에 자동적으로 이것을 차단하는 장치를 한 것과 25[kV] 이하인 특고압 가공전선로의 시설에서 규정하는 특고압 가공전선로의 전로 이외의 특고압 전로와 저압 전로를 결합하는 경우에 접지공사의 종류에서 규정에 의하여 계산한 값이 10을 넘을 때에는 접지저항값이 10[Ω] 이하인 것에 한한다)를 한 것에 접속하는 저압전선을 옥외에 시설할 때에는 다음 각 호에 따라 시설하여야 한다.

① 저압 전선은 1구내에만 시설할 것

② 저압 가공전선로 또는 저압 옥상전선로의 전선은 케이블일 것

③ 저압 가공전선과 고압 또는 특고압의 가공전선을 동일 지지물에 시설하지 아니할 것. 다만, 고압 가공전선로 또는 특고압 가공전선로의 전선이 케이블인 경우에는 그러하지 아니하다.

### (12) 특고압과 고압의 혼촉 등에 의한 위험방지 시설(판단기준 제25조)

① 변압기(고압 또는 특고압과 저압의 혼촉에 의한 위험방지 시설에 규정하는 변압기를 제외한다)에 의하여 특고압 전로(25[kV] 이하인 특고압 가공전선로의 시설에 규정하는 특고압 가공전선로의 전로를 제외한다)에 결합되는 고압 전로에는 사용전압의 3배 이하인 전압이 가하여진 경우에 방전하는 장치를 그 변압기의 단자에 가까운 1극에 설치하여야 한다. 다만, 사용전압의 3배 이하인 전압이 가하여진 경우에 방전하는 피뢰기를 고압 전로의 모선의 각상에 시설하거나 특고압권선과 고압권선 간에 혼촉 방지판을 시설하여 제1종 접지공사 또는 접지공사의 종류에 따른 접지공사를 한 경우에는 그러하지 아니하다.

② ①에서 규정하고 있는 장치의 접지는 제1종 접지공사에 의하여야 한다.

### (13) 전로의 중성점의 접지(판단기준 제27조)

① 전로의 보호 장치의 확실한 동작의 확보, 이상 전압의 억제 및 대지전압의 저하를 위하여 특히 필요한 경우에 전로의 중성점에 접지공사를 할 경우에는 다음 각 호에 따라야 한다.

㉠ 접지극은 고장 시 그 근처의 대지 사이에 생기는 전위차에 의하여 사람이나 가축 또는 다른 시설물에 위험을 줄 우려가 없도록 시설할 것

㉡ 접지선은 공칭단면적 16[mm$^2$] 이상의 연동선 또는 이와 동등 이상의 세기 및 굵기의 쉽게 부식하지 아니하는 금속선(저압 전로의 중성점에 시설하는 것은 공칭단면적 6[mm$^2$] 이상의 연동선 또는 이와 동등 이상의 세기 및 굵기의 쉽게 부식하지 않는 금속선)으로서 고장 시 흐르는 전류가 안전하게 통할 수 있는 것을 사용하고 또한 손상을 받을 우려가 없도록 시설할 것

㉢ 접지선에 접속하는 저항기 · 리액터 등은 고장 시 흐르는 전류를 안전하게 통할 수 있는 것을 사용할 것

㉣ 접지선 · 저항기 · 리액터 등은 취급자 이외의 자가 출입하지 아니하도록 설비한 곳에 시설하는 경우 이외에는 사람이 접촉할 우려가 없도록 시설할 것

② ①에 규정하는 경우 이외의 경우로서 저압 전로에 시설하는 보호 장치의 확실한 동작을 확보하기 위하여 특히 필요한 경우에 전로의 중성점에 접지공사를 할 경우(저압 전로의 사용전압이 300[V] 이하의 경우에 전로의 중성점에 접지공사를 하기 어려울 때에 전로의 1단자에 접지공사를 시행할 경우를 포함한다) 접지선은 공칭단면적 6[mm$^2$] 이상의 연동선 또는 이와 동등 이상의 세기 및 굵기의 쉽게 부식하지 않는 금속선으로서 고장 시 흐르는 전류가 안전하게 통할 수 있는 것을 사용하고 또한 각종 접지공사의 세목의 규정에 준하여 시설하여야 한다.

③ 변압기의 안정권선이나 유휴권선 또는 전압조정기의 내장권선을 이상전압으로부터 보호하기 위하여 특히 필요할 경우에 그 권선에 접지공사를 할 때에는 제1종 접지공사를 하여야 한다.

④ 특고압의 직류전로의 보호 장치의 확실한 동작의 확보 및 이상전압의 억제를 위하여 특히 필요한 경우에 대해 그 전로에 접지공사를 시설할 때에는 ①의 각 호에 따라 시설하여야 한다.

⑤ 연료전지에 대하여 전로의 보호 장치의 확실한 동작의 확보 또는 대지전압의 저하를 위하여 특히 필요할 경우에 연료전지의 전로 또는 이것에 접속하는 직류전로에 접지공사를 할 때에는 ①의 각 호에 따라 시설하여야 한다.

⑥ 계속적인 전력공급이 요구되는 화학공장 · 시멘트공장 · 철강공장 등의 연속공정설비 또는 이에 준하는 곳의 전기설비로서 지락전류를 제한하기 위하여 저항기를 사용하는 중성점 고저항 접지계통은 다음 각 호에 따를 경우 300[V] 이상 1[kV] 이하의 3상 교류계통에 적용할 수 있다.

㉠ 자격을 가진 기술원("계통 운전에 필요한 지식 및 기능을 가진 자"를 말한다)이 설비를 유지관리할 것

㉡ 계통에 지락검출장치가 시설될 것

㉢ 전압선과 중성선 사이에 부하가 없을 것

㉣ 고저항 중성점접지계통은 다음 각 호에 적합할 것

- 접지저항기는 계통의 중성점과 접지극 도체와의 사이에 설치할 것. 중성점을 얻기 어려운 경우에는 접지변압기에 의한 중성점과 접지극 도체 사이에 접지저항기를 설치한다.
- 변압기 또는 발전기의 중성점에서 접지저항기에 접속하는 점까지의 중성선은 동선 10[$mm^2$] 이상, 알루미늄선 또는 동복 알루미늄선은 16[$mm^2$] 이상의 절연전선으로서 접지저항기의 최대정격전류 이상일 것
- 계통의 중성점은 접지저항기를 통하여 접지할 것
- 변압기 또는 발전기의 중성점과 접지저항기 사이의 중성선은 별도로 배선할 것
- 최초 개폐장치 또는 과전류장치와 접지저항기의 접지 측 사이의 기기 본딩 점퍼(기기접지도체와 접지저항기 사이를 잇는 것)는 도체에 접속점이 없어야 한다.
- 접지극 도체는 접지저항기의 접지 측과 최초 개폐장치의 접지 접속점 사이에 시설할 것
- 기기 본딩 점퍼의 굵기는 다음의 ※ 또는 ∴에 의할 것

※ 접지극 도체를 접지저항기에 연결할 때는 기기 접지 점퍼는 다음의 예외사항을 제외하고 표에 의한 굵기일 것
- 접지극 전선이 접지봉, 관, 판으로 연결될 때는 16[$mm^2$] 이상일 것
- 콘크리트 매입 접지극으로 연결될 때는 25[$mm^2$] 이상일 것
- 접지링으로 연결되는 접지극 전선은 접지링과 같은 굵기 이상일 것

| 상전선 최대굵기[$mm^2$] | 접지극 전선[$mm^2$] |
|---|---|
| 30 이하 | 10 |
| 38 또는 50 | 16 |
| 60 또는 80 | 25 |
| 80 초과 175까지 | 35 |
| 175 초과 300까지 | 50 |
| 300 초과 550까지 | 70 |
| 550 초과 | 95 |

∴ 접지극 도체가 최초 개폐장치 또는 과전류장치에 접속될 때는 기기 본딩 점퍼의 굵기는 10[$mm^2$] 이상으로서 접지저항기의 최대전류 이상의 허용전류를 갖는 것일 것

## (14) 특고압용 기계기구의 시설(판단기준 제31조)

① 특고압용 기계기구(이에 부속하는 특고압의 전기로 충전하는 전선으로서 케이블 이외의 것을 포함한다)는 다음 각 호의 어느 하나에 해당하는 경우, 발전소・변전소・개폐소 또는 이에 준하는 곳에 시설하는 경우, 전기집진장치 등의 시설의 단서 또는 엑스선 발생장치의 설치의 규정에 의하여 시설하는 경우 이외에는 시설하여서는 아니 된다.

㉠ 기계기구의 주위에 발전소 등의 울타리・담 등의 시설의 규정에 준하여 울타리・담 등을 시설하는 경우

㉡ 기계기구를 지표상 5[m] 이상의 높이에 시설하고 충전부분의 지표상의 높이를 다음의 표에서 정한 값 이상으로 하고 또한 사람이 접촉할 우려가 없도록 시설하는 경우

| 사용전압의 구분 | 울타리의 높이와 울타리로부터 충전부분까지의 거리의 합계 또는 지표상의 높이 |
|---|---|
| 35[kV] 이하 | 5[m] |
| 35[kV] 초과 160[kV] 이하 | 6[m] |
| 160[kV] 초과 | 6[m]에 160[kV]를 초과하는 10[kV] 또는 그 단수마다 12[cm]를 더한 값 |

㉢ 공장 등의 구내에서 기계기구를 콘크리트제의 함 또는 제1종 접지공사를 한 금속제의 함에 넣고 또한 충전부분이 노출하지 아니하도록 시설하는 경우

㉣ 옥내에 설치한 기계기구를 취급자 이외의 사람이 출입할 수 없도록 설치한 곳에 시설하는 경우

㉤ 충전부분이 노출하지 아니하는 기계기구를 사람이 쉽게 접촉할 우려가 없도록 시설하는 경우

㉥ 25[kV] 이하인 특고압 가공전선로의 시설에서 규정하는 특고압 가공전선로에 접속하는 기계기구를 고압용 기계기구의 시설(제1항제2호의 "고압 인하용 절연전선"은 "특고압 인하용 절연전선"으로 제1항제5호의 "제3종 접지공사"는 "제1종 접지공사"로 한다)의 규정에 준하여 시설하는 경우

② 특고압용 기계기구는 노출된 충전부분에 취급자가 쉽게 접촉할 우려가 없도록 시설하여야 한다.

## (15) 기계기구의 철대 및 외함의 접지(판단기준 제33조)

① 전로에 시설하는 기계기구의 철대 및 금속제 외함(외함이 없는 변압기 또는 계기용변성기는 철심)에는 다음 각 호의 어느 하나에 따라 접지공사를 하여야 한다.

㉠ 다음 표에서 정한 접지공사

| 기계기구의 구분 | 접지공사의 종류 |
|---|---|
| 400[V] 미만인 저압용의 것 | 제3종 접지공사 |
| 400[V] 이상의 저압용의 것 | 특별 제3종 접지공사 |
| 고압용 또는 특고압용의 것 | 제1종 접지공사 |

㉡ 접지공사의 종류, 주택 등 저압수용장소 접지 및 의료장소 전기설비의 시설의 규정에 따른 접지공사

② 다음 각 호의 어느 하나에 해당하는 경우에는 ①의 ㉠의 규정에 따르지 않을 수 있다.

㉠ 사용전압이 직류 300[V] 또는 교류 대지전압이 150[V] 이하인 기계기구를 건조한 곳에 시설하는 경우

㉡ 저압용의 기계기구를 건조한 목재의 마루 기타 이와 유사한 절연성 물건 위에서 취급하도록 시설하는 경우

㉢ 저압용이나 고압용의 기계기구, 특고압 배전용 변압기의 시설에서 규정하는 특고압 전선로에 접속하는 배전용 변압기나 이에 접속하는 전선에 시설하는 기계기구 또는 25[kV] 이하인 특고압 가공전선로의 시설에서 규정하는 특고압 가공전선로의 전로에 시설하는 기계기구를 사람이 쉽게 접촉할 우려가 없도록 목주 기타 이와 유사한 것의 위에 시설하는 경우

㉣ 철대 또는 외함의 주위에 적당한 절연대를 설치하는 경우

㉤ 외함이 없는 계기용변성기가 고무・합성수지 기타의 절연물로 피복한 것일 경우

㉥ 전기용품 및 생활용품 안전관리법의 적용을 받는 2중 절연구조로 되어 있는 기계기구를 시설하는 경우

㉦ 저압용 기계기구에 전기를 공급하는 전로의 전원측에 절연변압기(2차 전압이 300[V] 이하이며, 정격용량이 3[kVA] 이하인 것에 한한다)를 시설하고 또한 그 절연변압기의 부하측 전로를 접지하지 않은 경우

㉧ 물기 있는 장소 이외의 장소에 시설하는 저압용의 개별 기계기구에 전기를 공급하는 전로에 전기용품 및 생활용품 안전관리법의 적용을 받는 인체감전보호용 누전차단기(정격감도전류가 30[mA] 이하, 동작시간이 0.03초 이하의 전류동작형에 한한다)를 시설하는 경우

ⓩ 외함을 충전하여 사용하는 기계기구에 사람이 접촉할 우려가 없도록 시설하거나 절연대를 시설하는 경우

## (16) 고압용 기계기구의 시설(판단기준 제36조)

① 고압용 기계기구(이에 부속하는 고압의 전기로 충전하는 전선으로서 케이블 이외의 것을 포함한다)는 다음 각 호의 어느 하나에 해당하는 경우와 발전소・변전소・개폐소 또는 이에 준하는 곳에 시설하는 경우 이외에는 시설하여서는 아니 된다.

㉠ 기계기구의 주위에 발전소 등의 울타리・담 등의 시설의 규정에 준하여 울타리・담 등을 시설하는 경우

㉡ 기계기구(이에 부속하는 전선에 케이블 또는 고압 인하용 절연전선을 사용하는 것에 한한다)를 지표상 4.5[m](시가지 외에는 4[m]) 이상의 높이에 시설하고 또한 사람이 쉽게 접촉할 우려가 없도록 시설하는 경우

㉢ 공장 등의 구내에서 기계기구의 주위에 사람이 쉽게 접촉할 우려가 없도록 적당한 울타리를 설치하는 경우

㉣ 옥내에 설치한 기계기구를 취급자 이외의 사람이 출입할 수 없도록 설치한 곳에 시설하는 경우

㉤ 기계기구를 콘크리트제의 함 또는 제3종 접지공사를 한 금속제 함에 넣고 또한 충전부분이 노출하지 아니하도록 시설하는 경우

㉥ 충전부분이 노출하지 아니하는 기계기구를 사람이 쉽게 접촉할 우려가 없도록 시설하는 경우

㉦ 충전부분이 노출하지 아니하는 기계기구를 온도상승에 의하여 또는 고장 시 그 근처의 대지와의 사이에 생기는 전위차에 의하여 사람이나 가축 또는 다른 시설물에 위험의 우려가 없도록 시설하는 경우

② ①에서 정하는 인하용 고압 절연전선은 KS C IEC 60502-2에서 정하는 6/10[kV] 인하용 절연전선에 적합한 것이거나 한국전기기술기준위원회 표준 KECS 1501-2009의 501.02.2에 적합한 것이어야 한다.

③ 고압용의 기계기구는 노출된 충전부분에 취급자가 쉽게 접촉할 우려가 없도록 시설하여야 한다.

## (17) 저압 전로 중의 과전류차단기의 시설(판단기준 제38조)

① 과전류차단기로 저압 전로에 사용하는 퓨즈(전기용품 및 생활용품 안전관리법의 적용을 받는 것, 배선용 차단기와 조합하여 하나의 과전류차단기로 사용하는 것 및 ⑤에서 규정하는 것을 제외한다)는 수평으로 붙인 경우(판상 퓨즈는 판면을 수평으로 붙인 경우)에 다음 각 호에 적합한 것이어야 한다.

㉠ 정격전류의 1.1배의 전류에 견딜 것

㉡ 정격전류의 1.6배 및 2배의 전류를 통한 경우에 다음의 표에서 정한 시간 내에 용단될 것

| 정격전류의 구분 | 시 간 | |
|---|---|---|
| | 정격전류의 1.6배의 전류를 통한 경우 | 정격전류의 2배의 전류를 통한 경우 |
| 30[A] 이하 | 60분 | 2분 |
| 30[A] 초과 60[A] 이하 | 60분 | 4분 |
| 60[A] 초과 100[A] 이하 | 120분 | 6분 |
| 100[A] 초과 200[A] 이하 | 120분 | 8분 |
| 200[A] 초과 400[A] 이하 | 180분 | 10분 |
| 400[A] 초과 600[A] 이하 | 240분 | 12분 |
| 600[A] 초과 | 240분 | 20분 |

② ① 이외의 IEC 표준을 도입한 과전류차단기로 저압전로에 사용하는 퓨즈(전기용품 및 생활용품 안전관리법 및 ⑤에서 규정하는 것을 제외한다)는 다음의 표에 적합한 것이어야 한다.

| 정격전류의 구분 | 시 간 | 정격전류의 배수 | |
|---|---|---|---|
| | | 불용단전류 | 용단전류 |
| 4[A] 이하 | 60분 | 1.5배 | 2.1배 |
| 4[A] 초과 16[A] 미만 | 60분 | 1.5배 | 1.9배 |
| 16[A] 이상 63[A] 이하 | 60분 | 1.25배 | 1.6배 |
| 63[A] 초과 160[A] 이하 | 120분 | 1.25배 | 1.6배 |
| 160[A] 초과 400[A] 이하 | 180분 | 1.25배 | 1.6배 |
| 400[A] 초과 | 240분 | 1.25배 | 1.6배 |

③ 과전류차단기로 저압 전로에 사용하는 배선용 차단기(전기용품 및 생활용품 안전관리법의 적용을 받는 것 및 ⑤에서 규정하는 것을 제외한다)는 다음 각 호에 적합한 것이어야 한다.

㉠ 정격전류에 1배의 전류로 자동적으로 동작하지 아니할 것

㉡ 정격전류의 1.25배 및 2배의 전류를 통한 경우에 다음의 표에서 정한 시간 내에 자동적으로 동작할 것

| 정격전류의 구분 | 시 간 | |
|---|---|---|
| | 정격전류의 1.25배의 전류를 통한 경우 | 정격전류의 2배의 전류를 통한 경우 |
| 30[A] 이하 | 60분 | 2분 |
| 30[A] 초과 50[A] 이하 | 60분 | 4분 |
| 50[A] 초과 100[A] 이하 | 120분 | 6분 |
| 100[A] 초과 225[A] 이하 | 120분 | 8분 |
| 225[A] 초과 400[A] 이하 | 120분 | 10분 |
| 400[A] 초과 600[A] 이하 | 120분 | 12분 |
| 600[A] 초과 800[A] 이하 | 120분 | 14분 |
| 800[A] 초과 1,000[A] 이하 | 120분 | 16분 |
| 1,000[A] 초과 1,200[A] 이하 | 120분 | 18분 |
| 1,200[A] 초과 1,600[A] 이하 | 120분 | 20분 |
| 1,600[A] 초과 2,000[A] 이하 | 120분 | 22분 |
| 2,000[A] 초과 | 120분 | 24분 |

④ ③ 이외의 IEC 표준을 도입한 과전류차단기로 저압 전로에 사용하는 배선차단기(전기용품 및 생활용품 안전관리법 및 ⑤에서 규정하는 것을 제외한다) 중 산업용은 [표 1]에, 주택용은 [표 2] 및 [표 3]에 적합한 것이어야 한다. 다만, 일반인이 접촉할 우려가 있는 장소(세대내 분전반 및 이와 유사한 장소)에는 주택용 배선차단기를 시설하여야 한다.

[표 1]

| 정격전류의 구분 | 시 간 | 정격전류의 배수(모든 극에 통전) | |
|---|---|---|---|
| | | 부동작 전류 | 동작 전류 |
| 63[A] 이하 | 60분 | 1.05배 | 1.3배 |
| 63[A] 초과 | 120분 | 1.05배 | 1.3배 |

[표 2]

| 형 | 순시트립범위 |
|---|---|
| B | 3In 초과 ~ 5In 이하 |
| C | 5In 초과 ~ 10In 이하 |
| D | 10In 초과 ~ 20In 이하 |

비 고
1. B, C, D : 순시트립전류에 따른 차단기 분류
2. In : 차단기 정격전류

[표 3]

| 정격전류의 구분 | 시 간 | 정격전류의 배수(모든 극에 통전) | |
|---|---|---|---|
| | | 부동작 전류 | 동작 전류 |
| 63[A] 이하 | 60분 | 1.13배 | 1.45배 |
| 63[A] 초과 | 120분 | 1.13배 | 1.45배 |

⑤ 과전류차단기로 저압 전로에 시설하는 과부하 보호장치(전동기가 손상될 우려가 있는 과전류가 생겼을 경우에 자동적으로 이것을 차단하는 것에 한한다)와 단락보호 전용 차단기 또는 과부하 보호장치와 단락보호 전용 퓨즈를 조합한 장치는 전동기 만에 이르는 저압 전로(옥내 저압 간선의 시설(옥측배선 또는 옥외배선의 시설에서 준용하는 경우를 포함한다)에 규정하는 저압 옥내 간선을 제외한다)에 사용하고 또한 다음 각 호에 적합한 것이어야 한다.

㉠ 과부하 보호장치(전기용품 및 생활용품 안전관리법의 적용을 받는 전자개폐기를 제외한다)는 다음에 적합한 것일 것

- 구조는 KS C 4504(2007) "교류전자개폐기" "부속서 단락 보호전용 차단기와 조합하여 사용하는 교류전자개폐기"의 "6. 구조"에 적합한 것일 것
- 완성품은 KS C 4504(2007) "교류전자개폐기" "부속서 단락 보호전용 차단기와 조합하여 사용하는 교류전자개폐기"의 "7. 시험방법"에 의해 시험하였을 때에 "5. 성능"에 적합한 것일 것

㉡ 단락보호전용 차단기는 다음 표준에 적합한 것일 것

- 정격전류의 1배의 전류에서 자동적으로 작동하지 아니할 것
- 정정전류값은 정격전류의 13배 이하일 것
- 정정전류 값의 1.2배의 전류를 통하였을 경우에 0.2초 이내에 자동적으로 작동할 것

㉢ 단락보호전용 퓨즈는 다음에 적합한 것일 것

- 정격전류의 1.3배의 전류에 견딜 것
- 정정전류의 10배의 전류를 통하였을 경우에 20초 이내에 용단될 것

㉣ ㉢ 이외에 IEC 표준을 도입한 산업용 단락보호전용 퓨즈는 다음 표의 용단 특성에 적합한 것일 것

| 정격전류의 배수 | 불용단시간 | 용단시간 |
|---|---|---|
| 4배 | 60초 이내 | - |
| 6.3배 | - | 60초 이내 |
| 8배 | 0.5초 이내 | - |
| 10배 | 0.2초 이내 | - |
| 12.5배 | - | 0.5초 이내 |
| 19배 | - | 0.1초 이내 |

ⓜ 과부하 보호장치와 단락보호 전용 차단기 또는 단락보호 전용 퓨즈를 하나의 전용함 속에 넣어 시설한 것일 것

ⓑ 과부하 보호장치가 단락전류에 의하여 손상되기 전에 그 단락전류를 차단하는 능력을 가진 단락보호 전용 차단기 또는 단락보호 전용 퓨즈를 시설한 것일 것

ⓢ 과부하 보호장치와 단락보호 전용 퓨즈를 조합한 장치는 단락보호 전용 퓨즈의 정격전류가 과부하 보호장치의 정정전류(整定電流)의 값 이하가 되도록 시설한 것(그 값이 단락보호 전용 퓨즈의 표준 정격에 해당하지 아니하는 경우는 단락보호 전용 퓨즈의 정격전류가 그 값의 바로 상위의 정격이 되도록 시설한 것을 포함한다)일 것

⑥ 저압 전로에 시설하는 과전류차단기는 이를 시설하는 곳을 통과하는 단락전류를 차단하는 능력을 가지는 것이어야 한다. 다만, 그곳을 통과하는 최대단락전류가 10[kA]를 초과하는 경우에 과전류차단기로서 10[kA] 이상의 단락전류를 차단하는 능력을 가지는 배선용 차단기를 시설하고 그 곳으로부터 전원측의 전로에 그 배선용 차단기의 단락전류를 차단하는 능력을 초과하고 그 최대단락전류 이하의 단락전류를 그 배선용 차단기보다 빨리 또는 동시에 차단하는 능력을 가지는 과전류차단기를 시설하는 때에는 그러하지 아니하다.

⑦ 비포장 퓨즈는 고리퓨즈가 아니면 사용하여서는 아니 된다. 다만, 다음 각 호의 것을 사용하는 경우에는 그러하지 아니하다.

ⓐ 로우젯 또는 이와 유사한 것에 넣는 정격전류가 5[A] 이하인 것

ⓑ 경(硬)금속제로서 단자 사이의 간격은 그 정격전류에 따라 다음의 값 이상인 것

- 정격전류 10[A] 미만 10[cm]
- 정격전류 20[A] 미만 12[cm]
- 정격전류 30[A] 미만 15[cm]

### (18) 지락차단장치 등의 시설(판단기준 제41조)

① 금속제 외함을 가지는 사용전압이 50[V]를 초과하는 저압의 기계기구로서 사람이 쉽게 접촉할 우려가 있는 곳에 시설하는 것에 전기를 공급하는 전로에는 전로에 지락이 생겼을 때에 자동적으로 전로를 차단하는 장치를 하여야 한다. 다만, 다음 각 호의 어느 하나에 해당하는 경우는 적용하지 않는다.

ⓐ 기계기구를 발전소·변전소·개폐소 또는 이에 준하는 곳에 시설하는 경우

ⓑ 기계기구를 건조한 곳에 시설하는 경우

ⓒ 대지전압이 150[V] 이하인 기계기구를 물기가 있는 곳 이외의 곳에 시설하는 경우

ⓓ 전기용품 및 생활용품 안전관리법의 적용을 받는 2중 절연구조의 기계기구를 시설하는 경우

ⓜ 그 전로의 전원측에 절연변압기(2차 전압이 300[V] 이하인 경우에 한한다)를 시설하고 또한 그 절연변압기의 부하측의 전로에 접지하지 아니하는 경우

ⓑ 기계기구가 고무·합성수지 기타 절연물로 피복된 경우

ⓢ 기계기구가 유도전동기의 2차측 전로에 접속되는 것일 경우

ⓞ 기계기구가 전로의 절연에서 규정하는 것일 경우

ⓩ 기계기구내에 전기용품 및 생활용품 안전관리법의 적용을 받는 누전차단기를 설치하고 또한 기계기구의 전원연결선이 손상을 받을 우려가 없도록 시설하는 경우

② 특고압 전로, 고압 전로 또는 저압 전로에 변압기에 의하여 결합되는 사용전압 400[V] 이상의 저압 전로 또는 발전기에서 공급하는 사용전압 400[V] 이상의 저압 전로(발전소 및 변전소와 이에 준하는 곳에 있는 부분의 전로를 제외한다)에는 전로에 지락이 생겼을 때에 자동적으로 전로를 차단하는 장치를 시설하여야 한다.

③ 고압 및 특고압 전로 중 다음 각 호에 열거하는 곳 또는 이에 근접한 곳에는 전로(ⓛ의 곳 또는 이에 근접한 곳에 시설하는 경우에는 수전점의 부하측의 전로, ⓒ의 곳 또는 이에 근접한 곳에 시설하는 경우에는 배전용 변압기의 부하측의 전로, 이하 이 항 및 ④에서 같다)에 지락(전기철도용 급전선에 있어서는 과전류)이 생겼을 때에 자동적으로 전로를 차단하는 장치를 시설하여야 한다. 다만, 전기사업자로부터 공급을 받는 수전점에서 수전하는 전기를 모두 그 수전점에 속하는 수전장소에서 변성하거나 또는 사용하는 경우는 그러하지 아니하다.

㉠ 발전소·변전소 또는 이에 준하는 곳의 인출구

㉡ 다른 전기사업자로부터 공급받는 수전점

㉢ 배전용 변압기(단권변압기를 제외한다)의 시설 장소

④ 저압 또는 고압 전로로서 비상용 조명장치·비상용 승강기·유도등·철도용 신호장치, 300[V] 초과 1[kV] 이하의 비접지 전로, 전로의 중성점의 접지의 규정에 의한 전로, 기타 그 정지가 공공의 안전 확보에 지장을 줄 우려가 있는 기계기구에 전기를 공급하는 것에는 전로에 지락이 생겼을 때에 이를 기술원 감시소에 경보하는 장치를 설치한 때에는 ①부터 ③까지에 규정하는 장치를 시설하지 않을 수 있다.

⑤ 다음 각 호의 전로에는 전기용품안전기준 "KC60947-2의 부속서 P"의 적용을 받는 자동복구 기능을 갖는 누전차단기를 시설할 수 있다.

㉠ 독립된 무인 통신중계소·기지국

㉡ 관련 법령에 의해 일반인의 출입을 금지 또는 제한하는 곳

㉢ 옥외의 장소에 무인으로 운전하는 통신중계기 또는 단위기기 전용회로. 단, 일반인이 특정한 목적을 위해 지체하는(머물러 있는) 장소로서 버스정류장, 횡단보도 등에는 시설할 수 없다.

⑥ IEC 표준을 도입한 누전차단기로 저압 전로에 사용하는 경우 일반인이 접촉할 우려가 있는 장소(세대 내 분전반 및 이와 유사한 장소)에는 주택용 누전차단기를 시설하여야 한다.

### (19) 피뢰기의 시설(판단기준 제42조)

① 고압 및 특고압의 전로 중 다음 각 호에 열거하는 곳 또는 이에 근접한 곳에는 피뢰기를 시설하여야 한다.

㉠ 발전소·변전소 또는 이에 준하는 장소의 가공전선 인입구 및 인출구

ⓛ 가공전선로에 접속하는 특고압 배전용 변압기의 시설의 배전용 변압기의 고압측 및 특고압측
ⓒ 고압 및 특고압 가공전선로로부터 공급을 받는 수용장소의 인입구
ⓔ 가공전선로와 지중전선로가 접속되는 곳

② 다음 각 호의 어느 하나에 해당하는 경우에는 ①의 규정에 의하지 아니할 수 있다.
ⓐ ① 각 호의 곳에 직접 접속하는 전선이 짧은 경우
ⓛ ① 각 호의 경우 피보호기기가 보호범위 내에 위치하는 경우

## (20) 피뢰기의 접지(판단기준 제43조)

고압 및 특고압의 전로에 시설하는 피뢰기에는 제1종 접지공사를 하여야 한다. 다만, 고압가공전선로에 시설하는 피뢰기(피뢰기의 시설의 규정에 의하여 시설하는 것을 제외한다)를 고압 또는 특고압과 저압의 혼촉에 의한 위험방지 시설의 규정에 의하여 제2종 접지공사를 한 변압기에 근접하여 시설하는 경우에는 다음 각 호의 어느 하나에 해당할 때 또는 고압 가공전선로에 시설하는 피뢰기(고압 또는 특고압과 저압의 혼촉에 의한 위험방지 시설의 제1항부터 제3항까지의 규정에 의하여 제2종 접지공사를 한 변압기에 근접하여 시설하는 것을 제외한다)의 제1종 접지공사의 접지선이 그 제1종 접지공사 전용의 것인 경우에 그 제1종 접지공사의 접지저항값이 30[Ω] 이하인 때에는 그 제1종 접지공사의 접지저항값에 관하여는 접지공사의 종류의 규정을 적용하지 아니한다.

① 피뢰기의 제1종 접지공사의 접지극을 변압기의 제2종 접지공사의 접지극으로부터 1[m] 이상 격리하여 시설하는 경우에 그 제1종 접지공사의 접지저항값이 30[Ω] 이하인 때

② 피뢰기의 제1종 접지공사의 접지선과 변압기의 제2종 접지공사의 접지선을 변압기에 근접한 곳에서 접속하여 다음에 의하여 시설하는 경우에 그 제1종 접지공사의 접지저항값이 75[Ω] 이하인 때 또는 그 제2종 접지공사의 접지저항값이 65[Ω] 이하인 때
ⓐ 변압기를 중심으로 하는 반지름 50[m]의 원과 반지름 300[m]의 원으로 둘러 싸여지는 지역에서 그 변압기에 접속하는 제2종 접지공사가 되어있는 저압 가공전선(인장강도 5.26[kN] 이상인 것 또는 지름 4[mm] 이상의 경동선에 한한다)의 한 곳 이상에 각종 접지공사의 세목의 규정에 준하는 접지공사(접지선으로 공칭단면적 6[$mm^2$] 이상인 연동선 또는 이와 동등 이상의 세기 및 굵기의 쉽게 부식하지 않는 금속선을 사용하는 것에 한한다)를 할 것. 다만, 그 제2종 접지공사의 접지선이 고압 또는 특고압과 저압의 혼촉에 의한 위험방지 시설에서 규정하는 가공공동지선(그 변압기를 중심으로 하는 지름 300[m]의 원 안에서 제2종 접지공사가 되어 있는 것에 한한다)인 경우에는 그러하지 아니하다.
ⓛ 피뢰기의 제1종 접지공사, 변압기의 제2종 접지공사, ⓐ의 규정에 의하여 저압 가공전선에 각종 접지공사의 세목의 규정에 준하여 행한 접지공사 및 ⓐ 단서의 가공공동지선에서의 합성 접지저항값은 20[Ω] 이하일 것

③ 피뢰기의 제1종 접지공사의 접지선과 고압 또는 특고압과 저압의 혼촉에 의한 위험방지 시설에 의하여 제2종 접지공사가 시설된 변압기의 저압 가공전선 또는 가공공동지선과를 그 변압기가 시설된 지지물 이외의 지지물에서 접속하고 또한 다음에 의하여 시설하는 경우에 그 제1종 접지공사의 접지저항값이 65[Ω] 이하인 때

㉠ 변압기에 접속하는 저압 가공전선 및 그것에 시설하는 접지공사 또는 그 변압기에 접속하는 가공공동지선은 ②의 ㉠의 규정에 의하여 시설할 것

㉡ 피뢰기의 제1종 접지공사는 변압기를 중심으로 하는 반지름 50[m] 이상의 지역으로 또한 그 변압기와 ㉠의 규정에 의하여 시설하는 접지공사와의 사이에 시설할 것. 다만, 가공공동지선과 접속하는 그 피뢰기의 제1종 접지공사는 변압기를 중심으로 하는 반지름 50[m] 이내 지역에 시설할 수 있다.

㉢ 피뢰기의 제1종 접지공사, 변압기의 제2종 접지공사, ㉠의 규정에 의하여 저압 가공전선에 시설한 접지공사 및 ㉠의 규정에 의한 가공공동지선의 합성저항값은 16[Ω] 이하일 것

## 3 발전소 · 변전소 · 개폐소 또는 이에 준하는 곳의 시설

### (1) 발전소 등의 울타리 · 담 등의 시설(판단기준 제44조)

① 고압 또는 특고압의 기계기구 · 모선 등을 옥외에 시설하는 발전소 · 변전소 · 개폐소 또는 이에 준하는 곳에는 다음 각 호에 따라 구내에 취급자 이외의 사람이 들어가지 아니하도록 시설하여야 한다. 다만, 토지의 상황에 의하여 사람이 들어갈 우려가 없는 곳은 그러하지 아니하다.

㉠ 울타리 · 담 등을 시설할 것

㉡ 출입구에는 출입금지의 표시를 할 것

㉢ 출입구에는 자물쇠장치 기타 적당한 장치를 할 것

② ①의 울타리 · 담 등은 다음의 각 호에 따라 시설하여야 한다.

㉠ 울타리 · 담 등의 높이는 2[m] 이상으로 하고 지표면과 울타리 · 담 등의 하단 사이의 간격은 15[cm] 이하로 할 것

㉡ 울타리 · 담 등과 고압 및 특고압의 충전 부분이 접근하는 경우에는 울타리 · 담 등의 높이와 울타리 · 담 등으로부터 충전부분까지 거리의 합계는 다음 표에서 정한 값 이상으로 할 것

| 사용전압의 구분 | 울타리 · 담 등의 높이와 울타리 · 담 등으로부터 충전부분까지의 거리의 합계 |
|---|---|
| 35[kV] 이하 | 5[m] |
| 35[kV] 초과 160[kV] 이하 | 6[m] |
| 160[kV] 초과 | 6[m]에 160[kV]를 초과하는 10[kV] 또는 그 단수마다 12[cm]를 더한 값 |

③ 고압 또는 특고압의 기계기구, 모선 등을 옥내에 시설하는 발전소 · 변전소 · 개폐소 또는 이에 준하는 곳에는 다음 각 호의 어느 하나에 의하여 구내에 취급자 이외의 자가 들어가지 아니하도록 시설하여야 한다. 다만, ①의 규정에 의하여 시설한 울타리 · 담 등의 내부는 그러하지 아니하다.

㉠ 울타리 · 담 등을 ②의 규정에 준하여 시설하고 또한 그 출입구에 출입금지의 표시와 자물쇠장치 기타 적당한 장치를 할 것

㉡ 견고한 벽을 시설하고 그 출입구에 출입금지의 표시와 자물쇠장치 기타 적당한 장치를 할 것

④ 고압 또는 특고압 가공전선(전선에 케이블을 사용하는 경우는 제외한다)과 금속제의 울타리 · 담 등이 교차하는 경우에 금속제의 울타리 · 담 등에는 교차점과 좌, 우로 45[m] 이내의 개소에 제1종 접지공사를 하여야 한다. 또한 울타리 · 담 등에 문 등이 있는 경우에는 접지공사를 하거나 울타리 · 담 등과 전기적으로 접속하여야 한다. 다만, 토지의 상황에 의하여 제1종 접지저항값을 얻기 어려울 경우에는 제3종 접지공사에 의하고 또한 고압 가공전선로는 고압보안공사, 특고압 가공전선로는 제2종 특고압 보안공사에 의하여 시설할 수 있다.

⑤ 공장 등의 구내(구내 경계 전반에 울타리, 담 등을 시설하고, 일반인이 들어가지 않게 시설한 것에 한한다)에 있어서 옥외 또는 옥내에 고압 또는 특고압의 기계기구 및 모선 등을 시설하는 발전소 · 변전소 · 개폐소 또는 이에 준하는 곳에는 "위험" 경고 표지를 하고 특고압용 기계기구의 시설 및 고압용 기계기구의 시설 규정에 준하여 시설하는 경우에는 ① 및 ③의 규정에 의하지 아니할 수 있다.

### (2) 발전기 등의 보호장치(판단기준 제47조)

① 발전기에는 다음 각 호의 경우에 자동적으로 이를 전로로부터 차단하는 장치를 시설하여야 한다.

㉠ 발전기에 과전류나 과전압이 생긴 경우

㉡ 용량이 500[kVA] 이상의 발전기를 구동하는 수차의 압유 장치의 유압 또는 전동식 가이드밴 제어장치, 전동식 니이들 제어장치 또는 전동식 디플렉터 제어장치의 전원전압이 현저히 저하한 경우

㉢ 용량 100[kVA] 이상의 발전기를 구동하는 풍차(風車)의 압유장치의 유압, 압축 공기장치의 공기압 또는 전동식 브레이드 제어장치의 전원전압이 현저히 저하한 경우

㉣ 용량이 2,000[kVA] 이상인 수차발전기의 스러스트 베어링의 온도가 현저히 상승한 경우

㉤ 용량이 10,000[kVA] 이상인 발전기의 내부에 고장이 생긴 경우

㉥ 정격출력이 10,000[kVA]를 초과하는 증기터빈은 그 스러스트 베어링이 현저하게 마모되거나 그의 온도가 현저히 상승한 경우

② 연료전지는 다음 각 호의 경우에 자동적으로 이를 전로에서 차단하고 연료전지에 연료가스 공급을 자동적으로 차단하며 연료전지 내의 연료가스를 자동적으로 배제하는 장치를 시설하여야 한다.

㉠ 연료전지에 과전류가 생긴 경우

㉡ 발전요소(發電要素)의 발전전압에 이상이 생겼을 경우 또는 연료가스 출구에서의 산소농도 또는 공기 출구에서의 연료가스 농도가 현저히 상승한 경우

㉢ 연료전지의 온도가 현저하게 상승한 경우

③ 상용전원으로 쓰이는 축전지에는 이에 과전류가 생겼을 경우에 자동적으로 이를 전로로부터 차단하는 장치를 시설하여야 한다.

### (3) 특고압용 변압기의 보호장치(판단기준 제48조)

특고압용의 변압기에는 그 내부에 고장이 생겼을 경우에 보호하는 장치를 다음 표와 같이 시설하여야 한다. 다만, 변압기의 내부에 고장이 생겼을 경우에 그 변압기의 전원인 발전기를 자동적으로 정지하도록 시설한 경우에는 그 발전기의 전로로부터 차단하는 장치를 하지 아니하여도 된다.

| 뱅크용량의 구분 | 동작조건 | 장치의 종류 |
|---|---|---|
| 5,000[kVA] 이상<br>10,000[kVA] 미만 | 변압기 내부고장 | 자동차단장치<br>또는 경보장치 |
| 10,000[kVA] 이상 | 변압기 내부고장 | 자동차단장치 |
| 타냉식변압기(변압기의 권선 및 철심을 직접 냉각시키기 위하여 봉입한 냉매를 강제 순환시키는 냉각 방식을 말한다) | 냉각장치에 고장이 생긴 경우 또는 변압기의 온도가 현저히 상승한 경우 | 경보장치 |

### (4) 계측장치(판단기준 제50조)

① 발전소에는 다음 각 호의 사항을 계측하는 장치를 시설하여야 한다. 다만, 태양전지 발전소는 연계하는 전력계통에 그 발전소 이외의 전원이 없는 것에 대하여는 그러하지 아니하다.

㉠ 발전기 · 연료전지 또는 태양전지 모듈(복수의 태양전지 모듈을 설치하는 경우에는 그 집합체)의 전압 및 전류 또는 전력

㉡ 발전기의 베어링(수중 메탈을 제외한다) 및 고정자(固定子)의 온도

㉢ 정격출력이 10,000[kW]를 초과하는 증기터빈에 접속하는 발전기의 진동의 진폭(정격출력이 400,000[kW] 이상의 증기터빈에 접속하는 발전기는 이를 자동적으로 기록하는 것에 한한다)

㉣ 주요 변압기의 전압 및 전류 또는 전력

㉤ 특고압용 변압기의 온도

② 정격출력이 10[kW] 미만의 내연력 발전소는 연계하는 전력계통에 그 발전소 이외의 전원이 없는 것에 대해서는 ①의 ㉠ 및 ㉣의 사항 중 전류 및 전력을 측정하는 장치를 시설하지 아니할 수 있다.

③ 동기발전기(同期發電機)를 시설하는 경우에는 동기검정장치를 시설하여야 한다. 다만, 동기발전기를 연계하는 전력계통에는 그 동기발전기 이외의 전원이 없는 경우 또는 동기발전기의 용량이 그 발전기를 연계하는 전력계통의 용량과 비교하여 현저히 적은 경우에는 그러하지 아니하다.

④ 변전소 또는 이에 준하는 곳에는 다음 각 호의 사항을 계측하는 장치를 시설하여야 한다. 다만, 전기철도용 변전소는 주요 변압기의 전압을 계측하는 장치를 시설하지 아니할 수 있다.

㉠ 주요 변압기의 전압 및 전류 또는 전력

㉡ 특고압용 변압기의 온도

⑤ 동기조상기를 시설하는 경우에는 다음 각 호의 사항을 계측하는 장치 및 동기검정장치를 시설하여야 한다. 다만, 동기조상기의 용량이 전력계통의 용량과 비교하여 현저히 적은 경우에는 동기검정장치를 시설하지 아니할 수 있다.
　㉠ 동기조상기의 전압 및 전류 또는 전력
　㉡ 동기조상기의 베어링 및 고정자의 온도

### (5) 태양전지 모듈 등의 시설(판단기준 제54조)

① 태양전지 발전소에 시설하는 태양전지 모듈, 전선 및 개폐기 기타 기구는 다음의 각 호에 따라 시설하여야 한다.
　㉠ 충전부분은 노출되지 아니하도록 시설할 것
　㉡ 태양전지 모듈에 접속하는 부하 측의 전로(복수의 태양전지 모듈을 시설한 경우에는 그 집합체에 접속하는 부하 측의 전로)에는 그 접속점에 근접하여 개폐기 기타 이와 유사한 기구(부하전류를 개폐할 수 있는 것에 한한다)를 시설할 것
　㉢ 태양전지 모듈을 병렬로 접속하는 전로에는 그 전로에 단락이 생긴 경우에 전로를 보호하는 과전류 차단기 기타의 기구를 시설할 것. 다만, 그 전로가 단락전류에 견딜 수 있는 경우에는 그러하지 아니하다.
　㉣ 전선은 다음에 의하여 시설할 것. 다만, 기계기구의 구조상 그 내부에 안전하게 시설할 수 있을 경우에는 그러하지 아니하다.
　　• 전선은 공칭단면적 2.5[$mm^2$] 이상의 연동선 또는 이와 동등 이상의 세기 및 굵기의 것일 것
　　• 옥내에 시설할 경우에는 합성수지관공사, 금속관공사, 가요전선관공사 또는 케이블공사로 규정에 준하여 시설할 것
　　• 옥측 또는 옥외에 시설할 경우에는 합성수지관공사, 금속관공사, 가요전선관공사 또는 케이블공사로 규정에 준하여 시설할 것
　㉤ 태양전지 모듈 및 개폐기 그 밖의 기구에 전선을 접속하는 경우에는 나사 조임 그 밖에 이와 동등 이상의 효력이 있는 방법에 의하여 견고하고 또한 전기적으로 완전하게 접속함과 동시에 접속점에 장력이 가해지지 않도록 시설하며 출력배선은 극성별로 확인 가능토록 표시할 것
　㉥ 태양전지 모듈의 프레임은 지지물과 전기적으로 완전하게 접속하여야 한다.
② 태양전지 모듈의 지지물은 자중, 적재하중, 적설 또는 풍압 및 지진 기타의 진동과 충격에 대하여 안전한 구조의 것이어야 한다.

### (6) 가공전선로 지지물의 승탑 및 승주방지(판단기준 제60조)

가공전선로의 지지물에 취급자가 오르고 내리는 데 사용하는 발판 볼트 등을 지표상 1.8[m] 미만에 시설하여서는 아니 된다. 다만, 다음 각 호의 어느 하나에 해당되는 경우에는 그러하지 아니하다.
① 발판 볼트 등을 내부에 넣을 수 있는 구조로 되어 있는 지지물에 시설하는 경우

② 지지물에 승탑 및 승주 방지장치를 시설하는 경우

③ 지지물 주위에 취급자 이외의 자가 출입할 수 없도록 울타리·담 등의 시설을 하는 경우

④ 지지물이 산간(山間) 등에 있으며 사람이 쉽게 접근할 우려가 없는 곳에 시설하는 경우

## (7) 풍압하중의 종별과 적용(판단기준 제62조)

① 가공전선로에 사용하는 지지물의 강도 계산에 적용하는 풍압하중은 다음의 3종으로 한다.

㉠ 갑종 풍압하중

다음 표에서 정한 구성재의 수직 투영면적 $1[m^2]$에 대한 풍압을 기초로 하여 계산한 것

<table>
<tr><th colspan="4">풍압을 받는 구분</th><th>구성재의 수직 투영면적 $1[m^2]$에 대한 풍압</th></tr>
<tr><td colspan="4">목 주</td><td>588[Pa]</td></tr>
<tr><td rowspan="10">지지물</td><td rowspan="4">철 주</td><td colspan="2">원형의 것</td><td>588[Pa]</td></tr>
<tr><td colspan="2">삼각형 또는 마름모형의 것</td><td>1,412[Pa]</td></tr>
<tr><td colspan="2">강관에 의하여 구성되는 4각형의 것</td><td>1,117[Pa]</td></tr>
<tr><td colspan="2">기타의 것</td><td>복재(腹材)가 전·후면에 겹치는 경우에는 1,627[Pa],<br>기타의 경우에는 1,784[Pa]</td></tr>
<tr><td rowspan="2">철근콘크리트주</td><td colspan="2">원형의 것</td><td>588[Pa]</td></tr>
<tr><td colspan="2">기타의 것</td><td>882[Pa]</td></tr>
<tr><td rowspan="4">철 탑</td><td rowspan="2">단주<br>(완철류는 제외함)</td><td>원형의 것</td><td>588[Pa]</td></tr>
<tr><td>기타의 것</td><td>1,117[Pa]</td></tr>
<tr><td colspan="2">강관으로 구성되는 것(단주는 제외함)</td><td>1,255[Pa]</td></tr>
<tr><td colspan="2">기타의 것</td><td>2,157[Pa]</td></tr>
<tr><td rowspan="2">전선<br>기타<br>가섭선</td><td colspan="3">다도체(구성하는 전선이 2가닥마다 수평으로 배열되고 또한 그 전선 상호 간의 거리가 전선의 바깥지름의 20배 이하인 것에 한한다. 이하 같다)를 구성하는 전선</td><td>666[Pa]</td></tr>
<tr><td colspan="3">기타의 것</td><td>745[Pa]</td></tr>
<tr><td colspan="4">애자장치(특고압 전선용의 것에 한한다)</td><td>1,039[Pa]</td></tr>
<tr><td colspan="4">목주·철주(원형의 것에 한한다) 및 철근 콘크리트주의 완금류(특고압 전선로용의 것에 한한다)</td><td>단일재로서 사용하는 경우에는 1,196[Pa],<br>기타의 경우에는 1,627[Pa]</td></tr>
</table>

㉡ 을종 풍압하중

전선 기타의 가섭선(架涉線) 주위에 두께 6[mm], 비중 0.9의 빙설이 부착된 상태에서 수직 투영면적 372[Pa](다도체를 구성하는 전선은 333[Pa]), 그 이외의 것은 ㉠ 풍압의 2분의 1을 기초로 하여 계산한 것

㉢ 병종 풍압하중

㉠의 풍압의 2분의 1을 기초로 하여 계산한 것

② ①의 각 호의 풍압은 가공전선로의 지지물의 형상에 따라 다음과 같이 가하여 지는 것으로 한다.

㉠ 단주형상의 것.

- 전선로와 직각의 방향에서는 지지물 · 가섭선 및 애자장치에 ①의 풍압의 1배
- 전선로의 방향에서는 지지물 · 애자장치 및 완금류에 ①의 풍압에 1배

㉡ 기타 형상의 것.

- 전선로와 직각의 방향에서는 그 방향에서의 전면 결구(結構) · 가섭선 및 애자장치에 ①의 풍압의 1배
- 전선로의 방향에서는 그 방향에서의 전면 결구 및 애자장치에 ①의 풍압의 1배

③ ①의 풍압하중의 적용은 다음 각 호에 따른다.

㉠ 빙설이 많은 지방 이외의 지방에서는 고온계절에는 갑종 풍압하중, 저온계절에는 병종 풍압하중

㉡ 빙설이 많은 지방(㉢의 지방은 제외한다)에서는 고온계절에는 갑종 풍압하중, 저온계절에는 을종 풍압하중

㉢ 빙설이 많은 지방 중 해안지방 기타 저온계절에 최대풍압이 생기는 지방에서는 고온계절에는 갑종 풍압하중, 저온계절에는 갑종 풍압하중과 을종 풍압하중 중 큰 것

④ 인가가 많이 연접되어 있는 장소에 시설하는 가공전선로의 구성재 중 다음 각 호의 풍압하중에 대하여는 ③의 규정에 불구하고 갑종 풍압하중 또는 을종 풍압하중 대신에 병종 풍압하중을 적용할 수 있다.

㉠ 저압 또는 고압 가공전선로의 지지물 또는 가섭선

㉡ 사용전압이 35[kV] 이하의 전선에 특고압 절연전선 또는 케이블을 사용하는 특고압 가공전선로의 지지물, 가섭선 및 특고압 가공전선을 지지하는 애자장치 및 완금류

### (8) 가공전선로 지지물의 기초의 안전율(판단기준 제63조)

가공전선로의 지지물에 하중이 가하여지는 경우에 그 하중을 받는 지지물의 기초의 안전율은 2(이상 시 상정하중에서 규정하는 이상 시 상정하중이 가하여지는 경우의 그 이상 시 상정하중에 대한 철탑의 기초에 대하여는 1.33) 이상이어야 한다. 다만, 다음 각 호에 따라 시설하는 경우에는 그러하지 아니하다.

① 강관을 주체로 하는 철주(이하 "강관주"라 한다.) 또는 철근 콘크리트주로서 그 전체길이가 16[m] 이하, 설계하중이 6.8[kN] 이하인 것 또는 목주를 다음에 의하여 시설하는 경우

㉠ 전체의 길이가 15[m] 이하인 경우는 땅에 묻히는 깊이를 전체길이의 6분의 1이상으로 할 것.

㉡ 전체의 길이가 15[m]를 초과하는 경우는 땅에 묻히는 깊이를 2.5[m] 이상으로 할 것

㉢ 논이나 그 밖의 지반이 연약한 곳에서는 견고한 근가(根架)를 시설할 것

② 철근 콘크리트주로서 그 전체의 길이가 16[m] 초과 20[m] 이하이고, 설계하중이 6.8[kN] 이하의 것을 논이나 그 밖의 지반이 연약한 곳 이외에 그 묻히는 깊이를 2.8[m] 이상으로 시설하는 경우

③ 철근 콘크리트주로서 전체의 길이가 14[m] 이상 20[m] 이하이고, 설계하중이 6.8[kN] 초과 9.8[kN] 이하의 것을 논이나 그 밖의 지반이 연약한 곳. 이외에 시설하는 경우 그 묻히는 깊이는 ①의 ㉠ 및 ㉡에 의한 기준보다 30[cm]를 가산하여 시설하는 경우

④ 철근 콘크리트주로서 그 전체의 길이가 14[m] 이상 20[m] 이하이고, 설계하중이 9.81[kN] 초과 14.72[kN] 이하의 것을 논이나 그 밖의 지반이 연약한 곳 이외에 다음과 같이 시설하는 경우
  ㉠ 전체의 길이가 15[m] 이하인 경우에는 그 묻는 깊이를 ①의 ㉠에 규정한 기준보다 50[cm] 를 더한 값 이상으로 할 것
  ㉡ 전체의 길이가 15[m] 초과 18[m] 이하인 경우에는 그 묻히는 깊이를 3[m] 이상으로 할 것
  ㉢ 전체의 길이가 18[m]를 초과하는 경우에는 그 묻히는 깊이를 3.2[m] 이상으로 할 것

### (9) 지선의 시설(판단기준 제67조)

① 가공전선로의 지지물로 사용하는 철탑은 지선을 사용하여 그 강도를 분담시켜서는 아니 된다.
② 가공전선로의 지지물로 사용하는 철주 또는 철근 콘크리트주는 지선을 사용하지 아니하는 상태에서 2분의 1 이상의 풍압하중에 견디는 강도를 가지는 경우 이외에는 지선을 사용하여 그 강도를 분담시켜서는 아니 된다.
③ 가공전선로의 지지물에 시설하는 지선은 다음 각 호에 따라야 한다.
  ㉠ 지선의 안전율은 2.5(⑥에 의하여 시설하는 지선은 1.5) 이상일 것. 이 경우에 허용 인장하중의 최저는 4.31[kN]으로 한다.
  ㉡ 지선에 연선을 사용할 경우에는 다음에 의할 것
    • 소선(素線) 3가닥 이상의 연선일 것.
    • 소선의 지름이 2.6[mm] 이상의 금속선을 사용한 것일 것. 다만, 소선의 지름이 2[mm] 이상인 아연도강연선(亞鉛鍍鋼撚線)으로서 소선의 인장강도가 0.68[kN/mm$^2$] 이상인 것을 사용하는 경우에는 그러하지 아니하다.
  ㉢ 지중부분 및 지표상 30[cm]까지의 부분에는 내식성이 있는 것 또는 아연도금을 한 철봉을 사용하고 쉽게 부식되지 아니하는 근가에 견고하게 붙일 것. 다만, 목주에 시설하는 지선에 대해서는 그러하지 아니하다.
  ㉣ 지선근가는 지선의 인장하중에 충분히 견디도록 시설할 것
④ 도로를 횡단하여 시설하는 지선의 높이는 지표상 5[m] 이상으로 하여야 한다. 다만, 기술상 부득이한 경우로서 교통에 지장을 초래할 우려가 없는 경우에는 지표상 4.5[m] 이상, 보도의 경우에는 2.5[m] 이상으로 할 수 있다.
⑤ 저압 및 고압 또는 25[kV] 이하인 특고압 가공전선로의 시설의 규정에 의한 25[kV] 미만인 특고압 가공전선로의 지지물에 시설하는 지선으로서 전선과 접촉할 우려가 있는 것에는 그 상부에 애자를 삽입하여야 한다. 다만, 저압 가공전선로의 지지물에 시설하는 지선을 논이나 습지 이외의 장소에 시설하는 경우에는 그러하지 아니하다.

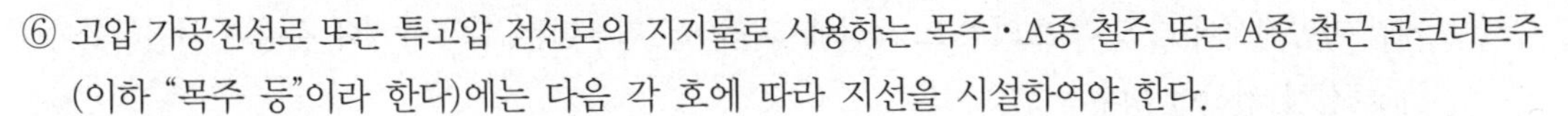

⑥ 고압 가공전선로 또는 특고압 전선로의 지지물로 사용하는 목주·A종 철주 또는 A종 철근 콘크리트주(이하 "목주 등"이라 한다)에는 다음 각 호에 따라 지선을 시설하여야 한다.

㉠ 전선로의 직선 부분(5° 이하의 수평각도를 이루는 곳을 포함한다)에서 그 양쪽의 경간 차가 큰 곳에 사용하는 목주 등에는 양쪽의 경간 차에 의하여 생기는 불평균 장력에 의한 수평력에 견디는 지선을 그 전선로의 방향으로 양쪽에 시설할 것

㉡ 전선로 중 5°를 초과하는 수평각도를 이루는 곳에 사용하는 목주 등에는 전 가섭선(全架涉線)에 대하여 각 가섭선의 상정 최대장력에 의하여 생기는 수평횡분력(水平横分力)에 견디는 지선을 시설할 것

㉢ 전선로 중 가섭선을 인류(引留)하는 곳에 사용하는 목주 등에는 전 가섭선에 대하여 각 가섭선의 상정 최대장력에 상당하는 불평균 장력에 의한 수평력에 견디는 지선을 그 전선로의 방향에 시설할 것

⑦ 가공전선로의 지지물에 시설하는 지선은 이와 동등이상의 효력이 있는 지주로 대체할 수 있다.

## 4 저압 및 고압의 가공전선로

### (1) 저압, 고압 가공전선의 안전율(판단기준 제71조)

① 고압 가공전선은 케이블인 경우 이외에는 다음 각 호에 규정하는 경우에 그 안전율이 경동선 또는 내열 동합금선은 2.2 이상, 그 밖의 전선은 2.5 이상이 되는 이도로 시설하여야 한다.

㉠ 빙설이 많은 지방 이외의 지방에서는 그 지방의 평균온도에서 전선의 중량과 그 전선의 수직 투영면적 1[m$^2$]에 대하여 745[Pa]의 수평풍압과의 합성하중을 지지하는 경우 및 그 지방의 최저온도에서 전선의 중량과 그 전선의 수직 투영면적 1[m$^2$]에 대하여 372[Pa]의 수평풍압과의 합성하중을 지지하는 경우

㉡ 빙설이 많은 지방(㉢의 지방을 제외한다)에서는 그 지방의 평균온도에서 전선의 중량과 그 전선의 수직 투영면적 1[m$^2$]에 대하여 745[Pa]의 수평풍압과의 합성하중을 지지하는 경우 및 그 지방의 최저온도에서 전선의 주위에 두께 6[mm], 비중 0.9의 빙설이 부착한 때의 전선 및 빙설의 중량과 그 피빙 전선의 수직 투영면적 1[m$^2$]에 대하여 372[Pa]의 수평풍압과의 합성하중을 지지하는 경우

㉢ 빙설이 많은 지방 중 해안지방, 기타 저온계절에 최대풍압이 생기는 지방에서는 그 지방의 평균온도에서 전선의 중량과 그 전선의 수직 투영면적 1[m$^2$]에 대하여 745[Pa]의 수평풍압과의 합성하중을 지지하는 경우 및 그 지방의 최저온도에서 전선의 중량과 그 전선의 수직 투영면적 1[m$^2$]에 대하여 745[Pa]의 수평풍압과의 합성하중 또는 전선의 주위에 두께 6[mm], 비중 0.9의 빙설이 부착한 때의 전선 및 빙설의 중량과 그 피빙 전선의 수직 투영면적 1[m$^2$]에 대하여 372[Pa]의 수평풍압과의 합성하중 중 어느 것이나 큰 것을 지지하는 경우

② 저압 가공전선이 다음 각 호의 어느 하나에 해당하는 경우에는 ①의 규정에 준하여 시설하여야 한다.
㉠ 다심형 전선인 경우
㉡ 사용전압이 400[V] 이상인 경우

### (2) 저압, 고압 가공전선의 높이(판단기준 제72조)

① 저압 가공전선 또는 고압 가공전선 높이는 다음 각 호에 따라야 한다.
㉠ 도로(농로 기타 교통이 번잡하지 아니한 도로 및 횡단보도교(도로・철도・궤도 등의 위를 횡단하여 시설하는 다리모양의 시설물로서 보행용으로만 사용되는 것을 말한다)를 제외한다)를 횡단하는 경우에는 지표상 6[m] 이상
㉡ 철도 또는 궤도를 횡단하는 경우에는 레일면상 6.5[m] 이상
㉢ 횡단보도교 위에 시설하는 경우에는 저압 가공전선은 그 노면 상 3.5[m](전선이 저압 절연전선(인입용 비닐절연전선・450/750[V] 비닐절연전선・450/750[V] 고무절연전선・옥외용 비닐 절연전선을 말한다)・다심형 전선・고압 절연전선・특고압 절연전선 또는 케이블인 경우에는 3[m]) 이상, 고압 가공전선은 그 노면 상 3.5[m] 이상
㉣ ㉠~㉢까지 이외의 경우에는 지표상 5[m] 이상. 다만, 저압 가공전선을 도로 이외의 곳에 시설하는 경우 또는 절연전선이나 케이블을 사용한 저압 가공전선으로서 옥외 조명용에 공급하는 것으로 교통에 지장이 없도록 시설하는 경우에는 지표상 4[m]까지로 감할 수 있다.

② 다리의 하부 기타 이와 유사한 장소에 시설하는 저압의 전기철도용 급전선은 ①의 ㉣ 규정에도 불구하고 지표상 3.5[m]까지로 감할 수 있다.

③ 저압 가공전선 또는 고압 가공전선을 수면 상에 시설하는 경우에는 전선의 수면상의 높이를 선박의 항해 등에 위험을 주지 아니하도록 유지하여야 한다.

④ 고압 가공전선로를 빙설이 많은 지방에 시설하는 경우에는 전선의 적설상의 높이를 사람 또는 차량의 통행 등에 위험을 주지 않도록 유지하여야 한다.

### (3) 저・고압 가공전선 등의 병가(판단기준 제75조)

① 저압 가공전선(다중접지된 중성선은 제외한다)과 고압 가공전선을 동일 지지물에 시설하는 경우에는 다음 각 호에 따라야 한다.
㉠ 저압 가공전선을 고압 가공전선의 아래로 하고 별개의 완금류에 시설할 것
㉡ 저압 가공전선과 고압 가공전선 사이의 이격거리는 50[cm] 이상일 것. 다만, 각도주(角度柱)・분기주(分岐柱) 등에서 혼촉(混觸)의 우려가 없도록 시설하는 경우에는 그러하지 아니하다.

② 다음 각 호의 어느 하나에 해당하는 경우에는 ①에 의하지 아니할 수 있다.
㉠ 고압 가공전선에 케이블을 사용하고 또한 그 케이블과 저압 가공전선 사이의 이격거리를 30[cm] 이상으로 하여 시설하는 경우
㉡ 저압 가공인입선을 분기하기 위하여 저압 가공전선을 고압용의 완금류에 견고하게 시설하는 경우

③ 저압 또는 고압의 가공전선과 교류전차선 또는 이와 전기적으로 접속되는 조가용선, 브래킷이나 장선(이하 "교류전차선 등"이라 한다)을 동일 지지물에 시설하는 경우에는 특고압 가공전선과 저고압 가공전선의 병가의 규정에 준하여 시설하는 이외에 저압 또는 고압의 가공전선을 지지물이 교류전차선 등을 지지하는 쪽의 반대쪽에서 수평거리를 1[m] 이상으로 하여 시설하여야 한다. 이 경우에 저압 또는 고압의 가공전선을 교류전차선 등의 위로 할 때에는 수직거리를 수평거리의 1.5배 이하로 하여 시설하여야 한다.

④ 저압 또는 고압의 가공전선과 교류전차선 등의 수평거리를 3[m] 이상으로 하여 시설하는 경우 또는 구내 등에서 지지물의 양쪽에 교류전차선 등을 시설하는 경우에 다음 각 호에 따라 시설할 때에는 ③의 규정에 불구하고 저압 또는 고압의 가공전선을 지지물의 교류전차선 등을 지지하는 쪽에 시설할 수 있다.

㉠ 저압 또는 고압의 가공전선로의 경간은 60[m] 이하일 것

㉡ 저압 또는 고압 가공전선은 인장강도 8.71[kN] 이상의 것 또는 단면적 22[mm$^2$] 이상의 경동연선일 것. 다만, 저압 가공전선을 교류전차선 등의 아래에 시설할 경우는 저압 가공전선에 인장강도 8.01[kN] 이상의 것 또는 지름 5[mm](저압 가공전선로의 경간이 30[m] 이하인 경우에는 인장하중 5.26[kN] 이상의 것 또는 지름 4[mm] 이상의 경동선)이상의 경동선을 사용할 수 있다.

㉢ 저압 가공전선을 저·고압 가공전선의 안전율의 규정에 준하여 시설할 것

### (4) 고압 가공전선로 경간의 제한(판단기준 제76조)

① 고압 가공전선로의 경간은 다음 표에서 정한 값 이하이어야 한다.

| 지지물의 종류 | 경 간 |
|---|---|
| 목주·A종 철주 또는 A종 철근 콘크리트주 | 150[m] |
| B종 철주 또는 B종 철근 콘크리트주 | 250[m] |
| 철 탑 | 600[m] |

② 고압 가공전선로의 경간이 100[m]를 초과하는 경우에는 그 부분의 전선로는 다음 각 호에 따라 시설하여야 한다.

㉠ 고압 가공전선은 인장강도 8.01[kN] 이상의 것 또는 지름 5[mm] 이상의 경동선의 것

㉡ 목주의 풍압하중에 대한 안전율은 1.5 이상일 것

③ 고압 가공전선로의 전선에 인장강도 8.71[kN] 이상의 것 또는 단면적 22[mm$^2$] 이상의 경동연선의 것을 다음 각 호에 따라 지지물을 시설하는 때에는 ①의 규정에 의하지 아니할 수 있다. 이 경우에 그 전선로의 경간은 그 지지물에 목주·A종 철주 또는 A종 철근 콘크리트주를 사용하는 경우에는 300[m] 이하, B종 철주 또는 B종 철근 콘크리트 주를 사용하는 경우에는 500[m] 이하이어야 한다.

㉠ 목주 · A종 철주 또는 A종 철근 콘크리트주에는 전 가섭선마다 각 가섭선의 상정 최대장력의 3분의 1에 상당하는 불평균 장력에 의한 수평력에 견디는 지선을 그 전선로의 방향으로 양쪽에 시설할 것. 다만, 토지의 상황에 의하여 그 전선로중의 경간에 근접하는 곳의 지지물에 그 지선을 시설하는 경우에는 그러하지 아니하다.

㉡ B종 철주 또는 B종 철근 콘크리트주에는 특고압 가공전선로의 철주 · 철근 콘크리트주 또는 철탑의 강도의 규정에 준하는 강도를 가지는 특고압 가공전선로의 철주 · 철근 콘크리트주 또는 철탑의 종류의 규정에 준하는 내장형의 철주나 철근 콘크리트주 혹은 이와 동등 이상의 강도를 가지는 형식의 철주나 철근 콘크리트주를 사용하거나 ㉠ 본문의 규정에 준하는 지선을 시설할 것. 다만, 토지의 상황에 의하여 그 전선로 중의 경간에 근접하는 곳의 지지물에 그 철주나 철근 콘크리트주를 사용하거나 그 지선을 시설하는 경우에는 그러하지 아니하다.

㉢ 철탑에는 특고압 가공전선로의 철주 · 철근 콘크리트주 또는 철탑의 강도의 규정에 준하는 강도를 가지는 형식의 것을 사용할 것

### (5) 저압 보안공사(판단기준 제77조)

저압 보안공사는 다음 각 호에 따라야 한다.

① 전선은 케이블인 경우 이외에는 인장강도 8.01[kN] 이상의 것 또는 지름 5[mm](사용전압이 400[V] 미만인 경우에는 인장강도 5.26[kN] 이상의 것 또는 지름 4[mm] 이상의 경동선)이상의 경동선이여야 하며 또한 이를 저 · 고압 가공전선의 안전율의 규정에 준하여 시설할 것

② 목주는 다음에 의할 것

㉠ 풍압하중에 대한 안전율은 1.5 이상일 것

㉡ 목주의 굵기는 말구(末口)의 지름 12[cm] 이상일 것

③ 경간은 다음 표에서 정한 값 이하일 것. 다만, 전선에 인장강도 8.71[kN] 이상의 것 또는 단면적 22[$mm^2$] 이상의 경동연선을 사용하는 경우에는 고압 가공전선로 경간의 제한의 규정에 준할 수 있다.

| 지지물의 종류 | 경 간 |
|---|---|
| 목주 · A종 철주 또는 A종 철근 콘크리트주 | 100[m] |
| B종 철주 또는 B종 철근 콘크리트주 | 150[m] |
| 철 탑 | 400[m] |

### (6) 고압 보안공사(판단기준 제78조)

고압 보안공사는 다음 각 호에 따라야 한다.

① 전선은 케이블인 경우 이외에는 인장강도 8.01[kN] 이상의 것 또는 지름 5[mm] 이상의 경동선일 것

② 목주의 풍압하중에 대한 안전율은 1.5 이상일 것

③ 경간은 다음 표에서 정한 값 이하일 것. 다만, 전선에 인장강도 14.51[kN] 이상의 것 또는 단면적 38[$mm^2$] 이상의 경동연선을 사용하는 경우로서 지지물에 B종 철주・B종 철근 콘크리트주 또는 철탑을 사용하는 때에는 그러하지 아니하다.

| 지지물의 종류 | 경 간 |
|---|---|
| 목주・A종 철주 또는 A종 철근 콘크리트주 | 100[m] |
| B종 철주 또는 B종 철근 콘크리트주 | 150[m] |
| 철 탑 | 400[m] |

## (7) 저・고압 가공전선과 건조물의 접근(판단기준 제79조)

① 저압 가공전선 또는 고압 가공전선이 건조물(사람이 거주 또는 근무하거나 빈번히 출입하거나 모이는 조영물을 말한다)과 접근 상태로 시설되는 경우에는 다음 각 호에 따라야 한다.

㉠ 고압 가공전선로(고압 옥측 전선로 또는 옥내에 시설하는 전선로의 규정에 의하여 시설하는 고압 전선로에 인접하는 1경간의 전선 및 가공 인입선을 제외한다)는 고압 보안공사에 의할 것

㉡ 저압 가공전선과 건조물의 조영재 사이의 이격거리는 다음 표에서 정한 값 이상일 것

| 건조물 조영재의 구분 | 접근형태 | 이격거리 |
|---|---|---|
| 상부 조영재[지붕・챙(차양 : 遮陽)・옷 말리는 곳 기타 사람이 올라갈 우려가 있는 조영재를 말한다. 이하 같다] | 위 쪽 | 2[m]<br>(전선이 고압 절연전선, 특고압 절연전선 또는 케이블인 경우는 1[m]) |
| | 옆쪽 또는 아래쪽 | 1.2[m]<br>(전선에 사람이 쉽게 접촉할 우려가 없도록 시설한 경우에는 80[cm], 고압 절연전선, 특고압 절연전선 또는 케이블인 경우에는 40[cm]) |
| 기타의 조영재 | | 1.2[m]<br>(전선에 사람이 쉽게 접촉할 우려가 없도록 시설한 경우에는 80[cm], 고압 절연전선, 특고압 절연전선 또는 케이블인 경우에는 40[cm]) |

㉢ 고압 가공전선과 건조물의 조영재 사이의 이격거리는 다음 표에서 정한 값 이상일 것

| 건조물 조영재의 구분 | 접근형태 | 이격거리 |
|---|---|---|
| 상부 조영재 | 위 쪽 | 2[m]<br>(전선이 케이블인 경우에는 1[m]) |
| | 옆쪽 또는 아래쪽 | 1.2[m]<br>(전선에 사람이 쉽게 접촉할 우려가 없도록 시설한 경우에는 80[cm], 케이블인 경우에는 40[cm]) |
| 기타의 조영재 | | 1.2[m]<br>(전선에 사람이 쉽게 접촉할 우려가 없도록 시설한 경우에는 80[cm], 케이블인 경우에는 40[cm]) |

② 저압 가공전선 또는 고압 가공전선이 건조물과 접근하는 경우에 저압 가공전선 또는 고압가공전선이 건조물의 아래쪽에 시설될 때에는 저압 가공전선 또는 고압 가공전선과 건조물 사이의 이격거리는 다음 표에서 정한 값 이상으로 하고 또한 위험의 우려가 없도록 시설하여야 한다.

| 가공전선의 종류 | 이격거리 |
|---|---|
| 저압 가공전선 | 60[cm](전선이 고압 절연전선, 특고압 절연전선 또는 케이블인 경우에는 30[cm]) |
| 고압 가공전선 | 80[cm](전선이 케이블인 경우에는 40[cm]) |

## (8) 저 · 고압 가공전선과 도로 등의 접근 또는 교차(판단기준 제80조)

① 저압 가공전선 또는 고압 가공전선이 도로・횡단보도교・철도・궤도・삭도(반기(搬器)를 포함하고 삭도용 지주를 제외한다) 또는 저압 전차선(이하 "도로 등"이라 한다)과 접근상태로 시설되는 경우에는 다음 각 호에 따라야 한다.

㉠ 고압 가공전선로는 고압 보안공사에 의할 것

㉡ 저압 가공전선과 도로 등의 이격거리(도로나 횡단보도교의 노면상 또는 철도나 궤도의 레일면상의 이격거리를 제외한다)는 다음 표에서 정한 값 이상일 것. 다만, 저압 가공전선과 도로・횡단보도교・철도 또는 궤도와의 수평 이격거리가 1[m] 이상인 경우에는 그러하지 아니하다.

| 도로 등의 구분 | 이격거리 |
|---|---|
| 도로・횡단보도교・철도 또는 궤도 | 3[m] |
| 삭도나 그 지주 또는 저압 전차선 | 60[cm]<br>(전선이 고압 절연전선, 특고압 절연전선 또는 케이블인 경우에는 30[cm]) |
| 저압 전차선로의 지지물 | 30[cm] |

㉢ 고압 가공전선과 도로 등의 이격거리는 다음 표에서 정한 값 이상일 것. 다만, 고압 가공전선과 도로・횡단보도교・철도 또는 궤도와의 수평 이격거리가 1.2[m] 이상인 경우에는 그러하지 아니하다.

| 도로 등의 구분 | 이격거리 |
|---|---|
| 도로・횡단보도교・철도 또는 궤도 | 3[m] |
| 삭도나 그 지주 또는 저압 전차선 | 80[cm]<br>(전선이 케이블인 경우에는 40[cm]) |
| 저압 전차선로의 지지물 | 60[cm]<br>(고압 가공전선이 케이블인 경우에는 30[cm]) |

② 저압 가공전선 또는 고압 가공전선이 도로 등과 교차하는 경우(동일 지지물에 시설되는 경우를 제외한다)에 저압 가공전선 또는 고압 가공전선이 도로 등의 위에 시설되는 때에는 ①의 각 호(도로・횡단보도교・철도 또는 궤도와의 이격거리에 관한 부분을 제외한다)의 규정에 준하여 시설하여야 한다.

③ 저압 가공전선 또는 고압 가공전선이 도로・횡단보도교・철도 또는 궤도와 접근하는 경우에 저압 가공전선 또는 고압 가공전선이 도로・횡단보도교・철도 또는 궤도의 아래쪽에 시설될 때에는 상호 간의 이격거리는 저고압 가공 전선과 건조물의 접근의 규정에 준하여 시설하여야 한다.

④ 저압 가공전선 또는 고압 가공전선이 삭도와 접근하는 경우에는 저압 가공전선 또는 고압 가공전선은 삭도의 아래쪽에 수평거리로 삭도의 지주의 지표상의 높이에 상당하는 거리 안에 시설하여서는 아니 된다. 다만 가공전선과 삭도의 수평거리가 저압은 2[m] 이상, 고압은 2.5[m] 이상이고 또한 삭도의 지주의 도괴 등의 경우에 삭도가 가공전선에 접촉할 우려가 없는 경우 또는 가공전선이 삭도와 수평거리로 3[m] 미만에 접근하는 경우에 가공전선의 위쪽에 견고한 방호장치를 그 전선과 60[cm](전선이 케이블인 경우에는 30[cm]) 이상 떼어서 시설하고 또한 금속제 부분에 제3종 접지공사를 한 때에는 그러하지 아니하다.

⑤ 저압 가공전선 또는 고압 가공전선이 삭도와 교차하는 경우에는 저압 가공전선 또는 고압 가공전선은 삭도의 아래에 시설하여서는 아니 된다. 다만, 가공전선의 위쪽에 견고한 방호장치를 그 전선과 60[cm](전선이 케이블인 경우에는 30[cm]) 이상 떼어서 시설하고 또한 그 금속제 부분에 제3종 접지공사를 한 경우에는 그러하지 아니하다.

### (9) 저・고압 가공전선과 가공약전류전선 등의 접근 또는 교차(판단기준 제81조)

① 저압 가공전선 또는 고압 가공전선이 가공약전류전선 또는 가공광섬유케이블(이하 "가공약전류전선 등"이라 한다)과 접근상태로 시설되는 경우에는 다음 각 호에 따라야 한다.

㉠ 고압 가공전선은 고압 보안공사에 의할 것. 다만, 고압 가공전선이 통신선의 시설에서 규정하는 전력보안 통신선(고압 또는 특고압의 가공전선로의 지지물에 시설하는 것에 한한다)이나 이에 직접 접속하는 전력보안 통신선과 접근하는 경우에는 고압 보안공사에 의하지 아니할 수 있다.

㉡ 저압 가공전선이 가공약전류전선등과 접근하는 경우에는 저압 가공전선과 가공약전류전선 등 사이의 이격거리는 60[cm](가공약전류전선로 또는 가공 광섬유 케이블 선로(이하 "가공약전류 전선로 등"이라 한다)로서 가공약전류전선 등이 절연전선과 동등 이상의 절연효력이 있는 것 또는 통신용 케이블인 경우는 30[cm]) 이상일 것. 다만, 저압 가공전선이 고압 절연전선, 특고압 절연전선 또는 케이블인 경우로서 저압 가공전선과 가공약전류전선 등 사이의 이격거리가 30[cm](가공약전류전선 등이 절연전선과 동등 이상의 절연효력이 있는 것 또는 통신용 케이블인 경우에는 15[cm])이상인 경우에는 그러하지 아니하다.

㉢ 고압 가공전선이 가공약전류전선 등과 접근하는 경우는 고압 가공전선과 가공약전류전선 등 사이의 이격거리는 80[cm](전선이 케이블인 경우에는 40[cm]) 이상일 것

㉣ 가공전선과 약전류전선로 등의 지지물 사이의 이격거리는 저압은 30[cm] 이상, 고압은 60[cm](전선이 케이블인 경우에는 30[cm]) 이상일 것

② 저압 가공전선 또는 고압 가공전선이 가공약전류전선 등과 교차하는 경우, 저압 가공전선 또는 고압 가공전선이 가공약전류전선 등의 위에 시설될 때는 ①의 규정에 준하여 시설하여야 한다. 이 경우 저압 가공전선로의 중성선에는 절연전선을 사용하여야 한다.

③ 저압 가공전선 또는 고압 가공전선이 가공약전류전선 등과 접근하는 경우에는 저압 가공전선 또는 고압 가공전선은 가공약전류전선 등의 아래쪽에서 수평거리로 가공약전류전선 등의 지지물의 지표상의 높이에 상당하는 거리 안에 시설하여서는 아니 된다. 다만, 기술상 부득이한 경우로서 ①의 ㉡부터 ㉣까지의 규정에 준하는 이외에 다음 각 호의 어느 하나에 따라 시설하는 경우에는 그러하지 아니하다.

㉠ 가공약전류전선로 등을 가공전선로 지지물의 기초의 안전율, 저・고압 가공전선로의 지지물의 강도 등 및 지선의 시설의 규정에 준하고 또한 위험의 우려가 없도록 시설할 경우. 다만, 가공전선이 저압 가공전선인 경우에는 그러하지 아니하다.

㉡ 고압 가공전선과 가공약전류전선 등 사이의 수평거리가 2.5[m] 이상이고 또한 가공약전류전선 등의 지지물의 도괴 등이 발생될 때 가공약전류전선 등이 고압가공전선과 접촉할 우려가 없도록 시설할 경우

④ 저압 가공전선 또는 고압 가공전선이 가공약전류전선 등과 교차하는 경우에 저압 가공전선 또는 고압 가공전선은 가공약전류전선 등의 아래에 시설하여서는 아니 된다. 다만, 기술상 부득이한 경우로서 ①의 ㉡부터 ㉣까지 및 ③의 ㉠의 규정에 준하여 시설할 때는 그러하지 아니하다.

### (10) 고압 가공전선 등과 저압 가공전선 등의 접근 또는 교차(판단기준 제85조)

① 고압 가공전선이 저압 가공전선 또는 고압 전차선(이하 "저압 가공전선 등"이라 한다)과 접근상태로 시설되거나 고압 가공전선이 저압 가공전선 등과 교차하는 경우에 고압 가공전선 등의 위에 시설되는 때에는 다음 각 호에 따라야 한다.

㉠ 고압 가공전선로는 고압 보안공사에 의할 것. 다만, 그 전선로의 전선이 고압 또는 특고압과 저압의 혼촉에 의한 위험방지 시설 규정에 의하여 전선로의 일부에 접지공사를 한 저압 가공전선과 접근하는 경우에는 그러하지 아니하다.

㉡ 고압 가공전선과 저압 가공전선 등 또는 그 지지물 사이의 이격거리는 다음 표에서 정한 값 이상일 것

| 저압 가공전선 등 또는 그 지지물의 구분 | 이격거리[cm] |
|---|---|
| 저압 가공전선 등 | 80<br>(고압 가공전선이 케이블인 경우에는 40) |
| 저압 가공전선 등의 지지물 | 60<br>(고압 가공전선이 케이블인 경우에는 30) |

② 고압 가공전선 또는 고압 전차선(이하 "고압 가공전선 등"이라 한다)이 저압 가공전선과 접근하는 경우에는 고압 가공전선 등은 저압 가공전선의 아래쪽에 수평거리로 그 저압 가공전선로의 지지물의 지표상의 높이에 상당하는 거리 안에 시설하여서는 아니 된다. 다만, 기술상의 부득이한 경우에 저압 가공전선이 다음 각 호에 따라 시설되는 경우 또는 고압 가공전선 등과 저압 가공전선과의 수평거리가 2.5[m]

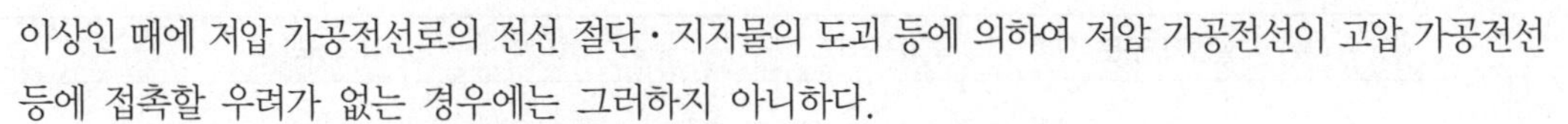

이상인 때에 저압 가공전선로의 전선 절단·지지물의 도괴 등에 의하여 저압 가공전선이 고압 가공전선 등에 접촉할 우려가 없는 경우에는 그러하지 아니하다.

㉠ 저압 가공전선로는 저압 보안공사에 의할 것. 다만, 고압 또는 특고압과 저압의 혼촉에 의한 위험방지 시설 규정에 의하여 전로의 일부에 접지공사를 한 경우에는 그러하지 아니하다.

㉡ 저압 가공전선과 고압 가공전선 등 또는 그 지지물 사이의 이격거리는 다음 표에서 정한 값 이상일 것

| 고압 가공전선 등 또는 그 지지물의 구분 | 이격거리 |
|---|---|
| 고압 가공전선 | 80[cm]<br>(고압 가공전선이 케이블인 경우에는 40[cm]) |
| 고압 전차선 | 1.2[m] |
| 고압 가공전선 등의 지지물 | 30[cm] |

㉢ 저압 가공전선로의 지지물과 고압 가공전선 등 사이의 이격거리는 60[cm](고압 가공전선로가 케이블인 경우에는 30[cm]) 이상일 것

③ 저압 가공전선과 고압 가공전선 등 사이의 수평거리가 2.5[m] 이상인 경우 또는 수평거리가 1.2[m] 이상이고 또한 수직거리가 수평거리의 1.5배 이하인 경우에는 ②의 ㉠ 규정에 불구하고 저압 가공전선로는 저압 보안공사(전선에 관한 부분에 한한다)에 의하지 아니할 수 있다.

④ 고압 가공전선 등이 저압 가공전선과 교차하는 경우에는 고압 가공전선 등은 저압 가공전선의 아래에 시설하여서는 아니 된다. 이 경우에 ②의 단서 규정을 준용한다.

### (11) 고압 가공전선 상호 간의 접근 또는 교차(판단기준 제86조)

고압 가공전선이 다른 고압 가공전선과 접근상태로 시설되거나 교차하여 시설되는 경우에는 다음 각 호에 따라 시설하여야 한다.

① 위쪽 또는 옆쪽에 시설되는 고압 가공전선로는 고압 보안공사에 의할 것

② 고압 가공전선 상호 간의 이격거리는 80[cm](어느 한쪽의 전선이 케이블인 경우에는 40[cm]) 이상, 하나의 고압 가공전선과 다른 고압 가공전선로의 지지물 사이의 이격거리는 60[cm](전선이 케이블인 경우에는 30[cm]) 이상일 것

### (12) 저압 가공전선과 다른 시설물의 접근 또는 교차(판단기준 제87조)

① 저압 가공전선이 건조물·도로·횡단보도교·철도·궤도·삭도·가공약전류 전선로 등·안테나·교류 전차선 등·저압 또는 고압의 전차선·다른 저압 가공전선·고압 가공전선 및 특고압 가공전선 이외의 시설물(이하 "다른 시설물"이라 한다)과 접근상태로 시설되는 경우에는 저압 가공전선과 다른 시설물 사이의 이격거리는 다음 표에서 정한 값 이상이어야 한다.

| 다른 시설물의 구분 | 접근형태 | 이격거리 |
|---|---|---|
| 조영물의 상부조영재 | 위 쪽 | 2[m]<br>(전선이 고압 절연전선, 특고압 절연전선 또는 케이블인 경우에는 1[m]) |
| | 옆쪽 또는 아래쪽 | 60[cm]<br>(전선이 고압 절연전선, 특고압 절연전선 또는 케이블인 경우에는 30[cm]) |
| 조영물의 상부조영재 이외의 부분 또는 조영물의 이외의 시설물 | | 60[cm]<br>(전선이 고압 절연전선, 특고압 절연전선 또는 케이블인 경우에는 30[cm]) |

② 저압 가공전선이 다른 시설물의 위에서 교차하는 경우에는 ①의 규정에 준하여 시설하여야 한다.

③ 저압 가공전선이 다른 시설물과 접근하는 경우에 저압 가공전선이 다른 시설물의 아래쪽에 시설되는 때에는 상호 간의 이격거리를 60[cm](전선이 고압 절연전선, 특고압 절연전선 또는 케이블인 경우에 30[cm]) 이상으로 하고 또한 위험의 우려가 없도록 시설하여야 한다.

④ 저압 가공전선을 다음 각 호의 어느 하나에 따라 시설하는 경우에는 ①부터 ③까지(이격거리에 관한 부분에 한한다)의 규정에 의하지 아니할 수 있다.

㉠ 저압 방호구에 넣은 저압 가공나전선을 건축 현장의 비계틀 또는 이와 유사한 시설물에 접촉하지 아니하도록 시설하는 경우

㉡ 저압 방호구에 넣은 저압 가공절연전선 등을 조영물에 시설된 간이한 돌출간판 기타 사람이 올라갈 우려가 없는 조영재 또는 조영물 이외의 시설물에 접촉하지 아니하도록 시설하는 경우

㉢ 저압 절연전선 또는 저압 방호구에 넣은 저압 가공나전선을 조영물에 시설된 간이한 돌출간판 기타 사람이 올라갈 우려가 없는 조영재에 30[cm] 이상 이격하여 시설하는 경우

### (13) 고압 가공전선과 다른 시설물의 접근 또는 교차(판단기준 제88조)

① 고압 가공전선이 건조물 · 도로 · 횡단보도교 · 철도 · 궤도 · 삭도 · 가공약전류전선 등 · 안테나 · 교류 전차선 등 · 저압 또는 전차선 · 저압 가공전선 · 다른 고압 가공전선 및 특고압 가공전선 이외의 시설물(이하 "다른 시설물"이라 한다)과 접근상태로 시설되는 경우에는 고압 가공전선과 다른 시설물의 이격거리는 다음 표에서 정한 값 이상으로 하여야 한다. 이 경우에 고압 가공전선로의 전선의 절단, 지지물이 도괴 등에 의하여 고압 가공전선이 다른 시설물과 접촉함으로서 사람에게 위험을 줄 우려가 있을 때에는 고압 가공전선로는 고압 보안공사에 의하여야 한다.

| 다른 시설물의 구분 | 접근형태 | 이격거리 |
|---|---|---|
| 조영물의 상부조영재 | 위 쪽 | 2[m]<br>(전선이 케이블인 경우에는 1[m]) |
| | 옆쪽 또는 아래쪽 | 80[cm]<br>(전선이 케이블인 경우에는 40[cm]) |
| 조영물의 상부조영재 이외의 부분 또는 조영물의 이외의 시설물 | | 80[cm]<br>(전선이 케이블인 경우에는 40[cm]) |

② 고압 가공전선이 다른 시설물의 위에서 교차하는 경우에는 ①의 규정에 준하여 시설하여야 한다.

③ 고압 가공전선이 다른 시설물과 접근하는 경우에 고압 가공전선이 다른 시설물의 아래쪽에 시설되는 때에는 상호 간의 이격거리를 80[cm](전선이 케이블인 경우에는 40[cm]) 이상으로 하고 위험의 우려가 없도록 시설하여야 한다.

④ 고압 방호구에 넣은 고압 가공절연전선을 조영물에 시설된 간이한 돌출간판 기타 사람이 올라갈 우려가 없는 조영재 또는 조영물 이외의 시설물에 접촉하지 아니하도록 시설하는 경우에는 ①부터 ③까지(이격거리에 관한 부분에 한한다)의 규정에 의하지 아니할 수 있다.

## 5 옥측전선로 · 옥상전선로 · 인입선 및 연접인입선

### (1) 고압 옥측전선로의 시설(판단기준 제95조)

① 고압 옥측전선로는 다음 각 호의 어느 하나에 해당하는 경우에 한하여 시설할 수 있다.

㉠ 1구내 또는 동일 기초 구조물 및 여기에 구축된 복수의 건물과 구조적으로 일체화 된 하나의 건물(이하 "1구내 등"이라 한다)에 시설하는 전선로의 전부 또는 일부로 시설하는 경우

㉡ 1구내 등 전용의 전선로 중 그 구내에 시설하는 부분의 전부 또는 일부로 시설하는 경우

㉢ 옥외에 시설한 복수의 전선로에서 수전하도록 시설하는 경우

② 고압 옥측전선로는 전개된 장소에 금속망 사용 등의 목조 조영물에서의 시설 규정에 준하여 시설하고 또한 다음 각 호에 따라 시설하여야 한다.

㉠ 전선은 케이블일 것

㉡ 케이블은 견고한 관 또는 트라프에 넣거나 사람이 접촉할 우려가 없도록 시설할 것

㉢ 케이블을 조영재의 옆면 또는 아랫면에 따라 붙일 경우에는 케이블의 지지점 간의 거리를 2[m](수직으로 붙일 경우에는 6[m]) 이하로 하고 또한 피복을 손상하지 아니하도록 붙일 것

㉣ 케이블을 조가용선에 조가하여 시설하는 경우에 제69조 가공케이블의 시설(제3항을 제외한다)의 규정에 준하여 시설하고 또한 전선이 고압 옥측 전선로를 시설하는 조영재에 접촉하지 아니하도록 시설할 것

㉤ 관 기타의 케이블을 넣는 방호장치의 금속제 부분 · 금속제의 전선 접속함 및 케이블의 피복에 사용하는 금속제에는 이들의 방식조치를 한 부분 및 대지와의 사이의 전기저항값이 10[Ω] 이하인 부분을 제외하고 제1종 접지공사(사람이 접촉할 우려가 없도록 시설할 경우에는 제3종 접지공사)를 할 것

③ 고압 옥측전선로의 전선이 그 고압 옥측전선로를 시설하는 조영물에 시설하는 특고압 옥측전선, 저압 옥측전선, 관등회로의 배선, 약전류 전선 등이나 수관, 가스관 또는 이와 유사한 것과 접근하거나 교차하는 경우에는 고압 옥측전선로의 전선과 이들 사이의 이격거리는 15[cm] 이상이어야 한다.

④ ③의 경우 이외에는 고압 옥측전선로의 전선이 다른 시설물(그 고압 옥측전선로를 시설하는 조영물에 시설하는 다른 고압 옥측전선, 가공전선 및 옥상전선을 제외한다)과 접근하는 경우에는 고압 옥측전선로의 전선과 이들 사이의 이격거리는 30[cm] 이상이어야 한다.

⑤ 고압 옥측전선로의 전선과 다른 시설물 사이에 내화성이 있는 견고한 격벽을 설치하여 시설하는 경우 또는 고압 옥측전선로의 전선을 내화성이 있는 견고한 관에 넣어 시설하는 경우에는 ③ 및 ④의 규정에 의하지 아니할 수 있다.

### (2) 저압 옥상전선로의 시설(판단기준 제97조)

① 저압 옥상전선로(저압의 인입선 및 연접인입선의 옥상부분을 제외한다)는 다음 각 호의 어느 하나에 해당하는 경우에 한하여 시설할 수 있다.

㉠ 1구내 또는 동일 기초 구조물 및 여기에 구축된 복수의 건물과 구조적으로 일체화된 하나의 건물(이하 "1구내 등"이라 한다)에 시설하는 전선로의 전부 또는 일부로 시설하는 경우

㉡ 1구내 등 전용의 전선로 중 그 구내에 시설하는 부분의 전부 또는 일부로 시설하는 경우

② 저압 옥상전선로는 전개된 장소에 다음 각 호에 따르고 또한 위험의 우려가 없도록 시설하여야 한다.

㉠ 전선은 인장강도 2.30[kN] 이상의 것 또는 지름 2.6[mm] 이상의 경동선의 것

㉡ 전선은 절연전선일 것

㉢ 전선은 조영재에 견고하게 붙인 지지주 또는 지지대에 절연성·난연성 및 내수성이 있는 애자를 사용하여 지지하고 또한 그 지지점 간의 거리는 15[m] 이하일 것

㉣ 전선과 그 저압 옥상전선로를 시설하는 조영재와의 이격거리는 2[m](전선이 고압절연전선, 특고압 절연전선 또는 케이블인 경우에는 1[m]) 이상일 것

③ 전선이 케이블인 저압 옥상전선로는 다음 각 호의 하나에 해당할 경우에 한하여 시설할 수 있다.

㉠ 전선을 전개된 장소에 제69조 가공케이블의 시설(제1항제4호는 제외한다)의 규정에 준하여 시설하는 외에 조영재에 견고하게 붙인 지지주 또는 지지대에 의하여 지지하고 또한 조영재 사이의 이격거리를 1[m] 이상으로 하여 시설하는 경우

㉡ 전선을 조영재에 견고하게 붙인 견고한 관 또는 트라프에 넣고 또한 트라프에는 취급자 이외의 자가 쉽게 열 수 없는 구조의 철제 또는 철근 콘크리트제 기타 견고한 뚜껑을 시설하는 외에 케이블 공사 규정에 준하여 시설하는 경우

④ 저압 옥상전선로의 전선이 저압 옥측전선·고압 옥측전선·특고압 옥측전선·다른 저압 옥상전선로의 전선·약전류 전선 등·안테나나 수관·가스관 또는 이들과 유사한 것과 접근하거나 교차하는 경우에는 저압 옥상전선로의 전선과 이들 사이의 이격거리는 1[m](저압 옥상전선로의 전선 또는 저압 옥측전선이나 다른 저압 옥상전선로의 전선이 저압 방호구에 넣은 절연전선 등·고압 절연전선·특고압 절연전선 또는 케이블인 경우에는 30[cm]) 이상이어야 한다.

⑤ ④의 경우 이외에는 저압 옥상전선로의 전선이 다른 시설물(그 저압 옥상전선로를 시설하는 조영재·가공전선 및 고압의 옥상전선로의 전선을 제외한다)과 접근하거나 교차하는 경우에는 그 저압 옥상전선로의 전선과 이들 사이의 이격거리는 60[cm](전선이 고압 절연전선, 특고압 절연전선 또는 케이블인 경우에는 30[cm]) 이상이어야 한다.

⑥ 저압 옥상전선로의 전선은 상시 부는 바람 등에 의하여 식물에 접촉하지 아니하도록 시설하여야 한다.

## (3) 고압 옥상전선로의 시설(판단기준 제98조)

① 고압 옥상전선로(고압 인입선의 옥상부분은 제외한다)는 고압 옥측전선로의 시설의 규정에 준하여 시설하는 이외에 케이블을 사용하고 또한 다음 각 호의 어느 하나에 해당하는 경우에 한하여 시설할 수 있다.

㉠ 전선을 전개된 장소에서 가공케이블의 시설(제3항은 제외한다)의 규정에 준하여 시설하는 외에 조영재에 견고하게 붙인 지지주 또는 지지대에 의하여 지지하고 또한 조영재 사이의 이격거리를 1.2[m] 이상으로 하여 시설하는 경우

㉡ 전선을 조영재에 견고하게 붙인 견고한 관 또는 트라프에 넣고 또한 트라프에는 취급자 이외의 자가 쉽게 열 수 없는 구조의 철제 또는 철근 콘크리트제 기타 견고한 뚜껑을 시설하는 외에 "관 기타의 케이블을 넣는 방호장치의 금속제 부분·금속제의 전선 접속함 및 케이블의 피복에 사용하는 금속제에는 이들의 방식조치를 한 부분 및 대지와의 사이의 전기저항값이 10[Ω] 이하인 부분을 제외하고 제1종 접지공사(사람이 접촉할 우려가 없도록 시설할 경우에는 제3종 접지공사)를 할 것"이라는 규정에 준하여 시설하는 경우

② 고압 옥상 전선로의 전선이 다른 시설물(가공전선을 제외한다)과 접근하거나 교차하는 경우에는 고압 옥상 전선로의 전선과 이들 사이의 이격거리는 60[cm] 이상이어야 한다. 다만, ①의 ㉡에 의하여 시설하는 경우로 지중 약전류전선에의 유도장해의 방지, 지중전선과 지중 약전류전선 등 또는 관과의 접근 또는 교차(제2항부터 제4항까지를 제외한다) 및 지중전선 상호 간의 접근 또는 교차의 규정에 준하여 시설하는 경우에는 그러하지 아니하다.

③ 고압 옥상전선로의 전선은 상시 부는 바람 등에 의하여 식물에 접촉하지 아니하도록 시설하여야 한다.

## (4) 특고압 옥상전선로의 시설(판단기준 제99조)

특고압 옥상전선로(특고압의 인입선의 옥상부분을 제외한다)는 시설하여서는 아니 된다.

## (5) 저압 인입선의 시설(판단기준 제100조)

① 저압 가공인입선은 저고압 가공전선과 건조물의 접근, 저고압 가공전선과 도로 등의 접근 또는 교차, 저고압 가공전선과 가공 약전류전선 등의 접근 또는 교차, 저고압 가공전선과 안테나의 접근 또는 교차, 저고압 가공전선과 교류전차선 등의 접근 또는 교차, 저압 가공전선 상호 간의 접근 또는 교차, 저압 가공전선과 다른 시설물의 접근 또는 교차 및 저고압 가공전선과 식물의 이격거리 규정에 준하여 시설하는 이외에 다음 각 호에 따라 시설하여야 한다.

㉠ 전선이 케이블인 경우 이외에는 인장강도 2.30[kN] 이상의 것 또는 지름 2.6[mm] 이상의 인입용 비닐절연전선일 것. 다만, 경간이 15[m] 이하인 경우는 인장강도 1.25[kN] 이상의 것 또는 지름 2[mm] 이상의 인입용 비닐절연전선일 것

㉡ 전선은 절연전선, 다심형 전선 또는 케이블일 것

㉢ 전선이 옥외용 비닐절연전선인 경우에는 사람이 접촉할 우려가 없도록 시설하고, 옥외용 비닐절연전선 이외의 절연전선인 경우에는 사람이 쉽게 접촉할 우려가 없도록 시설할 것

㉣ 전선이 케이블인 경우에는 제69조 가공케이블의 시설(제1항제4조는 제외한다)의 규정에 준하여 시설할 것. 다만, 케이블의 길이가 1[m] 이하인 경우에는 조가하지 아니하여도 된다.

㉤ 전선의 높이는 다음에 의할 것

- 도로(차도와 보도의 구별이 있는 도로인 경우에는 차도)를 횡단하는 경우에는 노면상 5[m](기술상 부득이한 경우에 교통에 지장이 없을 때에는 3[m]) 이상
- 철도 또는 궤도를 횡단하는 경우에는 레일면상 6.5[m] 이상
- 횡단보도교의 위에 시설하는 경우에는 노면상 3[m] 이상
- 위의 항목 이외의 경우에는 지표상 4[m](기술상 부득이한 경우에 교통에 지장이 없을 때에는 2.5[m]) 이상

② 기술상 부득이한 경우에 저압 가공인입선을 직접 인입한 조영물 이외의 시설물(도로 · 횡단보도교 · 철도 · 궤도 · 삭도 · 교류 전차선 저압 및 고압의 전차선 · 저압 가공전선 · 고압 가공전선 및 특고압 가공전선을 제외한다)에 대하여는 위험의 우려가 없는 경우에 한하여 ①에서 준용하는 규정은 적용하지 아니한다. 이 경우에 저압 가공인입선과 다른 시설물 사이의 이격거리는 다음 표에서 정한 값 이상이어야 한다.

<table>
<tr><th>다른 시설물의 구분</th><th>접근형태</th><th>이격거리</th></tr>
<tr><td rowspan="2">조영물의 상부조영재</td><td>위 쪽</td><td>2[m]<br>(전선이 다심형 전선, 옥외용 비닐절연전선 이외의 저압 절연전선인 경우에는 1[m], 고압 절연전선, 특고압 절연전선 또는 케이블인 경우에는 50[cm])</td></tr>
<tr><td>옆쪽 또는 아래쪽</td><td rowspan="2">30[cm]<br>(전선이 고압 절연전선, 특고압 절연전선 또는 케이블인 경우에는 15[cm])</td></tr>
<tr><td>조영물의 상부조영재 이외의 부분 또는 조영물의 이외의 시설물</td><td></td></tr>
</table>

### (6) 저압 연접 인입선의 시설(판단기준 제101조)

저압 연접 인입선은 저압 인입선의 시설 규정에 준하여 시설하는 이외에 다음 각 호에 따라 시설하여야 한다.

① 인입선에서 분기하는 점으로부터 100[m]를 초과하는 지역에 미치지 아니할 것

② 폭 5[m]을 초과하는 도로를 횡단하지 아니할 것

③ 옥내를 통과하지 아니할 것

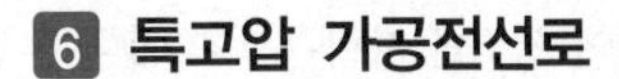

## 6 특고압 가공전선로

### (1) 시가지 등에서 특고압 가공전선로의 시설(판단기준 제104조)

① 특고압 가공전선로는 전선이 케이블인 경우 또는 전선로를 다음과 같이 시설하는 경우에는 시가지 그 밖에 인가가 밀집한 지역에 시설할 수 있다.

㉠ 사용전압이 170[kV] 이하인 전선로를 다음에 의하여 시설하는 경우

- 특고압 가공전선을 지지하는 애자장치는 다음 중 어느 하나에 의할 것
  - 50[%] 충격섬락전압값이 그 전선의 근접한 다른 부분을 지지하는 애자장치값의 110[%](사용전압이 130[kV]를 초과하는 경우는 105[%]) 이상인 것
  - 아크 혼을 붙인 현수애자 · 장간애자(長幹碍子) 또는 라인포스트애자를 사용하는 것
  - 2련 이상의 현수애자 또는 장간애자를 사용하는 것
  - 2개 이상의 핀애자 또는 라인포스트애자를 사용하는 것
- 특고압 가공전선로의 경간은 다음 표에서 정한 값 이하일 것

| 지지물의 종류 | 경 간 |
|---|---|
| A종 철주 또는 A종 철근 콘크리트주 | 75[m] |
| B종 철주 또는 B종 철근 콘크리트주 | 150[m] |
| 철 탑 | 400[m]<br>(단주인 경우에는 300[m]) 다만, 전선이 수평으로 2 이상 있는 경우에 전선 상호 간의 간격이 4[m] 미만인 때에는 250[m] |

- 지지물에는 철주 · 철근 콘크리트주 또는 철탑을 사용할 것
- 전선은 단면적이 다음 표에서 정한 값 이상일 것

| 사용전압의 구분 | 전선의 단면적 |
|---|---|
| 100[kV] 미만 | 인장강도 21.67[kN] 이상의 연선 또는 단면적 55[$mm^2$] 이상의 경동연선 |
| 100[kV] 이상 | 인장강도 58.84[kN] 이상의 연선 또는 단면적 150[$mm^2$] 이상의 경동연선 |

- 전선의 지표상의 높이는 다음 표에서 정한 값 이상일 것. 다만, 발전소 · 변전소 또는 이에 준하는 곳의 구내와 구외를 연결하는 1경간 가공전선은 그러하지 아니하다.

| 사용전압의 구분 | 지표상의 높이 |
|---|---|
| 35[kV] 이하 | 10[m]<br>(전선이 특고압 절연전선인 경우에는 8[m]) |
| 35[kV] 초과 | 10[m]에 35[kV]를 초과하는 10[kV] 또는 그 단수마다 12[cm]를 더한 값 |

- 지지물에는 위험 표시를 보기 쉬운 곳에 시설할 것. 다만, 사용전압이 35[kV] 이하의 특고압 가공전선로의 전선에 특고압 절연전선을 사용하는 경우는 그러하지 아니하다.

- 사용전압이 100[kV]를 초과하는 특고압 가공전선에 지락 또는 단락이 생겼을 때에는 1초 이내에 자동적으로 이를 전로로부터 차단하는 장치를 시설할 것

ⓛ 사용전압이 170[kV] 초과하는 전선로를 다음에 의하여 시설하는 경우

- 전선로는 회선수 2 이상 또는 그 전선로의 손괴에 의하여 현저한 공급지장이 발생하지 않도록 시설할 것
- 전선을 지지하는 애자(碍子)장치에는 아크 혼을 취부한 현수애자 또는 장간(長幹)애자를 사용할 것
- 전선을 인류(引留)하는 경우에는 압축형 클램프, 쐐기형 클램프 또는 이와 동등이상의 성능을 가지는 클램프를 사용할 것
- 현수애자 장치에 의하여 전선을 지지하는 부분에는 아머로드를 사용할 것
- 경간 거리는 600[m] 이하일 것
- 지지물은 철탑을 사용할 것
- 전선은 단면적 240[mm$^2$] 이상의 강심알루미늄선 또는 이와 동등이상의 인장강도 및 내(耐)아크 성능을 가지는 연선(撚線)을 사용할 것
- 전선로에는 가공지선을 시설할 것
- 전선은 압축접속에 의하는 경우 이외에는 경간 도중에 접속점을 시설하지 아니할 것
- 전선의 지표상의 높이는 10[m]에 35[kV]를 초과하는 10[kV] 마다 12[cm]를 더한 값 이상일 것
- 지지물에는 위험표시를 보기 쉬운 곳에 시설할 것
- 전선로에 지락 또는 단락이 생겼을 때에는 1초 이내에 그리고 전선이 아크전류에 의하여 용단될 우려가 없도록 자동적으로 전로에서 차단하는 장치를 시설할 것

② 시가지 그 밖에 인가가 밀집한 지역이란 특고압 가공전선로의 양측으로 각각 50[m], 선로방향으로 500[m]을 취한 50,000[m$^2$]의 장방형의 구역으로 그 지역(도로부분을 제외한다) 내의 건폐율[(조영물이 점하는 면적)/(50,000[m$^2$]-도로면적)]이 25[%] 이상인 경우로 한다.

### (2) 특고압 가공케이블의 시설(판단기준 제106조)

특고압 가공전선로는 그 전선에 케이블을 사용하는 경우에는 다음 각 호에 따라 시설하여야 한다.

① 케이블은 다음 각 호의 하나에 의하여 시설할 것

㉠ 조가용선에 행거에 의하여 시설할 것. 이 경우에 행거의 간격은 50[cm] 이하로 하여 시설하여야 한다.

ⓛ 조가용선에 접촉시키고 그 위에 쉽게 부식되지 아니하는 금속 테이프 등을 20[cm] 이하의 간격을 유지시켜 나선형으로 감아 붙일 것

② 조가용선은 인장강도 13.93[kN] 이상의 연선 또는 단면적 22[mm$^2$] 이상의 아연도강연선일 것

③ 조가용선은 저고압 가공전선의 안전율 규정에 준하여 시설할 것. 이 경우에 조가용선의 중량 및 조가용선에 대한 수평풍압에는 각각 케이블의 중량 및 케이블에 대한 수평풍압을 가산한 것으로 한다.

④ 조가용선 및 케이블의 피복에 사용하는 금속체에는 제3종 접지공사를 할 것

### (3) 특고압 가공전선의 굵기 및 종류(판단기준 제107조)

특고압 가공전선(특고압 옥측전선로 또는 옥내에 시설하는 전선로 규정에 의하여 시설하는 특고압 전선로에 인접하는 1경간의 가공전선 및 특고압 가공인입선을 제외한다)은 케이블인 경우 이외에는 인장강도 8.71[kN] 이상의 연선 또는 단면적이 22[$mm^2$] 이상의 경동연선이어야 한다.

### (4) 특고압 가공전선과 지지물 등의 이격거리(판단기준 제108조)

특고압 가공전선과 그 지지물・완금류・지주 또는 지선 사이의 이격거리는 다음 표에서 정한 값 이상이어야 한다. 다만, 기술상 부득이한 경우에 위험의 우려가 없도록 시설한 때에는 다음 표에서 정한 값의 0.8배까지 감할 수 있다.

| 사용전압[kV] | 이격거리[cm] |
|---|---|
| 15 미만 | 15 |
| 15 이상~25 미만 | 20 |
| 25 이상~35 미만 | 25 |
| 35 이상~50 미만 | 30 |
| 50 이상~60 미만 | 35 |
| 60 이상~70 미만 | 40 |
| 70 이상~80 미만 | 45 |
| 80 이상~130 미만 | 65 |
| 130 이상~160 미만 | 90 |
| 160 이상~200 미만 | 110 |
| 200 이상~230 미만 | 130 |
| 230 이상 | 160 |

### (5) 특고압 가공전선의 높이(판단기준 제110조)

특고압 가공전선의 지표상(철도 또는 궤도를 횡단하는 경우에는 레일면상, 횡단보도교를 횡단하는 경우에는 그 노면상)의 높이는 다음 표에서 정한 값 이상이어야 한다.

| 사용전압의 구분[kV] | 지표상의 높이[m] |
|---|---|
| 35 이하 | 5[m]<br>(철도 또는 궤도를 횡단하는 경우에는 6.5 [m], 도로를 횡단하는 경우에는 6[m], 횡단보도교의 위에 시설하는 경우로서 전선이 특고압 절연전선 또는 케이블인 경우에는 4[m]) |
| 35 초과 160 이하 | 6[m]<br>(철도 또는 궤도를 횡단하는 경우에는 6.5[m], 산지 등에서 사람이 쉽게 들어갈 수 없는 장소에 시설하는 경우에는 5[m], 횡단보도교의 위에 시설하는 경우 전선이 케이블인 때는 5[m]) |
| 160 초과 | 6[m]<br>(철도 또는 궤도를 횡단하는 경우에는 6.5 [m], 산지 등에서 사람이 쉽게 들어갈 수 없는 장소를 시설하는 경우에는 5[m])에 160[kV]를 초과하는 10[kV] 또는 그 단수마다 12[cm]를 더한 값 |

### (6) 특고압 가공전선과 저 · 고압 가공전선의 병가(판단기준 제120조)

① 사용전압이 35[kV] 이하인 특고압 가공전선과 저압 또는 고압의 가공전선을 동일 지지물에 시설하는 경우에는 ④의 경우 이외에는 다음 각 호에 따라야 한다.

㉠ 특고압 가공전선은 저압 또는 고압 가공전선의 위에 시설하고 별개의 완금류에 시설할 것. 다만, 특고압 가공전선이 케이블인 경우로서 저압 또는 고압 가공전선이 절연전선 또는 케이블인 경우에는 그러하지 아니하다.

㉡ 특고압 가공전선은 연선일 것

㉢ 저압 또는 고압 가공전선은 인장강도 8.31[kN] 이상의 것 또는 케이블인 경우 이외에는 다음에 해당하는 것

- 가공전선로의 경간이 50[m] 이하인 경우에는 인장강도 5.26[kN] 이상의 것 또는 지름 4[mm] 이상의 경동선
- 가공전선로의 경간이 50[m]를 초과하는 경우에는 인장강도 8.01[kN] 이상의 것 또는 지름 5[mm] 이상의 경동선

㉣ 특고압 가공전선과 저압 또는 고압 가공전선사이의 이격거리는 1.2[m] 이상일 것. 다만, 특고압 가공전선이 케이블로서 저압 가공전선이 절연전선이거나 케이블인 때 또는 고압 가공전선이 고압 절연전선, 특고압 절연전선 또는 케이블인 때는 50[cm]까지로 감할 수 있다.

㉤ 저압 또는 고압 가공전선은, 특고압 가공전선로(특고압 가공전선에 특고압 절연전선을 사용하는 것에 한한다)를 시가지 등에서 특고압 가공전선로의 시설의 규정에 적합하고 또한 위험의 우려가 없도록 시설하는 경우 또는 특고압 가공전선이 케이블인 경우 이외에는 다음의 어느 하나에 해당하는 것일 것

- 특고압 가공전선과 동일 지지물에 시설되는 부분에 각종 접지공사의 세목의 규정에 준하여 접지공사(접지저항값이 10[Ω] 이하로서 접지선은 공칭단면적 16[$mm^2$] 이상의 연동선 또는 이와 동등 이상의 세기 및 굵기의 쉽게 부식하지 않는 금속선으로서 고장 시에 흐르는 전류를 안전하게 통할 수 있는 것을 사용한 것에 한한다)를 한 저압 가공전선(아래의 규정하는 것을 제외한다)
- 고압 또는 특고압과 저압의 혼촉에 의한 위험방지 시설의 규정에 의하여 접지공사(접지공사의 종류의 규정에 의하여 계산한 값이 10을 초과하는 경우에는 접지저항값이 10[Ω] 이하인 것에 한한다)를 한 저압 가공전선
- 특고압과 고압의 혼촉 등에 의한 위험방지 시설에서 규정하는 장치를 한 고압 가공전선
- 직류 단선식 전기철도용 가공전선 그 밖의 대지로부터 절연되어 있지 아니하는 전로에 접속되어 있는 저압 또는 고압 가공전선

② 사용전압이 35[kV]를 초과하고 100[kV] 미만인 특고압 가공전선과 저압 또는 고압 가공전선을 동일 지지물에 시설하는 경우에는 ④의 경우 이외에는 ①의 ㉢ 및 ㉤의 규정에 준하여 시설하고 또한 다음 각 호에 따라 시설하여야 한다.

㉠ 특고압 가공전선로는 제2종 특고압 보안공사에 의할 것

㉡ 특고압 가공전선과 저압 또는 고압 가공전선 사이의 이격거리는 2[m] 이상일 것. 다만, 특고압 가공전선이 케이블인 경우에 저압 가공전선이 절연전선 혹은 케이블인 때 또는 고압 가공전선이 절연전선 혹은 케이블인 때에는 1[m]까지 감할 수 있다.

㉢ 특고압 가공전선은 케이블인 경우를 제외하고는 인장강도 21.67[kN] 이상의 연선 또는 단면적이 55[$mm^2$] 이상인 경동연선일 것

㉣ 특고압 가공전선로의 지지물은 철주·철근 콘크리트주 또는 철탑일 것

③ 사용전압이 100[kV] 이상인 특고압 가공전선과 저압 또는 고압 가공전선은 ④의 경우 이외에는 동일 지지물에 시설하여서는 아니 된다.

④ 특고압 가공전선과 특고압 가공전선로의 지지물에 시설하는 저압의 전기기계기구에 접속하는 저압 가공전선을 동일 지지물에 시설하는 경우에는 ①의 ㉠부터 ㉢까지의 규정에 준하여 시설하는 이외에 특고압 가공전선과 저압 가공전선 사이의 이격거리는 다음 표에서 정한 값 이상이어야 한다.

| 사용전압의 구분 | 이격거리 |
|---|---|
| 35[kV] 이하 | 1.2[m]<br>(특고압 가공전선이 케이블인 경우에는 0.5[m]) |
| 35[kV] 초과<br>60[kV] 이하 | 2[m]<br>(특고압 가공전선이 케이블인 경우에는 1[m]) |
| 60[kV] 초과 | 2[m]<br>(특고압 가공전선이 케이블인 경우에는 1[m])에 60[kV]를 초과하는 10[kV] 또는 그 단수마다 12[cm]를 더한 값 |

### (7) 특고압 가공전선과 식물의 이격거리(판단기준 제133조)

특고압 가공전선과 식물 사이의 이격거리에 대하여는 특고압 가공전선과 저고압 가공전선 등의 접근 또는 교차 규정을 준용한다. 다만, 사용전압이 35[kV] 이하인 특고압 가공전선을 다음 각 호의 어느 하나에 따라 시설하는 경우에는 그러하지 아니하다.

① 고압 절연전선을 사용하는 특고압 가공전선과 식물 사이의 이격거리가 50[cm] 이상인 경우

② 특고압 절연전선 또는 케이블을 사용하는 특고압 가공전선과 식물이 접촉하지 않도록 시설하는 경우 또는 특고압 수밀형 케이블을 사용하는 특고압 가공전선과 식물의 접촉에 관계없이 시설하는 경우

## 7 지중전선로, 터널 안 전선로 및 수상전선로

### (1) 지중전선로의 시설(판단기준 제136조)

① 지중전선로는 전선에 케이블을 사용하고 또한 관로식 · 암거식 또는 직접 매설식에 의하여 시설하여야 한다.

② 지중전선로를 관로식 또는 암거식에 의하여 시설하는 경우에는 다음 각 호에 따라야 한다.

㉠ 관로식에 의하여 시설하는 경우에는 매설 깊이를 1.0[m] 이상으로 하되, 매설 깊이가 충분하지 못한 장소에는 견고하고 차량 기타 중량물의 압력에 견디는 것을 사용할 것. 다만, 중량물의 압력을 받을 우려가 없는 곳은 60[cm] 이상으로 한다.

㉡ 암거식에 의하여 시설하는 경우에는 견고하고 차량 기타 중량물의 압력에 견디는 것을 사용할 것

③ 지중전선을 냉각하기 위하여 케이블을 넣은 관내에 물을 순환시키는 경우에는 지중전선로는 순환수 압력에 견디고 또한 물이 새지 아니하도록 시설하여야 한다.

④ 지중전선로를 직접 매설식에 의하여 시설하는 경우에는 매설 깊이를 차량 기타 중량물의 압력을 받을 우려가 있는 장소에는 1.2[m] 이상, 기타 장소에는 60[cm] 이상으로 하고 또한 지중전선을 견고한 트라프 기타 방호물에 넣어 시설하여야 한다. 다만, 다음 각 호의 하나에 해당하는 경우에는 지중전선을 견고한 트라프 기타 방호물에 넣지 아니하여도 된다.

㉠ 저압 또는 고압의 지중전선을 차량 기타 중량물의 압력을 받을 우려가 없는 경우에 그 위를 견고한 판 또는 몰드로 덮어 시설하는 경우

㉡ 지중전선에 파이프형 압력케이블을 사용하거나 최대사용전압이 60[kV]를 초과하는 연피케이블, 알루미늄피케이블 그 밖의 금속피복을 한 특고압 케이블을 사용하고 또한 지중전선의 위를 견고한 판 또는 몰드 등으로 덮어 시설하는 경우

### (2) 터널 안 전선로의 시설(판단기준 제143조)

① 철도, 궤도 또는 자동차도 전용터널 안의 전선로는 다음 각 호에 따라 시설하여야 한다.

㉠ 저압 전선은 다음 중 1에 의하여 시설할 것

- 인장강도 2.30[kN] 이상의 절연전선 또는 지름 2.6[mm] 이상의 경동선의 절연전선을 사용하고 애자사용 공사의 규정에 준하는 애자사용 공사에 의하여 시설하여야 하며 또한 이를 레일면상 또는 노면상 2.5[m] 이상의 높이로 유지할 것
- 규정에 준하는 합성수지관 공사・금속관공사・가요전선관 공사・케이블 공사에 의하여 시설할 것

㉡ 고압 전선은 고압 옥측전선로의 시설 규정에 준하여 시설할 것. 다만, 인장강도 5.26[kN] 이상의 것 또는 지름 4[mm] 이상의 경동선의 고압 절연전선 또는 특고압 절연전선을 사용하여 고압 옥내배선 등의 시설의 규정에 준하는 애자사용 공사에 의하여 시설하고 또한 이를 레일면상 또는 노면상 3[m] 이상의 높이로 유지하여 시설하는 경우에는 그러하지 아니하다.

㉢ 특고압 전선은 고압 옥측선로의 시설 규정에 준하여 시설할 것

② 사람이 상시 통행하는 터널 안의 전선로 사용전압은 저압 또는 고압에 한하며, 다음 각 호에 따라 시설하여야 한다.

㉠ 저압 전선은 다음 중 1에 의하여 시설할 것

- 인장강도 2.30[kN] 이상의 절연전선 또는 지름 2.6[mm] 이상의 경동선의 절연전선을 사용하여 애자사용 공사 규정에 준하는 애자사용공사에 의하여 시설하고 또한 노면상 2.5[m] 이상의 높이로 유지할 것
- 규정에 준하는 합성수지관 공사・금속관공사・가요전선관 공사 또는 케이블 공사에 의할 것

㉡ 고압 전선은 고압 옥측전선로의 시설 규정에 준하여 시설할 것

### (3) 수상전선로의 시설(판단기준 제145조)

① 수상전선로를 시설하는 경우에는 그 사용전압은 저압 또는 고압인 것에 한하며 다음 각 호에 따르고 또한 위험의 우려가 없도록 시설하여야 한다.

㉠ 전선은 전선로의 사용전압이 저압인 경우에는 클로로프렌 캡타이어 케이블이어야 하며, 고압인 경우에는 캡타이어 케이블일 것

㉡ 수상전선로의 전선을 가공전선로의 전선과 접속하는 경우에는 그 부분의 전선은 접속점으로부터 전선의 절연 피복 안에 물이 스며들지 아니하도록 시설하고 또한 전선의 접속점은 다음의 높이로 지지물에 견고하게 붙일 것

- 접속점이 육상에 있는 경우에는 지표상 5[m] 이상. 다만, 수상전선로의 사용전압이 저압인 경우에 도로상 이외의 곳에 있을 때에는 지표상 4[m]까지로 감할 수 있다.
- 접속점이 수면 상에 있는 경우에는 수상전선로의 사용전압이 저압인 경우에는 수면상 4[m] 이상, 고압인 경우에는 수면상 5[m] 이상

㉢ 수상전선로에 사용하는 부대는 쇠사슬 등으로 견고하게 연결한 것일 것

㉣ 수상전선로의 전선은 부대의 위에 지지하여 시설하고 또한 그 절연피복을 손상하지 아니하도록 시설할 것

② ①의 수상전선로에는 이와 접속하는 가공전선로에 전용개폐기 및 과전류 차단기를 각 극(과전류 차단기는 다선식전로의 중성극을 제외한다)에 시설하고 또한 수상전선로의 사용전압이 고압인 경우에는 전로에 지락이 생겼을 때에 자동적으로 전로를 차단하기 위한 장치를 시설하여야 한다.

## 8 전력보안 통신설비

### (1) 전력보안 통신용 전화설비의 시설(판단기준 제153조)

① 다음 각 호에 열거하는 곳에는 전력 보안통신용 전화설비를 시설하여야 한다.

㉠ 원격 감시제어가 되지 아니하는 발전소 · 원격 감시제어가 되지 아니하는 변전소(이에 준하는 곳으로서 특고압의 전기를 변성하기 위한 곳을 포함한다) · 발전제어소 · 변전제어소 · 개폐소 및 전선로의 기술원 주재소와 이를 운용하는 급전소 간. 다만, 다음 중의 어느 항목에 적합한 것은 그러하지 아니하다.

- 원격감시 제어가 되지 않는 발전소로 전기의 공급에 지장을 주지 않고 또한 급전소와의 사이에 보안상 긴급 연락의 필요가 없는 곳
- 사용전압이 35[kV] 이하의 원격감시제어가 되지 아니하는 변전소에 준하는 곳으로서, 기기를 그 조작 등에 의하여 전기의 공급에 지장을 주지 아니하도록 시설한 경우에 전력보안 통신용 전화설비에 갈음하는 전화설비를 가지고 있는 것

㉡ 2 이상의 급전소 상호 간과 이들을 총합 운용하는 급전소 간

㉢ ㉡의 총합 운용을 하는 급전소로서 서로 연계가 다른 전력 계통에 속하는 것의 상호 간

㉣ 수력설비 중 필요한 곳, 수력 설비의 보안상 필요한 양수소 및 강수량 관측소와 수력발전소 간

㉤ 동일 수계에 속하고 보안상 긴급 연락의 필요가 있는 수력발전소 상호 간

㉥ 동일 전력계통에 속하고 또한 보안상 긴급연락의 필요가 있는 발전소 · 변전소(이에 준하는 곳으로서 특고압의 전기를 변성하기 위한 곳을 포함한다) · 발전제어소 · 변전제어소 및 개폐소 상호 간

㉦ 발전소 · 변전소 · 발전제어소 · 변전제어소 및 개폐소와 기술원 주재소 간. 다만, 다음 어느 항목에 적합하고 또한 휴대용 또는 이동용 전력 보안통신 전화설비에 의하여 연락이 확보된 경우에는 그러하지 아니하다.

- 발전소로서 전기의 공급에 지장을 미치지 않는 것
- 상주 감시를 하니 아니하는 변전소의 시설에서 규정하는 변전소(사용전압이 35[kV] 이하의 것에 한한다)로서 그 변전소에 접속되는 전선로가 동일 기술원 주재소에 의하여 운용되는 곳

㉧ 발전소 · 변전소(이에 준하는 곳으로서 특고압의 전기를 변성하기 위한 곳을 포함한다) · 발전제어소 · 변전제어소 · 개폐소 · 급전소 및 기술원 주재소와 전기설비의 보안상 긴급 연락의 필요가 있는

기상대 · 측후소 · 소방서 및 방사선 감시계측 시설물 등의 사이

㉧ 특고압 전력계통에 연계하는 분산형 전원과 이를 운용하는 급전소 사이. 다만, 다음 각 목을 충족하는 경우에는 일반가입전화 및 휴대전화를 사용할 수 있다.

- 분산형전원 설치자 측의 교환기를 이용하지 않고 직접 기술원과 통화가 가능한 방식인 경우(교환기를 이용하는 대표번호방식이 아닌 기술원과 직접 연결되는 단번방식)
- 통화 중에 다른 전화 착신이 가능한 방식으로 하는 경우

② 특고압 가공전선로 및 선로길이 5[km] 이상의 고압 가공전선로에는 보안상 특히 필요한 경우에 가공전선로의 적당한 곳에서 통화할 수 있도록 휴대용 또는 이동용의 전력보안 통신용 전화설비를 시설하여야 한다.

③ 고압 및 특고압 지중전선로가 설치되어 있는 전력구내에서 보안상 특히 필요한 경우에는 전력구내의 적당한 곳에서 통화할 수 있도록 전력보안 통신용 전화설비를 시설하여야 한다.

### (2) 가공전선과 첨가 통신선과의 이격거리(판단기준 제155조)

① 가공전선로의 지지물에 시설하는 통신선은 다음 각 호에 따른다.

㉠ 통신선은 가공전선의 아래에 시설할 것. 다만, 가공전선에 케이블을 사용하는 경우 또는 통신선에 가공지선을 이용하여 시설하는 광섬유 케이블을 사용하는 경우 또는 수직 배선으로 가공전선과 접촉할 우려가 없도록 지지물 또는 완금류에 견고하게 시설하는 경우에는 그러하지 아니하다.

㉡ 통신선과 저압 가공전선 또는 25[kV] 이하인 특고압 가공전선로의 시설에 규정하는 특고압 가공전선로의 다중 접지를 한 중성선 사이의 이격거리는 60[cm] 이상일 것. 다만, 저압 가공전선이 절연전선 또는 케이블인 경우에 통신선이 절연전선과 동등 이상의 절연효력이 있는 것인 경우에는 30[cm](저압 가공전선이 인입선이고 또한 통신선이 첨가 통신용 제2종 케이블 또는 광섬유 케이블일 경우에는 15[cm]) 이상으로 할 수 있다.

㉢ 통신선과 고압 가공전선 사이의 이격거리는 60[cm] 이상일 것. 다만, 고압 가공전선이 케이블인 경우에 통신선이 절연전선과 동등 이상의 절연효력이 있는 것인 경우에는 30[cm] 이상으로 할 수 있다.

㉣ 통신선은 고압 가공전선로 또는 25[kV] 이하인 특고압 가공전선로의 시설에 규정하는 특고압 가공전선로의 지지물에 시설하는 기계 기구에 부속되는 전선과 접촉할 우려가 없도록 지지물 또는 완금류에 견고하게 시설할 것

㉤ 통신선과 특고압 가공전선(25[kV] 이하인 특고압 가공전선로의 시설에 규정하는 특고압 가공전선로의 다중 접지를 한 중성선을 제외한다) 사이의 이격거리는 1.2[m](25[kV] 이하인 특고압 가공전선로의 시설에 규정하는 특고압 가공전선은 75[cm]) 이상일 것. 다만, 특고압 가공전선이 케이블인 경우에 통신선이 절연전선과 동등 이상의 절연효력이 있는 것인 경우에는 30[cm] 이상으로 할 수 있다.

② 저고압 가공전선과 가공약전류전선 등의 공가 규정은 가공전선로의 지지물에 시설하는 통신선의 수직 배선에 준용한다.

### (3) 가공통신 인입선 시설(판단기준 제158조)

① 가공통신선(②에 규정하는 것을 제외한다)의 지지물에서의 지지점 및 분기점 이외의 가공통신 인입선 부분의 높이는 교통에 지장을 줄 우려가 없을 때에 한하여 가공통신선의 높이 규정에 의하지 아니할 수 있다. 이 경우에 차량이 통행하는 노면상의 높이는 4.5[m] 이상, 조영물의 붙임점에서의 지표상의 높이는 2.5[m] 이상으로 하여야 한다.

② 특고압 가공전선로의 지지물에 시설하는 통신선 또는 이에 직접 접속하는 가공통신선(25[kV] 이하인 특고압 가공전선로 첨가 통신선의 시설에 관한 특례에 규정하는 것을 제외한다)의 지지물에서의 지지점 및 분기점 이외의 가공 통신 인입선 부분의 높이 및 다른 가공약전류전선 등 사이의 이격거리는 교통에 지장이 없고 또한 위험의 우려가 없을 때에 한하여 가공통신선의 높이 및 특고압 전선로 첨가통신선과 도로・횡단보도교・철도 및 다른 전선로와의 접근 또는 교차 규정에 의하지 아니할 수 있다. 이 경우에 노면상의 높이는 5[m] 이상, 조영물의 붙임점에서의 지표상의 높이는 3.5[m] 이상, 다른 가공약전류전선 등 사이의 이격거리는 60[cm] 이상으로 하여야 한다.

## 9 전기사용장소의 시설(옥내, 옥외)

### (1) 옥내전로의 대지전압의 제한(판단기준 제166조)

① 백열전등(전기스탠드 및 전기용품 및 생활용품 안전관리법의 적용을 받는 장식용의 전등기구를 제외한다) 또는 방전등(방전관・방전등용 안정기 및 방전관의 점등에 필요한 부속품과 관등회로의 배선을 말하며 전기스탠드 기타 이와 유사한 방전등 기구를 제외한다)에 전기를 공급하는 옥내(전기사용장소의 옥내의 장소를 말한다)의 전로(주택의 옥내 전로를 제외한다)의 대지전압은 300[V] 이하이어야 하며 다음 각 호에 따라 시설하여야 한다. 다만, 대지전압 150[V] 이하의 전로인 경우에는 다음 각 호에 따르지 아니할 수 있다.

㉠ 백열전등 또는 방전등 및 이에 부속하는 전선은 사람이 접촉할 우려가 없도록 시설할 것

㉡ 백열전등(기계 장치에 부속하는 것을 제외한다) 또는 방전등용 안정기는 저압의 옥내배선과 직접 접속하여 시설할 것

㉢ 백열전등의 전구소켓은 키나 그 밖의 점멸기구가 없는 것일 것

② 주택의 옥내전로(전기기계기구 내의 전로를 제외한다)의 대지전압은 300[V] 이하이어야 하며 다음 각 호에 따라 시설하여야 한다. 다만, 대지전압 150[V] 이하의 전로인 경우에는 다음 각 호에 따르지 아니할 수 있다.

㉠ 사용전압은 400[V] 미만일 것

ⓛ 주택의 전로 인입구에는 전기용품 및 생활용품 안전관리법에 적용을 받는 인체감전보호용 누전차단기를 시설할 것. 다만, 전로의 전원 측에 정격용량이 3[kVA] 이하인 절연변압기(1차 전압이 저압이고 2차 전압이 300[V] 이하인 것에 한한다)를 사람이 쉽게 접촉할 우려가 없도록 시설하고 또한 그 절연변압기의 부하 측 전로를 접지하지 아니하는 경우에는 그러하지 아니하다.

ⓒ ⓛ의 누전차단기를 건축법에 의한 재해관리구역 안의 지하주택에 시설하는 경우에는 침수 시 위험의 우려가 없도록 지상에 시설할 것

ⓓ 전기기계기구 및 옥내의 전선은 사람이 쉽게 접촉할 우려가 없도록 시설할 것. 다만, 전기기계기구로서 사람이 쉽게 접촉할 우려가 있는 부분이 절연성이 있는 재료로 견고하게 제작되어 있는 것 또는 건조한 곳에서 취급하도록 시설된 것 및 기계기구의 철대 및 외함의 접지에 준하여 시설된 것은 그러하지 아니하다.

ⓔ 백열전등의 전구소켓은 키나 그 밖의 점멸기구가 없는 것일 것

ⓗ 정격 소비 전력 3[kW] 이상의 전기기계기구에 전기를 공급하기 위한 전로에는 전용의 개폐기 및 과전류차단기를 시설하고 그 전로의 옥내배선과 직접 접속하거나 적정 용량의 전용콘센트를 시설할 것

ⓢ 주택의 옥내를 통과하여 그 주택 이외의 장소에 전기를 공급하기 위한 옥내배선은 사람이 접촉할 우려가 없는 은폐된 장소에 합성수지관 공사 · 금속관 공사 또는 케이블 공사에 의하여 시설할 것

ⓞ 주택의 옥내를 통과하여 옥내에 시설하는 전선로 규정에 의하여 시설하는 전선로는 사람이 접촉할 우려가 없는 은폐된 장소에 규정에 준하는 합성수지관 공사 · 금속관 공사 · 케이블 공사에 의하여 시설할 것

③ 주택 이외의 곳의 옥내(여관, 호텔, 다방, 사무소, 공장 등 또는 이와 유사한 곳의 옥내를 말한다)에 시설하는 가정용 전기기계기구(소형 전동기 · 전열기 · 라디오 수신기 · 전기스탠드 · 전기용품 및 생활용품 안전관리법의 적용을 받는 장식용 전등기구 기타의 전기기계기구로서 주로 주택 그 밖에 이와 유사한 곳에서 사용하는 것을 말하며 백열전등과 방전등을 제외한다)에 전기를 공급하는 옥내전로의 대지전압은 300[V] 이하이어야 하며, 가정용 전기기계기구와 이에 전기를 공급하기 위한 옥내배선과 배선기구(개폐기 · 차단기 · 접속기 그 밖에 이와 유사한 기구를 말한다)를 ②의 ⓖ, ⓒ~ⓔ까지의 규정에 준하여 시설하거나 또는 취급자 이외의 자가 쉽게 접촉할 우려가 없도록 시설하여야 한다.

④ 주택의 태양전지모듈에 접속하는 부하 측 옥내배선(복수의 태양전지모듈을 시설하는 경우에는 그 집합체에 접속하는 부하 측의 배선)을 다음 각 호에 따라 시설하는 경우에 주택의 옥내전로의 대지전압은 직류 600[V] 이하일 것

ⓖ 전로에 지락이 생겼을 때 자동적으로 전로를 차단하는 장치를 시설할 것

ⓛ 사람이 접촉할 우려가 없는 은폐된 장소에 합성수지관공사, 금속관공사 및 케이블 공사에 의하여 시설하거나, 사람이 접촉할 우려가 없도록 케이블 공사에 의하여 시설하고 전선에 적당한 방호장치를 시설할 것

### (2) 옥내에 시설하는 저압용의 배선기구의 시설(판단기준 제170조)

① 옥내에 시설하는 저압용의 배선기구는 그 충전 부분이 노출하지 아니하도록 시설하여야 한다. 다만, 취급자 이외의 자가 출입할 수 없도록 시설한 곳에서는 그러하지 아니하다.

② 옥내에 시설하는 저압용의 비포장 퓨즈는 불연성의 것으로 제작한 함 또는 안쪽 면 전체에 불연성의 것을 사용하여 제작한 함의 내부에 시설하여야 한다. 다만, 사용전압이 400[V] 미만인 저압 옥내 전로에 다음 각 호에 적합한 기구 또는 전기용품 및 생활용품 안전관리법의 적용을 받는 기구에 넣어 시설하는 경우에는 그러하지 아니하다.

㉠ 극과 극 사이에는 개폐하였을 때 또는 퓨즈가 용단되었을 때 생기는 아크가 다른 극에 미치지 않도록 절연성의 격벽을 시설한 것일 것

㉡ 커버는 내 아크성의 합성수지로 제작한 것이어야 하며 또한 진동에 의하여 떨어지지 않는 것일 것

㉢ 완성품은 KS C 8311(2005) "커버 나이프 스위치"의 "3.1 온도상승", "3.6 내열", "3.5 단락차단" 및 "3.8 커버의 강도"에 적합한 것일 것

③ 옥내의 습기가 많은 곳 또는 물기가 있는 곳에 시설하는 저압용의 배선기구에는 방습 장치를 하여야 한다.

④ 옥내에 시설하는 저압용의 배선 기구에 전선을 접속하는 경우에는 나사로 고정시키거나 기타 이와 동등 이상의 효력이 있는 방법에 의하여 견고하고 또한 전기적으로 완전히 접속하고 접속점에 장력이 가하여지지 아니하도록 하여야 한다.

⑤ 저압 콘센트는 기계기구의 철대 및 외함의 접지 경우를 제외하고 접지극이 있는 것을 사용하여 접지하여야 한다. 다만, 주택의 옥내전로에는 기계기구의 철대 및 외함의 접지 경우에도 불구하고 접지극이 있는 콘센트를 사용하여 접지하여야 한다.

⑥ 욕조나 샤워시설이 있는 욕실 또는 화장실 등 인체가 물에 젖어 있는 상태에서 전기를 사용하는 장소에 콘센트를 시설하는 경우에는 다음 각 호에 따라 시설하여야 한다.

㉠ 전기용품 및 생활용품 안전관리법의 적용을 받는 인체감전보호용 누전차단기(정격감도전류 15[mA] 이하, 동작시간 0.03초 이하의 전류동작형의 것에 한한다) 또는 절연변압기(정격용량 3[kVA] 이하인 것에 한한다)로 보호된 전로에 접속하거나, 인체감전보호용 누전차단기가 부착된 콘센트를 시설하여야 한다.

㉡ 콘센트는 접지극이 있는 방적형 콘센트를 사용하여 접지하여야 한다.

### (3) 옥외등의 인하선의 시설(판단기준 제217조)

옥외 백열전등의 인하선으로서 지표상의 높이 2.5[m] 미만의 부분은 전선에 공칭단면적 2.5[$mm^2$] 이상의 연동선과 동등 이상의 세기 및 굵기의 절연전선(옥외용 비닐절연전선은 제외한다)을 사용하고 또한 사람이 쉽게 접촉할 우려가 있는 곳에 시설하는 경우에는 사람의 접촉 또는 전선의 손상을 방지하도록 시설하여야 한다.

### (4) 옥측 또는 옥외에 이동전선의 시설(판단기준 제220조)

① 옥측 또는 옥외에 시설하는 저압의 이동전선은 다음 각 호에 따라 시설하여야 한다.

㉠ 옥측 또는 옥외에 시설하는 사용전압이 400[V] 미만인 이동전선은 아크 용접장치의 시설 규정에 의하여 용접용 케이블을 사용하는 경우 이외에는 0.6/1[kV] EP 고무 절연 클로로프렌 캡타이어케이블로서 단면적 0.75[mm$^2$] 이상의 것일 것. 다만, 옥내 저압용 이동전선의 시설에 규정하는 기구에 접속하여 시설하는 경우에는 단면적 0.75[mm$^2$] 이상의 0.6/1[kV] 비닐절연 비닐캡타이어케이블을, 옥측에 시설하는 경우 비나 이슬에 맞지 아니하도록 시설할 때는 단면적 0.75[mm$^2$] 이상의 300/300[V] 편조 고무코드 또는 0.6/1[kV] 비닐절연 비닐캡타이어케이블을 사용할 수 있다.

㉡ 옥측 또는 옥외에 시설하는 사용전압이 400[V] 이상인 이동전선은 옥내 저압용 이동전선의 시설 규정에 준할 것

② 옥측 또는 옥외에 시설하는 저압의 이동전선에 접속하여 사용하는 전기기계기구는 옥내 저압용 이동전선의 시설 규정에 준하여 시설하여야 한다.

③ 옥측 또는 옥외에 시설하는 저압의 이동전선과 저압의 옥측배선이나 옥외배선 또는 전기사용기계기구와의 접속은 옥내 저압용 이동전선의 시설 규정에 준하여 시설하여야 한다. 이 경우에 저압의 이동전선과 저압의 옥측 배선이나 옥외 배선과의 접속에는 꽂음 접속기를 사용하고, 옥외에 노출되어 사용하는 경우에는 방수형 꽂음 접속기를 사용하여야 한다.

④ 옥측 또는 옥외에 시설하는 고압의 이동전선은 옥내 고압용 이동전선의 시설의 규정에 준하여 시설하여야 한다.

⑤ 특고압 이동전선은 옥측 또는 옥외에 시설하여서는 아니 된다.

## 10 지능형 전력망(분산형 전원 계통연계설비)

### (1) 단락전류 제한장치의 시설(판단기준 제282조)

분산형 전원을 계통연계하는 경우 전력계통의 단락용량이 다른 자의 차단기의 차단용량 또는 전선의 순시허용전류 등을 상회할 우려가 있을 때에는 그 분산형 전원 설치자가 한류리액터 등 단락전류를 제한하는 장치를 시설하여야 하며, 이러한 장치로도 대응할 수 없는 경우에는 그 밖에 단락전류를 제한하는 대책을 강구하여야 한다.

### (2) 계통연계용 보호 장치의 시설(판단기준 제283조)

① 계통연계하는 분산형 전원을 설치하는 경우 다음 각 호의 1에 해당하는 이상 또는 고장 발생 시 자동적으로 분산형 전원을 전력계통으로부터 분리하기 위한 장치 시설 및 해당 계통과의 보호협조를 실시하여야 한다.

㉠ 분산형 전원의 이상 또는 고장

㉡ 연계한 전력계통의 이상 또는 고장

㉢ 단독운전 상태

② ①의 ㉡에 따라 연계한 전력계통의 이상 또는 고장 발생 시 분산형 전원의 분리시점은 해당 계통의 재폐로 시점 이전이어야 하며, 이상 발생 후 해당 계통의 전압 및 주파수가 정상 범위 내에 들어올 때까지 계통과의 분리 상태를 유지하는 등 연계한 계통의 재폐로 방식과 협조를 이루어야 한다.

③ 단순 병렬운전 분산형 전원의 경우에는 역전력 계전기를 설치한다. 단, 신에너지 및 재생에너지 개발·이용·보급촉진법 용어의 정의 중 신에너지 및 재생에너지 규정에 의한 신재생에너지를 이용하여 동일 전기사용장소에서 전기를 생산하는 합계 용량이 50[kW] 이하의 소규모 분산형 전원(단, 해당 구내계통 내의 전기사용 부하의 수전계약전력이 분산형 전원 용량을 초과하는 경우에 한한다)으로서 ①의 ㉢에 의한 단독운전 방지기능을 가진 것을 단순 병렬로 연계하는 경우에는 역전력계전기 설치를 생략할 수 있다.

# 적중예상문제

**01** 전기사업의 정의로 올바른 것은?

① 발전사업 · 송전사업 · 배전사업 · 전기판매사업 및 구역전기사업을 말한다.
② 발전소로부터 송전된 전기를 전기사용자에게 배전하는 데 필요한 전기설비를 설치 · 운용하는 것을 주된 목적으로 하는 사업을 말한다.
③ 발전소에서 생산된 전기를 배전사업자에게 송전하는 데 필요한 전기설비를 설치 · 관리하는 것을 주된 목적으로 하는 사업을 말한다.
④ 산업통상자원부령으로 정하는 소규모의 전기설비로서 한정된 구역에서 전기를 사용하기 위하여 설치하는 전기설비를 말한다.

해설
정의(전기사업법 제2조)
"전기사업"이란 발전사업 · 송전사업 · 배전사업 · 전기판매사업 및 구역전기사업을 말한다.

**02** 다음에서 설명하는 내용은?

> "전기를 생산하여 이를 전력시장을 통하여 전기판매사업자에게 공급하는 것을 주된 목적으로 하는 사업을 말한다."

① 전기사업
② 발전사업
③ 송전사업
④ 배전사업

해설
정의(전기사업법 제2조)
"발전사업"이란 전기를 생산하여 이를 전력시장을 통하여 전기판매사업자에게 공급하는 것을 주된 목적으로 하는 사업을 말한다.

**03** 발전소로부터 송전된 전기를 전기사용자에게 배전하는 데 필요한 전기설비를 설치 · 운용하는 것을 주된 목적으로 하는 사업은?

① 배전사업
② 송전사업
③ 전기설비사업
④ 자가용설비

해설
정의(전기사업법 제2조)
"배전사업"이란 발전소로부터 송전된 전기를 전기사용자에게 배전하는 데 필요한 전기설비를 설치 · 운용하는 것을 주된 목적으로 하는 사업을 말한다.

**04** 전기설비의 종류에 해당되지 않는 것은?

① 전기사업용전기설비
② 자가용전기설비
③ 일반용전기설비
④ 특수용전기설비

해설
전기설비의 종류(전기사업법 제2조)
• 전기사업용전기설비
• 일반용전기설비
• 자가용전기설비

**05** 산업통상자원부령으로 정하는 소규모의 전기설비로서 한정된 구역에서 전기를 사용하기 위하여 설치하는 전기설비는?

① 사업용전기설비
② 일반용전기설비
③ 공업용전기설비
④ 자가용전기설비

정답 1 ① 2 ② 3 ① 4 ④ 5 ②

해설

정의(전기사업법 제2조)
"일반용전기설비"란 산업통상자원부령으로 정하는 소규모의 전기설비로서 한정된 구역에서 전기를 사용하기 위하여 설치하는 전기설비를 말한다.

## 06 변전소는 전압이 얼마 이상인 전기를 전송받아 전송하는가?

① 3만[V]
② 4만[V]
③ 5만[V]
④ 10만[V]

해설

정의(전기사업법 시행규칙 제2조)
"변전소"란 변전소의 밖으로부터 전압 5만[V] 이상의 전기를 전송받아 이를 변성(전압을 올리거나 내리는 것 또는 전기의 성질을 변경시키는 것을 말한다)하여 변전소 밖의 장소로 전송할 목적으로 설치하는 변압기와 그 밖의 전기설비 전체를 말한다.

## 07 개폐소의 전기설비에 해당하지 않는 것은?

① 발전소 상호 간
② 발전소와 송전소 간
③ 변전소 상호 간
④ 발전소와 변전소 간

해설

정의(전기사업법 시행규칙 제2조)
"개폐소"란 다음 각 호의 곳의 전압 5만[V] 이상의 송전선로를 연결하거나 차단하기 위한 전기설비를 말한다.
- 발전소 상호 간
- 변전소 상호 간
- 발전소와 변전소 간

## 08 배전선로에 해당되지 않는 전기설비로 옳지 않은 것은?

① 발전소와 전기수용설비
② 송전선로와 수전선로
③ 변전소와 전기수용설비
④ 전기수용설비 상호 간

해설

정의(전기사업법 시행규칙 제2조)
"배전선로"란 다음 각 호의 곳을 연결하는 전선로와 이에 속하는 전기설비를 말한다.
- 발전소와 전기수용설비
- 변전소와 전기수용설비
- 송전선로와 전기수용설비
- 전기수용설비 상호 간

## 09 저압의 정의로 옳은 것은?

① 직류에서는 750[V]를 초과하고 7천[V] 이하인 전압을 말하고, 교류에서는 600[V]를 초과하고 7천[V] 이하인 전압을 말한다.
② 7천[V]를 초과하는 전압을 말한다.
③ 직류에서는 750[V] 이하의 전압을 말하고, 교류에서는 600[V] 이하의 전압을 말한다.
④ 교류전압 또는 고주파전류 750[V] 이상, 직류전압 600[V] 이상의 전압을 말한다.

해설

정의(전기사업법 시행규칙 제2조)
"저압"이란 직류에서는 750[V] 이하의 전압을 말하고, 교류에서는 600[V] 이하의 전압을 말한다.

## 10 7천[V]를 초과하는 전압은?

① 특고압
② 저 압
③ 고 압
④ 상용전압

해설

정의(전기사업법 시행규칙 제2조)
"특고압"이란 7천[V]를 초과하는 전압을 말한다.



정답 6 ③ 7 ② 8 ② 9 ③ 10 ①

## 11 일반용전기설비의 범위에 해당하는 것은?

① 전압 600[V] 이하로서 용량 75[kW] 미만의 전력을 타인으로부터 수전하여 그 수전장소에서 그 전기를 사용하기 위한 전기설비
② 전압 700[V] 이하로서 용량 60[kW] 미만의 전력을 타인으로부터 수전하여 그 수전장소에서 그 전기를 사용하기 위한 전기설비
③ 전압 700[V] 이하로서 용량 10[kW] 이하인 발전기
④ 전압 600[V] 이하로서 용량 100[kW] 이하인 발전기

해설

일반용전기설비의 범위(전기사업법 시행규칙 제3조)
전기사업법(이하 "법"이라 한다)에 따른 일반용전기설비는 다음 각 호의 어느 하나에 해당하는 전기설비로 한다.

- 전압 600[V] 이하로서 용량 75[kW](제조업 또는 심야전력을 이용하는 전기설비는 용량 100[kW]) 미만의 전력을 타인으로부터 수전하여 그 수전장소(담·울타리 또는 그 밖의 시설물로 타인의 출입을 제한하는 구역을 포함한다)에서 그 전기를 사용하기 위한 전기설비
- 전압 600[V] 이하로서 용량 10[kW] 이하인 발전설비

## 12 동일인이 두 종류의 전기사업 허가를 할 수 있는 사항으로 틀린 것은?

① 도서지역에서 전기사업을 하는 경우
② 집단에너지사업법에 따라 발전사업의 허가를 받은 것으로 보는 집단에너지사업자가 전기판매사업을 겸업하는 경우
③ 배전사업과 전기 판매 사업을 겸업하는 경우
④ 자본금이 100억이 넘는 경우

해설

두 종류 이상의 전기사업의 허가(전기사업법 시행령 제3조)

- 배전사업과 전기판매사업을 겸업하는 경우
- 도서지역에서 전기사업을 하는 경우
- 집단에너지사업법에 따라 발전사업의 허가를 받은 것으로 보는 집단에너지사업자가 전기판매사업을 겸업하는 경우. 다만, 사업의 허가에 따라 허가받은 공급구역에 전기를 공급하려는 경우로 한정한다.

## 13 사업허가의 신청을 할 경우 전기사업허가신청서를 작성하여 누구에게 신청해야 하는가?

① 대통령
② 산업통상자원부장관
③ 국무총리
④ 전력인협회

해설

사업허가의 신청(전기사업법 시행규칙 제4조)
사업의 허가에 따라 전기사업의 허가를 신청하려는 자는 전기사업허가신청서(전자문서로 된 신청서를 포함한다)에 서류(전자문서를 포함한다)를 첨부하여 산업통상자원부장관에게 제출하여야 한다. 다만, 발전설비용량이 3천[kW] 이하인 발전사업의 허가를 받으려는 자는 특별시장·광역시장·특별자치시장·도지사 또는 특별자치도지사(이하 "시·도지사"라 한다)에게 제출하여야 한다.

## 14 발전설비용량이 3천[kW] 이하인 발전사업의 허가를 받으려는 자는 허가를 신청해야 하는데 이에 허가를 내 줄 수 있는 사람이 아닌 것은?

① 구청장
② 도지사
③ 광역시장
④ 특별시장

해설

13번 해설 참고

## 15 사업계획서의 작성방법 중 사업계획에 포함되는 사항이 아닌 것은?

① 사업개요
② 전기설비 개요
③ 투자자명단
④ 사업구분

해설

사업계획에 포함되어야 할 사항(전기사업법 시행규칙 별표 1)

- 사업 구분
- 사업계획 개요(사업자명, 전기설비의 명칭 및 위치, 발전형식 및 연료, 설비용량, 소요부지면적, 준비기간, 사업개시 예정일 및 운영

정답 11 ① 12 ④ 13 ② 14 ① 15 ③

기간을 포함한다)
- 전기설비 개요
- 전기설비 건설 계획(구체적인 주요공정 추진 일정 및 건설인력 관련 계획을 포함한다)
- 전기설비 운영 계획(기술 인력의 확보 계획을 포함한다)
- 부지의 확보 및 배치 계획(석탄을 이용한 화력발전의 경우 회 처리장에 관한 사항을 포함한다)
- 전력계통의 연계 계획(발전사업 및 구역전기사업의 경우만 해당한다)
- 연료 및 용수 확보 계획(발전사업 및 구역전기사업의 경우만 해당한다)
- 온실가스 감축계획(화력발전의 경우만 해당한다)
- 소요금액 및 재원조달계획(전기사업회계규칙의 계정과목 분류에 따른 공사비 개괄 계산서를 포함한다)
- 사업개시 예정일부터 5년간 연도별 · 용도별 공급계획(전기판매사업 및 구역전기사업의 경우에만 해당한다)

## 16 사업계획서 작성방법 중 태양광설비의 내용에 해당되지 않는 사항은?

① 태양의 크기
② 집광판의 면적
③ 인버터(Inverter)의 종류, 입력전압, 출력전압 및 정격출력
④ 태양전지의 종류, 정격용량, 정격전압 및 정격출력

**해설**

태양광설비의 내용(전기사업법 시행규칙 별표 1)
- 태양전지의 종류, 정격용량, 정격전압 및 정격출력
- 인버터(Inverter)의 종류, 입력전압, 출력전압 및 정격출력
- 집광판의 면적

## 17 사업계획서 구비서류 구분에 관련된 내용이 아닌 것은?

① 재무능력 관련
② 기술능력 관련
③ 계획에 따른 수행 가능 여부 관련
④ 해외기술 비교 관련

**해설**

사업계획서 구비서류 구분에 관련된 내용(전기사업법 시행규칙 별표1의 2)
- 재무능력 관련
- 기술능력 관련
- 계획에 따른 수행 가능 여부 관련

## 18 사업허가증의 발급기관은?

① 대통령
② 산업통상자원부장관
③ 전력인협회
④ 구청장

**해설**

사업허가증(전기사업법 시행규칙 제6조)
산업통상자원부장관 또는 시 · 도지사(발전설비용량이 3천[kW] 이하인 발전사업의 경우로 한정한다)는 사업의 허가에 따른 전기사업에 대한 허가(변경허가를 포함한다)를 하는 경우에는 (발전, 구역전기) 사업허가증 또는 (송전, 배전, 전기판매) 사업허가증을 발급하여야 한다.

## 19 전기설비의 설치 및 사업의 개시 의무에 관한 사항이 아닌 것은?

① 산업통상자원부장관은 전기사업을 허가할 때 필요하다고 인정하면 전기사업별 또는 전기설비별로 구분하여 준비기간을 지정할 수 있다.
② 전기사업자는 산업통상자원부장관이 지정한 준비기간에 사업에 필요한 전기설비를 설치하고 사업을 시작하여야 한다.
③ 전기사업자는 사업을 시작한 경우에는 지체 없이 그 사실을 산업통상자원부장관에게 신고하여야 한다.
④ 준비기간은 1년을 넘을 수 없다.

**해설**

전기설비의 설치 및 사업의 개시 의무(전기사업법 제9조)
- 전기사업자는 산업통상자원부장관이 지정한 준비기간에 사업에 필요한 전기설비를 설치하고 사업을 시작하여야 한다.
- 산업통상자원부장관이 지정한 준비기간에 따른 준비기간은 10년을 넘을 수 없다. 다만, 산업통상자원부장관이 정당한 사유가 있다고 인정하는 경우에는 준비기간을 연장할 수 있다.
- 산업통상자원부장관은 전기사업을 허가할 때 필요하다고 인정하면 전기사업별 또는 전기설비별로 구분하여 준비기간을 지정할 수 있다.
- 전기사업자는 사업을 시작한 경우에는 지체 없이 그 사실을 산업통상자원부장관에게 신고하여야 한다.



16 ① 17 ④ 18 ② 19 ④ 정답

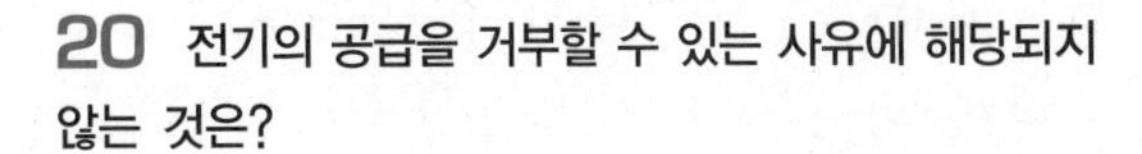

**20** 전기의 공급을 거부할 수 있는 사유에 해당되지 않는 것은?

① 전기요금을 납기일까지 납부하지 아니한 전기사용자가 전기의 공급약관에 따른 공급약관에서 정하는 기한까지 해당 요금을 내지 아니하는 경우
② 전기사용자가 전기의 품질기준에 따른 표준전압 또는 표준주파수 외의 전압 또는 주파수로 전기의 공급을 요청하는 경우
③ 평상시나 그 밖의 정상상태로 인하여 전기공급이 가능한 경우
④ 일반용전기설비의 점검 또는 다른 법률에 따라 시·도지사 또는 그 밖의 행정기관의 장이 전기공급의 정지를 요청하는 경우

해설

전기의 공급을 거부할 수 있는 사유(전기사업법 시행령 제5조의 4)
- 전기요금을 납기일까지 납부하지 아니한 전기사용자가 납기일의 다음 날부터 전기의 공급약관에 따른 공급약관에서 정하는 기한까지 해당 요금을 내지 아니하는 경우
- 전기의 공급을 요청하는 자가 불합리한 조건을 제시하거나 전기판매사업자 또는 전기자동차충전사업자의 정당한 조건에 따르지 아니하고 다른 방법으로 전기의 공급을 요청하는 경우
- 전기사용자가 전기품질의 유지에 따른 전기의 품질에 적합하지 아니한 전기의 공급을 요청하는 경우
- 발전용 전기설비의 정기적인 보수기간 중 전기의 공급을 요청하는 경우(발전사업자만 해당한다)
- 일반용전기설비의 점검에 따른 일반용전기설비의 사용 전 점검을 받지 아니하고 전기공급을 요청하는 경우
- 일반용전기설비의 점검 또는 다른 법률에 따라 시장·군수·구청장(자치구의 구청장을 말한다) 또는 그 밖의 행정기관의 장이 전기공급의 정지를 요청하는 경우
- 재해나 그 밖의 비상사태로 인하여 전기공급이 불가능한 경우

**21** 전기의 품질기준에서 표준전압과 허용오차를 틀리게 설명한 것은?

| | 표준전압 | 허용오차 |
|---|---|---|
| ① | 110[V] | 110[V]의 상하로 6[V] 이내 |
| ② | 220[V] | 220[V]의 상하로 13[V] 이내 |
| ③ | 380[V] | 380[V]의 상하로 38[V] 이내 |
| ④ | 400[V] | 400[V]의 상하로 40[V] 이내 |

해설

전기의 품질기준(전기사업법 시행규칙 제18조)
전기품질의 유지에 따라 전기사업자와 전기신사업자는 그가 공급하는 전기가 표준전압·표준주파수 및 허용오차의 범위에서 유지되도록 하여야 한다.

| 표준전압 | 허용오차 |
|---|---|
| 110[V] | 110[V]의 상하로 6[V] 이내 |
| 220[V] | 220[V]의 상하로 13[V] 이내 |
| 380[V] | 380[V]의 상하로 38[V] 이내 |

**22** 전압 및 주파수를 측정하고자 할 때 매년 1회 이상 측정해야 한다. 그 측정결과는 얼마나 보존해야 하는가?

① 1년
② 2년
③ 3년
④ 4년

해설

전압 및 주파수의 측정(전기사업법 시행규칙 제19조)
전기사업자 및 한국전력거래소는 '산업통상자원부령으로 정하는 바에 따라 전기품질을 측정하고 그 결과를 기록·보존하여야 한다'는 규정에 따라 전기사업자 및 한국전력거래소는 다음 각 호의 사항을 매년 1회 이상 측정하여야 하며 측정 결과를 3년간 보존하여야 한다.
- 발전사업자 및 송전사업자의 경우에는 전압 및 주파수
- 배전사업자 및 전기판매사업자의 경우에는 전압
- 한국전력거래소의 경우에는 주파수

**23** 전압 및 주파수의 측정 종목이 아닌 것은?

① 배전사업자 및 전기판매사업자의 경우에는 전압
② 송전사업자 및 전기판매사업자의 경우에는 전류
③ 발전사업자 및 송전사업자의 경우에는 전압 및 주파수
④ 한국전력거래소의 경우에는 주파수

해설

22번 해설 참고

정답 20 ③ 21 ④ 22 ③ 23 ②

## 24 전력량계의 설치·관리를 할 수 있는 사람이 아닌 것은?

① 배전사업자
② 구역전기사업자
③ 자가용전기설비를 설치한 자
④ 송전사업자

**해설**

전력량계의 설치·관리(전기사업법 제19조)
다음 각 호의 자는 시간대별로 전력거래량을 측정할 수 있는 전력량계를 설치·관리하여야 한다.
- 발전사업자(대통령령으로 정하는 발전사업자는 제외한다)
- 자가용전기설비를 설치한 자
- 구역전기사업자
- 배전사업자
- 전력의 직접 구매 단서에 따라 전력을 직접 구매하는 전기사용자

## 25 전력수급의 안전 기본계획사항에 포함되지 않는 것은?

① 전력수급의 장기전망에 관한 사항
② 전력수요의 관리에 관한 사항
③ 전력의 발전전망과 적정사용자에 대한 사항
④ 전력수급의 기본방향에 관한 사항

**해설**

전력수급의 안전 기본계획사항(전기사업법 제25조)
- 전력수급의 기본방향에 관한 사항
- 전력수급의 장기전망에 관한 사항
- 발전설비계획 및 주요 송전·변전설비계획에 관한 사항
- 전력수요의 관리에 관한 사항
- 직전 기본계획의 평가에 관한 사항
- 그 밖에 전력수급에 관하여 필요하다고 인정하는 사항

## 26 도서지역 등 대통령령으로 정하는 경우의 전력거래에 해당되는 내용 중 신에너지 및 재생에너지 개발·이용·보급 촉진법에 따른 신재생에너지발전사업자가 몇 [kW] 이하의 발전설비용량을 이용하여 생산한 전력을 거래하는 경우인가?

① 1천[kW]
② 2천[kW]
③ 3천[kW]
④ 5천[kW]

**해설**

도서지역 등 대통령령으로 정하는 경우의 전력거래(전기사업법 시행령 제19조)
- 한국전력거래소가 운영하는 전력계통에 연결되어 있지 아니한 도서지역에서 전력을 거래하는 경우
- 신에너지 및 재생에너지 개발·이용·보급 촉진법에 따른 신재생에너지발전사업자가 1천[kW] 이하의 발전설비용량을 이용하여 생산한 전력을 거래하는 경우

## 27 구역전기사업자가 전력을 전력시장에서 거래할 수 있는 경우에 해당되지 않는 내용은?

① 집단에너지사업자의 전기 공급에 대한 특례에 해당하는 자가 산업통상자원부령으로 정하는 기간 동안 해당 특정한 공급구역의 열 수요가 감소함에 따라 발전기 가동을 단축하는 경우 생산한 전력으로는 해당 특정한 공급구역의 수요에 부족한 전력
② 허가받은 공급능력으로 해당 특정한 공급구역의 수요에 부족하거나 남는 전력
③ 발전기의 고장, 정기점검 및 보수 등으로 인하여 해당 특정한 공급구역의 수요에 부족한 전력
④ 정보통신공사업자가 요청하는 경우

**해설**

구역전기사업자가 전력을 전력시장에서 거래할 수 있는 경우(전기사업법 시행령 제19조)
- 허가받은 공급능력으로 해당 특정한 공급구역의 수요에 부족하거나 남는 전력
- 발전기의 고장, 정기점검 및 보수 등으로 인하여 해당 특정한 공급구역의 수요에 부족한 전력
- 집단에너지사업자의 전기 공급에 대한 특례에 해당하는 자가 산업통상자원부령으로 정하는 기간 동안 해당 특정한 공급구역의 열 수요가 감소함에 따라 발전기 가동을 단축하는 경우 생산한 전력으로는 해당 특정한 공급구역의 수요에 부족한 전력



24 ④ 25 ③ 26 ① 27 ④ 정답

**28** 지능형전력망 기반 구축사업자의 등록기준에 해당되지 않는 사항은?

① 전기사업법에 따라 허가받은 송전사업자, 배전사업자, 구역전기사업자 또는 한국전력거래소일 것
② 지능형전력망 정보의 신뢰성과 안전성을 확보하기 위한 보호조치 계획을 갖출 것
③ 자본금 100억원 이상
④ 국가기술자격법에 따른 전기・정보통신・전자・기계・건축・토목・환경 분야의 기사 3명 이상(전기 분야의 기사 1명 이상 포함)을 둘 것

해설

지능형전력망 기반 구축사업자 등록기준(전기사업법 시행령 제19조)
- 전기사업법에 따라 허가받은 송전사업자, 배전사업자, 구역전기사업자 또는 한국전력거래소일 것
- 자본금 20억원 이상
- 국가기술자격법에 따른 전기・정보통신・전자・기계・건축・토목・환경 분야의 기사 3명 이상(전기 분야의 기사 1명 이상 포함)을 둘 것
- 지능형전력망 정보의 신뢰성과 안전성을 확보하기 위한 보호조치 계획을 갖출 것

**29** 전력의 직접구매에서 대통령령으로 정하는 규모 이상의 전기사용자 용량은 몇 만[kVA] 이상인가?

① 3 ② 5
③ 8 ④ 10

해설

전력의 직접 구매(전기사업법 제32조, 시행령 제20조)
전기사용자는 전력시장에서 전력을 직접 구매할 수 없다. 다만, 대통령령으로 정하는 규모 이상의 전기사용자는 그러하지 아니하다. "대통령령으로 정하는 규모 이상의 전기사용자란 수전설비의 용량이 3만[kVA] 이상인 전기사용자를 말한다.

**30** 한국전력거래소의 업무에 해당되지 않는 업무는?

① 전력거래량의 계량에 관한 업무
② 전력계통의 운영에 관한 업무
③ 전력거래에 관한 업무
④ 회원의 회비와 규모에 관한 업무

해설

한국전력거래소의 업무(전기사업법 제36조)
- 전력시장 및 소규모전력중개시장의 개설・운영에 관한 업무
- 전력거래에 관한 업무
- 회원의 자격 심사에 관한 업무
- 전력거래대금 및 전력거래에 따른 비용의 청구・정산 및 지불에 관한 업무
- 전력거래량의 계량에 관한 업무
- 전력시장운영규칙 및 중개시장운영규칙 등 관련 규칙의 제정・개정에 관한 업무
- 전력계통의 운영에 관한 업무
- 전기품질의 측정・기록・보존에 관한 업무

**31** 안전관리업무의 대행 규모에서 안전공사 및 대행사업자의 규모에 해당되지 않는 사항은?

① 용량 1만[kW] 이상의 전기수용설비
② 용량 1천[kW] 미만의 전기수용설비
③ 용량 300[kW] 미만의 발전설비
④ 신에너지 및 재생에너지 개발・이용・보급 촉진법에 따른 태양에너지를 이용하는 발전설비로서 용량 1천[kW] 미만인 것

해설

안전관리업무의 대행 규모(전기사업법 시행규칙 제41조)
안전공사, 전기안전관리대행사업자(이하 "대행사업자"라 한다) 및 전기 분야의 기술자격을 취득한 사람으로서 대통령령으로 정하는 장비를 보유하고 있는 자에 따른 자(이하 "개인대행자"라 한다)가 안전관리업무를 대행할 수 있는 전기설비의 규모는 다음 각 호와 같다.

| 구분 | 규모 |
|---|---|
| 안전공사 및 대행사업자 | 다음 각 호의 하나에 해당하는 전기설비(둘 이상의 전기설비 용량의 합계가 2천500[kW] 미만인 경우로 한정한다)<br>• 용량 1천[kW] 미만의 전기수용설비<br>• 용량 300[kW] 미만의 발전설비. 다만, 비상용 예비발전설비의 경우에는 용량 500[kW] 미만으로 한다.<br>• 신에너지 및 재생에너지 개발・이용・보급 촉진법에 따른 태양에너지를 이용하는 발전설비(이하 "태양광발전설비"라 한다)로서 용량 1천[kW] 미만인 것 |
| 개인대행자 | 다음 각 호의 하나에 해당하는 전기설비(둘 이상의 용량의 합계가 1천50[kW] 미만인 전기설비로 한정한다)<br>• 용량 500[kW] 미만의 전기수용설비<br>• 용량 150[kW] 미만의 발전설비. 다만, 비상용 예비발전설비의 경우에는 용량 300[kW] 미만으로 한다.<br>• 용량 250[kW] 미만의 태양광발전설비 |

정답 28 ③ 29 ① 30 ④ 31 ①

## 32 안전관리업무의 대행 규모 중 개인대행자에 대한 내용으로 틀린 것은?

① 용량 250[kW] 미만의 태양광발전설비
② 용량 300[kW] 이상의 변전설비
③ 용량 500[kW] 미만의 전기수용설비
④ 용량 150[kW] 미만의 발전설비

**해설**

31번 해설 참고

## 33 전기안전관리자의 자격 및 직무의 내용 중에 전기설비의 내용으로 틀린 것은?

① 안전관리 대상 중 모든 전기설비의 공사·유지 및 운용의 자격기준은 전기 분야 기술사 자격소지자, 전기기사 또는 전기기능장 자격소지자로서 실무경력 2년 이상인 사람이다.
② 안전관리 대상 중 전압 10만[V] 미만 전기설비의 공사·유지 및 운용의 자격기준은 전기산업기사 자격소지자로서 실무경력 4년 이상인 사람이다.
③ 안전관리 대상 중 전압 10만[V] 미만으로서 전기설비 용량 2천[kW] 미만 전기설비의 공사·유지 및 운용의 자격기준은 전기기사 또는 전기기능장 자격소지자로서 실무경력 1년 이상인 사람 또는 전기산업기사 자격소지자로서 실무경력 2년 이상인 사람이다.
④ 안전관리 대상 중 전압 5만[V] 미만으로서 전기설비 용량 12,000[kW] 미만 전기설비의 공사·유지 및 운용의 자격기준은 전기산업기사 이상 자격소지자이다.

**해설**

전기안전관리자의 자격 및 직무(전기사업법 시행규칙 별표 12)

| 구분 | 안전관리 대상 | 안전관리자 자격기준 |
|---|---|---|
| 전기설비 | 모든 전기설비의 공사·유지 및 운용 | 전기 분야 기술사 자격소지자, 전기기사 또는 전기기능장 자격소지자로서 실무경력 2년 이상인 사람 |
| | 전압 10만[V] 미만 전기설비의 공사·유지 및 운용 | 전기산업기사 자격소지자로서 실무경력 4년 이상인 사람 |
| | 전압 10만[V] 미만으로서 전기설비 용량 2천[kW] 미만 전기설비의 공사·유지 및 운용 | 전기기사 또는 전기기능장 자격소지자로서 실무경력 1년 이상인 사람 또는 전기산업기사 자격소지자로서 실무경력 2년 이상인 사람 |
| | 전압 10만[V] 미만으로서 전기설비 용량 1,500[kW] 미만 전기설비의 공사·유지 및 운용 | 전기산업기사 이상 자격소지자 |

## 34 전기안전관리자의 선임 등에 따라 선임된 전기안전관리자의 직무 범위에 해당되지 않는 것은?

① 전기설비의 허가 및 등록
② 전기설비의 안전관리를 위한 확인·점검 및 이에 대한 업무의 감독
③ 공사계획의 인가신청 또는 신고에 필요한 서류의 검토
④ 전기재해의 발생을 예방하거나 그 피해를 줄이기 위하여 필요한 응급조치

**해설**

전기안전관리자의 선임 등에 따라 선임된 전기안전관리자의 직무범위(전기사업법 시행규칙 제44조)

- 전기설비의 공사·유지 및 운용에 관한 업무 및 이에 종사하는 사람에 대한 안전교육
- 전기설비의 안전관리를 위한 확인·점검 및 이에 대한 업무의 감독
- 전기설비의 운전·조작 또는 이에 대한 업무의 감독
- 전기설비의 안전관리자에 관한 기록의 작성·보존 및 비치
- 공사계획의 인가신청 또는 신고에 필요한 서류의 검토
- 전기설비의 일상점검·정기점검·정밀점검의 절차, 방법 및 기준에 대한 안전관리규정의 작성
- 전기재해의 발생을 예방하거나 그 피해를 줄이기 위하여 필요한 응급조치

## 35 다른 자의 토지 등을 사용할 경우 주거용으로 사용될 경우 미리 누구와 협의해야 하는가?

① 주 인
② 지역사무소
③ 거주자
④ 대통령

32 ② 33 ④ 34 ① 35 ③ 정답

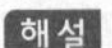

해설

다른 자의 토지 등의 사용(전기사업법 제87조)
다른 자의 토지 등이 주거용으로 사용되고 있는 경우에는 그 사용 일시 및 기간에 관하여 미리 거주자와 협의하여야 한다.

**36** **다음 중 10년 이하의 징역 또는 1억원 이하의 벌금에 해당되는 내용으로 옳은 것은?**

① 정당한 사유 없이 전기사업용 전기설비를 조작하여 발전·송전·변전 또는 배전을 방해한 자
② 전기사업용 전기설비에 장애를 발생하게 하여 발전·송전·변전 또는 배전을 방해한 자
③ 전기사업에 종사하는 자로서 정당한 사유 없이 전기사업용전기설비의 유지 또는 운용업무를 수행하지 아니함으로써 발전·송전·변전 또는 배전에 장애가 발생하게 한 자
④ 자가발전사업용 전기설비를 방해했을 경우

해설

10년 이하의 징역 또는 1억원 이하의 벌금(전기사업법 제100조)
- 전기사업용전기설비를 손괴하거나 절취하여 발전·송전·변전 또는 배전을 방해한 자
- 전기사업용전기설비에 장애를 발생하게 하여 발전·송전·변전 또는 배전을 방해한 자

**37** **도급받은 전기공사의 전부 또는 일부를 수급인이 다른 공사업자와 체결하는 계약은?**

① 하도급
② 하수급
③ 원 급
④ 발 주

해설

정의(전기공사업법 제2조)
"하도급"이란 도급받은 전기공사의 전부 또는 일부를 수급인이 다른 공사업자와 체결하는 계약을 말한다.

**38** **전기공사기술자로 인정을 받을 수 있는 사람은?**

① 특성화고 선생님
② 국가기술자격법에 따른 전기 분야의 기술자격을 취득한 사람
③ 2년제 대학 졸업자
④ 3년제 대학 졸업자

해설

정의(전기공사업법 제2조)
"전기공사기술자"란 다음 각 호의 하나에 해당하는 사람으로서 산업통상자원부장관의 인정을 받은 사람을 말한다.
- 국가기술자격법에 따른 전기 분야의 기술자격을 취득한 사람
- 일정한 학력과 전기 분야에 관한 경력을 가진 사람

**39** **전기공사의 종류에 해당되지 않는 사항은?**

① 산업시설물, 건축물 및 구조물의 전기설비공사
② 도로, 공항 및 항만의 전기설비공사
③ 전기철도 및 철도신호의 전기설비공사
④ 수전설비공사

해설

전기공사 종류(전기공사업법 시행령 제2조)
- 발전·송전·변전 및 배전 설비공사
- 산업시설물, 건축물 및 구조물의 전기설비공사
- 도로, 공항 및 항만 전기설비공사
- 전기철도 및 철도신호의 전기설비공사

**40** **공사업을 등록하려는 자는 산업통상자원부령으로 정하는 바에 따라 주된 영업소의 소재지를 관할하는 사람에게 등록해야 한다. 누구에게 등록해야 하는가?**

① 대통령
② 구청장
③ 국무총리
④ 특별시장·광역시장·특별자치시장·도지사 또는 특별자치도지사

해설

공사업의 등록(전기공사업법 제4조)
공사업을 하려는 자는 산업통상자원부령으로 정하는 바에 따라 주된 영업소의 소재지를 관할하는 특별시장·광역시장·특별자치시장·도지사 또는 특별자치도지사(이하 "시·도지사"라 한다)에게 등록하여야 한다.

정답 36 ② 37 ① 38 ② 39 ④ 40 ④

## 41 공사업의 등록기준에 해당되는 항목이 아닌 것은?

① 기술능력
② 자본금
③ 사무실
④ 표창장

**해설**

공사업의 등록 등(전기공사업법 시행령 제6조)

| 항 목 | 공사업의 등록기준 |
|---|---|
| 기술능력 | 전기공사기술자 3명 이상(3명 중 1명 이상은 별표 4의 2 비고 제1호에 따른 기술사, 기능장, 기사 또는 산업기사의 자격을 취득한 사람이어야 한다) |
| 자본금 | 1억 5천만원 이상 |
| 사무실 | 공사업 운영을 위한 사무실 |

## 42 공사업의 등록기준에서 자본금액은 얼마 이상인가?

① 1억
② 1억 5천
③ 2억
④ 2억 5천

**해설**

41번 해설 참고

## 43 전기공사업법에 따른 공사업 등록신청 서류에 해당되지 않는 것은?

① 확인서
② 기업진단보고서
③ 신청인의 출신학교
④ 임대차계약서 사본

**해설**

전기공사업법에 따른 공사업 등록신청 서류(전기공사업법 시행규칙 제3조)

- 신청인(외국인을 포함하되, 법인의 경우에는 대표자를 포함한 임원을 말한다)의 인적사항이 적힌 서류
- 기업진단보고서
- 확인서
- 전기공사기술자(이하 "전기공사기술자"라 한다)의 명단과 해당 전기공사기술자의 경력수첩 사본
- 사무실 사용 관련 서류 : 임대차계약서 사본(임대차인 경우만 해당한다)
- 외국인이 전기공사업의 등록을 신청하는 경우에는 해당 국가에서 신청인(법인의 경우에는 대표자를 말한다)이 결격사유와 같거나 비슷한 사유에 해당되지 아니함을 확인한 확인서

## 44 하도급의 범위에 해당되는 사항은?

① 당해 공사의 90[%] 범위에서 하도급을 줄 수 있다.
② 도급받은 전기공사 중 공정별로 분리하여 시공하여도 전체 전기공사의 완성에 지장을 주지 아니하는 부분을 하도급하는 경우
③ 수급인이 하도급인과 인척관계에 있을 경우
④ 도급받은 전기공사 중 수급인이 발주자의 지정에 따른 공사업자를 지정하여 하수급인을 교체하는 경우

**해설**

하도급의 범위(전기공사업법 시행령 제10조)
하도급의 제한 등에 따라 도급받은 전기공사의 일부를 다른 공사업자에게 하도급을 줄 수 있는 경우는 다음 각 호 모두에 해당하는 경우로 한다.

- 도급받은 전기공사 중 공정별로 분리하여 시공하여도 전체 전기공사의 완성에 지장을 주지 아니하는 부분을 하도급 하는 경우
- 수급인이 시공관리책임자의 지정에 따른 시공관리책임자를 지정하여 하수급인을 지도·조정하는 경우

## 45 하도급 통지서 첨부 서류에 포함되지 않는 내용은?

① 하도급(재하도급) 내용이 명시된 공사명세서
② 공사예정 공정표
③ 하수급인의 재산
④ 하도급(재하도급)계약서 사본

**해설**

하도급 통지서 첨부서류(전기공사업법 시행규칙 제11조)

- 하도급(재하도급)계약서 사본
- 하도급(재하도급) 내용이 명시된 공사명세서
- 공사예정 공정표
- 하수급인 또는 다시 하도급 받은 공사업자의 전기공사기술자 보유현황
- 하수급인 또는 다시 하도급 받은 공사업자의 등록수첩 사본



41 ④ 42 ② 43 ③ 44 ② 45 ③ 정답

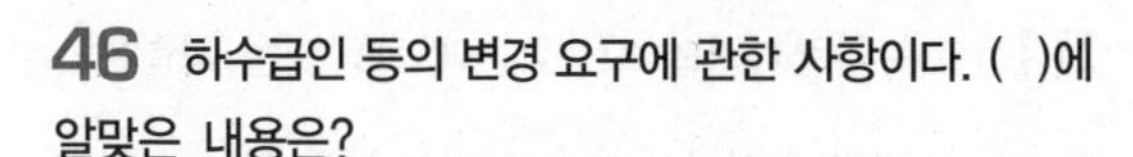

**46** 하수급인 등의 변경 요구에 관한 사항이다. ( )에 알맞은 내용은?

> 발주자 또는 수급인이 하수급인의 변경 요구 등에 따라 하도급 받거나 다시 하도급 받은 공사업자의 변경을 요구할 때에는 그 사유가 있음을 안 날부터 ( )일 이내 또는 그 사유가 발생한 날부터 ( )일 이내에 서면으로 요구하여야 한다.

① 20, 30
② 15, 30
③ 15, 20
④ 20, 25

해설
하수급인 등의 변경 요구(전기공사업법 제15조, 시행령 제11조)
발주자 또는 수급인이 하수급인의 변경 요구 등에 따라 하도급 받거나 다시 하도급 받은 공사업자의 변경을 요구할 때에는 그 사유가 있음을 안 날부터 15일 이내 또는 그 사유가 발생한 날부터 30일 이내에 서면으로 요구하여야 한다.

**47** 수급인은 발주자에 대하여 전기공사의 완공 일부터 몇 년의 범위에서 전기공사의 종류별로 대통령령으로 정하는 기간에 해당 전기공사에서 발생하는 하자에 대하여 담보책임이 있는가?

① 10년
② 20년
③ 30년
④ 5년

해설
전기공사 수급인의 하자담보책임(전기공사업법 제15조의 2)
수급인은 발주자에 대하여 전기공사의 완공일부터 10년의 범위에서 전기공사의 종류별로 대통령령으로 정하는 기간에 해당 전기공사에서 발생하는 하자에 대하여 담보책임이 있다.

**48** 전기공사의 종류별 하자담보책임기간의 내용 중 기간이 다른 것은?

① 송전설비공사
② 변전설비공사
③ 배전설비 철탑공사
④ 발전설비철근콘크리트 또는 철골구조부

해설
전기공사의 종류별 하자담보책임기간(전기공사업법 시행령 별표 3의 2)

| 전기공사의 종류 | 하자담보책임기간 |
|---|---|
| 1. 발전설비공사 | |
| ㉠ 철근콘크리트 또는 철골구조부 | 7년 |
| ㉡ ㉠ 외 시설공사 | 3년 |
| 2. 터널식 및 개착식 전력구 송전·배전설비공사 | |
| ㉠ 철근콘크리트 또는 철골구조부 | 10년 |
| ㉡ ㉠ 외 송전설비공사 | 5년 |
| ㉢ ㉠ 외 배전설비공사 | 2년 |
| 3. 지중 송전·배전설비공사 | |
| ㉠ 송전설비공사(케이블공사 및 물밑 송전설비공사를 포함한다) | 5년 |
| ㉡ 배전설비공사 | 3년 |
| 4. 송전설비공사(제2호 및 제3호 외의 송전설비공사를 말한다) | 3년 |
| 5. 변전설비공사(전기설비 및 기기설치공사를 포함한다) | 3년 |
| 6. 배전설비공사(제2호 및 제3호 외의 배전설비공사를 말한다) | |
| ㉠ 배전설비 철탑공사 | 3년 |
| ㉡ ㉠ 외 배전설비공사 | 2년 |
| 7. 산업시설물, 건축물 및 구조물의 전기설비공사 | 1년 |
| 8. 그 밖의 전기설비공사 | 1년 |

**49** 전기공사기술자의 시공관리 구분에서 중급 전기공사기술자의 전기공사 규모별 시공관리 구분은 어떻게 되는가?

① 모든 전기공사
② 전기공사 중 사용전압이 1,000[V] 이하인 전기공사
③ 전기공사 중 사용전압이 50,000[V] 이하인 전기공사
④ 전기공사 중 사용전압이 100,000[V] 이하인 전기공사

정답 46 ② 47 ① 48 ④ 49 ④

**해설**

전기공사기술자의 시공관리 구분(전기공사업법 시행령 별표 4)

| 전기공사기술자의 구분 | 전기공사의 규모별 시공관리 구분 |
| --- | --- |
| • 특급 전기공사기술자 또는 고급 전기공사기술자 | 모든 전기공사 |
| • 중급 전기공사기술자 | 전기공사 중 사용전압이 100,000[V] 이하인 전기공사 |
| • 초급 전기공사기술자 | 전기공사 중 사용전압이 1,000[V] 이하인 전기공사 |

## 50 전기공사기술자의 등급 및 인정기준에서 특급 전기공사 기술자의 국가기술자격자에 해당되는 사항은?

① 기술사 또는 기능장의 자격을 취득한 사람
② 산업기사의 자격을 취득한 후 8년 이상 전기공사업무를 수행한 사람
③ 기사의 자격을 취득한 후 5년 이상 전기공사업무를 수행한 사람
④ 기능사의 자격을 취득한 후 11년 이상 전기공사업무를 수행한 사람

**해설**

전기공사기술자의 등급 및 인정기준(전기공사업법 시행령 별표 4의 2)

| 등 급 | 국가기술자격자 | 학력 · 경력자 |
| --- | --- | --- |
| 특급 전기공사 기술자 | • 기술사 또는 기능장의 자격을 취득한 사람 | |
| 고급 전기공사 기술자 | • 기사의 자격을 취득한 후 5년 이상 전기공사업무를 수행한 사람<br>• 산업기사의 자격을 취득한 후 8년 이상 전기공사업무를 수행한 사람<br>• 기능사의 자격을 취득한 후 11년 이상 전기공사업무를 수행한 사람 | |
| 중급 전기공사 기술자 | • 기사의 자격을 취득한 후 2년 이상 전기공사업무를 수행한 사람<br>• 산업기사의 자격을 취득한 후 5년 이상 전기공사업무를 수행한 사람<br>• 기능사의 자격을 취득한 후 8년 이상 전기공사업무를 수행한 사람 | • 전기 관련 학과의 석사 이상의 학위를 취득한 후 5년 이상 전기공사업무를 수행한 사람<br>• 전기 관련 학과의 학사학위를 취득한 후 7년 이상 전기공사업무를 수행한 사람<br>• 전기 관련 학과의 전문학사 학위를 취득한 후 9년(3년제 전문학사 학위를 취득한 경우에는 8년) 이상 전기공사업무를 수행한 사람<br>• 전기 관련 학과의 고등학교를 졸업한 후 11년 이상 전기공사업무를 수행한 사람 |
| 초급 전기공사 기술자 | • 산업기사 또는 기사의 자격을 취득한 사람<br>• 기능사의 자격을 취득한 사람 | • 전기 관련 학과의 학사 이상의 학위를 취득한 사람<br>• 전기 관련 학과의 전문학사 학위를 취득한 후 2년(3년제 전문학사 학위를 취득한 경우에는 1년) 이상 전기공사업무를 수행한 사람<br>• 전기 관련 학과의 고등학교를 졸업한 후 4년 이상 전기공사업무를 수행한 사람<br>• 전기 관련 학과 외의 학사 이상의 학위를 취득한 후 4년 이상 전기공사업무를 수행한 사람<br>• 전기 관련 학과 외의 전문학사 학위를 취득한 후 6년(3년제 전문학사 학위를 취득한 경우에는 5년) 이상 전기공사업무를 수행한 사람<br>• 전기 관련 학과 외의 고등학교 이하인 학교를 졸업한 후 8년 이상 전기공사업무를 수행한 사람 |

## 51 교육훈련기관의 지정요건에 해당되는 사항은?

① 최근 3년간 전기공사 기술 인력에 대한 교육 실적이 있을 것
② 최근 10년간 전기공사 기술 인력에 대한 교육 실적이 있을 것
③ 연면적 500[$m^2$] 이상의 교육훈련시설이 있을 것
④ 아무조건 없이 누구나 할 수 있다.

**해설**

교육훈련기관의 지정요건(전기공사업법 시행령 제12조의 3)
• 최근 3년간 전기공사 기술 인력에 대한 교육 실적이 있을 것
• 연면적 200[$m^2$] 이상의 교육훈련시설이 있을 것



50 ① 51 ① 정답

## 52 양성교육훈련의 교육 실시 기준에서 교육시간은?

① 5시간 ② 10시간
③ 20시간 ④ 50시간

해설

양성교육훈련의 교육 실시 기준(전기공사업법 시행령 별표 4의 3)

| 대상자 | 교육 시간 | 교육 내용 |
|---|---|---|
| 전기공사기술자로 인정을 받으려는 사람 및 등급의 변경을 인정받으려는 전기공사기술자 | 20시간 | 기술능력의 향상 |

## 53 청문의 내용과 관련이 없는 것은?

① 지정교육훈련기관의 지정취소
② 공사업 등록의 취소
③ 전기공사기술자의 인정취소
④ 전기기술자의 학위 취소

해설

청문(전기공사업법 제30조)

산업통상자원부장관 또는 시·도지사는 다음 각 호의 처분을 하려면 청문을 하여야 한다.

- 지정교육훈련기관의 지정취소
- 공사업 등록의 취소
- 전기공사기술자의 인정취소

## 54 공사업자 또는 시공관리책임자의 지정에 따라 시공관리책임자로 지정된 사람으로서 전기공사기술자의 의무 또는 전기공사의 시공을 위반하여 전기공사를 시공함으로써 착공 후 하자담보책임기간에 대통령령으로 정하는 주요 전력시설물의 주요 부분에 중대한 파손을 일으키게 하여 사람들을 위험하게 한 자에 대한 벌칙은?

① 1년 이하의 징역 또는 1천만원 이하의 벌금
② 3년 이하의 징역 또는 3천만원 이하의 벌금
③ 7년 이하의 징역 또는 7천만원 이하의 벌금
④ 10년 이하의 징역 또는 1억원 이하의 벌금

해설

벌칙(전기공사업법 제40조)

공사업자 또는 시공관리책임자의 지정에 따라 시공관리책임자로 지정된 사람으로서 전기공사기술자의 의무 또는 전기공사의 시공을 위반하여 전기공사를 시공함으로써 착공 후 하자담보책임기간에 대통령령으로 정하는 주요 전력시설물의 주요 부분에 중대한 파손을 일으키게 하여 사람들을 위험하게 한 자는 7년 이하의 징역 또는 7천만원 이하의 벌금에 처한다.

## 55 대통령령으로 정하는 주요 전력시설물의 주요 부분의 범위는?

① 345[kV] 이상의 변전소 개폐기 및 차단기의 연결부분
② 345[kV] 이상의 공중 송전설비 중 기중기와 연결부분
③ 555[kV] 이상의 변전소 개폐기 및 송전설비 연결부분
④ 555[kV] 이상의 수전설비와 송전설비 연결부분

해설

대통령령으로 정하는 주요 전력시설물의 주요 부분의 범위(전기공사업법 시행령 제17조)

- 345[kV] 이상의 공중 송전설비 중 철탑 기초부분, 철탑 조립부분 및 공중전선 연결부분
- 345[kV] 이상의 변전소 개폐기 및 차단기의 연결부분

## 56 과태료의 내용이 다른 것은?

① 공사업자에게 그 업무 및 시공 상황 등에 관한 보고를 명하는 것에 따른 보고를 하지 아니한 자
② 등록사항의 변경신고 등에 따른 신고를 하지 아니하거나 거짓으로 신고한 자
③ 하도급의 제한 등에 따른 하도급 통지를 하지 아니한 자
④ 공사업의 등록기준에 관한 신고를 산업통상자원부령으로 정하는 기간 내에 하지 아니한 자

해설

300만원 이하의 과태료(전기공사업법 제46조)

- 공사업의 등록기준에 관한 신고를 산업통상자원부령으로 정하는 기간 내에 하지 아니한 자
- 영업정지처분 등을 받은 후의 계속공사에 따른 통지를 하지 아니한 공사업자 또는 그 승계인
- 등록사항의 변경신고 등에 따른 신고를 하지 아니하거나 거짓으로 신고한 자

정답 52 ③ 53 ④ 54 ③ 55 ① 56 ①

- 전기공사의 도급계약 등의 도급계약 체결 시 의무를 이행하지 아니한 자
- 전기공사의 도급계약 등에 따른 전기공사 도급대장을 비치하지 아니한 자
- 하도급의 제한 등에 따른 하도급 통지를 하지 아니한 자
- 시공관리책임자의 지정에 따른 시공관리책임자의 지정 사실을 알리지 아니한 자
- 공사업자 표시의 제한을 위반하여 공사업자임을 표시하거나 공사업자로 오인될 우려가 있는 표시를 한 자
- 전기공사 표지의 게시 등에 따른 표지를 게시하지 아니한 자 또는 표지판을 붙이지 아니하거나 설치하지 아니한 자
- 소속 공무원에게 공사업자의 경영실태를 조사하게 하거나 공사시공에 필요한 자재 또는 시설을 검사하게 하는 것에 따른 조사 또는 검사를 거부·방해 또는 기피하거나, 거짓으로 보고를 한 자

## 57 발전소의 정의를 바르게 설명한 것은?

① 변전소의 밖으로부터 전송받은 전기를 변전소 안에 시설한 변압기·전동발전기·회전변류기·정류기 그 밖의 기계 기구에 의하여 변성하는 곳으로서 변성한 전기를 다시 변전소 밖으로 전송하는 곳을 말한다.
② 발전기·원동기·연료전지·태양전지·해양에너지발전설비·전기저장장치 그 밖의 기계기구를 시설하여 전기를 생산하는 곳을 말한다.
③ 개폐소 안에 시설한 개폐기 및 기타 장치에 의하여 전로를 개폐하는 곳으로서 발전소·변전소 및 수용장소 이외의 곳을 말한다.
④ 전력계통의 운용에 관한 지시 및 급전조작을 하는 곳을 말한다.

**해설**

정의(기술기준 제3조)
"발전소"란 발전기·원동기·연료전지·태양전지·해양에너지발전설비·전기저장장치 그 밖의 기계기구(비상용 예비전원을 얻을 목적으로 시설하는 것 및 휴대용 발전기를 제외한다)를 시설하여 전기를 생산(원자력, 화력, 신재생에너지 등을 이용하여 전기를 발생시키는 것과 양수발전, 전기저장장치와 같이 전기를 다른 에너지로 변환하여 저장 후 전기를 공급하는 것)하는 곳을 말한다.

## 58 통상의 사용 상태에서 전기가 통하고 있는 곳은?

① 전 선
② 전 로
③ 연접 인입선
④ 전선로

**해설**

정의(기술기준 제3조)
"전로"란 통상의 사용 상태에서 전기가 통하고 있는 곳을 말한다.

## 59 고압의 정의로 옳은 것은?

① 직류는 750[V] 이하, 교류는 600[V] 이하인 것
② 직류는 750[V]를, 교류는 600[V]를 초과하고, 7[kV] 이하인 것
③ 7[kV]를 초과하는 것
④ 70[kV]를 초과하는 것

**해설**

정의(기술기준 제3조)
고압 : 직류는 750[V]를, 교류는 600[V]를 초과하고, 7[kV] 이하인 것

## 60 전로는 대지로부터 절연시켜야 하며, 그 절연성능은 저압전선로 중 절연 부분의 전선과 대지 사이 및 전선의 심선 상호 간의 절연저항은 사용전압에 대한 누설전류가 최대공급전류의 의 얼마를 넘지 않아야 하는가?

① 1/500
② 1/1,000
③ 1/1,500
④ 1/2,000

**해설**

전로의 절연(기술기준 제5조)
전로는 대지로부터 절연시켜야 하며, 그 절연성능은 저압전선로 중 절연부분의 전선과 대지 사이 및 전선의 심선 상호 간의 절연저항은 사용전압에 대한 누설전류가 최대공급전류의 1/2,000을 넘지 않도록 하여야 한다.



57 ② 58 ② 59 ② 60 ④ 정답

## 61 특고압 가공전선로에서 발생하는 극 저주파 전자계는 지표상 1[m]에서 전계가 얼마 이하이어야 하는가?

① 2.8[kV/m]

② 3.5[kV/m]

③ 4.3[kV/m]

④ 5.5[kV/m]

**해설**

유도장해 방지(기술기준 제17조)

특고압 가공전선로에서 발생하는 극저주파 전자계는 지표상 1[m]에서 전계가 3.5[kV/m] 이하, 자계가 83.3[$\mu$T] 이하가 되도록 시설하는 등 상시 정전유도 및 전자유도 작용에 의하여 사람에게 위험을 줄 우려가 없도록 시설하여야 한다. 다만, 논밭, 산림 그 밖에 사람의 왕래가 적은 곳에서 사람에 위험을 줄 우려가 없도록 시설하는 경우에는 그러하지 아니하다.

## 62 발전소 등의 시설에 해당되지 않는 내용은?

① 고압 또는 특고압의 전기기계기구 · 모선 등을 시설하는 발전소 · 변전소 · 개폐소 또는 이에 준하는 곳에는 위험표시를 하지 않게 되면 누구나 들어가도 된다.

② 발전소 · 변전소 · 개폐소 또는 이에 준하는 곳에 시설하는 배전반에 고압용 또는 특고압용의 기구 또는 전선을 시설하는 경우에는 취급자에게 위험이 없도록 방호에 필요한 공간을 확보하여야 한다.

③ 발전소 · 변전소 · 개폐소 또는 이에 준하는 곳에는 감시 및 조작을 안전하고 확실하게 하기 위하여 필요한 조명 설비를 하여야 한다.

④ 고압 또는 특고압의 전기기계기구 · 모선 등을 시설하는 발전소 · 변전소 · 개폐소 또는 이에 준하는 곳은 침수의 우려가 없도록 방호장치 등 적절한 시설이 갖추어진 곳이어야 한다.

**해설**

발전소 등의 시설(기술기준 제21조)

- 고압 또는 특고압의 전기기계기구 · 모선 등을 시설하는 발전소 · 변전소 · 개폐소 또는 이에 준하는 곳에는 위험표시를 하고 취급자 이외의 사람이 쉽게 구내에 출입할 우려가 없도록 적절한 조치를 하여야 한다.
- 발전소 · 변전소 · 개폐소 또는 이에 준하는 곳에 시설하는 배전반에 고압용 또는 특고압용의 기구 또는 전선을 시설하는 경우에는 취급자에게 위험이 없도록 방호에 필요한 공간을 확보하여야 한다.
- 발전소 · 변전소 · 개폐소 또는 이에 준하는 곳에는 감시 및 조작을 안전하고 확실하게 하기 위하여 필요한 조명 설비를 하여야 한다.
- 고압 또는 특고압의 전기기계기구 · 모선 등을 시설하는 발전소 · 변전소 · 개폐소 또는 이에 준하는 곳은 침수의 우려가 없도록 방호장치 등 적절한 시설이 갖추어진 곳이어야 한다.
- 고압 또는 특고압의 전기기계기구 · 모선 등을 시설하는 발전소 · 변전소 · 개폐소 또는 이에 준하는 곳에 시설하는 전기설비는 자중, 적재하중, 적설 또는 풍압 및 지진 그 밖의 진동과 충격에 대하여 안전한 구조이어야 한다.

## 63 발전소 등의 부지 시설조건에 해당되지 않는 내용은?

① 부지조성을 위해 산지를 전용할 경우에는 전용하고자 하는 산지의 평균경사도가 25° 이하여야 하며, 산지 전용면적 중 산지전용으로 발생되는 절 · 성토 경사면의 면적이 100분의 50을 초과해서는 아니 된다.

② 산지전용 후 발생하는 절 · 성토면의 수직높이는 15[m] 이하로 한다.

③ 산지전용 후 발생하는 절토면 최하단부에서 발전 및 변전설비까지의 최소이격거리는 보안울타리, 외곽도로, 수림대 등을 포함하여 6[m] 이상이 되어야 한다.

④ 특고압 발전소는 반드시 화력발전소로 하여 섬 주변에 시설해야 한다.

**해설**

발전소 등의 부지 시설조건(기술기준 제21조의 2)

전기설비의 부지의 안정성 확보 및 설비 보호를 위하여 발전소 · 변전소 · 개폐소를 산지에 시설할 경우에는 풍수해, 산사태, 낙석 등으로부터 안전을 확보할 수 있도록 다음 각 호에 따라 시설하여야 한다.

- 부지조성을 위해 산지를 전용할 경우에는 전용하고자 하는 산지의 평균경사도가 25° 이하여야 하며, 산지전용면적 중 산지전용으로 발생되는 절 · 성토 경사면의 면적이 100분의 50을 초과해서는 아니 된다.
- 산지전용 후 발생하는 절 · 성토면의 수직높이는 15[m] 이하로 한다. 다만, 345[kV]급 이상 변전소 또는 전기사업용 전기설비인 발전소로서 불가피하게 절 · 성토면 수직높이가 15[m] 초과되는 장대비탈면이 발생할 경우에는 절 · 성토면의 안정성에 대한 전문용역기관의 검토 결과에 따라 용수, 배수, 법면보호 및 낙석방지 등 안전대책을 수립한 후 시행하여야 한다.
- 산지전용 후 발생하는 절토면 최하단부에서 발전 및 변전설비까지의 최소이격거리는 보안울타리, 외곽도로, 수림대 등을 포함하여 6[m] 이상이 되어야 한다. 다만, 옥내변전소와 옹벽, 낙석방지망 등 안전대책을 수립한 시설의 경우에는 예외로 한다.

정답 61 ② 62 ① 63 ④

**64** 고압 및 특고압 전로의 피뢰기 시설에 해당되지 않는 내용은?

① 발전소·변전소 또는 이에 준하는 장소의 가공전선 인입구 및 인출구
② 가공전선로에 접속하는 배전용 변압기의 고압측 및 특고압측
③ 저압 또는 특저압의 가공전선로로부터 공급을 받는 인입장소의 수용구
④ 가공전선로와 지중전선로가 접속되는 곳

해설
고압 및 특고압 전로의 피뢰기 시설(기술기준 제34조)
- 발전소·변전소 또는 이에 준하는 장소의 가공전선 인입구 및 인출구
- 가공전선로에 접속하는 배전용 변압기의 고압 측 및 특고압 측
- 고압 또는 특고압의 가공전선로로부터 공급을 받는 수용 장소의 인입구
- 가공전선로와 지중전선로가 접속되는 곳

**65** 특고압 가공전선과 건조물 등의 접근 또는 교차에서 사용전압이 400[kV] 이상의 특고압 가공전선과 건조물 사이의 수평거리는 그 건조물의 화재로 인한 그 전선의 손상 등에 의하여 전기사업에 관련된 전기의 원활한 공급에 지장을 줄 우려가 없도록 이격거리를 몇 미터 이상으로 해야 하는가?

① 1
② 2
③ 3
④ 4

해설
특고압 가공전선과 건조물 등의 접근 또는 교차(기술기준 제36조)
사용전압이 400[kV] 이상의 특고압 가공전선과 건조물 사이의 수평거리는 그 건조물의 화재로 인한 그 전선의 손상 등에 의하여 전기사업에 관련된 전기의 원활한 공급에 지장을 줄 우려가 없도록 3[m] 이상 이격하여야 한다.

**66** 저압 전로의 절연성능을 표시할 때 전로의 사용전압을 구분할 수 있는데 이때 대지전압이 150[V] 초과 300[V] 이하인 경우 절연저항은 몇 [MΩ]인가?

① 0.2
② 0.8
③ 1.2
④ 4.0

해설
저압 전로의 절연성능(기술기준 제52조)

| 전로의 사용전압 구분 | | 절연저항 [MΩ] |
|---|---|---|
| 400[V] 미만 | 대지전압(접지식 전로는 전선과 대지 사이의 전압 비접지식 전로는 전선 간의 전압을 말한다)이 150[V] 이하인 경우 | 0.1 |
| | 대지전압이 150[V] 초과 300[V] 이하인 경우 | 0.2 |
| | 사용전압이 300[V] 초과 400[V] 미만인 경우 | 0.3 |
| 400[V] 이상 | | 0.4 |

**67** 전기설비의 용어의 정의가 바르게 연결된 것은?

① "옥내배선"이란 옥내의 전기사용장소에 고정시켜 시설하는 전선을 말한다.
② "옥측배선"이란 가공전선이 다른 시설물과 접근하는 경우에 그 가공전선이 다른 시설물의 위쪽 또는 옆쪽에서 수평거리로 3[m] 미만인 곳에 시설되는 상태를 말한다.
③ "옥외배선"이란 옥외의 전기사용장소에서 그 전기사용장소에서의 전기사용을 목적으로 조영물에 고정시켜 시설하는 전선을 말한다.
④ "제2차 접근상태"란 옥외의 전기사용장소에서 그 전기사용장소에서의 전기사용을 목적으로 고정시켜 시설하는 전선을 말한다.



64 ③ 65 ③ 66 ① 67 ① 정답

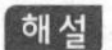

전기설비 용어의 정의(판단기준 제2조)

- "옥내배선" : 옥내의 전기사용장소에 고정시켜 시설하는 전선을 말한다.
- "옥측배선" : 옥외의 전기사용장소에서 그 전기사용장소에서의 전기사용을 목적으로 조영물에 고정시켜 시설하는 전선을 말한다.
- "옥외배선" : 옥외의 전기사용장소에서 그 전기사용장소에서의 전기사용을 목적으로 고정시켜 시설하는 전선을 말한다.
- "제2차 접근상태" : 가공 전선이 다른 시설물과 접근하는 경우에 그 가공전선이 다른 시설물의 위쪽 또는 옆쪽에서 수평거리로 3[m] 미만인 곳에 시설되는 상태를 말한다.

## 68 전선의 접속법에 대한 사항으로 옳지 않은 것은?

① 도체에 알루미늄을 사용하는 전선과 동을 사용하는 전선을 접속하는 등 전기 화학적 성질이 다른 도체를 접속하는 경우에는 접속부분에 전기적 부식이 생기지 아니하도록 할 것

② 코드 상호, 캡타이어케이블 상호, 케이블 상호 또는 이들 상호를 접속하는 경우에는 코드 접속기·접속함 기타의 기구를 사용할 것

③ 나전선 상호 또는 나전선과 절연전선 캡타이어케이블 또는 케이블과 접속하는 경우에는 전선의 세기를 100[%] 이상 증가시키지 아니하고 접속부분은 접속관 기타의 기구를 사용할 것

④ 밀폐된 공간에서 전선의 접속부에 사용하는 테이프 및 튜브 등 도체의 절연에 사용되는 절연 피복은 KS C IEC 60454에 적합한 것을 사용할 것

해설

전선의 접속법(판단기준 제11조)

- 나전선 상호 또는 나전선과 절연전선 캡타이어케이블 또는 케이블과 접속하는 경우에는 전선의 세기를 20[%] 이상 감소시키지 아니하고 접속부분은 접속관 기타의 기구를 사용할 것
- 절연전선 상호·절연전선과 코드, 캡타이어케이블 또는 케이블과를 접속하는 경우에는 제1호의 규정에 준하는 이외에 접속부분의 절연전선에 절연물과 동등 이상의 절연효력이 있는 접속기를 사용하는 경우 이외에는 접속부분을 그 부분의 절연전선의 절연물과 동등 이상의 절연효력이 있는 것으로 충분히 피복할 것
- 코드 상호, 캡타이어케이블 상호, 케이블 상호 또는 이들 상호를 접속하는 경우에는 코드 접속기·접속함 기타의 기구를 사용할 것
- 도체에 알루미늄을 사용하는 전선과 동을 사용하는 전선을 접속하는 등 전기 화학적 성질이 다른 도체를 접속하는 경우에는 접속부분에 전기적 부식이 생기지 아니하도록 할 것
- 도체에 알루미늄을 사용하는 절연전선 또는 케이블을 옥내배선, 옥측배선 또는 옥외배선에 사용하는 경우에 그 전선을 접속할 때에는 KS C IEC 60998-1(가정용 및 이와 유사한 용도의 저전압용 접속기구)의 "11 구조", "13 절연저항 및 내전압", "14 기계적 강도", "15 온도 상승", "16 내열성"에 적합한 기구를 사용할 것
- 밀폐된 공간에서 전선의 접속부에 사용하는 테이프 및 튜브 등 도체의 절연에 사용되는 절연피복은 KS C IEC 60454에 적합한 것을 사용할 것

## 69 전로의 절연에 대한 내용에 포함되지 않는 것은?

① 고압 전로에 접지공사를 하지 않는 경우의 접속점

② 전로의 중성점에 접지공사를 하는 경우의 접지점

③ 계기용변성기의 2차측 전로에 접지공사를 하는 경우의 접지점

④ 중성점이 접지된 특고압 가공선로의 중성선에 다중 접지를 하는 경우의 접지점

해설

전로의 절연(판단기준 제12조)

- 저압 전로에 접지공사를 하는 경우의 접지점
- 전로의 중성점에 접지공사를 하는 경우의 접지점
- 계기용변성기의 2차측 전로에 접지공사를 하는 경우의 접지점
- 중성점이 접지된 특고압 가공선로의 중성선에 다중 접지를 하는 경우의 접지점
- 소구경관에 접지공사를 하는 경우의 접지점
- 직류계통에 접지공사를 하는 경우의 접지점

## 70 회전기 및 정류기의 절연내력은 시험전압의 몇 배의 직류전압으로 절연내력을 시험하였을 경우를 기준으로 하는가?

① 1.5배

② 1.6배

③ 1.7배

④ 1.8배

정답 68 ③ 69 ① 70 ②

해설

회전기 및 정류기의 절연내력(판단기준 제14조)

회전기 및 정류기는 다음 표에서 정한 시험방법으로 절연내력을 시험하였을 때에 이에 견디어야 한다. 다만, 회전변류기 이외의 교류의 회전기로 다음 표에서 정한 시험전압의 1.6배의 직류전압으로 절연내력을 시험하였을 때 이에 견디는 것을 시설하는 경우에는 그러하지 아니하다.

<table>
<tr><th colspan="3">종 류</th><th>시험전압</th><th>시험방법</th></tr>
<tr><td rowspan="3">회전기</td><td rowspan="2">발전기, 전동기, 조상기, 기타 회전기</td><td>최대사용 전압 7[kV] 이하</td><td>최대사용전압의 1.5배의 전압</td><td rowspan="3">권선과 대지 사이에 연속하여 10분간 가한다.</td></tr>
<tr><td>최대사용 전압 7[kV] 초과</td><td>최대사용전압의 1.25배의 전압</td></tr>
<tr><td colspan="2">회전변류기</td><td>직류측의 최대사용 전압의 1배의 교류 전압</td></tr>
<tr><td rowspan="2">정류기</td><td colspan="2">최대사용전압이 60[kV] 이하</td><td>직류측의 최대사용 전압의 1배의 교류 전압</td><td>충전부분과 외함 간에 연속하여 10분간 가한다.</td></tr>
<tr><td colspan="2">최대사용전압이 60[kV] 초과</td><td>교류측의 최대사용 전압의 1.1배의 교류 전압 또는 직류측의 최대사용전압의 1.1배의 직류전압</td><td>교류측 및 직류 고전압측 단자와 대지 사이에 연속하여 10분간 가한다.</td></tr>
</table>

## 71 회전기의 종류 중 회전 변류기를 시험하는 방법으로 옳은 것은?

① 권선과 대지 사이에 연속하여 20분간 가한다.
② 충전부분과 외함 간에 연속하여 10분간 가한다.
③ 권선과 대지 사이에 연속하여 10분간 가한다.
④ 교류측 및 직류 고전압측 단자와 대지 사이에 연속하여 10분간 가한다.

해설

70번 해설 참고

## 72 연료전지 및 태양전지 모듈의 절연내력은 충전부분과 대지 사이에 연속하여 몇 분간 가하여 절연내력을 시험하였을 때에 이에 견디는 것으로 해야 하는가?

① 10 ② 20
③ 50 ④ 100

해설

연료전지 및 태양전지 모듈의 절연내력(판단기준 제15조)

연료전지 및 태양전지 모듈은 최대사용전압의 1.5배의 직류전압 또는 1배의 교류전압(500[V] 미만으로 되는 경우에는 500[V])을 충전부분과 대지 사이에 연속하여 10분간 가하여 절연내력을 시험하였을 때에 이에 견디는 것이어야 한다.

## 73 제1종 접지공사의 접지저항값은?

① 1[Ω]
② 5[Ω]
③ 10[Ω]
④ 100[Ω]

해설

접지공사의 종류와 접지저항값(판단기준 제18조)

| 접지공사의 종류 | 접지저항값 |
|---|---|
| 제1종 접지공사 | 10[Ω] |
| 제2종 접지공사 | 변압기의 고압 측 또는 특고압 측의 전로의 1선 지락전류의 암페어 수로 150을 나눈 값과 같은 [Ω]수 |
| 제3종 접지공사 | 100[Ω] |
| 특별 제3종 접지공사 | 10[Ω] |

## 74 접지공사의 종류에 해당되지 않는 것은?

① 제1종 접지공사
② 제2종 접지공사
③ 제3종 접지공사
④ 제4종 접지공사

해설

73번 해설 참고



71 ③ 72 ① 73 ③ 74 ④ 정답

## 75 제3종 접지공사의 접지저항값은?

① 1[Ω]
② 5[Ω]
③ 10[Ω]
④ 100[Ω]

해설

73번 해설 참고

## 76 제1종 접지공사의 접지선의 굵기는?

① 공칭단면적 16[$mm^2$] 이상의 연동선
② 공칭단면적 25[$mm^2$] 이상의 연동선
③ 공칭단면적 6[$mm^2$] 이상의 연동선
④ 공칭단면적 10[$mm^2$] 이상의 연동선

해설

각종 접지공사의 세목(접지선의 굵기)(판단기준 제19조)

| 접지공사의 종류 | 접지선의 굵기 |
|---|---|
| 제1종 접지공사 | 공칭단면적 6[$mm^2$] 이상의 연동선 |
| 제2종 접지공사 | 공칭단면적 16[$mm^2$] 이상의 연동선 |
| 제3종 접지공사 및 특별 제3종 접지공사 | 공칭단면적 2.5[$mm^2$] 이상의 연동선 |

## 77 제3종 접지공사 및 특별 제3종 접지공사 중 다심 코드 또는 다심 캡타이어케이블의 일심의 접지선의 단면적은?

① 0.75[$mm^2$]
② 1.5[$mm^2$]
③ 5.5[$mm^2$]
④ 10[$mm^2$]

해설

각종 접지공사의 세목(접지선의 단면적)(판단기준 제19조)

| 접지공사의 종류 | 접지선의 종류 | 접지선의 단면적 |
|---|---|---|
| 제1종 접지공사 및 제2종 접지공사 | 3종 및 4종 클로로프렌캡타이어케이블, 3종 및 4종 클로로설포네이트폴리에틸렌캡다이어케이블의 일심 또는 다심 캡타이어케이블의 차폐 기타의 금속체 | 10[$mm^2$] |
| 제3종 접지공사 및 특별 제3종 접지공사 | 다심 코드 또는 다심 캡타이어케이블의 일심 | 0.75[$mm^2$] |
| | 다심 코드 및 다심 캡타이어케이블의 일심 이외의 가요성이 있는 연동연선 | 1.5[$mm^2$] |

## 78 변압기에 의하여 특고압 전로에 결합되는 고압 전로에는 사용전압의 몇 배 이하인 전압이 가하여진 경우에 방전하는 장치를 그 변압기의 단자에 가까운 1극에 설치하여야 하는가?

① 3배
② 5배
③ 7배
④ 10배

해설

특고압과 고압의 혼촉 등에 의한 위험방지 시설(판단기준 제25조)
변압기에 의하여 특고압 전로에 결합되는 고압 전로에는 사용전압의 3배 이하인 전압이 가하여진 경우에 방전하는 장치를 그 변압기의 단자에 가까운 1극에 설치하여야 한다.

## 79 전로의 중성점 접지의 상전선 최대굵기가 30[$mm^2$] 이하일 경우 접지극 전선은 몇 [$mm^2$]인가?

① 5
② 10
③ 50
④ 95

정답 75 ④ 76 ③ 77 ① 78 ① 79 ②

해설

전로의 중성점 접지(판단기준 제27조)

| 상전선 최대굵기[mm²] | 접지극 전선[mm²] |
|---|---|
| 30 이하 | 10 |
| 38 또는 50 | 16 |
| 60 또는 80 | 25 |
| 80 초과 175까지 | 35 |
| 175 초과 300까지 | 50 |
| 300 초과 550까지 | 70 |
| 550 초과 | 95 |

## 80 발전소 등의 울타리 · 담 등의 시설 장소에 대한 내용이 아닌 것은?

① 울타리 · 담 등을 시설할 것
② 출입구에는 출입금지의 표시를 할 것
③ 출입구에는 자물쇠장치 기타 적당한 장치를 할 것
④ 출입구에는 사람이 항상 지키고 있게 할 것

해설

발전소 등의 울타리 · 담 등의 시설 장소(판단기준 제44조)

- 울타리 · 담 등을 시설할 것
- 출입구에는 출입금지의 표시를 할 것
- 출입구에는 자물쇠장치 기타 적당한 장치를 할 것

## 81 발전소 등의 울타리 · 담 등의 높이는 얼마 이상으로 하는가?

① 1[m]
② 2[m]
③ 3[m]
④ 4[m]

해설

발전소 등의 울타리 · 담 등의 시설(판단기준 제44조)
발전소 등의 울타리 · 담 등의 높이는 2[m] 이상으로 하고 지표면과 울타리 · 담 등의 하단 사이의 간격은 15[cm] 이하로 할 것

## 82 지표면과 울타리 · 담 등의 하단 사이의 간격은?

① 1[m]
② 50[cm]
③ 15[cm]
④ 5[cm]

해설

81번 해설 참고

## 83 태양전지 발전소에 시설하는 태양전지 모듈, 전선 및 개폐기 기타 기구의 시설에 대한 내용으로 옳지 않은 것은?

① 태양전지 모듈의 지지물은 자중, 적재하중, 적설 또는 풍압 및 지진 기타의 진동과 충격에 대하여 안전한 구조로서 항상 관리해야 되는 것이어야 한다.
② 충전부분은 노출되도록 시설할 것
③ 태양전지 모듈 및 개폐기 그 밖의 기구에 전선을 접속하는 경우에는 나사 조임 그 밖에 이와 동등 이상의 효력이 있는 방법에 의하여 견고하고 또한 전기적으로 완전하게 접속함과 동시에 접속점에 장력이 가해지지 아니하도록 할 것
④ 태양전지 모듈에 접속하는 부하측의 전로에는 그 접속점에 근접하여 개폐기 기타 이와 유사한 기구를 시설할 것

해설

태양전지 모듈 등의 시설(판단기준 제54조)
태양전지 발전소에 시설하는 태양전지 모듈, 전선 및 개폐기 기타 기구는 다음의 각 호에 따라 시설하여야 한다.

- 충전부분은 노출되지 아니하도록 시설할 것
- 태양전지 모듈에 접속하는 부하측의 전로에는 그 접속점에 근접하여 개폐기 기타 이와 유사한 기구를 시설할 것
- 태양전지 모듈을 병렬로 접속하는 전로에는 그 전로에 단락이 생긴 경우에 전로를 보호하는 과전류차단기 기타의 기구를 시설할 것. 다만, 그 전로가 단락전류에 견딜 수 있는 경우에는 그러하지 아니하다.
- 태양전지 모듈 및 개폐기 그 밖의 기구에 전선을 접속하는 경우에는 나사 조임 그 밖에 이와 동등 이상의 효력이 있는 방법에 의하여 견고하고 또한 전기적으로 완전하게 접속함과 동시에 접속점에 장력이 가해지지 않도록 시설하며 출력배선은 극성별로 확인 가능토록 표시할 것



80 ④ 81 ② 82 ③ 83 ② 정답

- 태양전지 모듈의 프레임은 지지물과 전기적으로 완전하게 접속하여야 한다.
- 태양전지 모듈의 지지물은 자중, 적재하중, 적설 또는 풍압 및 지진 기타의 진동과 충격에 대하여 안전한 구조의 것이어야 한다.

## 84 다음 ( )에 들어갈 내용으로 맞는 것은?

> "고압 가공전선은 케이블인 경우 이외에는 그 안전율이 경동선 또는 내열 동합금선은 ( ) 이상, 그 밖의 전선은 ( ) 이상이 되는 이도로 시설하여야 한다."

① 2.0, 3.0
② 2.5, 3.0
③ 2.2, 2.5
④ 3.8, 4.2

**해설**

저압, 고압 가공전선의 안전율(판단기준 제71조)
고압 가공전선은 케이블인 경우 이외에는 그 안전율이 경동선 또는 내열 동합금선은 2.2 이상, 그 밖의 전선은 2.5 이상이 되는 이도로 시설하여야 한다.

## 85 고압 가공전선 상호 간의 이격거리는?

① 50[cm]
② 60[cm]
③ 70[cm]
④ 80[cm]

**해설**

고압 가공전선 상호 간의 접근 또는 교차(판단기준 제86조)
고압 가공전선 상호 간의 이격거리는 80[cm](어느 한쪽의 전선이 케이블인 경우에는 40[cm]) 이상, 하나의 고압 가공전선과 다른 고압 가공전선로의 지지물 사이의 이격거리는 60[cm](전선이 케이블인 경우에는 30[cm]) 이상일 것

## 86 하나의 고압 가공전선과 다른 고압 가공전선로의 지지물 사이의 이격거리는?

① 60[cm]
② 50[cm]
③ 80[cm]
④ 10[cm]

**해설**

85번 해설 참고

## 87 고압 옥측전선로의 시설의 전선의 종류는?

① 실 선
② 절연전선
③ 케이블
④ 경동선

**해설**

고압 옥측전선로의 시설(판단기준 제95조)
고압 옥측전선로는 전개된 장소에 금속망 사용 등의 목조 조영물에서의 시설 규정에 준하여 시설하고 또한 다음 각 호에 따라 시설하여야 한다.

- 전선은 케이블일 것
- 케이블은 견고한 관 또는 트라프에 넣거나 사람이 접촉할 우려가 없도록 시설할 것
- 케이블을 조영재의 옆면 또는 아랫면에 따라 붙일 경우에는 케이블의 지지점 간의 거리를 2[m](수직으로 붙일 경우에는 6[m]) 이하로 하고 또한 피복을 손상하지 아니하도록 붙일 것
- 케이블을 조가용선에 조가하여 시설하는 경우에 가공케이블의 시설의 규정에 준하여 시설하고 또한 전선이 고압 옥측전선로를 시설하는 조영재에 접촉하지 아니하도록 시설할 것
- 관 기타의 케이블을 넣는 방호장치의 금속제 부분·금속제의 전선 접속함 및 케이블의 피복에 사용하는 금속제에는 이들의 방식조치를 한 부분 및 대지와의 사이의 전기저항값이 10[Ω] 이하인 부분을 제외하고 제1종 접지공사를 할 것

정답 84 ③ 85 ④ 86 ① 87 ③

**88** 고압 옥측전선로의 시설에서 케이블을 조영재의 옆면 또는 아랫면에 따라 붙일 경우에는 케이블의 지지점 간의 거리는?

① 1[m]
② 2[m]
③ 3[m]
④ 4[m]

해설
87번 해설 참고

**89** 관 기타의 케이블을 넣는 방호장치의 금속제 부분·금속제의 전선 접속함 및 케이블의 피복에 사용하는 금속제에는 이들의 방식조치를 한 부분 및 대지와의 사이의 전기저항값이 10[Ω] 이하인 부분을 제외하고 몇 종 접지공사를 해야 하는가?

① 제1종 접지공사
② 제2종 접지공사
③ 제3종 접지공사
④ 특별 제3종 접지공사

해설
87번 해설 참고

**90** 저압 옥상전선로의 시설에 대한 설명으로 틀린 것은?

① 전선은 절연전선일 것
② 전선은 인장강도 5[kN] 이상의 것 또는 지름 10[mm] 이상의 경동선의 것
③ 전선과 그 저압 옥상전선로를 시설하는 조영재와의 이격거리는 2[m] 이상일 것
④ 전선은 조영재에 견고하게 붙인 지지주 또는 지지대에 절연성·난연성 및 내수성이 있는 애자를 사용하여 지지하고 또한 그 지지점 간의 거리는 15[m] 이하일 것

해설
저압 옥상전선로의 시설(판단기준 제97조)
- 전선은 인장강도 2.30[kN] 이상의 것 또는 지름 2.6[mm] 이상의 경동선의 것
- 전선은 절연전선일 것
- 전선은 조영재에 견고하게 붙인 지지주 또는 지지대에 절연성·난연성 및 내수성이 있는 애자를 사용하여 지지하고 또한 그 지지점 간의 거리는 15[m] 이하일 것
- 전선과 그 저압 옥상전선로를 시설하는 조영재와의 이격거리는 2[m](전선이 고압 절연전선, 특고압 절연전선 또는 케이블인 경우에는 1[m]) 이상일 것

**91** 저압 연접 인입선의 시설 내용으로 옳지 않은 것은?

① 인입선에서 분기하는 점으로부터 100[m]을 초과하는 지역에 미치지 아니할 것
② 폭 5[m]을 초과하는 도로를 횡단하지 아니할 것
③ 옥내를 통과하지 아니할 것
④ 저압에서 선의 굵기가 5.8[mm$^2$] 이상일 것

해설
저압 연접 인입선의 시설(판단기준 제101조)
- 인입선에서 분기하는 점으로부터 100[m]을 초과하는 지역에 미치지 아니할 것
- 폭 5[m]을 초과하는 도로를 횡단하지 아니할 것
- 옥내를 통과하지 아니할 것

**92** 특고압 가공전선의 굵기 및 종류를 바르게 연결한 것은?

① 22[mm$^2$] 이상의 경동단선
② 22[mm$^2$] 이상의 경동연선
③ 16[mm$^2$] 이상의 경동연선
④ 16[mm$^2$] 이상의 경동단선

해설
특고압 가공전선의 굵기 및 종류(판단기준 제107조)
특고압 가공전선은 케이블인 경우 이외에는 인장강도 8.71[kN] 이상의 연선 또는 단면적이 22[mm$^2$] 이상의 경동연선이어야 한다.



88 ② 89 ① 90 ② 91 ④ 92 ② 정답

## 93 사용전압 35[kV] 이하일 경우 특고압 가공전선의 높이는?

① 1[m]

② 3[m]

③ 5[m]

④ 7[m]

해설

특고압 가공전선의 높이(판단기준 제110조)

| 사용전압의 구분[kV] | 지표상의 높이[m] |
|---|---|
| 35 이하 | 5 |
| 35 초과 160 이하 | 6 |
| 160 초과 | 6 |

## 94 수상전선로의 시설에 대한 내용이 아닌 것은?

① 전선은 전선로의 사용전압이 저압인 경우에는 클로로프렌캡타이어케이블이어야 하며, 고압인 경우에는 캡타이어케이블일 것

② 수상전선로의 전선을 가공전선로의 전선과 접속하는 경우에는 그 부분의 전선은 접속점으로부터 전선의 절연 피복 안에 물이 스며들도록 하며 절연피복은 쉽게 개봉할 수 있어야 할 것

③ 수상전선로의 전선은 부대의 위에 지지하여 시설하고 또한 그 절연피복을 손상하지 아니하도록 시설할 것

④ 수상전선로에 사용하는 부대는 쇠사슬 등으로 견고하게 연결한 것일 것

해설

수상전선로의 시설(판단기준 제145조)

- 전선은 전선로의 사용전압이 저압인 경우에는 클로로프렌캡타이어케이블이어야 하며, 고압인 경우에는 캡타이어케이블일 것
- 수상전선로의 전선을 가공전선로의 전선과 접속하는 경우에는 그 부분의 전선은 접속점으로부터 전선의 절연피복 안에 물이 스며들지 아니하도록 시설하고 또한 전선의 접속점은 다음의 높이로 지지물에 견고하게 붙일 것
  - 접속점이 육상에 있는 경우에는 지표상 5[m] 이상. 다만, 수상전선로의 사용전압이 저압인 경우에 도로상 이외의 곳에 있을 때에는 지표상 4[m]까지로 감할 수 있다.
  - 접속점이 수면상에 있는 경우에는 수상전선로의 사용전압이 저압인 경우에는 수면상 4[m] 이상, 고압인 경우에는 수면상 5[m] 이상
- 수상전선로에 사용하는 부대는 쇠사슬 등으로 견고하게 연결한 것일 것
- 수상전선로의 전선은 부대의 위에 지지하여 시설하고 또한 그 절연피복을 손상하지 아니하도록 시설할 것

## 95 가공전선과 첨가통신선과의 이격거리에 대한 설명으로 틀린 것은?

① 통신선과 고압 가공전선 사이의 이격거리는 60[cm] 이상일 것

② 통신선은 가공전선의 위에 시설할 것

③ 통신선과 특고압 가공전선 사이의 이격거리는 1.2[m] 이상일 것

④ 통신선은 고압 가공전선로 또는 25[kV] 이하인 특고압 가공전선로의 시설을 규정하는 특고압 가공전선로의 지지물에 시설하는 기계 기구에 부속되는 전선과 접촉할 우려가 없도록 지지물 또는 완금류에 견고하게 시설할 것

해설

가공전선과 첨가 통신선과의 이격거리(판단기준 제155조)

- 통신선은 가공전선의 아래에 시설할 것
- 통신선과 저압 가공전선 또는 25[kV] 이하인 특고압 가공전선로의 시설을 규정하는 특고압 가공전선로의 다중 접지를 한 중성선 사이의 이격거리는 60[cm] 이상일 것
- 통신선과 고압 가공전선 사이의 이격거리는 60[cm] 이상일 것
- 통신선은 고압 가공전선로 또는 25[kV] 이하인 특고압 가공전선로의 시설을 규정하는 특고압 가공전선로의 지지물에 시설하는 기계 기구에 부속되는 전선과 접촉할 우려가 없도록 지지물 또는 완금류에 견고하게 시설할 것
- 통신선과 특고압 가공전선 사이의 이격거리는 1.2[m] 이상일 것

정답 93 ③ 94 ② 95 ②

**96** 옥내전로의 대지전압의 제한에서 주택의 옥내전로의 대지전압은 직류 600[V] 이하로 해야 하는 경우는?

① 사람이 접촉하기 위해서 시설하는 경우
② 전로의 고압 전류가 흐를 경우
③ 전로에 지락이 생겼을 때 자동적으로 전로를 차단하는 장치를 시설하는 경우
④ 옥내배선을 연선으로 하여 절연내력을 작게 하는 경우

해설
옥내전로의 대지전압의 제한(판단기준 제166조)
주택의 태양전지모듈에 접속하는 부하 측 옥내배선을 다음 각 호에 따라 시설하는 경우에 주택의 옥내전로의 대지전압은 직류 600[V] 이하일 것
- 전로에 지락이 생겼을 때 자동적으로 전로를 차단하는 장치를 시설할 것
- 사람이 접촉할 우려가 없는 은폐된 장소에 합성수지관공사, 금속관공사 및 케이블공사에 의하여 시설하거나, 사람이 접촉할 우려가 없도록 케이블공사에 의하여 시설하고 전선에 적당한 방호장치를 시설할 것

**97** 욕조나 샤워시설이 있는 욕실 또는 화장실 등 인체가 물에 젖어 있는 상태에서 전기를 사용하는 장소에 콘센트를 시설하는 경우 전기용품 및 생활용품 안전관리법의 적용을 받는 인체감전보호용 누전차단기 정격감도전류와 동작시간은?

① 정격감도전류 15[mA], 동작시간 1초
② 정격감도전류 25[mA], 동작시간 5초
③ 정격감도전류 15[mA], 동작시간 0.03초
④ 정격감도전류 15[mA], 동작시간 10초

해설
옥내에 시설하는 저압용의 배선기구의 시설(판단기준 제170조)
욕조나 샤워시설이 있는 욕실 또는 화장실 등 인체가 물에 젖어 있는 상태에서 전기를 사용하는 장소에 콘센트를 시설하는 경우에는 다음 각 호에 따라 시설하여야 한다.
- 전기용품 및 생활용품 안전관리법의 적용을 받는 인체감전보호용 누전차단기(정격감도전류 15[mA] 이하, 동작시간 0.03초 이하의 전류동작형의 것에 한한다) 또는 절연변압기(정격용량 3[kVA] 이하인 것에 한한다)로 보호된 전로에 접속하거나, 인체감전보호용 누전차단기가 부착된 콘센트를 시설하여야 한다.
- 콘센트는 접지극이 있는 방적형 콘센트를 사용하여 접지하여야 한다.

**98** 다음의 ( ) 안에 들어갈 내용은?

> "분산형 전원을 계통 연계하는 경우 전력계통의 단락용량이 다른 자의 차단기의 차단용량 또는 전선의 순시허용전류 등을 상회할 우려가 있을 때에는 그 분산형 전원 설치자가 ( ) 등 단락전류를 제한하는 장치를 시설해야 한다."

① 전류단락장치
② 분산전원형 장치
③ 감압장치
④ 한류리액터

해설
단락전류 제한장치의 시설(판단기준 제282조)
분산형 전원을 계통 연계하는 경우 전력계통의 단락용량이 다른 자의 차단기의 차단용량 또는 전선의 순시허용전류 등을 상회할 우려가 있을 때에는 그 분산형 전원 설치자가 한류리액터 등 단락전류를 제한하는 장치를 시설하여야 하며, 이러한 장치로도 대응할 수 없는 경우에는 그 밖에 단락전류를 제한하는 대책을 강구하여야 한다.



96 ③ 97 ③ 98 ④ 정답

**99** **계통 연계하는 분산형 전원을 설치하는 경우에 이상 또는 고장 발생 시 자동적으로 분산형 전원을 전력계통으로부터 분리하기 위한 장치 시설 및 해당 계통과의 보호협조를 실시하여야 하는데 그 요인에 해당되지 않는 것은?**

① 분산형 전원의 이상 또는 고장
② 연계한 전력계통의 이상 또는 고장
③ 단독운전 상태
④ 다중운전 상태

해설

계통 연계용 보호 장치의 시설(판단기준 제283조)
계통 연계하는 분산형 전원을 설치하는 경우에 이상 또는 고장 발생 시 자동적으로 분산형 전원을 전력계통으로부터 분리하기 위한 장치 시설 및 해당 계통과의 보호협조를 실시하여야 한다.
- 분산형 전원의 이상 또는 고장
- 연계한 전력계통의 이상 또는 고장
- 단독운전 상태

정답 99 ④

MEMO

MEMO

MEMO

제 3 과목

신재생에너지발전설비산업기사(태양광)

# 태양광발전시스템 시공

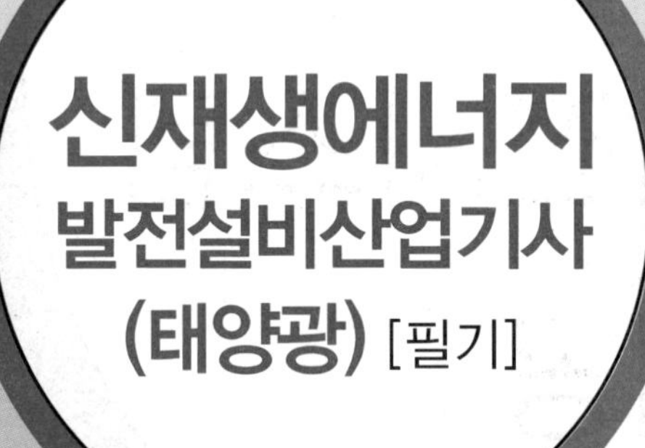


**Always with you**

사람이 길에서 우연하게 만나거나 함께 살아가는 것만이 인연은 아니라고 생각합니다.
책을 펴내는 출판사와 그 책을 읽는 독자의 만남도 소중한 인연입니다.
**(주)시대고시기획**은 항상 독자의 마음을 헤아리기 위해 노력하고 있습니다. 늘 독자와 함께하겠습니다.

# 태양광발전시스템 시공

태양광발전 설비 설치공사는 기본적으로 전기공사업 등록을 하고 산업통상자원부에 태양광 전문기업으로 등록된 전문기업에서 시공하여야 한다. 그리고 태양광과 관련된 전기설비는 사용목적에 적절하고 안전하게 작동하여야 하며, 그 손상으로 인하여 전기공급에 지장을 주지 않아야 한다.

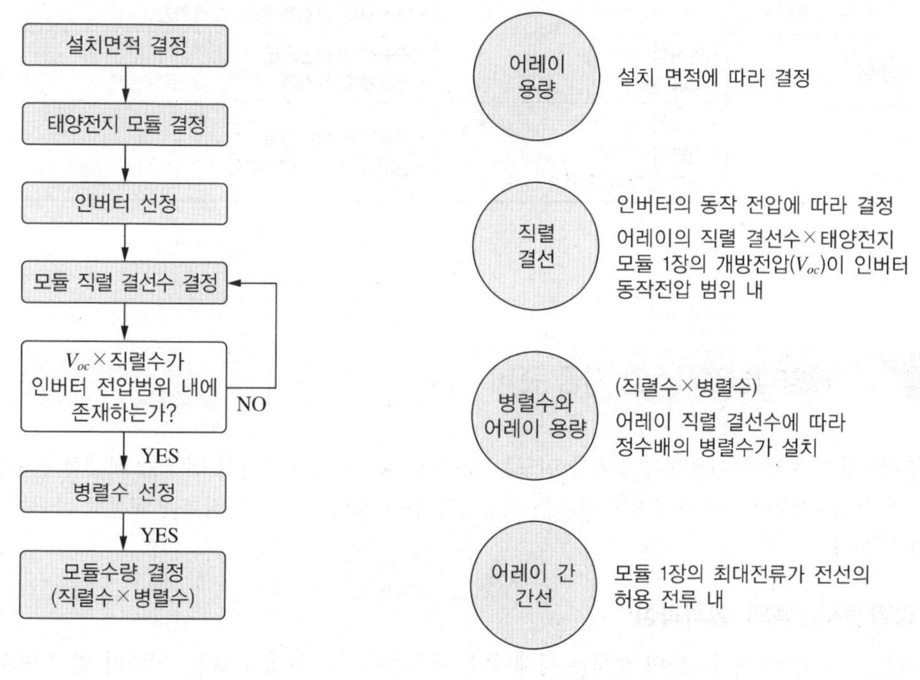


태양광발전시스템은 다음 사항을 고려하여 설계한다.

| 구 분 | 일반적 측면 | 기술적 측면 |
|---|---|---|
| 설치 위치 결정 | 양호한 일사조건 | 태양 고도별 비음영 지역 선정 |
| 설치 방법의 결정 | • 설치의 차별화<br>• 건물과의 통합성 | • 태양광발전과 건물과의 통합 수준<br>• 유지보수의 적절성 |
| 디자인 결정 | • 조화로움<br>• 실용성<br>• 혁신성<br>• 실현가능성<br>• 설계의 유연성 | • 경사각, 방위각의 결정<br>• 건축물과의 결합 방법 결정<br>• 구조 안정성 판단<br>• 시공방법 |
| 태양전지 모듈의 선정 | • 시장성<br>• 제작가능성 | • 설치형태에 적합한 모듈 선정<br>• 건자재로서의 적합성 여부 |
| 설치면적 및 시스템 용량 결정 | 건축물과 모듈 크기 | • 모듈 크기에 따른 설치면적 결정<br>• 어레이 구성방안 고려 |

| 구 분 | 일반적 측면 | 기술적 측면 |
|---|---|---|
| 사업비의 적정성 | 경제성 | 건축재 활용으로 인한 설치비의 최소화 |
| 시스템 구성 | • 최적시스템 구성<br>• 실시설계<br>• 사후관리<br>• 복합시스템 구성방안 | • 성능과 효율<br>• 어레이 구성 및 결선방법 결정<br>• 계통연계 방안 및 효율적 전력공급 방안<br>• 발전량 시뮬레이션<br>• 모니터링 방안 |
| 구성 요소별 설계 | • 최대발전 보장<br>• 기능성<br>• 보호성 | • 최대발전 추종제어(MPPT)<br>• 역전류 방지<br>• 단독운전 방지<br>• 최소전압강하<br>• 내 · 외부 설치에 따른 보호기능 |
| 계통연계형 시스템 | • 안정성<br>• 역류 방지 | • 지속적인 전원공급<br>• 상호계측 시스템 |
| 어레이 | • 고정식<br>• 가변식<br>• 추적식(단축, 양축) | • 경제적인 방법검토<br>• 설치 장소에 따른 방식 |

## 제1절 태양광발전시스템 시공 준비

태양광발전시스템은 햇빛을 이용해서 전기를 만드는 것이다. 태양광으로 직류를 만드는 태양전지 모듈과 발생된 전기를 저장하는 축전지, 이 축전기에 전기를 저장하기 위한 전력제어장치, 직류를 교류로 바꿔주는 인버터로 구성되어 있다.

### (1) 태양광발전시스템의 설치과정

일반적으로 태양광발전시스템의 설치는 자재반입, 구조물 설치, 어레이 설치, 인버터 및 주변장치 설치, 계통간선작업, 모니터링 시스템 구축 등의 순으로 이루어진다. 효과적인 태양광발전시스템 시공을 위해서는 시공기준, 발주처의 설계 및 시공시방서에 의한 사전 검토와 시공계획서를 작성하여 준비하는 것이 필요하다.

### (2) 태양광발전시스템의 시공

태양전지 어레이의 지붕설치 및 인버터 등의 기기 설치공사, 태양전지 모듈과 기기 간의 배선 및 접속하는 전기공사가 있다.

### (3) 태양광발전 설비 설치공사

기본적으로 전기공사업등록을 하고 산업통상자원부에 태양광전문기업으로 등록된 업체가 시공한다. 태양광과 관련된 전기설비는 사용목적에 부합하여 안전하게 작동하고, 전기설비의 손상으로 인하여 전기 공급에 지장이 없어야 한다. 특히 활선상태에서 전기공사를 할 때에는 안전 대책과 세심한 주의가 필요하다.

## 1 태양광발전시스템의 시공 절차

### (1) 시공 절차의 주요공사별 구분

| 구 분 | 세부 시공 절차 |
|---|---|
| 토목공사 | • 지반공사 및 구조물 공사<br>• 접지공사 |
| 자재검수 | • 승인된 자재 반입 및 검수<br>• 필요시 공장검수 실시 |
| 기기설치공사 | • 어레이 설치공사<br>• 접속함 설치공사<br>• 파워컨디셔너(PCS) 설치공사<br>• 분전반 설치공사 |
| 전기배관배선공사 | • 태양전지 모듈 간 배선공사<br>• 어레이와 접속함의 배선공사<br>• 접속함과 파워컨디셔너(PCS) 간 배선공사<br>• 파워컨디셔너(PCS)와 분전반 간 배선공사 |
| 점검 및 검사 | • 어레이 검사<br>• 어레이의 출력확인<br>• 절연저항측정<br>• 접지저항측정 |

※ 파워컨디셔너(PCS) : 인버터, 계통연계장치 및 전력제어회로가 구성된 장치

### (2) 태양광발전시스템의 일반적인 설치 순서

모든 시공 절차에서는 구조의 안정성 확보와 전력손실을 최소화를 목표로 시공해야 한다.

① 현장여건분석

㉠ 설치조건 : 방위각(정남향 ±30°), 설치면의 경사각, 건축안정성

㉡ 환경여건 고려 : 음영유무

㉢ 전력여건 : 배전용량, 연계점, 수전전력, 월평균 사용전력량

② 시스템 설계

㉠ 시스템 구성

시스템용량 → 모듈용량 → 직·병렬 결선 → 어레이구분 → 병렬 인버터

㉡ 구조설계 : 기초/구조물설계, 구조계산

㉢ 전기설계 : 간선, 피뢰, 모니터링 설계

**Check!**
- **간선** : 발·변전소에서 모선(母線)에 해당하는 것으로 부하에 배전하거나 분기선을 내는 선로
- **피뢰** : 벼락의 피해를 예방하고, 벼락이 떨어진 경우에는 그 피해를 최소한으로 줄이려는 수단과 방법을 말함

③ 구성요소 제작

태양전지 모듈, 인버터, 접속반, 설치구조물, 기타

④ 기초공사

유형에 따라 기초공사(직접기초, 말뚝기초, 주춧돌 기초, 케이슨 기초, 앵커고정, 지붕/벽면 부착 등)

> **Check!** **앵커** : 앵커볼트(Anchor Bolt), 기초볼트의 역할로서 건축을 할 때나 기계 따위를 설치할 때 콘크리트 바닥에 묻어 기둥, 기계 따위를 고착시키는 볼트

⑤ 설치가대 설치

⑥ 모듈설치

모듈부착 → 볼트/너트 고정 → 결선

⑦ 간선공사

모듈-어레이-접속반-인버터-계통 간의 간선

⑧ 파워컨디셔너(PCS) 설치

단상/3상, 옥내형/옥외형

⑨ 시운전

정상 운전 상태 파악, 어레이별 출력 확인

⑩ 운전 개시

### (3) 시공기준 및 관련 법규

① 태양광발전 설비의 전기공사는 전기설비기술기준 및 전기설비기술기준의 판단기준에 의거 시공한다.

② 정부 지원금을 받아 시공하는 경우에는 신재생에너지설비 지원 등에 관한 지침을 준수해야 한다.

③ 태양광발전시스템 시공은 관련 법규나 각종 규정에 따라 충분한 안전대책을 세우고, 추락, 감전 사고가 없도록 주의하여야 한다.

### (4) 전기공사 절차

태양광발전 설비의 전기공사는 태양전지 모듈의 설치와 동시에 진행된다. 다음 그림에 나타낸 것처럼, 태양전지 모듈 간의 배선은 물론 접속함이나 인버터 등과 같은 설비와 이들 기기 상호 간을 순차적으로 접속한다.

① 태양광발전시스템 전기공사 절차도

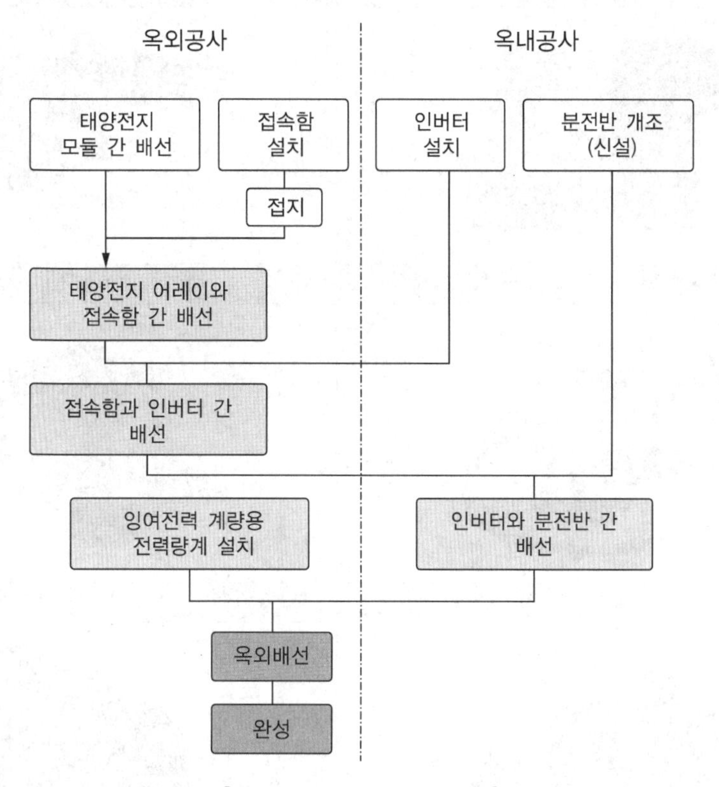


[태양광발전시스템 전기공사 절차]

② 태양광발전시스템 전기공사 절차

㉠ 태양광발전 설비의 전기공사는 감리원의 승인된 각종 자재가 현장 반입검사를 실시하고 합격된 자재를 다음 절차에 따른다. 전기공사는 형식상 옥내공사와 옥외공사로 구분한다.

㉡ 반입자재 도착 전 설계도면에 의한 기초 및 지지물 작업을 완료하여야 한다.

㉢ 기초와 지지물 설치 완료가 되면 반입자재 검수(공장검수실시 기자재 포함)에 합격된 자재를 중심으로 설치・시공한다.

㉣ 태양전지어레이와 각 패널 간 접속공사를 시행하고 필요시 상세도를 통해서 타 공정 간섭을 해소하고 기존시설물의 변경은 절차에 따라 실시한다.

㉤ 최종 단계에서 각종 설치기자재 검사 및 절연저항과 접지저항을 측정한다.

## 2 태양광발전시스템 시공 시 필요한 장비 목록

### (1) 공구 및 소형 장비

① 필요공구 : 레벨기, 해머 드릴, 임팩트렌치, 해머 브레이커, 터미널압착기, 앵글 천공기, 각종 수공구

② 소형장비 : 컴프레서, 발전기, 사다리 등

③ 대형장비 : 굴삭기, 크레인, 지게차

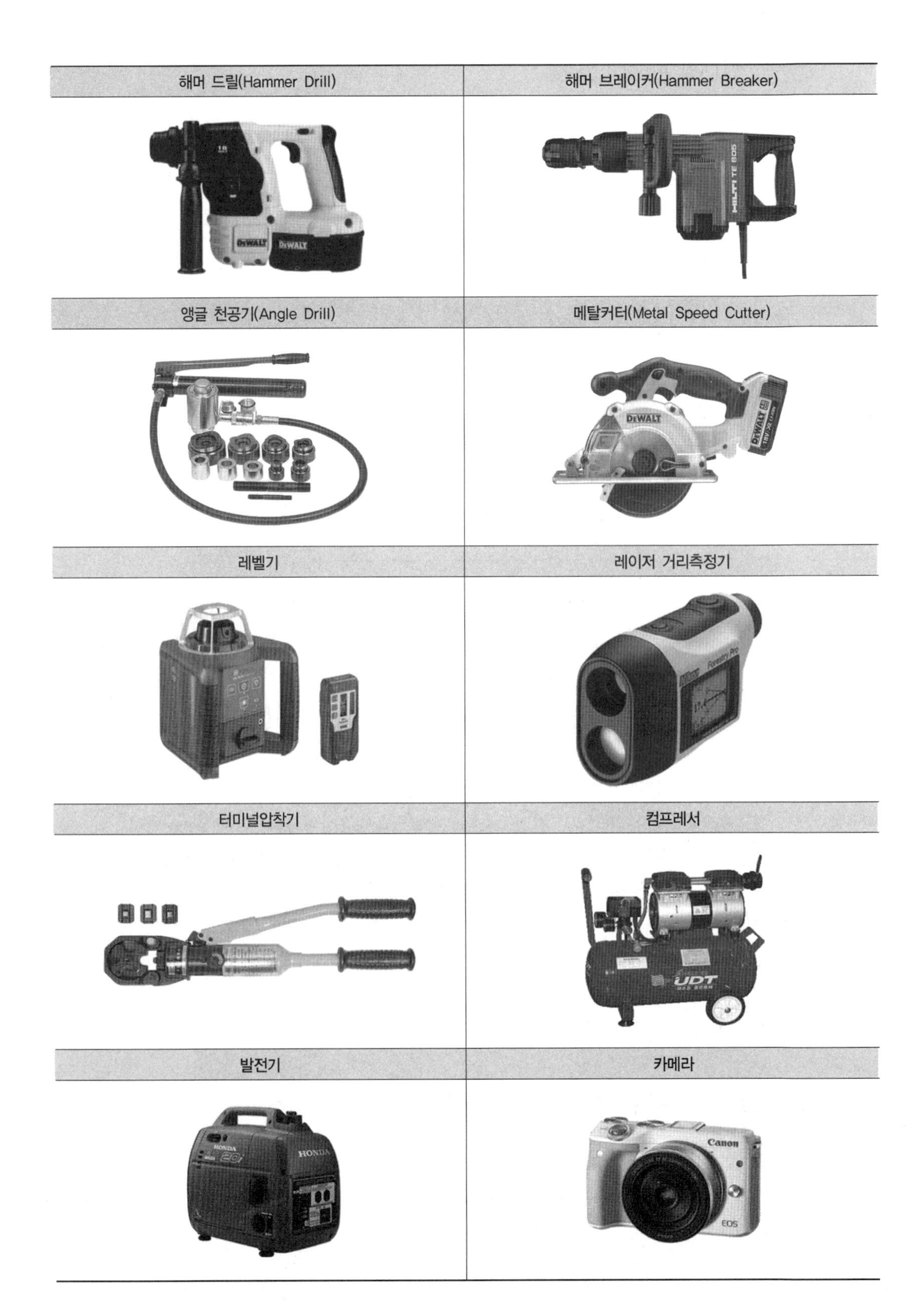

해머 드릴(Hammer Drill)
DEWALT
해머 브레이커(Hammer Breaker)
HILTI TE 805
앵글 천공기(Angle Drill)
메탈커터(Metal Speed Cutter)
DEWALT
레벨기
레이저 거리측정기
Forestry Pro
터미널압착기
컴프레서
UDT
발전기
HONDA
카메라
Canon
EOS

### (2) 검사장비

솔라 경로추적기, 열화상 카메라, 지락전류시험기, 디지털 멀티미터, 접지저항계, 절연저항계, 내전압 측정기, GPS 수신기, RST 3상 테스터 등이 있다.

| 지락전류시험기 | 열화상 카메라 |
|---|---|
| 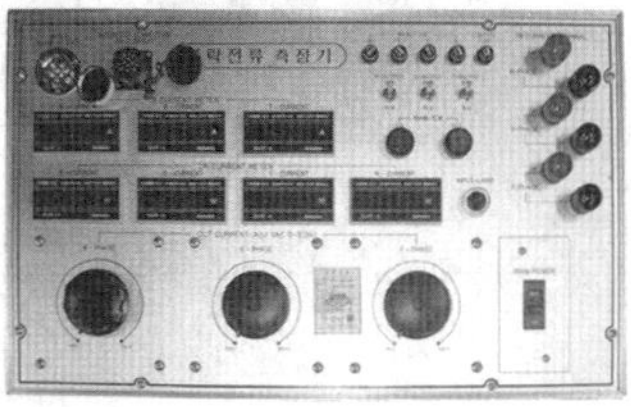  | 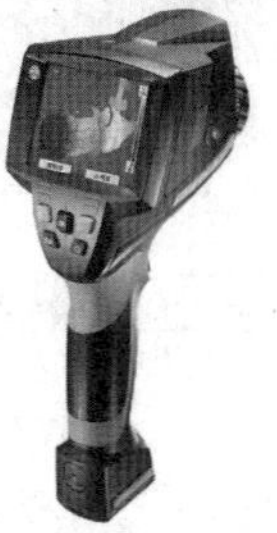  |
| 솔라 경로추적기 | 보호계전기 시험기 |
|   | 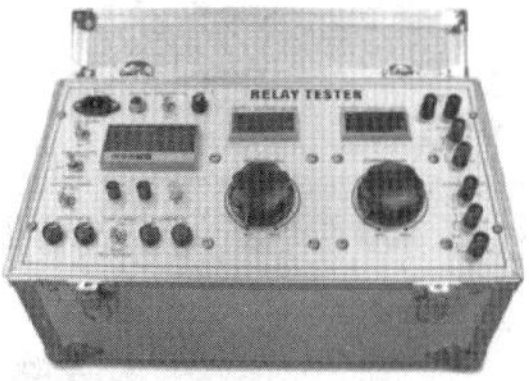  |
| 일사량계 | 멀티미터 |
|   |   |
| 클램프 미터 | 접지저항계 |
|   | 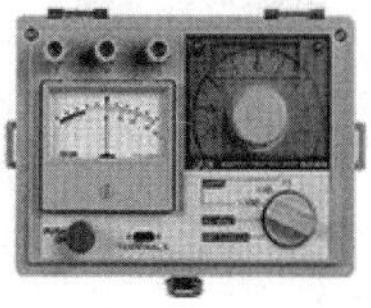  |

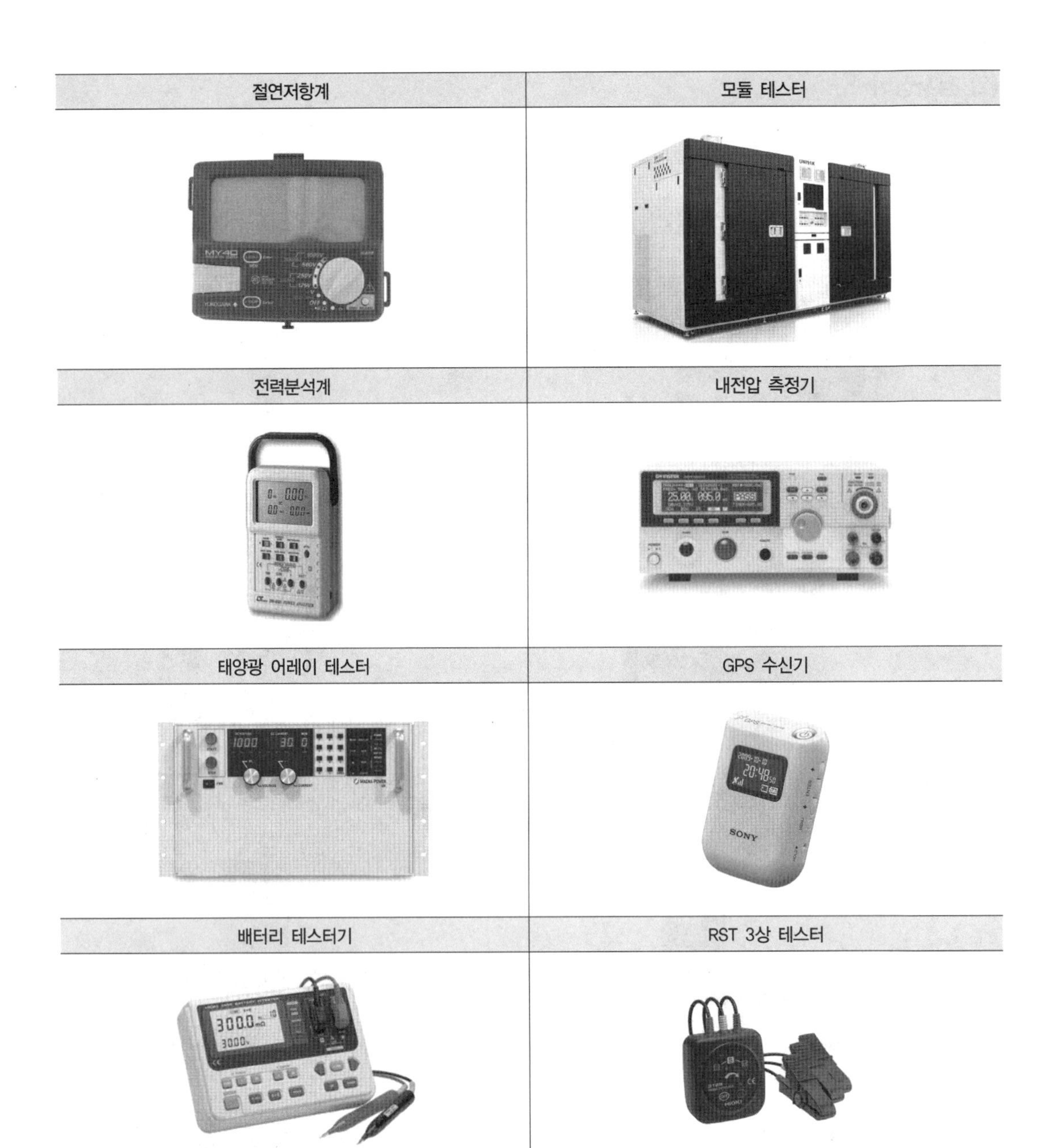
절연저항계
모듈 테스터
전력분석계
내전압 측정기
태양광 어레이 테스터
GPS 수신기
배터리 테스터기
RST 3상 테스터

## 3 태양광발전시스템 관련 기기 반입 및 검사

### (1) 반입검사 필요성

시공사와 기자재 제작업자의 경제적 이득으로 인한 부적합 자재반입과 제조과정에서 발생하는 불량을 사전에 체크하여 부실공사를 방지하고 재작업으로 인한 인력과 시간의 낭비를 줄인다.

### (2) 반입검사 내용

① 책임 감리원이 검토 승인한 기자재에 한해서 현장반입을 한다.

② 공장검수 시 합격된 자재에 한해 현장반입을 한다.

③ 현장자재 반입검사는 공급원승인제품, 품질적합내용, 내역물량수량, 반입 시 손상여부 등의 전수검사를 원칙으로 한다. 하지만 동일 자재의 수량이 많을 경우 샘플검사를 시행할 수도 있다.

④ 감리원의 승인된 주요 기자재 : 태양전지 모듈, 파워컨디셔너(PCS), 분전반, 축전지반, 자동제어시스템(PC일체), 배관자재, 케이블

⑤ 일반자재 : 부속류의 상태 및 도금 종류

### (3) 자재 반입 시 주의 사항

① 자재 반입 시 장비 선정

자재 반입에 필요한 장비 검토와 사전 확보가 이루어져야 한다.

② 안전대책 수립

㉠ 주요기자재, 공사용 자재 반입 시에 기중기를 사용할 경우 기중기의 붐대 선단이 배전선로에 근접 시 간섭을 피할 수 있도록 대책을 마련한다.

㉡ 관할 전기사업자(한국전력공사)와 사전 협의하여 공사용 자재 반입 시에 기중기차를 이용하는 경우, 기중기의 붐대 선단이 배전선로에 근접할 때, 공사 착공 전에 전력회사와 사전 협의하여 절연전선 또는 전력케이블에 보호관을 씌우는 등의 사전보호 조치를 통해 반입시간을 줄인다.

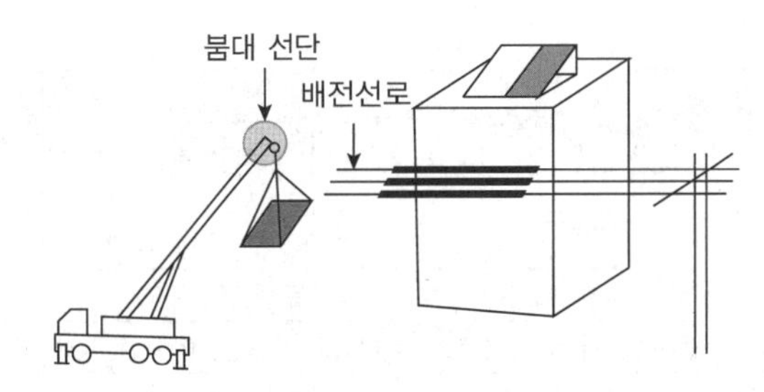


[기자재 반입 시 배전선로 보호]

Check!

- **전수검사** : 검사할 물품을 전부 한 개씩 조사하여 양품과 불량품으로 나누어 양품만을 합격시키는 검사를 하는 것
- **샘플검사** : 생산, 완제품의 단계에서 샘플을 발췌하여 검사를 하는 것
- **붐대** : 쭉 들어 올리는 기계 장치

## 4 태양광발전시스템 시공안전대책

### (1) 안전장구 착용

① 안전모

② 안전대 : 추락방지

③ 안전화 : 중량물에 의한 발 보호 및 미끄럼 방지용

④ 안전허리띠 : 공구, 공사 부재 낙하 방지

Check! 부재 : 골조를 구성하는 기둥이나 보, 지붕틀 구조 등의 막대 모양의 재료

### (2) 작업 중 감전사고 방지 대책

① 감전사고의 원인

㉠ 태양전지 모듈 1장의 출력전압은 모듈의 종류에 따라 25~35[V] 정도이다.

㉡ 모듈을 필요한 개수를 직・병렬로 접속하면 말단의 전압은 250~450[V], 450~820[V]까지의 고전압이 된다.

② 안전대책

㉠ 작업 전 태양전지 모듈 표면에 차광막을 씌워 태양광을 차폐한다.

㉡ 절연장갑을 착용한다.

㉢ 절연 처리된 공구를 사용한다.

㉣ 우천 시에는 감전사고와 미끄러짐으로 인한 추락사고 우려가 있으므로 작업을 금지한다.

## 5 시공 체크리스트

### (1) 공종별 지반조사

① 공종별 지반조사 항목

| 공 종 | 착안사항 | 필요한 지반정수 | 지반조사 | | 비 고 |
|---|---|---|---|---|---|
| | | | 현장시험 | 실내시험 | |
| 공 통 | 지층조건 | 지층구성 | 시추조사, 시굴조사, 탄성파탐사, 전기 비저항탐사 | – | |
| | | N치(사질토) | 표준관입(SPT) | – | |
| | | 콘관입 저항치(점성토) | 피에조 콘관입, 더치 콘관입 | – | |
| | 지하매설물 확인 | – | GPR | – | |
| | 지반의 물리 특성 | 입 도 | – | 체분석, 비중계분석 | |
| | | 0.08[mm] 통과량 | – | 0.08[mm] 통과량 | |
| | | 액성한계 | – | 액성한계, 폴콘 | |
| | | 소성한계 | – | 소성한계 | |
| | | 비 중 | – | 비 중 | |
| | | 함수비 | – | 함수비 | |

| 공 종 | | 착안사항 | 필요한 지반정수 | 지반조사 | | 비 고 |
|---|---|---|---|---|---|---|
| | | | | 현장시험 | 실내시험 | |
| 옹 벽 | | 기초 및 배면지반 지층조건 | 〈공통사항 참조〉 | 〈공통사항 참조〉 | – | |
| | | 기초 및 배면지반 물리특성 | 〈공통사항 참조〉 | – | 〈공통사항 참조〉 | |
| | | 기초지반 지지력 및 역학 특성 | 지반 지지력 직접측정 | 평판재하 | – | |
| | | | 점착력, 내부마찰각 | – | 직접전단, 삼축압축 | |
| | | | 단위중량(습윤 밀도) | 현장밀도 | 전단시험결과 이용 | |
| | | 배면지반의 역학특성 | 점착력, 내부마찰각 | – | 직접전단, 삼축압축 | |
| | | | 단위중량(습윤 밀도) | – | 전단시험결과 이용 | |
| | | 기초 및 배면지반 다짐토 | 최대건조밀도, 최적함수비 | 현장밀도 | 실내다짐 | |
| 사 면 | | 사면 지층조건 | 〈공통사항 참조〉 | 〈공통사항 참조〉 | – | |
| | | 지반의 물리특성 | 〈공통사항 참조〉 | – | 〈공통사항 참조〉 | |
| | | 지반의 역학특성 | 점착력, 내부마찰각 | 공내재하 | 직접전단, 삼축압축 | |
| | | | 단위중량(습윤 밀도) | 현장밀도 | 전단시험결과 이용 | |
| | | 지반의 투수성 | 투수계수 | 현장투수 | – | |
| 연약 지반 | | 연약지반의 지층조건 | 분포지역 및 두께 | 〈공통사항 참조〉 | – | |
| | | 지반의 물리특성 | 〈공통사항 참조〉 | – | 〈공통사항 참조〉 | |
| | | 지반의 역학특성 | 비배수강도(점착력) | 베인, 피에조콘 | 일축압축, 삼축압축 | |
| | | | 압밀계수, 압축지수 | 피에조콘 소상시험(수평압밀계수) | 압밀시험 | |
| | | 유기물 함유여부 | 유기물 함유량 | – | 유기물 함유량 | |
| 구조물 기초 | 얇은 기초 | 기초지반의 지층조건 | 〈공통사항 참조〉 | 〈공통사항 참조〉 | – | |
| | | 지반의 물리특성 | 〈공통사항 참조〉 | – | 〈공통사항 참조〉 | |
| | | 기초지반 지지력 | 지반지지력 직접측정 연직지반반력계수 | 평판재하 | – | |
| | | | 점착력, 내부마찰각 | – | 직접전단, 삼축압축 | |
| | | | 단위중량(습윤밀도) | 현장밀도 | 전단시험결과 이용 | |
| | 깊은 기초 | 기초지반의 지층조건 | 〈공통사항 참조〉 | 〈공통사항 참조〉 | – | |
| | | 지반의 물리특성 | 〈공통사항 참조〉 | – | 〈공통사항 참조〉 | |
| | | 말뚝의 지지력 및 지반의 역학특성 | 지지력 | 동재하, 정재하, 프레셔미터(수평음력) | – | |
| | | | 점착력, 내부마찰각 | 공내재하, 시추공전단 | 직접전단, 삼축압축 | |
| | | | 수평지반반력계수 | 프레셔미터, 공내재하 | – | |
| | | | 변형계수(탄성계수) | 딜라토미터, 공내재하 | – | |

| 공 종 | 착안사항 | 필요한 지반정수 | 지반조사 | | 비 고 |
|---|---|---|---|---|---|
| | | | 현장시험 | 실내시험 | |
| 절토부<br>성토부 | 기초지반<br>지층조건 | 〈공통사항 참조〉 | 〈공통사항 참조〉 | – | |
| | 지반의 물리특성 | 〈공통사항 참조〉 | | 〈공통사항 참조〉 | |
| | 지반의 투수성 | 투수계수 | 현장투수 | – | |
| | | 단위중량 | 현장밀도 | – | |
| | 아스팔트<br>포장두께 | CBR | 현장 CBR | 실내 CBR | |
| | 지반의 역학특성 | 점착력, 내부마찰각 | – | 일축압축, 직접전단,<br>삼축압축 | |
| | 지반의 다짐특성 | 최대건조밀도, 최적함수비 | – | 실내다짐 | |
| | 암석의 물리특성 | 비 중 | – | 비 중 | |
| | | 단위중량(습윤밀도) | – | 밀 도 | |
| | | 함수량 | – | 함수량 | |
| | 암석의 강도 | – | 전하중 | 탄성파속도, 일축압축 | |

② 지반상태에 따른 문제점 및 대책

| 지반상태 | 문제점 | 대 책 |
|---|---|---|
| 지반의 허용지지력이 부족할 경우 | 침하 및 전도 발생 | • 구조체 설계변경(저판폭 증가)<br>• 지반의 치환 |
| 지반의 $C$, $\phi$가 부족할 경우 | 활동 및 침하 발생 | 구조체 설계변경(활동 방지벽 및 저판증가) |
| 지반이 지하수위가 높을 경우 | 지지력 저하로 침하 발생 | • 후술하는 배수공 중 특별 배수공법 적용<br>• 쇄석 또는 암버력 등으로 치환 |
| 지반이 암반일 경우 | 표준설계도 적용 시 과다 설계 | 구조체 설계변경(단면 감소. 단, 정지토압으로 설계필요) |
| 연약층이 깊을 경우 | 침하, 전도, 활동 발생 | 말뚝 기초로 설계변경 |
| 배면토의 강도정수가 부족할 경우 | 전도 및 활동 발생<br>구조체 균열 및 파괴 발생 | • 구조체 설계변경(단면 및 저판폭 증가)<br>• 뒷채움 재료를 양질토로 변경<br>• 토압 경감을 위하여 사면경사도 완화 |

**Check!**
- **암버력** : 암석의 자갈, 조약돌으로서 암석의 파괴로 파쇄된 조각
- **강도정수(상수)** : 토압, 지지력, 경사면 안정 등의 계산에 필요한 값으로 흙의 종류, 처짐 정도, 함수량 등에 따라 다르다.
- **수직응력** : 재료가 인장 하중 또는 압축 하중을 받았을 때 수직 하중이 작용할 때 재료 내부에 발생하는 응력(재료 내에 생기는 저항력)
- **전단저항** : 흙이 전단력(재료에 수직으로 작용되는 외력에 대하여 저항하는 힘)에 저항하는 것으로, 흙 입자 상호 간의 끌어당기는 힘

㉠ 내부마찰각($\phi$ : Angle of Internal Friction) : 흙 속에서 일어나는 수직응력과 전단저항과의 관계 직선이 수직응력축과 만나는 각도, 즉 일체가 된 흙더미의 흙 사이 마찰각

㉡ 점착력($C$ : Cohesion) : 찰흙 등 미세한 입자를 포함하는 흙이 어느 면에서 미끄러지려고 할 때 이 면에 작용하는 전단저항력 중 수직 압력에 관계없이 나타나는 저항력, 즉 내부마찰각 $\phi$가 0인 경우의 전단저항력

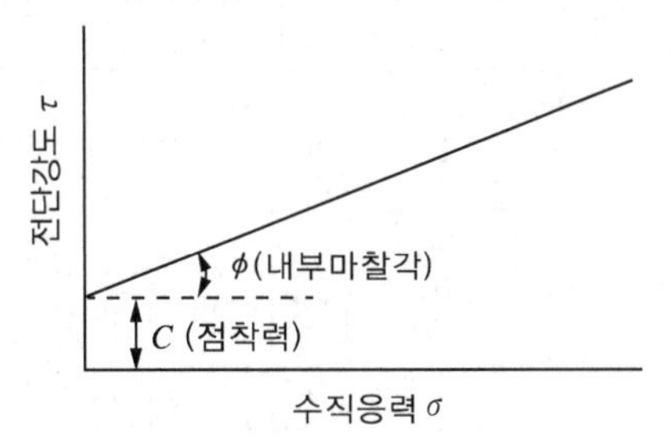


※ 내부마찰각($\phi$) 크기에 영향을 주는 요소
- 흙입자의 크기가 클수록 증가
- 입도분포가 양호할수록 증가
- 흙입자의 형상이 모날수록 증가
- 상대밀도가 클수록 증가

### (2) 태양광발전시스템 시공 시 점검

① **태양전지 어레이 검사** : 태양전지 모듈의 배열 및 결선방법은 모듈의 출력전압이나 설치장소 등에 따라 다르기 때문에 체크리스트를 이용해 배열 및 결선방법 등에 대해 시공 전과 시공 후에 각각 확인해야 한다.

② 태양전지 어레이의 출력 확인은 체크리스트를 활용한다.

년 월 일 시공

# 태양광발전시스템 전기시공 공사 체크리스트

시설명칭

| 어레이 설치방향 | 기후 | 시공회사명 |
|---|---|---|
| 북 북동 동 동남 남 남서 서 북서 | | 전화번호 담당자명 |
| 시스템 제조사명 | | 용량 kW / 연계 유 무 |

| 모듈 No. | 개방전압 [V] | 단락전류 [A] | 지락확인 | 인버터 입력전압 [V] | 인버터 출력전압 [V] | 모듈 No. | 개방전압 [V] | 단락전류 [A] | 지락확인 | 인버터 입력전압 [V] | 인버터 출력전압 [V] |
|---|---|---|---|---|---|---|---|---|---|---|---|
| 1 | V | A | | V | V | 1 | V | A | | V | V |
| 2 | V | A | | V | V | 2 | V | A | | V | V |
| 3 | V | A | | V | V | 3 | V | A | | V | V |
| 4 | V | A | | V | V | 4 | V | A | | V | V |
| 5 | V | A | | V | V | 5 | V | A | | V | V |
| 6 | V | A | | V | V | 6 | V | A | | V | V |
| 7 | V | A | | V | V | 7 | V | A | | V | V |
| 8 | V | A | | V | V | 8 | V | A | | V | V |
| 9 | V | A | | V | V | 9 | V | A | | V | V |
| 10 | V | A | | V | V | 10 | V | A | | V | V |
| 11 | V | A | | V | V | 11 | V | A | | V | V |
| ⋮ | ⋮ | ⋮ | ⋮ | ⋮ | ⋮ | ⋮ | ⋮ | ⋮ | ⋮ | ⋮ | ⋮ |
| 23 | V | A | | V | V | 23 | V | A | | V | V |
| 24 | V | A | | V | V | 24 | V | A | | V | V |
| 25 | V | A | | V | V | 25 | V | A | | V | V |
| 26 | V | A | | V | V | 26 | V | A | | V | V |
| 27 | V | A | | V | V | 27 | V | A | | V | V |
| 28 | V | A | | V | V | 28 | V | A | | V | V |
| 29 | V | A | | V | V | 29 | V | A | | V | V |
| 30 | V | A | | V | V | 30 | V | A | | V | V |
| 31 | V | A | | V | V | 31 | V | A | | V | V |
| 32 | V | A | | V | V | 32 | V | A | | V | V |
| 33 | V | A | | V | V | 33 | V | A | | V | V |
| 34 | V | A | | V | V | 34 | V | A | | V | V |
| 35 | V | A | | V | V | 35 | V | A | | V | V |

| 모듈번호표 직렬 병렬 V A | 비고 |
|---|---|
| | |

[태양전지 모듈의 출력전압 체크리스트]

# 제2절 태양광발전시스템 구조물 시공

## 1 발전 형태별 구조물 시공

### (1) 기초공사

① 기초공사란 상부 건축물의 하중을 안전하게 지반에 전달하는 구조부재로서 건축물의 부재로서는 최초 공사이다.

② 기초설계의 기본적인 방법

㉠ 지반이 하중을 지지하는 데 매우 약하기 때문에 건물 상부에서 전달되는 하중의 면적당 크기를 지반이 지지할 수 있는 힘의 크기, 즉 지내력 이하가 되도록 하중을 분산시킨다.

㉡ 일반적인 건물의 기초설계는 기초의 면적을 결정하고, 기초의 두께를 결정하고 철근을 배근하는 데 있다.

㉢ 기초설계 시 기초의 면적을 결정하는 것에 있어서는 기초지반의 허용 지내력과 관련이 가장 크다.

㉣ 땅이 연약할수록 더 큰 면적의 기초가 필요하다는 것인데, 지내력은 지반이 하중을 지지하는 능력으로 상부하중에 대한 땅의 지지력과 침하를 동시에 만족시켜야 한다.

㉤ 지내력의 확보가 되지 않으면 상부하중을 견디지 못해 건물이 내려앉는 일이 발생할 수 있다.

③ 기초의 종류

㉠ 직접기초 : 지지층이 얕을 경우 기초

• 독립기초 : 지지물의 응력을 개개별로 지지하는 기초

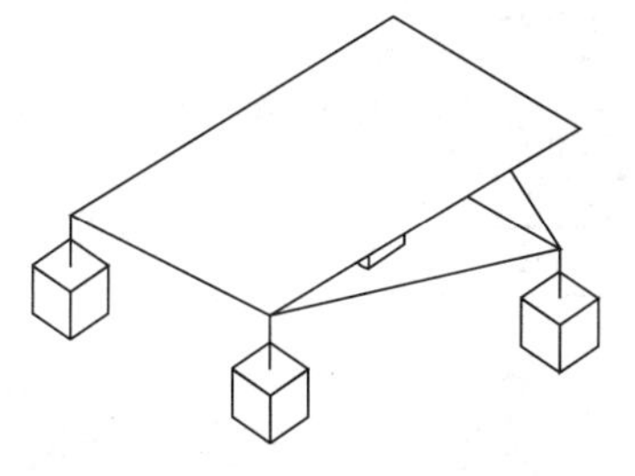
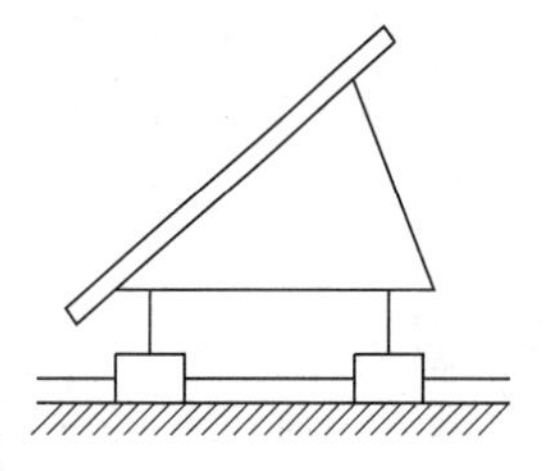

• 연속기초 : 2개 이상 지지물의 응력을 단일로 지지하는 기초

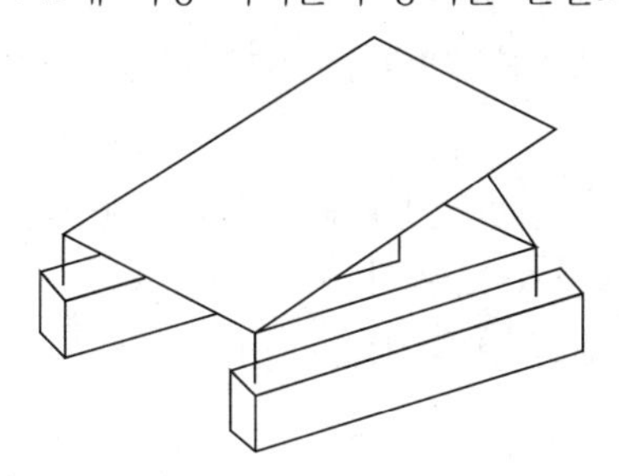
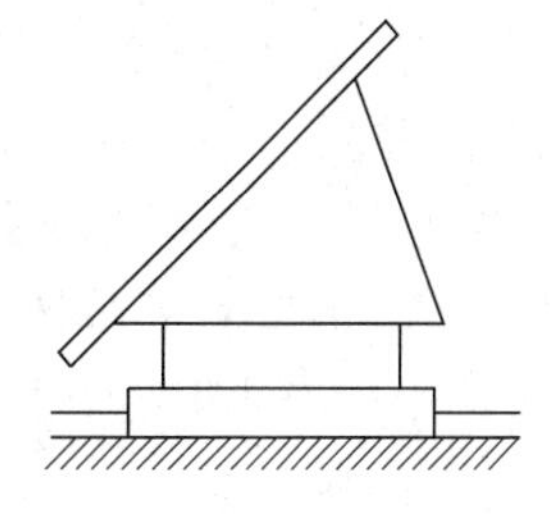

㉡ 말뚝기초 : 지지층이 깊을 경우의 기초

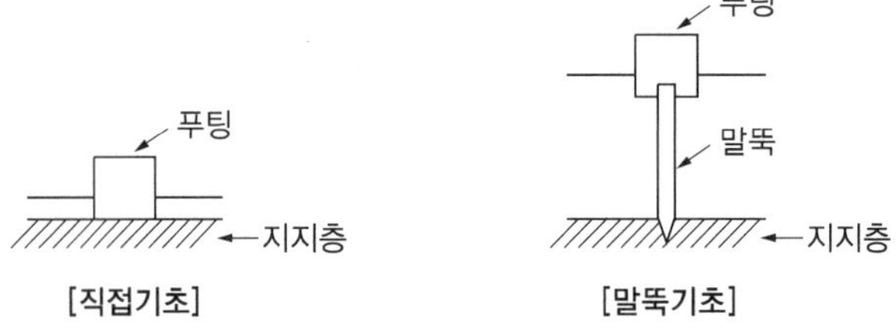

[직접기초] [말뚝기초]

㉢ 주춧돌 기초 : 철탑 등의 기초

㉣ 케이슨 기초 : 하천 내의 교량 기초

### (2) 건축물 설치 부위에 따른 분류

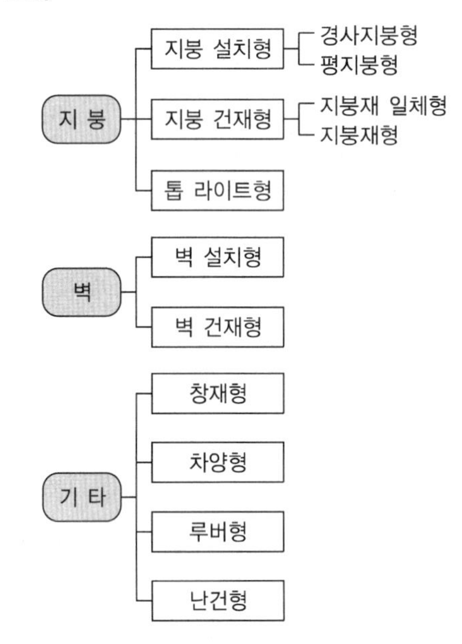


① 경사지붕형(지붕 설치형)

㉠ 지붕재(기와 착색 슬레이트, 금속지붕 등)에 전용 지지기구와 받침대를 설치하여 그 위에 태양전지 모듈을 설치하는 타입

㉡ 주로 주택용 설치공법으로서 각 모듈 제조회사의 표준사양으로 되어 있다.

② 평지붕형(지붕 설치형)

㉠ 아스팔트 방수시트 방수 등의 방수층 위에 철골가대를 설치하고 태양전지를 설치하는 타입

㉡ 설치공법으로서 각 모듈 제조회사의 표준사양으로 되어 있다.

㉡ 주로 청사나 학교 관사의 옥상에 설치되어 있는 사례가 있다.

③ 지붕 일체형(지붕 건재형)

㉠ 지붕재(금속지붕 평판기와 등)에 태양전지 모듈을 부착시키는 타입으로 지붕과 일체감이 있고 건축의 디자인을 살려 마감을 할 수 있다.

㉡ 지붕의 여러 기능(방수성, 내구성 등)을 겸비하고 있는 건재이다.

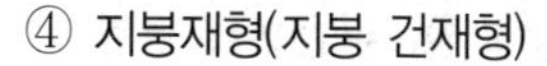

④ 지붕재형(지붕 건재형)

㉠ 태양전지 모듈 자체가 지붕재로서 기능을 갖고 있어 주변 지붕재와의 배합이 가능하다.

㉡ 주로 신축 주택용으로 설치되는 사례가 많다.

⑤ 톱 라이트형

㉠ 톱 라이트의 유리부분에 맞게 태양전지 유리를 설치한 타입으로 채광 및 셀에 의한 차폐 효과가 있다.

㉡ 셀의 배치에 따라서 개구율을 바꿀 수 있음

(※ 톱 라이트 : 인물의 머리 위나 피사체 바로 위에서 비추는 조명)

⑥ 벽 설치형

벽에 가대(금속지지물) 등을 설치하고 그 위에 태양전지 모듈을 설치하는 타입으로 중・고층 건물의 벽면을 유효하게 사용할 수 있다.

⑦ 벽 건재형

㉠ 태양전지가 벽재로서 기능하는 타입으로 셀의 배치에 따라 개구율을 바꿀 수 있다.

㉡ 알루미늄 새시 등 지지공법을 여러 가지로 선택할 수 있다.

㉢ 주로 커튼월 등으로 설치되어 있음

(※ 커튼월 : 하중을 지지하고 있지 않는 칸막이 구실을 하는 바깥벽)

⑧ 창재형

유리창의 기능(채광성, 투시성)을 보유하고 있는 타입으로 셀의 배치에 따라 개구율을 바꿀 수 있다.

⑨ 차양형

창의 상부 등 건물 외부에 가대(지지기구)를 설치하고 태양전지 모듈을 설치하여 차양 기능을 보완한 타입

⑩ 루버형

개구부의 블라인드 기능을 보유하고 있는 타입으로 기존 루버재와 같은 의장성을 재현하여 건축의 디자인을 살려 설치할 수 있다.

⑪ 난간형

㉠ 수직설치이므로 공간에 여유가 있고 종래의 가대가 필요가 없으며 옥상에 설치하지 않으므로 건물 옥상 등을 유효하게 활용할 수 있다.

㉡ 양면 수광형의 태양전지 등 수직설치 공법이 가능하다.

### (3) 경사지붕형 태양광발전시스템

① 경사지붕은 프로파일을 주로 사용하고, 설치경사각은 건물지붕의 경사각에 따라 정해지고 설치방향은 최대한 건물의 남향에 가까운 경사면을 선정하여 효율이 최대가 되게 하며 통풍이 잘되는 구조의 지붕에 태양전지를 설치하면 태양광 모듈의 온도 상승이 작으므로 유리하다.

> **Check!** **프로파일** : 외부의 열을 차단하기 위해서 창틀과 유리, 패널 사이의 틈을 없애기 위한 특수한 자재

② 단열성능이 뛰어난 구조의 지붕에는 통풍 효과가 없으므로 결정질 태양광 모듈보다는 비결정질 태양광 모듈을 설치하는 것이 좋다.

③ 태양광 기술 특성상, 지붕은 크고, 균일하며, 평평하고 남향을 향한 경사진 지붕으로 하고 태양광 모듈의 최대출력이 나오도록 지붕 경사각이 20~40°가 되도록 한다. 지붕 형태에 따라 돌출부위에 의한 그림자가 생기지 않는 지붕이 좋다.

④ 금속철판이나 기와로 된 경사지붕에 태양광시설을 추가적으로 설치하는 경우 하중을 분산시키고 가대 등을 설치할 때 충격·하중에 의해 지붕이 파손되지 않도록 완충재를 사용하는 것이 좋다.

⑤ 모듈의 설치방법은 지붕면의 슬레이트, 기와를 제거한 후 방수시트를 부착하고, 건물의 구조부에 지지철물과 고정철물을 설치한다. 지지철물 설치 후 다시 슬레이트 및 기와를 설치한다.

⑥ 지지철물 및 고정철물의 설치 시 지붕면에 대한 접촉부는 하중을 분산시켜 지붕재료를 보호하고, 가대의 지붕재료 접촉부에는 실리콘, 고무, 스펀지 등 완충재를 설치한다. 또한 지붕의 빗물 흐름을 방해하지 않도록 지붕면과의 사이에 공간을 둔다.

⑦ 가대의 기본구조는 가대의 조립, 모듈의 가대 설치 및 모듈 간 배선 등 작업이 쉬운 구조이고, 모듈의 가대고정은 모듈의 앞쪽 또는 옆쪽에서 고정한다.

⑧ 측면에서 고정할 경우에는 이웃한 모듈과의 간격을 10[cm] 이상으로 확보할 필요가 있고 한정된 지붕면적을 효율적으로 이용하기 위해 대부분 모듈 위쪽에서 고정한다.

⑨ 모듈의 설치·제거는 1장 단위로 이루어지고 작업의 용이성을 위해 윗면에서 모듈을 고정하도록 한다. 태양전지의 온도상승이 되지 않도록 모듈과 지붕면 사이에 여유를 두고, 모듈의 지지점은 하중의 균형을 고려하여 1 : 3 : 1의 비율로 하는 것이 좋다.

⑩ 모듈의 높이는 모듈 뒷면의 공기대류 및 공기속도에 영향을 미친다. 공기속도가 빠를수록 태양전지의 온도는 저하되고 효율이 좋지만, 10[cm] 이상 높게 하면 효과는 더 이상 커지지 않으므로 10[cm] 정도로 하는 것이 좋다.

⑪ 연간 일사량이 최대가 되는 경사각도는 보통 설치장소의 위도보다 약간 작다. 또 어레이에 가해지는 풍압하중은 어레이면이 지붕면에 평행인 상태에서 가장 작고, 약간의 경사를 주는 것으로 급격히 증가하게 되는데, 가대부재의 대형화, 건물의 하중 증가로 이어진다. 따라서 어레이면을 지붕면에 평행하게 하는 것이 종합적으로 최적이라고 할 수 있다.

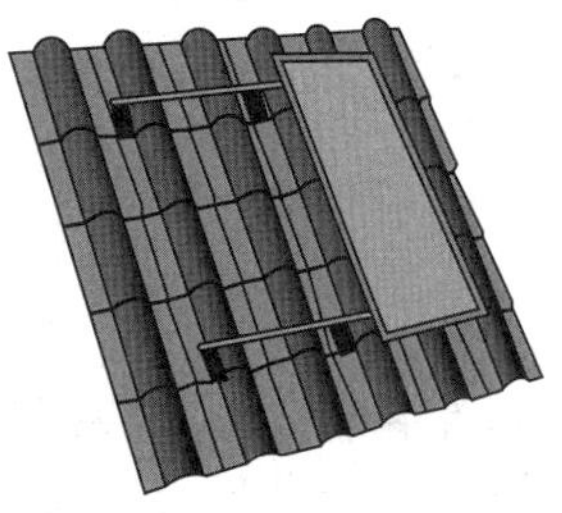
(a) 표준형 조립

(b) 가로 모듈의 표준형 조립

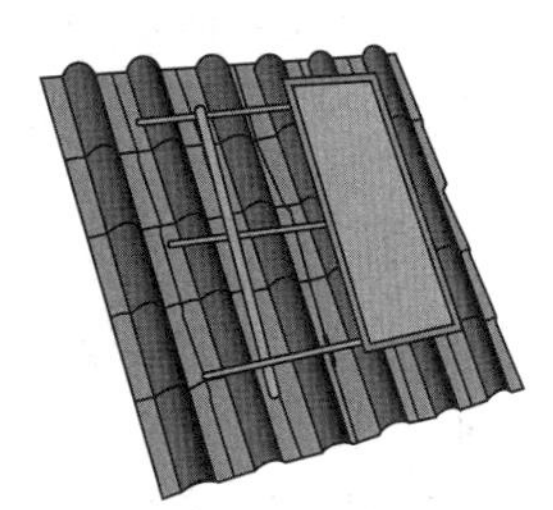
(c) 십자 조립

[경사지붕 조립방법]

### (4) 평지붕형 태양광발전시스템

① 평지붕은 태양광발전에 아주 적합한 장소로서 설치공간이 있고, 마감처리가 잘되어 그림자가 없는 공간이 있다. 여기에 태양광 모듈을 설치하기 적합하다.

② 평지붕에 태양광 모듈을 설치 시 얼마의 하중을 견디는지, 통풍이 잘되는 구조인지, 녹화지붕의 유무, 디딜 수 있는 체류공간의 사용용도, 신축건물인지, 기존건물인지, 안테나 환기용 개구부 인접 건물 등의 그림자에 의한 방해요인을 확인한다.

③ 평지붕의 모듈 설치방법은 먼저 지붕 위에 콘크리트 기초를 세워 앞쪽 기초에는 레일을 깔고 뒤쪽 기초에는 고정 수나사와 지지대를 설치한 후에 전용 받침대를 설치한다. 태양전지판은 볼트로 고정하고 볼트는 풍압하중을 견딜 수 있는 강도와 크기여야 한다.

④ 평지붕 가대는 모듈 뒷면에 충분한 작업공간이 없을 때 경사지붕과 같은 방법으로 고정하며, 가대의 지붕 고정방법은 가대의 일부를 건물과 일체화하는 방법과 가대와 기초의 중량에 의해 어레이를 지붕면에 고정하는 방법이 있다. 전자는 건물의 시공단계와 맞추어 어레이를 설치할 때 적합하다.

⑤ 기존건물과 같이 가대를 고정할 부재가 없을 때 크게 지붕개량공사가 필요하여 건설비용이 많이 발생한다. 또 기초의 중량으로 어레이에 가해지는 바람방향의 풍압하중을 확인한다. 경사각도는 다설지역의 경우 어레이면의 적설을 고려하여 설정한다.

> **Check!**
> • 녹화지붕 : 건축물의 단열성이나 경관의 향상 등을 목적으로 지붕에 식물을 심어 녹화하기 위한 것이다.
> • 풍압하중 : 지지물, 지지대 등의 강도 계산을 할 때 바람에 의한 하중을 말한다.
> • 다설지역 : 눈이 많이 내리는 지역으로 우리나라에서는 강릉, 태백지구를 다설지역으로 한다.

⑥ 경사각도가 크고 태양전지판의 수가 많으면 최상층의 태양전지판이 높아져서 시공이 어렵다. 따라서 평판지붕용 태양전지판은 뒤쪽에 볼트고정이 가능하도록 되어 있다.

⑦ 콘크리트 기초도 풍압하중과 적설량을 고려하여 강도와 크기를 정한다.
평지붕에 태양광을 통합하는 '하부바닥 고정방식의 태양광 시공기술'은 다음과 같이 구분한다.
㉠ 태양광 발전부의 가대를 지붕 위에 고정시키거나 지붕의 하부 구조물에 포인트 형식으로 고정, 고정 포인트 주위의 모든 층(단열, 방수 등)은 해당 공사의 시방규정을 지킨다.
㉡ 비고정방식의 태양광 시공 : 태양전지 모듈을 가대와 결합시킨 태양광 발전부는 평지붕 위에서 원하는 곳에 설치할 수 있다. 이 시공방식의 태양광 모듈은 자중으로 풍압에 견디고 위치를 유지한다. 시설물을 고정시키기 위해 지붕을 뚫을 필요가 없고 밸런스를 잡기 위해 종종 지붕에 자갈을 깔거나 콘크리트 블록을 사용하기도 한다. 이 방식은 특별한 조립장비 없이 모듈을 설치할 수 있는 장점이 있다.

[평지붕 위 가대 표준 설치방법]

㉢ 태양광 지붕 박막재 : 일반 플라스틱 필름에 태양전지 모듈을 부착하여 하나의 완성된 건축자재처럼 태양광 모듈이 주어진다. 건물 방수층과 태양광 모듈이 하나로 결합되어 있다.

> **Check!** **박막재** : 표면적에 대하여 두께를 무시할 수 있는 존재상태인 얇은 재료를 말한다.

※ 루프(Roof)

기존 건축물 적용 시 태양전지, 구조물의 하중을 검토한다.

| 구 분 | 설치방식 | 특 징 |
|---|---|---|
| 지 붕 | 평지붕형 | • 건축형태에 따라 태양광시스템을 옥상에 설치<br>• 별도의 기초 / 구조물 필요 |
| | 경사지붕형 | • 경사 지붕에 모듈 부착<br>• 지붕과 통합 / 이미지 형상화 불가함 |
| | 아트리움형 | • 지붕자연채광<br>• 지붕재와 태양전지 모듈의 통합 |

## (5) 지상용 태양광시스템 기초공사 및 구조물 설치

지상용 태양광발전시스템은 면적확보가 가장 중요하며 어레이 간 음영이 지지 않는 충분한 거리가 확보되어야 하며, 건물의 이미지와 별도로 설치가 가능하다.

지상용 태양광시스템 구조물의 기초에는 일반적으로 지지층이 얕은 경우에는 독립기초를, 지지층이 깊은 경우에는 말뚝기초를 많이 사용한다.

다음은 기초공사부터 태양광 설치완료까지의 장면이다.

기초 앙카 콘크리트 설치

태양광 구조물 제작

태양광 모듈 지지대 설치

태양광 모듈 설치

**[지상용 태양광시스템 기초공사 및 구조물 설치]**

① 지상용 태양광시스템 구조물의 기초에 작용하는 하중으로서 최우선으로 고려되는 것은 풍하중으로 강풍 발생에 대비하여 어레이용 기초의 구조를 검토하여 시공한다.

② 풍하중의 경우 지역과 위치에 따라서 기준풍속에 차이가 나지만 일반적으로 국내의 경우는 30~40[m/s]의 기준풍속으로 설계한다.

③ 지상설치용 대용량발전시스템은 모듈의 특성에 따라 어레이용량을 결정하고 설계하지만 소용량과는 달리 어레이로 구성되어 있으므로 음영에 의한 시스템 효율저하를 고려하여 대용량발전시스템 어레이 설계 시 어레이 간의 이격거리를 특히 유의해서 설치한다.

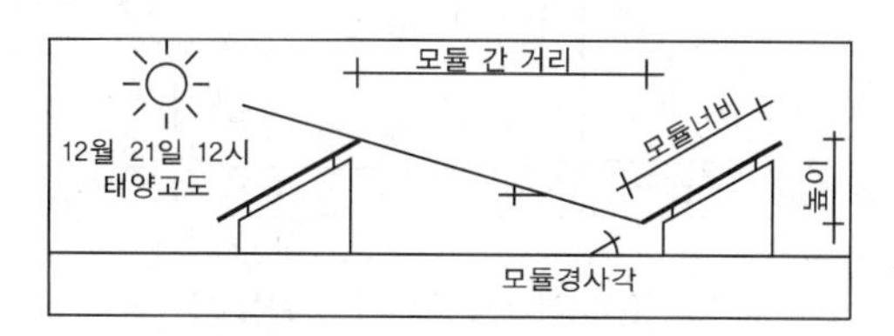


[태양광 모듈 간 거리 및 경사각]

## (6) 구조물 이격거리 산출에 따른 공사

① 이격거리 산정 시 고려사항

㉠ 전체 설치 가능 면적
㉡ 어레이 1개의 면적
㉢ 어레이의 길이
㉣ 그 지역의 위도
㉤ 동지 시 발전 가능 시간에서의 태양의 고도

② 이격거리 계산

㉠ 장애물

$$\tan\beta = \frac{h}{d}$$

$$\therefore\ d = \frac{h}{\tan\beta}$$

여기서, $\beta$ : 태양의 고도각

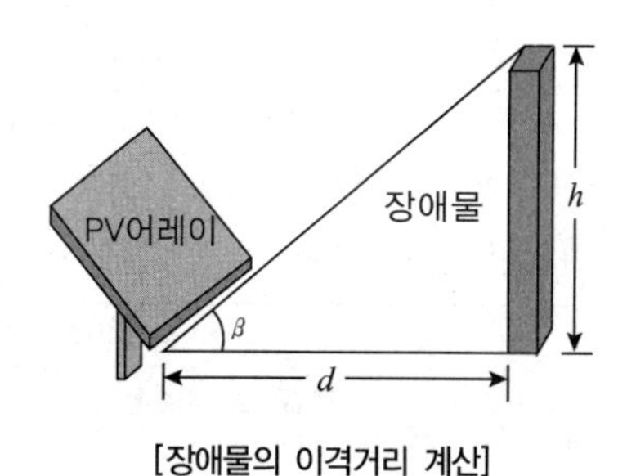


[장애물의 이격거리 계산]

㉡ 태양광어레이 간 최소 이격거리($d$)

$$d = L \times \frac{\sin(180 - \alpha - \beta)}{\sin\beta}$$

여기서, $d$ : 어레이의 최소 이격거리
$L$ : 어레이의 길이
$\alpha$ : 어레이의 경사각(Tilt각, 양각)
$\beta$ : 그림자 경사각(동지 때 발전한계 시간에서의 태양고도)

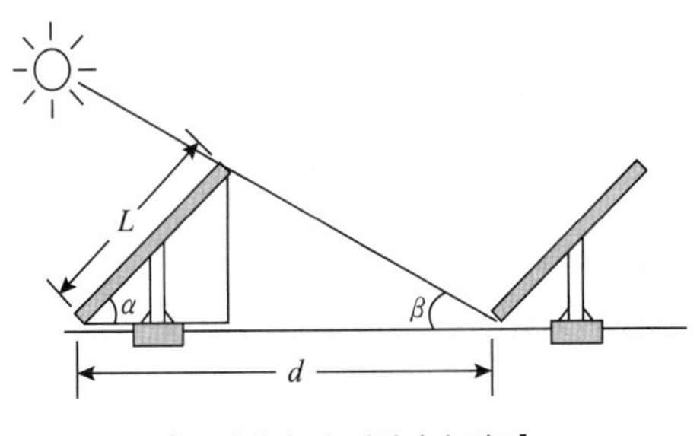


[PV어레이 간 이격거리 검토]

## 2 발전 형태별 태양전지 어레이 설치

### (1) 태양광발전시스템의 적용가능 장소

① 지면(Ground)

㉠ 지면에 설치할 경우 면적확보가 가장 중요함

㉡ 어레이 간 음영이 지지 않는 충분한 거리 확보

㉢ 건물의 이미지와 별도로 설치 가능함(기존/신축 건축물에 적용 가능)

| 구 분 | 설치방식 | |
|---|---|---|
| 지 면 | 별치형 | • 건축물과 관계없이 태양광발전시스템 별도 설치<br>• 조형물 및 Shelter 등으로 활용 |
| | 조형물형 | • 상징물 형상화 및 부대시설과 연계 설치<br>• 분수, 조명 등의 전원으로 활용 |
| | 대체형 | • 태양전지 모듈을 부대시설로 활용<br>• 담, 울타리, 난간, 방음벽 등에 활용 |

② 지붕(Roof)

㉠ 기존 건축물 적용 시 태양전지 및 구조물의 무게에 따른 하중 검토 필요

㉡ 아트리움 등의 BIPV(건물일체형) 적용 시 설계 단계에서부터 적용

| 구 분 | 설치방식 | |
|---|---|---|
| 지 붕 | 평지붕형 | • 건축형태에 따라 태양광발전시스템 옥상에 설치<br>• 별도 기초/구조물 필요<br>• 적용성 용이 |
| | 경사지붕형 | • 경사 지붕에 모듈 부착<br>• 지붕과 통합/이미지 형상화 불가<br>• 종전에는 지붕 덧붙이기 방식이 주로 사용되었으나 점차 지붕자재와 일체로 시공 |
| | 아트리움형 | • 지붕 자연 채광<br>• 지붕재와 태양전지 모듈의 통합 |

③ 벽면(Facade & Shade)

㉠ 벽면 적용 시 모듈의 설치각이 수직이므로 인해 발전량 저하 우려

㉡ 창호재의 BIPV(건물일체형) 적용 시 설계 단계에서부터 적용

| 구 분 | | 설치방식 |
|---|---|---|
| 지 붕 | 차양형 | • 모듈을 건물의 차양재로 활용<br>• 하부음영을 고려하여 모듈의 경사각 산정 |
| | 벽 부 | • 모듈을 건물의 외장재로 활용<br>• 경사각이 90°로 효율 약 30[%] 감소 |
| | 창호형 | • 자연채광이 가능한 건물 외장재 및 창호재로 활용<br>• 대부분 90° 경사각으로 발전량 감소 |

## (2) 태양전지 어레이 설정

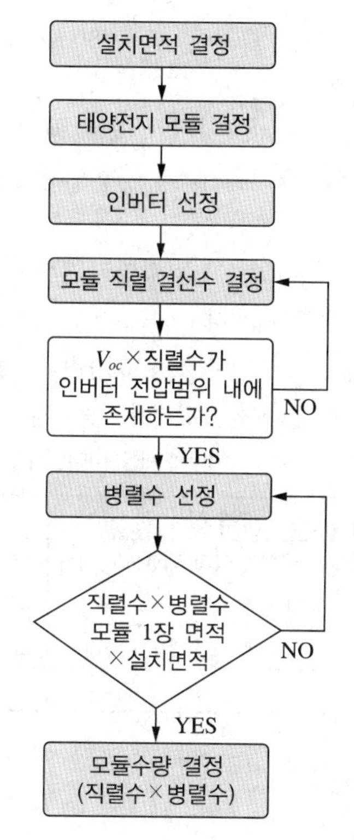


① 어레이 용량 : 설치면적에 따라 결정

② 직렬 결선

㉠ 인버터의 동작전압에 따라 결정

㉡ 어레이의 직렬 결선수×태양전지 모듈 1장의 개방전압($V_{oc}$)이 인버터 동작전압 범위 내

③ 병렬수와 어레이 용량(직렬수×병렬수)

어레이 직렬 결선수에 따라 정수배의 병렬수가 설치면적 내

④ 어레이 간 간선

모듈 1장의 최대전류($I_{mp}$)가 전선의 허용전류 내

## (3) 태양전지 어레이용 가대

① 가대의 재질 및 형태

㉠ 염해, 공해 등을 고려 부식(녹)이 발생하지 않을 것

㉡ 최소 20년 이상의 내구성을 가질 것

㉢ 어레이의 자체하중에 풍압하중을 더한 하중에 견딜 수 있을 것

㉣ 어레이를 단단히 고정할 수 있도록 할 것

㉤ 절삭 등 가공이 쉽고 가벼울 것

㉥ 수급이 용이하고 경제적일 것

㉦ 불필요한 가공을 피할 수 있도록 규격화되어 있을 것

㉧ 부재의 접합은 볼트 접합, 용접 접합 및 이들과 동등 이상의 품질을 확보할 수 있는 방법을 사용한다.

② 가대의 종류

㉠ 재질에 따른 분류 : 가대의 종류로는 재질에 따라 강제+도장, 강제+용융아연도금, 스테인리스(SUS), 알루미늄 합금재 등으로 나뉜다.

㉡ 어레이 설치 방식에 따른 분류 : 고정식, 경사 가변식, 추적식

㉢ 설치장소에 따른 분류 : 평지, 경사지, 평지붕, 경사지붕, 건물외벽 등

가대의 재질에 따른 비교

| 가대의 종류 | 가 격 | 특 징 | 장 점 | 단 점 |
|---|---|---|---|---|
| 강제+도장 | 저 가 | 도료의 재질에 따라 내후성이 다름 | 경제성 | 5~10년 주기로 재도장 |
| 강제+용융아연도금 | 중 가 | 철의 10배 이상의 내식성 | 비교적 저렴, 장시간 사용 | 부분녹 발생 |
| 스테인리스(SUS) | 고 가 | 니켈, 크롬 합금 | 경량, 내식성 우수 | 고 가 |
| 알루미늄 합금재 | 중 가 | 경 량 | 시공성 우수 | 강도가 다소 약함, 부식 |

③ 볼트, 너트의 재질

㉠ 부식이 일어나지 않는 재질

㉡ 빗물의 투습을 방지하기 위해 볼트캡을 씌울 것

㉢ 고장력 볼트, SUS재질 등

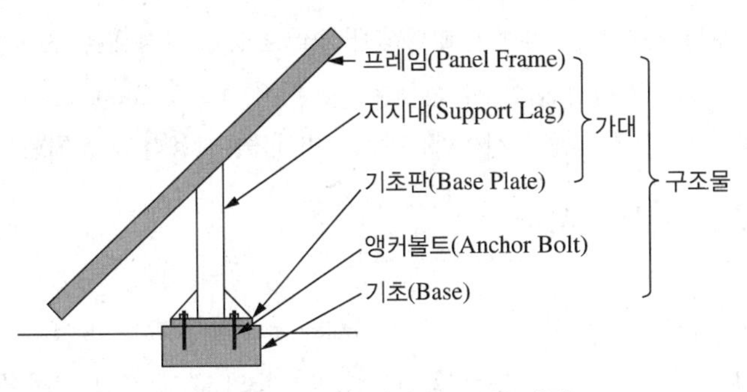


[태양전지 어레이용 가대 및 구조물 시공]

## (4) 태양전지 어레이용 가대

① 가대의 구성 : 프레임(수평부재, 수직부재), 지지대, 기초판으로 구성

② 태양전지 어레이용 가대 및 지지대 설치

㉠ 태양광 어레이용 지지대 및 가대의 설치순서, 양중방법(물건을 들어 올리는 방법) 등의 설치계획을 결정한다.

㉡ 태양광 어레이용 가대(세로대, 가로대), 모듈 고정용 가대 및 케이블 트레이용 찬넬('ㄷ' 형으로 생긴 강재) 순으로 조립한다.

㉢ 구조물의 자재는 H, ㄷ형강 및 Al bar 등으로 구성되어 있으며, 형강류는 공장에서 용융아연도금을 시행한 후 현장에서 조립을 원칙으로 한다.

㉣ 태양전지 모듈의 지지물은 자중, 적재하중 및 구조하중은 물론 풍압, 적설 및 지진 기타의 진동과 충격에 견딜 수 있는 안전한 구조의 것이어야 한다. 모든 볼트는 와셔 등을 사용하여 헐겁지 않도록 단단히 조립되어야 하며, 특히 지붕설치형의 경우에는 건물의 방수 등에 문제가 없도록 설치해야 한다.

㉤ 체결용 볼트, 너트, 와셔(볼트캡 포함)는 용융아연도금처리 또는 동등 이상의 녹 방지처리를 해야 하며 기초 콘크리트 앵커볼트의 돌출부분에는 볼트캡을 착용해야 한다.

## (5) 태양전지 모듈의 설치

① 태양전지 모듈 운반 시 주의사항

㉠ 태양전지 모듈의 파손 방지를 위해 충격이 가해지지 않도록 한다.

㉡ 태양전지 모듈의 인력 이동 시 2인 1조로 한다.

㉢ 접속되지 않은 모듈의 리드선은 빗물 등 이물질이 유입되지 않도록 조치한다.

② 태양전지 모듈의 설치방법

㉠ 가로 깔기 : 모듈의 긴 쪽이 상하가 되도록 설치

㉡ 세로 깔기 : 모듈의 긴 쪽이 좌우가 되도록 설치

③ 태양전지 모듈의 설치

㉠ 태양전지 모듈의 직렬매수(스트링)는 직류 사용전압 또는 파워컨디셔너(PCS)의 입력전압 범위에서 선정한다.

㉡ 태양전지 모듈의 설치는 가대의 하단에서 상단으로 순차적으로 조립한다.

㉢ 태양전지 모듈과 가대의 접합 시 전식방지를 위해 개스킷(Gasket, 가스・기름 등이 새어나오지 않도록 파이프나 엔진 등의 사이에 끼우는 마개)을 사용하여 조립한다.

## (6) 파워컨디셔너(PCS) 설치공사

① 제 품

신재생에너지센터에서 인증한 인증제품을 설치해야 하며 해당 용량이 없는 경우에는 국제공인시험기관(KOLAS), 제품인증기관(KAS) 또는 공인시험기관 등의 참고 시험 성적서를 받은 제품을 설치해야 한다.

② 설치상태

옥내・옥외용으로 구분하여 설치해야 한다. 단, 옥내용을 옥외에 설치하는 경우는 5[kW] 이상 용량일 경우에만 가능하며, 이 경우 빗물의 침투를 방지할 수 있도록 옥내에 준하는 수준(외함 등)으로 설치해야 한다.

③ 정격용량

정격용량은 파워컨디셔너에 연결된 모듈의 정격용량 이상이어야 하며, 각 스트링 단위의 태양전지 모듈의 출력전압은 파워컨디셔너 입력전압 범위 내에 있어야 한다.

④ 전력품질 및 공급의 안정성

㉠ 태양광발전시스템이 계통전원과 공통접속점에서의 전압을 능동적으로 조절하지 않도록 하고, 기타 수용가의 전압이 표준전압의 전압 유지 범위에 있도록 한다.

㉡ 전압 유지 범위를 벗어하는 경우, 전력회사와 협의해 수용가의 자동전압 조정장치, 전용변압기 또는 전용선로의 채용 등의 적절한 조치를 취한다.

㉢ 저압연계 시는 수용가에서 역조류가 발생했을 때 전압이 상승할 우려가 있으므로 해당 수용가는 다른 수용가의 전압이 표준전압이 유지되도록 대책을 마련한다.

㉣ 특고압 연계 시는 중부하 시 태양광 발전원을 분리시켜 기타 수용가의 전압이 저하되거나 역조류에 의해 계통전압이 상승할 수 있다.

㉤ 전압변동의 정도는 부하의 상황, 계통 구성, 계통 운용, 설치점, 자가용발전설비의 출력 등에 따라 다르므로 개별적인 검토가 필요하다.

㉥ 수용가는 자동전압 조정장치를 설치하여 전압변동 대책을 세우고, 대책이 불가능할 경우는 배전선의 증강하거나 전용선으로 연계한다.

㉦ 한전의 배전계통 관리기준 전압 고조파 왜형률(VTHD)은 5[%] 이하이다.

## (7) 접속함 설치공사

① 접속함 설치위치는 어레이 근처가 적합하다.

② 접속함은 풍압 및 설계하중에 견디고 방수, 방부형으로 제작되어야 한다.

③ 태양전지판 결선 시는 접속함 배선 홀에 맞추어 압착단자를 사용하여 견고하게 전선을 연결하고, 접속 배선함 연결부위는 방수용 커넥터를 사용한다.

④ 접속함 내부에는 직류출력 개폐기, 서지 보호 장치, 역류 방지 다이오드, 단자대 등이 설치되므로 구조, 미관, 추후 점검 및 보수 등을 고려하여 설치한다.

⑤ 접속함은 내부과열을 피할 수 있게 제작되어야 하며, 역류 방지 다이오드용 방열판은 다이오드에서 발생된 열이 접속부분으로 전달되지 않도록 충분한 크기로 하거나, 별도의 분전반에 설치해야 한다.

⑥ 역류 방지 다이오드의 용량은 모듈 단락전류의 2배 이상으로 한다.

⑦ 접속함 입·출력부는 견고하게 고정을 하여 외부 충격에 전선이 움직이지 않도록 한다.

⑧ 태양전지의 각 스트링 단위로 인입된 직류전류를 역전류방지 다이오드 및 브레이커 말단을 병렬로 연결하여 파워컨디셔너 입력단에 직류전원을 공급하는 기능과 모니터링 설비를 위한 각종 센서류의 신호선을 입력받아 태양전지 어레이 계측장치에 공급하는 외함으로서 재질은 가급적 SUS304재질로 제작 설치하는 것이 바람직하다.

### (8) 실제 설치 과정

① 지면(조형물형)

㉠ 기초 지지대 공사

㉡ 지지대 콘크리트 타설

㉢ 구조물 지지대 공사

㉣ 지지대 설치완료

㉤ 태양전지 모듈 고정

㉥ 태양전지 모듈 결선

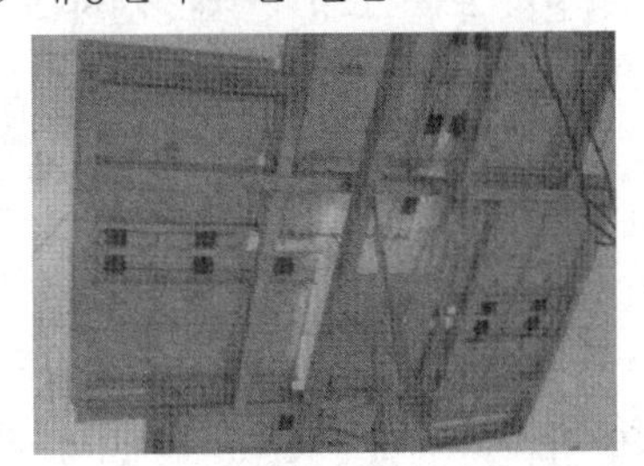

ⓢ 접속함

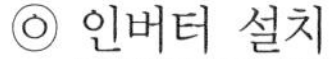

ⓞ 인버터 설치

ⓩ 설치 완성

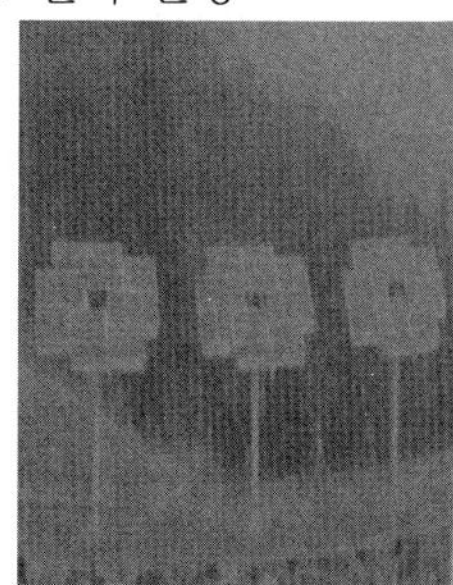

② 경사지붕 부착형

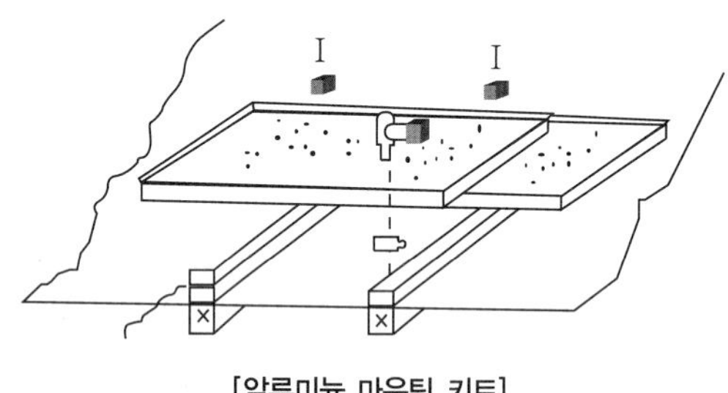

[알루미늄 마운팅 키트]

㉠ 알루미늄 마운트 키트를 사용하여 고정한다.

㉡ 작업순서

현장조사 → 자재반입 → 지붕면 천공 및 모듈 지지대 설치 → 태양전지 모듈 고정 → 태양전지 모듈 결선 → 전기공사 및 접속함 설치 → 인버터 설치 → 설치완료

③ 벽면 차양형

㉠ 시공 시 고려 사항 및 특징

- 하지의 남중고도 고려, 하부 모듈에 음영이 없는 각도 산정
- 모듈의 측면 밀폐형 → 하부 공기순환 그릴 설치로 통풍 가능
- 태양전지 모듈의 온도상승으로 인한 효율저하 방지

㉡ 작업순서

자재 입고 → 자재 운반 → 벽면 천공 → 케미컬 앵커 고정 → 태양전지 모듈 고정물 부착 → 태양전지 모듈 고정 → 태양전지 모듈 결선 → 접속함 설치 → 인버터, 제어판 설치 완료

### (9) 태양전지 모듈 및 어레이 설치 후 확인 · 점검사항

태양전지 모듈의 배선이 끝나면, 각 모듈의 극성 확인, 전압 확인, 단락전류 확인, 양극 중 어느 하나라도 접지되어 있지는 않은지 확인한다. 체크리스트에 확인사항을 기입하고 차후 점검을 위해 보관해 둔다.

① **전압 · 극성의 확인** : 태양전지 모듈이 바르게 시공되어, 설명서대로 전압이 나오고 있는지 양극, 음극의 극성이 바른지의 여부 등을 테스터나 직류전압계로 확인한다.

② **단락전류의 측정** : 태양전지 모듈의 설명서에 기재된 단락전류가 흐르는지 직류전류계로 측정한다. 타 모듈과 비교해 측정치가 현저히 다른 경우는 배선을 재차 점검한다.

③ **비접지의 확인** : 태양광발전 설비 중 인버터는 절연변압기를 시설하는 경우가 드물기 때문에 일반적으로 직류 측 회로를 비접지로 하고 있다. 비접지의 확인방법을 다음 그림에 나타내었다. 또한, 통신용 전원에 사용하는 경우는 편단접지를 하는 경우가 있으므로 통신기기 제작사와 협의할 필요가 있다.

- 테스터나 검전기 측정으로 비접지 여부를 확인한다. 직류 측 회로의 1선이 접지되어 있으면 접지된 곳을 찾아 비접지 상태로 한다.

④ **접지의 연속성 확인** : 모듈의 구조는 설치로 인해 접지의 연속성이 훼손되지 않은 것을 사용해야 한다.

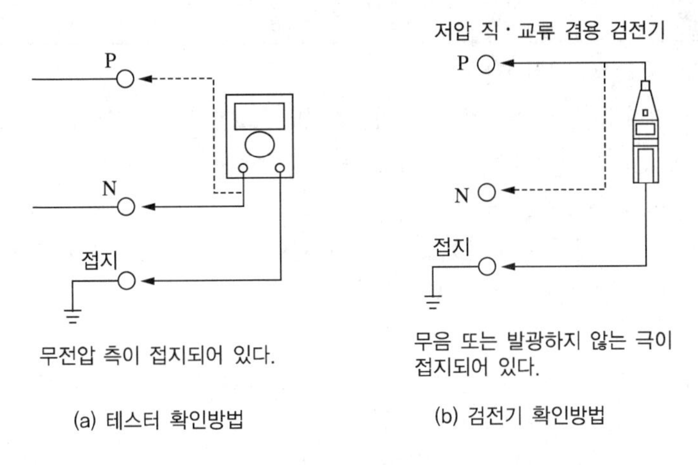


**[비접지 확인 방법]**

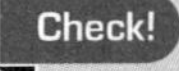


- 테스터 : 회로시험기로서 교류전압, 직류전압, 저항 등을 측정하는 기기
- 절연변압기 : 고압 회로의 전류를 측정기구 등이나 제전기(정전기 제거 장치)에 직접 통하는 것은 위험하기 때문에 권수비가 1인 변성기를 사용하여 고압 회로와의 사이를 절연하기 위한 장치이다. 권수비가 1인 1 : 1 변압기는 1차 측의 입력전압, 입력전류가 그대로 2차 측에 출력되는 변압기로서 1 : 1 변압기를 용도 특징적으로 절연변압기(Isolation Transformer)라고 부르기도 하는데, 호칭에서 드러나듯이 전기적 분리(Galvanic Isolation)가 필요한 경우에 사용한다.
- 비접지 : 접지방식의 하나로서 접지를 하지 않는 방식이다. △결선에서 주로 이루어지고 저전압 저전류 방식에 적용되며 전력공급안정도가 양호하다.
- 편단접지 : 비접지방식에서 케이블 정전용량에 의해 발생하는 지락전류를 제거하기 위해 케이블 접속부 한 면에 접지를 하는 방식이다.

## (10) 지지물 및 부속자재

① 설치 상태

㉠ 태양전지 모듈의 지지물은 자중, 적재하중 및 구조하중은 물론 풍압, 적설 및 지진 기타의 진동과 충격에 견딜 수 있는 안전한 구조의 것이어야 한다.

㉡ 모든 볼트는 와셔 등을 사용하여 헐겁지 않도록 단단히 조립되어야 한다.

Check!
- 검전기 : 전기의 활선(전기가 흐르고 있음)상태 여부를 확인하는 기기로서 접촉식과 비접촉식이 있다.
- 와셔 : 볼트를 지지하는 부속품으로서 도넛 모양으로 중간의 구멍에 볼트를 지지한다. 평평하게 생긴 평와셔와 중간이 끊어져 있는 스프링와셔 등이 있다.

㉢ 지붕설치형의 경우에는 건물의 방수 등에 유의하여 설치한다.

구조물 볼트의 크기에 따른 힘 작용

| 볼트의 크기 | M3 | M4 | M5 | M6 | M8 | M10 | M12 | M16 |
|---|---|---|---|---|---|---|---|---|
| 힘[$kg/cm^2$] | 7 | 18 | 35 | 58 | 135 | 270 | 480 | 1,180 |

② 지지대, 연결부, 기초(용접부위 포함)

태양전지 모듈 지지대 제작 시 형강류 및 기초지지대에 포함된 철판 부위는 용융아연도금처리 또는 동등 이상의 녹 방지처리를 해야 하며 용접 부위는 방식처리를 해야 한다.

③ 체결용 볼트, 너트, 와셔(볼트캡 포함)

용융아연도금처리 또는 동등 이상의 녹방지 처리를 해야 하며 기초 콘크리트 앵커볼트의 돌출부분에는 볼트캡을 착용해야 한다.

④ 유지보수

태양전지 모듈의 유지보수를 위한 공간과 작업안전을 고려한 발판 및 안전난간을 설치해야 한다. 단, 안전성이 확보된 설비인 경우에는 예외로 한다.

## 제3절 배관 · 배선공사

### 1 태양광 모듈과 태양광 인버터 간의 배관 · 배선

일반적인 배선공사는 교류 배선공사로서 부하를 병렬로 결선하는 공사가 대부분인데, 태양광발전의 전기공사는 직류 배선공사인 동시에 직렬, 병렬로 결선을 하므로 극성에 주의를 요한다. 또한 시공은 "전기설비기술기준", "전기설비기술기준의 판단기준" 및 "신재생에너지설비의 지원 등에 관한 기준" 등의 관계법령에 따라 시공한다. 배선공사의 순서에 따라 태양전지 어레이로부터 인버터까지의 직류 배선공사, 인버터로부터 계통연계점에 이르는 교류 배선공사의 시공에 대해서 설명한다.

#### (1) 태양전지 모듈과 인버터 간 배선

① 태양전지 모듈을 포함한 모든 배선은 비노출로 한다.

② 태양전지 모듈의 출력배선은 군별 · 극성별로 확인 · 표시를 해야 한다. 추적형 모듈과 같이 가동형 부분에 사용하는 배선은 가혹한 용도의 옥외용 가요전선 · 케이블을 사용하고, 수분과 태양광으로 인해 열화되지 않는 소재로 만든 것이어야 한다.

③ 태양전지 모듈의 이면으로부터 접속용 케이블이 2가닥씩 나오기 때문에 반드시 극성을 확인 후 결선한다. 극성 표시는 단자함 내부에 표시한 것, 리드선의 케이블 커넥터에 극성을 표시한 것이 있다. 제작사에 따라 표시방법이 다를 수 있지만 양극(+ 또는 P), 음극(- 또는 N)으로 구성되어 있다.

④ 케이블은 건물마감이나 러닝보드의 표면에 가깝게 시공해야 하고, 필요 시 전선관을 이용하여 물리적 손상을 보호한다.

> **Check!**
> - **가요전선** : 구부러질 수 있는 전선을 말한다.
> - **러닝보드** : 자재, 설비 옆의 보행용 판자를 말한다.

⑤ 케이블이나 전선은 모듈 이면에 설치된 전선관에 설치되거나 가지런히 배열 및 고정되어야 하며, 이들의 최소굴곡반경은 각 지름의 6배 이상이 되도록 한다.

⑥ 태양전지 모듈 간의 배선은 단락전류를 고려하여 2.5[$mm^2$] 이상의 전선을 사용해야 한다.

⑦ 태양전지 모듈은 스트링 필요매수를 직렬로 결선하고, 어레이 지지대 위에 조립한다. 케이블을 각 스트링으로부터 접속함까지 배선하여 그림 (a)와 같이 접속함 내에서 병렬로 결선한다. 이 경우 케이블에 스트링 번호를 기입해 두면 차후의 점검에 편리하다.

⑧ 옥상 또는 지붕 위에 설치한 태양전지 어레이로부터 접속함으로 배선할 경우 처마 밑 배선을 시공한다. 이 경우 그림 (b)와 같이 물의 침입을 방지하기 위한 차수 처리를 반드시 해야 한다. 그림 (c)는 엔트런스 캡을 이용한 시공 예이다.

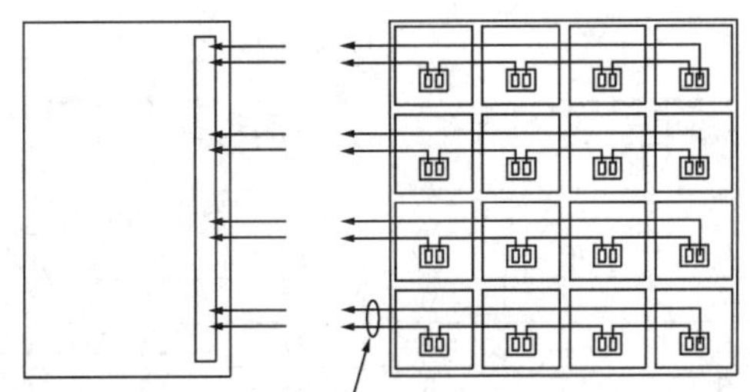

직렬로 조립하는 케이블 선단에 케이블 번호를 표시해 두면
중계단자에 접속할 때 잘못 결선하는 오류를 막을 수 있다.

(a) 어레이 배선 시공도

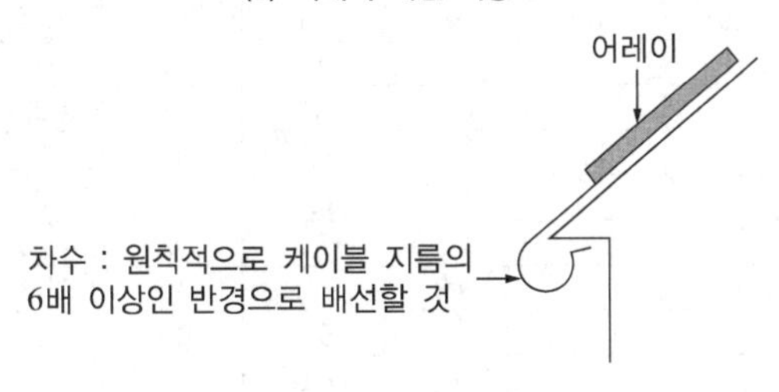


(b) 케이블 차수

전선관 굵기는 전선 피복을 포함한 단면적의 합계는 48[%] 이하로 한다. 굵기가 다른 케이블의 경우는 32[%] 이하를 원칙으로 한다.

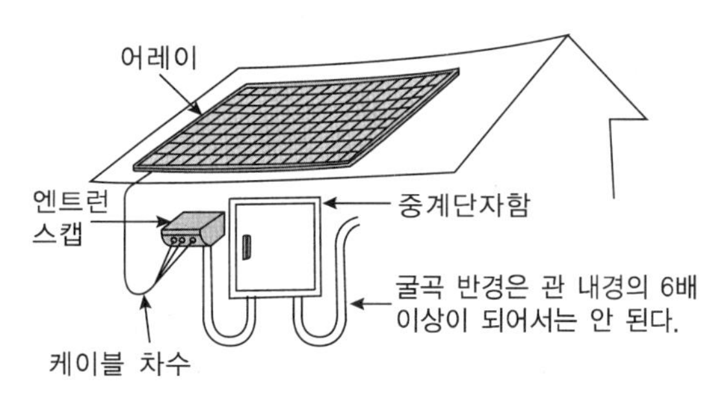


(c) 엔트런스 캡에 의한 차수

**Check!**
- 엔트런스 캡 : 인입구, 인출구 관단에 설치하고 금속관에 접속하여 옥외의 빗물을 막는 데 사용하는 자재
- 전압강하 : 회로에 전류가 흐를 때 전압이 저항, 임피던스에 의해 전압이 낮아지는 것을 말한다.

⑨ 접속함은 일반적으로 어레이 근처에 설치한다. 그러나 건물의 구조나 미관상 설치장소가 제한될 수 있으며, 이때에는 점검이나 부품을 교환하는 경우 등을 고려하여 설치해야 한다.

⑩ 태양광 전원회로의 출력회로는 격벽에 의해 분리되거나 함께 접속되어 있지 않을 경우 동일한 전선관, 케이블트레이, 접속함 내에 시설하지 말아야 한다.

⑪ 접속함으로부터 인버터까지의 배선은 전압강하율을 2[%] 이하로 상정한다. 전압 강하를 1[V]라고 했을 경우 전선의 최대길이는 다음 표와 같다.

**전선의 최대길이**

| 전류[A] | 연선[mm$^2$] | | | | | | | | | |
|---|---|---|---|---|---|---|---|---|---|---|
| | 1.5 | 2.5 | 4 | 6 | 10 | 16 | 35 | 50 | 95 | 120 |
| | 전선 최대길이[m] | | | | | | | | | |
| 10 | 5.6 | 8.8 | 15 | 23 | 38 | 61 | 102 | 165 | 278 | 424 |
| 12 | 4.7 | 7.4 | 12 | 19 | 32 | 51 | 85 | 137 | 232 | 353 |
| 14 | 4.0 | 6.3 | 11 | 16 | 27 | 43 | 73 | 118 | 199 | 303 |
| 15 | 3.7 | 5.9 | 10 | 15 | 26 | 40 | 68 | 110 | 185 | 282 |
| 16 | 3.5 | 5.5 | 9.3 | 14 | 24 | 38 | 64 | 103 | 174 | 265 |
| 18 | 3.1 | 4.9 | 8.3 | 13 | 21 | 34 | 57 | 91 | 155 | 236 |
| 20 | 2.8 | 4.4 | 7.5 | 11 | 19 | 30 | 51 | 82 | 139 | 212 |
| 25 | 2.2 | 3.5 | 6 | 9 | 15 | 24 | 41 | 66 | 111 | 170 |
| 30 | | 2.9 | 5 | 7.5 | 13 | 20 | 34 | 55 | 93 | 141 |
| 35 | | 2.5 | 4.3 | 6.5 | 11 | 17 | 29 | 47 | 79 | 121 |
| 40 | | | 3.7 | 5.7 | 9.6 | 15 | 26 | 41 | 70 | 106 |
| 45 | | | 3.3 | 5 | 8.5 | 13 | 23 | 37 | 62 | 94 |
| 50 | | | | 4.5 | 7.7 | 12 | 20 | 33 | 56 | 85 |
| 60 | | | | 3.8 | 6.4 | 10 | 17 | 27 | 46 | 71 |
| 70 | | | | | 5.5 | 8.7 | 15 | 23 | 40 | 61 |
| 80 | | | | | 4.8 | 7.6 | 13 | 21 | 35 | 53 |
| 90 | | | | | 4.3 | 6.7 | 11 | 18 | 31 | 47 |
| 100 | | | | | | 6.1 | 10 | 16 | 28 | 42 |

※ 상기 표는 직류 단상 2선식일 경우 역률 1 및 전압강하 1[V]로 하고 계산한 값이다.

⑫ 태양전지 어레이를 지상에 설치하는 경우

㉠ 지중배선 또는 지중배관인 경우, 중량물의 압력을 받을 우려가 없도록 하고 그 길이가 30[m]를 초과하는 경우는 중간개소에 지중함을 설치할 수 있다.

㉡ 지반 침하 등이 발생해도 배관이 도중에 손상, 절단되지 않도록 배관 도중에 조인트가 없는 시공을 하고 또는 지중함 내에는 케이블 길이에 여유를 둔다.

㉢ 지중전선로 매입개소에는 필요에 따라 매설깊이, 전선의 방향 등 지상으로부터 용이하게 확인할 수 있도록 표식 등을 시설하는 것이 바람직하다.

㉣ 1.2[m] 이상(중량물의 압력을 받을 우려가 없는 곳은 0.6[m] 이상) 지중매설관은 배선용 탄소강관, 내충격성 경질 염화비닐관을 사용한다. 단, 공사상 부득이하여 후강전선관에 방수·방습처리를 시행한 경우에는 이에 해당하지 않는다.

㉤ 지중배관과 지표면의 중간에 매설표시막을 포설한다.

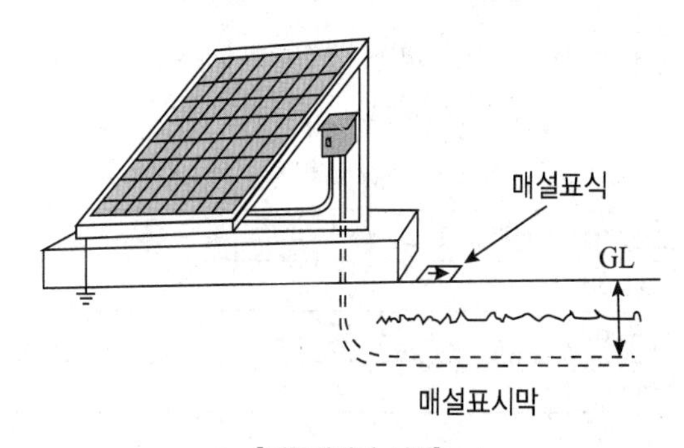


[지중배선의 시설]

## 2 태양광 인버터에서 옥내 분전반 간의 배관·배선

인버터 출력의 전기방식으로는 단상 2선식, 3상 3선식 등이 있고 교류측의 중성선을 구별하여 결선한다. 단상 3선식의 계통에 단상 2선식 220[V]를 접속하는 경우는 전기설비기술기준의 판단기준에 따르고 다음과 같이 시설한다.

① 부하 불평형에 의해 중성선에 최대전류가 발생할 우려가 있을 경우에는 수전점에 3극 과전류 차단소자를 갖는 차단기를 설치한다.

② 수전점 차단기를 개방한 경우 부하 불평형으로 인한 과전압이 발생할 경우 인버터가 정지되어야 한다. 또한 누전에 의해 동작하는 누전차단기와 낙뢰 등의 이상전압에 의해 동작하는 서지보호장치(SPD) 등을 설치하는 것이 바람직하다.

Check! **서지** : 일정 시간만 급격히 가해져서 커지다가 이후 자연히 감쇠하는 전압이나 전류를 말한다. 이상전압이나 낙뢰 등이 해당된다.

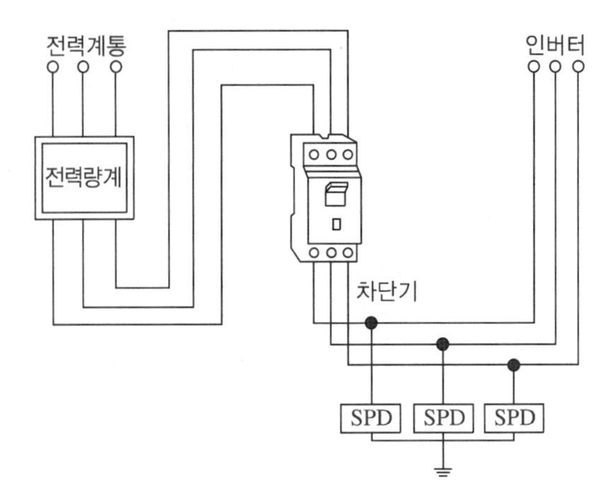


[분전반의 서지보호장치의 설치 예]

③ 태양전지 모듈에서 인버터 입력단 간 및 인버터 출력단과 계통연계점 간의 전압강하는 각 3[%]를 초과하지 말아야 한다. 단, 전선의 길이가 60[m]를 초과하는 경우에는 표에 따라 시공할 수 있다.

전선 길이에 따른 전압강하 허용값

| 전선길이 | 전압강하 |
|---|---|
| 120[m] 이하 | 5[%] |
| 200[m] 이하 | 6[%] |
| 200[m] 초과 | 7[%] |

전압강하 및 전선 단면적 계산식

| 전기방식 | 전압강하 | 전선의 단면적 |
|---|---|---|
| 직류 2선식<br>교류 2선식 | $e=\frac{35.6\times L\times I}{1,000\times A}$ | $A=\frac{35.6\times L\times I}{1,000\times e}$ |
| 단상 3선식 | $e=\frac{17.8\times L\times I}{1,000\times A}$ | $A=\frac{17.8\times L\times I}{1,000\times e}$ |
| 3상 3선식 | $e=\frac{30.8\times L\times I}{1,000\times A}$ | $A=\frac{30.8\times L\times I}{1,000\times e}$ |

$e$ : 각 선 간의 전압강하[V], $A$ : 전선의 단면적[$mm^2$], $L$ : 도체 1본의 길이[m], $I$ : 전류[A]

④ 전선시공 시 주의사항

㉠ 배선은 전선관 및 박스 내부를 청소한 후 입선한다.

㉡ 전선의 색구별은 다음과 같이 하여 부하평형을 점검할 수 있도록 하고 부분적으로 색구별이 불가능할 경우 절연튜브(흑색, 적색, 청색 등)로 구별한다.

| 구 분 | 전압측 | 중성선 | 접 지 |
|---|---|---|---|
| 교 류 | 흑색(R), 적색(S), 청색(T) | 백 색 | 녹 색 |
| 직 류 | 청색(정), 적색(부) | – | – |

㉢ 전력 간선의 말단은 반드시 규격에 맞는 동선용 압착단자를 사용하여 고정한다.

㉣ 전선의 접속은 전기저항 증가와 절연저항 및 인장강도의 저하가 발생하지 않도록 시행한다.

㉤ 접속을 위하여 피복을 제거할 때는 전선의 심선이 손상을 받지 않도록 와이어 스트리퍼(Wire Stripper) 등을 사용한다.

㉥ 전선의 접속은 배관용 박스, 분전반, 접속함, 기구 내에서만 시행한다.

㉦ 전선과 기기의 단자접속은 압착단자를 사용하고 부스바의 접속은 스프링와셔를 사용한다.

㉧ 동선용 압착단자와 전선 사이의 충전부는 비닐 캡으로 씌워야 한다.

⑤ 케이블 시공 시 주의사항

㉠ 중량물의 압력 또는 심한 기계적 충격을 받을 우려가 있는 장소에는 케이블을 시설하지 않는다. 금속관, 합성수지관 등에 넣어 적당한 방호를 한 경우에는 해당되지 않는다.

㉡ 금속관, 합성수지관 등에 케이블 인입·인출 시 전선관 양단은 손상을 입지 아니하도록 처리한 후 부싱 또는 캡을 끼워서 케이블을 보호한다.

㉢ 수용장소의 구내에 매설하는 경우에는 직접 매설식, 관로식으로 시설한다.

㉣ 케이블을 금속제 박스 등에 삽입하는 경우에는 케이블 그랜드를 사용한다.

> **Check!** **케이블 그랜드** : 케이블 보호를 위해 인출구 처리 시 사용되는 부품

㉤ 케이블을 구부리는 경우에는 피복이 손상되지 아니하도록 하고, 그 굴곡부의 곡률반경은 원칙적으로 케이블 완성품 외경의 6배(단심의 것은 8배) 이상으로 한다.

⑥ 케이블 지지 시 주의사항

㉠ 케이블을 건축구조물의 아랫면 또는 옆면에 따라 고정하는 경우는 2[m]마다 지지하며 그 피복을 손상하지 않도록 시설한다. 다만, 천장 속 은폐노출 배선이 경우에는 1.5[m]마다 고정한다.

㉡ 케이블 지지는 해당 케이블에 적합한 클리트, 새들, 스테이플, 행거 등으로 케이블을 손상할 우려가 없도록 견고하게 고정한다.

⑦ 케이블 트레이 배선 시 주의사항

㉠ 케이블은 일렬설치를 원칙으로 하며, 2[m]마다 케이블 타이로 묶는다. 다만, 수직으로 포설되는 경우에는 0.4[m]마다 고정한다.

㉡ 각 회로의 판별이 쉽도록 굴곡개소, 분기개소 또는 20[m]마다 회로명 표찰을 설치한다.

㉢ 케이블 포설 시 집중하중으로 인하여 트레이 및 케이블이 손상되지 않도록 롤러 등의 포설기구를 사용한다.

## 3 태양광 어레이 검사

태양전지 어레이 설치가 끝나면 검사자는 수검자로부터 필요한 자료를 제출받아 다음의 사항을 검사한다.

### (1) 태양전지의 일반규격

검사자는 수검자로부터 제출받은 태양전지 규격서의 규격이 설치된 태양전지와 일치하는지 확인한다.

### (2) 태양전지의 외관검사

검사자는 태양전지 셀, 모듈 및 시스템에 대해 다음의 사항을 외관으로 검사한다.

① 태양전지 모듈 또는 패널의 점검

㉠ 검사자는 모듈의 유형과 설치 개수 등을 1,000[lx] 이상의 밝은 조명 아래에서 육안으로 점검한다.

㉡ 지상설치형 어레이의 경우에는 지상에서 육안으로 점검하고 지붕설치형 어레이는 수검자가 제공한 낙상 보호장치를 확인한 후 검사자가 직접 지붕에 올라 어레이를 검사한다.

㉢ 지붕의 경사가 심해 검사자가 직접 오를 수 없는 경우에는 수검자가 제공한 사다리나 승강장치에 올라 정확한 모듈과 어레이의 설치개수를 세어 설계 도면과 일치하는지 확인한다.

㉣ 정확한 모듈 개수의 확인은 전압과 전류 출력에 영향을 미치므로 매우 중요하다.

㉤ 간혹 현장의 모듈이 인가서 상의 모듈 모델번호와 다른 경우가 있으므로 각 모듈의 모델번호 역시 설계도면과 일치하는지 확인한다. 지붕에 설치된 모듈은 모델번호를 확인하기 곤란한 경우가 많으므로 수검자가 카메라로 찍은 사진을 근거로 확인한다.

㉥ 사용 전 검사 시 공사계획인가(신고)서의 내용과 일치하는지 태양전지 모듈의 정격용량을 확인하여 이를 사용 전 검사필증에 표시하고, 다음 사항을 확인한다(셀의 용량, 온도, 크기, 수량).

② 태양전지 셀, 모듈, 패널, 어레이에 대한 외관검사

㉠ 공사 계획인가(신고)서 내용과 일치하는지 확인하고 태양전지 셀의 제작번호를 확인

㉡ 태양전지 셀이 제작, 운송 및 설치과정에서의 변색, 파손, 오염 등의 결함 여부를 1,000[lx] 이상의 조도에서 다음 사항을 중심으로 육안 점검하고 단자대의 누수, 부식 및 절연재의 이상을 확인

㉢ 모듈 표면의 금, 휨, 찢김이나 모듈 배열의 흐트러짐

㉣ 태양전지 모듈의 깨짐

㉤ 오결선

㉥ 태양전지 셀 간 접촉 또는 태양전지 셀의 모듈 테두리 접촉

㉦ 태양전지 셀과 모듈 테두리 사이에 기포나 박리현상에 의한 연속된 통로 형성 여부

㉧ 합성수지재 표면처리 결함으로 인한 끈적거림

㉨ 단말처리 불량 및 전기적 충전부의 노출

㉩ 기타 모듈의 성능에 영향을 끼칠 수 있는 요인

㉪ 모듈의 개수와 모델번호를 확인하고 나면 마지막으로 각 모듈과 어레이의 배치가 설계도면과 일치하는지 확인

③ 배선 점검

④ 접속단자의 조임 상태 확인

### (3) 태양전지의 전기적 특성 확인

검사자는 수검자로부터 제출받은 태양전지 규격서상의 규격으로부터 다음의 사항을 확인한다.

① **최대출력** : 태양광발전소에 설치된 태양전지 셀의 셀당 최대출력을 기록한다.

② **개방전압 및 단락전류** : 검사자는 모듈 간 제대로 접속되었는지 확인하기 위해 개방전압이나 단락전류 등을 확인한다.

③ **최대출력 전압 및 전류** : 태양광발전소 검사 시 모니터링 감시 장치 등을 통해 하루 중 순간최대출력이 발생할 때 인버터의 교류전압 및 전류를 기록한다.

④ **충진율** : 개방전압과 단락전류와의 곱에 대한 최대출력의 비(충진율)를 태양전지 규격서로부터 확인하여 기록한다.

⑤ **전력변환효율** : 기기의 효율을 제작사의 시험성적서 등을 확인하여 기록한다.

> **Check!**
> - 개방전압 : 표준시험조건 하에서 개방상태의 태양전지 모듈, 태양전지 스트링, 태양전지 어레이의 전압 또는 태양광 인버터의 DC 입력 측 전압
> - 단락전류 : 표준시험조건하에서 단락상태(Short Circuit)의 태양전지 모듈, 태양전지 스트링, 태양전지 어레이의 전류

이 밖에도 수검자로부터 제출받은 태양광발전시스템의 단선결선도, 태양전지 트립 인터록 도면, 시퀀스 도면, 보호장치 및 계전기 시험성적서가 태양광발전 설비의 시공 또는 동작 상태와 일치하는지 확인한다.

### (4) 태양전지 어레이

검사자는 수검자로부터 제출받은 절연저항 시험성적서에 기재된 값으로부터 현장에서 실측한 값과 일치하는지 확인한다.

① 절연저항

검사자는 운전개시 전에 태양광회로의 절연상태를 확인하고 통전여부를 판단하기 위해 절연저항을 측정한다. 이 측정값은 운전개시 후의 절연상태의 기준이 된다.

> **Check!**
> **절연저항** : 500[V](시험품의 정격전압이 300[V] 초과 600[V] 이하의 것에서는 1,000[V])의 절연저항계 또는 이와 동등한 성능이 있는 절연저항계로 입력단자 및 출력단자를 각각 단락하고 그 단자와 대지 사이에서 측정한다.

② 접지저항

검사자는 접지선의 탈락, 부식 여부를 확인하고 접지저항 값이 전기설비기술기준이나 제작사 적용코드에 정해진 접지저항이 확보되어 있는지를 접지저항 측정기로 확인한다.

③ 태양전지 어레이의 출력 확인

태양광발전시스템은 소정의 출력을 얻기 위해 다수의 태양전지 모듈을 직・병렬로 접속하여 태양전지 어레이를 구성한다. 설치장소에서 접속작업을 하는 개소에서 접속이 정확한지 확인할 필요가 있다. 또한 정기점검의 경우에도 태양전지 어레이의 출력을 확인하여 불량한 태양전지 모듈이나 배선결함 등을 사전에 확인한다.

㉠ 개방전압의 측정 : 태양전지 어레이의 각 스트링의 개방전압을 측정하여 개방전압의 불균일에 따라 동작불량의 스트링이나 태양전지 모듈의 검출 및 직렬접속선의 결선 누락사고 등을 검출하기 위해 측정해야 한다. 제대로 접속된 경우의 개방전압을 카탈로그나 설명서에서 대조한 후 측정값과 비교하면 극성이 다른 태양전지 모듈이 있는지를 쉽게 확인할 수 있다. 그리고 개방전압을 측정할 때 유의해야 할 사항은 다음과 같다.

- 태양전지 어레이의 표면의 상태를 확인한다.
- 각 스트링의 측정은 안정된 일사강도가 얻어질 때 실시한다.

- 측정시각은 맑은 날 남쪽에 있을 때의 전후 1시간에 실시하는 것이 좋다.
- 태양전지 셀은 비오는 날에도 미소한 전압을 발생하고 있으므로 매우 주의하여 측정한다.

ⓛ 단락전류의 확인 : 태양전지 어레이의 단락전류를 측정함으로써 태양전지 모듈의 이상 유무를 검출할 수 있다. 태양전지 모듈의 단락전류는 일사강도에 따라 크게 변화하므로 동일 회로조건의 스트링이 있는 경우는 스트링 상호의 비교에 의해 어느 정도 판단이 가능하다. 이 경우에도 안전한 일사강도가 얻어질 때 실시하는 것이 좋다.

## 4 케이블 선정 및 단말처리

### (1) 케이블 선정 및 접속

① 태양전지에서 옥내에 이르는 배선에 쓰이는 전선은 모듈전용선으로 구입이 쉽고 작업성이 편리하며 장기간 사용해도 문제가 없는 XLPE 케이블이나 이와 동등 이상의 제품 또는 직류용 전선을 사용한다.
② 옥외에는 UV 케이블을 사용한다.
③ 병렬접속 시에는 회로의 단락전류에 견딜 수 있는 굵기의 케이블을 선정한다.
④ 전선이 지면에 접촉되어 배선되는 경우에는 피복이 손상되지 않도록 별도의 조치를 취해야 한다.

[저압 XLPE 케이블의 구조]

### (2) 전선의 일반적 설치 기준

기계기구의 구조상 그 내부에 안전하게 시설할 수 있을 경우를 제외하면 모든 전선은 다음과 같이 시설해야 한다.

① 공칭단면적 2.5[$mm^2$] 이상의 연동선 또는 이와 동등 이상의 세기 및 굵기이어야 한다.
② 옥내에 시설하는 경우에는 합성수지관공사, 금속관공사, 가요전선관공사 또는 케이블공사로 전기설비기술기준의 판단기준에 따라 시설해야 한다.
③ 옥측 또는 옥외에 시설할 경우에는 합성수지관공사, 금속관공사, 가요전선관공사 또는 케이블공사로 전기설비기술기준의 판단기준에 따라 시설해야 한다.

### (3) 전선 접속 시 나사의 조임

태양전지 모듈 및 개폐기 그 밖의 기구에 전선을 접속하는 경우에는 나사조임이나 이와 동등 이상의 효력이 있는 방법에 의하여 견고하고 완전하게 접속하며 동시에 접속점에 장력이 가해지지 않도록 한다. 또한, 모선의 접속부분은 지정된 재료, 부품으로 정확히 사용하여 조이고 다음에 유의한다.

① 볼트의 크기에 맞는 토크렌치를 사용하여 규정된 힘으로 조여 준다.
② 조임은 너트를 돌려서 조여 준다.
③ 2개 이상의 볼트를 사용하는 경우 한쪽만 심하게 조이지 않도록 주의한다.
④ 토크렌치의 힘이 부족할 경우 또는 조임 작업을 하지 않은 경우에는 사고가 일어날 위험이 있으므로, 토크렌치에 의해 규정된 힘이 가해졌는지 확인할 필요가 있다.

모선 볼트의 크기에 따른 힘 적용

| 볼트의 크기 | M6 | M8 | M10 | M12 | M16 |
|---|---|---|---|---|---|
| 힘[kg/cm$^2$] | 50 | 120 | 240 | 400 | 850 |

### (4) 케이블의 단말처리

전선의 피복을 벗겨내어 전선을 상호 접속하는 경우, 접속부의 절연물과 동등 이상의 절연효과가 있는 재료로 접속해야 한다. XLPE케이블의 XLPE절연체는 내후성이 약하므로, 비닐시스가 벗겨져 절연체가 노출된 채로 장기간 사용하면 절연체에 균열이 생겨 절연불량을 야기된다. 따라서, 자기융착테이프나 보호테이프를 절연체에 감아 내후성(각종 기후에 견디는 성질)을 향상시킨다. 절연테이프의 종류는 다음과 같다.

① **자기융착 절연테이프** : 자기융착 절연테이프는 시공 시 테이프 폭이 3/4으로부터 2/3 정도로 중첩해 감아놓으면 시간이 지남에 따라 융착하여 일체화된다. 자기융착 테이프에는 뷰틸고무제와 폴리에틸렌 + 뷰틸고무가 합성된 제품이 있지만 저압의 경우 뷰틸고무제는 일반적으로 사용하지 않는다.
② **보호테이프** : 자기융착 테이프와 열화를 방지하기 위해 자기융착 테이프 위에 다시 한 번 감아 주는 보호테이프가 있다.
③ **비닐절연테이프** : 비닐절연테이프는 장기간 사용하면 접착력이 떨어지므로 태양광발전 설비처럼 장기간 사용하는 설비에는 적합하지 않다.

## 5 방화구획 관통부의 처리

방화구획은 건축물을 일정면적 단위별, 층별 및 용도별 등으로 구획함으로써 화재 시 일정범위 이외의 연소를 방지하여 피해를 국부적으로 하기 위한 것으로 건축법상 방화에 관한 규정 중 가장 중요한 것이다. 태양광발전시스템의 파이프 및 케이블 관통부를 틈새를 통한 화재 확산방지를 위하여 건축물의 피난 방화구조 등의 기준에 관한 규칙 및 내화구조의 인정 및 관리기준에 의해 내화처리 및 외벽 관통부 방수처리를 하여 그 틈을 메워야 하며, 관통부는 난연성, 내열성, 내화성 등의 시험을 실시한다.

### (1) 건축물의 피난 · 방화구조 등의 기준에 관한 규칙

외벽과 바닥 사이에 틈이 생긴 때나 급수관 · 배전관 그 밖의 관이 방화구획으로 되어 있는 부분을 관통하는 경우 그로 인하여 방화구획에 틈이 생긴 때에는 그 틈을 다음 사항의 어느 하나에 해당하는 것으로 메울 것
① 산업표준화법에 따른 한국산업규격에서 내화충전성능을 인정한 구조로 된 것
② 한국건설기술연구원장이 국토교통부장관이 정하여 고시하는 기준에 따라 내화 충전성능을 인정한 구조로 된 것

③ 관통부의 시험성능기준은 F급 또는 T급으로 구분되며, 현장 사용용도 특성에 따라 시험의뢰 시 성능기준을 어느 등급으로 할 것인지 결정하여 의뢰한다.

내화충전구조의 F급 및 T급 성능기준 비교

| 시험항목 | 성능기준 | |
|---|---|---|
| | F급(이면온도 체크 안 함) | T급(이면온도 체크함) |
| 가열시험 | 가열시험 중 충전구조가 충전부에 남아 있을 것 | 가열시험 중 충전구조가 충전부에 남아 있을 것 |
| | 시험체의 개구부로 화염의 관통 및 화염발생이 없을 것 | 시험체의 개구부로 화염의 관통 및 화염발생이 없을 것 |
| 주수시험 | - | 시험체 각 부위의 이면온도가 초기 온도보다 181[℃]를 초과하지 않을 것 |

### (2) 케이블 방재

지중전선에 화재가 발생할 경우 화재의 확대 방지를 위하여 케이블이 밀집되어 시설되는 개소의 케이블은 난연성 케이블의 사용을 원칙으로 하며, 부득이 일반 케이블로 시설하는 경우에는 케이블의 방재 대책을 세운다.

① 적용 장소

공동 주택 및 상가의 구내 수전실, 케이블 처리실, 전력구, 덕트 및 4회선 이상 시설된 맨홀

② 적용대상 및 방재용 자재

㉠ 케이블 및 접속재 : 난연테이프 및 난연도료

㉡ 바닥, 벽, 천장 등의 케이블 관통부 : 난연실(퍼티), 난연보도, 난연레진 등

③ 방재시설 방법

㉠ 케이블 처리실(옥내 덕트 포함) : 케이블 전구간 난연처리

㉡ 전력구(공동구)

- 수평 길이 20[m]마다 3[m] 난연처리
- 케이블 수직부(45° 이상) 전량 난연처리
- 접속부위 난연처리

㉢ 관통부분 : 벽 관통부를 밀폐시키고 케이블 양측 3[m]씩 난연재 적용

㉣ 맨홀 : 접속개소의 접속재를 포함 1.5[m] 난연처리

㉤ 기타 : 화재 취약지역은 전량 난연처리

## 제4절 접지공사

전기설비기술기준에 따라 지중 접지를 하고 낙뢰의 우려가 있는 건축물과 20[m] 이상의 건축물은 피뢰설비 기준의 규칙에 적합하게 피뢰설비를 설치한다.

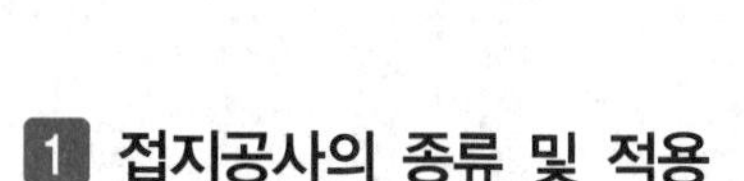

## 1 접지공사의 종류 및 적용

태양광발전 설비는 누전에 의한 감전사고 및 화재로부터 인명과 재산을 보호하기 위해 전기설비기술기준에 따라 지중 접지를 해야 한다. 제1종 접지공사, 제2종 접지공사, 제3종 접지공사 및 특별 제3종 접지공사의 접지저항은 다음과 같다.

### (1) 접지공사의 종류와 접지저항 값

| 접지공사의 종류 | 접지저항 값 |
|---|---|
| 제1종 접지공사 | 10[Ω] |
| 제2종 접지공사 | 변압기의 고압 측 또는 특고압 측 전로의 1선 지락전류의 암페어수로 150을 나눈 값과 같은 [Ω]수 |
| 제3종 접지공사 | 100[Ω] |
| 특별 제3종 접지공사 | 10[Ω] |

접지 시공방법에 따라 공통접지와 통합접지로 구분할 수 있으며, 고압 및 특고압과 저압전기설비의 접지극이 서로 근접하여 시설되어 있는 변전소 또는 이와 유사한 곳에서는 다음과 같이 공통접지공사를 할 수 있다.

① 저압 접지극이 고압 및 특고압 접지극의 접지저항 형성영역에 완전히 포함되어 있다면 위험전압이 발생하지 않도록 이들 접지극을 상호 접속해야 한다.

② 위 사항에 따라 접지공사를 하는 경우 고압 및 특고압 계통의 지락사고로 인해 저압 계통에 가해지는 상용주파 과전압은 표에서 정한 값을 초과해서는 아니 된다.

**Check!** **상용주파** : 일반적으로 사용하는 정격 주파수를 뜻하며 50[Hz], 60[Hz] 등이 있다.

고압 및 특고압 계통 지락사고 시 저압 계통 내 허용 과전압

| 고압 계통에서 지락고장시간[초] | 저압 설비의 허용 상용주파 과전압[V] |
|---|---|
| > 5 | $U_0 + 250$ |
| ≦ 5 | $U_0 + 1{,}200$ |
| 중성선 도체가 없는 계통에서는 $U_0$는 선간전압을 말한다. | |

※ [비고 1] 표의 1행은 중성점 비접지나 소호리액터 접지된 고압 계통과 같이 긴 차단시간을 갖는 고압 계통에 관한 것이다. 2행은 저저항 접지된 고압 계통과 같이 짧은 차단시간을 갖는 고압 계통에 관한 것이다. 두 행 모두 순시 상용주파 과전압에 대한 저압 기기의 절연 설계기준과 관련된다.

* 비접지 : 전력 계통의 접지방식의 하나로 접지를 하지 않는 형태를 말한다.
* 소호리액터 : 송전선의 중성점 접지방식의 하나로 계통의 중성점과 대지 사이에 접속하는 리액터를 말한다. 송전선이 1선 지락 시 지락전류의 아크를 소멸시켜서 이상 전압을 저감시키는 역할을 한다.

[비고 2] 중성선이 변전소 변압기의 접지계에 접속된 계통에서 외함이 접지되어 있지 않는 건물 외부에 위치한 기기의 절연에도 일시적 상용주파 과전압이 나타날 수 있다.

③ 전기설비의 접지계통과 건축물의 피뢰설비 및 통신설비 등의 접지극을 공용하는 통합접지(국부접지계통의 상호접속으로 구성되는 그 국부접지계통의 근접구역에서는 위험한 접촉전압이 발생하지 않도록 하는 등가 접지계통) 공사를 할 수 있다. 이 경우 이미 설명한 공통접지의 규정을 따르며, 낙뢰 등에 의한 과전압으로부터 전기설비 등을 보호하기 위해 서지보호장치를 설치한다.

### (2) 기계기구 외함 및 직류전로의 접지

① 기계기구의 접지 : 전로에 시설하는 기계기구의 철대 및 금속제 외함은 표에 따라 접지공사를 실시해야 한다.

기계기구의 철대 및 금속제 외함의 접지공사의 적용

| 기계기구의 구분 | 접지공사 |
|---|---|
| 400[V] 미만인 저압용의 것 | 제3종 접지공사 |
| 400[V] 이상의 저압용의 것 | 특별 제3종 접지공사 |
| 고압용 또는 특고압용의 것 | 제1종 접지공사 |

태양광발전 설비는 태양전지 모듈, 지지대, 접속함, 인버터의 외함, 금속배관 등의 노출 비충전 부분은 누전에 의한 감전과 화재 등을 방지하기 위해 태양전지 어레이의 출력전압이 400[V] 이하는 제3종 접지공사를, 400[V]를 초과하는 경우에는 특별 제3종 접지공사를 실시한다.

② 태양광발전 설비의 직류전로 접지 : 태양전지 어레이에서 인버터까지의 직류전로는 원칙적으로 접지공사를 실시하지 않는다.

③ 태양광발전 설비의 접지는 태양전지 모듈이나 패널을 하나 제거하더라도 태양광 전원회로에 접속된 접지도체의 연속성에 영향을 주지 말아야 한다.

### (3) 접지선의 굵기 및 표시

① 접지선의 굵기

㉠ 제3종 및 특별 제3종 접지공사의 접지선 굵기는 공칭단면적 2.5[$mm^2$] 이상의 연동선으로 규정하고 있지만, 기기고장 시에 흐르는 전류에 대한 안전성, 기계적 강도, 내식성(부식을 견디는 정도)을 고려하여 결정한다.

㉡ 전압강하 등의 사유로 간선규격을 상위규격으로 선정할 경우 이에 비례하여 접지선의 규격은 상위규격으로 선정해야 한다.

제3종 또는 특별 제3종 접지공사의 접지선 굵기

| 접지하는 기계기구의 금속제 외함, 배관 등의 저압전로의 전류 측에 시설된 과전류차단기 중 최소의 정격전류의 용량 | 접지선의 최소굵기 |
|---|---|
| | 동[$mm^2$] |
| 20[A] 이하 | 2.5 |
| 30[A] 이하 | 2.5 |
| 50[A] 이하 | 4 |
| 100[A] 이하 | 6 |

② 접지선의 표시

㉠ 접지선은 녹색으로 표시해야 하지만, 부득이 녹색 또는 황록색 얼룩무늬 모양인 것 이외의 절연전선을 접지선으로 사용하는 경우는 말단 및 적당한 개소에 녹색테이프 등으로 표시해야 한다.

㉡ 단, 접지선이 단독으로 배선되어 접지선임을 용이하게 식별할 수 있는 경우와 다심케이블 등의 1심선을 접지선으로 사용하는 경우로서 그 심선이 나전선(피복이 없는 전선) 또는 황록색의 얼룩무늬 모양으로 되어 있는 것은 예외로 한다.

## 2 접지공사의 시설방법

### (1) 제1종 접지공사, 제3종 접지공사 및 특별 제3종 접지공사의 접지선 시설

① 접지선이 외상을 받을 우려가 있는 경우는 합성수지관(두께 2[mm] 미만의 합성수지제 전선관 및 난연성이 없는 CD관 등은 제외한다) 등에 넣을 것. 다만, 사람이 접촉할 우려가 없는 경우 또는 제3종 접지공사 혹은 특별 제3종 접지공사의 접지선은 금속관을 사용하여 방호할 수 있다(피뢰침, 피뢰기용 접지선은 강제금속관에 넣지 말 것).

② 접지선은(접지해야 할 기계기구로부터 60[cm] 이내의 부분 및 지중부분은 제외한다) 합성수지관(두께 2[mm] 미만의 합성수지제 전선관 및 난연성이 없는 CD관 등은 제외한다) 등에 넣어 외상을 방지한다.

③ 접지선은(다음 ④에 의하여 알루미늄선을 사용하는 경우를 제외한다) 동선을 사용한다.

④ 지중 및 접지극에서(지표면상 60[cm] 이하 부분의 접지선, 습한 콘크리트, 석재, 벽돌류에 접하는 부분 또는 부식성 가스나 용액을 발산하는 장소의 접지선을 제외한다) 접지선으로 알루미늄선을 사용해도 무방하다.

⑤ 제3종 또는 특별 제3종 접지공사를 실시하는 금속체와 대지와의 사이에 전기저항값이 제3종 접지공사의 경우 100[Ω] 이하, 특별 제3종 접지공사의 경우는 10[Ω] 이하이면 각각의 접지공사를 실시한 것으로 간주한다.

⑥ 금속관 등의 접지공사

금속관 등의 접지는 전선의 절연열화 등에 의해 금속관에 누전되었을 경우의 위험을 방지하기 위해 시설한다.

㉠ 특별 제3종 접지공사 : 사용전압이 400[V]를 초과하는 경우의 금속관 및 그 부속품 등은 특별 제3종 접지공사에 의해 접지해야 한다. 단, 사람이 접촉할 우려가 없는 경우는 제3종 접지공사에 의해 접지할 수 있다.

㉡ 제3종 접지공사 : 사용전압이 400[V] 이하인 경우의 금속관 및 그 부속품 등은 제3종 접지공사에 의해 접지해야 한다. 단, 다음 하나에 해당하는 경우는 제3종 접지공사를 생략할 수 있다.

- 사용전압이 직류 300[V] 또는 교류 대지전압이 150[V] 이하인 기계기구를 건조한 곳에 시설하는 경우
- 저압용의 기계기구에 지락이 생겼을 때 그 전로를 자동적으로 차단하는 장치를 시설한 저압 전로에 접속하여 건조한 곳에 시설하는 경우
- 저압용의 기계기구를 건조한 목재의 마루 기타 이와 유사한 절연성 물건 위에서 취급하도록 시설하는 경우

- 저압용이나 고압용의 기계기구, 특고압 전선로에 접속하는 배전용 변압기나 이에 접속하는 전선에 시설하는 기계기구 또는 특고압 가공전선로의 전로에 시설하는 기계기구를 사람이 쉽게 접촉할 우려가 없도록 목주 기타 이와 유사한 것의 위에 시설하는 경우
- 철대 또는 외함의 주위에 적당한 절연대를 설치하는 경우
- 외함이 없는 계기용변성기가 고무·합성수지 기타의 절연물로 피복한 것일 경우
- 전기용품안전관리법의 적용을 받는 2중 절연구조로 되어 있는 기계기구를 시설하는 경우
- 저압용 기계기구에 전기를 공급하는 전로의 전원 측에 절연변압기(2차 전압이 300[V] 이하이며, 정격용량이 3[kVA] 이하인 것에 한한다)를 시설하고 또는 그 절연변압기의 부하 측 전로를 접지하지 않은 경우
- 물기 있는 장소 이외의 장소에 시설하는 저압용의 개별 기계기구에 전기를 공급하는 전로에 「전기용품안전관리법」의 적용을 받는 인체감전보호용 누전차단기(정격감도전류가 30[mA] 이하, 동작시간이 0.03초 이하의 전류동작형에 한한다)를 시설하는 경우
- 외함을 충전하여 사용하는 기계기구에 사람이 접촉할 우려가 없도록 시설하거나 절연대를 시설하는 경우

- **절연변압기** : 고압 회로의 전류를 측정기구 등이나 제전기를 직접 통하는 것은 위험하기 때문에 권수비가 1인 변성기를 사용하여 고압 회로와의 사이를 절연을 목적으로 하는 설비를 말한다.
- **절연대** : 충전 부분을 취급자나 전기 기기를 대지로부터 전기적으로 절연을 할 목적으로 사용하는 받침대로서 절연체로는 주로 애자를 사용한다.

⑦ 접지극

매설 또는 타입 접지극은 다음 표에 따라 시설하는 것이 바람직하며 매설장소는 가능한 물기가 있는 장소로서 토질이 균일하고 가스나 산 등에 의한 부식의 우려가 없는 장소를 선정하여 지중에 매설 또는 타입해야 한다.

㉠ 접지극의 종류와 규격

| 종 류 | 규 격 |
|---|---|
| 동 판 | 두께 0.7[mm] 이상, 면적 900[$cm^2$](한쪽 면) 이상 |
| 동봉, 동복강봉 | 직경 8[mm] 이상, 길이 0.9[m] 이상 |
| 아연도금가스철관<br>후강전선관 | 외경 25[mm] 이상, 길이 0.9[m] 이상 |
| 아연도금철봉 | 직경 12[mm] 이상, 길이 0.9[m] 이상 |
| 동복강판 | 두께 1.6[mm] 이상, 길이 0.9[m] 이상, 면적 250[$cm^2$](한쪽 면) 이상 |
| 탄소피복강봉 | 직경 8[mm] 이상(강심), 길이 0.9[m] 이상 |

㉡ 접지극과 접지선과의 접속은 기계적 강도와 전기적 성능을 확보할 수 있도록 이루어져야 한다.

## 3 접지저항의 측정

### (1) 접지저항계를 이용한 접지저항 측정방법

① 접지저항계를 이용하여 접지전극 및 보조전극 2본을 사용하여 접지저항을 측정한다.

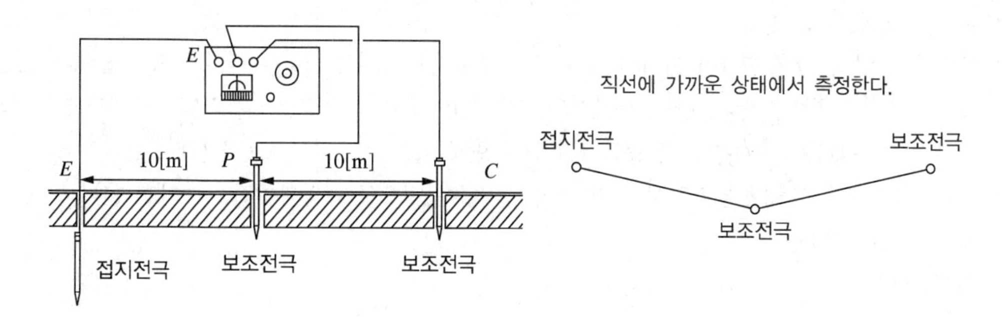


[접지저항의 측정방법]

② 접지전극, 보조전극의 간격은 10[m]로 하고 직선에 가까운 상태로 설치한다.

③ 접지전극을 접지저항계의 $E$단자에 접속하고 보조전극을 $P$단자, $C$단자에 접속한다.

④ 누름버튼스위치를 누른 상태에서 접지저항계의 지침이 '0'이 되도록 다이얼을 조정하고 그때의 눈금을 읽어 접지저항값을 측정한다.

⑤ 접지저항의 값은 접지극 부근의 온도 및 수분의 함유 정도에 의해 변화하며 연중 변동하고 있다. 그러나 최고일 때에도 정해진 한도를 넘어서는 안 된다.

### (2) 간이 접지저항계 이용 측정방법

① 측정에 있어 접지보조전극을 타설할 수 없는 경우는 간이 접지저항계를 사용하여 접지저항을 측정한다.

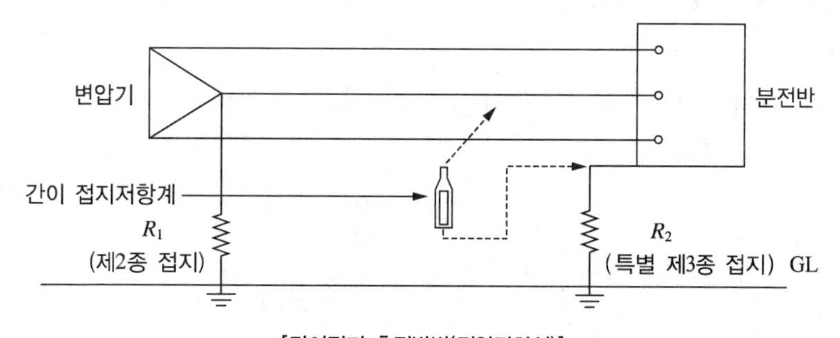


[간이접지 측정방법(전압강하식)]

② 주상변압기의 2차 측 중성점에 제2종 접지공사가 시공되어 있는 것을 이용하는 방법이다.

③ 중성선과 기기 접지단자 간에 저주파의 전류를 흘리고 저항치를 측정하면 양 접지저항의 합이 얻어지므로 간접적으로 접지저항을 알 수 있다.

### (3) 기타 공사

① 피뢰공사

낙뢰의 우려가 있는 건축물 또는 높이 20[m] 이상의 건축물에는 기준에 적합하게 피뢰설비를 설치해야 한다.

② 울타리, 담 등의 설치

태양광발전소의 경우 취급자 이외의 자가 그 구내에 용이하게 접근할 우려가 없도록 울타리, 담 등의 적절한 조치를 취해야 한다. 다만, 어레이의 직류전압이 고압 또는 저압일지라도 인버터를 통해 교류로 변환된 전압을 특고압 이상으로 승압하기 위한 변압기를 갖춘 경우에는 인버터, 변압기 및 모선 등 전기기계기구 등의 충전부로부터 감전 등의 방지를 목적으로 태양광발전소에 대한 울타리, 담 등의 시설을 해야 한다.

③ 기타 시설

㉠ 명 판

- 모든 기기는 용량, 제작자 및 그 외 기기별로 나타내야 할 사항이 명시된 명판을 부착해야 한다.
- 명판은 신재생에너지설비 명판 설치기준에 따라 제작하여 잘 보이는 위치에 부착해야 한다.

㉡ 모니터링 설비 : 모니터링 설비는 '신재생에너지설비의 지원 등에 관한 지침'에 따라 모니터링 시스템 설치기준에 적합하게 설치해야 한다.

## 4 접지설비 방식

계통접지와 기기접지의 조합에 따라 접지방식에는 여러 가지 방식이 있다. 국내에서는 KS C IEC 60364 표준을 적용하여 TN 계통(TN system), TT 계통(TT system), IT 계통(IT system)을 제안하고 있다.

### (1) TN 계통(Terra Neutral System)

① TN-S 계통

전원부는 접지되어 있고 간선의 중성선(N)과 보호도체(PE)를 분리해서 사용한다. 이 경우 보호도체를 접지도체로 사용한다.

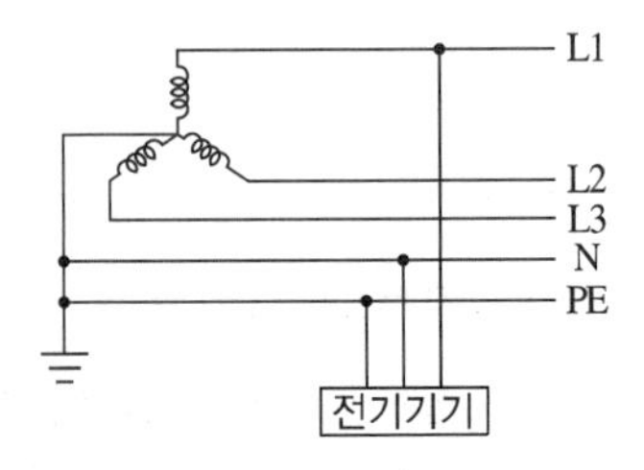


㉠ 계통 전체를 중성선(N)과 접지선(PE)으로 분리하는 방식이다.

㉡ 불평형 전류는 중성선(N)에만 흐른다.

㉢ 설비가 비싸고 주로 미국에서 사용하며, 약전 및 통신기기에 적합한 방식이다.

㉣ 병원이나 전산센터 등에서 적합한 방식이다.

② TN-C 계통

간선의 중성선과 보호도체를 겸용하는 PEN 도체를 사용하는 방식으로 기기의 노출 도전부분의 접지는 보호도체를 경유하여 전원부의 접지점에 접속한다.

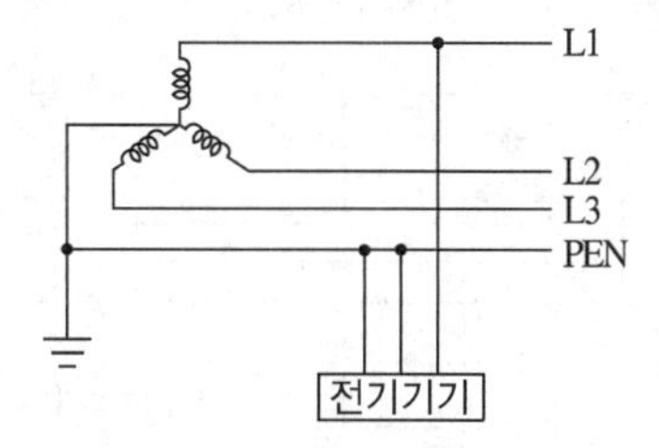


㉠ 계통 전체를 중성선과 보호도체로써 하나의 도선으로 결합시킨 방식이다.
㉡ 불평형 전류는 접지 및 보호도체용 도선에 흐른다.
㉢ 약전 계통에 적용 시 노이즈 문제가 발생할 수 있다.
㉣ 고조파 계통에서 고조파로 인한 노이즈 문제가 발생할 수 있다.
㉤ 일반적으로 통신선에 장해를 주지 않는 전력 계통에 적합하다.

③ TN-C-S 시스템

전원부는 TN-C로 되어 있고 간선계통의 일부에서 중성선과 보호도체를 분리하여 TN-S 계통으로 적용하는 방식이다.

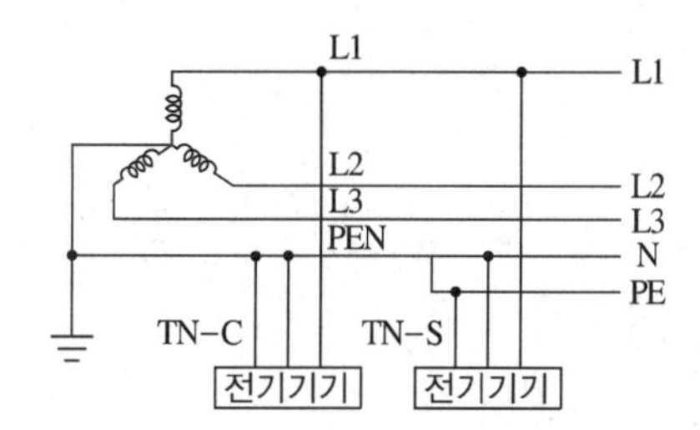


㉠ 계통의 한 부분은 TN-C 방식이고 다른 부분은 TN-S 방식이다.
㉡ 누전차단기 설치 시 TN-C 방식은 TN-S 방식 앞쪽에 적용한다.

### (2) TT 계통(Terra Terra System)

보호도체를 전원으로부터 가져오지 않고 기기 자체에서 접지하여 사용한다. 전력공급 측을 계통 접지하여 설비의 노출 도전성 부분을 계통접지와 전기적으로 독립 접지하는 방식이다.

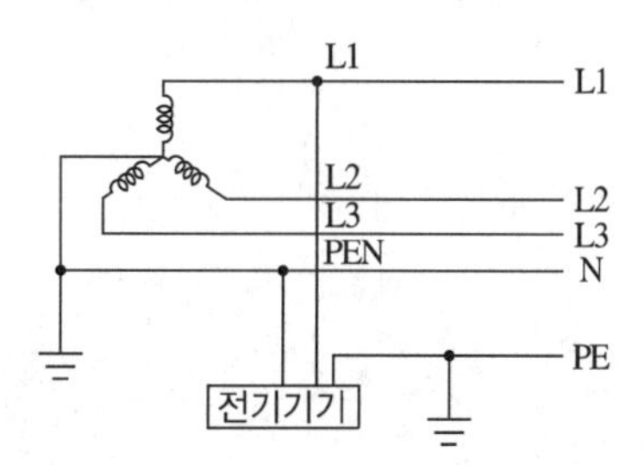

### (3) IT 계통(Insulation Terra System)

전원부를 비접지로 하거나 임피던스를 통해 접지하여 사용한다. 충전부 전체를 대지로 절연하고 한 점에 임피던스로 대지에 접속하여 노출 도전성 부분을 단독 또는 일괄 접지로 하는 방식이다.

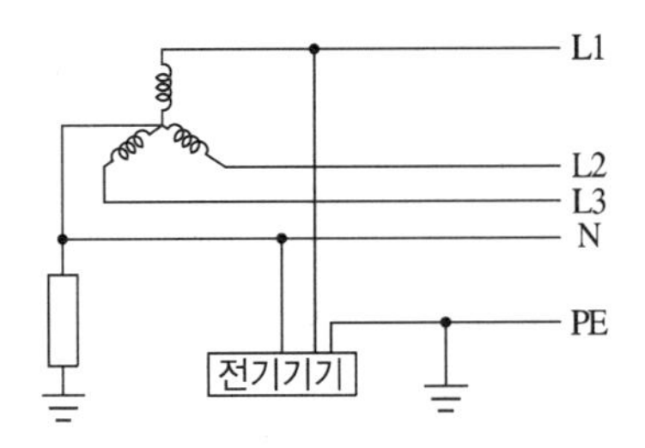


㉠ 대형 플랜트에서 적용한다.

㉡ 고압 간선라인 또는 송전선로에서 적용한다.

㉢ 정전용량이 큰 계통에서 적용한다.

# 적중예상문제

**01** 태양광발전시스템 기기의 반입검사에 대한 설명 중 맞지 않는 것은?

① 공장검수 시 합격된 자재에 한해서 현장 반입한다.
② 시공사와 제작업자의 제조과정을 고려하여 생략이 가능하다.
③ 책임 감리원이 검토 승인한 기자재(공급원승인제품)에 한하여 현장 반입한다.
④ 현장자재 반입검사는 공급원승인제품, 품질적합내용, 내역물량수량, 반입 시 손상 여부 등에 대해 전수검사를 원칙으로 한다.

해설
반입검사를 생략 시 시공사와 기자재 제작업자의 경제적 이득 및 제조과정에서 발생하는 불량을 사전 체크하지 못해 태양광발전시스템의 시공이 부실로 이어질 수 있다.

**02** 다음 중 태양광발전시스템의 시공 시 필요한 장비 목록 중 대형장비가 아닌 것은?

① 컴프레서 ② 굴삭기
③ 크레인 ④ 지게차

해설
태양광발전시스템의 시공 시 필요한 장비 목록
• 시공 시 필요한 소형장비 : 컴프레서, 발전기, 사다리 외
• 시공 시 필요한 대형장비 : 굴삭기, 크레인, 지게차

**03** 다음 중 태양광발전시스템의 시공 절차를 바르게 나열한 것은?

① 반입자재검수 → 기기설치공사 → 전기배선공사 → 점검 및 검사 → 토목공사
② 반입자재검수 → 토목공사 → 전기배선공사 → 기기설치공사 → 점검 및 검사
③ 토목공사 → 기기설치공사 → 반입자재검수 → 점검 및 검사 → 전기배선공사
④ 토목공사 → 반입자재검수 → 기기설치공사 → 전기배선공사 → 점검 및 검사

해설
태양광발전시스템의 시공 절차
토목공사 → 반입자재검수 → 기기설치공사 → 전기배선공사 → 점검 및 검사

**04** 다음의 태양광발전시스템 시공 절차를 나타낸 것이다. 빈 칸에 알맞은 순서는?

토목공사 → 반입자재검수 → 기기설치공사 → [ ] → 점검 및 검사

① 현장여건분석
② 기초 공사
③ 전기배선공사
④ 접지배관공사

해설
태양광발전시스템의 시공 절차
토목공사 → 반입자재검수 → 기기설치공사 → 전기배선공사 → 점검 및 검사 순이다. 현장여건분석은 태양광시스템 설계 시 선행하는 순서이고 접지배관공사와 기초 공사는 토목공사에 해당하는 공정이다.

**05** 태양광발전시스템의 시공안전 대책의 설명으로 맞지 않는 것은?

① 강우 시에는 반드시 우비를 착용하고 작업을 한다.
② 안전모, 안전대, 안전화, 안전허리띠 등의 안전 장비를 반드시 착용한다.
③ 작업자는 자신의 안전 확보와 2차 재해 방지를 위해 작업에 적합한 복장을 갖춰 작업에 임해야 한다.
④ 절연 처리된 공구를 사용한다.

해설
강우 시에는 감전사고 및 미끄러짐으로 인한 추락 사고의 위험이 동반되므로 작업을 하지 않는다.

정답 1 ② 2 ① 3 ④ 4 ③ 5 ①

## 06 태양광발전시스템의 시공 절차 중 가장 나중 순서의 공사 항목은?

① 어레이와 접속함의 배선공사
② 지반공사 및 구조물 공사
③ 접속함 설치공사
④ 어레이 설치공사

**해설**

태양광발전시스템 시공 절차 순서
토목공사(지반공사・구조물 공사, 접지공사 및 배관공사) → 반입자재검사 → 기기설치공사(어레이설치공사, 접속함 설치공사, PCS 설치공사) → 전기배관배선공사(어레이와 접속함의 배선공사) → 점검 및 검사

## 07 태양광발전시스템 구조물 시공 중 기초공사의 설명 중 맞지 않는 것은?

① 기초 설계는 지내력 이하가 되도록 하중을 분산시키는데 있다.
② 기초의 면적을 결정하고, 기초의 두께를 결정하여 철근을 배치한다.
③ 지내력은 상부하중에 대한 땅의 지지력과 침하를 동시에 고려한다.
④ 지반의 지내력이 좋지 않은 경우는 독립기초로 설계를 한다.

**해설**

지내력은 건물 상부에서 전달되는 하중의 면적당 크기를 지반이 지지할 수 있는 힘의 크기를 말한다. 지내력이 좋지 않은 경우는 온통기초(매트기초), 파일기초로 설치를 해야 한다.

## 08 태양광발전시스템의 일반적인 설치 순서 중 현장여건분석의 사항이 아닌 것은?

① 건축 안정성
② 태양전지의 효율
③ 음영 유무
④ 연계점, 수전전력, 월평균 사용전력량

**해설**

현장여건분석 요소에는 설치조건(방위각 정남향 ±30°, 설치면의 경사각, 건축 안정성), 환경여건 고려(음영 유무), 전력여건(연계점, 수전전력, 월평균 사용전력량) 등이 있다.

## 09 다음 중 태양전지 어레이의 가대 설치 방법에 대한 설명이 맞지 않는 것은?

① 어레이용 가대, 모듈 고정용 가대 및 케이블 트레이용 찬넬 순으로 조립한다.
② 기초 콘크리트 앵커 볼트부분은 수시점검을 위해 볼트 캡 등을 씌워서는 안 된다.
③ 형강류는 공장에서 용융아연도금을 한 후 현장에서 조립을 한다.
④ 철판부위는 용융아연도금 처리 또는 동등 이상의 녹 방지 처리를 하여야 한다.

**해설**

체결용 볼트, 너트, 와셔(볼트 캡 포함)는 아연도금 처리 또는 동등 이상의 녹 방지 처리를 해야 하며, 기초 콘크리트 앵커 볼트의 돌출부분에는 반드시 볼트 캡을 착용해야 한다.

## 10 태양광발전시스템의 시공 시 전기배선공사에서 가장 나중의 세부 공정 순서는?

① 잉여전력 계량용 전력량계 설치
② 접속함 설치
③ 접속함과 인버터 간 배선
④ 접지공사

**해설**

태양광발전시스템 전기공사 세부 공정 순서
접지공사 → 접속함 설치 → 접속함과 인버터 간 배선 → 전력량계 설치

## 11 태양광발전시스템 관리기기 반입 및 검사에 대한 설명으로 바르지 않은 것은?

① 현장자재 반입검사는 공급원승인제품, 품질적합내용, 내역물량 수량, 반입 시 손상여부 등을 전부 검사하는 전수검사가 원칙이다.
② 공장검수 시 합격된 자재에 한해 현장반입을 한다.
③ 시공사와 기자재 제작업자의 경제적 이득 및 제조과정에서 발생하는 불량을 사전에 체크하여 부실공사의 방지를 목적으로 반입검사를 한다.
④ 현장자재 반입검사는 샘플검사를 원칙으로 한다.



6 ① 7 ④ 8 ② 9 ② 10 ① 11 ④ 정답

해설

현장자재 반입검사는 공급원승인제품, 품질적합내용, 내역물량 수량, 반입 시 손상여부 등을 전부 검사하는 전수검사가 원칙이다. 하지만 동일 자재의 수량이 많을 경우 샘플검수를 시행할 수도 있다.

**12** 태양전지 모듈 및 어레이 설치 후 확인 · 점검사항이 아닌 것은?

① 전압 · 극성의 확인
② 단락전류의 측정
③ 비접지의 확인
④ 어레이 용량 및 병렬수

해설

태양전지 모듈 및 어레이 설치 후 확인 · 점검사항은 전압 · 극성의 확인, 단락전류의 측정, 비접지의 확인 및 접지의 연속성 확인이다. 어레이 용량 및 병렬수는 어레이 설정 시의 확인 · 점검사항이다.

**13** 안전한 작업을 위해 안전장구를 반드시 착용해야 하는데, 높은 곳에서 추락을 방지하기 위한 장비는?

① 안전화 ② 안전모
③ 안전대 ④ 안전허리띠

해설

안전장구 착용
- 안전모
- 안전대 : 추락방지
- 안전화 : 중량물에 의한 발 보호 및 미끄럼방지용
- 안전허리띠 : 공구, 공사 부재 낙하 방지

**14** 파워컨디셔너의 설치, 성능 조건에 대한 설명으로 맞지 않는 것은?

① 모듈출력 전압, 전류, 전력과 출력단의 전압, 전류, 전력, 역률, 주파수, 누적발전량, 최대출력이 표시되어야 한다.
② 인버터의 설치용량은 설계용량 이상이고 인버터에 연결된 모듈의 설치용량은 인버터 설치용량 105[%] 이내이어야 한다.
③ 외함 접지 시 고주파 누설전류로 인하여 접지하지 않고 절연 상태를 유지시킨다.
④ 옥내용을 옥외에 설치하는 경우 빗물의 침투를 방지할 수 있도록 옥내에 준하는 수준으로 외함 등을 설치해야 한다.

해설

외함 접지는 작업자의 안전을 위해 반드시 실시하고 전기설비기술기준 및 판단기준에 의거 접지공사를 실시한다.

**15** 지반의 지내력으로 기초 설치가 어려운 경우 파일을 지반의 암반층까지 내려 지지하도록 시공하는 기초공사는?

① 온통기초 ② 파일기초
③ 독립기초 ④ 연속기초

해설

기초공사의 종류
- 독립기초 : 개개의 기둥을 독립적으로 지지하는 형식으로 기초판과 기둥으로 형성되어 있으며, 기둥과 보로 구성되어 있는 건축물에 적용되는 기초이다.
- 연속기초(줄기초) : 내력벽 또는 조적벽을 지지하는 기초공사로 벽체 양옆에 캔틸레버 작용으로 하중을 분산시킨다.
- 온통기초(매트기초) : 지층에 설치되는 모든 구조를 지지하는 두꺼운 슬래브 구조로 지반에 지내력이 약해 독립기초나 말뚝기초로 적당하지 않을 때 사용된다.

**16** 접속함 설치 공사에 관한 설명으로 맞지 않는 것은?

① 접속함 설치위치는 어레이 근처가 좋다.
② 역류방지 다이오드의 용량은 모듈 단락전류의 1.2배 이상으로 한다.
③ 접속함의 입 · 출력부는 견고하게 고정하여 충격에 움직이지 않도록 한다.
④ 접속함은 풍압 및 설계하중에 견디고 방수, 방부형으로 제작되어야 한다.

해설

역류 방지 다이오드의 용량은 모듈 단락전류의 2배 이상으로 한다. 용량이 부족할 경우 단락전류에 의해 다이오드가 소손될 위험이 있다.

정답 12 ④ 13 ③ 14 ③ 15 ② 16 ②

## 17 다음에서 설명하는 태양광발전시스템의 적용 장소는?

- 일사계를 기준으로 동북동쪽에서 남쪽을 경유하여 서북서쪽에 이르는 수평방향·모듈의 설치각이 수직으로 인해 발전량 저하 우려가 있다.
- 창호재의 BIPV(건물일체형) 적용 시 설계 단계에서부터 적용해야 한다.
- 차양형, 창호형 등으로 구분된다. 장애물이 없는 곳을 선정하고 장애물이 있더라도 그 높이가 수평방향에서 90° 이상 높지 않은 장소를 선정한다.

① 지 면　② 구조형
③ 지 붕　④ 벽 면

**해설**

벽면(Facade&Shade)
- 벽면 적용 시 모듈의 설치각이 수직으로 인해 발전량 저하 우려
- 창호재의 BIPV(건물일체형) 적용 시 설계 단계에서부터 적용

| 구 분 | 설치방식 |
|---|---|
| 지 붕 | 차양형<br>• 모듈을 건물의 차양재로 활용<br>• 하부 음영을 고려하여 모듈의 경사각 산정 |
| | 벽 부<br>• 모듈을 건물의 외장재로 활용<br>• 경사각이 90°로 효율 약 30[%] 감소 |
| | 창호형<br>• 자연채광이 가능한 건물 외장재 및 창호재로 활용<br>• 대부분 90° 경사각으로 발전량 감소 |

## 18 태양광발전시스템 시공 시 필요한 대형장비에 해당하는 것은?

① 레벨기　② 임팩트 렌치
③ 앵글천공기　④ 굴삭기

**해설**

시공현장에서 사용되는 대형장비는 굴삭기, 크레인, 지게차 등이다.

## 19 태양광 어레이를 설치할 때 인버터의 동작전압에 의해 결정되는 요소는?

① 태양전지 어레이의 용량
② 어레이 간 결선
③ 태양전지 모듈의 직렬 결선수
④ 태양전지 모듈의 스트링 병렬수

**해설**

- 어레이 용량 : 설치 면적에 따라 결정
- 직렬 결선수 : 인버터의 동작전압에 따라 결정
- 병렬수 : 어레이 직렬 결선수에 따라 정수배의 병렬수가 설치
- 어레이 간 결선 : 모듈 1장의 최대전류($I_{mpp}$)가 전선의 허용전류 내

## 20 다음 중 기초 공사의 요구조건에 대해서 잘못 기술한 것은?

① 환경변화, 국부적 지반 쇄굴 등에 저항
② 현장 여건을 고려한 시공 가능성
③ 허용 침하량 이상의 침하
④ 설계하중에 대한 안정성 확보

**해설**

구조물의 허용 침하량 이상이 아니라 허용 침하량 이내의 침하 기준을 만족해야 한다.

## 21 태양전지 모듈 및 어레이 설치 배선이 끝난 후 확인·점검사항이 아닌 사항은?

① 모듈의 최대출력점 확인
② 접지의 연속성 확인
③ 전압·극성의 확인
④ 단락전류의 측정

**해설**

태양전지 모듈 및 어레이 설치 배선이 끝난 후 확인·점검사항
- 전압·극성의 확인 : 태양전지 모듈이 바르게 시공되어, 설명서대로 전압이 나오고 있는지 양극, 음극의 극성이 바른지의 여부 등을 테스터, 직류전압계로 확인한다.
- 단락전류의 측정 : 태양전지 모듈의 설명서에 기재된 단락전류가 흐르는지 직류전류계로 측정한다. 타 모듈과 비교해 측정값이 현저히 다른 경우에는 배선을 재차 점검한다.
- 비접지의 확인 : 태양광발전설비 중 인버터는 절연변압기를 시설하는 경우가 드물기 때문에 일반적으로 직류 측 회로를 비접지로 하고 있다.
- 접지의 연속성 확인 : 모듈의 구조는 설치로 인해 접지의 연속성이 훼손되지 않은 것을 사용해야 한다.



정답 17 ④ 18 ④ 19 ③ 20 ③ 21 ①

## 22 다음 중 태양광 모듈과 파워컨디셔너 간의 배관, 배선방법으로 맞지 않은 것은?

① 케이블을 각 스트링으로부터 접속함까지 배선하여 접속함 내에서 직렬로 결선한다.
② 태양전지 모듈의 뒷면으로부터 접속용 케이블 2가닥씩으로 반드시 극성을 확인하여 결선한다.
③ 케이블은 건물마감이나 러닝보드의 표면에 가깝게 시공해야 하며, 필요한 경우 전선관을 이용하여 물리적 손상으로부터 보호해야 한다.
④ 태양전지 모듈은 파워컨디셔너 입력전압 범위 내에서 스트링 필요매수를 직렬 결선하고, 어레이 지지대 위에 조립한다.

해설
케이블은 각 스트링으로부터 접속함까지 배선하여 접속함 내에서 병렬로 결선한다. 이 경우 케이블에 스트링 번호를 기입해 두면 차후의 점검 및 보수 시 편리하다.

## 23 계통연계형 태양광발전시스템에서 일반적인 직류 배선공사 범위는 어디에서 인버터 입력 측까지인가?

① 전력량계
② 태양전지 어레이
③ 축전지
④ 인버터 출력 측

해설
일반적으로 배선공사의 순서에 따라 태양전지 어레이로부터 인버터 입력 측까지의 직류 배선공사, 인버터 출력측으로부터 계통연계점에 이르는 교류 배선공사의 시공방법에 대해 기술한다.

## 24 다음 중 인버터의 설명으로 볼 수 없는 것은?

① 정격용량은 인버터에 연결된 모듈의 정격용량 이상이어야 하며 각 직렬군의 태양전지 모듈의 출력전압은 인버터 입력전압 범위 내에 있어야 한다.
② 신재생에너지센터에서 인증한 인증제품을 설치해야 한다.
③ 인버터 해당 용량이 없을 경우에는 국제공인시험기관(KOLAS), 제품인증기관(KAS) 또는 시험기관 등의 시험성적서를 받은 제품을 설치해야 한다.
④ 옥내용을 옥외에 설치하는 경우는 10[kW] 이상 용량일 경우에만 가능하며 이 경우 빗물의 침투를 방지할 수 있도록 옥내에 준하는 수준으로 설치해야 한다.

해설
지붕면은 건물계획 초기 단계부터 건물의 일부분으로서 설계되어, 건물에 일체화된 BIPV(건물일체형)시스템에 적용된다. 건물 적용시의 공통된 장점 이외에, 건물의 외장재로서 사용되어 그에 상응하는 비용을 절감할 수 있고, 건물과의 조화가 잘 이루어짐으로 건물의 부가적인 가치를 향상시킬 수 있다. 온도 등 고려되어야 하는 부분이 있고, 신축건물이나 기존건물을 크게 개·보수하는 경우에 적용 가능하다. 옥내용을 옥외에 설치하는 경우는 5[kW] 이상 용량일 경우에만 가능하며 이 경우 빗물의 침투를 방지할 수 있도록 옥내에 준하는 수준으로 설치해야 한다.

## 25 옥상 또는 지붕 위에 설치한 태양전지 어레이로부터 접속함으로 배선할 경우 처마 밑 배선을 실시한다. 물의 침입을 방지하기 위한 케이블의 차수 처리 지름은 케이블 지름의 몇 배인가?

① 2배　② 4배
③ 6배　④ 10배

해설
원칙적으로 케이블의 차수 처리 지름은 케이블 지름의 6배 이상인 반경으로 배선 작업을 한다.

## 26 태양광 모듈과 인버터 간의 배선공사를 할 때의 주의사항이다. 설명이 맞지 않는 것은?

① 태양광 전원회로와 출력회로는 동일한 전선과, 케이블트레이, 접속함 내에 시설한다.
② 태양전지 모듈은 스트링 필요매수를 직렬로 결선하고, 어레이 지지대 위에 조립한다.
③ 태양전지 모듈의 이면으로부터 접속용 케이블이 2가닥씩 나오기 때문에 반드시 극성을 확인한 후 결선한다.
④ 케이블은 건물마감이나 러닝보드의 표면에 가깝게 시공해야 하며, 필요한 경우 전선관을 이용하여 물리적 손상으로부터 보호해야 한다.

정답 22 ① 23 ② 24 ④ 25 ③ 26 ①

해설

태양광 전원회로와 출력회로는 격벽에 의해 분리되거나 함께 접속되어 있지 않을 경우 동일한 전선과, 케이블 트레이, 접속함 내에 시설하지 않아야 한다.

**27** 접속함으로부터 인버터까지의 배선의 전압강하율은 몇 [%] 이하로 하는가?

① 1[%] ② 2[%]
③ 3[%] ④ 5[%]

해설

접속함으로부터 인버터까지의 배선은 전압강하율을 2[%] 이하로 상정한다.

**28** 태양전지 어레이를 지상에 설치하는 경우 지중배선 또는 지중배관 길이가 몇 [m]를 초과하는 경우에 중간개소에 지중함을 설치하는가?

① 10 ② 30
③ 50 ④ 80

해설

중간개소의 지중함 설치

지중배선 또는 지중배관인 경우, 중량물의 압력을 받을 우려가 없도록 하고 그 길이가 30[m]를 초과하는 경우는 중간개소에 지중함을 설치할 수 있다.

**29** 다음 중 지중전선로의 매설 깊이는 얼마 이상인가?

① 1.2[m] ② 1.5[m]
③ 2.0[m] ④ 2.5[m]

해설

지중전선로의 매설 깊이

1.2[m] 이상(중량물의 압력을 받을 우려가 없는 곳은 0.6[m] 이상)

지중매설관은 배선용 탄소강관, 내충격성 경질 염화비닐관을 사용한다. 단, 공사상 부득이하게 후강전선관에 방수·방습처리를 시행한 경우는 이에 한정되지 않는다.

**30** 태양광 인버터에서 옥내 분전반 간의 배관·배선 공사에 관한 설명이 맞지 않는 것은?

① 정격용량은 인버터에 연결된 모듈의 정격용량 이상이어야 하며 각 직렬군의 태양전지 모듈의 출력전압은 인버터 입력전압 범위 내에 있어야 한다.
② 인버터 출력의 전기방식으로는 단상 2선식, 3상 3선식 등이 있고 교류 측의 중성선을 구별하여 결선한다.
③ 부하 불평형에 의해 중선선에 최대전류가 발생할 우려가 있을 경우에는 수전점에 3극 과전류 차단소자를 갖는 차단기를 설치한다.
④ 단상 3선식의 계통에 단상 2선식 220[V]를 접속할 수 없다.

해설

단상 3선식의 계통에 단상 2선식 220[V]를 접속하는 경우는 전기설비기술기준의 판단기준에 따라 설치한다.

**31** 태양광설비 시공기준과 관련하여 내용이 맞지 않는 것은?

① 태양전지 각 직렬군은 동일한 단락전류를 가진 모듈로 구성하여야 한다.
② 태양전지판의 출력배선은 군별·극성별로 확인할 수 있도록 표시하여야 한다.
③ 역류방지 다이오드 용량은 모듈 단락전류의 2배 이상이어야 하며 현장에서 확인할 수 있도록 표시하여야 한다.
④ 태양전지판에서 인버터 입력단 간의 전압강하는 각각 5[%]를 초과하여서는 아니 된다.

해설

태양전지판에서 인버터 입력단 간의 전압강하는 각각 3[%]를 초과하지 말아야 한다.

**32** 태양전지 모듈 간의 배선은 단락전류에 충분히 견딜 수 있도록 몇 [$mm^2$] 이상의 전선을 사용해야 하는가?

① 1.5[$mm^2$] 이상 ② 2.5[$mm^2$] 이상
③ 4.0[$mm^2$] 이상 ④ 6.0[$mm^2$] 이상



27 ② 28 ② 29 ① 30 ④ 31 ④ 32 ② 정답

해설

태양전지 모듈 간의 배선은 단락전류에 충분히 견딜 수 있도록 2.5[mm$^2$] 이상의 전선을 사용해야 한다.

## 33 태양광발전설비 케이블 시공방법의 설명 중 맞지 않는 것은?

① 옥측 또는 옥외에 시설하는 경우에는 합성수지관공사, 금속관공사, 가요전선관 공사 또는 케이블공사로 전기설비기술기준의 판단기준 규정에 따라 시설한다.

② 공칭단면적 2.5[mm$^2$] 이상의 연동선 또는 이와 동등 이상의 세기 및 굵기의 것이어야 한다.

③ 옥내에 시설할 경우에는 합성수지관공사, 금속관공사, 가요전선관공사 또는 케이블공사로 전기설비기술기준의 판단기준 규정에 따라 시설한다.

④ 공칭단면적 1.5[mm$^2$] 이상의 연동선 또는 이와 동등 이상의 세기 및 굵기이어야 한다.

해설

태양전지 모듈 간의 배선은 단락전류에 충분히 견딜 수 있도록 2.5[mm$^2$] 이상의 전선에 사용해야 한다.

## 34 태양전지 모듈에서 인버터 입력단 간 및 인버터 출력단과 계통연계점 간의 전압강하는 몇 [%]를 초과하지 않아야 하는가?(단, 상호거리 200[m])

① 2[%] ② 4[%]

③ 6[%] ④ 10[%]

해설

전선 길이에 따른 전압강하 허용값

| 전선의 길이 | 전압강하 |
|---|---|
| 60[m] 이하 | 3[%] |
| 120[m] 이하 | 5[%] |
| 200[m] 이하 | 6[%] |
| 200[m] 초과 | 7[%] |

## 35 3상 3선식의 전압강하를 구하는 계산식은?

$e$ : 각 선간 전압강하[V]
$A$ : 전선의 단면적[m$^2$]
$L$ : 도체 1본의 길이[m]
$I$ : 전류[A]

① $e = \dfrac{35.6LI}{1,000A}$ ② $e = \dfrac{35.6A}{1,000LI}$

③ $e = \dfrac{30.8LI}{1,000A}$ ④ $e = \dfrac{30.8A}{1,000LI}$

해설

| 회로의 전기방식 | 전압강하 | 전선의 단면적 |
|---|---|---|
| 직류 2선식<br>교류 2선식 | $e = \dfrac{35.6LI}{1,000A}$ | $A = \dfrac{35.6LI}{1,000e}$ |
| 3상 3선식 | $e = \dfrac{30.8LI}{1,000A}$ | $A = \dfrac{30.8LI}{1,000e}$ |

## 36 태양전지 셀, 모듈, 패널, 어레이에 대한 외관검사를 할 때 몇 [lx] 이상의 조도 아래에서 육안점검을 하는가?

① 100[lx] ② 300[lx]

③ 500[lx] ④ 1,000[lx]

해설

태양전지 셀의 제작, 운송 및 설치과정에서의 변색, 파손, 오염 등의 결함 여부를 1,000[lx] 이상의 조도에서 육안점검을 실시하고 단자대의 누수, 부식 및 절연재의 이상을 확인한다.

## 37 태양광발전시스템에 있어서 방화구획 관통부를 처리하는 목적은?

① 파워컨디셔너(PCS) 보호

② 태양전지 어레이 보호

③ 배전반 및 분전반 보호

④ 다른 설비로의 화재 확산 방지

해설

태양광발전시스템에 있어서 방화구획 관통부 처리목적은 화재가 발생할 경우 전선배관의 관통부분에서 다른 설비로 화재 확산을 방지하기 위함이다.

정답 33 ④ 34 ③ 35 ③ 36 ④ 37 ④

**38** 태양전지판 시공기준에 관한 설명 중 바르지 않은 것은?

① 설치용량은 사업계획서상에 제시된 설계용량 이상이어야 한다.
② 그림자의 영향을 받지 않는 곳에 정남향 설치를 원칙으로 한다.
③ 전기줄, 피뢰침, 안테나 등 경미한 음영도 장애물로 본다.
④ 모듈 설치렬이 2렬 이상일 경우 앞렬은 뒷렬에 음영이 지지 않도록 설치하여야 한다.

해설
전기줄, 피뢰침, 안테나 등 경미한 음영은 장애물로 보지 않는다.

**39** 태양전지 모듈 또는 패널의 점검을 실시하는 점검자에 대한 설명으로 맞지 않는 것은?

① 검사자는 모듈의 유형과 설치개수 등을 1,000[lx] 이상의 밝은 조명 아래에서 육안으로 점검한다.
② 지상설치형 어레이의 경우에는 지상에서 육안으로 점검하여 지붕설치형 어레이는 낙상 보호장치를 한 후 수검자가 검사자 대신 직접 지붕에 올라가서 어레이를 검사한다.
③ 정확한 모듈 개수의 확인은 전압과 전류 출력에 영향을 미치므로 매우 중요하다.
④ 현장 모듈이 인가서상의 모듈 모델번호와 또는 설계도면과 일치하는지 확인한다.

해설
지상설치형 어레이의 경우에는 지상에서 육안으로 점검하여 지붕설치형 어레이는 수검자가 제공한 낙상 보호장치 확인한 후 검사자가 직접 지붕에 올라 어레이를 검사한다.

**40** 태양광발전시스템의 시공작업과 관련하여 다음 중 감전 방지대책이 아닌 것은?

① 저압 절연장갑을 착용한다.
② 직사광선이 강할 때에는 고층 작업을 금지한다.
③ 절연 처리된 공구를 사용한다.
④ 작업 전 태양전지 모듈 표면에 차광막을 씌워 태양광을 차폐한다.

해설
강우 시에는 감전사고뿐만 아니라 미끄러짐으로 인한 추락사고로 이어질 우려가 있으므로 작업을 금지하고, 강한 일사 시에는 작업량을 조절하여 인력의 투입을 고려한다.

**41** 태양전지의 전기적 특성을 확인하기 위해 규격서에 기록되어 있는 특성이 아닌 것은?

① 충진율
② 최대출력전압 및 전류
③ 전력변환효율
④ 접지저항

해설
태양전지 규격서상의 규격
- 최대출력
- 개방전압 및 단락전류
- 최대출력전압 및 전류
- 충진율
- 전력변환효율

**42** 태양전지 모듈의 배선에 관한 다음 설명으로 맞지 않는 것은?

① 태양전지 모듈의 출력 배선은 군별·극성별로 확인할 수 있도록 표시해야 한다.
② 태양전지 모듈을 포함한 모든 충전부분은 노출되지 않도록 시설해야 한다.
③ 고정이 쉽도록 케이블 타이, 스테이플, 스트랩 또는 행거 등으로 130[cm] 이내의 간격으로 고정한다.
④ 가장 많이 늘어진 부분이 모듈 면으로부터 60[cm] 이내에 들도록 한다.

해설
태양전지 모듈의 배선은 바람에 흔들리지 않도록 케이블타이, 스테이플, 스트랩 또는 행거나 이와 유사한 부속으로 130[cm] 이내의 간격으로 단단히 고정하여 가장 많이 늘어진 부분이 모듈 면으로부터 30[cm] 이내에 들도록 한다.



38 ③ 39 ② 40 ② 41 ④ 42 ④ 정답

**43** 다음 중 개방전압과 단락전류와의 곱에 대한 최대 출력의 비를 무엇이라고 하는가?

① 수용률 ② 조사율
③ 부하율 ④ 충진율

해설

$$충진율(F.F) = \frac{최대출력}{개방전압 \times 단락전류}$$

**44** 태양광발전설비에 사용되는 케이블이나 전선에 대한 설명이 틀린 것은?

① 태양전지에서 옥내에 이르는 배선에 쓰이는 전선은 모듈전용선이나 구입이 쉽고 작업성이 편리하며 장기간 사용해도 문제가 없는 XLPE 케이블을 사용한다.
② 옥외에는 UV용 케이블을 사용한다.
③ 병렬접속 시에는 회로의 충전전류에 견딜 수 있는 굵기의 케이블을 선정한다.
④ 공칭단면적 2.5[$mm^2$] 이상의 연동선 또는 이와 동등 이상의 세기 및 굵기의 것이어야 한다.

해설

병렬접속 시에는 회로의 단락전류에 견딜 수 있는 굵기의 케이블을 선정한다.

**45** 다음 중 볼트를 일정한 힘으로 세팅하여 조여 줄 수 있는 공구는?

① 드라이버 ② 펜 치
③ 스패너 ④ 토크렌치

해설

규정된 압력으로 볼트를 조이는 데 사용하는 공구로서 토크(회전력)를 세팅하여 규정된 압력을 사용하여 조여 줄 수 있다.

**46** 장기간 사용하면 점착력이 떨어질 가능성이 있기 때문에 태양광발전설비처럼 장기간 사용하는 설비에는 적합하지 않은 테이프는?

① 비닐절연테이프 ② 보호테이프
③ 자기융착테이프 ④ 고압절연테이프

해설

② 보호테이프 : 자기융착테이프의 열화를 방지하기 위해 자기융착테이프 위에 다시 한 번 감아주는 테이프이다.
③ 자기융착테이프 : 시공 시 테이프 폭이 3/4으로부터 2/3 정도로 중첩해 감아 놓으면 시간이 지남에 따라 융착하여 일체화된다.

**47** 다음 중 제1종 접지공사의 접지저항값은?

① 10[Ω] 이하
② 100[Ω] 이하
③ 150/1선 지락전류 이상
④ 100[Ω] 이상

해설

접지공사의 종류와 접지저항값

| 접지공사의 종류 | 접지저항값 |
|---|---|
| 제1종 접지공사 | 10[Ω] 이하 |
| 제2종 접지공사 | 변압기의 고압 측 또는 특고압 측 전로의 1선 지락전류의 암페어 수로 150을 나눈 값과 같은 [Ω]수 |
| 제3종 접지공사 | 100[Ω] 이하 |
| 특별 제3종 접지공사 | 10[Ω] 이하 |

**48** 다음 중 제3종 접지공사의 접지저항값은?

① 10[Ω] 이하
② 100[Ω] 이하
③ 150/1선 지락전류 이상
④ 100[Ω] 이상

해설

접지공사의 종류와 접지저항값

| 접지공사의 종류 | 접지저항값 |
|---|---|
| 제1종 접지공사 | 10[Ω] 이하 |
| 제2종 접지공사 | 변압기의 고압 측 또는 특고압 측 전로의 1선 지락전류의 암페어 수로 150을 나눈 값과 같은 [Ω]수 |
| 제3종 접지공사 | 100[Ω] 이하 |
| 특별 제3종 접지공사 | 10[Ω] 이하 |

정답 43 ④ 44 ③ 45 ④ 46 ① 47 ① 48 ②

**49** 태양전지 어레이의 출력전압이 220[V]일 경우 몇 종 접지공사를 해야 하는가?

① 제1종 접지공사
② 제2종 접지공사
③ 제3종 접지공사
④ 특별 제3종 접지공사

해설
전로에 시설하는 기계기구의 철대 및 금속제 외함의 접지공사의 적용

| 기계기구의 구분 | 접지공사 |
|---|---|
| 고압용 또는 특고압용의 것 | 제1종 접지공사 |
| 400[V] 이하인 저압용의 것 | 제3종 접지공사 |
| 400[V] 초과의 저압용의 것 | 특별 제3종 접지공사 |

**50** 기계기구 외함 및 직류전로의 접지에 대한 설명이 틀린 것은?

① 태양광발전설비는 태양전지 모듈, 지지대, 접속함, 인버터의 외함, 금속배관 등의 노출 비충전 부분은 누전에 의한 감전과 화재 등을 방지하기 위해 접지공사를 한다.
② 태양전지 어레이에서 인버터까지의 직류전로는 반드시 접지공사를 실시해야 한다.
③ 태양전지 어레이의 출력전압이 400[V] 이하는 제3종 접지공사를, 400[V]를 넘는 경우에는 특별 제3종 접지공사를 실시한다.
④ 태양광발전설비의 접지는 태양전지 모듈이나 패널을 하나 제거하더라도 태양광 전원회로에 접속된 접지도체의 연속성에 영향을 주지 말아야 한다.

해설
태양전지 어레이에서 인버터까지의 직류전로는 원칙적으로 접지공사를 실시하지 않는다.

**51** 제3종 및 특별 제3종 접지공사의 접지선의 굵기는?

① 1.5[mm$^2$]  ② 2.5[mm$^2$]
③ 4.0[mm$^2$]  ④ 6.0[mm$^2$]

해설
접지선의 공칭단면적은 2.5[mm$^2$] 이상의 연동선으로 규정하고 있지만, 기기 고장 시에 흐르는 전류에 대한 안전성, 기계적 강도, 내식성을 고려하여 결정한다.

**52** 접지공사의 시설방법에 대한 설명으로 맞지 않는 것은?

① 접지선이 외상을 받을 우려가 있는 경우에는 합성수지관 등에 넣어 설치한다.
② 피뢰침, 피뢰기용 접지선은 강제금속관에 넣어 설치한다.
③ 접지선은 동선을 사용한다.
④ 지중 및 접지극에서 접지선으로 알루미늄선을 사용해도 무방하다.

해설
사람이 접촉할 우려가 없는 경우 또는 제3종 접지공사 혹은 특별 제3종 접지공사의 접지선은 금속관을 사용하여 방호할 수 있다. 단, 피뢰침, 피뢰기용 접지선은 강제금속관에 넣지 말아야 한다.

**53** 다음 중 금속관 등의 접지공사에 대한 설명으로 맞지 않는 것은?

① 사용전압이 400[V]를 넘는 경우의 금속관 및 그 부속품 등은 특별 제3종 접지공사에 의해 접지해야 한다.
② 사용전압이 400[V]를 이하인 경우의 금속관 및 그 부속품 등은 제3종 접지공사에 의해 접지해야 한다.
③ 사용전압이 직류 300[V] 또는 교류 대지전압이 150[V] 이하인 기계기구를 건조한 곳에 시설하는 경우에는 제2종 접지공사를 해야 한다.
④ 저압용의 기계기구를 그 저압전로에 지락이 생겼을 때 그 전로를 자동적으로 차단하는 장치를 시설한 저압 전로에 접속하여 건조한 곳에 시설하는 경우 접지공사를 생략할 수 있다.

해설
사용전압이 직류 300[V] 또는 교류 대지전압이 150[V] 이하인 기계기구를 건조한 곳에 시설하는 경우에는 제3종 접지공사를 생략할 수 있다.



정답 49 ③ 50 ② 51 ② 52 ② 53 ③

## 54 제3종 접지공사를 생략할 수 있는 경우가 아닌 것은?

① 저압용의 기계기구를 건조한 목재의 마루나 기타 이와 유사한 절연성 물건 위에서 취급하도록 시설하는 경우
② 특고압 가공전선로의 전로에 시설하는 기계기구를 사람이 쉽게 접촉할 우려가 없도록 목주나 기타 이와 유사한 것의 위에 시설하는 경우
③ 사용전압이 400[V]를 넘는 경우의 금속관 및 그 부속품 등을 시설하는 경우
④ 외함이 없는 계기용 변성기가 고무・합성수지 기타의 절연물로 피복한 것일 경우

해설

사용전압이 400[V]를 넘는 경우의 금속관 및 그 부속품 등은 특별 제3종 접지공사에 의해 접지해야 한다. 단, 사람이 접촉할 우려가 없는 경우는 제3종 접지공사에 의해 접지할 수 있다.

## 55 접지극을 공용하는 통합접지를 하는 경우 낙뢰 등에 의한 고전압으로부터 전기 설비 등을 보호하기 위해 설치해야 하는 것은?

① COS ② ACB
③ SPD ④ MCCB

해설

서지보호장치(SPD) 설치기준
전기설비의 접지계통과 건축물의 피뢰설비 및 통신설비 등의 접지극을 공용하는 통합접지공사를 할 수 있다. 낙뢰 등에 의한 과전압으로부터 전기설비 등을 보호하기 위해 서지보호장치(SPD)를 설치하여야 한다.

## 56 접지극의 한 종류인 동판의 규격은?

① 두께 0.7[mm] 이상, 면적(한쪽면) 900[cm$^2$] 이상
② 두께 1.0[mm] 이상, 면적(한쪽면) 1,200[cm$^2$] 이상
③ 두께 1.5[mm] 이상, 면적(한쪽면) 1,500[cm$^2$] 이상
④ 두께 2.007[mm] 이상, 면적(한쪽면) 2,000[cm$^2$] 이상

해설

접지극의 종류와 규격

| 종 류 | 규 격 |
|---|---|
| 동 판 | 두께 0.7[mm] 이상, 면적 900[cm$^2$] (한쪽 면) 이상 |
| 동봉, 동복강봉 | 지름 8[mm] 이상, 길이 0.9[m] 이상 |
| 아연도금가스철관 후강전선관 | 외경 25[mm] 이상, 길이 0.9[m] 이상 |
| 아연도금철봉 | 직경 12[mm] 이상, 길이 0.9[m] 이상 |
| 동복강판 | 두께 1.6[mm] 이상, 길이는 0.9[m] 이상, 면적 250[cm$^2$](한쪽 면) 이상 |
| 탄소피복강봉 | 지름 8[mm] 이상(강심), 길이 0.9[m] 이상 |

정답 54 ③ 55 ③ 56 ①

# 태양광발전시스템 감리

## 제1절 태양광발전시스템 감리 개요

### 1 감리 개요

#### (1) 감리의 정의

"감리"란 전력시설물 공사에 대하여 발주자의 위탁을 받은 감리업자가 설계도서, 그 밖의 관계 서류의 내용대로 시공되는지 여부를 확인하고, 품질관리・공사 관리 및 안전관리 등에 대한 기술 지도를 하며, 관계 법령에 따라 발주자의 권한을 대행하는 것을 말한다.

#### (2) 용어 정리

① **공사감리** : 전력시설물 공사에 대하여 발주자의 위탁을 받은 감리업자가 설계도서, 그 밖의 관계서류의 내용대로 시공되는지 여부를 확인하고, 품질관리・공사 관리 및 안전관리 등에 대한 기술 지도를 하며, 관계 법령에 따라 발주자의 권한을 대행하는 것을 말한다(이하 "감리"라 한다).

② **발주자** : 전력시설물 공사에 따라 공사를 발주하는 자를 말한다.

③ **감리업자** : 공사감리를 업으로 하고자 시・도지사에게 등록한 자를 말한다.

④ **공사업자** : 전기공사업법에 의해 전기공사업 등록을 한 자를 말한다.

⑤ **감리원** : 감리업체에 종사하면서 감리업무를 수행하는 사람으로서 상주감리원과 비상주감리원이 있다.

⑥ **책임감리원** : 감리업자를 대표하여 현장에 상주하면서 해당 공사 전반에 관하여 책임감리 등의 업무를 총괄하는 사람을 말한다.

⑦ **보조감리원** : 책임감리원을 보좌하는 사람으로 책임감리원과 연대하여 담당 감리업무를 책임지는 사람을 말한다.

⑧ **상주감리원** : 현장에 상주하면서 감리업무를 수행하는 사람으로 책임감리원과 보조감리원을 말한다.

⑨ **비상주감리원** : 감리업체에 근무하면서 상주감리원의 업무를 기술적・행정적으로 지원하는 사람을 말한다.

⑩ **지원업무담당자** : 감리업무 수행에 따른 업무 연락 및 문제점 파악, 민원 해결, 용지보상 지원 그 밖에 필요한 업무를 수행하게 하기 위하여 발주자가 지정한 발주자의 소속직원을 말한다.

⑪ **공사계약문서** : 계약서, 설계도서, 공사입찰유의서, 공사계약 일반조건, 공사계약 특수조건 및 산출내역서 등으로 구성되며 상호보완의 효력을 가진 문서를 말한다.

⑫ **감리용역 계약문서** : 계약서, 기술용역입찰유의서, 기술용역계약 일반조건, 감리용역계약 특수조건, 과업지시서, 감리비 산출내역서 등으로 구성되며 상호보완의 효력을 가진 문서를 말한다.

⑬ **감리기간** : 감리용역계약서에 표기된 계약기간을 말하며, 공사업자 또는 발주자의 사유 등으로 인하여

공사기간이 연장된 경우의 감리기간은 연장된 공사기간을 포함하여 감리용역 변경계약서에 표기된 기간을 말한다.

⑭ **검토** : 공사업자가 수행하는 중요사항과 해당 공사와 관련한 발주자의 요구사항에 대하여 공사업자가 제출한 서류, 현장실정 등을 고려하여 감리원의 경험과 기술을 바탕으로 타당성 여부를 확인하는 것을 말한다.

⑮ **확인** : 공사업자가 공사를 공사계약 문서대로 실시하고 있는지 여부 또는 지시·조정·승인·검사 이후 실행한 결과에 대하여 발주자 또는 감리원이 원래의 의도와 규정대로 시행되었는지를 확인하는 것을 말한다.

⑯ **검토·확인** : 공사의 품질을 확보하기 위하여 기술적인 검토뿐만 아니라 그 실행 결과를 확인하는 일련의 과정을 말하며 검토·확인자는 검토·확인사항에 대하여 책임을 진다.

⑰ **지시** : 발주자가 감리원 또는 감리원이 공사업자에게 발주자의 발의나 기술적·행정적 소관 업무에 관한 계획, 방침, 기준, 지침, 조정 등에 대하여 기술지도를 하고, 실시하게 하는 것을 말한다. 다만, 지시사항은 계약문서에 나타난 지시 및 이행사항에 해당하는 것을 원칙으로 하며, 구두 또는 서면으로 지시할 수 있으나 지시내용과 그 처리 결과는 반드시 확인하여 문서로 기록·비치하여야 한다.

⑱ **요구** : 계약당사자들이 계약조건에 나타난 자신의 업무에 충실하고 정당한 계약이행을 위하여 상대방에게 검토, 조사, 지원, 승인, 협조 등 적합한 조치를 취하도록 의사를 밝히는 것으로, 요구사항을 접수한 자는 반드시 이에 대한 적절한 답변을 하여야 한다.

⑲ **승인** : 발주자 또는 감리원이 공사 또는 감리업무와 관련하여, 이 지침에 나타난 승인사항에 대하여 감리원 또는 공사업자의 요구에 따라 그 내용을 서면으로 동의하는 것을 말하며, 발주자 또는 감리원의 승인 없이는 다음 단계의 업무를 수행할 수가 없다.

⑳ **조정** : 공사 또는 감리업무가 원활하게 이루어지도록 하기 위하여 감리원, 발주자, 공사업자가 사전에 충분한 검토와 협의를 통하여 관련자 모두가 동의하는 조치가 이루어지도록 하는 것을 말하며, 조정결과가 기존의 계약내용과의 차이가 있을 때에는 계약변경 사항의 근거가 된다.

㉑ **작성** : 공사 또는 감리에 관한 각종 서류, 변경 설계도서, 계획서, 보고서 및 관련 도서를 양식에 맞게 제작, 검토, 관리하는 것을 말한다. 각 설계도서 및 서류 별로 작성주체·소요비용에 관하여 계약할 때 명시하거나 사전에 협의하는 것을 원칙으로 하여 업무의 혼란이 없도록 한다.

㉒ **검사** : 공사계약문서에 나타난 공사 등의 단계 또는 자재 등에 대한 공정과 완성품의 품질을 확보하기 위하여 감리원 또는 검사원이 시공상태 또는 완성품 등의 품질, 규격, 수량 등을 확인하는 것을 말한다. 이 경우 공사업자가 실시한 확인 결과 중 대표가 되는 부분을 추출하여 실시할 수 있으며, 공사에 대한 합격 판정은 검사원이 한다.

㉓ **제3자** : 감리업무 수행과 관련한 감리업자 및 감리원을 제외한 모든 자를 말한다.

㉔ **보고** : 감리업무 수행에 관한 내용이나 결과를 말이나 글로 알리는 것을 말한다.

㉕ **협의** : 여러 사람이 모여 서로의 의견을 의논하는 것을 말한다.

㉖ **요구** : 어떤 행위를 할 것을 청하는 것을 말한다.

㉗ **작성** : 서류, 계획 등을 만드는 것을 말한다.

### (3) 발주자, 감리원, 공사업자의 기본업무

① 발주자의 기본임무

발주자는 공사의 계획・발주・설계・시공・감리 등 전반을 총괄하고, 감리 및 공사계약 이행에 필요한 다음 각 목의 사항에 대하여 지원, 협력하여야 하고, 감리용역 계약문서에 정한 바에 따라 감리가 성실히 수행되고 있는지에 대한 지도・감독을 실시하여야 하며, 지원업무담당자를 지정하여 감리수행에 따른 업무연락 및 문제점 파악, 민원해결, 감리원에 대한 지도・관리 등의 업무를 수행하게 할 수 있다.

㉠ 감리에 필요한 설계도서 등 관련 문서와 참고자료 및 계약서에 명기한 기자재, 장비, 비품, 설비 등을 제공한다.

㉡ 감리시행에 필요한 용지 및 지장물 보상과 국가・지방자치단체 그 밖에 공공기관의 인가・허가 등을 얻을 수 있도록 필요한 조치를 취하거나 협력한다.

㉢ 감리원이 감리계약 이행에 필요한 공사업자의 문서, 도면, 자재, 장비, 설비 등에 대한 자료제출 및 조사를 보장한다.

㉣ 감리원이 보고한 설계변경, 준공기한 연기요청, 그 밖의 현장실정 보고 등 방침, 요구사항에 대하여 감리업무 수행에 지장이 없도록 의사를 결정하여 통보한다.

㉤ 특수공법 등 주요 공종(공사의 종류)에 대하여 외부 전문가의 자문 또는 감리가 필요하다고 인정되는 경우에는 별도의 조치를 취하거나 지원한다.

㉥ 발주자는 관계 법령에서 별도로 정하는 사항 이외에는 정당한 사유없이 감리원의 업무에 개입 또는 간섭하거나 감리원의 권한 침해를 금지한다.

㉦ 공사 시작 전에 감리원 및 공사업자와 합동으로 다음 사항에 대하여 공사관계자 합동회의를 실시하여 이의조정 또는 변경여부를 검토하여 사후에 민원 등이 발생하지 않도록 조치한다.

- 통신 설비
- 소방 및 대피설비
- 급・배수 및 환기설비
- 도시가스 시설 등

㉧ 공사관계자 합동회의와 현지여건 조사, 설계도서의 검토 등을 통하여 민원발생이 예상되는 사항을 감리원과 함께 발굴하는 등 민원발생의 원인제거 또는 최소화를 위해 노력하여야 하며, 노력 결과에도 불구하고 민원이 발생된 경우에는 감리원과 공사업자가 공동으로 필요한 조치를 취하거나 또는 감리원과 공사업자에게 그에 대한 관련 자료의 조사와 자료작성을 지시한다.

㉨ 감리원이 발주자의 지시에 위반된 감리업무를 수행하거나 감리업무를 소홀하게 한다고 판단되는 경우에는 이에 대하여 해명하게 하거나 시정하도록 감리원에게 서면 등으로 지시한다.

㉩ 감리원이 과도한 행정업무 등으로 인하여 감리원 본연의 업무인 현장확인・점검・검사 등 품질관리가 소홀히 됨으로써 부실공사 등의 문제가 발생하지 않도록 행정업무 간소화에 노력한다.

② 감리원의 기본임무

㉠ 규칙에 따른 감리업무를 성실히 수행한다.

㉡ 발주자와 감리업자 간에 체결된 감리용역 계약내용에 따라 해당 공사가 설계도서 및 그 밖에 관계 서류의 내용대로 시공되는지 여부를 확인한다.

③ 공사업자의 기본임무

㉠ 공사업자는 공사계약 문서에서 정하는 바에 따라 현장작업 및 시공에 대하여 신의와 성실의 원칙에 입각하여 공사하고, 정해진 기간 내에 완성하여야 하며, 감리원으로부터 재시공, 공사중지명령, 그 밖에 필요한 조치에 대한 지시를 받은 때에는 특별한 사유가 없으면 응하여야 한다.

㉡ 공사업자는 발주자와의 공사계약 문서에서 정한 바에 따라 감리원 업무에 적극 협조한다.

④ 감리원 근무 수칙

㉠ 감리원의 지위

- 감리원은 감리업무를 수행함에 있어 발주자와의 계약에 따라 발주자의 권한을 대행한다.
- 발주자와 감리업자 간에 체결된 감리용역 계약의 내용에 따라 감리원은 해당 공사가 설계도서 및 그 밖에 관계 서류의 내용대로 시공되는지 여부를 확인하고 품질관리, 공사관리 및 안전관리 등에 대한 기술지도를 하며, 전력기술관리법령에 따라 감리업자를 대표하고 발주자의 감독 권한을 대행한다.

㉡ 감리원의 품위유지 및 근무 지침 : 감리업무를 수행하는 감리원은 그 업무를 성실히 수행하고 공사의 품질 확보와 향상에 노력하며 다음 각 사항을 실천하여 감리원으로서 품위를 유지하여야 한다.

- 감리원은 관련 법령과 이에 따른 명령 및 공공복리에 어긋나는 어떠한 행위도 하여서는 아니 되고, 신의와 성실로서 업무를 수행하여야 하며, 품위를 손상하는 행위를 하여서는 아니 된다.
- 감리원은 담당업무와 관련하여 제3자로부터 일체의 금품, 이권 또는 향응을 받아서는 아니 된다.
- 감리원은 공사의 품질확보와 질적 향상을 위하여 기술지도와 지원 및 기술개발・보급에 노력하여야 한다.
- 감리원은 감리업무를 수행함에 있어 발주자의 감독권한을 대행하는 사람으로서 공정하고, 청렴결백하게 업무를 수행하여야 한다.
- 감리원은 감리업무를 수행함에 있어 해당 공사의 공사계약문서, 감리과업지시서, 그 밖에 관련 법령 등의 내용을 숙지하고 해당 공사의 특수성을 파악한 후 감리업무를 수행하여야 한다.
- 감리원은 해당 공사가 공사계약문서, 예정공정표, 발주자의 지시사항, 그 밖에 관련 법령의 내용대로 시공되는가를 공사 시행 시 수시로 확인하여 품질관리에 임하여야 하고, 공사업자에게 품질・시공・안전・공정관리 등에 대한 기술지도와 지원을 하여야 한다.
- 감리원은 공사업자의 의무와 책임을 면제시킬 수 없으며, 임의로 설계를 변경하거나, 기일연장 등 공사계약조건과 다른 지시나 조치 또는 결정을 하여서는 아니 된다.
- 감리원은 공사현장에서 문제점이 발생되거나 시공에 관련된 중요한 변경 및 예산과 관련되는 사항에 대해서는 수시로 발주자(지원업무담당자)에게 보고하고 지시를 받아 업무를 수행하여야 한다. 다만, 인명손실이나 시설물의 안전에 위험이 예상되는 사태가 발생할 때는 우선 적절한 조치를 취한 후 즉시 발주자에게 보고하여야 한다.

- 감리업자 및 감리원은 해당 공사 시행 중은 물론 공사가 끝난 이후라도 감사 기관의 수감요구 및 발주자의 출석요구가 있을 경우에는 이에 응하여야 하며, 감리업무 수행과 관련하여 발생된 사고 또는 피해 발생으로 피해자가 소송제기 시 소송 업무에 대하여 적극 협력하여야 한다.

⑤ 상주감리원의 현장근무

㉠ 상주감리원은 공사현장(공사와 관련한 외부 현장점검, 확인)에서 운영요령에 따라 배치된 일수를 상주하여야 하고, 다른 업무 또는 부득이한 사유로 1일 이상 현장을 이탈하는 경우에는 반드시 감리업무일지에 기록하며, 발주자(지원업무담당자)의 승인(부재 시 유선보고)을 받아야 한다.

㉡ 상주감리원은 감리사무실 출입구 부근에 부착한 근무상황판에 현장 근무위치 및 업무내용 등을 기록하여야 한다.

㉢ 감리업자는 감리원이 감리업무 수행기간 중 법에 따른 교육훈련이나 민방위기본법 또는 향토예비군 설치법 등에 따른 교육을 받는 경우나 근로기준법에 따른 유급휴가로 현장을 이탈하게 되는 경우에는 감리업무에 지장이 없도록 직무대행자 지정(동일 현장의 상주감리원 또는 비상주감리원)하여 업무 인계·인수 등의 필요한 조치를 하여야 한다.

㉣ 상주감리원은 발주자의 요청이 있는 경우에는 초과근무를 하여야 하며, 공사업자의 요청이 있을 경우에는 발주자의 승인을 받아 초과근무를 하여야 한다. 이 경우 대가지급은 운영요령 또는 국가를 당사자로 하는 계약에 관한 법률에 따른 회계예규(기술용역계약 일반조건)에서 정하는 바에 따른다.

㉤ 감리업자는 감리현장이 원활하게 운영될 수 있도록 감리용역비 중 직접경비를 감리대가기준에 따라 적정하게 사용하여야 하며, 발주자가 요구할 경우 직접경비의 사용에 대한 증빙을 제출하여야 한다.

⑥ 비상주감리원의 업무수행

㉠ 설계도서 등의 검토

㉡ 상주감리원이 수행하지 못하는 현장조사 분석 및 시공사의 문제점에 대한 기술검토와 민원사항에 대한 현지조사 및 해결방안 검토

㉢ 중요한 설계변경에 대한 기술검토

㉣ 설계변경 및 계약금액 조정의 심사

㉤ 기성 및 준공검사

㉥ 정기적(분기 또는 월별)으로 현장시공 상태를 종합적으로 점검·확인·평가하고 기술지도

㉦ 공사와 관련하여 발주자(지원업무수행자 포함)가 요구한 기술적 사항 등에 검토

㉧ 그 밖에 감리업무 추진에 필요한 기술지원 업무

**Check!** **기성** : 공사를 한 만큼 비례하여 공사 대금을 주는 것을 말한다.

⑦ 발주자의 지도·감독 및 지원업무수행자의 업무범위

㉠ 발주자의 지도 감속 : 발주자는 감리용역계약서에 따라 다음 각 사항에 대하여 감리원을 지도·감독하며 모든 지시 및 통보는 감리업자 또는 감리원을 통하여 전달 또는 시행되도록 하여야 한다.

- 적정자격 보유여부 및 상주이행 상태

- 품위손상 여부 및 근무자세
- 지시사항 이행상태
- 행정서류 및 비치서류의 처리기록 관리
- 각종 보고서의 처리상태
- 감리용역비 중 직접경비(감리대가기준)의 현장지급 여부 확인

㉡ 지원업무수행자의 업무범위

- 발주자가 지정하는 지원업무담당자는 해당 공사의 수행에 따른 업무연락 및 문제점 파악, 민원해결, 용지보상 지원업무 및 감리원의 지도·관리 업무를 수행한다. 다만, 공사의 중요성 및 현장여건상 현장에 상주하는 것이 공사추진상 효율적이라고 인정되는 경우에는 현장 상주근무를 할 수 있다.
- 지원업무담당자는 발주자의 지시사항 등을 반드시 감리원을 통하여 전달하여야 하며 시공과 관련하여 공사업자에게 직접 지시하지 아니한다.
- 지원업무담당자는 감리원이 공사중지 또는 재시공 명령을 행사하려는 경우에는 사전에 승인을 받도록 함으로써 감리원의 권한을 제약하는 일이 발생하지 않도록 하여야 하며, 현장에서 수행한 업무내용을 지원업무수행 기록부에 기록하여 비치한다.
- 지원업무담당자의 주요 업무는 다음과 같다.
  - 입찰참가자격심사(PQ) 기준 작성(필요한 경우)
  - 감리업무 수행계획서, 감리원 배치계획서 검토
  - 보상 담당부서에서 수행하는 통상적인 보상업무 외에 감리원 및 공사업자와 협조하여 용지측량, 기공 승락, 지장물 이설 확인 등의 용지보상 지원업무 수행

> Check!
> - **기공** : 공사 시작을 말한다.
> - **지장물** : 공공사업시행 지역 안의 토지에 정착한 건물, 공작물·시설, 입죽목, 농작물 기타 물건 중에서 당해 공공사업의 수행을 위하여 직접 필요로 하지 않는 물건을 말한다.

  - 감리원에 대한 지도·점검(근태상황 등)
  - 감리원이 수행할 수 없는 공사와 관련된 각종 관·민원업무 및 인·허가 업무를 해결하고, 특히 지역성 민원해결을 위한 합동조사, 공청회 개최 등 추진
  - 설계변경, 공기연장 등 주요사항 발생 시 발주자로부터 검토, 지시가 있을 경우, 현지 확인 및 검토·보고
  - 공사관계자회의 등에 참석, 발주자의 지시사항 전달 및 감리·공사수행상 문제점 파악·보고
  - 필요시 기성검사 및 각종 검사 입회
  - 준공검사 입회
  - 준공도서 등의 인수
  - 하자발생 시 현지조사 및 사후조치

## 2 업종별 감리

감리는 설계감리와 공사감리로 분류할 수 있으며 감리원이 수행한다.

### (1) 설계감리

전력시설물의 설치 · 보수 공사(이하 "전력시설물공사"라 한다)의 계획 · 조사 및 설계가 전력기술기준과 관계법령에 따라 적정하게 시행되도록 관리하는 것을 말한다.

### (2) 공사감리

전력시설물 공사에 대하여 발주자의 위탁을 받은 감리업자가 설계도서, 그 밖의 관계서류의 내용대로 시공되는지 여부를 확인하고, 품질관리 · 공사관리 및 안전 관리 등에 대한 기술 지도를 하며, 관계 법령에 따라 발주자의 권한을 대행하는 것을 말한다(이하 "감리"라 한다).

## 3 시방서의 종류

### (1) 시방서의 정의

① 사전적 의미

㉠ 공사 따위에서 일정한 순서를 적은 문서

㉡ 재료의 종류와 품질, 사용처, 시공방법, 제품납기, 준공기일 등 설계도면에 나타내기 어려운 사항을 명확하게 기록한 것

② 일반적 의미(공사시방서) : 공사계약문서의 하나로서 건설공사 관리에 필요한 시공기준으로 품질과 직접적으로 관련된 문서

### (2) 시방서의 종류

① 표준시방서 : 시설물의 안전 및 공사시행의 적정성과 품질확보 등을 위하여 시설물별로 정한 표준적인 시공기준으로서 발주처 또는 설계 용역업자가 공사시방서를 작성하는 경우에 활용하기 위한 시공기준을 규정한 시방서

② 전문시방서 : 시설물별 표준시방서를 기본으로 모든 공종을 대상으로 하여 특정한 공사의 시공 또는 공사시방서의 작성에 활용하기 위한 종합적인 시공기준을 규정한 시방서

③ 공사시방서 : 공사의 특수성, 지역여건, 공사방법 등을 고려하여 표준 및 진문 시방서를 기본으로 작성한 시방서

④ 특기시방서 : 공사의 특징에 따라서 표준시방서의 적용범위, 표준시방서에 없는 사항과 표준 시방서에서 특기 시방으로 정하도록 되어 있는 사항 등을 규정한 시방서

⑤ 성능시방서 : 재료와 시공방법은 기술하지 않고 목적하는 결과 즉, 성능의 판정기준에 대해 이를 판별하는 방법 등을 기술한 시방서

⑥ 공법시방서 : 재료와 시공방법을 상세히 기술한 시방서

⑦ **일반시방서** : 입찰 요구조건과 계약조건으로 구분되어 기술적이 아닌 일반사항을 규정하는 시방서
⑧ **기술시방서** : 제품명이나 상품명을 사용하지 않고 공사자재, 공법의 특성이나 설치방법을 정확히 규정하여 성능실현을 위한 방법을 자세히 서술한 시방서

### (3) 공사시방서에 포함될 주요 사항

① 표준시방서와 전문시방서의 내용을 기본으로 하여 작성한다.
② 현행 표준시방서에서 특별(특기)시방서에 위임한 사항을 포함한다.
③ 발주공사의 특성과 성격, 계약목적물에 요구되는 품질 및 성능, 공사시행을 위한 사항을 포함한다.
④ 표준시방서의 기준만으로 당해 공사에 요구되는 계약목적물의 성능이 충족되지 않는 경우, 표준시방서의 내용을 추가・변경하는 사항을 포함한다.
⑤ 기술적 요건을 규정하는 사항으로서 설계도면에 표시(시설물 위치, 형태, 치수, 구조상세 등)한 내용 외에 시공과정에서 사용되는 기자재, 허용오차, 시공방법 및 이행절차 등을 기술한다.
⑥ 표준시방서에서 제시한 재료, 공법 등의 사항 중 당해 공사에 선택해서 적용해야 할 사항을 포함한다.
⑦ 표준시방서 등의 내용 중 개별공사마다 현장 특성에 맞게 정하여야 할 사항을 포함한다.
⑧ 각 시설물별 표준시방서의 기술기준 중 서로 상이한 내용은 공사의 특성, 지역여건에 따라 선택 적용한다.
⑨ 품질 및 안전관리계획에 관한 사항을 포함한다.
⑩ 행정상의 요구사항 및 조건, 가설물에 대한 규정, 의사전달 방법, 품질보증, 공사계약 범위 등과 같은 시방일반조건을 포함한다.
⑪ 시공방법, 시공상태 등 시공에 관한 사항을 포함한다.
⑫ 해당 공종과 관련되는 다른 공종과의 관계 및 공사전반에 관한 주의사항 및 절차를 포함한다.
⑬ 설계도면에 표시하기 어려운 공사의 범위, 정도, 규모, 배치 등을 보완하는 사항을 포함한다.
⑭ 관련 법규 등에서 발주처가 시공업자에게 이행의 확인 등을 하도록 규정된 사항을 포함한다.
⑮ 관련 기관의 요구사항을 검토하여 포함시킨다.
⑯ 시공업자가 공사의 진행단계별로 작성할 시공상세도면의 목록 등에 관한 사항을 포함한다.

Check! **시공 상세도** : 공사의 특정 부분을 구체적으로 나타내기 위하여 시공자가 준비하여 제출하는 도면・도해・설명서・성능 및 시험자료 등을 말한다.

⑰ 해당 기준에 합당한 시험・검사에 관한 사항을 포함한다.
⑱ 필요 시 견본이나 견본시공에 관한 사항을 포함한다.
⑲ 발주처가 특별히 필요하여 요구하는 사항을 포함한다.

### (4) 공사시방서의 작성요령

① 도면에 표시하기 불편한 내용을 기술하고, 치수는 가능한 도면에 표시한다.
② 공사의 질적 요구조건을 기술한다.
③ 사용할 자재의 성능, 규격, 시험 및 검증에 관하여 기술한다.

④ 시공 시 유의할 사항을 착공 전, 시공 중, 시공완료 후로 구분하여 작성한다.

⑤ 시공목적물의 허용오차(공법상 정밀도와 마무리의 정밀도)를 포함한다.

⑥ 해석상 도면에 표시한 것만으로 불충분한 부분에 대해 보완할 내용을 기술한다. 단, 설계도면에 표시된 내용을 중복되게 기술하지 않는다.

⑦ 공법·자재시방서는 디자인 또는 외형적인 면보다는 성능에 의하여 작성한다.

⑧ 국제표준이 있는 경우에는 그것을 기준으로 하고, 없는 경우에는 국내의 기술법령·공인 표준 또는 건축 규정을 기준으로 한다.

⑨ 특정 상표나 상호, 특허, 디자인 또는 형태, 특정원산지, 생산자 또는 공급자를 지정하지 아니한다. 다만, 수행요건을 정확하게 나타낼 수 있는 방법이 없고, 입찰준비문서에 'or Equivalent'(또는 동등한 것)와 같은 표기가 있는 경우에는 그렇지 아니하다.

⑩ 표준규격 인용 시에는 국내 KS규격을 우선 인용하고, 해당 KS가 없거나 있더라도 강화된 기준이 외국규격에 있어서 이것을 인용하고자 하는 경우에는 외국규격(규격명)을 인용한다. 외국규격 인용 시에는 내용이 서로 상충되지 않도록 작성한다. 또한 외국규격을 인용할 경우에는 성능시방서 형태로 변환할 수 있는 경우에는 성능시방서 형태로 기술하여 국산화를 유도한다.

⑪ 설계도면과 상충되지 않도록 작성하며, 시설물별 시공기준 인용 시 중복 또는 상충되는 내용이 없도록 유의하여 작성한다.

⑫ 설계도면으로 성능을 만족시키려 하기보다 공사시방서가 성능을 만족시키도록 작성하며, 성능시방서로 작성할 경우 도면이나 공법·자재시방서에서 지나친 간섭을 절제하도록 작성한다.

⑬ KS규격 등을 인용할 때에는 기준이 공란으로 남아 있는 것을 그대로 인용하지 않도록 한다.

⑭ 건축 기계/전기/전기통신 설비공사의 경우 사전에 건축분야의 도면을 검토한 후 이 도면에 근거해서 공사시방서를 작성한다.

⑮ 설계도면에 꼭 표기하도록 인지시킬 필요가 있을 경우에는 이 사실을 명기한다.

# 제2절 설계감리

## 1 설계기본방향과 관리

### (1) 설계감리의 정의

"설계감리"란 전력시설물의 설치·보수 공사(이하 "전력시설물공사"라 한다)의 계획·조사 및 설계가 전력기술기준과 관계 법령에 따라 적정하게 시행되도록 관리하는 것을 말한다.

### (2) 설계감리를 받아야 할 설비

① 용량 80만[kW] 이상의 발전설비
② 전압 30만[V] 이상의 송전 및 변전설비
③ 전압 10만[V] 이상의 수전설비, 구내배전설비, 전력사용설비
④ 전기철도의 수전설비, 철도신호설비, 구내배전설비, 전차선설비, 전력사용설비
⑤ 국제공항의 수전설비, 구내배전설비, 전력사용설비
⑥ 21층 이상이거나 연면적 5만[$m^2$] 이상인 건축물의 전력시설물("주택법"에 따른 공동주택의 전력시설물은 제외)
⑦ 그 밖에 산업통상자원부령으로 정하는 전력시설물

### (3) 설계감리의 수행 기준

① 수행 기준
㉠ 설계도서의 설계감리는 종합 설계업을 등록한 자 또는 특급기술사 3명 이상을 보유한 설계업자 또는 공사감리업자로서 특급감리원 3명 이상을 보유한 감리업자(이 경우 특급기술자 및 특급감리원에는 전기분야의 기술사 1명 이상이 각각 포함되어야 함)로서 특별시장, 광역시장, 도지사 또는 특별자치도지사의 확인을 받은 자가 수행한다.
㉡ 이 경우 설계감리업무에 참여할 수 있는 사람은 전기분야기술사, 고급기술자 또는 고급 감리원(경력수첩 또는 감리원 수첩을 발급받은 사람을 말함) 이상인 사람으로 한다.
㉢ 한편, 설계감리를 받으려는 자는 해당 설계도서를 작성한 자를 설계감리자로 선정하여서는 아니 된다.

② 예외 기준
다음 어느 하나에 해당하는 자가 설치하거나 보수하는 전력시설물의 설계도서는 그 소속의 전기분야 기술사, 고급기술자 또는 고급감리원 이상인 사람이 그 설계감리를 할 수 있다.
㉠ 국가 및 지방자치 단체
㉡ '공공기관의 운영에 관한 법률'에 따른 공기업
㉢ '지방공기업법'에 따른 지방공사 및 지방공단
㉣ '한국철도시설공단법'에 따른 한국철도시설공단

ⓜ '한국환경공단법'에 따른 한국환경공단
ⓗ '한국농수산식품유통공사법'에 따른 한국농수산식품유통공사
ⓢ '한국농어촌공사 및 농지관리기금법'에 따른 한국농어촌공사
ⓞ '대한무역투자진흥공사법'에 따른 대한무역투자진흥공사
ⓙ '전기사업법'에 따른 전기사업자

### (4) 발주자, 설계감리원, 설계자의 기본임무

① 발주자의 기본임무

㉠ 설계감리용역계약에 정해진 바에 따라 설계감리용역을 총괄하고, 용역계약 이행에 필요한 다음 사항을 지원·협력하여야 하며 설계감리가 성실히 수행되고 있는지 지도·점검을 실시하여야 한다.
- 설계 및 설계감리용역에 필요한 설계도면, 문서, 참고자료와 설계감리용역 계약문서에 명기한 자재·장비·비품 및 설비의 제공
- 설계 및 설계감리용역 시행에 따른 업무연락, 문제점 파악 및 민원해결
- 설계 및 설계감리용역 시행에 필요한 국가 등 공공기관과의 협의 등 필요한 사항에 대한 조치
- 설계감리원이 계약 이행에 필요한 설계용역업체의 문서, 도면, 자재, 장비, 설비 등에 대한 자료 제출
- 설계감리원이 보고한 설계용역의 내용이나 범위 등의 변경, 설계용역 준공기한 연기요청 그 밖에 현장실정보고 등 방침 요구사항에 대하여 설계감리업무 수행에 지장이 없도록 의사를 결정하여 통보
- 특수공법 등 주요 공정에 대해 외부전문가의 자문 등 필요하다고 인정되는 경우에는 설계감리원 등과 협의 조치
- 그 밖에 설계감리자와 계약으로 정한 사항에 대한 지도·감독

㉡ 관계 법령에서 별도로 정하는 사항 외에는 정당한 사유 없이 설계감리원의 업무를 간섭하거나 침해하지 않아야 한다.

㉢ 설계감리용역을 시행함에 있어 설계기간과 준공처리 등을 감안하여 충분한 기간을 부여하여 최적의 설계품질이 확보되도록 노력하여야 한다.

㉣ 이 지침의 내용 중 발주자는 설계자 및 설계감리원이 지켜야 할 의무사항에 대하여는 계약문서에 정하여야 한다.

② 설계감리원의 기본임무

㉠ 설계용역 계약 및 설계감리용역 계약내용이 충실히 이행될 수 있도록 하여야 한다.

㉡ 해당 설계용역이 관련 법령 및 전기설비기술기준 등에 적합한 내용대로 설계되는지의 여부를 확인 및 설계의 경제성 검토를 실시하고, 기술지도 등을 하여야 한다.

㉢ 설계공정의 진척에 따라 설계자로부터 필요한 자료 등을 제출받아 설계용역이 원활히 추진될 수 있도록 설계감리 업무를 수행하여야 한다.

㉣ 과업지시서에 따라 업무를 성실히 수행하고 설계의 품질향상에 따라 노력하여야 한다.

③ 설계자의 기본임무

㉠ 설계용역계약에 정하는 바에 따라 관련 법령 및 전기설비기술기준 등에 적합한 설계의 수행에 대하여 책임을 지고 신의와 성실의 원칙에 입각하여 설계하고, 정해진 기간 내에 완성하여야 하며 발주자가 직접 지시 또는 설계감리원을 통하여 지시된 재설계, 설계중지명령 및 그 밖에 필요한 조치에 대한 지시를 받을 때에는 특별한 사유가 없으면 응하여야 한다.

㉡ 발주자와의 설계용역 계약문서에서 정하는 바에 따라 설계감리원의 업무에 협조하여야 한다.

### (5) 설계감리원 근무 수칙

① 설계감리원은 설계감리 업무를 수행함에 있어 발주자와 계약에 따라 발주자의 설계감독 업무를 대행한다.

② 설계감리원은 다음 업무를 성실히 수행하고 해당 설계용역의 품질향상에 노력하여야 한다.

㉠ 담당업무와 관련하여 제3자로부터 일체의 금품, 이권 또는 향응을 받아서는 아니 된다.

㉡ 설계용역의 품질향상을 위하여 기술개발과 보급에 전력을 다하여야 한다.

㉢ 설계감리업무를 수행함에 있어 해당 설계용역의 설계용역계약문서, 설계감리과업내용서, 그 밖에 관계 규정 내용을 숙지하고 해당 설계용역의 특수성을 파악한 후 설계감리업무를 수행하여야 한다.

㉣ 설계자의 의무와 책임을 면제시킬 수 없으며, 임의로 설계용역의 내용이나 범위를 변경시키거나 기일연장 등 설계용역 계약조건과 다른 지시나 결정을 하여서는 아니 된다.

㉤ 설계에 관련한 예산 및 중요한 방침결정사항 등에 대하여는 수시로 발주자에게 보고하고 지시를 받아 업무를 수행하여야 한다.

### (6) 설계감리 관련 업무의 범위

① 설계감리의 업무 범위

㉠ 전력시설물공사의 관련 법령, 기술기준, 설계기준 및 시공기준에의 적합성 검토

㉡ 사용자재의 적정성 검토

㉢ 설계의 경제성 검토

㉣ 설계공정의 관리에 관한 검토

㉤ 설계내용의 시공 가능성에 대한 사전 검토

㉥ 공사기간 및 공사비의 적정성 검토

㉦ 설계도면 및 설계설명서 작성의 적정성 검토

② 설계감리원의 업무 범위

㉠ 주요 설계용역 업무에 대한 기술자문

㉡ 사업기획 및 타당성조사 등 전단계 용역 수행 내용의 검토

㉢ 시공성 및 유지관리의 용이성 검토

㉣ 설계도서의 누락, 오류, 불명확한 부분에 대한 추가 및 정정 지시 및 확인

㉤ 설계업무의 공정 및 기성관리의 검토·확인

㉥ 설계감리 결과보고서의 작성

㉦ 그 밖에 계약문서에 명시된 사항

③ 발주자의 업무 범위

㉠ 발주자는 설계감리용역 계약문서에 정해진 바에 따라 다음 사항에 대하여 설계감리원을 지도・감독한다.
- 품위손상 여부 및 근무자세
- 발주자 지시사항의 이행상태
- 행정서류 및 비치서류 처리상태

㉡ 지원업무수행자는 해당 설계용역의 수행에 따른 업무연락, 문제점 파악, 민원해결 및 설계감리원의 지도・점검 업무를 수행하며 비상주를 원칙으로 한다.

㉢ 지원업무수행자는 설계감리원을 통하여 발주자의 지시사항을 설계자에게 전달하며 설계자에게 직접 지시한 사항은 설계감리원에게도 알려 주어야 한다.

㉣ 지원업무수행자는 설계감리를 추진함에 있어 다음 주요업무를 수행하여야 한다.
- 설계감리 업무수행계획서 등 검토
- 설계감리원에 대한 지도・점검
- 설계감리원이 보고한 사항 중 발주자의 조정・승인 및 방침결정 등이 필요한 사항에 대한 검토・보고 및 조치
- 설계용역의 내용이나 범위 등 변경, 설계용역의 기간연장 등 주요사항 발생 시 발주자로부터 검토・지시가 있을 경우 확인 및 검토・보고
- 설계요역 및 설계감리 관계자 회의 등에 참석, 발주자의 지시사항 전달, 설계용역 및 설계감리 수행상 문제점 파악・보고
- 필요한 경우 설계용역 및 설계감리의 기성검사 입회
- 필요한 경우 설계용역 및 설계감리의 준공검사 입회
- 설계용역 준공도서 및 설계감리 보고서 등의 인수
- 설계용역 및 설계감리 하자 발생 시 사후조치

㉤ 발주자는 설계감리원이 발주자의 지시에 위반된다고 판단되는 업무를 수행할 경우에는 이에 대한 해명을 하게 하거나 시정하도록 서면지시를 할 수 있다.

## 2 설계 절차별 제출서류

### (1) 설계 절차별 제출서류

① 설계용역 착수신고서 검토 보고

설계감리원은 설계업자로부터 착수신고서를 제출받아 다음 사항에 대한 적정성 여부를 검토하여 보고하여야 한다.

㉠ 예정공정표

㉡ 과업수행계획 등 그 밖에 필요한 사항

② 설계감리원의 문서비치 및 준공 시 제출서류

설계감리원은 필요한 경우 다음 문서를 비치하고, 그 세부 양식은 발주자의 승인을 받아 설계감리 과정을 기록하여야 하며, 설계감리 완료와 동시에 발주자에게 제출하여야 하며, 필요한 경우 전자매체(CD-ROM)로 제출할 수 있다.

㉠ 근무상황부
㉡ 설계감리일지
㉢ 설계감리지시부
㉣ 설계감리기록부
㉤ 설계자와 협의사항 기록부
㉥ 설계감리 추진현황
㉦ 설계감리 검토의견 및 조치 결과서
㉧ 설계감리 주요검토결과
㉨ 설계도서 검토의견서
㉩ 설계도서(내역서, 수량산출 및 도면 등)를 검토한 근거서류
㉪ 해당 용역관련 수·발신 공문서 및 서류
㉫ 그 밖에 발주자가 요구하는 서류

### (2) 설계감리 단계별 작성 제출서류

① 설계감리 업무수행계획서 작성 제출

설계감리원은 발주된 설계용역의 특성에 맞게 지침에 따른 설계감리원 세부업무 내용을 정하고 다음 사항을 포함한 설계감리업무 수행계획서를 작성하여 발주자에게 제출하여야 한다.

㉠ 대상 : 용역명, 설계감리규모 및 설계감리기간 등
㉡ 세부시행계획 : 세부공정계획 및 업무흐름도 등
㉢ 보안 대책 및 보안각서
㉣ 그 밖에 발주자가 정한 사항

② 설계업무의 진행상황 및 기성 등의 검토 확인 보고

설계감리원은 설계용역의 계획 및 예정공정표에 따라 설계업무의 진행상황 및 기성 등을 검토·확인하여야 하며 이를 정기적으로 발주자에게 보고하여야 한다.

③ 설계감리원은 설계의 해당 공정마다 설계공정별 관리를 수행하여야 한다.

④ 설계감리원은 설계용역의 수행에 있어 지연된 공정의 만회대책을 설계자와 협의하여 수립하여야 하며, 이에 대한 조치 등을 수행하여 발주자에게 보고하여야 한다.

⑤ 설계감리원은 발주자의 요구 및 지시사항에 따라 변경사항이 발생할 경우 이에 대해 설계자가 원활히 대처할 수 있도록 지시 및 감독을 하여야 하며, 설계자의 요구에 의해 변경사항이 발생할 때에는 기술적인 적합성을 검토·확인하여 발주자에게 보고하여 승인을 받아야 한다.

⑥ 공정회의 개최

설계감리원은 설계용역의 공정관리에 있어 문제점이 있는 경우 이를 해결하기 위해 공정회의를 개최할 수 있다.

㉠ 공정표, 주요 관리점 공정표 및 추가로 작성하는 세부공정표의 검토

㉡ 사전 서류검토나 회의를 통해서 나타난 문제점들의 협의 및 해결방안의 검토

## 3 설계도서 검토

### (1) 설계용역 성과검토

① 설계설명서 검토

설계감리원은 설계자가 작성한 전력시설물공사의 설계설명서가 다음 사항이 적정하게 반영되어 작성되었는지 여부를 검토하여야 한다.

㉠ 공사의 특수성, 지역여건 및 공사방법 등을 고려하여 설계도면에 구체적으로 표시할 수 없는 내용

㉡ 자재의 성능·규격 및 공법, 품질시험 및 검사 등 품질관리, 안전관리 및 환경관리 등에 관한 사항

㉢ 그 밖에 공사의 안전성 및 원활한 수행을 위하여 필요하다고 인정되는 사항

② 설계도면의 적정성 검토

설계감리원은 설계도면의 적정성을 검토함에 있어 다음 사항을 확인하여야 한다.

㉠ 도면작성이 의도하는 대로 경제성, 정확성 및 적정성 등을 가졌는지 여부

㉡ 설계 입력 자료가 도면에 맞게 표시되었는지 여부

㉢ 설계결과물(도면)이 입력 자료와 비교해서 합리적으로 되었는지 여부

㉣ 관련 도면들과 다른 관련 문서들의 관계가 명확하게 표시되었는지 여부

㉤ 도면이 적정하게, 해석 가능하게, 실시 가능하며 지속성 있게 표현되었는지 여부

㉥ 도면상에 사업명을 부여했는지 여부

③ 설계감리 검토 목록 작성 및 관리

설계감리원은 설계용역 성과검토를 통한 검토업무를 수행하기 위해 세부검토사항 및 근거를 포함한 설계감리 검토목록을 작성하여 관리하여야 한다.

④ 설계검토결과 누락, 오류, 부적정에 대한 수정 및 보완지시

설계감리원은 ①~③까지의 검토결과 설계도서의 누락, 오류, 부적정한 부분에 대하여 설계자와 설계감리원 간에 이견이 발생하였을 경우에는 발주자에게 보고하여 승인을 받은 후 설계자에게 수정, 보완되도록 지시하고 그 이행여부를 확인하여야 한다.

### (2) 설계감리 보고서 작성 등

설계감리원은 과업의 개괄적인 개요, 업무내용 및 전 단계의 용역 성과 검토를 포함한 설계감리 결과보고서를 작성하여야 한다.

### (3) 설계감리 용역의 결과물

설계감리원은 설계감리 완료일에 계약서에 따른 설계감리용역 성과물을 종합적으로 기술한 다음 내용을 발주자에게 제출하여야 하며, 필요한 경우 전자매체(CD-ROM)로 제출할 수 있다.

① 설계감리 결과보고서

② 그 밖에 설계감리 수행 관련 서류

### (4) 설계감리의 기성 및 준공

책임 설계감리원이 설계감리의 기성 및 준공을 처리한 때에는 다음의 준공서류를 구비하여 발주자에게 제출하여야 한다.

① 설계용역 기성부분 검사원 또는 설계용역 준공검사원

② 설계용역 기성부분 내역서

③ 설계감리 결과보고서

④ 감리기록서류

㉠ 설계감리 일지

㉡ 설계감리 지시부

㉢ 설계감리 기록부

㉣ 설계감리 요청서

㉤ 설계자와 협의사항 기록부

⑤ 그 밖에 발주자가 과업지시서상에서 요구한 사항

# 제3절 착공감리

## 1 설계도서 검토

### (1) 감리업무 착수

① 감리업자는 감리용역계약 즉시 상주 및 비상주 감리원의 투입 등 감리업무 수행준비에 대하여 발주자와 협의하여야 하며, 계약서상 착수일에 감리용역을 착수하여야 한다. 다만, 감리대상 공사의 전부 또는 일부가 발주자의 사정 등으로 계약서상 착수일에 감리용역을 착수할 수 없는 경우에는 발주자는 실제 착수시점 및 상주감리원 투입시기 등을 조정하여 감리업자에게 통보하여야 한다.

② 감리업자는 감리용역 착수 시 다음의 서류를 첨부한 착수신고서를 제출하여 발주자의 승인을 받아야 한다.

㉠ 감리업무 수행계획서

㉡ 감리비 산출내역서

㉢ 상주, 비상주 감리원 배치계획서와 감리원의 경력확인서

㉣ 감리원 조직 구성내용과 감리원별 투입기간 및 담당업무

③ 감리업자는 감리원 배치계획서에 따라 감리원을 배치하여야 한다. 다만, 감리원의 퇴직・입원 등 부득이한 사유로 감리원을 교체하려는 때에는 운영요령에 따라 교체・배치하여야 한다.

④ 발주자는 내용을 검토하여 감리원 또는 감리조직 구성 내용이 해당 공사현장의 공종 및 공사 성격에 적합하지 아니하다고 인정될 경우에는 감리업자에게 사유를 명시하여 서면으로 변경을 요구할 수 있으며, 변경 요구를 받은 감리업자는 특별한 사유가 없으면 이에 응하여야 한다.

⑤ 발주자의 승인을 받은 감리원은 업무의 연속성, 효율성 등을 고려하여 특별한 사유가 없으면 감리용역이 완료될 때까지 근무하여야 한다.

⑥ 감리원의 구성은 계약문서에 기술된 과업내용에 따라 관련 분야 기술자격 또는 학력・경력을 갖춘 사람으로 구성되어야 한다.

⑦ 책임감리원과 보조감리원은 개인별로 업무를 분담하고 그 분담 내용에 따라 업무 수행계획을 수립하여 과업을 수행하여야 한다.

⑧ 감리원은 시공과 관련하여 공사업자에게 각종 인・허가사항을 포함한 제반법규 등을 준수하도록 지도・감독하여야 하며, 발주자가 받아야 하는 인・허가사항은 발주자에게 협조・요청하여야 한다.

⑨ 감리원은 현장에 부임하는 즉시 사무소, 숙소 또는 비상연락처 및 FAX, 우편 연락처 등을 발주자에게 보고하여 업무연락에 차질이 없도록 하여야 하며, 연락처 등이 변경된 경우에도 즉시 보고하여야 한다.

### (2) 설계도서 등의 검토

① 감리원은 설계도면, 설계설명서, 공사비 산출내역서, 기술계산서, 공사계약서의 계약내용과 해당 공사의 조사 설계보고서 등의 내용을 완전히 숙지하여 새로운 방향의 공법개선 및 예산 절감을 도모하도록 노력하여야 한다.

② 감리원은 설계도서 등에 대하여 공사계약문서 상호 간의 모순되는 사항, 현장 실정과의 부합여부 등 현장 시공을 주안으로 하여 해당 공사 시작 전에 검토하여야 하며 검토에는 다음 사항 등이 포함되어야 한다.

㉠ 현장조건에 부합 여부

㉡ 시공의 실제가능 여부

㉢ 다른 사업 또는 다른 공정과의 상호부합 여부

㉣ 설계도면, 설계설명서, 기술계산서, 산출내역서 등의 내용에 대한 상호일치 여부

㉤ 설계도서의 누락, 오류 등 불명확한 부분의 존재여부

㉥ 발주자가 제공한 물량 내역서와 공사업자가 제출한 산출내역서의 수량일치 여부

㉦ 시공 상의 예상 문제점 및 대책 등

③ 감리원의 검토결과 불합리한 부분, 착오, 불명확하거나 의문사항이 있을 때에는 그 내용과 의견을 발주자에게 보고하여야 한다. 또한, 공사업자에게도 설계도서 및 산출내역서 등을 검토하도록 하여 검토결과를 보고 받아야 한다.

### (3) 설계도서 등의 관리

① 감리원은 감리업무 착수와 동시에 공사에 관한 설계도서 및 자료, 공사계약문서 등을 발주자로부터 인수하여 관리번호를 부여하고, 관리대장을 작성하여 공사관계자 이외의 자에게 유출을 방지하는 등 관리를 철저히 하여야 하며, 외부에 유출하고자 하는 때는 발주자 또는 지원업무담당자의 승인을 받아야 한다.

② 감리원은 설계도면 등 중요한 자료는 반드시 잠금장치로 된 서류함에 보관하여야 하며, 캐비닛 등에 보관된 설계도서 및 관리 서류의 명세서를 기록하여 내측에 부착하여 관리하여야 한다.

③ 공사업자가 차용하여 간 설계도서 등 중요자료는 반드시 잠금장치로 된 서류함에 보관하여 분실 또는 유실되지 않도록 지도·감독하여야 한다.

④ 감리원은 공사완료 후 공사 시작 전에 인수하여 보관하고 있는 설계도서 등을 발주자에게 반납하거나 지시에 따라 폐기 처분한다.

⑤ 감리원은 공사의 여건을 감안하여 각종 법령, 표준 설계설명서 및 필요한 기술서적 등을 비치하여야 한다.

## 2 착공신고서 검토 및 보고

### (1) 착공신고서의 검토 및 보고

감리원은 공사가 시작된 경우에는 공사업자로부터 다음의 서류가 포함된 착공신고서를 제출받아 적정성 여부를 검토하여 7일 이내에 발주자에게 보고하여야 한다.

① 시공관리책임자 지정통지서(현장관리조직, 안전관리자)

② 공사 예정공정표

③ 품질관리계획서

④ 공사도급 계약서 사본 및 산출내역서

⑤ 공사 시작 전 사진

⑥ 현장기술자 경력사항 확인서 및 자격증 사본
⑦ 안전관리계획서
⑧ 작업인원 및 장비투입 계획서
⑨ 그 밖에 발주자가 지정한 사항

### (2) 착공신고서의 적정여부 검토

감리원은 다음을 참고하여 착공신고서의 적정여부를 검토하여야 한다.

① **계약내용의 확인**
  ㉠ 공사기간(착공~준공)
  ㉡ 공사비 지급조건 및 방법(선급금, 기성부분 지급, 준공금 등)
  ㉢ 그 밖에 공사계약문서에 정한 사항

② **현장기술자의 적격여부**
  ㉠ 시공관리책임자 : 전기공사업법 제17조
  ㉡ 안전관리자 : 산업안전보건법 제15조

③ **공사 예정공정표** : 작업 간 선행·동시 및 완료 등 공사 전·후 간의 연관성이 명시되어 작성되고, 예정공정률이 적정하게 작성되었는지 확인한다.

④ **품질관리계획** : 공사 예정공정표에 따라 공사용 자재의 투입시기와 시험방법, 빈도 등이 적정하게 반영되었는지 확인한다.

⑤ **공사 시작 전 사진** : 전경이 잘 나타나도록 촬영되었는지 확인한다.

⑥ **안전관리계획** : 산업안전보건법령에 따른 해당 규정 반영여부를 확인한다.

⑦ **작업인원 및 장비투입 계획** : 공사의 규모 및 성격, 특성에 맞는 장비형식이나 수량의 적정여부 등

### (3) 공사관계자의 합동회의

감리원은 발주자(지원업무수행자)가 주관하는 공사관계자 합동회의에 참석하여 필요한 경우에는 현장조사 결과와 설계도면 등의 검토 내용을 설명하여야 하며, 그 결과를 회의 및 협의내용 관리대장에 기록·관리하여야 한다.

## 3 하도급 관련 사항 검토

### (1) 하도급 적정성 여부 검토

감리원은 공사업자가 도급받은 공사를 전기공사업법에 따라 하도급 하고자 발주자에게 통지하거나, 동의 또는 승낙을 요청하는 사항에 대해서는 전기공사업법 시행규칙 별지 서식의 전기공사 하도급 계약통지서에 관한 적정성 여부를 검토하여 요청받은 날부터 7일 이내에 발주자에게 의견을 제출하여야 한다.

### (2) 하도급 지도 및 감독

감리원은 처리된 하도급에 대해서는 공사업자가 하도급거래 공정화에 관한 법률에 규정된 사항을 이행하도록 지도·감독하여야 한다.

### (3) 불법하도급에 대한 조치

감리원은 공사업자가 하도급 사항을 규정에 따라 처리하지 않고 위장 하도급 하거나 무면허업자에게 하도급 하는 등 불법적인 행위를 하지 않도록 지도하고, 공사업자가 불법하도급 하는 것을 안 때에는 공사를 중지시키고 발주자에게 서면으로 보고하여야 하며, 현장 입구에 불법하도급 행위신고 표지판을 공사업자에게 설치하도록 하여야 한다.

## 4 현장여건 조사

### (1) 현장사무소, 공사용 도로, 작업장부지 등의 선정

① 감리원은 공사 시작과 동시에 공사업자에게 다음에 따른 가설시설물의 면적, 위치 등을 표시한 가설시설물 설치계획표를 작성하여 제출하도록 하여야 한다.

㉠ 공사용 도로(발·변전설비, 송배전설비에 해당)

㉡ 가설사무소, 작업장, 창고, 숙소, 식당 및 그 밖의 부대설비

㉢ 자재 야적장

㉣ 공사용 임시전력

② 감리원은 가설시설물 설치계획에 대하여 다음 내용을 검토하고 지원업무담당자와 협의하여 승인하도록 하여야 한다.

㉠ 가설시설물의 규모는 공사규모 및 현장여건을 고려하여 정하여야 하며, 위치는 감리원이 공사 전구간의 관리가 용이하도록 공사 중의 동선계획을 고려할 것

㉡ 가설시설물이 공사 중에 이동, 철거되지 않도록 지하구조물의 시공위치와 중복되지 않는 위치를 선정

㉢ 가설시설물에 우수가 침입하지 않도록 대지조성 시공지면(F.L)보다 높게 설치하여, 홍수 시 피해발생 유무 등을 고려할 것

㉣ 식당, 세면장 등에서 사용한 물의 배수가 용이하고 주변 환경을 오염시키지 않도록 조치한다.

㉤ 가설시설물의 이용 등으로 인하여 인접 주민들에게 소음 등 민원이 발생하지 않도록 조치한다.

### (2) 공사표지판 등의 설치

① 감리원은 공사업자가 전기공사업법에 따라 공사표지를 게시하고자 할 때에는 표지판의 제작방법, 크기, 설치 장소 등이 포함된 표지판 제작설치계획서를 제출 받아 검토한 후 설치하도록 하여야 한다.

② 공사현장의 표지는 전기공사업법 시행규칙에 따라 공사 시작일부터 준공 전일까지 게시·설치하여야 한다.

### (3) 현지 여건조사

① 감리원은 공사 시작 후 조속한 시일 내에 공사추진에 지장이 없도록 공사업자와 합동으로 현지 조사하여 시공자료로 활용하고 당초 설계내용의 변경이 필요한 경우에는 설계변경 절차에 따라 처리하여야 한다.

② 감리원은 현지조사 내용과 설계도서의 공법 등을 검토하여 인근 주민 등에 대한 피해발생 가능성이 있을 경우에는 공사업자에게 대책을 강구하도록 하고, 설계변경이 필요한 경우에는 설계변경 절차에 따라 처리하여야 한다.

## 5 인 · 허가 업무 검토

감리원은 공사 시공과 관련한 각종 인·허가 사항을 포함한 제법규 등을 공사업자로 하여금 준수토록 지도·감독하여야 하며 발주자의 이름으로 취득하여야 하는 인허가 사항은 발주자에게 협조요청토록 한다.

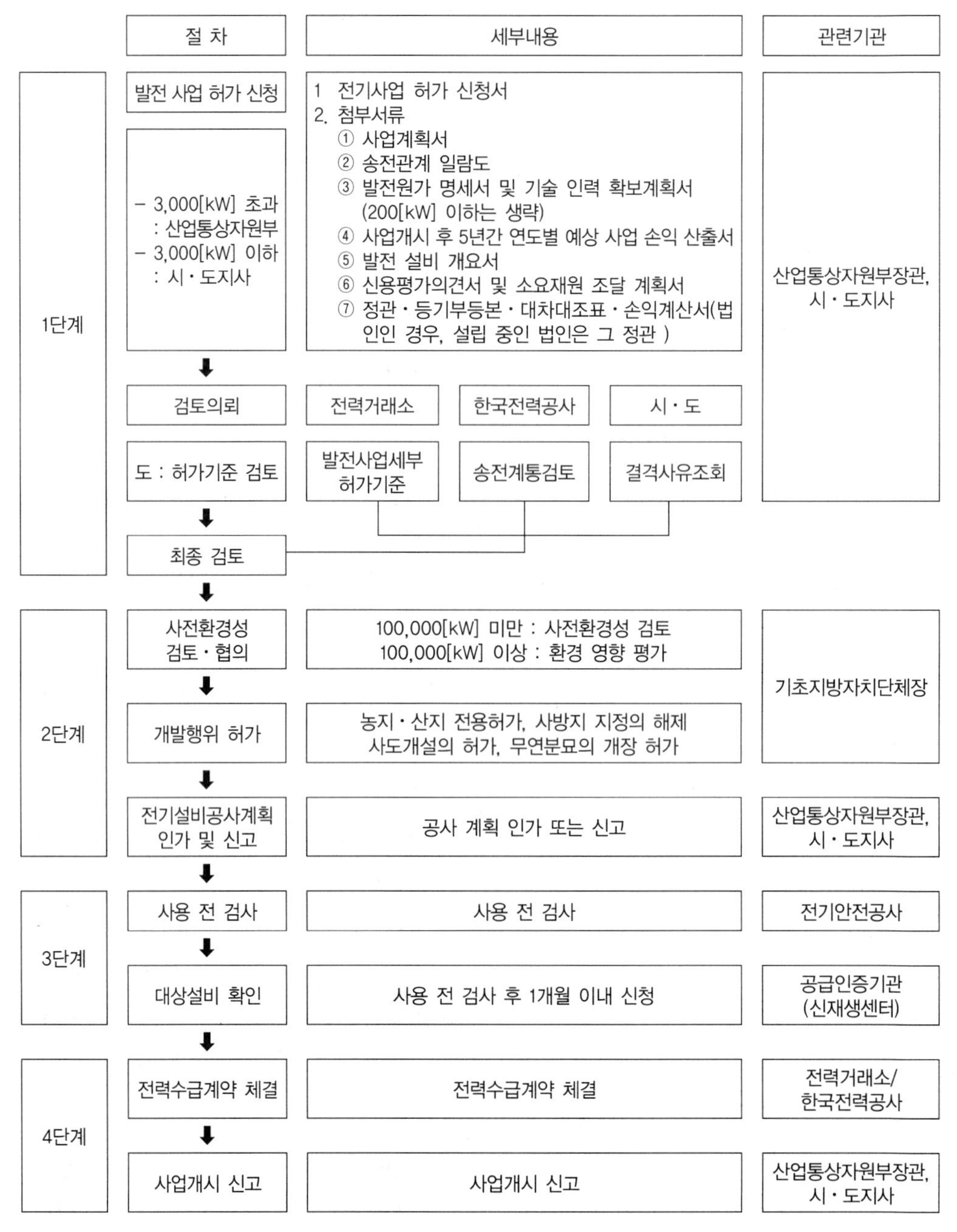


[주요 인·허가 절차서 흐름도]

# 제4절 시공감리

## 1 감리와 감독의 역할

### (1) 일반 행정업무

① 감리원은 감리업무 착수 후 빠른 시일 내에 해당 공사의 내용, 규모, 감리원 배치인원수 등을 감안하여 각종 행정업무 중에서 최소한의 필요한 행정업무 사항을 발주자와 협의하여 결정하고, 이를 공사업자에게 통보하여야 한다.

② 감리원은 다음 해당 감리현장에서 감리업무 수행상 필요한 서식을 비치하고 기록・보관하여야 한다.

| 구 분 | 감리업무 수행상 필요서식 기록・보관 서류 | |
|---|---|---|
| 목 록 | 감리업무일지<br>근무상황판<br>지원업무수행 기록부<br>착수신고서<br>회의 및 협의내용 관리대장<br>문서접수대장<br>문서발송대장<br>교육실적 기록부<br>민원처리부<br>지시부<br>발주자 지시사항 처리부<br>품질관리 검사・확인대장<br>설계변경 현황<br>검사요청서<br>검사체크리스트<br>시공시술자 실명부 | 검사결과 통보서<br>기술검토 의견서<br>주요기자재 검수 및 수불부<br>기성부분 감리조서<br>발생품(잉여자재) 정리부<br>기성부분 검사조서<br>기성부분 검사원<br>준공검사원<br>기성공정 내역서<br>기성부분 내역서<br>준공검사조서<br>준공감리조서<br>안전관리 점검표<br>사고보고서<br>재해발생 관리부<br>사후환경영향조사 결과보고서 |

③ 공사업자는 다음의 해당 공사현장에서 공사업무 수행상 필요한 서식을 비치하고 기록・보관하여야 한다.

㉠ 하도급 현황
㉡ 주요인력 및 장비투입 현황
㉢ 작업계획서
㉣ 기자재 공급원 승인 현황
㉤ 주간공정계획 및 실적보고서
㉥ 안전관리비 사용실적 현황
㉦ 각종 측정기록표

④ 감리원은 다음 문서의 기록관리 및 문서수발에 관한 업무를 하여야 한다.

㉠ 감리업무일지는 감리원별 분담업무에 따라 항목별(품질관리, 시공관리, 안전관리, 공정관리, 행정 및 민원 등)로 수행업무의 내용을 육하원칙에 따라 기록하며 공사업자가 작성한 공사일지를 매일 제출받아 확인한 후 보관한다.

㉡ 주요한 현장은 공사 시작 전, 시공 중, 준공 등 공사과정을 알 수 있도록 동일 장소에서 사진을 촬영하여 보관한다.

㉢ 현지조사 보고사항은 그 내용을 구체적으로 작성하여 현장을 답사하지 않고도 현황을 파악할 수 있을 정도로 명확히 기록한다.

㉣ 각종 지시, 통보 사항 및 회의내용 등 중요한 사항은 감리원 모두가 숙지하도록 교육 또는 공람시킨다.

㉤ 문서는 성격별로 분류하여 관리하며, 서류가 손실되는 일이 없도록 목차 및 페이지를 기록하여 보관한다.

### (2) 감리보고 등

① 책임감리원은 감리업무 수행 중 긴급하게 발생되는 사항 또는 불특정하게 발생하는 중요사항에 대하여 발주자에게 수시로 보고하여야 하며, 보고서 작성에 대한 서식은 특별히 정해진 것이 없으므로 보고사항에 따라 보고하여야 한다.

② 책임감리원은 다음 사항이 포함된 분기보고서를 작성하여 발주자에게 제출하여야 한다. 보고서는 매 분기 말 다음 달 5일 이내로 제출한다.

㉠ 공사추진 현황(공사계획의 개요와 공사추진계획 및 실적, 공정현황, 감리용역현황, 감리조직, 감리원 조치내역 등)

㉡ 감리원 업무일지

㉢ 품질검사 및 관리현황

㉣ 검사요청 및 결과통보내용

㉤ 주요기자재 검사 및 수불내용(주요기자재 검사 및 입·출고가 명시된 수불현황)

㉥ 설계변경 현황

㉦ 그 밖에 책임감리원이 감리에 관하여 중요하다고 인정하는 사항

③ 책임감리원은 다음 사항이 포함된 최종감리보고서를 감리기간 종료 후 14일 이내에 발주자에게 제출하여야 한다.

㉠ 공사 및 감리용역 개요 등(사업목적, 공사개요, 감리용역 개요, 설계용역 개요)

㉡ 공사추진 실적현황(기성 및 준공검사 현황, 공종별 추진실적, 설계변경현황, 공사현장 실정보고 및 처리현황, 지시사항 처리, 주요인력 및 장비투입현황, 하도급현황, 감리원 투입현황)

㉢ 품질관리 실적(검사요청 및 결과통보현황, 각종 측정기록 및 조사표, 시험장비 사용현황, 품질관리 및 측정자 현황, 기술검토실적 현황 등)

㉣ 주요기자재 사용실적(기자재 공급원 승인현황, 주요기자재 투입현황, 사용자재 투입현황)

㉤ 안전관리 실적(안전관리조직, 교육실적, 안전점검실적, 안전관리비 사용실적)

㉥ 환경관리 실적(폐기물발생 및 처리실적)

㉦ 종합분석

④ ①~③까지에 따른 분기 및 최종감리보고서는 규칙에 따라 전산프로그램(CD-ROM)으로 제출할 수 있다.

### (3) 현장 정기교육

감리원은 공사업자에게 현장에 종사하는 시공기술자의 양질시공 의식고취를 위한 다음 내용의 현장 정기교육을 해당 현장의 특성에 적합하게 실시하도록 하게 하고, 그 내용을 교육실적 기록부에 기록·비치하여야 한다.

① 관련 법령·전기설비기준, 지침 등의 내용과 공사현황 숙지에 관한 사항

② 감리원과 현장에 종사하는 기술자들의 화합과 협조 및 양질시공을 위한 의식교육

③ 시공결과·분석 및 평가

④ 작업 시 유의사항 등

### (4) 감리원의 의견제시 등

① 감리원은 해당 공사와 관련하여 공사업자의 공법 변경요구 등 중요한 기술적 사항에 대하여 요구한 날부터 7일 이내에 이를 검토하고 의견서를 첨부하여 발주자에게 보고하여야 하며, 전문성이 요구되는 경우에는 요구가 있는 날부터 14일 이내에 비상주감리의 검토의견서를 첨부하여 발주자에게 보고하여야 한다. 이 경우 발주자는 그가 필요하다고 인정하는 때에는 제3자에게 자문을 의뢰할 수 있다.

② 감리원은 시공과 관련하여 검토한 내용에 대하여 스스로 필요하다고 판단될 경우에는 발주자 또는 공사업자에게 그 검토의견을 서면으로 제시할 수 있다.

③ 감리원은 시공 중 예산이 변경되거나 계획이 변경되는 중요한 민원이 발생된 때에는 발주자가 민원처리를 할 수 있도록 검토의견서를 첨부하여 발주자에게 보고하여야 한다.

④ 감리원은 공사와 직접 관련된 경미한 민원처리는 직접 처리하여야 하고, 전화 또는 방문민원을 처리함에 있어 민원인과의 대화는 원만하고 성실하게 하여야 하며 공사업자와 협조하여 적극적으로 해결방안을 강구·시행하고 그 내용은 민원처리부에 기록·비치하여야 한다. 다만, 경미한 민원처리 사항 중 중요하다고 판단되는 경우에는 검토의견서를 첨부하여 발주자에게 보고하여야 한다.

⑤ 감리원은 발주자(지원업무수행자)가 민원사항 처리를 위하여 조사와 서류작성의 요구가 있을 때에는 적극 협조하여야 한다.

### (5) 시공기술자 등의 교체

① 감리원은 공사업자의 시공기술자 등이 다음 내용에 해당되어 해당 공사현장에 적합하지 않다고 인정되는 경우에는 공사업자 및 시공기술자에게 문서로 시정을 요구하고, 이에 불응하는 때에는 발주자에게 그 실정을 보고하여야 한다.

② 감리원으로부터 시공기술자의 실정보고를 받은 발주자는 지원업무담당자에게 실정 등을 조사·검토하게 하여 교체 사유가 인정될 경우에는 공사업자에게 시공기술자의 교체를 요구하여야 한다. 이 경우 교체 요구를 받은 공사업자는 특별한 사유가 없으면 신속히 교체 요구에 응하여야 한다.

㉠ 시공기술자 및 안전관리자가 관계 법령에 따른 배치기준, 겸직금지, 보수교육 이수 및 품질관리 등의 법규를 위반하였을 때

㉡ 시공관리책임자가 감리원과 발주자의 사전 승낙을 받지 아니하고 정당한 사유 없이 해당 공사현장을 이탈한 때

㉢ 시공관리책임자가 고의 또는 과실로 공사를 조잡하게 시공하거나 부실시공을 하여 일반인에게 위해(危害)를 끼친 때
㉣ 시공관리책임자가 계약에 따른 시공 및 기술능력이 부족하다고 인정되거나 정당한 사유 없이 기성공정이 예정공정에 현격히 미달한 때
㉤ 시공관리책임자가 불법 하도급을 하거나 이를 방치하였을 때
㉥ 시공기술자의 기술능력이 부족하여 시공에 차질을 초래하거나 감리원의 정당한 지시에 응하지 아니할 때
㉦ 시공관리책임자가 감리원의 검사·확인 등 승인을 받지 아니하고 후속공정을 진행하거나 정당한 사유 없이 공사를 중단할 때

### (6) 제3자의 손해방지

① 감리원은 다음의 공사현장 인근상황을 공사업자에게 충분히 조사하도록 함으로써 시공과 관련하여 제3자에게 손해를 주지 않도록 공사업자에게 대책을 강구하게 하여야 한다.
㉠ 지하 매설물
㉡ 인근의 도로
㉢ 교통시설물
㉣ 인접건조물
㉤ 농경지, 산림 등

② 감리원은 시공으로 인하여 지상건조물 및 지하매설물(급배수관, 가스관, 전선관, 통신케이블 등)에 손해를 끼쳐 제3자에게 손해를 준 경우에는 공사업자 부담으로 즉시 원상 복구하여 민원이 발생하지 않도록 하여야 한다. 또한, 제3자에게 피해보상 문제가 제기되었을 경우에는 감리원은 객관적이고 공정한 판단에 근거한 의견을 제시할 수 있다.

### (7) 공사업자에 대한 지시 및 수명사항의 처리

① 감리원은 공사업자에게 시공과 관련하여 지시하는 경우에는 다음과 같이 처리하여야 한다.
㉠ 감리원은 시공과 관련하여 공사업자에게 지시를 하고자 할 경우에는 서면으로 하는 것을 원칙으로 하며, 현장 실정에 따라 시급한 경우 또는 경미한 사항에 대하여는 우선 구두지시로 시행하도록 조치하고, 추후에 이를 서면으로 확인하여야 한다.
㉡ 감리원의 지시내용은 해당 공사 설계도면 및 설계설명서 등 관계 규정에 근거, 구체적으로 기술하여 공사업자가 명확히 이해할 수 있도록 지시하여야 한다.
㉢ 감리원은 지시사항에 대하여 그 이행상태를 수시로 점검하고 공사업자로부터 이행 결과를 보고받아 기록·관리하여야 한다.

② 감리원은 발주자로부터 지시를 받았을 때에는 다음과 같이 처리하여야 한다.
㉠ 감리원은 발주자로부터 공사와 관련하여 지시를 받았을 경우에는 그 내용을 기록하고 신속히 이행되도록 조치하여야 하며, 그 이행 결과를 점검·확인하여 발주자에게 서면으로 조치결과를 보고하여야 한다.

㉡ 감리원은 해당 지시에 대한 이행에 문제가 있을 경우에는 의견을 제시할 수 있다.

㉢ 감리원은 각종 지시, 통보사항 등을 감리원 모두가 숙지하고 이행에 철저를 기하기 위하여 교육 또는 공람시켜야 한다.

### (8) 사진촬영 및 보관

① 감리원은 공사업자에게 촬영일자가 나오는 시공사진을 공종별로 공사 시작 전부터 끝났을 때까지의 공사과정, 공법, 특기사항을 촬영하고 공사내용(시공일자, 위치, 공종, 작업내용 등) 설명서를 기재, 제출하도록 하여 후일 참고자료로 활용하도록 한다. 공사기록사진은 공종별, 공사추진 단계에 따라 다음의 사항을 촬영·정리하도록 하여야 한다.

㉠ 주요한 공사현황은 공사 시작 전, 시공 중, 준공 등 시공과정을 알 수 있도록 가급적 동일 장소에서 촬영

㉡ 시공 후 검사가 불가능하거나 곤란한 부분

- 암반선 확인 사진(송·배·변전 접지설비에 해당)
- 매몰, 수중 구조물
- 매몰되는 옥내·외 배관 등 광경
- 배전반 주변의 매몰배관 등

② 감리원은 특별히 중요하다고 판단되는 시설물에 대하여는 공사과정을 비디오테이프 등으로 촬영하도록 하여야 한다.

③ 감리원은 ①~②에 따라 촬영한 사진은 Digital 파일, CD(필요시 촬영한 비디오테이프)를 제출받아 수시 검토·확인할 수 있도록 보관하고 준공 시 발주자에게 제출하여야 한다.

## 2 태양광발전시스템 설치 표준

### (1) 태양전지판

① 모 듈

센터에서 인증한 태양전지모듈을 사용하여야 한다. 단, 건물일체형 태양광시스템의 경우 인증모델과 유사한 형태(태양전지의 종류와 크기가 동일한 형태)의 모듈을 사용할 수 있으며, 이 경우 용량이 다른 모듈에 대해 신재생에너지 설비 인증에 관한 규정상의 발전 성능시험 결과가 포함된 시험성적서를 제출하여야 한다. 기타 인증대상설비가 아닌 경우에는 분야별 위원회의 심의를 거쳐 신재생에너지센터 소장이 인정하는 경우 사용할 수 있다.

② 설치용량

설치용량은 사업계획서상에 제시된 설계용량 이상이어야 하며, 설계용량의 103[%]를 초과하지 않아야 한다.

③ 방위각

그림자의 영향을 받지 않는 곳에 정남향 설치를 원칙으로 하되, 건축물의 디자인 등에 부합되도록 현장여건에 따라 설치할 수 있다.

④ 경사각

현장여건에 따라 조정하여 설치할 수 있다.

⑤ 일사시간

㉠ 장애물로 인한 음영에도 불구하고 일사시간은 1일 5시간[춘분(3~5월),추분(9~11월)기준] 이상이어야 한다. 단, 전기줄, 피뢰침, 안테나 등 경미한 음영은 장애물로 보지 아니한다.

㉡ 태양광모듈 설치렬이 2렬 이상일 경우 앞렬은 뒷렬에 음영이 지지 않도록 설치하여야 한다.

### (2) 지지대 및 부속자재

① **설치상태** : 바람, 적설하중 및 구조하중에 견딜 수 있도록 설치하여야 한다. 건축물의 방수 등에 문제가 없도록 설치하여야 하며 볼트조립은 헐거움이 없이 단단히 조립하여야 한다. 단, 모듈지지대의 고정볼트에는 스프링 와셔 또는 풀림방지너트 등으로 체결한다.

② **지지대, 연결부 기초(용접부위 포함)** : 태양전지판 지지대 제작 시 형강류 및 기초지지대에 포함된 철판부위는 용융아연도금처리 또는 동등 이상의 녹방지 처리를 하여야 하며, 절단가공 및 용접부위는 방식처리를 하여야 한다.

③ **체결용 볼트, 너트, 와셔(볼트캡 포함)** : 용융아연도금처리 또는 동등 이상의 녹방지 처리를 하여야 하며 기초 콘크리트 앵커 볼트부분은 볼트캡을 착용하여야 하며, 체결부위는 볼트규격에 맞는 너트 및 스프링 와셔를 삽입, 체결하여야 한다.

### (3) 전기배선 및 접속함

① 연결전선

태양전지에서 옥내에 이르는 배선에 쓰이는 전선은 모듈전용선 또는 TFR-CV 선을 사용하여야 하며, 전선이 지면을 통과하는 경우에는 피복에 손상이 발생하지 않게 별도의 조치를 취해야 한다.

**Check!** TFR-CV : 난연성 제어용 내열 PVC절연 내열비닐 시스케이블을 말하며 난연성 전력케이블이라고도 한다.

② 커넥터(접속 배선함)

㉠ 태양전지판의 프레임을 부착할 경우에는 흔들림이 없도록 고정되어야 한다.

㉡ 태양전지판 결선 시에 접속 배선함 구멍에 맞추어 압착단자를 사용하여 견고하게 전선을 연결해야 하며, 접속 배선함 연결부위는 일체형 전용 커넥터를 사용한다.

③ 태양전지판 배선

태양전지판 배선은 바람에 흔들림이 없도록 케이블 타이(Cable Tie) 등으로 단단히 고정하여야 하며 태양전지판의 출력배선은 군별·극성별로 확인할 수 있도록 표시하여야 한다.

④ 태양전지판 직·병렬 상태

태양전지 각 직렬군은 동일한 단락전류를 가진 모듈로 구성하여야 하며, 1대의 파워컨디셔너(PCS)에 연결된 태양전지 직렬군이 2병렬 이상일 경우에는 각 직렬군의 출력 전압이 동일하게 형성되도록 배열하여야 한다.

⑤ 역전류방지다이오드

㉠ 1대의 파워컨디셔너(PCS)에 연결된 태양전지 직렬군이 2병렬 이상일 경우에는 각 직렬군에 역전류 방지다이오드를 별도의 접속함에 설치하여야 하며, 접속함은 발생하는 열을 외부에 방출할 수 있도록 환기구 및 방열판 등을 갖추어야 한다.

㉡ 용량은 모듈단락전류의 2배 이상이어야 하며 현장에서 확인할 수 있도록 표시하여야 한다.

⑥ 접속반

접속반의 각 회로에서 퓨즈가 단락되어 전류차가 발생할 경우 LED조명등 표시(육안확인 가능) 등의 경보장치를 설치하여야 한다. 단, 주택지원사업의 태양광 주택의 경우, 외부에서 확인 가능한 조명등 또는 경보장치를 설치하여야 하며, 실내에서 확인 가능한 경우에는 예외로 한다.

⑦ 접지공사

전기설비기술기준에 따라 접지공사를 하여야 하며, 낙뢰의 우려가 있는 건축물 또는 높이 20미터 이상의 건축물에는 건축물의 설비기준 등에 관한 규칙(피뢰설비)에 적합하게 피뢰설비를 설치하여야 한다.

⑧ 전압강하

태양전지판에서 파워컨디셔너(PCS)입력단 간 및 파워컨디셔너(PCS) 출력단과 계통 연계점 간의 전압강하는 각 3[%]를 초과하여서는 안 된다. 단, 전선길이가 60[m]를 초과할 경우에는 다음 표에 따라 시공할 수 있다. 전압강하 계산서(또는 측정치)를 설치확인 신청 시에 제출하여야 한다.

| 전선길이 | 전압강하 |
|---|---|
| 120[m] 이하 | 5[%] |
| 200[m] 이하 | 6[%] |
| 200[m] 초과 | 7[%] |

⑨ 전기공사

전기사업법에 의한 사용 전 점검 또는 사용 전 검사에 하자가 없도록 시설을 준공하여야 한다.

### (4) 파워컨디셔너(PCS)

① **제품** : 센터에서 인증한 인증제품을 설치하여야 하며, 해당 용량이 없어 인증을 받지 않은 제품을 설치할 경우에는 신재생에너지 설비 인증에 관한 규정상의 효율시험 및 보호기능시험이 포함된 시험성적서를 제출하여야 한다. 기타 인증대상설비가 아닌 경우에는 분야별위원회의 심의를 거쳐 신재생에너지센터 소장이 인정하는 경우 사용할 수 있다.

② **설치상태** : 옥내·옥외용을 구분하여 설치하여야 한다. 단, 옥내용을 옥외에 설치하는 경우는 5[kW] 이상 용량일 경우에만 가능하며 이 경우 빗물 침투를 방지할 수 있도록 옥내에 준하는 수준으로 외함 등을 설치하여야 한다.

③ **설치용량** : 파워컨디셔너(PCS)의 설치용량은 설계용량 이상이어야 하고, 파워컨디셔너(PCS)에 연결된 모듈의 설치용량은 파워컨디셔너(PCS) 설치용량의 105[%] 이내이어야 한다. 단, 각 직렬군의 태양전지 개방전압은 파워컨디셔너(PCS) 입력전압 범위 안에 있어야 한다.

④ **표시사항** : 입력단(모듈출력) 전압, 전류, 전력과 출력단(파워컨디셔너(PCS) 출력)의 전압, 전류, 전력, 역률, 주파수, 누적발전량, 최대출력량(Peak)이 표시되어야 한다.

### (5) 기 타

① 명 판

㉠ 모든 기기는 용량, 제작자 및 그 외 기기별로 나타내어야 할 사항이 명시된 명판을 부착하여야 한다.

㉡ 신재생에너지 설비 설치기준의 명판을 제작하여 파워컨디셔너(PCS) 전면에 부착하여야 한다.

② 가동상태

파워컨디셔너(PCS), 전력량계, 모니터링 설비가 정상작동을 하여야 한다.

③ 모니터링 설비

모니터링시스템 설치기준에 적합하게 설치하여야 한다.

④ 운전교육

전문기업은 설비 소유주에게 소비자 주의사항 및 운전 매뉴얼을 제공하여야 하며 운전교육을 실시하여야 한다.

⑤ 건물일체형 태양광시스템[BIPV(Building Integrated PhotoVoltaic)]

㉠ 건물일체형 태양광시스템(BIPV)이란 태양광 모듈을 건축물에 설치하여 건축 부자재의 역할 및 기능과 전력생산을 동시에 할 수 있는 시스템으로 창호, 스팬드럴, 커튼월, 이중파사도, 외벽, 차양시설, 아트리움, 싱글, 지붕재, 캐노피, 테라스, 파고라 등을 범위로 한다. 건물일체형 태양광시스템은 전력생산 및 부자재의 기능을 동시에 고려하여 건축물의 형상과 조화를 이루면서 동시에 지역의 방위각 및 경사각 변화에 따른 발전량 분포를 참고하여 발전량을 극대화할 수 있는 위치를 선정하여야 한다.

**Check!**

- **스팬드럴** : 아치와 상부의 수평재로 둘러싸이는 면의 부분을 말한다.
- **커튼월** : 투명 유리 혹은 반사유리를 사용한 빌딩 외벽 마감을 말한다.
- **이중파사도** : 건축물의 주된 출입구가 있는 정면부로서 이중 외피 파사드를 말한다.
- **아트리움** : 고대 로마의 주택 건축에 있어서 가로에서 옥내로 들어가 최초에 있는 홀식 안뜰로서 현재는 건조물 내에서 오픈 스페이스 구조부에 위치한 정원식 공간을 가리킨다.
- **싱글** : 석유재를 원료로 한 지붕재로서 섬유유리나 종이매트를 기본자재로 사용한 비교적 저렴한 지붕재이다.
- **캐노피** : 위쪽을 가리는 모양의 덮개를 말한다.
- **테라스** : 거실이나 식당 등에서 직접 나갈 수도 있고 실내의 생활을 옥외로 연장하여 의자 등을 놓고 가족의 장소로, 어린이들의 놀이터, 일광욕 등을 할 수 있는 장소로 쓰인다.
- **파고라** : 목 구조나 철 구조물로 지붕이 없이 구조물만으로 이루어진 것으로서 가령, 학교 운동장의 벤치가 있는 공간의 구조물이 이에 해당된다.

㉡ 신청자(소유자, 발주처 등을 포함), 설계자 및 시공자는 다음의 사항을 준수하여 설계·시공하고 감리원은 확인하여야 한다.

- 건축물의 설비기준 등에 관한 규칙(국토교통부령) 및 건축물에너지절약설계기준(국토교통부 고시)에 의해 단열을 해야 하는 BIPV와 연결된 건축물 부위에는 열손실 방지 대책을 설계, 시공시 반영하여야 한다.

- 모듈 온도 상승에 의한 모듈 등 건축 부자재 파괴를 방지하고 발전량 저감을 최소화하기 위해 모듈 배면으로의 태양일사 유입을 최소화하거나 모듈배면에 통풍이 가능한 방안을 설계, 시공 시 반영하여야 한다. 특히 내부 공기량이 적은 스팬드럴 등의 부위에 설치되는 경우, 백시트 방식을 적용하거나 GTOG(Glass To Glass)방식의 경우 모듈의 셀 대비 유리면적 비율 축소, 일사획득 계수가 낮은 BIPV 창호 적용 등 실내로의 태양일사 유입을 최소화하기 위한 적절한 방안을 설계 시 반영하여야 한다.
- 방수 기능은 외부의 비 또는 눈을 차단하는 것으로 모듈은 물론 모듈 외의 건축 외피와 모듈 사이의 접합부위 및 모듈 간의 접합부위를 밀실하게 하여야 한다.

⑥ 역전류 방지 다이오드 용량, 모듈 사양 또는 지지대(재료, 연결부, 기초 등)에 대한 표시 및 부착 상태 등 육안으로 확인이 어려운 경우에는 관련 규격서 또는 검수 자료 등으로 확인할 수 있다.

## 3 설계변경

### (1) 설계변경 및 계약금액 조정

① 감리원은 설계변경 및 계약금액의 조정업무 흐름을 참조하여 감리업무를 수행하여야 한다.

㉠ 업무흐름도

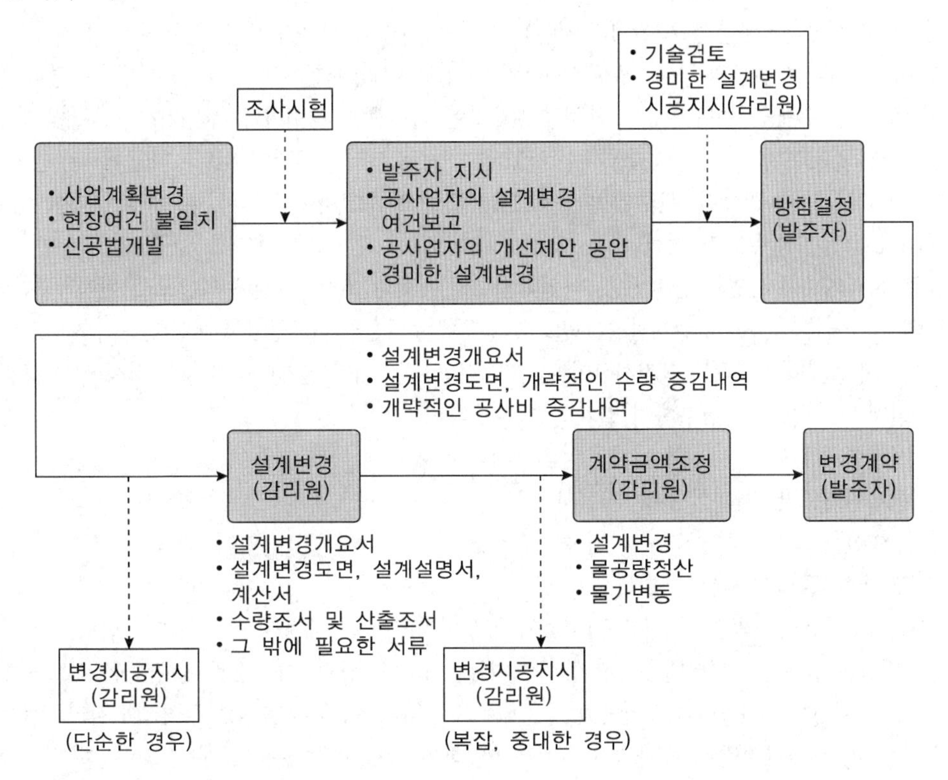

㉡ 설계변경에 따른 계약금액 조정 업무 처리절차

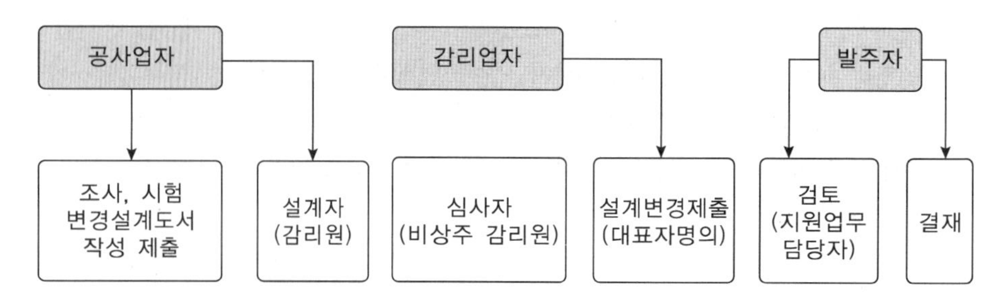


㉢ 설계변경의 사유

- 사업계획의 변경 : 규모의 변경, 사용재료의 변경, 구조의 변경
- 설계서의 부적합 : 설계서의 오류, 누락, 상호모순, 현장과의 불일치
- 기술개발비 보상 성격 : 신기술, 공법, 기자재 사용으로 공사비 절감, 시공기간 단축
- 기타 발주기관이 설계서를 변경할 필요가 있다고 인정할 경우

㉣ 설계변경에 해당하지 않는 경우

- 산출내역서상의 단가의 과다, 과소계상
- 품셈 및 일위대가의 조정
- 과다원가계산의 경우

② 감리원은 시공과정에서 당초 설계의 기본적인 사항인 전압, 변압기 용량, 공급방식, 접지방식, 계통보호, 간선규격, 시설물의 구조, 평면 및 공법 등의 변경 없이 현지 여건에 따른 위치변경과 연장증감 등으로 인한 수량증감이나 단순 시설물의 추가 또는 삭제 등의 경미한 설계변경 사항이 발생한 경우에는 설계변경도면, 수량증감 및 증감공사 내역을 공사업자로부터 제출받아 검토・확인하고 우선 변경 시공하도록 지시할 수 있으며, 사후에 발주자에게 서면으로 보고하여야 한다. 이 경우 경미한 설계변경의 구체적 범위는 발주자가 정한다.

③ 발주자는 외부적 사업환경의 변동, 사업추진 기본계획의 조정, 민원에 따른 노선변경, 공법변경, 그 밖의 시설물 추가 등으로 설계변경이 필요한 경우에는 다음의 서류를 첨부하여 반드시 서면으로 책임감리원에게 설계변경을 하도록 지시하여야 한다. 다만, 발주자가 설계변경 도서를 작성할 수 없을 경우에는 설계변경개요서만 첨부하여 설계변경 지시를 할 수 있다.

㉠ 설계변경개요서

㉡ 설계변경도면, 설계설명서, 계산서 등

㉢ 수량산출 조서

㉣ 그 밖에 필요한 서류

④ ③의 지시를 받은 책임감리원은 지체없이 공사업자에게 그 내용을 통보하여야 한다.

⑤ 공사업자는 설계변경 지시내용의 이행가능 여부를 당시의 공정, 자재수급 상황 등을 검토하여 확정하고, 만약 이행이 불가능하다고 판단될 경우에는 그 사유와 근거자료를 첨부하여 책임감리원에게 보고하여야 하고, 책임감리원은 그 내용을 검토・확인하여 지체없이 발주자에게 보고하여야 한다. 이 경우 설계변경 도서 작성에 소요되는 비용은 원칙적으로 발주자가 부담하여야 한다.

⑥ 감리원은 발주자의 방침에 따라 공사업자로부터 ③에 따른 설계변경 관련 서류를 받아 그 타당성에

관한 자료를 감리업자 명으로 발주자에게 제출하여야 한다. 이때 비상주감리원은 현지여건 등을 확인하여 책임감리원에게 기술검토서를 작성·제출할 수 있다.

⑦ 감리원은 공사업자가 현지여건과 설계도서가 부합되지 않거나 공사비의 절감 및 공사의 품질향상을 위한 개선사항 등 설계변경이 필요하다고 판단될 경우 설계변경사유서, 설계변경도면, 개략적인 수량증감내역 및 공사비 증감내역 등의 서류를 첨부하여 제출하면 이를 검토·확인하고 필요시 기술검토의견서를 첨부하여 발주자에게 실정을 보고하고, 발주자의 방침을 받은 후 시공하도록 조치하여야 한다. 감리원은 공사업자로부터 현장실정보고를 접수 후 기술검토 등을 요하지 않는 단순한 사항은 7일 이내, 그 외의 사항은 14일 이내에 검토처리 하여야 하며, 만일 기일 내 처리가 곤란하거나 기술적 검토가 미비한 경우에는 그 사유와 처리계획을 발주자에게 보고하고 공사업자에게도 통보하여야 한다.

⑧ 공사업자는 기초공사 또는 주 공정에 중대한 영향을 미치는 설계변경으로 방침확정이 긴급히 요구되는 사항이 발생하는 경우에는 ⑦의 절차에 따르지 아니하고 책임감리원에게 긴급현장 실정보고를 할 수 있으며, 책임감리원은 발주자에게 지체 없이 유선 또는 FAX 등으로 보고하여야 한다.

⑨ 발주자는 ⑦ 및 ⑧에 따라 설계변경 방침결정 요구를 받는 경우에는 설계변경에 대한 기술검토를 위하여 소속지원으로 기술검토팀(T/F팀)을 구성(필요시 민간전문가 구성)·운영할 수 있으며, 이 경우 단순사항은 7일 이내, 그 이외의 사항은 14일 이내에 방침을 확정하여 책임감리원에게 통보하여야 한다. 다만, 해당 기일 내에 처리가 곤란하여 방침결정이 지연될 경우에는 그 사유를 명시하여 통보하여야 한다.

⑩ 발주자는 설계변경 원인이 설계자의 하자라고 판단되는 경우에는 설계자에게 설계변경을 지시할 수 있다.

⑪ 감리원은 설계변경 등으로 인한 계약금액의 조정을 위한 각종 서류를 공사업자로부터 제출받아 검토·확인한 후 감리업자에게 보고하여야 하며, 감리업자는 소속 비상주감리원에게 검토·확인하게 하고 대표자 명의로 발주자에게 제출하여야 한다. 이때 변경설계도서의 설계자는 책임감리원, 심사자는 비상주감리원이 날인하여야 한다. 다만, 대규모 통합감리의 경우, 설계자는 실제 설계 담당 감리원과 책임감리원이 연명으로 날인하고 변경설계도서의 표지양식은 사전에 발주처와 협의하여 정한다.

⑫ 감리원은 설계변경 등으로 인한 계약금액 조정 업무처리를 지체함으로써 공사업자가 지급자재 수급 및 기성부분을 인정받지 못하여 공사추진에 지장을 초래하지 않도록 적기에 계약변경이 이루어질 수 있도록 조치하여야 한다. 최종 계약금액의 조정은 예비 준공검사기간 등을 고려하여 늦어도 준공예정일 45일 전까지 발주자에게 제출되어야 한다.

### (2) 물가변동으로 인한 계약금액의 조정

① 감리원은 공사업자로부터 물가변동에 따른 계약금액 조정요청을 받은 경우에는 다음의 서류를 작성·제출하도록 하고 공사업자는 이에 응하여야 한다.
  ㉠ 물가변동조정 요청서
  ㉡ 계약금액조정 요청서
  ㉢ 품목조정률 또는 지수조정률의 산출근거
  ㉣ 계약금액 조정 산출근거
  ㉤ 그 밖에 설계변경에 필요한 서류

② 감리원은 제출된 서류를 검토·확인하여 조정요청을 받은 날부터 14일 이내에 검토의견을 첨부하여 발주자에게 보고하여야 한다.

### (3) 설계변경 계약 전 기성고 및 지급자재의 지급

① 감리원은 발주자의 방침을 지시 받았거나, 승인을 받은 설계변경 사항의 기성고는 해당 공사의 변경계약을 체결하기 전이라도 당초 계약된 수량과 공사비 범위에서 설계변경 승인사항의 공사 기성부분에 대하여 확인하고 기성고를 사정하여야 한다. 발주자는 감리원이 확인하고 사정한 동 기성부분에 대하여 기성금을 지불하여야 한다.

Check!
- **기성고** : 이미 공사를 마친 부분이나 공정을 말한다.
- **사정** : 조사하거나 심사하여 결정한다.

② 감리원은 ①의 설계변경 승인사항에 따라 발주자가 공급하는 지급자재에 대하여 공사업자의 요청이 있을 경우에는 변경계약 체결 전이라도 공사추진상 필요한 경우에는 변경된 소요량을 확인한 후 발주자에게 지급을 요청할 수 있으며, 동 요청을 받은 발주자는 공사추진에 지장이 없도록 조치하여야 한다.

## 4 태양광발전시스템 구성

### (1) 태양광발전시스템 구성

① 태양전지 셀(Photovoltaic Cell) : 태양광선과 같은 빛에 노출될 때 전기를 생성할 수 있는 기본 전원발생 단위의 태양전지

② 태양전지 모듈(Photovoltaic Module) : 완전하게 환경적으로 보호된, 상호 연결된 태양전지 셀의 최소 조립체

③ 태양전지 어레이(Photovoltaic Array) : DC 전원 공급 단위를 형성하기 위한 기계적, 전기적으로 필요한 부품들을 통합한 태양전지 모듈의 조합

④ 태양전지 스트링(Photovoltaic String) : 태양전지 어레이가 요구되는 출력 전압을 생성하기 위해 태양전지 모듈이 직렬로 연결되어 있는 회로부분

⑤ 태양전지 어레이 접속함(Photovoltaic Array Junction Box) : 태양전지 어레이가 전기적으로 결선되어 있고, 필요한 경우 보호장치를 설치할 수 있는 외함

⑥ 태양전지 스트링 케이블(Photovoltaic String Cable) : 태양전지 스트링을 구성하기 위해 태양전지 모듈을 연결하는 케이블

⑦ 태양전지 어레이 케이블(Photovoltaic Array Cable) : 태양전지 어레이의 출력 케이블

⑧ 태양광 파워컨디셔너(PCS, Photovoltaic Inverter) : DC 전압과 전류를 AC 전압 및 전류로 변환하는 장치

⑨ 태양전지(PV) : DC 주케이블 태양전지 어레이 접속함과 태양전지 파워컨디셔너(PCS)의 DC 입력단자에 결선하는 케이블

### (2) 태양광발전시스템 구성분류

① 감리원 승인된 주요 기자재 : 태양전지 모듈, 파워컨디셔너(PCS), 분전반, 축전기반, 자동제어시스템(PC일체), 배관자재, 케이블

② 일반자재 : 부속류의 상태 및 도금 종류

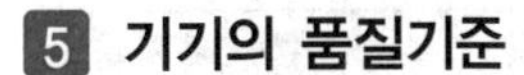

# 5 기기의 품질기준

## (1) 각종 기기의 품질기준

① 태양전지 셀

태양전지 셀의 시험항목에 따른 기기의 품질 및 평가기준은 다음 표와 같다.

| 시험항목 | 평가기준 |
|---|---|
| 육안 외형 및 치수 검사 | • 셀 : 깨짐, 크랙이 없는 것<br>• 치수는 156[mm] 미만일 때 제시한 값 대비 ±0.5[mm]<br>• 두께는 제시한 값 대비 ±40[$\mu$m] |
| 전류-전압 특성 시험 | • 출력의 분포는 정격출력의 ±3[%] 이내 |
| 온도 계수 시험 | • 평가기준 없음(시험결과만 표기) |
| 스펙트럼 응답 시험 | • 평가기준 없음(시험결과만 표기) |
| 2차 기준 태양전지 교정시험 | • 신규 교정시험<br>• 재교정 시 초기 교정값의 5[%] 이상 변화하면 사용불가<br>• 인증 필수시험 항목이 아닌 선택 시험항목 |

② 태양광발전용 파워컨디셔너(PCS)의 시험항목 품질기준

태양광발전용 독립형/연계형 인버터의 시험항목

| 시험항목 | | 독립형 | 계통연계형 | 구 분 |
|---|---|---|---|---|
| 1. 구조시험 | | ○ | ○ | 비고 1 |
| 2. 절연성능시험 | 절연저항시험 | ○ | ○ | 비고 1 |
| | 내전압시험 | ○ | ○ | 비고 1 |
| | 감전보호시험 | ○ | ○ | 비고 1 |
| | 절연거리시험 | ○ | ○ | 비고 1 |
| 3. 보호기능시험 | 출력 과전압 및 부족전압 보호기능시험 | ○ | ○ | |
| | 주파수 상승 및 저하 보호기능시험 | ○ | ○ | |
| | 단독운전 방지기능시험 | × | ○ | |
| | 복전 후 일정시간 투입방지 기능시험 | × | ○ | |
| 4. 정상특성시험 | 교류전압, 주파수 추종범위 시험 | × | ○ | |
| | 교류출력전류 변형률 시험 | × | ○ | |
| | 누설전류시험 | ○ | ○ | 비고 1 |
| | 온도상승시험 | ○ | ○ | 비고 1 |
| | 효율시험 | ○ | ○ | |
| | 대기손실시험 | × | ○ | |
| | 자동기동·정지시험 | × | ○ | |
| | 최대출력 추종시험 | × | ○ | |
| | 출력전류 직류분 검출 시험 | × | ○ | |
| 5. 과도응답 특성시험 | 입력전력 급변시험 | ○ | ○ | |
| | 계통전압 급변시험 | × | ○ | |
| | 계통전압위상 급변시험 | × | ○ | |

| 시험항목 | | 독립형 | 계통연계형 | 구 분 |
|---|---|---|---|---|
| 6. 외부사고 시험 | 출력 측 단락시험 | ○ | ○ | |
| | 계통전압 순간정전·강하시험 | × | ○ | |
| | 부하차단시험 | ○ | ○ | |
| 7. 내전기 환경시험 | 계통전압 왜형률내량시험 | × | ○ | |
| | 계통전압 불평형시험 | × | ○ | |
| | 부하 불평형시험 | ○ | × | |
| 8. 내주위 환경시험 | 습도시험 | ○ | ○ | 비고 1 |
| | 온습도 사이클 시험 | ○ | ○ | 비고 1 |
| 9. 전자기적합성(EMC) | 전자파 장해(EMI) | ○ | ○ | 비고 1 |
| | 전자파 내성(EMS) | ○ | ○ | 비고 1 |

[비고 1] 실내·외 설치를 위해 케이스 변경 시 인증모델의 유사모델을 적용하여, 이 항목만 실시한다.
[비고 2] 부하 불평형 시험은 3상 인버터만 적용한다.
[비고 3] 감전보호시험과 전자기 적합성 시험은 전기용품 안전인증기관 및 정부 출연 시험기관에서 시험한 성적서로 대체할 수 있다.

③ 태양광발전용 접속함

㉠ 태양광 어레이 접속함의 종류

| 모듈 보호전류에 의한 분류 | 사용전압에 의한 분류 |
|---|---|
| 10[A] 이하 | 600[V] 이하 |
| 10[A] 초과 15[A] 이하 | 600[V] 초과 1,000[V] 이하 |
| 15[A] 초과 | 1,000[V] 초과 |

㉡ 태양광발전용 접속함의 성능기준

| 시험항목 | | | 시험방법 | 판정기준 |
|---|---|---|---|---|
| 절연저항 | | | 절연저항시험 | 1[MΩ] 이상일 것 |
| 내전압 | | | 내전압시험 | $(2E+1,000)$[V], 1분간 견딜 것 |
| 조작성능 | 수동조작 | 개폐조작 | 차단성능시험 | 조작이 원활하고 확실하게 개폐동작을 할 것 |
| | 전기조작 | 투입조작 | | 조작회로의 정격전압(85~110)[%] 범위에서 지장없이 투입할 수 있을 것 |
| | | 개방조작 | | 조작회로의 정격전압(85~110)[%] 범위에서 지장없이 개방 및 리셋할 수 있을 것 |
| | | 전압트립 | | 조작회로의 정격전압(75~125)[%] 범위 내의 모든 트립 전압에서 지장없이 트립이 될 것 |
| | | 트립자유 | | 차단기 트립을 확실히 할 수 있을 것 |
| 차단기 성능 | | | KS C IEC 60898-2 | KS C IEC 60898-2에 따른 승인을 득한 부품을 사용할 것(태양광 어레이의 최대개방전압 이상의 직류차단 전압을 가지고 있을 것) |

㉢ 태양광발전용 접속함의 환경기준

| 시험항목 | 시험방법 | 시험조건 | | 판정기준 |
|---|---|---|---|---|
| 온·습도 사이클 시험 | 7.3.1 | • (25±2)℃,(93±3)[%]RH, 1시간<br>• (65±2)℃,(93±3)[%]RH, 5.5시간<br>• (25±2)℃,(93±3)[%]RH, 1시간<br>• (−10±2)℃, 3시간<br>• 시험주기 : 10 주기 | | 6.3.3 성능시험의 각 항에 이상이 없을 것 |
| 진동시험 | 7.3.2 | • 시험주파수 : (10~55)[Hz]<br>• 진폭 : 1.5[mm]<br>• 스위프시간 : (10~55~10)[Hz/1분]<br>• 시험시간 : 각 3시간/축, X, Y, Z 3축 | | 6.3.3 성능시험의 각 항에 이상이 없을 것 |
| 충격시험 | 7.3.3 | • 정현반파<br>• 가속도 : 500[m/s]<br>• 공칭펄스 : 11[m/s]<br>• 상하 방향 각 3회 | | 6.3.3 성능시험의 각 항에 이상이 없을 것 |
| 염수분무 시험 | 7.3.4 | • 염수분무 : 2시간<br>• (40±2)[℃], (90~95)%RH : 22시간<br>• 시험주기 : 3 주기 | | 현저한 부식이 없을 것 |
| 서지내성 시험 | 7.3.5 | • 전압서지(개방 회로전압)이 1.2/50[μs]<br>• 전류서지 8/20[μs]<br>• 표에서 시험레벨 선정 | | 6.3.3 성능시험의 각 항에 이상이 없을 것 |
| 방진방수 시험 | 7.3.6 | 실내 IP20 | • 지름이 12[mm], 길이 80[mm]인 접속시험 핑거<br>• 지름이 12.5[mm]인 구모양의 분진검사용 프로브 | • 위험 부분과 적당한 공간거리를 둘 것<br>• 완전히 통과하지 않을 것 |
| | | 실외 IP44 | • 지름이 1.0[mm]인 접근 프로브<br>• 지름이 1.0[mm]인 분진검사용 프로브<br>• 모든 방향에서 위곽으로 분사 | • 통과하지 않을 것<br>• 조금도 통과하지 않을 것<br>• 해로운 영향을 미치지 않을 것 |

④ 태양광 충전제어시스템 품질기준

**기능시험 항목 요약**

| 분 류 | 시험구분 | 시험항목 | 비 고 |
|---|---|---|---|
| 충전 조절기 | 일반기능시험 | • 최대허용 충전전류<br>• 최대허용 부하전류<br>• 충전조절기의 정격전압<br>• 축전지 전압(명시)<br>• 최대시스템 전압(명시)<br>• 최소시스템 전압(명시)<br>• 고충전 분리 시 전압<br>• 고충전 재연결 시 전압<br>• 저충전 분리 시 전압<br>• 저충전 재연결 시 전압<br>• 태양전지모듈의 개방전압(명시) | 초기 측정값은 제시된 값(정격값)의 ±3[%] 이내<br>환경시험 후의 변화는 초기 측정값의 ±2[%] 이내 |
| | 개별요구사항 | 축전지 제거 후의 충전조절기의 출력전압의 제한 | 출력제한값 이내 |
| | | 충전조절기의 충전우선순위 설정기능<br>• 계통연계형 및 하이브리드 발전제어시스템에 한한다. | 충전우선순위 결정시험 |
| | | 사용자 피드백<br>• 충전상태의 표시<br>• 부하분리상태의 표시<br>• 연결된 축전지의 충전상태 표시 | 가능 확인 |

| 분 류 | 시험구분 | 시험항목 | 비 고 |
|---|---|---|---|
| 충전 조절기 | 개별요구사항 | 특수성능시험<br>• 임계값에 대한 온도보상<br>• 전압강하 시험<br>• 역극성 보호시험<br>• 과부하 보호시험 | 납축전지용 충전조절기 |
| 축전지 | 일반기능시험 | 축전지 용량시험(C10) | 정격용량의 95[%] 이상 각 환경시험 후의 충전량 손실은 20[%] 이하 |
| | 개별요구사항 | • 고온에서의 2차 축전지 충전유지<br>• 사이클 능력(참조)<br>• 2차 축전지의 Ah 사이클의 효율 | Ah 사이클 효율 94[%](납축전지), 90[%](니켈-카드뮴) 이상 |
| 인버터 | 일반기능시험 | 전력효율, 역률, MPPT 효율(정격출력의 10[%], 25[%], 50[%], 75[%], 100[%], 120[%])시험 | 초기 측정값은 제시된 값(정격값)의 ±3[%] 이내, 환경시험 후의 변화는 초기 측정값의 ±2[%] 이내 |
| | 개별요구사항 | 없 음 | |

### (2) 품질관리 관련 감리업무

① 감리원은 공사업자가 공사계약문서에서 정한 품질관리계획대로 품질에 영향을 미치는 모든 작업을 성실하게 수행하는지 검사·확인 및 관리할 책임이 있다.

② 감리원은 공사업자가 품질관리계획 이행을 위해 제출하는 문서를 검토·확인 후 필요한 경우에는 발주자에게 승인을 요청하여야 한다.

③ 감리원은 품질관리계획이 발주자로부터 승인되기 전까지는 공사업자에게 해당 업무를 수행하게 하여서는 안 된다.

④ 감리원이 품질관리계획과 관련하여 검토·확인하여야 할 문서는 계획서, 절차 및 지침서 등을 말한다.

⑤ 감리원은 공사업자가 작성·제출한 품질관리계획서에 따라 품질관리 업무를 적정하게 수행하였는지 여부를 검사·확인하여야 하며, 검사 결과 시정이 필요한 경우에는 공사업자에게 시정을 요구할 수 있으며, 시정을 요구받은 공사업자는 지체 없이 시정하여야 한다.

⑥ 감리원은 부실시공으로 인하여 재시공 또는 보완 시공되지 않도록 가급적 품질상태를 수시로 검사·확인하여 부실공사가 사전에 방지되도록 적극 노력하여야 한다.

### (3) 중점 품질관리

① 중점 품질관리 대상 선정

감리원은 해당 공사의 설계도서, 설계설명서, 공정계획 등을 검토하여 품질관리가 소홀해지기 쉽거나 하자발생 빈도가 높으며 시공 후 시정이 어렵고 많은 노력과 경비가 소요되는 공종 또는 부위를 중점 품질관리 대상으로 선정하여 다른 공종에 비하여 우선적으로 품질관리 상태를 입회, 확인하여야 하며 중점 품질관리 공종 선정 시 고려해야 할 사항은 다음과 같다.

㉠ 공정 계획에 따른 월별, 공종별 시험 종목 및 시험횟수

㉡ 공사업자의 품질관리 요원 및 공정에 따른 충원계획

㉢ 품질관리 담당 감리원이 직접 입회, 확인이 가능한 적정시험횟수

㉣ 공정의 특성상 품질관리 상태를 육안 등으로 간접 확인할 수 있는지 여부
㉤ 작업조건의 양호, 불량상태
㉥ 다른 현장의 시공사례에서 하자발생 빈도가 높은 공종인지 여부
㉦ 품질관리 불량부위의 시정이 용이한지 여부
㉧ 시공 후 지중에 매몰되어 추후 품질확인이 어렵고 재시공이 곤란한지 여부
㉨ 품질 불량 시 인근 부위 또는 다른 공종에 미치는 영향의 대소
㉩ 시공이 광활한 지역에서 이루어져 접근이 용이한지 여부

② 중점 품질관리방안 수립

감리원은 선정된 중점 품질관리 공종별로 관리방안을 수립하여 공사업자에게 실행하도록 지시하고 실행결과를 수시로 확인하여야 한다. 중점 품질관리방안 수립 시 다음의 내용이 포함되어야 한다.

㉠ 중점 품질관리 공정의 선종
㉡ 중점 품질관리 공종별로 시공 중, 시공 후 발생되는 예상 문제점
㉢ 각 문제점에 대한 대책방안 및 시공지침
㉣ 중점 품질관리 대상 시설물, 시공부분, 하자발생 가능성이 큰 지역 또는 부분을 선정
㉤ 중점 품질관리 대상의 세부관리 항목의 선정
㉥ 중점 품질관리 공종의 품질확인 지침
㉦ 중점 품질관리 대장을 작성, 기록·관리하고 확인하는 절차

③ 중점 품질관리대상 관리

감리원은 중점 품질관리 대상으로 선정된 공종은 효율적인 품질관리를 위하여 다음과 같이 관리하여야 한다.

㉠ 감리원은 중점 품질관리 대상으로 선정된 공종에 대한 관리방안을 수립하여 시행 전에 발주자에게 보고하고 공사업자에게도 통보한다.
㉡ 해당 공종 및 시공부위는 상황판이나 도면 등에 표기하여 업무담당자, 감리원, 공사업자 모두가 항상 숙지하도록 한다.
㉢ 공정계획 시 중점 품질관리 대상 공종이 동시에 여러 개소에서 시공되거나 공휴일, 야간 등 관리가 소홀해질 수 있는 시기에 시공되지 않도록 조정한다.
㉣ 필요시 해당 부위에 "중점 품질관리 공종" 팻말을 설치하고 주의사항을 명기한다.
㉤ 시공 중 감리원은 물론 시공관리책임자가 반드시 입회하도록 한다.

### (4) 성능시험계획

① 감리원은 공사업자에게 각 공정마다 준비과정에서부터 작업완료까지의 각 과정마다 품질확보를 위한 수단, 절차 등을 규정한 총체적 품질관리계획서(TQC ; Total Quality Control)를 작성·제출하도록 하고 이를 검토·확인하여야 한다.

② 감리원은 해당 공사에 사용될 전기기계·기구 및 자재가 규격에 적합한 것이 선정되고 시공 시 품질관리가 효과적으로 수행되어 하자발생을 사전에 예방할 수 있도록 품질관리 계획을 다음과 같이 지도한다.

㉠ 공정계획에 따라 시험 종목을 선정하여 공사업자가 적정 품질관리를 할 수 있도록 사전에 지도한다.

㉡ 공인기관에 의뢰시험을 시행해야 할 종목과 현장에서 실시 가능한 종목으로 구분하여 시험계획을 수립하고 의뢰시험의 경우에는 의뢰시험기관을 사전에 선정하여 소요 시험기간을 확인하며 현장시험의 경우에는 공정계획에 따라 소요 시험장비를 사전에 미리 현장 시험실에 비치하도록 한다.

㉢ 각종 시험기록 서식은 해당 공사의 특성에 적합하도록 결정하고 공사업자가 공정계획서를 제출할 때에는 품질관리에 필요한 시험요원수와 시험장비 등을 명시한 품질관리계획서를 첨부하도록 하여 효율적인 품질관리가 이루어질 수 있도록 사전 점검한다.

㉣ 공사업자가 품질관리 시험요원의 자격이나 능력을 보유하고 있는지 확인하고 미흡한 부분은 사전에 교육・지도하며, 품질관리에 부적합한 자를 형식적으로 배치하였을 경우에는 교체하도록 한다.

㉤ 1일 공정계획에 따른 품질관리 시험계획서를 접수하면 공정별, 시험 종목별 품질관리 시험요원을 확인하고 중점 품질관리 대상인 경우에는 품질관리 시험이 우선적으로 이루어질 수 있도록 지도한다.

㉥ 공사업자의 품질관리책임자는 책임기술자를 임명하여 품질관리에 대한 책임과 권한이 시공관리책임자와 동등 수준이 되어 실질적인 품질관리가 이루어질 수 있도록 확인한다.

㉦ 발주자는 품질관리시험의 비용과 시험장비 구입손료 등을 공사비에 계상하여야 하며, 누락되었을 경우에는 설계변경 시 반영하도록 한다.

### (5) 품질관리검사 요령

① 감리원은 공사업자가 작성・제출한 품질관리계획서에 따라 검사・확인이 시행되는지를 확인하여야 한다.

② 감리원은 품질관리를 위한 검사・확인은 전기사업법에 따른 전기설비기술기준 및 산업표준화법에 따른 한국산업표준에 따라 시행되는지 확인하여야 한다.

③ 감리원은 발주자 또는 공사업자가 품질검사・확인을 외부 전문기관 등에 대행시키고자 할 때에는 그 적정성 여부를 검토・확인하여야 한다.

### (6) 검사성과에 관한 확인

감리원은 해당 공사의 품질관리를 효율적으로 수행하기 위하여 공정별 검사종목과 측정방법 및 품질관리기준을 숙지하고 공사업자가 제출한 품질관리 검사성과를 확인하여야 하며, 검사성과표를 다음과 같이 활용하여야 한다.

① 감리원은 공사업자에게 공사의 검사성과표가 준공검사 완료까지 기록・보관되도록 하고 이를 기성검사, 준공검사 등에 활용하여야 한다.

② 감리원은 검사결과 미비점이 발견되거나 불합격으로 판정되어 재검사를 실시하였을 경우에는 당초 검사성과표를 반드시 첨부하고, 이를 모두 정비・보관하여야 한다.

③ 발주자는 지형・지세에 따라 달라지는 대지저항률과 접지저항측정 등의 확인・기록 및 입회절차를 생략하고 매몰하는 행위를 발견하였을 때에는 해당 부위에 대한 각종 시험 등을 무효로 처리하고 필요 시 재시험을 할 수 있으며, 설계도서 및 관계법령에 적합하게 유지・관리되도록 하여야 한다.

## 6 구조물 종류별 검사

### (1) 시공관리 관련 감리업무

감리원은 공사가 설계도서 및 관계 규정 등에 적합하게 시공되는지 여부를 확인하고 공사업자가 작성·제출한 시공계획서, 시공상세도의 검토·확인 및 시공단계별 검사, 현장설계변경 여건처리 등의 시공관리 업무를 통하여 공사목적물이 소정의 공기 내에 우수한 품질로 완공되도록 철저를 기하여야 한다.

### (2) 시공계획서의 검토·확인

① 감리원은 공사업자가 작성·제출한 시공계획서를 공사 시작일부터 30일 이내에 제출받아 이를 검토·확인하여 7일 이내에 승인하여 시공하도록 하여야 하고, 시공계획서의 보완이 필요한 경우에는 그 내용과 사유를 문서로서 공사업자에게 통보하여야 한다. 시공계획서에는 시공계획서의 작성 기준과 함께 다음 내용이 포함되어야 한다.

㉠ 현장 조직표
㉡ 공사 세부공정표
㉢ 주요 공정의 시공절차 및 방법
㉣ 시공일정
㉤ 주요 장비 동원계획
㉥ 주요 기자재 및 인력투입 계획
㉦ 주요 설비
㉧ 품질·안전·환경관리 대책 등

② 감리원은 시공계획서를 공사 착공신고서와 별도로 실제 공사시작 전에 제출받아야 하며, 공사 중 시공계획서에 중요한 내용변경이 발생할 경우에는 그때마다 변경 시공계획서를 제출받은 후 5일 이내에 검토·확인하여 승인한 후 시공하도록 하여야 한다.

### (3) 시공상세도 승인

① 감리원은 공사업자로부터 시공상세도를 사전에 제출받아 다음 사항을 고려하여 공사업자가 제출한 날부터 7일 이내에 검토·확인하여 승인 후 시공할 수 있도록 하여야 한다. 다만, 7일 이내에 검토·확인이 불가능한 때에는 사유 등을 명시하여 통보하고, 통보사항이 없는 때에는 승인한 것으로 본다.

㉠ 설계도면, 설계설명서 또는 관계 규정에 일치하는지 여부
㉡ 현장의 시공기술자가 명확하게 이해할 수 있는지 여부
㉢ 실제시공 가능 여부
㉣ 안정성의 확보 여부
㉤ 계산의 정확성
㉥ 제도의 품질 및 선명성, 도면작성 표준에 일치 여부
㉦ 도면으로 표시 곤란한 내용은 시공 시 유의사항으로 작성되었는지 등의 검토

② 시공상세도는 설계도면 및 설계설명서 등에 불명확한 부분을 명확하게 해 줌으로써 시공상의 착오 방지 및 공사의 품질을 확보하기 위한 수단으로 다음 사항에 대한 것과 공사 설계설명서에서 작성하도록 명시한 시공상세도에 대하여 작성하였는지를 확인한다. 다만, 발주자가 특별 설계설명서에 명시한 사항과 공사 조건에 따라 감리원과 공사업자가 필요한 시공상세도를 조정할 수 있다.

㉠ 시설물의 연결·이음부분의 시공 상세도

㉡ 매몰시설물의 처리도

㉢ 주요 기기 설치도

㉣ 규격, 치수 등이 불명확하여 시공에 어려움이 예상되는 부위의 각종 상세도면

③ 공사업자는 감리원이 시공상 필요하다고 인정하는 경우에는 시공상세도를 제출하여야 하며, 감리원이 시공상세도(Shop Drawing)를 검토·확인하여 승인할 때까지 시공을 해서는 아니 된다.

### (4) 금일 작업실적 및 계획서의 검토·확인

① 감리원은 공사업자로부터 명일 작업계획서를 제출받아 공사업자와 그 시행상의 가능성 및 각자가 수행하여야 할 사항을 협의하여야 하고 명일 작업계획의 공종 및 위치에 따라 감리원의 배치, 감리시간 등의 일일 감리업무 수행을 검토·확인하고 이를 감리일지에 기록하여야 한다.

② 감리원은 공사업자로부터 금일 작업실적이 포함된 공사업자의 공사일지 또는 작업일지 사본(공사업자 자체양식)을 제출받아 계획대로 작업이 추진되었는지 여부를 확인하고 금일 작업실적과 사용자재량, 품질관리 시험횟수 및 성과 등이 서로 일치하는지 여부를 검토·확인하여 이를 감리일지에 기록하여야 한다.

### (5) 시공확인

감리원은 다음의 시공 확인업무를 수행하여야 한다.

① 공사목적물을 제조, 조립, 설치하는 시공과정에서 가설시설물공사와 영구시설물공사의 모든 작업 단계의 시공상태를 확인한다.

② 시공·확인하여야 할 구체적인 사항은 해당 공사의 설계도면, 설계설명서 및 관계 규정에 정한 공종을 반드시 확인한다.

③ 공사업자가 측량하여 말뚝 등으로 표시한 시설물의 배치 위치를 공사업자로부터 제출받아 시설물의 위치, 표고, 치수의 정확도를 확인한다.

④ 수중 또는 지하에서 수행하는 시공이나 외부에서 확인하기 곤란한 시공에는 반드시 검사하여 시공 당시 상세한 경과기록 및 사진촬영 등의 방법으로 그 시공내용을 명확히 입증할 수 있는 자료를 작성하여 비치하고, 발주자 등의 요구가 있을 때에는 제시한다.

### (6) 검사업무

① 감리원은 다음의 검사업무 수행의 기본방향에 따라 검사업무를 수행하여야 한다.

㉠ 감리원은 현장에서의 시공확인을 위한 검사는 해당 공사와 현장조건을 감안한 "검사업무지침"을 현장별로 작성·수립하여 발주자의 승인을 받은 후 이를 근거로 검사업무를 수행함을 원칙으로

한다. 검사업무지침은 검사하여야 할 세부공종, 검사절차, 검사시기 또는 검사빈도, 검사 체크리스트 등의 내용을 포함하여야 한다.

㉡ 수립된 검사업무지침은 모든 시공 관련자에게 배포하고 주지시켜야 하며, 보다 확실한 이행을 위하여 교육한다.

㉢ 현장에서의 검사는 체크리스트를 사용하여 수행하고, 그 결과를 검사 체크리스트에 기록한 후 공사업자에게 통보하여 후속 공정의 승인여부와 지적사항을 명확히 전달한다.

㉣ 검사 체크리스트에는 검사항목에 대한 시공기준 또는 합격기준을 기재하여 검사결과의 합격여부를 합리적으로 신속 판정한다.

㉤ 단계적인 검사로는 현장 확인이 곤란한 공종은 시공 중 감리원의 계속적인 입회·확인으로 시행한다.

㉥ 공사업자가 검사요청서를 제출할 때 시공기술자 실명부가 첨부되었는지를 확인한다.

㉦ 공사업자가 요청한 검사일에 감리원이 정당한 사유없이 검사를 하지 않는 경우에는 공정추진에 지장이 없도록 요청한 날 이전 또는 휴일 검사를 하여야 하며 이때 발생하는 감리대가는 감리업자가 부담한다.

② 감리원은 다음 사항이 유지될 수 있도록 검사 체크리스트를 작성하여야 한다.

㉠ 체계적이고 객관성 있는 현장 확인과 승인

㉡ 부주의, 착오, 미확인에 따른 실수를 사전 예방하여 충실한 현장 확인업무 유도

㉢ 확인·검사의 표준화로 현장의 시공기술자에게 작업의 기준 및 주안점을 정확히 주지시켜 품질향상을 도모

㉣ 객관적이고 명확한 검사결과를 공사업자에게 제시하여 현장에서의 불필요한 시비를 방지하는 등의 효율적인 확인·검사업무 도모

③ 감리원은 다음의 검사절차에 따라 검사업무를 수행하여야 한다.

㉠ 검사 체크리스트에 따른 검사는 1차적으로 시공관리책임자가 검사하여 합격된 것을 확인한 후 그 확인한 검사 체크리스트를 첨부하여 검사 요청서를 감리원에게 제출하면 감리원은 1차 점검내용을 검토한 후, 현장 확인 검사를 실시하고 검사결과 통보서를 시공관리책임자에게 통보한다.

㉡ 검사결과 불합격인 경우에는 그 불합격된 내용을 공사업자가 명확히 이해할 수 있도록 상세하게 불합격 내용을 첨부하여 통보하고, 보완시공 후 재검사를 받도록 조치한 후 감리일지와 감리보고서에 반드시 기록하고 공사업자가 재검사를 요청할 때에는 잘못 시공한 시공기술자의 서명을 받아 그 명단을 첨부하도록 하여야 한다.

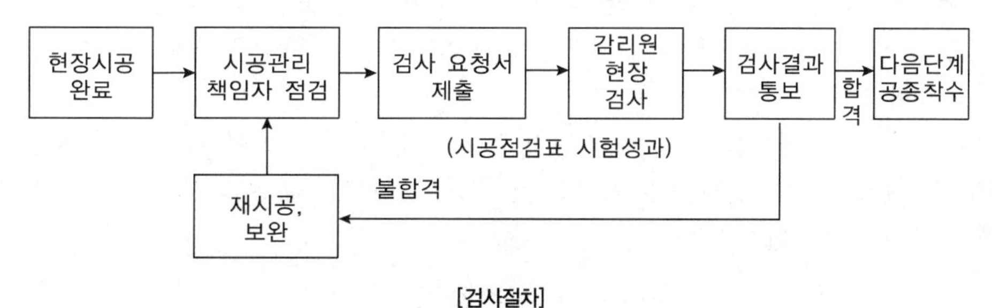


[검사절차]

④ 감리원은 검사할 검사항목을 계약설계도면, 설계설명서, 기술기준, 지침 등의 관련 규정을 기준으로 작성하며 공사 목적물을 소정의 규격과 품질로 완성하는데 필수적인 사항을 포함하여 검사항목을 결정하여야 한다.

⑤ 감리원은 시공계획서에 따른 일정 단계의 작업이 완료되면 공사업자로부터 검사 요청서를 제출받아 그 시공상태를 확인·검사하는 것을 원칙으로 하고, 가능한 한 공사의 효율적인 추진을 위하여 시공과정에서 수시로 입회하여 확인·검사하도록 한다.

⑥ 감리원은 검사할 세부공종과 시기를 작업 단계별로 정확히 파악하여 검사를 수행하여야 한다.

### (7) 특수공법 검토

① **비상주감리원 활용** : 감리원은 특수한 공법이 적용되는 경우의 기술검토 및 시공상 문제점 등을 검토할 때마다 비상주감리원 등을 활용한다.

② **외부 전문가의 자문** : 필요시 발주자와 협의하여 외부 전문가의 자문을 받아 검토의견을 제시할 수 있으며, 특수한 공종에 대하여 외부 전문가의 감리 참여가 필요하다고 판단될 경우에는 발주자와 협의하여 조치할 수 있다.

### (8) 기술검토 의견서

① 감리원은 시공 중 발생하는 기술적 문제점, 설계변경사항, 공사계획 및 공법변경 문제, 설계도면과 설계설명서 상호 간의 차이, 모순 등의 문제점, 그 밖에 공사업자가 시공 중 당면하는 문제점 및 발주자가 해당 공사의 기술검토를 요청한 사항에 대하여 현지실정을 충분히 조사, 검토, 분석하여 공사업자가 공사를 원활히 수행할 수 있는 해결방안을 제시하여야 한다.

② 기술검토는 반드시 기술검토서를 작성·제출하여야 하고 상세 기술검토 내역 또는 근거가 첨부되어야 한다.

## 7 시공단계별 품질확인

### (1) 주요기자재 공급원의 검토·승인

① 감리원은 공사업자에게 공정계획에 따라 사전에 주요기자재(KS의무화 품목 등) 공급원 승인신청서를 기자재 반입 7일 전까지 제출하도록 하여야 한다. 다만, 관련 법령에 따라 품질검사를 받았거나, 품질을 인정받은 기자재에 대하여는 예외로 한다.

② 감리원은 시험성적서가 품질기준을 만족하는지 여부를 확인하고 품명, 공급원, 납품실적 등을 고려하여 적합한 것으로 판단될 경우에는 주요기자재 공급승인 요청서를 제출받은 날부터 7일 이내에 검토하여 승인하여야 한다.

③ 감리원은 공사업자에게 KS마크가 표시된 양질의 기자재를 선정하도록 감리하여야 한다.

④ 감리원은 주요기자재 공급원 승인 후에도 반입 사용자재에 대한 품질관리시험 및 품질변화여부 등에 대해서도 수시로 확인하여야 한다.

⑤ 감리원은 주요기자재 공급승인 요청서를 공사업자로부터 제출받을 때 주요기자재에 대하여는 생산 중지 등 부득이한 경우에 대처할 수 있도록 대책을 마련할 것을 지시하여야 한다.

⑥ 감리원은 주요기자재 공급승인 요청서에 다음의 서류를 첨부하도록 하여야 한다.

㉠ 품질시험 대행 국·공립시험기관의 시험성과

㉡ 납품실적 증명

㉢ 시험성과 대비표

| 시험항목 | 시방기준 | 시험성과 | 판정, 비교 |
|---|---|---|---|
| | | | |

## (2) 주요기자재 및 지급자재의 검수 및 관리

① 감리원은 공사업자에게 공정계획에 따라 사전에 주요기자재 수급계획을 수립하여 기자재가 적기에 현장에 반입되도록 검토하고, 지급기자재의 수급계획에 대하여는 발주자에 보고하여 기자재의 수급차질에 따른 공정지연이 발생하지 않도록 하여야 한다.

② 감리원은 주요기자재 수급계획이 공정계획과 부합되는지 확인하고 미비점이 있으면 공사업자에게 계획을 수정하도록 하여야 한다.

③ 감리원은 공사 목적물을 구성하는 주요기기, 설비, 제조품, 자재 등의 주요기자재가 공급원 승인을 받은 후 현장에 반입되면 공사업자로부터 송장 사본을 접수함과 동시에 반입된 기자재를 검수하고, 그 결과를 검수부에 기록·비치하여야 한다.

④ 감리원은 계약 품질조건과의 일치여부를 확인하는 기자재 검수를 할 때에 규격, 성능, 수량뿐만 아니라 반드시 품질의 변질여부를 확인하여야 하고, 변질되었을 때에는 즉시 현장에서 반출하도록 하고 반출여부를 확인하여야 하며 의심스러운 것은 별도 보관하도록 한 후 품질시험 결과에 따라 검수여부를 확정하여야 한다.

⑤ 감리원은 공사업자에게 현장에 반입된 기자재가 도난 및 우천에 따른 훼손 또는 유실되지 않게 품목별, 규격별로 관리·저장하도록 하여야 하고 공사현장에 반입된 검수기자재 또는 시험합격 기자재는 공사업자 임의로 공사현장 이외로는 반출하지 못하도록 하여야 하며 주요기자재 검수 및 수불부에 기록·관리하여야 한다.

⑥ 감리원은 수급 요청한 기자재가 배정되면 납품지시서에 기록된 품명, 수량, 인도장소 등을 확인하고, 공사업자에게 인수 준비 후 인수하도록 하여야 한다.

⑦ 감리원은 현장에서 품질시험·검사를 실시할 수 없는 기자재는 공사업자와 공동 입회하여 생산 공장에서 시험·검사를 실시하거나 의뢰시험을 요청하여 시험결과를 사전에 검토하여 품질을 확인하여야 한다.

⑧ 감리원은 기자재가 현장에 반입되면 송장 또는 납품서를 확인하고 수량, 규격, 외관상태 등을 검사하며, 주요기자재 운반차량의 송장을 확인하여 과적차량으로 확인되면 반입을 금지시켜야 한다.

⑨ 감리원은 지급기자재의 현장 반입검사 이후 이의 제기 등을 예방하기 위하여 공사업자가 검사에 입회하도록 한다.

⑩ 감리원은 지급기자재에 대한 검수조서를 작성할 때에는 공사업자가 입회하여 날인하도록 하고, 검수조서는 발주자에게 보고하여야 한다.

⑪ 공사업자는 현지 사정에 따라 지급기자재가 적기에 공급되지 못하여 공사 추진에 지장이 발생한 경우에는 대체 사용요청을 할 수 있다.

⑫ 감리원은 공정계획, 공기 등을 감안하여 공사업자의 요청으로 대체 사용이 불가피하다고 판단될 경우에는 발주자의 승인을 받은 후 허용하도록 한다.

⑬ 감리원은 대체 사용 기자재에 대하여도 품질, 규격 등을 확인하고 검수를 해야 한다.

⑭ 감리원은 잉여지급 기자재가 발생하였을 때에는 품명, 수량 등을 조사하여 발주자에게 보고하여야 하며, 공사업자에게 지정장소에 반납하도록 하여야 한다.

### (3) 지장물 등 철거 확인

① 감리원은 기존시설물을 철거할 때에는 공사업자에게 철거품목의 규격·수량 등을 조사하도록 하고, 철거 전·후의 광경사진도 촬영(동일지점)하도록 하여 조사내역과 사진을 제출받아 확인·검토하여 필요 시 발주자에게 보고하여야 한다.

② 감리원은 공사 중에 지하매설물 등 새로운 지장물을 발견하였을 때에는 공사업자로부터 상세한 내용이 포함된 지장물 조서를 제출받아 이를 확인한 후 발주자에게 조속히 보고하여야 한다.

**Check!** **지장물** : 당해 공공사업의 수행을 위하여 직접 필요로 하지 않는 물건을 말한다.

### (4) 현장상황 보고

① 감리원은 시공 중 불가항력적인 재해의 발생, 시공 중단의 필요성 등 감리원의 권한에 속하지 않는 사태가 발생될 경우에는 육하원칙에 따라 검토의견을 첨부하여 발주자에게 현장상황을 신속히 보고하고 그 지시에 따라야 한다.

② 감리원은 공사현장에 다음의 사태가 발생하였을 때에는 필요한 응급조치를 취하는 동시에 상세한 경위를 발주자에게 보고하여야 한다.

㉠ 천재지변 등의 사유로 공사현장에 피해가 발생하였을 때

㉡ 시공관리책임자가 승인 없이 2일 이상 현장에 상주하지 않을 때

㉢ 공사업자가 정당한 사유 없이 공사를 중단할 때

㉣ 공사업자가 계약에 따른 시공능력이 없다고 인정되거나 공정이 현저히 미달될 때

㉤ 공사업자가 불법하도급 행위를 할 때

㉥ 그 밖에 공사추진에 지장이 있을 때

### (5) 감리원의 공사 중지명령 등

① 감리원은 공사업자가 공사의 설계도서, 설계설명서 그 밖에 관계 서류의 내용과 적합하지 아니하게 시공하는 경우에는 재시공 또는 공사 중지명령이나 그 밖에 필요한 조치를 할 수 있다.

② ①에 따라 감리원으로부터 재시공 또는 공사 중지명령 그 밖에 필요한 조치에 대한 지시를 받은 공사업자는 특별한 사유가 없으면 이에 응하여야 한다.

③ 감리원이 공사업자에게 재시공 또는 공사 중지명령 그 밖에 필요한 조치를 취한 때에는 발주자에게 보고하여야 한다. 다만, 경미한 시정사항 및 재시공은 보고를 생략할 수 있다.

④ 발주자는 감리원으로부터 ③에 따른 재시공 도는 공사 중지명령 그 밖에 필요한 조치에 관한 보고를 받은 때에는 이를 검토한 후 시정여부의 확인, 공사 재개지시 등 필요한 조치를 하여야 한다.

⑤ 감리원은 ①에 따른 재시공 또는 공사 중지명령을 하였을 경우에는 발주자가 공사 중지 사유가 해소되었다고 판단되어 공사 재개를 지시할 때에는 특별한 사유가 없으면 이에 응하여야 한다.

⑥ 발주자는 ①에 따른 감리원의 공사 중지명령 등의 조치를 이유로 감리원 등의 변경, 현장 상주 거부, 감리대가 지급의 거부·지체 등 감리원에게 불이익의 처분을 하여서는 안 된다.

⑦ 공사중지 및 재시공 지시 등의 적용·한계는 다음과 같다.

㉠ 재시공 : 시공된 공사가 품질확보 미흡 또는 위해를 발생시킬 우려가 있다고 판단되거나, 감리원의 확인·검사에 대한 승인을 받지 아니하고 후속 공정을 진행한 경우와 관계 규정에 맞지 않게 시공한 경우

㉡ 공사중지 : 시공된 공사가 품질확보 미흡 또는 중대한 위해를 발생시킬 우려가 있다고 판단되거나, 안전상 중대한 위험이 발견된 경우에는 공사중지를 지시할 수 있으며 공사중지는 부분중지와 전면중지로 구분한다.

| 부분중지 | 전면중지 |
|---|---|
| • 재시공 지시가 이행되지 않는 상태에서는 다음의 공정이 진행됨으로써 하자 발생이 될 수 있다고 판단될 때<br>• 안전시공상 중대한 위험이 예상되어 물적, 인적 중대한 피해가 예견될 때<br>• 동일 공정에 있어 3회 이상 시정지시가 이행되지 않을 때<br>• 동일 공정에서 2회 이상 경고가 있었음에도 이행되지 않을 때 | • 공사업자가 고의로 공사의 추진을 지연시키거나, 공사의 부실 발생우려가 짙은 상황에서 적절한 조치를 취하지 않은 채 공사를 계속 진행하는 경우<br>• 부분중지가 이행되지 않음으로써 전체공정에 영향을 끼칠 것으로 판단될 때<br>• 지진, 해일, 폭풍 등 불가항력적인 사태가 발생하여 시공을 계속할 수 없다고 판단될 때<br>• 천재지변 등으로 발주자의 지시가 있을 때 |

⑧ 감리원은 공사업자가 재시공, 공사 중지명령 등에 대한 필요한 조치를 이행하지 아니한 때에는 법에 따라 공사업자에 대한 제재조치를 취하도록 발주자에게 요구하여야 한다.

### (6) 공사현장 정리

① 감리원은 공사현장이 항상 깨끗이 정리 정돈되어 효율적인 시공관리가 되도록 수시로 현장을 확인·점검하여야 한다.

② 시공이 완료되었을 때에는 준공 전에 공사업자에게 공사용 가설시설물의 철거, 잉여자재 반출 등 현장을 정리하도록 감리하여야 한다.

### (7) 공정관리

① 감리원은 해당 공사가 정해진 공기 내에 설계설명서, 도면 등에 따라 우수한 품질을 갖추어 완성될 수 있도록 공정관리의 계획수립, 운영, 평가에 있어서 공정진척도 관리와 기성관리가 동일한 기준으로 이루어질 수 있도록 감리하여야 한다.

② 감리원은 공사 시작일부터 30일 이내에 공사업자로부터 "공정관리 계획서"를 제출받아 제출받은 날부터 14일 이내에 검토하여 승인하고 발주자에게 제출하여야 하며 다음 사항을 검토·확인하여야 한다.

㉠ 공사업자의 공정관리 기법이 공사의 규모, 특성에 적합한지 여부

㉡ 계약서, 설계설명서 등에 공정관리 기법이 명시되어 있는 경우에는 명시된 공정관리 기법으로 시행되도록 감리

㉢ 계약서, 설계설명서 등에 공정관리 기법이 명시되어 있지 않을 경우, 단순한 공종 및 보통의 공종 공사인 경우에는 PERT/CPM 이론을 기본으로 한 공정관리가 필요하다고 판단하는 경우에는 별도의 PERT/CPM 기법에 의한 공정관리를 적용하도록 조치

㉣ 특수한 현장여건으로 전산공정관리 등이 필요하다고 판단되는 경우에는 발주자에게 별도의 공정관리를 시행하도록 건의

㉤ 감리원은 일정관리와 원가관리, 진도관리가 병행될 수 있는 종합관리 형태의 공정관리가 되도록 조치

**Check!**

- PERT(Program Evaluation and Review Technique, '**확률적 기법**')
  작업의 순서나 진행상황을 한 눈에 파악할 수 있도록 작성한 것(시간 단축)
- CPM(Critical Path Method, '**확정적 기법**')
  작업현장에서 계획 중에 작업집단의 관계를 표시하기 위해 화살표에 의한 선도를 이용한 것(최소의 시간과 비용)

③ 감리원은 공사의 규모, 공종 등 제반여건을 감안하여 공사업자가 공정관리업무를 성공적으로 수행할 수 있는 공정관리 조직을 갖추도록 다음 사항을 검토·확인하여야 한다.

㉠ 공정관리 요원 자격 및 그 요원 수의 적합 여부

㉡ Software와 Hardware 규격 및 그 수량의 적합 여부

㉢ 보고체계의 적합성 여부

㉣ 계약 공기의 준수 여부

㉤ 각 공종별 작업공기에 품질·안전관리가 고려되었는지 여부

㉥ 지정휴일과 기상조건 감안 여부

㉦ 자원조달 여부

㉧ 공사주변의 여건 및 법적제약조건 감안 여부

㉨ 주공정의 적합 여부

㉩ 동원 가능한 장비, 그 밖의 부대설비 및 그 성능 감안 여부

㉪ 동원 가능한 작업인원과 작업자의 숙련도 감안 여부

ⓔ 특수 장비동원을 위한 준비기간의 반영 여부
ⓕ 그 밖에 필요하다고 판단되는 사항

### (8) 공사 진도관리

① 감리원은 공사업자로부터 전체 실시공정표에 따른 월간, 주간 상세공정표를 사전에 제출받아 검토·확인하여야 한다.
   ㉠ 월간 상세공정표 : 작업 착수 7일 전 제출
   ㉡ 주간 상세공정표 : 작업 착수 4일 전 제출
② 감리원은 매주 또는 매월 정기적으로 공사 진도를 확인하여 예정공정과 실시공정을 비교하여 공사의 부진 여부를 검토한다.
③ 감리원은 현장여건, 기상조건, 지장물 이설 등에 따른 관련 기관 협의사항이 정상적으로 추진되는지를 검토·확인하여야 한다.
④ 감리원은 공정진척도 현황을 최근 1주일 전의 자료가 유지될 수 있도록 관리하고 공정지연을 방지하기 위하여 주공정 중심의 일정관리가 될 수 있도록 공사업자를 감리하여야 한다.
⑤ 감리원은 주간 단위의 공정계획 및 실적을 공사업자로부터 제출받아 검토·확인하고, 필요한 경우에는 공사업자의 시공관리책임자를 포함한 관계 직원 합동으로 금주작업에 대한 실적을 분석·평가하고, 공사추진에 지장을 초래하는 문제점, 잘못 시공된 부분의 지적 및 재시공 등의 지시와 재발방지 대책, 공정진도의 평가, 그 밖에 공사추진상 필요한 내용의 협의를 위한 주간 또는 월간 공사 추진회의를 개최하고 그 회의록을 관리하여야 한다.

### (9) 부진공정 만회대책

① 감리원은 공사 진도율이 계획공정 대비 월간 공정실적이 10[%] 이상 지연되거나, 누계공정 실적이 5[%] 이상 지연될 때에는 공사업자에게 부진사유 분석, 만회대책 및 만회공정표를 수립하여 제출하도록 지시하여야 한다.
② 감리원은 공사업자가 제출한 부진공정 만회대책을 검토·확인하고, 그 이행 상태를 주간단위로 점검·평가하여야 하며, 공사추진회의 등을 통하여 미 조치 내용에 대한 필요대책 등을 수립하여 정상 공정으로 회복할 수 있도록 조치하여야 한다.
③ 감리원은 검토·확인한 부진공정 만회대책과 그 이행상태의 점검·평가결과를 감리보고서에 수록하여 발주자에게 보고하여야 한다.

### (10) 수정 공정계획

① 감리원은 설계변경 등으로 인한 물량·공량의 증감, 공법변경, 공사 중 재해, 천재지변 등 불가항력에 따른 공사중지, 지급자재 공급지연 등으로 인하여 공사진척 실적이 지속적으로 부진할 경우에는 공정계획을 재검토하여 수정공정 계획수립의 필요성을 검토하여야 한다.
② 감리원은 공사업자의 요청 또는 감리원의 판단에 따라 수정 공정계획을 수립할 경우에는 공사업자로부터 수정 공정계획을 제출받아 제출일부터 7일 이내에 검토하여 승인하고 발주자에게 보고하여야 한다.

③ 감리원은 수정 공정계획을 검토할 때에는 수정목표 종료일이 당초 계약종료일을 초과하지 않도록 조치하여야 하며, 초과할 경우에는 그 사유를 분석하여 감리원의 검토안을 작성하고 필요시 수정 공정계획과 함께 발주자에게 보고하여야 한다.

### (11) 공정보고 등

① 감리원은 주간 및 월간단위의 공정현황을 공사업자로부터 제출받아 검토·확인하여야 한다.
② 감리원은 공정현황을 분기감리보고서에 포함하여 발주자에게 보고하여야 한다.
③ 감리원은 공사업자가 준공기한 연기를 요청할 경우에는 타당성을 검토·확인하고 검토의견서를 첨부하여 발주자에게 보고하여야 한다.

### (12) 안전관리

① 감리원은 공사의 안전 시공을 위해서 안전조직을 갖추도록 하고 안전조직은 현장 규모와 작업내용에 따라 구성하며 동시에 산업안전보건법에 명시된 업무가 수행되도록 조직을 편성하여야 한다.
② 책임감리원은 소식 직원 중 안전담당자를 지정하여 공사업자의 안전관리자를 지도·감독하도록 하여야 하며, 공사전반에 대한 안전관리계획의 사전검토, 실시확인 및 평가, 자료의 기록유지 등 사고예방을 위한 제반 안전관리업무에 대하여 확인을 하여야 한다.
③ 감리원은 공사업자에게 공사현장에 배치된 소속 직원 중에서 안전보건관리책임자(시공관리책임자)와 안전관리자(법정자격자)를 지정하게 하여 현장의 전반적인 안전·보건 문제를 책임지고 추진하도록 하여야 한다.
④ 감리원은 공사업자에게 근로기준법, 산업안전보건법, 산업재해보험법 및 그 밖의 관계 법규를 준수하도록 하여야 한다.
⑤ 감리원은 산업재해 예방을 위한 제반 안전관리 지도에 적극적인 노력과 동시에 안전 관계 법규를 이행하도록 하기 위하여 다음의 업무를 수행하여야 한다.

- 공사업자의 안전조직 편성 및 임무의 법상 구비조건 충족 및 실질적인 활동 가능성 검토
- 안전관리자에 대한 임무수행 능력보유 및 권한부여 검토
- 시공계획과 연계된 안전계획의 수립 및 그 내용의 실효성 검토
- 유해, 위험 방지계획(수립 대상에 한함) 내용 및 실천가능성 검토(산업안전보건법)
- 안전점검 및 안전교육 계획의 수립 여부와 내용의 적정성 검토(산업안전보건법)
- 안전관리 예산 편성 및 집행계획의 적정성 검토
- 현장 안전관리규정의 비치 및 그 내용의 적정성 검토
- 표준 안전관리비는 다른 용도에 사용불가
- 감리원이 공사업자에게 시공과정마다 발생될 수 있는 안전사고 요소를 도출하고 이를 방지할 수 있는 절차, 수단 등을 규정한 "총체적 안전관리계획서(TSC ; Total Safety Control)"를 작성, 활용하도록 적극 권장하여야 한다.
- 안전관리계획의 이행 및 여건 변동 시 계획변경 여부

- 안전보건협의회 구성 및 운영상태
- 안전점검 계획수립 및 실시(일일, 주간, 우기 및 해빙기 등 자체 안전점검 등)
- 안전교육계획의 실시
- 위험장소 및 작업에 대한 안전조치 이행(고소작업, 추락위험작업, 낙하비래 위험작업, 중량물 취급작업, 화재위험 작업, 그 밖의 위험작업 등)
- 안전표지 부착 및 유지관리
- 안전통로 확보, 기자재의 적치 및 정리정돈
- 사고조사 및 원인분석, 각종 통계자료 유지
- 월간 안전관리비 사용실적 확인

**낙하비래** : 구조물, 기계 등에 고정되어 있던 물체가 중력, 원심력, 관성력 등에 의하여 고정부에서 이탈하거나 또는 설비 등으로부터 물질이 분출되어 사람을 가해하는 경우를 말한다. 낙하는 수직으로, 비래는 수평으로 움직이는 것을 뜻한다.

⑥ 감리원은 안전에 관한 감리업무를 수행하기 위하여 공사업자에게 다음 자료를 기록・유지하도록 하고 이행상태를 점검한다.
  ㉠ 안전업무일지(일일보고)
  ㉡ 안전점검 실시(안전업무일지에 포함가능)
  ㉢ 안전교육(안전업무일지에 포함가능)
  ㉣ 각종 사고보고
  ㉤ 월간 안전통계(무재해, 사고)
  ㉥ 안전관리비 사용실적(월별)

⑦ 감리원은 공사업자가 작성・제출하여 확인한 안전관리계획의 내용에 따라 안전조치・점검 등을 이행했는지 여부를 확인하고, 미이행 시 공사업자에게 안전조치・점검 등을 선행한 후 시공하게 하여야 한다.

⑧ 감리원은 공사업자가 자체 안전점검을 매일 실시하였는지 확인하여야 하며, 안전점검 전문기관에 의뢰하여 정기 및 정밀안전점검을 하는 때에는 입회하여 적정한 안전점검이 이루어지는지를 확인하여야 한다.

⑨ 감리원은 정기 및 정밀안전검검 결과를 공사업자로부터 제출받아 검토하여 발주자에게 보고하고, 발주자의 지시에 따라 공사업자에게 필요한 조치를 하여야 한다.

⑩ 감리원은 공사업자의 안전관리책임자 및 안전관리자로 하여금 현장 기술자에게 다음 내용과 자료가 포함된 안전교육을 실시하도록 지도・감독하여야 한다.
  ㉠ 산업재해에 관한 통계 및 정보
  ㉡ 작업자의 자질에 관한 사항
  ㉢ 안전관리조직에 관한 사항
  ㉣ 안전제도, 기준 및 절차에 관한 사항

㉤ 작업공정에 관한 사항
㉥ 산업안전보건법 등 관계 법규에 관한 사항
㉦ 작업환경관리 및 안전작업 방법
㉧ 현장안전 개선방법
㉨ 안전관리 기법
㉩ 이상 발견 및 사고발생 시 처리방법
㉪ 안전점검 지도요령과 사고조사 분석요령

### (13) 안전관리결과 보고서의 검토

감리원은 매 분기마다 공사업자로부터 안전관리 결과보고서를 제출받아 이를 검토하고 미비한 사항이 있을 때에는 시정하도록 조치하여야 하며, 안전관리 결과보고서에는 다음의 서류가 포함되어야 한다.

① 안전관리 조직표
② 안전보건 관리체제
③ 재해발생 현황
④ 산재요양신청서 사본
⑤ 안전교육 실적표
⑥ 그 밖에 필요한 서류

### (14) 사고처리

감리원은 현장에서 사고가 발생하였을 경우에는 공사업자에게 즉시 필요한 응급조치를 취하도록 하고 그에 대한 상세한 경위는 검토의견서를 첨부하여 지체 없이 발주자에게 보고하여야 한다.

### (15) 환경관리

① 감리원은 공사업자에게 시공으로 인한 재해를 예방하고 자연환경, 생활환경, 사회·경제 환경을 적정하게 관리·보전함으로써 현재와 장래의 모든 국민이 건강하고 쾌적한 환경에서 생활할 수 있도록 환경영향평가법에 따른 환경영향평가 내용과 이에 대한 협의내용을 충실히 이행하도록 하여야 하고, 다음과 같이 조직을 편성하여 그 의무를 수행하도록 지도·감독하여야 한다.

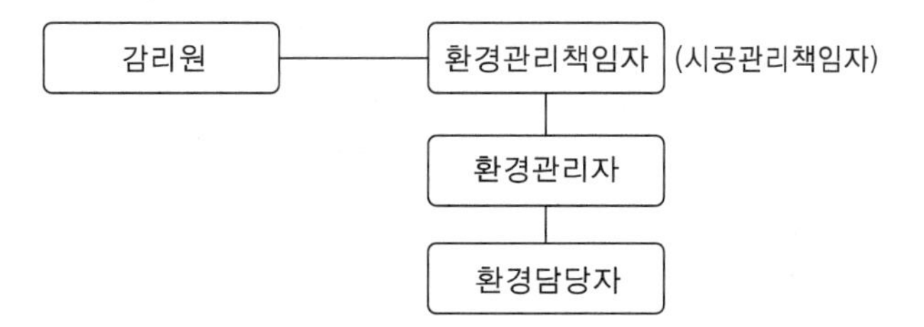


② 감리원은 공사업자에게 환경관리책임자를 지정하게 하여 환경관리계획과 대책 등을 수립하게 하여야 하며, 예산의 조치와 환경관리자, 환경담당자를 임명하도록 하여 그들에게 환경관리업무를 책임지고 추진하게 하여야 한다.

③ 감리원은 공사업자에게 환경영향평가법에 따른 협의내용과 관리책임자 지정서를 제출받아 검토한 후 발주자에게 보고하여야 한다.

④ 감리원은 해당 공사에 대한 환경영향평가보고서 및 협의내용을 근거로 환경관리계획서가 수립되었는지 검토・확인하여야 한다.

㉠ 공사업자의 환경관리 조직편성 및 임무의 법적 구비조건 충족 및 실질적인 활동 가능성 검토

㉡ 환경영향평가 협의 내용에 대한 관리계획의 실효성 검토

㉢ 환경영향 저감대책 및 공사 중, 공사 후 현장관리계획서의 적정성 검토

㉣ 환경관리자의 업무수행 능력 및 권한 여부 검토

㉤ 환경전문가 자문사항에 대한 검토

㉥ 환경관리 예산편성 및 집행계획의 적정성 검토

⑤ 감리원은 사후 환경관리 계획에 따른 공사현장에 적합한 관리가 되도록 다음과 같이 감리하여야 한다.

㉠ 공사업자에게 환경영향평가서 내용을 검토하게 하여 현장실정에 적합한 저감대책을 수립하도록 하고, 시공단계별 관리계획서를 수립, 관리하도록 지시한다.

㉡ 공사업자에게 환경관리계획서를 숙지하게 하여 검사할 때에는 지적사항이 없도록 철저히 이행하도록 하여야 하며, 특히 중점관리대상지역을 선정하여 관리하도록 지시한다.

㉢ 공사업자에게 항목별 시공 전・후 사진촬영 및 위치도를 작성하여 협의내용 관리대장에 기록하도록 하고 감리원의 확인을 받도록 지시한다.

㉣ 공사업자에게 환경관리에 대한 일일점검 및 평가를 실시하고(문제점 토의 및 시정) 점검사항에 대하여는 매주 정리하여 환경영향 조사결과서에 기록하여 감리원의 확인을 받도록 지시한다.

㉤ 공사업자에게 공종별 시공이 완료된 때에는 환경영향평가 협의내용 이행상태 및 그 밖에 환경관리 이행현황을 사후환경영향조사 결과보고서에 기록하여 감리원의 확인을 받은 후 다음 단계의 공사를 추진하도록 지시한다.

㉥ 공사업자에게 관할 지방행정관청의 환경관리 상태 점검을 받을 때에는 감리원과 함께 수검하도록 지시한다.

⑥ 감리원은 환경영향평가법에 따라 협의내용 이행의무 및 협의내용을 기재한 관리대장을 비치하도록 하고, 감리원은 기록사항이 사실대로 작성・이행되는지를 점검하여야 한다.

⑦ 감리원은 환경영향평가법에 따른 환경영향 조사결과를 조사기간이 만료된 날부터 30일 이내(다만, 조사기간이 1년 이상인 경우에는 매 연도별 조사결과를 다음 해 1월 31일까지 통보하여야 함)에 지방환경청장 및 승인기관의 장에게 통보할 수 있도록 하여야 한다.

# 제5절 사용 전 검사

## 1 법정검사

### (1) 사용 전 검사 기준

① 전기사업법 규정에 의한 공사계획 인가 또는 신고를 필한 상용, 사업용 태양광발전 설비를 대상으로 한다.

② 사용 전 검사는 용량에 관계없이 관할사업소에서 주관하며, 전용선로를 구축할 경우의 송전설비 검사는 본사 전력설비검사단에서 담당한다.

### (2) 검사대상의 범위

(신설 경우)

| 구 분 | 검사종류 | 용 량 | 선 임 | 감리원 배치 |
|---|---|---|---|---|
| 일반용 | 사용 전 점검 | 10[kW] 이하 | 미선임 | 필요 없음 |
| 자가용 | 사용 전 검사<br>(저압설비는 공사계획 미신고 | 10[kW] 초과<br>(자가용 설비 내에 있는 경우 용량에 관계없이 자가용임) | 대행업체 대행가능<br>(1,000[kW] 이하) | 감리원배치확인서<br>(자체 감리원 불인정-상용이기 때문) |
| 사업용 | 사용 전 검사<br>(시·도 공사계획신고) | 전 용량 대상 | 대행업체 대행가능<br>(20[kW] 이하 미선임 가능) | 감리원배치확인서<br>(자체 감리원 불인정-상용이기 때문) |

### (3) 사용 전 검사에 필요한 서류

① 사용 전 검사 신청서

② 태양광발전 설비 개요

③ 공사계획인가(신고)서

④ 태양광전지 규격서

⑤ 단선결선도, 시퀀스 도면, 태양전지 트립인터록 도면, 종합 인터록도면-설계면허(직인 필요없음)

⑥ 절연저항시험 성적서, 절연내역시험 성적서, 경보회로시험 성적서, 부대설비시험 성적서, 보호장치 및 계전기시험 성적서

⑦ 출력 기록지

⑧ 전기안전관리자 선임필증 사본(사용 전 점검 제외)

⑨ 감리원 배치확인서(사용 전 점검 제외)

### (4) 공사계획 인가 또는 신고대상 설비

① 인가를 요하는 발전소

㉠ 설치공사 : 출력 10,000[kW] 이상의 발전소의 설비

㉡ 변경공사 : 출력 10,000[kW] 이상의 발전소의 설비

② 신고를 요하는 발전소

㉠ 설치공사 : 출력 10,000[kW] 미만의 발전소의 설비

㉡ 변경공사 : 출력 10,000[kW] 미만의 발전소의 설비

### (5) 사용 전 검사를 받는 시기(시행규칙 별표 9)

태양광 발전소는 전체공사가 완료되면 사용 전 검사를 받는다.

### (6) 검사적용 기준

① 전기사업법 시행규칙(전기안전관리자의 선임)

② 전기사업법 시행규칙(안전관리업무의 대행 규모)

③ 전기사업법 시행규칙 별표 5(사업용 공사계획), 별표 7(자가용 공사계획)

④ 전기설비기술기준의 판단기준(연료전지 및 태양전지 모듈의 절연내력)

⑤ 전기설비기술기준의 판단기준(태양전지 모듈 등의 시설)

⑥ 전기설비기술기준의 판단기준(옥내전로의 대지 전압의 제한) 제4항

⑦ 자가용전기설비 검사업무처리규정(산업통상자원부 훈령)

## 2 태양광발전 설비 검사

### (1) 사용 전 검사항목 및 세부검사 내용(자가용 태양광발전 설비)

① 세부검사 진행 내용

태양광발전 설비를 구성하는 각 기기는 설치 완료 시 다음 표와 같은 사용 전 검사 항목에 따라 세부검사가 진행되어야 한다.

| 검사항목 | 검사세부 종목 | 수검자 준비자료 |
|---|---|---|
| 1. 외관검사 | • 공사계획인가(신고) 내용확인 | • 공사계획인가(신고)서<br>• 태양광 발전설비 개요 |
| 2. 태양광 전지 검사<br>• 태양광 전지 일반 규격<br>• 태양광 전지 검사 | • 규격확인<br>• 외관검사<br>• 전지 전기적 특성시험<br>– 최대출력<br>– 개방전압<br>– 단락전류<br>– 최대 출력전압 및 전류<br>– 충진율<br>– 전력변환효율<br>• Array<br>– 절연저항<br>– 접지저항 | • 공사계획인가(신고)서<br>• 태양광 전지규격서<br>• 단선결선도<br>• 태양광전지 Trip Interlock 도면<br>• Sequence 도면<br>• 측정 및 점검기록표<br>– 보호장치 및 계전기<br>– 절연저항 |

| 검사항목 | 검사세부 종목 | 수검자 준비자료 |
| --- | --- | --- |
| 3. 전력변환장치 검사<br>• 전력변환장치 일반 규격<br>• 전력변환장치 검사 | • 규격확인<br>• 외관검사<br>• 절연저항<br>• 절연내력<br>• 제어회로 및 경보장치<br>• 전력조절부/Static 스위치 자동·수동절체시험<br>• 역방향운전 제어시험<br>• 단독 운전 방지 시험<br>• 인버터 자동·수동절체 시험<br>• 충전기능시험 | • 공사계획인가(신고)서<br>• 단선결선도<br>• Sequence 도면<br>• 측정 및 점검기록표<br>– 보호장치 및 계전기<br>– 절연저항<br>– 절연내력<br>– 경보회로<br>– 부대설비 |
| • 보호장치검사 | • 외관검사<br>• 절연저항<br>• 보호장치시험 | |
| • 축전지 | • 시설상태 확인<br>• 전해액 확인<br>• 환기시설 상태 | |
| 4. 종합연동시험검사<br>5. 부하운전시험검사 | | • 종합 Interlock 도면<br>• 출력 기록지 |
| 6. 기타 부속설비 | 전기수용설비 항목을 준용 | |

② 태양광발전 설비표

자가용 태양광발전 설비에 대해 사용 전 검사를 실시하는 검사자는 수검자로부터 다음의 자료를 제출받아 태양광발전 설비표를 작성해야 한다.

㉠ 공사계획인가(신고)서 : 공사계획인가(신고)서는 전기설비의 설치 및 변경공사 내용이 전기사업법 규정에 의하여 인가 또는 신고를 한 공사계획에 적합해야 한다.

㉡ 시험성적서의 제출내용 확인 : 검사자는 수검자로부터 다음 설비에 대한 시험성적서를 제출받아 확인한다.

- 변압기
- 차단기
- 보호계전기류
- 보호설비류
- 피뢰기류
- 변성기류
- 개폐기류
- 콘덴서, 모터, 기동기, 케이블 및 케이블 접속재
- 발전설비
- 상기 이외의 전기기계기구와 보호장치

㉢ 시험성적서 확인방법

- 공인시험기관에 의한 시험성적서와 기관에 의한 인증서 확인으로 다음 표와 같은 방법으로 진행한다.
- 고압 이상 전기기계기구의 시험성적서는 국내생산품과 수입품 모두 동일하게 국내 공인시험기관의 시험성적서를 확인함을 원칙으로 한다. 다만, 다음의 경우에는 제작회사의 자체 시험성적서를 확인한다.

- 산업표준화법에 의한 KS 표시품, 케이블, 콘덴서, 전동기, 기동기, 20[kV]급 케이블 종단접속재 이외의 케이블 접속재
- 국가표준기본법에 의한 공인제품 인증기관의 안전인증 표시품
- 전기기기 시험기준 및 방법에 관한 요령 고시에 의한 공인시험기관의 인증시험이 면제된 제품
- 국내 공인시험기관에서 시험이 불가능한 품목 및 검사기관에서 인정한 품목

• 국내 공인시험기관의 시험설비 미비, 관련 규격이 없는 경우, 수리품 및 국내 미생산품인 경우는 공인시험기관의 참고 시험 성적서를 확인한다.

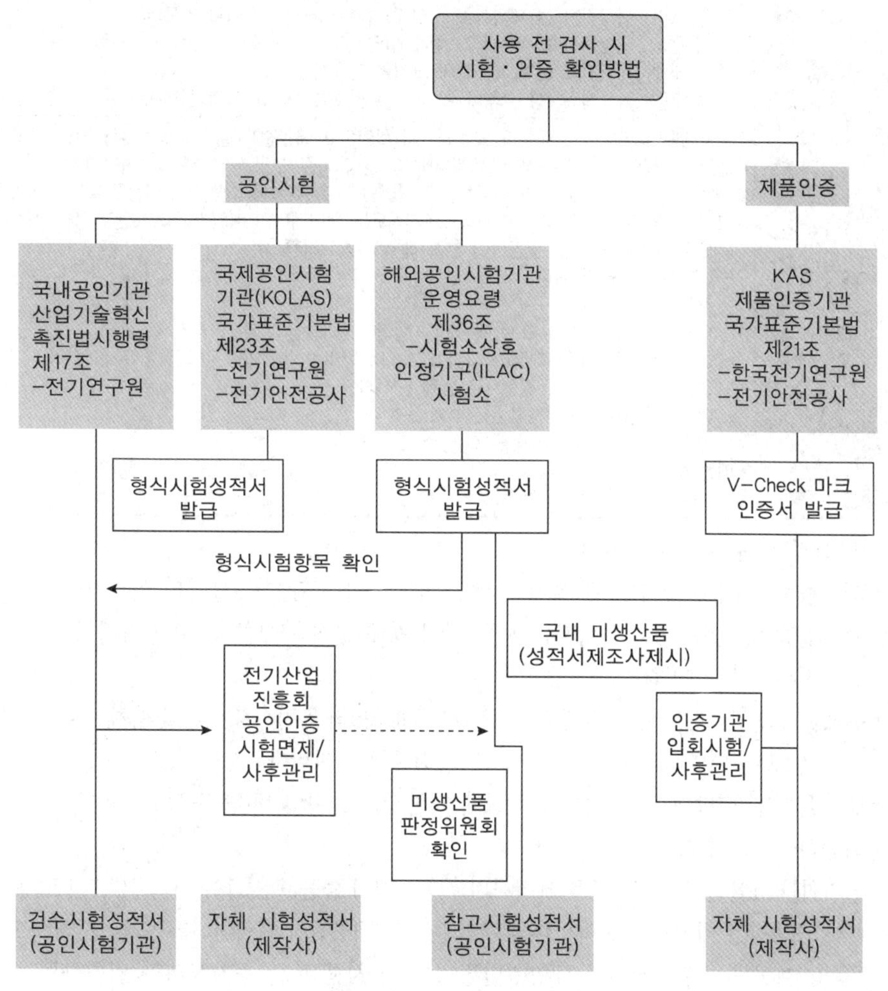


**[시험성적서 확인 플로 차트]**

③ 태양전지 검사

㉠ 태양전지의 일반 규격 : 검사자는 수검자로부터 제출받은 태양전지 규격서상의 규격이 설치된 태양전지와 일치하는지 확인한다.

㉡ 태양전지의 외관검사 : 검사자는 태양전지 셀 및 모듈을 비롯한 시스템에 대해 다음의 사항을 중심으로 외관을 검사한다.

| | |
|---|---|
| 태양전지 모듈 또는 패널의 점검 | • 검사자는 모듈의 유형과 설치개수 등을 1,000[lx] 이상의 밝은 조명 아래에서 육안으로 점검한다.<br>• 지상설치형 어레이의 경우에는 지상에서 육안으로 점검하며 지붕설치형 어레이는 수검자가 제공한 낙상 보고조치를 확인한 후 검사자가 직접 지붕에 올라 어레이를 검사한다.<br>• 지붕의 경사가 심해 검사자가 직접 오를 수 없는 경우에는 수검자가 제공한 사다리나 승강장치에 올라 정확한 모듈과 어레이의 설치개수를 세어 설계도면과 일치하는지 확인한다.<br>• 정확한 모듈 개수의 확인은 전압과 전류 출력에 영향을 미치므로 매우 중요하다. 간혹 현장의 모듈이 인가서상의 모듈 모델번호와 다른 경우가 있으므로 각 모듈의 모델번호 역시 설계도면과 일치하는지 확인한다.<br>• 지붕에 설치된 모듈은 모델번호를 확인하기 곤란한 경우가 많으므로 수검자가 카메라로 찍은 사진을 근거로 확인한다.<br>• 사용 전 검사 시 공사계획인가(신고)서의 내용과 일치하는지 태양전지 모듈의 정격용량을 확인하여 이를 사용 전 검사필증에 표시하고 다음 사항을 확인한다.<br>– 셀 용량 : 태양전지 셀 제작사가 설계 설명서에 제시한 용량을 기록한다.<br>– 셀 온도 : 태양전지 셀 제작사가 설계 설명서에 제시한 셀의 발전 시 온도를 기록한다.<br>– 셀 크기 : 제작자의 설계서상 셀의 크기를 기록한다.<br>– 셀 수량 : 공사계획서상 출력을 발생할 수 있도록 설치된 셀의 전체 수량을 기록한다. |
| 태양전지 셀, 모듈, 패널, 어레이에 대한 외관검사 | • 공사계획인가(신고)서 내용과 일치하는지 확인하고 태양전지 셀의 제작번호를 확인한다.<br>• 태양전지 셀의 제작, 운송 및 설치과정에서의 변색, 파손, 오염 등의 결함 여부를 1,000[lx] 이상의 조도에서 다음 사항을 중심으로 육안 점검하고 단자대의 누수, 부식 및 절연재의 이상을 확인한다. 모듈의 개수와 모델번호를 확인하고 나면 마지막으로 각 모듈과 어레이의 배치가 설계도면과 일치하는지 확인한다.<br>– 모듈 표면의 금, 휨, 찢김이나 모듈 배열의 흐트러짐<br>– 태양전지 모듈의 깨짐<br>– 오결선<br>– 태양전지 셀 간 접촉 또는 태양전지 셀의 모듈 테두리 접촉<br>– 태양전지 셀과 모듈 테두리 사이에 기포나 박리현상에 의한 연속된 통로 형성 여부<br>– 합성수지재 표면처리 결함으로 인한 끈적거림<br>– 단말처리 불량 및 전기적 충전부의 노출<br>– 기타 모듈의 성능에 영향을 끼칠 수 있는 요인<br>• 배선 점검<br>• 접속단자의 조임상태 확인 |

㉢ 태양전지의 전기적 특성 확인

- 최대출력 : 태양광 발전소에 설치된 태양전지 셀의 셀당 최대출력을 기록한다.
- 개방전압 및 단락전류 : 검사자는 모듈 간이 제대로 접속되었는지 확인하기 위해 개방전압이나 단락전류 등을 확인한다.
- 최대출력 전압 및 전류 : 태양광 발전소 검사 시 모니터링 감시장치 등을 통해 하루 중 순간 최대출력이 발생할 때의 인버터의 교류전압 및 전류를 기록한다.
- 충진율 : 개방전압과 단락전류와의 곱에 대한 최대출력의 비(충진율)를 태양전지 규격서로부터 확인하여 기록한다.
- 전력변환 효율 : 기기의 효율을 제작사의 시험성적서 등을 확인하여 기록한다. 이 밖에도 수검자로부터 제출받은 태양광 발전시스템의 단선결선도, 태양전지 트립인터록 도면, 시퀀스 도면, 보호장치 및 계전기 시험성적서가 태양광발전 설비의 시공 또는 동작상태와 일치하는지 확인한다.

㉣ 태양전지 어레이 : 검사자는 수검자로부터 제출받은 절연저항시험 성적서에 기재된 값으로부터 현장에서 실측한 값과 일치하는지 확인한다.

- 절연저항 : 검사자는 운전 개시 전에 태양광 회로의 절연상태를 확인하고 통전 여부를 판단하기 위해 절연저항을 측정한다. 이 측정값은 운전개시 후 절연상태의 기준이 된다.
- 접지저항 : 검사자는 접지선의 탈락, 부식 여부를 확인하고 접지저항 값이 전기설비기술기준이나 제작사 적용 코드에 정해진 접지저항이 확보되어 있는지를 접지저항 측정기로 확인한다.

④ 전력변환장치 검사

㉠ 전력변환장치의 일반 규격 : 검사자는 수검자로부터 제출받은 공사계획인가(신고)서상의 전력변환장치 규격이 시험성적서 및 이 현장에 시공된 장치의 규격과 일치하는지 확인한다.

- 형식 : 인버터 모델 형식을 기록한다.
- 용량 : 인버터의 용량이 공사계획인가(신고) 내용과 일치하는지를 확인해야 하며, 다만 인버터의 여유율을 감안하여 인버터에 접속된 모듈의 정격용량은 인버터 용량의 105[%] 이내로 할 수 있다.
- 정격 입·출력 전압 : 인버터의 입·출력 전압을 확인한다.
- 제작사 및 제작번호 : 제작사 및 기기 일련번호를 기록한다.

㉡ 전력변환장치 검사

- 외관검사
  - 검사자는 전력변환장치의 파손이나 변형 등의 유무를 확인한다.
  - 배전반(보호 및 제어)의 계기, 경보장치 등의 이상 유무를 확인한다.
  - 배전반의 절연간격 및 배선의 결선상태를 확인한다.
  - 필요한 개소에 소정의 접지가 되어 있는지 확인하고, 접지선의 접속상태가 양호한지 확인한다.
- 절연저항 : 검사자는 운전 개시 전에 공장 및 현장에서 측정한 절연저항 측정성적서를 검토하거나 실제 측정함으로써 전력변환장치 직류회로 및 교류회로의 절연상태가 기술기준이나 제작사 적용코드에서 규정한 기준값 내에 드는지 확인한다. 이 측정값은 운전 개시 후의 절연상태의 기준이 된다.
- 절연내력 : 절연내력시험은 검사자 입회하에 실제 사용전압을 가압하여 이상 유무를 확인하는 것이 원칙이지만 시험성적서로 갈음할 수 있으며, 절연내력시험이 곤란한 경우에는 절연저항(500[V] 절연저항계)측정으로 갈음할 수 있다.
- 제어회로 및 경보장치 : 전력변환장치의 각종 제어회로 및 보호기능 등을 동작시켜 경보상태를 확인한다.
- 전력조절부/Static 스위치 자동·수동절체시험 : 전력조절부의 시스템 상태에 따른 Static 스위치의 절체시간을 확인한다.
- 역방향운전 제어시험 : 태양광 발전부에서 발전하지 못하거나 발전한 전력이 부하공급에 부족할 경우, 계통으로부터 부족한 전력공급 유무를 확인한다.
- 단독운전 방지시험 : 계통 측 정전 시 태양광발전 설비에게 생산된 전력이 배전선로로 역송되지 않도록 태양광발전 설비 단독운전 기능의 정상동작 유무(0.5초 내 정지, 5분 이후 재투입)를 확인한다.
- 인버터 자동·수동 절체시험 : 인버터 자동·수동 절체시험을 실시하여 운전 중인 인버터의 이상 여부를 확인한다.
- 충전기능시험
  - 공장에서 실시한 용량검사 내용을 확인한다.
  - 초충전, 부동충전, 균등충전 시험성적서를 확인한다.
  - 임의로 충전모드를 선택, 충전모드별 출력전압 및 전류 등은 운전값의 가변이 가능한지를 확인한다.

ⓒ 보호장치 검사
- 외관검사
- 절연저항
- 보호장치 시험 : 검사자는 전력회사와의 협의를 통해 정해진 보호협조에 맞는 설정이 되어 있는지를 확인한다.
  - 전력변환장치의 보호계전기 정정값 및 시험성적서를 대조한 후 보호장치와 관련기기의 연동상태를 점검함으로써 보호계전기의 동작특성을 확인한다.
  - 보호장치가 인터록 도면대로 동작하는지와 단독운전 방지시스템의 기능을 확인한다.

ⓓ 축전지 검사 : 검사자는 축전지 및 기타 주변장치에 대해 다음의 사항을 확인해야 한다.
- 시설상태 확인
- 전해액 확인
- 환기시설 확인 : 환기팬의 설치 및 배기상태를 확인한다.

ⓔ 종합연동시험 검사 : 검사자는 수검자로부터 제출받은 종합인터록도면을 참고하여 보호계전기의 종합연동 상태가 정상적인지 검사해야 한다.

ⓕ 부하운전시험 검사 : 검사자는 수검자로부터 제출받은 출력기록지를 참고하여 부하운전 상태를 검사해야 한다.
- 부하운전시험 검사 : 검사 시 일사량을 기준으로 30분간의 가능출력을 확인하고 일사량특성곡선과 발전량의 이상 유무를 확인한다.
- 부하운전시험 의견 : 기력발전소에 대한 사용 전 검사 부하운전시험 의견서 작성방법에 따른다.

**Check!** **기력발전소** : 증기의 힘으로 발전기를 운전하는 발전소를 말한다.

ⓖ 기타 부속설비 : 검사자는 수검자로부터 제출받은 자료를 참고로 전기수용설비 항목을 준용하여 기타 부속설비를 검사해야 한다.

### (2) 자가용 태양광발전 설비 정기검사항목 및 세부검사내용

자가용 태양광 발전소는 경우에 따라 태양전지, 접속함, 인버터, 배전반, 변압기, 차단기 등으로 이루어져 한전계통과 연계될 수 있다. 따라서 이상발생 시 전력계통 전체의 사고로 파급될 수 있으므로, 태양광 발전소의 안정적인 운용을 위해 4년마다 정기적으로 검사를 해야 한다.

① **태양전지 검사** : 태양전지에 대한 정기검사의 세부검사 절차는 자가용 태양광발전 설비 사용 전 검사에 준해 실시한다.

② **전력변환장치 검사** : 전력변환장치에 대한 정기검사의 세부검사 절차는 자가용 태양광발전 설비 사용 전 검사에 준해 실시한다.

③ **종합연동시험 검사** : 종합연동시험에 대한 정기검사의 세부검사 절차는 자가용 태양광발전 설비 사용 전 검사에 준해 실시한다.

④ **부하운전시험 검사** : 부하운전시험에 대한 정기검사의 세부검사 절차는 자가용 태양광발전 설비 사용 전 검사에 준해 실시한다.

자가용 태양광설비 정기검사항목 및 세부검사내용

| 검사항목 | 검사세부 종목 | 수검자 준비자료 |
|---|---|---|
| 1. 외관검사 | • 설계도면 및 시설상태 확인 | • 태양광 발전설비 개요 |
| 2. 태양광 전지 검사<br>• 태양광 전지일반규격<br>• 태양광 전지 검사 | <br>• 규격확인<br>• 외관검사<br>• 전지 전기적 특성시험<br>– 최대출력<br>– 개방전압<br>– 단락전류<br>– 최대 출력전압 및 전류<br>– 충진율<br>– 전력변환효율<br>• Array<br>– 절연저항<br>– 접지저항 | <br>• 태양광 전지규격서<br><br>• 단선결선도<br>• 태양광전지 Trip Interlock 도면<br>• Sequence 도면<br>• 측정 및 점검기록표<br>– 보호장치 및 계전기<br>– 절연저항 |
| 3. 전력변환장치 검사<br>• 전력변환장치 일반 규격<br>• 전력변환장치 검사<br><br><br><br><br><br><br><br><br>• 보호장치검사<br><br><br>• 축전지 | <br>• 규격확인<br>• 외관검사<br>• 절연저항<br>• 절연내력<br>• 제어회로 및 경보장치<br>• 전력조절부/Static 스위치 자동·수동절체시험<br>• 역방향운전 제어시험<br>• 단독 운전 방지 시험<br>• 인버터 자동·수동절체 시험<br>• 충전기능시험<br>• 외관검사<br>• 절연저항<br>• 보호장치시험<br>• 시설상태 확인<br>• 전해액 확인<br>• 환기시설 상태 | <br><br>• 단선결선도<br>• Sequence 도면<br>• 측정 및 점검기록표<br>– 보호장치 및 계전기<br>– 절연저항<br>– 절연내력<br>– 경보회로<br>– 부대설비 |
| 4. 종합연동시험검사<br>5. 부하운전시험검사 | | • 종합 Interlock 도면 |
| 6. 기타 부속설비 | 전기수용설비 항목을 준용 | |

## (3) 사업용 태양광발전 설비 사용 전 검사항목 및 세부검사내용

사업용 태양광발전 설비를 구성하는 각 기기는 설치 완료 시 다음과 같은 사용 전 검사항목에 따라 세부검사가 진행되어야 한다.

사업용 태양광발전 설비 사용 전 검사항목 및 세부검사내용

전체의 공사가 완료된 때

| 검사항목 | 세부검사내용 | 수검자 준비자료 |
|---|---|---|
| 1. 태양광발전설비표 | • 태양광발전설비표 작성 | • 공사계획인가(신고)서<br>• 태양광 발전설비 개요 |

| 검사항목 | 세부검사내용 | 수검자 준비자료 |
|---|---|---|
| 2. 태양광 전지 검사 | | |
| • 태양광 전지일반 규격 | • 규격확인 | • 공사계획인가(신고)서<br>• 태양광 전지규격서 |
| • 태양광 전지 검사 | • 외관검사<br>• 전지 전기적 특성시험<br>– 최대출력<br>– 개방전압<br>– 단락전류<br>– 최대 출력전압 및 전류<br>– 충진율<br>– 전력변환효율<br>• Array<br>– 절연저항<br>– 접지저항 | • 단선결선도<br>• 태양광전지 Trip Interlock 도면<br>• Sequence 도면<br>• 보호장치 및 계전기시험 성적서<br>• 절연저항시험 성적서 |
| 3. 전력변환장치 검사 | | |
| • 전력변환장치 일반규격 | • 규격확인 | • 공사계획인가(신고)서 |
| • 전력변환장치 검사 | • 외관검사<br>• 절연저항<br>• 절연내력<br>• 제어회로 및 경보장치<br>• 전력조절부/Static 스위치 자동·수동절체시험<br>• 역방향운전 제어시험<br>• 단독운전 방지시험<br>• 인버터 자동·수동절체시험<br>• 충전기능시험 | • 단선결선도<br>• Sequence 도면<br>• 보호장치 및 계전기시험 성적서<br>• 절연저항시험 성적서<br>• 절연내력시험 성적서<br>• 경보회로시험 성적서<br>• 부대설비시험 성적서 |
| • 보호장치 검사 | • 외관검사<br>• 절연저항<br>• 보호장치시험 | |
| • 축전지 | • 시설상태 확인<br>• 전해액 확인<br>• 환기시설 상태 | |
| 4. 변압기 검사 | | |
| • 변압기 일반규격 | • 규격확인 | • 공사계획인가(신고)서<br>• 변압기 및 부대설비 규격서<br>• 단선결선도<br>• Sequence 도면<br>• 절연유 유출방지 시설도면<br>• 특성시험 성적서<br>• 보호장치 및 계전기시험 성적서<br>• 상회전 및 Loop시험 성적서<br>• 절연내력시험 성적서<br>• 절연유 내압시험 성적서<br>• 절연저항시험 성적서<br>• 계기교정시험 성적서<br>• 경보회로시험 성적서<br>• 부대설비시험 성적서<br>• 접지저항시험 성적서 |
| • 변압기 본체 검사 | • 외관검사<br>• 절연저항<br>• 특성시험<br>• Tap 절환장치시험<br>• 충전시험<br>• 접지 시공상태<br>• 절연내력<br>• 절연유 내압시험<br>• 상회전 및 Loop시험 | |
| • 보호장치 검사 | • 외관검사<br>• 절연저항<br>• 보호장치 및 계전기시험 | |
| • 제어 및 경보장치 검사 | • 외관검사<br>• 경보장치<br>• 계측장치<br>• 절연저항<br>• 제어장치 | |

| 검사항목 | 세부검사내용 | 수검자 준비자료 |
|---|---|---|
| • 부대설비 검사 | • 절연유 유출방지 시설 • 피뢰장치<br>• 계기용 변성기 • 중성점 접지장치<br>• 접지 시공상태 • 위험표시<br>• 상표시 • 울타리, 담 등의 시설상태 | |
| 5. 차단기 검사<br>• 차단기 일반규격<br>• 차단기 본체 검사<br><br><br><br>• 보호장치 검사<br><br>• 제어 및 경보장치 검사<br><br><br><br>• 부대설비 검사 | <br>• 규격확인<br>• 외관검사 • 접지 시공상태<br>• 절연저항 • 절연내력<br>• 특성시험 • 절연유 내압시험(OCB)<br>• 상회전 및 Loop시험 • 충전시험<br>• 외관검사 • 절연저항<br>• 결상보호장치 • 보호장치 및 계전기시험<br>• 외관검사 • 절연저항<br>• 개폐기 Interlock • 개폐표시<br>• 압축장치 • 가스절연장치<br>• 계측장치<br>• 외함 접지시설 • 상표시 및 위험표시<br>• 계기용 변성기 • 단로기 및 접지단로기 | <br>• 공사계획인가(신고)서<br>• 차단기 및 부대설비 규격서<br>• 단선결선도<br>• Sequence 도면<br>• 특성시험 성적서<br>• 보호장치 및 계전기시험 성적서<br>• 상회전 및 Loop시험 성적서<br>• 절연내력시험 성적서<br>• 절연유 내압시험 성적서(OCB)<br>• 절연저항시험 성적서<br>• 계기교정시험 성적서<br>• 경보회로시험 성적서<br>• 부대설비시험 성적서<br>• 접지저항시험 성적서 |
| 6. 전선로(모선)검사<br>• 전선로 일반규격<br>• 전선로 검사<br>(가공, 지중, GIB, 기타)<br><br><br><br>• 부대설비 검사 | <br>• 규격확인<br>• 외관검사<br>• 보호장치 및 계전기시험<br>• 절연저항 측정<br>• 절연내력시험<br>• 충전시험<br>• 피뢰장치<br>• 계기용 변성기<br>• 위험표시<br>• 울타리, 담 등의 시설상태<br>• 상별 및 모의모선 표시상태 | • 공사계획인가(신고)서<br>• 전선로 및 부대설비 규격서<br>• 단선결선도<br>• 보호계전기 결선도<br>• Sequence 도면<br>• 보호장치 및 계전기시험 성적서<br>• 상회전 및 Loop시험 성적서<br>• 절연내력시험 성적서<br>• 절연저항시험 성적서<br>• 경보회로시험 성적서<br>• 부대설비시험 성적서 |
| 7. 접지설비검사<br>• 접지 일반규격<br>• 접지망(Mesh) | <br>• 규격확인<br>• 접지망 공사내역<br>• 접지저항 측정 | <br>• 접지설계 내역 및 시공도면<br>• 접지저항시험 성적서 |
| 8. 비상발전기 검사<br>• 발전기 일반규격<br>• 발전기 본체검사 | <br>• 규격확인<br>• 외관검사<br>• 접지 시공상태<br>• 절연저항<br>• 절연내력<br>• 특성시험 | <br>• 공사계획인가(신고)서<br>• 발전기 및 부대설비 규격서<br>• 발전기 Trip Interlock 도면<br>• Sequence 도면<br>• 보호계전기 결선도<br>• 특성시험 성적서<br>• 보호장치 및 계전기시험 성적서<br>• 자동전압조정기시험 성적서 |

| 검사항목 | 세부검사내용 | 수검자 준비자료 |
| --- | --- | --- |
| • 보호장치 검사<br><br><br>• 제어 및 경보장치 검사<br><br>• 부대설비검사<br><br><br>• 내연기관 안전장치 시험 검사<br><br><br><br><br><br><br>• 자동기동시험<br>• 부하운전시험 | • 외관검사<br>• 절연저항<br>• 보호장치 및 계전기시험<br>• 상회전 및 동기 검정장치시험<br>• 전압조정기시험<br>• 계기용 변성기<br>• 발전기 모선 접속상태 및 상표시<br>• 위험표시<br>• Fuel Oil Pr. Low<br>• Fuel Oil Filter Diff. Pr. High<br>• Brg. Oil Pr. Low Trip<br>• Brg. Oil Temp. High Trip<br>• Manual Trip & Reset<br>• Cooling Water Temp. High Trip<br>• 비상조속기시험(Overspeed Trip) | • 절연내력시험 성적서<br>• 절연저항시험 성적서<br>• 계기교정시험 성적서<br>• 경보회로시험 성적서<br>• 부대설비시험 성적서<br>• 접지저항시험 성적서<br><br><br>• 윤활유장치 도면<br>• 조속기계통 도면<br>• 계기교정시험 성적서 |
| 9. 종합연동시험 검사 | | • 종합 Interlock 도면 |
| 10. 부하운전시험 검사 | • 검사 시 일사량을 기준으로 가능출력을 확인하고 발전량의 이상유무 확인(30분) | • 출력 기록지 |

① 태양광발전 설비표

사업용 태양광발전 설비에 대해 사용 전 검사를 실시하는 검사자는 수검자로부터 다음의 자료를 제출받아 태양광발전 설비표를 작성해야 한다.

㉠ 공사계획인가(신고)서 : 공사계획인가(신고)서는 전기설비의 설치 및 변경공사 내용이 전기사업법의 규정에 의하여 인가 또는 신고를 한 공사계획에 적합해야 한다.

㉡ 시험성적서 제출 확인

- 변압기
- 차단기
- 보호계전기류
- 보호설비류
- 피뢰기류
- 변성기류
- 개폐기류
- 콘덴서, 모터, 기동기, 케이블 및 케이블 접속재
- 발전 설비
- 상기 이외의 전기기계기구와 보호장치

㉢ 고압 이상 전기기계기구의 시험성적서 확인

- 고압 이상 전기기계기구의 시험성적서는 국내생산품과 수입품 모두 동일하게 국내 공인시험기관의 시험성적서를 확인함을 원칙으로 한다. 다만, 다음의 경우에는 제작회사의 자체 시험성적서를 확인한다.
  - 산업표준화법에 의한 KS 표시품, 케이블, 콘덴서, 전동기, 기동기, 20[kV]급 케이블 종단접속재 이외의 케이블 접속재

- 국가표준기본법에 의한 공인제품 인증기관의 안전인증 표시품
- 전기기기 시험기준 및 방법에 관한 요령, 고시에 의한 공인시험기관의 인증시험이 면제된 제품
- 국내 공인시험기관에서 시험이 불가능한 품목 및 검사기관에서 인정한 품목

• 국내 공인시험기관의 시험설비 미비, 관련 규격이 없는 경우, 수리품 및 국내 미생산품인 경우는 공인시험기관의 참고 시험성적서를 확인한다.

② 태양전지 검사

태양전지에 대한 사용 전 검사의 세부검사 절차는 자가용 태양광발전 설비 사용 전 검사에 준해 시행한다.

③ 전력변환장치 검사

전력변환장치에 대한 사용 전 검사의 세부검사 절차는 자가용 태양광발전 설비 사용 전 검사에 준해 시행한다.

④ 변압기 검사

㉠ 변압기의 일반규격 : 기력발전소에 대한 사용 전 검사 변압기 일반규격의 해당 항목 작성 요령에 따른다.

㉡ 변압기의 시험검사 : 기력발전소에 대한 사용 전 검사 변압기 시험검사의 해당 품목 검사 요령에 따른다. 단, 충전시험은 계통과 연계하여 변압기를 가압(또는 역가압)시켜 이음, 온도 상승, 진동 발생 등 이상 유무를 검사한다.

⑤ 차단기 검사

㉠ 차단기의 일반규격 : 기력발전소에 대한 사용 전 검사 차단기 일반규격의 해당 품목 작성 요령에 따른다. 직류차단기의 경우 반드시 전압을 확인하여 기록한다. 단, 시험을 인정할 수 있는 직류차단기는 현재 국내에서는 생산되고 있지 않으므로 외국 인증기관의 시험을 필한 3극 차단기로 결선한 것을 참고정격으로 인정하되 차단기의 모든 접점이 동시에 개방·투입되도록 결선해야 한다.

㉡ 차단기 시험검사 : 기력발전소에 대한 사용 전 검사 차단기 시험검사의 해당 품목 검사 요령에 따른다. 단, 충전시험은 계통과 연계하여 변압기를 가압 또는 역가압시켜 이음, 온도상승, 진동 발생 등 이상 유무를 검사한다.

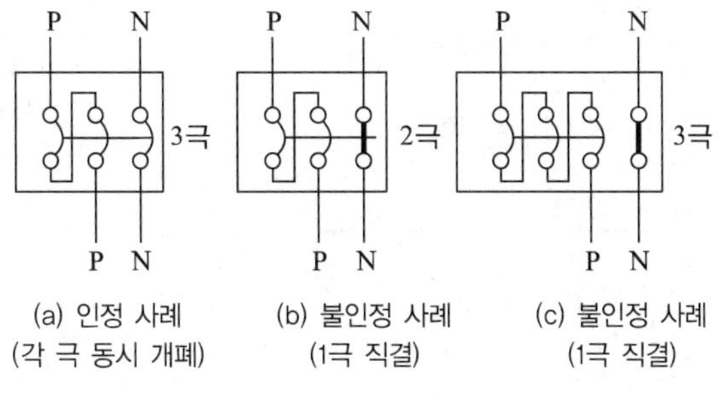


(a) 인정 사례 (각 극 동시 개폐) (b) 불인정 사례 (1극 직결) (c) 불인정 사례 (1극 직결)

**[차단기 설치 사례]**

⑥ 전선로 검사

㉠ 전선로(모선) 일반규격 : 기력발전소에 대한 사용 전 검사 전선로(모선) 일반규격의 해당 항목 작성 요령에 따른다.

ⓛ 전선로(모선) 시험검사 : 기력발전소에 대한 사용 전 검사 전선로(모선) 시험검사의 해당 항목 검사 요령에 따른다. 단, 충전시험은 계통과 연계하여 변압기를 가압(또는 역가압)시켜 이음, 온도 상승, 진동 발생 등, 이상 유무를 검사한다.

⑦ 접지설비 검사

기력발전소에 대한 사용 전 검사 접지설비 검사의 해당 항목 검사 요령에 따른다.

⑧ 종합연동시험 검사

종합연동시험에 대한 사용 전 검사의 세부검사 절차는 자가용 태양광발전 설비 사용 전 검사에 준해 시행한다.

⑨ 부하운전시험 검사

부하운전시험에 대한 사용 전 검사의 세부검사 절차는 자가용 태양광발전 설비 사용 전 검사에 준해 시행한다.

⑩ 기타 부속설비

기타 부속설비에 대한 사용 전 검사의 세부검사 절차는 자가용 태양광발전 설비 사용 전 검사에 준해 시행한다.

### (4) 정기검사항목 및 세부검사내용(사업용)

사업용 태양광발전소는 고압의 경우 태양전지, 접속함, 인버터, 배전반, 변압기, 차단기 등으로 이루어져 한전계통과 연계되어 있다. 따라서 이상발생 시 전력계통 전체의 사고로 파급될 수 있으므로, 태양광발전소의 안정적인 운용을 위해 4년마다 정기적으로 검사를 해야 한다.

사업용 태양광발전 설비에 대한 정기검사항목 및 세부검사 내용을 다음 표에 나타내었다.

**사업용 태양광발전 설비 정기검사항목 및 세부검사내용**

**태양광발전설비계통**

| 검사항목 | 세부검사내용 | 수검자 준비자료 |
|---|---|---|
| 1. 태양광 전지 검사<br>• 태양광 전지 일반규격<br>• 태양광 전지 검사 | • 규격확인<br>• 외관검사<br>• 전지 전기적 특성시험<br>  – 개방전압<br>  – 출력전압 및 전류<br>• Array<br>  – 절연저항 | • 전회검사 성적서<br>• 단선결선도<br>• 태양광전지 Trip Interlock 도면<br>• Sequence 도면<br>• 보호장치 및 계전기시험 성적서<br>• 절연저항시험 성적서 |
| 2. 전력변환장치 검사<br>• 전력변환장치 일반규격 | • 규격확인<br>• 외관검사<br>• 절연저항<br>• 제어회로 및 경보장치<br>• 단독 운전 방지시험<br>• 인버터 운전시험 | • 단선결선도<br>• Sequence 도면<br>• 보호장치 및 계전기시험 성적서<br>• 절연저항시험 성적서<br>• 절연내력시험 성적서<br>• 경보회로시험 성적서<br>• 부대설비시험 성적서 |

| 검사항목 | 세부검사내용 | 수검자 준비자료 |
| --- | --- | --- |
| • 보호장치 검사<br>• 축전지 | • 보호장치시험<br>• 시설상태 확인<br>• 전해액 확인<br>• 환기시설 상태 | |
| 3. 변압기 검사<br>• 변압기 일반규격<br>• 변압기시험 검사<br>(기동, 소내변압기 포함) | • 규격확인<br>• 외관검사<br>• 조작용 전원 및 회로점검<br>• 보호장치 및 계전기시험<br>• 절연저항 측정<br>• 절연유 내압시험<br>• 제어회로 및 경보장치시험 | • 전회검사 성적서<br>• Sequence 도면<br>• 보호계전기시험 성적서<br>• 계기교정시험 성적서<br>• 경보회로시험 성적서<br>• 절연저항시험 성적서<br>• 절연유 내압시험 성적서 |
| 4. 차단기 검사(발전기용차단기)<br>• 차단기 일반규격<br>• 차단기시험 검사<br>(발전기용 차단기만 해당)<br><br>5. 전선로(모선) 검사<br>• 전선로 일반규격<br>• 전선로 검사<br>(가공, 지중, GIB, 기타)<br><br>• 부대설비 검사 | • 규격확인<br>• 외관검사<br>• 조작용 전원 및 회로점검<br>• 절연저항 측정<br>• 개폐표시 상태확인<br>• 제어회로 및 경보장치시험<br><br>• 규격확인<br>• 외관검사<br>• 보호장치 및 계전기시험<br>• 절연저항 측정<br>• 절연내력시험<br>• 피뢰장치<br>• 계기용 변성기<br>• 위험표시<br>• 울타리, 담 등의 시설상태<br>• 상별 및 모의모선 표시상태 | • 전회검사 성적서<br>• 개폐기 Interlock 도면<br>• 계기교정시험 성적서<br>• 경보회로시험 성적서<br>• 절연저항시험 성적서<br><br>• 전선로 및 부대설비 규격서<br>• 단선결선도<br>• 보호계전기 결선도<br>• Sequence 도면<br>• 보호장치 및 계전기시험 성적서<br>• 상회전 및 Loop시험 성적서<br>• 절연내력시험 성적서<br>• 절연저항시험 성적서<br>• 경보회로시험 성적서 |
| 6. 접지설비검사<br>• 접지 일반규격 | • 규격확인<br>• 접지저항 측정 | • 접지저항시험 성적서 |

종합검사

| 검사항목 | 세부검사내용 | 수검자 준비자료 |
| --- | --- | --- |
| 7. 종합연동시험<br>• 종합연동시험 | • 종합연동시험 | |
| 8. 부하운전시험 | • 검사시 일사량을 기준으로 가능출력을 확인하고 발전량 이상유무 확인(30분)<br>• 부하운전시험의견 | • 출력 기록지<br>• 전회검사 이후 총 운전 및 기동횟수<br>• 전회검사 이후 주요정비 내용 |

① **태양전지 검사** : 태양전지에 대한 정기검사의 세부검사 절차는 자가용 태양광발전 설비 사용 전 검사에 준해 시행한다.

② **전력변환장치 검사** : 전력변환장치에 대한 정기검사의 세부검사 절차는 자가용 태양광발전 설비 사용 전 검사에 준해 시행한다.

③ **변압기 검사** : 변압기에 대한 정기검사의 세부검사 절차는 사업용 태양광발전 설비 사용 전 검사에 준해 시행한다.

④ **차단기 검사** : 차단기에 대한 정기검사의 세부검사 절차는 사업용 태양광발전 설비 사용 전 검사에 준해 시행한다.

⑤ **기타 부속설비** : 기타 부속설비에 대한 정기검사의 세부검사 절차는 자가용 태양광발전 설비 사용 전 검사에 준해 시행한다.

### (5) 기타 검사

① 비상발전기는 태양광발전 설비 계통과 연계하지 말아야 한다.

② 소출력 태양광발전 설비의 경우 누전차단기 동작 시 발전원에 의해 지속적으로 전원이 공급되어 감전사고 발생의 우려가 있고 누전차단기 테스트 버튼 조작 등에 의한 지락발생 시 발전원에 의해 지속적으로 지락 전류가 흘러 트립코일 소손의 가능성이 상존하므로 계통으로의 연계점은 누전차단기 1차 측에 접속해야 하며, 연계점 전원 측의 과전류 차단기(MCCB) 부설 여부를 확인해야 한다.

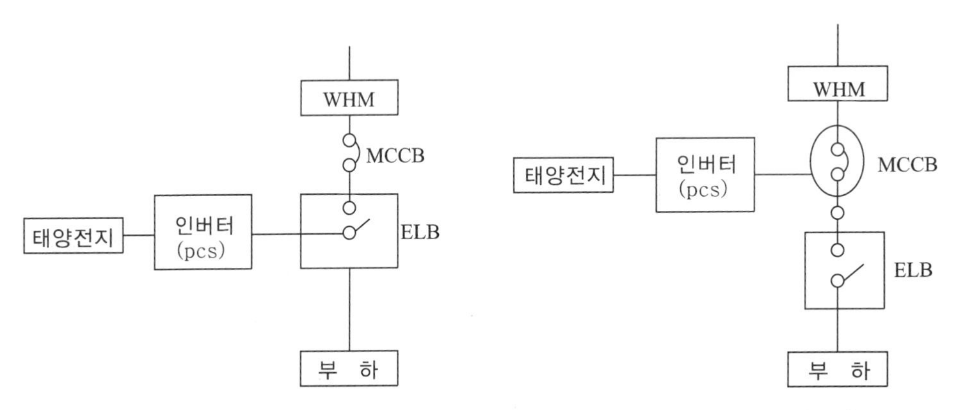


(a) 계통연계 접속의 나쁜 예 (b) 계통연계 접속의 바른 예

**[소출력 태양광발전 설비의 계통연계점 확인 사항]**

③ 케이블 트레이 사용케이블과 태양광발전 설비 케이블의 사이에는 이격 거리를 두고 배선 꼬리표를 달아야 한다.

④ 피뢰침 보호각이 표시되어 있는 전기 간선계통도를 붙여야 한다.

⑤ 태양광 평면도를 참고해야 하며 건물 옥상인 경우 도면을 참고해야 한다.

⑥ 계통 연계되는 전기실까지 케이블 트레이 평면도를 붙여야 한다.

⑦ 모듈 접속함 내에 직류 차단기 및 직류 퓨즈 사용 여부를 확인해야 한다.

⑧ 인버터 시험성적서가 사본인 경우 원본대조필 직인이 있는지 확인해야 한다.

⑨ 태양전지 모듈의 규격리스트와 제품번호를 확인해야 한다.

# 제6절 준공검사

## 1 준공검사 절차서 작성

### (1) 예비준공검사

① 공사현장에 주요공사가 완료되고 현장이 정리단계에 있을 때에는 준공예정일 2개월 전에 준공기한 내 준공가능 여부 및 미진한 사항의 사전 보완을 위해 예비준공검사를 실시하여야 한다. 다만, 소규모 공사인 경우에는 발주와 협의하여 생략할 수 있다.

② 감리업자는 전체 공사 준공 시에는 책임감리원, 비상주감리원 중에서 고급감리원 이상으로 검사자를 지정하여 합동으로 검사하도록 하며, 필요시 지원업무담당자 또는 시설물 유지관리 직원 등을 입회하도록 하여야 한다. 연차별로 시행하는 장기지속공사의 예비준공검사의 경우에는 해당 책임감리원을 검사자로 지정할 수 있다.

③ 예비준공검사는 감리원이 확인한 정산설계도서 등에 따라 검사하여야 하며, 그 검사내용은 준공검사에 준하여 철저히 시행되어야 한다.

④ 책임감리원은 예비준공검사를 실시하는 경우에는 공사업자가 제출한 품질시험・검사총괄표의 내용을 검토하여야 한다.

⑤ 예비준공 검사자는 검사를 행한 후 보완사항에 대하여는 공사업자에게 보완을 지시하고 준공검사자가 검사 시 확인할 수 있도록 감리업자 및 발주자에게 검사결과를 제출하여야 한다. 공사업자는 예비준공검사의 지적사항 등을 완전히 보완하고 책임감리원의 확인을 받은 후 준공 검사원을 제출하여야 한다.

### (2) 시운전계획 수립

① 준공검사 절차서 작성 계획

감리원은 해당 공사 완료 후 준공검사 전에 사전 시운전 등이 필요한 부분에 대하여는 공사업자에게 다음의 사항이 포함된 시운전을 위한 계획을 수립하여 시운전 30일 이내에 제출하도록 하고, 이를 검토하여 발주자에게 제출하여야 한다.

② 준공검사 전 시운전계획수립 내용

㉠ 시운전 일정

㉡ 시운전 항목 및 종류

㉢ 시운전 절차

㉣ 시험장비 확보 및 보정

㉤ 기계・기구 사용계획

㉥ 운전요원 및 검사요원 선임계획

③ 시운전계획수립 검토

감리원은 공사업자로부터 시운전 계획서를 제출받아 검토, 확정하여 시운전 20일 이내에 발주자 및 공사업자에게 통보하여야 한다.

④ 시운전의 종류

㉠ 단독 시운전 : 수전, 단위 기기별 · 계통별 예비점검 및 시험운전

㉡ 종합 시운전 : 단위 기기 및 계통 간 병렬운전, 계통 연계 상업운전

⑤ 단독 시운전

㉠ 단독 시운전(수전, 단위 기기별 · 계통별 예비점검 및 시험운전)은 계약자의 주관으로 시행한다.

㉡ 계약에 따라 공급되는 모든 기기, 계측기, 계통, 제어장치 및 회로에 대한 기능시험을 포함한다.

㉢ 계약자는 모든 기기, 계측기, 계통, 제어장치 및 회로의 점검과 시운전에 대한 항목별 작업분류와 예정일정표 및 시운전 절차서를 예비점검 전까지 제출하고, 승인된 절차서에 따라 시행한다.

㉣ 모든 기자재가 완전하게 설치되고, 단위 설비별 · 계통별로 일정한 시험이 완료된 것을 확인한 후 "단위 기기별 · 계통별 시운전 준비 완료"를 서면으로 발주자에게 통지하여야 하며, 발주자 입회하에 단위 기기별 · 계통별 시운전을 한다.

⑥ 종합 시운전

㉠ 단위 기기별 · 계통별 시운전이 완료되면, 계약자는 서면으로 "단독 시운전 결과보고서"를 첨부하여 "종합 시운전 준비완료"를 통지하여야 한다.

㉡ 발주자는 계약자에게 서면으로 "종합 시운전 준비완료" 접수사실을 통지하고 상호협의 일정에 따라 종합 시운전을 시행한다.

㉢ 종합 시운전은 발주자 시운전 업무지침과 계약자가 제출하여 승인받은 절차서에 따라 진행한다.

㉣ 계약자의 기술지원자는 발전설비의 기동시험 및 수행기간 중 기술적인 자문, 협조 및 지침을 발주자에게 제공한다.

⑦ 시운전입회

감리원은 공사업자에게 다음과 같이 시운전 절차를 준비하도록 하여야 하며 시운전에 입회하여야 한다.

- 기기점검
- 예비운전
- 시운전
- 성능보장운전
- 검 수
- 운전인도

⑧ 시운전 완료 후 시설물 인계

감리원은 시운전 완료 후에 다음의 성과품을 공사업자로부터 제출받아 검토 후 발주자에게 인계하여야 한다.

㉠ 운전개시, 가동절차 및 방법

㉡ 점검항목 점검표

㉢ 운전지침

㉣ 기기류 단독 시운전 방법 검토 및 계획서

㉤ 실가동 Diagram(수량이나 관계 등을 나타낸 도표)

㉥ 시험구분, 방법, 사용매체 검토 및 계획서

㉦ 시험성적서

㉧ 성능시험 성적서(성능시험 보고서)

### (3) 준공도면 등의 검토 · 확인

① 감리원은 준공 설계도서 등을 검토·확인하고 완공된 목적물이 발주자에게 차질없이 인계될 수 있도록 지시·감독하여야 한다. 감리원은 공사업자로부터 가능한 한 준공예정일 1개월 전까지 준공 설계도서를 제출받아 검토·확인하여야 한다.

② 감리원은 공사업자가 작성·제출한 준공도면이 실제 시공된 대로 작성되었는지 여부를 검토·확인하여 발주자에게 제출하여야 한다. 준공도면은 계약서에 정한 방법으로 작성되어야 하며, 모든 준공도면에는 감리원의 확인·서명이 있어야 한다.

### (4) 기성검사 및 준공검사 지침

① 기성검사 및 준공검사자의 임명

㉠ 감리원은 준공(또는 기성부분) 검사원을 접수하였을 때에는 신속히 검토·확인하고, 준공(기성부분) 감리조서와 다음 서류를 첨부하여 지체 없이 감리업자에게 제출하여야 한다.

- 주요기자재 검수 및 수불부
- 감리원의 검사기록 서류 및 시공 당시의 사진
- 품질시험 및 검사성과 총괄표
- 발생품 정리부
- 그 밖에 감리원이 필요하다고 인정되는 서류와 준공검사원에는 지급기자재 잉여분 조치현황과 공사의 사전검사·확인서류, 안전관리점검 총괄표 추가 첨부

㉡ 감리업자는 기성부분 검사원 또는 준공 검사원을 접수하였을 때에는 3일 이내에 비상주 감리원을 임명하여 검사하도록 하고 이 사실을 즉시 검사자로 임명된 자에게 통보하고, 발주자에게 보고하여야 한다. 다만, 국가를 당사자로 하는 계약에 관한 법률 시행령에 따른 약식 기성검사 시에는 책임감리원을 검사자로 임명하여 검사하도록 한다.

㉢ 감리업자는 기성부분검사 또는 장기지속공사의 연차별 예비준공검사를 함에 있어 현장이 원거리 또는 벽지에 위치하고 책임감리원으로도 검사가 가능하다고 인정되는 경우에는 발주자와 협의하여 책임감리원을 검사자로 임명할 수 있다.

㉣ 감리업자는 부득이한 사유로 소속 직원이 검사를 할 수 없다고 인정할 때에는 발주자와 협의하여 소속 직원 이외의 자 또는 전문검사기관에게 그 검사를 하게 할 수 있다. 이 경우 검사결과는 서면으로 작성하여야 한다.

㉤ 감리업자는 각종 설비, 복합공사 등 특수공종이 포함된 공사의 준공검사를 할 때 필요한 경우에는 발주자와 협의하여 전문기술자를 포함한 합동 준공검사반을 구성할 수 있다.

㉥ 발주자는 필요한 경우에는 소속 직원에게 기성검사 과정에 입회하도록 하고, 준공검사 과정에는 소속 직원을 입회시켜 준공검사자가 계약서, 설계설명서, 설계도서 등 관계 서류에 따라 준공검사를 실시하는지 여부를 확인하여야 하며, 필요시 완공된 시설물 인수기관 또는 유지관리기관의 직원에게 검사에 입회·확인할 수 있도록 조치하여야 한다.

㉦ 발주자는 ㉥에 따른 준공검사에 입회할 경우에는 해당 공사가 복합공종인 경우에는 공정별로 팀을 구성하여 공동 입회하도록 할 수 있으며, 준공검사 실시여부를 확인하여야 한다.

ⓞ 감리업자는 기성부분검사 및 준공검사 전에 검사에 필요한 전문기술자의 참여, 필수적인 검사 공종, 검사를 위한 시험장비 등 체계적으로 작성한 검사 계획서를 발주자에게 제출하여 승인을 받고, 승인을 받은 계획서에 따라 다음과 같은 검사절차에 따라 검사를 시행하여야 한다.

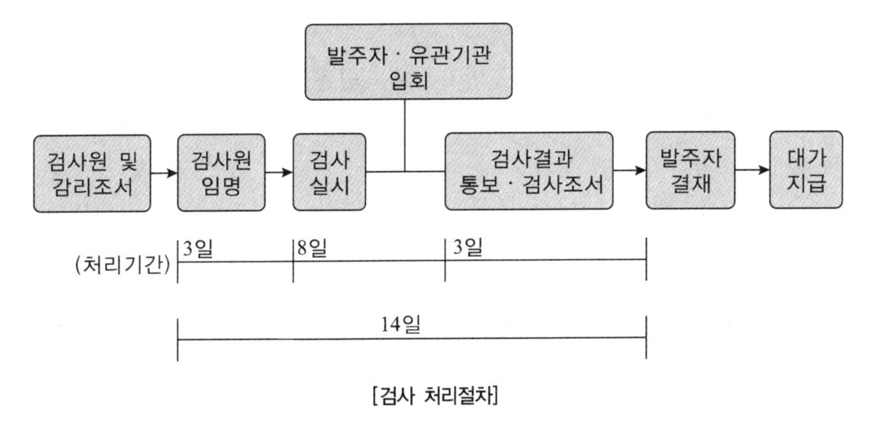


[검사 처리절차]

② 검사기간

㉠ 기성 또는 준공검사자(이하 "검사자"라 한다)는 계약에 소정 기일이 명시되지 않는 한 임명통지를 받은 날부터 8일 이내에 해당 공사의 검사를 완료하고 검사조서를 작성하여 검사 완료일부터 3일 이내에 검사결과를 소속 감리업자에게 보고하여야 하며, 감리업자는 신속히 검토 후 발주자에게 지체 없이 통보하여야 한다.

㉡ 검사자는 검사조서에 검사사진을 첨부하여야 한다.

㉢ 감리업자는 천재지변 등 불가항력으로 인해 ㉠에서 정한 기간을 준수할 수 없을 때에는 필요한 최소한의 범위에서 검사기간을 연장할 수 있으며 이를 발주자에게 통보하여야 한다.

㉣ 불합격 공사에 대한 보완, 재시공 완료 후 재검사 요청에 대한 검사기간은 공사업자로부터 그 시정을 완료한 사실을 통보받은 날부터 ㉠의 기간을 계산한다.

## (5) 기성검사 및 준공검사

① 검사자는 해당 공사 검사 시에 상주감리원 및 공사업자 또는 시공관리책임자 등을 입회하게 하여 계약서, 설계설명서, 설계도서, 그 밖의 관계 서류에 따라 다음 사항을 검사하여야 한다. 다만, 국가를 당사자로 하는 계약에 관한 법률 시행령 본문에 따른 약식 기성검사의 경우에는 책임감리원의 감리조사와 기성부분 내역서에 대한 확인으로 갈음할 수 있다.

㉠ 기성검사

- 기성부분 내역이 설계도서대로 시공되었는지 여부
- 사용된 기자재의 규격 및 품질에 대한 실험의 시행 여부
- 시험기구의 비치와 그 활용도의 판단
- 지급기자재의 수불 실태
- 주요 시공과정을 촬영한 사진의 확인
- 감리원의 기성검사원에 대한 사전검토 의견서

- 품질시험 · 검사성과 총괄표 내용
- 그 밖에 검사자가 필요하다고 인정하는 사항

㉡ 준공검사
- 완공된 시설물이 설계도서대로 시공되었는지의 여부
- 시공 시 현장 상주감리원이 작성 비치한 제 기록에 대한 검토
- 폐품 또는 발생물의 유무 및 처리의 적정 여부
- 지급 기자재의 사용적부와 잉여자재 유무 및 그 처리의 적정 여부
- 제반 가설시설물의 제거와 원상복구 정리 상황
- 감리원의 준공검사원에 대한 검토의견서
- 그 밖에 검사자가 필요하다고 인정하는 사항

② 검사자는 시공된 부분이 수중 또는 지하에 매몰되어 사후검사가 곤란한 부분과 주요 시설물에 중대한 영향을 주거나 대량의 파손 등 재시공 행위를 요하는 검사는 검사조서와 사전검사 등을 근거로 하여 검사를 시행할 수 있다.

### (6) 불합격 공사에 대한 재시공 명령

검사자는 검사에 합격되지 아니한 부분이 있을 때에는 감리업자에게 지체 없이 그 내용을 보고하고 감리업자의 지시에 따라 책임감리원은 즉시 공사업자에게 보완시공 또는 재시공을 하게 한 후 공사가 완료되면 다시 검사 절차에 따라 검사원을 제출하도록 하여야 하며, 감리업자는 해당 공사의 검사자에게 재검사를 하게 하여야 한다.

## 2 시설물 인수 · 인계 계획수립

### (1) 계획수립

감리원은 공사업자에게 해당 공사의 예비준공검사(부분 준공, 발주자의 필요에 따른 기성부분 포함)완료 후 14일 이내에 다음의 사항이 포함된 시설물의 인수 · 인계를 위한 계획을 수립하도록 하고 이를 검토하여야 한다.

### (2) 인수 · 인계 검토 내용

① 일반사항(공사개요 등)

② 운영지침서(필요한 경우)
- 시설물의 규격 및 기능점검 항목
- 기능점검 절차
- Test장비 확보 및 보정
- 기자재 운전지침서
- 제작도면 · 절차서 등 관련 자료

③ 시운전 결과보고서(시운전 실적이 있는 경우)
④ 예비 준공검사결과
⑤ 특기사항

### (3) 인수 · 인계 수행

① 감리원은 공사업자로부터 시설물 인수 · 인계계획서를 제출받아 7일 이내에 검토, 확정하여 발주자 및 공사업자에게 통보하여 인수 · 인계에 차질이 없도록 하여야 한다.
② 감리원은 발주자와 공사업자 간 시설물 인수 · 인계의 입회자가 된다.
③ 감리원은 시설물 인수 · 인계에 대한 발주자 등 이견이 있는 경우, 이에 대한 현상파악 및 필요대책 등의 의견을 제시하여 공사업자가 이를 수행하도록 조치한다.
④ 인수 · 인계서는 준공검사 결과를 포함하는 내용으로 한다.
⑤ 시설물의 인수 · 인계는 준공검사 시 지적사항에 대한 시정완료일부터 14일 이내에 실시하여야 한다.

## 3 준공 후 현장문서 인수 · 인계

### (1) 현장문서 인수 · 인계 목록작성 협의

감리원은 해당 공사와 관련한 감리기록 서류 중 다음의 서류를 포함하여 발주자에게 인계할 문서의 목록을 발주자와 협의하여 작성하여야 한다.

### (2) 준공 후 현장문서 인수 · 인계 목록 내용

① 준공사진첩
② 준공도
③ 준공내역서
④ 시방서
⑤ 시공도
⑥ 시험성적서
⑦ 기자재 구매서류
⑧ 공사 관련 기록부
⑨ 시설물 인수 · 인계서
⑩ 준공검사조서
⑪ 그 밖에 발주자가 필요하다고 인정하는 서류

### (3) 공사감리 완료보고서 제출

감리업자는 해당 감리용역이 완료된 때에는 15일 이내에 공사감리 완료보고서를 협회에 제출하여야 한다.

## 4 유지관리 및 하자보수 지침서 검토

### (1) 유지관리지침서 작성

감리원은 발주자(설계자) 또는 공사업자(주요설비 납품자) 등이 제출한 시설물의 유지관리지침 자료를 검토하여 다음의 내용이 포함된 유지관리지침서를 작성, 공사 준공 후 14일 이내에 발주자에게 제출하여야 한다.

### (2) 유지관리지침서 작성 내용

① 시설물의 규격 및 기능설명서
② 시설물 유지관리기구에 대한 의견서
③ 시설물 유지관리방법
④ 특기사항

### (3) 유지관리상 기술자문

해당 감리업자는 발주자가 유지관리상 필요하다고 인정하여 기술자문 요청 등이 있을 경우에는 이에 협조하여야 하며, 전문적인 기술 등으로 외부 전문가 의뢰 또는 상당한 노력이 소요되는 경우에는 발주자와 별도로 협의하여 결정한다.

### (4) 하자보수에 대한 의견제시

① 감리업자 및 감리원은 공사준공 후 발주자와 공사업자 간의 시설물의 하자보수 처리에 대한 분쟁 또는 이견이 있는 경우, 감리원으로서의 검토의견을 제시하여야 한다.
② 감리업자 및 감리원은 공사준공 후 발주자가 필요하다고 인정하여 하자보수 대책수립을 요청할 경우에는 이에 협조하여야 한다.
③ 상기 ①과 ②의 업무가 감리용역계약에서 정한 감리기간이 지난 후에 수행하여야 할 경우에는 발주자는 별도의 실비를 감리원에게 지급하도록 조치하여야 한다. 다만, 하자 사항이 부실감리에 따른 경우에는 그러하지 아니하다.

# 적중예상문제

**01** 다음 중 시방서의 종류로 볼 수 없는 것은?

① 공사시방서 ② 표준시방서
③ 전문시방서 ④ 설계시방서

**해설**

운영체계에 따라 시방서의 종류는 표준시방서, 전문시방서, 공사시방서가 있다.

**02** 설계감리를 받아야 할 전력시설물의 해당 설계도서가 아닌 것은?

① 11층 이상이거나 연면적 30,000[m$^2$] 이상인 건축물의 전력 시설물
② 전압 300,000[V] 이상의 송전 및 변전설비
③ 전압 10만[V] 이상의 수전설비
④ 용량 800,000[kW] 이상의 발전설비

**해설**

설계감리를 받아야 할 설계도서
- 용량 80만[kW] 이상의 발전설비
- 전압 30만[V] 이상의 송전 · 변전설비
- 전압 10만[V] 이상의 수전설비 · 구내배전설비 · 전력사용설비
- 전기철도의 수전설비 · 구내배전설비 · 전력사용설비
- 국제공항의 수전설비 · 구내배전설비 · 전력사용설비
- 21층 이상이거나 연면적 5만[m$^2$] 이상인 건축물의 전력시설물(공동주택의 전력시설물은 제외한다)
- 그 밖에 산업통상자원부령으로 정하는 전력시설물

**03** 다음 중 지원업무 수행자의 업무범위로 맞지 않는 것은?

① 입찰참가자자격심사 기준 작성(필요시)
② 설계변경, 공기연장 등 주요사항 발생 시 발주자로부터 검토, 지시가 있을 경우, 현지 확인 및 검토 · 보고
③ 설계변경 및 계약금액 조정의 심사
④ 보상 담당부서에서 수행하는 통상적인 보상업무

**해설**

지원업무담당자의 주요 업무 범위
- 입찰참가자자격심사 기준 작성(필요시)
- 감리업무 수행계획서, 감리원 배치계획서 검토
- 보상 담당부서에서 수행하는 통상적인 보상업무 외에 감리원 및 공사업자와 협조하여 용지측량, 기공 승낙, 지장물 이설 확인 등의 용지보상 지원업무 수행
- 감리원에 대한 지도 · 점검(근태상황 등)
- 감리원이 수행할 수 없는 공사와 관련한 각종 관 · 민원업무 및 인 · 허가 업무를 해결하고, 특히 지역성 민원해결을 위한 합동조사, 공청회 개최 등 추진
- 설계변경, 공기연장 등 주요사항 발생 시 발주자로부터 검토, 지시가 있을 경우, 현지 확인 및 검토 · 보고
- 공사관계회의 등에 참속, 발주자의 지시사항 전달 및 감리 · 공사 수행상 문제점 파악 · 보고
- 필요시 기성검사 및 각종 검사 입회
- 준공검사 입회
- 준공도서 등의 인수
- 하자발생 시 현지조사 및 사후조치

**04** 비상주감리원의 업무수행 범위로서 맞지 않는 것은?

① 정기적(분기 또는 반기)으로 현장 문제점을 종합적으로 점검 · 확인 · 평가하고 기술지도
② 설계변경 및 계약금액 조정의 심사
③ 중요한 설계변경에 대한 기술검토
④ 기성 및 준공검사

**해설**

비상주감리원의 업무범위
- 설계도서 등의 검토
- 상주감리원이 수행하지 못하는 현장 조사분석 및 시공상의 문제점에 대한 기술검토와 민원사항에 대한 현지조사 및 해결방안 검토
- 중요한 설계변경에 대한 기술검토
- 설계변경 및 계약금액 조정의 심사
- 기성 및 준공검사
- 정기적(분기 또는 월별)으로 현장 시공상태를 종합적으로 점검 · 확인 · 평가하고 기술지도
- 공사와 관련하여 발주자(지원업무수행자 포함)가 요구한 기술적 사항 등에 대한 검토
- 그 밖에 감리업무 추진에 필요한 기술지원 업무



1 ④ 2 ① 3 ③ 4 ① 정답

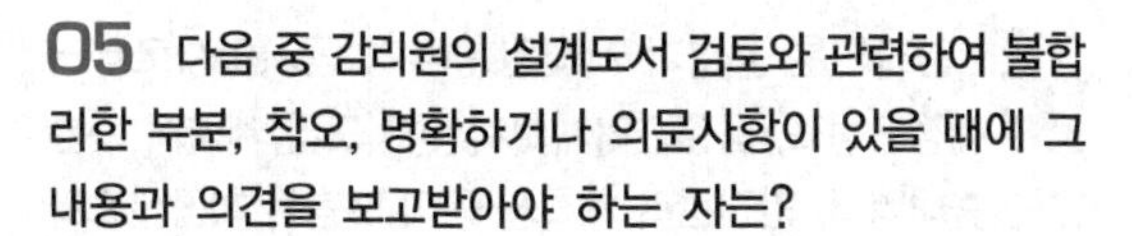

**05** 다음 중 감리원의 설계도서 검토와 관련하여 불합리한 부분, 착오, 명확하거나 의문사항이 있을 때에 그 내용과 의견을 보고받아야 하는 자는?

① 비상주 감리원
② 발주자
③ 시공사
④ 감리업자

해설
감리원의 설계도서 검토 결과 보고
감리원은 설계도서 등에 대하여 공사계약문서 상호 간의 모순되는 사항, 현장 실정과의 부합여부 등 현장 시공을 주안으로 하여 해당 공사 시작 전에 검토하여야 하며, 검토결과 불합리한 부분, 착오, 불명확하거나 의문사항이 있을 때에는 그 내용과 의견을 발주자에게 보고하여야 한다.

**06** 설계감리원 업무 범위의 내용에 맞지 않는 것은?

① 주요 공사용역 업무에 대한 기술자문
② 설계감리 결과보고서의 작성
③ 설계업무의 공정 및 기성관리의 검토・확인
④ 사업기획 및 타당성 조사 등 전단계 용역 수행 내용의 검토

해설
주요 공사용역 업무가 아닌 주요 설계용역 업무에 대한 기술자문이다.
설계감리원의 업무 범위
- 주요 설계용역 업무에 대한 기술자문
- 사업기획 및 타당성 조사 등 전단계 용역 수행 내용의 검토
- 시공성 및 유지관리의 용이성 검토
- 설계도서의 누락, 오류, 불명확한 부분에 대한 추가 및 정정 지시 및 확인
- 설계업무의 공정 및 기성관리의 검토・확인
- 설계감리 결과보고서의 작성
- 그 밖에 계약문서에 명시된 사항

**07** 감리용역 착수 단계에서 감리업자는 착수신고서를 제출하여 발주자의 승인을 받아야 한다. 해당 착수신고서에 포함되지 않는 서류는?

① 감리원 조직 구성내용과 감리원별 투입기간 및 담당업무
② 공사예정공정표
③ 상주, 비상주 감리원 배치계획서와 감리원의 경력확인서
④ 감리업무 수행계획서

해설
감리용역착수 단계에서 발주자승인을 받아야 할 착수신고서 서류
- 감리업무 수행계획서
- 감리비 산출내역서
- 상주, 비상주 감리원 배치계획서와 감리원의 경력확인서
- 감리원 조직 구성내용과 감리원별 투입기간 및 담당업무 공사예정공정표는 착수신고서에 포함되지 않는다.

**08** 감리원은 설계도서 등에 대하여 공사계약문서 상호 간을 검토할 때 다음 중 감리원의 설계도서 검토내용에 해당되지 않는 것은?

① 현장조건에 부합 여부
② 다른 사업 또는 다른 공정과의 상호부합 여부
③ 시공상의 예상 문제점 및 대책
④ 시공사가 제출한 물량 내역서와 발주자가 제공한 산출내역서의 수량일치 여부

해설
시공사가 아닌 발주자가 제공한 물량 내역서와 공사업자가 제출한 산출내역서의 수량일치 여부이다.
감리원의 설계도서 검토 내용
- 현장조건에 부합 여부
- 시공의 실제가능 여부
- 다른 사업 또는 다른 공정과의 상호부합 여부
- 설계도면, 설계설명서, 기술계산서, 산출내역서 등의 내용에 대한 상호일치 여부
- 설계도서의 누락, 오류 등 불명확한 부분의 존재여부
- 발주자가 제공한 물량 내역서와 공사업자가 제출한 산출내역서의 수량일치 여부
- 시공상의 예상 문제점 및 대책 등

**09** 감리원이 공사를 시작할 때 공사업자로 하여금 작성, 제출하여야 할 가설시설물의 설치계획표에 포함되지 않는 사항은?

① 본 공사용 사용전력
② 공사용 임시전력
③ 자재 야적장
④ 가설사무소, 작업장, 창고, 숙소, 식당 및 그 밖의 부대설비

정답 5 ② 6 ① 7 ② 8 ④ 9 ①

해설

공사업자의 가설시설물 설치계획표 작성 제출 내용
- 공사용도로(발·변전설비, 송·배전설비에 해당)
- 가설사무소, 작업장, 창고, 숙소, 식당 및 그 밖의 부대설비
- 자재 야적장
- 공사용 임시전력

**10** 다음 중 감리용역 계약문서가 아닌 것은?

① 기술용역입찰유의서
② 공사입찰유의서
③ 기술용역계약 일반조건
④ 감리비 산출내역서

해설

감리용역 계약문서는 계약서, 기술용역입찰유의서, 기술용역계약 일반조건, 감리용역계약 특수조건, 과업지시서, 감리비 산출내역서 등으로 구성되며, 이들 계약문서는 상호 보완의 효력을 가진다.

**11** 감리원은 공사 시작 후 공사업자로부터 착공신고서를 제출받아 적정성 여부를 검토하여 7일 이내에 발주자에게 보고하여야 한다. 이 착공신고서의 검토 내용이 아닌 것은?

① 공사 시작 후 사진
② 공사 예정공정표
③ 품질관리계획서
④ 작업인원 및 장비투입 계획서

해설

착공신고서 검토 내용
- 시공관리책임자 지정통지서(현장관리조직, 안전관리자)
- 공사 예정공정표
- 품질관리계획서
- 공사도급 계약서 사본 및 산출내역서
- 공사 시작 전 사진
- 현장기술자 경력사항 확인서 및 자격증 사본
- 안전관리계획서
- 작업인원 및 장비투입 계획서
- 그 밖에 발주자가 지정한 사항

**12** 감리원은 공사가 시작된 경우에 공사업자로부터 공사 예정공정표, 품질관리계획서, 공사도급 계약서 사본 및 산출내역서, 안전관리 계획서 등이 포함된 착공신고서를 받아서 적정성을 검토 후 며칠 이내에 발주자에게 보고하여야 하는가?

① 3일 이내
② 5일 이내
③ 7일 이내
④ 15일 이내

해설

착공신고서 검토 보고
감리원은 공사업자로부터 착공신고서를 제출받아 적정성 여부를 검토 후 7일 이내에 발주자에게 보고하여야 한다.

**13** 감리원은 공사업자가 하도급 규정을 위반하고 불법하도급 하는 것을 알았을 경우에는 어떠한 조치를 취해야 하는가?

① 공사를 즉시 중지 후 현자에서 방출 처리
② 공사 진행과 상관없이 신속히 발주자에게 보고 후 발주자의 의견에 따라 처리
③ 진행 중인 공사를 마무리하게 한 후 발주자에게 구두 보고
④ 공사를 중지시키고 발주자에게 서면보고

해설

감리원은 공사업자가 불법하도급 하는 것을 안 때에는 공사를 중지시키고 발주자에게 서면으로 보고하여야 하며, 현장 입구에 불법하도급 행위신고 표지판을 공사업자에게 설치하도록 하여야 한다.

**14** 태양광설비 공사업자의 공사업무 수행상 필요서식 기록 보관 서류가 아닌 것은?

① 근무상황일지
② 하도급 현황
③ 주요인력 및 장비투입 현황
④ 안전관리비 사용실적 현황



10 ② 11 ① 12 ③ 13 ④ 14 ① 정답

해설

공사업자 공사업무 수행상 필요서식 기록 보관 서류
- 하도급 현황
- 주요인력 및 장비투입 현황
- 작업계획서
- 기자재 공급원 승인현황
- 주간공정계획 및 실적보고서
- 안전관리비 사용실적 현황
- 각종 측정 기록표

**15** 태양광발전설비 인허가 업무 검토 내용 중 발전사업 허가 신청 시 첨부되어야 할 서류가 아닌 것은?

① 발전원가명세서 및 기술인력확보계획서(200[kW] 이하는 생략)
② 10만[kW] 미만 시 환경영향평가서
③ 송전관계 일람도
④ 신용평가의견서 및 소요재원 조달계획서

해설

태양광발전설비 발전사업 허가 신청 시 첨부서류
- 사업계획서
- 송전관계 일람도
- 발전원가 명세서 및 기술인력확보계획서(200[kW] 이하는 생략)
- 사업 개시 후 5년간 연도별 예상사업 손익산출서
- 발전 설비 개요서
- 신용평가의견서 및 소요재원 조달계획서
- 정관 · 등기부등본 · 대차대조표 · 손익계산서(법인인 경우, 설립 중인 법인은 그 정관)

**16** 다음 중 태양광발전설비 3,000[kW] 초과 용량에 대한 공사계획인가의 허가권자는 누구인가?

① 전기공사협회장
② 한국전력공사장
③ 전기기술인협회장
④ 산업통상자원부장관

해설

태양광발전설비 공사계획인가 범위
- 3,000[kW] 초과설비 : 공사계획인가 – 산업통상자원부장관
- 3,000[kW] 이하설비 : 공사계획신고 – 시 · 도지사

**17** 주요 인 · 허가 및 유관기관 업무협의 순서에서 (　　) 안에 들어갈 사항은?

| 발전사업 허가신청 → 사전환경성 검토, 협의 → 개발행위 허가 → 전기설비공사계획인가 및 신고 → (　　) → 대상설비 확인 → 전력수급계약 체결 → 사업 개시 신고 |
|---|

① 신재생에너지 공급의무화 설치 확인
② 발전사업을 위한 업무 협의
③ 전기설비 사용 전 검사
④ 환경영향평가

해설

주요 인 · 허가 및 유관기관 업무협의 순서
발전사업 허가신청 → 사전환경성 검토, 협의 → 개발행위 허가 → 전기설비공사계획인가 및 신고 → 사용 전 검사 → 대상설비 확인 → 전력수급계약 체결 → 사업 개시 신고

**18** 다음 중 시공기술자의 교체사유가 아닌 것은?

① 시공관리책임자가 불법 하도급을 하거나 이를 방치하였을 때
② 시공관리책임자가 관리원과 발주자의 사전 승낙을 받지 아니하고 정당한 사유없이 해당 공사현장을 이탈한 때
③ 시공관리책임자가 감리원의 검사 · 확인 등 승인을 받지 아니하고 후속공정을 진행하거나 정당한 사유 없이 공사를 중단한 때
④ 정당한 사유로 기성 공정이 예정 공정에 미달될 때

해설

시공기술자의 교체사유 요건
- 시공기술자 및 안전관리자가 관계법령에 따른 배치기준, 겸직금지, 보수교육 이수 및 품질관리 등의 법규를 위반하였을 때
- 시공관리책임자가 관리원과 발주자의 사전 승낙을 받지 아니하고 정당한 사유 없이 해당 공사현장을 이탈한 때
- 시공관리책임자가 고의 또는 과실로 공사를 조잡하게 시공하거나 부실시공을 하여 일반인에게 위해를 끼친 때
- 시공관리책임자가 계약에 따른 시공 및 기술능력이 부족하다고 인정되거나 정당한 사유 없이 기성 공정이 예정공정에 현저히 미달한 때

정답 15 ② 16 ④ 17 ③ 18 ④

- 시공관리책임자가 불법 하도급을 하거나 이를 방치하였을 때
- 시공기술자의 기술능력이 부족하여 시공에 차질을 초래하거나 감리원의 정당한 지시에 응하지 아니한 때
- 시공관리책임자가 감리원의 검사·확인 등 승인을 받지 아니하고 후속공정을 진행하거나 정당한 사유 없이 공사를 중단한 때

**19** 다음 중 책임감리원은 최종감리보고서를 감리기간 종료 후 며칠 이내에 발주자에게 제출하여야 하는가?

① 7일 이내 ② 14일 이내
③ 21일 이내 ④ 30일 이내

**해설**

책임감리원은 다음 사항이 포함된 최종감리보고서를 감리기간 종료 후 14일 이내에 발주자에게 제출하여야 한다.
- 공사 및 감리용역개요 등(사업목적, 공사개요, 감리용역개요, 설계용역개요)
- 공사추진 실적현황(기성 및 준공검사 현황, 공종별 추진실적, 설계변경 현황, 공사현장 실정보고 및 처리현황, 지시사항 처리, 주요인력 및 장비투입현황, 하도급 현황, 감리원 투입현황)
- 품질관리 실적(검사요청 및 결과통보현황, 각종 측정기록 및 조사표, 시험장비 사용현황, 품질관리 및 측정자료현황, 기술검토실적현황 등)
- 주요기자재 사용실적(기자재 공급원 승인현황, 주요기자재 투입현황, 사용자재 투입현황)
- 안전관리 실적(안전관리조직, 교육실적, 안전점검실적, 안전관리비 사용실적)
- 환경관리 실적(폐기물발생 및 처리실적)
- 종합분석

**20** 책임감리원이 발주자에게 제출하는 분기보고서에 포함되어야 할 내용이 아닌 것은?

① 품질검사 및 관리현황
② 검사요청 및 결과통보내용
③ 공사추진현황
④ 시공사 작업일지

**해설**

책임감리원이 발주자에게 제출하는 분기보고서에 포함되어야 할 내용
- 공사추진현황(공사계획의 개요와 공사추진계획 및 실적, 공정현황, 감리용역현황, 감리조직, 감리원 조치내용 등)
- 감리원 업무일지
- 품질검사 및 관리현황
- 검사요청 및 결과통보내용
- 주요기자재 검사 및 수불내용(주요기자재 검사 및 입·출고가 명시된 수불현황
- 설계변경현황
- 그 밖에 책임감리원이 감리에 관하여 중요하다고 인정하는 사항

**21** 최종 계약금액의 조정은 예비 준공검사기간 등을 고려하여 준공예정일 며칠 전까지 발주자에게 제출되어야 하는가?

① 30일 ② 45일
③ 60일 ④ 90일

**해설**

최종 계약금액의 조정
감리원은 설계변경 등으로 인한 계약금액 조정 업무처리를 지체함으로써 공사업자가 지급 자재 수급 및 기성부분을 인정받지 못하여 공사추진에 지장을 초래하지 않도록 적기에 계약금액의 조정은 예비 준공검사기간 등을 고려하여 늦어도 준공예정일 45일 전까지 발주자에게 제출되어야 한다.

**22** 감리원은 공사업자로부터 물가변동에 따른 계약금액 조정요청을 받은 경우에 공사업자로 하여금 작성·제출하도록 하는 서류 목록이 아닌 것은?

① 안전관리비 사용내역서
② 물가변동조정 요청서
③ 계약금액조정 요청서
④ 계약금액 조정 산출근거

**해설**

물가변동으로 인한 계약금액의 조정과 관련하여 공사업자로 하여금 작성·제출하도록 하는 서류 목록
- 물가변동조정 요청서
- 계약금액조정 요청서
- 품목조정률 또는 지수조정률의 산출근거
- 계약금액 조정 산출근거
- 그 밖에 설계변경에 필요한 서류



19 ② 20 ④ 21 ② 22 ① 정답

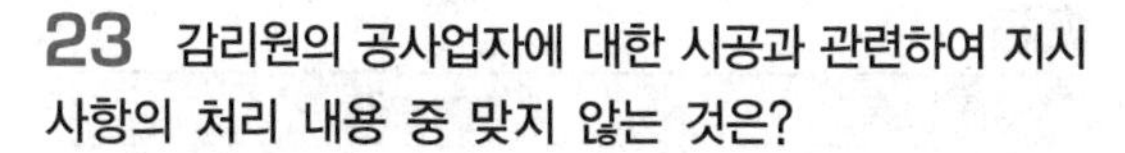

**23** 감리원의 공사업자에 대한 시공과 관련하여 지시사항의 처리 내용 중 맞지 않는 것은?

① 감리원은 지시사항에 대하여 그 이행상태를 수시로 점검하고 공사업자로부터 이행결과를 보고받아 기록·관리하여야 한다.
② 감리원의 지시내용은 해당 공사 설계도면 및 설계설명서 등 관계 규정에 근거, 구체적으로 기술하여 공사업자가 명확히 이해할 수 있도록 지시하여야 한다.
③ 감리원은 시공과 관련하여 공사업자에게 지시를 하고자 할 경우에는 서면으로 하는 것을 원칙으로 한다.
④ 현장 실정에 따라 시급한 경우 또는 경미한 사항에 대하여는 구두지시로 시행하도록 조치하여도 무방하며, 추후 서면지시도 필요 없다.

해설
감리원은 시공과 관련하여 공사업자에게 지시를 하고자 할 경우에는 서면으로 하는 것을 원칙으로 하며, 현장 실정에 따라 시급한 경우 또는 경미한 사항에 대하여는 우선 구두지시로 시행하도록 조치하고, 추후에 이를 서면으로 확인하여야 한다.

**24** 물가변동으로 인한 계약금액의 조정 시 감리원은 공사업자로부터 제출된 서류를 검토·확인하여 조정요청을 받은 날부터 며칠 이내에 검토의견을 첨부하여 발주자에게 보고를 하여야 하는가?

① 7일 ② 14일
③ 21일 ④ 28일

해설
감리원은 제출된 서류를 검토·확인하여 조정요청을 받은 날부터 14일 이내에 검토의견을 첨부하여 발주자에게 보고하여야 한다.

**25** 다음 중 설계변경 및 계약금액의 조정 관련 감리업무에 관한 사항으로 볼 수 없는 것은?

① 공사업자는 설계변경 지시내용의 이행가능 여부를 당시의 공정, 자재수급 상황 등을 검토하여 확정한다.
② 발주자는 설계변경 원인이 설계자의 하자라고 판단되는 경우에는 설계자에게 설계변경을 지시할 수 있다.
③ 책임감리원은 설계변경 등으로 인한 계약금액의 조정을 위한 각종 서류를 공사업자로부터 제출받아 검토·확인한 후 신속히 발주자에게 보고하여야 한다.
④ 발주자는 설계변경 방침결정 요구를 받은 경우에는 설계변경에 대한 기술검토를 위하여 소속직원으로 기술검토팀을 구성·운영할 수 있다.

해설
책임감리원은 설계변경 등으로 인한 계약금액의 조정을 위한 각종 서류를 공사업자로부터 제출받아 검토·확인한 후 감리업자(대표이사)에게 보고하여야 하며, 감리업자는 소속 비상주감리원에게 검토·확인하게 하고 대표자 명의로 발주자에게 제출하여야 한다.

**26** 감리원은 해당 공사의 설계도서, 설계설명서, 공정계획 등을 검토하여 품질관리가 소홀해지기 쉽거나 하자발생 빈도가 높으며 시공 후 시정이 어렵고 많은 노력과 경비가 소요되는 공종 또는 부위를 중점 품질관리 대상으로 선정하여 다른 공종에 비하여 우선적으로 품질관리 상태를 입회, 확인하여야 하며 중점 품질관리 공종 선정 시 고려해야 할 사항과 거리가 먼 것은?

① 반복 작업에 의한 샘플링 검사가 가능한지 여부
② 공정계획에 따른 월별, 공종별 시험 종목 및 시험횟수
③ 공정의 특성상 품질관리 상태를 육안 등으로 간접 확인할 수 있는지 여부
④ 품질관리 불량부위의 시정이 용이한지 여부

해설
감리원의 중점 품질관리 공정 선정 시 고려해야 할 사항
- 공정계획에 따른 월별, 공종별 시험 종목 및 시험횟수
- 공사업자의 품질관리 요원 및 공정에 따른 충원계획
- 품질관리 담당 감리원이 직접 입회, 확인이 가능한 적정 시험횟수
- 공정의 특성상 품질관리 상태를 육안 등으로 간접 확인할 수 있는지 여부
- 작업조건의 양호, 불량상태
- 다른 현장의 시공사례에서 하자발생 빈도가 높은 공종인지 여부
- 품질관리 불량부위의 시정이 용이한지 여부
- 시공 후 지중에 매몰되어 추후 품질확인이 어렵고 재시공이 곤란한지 여부
- 품질 불량 시 인근 부위 또는 다른 공종에 미치는 영향의 대소
- 시공이 광활한 지역에서 이루어져 접근이 용이한지 여부

정답 23 ④ 24 ② 25 ③ 26 ①

**27** 다음 중 시공감리가 확인하는 기기의 품질기준 중 태양전지 셀의 전류-전압특성시험의 평가 기준은 어느 것인가?

① 출력의 분포는 정격출력의 ±3[%] 이내
② 출력의 분포는 정격출력의 ±5[%] 이내
③ 출력의 분포는 정격출력의 ±7[%] 이내
④ 출력의 분포는 정격출력의 ±9[%] 이내

해설
태양전지 셀의 시험항목
전류-전압특성시험 : 출력의 분포는 정격출력의 ±3[%] 이내

**28** 책임감리원이 중점 품질관리 대상으로 선정된 공종의 효율적인 품질관리를 위하여 관리하여야 할 사항으로 맞지 않는 것은?

① 감리원은 중점 품질관리 대상으로 선정된 공종에 대한 관리방안을 수립하여 시행한 후 발주자에게만 보고한다.
② 공종계획 시 중점 품질관리 대상 공종이 동시에 여러 개소에서 시공되지 않도록 조정한다.
③ 필요시 해당 부위에 '중점 품질관리 공종' 팻말을 설치하고 주의사항을 명기한다.
④ 해당 공종 및 시공부위는 상황판이나 도면 등에 표기하여 항상 숙지하도록 한다.

해설
책임감리원은 중점 품질관리 대상으로 선정된 공종에 대한 관리방안을 수립하여 시행 전에 발주자에게 보고하고 동시에 공사업자에게도 통보한다.

**29** 시공감리가 확인하는 기기의 품질기준 중 태양전지 셀의 육안외형 및 치수검사의 평가 기준으로 맞지 않는 것은?

① 두께는 제시한 값 대비 ±50[$\mu$m]
② 셀 : 깨짐, 크랙이 없을 것
③ 치수는 156[mm] 미만일 때 제시한 값 대비 ±0.5[mm]
④ 두께는 제시한 값 대비 ±40[$\mu$m]

해설

| 시험 항목 | 평가 기준 |
|---|---|
| 1. 육안외형 및 치수검사 | • 셀 : 깨짐, 크랙이 없을 것<br>• 치수는 156[mm] 미만일 때 제시한 값 대비 ±0.5[mm]<br>• 두께는 제시한 값 대비 ±40[$\mu$m] |
| 2. 전류-전압 특성 시험 | 출력의 분포는 정격출력의 ±3[%] 이내 |
| 3. 온도 계수 시험 | 평가 기준이 없다(시험결과만 표기). |
| 4. 스펙트럼 응답 시험 | 평가 기준이 없다(시험결과만 표기). |
| 5. 2차 기준 태양전지 교정시험 | • 신규 교정 시험<br>• 재교정 시 초기 교정값의 5[%] 이상 변화하면 사용불가<br>• 인증 필수시험 항목이 아닌 선택 시험항목 |

**30** 감리원은 공사업자로부터 시공상세도를 사전에 제출받아 며칠 이내에 검토·확인하여 승인 후 시공하여야 하는가?

① 3일 ② 7일
③ 14일 ④ 21일

해설
감리원은 공사업자로부터 시공 상세도를 사전에 제출받아 공사업자가 제출한 날부터 7일 이내에 검토·확인하여 승인한 후 시공할 수 있도록 하여야 한다. 다만, 7일 이내에 검토·확인이 불가능한 때에는 사유 등을 명시하여 통보하고, 통보사항이 없는 때에는 승인한 것으로 본다.

**31** 다음 중 감리원의 품질관리 업무의 설명이 잘못된 것은?

① 감리원은 공사업자가 공사계약문서에서 정한 품질관리계획대로 품질에 영향을 미치는 모든 작업을 성실하게 수행하는지 검사·확인 및 관리할 책임이 있다.
② 감리원은 공사업자가 품질관리계획 이행을 위해 제출하는 문서를 검토·확인 후 필요한 경우에는 발주자에게 승인을 요청하여야 한다.
③ 감리원이 품질관리계획과 관련하여 검토·확인하여야 할 문서는 계획서, 절차 및 지침서 등을 말한다.
④ 감리원은 품질관리계획이 발주자로부터 승인되기 전이라 하더라도 급한 공정은 공사업자에게 해당 업무를 수행하게 할 수 있다.



27 ① 28 ① 29 ① 30 ② 31 ④ 정답

해설

감리원은 품질관리계획이 발주자로부터 승인되기 전까지는 공사업자에게 해당 업무를 수행하게 하여서는 아니 된다. 단, 접지공사 등 타 공정(토목)과 간섭되는 공정 등 시급을 다투는 공정은 구두보고 및 긴급처리로 발주차와 사전 협의를 통해 처리하도록 협조체제 구축이 필요하다.

**32** 감리원은 시공계획서를 공사 착공신고서와 별도로 실제 공사시작 전에 제출받아야 하며, 공사 중 시공계획서에 중요한 내용변경이 발생할 경우에는 그때마다 변경 시공계획서를 제출받은 후 며칠 이내에 검토·확인하여 승인한 후 시공하도록 하여야 하는가?

① 5일 ② 7일
③ 10일 ④ 15일

해설

감리원은 시공계획서를 공사 착공신고서와 별도로 실제 공사시작 전에 제출받아야 하며, 공사 중 시공계획서에 중요한 내용변경이 발생할 경우에는 그때마다 변경 시공계획서를 제출받은 후 5일 이내에 검토·확인하여 승인한 후 시공하도록 한다.

**33** 감리원은 공사업자가 작성·제출한 시공계획서를 제출받아 이를 검토·확인하여 승인하고 시공하도록 하여야 하며, 시공계획서의 보완이 필요한 경우에는 그 내용과 사유를 문서로서 공사업자에게 통보하여야 한다. 다음 중 시공계획서에 포함되어야 할 내용이 아닌 것은?

① 공기단축계획
② 주요 기자재 및 인력투입 계획
③ 품질·안전·환경관리 대책 등
④ 공사 세부공정표

해설

시공계획서에 포함되어야 할 내용
- 현장 조직표
- 공사 세부공정표
- 주요 공정의 시공 절차 및 방법
- 시공일정
- 주요 장비 동원계획
- 주요 기자재 및 인력투입 계획
- 주요 설비
- 품질·안전·환경관리 대책 등

**34** 다음 중 감리원의 검사업무 내용으로 맞지 않는 것은?

① 검사업무 지침은 검사하여야 할 세부공종, 검사절차, 검사 시기 또는 검사빈도, 검사 체크리스트 등의 내용을 포함하여야 한다.
② 검사 체크리스트에는 검사항목에 대한 시공기준 또는 합격기준을 기재하여 검사결과의 합격여부를 합리적으로 신속 판정한다.
③ 공사업자가 요청한 검사일에 감리원이 정당한 사유 없이 검사를 하지 않는 경우에는 공정추진에 지장이 없도록 요청한 날 이전 또는 휴일 검사를 하여야 하며 이때 발생하는 감리대가는 공사업자가 부담한다.
④ 수립된 검사업무지침은 모든 시공 관련자에게 배포하고 주지시켜야 하며, 보다 확실한 이행을 위하여 교육한다.

해설

감리원의 검사 업무 내용
- 감리원은 현장에서의 시공확인을 위한 검사는 해당 공사와 현장조건을 감안한 "검사업무지침"을 현장별로 작성·수립하여 발주자의 승인을 받은 후 이를 근거로 검사업무를 수행함을 원칙으로 한다. 검사업무 지침은 검사하여야 할 세부공종, 검사절차, 검사시기 또는 검사빈도, 검사 체크리스트 등의 내용을 포함하여야 한다.
- 수립된 검사업무지침은 모든 시공 관련자에게 배포하고 주지시켜야 하며, 보다 확실한 이행을 위하여 교육한다.
- 현장에서의 검사는 체크리스트를 사용하여 수행하고, 그 결과를 검사 체크리스트에 기록한 후 공사업자에게 통보하여 후속 공정의 승인여부와 지적사항을 명확히 전달한다.
- 검사 체크리스트에는 검사항목에 대한 시공기준 또는 합격기준을 기재하여 검사결과의 합격여부를 합리적으로 신속 판정한다.
- 단계적인 검사로는 현장 확인이 곤란한 공종은 시공 중 감리원의 계속적인 입회·확인으로 시행한다.
- 공사업자가 검사요청서를 제출할 때 시공기술자 실명부가 첨부되었는지를 확인한다.
- 공사업자가 요청한 검사일에 감리원이 정당한 사유 없이 검사를 하지 않는 경우에는 공정추진에 지장이 없도록 요청한 날 이전 또는 휴일 검사를 하여야 하며 이때 발생하는 감리대가는 감리업자가 부담한다.

정답 32 ① 33 ① 34 ③

**35** 다음 중 시공계획서에 포함되어야 할 내용으로 맞지 않는 것은?

① 공사 세부공정표
② 주요 장비 동원계획
③ 보안 대책 및 보안각서
④ 주요 기자재 및 인력투입 계획

**해설**

시공계획서에 포함되는 내용
- 현장 조직표
- 공사 세부공정표
- 주요 공정의 시공 절차 및 방법
- 시공일정
- 주요 장비 동원계획
- 주요 기자재 및 인력투입 계획
- 주요 설비
- 품질 · 안전 · 환경관리 대책 등

**36** 다음 중 공사업자에게 제출하는 시공상세도와 관련이 먼 것은?

① 발주자가 특별 설계설명서에 명시한 사항과 공사 조건에 따라 감리원과 공사업자가 필요한 시공상세도를 조정할 수 있다.
② 시공상세도는 설계도면과 설계설명서 등에 불명확한 부분을 명확하게 해 줌으로써 시공상의 착오방지 및 공사의 품질을 확보하기 위한 수단이다.
③ 공사업자는 감리원이 시공상 필요하다고 인정하는 경우에는 시공상세도를 제출하여야 한다.
④ 감리원이 시공상세도를 검토 · 확인하여 승인 전, 급한 공정은 우선 시공하게 할 수 있다.

**해설**

공사업자는 감리원이 시공상 필요하다고 인정하는 경우에는 시공상세도를 제출하여야 하며, 감리원이 시공상세도를 검토 · 확인하여 승인할 때까지 시공을 해서는 안 된다.

**37** 감리원은 공사업자로부터 시공상세도를 사전에 제출받아 검토 · 확인하여 승인한 후 시공할 수 있도록 하여야 한다. 검토, 확인 항목이 아닌 것은?

① 설계도면, 설계설명서 또는 관계 규정에 일치하는지 여부
② 현장의 시공기술자가 명확하게 이해할 수 있는지 여부
③ 신속성의 확보 여부
④ 제도의 품질 및 선명성, 도면작성 표준에 일치 여부

**해설**

시공상세도 사전 검토 · 확인 내용
- 설계도면, 설계설명서 또는 관계 규정에 일치하는지 여부
- 현장의 시공기술자가 명확하게 이해할 수 있는지 여부
- 실제시공 가능 여부
- 안정성의 확보 여부
- 계산의 정확성
- 제도의 품질 및 선명성, 도면작성 표준에 일치 여부
- 도면으로 표시 곤란한 내용은 시공 시 유의사항으로 작성되었는지 등의 검토

**38** 다음 중 공사업자가 제출하는 시공상세도 관련 절차의 내용과 관계가 없는 것은?

① 감리원은 공사업자로부터 시공상세도를 사전에 제출받아 검토 확인 후 승인한다.
② 통보사항이 없는 때에는 승인하지 않는 것으로 본다.
③ 감리원은 안정성의 확보 여부 등을 고려하여 공사업자가 제출한 날부터 7일 이내에 검토 · 확인하여 승인한다.
④ 7일 이내에 검토 · 확인이 불가능한 때에는 사유 등을 명시하여 통보한다.

**해설**

감리원은 공사업자로부터 시공상세도를 사전에 제출받아 다음의 사항을 고려하여 공사업자가 제출한 날부터 7일 이내에 검토 · 확인하여 승인한 후 시공할 수 있도록 하여야 한다. 다만, 7일 이내에 검토 · 확인이 불가능한 때에는 사유 등을 명시하여 통보하고, 통보사항이 없을 때에는 승인한 것으로 본다.
- 설계도면, 설계설명서 또는 관계 규정에 일치하는지 여부
- 현장의 시공기술자가 명확하게 이해할 수 있는지 여부
- 실제시공 가능 여부
- 안정성의 확보 여부



35 ③ 36 ④ 37 ③ 38 ② 정답

- 계산의 정확성
- 제도의 품질 및 선명성, 도면작성 표준에 일치 여부
- 도면으로 표시 곤란한 내용은 시공 시 유의사항으로 작성되었는지 등의 검토

**39** 감리원의 업무에서 감리원은 무엇에 따른 일정 단계의 작업이 완료되면 공사업자로부터 검사요청서를 제출받아 시공 상태를 확인 · 검사하는가?

① 설계도면 ② 표준시방서
③ 시공계획서 ④ 공사세부공정표

**해설**

감리원의 검사업무
감리원은 시공계획서에 따른 일정 단계의 작업이 완료되면 공사업자로부터 검사요청서를 제출받아 그 시공상태를 확인 · 검사하는 것을 원칙으로 하고, 가능한 한 공사의 효율적인 추진을 위하여 시공과정에서 수시 입회하여 확인 · 검사하도록 한다.

**40** 감리원 검사업무와 관련한 절차도에서 다음 ( ) 안에 들어갈 내용은?

> 현장시공완료 → 시공관리책임자 점검 → ( ) → 감리원 현장검사 → 검사결과통보 → 다음 단계 공종착수

① 검사요청서 제출 ② 비상주감리원 검사
③ 공사업자 점검 ④ 감리원 1차 점검

**해설**

감리원의 검사절차에 따른 검사 업무 수행 절차도
현장시공완료 → 시공관리책임자 점검 → 검사요청서 제출 → 감리원 현장검사 → 검사결과통보 → 다음 단계 공종착수

**41** 공사 진도관리와 관련하여 감리원은 공사업자로부터 전체 실시공정표에 따른 월간, 주간 상세공정표를 작업 착수 며칠 전에 각각 제출받아 검토 · 확인하여야 하는가?

① 월간 7일, 주간 4일
② 월간 10일, 주간 5일
③ 월간 14일, 주간 6일
④ 월간 20일, 주간 7일

**해설**

감리원의 공사 진도관리
감리원은 공사업자로부터 전체 실시공정표에 따른 월간, 주간 상세공정표를 사전에 제출받아 검토 · 확인하여야 한다.
- 월간 상세공정표 : 작업 착수 7일 전 제출
- 주간 상세공정표 : 작업 착수 4일 전 제출

**42** 시공된 공사가 품질확보 미흡 또는 위해를 발생시킬 우려가 있다고 판단되거나, 감리원의 확인검사에 대한 승인을 받지 아니하고 후속 공정을 진행한 경우와 관계 규정을 위반하여 시공한 경우 감리원이 취해야 할 조치 사항은?

① 공사 전면 중지
② 공사 부분 중지
③ 재시공
④ 재검측

**해설**

감리원의 재시공 지시
시공된 공사가 품질확보 미흡 또는 위해를 발생시킬 우려가 있다고 판단되거나, 감리원의 확인 · 검사에 대한 승인을 받지 아니하고 후속 공정을 진행한 경우와 관계규정에 맞지 아니하게 시공한 경우

**43** 부분공사 중지 사유의 내용 요건이 아닌 것은?

① 동일 공정에 있어 2회 이상 경고가 있었음에도 이행되지 않을 때
② 동일 공정에 있어 2회 이상 시정지시가 이행되지 않을 때
③ 안전 시공상 중대한 위험이 예상되어 물적, 인적 중대한 피해가 예견될 때
④ 재시공 지시가 이행되지 않는 상태에서는 다음 단계의 공정이 진행됨으로써 하자발생이 될 수 있다고 판단될 때

**해설**

부분공사 중지 사유
- 재시공 지시가 이행되지 않는 상태에서는 다음 단계의 공정이 진행됨으로써 하자 발생이 될 수 있다고 판단될 때
- 안전 시공상 중대한 위험이 예상되어 물적, 인적 중대한 피해가 예견될 때
- 동일 공정에 있어 3회 이상 시정지시가 이행되지 않을 때
- 동일 공정에 있어 2회 이상 경고가 있었음에도 이행되지 않을 때

정답 39 ③ 40 ① 41 ① 42 ③ 43 ②

## 44 다음 중 전면공사 중지 사유가 되지 않는 것은?

① 천재지변 등으로 발주자의 지시가 있을 때
② 타 공정 간섭 등으로 책임감리원의 지시가 있을 때
③ 공사업자가 고의로 공사의 추진을 지연시키거나, 공사의 부실 발생우려가 짙은 상황에서 적절한 조치를 취하지 않은 채 공사를 계속 진행하는 경우
④ 부분중지가 이행되지 않음으로써 전체 공정에 영향을 끼칠 것으로 판단될 때

**해설**

전면공사 중지 사유

- 공사업자가 고의로 공사의 추진을 지연시키거나, 공사의 부실 발생우려가 짙은 상황에서 적절한 조치를 취하지 않은 채 공사를 계속 진행하는 경우
- 부분중지가 이행되지 않음으로써 전체 공정에 영향을 끼칠 것으로 판단될 때
- 지진·해일·폭풍 등 불가항력적인 사태가 발생하여 시공을 계속할 수 없다고 판단될 때
- 천재지변 등으로 발주자의 지시가 있을 때

## 45 감리원은 공사 진도율이 계획공정 대비 월간공정 실적이 몇 [%] 이상 지연되거나 누계공정실적이 몇 [%] 이상 지연될 때 공사업자에게 부진공정에 대한 만회대책을 제출하도록 지시하는가?

① 월간공정실적 5[%], 누계공정실적 3[%]
② 월간공정실적 10[%], 누계공정실적 5[%]
③ 월간공정실적 15[%], 누계공정실적 7[%]
④ 월간공정실적 20[%], 누계공정실적 10[%]

**해설**

부진공정 만회대책

감리원은 공사 진도율이 계획공정 대비 월간공정실적이 10[%] 이상 지연되거나, 누계공정실적이 5[%] 이상 지연될 때에는 공사업자에게 부진사유분석, 만회대책 및 만회공정표를 수립하여 제출하도록 지시하여야 한다.

## 46 감리원은 공정관리계획서를 공사 시작일로부터 며칠 이내에 공사업자로부터 공정관리계획서를 제출받아 제출받은 날부터 며칠 이내에 검토하여 승인하고 발주자에게 제출하여야 하는가?

① 14일, 7일　② 14일, 14일
③ 30일, 7일　④ 30일, 14일

**해설**

감리원은 공사 시작일로부터 30일 이내에 공사업자로부터 공정관리계획서를 제출받아 제출받은 날부터 14일 이내에 검토하여 승인하고 발주자에게 제출하여야 한다.

## 47 사용 전 검사 대상 범위 중 신설의 경우 일반용설비의 해당 용량은 얼마인가?

① 10[kW] 이하　② 10[kW] 초과
③ 100[kW] 초과　④ 1,000[kW] 이상

**해설**

사용 전 검사 대상범위(신설 경우)

| 구 분 | 검사종류 | 용 량 | 선 임 | 감리원 배치 |
|---|---|---|---|---|
| 일반용 | 사용 전 점검 | 10[kW] 이하 | 미선임 | 필요 없음 |
| 자가용 | 사용 전 검사 | 100[kW] 초과 | 대행업체 대행 가능(1,000[kW] 이하) | 감리원 배치확인서 |
| 사업용 | 사용 전 검사 | 전용량 대상 | 대행업체 대행가능 (20[kW] 이하 미선임가능) | 감리원 배치확인서 |

## 48 다음 중 사용 전 검사에 필요한 서류가 아닌 것은?

① 공사계획인가 신고서
② 태양광발전설비 개요
③ 공사 진행계획서 및 내역서
④ 태양광전지 규격서

**해설**

사용 전 검사에 필요한 서류

- 사용 전 검사 신청서
- 태양광발전설비 개요
- 공사계획인가 신고서
- 태양광전지 규격서
- 단선결선도, 시퀀스 도면, 태양전지 트립인터록 도면, 종합 인터록 도면–설계면허(직인 필요 없음)
- 절연저항시험성적서, 절연내력시험성적서, 경보회로시험성적서, 부대설비시험성적서, 보호장치 및 계전기시험성적서
- 출력기록지
- 전기안전관리자 선임필증 사본(사용 전 점검 제외)
- 감리원배치확인서(사용 전 점검 제외)



44 ② 45 ② 46 ④ 47 ① 48 ③ 정답

**49** 사용 전 검사 시 전력변환장치(인버터) 검사항목이 아닌 것은?

① 정방향운전 제어시험
② 절연내력
③ 인버터 자동·수동 절체시험
④ 단독운전 방지시험

해설
사용 전 검사 시 인버터 검사항목
- 외관검사
- 절연저항
- 절연내력
- 제어회로 및 경보장치
- 전력조절부/Static 스위치 자동·수동 절체시험
- 역방향운전 제어시험
- 단독운전 방지시험
- 인버터 자동·수동 절체시험
- 충전 기능시험

**50** 자가용 태양광발전 정기검사항목 및 세부검사내용이 아닌 것은?

① 전력변환장치(인버터) 검사
② 부분연동시험검사
③ 종합연동시험검사
④ 부하운전시험검사

해설
자가용 태양광발전 정기검사항목 및 세부검사내용
- 태양전지검사
- 전력변환장치(인버터) 검사
- 종합연동시험검사
- 부하운전시험검사

**51** 감리원은 공사업자로부터 시운전 계획서를 제출받아 검토, 확정하여 시운전 며칠 이내에 발주자 및 공사업자에게 통보하여야 하는가?

① 10일 ② 15일
③ 20일 ④ 25일

해설
시운전계획수립 검토
감리원은 공사업자로부터 시운전 계획서를 제출받아 검토, 확정하여 시운전 20일 이내에 발주자 및 공사업자에게 통보하여야 한다.

**52** 사용 전 검사를 실시하는 검사자는 수검자로부터 시험성적서를 제출받아 확인하여야 하며, 시험성적서 확인 방법 중 제작회사의 자체 시험성적서가 확인이 되지 않는 항목은?

① 산업표준화법에 의한 KS 표시품, 케이블, 콘덴서, 전동기, 기동기, 20[kW]급 케이블 종단접속재 이외의 케이블 접속재
② 고압 이상 전기기계기구의 시험성적서
③ 국가표준기본법에 의한 공인제품 인증기관의 안전인증 표시품
④ 국내 공인시험기관에서 시험이 불가능한 품목 및 검사기관에서 인정한 품목

해설
시험성적서 확인방법
- 공인시험기관에 의한 시험성적서와 기관에 의한 인증서 확인을 진행한다.
- 고압 이상 전기기계기구의 시험성적서는 국내생산품과 수입품 모두 동일하게 국내 공인시험기관의 시험성적서를 확인함을 원칙으로 한다. 다만, 다음의 경우에는 제작회사의 자체 시험성적서를 확인한다.
  - 산업표준화법에 의한 KS 표시품, 케이블, 콘덴서, 전동기, 기동기, 20[kW]급 케이블 종단접속재 이외의 케이블 접속재
  - 국가표준기본법에 의한 공인제품 인증기관의 안전인증 표시품
  - 충전기기 시험기준 및 방법에 관한 요령 고시에 의한 공인시험기관의 인증시험이 면제된 제품
  - 국내 공인시험기관에서 시험이 불가능한 품목 및 검사기관에서 인정한 품목
- 국내 공인시험기관의 시험설비 미비, 관련규격이 없는 경우, 수리품 및 국내 미생산품인 경우는 공인시험기관의 참고 시험성적서를 확인한다.

**53** 다음 중 예비준공검사를 실시해야 하는 시기는?

① 준공예정일 1개월 전
② 준공예정일 2개월 전
③ 준공예정일 3개월 전
④ 준공예정일 4개월 전

해설
공사현장에 주요공사가 완료되고 현장이 정리단계에 있을 때에는 준공예정일 2개월 전에 준공기한 내 준공기능 여부 및 미진한 사항의 사전 보완을 위해 예비준공검사를 실시하여야 한다. 다만, 소규모 공사인 경우에는 발주자와 협의하여 생략할 수 있다.

정답 49 ① 50 ② 51 ③ 52 ② 53 ②

**54** 다음 중 태양광발전설비 계통연계사항 기술 중 맞지 않는 것은?

① 계통 연계되는 전기실까지 케이블 트레이 평면도를 붙여야 한다.
② 비상발전기는 태양광발전설비 계통과 연계하여야 한다.
③ 케이블 트레이 상용케이블과 태양광발전설비 케이블의 사이에는 이격거리를 두고 배선꼬리표를 달아야 한다.
④ 피뢰침 보호각이 표시되어 있는 전기 간선계통도를 붙어야 한다.

**해설**

비상발전기는 태양광발전설비 계통과 연계하지 않고 부하 설비에 연결하여 사용한다.

**55** 감리원은 공사업자에게 해당 공사의 예비준공검사 완료 후 시설물 인수·인계를 위한 계획을 수립하고 검토는 며칠 이내에 하여야 하는가?

① 예비준공검사 완료 후 7일 이내
② 예비준공검사 완료 후 14일 이내
③ 예비준공검사 완료 후 21일 이내
④ 예비준공검사 완료 후 30일 이내

**해설**

감리원은 공사업자에게 해당 공사의 예비준공검사(부분 준공, 발주자의 필요에 따른 기성부분 포함) 완료 후 14일 이내에 시설물의 인수인계를 위한 계획을 수립하도록 하고 이를 검토하여야 한다.

**56** 감리원은 준공(또는 기성부분) 검사원을 접수하였을 때에는 신속히 검토·확인하고 준공(기성부분) 감리조서와 다음의 서류를 첨부하여 지체없이 감리업자에게 제출해야 하며, 최대한 신속히 기성검사와 및 준공검사자의 임명 요청을 해야 하는데 임명 요청 시 첨부되어야 할 서류가 아닌 것은?

① 기성 및 준공내역서
② 품질시험 및 검사성과 총괄표
③ 주요기자재 검수 및 수불부
④ 발생품 정리부

**해설**

기성검사 및 준공검사자의 임명 요청 시 첨부 서류
- 주요기자재 검수 및 수불부
- 감리원의 검사기록 서류 및 시공 당시의 사진
- 품질시험 및 검사성과 총괄표
- 발생품 정리부
- 그 밖에 감리원이 필요하다고 인정하는 서류와 준공검사원에는 지급기자재 잉여분 조치현황과 공사의 사전검사 확인서류, 안전관리점검 총괄표 추가 첨부

**57** 다음 중 준공검사의 내용으로 맞지 않는 것은?

① 시공 시 현장 상주감리원이 작성 비치한 제기록에 대한 검토
② 완공된 시설물이 설계도서대로 시공되었는지의 여부
③ 제반 가설시설물의 제거와 원상복구 정리 상황
④ 타 공정과 적합하게 시공되었는지 여부

**해설**

준공 검사의 내용
- 완공된 시설물이 설계도서대로 시공되었는지의 여부
- 시공 시 현장 상주감리원이 작성 비치한 제기록에 대한 검토
- 폐품 또는 발생물의 유무 및 처리의 적정여부
- 지급 기자재의 사용적부와 잉여자재의 유무 및 그 처리의 적정여부
- 제반 가설시설물의 제거와 원상복구 정리 상황
- 감리원의 준공 검사원에 대한 검토의견서
- 그 밖에 검사자가 필요하다고 인정하는 사항

**58** 감리원이 유지관리지침서를 작성하여 발주자에게 제출하여야 하는 시기는?

① 공사 준공 후 7일 이내
② 공사 준공 후 14일 이내
③ 공사 준공 후 21일 이내
④ 공사 준공 후 30일 이내

**해설**

감리원은 발주자(설계자) 또는 공사업자(주요설비 납품자) 등이 제출한 시설물의 유지관리지침 자료를 검토하여 다음 내용이 포함된 유지관리지침서를 작성, 공사 준공 후 14일 이내에 발주자에게 제출하여야 한다. 유지관리지침서 작성 내용은 다음과 같다.
- 시설물의 규격 및 기능 설명서
- 시설물 유지관리기구에 대한 의견서
- 시설물 유지관리방법
- 특기사항



54 ② 55 ② 56 ① 57 ④ 58 ② 정답

# 송전설비

## 제1절 송·변전설비 기초

송전용 전기설비 또는 송·변전설비란 발전기에서 생산되거나 변전소에서 변성된 특고압/고압을 변전소, 옥내, 건물, 공장 등에 공급하기 위한 설비이다.

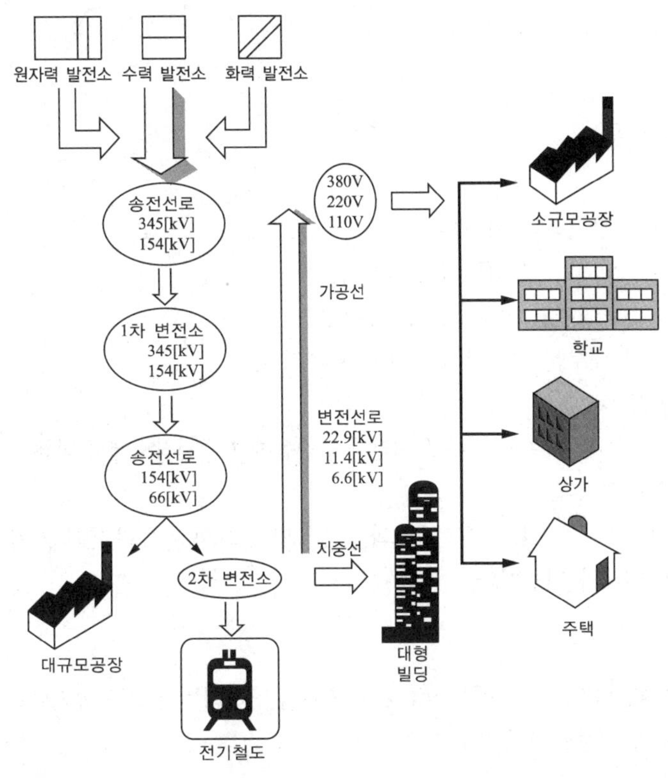


[송·배전 계통의 개념도]

### 1 송전설비 기초

#### (1) 송전의 개요

① 송전설비는 송전사업자가 소유 또는 관리하는 송전선, 철탑, 전주, 변압기, 개폐장치, 금구류, 지지대 및 기타 이에 부속되는 전기설비를 말한다.

② 발전소에서 생산된 전력을 수용 장소까지 수송하고 배분하는 송전선, 변전선, 배전선 등의 전기설비이다.

③ 발전소에서 발전한 전력을 정전사고 없이 수용가에게 가장 경제적으로 수송, 배분하여야 한다.

④ 일반적으로 송전은 대전력, 고전압, 장거리의 전력 수송을, 배전은 소전력, 저전압, 단거리 전력의 수송을 담당한다.

### (2) 송전선로의 구성

① 수전전력은 전압의 제곱에 비례해서 결정되므로 대전력을 낮은 전압으로 먼 곳에 송전하는 것은 부적절하다.

② 발전소의 발전단에서 승압 변압기를 이용해서 대전력, 장거리 송전에 적합한 전압을 구내 변전소에서 변성한다.

③ 구내 변전소 이후에는 송전선로에 적절한 전력으로 변성하는 1차 변전소, 2차 변전소, 3차 변전소가 있다.

### (3) 송전방식

① 교류방식과 직류방식

㉠ 교류 송전방식

- 전압의 승압, 강압 변경이 쉽다.
- 교류 방식으로 회전 자계를 쉽게 얻는다.
- 교류 방식으로 일관된 운용을 가할 수 있다.
- 우리나라에서 대부분 교류방식을 채택하고 있다.

㉡ 직류 송전방식

- 발전소에서 생산된 전력을 직류로 변환하여 전송하고 수전장소에서 직류를 다시 교류로 변환하는 전력 공급 방식이다.
- 절연 레벨을 낮출 수 있고, 송전효율과 안정도가 좋으며 비동기 연계가 가능해서 주파수가 다른 계통 간의 연계가 가능하다.

### (4) 송전선로

발전소와 변전소 사이, 변전소와 변전소 상호 간에 전력을 전송하는 선로를 송전선로라고 한다. 시설방법에 따라 가공송전선로와 지중송전선로로 크게 나눈다.

① 가공송전선로

㉠ 가공전선로는 전선을 목주, 철주, 콘크리트주 또는 철탑 등에 애자로 지지한다.

㉡ 전선, 애자, 지지물, 가공지선 등으로 구성되어 있다.

② 지중송전선로

㉠ 도체에 특수한 절연을 입힌 전력 케이블을 지하에 매설해서 송·배전을 하도록 한 것이다.

㉡ 도시의 미관, 교통, 벼락 및 풍수해에 유리하여 공급 신뢰도가 좋다.

㉢ 건설비가 비싸고 사고 발생 시 사고 지점 발견 및 수리에 장시간이 소요된다.

### (5) 가공송전선로의 구성

전선, 애자, 지지물 및 지선으로 구성되어 있다.

① 전선 : 최소 굵기(이상)

㉠ 구비조건

- 도전율이 클 것
- 기계적 강도가 클 것
- 비중(밀도)이 작을 것
- 신장률이 클 것
- 내구성이 있을 것
- 가요성이 클 것
- 가격이 저렴할 것

㉡ 구성형태에 의한 분류

- 단선 : 심선이 한 가닥인 전선 → 직경(지름) : $d$[mm]

  단면적 계산 : $A = \pi r^2 = \pi\left(\frac{D}{2}\right)^2 = \frac{\pi}{4}D^2$[mm$^2$]
- 연선 : 심선 여러 가닥을 꼬아서 만든 전선 → 공칭단면적 : $A$[mm$^2$]
- 중공연선 : 전선의 단면적을 그대로 하고 직경을 크게 키운 전선

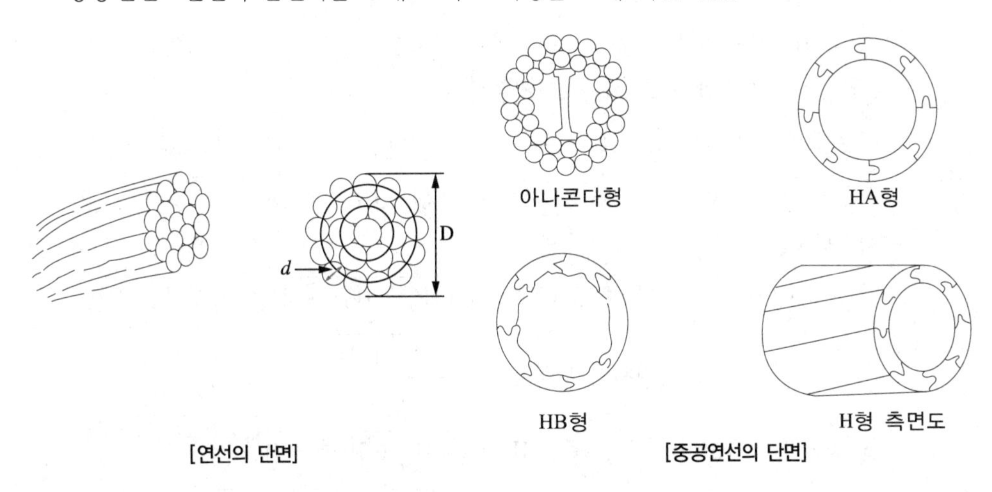


[연선의 단면] [중공연선의 단면]

㉢ 재료에 의한 분류

- 동선 : 연동선(옥내용) - 가요성이 있는 전선
  경동선(옥외용) - 가요성이 없는 전선
- 경알루미늄선(옥내용)
- 강심알루미늄연선(ACSR) : 바깥지름은 크게 하고, 중량은 작게 한 전선으로 장경간 송전선로, 코로나 방지 목적에 사용한다.
- 합금선

- 쌍금속선(동복강선) : 인장강도가 커서 장경 간의 특수장소 및 가공지선에 채용한다.

㉣ 조합에 의한 분류
- 단도체
- 다도체(복도체) : 2도체, 4도체, 6도체 등
  - 표피효과가 적어 송전용량 증가
  - 인덕턴스 감소 및 정전용량 증가로 송전용량 증가
  - 등가 반지름이 커진 효과로 코로나 발생 방지
  - 안정도 향상

㉤ 경제적인 전선의 굵기 선정 : 켈빈의 법칙
- 전선의 굵기 선정 시 고려사항 : 허용전류, 전압강하, 기계적 강도
- 송전선의 전선 굵기 결정 : 허용전류, 전압강하, 기계적 강도, 전력손실(코로나손), 경제성

- **표피효과** : 교류에서 전선의 전류가 중심보다 표면으로 더 많이 흐르는 효과를 말한다.
- **코로나손** : 코로나는 고전압이 가해진 도체 표면에 절연이 파괴되어 공기, 진공 중에 방전하는 현상이고 코로나로 인한 손실을 코로나손이라고 한다.

㉥ 전선의 하중
- 빙설하중 : 전선 주위에 두께 6[mm], 비중 0.9[g/cm$^3$]의 빙설이 균일하게 부착된 상태에서의 하중을 말한다.

  $W_i = 0.017(d+16)$[kg/m]($d$ : 전선의 바깥지름)
- 풍압하중 : 철탑 설계 시의 가장 큰 하중이다.
  - 고온계(빙설이 적은 곳) : $W_a = Pkd \times 10^{-3}$[kg/m]
  - 저온계(빙설이 많은 곳) : $W_w = Pk(d+12) \times 10^{-3}$[kg/m]
  - 합성하중

    ⓐ 고온계($W_i = 0$), 합성하중 : $W = \sqrt{(W_a + W_i)^2 + W_w^2} = \sqrt{W_a^2 + W_w^2}$

    전선의 부하계수 : $\dfrac{\sqrt{W_i^2 + W_p^2}}{W_i}$

    ⓑ 저온계($W_i$ 고려), 합성하중 : $W = \sqrt{(W_a + W_i)^2 + W_w^2}$

    전선의 부하계수 : $\dfrac{\sqrt{(W_i + W_c)^2 + W_p^2}}{W_i}$

㉦ 전선의 보호
- 전선의 진동방지(댐퍼 : Damper)
  - Stock Bridge Damper : 전선의 좌·우 진동방지
  - Torsional Damper : 전선의 상·하 도약 현상방지
  - Bate Damper : 클램프 전후에 첨선을 감아 진동을 방지하는 것

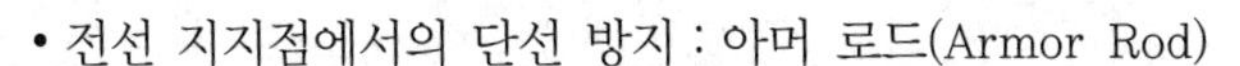

- 전선 지지점에서의 단선 방지 : 아머 로드(Armor Rod)
- 전선의 도약 : 전선의 반동으로 상·하부 전선의 단락사고 방지를 위해 오프셋(Off-set)을 한다.

> **Check!**
> - **클램프** : 전선 접속물 금구류
> - **도약** : 바람이나 빙설이 탈락하면서 전선이 위로 튀는 것
> - **오프셋(Off-set)** : 전선의 도약에 의한 단락사고를 방지하기 위하여 전선의 배열을 위, 아래 전선 간에 수평으로 간격을 두어 설치하는 것

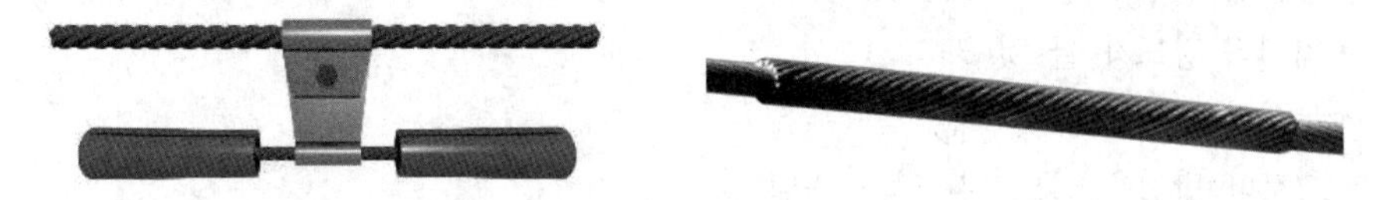

[전선의 보호]

◎ 전선의 이도 : 전선이 늘어진 정도를 나타내며, 가공송전선로에서 전선을 느슨하게 하여 약간의 이도(Dip)를 취한다.

- 이도에 의한 영향으로 지지물의 높이가 좌우된다.
- 전선의 진동 시 다른 전선 또는 수목에 접촉이 우려된다.
- 이도가 너무 작으면 전선의 수평장력이 커져 단선이 된다.

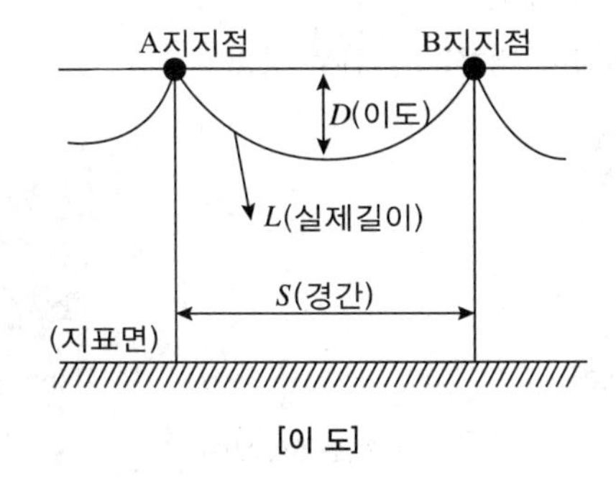


[이 도]

- 이 도 : $D = \dfrac{WS^2}{8T}$[m]

  여기서, $W$ : 합성하중[kg/m], $S$ : 경간[m], $T$ : 수평장력[kg]

  수평장력 = $\dfrac{\text{인장하중}}{\text{안전율}}$ $\left(\text{안전율} = \dfrac{\text{인장하중}}{\text{수평장력}}\right)$

- 전선의 실제길이 : $L = S + \dfrac{8D^2}{3S}$[m](늘어진 정도 : 경간($S$)의 0.1[%])
- 지지점 평균 높이 : $h = H - \dfrac{2}{3}D$[m]

② 애 자

㉠ 애자의 개요

- 전선을 기계적으로 고정시킨다.
- 전기적으로 절연을 위해 사용한다.

㉡ 애자의 구비조건

- 충분한 절연 내력을 가질 것
- 충분한 절연 저항을 가질 것
- 기계적 강도가 클 것
- 누설전류가 적을 것
- 코로나 방전을 일으키지 않고 견딜 것
- 내구력이 있고 가격이 저렴할 것

㉢ 애자의 종류

- 송전선로 : 핀애자, 현수애자, 장간애자, 내무애자
- 배전선로 : 핀애자, 현수애자, 라인 포스트애자, 인류애자
  - 핀애자 : 30[kV] 이하, 인입선 및 저압가공전선로, 22.9[kV] 배전선로
  - 현수애자 : 66[kV] 이상의 모든 선로
  - 장간애자 : 경간이 큰 개소
  - 내무애자 : 절연 내력이 저하되기 쉬운 장소

(a) 핀애자

(b) 현수애자

[핀애자와 현수애자]

③ 지지물

㉠ 철 탑

- 직선형 : 선로의 직선부분에 시설하는 지지물
- 각도형 : 수평각도 3°를 초과하는 장소에 시설하는 지지물
- 인류형 : 전 가섭선을 인류하는 장소에 시설하는 지지물
- 보강형 : 전선로를 보강하기 위하여 시설하는 지지물
- 내장형 : 경간의 차가 큰 장소에 시설하는 지지물

Check!
- **가섭선** : 지지물에 설치된 전선을 말한다.
- **인류** : 당겨서 지탱한다.
- **내장형 철탑** : 장력을 세게 받는 곳에 중간에 설치하여 하중과 전선의 장력을 보완하는 것으로 철탑시설 시 10기 이하마다 1기씩 내장형 애자장치를 한 철탑 시설

㉡ 철근 콘크리트주

㉢ 철 주

㉣ 목 주

④ 지 선

㉠ 설치목적 : 지지물에 가하는 하중을 일부 분담하여 지지물의 강도를 보강하여 전도사고 방지 및 지지물 강도보강(철탑은 제외)

㉡ 구비조건

- 안전율 : 2.5
- 소선의 굵기 : 2.6[mm] 이상
- 소선수 : 3가닥 이상 연선
- 인장하중 : 4.31[kN] 이상 – 440[kg] 이상

㉢ 종 류

- 보통지선 : 일반적으로 사용
- 수평지선 : 도로나 하천을 지나가는 경우
- 공동지선 : 지지물 상호거리가 비교적 근접해 있는 경우
- Y지선 : 다단의 완철이 설치된 경우 장력의 불균형이 큰 경우
- 궁지선 : 비교적 장력이 작고 협소한 장소

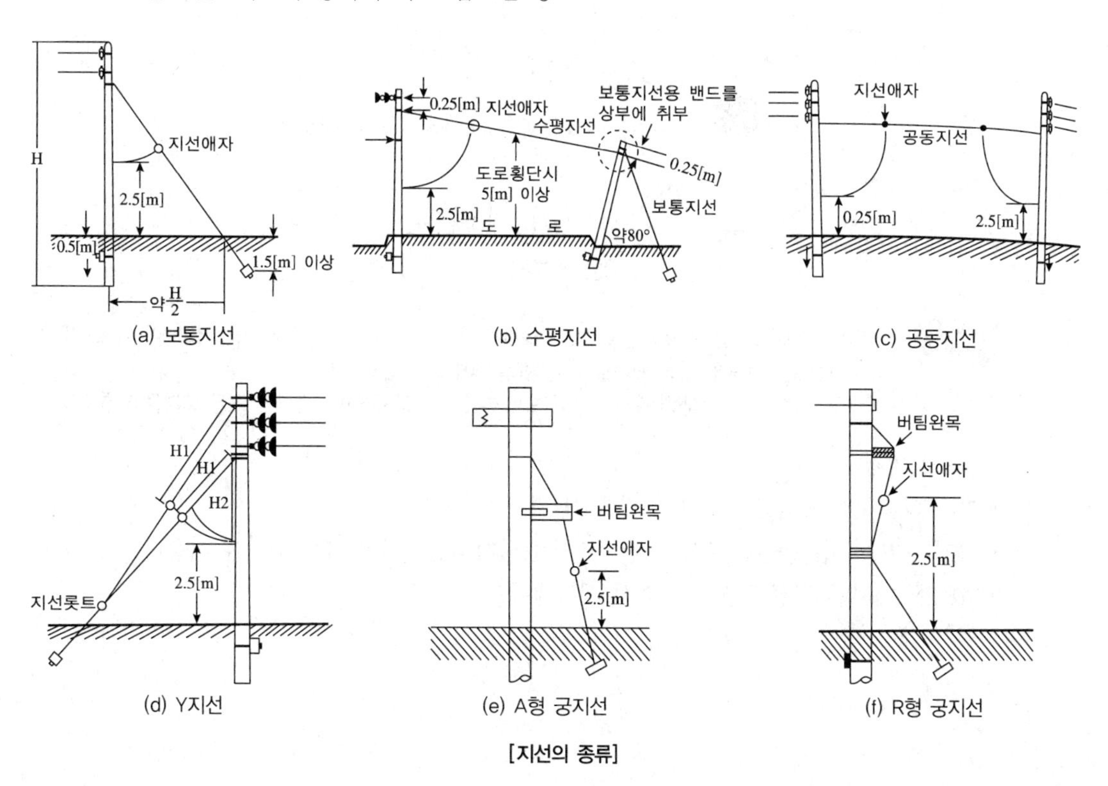


**[지선의 종류]**

## (6) 지중전선로

① 지중전선로의 장·단점

㉠ 장 점

- 도시의 미관상 좋다.
- 기상조건에 대한 영향이 적다.
- 화재 발생이 적다.
- 통신선 유도장애가 적다.
- 보안상의 위험이 적다.
- 설비의 안정성에 있어 유리하다.
- 가공선로에 비해 고장이 적다.

㉡ 단 점

- 시설비가 비싸다.
- 고장의 발견, 보수가 어렵다.

② 구조 및 명칭

㉠ 구 조

- 손실 : 저항손>연피손(시스손)>유전체손

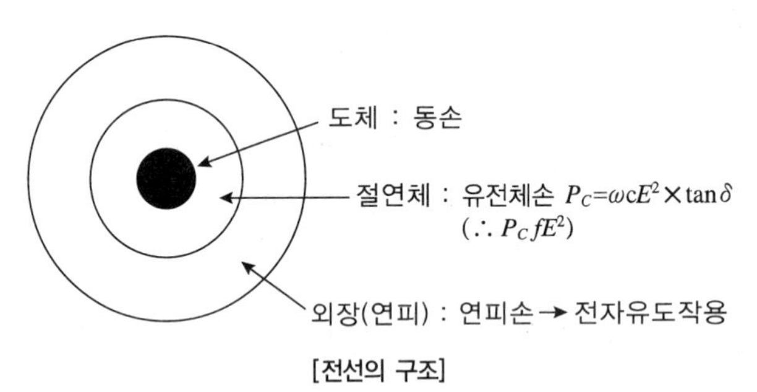


[전선의 구조]

> **Check!**
> - **연피** : 케이블 심선의 절연층을 보호하기위해 쓰는 연(납, 시스) 피복이며, 연피손은 시스(피복) 속 흐르는 전류에 의해 케이블에 발생하는 에너지 손실이다.
> - **시스** : 케이블을 외상(外傷)이나 부식으로부터 보호하기 위한 전선의 외장 피복을 말한다.

㉡ 약호 및 명칭

- CN-CV : 동심 중성선 차수형 전력케이블
- CNCV-W : 동심 중성선 수밀형 전력케이블(현재 3상 4선식 22.9[kV]에 사용)
- FR CNCO-W : 동심 중성선 난연성 전력케이블

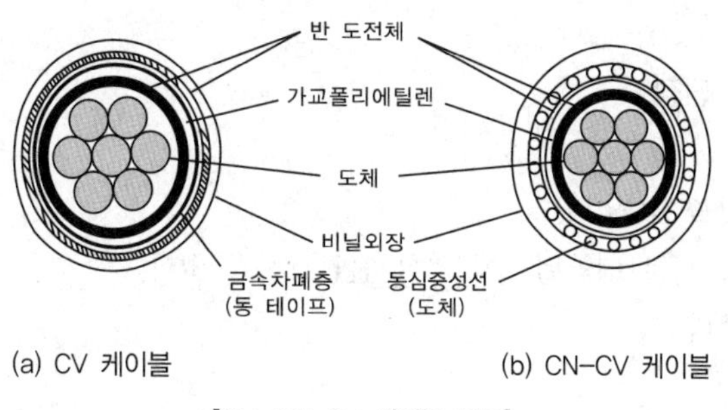


(a) CV 케이블　　(b) CN-CV 케이블

[CV, CN-CV 케이블 구조]

③ 매설방법

㉠ 직매식(직접매설방식) : 구내 인입선 - 2회선(정전, 시 피해 경감)

- 매설 깊이 : 차량 등의 압력을 받을 경우 1.2[m]
- 차량 등의 압력을 받지 않을 경우 0.6[m]

㉡ 관로식(맨홀방식) : 시가지 배전선로

- 강관, 파형 PE관을 땅속에 묻는 방법
- 맨홀 : 150~250[m] 간격으로 설치(케이블의 중간 접속 및 점검개소)

㉢ 암거식(전력구식) : 많은 가닥수를 시공할 때 시가지 고전압 대용량 간선부근, 공사비가 비싸다.

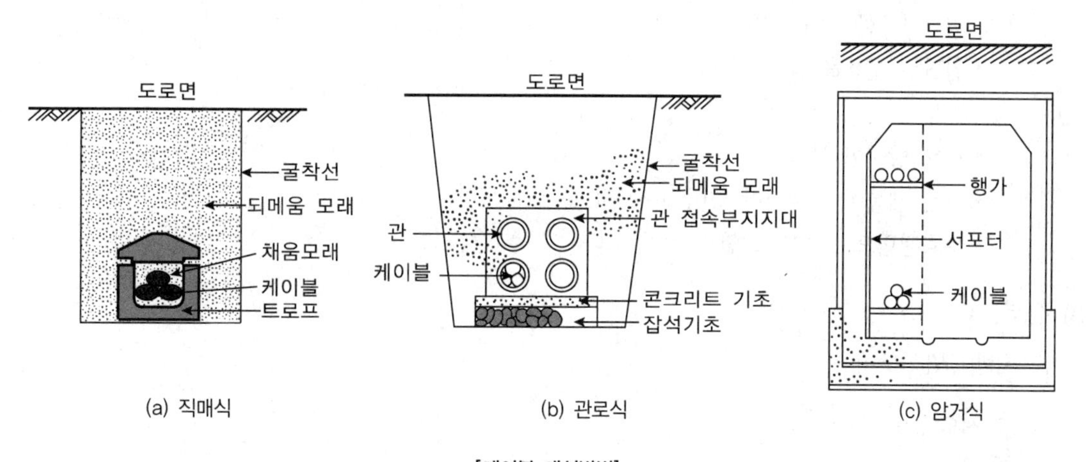


(a) 직매식　　(b) 관로식　　(c) 암거식

[케이블 매설방법]

④ 케이블 고장점 검출방법

㉠ 머레이 루프법(휘스톤 브리지법 이용) : 1선 지락사고 검출

㉡ 펄스인가법

㉢ 수색코일법

㉣ 정전용량법

⑤ 절연저항 측정법 : 절연저항 측정법(메거법)

### (7) 송전방식

① 직류송전 방식의 장·단점

㉠ 장 점

- 절연 계급을 낮출 수 있다.
- 리액턴스가 없으므로 리액턴스에 의한 전압강하가 없다.
- 송전 효율이 좋다.
- 안정도가 좋다.
- 도체이용률이 좋다.

㉡ 단 점

- AC/DC 변환장치가 필요하며 설비가 비싸다.
- 고전압 대전류 차단이 어렵다.
- 회전자계를 얻을 수 없다.
- 변압이 어렵다.

② 교류송전 방식의 장·단점

㉠ 장 점

- 전압의 승압·강압 변경이 용이하다.
- 회전자계를 쉽게 얻을 수 있다.
- 일괄된 운용을 할 수 있다.

㉡ 단 점

- 보호 방식이 복잡하다.
- 많은 계통이 연계되어 있어 고장 시 복구가 어렵다.
- 무효전력으로 인한 송전 손실이 크다.

### (8) 선로정수

① 저항 : $R$[Ω/m]

㉠ 저항 : $R = \rho \dfrac{l}{A}[\Omega]$

㉡ 고유저항 : $\rho\left[\Omega \cdot \mathrm{m} = \dfrac{\Omega \cdot 10^6\,\mathrm{mm}^2}{\mathrm{m}}\right]$

② 인덕턴스 : $L$[H/m], [mH/km]

회로의 전류 변화에 대한 전자기 유도에 의해 생기는 역기전력의 비율을 나타낸다.

③ 정전용량 : $C$[F/m], [μF/km]

커패시터가 전하를 축적할 수 있는 능력을 나타내는 것으로 다음 식으로 정의된다.

$C = \dfrac{Q}{V}[\mathrm{F}]$

④ 컨덕턴스 : $G$[℧/m]

전기가 얼마나 잘 통하는가를 나타내는 것으로 전도도를 의미한다.

$$G = \frac{1}{R(\text{절연저항})}[℧]$$

### (9) 다도체(복도체)

1상의 도체를 2~6개로 나누어 시설하는 전선

① 특 징

㉠ 초고압 송전선로에 시설

㉡ 코로나 방지

㉢ 인덕턴스($L$)는 감소하고, 정전용량($C$)이 증가하여 송전용량 증가

㉣ 전류 방향이 같을 경우 소도체 간 흡입력 발생

㉤ 전선표면 손상방지 : 스페이서 설치

## 2 배전설비 기초

### (1) 배전의 의의

배전은 송전선로를 거쳐 배전용 변전소에 수송된 전력을 각 수용가에서 사용하기 알맞은 전압으로 낮추어 전력을 공급하는 것을 말한다. 그리고 배전선로는 발전소 또는 배전용 변전소로부터 직접 수용 장소에 이르는 전선로를 말한다.

이 선로를 따라서 적절한 장소에 배전변압기(주상변압기)를 설치해서 다시 이 변압기의 전압을 저압 배전전압(380[V]/220[V])으로 낮추어 공급한다.

배전선로는 대용량의 전력을 먼 거리에 일괄하여 전송하는 송전선로와는 다르게 넓은 지역의 각각의 장소, 수용가에 전력을 공급하므로 저전압, 소전력, 단거리의 특성을 지니고 있다. 다수의 회선수와 각 선로 전류가 불평형을 이루는 경우가 많은 특징도 있다.

### (2) 고압 배전 계통의 구성

① **급전선(Feeder)** : 배전변전소 또는 발전소로부터 배전 간선에 이르기까지 부하가 접속되지 않는 선로, 배전 구역까지의 송전선이라고 할 수 있어 궤전선이라고도 한다.

② **간선** : 급전선에 접속된 수용가의 배전선로 가운데 부하의 분포 상태에 따라서 배전하거나 또는 분기선을 내어서 배전하는 선로를 말한다.

③ **분기선** : 간선으로부터 분기해서 변압기에 이르기까지의 선로를 말하며 지선이라고도 한다. 다양한 말단 부하설비에 전력을 전달하는 역할을 한다.

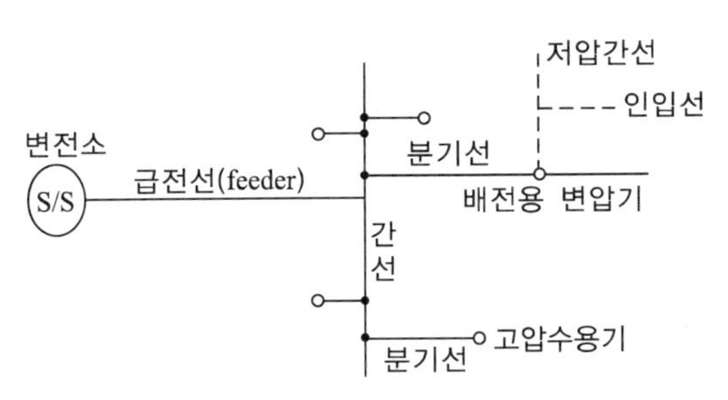


[배전선로의 구성]

### (3) 고압가공배전선의 구성

일반적으로 고압 배전선은 수지식, 환상식 및 망상식으로 나누어진다.

① 수지식(방사상식, 가지식)

발·변전소로부터 인출된 배전선이 부하의 분포에 따라서 나뭇가지 모양으로 분기선을 내는 방식

㉠ 장 점

- 시설비가 싸다.
- 수용 증가 시 간선이나 분기선을 연장, 증설이 쉽다.

㉡ 단 점

- 전압변동이 크다.
- 정전 범위가 넓다.
- 전력 손실이 크다.

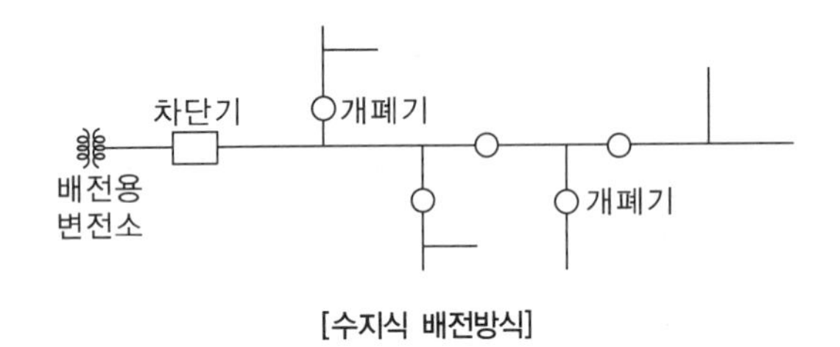


[수지식 배전방식]

② 환상식(루프식)

배전간선이 하나의 환상선으로 구성되고 수요 분포에 따라 임의의 각 장소에서 분기선으로 공급하는 방식으로 비교적 수용 밀도가 큰 지역의 고압 배전선에 사용된다.

㉠ 장 점

- 고장 시 고장 개소의 분리 조작이 쉽다.
- 전류 통로의 융통성으로 전력손실과 전압 강하가 수지식보다 작다.

㉡ 단 점

- 설비비가 비싸다.
- 보호 방식이 복잡하다.

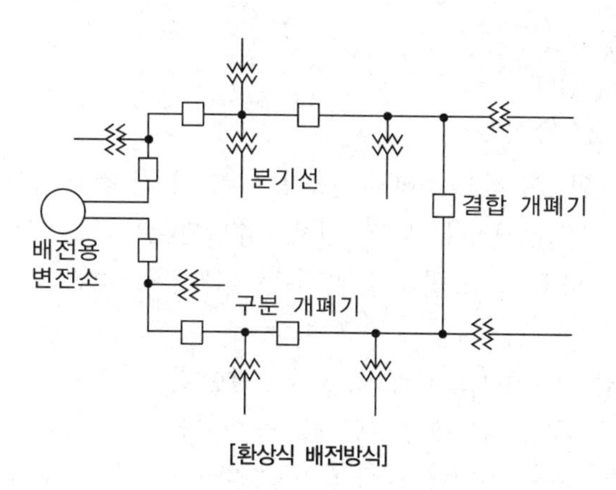

[환상식 배전방식]

③ 망상식(네트워크 방식)

배전간선을 망상으로 접속하고 이 망상 계통 내에 수개소의 접속점에 급전선을 연결한 것이다. 네크워크 방식이라고도 한다.

㉠ 장 점

- 무정전 공급 가능
- 공급신뢰도가 우수
- 전압변동, 전력손실 감소

㉡ 단 점

- 설비비가 비싸다.
- 보호방식이 복잡하다.
- 고장 시 고장점으로 전력이 역류한다(네트워크 프로텍터를 설치하여 전류 역류 현상을 방지한다).

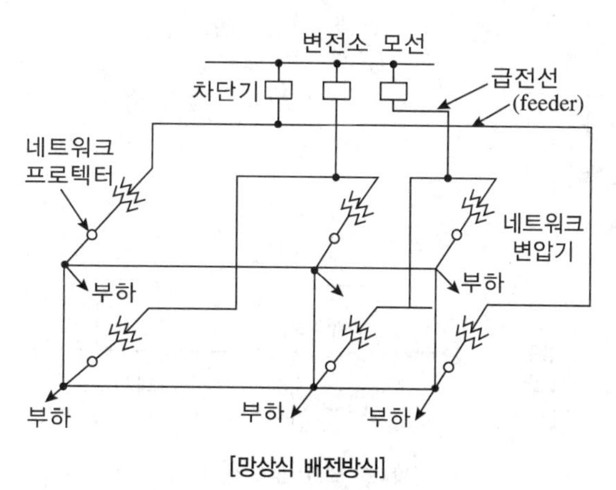

[망상식 배전방식]

## (4) 고압 지중 배전계통의 구성

① 방사상 방식

㉠ 전원 변전소로부터 1회선 인출 수용가 공급

㉡ 경제적인 공급 방식

㉢ 신규 부하 증설이 쉽다.

② 예비선 절체 방식

㉠ 상시 본선으로 전원 공급하고 예비선은 공사 시, 고장 시 절체 공급한다.

㉡ 예비선 절체 시 순간 정전이나 단시간 정전이 수반된다.

㉢ 개폐기 절체 방식(자동 절체, 원격 절체, 수동 절체 방식)이다.

③ 환상 공급방식

㉠ 동일 변전소 동일 뱅크에서 2회선으로 상시 공급한다.

㉡ 선로 고장 시 고장 구간 양측에서 차단기가 동작한다.

㉢ 건전 선로에 의한 수용가 무정전 공급이 가능하다.

④ 스포트 네트워크 방식

㉠ 공급신뢰도가 높다.

㉡ 선로이용률이 높다.

㉢ 전압변동률이 적다.

### (5) 저압 배전계통의 구성

① 방사상 방식

변압기 뱅크 단위로 저압 배전선을 시설해서 그 변압기 용량에 맞는 범위까지의 수요를 공급하는 방식으로 나뭇가지 모양으로 간선이나 분기선을 접속시킨 방식이다.

㉠ 장 점

- 공사비가 싸다.
- 수용 증가 시 간선이나 분기선을 연장, 증설이 쉽다.

㉡ 단 점

- 전압변동이 크다.
- 정전범위가 넓다.
- 전력손실이 크다.

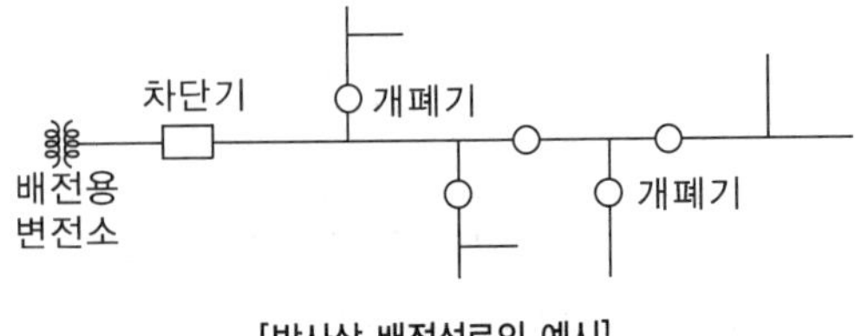


[방사상 배전선로의 예시]

> **Check!** 뱅크(Bank) : '저장소'라는 뜻으로 변압기나 커패시터에 직·병렬의 대용량으로 사용하는 단위를 말한다.

② 저압 뱅킹 방식

동일 모선의 고압 배전선로에 접속되어 있는 2대 이상의 배전용 변압기를 경유해서 저압 측 간선을 병렬 접속하는 방식을 저압 뱅킹 방식이라고 한다.

㉠ 장 점

- 변압기의 공급전력을 융통시켜 변압기 용량을 저감
- 전압변동 및 전력손실의 경감
- 공급 신뢰도 향상

㉡ 단 점

- 캐스케이딩 장애 발생
- 정전범위가 넓다.
- 전력손실이 크다.

**캐스케이딩** : 변압기 또는 선로의 사고에 의해서 뱅킹 내의 건전한 변압기의 일부 또는 전부가 연쇄적으로 회로로부터 차단되는 현상(뱅킹 차단기 또는 구분 퓨즈로써 캐스케이딩 현상을 방지한다)

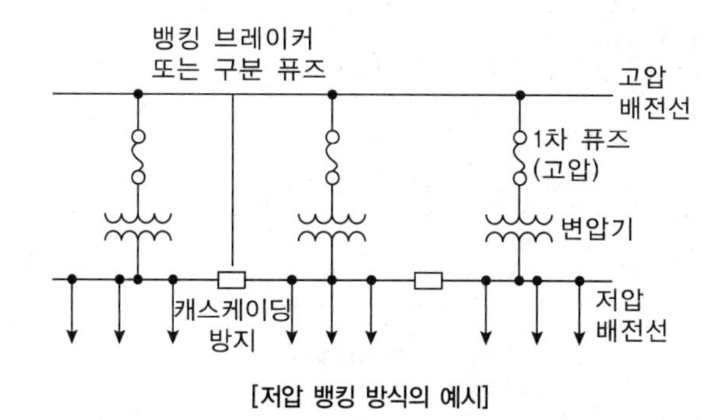


**[저압 뱅킹 방식의 예시]**

③ 저압 네트워크 방식(스포트 네트워크 방식)

배전 변전소의 동일 모선으로부터 2회선 이상의 급전선으로 전력을 공급하는 방식이다.

㉠ 장 점

- 공급신뢰도가 높다.
- 플리커, 전압 변동률이 적다.
- 전력 손실이 감소된다.
- 기기의 이용률이 향상된다.

㉡ 단 점

- 건설비가 비싸다.
- 특별한 보호장치가 필요하다.

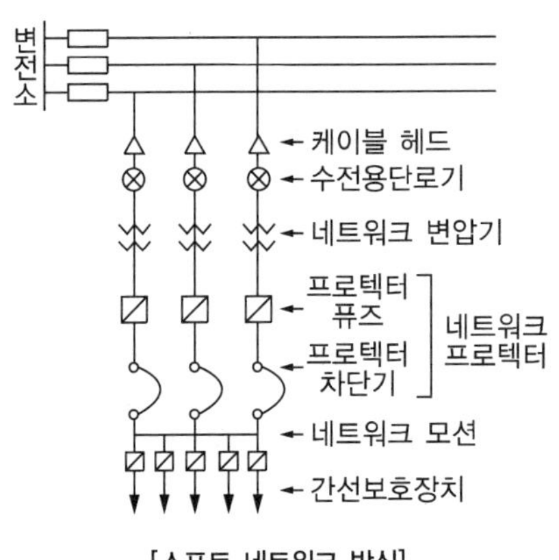


[스포트 네트워크 방식]

## (6) 배전선로의 전기방식

① 단상 2선식

$P = VI\cos\theta$

1선당 전력 $P' = \dfrac{VI\cos\theta}{2} = \dfrac{1}{2}VI = 0.5\,VI$

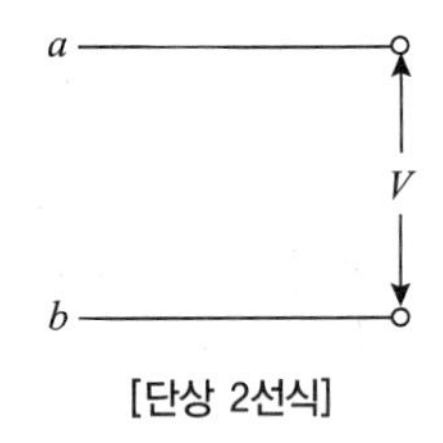


[단상 2선식]

② 단상 3선식

$P = 2\,VI\cos\theta$

1선당 전력 $P' = \dfrac{2\,VI\cos\theta}{3} = \dfrac{2}{3}VI = 0.67\,VI$

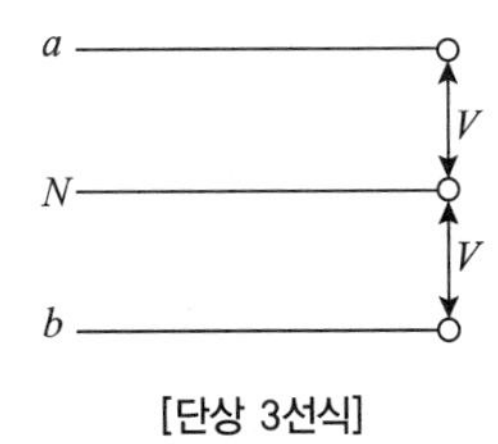


[단상 3선식]

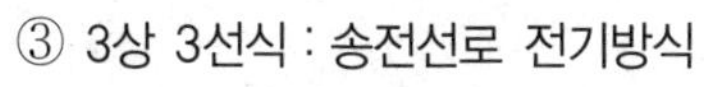

③ 3상 3선식 : 송전선로 전기방식

$P = \sqrt{3}\, VI\cos\theta$

1선당 전력 $P' = \dfrac{\sqrt{3}\, VI\cos\theta}{3} = \dfrac{\sqrt{3}}{3} VI = 0.57\, VI$

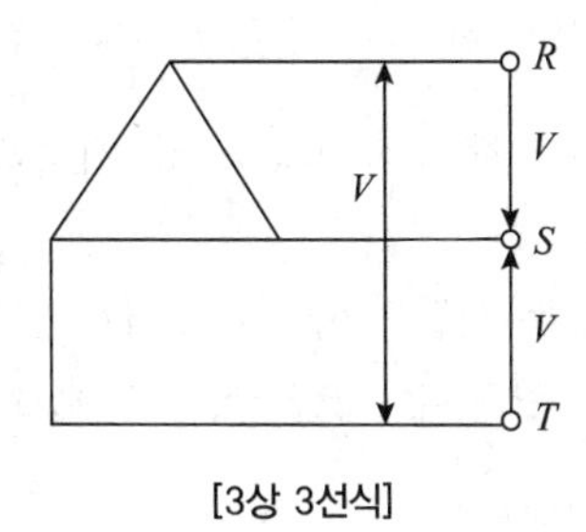


[3상 3선식]

④ 3상 4선식 : 배전선로 전기방식

$P = 3\, VI\cos\theta$

1선당 전력 $P' = \dfrac{3\, VI\cos\theta}{4} = \dfrac{3}{4} VI = 0.75\, VI$

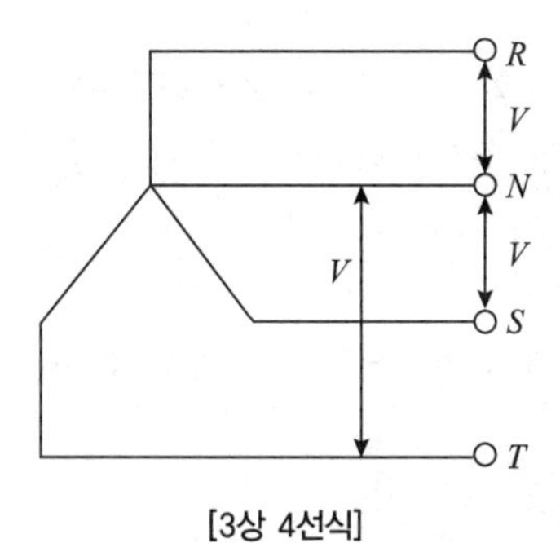


[3상 4선식]

전기방식별 비교

| 전기방식 | 가닥수 | 전 력 | 1선당전력 | 단상 2선식 기준(전력) | 전선중량비 (전력손실비) |
|---|---|---|---|---|---|
| 단상 2선식 | 2 | $VI\cos\theta$ | 0.5 $VI\cos\theta$ | 1배 | 1 |
| 단상 3선식 | 3 | 2 $VI\cos\theta$ | 0.67 $VI\cos\theta$ | 1.33배 | $\frac{3}{8}$ |
| 3상 3선식 | 3 | $\sqrt{3}\, VI\cos\theta$ | 0.57 $VI\cos\theta$ | 1.15배 | $\frac{3}{4}$ |
| 3상 4선식 | 4 | 3 $VI\cos\theta$ | 0.75 $VI\cos\theta$ | 1.5배 | $\frac{1}{3}$ |

### (7) 수요와 부하

① 수용률

어느 기간 중에서의 수용가의 최대 수요 전력[kW]과 그 수용가가 설치하고 있는 설비 용량의 합계[kW]와의 비를 말한다.

$$\text{수용률} = \frac{\text{최대수요전력[kW]}}{\text{부하설비합계[kW]}} \times 100[\%]$$

수용률은 수요를 상정할 경우 중요한 요소이고 1년을 기준으로 할 때 30~92[%] 범위에 있다.

② 부하율

전력의 사용합 시각에 따라서 또는 계절에 따라서 상당히 변동한다. 부하율은 어느 일정 기간 중의 부하의 변동을 나타낸 것으로서 평균 수요 전력과 최대 수요 전력의 비를 나타낸 것이다.

$$\text{부하율} = \frac{\text{평균수요전력[kW]}}{\text{최대수요전력[kW]}} \times 100[\%]$$

$$= \frac{\text{평균부하[kW]}}{\text{최대부하[kW]}} \times 100[\%]$$

부하율은 그 전기설비가 얼마나 유효하게 이용되는 것을 나타내는 지표이다. 부하율이 높을수록 설비가 효율적으로 사용하고 있다고 말할 수 있다.

③ 부등률

수용가 상호 간, 배전 변압기 상호 간에서 최대부하는 같은 시각에 발생하지 않는다. 이 최대전력의 발생 시각 또는 발생 시기의 분산을 나타내는 지표가 부등률이다.

$$\text{부등률} = \frac{\text{각 부하의 최대수요전력의 합[kW]}}{\text{합성최대전력[kW]}}$$

부등률은 1보다 큰 값을 가지게 되며 [%]로 나타내지 않는다는 사실에 유의한다. 변압기의 용량을 결정할 때 사용하는 값이다.

### (8) 배전선로의 전압 조정

① 전압・주파수 유지 범위

| 표준 전압・주파수 | 허용 범위 | 비 고 |
|---|---|---|
| 220[V] | 220±13[V] | 207~233[V] |
| 380[V] | 380±38[V] | 342~418[V] |
| 60[Hz] | 60±0.2[Hz] | 59.8~60.2[Hz] |

② 일정전압의 유지

㉠ 주상변압기의 1차 탭 변환

㉡ 승압기(단권변압기)

㉢ 유도전압조정기

③ 변압기의 1차 측 탭 변환

$$\text{권수비} : a = \frac{N_1}{N_2} = \frac{E_1}{E_2} = \frac{I_2}{I_1}$$

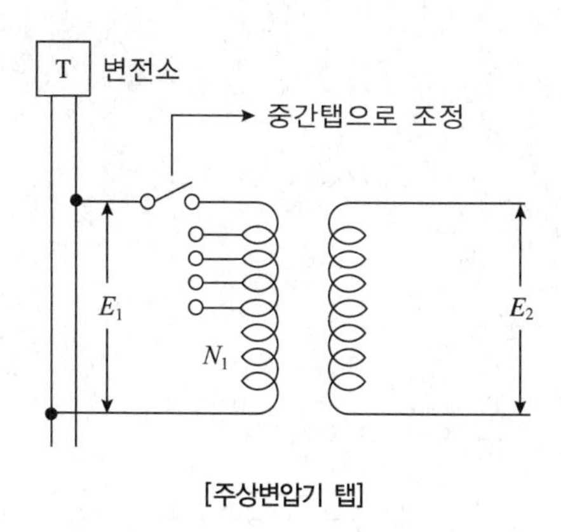


[주상변압기 탭]

## (9) 변압기 손실

변압기 손실은 철손과 동손으로 나눌 수 있다.

① 철손 : 히스테리시스손과 와류손이 있다.

② 부하손 : 동손과 표류부하손이 있다.

③ 동손 감소 대책

㉠ 동선의 권선수 저감

㉡ 권선의 단면적 증가

④ 철손 감소 대책

㉠ 자속 밀도의 감소

㉡ 저손실 철심 재료의 채용

㉢ 고배향성 규소 강판 사용

㉣ 아몰퍼스 변압기의 채용

㉤ 철심 구조의 변경

## (10) 조상설비

① 전력용 콘덴서

㉠ 부하와 병렬로 접속하여 부하의 역률을 개선하기 위한 콘덴서

㉡ 역률은 피상전력에 대한 유효전력의 비율이다.

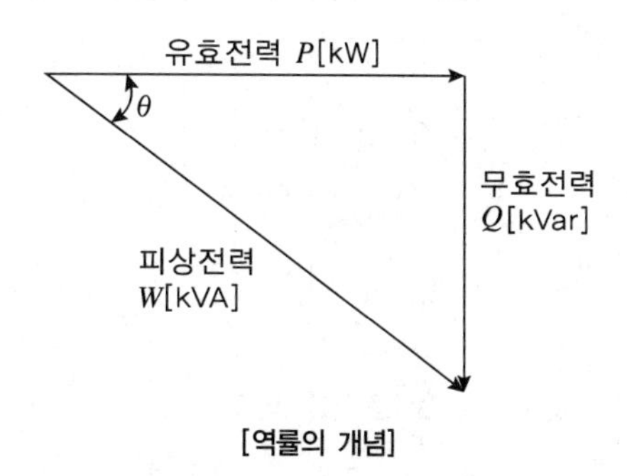


[역률의 개념]

② 역률 개선의 효과
　㉠ 수전 설비용량의 증가
　㉡ 전력손실의 감소
　㉢ 전압강하의 감소
　㉣ 전기 요금의 감소

③ 역률 개선의 원리 및 콘덴서 용량

$$Q_c = P(\tan\theta_1 - \tan\theta_2) = P\left(\frac{\sin\theta_1}{\cos\theta_1} - \frac{\sin\theta_2}{\cos\theta_2}\right)[\text{kVA}]$$

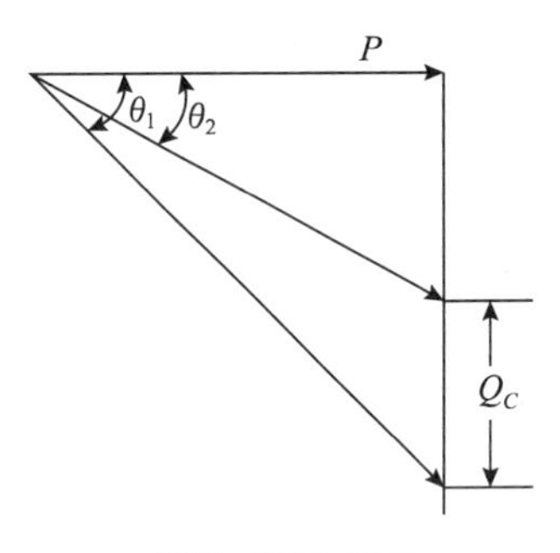


[역률 개선의 원리]

④ 전력용 콘덴서의 결선 방법
　㉠ 직렬 리액터(SR) : 제5고조파 제거
　㉡ 공진 조건

$$5\omega L = \frac{1}{5\omega C}$$

$$\omega L = 0.04\frac{1}{\omega C}$$

　㉢ 직렬 리액터의 용량 : 콘덴서 용량의 5~6[%] 연결
　㉣ 방전 코일(DC) : 콘덴서의 잔류전하 방전
　㉤ 전력용 콘덴서의 결선 : △결선

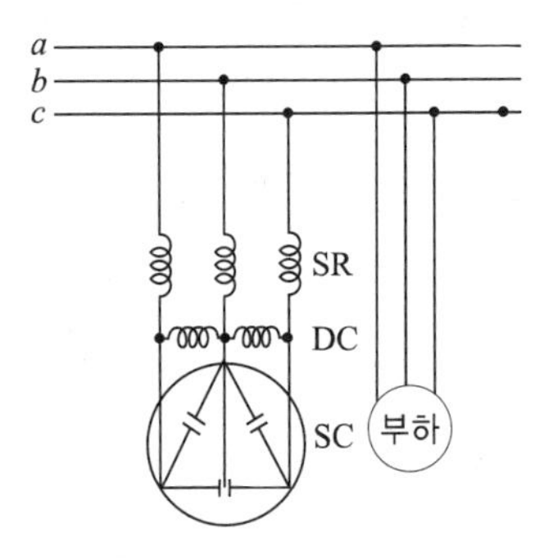


[전력용 콘덴서의 결선]

## 3 변전설비 기초

### (1) 변전의 의의

변전은 발전소의 발전 전력을 수용가에 공급하는 과정에서 전압을 승압・강압하고 발전전력을 집중・배분하며 전압조정 등을 하는 것이다.

① 전압의 변성과 조정

② 전력의 집중과 배분

③ 전력 조류의 제어

④ 송・배전선로 및 변전소의 보호

### (2) 변전소

발전소의 발전 전력을 송전선로나 배전선로를 통하여 수요자에게 보내는 과정에서 전압이나 전류의 성질을 바꾸는 시설이 있는 곳이다.

### (3) 변전소의 설비

변압기, 조상설비, 모선, 차단기, 단로기, 계기용 변성기, 피뢰기, 중성점 접지 기기, 접지 장치, 배전반 및 기타 설비가 있다.

① 변압기

㉠ 변전소 설비의 주체가 되는 것으로 전압의 변성이 주목적이고 승압용과 강압용이 있다.

㉡ 단상용과 3상용이 있으며 수전설비에는 3상용을 사용하고 고전압 대용량의 변압기는 단상용이 더 유리하다.

㉢ 전력전송용의 변압기는 부하 시 탭 절환 변압기(ULTC)로써 전압조정, 무효전력을 제어한다.

**Check!** 탭(TAP) : 변압기 권선의 권수 또는 저항기의 저항치를 바꾸기 위하여 중간에 마련한 단자(端子)

② 조상설비

㉠ 조상설비의 역할

- 송・수전단 전압이 일정하게 조정한다.
- 역률 개선으로 송전 손실을 절감한다.
- 전력 계통의 안정도를 향상한다.
- 무효전력을 공급, 흡수하여 전압을 안정시킨다.

㉡ 조상설비의 종류 : 전력용 콘덴서, 분로리액터, SVC(Static Var Compensator, 정지형 무효전력 보상장치)가 있다.

조상 설비의 비교

| 비교항목 | 전력용 콘덴서 | 분로리액터 | SVC |
|---|---|---|---|
| 무효전력 흡수 | 진상용 | 지상용 | 진상용 |

| 비교항목 | 전력용 콘덴서 | 분로리액터 | SVC |
|---|---|---|---|
| 조정 방법 | 계단적 | 계단적 | 계단적 |
| 전압 유지 능력 | 작다. | 작다. | 크다. |
| 유지 보수 | 간단하다. | 간단하다. | 간단하다. |

③ 모 선

모선은 변압기, 조상설비, 송전선, 배전선 및 기타 부속 설비가 접속되는 공통 도체이다. 주로 경동 연선, 경알루미늄 연선 및 알루미늄 파이프가 사용된다.

㉠ 단일 모선 방식

㉡ 복모선 방식 : 표준 2중 모선방식, $1\frac{1}{2}$차단기 방식, 환상 모선 방식

④ 차단기

㉠ 부하전류, 고장 시 대전류를 차단시켜 설비를 보호, 점검 · 수리 작업 시 정전에 필요한 설비이다.

㉡ 전력 계통의 대형화에 따라 단락 용량 증대, 고장의 신속한 제거, 고속도 재폐로가 요구된다.

소호 원리에 따른 차단기의 종류

| 종 류 | 약 어 | 소호 원리 |
|---|---|---|
| 유입 차단기 | OCB | 절연유 분해 가스의 흡수 |
| 기중 차단기 | ACB | 대기 중에서 아크를 길게 한다. |
| 자기 차단기 | MBB | 전자력으로 아크를 소호실로 유도, 냉각 |
| 공기 차단기 | ABB | 압축 공기로 아크를 불어서 차단 |
| 진공 차단기 | VCB | 고진공에서 전자의 고속도 확산으로 차단 |
| 가스 차단기 | GCB | $SF_6$ 가스가 아크를 흡수해서 차단 |

**Check!** 소호 : 아크방전을 소멸시키는 일. 특히 차단기에서 중요하다. 소호시키려면 가압(加壓) · 냉각 · 치환 · 확산 등에 의해서 매질의 절연 내력을 높이고 아크의 전리도(電離度)를 줄여서 한다.

⑤ 단로기

단로기는 선로로부터 기기를 분리, 구분, 변경할 때 사용하는 개폐장치이다.

㉠ 단순히 충전된 선로를 개폐하기 위해 사용된다.

㉡ 무부하 상태의 전류, 전압 개폐 기능을 갖고 있는 집중 개폐기이다.

㉢ 부하의 전류 개폐는 하지 않는다.

⑥ 계기용 변성기

㉠ 변전소를 운전하기 위해서 전력 계통의 전압, 전류 등을 계측할 필요가 있고, 계통과 설비를 보호하기 위해서 사용된다.

㉡ 계기용 변성기는 고전압, 대전류의 전기를 직접 측정할 수 없어서 적당한 전압, 전류를 변성해 주는 설비이다.

㉢ 계기용 변압기(PT), 변류기(CT), 계기용변압변류기(MOF) 등이 있다.

⑦ 피뢰기

㉠ 전력 계통에서 이상 전압을 변전설비 자체의 절연으로 운용하는 것은 경제적으로 불가능하다.

㉡ 피뢰기는 이상 전압의 파고값을 낮추어서 애자나 기기를 보호하는 장치이다.

⑧ 중성점 접지 기기

㉠ 변압기의 중성점을 접지하기 위해서 접지용 저항기, 소호 리액터, 보상 리액터 등을 말한다.

㉡ 변압기 중성점에 절연을 보호하기 위한 피뢰기를 두는 경우도 있다.

㉢ 변압기 중성점이 없는 경우에는 접지용 변압기를 사용해서 중성점을 만들어 중성점 기기를 접속하는 경우도 있다.

⑨ 접지 장치

접지 사고 또는 낙뢰 시에 변전소의 전위가 이상 상승을 방지하도록 접지선의 매설, 기기, 실외 철구, 가공 지선 등의 접지를 하는 장치를 말한다.

⑩ 배전반

㉠ 배전반은 변전소의 중추 신경이다.

㉡ 운전원이 계통, 기기의 상태를 감시하고 기기의 조작, 전압・전류・전력 등을 계측하는 기능을 지니고 있다.

㉢ 사고 시 보호 계전기로 자동적으로 이상을 검출하고 차단기를 동작시켜서 고장점을 분리하는 지령을 보낸다.

⑪ 기타 설비

㉠ 낙뢰로부터 선로 및 기기를 보호하기 위한 가공 지선이 있다.

㉡ 커패시터를 선로와 대지 사이에 설치하여 이상전압을 억제해 주는 서지 흡수기가 있다.

㉢ 소내 설비로서 전원 설비, 애자 청소 장치, 압축공기 발생장치, 소화 설비, 냉각설비가 있다.

㉣ 제어 회로, 소내 회로, 보안 통신 회로가 있고 변전소의 기기 조작이나 제어용 전원으로 축전지를 사용하며 충전 장치가 있다.

**Check!** **소내설비** : 발전소, 변전소 내의 설비・기기들을 말한다.

# 적중예상문제

**01** 다음 중 가공전선의 구비 조건과 관련이 없는 것은?

① 내구성이 작을 것
② 도전율이 클 것
③ 기계적 강도가 클 것
④ 신장률이 클 것

**해설**

가공전선의 구비 조건
- 경제적일 것
- 기계적 강도가 클 것
- 도전율(허용전류)이 클 것
- 비중(밀도)이 작을 것
- 가요성이 있을 것
- 부식성이 작을 것
- 내구성일 클 것

**02** 다음은 교류 계통에서 전류가 전선의 바깥쪽으로 흐르려고 하는 현상은?

① 접지효과 ② 근접효과
③ 페란티현상 ④ 표피효과

**해설**

표피효과
전선 중심부에서 쇄교 자속량이 많아 인덕턴스가 커지므로 상대적으로 임피던스가 적은 전선 바깥쪽, 표면으로 흐르려는 현상을 말한다.

**03** 전선의 표피효과에 대한 설명 중 맞는 것은?

① 전선이 가늘수록, 주파수가 높을수록 커진다.
② 전선이 가늘수록, 주파수가 낮을수록 커진다.
③ 전선이 굵을수록, 주파수가 낮을수록 커진다.
④ 전선이 굵을수록, 주파수가 높을수록 커진다.

**해설**

표피효과는 전선이 굵을수록, 주파수가 높을수록 커진다. 즉, 전류가 전선의 표면으로 흐르려고 하는 현상이다.

**04** 장거리 경간을 갖는 송전선로에서 전선의 단선을 방지하기 위한 전선은?

① 강심알루미늄연선(ACSR)
② 경알루미늄선
③ 중공연선
④ 경동선

**해설**

ACSR(강심알루미늄연선)
전선 중심은 강심을 두어 전선의 단선을 방지하고, 전선 바깥 부분은 알루미늄선을 꼬아서 전선의 무게를 줄인 것으로 송전선로에서 주로 사용하고 표피효과를 저감할 수 있는 전선이다.

**05** 옥내배선에서 사용하는 전선의 굵기를 결정할 때 고려하지 않는 요소는?

① 기계적 강도
② 전선의 무게
③ 전압강하
④ 허용전류

**해설**

- 전선의 굵기를 고려하는 요소 : 허용전류, 전압강하, 기계적 강도
- 경제적인 전선의 굵기 선정 : 켈빈의 법칙

**06** 송전선로에서 경제적인 전선의 굵기 선정 시 사용하는 것은?

① 옴의 법칙
② 렌츠의 법칙
③ 패러데이 전자유도 법칙
④ 켈빈의 법칙

**해설**

경제적인 전선의 굵기 선정 : 켈빈의 법칙



정답 1 ① 2 ④ 3 ④ 4 ① 5 ② 6 ④

**07** **애자가 갖추어야 할 구비 조건으로 맞는 것은?**

① 선로 전압에는 충분한 절연내력을 가지며 이상 전압에는 절연저항이 매우 약해야 한다.
② 비, 눈, 안개 등에 대해서도 충분한 절연저항을 가지며 누설전류가 많아야 한다.
③ 지지물에 전선을 지지할 수 있는 충분한 기계적 강도를 갖추어야 한다.
④ 온도의 급변에 잘 견디고 습기도 잘 흡수해야 한다.

**해설**

애자의 구비 조건

- 충분한 절연내력을 가질 것
- 충분한 절연저항을 가질 것
- 기계적 강도가 클 것
- 누설전류가 적을 것
- 온도의 급변에 잘 견디고 습기를 흡수하지 말 것
- 가격이 저렴할 것

**08** **송전선에 낙뢰가 가해져서 애자에 섬락현장이 생기면 아크가 생겨 애자가 손상되는 경우가 있는데 이를 방지하기 위한 것은?**

① 아머로드　② 아킹혼
③ 댐 퍼　④ 가공지선

**해설**

아킹혼, 아킹링 : 이상전압(낙뢰)로부터 애자련 보호, 애자련의 전압 분담 균등화

**09** **다음 중 송전선로의 표준철탑 설계에서 일반적으로 가장 큰 하중은?**

① 전선의 인장강도
② 빙설하중
③ 애자, 전선의 중량
④ 풍압하중

**해설**

송전선로용 표준철탑의 설계에서 가장 큰 하중은 수평 횡하중(풍압하중)이다.

**10** **전선로의 지지물에 가해지는 상시 하중 중에서 가장 큰 것으로 표준철탑의 설계 시 가장 중요한 것은?**

① 수평 횡하중　② 수직 횡하중
③ 수직 하중　④ 수평 종하중

**해설**

송전선로용 표준철탑의 설계에서 가장 큰 하중은 수평 횡하중(풍압하중)이다.

**11** **가공송전선로를 가선할 때는 하중과 온도를 고려해서 적당한 이도(Dip)를 설정하는데 이에 대해서 바르게 설명한 것은?**

① 전선을 가선할 때 전선을 팽팽하게 가선하는 것은 이도를 크게 하는 것이다.
② 이도의 대소는 지지물의 높이를 좌우한다.
③ 이도를 작게 하면 이에 비례하여 전선의 장력이 증가되며 심할 때는 전선 상호 간이 꼬이게 된다.
④ 이도가 작으면 전선이 좌우로 흔들려서 다른 상과 단락 사고의 위험이 따른다.

**해설**

이도의 대소는 지지물의 높이를 결정하고 조건에 맞게 설계를 한다.

**12** **3상 수직배치인 선로에서 오프셋(Offset)을 주는 이유는?**

① 단락방지　② 난조방지
③ 유도장해 감소　④ 철탑중량 감소

**해설**

오프셋은 상간 전선의 접촉으로 인한 단락사고 방지를 위함이다.

**13** **송전선에 댐퍼를 설치하는 이유는?**

① 현수애자의 경사방지
② 전자유도 감소
③ 전선의 진동방지
④ 코로나 방지

**정답** 7 ③ 8 ② 9 ④ 10 ① 11 ② 12 ① 13 ③

해설

댐퍼는 전선의 진동에 의한 단선사고 방지를 위해 설치한다.

## 14 케이블의 전력손실과 관계가 없는 것은?

① 유전체손 ② 저항손
③ 연피손 ④ 철 손

해설

전력 케이블 손실 : 저항손, 유전체손, 연피손

## 15 변전소의 역할 중 맞지 않는 것은?

① 전력을 발생시키고 분배한다.
② 유효전력과 무효전력을 배분한다.
③ 전력조류를 제어한다.
④ 전압을 승압, 강압시킨다.

해설

전력을 발생시키고 분배하는 곳은 발전소이다.

## 16 장거리 대전력 송전에서 교류 송전방식에 비해서 직류 송전방식의 장점이 아닌 것은?

① 절연계급을 낮출 수 있다.
② 전압의 변성이 용이해서 고압 송전에 유리하다.
③ 송전 효율이 높다.
④ 안정도가 좋다.

해설

직류 송전의 장 · 단점

- 장 점
  - 절연계급을 낮출 수 있다.
  - 리액턴스가 없으므로 리액턴스에 의한 전압강하가 없다.
  - 송전 효율이 좋다.
  - 안정도가 좋다.
  - 도체이용률이 좋다.
- 단 점
  - 교직 변환장치가 필요하며 설비가 비싸다.
  - 고전압 대전류 차단이 어렵다.
  - 회전자계를 얻을 수 없다.

## 17 전선 단면적을 그대로 두고 직경을 키운 전선은?

① 경동선
② 중공연선
③ 연동선
④ 강심알루미늄연선

해설

중공연선 : 전선의 단면적을 그대로 하고 직경을 크게 키운 전선

## 18 송전선로의 선로정수가 아닌 것은 다음 중 어느 것인가?

① 저 항
② 정전용량
③ 누설 컨덕턴스
④ 선로손실

해설

선로정수 : 저항($R$), 인덕턴스($L$), 정전용량($C$), 누설 컨덕턴스($G$)

## 19 다도체(복도체)를 사용하면 송전용량이 증가하는 이유는?

① 전압강하가 적다.
② 전달 임피던스가 크다.
③ 선로의 작용인덕턴스는 감소하고 작용정전용량은 증가한다.
④ 정전용량이 감소한다.

해설

다도체 사용 시 장점과 단점

- 장 점
  - 인덕턴스는 감소하고, 정전용량은 증가해서 송전용량이 증대된다.
  - 전선표면의 전위 경도를 감소시키고 코로나 개시전압이 높아져 코로나 손실을 줄일 수 있다.
  - 안정도를 증대시킬 수 있다.
  - 전선의 허용전류가 증대된다.
- 단 점
  - 정전용량이 커져서 페란티 현상 발생(대책 : 분로리액터 설치)
  - 풍압하중, 빙설의 하중으로 진동 발생(대책 : 댐퍼 설치)
  - 각 소도체 간에 흡입력이 작용해서 충돌 및 다도체 효과 감소(대책 : 스페이서 설치)



14 ④ 15 ① 16 ② 17 ② 18 ④ 19 ③ 정답

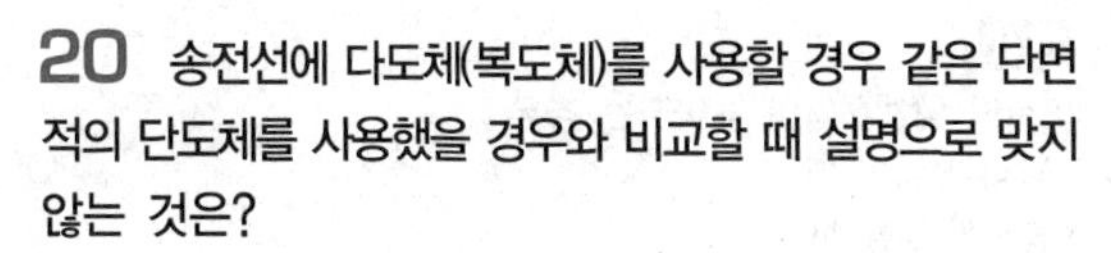

**20** 송전선에 다도체(복도체)를 사용할 경우 같은 단면적의 단도체를 사용했을 경우와 비교할 때 설명으로 맞지 않는 것은?

① 전선의 허용전류가 증대된다.
② 전선의 인덕턴스는 감소되고 정전용량은 증가된다.
③ 전선의 코로나 개시전압이 높아진다.
④ 전선표면의 전위 경도가 증가한다.

해설

다도체 사용 시 장점과 단점

- 장 점
  - 인덕턴스는 감소하고, 정전용량은 증가해서 송전용량이 증대된다.
  - 전선표면의 전위 경도를 감소시키고 코로나 개시전압이 높아져 코로나 손실을 줄일 수 있다.
  - 안정도를 증대시킬 수 있다.
  - 전선의 허용전류가 증대된다.
- 단 점
  - 정전용량이 커져서 페란티 현상 발생(대책 : 분로리액터 설치)
  - 풍압하중, 빙설의 하중으로 진동 발생(대책 : 댐퍼 설치)
  - 각 소도체 간에 흡입력이 작용해서 충돌 및 다도체 효과 감소(대책 : 스페이서 설치)

**21** 다도체(복도체)에서 2본의 전선이 서로 충돌하는 것을 방지하기 위하여 2본의 전선 사이에 적당한 간격을 두어 설치하는 것은?

① 댐 퍼　　② 스페이서
③ 아킹혼　　④ 아머로드

해설

다도체(복도체)에서 2본의 전선이 서로 충돌하는 것을 방지하기 위하여 2본의 전선 사이에 적당한 간격을 두어 설치하는 것을 스페이서라고 한다.

**22** 송전선로의 정전용량은 등가 선간거리 $D$가 증가하면 어떻게 되는가?

① 증가한다.
② 변하지 않는다.
③ 기하급수적으로 증가한다.
④ 감소한다.

해설

등가 선간거리 $D$가 증가하면 정전용량은 감소한다.

정전용량 $C = \dfrac{0.02413}{\log_{10}\dfrac{D}{r}}[\mu F]$, $C \propto \dfrac{1}{\log_{10}\dfrac{D}{r}}$

**23** 66[kV] 이상에 사용하는 애자로서 원판형 애자를 애자련으로 구성하여 사용하는 것은?

① 장간애자　　② 라인포스트애자
③ 핀애자　　④ 현수애자

해설

현수애자 : 66[kV] 이상의 선로에 사용되며 원판형 현수애자는 애자련을 구성하여 사용한다. 내진, 내무, 내염 등의 목적으로 사용하는 것도 있다.

**24** 선로정수를 전체적으로 평형하게 하고 근접 통신선에 대한 유도장해를 줄일 수 있는 방법은?

① 이도를 준다.
② 소호리액터를 설치한다.
③ 연가를 한다.
④ 다도체를 사용한다.

해설

연가는 철탑에서 송전선로를 A상 → B상, B상 → C상, C상 → A상 등으로 규칙적으로 상의 위치를 변경하여 시설하는 것이다. 연가의 목적은 선로정수 평형, 통신선 유도장해 방지, 직렬공진 방지를 위함이다.

**25** 3상 3선식 송전선로를 연가하는 주된 목적은?

① 선로정수를 평형시키기 위해서
② 고도를 표시하기 위하여
③ 송전선을 절약하기 위해서
④ 전압강하를 방지하기 위하여

해설

연가의 목적 : 선로정수 평형, 통신선 유도장해 방지, 직렬공진 방지

정답　20 ④　21 ②　22 ④　23 ④　24 ③　25 ①

## 26 지지물 상호거리가 비교적 근접해 있는 경우에 사용하는 지선은?

① 보통지선 ② 공동지선
③ Y지선 ④ 수평지선

**해설**

공동지선 : 지지물 상호거리가 비교적 근접해 있는 경우에 사용한다.

## 27 송전선로의 지지물 중 경간의 차가 큰 장소에 시설하는 철탑은?

① 각도형 철탑 ② 인류형 철탑
③ 보강형 철탑 ④ 내장형 철탑

**해설**

철탑의 종류
- 직선형 : 선로의 직선부분에 시설하는 지지물
- 각도형 : 수평각도 3°를 초과하는 장소에 시설하는 지지물
- 인류형 : 전 가섭선을 인류하는 장소에 시설하는 지지물
- 보강형 : 전선로를 보강하기 위하여 시설하는 지지물
- 내장형 : 경간의 차가 큰 장소에 시설하는 지지물

## 28 표준상태의 기온 기압하에서 공기의 절연이 파괴되는 전위경도는 정현파 교류의 실횻값[kV/cm]으로 얼마인가?

① 12 ② 21
③ 30 ④ 50

**해설**

- 교류 파열극한 전위경도 : 21[kV/cm]
- 직류 파열극한 전위경도 : 30[kV/cm]

## 29 송전선로에서 코로나 임계전압이 높아지는 경우는?

① 습도가 높을 때
② 전선의 지름이 큰 경우
③ 상대공기밀도가 작을 때
④ 온도가 높아지는 경우

**해설**

코로나 임계전압이 높아지는 경우
- 날씨가 맑을 때
- 습도가 낮을 때
- 온도가 낮을 때
- 기압이 높을 때
- 상대공기밀도가 클 때
- 전선의 지름이 커질 때

## 30 코로나 현상에 대한 설명으로 맞지 않는 것은?

① 코로나 잡음이 발생한다.
② 코로나 방전에 의하여 통신선 유도 장해가 일어난다.
③ 코로나 손실은 전원 주파수의 제곱에 비례한다.
④ 코로나 현상은 전력의 손실을 일으킨다.

**해설**

코로나 손실

$$P_c = \frac{241}{\delta}(f+25)\sqrt{\frac{d}{2D}}(E-E_0)^2 \times 10^{-5}$$

코로나 손실은 주파수($f$)에 비례한다.

## 31 지중송전선로와 가공송전선로를 비교할 때 설명 중 맞는 것은?

① 인덕턴스는 작고 정전용량은 크다.
② 인덕턴스와 정전용량 모두 작다.
③ 인덕턴스와 정전용량 모두 크다.
④ 인덕턴스는 크고 정전용량은 작다.

**해설**

지중송전선로는 가공송전선로보다 인덕턴스는 작고, 정전용량은 크다.

## 32 변압기의 철손 감소 대책이 아닌 것은?

① 아몰퍼스 변압기의 채용
② 저손실 철심재료의 채용
③ 권선수 저감
④ 고배향성 규소강판 사용



26 ② 27 ④ 28 ② 29 ② 30 ③ 31 ① 32 ③ 정답

권선수 저감은 동손감소 대책이다.

- 변압기 철손 감소 대책
  - 자속밀도의 감소
  - 저손실 철심재료의 채용
  - 고배향성 규소강판 사용
  - 아몰퍼스 변압기의 채용
  - 철심구조의 변경
- 동손감소 대책
  - 동선의 권선수 저감
  - 권선의 단면적 증가

**33** **수전용 변전설비의 1차 측에 설치하는 차단기의 용량이 결정되는 요소는?**

① 공급 측 전원의 크기
② 부하 설비용량
③ 수전 계약용량
④ 수전전력과 부하용량

해설

$P_S = \sqrt{3}\, V_s I_s$, $I_s = \dfrac{100 I_n}{\%Z}$, $I_n$은 정격전류로서 변압기 용량에서 산출한다.

**34** **전력회로에 사용되는 차단기의 차단용량을 결정할 때 이용되는 것은?**

① 계통의 최대전압
② 예상 최대사고전류
③ 회로를 구성하는 전선의 최대허용전류
④ 회로에 접속되는 전부하전류

해설

- 부하의 용량
- 계통의 정격전압
- 정격차단전류

※ 정격차단전류 : 차단기의 차단 동작 순간 각 상에 흐르는 전류로서 과전류의 사고가 아닌 단락사고에 의해 발생하는 계통상의 대전류를 차단기가 자체의 손상이 없이 견딜 수 있는 최대의 사고전류를 의미한다.

**35** **다음 중 수용가의 수용률이란?**

① $\dfrac{\text{최대수요전력}}{\text{부하설비합계}} \times 100[\%]$

② $\dfrac{\text{평균전력}}{\text{합성최대전력}} \times 100[\%]$

③ $\dfrac{\text{합성최대수용전력}}{\text{평균전력}} \times 100[\%]$

④ $\dfrac{\text{부하설비합계}}{\text{최대수요전력}} \times 100[\%]$

해설

$$\text{수용률} = \frac{\text{최대수요전력}}{\text{부하설비합계}} \times 100[\%]$$

**36** **다음 중 수용가의 부하율이란?**

① $\dfrac{\text{최대수요전력}}{\text{평균수요전력}} \times 100[\%]$

② $\dfrac{\text{평균수요전력}}{\text{최대수요전력}} \times 100[\%]$

③ $\dfrac{\text{부하설비용량}}{\text{피상전력}} \times 100[\%]$

④ $\dfrac{\text{피상전력}}{\text{부하설비용량}} \times 100[\%]$

해설

$$\text{부하율} = \frac{\text{평균수요전력}}{\text{최대수요전력}} \times 100[\%]$$

**37** **다음 중 배전계통에서 부등률이란?**

① $\dfrac{\text{부하의 평균전력의 합}}{\text{부하설비의 최대전력}}$

② $\dfrac{\text{최대부하 시의 설비용량}}{\text{정격용량}}$

③ $\dfrac{\text{부하의 평균전력의 합}}{\text{부하설비의 최대전력}}$

④ $\dfrac{\text{각 부하의 최대 수요전력의 합}}{\text{합성최대전력}}$

정답 33 ① 34 ② 35 ① 36 ② 37 ④

**해설**

$$\text{부등률} = \frac{\text{각 부하의 최대 수요전력의 합}}{\text{합성최대전력}} \geq 1$$

**38** 수전용량에 비해 첨두부하가 커지면 부하율은 그에 따라 어떻게 되는가?

① 작아진다.
② 높아진다.
③ 일정하다.
④ 부하 종류에 따라 달라진다.

**해설**

$$\text{부하율} = \frac{\text{평균전력}}{\text{최대전력}}$$

$$\therefore \text{ 부하율} \propto \frac{1}{\text{최대전력(첨두부하)}}$$

**39** 배전선을 구성하는 방식으로 방사상식에 대한 설명으로 옳은 것은?

① 부하 증가에 따른 선로 연장이 어렵다.
② 선로의 전류분포가 가장 좋고 전압강하가 작다.
③ 부하의 분포에 따라 수지상으로 분기선을 내는 방식이다.
④ 사고 시에도 무정전 공급이 가능하므로 도시 배전선에 적합하다.

**해설**

방사상식(가지식, 수지식) : 농어촌 지역
- 장 점
  - 시설비가 싸다.
  - 용량 증설이 용이하다.
- 단 점
  - 인입선의 길이가 길다.
  - 전압강하가 크다.
  - 전력손실이 크다.
  - 정전범위가 넓다.
  - 플리커 현상이 발생한다.

**40** 루프식 배전방식에 대한 설명으로 맞게 설명한 것은?

① 고장 시 정전범위가 넓다.
② 가지식에 비해 전압강하 및 정전범위가 작다.
③ 부하밀도가 적은 농·어촌에 적당하다.
④ 시설비는 적은 반면 전력손실이 크다.

**해설**

루프식(환상식) : 수용밀도가 큰 지역(중, 소도시)
- 장 점
  - 가지식에 비해 전압강하 및 정전범위가 작다.
  - 고장 개소의 분리 조작이 용이
- 단 점
  - 설비가 복잡하고 증설이 어렵다.

**41** 저압 뱅킹 배전방식에서 캐스케이딩현상을 설명한 것은?

① 저압선이나 변압기에 고장이 생기면 자동적으로 고장이 제거되는 현상
② 전압 동요가 적은 현상
③ 저압선의 고장에 의하여 건전한 변압기의 일부 또는 전부가 차단되는 현상
④ 변압기의 부하 분배가 불균일한 현상

**해설**

저압 뱅킹 방식 : 부하가 밀집된 시가지
- 장 점
  - 부하의 융통성을 도모하고, 전압변동 전력손실이 경감된다.
  - 변압기 용량 저감
  - 공급신뢰도 향상
- 단 점
  - 캐스케이딩현상 발생
  - ※ 캐스케이딩 : 저압선의 고장으로 인한 변압기 일부 또는 전부가 차단되는 현상으로 구분 퓨즈나 차단기를 설치하여 방지한다.

**42** 우리나라 특고압 배전방식으로 가장 많이 사용되고 있는 것은?

① 단상 2선식 ② 단상 3선식
③ 3상 3선식 ④ 3상 4선식



38 ① 39 ③ 40 ② 41 ③ 42 ④ 정답

해설

배전선로 전기방식은 주로 3상 4선식을 사용한다. 1선당 전력손실이 가장 작고, 전선 소요량이 적은 경제적인 송전방식이다.

## 43 역률개선의 효과로 볼 수 없는 것은?

① 전력손실의 감소
② 수전설비용량의 증가
③ 전압강하의 감소
④ 전기요금의 증가

해설

역률개선의 효과
- 수전설비용량의 증가
- 전력손실의 감소
- 전압강하의 감소
- 전기요금의 감소

## 44 부하가 $P$[kW]이고, 역률이 $\cos\theta_1$인 것을 병렬로 콘덴서를 접속하여 합성역률을 $\cos\theta_2$로 개선하려면 필요한 콘덴서의 용량은 몇 [kVA]인가?

① $P(\tan\theta_1+\tan\theta_2)$　② $P(\tan\theta_1-\tan\theta_2)$
③ $P(\cos\theta_1+\cos\theta_2)$　④ $P(\cos\theta_1-\cos\theta_2)$

해설

역률개선 시 콘덴서 용량
$Q_c=P\tan\theta_1-P\tan\theta_2=P(\tan\theta_1-\tan\theta_2)$

## 45 부하용량이 4,800[kW], 역률이 60[%]인 설비를 80[%]로 역률을 개선하려 할 때 필요한 콘덴서의 용량은 몇 [kVar]인가?

① 2,800　② 3,500
③ 4,500　④ 5,200

해설

$$Q_C=P(\tan\theta_1-\tan\theta_2)=P\left(\frac{\sin\theta_1}{\cos\theta_1}-\frac{\sin\theta_2}{\cos\theta_2}\right)$$
$$=4,800\left(\frac{0.8}{0.6}-\frac{0.6}{0.8}\right)$$
$$=2,800[\text{kVar}]$$

## 46 전력선에 의한 통신선의 전자 유도장해의 주된 원인은?

① 영상전류
② 전력선의 연가 불충분
③ 전력선의 전압이 통신선보다 높음
④ 전력선과 통신선 사이의 차폐효과 불충분

해설

전자 유도장해 원인 : 영상전류, 상호 인덕턴스

## 47 전력용 퓨즈는 주로 어떤 전류의 차단 목적으로 사용하는가?

① 단락전류　② 과도전류
③ 충전전류　④ 과부하전류

해설

전력용 퓨즈 : 단락전류 차단
- 장 점
  - 가격이 싸다.
  - 소형, 경량이다.
  - 고속 차단된다.
  - 보수가 간단하다.
  - 차단능력이 크다.
- 단 점
  - 재투입이 불가능하다.
  - 과도전류에 용단되기 쉽다.
  - 계전기를 자유로이 조정할 수 없다.
  - 한류형은 과전압을 발생한다.

## 48 보호계전기가 구비하여야 할 조건이 아닌 것은?

① 오래 사용하여도 특성의 변화가 없을 것
② 보호 동작이 정확, 확실하고 검출이 예민할 것
③ 가격이 싸고 계전기의 소비전력이 클 것
④ 열적, 기계적으로 튼튼할 것

해설

보호계전기 구비 조건
- 고장의 정도 및 위치를 정확히 파악할 것
- 고장 개소를 정확히 선택할 것
- 동작이 예민하고 오동작이 없을 것
- 소비전력이 적고, 경제적일 것
- 후비 보호능력이 있을 것

정답 43 ④ 44 ② 45 ① 46 ① 47 ① 48 ③

**49** 부하전류의 차단능력이 없는 것은?

① DS ② MCCB
③ OCB ④ ACB

해설
단로기(DS)는 무부하 전류 개폐 시 사용한다.

**50** 현재 널리 사용되고 있는 GCB(Gas Circuit Breaker)용 가스는?

① 아르곤 가스 ② $SF_6$ 가스
③ 수소 가스 ④ 헬륨 가스

해설
가스 차단기(GCB) : $SF_6$ 가스 사용, 소음이 적다.
※ $SF_6$ 가스는 무색, 무미, 무취, 무해이고 불연성이며 소호능력 및 절연내력이 크다.

**51** 선로고장 발생 시 타 보호기기와 협조하여 고장구간을 신속히 개방하는 자동구간개폐기가 고장전류를 차단할 수 없을 때 차단 기능이 있는 후비보호장치와 직렬로 설치되어야 하는 배전용 개폐기는?

① 부하개폐기
② 섹셔널라이저
③ 컷아웃 스위치
④ 배전용 차단기

해설
- 리클로저 : 후비보호 능력이 있다.
- 섹셔널라이저 : 후비보호 능력이 없다(리클로저와 직렬연결).

※ 후비보호 : 주보호와 후비보호가 보호계전을 이루고 있는 방식으로 주보호보다 거리가 먼 곳의 보호를 담당한다. 주보호가 차단이 되지 않을 때 동작하여 사고 전류를 차단하여, 설비를 보호하는 방식이다.



49 ① 50 ② 51 ② 정답

제 4 과목

신재생에너지발전설비산업기사(태양광)

# 태양광발전시스템 운영

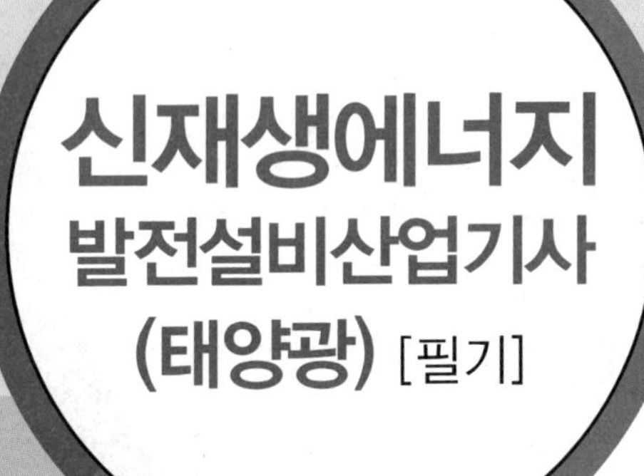


**Always with you**

사람이 길에서 우연하게 만나거나 함께 살아가는 것만이 인연은 아니라고 생각합니다.
책을 펴내는 출판사와 그 책을 읽는 독자의 만남도 소중한 인연입니다.
**(주)시대고시기획**은 항상 독자의 마음을 헤아리기 위해 노력하고 있습니다. 늘 독자와 함께하겠습니다.

# 태양광발전시스템 운영

## 제1절 운영 계획 및 사업개시

### 1 일별, 월별, 연간 운영계획 수립 시 고려요소

발전소의 운영 목적은 발전소 발전생산전력의 효율저하를 막고, 장기간 운영을 위한 점검과 보호를 하여야 하며, 이상 발생 시 적절하고 신속한 조치로써 전력 계통에 영향을 주지 않고, 손실비용을 줄여야 한다. 또한 운영계획을 세우고 문제 발생 시 적절한 대처가 필요하다.

#### (1) 태양광발전시스템 운영 시 갖추어야 할 목록

① 태양광발전시스템에 사용된 핵심기기의 매뉴얼
② 태양광발전시스템 시방서
③ 태양광발전시스템 건설 관련 도면(토목, 건축, 기계, 전기도면 등)
④ 태양광발전시스템 구조물의 구조 계산서
⑤ 태양광발전시스템 운영 매뉴얼
⑥ 태양광발전시스템 한전 계통 연계 관련 서류
⑦ 태양광발전시스템 계약서 사본
⑧ 태양광발전시스템에 사용된 기기 및 부품의 카탈로그
⑨ 태양광발전시스템 일반 점검표
⑩ 태양광발전시스템 긴급복구 안내문
⑪ 전기안전 관리용 정기 점검표
⑫ 전기안전 관련 주의 명판 및 안전 경고표시 위치도
⑬ 태양광발전시스템 안전교육 표지판

#### (2) 태양광발전시스템 운영방법

① 공 통

㉠ 설비용량 : 설치된 태양광발전 설비의 용량은 부하의 용도 및 부하의 적정 사용량을 합선하여 월평균 사용량에 따라 결정된다.

㉡ 발전량 : 일반적인 태양광발전 설비의 발전량은 봄・가을이 많으며, 여름과 겨울에는 기후여건에 따라 현저하게 감소한다.

② 모 듈

㉠ 모듈표면은 특수 처리된 강화유리로 되어 있지만, 강한 충격이 있을 시 파손될 수 있다.

㉡ 모듈표면에 그늘이 지거나 나뭇잎 등이 떨어져 있는 경우 전체적인 발전효율 저하요인으로 작용

하며, 황사나 먼지, 공해물질은 발전량 감소의 주요요인으로 작용한다.

㉢ 고압분사기를 이용하여 정기적으로 물을 뿌려주거나, 부드러운 천으로 이물질을 제거해 주면 발전효율을 높일 수 있다. 이때 모듈표면에 흠이 생기지 않도록 주의해야 한다.

㉣ 모듈표면의 온도가 높을수록 발전효율이 저하되므로 태양광에 의하여 모듈 온도가 상승할 경우에 정기적으로 물을 뿌려 온도를 조절하면 발전효율이 높아진다.

㉤ 풍압이나 진동으로 인하여 모듈의 형강과 체결부위가 느슨해지는 경우가 있으므로 정기적으로 점검해야 한다.

③ 인버터 및 접속함

㉠ 태양광발전 설비의 고장요인은 대부분 인버터에서 발생하므로 정기적으로 정상가동 유무를 확인해야 한다.

㉡ 접속함에는 역류방지 다이오드, 차단기, Transducer, CT, PT, 단자대 등이 내장되어 있으므로 누수나 습기침투 여부의 정기적 점검이 필요하다.

④ 구조물 및 전선

㉠ 구조물이나 구조물 접합자재는 아연용융도금이 되어 있어 녹이 슬지 않으나 장기간 노출될 경우에는 녹이 스는 경우도 있다.

㉡ 부분적으로 녹이 스는 현상이 일어날 경우 페인트, 은분 스프레이 등으로 도포 처리를 해 주면 장기간 안전하게 사용할 수 있다.

㉢ 전선 피복부나 전선 연결부에 문제가 없는지 정기적으로 점검하고 문제가 발생할 경우 반드시 보수해야 한다.

⑤ 태양광발전 설비가 작동되지 않는 경우의 응급처치

㉠ 접속함 내부 차단기 개방

㉡ 인버터 개방 후 점검

㉢ 점검 후 인버터, 접속함 내부 차단기 순서로 투입

### (3) 태양광발전시스템 점검 항목

태양광발전시스템 점검은 일반적으로 준공 시의 점검, 일상점검, 정기점검의 3가지로 구별된다. 이 중 일상점검과 정기점검의 항목을 나타내면 다음 표와 같다.

| 설비종류 | 점검부위 | 점검분류 | 점검방법 | 점검주기 | 점검내용 |
|---|---|---|---|---|---|
| 태양전지 | 모 듈 | 일 상 | 육 안 | ● | 유리 등 표면의 오염 및 파손 확인 |
| | 가 대 | 일 상 | 육 안 | ● | 가대의 부식 및 녹 확인 |
| | 배 선 | 일 상 | 육 안 | ● | 외부배선(접속케이블)의 손상 확인 |
| | 접지선 | 정 기 | 육 안 | ◎ | 접지선의 접속 및 접속단자 풀림 확인 |
| | | 정 기 | 측 정 | ◎ | 태양전지 ↔ 접지선 절연저항 측정 |
| 접속함 | 외 함 | 일 상 | 육 안 | ● | 외함의 부식 및 파손 확인 |
| | | 정 기 | 육 안 | ◎ | |
| | 배 선 | 일 상 | 육 안 | ● | 외부배선(접속케이블)의 손상 확인 |
| | | 정 기 | 육 안 | ◎ | 외부배선의 손상 및 접속단자의 풀림 확인 |

| 설비종류 | 점검부위 | 점검분류 | 점검방법 | 점검주기 | 점검내용 |
|---|---|---|---|---|---|
| 접속함 | 접지선 | 정 기 | 육 안 | ◎ | 접지선의 손상 및 접지단자의 풀림 확인 |
| | | 정 기 | 측 정 | ◎ | 출력단자 ↔ 접지선 절연저항 측정 |
| | 기타 | 정 기 | 시 험 | ◎ | 각 회로마다 개방전압 측정(극성 및 확인) |
| 파워 컨디셔너 | 외 함 | 일 상 | 육 안 | ● | 외함의 부식 및 파손 확인 |
| | | 정 기 | 육 안 | ◎ | |
| | 배 선 | 일 상 | 육 안 | ● | 외부배선(접속케이블)의 손상 확인 |
| | | 정 기 | 육 안 | ◎ | 외부배선의 손상 및 접속단자의 풀림 확인 |
| | 접지선 | 정 기 | 육 안 | ◎ | 접지선의 손상 및 접지단자의 풀림 확인 |
| | | 정 기 | 측 정 | ◎ | 입·출력단자 ↔ 접지선 절연저항 측정 |
| | 환기구 | 일 상 | 육 안 | ● | 환기구, 환기필터 등의 환기 확인 |
| | | 정 기 | 육 안 | ◎ | |
| | 표시부 | 일 상 | 육 안 | ● | 표시부의 이상 표시 |
| | | 정 기 | 시 험 | ◎ | 표시부의 동작 확인(충전전력 등) |
| | 타이머 | 정 기 | 시 험 | ◎ | 투입저지 시한 타이머 동작시험 확인 |
| | 기 타 | 일 상 | 육 안 | ● | 발전상황 확인 |
| | | 일 상 | 육 안 | ● | 이상음, 악취, 발연, 이상과열 확인 |
| | | 정 기 | 육 안 | ◎ | 운전 시 이상음, 악취, 진동 등 확인 |
| 기 타 | 개폐기 | 정 기 | 육 안 | ◎ | 개폐기의 접속단자 풀림 확인 |
| | | 정 기 | 측 정 | ◎ | 절연저항 측정(DC 500[V] 측정 시 0.1[MΩ] 이상) |

[주 1] ● : 월 1회 실시
◎ : 용량별 점검 횟수

| 용량[kW] | 300 미만 | 500 미만 | 700 미만 | 1,000 미만 |
|---|---|---|---|---|
| 횟수[월] | 1회 | 2회 | 3회 | 4회 |

## 2 사업허가증 발급 방법 등

### (1) 전기사업의 허가 기준

① 전기사업을 하려는 자는 전기사업의 종류별로 산업통상자원부장관의 허가를 받아야 한다. 허가받은 사항 중 산업통상자원부령으로 정하는 중요 사항을 변경하려는 경우에도 또한 같다.

② 산업통상자원부장관은 전기사업을 허가 또는 변경허가를 하려는 경우에는 미리 전기위원회의 심의를 거쳐야 한다.

③ 동일인에게는 두 종류 이상의 전기사업을 허가할 수 없다. 다만, 대통령령으로 정하는 경우에는 그러하지 아니하다.

④ 산업통상자원부장관은 필요한 경우 사업구역 및 특정한 공급구역별로 구분하여 전기사업의 허가를 할 수 있다. 다만, 발전사업 발전소별로 허가할 수 있다.

⑤ 전기사업의 허가기준은 다음과 같다.

㉠ 전기사업 수행에 필요한 재무능력 및 기술능력이 있을 것
재무능력은 신용평가가 양호하고 소요재원 조달계획이 구체적이어야 하며, 기술능력은 발전설비 건설 및 운영계획, 기술인력 확보계획이 구체적으로 적시되어 있어야 한다.

㉡ 전기사업이 계획대로 수행될 수 있을 것
사업계획이 예측 가능하고, 부지확보 가능여부, 적정한 이윤확보 방안 등 건설이 차질 없이 진행될 수 있는지 여부를 검토한다.

㉢ 발전소가 특정지역에 편중되어 전력계통의 운영에 지장을 주지 말 것
발전소 건설로 인하여 송전계통의 보강이 필요하므로, 사업개시 예정일까지 송전계통 보강이 곤란한지 여부를 검토한다.

㉣ 발전연료가 어느 하나에 편중되어 전력수급에 지장을 주지 말 것
원자력, 석탄, 중요, 천연가스, 신재생에너지 등 발전연료의 편중에 따른 전력수급의 지장 여부를 검토한다.

⑥ 허가의 심사기준
㉠ 신용평가가 양호할 것
㉡ 재원 조달계획이 구체적일 것
㉢ 전기설비의 건설 및 운영계획이 구체적일 것

⑦ 허가 변경
발전사업 허가를 받았으나, 다음과 같이 변경되는 경우는 산업통상자원부 장관 또는 시・도지사의 변경 허가를 받아야 한다.
㉠ 사업구역 또는 특정한 공급구역이 변경되는 경우
㉡ 공급전압이 변경되는 경우
㉢ 설비용량이 변경되는 경우(허가 또는 변경허가를 받은 설비용량의 10[%] 미만인 경우는 제외)
㉣ 허가 취소 : 전기사업자가 사업 준비기간(발전사업 허가를 득한 후부터 사업개시 신고 전까지) 내에 전기설비의 설치 및 사업의 개시를 하지 아니한 경우, 전기위원회의 심의를 거쳐 허가를 취소한다.
- 신재생에너지 발전사업 준비기간의 상한 : 10년
- 발전사업 허가 시 사업 준비기간을 지정

⑧ 사업의 개시신고
사업 개시의 신고를 하려는 자는 사업개시신고서를 산업통상자원부장관 또는 시・도지사(발전설비용량이 3,000[kW] 이하인 발전사업의 경우에 한정한다)에게 제출하여야 한다.

### (2) 사업허가 신청 시 제출서류

① 전기 관련서류
㉠ 전기사업허가신청서
㉡ 사업계획서
㉢ 송전관계 일람도
㉣ 발전원가 명세서
㉤ 발전설비의 운영을 위한 기술인력의 확보계획을 기재한 서류
㉥ 태양광 모듈배치도 및 모듈상세도

② 사업자 관련서류

㉠ 신청인이 법인인 경우 : 법인등기부등본, 임원 인적 사항, 법인인감증명서, 정관 및 직전 사업연도말의 대차대조표 · 손익계산서

㉡ 신청인이 설립중인 법인인 경우에는 그 정관

㉢ 사업자 등록증(등록된 업체에 한함)

③ 사업장소 관련서류

㉠ 토지사용총괄표, 토지사용승낙서 및 인감증명서

㉡ 지적(임야)도 등본

㉢ 지적(임야)대장

㉣ 토지이용계획확인원

㉤ 토지(임야) 등기부등본

### (3) 사업계획서 작성요령

① 사업 구분

② 사업계획 개요 : 발전소 명칭, 위치, 설비용량, 설비형식, 사용연료, 건설공사, 총사업비, 건설단가, 연간 전력생산량, 계통연계방법 등

③ 사업개시 예정일

④ 전기판매사업 및 구역전기사업의 개시일부터 5년간 연도별, 용도별, 소요상정 및 공급계획

㉠ 발전량

㉡ 송전량

⑤ 소요자금 및 그 조달 방법

㉠ 소요자금현황(직접공사비, 간접공사비, 총 사업비) 및 소요자금

㉡ 조달방법(자기자금액 및 타인 자금액, 타인 자금의 조달방법)

㉢ 소요자금 투입시기

⑥ 태양광발전 설비 및 송전 · 변전설비의 개요

㉠ 발전설비

- 태양전지의 종류, 정격용량, 정격전압 및 정격출력
- 인버터의 종류, 입력전압, 출력전압 및 정격출력
- 집광판의 면적
- 발전소의 명칭 및 위치

㉡ 송전 · 변전설비

- 변전소의 명칭 및 위치, 변압기의 종류 · 용량 · 전압 · 대수
- 송전선로의 명칭 · 구간 및 송전용량
- 개폐소의 위치(동 · 리까지 작성)
- 송전선의 종류 · 길이 · 회선 수 및 굵기의 1회선당 조수

⑦ 공사비 개괄 계산서 : 전기사업회계규칙의 계정과목 분류에 따를 것

⑧ 전기설비의 설치 일정

■ 전기사업법 시행규칙[별지 제1호서식]

# 전기사업 허가신청서

※ 바탕색이 어두운 난은 신청인이 작성하지 않습니다.

| 접수번호 | 접수일자 | 처리기간 60일 |
|---|---|---|

| 구분 | 항목 | |
|---|---|---|
| 신청인 | 대표자 성명 | 주민등록번호 |
| | 주소 | |
| | 상호 | 전화번호 |
| 신청 내용 | 사업의 종류 | |
| | 설치장소 | |
| | 사업구역 또는 특정한 공급구역 | |
| | 전기사업용 전기설비에 관한 사항<br>설비용량 : kW, 연계전압 V, 주파수 Hz, 설치위치(방식), 설치면적 m | |
| | 사업에 필요한 준비기간 : 허가일로부터 00개월 | |

「전기사업법」 제7조제1항 및 같은 법 시행규칙 제4조에 따라 위와 같이 ( )사업의 허가를 신청합니다.

년 월 일

신청인 (서명 또는 인)

산업통상자원부장관
시 · 도지사 귀하

| 첨부서류 | 「전기사업법 시행규칙」 제4조제1항 각 호의 어느 하나에 해당하는 사항 각 1부 | 수수료 |
|---|---|---|
| 산업통상자원부장관 또는 시 · 도지사 확인사항 | 법인 등기사항증명서 | 없음 |

※ 첨부서류(「전기사업법 시행규칙」 제4조제1항 관련)
1. 「전기사업법 시행규칙」 별표 1의 작성요령에 따라 작성한 사업계획서
2. 사업개시 후 5년 동안의 「전기사업법 시행규칙」 별지 제2호서식의 연도별 예상사업손익산출서
3. 배전선로를 제외한 전기사업용전기설비의 개요서
4. 배전사업의 허가를 신청하는 경우에는 사업구역의 경계를 명시한 5만분의 1 지형도
5. 구역전기사업의 허가를 신청하는 경우에는 특정한 공급구역의 위치 및 경계를 명시한 5만분의 1 지형도
6. 발전사업 또는 구역전기사업의 허가를 신청하는 경우에는 송전관계일람도
7. 발전사업 또는 구역전기사업의 허가를 신청하는 경우에는 발전원가명세서
8. 신용평가의견서(「신용정보의 이용 및 보호에 관한 법률」 제2조제4호에 따른 신용정보업자가 거래신뢰도를 평가한 것) 및 재원 조달계획서
9. 전기설비의 운영을 위한 기술인력의 확보계획을 적은 서류
10. 신청인이 법인인 경우에는 그 정관 및 직전 사업연도말의 대차대조표 · 손익계산서
11. 신청인이 설립 중인 법인인 경우에는 그 정관
12. 전기사업용 수력발전소 또는 원자력발전소를 설치하는 경우에는 발전용 수력의 사용에 대한 「하천법」 제33조제1항의 허가 또는 발전용 원자로 및 관계시설의 건설에 대한 「원자력법」 제11조제1항의 허가사실을 증명할 수 있는 허가서의 사본(허가신청 중인 경우에는 그 신청서의 사본)

※ 발전설비용량이 3천kW 이하인 발전사업(발전설비용량이 200kW 이하인 발전사업은 제외)의 허가를 받으려는 자는 제1호, 제6호, 제7호, 제9호 및 제12호 서류를 첨부하고, 발전설비용량이 200kW 이하인 발전사업의 허가를 받으려는 자는 제1호 및 제5호의 서류를 첨부합니다.

처리절차

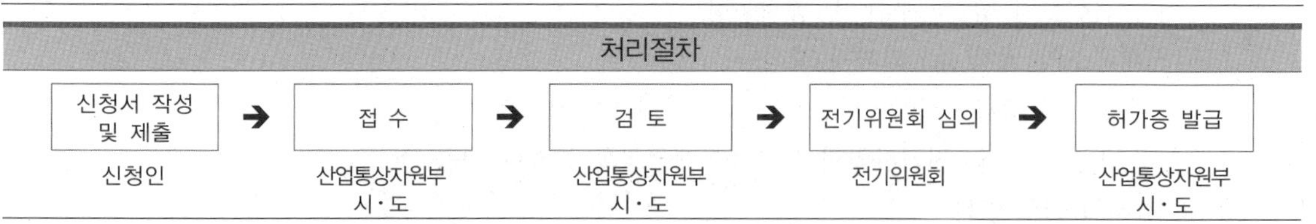


210mm × 297mm(백상지 80g/㎡)

제 호

# (발전, 구역전기) 사업허가증

1. 성명(대표자) : 생년월일 :
2. 상호 :
3. 소재지 :
4. 사업의 내용 :
   사업장소 :
5. 사업규모
   ○ 원동력의 종류 :
   ○ 설비용량 : MW, 공급전압 : kV, 주파수 : Hz
6. 특정공급구역 :
7. 사업준비기간 :
8. 허가조건 :
9. 기타 :

「전기사업법」 제7조 및 같은 법 시행규칙 제6조에 따라 위와 같이 ( )사업을 허가합니다.

년 월 일

산업통상자원부장관
시・도지사 직인

※ 작성방법

1. 이 서식은 발전・구역전기 사업의 허가에 사용됩니다.
2. 발전사업은 6번란을 적지 않습니다.
3. 6번란, 8번란 및 9번란에 적는 사항은 별지로 작성하여 발급할 수 있습니다.

# 제2절 태양광발전시스템의 운전

## 1 태양광발전시스템의 운영체계 및 절차

태양광발전시스템의 운영체계는 현장관리인과 전기안전관리자를 선임하여 운영하는 부분과 감시 및 Patrol 부분, 선택사항인 법인 유지관리가 있다.

### (1) 운영 관리체계

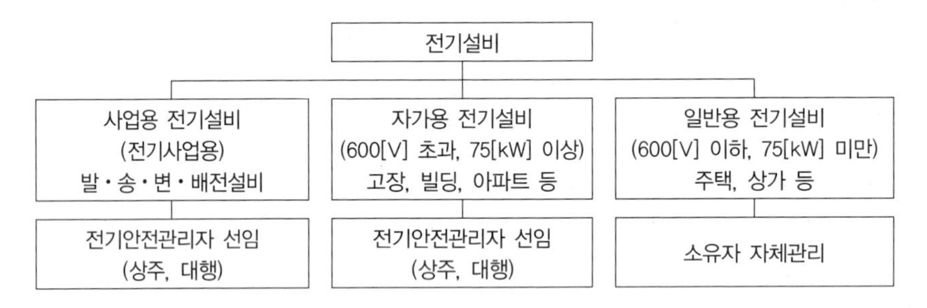


※ 위험시설, 여러 사람이 이용하는 시설은 20[kW] 이상은 자가용전기설비에 해당

### (2) 운영 부분

① 현장 관리인 : 발전소 구내 보안 및 청소, 잡초 제거 등

② 전기안전관리자(자격증 소유자) 선임

㉠ 1,000[kW] 미만인 경우 안전관리 대행 가능

㉡ 1,000[kW] 이상인 경우 사업자가 선임

③ 제3자 유지보수 계약유지(파워컨디셔너 등)

④ 역 할

㉠ 기술관리 및 도면 관리

㉡ 유지보수 물품보관 관리

㉢ 월간 전기 생산량(발전량)분석

㉣ 소모품 공급

㉤ 배전반, 파워컨디셔너, 감시 제어시스템 건전성 유지 등

### (3) 감시 및 순찰

① 태양광발전소 시설 감시

② 정기 점검 및 긴급 출동

③ 안전진단 및 효율 이상 유무 확인(한국전기안전공사, 파워컨디셔너 제조사 등 제3자 검사비용 포함)

### (4) 법인 유지관리(선택사항)

① 법인 유지 필요업무

② 전력거래소에 생산전력을 판매하여 발전차입금을 신청하고 관리

③ 회계, 세무, 조세 및 공납금 납부 등

④ 민원해소 및 대관업무

⑤ 보험가입 및 보험료 청구

### (5) 태양광발전시스템의 운영방법

① 시설용량 및 발전량

㉠ 시설용량은 부하의 용도 및 적정 사용량을 합산한 월평균 사용량에 따라 결정된다.

㉡ 발전량은 봄·가을에 많이 발생되며 여름·겨울에는 기후여건에 따라 현저하게 감소된다. 상대적으로 박막형은 온도에 덜 민감하다.

② 모듈 관리

㉠ 모듈 표면은 특수 처리된 강화유리로 되어 있어 강한 충격이 있을 시 파손될 우려가 있으므로 충격이 발생되지 않도록 주의가 필요하다.

㉡ 모듈 표면에 그늘이 지거나 황사나 먼지, 공해물질이 쌓이고 나뭇잎 등이 떨어진 경우 전체적인 발전효율이 저하되므로 고압 분사기를 이용하여 정기적으로 물을 뿌려주거나 부드러운 천으로 이물질을 제거해 주면 발전효율을 높일 수 있다. 이때 모듈 표면에 흠이 생기지 않도록 주의해야 한다.

㉢ 모듈 표면의 온도가 높을수록 발전효율이 저하되므로 태양광에 의해 모듈온도가 상승할 경우에는 살수장치 등을 사용하여 정기적으로 물을 뿌려 온도를 조절해 주면 발전효율을 높일 수 있다.

㉣ 풍압이나 진동으로 인해 모듈과 형강의 체결부위가 느슨해지는 경우가 있으므로 정기적인 점검이 필요하다.

③ 파워컨디셔너 및 접속함 관리

㉠ 태양광발전 설비의 고장요인은 대부분 인버터에서 발생하므로 정상 가동여부를 정기적인 점검으로 확인해야 한다.

㉡ 접속함에는 역류방지 다이오드, 차단기, T/D, PT, CT, 단자대 등이 내장되어 있으므로 누수나 습기침투 여부에 대한 정기적 점검이 필요하다.

④ 강구조물 및 전선 관리

㉠ 강구조물이나 구조물 접합자재는 아연용용도금이 되어 있어 녹이 슬지 않지만 장기간 노출될 경우에는 녹이 스는 경우도 있다. 녹이 슨 경우에는 녹을 제거한 다음 방청페인트 도료를 칠한 후 원색으로 도장을 해 주면 장기간 안전하게 사용할 수 있다.

㉡ 전선 피복부나 연결부에 문제가 없는지 정기적으로 점검하고 문제가 발생한 경우 반드시 보수해야 한다.

⑤ 응급조치 방법

㉠ 태양광발전 설비가 작동되지 않는 경우

- 접속함 내부 DC 차단기 개방(Off)
- AC 차단기 개방(Off)
- 인버터 정지 확인(제어 전원 S/W가 있는 경우 제어 전용 S/W 개방(Off))
- 인버터 점검

㉡ 점검 완료 후 복귀 순서 - 점검 완료 후에는 역으로 투입한다.

- 제어 전원 S/W가 있는 경우 제어 전용 S/W 투입(On)
- AC 차단기 투입(On)
- 접속함 내부 DC 차단기 투입(On)

## 2 태양광발전시스템 운전조작 방법

### (1) 수 · 변전 설비 조작(고압 이상 개폐기 및 차단기)

① 고압 이상 개폐기 및 차단기의 조작은 책임자의 승인을 받고 담당자가 조작순서에 의해 조작한다.

㉠ 차단순서 : 배선용차단기(MCCB) → 차단기(CB) → COS → 개폐기(IS)

㉡ 투입순서 : COS → 개폐기(IS) → 차단기(CB) → 배선용차단기(MCCB)

② 고압 이상 개폐기 조작은 반드시 무부하 상태에서 실시하고 개폐기 조작 후 잔류전하 방전상태를 검전기로 반드시 확인한다.

③ 고압 이상의 전기설비는 반드시 안전장구(고압 고무장갑, 안전화 등)를 착용한 후 조작한다. 귀찮다거나 덥다고 벗거나 미착용하는 일이 없도록 한다.

④ 비상용 발전기 가동 전 비상전원 공급구간을 반드시 재확인하여 역송전으로 인한 감전 사고에 주의한다.

⑤ 작업 완료 후 전기설비의 이상 유무를 확인한 후 통전한다.

### (2) 태양광발전시스템 운전 시 조작방법

① Main VCB반 전압 확인

② 접속반, 인버터 DC전압 확인

③ AC 측 차단기 On, DC용 차단기 On

④ 5분 후 인버터 정상작동여부 확인

### (3) 태양광발전시스템 정전 시 조작방법

① Main VCB반 전압확인 및 계전기를 확인하여 정전여부 확인, 부저 Off

② 태양광 인버터 상태 확인(정지)

③ 한전 전원 복구여부 확인

④ 인버터 DC전압 확인 후 운전 시 조작 방법에 의해 재시동

## 3 태양광발전시스템 동작원리

태양광발전시스템의 동작원리는 시스템 구성이나 부하의 종류에 따라서 독립형, 계통연계형, 하이브리드형 시스템으로 크게 분류할 수 있다.

### (1) 독립형 시스템

① 개 념

㉠ 독립형 시스템은 상용계통과 직접 연계되지 않고 분리된 발전방식으로 태양광발전시스템의 발전전력만으로 부하에 전력을 공급하는 시스템이다. 즉, 한국전력 등 전력계통에 연결되지 않은 시스템으로 생산된 전기를 전력망에 연결하지 않고 생산된 장소에서 사용한다.

㉡ 이 시스템은 야간 혹은 우천 시에 태양광발전시스템의 발전을 기대할 수 없는 경우에 발전된 전력을 저장할 수 있는 충·방전 장치 및 축전지를 접속하여 태양광 전력을 저장하여 사용하는 방식이다.

㉢ 생산된 직류 전력을 그대로 사용할 수 있도록 직류용 제품을 연결하거나 인버터를 통해 교류로 바꾸어 사용한다.

㉣ 오지, 유·무인 등대, 중계소, 가로등, 무선전화, 도서지역의 주택 전력공급용이나 통신, 양수펌프, 백신용 약품의 냉동보관, 안전표지, 제어 및 항해 보조도구 등 소규모 전력공급용으로 사용된다.

② 동작원리

㉠ 독립형 태양광발전시스템의 동작원리에 대한 개념도를 나타내면 그림과 같다.

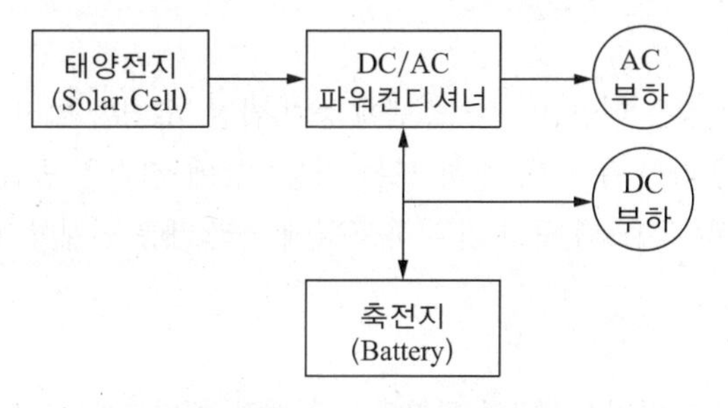


[독립형 태양광발전시스템의 동작원리에 대한 개념도]

③ 주요 구성요소

㉠ AC(교류) 부하 : 모듈, 접속함, 인버터, 충·방전 제어기, 축전지

㉡ DC(직류) 부하 : 모듈, 접속함, 충·방전 제어기, 축전지

### (2) 계통연계형 시스템

① 개 념

㉠ 계통연계형 시스템은 태양광발전시스템에서 생산된 전력을 지역 전력망에 공급할 수 있도록 구성되며 주택용이나 상업용 빌딩, 대규모 공단 복합형 태양광발전시스템에서 단순 복합형(태양광-풍력) 또는 다중 복합형 등으로 사용할 수 있는 태양광발전의 가장 일반적인 형태이다.

㉡ 이 시스템은 에너지를 공급하기 위해서 각각 병렬로 한국전력 등 전력 계통에 연결된다. 이러한 각각의 시스템이 작은 발전소 역할을 함으로써 공공 전력, 개인 빌딩 등의 에너지 소비를 전부 충당하거나, 에너지 소비를 감소시킬 수 있다.

㉢ 초과 생산된 전력은 상용계통에 보내고, 야간 혹은 우천 시 전력생산이 불충분한 경우 상용계통으로부터 전력을 받을 수 있으므로 전력저장장치(축전지)가 필요하지 않아 시스템 가격이 상대적으로 낮다.

② 동작원리

계통연계형 태양광발전시스템의 동작원리에 대한 개념도를 나타내면 다음과 같다.

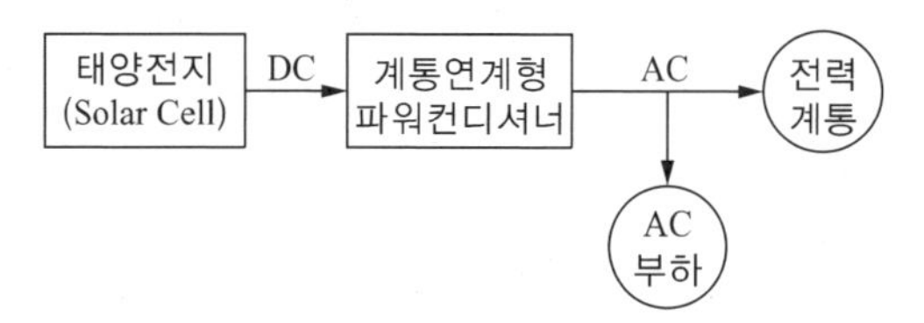


[계통연계형 태양광발전시스템의 동작원리에 대한 개념도]

③ 주요 구성요소

모듈 및 어레이, 접속함, 인버터, 충・방전 제어기

### (3) 하이브리드형 시스템

① 개 념

㉠ 하이브리드형 시스템은 태양광발전시스템에 풍력 발전, 열병합 발전, 디젤 발전 등 타 에너지원의 발전시스템과 결합하여 축전지, 부하 또는 상용계통에 전력을 공급하는 시스템이다.

㉡ 하이브리드 시스템은 시스템 구성 및 부하 종류에 따라 계통 연계형 및 독립형 시스템에 모두 적용 가능하다.

② 동작원리

㉠ 하이브리드형 태양광발전시스템의 동작원리에 대한 개념도를 나타내면 다음과 같다.

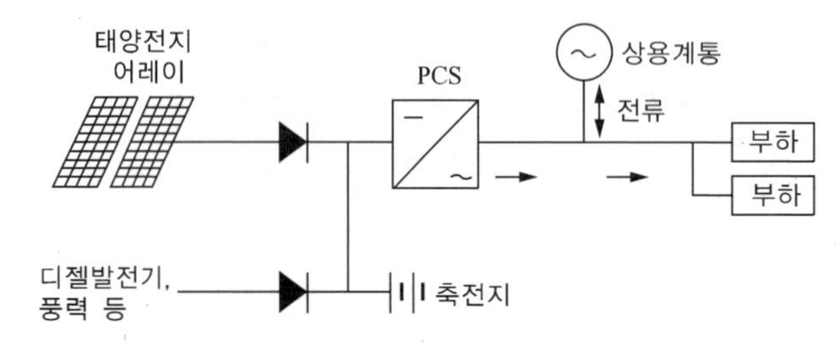


[하이브리드형 태양광발전시스템의 동작원리에 대한 개념도]

### (4) 태양광발전시스템의 구성요소

태양광발전시스템의 구성요소는 크게 모듈부분, 파워컨디셔너(PCS), 주변장치로 분류할 수 있다. 모듈부분은 태양에너지를 통해 전자를 이동시켜 전력을 직접 생산하는 부분이며, PCS는 생산된 직류전력을 교류전력으로 변환시켜 주는 등의 기능을 하는 부분이고 그 이외의 태양광발전시스템에 사용되는 모든 부분이 주변장치로 충·방전 컨트롤러, 축전지, 구조물, 케이블, 단자함, 모니터링 시스템 등이 있다.

① 태양광 어레이(PV Array)

㉠ 태양광 어레이는 태양광발전시스템에서 발전 장치 역할을 하는 것으로 태양전지 모듈이나 지지대 등의 지지물뿐 아니라 태양전지 모듈 결선회로나 접지 회로 및 출력단의 개폐회로도 이에 포함된다.

㉡ 태양광 어레이를 구성하는 요소는 태양전지 모듈, 구조물, 접속함, 다이오드 등으로 구성되며 어레이는 태양전지 모듈을 직·병렬로 조합하게 되는데, 직렬로 접속하여 하나로 합쳐진 회로를 스트링이라 한다.

㉢ 태양광 어레이는 절연저항, 접지저항이 만족되어야 하고 내전압, 낙뢰충격 등의 위험으로부터 안정성이 확보되어야 하며, 풍하중, 적설하중 등에 견딜 수 있는 기계적 강도도 매우 중요하다.

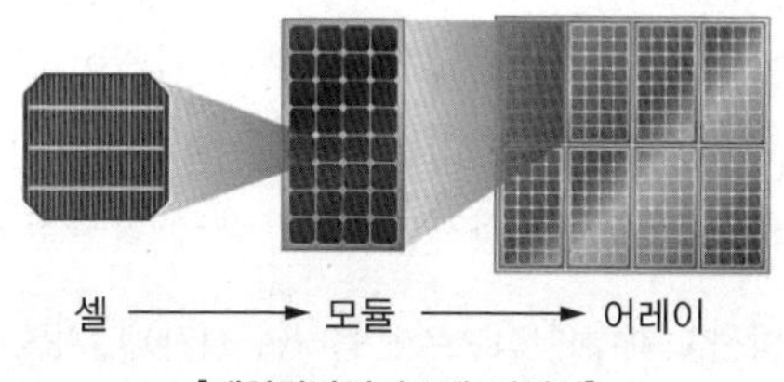


[태양광발전시스템 어레이]

② 바이패스 다이오드 및 역류방지 다이오드

㉠ 태양전지에 그늘이 지게 되면 그 부위가 저항 역할을 하게 되어 모듈에 악영향을 미치므로 일부 태양전지의 출력을 포기하고 나머지 태양전지로 회로를 구성하기 위해 바이패스 다이오드를 사용한다. 일반적으로 태양전지 모듈 후면의 정션박스에 위치한다.

㉡ 어레이 내의 스트링과 스트링 사이에서도 전압불균형 등의 원인으로 병렬 접속한 스트링 사이에 전류가 흘러 어레이에 악영향을 미칠 수 있는데, 이를 방지하기 위해 역류방지 다이오드를 사용한다. 일반적으로 스트링마다 위치시킨다.

| P | N |
|---|---|

[PN접합]

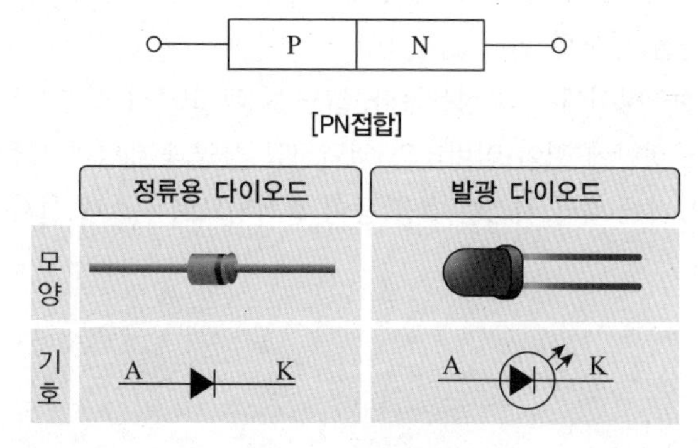


[다이오드 모양 및 기호]

③ 충・방전 제어기

㉠ 충・방전 제어기는 주로 독립형 시스템에서 태양전지 모듈로부터 생산된 전기를 축전지에 저장 또는 방전하는 데 사용하며 배터리의 수명을 위한 상한과 하한의 전압을 설정할 수 있도록 설계한다.

㉡ 일정 전압을 유지하기 위해 회로에 병렬로 저항형태의 회로를 구성하기도 하고 반도체 소자나 Cut-Off 소자를 이용하여 직렬형태로 구성하기도 한다.

㉢ 야간에는 태양전지 모듈이 부하의 형태로 변하므로 역류방지기능과 함께 축전지가 일정전압 이하로 떨어질 경우 부하와의 연결을 차단하는 기능, 야간 타이머 기능, 온도보정(축전지의 온도를 감지해 충전 전압을 보정) 기능 등을 보유해야 한다.

④ 축전지

㉠ 축전지에는 모을 수 있는 전력 용량에 한계가 있으므로 그 한계를 초월해 축전지에 전기를 보내면, 사용 수명이 단축되는 것뿐만 아니라 축전지 자체가 파손된다.

㉡ 태양광 설비용 축전지는 납축전지와 알칼리 축전지가 널리 사용되고 있으며 일반적으로 납축전지는 가격이 저렴한 반면 알칼리 축전지는 수명이나 대전류 방전특성이 뛰어난 장점이 있다.

㉢ 태양광발전용으로 사용되는 딥 사이클 축전지는 방전과 충전을 번갈아 반복해 사용되는 전원으로서 깊은 방전에도 견딜 수 있도록 설계・제작되었으며 가격이 고가이다.

㉣ 축전지의 구성요소

- 양극(캐소드) : 외부 도선으로부터 전자를 받아 양극 활물질이 환원되는 전극을 말한다.

> **Check!** **활물질** : 전지가 방전할 때 화학적으로 반응하여 전기에너지를 생산하는 물질

- 음극(애노드) : 음극 활물질이 산화되면서 도선으로 전자를 방출하는 전극을 말한다.
- 전해질 : 양극의 환원반응, 음극의 산화반응이 화학적 조화를 이루도록 물질이동이 일어나는 매체를 말한다.
- 분리막 : 양극과 음극의 물리적 접촉방지를 위한 격리막을 말한다.

⑤ 파워컨디셔너(PCS)

㉠ 파워컨디셔너는 태양광발전시스템을 위한 계통연계형 인버터이다. 직류를 교류로 변화하는 기능뿐만 아니라 계통과 병렬운전을 하여야 하며 추가적인 기능으로 최대 부하 추종, 고효율제어, 직류제어, 고조파 억제, 계통연계 및 보호기능, 단독운전 방지기능, 역조류 기능, 자동운전・정지기능 등 다양한 기능들을 필요로 한다.

㉡ 파워컨디셔너는 절연방식에 따라 상용주파 절연방식과 고주파 절연방식, 무변압기 방식의 3종류가 있다. 시스템을 구성함에 있어 인버터의 입력전압 사양과 태양광 모듈의 직, 병렬구성을 얼마나 최적으로 구성하느냐에 따라 시스템 효율 등이 결정되므로 시스템 설계 시 가장 중요하게 고려해야 할 사항이다.

## 4 태양광발전시스템 운영 점검사항

### (1) 태양광발전시스템 운영 점검사항의 개요

① 태양광발전시스템은 무인 자동 운전되는 것을 전제로 설계·제작되어 일상적인 보수점검은 불필요한 것처럼 보일 수 있지만, 시간이 지남에 따라 경년변화에 따른 열화 및 고장이 예상되고 태양광발전시스템도 법적으로 발전설비로 분류되어 법규 등에 따른 정기적인 점검이 의무화되어 있다.

② 태양광발전시스템의 점검은 일반적으로 준공 시의 점검, 일상점검, 정기점검의 3가지로 구별된다.

### (2) 점검 항목과 유의사항

① 태양전지 어레이

㉠ 태양전지 모듈은 일반적으로 특별한 관리는 불필요하지만, 일상점검으로 1개월에 한 번, 정기점검으로 1년 또는 수년에 한 번씩 모듈의 오염, 유리의 금이 간 부분 등의 손상에 관하여 육안으로 점검을 실시한다.

㉡ 가대는 일반적으로 특별한 관리는 불필요하지만 일상점검으로 1개월에 한 번, 정기점검으로 1년 또는 수년에 한 번씩 녹의 발생, 손상의 유무, 심하게 조인 부분의 이완 등에 관하여 육안으로 점검을 실시한다.

㉢ 절연저항과 접지저항은 똑같은 빈도로 측정하여 점검을 실시한다.

| 기기명 | 점검부위 | 점검종류 | 주 기 | 점검내용 |
|---|---|---|---|---|
| 태양전지 | 모듈가대<br>MCCB<br>서지보호장치<br>배 선<br>접지선 | 일상점검 | 1개월 | 외관점검 |
| | | 정기점검 | 설치 후<br>1년~수년 | 외관점검<br>각 부의 청소<br>볼트배선, 접속단자 등의 이완<br>태양전지 출력전압·전류측정<br>절연저항 측정<br>접지저항 측정 |

② 파워컨디셔너

파워컨디셔너는 정지기기이기 때문에 정기적으로 부품의 교체 등 복잡한 작업을 할 필요가 없지만, 장기적으로 안전하게 사용하기 위해서는 다음과 같은 보수점검을 할 필요가 있다.

| 기기명 | 점검부위 | 점검종류 | 주 기 | 점검내용 |
|---|---|---|---|---|
| 파워컨디셔너 | 각종 제어용전원<br>인버터 주 회로<br>제어 보드<br>냉각용 팬<br>서지보호장치<br>전자 접촉기<br>각종 저항기<br>LCD 표시기 | 일상점검 | 1개월 | 외관점검(이음, 악취)<br>상태표시 LED 확인<br>내부 수납기기 탈락 파손·변색 |
| | | 정기점검 | 설치 후<br>1년~수년 | 외관점검<br>커넥터 접속 상태 점검<br>절연저항 측정<br>냉각용 팬 운전상태 점검<br>서지보호장치 상태 육안 점검<br>제어 전원 전압 측정<br>전자 접촉기 육안 점검<br>발전상황 육안 점검<br>청소<br>보호요소 동작 특성, 시한 특성 측정<br>인버터 전해 콘덴서 냉각용 팬 점검<br>인버터 본체 냉각용 팬 점검 |

③ 연계 보호장치

연계 보호장치도 파워컨디셔너와 동일하게 정지기기이기 때문에 정기적으로 부품의 교체 등 복잡한 작업을 행할 필요가 없지만, 장기적으로 안전하게 사용하기 위해서는 다음과 같은 보수점검을 할 필요가 있다.

| 기기명 | 점검부위 | 점검종류 | 주 기 | 점검내용 |
|---|---|---|---|---|
| 연계 보호장치 | 보호 릴레이<br>트랜스듀서<br>제어 전원<br>보조 릴레이<br>냉각팬<br>히터 | 일상점검 | 1개월 | 외관점검<br>보호 릴레이<br>디지털 미터 표시<br>무정전 전원장치<br>축전지 일충전 상태<br>팬 히터 동작 |
| | | 정기점검 | 설치 후<br>1년~수년 | 외관점검<br>외부청소<br>볼트 배선 등의 느슨함<br>환기공 필터 점검<br>절연저항 측정<br>동작(시퀀스) 시험<br>보호 릴레이 동작 특성 시험<br>무정전 전원 백업 시간<br>제어전원 전압 확인 |

## 5 태양광발전시스템 계측

태양광발전시스템의 계측기구나 표시장치는 시스템의 운전상태 감시, 발전 전력량 파악, 성능평가를 위한 데이터의 수집 등을 목적으로 설치한다. 태양광발전시스템에는 개인주택에 설치하는 것, 공장이나 사무실에 설치하는 것, 발전사업용으로 설치하는 것 또는 연구용인 것 등 여러 시스템이 있으며 그 용도에 따라 필요한 계측·표시 내용은 다르다. 실제의 계측 시스템에서는 이러한 것들을 단독으로 하는 경우와 조합하여 행하는 경우가 있으며, 또한 계측의 목적에 따라 계측점, 계측의 정밀도, 계측값의 취급방법이 다르다.

### (1) 계측기구·표시장치의 설치 목적

계측장치·표시장치의 목적은 얻어지는 데이터의 사용목적에 따라 크게 4가지로 분류할 수 있다.

① 시스템의 운전 상태를 감시하기 위한 계측 또는 표시
② 시스템에 의한 발전 전력량을 파악하기 위한 계측
③ 시스템 기기 또는 시스템 종합평가를 위한 계측
④ 시스템의 운전상황을 견학하는 사람 등에게 보여 주고, 시스템 홍보를 위한 계측 또는 표시

### (2) 점검방법과 시험방법

① 외관검사

㉠ 태양전지 모듈은 현장 이동 중에 잘못되어 파손이 될 수 있으므로 시공 시 반드시 외관검사를 해야 한다.

• 태양전지 모듈을 고정형이나 추적형으로 설치 시 설치 직전과 시공 중에 태양전지 셀에 금이

가거나 부분 파손 또는 변색이 있는지 확인한다.

- 태양전지 모듈의 표면유리도 금이 가거나 변형 또는 프레임 변형이 있는지 확인한다. 일상점검이나 정기점검의 경우에는 태양전지 어레이의 외관을 관찰하여 태양전지 모듈표면의 오염, 유리에 금이 가는 손상, 변색, 낙엽의 유무, 가대의 녹발생을 확인한다. 먼지가 많은 곳에서는 모듈표면의 오염검사와 청소 상태를 확인한다.

㉡ 배선 케이블 등의 점검 : 태양광발전시스템은 설치 후 전선 케이블이 설치 당시의 손상이나 비틀림으로 인해서 절연저항의 저하나 절연파괴를 일으킬 수가 있다. 따라서 공사 중에 외관검사를 실시하여 기록을 남겨두고 일상점검, 정기점검 시 육안점검을 통해서 배선의 손상유무를 확인한다.

㉢ 접속함 · 인버터 : 접속함, 인버터 등의 전기기기는 접속부 볼트단자가 풀릴 수가 있다. 따라서 시공 후 태양광발전시스템을 운전할 때 전기기기 및 접속함의 케이블 접속부를 확인해야 한다. 접속부 단자의 극성을 반드시 확인하여 중대사고를 방지한다. 일상점검, 정기점검 시 육안점검에 따라 접속단자의 풀림이나 손상 유무를 확인한다.

㉣ 축전지 및 기타 주변기기의 점검 : 축전지 등 그 외의 주변장치가 있는 경우는 위와 동일한 방법의 점검을 하고 동시에 기기공급 제조사에서 권장하는 점검항목으로 점검한다.

② 운전상황의 확인

㉠ 소리음 · 진동 · 냄새에 주의 : 운전 중 이상한 소리와 냄새 등을 확인하고 평상시와 다른 느낌이 들 경우에는 정밀점검을 실시한다. 설치자가 점검할 수 없는 경우에는 기기 제조사 또는 전문가에게 의뢰하여 점검하는 것이 좋다.

㉡ 운전상황의 점검 : 발전전력, 발전전력량이 표시될 때 평상시와 크게 다른 값을 나타난 경우에는 기기 제조사 또는 전문가에게 점검하는 것이 좋다. 또한 공공 · 산업용이나 발전사업자용의 태양광발전시스템은 전기안전관리자에 의해서 정기적으로 점검을 하고 일상의 운전상황은 이 시스템에서 확인한다.

③ 태양전지 어레이의 출력확인

태양광발전 어레이의 접속이 바르게 되었는지 확인하고 정기점검 시 사전에 태양전지 어레이의 출력을 확인하여 동작불량 태양전지 모듈의 발전이나 배선결함 등을 확인한다.

㉠ 개방전압의 측정

- 개방전압 측정의 목적 : 태양전지 어레이의 각 스트링의 개방전압을 측정하여 개방전압의 불균일에 따라 동작불량의 스트링이나 태양전지 모듈의 검출 및 직렬 접속선의 결선 누락사고 등을 검출하기 위해서 측정해야 한다.
- 개방전압 측정 시 유의사항
  - 태양전지 어레이의 표면을 청소하는 것이 필요하다.
  - 각 스트링의 측정은 안정된 일사강도가 얻어질 때 하도록 한다.
  - 측정시각은 일사강도, 온도의 변동을 극히 적게 하기 위하여 맑을 때, 남쪽에 있을 때의 전후 1시간에 실시하는 것이 좋다.
  - 태양전지는 비오는 날에도 미소한 전압을 발생하므로 매우 주의하여 측정한다.

- 개방전압 측정방법
  - 시험기기 : 직류전압계
  - 회로도 : 개방전압 측정회로

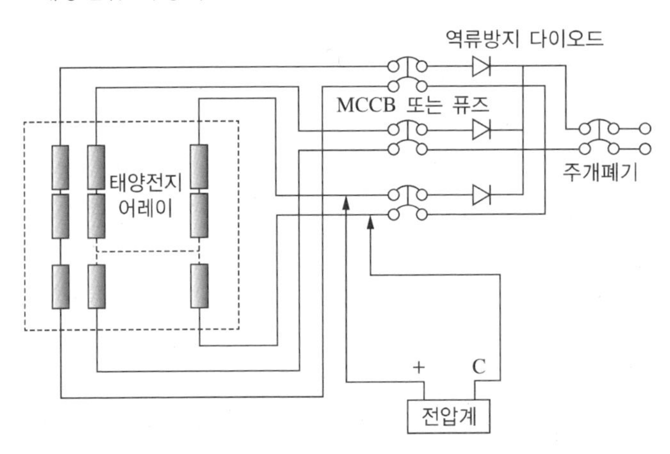


[개방전압 측정회로]

㉡ 단락전류의 확인 : 태양전지 어레이의 단락전류를 측정하는 것에 의해서 태양전지 모듈의 이상 유무를 검출할 수 있다. 안전한 일시강도가 얻어질 때 실시하는 것이 좋다.

### (3) 절연저항의 측정

태양광발전시스템의 각 부분의 절연상태는 발전하기 전에 충분히 확인할 필요가 있다. 운전개시나 정기점검의 경우는 물론 사고 시에도 불량개소의 판정을 하고자 하는 경우에 실시한다.

① 태양전지 회로

태양전지는 낮에 전압을 발생하고 있기 때문에 유의해서 절연저항을 측정하고 뇌뢰보호를 위한 피뢰기 등의 피뢰소자를 접지 측으로부터 분리시킨다.

절연저항은 기온이나 습도의 영향으로 절연저항 측정 시 기온, 습도 등도 측정치의 기록과 함께 기록한다. 우천 시나 비가 갠 후의 절연저항의 측정은 피하는 것이 좋다.

㉠ 시험기기 : 절연저항계(메거), 온도계, 습도계, 단락용 개폐기

㉡ 회로도 : 절연저항 측정회로

| 전로의 사용전압 구분 | | 절연저항값[MΩ] |
|---|---|---|
| 400[V] 미만 | 대지전압(접지식 전로는 전선과 대지 간의 전압, 비접지식 전로는 전선간의 전압을 말한다)의 150[V] 이하인 경우 | 0.1 이상 |
| | 대지전압이 150[V] 초과 300[V] 이하인 경우(전압 측 전선과 중성선 또는 대지 간의 절연저항) | 0.2 이상 |
| | 사용전압이 300[V] 초과 400[V] 미만 | 0.3 이상 |
| 400[V] 이상 | | 0.4 이상 |

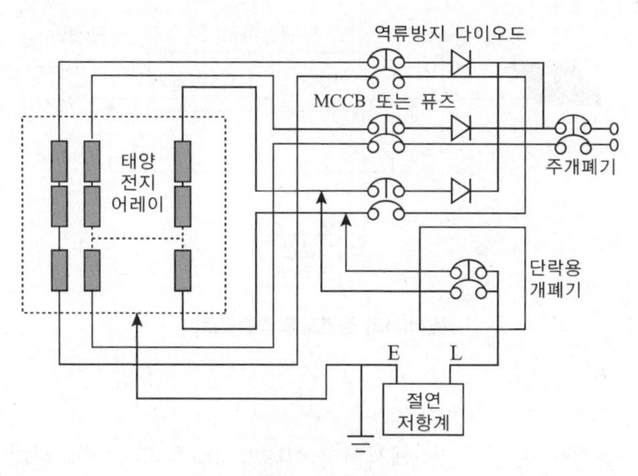


[절연저항 측정회로]

② 인버터 회로(절연변압기 부착)

측정기구로서 500[V]의 절연저항계를 이용하고 인버터의 정격전압이 300[V]를 넘고 600[V] 이하인 경우는 1,000[V]의 절연저항계를 이용한다. 측정개소는 인버터의 입력회로 및 출력회로로 한다.

㉠ 입력회로 : 태양전지 회로를 접속함에서 분리하여 인버터의 입력단자 및 출력단자를 각각 단락하면서 입력단자와 대지 간의 절연저항을 측정한다.

- 태양전지 회로를 접속함에서 분리한다.
- 분전반 내의 분기차단기를 개방한다.
- 직류 측의 모든 입력단자 및 교류 측의 전체의 출력단자를 각각 단락한다.
- 직류단자의 대지 간의 절연저항을 측정한다.

㉡ 출력회로 : 인버터의 입출력 단자를 단락하여 출력단자와 대지 간의 절연저항을 측정한다. 교류 측 회로를 분전반 위치에서 분리하여 측정하기 위해 분전반까지의 전로를 포함하여 절연저항을 측정하게 된다. 절연트랜스가 별도로 설치된 경우에는 이를 포함하여 측정한다.

- 태양전지 회로를 접속함에서 분리한다.
- 분전반 내의 분기차단기를 개방한다.
- 직류 측의 전체 입력단자 및 교류 측의 전체 출력단자를 각각 단락한다.
- 교류단자의 그 대지 간의 절연저항을 측정한다.
- 측정결과의 판정기준을 전기설비기술기준에 따라 표시한다.

㉢ 기 타

- 정격전압이 입출력에서 다를 때에는 높은 측의 전압을 절연저항계의 선택 기준으로 한다.
- 입출력 단자에 주회로 이외의 제어단자 등이 있는 경우는 이것을 포함해서 측정한다.
- 측정할 때 서지업서버 등의 정격에 약한 회로는 회로에서 분리시킨다.
- 트랜스리스 인버터의 경우는 제조업자가 추천하는 방법에 따라 측정한다.

Check! **서지업서버** : 차단기 개폐서지를 대지로 방전시키는 기기

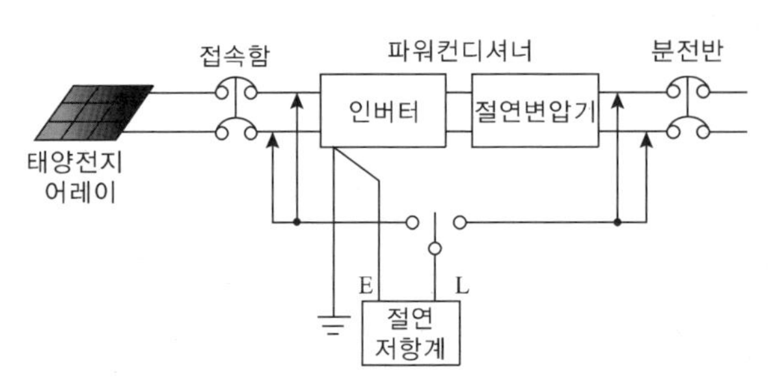


[인버터의 절연저항 측정회로]

### (4) 절연내압의 측정

제조사에서 절연 유지를 함으로 설치장소에서의 절연내압시험은 주로 생략한다. 절연내압시험을 실시할 필요가 있는 경우에는 다음의 방법으로 실시한다.

① 태양전지 어레이 회로

표준태양전지 어레이 개방전압을 최대사용전압으로 간주하여 최대사용전압의 1.5배의 직류전압 혹은 1배의 교류전압을 10분간 인가하여 절연파괴 등의 이상이 발생하지 않는 것을 확인한다. 태양전지 스트링의 출력회로에 삽입되어 있는 피뢰소자는 절연시험회로에서 분리시키는 것이 일반적이다.

② 인버터의 회로

시험전압은 태양전지 어레이 회로의 경우와 같이 10분간 인가하여 절연파괴가 생기지 않는 것을 확인한다. 단, 인버터 내에서는 서지업서버 등 접지되어 있는 부품이 있기 때문에 제조사에서 지시하는 방법으로 실시한다.

### (5) 접지저항의 측정

접지저항계에서 측정하여 전기설비기술기준에 정한 접지저항이 확보되는 것을 확인한다.

### (6) 계통연계 보호장치의 시험

계전기시험기 등을 사용하여 계전기의 동작특성을 확인하는 것과 동시에 전력회사와 협의하여 결정된 보호협조에 맞춘 설치가 되어 있는지를 확인한다.
계통연계 보호기능 중 단독운전 방지기능에 관해서는 제조사에서 채용하고 있는 단독운전 방지기능이 다르기 때문에 제조사가 추천하는 방법으로 시험하거나 제조사에서 시험하여 얻는 것이 필요하다.

### (7) 계측기구 · 표시장치의 취급 시 주의사항

태양광발전시스템의 경우에는 일시강도가 시시각각 변화하고 두꺼운 구름이 갑자기 태양을 가리면 발전출력도 단시간에 크게 변동하므로 계측 샘플링 주기나 연산을 적절하게 하지 않으면 계측오차가 발생하는 요인이 된다. 따라서 태양광발전 계측 · 표시장치 계획 시에는 기기 선택이나 계측 · 표시시스템의 설계에 충분한 주의가 필요하다.

① 계측 · 표시장치

계측 · 표시시스템에는 검출기(센서), 신호변환기(트랜스듀서), 연상장치, 기억장치, 표시장치 등이 있다.

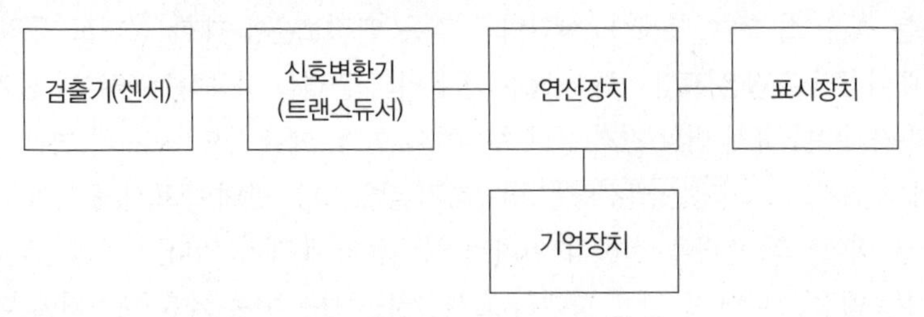


[계측 · 표시 시스템의 구성도]

㉠ 검출기(센서)

- 직류회로의 전압은 직접 또는 분압기로 분압하여 검출하며, 직류회로의 전류는 직접 또는 분류기를 사용하여 검출한다.
- 교류회로의 전압, 전류, 전력, 역률 및 주파수의 계측은 직접 또는 PT, CT를 통해서 검출하고, 지시계기 또는 신호변환기 등에 신호를 공급한다.
- 일사강도(수평면 또는 태양전지 어레이의 설치각도와 같은 경사면에서의 경사면 일사강도), 기온, 태양전지 어레이의 온도, 풍향, 습도 등의 검출기를 필요에 따라 설치한다.

㉡ 신호변환기(트랜스듀서)

- 신호변환기는 검출기로 검출된 데이터를 컴퓨터 및 먼 거리에 설치된 표시장치에 전송하는 경우에 사용한다.
- 신호변환기는 각종 검출 데이터(전압, 전류, 전력 등)에 적합한 것이 시판되고 있으므로 그 중에서 필요한 것을 선택하며, 신호변환기의 출력신호도 입력 신호 0~100[%]에 대하여 0~5[V], 1~5[V], 14~20[mA] 등 여러 가지가 시판되고 있으므로 그 중에서 최적인 것을 선택한다.
- 신호출력은 노이즈가 혼입되지 않도록 실드선을 사용하여 전송하도록 한다(4~20[mA]의 전류신호로 전송하면 노이즈의 염려가 줄어든다).

㉢ 연산장치

- 연산장치에는 직류전력처럼 검출 데이터를 연산해야 하는 것에 사용하는 것과 짧은 시간의 계측 데이터를 적산하여 일정기간마다의 평균값 또는 적산값을 얻는 것이 있다.
- 필요로 하는 데이터가 많은 경우에는 컴퓨터를 이용하여 연산하고, 단독 또는 매우 적은 데이터를 연산할 경우에는 개별적으로 연산기를 준비하도록 한다.

㉣ 기억장치

- 기억장치는 연산장치로서 컴퓨터를 사용하는 경우 그 메모리를 활용하여 기억하고, 필요하면 데이터를 복사하여 보존하는 방법이 일반적이다.
- 최근에는 계측장치 자체에 기억장치가 있는 것이 있고, 컴퓨터를 이용하지 않고도 메모리 카드 등에 데이터를 기록할 수 있는 형태의 계측기도 있다.

㉤ 표시장치

- 견학하는 사람 등을 대상으로 한 표시장치를 설치하는 경우가 있으며, 순시 발전량이나 누적발전량 또는 석유 절약량이나 $CO_2$ 삭감량과 같은 환경보존에 대한 공헌도 등의 표시를 한다.
- 계측 데이터의 수집은 트랜스듀서 또는 컴퓨터의 출력을 사용하는 경우가 많지만, 이 경우 표시수치의 자리수나 표시 변환 간격 등에 주의해야 한다. 예를 들어, 표시의 변환 간격이 길면 태양이 구름에 가려져도 표시되는 발전량은 변화하지 않았거나, 반대로 표시 절환이 너무 빨라 일사강도나 다른 데이터의 관련을 취하기 어려워지는 등의 문제가 있다.
- 최근에는 액정 모니터 등 얇은 형태의 표시장치를 사용하며, 계측 데이터에 더해 설치되어 있는 태양광발전시스템의 사진이나 전기에너지 흐름을 동시에 보이게 하는 등 시각적으로 효과적인 표시 방법도 증가하고 있다.

② 주택용 시스템의 경우

㉠ 주택용 시스템의 경우에는 전력회사에서 공급받는 전력량과 설치자가 전력회사로 역조류한 잉여전력량을 계량하기 위해 2대의 전력량계가 설치된다.

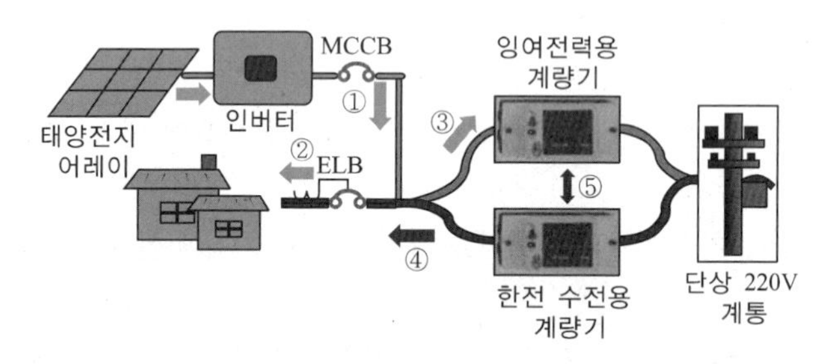


[송전용, 수전용 전력량계]

㉡ 주택용 파워컨디셔너에는 운전상태를 감시하기 위해 발전전력의 검출기능과 그 계측 결과를 표시하기 위한 LED나 액정디스플레이 등의 표시 장치를 갖추고 있다.

㉢ 최근에는 파워컨디셔너와는 별도로 표시장치를 설치하고 거실 등의 떨어진 위치에서 태양광발전시스템의 운전상태를 모니터링할 수 있는 제품이 있으며, 이같은 장치 속에는 특정의 발전량을 곱하거나 $CO_2$의 삭감량을 표시하는 등 다양한 표시기능을 갖추고 있다.

③ 시험연구용 시스템의 경우

시험연구용 시스템의 경우는 측정항목, 측정주기, 연산방법, 데이터 수집 및 기억방법 등을 연구목적에 따라 설계하고, 목적에 적합한 계측・표시 시스템을 설치한다.

④ 계측을 위한 소비전력

㉠ 계측기기는 미소하지만 어느 정도의 전력을 24시간 지속적으로 소비하게 된다. 예컨대, 주택용의 경우 컴퓨터 등을 사용하여 계측하면 25[W]×24시간에서 약 600[Wh/일]의 전력을 소비하는 것이 되고 3[kW]의 주택용 태양광발전시스템에서는 평균적으로 1일 발전전력량의 약 5[%] 이상을 소비하는 것이 된다.

㉡ 계측장치의 소비전력을 억제하기 위해서, 특히 소규모 시스템의 경우 계측항목을 필요 최소한으로 줄이는 것이 중요하다.

⑤ 태양광발전 모니터링 시스템

㉠ 개 요

- 태양광발전 모니터링 시스템은 태양광발전 설비 설치 및 응용프로그램 설치에 관해 적용하며, 전기설비에서의 스마트 기능을 볼 수 있는 모듈, 부품별 이상 유무 상태, 부품에 걸리는 전위차 측정, 사용전압, 정격전압, 전류, 사용전력량, 역률의 자동계측, 경보, 알람, 상태기록, 로그파일 저장 등을 행함으로써 설비의 감시제어 역할을 수행한다.
- 또한 파워컨디셔너로부터 전송된 태양광발전의 전기적 특성 데이터를 TCP/IP 통신 인터페이스 장치에 연결하여 모니터링 컴퓨터에 실시간 데이터로 전송하며, 전송된 데이터는 해당 데이터베이스에 저장하여 실시간 화면으로 표현하고, 평균데이터를 저장하여 일별, 월별 모니터링 자료검색 데이터를 기본 지원하며, 태양광 어레이의 상태 및 접속반의 부품과 소자들의 이상 유무를 즉시 모니터할 수 있게 지원한다.

㉡ 구성요건

- 태양광발전 설비 원격 차단 및 운전상태 감시장치의 구성은 태양전지 지지대 부위에 온도계 2개소, 일사량 2개소의 군별 센서를 연결하여 태양전지 접속반을 통하여 인버터 메인 통신부위에 기후조건에 대한 신호를 검출한다.
- 인버터의 통신보드 내에서는 태양광발전에 대한 발전량, 전압, 전류, 주파수, 역률 등의 전기적 특성을 메인 컴퓨터로 보내 감시 및 측정하도록 한다. 원격지에서도 LAN 또는 모뎀을 통해 감시 및 측정을 할 수 있도록 구성하여 태양광발전 설비의 이상 유무를 판단하며, 고장 발생 시 원격지에서 고장 부위의 신속한 파악을 통해 긴급 대처할 수 있도록 시스템을 구성하는 것이 바람직하다.

㉢ 구성요소

- 시스템 구성
- 사용환경(온도 −5~40[℃], 습도 45~85[%])
- 운영체계 및 성능
- 시스템 기능
- 원격차단
- 채널 모니터 감시
- 동작상태 감시
- 계통 모니터 감시
- 그래프 감시(일보 1)
- 일일 발전현황(월보 2)
- 월간 발전 현황(월보 1)
- 월간 시간대별 발전 현황(월보 2)
- 이상 발생기록 화면
- 기타 사항
- 운전상태 감시 및 측정
- 감시화면 구성 등

㉣ 프로그램 기능

- 데이터 수집기능 : 각각의 인버터에서 서버로 전송되는 데이터는 데이터 수집 프로그램에 의하여 인버터로부터 전송받아 데이터를 가공 후 데이터베이스에 저장한다. 10초 간격으로 전송받은 데이터는 태양전지 출력전압, 출력전류, 인버터상 각상전류, 각상전압, 출력전력, 주파수, 역률, 누적전력량, 외기온도, 모듈표면온도, 수평면일사량, 경사면일사량 등 각각의 데이터로 분리하고, 데이터베이스의 실시간 테이블 형식에 맞도록 데이터를 수집한다.
- 데이터 저장 기능 : 데이터베이스의 실시간 테이블 형식에 맞도록 수집된 데이터는 데이터베이스에 실시간 테이블로 저장되며, 매 10분마다 60개의 저장된 데이터를 읽어 산술평균값을 구한 뒤 10분 평균값으로 10분 평균데이터를 저장하는 테이블에 데이터를 저장한다.
- 데이터 분석 기능 : 데이터베이스에 저장된 데이터를 표로 작성하여 각각의 계측요소마다 일일 평균값과 시간에 따른 각 계측값의 변화를 알 수 있도록 표의 테이블 형식으로 데이터를 제공한다.
- 데이터 통계 기능 : 데이터베이스에 저장된 데이터를 일간과 월간의 통계기능을 구현하여 엑셀에서 지정날짜 또는 지정 월의 통계 데이터를 출력한다.

# 적중예상문제

**01** 전기안전관리자를 선임을 해야 되는 태양광발전설비 용량은 얼마인가?

① 10[kW] 초과 ② 20[kW] 초과
③ 150[kW] 초과 ④ 300[kW] 초과

해설
태양광발전설비 용량에 따른 안전관리자 선임

| 발전 용량 | 안전관리자 선임 |
|---|---|
| 20[kW] 이하 | 미선임 |
| 20[kW] 초과 | 안전관리자 선임 |
| 1,000[kW] 미만 | 안전관리 대행사업자 대행 가능 |
| 1,000[kW] 이상 | 상주 안전관리자 선임 |

**02** 다음 중 전기안전관리 대행 자격 요건에 해당되지 않는 것은?

① 한국전력공사
② 안전공사
③ 전기분야 기술자격을 취득한 사람으로 대통령령이 정하는 장비를 보유하고 있는 자
④ 자본금, 보유인력 등 대통령령이 정하는 요건을 갖춘 전기안전관리 대행사업자

해설
안전관리 대행자격요건
- 안전공사
- 자본금, 보유하여야 할 기술인력 등 대통령령으로 정하는 요건을 갖춘 전기안전관리 대행사업자
- 전기분야의 기술자격을 취득한 사람으로서 대통령령으로 정하는 장비를 보유하고 있는 자

**03** 다음 중 상주 전기안전관리자 선임을 해야 하는 태양광발전설비 용량은?

① 20[kW] 이하 ② 20[kW] 초과
③ 1,000[kW] 미만 ④ 1,000[kW] 이상

해설
2번 해설 참조

**04** 발전사업자 및 자가용 발전설비 설치자는 발전설비용량이 몇 [kW] 이하의 발전 전력을 한국전력거래소(전력시장)을 통하지 않고 한국전력공사(전기판매사업자)와 거래가 가능한가?

① 300[kW] ② 500[kW]
③ 1,000[kW] ④ 2,000[kW]

해설
자가용발전설비 설치자는 발전설비 용량이 1,000[kW] 이하일 때 생산한 전력의 연간 총생산량의 50[%] 미만의 범위 안에서 전력시장을 통하지 않고 한국전력공사와 직접 거래할 수 있다.

**05** 다음 중 태양광발전설비 용량이 500[kW] 초과 700[kW] 이하일 때 정기점검 횟수는?

① 월 1회 이상 ② 월 2회 이상
③ 월 3회 이상 ④ 월 4회 이상

해설
용량별 점검 횟수[kW]

| 용량[kW] | 300 이하 | 500 이하 | 700 이하 | 1,000 미만 |
|---|---|---|---|---|
| 횟수[월] | 1회 | 2회 | 3회 | 4회 |

**06** 전기안전공사 및 전기안전대행사업자에게 안전관리업무를 대행할 수 있는 해당 전기설비는?

① 태양에너지를 이용하는 발전설비로서 용량 2,000[kW] 미만인 것
② 비상용 예비발전설비로 용량 500[kW] 미만인 것
③ 용량 2,000[kW] 미만의 전기수용설비
④ 용량 500[kW] 미만의 발전설비

해설
안전관리업무 대행 규모
한국전기안전공사 및 대행사업자는 다음의 어느 하나에 해당하는 전기설비(둘 이상의 전기설비용량의 합계가 2,500[kW] 미만인 경우만 해당)를 대행할 수 있다.

정답 1 ② 2 ① 3 ④ 4 ③ 5 ③ 6 ②

- 용량 1,000[kW] 미만의 전기수용설비
- 용량 300[kW] 미만의 발전설비, 다만, 비상용 예비발전설비의 경우에는 용량 500[kW] 미만
- 태양에너지를 이용하는 발전설비로서 용량 1,000[kW] 미만인 것

## 07 한국전력공사와 발전전력을 거래할 기준이 되는 태양광발전설비의 최대용량은?

① 500[kW] ② 1,000[kW]
③ 2,500[kW] ④ 5,000[kW]

**해설**

소규모 신재생에너지 발전전력의 거래에 관한 지침에 따라 발전전력은 발전설비 용량에 따라 다음과 같다.

- 1,000[kW] 이하 : 전기판매사업자(한국전력), 전력시장(한국전력거래소)
- 1,000[kW] 초과 : 전력시장(한국전력거래소)

## 08 발전전력이 1,000[kW] 초과일 때 발전전력을 거래할 수 있는 곳은?

① 한국전기공사협회
② 한국전기기술인협회
③ 한국전력공사
④ 한국전력거래소

**해설**

소규모 신재생에너지발전전력의 거래에 관한 지침에 따라 발전전력은 발전설비 용량에 따라 다음과 같다.

- 1,000[kW] 이하 : 전기판매사업자(한국전력), 전력시장(한국전력거래소)
- 1,000[kW] 초과 : 전력시장(한국전력거래소)

## 09 다음 중 태양광발전시스템 운영 시 갖추어야 할 목록이 아닌 것은?

① 시방서
② 계약서 사본
③ 한전계통 연계 관련서류
④ 피난 안내도

**해설**

태양광발전시스템 운영 시 갖추어야 할 목록

- 태양광발전시스템 계약서 사본
- 태양광발전시스템 시방서
- 태양광발전시스템 건설 관련 도면(토목, 건축, 기계, 전기도면 등)
- 태양광발전시스템 구조물의 구조계산서
- 태양광발전시스템 운영 매뉴얼
- 태양광발전시스템의 한전계통 연계 관련서류
- 태양광발전시스템에 사용된 핵심기기의 매뉴얼
- 태양광발전시스템에 사용된 기기 및 부품의 카탈로그
- 태양광발전시스템 일반 점검표
- 태양광발전시스템 긴급복구 안내문
- 태양광발전시스템 안전교육 표지판
- 전기안전 관련 주의명판 및 안전경고표시 위치도
- 전기안전 관리용 정기 점검표

## 10 모든 전기설비의 공사·유지 및 운용에 있어서 전기안전관리자 선임의 자격요건의 해당 사항이 아닌 것은?

① 전기산업기사 실무경력 4년 이상
② 전기기사 실무경력 2년 이상
③ 전기기능장 실무경력 2년 이상
④ 전기분야 기술사

**해설**

전기산업기사 실무경력 4년 이상의 안전관리 범위는 전압 100[kV] 미만으로서 전기설비용량 2,000[kW] 이상 전기설비의 공사·유지 운용이다.

## 11 다음 중 발전설비 용량이 3,000[kW]를 초과하는 경우 전기(발전)사업 허가권자는 누구인가?

① 한국전력공사
② 산업통상자원부장관
③ 한국전기기술인협회
④ 한국전기공사협회

**해설**

전기발전 사업 허가권자

- 3,000[kW] 초과 설비 : 산업통상자원부장관(전기위원회 총괄정책팀)
- 3,000[kW] 이하 설비 : 시도지사
(단, 제주특별자치도는 3,000[kW] 이상도 제주특별자치도지사의 허가사항이다)



정답 7 ② 8 ④ 9 ④ 10 ① 11 ②

**12** 전기안전관리자의 직무의 설명 중 맞지 않는 것은?

① 전기수용설비의 증설 또는 변경공사로서 총공사비가 1억원 미만인 공사의 감리업무
② 전기설비의 안전관리에 관한 기록 및 그 기록의 보존
③ 전기설비의 안전관리를 위한 확인·점검 및 이에 대한 업무의 감독
④ 전기설비의 공사·유지 및 운용에 관한 업무 및 이에 종사하는 사람에 대한 안전교육

해설
전기안전관리자의 감리업무
- 비상용 예비발전설비의 설치·변경공사로서 총공사비가 1억원 미만인 공사
- 전기수용설비의 증설 또는 변경공사로서 총공사비가 5천만원 미만인 공사

**13** 다음 중 전기발전사업 허가 기준을 설명한 것으로 맞지 않는 것은?

① 전기사업이 계획대로 수행될 수 있을 것
② 발전소가 특정지역에 편중되어 전력계통의 운영에 지장을 초래하지 말 것
③ 전기사업 수행에 필요한 재무능력 또는 실무능력이 있을 것
④ 발전연료가 어느 하나에 편중되어 전력수급에 지장을 초래하여서는 안 될 것

해설
전기발전사업 허가 기준
- 전기사업 수행에 필요한 재무능력 및 기술능력이 있을 것
- 전기사업이 계획대로 수행될 수 있을 것
- 발전소가 특정지역에 편중되어 전력계통의 운영에 지장을 주지 말 것
- 발전연료가 어느 하나에 편중되어 전력수급에 지장을 주지 말 것

**14** 전기사업 인·허가권자가 산업통상자원부장관인 태양광발전설비의 기준은 몇 [kW]인가?

① 1,000[kW] 이상
② 2,000[kW] 초과
③ 3,000[kW] 초과
④ 5,000[kW] 초과

해설
전기사업 인·허가권자
- 3,000[kW] 초과 설비 : 산업통상자원부장관(전기위원회)
- 3,000[kW] 이하 설비 : 특별시장, 광역시장, 도지사

**15** 전기발전사업 허가 변경을 받아야 하는 것이 아닌 경우는?

① 발전연료가 변경되는 경우
② 설비용량이 변경되는 경우
③ 사업구역 또는 특정한 공급구역이 변경되는 경우
④ 공급전압이 변경되는 경우

해설
전기발전사업 허가변경
- 사업구역 또는 특정한 공급구역이 변경되는 경우
- 공급전압이 변경되는 경우
- 설비용량이 변경되는 경우(허가 또는 변경허가를 받은 설비용량의 10[%] 미만인 경우는 제외

**16** 발전사업자가 전력생산량의 일정비율을 신재생에너지로 공급하도록 하는 신재생에너지활성화 방안을 영어 약자로 무엇이라 하는가?

① IEC　② RPS
③ FIT　④ REC

해설
- 신재생에너지 공급의무화제도 : RPS(Renewable Portlfolio Standard)
- 발전차액지원제도 : FIT(Feed In Tariff)
- 신재생에너지인증서 : REC(Renewable Energy Certificate)

**17** 태양광발전설비 허가신청 시 제출 서류가 아닌 것은?

① 전기사업허가신청서
② 송전관계 일람도
③ 공사계획신고서
④ 발전설비의 운영을 위한 기술인력의 확보계획을 기재한 서류

정답 12 ① 13 ③ 14 ③ 15 ① 16 ② 17 ③

해설

전기발전사업 허가 시 필요한 서류
- 3,000[kW] 이하
  - 전기사업허가신청서 1부
  - 사업계획서 1부
  - 송전관계 일람도 1부
  - 발전원가 명세서 1부
  - 발전설비의 운영을 위한 기술인력의 확보계획을 기재한 서류 1부
- 3,000[kW] 초과
  - 전기사업허가신청서 1부
  - 사업계획서 1부
  - 사업개시 후 5년 기간에 대한 연도별 예산사업 손익산출서 1부
  - 발전설비의 개요서 1부
  - 송전관계 일람도 및 발전원가 명세서 1부
  - 신용평가 의견서 및 소요재원 조달계획서 1부
  - 발전설비의 운영을 위한 기술인력 확보계획을 기재한 서류 1부
  - 신청인이 법인인 경우에는 그 정관 등 재무현황 관련 자료 1부
  - 신청인이 설립중인 법인인 경우에는 그 정관 1부

**18** 태양광발전설비의 발전용량이 3,000[kW] 초과인 발전사업 허가신청 시 제출서류가 아닌 것은?

① 전기사업허가신청서 ② 사업계획서
③ 송전관계 일람도 ④ 발전설비 운영계획서

해설

3,000[kW] 초과 전기발전사업 허가 시 필요서류
- 전기사업허가신청서 1부
- 사업계획서 1부
- 사업개시 후 5년 기간에 대한 연도별 예산사업 손익산출서 1부
- 발전설비의 개요서 1부
- 송전관계 일람도 및 발전원가 명세서 1부
- 신용평가 의견서 및 소요재원 조달계획서 1부
- 발전설비의 운영을 위한 기술인력 확보계획을 기재한 서류 1부
- 신청인이 법인인 경우에는 그 정관 등 재무현황 관련 자료 1부
- 신청인이 설립중인 법인인 경우에는 그 정관 1부

**19** 태양광발전시스템의 운영방법에 관한 설명이 아닌 것은?

① 모듈 표면에 그늘이 지거나 나뭇잎 등이 떨어진 경우 전체적인 발전효율이 저하되며 황사나 먼지는 발전량 감소의 주요인으로 황사나 먼지는 발전량 감소의 요인으로 작용된다.
② 박막형은 다른 모듈에 비해 온도에 덜 민감하다.
③ 발전량은 여름에 많으며 봄·가을에는 기후 여건에 따라 현저하게 감소한다.
④ 태양광발전설비의 용량은 부하의 용도 및 적정사용량을 합산하여 월평균 사용량에 따라 결정한다.

해설

발전량은 봄·가을에 많으며 여름·겨울에는 기후 여건에 따라 현저하게 감소한다.

**20** 태양광발전설비가 작동되지 않아 긴급하게 점검할 경우 차단기와 인버터의 개방과 투입 동작 순서가 맞는 것은?

> ㉠ 접속함 차단기 투입(On)
> ㉡ 접속함 차단기 개방(Off)
> ㉢ 인버터 투입(On)
> ㉣ 인버터 개방(Off)
> ㉤ 태양광설비 점검

① ㉣ → ㉡ → ㉤ → ㉢ → ㉠
② ㉡ → ㉣ → ㉤ → ㉢ → ㉠
③ ㉠ → ㉡ → ㉤ → ㉣ → ㉢
④ ㉡ → ㉣ → ㉤ → ㉠ → ㉢

해설

차단기와 인버터의 개방과 투입 순서
접속함 내부차단기 개방(Off) → 인버터 개방(Off) → 태양광설비점검 → 인버터 투입(On) → 접속함 차단기 투입(On)

**21** 다음 중 한국전력거래소의 회원자격이 아닌 것은?

① 전력시장에서 전력을 직접 구매하는 전기사용자
② 전력시장에서 전력거래를 하는 구역전기사업자
③ 전력시장에서 전력거래를 하는 자가용전기설비를 설치한 자
④ 전력시장에서 전력을 직접 판매하는 전기사용자

해설

한국전력거래소 회원자격
- 전기판매업자
- 전력시장에서 전력을 직접 구매하는 전기사용자



18 ④ 19 ③ 20 ② 21 ④ 정답

- 전력시장에서 전력거래를 하는 발전사업자
- 전력시장에서 전력거래를 하는 구역전기사업자
- 전력시장에서 전력거래를 하는 자가용전기설비를 설치한 자
- 전력시장에서 전력거래를 하지 아니하는 자 중 한국전력거래소의 정관으로 정하는 요건을 갖춘 자

## 22 다음 중 태양광발전시스템의 운전 시 조작확인 순서 중 가장 나중의 순서는?

① 차단기 ON
② 인버터 정상작동 확인
③ 메인 VCB반 전압 확인
④ 접속반, 인버터 전압 확인

해설

운전 시 조작순서

메인 VCB반 전압 확인 → 접속반, 인버터 전압 확인 → 차단기 ON (직류용 차단기 먼저 ON 후에 교류용차단기 ON) → 5분 후 인버터 정상작동여부 확인

## 23 사업용 전기설비의 사용 전 검사를 신청하는 곳은?

① 한국전기안전공사
② 한국전력공사
③ 한국전기기술인협회
④ 한국전기공사협회

해설

사업용 전기설비의 사용 전 검사

- 전기사업법에 의거함
- 검사 기관 : 한국전기안전공사 법정검사팀

## 24 사업용 전기설비의 사용 전 검사 신청 시 며칠 전까지 신청을 해야 하는가?

① 3일 ② 7일
③ 15일 ④ 20일

해설

사용 전 검사 신청 절차

검사를 받고자 하는 날의 7일 전까지 한국전기안전공사로 신청

## 25 태양광발전시스템 운영에 관한 내용으로 맞지 않는 것은?

① 태양광발전설비의 고장요인은 대부분 모듈에서 발생하므로 정상 가동 여부를 정기적인 점검으로 확인해야 한다.
② 풍압이나 진동으로 인해 모듈과 형강의 체결부위가 느슨해지는 경우가 있으므로 정기적인 점검이 필요하다.
③ 부드러운 천으로 이물질 제거 시 모듈 표면에 흠이 생기지 않도록 주의한다.
④ 태양광에 의해 모듈온도가 상승할 경우에는 살수장치 등을 사용하여 정기적으로 물을 뿌려 온도를 조절해 주면 발전효율을 높일 수 있다.

해설

태양광발전시스템의 운영방법

- 시설용량 및 발전량
  - 시설용량은 부하의 용도 및 적정 사용량을 합산한 월평균 사용량에 따라 결정된다.
  - 발전량은 봄·가을에 많이 발생되며 여름·겨울에는 기후여건에 따라 현저하게 감소된다. 상대적으로 박막형은 온도에 덜 민감하다.
- 모듈 관리
  - 모듈 표면은 특수 처리된 강화유리로 되어 있어 강한 충격이 있을 시 파손될 우려가 있으므로 충격이 발생되지 않도록 주의가 필요하다.
  - 모듈 표면에 그늘이 지거나 황사나 먼지, 공해물질이 쌓이고 나뭇잎 등이 떨어진 경우 전체적인 발전효율이 저하되므로 고압 분사기를 이용하여 정기적으로 물을 뿌려주거나 부드러운 천으로 이물질을 제거해 주면 발전효율을 높일 수 있다. 이때 모듈 표면에 흠이 생기지 않도록 주의해야 한다.
  - 모듈 표면의 온도가 높을수록 발전효율이 저하되므로 태양광에 의해 모듈온도가 상승할 경우에는 살수장치 등을 사용하여 정기적으로 물을 뿌려 온도를 조절해 주면 발전효율을 높일 수 있다.
  - 풍압이나 진동으로 인해 모듈과 형강의 체결부위가 느슨해지는 경우가 있으므로 정기적인 점검이 필요하다.
- 인버터 및 접속함 관리
  - 태양광발전설비의 고장요인은 대부분 인버터에서 발생하므로 정상 가동여부를 정기적인 점검으로 확인해야 한다.
  - 접속함에는 역류방지 다이오드, 차단기, T/D, PT, CT 단자대 등이 내장되어 있으므로 누수나 습기침투 여부에 대한 정기적 점검이 필요하다.

정답 22 ② 23 ① 24 ② 25 ①

**26** 태양광발전설비 중 주로 녹 발생현상으로 인한 페인트의 도포가 필요한 곳은?

① 구조물 ② 모 듈
③ 접속함 ④ 인버터

해설

강구조물 관리
강구조물이나 구조물 접합자재는 아연용융도금이 되어 있어 녹이 슬지 않지만 장기간 노출될 경우에는 녹이 스는 경우도 있다. 녹이 슨 경우에는 녹을 제거한 다음 방청페인트 도료를 칠한 후 원색으로 도장을 해 주면 장기간 안전하게 사용할 수 있다.

**27** 독립형 태양광발전시스템의 구성에 해당되지 않는 것은?

① 축전지 ② 적산전력량계
③ 인버터 ④ 태양전지

해설

독립형 태양광발전시스템의 구성요소
• 태양전지
• 인버터
• 축전지

**28** 태양광발전설비의 정전 시 조작 방법 및 확인 조치 사항으로 맞지 않는 것은?

① 전원 복구여부 확인 후 운전 시 조작 방법에 의해 재시동
② 태양광 인버터 상태 정지 확인
③ 메인 제어반의 전압 및 계전기를 확인하여 정전여부를 우선 확인
④ 계통 측 정전 시 태양광발전설비에서 생산된 전력이 배전선로로 역송되지 않도록 파워컨디셔너(PCS)의 단독운전 기능을 오프(Off)시킨다.

해설

계통측 정전 시 태양광발전설비에서 생산된 전력이 배전선로로 역송되지 않도록 태양광발전설비 단독운전 기능의 정상동작 유무(0.5초 내 정지, 5분 이후 재투입)를 확인한다.

**29** 계통연계형 태양광발전시스템의 적용이 어려운 곳으로 해당되지 않는 것은?

① 가로등 ② 관광·레저타운
③ 중계소 ④ 유·무인 등대

해설

독립형 태양광발전시스템이 적용되는 곳
• 독립형 시스템은 상용계통과 직접 연계되지 않고 분리된 발전방식으로 태양광발전시스템의 발전전력만으로 부하에 전력을 공급하는 시스템이다. 즉, 한국전력만으로 부하에 전력을 공급하는 시스템이다. 즉, 한국전력공사 등 전력계통에 연결되지 않은 시스템으로 발전 전기를 전력계통에 연결하지 않고 발전된 장소에서 사용한다.
• 오지, 유·무인 등대, 중계소, 가로등, 무선전화, 도서지역의 주택 전력공급용이나 통신, 양수펌프, 백신용 약품의 냉동보관, 안전표지, 제어 및 항해 보조도구 등 소규모 전력공급용으로 사용된다.

**30** 독립형 태양광발전시스템에서 사용되는 축전지가 갖추어야 할 특징으로 적당하지 않은 것은?

① 전기적 성능
② 높은 자기 방전과 높은 에너지 효율
③ 충분히 긴 사용 수명
④ 높은 안전성

해설

축전지를 선정할 때는 축전지의 전압전류특성 등의 전기적 성능, 비용, 용량, 중량, 수명, 보수성, 안전성, 재활용성 등을 고려하고, 경제성을 가미하여 최적의 것을 선정하여야 한다. 축전지의 자기 방전은 낮을수록 성능이 좋다.

**31** 가정용 계통연계형 태양광발전설비 장애 및 고장의 경우로 볼 수 없는 것은?

① 추가 전기사용이 없는데도 전기요금이 평상시보다 많이 부과됐다.
② 날씨가 좋은 날 인버터가 동작하지 않는다.
③ 날씨가 좋고 부하 사용이 많지 않을 때 계량이 역회전이 없다.
④ 가정용 전기의 수전전압이 5[V] 떨어졌다.



26 ① 27 ② 28 ④ 29 ② 30 ② 31 ④ 정답

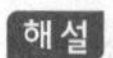

가정용 계통연계형 태양광발전설비 장애 및 고장의 경우
날씨가 좋고 부하 사용이 많지 않을 때 계량기는 역회전이 되어야 하며, 날씨가 좋은 날 인버터가 동작하지 않거나 추가 전기사용이 없는데 전기요금이 평상시보다 많이 부과되었다면 고장 확률이 높다. 그러나 수전전압이 5[V] 떨어졌다 해서 고장은 아니다.

• 표준전압 및 허용오차

| 표준 전압[V] | 허용 오차 |
|---|---|
| 110 | 110[V] ±6[V] 이내 |
| 220 | 220[V] ±13[V] 이내 |
| 380 | 380[V] ±38[V] 이내 |

• 표준전압 및 허용오차

| 표준 주파수[Hz] | 허용 오차 |
|---|---|
| 60 | 60[Hz] ± 0.2[Hz] 이내 |

**32** 태양전지를 여러 장 직렬 연결하여 하나의 프레임으로 조립하여 만든 패널을 무엇이라 하는가?

① 태양광 모듈
② 인버터
③ 태양광 어레이
④ 태양광 셀

해설

태양광 모듈은 태양전지를 여러 장 직렬 연결하여 하나의 프레임으로 조립하여 만든 패널이다.

**33** 충·방전 컨트롤러가 갖추어야 할 기능이 아닌 것은?

① 야간타이머 기능
② 정류 기능
③ 온도보정 기능
④ 부하차단 기능(일정전압 이하로 떨어질 경우)

해설

충·방전 컨트롤러의 기능
야간에는 태양전지 모듈이 부하의 형태로 변하므로 역류방지기능과 함께 축전지가 일정전압 이하로 떨어질 경우 부하와의 연결을 차단하는 기능, 야간 타이머 기능, 온도보정(축전지의 온도를 감지해 충전전압을 보정) 기능 등을 보유하여야 한다.

**34** 태양전지 모듈 및 가대의 일상점검 주기는?

① 7일　　② 15일
③ 1개월　　④ 3개월

해설

태양전지 어레이의 점검주기 및 유의사항
• 태양전지 모듈은 일반적으로 특별한 관리는 불필요하지만, 일상점검으로 1개월에 한 번, 정기점검으로 1년 또는 수년에 한 번씩 모듈의 오염, 유리의 금이 간 부분의 손상에 관하여 육안으로 점검을 실시한다.
• 가대는 일반적으로 특별한 관리는 불필요하지만 일상점검으로 1개월에 한 번, 정기점검으로 1년 또는 수년에 한 번씩 녹의 발생, 손상의 유무, 심하게 조인 부분의 이완 등에 관해서 육안으로 점검을 실시한다.

**35** 태양광발전설비 중 개인대행자에게 전기안전관리를 대행할 수 있는 용량은 몇 [kW] 미만인가?

① 100[kW]　　② 250[kW]
③ 500[kW]　　④ 1,000[kW]

해설

• 250[kW] 미만 태양광발전설비 : 개인대행자에게 대행가능
• 1,000[kW] 미만 태양광발전설비 : 한국전기안전공사 및 대행사업자에게 대행가능

**36** 태양광발전시스템의 점검을 위해 1개월마다 주로 육안에 의해 실시하는 점검은?

① 특별점검　　② 준공점검
③ 일상점검　　④ 정기점검

해설

일상점검
1개월마다 일상점검하며, 주로 육안에 의해 실시한다. 권장하는 점검 중 이상이 발견되면 전문기술자와 상담한다.

**37** 태양광발전시스템의 계측기구나 표시장치의 설치 목적이 아닌 것은?

① 시스템의 운전상황 표시
② 시스템의 운영자료 제공
③ 시스템의 발전전력량 파악
④ 시스템의 종합평가 파악

정답 32 ① 33 ② 34 ③ 35 ② 36 ③ 37 ②

**해설**

계측기구, 표시장치의 설치목적

- 시스템의 운전상태를 감시하기 위한 계측 또는 표시
- 시스템에 의한 발전전력량을 알기 위한 계측
- 시스템 기기 또는 시스템 종합평가를 위한 계측
- 시스템의 운전상황을 견학하는 사람 등에게 보여주고, 시스템 홍보를 위한 계측 또는 표시

### 38 용량이 100[kW]인 태양광발전설비의 정기점검은 매년 몇 번을 하는가?

① 2회 ② 4회
③ 6회 ④ 10회

**해설**

설치용량에 따라 정기점검의 횟수가 달라진다.

| 설치용량 | 점검 횟수 |
|---|---|
| 100[kW] 미만 | 연 2회(6개월에 1번) |
| 100[kW] 이상 | 연 6회(2개월에 1번) |

### 39 태양광발전설비의 계측기구나 표시장치의 구성요소가 아닌 것은?

① 검출기 ② 파워컨디셔너
③ 트랜스듀서 ④ 연산장치

**해설**

계측기구 및 표시장치의 구성

검출기(센서), 신호변환기(트랜스듀서), 연산장치, 기억장치, 표시장치

### 40 다음 중 정기점검 실시 중 절연저항을 측정해야 할 개소가 아닌 것은?

① 축전지 전극
② 태양광발전용 개폐기
③ 접속함의 태양전지 모듈과 접지선
④ 인버터 입출력 단자와 접지

**해설**

정기점검 중 측정해야 할 개소는 크게 접속함, 모듈, 인버터의 세 부분이다.

접속함의 절연저항 측정

- 태양전지 모듈 – 접지선 : 0.2[MΩ] 이상, 측정전압 직류 500[V]
- 출력단자 – 접지간 : 1[MΩ] 이상, 측정전압 직류 500[V]

### 41 태양광발전시스템의 계측기구 중 센서의 종류가 아닌 것은?

① 적산전력량계 ② 분압기
③ 분류기 ④ 일사계

**해설**

검출기(센서)의 종류

- 분압기로 직류전압 검출
- 분류기로 직류전류 검출
- PT, CT를 통해서 교류전압, 전류, 전력 및 역률을 검출
- 일사강도는 일사계, 기온은 온도계로 검출
- 풍향, 풍속은 풍향풍속계로 검출

### 42 태양광발전설비의 계측기구 및 표시장치에 대한 설명이다. 틀린 것은?

① 신호변환기는 검출기로 검출된 데이터를 컴퓨터 및 먼 거리에 설치된 표시장치에 전송하는 경우에 사용된다.
② 기억장치는 연산장치로서 컴퓨터를 사용하는 경우 컴퓨터에 저장을 하여 필요한 데이터를 복사하여 보존하는 방법이 일반적이다.
③ 각 계측기기의 표시장치는 소비전력이 작으므로 소규모 태양광발전시스템에서 계측항목은 많은 항목으로 정확히 정보를 알 수 있도록 운영하는 것이 중요하다.
④ 일사 강도, 기온, 태양전지 어레이의 온도, 풍향, 습도 등의 검출기를 필요에 따라 설치한다.

### 43 태양광발전시스템의 계측기구 중 검출된 데이터를 컴퓨터 및 먼 거리에 전송하는데 사용하는 것은?

① 입력장치 ② 출력장치
③ 연산장치 ④ 트랜스듀서

**해설**

신호변환기(트랜스듀서)

- 신호변환기는 검출기로 검출된 데이터를 컴퓨터 및 먼 거리에 설치된 표시장치에 전송하는 경우에 사용한다.
- 신호출력은 노이즈가 혼입되지 않도록 실드선을 사용하여 전송하도록 한다. 4~20[mA]의 전류신호로 전송하면 노이즈가 줄어든다.



38 ③ 39 ② 40 ① 41 ① 42 ③ 43 ④ 정답

**44** 검출된 데이터를 컴퓨터 및 먼 거리에 설치된 표시장치에 전송하는 경우에 사용되는 장치는?

① 연산장치
② 입력장치
③ 신호변환기(트랜스듀서)
④ 출력장치

해설

신호변환기
검출된 데이터를 컴퓨터 및 먼 거리에 설치된 표시장치에 전송하는 경우에 사용하는 장치

**45** 유리 돔 내측에 흑체가 내장된 수광판이 설치되어 조사된 빛을 흡수하여 열로 바꾸고 열전대를 사용하여 온도변화를 전기신호로 바꾸는 기구로 측정하는 것은?

① 풍 향
② 온 도
③ 일사 강도
④ 태양전지 어레이의 온도

해설

일사계
유리 돔 내측에 흑체가 내장된 수광판이 설치되어 입사하는 빛의 거의 100[%]를 흡수하여 열로 바꾼다. 열전대를 사용하여 온도변화를 전기신호로 변환한다.

**46** 독립형 태양광발전시스템의 주요 구성장치가 아닌 것은?

① 배전시스템 및 송전설비
② 축전지 또는 축전지 뱅크
③ 태양광모듈
④ 충방전 제어기

해설

배전시스템 및 송전설비는 계통 연계형 태양광발전시스템에 겸하는 송배전 설비이다.

**47** 파워컨디셔너 단독운전 방지기능에서 능동적 방식에 속하지 않는 것은?

① 주파수 시프트 방식
② 주파수 변화율 검출방식
③ 유효전력 변동방식
④ 무효전력 변동방식

해설

- 수동적 방식(검출시간 0.5초 이내, 유지시간 5~10초) : 전압위상 도약검출방식, 제3고조파 전압급증 검출방식, 주파수 변화율 검출방식
- 능동적 방식(검출시한 0.5~1초) : 주파수 시프트방식, 유효전력 변동방식, 무효전력 변동방식, 부하 변동방식

**48** 태양광발전시스템에서 모니터링 프로그램의 기능이 아닌 것은?

① 데이터 저장 기능
② 데이터 연산 기능
③ 데이터 수집 기능
④ 데이터 통계 기능

해설

모니터링 프로그램 기능

- 데이터 수집 기능 : 각각의 인버터에서 서버로 전송되는 데이터를 데이터 수집 프로그램에 의하여 인버터로부터 전송받아 가공 후 데이터베이스에 저장한다. 10초 간격으로 전송받은 데이터는 태양전지 출력전압, 출력전류, 인버터상 각상전류, 각상전압, 출력전력, 주파수, 역률, 누전전력량, 외기온도, 모듈표면온도, 수평면일사량, 경사면일사량 등 각각의 데이터로 분리하고, 데이터베이스의 실시간 테이블 형식에 맞도록 데이터를 수집한다.
- 데이터 저장 기능 : 데이터베이스의 실시간 테이블 형식에 맞도록 수집된 데이터는 데이터베이스에 실시간 테이블로 저장되며, 매 10분마다 60개의 저장된 데이터를 읽어 산술평균값을 구한 뒤 10분 평균값으로 10분 평균데이터를 저장하는 테이블에 데이터를 저장한다.
- 데이터 분석 기능 : 데이터베이스에 저장된 데이터를 표로 작성하여 각각의 계측요소마다 일일 평균값과 시간에 다른 각 계측값의 변화를 알 수 있도록 표의 테이블 형식으로 데이터를 제공한다.
- 데이터 통계 기능 : 데이터베이스에 저장된 데이터를 일간과 월간의 통계기능을 구현하여 엑셀에서 지정날짜 또는 지정 월의 통계 데이터를 출력한다.

정답 44 ③ 45 ③ 46 ① 47 ② 48 ②

# 태양광발전시스템 품질관리

## 제1절 성능평가

### 1 성능평가 개념

#### (1) 성능평가의 개요

태양전지 모듈은 장시간 옥외에 노출되어 고온·고습·염분·강풍·먼지·강설·폭우 등 혹독한 기후 조건과 자외선에 의한 열화, 변색 등이 우려된다. 따라서 태양광발전시스템 설치 시 시공법, 설치장소, 설치형태의 증대와 동시에 설치비용 저감, 신뢰성을 갖춘 태양광발전시스템의 도입 확대를 위한 성능평가 분석이 요구된다.

성능평가 분석이란 태양광발전시스템의 계측 및 모니터링만 하는 것이 아니고, 계측과 모니터링된 데이터를 구체적으로 정밀 분석하여 기술개발로 피드백시키는 산업화 기술로 연계되는 중요한 기술이다.

#### (2) 성능평가 분석의 중요성

① 저가, 고성능, 고신뢰성 기술 개발
② 에너지이용 및 효율향상에 따른 경제성, 환경개선
③ 사후 운영관리 및 유지점검의 최적화, 편의성 확보
④ 고효율, 다기능, 높은 신뢰성의 PV모듈 및 파워컨디셔너의 기술개발
⑤ 사용 용도에 맞는 다양한 모델 보급
⑥ 신뢰성 및 안정성을 가진 최적설계 시공기술
⑦ 가이드라인, 성능기준 표준화 및 규격화
⑧ 모니터링으로 수집된 데이터 분석 기술향상

### 2 성능평가를 위한 측정요소

#### (1) 성능평가의 분류

① 시스템 성능평가의 분류
㉠ 구성요인의 성능·신뢰성
㉡ 사이트
㉢ 발전성능
㉣ 신뢰성
㉤ 설치가격(경제성)
② 사이트 평가방법

㉠ 설치 대상기관
㉡ 설치시설의 분류
㉢ 설치시설의 지역
㉣ 설치형태
㉤ 설치용량
㉥ 설치각도와 범위
㉦ 시공업자
㉧ 기기 제조사

③ 설치가격 평가방법

㉠ 시스템 설치 단가
㉡ 태양전지 설치 단가
㉢ 파워컨디셔너 설치 단가
㉣ 어레이 가대 설치 단가
㉤ 계측표시장치 단가
㉥ 기초공사 단가
㉦ 부착시공 단가

④ 신뢰성 평가 분석 항목

㉠ 트러블

- 시스템 트러블 : 인버터 정지, 직류지락, 계통지락, RCD트립, 원인불명 등에 의한 시스템 운전정지 등
- 계측 트러블 : 컴퓨터 전원의 차단, 컴퓨터의 조작 오류, 기타 원인불명

㉡ 운전 데이터의 결측 상황
㉢ 계획정지 : 정전 등(정기점검-개수 정전, 계통 정전)

### (2) 성능평가를 위한 측정요소

① 전기적 성능평가(발전 성능시험)

태양광 모듈의 전기적 성능시험에 있어서 발전성능시험은 옥외에서의 자연광원법으로 시험해야 하지만, 기상조건에 의해 일반적으로 인공 광원법을 채택하여 시험한다. AM(대기질량정수) 1.5, 방사조도 1[kW/m$^2$], 온도 25[℃]의 조건에서 기준 셀을 이용하여 시험을 실시한다.

㉠ 옥외법

- 자연 태양광을 이용하여 태양전지 모듈의 전기적 성능을 측정하는 방법
- 자연 태양광을 이용한 모듈 성능측정 순서
  - 측정 장소의 선정 : 건조물, 수목 등 태양광이 차단되거나 빛을 반사하는 주변조건을 피한다.
  - 측정대상 태양전지 모듈의 배치 : 모듈과 일사강도, 측정 장치, 온도측정용 모듈을 태양에 수직으로 설치한다.
  - 출력전류 : 전압 특성을 측정
  - 태양전지 모듈의 변환효율

$$\eta = \frac{P_{\max}}{E \times S} \times 100[\%]$$

여기서, $P_{\max}$ : 최대출력
$E$ : 입사광 광도[kW/m$^2$]
$S$ : 수광면적[m$^2$]

  - 입사광 광도 측정 장치는 수평면 일사계, 직달 일사계, 기준전지

㉡ 옥내법
- 인공광원을 사용하여 모듈의 특성을 측정한다.
- 측정방식에는 정상광방식과 펄스광방식이 있다.

② 절연저항 시험
㉠ 태양광 모듈 곡면을 감싸고 있는 금속 프레임과의 절연성능의 시험이다.
㉡ 0.1[$m^2$] 이하에서는 100[MΩ] 이상, 0.1[$m^2$] 초과에서는 측정값과 면적의 곱이 40[MΩ · $m^2$] 이상일 때 합격이다.

③ 기계적 성능평가
㉠ 모듈의 단자강도시험, 기계강도시험, 전기적 시험, 환경적 시험
㉡ 기계적 하중 테스트는 통상 2,400[Pa] 또는 5,400[Pa]로 시행

④ 외관검사
㉠ 1,000[lx] 이상의 광조사 상태에서 모듈 외관, 태양전지 셀 등에 크랙, 구부러짐, 갈라짐 등이 없는지를 확인한다.
㉡ 셀 간 접속 및 다른 접속부분의 결함을 확인한다.
㉢ 셀과 셀, 셀과 프레임상의 터치가 없는지 확인한다.
㉣ 접착에 결함이 없는지 확인한다.
㉤ 셀과 모듈 끝 부분을 연결하는 기포 또는 박리가 없는지 검사하고 시험한다.

⑤ UV시험
㉠ 태양전지모듈의 열화 정도를 시험한다.
㉡ 판정기준 : 발전성능은 시험 전의 95[%] 이상이며, 절연저항판정 기준에 만족하고 외관은 두드러진 이상이 없고 표시는 판독이 가능하다.

⑥ 온도사이클시험
㉠ 환경온도의 불규칙한 반복에서, 구조나 재료간의 열전도나 열팽창률의 차이에 의한 스트레스로 내구성을 시험한다.
㉡ 판정기준 : 발전성능은 시험 전의 95[%] 이상

⑦ 온습도 사이클시험
고온 · 고습, 영하의 저온 등은 가혹한 자연환경에서 구조나 재료의 영향 시험이다.

⑧ 내열-내습성시험
접합 재료의 밀착력 저하를 관찰하여 판정한다.

⑨ 단자강도 시험
모듈 단자부분이 모듈의 부착, 배선 또는 사용 중에 가해지는 외력에 충분한 강도가 있는지를 시험한다.

⑩ 방수 시험

⑪ 기계적 강도 시험
바람, 눈, 얼음에 의한 하중에 따른 기계적 내구성을 시험한다.

⑫ 우박 시험

우박의 충격에 대한 모듈의 기계적 강도 시험을 병행하여 시험한다.

⑬ 염수분해시험

염해를 받을 우려가 있는 지역에서 사용되는 모듈의 구성 재료 및 패키지의 염수에 대한 내구성을 시험한다.

### (3) 성능분석 관계

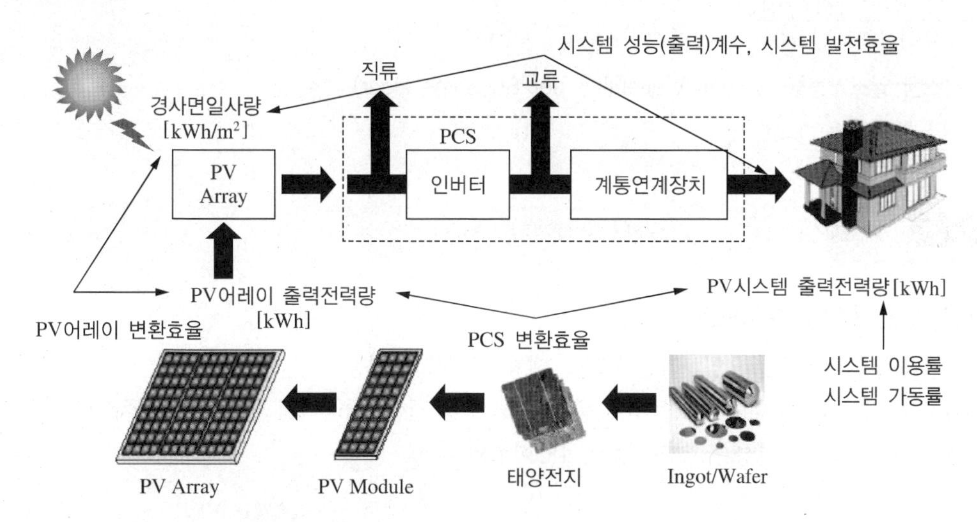


### (4) 성능분석 용어

① 태양광 어레이 변환효율(PV Array Conversion Efficiency)

$$\frac{\text{태양전지 어레이 출력전력[kW]}}{\text{경사면 일사량[kW/m}^2\text{]} \times \text{태양전지 어레이 면적}}$$

$$\frac{\text{태양전지 어레이 최대전력[kW]}}{\text{태양전지 어레이 면적[m}^2\text{]} \times \text{방사조도[kW/m}^2\text{]}}$$

② 시스템 발전효율(System Efficiency)

$$\frac{\text{시스템 발전전력량[kWh]}}{\text{경사면 일사량[kW/m}^2\text{]} \times \text{태양전지어레이 면적[m}^2\text{]}}$$

③ 태양에너지 의존율(Dependency on Solar Energy)

$$\frac{\text{시스템 평균발전전력[kW] 또는 전력량[kWh]}}{\text{부하소비전력[kW] 또는 전력량[kWh]}}$$

④ 시스템 이용률(Capacity Factor)

$$\frac{\text{시스템 발전전력량[kWh]}}{\text{24[h]} \times \text{운전일수} \times \text{태양전지 어레이 설계용량(표준상태)[kW]}}$$

$$\frac{\text{태양광발전시스템 출력에너지}}{\text{태양광발전 어레이의 정격출력} \times \text{가동시간설계용량(표준상태)}}$$

⑤ **시스템 성능(출력)계수(Performance Ratio)**

$$\frac{\text{시스템 발전전력량[kWh]} \times \text{표준일사강도[kW/m}^2\text{]}}{\text{태양전지 어레이 설계용량(표준상태)[kWh]} \times \text{경사면 일사량[kWh/m}^2\text{]}}$$

$$\frac{\text{시스템 발전전력량[kWh]}}{\text{경사면 일사량[kWh/m}^2\text{]} \times \text{태양전지 어레이면적[m}^2\text{]} \times \text{태양전지 어레이 변환효율(표준상태)}}$$

⑥ **시스템 가동률(System Availability)**

$$\frac{\text{시스템 동작시간[h]}}{24\text{[h]} \times \text{운전일수}}$$

⑦ **시스템 일조가동률(System Availability per Sunshine Hour)**

$$\frac{\text{시스템 동작시간[h]}}{\text{가조시간[h]}}$$

Check! **가조시간** : 태양이 뜬 다음부터 질 때까지의 시간

## (5) 태양광발전시스템 손실요소

① **환경적 부분** : 어레이 오염, 적설, 그늘, 태양의 입사각 변동

② **설치 및 기기 부분** : 태양광 모듈의 효율감소, 스트링 결함, 어레이의 열화, 미스매치, PCS 효율감소, PCS 대기전력, 전압상승, 고장 정지, DC회로의 손실

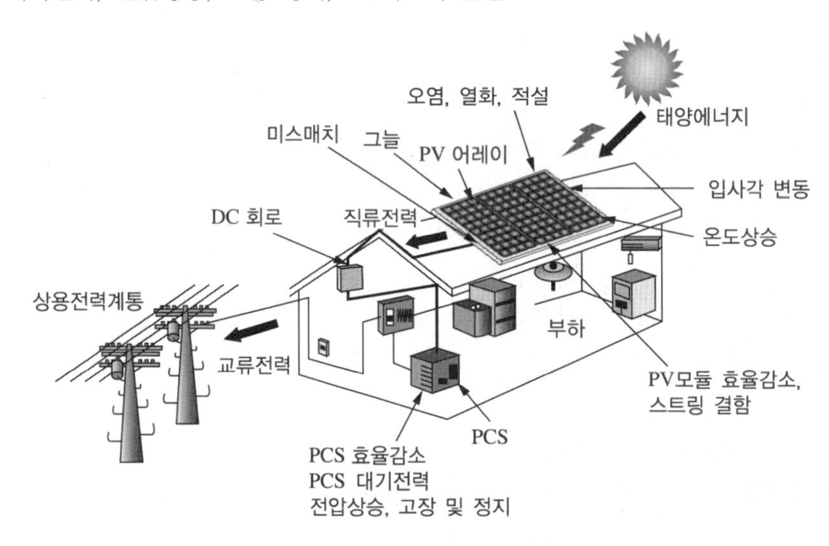

## 제2절 품질관리 기준

### 1 KS 규격

| 표준번호 | 표준명 |
|---|---|
| KS C 8525 : 2005 | 결정계 태양전지 셀 분광 감도 특성 측정 방법 |
| KS C 8526 : 2005 | 결정계 태양전지 모듈 출력 측정 방법 |
| KS C 8527 : 2005 | 결정계 태양전지 셀 모듈측정용 솔라 시뮬레이터 |
| KS C 8528 : 2005 | 결정계 태양전지 셀 출력 측정 방법 |
| KS C 8529 : 2005 | 결정계 태양전지 셀 모듈의 출력 전압 출력전류의 온도 계수 측정방법 |
| KS C 8532 : 1995 | 태양광 발전용 납축전지의 잔존 용량 측정 방법 |
| KS C 8533 : 2002 | 태양광 발전용 파워 컨디셔너의 효율 측정 방법 |
| KS C 8534 : 2012 | 태양전지 어레이 출력의 온 사이트 측정방법 |
| KS C 8535 : 2005 | 태양광발전시스템 운전 특성의 측정 방법 |
| KS C 8536 : 2005 | 독립형 태양광발전시스템 통칙 |
| KS C 8537 : 2005 | 2차 기준 결정계 태양전지 셀 |
| KS C 8538 : 2000 | 아몰퍼스 태양전지 셀 출력 측정 방법 |
| KS C 8539 : 2005 | 태양광발전용 장시간을 납축전지의 시험 방법 |
| KS C 8540 : 2005 | 소출력 태양광발전용 타워 조절기의 시험 방법 |

### 2 IEC 규격

2002년부터 IEC규격을 국내 환경에 부합화시켜 사용하고 있다.

| 표준번호 | 표준명 |
|---|---|
| KS C IEC 60364-7-712 : 2005 | 건축전기설비-제7-712부 : 특수 설비 또는 특수 장소에 대한 요구사항-태양전지(PV)전원시스템 |
| KS C IEC 60891 : 2012 | 결정계실리콘 태양전지소자의 측정된 I-V특성의 온도 및 방사조도 보정 절차 |
| KS C IEC 60904-1 : 2009 | 태양전지소자-제1부 : 태양전지 전류-전압 특성 측정 |
| KS C IEC 60904-2 : 2010 | 태양전지소자-제2부 : 기준 태양전지 소자의 요구사항 |
| KS C IEC 60904-3 : 2010 | 태양전지소자-제3부 : 기준 스펙트럼조사강도 데이터를 이용한 지상용 태양전지(PV)소자의 측정원리 |
| KS C IEC 60904-4 : 2012 | 태양전지소자-제4부 : 기준 태양광소자-교정 소급성의 확립과정 |
| KS C IEC 60904-5 : 2005 | 태양전지소자-제5부 : 개방전압 방법을 이용한 태양전지(PV)소자의 등가전지 온도(ECT)결정 |
| KS C IEC 60904-6 : 2002 | 태양발전소자-제6부 : 기준 태양광모듈의 필요조건 |
| KS C IEC 60904-7 : 2010 | 태양전지소자-제7부 : 태양전지 소자의 시험에서 발생된 스펙트럼 불일치 오차 계산 |
| KS C IEC 60904-8 : 2005 | 태양전지소자-제8부 : 태양전지(PV) 소자의 스펙트럼 응답측정 |
| KS C IEC 60904-9 : 2010 | 태양전지소자-제9부 : 솔라 시뮬레이터의 성능 요구사항 |
| KS C IEC 60904-10 : 2012 | 태양광발전 소자-제10부 : 선형성 측정 방법 |
| KS C IEC 61173 : 2002 | 태양광발전시스템의 과전압 방지책 |

| 표준번호 | 표준명 |
|---|---|
| KS C IEC 61194 : 2002 | 독립형 태양광발전시스템의 특성 변수 |
| KS C IEC 61215 : 2006 | 지상 설치용 결정계 실리콘 태양전지(PV) 모듈 – 설계 적격성 확인 및 형식 승인 요구 사항 |
| KS C IEC 61277 : 2002 | 지상용 태양광발전시스템 – 일반사항 및 지침 |
| KS C IEC 61345 : 2002 | 태양광모듈의 자외선 시험 |
| KS C IEC 61427 : 2007 | 태양광발전 에너지시스템(PVES)에 사용하는 2차 전지 및 전지 – 일반 요구사항 및 시험 방법 |
| KS C IEC 61646 : 2010 | 지상용 박막 태양광모듈의 설계 요건과 형식 인증 |
| KS C IEC 61683 : 2005 | 태양광발전시스템 – 파워조절기 – 효율 측정 절차 |
| KS C IEC 61701 : 2005 | 태양전지(PV) 모듈의 염수 분무 시험 |
| KS C IEC 61702 : 2005 | 직결형 태양광발전(PV) 펌핑 시스템 평가 |
| KS C IEC 61721 : 2005 | 우발적 충격손상에 대한 태양전지(PV) 모듈의 내성(충격시험내성) |
| KS C IEC 61724 : 2012 | 태양광발전시스템 성능 모니터링 – 데이터 교환 및 분석을 위한 측정 지침 |
| KS C IEC 61727 : 2005 | 태양광발전시스템 – 교류 계통 연결 특성 |
| KS C IEC 61730–1 : 2008 | 태양광발전(PV) 모듈 안전 조건 – 제1부 : 구성요건 |
| KS C IEC 61730–2 : 2008 | 태양광발전(PV) 모듈 안전 조건 – 제2부 : 시험요건 |
| KS C IEC 61829 : 2005 | 결정계 실리콘 태양전지 어레이 – 현장에서의 전류 – 전압 특성 측정 |
| KS C IEC 61836 : 2007 | 태양광발전 에너지 시스템 – 용어 및 기호 |
| KS C IEC 62093 : 2007 | 태양광발전시스템의 주변장치 – 설계검증을 위한 일반요건 |
| KS C IEC 62108 : 2009 | 집광형 태양광발전(CPV) 모듈 및 조리품 – 설계검증 및 형식승인 |
| KS C IEC 62109–1 : 2012 | 태양광발전시스템용 전력변환장치의 안전성 : 제1부 일반요구사항 |
| KS C IEC 62116 : 2010 | 계통 연계형 태양광 인버터의 단독운전 방지 방법에 대한 시험절차 |
| KS C IEC 62124 : 2008 | 독립형 태양광발전(PV) 시스템 – 설계검증 |
| KS C IEC 62257–7–1 : 2012 | 지역전력공급용 소규모 신재생에너지 및 복합전력 시스템의 권장사항 제7–1부 : 태양전지 어레이 |
| KS C IEC 62257–9–5 : 2011 | 지역전력공급용 소규모 신재생에너지 및 복합전력 시스템의 권장사항 제9–5부 : 통합시스템–지역전력공급 프로젝트용 휴대형 태양광발전 랜턴의 선정 |
| KS C IEC 62257–9–6 : 2010 | 지역전력공급용 소규모 신재생에너지 및 복합전력 시스템의 권장사항 제9–6부 : 종합시스템 – 태양광 개별전력 시스템의 선택(PV–IES) |
| KS C IEC 62446 : 2012 | 계통연계형 태양광발전시스템 – 시스템 문서, 시운전시험 및 검사를 위한 최소 요구 조건 |

## 제3절 신재생에너지 설비심사 세부기준

### 1 중대형 태양광발전용 인버터(계통연계형, 독립형)

#### (1) 적용범위

이 규정은 정격출력 10[kW] 초과~250[kW](직류입력전압 1,000[V] 이하, 교류출력전압 1,000[V] 이하) 이하인 태양광발전용 인버터(계통연계형, 독립형)의 시험 방법 및 평가기준에 대한 규정이다.

#### (2) 태양광발전용 인버터 분류

① 용도에 따라 독립형과 계통연계형으로 분류한다.

② 계통연계형 : 3상 실내형 - IP20 이상, 실외형 - IP44 이상

③ 독립형 : 3상 실내/실외

> **Check!** IP : 외함 보호등급으로 IP00으로 표시하고 고체, 먼지, 수분으로부터 보호한다.

#### (3) 용어의 정의

① 태양전지 어레이 모의 전원 장치

태양전지 어레이의 출력 전류-전압 특성을 모의할 수 있는 직류 전원 장치

② 등가 일사 강도

태양전지 어레이 모의 전원 장치의 출력 전력 용량을 설정하기 위한 설정상의 일사 강도

③ 계통 모의 전원 장치

계통전원의 이상 및 사고발생을 모의할 수 있는 교류 전원 장치

④ 입력 전압

㉠ 최대입력전압($Vdc_{max}$) : 인버터의 입력으로 허용되는 최대입력전압

㉡ 최소입력전압($Vdc_{min}$) : 인버터가 발전을 시작하기 위한 최소입력전압

㉢ 정격입력전압($Vdc_r$) : 인버터의 정격출력이 가능한 제조사에 의해 규정(데이터 시트에 명시)된 최적입력전압

$$Vdc_r = \frac{Vdc_{max} + Vdc_{min}}{2}$$

㉣ MPP 최대전압($Vmpp_{max}$) : 인버터의 정격출력이 가능한 최대 MPP전압(단, $0.8 \times Vdc_{max}$를 초과하지 않는다)

㉤ MPP 최소전압($Vmpp_{min}$) : 버터의 정격출력이 가능한 최소 MPP전압

> **Check!** MPP : Maximum Power Point로서 최대전력점을 말한다.

### (4) 시험 장치

① 측정기 아날로그 계기 또는 디지털 계기 중 어느 한 쪽을 사용하거나, 또는 두 가지 기기를 병용한다. 측정기의 정확도는 파형 기록장치를 제외하고 0.5급 이상으로 한다. 파형 기록 장치는 1급 이상으로 한다. 필요한 경우 다른 계측기(오실로스코프 등)를 적절히 병용한다.

② 직류전원
태양전지 어레이 출력특성을 모의하는 것으로 임의의 일사 강도의 임의의 소자 온도에 상당하는 태양전지 어레이의 전류-전압 특성을 출력할 수 있으며, 최소 인버터의 과입력 내량에 상당하는 출력전력을 얻을 수 있는 전원장치로 한다.

③ 교류전원
㉠ 계통 모의전원장치는 계통전원을 모의하는 것으로 설정된 전압, 주파수를 유지할 수 있으며, 또한 전압과 주파수를 임의로 가변할 수 있고, 지정되는 전압의 왜형을 발생할 수 있는 것으로 한다.
㉡ 모의 배전선 임피던스 장치는 계통의 배전선 임피던스를 모의하는 것이며, IEC 규격의 기준 임피던스를 발생할 수 있는 것으로 한다.

④ 부하장치
인버터의 부하 시험에 사용하는 것으로 선형과 비선형 부하로 구성한다. 인버터의 과부하 내량에 상당하는 최대전력을 소비할 수 있으며, 지정하는 범위에서 역률을 변화시킬 수 있는 것으로 한다. 3상 부하의 경우에는 지정되는 범위에서 부하 불평형을 발생시킬 수 있는 것으로 한다.

### (5) 시험 항목

① 구조시험
출력전류는 실제값과 오차가 3[%] 이내일 것

② 절연성능시험
㉠ 절연저항시험
- 입력단자 및 출력단자를 각각 단락하고, 그 단자와 대지간의 절연 저항을 측정한다.
- 시험품의 정격측정전압이 500[V] 미만에서는 유효 최대눈금값 1,000[MΩ], 500[V] 이상 1,000[V] 이하에서는 유효최대눈금값 2,000[MΩ]의 절연저항계를 사용한다.
- 단, 해당 시험 시만 바리스터, Y-CAP, 서지 보호부품은 제거한다.
- 시험 절연저항값은 1[MΩ] 이상이어야 한다.

㉡ 내전압시험
- 입력 쪽과 출력 쪽으로 나누어 시험한다. 입력 쪽은 입력 단자를 단락하고 그 단자와 대지 사이에 입력 정격전압($E_1$)에 따라 50[V] 미만인 경우 500 $V_{rms}$, 50[V] 이상에서는($2 \times E_2 + 1{,}000$[V]) $V_{rms}$ 상용주파수의 교류전압을 1분간 인가한다.
- 단, 해당 시험 시만 바리스터, Y-CAP, 서지 보호부품은 제거한다.
- 시험 후 운전 성능상의 이상이 생기지 않을 것

- rms : root mean square 실횻값, 교류를 직류화하여 나타낸 값으로서 220[V], 380[V], 22.9[kV] 등 일반적으로 정격으로 사용하는 값은 모두 실횻값이다.
- 바리스터 : Variable Resistor의 약자로 전압에 따라 저항값이 변화하는 소자
- 서지(Surge) : 이상전압으로서 외부 이상전압(외뢰)과 내부 이상전압(내뢰)이 있다.

㉢ 감전보호 시험 : 쉽게 접근 가능한 외함 또는 보호벽의 표면은 실내형의 경우 IP20 이상, 실외형의 경우 IP44 이상이어야 한다.

㉣ 절연거리시험 : 절연거리시험은 공간거리 측정시험과 연면거리 측정시험으로 나눈다.

- 오염등급 1 : 주요 환경 조건이 오염이 없는 마른 곳, 오염이 누적되지 않는 곳
- 오염등급 2 : 주요 환경 조건이 보통, 일시적으로 누적될 수도 있는 곳
- 오염등급 3 : 주요 환경 조건이 오염이 누적되고 습기가 있는 곳
- 오염등급 4 : 주요 환경 조건이 먼지, 비, 눈 등에 노출되어 오염이 누적되는 곳

③ 보호 기능 시험

㉠ 전압 범위별 고장제거시간 : 인버터를 정격전압, 정격주파수 및 정격출력으로 운전한 상태에서 표에서 규정한 공칭전압(220[V], 380[V]) 범위를 이용하여 다음과 같이 실시한다.

**전압범위별 고장 제거시간**

| 전압 범위(기준전압에 대한 비율[%]) | 고장제거시간(초) |
|---|---|
| V < 50 | 0.16 |
| 50 ≤ V < 88 | 2.00 |
| 110 < V < 120 | 1.00 |
| V ≥ 120 | 0.16 |

※ 고장제거시간 : 계통에서 비정상 전압상태가 발생한 때로부터 전원 발전설비가 계통으로부터 완전히 분리될 때까지의 시간

㉡ 주파수 범위별 고장 제거 시간 : 인버터를 정격전압, 정격 주파수 및 정격 출력으로 운전하는 상태에서 표에서 규정한 주파수 범위 및 시간을 만족하는지 시험한다.

**비정상 주파수에 대한 분산형 전원 분리시간**

| 전원규모 | 주파수 범위[Hz] | 고장제거시간[s] |
|---|---|---|
| ≤ 30[kW] | > 60.5 | 0.16 |
| | < 59.3 | 0.16 |
| >30[kW] | > 60.5 | 0.16 |
| | < 59.8~57.0<br>(설정값 조정 가능 시) | 0.16[s]에서 300[ms]까지 조정가능 |
| | < 57.0 | 0.16 |

㉢ 단독운전 방지기능 시험 : 단독운전을 검출하여 0.5초 이내에 개폐기 개방 또는 게이트 블록 기능이 동작할 것

㉣ 복전 후 일정시간 투입 방지 기능 시험 : 복전해도 5분이 경과한 후에 운전할 것

④ 정상 특성 시험

㉠ 교류전압, 주파수 추종 범위 시험
- 기준범위 내의 계통전압변화에 추종하여 안정하게 운전할 것
- 출력 전류의 종합 왜형률은 5[%] 이내, 각 치수별 왜형률이 3[%] 이내일 것
- 출력 역률이 0.95 이상일 것

㉡ 교류 출력 전류 변형률 시험 : 교류 출력 전류 종합 왜형률이 5[%] 이내, 각 차수별 왜형률이 3[%] 이내일 것

㉢ 누설 전류 시험 : 인버터의 기체와 대지와의 사이에서 1[kΩ] 이상의 저항을 접속해서 저항에 흐르는 누설전류가 5[mA] 이하일 것

Check! **왜형률** : 기본파성분에 대해 포함된 고조파성분의 비율을 나타낸다.

㉣ 온도 상승 시험
- 기준 주위온도는 옥내용의 경우 30±5[℃], 옥외용의 경우 40±5[℃]로 한다.
- 각 부의 온도가 제시된 허용기준을 초과하지 아니할 것

코일 절연시스템의 온도상승 기준

| 절연 종류 | 표면 온도계법에 의한 기준 | 저항법 및 매입형 온도계법에 의한 기준 |
|---|---|---|
| A종 절연 | 90[℃] | 95[℃] |
| E종 절연 | 105[℃] | 110[℃] |
| B종 절연 | 110[℃] | 120[℃] |
| F종 절연 | 130[℃] | 140[℃] |
| H종 절연 | 150[℃] | 160[℃] |
| N종 절연 | 165[℃] | 175[℃] |
| R종 절연 | 180[℃] | 190[℃] |
| S종 절연 | 195[℃] | 205[℃] |

절연물 및 소자의 온도상승 기준

| 절연물 및 소자 | 온도상승기준 |
|---|---|
| 전해 커패시터 | 65[℃] |
| 기타 커패시터 | 90[℃] |
| 주전원 연결단자 | 60[℃] |
| 주전원 연결단자 이외의 전원 연결부 및 전원 연결 도체부 | 60[℃] |
| 인버터 내부의 절연된 도체 | 제조자 정격 허용온도 |
| 퓨 즈 | 90[℃] |
| PCB | 105[℃] |
| 절연물 | 90[℃] |

㉤ 효율 시험

- 계통 연계형 인버터의 경우 Euro 변환 효율로 측정하여, 정격용량이 10[kW] 초과 30[kW] 이하에서는 90[%] 이상, 30[kW] 초과 100[kW] 이하에서는 92[%] 이상, 100[kW] 초과에서는 94[%] 이상일 것
- 독립형 인버터의 경우 정격효율로 측정하여 정격용량이 10[kW] 초과 30[kW] 이하에서는 88[%] 이상, 30[kW] 초과 100[kW] 이하에서는 90[%] 이상, 100[kW] 초과에서는 92[%] 이상일 것

㉥ 대기 손실 시험

- 대기 손실이란 계통연계형인 경우 인버터가 운전하지 않을 때 상용전력계통에서 수전하는 전력손실이다.
- 대기 손실 전력이 100[W] 이하일 것

㉦ 자동 기동·정지 시험

- 기동·정지 절차가 설정된 방법대로 동작할 것
- 채터링은 3회 이내일 것

**Check!** **채터링** : 자동기동·정지 시에 인버터가 기동·정지를 불안정하게 반복되는 현상

㉧ 최대전력 추정시험 – 최대전력 추종효율이 95[%] 이상일 것

㉨ 출력전류 직류분 검출 시험 – 직류전류 성분의 유출분이 정격전류의 0.5[%] 이내일 것

⑤ 과도 응답 특성 시험

㉠ 입력전력 급변 시험 : 인버터가 직류입력 전력의 급속한 변화에 추종하여 정상적으로 동작할 것

㉡ 계통전압 급변 시험 : 인버터가 계통전압의 급속한 변동에 추종해서 안정적으로 운전할 것

㉢ 계통전압 위상 급변 시험

- +10° 위상 급변 시 인버터가 급격히 변화하는 계통전압 위상에 추종하여 안정하게 운전할 것
- +120° 위상 급변 시 인버터가 급격히 변하하는 계통전압 위상에 추종하여 안정하게 운전을 계속하거나 또는 안전하게 정지하여 어떠한 부위에도 손상이 없으며, 운전을 정지한 경우 자동 기동할 것

⑥ 외부 사고 위험

㉠ 출력측 단락 시험

㉡ 계통전압 순간정전·순간 강하 시험 : 순간정전·전압강하에 대해서 안정하게 정지하거나, 운전을 계속한다. 만일 정지한 경우에는 복전 후 5분 이후에 운전을 재개할 것

㉢ 부하차단 시험 : 부하차단을 검출하여 개폐기 개방 및 게이트블럭 기능을 동작할 것

⑦ 내전기 환경 시험

㉠ 계통전압 왜형률 내량 시험

- 인버터가 정상적으로 동작할 것
- 역률이 0.95 이상일 것

㉡ 계통전압 불평형 시험
- 정격출력에서 정상적으로 동작할 것
- 역률이 0.95 이상일 것
- 출력전류 종합 왜형률이 5[%] 이하, 각 차수별 왜형률이 3[%] 이하일 것

㉢ 부하불평형 시험 : 30분 동안 안정하게 운전할 것

⑧ 내주위 환경 시험

㉠ 습도 시험(실내용 인버터에 적용)
- 절연저항은 1[MΩ] 이상일 것
- 상용 주파수 내전압에 1분간 견딜 것

㉡ 온습도 사이클 시험(실외용 인버터에 적용)
- 절연저항은 1[MΩ] 이상일 것
- 상용 주파수 내전압에 1분간 견딜 것

⑨ 전자기 적합성(EMC) 시험

㉠ 전자파 장해(EMI)

㉡ 전자파 내성(EMS)

### (6) 표시사항

① 일반사항

내구성이 있어야 하며 소비자가 명확히 인식할 수 있도록 표시하여야 한다.

② 제조 및 사용 표시

인증 설비에 대한 표시는 최소한 다음 사항을 포함하여야 한다.

㉠ 업체명 및 소재지

㉡ 설비명 및 모델명

㉢ 정격 및 적용 조건

㉣ 제조연월일

㉤ 인증부여번호

㉥ 기타 사항

# 적중예상문제

**01** 다음 중 태양광발전시스템의 신뢰성 평가 분석항목과 관련이 없는 것은?

① 계획정지 ② 운전데이터의 결측 상황
③ 트러블 ④ 신속성

해설

태양광발전시스템의 신뢰성 평가분석 항목
- 트러블(Trouble)
  - 시스템 트러블 : 인버터 정지, 직류지락, 계통지락, RCD 트립, 원인불명 등에 의한 시스템 운전정지 등
  - 계측 트러블 : 컴퓨터 전원의 차단, 컴퓨터 조작오류, 기타 원인불명
- 운전데이터의 결측 상황
- 계획정지 : 정전(정기점검 · 개수정전, 계통 정전)

**02** 태양광 모듈의 전기적 성능시험의 발전성능시험은 옥외에서의 자연광원법으로 시험해야 하는데 기상조건에 의해 일반적으로는 인공광원법을 채택하여 시험을 한다. 이때 기준 조건으로 바르게 짝지어진 것은?

① AM(대기진량정수) 1.5, 방사조도 1[kW/m$^2$], 온도 25[℃]
② AM(대기진량정수) 1.5, 방사조도 1[kW/m$^2$], 온도 20[℃]
③ AM(대기진량정수) 1.0, 방사조도 1[kW/m$^2$], 온도 25[℃]
④ AM(대기진량정수) 1.0, 방사조도 1[kW/m$^2$], 온도 20[℃]

해설

일반적으로는 인공광원법을 채택하여 시험을 할 때 기준은 AM(대기진량정수) 1.5, 방사조도 1[kW/m$^2$], 온도 25[℃]이다.

**03** 다음 중 태양광발전시스템 트러블 중 계측 트러블인 것은?

① 인버터의 정지
② 직류지락
③ 컴퓨터 전원의 차단
④ 계통지락

해설

태양광발전시스템의 신뢰성 평가분석 항목
- 트러블(Trouble)
  - 시스템 트러블 : 인버터 정지, 직류지락, 계통지락, RCD 트립, 원인불명 등에 의한 시스템 운전정지 등
  - 계측 트러블 : 컴퓨터 전원의 차단, 컴퓨터 조작오류, 기타 원인불명
- 운전데이터의 결측 상황
- 계획정지 : 정전 (정기점검 · 개수정전, 계통 정전)

**04** 다음 중 태양광발전시스템의 성능평가를 위한 측정 요소에 속하지 않는 것은?

① 신속성 ② 사이트
③ 신뢰성 ④ 발전성능

해설

태양광발전시스템의 성능평가를 위한 측정요소
- 구성요인의 성능 · 신뢰성
- 사이트
- 발전성능
- 신뢰성
- 설치가격(경제성)

**05** 태양광 모듈의 최대출력이 50[W], 태양의 입사광 강도는 1,000[kW/m$^2$], 모듈의 면적이 0.5[m$^2$]일 때 변환 효율은?

① 10[%] ② 20[%]
③ 30[%] ④ 40[%]

해설

$$\eta = \frac{P_{\max}}{E \times S} \times 100 = \frac{50}{1,000 \times 0.5} \times 100 = 10[\%]$$

$P_{\max}$ : 최대출력
$E$ : 입사광 강도[kW/m$^2$]
$S$ : 수광면적[m$^2$]

정답 1 ④ 2 ① 3 ③ 4 ① 5 ①

## 06 태양광발전시스템의 성능평가를 위한 사이트 평가 방법이 아닌 것은?

① 설치 대상기관 ② 설치 시설의 분류
③ 트러블 형태 ④ 설치 각도와 방위

**해설**

태양광발전시스템의 사이트 평가방법
- 설치 대상기관
- 설치 시설의 분류
- 설치 시설의 지역
- 설치 형태
- 설치 용량
- 설치 각도와 방위
- 시공업자
- 기기 제조사

## 07 태양광 모듈 곡면을 감싸고 있는 금속 프레임과의 절연성능시험에서 모듈의 넓이가 0.1[m²]일 때, 절연저항 값은 몇 이상이어야 하는가?

① 0.2[MΩ] ② 1[MΩ]
③ 40[MΩ] 이상 ④ 100[MΩ] 이상

**해설**

절연저항값은 0.1[m²] 이하에서는 100[MΩ] 이상, 0.1[m²] 초과에서는 측정값과 면적의 곱이 40[MΩ · m²] 이상일 때 합격이다.

## 08 다음은 태양광발전시스템 성능분석용어에 관한 내용이 맞지 않는 것은?

① 시스템 발전효율

$$=\frac{\text{시스템 발전전력[kW]}}{\text{경사면 일사량[kW/m}^2]\times\text{태양전지 어레이면적[m}^2]}$$

② 태양광 어레이 변환효율

$$=\frac{\text{태양전지 어레이 출력전력[kW]}}{\text{표준일사강도[kW/m}^2]\times\text{태양전지 어레이면적[m}^2]}$$

③ 시스템 이용률

$$=\frac{\text{시스템 발전전력량[kWh]}}{\text{24[h]}\times\text{운전일수}\times\text{태양전지 어레이 설계용량(표준상태)}}$$

④ 시스템 가동률

$$=\frac{\text{시스템 평균의 발전전력 또는 전력량[kWh]}}{\text{부하소비전력[kW] 또는 전력량[kWh]}}$$

**해설**

태양광발전시스템 성능분석용어

| 성능분석 용어 | 산출방법 |
|---|---|
| 태양광 어레이 변환효율 | $\frac{\text{태양전지 어레이 출력전력[kW]}}{\text{표준 일사강도[kW/m}^2]\times\text{어레이 면적[m}^2]}$ |
| 시스템 발전효율 | $\frac{\text{시스템 발전전력[kW]}}{\text{경사면 일사량[kW/m}^2]\times\text{태양전지 어레이 면적[m}^2]}$ |
| 태양에너지 의존율 | $\frac{\text{시스템의 평균 발전전력[kW] 또는 전력량[kWh]}}{\text{부하소비전력[kW] 또는 전력량[kWh]}}$ |
| 시스템 이용률 | $\frac{\text{시스템 발전 전력량[kWh]}\times\text{표준일사강도[kW/m}^2]}{\text{태양전지 어레이 설계용량(표준상태)[kW]}\times\text{경사면 누적일사량[kWh/m}^2]}$ |
| 시스템 성능출력계수 | $\frac{\text{시스템 발전 전력량[kWh]}\times\text{표준일사강도[kW/m}^2]}{\text{태양전지 어레이 설계용량(표준상태)[kW]}\times\text{경사면 누적일사량[kWh/m}^2]}$ |
| 시스템 가동률 | $\frac{\text{시스템 동작시간[h]}}{\text{24[h]}\times\text{운전일수}}$ |
| 시스템 일조가동률 | $\frac{\text{시스템 동작시간[h]}}{\text{가조시간[h]}}$ |

※ 가조시간 : 태양에 의한 일조 가능한 시간

## 09 태양전지 모듈의 자외선에 의한 열화 정도를 시험하는 평가는?

① 온도 사이클 시험
② 온·습도 사이클 시험
③ UV 시험
④ 내열-내습성 시험

**해설**

UV 시험 판정기준은 발전성능이 시험 전의 95[%] 이상이며, 절연저항 판정기준에 만족하고 외관은 두드러진 이상이 없을 때 합격이다.

## 10 태양광발전시스템에서 모듈 선정 시의 변환 효율 식은?(단, 최대출력은 $P$[W], 모듈 전면적은 $A$[m²], 방사속도는 $G$[W/m²]이다)

① $\frac{P\times G}{A}\times 100[\%]$ ② $\frac{P}{A\times G}\times 100[\%]$
③ $\frac{A\times G}{P}\times 100[\%]$ ④ $\frac{P\times A}{G}\times 100[\%]$

**해설**

모듈의 변환효율

$$\eta=\frac{\text{모듈 1장의 출력[kW]}}{\text{표준 일사강도[kW/m}^2]\times\text{모듈 면적[m}^2]}$$



6 ③ 7 ④ 8 ④ 9 ③ 10 ② 정답

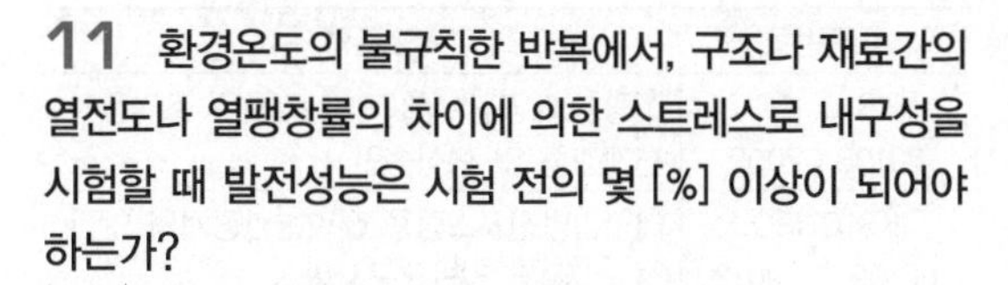

**11** 환경온도의 불규칙한 반복에서, 구조나 재료간의 열전도나 열팽창률의 차이에 의한 스트레스로 내구성을 시험할 때 발전성능은 시험 전의 몇 [%] 이상이 되어야 하는가?

① 70[%] ② 80[%]
③ 95[%] ④ 99[%]

해설

발전성능은 시험 전의 95[%] 이상이면 합격으로 본다.

**12** 태양광 모듈의 내구성에 미치는 영향 중 기상환경에 의한 열화에 대한 설명이다. 맞지 않는 것은?

① 직렬저항에 의한 손실은 최소화하기 위해서는 전극접촉저항 및 표면저항을 줄이는 일이 매우 중요하다.
② 일사강도가 크고 고온이거나 수분이 침투하여 리본전극의 부식인 경우, 직렬저항을 증가시켜 태양광 모듈의 전기적 성능을 감소시킨다.
③ EVA(충진재)의 황변현상, 필름층의 크랙, 터미널 박스의 부식, 유리와 EVA 사이에 가수분해 등에 의해 단락전류의 증가현상이 발생한다.
④ EVA(충진재)가 장기간 자외선에 노출될 경우 광분해에 의해 변색되고 광투과율이 감소되어 전기적 성능을 감소시킨다.

해설

자외선의 영향을 강하게 받는 EVA(충진재)의 황변현상, 필름층의 크랙, 터미널 박스의 부식, 유리와 EVA 사이에 가수분해 등 여러 가지 문제점이 발견되어 단락전류의 저하 현상이 발생한다.

**13** 결정계 태양전지 셀과 관련된 KS 규격과 거리가 먼 것은?

① KS C 8525 ② KS C 8526
③ KS C 8527 ④ KS C 8528

해설

KS C 8526은 결정계 태양전지 모듈에 관련 기준이다.

| 표준번호 | 표준명 |
|---|---|
| KS C 8525 : 2005 | 결정계 태양전지 셀 분광 감도 특성 측정 방법 |
| KS C 8526 : 2005 | 결정계 태양전지 모듈 출력 측정 방법 |
| KS C 8527 : 2005 | 결정계 태양전지 셀 모듈측정용 솔라 시뮬레이터 |
| KS C 8528 : 2005 | 결정계 태양전지 셀 출력 측정 방법 |

**14** 결정계 태양전지 셀 분광감도 특성 측정방법을 나타내는 KS 규격은?

① KS C 8525 ② KS C 8526
③ KS C 8527 ④ KS C 8528

해설

KS C 8525는 결정계 태양전지 셀 분광감도 특정측정방법 관련 기준이다.

| 표준번호 | 표준명 |
|---|---|
| KS C 8525 : 2005 | 결정계 태양전지 셀 분광 감도 특성 측정 방법 |
| KS C 8526 : 2005 | 결정계 태양전지 모듈 출력 측정 방법 |
| KS C 8527 : 2005 | 결정계 태양전지 셀 모듈측정용 솔라 시뮬레이터 |
| KS C 8528 : 2005 | 결정계 태양전지 셀 출력 측정 방법 |

**15** 태양광 전지소자에 관련된 KS C IEC규격은?

① KS C IEC 60904 ② KS C IEC 61173
③ KS C IEC 61174 ④ KS C IEC 61215

해설

태양광 전지소자에 관련된 기준은 KS C IEC 60904이다.

| 표준번호 | 표준명 |
|---|---|
| KS C IEC 60904-1 : 2009 | 태양전지소자-제1부 : 태양전지 전류-전압 특성 측정 |
| KS C IEC 60904-2 : 2010 | 태양전지소자-제2부 : 기준 태양전지 소자의 요구사항 |
| KS C IEC 60904-3 : 2010 | 태양전지소자-제3부 : 기준 스펙트럼조사 강도 데이터를 이용한 지상용 태양전지(PV) 소자의 측정원리 |
| KS C IEC 60904-4 : 2012 | 태양전지소자-제4부 : 기준 태양광소자-교정 소급성의 확립과정 |
| KS C IEC 60904-5 : 2005 | 태양전지소자-제5부 : 개방전압 방법을 이용한 태양전지(PV)소자의 등가전지 온도(ECT)결정 |
| KS C IEC 60904-6 : 2002 | 태양발전소자-제6부 : 기준 태양광 모듈의 필요조건 |

정답 11 ③ 12 ③ 13 ② 14 ① 15 ①

| 표준번호 | 표준명 |
|---|---|
| KS C IEC 60904-7 : 2010 | 태양전지소자-제7부 : 태양전지 소자의 시험에서 발생된 스펙트럼 불일치 오차 계산 |
| KS C IEC 60904-8 : 2005 | 태양전지소자-제8부 : 태양전지(PV) 소자의 스펙트럼 응답측정 |
| KS C IEC 60904-9 : 2010 | 태양전지소자-제9부 : 솔라 시뮬레이터의 성능 요구사항 |
| KS C IEC 60904-10 : 2012 | 태양광발전 소자-제10부 : 선형성 측정 방법 |
| KS C IEC 62108 : 2009 | 집광형 태양광발전(CPV) 모듈 및 조리품 - 설계검증 및 형식승인 |
| KS C IEC 62109-1 : 2012 | 태양광발전시스템용 전력변환장치의 안전성 - 제1부 일반요구사항 |
| KS C IEC 62116 : 2010 | 계통 연계형 태양광 인버터의 단독운전 방지 방법에 대한 시험절차 |
| KS C IEC 62124 : 2008 | 독립형 태양광발전(PV) 시스템 - 설계검증 |

**16** 태양광발전시스템의 과전압 방지책을 나타내는 KS C IEC 규격은?

① KS C IEC 61173　② KS C IEC 61174
③ KS C IEC 61215　④ KS C IEC 61277

해설
태양광발전시스템의 과전압 방지책 관련 사항은 KS C IEC 61173이다.

| 표준번호 | 표준명 |
|---|---|
| KS C IEC 61173 : 2002 | 태양광발전시스템의 과전압 방지책 |
| KS C IEC 61174 : 2002 | 독립형 태양광발전시스템의 특성 변수 |
| KS C IEC 61215 : 2006 | 지상 설치용 결정계 실리콘 태양전지(PV) 모듈 - 설계 적격성 확인 및 형식 승인 요구 사항 |
| KS C IEC 61277 : 2002 | 지상용 태양광발전시스템 - 일반사항 및 지침 |
| KS C IEC 61345 : 2002 | 태양광 모듈의 자외선 시험 |

**17** 계통 연계형 태양광 인버터의 단독운전 방지 방법에 대한 시험절차를 나타내는 KS C IEC 규격은?

① KS C IEC 61836　② KS C IEC 62108
③ KS C IEC 62109　④ KS C IEC 62116

해설

| 표준번호 | 표준명 |
|---|---|
| KS C IEC 61836 : 2007 | 태양광발전 에너지 시스템 - 용어 및 기호 |
| KS C IEC 62093 : 2007 | 태양광발전시스템의 주변장치 - 설계검증을 위한 일반요건 |

**18** 태양광발전시스템에 설치된 실내형 계통연계 인버터의 외함 보호등급은?

① IP20 이상　② IP45 이상
③ IP54 이상　④ IP60 이상

**19** 태양광발전시스템에서 모듈의 결함을 발견하기 위한 점검 및 측정 방법이 아닌 것은?

① 다기능 측정
② 절연저항 측정
③ 육안 검사
④ 입출력 측정

해설
입출력 측정은 인버터의 효율특성, 제어특성 측정이나 스트링다이오드의 결함을 발견하기 위해 사용하는 측정방법이다.

**20** 중대형 태양광발전용 인버터에서 기준 범위 내의 계통전압변화에 추정하여 안정하게 운전하기 위한 출력의 역률은 몇 [%] 이상인가?

① 80[%]　② 85[%]
③ 90[%]　④ 95[%]

해설
교류출력 전류종합 왜형률이 5[%] 이내, 각 차수별 왜형률이 3[%] 이내, 역률은 0.95 이상



16 ① 17 ④ 18 ① 19 ④ 20 ④ 정답

**21** 인버터의 제어특성을 측정하기 위한 방법이 아닌 것은?

① $I-V$ 곡선　② 과·저전압 측정
③ 입출력 측정　④ AC 회로 시험

해설
AC 회로 시험은 인버터의 제어특성을 측정하기 위한 방법이 아니다.

**22** 태양광발전시스템에서 단독운전 검출 후, 몇 초 이내에 개폐기 개방 또는 게이트 블록 기능이 동작해야 하는가?

① 0.1　② 0.5
③ 1.0　④ 1.5

해설
태양광발전시스템에서 단독운전 검출 후, 0.5초 이내에 개폐기 개방 또는 게이트 블록 기능이 동작해야 한다.

**23** 태양광발전설비에 설치된 퓨즈의 고장을 점검하기 위한 방법으로 적당하지 않는 것은?

① 전력망 분석　② 입출력 측정
③ 육안 검사　④ 다기능 측정

해설
전력망 분석은 태양광발전설비와 연관된 전력망을 분석하는 것으로 퓨즈의 고장을 점검하기 위한 방법으로는 적절하지 않다.

**24** 중대형 태양광발전시스템에서 인버터의 대기손실 전력은 몇 [W] 이하가 되도록 해야 하는가?

① 10[W]　② 30[W]
③ 50[W]　④ 100[W]

해설
중대형 태양광발전시스템에서 계통연계형인 경우 인버터가 운전하지 않을 때에 상용전력계통에서 수전하는 전력손실이 발생한다.
대기손실
- 계통연계형인 경우 인버터가 운전하지 않을 때 상용전력계통에서 수전하는 전력손실이다.
- 대기손실전력이 100[W] 이하일 것

**25** 인버터의 효율을 측정하기 위한 방법으로 적합하지 않는 것은?

① 입출력 측정　② 전력망 분석
③ 절연저항 측정　④ AC회로 시험

해설
절연저항 측정은 태양광발전시스템의 각 부분의 절연상태를 운전하기 전에 충분히 확인할 필요가 있으며 운전 개시나 정기점검의 경우에는 물론 사고 시에도 불량개소를 판정하고자 하는 경우에 실시한다. 한편, 운전 개시에 측정된 절연저항값이 이후의 절연상태의 기준이 되므로 측정결과를 기록하여 보관해 두어야 한다.

**26** 태양광발전시스템의 주변장치(BOS)가 아닌 것은?

① 축전지　② 개폐기
③ 태양전지 어레이　④ 출력조절기

해설
태양전지 어레이 구조물과 그 외의 구성기기를 일반적으로 주변장치(BOS)라고 한다. 이 시스템 구성기기 중에서 태양광발전 모듈을 제외한 가대, 개폐기, 축전지, 출력조절기, 계측기 등의 주변기기를 통틀어 주변장치라고 한다.

정답　21 ④　22 ②　23 ①　24 ④　25 ③　26 ③

# 태양광발전시스템 유지보수

## 제1절 유지보수 개요

### 1 유지보수 의의

#### (1) 유지보수

태양광발전 설비는 시간이 지남에 따라 경년열화가 되어 열화, 고장이 예상되므로 태양광발전 설비 소유자 또는 전기안전관리자로 선임된 자는 법으로 규정된 정기검사 외에 자체적으로 정기적인 유지보수를 실시할 필요가 있다.

#### (2) 유지보수 목적

① 유지보수는 발전설비의 장기수명 보장을 통한 발전소 수익의 안정화 보장을 위해 필요하고 또한 전기안전사고 사전방지와 시설의 재투자 비용 절감을 위해 필요하다.
② 발전소의 안정적인 운영과 장기적인 신뢰성 확보를 위해서 필수적인 요소이다.

### 2 유지보수 절차

#### (1) 유지보수 절차

태양광발전시스템의 유지관리는 초기에 변형이나 결함을 정확히 파악하여 가장 적절한 대책을 수립하는 것이므로 결함의 예측, 점검, 평가 및 판정, 대책, 기록 등을 합리적으로 조합시켜 순서에 따라 대처하여야 한다.

유지관리 절차 시 고려해야 할 사항을 나타내면 다음과 같다.
① 시설물별 적절한 유지관리계획서를 작성한다.
② 유지관리자는 유지관리계획서에 따라 시설물의 점검을 실시하며, 점검결과는 점검기록부(또는 일지)에 기록, 보관하여야 한다.
③ 점검결과에 따라 발견된 결함의 진행성 여부, 발생 시기, 결함의 형태나 발생위치, 원인과 장해추이를 정확히 평가·판정한다.
④ 점검결과에 의한 평가·판정 후 적절한 대책을 수립하여야 한다.

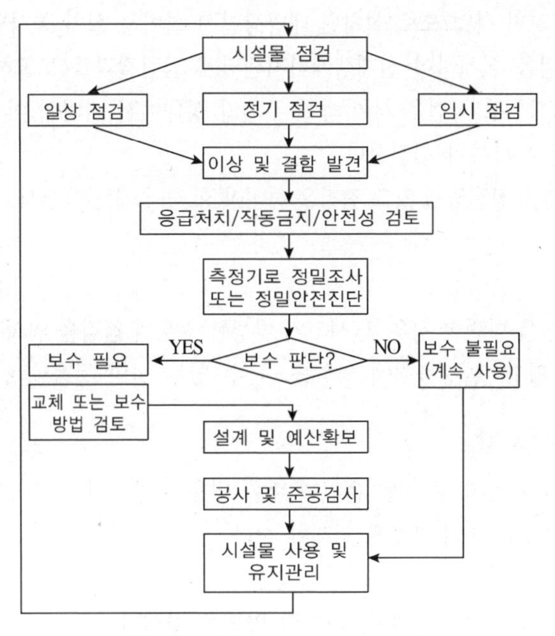


[태양광발전시스템 유지관리 절차도]

### (2) 유지보수 점검 종류

태양광발전시스템의 점검은 일반적으로 준공 시의 점검, 일상점검, 정기점검의 3가지로 구별되지만 유지보수 관점에서의 점검의 종류는 일상점검, 정기점검, 임시점검으로 재분류된다.

① 일상점검

㉠ 태양광발전시스템의 기능 또는 성능을 유지하고, 내용 연한을 연장시키기 위해서는 태양광 모듈의 청소, 대지의 잡초제거, 시설물의 상태 점검, 설비기기의 운전, 가동부분의 주유, 소모품의 교환 등의 일상점검을 유지관리 체크리스트를 활용하여 행하여야 한다.

㉡ 일상점검은 주로 점검자의 감각(오감)을 통해 실시하는 것으로 이상한 소리, 냄새, 손상 등을 점검항목에 따라서 행하여야 한다.

㉢ 이상 상태를 발견한 경우에는 배전반 등의 문을 열고 이상 정도를 확인한다.

㉣ 이상의 상태가 직접 운전을 하지 못할 정도로 전개된 경우를 제외하고는 이상상태의 내용을 기록하여 정기점검 시에 참고자료로 활용한다.

② 정기점검

㉠ 사업용 전기설비나 자가용 전기설비로 구분되는 태양광발전 설비의 소유자 또는 점유자는 전기설비의 공사, 유지 및 운용에 관한 안전관리업무를 수행하기 위해 전기사업법(전기안전관리자 선임)에서 규정하고 있는 전기안전관리자를 선임하여야 한다. 다만, 태양광발전 설비 용량이 1,000[kW] 미만의 것은 안전관리업무를 대행기관 또는 대행업체에 일임할 수 있다.

㉡ 태양광발전 설비의 정기점검 주기는 설비용량에 따라 월 1~4회 이상 실시한다.

㉢ 정부지원금(주택지원 사업)으로 설치된 태양광발전 설비는 설치 공사업체가 하자보수기간인 3년 동안 연 1회 점검을 실시하여 신재생에너지센터에 점검결과를 보고하여야 한다.

㉣ 정기점검은 원칙적으로 정전을 시켜 놓고 무전압 상태에서 기기의 이상 상태를 점검하고 필요에 따라서는 기기를 분리하여 점검한다.

㉤ 태양광발전시스템을 정전하지 않고 점검을 하여야 할 경우에는 안전사고가 일어나지 않도록 주의하여야 한다.

③ 임시점검

일상점검 등에서 이상을 발견한 경우 및 사고가 발생한 경우의 점검을 임시점검이라고 하며, 각 설비별로 사고의 원인 및 영향, 발전출력에 영향을 줄 수 있는 설비 등을 점검한다.

### (3) 보수점검 작업 시 주의사항

작업자의 안전을 위하여 기기의 구조 및 운전에 관한 내용을 반드시 숙지하여야 하며 안전사고에 대한 예방조치를 한 후 2인 1조로 보수점검에 임해야 한다.

① 점검 전의 유의사항

㉠ 준비작업 : 응급처치 방법 및 설비, 기계의 안전을 확인한다.

㉡ 회로도의 검토 : 전원계통이 Loop가 형성되는 경우를 대비하여 태양광발전시스템의 각종 전원스위치의 차단상태 및 접지선의 접속 상태를 확인한다.

㉢ 연락처 : 관련부서와 긴밀하고 확실하게 연락할 수 있도록 비상연락망을 사전 확인하여 만일의 사태에 신속히 대처할 수 있도록 한다.

㉣ 무전압 상태 확인 및 안전조치

- 관련된 차단기, 단로기를 열어 무전압 상태로 만든다.
- 검전기를 사용하여 무전압 상태를 확인하고 필요한 개소는 접지를 실시한다.
- 특고압 및 고압 차단기는 개방하여 시험 위치로 인출하고 “점검 중”이라는 표찰을 부착하여야 한다.
- 단로기는 쇄정(자물쇠를 채움)시킨 후 “점검 중” 표찰을 부착한다.
- 특히, 수배전반 또는 모선 연락반은 전원이 되돌아와서 살아있는 경우가 있으므로 상기 항의 조치를 취하여야 한다.

㉤ 잔류전압에 대한 주의 : 콘덴서 및 Cable의 접속부를 점검할 경우에는 잔류전하를 방전시키고 접지를 실시한다.

㉥ 오조작 방지 : 인출형 차단기 및 단로기는 쇄정 후 “점검 중” 표찰을 부착한다.

㉦ 절연용 보호 기구를 준비한다.

㉧ 쥐, 곤충 등의 침입 대책 : 쥐, 곤충, 뱀 등의 침입 방지대책을 세운다.

② 점검 후의 유의사항

㉠ 접지선 제거 : 점검 시 안전을 위하여 접지한 것을 점검 후에는 반드시 제거하여야 한다.

㉡ 최종확인 : 최종확인은 다음 사항을 확인한다.

- 작업자가 수·배전반 내에 들어가 있는지 확인한다.

- 점검을 위해 임시로 설치한 가설물 등이 철거되었는지 확인한다.
- 볼트, 너트 단자반 결선의 조임, 연결 작업의 누락은 없는지 확인한다.
- 작업 전에 투입된 공구 등이 목록을 통해 회수되었는지 확인한다.
- 점검 중 쥐, 곤충, 뱀 등의 침입은 없는지 확인한다.

③ 점검의 기록

일상점검, 정기점검 또는 임시점검을 할 때에는 반드시 점검 및 수리한 요점 및 고장상황, 일자 등을 기록하여 차기점검에 활용한다.

### (4) 하자보수

① 검사 대상 : 준공된 태양광 발전소 건설부지 및 전기설비 중 하자보증기간 내에 있는 모든 공사

② 검사 시기 : 연간 2회 이상

③ 하자발생 시 조치사항

㉠ 하자 발견 즉시 도급자에게 서면 통보하여 하자 보수토록 요청

㉡ 하자보수 요청 후 미 이행시는 하자보증 보험사 또는 연대 보증사에 서면 통보하여 조치(발주자는 하자보수 불이행에 따른 도급자에게 행정처별 조치)

㉢ 도급자는 하자보수 착공계 제출 후 공사에 임하여야 하며, 하자보수를 완료한 경우 하자보수 준공계를 제출하여 감독자의 준공검사를 득해야 처리가 완료된다.

㉣ 하자보수 및 검사를 완료한 경우에는 하자보수 관리부를 작성하여 보관한다.

④ 공사하자 담보 책임기간(지방계약법 시행규칙)

| 관련 법령 | 대상 공정 | | 책임기간 |
|---|---|---|---|
| 건설산업 기본법 | 도로(암거, 측구를 포함한다) | | 2년 |
| | 상수도, 하수도 | 철근콘크리트 또는 철근구조부 | 7년 |
| | | 관료 매설 또는 기기 설치 | 3년 |
| | 관개수로 또는 매립 | | 3년 |
| | 부지정지 | | 2년 |
| | 조경시설물 또는 조경식재 | | 2년 |
| | 발전 · 가스 또는 산업설비 | 철근콘크리트 또는 철근구조부 | 7년 |
| | | 그 밖의 시설 | 3년 |
| | 그 밖의 토목공사 | | 1년 |
| 전기 공사업법 | 발전설비공사 | 철근콘크리트 또는 철근구조부 | 7년 |
| | | 그 밖의 시설 | 3년 |
| | 지중 송배전설비공사 | 송전설비공사(케이블, 물밑송전설비공사 포함) | 5년 |
| | | 배전설비공사 | 3년 |
| | 송전설비공사 | | 3년 |
| | 변전설비공사(전기설비 및 기기설치공사 포함) | | 3년 |

| 관련 법령 | 대상 공정 | | 책임기간 |
|---|---|---|---|
| 전기 공사업법 | 배전설비공사 | 배전설비 철탑공사 | 3년 |
| | | 그 밖의 배전설비공사 | 2년 |
| | 그 밖의 전기설비공사 | | 1년 |
| 정보통신 공사업법 | 사업용 전기통신설비 중 케이블설치공사(구내 제외) 관로, 철탑, 교환기설치, 전송설비, 위성통신설비공사 | | 3년 |
| | 그 밖의 공사 | | 1년 |

※ 태양광발전설비 하자보증기간 : 3년

## 3 유지보수 계획 시 고려사항

### (1) 유지관리 개요

시설물의 결함은 계획, 설계, 제작, 시공 및 감리, 시설물의 이용, 청소 및 점검 장비와 시설 등의 유지관리 단계를 거치면서 자연적 요인과 인위적 요인에 의하여 발생하는 것이므로 유지관리 단계에서는 물론 계획, 설계, 시공단계에서도 유지관리를 염두에 두고 행하여야 한다.

### (2) 유지관리 계획

① 개 요

㉠ 시설물의 유지관리자는 시설물의 특성, 규모 등을 고려한 장기유지관리기준을 마련하고 그 기준에 따라 매년 유지관리계획을 수립하여 계획에 따라 적절한 유지관리를 행하여야 한다.

㉡ 유지관리는 초기 점검에 의한 시설물의 현상평가로부터 시작된다. 이 점검을 행할 때에는 당해 시설물의 계획, 설계, 시공의 기록을 이용하는 것이 점검내용을 정할 때 매우 유용하다.

㉢ 기록의 신뢰성이 높은 경우에는 점검내용을 상당히 줄일 수 있다.

㉣ 기록은 유지관리 단계별로 매우 유용하게 이용되므로 기록을 적절히 정리하여 보관하여야 한다.

㉤ 새로 신설되는 시설물의 경우 유지관리를 고려하여 계획, 설계, 시공을 행하면 유지관리가 매우 용이하게 된다. 특히, 유지관리를 위한 점검설비 등을 건설 당시 적절히 설치하거나 기존 시설물에도 점검설비 등을 미리 설치하면 유지관리업무에 매우 유용하게 활용할 수 있다.

② 점검계획

시설물의 준공 후 유지관리자는 수시점검 또는 정기점검 계획을 수립하여 계획에 따라 적절히 점검을 시행하여, 점검계획을 수립할 때는 다음과 같은 사항들이 고려되어야 한다.

㉠ 시설물의 종류, 범위, 항목, 방법 및 장비

㉡ 점검대상 부위의 설계자료, 과거이력 파악

㉢ 시설물의 구조적 특성 및 특별한 문제점 파악

㉣ 시설물의 규모 및 점검의 난이도

㉤ 점검 당시의 주변여건

㉥ 점검표의 작성

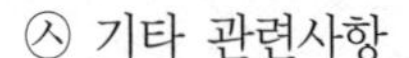

ⓢ 기타 관련사항

③ 점검계획 시 고려사항

㉠ 설비의 사용 기간

㉡ 설비의 중요도

㉢ 환경조건

㉣ 고장이력

㉤ 부하상태

## (3) 유지관리 경제성

① 유지관리비 구성요소

유지관리의 경제적 기본원칙은 종합적으로 비용을 최소부담으로 수행해야 하는 것이다. 종합적 비용에는 계획설계비, 건설비, 유지관리비 및 폐기처분비 등 모든 비용을 종합적으로 검토하여야 한다. 유지관리비의 구성요소는 유지비, 보수비, 개량비, 일반관리비, 운용지원비로 분류한다.

㉠ 유지비 : 시설물을 관리하기 위해서 실시하는 일상점검, 정기점검, 청소, 보안, 식재관리, 제설 등에 필요한 유지점검에 관련된 비용이 포함된다.

㉡ 보수비와 개량비 : 파손개소, 결함이 발생한 부분에 대한 사후보전을 위해 보수하는 비용과 개조 등을 위해 지출하는 비용이다.

㉢ 일반관리비 : 시설물을 유지하는데 지출되는 제반 관리비로서 행정비, 관련세금, 보험료, 감가상각, 업무위탁에 필요한 사무비 및 위탁업무의 검사에 필요한 경비 등이 포함된다.

㉣ 운용지원비 : 유지관리에 필요한 기술 자료의 수집, 기술의 연수, 보전기술개발의 제반비용 등이다.

② 내용 연수

㉠ 물리적 내용 연수 : 시설물과 부대설비가 건설 후 사용함에 따라서 또는 세월이 지남에 따라 손상, 열화 등의 변질현상이 진행되어 그 시설물을 이용하기에 위험한 상태에 이르기까지의 기간이다.

㉡ 기능적 내용 연수 : 시설물의 기능이 사회 및 경제활동의 진전, 생활양식의 변화 등에 따른 변화에 대응하지 못하고, 기능의 상대적 저하가 시설물로서의 편익과 효용을 현저하게 저하시켜 그 기능을 발휘하기 어려운 상태에 이르기까지의 기간을 말한다.

㉢ 사회적 내용 연수 : 시설물의 제 기능저하보다는 사회적 환경변화에 적응이 불가능하기 때문에 야기되는 효용성의 감소를 말한다. 즉, 도로의 신설・확장 등에 의한 시설물의 일부 또는 전체의 훼손, 도시재개발사업에 의한 시설물의 철거, 지가상승으로 인한 고수익성의 시설물로 교체하는 경우 등이 해당된다.

㉣ 법정 내용 연수 : 시설물이 안전을 유지하고 그 기능을 지닐 수 있는 기간으로 물리적 마모, 기능상, 경제상의 조건 등을 고려하여 각 시설물이나 부대시설에 대해 규정한 연수를 말한다.

㉤ 상기된 4가지 내용 연수 중에서 시설물의 유지관리 측면에서는 기능적 내용 연수를 고려하여 경제적 평가의 기준으로 함이 타당하다.

### (4) 기획과 예산편성

유지관리 책임자는 유지관리에 필요한 자금일체를 확보하여야 하며 그 자금의 흐름을 적절히 관리할 수 있도록 계획하여야 한다.

### (5) 유지관리 기준

① 품질기준

㉠ 품질기준은 유지보수 활동에 필요한 외적인 조건으로 정의되며 기술의 특성과 성과품의 특성을 규정한다.

㉡ 품질기준은 유지관리 활동에서 야기될 조건과 점검주기를 명시해야 하며, 필요한 조치를 규정해야 한다.

㉢ 충분한 결과를 얻기 위해서는 성과품에 대한 시방서를 상세히 확인하여야 한다.

㉣ 완료된 작업의 성과를 평가할 수 있도록 상세한 세부 항목을 점검표에 작성하여 품질기준에 포함시켜야 하며, 전력변환장치와 같은 복잡한 설비의 경우에는 전문기술자에 의해 품질기준이 규정되어야 한다.

② 작업기준

㉠ 작업기준은 구조물의 예방적 유지보수를 위한 시방서, 장비, 작업절차 등을 포함하며 명시된 작업단위를 완료하는데 필요한 기간과 수량을 지칭한다.

㉡ 작업기준은 효과적인 기획, 예산편성, 일정계획 수립에 필수적인 요소이다.

㉢ 작업기준 작성 시 고려할 사항은 기능이 복잡하고 경비가 많이 소요되는 빈번한 반복 기능들에 대한 것이다.

㉣ 유지관리 우선순위는 높은 품질 또는 작업의 효율을 위해 필요하며 시간과 능률 기준은 규정된 유지관리 우선순위에 근본을 두어야 한다.

㉤ 시간과 능률 기준에 영향을 미치는 변수로는 현장까지 또는 현장으로부터의 이동시간, 재료의 수송시간, 가용한 장비의 형식, 극도의 기후조건, 작업원의 부족 등이 있다.

㉥ 시간과 능률기준에 따른 유지관리 절차는 기획을 위한 인력과 장비계획, 작업일정계획, 예산편성에 필수적인 요소이다. 즉, 작업기준은 가용자원의 우선순위를 결정함에 기본적인 판단기준이 된다.

### (6) 기록 및 보고

① 일반사항

㉠ 작업의 통제나 조직의 운영을 위한 각종 기록은 보고를 하여야 하며, 대장이나 각종 도표 등은 조사를 하거나 변경되었을 경우 반드시 기록하여야 한다.

㉡ 유지관리 기록 및 보고를 위해서는 순찰일지, 작업일지, 자재수급일지, 취업표 등을 기록하여 상부기관에 보고하여야 한다.

㉢ 기록체계는 많은 기능들을 잘 포함할 수 있도록 수립되어야 하며, 효과적인 기록체계를 이루려면 수립과정에 앞서 예상되는 의문사항들이 밝혀져야 한다.

② 기록 보존기간

㉠ 유지관리 기록은 시설물을 사용하는 기간 동안 보존하는 것을 원칙으로 한다.

㉡ 기록은 효율적이고 합리적인 유지관리를 위한 자료이므로 유지관리를 계속 행할 필요가 있는 동안은 보존하는 것이 원칙이다.

㉢ 시설물의 사용기간이 지난 후에도 다른 시설물의 유지관리 자료로 사용하기 위해 보전하는 것이 바람직하다.

③ 기록 항목

㉠ 기록해야 할 항목으로는 주요제원, 일반도, 주변환경, 점검계획과 결과, 평가·판정의 결과, 대책 수립과 향후 추진계획 등으로 한다.

㉡ 기록해야 할 항목으로 유지관리에 필요한 항목을 효율적으로 선정한다.

### (7) 자료관리

① 일반사항

자료 관리는 유지관리 업무 중에 결정을 내릴 때 그 판단 근거가 되는 기초자료를 용이하게 제공받을 수 있는 체계를 합리적으로 구축하여야 한다.

② 유지관리에 필요한 자료

㉠ 주변지역의 현황도 및 관계서류

㉡ 지반조사 보고서 및 실험 보고서

㉢ 준공시점에서의 설계도, 구조계산서, 설계도면, 표준시방서, 특별시방서, 견적서

㉣ 보수, 개수 시의 상기 설계도서류 및 작업기록

㉤ 공사계약서, 시공도, 사용재료의 업체명 및 품명

㉥ 공정사진, 준공사진

㉦ 관련된 인허가 서류 등

## 4 유지보수 관리지침

### (1) 유지관리 지침서

신설 준공인 경우 감리 또는 시공사가 작성하여 전기안전관리자에게 인계해야 할 전기설비의 유지관리 지침서로서, 모든 설비제작사가 자사 제품의 품질보증을 위한 점검, 조정, 확인 등에 관한 내용이 포함되어 있으므로 반드시 인수 받아야 한다.

① 당해 감리업자 대표자

발주자가 유지관리상 필요하다고 인정하여 기술자문 요청 등이 있을 경우에는 여기에 협조하여야 하며, 외부의 전문적인 기술 또는 상당한 노력이 소요되는 경우에는 발주자와 별도 협의하여 결정한다.

② 감리원

발주자(설계자) 또는 공사업자(주요설비 납품자) 등이 제출한 시설물의 유지관리지침 자료를 검토하여

다음 각 호의 내용이 포함된 유지관리 지침서를 작성, 공사 준공 후 14일 이내 발주자에게 제출하여야 한다.

㉠ 시설물의 규격 및 기능 설명서

㉡ 시설물 유지관리 기구에 대한 의견서

㉢ 시설물 유지관리방법 중 특기사항

## (2) 점검방법

① 점검 전 유의사항

㉠ 준비 : 응급처치방법 및 작업주변의 정리, 설비 및 기계의 안전을 확인한다.

㉡ 회로도에 의한 검토 : 전원계통이 역으로 돌아나오는 경우 반내 각종 전원을 확인하고, 차단기 1차측이 살아 있는가의 유무와 접지선을 확인한다.

㉢ 연락 : 관련회사의 관련부서나 관계자와 긴밀하고 신속 정확하게 연락할 수 있는 지를 확인한다.

㉣ 무전압 상태확인 및 안전조치를 한다. 주 회로를 점검할 때, 안전을 위하여 다음 사항을 점검한다.

- 원격지 무인감시 제어시스템의 경우 원격지에서 차단기가 투입되지 않도록 연동장치를 쇄정한다.
- 관련된 차단기, 단로기를 열고 주 회로에 무전압이 되게 한다.
- 검전기로 무전압 상태를 확인하고, 필요 개소에 접지한다.
- 차단기를 단로 상태가 되도록 인출하고 '점검 중'이라는 표지판을 부착한다.
- 단로기 조작은 쇄정(자물쇠를 채움)장치가 없는 경우 '점검 중'이라는 표지판을 부착한다.
- 콘덴서 및 케이블의 접속부를 점검할 경우에는 잔류전압을 방전시키고 접지를 한다.
- 전원의 쇄정 및 주의 표지를 부착한다.
- 절연용 보호 기구를 준비한다.
- 쥐, 곤충류 등이 배전반에 침입할 수 없도록 대책을 세운다.

② 점검 중 유의사항

㉠ 태양광발전 모듈은 햇빛을 받으면 발전하는 소자로 구성되어 있어 접속반의 차단기를 개방시켰다 하더라도 전압이 유기되고 있으므로 감전에 주의하여야 한다.

㉡ 태양광발전시스템의 인버터는 계통(한전 측)전원을 OFF시키면 자동으로 정지하게 되어 있으나 인버터 정지를 확인 후 점검을 실시한다.

㉢ 흐린 날, 낮은 구름이 많은 날 등은 일사량의 급격한 변화가 있으므로 인버터의 MPP제어의 실패로 인한 인버터 정지현상이 발생할 수 있으며, 인버터는 일정시간(5분) 경과 후 자동으로 재기동한다. 인버터 고장이 의심되더라도 이러한 현상이 있음을 유의하고 점검을 실시한다.

㉣ 태양광 어레이 부근에서 건축공사 등을 시행하는 경우에는 먼지나 이물질 등이 태양전지 모듈에 부착되면 전력생산의 저하와 수명에 직접적인 영향을 주므로 주의해야 한다.

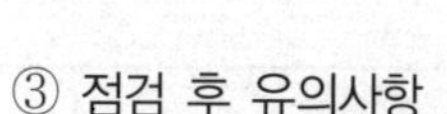

③ 점검 후 유의사항

㉠ 접지선의 제거 : 점검 시 안전을 위하여 접지한 부분이 있으면 점검 후에는 반드시 제거해야 한다.

㉡ 최종확인

- 작업자가 태양광발전시스템 및 송·배전반 내에서 작업 중인지를 확인한다.
- 점검을 위해 임시로 설치한 설치물의 철거가 지연되고 있지 않은지 확인한다.
- 볼트 조임 작업을 모두 재점검한다.
- 공구 등이 시설물 내부에 방치되어 있지 않은지 확인한다.
- 쥐, 곤충 등이 침입하지 않았는지 확인한다.

㉢ 점검의 기록 : 일상점검, 정기점검 또는 임시점검을 할 때는 반드시 점검 및 수리한 요점 및 고장의 상황, 일자 등을 기록하여 다음 점검 시 참고 자료로 활용할 수 있도록 해야 한다.

### (3) 공통 점검사항

① 기기 및 시설의 부식과 도장의 상태를 점검한다.

② 비상정지회로의 동작을 확인(정기점검 시)한다.

③ 우천 시 순시점검, 설비 근처의 공사 시 손상점검을 실시한다.

## 제2절 유지보수 세부내용

## 1 발전설비 유지관리

① 10,000[kW] 이상의 태양광발전시스템 공사계획은 사전에 인가를 받아야 하며, 10,000[kW] 미만인 경우에는 신고를 하여야 한다.

② 공사가 완료되면 사용 전 검사(준공 시의 점검)를 받아야 사용할 수 있다.

③ 태양광발전시스템의 점검은 일반적으로 사용 전 검사(준공 시의 점검), 일상점검, 정기점검의 3가지로 구별된다.

④ 유지보수 관점에서의 점검의 종류는 일상점검, 정기점검, 임시점검이 있다.

### (1) 사용 전 검사(준공 시의 점검)

육안점검 외에 태양전지 어레이의 개방전압 측정, 각 부의 절연저항 및 접지저항 등을 측정한다.

| 설 비 | 점검항목 | | 점검요령 |
|---|---|---|---|
| 태양전지 어레이 | 육안점검 | 표면의 오염 및 파손 | 오염 및 파손의 유무 |
| | | 프레임 파손 및 변형 | 파손 및 두드러진 변형이 없을 것 |
| | | 가대의 부식 및 녹 발생 | 부식 및 녹이 없을 것 |
| | | 가대의 고정 | 볼트 및 너트의 풀림이 없을 것 |
| | | 가대접지 | 배선공사 및 접지접속이 확실할 것 |
| | | 코 킹 | 코킹의 망가짐 및 불량이 없을 것 |
| | | 지붕재의 파손 | 지붕재의 파손, 어긋남, 뒤틀림, 균열이 없을 것 |
| | 측 정 | 접지저항 | 접지저항 100[Ω] 이하(제3종 접지) |

| 설 비 | 점검항목 | | 점검요령 |
|---|---|---|---|
| 중간단자함 (접속함) | 육안점검 | 외함의 부식 및 파손 | 부식 및 파손이 없을 것 |
| | | 방수처리 | 전선 인입구가 실리콘 등으로 방수처리 |
| | | 배선의 극성 | 태양전지에서 배선의 극성이 바뀌어 있지 않을 것 |
| | | 단자대 나사의 풀림 | 확실하게 취부하고 나사의 풀림이 없을 것 |
| | 측 정 | 접지저항(태양전지-접지 간) | 0.2[MΩ] 이상 측정전압 DC 500[V] |
| | | 절연저항 | 1[MΩ] 이상 측정전압 DC 500[V] |
| | | 개방전압 및 극성 | 규정의 전압이고 극성이 올바를 것 |

| 설 비 | 점검항목 | | 점검요령 |
|---|---|---|---|
| 인버터 | 육안점검 | 외함의 부식 및 파손 | 부식 및 파손이 없을 것 |
| | | 취 부 | 견고하게 고정되어 있을 것 |
| | | 배선의 극성 | P는 태양전지(+), N은 태양전지(-) |
| | | 단자대 나사의 풀림 | 확실하게 취부하고 나사의 풀림이 없을 것 |
| | | 접지단자와의 접속 | 접지봉 및 인버터 접지단자의 접속 |
| | 측 정 | 절연저항(태양전지-전지 간) | 1[MΩ] 이상 측정전압 DC 500[V] |
| | | 접지저항 | 접지저항 100[Ω] 이하(제3종 접지) |
| | | 수전전압 | 주회로 단자대 U-O, O-W 간은 AC 220±13[V]일 것 |

| 설 비 | 점검항목 | | 점검요령 |
|---|---|---|---|
| 개폐기, 전력량계, 인입구, 개폐기 등 | 육안점검 | 전력량계 | 발전사용자의 경우 전력회사에서 지급한 전력량계 사용 |
| | | 주간선 개폐기(분전반 내) | 역접속 가능형으로서 볼트의 흔들림이 없을 것 |
| | | 태양광발전용 개폐기 | 태양광발전용이라 표시되어 있을 것 |

| 설 비 | 점검항목 | | | 점검요령 |
|---|---|---|---|---|
| 발전전력 | 육안점검 | 인버터의 출력표시 | | 인버터 운전 중, 전력표시에 사양과 같이 표시 |
| | | 전력량계 (거래용 계량기) | 송전 시 | 회전을 확인할 것 |
| | | | 수전 시 | 정지를 확인할 것 |

| 설 비 | 점검항목 | | 점검요령 |
|---|---|---|---|
| 운전정지 | 조작 및 육안점검 | 보호계전기능의 설정 | 전력회사 정위치를 확인할 것 |
| | | 운 전 | 운전스위치 운전에서 운전할 것 |
| | | 정 지 | 운전스위치 정지에서 정지할 것 |
| | | 투입저지 시한 타이머 동작시험 | 인버터가 정지하여 5분 후 자동 기동할 것 |
| | | 자립운전 | 자립운전으로 전환 시 자립운전용 콘센트에서 규정전압이 출력될 것 |
| | | 표시부의 동작확인 | 표시부가 정상으로 표시되어 있을 것 |
| | | 이상음 등 | 운전 중 이상음, 이상진동 등의 발생이 없을 것 |
| | | 발전전압 | 태양전지의 동작전압이 정상일 것 |

## (2) 일상 점검

주로 육안점검에 의해서 매월 1회 정도 실시한다.

| 설 비 | 점검항목 | | 점검요령 |
|---|---|---|---|
| 태양전지 어레이 | 육안점검 | 유리 및 표면의 오염 및 파손 | 심한 오염 및 파손이 없을 것 |
| | | 가대의 부식 및 녹 발생 | 부식 및 녹이 없을 것 |
| | | 외부배선(접속 케이블)의 손상 | 접속 케이블에 손상이 없을 것 |
| 접속함 | | 외함의 부식 및 손상 | 부식 및 녹이 없을 것 |
| | | 외부배선(접속 케이블)의 손상 | 접속 케이블에 손상이 없을 것 |
| 인버터 | | 외함의 부식 및 손상 | 부식 및 녹이 없고 충전부가 노출되지 않을 것 |
| | | 외부배선(접속 케이블)의 손상 | 인버터에 접속된 배선에 손상이 없을 것 |
| | | 환기확인(환기구멍, 환기필터) | 환기구를 막고 있지 않을 것 |
| | | 이상음, 악취, 이상 과열 | 운전 시 이상음, 악취, 이상과열이 없을 것 |
| | | 표시부의 이상표시 | 표시부에 이상표시가 없을 것 |
| | | 발전현황 | 표시부의 발전상황에 이상이 없을 것 |
| 축전지 | | 변색, 변형, 팽창, 손상, 액면 저하, 온도 상승, 이취, 단자부 풀림 등 | 부하에 급전한 상태에서 실시할 것 |

## (3) 정기 점검

① 100[kW] 미만의 경우는 매년 2회 이상, 100[kW] 이상의 경우는 격월 1회 시행한다.

② 300[kW] 이상의 경우는 용량에 따라 월 1~4회 시행한다.

③ 용량별 점검

| 용량[kW] | 100 미만 | 100 이상 | 300 미만 | 500 미만 | 700 미만 | 1,000 미만 |
|---|---|---|---|---|---|---|
| 횟수 | 연 2회 | 연 6회 | 월 1회 | 월 2회 | 월 3회 | 월 4회 |

일반 가정의 3[kW] 미만의 소출력 태양광발전시스템의 경우에는 법적으로는 정기점검을 하지 않아도 되지만 자주 점검하는 것이 좋다.

| 구 분 | 점검항목 | | 점검요령 |
|---|---|---|---|
| 태양전지 어레이 | 육안점검 | 접지선의 접속 및 접속단자 이완 | • 접지선이 확실하게 접속되어 있을 것<br>• 나사의 풀림이 없을 것 |
| 접속함 | 육안점검 | 외부의 부식 및 파손 | 부식 및 파손이 없을 것 |
| | | 외부배선의 손상 및 접속단자 이완 | • 배선에 이상이 없을 것<br>• 나사의 풀림이 없을 것 |
| | | 접지선의 손상 및 접속단자 이완 | • 접지선에 이상이 없을 것<br>• 나사의 풀림이 없을 것 |
| | 측정 및 시험 | 절연저항 | • 태양전지 모듈 – 접지선 : 0.2[MΩ]이상, DC 측정전압 500[V](각 회로마다 모두 측정)<br>• 출력단자 – 접지간 : 1[MΩ] 이상, DC 측정전압 500[V] |
| | | 개방전압 | • 규정전압일 것<br>• 극성이 올바를 것(각 회로마다 모두 측정) |
| 인버터 | 육안점검 | 외함의 부식 및 파손 | 부식 및 파손이 없을 것 |
| | | 외부배선의 손상 및 접속단자 이완 | • 배선에 이상이 없을 것<br>• 나사의 풀림이 없을 것 |
| | | 접지선의 손상 및 접속단자 이완 | • 접지선에 이상이 없을 것<br>• 나사의 풀림이 없을 것 |
| | | 통풍 확인(통풍구, 환기필터 등) | 통풍구가 막혀있지 않을 것 |
| | | 운전 시 이상음, 이취 및 진동 유무 | 운전 시 이상음, 이상 진동, 이취 등이 없을 것 |
| | 측정 및 시험 | 절연저항(인버터 입출력 단자 – 접지간) | 1[MΩ] 이상, DC 측정전압 500[V] |
| | | 표시부 동작 확인<br>(표시부 표시, 발전전력 등) | 표시상황 및 발전 상황에 이상이 없을 것 |
| | | 투입저지 시한 타이머 동작시험 | 한전전원이 정전되면 0.5초 이내 정지하고, 복전되면 5분 후에 자동으로 시동될 것 |
| 축전지 | 육안점검 | 외관점검, 전해액 비중, 전해액면 저하 | 부하로의 급전을 정지한 상태에서 실시할 것 |
| | 측정 및 시험 | 단자전압(총 전압/셀 전압) | |
| 기타 태양광 발전용 개폐기 | 육안, 접촉 등 | 태양광 발전용 개폐기의 접속단자 이완 | 나사에 풀림이 없을 것 |
| | 측 정 | 절연저항 | 1[MΩ] 이상, DC 측정전압 500[V] |

## (4) 임시점검

① 일상점검 등에서 이상이 발생된 경우 및 사고가 발생한 경우의 점검을 임시점검이라 한다.

② 사고 원인의 영향분석, 대책을 수립하여 보수 조치해야 한다.

③ 모선정전은 별로 없으나 심각한 사고를 방지하기 위해 3년에 1회 정도 점검하는 것이 좋다.

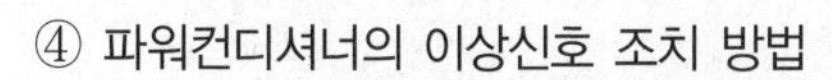

④ 파워컨디셔너의 이상신호 조치 방법

| 모니터링 | 파워컨디셔너 표시 | 현상 설명 | 조치사항 |
|---|---|---|---|
| 태양전지 과전압 | Solar cell OV fault | 태양전지 전압이 규정 이상일 때 발생, H/W | 태양전지 전압 점검 후 정상 시 5분후 재가동 |
| 태양전지 저전압 | Solar cell UV fault | 태양전지 전압이 규정 이하일 때 발생, H/W | 태양전지 전압 점검 후 정상 시 5분후 재가동 |
| 태양전지 과전압제한초과 | Solar cell OV limit fault | 태양전지 전압이 규정 이상일 때 발생, H/W | 태양전지 전압 점검 후 정상 시 5분후 재가동 |
| 태양전지 저전압제한초과 | Solar cell UV limit fault | 태양전지 전압이 규정 이하일 때 발생, H/W | 태양전지 전압 점검 후 정상 시 5분후 재가동 |
| 한전계통 역상 | Line phase sequence fault | 계통전압이 역상일 때 발생 | 상회전 확인 후 정상 시 재 운전 |
| 한전계통 R상 | Line R phase fault | R상 결상 시 발생 | R상 확인 후 정상 시 재운전 |
| 한전계통 S상 | Line S phase fault | S상 결상 시 발생 | S상 확인 후 정상 시 재운전 |
| 한전계통 T상 | Line T phase fault | T상 결상 시 발생 | T상 확인 후 정상 시 재운전 |
| 한전계통 정전 | Utility line fault | 정전 시 발생 | 계통전압 확인 후 정상 시 5분 후 재가동 |
| 한전계통 과전압 | Line over voltage fault | 계통전압이 규정값 이상일 때 발생 | 계통전압 확인 후 정상 시 5분 후 재가동 |
| 한전계통 부족전압 | Line under voltage fault | 계통전압이 규정값 이하일 때 발생 | 계통전압 확인 후 정상 시 5분 후 재가동 |
| 한전계통 저주파수 | Line under frequency fault | 계통주파수가 규정값 이하일 때 발생 | 계통주파수 점검 후 정상 시 5분 후 재가동 |
| 한전계통 고주파수 | Line over frequency fault | 계통주파수가 규정값 이상일 때 발생 | 계통주파수 점검 후 정상 시 5분 후 재가동 |
| 인버터 과전류 | Inverter over current fault | 인버터 전류가 규정값 이상으로 흐를 때 발생 | 시스템 정지 후 고장부분 수리 또는 계통 점검 후 운전 |
| 인버터 과온 | Inverter over temperature | 인버터 과온 시 발생 | 인버터 팬 점검 후 운전 |
| 인버터 MC 이상 | Inverter M/C fault | 전자접촉기 고장 | 전자접촉기 교체 점검 후 운전 |
| 인버터 출력전압 | Inverter voltage fault | 인버터 전압이 규정값을 벗어났을 때 발생 | 인버터 및 계통전압 점검 후 운전 |
| 인버터 퓨즈 | Inverter fuse fault | 인버터 퓨즈 소손 | 퓨즈 교체 점검 후 운전 |
| 위상 : 한전 – 인버터 | Line inverter sync fault | 인버터와 계통 주파수가 동기화되지 않았을 때 발생 | 인버터 점검 또는 계통주파수 점검 후 운전 |
| 누전 발생 | Inverter ground fault | 인버터 누전이 발생했을 때 발생 | 인버터 및 부하의 고장부분을 수리 또는 접지저항 확인 후 운전 |
| RTU 통신계통 이상 | Serial communication fault | 인버터와 MMI의 통신이 되지 않는 경우 발생 | 연결단자 점검(인버터는 정상운전) |

### (5) 점검 작업 시 주의사항

① 안전사고에 대한 예방조치 후 2인 1조로 보수점검에 임한다.

② 응급처치 방법 및 설비 기계의 안전을 확인한다.

③ 무전압 상태 확인 및 안전 조치

㉠ 관련된 차단기, 단로기를 열어 무전압 상태로 만든다.

㉡ 검전기를 사용하여 무전압 상태를 확인하고 필요한 개소는 접지를 실시한다.

㉢ 특고압 및 고압 차단기는 개방하여 테스트 포지션 위치를 인출하고, '점검 중'이라는 표찰을 부착한다.

㉣ 단로기는 쇄정시킨 후 '점검 중' 표찰을 부착한다.

㉤ 수배전반 또는 모선 연락반은 전원이 되돌아와서 살아있는 경우가 있으므로 차단기나 단로기를 꼭 차단하고 '점검 중'이라는 표찰을 부착한다.

④ 잔류 전압에 주의(콘덴서나 케이블의 접속부 점검 시 잔류전하를 방전시키고 접지한다)한다.

⑤ 절연용 보호 기구를 준비한다.

⑥ 점검 후 안전을 위해 설치한 접지선은 반드시 제거한다.

⑦ 점검 후 반드시 점검 및 수리한 요점 및 고장상황, 일자를 기록한다.

㉠ 점검 계획의 수립에 있어서 고려해야 할 사항

- 설비의 사용기간
- 설비의 중요도
- 환경조건
- 고장이력
- 부하상태

㉡ 절연저항 측정기준

| | 전로의 사용전압 구분 | 절연저항값[MΩ] |
|---|---|---|
| 400[V] 미만 | 대지전압 150[V] 이하인 경우 | 0.1 이상 |
| | 대지전압 150[V] 초과 300[V] 이하인 경우 | 0.2 이상 |
| | 사용전압 300[V] 초과 400[V] 미만 | 0.3 이상 |
| 400[V] 이상 | | 0.4 이상 |

## 2 송 · 변전설비 유지관리

### (1) 송 · 변전설비의 유지관리

① 점검의 분류와 점검 주기

| 제약조건 / 점검의 분류 | 문의 개폐 | 컨버터류의 분류 | 무정전 | 회로 정전 | 모선 정전 | 차단기 인출 | 점검 주기 |
|---|---|---|---|---|---|---|---|
| 일상순시점검 | | | ○ | | | | 매일 |
| | ○ | | ○ | | | | 1회/월 |
| 정기점검 | ○ | ○ | | ○ | | ○ | 1회/6개월 |
| | ○ | ○ | | ○ | ○ | ○ | 1회/3년 |
| 일시점검 | ○ | ○ | | ○ | ○ | ○ | |

㉠ 점검주기는 대상기기의 환경조건, 운전조건, 설비의 중요성, 경과연수 등에 의하여 영향을 받기 때문에 상기에 표시된 점검주기를 고려하여 선정한다.

㉡ 무정전의 상태에서도 문을 열고 점검할 수 있으며, 1개월에 1회 정도는 문을 열고 점검하는 것이 좋다.

㉢ 모선 정전의 발생은 별로 없으나 심각한 사고를 방지하기 위해 3년에 1회 정도 점검하는 것이 좋다.

② 일상순시점검 : 배전반의 기능을 유지하기 위한 점검

㉠ 매일의 일상순시점검은 이상한 소리, 냄새, 손상 등을 배전반 외부에서 점검 항목의 대상항목에 따라서 점검한다.

㉡ 이상 상태를 발견한 경우에는 배전반의 문을 열고 이상의 정도를 확인한다.

㉢ 이상 상태의 내용을 기록하여 정기점검 시에 반영함으로써 참고자료로 활용한다.

• 배전반

| 대 상 | 점검개소 | 목 적 | 점검내용 |
|---|---|---|---|
| 외 함 | 외부 일부<br>(문, 외함) | 볼트조임 이완 | 볼트의 조임 이완 및 바닥 탈락 여부 확인 |
| | | 손 상 | 문의 개폐상태 이상여부 확인 |
| | | | 점검창 등의 패킹 열화에 의한 손상 여부 확인 |
| | | 이상한 소리 | 볼트류 등의 조임 이완에 따른 진동음 유무 확인 |
| | | 오 손 | 점검창 등의 오손에 따른 내부 관찰여부 확인 |
| | 명 판 | 손 상 | 명판의 탈락, 파손 및 불분명 여부 확인 |
| | 인출기구<br>조작기구 | 위 치 | 인출기기의 접촉위치 및 단로 위치 여부 확인 |
| | 반출기구<br>(고정장치) | 위 치 | 적당한 위치 여부 확인 |
| 모선 및 지지물 | 모선전반 | 이상한 소리 | 볼트류 등의 조임 이완에 따른 진동음 유무 확인 |
| | | | 코로나(Corona) 방전에 의한 이상음 여부 확인 |
| | | 이상한 냄새 | 코로나(Corona) 방전 또는 과열에 의한 이상한 냄새 발생 여부 확인 |
| 주회로 인입<br>인출부 | 폐쇄모선의 접속부 | 이상한 소리 | 볼트류 등의 조임 이완에 따른 진동음 유무 확인 |
| | 부 싱 | 손 상 | 균열, 파손 여부 확인 |
| | | 이상한 소리 | 코로나(Corona) 방전에 의한 이상음 여부 확인 |
| | 케이블 단말부 및 접속부,<br>케이블 관통부 | 이상한 소리 | 볼트류 등의 조임 이완에 따른 진동음 유무 확인 |
| | | 이상한 냄새 | 코로나(Corona) 방전 또는 과열에 의한 이상한 냄새 발생 여부 확인 |
| | | 손 상 | 케이블 막이판의 떨어짐 또는 간격의 벌어짐 유무 확인 |
| | | 쥐, 곤충 등의 침입 | 쥐, 곤충 등의 침입여부 확인 |
| 제어 회로의<br>배선 | 배선 전반 | 손 상 | 가동부 등의 연결전선의 절연피복 손상여부 확인 |
| | | | 전선 지지물의 탈락여부 확인 |
| | | 이상한 냄새 | 과열에 의한 이상한 냄새 여부 확인 |
| 단자대 | 외부 일반 | 조임의 이완 | 조임부의 이완 여부 확인 |
| | | 손 상 | 절연물 등 균열, 파손 여부 확인 |
| 접 지 | 접지단자 접지선 | 손 상 | 접지선의 부식 또는 단선 유무 확인 |
| | | 표 시 | 표시 부착물의 탈락 여부 확인 |

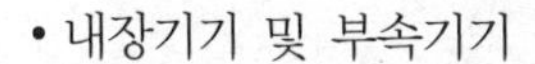

• 내장기기 및 부속기기

| 대 상 | 점검개소 | 목 적 | 점검내용 |
|---|---|---|---|
| 주회로용 차단기<br>GCB<br>VCB<br>ACB | 외부일반 | 이상한 소리 | 코로나 방전 등에 의한 이상한 소리는 없는가? |
| | | 이상한 냄새 | 코로나 방전, 과열에 의한 이상한 냄새는 나지 않는가? |
| | | 누 출 | GCB의 경우 가스 누출은 없는가? |
| | 개폐 표시기 | 지 시 | 표시의 정확 유무 확인 |
| | 개폐 표시등 | 표 시 | 표시의 정확 유무 확인 |
| | 개폐 도수계 | 표 시 | 기계적인 수명 회수에 도달하여 있지는 않는가? |
| 배선용차단기,<br>누전차단기 | 외부일반 | 이상한 냄새 | 과열에 의한 이상한 냄새는 없는가? |
| | 조작장치 | 표 시 | 동작 상태를 표시하는 부분이 잘 보이는가? |
| | | | 개폐기구의 핸들과 표시등의 상태는 올바른가? |
| 단로기 | 외부일반 | 이상한 소리 | 코로나 방전 등에 의한 이상한 소리는 없는가? |
| | | 이상한 냄새 | 코로나 방전, 과열에 의한 이상한 냄새는 나지 않는가? |
| | | 누 출 | 절연유를 내장한 부하개폐기의 경우 기름의 누출은 없는가? |
| | 개폐 표시기 | 지 시 | 표시의 정확 유무 확인 |
| | 개폐 표시등 | 표 시 | 표시의 정확 유무 확인 |
| 변성기 | 외부일반 | 이상한 소리 | 코로나 방전 등에 의한 이상한 소리는 없는가? |
| | | 이상한 냄새 | 코로나 방전, 과열에 의한 이상한 냄새는 나지 않는가? |
| 변압기<br>리액터 | 외부일반 | 이상한 소리 | 코로나 방전 등에 의한 이상한 소리는 없는가? |
| | | 이상한 냄새 | 코로나 방전에 의한 이상한 냄새는 나지 않는가? |
| | | 누 출 | 절연유의 누출은 없는가? |
| | 온도계 | 지시표시 | 지시는 소정의 범위 내에 들어가 있는가? |
| | 유면계<br>가스압력계 | 지시 표시 | 유면은 적당한 위치에 있는가? |
| | | | 가스의 압력은 규정치보다 낮지 않는가?(질소 봉입의 경우) |
| 주회로용 퓨즈 | 외부일반 | 손 상 | 퓨즈 통, 애자 등의 균열, 파손 및 변형은 없는가? |
| | | 이상한 소리 | 코로나 방전에 의한 이상한 소리는 없는가? |
| | | 이상한 냄새 | 코로나 방전, 과열에 의한 이상한 냄새는 나지 않는가? |

③ **정기점검** : 배전반의 기능을 확인하고 유지하기 위한 계획을 수립하여 점검

㉠ 원칙적으로 정전시킨 후 무전압 상태에서 기기의 이상 상태를 점검하고 필요에 따라 기기를 분해하여 점검한다.

㉡ 모선을 정전시키지 않고 점검해야 할 경우에는 안전사고가 일어나지 않도록 주의한다.

• 배전반

| 대 상 | 점검개소 | 목 적 | 점검내용 |
|---|---|---|---|
| 외 함 | 외부 일부 (문, 외함) | 볼트조임 이완 | 볼트의 조임 이완 및 바닥 탈락 여부 확인 |
| | | 손 상 | 패캥류의 열화 손상은 없는가? |
| | | 오 손[1] | 반내에 비의 침투 또는 결로의 흔적여부 확인 |
| | | 환 기 | 환기구 필터 등의 탈락여부 확인 |
| | | 설 치[2] | 바닥의 이상 침하 또는 융기에 의한 경사 및 균형의 뒤틀림 여부 확인 |
| | 문 | 볼트조임 이완 | 경첩, 스토퍼(Stopper) 등의 볼트의 조임 이완은 없는가? |
| | | 동 작 | • 손잡이는 확실히 동작하는가?<br>• 문 쇄정장치의 동작은 정확한가? |
| | 격 벽 | 볼트조임 이완 | 볼트류의 조임 이완은 없는가? |
| | | 손 상 | 변형 또는 파손은 없는가? |
| | 주회로 단자부(접지접촉 단자 포함) | 볼트조임이완 | 볼트의 조임 이완 및 바닥 탈락 여부 확인 |
| | | 손 상 | 부싱, 전선 등이 파손, 단선 및 변형은 없는가? |
| | | 접 촉[3] | 접촉 상태는 양호한가? |
| | | 변 색 | 도체의 과열에 의한 변색은 없는가? |
| | | 오 손 | 이물질 또는 먼지 등이 부착되지 않았는가? |
| 배전반 | 제어회로 단자부 | 볼트조임 이완 | 가동, 고정측의 볼트 조임의 이완은 없는가? |
| | | 손 상 | 플러그, 전선 등의 파손, 단선 변형 등은 없는가? |
| | | 접 촉 | 레버 또는 본체의 파손, 변형은 없는가? |
| | 리밋 스위치 | 손 상 | 레버 또는 본체의 파손, 변형은 없는가? |
| | 셔 터 | 손 상 | 볼트류의 조임 이완에 의한 변형 및 파손, 바닥에 떨어져 있지 않는가? |
| | | 동 작 | 동작은 확실한가? |
| | 인출기구 (차단기, 유니트 등) | 볼트조임 이완 | 볼트류의 조임 이완에 의한 변형 및 탈락은 없는가? |
| | | 손 상 | 레일 또는 스토퍼(Stopper)의 변형은 없는가? |
| | | 동 작 | 인출기기가 정해진 위치에 이동하는가? |
| | 기구조작 (단로기 등) | 볼트조임 이완 | 볼트류의 조임 이완에 의한 변형 및 탈락은 없는가? |
| | | 동 작 | 동작은 확실한가? |
| | 명판과 표시물 | 손 상 | 볼트류의 조임 이완에 의한 변형 및 파손, 바닥에 떨어져 있지는 않는가? |
| | | 오 손 | 먼지 등의 부착 또는 오손에 의하여 잘 보이지 않는 부분은 없는가? |

[1] 주회로 절연물의 상황에 주의한다.
[2] 차단기와 주회로 단자부에 영향이 없는지에 주의한다.
[3] 접촉부의 접점은 그리스를 바른다.

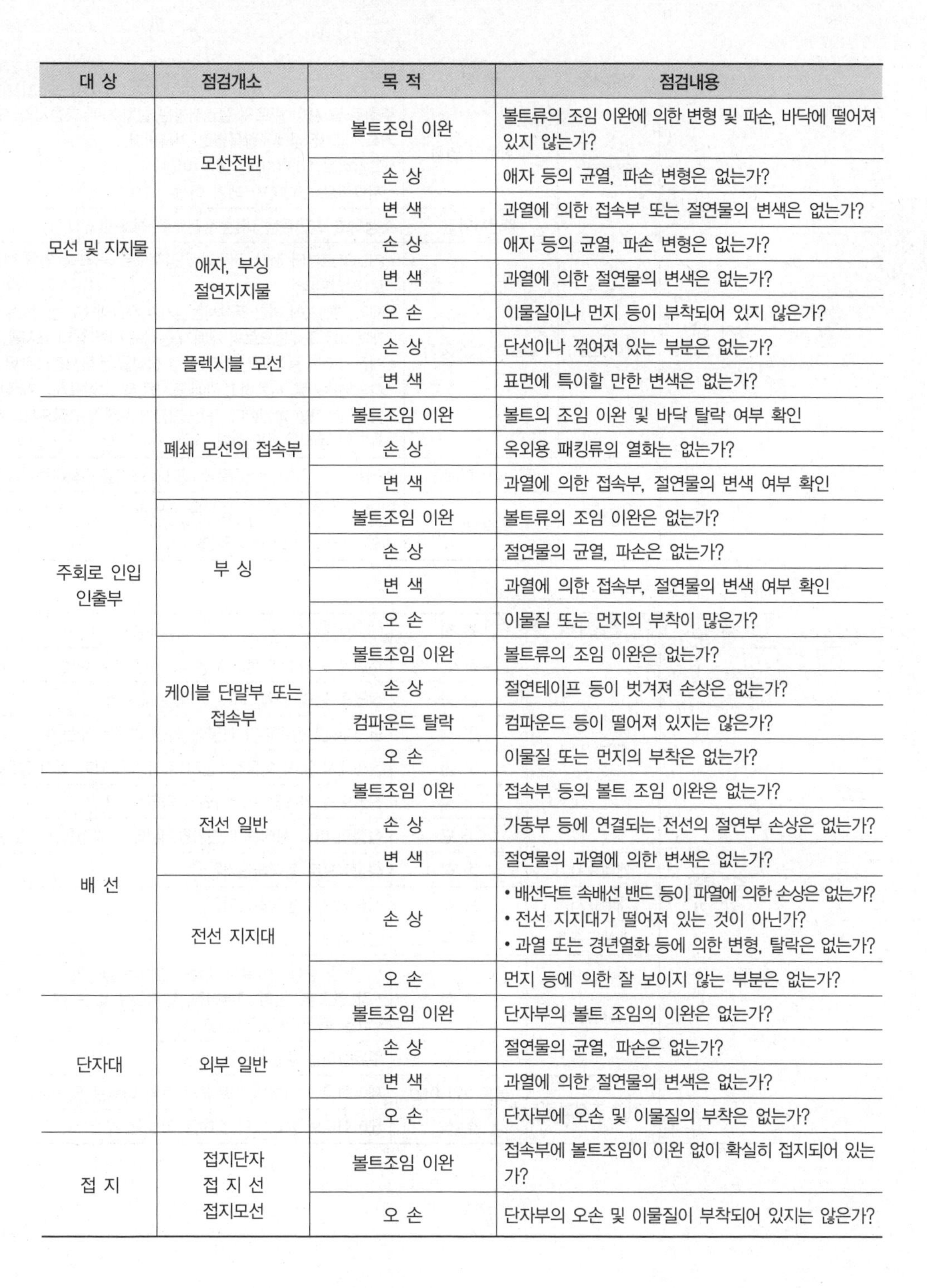

| 대 상 | 점검개소 | 목 적 | 점검내용 |
|---|---|---|---|
| 모선 및 지지물 | 모선전반 | 볼트조임 이완 | 볼트류의 조임 이완에 의한 변형 및 파손, 바닥에 떨어져 있지 않는가? |
| | | 손 상 | 애자 등의 균열, 파손 변형은 없는가? |
| | | 변 색 | 과열에 의한 접속부 또는 절연물의 변색은 없는가? |
| | 애자, 부싱 절연지지물 | 손 상 | 애자 등의 균열, 파손 변형은 없는가? |
| | | 변 색 | 과열에 의한 절연물의 변색은 없는가? |
| | | 오 손 | 이물질이나 먼지 등이 부착되어 있지 않은가? |
| | 플렉시블 모선 | 손 상 | 단선이나 꺾여져 있는 부분은 없는가? |
| | | 변 색 | 표면에 특이할 만한 변색은 없는가? |
| 주회로 인입 인출부 | 폐쇄 모선의 접속부 | 볼트조임 이완 | 볼트의 조임 이완 및 바닥 탈락 여부 확인 |
| | | 손 상 | 옥외용 패킹류의 열화는 없는가? |
| | | 변 색 | 과열에 의한 접속부, 절연물의 변색 여부 확인 |
| | 부 싱 | 볼트조임 이완 | 볼트류의 조임 이완은 없는가? |
| | | 손 상 | 절연물의 균열, 파손은 없는가? |
| | | 변 색 | 과열에 의한 접속부, 절연물의 변색 여부 확인 |
| | | 오 손 | 이물질 또는 먼지의 부착이 많은가? |
| | 케이블 단말부 또는 접속부 | 볼트조임 이완 | 볼트류의 조임 이완은 없는가? |
| | | 손 상 | 절연테이프 등이 벗겨져 손상은 없는가? |
| | | 컴파운드 탈락 | 컴파운드 등이 떨어져 있지는 않은가? |
| | | 오 손 | 이물질 또는 먼지의 부착은 없는가? |
| 배 선 | 전선 일반 | 볼트조임 이완 | 접속부 등의 볼트 조임 이완은 없는가? |
| | | 손 상 | 가동부 등에 연결되는 전선의 절연부 손상은 없는가? |
| | | 변 색 | 절연물의 과열에 의한 변색은 없는가? |
| | 전선 지지대 | 손 상 | • 배선닥트 속배선 밴드 등이 파열에 의한 손상은 없는가?<br>• 전선 지지대가 떨어져 있는 것이 아닌가?<br>• 과열 또는 경년열화 등에 의한 변형, 탈락은 없는가? |
| | | 오 손 | 먼지 등에 의한 잘 보이지 않는 부분은 없는가? |
| 단자대 | 외부 일반 | 볼트조임 이완 | 단자부의 볼트 조임의 이완은 없는가? |
| | | 손 상 | 절연물의 균열, 파손은 없는가? |
| | | 변 색 | 과열에 의한 절연물의 변색은 없는가? |
| | | 오 손 | 단자부에 오손 및 이물질의 부착은 없는가? |
| 접 지 | 접지단자<br>접 지 선<br>접지모선 | 볼트조임 이완 | 접속부에 볼트조임이 이완 없이 확실히 접지되어 있는가? |
| | | 오 손 | 단자부의 오손 및 이물질이 부착되어 있지는 않은가? |

| 대 상 | 점검개소 | 목 적 | 점검내용 |
|---|---|---|---|
| 장치 일반 | 주회로 | 주회로의 열화 | 주회로 및 제어 회로의 절연저항은 설치 시에 측정치와 측정조건을 기록, 정기점검 시 항목별로 기록한다.<br>• 고압회로 : 1,000[V] 메거 이상<br>• 저압회로 : 500[V] 메거 이상 |
| | | 절연저항값 | 측정하고 절연물을 마른 수건으로 청소한다. |
| | 제어회로 | 회로의 정상동작 | • PT, CT로부터 전압, 전류가 정상적으로 공급되는가를 절연 개폐기로 확인한다.<br>• 제어 개폐기에 의한 조작시험기기가 정상적으로 동작하는가를 제어 개폐기를 조작함으로써 개폐기 동작에 따른 상태 표시를 확인한다.<br>• 계전기로써 동작확인 계전기 주 접점을 동작시킴으로써 차단기가 차단되는가를 시험하고 개폐표시등 및 고장표시기가 정상적으로 동작하는가를 확인한다. 또한 계전기 자체의 고장표시기 및 보조접촉기의 동작을 확인한다. |
| | 인터록 | 전기적, 기계적 | 인터록 상호 간을 제어회로에 따라서 조건을 만족하는가를 확인한다. |
| | | 동작확인 | 인터록 기구에 대해서 동작을 확인한다. |
| | | | 리밋 스위치 등의 이상은 없는가? |

• 내장기기 및 부속기기

| 대 상 | 점검개소 | 목 적 | 점검내용 |
|---|---|---|---|
| 주회로용 차단기 | 외부 일반 | 볼트조임 이완 | 주회로 단자부의 볼트의 조임 이완 여부 확인 |
| | | 손 상 | 절연물 등의 균열, 파손, 변형은 없는가? |
| | | 변 색 | 단자부 및 접촉부의 과열에 의한 변색은 없는가? |
| | | 오 손 | 절연애자 등에 이물질, 먼지 등이 부착되어 있지 않은가? |
| | | 누 출 | 진공도와 가스압은 저하되지 않았는가? |
| | | 마 모 | 접점의 마모 상태는 어떤가?(외부에서 파정할 수 있는 부분) |
| | 개폐표시기 | 동 작 | 정상적으로 동작하는가? |
| | 개폐표시등 | 동 작 | 정상적으로 동작하는가? |
| | 개폐도수계 | 동 작 | 정상적으로 동작하는가? |
| | 조작장치 | 손 상 | • 스프링 등에 녹 발생, 파손, 변형은 없는가?<br>• 각 연결부, 핀의 구부러짐, 떨어짐은 없는가?<br>• 코일 등의 단선은 없는가? |
| | | 주 유 | 주유상태는 충분한가? |
| | 저압 조작회로 | 볼트조임 이완 | 제어회로 단자부의 볼트류의 조임 이완은 없는가? |
| | | 손 상 | 제어회로의 플러그의 접촉은 양호한가? |

| 대 상 | 점검개소 | 목 적 | 점검내용 |
|---|---|---|---|
| 배선용 차단기 | 외부 일반 | 볼트조임 이완 | 단자부의 볼트류의 조임 이완은 없는가? |
| | | 손 상 | 절연물 등의 균열, 파손, 변형은 없는가? |
| | | 변 색 | 단자부 및 접촉부의 파열에 의한 변색은 없는가? |
| | | 오 손 | 절연물에 이물질 또는 먼지 등이 부착되어 있지 않은가? |
| | 조작 장치 | 동 작 | 개폐동작은 정상인가? |
| | | 지시표시 | 개폐표시는 정상인가? |
| 단로기 LBS | 외부일반 | 볼트조임 이완 | 주회로 단자부의 볼트 조임 이완은 없는가? |
| | | 손 상 | • 절연물 등이 균열, 파손 및 변형은 없는가?<br>• 조작레버 등에 손상은 없는가?<br>• 스프링 등에 녹 발생, 파손, 변형은 없는가? |
| | | 변 색 | 단자부의 접촉에 의한 변색은 없는가? |
| | | 오 손 | 절연애자 등에 이물질, 먼지 등이 부착되어 있지는 않은가? |
| | | 누 출 | 유입개폐기의 경우 절연유의 누출은 없는가? |
| | 주접촉부 | 볼트조임 이완 | • 자력접촉의 경우 고정접점이 저절로 열리는 경우는 없는가?<br>• 타력접촉의 경우 스프링 등에 탄력성이 있는가? |
| | 조작 장치 | 접 촉 | 접촉상태는 양호한가? |
| | | 손 상 | • 스프링 등에 녹 발생, 파손, 변형은 없는가?<br>• 각 연결부, 핀의 구부러짐, 떨어짐은 없는가?<br>• 기중부하개폐기의 경우 소호실에 이상은 없는가? |
| | | 동 작 | • 투입, 개폐가 원활한가?<br>• 클램프 등의 연결부는 정상인가? |
| | | 주 유 | 주유상태는 충분한가? |
| | | 지시표시 | 개폐표시는 정상인가? |
| | 저압 조작회로 | 볼트조임 이완 | • 단자부의 볼트 조임 이완은 없는가?<br>• 열리는 경우는 없는가? |
| | 안전점검 | 동 작 | 단로기의 개로상태에서 Crush는 확실한가? |
| 변성기 | 외부 일반 | 볼트조임 이완 | 단자부의 볼트류의 조임 이완은 없는가? |
| | | 손 상 | • 절연물 등에 균열, 파손, 손상은 없는가?<br>• 철심에 녹의 발생 손상은 없는가?(외부에서 판정이 가능한 경우에만 적용) |
| | | 변 색 | 부싱 단자부에 변색은 없는가? |
| | | 오 손 | 부싱 등에 이물질 및 먼지 등이 부착되어 있지 않은가? |

| 대 상 | 점검개소 | 목 적 | 점검내용 |
|---|---|---|---|
| 변압기 | 외부 일반 | 볼트조임 이완 | 단자부의 볼트조임 이완은 없는가? |
| | | 손 상 | • 부싱 등의 균열, 파손, 변형은 없는가?<br>• 유면계, 온도계의 파손은 없는가?<br>• 건식형인 경우 코일, 절연물의 손상은 없는가? |
| | | 변 색 | 건식형인 경우 코일, 절연물의 과열에 의한 변색은 없는가? |
| | | 오 손 | 부싱 등에 이물질, 먼지 등이 부착되어 있지는 않은가? |
| | | 누 출 | 유입형인 경우 절연유의 누출은 없는가? |
| | 유면계<br>가스압력계 | 지시표시 | • 자력접촉의 경우 고정접점이 저절로 열리는 경우는 없는가?<br>• 타력접촉의 경우 스프링 등에 탄력성이 있는가? |
| | 냉각팬 | 오 손 | 필터는 막히지 않았는가? |
| | | 동 작 | 동작은 정상인가? |
| | | 주 유 | 주유는 정상인가? |
| | | 운전상태 | 자동운전의 경우는 운전상태를 확인한다. |
| | 온도계 | 지시표시 | 지시표시는 정상인가? |
| | | 동 작 | 경보회로는 정상인가? |
| 주회로용 퓨즈 | 외부 일반 | 볼트조임 이완 | 단자부의 볼트류 및 접촉부에 조임 이완은 없는가? |
| | | 손 상 | 퓨즈통, 애자 등에 균열, 변형은 없는가? |
| | | 변 색 | 퓨즈통, 퓨즈 홀더의 단자부에 변색은 없는가? |
| | | 오 손 | 애자 등에 이물질, 먼지 등이 부착되어 있지 않은가? |
| | | 동 작 | 단로기 타입은 개폐조작에 이상은 없는가? |
| 피뢰기 | 외부 일반 | 볼트조임 이완 | 단자부의 볼트류의 조임 이완은 없는가? |
| | | 손 상 | • 애자 등의 균열, 파손, 변형은 없는가?<br>• 리드선 단자 등에 손상은 없는가? |
| | | 오 손 | 애자 등에 이물질, 먼지 등이 부착되지 않았는가? |
| | | 방전흔적 | 내부 컴파운드의 분출, 밀봉금속 뚜껑 등의 파손, 팽창, 섬락 등의 흔적은 없는가? |
| 전력용 콘덴서 | 외부 일반 | 볼트조임 이완 | 단자부의 볼트류의 조임 이완은 없는가? |
| | | 손 상 | 붓싱부의 균열, 파손이나 외함의 변형은 없는가? |
| | | 변 색 | 붓싱, 단자부 등의 균열에 의한 변색은 없는가? |
| | | 오 손 | 붓싱부의 이물질, 먼지 등의 부착은 없는가? |
| 표시등<br>표시기<br>경보기 | 외부 일반 | 볼트조임 이완 | 단자부의 볼트 조임 이완은 없는가? |
| | | 동 작 | 동작, 점멸은 정상인가? |
| | 부속저항기<br>부속변압기 | 변 색 | 단자부 등에 과열에 의한 변색은 없는가? |
| | | 위 치 | 발열부에 제어 배선이 접근하여 있지 않은가? |
| 시험용 단자 | 외부 일반 | 헐거움 | 단자부에 헐거움은 없는가? |
| | | 접 촉 | 접촉상태는 양호한가? |
| | | 손 상 | 절연물 등에 균열, 파손, 변형은 없는가? |

| 대 상 | 점검개소 | 목 적 | 점검내용 |
|---|---|---|---|
| 지시 계기 | 외부 일반 | 볼트조임 이완 | 단자부의 볼트류의 조임 이완은 없는가? |
| | | 손 상 | 붓싱부의 균열, 파손이나 외함의 변형은 없는가? |
| | | 오 손 | 이물질, 먼지 등의 부착은 없는가? |
| | | 지시표시 | 영점 조정은 잘 되어 있는가? |
| | 기계부 | 손 상 | 스프링류에 녹의 발생, 파손, 변형은 없는가? |
| | | 동 작 | • 제동장치의 마찰에 의한 접촉은 없는가?<br>• 축수의 헐거움 편심은 없는가? |
| | 부속기구 | 손 상 | 분류기, 배율기, 보조CT 등의 소손, 단선은 없는가? |
| | 기록부 | 동 작 | 팬의 구동, 기록지의 감김은 정상인가? |
| | 기록지 | 잔 량 | 잉크, 기록지의 잔량은 정상인가? |
| 계전기 | 외부 일반 | 볼트조임 이완 | • 단자부의 볼트 이완은 없는가?<br>• 납땜부의 떨어짐은 없는가? |
| | | 손 상 | • 패킹류의 떨어짐은 없는가?<br>• 커버의 파손은 없는가? |
| | | 오 손 | 이물질, 먼지 등의 접착은 없는가? |
| | 접점부<br>도전부 | 손 상 | • 접점 표면이 거칠어지지는 않았는가?<br>• 혼촉, 단선, 절연파괴는 없는가?<br>• 코일의 소손, 중간 단락, 절연파괴는 없는가? |
| | | 접 촉 | • 접점의 접촉상태는 양호한가?<br>• 테스트 플러그를 빼는 경우 CT 2차회로가 개방은 되지 않는가? |
| | 기계부 | 동 작 | • 가동부의 회전장치, 표시기 등의 동작 복귀는 정상인가?<br>• 기어의 마찰에 의한 헐거움은 없는가?<br>• 회전부에 덜거덕거림은 없는가? |
| | 정정부 | 볼트조임 이완 | 정정탭은 흔들리지 않는가? |
| | | 정 정 | 정정탭, 정정레버 등은 조임 이완은 없는가? |
| 조작 개폐기<br>절연개폐기 | 외부 일반 | 볼트조임 이완 | 단자부의 볼트 조임 이완은 없는가? |
| | | 손 상 | • 절연물 등의 균열, 파손, 변형은 없는가?<br>• 스프링 등에 녹이 슬거나 파손, 변형은 없는가? |
| | | 동 작 | • 개폐동작은 정상인가?<br>• 로커기구, 잔류접점 기구는 정상인가? |
| | | 지시표시 | 손잡이 등의 표시는 정상인가? |
| | 냉각팬 | 손 상 | 접점에 손상은 없는가? |
| 제어회로용<br>저항기히터 | 외부 일반 | 헐거움 | 단자부에 헐거움은 없는가? |
| | | 변 색 | 단자부에 과열에 의한 변색은 없는가? |
| | | 위 치 | 발열부에 제어 배선이 접근하여 있지 않은가? |
| 제어 회로용퓨즈 | 외부 일반 | 헐거움 | 단자부에 헐거움은 없는가? |
| | | 동 작 | 용단되어 있지는 않은가? |
| | 명 판 | 볼트조임 이완 | 지정된 형식, 정격의 퓨즈가 사용되고 있는가? |
| 부속 기기 | 냉각팬 | 오 손 | 필터, 환기구의 오손 및 떨어져 있지는 않은가? |

| 대 상 | 점검개소 | 목 적 | 점검내용 |
|---|---|---|---|
| 고압 전자 접촉기 | 외부 일반 | 헐거움 | 주회로 단자부에 볼트류의 헐거움은 없는가? |
| | | 손 상 | 절연물 등의 균열, 파손, 변형은 없는가? |
| | | 변 색 | 단자부 및 접촉부 과열에 의한 변색은 없는가? |
| | | 오 손 | 절연애자 등에 이물질이나 먼지 등이 부착되어 있지는 않은가? |
| | | 누 출 | 진공접촉기의 경우 진공도가 떨어져 있지는 않은가? |
| | 주접촉부 | 손 상 | • 접점이 거칠어지지는 않았는가?<br>• 소호실에 이상은 없는가?(기중 접촉기의 경우) |
| | 개폐표시기 | 동 작 | 정상적으로 동작하는가? |
| | 개폐표시등 | 동 작 | 정상적으로 동작하는가? |
| | 개폐도수계 | 동 작 | 정상적으로 동작하는가? |
| | 조작 장치 | 손 상 | • 스프링 등에 발청, 파손, 변형은 없는가?<br>• 연결부 핀의 부러짐, 탈락은 없는가?<br>• 전자석에 이상음은 없는가? |
| | | 동 작 | 보조개폐기는 정상인가? |
| | | 주 유 | 주유는 충분한가? |
| | 저압 조작회로 | 헐거움 | 제어회로 단자부에 볼트의 헐거움은 없는가? |
| | | 접 촉 | 저압 조작회로의 플러그의 접촉은 양호한가? |
| 저압 전자접촉기 | 외부 일반 | 헐거움 | 단자부의 볼트류의 헐거움은 없는가? |
| | | 손 상 | 절연물 등의 균열, 파손, 변형은 없는가? |
| | | 변 색 | 단자부 및 접촉부의 과열에 의한 변색은 없는가? |
| | | 오 손 | 절연물 등에 이물질이나 먼지 등이 부착되어 있지는 않은가? |
| | 주접촉부 | 오 손 | • 접점의 거칠어짐은 없는가?<br>• 소호실에 이상은 없는가? |
| | 조작 장치 | 동 작 | 개폐동작은 정상인가? |
| | | 지시표시 | 개폐표시는 정상인가? |
| | | 손 상 | 스프링의 발청, 파손, 변형은 없는가? |
| 반외 부속기기 | 인출 장치 | 동 작 | • 동작은 확실한가?<br>• 와이어의 인양장치 동작은 정상인가? |
| | 후쿠봉<br>각종 조작핸들<br>테스트 플러그<br>제어 점퍼 | 손 상 | 심한 파손, 변형은 없는가? |
| 예비품 | 표시등<br>퓨즈류 | 손 상 | 파손, 변형, 단선은 없는가? |
| | | 수 량 | 소정의 수량이 있는가? |
| | 기 타 | 품 목 | 각각의 제품별로 매회 예비품으로 책정한 수량과 예비품표와 비교한다. |

④ **일시점검** : 상세하게 점검할 경우가 발생되는 경우에 점검

### (2) 기기의 종류

| 종 류 | 역 할 | 설치위치 |
|---|---|---|
| 책임분계점 | 한전과 발전사업자 간의 책임분계 | COS 2차측 |
| 부하개폐기(LBS) | 부하전류 개폐 | 특고압반 |
| 전력퓨즈 | 사고전류 차단, 후비보호 | |
| 피뢰기 | 개폐 시 이상전압, 낙뢰로부터 보호 | |
| 계기용 변성기 | 계기용 변류기(CT)와 계기용 변압기(PT)를 한 철제상자에 넣음 | |
| 진공차단기 | 진공을 매질로 적용한 차단기, 계통사고 차단 및 부하 시 개폐 | |
| 역송전용 특수계기 | 계통연계 시 역송전 전력의 계측을 위한 전력량계, 무효전력량계 등 | |
| 기중차단기 | 공기중에 아크를 소호하는 차단기(1,000[V] 이하 사용) | 저압반 |
| 몰드변압기 | 에폭시수지로 권선부분을 절연한 변압기<br>(380[V]/220[V] 저압을 22.9[kV] 특고압 승압) | TR반 |
| 각종 계기류 | 전압계, 전류계, 역률계, 주파수계, 전력량계 | |
| 배선용차단기 | 과전류 및 사고전류 차단 | 저압반, 배전반, 분전반 |
| 계기용 변압기 | 계기에서 수용 가능한 전압·전류로 변성 | 특고압, 저압반 |
| 계기용 변류기 | | |
| 영상변류기 | 지락 시 발생하는 영상전류를 검출 | |
| **보호계전기류** | | |
| UVR(27) | 부족전압계전기 | |
| OVR(59 직류45) | 과전압계전기 | |
| OCR | 과전류계전기(G : 지락, N : 중성선) | |
| SR | 선택계전기(G : 지락, S : 단락) | |
| UFR | 과주파수계전기, 부족주파수계전기 | |
| DR | 전류차동계전기(변압기 보호) | |
| OFR | 과주파수계전기 | |
| UFR | 부족주파수계전기 | |

* 영상전류 : 불평형 시에 흐르는 전류로서 3상 4선식에서 정상적인 운전 시에도 중성선으로 흐르는 전류를 말한다.

## 3 태양광발전시스템 고장 원인

### (1) 태양광발전시스템의 고장원인

① 태양광발전시스템의 고장원인이 가장 많은 곳 : 인버터

② 태양광발전시스템의 고장빈도가 높은 원인 : 인버터의 고장

### (2) 모듈의 고장 원인

① 제조 결함

② 시공 불량

③ 운영과정에서의 외상

④ 전기적, 기계적 스트레스에 의한 셀의 파손
⑤ 경년열화에 의한 셀 및 리본의 노화
⑥ 주변 환경(염해, 부식성 가스 등)에 의한 부식

## 4 태양광발전시스템 문제 진단

### (1) 외관검사

① 태양전지 모듈, 어레이의 점검

㉠ 태양전지 모듈은 현장 이동 중 실수로 파손되어 있을 수도 있으므로 시공 시 반드시 외관점검을 실시해야 한다.

㉡ 태양전지 모듈을 고정형이나 추적형으로 설치할 경우 세부적인 점검이 곤란하므로 공사 진행 중 각각 설치 직전과 시공 중에 태양전지 셀에 금이 가거나 부분적으로 파손이 있는지 또는 변색 등이 있는지를 확인한다.

㉢ 태양전지 모듈 표면 유리의 금, 변형, 이물질에 대한 오염과 프레임 등의 변형 및 지지대 등의 녹 발생 유무를 반드시 확인해야 한다.

㉣ 먼지가 많은 설치 장소에는 태양전지 모듈 표면의 오염검사와 청소 유무를 확인한다.

② 배선 케이블 등의 점검

㉠ 태양광발전시스템은 일단 설치하고 나면 장기간 그대로 사용하게 되므로 전선·케이블 등이 설치공사 당시의 손상이나 비틀림 등의 원인으로 인해서 절연저항의 저하나 절연파괴를 일으킬 수 있다.

㉡ 공사가 완료되면 확인할 수 없는 부분에 대해서는 공사 도중에도 외관점검 등을 실시하여 반드시 기록을 남겨두고 일상점검이나 정기점검의 경우 육안점검으로 배선의 손상 유무를 확인한다.

③ 접속함, 파워컨디셔너

㉠ 접속함, 파워컨디셔너 등의 전기설비는 운반 중에 진동에 의해 접속부의 볼트 단자가 풀리는 경우가 있다. 또는 공사현장에서 배선접속을 한 것에 관해서도 가접속 상태 그대로인 것이나 시험 등을 위해 일시적으로 접속을 벗기는 경우가 있다. 그러므로 시공 후 태양광발전시스템을 운전할 때는 전기설비 및 접속함 등의 케이블 접속부를 확인해야 한다.

㉡ 양극(+ 또는 P단자), 음극(- 또는 N단자) 간에 잘못된 것, 또는 직류회로와 교류회로의 접속 혼동 등은 중대사고의 원인이 될 수도 있으므로 반드시 확인해 두어야 한다.

㉢ 일상점검이나 정기점검의 경우에는 육안점검에 따라 접속단자의 풀림이나 손상 유무를 확인한다.

④ 축전지 및 기타 주변설비의 점검

축전지 등 그 외의 주변장치가 있는 경우는 상기와 동일한 방법으로 점검하고 동시에 설비 제조사에서 권장하는 항목으로 점검한다.

### (2) 운전상황의 확인

① 이음, 이상 진동, 이취에 주의

㉠ 운전 중 이상한 소리와 냄새 등을 확인하고 평상시와 다른 경우에는 정밀점검을 실시한다.

㉡ 설치자가 점검할 수 없는 경우에는 설비 제조사 또는 전문가에게 의뢰하여 점검하는 것이 바람직하다.

② 운전상황의 점검

㉠ 주택용 태양광발전시스템의 경우에는 전압계, 전류계 등의 계측장비는 없지만 최근에는 소형 모니터가 보급되어 발전전력, 발전전력량 등이 표시된다. 이들 데이터가 평상시와 크게 다른 값을 나타낸 경우에는 설비 제조사 또는 전문가에게 의뢰하여 점검하는 것이 바람직하다.

㉡ 공공·산업용이나 발전사업자용의 태양광발전시스템은 전기안전관리자에 의해 정기적으로 점검받도록 한다. 공공·산업 태양광발전시스템이나 발전사업용 태양광발전시스템은 계측장치, 표시장치의 설치가 많기 때문에 일상의 운전상황을 확인할 수 있다.

### (3) 태양전지 어레이의 출력확인

태양광발전시스템은 소정의 출력을 얻기 위해 다수의 태양전지 모듈을 직·병렬로 접속하여 태양전지 어레이를 구성한다. 설치장소에서 접속작업을 하는 개소는 이 접속이 틀리지 않았는지 정확히 확인할 필요가 있다. 정기점검의 경우에도 태양전지 어레이의 출력을 확인하여 불량한 태양전지 모듈이나 배선 결함 등을 사전에 발견해야 한다.

① 개방전압의 측정

태양전지 어레이의 각 스트링의 개방전압을 측정하여 개방전압의 불균일에 따라 동작 불량의 스트링이나 태양전지 모듈의 검출 및 직렬 접속선의 결선 누락 등을 검출한다. 예를 들면, 태양전지 어레이 하나의 스트링 내에 극성을 다르게 접속한 태양전지 모듈이 있으면 스트링 전체의 출력전압은 올바르게 접속한 경우의 개방전압보다 상당히 낮은 전압이 측정된다.

따라서 제대로 접속된 경우의 개방전압은 카탈로그나 설명서에서 대조한 후 측정값과 비교하면 극성이 다른 태양전지 모듈이 있는지를 쉽게 확인할 수 있다. 일사조건이 나쁜 경우 카탈로그 등에서 계산한 개방전압과 다소 차이가 있는 경우에도 다른 스트링의 측정결과와 비교하면 오접속의 태양전지 모듈의 유무를 판단할 수 있다.

㉠ 개방전압 측정 시 유의사항

- 태양전지 어레이의 표면을 청소할 필요가 있다.
- 각 스트링의 측정은 안정된 일사강도가 얻어질 때 실시한다.
- 측정시각은 일사강도, 온도의 변동을 극히 적게 하기 위해 맑고 태양이 남쪽에 있을 때의 전후 1시간에 실시하는 것이 바람직하다.
- 태양전지 셀은 비오는 날에도 미소한 전압을 발생하고 있으므로 매우 주의해서 측정해야 한다.

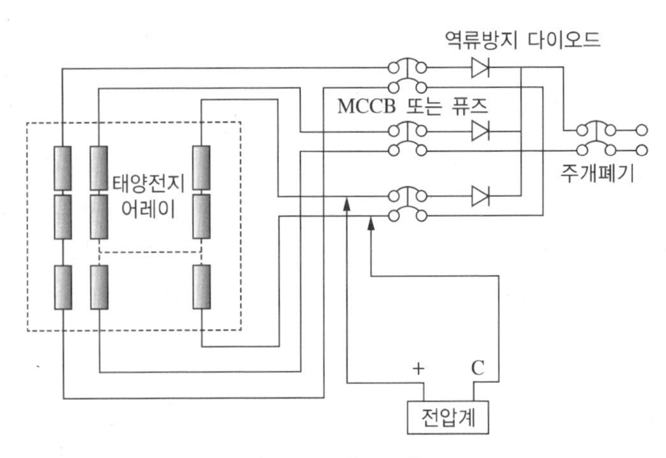


[개방전압 측정회로]

㉡ 개방전압의 측정순서

- 접속함의 주개폐기를 개방(Off)한다.
- 접속함 내 각 스트링 MCCB 또는 퓨즈를 개방(Off)한다(있는 경우).
- 각 모듈이 그늘져 있지 않은지 확인한다.
- 측정하는 스트링의 MCCB 또는 퓨즈를 개방(Off)하여(있는 경우), 직류전압계로 각 스트링의 P-N 단자 간의 전압을 측정한다.
- 테스터 이용 시 실수로 전류 측정 레인지에 놓고 측정하면 단락전류가 흐를 위험이 있으므로 주의해야 한다. 또한, 디지털 테스터를 이용할 경우에는 극성을 확인해야 한다.
- 측정한 각 스트링의 개방전압값이 측정 시의 조건 하에서 타당한 값인지 확인한다(각 스트링의 전압 차가 모듈 1매분 개방전압의 1/2보다 적은 것을 목표로 한다).

② 단락전류의 확인

㉠ 태양전지 어레이의 단락전류를 측정함으로써 태양전지 모듈의 이상 유무를 검출할 수 있다.

㉡ 태양전지 모듈의 단락전류는 일사강도에 따라 크게 변하므로 설치장소의 단락전류 측정값으로 판단하기는 어려우나 동일 회로조건의 스트링이 있는 경우는 스트링간 상호 비교에 의해 어느 정도 판단이 가능하다.

㉢ 이 경우에도 안정한 일사강도가 얻어질 때 실시하는 것이 바람직하다.

### (4) 절연저항의 측정

태양광발전시스템의 각 부분의 절연상태를 운전하기 전에 충분히 확인할 필요가 있다. 운전 개시나 정기점검의 경우는 물론 사고 시에도 불량개소를 판정하고자 하는 경우에 실시한다. 한편, 운전 개시에 측정된 절연저항값이 이후의 절연상태의 기준이 되므로 측정결과를 기록하여 보관해 두어야 한다.

① 태양전지 회로

태양전지는 낮에는 전압을 발생하고 있으므로 사전에 주의하여 절연저항을 측정해야 하며 이와 같은 상태에서 절연저항 측정에 적당한 측정장치가 개발되기까지는 다음의 방법으로 절연저항을 측정하는 것을 권장한다.

㉠ 측정할 때는 낙뢰 보호를 위해 어레스터 등의 피뢰소자가 태양전지 어레이의 출력단에 설치되어 있는 경우가 많으므로 측정 시 이러한 소자들의 접지측을 분리시킨다.

㉡ 절연저항은 기온이나 습도에 영향을 받으므로 절연저항 측정 시 기온, 온도 등도 측정값과 함께 기록해 둔다.

㉢ 우천 시나 비가 갠 직후의 절연저항 측정은 피하는 것이 좋다.

㉣ 절연저항은 절연저항계로 측정하며, 이밖에도 온도계, 습도계, 단락용 개폐기가 필요하다.

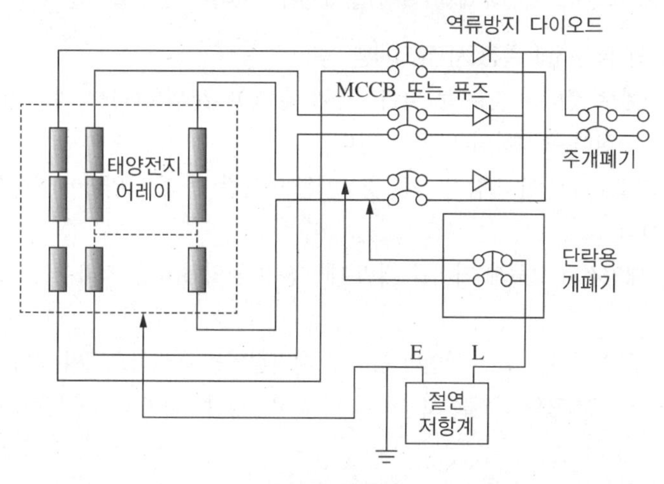


[절연저항 측정회로]

② 태양전지 어레이의 절연저항 측정순서

㉠ 주개폐기를 개방(Off)한다. 주개폐기의 입력부에 SA(서지흡수기)를 취부하고 있는 경우는 접지단자를 분리시킨다.

㉡ 단락용 개폐기(태양전지의 개방전압에서 차단전압이 높고 주개폐기와 동등 이상의 전류 차단능력을 가진 전류개폐기의 2차측을 단락하며 1차측에 각각 클립을 취부한 것)를 개방(Off)한다.

㉢ 전체 스트링의 MCCB 또는 퓨즈를 개방(Off)한다.

㉣ 단락용 개폐기의 1차측(+) 및(-)의 클립을, 역류방지 다이오드와 태양전지측 MCCB 또는 퓨즈의 사이에 각각 접속한다. 접속 후 대상으로 하는 스트링의 MCCB 또는 퓨즈를 투입(On)한다. 마지막으로 단락용 개폐기를 투입(On)한다.

㉤ 절연저항계(메가)의 E측을 접지단자에, L측을 단락용 개폐기의 2차측에 접속하고 절연저항계를 투입(On)하여 저항값을 측정한다.

ㅂ 측정 종료 후에 반드시 단락용 개폐기를 개방(Off)하고 어레이측 MCCB 또는 퓨즈, 단로기를 개방(Off)한 후 마지막에 스트링의 클립을 제거한다. 이 순서를 반드시 지켜야 한다. 특히 단로기는 단락전류를 차단하는 기능이 없으며 또한 단락상태에서 클립을 제거하면 아크방전이 발생하여 측정자가 화상을 입을 가능성이 있다.

ㅅ SPD의 접지측 단자를 복원하여 대지전압을 측정해서 잔류전하의 방전상태를 확인한다.

| 전로의 사용전압 구분 | | 절연저항값[MΩ] |
|---|---|---|
| 400[V] 미만 | 대지전압(접지식 전로는 전선과 대지간 전압, 비접지식은 전선간 전압)이 150[V] 이하인 경우 | 0.1 이상 |
| | 대지전압 150[V] 초과 300[V] 이하인 경우(전압측 전선, 중성선 또는 대지 간의 절연저항) | 0.2 이상 |
| | 사용전압 300[V] 초과 400[V] 미만 | 0.3 이상 |
| 400[V] 이상 | | 0.4 이상 |

※ 대지전압 : 접지식 전로는 전선과 대지 간의 전압, 비접지식 전로는 전선 간의 전압

③ 태양전지 어레이의 절연저항 측정 시 유의사항

ㄱ 일사가 있을 때 측정하는 것은 큰 단락전류가 흘러 매우 위험하므로 단락용 개폐기를 이용할 수 없는 경우에는 절대 측정하지 말아야 한다.

ㄴ 태양전지의 직렬수가 많아 전압이 높은 경우에는 예측할 수 없는 위험이 발생할 수 있으므로 측정하지 말아야 한다.

ㄷ 측정 시에는 태양전지 모듈에 커버를 씌워 태양전지 셀의 출력을 저하시키면 보다 안전하게 측정할 수 있다.

ㄹ 단락용 개폐기 및 전선은 고무 절연막 등으로 대지절연을 유지함으로써 보다 정확한 측정값을 얻을 수 있다. 따라서 측정자의 안전을 보장하기 위해 고무장갑이나 마른 목장갑을 착용할 것을 권장한다.

④ 인버터 회로

ㄱ 인버터 정격전압 300[V] 이하 : 500[V] 절연저항계(메거)로 측정한다.

ㄴ 인버터 정격전압 300[V] 초과 600[V] 이하 : 1,000[V] 절연저항계(메거)로 측정한다.

ㄷ 입력회로 측정방법 : 태양전지 회로를 접속함에서 분리, 입출력단자가 각각 단락하면서 입력단자와 대지간 절연저항을 측정한다(접속함까지의 전로를 포함하여 절연저항 측정).

ㄹ 출력회로 측정방법 : 인버터의 입출력단자 단락 후 출력단자와 대지간 절연저항을 측정한다(분전반까지의 전로를 포함하여 절연저항 측정/절연변압기 측정).

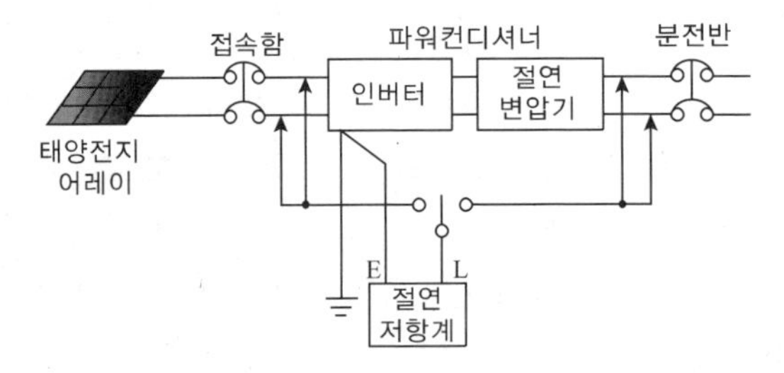


[인버터의 절연저항 측정회로]

## (5) 접지저항 측정

① 콜라우시 브리지법

보조전극과의 간격을 10[m] 이상

② 전위차계 접지저항계

계측기 수평 유지 → 습기가 있는 곳에 보조접지용을 10[m] 이상 이격 설치 → E단자 리드선을 접지극(접지선)에 접속 → P, C단자를 보조접지용에 접속 → 푸시버튼을 누르면서 다이얼을 돌려 검류계의 눈금이 0(중앙)을 지시할 때 다이얼값을 측정한다.

③ 간이접지저항계 측정법

접지보조전극을 설치(타설)할 수 없을 때 사용한다.

㉠ 주상변압기 2차측 중성점에 제2종 접지공사가 시공되어 있는 것을 이용하는 방법이다.

㉡ 중성선과 기기 접지단자 간에 저주파의 전류를 흘리고 저항값을 측정하면 양접지저항의 합이 얻어지므로 간접적으로 접지저항을 알 수 있다.

④ 클램프 온 측정법

㉠ 전위차계식 접지저항계 대신 측정하는 방법으로 22.9[kV-Y] 배전계통이나 통신케이블의 경우처럼 자중접지 시스템의 측정에 사용하는 방법이다.

㉡ 측정원리 : 접지시스템 장비와 분리하지 않고 측정이 가능하고 통합접지저항을 측정할 수 있으며, 구조가 간단하고 취급이 용이하다.

㉢ 측정방법 : 전기적 경로 구성확인 → 접지봉이나 접지도선에 접속 → 전류를 인가하여 30[A]를 초과하면 측정 불가하므로 초과 전에 접지버튼(Ω)을 누른다 → 접지저항값을 읽는다.

㉣ 특 징

- 다중접지 통신선로만 적용한다.
- 접지체와 접지대상의 분리 없이 보조접지극 미사용으로 간단하다.
- 측정소요시간도 전위차계보다 짧다.
- 도로에서 사용할 경우 각 케이블의 본딩 상태 점검, 불량할 경우 큰 값이 측정된다.

## (6) 상회전 방향의 확인 시험

① **저압 회로의 상회전 검출방법** : 3상 유도전동기를 접속, 전원용량이 있는 경우에는 그 회전방향을 확인함으로써 판정된다(상회전계).

② **한 선로에 여러 개의 선로가 분기한 경우** : 단자순서만 보고 연결하면 단락사고가 발생하므로 각 분기별 전압을 측정하여 0(Zero)이 되는 선끼리 접속하여 상회전 방향과 상을 함께 맞춰야 한다.

③ 상회전 방향은 시퀀스 계전기나 3상 측정계기의 결선 시 중요한 요소로 상회전 방향이 계기의 단자와 일치하지 않으면 측정값이 다르게 나타나게 된다.

④ **검상기** : 3상 회로의 상회전이 바른지의 여부를 눈으로 보는 계기로, 유도전동기와 같은 원리로 회전하는 알루미늄판의 회전방향으로 상회전을 확인한다.

### (7) 계통연계 보호장치의 시험

계통연계 보호기능 중 단독운전 방지기능을 확인, 계전기 등의 동작특성 확인, 전력회사와 협의하여 결정한 보호협조에 따라 설치되었는지 확인한다.

### (8) 변류기(CT) 2차측 개방현상

① 계기용 변류기는(CT)는 대전류를 직접 계측, 보호할 수 없으므로 소전류로 변성한 것으로 용도상 계측용과 보호용으로 구분된다.

② 변류기 2차측은 1차 전류가 흐르고 있는 상태에서는 절대로 개방되지 않도록 주의해야 한다(CT 2차 개방 시 1차 전류가 모두 여자전류가 되어 철심에 과도하게 여자되고 포화에 의한 한도까지 고전압이 유기되어 절연파괴될 우려가 있다).

③ CT 2차측 개방에 대한 대책 : CT 2차측은 반드시 접지하고 변류기 2차측은 1차 전류가 흐르고 있는 상태에서는 절대로 개로되지 않도록 주의한다. 2차 개로 보호용 비직선 저항요소를 부착한다.

## 5 고장별 조치방법

### (1) 파워컨디셔너의 고장

운영 및 유지보수 관리 인력의 직접 수리가 곤란하므로 제조업체에 수리를 의뢰한다.

① 발전소 준공 후 1년 이내 설비문제가 발생할 확률은 50[%]이고, 그 중 80[%]는 인버터 문제이다.

② 파워컨디셔너(인버터)는 발전소 구축 시 소요비용은 10[%] 이내지만 향후 발전소 성능에 가장 큰 영향을 미치는 요소이다.

③ 파워컨디셔너(인버터)의 점검요소

㉠ 연결부위 체결상황 및 배선상태

㉡ 인버터 동작 정상 상태 확인

㉢ 모니터링 관련 동작 사항 점검

㉣ 출력파형 및 전력품질 분석

㉤ 인버터 열화 상태 진단

㉥ 인버터 효율 및 발전량 분석

### (2) 태양전지 모듈의 고장

① 모듈의 개방전압 문제

㉠ 개방전압의 저하는 대부분 셀이나 바이패스 다이오드의 손상이 원인이므로 손상된 모듈을 찾아 교체한다.

㉡ 전체 스트링 중 중간지점에서 태양전지 모듈의 접속 커넥터를 분리하여, 그 지점에서 전압을 측정(모듈 1개의 개방전압 × 모듈의 직렬 개수)하여 모듈 1개의 개방전압이 1/2 이상 저감되는지 여부를 확인하여 개방한다.

㉢ 개방전압이 낮은 쪽 구간으로 범위를 축소하여 불량 모듈을 선별한다.

② 모듈의 단락전류 문제

㉠ 음영과 불량에 의한 단락전류가 발생한다.

㉡ 오염에 의한 단락전류인지 해당 스트링의 모듈 표면 육안 확인, 위의 개방전압 문제해결 순으로 불량모듈을 찾아 교체한다.

③ 모듈의 절연저항 문제

㉠ 파손, 열화, 방수 성능저하, 케이블 열화, 피복 손상 등으로 발생되며 먼저 육안 점검을 실시한다.

㉡ 모듈의 절연저항이 기준값 이하인 경우, 해당 스트링의 절연저항을 측정하여 불량 모듈을 선별한다.

### (3) 태양전지 어레이 기구 조임

① 볼트 조임

㉠ 조임 방법

- 토크렌치를 사용하여 규정된 힘으로 조여 준다.
- 조임은 너트를 돌려서 조여 준다.

㉡ 조임 확인 : 접촉저항에 의해 열이 발생하여 사고 발생이 우려되므로 규정된 힘으로 조여야 한다.

㉢ 볼트 크기별 조이는 힘

- 모선의 경우

| 볼트 크기 | M6 | M8 | M10 | M12 | M16 |
|---|---|---|---|---|---|
| 힘[kg/cm$^2$] | 50 | 120 | 240 | 400 | 850 |

- 구조물의 경우

| 볼트 크기 | M3 | M4 | M5 | M6 | M8 | M10 | M12 | M16 |
|---|---|---|---|---|---|---|---|---|
| 힘[kg/cm$^2$] | 7 | 18 | 35 | 58 | 135 | 270 | 480 | 1180 |

② 절연저항값

㉠ 배전반(온도 20[℃], 상대습도 65[%])

- 고압 회로 : 절연저항값 5[MΩ] 이상(각 상 일괄~대지간)
- 저압 회로
  - 대지전압이 150[V] 이하 : 절연저항값 0.1[MΩ] 이상
  - 대지전압이 150[V] 초과 300[V] 이하 : 절연저항값 0.2[MΩ] 이상
  - 대지전압이 300[V] 초과 400[V] 이하 : 절연저항값 0.3[MΩ] 이상
  - 대지전압이 400[V] 초과 : 절연저항값 0.4[MΩ] 이상

㉡ 주회로 차단기, 단로기(부하개폐기 포함)

- 주도전부는 1,000[V] 메거를 사용 : 절연저항값 500[MΩ] 이상
- 저압 제어회로 500[V] 메거를 사용 : 절연저항값 2[MΩ] 이상

㉢ 변성기

- 변성기는 유입형과 몰드형으로 나누는 데 유입형이 절연성능이 우수하다.
- 변성기는 주위 온도가 상승함에 따라 절연저항값이 낮아진다.

㉣ 변압기

• 변압기는 유입형과 건식형으로 나뉘고 유입형은 절연성능이 우수하나 환경 오염의 위험이 크다.
• 변압기는 주위 온도가 상승함에 따라 절연저항값이 낮아진다.

㉤ 유입리액터(주위 온도 40[℃] 이하)

• 외함과 단자간의 절연저항값은 100[MΩ] 이상

㉥ 직류차단기 : 현재 국내에서는 생산되고 있지 않으므로 외국 인증기관의 시험을 필한 3극 차단기로 결선한 것을 참고 정격으로 인정하되 차단기의 모든 접점이 동시에 개방·투입되도록 결선해야 한다.

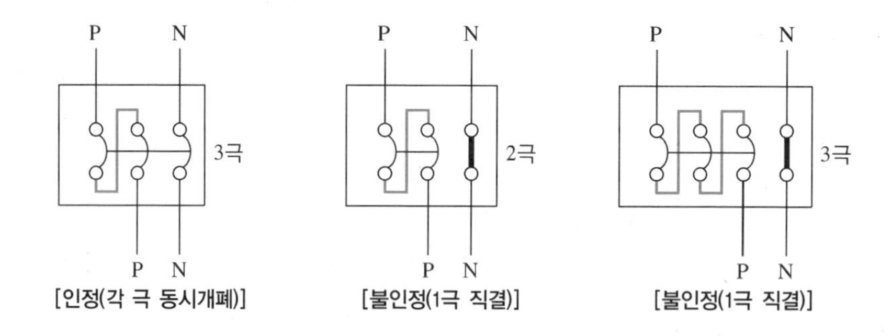

# 적중예상문제

**01** 태양광발전시스템의 점검에서 유지보수 관점에서의 점검 종류가 아닌 것은?

① 일상점검 ② 정기점검
③ 임시점검 ④ 완성점검

해설

태양광발전시스템의 점검 종류

태양광발전시스템의 점검은 일반적으로 준공 시의 점검, 일상점검, 정기점검의 3가지로 구별되고, 유지보수 관점에서의 점검은 일상점검, 정기점검, 임시점검으로 재분류된다.

**02** 태양광발전시스템의 유지관리절차이다. 빈 칸에 들어갈 사항은?

> 시설물 점검 → 일상, 정기, 임시점검 → 이상결함 발생 → 정밀안전진단 → 보수필요 → (　　) → 공사 및 준공검사 → 시설물 사용 및 유지관리

① 설계 및 예산 확보 ② 육안점검
③ 시설물 평가 ④ 보수 판단

해설

태양광발전시스템의 유지관리절차

시설물 점검 → 일상, 정기, 임시점검 → 이상결함 발생 → 정밀안전진단 → 보수필요 → 설계 및 예산 확보 → 공사 및 준공검사 → 시설물 사용 및 유지관리

**03** 태양광발전소를 구축할 때 소요비용은 10[%] 이내이지만 향후 발전소 성능에 가장 큰 영향을 미치는 요소는?

① 배전시스템 ② 태양광 어레이
③ 인버터 ④ 축전지

해설

인버터(파워컨디셔너)는 태양광발전시스템의 효율에 가장 중요한 역할을 하고 시스템의 고장 요소에서 가장 큰 비중을 차지한다.

**04** 다음 중 유지관리 절차 시 고려해야 할 사항에 대한 설명으로 맞지 않는 것은?

① 점검결과에 따라 발견된 결함의 원인과 장해 추이를 판정한다.
② 시설물별 적절한 유지관리계획서를 작성한다.
③ 유지관리자는 점검결과표에 따라 시설물의 점검을 실시한다.
④ 점검결과는 점검기록부(또는 일지)에 기록, 보관한다.

해설

유지관리 절차 시 고려해야 할 사항

- 시설물별 적절한 유지관리계획서를 작성한다.
- 유지관리자는 유지관리계획서에 따라 시설물의 점검을 실시하며, 점검결과는 점검기록부(또는 일지)에 기록, 보관하여야 한다.
- 점검결과에 따라 발견된 결함의 진행성 여부, 발생시기, 결함의 형태나 발생위치와 그 원인과 장해 추이를 정확히 평가, 판정한다.
- 점검결과에 의한 평가, 판정 후 적절한 대책을 수립하여야 한다.

**05** 태양광발전시스템을 장시간 정지 상태에서 불량품의 교체, 절연저항의 측정 등을 실시하는 점검은?

① 임시점검 ② 정기점검
③ 일상점검 ④ 완성점검

해설

정기점검

비교적 장시간 정지 상태에서 불량품의 교체, 차단기 내부점검 등이 용이하도록 전체적으로 분해하여 각 부의 세부점검을 실시하고 계전기의 특성시험과 점검시험도 실시한다.

**06** 다음 중 태양광 모듈의 유지관리 사항과 거리가 먼 것은?

① 셀이 병렬로 연결되었는지 여부
② 모듈의 유리표면 청결유지
③ 케이블 극성 유의 및 방수 커넥터 사용 여부
④ 프레임 변형 및 지지대의 녹 발생 여부

정답 1 ④ 2 ① 3 ③ 4 ③ 5 ② 6 ①

해설

셀이 병렬로 연결되었는지 여부는 설치 단계에서의 점검 사항이다.

## 07 정기점검에 대한 설명 중 맞지 않는 것은?

① 주택지원 사업으로 설치된 태양광발전설비는 설치공사업체가 하자보수기간인 2년 동안 연 1회 점검을 실시하여 신재생에너지센터에 점검결과를 보고하여야 한다.
② 정기점검은 원칙적으로 정전시키고 무전압 상태에서 기기의 이상상태를 점검하고 필요에 따라서는 기기를 분리하여 점검한다.
③ 정기점검 주기는 설비용량에 따라 월 1~4회 이상 실시한다.
④ 태양광발전시스템을 정전하지 않고 점검을 하여야 할 경우에는 안전사고가 일어나지 않도록 주의하여야 한다.

해설

정기점검 점검방법

- 태양광발전설비의 정기점검 주기는 설비용량에 따라 월 1~4회 이상 실시한다.
- 정부지원금(주택지원 사업)으로 설치된 태양광발전설비는 설치공사업체가 하자보수기간인 3년 동안 연 1회 점검을 실시하여 신재생에너지센터에 점검결과를 보고하여야 한다.
- 정기점검은 원칙적으로 정전시키고 무전압 상태에서 기기의 이상상태를 점검하고 필요에 따라서는 기기를 분리하여 점검한다.
- 태양광발전시스템을 정전하지 않고 점검을 하여야 할 경우에는 안전사고가 일어나지 않도록 주의하여야 한다.

## 08 다음 중 운영계획 수립 시 점검 주기와 점검 내용이 맞지 않는 것은?

① 일간점검 : 태양광 모듈 주위에 그림자가 발생하는 물체의 유무
② 주간점검 : 태양광 모듈의 표면에 불순물 유무
③ 월간점검 : 태양광 모듈 외부의 변형발생 유무
④ 연간점검 : 태양광 모듈의 결선상 탈선부분 발생 유무

해설

태양광 모듈의 결선상 탈선 발생 유무는 태양광 모듈 제조 시 점검해야 할 사항이다.

## 09 다음 중 모선정전의 순시점검 시 점검주기는?

① 분기 1회 ② 1년 1회
③ 3년 1회 ④ 5년 1회

해설

모선정전 점검주기

모선정전은 별로 없으나 심각한 사고를 방지하기 위해 3년에 1회 정도 점검하는 것이 좋다.

## 10 어레이 단자함 및 접속함의 점검 내용으로 볼 수 없는 것은?

① 퓨즈 및 다이오드 소손 여부
② 온도 센서 동작 확인
③ 절연저항 측정
④ 어레이 출력확인

해설

온도 센서는 접속함, 단자함에 포함되어 있지 않다.

## 11 태양광인버터의 이상 신호의 문제를 해결한 후에 재가동 시 인버터를 투입한 후 몇 분 후에 재기동하여야 하는가?

① 즉시 기동 ② 3분 후
③ 5분 후 ④ 10분 후

해설

투입저지 한시타이머 동작시험 : 인버터가 정지하여 5분 후 자동 기동할 것

## 12 다음 중 보수점검 작업 시 점검 전의 유의사항이 아닌 것은?

① 설비, 기계의 안전 확인
② 잔류전압 주의
③ 접지선의 제거
④ 무전압 상태 확인

해설

접지선의 제거는 점검 후의 유의사항이다.



7 ① 8 ④ 9 ③ 10 ② 11 ③ 12 ③ 정답

점검 전의 유의사항
- 준비작업 : 응급처치 방법 및 설비, 기계의 안전 확인
- 회로도의 검토 : 전원계통이 Loop가 형성되는 경우에 대비
- 연락처 : 비상연락망을 사전 확인하여 만일의 상태에 신속히 대처
- 무전압 상태확인 및 안전조치 : 관련된 차단기, 단로기 개방 등
- 잔류전압 주의 : 콘덴서 및 케이블의 접속부 점검 시 접지실시
- 오조작 방지 : 인출형 차단기, 단로기는 쇄정 후 "점검 중" 표찰 부착
- 절연용 보호 기구를 준비
- 쥐, 곤충 등의 침입대책을 세움

## 13 보수점검 작업 시 점검 후의 유의 사항 중 최종 확인 사항과 관련이 없는 것은?

① 볼트, 너트 단자반 결선의 조임 및 연결작업의 누락은 없는지 확인한다.
② 점검을 위해 설치한 가설물의 철거 여부 확인
③ 절연용 보호기구의 착용 여부 확인
④ 점검 중 쥐, 곤충, 뱀 등의 침입은 없는지 확인한다.

해설

점검 후의 유의사항 중 최종확인 사항
- 작업자가 수·배전반 내에 들어가 있는지 확인한다.
- 점검을 위해 임시로 설치한 가설물 등이 철거되었는지 확인한다.
- 볼트, 너트 단자반 결선의 조임 및 연결작업의 누락은 없는지 확인한다.
- 작업 전에 투입된 공구 등이 목록을 통해 회수되었는지 확인한다.
- 점검 중 쥐, 곤충, 뱀 등의 침입은 없는지 확인한다.

## 14 변전설비공사(전기설비 및 기기설치공사 포함)의 하자담보 책임기간은?

① 3년　　② 5년
③ 7년　　④ 10년

해설

공사하자담보 책임기간

| 관련법령 | 대상 공정 | | 책임기간 |
|---|---|---|---|
| 건설산업 기본법 | 도로(암거, 측구를 포함한다) | | 2년 |
| | 상수도, 하수도 | 철근 콘크리트 또는 철골구조부 | 7년 |
| | | 관로 매설 또는 기기설치 | 3년 |
| | 관개수로 또는 매립 | | 3년 |
| | 부지정지 | | 2년 |
| | 조경시설물 또는 조경식재 | | 2년 |
| | 발전가스 또는 산업설비 | 철근 콘크리트 또는 철골구조부 | 7년 |
| | | 그 밖의 시설 | 3년 |
| | 그 밖의 토목공사 | | 1년 |
| 전기공사업법 | 발전설비 공사 | 철근 콘크리트 또는 철골구조부 | 7년 |
| | | 그 밖의 시설 | 3년 |
| | 지중 송배전 설비공사 | 송전설비공사(케이블, 물밑송전설비공사 포함) | 5년 |
| | | 배전설비공사 | 3년 |
| | 송전설비공사 | | 3년 |
| | 변전설비공사(전기설비 및 기기설치공사 포함) | | 3년 |
| | 배전설비 공사 | 배전설비 철탑공사 | 3년 |
| | | 그 밖의 배전설비공사 | 2년 |
| | 그 밖의 전기설비공사 | | 1년 |
| 정보통신 공사업법 | 사업용 전기통신설비 중 케이블설치공사(구내 제외) 관로, 철탑, 교환기설치, 전송설비, 위선통신설비공사 | | 3년 |

## 15 지중 송배전설비공사 중 배전설비공사의 하자담보 책임기간은?

① 3년　　② 5년
③ 7년　　④ 10년

해설

14번 해설 참조

## 16 하자발생 시 조치사항에 대한 설명 중 맞지 않는 것은?

① 하자발견 즉시 도급자에 서면 통보하여 하자보수토록 요청
② 도급자는 하자보수 착공계 제출 후 공사에 임하여야 하며, 하자보수를 완료한 경우 하자보수 준공계를 제출하여 감독자의 준공검사를 득해야 처리가 완료된다.
③ 하자보수 요청 후 미이행 시는 하자보증보험사 또는 연대보험사에 서면통보하여 조치

정답 13 ③ 14 ① 15 ① 16 ④

④ 하자보수를 완료한 경우 시공계를 제출하여 감독자의 준공검사를 득한다.

해설

하자발생 시 조치사항
- 하자발견 즉시 도급자에 서면통보하여 하자보수토록 요청
- 하자보수 요청 후 미이행 시는 하자보증보험사 또는 연대보험사에 서면통보하여 조치(이 경우 발주자는 하자보수 불이행에 따른 도급자에 행정처벌 조치)
- 도급자는 하자보수 착공계 제출 후 공사에 임하여야 하며, 하자보수를 완료한 경우 하자보수 준공계를 제출하여 감독자의 준공검사를 득해야 처리가 완료된다.
- 하자보수 및 검사를 완료한 경우에는 하자보수 관리부를 작성하여 보관한다.

**17** 다음 중 태양광발전시스템에서 운전 정지 후에 해야 하는 점검 사항은?

① 각 선간전압 확인
② 부하 전류 확인
③ 단자의 조임 상태 확인
④ 계기의 이상 유무 확인

해설

단자의 조임 상태 확인은 감전의 위험이 있고 단선될 수 있으므로 발전시스템을 정지시킨 후에 점검해야 한다. 보기의 다른 항목들은 운전 시에 확인할 수 있는 사항들이다.

**18** 유지관리자가 갖추어야 할 자세에 대한 설명이 맞지 않는 것은?

① 이용편의에 있어서 제한 및 장애를 최대한 적게 한다.
② 시설물의 결함이나 파손을 초래하는 요인을 사전조사로 발견하여 미연에 방지토록 한다.
③ 면밀한 작업계획 수립에 의해 최대의 작업효과를 가져오도록 하여 예산낭비의 요인이 없도록 한다.
④ 신속한 작업을 최우선으로 하여 모든 작업을 시행한다.

해설

유지관리의 자세
- 시설물의 결함이나 파손을 초래하는 요인을 사전조사로 발견하여 미연에 방지토록 한다.
- 시설물의 결함이나 파손은 조기발견하고 즉시 조치하여 파손이 확대되지 않도록 한다.
- 이용편의에 있어서 제한 및 장애를 최대한 적게 한다.
- 안전을 최우선으로 하여 모든 작업을 시행한다.
- 면밀한 작업계획 수립에 의해 최대의 작업효과를 가져오도록 하여 예산낭비의 요인이 없도록 한다.

**19** 다음 중 태양광발전설비를 유지관리 하기 위해서 몇 [kW] 이상은 사전에 인가를 받고 공사를 해야 하는가?

① 1,000[kW] ② 2,000[kW]
③ 5,000[kW] ④ 10,000[kW]

해설

10,000[kW] 이상의 태양광발전시스템은 사전에 인가를 받아야 하며 10,000[kW] 미만은 신고 후 공사해야 한다.

**20** 점검 계획 시 고려해야 할 사항이 아닌 것은?

① 환경조건 ② 부하상태
③ 고장이력 ④ 설비의 종류

해설

점검 계획 시 고려사항
- 설비의 사용기간
- 설비의 중요도
- 환경조건
- 고장이력
- 부하상태

**21** 다음 중 태양광발전시스템의 유지보수 관점에서의 점검 종류로 볼 수 없는 것은?

① 일상점검 ② 사용 전 점검
③ 임시점검 ④ 정기점검

해설

유지보수 관점에서의 점검의 종류는 일상점검, 정기점검, 임시점검이 있다.

**22** 유지관리비의 구성요소로 볼 수 없는 것은?

① 자재비 ② 운용지원비
③ 보수비 ④ 일반관리비



17 ③ 18 ④ 19 ④ 20 ④ 21 ② 22 ① 정답

해설

유지관리비 구성요소
- 유지비
- 보수비와 개량비
- 일반관리비
- 운용지원비

**23** 다음 중 점검 작업 시 주의해야 할 사항이 아닌 것은?

① 응급처치 방법 및 설비 기계의 안전을 확인한다.
② 절연용 보호기구를 준비한다.
③ 잔류 전압에 주의한다.
④ 콘덴서나 케이블의 접속부 점검 시 잔류전하를 충전시킨 상태로 개방한다.

해설

점검 작업 시 주의사항
- 안전사고에 대한 예방조치 후 2인 1조로 보수점검에 임한다.
- 응급처치 방법 및 설비 기계의 안전을 확인한다.
- 무전압 상태 확인 및 안전 조치
  - 관련된 차단기, 단로기를 열어 무전압 상태로 만든다.
  - 검전기를 사용하여 무전압 상태를 확인하고 필요한 개소는 접지를 실시한다.
  - 특고압 및 고압 차단기는 개방하여 테스트 포지션 위치를 인출하고, '점검 중'이라는 표찰을 부착한다.
  - 단로기는 쇄정시킨 후 '점검 중' 표찰을 부착한다.
  - 수배전반 또는 모선 연락반은 전원이 되돌아와서 살아있는 경우가 있으므로 차단기나 단로기를 꼭 차단하고 '점검 중'이라는 표찰을 부착한다.
- 잔류 전압에 주의(콘덴서나 케이블의 접속부 점검 시 잔류전하를 방전시키고 접지한다)한다.
- 절연용 보호기구를 준비한다.
- 점검 후 안전을 위해 설치한 접지선은 반드시 제거한다.
- 점검 후 반드시 점검 및 수리한 요점 및 고장상황, 일자를 기록한다.

**24** 다음 중 송변전설비의 일상순시점검에 대한 설명이 맞지 않는 것은?

① 이상상태의 내용을 기록하여 정기점검 시에 반영함으로서 참고자료로 활용한다.
② 원칙적으로 정전을 한 후, 무전압 상태에서 기기의 이상 상태를 점검하고 필요에 따라 기기를 분해하여 점검한다.
③ 이상한 소리, 냄새, 손상 등을 배전반 외부에서 점검항목의 대상에 따라서 점검한다.
④ 이상상태를 발견한 경우에는 배전반의 문을 열고 이상 정도를 확인한다.

해설

송변전설비의 정기점검
원칙적으로 정전을 한 후, 무전압 상태에서 기기의 이상상태를 점검하고 필요에 따라 기기를 분해하여 점검한다.

**25** 일반적으로 나타내는 내용 연수의 종류가 아닌 것은?

① 물리적 내용연수
② 법정 내용연수
③ 화학적 내용연수
④ 사회적 내용연수

해설

내용 연수의 종류
- 물리적 내용연수
- 기능적 내용연수
- 사회적 내용연수
- 법정 내용연수

**26** 다음 중 개폐 시 이상전압이나 낙뢰로부터 보호하는 기기는?

① 피뢰기
② 부하 개폐기
③ 컷아웃스위치
④ 전력 퓨즈

해설

- 부하개폐기(LBS) : 선로의 부하차단 등 회로 차단
- 전력퓨즈(PF) : 사고전류 차단, 후비보호
- 컷아웃스위치(COS) : 과전류로 기기 보호와 개폐에 이용함
- 피뢰기(LA) : 개폐 시 이상전압, 낙뢰로부터 보호
- 배선용 차단기 : 과전류 및 사고전류 차단

정답 23 ④ 24 ② 25 ③ 26 ①

## 27 설계도서의 보관기준에 관한 설명 중 맞지 않는 것은?

① 전력시설물의 소유자 및 관리주체는 준공설계도서를 준공된 후 10년간 보관한다.
② 감리업자는 준공설계도서를 하자담보책임기간이 끝날 때까지 보관한다.
③ 전력시설물의 소유자 및 관리주체는 실시설계도서를 시설물이 폐지될 때까지 보관한다.
④ 설계업자는 실시설계도서를 해당 시설물이 준공된 후 5년간 보관한다.

해설

설계도서의 보관기준
전력시설물의 소유자 및 관리주체는 실시설계도서 및 준공설계도서를 시설물이 폐지될 때까지 보관하여야 한다.

## 28 태양광발전시스템의 고장진단을 위해 태양전지 어레이의 출력을 확인하고자 한다. 개방전압을 측정할 때 유의해야 할 사항이 아닌 것은?

① 개방전압은 교류전압계로 측정한다.
② 태양전지 셀은 비오는 날에도 미소한 전압이 발생되기에 매우 주의해서 측정한다.
③ 태양전지 어레이의 표면을 청소할 필요가 있다.
④ 각 스트링의 측정은 안정된 일사강도가 얻어질 때 실시한다.

해설

측정시각은 일사강도, 맑을 때(온도의 변동을 극히 적게 하기 위해), 태양이 남쪽에 있을 때의 전후 1시간에 실시하는 것이 바람직하다. 개방전압은 직류전압계로 측정한다.

## 29 유지관리에 필요한 자료가 아닌 것은?

① 지반조사 보고서 ② 구조계산서
③ 소요경비내역 ④ 인허가서류

해설

유지관리에 필요한 자료
- 주변지역의 현황도 및 관계서류
- 지반조사 보고서 및 실험 보고서
- 준공시점에서의 설계도, 구조계산서, 설계도면, 표준시방서, 특별시방서, 견적서
- 보수, 개수 시의 상기 설계도서류 및 작업기록
- 공사계약서, 시공도, 사용재료의 업체명 및 품명
- 공정사진, 준공사진
- 관련된 인허가 서류 등

## 30 다음 중 주회로 차단기의 주 도전부의 참고값은?

① 100[MΩ] 이상
② 300[MΩ] 이상
③ 500[MΩ] 이상
④ 700[MΩ] 이상

해설

주회로 차단기, 단로기 절연저항 참고값

| 구 분 | 측정 장비 | 절연저항값[MΩ] |
|---|---|---|
| 주 도전부 | 1,000[V] 메거 | 500[MΩ] 이상 |
| 저압 제어회로 | 500[V] 메거 | 2[MΩ] 이상 |

## 31 절연물 보수에 관한 설명 중 맞지 않는 것은?

① 합성수지 적층판, 목재 등이 오래되어 헐거움이 발생되는 경우에는 부품을 교환한다.
② 절연물의 절연저항이 떨어진 경우에는 종래의 데이터를 기초로 하여 계열적으로 비교 검토한다.
③ 절연물에 균열, 파손, 변형이 있는 경우 부품을 교환한다.
④ 목재 등이 오래되어 헐거움이 발생되는 경우에는 볼트 조임을 한다.

해설

절연물의 보수 공통사항
- 자기성 절연물에 오손 및 이물질이 부착된 경우에는 청소한다.
- 합성수지 적층판, 목재 등이 오래되어 헐거움이 발생되는 경우에는 부품을 교환한다.
- 절연물에 균열, 파손, 변형이 있는 경우 부품을 교환한다.
- 절연물의 절연저항이 떨어진 경우에는 종래의 데이터를 기초로 하여 계열적으로 비교 검토한다(구간, 부품별로 분리하여 측정한다). 동시에 접속되어 있는 각 기기 등을 체크하여 원인을 규명하고 처리한다.
- 절연저항값은 온도, 습도 및 표면의 오손상태에 따라 크게 영향을 받는다.



27 ① 28 ① 29 ③ 30 ③ 31 ④ 정답

**32** 배전반의 저압 회로에서 대지전압이 150[V] 초과 300[V] 이하인 경우 절연저항의 참고값은?

① 0.1[MΩ] ② 0.2[MΩ]
③ 0.3[MΩ] ④ 0.4[MΩ]

해설

배전반 절연저항의 참고값

| | 전로의 사용전압 구분 | 절연저항값 [MΩ] |
|---|---|---|
| 400[V] 미만 | 대지전압(접지식 전로는 전선과 대지간 전압, 비접지식은 전선간 전압)이 150[V] 이하 경우 | 0.1 이상 |
| | 대지전압 150[V] 초과 300[V] 이하 경우 (전압측 전선, 중성선 또는 대지간의 절연저항) | 0.2 이상 |
| | 사용전압 300[V] 초과 400[V] 미만 | 0.3 이상 |
| 400[V] 이상 | | 0.4 이상 |

**33** 태양전지 어레이의 점검항목 중 접지저항은 얼마인가?

① 접지저항 50[Ω] 이하
② 접지저항 100[Ω] 이하
③ 접지저항 150[Ω] 이하
④ 접지저항 200[Ω] 이하

해설

태양전지 어레이 점검항목

| 설 비 | 점검항목 | | 점검요령 |
|---|---|---|---|
| 태양전지 어레이 | 육안 점검 | 표면의 오염 및 파손 | 오염 및 파손의 유무 |
| | | 프레임 파손 및 변형 | 파손 및 두드러진 변형이 없을 것 |
| | | 가대의 부식 및 녹 발생 | 부식 및 녹이 없을 것 |
| | | 가대의 고정 | 볼트 및 너트의 풀림이 없을 것 |
| | | 가대접지 | 배선공사 및 접지접속이 확실할 것 |
| | | 코 킹 | 코킹의 망가짐 및 불량이 없을 것 |
| | | 지붕재의 파손 | 지붕재의 파손, 어긋남, 뒤틀림, 균열이 없을 것 |
| | 측 정 | 접지저항 | 접지저항 100[Ω] 이하(제3종 접지) |

**34** 태양전지 어레이의 육안 점검항목이 아닌 것은?

① 표면의 오염 및 파손
② 프레임 파손 및 변형
③ 접지저항
④ 가대의 고정

해설

33번 해설 참조

**35** 태양광발전시스템 점검 중 측정전압 DC 500[V] 절연저항계로 태양전지와 접지 간의 절연저항 측정 시 얼마 이상이어야 하는가?

① 0.1[MΩ] ② 0.2[MΩ]
③ 1.0[MΩ] ④ 5.0[MΩ]

해설

접속함 점검항목

| 설 비 | 점검항목 | | 점검요령 |
|---|---|---|---|
| 중간단자함 (접속함) | 육안 점검 | 외함의 부식 및 파손 | 부식 및 파손이 없을 것 |
| | | 방수처리 | 전선 인입구가 실리콘 등으로 방수처리 |
| | | 배선의 극성 | 태양전지에서 배선의 극성이 바뀌어 있지 않을 것 |
| | | 단자대 나사의 풀림 | 확실하게 취부하고 나사의 풀림이 없을 것 |
| | 측 정 | 접지저항 (태양전지-접지간) | 0.2[MΩ] 이상 측정전압 DC 500[V] |
| | | 절연저항 | 1[MΩ] 이상 측정전압 DC 500[V] |
| | | 개방전압 및 극성 | 규정의 전압이고 극성이 올바를 것 |

**36** 태양광발전시스템 점검 중 인버터의 접지저항에 해야 하는 접지공사는?

① 제1종 접지공사
② 제2종 접지공사
③ 제3종 접지공사
④ 특별 제3종 접지공사

정답 32 ② 33 ② 34 ③ 35 ③ 36 ③

해설

인버터 측정항목

| 설 비 | 점검항목 | | 점검요령 |
|---|---|---|---|
| 인버터 | 측 정 | 절연저항<br>(태양전지-전지간) | 1[MΩ] 이상 측정전압 DC 500[V] |
| | | 접지저항 | 접지저항 100[Ω] 이하(제3종 접지) |

**37** 태양광발전시스템의 점검 중 발전전력에 대한 설명으로 맞지 않는 것은?

① 발전전력이 항상 최소 이상인지를 확인할 것
② 인버터 운전 중 전력표시부에 사양대로 표시될 것
③ 잉여전력량계는 송전 시 전력량계 회전을 확인할 것
④ 잉여전력량계는 수전 시 전력량계 정지를 확인할 것

해설

| 설 비 | 점검항목 | | | 점검요령 |
|---|---|---|---|---|
| 발전<br>전력 | 육안<br>점검 | 인버터의 출력표시 | | 인버터 운전 중, 전력표시에 사양과 같이 표시 |
| | | 전력량계<br>(거래용 계량기) | 송전 시 | 회전을 확인할 것 |
| | | | 수전 시 | 정지를 확인할 것 |

**38** 다음 중 태양전지 어레이의 단락전류를 측정함으로써 알 수 있는 것은?

① 전력계통의 이상 유무
② 태양전지 모듈의 이상 유무
③ 인버터의 이상 유무
④ 전력용 축전지의 이상 유무

해설

태양전지 어레이의 단락전류를 측정함으로써 태양전지 모듈의 이상 유무를 확인할 수 있다.

**39** 태양광발전시스템의 점검 중 운전정지에 대한 내용이 아닌 것은?

① 표시부가 정상으로 표시되어 있을 것
② 태양전지의 동작 전압이 정상일 것
③ 인버터가 정지하여 10분 후 자동 기동될 것
④ 운전스위치에서 '운전'에서 운전하고 '정지'에서 정지할 것

해설

운전정지 점검항목

| 설 비 | 점검항목 | | 점검요령 |
|---|---|---|---|
| 운전<br>정지 | 조작 및<br>육안점검 | 보호계전기능의 설정 | 전력회사 정위치를 확인할 것 |
| | | 운 전 | 운전스위치 운전에서 운전할 것 |
| | | 정 지 | 운전스위치 정지에서 정지할 것 |
| | | 투입저지 시한 타이머 동작시험 | 인버터가 정지하여 5분 후 자동 기동할 것 |
| | | 자립운전 | 자립운전으로 전환 시 자립운전용 콘센트에서 규정전압이 출력될 것 |
| | | 표시부의 동작확인 | 표시부가 정상으로 표시되어 있을 것 |
| | | 이상음 등 | 운전 중 이상음, 이상진동 등의 발생이 없을 것 |
| | | 발전전압 | 태양전지의 동작전압이 정상일 것 |

**40** 태양광발전시스템의 일상점검 주기는?

① 매월 1회 ② 3개월 1회
③ 6개월 1회 ④ 1년 1회

해설

일상점검은 주로 육안점검에 의해서 매월 1회 정도 실시한다.

**41** 태양광발전시스템 설비가 100[kW] 미만 시 정기점검은 연 몇 회 이상 점검을 실시하여야 하는가?

① 연 2회 ② 연 4회
③ 연 6회 ④ 연 8회

해설

용량별 정기점검의 횟수

| 용량 [kW] | 100 미만 | 100 이상 | 300 미만 | 500 미만 | 700 미만 | 1,000 미만 |
|---|---|---|---|---|---|---|
| 횟수 | 연 2회 | 연 6회 | 월 1회 | 월 2회 | 월 3회 | 월 4회 |

**42** 자가용 태양광발전설비의 정기적인 검사주기는?

① 1년 ② 2년
③ 4년 ④ 7년

해설

태양광·연료전지 발전소의 정기적인 검사 주기는 4년 이내이다.



37 ① 38 ② 39 ③ 40 ① 41 ① 42 ③ 정답

## 43 태양광발전시스템 모듈의 고장원인으로 볼 수 없는 것은?

① 운영과정에서의 외부 충격
② 전기적, 기계적 스트레스에 의한 셀의 파손
③ 제조, 시공 불량
④ 사용자 부주의

해설

태양광발전시스템 모듈 고장원인
- 제조 불량
- 시공 불량
- 운영과정에서의 외상
- 전기적, 기계적 스트레스에 의한 셀의 파손

## 44 개방전압의 측정목적이 아닌 것은?

① 직렬접속선의 결선 누락 검출
② 동작불량 모듈 검출
③ 동작불량 스트링 검출
④ 인버터의 오동작 여부 검출

해설

개방전압의 측정목적
태양전지 어레이의 각 스트링의 개방전압을 측정하여 개방전압의 불균일에 따라 동작 불량의 스트링이나 태양전지 모듈의 검출 및 직렬 접속선의 결선 누락 등을 검출하기 위해 측정해야 한다.

## 45 다음 중 개방전압의 측정 순서가 맞는 것은?

1. 각 모듈이 그늘져 있지 않은지 확인한다.
2. 접속함의 주개폐기를 개방한다.
3. 접속함 내 각 스트링 MCCB 또는 퓨즈를 개방한다(있는 경우).
4. 측정하는 스트링의 MCCB 또는 퓨즈를 개방한다(있는 경우).
5. 직류전압계로 각 스트링의 P–N 단자 간의 전압 측정한다.

① 1 → 2 → 3 → 4 → 5
② 2 → 3 → 1 → 4 → 5
③ 2 → 3 → 1 → 5 → 4
④ 3 → 2 → 1 → 4 → 5

해설

개방전압의 측정순서
- 접속함의 주개폐기를 개방(Off)한다.
- 접속함 내 각 스트링 MCCB 또는 퓨즈를 개방(Off)한다(있는 경우).
- 각 모듈이 그늘져 있지 않은지 확인한다.
- 측정하는 스트링의 MCCB 또는 퓨즈를 개방(Off)하여(있는 경우), 직류전압계로 각 스트링의 P–N 단자 간의 전압을 측정한다.
- 테스터 이용 시 실수로 전류 측정 레인지에 놓고 측정하면 단락전류가 흐를 위험이 있으므로 주의해야 한다. 또한, 디지털 테스터를 이용할 경우에는 극성을 확인해야 한다.
- 측정한 각 스트링의 개방전압값이 측정 시의 조건 하에서 타당한 값인지 확인한다(각 스트링의 전압 차가 모듈 1매분 개방전압의 1/2보다 적은 것을 목표로 한다).

## 46 다음 중 개방전압의 측정 시 유의사항이 아닌 것은?

① 태양전지 셀은 비 오는 날에도 미소한 전압을 발생하고 있으므로 매우 주의해서 측정해야 한다.
② 측정시각은 태양이 남쪽에 있을 때의 전후 1시간에 실시하는 것이 좋다.
③ 비 오는 날에는 개방 전압을 절대 측정하면 안 된다.
④ 태양전지 어레이의 표면을 청소할 필요가 있다.

해설

개방전압 측정 시 유의사항
- 태양전지 어레이의 표면을 청소할 필요가 있다.
- 각 스트링의 측정은 안정된 일사강도가 얻어질 때 실시한다.
- 측정시각은 일사강도, 온도의 변동을 극히 적게 하기 위해 맑을 때, 태양이 남쪽에 있을 때의 전후 1시간에 실시하는 것이 좋다.
- 태양전지 셀은 비 오는 날에도 미소한 전압을 발생하고 있으므로 매우 주의해서 측정해야 한다.

## 47 전로의 사용전압이 300[V] 초과 400[V] 미만인 경우 절연 저항값은?

① 0.1[MΩ] 이상
② 0.2[MΩ] 이상
③ 0.3[MΩ] 이상
④ 0.4[MΩ] 이상

정답 43 ④ 44 ④ 45 ② 46 ③ 47 ③

해설

절연저항 측정기준

| | 전로의 사용전압 구분 | 절연저항값 [MΩ] |
|---|---|---|
| 400 미만 | 대지전압 150[V] 이하인 경우 | 0.1 이상 |
| | 대지전압 150[V] 초과 300[V] 이하인 경우 | 0.2 이상 |
| | 사용전압 300[V] 초과 400[V] 미만 | 0.3 이상 |
| 400[V] 이상 | | 0.4 이상 |

## 48 인버터 회로의 인버터 정격전압이 300[V] 이하 시 절연저항 시험기기는?

① 500[V] 절연저항계
② 1,000[V] 절연저항계
③ 회로 시험기
④ 클램프 미터

해설

인버터 회로
- 인버터 정격전압 300[V] 이하 : 500[V] 절연저항계(메거)로 측정한다.
- 인버터 정격전압 300[V] 초과 600[V] 이하 : 1,000[V] 절연저항계(메거)로 측정한다.

## 49 인버터 출력회로의 절연저항 측정 순서가 맞는 것은?

1. 분전반 내의 분기 차단기 개방
2. 태양전지 회로를 접속함에서 분리
3. 직류측의 모든 입력단자 및 교류측의 전체 출력단자를 각각 단락
4. 교류단자의 대지 간의 절연저항 측정
5. 측정결과의 판정기준을 전기설비기술기준에 따라 표시

① 1 → 2 → 5 → 4 → 3
② 1 → 2 → 3 → 4 → 5
③ 2 → 1 → 3 → 4 → 5
④ 2 → 1 → 3 → 5 → 4

해설

인버터 출력회로의 절연저항 측정순서
- 분전반 내의 분기 차단기 개방
- 태양전지 회로를 접속함에서 분리
- 직류측의 모든 입력단자 및 교류측의 전체 출력단자를 각각 단락
- 교류단자의 대지 간의 절연저항 측정
- 측정결과의 판정기준을 전기설비기술기준에 따라 표시

## 50 태양전지 어레이의 절연저항 측정 시 유의사항이 아닌 것은?

① 일사가 있을 때 측정 시 단락용 개폐기가 없을 때는 유의해서 측정한다.
② 태양전지의 직렬수가 많아 전압이 높은 경우에는 예측할 수 없는 위험이 있어 측정하지 않는다.
③ 측정 시에는 태양전지 모듈에 커버를 씌워 태양전지 셀의 출력을 저하시키면 안전하게 측정할 수 있다.
④ 안전한 측정을 위해 고무장갑이나 마른 목장갑을 사용하는 것이 바람직하다.

해설

태양전지 어레이의 절연저항 측정 시 유의사항
- 일사가 있을 때 측정하는 것은 큰 단락전류가 흘러 매우 위험하므로 단락용 개폐기를 이용할 수 없는 경우에는 절대 측정하지 말아야 한다.
- 태양전지의 직렬수가 많아 전압이 높은 경우에는 예측할 수 없는 위험이 발생할 수 있으므로 측정하지 말아야 한다.
- 측정 시에는 태양전지 모듈에 커버를 씌워 태양전지 셀의 출력을 저하시키면 보다 안전하게 측정할 수 있다.
- 단락용 개폐기 및 전선은 고무 절연막 등으로 대지절연을 유지함으로써 보다 정확한 측정값을 얻을 수 있다. 따라서 측정자의 안전을 보장하기 위해 고무장갑이나 마른 목장갑을 착용할 것을 권장한다.

## 51 다음 중 접지저항 측정방법의 종류가 아닌 것은?

① 클램프 온 측정법
② 전위차계 접지저항계
③ 코올라시 브리지법
④ Wenner의 4전극법

해설

Wenner의 4전극법은 대지저항률의 측정방법이다.



48 ① 49 ② 50 ① 51 ④ 정답

## 52 태양전지 모듈의 고장의 원인이 아닌 것은?

① 모듈의 개방전압 문제
② 모듈의 외부충격 문제
③ 모듈의 단락 전류 문제
④ 모듈의 절연저항 문제

**해설**

**태양전지 모듈의 고장**

- 모듈의 개방전압 문제
  - 개방전압의 저하는 대부분 셀이나 바이패스 다이오드의 손상이 원인이므로 손상된 모듈을 찾아 교체한다.
  - 전체 스트링 중 중간지점에서 태양전지 모듈의 접속 커넥터를 분리하여, 그 지점에서 전압을 측정(모듈 1개의 개방전압 × 모듈의 직렬 개수)하여 모듈 1개 개방전압이 1/2 이상 저감되는지 여부를 확인하여 개방한다.
  - 개방전압이 낮은 쪽 구간으로 범위를 축소하여 불량 모듈을 선별한다.
- 모듈의 단락전류 문제
  - 음영과 불량에 의한 단락전류가 발생한다.
  - 오염에 의한 단락전류인지 해당 스트링의 모듈 표면 육안 확인, 위의 개방전압 문제해결 순으로 불량모듈을 찾아 교체한다.
- 모듈의 절연저항 문제
  - 파손, 열화, 방수 성능저하, 케이블 열화, 피복 손상 등으로 발생되며 먼저 육안 점검을 실시한다.
  - 모듈의 절연저항이 기준값 이하인 경우, 해당 스트링의 절연저항을 측정하여 불량 모듈을 선별한다.

## 53 상회전 방향 시험 시 확인시험 방법이 아닌 것은?

① 3상 유도전동기를 접속한다.
② 상회전계를 사용한다.
③ 단자의 순서가 바른 지 확인한다.
④ 검상기를 사용한다.

**해설**

**상회전 방향의 확인 시험**

- 저압 회로의 상회전 검출방법 : 3상 유도전동기를 접속, 전원용량이 있는 경우에는 그 회전방향을 확인함으로써 판정된다(상회전계).
- 한 선로에 여러 개의 선로가 분기한 경우 : 단자순서만 보고 연결하면 단락사고가 발생하므로 각 분기별 전압을 측정하여 0(Zero)이 되는 선끼리 접속하여 상회전 방향과 상을 함께 맞춰야 한다.
- 상회전 방향은 시퀀스 계전기나 3상 측정계기의 결선 시 중요한 요소로 상회전 방향이 계기의 단자와 일치하지 않으면 측정값이 다르게 나타나게 된다.
- 검상기 : 3상 회로의 상회전이 바른지의 여부를 눈으로 보는 계기로, 유도전동기와 같은 원리로 회전하는 알루미늄판의 회전방향으로 상회전을 확인한다.

## 54 다음 중 변류기(CT) 2차측 개방에 대한 대책으로 볼 수 없는 것은?

① 누전차단기를 설치한다.
② CT 2차측은 반드시 접지한다.
③ 2차 개로 보호용 비직선 저항요소를 부착한다.
④ CT 2차측은 1차 전류가 흐르고 있는 상태에서는 절대로 개로되지 않도록 주의한다.

**해설**

**변류기(CT) 2차측 개방현상**

- 계기용 변류기는(CT)는 대전류를 직접 계측, 보호할 수 없으므로 소전류로 변성한 것으로 용도상 계측용과 보호용으로 구분된다.
- 변류기 2차측은 1차 전류가 흐르고 있는 상태에서는 절대로 개방되지 않도록 주의해야 한다(CT 2차 개방 시 1차 전류가 모두 여자전류가 되어 철심에 과도하게 여자되고 포화에 의한 한도까지 고전압이 유기되어 절연파괴될 우려가 있다).
- CT 2차측 개방에 대한 대책 : CT 2차측은 반드시 접지하고 변류기 2차측은 1차 전류가 흐르고 있는 상태에서는 절대로 개로되지 않도록 주의한다. 2차 개로 보호용 비직선 저항요소를 부착한다.

## 55 인버터의 점검 요소로 볼 수 없는 것은?

① 연결부위 체결상황 및 배선상태
② 인버터의 외관 상태
③ 인버터 열화 상태 진단
④ 출력파형 및 전력품질 분석

**해설**

**파워컨디셔너(인버터)의 점검요소**

- 연결부위 체결상황 및 배선상태
- 인버터 동작 정상 상태 확인
- 모니터링 관련 동작 사항 점검
- 출력파형 및 전력품질 분석
- 인버터 열화 상태 진단
- 인버터 효율 및 발전량 분석

**정답** 52 ② 53 ③ 54 ① 55 ②

# 태양광발전설비 안전관리

## 제1절 위험요소 및 위험관리방법

### 1 태양광발전시스템의 위험 요소 및 위험관리방법

#### (1) 위험요소 및 위험관리방법

① 침수 대비

㉠ 지대가 높은 곳에 충분한 공간을 확보한 후 전력설비를 설치하고, 배수시설을 확보한다.

㉡ 전기실이 없이 외부에 설치되는 외장형 인버터의 경우에는 외함 보고등급(IP 54 이상)을 반드시 확인한다.

② 풍속 대비

㉠ 국내 시설물 내풍 설계기준 : 25~45[m/s]

㉡ 태풍의 대비에 따른 풍속 50~60[m/s]까지 견디는 구조물 작업을 한다.

③ 방수 관리 및 염해 대비

㉠ 매우 습한 지역의 경우 방수포를 사용하여 발전소 내 습기를 최소화하고 산업용 제습제나 제습기를 상시 비치한다.

㉡ 환기를 위해 인버터에 덕트를 설치할 경우 덕트 내에 습기방지필터를 설치한다.

㉢ 바닷가 인근에는 염해방지를 위한 금속 코팅된 구조물을 사용하고 인버터 공급사와 논의하여 높은 외함 등급의 인버터를 설치한다.

④ 낙뢰 대비

여름철에는 낙뢰를 동반한 폭우가 빈번하므로 피뢰 설비와 과전압 보호장치를 설치하여 피해를 줄인다.

⑤ 인버터 관리

㉠ 여름철 폭우를 동반한 강한 바람으로 공기 통풍구로 수분이 유입될 우려가 있어서 대비가 필요하다.

㉡ 발전소 운영이 어려울 정도의 가혹한 날씨 조건일 때는 인버터 내부 조작전원을 포함한 모든 전원을 차단한 후 인버터 작동을 중지한다.

㉢ 재가동 시에는 캐비닛 문을 열고 수분의 침투 여부를 확인하고 스며든 경우 수분을 완벽히 제거한다.

㉣ 수분 제거 후 조작전원만을 투입하고 습도계 동작점을 80[%]에서 60[%]로 낮춘 후 최소 하루 이상을 대기상태로 둔다(인버터 동작스위치는 정지 상태).

㉤ 실외에 설치되는 스트링 인버터의 경우, 커버가 닫혀 있는지를 확인하고, 수분 침투가 우려될 경우 DC 연결을 해체한 후 인버터를 중지한다.

### (2) 전기작업의 안전

전기설비의 점검·수리 등의 전기작업을 할 때는 정전시킨 후 작업하는 것이 원칙이며, 부득이한 사유로 정전시킬 수 없는 경우에는 활선상태에서 작업을 실시한다. 정전작업과 활선작업 모두 다 감전 위험이 있다.

① 전기작업의 준비

㉠ 작업책임자를 임명하여 지위체계 하에서 작업, 인원배치, 상태확인, 작업순서 설명, 작업지휘를 한다.

㉡ 작업자는 책임자의 명령에 따라 올바른 작업순서로 안전하게 작업한다.

② 정전작업

㉠ 정전절차 국제사회안전협의(ISSA)의 5대 안전수칙 준수

- 작업 전 전원차단
- 전원투입의 방지
- 작업장소의 무전압 여부 확인
- 단락접지
- 작업장소 보호

㉡ 정전작업순서

차단기나 부하개폐기로 개로 → 단로기는 무부하 확인 후에 개로 → 전로에 따른 검전기구로 검전 → 검전 종료 후에 잔류전하 방전(단락접지기구로 접지) → 정전작업 중에 차단기, 개폐기를 잠궈 놓거나 통전 금지 표시를 하거나 감시인을 배치하여 오통전을 방지할 것

③ 활선 및 활선근접 작업

㉠ 안전대책 : 충전전로의 방호, 작업자 절연 보호, 안전거리 확보(섬락에 의한 감전 충격 보호)

- 접근한계거리

| 사용전압[kV] | 접근한계 거리[cm] |
|---|---|
| 22 이하 | 20 |
| 22 초과 33 이하 | 30 |
| 33 초과 66 이하 | 50 |
| 66 초과 77 이하 | 60 |
| 77 초과 110 이하 | 90 |
| 110 초과 154 이하 | 120 |
| 154 초과 187 이하 | 140 |
| 187 초과 220 이하 | 160 |
| 220 초과 | 220 |

* 접근한계거리 : 금속제 공구, 재료 등이 특별고압 충전선로에 가장 근접한 부분과 충전전로와의 차단 직선거리에서 아크를 일으킬 우려가 있는 거리이다. 전로 내부에 발생하는 이상전압(뇌서지, 개폐서지)을 고려하여 정한 값이다.

- 허용접근거리(송전선)

  $D = A + bF$

  여기서, $D$ : 허용접근거리[cm]

  $A$ : 작업 시 작업자의 최대동작범위(약 90[cm])

  $b$ : 전극배치, 전압파형, 기상조건에 대한 안전계수(1.25)

  $F$ : 전선과 대지 간에 발생하는 과전압 최댓값에 대한 섬락거리

Check!
- 허용접근거리 : 섬락거리에 작업자의 최대동작범위를 가산한 거리이다.
- 섬락 : 고압의 전선이 방전 가능한 거리 내에 접근하면 빛을 내면서 방전하는 것을 말한다.

- 기타 사항
  - 작업 시 전기회로를 정전시킨 경우는 개폐기의 시건, 출입금지 조치, 검전, 단락접지기구의 설치, '작업 중 송전금지'란 표시를 한다.
  - 절연용 방호구나 보호구는 습기, 물기에 의해 전류가 표면에 누설되므로 우천 시에는 활선작업을 하지 않는다.

㉡ 활선작업

충전전로, 지지애자의 점검, 수리 및 청소 등을 활선작업이라 한다. 활선장구 및 보호장구 착용, 작업통지, 활선조장 임명, 절연로프 사용(링크스틱 삽입)하고, 작업 전 작업장소의 도체(전화선 포함)는 대지전압이 7,000[V] 이하일 때는 고무 방호구를, 7,000[V] 초과 시에는 활선장구를 이용한다.

### (3) 전기안전점검 및 안전교육 계획

① 전기사업법의 안전관리 규정에 의거 교육실시

㉠ 점검, 시험 및 검사 : 월차, 연차 실시(구내 전체 정전 후 연1회 실시)

| 구 분 | 고압 선로 | 저압 선로 |
|---|---|---|
| 연 차 | 절연저항 측정, 접지저항 측정 | 저압 배전선로의 분전반 절연저항 및 접지저항 측정<br>누전차단기 동작시험 |
| 월차(순시) | 월 1~4회, 고압 수배전반, 저압 배전선로의 전기설비, 예비발전기(주1회 15분간 시운전) | |

② 안전교육

㉠ 월간 안전교육은 자체안전관리 규정에 따라 월 1시간 이상을 수행한다.

㉡ 분기 안전교육은 자체안전관리 규정에 따라 분기당 1.5시간 이상을 수행한다.

㉢ 안전관리 교육일지의 작성

### (4) 전기안전 작업수칙

① 금속체 물건 착용금지, 안전표찰 부착, 구획로프 설치 등

② 고압 이상 개폐기, 차단기 조작 순서

㉠ IS → CB → C.O.S → TR → MCCB

㉡ 차단순서 : TR → CB → C.O.S → IS
㉢ 투입순서 : C.O.S → IS → CB → TR

### (5) 전기안전규칙 준수사항

① 항상 통전 중이라 생각하고 작업
② 현장 조건과 위험요소 사전 확인
③ 안전장치의 고장 대비
④ 접지선 확보
⑤ 정리정돈 철저
⑥ 바닥이 젖은 상태에서의 작업불가(절연고무, 절연장화 착용)
⑦ 1인 단독작업 불가
⑧ 양손보다 가능하면 한 손으로 작업
⑨ 잡담 등 집중력 저하 행동 불가
⑩ 급한 행동 자제

### (6) 태양광발전시스템의 안전관리 대책

※ 추락 및 감전사고 예방에 대한 대책
㉠ 추락사고 예방 : 안전모, 안전화, 안전벨트 착용
㉡ 감전사고 예방 : 절연장갑 착용, 태양전지 모듈 등 전원 개방, 누전차단기 설치

# 제2절 안전관리 장비

## 1 안전장비 종류

### (1) 절연용 보호구

① 용 도
7,000[V] 이하의 전로의 활선작업 또는 활선 근접작업을 할 때 작업자의 감전사고를 방지하기 위해 작업자 몸에 착용하는 것
② 종 류
㉠ 안전모
㉡ 전기용 고무장갑 : 7,000[V] 이하에 착용
㉢ 안전화 : 절연화(직류 750[V], 교류 600[V] 이하), 절연장화(7,000[V] 이하)

[전기용 안전모]

[고무 절연장화]

## (2) 절연용 방호구

① 용도

㉠ 전로의 충전부에 장착

㉡ 25,000[V] 이하 전로의 활선작업이나 활선근접 작업 시 장착(고압 충전부로부터 머리 30[cm], 발밑 60[cm] 이내 접근 시 사용)

② 종류 : 고무판, 절연관, 절연시트, 절연커버, 애자커버 등

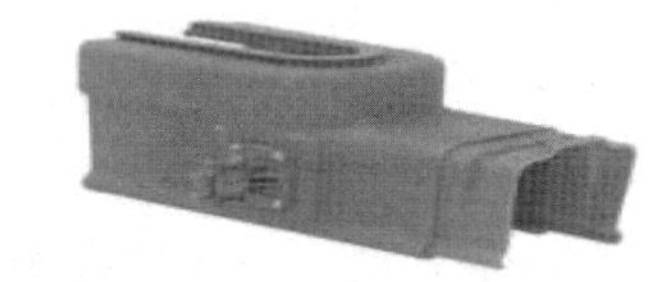
[절연용 방호구(애자커버)]

## (3) 기타 절연용 기구

① 활선작업용 기구

② 활선작업용 장치

③ 작업용 구획용구

④ 작업표시

## (4) 검출용구

① 저압 및 고압용 검전기

② 특고압 검전기(검전기 사용이 부적당한 경우 조작봉 사용)

③ 활선접근경보기

(a) 고 · 저압용

(b) 특별고압용

[검전기]

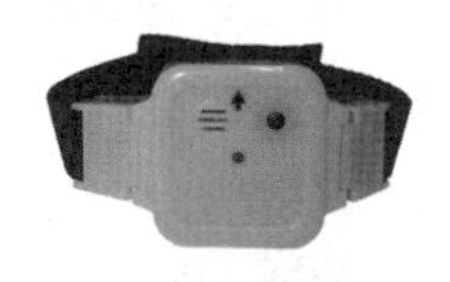
[활선접근경보기]

## (5) 접지용구

접지저항값을 가능한 적게 하고 단락전류에 용단하지 않도록 충분한 전류용량을 가져야 한다.

① 접지용구의 종류

| 종 류 | 사용범위 |
|---|---|
| 갑 종 | • 발전소, 변전소 및 개폐소 작업<br>• 지중송전선로 작업 |
| 을 종 | • 가공송전선로 작업<br>• 지중송전선로에서 가공송전선로의 접속점 |
| 병 종 | • 특별고압 및 고압 배전선의 정전작업<br>• 유도전압에 의한 위험 예방 시<br>• 수용가설비의 전원측 접지 시 |

## (6) 측정계기

① 멀티미터

㉠ 저항, 전압, 전류를 넓은 범위에서 간단한 스위치로 쉽게 측정

㉡ 정확도는 저항 ±10[%], 전압, 전류 측정에서는 ±3~4[%]

㉢ 저항, 직류전류, 직류전압, 교류전압 측정

② 클램프 미터(후크온 미터)

교류 측정기(저항, 전압, 전류 측정), 케이블은 측정 불가

(a) 멀티미터

(b) 클램프 미터

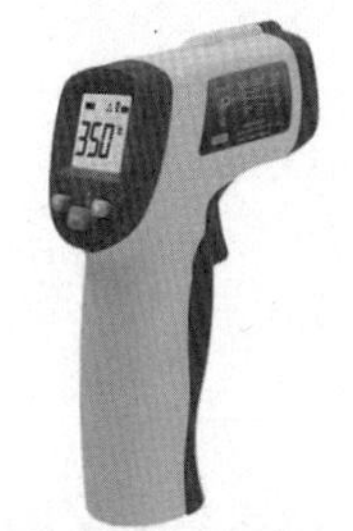


(c) 적외선 온도측정기

(d) 소화기

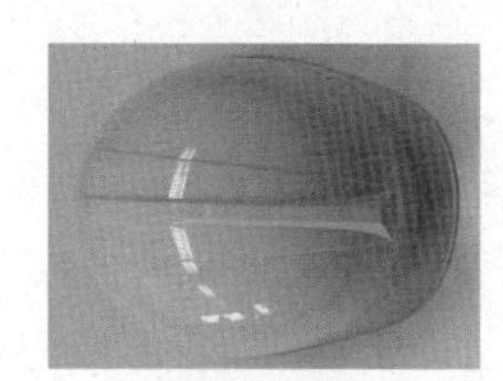

(e) 안전모

(f) 안전장갑

[측정계기]

## 2 안전장비 보관요령

### (1) 보관요령

① 안전장비 중 검사장비 및 측정장비 등은 전기·전자기기로서 습기를 피하여 건조한 곳에 보관하도록 한다.

② 안전모와 안전장갑, 방진 마스크 등의 개인보호구는 언제든지 사용할 수 있도록 손질한다.

③ 정기점검 관리 보관 요령

㉠ 한 달에 한 번 이상 책임 있는 감독자가 점검을 할 것

㉡ 청결하고 습기가 없는 장소에 보관할 것

㉢ 보호구 사용 후에는 손질하여 항상 깨끗이 보관할 것

㉣ 세척한 후에는 완전히 건조시켜 보관할 것

# 적중예상문제

**01** 다음 중 절연용 보호구가 아닌 것은?

① 전기용 고무절연장화
② 전기용 고무장갑
③ 안전모
④ 전기용 작업복

해설
절연용 보호구
안전모, 전기용 고무장갑, 전기용 고무절연장화 등이 있다.

**02** 다음 중 정전작업 전 조치사항에 대한 설명으로 볼 수 없는 것은?

① 단락접지기구로 단락접지
② 전력 케이블, 전력 콘덴서 등의 잔류전하의 방전
③ 전로의 개로개폐기로 시건장치 및 통전금지 표지판 설치
④ 작업 지휘자에 의한 작업 지휘

해설
정전작업 전 조치사항
• 전로의 개로개폐기에 시건 장치 및 통전금지 표지판 설치
• 전력 케이블, 전력 콘덴서 등의 잔류전하의 방전
• 검전기로 개로된 전로의 충전 여부 확인
• 단락접지기구로 단락접지

**03** 태양광발전시스템의 감전사고 예방 대책으로 볼 수 없는 것은?

① 전선피복 상태 관리
② 누전차단기 설치
③ 목장갑 착용
④ 태양전지 모듈 등 전원 개방

해설
태양광발전시스템의 감전사고 예방을 위해 반드시 절연장갑을 착용해야 한다.

**04** 다음 중 전기안전규칙 준수사항에 대한 설명 중 맞지 않는 것은?

① 혼자하는 작업은 불가하다.
② 한 손보다 가능하면 양손으로 작업한다.
③ 바닥이 젖은 생태에서는 작업은 불가하다.
④ 접지선을 확보한다.

해설
전기작업은 사고 시 충격 완화를 위해 양손을 사용하지 말고 가능하면 한 손으로 작업한다.

**05** 다음 중 정전작업 후의 조치사항으로 볼 수 없는 것은?

① 시건장치 또는 표지판 철거
② 개폐기 투입으로 송전 재개
③ 작업자에 대한 위험이 없는 것을 최종 확인
④ 근접 활선에 대한 방호 상태의 관리

해설
정전 작업 후의 조치사항
• 단락접지기구의 철거
• 시건장치 또는 표지판 철거
• 작업자에 대한 위험이 없는 것을 최종 확인
• 개폐기 투입으로 송전 재개

**06** 태양광발전시스템의 안전관리 대책 중 감전사고 예방 대책으로 볼 수 없는 것은?

① 누전차단기 설치
② 안전벨트 착용
③ 절연장갑 착용
④ 태양전지 모듈 등 전원 개방

해설
감전에 의한 추락사고 예방장비 : 안전모, 안전화, 안전벨트 착용

정답 1 ④ 2 ④ 3 ③ 4 ② 5 ④ 6 ②

**07** 다음 중 사용전압이 22[kV] 초과 33[kV] 이하인 경우 접근한계거리는?

① 20[cm] ② 30[cm]
③ 50[cm] ④ 60[cm]

해설
사용전압에 따른 접근한계거리

| 사용전압[kV] | 접근한계 거리[cm] |
|---|---|
| 22 이하 | 20 |
| 22 초과 33 이하 | 30 |
| 33 초과 66 이하 | 50 |
| 66 초과 77 이하 | 60 |
| 77 초과 110 이하 | 90 |
| 110 초과 154 이하 | 120 |
| 154 초과 187 이하 | 140 |
| 187 초과 220 이하 | 160 |
| 220 초과 | 220 |

**08** 다음 중 안전장비 종류 중 절연용 보호구는 몇 [V] 이하 전로의 활선작업에 사용할 수 있는가?

① 380[V] ② 600[V]
③ 7,000[V] ④ 22,900[V]

해설
절연용 보호구는 7,000[V] 이하의 전로의 활선작업 또는 활선 근접 작업을 할 때 작업자의 감전사고를 방지하고자 작업자 몸에 부착하는 것이다.

**09** 다음 중 고무 방호구를 착용하는 대지전압은 몇 [V] 이하인가?

① 5,000[V] ② 7,000[V]
③ 8,000[V] ④ 10,000[V]

해설
활선작업 시의 유의사항
충전전로, 지지애자의 점검, 수리 및 청소 등을 활선작업이라 한다. 활선장구 및 보호장구 착용, 작업 통지, 활선조장 임명, 절연로프를 사용(링크스틱 삽입)하고, 작업 전 작업장소의 도체(전화선 포함)는 대지전압이 7,000[V] 이하일 때는 고무 방호구를, 7,000[V] 초과 시에는 활선장구를 이용한다.

**10** 다음 중 정전작업을 위한 정전절차의 국제사회안전협의(ISSA)의 5대 안전수칙이 아닌 것은?

① 접지선의 제거
② 작업 전 전원 차단
③ 전원투입의 방지
④ 작업장소의 무전압 여부 확인

해설
정전절차 5단계
- 작업 전 전원 차단
- 전원투입의 방지
- 작업장소의 무전압 여부 확인
- 단락접지
- 작업장소의 보호

**11** 고압 활선작업 시의 안전조치사항으로 볼 수 없는 것은?

① 절연용 보호구 착용
② 절연용 방호구 설치
③ 단락접지기구의 철거
④ 활선작업용 장치 사용

해설
고압활선 작업 시의 안전조치 사항
- 절연용 보호구 착용
- 절연용 방호구 설치
- 활선작업용 기구 사용
- 활선작업용 장치 사용

**12** 다음 중 절연용 방호구가 아닌 것은?

① 고무판 ② 절연관
③ 절연커버 ④ 조작봉

해설
절연용 방호구는 전로의 충전부에 장착하는 것으로 25,000[V] 이하 전로의 활선작업이나 활선근접 작업 시에 사용한다. 종류로는 고무판, 절연관, 절연시트, 절연커버, 애자커버 등이 있다.



7 ② 8 ③ 9 ② 10 ① 11 ③ 12 ④ 정답

**13** **다음 중 전기안전 작업수칙에 대한 설명으로 맞지 않는 것은?**

① 작업자는 시계, 반지 등 금속체 물건을 착용해도 무방하다.
② 정전작업 시 작업 중의 안전표찰을 부착하고 출입을 제한시킬 필요가 있을 시에는 구획로프를 설치한다.
③ 고압 이상의 전기설비는 꼭 안전장구를 착용한 후 조작한다.
④ 고압 이상 개폐기 및 차단기의 조작은 책임자의 승인을 받고 담당자가 조작순서에 의해 조작한다.

해설

전기안전 작업수칙
- 작업자는 시계, 반지 등 금속체 물건을 착용해서는 안 된다.
- 정전작업 시 작업 중의 안전표찰을 부착하고 출입을 제한시킬 필요가 있을 시에는 구획로프를 설치한다.
- 고압 이상 개폐기 및 차단기의 조작은 책임자의 승인을 받고 담당자가 조작순서에 의해 조작한다.
- 고압 이상 개폐기 조작은 꼭 무부하 상태에서 실시하고 개폐기 조작 후 잔류전하 방전상태를 검전기로 꼭 확인한다.
- 고압 이상의 전기설비는 꼭 안전장구를 착용한 후 조작한다.
- 비상용 발전기 가동 전 비상전원 공급구간을 반드시 재확인한다.
- 작업완료 후 전기설비의 이상 유무를 확인한 후 통전한다.

**14** **활선 및 활선근접 작업 시 안전대책으로 볼 수 없는 것은?**

① 작업자 절연 보호 ② 접지선 확인
③ 안전거리 확보 ④ 충전전로의 방호

해설

활선 및 활선근접 작업 시의 안전대책은 충전전로의 방호, 작업자 절연 보호, 안전거리 확보(섬락에 의한 감전 충격) 등이 있다.

**15** **다음 중 절연용 보호구로 볼 수 없는 것은?**

① 전기용 고무장갑
② 전기용 고무절연장화
③ 안전모
④ 전기용 작업복

해설

절연용 보호구의 종류 : 안전모, 전기용 고무장갑, 전기용 고무절연장화 등

**16** **발전소, 변전소 및 개폐소 작업이나 지중 송전선로 작업에 사용하는 접지용구의 종류는?**

① 갑 종 ② 을 종
③ 병 종 ④ 정 종

해설

발전소, 변전소 및 개폐소 작업이나 지중 송전선로 작업에 사용하는 접지용구의 종류는 갑종이다.

**17** **다음 중 저압 및 고압용 검전기 사용 시 주의사항에 대한 설명이 아닌 것은?**

① 습기가 있는 장소로서 위험이 예상되는 경우에는 고압 고무장갑을 착용할 것
② 검전기의 사용이 부적당한 경우에는 조작봉으로 대용
③ 검전기의 정격전압을 초과하여 사용하는 것은 금지
④ 검전기의 대용으로 활선접근경보기를 사용할 것

해설

저압 및 고압용 검전기 사용 시 주의사항
- 습기가 있는 장소로서 위험이 예상되는 경우에는 고압 고무장갑을 착용
- 검전기의 정격전압을 초과하여 사용하는 것은 금지
- 검전기의 사용이 부적당한 경우에는 조작봉으로 대용
- 활선접근경보기를 검전기 대용으로 사용하지 말 것

**18** **절연용 방호구는 최대 몇 [V] 이하의 전로의 활선작업에 사용되는가?**

① 600[V] ② 7,000[V]
③ 10,000[V] ④ 25,000[V]

해설

절연용 방호구는 25,000[V] 이하 전로의 활선작업이나 활선근접작업에 사용한다.

**19** **태양광발전시스템의 감전사고 예방 대책으로 볼 수 없는 것은?**

① 전선피복 상태 관리
② 태양전지 모듈 등 전원 개방
③ 누전차단기 설치
④ 목장갑 착용

정답 13 ① 14 ② 15 ④ 16 ① 17 ④ 18 ④ 19 ④

해설

태양광발전시스템의 안전관리 대책
- 추락사고 예방 : 안전모, 안전화, 안전벨트 착용
- 감전사고 예방 : 절연장갑 착용, 태양전지 모듈 등 전원 개방, 누전차단기 설치

## 20 활선 및 활선근접 작업을 할 때 송전선에 대한 허용접근거리($D$)를 구하는 공식은?

> $A$ : 작업 시 작업자의 최대동작범위(약 90[cm])
> $b$ : 전극배치, 전압파형, 기상조건에 대한 안전계수(1.25)
> $F$ : 전선과 대지 간에 발생하는 과전압 최댓값에 대한 섬락거리

① $D=b+AF$ ② $D=A+bF$
③ $D=F+bA$ ④ $D=Ab+F$

해설

허용접근거리
허용접근거리는 섬락거리에 작업자의 최대동작범위를 가산한 것으로, 송전선의 활선작업인 경우 다음 식을 제안한다.
$D=A+bF$
- $D$ : 허용접근거리
- $A$ : 작업 시 작업자의 최대동작범위(약 90[cm])
- $b$ : 전극배치, 전압파형, 기상조건에 대한 안전계수(1.25)
- $F$ : 전선과 대지 간에 발생하는 과전압 최댓값에 대한 섬락거리

## 21 다음 중 전기안전규칙 준수사항의 설명이 아닌 것은?

① 어떠한 경우라도 접지선을 절대 제거해서는 안 된다.
② 작업자의 바닥이 젖은 상태에서는 절대로 작업을 하지 않는다.
③ 전기작업은 양손을 사용하여 작업한다.
④ 잡담이나 집중력 저하 행동을 하지 않는다.

해설

전기안전규칙 준수사항
- 항상 통전 중이라 생각하고 작업
- 현장 조건과 위험요소 사전 확인
- 안전장치의 고장 대비
- 접지선 확보
- 정리정돈 철저
- 바닥이 젖은 상태에서는 작업불가(절연고무, 절연장화 착용)
- 1인 단독작업 불가
- 양손보다 가능하면 한 손으로 작업
- 잡담 등 집중력 저하 행동 불가
- 급한 행동 자제

## 22 다음 중 사용전압이 22.9[kV]인 경우의 접근한계거리는 얼마인가?

① 30[cm] ② 50[cm]
③ 75[cm] ④ 100[cm]

해설

사용전압에 따른 접근한계거리

| 사용전압[kV] | 접근한계거리[cm] |
|---|---|
| 22 이하 | 20 |
| 22 초과 33 이하 | 30 |
| 33 초과 66 이하 | 50 |
| 66 초과 77 이하 | 60 |
| 77 초과 110 이하 | 90 |
| 110 초과 154 이하 | 120 |
| 154 초과 187 이하 | 140 |
| 187 초과 220 이하 | 160 |
| 220 초과 | 220 |

## 23 다음 중 전기안전규칙 준수사항으로 맞지 않는 것은?

① 안전장치의 고장을 대비한다.
② 접지선을 확보한다.
③ 단전시켰을 때는 편안하게 작업한다.
④ 현장 조건과 위험요소를 사전 확인한다.

해설

전기작업 시 전기안전규칙은 항상 통전 중이라고 생각하고 작업한다.

## 24 다음 중 절연용 방호구가 아닌 것은?

① 애자커버 ② 고무판
③ 후크봉 ④ 절연시트



20 ② 21 ③ 22 ① 23 ③ 24 ③ 정답

해설

절연용 방호구
- 용도
  - 전로의 충전부에 장착
  - 25,000[V] 이하 전로의 활선작업이나 활선근접 작업 시 장착(고압 충전부로부터 머리 30[cm], 발밑 60[cm] 이내 접근 시 사용)
- 종류 : 고무판, 절연관, 절연시트, 절연커버, 애자커버 등

**25** 다음 중 회로시험기(테스터, 멀티미터)의 측정대상으로 볼 수 없는 것은?

① 교류전류 ② 직류전류
③ 교류전압 ④ 직류전압

해설

교류전류는 클램프미터로 측정한다.
회로시험기(테스터, 멀티미터)의 측정대상 : 저항, 직류전류, 직류전압, 교류전압

**26** 클램프미터와 멀티미터를 비교했을 때 멀티미터가 측정할 수 없는 측정대상은?

① 직류전류 ② 저항
③ 교류전압 ④ 교류전류

해설

측정대상

| 클램프미터의 측정대상 | 저항, 직류전압, 직류전류, 교류전압, 교류전류 등 |
|---|---|
| 멀티미터의 측정대상 | 저항, 직류전압, 직류전류, 교류전압 |

**27** 다음 중 안전장비의 정기점검 관리 보관 요령에 대한 설명으로 볼 수 없는 것은?

① 세척한 후에는 완전히 건조시켜 보관할 것
② 보호구 사용 후에는 손질하여 항상 깨끗이 보관할 것
③ 1년에 한 번 이상 책임 있는 감독자가 점검을 할 것
④ 청결하고 습기가 없는 장소에 보관할 것

해설

정기점검 관리 보관 요령
- 한 달에 한 번 이상 책임 있는 감독자가 점검을 할 것
- 청결하고 습기가 없는 장소에 보관할 것
- 보호구 사용 후에는 손질하여 항상 깨끗이 보관할 것
- 세척한 후에는 완전히 건조시켜 보관할 것

정답 25 ① 26 ④ 27 ③

MEMO

# 부 록

신재생에너지발전설비산업기사(태양광)

# 과년도 기출문제 및 해설

| | |
|---|---|
| 2013~2018년 | 과년도 기출문제 |
| 2019년 | 최근 기출문제 |

# 신재생에너지 발전설비산업기사 (태양광) [필기]

**Always with you**

사람이 길에서 우연하게 만나거나 함께 살아가는 것만이 인연은 아니라고 생각합니다.
책을 펴내는 출판사와 그 책을 읽는 독자의 만남도 소중한 인연입니다.
**(주)시대고시기획**은 항상 독자의 마음을 헤아리기 위해 노력하고 있습니다. 늘 독자와 함께하겠습니다.

# 과년도 기출문제

## 제1과목 태양광발전시스템 이론

**01** 접속함에 설치되는 부품을 모두 나열한 것은?

[보 기]
ㄱ. 직류출력 개폐기　　ㄴ. 피뢰소자
ㄷ. 역류방지 소자　　ㄹ. 바이패스 소자
ㅁ. 과전압계전기

① ㄱ, ㄴ, ㄷ　　② ㄱ, ㄷ, ㄹ
③ ㄷ, ㄹ, ㅁ　　④ ㄱ, ㄹ, ㅁ

**해설**

접속함의 구성요소
- 태양전지 어레이 측 개폐기
- 주 개폐기
- 피뢰소자, 서지보호장치(SPD ; Surge Protected Device)
- 역류방지 소자
- 출력용 단자대
- Multi Power Transducer
- 감시용 DCCT, DCPT(Shunt), T/D(Transducer)

**02** 다음 그림은 PV(Photovoltaic) 어레이 구성도를 나타내고 있다. 전류 $I$와 단자 A, B 사이의 전압은?

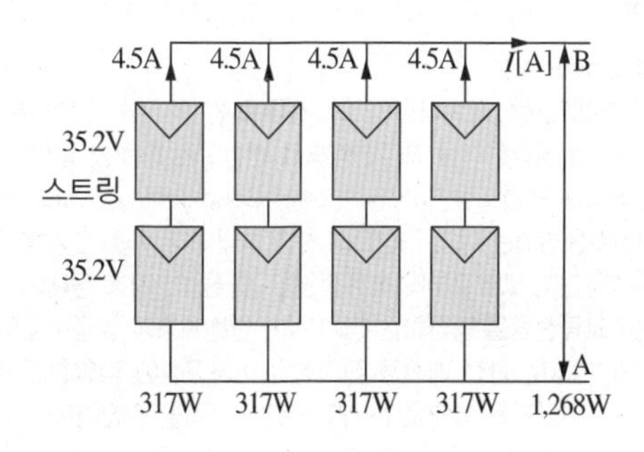


① 4.5[A], 35.2[V]　　② 18[A], 70.4[V]
③ 4.5[A], 70.4[V]　　④ 18[A], 35.2[V]

**해설**

태양광발전시스템 어레이 전압과 전류
- 전압($V$) = 직렬연결 수×1개의 전압값 = 2×35.2 = 70.4[V]
- 전류($I$) = 병렬연결 수×1개의 전류값 = 4×4.5 = 18[A]

**03** 뇌 서지 등에 의한 피해로부터 태양광발전시스템을 보호하기 위한 대책으로 옳지 않은 것은?

① 피뢰소자를 어레이 주 회로 내에 분산시켜 설치함과 동시에 접속함에도 설치한다.
② 뇌 서지가 내부로 침입하지 못하도록 피뢰소자를 설비 인입구에서 먼 장소에 설치한다.
③ 뇌우의 발생지역에서는 교류전원 측에 내뢰 트랜스를 설치한다.
④ 저압 배전선으로부터 침입하는 뇌 서지에 대해서는 분전반에 피뢰소자를 설치한다.

**해설**

뇌 서지 대비 방법
- 광역 피뢰침뿐만 아니라 서지 보호 장치를 설치한다.
- 저압 배전선에서 침입하는 뇌 서지에 대해서는 분전반과 피뢰소자를 설치한다.
- 피뢰소자를 어레이 주 회로 내부에 분산시켜 설치하고 접속함에도 설치한다.
- 뇌우 다발지역에서는 교류 전원 측으로 내뢰 트랜스를 설치하여 보다 완전한 대책을 세워야 한다.

**04** 실횻값이 120[V]인 교류전압을 1,200[Ω]의 저항에 인가할 경우 소비되는 전력은?

① 0.1[W]　　② 10[W]
③ 12[W]　　④ 14.4[W]

정답 1 ① 2 ② 3 ② 4 ③

해설

전력$(P) = I^2R[\mathrm{W}] = I \cdot I \cdot R = V \cdot I$

$$= V \cdot \frac{V}{R} = \frac{V^2}{R} = \frac{120^2}{1,200} = 12[\mathrm{W}]$$

## 05 태양광발전시스템의 접속함에 관한 설명으로 틀린 것은?

① 피뢰기(LA)가 설치되어 있다.
② 역류방지소자가 설치되어 있다.
③ 스트링 배선을 하나로 모아 인버터에 보내는 기기이다.
④ 보수, 점검 시 회로를 분리하여 점검을 용이하게 한다.

해설

접속함의 특징
- 역류방지소자가 설치되어 있다.
- 스트링 배선을 하나로 모아 인버터로 보내는 기기이다.
- 보수와 점검을 할 때 회로를 분리해서 점검을 쉽게 한다.

## 06 다결정 실리콘 태양전지에 관한 설명으로 옳지 않은 것은?

① 재료가 저렴하다.
② 단결정에 비해 효율이 좋다.
③ 가장 많이 사용하는 태양전지이다.
④ 반도체 IC 제조과정에서 발생한 불량 실리콘을 재이용한 것이다.

해설

태양전지의 장·단점

| 종류 / 특징 | 단결정 | 다결정 | 비정질 |
|---|---|---|---|
| 장 점 | 가장 효율이 높다. | • 재료가 저렴하다.<br>• 반도체의 불량 실리콘을 재이용한다.<br>• 가장 많이 이용된다. | • 표면이 불규칙한 곳이나 장치하기 어려운 곳에 쉽게 적용이 가능하며, 운반과 보관이 용이하다.<br>• 플렉시블하다. |
| 단 점 | • 가격이 비싸다.<br>• 무겁고 색깔이 불투명하다. | • 단결정에 비해 효율이 낮다.<br>• 넓은 면적이 필요하다.<br>• 효율이 낮다. | • 효율이 낮고, 설치 면적이 넓다.<br>• 공사비용이 많이 든다. |

## 07 "수십 장의 태양전지 셀을 직렬로 연결하여 일정한 틀에 고정하여 구성한 것"을 무엇이라 하는가?

① 태양전지 어레이
② 태양전지 모듈
③ 태양전지 프레임
④ 태양전지 단자함

해설

태양광발전의 단위
- 모듈 : 셀의 집합으로 셀 하나당 0.5~0.6[V]의 출력이 나오기 때문에 수십 장의 셀을 직렬로 연결시켜서 전압과 전력을 얻을 수 있는 판이다.
- 어레이 : 모듈을 직렬과 병렬로 연결하여서 전압과 전력을 만들어 내는 태양전지에 가장 큰 것을 말하며 일반적인 태양전지판이다. 즉, 필요한 만큼의 전력을 얻기 위해 1장 또는 여러 장의 태양전지 모듈을 최상의 조건(경사각, 방위각)을 고려하여 거치대를 설치하여 사용 여건에 맞게 연결시켜 놓은 장치이다.

## 08 다음 그림의 태양광발전시스템에서 A의 명칭은?

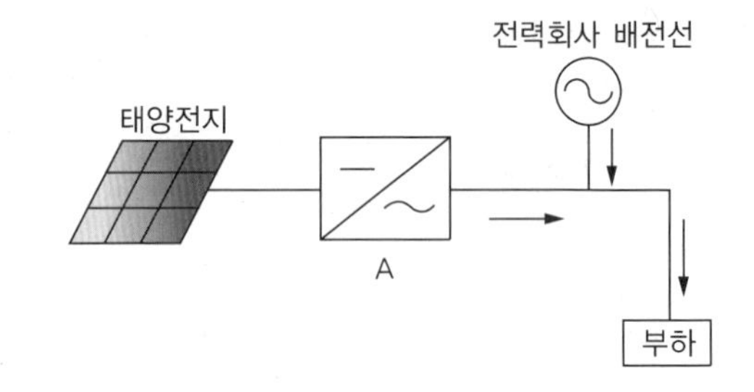


① 축전지
② 어레이
③ 컨버터
④ 인버터

해설

인버터(Inverter)

직류전류를 단상 또는 다상의 교류전류로 변환시키는 전기 에너지 변환기로서 직류전력을 교류전력으로 변환하는 장치를 말한다. 또한 인버터는 출력조절기(PCS ; Power Conditioning System)라는 이름으로 통칭되는 여러 구성요소 중의 하나이다. 계통 연계형 인버터는 태양전지 모듈로부터 직류전원을 공급받아 계통 상태에 따라 안정된 교류전원을 공급하는 장치이다. 한전계통과 병렬운전이 가능하여야 하며, 한전 배전용 전기설비 이용규정에 적합한 안정된 전력을 주변압기를 통해 한전 배전선로에 전력을 송전하여야 한다.



5 ① 6 ② 7 ② 8 ④ 정답

## 09 신재생에너지 중 재생에너지의 특징이 아닌 것은?

① 비고갈성 에너지이다.
② 친환경 청정에너지이다.
③ 온실효과의 영향이 있다.
④ 기술주도형 자원이다.

**해설**

"재생에너지"란 햇빛·물·지열·강수·생물유기체 등을 포함하는 재생 가능한 에너지를 변환시켜 이용하는 에너지로서 온실효과의 영향이 없는 에너지를 말한다.

## 10 공칭 태양전지 동작온도(NOTC)의 영향요소가 아닌 것은?

① 전지표면의 방사조도
② 주위온도
③ 풍 속
④ 주변습도

**해설**

공칭 태양전지 동작온도의 영향 요소
- 온 도
- 풍 속
- 전지표면의 방사조도
- 일사량

## 11 서지보호장치(SPD)의 설명으로 옳지 않은 것은?

① SPD는 반도체형과 갭형이 있고, 기능면으로 구별하면 억제형과 차단형으로 구분할 수 있다.
② SPD 소자로서 탄화규소, 산화아연 등이 있다.
③ 통신용 및 전원용이 있다.
④ 단락전류 차단기능이 있다.

**해설**

서지보호소자(SPD ; Surge Protected Device)
저압 전기설비에서의 피뢰소자는 서지보호소자(SPD ; Surge Protected Device)라고 말하며, 태양광발전설비가 피뢰침에 의해 직격뢰로부터도 보호되어야 한다. 즉, 태양광발전시스템은 모듈을 비롯하여 파워컨디셔너 등 각종 전기와 전자 설비들로 순간적인 과전압이나 전류에 매취 취약한 반도체들로 구성되어 있기 때문에 낙뢰나 스위칭 개폐 등에 의해 발생되는 순간적인 과전압으로부터 기기들을 순식간에 손상시킬 수 있다. 따라서 이를 보호하기 위하여 서지보호소자 등을 중요지점에 각각 설치해야 한다.
- 사용소자로 산화아연과 탄화규소 등이 있다.
- 방식으로는 반도체형과 갭형이 있다.
- 기능면으로는 차단형과 억제형이 있다.
- 통신용 및 전원용이 있다.

## 12 PN접합 다이오드의 순바이어스란?

① P형 반도체에 +, N형 반도체에 −의 전압을 인가한다.
② P형 반도체에 −, N형 반도체에 +의 전압을 인가한다.
③ 반도체의 종류에 관계없이 같은 극성의 전압을 인가한다.
④ 인가전압의 극성과는 관계없다.

**해설**

PN접합 다이오드의 P(+)형 반도체에서 N(−)형 반도체의 전압을 인가한 것을 순바이어스라고 하며, 반대의 경우는 역바이어스라고 한다.

## 13 태양전지 표준모듈의 프레임 구조에 해당하지 않는 것은?

① EVA　　② 전 지
③ EPDM　　④ Glass

**해설**

태양전지 표준모듈의 프레임 구조
- 셀
- 표면재(강화유리) : 모듈의 수명을 길게 하기 위해 백판 강화유리(Tempered Glass)가 사용되고 있다.
- 충전재 : 실리콘수지, PVB, EVA(봉지재)가 사용되지만 처음 태양전지를 제조하면서 실리콘수지가 최초로 사용되었으나 충전하는데 기포방지와 셀의 상하로 움직이는 균일성을 유지하는 데에 시간이 걸리기 때문에 PVB, EVA가 쓰이게 되었다.
- Back Sheet Seal재 : 외부충격과 부식, 불순물 침투방지, 태양광 반사 역할로 사용하는 재료로 PVF가 대부분이다.
- 프레임재(패널재) : 통상 표면 산화한 알루미늄이 사용되지만, 민생용 등에서는 고무를 사용
- Seal재 : 리드의 출입부나 모듈의 단면부를 처리하기 위해 이용

## 14 태양광전지 모듈의 전류−전압 특성곡선과 관계없는 것은?

① 개방전압　　② 최대출력 동작전류
③ 정격투입전류　　④ 최대출력 동작전압

정답 9 ③ 10 ④ 11 ④ 12 ① 13 ③ 14 ③

**해설**

태양광전지 모듈의 전류-전압 특성곡선

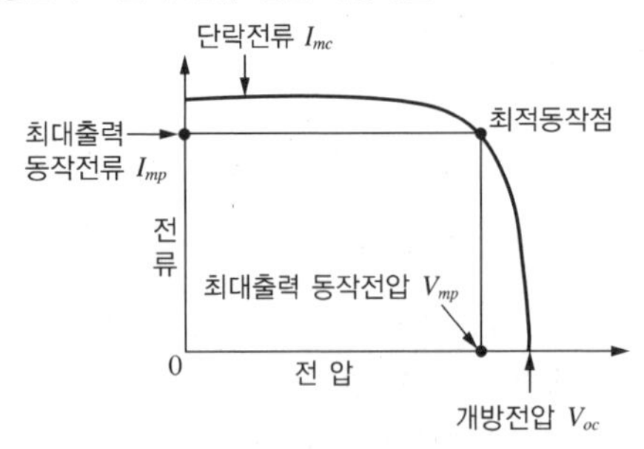


**15** 태양광이 가려지는 음영 공간이 있는 건물의 외벽 등의 소형 태양광발전시스템에 사용되는 인버터는?

① 중앙 집중식 인버터
② 마스터-슬레이브 제어형 인버터
③ 모듈 인버터
④ 고전압 방식의 인버터

**해설**

소형 태양광발전시스템에 사용되는 인버터는 모듈형 인버터이다. 다른 인버터 방식은 중대형 인버터 방식이다.

**16** $RL$ 직렬회로에 $v = 100\sin(120\pi t)$[V]의 전원을 연결하여 $i = 2\sin(120\pi t - 45°)$[A]의 전류가 흐르도록 하려면 저항 $R\,[\Omega]$은?

① 50　　② $\dfrac{50}{\sqrt{2}}$

③ $50\sqrt{2}$　　④ 100

**해설**

$$저항(R) = \frac{v}{i} = \frac{100\sin 120\pi t}{2\sin(120\pi t - 45°)} = 50\angle 45°$$
$$= 50(\cos 45 + j\sin 45)$$
$$= \frac{50}{\sqrt{2}} + j\frac{50}{\sqrt{2}} = R + jX$$
$$\therefore R = \frac{50}{\sqrt{2}}\,[\Omega]$$

**17** 태양광 모듈의 출력은 일사강도와 태양전지 표면의 온도에 따라 변동한다. 실시간으로 변화하는 일사강도에 따라 인버터가 최대출력점에서 동작하도록 하는 기능은?

① 자동운전 정지기능
② 최대전력 추종제어기능
③ 단독운전 방지기능
④ 자동전류 조정기능

**해설**

최대전력 추종제어(MPPT ; Maximum Power Point Tracking)의 기능

인버터의 직류동작전압을 일정시간 간격으로 변동시켜 그 때의 태양전지 출력전력을 계측하여 이전에 발생한 부분과 비교하여 항상 최대전력을 얻을 수 있도록 인버터는 직류전압을 변화시키는 기능을 한다.

**18** PWM 인버터에 관한 설명으로 옳은 것은?

① 정류부에서 일정 직류전압을 만들고, 정현파에 가까운 파형이 되도록 전압과 주파수를 동시에 가변한다.
② 정현파의 양단 부근에는 전압의 폭을 넓히고 중앙부는 폭을 좁혀서 반사이클 사이에 몇 회 같은 방향으로 동작하게 된다.
③ 정류부에서 전류를 가변하여 리액터로 일정 전류를 만든다.
④ PWM 인버터는 전압원 인버터 밖에 없다.

**해설**

인버터 이득 제어방식

인버터 이득을 변화시키는 방법은 다양하고 이득을 제어하는 가장 효율적인 방법으로 펄스폭변조(PWM)제어 방식인데 정류부에서 일정 직류전압을 만들고 정현파에 가까운 파형이 되도록 전압과 주파수를 동시에 가변하는 방식이다.

**19** 시스템 전압 24[V], 축전지 설비용량 14,400[Wh]일 때 축전지용량[Ah]은 얼마인가?

① 600[Ah]　　② 500[Ah]
③ 400[Ah]　　④ 300[Ah]

**해설**

$$축전지\ 용량[Ah] = \frac{축전지\ 설비용량}{전압} = \frac{14,400}{24} = 600[Ah]$$



15 ③ 16 ② 17 ② 18 ① 19 ① 정답

## 20 태양광발전시스템의 직류 측 보호를 위한 장치로서 옳지 않은 것은?

① ACB
② 직렬회로용 퓨즈
③ 역전류방지 다이오드
④ 바이패스 다이오드

**해설**

직류측 보호 장치

- 바이패스 다이오드
- 역전류방지 다이오드
- 직렬회로용 퓨즈
- 자동차단기

## 제2과목 태양광발전시스템 시공

## 21 계약자가 단위업무별 가중치와 월별 공정률을 표시하여 공사 착공 전에 발주처에 사전검토 및 확인을 받아야 하는 것은?

① 투입인원 건강기록부 ② 설계감리 확인서
③ 시공 예정공정표 ④ 감리일지

**해설**

착공신고서 검토 및 보고(전력시설물 공사감리업무 수행지침 제11조)
감리원은 공사가 시작된 경우에는 공사업자로부터 다음의 서류가 포함된 착공신고서를 제출받아(각 호 문서 포함) 적정성 여부를 검토하여 7일 이내에 발주자에게 보고하여야 한다.

- 시공관리책임자 지정통지서(현장관리조직, 안전관리자)
- 공사 예정공정표
- 품질관리계획서
- 공사도급 계약서사본 및 산출내역서
- 공사 시작 전 사진
- 현장기술자 경력사항 확인서 및 자격증사본
- 안전관리계획서
- 작업인원 및 장비투입계획서
- 그 밖에 발주자가 지정한 사항

## 22 케이블의 방화구획 관통부 처리에서 불필요한 것은?

① 난연성 ② 내열성
③ 내화구조 ④ 단열구조

**해설**

태양광발전시스템에 있어서 방화구획 관통부 처리 목적은 화재가 발생할 경우 전선배관의 관통부분에서 다른 설비로 화재 확산을 방지하고자 함이며, 단열구조는 케이블의 방화구획 관통부 처리 목적과 관련이 없다.

## 23 배전선로의 손실 경감과 관계없는 것은?

① 승 압
② 다중접지방식 채용
③ 부하의 불평형 방지
④ 역률 개선

**해설**

배전선로의 손실 경감은 승압, 부하의 불평형 방지, 역률개선, 고조파발생 및 저감대책 등으로 배전선로의 손실을 경감할 수 있으나, 다중 접지방식의 채용은 배전선로의 손실 경감과 무관하다.

## 24 가교폴리에틸렌 케이블 단말처리를 위해 사용하는 절연테이프의 종류는?

① 고무 절연테이프
② 비닐 절연테이프
③ 자기융착 절연테이프
④ 폴리에틸렌 절연테이프

**해설**

가교폴리에틸렌 절연체는 내후성이 약하므로, 비닐시스가 벗겨져 절연체가 노출된 채로 장기간 사용하면 절연체에 균열이 생겨 절연불량을 야기하는 원인이 된다. 이것을 방지하기 위해서는 자기융착 절연테이프 및 보호테이프를 절연체에 감아 내후성을 향상시켜야 한다.

## 25 태양광발전시스템의 기획 및 설계 시 조사할 항목과 연결이 잘못된 것은?

① 사전조사 - 각 지자체 조례 등
② 환경조건의 조사 - 빛, 염해, 공해
③ 설치조건의 조사 - 설치장소, 재료의 반입 경로
④ 설계조건의 검토 - 전기안전관리자 이력검토

**해설**

설계조건의 검토에 해당하는 사항은 부지의 면적, 계통연계 가능용량, 지질 및 지반의 상태 등이다.

**정답** 20 ① 21 ③ 22 ④ 23 ② 24 ③ 25 ④

## 26 태양전지 모듈 설치 시 감전방지책으로 옳은 것은?

① 작업 시에는 일반 장갑을 착용한다.
② 태양전지 모듈은 저압이기 때문에 공구는 반드시 절연처리 될 필요가 없다.
③ 강우 시 발전이 없기 때문에 작업을 해도 무관하다.
④ 태양광 모듈을 수리할 경우 표면을 차광시트로 씌워야 한다.

**해설**

강우 시에는 감전사고뿐만 아니라 미끄러짐으로 인한 추락사고로 이어질 우려가 있으므로 작업을 금지한다.

## 27 태양광발전소 등의 전력시설물 감리업무를 무엇이라 하는가?

① 검측감리 ② 시공감리
③ 책임감리 ④ 설계감리

**해설**

정의(전력시설물 공사감리업무 수행지침 제3조)
책임감리원이란 감리업자를 대표하여 현장에 상주하면서 해당 공사 전반에 관하여 책임감리 등의 업무를 총괄하는 사람을 말한다.

## 28 태양전지 모듈의 배선 연결 후, 확인 점검 사항이 아닌 것은?

① 각 모듈의 극성 확인 ② 전압 확인
③ 플리커 확인 ④ 단락전류의 측정

**해설**

태양전지 모듈의 배선이 끝나면 각 모듈 극성확인, 전압확인, 단락전류확인, 양극과의 접지 여부(비접지) 등을 확인한다. 특히, 태양광발전설비 중 파워컨디셔너(PCS)는 절연변압기를 시설하는 경우가 드물기 때문에 일반적으로 직류 측 회로를 비접지로 하고 있다.

## 29 모듈에서 접속함 직류배선이 50[m]이며, 모듈 어레이 전압이 600[V], 전류가 8[A]일 때, 전압강하는 몇 [V]인가?(단, 전선의 단면적 4.0[$mm^2$]이다)

① 1.56[V] ② 2.56[V]
③ 3.56[V] ④ 4.56[V]

**해설**

태양광 모듈에서 인버터까지의 전압강하 계산식

$$e=\frac{35.6\times L\times I}{1{,}000\times A}=\frac{35.6\times 50\times 8}{1{,}000\times 4}=3.56[V]$$

## 30 태양광설비의 전기배선 기준으로 옳지 않은 것은?

① 태양전지판의 접속 배선함 연결부위는 일체형 전용 커넥터를 사용한다.
② 태양전지에서 옥내에 이르는 전선은 비닐절연전선 또는 TFR-CV선을 사용한다.
③ 태양전지판의 배선은 바람에 흔들림이 없도록 케이블 타이 등으로 단단히 고정한다.
④ 태양전지판의 출력배선은 극성을 확인할 수 있도록 표시를 한다.

**해설**

태양전지에서 옥내에 이르는 배선에 사용되는 전선은 모듈 전용선, 구입이 쉽고 작업성이 용이하며 장기간 사용해도 문제가 없는 XLPE 케이블이나 이와 동등 이상의 제품 또는 직류용 전선을 사용하고, 옥외 사용케이블은 자외선에 견딜 수 있는 UV케이블을 사용한다.

## 31 태양전지 모듈 간 배선 시 단락전류를 충분히 견딜 수 있는 전선의 최소굵기로 적당한 것은?

① 0.75[$mm^2$] 이상 ② 2.5[$mm^2$] 이상
③ 4.0[$mm^2$] 이상 ④ 6.0[$mm^2$] 이상

**해설**

태양전지 모듈 간의 배선은 단락전류에 충분히 견딜 수 있도록 2.5[$mm^2$] 이상의 전선을 사용해야 한다.

## 32 역률을 개선하였을 경우 그 효과로 맞지 않는 것은?

① 전력손실의 감소
② 설비용량의 무효분 증가
③ 전압강하의 감소
④ 각종기기의 수명연장

**해설**

역률을 개선하였을 때는 전기설비용량의 여유 증대, 전력손실 감소, 전압강하 감소로 전기요금의 절감 및 각종 기기의 수명이 연장된다.



26 ④ 27 ③ 28 ③ 29 ③ 30 ② 31 ② 32 ② 정답

**33** 간선의 굵기를 산정하는 데 결정요소가 아닌 것은?

① 불평형 전류 ② 허용전류
③ 전압강하 ④ 고조파

해설
간선의 굵기를 선정하는 데 결정요소는 허용전류, 전압강하, 고조파, 기계적 강도 등이다.

**34** 태양광발전시스템의 시공설치에 포함되지 않는 것은?

① 어레이 기초공사
② 전기배선공사
③ 태양광 어레이의 발전량 산출
④ 태양전지 모듈의 설치공사

해설
태양광발전시스템의 시공설치에 포함되는 사항은 어레이 기초공사, 전기배선공사, 태양전지 모듈의 설치공사 등이며, 태양광 어레이의 발전량 산출은 기획, 설계단계 또는 유지관리 시의 업무에 속한다.

**35** 접지극의 물리적인 접지저항 저감방법이 아닌 것은?

① 접지극의 직렬접속 ② 접지극의 치수확대
③ 접지극을 깊이 매설 ④ MESH 공법

해설
접지극의 물리적인 접지저항 저감방법은 접지극의 병렬접속, 접지극의 치수확대, 접지극을 깊이 매설, 매시공법 등이 있다.

**36** 지붕에 설치하는 태양전지 모듈의 설치방법으로 옳지 않은 것은?

① 시공, 유지보수 등의 작업을 하기 쉽도록 한다.
② 온도상승을 방지하기 위해 지붕과 모듈의 간격을 둔다.
③ 모듈 고정용 볼트, 너트 등은 상부에서 조일 수 있어야 한다.
④ 태양전지 모듈의 설치방법 중 세로 깔기는 모듈의 긴 쪽이 상하가 되도록 설치한다.

해설
세로 깔기는 모듈이 긴 쪽이 좌우가 되도록 설치하는 방법이다.

**37** 감리원은 하도급 계약통지서에 관한 적정성 여부를 검토하여 발주자에게 며칠 이내에 의견을 제출하는가?

① 7일 이내 ② 10일 이내
③ 15일 이내 ④ 30일 이내

해설
하도급 관련 사항(전력시설물 공사감리업무 수행지침 제13조)
감리원은 공사업자가 도급받은 공사를 전기공사업법에 따라 하도급하고자 발주자에게 통지하거나, 동의 또는 승낙을 요청하는 사항에 대해서는 전기공사업법 시행규칙 별지 제20호 서식의 전기공사 하도급 계약통지서에 관한 적정성 여부를 검토하여 요청받은 날부터 7일 이내에 발주자에게 의견을 제출하여야 한다.

**38** 태양전지 모듈과 인버터 간의 배선 시 알맞은 공사 방법은?

① 중량물의 압력을 받을 우려가 있는 경우 1.0[m] 이상 일반장소는 0.5[m] 이상 깊이로 매설한다.
② 중량물의 압력을 받을 우려가 있는 경우 1.2[m] 이상 일반장소는 0.5[m] 이상 깊이로 매설한다.
③ 중량물의 압력을 받을 우려가 있는 경우 1.0[m] 이상 일반장소는 0.6[m] 이상 깊이로 매설한다.
④ 중량물의 압력을 받을 우려가 있는 경우 1.2[m] 이상 일반장소는 0.6[m] 이상 깊이로 매설한다.

해설
중량물의 압력을 받을 우려가 있는 경우 1.2[m] 이상, 일반장소는 0.6[m] 이상 깊이로 매설한다. 중량물의 압력을 받을 우려가 있는 장소는 일반적으로 차량이 통행하는 도로부분을 말하며, 일반 장소 등은 보행자가 통행하는 인도나 화단을 말한다.

**39** 접속함에서 인버터까지 배선의 전압 강하율은 몇 [%] 이내로 권장하고 있는가?

① 1~2[%] ② 3~4[%]
③ 4~5[%] ④ 6~7[%]

해설
접속함에서 인버터까지 배선의 전압 강하율은 손실 등을 고려하여 1~2[%] 이내를 권장한다.

정답 33 ① 34 ③ 35 ① 36 ④ 37 ① 38 ④ 39 ①

**40** 자가용 전기설비의 검사를 받으려면 신청인은 안전공사에 검사희망일 며칠 전까지 사용 전 검사를 신청하여야 하는가?

① 5일 ② 7일
③ 14일 ④ 30일

해설

자가용 전기설비의 검사를 받으려면 신청인은 안전공사에 검사희망일 7일 전까지 사용 전 검사를 신청하여야 한다.

## 제3과목 태양광발전시스템 운영

**41** 태양광발전소의 정기검사는 몇 년마다 받아야 하는가?

① 2년 ② 3년
③ 4년 ④ 5년

해설

정기검사대상 전기설비 및 검사기기(전기사업법 시행규칙 별표 10) 다음의 설비는 4년 이내마다 정기검사를 시행해야 한다.

- 증기터빈 및 내연기관 계통
- 수차·발전기 계통
- 풍차·발전기 계통
- 태양광·전기설비 계통
- 연료전지·전기설비 계통

**42** 태양광발전시스템의 단락전류 측정 시 가장 높게 측정되는 경우는 다음 중 어느 것인가?

① 한 여름 낮(태양전지 어레이 표면 온도 70[℃])
② 한 여름 아침(태양전지 어레이 표면 온도 20[℃])
③ 한 겨울 낮(태양전지 어레이 표면 온도 40[℃])
④ 한 겨울 아침(태양전지 어레이 표면 온도 -10[℃])

해설

모듈의 일조량, 온도변화에 따른 단락전류 특성 곡선은 태양광발전시스템의 단결정 모듈의 일사량, 온도 변화에 따른 단락전류 특성을 나타낸 것으로 태양전지 어레이의 표면온도가 높을수록 단락전류가 크게 나타나는 것을 알 수 있다.

**43** 태양광발전시스템에서 좋은 신뢰성을 갖도록 인버터 용량을 크게 하고 있다. 인버터의 단위용량을 크게 할 때의 설명으로 틀린 것은?

① 어레이 구성 면적이 넓어진다.
② 선로의 누설전류가 증가한다.
③ 정전용량이 감소한다.
④ 경제적이다.

해설

직류 측에 상용주파 대지교류전압 성분이 존재하면 이 대지 정전용량을 충·방전하는 누설전류가 흐른다. 인버터 단위용량을 크게 할 때 선로의 누설전류가 증가하므로 정전용량도 증가한다.

**44** 어레이 단자함 및 접속함 점검내용이 아닌 것은?

① 어레이 출력확인
② 절연저항 측정
③ 퓨즈 및 다이오드 소손 여부
④ 온도센서 동작확인

해설

접속함은 태양전지 어레이와 파워컨디셔너 사이에 설치되며, 여러 개의 태양전지 모듈의 직렬 연결된 스트링 회로를 단자대 등을 이용 접속하여 보수 점검 시 회로를 분리하거나 점검을 용이하게 하기 위해 설치하며 태양전지 어레이의 스트링별 고장 시 정지 범위를 분리하여 운전할 수 있도록 설치하는 것으로 점검 및 보수가 용이한 장소에 설치하여야 한다. 접속함에는 태양전지 어레이 측 개폐기, 주 개폐기, 서지보호장치 역류방지소자, 출력용 단자대, 감시용 DCCT, 트랜스듀서 등을 설치하고 점검이 필요하다. 온도센서는 접속함에 포함되지 않다.

**45** 태양광발전시스템 장애나 실패 원인 중 가장 발생 빈도가 높은 원인은?

① 인버터 고장
② 느슨한 결선
③ 스트링 퓨즈의 결함
④ 서지 전압 보호기 결함

해설

태양광발전설비의 고장요인은 대부분 인버터에서 발생하므로 정상 가동여부를 정기적인 점검으로 확인해야 한다.



40 ② 41 ③ 42 ① 43 ③ 44 ④ 45 ① 정답

## 46 파워컨디셔너의 일상점검 항목이 아닌 것은?

① 외함의 부식 및 파손
② 외부 배선의 손상여부
③ 이상음, 악취 및 과열 상태
④ 가대의 부식 및 오염 상태

**해설**

인버터(파워컨디셔너)의 일상점검 항목

| 설 비 | 점검항목 | | 점검요령 |
|---|---|---|---|
| 태양전지 어레이 | 육안점검 | 유리 및 표면의 오염 및 파손 | 심한 오염 및 파손이 없을 것 |
| | | 가대의 부식 및 녹 발생 | 부식 및 녹이 없을 것 |
| | | 외부배선(접속케이블)의 손상 | 접속케이블에 손상이 없을 것 |
| 접속함 | | 외함의 부식 및 손상 | 부식 및 녹이 없을 것 |
| | | 외부배선(접속케이블)의 손상 | 접속케이블에 손상이 없을 것 |
| 인버터 | | 외함의 부식 및 손상 | 부식 및 녹이 없고 충전부가 노출되지 않을 것 |
| | | 외부배선(접속케이블)의 손상 | 인버터에 접속된 배선에 손상이 없을 것 |
| | | 환기확인(환기구멍, 환기필터) | 환기구를 막고 있지 않을 것 |
| | | 이상음, 악취, 이상과열 | 운전 시 이상음, 악취, 이상과열이 없을 것 |
| | | 표시부의 이상표시 | 표시부에 이상표시가 없을 것 |
| | | 발전현황 | 표시부의 발전상황에 이상이 없을 것 |

※ 가대의 부식 및 오염상태 점검은 태양전지 어레이의 준공 시 점검 항목이다.

## 47 실리콘 단결정과 다결정 태양전지의 일반적인 설명 중 틀린 것은?

① 고온 작동 시 다결정의 출력감소가 크다.
② 단결정의 직렬저항성분이 작다.
③ 다결정 전지의 병렬성분이 작다.
④ $V_{oc}$(Open Circuit Voltage) 크기의 차는 작다.

**해설**

온도가 증가하면 개방전압과 최대출력은 선형으로 감소하므로 단결정의 출력감소가 다결정보다 크다.

## 48 태양전지 어레이의 절연저항 측정값으로 옳은 것은?

① 400[V]를 초과하는 경우 0.4[MΩ] 이상
② 400[V] 이하의 경우 0.1[MΩ] 이하
③ 400[V]를 초과하는 경우 0.3[MΩ] 이하
④ 대지전압 150[V] 초과하고 300[V] 이하인 경우 0.1[MΩ] 이하

**해설**

절연저항 측정결과의 판정기준(전기설비기술기준 제52조)

| 전로의 사용전압 구분 | | 절연저항값 [MΩ] |
|---|---|---|
| 400[V] 미만 | 대지전압(접지식 전로는 전선과 대지 간의 전압, 비접지식 전로는 전선 간의 전압을 말한다)의 150[V] 이하 경우 | 0.1 이상 |
| | 대지전압이 150[V] 초과 300[V] 이하인 경우(전압측 전선과 중성선 또는 대지 간의 절연저항) | 0.2 이상 |
| | 사용전압이 300[V] 초과 400[V] 미만 | 0.3 이상 |
| 400[V] 이상 | | 0.4 이상 |

## 49 인버터 변환효율을 구하는 식은?(단, $P_{AC}$는 교류입력전력, $P_{DC}$는 직류입력전력이다)

① $\frac{P_{AC}}{P_{DC}}$　② $\frac{P_{DC}}{P_{AC}}$

③ $\frac{P_{DC}}{P_{AC}+P_{DC}}$　④ $\frac{P_{AC}}{P_{AC}+P_{DC}}$

**해설**

최고효율

$$\eta_{MAX} = \frac{AC_{power}}{DC_{power}} \times 100[\%]$$

## 50 태양광발전시스템에 있어 운전 정지 후에 해야 하는 점검 사항은?

① 부하전류 확인
② 단자의 조임상태 확인
③ 계기류의 이상 유무 확인
④ 각 선간전압 확인

해설

운전정지 점검항목

| 설 비 | 점검항목 | | 점검요령 |
|---|---|---|---|
| 운전 정지 | 조작 및 육안 점검 | 보호계전기능의 설정 | 전력회사 정위치를 확인할 것 |
| | | 운 전 | 운전스위치 운전에서 운전할 것 |
| | | 정 지 | 운전스위치 정지에서 정지할 것 |
| | | 투입저지 시한 타이머 동작시험 | 인버터가 정지하여 5분 후 자동 기동할 것 |
| | | 자립운전 | 자립운전으로 전환 시 자립운전용 콘센트에서 규정전압이 출력될 것 |
| | | 표시부의 동작확인 | 표시부가 정상으로 표시되어 있을 것 |
| | | 이상음 등 | 운전 중 이상음, 이상진동 등의 발생이 없을 것 |
| | | 발전전압 | 태양전지의 동작전압이 정상일 것 |

## 51 준공 시 태양전지 어레이의 점검항목이 아닌 것은?

① 프레임 파손 및 변형유무
② 가대 접지 상태
③ 표면의 오염 및 파손 상태
④ 전력량계 설치유무

해설

준공 시 태양전지 어레이의 점검항목

- 육안점검 : 표면의 오염 및 파손, 프레임 파손 및 변형, 가대의 부식 및 녹, 가대의 고정, 가대의 접지, 코킹, 지붕재 파손
- 측정 : 접지저항, 가대고정

## 52 태양광발전소 운전 시 모듈에서 Hot Spot 발생의 원인과 설명으로 가장 적절한 것은?

① 전지의 직렬(Rs) 및 병렬(Rsh) 저항이 증가한다.
② 전지의 직렬(Rs) 및 병렬(Rsh) 저항이 감소한다.
③ 전지의 직렬(Rs) 저항이 증가하고 병렬(Rsh) 저항이 감소한다.
④ 전지의 직렬(Rs) 저항이 감소하고 병렬(Rsh) 저항이 증가한다.

해설

- 태양전지 모듈에서 그 일부의 태양전지 셀에 그늘(음영)이 발생하면, 음영 셀은 발전하지 못하고 열점(Hot Spot)을 일으켜 셀의 파손 등을 일으킬 수 있다.
- Hot Spot이 발생될 때는 출력이 감소하므로 직렬저항은 증가하고 병렬저항은 감소한다.

## 53 태양광 인버터 이상신호 해결 후 재가동시킬 때 인버터 ON한 후 몇 분 후에 재기동하여야 하는가?

① 즉시 기동 ② 1분 후
③ 3분 후 ④ 5분 후

해설

인버터 이상신호 해결 후 재가동 시 인버터가 정지하여 5분 후 자동 기동하도록 한다.

## 54 태양광발전설비의 접속함 점검 사항이 아닌 것은?

① 역전류 방지 다이오드 이상 유무
② 접속부의 볼트 조임 상태 및 발열 상태
③ 퓨즈 상태 확인
④ 조도계 센서 동작여부

해설

접속함 점검항목

| 설 비 | 점검항목 | | 점검요령 |
|---|---|---|---|
| 중간 단자함 (접속함) | 육안 점검 | 외함의 부식 및 파손 | 부식 및 파손이 없을 것 |
| | | 방수처리 | 전선 인입구는 실리콘 등으로 방수처리 |
| | | 배선의 극성 | 태양전지에서 배선의 극성이 바뀌어 있지 않을 것 |
| | | 단자대 나사의 풀림 | 확실하게 취부하고 나사의 풀림이 없을 것 |
| | 측 정 | 접지저항 (태양전지-접지 간) | 0.2[MΩ] 이상 측정전압 DC 500[V] |
| | | 절연저항 | 1[MΩ] 이상 측정전압 DC 500[V] |
| | | 개방전압 및 극성 | 규정의 전압이고 극성이 올바를 것 |



정답 51 ④ 52 ③ 53 ④ 54 ④

**55** 태양광 모듈의 유지관리 사항이 아닌 것은?

① 모듈의 유리표면 청결유지
② 음영이 생기지 않도록 주변정리
③ 케이블 극성 유의 및 방수 커넥터 사용 여부
④ 셀이 병렬로 연결되었는지 여부

해설

태양광 모듈의 유지관리 사항
- 모듈표면은 특수 처리된 강화유리로 되어 있지만, 강한 충격이 있을 시 파손될 수 있다.
- 모듈표면에 그늘이 지거나 나뭇잎 등이 떨어져 있는 경우 전체적인 발전효율 저하요인으로 작용하며, 황사나 먼지, 공해물질은 발전량 감소의 주요인으로 작용한다.
- 고압분사기를 이용하여 정기적으로 물을 뿌려주거나, 부드러운 천으로 이물질을 제거해 주면 발전효율을 높일 수 있다. 이때 모듈표면에 흠이 생기지 않도록 주의해야 한다.
- 모듈표면의 온도가 높을수록 발전효율이 저하되므로 태양광에 의하여 모듈 온도가 상승할 경우에 정기적으로 물을 뿌려 온도를 조절하면 발전효율이 높아진다.
- 풍압이나 진동으로 인하여 모듈의 형강과 체결부위가 느슨해지는 경우가 있으므로 정기적으로 점검해야 한다.

**56** 운영계획수립 시 주기와 점검내용이 맞지 않는 것은?

① 일간점검 : 태양광 모듈 주위의 그림자 발생하는 물체 유무
② 주간점검 : 태양광 모듈의 표면에 불순물 유무
③ 월간점검 : 태양광 모듈 외부의 변형발생 유무
④ 연간점검 : 태양광 모듈의 결선상 탈선 부분 발생 유무

해설

④ 연간점검 : 태양전지 어레이 구조의 페인트 상태 등

**57** 자가용 태양광발전 설비의 사용 전 검사 항목이 아닌 것은?

① 부하운전시험 검사
② 변압기본체 검사
③ 전력변환장치 검사
④ 종합연동시험 검사

해설

변압기본체 검사는 사업용 태양광설비의 사용 전 검사 항목이다.

**58** 태양전지 모듈, 전선 및 개폐기 등의 유지관리 사항 중 틀린 것은?

① 전선의 공칭 단면적 2.0[$mm^2$] 이상의 연동선 또는 동등 이상의 세기 및 굵기인지 확인한다.
② 전기적으로 완전한 접속과 동시에 접속점 장력이 가해지지 않도록 한다.
③ 충전 부분이 노출되었는지 확인한다.
④ 전로에 단락이 생긴 경우 전로를 보호하는 과전류 차단기 시설을 확보한다.

해설

케이블 시공 방법
공칭단면적 2.5[$mm^2$] 이상의 연동선 또는 이와 동등 이상의 세기 및 굵기의 것이어야 한다.

**59** 태양광 모듈에 설치되어 있는 바이패스 다이오드(Bypass Diode)의 역할과 거리가 먼 것은?

① 그림자 효과가 발생할 때 쉽게 작동한다.
② 내부의 직렬저항이 커질 때 작동한다.
③ 전지 내부의 병렬저항이 작아질 때 쉽게 작동한다.
④ 병렬 Diode의 개수가 증가할수록 쉽게 작동한다.

해설

바이패스 다이오드의 역할
- 그림자 효과가 발생할 때 쉽게 작동한다.
- 내부의 직렬저항이 커질 때 작동한다.
- 전자 내부의 병렬저항이 작아질 때 쉽게 작동한다.

**60** 독립형 태양광발전시스템의 주요 구성장치가 아닌 것은?

① 태양광(PV) 모듈
② 충방전 제어기
③ 축전지 또는 축전지 뱅크
④ 배전시스템 및 송전설비

해설

배전시스템 및 송전설비는 송배전설비이다.
독립형 태양광발전시스템의 주요 구성장치
- 태양전지
- 파워컨디셔너
- 축전지

정답 55 ④ 56 ④ 57 ② 58 ① 59 ④ 60 ④

## 제4과목 신재생에너지관련법규

**61** 태양전지 어레이의 출력전압이 400[V] 미만인 경우 기계기구의 철대 및 금속제 외함에는 몇 종 접지공사를 하여야 하는가?

① 제1종 접지공사 ② 제2종 접지공사
③ 제3종 접지공사 ④ 특별 제3종 접지공사

해설
기계기구의 철대 및 외함의 접지(판단기준 제33조)
태양전지 어레이의 출력전압이 400[V] 미만인 경우 기계기구의 철대 및 금속제 외함에는 제3종 접지공사를 해야 한다.

**62** 빙설이 적고 인가가 밀집한 도시에 시설하는 고압 가공전선로 설계에 사용하는 풍압하중은?

① 갑종 풍압하중
② 을종 풍압하중
③ 병종 풍압하중
④ 갑종 풍압하중과 을종 풍압하중을 각 설비에 따라 혼용

해설
풍압하중의 종별과 적용(판단기준 제62조)
빙설이 적고 인가가 밀집한 도시에 시설하는 고압 가공전선로 설계에 병종 풍압하중을 사용한다.

| 구 분 | 고온계절 | 저온계절 |
|---|---|---|
| 빙설이 많은 지방 이외의 지방 | 갑 종 | 병 종 |
| 빙설이 많은 지방(일반지방) | 갑 종 | 을 종 |
| 빙설이 많은 지방 이외의 지방(해안지방, 기타 저온계절에 최대풍압이 생기는 지방) | 갑 종 | 갑종과 을종 중 큰 것 |
| 인가가 많이 연접되어 있는 장소<br>• 저압 또는 고압 가공전선로의 지지물 또는 가섭선<br>• 사용전압이 35[kV] 이하의 전선에 특고압 절연전선 또는 케이블을 사용하는 특고압 가공전선로의 지지물, 가섭선 및 특고압 가공전선을 지지하는 애자장치 및 완금류 | 병 종 | 병 종 |

**63** 대통령령으로 정하는 일정 규모 이상의 건축물은 산업통상자원부와 국토교통부가 공동부령으로 정하는 건축물로서 연면적 몇 [m²] 이상의 건축물이 신재생에너지 이용 인증대상 건축물인가?

① 1천[m²] 이상 ② 2천[m²] 이상
③ 3천[m²] 이상 ④ 5천[m²] 이상

해설
신재생에너지 이용 인증대상 건축물
신재생에너지 이용 건축물에 대한 인증 등에서 "대통령령으로 정하는 일정 규모 이상의 건축물"이란 건축법 시행령에 따른 건축물 중 산업통상자원부와 국토교통부가 공동부령으로 정하는 건축물로서 연면적 1,000[m²] 이상인 건축물(설치계획서를 제출한 건축물은 제외한다)을 말한다.
※ 해당 법령 삭제

**64** 신에너지 및 신재생에너지 개발·이용·보급 촉진법에서 정의하고 있는 신재생에너지에 포함되지 않는 것은?

① 수 력 ② 폐기물에너지
③ 원자력 ④ 연료전지

해설
정의(신에너지 및 재생에너지 개발·이용·보급 촉진법 제2조)
- "신에너지"란 기존의 화석연료를 변환시켜 이용하거나 수소·산소 등의 화학 반응을 통하여 전기 또는 열을 이용하는 에너지로서 다음의 어느 하나에 해당하는 것을 말한다.
  - 수소에너지
  - 연료전지
  - 석탄을 액화·가스화한 에너지 및 중질잔사유를 가스화한 에너지로서 대통령령으로 정하는 기준 및 범위에 해당하는 에너지
  - 그 밖에 석유·석탄·원자력 또는 천연가스가 아닌 에너지로서 대통령령으로 정하는 에너지
- "재생에너지"란 햇빛·물·지열·강수·생물유기체 등을 포함하는 재생 가능한 에너지를 변환시켜 이용하는 에너지로서 다음의 어느 하나에 해당하는 것을 말한다.
  - 태양에너지
  - 풍 력
  - 수 력
  - 해양에너지
  - 지열에너지
  - 생물자원을 변환시켜 이용하는 바이오에너지로서 대통령령으로 정하는 기준 및 범위에 해당하는 에너지
  - 폐기물에너지로(비재생폐기물로부터 생산된 것은 제외한다)서 대통령령으로 정하는 기준 및 범위에 해당하는 에너지
  - 그 밖에 석유·석탄·원자력 또는 천연가스가 아닌 에너지로서 대통령령으로 정하는 에너지



정답 61 ③ 62 ③ 63 ① 64 ③

**65** 전력시장에서 전력을 직접 구매할 수 있는 전기사용자의 수전설비용량 기준은?

① 10,000[kVA] ② 20,000[kVA]
③ 30,000[kVA] ④ 50,000[kVA]

해설
전력의 직접 구매(전기사업법 시행령 제20조)
전력시장에서 전력을 직접 구매할 수 있는 전기사용자의 수전설비용량 기준은 30,000[kVA]이다.

**66** 태양전지 모듈은 최대사용전압 몇 배의 직류전압을 충전부분과 대지 사이에 연속하여 10분간 가하여 절연내력을 시험하였을 때 이에 견디어야 하는가?

① 0.92 ② 1
③ 1.25 ④ 1.5

해설
연료전지 및 태양전지 모듈의 절연내력(판단기준 제15조)
연료전지 및 태양전지 모듈은 최대사용전압의 1.5배의 직류전압 또는 1배의 교류전압(500[V] 미만으로 되는 경우에는 500[V])을 충전부분과 대지 사이에 연속하여 10분간 가하여 절연내력을 시험하였을 때에 이에 견디는 것이어야 한다.

**67** 저탄소 녹색성장 기본법에서 정의하는 용어의 뜻이 잘못된 것은?

① 저탄소 : 화석연료 의존도를 높이고 청정에너지의 사용 및 보급을 확대하며 온실가스를 최소한 줄이는 것
② 녹색기술 : 온실가스 감축기술, 에너지 이용 효율화 등 사회·경제 활동의 전 과정에 걸쳐 에너지와 자원을 절약하고 효율적으로 사용하여 온실가스 및 오염물질의 배출을 최소화하는 기술
③ 녹색제품 : 에너지·자원의 투입과 온실가스 및 오염물질의 발생을 최소화하는 제품
④ 녹색경영 : 온실가스 배출 및 환경오염의 발생을 최소화하면서 사회적, 윤리적 책임을 다하는 경영

해설
정의(저탄소 녹색성장 기본법 제2조)
저탄소란 화석연료에 대한 의존도를 낮추고 청정에너지의 사용 및 보급을 확대하며 녹색기술 연구개발, 탄소 흡수원 확충 등을 통하여 온실가스를 적정수준 이하로 줄이는 것을 말한다.

**68** 신재생에너지의 기술개발 및 이용·보급을 촉진하기 위한 기본계획에 대한 설명으로 옳지 않은 것은?

① 기본계획의 계획기간은 10년 이상으로 한다.
② 총에너지생산량 중 신재생에너지가 차지하는 비율의 목표가 포함된다.
③ 신재생에너지 분야 전문 인력 양성계획이 포함된다.
④ 온실가스 배출감소 목표가 포함된다.

해설
기본계획의 수립(신에너지 및 재생에너지 개발·이용·보급 촉진법 제5조)

- 산업통상자원부장관은 관계 중앙행정기관의 장과 협의를 한 후 신재생에너지정책심의회의 심의를 거쳐 신재생에너지의 기술개발 및 이용·보급을 촉진하기 위한 기본계획을 5년마다 수립하여야 한다.
- 기본계획의 계획기간은 10년 이상으로 하며, 기본계획에는 다음 사항이 포함되어야 한다.
  - 기본계획의 목표 및 기간
  - 신재생에너지원별 기술개발 및 이용·보급의 목표
  - 총전력생산량 중 신재생에너지 발전량이 차지하는 비율의 목표
  - 에너지법에 따른 온실가스의 배출 감소 목표
  - 기본계획의 추진방법
  - 신재생에너지 기술수준의 평가와 보급전망 및 기대효과
  - 신재생에너지 기술개발 및 이용·보급에 관한 지원 방안
  - 신재생에너지 분야 전문 인력 양성계획
  - 그 밖에 기본계획의 목표달성을 위하여 산업통상자원부장관이 필요하다고 인정하는 사항

**69** 전기공사업법에 규정된 전기공사기술자의 양성 교육훈련의 교육시간은?

① 20시간 ② 30시간
③ 40시간 ④ 60시간

해설
양성교육훈련의 교육실시기준(전기공사업법 시행령 별표 4의3)

| 대상자 | 교육 시간 | 교육 내용 |
|---|---|---|
| 전기공사기술자로 인정을 받으려는 사람 및 등급의 변경을 인정받으려는 전기공사기술자 | 20시간 | 기술능력의 향상 |

정답 65 ③ 66 ④ 67 ① 68 ② 69 ①

**70** **전기사업의 허가를 신청하는 자가 사업계획서를 작성할 때 태양광설비의 개요로 기재하여야 할 내용이 아닌 것은?**

① 태양전지 및 인버터의 효율, 변환방식, 교류주파수
② 태양전지의 종류, 정격용량, 정격전압 및 정격출력
③ 인버터의 종류, 입력전압, 출력전압 및 정격출력
④ 집광판(集光板)의 면적

해설
사업허가의 신청 중 태양광설비 사업계획서 작성방법(전기사업법 시행규칙 별표1)
- 태양전지의 종류, 정격용량, 정격전압 및 정격출력
- 인버터(Inverter)의 종류, 입력전압, 출력전압 및 정격출력
- 집광판의 면적

**71** **교류에서 저압의 한계는 몇 [V]인가?**

① 380 ② 440
③ 600 ④ 750

해설
정의(전기설비기술기준 제3조)
교류의 저압은 600[V] 이하이고, 직류는 750[V] 이하이다.

**72** **다음 중 신재생에너지 통계전문기관은?**

① 신재생에너지협회 ② 신재생에너지센터
③ 통계청 ④ 한국에너지기술연구원

해설
신재생에너지 통계의 전문기관(신에너지 및 재생에너지 개발·이용·보급 촉진법 시행규칙 제14조)
신재생에너지 통계전문기관은 신재생에너지센터이다.

**73** **200[kW] 이하의 발전설비용량의 발전사업허가를 받으려는 자는 누구에게 전기사업 허가신청서를 제출하여야 하는가?**

① 행정자치부장관
② 대통령
③ 산업통상자원부장관
④ 해당 특별시장·광역시장·도지사

해설
200[kW] 이하의 전기사업 허가신청서는 해당 특별시장·광역시장·도지사에게 제출하여야 한다.
※ 법 개정으로 인해 2014.7.31 이후로 3,000[kW] 이하의 전기사업 허가신청서는 해당 특별시장·광역시장·특별자치시장·도지사 또는 특별자치도지사에게 제출하여야 한다.

**74** **전기공사업 등록증 및 등록수첩을 발급하는 자는?**

① 대통령 ② 산업통상자원부장관
③ 시·도지사 ④ 지정공사업자단체

해설
공사업의 등록(전기공사업법 제4조)
- 공사업을 하려는 자는 산업통상자원부령으로 정하는 바에 따라 주된 영업소의 소재지를 관할하는 특별시장·광역시장·도지사 또는 특별자치도지사에게 등록하여야 한다(관련 법령 개정으로 인해 특별자치시장이 추가됨〈개정 2019.4.23〉).
- 공사업의 등록을 하려는 자는 대통령령으로 정하는 기술능력 및 자본금 등을 갖추어야 한다.
- 공사업을 등록한 자 중 등록한 날부터 5년이 지나지 아니한 자는 기술능력 및 자본금 등에 관한 사항을 대통령령으로 정하는 기간이 지날 때마다 산업통상자원부령으로 정하는 바에 따라 시·도지사에게 신고하여야 한다.
- 시·도지사는 공사업의 등록을 받으면 등록증 및 등록수첩을 내주어야 한다.

**75** **제1종 접지공사에 사용하는 접지선을 사람이 접속할 우려가 있는 곳에 시설하는 경우 접지선은 최소 어느 부분까지 합성수지관 또는 이와 동등 이상의 절연 효력 및 강도를 가지는 몰드로 덮게 되어 있는가?**

① 지하 30[cm]로부터 지표상 1.5[m]까지의 부분
② 지하 10[cm]로부터 지표상 1.6[m]까지의 부분
③ 지하 75[cm]로부터 지표상 2.0[m]까지의 부분
④ 지하 90[cm]로부터 지표상 2.5[m]까지의 부분

해설
각종 접지공사의 세목(판단기준 제19조)
접지선의 지하 75[cm]로부터 지표상 2[m]까지의 부분은 전기용품 및 생활용품 안전관리법의 적용을 받는 합성수지관(두께 2[mm] 미만의 합성수지제 전선관 및 난연성이 없는 콤바인덕트관을 제외한다) 또는 이와 동등 이상의 절연효력 및 강도를 가지는 몰드로 덮을 것



70 ① 71 ③ 72 ② 73 ④ 74 ③ 75 ③ 정답

**76** 신재생에너지 공급인증서를 발급받으려는 자는 공급인증서 발급 및 거래시장 운영에 관한 규칙에 의거 신재생에너지를 공급한 날부터 며칠 이내에 공급인정서 발급신청을 하여야 하는가?

① 15일 ② 30일
③ 60일 ④ 90일

해설

신재생에너지 공급인증서의 발급신청 등(신에너지 및 재생에너지 개발·이용·보급 촉진법 시행령 제18조의8)

- 공급인증서를 발급받으려는 자는 공인인증기관에 대통령령으로 정하는 바에 따라 공급인증서의 발급을 신청해야 한다는 규정에 따라 공급인정서를 받으려는 자는 공급인증기관은 업무를 시작하기 전 제정하여 산업통상자원부장관의 승인을 받아야 한다는 규정에 따른 공급인증서 발급 및 거래시장 운영에 관한 규칙에서 정하는 바에 따라 신재생에너지를 공급한 날부터 90일 이내에 발급 신청을 하여야 한다.
- 발급신청을 받은 공급인증기관은 발급신청을 한 날부터 30일 이내에 공급인증서를 발급하여야 한다.

**77** 발전사업자 등에게 총전력생산량의 일부를 의무적으로 신재생에너지로 공급하게 하는 제도에서 정하고 있는 2013년도 신재생에너지 의무공급량 비율은?

① 2[%] ② 2.5[%]
③ 3[%] ④ 3.5[%]

해설

연도별 의무공급량의 비율(신에너지 및 재생에너지 개발·이용·보급 촉진법 시행령 별표3)

| 해당 연도 | 2012 | 2013 | 2014 | 2015 | 2016 | 2017 |
|---|---|---|---|---|---|---|
| 비율[%] | 2.0 | 2.5 | 3.0 | 3.0 | 3.5 | 4.0 |
| 해당 연도 | 2018 | 2019 | 2020 | 2021 | 2022 | 2023년 이후 |
| 비율[%] | 5.0 | 6.0 | 7.0 | 8.0 | 9.0 | 10.0 |

**78** 저압 연접인입선의 시설규정으로 틀린 것은?

① 경간이 20[m]인 곳에서 DV 전선을 사용하였다.
② 인입선에서 분기하는 점에서부터 100[m]를 넘지 않았다.
③ 폭 4.5[m]의 도로를 횡단하였다.
④ 옥내를 통과하지 않도록 했다.

해설

저압 연접인입선의 시설(판단기준 제101조)
저압 연접인입선은 저압 인입선의 시설 규정에 준하여 시설하는 이외에 다음에 따라 시설하여야 한다.

- 인입선에서 분기하는 점으로부터 100[m]을 초과하는 지역에 미치지 아니할 것
- 폭 5[m]을 초과하는 도로를 횡단하지 아니할 것
- 옥내를 통과하지 아니할 것

**79** 발전사업자가 의무적으로 전압 및 주파수를 측정하여야 하는 횟수와 측정결과 보존 기간은?

① 매월 1회 이상 측정하고 1년간 보존
② 매월 1회 이상 측정하고 3년간 보존
③ 매년 1회 이상 측정하고 3년간 보존
④ 매년 1회 이상 측정하고 1년간 보존

해설

전압 및 주파수의 측정(전기사업법 시행규칙 제19조)

- 전기사업자 및 한국전력거래소는 산업통상자원부령으로 정하는 바에 따라 전기품질을 측정하고 그 결과를 기록·보존하여야 한다. 이 규정에 따라 전기사업자 및 한국전력거래소는 다음의 사항을 매년 1회 이상 측정하여야 하며 측정 결과를 3년간 보존하여야 한다.
  - 발전사업자 및 송전사업자의 경우에는 전압 및 주파수
  - 배전사업자 및 전기판매사업자의 경우에는 전압
  - 한국전력거래소의 경우에는 주파수
- 전기사업자 및 한국전력거래소는 전압 및 주파수의 측정기준·측정방법 및 보존방법 등을 정하여 산업통상자원부장관에게 제출하여야 한다.

**80** 전기공사기술자의 등급 및 경력 등에 관한 증명서를 발급하는 자는?

① 산업통상자원부 장관 ② 한국산업인력공단
③ 시·도지사 ④ 전기공사협회

해설

전기공사기술자의 인정(전기공사업법 제17조의2)

- 전기공사기술자로 인정을 받으려는 사람은 산업통상자원부장관에게 신청하여야 한다.
- 산업통상자원부장관은 신청인이 국가기술자격법에 따른 전기분야의 기술자격을 취득한 사람이나 일정한 학력과 전기분야에 관한 경력을 가진 사람을 전기공사기술자로 인정하여야 한다.
- 산업통상자원부장관은 신청인을 전기공사기술자로 인정하면 전기공사기술자의 등급 및 경력 등에 관한 증명서를 해당 전기공사기술자에게 발급하여야 한다.
- 신청절차와 기술자격·학력·경력의 기준 및 범위 등은 대통령령으로 정한다.

정답 76 ④ 77 ② 78 ① 79 ③ 80 ①

# 과년도 기출문제

## 제1과목 태양광발전시스템 이론

**01** 태양전지의 변환효율을 높이기 위한 방법으로 틀린 것은?

① 가급적 많은 빛이 반도체 내부에서 흡수되도록 하여야 한다.
② 입사 태양광 에너지를 높이고 온도를 높게 유지해야 한다.
③ 빛에 의해 생성된 전자와 정공쌍이 소멸되지 않고 외부회로까지 전달되도록 해야 한다.
④ PN 접합부에 큰 전기장이 발생하도록 소재 및 공정을 설계해야 한다.

해설
태양전지의 변환효율을 높이기 위한 방법
- 가급적 많은 빛이 반도체 내부에서 흡수되도록 하여야 한다.
- 입사 태양광 에너지를 높이고 온도를 낮게 유지해야 한다.
- 빛에 의해 생성된 전자와 정공쌍이 소멸되지 않고 외부회로까지 전달되도록 해야 한다.
- PN 접합부에 큰 전기장이 발생하도록 소재 및 공정을 설계해야 한다.

**02** 역류방지 다이오드(Blocking Diode)의 용량은 모듈 단락전류의 몇 배 이상으로 설계하는가?

① 1.0배 ② 2.0배
③ 3.0배 ④ 4.0배

해설
용 량
역류방지 소자는 1대의 인버터에 연결된 태양전지 직렬군이 2병렬 이상일 경우에 각 직렬군에 역류방지 소자를 별도의 접속함에 설치해야 한다. 회로의 최대 전류를 안전하게 흘릴 수 있음과 동시에 최대역전압에 충분히 견딜 수 있도록 선정되어야 하며 용량은 모듈 단락전류의 2배 이상이어야 하며 현장에서 확인할 수 있도록 표시된 것을 사용해야 한다.

**03** 계통연계형 인버터의 직류를 교류로 변환할 때 발생하는 변환효율 계산식은?

① $\dfrac{P_{AC}\text{입력전력}}{P_{PC}\text{입력전력}}$

② $\dfrac{P_{DC}\text{입력전력}}{P_{AC}\text{출력전력}}$

③ $\dfrac{P_{DC}\text{순간입력전력}}{P_{PC}\text{최대순간}PV\text{어레이전력}}$

④ $\dfrac{P_{AC}\text{순간입력전력}}{P_{PV}\text{최대순간}PV\text{어레이전력}}$

해설
계통연계형 인버터 변환효율

$$\eta = \frac{\text{교류 입력전력}}{\text{직류 입력전력}}$$

**04** 태양광발전시스템을 계통에 접속하여 역송전 운전을 하는 경우에 전력전송을 위한 수전점의 전압이 상승하여 전력회사의 운용범위를 넘지 못하게 하는 인버터의 기능은?

① 자동운전 정지기능
② 계통연계 보호기능
③ 단독운전 방지기능
④ 자동전압 조정기능

해설
자동전압 조정기능
태양광발전시스템을 계통에 접속하여 역송전 운전을 하는 경우 전력전송을 위한 수전점의 전압이 상승하여 전력회사의 운용범위를 초과할 가능성 있다. 따라서 이를 예방하기 위해 자동전압 조정기능을 설정하여 전압의 상승을 방지하고 있다.



정답 1 ② 2 ② 3 ① 4 ④

## 05 부하의 허용 최저전압이 92[V], 축전지와 부하간 접속선의 전압강하가 3[V]일 때, 직렬로 접속한 축전지의 개수가 50개라면 축전지 한 개의 허용최저전압은 몇 [V]인가?

① 1.5[V/cell] ② 1.6[V/cell]
③ 1.8[V/cell] ④ 1.9[V/cell]

해설

축전지 1개의 허용최저전압

$$V_{min} = \frac{\text{부하의 허용최저전압} + \text{전압강하}}{\text{축전지의 개수}}$$

$$= \frac{92+3}{50} = 1.9[V/cell]$$

## 06 가장 일반적으로 사용되는 태양광 모듈의 단면 구조를 올바르게 나열한 것은?(단, EVA(Ethylene Vinyl Acetate)는 충진재이다)

① Glass-EVA-Cell-Back Layer
② Glass-Cell-EVA-Back Layer
③ Glass-EVA-Cell-Glass-Back Layer
④ Glass-EVA-Cell-EVA-Back Layer

해설

태양광 모듈의 단면 구조
글라스 > EVA > Cell > EVA > Back Layer

## 07 신재생에너지의 중요성에 대한 설명과 무관한 것은?

① 화석연료의 고갈문제 해결
② $CO_2$ 발생의 증가
③ 기후변화협약
④ 최근 유가의 불안정

해설

신재생에너지의 중요성
- 화석 연료의 고갈 문제
- 최근 유가의 불안정
- 기후 변화 협약
- 국제적인 문제

## 08 태양전지의 전류-전압 특성의 측정으로부터 계산되는 파라미터가 아닌 것은?

① 직렬저항(Series Resistance)
② 개방전압(Open Circuit Voltage)
③ 단락전류(Short CirCuit Current)
④ 곡선인자(Fill Factor)

해설

태양전지의 전류-전압 특성의 측정으로 계산되는 파라미터는 단락전류, 개방전압, 병렬저항, 곡선인자이다.

## 09 태양광 모듈의 최대출력($P_{mpp}$)의 의미를 옳게 표시한 것은?

① $I_{mpp} \times V$ ② $I \times V_{mpp}$
③ $I_{mpp} \times V_{mpp}$ ④ $I \times V$

해설

태양광모듈의 최대출력($P_{mpp}$) $= I_{mpp} \times V_{mpp}$[W]

## 10 인버터의 단독운전방지 기능 중 능동적 방식에 해당하지 않은 것은?

① 전압위상 도약 검출방식
② 무효전력 변동방식
③ 부하변동방식
④ 주파수 시프트 방식

해설

단독운전방지(Anti-Islanding) 기능
- 능동적 방식 : 항상 인버터에 변동요인을 인위적으로 주어서 연계운전 시에는 그 변동요인이 출력에 나타나지 않고 단독운전 시에는 변동요인이 나타나도록 하여 그것을 감지하여 인버터를 정지시키는 방식
  - 무효전력 변동방식
  - 유효전력 변동방식
  - 부하변동방식
  - 주파수 시프트 방식
- 수동적 방식 : 연계운전에서 단독운전으로 동작 시의 전압파형 및 위상 등의 변화를 감지하여 인버터를 정지시키는 방식이다.
  - 전압위상도약 검출방식
  - 주파수변화율 검출방식
  - 3차 고조파전압 왜율 급증 검출방식

정답 5 ④ 6 ④ 7 ② 8 ① 9 ③ 10 ①

## 11 태양에너지의 장점으로 옳은 것은?

① 청정에너지로 석유나 석탄 같이 환경오염이 없다.
② 고급 에너지이나 에너지 밀도가 낮다.
③ 에너지 생산이 간헐적이다.
④ 모든 지역에서 발전량이 동일하다.

**해설**

태양에너지의 장점

| 장 점 | 단 점 |
|---|---|
| • 자원이 거의 무한대이다.<br>• 수명이 길다(약 20년 이상).<br>• 환경오염이 없는 청정에너지원이다.<br>• 유지관리 및 보수가 용이하다. | • 에너지의 밀도가 낮아 큰 설치면적이 필요하다.<br>• 초기투자비용이 많이 들고 발전단가가 높다.<br>• 일사량 변동에 따른 발전량의 편차가 커 출력이 불안정하다. |

## 12 낙뢰로 인한 내부 전기·전자 시스템을 보호하기 위한 LPMS의 기본보호 대책이 아닌 것은?

① 접지 및 본딩 ② 협조된 SPD보호
③ 수뢰부 System ④ 자기차폐

**해설**

LPMS의 기본보호 대책
• 자기차폐
• 접지 및 본딩
• 협조된 SPD 보호

## 13 태양광발전시스템에 사용하는 인버터는 전력을 변화시키는 것뿐만 아니라 태양전지의 성능을 최대한으로 끌어내기 위한 여러 가지 기능이 있는데, 다음 중 그 기능에 해당되지 않은 것은?

① 자동운전 정지 기능
② 최대전력 추종제어 기능
③ 역률제어 기능
④ 단독운전 방지기능

**해설**

태양광 인버터의 기능
• 자동운전 정지 기능
• 최대전력 추종제어기능
• 단독운전 방지기능
• 자동전압 조정기능
• 직류 검출기능
• 직류 지락 검출기능
• 계통연계 보호장치

## 14 n개의 태양전지를 직·병렬로 접속한 경우의 설명으로 옳은 것은?

① 태양전지를 직렬로 접속하면 전압은 n배로 높아진다.
② 태양전지를 직렬로 접속하면 전류는 n배로 높아진다.
③ 태양전지를 병렬로 접속하면 전압은 n배로 높아진다.
④ 태양전지를 병렬로 접속하면 전류는 변하지 않는다.

**해설**

태양전지를 직렬로 접속하면 전압은 n배로 높아지게 된다.

## 15 태양광설비 3[MWp], 일일발전시간이 4.6시간인 경우 연간발전량은?

① 1,095[MWh] ② 13.7[MWh]
③ 5,037[MWh] ④ 328.8[MWh]

**해설**

연간발전량 = 태양광설비용량×일일발전설비용량×365일
= 3[MW]×4.6[h/일]×365[일]=5,037[MWh]

## 16 무변압기형 인버터의 장점이 아닌 것은?

① 전자기 간섭 감소
② 높은 효율
③ 무게 감소
④ 크기 감소

**해설**

무변압기 인버터의 장점
• 효율이 높다.
• 크기와 무게가 감소한다.
• 소형이다.
• 경량이다.
• 신뢰도가 높다.



11 ① 12 ③ 13 ③ 14 ① 15 ③ 16 ① 정답

**17** 가로길이가 1.6[m], 세로길이가 1[m]이고, 변환효율이 15[%]인 태양전지 모듈의 FF(충진율)은?(단, $V_{oc}=40[\mathrm{V}]$, $I_{AC}=8[\mathrm{A}]$ 이다)

① 0.65 ② 0.70
③ 0.75 ④ 0.80

해설

$$충진율 = \frac{최대출력}{단락전류 \times 개방전압} = \frac{240}{8 \times 40} = 0.75$$

최대출력 = 모듈면적×표준일조강도×변환효율
= (1.6×1)×1,000×0.15 = 240[W]

**18** 분산형 전원 배전계통 연계기술 기준 중 단독운전 방지를 위한 가압중지 시간은 몇 초 이내로 하여야 하는가?

① 0.1 ② 0.2
③ 0.5 ④ 1.0

해설

분산형 전원 배전계통 연계기술 기준 중 단독운전 방지를 위한 가압중지 시간은 0.5초 이내이어야 한다.

**19** 장거리 전력 전송에 고전압이 사용되는 이유는?

① 저전압보다 조절하기가 더 쉽다.
② 손실($I^2R$)이 감소한다.
③ 전자기장이 강하다.
④ 작은 변압기가 사용된다.

해설

장거리 전력 전송에 고전압이 사용되는 이유는 손실이 감소하기 때문이다.

**20** 태양광 모듈의 후면이 환기되지 않을 경우에 발생되는 발전량 손실은 약 몇 [%]인가?

① 5 ② 10
③ 15 ④ 20

해설

태양광 모듈의 후면이 환기되지 않을 경우 발전량의 손실은 약 10[%]이다.

## 제2과목 태양광발전시스템 시공

**21** 태양전지 어레이 출력이 500[W] 이하일 때 접지선의 두께는 몇 [$mm^2$]인가?

① 1 ② 1.5
③ 2 ④ 2.5

해설

태양전지 어레이 출력에 따른 접지선의 굵기

| 태양전지 어레이 출력 | 접지선의 굵기[$mm^2$] |
|---|---|
| 500[W] 이하 | 1.5 |
| 500[W]를 넘고 2[kW] 이하 | 2.5 |
| 2[kW] 넘는 경우 | 4 |

**22** 설계감리원이 필요한 경우 비치하여야 할 문서가 아닌 것은?

① 근무상황부 ② 설계감리지시부
③ 설계기록부 ④ 준공검사원

해설

설계감리원이 문서비치 및 준공 시 제출 서류

- 근무상황부
- 설계감리 일지
- 설계감리 지시부
- 설계감리 기록부
- 설계자와 협의사항 기록부
- 설계감리 추진현황
- 설계감리 검토의견 및 조치 결과서
- 설계감리 주요검토결과
- 설계도서 검토의견서
- 설계도서(내역서, 수량산출 및 도면 등)를 검토한 근거서류
- 해당 용역관련 수·발신 공문서 및 서류
- 그 밖에 발주자가 요구하는 서류

**23** 보조전극을 이용한 접지저항 측정 시 보조전극의 간격은 몇 [m] 이상으로 이격하는가?

① 1 ② 2
③ 5 ④ 10

해설

보조전극을 이용한 접지저항 측정 시 보조전극의 간격은 10[m]이다.

정답 17 ③ 18 ③ 19 ② 20 ② 21 ② 22 ④ 23 ④

**24** 태양광발전시스템과 분산전원의 전력계통 연계 시 장점이 아닌 것은?

① 배전선로 이용률이 향상된다.
② 공급 신뢰도가 향상된다.
③ 고장 시의 단락 용량이 줄어든다.
④ 부하율이 향상된다.

해설

분산형 전원의 전력계통 연계
- 장 점
  - 배전선로 이용률이 향상된다.
  - 공급 신뢰도가 향상된다.
  - 부하율이 향상된다.
  - 백업설비가 필요 없다.
- 단 점
  - 고장 시 단락용량이 커진다.
  - 전력품질(전압, 주파수)이 저하된다.
  - 고조파가 계통으로 유입된다.

**25** 태양광발전시스템의 시공절차에 대한 순서로 옳은 것은?

① 기초공사 → 자재주문 → 시스템 설계 → 모듈설치 → 계통공사 → 시운전 및 점검
② 시스템 설계 → 자재주문 → 기초공사 → 계통공사 → 모듈설치 → 시운전 및 점검
③ 자재주문 → 시스템 설계 → 기초공사 → 모듈설치 → 계통공사 → 시운전 및 점검
④ 시스템 설계 → 자재주문 → 기초공사 → 모듈설치 → 계통공사 → 시운전 및 점검

해설

태양광발전시스템의 일반적인 설치 순서
모든 시공절차에서는 구조의 안정성 확보와 전력손실의 최소화를 목표로 시공해야 한다.
- 현장여건분석
- 시스템 설계
- 구성요소 제작
- 기초공사
- 설치가대 설치
- 모듈설치
- 간선공사
- 파워컨디셔너(PCS) 설치
- 시운전
- 운전 개시

**26** 전압 동요에 의한 플리커의 경감대책으로 전원 측에 실시하는 대책으로 틀린 것은?

① 전용계통으로 공급한다.
② 단락용량이 적은 계통에서 공급한다.
③ 전용변압기로 공급한다.
④ 공급전압을 승압한다.

해설

전압 동요에 의한 플리커의 전원측 경감대책
- 전용계통으로 공급한다.
- 단락용량이 큰 계통에서 공급한다.
- 전용변압기로 공급한다.
- 공급전압을 승압한다.

**27** 태양광발전시스템의 모니터링 시스템 프로그램 기능이 아닌 것은?

① 데이터 수집기능 ② 데이터 저장기능
③ 데이터 분석기능 ④ 데이터 예측기능

해설

태양광발전시스템 모니터링 시스템의 프로그램기능은 다음과 같다.
- 데이터 수집기능
- 데이터 저장기능
- 데이터 분석기능
- 데이터 통계기능

**28** 시공감리 사항 중 공정관리에서 감리원이 공사 시작일부터 30일 이내에 공사업자로부터 무엇을 제출받아야 하며, 제출받은 날로부터 14일 이내에 검토하여 승인하고 발주자에게 제출하여야 하는가?

① 상세공정표 ② 검사요청서
③ 설계설명서 ④ 공정관리계획서

해설

공정관리(전력시설물 공사감리업무 수행지침 제48조)
감리원은 공사시작 일부터 30일 이내에 공사업자로부터 "공정관리계획서"를 제출받아 제출받은 날부터 14일 이내에 검토하여 승인하고 발주자에게 제출하여야 한다.

**29** 밀폐형 건축물의 구조골조용 풍하중과 관련 사항이 없는 것은?

① 설계풍력 ② 외압계수
③ 노출계수 ④ 유효수압면적



정답 24 ③ 25 ④ 26 ② 27 ④ 28 ④ 29 ③

해설

밀폐형 건축물의 구조골조용 풍하중과 관련 있는 사항은 설계풍력, 외압계수, 유효수압면적 설계 속도압 및 구조골조용 가스트 영향계수 등이 있다.

## 30 접지극의 물리적인 접지저항 저감방법 중에서 수평공법이 아닌 것은?

① 접지극의 병렬접속 ② MESH공법
③ 접지극의 치수 확대 ④ 보링공법

해설

접지극의 접지저항 저감방법

- 물리적 저감방법
  - 수평공법
    - ⓐ 접지극의 병렬접속
    - ⓑ 접지극의 치수확대
    - ⓒ 매설지선 접지극 설치
    - ⓓ 평판 접지극 설치
    - ⓔ 다중접지 시트 설치
    - ⓕ 메시(Mesh)공법
  - 수직공법
    - ⓐ 접지봉 깊이 박기
    - ⓑ 보링공법
- 화학적 저감방법
  - 비반응형 저감재
  - 반응형 저감재(무공해)

## 31 경사도계수 0.7, 노출계수 0.9, 기본 지붕적설하중계수 0.7이고 적설면적이 100[$m^2$]일 때 적설하중은 얼마인가?

① 40.1 ② 44.1
③ 48.2 ④ 54.4

해설

적설하중 = 경사도계수×노출계수×기본 적설하중계수×적설면적
= 0.7×0.9×0.7×100 = 44.1[kN]

## 32 태양전지 어레이 설계 시 커넥터, 단자대, 개폐기 등 관련 부품은 어레이 회로의 몇 배 이상의 출력전압에 견디어야 하는가?

① 1.1배 ② 1.5배
③ 1.6배 ④ 1.7배

해설

태양전지 어레이 설계 시 커넥터, 단자대, 개폐기 등 관련 부품은 어레이 회로의 1.5배 이상의 출력전압에 견딜 수 있어야 한다.

## 33 태양광발전시스템 중 접속반에 설치되어야 하는 주요 부품이 아닌 것은?

① 역류방지 다이오드
② 직류출력 개폐기
③ 서지보호 장치
④ 자기융착 절연테이프

해설

접속반에 설치되어야 하는 주요 부품은 어레이 측 개폐기, 역류 방지 다이오드, 직류 출력 개폐기, 서지보호 장치 등이며 자기융착 절연테이프는 태양광발전시스템처럼 옥외에 노출된 설비의 전선의 접속시에 사용하는 절연테이프이다.

## 34 태양전지 모듈과 인버터, 인버터와 계통연계점 간의 전압강하는 각 몇 [%]를 초과하지 않아야 하는가?

① 3 ② 5
③ 7 ④ 8

해설

태양전지 모듈에서 인버터, 인버터와 계통연계점 간의 전압강하는 각각 3[%]를 초과하지 말아야 한다.

## 35 건설공사에 관한 기획, 타당성 조사, 분석, 설계, 조달, 계약, 시공관리, 감리, 평가 또는 사후관리 등에 관한 관리를 수행하는 건설용역업은?

① Construction Management
② Project Management
③ Design Management
④ Agency Management

해설

건설공사에 관한 기획, 타당성 조사, 분석, 설계, 조달, 계약, 시공관리, 감리, 평가 또는 사후관리 등에 관한 관리를 수행하는 건설용역업을 건설사업관리(Construction Management)라 한다.

정답 30 ④ 31 ② 32 ② 33 ④ 34 ① 35 ①

**36** 과도 과전압을 제한하고 서지전류를 우회시키는 장치는?

① 누전차단기　② 분전반
③ 서지보호장치　④ 주개폐기

해설
과도 과전압을 제한하고 서지(Surge)전류를 우회시키는 장치를 서지보호장치(SPD ; Surge Protective Device)라고 한다.

**37** 3상 3선식 태양광발전시스템의 전압강하 계산식으로 옳은 것은?(단, $e$ : 각 전선의 전압강하[V], $A$ : 전선의 단면적[mm²], $L$ : 전선 1본의 길이[m], $I$ : 전류[A])

① $e=\dfrac{35.6\times L\times I}{1,000\times A}$　② $e=\dfrac{17.8\times L\times I}{1,000\times A}$

③ $e=\dfrac{30.8\times L\times I}{1,000\times A}$　④ $e=\dfrac{40.1\times L\times I}{1,000\times A}$

해설
전압강하 및 전선 단면적 계산식

| 회로의 전기방식 | 전압강하 | 전선의 단면적 |
|---|---|---|
| 직류 2선식<br>교류 2선식 | $e=\dfrac{35.6LI}{1,000A}$ | $A=\dfrac{35.6LI}{1,000e}$ |
| 3상 3선식 | $e=\dfrac{30.8LI}{1,000A}$ | $A=\dfrac{30.8LI}{1,000e}$ |

$e$ : 각 선간의 전압강하[V]　$A$ : 전선의 단면적[mm²]
$L$ : 도체 1본의 길이[m]　$I$ : 전류[A]

**38** 지중전선로의 장점으로 틀린 것은?

① 고장이 적다.
② 보안상의 위험이 적다.
③ 공사 및 보수가 용이하다.
④ 설비의 안정성에 있어서 유리하다.

해설
지중전선로
- 장 점
  - 도시의 미관상 좋다.
  - 기상조건(뇌, 풍수해)에 의한 영향이 적다.
  - 통신선에 대한 유도장해가 작다.
  - 전선로 통과지(경과지)의 확보가 용이하다.
  - 보안상의 위험이 적다.
  - 설비의 안정성에 있어서 유리하다.
  - 가공전선로에 비해 고장이 적다.
- 단 점
  - 공사비가 비싸다.
  - 고장의 발견, 유지 보수가 어렵다.

**39** 선로 구분 기능을 갖고 있는 개폐기에 수용가 측의 사고발생 시 사고전류를 감지하여 자동으로 접점을 분리시켜 사고구간을 분리하는 것은?

① 자동부하 전환개폐기(ALTS)
② 자동고장 구분개폐기(ASS)
③ 리클로저(R/C)
④ 선로개폐기(LS)

해설
- 자동부하 전환개폐기(ALTS) : 22.9[kV-Y] 접지계통, 지중배선로에 설치하여 주 선로의 전원 측 정전 시 예비선로로 자동전환되는 3상 일괄조작 방식의 자동부하 전환개폐기
- 자동고장 구분개폐기(ASS) : 선로 구분 기능을 갖고 있는 개폐기에 수용가 측의 사고발생 시 사고전류를 감지하여 자동으로 접점을 분리시켜 사고구간을 개방하는 개폐기이다.
- 리클로저(Recloser, R/C) : 가공배전선로 사고의 대부분은 조류 및 수목에 의한 접촉, 강풍, 낙뢰 등에 의한 플래시 오버사고 발생 시 신속하게 고장구간을 차단하고 사고점의 아크를 소멸시킨 후 즉시 재투입이 가능한 개폐장치이다.
- 선로개폐기(LS) : 보안상의 책임 분기점에는 보수점검 시 전로를 구분하기 위하여 설치하는 개폐기이다.

**40** 태양전지 어레이의 출력전압이 400[V] 미만인 경우 접지공사의 종류는?

① 제1종 접지공사　② 제2종 접지공사
③ 제3종 접지공사　④ 특별 제3종 접지공사

해설
기계기구의 철대 및 금속제 외함의 접지공사의 적용(판단기준 제33조)

| 기계기구의 구분 | 접지공사 |
|---|---|
| 400[V] 미만인 저압용의 것 | 제3종 접지공사 |
| 400[V] 이상의 저압용의 것 | 특별 제3종 접지공사 |
| 고압용 또는 특고압용의 것 | 제1종 접지공사 |



36 ③ 37 ③ 38 ③ 39 ② 40 ③ 정답

## 제3과목 태양광발전시스템 운영

**41** 태양광발전설비의 접지공사에 대한 설명 중 틀린 것은?

① 태양광발전설비의 접지는 모듈이나 패널을 하나 제거하더라도 태양광발전시스템의 전원회로에 접속된 접지 도체의 연속성에 영향을 주지 말아야 한다.
② 태양전지 어레이의 출력전압이 400[V] 미만인 경우 특별 제3종 접지공사를 실시한다.
③ 태양광발전설비의 접지공사는 전기설비기술기준에 따라 접지공사를 한다.
④ 접지선은 공칭단면적 2.5[mm$^2$] 이상의 연동선을 사용한다.

해설

접지공사의 종류(판단기준 제18조, 제19조)

| 종 류 | 접지저항 | 접지선의 굵기 | 용 도 |
|---|---|---|---|
| 제1종 | 10[Ω] 이하 | 6[mm$^2$] 이상 | 고압·특고압 기기의 외함 |
| 제2종 | $\frac{150}{1\text{선 지락전류}}$[Ω] 이하 | 16[mm$^2$] 이상 고압,특고압과 저압 혼촉 우려 시 : 6[mm$^2$] 이상 | (특)고·저압 혼촉할 우려가 있는 기기 |
| 제3종 | 100[Ω] 이하 | 2.5[mm$^2$] 이상 | 400[V] 미만의 저압용 기기 |
| 특별 제3종 | 10[Ω] 이하 | 2.5[mm$^2$] 이상 | 400[V] 이상의 저압용 기기 |

**42** 태양광발전시스템 준공 시 점검할 부분이 아닌 곳은?

① 인버터(파워컨디셔너) 점검
② 중계단자함(접속함) 점검
③ 태양전지(어레이)점검
④ 부하점검

해설

태양광발전시스템 준공 시 점검항목 및 점검요령

| 설비 종류 | 점검 부위 | 점검 분류 | 점검 방법 | 점검 주기 | 점검내용 |
|---|---|---|---|---|---|
| 태양전지 | 모 듈 | 일 상 | 육 안 | ● | 유리 등 표면의 오염 및 파손 확인 |
| | 가 대 | 일 상 | 육 안 | ● | 가대의 부식 및 녹 확인 |
| | 배 선 | 일 상 | 육 안 | ● | 외부배선(접속케이블)의 손상 확인 |
| | 접지선 | 정 기 | 육 안 | ◎ | 접지선의 접속 및 접속단자 풀림 확인 |
| | | 정 기 | 측 정 | ◎ | 태양전지 ↔ 접지선 절연저항 측정 |
| 접속함 | 외 함 | 일 상 | 육 안 | ● | 외함의 부식 및 파손 확인 |
| | | 정 기 | 육 안 | ◎ | |
| | 배 선 | 일 상 | 육 안 | ● | 외부배선(접속케이블)의 손상 확인 |
| | | 정 기 | 육 안 | ◎ | 외부배선의 손상 및 접속단자의 풀림 확인 |
| | 접지선 | 정 기 | 육 안 | ◎ | 접지선의 손상 및 접지단자의 풀림 확인 |
| | | 정 기 | 측 정 | ◎ | 출력단자 ↔ 접지선 절연저항 측정 |
| | 기 타 | 정 기 | 시 험 | ◎ | 각 회로마다 개방전압 측정(극성 및 확인) |
| 파워컨디셔너 | 외 함 | 일 상 | 육 안 | ● | 외함의 부식 및 파손 확인 |
| | | 정 기 | 육 안 | ◎ | |
| | 배 선 | 일 상 | 육 안 | ● | 외부배선(접속케이블)의 손상 확인 |
| | | 정 기 | 육 안 | ◎ | 외부배선의 손상 및 접속단자의 풀림 확인 |
| | 접지선 | 정 기 | 육 안 | ◎ | 접지선의 손상 및 접지단자의 풀림 확인 |
| | | 정 기 | 측 정 | ◎ | 입·출력단자 ↔ 접지선 절연저항 측정 |
| | 환기구 | 일 상 | 육 안 | ● | 환기구, 환기필터 등의 환기 확인 |
| | | 정 기 | 육 안 | ◎ | |
| | 표시부 | 일 상 | 육 안 | ● | 표시부의 이상 표시 |
| | | 정 기 | 시 험 | ◎ | 표시부의 동작 확인(충전전력 등) |
| | 타이머 | 정 기 | 시 험 | ◎ | 투입저지 시한 타이머 동작시험 확인 |
| | 기 타 | 일 상 | 육 안 | ● | 발전상황 확인 |
| | | 일 상 | 육 안 | ● | 이상음, 악취, 발연, 이상과열 확인 |
| | | 정 기 | 육 안 | ◎ | 운전 시 이상음, 악취, 진동 등 확인 |
| 기 타 | 개폐기 | 정 기 | 육 안 | ◎ | 개폐기의 접속단자 풀림 확인 |
| | | 정 기 | 측 정 | ◎ | 절연저항 측정(DC 500[V] 측정 시 0.1[MΩ] 이상) |

정답 41 ② 42 ④

**43** 단결정 실리콘 태양전지에서 가장 많은 전류를 생성하는 파장대역은?

① 자외선 ② 가시광선
③ 적외선 ④ 원적외선

**해설**
태양스펙트럼의 파장대별 에너지밀도 영역은 자외선 영역이 5[%], 가시광선 영역이 46[%], 근적외선 영역이 49[%] 정도 차지한다. 이 중에서 가시광선 영역이 밴드갭 에너지가 높으므로 태양전지설계에서 에너지로 변환하는 영역으로 사용된다.

**44** 가정용 계통연계형 태양광 발전설비 장애 및 고장의 경우로 볼 수 없는 것은?

① 날씨가 좋고 부하 사용이 많지 않을 때 계량기 역회전이 없다.
② 날씨가 좋은 날 인버터가 동작하지 않는다.
③ 추가 전기사용이 없는데도 전기요금이 평상시보다 많이 부과됐다.
④ 가정용 전기의 수전전압이 10[V] 떨어졌다.

**해설**
날씨가 좋고 부하사용이 적을 때 계량기는 역회전되어야 하고 날씨가 좋은날 인버터가 동작하지 않거나 추가사용이 없는데 전기요금이 평상시보다 많이 부과되었다면 고장일 확률이 높다. 그러나 수전전압이 10[V] 떨어졌다고 해서 고장이라고 볼 수는 없다.
표준전압 및 허용오차(전기사업법 시행규칙 별표 3)

| 표준 전압[V] | 허용 오차 |
|---|---|
| 110 | 110[V] ±6[V] 이내 |
| 220 | 220[V] ±13[V] 이내 |
| 380 | 380[V] ±38[V] 이내 |

**45** 태양광 모듈의 고장원인이 아닌 것은?

① 모듈 극성의 오결선 ② 유리표면의 오염
③ 외부 충격 ④ 낙뢰 및 서지

**해설**
태양광발전시스템의 모듈의 고장원인
- 제조 결함
- 시공 불량
- 운영과정에서의 외상
- 전기적, 기계적 스트레스에 의한 셀의 파손
- 경년열화에 의한 셀 및 리본의 노화
- 주변 환경(염해, 부식성 가스 등)에 의한 부식

**46** 태양광발전시스템에 사용된 서지전압 보호기의 결함을 측정하기 위한 방법으로 적당하지 않은 것은?

① 다기능 측정 ② 절연저항 측정
③ 과·저전압 측정 ④ I-V 곡선 측정

**해설**
④ $I-V$ 곡선 측정은 트랜지스터나 다이오드 등의 반도체 부품의 출력특성을 나타내는 데 사용된다.

**47** 태양광발전시스템의 계측과 표시의 목적으로 잘못된 것은?

① 시스템의 운전상태 감시를 위한 계측 또는 표시
② 사업자의 추가설비 투자산출을 위한 계측
③ 시스템에 의한 발전전력량을 알기 위한 계측
④ 시스템 기기 또는 시스템 종합평가를 위한 계측

**해설**
계측장치·표시장치의 목적은 얻어지는 데이터의 사용목적에 따라 크게 4가지로 분류할 수 있다.
- 시스템의 운전상태를 감시하기 위한 계측 또는 표시
- 시스템에 의한 발전전력량을 파악하기 위한 계측
- 시스템 기기 또는 시스템 종합평가를 위한 계측
- 시스템의 운전상황을 견학하는 사람 등에게 보여 주고, 시스템 홍보를 위한 계측 또는 표시

**48** 분산형 전원 발전설비의 역률은 계통 연계지점에서 원칙적으로 얼마 이상을 유지하여야 하는가?

① 0.8 ② 0.85
③ 0.9 ④ 0.95

**해설**
분산형 전원의 역률은 90[%] 이상으로 유지함을 원칙으로 한다. 분산형 전원의 역률은 계통 측에서 볼 때 진상역률(분산형 전원 측에서 볼 때 지상역률)이 되지 않도록 함을 원칙으로 한다.

**49** 태양전지 및 어레이의 점검 내용이 아닌 것은?

① 프레임 파손 및 변형
② 유리표면의 오염 및 파손
③ 보호계전기의 설정
④ 지지대의 접지 및 고정



43 ② 44 ④ 45 ② 46 ④ 47 ② 48 ③ 49 ③ 정답

**해설**

태양전지 어레이 점검항목 및 점검요령

| 설 비 | 점검항목 | | 점검요령 |
|---|---|---|---|
| 태양 전지 어레이 | 육안 점검 | 표면의 오염 및 파손 | 오염 및 파손의 유무 |
| | | 프레임 파손 및 변형 | 파손 및 두드러진 변형이 없을 것 |
| | | 가대의 부식 및 녹 발생 | 부식 및 녹이 없을 것 |
| | | 가대의 고정 | 볼트 및 너트의 풀림이 없을 것 |
| | | 가대접지 | 배선공사 및 접지접속이 확실할 것 |
| | | 코 킹 | 코킹의 망가짐 및 불량이 없을 것 |
| | | 지붕재의 파손 | 지붕재의 파손, 어긋남, 뒤틀림, 균열이 없을 것 |
| | 측 정 | 접지저항 | 접지저항 100[Ω] 이하(제3종 접지) |

**50** 태양광발전소 운영 시 일부 스트링의 모듈 출력이 갑작스럽게 떨어졌을 경우 예측될 수 있는 상황과 거리가 먼 것은?

① 모듈 일부에 외부 환경에 의하여 그림자 효과가 발생하였다.
② 바이패스(Bypass Diode)가 환경변화요인으로 작동하여 출력의 불균일이 발생하였다.
③ 외부 충격에 의해 셀 및 모듈의 일부가 파손되어 출력이 감소하였다.
④ 충진재로 수분 침투에 의해 금속전극의 부식이 발생하여 직렬저항이 증가하였다.

**해설**

수분침투에 의해 노출되면 쉽게 산화되어 직렬 등가저항은 증가되고 병렬 등가저항은 감소되어 출력 감소의 원인이 된다.

**51** 태양광발전 설비의 구성요소가 아닌 것은?

① 인버터 ② 모 듈
③ BIPV ④ 접속함

**해설**

태양광발전시스템의 구성요소는 모듈부분, 출력조절기(PCS, 인버터), 주변장치 즉, 충·방전 제어기, 축전지, 구조물, 케이블, 접속함, 단자함, 모니터링 시스템 등이 있다.

**52** 인버터의 제어특성을 측정하기 위한 방법으로 옳지 않은 것은?

① 입출력 측정
② 과·저전압 측정
③ AC 회로 시험
④ $I-V$ 곡선

**해설**

$I-V$ 곡선은 태양전지의 단락전류와 개방전압을 측정하여 전류와 전압의 변화에 따른 상관관계를 나타낸다.

**53** 태양광발전시스템에서 모듈의 적층판 파괴를 발견하기 위한 점검 및 측정방법으로 적당하지 않은 것은?

① 육안검사 ② 다기능측정
③ $I-V$ 곡선 ④ 전력망분석

**해설**

전력망분석은 인버터의 효율을 측정할 때 사용하는 방법 중 하나이다.

**54** 태양광발전시스템에서 모듈 선정 시의 변환효율 식은?(단, 최대출력은 $P_{\max}$[W], 모듈 전면적은 $A_t$[m²], 방사속도는 $G$[W/m²]이다)

① $\dfrac{P_{\max}}{A_t \times G} \times 100[\%]$

② $\dfrac{P_{\max} \times A_t}{G} \times 100[\%]$

③ $\dfrac{P_{\max} \times G}{A_t} \times 100[\%]$

④ $\dfrac{A_t \times G}{P_{\max}} \times 100[\%]$

정답 50 ④ 51 ③ 52 ④ 53 ④ 54 ①

**해설**

모듈의 변환효율

$$= \frac{\text{모듈 1장의 출력[kW]}}{\text{표준 시간조건 일조강도[kW/m}^2\text{]} \times \text{모듈면적[m}^2\text{]}} \times 100[\%]$$

## 55 태양광발전시스템 공사계획을 사전인가 받아야 하는 설비용량은 몇 [kW]인가?

① 10,000　② 20,000
③ 30,000　④ 40,000

**해설**

전기사업용 전기설비 공사계획의 인가 및 신고의 대상(전기사업법 시행규칙 별표 5)
전기사업법 시행규칙에 근거하여 출력기준 1만[kW] 이상의 태양광발전시스템 공사계획은 사전에 인가를 받아야 하며, 1만[kW] 미만인 경우에는 신고를 하여야 한다.

## 56 태양광발전시스템에서 모듈의 결함을 발견하기 위한 점검 및 측정방법으로 옳지 않은 것은?

① 육안검사　② 다기능 측정
③ 절연저항 측정　④ 입출력 측정

**해설**

입출력 측정 : 인버터의 효율특성, 제어특성 측정이나 스트링다이오드의 결함을 발견하기 위해 사용하는 측정방법이다.

## 57 태양광발전시스템에서 전력 1[kW] 발전에 필요한 모듈의 면적은 재질에 따라 다르다. 가장 작은 면적을 차지하는 재질로 옳은 것은?

① 단결정 셀
② 다결정 셀
③ 카드뮴 텔루라이드(CdTe)
④ 박막 필름형 아몰퍼스

**해설**

일반적인 태양전지 모듈의 변환 효율
- 단결정 실리콘 태양전지가 15~19[%]
- 다결정 실리콘 태양전지가 13~15[%]
- 아몰퍼스 실리콘 태양전지가 6~10[%]
- 화합물 반도체 태양전지(CdS, CdTe 등)가 11~12[%]

## 58 태양광발전시스템에 사용된 스트링다이오드 결함을 점검하기 위한 방법으로 옳은 것은?

① 육안검사
② 접지저항 측정
③ 입출력 측정
④ 전력망 분석

**해설**

56번 해설 참조

## 59 태양광발전시스템의 준공 시 400[V] 미만의 태양전지 및 어레이의 점검사항으로 접지저항값이 옳은 것은?

① 10[MΩ] 이하　② 1[MΩ] 이하
③ 1,000[Ω] 이하　④ 100[Ω] 이하

## 60 태양광발전설비 응급조치순서 중 차단과 투입순서가 옳은 것은?

1. 한전차단기
2. 접속함 내부 차단기
3. 인버터

① 1-2-3-3-2-1
② 1-3-2-2-3-1
③ 2-3-1-1-3-2
④ 3-2-1-1-2-3

**해설**

응급조치 방법
- 태양광발전설비가 작동되지 않는 경우
  - 접속함 내부 DC 차단기 개방(Off)
  - AC 차단기 개방(Off)
  - 인버터 정지 확인(제어 전원 S/W가 있는 경우 제어 전용 S/W 개방(Off)
  - 인버터 점검
- 점검 완료 후 복귀 순서 – 점검 완료 후에는 역으로 투입한다.
  - 제어 전원 S/W가 있는 경우 제어 전용 S/W 투입(On)
  - AC 차단기 투입(On)
  - 접속함 내부 DC 차단기 투입(On)



55 ① 56 ④ 57 ① 58 ③ 59 ④ 60 ③ 정답

## 제4과목 신재생에너지관련법규

**61** 전기사업자가 사업개시 신고서를 산업통상자원부장관이 아닌 시·도지사에게 제출할 수 있는 발전시설 용량은?

① 300[kW] 이하 ② 500[kW] 이하
③ 3,000[kW] 이하 ④ 5,000[kW] 이하

해설
허가권자(전기사업법 시행규칙 제4조)
- 시설용량 3,000[kW] 이하시설 : 광역 시·도지사
- 시설용량 3,000[kW] 초과설비 : 산업통상자원부장관 (전기심의위원회 총괄정책팀)
  ※ 단, 제주특별자치도는 제주국제자유도시특별법에 따라 3,000[kW] 이상의 발전설비도 제주특별자치도지사의 허가사항이다.

**62** 신재생에너지 품질검사기관이 아닌 곳은?

① 석유 및 석유대체연료사업법에 따라 설립된 한국석유관리원
② 고압가스안전관리법에 따라 설립된 한국가스안전공사
③ 임업 및 산촌진흥촉진에 관한 법률에 따라 설립된 한국임업진흥원
④ 전기사업법에 따라 설립된 한국전력공사

해설
신재생에너지 품질검사기관(신에너지 및 재생에너지 개발·이용·보급 촉진법 시행령 제18조의13)
신재생에너지 연료 품질검사에서 "대통령령으로 정하는 신재생에너지 품질검사기관"이란 다음 기관을 말한다.
- 석유 및 석유대체연료사업법에 따라 설립된 한국석유관리원
- 고압가스안전관리법에 따라 설립된 한국가스안전공사
- 임업 및 산촌진흥촉진에 관한 법률에 따라 설립된 한국임업진흥원

**63** 전기사업에 종사하는 자로서 정당한 사유 없이 전기사업용 전기설비의 유지 또는 운용업무를 수행하지 아니함으로써 발전·송전·변전 또는 배전에 장애가 발생하게 한 자에 대한 전기사업법상 벌칙 기준은?

① 2년 이하의 징역 또는 1천만원 이하의 벌금
② 3년 이하의 징역 또는 2천만원 이하의 벌금
③ 5년 이하의 징역 또는 5천만원 이하의 벌금
④ 10년 이하의 징역 또는 1억원 이하의 벌금

해설
벌칙(전기사업법 제100조)
다음 어느 하나에 해당하는 자는 5년 이하의 징역 또는 5천만원 이하의 벌금에 처한다.
- 정당한 사유 없이 전기사업용 전기설비를 조작하여 발전·송전·변전 또는 배전을 방해한 자
- 전기사업에 종사하는 자로서 정당한 사유 없이 전기사업용전기설비의 유지 또는 운용업무를 수행하지 아니함으로써 발전·송전·변전 또는 배전에 장애가 발생하게 한 자

**64** 전기를 생산하여 이를 전력시장을 통하여 전기판매사업자에게 공급하는 것을 주된 목적으로 하는 사업은?

① 배전사업 ② 송전사업
③ 발전사업 ④ 변전사업

해설
정의(전기사업법 제2조)
- 배전사업 : 발전소로부터 송전된 전기를 전기사용자에게 배전하는데 필요한 전기설비를 설치·운용하는 것을 주된 목적으로 하는 사업을 말한다.
- 송전사업자 : 송전사업의 허가를 받은 자를 말한다.
- 발전사업 : 전기를 생산하여 이를 전력시장을 통하여 전기판매사업자에게 공급하는 것을 주된 목적으로 하는 사업을 말한다.

**65** 다음 중 신에너지에 해당되지 않는 것은?

① 수소에너지
② 연료전지
③ 석탄을 액화·가스화한 에너지
④ 해양에너지

해설
정의(신에너지 및 재생에너지 개발·이용·보급 촉진법 제2조)
"신에너지"란 기존의 화석연료를 변환시켜 이용하거나 수소·산소 등의 화학반응을 통하여 전기 또는 열을 이용하는 에너지로서 다음의 어느 하나에 해당하는 것을 말한다.
- 수소에너지
- 연료전지
- 석탄을 액화·가스화한 에너지 및 중질잔사유를 가스화한 에너지로서 대통령령으로 정하는 기준 및 범위에 해당하는 에너지
- 그 밖에 석유·석탄·원자력 또는 천연가스가 아닌 에너지로서 대통령령으로 정하는 에너지

정답 61 ③ 62 ④ 63 ③ 64 ③ 65 ④

**66** 바이오에너지 등의 기준 및 범위에서 에너지원의 종류와 기준 및 범위의 연결이 틀린 것은?

① 바이오에너지 : 생물유기체를 변환시킨 땔감
② 폐기물에너지 : 유기성폐기물을 변환시킨 매립지가스
③ 석탄을 액화·가스화한 에너지 : 증기 공급용 에너지
④ 중질잔사유를 가스화한 에너지 : 합성가스

**해설**

바이오에너지 등의 기준 및 범위(신에너지 및 재생에너지 개발·이용·보급 촉진법 시행령 별표 1)

| 에너지원의 종류 | 기준 및 범위 | |
|---|---|---|
| 1. 석탄을 액화·가스화한 에너지 | 기 준 | 석탄을 액화 및 가스화하여 얻어지는 에너지로서 다른 화합물과 혼합되지 않은 에너지 |
| | 범 위 | • 증기 공급용 에너지<br>• 발전용 에너지 |
| 2. 중질잔사유를 가스화한 에너지 | 기 준 | • 중질잔사유(원유를 정제하고 남은 최종잔재물로서 감압증류 과정에서 나오는 감압잔사유, 아스팔트와 열분해 공정에서 나오는 코크, 타르 및 피치 등을 말한다)를 가스화한 공정에서 얻어지는 연료<br>• 연료를 연소 또는 변환하여 얻어지는 에너지 |
| | 범 위 | 합성가스 |
| 3. 바이오에너지 | 기 준 | • 생물유기체를 변환시켜 얻어지는 기체, 액체 또는 고체의 연료<br>• 연료를 연소 또는 변환시켜 얻어지는 에너지<br>※ 에너지가 신재생에너지가 아닌 석유제품 등과 혼합된 경우에는 생물유기체로부터 생산된 부분만을 바이오에너지로 본다. |
| | 범 위 | • 생물유기체를 변환시킨 바이오가스, 바이오에탄올, 바이오액화유 및 합성가스<br>• 쓰레기매립장의 유기성폐기물을 변환시킨 매립지가스<br>• 동물·식물의 유지를 변환시킨 바이오디젤(관련 법령 개정으로 인해 "바이오중유"가 추가됨 〈개정 2019.9.24〉)<br>• 생물유기체를 변환시킨 땔감, 목재칩, 펠릿 및 목탄 등의 고체연료 |
| 4. 폐기물에너지 | 기 준 | • 각종 사업장 및 생활시설의 폐기물을 변환시켜 얻어지는 기체, 액체 또는 고체의 연료(관련 법령 개정으로 인해 "폐기물을 변환시켜 얻어지는 기체, 액체 또는 고체의 연료"로 변경됨 〈개정 2019.9.24〉)<br>• 첫 번째 항목의 연료를 연소 또는 변환시켜 얻어지는 에너지<br>• 폐기물의 소각열을 변환시킨 에너지<br>※ 에너지가 신재생에너지가 아닌 석유제품 등과 혼합되는 경우에는 각종 사업장 및 생활시설의 폐기물로부터 생산된 부분만을 폐기물에너지로 본다(관련 법령 개정으로 인해 "위의 에너지가 신재생에너지가 아닌 석유제품 등과 혼합되는 경우에는 폐기물로부터 생산된 부분만을 폐기물에너지로 보고, 위의 에너지 중 비재생폐기물(석유, 석탄 등 화석연료에 기원한 화학섬유, 인조가죽, 비닐 등으로서 생물 기원이 아닌 폐기물을 말한다)로부터 생산된 것은 제외한다"로 변경됨 〈개정 2019.9.24〉). |
| 5. 수열에너지 | 기 준 | 물의 표층의 열을 히트펌프(Heat Pump)를 사용하여 변환시켜 얻어지는 에너지(관련 법령 개정으로 인해 "표층"이 삭제됨 〈개정 2019.9.24〉) |
| | 범 위 | 해수의 표층의 열을 변환시켜 얻어지는 에너지(관련 법령 개정으로 인해 "해수의 표층 및 하천수"로 변경됨 〈개정 2019.9.24〉) |

**67** 400[V] 이상의 저압용 전로에 시설하는 기계 기구의 철대 및 금속제 외함의 접지공사는?

① 제1종 접지공사
② 제2종 접지공사
③ 제3종 접지공사
④ 특별 제3종 접지공사

**해설**

기계기구의 철대 및 외함의 접지(판단기준 제33조)
400[V] 이상의 저압용 전로에 시설하는 기계 기구의 철대 및 금속제 외함의 접지공사는 특별 제3종 접지공사이다.

**68** 전압에 관계없이 모든 전기공사를 시공관리할 수 있는 전기공사기술자는?

① 초급전기공사기술자 또는 고급전기공사기술자
② 중급전기공사기술자 또는 고급전기공사기술자
③ 중급전기공사기술자 또는 특급전기공사기술자
④ 고급전기공사기술자 또는 특급전기공사기술자



66 ② 67 ④ 68 ④ 정답

해설

전기공사기술자의 시공관리 구분(전기공사업법 시행령 별표 4)
전기공사의 시공관리로서 고급전기공사기술자와 특급전기공사기술자는 전압에 관계없이 모든 전기공사를 시공관리할 수 있다.

**69** **신재생에너지 설비의 설치계획서를 받은 산업통상자원부장관은 설치계획서를 받은 날로부터 타당성을 검토한 후 그 결과를 해당 설치의무기관의 장 또는 대표자에게 통보하여야 할 일 수로 옳은 것은?**

① 10일 ② 20일
③ 30일 ④ 40일

해설

신재생에너지 설비의 설치계획서 제출 등(신에너지 및 재생에너지 개발ㆍ이용ㆍ보급 촉진법 시행령 제17조)
산업통상자원부장관은 설치계획서를 받은 날부터 30일 이내에 타당성을 검토한 후 그 결과를 해당 설치의무기관의 장 또는 대표자에게 통보하여야 한다.

**70** **저압 가공전선이 다른 저압 가공전선과 접근상태로 시설되거나 교차하여 시설되는 경우 저압 가공전선 상호 간의 이격거리는 몇 [cm] 이상인가?**

① 60 ② 50
③ 40 ④ 20

해설

저압 가공전선 상호간의 접근 또는 교차(판단기준 제84조)
저압 가공전선이 다른 저압 가공전선과 접근상태로 시설되거나 교차하여 시설되는 경우에 저압 가공전선 상호 간의 이격거리는 약 60[cm] 이상이어야 한다.

**71** **다음 중 예외적으로 전력시장에서 전기를 직접 구매할 수 있는 전기사용자는 수전설비의 용량이 몇 [kVA] 이상인 경우인가?**

① 3만 ② 4만
③ 5만 ④ 6만

해설

전력의 직접 구매(전기사업법 제32조, 전기사업법 시행령 제20조)
전기사용자는 전력시장에서 전력을 직접 구매할 수 없다. 다만, 대통령령으로 정하는 규모 이상의 전기사용자는 그러하지 아니하다. "대통령 령으로 정하는 규모 이상의 전기사용자"란 수전설비의 용량이 3만[kVA] 이상인 전기사용자를 말한다.

**72** **태양전지 모듈의 시설에 관한 내용 중 잘못된 것은?**

① 충전부분은 노출되지 아니하도록 시설한다.
② 태양전지 모듈을 병렬로 접속하는 전로에는 과전류 차단기를 설치한다.
③ 태양전지 모듈의 지지물은 진동과 충격에 대하여 안전한 구조이어야 한다.
④ 옥측 또는 옥외에 시설하는 경우에는 합성수지관공사, 케이블공사 및 금속몰드공사로 시설한다.

해설

태양전지 모듈 등의 시설(판단기준 제54조)
- 태양전지발전소에 시설하는 태양전지 모듈, 전선 및 개폐기 기타 기구는 다음에 따라 시설하여야 한다.
  - 충전부분은 노출되지 아니하도록 시설할 것
  - 태양전지 모듈에 접속하는 부하측의 전로(복수의 태양전지 모듈을 시설한 경우에는 그 집합체에 접속하는 부하측의 전로)에는 그 접속점에 근접하여 개폐기 기타 이와 유사한 기구(부하전류를 개폐할 수 있는 것에 한한다)를 시설할 것
  - 태양전지 모듈을 병렬로 접속하는 전로에는 그 전로에 단락이 생긴 경우에 전로를 보호하는 과전류차단기 기타의 기구를 시설할 것. 다만, 그 전로가 단락전류에 견딜 수 있는 경우에는 그러하지 아니하다.
  - 전선은 다음에 의하여 시설할 것. 다만, 기계기구의 구조상 그 내부에 안전하게 시설할 수 있을 경우에는 그러하지 아니하다.
    ⓐ 전선은 공칭단면적 2.5[$mm^2$] 이상의 연동선 또는 이와 동등 이상의 세기 및 굵기의 것일 것
  - 태양전지 모듈 및 개폐기 그 밖의 기구에 전선을 접속하는 경우에는 나사 조임 그 밖에 이와 동등 이상의 효력이 있는 방법에 의하여 견고하고 또한 전기적으로 완전하게 접속함과 동시에 접속점에 장력이 가해지지 않도록 시설하며 출력배선은 극성별로 확인 가능토록 표시할 것
  - 태양전지 모듈의 프레임은 지지물과 전기적으로 완전하게 접속하여야 한다.
- 태양전지 모듈의 지지물은 자중, 적재하중, 적설 또는 풍압 및 지진 기타의 진동과 충격에 대하여 안전한 구조의 것이어야 한다.

**73** **전압을 구분하는 경우 직류전압의 저압은?**

① 600[V] 이하 ② 750[V] 이하
③ 800[V] 이하 ④ 850[V] 이하

정답 69 ③ 70 ① 71 ① 72 ④ 73 ②

해설

정의(기술기준 제3조)

- 저압 : 직류는 750[V] 이하, 교류는 600[V] 이하인 것
- 고압 : 직류는 750[V]를, 교류는 600[V]를 초과하고, 7[kV] 이하인 것
- 특고압 : 7[kV]를 초과하는 것

## 74 저탄소녹색성장기본법에 정부는 기후변화대응의 기본원칙에 따라 20년을 계획기간으로 하는 기후변화대응 기본계획을 몇 년마다 수립 · 시행하여야 하는가?

① 2년 ② 3년
③ 4년 ④ 5년

해설

기후변화대응 기본계획(저탄소 녹색성장 기본법 제40조)
정부는 기후변화대응의 기본원칙에 따라 20년을 계획기간으로 하는 기후변화대응 기본계획을 5년마다 수립 · 시행하여야 한다.

## 75 태양전지 모듈의 절연내력시험에 대한 시험기준으로 옳은 것은?

① 최대사용전압의 1.5배의 직류전압 또는 1배의 교류전압을 충전부분과 대지 사이에 10분간 가하여 절연내력시험을 견딜 것
② 최대사용전압의 2배의 직류전압 또는 1배의 교류전압을 충전부분과 대지 사이에 10분간 가하여 절연내력시험을 견딜 것
③ 최대사용전압의 1.5배의 직류전압 또는 2배의 교류전압을 충전부분과 대지 사이에 10분간 가하여 절연내력시험을 견딜 것
④ 최대사용전압의 1.2배의 직류전압 또는 1배의 교류전압을 충전부분과 대지 사이에 10분간 가하여 절연내력시험을 견딜 것

해설

연료전지 및 태양전지 모듈의 절연내력(판단기준 제15조)
최대사용전압의 1.5배의 직류전압 또는 1배의 교류전압을 충전부분과 대지 사이에 연속하여 10분간 가하여 절연내력시험을 견딜 것

## 76 다음 설명의 ( ) 안에 알맞은 내용은?

> "발전사업자가 발전용 전기설비용량을 변경하려 할 때 허가 또는 변경허가 용량의 ( ) 이하인 경우에는 주무부처장관의 변경허가사항에 속하지 아니한다."

① 100분의 1
② 100분의 5
③ 100분의 10
④ 100분의 20

해설

변경허가사항 등(전기사업법 시행규칙 제5조)
발전사업자가 발전용 전기설비용량을 변경하려 할 때 허가 또는 변경허가 용량의 100분의 10 이하인 경우에는 주무부처장관의 변경허가 사항에 속하지 아니한다.

## 77 신에너지 및 재생에너지 개발 · 이용 · 보급 촉진법에서 신재생에너지 설비가 아닌 것은?

① 태양에너지 설비
② 풍력 설비
③ 전기에너지 설비
④ 바이오에너지 설비

해설

신재생에너지 설비(신에너지 및 재생에너지 개발 · 이용 · 보급 촉진법 시행규칙 제2조)

- 태양에너지 설비
  - 태양열 설비 : 태양의 열에너지를 변환시켜 전기를 생산하거나 에너지원으로 이용하는 설비
  - 태양광 설비 : 태양의 빛에너지를 변환시켜 전기를 생산하거나 채광(採光)에 이용하는 설비
- 풍력 설비 : 바람의 에너지를 변환시켜 전기를 생산하는 설비
- 바이오에너지 설비 : 바이오에너지를 생산하거나 이를 에너지원으로 이용하는 설비
- 수소에너지 설비 : 물이나 그 밖에 연료를 변환시켜 수소를 생산하거나 이용하는 설비
- 연료전지 설비 : 수소와 산소의 전기화학 반응을 통하여 전기 또는 열을 생산하는 설비



74 ④ 75 ① 76 ③ 77 ③ 정답

## 78 온실가스에 해당하지 않는 것은?

① 메 탄
② 아산화질소
③ 일산화탄소
④ 수소불화탄소

**해설**

**온실가스(저탄소 녹색성장 기본법 제2조)**

이산화탄소($CO_2$), 메탄($CH_4$), 아산화질소($N_2O$), 수소불화탄소(HFCs), 과불화탄소(PFCs), 육불화황($SF_6$) 및 그 밖에 대통령령으로 정하는 것으로 적외선 복사열을 흡수하거나 재방출하여 온실효과를 유발하는 대기 중의 가스 상태의 물질을 말한다.

## 79 고압 옥측전선로의 전선으로 사용할 수 있는 것은?

① 케이블
② 절연전선
③ 다심형 전선
④ 나경동선

**해설**

**고압 옥측전선로의 시설(판단기준 제95조)**

고압 옥측전선로의 전선으로 사용할 수 있는 것은 케이블이다.

## 80 접지공사에서 접지선의 지하 75[cm]로부터 지표상 2[m]까지의 부분을 전기용품 안전관리법상 적용을 받는 보호물로 적합한 것은?

① 금속몰드
② 합성수지관
③ 케이블덕트
④ 금속전선관

**해설**

**각종 접지공사의 세목(판단기준 제19조)**

접지공사에서 접지선의 지하 75[cm]로부터 지표상 2[m]까지의 부분을 전기용품 안전관리법상 적용을 받는 보호물로 합성수지관이 있다(관련 법령 개정으로 전기용품 및 생활용품 안전관리법으로 변경됨 〈개정 2019.3.25〉).

정답 78 ③ 79 ① 80 ②

# 과년도 기출문제

## 제1과목 태양광발전시스템 이론

**01** 줄의 법칙을 이용한 발열량[cal] 계산식으로 옳은 것은?(단, $I$는 전류[A], $R$은 저항[Ω], $t$는 시간[sec]이다)

① $H=0.24I^2R$
② $H=0.24I^2Rt$
③ $H=0.024I^2Rt$
④ $H=0.24I^2R^2$

**해설**

줄의 법칙($H$)=$0.24I^2Rt$[cal]

**02** 태양전지의 직렬저항 증가에 의해 영향을 받는 요소는?

① 개방전압 감소
② 누설전류 증가
③ 단락전류 증가
④ 충진률 감소

**해설**

태양전지의 직렬저항 증가 영향 요소
- 충진률 감소
- 누설전류 감소
- 단락전류 감소
- 개방전압 증가

**03** 온실효과에 대한 설명으로 틀린 것은?

① 온도효과 가스가 존재하지 않는다면 평균기온은 −18[℃]에 이른다.
② 석탄 등 화석연료 대량소비는 $CO_2$ 발생 주원인이다.
③ $CO_2$ 발생 증가는 지구온난화에 영향을 준다.
④ 지구 온난화는 연간 강수량을 증가시킨다.

**해설**

온실효과

현재 지상에서 인간에게 쾌적한 평균 기온은 약 15[℃]로 유지되고 있는 것은 대기가 있기 때문이다. 만일, 지구상에 대기가 없다면 지상의 평균 온도는 영하 18[℃]로 지구 전체가 얼음으로 덮일 것이다. 마치 온실과 같은 역할을 하고 있는 것이 대기 중의 이산화탄소 및 수증기로 온실효과 기체라고 불리고 있으며, 이산화탄소와 같은 온실 효과 기체가 증가하면 지상의 평균온도가 높아진다. 주요 원인으로는 석탄 등 화석연료 대량소비로 인해 이산화탄소가 발생되는 것이다.

**04** 일사량과 어레이 경사각에 대한 설명으로 틀린 것은?

① 경사면 일사량은 어레이 경사각을 결정한다.
② 지표면 확산 일사는 태양으로부터 산란, 반사 후 지상에 도달하는 일사이다.
③ 지표면 직달일사는 태양으로부터 지상의 관측지점으로 직접 도달하는 일사이다.
④ 태양전지는 많은 일사량을 받도록 지면과 수평면에 설치한다.

**해설**

일사량과 어레이 경사각에 대한 이해
- 지표면 확산 일사는 태양으로부터 산란과 반사 후 지상에 도달하는 일사이다.
- 지표면 직달일사는 태양으로부터 지상의 관측지점으로 직접 도달하는 일사이다.
- 경사면 일사량은 어레이의 경사각을 결정한다.
- 태양전지는 많은 일사량을 받도록 지면과 수직면에 설치한다.

**05** 실리콘 태양전지 모듈의 출력 특성에 대한 설명으로 틀린 것은?

① 태양광 모듈의 표면온도가 높아지면 출력이 약간 증가한다.
② 태양의 일사강도가 동일한 경우, 여름철에 비해 겨울철의 출력이 높다.
③ 단락전류는 일사강도에 비례하는 특성을 보인다.
④ 모듈 온도가 높아지면 개방전압은 일반적으로 감소한다.



1 ② 2 ④ 3 ④ 4 ④ 5 ① 정답

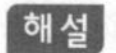

**해설**

실리콘 태양전지 모듈 출력의 특성

- 단락전류는 일사강도에 비례하는 특성을 보인다.
- 태양의 일사강도가 동일한 경우에는 여름철에 비해 겨울철의 출력이 높다.
- 모듈 온도가 높아지면 개방전압은 일반적으로 감소한다.
- 태양광 모듈의 표면온도가 높아지면 출력이 감소한다.

## 06 계통연계형 인버터의 기능에 해당하지 않는 것은?

① 자동운전 정지기능
② 자동전류 조정기능
③ 단독운전 방지기능
④ 최대출력 추종제어기능

**해설**

계통연계형 인버터의 기능

- 자동운전 정지 기능
- 최대전력 추종제어기능
- 단독운전 방지기능
- 자동전압 조정기능
- 직류 검출기능
- 직류 지락 검출기능
- 계통연계 보호장치

## 07 다음 그림과 같이 설명되는 인버터 회로방식은?

태양전지의 직류출력을 DC-DC 컨버터로 승압하고, 인버터로 상용주파의 교류로 변환하는 방식이며, 회로 구성은 태양전지셀, 컨버터, 인버터로 구성되어 있다.

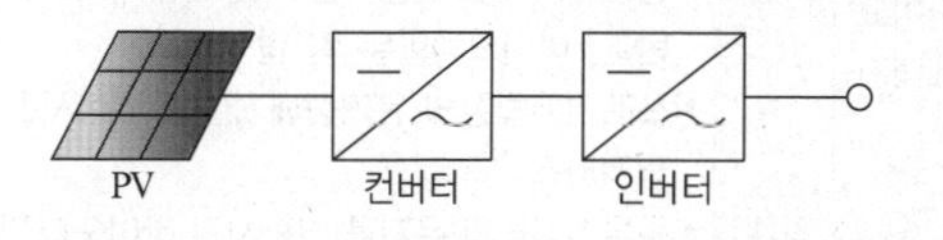


① 상용주파 변압기 절연방식
② 고주파 변압기 절연방식
③ 트랜스리스 방식
④ 트랜스 방식

**해설**

인버터 회로방식

- 상용주파 변압기 절연방식(저주파 변압기 절연방식)
  태양전지(PV) → 인버터(DC → AC) → 변압기
- 고주파 변압기 절연방식
  태양전지(PV) → 고주파 인버터(DC → AC) → 고주파 변압기(AC → DC) → 인버터(DC → AC) → 공진회로
- 트랜스리스 방식
  태양전지(PV) → 승압형 컨버터 → 인버터

## 08 종합출력에 영향을 미치는 손실요소가 아닌 것은?

① 모듈의 온도　② 실측 경사면 일사량
③ MPP 불일치　④ 인버터 손실

**해설**

종합출력에 영향을 미치는 손실요소

- 모듈의 온도
- MPP 불일치
- 인버터 손실
- 전력의 손실

## 09 태양광발전시스템의 분전함(접속함)에 설치되는 구성요소가 아닌 것은?

① 직류출력 개폐기　② 누전 차단기
③ 피뢰소자　④ 역류방지 소자

**해설**

접속함의 구성요소

- 태양전지 어레이 측 개폐기
- 주 개폐기(직류출력 개폐기)
- 서지보호장치(SPD ; Surge Protected Device, 피뢰소자)
- 역류방지 소자
- 출력용 단자대
- Multi Power Transducer
- 감시용 DCCT, DCPT(Shunt), T/D(Transducer)

## 10 태양광 모듈 내부의 전지를 기계적 충격, 온도 및 습도로부터 보호하고 전기적으로 절연시키기 위해 사용되는 캡슐화 재료가 아닌 것은?

① PVF(Poly-Vinyl Fluoride)
② EVA(Ethylene-Vinyl Acetate)
③ PVB(Poly-Vinyl Butyral)
④ PO(Poly-Olefin)

정답 6 ② 7 ③ 8 ② 9 ② 10 ①

해설

모듈 구성 재료

- 충전재 : 실리콘수지, PVB, EVA(봉지재)가 사용된다. 태양전지를 제조하면서 실리콘 수지가 최초로 사용되었으나 충전하는데 기포 방지와 셀의 상하로 움직이는 균일성을 유지하는 데에 시간이 많이 걸리기 때문에 PVB, EVA가 쓰이게 되었다.
- Back Sheet Seal재 : 외부충격과 부식, 불순물 침투방지, 태양광 반사 역할로 사용하는 재료로 PVF가 대부분이다.

## 11 태양광발전시스템 인버터의 기능이 아닌 것은?

① 자동운전정지 ② 자동전압조정
③ 직류검출 ④ 고조파검출

해설

인버터의 기능
6번 해설 참고

## 12 다음에서 설명하고 있는 운전 상태는?

태양광발전시스템이 계통과 연계되어 있는 상태에서 계통측에 정전이 발생하면, 부하전력이 인버터의 출력과 동일하게 되므로 인버터의 출력전압, 주파수는 변하지 않고 전압, 주파수 계전기에서는 정전을 검출할 수 없게 된다. 그 때문에 계속해서 태양광발전시스템에서 계통으로 전력이 공급될 가능성이 있게 된다.

① 자동운전 ② 단독운전
③ 병렬운전 ④ 추종운전

해설

인버터의 기능

- 자동운전 정지기능 : 인버터는 일출과 함께 일사강도가 증대하여 출력을 얻을 수 있는 조건이 되면 자동적으로 운전을 시작한다. 운전을 시작하면 태양전지의 출력을 스스로 감시하여 자동적으로 운전을 한다. 전력계통이나 인버터에 이상이 있을 때 안전하게 분리하는 기능으로서 인버터를 정지시킨다. 해가 질 때도 출력을 얻을 수 있는 한 운전을 계속하며, 해가 완전히 없어지면 운전을 정지한다. 또한 흐린 날이나 비 오는 날에도 운전을 계속할 수 있지만 태양전지의 출력이 작아져서 인버터의 출력이 거의 0으로 되면 대기상태가 된다. 인버터는 직류를 교류로 변환시키는 것뿐만 아니라 태양전지의 성능을 최대한 끌어내기 위한 기능과 이상발생 시나 고장 시를 위한 보호기능이 있다.
- 단독운전 방지기능 : 태양광발전시스템은 계통에 연계되어 있는 상태에서 계통측에 정전이 발생한 경우 부하전력이 인버터의 출력 전력과 같은 경우에는 인버터의 출력전압·주파수 계전기에서는 정전을 검출할 수가 없다. 이와 같은 이유로 계속해서 태양광발전 시스템에서 계통에 전력이 공급될 가능성이 있다. 이러한 운전상태를 단독운전이라 한다. 단독운전이 발생하면 전력회사의 배전망이 끊어져 있는 배전선에 태양광발전시스템에서 전력이 공급되며 보수점검자에게 위험을 줄 우려가 있는 태양광발전시스템을 정지할 필요가 있지만 단독운전 상태에서 전압계전기(UVR, OVR)와 주파수 계전기(UFR, OFR)에서는 보호할 수 없다. 따라서 이에 대한 대책의 일환으로 단독운전 방지기능을 설정하여 안전하게 정지할 수 있도록 한다.

## 13 바이오에너지의 범위에 대한 설명으로 틀린 것은?

① 동·식물의 유지를 변환시킨 바이오디젤
② 쓰레기매립장의 무기성폐기물을 변환시킨 매립지가스
③ 생물유기체를 변환시킨 땔감·우드칩·펠릿 및 목탄 등의 고체연료
④ 생명유기체를 변환시킨 바이오가스·바이오에탄올·바이오액화유 및 합성가스

해설

바이오에너지의 범위(신에너지 및 재생에너지 개발·이용·보급 촉진법 시행령 별표 1)

| | | |
|---|---|---|
| 바이오에너지 | 기 준 | • 생물유기체를 변환시켜 얻어지는 기체, 액체 또는 고체의 연료<br>• 연료를 연소 또는 변환시켜 얻어지는 에너지<br>※ 에너지가 신재생에너지가 아닌 석유제품 등과 혼합된 경우에는 생물유기체로부터 생산된 부분만을 바이오에너지로 본다. |
| | 범 위 | • 생물유기체를 변환시킨 바이오가스, 바이오에탄올, 바이오액화유 및 합성가스<br>• 쓰레기매립장의 유기성폐기물을 변환시킨 매립지가스<br>• 동물·식물의 유지를 변환시킨 바이오디젤(관련 법령 개정으로 인해 "바이오중유"가 추가됨 〈개정 2019.9.24〉)<br>• 생물 유기체를 변환시킨 땔감, 목재칩, 펠릿 및 목탄 등의 고체연료 |



11 ④ 12 ② 13 ② 정답

## 14 각종 태양전지의 특징 중 장점이 아닌 것은?

① CIGS는 실리콘 재료에 영향을 받지 않고 색이 좋다.
② 염료감응형은 색을 선택할 수 있고 저렴하다.
③ 단결정 실리콘은 변환효율이 높다.
④ HIT는 변환효율이 낮다.

**해설**

태양전지 특징
- CIGS(Cu, In, Gs, Se) 장점
  - 안정성이 우수하며 가볍다.
  - 휴대성이 있다.
  - 비실리콘 태양전지 중에는 효율이 최고이다.
  - 두께가 얇은 빛 흡수 성층만으로 효율이 높은 태양전지 제조가 가능하다.
  - 곡선제작이 가능할 정도로 유연하다.
  - 생산비용이 저렴하다.
  - 실리콘 재료에 영향을 받지 않는다.
  - 색이 좋다.
- 염료감응형(Dye-Sensitized) 장점 : 유기염료와 나노기술을 이용하여 고도의 효율을 갖도록 개발된 태양전지로서 날씨가 흐리거나 빛의 투사각도가 Zero(0°)에 가까워도 발전을 한다. 반투명과 투명으로 만들 수 있고 유기염료의 종류에 따라서 빨간색, 노란색, 파란색, 하늘색 등 다양한 색상이 있고 원하는 그림을 넣을 수가 있어서 인테리어로도 활용할 수 있다.
- 단결정 실리콘 장점 : 효율이 가장 높다.

## 15 풍력발전시스템 부품 중 저속의 블레이드 회전수를 발전기용 고속회전수로 변환시키는 장치는?

① 감속기　　② 로 터
③ 증속기　　④ 인버터

**해설**

기어트레인
피치(Pitch), 요(Yaw), 감속기 그리고 증속기로 구성되어 있다. 피치 감속기는 블레이드를 회전시켜 피치제어를 위한 감속기이며, 요(Yaw) 감속기는 나셀을 회전시켜 위치제어를 위한 감속기이다. 증속기는 블레이드에서 발생된 동력을 발전기로 전달하는 기어장치이다.

## 16 단결정 태양전지의 제조공정 순서를 옳게 나열한 것은?

① 폴리실리콘 → Czochralski공정 → 웨이퍼 슬라이싱 → 반사방지막 → 전/후면 전극 → 인 도핑
② Czochralski공정 → 폴리실리콘 → 웨이퍼 슬라이싱 → 반사방지막 → 전/후면 전극 → 인 도핑
③ 폴리실리콘 → Czochralski공정 → 웨이퍼 슬라이싱 → 인 도핑 → 전/후면 전극 → 반사방지막
④ 폴리실리콘 → Czochralski공정 → 웨이퍼 슬라이싱 → 인 도핑 → 반사방지막 → 전/후면 전극

**해설**

단결정 태양전지의 제조공정 순서
폴리실리콘 → 초크랄스키(Czochralski)공정 → 웨이퍼 슬라이싱 → In Dopping → 반사방지막 → 전/후면 전극

## 17 계통연계 보호장치 중 인버터 내부에 내장되지 않는 계전기는?

① 과전압계전기　　② 저전압계전기
③ 과주파수계전기　　④ 지락과전압계전기

**해설**

계통연계 보호장치의 인버터 내부 내장계전기의 종류
- 과전압계전기(OVR ; Over Voltage Relay)
- 부족전압계전기(UVR ; Under Voltage Relay)
- 주파수상승계전기(OFR ; Over Frequency Relay) = 과주파 계전기
- 주파수저하계전기(UFR ; Under Frequency Relay) = 저주파 계전기

## 18 다음 설명 중 틀린 것은?

① 옴의 법칙에서 전압은 저항에 반비례함을 의미한다.
② 온도의 상승에 따라 도체의 전기저항은 증가한다.
③ 도선의 저항은 길이에 비례하고 단면적에 반비례한다.
④ 전기가 누설되지 않도록 하는 것을 절연이라고 하며 그 재료를 절연물이라고 한다.

**해설**

옴의 법칙

$V = IR[\mathrm{V}],\ I = \frac{V}{R}[\mathrm{A}],\ R = \frac{V}{I}[\Omega]$

정답 14 ④ 15 ③ 16 ④ 17 ④ 18 ①

**19** 태양광발전용 축전지가 갖추어야 할 요구조건이 아닌 것은?

① 자기 방전율이 높을 것
② 에너지 저장 밀도가 높을 것
③ 중량 대비 효율이 높을 것
④ 과충전, 과방전에 강할 것

**해설**
태양광발전용 축전지가 갖추어야 할 요구조건
- 수명이 길고 유지보수가 용이해야 한다.
- 에너지 밀도가 높아야 한다.
- 가격이 저렴해야 한다.
- 성능이 우수해야 한다.
- 운반이 용이해야 하므로 경량이어야 한다.
- 방전시간이 낮아야 한다. 즉, 장시간 사용이 가능해야 한다.
- 효율이 높아야 한다.
- 가능한 많은 횟수의 충·방전이 가능해야 한다.

**20** 태양광발전설비에서 1스트링의 직렬 매수 산정식에 해당하는 것은?(단, 주변온도를 고려하지 않은 경우이다)

① $\frac{\text{인버터 직류입력전압}}{\text{모듈최대출력 동작전압}}$

② $\frac{\text{인버터 직류입력전류}}{\text{모듈최대출력 동작전압}}$

③ $\frac{\text{인버터 직류입력전압}}{\text{모듈최대출력 동작전류}}$

④ $\frac{\text{인버터 직류입력전류}}{\text{모듈최대출력 동작전류}}$

**해설**
1스트링의 직렬 매수 산정식 $= \frac{\text{인버터 직류입력전압}}{\text{모듈최대출력 동작전압}}$[개]

## 제2과목 태양광발전시스템 시공

**21** 지붕 설치형 태양전지 모듈의 설치방법 중 유의할 사항으로 틀린 것은?

① 모듈 교환이 쉬울 것
② 지붕과 태양전지 모듈간은 간격이 없도록 할 것
③ 지지기구 등의 노출부를 가능한 줄일 것
④ 적설량이 많은 곳에서는 적설하중을 고려할 것

**해설**
지붕과 태양전지 모듈은 모듈 지지대로 고정하므로 자체 하중, 풍압하중을 견딜 수 있도록 하고 수리, 교체가 쉽도록 하며 통풍을 위하여 10~15[cm] 정도의 간격을 둔다.

**22** 태양전지 모듈 조립 시 주의사항으로 적합하지 않은 것은?

① 태양전지 모듈의 파손방지를 위해 충격이 가지 않도록 한다.
② 태양전지 모듈의 인력 이동 시 2인 1조로 한다.
③ 태양전지 모듈과 가대의 접합 시 개스킷 등은 사용하지 않는다.
④ 접속하지 않은 모듈의 리드선은 빗물 등 이물질이 유입되지 않도록 보호테이프로 감는다.

**해설**
태양전지 모듈과 가대의 접합 시 개스킷을 넣어 밀착시킨다.

**23** 기초판과 기둥으로 형성되어 있으며, 기둥과 보로 구성되어 있는 건축물에 적용되는 기초의 종류는?

① 말뚝기초 ② 독립기초
③ 복합기초 ④ 연속기초

**해설**
독립기초 : 개개의 기둥을 독립적으로 지지하는 형식으로 기초판과 기둥으로 형성되어 있으며, 기둥과 보로 구성되어 있는 건축물에 적용되는 기초이다.



19 ① 20 ① 21 ② 22 ③ 23 ② 정답

**24** **태양광 모듈 배선이 끝난 후 검사하는 항목이 아닌 것은?**

① 극성확인 ② 단락전류 측정
③ 전압확인 ④ 일사량 측정

해설

태양광 모듈 배선작업 후 전압·극성확인, 단락전류 측정, 비접지의 확인, 접지의 연속성 확인을 한다.

**25** **태양광 발전(3[kW] 이하)의 에너지 공급 인증서 가중치 중 건축물 등 기존 시설물을 이용할 경우 가중치는?**

① 0.5 ② 1.0
③ 1.25 ④ 1.5

해설

태양광발전의 에너지공급 인증서의 가중치(신재생에너지 공급의무화제도 및 연료 혼합의무화제도 관리·운영지침 별표 2)

| 구 분 | 공급인증서 가중치 | 대상에너지 및 기준 | | |
|---|---|---|---|---|
| | | 설치유형 | 지목유형 | 용량기준 |
| 태양광 에너지 | 0.7 | 건축물 등 기존시설물을 이용하지 않는 경우 | 5개 지목(전, 답, 과수원, 목장용지, 임야) | |
| | 1.0 | | | |
| | 1.2 | | 기타 23개 지목 | 30[kW] 초과 |
| | | | | 30[kW] 이하 |
| | 1.5 | 건축물 등 기존 시설물을 이용하는 경우<br>유지의 수면에 부유하여 설치하는 경우 | | |

※ 관련 법령 개정으로 인해 다음과 같이 변경됨〈개정 2019.10.1〉

| 구 분 | 공급인증서 가중치 | 대상에너지 및 기준 | |
|---|---|---|---|
| | | 설치유형 | 세부기준 |
| 태양광 에너지 | 1.2 | 일반부지에 설치하는 경우 | 100[kW] 미만 |
| | 1.0 | | 100[kW]부터 |
| | 0.7 | | 3,000[kW] 초과부터 |
| | 0.7 | 임야에 설치하는 경우 | – |
| | 1.5 | 건축물 등 기존 시설물을 이용하는 경우 | 3,000[kW] 이하 |
| | 1.0 | | 3,000[kW] 초과부터 |
| | 1.5 | 유지 등의 수면에 부유하여 설치하는 경우 | |
| | 1.0 | 자가용 발전설비를 통해 전력을 거래하는 경우 | |
| 태양광 에너지 | 5.0 | ESS설비(태양광설비 연계) | 2018년부터 2020년 6월 30일까지 |
| | 4.0 | | 2020년 7월 1일부터 12월 말일까지 |

**26** **감리원은 공사가 시작된 경우에는 공사업자로부터 착공신고서를 제출받아 적정성 여부를 검토해야 한다. 그 서류가 아닌 것은?**

① 품질관리계획서
② 안전관리계획서
③ 공사도급 계약서 사본 및 산출내역서
④ 기술계산서

해설

착공신고서의 검토 및 보고(전력시설물 공사감리업무 수행지침 제11조)

감리원은 공사가 시작된 경우에는 공사업자로부터 다음의 서류가 포함된 착공신고서를 제출받아 적정성 여부를 검토하여 7일 이내에 발주자에게 보고하여야 한다.

- 시공관리책임자 지정통지서(현장관리조직, 안전관리자)
- 공사예정공정표
- 품질관리계획서
- 공사도급 계약서 사본 및 산출내역서
- 공사 시작 전 사진
- 현장기술자 경력사항 확인서 및 자격증 사본
- 안전관리계획서
- 작업인원 및 장비투입 계획서
- 그 밖에 발주자가 지정한 사항

**27** **태양광발전설비 시공기준 중 인버터에 관한 설명으로 옳은 것은?**

① 옥내용을 옥외에 설치하는 경우는 10[kW] 이상이어야 한다.
② 모듈의 설치용량은 인버터의 설치용량의 105[%] 이내이어야 한다.
③ 각 직렬군의 태양전지 최대전압은 입력전압 범위 안에 있어야 한다.
④ 인버터의 출력단 표시사항은 전압, 전류만 표시된다.

정답 24 ④ 25 ④ 26 ④ 27 ②

**해설**

태양광발전설비 인버터의 시공기준

신재생에너지센터에서 인증한 인증제품을 설치한다. 옥내, 옥외용을 구분하여 설치하고 옥내용을 옥외에 설치하는 경우는 5[kW] 이상 용일 때만 가능하다. 정격용량은 인버터에 연결된 모듈의 정격용량 이상이어야 하며 각 직렬군의 태양전지 모듈의 출력전압은 인버터 입력전압 범위 내에 있어야 한다.

**28** 태양전지 모듈 간의 배선 시 단락전류에 충분히 견딜 수 있는 전선의 최소굵기로 적당한 것은?

① 0.75[$mm^2$] ② 2.5[$mm^2$]
③ 4.0[$mm^2$] ④ 6.0[$mm^2$]

**해설**

태양전지 모듈 간의 배선 시 단락전류를 견디는 최소전선의 굵기는 2.5[$mm^2$] 이상이다.

**29** 태양광발전설비 사용 전 검사에 필요한 서류가 아닌 것은?

① 공사 내역서
② 공사 계획신고서
③ 감리원 배치 확인서
④ 태양광 전지 규격서 및 성적서

**해설**

사용 전 검사에 필요한 서류

- 사용 전 검사 신청서
- 태양광발전설비 개요
- 공사계획인가(신고)서
- 태양광전지 규격서
- 단선결선도, 시퀀스 도면, 태양전지 트립인터록 도면, 종합인터록 도면 – 설계면허(직인 필요 없음)
- 절연저항 시험성적서, 절연내역시험 성적서, 경보회로시험 성적서, 부대설비시험 성적서, 보호장치 및 계전기시험 성적서
- 출력 기록지
- 전기안전관리자 선임필증 사본
- 감리원 배치확인서

**30** 태양광발전시스템 시공 시 필요한 대형장비에 해당하지 않는 것은?

① 굴삭기 ② 컴프레서
③ 지게차 ④ 크레인

**31** 태양광발전설비 전기공사 중 옥외공사에 해당하지 않는 것은?

① 접속함 설치 ② 전력량계 설치
③ 분전반의 개조 ④ 태양전지 모듈간의 배선

**해설**

분전반의 개조는 옥내공사에 해당된다.

**32** 전력계통의 무효전력을 조정하여 전압조정 및 전력손실의 경감을 도모하기 위한 설비는?

① 조상설비
② 보호계전장치
③ 부하 시 Tap 절환장치
④ 계기용변성기

**해설**

조상설비는 무효전력의 흡수, 공급하는 설비로서 무효전력으로 전압 조정을 담당하는 장비이다.

**33** 태양광발전설비의 공사감리 법적 근거는?

① 전기사업법 ② 전기설비기술기준
③ 전력기술관리법 ④ 전기공사업법

**해설**

태양광발전시스템의 감리는 전력기술관리법에 근거하여 공사감리를 실시한다.

**34** 태양전지 모듈과 인버터, 인버터와 계통연계점 간의 전압강하는 각각 몇 [%]를 초과하지 않아야 하는가? (단, 전선길이가 60[m] 이하일 경우)

① 3[%] ② 5[%]
③ 7[%] ④ 8[%]



정답: 28 ② 29 ① 30 ② 31 ③ 32 ① 33 ③ 34 ①

해설

태양전지 모듈과 인버터, 인버터와 계통연계점 간의 전압강하는 3[%]를 초과하지 않아야 한다.

## 35 제3종 및 특별 제3종 접지공사의 시설방법이 아닌 것은?

① 사람이 접촉할 우려가 있는 경우 금속관을 사용하여 방호할 수 있다.
② 접지하는 전기기계기구의 금속제 외함, 배관 등과 전기적으로나 기계적으로 확실히 시설되어야 한다.
③ 접지저항값은 저압전로에 누전차단기 등의 지락차단장치(정격감도전류 30[mA], 0.5초 이내에 동작하는 것)를 설치하면 500[Ω]까지 완화할 수 있다.
④ 접지선이 외상을 입을 염려가 있을 경우 접지할 기계기구에서 60[cm] 이내의 부분 및 지중 부분을 제외하고 합성수지관 등에 넣어 보호하여야 한다.

해설

특별 제3종 접지공사

사용전압이 400[V]를 넘는 경우의 금속관 및 그 부속품 등은 특별 제3종 접지공사에 의해 접지해야 한다. 단, 사람이 접촉할 우려가 없는 경우는 제3종 접지공사에 의해 접지할 수 있다.

제3종 접지공사

사용전압이 400[V] 이하인 경우의 금속관 및 그 부속품 등은 제3종 접지공사에 의해 접지해야 한다. 단, 다음 하나에 해당하는 경우는 제3종 접지공사를 생략할 수 있다.

- 사용전압이 직류 300[V] 또는 교류 대지전압이 150[V] 이하인 기계기구를 건조한 곳에 시설하는 경우
- 저압용의 기계 기구를 그 저압전로에 지락이 생겼을 때에 그 전로를 자동적으로 차단하는 장치를 시설한 저압전로에 접속하여 건조한 곳에 시설하는 경우
- 저압용의 기계 기구를 건조한 목재의 마루 기타 이와 유사한 절연성 물건 위에서 취급하도록 시설하는 경우
- 저압용이나 고압용의 기계기구, 특고압 전선로에 접속하는 배전용 변압기나 이에 접속하는 전선에 시설하는 기계기구 또는 특고압 가공전선로의 전로에 시설하는 기계 기구를 사람이 쉽게 접촉할 우려가 없도록 목주 기타 이와 유사한 것의 위에 시설하는 경우
- 철대 또는 외함의 주위에 적당한 절연대를 설치하는 경우
- 외함이 없는 계기용변성기가 고무·합성수지 기타의 절연물로 피복한 것일 경우
- 전기용품 및 생활용품 안전관리법의 적용을 받는 2중 절연구조로 되어 있는 기계기구를 시설하는 경우
- 저압용 기계기구에 전기를 공급하는 전로의 전원 측에 절연변압기(2차 전압이 300[V] 이하이며, 정격용량이 3[kVA] 이하인 것에 한한다)를 시설하고 또는 그 절연변압기의 부하 측 전로를 접지하지 않은 경우
- 물기 있는 장소 이외의 장소에 시설하는 저압용의 개별 기계기구에 전기를 공급하는 전로에 전기용품 및 생활용품 안전관리법의 적용을 받는 인체감전보호용 누전차단기(정격감도전류가 30[mA] 이하, 동작시간이 0.03초 이하의 전류동작형에 한한다)를 시설하는 경우
- 외함을 충전하여 사용하는 기계기구에 사람이 접촉할 우려가 없도록 시설하거나 절연대를 시설하는 경우

## 36 다음 중 공사감리 분기보고서는 누가 작성하여 누구에게 제출하여야 하는가?

① 책임감리원이 작성하여 발주자에게 제출
② 책임감리원이 작성하여 감리업자에게 제출
③ 공사업자가 작성하여 발주자에게 제출
④ 공사업자가 작성하여 감리업자에게 제출

해설

감리보고 등(전력시설물 공사감리업무 수행지침 제17조)

책임감리원은 감리업무 각 사항을 적은 수시보고서, 분기보고서 및 최종보고서를 작성하여 발주자에게 제출하여야 한다.

## 37 방화구획 관통부의 처리에 관한 설명으로 틀린 것은?

① 전선배관의 관통부에서는 다른 설비로 불길이 번지거나 확대를 방지하는 것이다.
② 관통부의 충전재, 내열 실재의 전열에 의해 뒷면이 연소할 위험이 있는 온도가 되지 않아야 한다.
③ 내열성이란 관통부의 충전재, 케이블, 배관재의 변형, 파손, 탈락, 소실로 뒷면에 화염, 연기가 발생하지 않도록 하는 것이다.
④ 내화구조물 배선, 배관 등으로 관통한 경우의 되메우기 충전재는 관통하기 전과 같거나 그 이상의 내화구조로 하지 않으면 안 된다.

해설

방화구획 관통부의 처리

방화구획은 건축물을 일정면적 단위별, 층별 및 용도별 등으로 구획함으로써 화재 시 일정범위 이외로의 연소를 방지하여 피해를 국부적으로 하기 위한 것으로 건축법상 방화에 관한 규정 중 가장 중요한 것이다. 태양광발전시스템의 파이프 및 케이블 관통부를 틈새를 통한 화재 확산방지를 위하여 건축물의 피난 방화구조 등의 기준에 관한 규칙 및 내화구조의 인정 및 관리기준에 의해 내화처리 및 외벽 관통부 방수처리를 하여 그 틈을 메워야 하며, 관통부는 난연성, 내열성, 내화성 등의 시험을 실시한다.

정답 35 ① 36 ① 37 ③

**38** 책임감리원이 발주자에게 제출하는 최종감리보고서 중 공사추진 실적현황과 관련이 없는 것은?

① 하도급 현황
② 지시사항 처리
③ 감리용역 개요
④ 기성 및 준공검사 현황

해설
감리보고 등(전력시설물 공사감리업무 수행지침 제17조)
책임감리원은 다음 사항이 포함된 최종감리보고서를 감리기간 종료 후 14일 이내에 발주자에게 제출하여야 한다.
- 공사 및 감리용역 개요 등(사업목적, 공사개요, 감리용역 개요, 설계용역 개요)
- 공사추진 실적현황(기성 및 준공검사 현황, 공종별 추진실적, 설계변경현황, 공사현장 실정보고 및 처리현황, 지시사항 처리, 주요인력 및 장비투입현황, 하도급현황, 감리원 투입현황)
- 품질관리 실적(검사요청 및 결과통보현황, 각종 측정기록 및 조사표, 시험장비 사용현황, 품질관리 및 측정자 현황, 기술검토실적 현황 등)
- 주요기자재 사용실적(기자재 공급원 승인현황, 주요기자재 투입현황, 사용자재 투입현황)
- 안전관리 실적(안전관리조직, 교육실적, 안전점검실적, 안전관리비 사용실적)
- 환경관리 실적(폐기물발생 및 처리실적)
- 종합분석

**39** 전선을 지중매설할 경우 중량물의 압력을 받을 위험이 있는 경우 매설 깊이는?

① 0.6[m] 이상　② 1.0[m] 이상
③ 1.2[m] 이상　④ 1.5[m] 이상

해설
지중 송전선로 매설 시 중량물의 압력을 받을 위험이 있는 곳은 1.2[m] 이상 매설하도록 한다.

**40** 주택지붕형 태양전지 모듈 어레이를 설치하기 위해 가장 중요하게 고려해야 하는 사항은?

① 냉각조건　② 음 영
③ 설치높이　④ 설치각도

해설
음영이 태양광발전시스템의 효율에 가장 큰 영향을 미친다.

## 제3과목 태양광발전시스템 운영

**41** 분산형 전원발전설비는 전력계통 연계지점에서 발전기용량 정격 최대전류의 몇 [%] 이상인 직류전류를 전력계통으로 유입해서는 안 되는가?

① 2　② 1
③ 0.5　④ 0.3

해설
분산형 전원 발전설비는 전력계통 연계지점에서 발전기용량 정격최대전력의 0.5[%] 이상 직류전류를 전력계통으로 유입해서는 안 된다.

**42** 독립형 태양광발전시스템의 구성요소가 아닌 것은?

① 태양전지 어레이　② 인버터
③ 계통연계기　④ 축전지

해설
독립형 태양광발전시스템의 구성에는 태양전지 어레이, 인버터, 축전지 등이 있다.

**43** 모듈의 온도에 따른 $I-V$ 특성곡선에서 태양전지 특징을 설명한 것 중 옳은 것은?

① 태양전지 전압은 온도에 반비례한다.
② 태양전지 온도가 올라가면 발전량이 증가한다.
③ 태양전지 전압은 온도에 비례한다.
④ 태양전지 온도와 발전량은 상관관계가 없다.

해설
태양전지는 전압은 온도에 반비례하므로 통풍, 주수 및 먼지 제거 등으로 효율을 높인다.

**44** 태양광발전(PV) 모듈 안전 조건 시험요건에 해당하지 않는 것은?

① 전기 충격 위험 시험
② 역전압 과부하 시험
③ 화재 위험 시험
④ 기계적 응력 시험



38 ③ 39 ③ 40 ② 41 ③ 42 ③ 43 ① 44 ③ 정답

해설

태양광발전 모듈 안전 시험조건은 전기충격 위험 시험, 역전압 과부하 시험, 기계적 응력 시험 등이 있다.

**45** **분산형 전원발전설비는 고장에 의한 단독운전 상태가 발생했을 경우 몇 초 이내에 전력계통으로부터 분리시켜야 하는가?**

① 0.5 ② 0.3
③ 0.1 ④ 1.0

해설

분산형 전원발전설비는 고장에 의한 단독운전 발생 시 0.5초 이내에 전력계통으로부터 분리를 해야 한다.

**46** **태양광발전은 큰 전류를 생성하는 소자들의 결합 구조물이다. 단결정실리콘 태양전지의 경우 무려 8~9[A]까지 생성하는 특성이나 $V_{oc}$(Open Circuit Voltage)는 0.6~0.65[V] 밖에 안 되어 출력은 4~5[W]로 측정이 된다. 일반적으로 $I_{sc}$의 전류에는 영향을 미치나 $V_{oc}$를 높일 수 있는 방법으로 가장 적절한 설명은?**

① 작동 전류를 감소시킨다.
② 기판대비 불순물의 농도를 높게 주입하여 제조한다.
③ 기판의 불순물 농도를 낮은 것으로 선택하여 제조한다.
④ $V_{oc}$를 높게 제조하기 위해서는 저온의 공정으로 진행한다.

해설

기판대비 불순물의 농도를 높게 주입해서 제조하면 $V_{oc}$(Open Circuit Voltage)를 높일 수 있는 적절한 방법이다.

**47** **태양광발전시스템의 단락전류 측정 시 가장 낮게 측정되는 경우는 다음 중 어느 것인가?**

① 한여름 낮(태양전지 어레이 표면온도 70[℃])
② 한여름 아침(태양전지 어레이 표면온도 20[℃])
③ 한겨울 낮(태양전지 어레이 표면온도 40[℃])
④ 한겨울 아침(태양전지 어레이 표면온도 −10[℃])

해설

외부 기온이 가장 낮을 때 태양광발전시스템의 단락전류가 낮게 측정된다.

**48** **태양전지 발전원리로 가장 적절한 것은 무엇인가?**

① 광전효과(Photovoltaic Effect)
② 제만효과(Zeeman Effect)
③ 슈타르크효과(Stark Effect)
④ 1차 전기광효과(Pockels Effect)

해설

태양광발전시스템의 전력은 광전효과에 기인해서 발생된다. 이것은 햇빛이 태양광 모듈에 닿게 되면 직류가 생성되는 원리이다.

**49** **태양광발전시스템 저압 배전선과의 계통연계 시 필요한 보호장치 중 발전 설비의 고장을 보호하기 위한 보호장치는?**

① 과전압보호계전기
② 과주파수계전기
③ 부족주파수계전기
④ 단락방향계전기

해설

태양광발전설비의 고장 시 발생전압과 계통전압의 차이로 인한 발전설비의 고장을 보호하기 위한 계전기는 과전압 보호계전기이다.

**50** **독립형 태양광발전시스템에서 부조일수의 설명으로 가장 옳은 것은?**

① 정전된 일수를 말한다.
② 유지 보수를 위한 일수를 말한다.
③ 연속적으로 발전이 가능한 일수를 말한다.
④ 연속적으로 발전이 불가능한 일수를 말한다.

해설

부조일수는 연속적으로 발전이 불가능한 일수를 말한다.

정답 45 ① 46 ② 47 ④ 48 ① 49 ① 50 ④

**51** 절연내압측정 시 최대사용전압의 몇 배의 직류전압을 인가하는가?(단, 표준태양전지 어레이 개방전압을 최대사용전압으로 보는 경우)

① 1　② 1.5
③ 2　④ 3

해설
태양전지 어레이 회로
표준태양전지 어레이 개방전압을 최대사용전압으로 간주하여 최대사용전압의 1.5배의 직류전압 또는 1배의 교류전압을 10분간 인가하여 절연파괴 등의 이상이 발생하지 않는 것을 확인한다. 태양전지 스트링의 출력회로에 삽입되어 있는 피뢰소자는 절연시험회로에서 분리시키는 것이 일반적이다.

**52** 태양전지 모듈-접지선 간 절연저항을 직류전압 500[V]로 측정 시의 절연저항값[MΩ]은 얼마 이상이어야 하는가?

① 0.1　② 0.2
③ 0.4　④ 1.0

해설
태양전지 모듈-접지선 간 절연저항

| 설 비 | 점검항목 | | 점검요령 |
|---|---|---|---|
| 중간 단자함 (접속함) | 육안 점검 | 외함의 부식 및 파손 | 부식 및 파손이 없을 것 |
| | | 방수처리 | 전선 인입구가 실리콘 등으로 방수처리 |
| | | 배선의 극성 | 태양전지에서 배선의 극성이 바뀌어 있지 않을 것 |
| | | 단자대 나사의 풀림 | 확실하게 취부하고 나사의 풀림이 없을 것 |
| | 측 정 | 접지저항 (태양전지-접지 간) | 0.2[MΩ] 이상 측정전압 DC 500[V] |
| | | 절연저항 | 1[MΩ] 이상 측정전압 DC 500[V] |
| | | 개방전압 및 극성 | 규정의 전압이고 극성이 올바를 것 |

**53** 태양광발전설비의 전력 케이블로 적당하지 않은 것은?

① FR-CV　② UV케이블
③ EM케이블　④ FR-CVVS

해설
④ FR-CVVS : 제어용 비닐절연 난연 비닐시스케이블로서 600[V] 이하의 난연성이 요구되는 제어용 회로에서 사용되는 케이블이고 관로 또는 지중에 포설되며 최대도체 사용온도는 60[℃]이다.

**54** 태양광발전시스템에서 고장 빈도가 가장 높고 출력에 영향을 미치는 기기는?

① 인버터
② PV 어레이
③ 퓨 즈
④ 차단기

해설
인버터는 출력 직류전압을 교류전압으로 변성시키는 설비이고 태양광발전시스템에서 가장 고장 빈도가 높고 출력에 영향을 미친다.

**55** 태양광 시스템이 설치가 되면 사용 전에 허가를 받아야 한다. 이때 받아야 하는 검사는 무엇인가?

① 정기 검사　② 일상 점검
③ 사용 전 검사　④ 특별 검사

해설
태양광발전시스템이 설치 된 후 사용 전에 허가를 받는 검사를 사용 전 검사라고 한다.

**56** 현재 상업화되어 있는 태양전지 중 가장 높은 온도계수 특성을 지니고 있어 출력의 감소가 가장 큰 태양전지는?

① 단결정실리콘 태양전지
② 다결정실리콘 태양전지
③ 박막실리콘 태양전지
④ CIGS 태양전지

해설
단결정실리콘 태양전지는 가장 제조 단가가 낮고 높은 효율을 얻을 수 있는 태양전지이다.



51 ② 52 ② 53 ④ 54 ① 55 ③ 56 ① 정답

**57** **태양광발전에서 수명감소의 가장 큰 원인 중 하나는 충진재(Encapsulant)의 특성변화에 기인한다. 충진재 중 EVA(Ethylene Vinyl Acetate)의 설명으로 가장 부적절한 것은?**

① 겔(Gel) 함량과 Curing 온도에 따라 가교율에 의해 강도가 달라진다.
② 가교율이 높으면 강도가 증가하고 미소 충격에 의해 태양전지의 균열로 이어질 수 있다.
③ 빛과 수분을 동시에 일부 차단한다.
④ 장기간 적외선에 노출되어 변색이 급격히 진행된다.

해설
충진재
태양광모듈의 전면재와 후면재 사이에 충진재를 넣는다. 충진재는 외기로부터 수분이 침투하는 것을 막아주는 기능과 외부충격을 완화하는 기능을 한다. 충진재가 단단하게 되면 수분침투에는 강하지만 외부충격에 약하고, 무를 때는 충격에는 강하지만 수분의 침투가 우려되므로 적절한 상태로 유지되는 것이 중요하다.

**58** **태양광발전시스템의 용량이 100[kW] 미만인 경우의 정기점검은?**

① 매월 1회 이상　② 매월 2회 이상
③ 매년 1회 이상　④ 매년 2회 이상

해설
태양광발전시스템의 정기점검
- 100[kW] 미만의 경우는 매년 2회 이상, 100[kW] 이상의 경우는 격월 1회 시행한다.
- 300[kW] 이상의 경우는 용량에 따라 월 1~4회 시행한다.
- 용량별 점검

| 용량 [kW] | 100 미만 | 100 이상 | 300 미만 | 500 미만 | 700 미만 | 1,000 미만 |
|---|---|---|---|---|---|---|
| 횟 수 | 연 2회 | 연 6회 | 월 1회 | 월 2회 | 월 3회 | 월 4회 |

일반 가정의 3[kW] 미만의 소출력 태양광발전시스템의 경우에는 법적으로는 정기점검을 하지 않아도 되지만 자주 점검하는 것이 좋다.

**59** **태양광발전시스템에 필요한 설비는 시험·인증을 받아야 한다. 시험·인증 절차로 옳은 것은?**

① 인증신청 → 서류심사 → 성능심사 → 공장심사 → 인증서 발급
② 인증신청 → 성능심사 → 서류심사 → 공장심사 → 인증서 발급
③ 인증신청 → 서류심사 → 공장심사 → 성능검사 → 인증서 발급
④ 인증신청 → 공장검사 → 서류검사 → 성능심사 → 인증서 발급

해설
태양광발전시스템 시험·인증 절차
인증신청 → 서류심사 → 공장심사 → 성능검사 → 인증서 발급

**60** **태양광발전설비 운영자 숙지사항 중 옳은 것은?**

① 계통연계형의 경우 한전전원이 OFF일 때 인버터가 자동정지하고 한전이 복전되었을 때 즉시 재가동한다.
② 접속함 차단기를 차단하면 전압이 유기되지 않으므로 감전에 주의할 필요가 없다.
③ 계통연계형의 경우 한전전원이 OFF일 때 역송전이 불가하다.
④ 먼지나 이물질이 태양전지에 부착된 경우 전력생산의 저하 및 수명에 영향을 미치지 않는다.

해설
계통연계형은 한전전원과 동기운전하므로 한전전원이 OFF일 때 역송전이 불가하다.

## 제4과목 신재생에너지관련법규

**61** **신재생에너지 공급의무자에 해당하지 않는 것은?**

① 한국수자원공사
② 한국석유공사
③ 한국지역난방공사
④ 50만[kW] 이상의 발전설비(신재생에너지 설비는 제외한다)를 보유하는 자

정답 57 ④ 58 ④ 59 ③ 60 ③ 61 ②

해설

신재생에너지 공급의무자(신에너지 및 재생에너지 개발 · 이용 · 보급 촉진법 시행령 제18조의3)

신재생에너지 공급의무화 등에서 "대통령령으로 정하는 자"란 다음 어느 하나에 해당하는 자를 말한다.

- 발전사업자, 발전사업의 허가를 받은 것으로 보는 자에 해당하는 자로서 50만[kW] 이상의 발전설비(신재생에너지 설비는 제외한다)를 보유하는 자
- 한국수자원공사법에 따른 한국수자원공사
- 집단에너지사업법에 따른 한국지역난방공사

## 62 신재생에너지 기술개발 및 이용 · 보급 사업비의 사용처가 아닌 것은?

① 신재생에너지 분야 기술지도 및 교육 · 홍보
② 신재생에너지를 생산하는 사업자에 대한 지원
③ 신재생에너지 기술의 국제표준화 지원
④ 신재생에너지 관련 국제협력

해설

조성된 사업비의 사용(신에너지 및 재생에너지 개발 · 이용 · 보급 촉진법 제10조)

산업통상자원부장관은 신재생에너지 기술개발 및 이용 · 보급 사업비의 조성에 따라 조성된 사업비를 다음 사업에 사용한다.

- 신재생에너지의 자원조사, 기술수요조사 및 통계작성
- 신재생에너지의 연구 · 개발 및 기술평가
- 신재생에너지 공급의무화 지원
- 신재생에너지 설비의 성능평가 · 인증 및 사후관리
- 신재생에너지 기술정보의 수집 · 분석 및 제공
- 신재생에너지 분야 기술지도 및 교육 · 홍보
- 신재생에너지 분야 특성화대학 및 핵심기술연구센터 육성
- 신재생에너지 분야 전문 인력 양성
- 신재생에너지 설비 설치기업의 지원
- 신재생에너지 시범사업 및 보급사업
- 신재생에너지 이용의무화 지원
- 신재생에너지 관련 국제협력
- 신재생에너지 기술의 국제표준화 지원
- 신재생에너지 설비 및 그 부품의 공용화 지원
- 그 밖에 신재생에너지의 기술개발 및 이용 · 보급을 위하여 필요한 사업으로서 대통령령으로 정하는 사업

## 63 발전소를 건설하는 공사에서 철근콘크리트 또는 철골구조부를 제외한 발전설비공사의 하자 담보 책임기간은 몇 년인가?

① 1년 ② 3년
③ 5년 ④ 7년

해설

전기공사의 종류별 하자담보책임기간(전기공사업법 시행령 제11조의2)

전기공사 수급인의 하자담보책임에 따른 전기공사의 종류별 하자담보책임기간은 다음과 같다.

| 전기공사의 종류 | 하자담보 책임기간 |
|---|---|
| • 발전설비공사 | |
| – 철근콘크리트 또는 철골구조부 | 7년 |
| – 철근콘크리트 또는 철골구조부 외 시설공사 | 3년 |

## 64 400[V] 미만의 전로에 시설하는 기계기구의 철대 또는 외함에 시설하는 접지의 종류는?

① 제1종 접지공사 ② 제2종 접지공사
③ 제3종 접지공사 ④ 특별 제3종 접지공사

해설

기계기구의 철대 및 외함의 접지(판단기준 제33조)

400[V] 미만의 전로에 시설하는 기계기구의 철대 및 금속제 외함에 시설하는 접지의 종류는 제3종 접지공사로 한다.

## 65 신재생에너지의 기술개발 및 이용 · 보급 촉진을 위한 기본계획의 계획기간은?

① 3년 이상 ② 5년 이상
③ 10년 이상 ④ 20년 이상

해설

기본계획의 수립(신에너지 및 재생에너지 개발 · 이용 · 보급 촉진법 제5조)

- 산업통상자원부장관은 관계 중앙행정기관의 장과 협의를 한 후 신재생에너지정책심의회의 심의를 거쳐 신재생에너지의 기술개발 및 이용 · 보급을 촉진하기 위한 기본계획을 5년마다 수립하여야 한다.
- 기본계획의 계획기간은 10년 이상으로 한다.



62 ② 63 ② 64 ③ 65 ③ 정답

**66** 전기설비의 제2차 접근상태는 가공전선이 다른 시설물과 접근하는 경우 그 가공전선이 다른 시설물의 위쪽 또는 옆쪽에서 수평거리로 몇 [m] 미만인 곳에 시설되는 상태를 말하는가?

① 0.5　② 1
③ 2　④ 3

해설
정의(판단기준 제2조)
"제2차 접근상태"란 가공전선이 다른 시설물과 접근하는 경우에 그 가공전선이 다른 시설물의 위쪽 또는 옆쪽에서 수평거리로 3[m] 미만인 곳에 시설되는 상태를 말한다.

**67** 전기설비의 종류에 해당되지 않는 것은?

① 전기사업용 전기설비　② 일반용 전기설비
③ 특수용 전기설비　④ 자가용 전기설비

해설
전기설비의 종류(전기사업법 제2조)
- 전기사업용 전기설비
- 일반용 전기설비
- 자가용 전기설비

**68** 태양전지 모듈 등의 시설 시 옥측 또는 옥외에 시설하는 공사법이 아닌 것은?

① 합성수지관공사　② 애자사용공사
③ 금속관공사　④ 가요전선관공사

해설
태양전지 모듈 등의 시설(판단기준 제54조)
옥측 또는 옥외에 시설할 경우에는 합성수지관공사, 금속관공사, 가요전선관공사 또는 케이블공사로 규정에 준하여 시설할 것
※ 출제 당시 ①번 보기가 '합성수지관'으로 출제되어 중복 답안 처리

**69** 국유재산 또는 공유재산을 임차하거나 취득한 자가 해당 재산에서 신재생에너지 기술개발 및 이용·보급에 관한 사업을 취득일로부터 얼마의 기간 이내에 시행하지 아니하는 경우 대부계약 또는 사용허가를 취소하거나 환매할 수 있는가?

① 3개월　② 6개월
③ 1년　④ 2년

해설
국유재산·공유재산의 임대 등(신에너지 및 재생에너지 개발·이용·보급 촉진법 제26조)
국유재산 또는 공유재산을 임차하거나 취득한 자가 임대일 또는 취득일부터 2년 이내에 해당 재산에서 신재생에너지 기술개발 및 이용·보급에 관한 사업을 시행하지 아니하는 경우에는 대부계약 또는 사용허가를 취소하거나 환매할 수 있다.

**70** 저탄소 녹색성장대책을 수립·시행할 때 지역적 특성과 여건을 고려하여야 하는 기관은?

① 대기업　② 국 민
③ 국 가　④ 지방자치단체

해설
지방자치단체의 책무(저탄소 녹색성장 기본법 제5조)
지방자치단체는 저탄소 녹색성장대책을 수립·시행할 때 해당 지방자치단체의 지역적 특성과 여건을 고려하여야 한다.

**71** 전기공사업의 등록기준으로 틀린 것은?

① 전기공사기술자 3명 이상
② 자본금의 25[%] 이상의 현금 예치 또는 출자 증명
③ 자본금 1억원 이상
④ 공사업 운영을 위한 사무실 확보

해설
공사업의 등록기준(전기공사업법 시행령 별표 3)

| 항 목 | 공사업의 등록기준 |
|---|---|
| 기술능력 | 전기공사기술자 3명 이상(3명 중 1명 이상은 별표 4의 2 비고 제1호에 따른 기술사, 기능장, 기사 또는 산업기사의 자격을 취득한 사람이어야 한다) |
| 자본금 | 1억 5천만원 이상 |
| 사무실 | 공사업 운영을 위한 사무실 |

**72** 중성점 직접접지식 전로에 접속하는 것으로 성형 결선으로 된 변압기의 최대사용전압이 345[kV]라 하면 이 변압기의 시험전압[V]은 얼마가 되는가?

① 220,800　② 248,400
③ 379,500　④ 431,250

정답 66 ④ 67 ③ 68 ①, ② 69 ④ 70 ④ 71 ③ 72 ①

**해설**

전로의 절연저항 및 절연내력(판단기준 제13조)
중성점 직접접지식 전로에 접속하는 것으로 성형결선으로 된 변압기의 최대사용전압이 345[kV]라 하면 이 변압기의 시험전압은 최대사용전압의 0.64배로 220,800[V]이다.

**73** 시간대별로 전력거래량을 측정할 수 있는 전력량계를 설치·관리하여야 하는 자가 아닌 것은?

① 발전사업자
② 송전사업자
③ 구역전기사업자
④ 자가용전기설비를 설치한 자

**해설**

전력량계의 설치·관리(전기사업법 제19조)
- 다음의 자는 시간대별로 전력거래량을 측정할 수 있는 전력량계를 설치·관리하여야 한다.
  - 발전사업자(대통령령으로 정하는 발전사업자는 제외한다)
  - 자가용전기설비를 설치한 자
  - 구역전기사업자
  - 배전사업자
  - 전력의 직접 구매 단서에 따라 전력을 직접 구매하는 전기사용자

**74** (　) 안에 들어갈 가장 적당한 용어는?

> 전기설비기술기준에서 "발전소"란 발전기·원동기·연료전지·(　　)·해양에너지 그 밖의 기계기구를 시설하여 전기를 발생시키는 곳을 말한다.

① 태양광　② 태양전지
③ 태양열　④ 집광판(集光板)

**해설**

정의(기술기준 제3조)
"발전소"란 발전기·원동기·연료전지·태양전지·해양에너지발전설비·전기저장장치 그 밖의 기계기구(비상용 예비전원을 얻을 목적으로 시설하는 것 및 휴대용 발전기를 제외한다)를 시설하여 전기를 생산(원자력, 화력, 신재생에너지 등을 이용하여 전기를 발생시키는 것과 양수발전, 전기저장장치와 같이 전기를 다른 에너지로 변환하여 저장 후 전기를 공급하는 것)하는 곳을 말한다.

**75** 태양의 빛에너지를 변환시켜 전기를 생산하거나 채광(採光)에 이용하는 설비는?

① 태양열설비　② 지열설비
③ 풍력설비　④ 태양광설비

**해설**

신재생에너지 설비(신에너지 및 재생에너지 개발·이용·보급 촉진법 시행규칙 제2조)
- 태양열설비 : 태양의 열에너지를 변환시켜 전기를 생산하거나 에너지원으로 이용하는 설비
- 태양광설비 : 태양의 빛에너지를 변환시켜 전기를 생산하거나 채광에 이용하는 설비
- 풍력설비 : 바람의 에너지를 변환시켜 전기를 생산하는 설비
- 지열에너지설비 : 물, 지하수 및 지하의 열 등의 온도차를 변환시켜 에너지를 생산하는 설비

**76** 발전기, 전동기 등 회전기의 절연 내력은 규정된 시험전압을 권선과 대지 사이에 계속하여 몇 분간 가하여 견디어야 하는가?

① 5분　② 10분
③ 15분　④ 20분

**해설**

회전기 및 정류기의 절연내력(판단기준 제14조)

<table>
<tr><th colspan="3">종 류</th><th>시험전압</th><th>시험방법</th></tr>
<tr><td rowspan="3">회전기</td><td rowspan="2">발전기, 전동기, 조상기, 기타 회전기</td><td>최대사용전압 7[kV] 이하</td><td>최대사용전압의 1.5배의 전압</td><td rowspan="3">권선과 대지 사이에 연속하여 10분간 가한다.</td></tr>
<tr><td>최대사용전압 7[kV] 초과</td><td>최대사용전압의 1.25배의 전압</td></tr>
<tr><td colspan="2">회전변류기</td><td>직류 측의 최대사용전압의 1배의 교류전압</td></tr>
</table>

**77** 태양전지발전소에 시설하는 태양전지 모듈 및 전선 기타 기구 등의 시설방법으로 틀린 것은?

① 전선은 공칭 단면적 6[$mm^2$] 이상의 연동선 또는 이와 동등 이상의 세기 및 굵기의 것일 것
② 태양전지 모듈을 병렬로 접속하는 전로에는 과전류 차단기를 시설할 것
③ 충전부분은 노출되지 않도록 시설할 것
④ 태양전지 모듈의 지지물은 자중, 적재하중, 적설 또는 풍압의 진동과 충격에 대하여 안전한 구조의 것일 것



73 ②　74 ②　75 ④　76 ②　77 ① 정답

해설

태양전지 모듈 등의 시설(판단기준 제54조)

- 태양전지발전소에 시설하는 태양전지 모듈, 전선 및 개폐기 기타 기구는 다음에 따라 시설하여야 한다.
  - 충전부분은 노출되지 아니하도록 시설할 것
  - 태양전지 모듈에 접속하는 부하 측의 전로(복수의 태양전지 모듈을 시설한 경우에는 그 집합체에 접속하는 부하 측의 전로)에는 그 접속점에 근접하여 개폐기 기타 이와 유사한 기구(부하전류를 개폐할 수 있는 것에 한한다)를 시설할 것
  - 태양전지 모듈을 병렬로 접속하는 전로에는 그 전로에 단락이 생긴 경우에 전로를 보호하는 과전류차단기 기타의 기구를 시설할 것. 다만, 그 전로가 단락전류에 견딜 수 있는 경우에는 그러하지 아니하다.
  - 전선은 다음에 의하여 시설할 것. 다만, 기계기구의 구조상 그 내부에 안전하게 시설할 수 있을 경우에는 그러하지 아니하다.
    ⓐ 전선은 공칭단면적 2.5[$mm^2$] 이상의 연동선 또는 이와 동등 이상의 세기 및 굵기의 것일 것
  - 태양전지 모듈 및 개폐기 그 밖의 기구에 전선을 접속하는 경우에는 나사 조임 그 밖에 이와 동등 이상의 효력이 있는 방법에 의하여 견고하고 또한 전기적으로 완전하게 접속함과 동시에 접속점에 장력이 가해지지 않도록 시설하며 출력배선은 극성별로 확인 가능토록 표시할 것
  - 태양전지 모듈의 프레임은 지지물과 전기적으로 완전하게 접속하여야 한다.
- 태양전지 모듈의 지지물은 자중, 적재하중, 적설 또는 풍압 및 지진 기타의 진동과 충격에 대하여 안전한 구조의 것이어야 한다.

## 78 저탄소 녹색성장 기본법에서 정한 저탄소 녹색 성장 추진의 기본원칙이라 할 수 없는 것은?

① 정부는 저탄소 녹색성장의 시급성과 긴박성을 인식하고 정부주도로 저탄소 녹색성장을 최우선적으로 추진한다.

② 정부는 녹색기술과 녹색산업을 경제성장의 핵심동력으로 삼고 새로운 일자리를 창출・확대할 수 있는 새로운 경제체제를 구축한다.

③ 정부는 국가의 자원을 효율적으로 사용하기 위하여 성장잠재력과 경쟁력이 높은 녹색기술 및 녹색산업 분야에 대한 중점투자 및 지원을 강화한다.

④ 정부는 사회・경제활동에서 에너지와 자원이용의 효율성을 높이고 자원순환을 촉진한다.

해설

저탄소 녹색성장 추진의 기본원칙(저탄소 녹색성장 기본법 제3조)

저탄소 녹색성장은 다음의 기본원칙에 따라 추진되어야 한다.

- 정부는 기후변화・에너지・자원 문제의 해결, 성장동력 확충, 기업의 경쟁력 강화, 국토의 효율적 활용 및 쾌적한 환경조성 등을 포함하는 종합적인 국가 발전전략을 추진한다.
- 정부는 시장기능을 최대한 활성화하여 민간이 주도하는 저탄소 녹색성장을 추진한다.
- 정부는 녹색기술과 녹색산업을 경제성장의 핵심 동력으로 삼고 새로운 일자리를 창출・확대할 수 있는 새로운 경제체제를 구축한다.
- 정부는 국가의 자원을 효율적으로 사용하기 위하여 성장잠재력과 경쟁력이 높은 녹색기술 및 녹색산업 분야에 대한 중점 투자 및 지원을 강화한다.
- 정부는 사회・경제 활동에서 에너지와 자원 이용의 효율성을 높이고 자원순환을 촉진한다.
- 정부는 자연자원과 환경의 가치를 보존하면서 국토와 도시, 건물과 교통, 도로・항만・상하수도 등 기반시설을 저탄소 녹색성장에 적합하게 개편한다.
- 정부는 환경오염이나 온실가스 배출로 인한 경제적 비용이 재화 또는 서비스의 시장가격에 합리적으로 반영되도록 조세체계와 금융체계를 개편하여 자원을 효율적으로 배분하고 국민의 소비 및 생활 방식이 저탄소 녹색성장에 기여하도록 적극 유도한다. 이 경우 국내산업의 국제경쟁력이 약화되지 않도록 고려하여야 한다.
- 정부는 국민 모두가 참여하고 국가기관, 지방자치단체, 기업, 경제단체 및 시민단체가 협력하여 저탄소 녹색성장을 구현하도록 노력한다.
- 정부는 저탄소 녹색성장에 관한 새로운 국제적 동향을 조기에 파악・분석하여 국가 정책에 합리적으로 반영하고, 국제사회의 구성원으로서 책임과 역할을 성실히 이행하여 국가의 위상과 품격을 높인다.

## 79 고압 또는 특고압의 기계기구 모선 등을 옥외에 시설하는 발전소, 개폐소 또는 이에 준하는 곳에 시설하는 울타리・담 등에 대한 판단기준으로 적합하지 않는 것은?

① 출입구에는 출입금지의 표시를 할 것

② 출입구에는 자물쇠장치 기타 적당한 장치를 할 것

③ 울타리・담 등의 높이는 1.8[m] 이상으로 할 것

④ 지표면과 울타리・담 등의 하단 사이의 간격은 15[cm] 이하로 할 것

해설

발전소 등의 울타리・담 등의 시설(판단기준 제44조)

- 고압 또는 특고압의 기계기구・모선 등을 옥외에 시설하는 발전소・변전소・개폐소 또는 이에 준하는 곳에는 다음 각 호에 따라 구내에 취급자 이외의 사람이 들어가지 아니하도록 시설하여야 한다. 다만, 토지의 상황에 의하여 사람이 들어갈 우려가 없는 곳은

정답 78 ① 79 ③

그러하지 아니하다.
- 울타리 · 담 등을 시설할 것
- 출입구에는 출입금지의 표시를 할 것
- 출입구에는 자물쇠장치 기타 적당한 장치를 할 것

• 울타리 · 담 등은 다음에 따라 시설하여야 한다.
- 울타리 · 담 등의 높이는 2[m] 이상으로 하고 지표면과 울타리 · 담 등의 하단 사이의 간격은 15[cm] 이하로 할 것
- 울타리 · 담 등과 고압 및 특고압의 충전 부분이 접근하는 경우에는 울타리 · 담 등의 높이와 울타리 · 담 등으로부터 충전부분까지 거리의 합계는 정한 값 이상으로 할 것

**80** **특고압 가공전선로에서 발생하는 극저주파 전자계는 지표상 1[m]에서 전계강도 몇 [kV/m]가 되도록 시설하여야 하는가?**

① 3.5
② 4.5
③ 5.5
④ 6.5

**해설**

유도장해 방지(기술기준 제17조)
특고압 가공전선로에서 발생하는 극저주파 전자계는 지표상 1[m]에서 전계가 3.5[kV/m] 이하, 자계가 83.3[$\mu$T] 이하가 되도록 시설하는 등 상시 정전유도 및 전자유도 작용에 의하여 사람에게 위험을 줄 우려가 없도록 시설하여야 한다. 다만, 논밭, 산림 그 밖에 사람의 왕래가 적은 곳에서 사람에 위험을 줄 우려가 없도록 시설하는 경우에는 그러하지 아니하다.



80 ① 정답

# 과년도 기출문제

## 제1과목 태양광발전시스템 이론

**01 태양광발전의 특징으로 옳지 않은 것은?**

① 무인화 가능
② 청정발전방식
③ 운영유지비 많음
④ 무한정한 에너지

해설

태양광발전의 특징
- 태양전지의 수명이 길다(약 20년 이상).
- 설비의 보수가 간단하고 고장이 적다.
- 규모나 지역에 관계없이 설치가 가능하고 유지비용이 거의 들지 않는다.
- 필요한 장소에 필요량 발전이 가능하다.
- 운전 및 유지 관리에 따른 비용을 최소화할 수 있다.
- 무한정, 무공해의 태양에너지 사용으로 연료비가 불필요하고, 대기오염이나 폐기물 발생이 없다.
- 발전부위가 반도체 소자이고 제어부가 전자 부품이므로 기계적인 소음과 진동이 존재하지 않는다.
- 원재료에서부터 모듈 설치에 이르기까지 산업화가 가능해 부가가치 창출 및 고용창출 효과가 크다.
- 전 세계적으로 사용이 가능하다.

**02 계통 연계용 축전지 용량을 산출하기 위해 필요한 값이 아닌 것은?**

① 보수율 ② 변환효율
③ 용량환산시간 ④ 평균방전전류

해설

계통 연계용 축전지 용량을 산출하기 위해 필요한 값
- 평균방전전류
- 용량환산시간
- 보수율
- 축전지전압
- 1일 소비전력량

**03 지표면 1[m$^2$] 당 도달하는 태양광 에너지의 양을 나타낸 것은?**

① 방사각 ② 분광분포
③ 방사조도 ④ 대기통과량

해설

방사조도
지표면 1[m$^2$] 당에 도달하는 태양광 에너지의 양을 나타내고 단위는 [W/m$^2$]을 사용한다. 대기권 밖에서는 일반적으로 1,400[W/m$^2$]이지만 태양광 에너지가 대기를 통과해 지표면에 도달하면 1,000[W/m$^2$] 정도가 된다.

**04 태양전지 모듈 전면적 1,000[m$^2$]에서 방사조도 1,000[W/m$^2$]이고, 최대출력이 100[kW]이면 변환 효율은 몇 [%]인가?**

① 5 ② 10
③ 15 ④ 20

해설

$$변환효율(\eta) = \frac{모듈전면적 \times 방사조도}{최대출력}$$
$$= \frac{1,000 \times 1,000}{100 \times 10^3} = 10[\%]$$

**05 인버터 Data 중 모니터링 화면에 전송되는 것이 아닌 것은?**

① 일사량
② 발전량
③ 입력 측 전압, 전류, 전력
④ 출력 측 전압, 전류, 전력

해설

인버터의 모니터링 화면 전송 내용
- 입·출력 측 전압, 전류, 전력
- 발전량
- 1일 소비전력량
- 1일 축적량

정답 1 ③ 2 ② 3 ③ 4 ② 5 ①

**06** 전력변환장치(PCS)의 기능에 대한 설명으로 틀린 것은?

① 단독운전 방지기능
② 계통연계 운전기능
③ 전류 자동조절기능
④ 최대전력 추종제어기능

해설
전력변환장치(PCS)의 기능
- 단독운전 방지기능
- 계통연계 운전기능
- 최대전력 추종제어기능
- 자동운전 정지기능
- 자동전압 조정기능
- 직류 검출기능
- 직류 지락 검출기능
- 계통연계 보호장치

**07** "임의의 폐회로에서 기전력의 총합은 저항에서 발생하는 전압강하의 총합과 같다"는 법칙은?

① 패러데이의 법칙
② 플레밍의 오른손 법칙
③ 키르히호프의 제1법칙
④ 키르히호프의 제2법칙

해설
키르히호프의 법칙
- 제1법칙(전류) : 유입되는 전류의 합과 유출되는 전류의 합은 같다. 즉, 유입과 유출의 합은 0이다($I_1 + I_4 = I_2 + I_3 + I_5$). 이를 일반화 하면 $\sum I = 0$이다.
- 제2법칙(전압) : 회로망 중심의 폐회로 내에서 전압강하의 합은 그 회로의 기전력 합과 같다.
  $E_1 - E_2 + E_3 - E_4 = IR_1 - IR_2 + IR_3 + IR_4$
  일반적으로 $\sum V = 0$이다.

**08** 결정질 실리콘 태양전지의 일반적인 제조공정이 아닌 것은?

① 확 산　② 측면접합
③ 웨이퍼장착　④ 반사방지막 코팅

해설
결정질 실리콘 태양전지 제조공정
규석(모래) → 폴리실리콘 → 잉곳(원통형 긴 덩어리) → 웨이퍼(원형 판 얇은 판) → 확산 → 반사방지막 코팅 → 셀(웨이퍼를 가공한 상태 모양) → 모듈(셀 여러 개를 배열하여 결합한 상태의 구조물)

**09** 납축전지(연축전지)의 공칭전압은 몇 [V]인가?

① 1.0　② 2.0
③ 3.0　④ 4.0

해설
납축전지(연축전지)의 공칭전압
- 납축전지 : 2[V]
- 니켈-수소축전지 : 1.2[V]
- 리튬이온 축전지 : 3.7[V]

**10** STC조건 하에서 다음과 같은 특성을 가진 결정질 태양전지 모듈의 온도가 -15[℃]일 때, 최대전압은 몇 [V]인가?(단, 개방전압($V_{oc}$) = 40[V], 전압 온도계수($a_{voc}$) = -0.25[V/℃]이다)

① 50　② 60
③ 70　④ 80

해설
최대전압[V]
= 개방전압($V_{oc}$)+(개방전압($V_{oc}$)×전압 온도계수($a_{voc}$))
= 40+(40×0.25) = 50[V]

**11** 태양광발전시스템의 구성요소에 대한 설명으로 틀린 것은?

① 태양전지 모듈에서 생산된 전기를 저장하기 위해 축전지를 사용하기도 한다.
② 인버터는 태양전지 모듈에서 생산된 교류 전기를 직류 전기로 변환시키는 역할을 한다.
③ 태양전지 모듈 제작 시, 발생전압을 증가시키기 위해 여러 장의 셀을 직렬로 연결한다.
④ 태양전지 어레이는 태양전지 모듈의 집합체로서 스트링, 역류방지 다이오드, 바이패스 다이오드, 접속함 등으로 구성된다.

해설
태양광발전시스템의 구성요소
- 태양전지 : 태양전지 모듈과 이것을 지지하는 구조물로 구성되어 있다. 태양전지 어레이라고도 한다.
- 축전지 : 태양빛을 전기에너지로 변환하여 저장하는 전력저장장치이다.



정답 6 ③ 7 ④ 8 ② 9 ② 10 ① 11 ②

- 직류전력 조절장치 : 충·방전 제어장치
- 인버터 : 직류(DC)를 교류(AC)로 바꾸어 주는 장치
- 계통연계 제어장치 : 태양전지 어레이 구조물과 그 이외의 구성기기로서 일반적으로 주변장치(BOS)라고 하며, 시스템 구성기기 중 태양광발전 모듈 이외에 축전지, 개폐기, 출력조절기, 가대, 계층장치 등의 전부를 포함한 용어이다.
- 전력조절장치(PCS ; Power Conditioning System) : 인버터와 직류전력조절장치, 계통연계장치를 결합한 것을 의미하며, 태양광발전 어레이의 전기적 출력을 사용하기 적합한 형태의 전력으로 변환하는데 사용하는 장치이다.
- 전력변환장치 : 인버터와 충전조절기

## 12 태양광발전시스템을 완성하기 위하여 필요한 모듈을 직·병렬로 구성하게 되는데, 즉 직렬로 접속된 모듈 집합체의 회로를 무엇이라 하는가?

① 셀 ② 모 듈
③ 스트링 ④ 어레이

해설
용어의 정의
- 셀 : 태양광발전의 가장 기본적인 단위로서 가장 작은 면적의 판이다.
- 모듈 : 셀을 직·병렬로 구성하는 회로이다.
- 스트링 : 모듈을 직·병렬로 구성하는 회로로서 직렬로 접속된 모듈 집합체의 회로이다.
- 어레이 : 스트링을 직·병렬로 구성하는 회로이다.

## 13 태양전지 모듈의 표준상태로 맞는 것은?

① 모듈 표면온도 20[℃], 분광분포 AM 1.0, 방사조도 1,000[W/m$^2$]
② 모듈 표면온도 20[℃], 분광분포 AM 1.5, 방사조도 1,500[W/m$^2$]
③ 모듈 표면온도 25[℃], 분광분포 AM 1.0, 방사조도 1,500[W/m$^2$]
④ 모듈 표면온도 25[℃], 분광분포 AM 1.5, 방사조도 1,000[W/m$^2$]

해설
태양전지 모듈의 표준상태
모듈 표면온도 25[℃], 분광분포 AM 1.5, 방사조도 1,000[W/m$^2$]

## 14 태양전지 모듈 선정 시 고려사항에 해당되지 않는 것은?

① 경제성
② 신뢰성
③ 변환효율
④ 태양전지 셀의 크기

해설
태양전지 모듈 선정 시 고려사항
- 변환효율
- 신뢰성
- 경제성
- 오 차

## 15 태양광발전설비용 인버터 선정 시 전력품질 안정성 부분에 대한 고려사항이 아닌 것은?

① 교류분이 적을 것
② 노이즈의 발생이 적을 것
③ 고조파의 발생이 적을 것
④ 기동, 정지가 안정적일 것

해설
태양광발전설비용 인버터 선정 시 전력품질 안정성 부분에 대한 고려사항
- 노이즈 발생이 적어야 한다.
- 고조파 발생이 적어야 한다.
- 가동 및 정지 시 안정적으로 작동하여야 한다.

## 16 태양광발전시스템과 하위 전자기기를 용량, 유도결합과 그리드 과전압으로부터 보호하기 위해 설치하는 것은?

① 피뢰침 ② 종단 저항
③ 서지 흡수기 ④ 바이패스 장치

해설
태양광발전시스템과 하위 전자기기를 용량, 유도결합과 그리드 과전압으로부터 보호하기 위해 설치하는 장치로는 서지 흡수기가 있다.

정답 12 ③ 13 ④ 14 ④ 15 ① 16 ③

**17** 2[Ω], 3[Ω], 5[Ω]의 저항 3개가 직렬로 접속된 회로에 5[A]의 전류가 흐르면 공급 전압은 몇 [V]인가?

① 30　② 50
③ 70　④ 100

해설
옴의 법칙
전압($V$) = $IR$ = 5×(2+3+5) = 50[V]

**18** 트랜스리스 방식의 인버터 회로 구성이 아닌 것은?

① 변압기　② 컨버터
③ 인버터　④ 개폐기

해설
트랜스리스(Transformerless, 무변압기)방식
소형, 경량으로 저렴하게 구현할 수가 있으면 신뢰도가 높다.

**19** 교토의정서에서 정한 지구 온난화 방지를 위한 감축대상 가스가 아닌 것은?

① $CH_4$　② $N_2O$
③ $SF_6$　④ NFC

해설
교토의정서에서 정한 지구 온난화 방지를 위한 감축대상 가스
- 이산화탄소($CO_2$)
- 메탄($CH_4$)
- 아산화질소($N_2O$)
- 불화탄소(PFC)
- 수소화불화탄소(HFC)
- 불화유황($SF_6$)

**20** 태양전지는 어떤 효과를 이용한 것인가?

① 광전도 효과
② 광증폭 효과
③ 광전자 방출효과
④ 광기전력 효과

해설
태양전지(Solar Cell)
- 태양에너지를 전기에너지로 변환할 목적으로 제작된 광전지를 말한다.
- 반도체의 PN접합면에 빛을 비추면 광전효과에 의해 광기전력이 일어나는 것을 이용하여 금속과 반도체의 접촉면을 결합시킨 소자이다.
- 반도체 PN접합을 사용하여 태양전지로 이용되고 있는 광전지는 대부분이 실리콘 광전지이다.
- 금속과 반도체의 접촉을 이용하여 아황산구리 광전지 또는 셀렌 광전지가 있다.

## 제2과목 태양광발전시스템 시공

**21** 태양전지 모듈의 출력전압이 500[V]일 경우 인버터 외함에 시설하여야 하는 접지 공사는?

① 제1종 접지공사
② 제2종 접지공사
③ 제3종 접지공사
④ 특별 제3종 접지공사

해설
태양전지 모듈의 출력전압이 400[V] 이상이므로 특별 제3종 접지공사이다.

**22** 부하 역률 0.8일 때 선로의 저항손실은 부하역률 0.9일 때 선로의 저항손실에 비하여 약 몇 배인가?

① 동일하다.　② 1.3배
③ 1.5배　④ 1.8배

해설
선로의 저항손실 $P_l$, 저항 $R$, 역률 $\cos\theta$에서

$$P_l = I^2 R,\ P = VI\cos\theta$$
$$= \left(\frac{P}{V\cos\theta}\right)^2 R = \frac{P^2 R}{V^2\cos^2\theta}$$

$P_l \propto \dfrac{1}{\cos^2\theta}$에서 저항손실은 역률 제곱에 반비례한다.

$$\frac{P_{l0.8}}{P_{l0.9}} = \frac{0.9^2}{0.8^2} = 1.265 \simeq 1.3$$



17 ② 18 ① 19 ④ 20 ④ 21 ④ 22 ② 정답

## 23 태양광발전시스템에서 전기흐름을 고려한 배선 순서로 바르게 나열한 것은?

| |
|---|
| ㉠ 인버터에서 분전반 배선<br>㉡ 어레이와 접속함 배선<br>㉢ 모듈 배선<br>㉣ 접속함에서 인버터 배선 |

① ㉠ → ㉣ → ㉡ → ㉢
② ㉡ → ㉢ → ㉠ → ㉣
③ ㉢ → ㉡ → ㉣ → ㉠
④ ㉣ → ㉢ → ㉡ → ㉠

**해설**

태양광발전시스템의 전기 배선순서
모듈 배선 → 어레이 접속함 배선 → 접속함에서 인버터 배선 → 인버터에서 분전반 배선

## 24 태양광발전시스템 시공 중 감전방지책에 대한 설명으로 틀린 것은?

① 강우 시 작업을 중단한다.
② 저압 전로용 절연장갑을 착용한다.
③ 이중절연처리가 된 공구를 사용한다.
④ 작업 종료 후 태양전지 모듈 표면에 차광시트를 붙인다.

**해설**

태양광발전시스템 시공 중 감전방지책
- 작업 전 태양전지 모듈 표면에 차광막을 씌워 태양광을 차폐한다.
- 절연장갑을 착용한다.
- 절연 처리된 공구를 사용한다.
- 우천 시에는 감전사고와 미끄러짐으로 인한 추락사고 우려가 있으므로 작업을 금지한다.

## 25 금속전선관의 굵기는 전선의 피복절연물을 포함한 단면적의 총합계가 관내 단면적의 몇 [%] 이하가 되어야 하는가?(단, 동일 굵기의 절연전선을 동일 관내에 넣는 경우이다)

① 32　　② 40
③ 48　　④ 52

**해설**

전선관의 굵기는 동일 전선의 경우에는 피복을 포함하여 총합계의 관의 내단면적의 48[%] 이하로 할 수 있으며, 서로 다른 굵기의 전선을 동일 관의 내단면적의 32[%] 이하가 되도록 선정하는 것이 일반적인 원칙이다.

## 26 분산형 태양광발전시스템 준공 시 인입구 배선의 점검사항으로 틀린 것은?

① 전선의 저항측정
② 규격전선 사용여부
③ 전선피복 손상여부
④ 배선공사 방법의 적합여부

**해설**

분산형 태양광발전시스템 준공 시 인입구 배선의 점검사항은 규격전선 사용여부, 전선피복 손상여부, 배선공사 방법의 적합여부 등이다.

## 27 태양광발전시스템에서 태양전지 어레이용 가대 및 지지재 설치 시 고려사항이 아닌 것은?

① 태양전지 어레이용 가대 및 지지대의 설치순서, 양중방법 등의 설치계획을 결정한다.
② 태양전지 모듈의 유지보수를 위한 공간과 작업 안전을 위해 발판, 안전난간을 설치한다.
③ 지지물의 자중, 적재하중 및 구조하중에 맞게 안전한 구조의 것으로 설치한다.
④ 구조물의 자재 중 강제류는 현장에서 절단, 용융 아연도금을 하여 조립함을 원칙으로 한다.

**해설**

구조물의 자재 중 강제류는 공장에서 절단, 용융 아연도금하고 현장에서 조립함을 원칙으로 한다.

## 28 지붕형 태양광발전시스템 어레이 기초공사에 포함되는 것은?

① 방수공사　　② 접지공사
③ 구조물공사　　④ 모듈 설치공사

정답 23 ③ 24 ④ 25 ③ 26 ① 27 ④ 28 ①

해설

지붕형 태양광발전시스템에서 방수공사는 어레이 기초공사에 해당한다.

## 29 인버터 선정 시 검토사항으로 틀린 것은?

① 소음 발생이 적을 것
② 고조파의 발생이 적을 것
③ 기동·정지가 안정적일 것
④ 야간의 대기전압 손실이 클 것

해설

인버터 선정 시 검토사항으로 소음 발생이 적고, 고조파의 발생이 적으며, 기동·정지가 안정적이어야 하며, 야간의 대기전압 손실이 적어야 한다.

## 30 태양광 설치공사 중 태양전지 모듈의 설치 시 추락방지에 대한 안전대책이 아닌 것은?

① 안전모 착용
② 안전허리띠 착용
③ 저압 절연장갑 착용
④ 안전대 및 안전화 착용

해설

태양전지 모듈의 설치 시 추락방지에 대한 안전대책
- 안전모 착용
- 안전허리띠 착용
- 안전화 착용
- 안전허리띠 착용

## 31 감리원의 감리업무가 아닌 것은?

① 발주자의 권한 대행
② 공사의 품질확보와 향상에 노력
③ 공사의 계획, 발주, 설계, 시공 등 전반 업무 총괄
④ 품질관리, 공사관리, 안전관리 등에 대한 기술지도

해설

발주자, 감리원, 공사업자의 기본임무(전력시설물 공사감리업무 수행지침 제4조)
공사의 계획, 발주, 설계, 시공 등 전반 업무 총괄은 발주자의 기본임무이다.

## 32 태양광발전시스템의 설계도서가 아닌 것은?

① 시방서
② 설계도면
③ 품질관리 계획서
④ 공사비산출내역서

해설

태양광발전시스템의 설계도서는 시방서, 설계도면, 공사비산출내역서 등이다.

## 33 국내에서 태양광발전설비의 모듈을 고정식으로 설치할 때 최적 경사각은 일반적으로 몇 ° 정도인가?

① 5~15 ② 24~36
③ 55~60 ④ 75~90

해설

국내에서 태양광발전설비의 모듈을 고정식으로 설치할 때 최적경사각은 24~36° 정도로 알려져 있다.

## 34 태양전지 모듈의 배선이 끝난 후 확인 사항이 아닌 것은?

① 비접지 확인 ② 전압극성 확인
③ 단락전류 확인 ④ 개방전류 확인

해설

태양전지 모듈의 배선이 끝난 후 확인 사항
- 비접지 확인
- 전압극성 확인
- 단락전류 확인

## 35 태양광발전시스템을 전력계통과 연계하기 위한 변압기의 결선방법으로 가장 적당한 것은?(단, 인버터는 절연변압기를 사용하고 있는 경우이다)

① Y-Y ② Y-△
③ △-△ ④ △-Y

해설

Y-△결선은 인버터를 절연변압를 사용하고 있는 경우에 사용하고 제3고조파를 방지할 수 있다.



29 ④ 30 ③ 31 ③ 32 ③ 33 ② 34 ④ 35 ② 정답

**36** 일반적으로 국내의 대용량 태양광발전시스템 전기공사 중 옥외공사가 아닌 것은?

① 인버터의 설치
② 전력량계의 설치
③ 태양전지 모듈 간의 배선
④ 태양전지 어레이와 접속함의 배선

해설
인버터 설치공사는 옥내공사에 해당된다.

**37** 태양전지에서 옥내에 이르는 배선에 쓰이는 연결전선으로 적당하지 않은 것은?

① GV전선
② CV전선
③ 모듈전용선
④ TFR-CV전선

해설
태양전지에서 옥내에 이르는 배선에 쓰이는 연결전선은 CV전선, 모듈전용선, TFR-CV 등을 사용한다.

**38** 저압 배전선로의 저압 네트워크 방식의 설명으로 틀린 것은?

① 전력손실이 감소된다.
② 플리커, 전압변동률이 적다.
③ 특별한 보호 장치가 필요 없다.
④ 무정전 공급이 가능해서 공급 신뢰도가 높다.

해설
저압 네트워크 방식(스포트 네트워크 방식)
배전 변전소의 동일 모선으로부터 2회선 이상의 급전선으로 전력을 공급하는 방식이다.
- 장 점
  - 공급신뢰도가 높다.
  - 플리커, 전압 변동률이 작다.
  - 전력손실이 감소된다.
- 단 점
  - 건설비가 비싸다.
  - 특별한 보호장치가 필요하다.

**39** 태양전지 어레이 설치공사의 주의사항으로 틀린 것은?

① 구조물 및 지지대는 현장용접을 한다.
② 너트의 풀림방지는 이중너트를 사용하고 스프링와셔를 체결한다.
③ 태양광 어레이 기초면 확인을 위해 수평기, 수평줄, 수직추를 확보한다.
④ 지지대의 지초앵커볼트의 조임은 바로세우기 완료 후, 앵커볼터의 장력이 균일하게 되도록 한다.

해설
구조물 및 지지대의 용접은 공장에서 시행한다.

**40** 케이블 단말처리 방법의 순서를 옳게 나타낸 것은?

| |
|---|
| ㉠ 점착성 절연테이프를 감는다.<br>㉡ 케이블의 피복을 벗겨낸다.<br>㉢ 보호 테이프를 반폭 이상 겹치도록 1회 이상 감는다.<br>㉣ 쌍관을 케이블에 삽입한다.<br>㉤ 케이블 종단에 극성을 표시한다. |

① ㉡ → ㉤ → ㉠ → ㉢ → ㉣
② ㉡ → ㉢ → ㉠ → ㉣ → ㉤
③ ㉡ → ㉤ → ㉣ → ㉠ → ㉢
④ ㉡ → ㉣ → ㉠ → ㉢ → ㉤

해설
케이블 단말처리 방법의 순서
- 케이블의 피복을 벗겨낸다.
- 쌍관을 케이블에 삽입한다.
- 점착성 절연테이프를 감는다.
- 보호 테이프를 반폭 이상 겹치도록 1회 이상 감는다.
- 케이블 종단에 극성을 표시한다.

정답 36 ① 37 ① 38 ③ 39 ① 40 ④

## 제3과목 태양광발전시스템 운영

**41** 신뢰성평가 분석항목 중 시스템 트러블로 옳은 것은?

① 프리즈
② 인버터 정지
③ 컴퓨터의 조작오류
④ 컴퓨터 전원의 차단

해설

신뢰성평가 분석항목

- 시스템 트러블 : 인버터 정지, 직류지락, 계통지락, RCD 트립, 원인 불명 등에 의한 시스템 운전정지 등
- 계측 트러블 : 컴퓨터 전원의 차단, 컴퓨터 조작오류, 기타 원인 불명

**42** 태양광발전시스템의 정기점검 주기에 대한 설명으로 틀린 것은?

① 50[kW] 미만의 경우는 매년 1회 이상
② 100[kW] 미만의 경우는 매년 2회 이상
③ 100[kW] 이상 1,000[kW] 미만의 경우는 격월 1회 이상
④ 3[kW] 미만의 경우는 법적으로 정기점검을 하지 않아도 됨

해설

정기점검 주기

- 100[kW] 미만의 경우는 매년 2회 이상, 100[kW] 이상의 경우는 격월 1회 시행한다.
- 300[kW] 이상의 경우는 용량에 따라 월 1~4회 시행한다.
- 용량별 점검

| 용량[kW] | 100 미만 | 100 이상 | 300 미만 | 500 미만 | 700 미만 | 1,000 미만 |
|---|---|---|---|---|---|---|
| 횟 수 | 연 2회 | 연 6회 | 월 1회 | 월 2회 | 월 3회 | 월 4회 |

일반 가정의 3[kW] 미만의 소출력 태양광발전시스템의 경우에는 법적으로는 정기점검을 하지 않아도 되지만 자주 점검하는 것이 좋다.

**43** 태양광발전시스템 정기점검 사항 중 접속함의 출력단자와 접지 간의 절연저항은 몇 [MΩ] 이상이어야 하는가?

① 0.2 ② 0.5
③ 0.7 ④ 1

해설

접속함의 정기점검 사항

| 설 비 | 점검항목 | | 점검요령 |
|---|---|---|---|
| 중간 단자함 (접속함) | 육안 점검 | 외함의 부식 및 파손 | 부식 및 파손이 없을 것 |
| | | 방수처리 | 전선 인입구가 실리콘 등으로 방수처리 |
| | | 배선의 극성 | 태양전지에서 배선의 극성이 바뀌어 있지 않을 것 |
| | | 단자대 나사의 풀림 | 확실하게 취부하고 나사의 풀림이 없을 것 |
| | 측 정 | 접지저항 (태양전지-접지 간) | 0.2[MΩ] 이상 측정전압 DC 500[V] |
| | | 절연저항 | 1[MΩ] 이상 측정전압 DC 500[V] |
| | | 개방전압 및 극성 | 규정의 전압이고 극성이 올바를 것 |

**44** 태양광발전시스템 중 접속함의 고장원인이 아닌 것은?

① 결함상태 불량 ② 다이오드 불량
③ 방수처리 불량 ④ 퓨즈 고장

해설

인버터 및 접속함 운영

- 태양광발전설비의 고장요인은 대부분 인버터에서 발생하므로 정기적으로 정상가동 유무를 확인해야 한다.
- 접속함에는 역류방지 다이오드, 차단기, Transducer, CT, PT, 단자대 등이 내장되어 있으므로 누수나 습기침투 여부의 정기적 점검이 필요하다.

**45** 시스템 성능평가 분류 중 사이트 평가방법 항목으로 틀린 것은?

① 설치 용량 ② 설치 형태
③ 설치 단가 ④ 설치 대상기관



41 ② 42 ① 43 ④ 44 ③ 45 ③ 정답

태양광발전시스템 성능평가 분류의 사이트 평가방법

- 설치 대상기관
- 설치 시설의 분류
- 설치 시설의 지역
- 설치 형태
- 설치 용량
- 설치 각도와 방위
- 시공업자

**46** 송배전반의 육안검사사항으로 옳지 않은 것은?

① 가대의 고정 상태
② 부스바 단자의 풀림
③ 오일 온도계
④ 퓨즈 및 차단기 상태

해설

오일 온도계는 온도 표시에 대한 성능검사가 필요한 부분으로 육안 검사에는 해당되지 않는다.

**47** 절연용 방호구가 아닌 것은?

① 애자커버　② 핫스틱
③ 고무판　④ 절연시트

해설

절연용 방호구

- 용도
  - 전로의 충전부에 장착
  - 25,000[V] 이하 전로의 활선작업이나 활선근접 작업 시 장착(고압 충전부로부터 머리 30[cm], 발밑 60[cm] 이내 접근 시 사용)
- 종류 : 고무판, 절연관, 절연시트, 절연커버, 애자커버 등

**48** 태양광발전시스템의 운전 상태에 따른 인버터의 운전으로 틀린 것은?

① 인버터 이상발생 시 인버터는 수동으로 정지된다.
② 태양전지 전압이 저전압이 되면 경보발생 후 인버터는 정지한다.
③ 태양전지 전압이 과전압이 되면 경보발생 후 인버터는 정지한다.
④ 정상운전 시 태양전지로부터 전력을 받아 인버터가 계통전압과 동기로 운전한다.

해설

태양광발전시스템의 인버터는 계통(한전 측)전원을 OFF시키면 자동으로 정지하게 되어 있으나 인버터 정지 확인 후 점검을 실시한다.

**49** 인버터 절연저항 측정 시 주의사항으로 틀린 것은?

① 정격에 약한 회로들은 회로에서 분리하여 측정한다.
② 입·출력단자에 주회로 이외의 제어단자 등이 있는 경우는 이것을 측정에서 제외한다.
③ 정격전압이 입·출력과 다를 때는 높은 측의 전압을 선택기준으로 한다.
④ 절연변압기를 장착하지 않은 인버터는 제조사 추천 방식으로 측정한다.

해설

인버터 절연저항 측정 시 주의사항

- 정격에 약한 회로들은 회로에서 분리하여 측정한다.
- 정격전압이 입·출력과 다를 때는 높은 측의 전압을 선택기준으로 한다.
- 절연변압기를 장착하지 않은 인버터는 제조사 추천방식으로 측정한다.

**50** 태양광발전 설비 운영에 관한 설명 중 틀린 것은?

① 태양광발전 설비의 발전량은 여름철이 봄철, 가을철보다 많다.
② 태양전지 모듈 표면의 온도가 높을수록 발전효율이 저하되므로 정기적으로 물을 뿌려 온도를 조절해 준다.
③ 태양광발전 설비의 고장요인은 대부분 인버터에서 발생하므로 정기적으로 정상가동 유무를 확인한다.
④ 태양광발전 설비의 일상점검, 정기점검은 주기에 맞춰 검사한다.

해설

일반적인 태양광발전설비의 발전량은 봄, 가을이 많으며 여름과 겨울에는 기후여건에 따라 현저하게 감소한다.

**51** STC조건에서 모듈 효율측정 시 주위온도는?

① 10[℃]　② 15[℃]
③ 20[℃]　④ 25[℃]

정답 46 ③ 47 ② 48 ① 49 ② 50 ① 51 ④

해설

STC조건에서 모듈 효율측정 시 주위온도는 25[℃]이다.

**52** 태양전지 모듈의 고장원인으로 적당하지 않은 것은?

① 습기 및 수분침투에 의한 내부회로의 단락
② 기계적 스트레스에 의한 태양전지 셀의 파손
③ 경년 열화에 의한 태양전지 셀 및 리본의 노화
④ 염해, 부식성 가스 등 주변 환경에 의한 부식

해설

습기 및 수분침투에 의한 내부회로의 단락은 인버터의 고장요인이다. 태양광발전설비의 고장요인은 대부분 인버터에서 발생하므로 정기적으로 정상가동 유무를 확인해야 한다. 접속함에는 역류방지 다이오드, 차단기, Transducer, CT, PT, 단자대 등이 내장되어 있으므로 누수나 습기침투 여부의 정기적 점검이 필요하다.

**53** 태양전지모듈 어레이의 절연내압측정 시 개방전압 1.5배의 직류전압 또는 1배의 교류전압을 몇 분간 인가하는가?

① 5분 ② 10분
③ 15분 ④ 20분

해설

태양전지 어레이 회로의 절연내압측정
표준태양전지 어레이 개방전압을 최대사용전압으로 간주하여 최대사용전압의 1.5배의 직류전압 혹은 1배의 교류전압을 10분간 인가하여 절연파괴 등의 이상이 발생하지 않는 것을 확인한다. 태양전지 스트링의 출력회로에 삽입되어 있는 피뢰소자는 절연시험회로에서 분리시키는 것이 일반적이다.

**54** 다음 ( ) 안에 들어갈 숫자로 알맞은 것은?

> 측정기구로서 500[V]의 절연저항계를 이용하고 인버터의 정격전압이 300[V]를 넘고 600[V] 이하인 경우는 ( )[V]의 절연저항계를 사용한다.

① 500 ② 1,000
③ 1,500 ④ 2,000

해설

인버터 회로(절연변압기 부착)
측정기구로서 500[V]의 절연저항계를 이용하고 인버터의 정격전압이 300[V]를 넘고 600[V] 이하인 경우는 1,000[V]의 절연저항계를 이용한다. 측정개소는 인버터의 입력회로 및 출력회로로 한다.

**55** 인버터에 고장이 발생하였을 때 계통의 이상 유무의 확인 후 정상일 때 5분 후 재가동하는 경우가 아닌 것은?

① 한전 계통역상 ② 한전 과전압
③ 한전 부족전압 ④ 한전 저주파수

해설

인버터에 고장이 발생하였을 때 계통의 이상 유무를 확인 후 정상 시 5분 후 재가동하는 경우는 한전 과전압, 한전 부족전압, 한전 저주파수 등이다.

**56** 태양광 발전소에 대한 하자보수 검사주기로 옳은 것은?

① 연 1회 이상 ② 연 2회 이상
③ 연 3회 이상 ④ 연 4회 이상

해설

태양광발전소에 대한 하자보수 검사주기는 연 2회 이상이다.

**57** 금속부분에 녹이 발생한 경우 유의하여 점검할 부분이 아닌 곳은?

① 용접부위의 부식으로 기계적 강도가 떨어질 우려가 없는 부위
② 기구부 등에 녹이 발생하여 회전이 원활하지 않다고 생각하는 부위
③ 녹의 발생으로 접촉저항이 변화하여 통전에 지장이 생기는 부위
④ 녹이 발생하여 미관을 저해하는 부위

해설

태양전지 모듈 표면의 유리의 금, 변형, 이물질에 대한 오염과 프레임 등의 변형 및 지지대 등의 녹 발생 유무를 반드시 확인해야 한다.

정답: 52 ① 53 ② 54 ② 55 ① 56 ② 57 ①

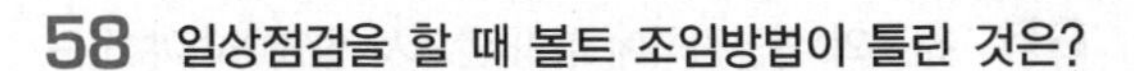

**58** 일상점검을 할 때 볼트 조임방법이 틀린 것은?

① 조임은 지정된 재료, 부품을 정확히 사용한다.
② 조임은 너트를 돌려서 조여 준다.
③ 2개 이상의 볼트를 사용하는 경우 한쪽만 심하게 조이지 않도록 주의한다.
④ 볼트의 크기에 맞는 파이프렌치를 사용하여 규정된 힘으로 조여 준다.

해설
볼트의 크기에 맞는 파이프렌치를 사용하여 규정된 힘으로 정기점검 시 조임작업을 한다.

| 기기명 | 점검부위 | 점검 종류 | 주 기 | 점검내용 |
|---|---|---|---|---|
| 연계 보호 장치 | • 보호 릴레이<br>• 트랜스듀서<br>• 제어 전원<br>• 보조 릴레이<br>• 냉각팬<br>• 히 터 | 일상 점검 | 1개월 | • 외관점검<br>• 보호 릴레이<br>• 디지털 미터 표시<br>• 무정전 전원장치<br>• 축전지 일충전 상태<br>• 팬히터 동작 |
| | | 정기 점검 | 설치 후 1년~수년 | • 외관점검<br>• 외부청소<br>• 볼트 배선 등 느슨함<br>• 환기공 필터 점검<br>• 절연저항 측정<br>• 동작(시퀀스) 시험<br>• 보호 릴레이 동작 특성 시험<br>• 무정전 전원 백업 시간<br>• 제어전원 전압 확인 |

**59** 전기안전관리 업무를 대행하는 자가 갖추어야 할 장비가 아닌 것은?

① 절연저항기 ② 클램프미터
③ 저압검전기 ④ 인버터

해설
전기안전관리 업무를 대행하는 자가 갖추어야 할 장비
• 절연용 보호구 : 안전모, 절연용 고무장갑, 절연화
• 절연용 방호구 : 고무판, 절연관, 절연시트, 절연커버, 애자커버 등
• 기타 절연용 기구
• 검출용구 : 저압 및 고압용 검전기, 특고압 검전기, 활선접근경보기
• 접지용구
• 측정계기 : 멀티미터, 클램프 미터(후크온 미터), 적외선 온도측정기 등

**60** 안전관리업무를 외부 대행사업자가 수행할 수 있는 태양광 발전용량 설비규모는?

① 500[kW] 미만 ② 750[kW] 미만
③ 1,000[kW] 미만 ④ 3,000[kW] 미만

해설
태양광발전시스템의 운영
• 현장관리인 : 발전소 구내보안 및 청소, 잡초 제거 등
• 전기안전관리자(자격증 소유자) 선임
 – 1,000[kW] 미만인 경우 안전관리 대행 가능
 – 1,000[kW] 이상인 경우 사업자가 선임

## 제4과목 신재생에너지관련법규

**61** 물의 유동(流動)에너지를 변환시켜 전기를 생산하는 설비는?

① 태양광설비 ② 태양열설비
③ 수력설비 ④ 풍력설비

해설
신재생에너지 설비(신에너지 및 재생에너지 개발·이용·보급 촉진법 시행규칙 제2조)
• 태양광설비 : 태양의 빛에너지를 변환시켜 전기를 생산하거나 채광에 이용하는 설비
• 태양열설비 : 태양의 열에너지를 변환시켜 전기를 생산하거나 에너지원으로 이용하는 설비
• 수력설비 : 물의 유동에너지를 변환시켜 전기를 생산하는 설비
• 풍력설비 : 바람의 에너지를 변환시켜 전기를 생산하는 설비

**62** 다음 중 신에너지 항목이 아닌 것은?

① 바이오에너지
② 연료전지
③ 수소에너지
④ 석탄을 액화 또는 가스화한 에너지

해설
신에너지(신에너지 및 재생에너지 개발·이용·보급 촉진법 제2조)
기존의 화석연료를 변환시켜 이용하거나 수소·산소 등의 화학 반응을 통하여 전기 또는 열을 이용하는 에너지로서 다음의 어느 하나에 해당하는 것을 말한다.

정답 58 ④ 59 ④ 60 ③ 61 ③ 62 ①

- 연료전지
- 수소에너지
- 석탄을 액화·가스화한 에너지 및 중질잔사유를 가스화한 에너지로서 대통령령으로 정하는 기준 및 범위에 해당하는 에너지

## 63 빙설이 많은 지방의 겨울철에는 어떤 종류의 풍압하중을 적용하는가?(단, 해안지방 기타 저온계절에 최대 풍압이 생기는 지방은 제외한다)

① 갑종 풍압하중
② 을종 풍압하중
③ 병종 풍압하중
④ 갑종 풍압하중과 을종 풍압하중 중 큰 것

**해설**

풍압하중의 종별과 적용(판단기준 제62조)

| 구 분 | 고온계절 | 저온계절 |
|---|---|---|
| 빙설이 많은 지방 이외의 지방 | 갑 종 | 병 종 |
| 빙설이 많은 지방(일반지방) | 갑 종 | 을 종 |
| 빙설이 많은 지방(해안지방, 기타 저온계절에 최대풍압이 발생하는 지방) | 갑 종 | 갑종과 을종 중 큰 것 |
| 인가가 많이 연접되어 있는 장소<br>• 저압 또는 고압 가공전선로의 지지물 또는 가섭선<br>• 사용전압이 35[kV] 이하의 전선에 특고압 절연전선 또는 케이블을 사용하는 특고압 가공전선로의 지지물, 가섭선 및 특고압 가공전선을 지지하는 애자장치 및 완금류 | 병 종 | 병 종 |

## 64 특별 제3종 접지공사의 접지저항 값은?

① 10[Ω] 이하　② 75[Ω] 이하
③ 100[Ω] 이하　④ 150[Ω] 이하

**해설**

접지공사의 접지저항값(판단기준 제18조)

| 접지공사의 종류 | 접지저항값 |
|---|---|
| 제1종 접지공사 | 10[Ω] |
| 제2종 접지공사 | 변압기의 고압 측 또는 특고압 측의 전로의 1선 지락전류의 암페어 수로 150을 나눈 값과 같은 [Ω] 수 |
| 제3종 접지공사 | 100[Ω] |
| 특별 제3종 접지공사 | 10[Ω] |

## 65 전로의 절연원칙에 따라 반드시 절연하여야 하는 것은?

① 전로의 중성점에 접지공사를 하는 경우의 접지점
② 계기용변성기의 2차 측 전로의 접지점
③ 저압 가공전선로의 접지측 전선
④ 22.9[kVA] 중성선의 다중 접지의 접지점

**해설**

전로의 절연(판단기준 제12조)

전로는 다음 각 호의 부분 이외에는 대지로부터 절연하여야 한다.

- 저압 전로에 접지공사를 하는 경우의 접지점
- 전로의 중성점에 접지공사를 하는 경우의 접지점
- 계기용변성기의 2차 측 전로에 접지공사를 하는 경우의 접지점
- 저압 가공전선의 특고압 가공전선과 동일 지지물에 시설되는 부분에 접지공사를 하는 경우의 접지점
- 중성점이 접지된 특고압 가공선로의 중성선에 다중 접지를 하는 경우의 접지점
- 소구경관(박스를 포함한다)에 접지공사를 하는 경우의 접지점
- 저압 전로와 사용전압이 300[V] 이하의 저압 전로(자동제어회로, 원방조작회로, 원방 감시 장치의 신호회로 기타 이와 유사한 전기회로(이하 "제어회로 등"이라 한다)에 전기를 공급하는 전로에 한한다)를 결합하는 변압기의 2차 측 전로에 접지공사를 하는 경우의 접지점
- 다음과 같이 절연할 수 없는 부분
  - 시험용 변압기, 기구 등의 전로의 절연내력에 규정하는 전력선 반송용 결합 리액터, 전기울타리용 전원장치, 엑스선발생장치(엑스선관, 엑스선관용변압기, 음극 가열용 변압기 및 이의 부속장치와 엑스선관 회로의 배선을 말한다), 전기부식방지용 양극, 단선식 전기철도의 귀선(가공 단선식 또는 제3레일식 전기철도의 레일 및 그 레일에 접속하는 전선을 말한다) 등 전로의 일부를 대지로부터 절연하지 아니하고 전기를 사용하는 것이 부득이한 것
  - 전기욕기·전기로·전기보일러·전해조 등 대지로부터 절연하는 것이 기술상 곤란한 것
- 직류계통에 접지공사를 하는 경우의 접지점

## 66 고압 또는 특고압 전로 중 기계 기구 및 전선을 보호하기 위하여 필요한 곳에는 무엇을 시설하여야 하는가?

① 영상 변류기　② 과전류 차단기
③ 콘덴서형 변성기　④ 지락 차단기

**해설**

고압 또는 특고압 전로 중 기계 기구 및 전선을 보호하기 위하여 필요한 곳에 과전류 차단기를 시설해야 한다.



63 ② 64 ① 65 ③ 66 ② 정답

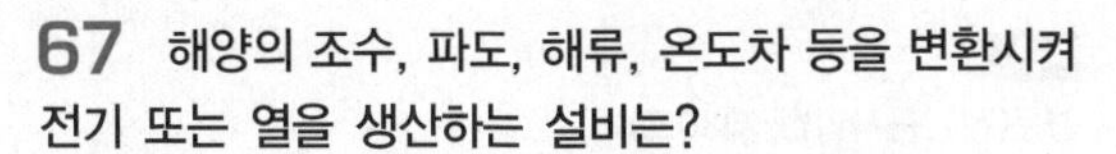

**67** **해양의 조수, 파도, 해류, 온도차 등을 변환시켜 전기 또는 열을 생산하는 설비는?**

① 해양에너지설비　② 지열에너지설비
③ 태양열에너지설비　④ 수소에너지설비

**해설**

신재생에너지 설비(신에너지 및 재생에너지 개발 · 이용 · 보급 촉진법 시행규칙 제2조)
- 해양에너지설비 : 해양의 조수, 파도, 해류, 온도차 등을 변환시켜 전기 또는 열을 생산하는 설비
- 지열에너지설비 : 물, 지하수 및 지하의 열 등의 온도차를 변환시켜 에너지를 생산하는 설비
- 수소에너지설비 : 물이나 그 밖에 연료를 변환시켜 수소를 생산하거나 이용하는 설비

**68** **전기안전관리자를 선임하지 않아도 되는 발전설비의 설비용량은?**

① 10[kW] 이하　② 20[kW] 이하
③ 30[kW] 이하　④ 50[kW] 이하

**해설**

전기안전관리자의 선임 등(전기사업법 시행규칙 제40조)
전기안전관리자를 선임하지 않아도 되는 발전설비의 설비용량은 20[kW] 이하의 발전설비이다.

**69** **신재생에너지의 공급의무화에 대한 설명 중 맞는 것은?**

① 공급의무자가 의무적으로 신재생에너지를 이용하여 공급하여야 하는 발전량의 합계는 총전력생산량의 20[%] 이내의 범위에서 연도별로 대통령령으로 정한다.
② 공급의무자는 의무공급량의 일부에 대하여 다음 연도로 그 공급의무의 이행을 연기할 수 없다.
③ 공급의무자는 공급인증서를 구매하여 의무공급량에 충당할 수 있다.
④ 공급의무자의 의무공급량은 대통령령으로 정해진 바에 따라 고시한다.

**해설**

신재생에너지 공급의무화 등(신에너지 및 재생에너지 개발 · 이용 · 보급 촉진법 제12조의5)
- 산업통상자원부장관은 신재생에너지의 이용 · 보급을 촉진하고 신재생에너지산업의 활성화를 위하여 필요하다고 인정하면 다음의 어느 하나에 해당하는 자 중 대통령령으로 정하는 자에게 발전량의 일정량 이상을 의무적으로 신재생에너지를 이용하여 공급하게 할 수 있다.
  - 전기사업법에 따른 발전사업자
  - 집단에너지사업법에 따라 전기사업법에 따른 발전사업의 허가를 받은 것으로 보는 자
  - 공공기관
- 공급의무자가 의무적으로 신재생에너지를 이용하여 공급하여야 하는 발전량(이하 "의무공급량"이라 한다)의 합계는 총전력생산량의 10[%] 이내의 범위에서 연도별로 대통령령으로 정한다. 이 경우 균형 있는 이용 · 보급이 필요한 신재생에너지에 대하여는 대통령령으로 정하는 바에 따라 총의무공급량 중 일부를 해당 신재생에너지를 이용하여 공급하게 할 수 있다.
- 공급의무자의 의무공급량은 산업통상자원부장관이 공급의무자의 의견을 들어 공급의무자별로 정하여 고시한다. 이 경우 산업통상자원부장관은 공급의무자의 총발전량 및 발전원(發電源) 등을 고려하여야 한다.
- 공급의무자는 의무공급량의 일부에 대하여 3년의 범위에서 그 공급의무의 이행을 연기할 수 있다.
- 공급의무자는 신재생에너지 공급인증서를 구매하여 의무공급량에 충당할 수 있다.
- 산업통상자원부장관은 공급의무의 이행 여부를 확인하기 위하여 공급의무자에게 대통령령으로 정하는 바에 따라 필요한 자료의 제출 또는 구매하여 의무공급량에 충당하거나 발급받은 신재생에너지 공급인증서의 제출을 요구할 수 있다.
- 공급의무의 이행을 연기할 수 있는 총량과 연차별 허용량, 그 밖에 필요한 사항은 대통령령으로 정한다.

**70** **전기공사업자가 기술기준 및 설계도서에 적합하게 시공하지 않은 경우 행정처분으로 맞는 것은?**

① 영업정지 1개월　② 영업정지 2개월
③ 영업정지 3개월　④ 영업정지 4개월

**해설**

행정처분 및 과징금의 부과기준(전기공사업법 시행규칙 별표 1)
공사업자는 전기공사를 시공할 때 이 법, 기술기준 및 설계도서에 적합하게 시공하여야 한다. 위반 시 행정처분 영업정지 2개월 또는 과징금 400만원에 처한다.

**71** **직류 750[V] 이하 교류 600[V] 이하의 전압을 무엇이라 하는가?**

① 저 압　② 고 압
③ 특고압　④ 초고압

**해설**

정의(기술기준 제3조)
- 저압 : 직류는 750[V] 이하, 교류는 600[V] 이하인 것

정답　67 ①　68 ②　69 ③　70 ②　71 ①

• 고압 : 직류는 750[V]를, 교류는 600[V]를 초과하고, 7[kV] 이하인 것
• 특고압 : 7[kV]를 초과하는 것

**72** 산업통상자원부장관이 신재생에너지의 이용, 보급을 촉진하고자 신축·증축 또는 개축하는 건축물에 대하여 설계 시 산출된 예상에너지 사용량의 일정비율 이상을 신재생에너지를 이용하도록 신재생에너지설비를 의무적으로 설치하게 할 수 있는 단체에 해당하지 않는 것은?

① 신재생에너지 발전 개인사업체
② 국가 및 지방자치단체
③ 정부가 대통령령이 정하는 금액 이상을 출연한 정부출연기관
④ 정부출자기업체

해설
신재생에너지의 이용·보급의 촉진(신에너지 및 재생에너지 개발·이용·보급 촉진법 시행령 제19조)
산업통상자원부장관은 신재생에너지의 이용·보급을 촉진하기 위하여 필요한 경우 관계 중앙행정기관 또는 지방자치단체에 대하여 관련 계획의 수립, 제도의 개선, 필요한 예산의 반영, 신재생에너지설비의 인증 등에 따라 인증을 받은 신재생에너지 설비의 사용 등을 요청할 수 있다.

**73** 정부는 기후변화대응의 기본원칙에 따라 기후변화대응 기본계획을 수립 시행하여야 하는데 그 계획기간은 몇 년으로 하여야 하는가?

① 10 ② 20
③ 30 ④ 50

해설
기후변화대응 기본계획(저탄소 녹색성장 기본법 제40조)
정부는 기후변화대응의 기본원칙에 따라 20년을 계획기간으로 하는 기후변화대응 기본계획을 5년마다 수립·시행하여야 한다.

**74** 산업통상자원부장관의 청문을 통하여 내리는 처분으로 옳은 것은?

① 공급인증기관의 지정취소
② 건축물의 인증취소
③ 발전설비의 지정취소
④ 송전설비의 지정취소

해설
청문(전기공사업법 제30조)
산업통상자원부장관 또는 시·도지사는 다음의 처분을 하려면 청문을 하여야 한다.
• 지정교육훈련기관의 지정취소 • 공사업 등록의 취소
• 전기공사기술자의 인정취소

**75** 기후변화 대응 및 저탄소 녹색성장 추진을 위한 정부의 목표설정에 해당하지 않는 것은?

① 온실가스 감축 목표 ② 에너지 이용효율 목표
③ 에너지 절약 목표 ④ 신재생에너지 자립 목표

해설
기후변화대응 및 에너지의 목표관리(저탄소 녹색성장 기본법 제42조)
정부는 범지구적인 온실가스 감축에 적극 대응하고 저탄소 녹색성장을 효율적·체계적으로 추진하기 위하여 다음의 사항에 대한 중장기 및 단계별 목표를 설정하고 그 달성을 위하여 필요한 조치를 강구하여야 한다.
• 온실가스 감축 목표
• 에너지 절약 목표 및 에너지 이용효율 목표
• 에너지 자립 목표
• 신재생에너지 보급 목표

**76** 전기공사의 종류와 예시가 잘못 짝지어진 것은?

① 발전설비공사 : 태양광발전소의 전기설비공사
② 송전설비공사 : 철탑조립공사
③ 변전설비공사 : 모선설비공사
④ 배전설비공사 : 보호제어설비설치공사

해설
전기공사의 종류(전기공사업법 시행령 별표 1)
• 발전설비공사
발전소(원자력발전소, 화력발전소, 풍력발전소, 수력발전소, 조력발전소, 태양열발전소, 내연발전소, 열병합발전소, 태양광발전소 등의 발전소를 말한다)의 전기설비공사와 이에 따른 제어설비공사
• 송전설비공사
  – 공중송전설비공사 : 공중송전설비공사에 부대되는 철탑기초공사 및 철탑조립공사(지지물설치 및 철탑도장을 포함한다), 공중전선 설치공사(금구류 설치를 포함한다), 횡단개소의 보조설비공사, 보호선·보호망공사
  – 지중송전설비공사 : 지중송전설비공사에 부대되는 전력구 설비공사, 공동구 안의 전기설비공사, 전력지중관로설비공사, 전력케이블설치공사(전선방재설비공사를 포함한다)



72 ① 73 ② 74 ① 75 ④ 76 ④ 정답

- 물밑송전설비공사 : 물밑전력케이블설치공사
- 터널 안 전선로공사 : 철도・궤도・자동차도・인도 등의 터널 안 전선로공사

• 변전설비공사
- 변전설비기초공사 : 변전기기, 철구, 가대 및 덕트 등의 설치를 위한 공사
- 모선설비공사 : 모선설치(금구류 및 애자장치를 포함한다), 지지 및 분기개소의 설비공사
- 변전기기설치공사 : 변압기, 개폐장치(차단기, 단로기 등을 말한다), 피뢰기 등의 설치공사
- 보호제어설비설치공사 : 보호・제어반 및 제어케이블의 설치공사

• 배전설비공사
- 공중배전설비공사 : 전주 등 지지물공사, 변압기 등 전기기기설치공사, 가선공사(수목전지공사를 포함한다)
- 지중배전설비공사 : 지중배전설비공사에 부대되는 전력구 설비공사, 공동구 안의 전기설비공사, 전력지중관로설비공사, 변압기 등 전기기기설치공사, 전력케이블설치공사(전선방재설비공사를 포함한다)
- 물밑배전설비공사 : 물밑전력케이블설치공사
- 터널 안 전선로공사 : 철도・궤도・자동차도・인도 등의 터널 안 전선로공사

## 77 제3종 접지공사의 접지선의 굵기는 공칭단면적 몇 $[mm^2]$ 이상의 연동선인가?

① 2.5 ② 4.0
③ 6.0 ④ 10

해설

각종 접지공사의 세목(판단기준 제19조)

| 접지공사의 종류 | 접지선의 굵기 |
|---|---|
| 제1종 접지공사 | 공칭단면적 $6[mm^2]$ 이상의 연동선 |
| 제2종 접지공사 | 공칭단면적 $16[mm^2]$ 이상의 연동선 |
| 제3종 접지공사 및 특별 제3종 접지공사 | 공칭단면적 $2.5[mm^2]$ 이상의 연동선 |

## 78 전기사업자는 사업을 시작한 경우에는 지체 없이 그 사실을 누구에게 신고하여야 하는가?

① 교육부장관
② 도지사
③ 시장, 군수
④ 산업통상자원부장관

해설

전기설비의 설치 및 사업의 개시 의무(전기사업법 제9조)
• 전기사업자는 산업통상자원부장관이 지정한 준비기간에 사업에 필요한 전기설비를 설치하고 사업을 시작하여야 한다.
• 준비기간은 10년을 넘을 수 없다. 다만, 산업통상자원부장관이 정당한 사유가 있다고 인정하는 경우에는 준비기간을 연장할 수 있다.
• 산업통상자원부장관은 전기사업을 허가할 때 필요하다고 인정하면 전기사업별 또는 전기설비별로 구분하여 준비기간을 지정할 수 있다.
• 전기사업자는 사업을 시작한 경우에는 지체 없이 그 사실을 산업통상자원부장관에게 신고하여야 한다.

## 79 발전소와 전기수용설비, 변전소와 전기수용설비, 송전선로와 전기수용설비, 전기수용설비 상호간을 연결하는 선로는?

① 송전선로 ② 배전선로
③ 개폐소 ④ 발전선로

해설

정의(전기사업법 시행규칙 제2조)
• "송전선로"란 다음 곳을 연결하는 전선로(통신용으로 전용하는 것은 제외한다. 이하 같다)와 이에 속하는 전기설비를 말한다.
- 발전소 상호 간
- 변전소 상호 간
- 발전소와 변전소 간

• "배전선로"란 다음 곳을 연결하는 전선로와 이에 속하는 전기설비를 말한다.
- 발전소와 전기수용설비
- 변전소와 전기수용설비
- 송전선로와 전기수용설비
- 전기수용설비 상호 간

• "개폐소"란 다음 곳의 전압 5만[V] 이상의 송전선로를 연결하거나 차단하기 위한 전기설비를 말한다.
- 발전소 상호 간
- 변전소 상호 간
- 발전소와 변전소 간

정답 77 ① 78 ④ 79 ②

**80** 온실가스 감축의 국가목표는 2030년의 국가 온실가스 총배출량을 2030년의 온실가스 배출전망치 대비 얼마까지 감출하는 것으로 하고 있는가?

① 100분의 35　　② 100분의 36
③ 100분의 37　　④ 100분의 38

해설

온실가스 감축 국가목표 설정 · 관리(저탄소 녹색성장 기본법 시행령 제25조)
온실가스 감축 목표는 2030년의 국가 온실가스 총배출량을 2030년의 온실가스 배출 전망치 대비 100분의 37까지 감축하는 것으로 한다.
※ 관련 법령 개정으로 인해 다음과 같이 변경됨〈개정 2019.12.31〉
법 제42조제1항제1호에 따른 온실가스 감축 목표는 2030년의 국가 온실가스 총배출량을 2017년의 온실가스 총배출량의 1,000분의 244만큼 감축하는 것으로 한다.



80 ③ 정답

# 과년도 기출문제

## 제1과목 태양광발전시스템 이론

**01** 박막 실리콘 태양전지 설명 중 틀린 것은?

① 실리콘의 사용량이 적어 저렴하다.
② 재료는 인듐을 사용한다.
③ 아몰퍼스 실리콘 박막을 적층한 방식이다.
④ 텐덤형 실리콘 태양전지 변환효율은 12[%] 정도이다.

해설
박막형 태양전지(2세대)
유리, 금속판, 플라스틱 같은 저가의 일반적인 물질을 기판으로 사용하여 빛 흡수층 물질을 마이크론 두께의 아주 얇은 막을 입혀 만든 태양전지이다.
• 유리를 대신하는 저가의 기반을 개발해야 한다.
• 아몰퍼스 실리콘 박막을 적층한 방식이다.
• 새로운 구조 등으로 모듈 재료의 수명을 연장해야 한다.
• 실리콘 사용량이 적어서 저렴하게 제작이 가능하다.

**02** 태양전지의 효율은 설치된 출력의 실제적 이용 상태를 말하는 것으로, 실제 100[W]의 일사량에서 효율이 15[%], 태양전지의 출력이 15[W]이면 변환효율은 몇 [%]가 되는가?

① 10　② 15
③ 20　④ 30

해설
인버터의 변환효율

$$\eta = \frac{출력}{입력} \times 100 = \frac{15}{100} \times 100 = 15[\%]$$

**03** 최대눈금이 50[V]인 직류전압계가 있다. 이 전압계를 사용하여 150[V]의 전압을 측정하려면 배율기의 저항은 몇 [Ω]을 사용하면 되는가?(단, 전압계의 내부저항은 5,000[Ω]이다)

① 1,000　② 2,500
③ 5,000　④ 10,000

해설

$$배율기\ 저항(R_S) = \frac{V - I_m R_m}{I_m} = \frac{V}{I_m} - R_m$$

$$= \frac{150}{1 \times 10^{-2}} - 5{,}000 = 10{,}000[\Omega]$$

$$I_m(계기의\ 최대\ 편위전류) = \frac{최대눈금\ 전압계}{전압계\ 내부저항}$$

$$= \frac{50}{5{,}000} = 1 \times 10^{-2}[A]$$

$R_m$(계기의 내부저항), $V$(계기의 최대눈금전압)
※ 배율기 전압($V$)$= I_m(R_S + R_m)$

**04** 뇌 서지 등의 피해로부터 태양광발전시스템을 보호하기 위한 대책으로 적절하지 않은 것은?

① 피뢰소자를 어레이 주 회로 내부에 분산시켜 설치하고 접속함에도 설치한다.
② 저압배전선에서 침입하는 뇌 서지에 대해서는 분전반에 피뢰소자를 설치한다.
③ 피뢰소자는 접지 측 배선은 되도록 길게 유지하면서 설치한다.
④ 뇌우 다발지역에서는 교류전원 측으로 내뢰트랜스를 설치한다.

해설
뇌 서지 대책
• 뇌우 다발지역에서는 교류전원 측으로 내뢰트랜스를 설치한다.
• 저압배전선에서 침입하는 뇌 서지에 대해서는 분전반에 피뢰소자를 설치한다.
• 피뢰소자의 접지 측 배선을 되도록 짧고 굵게 설치한다.
• 피뢰소자를 어레이 주 회로 내부에 분산시켜 설치하고 접속함에도 설치한다.
• 발생된 전위차로 인하여 불꽃방전이 일어나지 않게 거리를 두어서 절연한다.
• 태양전지 어레이의 금속제 구조부분은 적절히 접지한다.

정답 1 ② 2 ② 3 ④ 4 ③

**05** 태양전지에 입사되는 빛을 최대로 흡수함으로써 효율을 증가시킬 수 있다. 이를 위한 광학적 손실을 줄이는 대책으로 틀린 것은?

① 표면 조직화
② 웨이퍼 두께 감소
③ 전극면적 최소화
④ 표면 반사방지 코팅

해설
태양전지에 입사되는 빛을 최대로 흡수함으로써 효율을 증가시킬 수 있는데 광학적 손실을 줄이기 위해서는 표면 조직화, 표면 반사방지 코팅, 웨이퍼 두께 증가, 전극면적의 최소화 등으로 효율을 증가시킬 수 있다.

**06** 실리콘 태양전지 중 변환효율이 가장 높은 것은?

① 단결정 Si ② 다결정 Si
③ 박막 Si ④ 아몰퍼스 Si

해설
실리콘 태양전지 셀의 변환효율
- 단결정질 : 16~18[%]
- 다결정질 : 15~17[%]

**07** 태양전지를 재료에 의하여 분류한 것으로 틀린 것은?

① 유기물 ② 화합물
③ 염료감응형 ④ 잉곳/웨이퍼

해설
태양전지 재료의 분류
- 실리콘 태양전지(1세대)
  - 단결정질
  - 다결정질
- 박막형 태양전지(2세대)
  - 비정질 실리콘 박막형
  - 화합물 박막형
    ⓐ CdTe(Cadmium Telluride)
    ⓑ CIGS(Cu, In, Gs, Se)
- 차세대 태양전지(3세대)
  - 염료감응형(Dye-Sensitized)
  - 유기물(Organic)

**08** 태양광발전시스템의 발전효율을 극대화하기 위한 시스템은?

① 고정형 시스템
② 반고정형 시스템
③ 추적형 시스템
④ 건물일체형 시스템

해설
형태에 따른 태양광발전시스템의 분류로써 태양광발전시스템은 형태에 따라 추적식과 고정식으로 분류할 수 있는데, 추적식은 고정식에 비해 약 20~30[%] 정도 높은 발전효율을 보이지만 설치비용적인 측면에서 고정식에 비해 단가가 높다. 그러므로 사전에 발전량과 설치비용에 대한 검토 후 손익분기점을 계산하여 결정해야 한다.

**09** 태양광발전시스템의 축전지 기능을 모두 나타낸 것은?

[보 기]
ㄱ. 발전전력 급변 시의 버퍼 역할
ㄴ. 태양전지 출력전압의 안정화
ㄷ. 재해 시 전력의 공급
ㄹ. 전력저장

① ㄱ, ㄴ, ㄷ, ㄹ
② ㄱ, ㄴ, ㄹ
③ ㄱ, ㄷ, ㄹ
④ ㄴ, ㄷ, ㄹ

해설
태양광발전시스템의 축전지 기능
- 전력저장
- 발전전력 급변 시 임시저장(버퍼 기능)
- 재해 시 저장되었던 전력을 공급
- 태양전지 출력전압의 안정적인 공급

**10** 태양광발전시스템의 특징이 아닌 것은?

① 송전 손실의 증가
② 최대부하전력 절감
③ 에너지의 안정적인 공급
④ 국지적인 전력수요에 대응



5 ② 6 ① 7 ④ 8 ③ 9 ① 10 ① 정답

태양광발전시스템의 특징

- 태양전지는 광전 효과를 통해 빛에너지를 전기에너지로 변환시킨다.
- 충전조절기는 태양전지판에서 발생된 전력을 충전기에 충전시키거나 인버터에 공급한다.
- 국지적인 전력수요에 민감하게 대응할 수 있다.
- 송·배전할 이유가 없다.
- 양질의 전기생산이 가능하므로 에너지의 안정적인 공급이 된다.
- 축전지는 야간 및 악천후를 대비하여 전력을 저장한다.
- 인버터는 직류전력을 교류전력으로 변환시킨다.
- 최대부하전력의 절감

**11** 다음 [보기]에서 태양광 모듈의 설치가 가능한 위치를 모두 나타낸 것은?

[보 기]

ㄱ. 평면지붕　　ㄴ. 벽
ㄷ. 경사지붕　　ㄹ. 유리창

① ㄱ, ㄴ, ㄷ　　② ㄱ, ㄴ, ㄹ
③ ㄱ, ㄷ, ㄹ　　④ ㄱ, ㄴ, ㄷ, ㄹ

해설

태양광 모듈의 설치가 가능한 위치

- 평면지붕
- 경사지붕
- 벽
- 유리창
- 난 간

**12** 역률이 50[%]이고 1상의 임피던스가 60[Ω]인 유도 부하를 △로 결선하고 여기에 병렬로 저항 20[Ω]을 Y결선으로 하여 3상 선간전압 200[V]를 가할 때, 소비전력[W]은?

① 2,000　　② 2,200
③ 2,500　　④ 3,000

해설

동일한 임피던스를 △결선을 Y결선으로 변환 시 $\frac{1}{3}$이 되므로,

△결선의 1선당 임피던스는 $Z=\frac{60}{3}=j20,\ R=20[\Omega]$이다.

소비전력은 저항에만 해당되므로,

소비전력은 $P=3\times\frac{V^2}{R}\cos\theta=3\times\frac{200^2}{20}\times0.5=3{,}000[\mathrm{W}]$

**13** 태양광 모듈의 뒷면 표시사항에 해당되지 않는 것은?

① 공칭 질량　　② 내진 등급
③ 공칭 단락전류　　④ 내풍압성의 등급

해설

태양전지 모듈의 뒷면 표시(KSC-IEC 규격)

- 제조연월일 및 제조번호
- 제조연월을 알 수 있는 제조번호
- 공칭 질량[kg]
- 제조업자명 또는 그 약호
- 공칭 개방전압($V$)
- 공칭 개방전류($I$)
- 공칭 최대출력($P$)
- 내풍압성의 등급
- 공칭 최대출력 동작전압($V$)
- 공칭 최대출력 동작전류($A$)
- 최대시스템 전압
- 어레이의 조립 형태
- 역내전압 : 바이패스 다이오드의 유무

**14** 태양전지 모듈의 열 발생원인으로 틀린 것은?

① 적정하중
② 셀에서 적외선 흡수
③ 모듈의 전기적 동작
④ 모듈 상부 표면으로부터의 반사

해설

태양전지 모듈의 열 발생원인

- 모듈의 전기적 동작
- 셀에서의 적외선 및 자외선 흡수
- 모듈의 상부가 표면으로부터 반사될 때
- 과 열

**15** 태양전지의 발전원리에 관한 설명으로 틀린 것은?

① 태양전지는 N형 반도체와 P형 반도체를 이어 맞춘 구조이다.
② 빛이 흡수되면 전자는 N형 반도체에, 정공은 P형 반도체에 모인다.
③ N형 반도체는 실리콘 원자 1개의 전자가 부족한 상태를 이용한다.
④ 반도체가 빛을 흡수하면 입자가 생겨 태양전지 내부의 전자를 이동시켜 전기를 발생한다.

해설

태양전지의 발전원리로 태양전지는 태양에너지를 전기에너지로 변환시켜 주는 반도체 소자로서 N(전자)형 반도체와 P(정공)형 반도체의 결합인 P-N접합 다이오드 형태로 동작한다.

정답　11 ④　12 ④　13 ②　14 ①　15 ③

## 16 태양광발전의 핵심요소기술로서 틀린 것은?

① 회전체 작동기술
② 태양전지 제조기술
③ 전력변환장치(PCS)기술
④ BOS(Balance Of System)기술

**해설**

태양광발전의 핵심요소기술
- 인버터기술
- 태양전지 제조기술
- 축전지기술
- Balance Of System기술

## 17 인산형 연료전지 발전시스템의 주요 구성기기가 아닌 것은?

① 인버터
② 축전지
③ 제어장치
④ 연료전지본체

**해설**

인산형(PAFC ; Phosphoric Acid Fuel Cell)
- 1970년대 민간차원에서 처음으로 개발된 기술로 1세대 연료전지이며 병원, 호텔, 건물 등 분산형 전원으로 이용되고 있다.
- 현재 가장 앞선 기술로 미국, 일본에서 실용화 단계에 있다.
- 구성요소로는 인버터, 제어장치, 연료전지본체로 구성된다.

## 18 신재생에너지의 중요성에 관한 내용으로 거리가 먼 것은?

① 기후변화협약 대응
② 발전에너지의 높은 효율
③ 최근 유가의 불안정
④ 화석연료의 고갈문제 해결

**해설**

신재생에너지의 중요성
- 청정에너지원으로서 공해나 잡음이 없기에 환경이 보호된다.
- 화석연료의 고갈문제를 해결할 수 있다.
- 기후변화협약에 대응할 수 있다.
- 유가의 불안정으로 인한 내용을 해결할 수 있다.
- 앞으로의 차세대 에너지원으로 활용이 가능하다.

## 19 PN접합 다이오드에 공핍층이 생기는 경우는?

① (−)전압만 인가할 때 생긴다.
② 전압을 가하지 않을 때 생긴다.
③ 전자와 정공의 확산에 의해 생긴다.
④ 다수 전송파가 많이 모여 있는 순간에 생긴다.

**해설**

PN접합 다이오드에 공핍층이 생기는 이유는 전자(N)와 정공(P)의 확산에 의해서 생긴다.

## 20 역류방지 다이오드의 용량은 모듈 단락전류의 몇 배 이상이어야 하는가?

① 1.25배 ② 1.5배
③ 2배 ④ 3배

**해설**

역류방지 소자는 1대의 인버터에 연결된 태양전지 직렬군이 2병렬 이상일 경우에 각 직렬군에 역류방지 소자를 별도의 접속함에 설치해야 한다. 회로의 최대전류를 안전하게 흘릴 수 있음과 동시에 최대 역전압에 충분히 견딜 수 있도록 선정되어야 하고, 용량은 모듈 단락전류의 2배 이상이어야 하며, 현장에서 확인할 수 있도록 표시된 것을 사용해야 한다.

# 제2과목 태양광발전시스템 시공

## 21 역률을 개선하였을 경우 그 효과로 맞지 않는 것은?

① 전력손실의 감소
② 전압강하의 감소
③ 각종 기기의 수명연장
④ 설비용량의 무효분 증가

**해설**

역률개선의 효과
- 설비용량의 효과적 운용
- 전력손실의 감소
- 전압강하의 감소
- 전력요금의 감소



16 ① 17 ② 18 ② 19 ③ 20 ③ 21 ④ 정답

**22** **책임감리원은 최종감리보고서를 감리기간 종료 후 며칠 이내에 발주자에게 제출하여야 하는가?**

① 3일 이내 ② 7일 이내
③ 14일 이내 ④ 30일 이내

해설

감리보고 등(전력시설물 공사감리업무 수행지침 제17조)
책임감리원은 다음 사항이 포함된 최종감리보고서를 감리기간 종료 후 14일 이내에 발주자에게 제출하여야 한다.
- 공사 및 감리용역 개요
- 공사추진 실적현황
- 품질관리 실적
- 주요기자재 사용실적
- 안전관리 실적
- 환경관리 실적
- 종합분석

**23** **인버터의 직류 측 회로를 비접지로 하는 경우 비접지의 확인방법이 아닌 것은?**

① 테스터로 확인 ② 검전기로 확인
③ 간이 측정기 사용 ④ 활선접근경보장치 사용

해설

인버터의 직류 측 비접지 회로를 확인하는 방법
테스터나 검전기, 간이 측정기 측정으로 비접지 여부를 확인한다. 직류측 회로의 1선이 접지되어 있으면 접지된 곳을 찾아 비접지상태로 한다.

**24** **태양전지 모듈의 시공기준에 대한 설명으로 틀린 것은?**

① 전기줄, 피뢰침, 안테나 등의 미약한 음영도 장애물로 본다.
② 태양전지 모듈 설치열이 2열 이상인 경우 앞열은 뒷열에 음영이 지지 않도록 설치하여야 한다.
③ 장애물로 인한 음영에도 불구하고 일조시간은 1일 5시간(춘분(3~5월), 추분(9월~11월)기준) 이상이어야 한다.
④ 설치용량은 사업계획서 상의 모듈 설계용량과 동일하여야 하나 동일하게 설치할 수 없는 경우에 한하여 설계용량의 110[%] 이내까지 가능하다.

해설

전기줄, 피뢰침, 안테나 등의 미약한 음영은 장애물로 여기지 않는다.

**25** **태양전지 모듈의 배선을 지중으로 시공하는 경우의 설명으로 틀린 것은?**

① 지중배선과 지표면의 중간에 매설표시 시트를 포설한다.
② 지중배관 시 중량물의 압력을 받는 경우 0.6[m] 이상의 깊이로 매설한다.
③ 지중매설배관은 배선용 탄소강 강관, 내충격성 경화비닐 전선관을 사용한다.
④ 지중전선로의 매설개소에는 필요에 따라 매설깊이, 전선방향 등을 지상에 표시한다.

해설

1.2[m] 이상(중량물의 압력을 받을 우려가 없는 곳은 0.6[m] 이상)
지중매설관은 배선용 탄소강관, 내충격성 경질 염화비닐관을 사용한다. 단, 공사상 부득이하여 후강전선관에 방수·방습처리를 시행한 경우는 제외한다.

**26** **감리원은 공사업자의 시공기술자 등이 공사현장에 적합하지 않다고 인정되는 경우에는 시정을 요구하고 발주자에게 그 실정을 보고하여 교체사유가 인정되면 공사업자는 교체요구에 응하여야 한다. 교체사유로서 틀린 것은?**

① 시공관리책임자가 불법 하도급을 하거나 이를 방치하였을 때
② 시공관리책임자가 시공능력이 준수하다고 인정되나 정당한 사유 없이 기성공정이 예정공정보다 빠를 때
③ 시공관리책임자가 감리원과 발주자의 사전승낙을 받지 아니하고 정당한 사유 없이 해당 공사현장을 이탈한 때
④ 시공관리책임자가 고의 또는 과실로 공사를 조잡하게 시공하거나 부실시공을 하여 일반인에게 위해를 끼친 때

해설

시공기술자의 교체 사유(전력시설물 공사감리업무 수행지침 제20조)
- 시공기술자 및 안전관리자가 관계 법령에 따른 배치기준, 겸직금지, 보수교육 이수 및 품질관리 등의 법규를 위반하였을 때
- 시공관리책임자가 감리원과 발주자의 사전 승낙을 받지 아니하고 정당한 사유 없이 해당 공사현장을 이탈한 때
- 시공관리책임자가 고의 또는 과실로 공사를 조잡하게 시공하거나 부실시공을 하여 일반인에게 위해(危害)를 끼친 때

정답 22 ③ 23 ④ 24 ① 25 ② 26 ②

- 시공관리책임자가 계약에 따른 시공 및 기술능력이 부족하다고 인정되거나 정당한 사유 없이 기성공정이 예정공정에 현격히 미달한 때
- 시공관리책임자가 불법 하도급을 하거나 이를 방치하였을 때
- 시공기술자의 기술능력이 부족하여 시공에 차질을 초래하거나 감리원의 정당한 지시에 응하지 아니할 때
- 시공관리책임자가 감리원의 검사·확인 등 승인을 받지 아니하고 후속공정을 진행하거나 정당한 사유 없이 공사를 중단할 때

## 27 피뢰기의 정격전압이란?

① 충격파의 방전개시전압
② 상용 주파수의 방전개시전압
③ 속류의 차단이 되는 최고의 교류전압
④ 충격방전전류를 통하고 있을 때의 단자전압

**해설**

피뢰기의 정격전압은 속류의 차단이 되는 최고의 교류전압을 말한다.

## 28 감리원은 매 분기마다 공사업자로부터 안전관리결과 보고서를 제출받아 이를 검토하고 미비한 사항이 있을 때에는 시정하도록 조치하여야 한다. 안전관리결과 보고서에 포함되는 서류가 아닌 것은?

① 안전관리 조직표　② 직원 건강기록부
③ 안전교육 실적표　④ 안전보건 관리체제

**해설**

안전관리 결과 보고서에 포함되어야 하는 서류(전력시설물 공사 감리업무 수행지침 제49조)

- 안전관리 조직표
- 안전보건 관리체제
- 재해발생 현황
- 산재요양신청서 사본
- 안전교육 실적표
- 그 밖에 필요한 서류

## 29 지붕설치형 태양광 발전방식의 설치에 대한 설명으로 틀린 것은?

① 태양전지는 지붕 중앙부에 놓는 것이 바람직하다.
② 태양전지 모듈의 접속은 전선 또는 커넥터 부착 전선 등을 사용한다.
③ 건축물은 고정하중, 적재하중, 적설하중, 지진 등에 대하여 안전한 구조를 가져야 한다.
④ 건축물을 건축하거나 대수선하는 경우에는 지방자치단체장이 정하는 바에 따라 구조의 안전을 확인한다.

**해설**

지붕설치형 태양광발전방식의 설치

- 태양전지는 지붕 중앙부에 놓는 것이 바람직하다.
- 태양전지 모듈의 접속은 전선 또는 커넥터 부착 전선 등을 사용한다.
- 건축물은 고정하중, 적재하중, 적설하중, 지진 등에 대하여 안전한 구조를 가져야 한다.

## 30 전력계통에서 3권선 변압기(Y－Y－△)를 사용하는 주된 이유는?

① 노이즈 제거　② 전력손실 감소
③ 2가지 용량 사용　④ 제3고조파 제거

**해설**

3권선 변압기 사용 이유

3권선 변압기에 있는 △결선으로 제3고조파를 제거할 수 있다.

## 31 태양광발전시스템의 발전 형태별 태양전지 어레이 설치 시 준비 및 주의사항으로 틀린 것은?

① 가대 및 지지대는 현장에서 직접 용접한다.
② 태양전지 어레이 기초면 수평기, 수평줄을 확보한다.
③ 너트의 풀림방지는 이중너트를 사용하고 스프링 와셔를 체결한다.
④ 지지대 기초 앵커볼트의 유지 및 매립은 강제프레임 등에 의하여 고정하는 방식으로 한다.

**해설**

가대 및 지지대는 공장에서 용접을 시행한 후 현장에서 조립함을 원칙으로 한다.

## 32 태양광발전시스템 시공 시 작업의 종류에 따른 필요 공구가 잘못 연결된 것은?

① 도통시험 － 레벨미터
② 프레임 커팅 － 스피드 커터
③ 앵커 구멍 천공 － 앵커 드릴
④ 절삭부분 가공 － 핸드 그라인더

**해설**

도통시험은 멀티미터, 클램프미터, 회로시험기 등의 공구를 사용한다.



27 ③ 28 ② 29 ④ 30 ④ 31 ① 32 ① 정답

**33** 감리원의 공사시행 단계에서의 감리업무가 아닌 것은?

① 인허가 관련업무
② 품질관리 관련업무
③ 공정관리 관련업무
④ 환경관리 관련업무

해설
인허가 관련업무는 시공 전 단계에서의 감리업무이다.

**34** 태양전지 어레이를 설치하기 위한 기초의 요구조건으로 틀린 것은?

① 허용 침하량 이상의 침하
② 설계하중에 대한 안정성 확보
③ 현장여건을 고려한 시공 가능성
④ 환경변화, 국부적 지반 쇄굴 등에 대한 저항

해설
허용 침하량 이상의 침하는 태양광 구조물 시스템 설계기준에 따른 시공 중의 기초 요구조건이다.

**35** 설계감리원의 기본임무 수행사항이 아닌 것은?

① 과업지시서에 따라 업무를 성실히 수행하고 설계의 품질향상에 노력하여야 한다.
② 설계용역 계약 및 설계감리용역 계약내용이 충실히 이행될 수 있도록 하여야 한다.
③ 설계 및 설계감리용역 시행에 따른 업무연락, 문제점 파악 및 민원해결 등을 성실히 수행하여야 한다.
④ 설계공정의 진척에 따라 설계자로부터 필요한 자료 등을 제출받아 설계용역이 원활히 추진될 수 있도록 설계감리업무를 수행하여야 한다.

해설
발주자, 설계감리원 및 설계자의 기본임무(설계감리업무 수행지침 제5조)
설계 및 설계감리용역 시행에 따른 업무연락, 문제점 파악 및 민원해결 등을 성실히 수행하는 것은 발주자의 기본임무이다.

**36** 태양전지 모듈 시공 시의 안전대책에 대한 고려사항으로 적절하지 않은 것은?

① 절연된 공구를 사용한다.
② 강우 시에는 반드시 우비를 착용하고 작업에 임한다.
③ 안전모, 안전대, 안전화, 안전허리띠 등을 반드시 착용한다.
④ 작업자는 자신의 안전확보와 2차 재해방지를 위해 작업에 적합한 복장을 갖춰 작업에 임해야 한다.

해설
강우 시에는 감전사고뿐만 아니라 미끄러짐으로 인한 추락사고로 이어질 우려가 있으므로 작업을 금지한다.

**37** 어떤 건물에서 총설비부하용량이 850[kW], 수용률 60[%]라면, 변압기의 용량은 최소 몇 [kVA]로 하여야 하는가?(단, 설비부하의 종합역률은 0.75이다)

① 510 ② 620
③ 680 ④ 740

해설
최대수용전력＝총설비부하용량×수용률
＝850[kW]×60[%]＝510[kW]
변압기 용량＝최대수용전력÷설비부하의 종합역률
＝510÷0.75＝680[kVA]

**38** 간선의 굵기를 산정하는 결정요소가 아닌 것은?

① 허용전류 ② 기계적 강도
③ 전압강하 ④ 불평형 전류

해설
간선의 굵기를 산정하는 결정요소
• 허용전류
• 기계적 강도
• 전압강하

**39** 배전선로의 손실 경감과 관계없는 것은?

① 승 압 ② 역률 개선
③ 다중접지방식 채용 ④ 부하의 불평형 방지

해설
다중접지방식 채용은 배전선로의 접지방식을 적용할 때 사용된다.

정답 33 ① 34 ① 35 ③ 36 ② 37 ③ 38 ④ 39 ③

## 40 태양광발전시스템의 어레이 설치 종류가 아닌 것은?

① 양충식 ② 일자식
③ 단축식 ④ 고정식

**해설**
태양광발전시스템 어레이 설치 종류는 고정식, 가변식, 추적식(단축, 양축)이 있다.

# 제3과목 태양광발전시스템 운영

## 41 태양광발전사업의 허가를 받기위해 전기사업허가신청서와 함께 제출하는 사업계획서 내용 중 전기설비 개요에 포함되어야 할 사항으로 틀린 것은?

① 태양전지의 종류
② 인버터의 입력전압
③ 집광판의 설치단가
④ 태양전지의 정격출력

**해설**
전기사업계획서 내용(전기사업법 시행규칙 별표 1)
- 발전설비
  - 태양전지의 종류, 정격용량, 정격전압 및 정격출력
  - 인버터의 종류, 입력전압, 출력전압 및 정격출력
  - 집광판의 면적
- 송전·변전설비
  - 변전소의 명칭 및 위치, 변압기의 종류·용량·전압·대수
  - 송전선로의 명칭·구간 및 송전용량
  - 개폐소의 위치(동·리까지 작성)
  - 송전선의 종류·길이·회선수 및 굵기의 1회선당 조수

## 42 발전설비용량이 1,000[kW]인 경우 발전사업 허가권자는?

① 시·도지사
② 한국전력공사
③ 한국전기안전공사
④ 산업통상자원부장관

**해설**
발전사업의 개시신고(전기사업법 시행규칙 제8조)
발전사업의 개시의 신고를 하려는 자는 사업개시신고서를 산업통상자원부장관 또는 시·도지사(발전설비용량이 3,000[kW] 이하인 발전사업의 경우에 한정한다)에게 제출하여야 한다.

## 43 태양광발전시스템 보수점검작업 시 점검 전 유의사항이 아닌 것은?

① 회로도 검토 ② 오조작 방지
③ 접지선 제거 ④ 무전압상태 확인

**해설**
태양광발전시스템 보수점검작업 시 주의사항
- 준비작업
- 회로도의 검토
- 연락처
- 무전압상태 확인 및 안전조치
- 잔류전압에 대한 주의
- 오조작 방지
- 절연용 보호기구 준비
- 쥐, 곤충 등의 침입대책 : 쥐, 곤충, 뱀 등의 침입 방지대책

태양광발전시스템 보수점검 후의 유의사항
- 접지선 제거
- 최종확인
- 점검의 기록

## 44 중대형 태양광발전용 독립형 인버터에서 정상특성시험 시 시험항목으로 틀린 것은?

① 효율시험 ② 누설전류시험
③ 대기 손실시험 ④ 온도 상승시험

**해설**

| 시험항목 | | 독립형 | 계통연계형 |
|---|---|---|---|
| 정상특성시험 | 교류전압, 주파수 추종범위시험 | × | ○ |
| | 교류출력전류 변형률시험 | × | ○ |
| | 누설전류시험 | ○ | ○ |
| | 온도상승시험 | ○ | ○ |
| | 효율시험 | ○ | ○ |
| | 대기 손실시험 | × | ○ |
| | 자동기동·정지시험 | × | ○ |
| | 최대출력 추종시험 | × | ○ |
| | 출력전류 직류분 검출시험 | × | ○ |



정답 40 ② 41 ③ 42 ① 43 ③ 44 ③

## 45 검출기에 의해 측정된 데이터를 컴퓨터 및 먼 거리로 전송하는 것은?

① 연산장치 ② 표시장치
③ 기억장치 ④ 신호변환기

해설

신호변환기(트랜스듀서)
- 신호변환기는 검출기로 검출된 데이터를 컴퓨터 및 먼 거리에 설치된 표시장치에 전송하는 경우에 사용한다.
- 신호변환기는 각종 검출 데이터(전압, 전류, 전력 등)에 적합한 것이 시판되고 있으므로 그 중에서 필요한 것을 선택하며, 신호변환기의 출력신호도 입력신호 0~100[%]에 대하여 0~5[V], 1~5[V], 14~20[mA] 등 여러 가지가 시판되고 있으므로 그 중에서 최적인 것을 선택한다.
- 신호출력은 노이즈가 혼입되지 않도록 실드선을 사용하여 전송하도록 한다(4~20[mA]의 전류신호로 전송하면 노이즈의 염려가 줄어든다).

## 46 접지저항의 측정방법이 아닌 것은?

① 보호 접지저항계 측정법
② 전위차계 접지저항계 측정법
③ 클램프 온(Clamp On) 측정법
④ 콜라우시(Kohlrausch) 브리지법

해설

접지저항의 측정방법
- 공통 · 통합 접지저항 측정법
- 전위차계 접지저항계 측정법
- 간이 접지저항계 측정법
- 클램프 온(Clamp On) 측정법
- 콜라우시 브리지법

## 47 결정질 태양전지 모듈이 태양광에 노출되는 경우에 따라 유기되는 열화 정도를 테스트할 수 있는 장치로 옳은 것은?

① UV시험장치 ② 항온항습장치
③ 염수분무장치 ④ 솔라시뮬레이터

해설

UV시험장치
- 태양전지 모듈의 열화 정도를 시험한다.
- 판정기준 : 발전성능은 시험 전의 95[%] 이상이며, 절연저항판정기준에 만족하고, 외관은 두드러진 이상이 없고 표시는 판독이 가능하다.

## 48 전기사업 허가신청서의 처리절차로 옳은 것은?

① 신청서 작성 및 제출 → 검토 → 접수 → 전기위원회 심의 → 허가증 발급
② 신청서 작성 및 제출 → 접수 → 검토 → 전기위원회 심의 → 허가증 발급
③ 신청서 작성 및 제출 → 전기위원회 심의 → 검토 → 접수 → 허가증 발급
④ 신청서 작성 및 제출 → 접수 → 전기위원회 심의 → 검토 → 허가증 발급

해설

전기사업 허가신청서의 처리절차(전기사업법 시행규칙 별지 제1호 서식)
신청서 작성 및 제출 → 접수 → 검토 → 전기위원회 심의 → 허가증 발급

## 49 태양광발전설비의 안전관리를 위해 안전관리자가 보유하여야 할 장비로 적당하지 않은 것은?

① 검전기
② 각도계
③ 전압 Tester
④ Earth Tester

해설

태양광발전설비 안전관리자의 보유장비
- 절연용 보호구
  - 안전모
  - 전기용 고무장갑
  - 안전화
- 절연용 방호구
- 기타 절연용 기구
- 검출용구
  - 저압 및 고압용 검전기
  - 특고압 검전기(검전기 사용이 부적당한 경우 조작봉 사용)
  - 활선접근경보기
- 접지용구
- 측정계기
  - 멀티미터
  - 클램프미터(훅온미터)
  - 적외선 온도 측정기

정답 45 ④ 46 ① 47 ① 48 ② 49 ②

**50** 태양광발전시스템의 일상점검 점검항목이 아닌 것은?

① 인버터 – 통풍 확인
② 접속함 – 절연저항 측정
③ 인버터 – 표시부의 이상표시
④ 태양전지모듈 – 표면의 오염 및 파손

해설
② 접속함 : 절연저항 측정은 정기점검 점검항목이다.

**51** 결정질 실리콘 태양전지 모듈의 최대출력 결정 시 품질기준으로 틀린 것은?

① 시험시료의 출력 균일도는 평균출력의 ±3[%] 이내일 것
② 시험시료의 최종 환경시험 후 최대출력의 열화는 최초 최대출력의 –8[%]를 초과하지 않을 것
③ 해당 태양전지모듈의 최대출력을 측정하되, 시험시료의 평균출력은 정격출력 이상일 것
④ 최대시스템전압의 두 배에 1,000[V]를 더한 것과 같은 전압을 최대 500[V/s] 이하의 상승률로 태양전지모듈의 출력단자와 패널 또는 접지단자(프레임)에 1분간 유지할 것

해설
'최대시스템전압의 2배에 1,000[V]를 더한 것과 같은 전압을 최대 500[V/s] 이하의 상승률로 태양전지 모듈의 출력단자 패널 또는 접지단자(프레임)에 1분간 유지할 것'은 태양광발전용 접속함의 성능기준에서 내전압 시험항목에 해당되는 내용이다.

**52** 시스템 성능평가의 분류로 틀린 것은?

① 신뢰성 ② 사이트
③ 발전성능 ④ 분석가격

해설
시스템 성능평가의 분류
- 구성용인의 성능 · 신뢰성
- 사이트
- 발전성능
- 신뢰성
- 설치가격(경제성)

**53** 직독식 접지저항계에 의한 접지저항 측정 시 E단자를 접지극에 접속하고 일직선상으로 몇 [m] 이상 떨어져 보조접지봉을 박는가?

① 5 ② 10
③ 15 ④ 20

해설
직독식 접지저항계에 의한 접지저항 측정 시 E단자를 접지극에 접속하고 일직선상으로 10[m] 이상 떨어져 보조접지봉을 박는다.

**54** 독립형 태양광 발전시스템의 주요 구성장치가 아닌 것은?

① 인버터 ② 태양전지모듈
③ 충방전 제어기 ④ 송전설비 및 배전시스템

해설
독립형 태양광발전시스템의 주요 구성장치
- 태양전지
- 파워컨디셔너
- 축전지
- 충방전제어기
- 인버터

**55** 절연변압기가 부착된 태양광 인버터의 정격전압이 600[V]일 때 절연저항 측정 시 사용하는 절연저항계는 몇 [V]용을 이용하는가?

① 500 ② 1,000
③ 2,000 ④ 3,000

해설
절연변압기가 부착된 태양광 인버터의 정격전압이 600[V]일 때 절연저항 측정 시 사용하는 절연저항계는 1,000[V]용을 이용한다.

**56** 산업통상자원부장관의 허가가 필요한 발전설비 용량[kW]은?

① 2,000 ② 2,500
③ 3,000 ④ 3,500

해설
발전사업의 개시신고(전기사업법 시행규칙 제8조)
발전사업의 개시의 신고를 하려는 자는 사업개시신고서를 산업통상자원부장관 또는 시 · 도지사(발전설비용량이 3,000[kW] 이하인 발전사업의 경우에 한정한다)에게 제출하여야 한다. 즉, 발전설비용량이 3,000[kW] 초과 용량은 산업통상자원부장관의 허가가 필요하다.



50 ② 51 ④ 52 ④ 53 ② 54 ④ 55 ② 56 ④ 정답

**57** 송전설비공사의 하자 보수 책임기간은 몇 년인가?

① 1년 ② 2년
③ 3년 ④ 4년

해설

전기공사의 종류별 하자담보책임기간(전기공사업법 시행령 제11조의7)
송전설비공사의 하자 보수 책임기간은 3년이다.

**58** 태양전지 모듈회로의 전로 사용전압이 400[V] 이상인 경우 절연저항값은 몇 [MΩ] 이상이어야 하는가?

① 0.1 ② 0.2
③ 0.3 ④ 0.4

해설

태양전지 모듈의 절연저항값(전기설비기술기준 제52조)

| 전로의 사용전압 구분 | | 절연저항치[MΩ] |
|---|---|---|
| 400[V] 미만 | 대지전압(접지식 전로는 전선과 대지 간의 전압, 비접지식 전로는 전선 간의 전압을 말한다)의 150[V] 이하인 경우 | 0.1 이상 |
| | 대지전압이 150[V] 초과 300[V] 이하인 경우(전압 측 전선과 중성선 또는 대지 간의 절연저항) | 0.2 이상 |
| | 사용전압이 300[V] 초과 400[V] 미만 | 0.3 이상 |
| 400[V] 이상 | | 0.4 이상 |

**59** 송전설비의 배전반에서 주회로의 인입부분 및 인출부분에 대한 일상점검의 내용이 아닌 것은?

① 볼트 종류의 이완상태에 따른 진동음 발생 여부를 점검한다.
② 케이블의 접속부분에서 과열현상에 의한 이상한 냄새의 발생 여부를 점검한다.
③ 케이블의 관통부분에서 곤충이나 벌레 등의 침입 가능성이 있는지 점검한다.
④ 부싱부분에서 접지 및 절연저항값을 측정하고 점검한다.

해설

부싱부분에서 접지 및 절연저항값을 측정하고 점검하는 것은 정기점검의 항목이다.

**60** 정기점검 시 주 회로용 퓨즈의 외부일반 점검목적과 점검내용으로 틀린 것은?

① 지시 표시 – 영점조정은 잘되어 있는지 확인
② 손상 – 퓨즈통, 애자 등에 균열, 변형 여부 확인
③ 변색 – 퓨즈통, 퓨즈홀더의 단자부에 변색 여부 확인
④ 볼트의 조임 이완 – 단자부의 볼트 조임의 이완 여부 확인

해설

정기점검 시 주회로용 퓨즈의 외부일반 점검내용

| | | | |
|---|---|---|---|
| 주회로용 퓨즈 | 외부 일반 | 볼트조임 이완 | 단자부의 볼트류 및 접촉부에 조임 이완은 없는가 |
| | | 손 상 | 퓨즈통, 애자 등에 균열, 변형은 없는가 |
| | | 변 색 | 퓨즈통, 퓨즈홀더의 단자부에 변색은 없는가 |
| | | 오 손 | 애자 등에 이물질, 먼지 등이 부착되어 있지 않는가 |
| | | 동 작 | 단로기 타입의 개폐조작에 이상은 없는가 |

## 제4과목 신재생에너지관련법규

**61** 고압 전로에 사용하는 포장퓨즈는 정격전류의 몇 배에 견디어야 하는가?

① 1.10
② 1.25
③ 1.30
④ 2.00

해설

고압 및 특고압 전로 중의 과전류차단기의 시설(판단기준 제39조)
과전류차단기로 시설하는 퓨즈 중 고압 전로에 사용하는 포장퓨즈(퓨즈 이외의 과전류차단기와 조합하여 하나의 과전류차단기로 사용하는 것을 제외한다)는 정격전류의 1.3배의 전류에 견디고 또한 2배의 전류로 120분 안에 용단되는 것 또는 규정에 적합한 고압 전류제한퓨즈이어야 한다.

정답 57 ③ 58 ④ 59 ④ 60 ① 61 ③

## 62 안전공사 및 전기판매사업자는 일반용 전기설비의 점검 또는 점검결과의 통지를 한 경우 서류 또는 자료를 몇 년간 보존해야 하는가?

① 1년 ② 2년
③ 3년 ④ 5년

**해설**

전압 및 주파수의 측정(전기사업법 시행규칙 제19조)

(1) 전기사업자 및 한국전력거래소는 산업통상자원부령으로 정하는 바에 따라 전기품질을 측정하고 그 결과를 기록·보존하여야 한다는 규정에 따라 전기사업자 및 한국전력거래소는 다음의 사항을 매년 1회 이상 측정하여야 하며 측정결과를 3년간 보존하여야 한다.
- 발전사업자 및 송전사업자의 경우에는 전압 및 주파수
- 배전사업자 및 전기판매사업자의 경우에는 전압
- 한국전력거래소의 경우에는 주파수

(2) 전기사업자 및 한국전력거래소는 (1)에 따른 전압 및 주파수의 측정기준·측정방법 및 보존방법 등을 정하여 산업통상자원부장관에게 제출하여야 한다.

## 63 전로의 중성점을 접지하는 목적에 해당하지 않는 것은?

① 이상전압의 억제
② 대지전압의 저하
③ 보호장치의 확실한 동작의 확보
④ 부하전류의 일부를 대지로 흐르게 함으로써 전선의 절약

**해설**

전로의 중성점의 접지(판단기준 제27조)

전로의 보호장치의 확실한 동작의 확보, 이상전압의 억제 및 대지전압의 저하를 위하여 특히 필요한 경우에 전로의 중성점에 접지공사를 할 경우에는 다음에 따라야 한다.
- 접지극은 고장 시 그 근처의 대지 사이에 생기는 전위차에 의하여 사람이나 가축 또는 다른 시설물에 위험을 줄 우려가 없도록 시설할 것
- 접지선은 공칭단면적 16[$mm^2$] 이상의 연동선 또는 이와 동등 이상의 세기 및 굵기의 쉽게 부식하지 아니하는 금속선(저압 전로의 중성점에 시설하는 것은 공칭단면적 6[$mm^2$] 이상의 연동선 또는 이와 동등 이상의 세기 및 굵기의 쉽게 부식하지 않는 금속선)으로서 고장 시 흐르는 전류가 안전하게 통할 수 있는 것을 사용하고 또한 손상을 받을 우려가 없도록 시설할 것
- 접지선에 접속하는 저항기·리액터 등은 고장 시 흐르는 전류를 안전하게 통할 수 있는 것을 사용할 것
- 접지선·저항기·리액터 등은 취급자 이외의 자가 출입하지 아니하도록 설비한 곳에 시설하는 경우 이외에는 사람이 접촉할 우려가 없도록 시설할 것

## 64 7,000[V]를 초과하는 전압은?

① 저 압 ② 고 압
③ 특고압 ④ 초고압

**해설**

정의(전기사업법 시행규칙 제2조)
- 저압이란 직류에서는 750[V] 이하의 전압을 말하고, 교류에서는 600[V] 이하의 전압을 말한다.
- 고압이란 직류에서는 750[V]를 초과하고 7,000[V] 이하인 전압을 말하고, 교류에서는 600[V]를 초과하고 7,000[V] 이하인 전압을 말한다.
- 특고압이란 7,000[V]를 초과하는 전압을 말한다.

## 65 가공 전선로에 사용하는 지지물의 강도계산에 적용하는 풍압하중의 종류는?

① 1종, 2종, 3종 ② A종, B종, C종
③ 수평, 수직, 각도 ④ 갑종, 을종, 병종

**해설**

풍압하중의 종별과 적용(판단기준 제62조)

가공전선로에 사용하는 지지물의 강도계산에 적용하는 풍압하중은 3종이 있다.
- 갑종 풍압하중
- 을종 풍압하중
- 병종 풍압하중

## 66 전기공사업의 등록기준으로 옳은 것은?

① 자본금 1억 이상, 전기공사기술자 2명 이상, 공사업 운영을 위한 사무실 확보
② 자본금 1억 5천만원 이상, 전기공사기술자 3명 이상, 공사업 운영을 위한 사무실 확보
③ 자본금 2억 이상, 전기공사기술자 3명 이상, 공사업 운영을 위한 사무실 확보
④ 자본금 2억 5천만원 이상, 전기공사기술자 2명 이상, 공사업 운영을 위한 사무실 확보

**해설**

공사업의 등록 등(전기공사업법 시행령 제6조)

공사업의 등록을 하려는 자는 대통령령으로 정하는 기술능력 및 자본금 등을 갖추어야 한다는 규정에 따라 공사업의 등록을 하려는 자가 갖추어야 할 기술능력, 자본금 및 사무실 등에 관한 기준은 다음과 같다.



62 ③ 63 ④ 64 ③ 65 ④ 66 ② 정답

• [별표 3] 공사업의 등록기준

| 항 목 | 공사업의 등록기준 |
|---|---|
| 기술능력 | 전기공사기술자 3명 이상(3명 중 1명 이상은 별표 4의 2 비고 제1호에 따른 기술사, 기능장, 기사 또는 산업기사의 자격을 취득한 사람이어야 한다) |
| 자본금 | 1억 5천만원 이상 |
| 사무실 | 공사업 운영을 위한 사무실 |

**67** 국가기관, 지방자치단체, 공공기관, 그 밖에 대통령령으로 정하는 자가 신재생에너지 기술개발 및 이용·보급에 관한 계획을 수립·시행하려면 대통령령으로 정하는 바에 따라 미리 누구와 협의를 하여야 하는가?

① 시·도지사
② 국가기술표준원장
③ 한국전력공사사장
④ 산업통상자원부장관

해설
신재생에너지 기술개발 등에 관한 계획의 사전협의(신에너지 및 재생에너지 개발·이용·보급 촉진법 제7조)
국가기관, 지방자치단체, 공공기관, 그 밖에 대통령령으로 정하는 자가 신재생에너지 기술개발 및 이용·보급에 관한 계획을 수립·시행하려면 대통령령으로 정하는 바에 따라 미리 산업통상자원부장관과 협의하여야 한다.

**68** 수소와 산소의 전기화학 반응을 통하여 전기 또는 열을 생산하는 설비는?

① 연료전지설비
② 산소에너지설비
③ 수소에너지설비
④ 수소 및 산소에너지설비

해설
신재생에너지 설비(신에너지 및 재생에너지 개발·이용·보급 촉진법 시행규칙 제2조)
수소와 산소의 전기화학 반응을 통하여 전기 또는 열을 생산하는 설비를 연료전지설비라 한다.

**69** 발전량의 일정량 이상을 의무적으로 신재생에너지를 이용하여 공급하는 자로서 대통령령으로 정하는 자가 아닌 자는?

① 한국광물공사
② 한국수자원공사
③ 한국지역난방공사
④ 50만[kW] 이상의 발전설비(신재생에너지 설비는 제외한다)를 보유하는 자

해설
신재생에너지 공급의무자(신에너지 및 재생에너지 개발·이용·보급 촉진법 시행령 제18조의3)
신재생에너지 공급의무화 등에서 대통령령으로 정하는 자란 다음의 하나에 해당하는 자를 말한다.
• 발전사업자, 발전사업의 허가를 받은 것으로 보는 자에 해당하는 자로서 50만[kW] 이상의 발전설비(신재생에너지 설비는 제외한다)를 보유하는 자
• 한국수자원공사법에 따른 한국수자원공사
• 집단에너지사업법에 따른 한국지역난방공사

**70** 온실가스의 종류가 아닌 것은?

① 메 탄 ② 질 소
③ 아산화질소 ④ 수소불화탄소

해설
정의(저탄소 녹색성장 기본법 제2조)
온실가스란 이산화탄소($CO_2$), 메탄($CH_4$), 아산화질소($N_2O$), 수소불화탄소(HFCs), 과불화탄소(PFCs), 육불화황($SF_6$) 및 그 밖에 대통령령으로 정하는 것으로 적외선 복사열을 흡수하거나 재방출하여 온실효과를 유발하는 대기 중의 가스상태의 물질을 말한다.

**71** 전기사업법에서 정의하는 용어의 뜻이 틀린 것은?

① '전기사업'이란 발전사업·송전사업·배전사업·전기판매업 및 구역전기사업을 말한다.
② '전력시장'이란 전력거래를 위하여 한국전력거래소가 개설하는 시장을 말한다.
③ '보편적 공급'이란 전기사용자가 언제 어디서나 최소한의 요금으로 전기를 사용할 수 있도록 전기를 공급하는 것을 말한다.
④ '발전사업'이란 전기를 생산하여 이를 전력시장을 통하여 전기판매사업자에게 공급하는 것을 주된 목적으로 하는 사업을 말한다.

정답 67 ④ 68 ① 69 ① 70 ② 71 ③

해설

정의(전기사업법 제2조)
- 전기사업이란 발전사업 · 송전사업 · 배전사업 · 전기판매사업 및 구역전기사업을 말한다.
- 발전사업이란 전기를 생산하여 이를 전력시장을 통하여 전기판매사업자에게 공급하는 것을 주된 목적으로 하는 사업을 말한다.
- 보편적 공급이란 전기사용자가 언제 어디서나 적정한 요금으로 전기를 사용할 수 있도록 전기를 공급하는 것을 말한다.

## 72 신재생에너지의 이용 · 보급을 촉진하기 위한 보급사업의 종류가 아닌 것은?

① 신기술의 적용사업 및 시범사업
② 지방자치단체와 연계한 보급사업
③ 실증단계의 신재생에너지설비의 보급을 지원하는 사업
④ 환경친화적 신재생에너지 집적화단지 및 시범단지 조성사업

해설

보급사업(신에너지 및 재생에너지 개발 · 이용 · 보급 촉진법 제27조)
- 신기술의 적용사업 및 시범사업
- 환경친화적 신재생에너지 집적화단지(集積化團地) 및 시범단지 조성사업
- 지방자치단체와 연계한 보급사업
- 실용화된 신재생에너지 설비의 보급을 지원하는 사업
- 그 밖에 신재생에너지 기술의 이용 · 보급을 촉진하기 위하여 필요한 사업으로서 산업통상자원부장관이 정하는 사업

## 73 고압 및 특고압 전로에 시설하는 피뢰기에는 몇 종 접지공사를 해야 하는가?

① 제1종 접지공사
② 제2종 접지공사
③ 제3종 접지공사
④ 특별 제3종 접지공사

해설

피뢰기의 접지(판단기준 제43조)
고압 및 특고압의 전로에 시설하는 피뢰기에는 제1종 접지공사를 하여야 한다.

## 74 전기판매업자가 전력시장 운영규칙으로 정하는 바에 따라 우선적으로 구매할 수 있는 대상으로 틀린 것은?

① 자가용전기설비를 설치한 자
② 수력발전소를 운영하는 발전사업자
③ 설비용량이 3만[kW] 이하인 발전사업자
④ 발전사업의 허가를 받은 것으로 보는 집단에너지 사업자

해설

전력거래(전기사업법 제31조)
전기판매사업자는 다음의 어느 하나에 해당하는 자가 생산한 전력을 전력시장운영규칙으로 정하는 바에 따라 우선적으로 구매할 수 있다.
- 대통령령으로 정하는 규모 이하의 발전사업자
- 자가용 전기설비를 설치한 자
- 신에너지 및 재생에너지 개발 · 이용 · 보급 촉진법에 따른 신에너지 및 재생에너지를 이용하여 전기를 생산하는 발전사업자
- 집단에너지사업법에 따라 발전사업의 허가를 받은 것으로 보는 집단에너지사업자
- 수력발전소를 운영하는 발전사업자

## 75 신재생에너지 개발 · 이용 · 보급 촉진법에 의해 공급인증기관이 개설한 거래시장 외에서 공급인증서를 거래한 자에게 부과하는 벌칙으로 옳은 것은?

① 1년 이하의 징역 또는 1천만원 이하의 벌금
② 2년 이하의 징역 또는 2천만원 이하의 벌금
③ 3년 이하의 징역 또는 3천만원 이하의 벌금
④ 3년 이상의 징역 또는 지원받은 금액의 3배 이상에 상당하는 벌금

해설

벌칙(신에너지 및 재생에너지 개발 · 이용 · 보급 촉진법 제34조)
(1) 거짓이나 부정한 방법으로 신재생에너지발전 기준가격의 고시 및 차액 지원에 따른 발전차액을 지원받은 자와 그 사실을 알면서 발전차액을 지급한 자는 3년 이하의 징역 또는 지원받은 금액의 3배 이하에 상당하는 벌금에 처한다.
(2) 거짓이나 부정한 방법으로 공급인증서를 발급받은 자와 그 사실을 알면서 공급인증서를 발급한 자는 3년 이하의 징역 또는 3천만원 이하의 벌금에 처한다.
(3) 신재생에너지 공급인증서 등을 위반하여 공급인증기관이 개설한 거래시장 외에서 공급인증서를 거래한 자는 2년 이하의 징역 또는 2천만원 이하의 벌금에 처한다.



72 ③ 73 ① 74 ③ 75 ② 정답

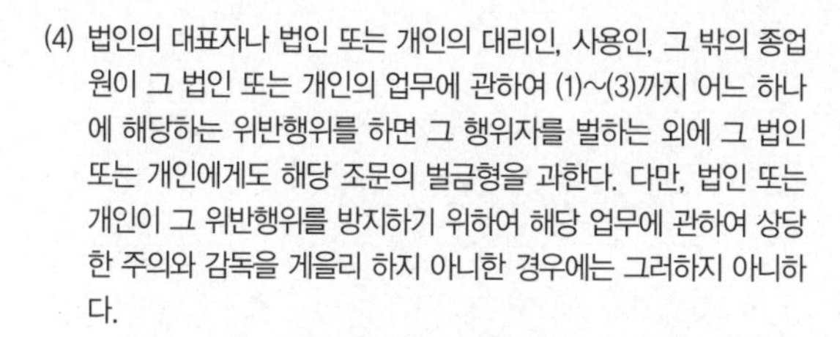
(4) 법인의 대표자나 법인 또는 개인의 대리인, 사용인, 그 밖의 종업원이 그 법인 또는 개인의 업무에 관하여 (1)~(3)까지 어느 하나에 해당하는 위반행위를 하면 그 행위자를 벌하는 외에 그 법인 또는 개인에게도 해당 조문의 벌금형을 과한다. 다만, 법인 또는 개인이 그 위반행위를 방지하기 위하여 해당 업무에 관하여 상당한 주의와 감독을 게을리 하지 아니한 경우에는 그러하지 아니하다.

## 76 전력계통에 연계하는 태양전지발전소에 시설하는 계측장치로 옳은 것은?

① 주요변압기의 전압 및 전류 또는 전력
② 주요변압기의 전압 및 전류 또는 온도
③ 주요변압기의 전압 및 전류 또는 역률
④ 주요변압기의 전압 및 유온 또는 주파수

**해설**

계측장치(판단기준 제50조)
전력계통에 연계하는 태양전지발전소에 시설하는 계측장치는 주요변압기의 전압($V$) 및 전류($I$) 또는 전력($P$)을 측정할 수 있는 계측장치를 시설해야 한다.

## 77 정부는 중소기업의 녹색기술 및 녹색경영을 촉진하기 위하여 다양한 시책을 수립·시행할 수 있다. 다음 중 이에 해당하지 않는 사항은?

① 탄소시장의 개설 및 거래 활성
② 중소기업의 녹색기술 사업화의 촉진
③ 대기업과 중소기업의 공동사업에 대한 우선지원
④ 녹색기술·녹색산업에 관한 전문인력 양성·공급 및 국외진출

**해설**

중소기업의 지원 등(저탄소 녹색성장 기본법 제33조)
정부는 중소기업의 녹색기술 및 녹색경영을 촉진하기 위하여 다음의 시책을 수립·시행할 수 있다.
- 대기업과 중소기업의 공동사업에 대한 우선지원
- 대기업의 중소기업에 대한 기술지도·기술이전 및 기술인력 파견에 대한 지원
- 중소기업의 녹색기술 사업화의 촉진
- 녹색기술 개발 촉진을 위한 공공시설의 이용
- 녹색기술·녹색산업에 관한 전문인력 양성·공급 및 국외진출
- 그 밖에 중소기업의 녹색기술 및 녹색경영을 촉진하기 위한 사항

## 78 동일인이 두 종류 이상의 전기사업을 할 수 있는 경우가 아닌 것은?

① 도서지역에서 전기사업을 하는 경우
② 발전사업과 전기판매사업을 겸업하는 경우
③ 배전사업과 전기판매사업을 겸업하는 경우
④ 발전사업의 허가를 받은 것으로 보는 집단에너지사업자가 전기판매사업을 겸업하는 경우

**해설**

전기사업의 허가(전기사업법 제7조)
동일인에게는 두 종류 이상의 전기사업을 허가할 수 없다. 다만, 대통령령으로 정하는 경우에는 그러하지 아니하다.
두 종류 이상의 전기사업의 허가(전기사업법 시행령 제3조)
동일인이 두 종류 이상의 전기사업을 할 수 있는 경우는 다음과 같다.
- 배전사업과 전기판매사업을 겸업하는 경우
- 도서지역에서 전기사업을 하는 경우
- 발전사업의 허가를 받은 것으로 보는 집단에너지사업자가 전기판매사업을 겸업하는 경우. 다만, 집단에너지 사업법의 사업의 허가 규정에 따라 허가받은 공급구역에 전기를 공급하려는 경우로 한정한다.

## 79 450/750[V] 일반용 단심비닐절연전선을 사용한 저압 가공전선이 위쪽에서 상부 조영재와 접근하는 경우의 전선과 상부 조영재 상호 간의 최소이격거리[m]는?

① 1.0　　② 1.2
③ 2.0　　④ 2.5

**해설**

일반용 단심비닐절연전선을 사용한 저압 가공전선의 최소이격거리(판단기준 제100조)

| 다른 시설물의 구분 | 접근형태 | 이격거리 |
|---|---|---|
| 조영물의 상부 조영재 | 위 쪽 | 2[m](전선이 다심형 전선, 옥외용 비닐절연전선 이외의 저압 절연전선인 경우에는 1[m], 고압 절연전선, 특고압 절연전선 또는 케이블인 경우에는 50[cm]) |
| | 옆쪽 또는 아래쪽 | 30[cm](전선이 고압 절연전선, 특고압 절연전선 또는 케이블인 경우에는 15[cm]) |
| 조영물의 상부 조영재 이외의 부분 또는 조영물 이외의 시설물 | | 30[cm](전선이 고압 절연전선, 특고압 절연전선 또는 케이블인 경우에는 15[cm]) |

정답 76 ① 77 ① 78 ② 79 ③

**80** **공급의무자의 의무공급량 중 일정부분은 산업통상자원부장관이 균형있는 이용 · 보급이 필요하여 이 에너지로 공급하도록 규정하고 있는데 다음 중 어떤 에너지인가?**

① 태양의 빛에너지를 변환시켜 전기를 생산하는 방식의 태양에너지
② 바람의 에너지를 변환시켜 전기를 생산하는 방식의 풍력에너지
③ 해양의 조수 · 파도 · 해류 · 온도차 등을 변환시켜 전기를 생산하는 방식의 해양에너지
④ 바이오에너지를 변환시켜 전기를 생산하는 방식의 바이오에너지

해설

신재생에너지의 종류 및 의무공급량(신에너지 및 재생에너지 개발 · 이용 · 보급 촉진법 시행령 별표 4)
공급의무자의 의무공급량 중 일정부분은 산업통상자원부장관이 균형있는 이용 · 보급이 필요하여 태양의 빛에너지를 변환시켜 전기를 생산하는 방식의 태양에너지로 공급하도록 규정하고 있다.



80 ① 정답

# 과년도 기출문제

## 제1과목 태양광발전시스템 이론

**01** 50[kW] 이상의 태양광 발전설비에 의무적으로 설치하여야 하는 모니터링설비의 계측설비 중 전력량계의 정확도 기준으로 옳은 것은?

① 1[%] 이내　　② 1.5[%] 이내
③ 3[%] 이내　　④ 5[%] 이내

해설
모니터링 대상
- 태양광 등 발전설비(50[kW] 이상), 지열(175[kW] 이상), 태양열(200[MW] 이상)
  (단, 수소연료전지 1[kW] 이상 → 초과)
- 모니터링 설비 설치기준
  - 계측설비 요구사항
    ⓐ 태양광 등 발전설비 : 인버터 스펙 제시(인증품 : 면제)
    ⓑ 비인증품의 경우 : CT(Current Transformat) 정확도 3[%] 이내 자료제출
    ⓒ 태양열, 지열, 폐기물, 바이오 등 : 온도센서(±0.3 또는 ±1[℃] (-20~100[℃] 또는 100~1,000[℃]), 유량계(열량계(±1.5[%] 이내), 전력량계(정확도 1[%] 이내) 등 설비스펙 제시
  - 모니터링 항목(누적 기준)
    ⓐ 태양광, 풍력, 수력, 폐기물, 바이오 : 일일 발전량([kWh]-24개(시간당)), 생산시간(분-1개(일)), 연료전지의 경우 일일 열생산량 추가([kcal]-24개(시간당))
    ⓑ 태양열, 폐기물, 바이오 : 일일 열생산량([kcal]-24개(시간당)), 생산시간(분-1개(일)), 지열의 경우 전력소비량([kWh]-24개(시간당)) 추가

**02** PN접합 다이오드의 P형 반도체에 (+)바이어스를 가하고 N형 반도체에 (-)바이어스를 가할 때 나타나는 현상은?

① 공핍층의 폭이 작아진다.
② 공핍층 내부의 전기장이 증가한다.
③ 전류는 소수캐리어에 의해 발생한다.
④ 다이오드는 부도체와 같은 특성을 보인다.

해설
P형 반도체는 정공으로서 +성분을 가지고 있고, N형 반도체는 전자로서 -성분을 가지고 있기 때문에 같은 성분이 인가될 경우에는 반발력이 발생하여 공핍층의 폭이 작아지고, 다른 성분이 인가될 경우에는 흡입력이 발생하여 공핍층의 폭이 넓어진다.

**03** 개방전압의 측정순서를 올바르게 나타낸 것은?

㉠ 측정하는 스트링의 단로 스위치만 ON하여(단로 스위치가 있는 경우) 직류전압계로 각 스트링의 P-N 단자간의 전압 측정
㉡ 태양전지 모듈에 음영이 발생되는 부분이 없는지 확인
㉢ 접속함의 출력개 · 폐기를 OFF
㉣ 접속함 각 스트링의 단로 스위치를 모두 OFF(단로 스위치가 있는 경우)

① ㉢ → ㉣ → ㉡ → ㉠
② ㉠ → ㉡ → ㉢ → ㉣
③ ㉡ → ㉢ → ㉣ → ㉠
④ ㉣ → ㉡ → ㉠ → ㉢

해설
개방전압의 측정 순서
- 접속함의 출력개폐기를 OFF한다.
- 접속함 각 스트링의 단로 스위치를 모두 OFF시킨다(단, 단로 스위치가 있는 경우에만 포함된다).
- 태양전지 모듈에 음영이 발생되는 부분이 없는지 확인한다.
- 측정하는 스트링의 단로 스위치만 ON하여 직류전압계로 각 스트링의 P-N 단자간의 전압 측정을 한다(단, 단로 스위치가 있는 경우에만 포함된다).

정답 1 ① 2 ① 3 ①

**04** 태양광 모듈의 단면을 보면 여러 층으로 이루어져 있다. 이러한 층을 이루는 재료 중에 태양전지를 외부의 습기와 먼지로부터 차단하기 위하여 현재 가장 일반적으로 사용하는 충전재는?

① ERP ② TEDLAR
③ EVA ④ Glass

해설

충전재

실리콘 수지, 폴리비닐부티랄(PVB ; Polyvinyl Butyral), 에틸렌초산비닐(EVA ; Ethylene Vinyl Acetate)이 많이 사용된다. 처음 태양광 모듈을 제조할 때에는 실리콘 수지가 대부분이었으나 충전할 때 기포방지와 셀이 상하로 움직이는 균일성 유지에 시간이 걸리기 때문에 현재는 PVB와 EVA가 많이 이용된다.

- EVA의 종류
  - Fast Cure용 : 동일한 라미네이터 내에서 라미네이션과 큐어링을 동시에 수행할 때 사용된다.
  - Standard Cure용 : 대규모 자동화 라인에서 많이 사용하는 방법으로 별도의 큐어 오븐에서 큐어링을 실시하게 된다.
- EVA Sheet용

**05** 풍력발전기와 독립형 태양광발전시스템을 연계하여 발전하는 방식은?

① 독립형 ② 계통연계형
③ 추적식 ④ 하이브리드형

해설

하이브리드형

태양광발전시스템과 다른 발전시스템을 결합하여 발전하는 방식으로 지역 전력계통과는 완전히 분리 또는 계통 연계할 수 있는 발전방식으로 태양광, 풍력, 디젤 기타 발전기를 사용하여 충전장치와 축전지에 연결시켜 생산된 전력을 저장하고 사용하는 방식이다. 두 가지 이상의 발전방식을 결합하였으므로 주간이나 야간에도 안정적으로 전원을 공급할 수 있다.

**06** 태양전지의 변환효율에 영향을 주는 외부 요인이 아닌 것은?

① 기 압 ② 표면온도
③ 방사조도 ④ 분광분포(Air Mass)

해설

태양전지 변환효율에 영향을 주는 외부 요인

- 방사조도
- 표면온도
- 분광분포
- 일사강도
- 외기온도

**07** 220[V], 60[Hz] 교류전압을 변압기를 사용하여 24[V]의 교류전원으로 바꾸려고 한다. 이 변압기 1차 코일의 권선수가 300회일 때, 2차 코일의 권선수는 몇 회로 하면 되는가?

① 약 22회 ② 약 33회
③ 약 66회 ④ 약 600회

해설

권선수(N)=1차 코일 권선수 : 2차 코일 권선수

220[V]를 24[V]로 Down시키려면 9.1배 정도의 권선수의 비율을 가지고 있어야 하기 때문에 계산을 하게 되면 약 32.967회로 하면 된다. 따라서 약 33회 정도의 권선수로 하여 전압을 Down 시킬 수 있다.

**08** 그림의 회로는 축전지 회로 구성을 나타낸 것이다. 축전지 전체 출력단자 A와 B 사이의 전압과 축전지 용량은 각각 얼마인가?(단, 1개의 축전지용량은 12[V], 150[Ah]이다)

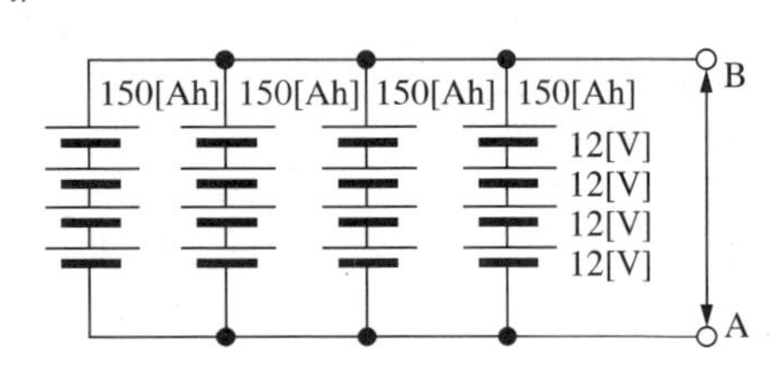


① DC 48[V], 150[Ah]
② DC 48[V], 600[Ah]
③ DC 12[V], 150[Ah]
④ DC 12[V], 600[Ah]

해설

축전지 용량(Ah)=1개의 용량×병렬개수=150×4=600[Ah]

전압(V)=1개의 전압값×직렬개수=12×4=48[V]



4 ③ 5 ④ 6 ① 7 ② 8 ② 정답

## 09 태양전지의 열손실 요소가 아닌 것은?

① 전 도 ② 대 류
③ 풍 속 ④ 복 사

해설

태양전지의 열손실 요소
대류, 전도, 복사

## 10 뇌서지 등에 의한 피해로부터 태양광발전시스템을 보호하기 위한 대책으로 틀린 것은?

① 뇌우의 발생지역에서는 교류전원 측에 내뢰 트랜스를 설치한다.
② 피뢰소자를 어레이 주 회로 내에 분산시켜 설치함과 동시에 접속함에도 설치한다.
③ 저압 배전선으로부터 침입하는 뇌서지에 대해서는 분전반에 피뢰소자를 설치한다.
④ 뇌서지가 내부로 침입하지 못하도록 피뢰소자를 설비 인입구에서 먼 장소에 설치한다.

해설

뇌서지 등에 의한 피해로부터 태양광발전시스템의 보호 대책
- 피뢰소자를 어레이 주 회로 내에 분산시켜 설치함과 동시에 접속함에도 설치한다.
- 뇌우의 발생지역에서는 교류전원 측에 내뢰 트랜스를 설치한다.
- 저압 배전선으로부터 침입하는 뇌서지에 대해서는 분전반에 피뢰소자를 설치한다.
- 뇌서지가 내부로 침입하지 못하도록 피뢰소자를 설비 인입구에서 가까운 장소에 설치한다.
- 어레스터, 서지업서버, 내뢰 트랜스를 사용하여 피해로부터 보호하도록 한다.

## 11 내부저항이 각각 0.3[Ω] 및 0.2[Ω]인 1.5[V]의 두 전지를 직렬로 연결한 후에 외부에 2.5[Ω]의 저항부하를 직렬로 연결하였다. 이 회로에 흐르는 전류는 몇 [A]인가?

① 0.5 ② 1.0
③ 1.2 ④ 1.5

해설

전류$(I)=\dfrac{V}{R}[\mathrm{A}]=\dfrac{3}{3}=1[\mathrm{A}]$

- 전압[V]은 내부저항이 각각 0.3[Ω] 및 0.2[Ω]인 1.5[V]의 두 전지를 직렬로 연결했기 때문에 전압[V]은 1.5[V]+1.5[V]이므로 3[V]이다.
- 저항($R$)은 내부저항과 외부저항이 직렬로 모두 연결되어 있기 때문에 내부저항 0.3[Ω]+0.2[Ω]=0.5[Ω]이 되고, 외부저항이 2.5[Ω]이기에 합계 저항은 3[Ω]이 된다.

## 12 실횻값이 220[V]인 교류전압을 1.2[kΩ]의 저항에 인가할 경우 소비되는 전력은 약 몇 [W]인가?

① 14.4 ② 18.3
③ 26.4 ④ 40.3

해설

전력$(P)=I^2R[\mathrm{W}]=0.183^2\times1.2\times10^3 \fallingdotseq 40.187 \fallingdotseq 40.3[\mathrm{W}]$

전류$(I)=\dfrac{V}{R}=\dfrac{220}{1.2\times10^3}\fallingdotseq 0.183[\mathrm{A}]$

## 13 태양광발전기의 기본 원리로서 1939년에 Edmond Becquerel에 의해 최초로 발견된 현상은?

① 광기전력 효과 ② 광전도 효과
③ 광흡수 효과 ④ 광자기장 효과

해설

1939년에 태양광발전의 기본 원리를 Edmond Becquerel이 광기전력효과를 최초로 발견하였다.

## 14 신재생에너지 중 재생에너지의 특징이 아닌 것은?

① 비고갈성 에너지이다.
② 기술주도형 자원이다.
③ 친환경 청정에너지이다.
④ 시설투자비가 적은 에너지이다.

해설

재생에너지의 특징
- 친환경적 청정에너지이다.
- 미래에너지이다.
- 무한에너지원이다.
- 연구개발에 의해 에너지 자원 확보가 가능하다.

정답 9 ③ 10 ④ 11 ② 12 ④ 13 ① 14 ④

**15** 태양광발전시스템의 인버터에 대한 설명으로 틀린 것은?

① 옥내형만 가능하다.
② 자립 운전기능도 가능하다.
③ 직류를 교류로 변환하는 장치이다.
④ 잉여전력을 계통으로 역송전할 수 있다.

**해설**
태양광발전시스템의 인버터의 특징
- 직류를 교류로 변환하는 장치이다.
- 잉여전력을 계통으로 역송전할 수 있다.
- 옥내 · 외형으로 모두 사용이 가능하다.
- 자립 운전기능도 가능하다.

**16** 연료전지 구성요소 중 개질기(Reformer)에 대한 설명으로 옳은 것은?

① 연료전지에서 나오는 직류를 교류로 변환시키는 장치
② 수소가 함유된 일반연료(천연가스, 메탄올, 석탄 등)로부터 수소를 발생시키는 장치
③ 전해질이 함유된 전해질 판, 연료극, 공기극으로 구성된 장치
④ 원하는 전기출력을 얻기 위해 단위전지 수십에서 수백 장을 직렬로 쌓아 올린 본체

**해설**
개질기(Reformer)
화석연료(천연가스, 메탄올, 석유 등)로부터 수소를 발생시키는 장치로서 시스템에 악영향을 주는 황(10[ppb] 이하), 일산화탄소(10[ppm] 이하) 제어 및 시스템 효율향상을 위한 Compact가 핵심기술이다.

**17** 실리콘(Si)에 도너(Donor) 불순물을 인가하여 만든 반도체는?

① 진성 반도체 ② P형 반도체
③ N형 반도체 ④ 제너 다이오드

**해설**
반도체
- 진성반도체(부도체) : 실리콘(Si)
- 불순물 반도체(Dopping)
  - 3가(Acceptor) : P형 반도체
  - 5가(Donor) : N형 반도체

**18** 계통연계형 인버터에서 유럽의 기후에 대해 가중된 동적 효율을 무엇이라 하는가?

① 변환효율($\eta_{con}$)
② 추적효율($\eta_{Tr}$)
③ 정격효율($\eta_{Inv}$)
④ 유로효율($\eta_{Euro}$)

**해설**
유로효율($\eta_{Euro}$)
일반적으로 태양광(햇빛)에너지를 전기에너지로 변환하는 양은 조건(빛 조사량(기후 : 맑음, 흐림)), 조사량(계절 : 봄~겨울), 주변온도, 지역)에 따라 하루에도 다양하게 변한다. 즉 하루에도 저출력과 고출력으로 다양하게 변화한다. 따라서 이를 변화시키는 변환기 효율 또한 매우 중요하다. 일반적으로 전력변환기는 저출력에서 효율이 매우 나쁘다(60~70[%] 정도). 이러한 변환기의 고효율 성능척도를 나타내는 단위로서 출력에 따른 변환효율에 비중을 두고 측정하는 단위를 유로 효율이라 한다. 또한 계통연계형 인버터에서 유럽의 기후에 대해 가중된 동적 효율을 나타낼 때도 사용된다(유로효율은 각 출력 5[%]/10[%]/20[%]/30[%]/50[%]/100[%]에서 효율을 측정하여 그 비중을 0.03/0.06/0.13/0.10/0.48/0.20로 두어 곱한 값을 합산하여 다시 평균치를 계산한 값이다).

**19** 열점(Hot Spot)의 발생원인과 대책에 대한 설명으로 틀린 것은?

① 태양전지 셀의 결함, 특성으로 국부적 과열로 발생된다.
② 태양전지 모듈마다 SPD를 설치하여 전압의 파고치를 저하시킨다.
③ 바이패스 소자를 셀 구간마다 접속하여 역전류가 발생하면 우회시킨다.
④ 나뭇잎, 새의 배설물 등의 그늘로 인한 태양전지 셀 내부열화로 발생한다.

**해설**
핫스팟(Hot Spot)
태양전지 모듈의 일부 셀이 나뭇잎, 새 배설물 등으로 그늘(음영)이 발생하면, 그 부분의 셀은 전기를 생산하지 못하고 저항이 증가하게 된다. 이때 그늘진 셀에는 직렬로 접속된 다른 셀들의 회로에서 모든 전압이 인가되어 그늘진 셀은 발열하게 된다. 이 발열된 부분이 핫스팟이다. 셀이 고온이 되면 셀과 그 주변의 충진재(EVA)가 변색되고 뒷면 커버의 팽창, 음영 셀의 파손 등을 일으킬 수 있다.



정답: 15 ① 16 ② 17 ③ 18 ④ 19 ②

**20** 태양광발전시스템의 접속함을 선정할 때 주의사항으로 틀린 것은?

① 정격입력전류는 최대전류를 기준으로 선정한다.
② 접속함 내부는 최소한의 공간을 차지하도록 한다.
③ 접속함의 정격전압은 태양전지 스트링의 개방 시의 최대직류전압으로 선정한다.
④ 노출된 장소에 설치되는 경우 빗물, 먼지 등이 함에 침입하지 않는 구조로 한다.

**해설**

태양광발전시스템의 접속함 선정할 때 주의사항

- 노출된 장소에 설치되는 경우 빗물, 먼지 등이 함에 침입하지 않는 구조로 한다.
- 정격입력전류는 최대 전류를 기준으로 선정한다.
- 접속함 내부는 최대한의 공간을 차지하도록 한다.
- 접속함의 정격전압은 태양전지 스트링의 개방 시의 최대직류전압으로 선정한다.
- 단자함 내부에 양극과 음극을 분명하게 구분하고 스트링 퓨즈는 병렬로 연결된 스트링에 각각 설치한다.
- 피뢰기는 서지전압을 대지로 방전시키기 위해 단자함 내에 설치해야 한다.

## 제2과목 태양광발전시스템 시공

**21** 태양전지 가대의 구조 설계 시 상정하중이 아닌 것은?

① 적설하중
② 지진하중
③ 고정하중
④ 온도하중

**해설**

지지대 구조물 제작·설치는 고정하중, 적재하중, 적설하중, 풍압, 지진 등을 포함하여 태풍, 강풍 시 풍속 40[m/s] 이상, 최대순간풍속 60[m/s] 이상에 견디는 구조로 6홀 이상의 평지붕(베이스판)을 기반으로 안전하게 설치하여야 한다.

**22** 설계도서 적용 시 고려사항으로 볼 수 없는 것은?

① 도면상 축적으로 잰 치수가 숫자로 나타낸 치수보다 우선한다.
② 특별시방서는 당해 공사에 한하여 일반시방서에 우선한다.
③ 특별시방서 및 도면에 기재되지 않은 사항은 일반시방서에 의한다.
④ 설계도면 및 시방서의 어느 한 쪽에 기재되어 있는 것은 그 양쪽에 기재되어 있는 사항과 동일하게 다룬다.

**해설**

도면상 축적으로 잰 치수가 숫자로 나타낸 치수보다 우선하지 않는다.

**23** 태양광 발전소를 설치하는 수용가의 공통접속점에서의 역률은 몇 [%] 이상이어야 하는가?

① 75[%] ② 80[%]
③ 85[%] ④ 90[%]

**해설**

분산형 전원 발전설비의 역률은 계통 연계지점에서 원칙적으로 90% 이상을 유지한다.

**24** 저압 배전선로의 구성 중 방사상 방식의 특징이 아닌 것은?

① 구성이 단순하다.
② 공사비가 저렴하다.
③ 전압변동 및 전력손실이 크다.
④ 사고에 의한 정전 범위가 좁다.

**해설**

방사상 방식

변압기 뱅크 단위로 저압 배전선을 시설해서 그 변압기 용량에 맞는 범위까지의 수요를 공급하는 방식으로 나뭇가지 모양으로 간선이나 분기선을 접속시킨 방식이다.

- 장 점
  - 공사비가 싸다.
  - 수용 증가 시 간선이나 분기선을 연장, 증설이 쉽다.
- 단 점
  - 전압변동이 크다.
  - 정전범위가 넓다.
  - 전력손실이 크다.

정답 20 ② 21 ④ 22 ① 23 ④ 24 ④

**25** 비상주감리원의 업무가 아닌 것은?

① 기성 및 준공검사
② 설계도서 등의 검토
③ 근무상황판에 현장근무위치와 업무내용 기록
④ 공사와 관련하여 발주자가 요구한 기술적 사항 등에 대한 검토

**해설**
상주감리원은 감리사무실 출입구 부근에 부착한 근무상황판에 현장근무위치 및 업무내용 등을 기록하여야 한다.

**26** 건축물에 피뢰설비가 설치되어야 하는 높이는 몇 [m] 이상인가?

① 10　② 15
③ 20　④ 25

**해설**
건축물에 피뢰설비가 설치되어야 하는 높이는 20[m] 이상이다.

**27** 화재 시 전선배관의 관통부분에서의 방화구획 조치가 아닌 것은?

① 충전재 사용
② 난연 레진 사용
③ 난연 테이프 사용
④ 폴리에틸렌(PE) 케이블 사용

**해설**
화재 시 전선배관의 관통부분에서의 방화구획 조치는 충전재 사용, 난연 레진 사용, 난연 테이프 사용 등이다.

**28** 접지저항은 대지저항률에 따라 크게 좌우된다. 대지저항률에 영향을 주는 요인으로 틀린 것은?

① 물리적 영향
② 온도적 영향
③ 계절적 영향
④ 흙의 종류나 수분의 영향

**해설**
온도적 영향, 계절적 영향, 흙의 종류나 수분의 영향 등이 대지저항률에 영향을 준다.

**29** 지붕에 설치하는 태양전지 모듈의 설치방법으로 틀린 것은?

① 시공, 유지보수 등의 작업을 하기 쉽도록 한다.
② 온도상승을 방지하기 위해 지붕과 모듈 간에는 간격을 둔다.
③ 모듈 고정용 볼트, 너트 등은 상부에서 조일 수 있어야 한다.
④ 태양전지 모듈의 설치방법 중 세로 깔기는 모듈의 긴 쪽이 상하가 되도록 설치한다.

**해설**
세로배치(세로깔기)
- 모듈의 긴 쪽이 좌우가 되도록 설치하는 것이다.
- 모듈의 부재점수가 약간 적어진다.

**30** 태양광발전시스템의 시공절차와 주의사항에 대한 설명으로 틀린 것은?

① 주철가대, 금속제 외함 및 금속배관 등은 누전사고 방지를 위한 접지공사가 필요하다.
② 태양광 발전시스템의 전기공사는 태양전지 모듈의 설치와 병행하여 진행한다.
③ 공사용 자재 반입 시 레커차를 사용할 경우, 레커차의 암 선단이 배전선에 근접할 때, 절연전선 또는 전력케이블에 보호관을 씌운 후 전력회사에 통보한다.
④ 태양전지 모듈의 배열 및 결선방법은 모듈의 출력전압과 설치장소에 따라 다르기 때문에 체크리스트를 이용하여 시공 전과 후에도 확인 하는 것이 바람직하다.

**해설**
태양광발전시스템의 시공 시 자재 반입 시 주의사항
- 주요기자재 및 공사용 자재 반입 시에 크레인을 사용 시 크레인의 붐대 선단이 배전선로에 근접할 경우 대책을 수립한다.
- 자재 반입 시 관할 한국전력공사와 사전협의하여 절연전선 또는 전력케이블에 보호관을 씌우는 등 사전조치를 통해 반입시간지연 등 불필요한 시간지연해소가 필요하다.



정답: 25 ③ 26 ③ 27 ④ 28 ① 29 ④ 30 ③

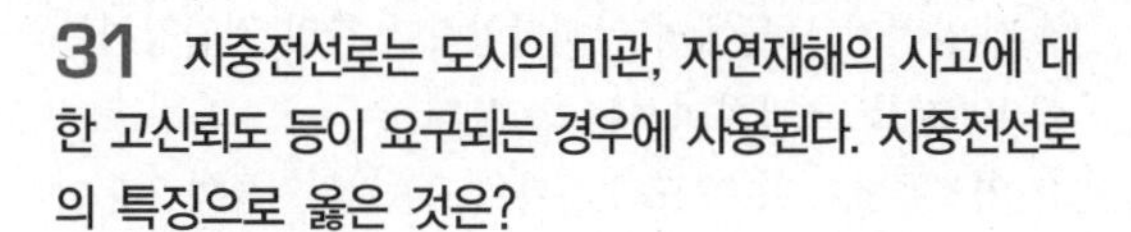

**31** 지중전선로는 도시의 미관, 자연재해의 사고에 대한 고신뢰도 등이 요구되는 경우에 사용된다. 지중전선로의 특징으로 옳은 것은?

① 건설비가 싸다.
② 송전용량이 적다.
③ 건설기간이 짧다.
④ 사고복구를 단시간에 할 수 있다.

해설
지중전선로는 열발산이 되지 않아 송전용량이 적다.

**32** 지붕에 설치하는 태양광발전 형태로 틀린 것은?

① 창재형 ② 지붕설치형
③ 톱라이트형 ④ 지붕건재형

해설
지붕에 설치하는 태양광발전 형태는 지붕설치형, 톱라이트형, 지붕건재형 등이 있다.

**33** 태양광발전시스템의 전기배선공사는 직류배선공사와 교류배선공사를 들 수 있다. 직류배선공사의 특징으로 옳은 것은?

① 교류배선공사보다 효율이 좋다.
② 감전위험이 크다.
③ 절연비용이 비싸다.
④ 아크소호에 유리하다.

해설
직류배선공사는 교류배선공사에 비해 리액턴스가 없어 안정도가 높다.

**34** 태양전지 어레이의 출력 확인 방법이 아닌 것은?

① 단락전류의 확인
② 절연저항의 측정
③ 모듈의 정격전압 측정
④ 모듈의 정격전류 측정

해설
태양전지 어레이의 출력 확인
단락전류의 확인, 모듈의 정격전압 측정, 모듈의 정격전류 측정

**35** 감리원은 매 분기마다 공사업자로부터 안전관리 결과보고서를 제출받아 이를 검토하고 미비한 사항이 있을 때에는 시정하도록 조치하여야 한다. 이때 공사업자가 제출하는 안전관리결과보고서에 포함되는 서류가 아닌 것은?

① 안전보건 관리체제 ② 안전관리 조직표
③ 안전교육 실적표 ④ 건강 진단서

해설
안전관리결과보고서에 포함되는 서류(전력시설물 공사감리업무 수행지침 제49조)
• 안전관리 조직표
• 안전보건 관리체제
• 재해발생 현황
• 산재요양신청서 사본
• 안전교육 실적표
• 그 밖에 필요한 서류

**36** 지붕 설치형 태양전지 모듈과 가대 지지기구의 재료에 관한 설명으로 틀린 것은?

① 태양전지 모듈은 지붕 위에서 취급이 쉽도록 짧은 변은 1[m] 이하, 중량은 15[kg] 정도 이하로 한다.
② 가대 지지기구의 재료는 장기간 옥외 사용에 견딜 수 있도록 일반 강재를 이용하여 제작한다.
③ 태양전지 셀의 색은 기본적으로 단결정은 흑색계, 다결정은 청색계, 아몰퍼스는 갈색계통이다.
④ 태양전지 모듈은 작업성을 고려하여 매수를 적게 하기 위해 출력이 큰 대형사이즈가 사용된다.

해설
가대 지지기구의 재료는 장기간 옥외 사용에 견딜 수 있도록 강제+도장, 강제+용융아연도금, 스테인리스(SUS), 알루미늄 합금재 등을 사용한다.

**37** 변전실의 면적에 영향을 주는 요소로 틀린 것은?

① 수전전압 및 수전방식
② 변전실의 접지방식
③ 변전설비 시스템 방식
④ 건축물의 구조적 요건

해설
변전실 면적에 영향을 주는 요소
• 수전전압 및 수전방식

정답 31 ② 32 ① 33 ① 34 ② 35 ④ 36 ② 37 ②

• 변전설비 강압방식, 변압기 용량, 수량 및 형식
• 설치 기기와 큐비클 및 시방
• 기기의 배치방법 및 유지보수 필요 면적
• 건축물의 구조적 여건

**38** 태양전지 모듈 서치 시 감전방지책으로 옳은 것은?

① 작업 시에는 일반 장갑을 착용한다.
② 강우 시 발전이 없기 때문에 작업을 해도 무관하다.
③ 태양광 모듈을 수리할 경우 표면을 차광시트로 씌워야 한다.
④ 태양전지 모듈은 저압이기 때문에 공구는 반드시 절연 처리될 필요가 없다.

해설
감전방지 유의사항
• 작업 전 태양전지 모듈 표면에 차광막을 씌워 태양광을 차폐한다.
• 절연장갑을 착용한다.
• 절연처리된 공구를 사용한다.
• 우천 시에는 감전사고와 미끄러짐으로 인한 추락사고 우려가 있으므로 작업을 금지한다.

**39** 책임 감리원이 분기보고서를 발주자에게 제출하는 기간은 매 분기 말 다음 달 며칠 이내로 제출하여야 하는가?

① 5일 ② 7일
③ 10일 ④ 15일

해설
감리보고 등(전력시설물 공사감리업무 수행지침 제17조)
책임 감리원이 분기보고서를 발주자에게 제출하는 기간은 매 분기 말 다음 달 5일 이내로 제출하여야 한다.
※ 관련 법령 개정으로 5일에서 7일로 변경됨〈개정 2018.11.5〉

**40** 태양광설비 시공기준에 관한 설명으로 틀린 것은?

① 실내용 인버터를 실외에 설치하는 경우는 5[kW] 이상이어야 한다.
② 모듈에서 실내에 이르는 배선에 쓰이는 전선은 모듈 전용선 또는 TFR-CV선을 사용하여야 한다.
③ 태양전지 모듈에서 인버터입력단 간의 전압강하는 10[%]를 초과하여서는 안 된다.
④ 역전류방지다이오드의 용량은 모듈단락전류의 2배 이상이어야 하며 현장에서 확인할 수 있도록 표시한다.

해설
태양전지 모듈에서 인버터 입력단 간 및 인버터 출력단과 계통연계점 간의 전압강하는 각 3[%]를 초과하지 말아야 한다.

## 제3과목 태양광발전시스템 운영

**41** 태양광발전시스템의 접지공사에 사용되는 접지선의 표시는 주로 무슨 색으로 하는가?

① 적 색 ② 백 색
③ 흑 색 ④ 녹 색

해설
태양광발전시스템의 접지공사에 사용되는 접지선은 주로 녹색으로 표시한다.

**42** 산업통상자원부장관이 전기사업을 허가 또는 변경허가를 하려는 경우 심의를 거쳐야 하는 기관은?

① 전기위원회 ② 전력거래소
③ 한국전력공사 ④ 전기안전공사

해설
전기사업의 허가(전기사업법 제7조)
산업통상자원부 장관이 전기사업을 허가 또는 변경허가를 하려는 경우 전기위원회의 심의를 거쳐야 한다.

**43** 인버터 출력회로의 절연저항 측정방법으로 틀린 것은?

① 분전반 내의 분기 차단기를 개방
② 태양전지 회로를 접속함에서 분리
③ 직류단자와 대지 간의 절연저항 측정
④ 직류 측의 모든 입력단자 및 교류 측의 전체 출력단자를 각각 단락



38 ③ 39 ① 40 ③ 41 ④ 42 ① 43 ③ 정답

해설

인버터 출력회로의 절연저항 측정순서
- 분전반 내의 분기 차단기 개방
- 태양전지 회로를 접속함에서 분리
- 직류 측의 모든 입력단자 및 교류 측의 전체 출력단자를 각각 단락
- 교류단자의 대지 간의 절연저항 측정
- 측정결과의 판정기준을 기술기준에 따라 표시

### 44 결정질 태양전지모듈 외관검사에서 태양전지모듈 외관, 셀 등의 크랙, 구부러짐, 갈라짐 등의 이상 유무를 확인하기 위해 몇 [lx] 이상의 광 조사상태에서 검사하는가?

① 800 ② 900
③ 1,000 ④ 1,100

해설

태양전지 모듈 외관검사는 1,000[lx] 이상의 광조사 상태에서 모듈 외관, 태양전지 셀 등에 크랙, 구부러짐, 갈라짐 등이 없는지를 확인한다.

### 45 태양광발전시스템의 유지보수를 위한 점검계획 시 고려해야 할 사항이 아닌 것은?

① 설비의 사용 기간 ② 설비의 상호 배치
③ 설비의 주위 환경 ④ 설비의 고장 이력

해설

태양광발전시스템의 유지보수를 위한 점검계획 시 고려사항
- 시설물의 종류, 범위, 항목, 방법 및 장비
- 점검대상 부위의 설계자료, 과거이력 파악
- 시설물의 구조적 특성 및 특별한 문제점 파악
- 시설물의 규모 및 점검의 난이도
- 점검 당시의 주변여건
- 점검표의 작성
- 기타 관련사항

### 46 사업용 태양광발전설비 정기검사 중 변압기 검사 수검자 준비 자료에해당하는 것은?

① 계기교정시험 성적서
② 안전밸브시험 성적서
③ 접지저항시험 성적서
④ 태양전지 트립 인터록 도면

해설

사업용 태양광발전설비 정기검사 시 변압기검사는 한국교정시험기관인정기구의 계기교정시험 성적서를 준비한다.

### 47 보기 중 결정질 실리콘 태양전지모듈 성능시험항목의 내용을 모두 나타낸 것은?

[보 기]

ㄱ. 우박시험 ㄴ. 절연시험
ㄷ. 실내노출시험 ㄹ. 고온고습시험

① ㄱ, ㄴ, ㄷ ② ㄱ, ㄴ, ㄹ
③ ㄱ, ㄷ, ㄹ ④ ㄴ, ㄷ, ㄹ

해설

결정질 실리콘 태양전지모듈 성능시험 항목은 우박시험, 절연시험, 고온고습시험 등이 있다.

### 48 태양광 발전설비의 접속함 점검 사항이 아닌 것은?

① 퓨즈상태 확인
② 조도계 센서 동작여부
③ 역전류 방지 다이오드 이상 유무
④ 접속부의 볼트 조임 상태 및 발열상태

해설

접속함 점검 사항
- 퓨즈 및 다이오드 소손 여부
- 온도 센서 동작 확인
- 절연저항 측정
- 어레이 출력 확인
- 접속부의 볼트 조임상태 및 발열상태

### 49 인버터에 'Line Over Frequency Fault'로 표시되었을 경우의 현상 설명으로 옳은 것은?

① 계통전압이 규정치 이상일 때
② 계통전압이 규정치 이하일 때
③ 계통주파수가 규정치 이상일 때
④ 계통주파수가 규정치 이하일 때

해설

인버터에 'Line Over Frequency Fault'로 표시되었을 경우는 계통주파수가 규정치 이상일 때 나타난다.

정답 44 ③ 45 ② 46 ① 47 ② 48 ② 49 ③

**50** 절연내압측정 시 최대사용전압은 태양광발전시스템에서 어떤 전압을 말하는가?

① 개방전압 ② 동작전압
③ 인버터 출력전압 ④ 인버터 입력전압

해설
절연내압측정 시 최대사용전압은 태양광발전시스템에서 개방전압을 나타낸다.

**51** 자가용 태양광발전설비의 전력변환장치 사용 전 검사 항목이 아닌 것은?

① 절연저항 ② 절연내력
③ 접지 시공 상태 ④ 역방향운전 제어시험

해설
전력변환장치 사용 전 검사 항목
- 외관검사
- 절연저항
- 절연내력
- 제어회로 및 경보장치

**52** 절연용 방호구로 틀린 것은?

① 검전기 ② 고무판
③ 절연시트 ④ 애자커버

해설
절연용 방호구는 고무판, 절연관, 절연시트, 절연커버, 애자커버 등이 있다.

**53** 인버터 절연저항 측정 시 주의사항으로 틀린 것은?

① 정격에 약한 회로들은 회로에서 분리하여 측정한다.
② 정격전압이 입·출력 시 다를 때는 낮은 측의 전압을 선택기준으로 한다.
③ 입·출력단자에 주회로 이외의 제어단자 등이 있는 경우 이것을 포함해서 측정한다.
④ 절연변압기를 장착하지 않은 인버터는 제조사가 추천하는 방법에 따라 측정한다.

해설
인버터의 절연저항 측정 시 정격전압이 입출력에서 다를 때에는 높은 측의 전압을 절연저항계의 선택 기준으로 한다.

**54** 태양광발전시스템 계측에 관한 설명 중 틀린 것은?

① 풍향·풍속 등도 중요하므로 이에 대한 계측도 필요하다.
② 직류회로의 전압은 직접 또는 PT, CT를 통해서 검출한다.
③ 태양전지는 온도에 따라 변환효율이 변동되므로 온도 계측도 이루어진다.
④ 일사계는 보통 대지에 수평으로 설치되나 어레이와 같은 각도로 설치하는 경우도 있다.

해설
교류회로의 전압, 전류, 전력, 역률 및 주파수의 계측은 직접 또는 PT, CT를 통해서 검출하고, 지시계기 또는 신호변환기 등에 신호를 공급한다.

**55** 태양광발전용 중대형 인버터의 시험 중 절연성능 시험 항목이 아닌 것은?

① 내전압시험 ② 감전보호시험
③ 누설전류시험 ④ 절연거리시험

해설
태양광발전용 중대형 인버터의 시험 중 절연성능 시험 항목은 절연저항시험, 내전압시험, 감전보호시험, 절연거리시험 등이 있다.

**56** 태양광발전 모듈의 고장원인이 아닌 것은?

① 제조결함 ② 시공불량
③ 동결파손 ④ 새의 배설물

해설
태양광발전 모듈의 고장 원인
- 제조 결함
- 시공 불량
- 운영과정에서의 외상
- 전기적, 기계적 스트레스에 의한 셀의 파손
- 경년열화에 의한 셀 및 리본의 노화
- 주변 환경(염해, 부식성 가스 등)에 의한 부식



50 ① 51 ③ 52 ① 53 ② 54 ② 55 ③ 56 ③ 정답

**57** 태양광발전시스템의 계측 · 표시에 관한 설명으로 틀린 것은?

① 시스템의 소비전력을 낮추기 위한 계측
② 시스템의 의한 발전 전력량을 알기 위한 계측
③ 시스템의 운전상태 감시를 위한 계측 또는 표시
④ 시스템의 기기 및 시스템의 종합평가를 위한 계측

해설
태양광발전시스템의 계측 · 표시는 발전전력량을 알기 위한 계측, 운전상태 감시를 위한 계측 또는 표시, 기기 및 시스템의 종합평가를 위한 계측 등이다.

**58** 태양광발전시스템의 정전 시 운영조작 순서를 올바르게 나열한 것은?

> ㄱ. 한전 전원 복구 여부 확인
> ㄴ. 태양광 인버터 DC전압 확인 후 운전 시 조작 방법에 의한 재시동
> ㄷ. 메인 VCB반 전압 확인 및 계전기를 확인하여 정전 여부확인 및 부저 OFF
> ㄹ. 태양광 인버터 상태 확인(정지)

① ㄹ → ㄷ → ㄱ → ㄴ
② ㄹ → ㄴ → ㄱ → ㄷ
③ ㄷ → ㄱ → ㄴ → ㄹ
④ ㄷ → ㄹ → ㄱ → ㄴ

해설
태양광발전시스템의 정전 시 운영 조작 순서
정전 여부 확인 및 부저 OFF → 태양광 인버터 상태 확인(정지) → 한전전원 복구 여부 확인 → 태양광 인버터 DC전압 확인 후 재시동

**59** 태양전지모듈 어레이의 일상점검 설명 중 가장 틀린 것은?

① 접속케이블에 손상 유무 점검
② 가대의 부식 및 녹 발생 여부 점검
③ 표면의 오염 및 파손 점검
④ 접지선의 접속 및 접속단자의 풀림 여부 점검

해설
태양전지모듈 어레이의 일상 점검
주로 육안점검에 의해서 매월 1회 정도 실시한다.

| 설 비 | 점검항목 | | 점검요령 |
|---|---|---|---|
| 태양 전지 어레이 | 육안점검 | 유리 및 표면의 오염 및 파손 | 심한 오염 및 파손이 없을 것 |
| | | 가대의 부식 및 녹 발생 | 부식 및 녹이 없을 것 |
| | | 외부배선(접속케이블)의 손상 | 접속케이블에 손상이 없을 것 |
| 접속함 | | 외함의 부식 및 손상 | 부식 및 녹이 없을 것 |
| | | 외부배선(접속케이블)의 손상 | 접속케이블에 손상이 없을 것 |
| 인버터 | | 외함의 부식 및 손상 | 부식 및 녹이 없고 충전부가 노출되지 않을 것 |
| | | 외부배선(접속케이블)의 손상 | 인버터에 접속된 배선에 손상이 없을 것 |
| | | 환기확인(환기구멍, 환기필터) | 환기구를 막고 있지 않을 것 |
| | | 이상음, 악취, 이상 과열 | 운전 시 이상음, 악취, 이상과열이 없을 것 |
| | | 표시부의 이상표시 | 표시부에 이상표시가 없을 것 |
| | | 발전현황 | 표시부의 발전상황에 이상이 없을 것 |

**60** 태양광발전설비 운영 매뉴얼 내용으로 틀린 것은?

① 황사나 먼지 등에 의해 발전효율이 저하된다.
② 풍압에 의해 모듈과 형강의 체결부위가 느슨해질 수 있다.
③ 모듈 표면은 강화유리로 제작되어 외부충격에 파손되지 않는다.
④ 고압 분사기를 이용하여 모듈 표면에 정기적으로 물을 뿌려 이물질을 제거해 준다.

해설
태양광 모듈표면은 특수처리된 강화유리로 되어 있지만, 강한 충격이 있을 시 파손될 수 있다.

정답 57 ① 58 ④ 59 ④ 60 ③

## 제4과목 신재생에너지관련법규

**61** 신에너지 및 재생에너지 개발 · 이용 · 보급 촉진법에서 기본계획의 계획기간은 몇 년 이상으로 하는가?

① 1년　② 3년
③ 5년　④ 10년

**해설**

기본계획의 수립(신에너지 및 재생에너지 개발 · 이용 · 보급 촉진법 제5조)
기본계획의 계획기간은 10년 이상으로 하며, 기본계획에는 다음의 사항이 포함되어야 한다.

- 기본계획의 목표 및 기간
- 신재생에너지원별 기술개발 및 이용 · 보급의 목표
- 총 전력생산량 중 신재생에너지 발전량이 차지하는 비율의 목표
- 에너지법에 따른 온실가스의 배출 감소 목표
- 기본계획의 추진방법
- 신재생에너지 기술수준의 평가와 보급전망 및 기대효과
- 신재생에너지 기술개발 및 이용 · 보급에 관한 지원 방안
- 신재생에너지 분야 전문 인력 양성계획
- 직전 기본계획에 대한 평가
- 그 밖에 기본계획의 목표달성을 위하여 산업통상자원부장관이 필요하다고 인정하는 사항

**62** 산업통상자원부장관이 혼합의무의 이행 여부를 확인하기 위하여 혼합의무자에게 대통령령으로 정하는 바에 따라 필요한 자료의 제출을 요구하였으나 따르지 아니하거나 거짓 자료를 제출한 자에게 얼마 이하의 과태료를 부과하는가?

① 1천만원　② 2천만원
③ 3천만원　④ 4천만원

**해설**

과태료(저탄소 녹색성장 기본법 제64조)
다음의 자에게는 1천만원 이하의 과태료를 부과한다.

- 실적을 대통령령으로 정하는 바에 따라 정부에 보고하지 않거나 이행결과를 측정 · 보고 · 검증이 가능한 방식으로 작성하여 대통령령으로 정하는 공신력 있는 외부 전문기관의 검증을 받아 정부에 보고하고 공개하지 않을 경우 또는 관리업체가 사업장별로 매년 온실가스 배출량 및 에너지 소비량에 대하여 측정 · 보고 · 검증 가능한 방식으로 명세서를 작성하여 정부에 보고를 하지 아니하거나 거짓으로 보고한 자
- 준수실적이 목표에 미달하는 경우 목표달성을 위하여 필요한 개선을 명할 수 있다. 이때 개선명령에 따른 이행계획을 작성하여 이를 성실히 이행해야 하는데 이의 개선명령을 이행하지 아니한 자
- 이행결과를 측정 · 보고 · 검증이 가능한 방식으로 작성하여 대통령령으로 정하는 공신력 있는 외부 전문기관의 검증을 받아 정부에 보고하고 공개를 하지 아니한 자
- 관리업체는 보고를 할 때 명세서의 신뢰성 여부에 대하여 대통령령으로 정하는 공신력 있는 외부 전문기관의 검증을 받아야 한다. 이 경우 정부는 명세서에 흠이 있거나 빠진 부분에 대하여 시정 또는 보완을 명할 수 있는데 시정이나 보완 명령을 이행하지 아니한 자

**63** 전기사업법에서 대통령령으로 정하는 기본계획의 경미한 사항을 변경하는 경우 중 전기설비별 용량의 몇 [%]의 범위에서 그 용량을 변경하는 경우를 말하는가?

① 10　② 20
③ 30　④ 40

**해설**

기본계획의 경미한 변경(전기사업법 시행규칙 제20조)
전력수급기본계획의 수립 단서에 따라 전력정책심의회의 설치 등에 따른 전력정책심의회의 심의를 거치지 아니하고 변경할 수 있는 사항은 다음과 같다.

- 전기설비 설치공사의 착공 · 준공 또는 공사기간을 2년 이내의 범위에서 조정하는 경우
- 전기설비별 용량의 20[%] 이내의 범위에서 그 용량을 변경하는 경우
- 신규건설 또는 폐지되는 연도별 전기설비용량의 5[%] 이내의 범위에서 전기설비용량을 변경하는 경우

**64** 다음 ( ) 안에 공통으로 들어갈 내용으로 옳은 것은?

> 정부는 국가전략을 효율적 · 체계적으로 이행하기 위하여 ( )년마다 저탄소 녹색성장 국가전략 ( )개년 계획을 수립할 수 있다.

① 3　② 4
③ 5　④ 10

**해설**

저탄소 녹색성장 국가전략 5개년 계획 수립(저탄소 녹색성장 기본법 시행령 제4조)
정부는 국가전략을 효율적 · 체계적으로 이행하기 위하여 5년마다 저탄소 녹색성장 국가전략 5개년 계획을 수립할 수 있다.



61 ④　62 ①　63 ②　64 ③ 정답

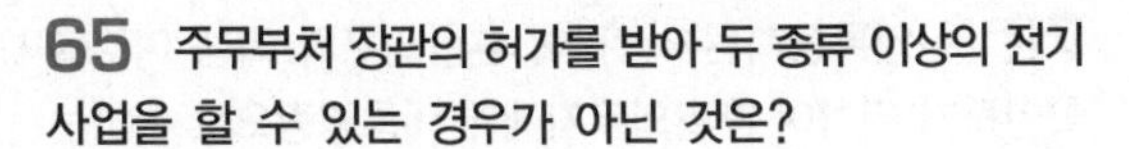

**65** 주무부처 장관의 허가를 받아 두 종류 이상의 전기사업을 할 수 있는 경우가 아닌 것은?

① 도서지역에서 전기사업을 하는 경우
② 발전사업자가 전기판매사업을 하는 경우
③ 배전사업과 전기판매사업을 겸업하는 경우
④ 발전사업의 허가를 받은 것으로 보는 집단에너지사업자가 전기판매사업을 겸업하는 경우

**해설**

전기사업의 허가(전기사업법 제7조)
동일인에게는 두 종류 이상의 전기사업을 허가할 수 없다. 다만, 대통령령으로 정하는 경우에는 그러하지 아니하다.
두 종류 이상의 전기사업의 허가(전기사업법 시행령 제3조)
동일인이 두 종류 이상의 전기사업을 할 수 있는 경우는 다음과 같다.

- 배전사업과 전기판매사업을 겸업하는 경우
- 도서지역에서 전기사업을 하는 경우
- 발전사업의 허가를 받은 것으로 보는 집단에너지사업자가 전기판매사업을 겸업하는 경우. 다만, 집단에너지사업법의 사업의 허가 규정에 따라 허가받은 공급구역에 전기를 공급하려는 경우로 한정한다.

**66** 산업통상자원부장관이 신재생에너지의 이용·보급을 촉진하기 위하여 필요하다고 인정하면 대통령령으로 정하는 바에 따라 진행하는 보급사업으로 틀린 것은?

① 정부와 연계한 보급사업
② 신기술의 적용사업 및 시범사업
③ 실용화된 신재생에너지 설비의 보급을 지원하는 사업
④ 환경친화적 신재생에너지 집적화단지 및 시범단지 조성사업

**해설**

보급사업(신에너지 및 재생에너지 개발·이용·보급 촉진법 제27조)
산업통상자원부장관은 신재생에너지의 이용·보급을 촉진하기 위하여 필요하다고 인정하면 대통령령으로 정하는 바에 따라 다음의 보급사업을 할 수 있다.

- 신기술의 적용사업 및 시범사업
- 환경친화적 신재생에너지 집적화단지 및 시범단지 조성사업
- 지방자치단체와 연계한 보급사업
- 실용화된 신재생에너지 설비의 보급을 지원하는 사업
- 그 밖에 신재생에너지 기술의 이용·보급을 촉진하기 위하여 필요한 사업으로서 산업통상자원부장관이 정하는 사업

**67** 태양전지 모듈은 최대사용전압 몇 배의 직류전압을 충전부분과 대지사이에 연속하여 10분간 가하여 절연내력을 시험하였을 때 이에 견디어야 하는가?

① 0.92　② 1
③ 1.25　④ 1.5

**해설**

연료전지 및 태양전지 모듈의 절연내력(판단기준 제15조)
연료전지 및 태양전지 모듈은 최대사용전압의 1.5배의 직류전압 또는 1배의 교류전압(500[V] 미만으로 되는 경우에는 500[V])을 충전부분과 대지 사이에 연속하여 10분간 가하여 절연내력을 시험하였을 때에 이에 견디는 것이어야 한다.

**68** 전기사업자는 전기사업용전기설비의 설치공사 또는 변경공사로서 산업통상자원부령으로 정하는 공사를 하려는 경우에는 그 공사계획에 대하여 누구에게 인가를 받아야 하는가?

① 대통령　② 시·도지사
③ 전기위원회　④ 산업통상자원부장관

**해설**

전기사업용전기설비의 공사계획의 인가 또는 신고(전기사업법 제61조)
전기사업자는 전기사업용전기설비의 설치공사 또는 변경공사로서 산업통상자원부령으로 정하는 공사를 하려는 경우에는 그 공사계획에 대하여 산업통상자원부장관의 인가를 받아야 한다.

**69** 신에너지 및 재생에너지 기술개발 및 이용·보급에 관한 계획을 협의하려는 자는 그 시행 사업연도 개시 몇 개월 전까지 산업통상자원부장관에게 계획서를 제출하여야 하는가?

① 1개월 전　② 3개월 전
③ 4개월 전　④ 6개월 전

**해설**

신재생에너지 기술개발 등에 관한 계획의 사전협의(신에너지 및 재생에너지 개발·이용·보급 촉진법 시행령 제3조)
신에너지 및 재생에너지 기술개발 및 이용·보급에 관한 계획을 협의하려는 자는 그 시행 사업연도 개시 4개월 전까지 산업통상자원부장관에게 계획서를 제출하여야 한다.

정답　65 ②　66 ①　67 ④　68 ④　69 ③

**70** 공사업을 하려는 자는 산업통상자원부령으로 정하는 바에 따라 누구에게 등록하여야 하는가?

① 시 · 도지사
② 전기공사협회
③ 한국전기기술인협회
④ 산업통상자원부장관

해설
공사업의 등록(전기공사업법 제4조)
공사업을 하려는 자는 산업통상자원부령으로 정하는 바에 따라 주된 영업소의 소재지를 관할하는 특별시장 · 광역시장 · 도지사 또는 특별자치도지사에게 등록하여야 한다.
※ 관련 법령 개정으로 특별자치시장이 추가됨〈개정 2019.4.23〉

**71** 산업통상자원부장관은 전기사업자가 금지행위를 한 경우에는 전기위원회의 심의를 거쳐 대통령령으로 정하는 바에 따라 그 전기사업자의 매출액의 얼마 범위에서 과징금을 부과 · 징수할 수 있는가?

① $\frac{5}{100}$
② $\frac{10}{100}$
③ $\frac{20}{100}$
④ $\frac{40}{100}$

해설
금지행위에 대한 과징금의 부과 · 징수(전기사업법 제24조)
(1) 산업통상자원부장관은 전기사업자가 규정에 따른 금지행위를 한 경우에는 전기위원회의 심의를 거쳐 대통령령으로 정하는 바에 따라 그 전기사업자의 매출액의 $\frac{5}{100}$의 범위에서 과징금을 부과 · 징수할 수 있다. 다만, 매출액이 없거나 매출액의 산정이 곤란한 경우로서 대통령령으로 정하는 경우에는 10억원 이하의 과징금을 부과 · 징수할 수 있다.
(2) (1)에 따른 위반행위별 유형, 과징금의 부과기준, 그 밖에 필요한 사항은 대통령령으로 정한다.
(3) 산업통상자원부장관은 (1)에 따른 과징금을 내야 할 자가 납부기한까지 이를 내지 아니하면 국세체납처분의 예에 따라 징수할 수 있다.

**72** 산업통상자원부장관이 혼합의무의 이행 여부를 확인하기 위하여 혼합의무자에게 대통령령으로 정하는 바에 따라 필요한 자료의 제출을 요구할 경우 신재생에너지 연료 혼합의무 이행확인에 관한 자료로 틀린 것은?

① 수송용연료의 생산량
② 수송용연료의 수출입량
③ 수송용연료의 해외판매량
④ 수송용연료의 자가소비량

해설
자료제출(신에너지 및 재생에너지 개발 · 이용 · 보급 촉진법 시행령 제26조의3)
산업통상자원부장관은 규정에 따라 혼합의무자에게 다음의 자료제출을 요구할 수 있다.
- 신재생에너지 연료 혼합의무 이행확인에 관한 다음의 자료
  - 수송용연료의 생산량
  - 수송용연료의 내수판매량
  - 수송용연료의 재고량
  - 수송용연료의 수출입량
  - 수송용연료의 자가소비량

**73** 산업통상자원부장관이 정하여 고시하는 신재생에너지 가중치의 산정 시 고려사항으로 틀린 것은?

① 전력 판매가
② 지역주민의 수용정도
③ 전력 수급의 안정에 미치는 영향
④ 온실가스 배출 저감에 미치는 효과

해설
신재생에너지의 가중치(신에너지 및 재생에너지 개발 · 이용 · 보급 촉진법 시행령 제18조의9)
신재생에너지의 가중치는 해당 신재생에너지에 대한 다음의 사항을 고려하여 산업통상자원부장관이 정하여 고시하는 바에 따른다.
- 환경, 기술개발 및 산업 활성화에 미치는 영향
- 발전 원가
- 부존 잠재량
- 온실가스 배출 저감에 미치는 효과
- 전력 수급의 안정에 미치는 영향
- 지역주민의 수용 정도



70 ① 71 ① 72 ③ 73 ① 정답

## 74 전기사업의 허가를 신청하는 자가 사업계획서를 작성할 때 태양광설비의 개요로 기재하여야 할 내용이 아닌 것은?

① 집광판(集光板)의 면적
② 태양전지 및 인버터의 효율, 변환방식, 교류주파수
③ 인버터의 종류, 입력전압, 출력전압 및 정격출력
④ 태양전지의 종류, 정격용량, 정격전압 및 정격출력

**해설**

**사업계획서 작성방법(전기사업법 시행규칙 별표1)**
태양광설비
- 태양전지의 종류, 정격용량, 정격전압 및 정격출력
- 인버터(Inverter)의 종류, 입력전압, 출력전압 및 정격출력
- 집광판의 면적

## 75 저탄소 녹색성장 추진의 기본원칙으로 틀린 것은?

① 정부는 시장기능을 최대한 활성화하여 정부가 주도하는 저탄소 녹색성장을 추진한다.
② 정부는 사회·경제 활동에서 에너지와 자원이용의 효율성을 높이고 자원순환을 촉진한다.
③ 정부는 국민 모두가 참여하고 국가기관, 지방자치단체, 기업, 경제단체 및 시민단체가 협력하여 저탄소 녹색성장을 구현하도록 노력한다.
④ 정부는 국가의 자원을 효율적으로 사용하기 위하여 성장잠재력과 경쟁력이 높은 녹색기술 및 녹색산업 분야에 대한 중점 투자 및 지원을 강화한다.

**해설**

**저탄소 녹색성장 추진의 기본원칙(저탄소 녹색성장 기본법 제3조)**
저탄소 녹색성장은 다음의 기본원칙에 따라 추진되어야 한다.
- 정부는 기후변화·에너지·자원문제의 해결, 성장동력 확충, 기업의 경쟁력 강화, 국토의 효율적 활용 및 쾌적한 환경조성 등을 포함하는 종합적인 국가발전전략을 추진한다.
- 정부는 시장기능을 최대한 활성화하여 민간이 주도하는 저탄소 녹색성장을 추진한다.
- 정부는 녹색기술과 녹색산업을 경제성장의 핵심 동력으로 삼고 새로운 일자리를 창출·확대할 수 있는 새로운 경제체제를 구축한다.
- 정부는 국가의 자원을 효율적으로 사용하기 위하여 성장잠재력과 경쟁력이 높은 녹색기술 및 녹색산업 분야에 대한 중점 투자 및 지원을 강화한다.
- 정부는 사회·경제활동에서 에너지와 자원 이용의 효율성을 높이고 자원순환을 촉진한다.
- 정부는 자연자원과 환경의 가치를 보존하면서 국토와 도시, 건물과 교통, 도로·항만·상하수도 등 기반시설을 저탄소 녹색성장에 적합하게 개편한다.
- 정부는 환경오염이나 온실가스 배출로 인한 경제적 비용이 재화 또는 서비스의 시장가격에 합리적으로 반영되도록 조세체계와 금융체계를 개편하여 자원을 효율적으로 배분하고 국민의 소비 및 생활 방식이 저탄소 녹색성장에 기여하도록 적극 유도한다. 이 경우 국내산업의 국제경쟁력이 약화되지 않도록 고려하여야 한다.
- 정부는 국민 모두가 참여하고 국가기관, 지방자치단체, 기업, 경제단체 및 시민단체가 협력하여 저탄소 녹색성장을 구현하도록 노력한다.
- 정부는 저탄소 녹색성장에 관한 새로운 국제적 동향을 조기에 파악·분석하여 국가 정책에 합리적으로 반영하고, 국제사회의 구성원으로서 책임과 역할을 성실히 이행하여 국가의 위상과 품격을 높인다.

## 76 발전기·연료전지 또는 태양전지 모듈(복수의 태양전지 모듈을 설치하는 경우에는 그 집합체)에 시설되는 계측하는 장치를 사용하여 측정하는 사항으로 틀린 것은?

① 전 압　　② 전 류
③ 전 력　　④ 역 률

**해설**

**계측장치(판단기준 제50조)**
발전기·연료전지 또는 태양전지 모듈에 시설되는 계측하는 장치로 측정할 수 있는 것은 전압($V$), 전류($I$), 전력($P$)이다.

## 77 공사업자의 등록취소사항에 해당되지 않는 것은?

① 부정한 방법으로 공사업의 등록을 한 경우
② 시정명령 또는 지시를 이행하지 아니한 경우
③ 최근 5년간 3회 이상 영업정지처분을 받은 경우
④ 공사업을 등록한 후 1년 이내에 영업을 시작하지 아니한 경우

**해설**

**등록취소 등(전기공사업법 제28조)**
시·도지사는 공사업자가 다음의 어느 하나에 해당하면 등록을 취소하거나 6개월 이내의 기간을 정하여 영업의 정지를 명할 수 있다. 다만, (1), (4), (5), (9), (10)에 해당하는 경우에는 등록을 취소하여야 한다.

(1) 거짓이나 그 밖의 부정한 방법으로 다음의 하나에 해당하는 행위를 한 경우
① 공사업의 등록
② 공사업의 등록기준에 관한 신고

정답 74 ② 75 ① 76 ④ 77 ②

(2) 대통령령으로 정하는 기술능력 및 자본금 등에 미달하게 된 경우. 다만, 채무자 회생 및 파산에 관한 법률에 따라 법원이 회생절차개시의 결정을 하고 그 절차가 진행 중이거나 일시적으로 등록기준에 미달하는 등 대통령령으로 정하는 경우는 예외로 한다.
(3) 공사업의 등록기준에 관한 신고를 하지 아니한 경우
(4) 결격사유 중 어느 하나에 해당하게 된 경우
(5) 타인에게 성명 · 상호를 사용하게 하거나 등록증 또는 등록수첩을 빌려 준 경우
(6) 시정명령 또는 지시를 이행하지 아니한 경우
(7) 해당 전기공사가 완료되어 같은 조에 따른 시정명령 또는 지시를 명할 수 없게 된 경우
(8) 신고를 거짓으로 한 경우
(9) 공사업의 등록을 한 후 1년 이내에 영업을 시작하지 아니하거나 계속하여 1년 이상 공사업을 휴업한 경우
(10) 영업정지처분기간에 영업을 하거나 최근 5년간 3회 이상 영업정지처분을 받은 경우

## 78 전기의 원활한 흐름과 품질유지를 위하여 전기의 흐름을 통제 · 관리하는 체제를 무엇이라 하는가?

① 전기관리 ② 전력계통
③ 전력시스템 ④ 전력거래사업

**해설**

정의(전기사업법 제2조)
"전력계통"이란 전기의 원활한 흐름과 품질유지를 위하여 전기의 흐름을 통제 · 관리하는 체계를 말한다.

## 79 개인대행자가 안전관리업무를 대행할 수 있는 태양광발전설비의 규모는 몇 [kW] 미만인가?

① 100 ② 250
③ 500 ④ 1,000

**해설**

안전관리업무의 대행 규모(전기사업법 시행규칙 제41조)
안전공사, 전기안전관리대행사업자(대행사업자) 및 전기 분야의 기술 자격을 취득한 사람으로서 대통령령으로 정하는 장비를 보유하고 있는 자에 따른 자(개인대행자)가 안전관리업무를 대행할 수 있는 전기설비의 규모는 다음과 같다.

| | |
|---|---|
| 안전공사 및 대행사업자 | 다음의 하나에 해당하는 전기설비(둘 이상의 전기설비 용량의 합계가 2,500[kW] 미만인 경우로 한정한다)<br>• 용량 1,000[kW] 미만의 전기수용설비<br>• 용량 300[kW] 미만의 발전설비. 다만, 비상용 예비발전설비의 경우에는 용량 500[kW] 미만으로 한다.<br>• 신에너지 및 재생에너지 개발 · 이용 · 보급 촉진법에 따른 태양에너지를 이용하는 발전설비(태양광발전설비)로서 용량 1,000[kW] 미만인 것 |
| 개인대행자 | 다음의 하나에 해당하는 전기설비(둘 이상의 용량의 합계가 1,050[kW] 미만인 전기설비로 한정한다)<br>• 용량 500[kW] 미만의 전기수용설비<br>• 용량 150[kW] 미만의 발전설비. 다만, 비상용 예비발전설비의 경우에는 용량 300[kW] 미만으로 한다.<br>• 용량 250[kW] 미만의 태양광발전설비 |

## 80 대지전압이 150[V] 초과 300[V] 이하인 경우에 절연저항값은 몇 [MΩ] 이상이어야 하는가?

① 0.2 ② 0.3
③ 0.5 ④ 1

**해설**

저압전로의 절연성능(기술기준 제52조)

| 전로의 사용전압 구분 | | 절연저항 [MΩ] |
|---|---|---|
| 400[V] 미만 | 대지전압(접지식 전로는 전선과 대지 사이의 전압, 비접지식 전로는 전선 간의 전압을 말한다)이 150[V] 이하인 경우 | 0.1 |
| | 대지전압이 150[V] 초과 300[V] 이하인 경우 | 0.2 |
| | 사용전압이 300[V] 초과 400[V] 미만인 경우 | 0.3 |
| 400[V] 이상 | | 0.4 |



78 ② 79 ② 80 ① 정답

# 과년도 기출문제

## 제1과목 태양광발전시스템 이론

**01** 태양광발전시스템의 구성요소 중 인버터의 역할은?

① 직류 → 교류로 변환
② 교류 → 직류로 변환
③ 교류 → 교류로 변환
④ 직류 → 직류로 변환

해설
인버터(PCS ; Power Conditioning System)의 역할
직류(DC)를 교류(AC)로 변환하여 전력품질을 극대화하고 보호한다.

**02** 장거리 전력 전송에 고전압이 사용되는 이유가 아닌 것은?

① 송전용량이 증가한다.
② 전력손실이 감소한다.
③ 선로절연이 낮아지므로 건설비가 감소한다.
④ 동일 용량의 전력을 송전할 경우 송전선의 굵기를 줄일 수 있다.

해설
장거리 전력 전송에 고전압이 사용되는 이유
- 송전용량이 증가한다.
- 동일 용량의 전력을 송전할 경우 송전선의 굵기를 줄일 수 있다.
- 전력손실이 감소한다.

**03** 궤도전자가 강한 에너지를 받아서 원자 내의 궤도를 이탈하여 자유전자가 되는 것은?

① 방 사　　② 전 리
③ 공 진　　④ 여 기

해설
용어의 정의
- 방사 : 에너지가 전달되는 한 형식으로 공간이나 진공 중에서도 진행한다. 전자파의 성질과 입자의 성질을 아울러 갖는다. 방사라는 말은 경우에 따라서는 방사현상, 방사선, 방사밀도, 방사속을 뜻하기도 한다. 또 좁은 뜻으로는 방사의 특수한 경우, 즉 X선, $\gamma$선 등에 한정되는 경우도 있다.
- 전리 : 원자의 최외각 궤도에 있는 전자가 에너지를 얻어 궤도에서 이탈하는 것이다. 이때의 원자는 양이온이 된다. 방전관 내의 기체에서 볼 수 있다.
- 공진 : 진동계에 외세를 가해서 진동시킬 때 강제 진동력의 주파수가 그 진동계의 공진주파수와 일치하였을 때 진동계의 진폭이 가장 커지는 현상을 공진이라고 한다. 또한 제동력이 적은 진동계에서 공진주파수는 고유주파수에 가깝고 이보다 약간 작다. 전기회로에서는 회로의 공진주파수가 전원의 주파수와 같을 때 공진이 일어나고, 전압 또는 전류의 진폭이 최대가 된다.
- 여기 : 외부에서 에너지를 가함으로써 원자나 분자의 가장 바깥쪽에 있는 전자가 높은 에너지 상태로 이동하는 것으로 광펌핑, 방전여기, 전자빔 여기, 캐리어 주입 등이 있다.

**04** 피뢰소자 중 내뢰트랜스의 선정방법으로 옳지 않은 것은?

① 전기특성이 양호한 것으로 선정한다.
② 1차 측, 2차 측의 전압 및 용량을 결정하고 카달로그에 의해 형식을 선정한다.
③ 내뢰트랜스로 보호할 수 없는 경우에만 어레스터와 서지업서버를 사용한다.
④ 1차 측과 2차 측 간에 실드판이 있고, 이 판수가 많을수록 뇌서지에 대한 억제효과도 높아지므로 많은 것을 선정한다.

해설
내뢰트랜스
어레스터와 서지업서버로 보호할 수 없는 경우 사용되는 소자로서 실드부착 절연트랜스를 주체로 이에 어레스트 및 콘덴서를 부가시킨 것이다. 뇌서지가 침입한 경우 내부에 넣은 어레스터 제어 및 1차 측과 2차 측 간의 고절연화, 실드에 의해 뇌서지의 흐름을 완전히 차단할 수 있도록 한 장치이다.

정답 1 ① 2 ③ 3 ② 4 ③

- 선정방법
  - 1차 측과 2차 측 사이에 실드판이 있고, 이 판수가 많을수록 뇌서지에 대한 억제효과도 커지기 때문에 많은 것을 선정한다.
  - 1차 측, 2차 측의 전압 및 용량을 결정하고 제품안내서에 의해 형식을 선정한다.
  - 전기특성(전압변동률, 효율, 절연강도, 서지감쇠량, 충격률(뇌임펄스))이 양호한 것을 선정한다.

## 05 태양전지 모듈의 가로가 1.6[m], 세로가 1[m]이고, 변환효율이 10[%]인 경우의 충진율($FF$)은?(단, $V_{oc}=40[V]$, $I_{sc}=8[A]$이고, 표준시험 조건이다)

① 0.50　　② 0.65
③ 0.70　　④ 0.80

**해설**

$$충진율 = \frac{최대출력전력}{단락전류 \times 개방전압} = \frac{160}{8 \times 40} = 0.50$$

여기서, 최대출력전력 = 모듈면적 × 표준일조강도 × 변환효율
= (1.6×1)×1,000×0.10 = 160[W]

## 06 뇌서지 내성 및 노이즈 차단특성이 우수하나, 중량 부피가 큰 인버터 절연방식은?

① 상용주파 절연방식
② 무변압기 절연방식
③ 고주파 절연방식
④ 접지 절연방식

**해설**

인버터의 회로방식

- 상용주파 변압기 절연방식(저주파 변압기 절연방식) : 태양전지(PV) → 인버터(DC → AC) → 공진회로 → 변압기
  - 태양전지의 직류출력을 상용주파의 교류로 변환한 후 변압기로 절연한다.
  - 내뢰성(번개에 견디어 낼 수 있는 성질)과 노이즈 컷(잡음을 차단)이 뛰어나지만 상용주파 변압기를 이용하기 때문에 중량이 무겁다.
- 고주파 변압기 절연방식 : 태양전지(PV) → 고주파 인버터(DC → AC) → 고주파 변압기(AC → DC) → 인버터(DC → AC) → 공진회로
  - 소형이고 경량이다.
  - 회로가 복잡하다.
  - 태양전지의 직류출력을 고주파의 교류로 변환한 후 소형의 고주파 변압기로 절연을 한다.
  - 절연 후 직류로 변환하고 재차 상용주파의 교류로 변환한다.
- 트랜스리스 방식 : 태양전지(PV) → 승압형 컨버터 → 인버터 → 공진회로
  - 소형이고 경량이다.
  - 비용이 저렴하고 신뢰성이 높다.
  - 태양전지의 직류출력을 DC-DC 컨버터로 승압하고 인버터를 이용하여 상용주파의 교류로 변환한다.
  - 상용전원과의 사이는 비절연이다.
  - 비용, 크기, 중량 및 효율면에서 우수하여 가장 많이 사용되고 있다.

## 07 단결정 실리콘 태양전지의 특징이 아닌 것은?

① 색이 검은색이다.
② 무늬가 다양하다.
③ 단단하고, 구부러지지 않는다.
④ 제조에 필요한 온도가 약 1,400[℃]로 높다.

**해설**

단결정 실리콘 태양전지의 특성

- 효율이 가장 높다.
- 제조 시에 온도는 1,400[℃]의 고온이다.
- 가격이 비싸다.
- 단단하고, 구부러지지 않는다.
- 무겁고 색깔은 불투명한 검은색이다.

## 08 다음 중 재생에너지에 해당하지 않는 것은?

① 풍 력　　② 지열에너지
③ 태양에너지　　④ 수소에너지

**해설**

재생에너지(신에너지 및 재생에너지 개발・이용・보급 촉진법 제2조)
햇빛・물・지열・강수・생물유기체 등을 포함하는 재생 가능한 에너지를 변환시켜 이용하는 에너지로서 다음 각 호의 하나에 해당하는 것을 말한다.

- 태양에너지
- 풍 력
- 수 력
- 해양에너지
- 지열에너지
- 생물자원을 변환시켜 이용하는 바이오에너지로서 대통령령으로 정하는 기준 및 범위에 해당하는 에너지
- 폐기물에너지(비재생폐기물로부터 생산된 것은 제외한다)로서 대통령령으로 정하는 기준 및 범위에 해당하는 에너지
- 그 밖에 석유・석탄・원자력 또는 천연가스가 아닌 에너지로서 대통령령으로 정하는 에너지



5 ① 6 ① 7 ② 8 ④ 정답

## 09 다음 중 지구 대기의 영향을 받지 않는 우주에서의 태양복사에너지 대기질량(AM)은 무엇인가?

① AM0 ② AM1
③ AM2 ④ AM3

해설

대기질량 정수(AM ; Air Mass) : 최단 경로의 길이

태양광선이 지구 대기를 지나오는 경로의 길이이다. 임의의 해수면상 관측점으로 햇빛이 지나가는 경로의 길이를 관측점 바로 위에 태양이 있을 때 햇빛이 지나오는 거리의 배수로 나타낸 것을 말한다. 태양광이 지구 대기를 통과하는 표준상태를 대기압에 연직으로 입사되기 때문에 생기는 비율을 나타내며 AM으로 표시한다.

대기질량 정수의 구분

- AM0
  - 우주에서의 태양 스펙트럼을 나타내는 조건으로 대기 외부이다.
  - 인공위성 또는 우주 비행체가 노출되는 환경이다.
- AM1 : 태양이 천정에 위치할 때의 지표상의 스펙트럼이다.
- AM1.5
  - 기본적으로 우리나라가 중위도에 있기 때문에 표준으로 사용한다.
  - 지상의 누적 평균 일조량에 적합하다.
  - 태양전지 개발 시 기준값으로 사용한다.
- AM2 : 고도각 $\theta$가 30°일 경우 약 0.75[kW/m$^2$]를 나타낸다.

## 10 다음 중 결정질 태양전지의 에너지 손실에서 가장 큰 부분은?

① 전면 접촉으로 초래된 반사와 차광
② 공간 전하 영역에서의 전지의 전위차
③ 장파장 복사에서 너무 낮은 광자에너지
④ 단파장 복사에서 너무 높은 광자에너지

해설

결정질 태양전지는 단파장 복사에서 너무 높은 광자에너지를 받게 되면 에너지 손실이 커지게 되고 단파장 영역에서의 반응도가 낮아지게 된다.

## 11 방사강도가 1,000[W/m$^2$]이고, 태양전지의 출력이 36[W]일 때 태양전지의 광전변환 효율[%]은?(단, 태양전지의 면적은 0.5[m$^2$]이다)

① 1.8 ② 3.6
③ 7.2 ④ 9.6

해설

태양전지의 광전변환 효율($\eta$)

$$= \frac{\text{태양전지의 출력}}{\text{태양전지의 면적} \times \text{방사강도}} \times 100[\%]$$

$$= \frac{36}{0.5 \times 1,000} \times 100 = 7.2[\%]$$

## 12 반동수차의 종류가 아닌 것은?

① 펠턴수차
② 카플란수차
③ 프란시스수차
④ 프로펠러수차

해설

수차의 종류 및 특징

<table>
<tr><th colspan="3">수차의 종류</th><th>특 징</th></tr>
<tr><td>충동수차</td><td colspan="2">펠턴(Pelton)수차<br>튜고(Turgo)수차<br>오스버그(Ossberger)수차</td><td>• 수차가 물에 완전히 잠기지 않는다.<br>• 물은 수차의 일부 방향에서만 공급되며, 운동에너지만을 전환한다.</td></tr>
<tr><td rowspan="2">반동수차</td><td colspan="2">프란시스(Francis)수차</td><td>수차가 물에 완전히 잠긴다.</td></tr>
<tr><td>프로펠러수차</td><td>카플란(Kaplan)수차<br>튜블러(Tubular)수차<br>벌브(Bulb)수차<br>림(Rim)수차</td><td>• 수차의 원주방향에서 물이 공급된다.<br>• 동압(Dynamic Pressure) 및 정압(Static Pressure)이 전환된다.</td></tr>
</table>

## 13 고주파 변압기 절연방식과 트랜스리스 방식의 계통연계 인버터는 출력전류에 중첩되는 직류분이 정격교류 최대전류의 몇 [%] 이하로 유지해야 하는가?

① 0.5
② 5
③ 10
④ 20

해설

고주파 변압기 절연방식이나 트랜스리스 방식에서 출력전류에 중첩되는 직류분이 정격교류 출력전류의 0.5[%] 이하일 것을 요구하고 있으며, 직류분을 제어하는 직류 제어기능과 함께 만일 이 기능에 장해가 생긴 경우에 인버터를 정지시키는 보호기능이 있다.

정답 9 ① 10 ④ 11 ③ 12 ① 13 ①

## 14 전기설비의 안전에 관한 일반적인 사항이 아닌 것은?

① 전기설비의 접지와 건축물의 피뢰설비 및 통신설비 등을 통합접지공사를 할 수 있다.
② 전선배관 등의 관통부는 화재 확산을 방지하기 위해서 관통부 처리를 하여야 한다.
③ 전기실의 소화설비로는 이산화탄소, 청정소화약제 등을 사용할 수 있다.
④ 유입변압기는 반드시 옥내 설치가 권장된다.

**해설**

전기설비의 안전에 관한 일반적인 사항

- 전선배관 등 관통부는 화재 확산을 방지하기 위해서 관통부 처리를 해야 한다.
- 전기실의 소화설비로는 이산화탄소, 청정소화약제 등을 사용할 수 있다.
- 전기설비의 접지와 건축물의 피뢰설비 및 통신설비 등을 통합접지 공사를 할 수 있다.

## 15 부하의 허용 최저전압이 92[V], 축전지와 부하간 접속선의 전압강하가 3[V]일 때, 직렬로 접속한 축전지의 개수가 50개라면 축전지 한 개의 허용 최저전압은 몇 [V/cell]인가?

① 1.9[V/cell]
② 1.8[V/cell]
③ 1.6[V/cell]
④ 1.5[V/cell]

**해설**

축전지 1개의 허용최저전압

$$V_{\min} = \frac{\text{부하의 허용 최저전압} + \text{전압강하}}{\text{축전지의 개수}}$$

$$= \frac{92+3}{50} = 1.9[\text{V/cell}]$$

## 16 직격뢰와 유도뢰에 대한 설명이 아닌 것은?

① 직격뢰는 에너지가 매우 작다.
② 유도뢰에 의한 순간적인 전압상승을 뇌서지라고 한다.
③ 정전유도에 의한 유도뢰는 케이블에 유도된 플러스 전하가 낙뢰로 인한 지표면 전하의 중화에 의해 뇌서지가 된다.
④ 전자유도에 의한 유도뢰는 케이블 부근에 낙뢰로 인한 뇌전류에 따라 케이블에 유도되어 뇌서지가 된다.

**해설**

낙뢰의 종류

- 직격뢰 : 뇌운에서 태양전지 어레이, 저압배전선, 전기기기 및 배선 등에 직접 방전이 되는 낙뢰 또는 근방에 떨어지는 낙뢰이며, 에너지가 매우 크다(15~20[kA]가 약 50[%] 정도를 차지하며, 200~300[kA]인 것도 있음). 태양광발전 시스템의 보호를 위해서 대책이 필요하다.
- 유도뢰 : 뇌운에 의해서 축적된 전하로 케이블에 유도된 역극성의 전하가 케이블 이외의 장소에서 낙뢰로 인해 해방, 진행파가 되어 케이블 위를 좌우로 진행하는 현상이다. 번개구름에 의해 유도된 전류가 순간적인 높은 전압으로 장비에 유입되어 피해를 주게 된다. 여기서 순간적인 전압상승을 뇌서지라고 한다.
- 뇌운 사이에서 방전에 의해 일어나는 경우 : 상공에 두 개의 뇌운이 접근하여 떠 있는 경우, 정전기와 부전기층에서 방전을 일으키면 뇌운파가 발생한다. 이때 정전유도작용에 의해 전력선이나 통신선 상에 고여 있던 전하의 리듬을 파괴한다. 그 결과 전하가 선의 양방향에 서지로 흘러나오게 된다.

## 17 태양전지 모듈 내에 태양전지 셀의 결함 또는 열화로 인한 출력저하를 방지하고 발열을 억제하기 위하여 사용하는 것은?

① 리드선
② 충전재
③ 바이패스 소자
④ 알루미늄 프레임

**해설**

바이패스 소자의 설치 목적(출력저하를 방지하고 발열을 억제)
태양전지 모듈 중에서 일부의 태양전지 셀에 나뭇잎 등으로 그늘이 지거나 셀의 일부가 고장이 나면 그 부분의 셀은 발전하지 못하며 저항이 크게 된다. 이 셀에는 직렬로 접속된 스트링(회로)의 모든 전압이 인가되어 고저항의 셀에 전류가 흐름으로써 발열이 발생한다. 셀의 온도가 높아지게 되면 셀 및 그 주변의 충진 수지가 변색되고 뒷면의 커버가 팽창하게 된다. 셀의 온도가 계속 높아지면 그 셀과 태양전지 모듈의 파손방지는 물론 이를 방지할 목적으로 고저항이 된 태양전지 셀 또는 모듈에 흐르는 전류를 우회하는 것이 필요하다. 이것이 바로 바이패스 소자를 설치하는 목적이다.



14 ④ 15 ① 16 ① 17 ③ 정답

## 18 실시간으로 변화하는 일사강도에 따라 태양광 인버터가 최대 출력점에서 동작하도록 하는 기능은?

① 자동운전정지 기능
② 단독운전방지 기능
③ 자동전류조정 기능
④ 최대전력 추종제어 기능

해설

최대전력 추종제어(MPPT ; Maximum Power Point Tracking)의 기능

태양전지의 출력은 일사강도나 태양전지의 표면온도에 의해 변동이 된다. 이러한 변동에 대해 태양전지의 동작점이 항상 최대출력점을 추종하도록 변화시켜 태양전지에서 최대출력을 얻을 수 있는 제어이다. 즉, 인버터의 직류동작전압을 일정시간 간격으로 변동시켜 태양전지 출력전력을 계측한 후 이전의 것과 비교하여 항상 전력이 크게 되는 방향으로 인버터의 직류전압을 변화시키는 것이다.

## 19 N형 반도체의 다수캐리어는?

① 양성자
② 중성자
③ 전 자
④ 정 공

해설

PN접합 다이오드는 N(−)형 전자와 P(+)형 정공으로 이루어진다.

## 20 태양광 모듈의 최대출력($P_{mpp}$)의 의미는?

① $I \times V$
② $I_{mpp} \times V$
③ $I \times V_{mpp}$
④ $I_{mpp} \times V_{mpp}$

해설

태양전지의 최대출력

$P_{\max} = V_{oc}$(개방전압)$\times I_{sc}$(단락전류)$\times FF$(충진율)

$P_{mpp} =$ 최대전류($I_{mpp}$)$\times$최대전압($V_{mpp}$)

# 제2과목 태양광발전시스템 시공

## 21 설계감리 업무 수행 시 설계감리원이 비치하여 설계감리 과정을 기록하여야 하는 문서가 아닌 것은?

① 근무상황부
② 설계감리일지
③ 안전교육실적표
④ 설계감리 검토의견 및 조치 결과서

해설

설계감리원의 문서비치 및 준공 시 제출서류(설계감리업무 수행지침 제8조)

- 근무상황부
- 설계감리일지
- 설계감리지시부
- 설계감리기록부
- 설계자와 협의사항 기록부
- 설계감리 추진현황
- 설계감리 검토의견 및 조치 결과서
- 설계감리 주요검토결과
- 설계도서 검토의견서
- 설계도서(내역서, 수량산출 및 도면 등)를 검토한 근거서류
- 해당 용역관련 수·발신 공문서 및 서류
- 그 밖에 발주자가 요구하는 서류

## 22 감리용역 계약문서가 아닌 것은?

① 과업지시서
② 공사입찰 유의서
③ 감리비 산출내역서
④ 기술용역계약 일반조건

해설

정의(전력시설물 공사감리업무 수행지침 제3조)

감리용역 계약문서는 계약서, 기술용역입찰유의서, 기술용역계약 일반조건, 감리용역계약 특수조건, 과업지시서, 감리비 산출내역서 등으로 구성되며, 이들 계약문서는 상호 보완의 효력을 가진다.

정답 18 ④ 19 ③ 20 ④ 21 ③ 22 ②

## 23 태양광발전설비의 준공검사 시 확인사항이 아닌 것은?

① 시설물의 유지관리 방법
② 감리원의 준공 검사원에 대한 검토의견서
③ 제반 가설시설물의 제거와 원상복구 정리 상황
④ 완공된 시설물이 설계도서대로 시공되었는지 여부

**해설**

준공검사(전력시설물 공사감리업무 수행지침 제57조)

- 완공된 시설물이 설계도서대로 시공되었는지의 여부
- 시공 시 현장 상주감리원이 작성 비치한 제 기록에 대한 검토
- 폐품 또는 발생물의 유무 및 처리의 적정 여부
- 지급 기자재의 사용적부와 잉여자재 유무 및 그 처리의 적정 여부
- 제반 가설시설물의 제거와 원상복구 정리 상황
- 감리원 준공 검사원에 대한 검토의견서
- 그 밖에 검사자가 필요하다고 인정하는 사항

## 24 비상주감리원의 업무에 해당하지 않는 것은?

① 중요한 설계변경에 대한 기술검토
② 설계변경 및 계약금액 조정의 심사
③ 근무상황판에 현장근무위치와 업무내용 기록
④ 정기적(분기 또는 월별)으로 현장 시공상태를 종합적으로 점검·확인·평가하고 기술지도

**해설**

비상주감리원의 업무수행(전력시설물 공사감리업무 수행지침 제5조)

- 설계도서 등의 검토
- 상주감리원이 수행하지 못하는 현장조사 분석 및 시공사의 문제점에 대한 기술검토와 민원사항에 대한 현지조사 및 해결방안 검토
- 중요한 설계변경에 대한 기술검토
- 설계변경 및 계약금액 조정의 심사
- 기성 및 준공검사
- 정기적(분기 또는 월별)으로 현장 시공상태를 종합적으로 점검·확인·평가하고 기술지도
- 공사와 관련하여 발주자(지원업무수행자 포함)가 요구한 기술적 사항 등에 검토
- 그 밖에 감리업무 추진에 필요한 기술지원 업무

## 25 태양광발전시스템의 일반적인 시공 순서로 옳은 것은?

| | |
|---|---|
| ㉠ 모 듈 | ㉡ 어레이 |
| ㉢ 인버터 | ㉣ 접속반 |
| ㉤ 계통 간 간선 | |

① ㉠ → ㉡ → ㉣ → ㉢ → ㉤
② ㉠ → ㉤ → ㉢ → ㉡ → ㉣
③ ㉠ → ㉣ → ㉡ → ㉤ → ㉢
④ ㉠ → ㉢ → ㉤ → ㉣ → ㉡

**해설**

태양광발전시스템의 시공 순서

모듈 → 어레이 → 접속반 → 인버터 → 계통 간 간선

## 26 3상 3선 전압강하 계산식으로 옳은 것은?

① $e = \frac{35.6 \times L \times I}{1,000 \times A}$　② $e = \frac{30.8 \times L \times I}{1,000 \times A}$

③ $e = \frac{15.6 \times L \times I}{1,000 \times A}$　④ $e = \frac{24.6 \times L \times I}{1,000 \times A}$

**해설**

전압강하 및 전선 단면적 계산식

| 회로의 전기방식 | 전압강하 | 전선의 단면적 |
|---|---|---|
| 직류 2선식<br>교류 2선식 | $e = \frac{35.6LI}{1,000A}$ | $A = \frac{35.6LI}{1,000e}$ |
| 3상 3선식 | $e = \frac{30.8LI}{1,000A}$ | $A = \frac{30.8LI}{1,000e}$ |

## 27 수전단전압이 송전단전압보다 높아지는 현상은?

① 표피효과　② 코로나 현상
③ 역섬락 현상　④ 페란티 현상

**해설**

계통의 심야 경부하 시 충전전류에 의하여 수전단전압이 송전단전압보다 높아지는 현상을 페란티 현상이라고 한다.



23 ① 24 ③ 25 ① 26 ② 27 ④ 정답

## 28 창문 상부 등 건물 외부에 가대를 설치하고 그 위에 태양광 모듈을 설치한 형태는?

① 경사지붕형 ② 벽건재형
③ 루버형 ④ 차양형

해설

건물 외부에 가대를 설치하고 그 위에 태양광 모듈을 설치한 형태를 차양형이라고 한다.

## 29 태양전지 모듈 및 어레이 설치 후 확인 및 점검사항이 아닌 것은?

① 비접지 확인 ② 개방전류 측정
③ 전압극성의 확인 ④ 모듈전압의 확인

해설

태양전지 모듈 및 어레이 설치 후 확인・점검사항은 전압・극성의 확인, 단락전류의 측정, 비접지의 확인 및 접지의 연속성 확인 등이다.

## 30 다음 ( ) 안의 알맞은 내용으로 옳은 것은?

> 태양광발전시스템은 상용 전력계통 연계 유무에 따라 독립형과 ( )으로 구분한다.

① 계통연계형 ② 병렬연계형
③ 복합연계형 ④ 단독연계형

해설

태양광발전시스템은 상용 전력계통 연계 유무에 따라 독립형과 계통연계형으로 구분한다.

## 31 변전소에서 무효전력을 조정하는 전기설비로 옳은 것은?

① 변성기 ② 피뢰기
③ 축전지 ④ 조상설비

해설

변전소에서 무효전력을 조정하는 전기설비는 조상설비로서 전압을 조정할 때 사용된다.

## 32 가공송전선로에 사용되는 전선의 구비조건이 아닌 것은?

① 내구성이 있을 것
② 도전율이 높을 것
③ 비중(밀도)이 높을 것
④ 가선작업이 용이할 것

해설

전선의 구비조건
- 도전율이 클 것
- 기계적 강도가 클 것
- 비중(밀도)이 작을 것
- 신장률이 클 것
- 내구성이 있을 것
- 가요성이 클 것
- 가격이 저렴할 것

## 33 태양광발전시스템에 있어서 방화구획 관통부를 처리하는 주된 목적은?

① 방화설비의 사용 용이
② 전선관 및 배선의 보호
③ 화재감지기 오작동 방지
④ 다른 설비로의 화재 확산 방지

해설

태양광발전시스템에서 방화구획 관통부를 처리하는 주된 목적은 다른 설비로 화재 확산 방지이다.

## 34 최대수용전력이 600[kVA]이고 설비용량은 전등부하 350[kW], 동력부하 500[kVA]이다. 이때 수용률[%]은?

① 31.80 ② 52.62
③ 70.58 ④ 79.62

해설

$$수용률 = \frac{최대수용전력}{전기설비용량} \times 100[\%] = \frac{600}{(350+500)} \times 100[\%] ≒ 70.58[\%]$$

정답 28 ④ 29 ② 30 ① 31 ④ 32 ③ 33 ④ 34 ③

**35** 태양전지 어레이의 구조물을 지상에 설치하기 위한 기초의 종류 중 지지층이 얕을 경우 쓰이는 방식은?

① 말뚝기초
② 직접기초
③ 연속기초
④ 케이슨기초

해설
구조물을 지상에 설치하기 위한 기초 중 지지층이 얕은 경우 직접기초 방식을 채택한다.

**36** 직류송전방식의 장점이 아닌 것은?

① 안정도가 좋다.
② 송전효율이 좋다.
③ 절연계급을 낮출 수 있다.
④ 회전자계를 쉽게 얻을 수 있다.

해설
회전자계를 쉽게 얻을 수 있는 것은 교류송전방식의 장점이다.
직류송전방식의 장점
• 절연계급을 낮출 수 있다.
• 리액턴스가 없으므로 리액턴스에 의한 전압강하가 없다.
• 송전효율이 좋다.
• 안정도가 좋다.
• 도체이용률이 좋다.

**37** 옥내용 태양광 인버터를 옥외에 설치할 수 있는 용량은 몇 [kW] 이상인가?

① 1 ② 2
③ 3 ④ 5

해설
옥내용을 옥외에 설치하는 경우는 5[kW] 이상 용량일 경우에만 가능하며 이 경우 빗물의 침투를 방지할 수 있도록 옥내에 준하는 수준으로 설치해야 한다.

**38** 접지극에 사용되지 않는 것은?

① 동 판 ② 탄소피복강
③ 알루미늄봉 ④ 동피복강봉

해설
접지극의 종류와 규격

| 종 류 | 규 격 |
|---|---|
| 동 판 | 두께 0.7[mm] 이상, 면적 900[cm$^2$](한쪽 면) 이상 |
| 동봉, 동피복강봉 | 직경 8[mm] 이상, 길이 0.9[m] 이상 |
| 아연도금가스철관 후강전선관 | 외경 25[mm] 이상, 길이 0.9[m] 이상 |
| 아연도금철봉 | 직경 12[mm] 이상, 길이 0.9[m] 이상 |
| 동복강판 | 두께 1.6[mm] 이상, 길이 0.9[m] 이상, 면적 250[cm$^2$](한쪽 면) 이상 |
| 탄소피복강봉 | 직경 8[mm] 이상(강심), 길이 0.9[m] 이상 |

**39** 인버터와 변전설비 간 케이블트레이를 설치할 경우 전압이 교류 380[V]라면 케이블트레이의 접지방식으로 적당한 것은?

① 제1종 접지공사 ② 제2종 접지공사
③ 제3종 접지공사 ④ 특별 제3종 접지공사

해설
전로에 시설하는 기계기구의 철대 및 금속제 외함의 접지공사의 적용(판단기준 제33조)

| 기계기구의 구분 | 접지공사 |
|---|---|
| 고압용 또는 특고압용의 것 | 제1종 접지공사 |
| 400[V] 이하인 저압용의 것 | 제3종 접지공사 |
| 400[V] 초과의 저압용의 것 | 특별 제3종 접지공사 |

**40** 지붕에 설치하는 태양광발전시스템 중 톱 라이트형의 특징이 아닌 것은?

① 채광 및 셀에 의한 차광효과도 있다.
② 셀의 배치에 따라서 개구율을 바꿀 수 있다.
③ 중・고층 건물의 벽면을 유효하게 이용한다.
④ 톱 라이트의 유리 부분에 맞게 태양전지 유리를 설치한 타입이다.

해설
태양광발전시스템 톱 라이트형의 특징
• 셀의 배치에 따라서 개구율을 바꿀 수 있다.
• 톱 라이트의 채광 및 셀에 의한 차폐효과도 있다.
• 톱 라이트의 유리부분에 맞게 태양전지 유리를 설치한 타입이다.



35 ② 36 ④ 37 ④ 38 ③ 39 ③ 40 ③ 정답

## 제3과목 태양광발전시스템 운영

**41** 주위온도 20[℃], 상대습도 65[%]의 환경에서, 대지전압이 150[V] 초과 300[V] 미만인 경우에 배전반 회로의 절연상태를 점검하려고 한다. 회로의 전선과 대지 사이의 절연저항은 몇 [MΩ] 이상이어야 하는가?

① 0.1 ② 0.2
③ 0.3 ④ 0.4

해설
배전반 절연저항의 참고값(전기설비기술기준 제52조)

| | 전로의 사용전압 구분 | 절연저항값 [MΩ] |
|---|---|---|
| 400[V] 미만 | 대지전압(접지식 전로는 전선과 대지 간 전압, 비접지식은 전선 간 전압)이 150[V] 이하 경우 | 0.1 이상 |
| | 대지전압 150[V] 초과 300[V] 이하 경우 (전압측 전선, 중성선 또는 대지 간의 절연저항) | 0.2 이상 |
| | 사용전압 300[V] 초과 400[V] 미만 | 0.3 이상 |
| 400[V] 이상 | | 0.4 이상 |

**42** 결정질 실리콘 태양광발전 모듈의 인증 제품에 대한 표시사항으로 틀린 것은?

① 제품의 단가
② 인증부여번호
③ 설비명 및 모델명
④ 제품의 주요 사양

해설
태양광발전 모듈의 인증제품에 대한 표시사항
- 업체명 및 소재지
- 설비명 및 모델명
- 정격 및 적용 조건
- 제조연월일
- 인증부여번호
- 기타 사항

**43** 신재생에너지설비 KS인증 대상 품목 중 태양광 설비의 대상 품목이 아닌 것은?

① 소형 태양광발전용 인버터
② 박막 태양광발전 모듈(성능)
③ 특대형 태양광발전용 인버터
④ 결정질 실리콘 태양광발전 모듈(성능)

해설
KS인증 대상 품목 중 특대형 태양광발전용 인버터는 그 대상이 아니다.

**44** 송·변전설비 중 배전반에서 주회로 인입·인출부의 일상점검 내용이 아닌 것은?

① 볼트류 등의 조임 상태 확인
② 쥐, 곤충 등의 침입 여부 확인
③ 표시기, 표시등의 정확 유무 확인
④ 코로나 방전에 의한 이상음 여부 확인

해설
표시기, 표시등의 정확 유무 확인은 내장기기 및 부속기기의 일상점검에 속한다.

**45** 자가용 태양광발전설비 정기검사 항목이 아닌 것은?

① 변압기 검사
② 태양광전지 검사
③ 부하운전시험 검사
④ 전력변환장치 검사

해설
자가용 태양광발전설비 정기검사항목(자가용 전기설비 검사업무 처리규정 제6조)
- 태양전지 검사
- 전력변환장치 검사
- 종합연동시험 검사
- 부하운전시험 검사

정답 41 ② 42 ① 43 ③ 44 ③ 45 ①

## 46 태양광발전시스템 인버터의 시험항목으로 틀린 것은?

① 절연성능시험
② 정상특성시험
③ 전기자기 적합성
④ 과열점 내구성 시험

**해설**

과열점 내구성 시험은 태양광 모듈의 시험으로 태양광 모듈 등이 낙엽, 구름 등의 장해물에 의해 발생되는 국부적인 Thermal Shock 특성을 시험한다.

## 47 모니터링 시스템의 운영 점검사항으로 틀린 것은?

① 센서 접속 이상 유무
② 가대 등의 녹 발생 유무
③ 인버터 모니터링 데이터 이상 유무
④ 인터넷 접속상태 및 통신단자 이상 유무

**해설**

가대 등의 녹 발생 유무는 일상점검으로 1개월에 한 번, 정기점검으로 1년 또는 수년에 한 번씩 녹의 발생, 손상의 유무, 심하게 조인 부분의 이완 등에 관하여 육안으로 점검을 실시한다.

## 48 전기사업의 허가기준으로 틀린 것은?

① 전기사업이 계획대로 수행될 수 있을 것
② 전기사업을 적정하게 수행하는 데 필요한 재무능력 및 기술능력이 있을 것
③ 발전소나 발전연료가 특정 지역에 편중되어 전력계통의 운영에 지장을 주지 아니할 것
④ 그 밖에 공익상 필요한 것으로서 산업통상자원부령으로 정하는 기준에 적합할 것

**해설**

전기발전사업 허가기준(전기사업법 제7조)
- 전기사업 수행에 필요한 재무능력 및 기술능력이 있을 것
- 전기사업이 계획대로 수행될 수 있을 것
- 발전소가 특정지역에 편중되어 전력계통의 운영에 지장을 주지 말 것
- 발전연료가 어느 하나에 편중되어 전력수급에 지장을 주지 말 것

## 49 태양광 모듈의 유지관리 사항이 아닌 것은?

① 모듈의 유리표면 청결 유지
② 음영이 생기지 않도록 주변정리
③ 셀이 병렬로 연결되었는지 여부
④ 케이블 극성 유의 및 방수 커넥터 사용 여부

**해설**

셀이 병렬로 연결되었는지 여부는 설치 단계에서의 점검 사항이다.

## 50 태양광발전시스템 성능평가를 위한 사이트 평가 방법이 아닌 것은?

① 설치용량　② 시공업자
③ 발전성능　④ 설치대상기관

**해설**

사이트 평가방법
- 설치대상기관
- 설치시설의 분류
- 설치시설의 지역
- 설치형태
- 설치용량
- 설치각도와 범위
- 시공업자
- 기기 제조사

## 51 정전작업 중 조치사항에 대한 설명으로 틀린 것은?

① 개폐기 관리
② 단락접지기구의 철거
③ 작업지휘자에 의한 작업지시
④ 근접 활선에 대한 방호상태의 관리

**해설**

단락접지기구의 철거는 정전작업 후 통전 작업 시 조치사항이다.

## 52 배전반 제어회로의 배선에서 일상점검 항목이 아닌 것은?

① 조임부의 이완 여부 확인
② 전선 지지물의 탈락 여부 확인
③ 과열에 의한 이상한 냄새 여부 확인
④ 가동부 등의 연결전선의 절연피복 손상 여부 확인

**해설**

조임부의 이완 여부 확인은 주 회로 인입 인출부의 일상점검 항목이다.



46 ④ 47 ② 48 ④ 49 ③ 50 ③ 51 ② 52 ① 정답

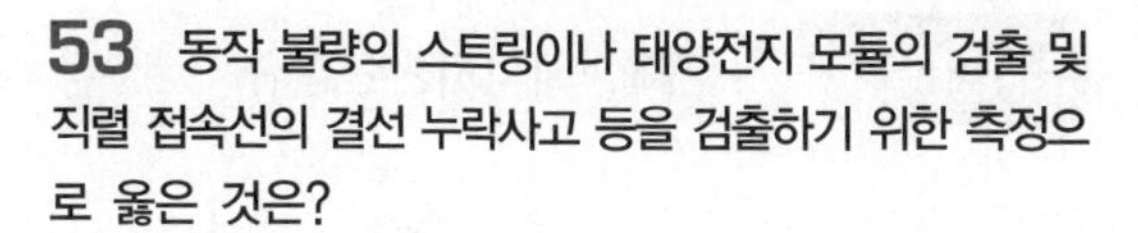

**53** 동작 불량의 스트링이나 태양전지 모듈의 검출 및 직렬 접속선의 결선 누락사고 등을 검출하기 위한 측정으로 옳은 것은?

① 단락전류 측정　② 절연저항 측정
③ 개방전압 측정　④ 정격전류 측정

해설
개방전압 측정으로 스트링이나 태양전지 모듈의 결선 누락사고 등을 검출할 수 있다.

**54** 인버터 입력회로 절연저항 측정방법에 대한 설명으로 틀린 것은?

① 분전반 내의 분기차단기를 개방한다.
② 직류 측 전체의 입력단자와 교류 측 전체 출력단자를 각각 단락한다.
③ 접속함까지의 전로를 포함하여 절연저항을 측정하는 것으로 한다.
④ 태양전지 회로를 접속함에서 분리하여 인버터의 입력단자 및 출력단자를 각각 단락하면서 출력단자와 대지 간의 절연저항을 측정한다.

해설
인버터 회로의 절연저항 측정
- 인버터 정격전압 300[V] 이하 : 500[V] 절연저항계(메거)로 측정한다.
- 인버터 정격전압 300[V] 초과 600[V] 이하 : 1,000[V] 절연저항계(메거)로 측정한다.
- 입력회로 측정방법 : 태양전지 회로를 접속함에서 분리, 입출력단자가 각각 단락하면서 입력단자와 대지간 절연저항을 측정한다(접속함까지의 전로를 포함하여 절연저항 측정).
- 출력회로 측정방법 : 인버터의 입출력단자 단락 후 출력단자와 대지간 절연저항을 측정한다(분전반까지의 전로를 포함하여 절연저항 측정/절연변압기 측정).

**55** 태양광발전시스템 모듈의 고장으로 틀린 것은?

① 핫 스팟　② 백화현상
③ 프레임 변형　④ 부스바 과열

해설
부스바 과열은 과전류, 사고전류가 흐를 시 발생한다.

**56** 태양광발전시스템 인버터의 일상점검항목으로 틀린 것은?

① 절연저항 측정
② 외함의 부식 및 파손
③ 외부배선(접속케이블)의 손상
④ 이음, 이취, 연기 발생 및 이상 과열

해설
태양광발전시스템의 일상점검항목

| 설 비 | 점검항목 | | 점검요령 |
|---|---|---|---|
| 태양전지 어레이 | 육안점검 | 유리 및 표면의 오염 및 파손 | 심한 오염 및 파손이 없을 것 |
| | | 가대의 부식 및 녹 발생 | 부식 및 녹이 없을 것 |
| | | 외부배선(접속케이블)의 손상 | 접속케이블에 손상이 없을 것 |
| 접속함 | | 외함의 부식 및 손상 | 부식 및 녹이 없을 것 |
| | | 외부배선(접속케이블)의 손상 | 접속케이블에 손상이 없을 것 |
| 인버터 | | 외함의 부식 및 손상 | 부식 및 녹이 없고 충전부가 노출되지 않을 것 |
| | | 외부배선(접속케이블)의 손상 | 인버터에 접속된 배선에 손상이 없을 것 |
| | | 환기확인(환기구멍, 환기필터) | 환기구를 막고 있지 않을 것 |
| | | 이상음, 악취, 이상 과열 | 운전 시 이상음, 악취, 이상과열이 없을 것 |
| | | 표시부의 이상표시 | 표시부에 이상표시가 없을 것 |
| | | 발전현황 | 표시부의 발전상황에 이상이 없을 것 |

**57** 중간단자함(접속함)의 육안점검 항목으로 틀린 것은?

① 배선의 극성　② 개방전압 및 극성
③ 단자대 나사의 풀림　④ 외함의 부식 및 파손

해설
접속함의 육안점검 항목
- 외함의 부식 및 파손
- 외부배선의 손상 및 접속단자의 풀림
- 접지선의 손상 및 접지단자의 풀림

정답 53 ③ 54 ④ 55 ④ 56 ① 57 ②

**58** 태양광발전시스템의 점검에서 유지보수점검 종류가 아닌 것은?

① 일시점검
② 일상점검
③ 정기점검
④ 임시점검

해설
일시점검은 태양광발전시스템의 유지보수점검 종류가 아니다.

**59** 바이패스 다이오드 열시험을 진행 시 STC에서 단락전류의 몇 배와 같은 전류를 적용하는가?

① 1.1
② 1.25
③ 1.5
④ 2

해설
바이패스 다이오드 열시험 시 STC에서 단락전류의 1.25배와 같은 전류를 적용한다.

**60** 접지용구 사용 시 주의사항이 아닌 것은?

① 접지용구의 철거는 설치의 역순으로 한다.
② 접지 설치 전에 관계 개폐기의 개방을 확인하여야 한다.
③ 접지용구의 취급은 반드시 전기안전관리자의 책임하에 행하여야 한다.
④ 접지용구 설치·철거 시에는 접지도선이 신체에 접촉하지 않도록 주의한다.

해설
접지용구의 취급은 반드시 전기안전관리자의 책임하에 행하여야 하는 것은 아니다.

## 제4과목 신재생에너지관련법규

**61** 전기공사기술자가 다른 사람에게 경력수첩을 6개월 미만 빌려 준 경우 받게 되는 처분기준은?

① 인정정지 1년
② 인정정지 2년
③ 인정정지 3년
④ 인정정지 6개월

해설
전기공사기술자에 대한 인정정지처분의 기준(전기공사업법 시행령 별표4의4)
전기공사기술자로 인정받은 사람이 다른 사람에게 경력수첩을 빌려 준 경우
- 6개월 미만 빌려 준 경우 : 인정정지 6개월
- 6개월 이상 1년 미만 빌려 준 경우 : 인정정지 1년
- 1년 이상 2년 미만 빌려 준 경우 : 인정정지 2년
- 2년 이상 빌려 준 경우 : 인정정지 3년

**62** 물의 표층의 열을 변환시켜 에너지를 생산하는 설비는?

① 전력저장 설비
② 수열에너지 설비
③ 해양에너지 설비
④ 폐기물에너지 설비

해설
신재생에너지 설비(신에너지 및 재생에너지 개발·이용·보급 촉진법 시행규칙 제2조)
신에너지 및 재생에너지 개발·이용·보급 촉진법(이하 "법"이라 한다) 신에너지 및 재생에너지 설비에서 "산업통상자원부령으로 정하는 것"이란 다음 각 호의 설비 및 그 부대설비(이하 "신재생에너지 설비"라 한다)를 말한다.
- 전력저장 설비 : 신에너지 및 재생에너지(이하 "신재생에너지"라 한다)를 이용하여 전기를 생산하는 설비와 연계된 전력저장 설비
- 수열에너지 설비 : 물의 표층의 열을 변환시켜 에너지를 생산하는 설비(관련 법령 개정으로 "표층"이 삭제됨〈개정 2019.10.1〉)
- 해양에너지 설비 : 해양의 조수, 파도, 해류, 온도차 등을 변환시켜 전기 또는 열을 생산하는 설비
- 폐기물에너지 설비 : 폐기물을 변환시켜 연료 및 에너지를 생산하는 설비



58 ① 59 ② 60 ③ 61 ④ 62 ② 정답

## 63 기업이 경영활동에서 자원과 에너지를 절약하고 효율적으로 이용하며 온실가스 배출 및 환경오염의 발생을 최소화하면서 사회적, 윤리적 책임을 다하는 경영은?

① 녹색기술 ② 녹색산업
③ 녹색생활 ④ 녹색경영

**해설**

용어의 정의(저탄소 녹색성장 기본법 제2조)

- "녹색기술"이란 온실가스 감축기술, 에너지 이용 효율화 기술, 청정생산기술, 청정에너지 기술, 자원순환 및 친환경 기술(관련 융합기술을 포함한다) 등 사회·경제 활동의 전 과정에 걸쳐 에너지와 자원을 절약하고 효율적으로 사용하여 온실가스 및 오염물질의 배출을 최소화하는 기술을 말한다.
- "녹색산업"이란 경제·금융·건설·교통물류·농림수산·관광 등 경제활동 전반에 걸쳐 에너지와 자원의 효율을 높이고 환경을 개선할 수 있는 재화(財貨)의 생산 및 서비스의 제공 등을 통하여 저탄소 녹색성장을 이루기 위한 모든 산업을 말한다.
- "녹색생활"이란 기후변화의 심각성을 인식하고 일상생활에서 에너지를 절약하여 온실가스와 오염물질의 발생을 최소화하는 생활을 말한다.
- "녹색경영"이란 기업이 경영활동에서 자원과 에너지를 절약하고 효율적으로 이용하며 온실가스 배출 및 환경오염의 발생을 최소화하면서 사회적, 윤리적 책임을 다하는 경영을 말한다.

## 64 신재생에너지 설비 설치의무기관 중 대통령령으로 정하는 비율 또는 금액 이상을 출자한 법인이란?

① 납입자본금의 100분의 10 이상을 출자한 법인
② 납입자본금의 100분의 30 이상을 출자한 법인
③ 납입자본금의 100분의 50 이상을 출자한 법인
④ 납입자본금의 100분의 70 이상을 출자한 법인

**해설**

신재생에너지 설비 설치의무기관(신에너지 및 재생에너지 개발·이용·보급 촉진법 시행령 제16조)

- 신재생에너지사업에의 투자권고 및 신재생에너지 이용의무화 등에서 "대통령령으로 정하는 금액 이상"이란 연간 50억원 이상을 말한다.
- 신재생에너지사업에의 투자권고 및 신재생에너지 이용의무화 등에서 "대통령령으로 정하는 비율 또는 금액 이상을 출자한 법인"이란 다음 각 호의 어느 하나에 해당하는 법인을 말한다.
  - 납입자본금의 100의 50 이상을 출자한 법인
  - 납입자본금으로 50억원 이상을 출자한 법인

## 65 케이블 트레이공사에 사용하는 케이블 트레이에 대한 설명으로 틀린 것은?

① 비금속제 케이블 트레이는 난연성 재료의 것이어야 한다.
② 전선의 피복 등을 손상시킬 돌기 등이 없이 매끈하여야 한다.
③ 수용된 모든 전선을 지지할 수 있는 적합한 강도로 케이블 트레이의 안전율은 1.3 이상으로 하여야 한다.
④ 케이블 트레이가 방화구획의 벽, 마루, 천장 등을 관통하는 경우에 관통부는 불연성의 물질로 충전하여야 한다.

**해설**

케이블 트레이공사(판단기준 제194조)

케이블 트레이공사에 사용하는 케이블 트레이는 다음 각 호에 적합하여야 한다.

- 수용된 모든 전선을 지지할 수 있는 적합한 강도의 것이어야 한다. 이 경우 케이블 트레이의 안전율은 1.5 이상으로 하여야 한다.
- 지지대는 트레이 자체하중과 포설된 케이블 하중을 충분히 견딜 수 있는 강도를 가져야 한다.
- 전선의 피복 등을 손상시킬 돌기 등이 없이 매끈하여야 한다.
- 금속재의 것은 적절한 방식처리를 한 것이거나 내식성 재료의 것이어야 한다.
- 측면 레일 또는 이와 유사한 구조재를 취부하여야 한다.
- 배선의 방향 및 높이를 변경하는 데 필요한 부속재 기타 적당한 기구를 갖춘 것이어야 한다.
- 비금속제 케이블 트레이는 난연성 재료의 것이어야 한다.
- 금속제 케이블 트레이 계통은 기계적 및 전기적으로 완전하게 접속하여야 하며 저압 옥내배선의 사용전압이 400[V] 미만인 경우에는 금속제 트레이에 제3종 접지공사, 사용전압이 400[V] 이상인 경우에는 특별 제3종 접지공사를 하여야 한다.
- 케이블이 케이블 트레이 계통에서 금속관, 합성수지관 등 또는 함으로 옮겨가는 개소에는 케이블에 압력이 가하여지지 않도록 지지하여야 한다.
- 별도로 방호를 필요로 하는 배선부분에는 필요한 방호력이 있는 불연성의 커버 등을 사용하여야 한다.
- 케이블 트레이가 방화구획의 벽, 마루, 천장 등을 관통하는 경우에 관통부는 불연성의 물질로 충전(充塡)하여야 한다.
- 케이블 트레이공사에 사용하는 케이블 트레이 및 그 부속재의 표준은 KS C 8464 또는 산업통상자원부장관이 지정하는 자가 전력산업계의 의견 수렴을 거쳐 정한 전력산업기술기준(KEPIC) ECD 3000을 준용할 수 있다.

정답 63 ④ 64 ③ 65 ③

**66** 전기안전관리자의 선임신고사항 변경신고에서 산업통상자원부령으로 정하는 사항으로 전기사업자나 자가용전기설비의 소유자 또는 점유자에 관한 사항으로 틀린 것은?

① 회사명 또는 상호
② 전기설비의 설치단가
③ 전기설비 설치장소의 주소
④ 전기설비의 용량 또는 전압

해설

전기안전관리자의 선임신고사항 변경신고 등(전기사업법 시행규칙 제45조의2)
법 제73조의2제1항 후단에서 "산업통상자원부령으로 정하는 사항"이란 전기사업자나 자가용전기설비의 소유자 또는 점유자에 관한 다음 각 호의 사항을 말한다.
- 회사명 또는 상호
- 대표자 성명
- 전기설비 설치장소의 주소
- 전기설비의 용량 또는 전압

**67** 옥내에 시설하는 저압용 배전반 및 분전반의 시설방법으로 틀린 것은?

① 한 개의 분전반에는 두 가지 전원(2회선의 간선)만 공급할 것
② 노출하여 시설되는 배전반 및 분전반은 불연성 또는 난연성의 것을 시설할 것
③ 배전반 및 분전반은 전기회로를 쉽게 조작할 수 있고 쉽게 점검할 수 있는 장소에 시설할 것
④ 노출된 충전부가 있는 배전반 및 분전반은 취급자 이외의 사람이 쉽게 출입할 수 없도록 시설할 것

해설

옥내에 시설하는 저압용 배·분전반 등의 시설(판단기준 제171조)
- 옥내에 시설하는 저압용 배·분전반의 기구 및 전선은 쉽게 점검할 수 있도록 하고 다음 각 호에 따라 시설할 것
  - 노출된 충전부가 있는 배전반 및 분전반은 취급자 이외의 사람이 쉽게 출입할 수 없도록 설치하여야 한다.
  - 한 개의 분전반에는 한 가지 전원(1회선의 간선)만 공급하여야 한다. 다만 안전 확보가 충분하도록 격벽을 설치하고 사용전압을 쉽게 식별할 수 있도록 그 회로의 과전류차단기 가까운 곳에 그 사용전압을 표시하는 경우에는 그러하지 아니하다.
  - 주택용 분전반은 노출된 장소(신발장, 옷장 등의 은폐된 장소는 제외한다)에 시설하며 구조는 KS C 8326 "7. 구조, 치수 및 재료"에 의한 것일 것
  - 옥내에 설치하는 배전반 및 분전반은 불연성 또는 난연성[KS C 8326의 8.10 캐비닛의 내연성 시험에 합격한 것을 말한다]이 있도록 시설할 것
- 옥내에 시설하는 저압용 전기계량기와 이를 수납하는 계기함을 사용할 경우는 쉽게 점검 및 보수할 수 있는 위치에 시설하고, 계기함은 KS C 8326 "7.20 재료"와 동등 이상의 것으로서 KS C 8326 "6.8 내연성"에 적합한 재료일 것

**68** 산업통상자원부장관은 신재생에너지 설비의 설치계획서 제출에 대하여 2016년 1월 1일을 기준으로 몇 년마다 그 타당성을 검토하여 개선 등의 조치를 하여야 하는가?

① 2 ② 3
③ 5 ④ 10

해설

규제의 재검토(신에너지 및 재생에너지 개발·이용·보급 촉진법 시행령 제30조의2)
- 산업통상자원부장관은 제17조에 따른 신재생에너지 설비의 설치계획서 제출에 대하여 2016년 1월 1일을 기준으로 5년마다(매 5년이 되는 해의 기준일과 같은 날 전까지를 말한다) 그 타당성을 검토하여 개선 등의 조치를 하여야 한다.
- 산업통상자원부장관은 제20조의2에 따른 보험 또는 공제의 기준, 가입기간 및 가입대상에 대하여 2015년 1월 1일을 기준으로 2년마다(매 2년이 되는 해의 기준일과 같은 날 전까지를 말한다) 그 타당성을 검토하여 개선 등의 조치를 하여야 한다.

**69** 산업통상자원부장관은 발전차액을 반환할 자가 며칠 이내에 이를 반환하지 아니하면 국세체납처분의 예에 따라 징수할 수 있는가?

① 15 ② 30
③ 45 ④ 60

해설

지원 중단 등(신에너지 및 재생에너지 개발·이용·보급 촉진법 제18조)
(1) 산업통상자원부장관은 발전차액을 지원받은 신재생에너지 발전사업자가 다음 각 호의 어느 하나에 해당하면 산업통상자원부령으로 정하는 바에 따라 경고를 하거나 시정을 명하고, 그 시정명령에 따르지 아니하는 경우에는 발전차액의 지원을 중단할 수 있다.
① 거짓이나 부정한 방법으로 발전차액을 지원받은 경우
② 제17조제4항에 따른 자료요구에 따르지 아니하거나 거짓으로 자료를 제출한 경우



66 ② 67 ① 68 ③ 69 ② 정답

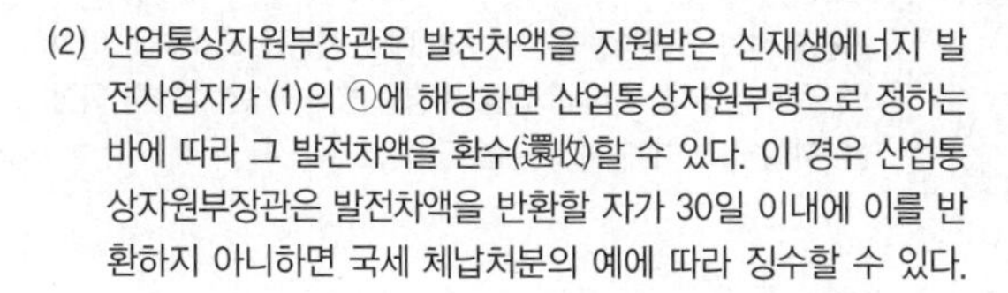

(2) 산업통상자원부장관은 발전차액을 지원받은 신재생에너지 발전사업자가 (1)의 ①에 해당하면 산업통상자원부령으로 정하는 바에 따라 그 발전차액을 환수(還收)할 수 있다. 이 경우 산업통상자원부장관은 발전차액을 반환할 자가 30일 이내에 이를 반환하지 아니하면 국세 체납처분의 예에 따라 징수할 수 있다.

## 70 계통연계하는 분산형 전원을 설치하는 경우 이상 또는 고장발생의 경우가 아닌 것은?

① 단독운전 상태
② 분산형 전원의 이상 또는 고장
③ 연계형 변압기 중성점 접지시설
④ 연계한 전력계통의 이상 또는 고장

**해설**

계통연계용 보호장치의 시설(판단기준 제283조)
계통연계하는 분산형 전원을 설치하는 경우 다음 각 호의 1에 해당하는 이상 또는 고장 발생 시 자동적으로 분산형 전원을 전력계통으로부터 분리하기 위한 장치 시설 및 해당 계통과의 보호협조를 실시하여야 한다.

- 분산형 전원의 이상 또는 고장
- 연계한 전력계통의 이상 또는 고장
- 단독운전 상태

## 71 피뢰기 설치장소로 틀린 것은?

① 가공전선로와 지중전선로가 접속하는 곳
② 저압 가공전선로로부터 공급을 받는 수용장소의 인입구
③ 고압 및 특고압 가공전선로로부터 공급을 받는 수용장소의 인입구
④ 발전소·변전소 또는 이에 준하는 장소의 가공전선 인입구 및 인출구

**해설**

고압 및 특고압 전로의 피뢰기 시설(기술기준 제34조)
전로에 시설된 전기설비는 뇌전압에 의한 손상을 방지할 수 있도록 그 전로 중 다음 각 호에 열거하는 곳 또는 이에 근접하는 곳에는 피뢰기를 시설하고 그 밖에 적절한 조치를 하여야 한다. 다만, 뇌전압에 의한 손상의 우려가 없는 경우에는 그러하지 아니하다.

- 발전소·변전소 또는 이에 준하는 장소의 가공전선 인입구 및 인출구
- 가공전선로(25[kV] 이하의 중성점 다중접지식 특고압 가공전선로를 제외한다)에 접속하는 배전용 변압기의 고압 측 및 특고압 측
- 고압 또는 특고압의 가공전선로로부터 공급을 받는 수용 장소의 인입구
- 가공전선로와 지중전선로가 접속되는 곳

## 72 정부가 중소기업의 녹색기술 및 녹색경영을 촉진하기 위하여 수립·시행할 수 있는 시책으로 틀린 것은?

① 중소기업의 녹색기술 사업화의 촉진
② 녹색기술 개발 촉진을 위한 공공시설의 이용
③ 대기업과 중소기업의 공동사업에 대한 우선 지원
④ 해외전문연구소의 중소기업에 대한 기술지도·기술이전 및 기술인력 파견에 대한 지원

**해설**

중소기업의 지원 등(저탄소 녹색성장 기본법 제33조)
정부는 중소기업의 녹색기술 및 녹색경영을 촉진하기 위하여 다음 각 호의 시책을 수립·시행할 수 있다.

- 대기업과 중소기업의 공동사업에 대한 우선 지원
- 대기업의 중소기업에 대한 기술지도·기술이전 및 기술인력 파견에 대한 지원
- 중소기업의 녹색기술 사업화의 촉진
- 녹색기술 개발 촉진을 위한 공공시설의 이용
- 녹색기술·녹색산업에 관한 전문인력 양성·공급 및 국외진출
- 그 밖에 중소기업의 녹색기술 및 녹색경영을 촉진하기 위한 사항

## 73 연료전지 및 태양전지 모듈은 최대사용전압의 1.5배의 직류전압 또는 1배의 교류전압(500[V] 미만으로 되는 경우에는 500[V])을 충전부분과 대지 사이에 연속하여 몇 분간 가하여 절연내력을 시험하였을 때에 이에 견디는 것이어야 하는가?

① 5
② 10
③ 15
④ 20

**해설**

연료전지 및 태양전지 모듈의 절연내력(판단기준 제15조)
연료전지 및 태양전지 모듈은 최대사용전압의 1.5배의 직류전압 또는 1배의 교류전압(500[V] 미만으로 되는 경우에는 500[V])을 충전부분과 대지 사이에 연속하여 10분간 가하여 절연내력을 시험하였을 때에 이에 견디는 것이어야 한다.

정답 70 ③ 71 ② 72 ④ 73 ②

**74** 전력수급의 안정을 위하여 대통령령으로 정하는 기본계획의 경미한 사항을 변경하는 경우로 틀린 것은?

① 전기설비별 용량의 20[%]의 범위에서 그 용량을 변경하는 경우
② 연도별 전기설비 총용량의 5[%]의 범위에서 그 총용량을 변경하는 경우
③ 전기설비 설치공사의 착공 또는 준공 등의 기간을 2년의 범위에서 조정하는 경우
④ 전기설비 설치공사 시 총공사비의 10[%]의 범위에서 그 총공사비를 변경하는 경우

해설

기본계획의 경미한 사항의 변경(전기사업법 시행령 제15조의 2)
"대통령령으로 정하는 경미한 사항을 변경하는 경우"란 다음 각 호의 하나에 해당하는 경우를 말한다.
• 전기설비 설치공사의 착공 또는 준공 등의 기간을 2년의 범위에서 조정하는 경우
• 전기설비별 용량의 20[%]의 범위에서 그 용량을 변경하는 경우
• 연도별 전기설비 총용량의 5[%]의 범위에서 그 총용량을 변경하는 경우

**75** 저압 및 고압 가공전선로(전기철도용 급전선로는 제외)와 기설 가공약전류전선로가 병행하는 경우 유도작용에 의하여 통신상의 장해가 생기지 않도록 전선과 기설 약전류전선 간의 이격거리는 최소 몇 [m] 이상으로 하여야 하는가?

① 0.5 ② 1
③ 1.5 ④ 2

해설

가공약전류전선로의 유도장해 방지(판단기준 제68조)
(1) 저압 가공전선로(전기철도용 급전선로는 제외한다) 또는 고압 가공전선로(전기철도용 급전선로는 제외한다)와 기설 가공약전류전선로가 병행하는 경우에는 유도작용에 의하여 통신상의 장해가 생기지 아니하도록 전선과 기설 약전류전선 간의 이격거리는 2[m] 이상이어야 한다. 다만, 저압 또는 고압의 가공전선이 케이블인 경우 또는 가공약전류전선로의 관리자의 승낙을 받은 경우에는 그러하지 아니하다.
(2) (1) 본문에 따라 시설하더라도 기설 가공약전류전선로에 장해를 줄 우려가 있는 경우에는 다음 각 호 중 한 가지 또는 두 가지 이상을 기준으로 하여 시설하여야 한다.
① 가공전선과 가공약전류전선 간의 이격거리를 증가시킬 것
② 교류식 가공전선로의 경우에는 가공전선을 적당한 거리에서 연가할 것
③ 가공전선과 가공약전류전선 사이에 인장강도 5.26[kN] 이상의 것 또는 지름 4[mm] 이상인 경동선의 금속선 2가닥 이상을 시설하고 이에 제3종 접지공사를 할 것

**76** 산업통상자원부장관이 혼합의무자에게 제출을 요구할 수 있는 자료 중 신재생에너지 연료 혼합의무 이행확인에 관한 자료의 내용이 아닌 것은?

① 수송용연료의 생산량
② 수송용연료의 수출입량
③ 수송용연료의 내수판매량
④ 수송용연료의 자가발전량

해설

자료제출(신에너지 및 재생에너지 개발 · 이용 · 보급 촉진법 시행령 제26조의3)
(1) 산업통상자원부장관은 법 제23조의2제2항에 따라 혼합의무자에게 다음 각 호의 자료 제출을 요구할 수 있다.
① 신재생에너지 연료 혼합의무 이행확인에 관한 다음 각 목의 자료
㉠ 수송용연료의 생산량
㉡ 수송용연료의 내수판매량
㉢ 수송용연료의 재고량
㉣ 수송용연료의 수출입량
㉤ 수송용연료의 자가소비량
② 신재생에너지 연료 혼합시설에 관한 다음 각 목의 자료
㉠ 신재생에너지 연료 혼합시설 현황
㉡ 신재생에너지 연료 혼합시설 변동사항
㉢ 신재생에너지 연료 혼합시설의 사용실적
③ 혼합의무자의 사업에 관한 다음 각 목의 자료
㉠ 수송용연료 및 신재생에너지 연료 거래실적
㉡ 신재생에너지 연료 평균거래가격
㉢ 결산재무제표
④ 그 밖에 혼합의무의 이행 여부를 확인하기 위하여 산업통상자원부장관이 필요하다고 인정하는 자료
(2) (1)에 따라 혼합의무자가 제출하여야 하는 자료의 제출 시기와 방법, 그 밖에 필요한 사항은 산업통상자원부장관이 정하여 고시한다.



74 ④ 75 ④ 76 ④ 정답

## 77 저압 옥내배선에 사용하는 연동선의 최소 굵기는 몇 [mm$^2$] 이상인가?

① 2 ② 2.5
③ 4 ④ 6

**해설**

저압 옥내배선의 사용전선(판단기준 제168조)

(1) 저압 옥내배선의 전선은 다음 각 호 어느 하나에 적합한 것을 사용하여야 한다.
 ① 단면적이 2.5[mm$^2$] 이상의 연동선 또는 이와 동등 이상의 강도 및 굵기의 것
 ② 단면적이 1[mm$^2$] 이상의 미네럴인슈레이션케이블

(2) 옥내배선의 사용전압이 400[V] 미만인 경우로 다음 각 호 어느 하나에 해당하는 경우에는 (1)을 적용하지 않는다.
 ① 전광표시 장치·출퇴 표시등(出退表示燈) 기타 이와 유사한 장치 또는 제어 회로 등에 사용하는 배선에 단면적 1.5[mm$^2$] 이상의 연동선을 사용하고 이를 합성수지관공사·금속관공사·금속몰드공사·금속덕트공사·플로어덕트공사 또는 셀룰러덕트공사에 의하여 시설하는 경우
 ② 전광표시 장치·출퇴 표시등 기타 이와 유사한 장치 또는 제어회로 등의 배선에 단면적 0.75[mm$^2$] 이상인 다심케이블 또는 다심 캡타이어케이블을 사용하고 또한 과전류가 생겼을 때에 자동적으로 전로에서 차단하는 장치를 시설하는 경우
 ③ 제205조의 규정에 의하여 단면적 0.75[mm$^2$] 이상인 코드 또는 캡타이어케이블을 사용하는 경우
 ④ 제207조의 규정에 의하여 리프트케이블을 사용하는 경우

## 78 타인의 전기설비 또는 구내발전설비로부터 전기를 공급받아 구내배전설비로 전기를 공급하기 위한 전기설비로서 수전지점으로부터 배전반(구내배전설비로 전기를 배전하는 전기설비를 말한다)까지의 설비는?

① 발전설비 ② 송전설비
③ 보호설비 ④ 수전설비

**해설**

용어의 정의(전기사업법 시행규칙 제2조)

"수전설비"란 타인의 전기설비 또는 구내발전설비로부터 전기를 공급받아 구내배전설비로 전기를 공급하기 위한 전기설비로서 수전지점으로부터 배전반(구내배전설비로 전기를 배전하는 전기설비를 말한다)까지의 설비를 말한다.

## 79 대통령령으로 정하는 신재생에너지 연료의 기준 및 범위에 해당하는 연료로 틀린 것은?(단, 폐기물관리법에 따른 폐기물을 이용하여 제조한 것은 제외한다)

① 액화석유가스
② 동물·식물의 유지(油脂)를 변환시킨 바이오디젤
③ 중질잔사유를 가스화한 공정에서 얻어지는 합성가스
④ 생물유기체를 변환시킨 바이오가스, 바이오에탄올, 바이오액화유 및 합성가스

**해설**

석탄을 액화·가스화한 에너지 등의 기준 및 범위(신에너지 및 재생에너지 개발·이용·보급 촉진법 시행령 제2조)

바이오에너지 등의 기준 및 범위(별표 1)

| 에너지원의 종류 | | 기준 및 범위 |
|---|---|---|
| 1. 석탄을 액화·가스화한 에너지 | 기준 | 석탄을 액화 및 가스화하여 얻어지는 에너지로서 다른 화합물과 혼합되지 않은 에너지 |
| | 범위 | ㉠ 증기 공급용 에너지<br>㉡ 발전용 에너지 |
| 2. 중질잔사유를 가스화한 에너지 | 기준 | ㉠ 중질잔사유(원유를 정제하고 남은 최종 잔재물로서 감압증류 과정에서 나오는 감압잔사유, 아스팔트와 열분해 공정에서 나오는 코크, 타르 및 피치 등을 말한다)를 가스화한 공정에서 얻어지는 연료<br>㉡ ㉠의 연료를 연소 또는 변환하여 얻어지는 에너지 |
| | 범위 | 합성가스 |
| 3. 바이오에너지 | 기준 | ㉠ 생물유기체를 변환시켜 얻어지는 기체, 액체 또는 고체의 연료<br>㉡ ㉠의 연료를 연소 또는 변환시켜 얻어지는 에너지<br>※ ㉠ 또는 ㉡의 에너지가 신재생에너지가 아닌 석유제품 등과 혼합된 경우에는 생물유기체로부터 생산된 부분만을 바이오에너지로 본다. |
| | 범위 | ㉠ 생물유기체를 변환시킨 바이오가스, 바이오에탄올, 바이오액화유 및 합성가스<br>㉡ 쓰레기매립장의 유기성폐기물을 변환시킨 매립지가스<br>㉢ 동물·식물의 유지를 변환시킨 바이오디젤(관련 법령 개정으로 바이오중유가 추가됨〈개정 2019.9.24〉)<br>㉣ 생물유기체를 변환시킨 땔감, 목재칩, 펠릿 및 목탄 등의 고체연료 |

정답 77 ② 78 ④ 79 ①

| 에너지원의 종류 | | 기준 및 범위 |
|---|---|---|
| 4. 폐기물 에너지 | 기준 | ㉠ 각종 사업장 및 생활시설의 폐기물을 변환시켜 얻어지는 기체, 액체 또는 고체의 연료(관련 법령 개정으로 인해 "폐기물을 변환시켜 얻어지는 기체, 액체 또는 고체의 연료"로 변경됨 〈개정 2019.9.24〉)<br>㉡ ㉠의 연료를 연소 또는 변환시켜 얻어지는 에너지<br>㉢ 폐기물의 소각열을 변환시킨 에너지<br>※ ㉠부터 ㉢까지의 에너지가 신재생에너지가 아닌 석유제품 등과 혼합되는 경우에는 각종 사업장 및 생활시설의 폐기물로부터 생산된 부분만을 폐기물에너지로 본다(관련 법령 개정으로 인해 "㉠부터 ㉢까지의 에너지가 신재생에너지가 아닌 석유제품 등과 혼합되는 경우에는 폐기물로부터 생산된 부분만을 폐기물에너지로 보고, ㉠부터 ㉢까지의 에너지 중 비재생폐기물 석유, 석탄 등 화석연료에 기원한 화학섬유, 인조가죽, 비닐 등으로서 생물 기원이 아닌 폐기물을 말한다)로부터 생산된 것은 제외한다"로 변경됨 〈개정 2019.9.24〉). |
| 5. 수열에너지 | 기준 | 물의 표층의 열을 히트펌프(Heat Pump)를 사용하여 변환시켜 얻어지는 에너지(관련 법령 개정으로 인해 "표층"이 삭제됨 〈개정 2019.9.24〉) |
| | 범위 | 해수의 표층의 열을 변환시켜 얻어지는 에너지(관련 법령 개정으로 인해 "해수의 표층 및 하천수"로 변경됨 〈개정 2019.9.24〉) |

**80** 발전기 · 변압기 · 조상기 · 계기용변성기 · 모선 및 애자는 어떤 전류에 의하여 생기는 기계적 충격에 견디어야 하는가?

① 충전전류
② 정격전류
③ 단락전류
④ 유도전류

해설

발전기 등의 기계적 강도(기술기준 제23조)
발전기 · 변압기 · 조상기 · 계기용변성기 · 모선 및 애자는 단락전류에 의하여 생기는 기계적 충격에 견디어야 한다.



80 ③ 정답

# 과년도 기출문제

## 제1과목 태양광발전시스템 이론

**01** 재생에너지의 장점에 대한 일반적인 설명으로 틀린 것은?

① 대부분의 재생에너지는 공해가 적거나 거의 없다.
② 재생에너지원은 지속적으로 존재하며 고갈되지 않는다.
③ 재생에너지원은 지역적으로 개발되는 특성을 가진다.
④ 대부분의 재생에너지는 매우 저렴한 비용으로 얻을 수 있다.

해설
재생에너지의 장점
- 재생에너지원은 지속적으로 존재하고 자연 친환경적이며 고갈되지 않는다.
- 재생에너지원은 지역적인 특색으로 개발된다.
- 대부분의 재생에너지는 공해가 거의 존재하지 않는다.

**02** 태양광발전시스템을 분류하는 방법으로 일반적인 기준이 아닌 것은?

① 부하의 형태
② 계통연계 유무
③ 태양전지 종류
④ 축전지의 유무

해설
태양광발전시스템을 분류하는 방법
- 집광 유무
- 축전지의 유무
- 계통연계 유무
- 부하의 형태

**03** 축전지의 기대수명 결정요소와 거리가 먼 것은?

① 사용온도 ② 방전심도
③ 방전횟수 ④ 축전지 용량

해설
축전지의 기대수명 결정요소
- 방전심도
- 방전횟수
- 사용온도

**04** 태양광설비용량이 3[MWp], 일일발전시간이 4.6시간인 경우 연간발전량은 몇 [MWh]인가?(단, 태양광발전소는 1년 365일 동일 발전량으로 발전하며, 효율은 100[%]로 가정한다)

① 620 ② 1,095
③ 3,280 ④ 5,037

해설
연간발전량 = 태양광설비용량 × 일일발전설비용량 × 365일
= 3[MW] × 4.6[h/일] × 365[일]
= 5,037[MWh]

**05** 뇌보호형 부품이 아닌 것은?

① 내뢰트랜스 ② 서지흡수기
③ 단로기 ④ 피뢰기

해설
피뢰대책용 부품 종류
- 피뢰소자
- 내뢰트랜스
- 서지흡수기

정답 1 ④ 2 ③ 3 ④ 4 ④ 5 ③

## 06 태양광발전에 영향을 주는 인자끼리 바르게 묶인 것은?

① 전압 – 온도, 전류 – 풍량
② 전압 – 온도, 전류 – 일사량
③ 전압 – 풍량, 전류 – 일사량
④ 전압 – 일사량, 전류 – 온도

**해설**

태양광발전에 영향을 주는 것은 전압과 전류가 있다. 이때 전압은 온도와 관계가 있고, 전류는 일사량과 관계가 있다. 즉, 태양전지표면의 온도가 같을 때 일사량이 많이 조사되면 태양전지의 전류가 증가하여 출력용량이 증가하지만, 반대로 방사량이 일정하고 태양전지의 표면온도가 외기온도에 비례해서 상온보다 20~40[℃] 높아지면 태양전지에서 발생하는 전압이 낮아지기 때문에 태양전지의 출력용량도 줄어든다.

## 07 도선의 길이가 2배로 늘어나고 지름이 1/2로 줄어들 경우 그 도선의 저항은?

① 4배 증가 ② 4배 감소
③ 8배 증가 ④ 8배 감소

**해설**

도선의 저항값 $R=\rho\frac{l}{S}=\rho\frac{l}{\pi r^2}[\Omega]$, $R\propto\frac{l}{r^2}$

($\rho$ : 저항률(고유저항), $S$ : 단면적, $l$ : 길이, $r$ : 반지름)

$\therefore \frac{2l}{\left(\frac{1}{2}r\right)^2}=8\frac{l}{r^2}$, 8배 증가

따라서 길이가 늘어났다는 것은 저항값이 증가한다는 것이다.

## 08 태양전지의 효율적인 반응을 위한 에너지 밴드갭 [eV]은?

① 0~0.5 ② 0.5~1
③ 1~1.5 ④ 2~3

**해설**

태양전지는 1~1.5[eV]가 가장 효율적인 반응을 위한 에너지 밴드갭이다.

## 09 태양전지에서 생산된 전력 3[kW]가 인버터에 입력되어 인버터 출력이 2.4[kW]가 되면 인버터의 변환효율은 몇 [%]인가?

① 60 ② 70
③ 80 ④ 90

**해설**

인버터 변환효율($\eta$) $=\frac{\text{출력}}{\text{입력}}\times 100[\%]$

$=\frac{2.4}{3}\times 100[\%]=80[\%]$

## 10 위도 36.5°일 때 동지 시의 남중고도는?

① 45° ② 40°
③ 35° ④ 30°

**해설**

우리나라 주요지역 최적경사각

| 남중고도 분석 | 위도 적용 시 남중고도 |
|---|---|
| • 동짓달의 남중고도 A : 태양적위 −23.5°<br>• 춘, 추분의 남중고도 B : 태양적위 0°<br>• 하짓날의 남중고도 C : 태양적위 + 23.5°<br>• 동짓날과 하짓날의 남중고도 차이 47° | • 하지 : 태양의 남중고도 = 90° −위도(위도 37°) + 23.5° = 76.5°<br>• 동지 : 태양의 남중고도 = 90° −위도(위도 37°) − 23.5° = 29.5°<br>• 위도 37° 경우 평균남중고도 53°, 모듈각도 37° |

동지 시의 남중고도 = 90° − 위도(위도 36.5°) − 23.5° = 30°

## 11 저항 1[kΩ], 커패시터 5,000[μF]의 R–C 직렬회로에 전압 100[V]의 전압을 인가하였을 때 시정수는 몇 [sec]인가?

① 0.5 ② 5
③ 50 ④ 500

**해설**

시정수($\tau$) $=RC=1\times 10^3\times 5{,}000\times 10^{-6}=5[\text{sec}]$



6 ② 7 ③ 8 ③ 9 ③ 10 ④ 11 ② 정답

## 12 다음 중 수평축 풍력발전시스템은?

① 프로펠러형　② 다리우스형
③ 파워타워형　④ 사보니우스형

해설

풍력발전시스템의 분류

| | |
|---|---|
| 분구조상분류 (회전축 방향) | 수평축 풍력시스템(HAWT) : 프로펠러형 |
| | 수직축 풍력시스템(VAWT) : 다리우스형, 사보니우스형 |
| 출력제어방식 | Pitch(날개각) Control |
| | Stall Control(한계풍속 이상이 되었을 때 양력이 회전날개에 작용하지 못하도록 날개의 공기역학적 형상에 의한 제어) |
| 전력사용방식 | 독립전원(동기발전기, 직류발전기) |
| | 계통연계(유도발전기, 동기발전기) |
| 운전방식 | 정속운전(Fixed Roter Speed Type) : 통상 Geared형 |
| | 가변속운전(Variable Roter Speed Type) : 통상 Gearless형 |
| 공기역학적 방식 | 양력식(Lift Type) 풍력발전기 |
| | 항력식(Drag Type) 풍력발전기 |
| 설치장소 | 육 상 |
| | 해 상 |

## 13 다음에서 설명하는 목질계 바이오매스는?

> 목재 가공과정에서 발생하는 건조된 목재 잔재를 압축하여 생산하는 작은 원통모양의 표준화된 목질계 연료이다.

① 목 탄　② 목질칩
③ 목질 펠릿　④ 목질 브리켓

해설

용어의 정의

- 목탄 : 재료로는 일반적으로 재질이 단단한 나무가 사용되며, 한국에서는 참나무류(갈참나무 · 굴참나무 · 물참나무 · 줄참나무 등)가 주로 사용된다. 참나무류로 만든 숯을 참숯이라고 하는데, 이것은 질이 낮은 검탄과 질이 좋은 백탄으로 분류된다. 숯에는 이 밖에 건류탄과 뜬숯이 있다. 그리고 숯을 만들 때는 목가스 · 목초산 · 목타르 등이 부생한다.
- 목질칩 : 목재를 수 [cm] 이하로 크기를 작게 분쇄한 것으로 칩의 크기와 함수율 등이 보일러 효율에 크게 영향을 미친다.
- 목질 펠릿 연료로서의 장점
  - 착화성 및 보존성이 우수하다.
  - 고밀화로 연소효율이 우수하다.
  - 고밀화로 운반 및 보관이 용이하다.
  - 형상과 함수율이 일정하므로 연소기의 자동화가 가능하다.
  - 자동화에 따른 온도 조절이 가능하다.
  - 유황분과 회분이 적어 환경 친화적이다.

## 14 태양광 인버터의 기능이 아닌 것은?

① 자동운전 정지기능
② 자동전압 조정기능
③ 최대전력 추종제어 기능
④ 교류를 직류로 변환하는 기능

해설

태양광 인버터의 기능
- 자동운전 정지기능
- 최대전력 추종제어(MPPT)
- 단독운전 방지기능
- 자동전압 조정기능
- 직류 검출기능
- 직류 지락 검출기능
- 계통 연계 보호장치

## 15 PN접합 다이오드의 순바이어스란?

① 인가전압의 극성과는 관계없다.
② P형 반도체에 +, N형 반도체에 −의 전압을 인가한다.
③ P형 반도체에 −, N형 반도체에 +의 전압을 인가한다.
④ 반도체의 종류에 관계없이 같은 극성의 전압을 인가한다.

해설

PN접합 다이오드의 P(+)형 반도체에서 N(−)형 반도체의 전압을 인가한 것을 순바이어스라고 하며, 반대의 경우는 역바이어스라고 한다.

정답 12 ① 13 ③ 14 ④ 15 ②

**16** 태양광발전시스템을 상용전력과 병렬운전하고자 할 때 파워컨디셔너의 일치 조건이 아닌 것은?

① 전 압 ② 전 류
③ 위 상 ④ 주파수

해설
태양광 인버터의 개요
계통과 병렬운전을 수행하는 데 필요한 전압과 주파수, 위상, 기동정지, 무효전력, 동기출력의 품질 제어기능을 기본적으로 갖추고 있다.

**17** 그림은 PV(Photovoltaic) 어레이 구성도를 나타내고 있다. 전류 $I$[A]와 단자 A, B 사이의 전압[V]은?

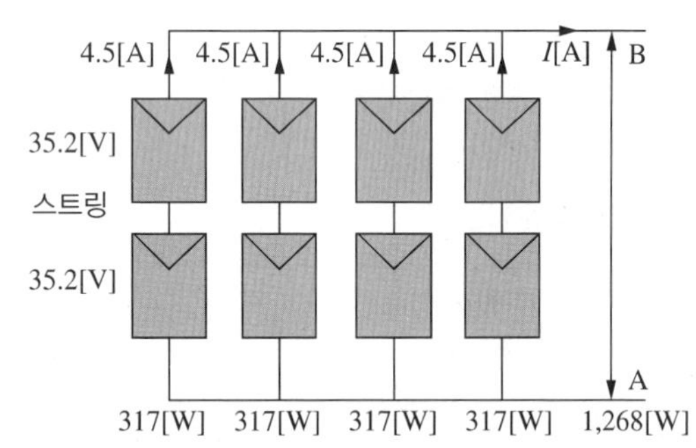


① 4.5[A], 35.2[V] ② 4.5[A], 70.4[V]
③ 18[A], 70.4[V] ④ 18[A], 35.2[V]

해설
태양광발전시스템 어레이 전압과 전류
- 전압($V$) = 직렬연결수 × 1개의 전압값 = 2×35.2 = 70.4[V]
- 전류($I$) = 병렬연결수 × 1개의 전류값 = 4×4.5 = 18[A]

**18** 태양광발전에 사용되는 대기질량 지수(AM)는?

① 0 ② 0.5
③ 1 ④ 1.5

해설
대기질량 정수(AM ; Air Mass) : 최단 경로의 길이
태양광선이 지구 대기를 지나오는 경로의 길이이다. 임의의 해수면상 관측점으로 햇빛이 지나가는 경로의 길이를 관측점 바로 위에 태양이 있을 때 햇빛이 지나오는 거리의 배수로 나타낸 것을 말한다. 태양광이 지구 대기를 통과하는 표준상태를 대기압에 연직으로 입사되기 때문에 생기는 비율을 나타내며 AM으로 표시한다.

대기질량 정수의 구분
- AM0
  - 우주에서의 태양 스펙트럼을 나타내는 조건으로 대기 외부이다.
  - 인공위성 또는 우주 비행체가 노출되는 환경이다.
- AM1 : 태양이 천정에 위치할 때의 지표상의 스펙트럼이다.
- AM1.5
  - 기본적으로 우리나라가 중위도에 있기 때문에 표준으로 사용한다.
  - 지상의 누적 평균 일조량에 적합하다.
  - 태양전지 개발 시 기준값으로 사용한다.
- AM2 : 고도각 $\theta$가 30°일 경우 약 0.75[kW/m$^2$]를 나타낸다.

**19** 같은 발전용량을 생산하기 위해 태양광 전지의 재료의 종류 중에서 가장 큰 대지 또는 지붕면적이 필요한 재료는?

① CIS ② 다결정
③ 단결정 ④ 비정질 실리콘

해설
태양전지 셀의 변환효율
- 단결정질 : 16~18[%]
- 다결정질 : 15~17[%]
- 비정질 박막형 : 10[%]
- CIGS(Cu, In, Gs, Se) : 유리기판, 알루미늄, 스테인리스 등의 유연한 기판에 구리, 인듐, 갈륨, 셀레늄 화합물 등을 증착시켜 실리콘을 사용하지 않으면서도 태양광을 전기적으로 변환시켜 주는 태양전지로서 변환효율이 높다.

**20** 다음 중 접속함 내부의 구성기기가 아닌 것은?

① 단자대 ② 주개폐기
③ 바이패스소자 ④ 역류방지소자

해설
접속함의 구성요소
- 양전지 어레이 측 개폐기
- 주 개폐기
- 서지보호장치(SPD ; Surge Protected Device)
- 역류방지소자
- 출력용 단자대
- Multi Power Transducer
- 감시용 DCCT, DCPT(Shunt), T/D(Transducer)



16 ② 17 ③ 18 ④ 19 ④ 20 ③ 정답

## 제2과목 태양광발전시스템 시공

**21** 태양광발전시스템에서 사용하는 CV 케이블의 최고 허용온도는 몇 [℃]인가?

① 80 ② 90
③ 100 ④ 110

해설
태양광발전시스템에서 사용하는 CV 케이블의 최고 허용온도는 90 [℃]이다.

**22** 태양전지 모듈 설치 시 감전사고 방지를 위한 대책이 아닌 것은?

① 태양전지 모듈 표면에 차광시트를 제거한다.
② 강우 또는 강설 시는 작업을 하지 않는다.
③ 절연처리된 공구를 사용한다.
④ 절연장갑을 착용한다.

해설
태양전지 모듈 설치 시 감전사고 방지 안전대책
- 작업 전 태양전지 모듈 표면에 차광막을 씌워 태양광을 차폐한다.
- 절연장갑을 착용한다.
- 절연처리된 공구를 사용한다.
- 우천 시에는 감전사고와 미끄러짐으로 인한 추락사고 우려가 있으므로 작업을 금지한다.

**23** 수상태양광발전설비에 대한 설명으로 잘못된 것은?

① 수상태양광발전설비 모듈과 함께 인버터를 설치한다.
② 상부에 설치된 자재 및 작업자의 총량을 고려한 부력을 가져야 한다.
③ 홍수, 태풍, 수위변화 등에도 안전성을 유지하기 위해 계류장치를 사용한다.
④ 수상에 설치된 발전설비는 수중상태 등의 환경에 대한 고려가 있어야 한다.

해설
수상태양광발전설비는 모듈과 따로 인버터를 설치한다.

**24** 감리원의 공사 진도관리와 관련하여 ( ) 안에 들어갈 알맞은 내용은?

> 감리원은 공사업자로부터 전체 실시공정표에 따른 월간, 주간 상세공정표를 작업착수 며칠 전에 제출받아 검토, 확인하여야 한다.
> (1) 월간 상세공정표 : 작업 착수 ( ㉠ )일 전 제출
> (2) 주간 상세공정표 : 작업 착수 ( ㉡ )일 전 제출

① ㉠ 7, ㉡ 4 ② ㉠ 4, ㉡ 7
③ ㉠ 3, ㉡ 8 ④ ㉠ 8, ㉡ 3

해설
공사진도 관리(전력시설물 공사감리업무 수행지침 제44조)
감리원은 공사업자로부터 전체 실시공정표에 따른 월간 상세공정표를 작업 착수 7일 전 제출받고, 주간 상세공정표는 작업착수 4일 전에 제출받아 검토, 확인하여야 한다.

**25** 피뢰시스템 중 뇌격전류를 안전하게 대지로 전송하는 것은?

① 돌 침 ② 감시시스템
③ 수뢰부시스템 ④ 인하도선시스템

해설
피뢰시스템 중 뇌격전류를 안전하게 대지로 전송하는 것은 인하도선시스템이다.

**26** 태양광발전시스템의 기획 및 설계 시 조사할 항목과 연결이 잘못된 것은?

① 설치조건의 조사 – 설치장소, 재료의 반입경로
② 설계조건의 검토 – 전기안전관리자 이력검토
③ 환경조건의 조사 – 빛, 염해, 공해
④ 사전조사 – 각 지자체 조례 등

해설
태양광발전시스템의 기획 및 설계 시 조사할 항목
- 사전조사 : 각 지자체 조례, 계통연계 기준용량, 민원발생 가능여부 등
- 환경조건의 조사 : 일조권, 자연재해, 동계적설, 결빙, 빛 장해, 공해, 염해, 뇌해, 새 등의 분비물 유무
- 설치조건의 조사 : 설치예정 장소 조사, 건물의 상태, 재료의 반입경로
- 설계조건의 검토 : 태양전지 어레이의 방위각과 경사각

정답 21 ② 22 ① 23 ① 24 ① 25 ④ 26 ②

## 27 저압배전선로의 역조류가 있는 경우에 인버터의 단독운전을 검출하는 계전요소가 아닌 것은?

① 거리 계전기 ② 과전압 계전기
③ 주파수 계전기 ④ 부족전압 계전기

**해설**

거리 계전기는 계전기 설치점에서 고장점까지의 전기적 거리를 전압, 전류의 크기 및 위상차로 판별하여 동작하는 계전방식이다.

## 28 태양광 모듈의 전기배선 및 접속함 시공방법으로 틀린 것은?

① 접속 배선함 연결부위는 일체형 전용 커넥터를 사용
② 역전류방지 다이오드의 용량은 모듈 단락전류의 2배 이상일 것
③ 전선이 지면을 통과하는 경우에는 피복에 손상이 발생되지 않도록 조치
④ 1대의 인버터에 연결된 태양전지 직렬군이 2병렬 이상일 경우에는 각 직렬군의 출력전류가 동일하도록 배열

**해설**

태양전지판 직·병렬 상태
태양전지 각 직렬군은 동일한 단락전류를 가진 모듈로 구성하여야 하며, 1대의 파워컨디셔너(PCS)에 연결된 태양전지 직렬군이 2병렬 이상일 경우에는 각 직렬군의 출력전압이 동일하게 형성되도록 배열하여야 한다.

## 29 공사감리업무를 수행하는 감리원에 대한 설명으로 틀린 것은?

① 공사업자의 의무와 책임을 면제시킬 수 있다.
② 계약조건과 다른 지시나 조치 또는 결정을 하여서는 안 된다.
③ 공사가 끝난 후 발주자의 출석요구가 있을 경우 이에 응하여야 한다.
④ 공사의 품질확보 및 질적 향상을 위하여 기술지도와 지원에 노력하여야 한다.

**해설**

감리원의 근무수칙(전력시설물 공사감리업무 수행지침 제5조)
감리원은 공사업자의 의무와 책임을 면제시킬 수가 없다.

## 30 태양광발전시스템의 일반적인 시공 절차에 대한 순서로 옳은 것은?

① 반입 자재 검수 → 토목공사 → 기기설치공사 → 전기배관배선공사 → 점검 및 검사
② 토목공사 → 반입 자재 검수 → 기기설치공사 → 전기배관배선공사 → 점검 및 검사
③ 반입 자재 검수 → 토목공사 → 전기배관배선공사 → 기기설치공사 → 점검 및 검사
④ 토목공사 → 반입 자재 검수 → 전기배관배선공사 → 기기설치공사 → 점검 및 검사

**해설**

태양광발전시스템의 일반적인 시공 절차
토목공사 → 반입 자재 검수 → 기기설치공사 → 전기배관배선공사 → 점검 및 검사

## 31 접지극의 물리적인 접지저항 저감방법 중 수직공법인 것은?

① 보링공법
② MESH 공법
③ 접지극의 치수확대
④ 접지극의 병렬접속

**해설**

접지저항 저감방법 중 수직공법은 접지봉 깊이 박기와 보링공법이 있다.

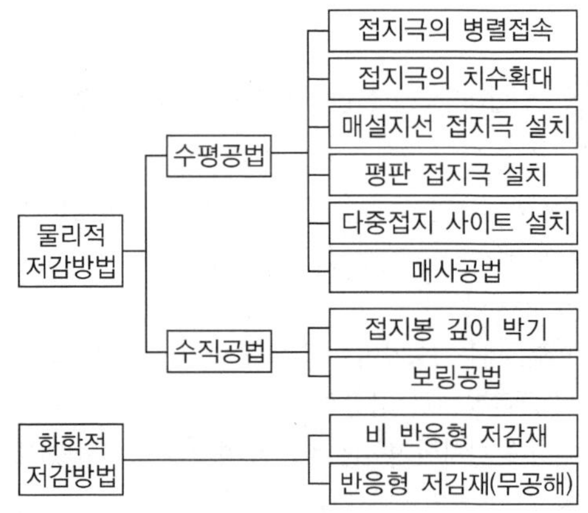




27 ① 28 ④ 29 ① 30 ② 31 ① 정답

## 32 코로나 현상으로 발생되는 영향이 아닌 것은?

① 통신선 유도장해 발생 증가
② 소호리액터 소호능력 증가
③ 송전효율 저하
④ 잡음 발생

**해설**

코로나 현상으로 소호리액터 소호능력 저감된다.

## 33 과도 과전압을 제한하고 서지전류를 우회시키는 장치의 약어는?

① DS ② SPD
③ ELB ④ MCCB

**해설**

SPD(Surge Protection Device)는 서지보호장치를 나타낸다.

## 34 변전소의 설치 목적이 아닌 것은?

① 송배전선로 보호 ② 전력 조류의 제어
③ 전압의 변성과 조정 ④ 전력의 발생과 분배

**해설**

변전소는 전력의 집중과 분배를 하는 곳이다.

## 35 감리원의 수행업무 방법으로 옳지 않은 것은?

① 검사업무지침을 현장별로 수립한다.
② 시공기술자 실명부 확인은 생략한다.
③ 현장에서의 검사는 체크리스트를 사용한다.
④ 수립된 검사업무 지침은 시공 관련자에게 배포한다.

**해설**

일반 행정업무(전력시설물 공사감리업무 수행지침 제16조)
감리원은 감리현장에서 감리업무 수행상 시공기술자 실명부를 기록·보관하여야 한다.

## 36 태양광시스템에서 방화구획 관통부를 처리하는 주된 목적은?

① 다른 설비로의 화재확산 방지
② 배전반 및 분전반 보호
③ 태양전지 어레이 보호
④ 인버터 보호

**해설**

방화구획 관통부를 처리하는 주된 목적은 다른 설비로의 화재확산 방지를 위함이다.

## 37 설계감리를 받아야 할 전력시설물이 아닌 것은?

① 용량 80만[kW] 이상의 발전설비
② 전압 30[V] 이상의 송전 및 발전설비
③ 11층 이상이거나 연면적 30,000[$m^2$] 이상 건축물의 전력시설물
④ 전압 10만[V] 이상의 수전설비, 구내배전설비, 전력사용설비

**해설**

설계감리 등(전력기술관리법 시행령 제18조)
전력시설물의 설계도서의 작성 등에서 "대통령령으로 정하는 요건에 해당하는 전력시설물"이란 다음의 어느 하나에 해당하는 전력시설물을 말한다.

- 용량 80만[kW] 이상의 발전설비
- 전압 30만[V] 이상의 송전·변전설비
- 전압 10만[V] 이상의 수전설비·구내배전설비·전력사용설비
- 전기철도의 수전설비·철도신호설비·구내배전설비·전차선설비·전력사용설비
- 국제공항의 수전설비·구내배전설비·전력사용설비
- 21층 이상이거나 연면적 50,000[$m^2$] 이상인 건축물의 전력시설물. 다만, 주택법 제2조제3호에 따른 공동주택의 전력시설물은 제외한다.
- 그 밖에 산업통상자원부령으로 정하는 전력시설물

## 38 감리원이 준공 후 발주자에게 인계할 주요 문서목록으로 가장 거리가 먼 것은?

① 준공도면
② 준공사진첩
③ 시설물 인수·인계서
④ 성능보증서 또는 인증서

정답 32 ② 33 ② 34 ④ 35 ② 36 ① 37 ②, ③ 38 ④

**해설**

현장문서 인수·인계(전력시설물 공사감리업무 수행지침 제64조)
감리원은 해당 공사와 관련한 감리기록서류 중 다음의 서류를 포함하여 발주자에게 인계할 문서의 목록을 발주자와 협의하여 작성하여야 한다.

- 준공사진첩
- 준공도면
- 품질시험 및 검사성과 총괄표
- 기자재 구매서류
- 시설물 인수·인계서
- 그 밖에 발주자가 필요하다고 인정하는 서류

**39** 지상에 태양전지 어레이를 설치하기 위한 기초 형식 중 지지층이 얕은 경우에 사용하는 방식이 아닌 것은?

① 말뚝기초 ② 직접기초
③ 독립푸팅기초 ④ 복합푸팅기초

**해설**

지상용 태양광시스템 구조물의 기초에는 일반적으로 지지층이 얕은 경우에는 독립기초를, 지지층이 깊은 경우에는 말뚝기초를 많이 사용한다.

**40** 3상 변압기 병렬운전 결선방식이 아닌 것은?

① Δ－Δ와 Δ－Δ ② Y－Δ와 Y－Δ
③ Δ－Y와 Y－Δ ④ Y－Δ와 Y－Y

**해설**

Y－Δ와 Y－Y 결선 방식은 30°의 위상차이가 나므로 사용하지 않는다.

## 제3과목 태양광발전시스템 운영

**41** 태양광발전시스템에 사용되는 축전지의 일상점검 중 육안점검의 항목으로 틀린 것은?

① 단자전압 ② 외함의 변형
③ 전해액의 변색 ④ 전해액면 저하

**해설**

단자전압 측정은 육안점검으로 할 수 없는 항목이다.

**42** 다음은 성능평가 측정 중 시험장치에 관한 설명이다. ( )에 들어갈 내용으로 옳은 것은?

> 솔라 시뮬레이터는 태양광발전 모듈의 발전성능을 ( ㉠ )에서 시험하기 위한 인공광원이며, KS C IEC 60904-9에서 규정하는 방사조도 ( ㉡ ) 이내, 광원 균일도 ( ㉢ ) 이내의 A등급 이상으로 한다.

① ㉠ 옥내 ㉡ ±1[%] ㉢ ±1[%]
② ㉠ 옥외 ㉡ ±1[%] ㉢ ±1[%]
③ ㉠ 옥내 ㉡ ±2[%] ㉢ ±2[%]
④ ㉠ 옥외 ㉡ ±2[%] ㉢ ±2[%]

**해설**

솔라 시뮬레이터는 태양광발전 모듈의 발전성능을 옥내에서 시험하기 위한 인공광원이며, KS C IEC 60904-9에서 규정하는 방사조도 ±2[%] 이내, 광원균일도 2[%] 이내의 A등급 이상으로 한다.

**43** 태양전지 어레이의 일상점검 항목 중 육안점검의 내용으로 틀린 것은?

① 보호계전기의 설정
② 표면의 오염 및 파손
③ 지지대의 부식 및 녹
④ 외부배선(접속케이블)의 손상

**해설**

보호계전기의 설정은 운전정지 점검항목이다.
운전정지 점검항목

| 설 비 | 점검항목 | | 점검요령 |
|---|---|---|---|
| 운전정지 | 조작 및 육안점검 | 보호계전기능의 설정 | 전력회사 정위치를 확인할 것 |
| | | 운 전 | 운전스위치 운전에서 운전할 것 |
| | | 정 지 | 운전스위치 정지에서 정지할 것 |
| | | 투입저지 시한 타이머 동작시험 | 인버터가 정지하여 5분 후 자동 기동할 것 |



39 ① 40 ④ 41 ① 42 ③ 43 ① 정답

| 설 비 | 점검항목 | | 점검요령 |
|---|---|---|---|
| 운전 정지 | 조작 및 육안 점검 | 자립운전 | 자립운전으로 전환 시 자립운전용 콘센트에서 규정전압이 출력될 것 |
| | | 표시부의 동작확인 | 표시부가 정상으로 표시되어 있을 것 |
| | | 이상음 등 | 운전 중 이상음, 이상진동 등의 발생이 없을 것 |
| | | 발전전압 | 태양전지의 동작전압이 정상일 것 |

## 44 태양광발전 모니터링 프로그램의 기본 기능으로 틀린 것은?

① 데이터 수집기능 ② 데이터 저장기능
③ 데이터 연산기능 ④ 데이터 분석기능

**해설**

모니터링 프로그램 기능
- 데이터 수집기능
- 데이터 저장기능
- 데이터 분석기능
- 데이터 통계기능

## 45 자가용 태양광발전설비의 정기검사 항목이 아닌 것은?

① 변압기본체 검사 ② 부하운전시험 검사
③ 전력변환장치 검사 ④ 종합연동시험 검사

**해설**

변압기본체 검사는 변압기 기기 제작 후 완성품 검사 시 실시한다.

## 46 발전설비용량이 200[kW] 초과 3,000[kW] 이하인 발전사업의 허가를 신청하는 경우 사업계획서 구비서류로 틀린 것은?

① 송전관계 일람도
② 부지의 확보 및 배치 계획 관련 증명서류
③ 전기설비 건설 및 운영 계획 관련 증명서류
④ 발전원가명세서(발전사업 또는 구역전기사업의 허가를 신청하는 경우만 해당한다)

**해설**

사업허가의 신청(전기사업법 시행규칙 제4조)
부지의 확보 및 배치 계획 관련 증명서류는 전기사업의 허가 기준이다.

## 47 중대형 태양광발전용 인버터의 효율시험에서 교류전원을 정격전압 및 정격주파수로 운전하고, 운전 시작 후 최소한 몇 시간 이후에 측정하여야 하는가?

① 1 ② 2
③ 3 ④ 4

**해설**

중대형 태양광발전용 인버터의 효율시험에서 교류전원을 정격전압 및 정격주파수로 운전하고 운전시작 후 최소한 2시간 이후에 측정하여야 한다.

## 48 태양광발전시스템에 대한 정기점검에서, 접속함의 출력단자와 접지 간의 절연상태 이상여부를 판정하는 절연저항값의 기준치는 최소 몇 [MΩ] 이상인가?(단, 절연저항계(메거)의 측정전압은 직류 500[V]이다)

① 0.1 ② 0.2
③ 1 ④ 10

**해설**

접속함 점검항목

| 설 비 | 점검항목 | | 점검요령 |
|---|---|---|---|
| 중간단자함(접속함) | 육안 점검 | 외함의 부식 및 파손 | 부식 및 파손이 없을 것 |
| | | 방수처리 | 전선 인입구가 실리콘 등으로 방수처리 |
| | | 배선의 극성 | 태양전지에서 배선의 극성이 바뀌어 있지 않을 것 |
| | | 단자대 나사의 풀림 | 확실하게 취부하고 나사의 풀림이 없을 것 |
| | 측 정 | 접지저항(태양전지-접지 간) | 0.2[MΩ] 이상 측정전압 DC 500[V] |
| | | 절연저항 | 1[MΩ] 이상 측정전압 DC 500[V] |
| | | 개방전압 및 극성 | 규정의 전압이고 극성이 올바를 것 |

정답 44 ③ 45 ① 46 ② 47 ② 48 ③

**49** 태양광발전시스템의 신뢰성 평가 분석 항목에서 계측 트러블에 속하는 것은?

① 직류지락 ② 계통지락
③ 인버터 정지 ④ 컴퓨터의 조작오류

해설
신뢰성 평가 분석 항목
• 트러블
 - 시스템 트러블 : 인버터 정지, 직류지락, 계통지락, RCD트립, 원인불명 등에 의한 시스템 운전정지 등
 - 계측 트러블 : 컴퓨터 전원의 차단, 컴퓨터의 조작오류, 기타 원인불명
• 운전 데이터의 결측 상황
• 계획정지 : 정전 등(정기점검-개수 정전, 계통 정전)

**50** 소형 태양광발전용 인버터의 자동 기동 · 정지시험 시 품질기준 중 채터링은 몇 회 이내이어야 하는가?

① 1 ② 2
③ 3 ④ 4

해설
소형 태양광발전용 인버터의 자동 기동 · 정지시험
• 기동 · 정지 절차가 설정된 방법대로 동작할 것
• 채터링은 3회 이내일 것

**51** 태양광발전시스템의 응급조치순서 중 차단과 투입순서가 옳은 것은?

ⓐ 한전차단기
ⓑ 접속함 내부 차단기
ⓒ 인버터

① ⓐ - ⓑ - ⓒ - ⓒ - ⓑ - ⓐ
② ⓐ - ⓒ - ⓑ - ⓑ - ⓒ - ⓐ
③ ⓑ - ⓒ - ⓐ - ⓐ - ⓒ - ⓑ
④ ⓒ - ⓑ - ⓐ - ⓐ - ⓑ - ⓒ

해설
• 태양광발전시스템의 차단 순서
 접속함 내부 차단기 → 인버터 → 한전차단기
• 태양광발전시스템의 투입 순서(차단 순서와 역순)
 한전차단기 → 인버터 → 접속함 내부 차단기

**52** 인버터(파워컨디셔너)의 일상점검 항목이 아닌 것은?

① 표시부의 이상표시
② 외함의 부식 및 파손
③ 가대의 부식 및 오염 상태
④ 외부배선(접속 케이블)의 손상

해설
인버터의 일상점검
주로 육안점검에 의해서 매월 1회 정도 실시한다.

| 설 비 | | 점검항목 | 점검요령 |
|---|---|---|---|
| 인버터 | 육안점검 | 외함의 부식 및 손상 | 부식 및 녹이 없고 충전부가 노출되지 않을 것 |
| | | 외부배선(접속 케이블)의 손상 | 인버터에 접속된 배선에 손상이 없을 것 |
| | | 환기확인(환기구멍, 환기필터) | 환기구를 막고 있지 않을 것 |
| | | 이상음, 악취, 이상과열 | 운전 시 이상음, 악취, 이상과열이 없을 것 |
| | | 표시부의 이상표시 | 표시부에 이상표시가 없을 것 |
| | | 발전현황 | 표시부의 발전상황에 이상이 없을 것 |

**53** 변압기에 대한 일상점검의 항목으로 틀린 것은?

① 냉각팬 필터부분의 막힘 여부
② 과열에 의한 이상한 냄새의 발생 여부
③ 코로나에 의한 이상한 소리의 발생 여부
④ 온도계의 표시가 적정 온도범위에서 유지되는지 여부

해설
냉각팬 필터부분의 막힘 여부는 정기점검 시 실시한다.

**54** 감전의 위험을 방지하기 위해 정전작업 시에 작성하는 정전작업요령에 포함되는 사항이 아닌 것은?

① 정전확인순서에 관한 사항
② 단락접지실시에 관한 사항
③ 단독 근무 시 필요한 사항
④ 시운전을 위한 일시운전에 관한 사항



49 ④ 50 ③ 51 ③ 52 ③ 53 ① 54 ③ 정답

해설

일반적으로 정전작업 시는 1인 단독 작업이 불가하다.

## 55 운전상태에서 점검이 가능한 점검분류는 무엇인가?

① 임시점검
② 일상점검
③ 정기점검(보통)
④ 정기점검(세밀)

해설

일상점검 시 운전상태에서 점검이 가능하다.

## 56 전기사업용 태양광발전소의 태양전지·전기설비 계통은 정기검사를 몇 년 이내에 받아야 하는가?

① 2 ② 3
③ 4 ④ 5

해설

정기검사대상 전기설비 및 검사시기(전기사업법 시행규칙 별표 10)
전기사업용 태양광발전소의 태양전지·전기설비 계통은 정기검사를 4년 이내에 받아야 한다.

## 57 점검계획의 수립에 있어서 고려해야 할 사항으로 틀린 것은?

① 설비의 사용기간에 대해서는 장시간 사용한 설비의 고장확률이 높으므로 점검 내용을 세분화하고 점검주기를 단축한다.
② 점검내용 및 점검주기는 설비의 사용기간, 설비의 중요도, 환경조건, 고장이력, 부하상태 등의 조건을 고려하여 결정한다.
③ 부하상태에 대해서는 사용빈도가 높은 설비, 부하의 증가, 환경조건의 악화 등 과부하 상태로 된 설비 등은 점검주기를 단축시킬 필요는 없다.
④ 설비의 중요도에 대해서는 설비에는 중요설비와 비교적 중요하지 않은 설비가 있으므로 그 중요도에 따라서 점검내용 및 점검주기를 검토하여야 한다.

해설

점검계획 시 고려사항
- 설비의 사용 기간
- 설비의 중요도
- 환경조건
- 고장이력
- 부하상태

## 58 충전전로를 취급하는 근로자가 착용하는 절연용 보호구가 아닌 것은?

① 절연화 ② 절연 담요
③ 절연 안전모 ④ 절연 고무장갑

해설

절연용 보호구
- 용도 7,000[V] 이하의 전로의 활선작업 또는 활선 근접작업을 할 때 작업자의 감전사고를 방지하기 위해 작업자 몸에 착용하는 것
- 종 류
  - 안전모
  - 전기용 고무장갑 : 7,000[V] 이하에 착용
  - 안전화 : 절연화

## 59 태양광발전시스템의 개방전압을 측정할 때 유의해야 할 사항으로 틀린 것은?

① 태양전지 어레이의 표면은 청소하지 않아도 된다.
② 각 스트링의 측정은 안정된 일사강도가 얻어질 때 실시한다.
③ 태양전지 셀은 비오는 날에도 미소한 전압을 발생하고 있으므로 매우 주의하여 측정해야 한다.
④ 측정시각은 일사강도, 온도의 변동을 극히 적게 하기 위해 맑을 때, 남쪽에 있을 때의 전후 1시간에 실시하는 것이 바람직하다.

해설

개방전압 측정 시 유의사항
- 태양전지 어레이의 표면을 청소하는 것이 필요하다.
- 각 스트링의 측정은 안정된 일사강도가 얻어질 때 하도록 한다.
- 측정시각은 일사강도, 온도의 변동을 극히 적게 하기 위하여 맑을 때, 남쪽에 있을 때의 전후 1시간에 실시하는 것이 좋다.
- 태양전지는 비오는 날에도 미소한 전압을 발생하므로 매우 주의하여 측정한다.

정답 55 ② 56 ③ 57 ③ 58 ② 59 ①

**60** 박막 태양광발전 모듈의 최대 출력 결정 시 품질기준으로 시험시료의 출력 균일도는 평균 출력의 몇 [%] 이내이어야 하는가?

① ±1 ② ±3
③ ±5 ④ ±10

해설
박막 태양광발전 모듈의 최대 출력 결정 시 품질기준으로 시험시료의 출력 균일도는 평균 출력의 ±3[%] 이내이어야 한다.

## 제4과목 신재생에너지관련법규

**61** 전기를 생산하여 이를 전력시장을 통하여 전기판매사업자에게 공급하는 것을 주된 목적으로 하는 사업은?

① 배전사업
② 송전사업
③ 발전사업
④ 변전사업

해설
용어의 정의(전기사업법 제2조)
- "배전사업"이란 발전소로부터 송전된 전기를 전기사용자에게 배전하는 데 필요한 전기설비를 설치·운용하는 것을 주된 목적으로 하는 사업을 말한다.
- "송전사업"이란 발전소에서 생산된 전기를 배전사업자에게 송전하는 데 필요한 전기설비를 설치·관리하는 것을 주된 목적으로 하는 사업을 말한다.
- "발전사업"이란 전기를 생산하여 이를 전력시장을 통하여 전기판매사업자에게 공급하는 것을 주된 목적으로 하는 사업을 말한다.

**62** 태양전지 어레이의 출력전압이 400[V] 미만인 경우 전로에 시설하는 기계기구의 철대 및 금속제 외함에는 몇 종 접지공사를 하여야 하는가?

① 제1종 접지공사
② 제2종 접지공사
③ 제3종 접지공사
④ 특별 제3종 접지공사

해설
기계기구의 철대 및 외함의 접지(판단기준 제33조)
전로에 시설하는 기계기구의 철대 및 금속제 외함(외함이 없는 변압기 또는 계기용변성기는 철심)에는 다음 각 호의 어느 하나에 따라 접지공사를 하여야 한다.

| 기계기구의 구분 | 접지공사의 종류 |
|---|---|
| 400[V] 미만인 저압용의 것 | 제3종 접지공사 |
| 400[V] 이상의 저압용의 것 | 특별 제3종 접지공사 |
| 고압용 또는 특고압용의 것 | 제1종 접지공사 |

**63** 태양의 빛에너지를 변환시켜 전기를 생산하거나 채광(採光)에 이용하는 설비는?

① 풍력 설비
② 태양광 설비
③ 태양열 설비
④ 바이오에너지 설비

해설
신재생에너지 설비(신에너지 및 재생에너지 개발·이용·보급 촉진법 시행규칙 제2조)
- 풍력 설비 : 바람의 에너지를 변환시켜 전기를 생산하는 설비
- 태양광 설비 : 태양의 빛에너지를 변환시켜 전기를 생산하거나 채광에 이용하는 설비
- 태양열 설비 : 태양의 열에너지를 변환시켜 전기를 생산하거나 에너지원으로 이용하는 설비
- 바이오에너지 설비 : 신에너지 및 재생에너지 개발·이용·보급 촉진법 시행령(이하 "영"이라 한다) 별표 1의 바이오에너지를 생산하거나 이를 에너지원으로 이용하는 설비

**64** 온실가스에 해당되지 않는 것은?

① 질소($N_2$)
② 메탄($CH_4$)
③ 육불화항($SF_6$)
④ 이산화탄소($CO_2$)

해설
용어의 정의(저탄소 녹색성장 기본법 제2조)
"온실가스"란 이산화탄소($CO_2$), 메탄($CH_4$), 아산화질소($N_2O$), 수소불화탄소(HFCs), 과불화탄소(PFCs), 육불화황($SF_6$) 및 그 밖에 대통령령으로 정하는 것으로 적외선 복사열을 흡수하거나 재방출하여 온실효과를 유발하는 대기 중의 가스 상태의 물질을 말한다.



60 ② 61 ③ 62 ③ 63 ② 64 ① 정답

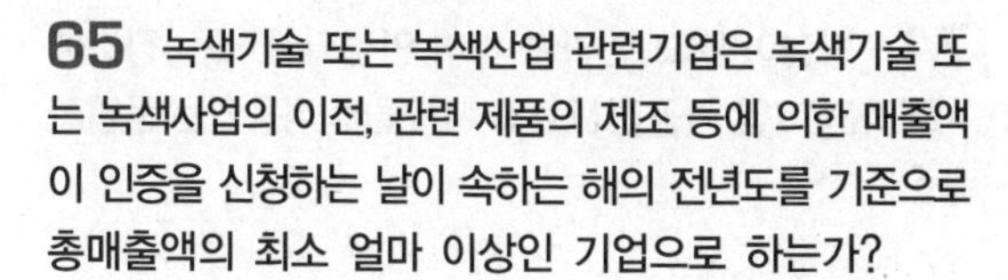

**65** 녹색기술 또는 녹색산업 관련기업은 녹색기술 또는 녹색사업의 이전, 관련 제품의 제조 등에 의한 매출액이 인증을 신청하는 날이 속하는 해의 전년도를 기준으로 총매출액의 최소 얼마 이상인 기업으로 하는가?

① 100분의 20
② 100분의 30
③ 100분의 40
④ 100분의 50

해설

녹색산업투자회사의 설립(저탄소 녹색성장 기본법 시행령 제16조)

(1) 녹색산업투자회사는 출자총액, 신탁총액 또는 자본금의 100분의 60 이상을 녹색기술 및 녹색산업에 출자 또는 투자하는 집합투자기구(자본시장과 금융투자업에 관한 법률의 집합투자기구를 말한다)로 한다.
(2) 녹색기술 및 녹색산업 관련 기술 및 사업은 고시된 인증 대상 녹색기술 또는 녹색사업을 말한다.
(3) 녹색기술 또는 녹색산업 관련 기업은 (2)에 따른 녹색기술 또는 녹색사업의 이전, 관련 제품의 제조 등에 의한 매출액이 인증을 신청하는 날이 속하는 해의 전년도를 기준으로 총매출액의 100분의 30 이상인 기업으로 한다.
(4) 금융위원회는 공공기관이 출자하는 녹색산업투자회사의 등록 신청을 받은 경우에는 관계 중앙행정기관의 장에게 그 내용을 통보하고, 등록 결정에 관하여 협의를 할 수 있다.

**66** 전기사업법에 따라 전력시장에서 전력을 직접 구매할 수 있는 대통령령으로 정하는 규모 이상의 전기사용자의 수전설비 용량은 몇 [kVA] 이상인가?

① 10,000
② 20,000
③ 30,000
④ 50,000

해설

전력의 직접 구매(전기사업법 제32조)

전기사용자는 전력시장에서 전력을 직접 구매할 수 없다. 다만, 대통령령으로 정하는 규모 이상의 전기사용자는 그러하지 아니하다.

※ "대통령령으로 정하는 규모 이상의 전기사용자"란 수전설비의 용량이 30,000[kVA] 이상인 전기사용자를 말한다(시행령 제20조).

**67** 신재생에너지정책심의회 위원으로 소속공무원을 지명할 수 없는 기관은?

① 기획재정부
② 보건복지부
③ 국토교통부
④ 농림축산식품부

해설

신재생에너지정책심의회의 구성(신에너지 및 재생에너지 개발·이용·보급 촉진법 시행령 제4조)

- 신재생에너지정책심의회(이하 "심의회"라 한다)는 위원장 1명을 포함한 20명 이내의 위원으로 구성한다.
- 심의회의 위원장은 산업통상자원부 소속 에너지 분야의 업무를 담당하는 고위공무원단에 속하는 일반직공무원 중에서 산업통상자원부장관이 지명하는 사람으로 하고, 위원은 다음 각 호의 사람으로 한다.
  - 기획재정부, 과학기술정보통신부, 농림축산식품부, 산업통상자원부, 환경부, 국토교통부, 해양수산부의 3급 공무원 또는 고위공무원단에 속하는 일반직공무원 중 해당 기관의 장이 지명하는 사람 각 1명
  - 신재생에너지 분야에 관한 학식과 경험이 풍부한 사람 중 산업통상자원부장관이 위촉하는 사람

**68** 신재생에너지 공급의무화제도에서 공급의무자가 아닌 것은?

① 한국석유공사
② 한국남부발전
③ 한국수자원공사
④ 한국지역난방공사

해설

신재생에너지 공급의무자(신에너지 및 재생에너지 개발·이용·보급 촉진법 시행령 제18조의 3)

(1) 신재생에너지 공급의무화 등에서 "대통령령으로 정하는 자"란 다음 각 호의 하나에 해당하는 자를 말한다.
  ① 발전사업자, 발전사업의 허가를 받은 것으로 보는 자에 해당하는 자로서 500,000[kW] 이상의 발전설비(신재생에너지 설비는 제외한다)를 보유하는 자
  ② 한국수자원공사법에 따른 한국수자원공사
  ③ 집단에너지사업법에 따른 한국지역난방공사
(2) 산업통상자원부장관은 (1)의 각 호에 해당하는 자(이하 "공급의무자"라 한다)를 공고하여야 한다.

정답 65 ② 66 ③ 67 ② 68 ①

## 69 전기사업법에서 정의하는 용어 중 전기설비의 종류가 아닌 것은?

① 일반용 전기설비
② 자가용 전기설비
③ 전기사업용 전기설비
④ 항공기에 설치되는 전기설비

**해설**

용어의 정의(전기사업법 제2조)
"전기설비"란 발전·송전·변전·배전·전기공급 또는 전기사용을 위하여 설치하는 기계·기구·댐·수로·저수지·전선로·보안통신선로 및 그 밖의 설비(댐건설 및 주변지역지원 등에 관한 법률에 따라 건설되는 댐·저수지와 선박·차량 또는 항공기에 설치되는 것과 그 밖에 대통령령으로 정하는 것은 제외한다)로서 다음 각 목의 것을 말한다.
• 전기사업용 전기설비
• 일반용 전기설비
• 자가용 전기설비

## 70 연료전지 및 태양전지 모듈의 절연내력에 대한 설명 중 ( )에 들어갈 내용으로 옳은 것은?

> 연료전지 및 태양전지 모듈은 최대사용전압의 ( ⓐ )의 직류전압 또는 1배의 교류전압(500[V] 미만으로 되는 경우에는 500[V])을 충전부분과 대지 사이에 연속하여 ( ⓑ )간 가하여 절연내력을 시험하였을 때에 이에 견디는 것이어야 한다.

① ⓐ 1.5배, ⓑ 10분
② ⓐ 1.5배, ⓑ 15분
③ ⓐ 2배, ⓑ 10분
④ ⓐ 2배, ⓑ 15분

**해설**

연료전지 및 태양전지 모듈의 절연내력(판단기준 제15조)
연료전지 및 태양전지 모듈은 최대사용전압의 1.5배의 직류전압 또는 1배의 교류전압(500[V] 미만으로 되는 경우에는 500[V])을 충전부분과 대지 사이에 연속하여 10분간 가하여 절연내력을 시험하였을 때에 이에 견디는 것이어야 한다.

## 71 빙설이 많고 인가가 많이 연접되어 있는 장소에 시설하는 고압 가공전선로의 지지물에 적용되는 풍압하중은?

① 갑종 풍압하중
② 을종 풍압하중
③ 병종 풍압하중
④ 갑종 풍압하중과 을종 풍압하중을 각 설비에 따라 혼용

**해설**

풍압하중의 종별과 적용(판단기준 제62조)
(1) 풍압하중의 적용은 다음 각 호에 따른다.
  ① 빙설이 많은 지방 이외의 지방에서는 고온계절에는 갑종 풍압하중, 저온계절에는 병종 풍압하중
  ② 빙설이 많은 지방(③의 지방은 제외한다)에서는 고온계절에는 갑종 풍압하중, 저온계절에는 을종 풍압하중
  ③ 빙설이 많은 지방 중 해안지방 기타 저온계절에 최대풍압이 생기는 지방에서는 고온계절에는 갑종 풍압하중, 저온계절에는 갑종 풍압하중과 을종 풍압하중 중 큰 것
(2) 인가가 많이 연접되어 있는 장소에 시설하는 가공전선로의 구성재 중 다음 각 호의 풍압하중에 대하여는 (1)의 규정에 불구하고 갑종 풍압하중 또는 을종 풍압하중 대신에 병종 풍압하중을 적용할 수 있다.
  ① 저압 또는 고압 가공전선로의 지지물 또는 가섭선
  ② 사용전압이 35[kV] 이하의 전선에 특고압 절연전선 또는 케이블을 사용하는 특고압 가공전선로의 지지물, 가섭선 및 특고압 가공전선을 지지하는 애자장치 및 완금류

## 72 전기설비기술기준의 판단기준에서 관광숙박업에 이용되는 객실의 입구에 조명용 전등을 설치할 경우 몇 분 이내에 소등되는 타임스위치를 시설해야 하는가?

① 1  ② 2
③ 3  ④ 5

**해설**

점멸장치와 타임스위치 등의 시설(판단기준 제177조)
조명용 전등을 설치할 때에는 다음 각 호에 따라 타임스위치를 시설하여야 한다.
• 관광진흥법과 공중위생법에 의한 관광숙박업 또는 숙박업(여인숙업을 제외한다)에 이용되는 객실의 입구등은 1분 이내에 소등되는 것일 것
• 일반주택 및 아파트 각 호실의 현관등은 3분 이내에 소등되는 것일 것



69 ④ 70 ① 71 ③ 72 ① 정답

**73** **전기설비기술기준의 판단기준에서 태양전지발전소에 시설하는 전선의 굵기는 연동선인 경우 몇 [$mm^2$] 이상이어야 하는가?**

① 1.6 ② 2.5
③ 3.5 ④ 5.5

해설

태양전지 모듈 등의 시설(판단기준 제54조)

전선은 다음에 의하여 시설할 것. 다만, 기계기구의 구조상 그 내부에 안전하게 시설할 수 있을 경우에는 그러하지 아니하다.

- 전선은 공칭단면적 2.5[$mm^2$] 이상의 연동선 또는 이와 동등 이상의 세기 및 굵기의 것일 것
- 옥내에 시설할 경우에는 합성수지관공사, 금속관공사, 가요전선관공사 또는 케이블공사로 규정에 준하여 시설할 것
- 옥측 또는 옥외에 시설할 경우에는 합성수지관공사, 금속관공사, 가요전선관공사 또는 케이블공사로 규정에 준하여 시설할 것

**74** **전기설비기술기준의 판단기준에서 지중전선로에 케이블을 사용하여 관로식으로 시설할 경우 매설깊이를 몇 [m] 이상으로 하여야 하는가?**

① 0.3 ② 0.6
③ 0.8 ④ 1.0

해설

지중전선로의 시설(판단기준 제136조)

- 지중전선로는 전선에 케이블을 사용하고 또한 관로식·암거식 또는 직접 매설식에 의하여 시설하여야 한다.
- 지중전선로를 관로식 또는 암거식에 의하여 시설하는 경우에는 다음 각 호에 따라야 한다.
  - 관로식에 의하여 시설하는 경우에는 매설 깊이를 1.0[m] 이상으로 하며, 매설 깊이가 충분하지 못한 장소에는 견고하고 차량 기타 중량물의 압력에 견디는 것을 사용할 것. 다만, 중량물의 압력을 받을 우려가 없는 곳은 60[cm] 이상으로 한다.
  - 암거식에 의하여 시설하는 경우에는 견고하고 차량 기타 중량물의 압력에 견디는 것을 사용할 것
- 지중전선을 냉각하기 위하여 케이블을 넣은 관 내에 물을 순환시키는 경우에는 지중전선로는 순환수 압력에 견디고 또한 물이 새지 아니하도록 시설하여야 한다.
- 지중전선로를 직접 매설식에 의하여 시설하는 경우에는 매설 깊이를 차량 기타 중량물의 압력을 받을 우려가 있는 장소에는 1.2[m] 이상, 기타 장소에는 60[cm] 이상으로 하고 또한 지중전선을 견고한 트라프 기타 방호물에 넣어 시설하여야 한다. 다만, 다음 각 호의 어느 하나에 해당하는 경우에는 지중전선을 견고한 트라프 기타 방호물에 넣지 아니하여도 된다.
  - 저압 또는 고압의 지중전선을 차량 기타 중량물의 압력을 받을 우려가 없는 경우에 그 위를 견고한 판 또는 몰드로 덮어 시설하는 경우
  - 지중전선에 파이프형 압력케이블을 사용하거나 최대사용전압이 60[kV]를 초과하는 연피케이블, 알루미늄피케이블 그 밖의 금속피복을 한 특고압 케이블을 사용하고 또한 지중전선의 위를 견고한 판 또는 몰드 등으로 덮어 시설하는 경우

**75** **신에너지 및 재생에너지 개발·이용·보급촉진법에서 정의하고 있는 신재생에너지에 포함되지 않는 것은?**

① 원자력
② 연료전지
③ 수소에너지
④ 태양에너지

해설

용어의 정의(신에너지 및 재생에너지 개발·이용·보급 촉진법 제2조)

- "신에너지"란 기존의 화석연료를 변환시켜 이용하거나 수소·산소 등의 화학 반응을 통하여 전기 또는 열을 이용하는 에너지로서 다음 각 호의 어느 하나에 해당하는 것을 말한다.
  - 수소에너지
  - 연료전지
  - 석탄을 액화·가스화한 에너지 및 중질잔사유를 가스화한 에너지로서 대통령령으로 정하는 기준 및 범위에 해당하는 에너지
  - 그 밖에 석유·석탄·원자력 또는 천연가스가 아닌 에너지로서 대통령령으로 정하는 에너지
- "재생에너지"란 햇빛·물·지열·강수·생물유기체 등을 포함하는 재생 가능한 에너지를 변환시켜 이용하는 에너지로서 다음 각 호의 하나에 해당하는 것을 말한다.
  - 태양에너지
  - 풍 력
  - 수 력
  - 해양에너지
  - 지열에너지
  - 생물자원을 변환시켜 이용하는 바이오에너지로서 대통령령으로 정하는 기준 및 범위에 해당하는 에너지
  - 폐기물에너지(비재생폐기물로부터 생산된 것은 제외한다)로서 대통령령으로 정하는 기준 및 범위에 해당하는 에너지
  - 그 밖에 석유·석탄·원자력 또는 천연가스가 아닌 에너지로서 대통령령으로 정하는 에너지

정답 73 ② 74 ④ 75 ①

## 76 전기공사기술자로 인정을 받으려는 사람을 전기공사기술자로 인정하면 전기공사기술자의 등급 및 경력 등에 관한 증명서를 해당 전기공사기술자에게 발급하는 자는?

① 시·도지사
② 전기공사협회장
③ 산업통상자원부장관
④ 한국산업인력공단 이사장

**해설**

전기공사기술자의 인정(전기공사업법 제17조의2)
산업통상자원부장관은 전기공사기술자로 인정을 받으려는 신청인을 전기공사기술자로 인정하면 전기공사기술자의 등급 및 경력 등에 관한 증명서(경력수첩)를 해당 전기공사기술자에게 발급하여야 한다.

## 77 신재생에너지 품질검사기관이 아닌 곳은?

① 한국전력공사 ② 한국석유관리원
③ 한국임업진흥원 ④ 한국가스안전공사

**해설**

신재생에너지 품질검사기관(신에너지 및 재생에너지 개발·이용·보급 촉진법 시행령 제18조의 13)
신재생에너지 연료 품질검사에서 "대통령령으로 정하는 신재생에너지 품질검사기관"이란 다음 각 호의 기관을 말한다.
• 석유 및 석유대체연료 사업법에 따라 설립된 한국석유관리원
• 고압가스 안전관리법에 따라 설립된 한국가스안전공사
• 임업 및 산촌 진흥촉진에 관한 법률에 따라 설립된 한국임업진흥원

## 78 전선의 접속방법으로 틀린 것은?

① 접속부분의 전기저항을 증가시킬 것
② 접속부분은 접속관 기타의 기구를 사용할 것
③ 전선의 세기를 20[%] 이상 감소시키지 아니할 것
④ 전기화학적 성질이 다른 도체를 접속하는 경우에는 접속부분에 전기적 부식이 생기지 아니하도록 할 것

**해설**

전선의 접속법(판단기준 제11조)
전선을 접속하는 경우에는 소세력 회로의 시설 또는 출퇴표시등 회로의 시설의 규정에 의하여 시설하는 경우 이외에는 전선의 전기저항을 증가시키지 아니하도록 접속하여야 하며 또한 다음 각 호에 따라야 한다.

(1) 나전선(다심형 전선의 절연물로 피복되어 있지 아니한 도체를 포함한다. 이하 이 조에서 같다) 상호 또는 나전선과 절연전선(다심형 전선의 절연물로 피복한 도체를 포함한다. 이하 이 조에서 같다) 캡타이어케이블 또는 케이블과 접속하는 경우에는 다음에 의할 것
   ① 전선의 세기[인장하중(引張荷重)으로 표시한다. 이하 같다]를 20[%] 이상 감소시키지 아니할 것. 다만, 점퍼선을 접속하는 경우와 기타 전선에 가하여지는 장력이 전선의 세기에 비하여 현저히 작을 경우에는 그러하지 아니하다.
   ② 접속부분은 접속관 기타의 기구를 사용할 것. 다만, 가공전선 상호, 전차선 상호, 또는 광산의 갱도 안에서 전선 상호를 접속하는 경우에 기술상 곤란할 때에는 그러하지 아니하다.
(2) 절연전선 상호·절연전선과 코드, 캡타이어케이블 또는 케이블과를 접속하는 경우에는 (1)의 규정에 준하는 이외에 접속부분의 절연전선에 절연물과 동등 이상의 절연효력이 있는 접속기를 사용하는 경우 이외에는 접속부분을 그 부분의 절연전선의 절연물과 동등 이상의 절연효력이 있는 것으로 충분히 피복할 것
(3) 코드 상호, 캡타이어케이블 상호, 케이블 상호 또는 이들 상호를 접속하는 경우에는 코드 접속기·접속함 기타의 기구를 사용할 것. 다만, 공칭단면적이 10[mm$^2$] 이상인 캡타이어케이블 상호를 접속하는 경우에는 접속부분을 (1) 및 (2)의 규정에 준하여 시설하고 또한 절연피복을 완전히 유화(硫化)하거나 접속부분의 위에 견고한 금속제의 방호장치를 할 때 또는 금속 피복이 아닌 케이블상호를 (1) 및 (2)의 규정에 준하여 접속하는 경우에는 그러하지 아니하다.
(4) 도체에 알루미늄(알루미늄 합금을 포함한다. 이하 이 조에서 같다)을 사용하는 전선과 동(동합금을 포함한다)을 사용하는 전선을 접속하는 등 전기 화학적 성질이 다른 도체를 접속하는 경우에는 접속부분에 전기적 부식(電氣的腐蝕)이 생기지 아니하도록 할 것

## 79 저탄소 녹색성장 기본법의 목적에서 언급하고 있지 않는 것은?

① 전기사업의 경쟁 촉진
② 국민경제의 발전 도모
③ 경제와 환경의 조화로운 발전
④ 저탄소 녹색성장에 필요한 기반 조성

**해설**

목적(저탄소 녹색성장 기본법 제1조)
이 법은 경제와 환경의 조화로운 발전을 위하여 저탄소 녹색성장에 필요한 기반을 조성하고 녹색기술과 녹색산업을 새로운 성장동력으로 활용함으로써 국민경제의 발전을 도모하며 저탄소 사회 구현을 통하여 국민의 삶의 질을 높이고 국제사회에서 책임을 다하는 성숙한 선진 일류국가로 도약하는 데 이바지함을 목적으로 한다.



76 ③ 77 ① 78 ① 79 ① 정답

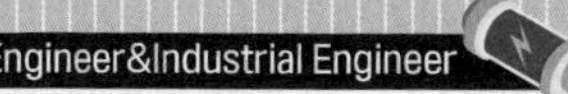

**80** 저압 연접인입선의 시설 규정을 준수하지 않은 것은?

① 옥내를 통과하지 않도록 했다.
② 폭 4.5[m]의 도로를 횡단하였다.
③ 경간이 20[m]인 곳에서 ACSR을 사용하였다.
④ 인입선에서 분기하는 점으로부터 100[m]를 넘지 않았다.

해설

저압 연접인입선의 시설(판단기준 제101조)

저압 연접인입선은 저압 인입선의 시설 규정에 준하여 시설하는 이외에 다음 각 호에 따라 시설하여야 한다.

- 인입선에서 분기하는 점으로부터 100[m]를 초과하는 지역에 미치지 아니할 것
- 폭 5[m]를 초과하는 도로를 횡단하지 아니할 것
- 옥내를 통과하지 아니할 것

정답 80 ③

# 과년도 기출문제

## 제1과목 태양광발전시스템 이론

**01** 태양광발전시스템의 교류 측 기기에 속하지 않는 것은?

① 분전반 ② 접속함
③ 적산전력량계 ④ 지락과전류차단기

해설
태양광발전시스템의 교류 측 기기
- 분전반
- 적산전력량계
- 전류차단기

**02** 최대전력 추종(MPPT)제어에 있어 P&O(Pertube &Observe)방식에 대한 설명으로 옳은 것은?

① 직접제어방식이다.
② 계산량이 많아서 빠른 프로세서가 요구된다.
③ 최대전력점 부근에서 진동이 발생하여 손실이 생긴다.
④ 태양전지 출력의 컨덕턴스와 증분 컨덕턴스를 비교하여 최대전력 동작점을 찾는다.

해설
Pertube & Observe(P & O)제어(간접제어방식)
- 간단하여 가장 많이 사용되는 방식이다.
- 외부 조건이 급변할 경우 전력손실이 커지며 제어가 불안정하게 된다.
- 태양전지 어레이의 출력전압을 주기적으로 증가・감소시키고 이전의 출력전력과 현재의 출력전력을 비교하여 최대전력 동작점을 찾는 방식이다.
- 최대전력점 부근에서 진동이 발생하여 손실이 생긴다.

**03** $RL$ 직렬회로에 $v=100\sin(120\pi t)$[V]의 전원을 연결하여 $i=2\sin(120\pi t-45°)$[A]의 전류가 흐르도록 하려면 저항은 몇 [Ω]인가?

① 50 ② $\frac{50}{\sqrt{2}}$
③ $50\sqrt{2}$ ④ 100

해설

$$\text{저항}(R)=\frac{v}{i}=\frac{100\sin120\pi t}{2\sin(120\pi t-45°)}=50\angle45°$$
$$=50(\cos45+j\sin45)$$
$$=\frac{50}{\sqrt{2}}+j\frac{50}{\sqrt{2}}=R+jX$$
$$\therefore R=\frac{50}{\sqrt{2}}[\Omega]$$

**04** 전기의 수요는 시간에 따라 변화하고, 재생에너지원에 의해 발생되는 전력 또는 시간에 따라 변화하는 특징이 있다. 다음의 에너지원 중 피크부하에 가장 잘 대응할 수 있는 것은?

① 태양에너지 ② 풍력에너지
③ 수력에너지 ④ 파력에너지

해설
전기 수요는 시간에 따라 변화하고 재생에너지 자원에 의해 발생되는 전력 또한 시간에 따라 변화하는 특징이 있는데 에너지원 중에서 피크부하에 가장 잘 대응할 수 있는 에너지는 수력에너지이다. 태양광이나 풍력 그리고 파력은 시간에 따라 변화가 심하다.

**05** 지표면에서의 태양 일조강도에 영향을 줄 수 있는 대기효과에 대한 설명으로 틀린 것은?

① 최대 일사량은 구름이 조금 낀 맑은 날에 발생한다.
② 오염물질에 의한 산란은 구름 상태와 태양의 고도에 따라 심하게 변한다.
③ 대기에서의 흡수, 반사, 산란으로 인하여 태양복사가 감소한다.
④ 태양복사 감소의 주원인은 공기분자, 먼지입자, 또는 오염물질에 의한 흡수이다.



1 ② 2 ③ 3 ② 4 ③ 5 ④ 정답

**해설**

지표면에서 태양 일조강도에 영향을 줄 수 있는 대기효과

- 오염물질에 의한 산란은 구름 상태와 태양의 고도에 따라 심하게 변화한다.
- 대기에서의 흡수, 반사, 산란으로 인하여 태양복사가 감소하게 된다.
- 최대 일사량은 구름이 조금 밖에 없고 맑은 날에 많이 발생한다.

## 06 건축물에 설치된 태양광설비를 직접적인 낙뢰로부터 보호하기 위한 외부 뇌보호 시스템이 아닌 것은?

① 접지 시스템
② SPD 시스템
③ 수뢰부 시스템
④ 인하도선 시스템

**해설**

서지보호장치(SPD)는 내부 뇌보호 시스템이다.

외부 뇌보호

뇌전류를 신속하고 효과적으로 대지로 방류하기 위한 시스템이다.

- 접지극 : 낙뢰전류를 대지로 흘려보내는 것으로서 동판, 접지선과 접지봉을 건축물의 가장 꼭대기에 설치하여 기초접지로 설치하는 것을 말한다.
- 인하도선 : 직격뢰를 받은 수뢰부로부터 대지까지 뇌전류가 통전하는 경로이며, 도선과 건축물의 철골과 철근 등을 인하도선으로 사용한다.
- 수뢰부 : 피뢰침, 돌침 등 직격뢰를 받아서 대지로 분류하는 금속체이다.
- 안전이격거리
- 차 폐

## 07 태양전지 변환효율($\eta$)과 직접적인 관계가 없는 것은?

① 태양전지 면적
② Fill Factor
③ 주변온도
④ 단락전류

**해설**

- 태양전지의 변환효율

$$\eta = \frac{P_o(\text{출력에너지})}{P_i(\text{입력에너지})}$$

$$= \frac{I_m(\text{최대출력전류}) \times V_m(\text{최대출력전압})}{P_i}$$

$$= \frac{V_{oc} \times I_{sc} \times FF}{P_i}$$

$$= \frac{\text{최대출력}(P_{\max})}{\text{태양전지 모듈의 면적}(A) \times \text{조사강도}(E)} \times 100[\%]$$

- 태양전지의 최대출력

$P_{\max} = V_{oc}$(개방전압)$\times I_{sc}$(단락전류)$\times FF$(충진율)

## 08 아몰퍼스 실리콘 태양전지의 특징 중 틀린 것은?

① 구부러지기 쉽다.
② 실리콘 부족의 우려가 없다.
③ 제조에 필요한 온도는 200[℃]로 낮다.
④ 여름철에는 출력이 결정질 실리콘에 비해 적어진다.

**해설**

아몰퍼스 박막형 태양전지의 특징

- 초기열화에 의해 출력의 저하가 발생하지만 온도상승에 따른 출력감소는 온도 상승 1도 대비 0.25[%] 정도로 결정질계 기판형 태양전지에 비해서 적다.
- 제조에 필요한 온도는 200[℃] 정도로 실리콘에 비해 낮다.
- 실리콘을 사용하지 않으므로 부족의 우려가 없다.
- 연질의 재질로서 가벼우며 유연성이 풍부하여 쉽게 구부러진다.

## 09 다음 그림과 같은 인버터의 회로방식은 무엇인가?

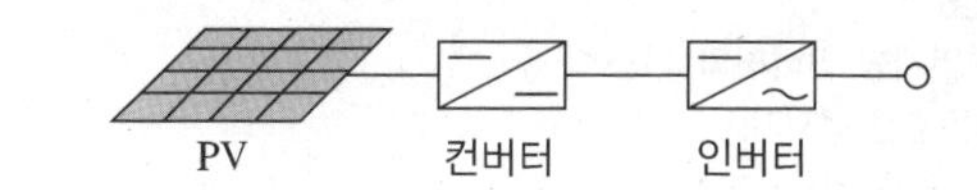


① 상용주파 변압기 절연방식
② 고주파 변압기 절연방식
③ 주파수 시프트 방식
④ 트랜스리스 방식

**해설**

인버터 회로 방식

- 상용주파 변압기 절연방식(저주파 변압기 절연방식)
  태양전지(PV) → 인버터(DC → AC) → 공진회로 → 변압기
- 고주파 변압기 절연방식
  태양전지(PV) → 고주파 인버터(DC → AC) → 고주파 변압기(AC → DC) → 인버터(DC → AC) → 공진회로
- 트랜스리스 방식
  태양전지(PV) → 승압형 컨버터 → 인버터 → 공진회로

**정답** 6 ② 7 ③ 8 ④ 9 ④

**10** 계통연계 시스템용 방재대응형 축전지를 설계하고자 한다. 평균 방전전류가 13.2[A], 용량환산계수가 26.7, 보수율이 0.8인 축전지의 용량은?

① 281.95[Ah]
② 373.75[Ah]
③ 440.55[Ah]
④ 504.3[Ah]

해설
부하평준화 대응형 축전지의 용량산출 방식(일반식)

$$C = \frac{KI}{L} = \frac{26.7 \times 13.2}{0.8} = 440.55[\text{Ah}]$$

$C$ : 온도 25[℃]에서 정격 방전율 환산용량(축전지의 표시용량)
$K$ : 방전시간, 축전지 온도, 허용최저전압으로 결정되는 용량환산시간
$I$ : 평균 방전전류
$L$ : 보수율(수명 말기의 용량 감소율) 0.8

**11** 계통연계형 인버터 기능에 해당하지 않는 것은?

① 자동운전 정지기능
② 충·방전 조정기능
③ 단독운전 방지기능
④ 최대전력 추종제어기능

해설
계통연계형 인버터의 기능
- 자동운전 정지기능
- 최대전력 추종제어(MPPT)
- 단독운전 방지기능
- 자동전압 조정기능
- 직류 검출기능
- 직류 지락 검출기능
- 계통 연계 보호장치

**12** 실리콘 태양전지 모듈의 출력 특성에 대한 설명으로 틀린 것은?

① 표면온도가 높아지면 출력이 상승하는 정(+) 온도 특성을 가진다.
② 방사조도가 동일하면 여름철에 비해 겨울철의 출력이 크다.
③ 모듈 온도가 동일하고 방사조도가 변화할 경우 단락전류가 방사조도에 비례하는 특성을 나타낸다.
④ 방사조도와 동일하게 모듈 온도가 상승한 경우 개방전압이나 최대출력도 저하한다.

해설
실리콘 태양전지 모듈의 출력 특성
- 방사조도와 동일하게 모듈 온도가 상승한 경우 개방전압이나 최대출력도 저하한다.
- 방사조도가 동일하면 여름철에 비해 겨울철의 출력이 크다.
- 표면온도가 높아지면 출력이 감소하여 부(−)온도 특성을 가진다.
- 모듈 온도가 동일하고 방사조도가 변화할 경우 단락전류가 방사조도에 비례하는 특성을 나타낸다.

**13** 태양광발전시스템의 단독운전 검출방식 중 능동적 방식으로만 묶인 것은?

① 주파수 시프트방식, 유효전력 변동방식, 주파수 변화율 검출방식, 부하변동방식
② 전압위상 도약검출방식, 유효전력 변동방식, 주파수 변화율 검출방식, 부하변동방식
③ 주파수 시프트방식, 유효전력 변동방식, 무효전력 변동방식, 부하변동방식
④ 전압위상 도약검출방식, 유효전력 변동방식, 무효전력 변동방식, 부하변동방식

해설
단독운전 방지기능의 능동적 방식 종류
항상 인버터에 변동요인을 부여하고 연계운전 시에는 그 변동요인이 출력에 나타나지 않고 단독운전 시에만 나타나도록 하여 이상을 검출하는 방식이다. 능동적 방식의 구분검출시간은 0.5~1초이다.
- 유효전력 변동방식 : 인버터의 출력에 주기적인 유효전력 변동을 부여하고, 단독운전 시에 나타나는 전압·주파수 변동을 검출한다.
- 무효전력 변동방식 : 인버터의 출력전압 주기를 일정기간마다 변동시키면 평상시 계통측의 Back-Power가 크기 때문에 출력주파수는 변하지 않고 무효전력의 변화로서 나타난다. 단독운전 상태에서는 일정한 주기마다 주파수의 변화로서 나타나기 때문에 이 주파수의 변화를 빨리 검출해서 단독운전을 판정하도록 한다. 또한 오동작을 방지하기 위해 주기를 변동시켰을 경우에만 출력변동을 검출하는 방법을 취하는 것도 있다.
- 부하 변동방식 : 인버터의 출력과 병렬로 임피던스를 순간적 또는 주기적으로 삽입하여 전압 또는 전류의 급변을 검출하는 방식이다.
- 주파수 시프트방식 : 인버터의 내부발전기에 주파수 바이어스를 부여하고 단독운전 시에 나타나는 주파수 변동을 검출하는 방식이다.



10 ③ 11 ② 12 ① 13 ③ 정답

## 14 다음은 어느 신재생에너지에 대한 설명으로 적합한 발전 방식은?

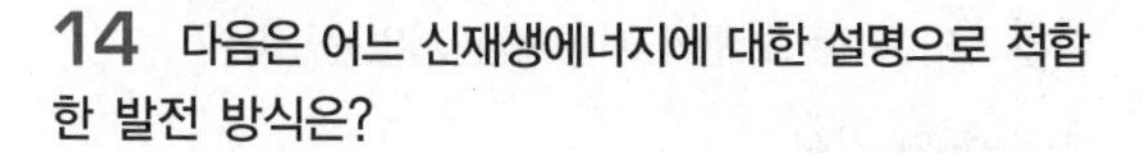

바닷물이 가장 높이 올라왔을 때 댐을 만들어 물을 가두었다가, 물이 빠지는 힘을 이용하여 발전기기를 돌리는 방식이다.

① 조력발전 ② 파력발전
③ 조류발전 ④ 해류발전

해설

해양에너지

해양의 조수·파도·해류·온도차 등을 변환시켜 전기 또는 열을 생산하는 기술로써 전기를 생산하는 방식은 조력·파력·조류·온도차 발전 등이 있다.

- 조력발전 : 조석간만의 차를 동력원으로 해수면의 상승하강운동을 이용하여 전기를 생산하는 기술이다.
- 파력발전 : 연안 또는 심해의 파랑에너지를 이용하여 전기를 생산하는 기술이다.
- 조류발전 : 해수의 유동에 의한 운동에너지를 이용하여 전기를 생산하는 발전기술이다.

## 15 고강도 재료로 만들어진 회전체에 운동에너지 상태로 저장한 후 필요시 발전기를 작동시켜 전기에너지로 변환하는 저장시스템은 무엇인가?

① LiB ② NaS
③ Flywheels ④ CAES

해설

에너지저장장치(EES)시스템의 종류(전력의 저장 방식과 작동원리에 따라 구분)

- 슈퍼커패시터(Super Capacitor) : 리튬이온의 화학적 반응을 통해 충·방전하는 일반 2차 전지와 달리 탄소 소재의 활성탄에 붙는 전자의 물리적 흡·탈착을 이용해 충·방전한다. 일반 2차 전지에 비해 에너지 밀도(충전량)는 적지만 순간적인 고출력(리튬전지의 5배)을 낼 수 있다는 게 장점이다. 이런 특성 때문에 일반 2차 전지의 성능을 보완하는 장치로 하이브리드카 등에 설치된다. 시동을 걸거나 급가속 등 순간적으로 고출력을 필요로 할 때 슈퍼커패시터가 작동한다.
- 플라이휠(Flywheels) 에너지저장시스템 : 고강도 재료로 만들어진 회전체에 운동에너지 상태로 저장한 후 필요시 발전기를 가동시켜 전기에너지로 변환하는 에너지저장시스템이다.
- 납축전지(Lead-Acid) : 2차 전지의 일종으로 전해액으로는 묽은 황산($H_2SO_4$)을 사용한다. 양극은 2산화납($PbO_2$), 음극은 납(Pb)이지만 방전하면 모두 황산납($PbSO_4$)으로 되고, 그와 동시에 전해액의 농도는 감소한다. 기전력은 2[V]이며, 방전과 더불어 저하하여 방전 종기 전압인 1.0[V]가 되면 사용을 멈추고 충전한다. 방전한 채로 방치하면 사용할 수 없게 된다. 방전의 정도는 비중을 재서 알 수 있다. 용량은 방전을 끝내기까지의 전기량을 암페어시(기호 [Ah])로 나타내는데, 방전 시간의 장단에 따라 달라지며 일반적으로는 10시간의 경우를 표준으로 한다. 수명은 방전을 반복하는 동안에 용량이 감소하여 처음의 90[%]로 되기까지의 횟수로 나타내고, 보통 500~1,000회이다.
- 니켈수소(NiMH)전지 : 충전과 방전을 반복하는 2차 전지에 속한다. 단위부피당 에너지 밀도가 니켈-카드뮴전지에 비해 2배에 가깝다. 니켈-카드뮴전지보다 고용량화가 가능하고 과방전·과충전에 잘 견디며, 급속 충전과 방전, 소형·경량화가 가능하고 충·방전 사이클 수명이 길어 500회 이상 충·방전이 가능하다. 니켈-카드뮴전지보다 자기 방전율이 1.5배 이상 높았으나 오늘날은 기술이 발달해 니켈-카드뮴전지와 거의 비슷하게 발전하였다. 그러나 급속하게 충전할 때에 니켈-카드뮴전지보다 높은 열을 발생하는 단점이 있다. 완전방전보다는 얕은 방전을 이용하는 것이 효율적이다. 휴대폰, 노트북컴퓨터, 소형 오디오카세트, 핸디캠 등에 널리 사용된다. 단위부피당 용량이 큰 점이 인정되어 전기자동차나 하이브리드 자동차(Hybrid Car)에도 사용된다.
- 니켈카드뮴(NiCd)전지 : 전해액은 20~25[%] 수산화칼륨 수용액에 소량의 수산화리튬을 첨가한 것이 많이 사용된다. 음·양의 두 극판을 서로 엇갈리게 짜서 니켈을 도금한 강판제, 또는 스티롤 등의 합성수지로 된 전해조에 넣고, 두 극판은 염화비닐 등의 다공판인 세퍼레이터(Separator)로 격리한다. 기전력은 1.33~1.35[V]이며, 보통 20~45[℃]에서 사용이 가능하다. 충전할 때는 전해액이 감소하므로 물을 보충한다. 전기적으로나 기계적으로 튼튼하여 수명이 길고, 안정하며 보전이 수월한 독립전원으로 그 용도가 넓다. 튜브식은 수명이 가장 길고, 완방전용에 적합하며, 포켓식은 두꺼운 형과 얇은 형이 있는데, 완방전용과 급방전용의 양쪽에 사용된다. 용도는 갱내 안전등, 열차점등용, 통신전원, 전기차 동력, 디젤 기관의 시동, 기타 고율방전용 등이다. 근래에는 종래의 것과는 구조가 다른 고성능의 소결식 니켈-카드뮴 전지가 실용되고 있다. 음·양의 두 극판 모두 니켈 분말을 소결해서 얻은 다공성 금속판에 극물질을 스며들게 한 구조이며, 내부저항도 적다. 이 밖에 완전밀폐형도 있으며, 플래시램프, 사진 플래시, 전기면도기, 전기시계, 전자기기, 라디오, 태양전지 조합전원, 로켓, 미사일 등에 사용된다.
- 리튬이온(Lithium-ion)전지 : 기존에 충전이 불가능했던 전지를 1차 전지라고 하고, 충전이 가능한 전지를 2차 전지라고 부른다. 리튬이온전지는 양극(리튬코발트산화물)과 음극(탄소)사이에 유기 전해질을 넣어 충전과 방전을 반복하게 하는 원리이다. 마이너스 극의 리튬이온이 중간의 전해액을 지나 플러스 쪽으로 이동하면서 전기를 발생시킨다. 무게가 가볍고 고용량의 전지를 만드는 데 유리해 휴대폰, 노트북, 디지털 카메라 등에 많이 사용되고 있다. 그러나 리튬은 본래 불안정한 원소여서 공기 중의 수분과 급격히 반응해 폭발하기 쉬우며 전해액은 과열에 따른 화재 위험성이 있다. 이런 이유 때문에 리튬이온전지에는 안전보호회로(PCM)가 들어가며, 내부를 단단한 플라스틱으로 둘러싸게 된다. 한편 리튬이온전지 이후 등장한 리튬폴리머전지는 양극과 음극 사이에 액체가

정답 14 ① 15 ③

아닌 고체나 겔 형태의 폴리머 재료로 된 전해질을 사용, 전기를 발생시키는 것으로 안정성이 높고 에너지 효율이 좋은 차세대 2차 전지이다.

- 나트륨황(NaS)전지 : 나트륨 이온을 통해 양극과 음극 간에 세라믹 고체 전해질이 이동함으로써 충·방전이 이뤄지는 전지를 말한다. 기존 리튬이온 전지의 적정 대응용량은 5[MW] 이하이나 NaS전지의 경우 높은 에너지 밀도를 가져 10[MW]~1[GW]의 대용량 대응이 가능하다. 리튬이온 전지보다 훨씬 무거워 소형 가전에서는 사용 불가능하며 산업용으로 주로 사용된다. NaS(나트륨황) 전지는 대용량 전력저장장치에 적합하고, 분산 설치 가능하여 부하 평준화 효과가 있다.
- 레독스플로우(Redox Flow)전지 : 전기를 저장할 수 있는 대용량 배터리이다. 배터리가 탑재된 휴대폰을 전기코드에 꽂아 충전한 후 사용하듯이 충·방전을 반복해 사용할 수 있는 대용량 2차 전지이다. 최근 풍력, 태양광 등 친환경 신재생에너지원이 확산되면서 여기서 생산된 전기에너지를 저장하는데 대용량 에너지저장장치(ESS)와 함께 발전하고 있다. 레독스는 '환원(Reduction)'과 '산화(Oxidation)'의 합성어이다. 에너지가 저장되는 전해질이 배터리 내 저장탱크에 보관된 후 시스템 내부를 흐르면서 전기 파워의 출력을 담당하는 스텍(Stack)이라는 장치에서 산화·환원의 전기화학적 반응을 통해 충전과 방전을 반복한다. 자동차를 예를 들어 설명하면 파워의 출력을 담당하는 스택은 자동차 엔진에, 탱크에 저장된 전해질은 연료탱크의 휘발유에 해당된다. 하지만 휘발유는 한 번 사용하면 소모되지만 전해질은 소모되지 않고 시스템 내부에서 순환하며 추가 보충 없이도 지속적으로 사용할 수 있다. 레독스 흐름전지는 다양한 종류의 물질들이 전해질로 사용되고 있고 그 중에서 가장 대표적인 물질이 '바나듐(Vanadium)'이다.
- 니켈염화($NaNiCl_2$)전지
- 압축공기저장시스템(CAES ; Compressed Air Energy Storage)

## 16 계통연계 보호장치의 역송전이 있는 저압연계 시스템에서 설치가 필요한 계전기가 아닌 것은?

① 과전압계전기
② 저전압계전기
③ 과주파수계전기
④ 지락 과전압계전기

**해설**

저압연계 시스템 회로
- 저전압계전기(UVR)
- 과전압계전기(OVR)
- 저주파수계전기(UFR)
- 과주파수계전기(OFR)

## 17 다음 중 도체의 저항과 관계없는 것은?

① 도체의 길이
② 도체의 도전율
③ 도체의 고유저항
④ 도체의 단면적 형태

**해설**

도체의 저항에 관계되는 것은 길이($l$), 고유저항(저항률 : $\rho$), 도전율($\mu$), 단면적($s$)에 의해 값이 결정된다.

## 18 송전선로의 선로정수에 포함되지 않는 것은?

① 저 항　② 리액턴스
③ 정전용량　④ 누설 컨덕턴스

**해설**

송전선로의 선로정수는 저항($R$), 인덕턴스($L$), 정전용량($C$), 누설 컨덕턴스($G$)가 균일하게 분포되어 있는 전기회로이다. 선로정수는 선로의 전압, 전류, 전압강하, 송수전단, 전력 등의 특성을 계산하는 요체이며, 전선의 종류, 굵기, 배치, 길이에 따라 결정되고 전압, 전류, 역률, 기온 등에는 영향을 받지 않는다.

## 19 신재생에너지의 설명 중 올바른 것은 무엇인가?

① 해양에너지는 조력, 수력, 해양온도차발전 등이 있다.
② 수력발전은 표층과 심층의 해수온도차를 이용한 것이다.
③ 수소에너지는 신에너지와 재생에너지 중 재생에너지에 속한다.
④ 폐기물에너지는 가연성 폐기물에서 발생되는 발열량을 이용한 것이다.

**해설**

- 해양에너지 : 해양의 조수·파도·해류·온도차 등을 변환시켜 전기 또는 열을 생산하는 기술로써 전기를 생산하는 방식은 조력·파력·조류·온도차 발전 등이 있다.
- 수력발전 : 물의 유동 및 위치에너지를 이용하여 발전한다.
- 수소에너지(신에너지) : 수소를 연소시켜 얻은 에너지로서 수소를 태우면 같은 무게의 가솔린보다 4배나 많은 에너지를 방출시킨다. 수소는 연소 시 산소와 결합하여 다시 물로 환원되기 때문에 배기가스로 인한 환경오염도가 전혀 없다. 수소는 가스나 액체로 수송할 수 있으며 액체수소, 고압가스, 금속수소화물 등 다양한 형태로 저장이 가능하다.



16 ④ 17 ④ 18 ② 19 ④ 정답

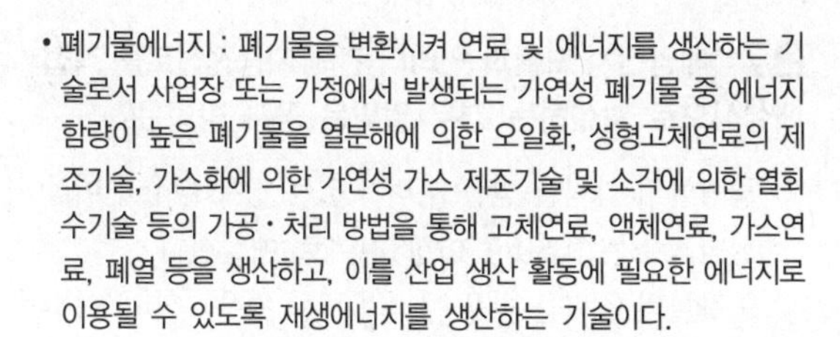

- 폐기물에너지 : 폐기물을 변환시켜 연료 및 에너지를 생산하는 기술로서 사업장 또는 가정에서 발생되는 가연성 폐기물 중 에너지 함량이 높은 폐기물을 열분해에 의한 오일화, 성형고체연료의 제조기술, 가스화에 의한 가연성 가스 제조기술 및 소각에 의한 열회수기술 등의 가공·처리 방법을 통해 고체연료, 액체연료, 가스연료, 폐열 등을 생산하고, 이를 산업 생산 활동에 필요한 에너지로 이용될 수 있도록 재생에너지를 생산하는 기술이다.

**20** 태양광발전설비에서 1스트링의 직렬 매수 산정식에 해당하는 것은?(단, 주변온도를 고려하지 않은 경우이다)

① $\frac{\text{인버터직류입력전압}}{\text{모듈최대출력 동작전압}}$

② $\frac{\text{인버터직류입력전류}}{\text{모듈최대출력 동작전압}}$

③ $\frac{\text{인버터직류입력전압}}{\text{모듈최대출력 동작전류}}$

④ $\frac{\text{인버터직류입력전류}}{\text{모듈최대출력 동작전류}}$

해설

1스트링의 직렬 매수 산정식 $= \frac{\text{인버터직류입력전압}}{\text{모듈최대출력 동작전압}}$[개]

## 제2과목 태양광발전시스템 시공

**21** 태양광발전시스템과 분산전원의 전력계통 연계 시 특징이 아닌 것은?

① 부하율이 향상된다.

② 공급 신뢰도가 향상된다.

③ 배전선로 이용률이 향상된다.

④ 고장 시의 단락용량이 줄어든다.

해설

분산전원을 전력계통에 연계하면 계통용량이 증가되는 장점이 있지만 고장 시의 단락용량도 늘어나므로 유의해야 한다.

**22** 공사업자가 감리원에게 제출하는 시공상세도에 포함되지 않는 것은?

① 실제시공 가능 여부

② 공사추진 실적현황

③ 현장의 시공기술자가 명확하게 이해할 수 있는지의 여부

④ 설계도면, 설계설명서 또는 관계 규정에 일치하는지 여부

해설

시공상세도 사전 검토·확인 내용(전력시설물 공사감리업무 수행지침 제31조)

- 설계도면, 설계설명서 또는 관계 규정에 일치하는지 여부
- 현장의 시공기술자가 명확하게 이해할 수 있는지 여부
- 실제시공 가능 여부
- 안정성의 확보 여부
- 계산의 정확성
- 제도의 품질 및 선명성, 도면작성 표준에 일치 여부
- 도면으로 표시 곤란한 내용은 시공 시 유의사항으로 작성되었는지 등의 검토

**23** 태양광발전시스템의 시공 시 태양전지 모듈의 설치를 위하여 운반하는 경우 주의사항으로 옳은 것은?

① 태양전지 모듈의 보호막을 벗겨서 운반한다.

② 태양전지 모듈을 인력으로 이동할 때에는 1인1조로 한다.

③ 태양전지 모듈의 파손방지를 위해 충격이 가해지지 않도록 한다.

④ 접속되어진 모듈의 리드선은 빗물 등 이물질이 유입되어도 된다.

해설

태양전지 모듈의 파손방지를 위해 충격이 가해지지 않도록 보호막을 입혀서 이물질이 유입되지 않도록 한다.

정답 20 ① 21 ④ 22 ② 23 ③

**24** 태양광발전시스템의 일반적인 시공절차에 대한 순서로 옳은 것은?

① 기초공사 → 자재주문 → 시스템 설계 → 모듈설치 → 간선공사 → 시운전 및 점검
② 시스템 설계 → 자재주문 → 간선공사 → 모듈설치 → 기초공사 → 시운전 및 점검
③ 자재주문 → 시스템 설계 → 기초공사 → 모듈설치 → 간선공사 → 시운전 및 점검
④ 시스템 설계 → 자재주문 → 기초공사 → 모듈설치 → 간선공사 → 시운전 및 점검

해설
태양광발전시스템의 시공절차
시스템 설계 → 자재주문 → 기초공사 → 모듈설치 → 간선공사 → 시운전 및 점검

**25** 태양광발전시스템 시공작업 중에 발생할 수 있는 감전사고로부터 보호하기 위한 방지대책으로 틀린 것은?

① 절연장갑을 낀다.
② 절연처리가 된 공구를 사용한다.
③ 태양전지 모듈의 표면에 차광시트를 붙여 태양광을 차단한다.
④ 강우 시에는 발전하지 않으니 미끄러짐을 주의하여 작업을 진행한다.

해설
우천 시에는 감전사고와 미끄러짐으로 인한 추락사고 우려가 있으므로 작업을 금지한다.

**26** 태양전지 어레이용 지지대에 영구적으로 작용하는 상정하중은?

① 고정하중 ② 풍압하중
③ 적설하중 ④ 지진하중

해설
태양전지 어레이용 지지대에 영구적으로 작용하는 상정하중은 고정하중이다.

**27** 태양전지 모듈과 인버터 간의 지중전선로를 직접 매설식으로 시설하는 경우 알맞은 공사 방법은?

① 중량물의 압력을 받을 우려가 있는 경우 1.0[m] 이상 일반장소는 0.5[m] 이상 깊이로 매설한다.
② 중량물의 압력을 받을 우려가 있는 경우 1.2[m] 이상 일반장소는 0.5[m] 이상 깊이로 매설한다.
③ 중량물의 압력을 받을 우려가 있는 경우 1.0[m] 이상 일반장소는 0.6[m] 이상 깊이로 매설한다.
④ 중량물의 압력을 받을 우려가 있는 경우 1.2[m] 이상 일반장소는 0.6[m] 이상 깊이로 매설한다.

해설
지중전선로의 시설(판단기준 제136조)
중량물의 압력을 받을 우려가 있는 경우 1.2[m] 이상, 일반장소는 0.6[m] 이상 깊이로 매설한다.

**28** 설계도서 적용 시 고려사항이다. 옳지 않은 것은?

① 숫자로 나타낸 치수는 도면상 축적으로 잰 치수보다 우선한다.
② 특별시방서는 당해공사에 한하여 일반시방서에 우선하여 적용한다.
③ 특별시방서 및 도면에 기재되지 않은 사항은 일반시방서에 의한다.
④ 공사계약서 상호 간에 차이와 문제가 있는 경우 발주자의 의견을 참조하여 감리원이 최종적으로 결정한다.

해설
기술검토 의견서(전력시설물 공사감리업무 수행지침 제36조)
감리원은 시공 중 발생하는 기술적 문제점, 설계변경사항, 공사계획 및 공법변경 문제, 설계도면과 설계설명서 상호 간의 차이, 모순 등의 문제점, 그 밖에 공사업자가 시공 중 당면하는 문제점 및 발주자가 해당 공사의 기술검토를 요청한 사항에 대하여 현지실정을 충분히 조사, 검토, 분석하여 공사업자가 공사를 원활히 수행할 수 있는 해결방안을 제시하여야 한다.

**29** 제3종 접지공사의 접지저항 규정의 최댓값은?

① 5[Ω] 이하 ② 10[Ω] 이하
③ 50[Ω] 이하 ④ 100[Ω] 이하



24 ④ 25 ④ 26 ① 27 ④ 28 ④ 29 ④ 정답

해설

접지공사의 종류(판단기준 제18조)
제3종 접지공사의 접지저항은 100[Ω] 이하이다.

## 30 계산값이 항상 1 이상인 것은?

① 부등률
② 수용률
③ 부하율
④ 전압 강하율

해설

부등률은 최대수요전력의 발생시각 또는 발생시기의 분산을 나타내는 정도를 나타내는 것으로서 항상 1보다 크다.

## 31 선로 구분 기능을 갖고 있는 개폐기에 수용가측의 사고 발생 시 사고전류를 감지하여 자동으로 접점을 분리시켜 사고구간을 분리하는 것은?

① 리클로져(R/C)
② 선로개폐기(LS)
③ 자동고장 구분 개폐기(ASS)
④ 자동부하 전환 개폐기(ALTS)

해설

수용가측의 사고 발생 시 사고전류를 감지하여 자동으로 접점을 분리시켜 사고구간을 분리하는 것은 자동고장 구분 개폐기(ASS ; Auto Section Switch)이다.

## 32 태양전지 어레이용 지지대의 재질로서 사용되지 않는 것은?

① 티타늄
② 알루미늄 합금
③ 스테인리스 스틸
④ 용융아연 도금된 형강

해설

지지대 제작 시 알루미늄 합금이나 아연도강관 등을 사용하고, 아연용융도금을 한 후 현장에서 조립한다. 지지대를 설치 시 옥상에 슬래브나 앙카작업을 시행하는 경우 기존의 방수층을 손상되지 않도록 하고, 부득이 방수층 침범 시에는 누수가 발생하지 않도록 유의한다.

## 33 태양광발전설비의 사용 전 검사에 필요한 서류가 아닌 것은?

① 시공계획서
② 감리원 배치확인서
③ 사용 전 검사신청서
④ 공사계획인가(신고)서

해설

사용 전 검사의 대상·기준 및 절차 등(전기사업법 시행규칙 제31조)
사용 전 검사를 받으려는 자는 사용 전 검사 신청서에 다음의 서류를 첨부하여 검사를 받으려는 날의 7일 전까지 한국전기안전공사(이하 "안전공사"라 한다)에 제출하여야 한다.

- 공사계획인가서 또는 신고수리서 사본(저압 자가용 전기설비의 경우는 제외한다)
- 설계도서 및 감리원 배치확인서(저압 자가용 전기설비의 설치공사인 경우만을 말하며, 저압 자가용 전기설비의 증설공사 및 변경공사의 경우는 제외한다)
- 자체감리를 확인할 수 있는 서류(전기안전관리자가 자체감리를 하는 경우만 해당한다)
- 전기안전관리자 선임신고증명서 사본

## 34 기성 검사 절차에서 계약자가 단위업무별 가중치와 월별 공정률을 표시하여 공사 착공 전에 발주처에 사전검토 및 확인을 받아야 하는 것은?

① 감리일지 ② 설계감리 확인서
③ 시공 예정공정표 ④ 투입인원 건강기록부

해설

계약자가 단위업무별 가중치와 월별 공정률을 표시하여 공사 착공 전에 발주처에 사전검토 및 확인을 받아야 하는 서류는 시공 예정공정표이다.

## 35 공사감리원 배치시기로 적절한 것은?

① 착공 7일 후
② 착공 10일 후
③ 공사 시작 전
④ 현장여건에 따른 적당한 시기

해설

감리원의 배치 등(전력기술관리법 제12조의2)
공사 시작 전에 공사감리원을 배치한다.

정답 30 ① 31 ③ 32 ① 33 ① 34 ③ 35 ③

**36** 태양광발전설비의 접지공사 시 접지선의 색은?

① 청 색 ② 녹 색
③ 백 색 ④ 노란색

해설
일반적으로 태양광 발전설비의 접지공사 시 접지선의 색은 녹색으로 정한다.

**37** 방화구획 관통부의 방화벽 또는 방화바닥 설치 시 시공방법으로 틀린 것은?

① 일반 실리콘 폼을 양쪽 불연 내화판넬 사이에 빈틈이 없이 충전한다.
② 관통벽에 미리 시설해 놓은 틀에 불연성 내화판넬을 앵커볼트로 고정시킨다.
③ 불연성 내화판넬과 케이블 트레이, 케이블 사이에 빈큼과 주위를 밀폐재로 봉한다.
④ 방화판을 관통구의 크기에 맞도록 케이블트레이의 중심 양쪽으로 2장을 만든다.

해설
방재시설 방법
- 케이블 처리실(옥내 덕트 포함) : 케이블 전구간 난연처리
- 전력구(공동구)
  - 수평 길이 20[m]마다 3[m] 난연처리
  - 케이블 수직부(45° 이상) 전량 난연처리
  - 접속부위 난연처리
- 관통부분 : 벽 관통부를 밀폐시키고 케이블 양측 3씩 난연재 적용
- 맨홀 : 접속개소의 접속재를 포함 1.5[m] 난연처리
- 기타 : 화재 취약지역은 전량 난연처리

**38** 태양광발전시스템의 시공절차에 포함되지 않는 것은?

① 접지공사
② 어레이 기초공사
③ 인버터 설치공사
④ 태양광 어레이의 발전량 산출

해설
태양광 어레이의 발전량 산출은 태양광발전시스템의 운영에 속한다.

**39** 태양전지 모듈 및 어레이 설치 후 확인사항이 아닌 것은?

① 극 성 ② 전 압
③ 단락전류 ④ 개방전류

해설
태양광 어레이 검사 내용은 전압, 극성확인, 단락전류 측정 및 비접지 확인이다.

**40** 사업용 태양광발전설비 정기검사 항목이 아닌 것은?

① 변압기 검사
② 접속함 검사
③ 태양전지 검사
④ 전력변환장치 검사

해설
사업용 태양광발전설비 정기검사 항목 및 세부검사내용
- 태양광전지 검사
- 전력변환장치 검사
- 변압기 검사
- 차단기 검사
- 전선로(모선)검사
- 접지설비검사
- 종합연동시험
- 부하운전시험

## 제3과목 태양광발전시스템 운영

**41** 태양광발전시스템의 유지보수 관점에서 말하는 점검의 종류로 틀린 것은?

① 일상점검 ② 정기점검
③ 임시점검 ④ 준공 시 점검

해설
준공 시 점검은 태양광발전시스템의 시공 완료 후 확인하는 점검이다.



정답 36 ② 37 ① 38 ④ 39 ④ 40 ② 41 ④

## 42 태양광발전시스템 유지보수 계획 시 고려사항으로 틀린 것은?

① 환경조건 ② 설비의 단가
③ 설비의 중요도 ④ 설비의 사용기간

**해설**

설비의 단가는 태양광발전시스템 시공 전 사업계획서에서 고려해야 할 사항이다.

## 43 중대형 태양광발전용 인버터의 정상 특성시험 항목 중 독립형인 경우에는 해당되지 않는 시험 항목은?

① 효율 시험
② 누설 전류 시험
③ 온도 상승 시험
④ 자동 기동・정지 시험

**해설**

인버터의 정상 특성시험 항목 중 독립형인 경우에는 자동 기동・정지 시험이 해당되지 않는다.

## 44 모니터링 프로그램의 기능 중 틀린 것은?

① 데이터 수집기능 ② 데이터 저장기능
③ 데이터 통제기능 ④ 데이터 계산기능

**해설**

모니터링 프로그램 기능
- 데이터 수집기능
- 데이터 저장기능
- 데이터 분석기능
- 데이터 통계기능

## 45 태양광발전시스템이 작동되지 않는 경우 응급조치순서로 옳은 것은?

① 접속함 내부차단기 OFF → 인버터 OFF 후 점검 → 점검 후 인버터 ON → 접속함 내부차단기 ON
② 인버터 OFF → 접속함 내부차단기 OFF 후 점검 → 점검 후 인버터 ON → 접속함 내부차단기 ON
③ 접속함 내부차단기 OFF → 인버터 OFF 후 점검 → 점검 후 접속함 내부차단기 ON → 인버터 ON
④ 인버터 OFF → 접속함 내부차단기 OFF 후 점검 → 점검 후 접속함 내부차단기 ON → 인버터 ON

**해설**

태양광발전시스템 응급조치순서
접속함 내부차단기 OFF → 인버터 OFF 후 점검 → 점검 후 인버터 ON→ 접속함 내부차단기 ON

## 46 태양광발전시스템의 유지관리를 위한 일상점검 및 정기점검에 관한 내용으로 틀린 것은?

① 일상점검은 점검담당자가 육안에 의해 실시하는 것으로, 일상점검의 점검주기는 매월 1회 정도이다.
② 출력 3[kW] 미만의 소형 태양광발전시스템의 경우에 대해서는 정기점검을 하지 않아도 무방하다.
③ 축전지에 대한 일상점검은 부하를 차단한 상태에서 변색, 부풀음, 온도상승, 냄새 등의 점검을 실시해야 한다.
④ 정기점검은 지상에서 실시해야 함을 원칙으로 하지만, 필요에 따라 지붕이나 옥상 위에서 점검을 실시할 수도 있다.

**해설**

변색, 부풀음, 온도상승, 냄새 등의 점검은 전력용 콘덴서의 해당 사항이다.

## 47 승압용 변압기를 설치한 태양광 발전소이다. 태양광 발전모듈에서 인버터 입력단 간 및 인버터 출력단과 계통연계점 간의 전압강하는 최대 몇 [%] 이하인가?(단, 전선길이가 200[m] 이하이다)

① 3 ② 5
③ 6 ④ 7

**해설**

모듈에서 인버터 입력단 간 및 인버터의 출력단과 계통연계 간의 전압강하는 최대 6[%] 이하이다.

정답 42 ② 43 ④ 44 ③, ④ 45 ① 46 ③ 47 ③

**48** 태양전지 어레이의 동작 불량 스트링이나 태양전지 모듈의 검출 및 직렬 접속선의 결선누락 사고, 잘못 연결된 극성 등을 검출하기 위해 측정하는 것은?

① 발전량 ② 절연저항
③ 접지저항 ④ 개방전압

**해설**
개방전압 측정을 통하여 어레이의 동작 불량 스트링, 결선누락사고, 오결선된 극성을 확인 가능하다.

**49** 모듈외관, 태양전지 등에 크랙, 구부러짐, 갈라짐 등을 확인하기 위한 외관검사 시 최소 몇 [lx] 이상의 광 조사상태에서 진행하여야 하는가?

① 200 ② 500
③ 800 ④ 1,000

**해설**
태양광발전시스템의 외관검사 시 최소 1,000[lx] 이상의 광 조사상태에서 진행한다.

**50** 태양광발전 모듈의 고장원인으로 제조공정상 불량이 아닌 것은?

① 핫 스팟 ② 백화현상
③ 적화현상 ④ 프레임 변형

**해설**
프레임 변형은 태양광발전 모듈의 시공 시 나타나는 불량이다.

**51** 태양광발전용 축전지의 측정 항목으로 틀린 것은?

① 일사량 ② 단자전압
③ 충전전류 ④ 방전전류

**해설**
일사량은 태양광발전용 어레이에 해당하는 내용이다.

**52** 운전개시나 정기점검의 경우는 물론 사고 시에도 불량개소를 판정하고자 하는 경우에 실시하는 측정은?

① 개방전압 ② 절연저항
③ 단락전류 ④ 발전전력

**해설**
운전 시나 정기점검 시 불량개소를 판정하고자 하는 경우에 절연저항을 측정한다.

**53** 태양광발전시스템의 접속함 정기점검 시 육안점검 항목으로 틀린 것은?

① 접지선의 손상
② 전해액면 저하
③ 외부배선의 손상
④ 외함의 부식 및 파손

**해설**
전해액면 저하는 육안점검 항목이 아니다.

**54** 태양광발전시스템 고장으로 문제점이 발견된 경우 판단 및 조치사항에 대한 설명으로 틀린 것은?

① 태양전지 셀 및 바이패스 다이오드가 손상된 경우, 태양전지 모듈을 교체한다.
② 태양전지 모듈에서 음영이 들지 않았음에도 불구하고 단락전류 값이 갑자기 작아지면 즉시 모듈을 교체하여야 한다.
③ 파워컨디셔너가 고장인 경우에는 유지보수 담당자가 직접 수리보수 하지 않도록 하고, 제조업체에 AS를 의뢰하여 보수해야 한다.
④ 불량 모듈을 교체할 때에는 동일 규격제품으로 교체하고, 그렇지 못한 경우에는 더 작은 단락전류값을 가진 모듈로 교체해야 안전하다.

**해설**
불량 모듈을 교체 시 동일한 단락전류값을 가진 규격제품으로 교체하고 그렇지 못한 경우에는 더 큰 단락전류값을 가진 모듈로 교체한다.



정답: 48 ④ 49 ④ 50 ④ 51 ① 52 ② 53 ② 54 ④

## 55 주로 정지상태에서 행하는 점검으로 제어운전 장치의 기계점검, 절연저항의 측정 등을 실시할 때 하는 점검은?

① 일상점검 ② 정기점검
③ 임시점검 ④ 완공 시 점검

해설

주로 정지상태에서 제어운전 장치의 기계점검, 절연저항의 측정 등은 정기점검때 실시한다.

## 56 정전 작업 전 조치사항에 대한 설명 중 틀린 것은?

① 단락접지기구의 철거
② 검전기로 개로된 전로의 충전 여부 확인
③ 전력케이블, 전력콘덴서 등의 잔류전하 방전
④ 전로의 개로된 개폐기에 시건장치 및 통전금지 표지판 설치

해설

국제사회안전협의(ISSA)의 정전작업 5대 안전수칙 준수
- 작업 전 전원차단
- 전원투입의 방지
- 작업장소의 무전압 여부 확인
- 단락접지
- 작업장소 보호

## 57 인버터 출력회로 절연저항 측정방법 중 틀린 것은?

① 태양전지 회로를 접속함에서 분리한다.
② 절연변압기가 별도로 설치된 경우에는 이를 분리하여 측정한다.
③ 직류 측의 전체 입력단자 및 교류 측의 전체 출력단자를 각각 단락한다.
④ 인버터의 입·출력단자를 단락하여 출력단자와 대지간의 절연저항을 측정한다.

해설

절연변압기가 있는 곳에 절연저항 측정 시 분리하지 않아도 된다.

## 58 태양광발전시스템 성능평가를 위한 신뢰성 평가·분석항목 중 트러블에 관한 연결이 틀린 것은?

① 계측 트러블 - ELB트립
② 시스템 트러블 - 계통지락
③ 시스템 트러블 - 인버터 정지
④ 계측 트러블 - 컴퓨터 전원의 차단

해설

신뢰성 평가·분석항목
- 트러블
  - 시스템 트러블 : 인버터 정지, 직류지락, 계통지락, RCD트립, 원인불명 등에 의한 시스템 운전정지 등
  - 계측 트러블 : 컴퓨터 전원의 차단, 컴퓨터의 조작 오류, 기타 원인불명
- 운전 데이터의 결측 상황
- 계획정지 : 정전 등(정기점검-개수 정전, 계통 정전)

## 59 사업계획서 작성 시 사업계획의 개요에 포함되어야 될 사항으로 틀린 것은?

① 소요부지면적 ② 전기설비의 명칭
③ 사업개시 예정일 ④ 전기설비의 작업자 수

해설

사업계획서 작성방법(전기사업법 시행규칙 별표 1)
- 사업계획에 포함되어야 할 사항
  - 사업 구분
  - 사업계획 개요(사업자명, 전기설비의 명칭 및 위치, 발전형식 및 연료, 설비용량, 소요부지면적, 준비기간, 사업개시 예정일 및 운영기간을 포함한다)
  - 전기설비 개요
  - 전기설비 건설 계획(구체적인 주요공정 추진 일정 및 건설인력 관련 계획을 포함한다)
  - 전기설비 운영 계획(기술인력의 확보 계획을 포함한다)
  - 부지의 확보 및 배치 계획(석탄을 이용한 화력발전의 경우 회(灰)처리장에 관한 사항을 포함한다)
  - 전력계통의 연계 계획(발전사업 및 구역전기사업의 경우만 해당한다)
  - 연료 및 용수 확보 계획(발전사업 및 구역전기사업의 경우만 해당한다)
  - 온실가스 감축계획(화력발전의 경우만 해당한다)
  - 소요금액 및 재원조달계획(전기사업회계규칙의 계정과목 분류에 따른 공사비 개괄 계산서를 포함한다)
  - 사업개시 예정일부터 5년간 연도별·용도별 공급계획(전기판매사업 및 구역전기사업의 경우에만 해당한다)

정답 55 ② 56 ① 57 ② 58 ① 59 ④

### 60 성능평가를 위한 측정요소 중 설치코스트 평가방법에 해당하지 않는 것은?

① 기초공사 단가 ② 유지 · 보수 단가
③ 계측표시장치 단가 ④ 태양전지 설치 단가

**해설**

설치가격 평가방법
- 시스템 설치 단가
- 태양전지 설치 단가
- 파워컨디셔너 설치 단가
- 어레이 가대 설치 단가
- 계측표시장치 단가
- 기초공사 단가
- 부착시공 단가

## 제4과목 신재생에너지관련법규

### 61 에너지 · 자원의 투입과 온실가스 및 오염물질의 발생을 최소화하는 제품은?

① 녹색제품 ② 온실가스 제품
③ 에너지자원 제품 ④ 오염물질의 제품

**해설**

용어의 정의(저탄소 녹색성장 기본법 제2조)
- "녹색제품"이란 에너지 · 자원의 투입과 온실가스 및 오염물질의 발생을 최소화하는 제품을 말한다.
- "온실가스"란 이산화탄소($CO_2$), 메탄($CH_4$), 아산화질소($N_2O$), 수소불화탄소(HFCs), 과불화탄소(PFCs), 육불화황($SF_6$) 및 그 밖에 대통령령으로 정하는 것으로 적외선 복사열을 흡수하거나 재방출하여 온실효과를 유발하는 대기 중의 가스 상태의 물질을 말한다.

### 62 신재생에너지 공급인증서의 유효기간은 발급받은 날부터 몇 년으로 하는가?

① 1 ② 3
③ 5 ④ 10

**해설**

신재생에너지 공급인증서 등(신에너지 및 재생에너지 개발 · 이용 · 보급 촉진법 제12조의 7)
공급인증서의 유효기간은 발급받은 날부터 3년으로 하되, 공급의무자가 구매하여 의무공급량에 충당하거나 발급받아 산업통상자원부장관에게 제출한 공급인증서는 그 효력을 상실한다. 이 경우 유효기간이 지나거나 효력을 상실한 해당 공급인증서는 폐기하여야 한다.

### 63 신에너지 및 재생에너지 개발 · 이용 · 보급 촉진법의 제정 목적으로 틀린 것은?

① 에너지원의 단일화
② 온실가스 배출의 감소
③ 에너지의 안정적인 공급
④ 에너지 구조의 환경친화적 전환

**해설**

목적(신에너지 및 재생에너지 개발 · 이용 · 보급 촉진법 제1조)
이 법은 신에너지 및 재생에너지의 기술개발 및 이용 · 보급 촉진과 신에너지 및 재생에너지 산업의 활성화를 통하여 에너지원을 다양화하고, 에너지의 안정적인 공급, 에너지 구조의 환경친화적 전환 및 온실가스 배출의 감소를 추진함으로써 환경의 보전, 국가경제의 건전하고 지속적인 발전 및 국민복지의 증진에 이바지함을 목적으로 한다.

### 64 신재생에너지법에 거짓이나 부정한 방법으로 공급인증서를 발급받은 자와 그 사실을 알면서 공급인증서를 발급한 자는 몇 년 이하의 징역 또는 얼마 이하의 벌금에 처하는가?

① 2년 이하의 징역 또는 3천만원 이하의 벌금
② 2년 이하의 징역 또는 5천만원 이하의 벌금
③ 3년 이하의 징역 또는 3천만원 이하의 벌금
④ 3년 이하의 징역 또는 5천만원 이하의 벌금

**해설**

벌칙(신에너지 및 재생에너지 개발 · 이용 · 보급 촉진법 제34조)
거짓이나 부정한 방법으로 공급인증서를 발급받은 자와 그 사실을 알면서 공급인증서를 발급한 자는 3년 이하의 징역 또는 3천만원 이하의 벌금에 처한다.

### 65 전기설비기술기준에서 전압을 구분하는 경우 고압에서 직류의 범위로 옳은 것은?

① 600[V] 이상 7,000[V] 이하
② 600[V] 초과 7,000[V] 이하
③ 750[V] 초과 7,000[V] 이하
④ 750[V] 이상 7,000[V] 이하

**해설**

정의(기술기준 제3조)
"고압"이란 직류에서는 750[V]를 초과하고 7,000[V] 이하인 전압을 말하고, 교류에서는 600[V]를 초과하고 7,000[V] 이하인 전압을 말한다.



60 ② 61 ① 62 ② 63 ① 64 ③ 65 ③ 정답

**66** 온실가스에 해당되지 않는 것은?

① 메탄($CH_4$)
② 일산화탄소(CO)
③ 아산화질소($N_2O$)
④ 수소불화탄소(HFCs)

해설

61번 해설 참고

**67** 신재생에너지 연료 혼합의무 불이행에 대한 과징금의 통지를 받은 자는 통지를 받은 날부터 며칠 이내에 과징금을 산업통상자원부장관이 정하는 수납기간에 내야 하는가?

① 30　② 60
③ 90　④ 120

해설

신재생에너지 연료 혼합의무 불이행에 대한 과징금의 부과 및 납부(신에너지 및 재생에너지 개발 · 이용 · 보급 촉진법 시행령 제26조의5)

(1) 산업통상자원부장관은 과징금을 부과하기 위하여 과징금 부과 통지를 할 때에는 혼합의무 불이행분과 과징금의 금액을 분명하게 적은 문서로 하여야 한다.
(2) (1)에 따라 통지를 받은 자는 통지를 받은 날부터 30일 이내에 과징금을 산업통상자원부장관이 정하는 수납기관에 내야 한다. 다만, 천재지변이나 그 밖의 부득이한 사유로 그 기간에 과징금을 낼 수 없을 때에는 그 사유가 해소된 날부터 7일 이내에 내야 한다.
(3) (2)에 따라 과징금을 받은 수납기관은 과징금을 낸 자에게 영수증을 내주어야 한다.
(4) 과징금의 수납기관은 (2)에 따라 과징금을 받았을 때에는 지체 없이 그 사실을 산업통상자원부장관에게 통보하여야 한다.
(5) 과징금은 분할하여 낼 수 없다.

**68** 햇빛 · 물 · 지열(地熱) · 강수(降水) · 생물유기체 등을 포함하는 재생 가능한 에너지를 변환시켜 이용하는 에너지에 해당하지 않는 것은?

① 해양에너지
② 지열에너지
③ 수소에너지
④ 태양에너지

해설

용어의 정의(신에너지 및 재생에너지 개발 · 이용 · 보급 촉진법 법 제2조)

"재생에너지"란 햇빛 · 물 · 지열 · 강수 · 생물유기체 등을 포함하는 재생 가능한 에너지를 변환시켜 이용하는 에너지로서 다음의 하나에 해당하는 것을 말한다.

- 태양에너지
- 풍 력
- 수 력
- 해양에너지
- 지열에너지
- 생물자원을 변환시켜 이용하는 바이오에너지로서 대통령령으로 정하는 기준 및 범위에 해당하는 에너지
- 폐기물에너지(비재생폐기물로부터 생산된 것은 제외한다)로서 대통령령으로 정하는 기준 및 범위에 해당하는 에너지
- 그 밖에 석유 · 석탄 · 원자력 또는 천연가스가 아닌 에너지로서 대통령령으로 정하는 에너지

**69** 전기설비기술기준의 판단기준에서 발전기, 전동기 등 회전기의 절연내력은 규정된 시험전압을 권선과 대지 사이에 연속하여 몇 분간 가하여 견디어야 하는가?

① 5분　② 10분
③ 15분　④ 20분

해설

회전기 및 정류기의 절연내력(판단기준 제14조)

회전기 및 정류기는 다음 표에서 정한 시험방법으로 절연내력을 시험하였을 때에 이에 견디어야 한다. 다만, 회전변류기 이외의 교류의 회전기로 다음 표에서 정한 시험전압의 1.6배의 직류전압으로 절연내력을 시험하였을 때 이에 견디는 것을 시설하는 경우에는 그러하지 아니하다.

<table>
<tr><th colspan="3">종 류</th><th>시험전압</th><th>시험방법</th></tr>
<tr><td rowspan="3">회전기</td><td rowspan="2">발전기, 전동기, 조상기, 기타 회전기</td><td>최대사용전압 7[kV] 이하</td><td>최대사용전압의 1.5배의 전압(500[V] 미만으로 되는 경우에는 500[V])</td><td rowspan="3">권선과 대지 사이에 연속하여 10분간 가한다.</td></tr>
<tr><td>최대사용전압 7[kV] 초과</td><td>최대사용전압의 1.25배의 전압(10,500[V] 미만으로 되는 경우에는 10,500[V])</td></tr>
<tr><td colspan="2">회전변류기</td><td>직류 측의 최대사용전압의 1배의 교류전압(500[V] 미만으로 되는 경우에는 500[V])</td></tr>
</table>

정답 66 ② 67 ① 68 ③ 69 ②

| 종 류 | | 시험전압 | 시험방법 |
|---|---|---|---|
| 정류기 | 최대사용전압이 60[kV] 이하 | 직류 측의 최대사용전압의 1배의 교류전압(500[V] 미만으로 되는 경우에는 500[V]) | 충전부분과 외함 간에 연속하여 10분간 가한다. |
| | 최대사용전압이 60[kV] 초과 | 교류 측의 최대사용전압의 1.1배의 교류전압 또는 직류 측의 최대사용전압의 1.1배의 직류전압 | 교류 측 및 직류 고전압 측 단자와 대지 사이에 연속하여 10분간 가한다. |

### 70 전기공사기술자로 인정을 받으려는 사람은 누구에게 신청하여야 하는가?

① 고용노동부장관
② 기획재정부장관
③ 국토교통부장관
④ 산업통상자원부장관

**해설**

용어의 정의(전기공사업법 제2조)
"전기공사기술자"란 다음의 하나에 해당하는 사람으로서 산업통상자원부장관의 인정을 받은 사람을 말한다.
- 국가기술자격법에 따른 전기 분야의 기술자격을 취득한 사람
- 일정한 학력과 전기 분야에 관한 경력을 가진 사람

### 71 전기설비기술기준의 판단기준에서 특고압 가공전선로의 지지물로 사용하는 철탑의 종류별 시공방법이 틀린 것은?

① 인류형을 전가섭선을 인류하는 곳에 설치
② 보강형을 전선로의 직선부분에 그 보강을 위하여 설치
③ 내장형을 전선로의 지지물 양쪽의 경간의 차가 큰 곳에 설치
④ 직선형을 전선로의 5° 이하인 수평각도를 이루는 곳에 설치

**해설**

특고압 가공전선로의 철주·철근 콘크리트주 또는 철탑의 종류(판단기준 제114조)
특고압 가공전선로의 지지물로 사용하는 B종 철근·B종 콘크리트주 또는 철탑의 종류는 다음과 같다.
- 직선형 : 전선로의 직선부분(3° 이하인 수평 각도를 이루는 곳을 포함한다. 이하 이 조에서 같다)에 사용하는 것(다만, 내장형 및 보강형에 속하는 것을 제외한다)
- 각도형 : 전선로 중 3°를 초과하는 수평 각도를 이루는 곳에 사용하는 것
- 인류형 : 전가섭선을 인류하는 곳에 사용하는 것
- 내장형 : 전선로의 지지물 양쪽의 경간의 차가 큰 곳에 사용하는 것
- 보강형 : 전선로의 직선부분에 그 보강을 위하여 사용하는 것

### 72 대통령령으로 정하는 규모 이하의 발전설비를 갖추고 특정한 공급구역의 수요에 맞추어 전기를 생산하여 전력시장을 통하지 아니하고 그 공급구역의 전기사용자에게 공급하는 것을 주된 목적으로 하는 사업은?

① 발전사업　② 송전사업
③ 배전사업　④ 구역전기사업

**해설**

용어의 정의(전기사업법 제2조)
- "발전사업"이란 전기를 생산하여 이를 전력시장을 통하여 전기판매사업자에게 공급하는 것을 주된 목적으로 하는 사업을 말한다.
- "송전사업"이란 발전소에서 생산된 전기를 배전사업자에게 송전하는 데 필요한 전기설비를 설치·관리하는 것을 주된 목적으로 하는 사업을 말한다.
- "배전사업"이란 발전소로부터 송전된 전기를 전기사용자에게 배전하는 데 필요한 전기설비를 설치·운용하는 것을 주된 목적으로 하는 사업을 말한다.
- "구역전기사업"이란 대통령령으로 정하는 규모 이하의 발전설비를 갖추고 특정한 공급구역의 수요에 맞추어 전기를 생산하여 전력시장을 통하지 아니하고 그 공급구역의 전기사용자에게 공급하는 것을 주된 목적으로 하는 사업을 말한다.

### 73 전기설비기술기준의 판단기준에서 저압 옥내배선을 금속관공사로 시공할 때 그 방법이 틀린 것은?

① 금속관 내에서 전선은 접속점을 만들어서는 안 된다.
② 금속관 배선은 절연전선(옥외용 비닐절연전선을 제외)을 사용해야 한다.
③ 교류회로는 1회로의 전선 전부를 동일 관내에 넣는 것을 원칙으로 한다.
④ 금속관을 콘크리트에 매설하는 경우 관의 두께는 1.0[mm] 이상을 사용해야 한다.



70 ④ 71 ④ 72 ④ 73 ④ 정답

해설

금속관공사(판단기준 제184조)

(1) 금속관공사에 의한 저압 옥내배선은 다음 각 호에 따라 시설하여야 한다.
   ① 전선은 절연전선(옥외용 비닐절연전선을 제외한다)일 것
   ② 전선은 연선일 것. 다만, 다음의 것은 적용하지 않는다.
      ㉠ 짧고 가는 금속관에 넣은 것
      ㉡ 단면적 10[$mm^2$](알루미늄선은 단면적 16[$mm^2$]) 이하의 것
   ③ 전선은 금속관 안에서 접속점이 없도록 할 것
(2) 관의 두께는 다음에 의할 것
   ① 콘크리트에 매설하는 것은 1.2[mm] 이상
   ② "①" 이외의 것은 1[mm] 이상. 다만, 이음매가 없는 길이 4[m] 이하인 것을 건조하고 전개된 곳에 시설하는 경우에는 0.5[mm]까지로 감할 수 있다.
(3) 관의 끝부분 및 안쪽 면은 전선의 피복을 손상하지 아니하도록 매끈한 것일 것

## 74 전기설비기술기준의 판단기준에서 400[V] 이상의 저압전로에 시설하는 기계기구의 철대 및 금속제 외함(외함이 없는 변압기 또는 계기용 변성기는 철심)의 접지공사는 몇 종 접지공사를 하여야 하는가?

① 제1종 접지공사
② 제2종 접지공사
③ 제3종 접지공사
④ 특별 제3종 접지공사

해설

기계기구의 철대 및 외함의 접지(판단기준 제33조)

전로에 시설하는 기계기구의 철대 및 금속제 외함(외함이 없는 변압기 또는 계기용 변성기는 철심)에는 다음의 어느 하나에 따라 접지공사를 하여야 한다.

| 기계기구의 구분 | 접지공사의 종류 |
|---|---|
| 400[V] 미만인 저압용의 것 | 제3종 접지공사 |
| 400[V] 이상의 저압용의 것 | 특별 제3종 접지공사 |
| 고압용 또는 특고압용의 것 | 제1종 접지공사 |

## 75 태양의 빛에너지를 변환시켜 전기를 생산하거나 채광(採光)에 이용하는 설비는?

① 풍력 설비
② 지열 설비
③ 태양열 설비
④ 태양광 설비

해설

신재생에너지 설비(신에너지 및 재생에너지 개발·이용·보급 촉진법 시행규칙 제2조)

- 풍력 설비 : 바람의 에너지를 변환시켜 전기를 생산하는 설비
- 지열에너지 설비 : 물, 지하수 및 지하의 열 등의 온도차를 변환시켜 에너지를 생산하는 설비
- 태양열 설비 : 태양의 열에너지를 변환시켜 전기를 생산하거나 에너지원으로 이용하는 설비
- 태양광 설비 : 태양의 빛에너지를 변환시켜 전기를 생산하거나 채광에 이용하는 설비

## 76 전기사업법에서 산업통상자원부장관은 대통령령으로 정하는 바에 따라 매년 몇 회 이상 전기안전관리업무에 대한 실태조사를 설치하여야 하는가?

① 1　　② 2
③ 3　　④ 4

해설

전기안전관리업무에 대한 실태조사 등(전기사업법 제73조의8)

(1) 산업통상자원부장관은 대통령령으로 정하는 바에 따라 매년 1회 이상 전기안전관리업무에 대한 실태조사를 실시하여야 한다.
(2) 산업통상자원부장관은 (1)에 따른 실태조사 결과 전기설비의 안전관리에 필요하다고 인정될 때에는 전기설비의 소유자 또는 점유자에게 전기설비의 안전관리에 관하여 개선을 권고하거나 시정을 명할 수 있다.
(3) 시·도지사는 안전관리업무 수행에 관한 사항을 점검하기 위하여 필요하다고 인정하면 전기안전관리업무를 위탁받아 수행하거나 대행하는 자(이하 이 조에서 "대행자 등"이라 한다)에 대하여 필요한 자료의 제출을 명하거나, 소속 공무원으로 하여금 대행자 등의 사업장 또는 대행자 등이 전기안전관리업무를 수행하는 전기설비의 설치장소에 출입하여 장부·서류나 그 밖의 자료 또는 물건을 조사하게 할 수 있다.

정답 74 ④ 75 ④ 76 ①

**77** 전기설비기술기준의 판단기준에서 제3종 접지공사 및 특별 제3종 접지공사 접지선의 굵기는 공칭단면적 몇 [$mm^2$] 이상의 연동선을 사용하여야 하는가?

① 0.75 ② 2.5
③ 6 ④ 16

**해설**

각종 접지공사의 세목(판단기준 제19조)
접지공사의 접지선은 다음 표에서 정한 굵기의 연동선 또는 이와 동등 이상의 세기 및 굵기의 쉽게 부식하지 않는 금속선으로서 고장 시 흐르는 전류를 안전하게 통할 수 있는 것을 사용하여야 한다.

| 접지공사의 종류 | 접지선의 굵기 |
|---|---|
| 제1종 접지공사 | 공칭단면적 6[$mm^2$] 이상의 연동선 |
| 제2종 접지공사 | 공칭단면적 16[$mm^2$] 이상의 연동선(고압 전로 또는 특고압 가공전선로의 전로와 저압 전로를 변압기에 의하여 결합하는 경우에는 공칭단면적 6[$mm^2$] 이상의 연동선) |
| 제3종 접지공사 및 특별 제3종 접지공사 | 공칭단면적 2.5[$mm^2$] 이상의 연동선 |

**78** 전기설비기술기준의 판단기준에서 제1종 접지공사의 접지저항값은 몇 [Ω] 이하인가?

① 1 ② 5
③ 10 ④ 100

**해설**

접지공사의 종류와 접지저항값(판단기준 제18조)

| 접지공사의 종류 | 접지선의 굵기 |
|---|---|
| 제1종 접지공사 | 10[Ω] |
| 제2종 접지공사 | 변압기의 고압 측 또는 특고압 측의 전로의 1선 지락전류의 암페어 수로 150을 나눈 값과 같은 [Ω]수 |
| 제3종 접지공사 | 100[Ω] |
| 특별 제3종 접지공사 | 10[Ω] |

**79** 전기사업자 및 한국전력거래소가 측정기준·측정방법 및 보존방법 등을 정하여 산업통상부자원부장관에게 제출하여야 하는 대상은?

① 전류 및 전압
② 전력 및 역률
③ 역률 및 주파수
④ 전압 및 주파수

**해설**

전압 및 주파수의 측정(전기사업법 시행규칙 제19조)

(1) 전기사업자 및 한국전력거래소는 산업통상자원부령으로 정하는 바에 따라 전기품질을 측정하고 그 결과를 기록·보존하여야 한다는 규정에 따라 전기사업자 및 한국전력거래소는 다음의 사항을 매년 1회 이상 측정하여야 하며 측정 결과를 3년간 보존하여야 한다.
   ① 발전사업자 및 송전사업자의 경우에는 전압 및 주파수
   ② 배전사업자 및 전기판매사업자의 경우에는 전압
   ③ 한국전력거래소의 경우에는 주파수
(2) 전기사업자 및 한국전력거래소는 (1)에 따른 전압 및 주파수의 측정기준·측정방법 및 보존방법 등을 정하여 산업통상자원부장관에게 제출하여야 한다.

**80** 전기설비기술기준의 판단기준에서 사용전압이 저압인 전로에서 정전이 어려운 경우 등 절연저항 측정이 곤란한 경우에는 누설전류를 몇 [mA] 이하로 유지해야 하는가?

① 1 ② 2
③ 5 ④ 10

**해설**

전로의 절연저항 및 절연내력(판단기준 제13조)
사용전압이 저압인 전로에서 정전이 어려운 경우 등 절연저항 측정이 곤란한 경우에는 누설전류를 1[mA] 이하로 유지하여야 한다.



77 ② 78 ③ 79 ④ 80 ① 정답

# 과년도 기출문제

## 제1과목 태양광발전시스템 이론

### 01 공칭 태양전지 동작온도(NOTC)의 영향요소가 아닌 것은?

① 풍 속 ② 주위온도
③ 주변습도 ④ 전지표면의 방사조도

**해설**

공칭 태양전지 동작온도의 영향 요소
- 온 도
- 풍 속
- 전지표면의 방사조도
- 일사량

### 02 바이패스 다이오드에 대한 설명 중 틀린 것은?

① 차광된 태양전지에서 발생할 수 있는 열점을 방지
② 태양전지에 음영이 있을 때 발전하지 않는 태양전지로 전류가 흐르는 것을 방지
③ 배터리로부터 태양광 어레이로 전류가 흐르는 것을 방지
④ 모듈 접속함에 부착되며, 실리콘으로 밀폐되기도 함

**해설**

바이패스 다이오드의 특징
- 태양전지에 음영이 있을 때 발전하지 않는 태양전지로 전류가 흐르는 것을 방지한다.
- 모듈 접속함에 부착되며 실리콘으로 밀폐되어 있다.
- 차광된 태양전지에서 발생할 수 있는 열점을 방지한다.
- 직류 측 보호 장치로 사용한다.

### 03 인버터의 내부에 내장되어 있는 계통연계 보호 장치에 해당되지 않는 것은?

① OVR ② UVR
③ IGBT ④ OCGR

**해설**

인버터 내부 계통 연계 보호장치
- 과전류 지락계전기(OCGR ; Over Current Ground Relay)
  - 중성점 접지방식의 전로에 CT 3개를 Y결선한 잔류회로를 이용하여 지락전류를 검출하는 방식이다.
- 과전압계전기(OVR ; Over Voltage Relay)
- 부족전압계전기(UVR ; Under Voltage Relay)

### 04 다음 그림의 태양광발전시스템에서 A의 명칭은?

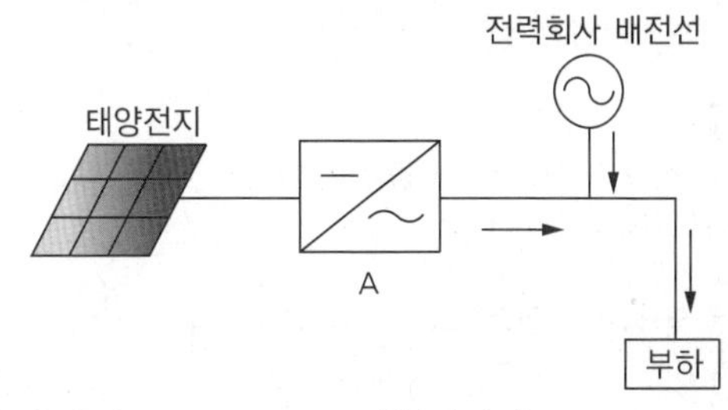


① 축전지 ② 어레이
③ 컨버터 ④ 인버터

**해설**

태양광발전시스템의 구조

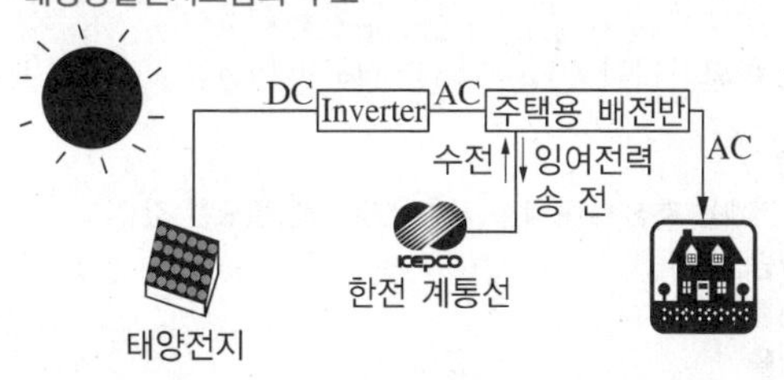


### 05 반지름 2[mm], 길이 100[m]인 도선의 저항은 약 몇 [Ω]인가?(단, 도선의 저항률은 $3.14 \times 10^{-8}$[Ω · m]이다)

① 0.1 ② 0.25
③ 0.5 ④ 1

정답 1 ③ 2 ③ 3 ③ 4 ④ 5 ②

해설

$$\text{도선의 저항값}([R]) = \rho\frac{l}{S} = \rho\frac{l}{\pi r^2}$$
$$= 3.14 \times 10^{-8} \times \frac{100}{\pi \times (2 \times 10^{-3})^2}$$
$$≒ 2.4987 \times 10^{-1}[\Omega]$$
$$≒ 0.25[\Omega]$$

## 06 태양광발전시스템용 인버터 선정 시 전력품질 및 공급 안정성에 대한 고려사항이 아닌 것은?

① 교류분이 적을 것
② 노이즈의 발생이 적을 것
③ 고조파의 발생이 적을 것
④ 기동, 정지가 안정적일 것

해설

인버터 선정 시 전력품질과 공급의 안전성
- 노이즈 발생이 적어야 한다.
- 고조파 발생이 적어야 한다.
- 가동 및 정지 시 안정적으로 작동하여야 한다.

## 07 계통연계용 축전지 용량을 산출하기 위해 필요한 값이 아닌 것은?

① 보수율 ② 변환효율
③ 용량환산시간 ④ 평균방전전류

해설

계통 연계용 축전지 용량을 산출하기 위해 필요한 값
- 평균방전전류
- 용량환산시간
- 보수율
- 축전지전압
- 1일 소비전력량

## 08 신재생에너지에 대한 설명으로 옳은 것은?

① 해양에너지는 수력, 조력, 조류발전 등이 있다.
② 폐기물에너지는 비가연성 폐기물의 화학분해를 이용한 것이다.
③ 태양광발전은 태양광에너지를 직접 전기로 변환시키는 기술을 이용한다.
④ 조력발전은 해안으로 들어오는 파력에너지를 회전력으로 변환하는 것이다.

해설

신재생에너지 설비(신에너지 및 재생에너지 개발·이용·보급 촉진법 시행규칙 제2조)
신에너지 및 재생에너지 개발·이용·보급 촉진법 신에너지 및 재생에너지 설비에서 "산업통상자원부령으로 정하는 것"이란 다음의 설비 및 그 부대설비(신재생에너지 설비)를 말한다.
- 수소에너지 설비 : 물이나 그 밖에 연료를 변환시켜 수소를 생산하거나 이용하는 설비
- 연료전지 설비 : 수소와 산소의 전기화학 반응을 통하여 전기 또는 열을 생산하는 설비
- 석탄을 액화·가스화한 에너지 및 중질잔사유를 가스화한 에너지 설비 : 석탄 및 중질잔사유의 저급 연료를 액화 또는 가스화시켜 전기 또는 열을 생산하는 설비
- 태양에너지 설비
  - 태양열 설비 : 태양의 열에너지를 변환시켜 전기를 생산하거나 에너지원으로 이용하는 설비
  - 태양광 설비 : 태양의 빛에너지를 변환시켜 전기를 생산하거나 채광에 이용하는 설비
- 풍력 설비 : 바람의 에너지를 변환시켜 전기를 생산하는 설비
- 수력 설비 : 물의 유동에너지를 변환시켜 전기를 생산하는 설비
- 해양에너지 설비 : 해양의 조수, 파도, 해류, 온도차 등을 변환시켜 전기 또는 열을 생산하는 설비
- 지열에너지 설비 : 물, 지하수 및 지하의 열 등의 온도차를 변환시켜 에너지를 생산하는 설비
- 바이오에너지 설비 : 신에너지 및 재생에너지 개발·이용·보급 촉진법 시행령 별표 1의 바이오에너지를 생산하거나 이를 에너지원으로 이용하는 설비
- 폐기물에너지 설비 : 폐기물을 변환시켜 연료 및 에너지를 생산하는 설비
- 수열에너지 설비 : 물의 표층의 열을 변환시켜 에너지를 생산하는 설비(관련 법령 개정으로 "표층"이 삭제됨 〈개정 2019.10.1〉)
- 전력저장 설비 : 신에너지 및 재생에너지(신재생에너지)를 이용하여 전기를 생산하는 설비와 연계된 전력저장 설비

## 09 역류방지소자에 관한 내용 중 틀린 것은?

① 역류방지소자는 반드시 접속함 내에 설치해야 한다.
② 회로의 최대 역전압에 충분히 견딜 수 있어야 한다.
③ 역류방지소자는 설치할 회로의 최대전류를 흘릴 수 있어야 한다.
④ 모듈 방향으로 흐르는 역전류를 방지하기 위해 각 스트링마다 역류방지소자를 설치해야 한다.



6 ① 7 ② 8 ③ 9 ① 정답

해설

역류방지소자의 특징

- 역류방지소자는 설치할 회로의 최대전류를 흘릴 수 있어야 한다.
- 모듈 방향으로 흐르는 역전류를 방지하기 위해 각 스트링마다 역류방지소자를 설치해야 한다.
- 역류방지소자는 설치할 회로의 최대전류를 흘릴 수 있어야 한다.
- 접속함 내에 설치하지만 태양전지 모듈의 단자함 내부에 설치하는 경우도 있다. 설치 장소에 따라 역류방지 소자의 온도가 높아지는 경우에는 바이패스 소자의 선정과 동일한 방법으로 대처한다.

**10** 태양광모듈의 표면재료에 쓰이는 강화유리의 조건이 아닌 것은?

① 광 투과도가 높을 것
② 광 반사 및 흡수도가 높을 것
③ 기계적 강화를 위해 열처리를 수행할 것
④ 반사 손실을 낮추기 위한 처리가 되어 있을 것

해설

태양광모듈의 표면재료 강화유리의 조건

- 기계적 강화를 위해 열처리를 수행할 것
- 반사 손실을 낮추기 위한 처리가 되어 있을 것
- 광 투과도가 높을 것
- 광 반사는 낮고, 흡수도는 높을 것

**11** 수소에너지에 대한 설명 중 틀린 것은?

① 수소에너지 사용 시 폭발방지기술, 취성방지기술 등이 필요하다.
② 공해 물질이 소량으로 배출되며 제조과정이 쉽고 경제적이다.
③ 물을 분해하여 수소를 얻기 위해서는 많은 양의 에너지가 필요하다.
④ 수소가 연소되거나 전기로 변환되어 산출된 물을 다시 사용 가능하다.

해설

수소에너지 기술의 특징

- 수소가 연소되거나 전기로 변환되어 산출된 물을 다시 사용 가능하다.
- 수소에너지 사용 시 폭발방지기술, 취성방지기술 등이 필요하다.
- 물을 분해하여 수소를 얻기 위해서는 많은 양의 에너지가 필요하다.
- 공해물질이 소량으로 배출되며 제조과정이 매우 복잡하다.

**12** 12[V]의 GEL타입 축전지의 용량을 100[Ah]라 할 때 5시간 동안 일정 전류를 부하에 공급하여 축전지가 방전된 경우 전류의 크기[A]는?

① 10 ② 20
③ 100 ④ 500

해설

축전지 용량$[C]$ = 전류$[I]$ × 시간$[T]$

$$\text{전류}[I] = \frac{\text{축전지 용량}[C]}{\text{시간}[T]} = \frac{100}{5} = 20[\text{A}]$$

**13** 도선의 길이가 3배로 늘어나고 반지름이 $\frac{1}{3}$로 줄어들 경우 그 도선의 저항은 어떻게 변하겠는가?

① 9배 증가 ② $\frac{1}{9}$로 감소
③ 27배 증가 ④ $\frac{1}{27}$로 감소

해설

$$\text{도선의 저항}[R] = \frac{\text{도선 길이 배수}}{\text{반지름}} \times \text{도선 길이 배수}$$

$$= \frac{3}{\frac{1}{3}} \times 3 = 27$$

**14** 파워컨디셔너(PCS) 시스템 구성 방식 중 모든 모듈에 인버터를 설치하고, 각 인버터의 교류출력을 병렬로 연결하여 사용하는 구성방식은?

① 모듈 인버터 방식
② 스트링 인버터 방식
③ 마스터 슬레이브 방식
④ 중앙 집중형 인버터 방식

해설

인버터의 종류

- 계통 상호 작용형 인버터(Utility Interactive Inverter)
  - 전력계통의 배전 시스템이나 송전 시스템과 병렬로 공통의 부하에 전력을 공급할 수 있는 인버터이다. 전력계통의 배전과 송전 시스템 쪽으로도 송전이 가능하다.

정답 10 ② 11 ② 12 ② 13 ③ 14 ①

- 계통 연계형 인버터(Grid Connected Inverter)
  - 전력계통의 배전 시스템이나 송전 시스템과 병렬로 동작할 수 있는 인버터이다.
- 계통 의존형 인버터(Grid Dependent Inverter)
  - 계통 전력에 의존해서만 운영할 수 있는 인버터이다.
- 계통 주파수 결합형 인버터(Utility Frequency Link Inverter)
  - 출력단에 계통과의 격리(절연)를 위한 상용 계통 주파수 변압기를 가진 구조의 계통 연계 인버터이다. 즉, 인버터의 출력 측과 부하 측, 계통 측을 계통 주파수 격리 변압기를 사용하여 전기적으로 격리하는 방식이다.
- 고주파 결합형 인버터(High Frequency Link Inverter)
  - 인버터의 입력 및 출력 회로 사이의 전기적인 격리에 고주파 변압기를 사용하는 방식으로 고주파 격리 방식 인버터라고 부르는 경우도 있다.
- 단독 운전 방지 인버터(Non Islanding Inverter)
  - 전력계통에 연계되는 인버터로서 배전 계통의 전압이나 주파수가 정상 운전조건을 벗어나는 경우에는 계통쪽으로 전력 송전을 중단하는 기능을 가진 인버터이다.
- 독립형 인버터(Stand Alone Inverter)
  - 전력계통의 배전 시스템이나 송전 시스템에 연결되지 않는 부하에 전력을 공급하는 인버터로서 축전지 전원 인버터라고도 한다.
- 모듈 인버터(Module Inverter)
  - 모듈의 출력단에 내장되는 인버터이다. 모듈 인버터는 모듈의 뒷면에 붙어 있으며 교류 모듈이라고도 한다.
- 변압기 없는 인버터(Transformerless Inverter)
  - 격리(절연) 변압기가 없는 방식의 인버터로 인버터의 직류 측과 교류 측(부하 측과 계통 측)이 격리되지 않은 상태이다.
- 스트링 인버터(String Inverter)
  - 태양광발전 모듈로 이루어지는 스트링 하나의 추력만으로 동작할 수 있도록 설계한 인버터이다. 교류 출력은 다른 스트링 인버터의 교류 출력에 병렬로 연결시킬 수 있다.
- 전력망 상호 작용형 인버터(Grid Interactive Inverter)
  - 독립형과 병렬운전의 두 가지 방식으로 운전할 수 있다. 전력망 상호 작용형 인버터는 처음 동작할 때만 전력망 병렬방식으로 동작한다. 계통 상호 작용형 인버터와는 다르다.
- 전류 안정형 인버터(Current Stiff Inverter)
  - 기본적으로 직류 입력 전류가 잘 변하지 않는 특성을 요구한다. 입력 전류에 잔결이 적고 평탄한 특성을 요구한다. 즉, 전류원이 안정된 것을 요구하는 인버터를 가리키며, 전류형 인버터라고도 한다.
- 전류 제어형 인버터(Current Control Inverter)
  - 펄스 폭 변조나 이와 유사한 다른 제어 기법을 이용하여 규정된 진폭과 위상 및 주파수를 가진 정현파 출력 전류를 만들어 내는 인버터이다.
- 전압 안정형 인버터(Voltage Stiff Inverter)
  - DC 입력 전압이 잘 변하지 않는 특성을 요구하는 것으로서 입력 전압에 잔결이 적고 평탄한 특성을 요구하는 인버터이다. 즉, 전압원이 안정된 것을 요구하는 인버터를 가리키며, 전압형 인버터라고도 한다.
- 전압 제어형 인버터(Voltage Control Inverter)
  - 펄스 너비 변조와 유사한 다른 제어 기법을 이용하여 규정된 진폭과 위상 및 주파수를 가진 정현파 출력 전압을 만드는 인버터이다.

## 15 태양광발전시스템에서 인버터 회로방식이 아닌 것은?

① 트랜스리스 방식
② 주파수 시프트방식
③ 고주파 변압기 절연방식
④ 상용주파 변압기 절연방식

**해설**

인버터 회로방식
- 트랜스리스 방식
- 고주파 변압기 절연방식
- 상용주파 변압기 절연방식

## 16 연료전지에 사용하는 전해질의 종류가 아닌 것은?

① 인 산　　② 알칼리
③ 실리콘　　④ 용융탄산염

**해설**

전해질 종류에 따른 연료전지의 종류
- 알칼리(AFC)
- 인산형(PAFC)
- 용융탄산염형(MCFC)
- 고체산화물형(SOFC)
- 고분자전해질형(PEMFC)
- 직접메탄올(DMFC)

## 17 축전지 용량 4[Ah]을 전하량[C]으로 환산하면 얼마인가?

① 1,320　　② 1,480
③ 3,600　　④ 14,400

**해설**

전하량[C]로 환산하려면 축전지 용량에 시간을 곱하면 된다. 따라서 1시간은 3,600초이므로, 전하량[C] = 4 × 3,600 = 14,400이 된다.



15 ② 16 ③ 17 ④ 정답

**18** 다음 [보기]의 특징을 만족하는 태양전지는?

[보 기]
ㄱ. 박막 형태로 태양전지를 제작
ㄴ. 빛 흡수층의 밴드갭에너지는 1.04~1.2[eV] 정도임
ㄷ. 직접천이형 반도체로서 빛 흡수율이 뛰어남
ㄹ. 환경오염 문제는 상대적으로 낮지만 향후 원료 물질의 부족 문제가 존재

① GaAs 태양전지
② CIGS 태양전지
③ 박막 실리콘 태양전지
④ 단결정 실리콘 태양전지

해설
CIGS(Cu, In, Gs, Se)
유리기판, 알루미늄, 스테인리스 등의 유연한 기판에 구리, 인듐, 갈륨, 셀레늄 화합물 등을 증착시켜 실리콘을 사용하지 않으면서도 태양광을 전기적으로 변환시켜 주는 태양전지로서 변환효율이 높다. 또한 직접천이형 반도체로서 빛 흡수율이 우수하며, 박막 형태로 태양전지 제작이 가능하다. 빛 흡수층의 밴드갭에너지는 1.04~1.2[eV] 정도이기 때문에 환경오염 문제는 상대적으로 낮다. 그러나 원료 물질의 부족문제가 있기 때문에 대량 생산이 어려울 것으로 예상된다.

**19** 다음 중 태양전지의 양자효율의 정의에 해당하는 것은?

① 개방전압과 단락전류의 곱에 대한 출력의 비
② 태양으로부터 입사된 에너지에 대한 출력에너지의 비
③ 입사되는 전력에 대한 태양전지에 의해 생성되는 전류비
④ 입사되는 광자수에 대한 전지 내에서 생성되는 전자수의 비

해설
양자효율
- 특정에너지를 가지고 태양전지에 입사된 빛 입자의 개수대비 태양전지에 의해 수집된 Carrier(반송자)의 개수의 비율
- 특정파장의 모든 광자들이 흡수되고 그 결과 소수 Carrier들이 수집되면 그 특정파장에서 양자효율은 1이 된다.
- 태양전지의 양자효율은 대부분 재결합효과 때문에 감소한다.
- Band Gap보다 낮은 에너지를 가진 빛 입자들의 양자효율은 0이 된다.

**20** 태양광발전시스템을 완성하기 위하여 필요한 모듈을 직·병렬로 구성하게 되는데, 이때 직렬로 접속된 모듈 집합체의 회로를 무엇이라 하는가?

① 셀　② 모 듈
③ 스트링　④ 어레이

해설
용어의 정의
- 셀 : 태양광발전의 가장 기본적인 단위로서 가장 작은 면적의 판이다.
- 모듈 : 셀을 직·병렬로 구성하는 회로이다.
- 스트링 : 모듈을 직·병렬로 구성하는 회로로서 직렬로 접속된 모듈 집합체의 회로이다.
- 어레이 : 스트링을 직·병렬로 구성하는 회로이다.

## 제2과목 태양광발전시스템 시공

**21** 감전을 방지하는 방법으로 전기기기의 접지선을 전원공급선과 함께 3심 코드를 사용하는 방식은?

① 이중절연방식
② 보호접지방식
③ 누전차단방식
④ 전용접지선방식

해설
전용접지선방식으로 3심 코드가 함께 있는 것으로 접지선과 전원선이 같이 있다.

**22** 다음 중 태양광 발전용 옥외 배선에 쓰이는 자외선에 내구성이 강한 전선으로 옳은 것은?

① 모듈용전선　② 직류용전선
③ UV케이블　④ XLPE 케이블

해설
UV케이블은 자외선(UV) 복사선 레벨이 높은 곳(해안 지역, 사막, 해양, 높은 산, 적도 부근 지역)에서 사용되는 전기/광 케이블에 적용된다.

정답 18 ② 19 ④ 20 ③ 21 ④ 22 ③

## 23 접지저항을 저감시키는 시공방법으로 틀린 것은?

① 접지전극의 크기를 작게 한다.
② 접지전극의 상호간격을 크게 한다.
③ 접지전극을 땅속에 깊게 매설한다.
④ 접지전극 주변의 매설토양을 개량한다.

**해설**
접지전극의 크기가 작아지면 접지저항의 크기가 증가한다.

## 24 3,000[kW] 이하인 태양광에너지의 설치 시 건축물 등 기존 시설물을 이용할 경우 공급인증서 가중치는?

① 0.5 ② 1.0
③ 1.25 ④ 1.5

**해설**
한국전력거래소의 '공급인증서 발급 및 거래시장 운영에 관한 규칙'에 의한 전력판매단가 산정 시 적용하는 가중치는 기존 건축물을 이용할 경우에는 1.5를 적용하고, 건물일체형 태양광시스템(BIPV)을 설치하는 경우는 신축으로 적용해 1.0을 적용하고 있다.

## 25 책임감리원이 발주자에게 제출하는 최종감리보고서 중 공사추진 실적현황과 관련이 없는 것은?

① 하도급 현황
② 지시사항 처리
③ 감리용역 개요
④ 기성 및 준공검사 현황

**해설**
감리보고 등(전력시설물 공사감리업무 수행지침 제17조)
공사추진 실적현황은 기성 및 준공검사 현황, 공종별 추진실적, 설계변경현황, 공사현장 실정보고 및 처리현황, 지시사항 처리, 주요인력 및 장비투입현황, 하도급현황, 감리원 투입현황 등이다.

## 26 태양광발전시스템의 직류전로(어레이 주 회로)의 접지방법은?

① 제1종 접지공사 ② 제2종 접지공사
③ 제3종 접지공사 ④ 접지공사를 하지 않는다.

**해설**
태양전지 어레이에서 인버터까지의 직류전로는 원칙적으로 접지공사를 실시하지 않는다.

## 27 국내에서 태양광발전시스템의 모듈을 고정식으로 설치할 때 최적 경사각은 일반적으로 몇 도 정도인가?

① 5~15 ② 24~36
③ 55~60 ④ 75~90

## 28 공사현장에 주요공사가 완료되고 현장이 정리단계에 있을 때 예비준공검사를 실시하는 시기는?

① 준공예정 15일 전
② 준공예정 1개월 전
③ 준공예정 2개월 전
④ 준공예정 3개월 전

## 29 태양광발전시스템 관련 기기의 반입검사에 대한 내용으로 틀린 것은?

① 공장검수 시 합격된 자재에 한하여 현장에 반입한다.
② 시공사와 제작업자의 경제적 사정을 고려하여 생략할 수도 있다.
③ 책임감리원이 검토·승인한 기자재(공급원승인제품)에 한하여 현장에 반입한다.
④ 현장자재 반입검사는 공급원승인제품, 품질적합내용, 내역물량수량, 반입 시 손상여부 등에 대해 전수검사를 원칙으로 한다.

**해설**
반입검사를 생략 시 시공사와 기자재 제작업자의 경제적 이득 및 제조과정에서 발생하는 불량을 사전 체크하지 못해 태양광발전 시스템의 시공이 부실로 이어질 수 있다.



23 ① 24 ④ 25 ③ 26 ④ 27 ② 28 ③ 29 ② 정답

## 30 다음 보기에서 태양광발전시스템에서 전기흐름을 고려한 배선 순서로 옳게 나열한 것은?

[보 기]
㉠ 인버터에서 분전반 배선
㉡ 어레이와 접속함 배선
㉢ 모듈 배선
㉣ 접속함에서 인버터 배선

① ㉠ → ㉣ → ㉡ → ㉢
② ㉡ → ㉢ → ㉠ → ㉣
③ ㉢ → ㉡ → ㉣ → ㉠
④ ㉣ → ㉢ → ㉡ → ㉠

**해설**

태양광시스템 배선 순서
모듈배선 → 어레이와 접속함 배선 → 접속함에서 인버터 배선 → 인버터에서 분전함 배선

## 31 전기설비에서 축전지용량 계산을 하기 위한 검토 항목이 아닌 것은?

① 방전전류 ② 방전시간
③ 허용최저전압 ④ 최대수용전력

**해설**

최대수용전력은 수용률과 부하율을 나타낼 때 필요한 요소이다.

## 32 설계감리 용역의 기성 및 준공 처리 시 제출서류가 아닌 것은?

① 시공상세도
② 설계감리기록부
③ 설계감리 결과보고서
④ 설계용역 기성부분 내역서

**해설**

설계감리 용역의 기성 및 준공 처리 시 제출서류(설계감리업무 수행지침 제8조)

- 근무상황부
- 설계감리일지
- 설계감리지시부
- 설계감리기록부
- 설계자와 협의사항 기록부
- 설계감리 추진현황
- 설계감리 검토의견 및 조치 결과서
- 설계감리 주요검토결과
- 설계도서 검토의견서
- 설계도서(내역서, 수량산출 및 도면 등)를 검토한 근거서류
- 해당 용역관련 수·발신 공문서 및 서류
- 그 밖에 발주자가 요구하는 서류

## 33 공사감리원의 감리업무가 아닌 것은?

① 발주자의 감독 권한 대행
② 설계도서대로 시공되는지 확인
③ 공사의 계획, 발주, 설계, 시공 등 전반 업무 총괄
④ 품질관리, 공사관리, 안전관리 등에 대한 기술지도

**해설**

발주자, 감리원, 공사업자의 기본임무(전력시설물 공사감리업무 수행지침 제4조)
공사의 계획, 발주, 설계, 시공 등 전반 업무 총괄은 발주자의 기본임무이다.

## 34 분산형전원 발전설비의 빈번한 출력변동 및 병렬분리에 의한 플리커 가혹도 지수는 특고압 계통연계점에서 단시간(10분) 및 장시간(2시간)의 Epsti를 최대 얼마 이하로 제한하는가?

① 단시간 : 0.25 이하, 장시간 : 0.15 이하
② 단시간 : 0.25 이하, 장시간 : 0.25 이하
③ 단시간 : 0.35 이하, 장시간 : 0.15 이하
④ 단시간 : 0.35 이하, 장시간 : 0.25 이하

**해설**

분산형 전원 발전설비의 빈번한 출력변동 및 병렬분리에 의한 플리커 가혹도 지수는 특고압 계통 연계지점에서 단시간(10분) Epsti는 0.35 이하로, 장시간(2시간) Eplti는 0.25 이하로 제한하여야 하며, 저압계통 연계는 이에 준한다.

- $Epsti \le 0.35$ (단시간 : 10분)
- $Eplti \le 0.25$ (장시간 : 2시간)

## 35 태양광 구조물의 상정하중 계산 중 수직하중이 아닌 것은?

① 활하중 ② 풍하중
③ 고정하중 ④ 적설하중

정답 30 ③ 31 ④ 32 ① 33 ③ 34 ④ 35 ②

**해설**

태양광 구조물의 상정하중 계산 중 풍하중은 수평 성분이 포함되어 있다.

**36** 태양전지 모듈에서 인버터 입력단 간 및 인버터 출력단과 계통연계점 간의 전압강하는 각 몇 [%]를 초과하여서는 안 되는가?(단, 전선의 길이가 60[m] 이하인 경우이다)

① 3 ② 5
③ 6 ④ 7

**해설**

전선 길이에 따른 전압강하 허용값

| 전선의 길이 | 전압강하 |
|---|---|
| 60[m] 이하 | 3[%] |
| 120[m] 이하 | 5[%] |
| 200[m] 이하 | 6[%] |
| 200[m] 초과 | 7[%] |

**37** 태양광모듈 배선이 끝난 후 검사하는 항목이 아닌 것은?

① 극성확인 ② 전압확인
③ 일사량 측정 ④ 단락전류 측정

**해설**

태양광 모듈의 배선 작업 후 검사하는 항목
- 전압·극성의 확인
- 단락전류의 측정
- 비접지의 확인
- 접지의 연속성 확인

**38** 태양광발전시스템 시공 시 필요한 장비 목록에서 검사장비에 해당되는 것은?

① 레벨기 ② 헤머드릴
③ 컴프레서 ④ 클램프 미터

**해설**

태양광발전시스템의 검사 장비
솔라 경로추적기, 열화상 카메라, 지락전류시험기, 디지털 멀티미터, 접지저항계, 절연저항계, 내전압 측정기, GPS 수신기, RST 3상 테스터 등이 있다.

**39** 저압 배전선로의 저압 네트워크 방식에 대한 설명으로 틀린 것은?

① 전력손실이 감소된다.
② 플리커, 전압변동률이 적다.
③ 특별한 보호 장치가 필요 없다.
④ 무정전 공급이 가능해서 공급 신뢰도가 높다.

**해설**

저압 네트워크 방식
배전 변전소의 동일 모선으로부터 2회선 이상의 급전선으로 전력을 공급하는 방식이다.
- 장 점
  - 공급신뢰도가 높다.
  - 플리커, 전압 변동률이 적다.
  - 전력 손실이 감소된다.
  - 기기의 이용률이 향상된다.
- 단 점
  - 건설비가 비싸다.
  - 특별한 보호장치가 필요하다.

**40** 태양광발전시스템의 설계도서가 아닌 것은?

① 시방서 ② 설계도면
③ 품질관리계획서 ④ 공사비산출내역서

**해설**

착공신고서 검토 및 보고(전력시설물 공사감리업무 수행지침 제11조)
감리원은 공사가 시작된 경우 공사업자로부터 품질관리계획서 등이 포함된 착공신고서를 제출받아 검토하여 7일 이내에 발주자에게 보고하여야 한다. 품질관리계획서는 착공신고서에 해당하는 서류이다.

## 제3과목 태양광발전시스템 운영

**41** 태양광발전시스템의 성능평가의 대분류로 틀린 것은?

① 태양광발전시스템의 사이트
② 태양광발전시스템의 신뢰성
③ 태양광발전시스템의 설비 폐기 비용
④ 태양광발전시스템의 발전 전력 생산 능력



36 ① 37 ③ 38 ④ 39 ③ 40 ③ 41 ③ 정답

**해설**

시스템 성능평가의 분류
- 구성요인의 성능·신뢰성
- 사이트
- 발전성능
- 신뢰성
- 설치가격(경제성)

## 42 배전반 제어회로의 배선에서 일상점검 항목이 아닌 것은?

① 주유 상태 이상 여부 확인
② 전선 지지물의 탈락 여부 확인
③ 과열에 의한 이상한 냄새 여부 확인
④ 가동부 등의 연결 전선의 절연피복 손상 여부 확인

**해설**

배전반 제어회로의 배선의 일상점검 항목은 배선 전반의 절연 피복의 손상, 전선지지물의 탈락 및 과열에 의한 냄새 등이다.

## 43 태양광발전시스템에 사용되는 배선용 차단기의 점검내용으로 틀린 것은?

① 개폐 동작의 정상 여부
② 부싱 단자부의 변색 여부
③ 단자부의 볼트류의 조임 이완 여부
④ 절연물 등의 균열, 파손, 변형 여부

**해설**

부싱 단자부의 변색 여부는 주회로 인입 인출부의 점검 사항에 해당된다.

## 44 태양광발전시스템의 계측과 표시의 목적으로 틀린 것은?

① 사업자의 추가 설비 투자 산출을 위한 계측
② 시스템에 의한 발전 전력량을 알기 위한 계측
③ 시스템의 운전상태 감시를 위한 계측 또는 표시
④ 시스템 기기 또는 시스템 종합평가를 위한 계측

**해설**

태양광발전 시스템의 계측기구나 표시장치는 시스템의 운전상태 감시, 발전 전력량 파악, 성능평가를 위한 데이터의 수집 등을 목적으로 설치한다.

## 45 우박의 충격에 대한 결정질 실리콘 태양광발전 모듈의 기계적 강도를 시험할 경우 품질기준으로 최대 출력은 시험 전 값의 최소 몇 [%] 이상이어야 하는가?

① 89 ② 92
③ 95 ④ 98

**해설**

IEC 61215 시험 항목 및 판정 기준에서 우박시험
우박의 충격에 대한 태양전지 모듈의 기계적 강도 시험 : 출력 > 95[%]

## 46 태양광발전시스템의 유지관리를 지원하기 위해 제공되는 운전지침서에 기술되어야 하는 사항으로 적합하지 않은 것은?

① 성능 규격 ② 기동에 관한 사항
③ 운전에 관한 사항 ④ 비품 및 공구 List

**해설**

발주자, 감리원, 공사업자의 기본임무(설계감리업무 수행지침 제5조)
발주자는 설계 및 설계감리용역에 필요한 설계도면, 문서, 참고자료와 설계감리용역 계약문서에 명기한 자재·장비·비품 및 설비를 제공한다.

## 47 정전작업 전 조치사항으로 틀린 것은?

① 잔류전하의 방전
② 단락접지기구의 철거
③ 검전기에 의한 정전 확인
④ 개로개폐기의 시건 또는 표시

**해설**

정전작업 전 조치사항
- 전로의 개로개폐기에 시건 장치 및 통전금지 표지판 설치
- 전력 케이블, 전력 콘덴서 등의 잔류전하의 방전
- 검전기로 개로된 전로의 충전 여부 확인
- 단락접지기구로 단락접지

**정답** 42 ① 43 ② 44 ① 45 ③ 46 ④ 47 ②

## 48 태양광발전시스템의 시스템 트러블에 해당되지 않는 것은?

① 계통 지락　② ELB 트립
③ 인버터 운전 정지　④ 컴퓨터의 조작 오류

**해설**

시스템 트러블 : 인버터 정지, 직류지락, 계통지락, ELB(누전차단기) 트립, 원인불명 등에 의한 시스템 운전정지 등

## 49 접속함의 육안 점검 항목으로 틀린 것은?

① 개방전압 측정
② 접지선의 손상
③ 단자대 나사의 풀림
④ 외함의 부식 및 파손

**해설**

접속함(중간단자함)의 점검 항목

| 설 비 | 점검항목 | | 점검요령 |
|---|---|---|---|
| 중간 단자함 (접속함) | 육안 점검 | 외함의 부식 및 파손 | 부식 및 파손이 없을 것 |
| | | 방수처리 | 전선 인입구가 실리콘 등으로 방수처리 |
| | | 배선의 극성 | 태양전지에서 배선의 극성이 바뀌어 있지 않을 것 |
| | | 단자대 나사의 풀림 | 확실하게 취부하고 나사의 풀림이 없을 것 |
| | 측 정 | 접지저항(태양전지–접지 간) | 0.2[MΩ] 이상 측정전압 DC 500[V] |
| | | 절연저항 | 1[MΩ] 이상 측정전압 DC 500[V] |
| | | 개방전압 및 극성 | 규정의 전압이고 극성이 올바를 것 |

## 50 중대형 태양광 발전용 인버터 중 계통연계형의 경우 교류 전원을 정격 전압 및 정격 주파수로 운전한 상태에서 인버터의 출력 전류를 계측하여 출력 전류의 직류 성분 측정 시 정격 전류의 최대 몇 [%] 이내이어야 하는가?

① 0.1　② 0.5
③ 1　④ 5

**해설**

중대형 태양광 발전용 인버터 중 계통연계형인 경우 정격 전압, 주파수로 운전한 상태에서 인버터의 출력 전류는 출력 전류의 직류성분은 정격 전류의 최대 0.5[%] 이내이어야 한다.

## 51 태양광발전 모듈 점검 시의 유의사항으로 틀린 것은?

① 날씨가 맑은 날 정오 전후에 한다.
② 모듈 표면이 오염되었을 경우 청소 후 측정검사를 한다.
③ 모듈 표면은 특수 처리된 강화 유리로 되어 있어 강한 충격에도 파손되지 않는다.
④ 강한 금속 구조물로 되어 있어 작업자가 충돌 시 위험하므로 안전모, 안전복장, 안전화를 착용한다.

**해설**

모듈 표면은 특수 처리된 강화유리로 되어 있어 강한 충격이 있을 시 파손될 우려가 있으므로 충격이 발생되지 않도록 주의가 필요하다.

## 52 태양광발전 모듈의 고장으로 틀린 것은?

① 핫 스팟　② 프레임 변형
③ 전선관 침수　④ 백시트 에어 버블링

**해설**

태양광발전 시스템 모듈 고장원인

- 제조 불량
- 시공 불량
- 운영과정에서의 외상
- 전기적, 기계적 스트레스에 의한 셀의 파손

## 53 접지저항의 측정에 관한 사항 중 틀린 것은?

① 접지저항의 측정방법에는 전위차계식과 간이측정법 등이 있다.
② 접지전극과 보조전극의 간격은 최소한 5[m] 이상으로 한다.
③ 접지전극은 E 단자에 접속하고 보조전극은 P, C 단자에 접속한다.
④ 접지저항계의 지침은 '0'이 되도록 다이얼을 조정하고 그때의 눈금을 읽어 접지저항 값을 측정한다.



48 ④ 49 ① 50 ② 51 ③ 52 ③ 53 ② 정답

해설

접지저항 측정 시 콜라우시 브리지법에서 보조전극과의 간격을 10[m] 이상 이격한다.

**54** 통상적인 태양광발전용 접속함의 병렬 스트링 수에 의한 분류에서 소형(3회로 이하)일 경우 충전부와의 접촉, 고체 이물질과 액체의 침입에 대비하여 접속함이 제공하는 보호등급으로 옳은 것은?

① IP20 이상　② IP24 이상
③ IP45 이상　④ IP54 이상

해설

태양광발전 접속함의 병렬 스트링수의 분류에서 소형(3회로 이하)일 경우 접속함이 제공하는 보호 등급은 IP54 이상이다.

**55** 태양광발전시스템 점검 중 투입저지 시한 타이머 동작시험에서 인버터가 정지하여 최소 몇 분 후에 자동으로 기동하여야 하는가?

① 1분　② 3분
③ 4분　④ 5분

해설

태양광발전시스템 투입저지 시한 타이머 동작시험에서 인버터가 정지하여 최소 5분 후에 자동으로 기동하여야 한다.

**56** 태양광발전시스템 설치 시 안전관리 대책에 대한 설명으로 틀린 것은?

① 구조물 설치 시 안전 난간대를 설치한다.
② 접속함, 인버터 등 연결 시 절연장갑을 착용한다.
③ 모듈 설치 시 안전모, 안전화, 안전벨트를 착용한다.
④ 임시 배선 작업 시 누전위험장소에는 배선용 차단기를 설치한다.

해설

배선용 차단기(MCCB)는 전류 이상을 감지하여 선로가 열에 의해 타서 손상되기 전, 선로를 차단하여 주는 배선 보호용 기기로서 과부하 전류와 단락전류를 차단한다. 누전위험장소는 일반적으로 누전차단기를 설치한다.

**57** 태양광발전시스템에서 모니터링 프로그램의 기능이 아닌 것은?

① 데이터 수집 기능　② 데이터 저장 기능
③ 데이터 연산 기능　④ 데이터 분석 기능

해설

프로그램 기능
- 데이터 수집기능
- 데이터 저장 기능
- 데이터 분석 기능
- 데이터 통계 기능

**58** 태양광발전시스템이 운전되지 않을 경우 응급조치를 하여야 하는데, 운전 조작 방법의 순서로 옳은 것은?

> ㄱ. 접속함 내부 직류차단기 투입(ON)
> ㄴ. 교류차단기 투입(ON)
> ㄷ. 접속함 내부 직류차단기 개방(OFF)
> ㄹ. 교류차단기 개방(OFF)
> ㅁ. 인버터 정지 후 점검하고 정상 시 재운전

① ㄹ → ㄷ → ㅁ → ㄴ → ㄱ
② ㄱ → ㄴ → ㅁ → ㄷ → ㄹ
③ ㅁ → ㄱ → ㄹ → ㄷ → ㄴ
④ ㄷ → ㄹ → ㅁ → ㄴ → ㄱ

해설

태양광발전 설비가 작동되지 않는 경우의 응급처치
- 접속함 내부 차단기 개방
- 인버터 개방 후 점검
- 점검 후 인버터, 접속함 내부 차단기 순서로 투입

**59** 자가용 태양광발전설비의 정기검사 항목 중 전력변환장치의 검사세부종목에 해당하지 않는 것은?

① 절연저항　② 외관검사
③ 환기시설상태　④ 단독운전방지시험

해설

검사항목(자가용 전기설비 검사업무 처리규정 제6조)
전력변환장치의 검사세부항목은 절연저항, 외관검사, 단독운전방지시험 및 표시부 동작 확인을 하여야 한다.

정답 54 ④ 55 ④ 56 ④ 57 ③ 58 ④ 59 ③

**60** 전기사업의 허가를 신청 시 허가신청서는 어디의 심의를 거쳐야 하는가?

① 전기위원회
② 한국에너지공단
③ 한국전력거래소
④ 산업통상자원부

해설

전기사업의 허가(전기사업법 제7조)
전기사업의 허가 신청 시 허가신청서는 전기위원회의 심의를 거친다.

## 제4과목 신재생에너지관련법규

**61** 서울시 교육청이 연면적 1,500제곱미터의 공공도서관을 신축하기 위해 2018년 4월 건축허가를 신청하려고 한다. 이 건물의 설계 시 산출된 예상 에너지사용량의 최소 몇 [%] 이상을 신재생에너지를 이용하여 공급되는 에너지로 사용하여야 하는가?

① 21 ② 24
③ 27 ④ 30

해설

신재생에너지 공급의무 비율 등(신에너지 및 재생에너지 개발 · 이용 · 보급 촉진법 시행령 제15조)
※ 신재생에너지의 공급의무 비율(별표 2)

| 해당 연도 | 공급의무비율[%] |
|---|---|
| 2011~2012 | 10 |
| 2013 | 11 |
| 2014 | 12 |
| 2015 | 15 |
| 2016 | 18 |
| 2017 | 21 |
| 2018 | 24 |
| 2019 | 27 |
| 2020 이후 | 30 |

**62** 설비인증을 받은 자는 신재생에너지 설비의 결함으로 인하여 제3자가 입을 수 있는 손해를 담보하기 위하여 보험 또는 공제에 가입하여야 한다. 이때 보험 또는 공제의 기간 · 종류 · 대상 및 방법에 필요한 사항은 무엇으로 정하는가?

① 대통령령
② 시 · 도지사령
③ 산업통상자원부령
④ 과학기술정보통신부령

해설

보험 · 공제 가입(신에너지 및 재생에너지 개발 · 이용 · 보급 촉진법 제13조의2)
(1) 제13조에 따라 설비인증을 받은 자는 신재생에너지 설비의 결함으로 인하여 제3자가 입을 수 있는 손해를 담보하기 위하여 보험 또는 공제에 가입하여야 한다.
(2) (1)에 따른 보험 또는 공제의 기간 · 종류 · 대상 및 방법에 필요한 사항은 대통령령으로 정한다.

**63** 사용전압이 35[kV] 이하인 특고압 가공전선과 가공약전류전선을 동일 지지물에 시설하는 경우 특고압 가공전선로의 보안공사는?

① 고압 보안공사
② 제1종 특고압 보안공사
③ 제2종 특고압 보안공사
④ 제3종 특고압 보안공사

해설

특고압 가공전선과 가공약전류전선 등의 공가(판단기준 제122조)
사용전압이 35[kV] 이하인 특고압 가공전선과 가공약전류전선 등(전력보안 통신선 및 전기철도의 전용부지 안에 시설하는 전기철도용 통신선을 제외한다)을 동일 지지물에 시설하는 경우에는 다음 각 호에 따라야 한다.
- 특고압 가공전선로는 제2종 특고압 보안공사에 의할 것
- 특고압 가공전선은 가공약전류전선 등의 위로 하고 별개의 완금류에 시설할 것
- 특고압 가공전선은 케이블인 경우 이외에는 인장강도 21.67[kN] 이상의 연선 또는 단면적이 55[mm$^2$] 이상인 경동연선일 것
- 특고압 가공전선과 가공약전류전선 등 사이의 이격거리는 2[m] 이상으로 할 것. 다만, 특고압 가공전선이 케이블인 경우에는 50[cm]까지로 감할 수 있다.



60 ① 61 ② 62 ① 63 ③ 정답

- 가공약전류전선을 특고압 가공전선이 케이블인 경우 이외에는 금속제의 전기적 차폐층이 있는 통신용 케이블일 것. 다만, 가공약전류전선로의 관리자의 승낙을 얻은 경우에 특고압 가공전선로(특고압 가공전선에 특고압 절연전선을 사용하는 것에 한한다)를 제104조제1항 단서 각 호의 규정에 적합하고 또한 위험의 우려가 없도록 시설할 때는 그러하지 아니하다.
- 특고압 가공전선로의 수직배선은 가공약전류전선 등의 시설자가 지지물에 시설한 것의 2[m] 위에서부터 전선로의 수직배선의 맨 아래까지의 사이는 케이블을 사용할 것
- 특고압 가공전선로의 접지선에는 절연전선 또는 케이블을 사용하고 또한 특고압 가공전선로의 접지선 및 접지극과 가공약전류전선로 등의 접지선 및 접지극은 각각 별개로 시설할 것
- 전선로의 지지물은 그 전선로의 공사·유지 및 운용에 지장을 줄 우려가 없도록 시설할 것

## 64 저압 옥내직류 전기설비의 접지목적에 해당하지 않는 것은?

① 이상전압의 억제
② 대지전압의 억제
③ 과전류의 대지 방출
④ 전로보호장치의 확실한 동작 확보

**해설**

저압 옥내직류 전기설비의 접지(판단기준 제289조)
저압 옥내직류 전기설비는 전로보호장치의 확실한 동작의 확보, 이상전압 및 대지전압의 억제를 위하여 직류 2선식의 임의의 한 점 또는 변환장치의 직류 측 중간점, 태양전지의 중간점 등을 접지하여야 한다.

## 65 중량물의 압력을 받을 우려가 있는 곳의 지중전선로를 관로식에 의하여 시설하는 경우 매설 깊이를 최소 몇 [m] 이상으로 하는가?

① 1　　② 2
③ 3　　④ 4

**해설**

지중전선로의 시설(판단기준 제136조)
- 지중전선로는 전선에 케이블을 사용하고 또한 관로식·암거식(暗渠式) 또는 직접 매설식에 의하여 시설하여야 한다.
- 지중전선로를 관로식 또는 암거식에 의하여 시설하는 경우에는 다음 각 호에 따라야 한다.
  - 관로식에 의하여 시설하는 경우에는 매설 깊이를 1.0[m] 이상으로 하되, 매설 깊이가 충분하지 못한 장소에는 견고하고 차량 기타 중량물의 압력에 견디는 것을 사용할 것. 다만 중량물의 압력을 받을 우려가 없는 곳은 60[cm] 이상으로 한다.
  - 암거식에 의하여 시설하는 경우에는 견고하고 차량 기타 중량물의 압력에 견디는 것을 사용할 것

## 66 산업통상자원부령으로 정하는 소규모의 전기설비로서 한정된 구역에서 전기를 사용하기 위하여 설치하는 전기설비는?

① 지역전기설비
② 일반용전기설비
③ 자가용전기설비
④ 전기사업용전기설비

**해설**

용어의 정의(전기사업법 제2조)
- 전기사업용 전기설비 : 전기설비 중 전기사업자가 전기사업에 사용하는 전기설비를 말한다.
- 일반용전기설비 : 산업통상자원부령으로 정하는 소규모의 전기설비로서 한정된 구역에서 전기를 사용하기 위하여 설치하는 전기설비를 말한다.
- 자가용전기설비 : 전기사업용전기설비 및 일반용전기설비 외의 전기설비를 말한다.

## 67 저탄소 녹색성장 기본법에서 정한 온실가스에 속하지 않는 것은?

① 육불화황　　② 이산화탄소
③ 과산화수소　　④ 아산화질소

**해설**

온실가스(저탄소 녹색성장 기본법 제2조)
이산화탄소($CO_2$), 메탄($CH_4$), 아산화질소($N_2O$), 수소불화탄소(HFCs), 과불화탄소(PFCs), 육불화황($SF_6$) 및 그 밖에 대통령령으로 정하는 것으로 적외선 복사열을 흡수하거나 재방출하여 온실효과를 유발하는 대기 중의 가스 상태의 물질을 말한다.

정답　64 ③　65 ①　66 ②　67 ③

## 68 녹색성장위원회의 정기회의는 반기별로 몇 회 개최하는 것을 원칙으로 하는가?

① 1 ② 2
③ 3 ④ 4

**해설**

회의(저탄소 녹색성장 기본법 시행령 제12조)
- 법 제16조 제2항에 따른 위원회의 정기회의는 반기별로 1회 개최하는 것을 원칙으로 한다.
- 위원장은 회의를 소집하려는 때에는 회의 개최 7일 전까지 회의의 일정 및 안건을 각 위원에게 통보하여야 한다. 다만, 긴급한 경우 또는 그 밖의 부득이한 사유가 있는 경우에는 그러하지 아니하다.
- 법 제16조 제3항 단서에서 "대통령령으로 정하는 경우"란 다음의 어느 하나에 해당하는 경우를 말한다. 이 경우 위원장은 의결서를 작성하고, 다음에 개최되는 위원회에 그 결과를 보고하여야 한다.
  - 긴급한 사유로 회의를 개최할 시간적 여유가 없는 경우
  - 천재지변이나 그 밖의 부득이한 사유로 위원의 출석에 의한 의사정족수를 채우기 어려운 경우 등 위원장이 특별히 필요하다고 인정하는 경우

## 69 태양전지 발전소에 시설하는 모듈, 전선 및 개폐기 기타 기구의 시설방법으로 틀린 것은?

① 충전부분은 노출되지 아니하도록 시설할 것
② 태양전지 모듈의 출력배선은 극성별로 확인 가능토록 표시할 것
③ 태양전지 모듈의 프레임은 지지물과 전기적으로 완전하게 접속할 것
④ 전선은 공칭단면적 1.5[$mm^2$] 이상의 연동선 또는 이와 동등 이상의 세기 및 굵기의 것을 사용할 것

**해설**

태양전지 모듈 등의 시설(판단기준 제54조)

(1) 태양전지 발전소에 시설하는 태양전지 모듈, 전선 및 개폐기 기타 기구는 다음의 각 호에 따라 시설하여야 한다.
  ① 충전부분은 노출되지 아니하도록 시설할 것
  ② 태양전지 모듈에 접속하는 부하 측의 전로(복수의 태양전지 모듈을 시설한 경우에는 그 집합체에 접속하는 부하 측의 전로)에는 그 접속점에 근접하여 개폐기 기타 이와 유사한 기구(부하전류를 개폐할 수 있는 것에 한한다)를 시설할 것
  ③ 태양전지 모듈을 병렬로 접속하는 전로에는 그 전로에 단락이 생긴 경우에 전로를 보호하는 과전류차단기 기타의 기구를 시설할 것. 다만, 그 전로가 단락전류에 견딜 수 있는 경우에는 그러하지 아니하다.
  ④ 전선은 다음에 의하여 시설할 것. 다만, 기계기구의 구조상 그 내부에 안전하게 시설할 수 있을 경우에는 그러하지 아니하다.
    ㉠ 전선은 공칭단면적 2.5[$mm^2$] 이상의 연동선 또는 이와 동등 이상의 세기 및 굵기의 것일 것
    ㉡ 옥내에 시설할 경우에는 합성수지관공사, 금속관공사, 가요전선관공사 또는 케이블공사로 제183조, 제184조, 제186조 또는 제193조, 제195조제2항 및 제196조제2항, 제3항의 규정에 준하여 시설할 것
    ㉢ 옥측 또는 옥외에 시설할 경우에는 합성수지관공사, 금속관공사, 가요전선관공사 또는 케이블공사로 제183조, 제184조, 제186조 또는 제218조제1항제7호 및 제195조제2항, 제196조제2항 및 제3항의 규정에 준하여 시설할 것
  ⑤ 태양전지 모듈 및 개폐기 그 밖의 기구에 전선을 접속하는 경우에는 나사 조임 그 밖에 이와 동등 이상의 효력이 있는 방법에 의하여 견고하고 또한 전기적으로 완전하게 접속함과 동시에 접속점에 장력이 가해지지 않도록 시설하며 출력배선은 극성별로 확인 가능토록 표시할 것
  ⑥ 태양전지 모듈의 프레임은 지지물과 전기적으로 완전하게 접속하여야 한다.

(2) 태양전지 모듈의 지지물은 자중, 적재하중, 적설 또는 풍압 및 지진 기타의 진동과 충격에 대하여 안전한 구조의 것이어야 한다.

## 70 중질잔사유(重質殘渣油)를 가스화한 에너지의 범위로 옳은 것은?

① 고체가스 ② 합성가스
③ 메탄가스 ④ 바이오가스

**해설**

중질잔사유(신에너지 및 재생에너지 개발·이용·보급 촉진법 시행령 별표 1)
원유를 정제하고 남은 최종 잔재물로서 감압증류과정에서 나오는 감압잔사유·아스팔트와 열분해공정에서 나오는 코크·타르·피치 등을 말한다. 즉, 합성가스를 말한다.

## 71 수소와 산소의 전기화학 반응을 통하여 전기 또는 열을 생산하는 설비는?

① 태양열 설비
② 전력저장 설비
③ 연료전지 설비
④ 해양에너지 설비



68 ① 69 ④ 70 ② 71 ③ 정답

해설

신재생에너지 설비(신에너지 및 재생에너지 개발·이용·보급 촉진법 시행규칙 제2조)

신에너지 및 재생에너지 개발·이용·보급 촉진법 신에너지 및 재생에너지 설비에서 "산업통상자원부령으로 정하는 것"이란 다음의 설비 및 그 부대설비(신재생에너지 설비)를 말한다.

- 태양열 설비 : 태양의 열에너지를 변환시켜 전기를 생산하거나 에너지원으로 이용하는 설비
- 전력저장 설비 : 신에너지 및 재생에너지(신재생에너지)를 이용하여 전기를 생산하는 설비와 연계된 전력저장 설비
- 연료전지 설비 : 수소와 산소의 전기화학 반응을 통하여 전기 또는 열을 생산하는 설비
- 해양에너지 설비 : 해양의 조수, 파도, 해류, 온도차 등을 변환시켜 전기 또는 열을 생산하는 설비

## 72 저압 전로에서 정전이 어려운 경우 등 절연저항 측정이 곤란한 경우 누설전류는 최대 몇 [mA] 이하로 유지하여야 하는가?

① 0.03 ② 0.01
③ 1 ④ 30

해설

전로의 절연저항 및 절연내력(판단기준 제13조)

사용전압이 저압인 전로에서 정전이 어려운 경우 등 절연저항 측정이 곤란한 경우에는 누설전류를 1[mA] 이하로 유지하여야 한다.

## 73 태양전지 모듈의 절연내력 시험을 하는 경우 시험전압을 연속하여 몇 분간 가하여 견디어야 하는가?

① 1 ② 5
③ 10 ④ 30

해설

연료전지 및 태양전지 모듈의 절연내력(판단기준 제15조)

연료전지 및 태양전지 모듈은 최대사용전압의 1.5배의 직류전압 또는 1배의 교류전압(500[V] 미만으로 되는 경우에는 500[V])을 충전부분과 대지 사이에 연속하여 10분간 가하여 절연내력을 시험하였을 때에 이에 견디는 것이어야 한다.

## 74 3,000[kW] 태양광 발전사업자가 사업개시의 신고를 하려고 할 때 사업개시신고서를 누구에게 제출하여야 하는가?

① 시·도지사
② 한국전력공사 이사장
③ 한국에너지공단 이사장
④ 한국전력거래소 이사장

해설

발전사업의 개시신고(전기사업법 시행규칙 제8조)

발전사업의 개시의 신고를 하려는 자는 사업개시신고서를 산업통상자원부장관 또는 시·도지사(발전설비용량이 3,000[kW] 이하인 발전사업의 경우에 한정한다)에게 제출하여야 한다.

## 75 신재생에너지 공급인증서에 관한 아래의 설명 중 옳은 것만을 고른 것은?

ㄱ. 신재생에너지 공급인증서는 공급인증기관만 발급할 수 있다.
ㄴ. 공급인증서를 발급받으려는 자는 신재생에너지를 공급한 날부터 90일 이내에 발급 신청을 하여야 한다.
ㄷ. 공급인증서의 유효기간은 발급받은 날로부터 5년이다.
ㄹ. 공급인증서는 공급인증기관이 개설한 거래시장에서 거래할 수 있다.

① ㄱ, ㄴ, ㄷ ② ㄱ, ㄴ, ㄹ
③ ㄱ, ㄷ, ㄹ ④ ㄴ, ㄷ, ㄹ

해설

신재생에너지 공급인증서 등(신에너지 및 재생에너지 개발·이용·보급 촉진법 제12조의 7)

(1) 신재생에너지를 이용하여 에너지를 공급한 자(신재생에너지 공급자)는 산업통상자원부장관이 신재생에너지를 이용한 에너지 공급의 증명 등을 위하여 지정하는 기관(공급인증기관)으로부터 그 공급 사실을 증명하는 인증서(전자문서로 된 인증서를 포함한다. 이하 "공급인증서"라 한다)를 발급받을 수 있다. 다만, 발전차액을 지원받은 신재생에너지 공급자에 대한 공급인증서는 국가에 대하여 발급한다.
(2) 공급인증서를 발급받으려는 자는 공급인증기관에 대통령령으로 정하는 바에 따라 공급인증서의 발급을 신청하여야 한다.

정답 72 ③ 73 ③ 74 ① 75 ②

(3) 공급인증기관은 (2)에 따른 신청을 받은 경우에는 신재생에너지의 종류별 공급량 및 공급기간 등을 확인한 후 다음 각 호의 기재사항을 포함한 공급인증서를 발급하여야 한다. 이 경우 균형 있는 이용・보급과 기술개발 촉진 등이 필요한 신재생에너지에 대하여는 대통령령으로 정하는 바에 따라 실제 공급량에 가중치를 곱한 양을 공급량으로 하는 공급인증서를 발급할 수 있다.
   ① 신재생에너지 공급자
   ② 신재생에너지의 종류별 공급량 및 공급기간
   ③ 유효기간
(4) 공급인증서의 유효기간은 발급받은 날부터 3년으로 하되, 공급의무자가 구매하여 의무공급량에 충당하거나 발급받아 산업통상자원부장관에게 제출한 공급인증서는 그 효력을 상실한다. 이 경우 유효기간이 지나거나 효력을 상실한 해당 공급인증서는 폐기하여야 한다.
(5) 공급인증서를 발급받은 자는 그 공급인증서를 거래하려면 공급인증서 발급 및 거래시장 운영에 관한 규칙으로 정하는 바에 따라 공급인증기관이 개설한 거래시장(거래시장)에서 거래하여야 한다.
(6) 산업통상자원부장관은 다른 신재생에너지와의 형평을 고려하여 공급인증서가 일정 규모 이상의 수력을 이용하여 에너지를 공급하고 발급된 경우 등 산업통상자원부령으로 정하는 사유에 해당할 때에는 거래시장에서 해당 공급인증서가 거래될 수 없도록 할 수 있다.
(7) 산업통상자원부장관은 거래시장의 수급조절과 가격안정화를 위하여 대통령령으로 정하는 바에 따라 국가에 대하여 발급된 공급인증서를 거래할 수 있다. 이 경우 산업통상자원부장관은 공급의무자의 의무공급량, 의무이행실적 및 거래시장 가격 등을 고려하여야 한다.
(8) 신재생에너지 공급자가 신재생에너지 설비에 대한 지원 등 대통령령으로 정하는 정부의 지원을 받은 경우에는 대통령령으로 정하는 바에 따라 공급인증서의 발급을 제한할 수 있다.

### 76 전기공사의 시공 및 기술 관리의 내용으로 틀린 것은?

① 공사업자는 전기공사의 규모별로 전기공사 시공관리 책임자를 지정한다.
② 전기공사기술자로 인정을 받으려는 사람은 산업통상자원부장관에게 신청하여야 한다.
③ 공사업자는 전기공사기술자가 아닌 자에게 전기공사의 시공관리를 맡겨서는 아니 된다.
④ 전기공사기술자의 기술자격・학력・경력의 기준 및 범위 등은 산업통상자원부장관이 정한다.

**해설**

시공 및 기술관리(전기공사업법 제4장)
(1) 전기공사의 시공관리(전기공사업법 제16조)
   ① 공사업자는 전기공사기술자가 아닌 자에게 전기공사의 시공관리를 맡겨서는 아니 된다.
   ② 공사업자는 전기공사의 규모별로 대통령령으로 정하는 구분에 따라 전기공사기술자로 하여금 전기공사의 시공관리를 하게 하여야 한다.
(2) 시공관리책임자의 지정(전기공사업법 제17조)
   공사업자는 전기공사를 효율적으로 시공하고 관리하게 하기 위하여 제16조제2항에 따른 전기공사기술자 중에서 시공관리책임자를 지정하고 이를 그 전기공사의 발주자(공사업자가 하수급인인 경우에는 발주자 및 수급인, 공사업자가 다시 하도급 받은 자인 경우에는 발주자・수급인 및 하수급인을 말한다)에게 알려야 한다.
(3) 전기공사기술자의 인정(전기공사업법 제17조의2)
   ① 전기공사기술자로 인정을 받으려는 사람은 산업통상자원부장관에게 신청하여야 한다.
   ② 산업통상자원부장관은 ①에 따른 신청인이 제2조제9호 각 목의 어느 하나에 해당하면 전기공사기술자로 인정하여야 한다.
   ③ 산업통상자원부장관은 ①에 따른 신청인을 전기공사기술자로 인정하면 전기공사기술자의 등급 및 경력 등에 관한 증명서(경력수첩)를 해당 전기공사기술자에게 발급하여야 한다.
   ④ ①에 따른 신청절차와 ②에 따른 기술자격・학력・경력의 기준 및 범위 등은 대통령령으로 정한다.

### 77 산업통상자원부장관은 신재생에너지 연료 혼합의무의 이행 여부를 확인하기 위하여 혼합의무자에게 대통령령으로 정하는 바에 따라 필요한 자료의 제출을 요구할 수 있다. 이때 자료제출 요구에 따르지 않거나 거짓 자료 제출로 1회 위반할 경우 과태료 금액으로 옳은 것은?

① 100만원　　② 200만원
③ 300만원　　④ 400만원

**해설**

개별기준(신에너지 및 재생에너지 개발・이용・보급 촉진법 및 시행령)
(1) 법 제13조의2(보험・공제 가입)
   ① 제13조에 따라 설비인증을 받은 자는 신재생에너지 설비의 결함으로 인하여 제3자가 입을 수 있는 손해를 담보하기 위하여 보험 또는 공제에 가입하여야 한다.
   ② ①에 따른 보험 또는 공제의 기간・종류・대상 및 방법에 필요한 사항은 대통령령으로 정한다.
(2) 법 제23조의2(신재생에너지 연료 혼합의무 등)
   ① 산업통상자원부장관은 신재생에너지의 이용・보급을 촉진하고 신재생에너지 산업의 활성화를 위하여 필요하다고 인정하는 경우 대통령령으로 정하는 바에 따라 석유 및 석유대체연료 사업법 제2조에 따른 석유정제업자 또는 석유수출입업자(혼합의무자)에게 일정 비율(혼합의무비율) 이상의 신재생에너지 연료를 수송용연료에 혼합하게 할 수 있다.



76 ④ 77 ③ 정답

② 산업통상자원부장관은 ①에 따른 혼합의무의 이행 여부를 확인하기 위하여 혼합의무자에게 대통령령으로 정하는 바에 따라 필요한 자료의 제출을 요구할 수 있다.

(3) 영 별표 8

| 위반행위 | 근거법령 | 과태료 | |
|---|---|---|---|
| | | 1회 위반 | 2회 이상 위반 |
| 법 제13조의 2를 위반하여 보험 또는 공제에 가입하지 않은 경우 | 법 제35조 제1항제4호 | 200만원 | 500만원 |
| 법 제23조제2항에 따른 자료제출 요구에 따르지 않거나 거짓자료를 제출한 경우 | 법 제35조 제1항제5호 | 300만원 | 500만원 |

**78** **특고압 옥내배선이 저압 옥내배선 · 관등회로의 배선 · 고압 옥내전선 · 약전류 전선 등 또는 수관 · 가스관이나 이와 유사한 것과 접근하거나 교차하는 경우 특고압 옥내배선과 저압 옥내전선 · 관등회로의 배선 또는 고압 옥내전선 사이의 이격거리는 최소 몇 [cm] 이상으로 하여야 하는가?**

① 30 ② 40
③ 50 ④ 60

해설

특고압 옥내 전기설비의 시설(판단기준 제212조)

(1) 특고압 옥내배선은 제246조의 규정에 의하여 시설하는 경우 이외에는 다음 각 호에 따르고 또한 위험의 우려가 없도록 시설하여야 한다.
 ① 사용전압은 100[kV] 이하일 것. 다만, 케이블 트레이공사에 의하여 시설하는 경우에는 35[kV] 이하일 것
 ② 전선은 케이블일 것
 ③ 케이블은 철재 또는 철근 콘크리트제의 관 · 덕트 기타의 견고한 방호장치에 넣어 시설할 것. 다만, ① 단서의 케이블 트레이공사에 의하는 경우에는 제209조제1항제4호에 준하여 시설할 것
 ④ 관 그 밖에 케이블을 넣는 방호장치의 금속제 부분 · 금속제의 전선 접속함 및 케이블의 피복에 사용하는 금속체에는 제1종 접지공사를 할 것. 다만, 사람이 접촉할 우려가 없도록 시설하는 경우에는 제3종 접지공사에 의할 수 있다.
 ⑤ ③의 덕트에 의한 특고압 옥내배선을 시설하는 경우 제187조 제4항에 준하여 시설할 것

(2) 특고압 옥내배선이 저압 옥내전선 · 관등회로의 배선 · 고압 옥내전선 · 약전류전선 등 또는 수관 · 가스관이나 이와 유사한 것과 접근하거나 교차하는 경우에는 다음 각 호에 따라야 한다.
 ① 특고압 옥내배선과 저압 옥내전선 · 관등회로의 배선 또는 고압 옥내전선 사이의 이격거리는 60[cm] 이상일 것. 다만, 상호 간에 견고한 내화성의 격벽을 시설할 경우에는 그러하지 아니하다.
 ② 특고압 옥내배선과 약전류전선 등 또는 수관 · 가스관이나 이와 유사한 것과 접촉하지 아니하도록 시설할 것
 ③ 특고압의 이동전선 및 접촉전선(전차선을 제외한다)은 이동전선을 제246조제1항제6호의 규정에 의하여 시설하는 경우 이외에는 옥내에 시설하여서는 아니 된다.
 ④ 제195조제2항의 규정은 옥내에 시설하는 특고압 전기설비(방전등 · 엑스선 발생장치 및 제151조제1항의 전선로를 제외한다. 이하 이 조에서 같다)에 준용한다.
 ⑤ 제246조제1항제5호의 규정에 의하여 시설하는 경우 이외에는 제199조부터 제202조까지에 규정하는 곳에 특고압 옥내 전기설비를 시설하여서는 아니 된다.
 ⑥ 옥내 또는 옥외에 시설하는 예비 케이블은 사람이 접촉할 우려가 없도록 시설하고 접지공사를 하여야 한다.

**79** **전기사업자 및 한국전력거래소는 전압 및 주파수의 측정기준 · 측정방법 및 보존방법 등을 정하여 산업통상자원부장관에게 제출하고, 매년 최소 몇 회 이상 측정하고 그 측정 결과를 몇 년간 보존하여야 하는가?**

① 1회, 3년 ② 1회, 5년
③ 2회, 3년 ④ 2회, 5년

해설

전압 및 주파수의 측정(전기사업법 시행규칙 제19조)

(1) 전기사업자 및 한국전력거래소는 산업통상자원부령으로 정하는 바에 따라 전기품질을 측정하고 그 결과를 기록 · 보존하여야 한다는 규정에 따라 전기사업자 및 한국전력거래소는 다음 각 목의 사항을 매년 1회 이상 측정하여야 하며 측정 결과를 3년간 보존하여야 한다.
 ① 발전사업자 및 송전사업자의 경우에는 전압 및 주파수
 ② 배전사업자 및 전기판매사업자의 경우에는 전압
 ③ 한국전력거래소의 경우에는 주파수

(2) 전기사업자 및 한국전력거래소는 (1)에 따른 전압 및 주파수의 측정기준 · 측정방법 및 보존방법 등을 정하여 산업통상자원부장관에게 제출하여야 한다.

정답 78 ④ 79 ①

**80** **전로에 시설하는 기계기구의 철대 및 금속제외함(외함이 없는 변압기 또는 계기용변성기는 철심)에 제3종 접지공사를 한 경우 접지저항 값으로 옳은 것은?**

① 100[Ω] 이하 ② 200[Ω] 이하
③ 300[Ω] 이하 ④ 400[Ω] 이하

**해설**

기계기구의 철대 및 외함의 접지(판단기준 제33조)

(1) 전로에 시설하는 기계기구의 철대 및 금속제 외함(외함이 없는 변압기 또는 계기용변성기는 철심)에는 다음 각 호의 어느 하나에 따라 접지공사를 하여야 한다.
① 다음 표에서 정한 접지공사

| 기계기구의 구분 | 접지공사의 종류 |
|---|---|
| 400[V] 미만인 저압용의 것 | 제3종 접지공사 |
| 400[V] 이상의 저압용의 것 | 특별 제3종 접지공사 |
| 고압용 또는 특고압용의 것 | 제1종 접지공사 |

② 제18조 제6항 · 제7항, 제22조의2 및 제249조에 따른 접지공사

(2) 다음 각 호의 어느 하나에 해당하는 경우에는 제1항 제1호의 규정에 따르지 않을 수 있다.
① 사용전압이 직류 300[V] 또는 교류 대지전압이 150[V] 이하인 기계기구를 건조한 곳에 시설하는 경우
② 저압용의 기계기구를 건조한 목재의 마루 기타 이와 유사한 절연성 물건 위에서 취급하도록 시설하는 경우
③ 저압용이나 고압용의 기계기구, 제29조에 규정하는 특고압 전선로에 접속하는 배전용 변압기나 이에 접속하는 전선에 시설하는 기계기구 또는 제135조제1항 및 제4항에 규정하는 특고압 가공전선로의 전로에 시설하는 기계기구를 사람이 쉽게 접촉할 우려가 없도록 목주 기타 이와 유사한 것의 위에 시설하는 경우
④ 철대 또는 외함의 주위에 적당한 절연대를 설치하는 경우
⑤ 외함이 없는 계기용변성기가 고무 · 합성수지 기타의 절연물로 피복한 것일 경우
⑥ 전기용품 및 생활용품 안전관리법의 적용을 받는 2중 절연구조로 되어 있는 기계기구를 시설하는 경우
⑦ 저압용 기계기구에 전기를 공급하는 전로의 전원 측에 절연변압기(2차 전압이 300[V] 이하이며, 정격용량이 3[kVA] 이하인 것에 한한다)를 시설하고 또한 그 절연변압기의 부하측 전로를 접지하지 않은 경우
⑧ 물기 있는 장소 이외의 장소에 시설하는 저압용의 개별 기계기구에 전기를 공급하는 전로에 전기용품 및 생활용품 안전관리법의 적용을 받는 인체감전보호용 누전차단기(정격감도전류가 30[mA] 이하, 동작시간이 0.03초 이하의 전류동작형에 한한다)를 시설하는 경우
⑨ 외함을 충전하여 사용하는 기계기구에 사람이 접촉할 우려가 없도록 시설하거나 절연대를 시설하는 경우

접지공사의 종류(판단기준 제18조)

| 접지공사의 종류 | 접지저항값 |
|---|---|
| 제1종 접지공사 | 10[Ω] |
| 제2종 접지공사 | 변압기의 고압측 또는 특고압측의 전로의 1선 지락전류의 암페어 수로 150을 나눈 값과 같은 [Ω]수 |
| 제3종 접지공사 | 100[Ω] |
| 특별 제3종 접지공사 | 10[Ω] |



80 ① 정답

# 과년도 기출문제

## 제1과목 태양광발전시스템 이론

**01** 도체에 빛을 조사하면 그 표면에서 전자를 방출하는 현상은?

① 쇼트키 효과 ② 광전 효과
③ 터널링 효과 ④ 페르미 준위

해설

용어의 정의

- 쇼트키 효과
  열전자를 방출하고 있는 상태의 금속에 전기장을 가하면 전자의 방출효과가 높아지는 현상으로 양극판 전압의 오름에 따라 포화전류가 더욱 증가하는 현상이다. 즉, 음극에 비해 양의 전압을 양극에 인가하면 음극에서 전계가 포텐셜 에너지 장벽 $\phi$를 감소시켜서 열전자 방출이 용이하게 하는 현상이다. W. 쇼트키가 발견했다.
- 광전효과
  금속 등의 물질이 고유의 특정 파장보다 짧은 파장을 가진 전자기파를 흡수했을 때 전자를 내보내는 현상이다. 이때 방출되는 전자를 광전자라 하는데, 보통 전자와 성질이 다르지는 않지만 빛에 의해 방출되는 전자이기 때문에 붙여진 이름이다.
- 터널링(터널) 효과
  양자 역학에서 원자핵을 구성하는 핵자가 그것을 묶어 놓은 핵력의 포텐셜 장벽보다 낮은 에너지 상태에서도 확률적으로 원자 밖으로 튀어 나가는 현상을 말한다.
- 페르미 준위
  물리학(양자 역학)에서 페르미-디랙 통계의 변수나 페르미입자계의 화학 위치에너지 $\mu$이다. 절대 0도에서의 페르미 준위는 바닥상태의 에너지로 이를 페르미 에너지(Fermi Energy)라고 한다. 결정 사이에 전자의 에너지 띠구조를 형성하게 되는데 이는 절대 0[℃]의 페르미 에너지는 금속의 경우에 전자를 바닥부터 채워서 그 수가 계의 전전자수가 된 것의 전자 에너지이지만반도체나 절연체의 경우에는 전도띠와 원자가띠 사이의 띠 틈 속에 있다.

**02** 태양전지 모듈의 배선 후 각 모듈의 확인사항이 아닌 것은?

① 극성 확인 ② 전압 확인
③ 단락전류 확인 ④ 절연저항 확인

해설

태양전지 모듈의 배선 후 각 모듈의 확인 사항

태양전지 모듈의 배선이 끝나면 각 모듈 극성확인, 전압확인, 단락전류확인, 양극과의 접지 여부(비접지) 등을 확인한다. 특히, 태양광발전설비 중 파워컨디셔너(PCS)는 절연변압기를 시설하는 경우가 드물기 때문에 일반적으로 직류 측 회로를 비접지로 하고 있다.

**03** 다음 [보기]는 태양광 인버터 최대전력추종 시험방법이다. (  )에 들어갈 수 없는 기준값은?

> [보 기]
> 등가 일사 강도를 정격 출력 시의 (  )[%], (  )[%], (  )[%], (  )[%], (  )[%]로 한 상태에서 인버터의 입력전력을 측정한다.

① 12.5 ② 50
③ 75 ④ 90

해설

태양광 인버터 최대전력추종 시험방법

등가 일사강도를 정격 출력 시의 12.5[%], 25[%], 50[%], 75[%], 100[%]로 한 상태에서 인버터의 입력 전력을 측정한다.

**04** 다결정 실리콘 태양전지 제조과정에 포함되지 않는 공정은?

① 방향성 고결 ② 블록으로 절단
③ 인발 공정 ④ 웨이퍼로 켜기

해설

다결정 실리콘 태양전지 제조과정

규석(모래) → 폴리실리콘 → 잉곳(사각형 긴 덩어리) → 웨이퍼(사각형 얇은 판) → 셀(웨이퍼를 가공한 상태 모양) → 모듈(셀 여러 개를 배열하여 결합한 상태의 구조물)

정답 1 ② 2 ④ 3 ④ 4 ③

## 05 인버터 출력 데이터 중 모니터링시스템에 전송되는 것이 아닌 것은?

① 일사량
② 발전량
③ 입력 측 전압, 전류, 전력
④ 출력 측 전압, 전류, 전력

해설

인버터의 모니터링 화면 전송 내용

- 입·출력 측 전압, 전류, 전력
- 발전량
- 1일 소비전력량
- 1일 축적량

## 06 STC 조건 하에서 다음과 같은 특성을 가진 결정질 태양전지 모듈의 표면온도가 −13[℃]일 때, 최대 전압은 몇 [V]인가?(단, 최대동작전압[$V_{mpp}$] = 36.7[V], 전압 온도계수[$a_{vmpp}$] = −0.25[V/℃]이다)

① 33.2　　② 40.2
③ 46.2　　④ 50.0

해설

최대전압(V) = 최대동작전압( $V_{mpp}$ ) + (모듈의 표면온도 × (1 − 전압 온도계수($a_{vmpp}$))−전압 온도계수($a_{vmpp}$)

= 36.7 + (13 × (1 − 0.25)) − 0.25 = 46.2[V]

## 07 태양광발전시스템을 계통에 접속하여 역송전운전을 하는 경우에 전력전송을 위한 수전점의 전압이 상승하여 전력회사의 운용범위를 넘지 못하게 하는 인버터의 기능은?

① 자동운전 정지기능
② 계통연계 보호기능
③ 단독운전 방지기능
④ 자동전압 조정기능

해설

태양광 인버터의 기능

- 자동운전 정지기능
  - 인버터는 일출과 함께 일사강도가 증대하여 출력을 얻을 수 있는 조건이 되면 자동적으로 운전을 시작한다. 운전을 시작하면 태양전지의 출력을 스스로 감시하여 자동적으로 운전을 한다.
  - 전력계통이나 인버터에 이상이 있을 때 안전하게 분리하는 기능으로서 인버터를 정지시킨다. 해가 질 때도 출력을 얻을 수 있는 한 운전을 계속하며, 해가 완전히 없어지면 운전을 정지한다.
  - 또한 흐린 날이나 비오는 날에도 운전을 계속할 수 있지만 태양전지의 출력이 적어져 인버터의 출력이 거의 0으로 되면 대기상태가 된다.
- 계통 연계 보호장치
  이상 또는 고장이 발생했을 경우 자동적으로 분산형 전원을 전력계통으로부터 분리해 내기 위한 장치를 시설해야 한다.
  - 단독운전 상태
  - 분산형 전원의 이상 또는 고장
  - 연계형 전력계통의 이상 또는 고장
- 단독운전 방지기능
  태양광발전시스템은 계통에 연계되어 있는 상태에서 계통 측에 정전이 발생했을 때 부하전력이 인버터의 출력전력과 같은 경우 인버터의 출력전압·주파수 계전기에서는 정전을 검출할 수가 없다. 이와 같은 이유로 계속해서 태양광발전시스템에서 계통에 전력이 공급될 가능성이 있다. 이러한 운전 상태를 단독운전이라 한다. 단독운전이 발생하면 전력회사의 배전망이 끊어져 있는 배전선에 태양광발전시스템에서 전력이 공급되기 때문에 보수점검자에게 위험을 줄 우려가 있는 태양광발전시스템을 정지할 필요가 있지만, 단독운전 상태의 전압계전기(UVR, OVR)와 주파수 계전기(UFR, OFR)에서는 보호할 수 없다. 따라서 이에 대한 대책의 일환으로 단독운전 방지기능을 설정하여 안전하게 정지할 수 있도록 한다.
- 자동전압 조정기능
  태양광발전시스템을 계통에 접속하여 역송전 운전을 하는 경우 전력 전송을 위한 수전점의 전압이 상승하여 전력회사의 운용범위를 초과할 가능성이 있다. 따라서 이를 예방하기 위해 자동전압 조정기능을 설정하여 전압의 상승을 방지하고 있다.

## 08 태양광발전시스템에서 개별 손실 인자가 아닌 것은?

① 모듈의 오손
② AC손실
③ 음 영
④ 일사량 조건

해설

태양광발전시스템의 개별 손실 인자

- AC 손실
- 모듈의 오손
- 음 영
- 전기저항 손실



5 ① 6 ③ 7 ④ 8 ④ 정답

## 09 저항에 대한 설명 중 틀린 것은?

① 옴의 법칙에서 전압은 저항에 반비례한다.
② 온도의 상승에 따라 도체의 전기저항은 증가한다.
③ 도선의 저항은 길이에 비례한다.
④ 도선의 저항은 단면적에 반비례한다.

**해설**

저항($R[\Omega]$)
전기의 흐름을 방해하는 성질을 갖는 소자로써 도선이 길어지면 저항도 증가하고, 단면적에 반비례한다. 또한 온도가 상승하면 도체의 전기저항도 따라서 증가하게 된다.
※ 1[Ω]은 1[V]의 전압을 가한 때, 1[A]의 전류가 흐르는 도체의 저항을 말한다.

$$R = \frac{V(\text{전압})}{I(\text{전류})}[\Omega]$$

## 10 인버터에 관한 사항으로 틀린 것은?

① 인버터 설치용량은 설계용량 이상
② 인버터에 연결된 모듈 설치용량은 인버터 설치용량의 110[%] 이내
③ 각 직렬군의 태양전지 개방전압은 인버터 입력전압 범위 안에 존재
④ 옥내용을 옥외에 설치하는 경우는 5[kW] 이상 용량일 경우에만 가능

**해설**

인버터의 설치용량은 설계용량 이상이어야 하고, 인버터에 연결된 모듈의 설치용량은 인버터 설치용량의 105[%] 이내이어야 한다. 그리고 옥내용을 옥외에 설치할 경우 5[kW] 이상일 경우에만 가능하다. 또한 각 직렬군의 태양전지 개방전압은 인버터 입력전압 범위 안에 있어야 한다.

## 11 계통연계형 태양광발전시스템의 교류 측 분전반에 포함되어야 하는 항목은?

① 과전류차단기 ② 단자대
③ 역류방지장치 ④ 진공차단기

**해설**

교류 측 기기
- 분전반
  - 상용전력계통과 계통 연계하는 경우에 인버터의 교류출력을 계통으로 접속할 때 사용하는 차단기를 수납하는 함이다. 분전반은 대다수의 주택에 이미 설치되어 있기 때문에 태양광발전시스템의 정격출력전류에 맞는 차단기가 있으면 그것을 사용하도록 한다.
  - 이미 설치되어 있는 분전반에 여유가 없는 경우에는 별도의 분전반을 준비하거나 기설되어 있는 분전반 근처에 설치하는 것이 일반적이다. 또한 태양광발전시스템용으로 설치하는 차단기는 지락검출기능이 있는 과전류 차단기가 꼭 필요하다.
  - 단상 3선식 계통에 연계하는 경우에 부하의 불평형에 의해 중성선에 최대전류가 발생할 위험이 있으므로 수전점에서 3극의 과전류 분리를 가진 차단기(3P-3E)를 설치해야 한다.

## 12 N형 실리콘을 위한 도핑 원소로 적합하지 않은 것은?

① 안티몬(Sb) ② 비소(As)
③ 갈륨(Ga) ④ 인(P)

**해설**

불순물 반도체
- 5가(N형) 반도체(도우너 : Donor)
  안티몬(Sb), 비소(As), 인(P)
- 3가(P형) 반도체(억셉터 : Acceptor)
  B(붕소), Al(알루미늄), Ga(갈륨)

## 13 태양광 인버터 입력단 표시사항이 아닌 것은?

① 전 력 ② 주파수
③ 전 압 ④ 전 류

**해설**

태양광 인버터 입력단(모듈출력)전압과 전류가 표시되어야 한다.

## 14 바이오에너지의 범위에 대한 설명 중 틀린 것은?

① 동・식물의 유지를 변환시킨 바이오디젤
② 쓰레기매립장의 무기성폐기물을 변환시킨 매립지가스
③ 생물유기체를 변환시킨 땔감, 우드칩, 펠릿 및 목탄 등의 고체연료
④ 생명유기체를 변환시킨 바이오가스, 바이오에탄올, 바이오액화유 및 합성가스

정답 9 ① 10 ② 11 ① 12 ③ 13 ② 14 ②

**해설**

바이오에너지 등의 기준 및 범위(신에너지 및 재생에너지 개발·이용·보급 촉진법 시행령 별표 1)

(1) 기 준

① 생물유기체를 변환시켜 얻어지는 기체, 액체 또는 고체의 연료

② ①의 연료를 연소 또는 변환시켜 얻어지는 에너지

※ ① 또는 ②의 에너지가 신재생에너지가 아닌 석유제품 등과 혼합된 경우에는 생물유기체로부터 생산된 부분만을 바이오에너지로 본다.

(2) 범 위

① 생물유기체를 변환시킨 바이오가스, 바이오에탄올, 바이오액화유 및 합성가스

② 쓰레기매립장의 유기성폐기물을 변환시킨 매립지가스

③ 동물·식물의 유지를 변환시킨 바이오디젤(관련 법령 개정으로 인해 "바이오중유"가 추가됨 〈개정 2019.9.24〉)

④ 생물유기체를 변환시킨 땔감, 목재칩, 펠릿 및 목탄 등의 고체연료

## 15 다음 [보기]와 같이 기타 조건이 주어질 때 부하평준화 대응형 축전지의 설치용량으로 가장 적합한 것은?

[보 기]

- 평균부하 용량 : 100[kWh]
- PCS 직류입력전압 : 200[V]
- PCS 축전지 간 전압강하 : 2[V]
- PCS 효율 : 95[%]
- 보수율 : 0.8
- 용량환산시간[K] : 24.5

① 약 11,000[Ah]　② 약 14,000[Ah]
③ 약 16,000[Ah]　④ 약 19,000[Ah]

**해설**

부하평준화 대응형 축전지의 설치용량($C$)

$$= \frac{\text{용량환산시간}(K) \times \text{평균방전전류}(I)}{L(\text{보수율})}$$

$$= \frac{24.5 \times 526.32}{0.8} \fallingdotseq 16{,}119[\text{Ah}]$$

※ $\text{평균방전전류}(I) = \dfrac{\text{평균부하용량}(C)}{\text{직류전압}(V) \times \text{효율}(\eta)} = \dfrac{100 \times 10^3}{200 \times 0.95} \fallingdotseq 526.32[\text{A}]$

## 16 아래와 같은 방식의 설치 방식은?

- 지붕재에 태양전지모듈을 부착시키는 타입
- 주변 지붕재와 같은 형상으로 지붕과 일체감이 있으며 건축의 디자인을 손상시키지 않는 미감 실현
- 지붕의 방수성, 내구성 등의 여러 기능 겸비

① 지붕재 일체형　② 지붕재형
③ 경사지붕형　④ 평지붕형

**해설**

태양전지 모듈의 시공 및 설치 방식의 특징

(1) 지붕 설치형

① 평 지붕형

㉠ 아스팔트 방수, 시트 방수 등의 방수층 위에 철골가대를 설치하고 그 위에 태양전지 모듈을 설치하는 형태이다.

㉡ 주로 학교 관사 옥상이나 청사에 설치하는 공법으로서 각 모듈 제조회사의 표준사양으로 되어 있다.

② 경사 지붕형

㉠ 착색 슬레이트, 금속지붕, 기와 등의 지붕재에 전용 지지기구와 받침대를 설치하여 그 위에 태양전지 모듈을 설치하는 형태이다.

㉡ 주로 주택용 설치공법으로서 각 모듈 제조회사의 표준사양으로 되어 있다.

(2) 지붕 건재형

① 지붕재형

㉠ 태양전지 모듈 자체가 지붕재로서의 역할을 하는 형태이다.

㉡ 지붕재와의 배합이 가능하다.

㉢ 주로 신축 주택용 건물에 설치된다.

② 지붕재 일체형

㉠ 주변 지붕재와 동일한 형상을 하고 있기 때문에 지붕과 일체감이 있고 건축의 미적 디자인을 손상시키지 않는다.

㉡ 금속지붕, 평판기와 등의 지붕재에 태양전지 모듈을 부착시킨 형태이다.

㉢ 방수성, 내구성 등 지붕의 여러 기능을 겸비한다.

## 17 72개 전지로 구성된 결정질 실리콘 태양전지모듈의 개방전압이 43.2[V]일 때 내부 태양전지 개방전압($V_{oc}$)과 충진율(Fill Factor)에 가장 근접한 값은?

① 개방전압은 0.4[V], 충진율은 0.7~0.8
② 개방전압은 0.6[V], 충진율은 0.7~0.8
③ 개방전압은 1.0[V], 충진율은 0.8~1.0
④ 개방전압은 1.2[V], 충진율은 0.9~1.0



15 ③ 16 ① 17 ② 정답

해설

개방전압($V_{oc}$)와 충진률(Fill Factor)

- 개방전압($V_{oc}$) = $\frac{\text{태양전지모듈의 개방전압}}{\text{전지의 수}} = \frac{43.2}{72}$ = 0.6[V]
- 충진률(Fill Factor)
  - 단결정 실리콘 : 0.75~0.85
  - 결정질 실리콘 : 0.7~0.8
  - 비경질 : 0.5~0.7

## 18 2[Ω], 3[Ω], 5[Ω]의 저항 3개가 직렬로 접속된 회로에 5[A]의 전류가 흐르면 공급 전압은 몇 [V]인가?

① 30　　② 50
③ 70　　④ 100

해설

전압($V$) = 저항($R$) × 전류($I$) = (2+3+5) × 5 = 50[V]

※ 저항의 접속

- 직렬접속 : 직렬저항의 합성저항은 각 저항의 총합으로 이루어진다.

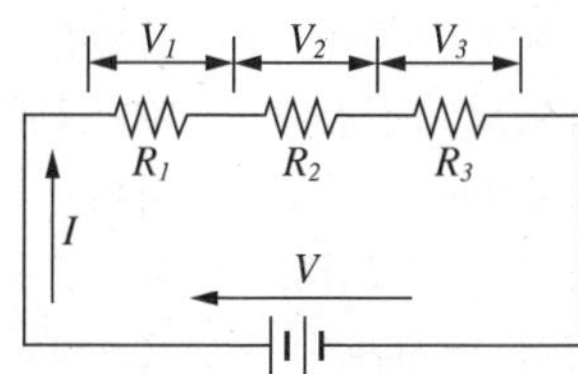


$$R = R_1 + R_2 + R_3 + \cdots + R_n [\Omega]$$

- 병렬접속 : 병렬저항의 합성저항은 각 저항들의 역수의 총합을 구하고, 다시 그 총합의 역수로 이루어진다.

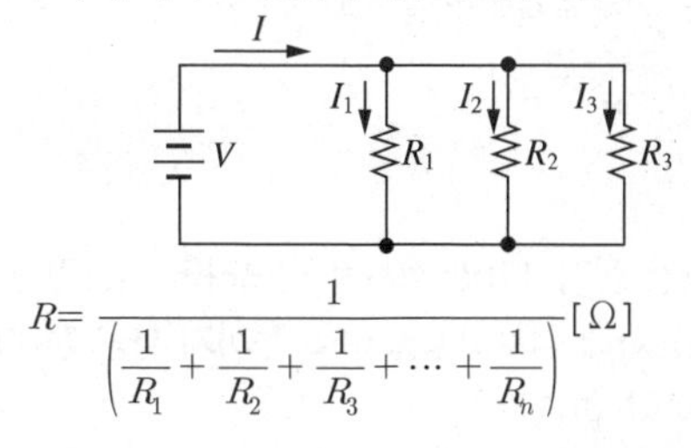


$$R = \frac{1}{\left(\frac{1}{R_1} + \frac{1}{R_2} + \frac{1}{R_3} + \cdots + \frac{1}{R_n}\right)} [\Omega]$$

## 19 태양전지의 직렬저항 증가에 따른 영향으로 옳은 것은?

① 개방전압 감소　　② 누설전류 증가
③ 단락전류 증가　　④ 충진율 감소

해설

태양전지의 직렬저항 증가에 따른 영향

- 개방전압 증가
- 누설전류 감소
- 단락전류 감소
- 충진율 감소

## 20 태양열 시스템 활용온도에 따른 분류 중 자연형의 온도 조건은?

① 60[℃] 이하　　② 100[℃] 이하
③ 200[℃] 이하　　④ 300[℃] 이하

해설

태양열 이용기술의 분류

태양열시스템은 열매체의 구동장치 유무에 따라서 자연형(Passive) 시스템과 설비형(Aactive) 시스템으로 구분된다. 자연형 시스템은 온실, 트롬월(Trombe Wall)과 같이 남측의 창문이나 벽면 등 주로 건물 구조물을 활용하여 태양열을 집열하는 장치이며, 설비형 시스템은 집열기를 별도로 설치하여 펌프와 같은 열매체 구동장치를 활용하여 태양열을 집열하므로 흔히 태양열시스템이라고 한다.

집열 또는 활용온도에 따른 분류는 일반적으로 저온용, 중온용, 고온용으로 분류하기도 하며, 각 온도별 적정 집열기, 축열방법 및 이용분야는 다음과 같다.

| 구 분 | 자연형 | 설비형 | | |
|---|---|---|---|---|
| | 저온용 | 중온용 | 고온용 | |
| 활용온도 | 60[℃] 이하 | 100[℃] 이하 | 300[℃] 이하 | 300[℃] 이상 |
| 집열부 | 자연형 시스템 공기식 집열기 | 평판형 집열기 | PTC형 집열기, CPC형 집열기, 진공관형 집열기 | Dish형 집열기, Power Tower |
| 축열부 | Trombe Wall (자갈, 현열) | 저온축열 (현열, 잠열) | 중온축열 (잠열, 화학) | 고온축열 (화학) |
| 이용분야 | 건물 공간 난방 | 냉난방·급탕, 농수산 (건조, 난방) | 건물 및 농수산 분야 냉·난방, 담수화, 산업공정열, 열발전 | 산업공정열, 열발전, 우주용, 광촉매폐수처리, 광화학, 신물질제조 |

※ PTC(Parabolic Trough solar Collector), CPC(Compound Parabolic Collector)

## 제2과목 태양광발전시스템 시공

**21** 태양전지 모듈 시공 시의 안전대책에 대한 고려사항으로 적절하지 않은 것은?

① 절연된 공구를 사용한다.
② 강우 시에는 반드시 우비를 착용하고 작업에 임한다.
③ 안전모, 안전대, 안전화, 안전허리띠 등을 반드시 착용한다.
④ 작업자는 자신의 안전확보와 2차 재해방지를 위해 작업에 적합한 복장을 갖춰 작업에 임해야 한다.

**해설**
강우 시에는 감전사고 및 미끄러짐으로 인한 추락 사고의 위험이 동반되므로 작업을 하지 않는다.

**22** 태양광발전시스템에서 태양전지 어레이용 가대 및 지지대 설치 고려사항이 아닌 것은?

① 지지물의 자중, 적재하중 및 구조하중에 맞게 안전한 구조의 것으로 설치한다.
② 태양전지 모듈의 유지보수를 위한 공간과 작업 안전을 위해 발판, 안전난간을 설치한다.
③ 구조물의 자재 중 강제류는 현장에서 절단, 용융아연도금 하여 조립함을 원칙으로 한다.
④ 태양광전지 어레이용 가대 및 지지대의 설치순서, 양중방법 등의 설치계획을 결정한다.

**해설**
기초와 지지물 설치 완료가 되면 반입자재 검수(공장검수실시 기자재 포함)에 합격된 자재를 중심으로 설치·시공한다.

**23** 태양광발전시스템 시공 중 감전방지책에 대한 설명으로 틀린 것은?

① 강우 시 작업을 중단한다.
② 저압전로용 절연장갑을 착용한다.
③ 이중절연처리가 된 공구를 사용한다.
④ 작업 종료 후 태양전지 모듈의 표면에 차광시트를 붙인다.

**해설**
작업 중 감전사고 안전 대책으로 작업 전 태양전지 모듈 표면에 차광막을 씌워 태양광을 차폐한다.

**24** 3,000[kW] 이하의 전기발전사업 허가권자는?

① 시·도지사 ② 전기위원회
③ 한국전력공사 ④ 산업통상자원부 장관

**해설**
사업허가의 신청(전기사업법 시행규칙 제4조)
3,000[kW] 이하의 전기발전사업 허가권자는 시·도지사이다.

**25** 태양광 발전 공정 계획이 올바르게 연결된 것은?

① 자재 구매 → 기자재 제작 및 공장검사 → 반입 및 기자재 설치 → 교육훈련 → 시운전
② 자재 구매 → 기자재 제작 및 공장검사 → 반입 및 기자재 설치 → 시운전 → 교육훈련
③ 기자재 제작 및 공장검사 → 자재 구매 → 반입 및 기자재 설치 → 교육훈련 → 시운전
④ 기자재 제작 및 공장검사 → 자재 구매 → 반입 및 기자재 설치 → 시운전 → 교육훈련

**해설**
태양광발전 공정계획
자재 구매 → 기자재 제작 및 공장검사 → 반입 및 기자재 설치 → 시운전 → 교육훈련

**26** 자가용 전기설비의 검사를 받으려면 신청인은 한국전기안전공사에 검사희망일 며칠 전까지 사용 전 검사를 신청하여야 하는가?

① 5일 ② 7일
③ 14일 ④ 30일

**해설**
검사신청(자가용 전기설비 검사업무 처리규정 제8조)
사용 전 검사는 자가용 전기설비 검사 7일 전에 한국전기안전공사에 신청하여야 한다.



정답: 21 ② 22 ③ 23 ④ 24 ① 25 ② 26 ②

## 27 다음 중 개폐장치의 종류가 아닌 것은?

① 단로기 ② 전류 계전기
③ 진공 차단기 ④ ATS

**해설**

전류 계전기는 어떤 설정된 전류치에 의해서 동작하는 계전기를 말한다.

## 28 직류 전기를 교류로 변환하는 것은?

① 정류기 ② 초 퍼
③ 인버터 ④ 변압기

**해설**

직류 전기를 교류로 변환시키는 것은 인버터이다. 파워컨디셔너(PCS)로 표현하기도 한다.

## 29 태양전지 모듈의 배선이 끝난 후 확인사항이 아닌 것은?

① 비접지 확인
② 전압극성 확인
③ 단락전류 확인
④ 개방전류 확인

**해설**

태양전지 모듈 및 어레이 설치 후 확인 · 점검사항

- 전압 · 극성의 확인
- 단락전류의 측정
- 비접지의 확인
- 접지의 연속성 확인

## 30 지상에 구조물 설치를 위한 기초의 종류 중 지지층이 얕을 경우 적용하는 기초방식은?

① 말뚝기초 ② 직접기초
③ 케이슨기초 ④ 연속기초

## 31 감리용역 착수 시 감리업자가 제출하여야 하는 서류가 아닌 것은?

① 감리수행계획서
② 감리비 산출내역서
③ 시공책임자의 경력확인서
④ 감리원의 경력확인서

**해설**

행정업무(전력시설물 공사감리업무 수행지침 제7조)
감리업자는 감리용역 착수 시 다음의 서류를 첨부한 착수신고서를 제출하여 발주자의 승인을 받아야 한다.

- 감리업무 수행계획서
- 감리비 산출내역서
- 상주, 비상주 감리원 배치계획서와 감리원의 경력확인서
- 감리원 조직 구성내용과 감리원별 투입기간 및 담당업무

## 32 설계감리원이 수행하여야 할 업무 범위로 틀린 것은?

① 시공성 및 유지관리의 용이성 검토
② 주요 설계용역 업무에 대한 기술자문
③ 설계업무의 공정 및 기성관리의 검토
④ 설계관계자간에 이견 시 공사관계자에게 보고

**해설**

설계감리원의 업무 범위(설계감리업무 수행지침 제4조)

- 주요 설계용역 업무에 대한 기술자문
- 사업기획 및 타당성 조사 등 전단계 용역 수행 내용의 검토
- 시공성 및 유지관리의 용이성 검토
- 설계도서의 누락, 오류, 불명확한 부분에 대한 추가 및 정정 지시 및 확인
- 설계업무의 공정 및 기성관리의 검토 · 확인
- 설계감리 결과보고서의 작성
- 그 밖에 계약문서에 명시된 사항

## 33 전력케이블의 방화 시 대책인 난연성도료의 구비조건으로 틀린 것은?

① 난연재는 솔벤트 성분이 있어야 한다.
② 케이블 외피에 부착성이 좋아야 한다.
③ 수성이어야 하며 습기가 스며들지 않아야 한다.
④ 자외선 및 방사선 노출에 영향을 받지 않도록 한다.

**정답** 27 ② 28 ③ 29 ④ 30 ②, ④ 31 ③ 32 ④ 33 ①

해설

솔벤트는 다른 물질을 용해시키기 위해 사용하는 액체나 가스로서 용제의 형태로 만들어지므로 난연성 도료를 희석시킬 때 사용한다.

**34** 다음 중 태양광발전 전기공사 중 옥외공사에 해당하지 않는 것은 무엇인가?

① 분전반 개조(신설)
② 분전함 설치
③ 접속함에서 인버터까지 배선
④ 전력량계 설치

해설

인버터 설치와 분전반 개조(신설)는 옥내 공사에 해당한다.

**35** 태양광 발전설비의 유지관리에 있어 인버터의 이상신호 및 조치 시에 인버터를 정지 후 5분 뒤에 재가동하여야 되는 경우가 아닌 것은?

① 정전 발생 시 한전계통 입력전원
② 계통 전압이 규정치 이상 또는 이하일 때
③ 계통 주파수가 규정치 이상 또는 이하일 때
④ 인버터 출력전압이 규정 전압을 벗어났을 때

해설

인버터를 정지 후 재가동을 해야 할 경우는 계통 사고 시로서 계통의 정전, 계통 전압과 주파수가 규정치 이상 또는 이하일 경우이다.

**36** 전기(발전)사업의 허가 관련 업무절차 순서로 가장 옳은 것은?(단, 발전용량은 3,000[kW]를 초과한다)

① 신청서 작성 및 제출 → 접수 → 전기안전협회 심의 → 검토 → 발전사업 허가증 발급
② 신청서 작성 및 제출 → 접수 → 전기안전공사 심의 → 검토 → 발전사업 허가증 발급
③ 신청서 작성 및 제출 → 접수 → 전기위원회 심의 → 검토 → 발전사업 허가증 발급
④ 신청서 작성 및 제출 → 접수 → 검토 → 신재생에너지협회 심의 → 발전사업 허가증 발급

**37** 기초절연의 고장으로 인해 전기기기의 접근이 가능한 부분에 위험한 전압이 발생하는 것을 방지하기 위한 이중절연 또는 강화절연의 전기적 보호등급은?

① CLASS 0　　② CLASS Ⅰ
③ CLASS Ⅱ　　④ CLASS Ⅲ

해설

IEC 보호 등급에서 이중절연 또는 강화절연의 전기적 보호등급은 CLASS Ⅱ이다.

**38** 사용전압이 400[V] 이상일 경우 금속관 및 그 부속품 등의 접지공사의 종류는?

① 제1종 접지공사　　② 제2종 접지공사
③ 제3종 접지공사　　④ 특별 제3종 접지공사

해설

기계기구의 철대 및 외함의 접지(판단기준 제33조)
400[V] 이상일 경우는 금속관 및 그 부속품 등의 접지공사는 특별 제3종 접지공사이고 400[V] 이하일 경우는 제3종 접지공사이다.

**39** 인접한 전력시설물공사의 현장이 3개소 이하로서 발주자가 통합하여 공사 감리를 시행할 경우 공사 현장 간 이동거리가 몇 [km] 미만이어야 하는가?(단, 공사현장은 서울특별시에 소재한다)

① 10　　② 20
③ 30　　④ 40

해설

통합감리기준(공사현장 이동거리) 및 신고방법(전력기술관리법 운영요령 제32조)
공사현장 3개소 이하 공사현장 간 이동거리 30[km](특별시・광역시 : 10[km]) 미만
※ 이동거리 : 현장 간에 감리원이 이동하는 실제거리(路上거리)

**40** 다음 중 구내배전설비에 해당하지 않는 것은?

① 개폐소　　② 전선로
③ 차단기　　④ 분전함

해설

개폐소는 개폐기 및 기타 장치에 의하여 전로를 개폐하는 곳으로서 발전소, 변전소 및 수용장소 이외의 곳을 말한다.



34 ① 35 ④ 36 전항정답 37 ③ 38 ④ 39 ① 40 ① 정답

## 제3과목 태양광발전시스템 운영

**41** 태양광발전설비의 운영 계획에서 계통연계가 필요한 경우 한국전력공사 지역 지점과 사전협의를 하여야 하는데 저압연계의 경우 몇 [kW]를 기준으로 하는가?

① 75[kW] 이하
② 100[kW] 이하
③ 75[kW] 이상
④ 100[kW] 이상

**42** 절연용 방호구가 아닌 것은?

① 애자커버 ② 핫스틱
③ 고무판 ④ 절연시트

해설
핫스틱은 활선공사의 여러 작업에서 이용되는 절연 공구의 일종이다.

**43** 계통이상 시 태양광전원의 발전설비 분리와 관련된 사항 중 틀린 것은?

① 정전 복구 후 자동으로 즉시 투입되도록 시설
② 단락 및 지락고장으로 인한 선로 보호장치 설치
③ 차단장치는 배전계통 정지 중에는 투입 불가능하도록 시설
④ 계통고장 시 역충전 방지를 위해 전원을 0.5초 이내 분리하는 단독운전 방지장치 설치

해설
정전 복구 후 투입 시 일정 시간 후 이상 상태 확인 후 투입하도록 한다.

**44** 태양광 발전시스템 정기점검 사항 중 접속함의 점검항목이 아닌 것은?

① 통풍확인 ② 절연저항
③ 개방전압 ④ 외함의 부식

해설
접속함의 정기점검 사항은 접속함 외부, 외부배선, 접지선, 절연저항 및 개방전압이다.

**45** 태양광발전시스템 공사계획을 사전인가 받아야 하는 설비용량은 몇 [kW]인가?

① 100 ② 3,000
③ 4,000 ④ 10,000

해설
인가 및 신고를 하여야 하는 공사계획(전기사업법 시행규칙 제28조)
10,000[kW] 이상의 태양광발전 시스템 공사계획은 사전에 인가를 받아야 하며, 10,000[kW] 미만인 경우에는 신고를 하여야 한다.

**46** 실리콘 단결정과 다결정 태양전지의 일반적인 설명 중 틀린 것은?

① 고온 작동 시 다결정의 출력감소가 크다.
② 단결정의 직렬저항성분이 작다.
③ 다결정 전지의 병렬성분이 작다.
④ $V_{oc}$(Open Circuit Voltage) 크기의 차는 작다.

**47** 독립형 태양광 발전시스템에서 부조일수의 설명으로 가장 옳은 것은?

① 정전된 일수를 말한다.
② 유지 보수를 위한 일수를 말한다.
③ 연속적으로 발전이 가능한 일수를 말한다.
④ 연속적으로 발전이 불가능한 일수를 말한다.

해설
부조일수는 하루 중 해가 떠 있는 일조시간이 0.1시간 미만인 날의 수를 말한다. 하루 종일 거의 햇빛이 비치지 않아 해가 떠 있는 시간이 0.1시간, 즉 6분 미만인 날의 수를 말한다.

정답 41 전항정답 42 ② 43 ① 44 ① 45 ④ 46 ① 47 ④

## 48 태양광발전시스템의 준공 시 400[V] 미만의 태양전지 및 어레이의 점검사항으로 접지저항값이 옳은 것은?

① 10[MΩ] 이하
② 1[MΩ] 이하
③ 1,000[Ω] 이하
④ 100[Ω] 이하

해설

기계기구의 철대 및 금속제 외함의 접지공사의 적용(판단기준 제33조)

| 기계기구의 구분 | 접지공사 |
|---|---|
| 400[V] 미만인 저압용의 것 | 제3종 접지공사 |
| 400[V] 이상의 저압용의 것 | 특별 제3종 접지공사 |
| 고압용 또는 특고압용의 것 | 제1종 접지공사 |

접지공사의 종류(판단기준 제18조)

| 접지공사의 종류 | 접지저항값 |
|---|---|
| 제1종 접지공사 | 10[Ω] |
| 제2종 접지공사 | 변압기의 고압측 또는 특고압측의 전로의 1선 지락전류의 암페어 수로 150을 나눈 값과 같은 [Ω]수 |
| 제3종 접지공사 | 100[Ω] |
| 특별 제3종 접지공사 | 10[Ω] |

## 49 주회로를 점검할 때 안전을 위하여 점검하는 사항이 아닌 것은?

① 단로기를 투입시킨다.
② 관련된 차단기를 열고 주 회로에 무전압이 되게 한다.
③ 검전기로 무전압 상태를 확인하고 접지 및 점검 작업을 한다.
④ 차단기는 단로상태가 되도록 인출하고 "점검중"이라는 표지판을 부착한다.

해설

무전압 상태 확인 및 안전조치 시에는 관련된 차단기, 단로기를 열어 무전압 상태로 만든다.

## 50 배전반의 저압회로에서 대지전압이 200[V]인 경우 절연저항의 참고값으로 가장 옳은 것은?

① 0.2[MΩ] 이상
② 0.5[MΩ] 이상
③ 1[MΩ] 이상
④ 2[MΩ] 이상

해설

절연저항 측정기준(전기설비기술기준 제52조)

| 전로의 사용전압 구분 | | 절연저항값 [MΩ] |
|---|---|---|
| 400[V] 미만 | 대지전압 150[V] 이하인 경우 | 0.1 이상 |
| | 대지전압 150[V] 초과 300[V] 이하인 경우 | 0.2 이상 |
| | 사용전압 300[V] 초과 400[V] 미만 | 0.3 이상 |
| 400[V] 이상 | | 0.4 이상 |

## 51 태양광 모듈에 설치되어 있는 바이패스 다이오드(Bypass Diode)의 역할과 가장 거리가 먼 것은?

① 그림자 효과가 발생할 때 쉽게 작동한다.
② 내부의 직렬저항이 커질 때 작동한다.
③ 전지 내부의 병렬저항이 작아질 때 쉽게 작동한다.
④ 병렬 다이오드(Diode)의 개수가 증가할수록 쉽게 작동한다.

해설

모듈의 집합체 어레이는 직렬접속인 경우 바이패스 다이오드를, 병렬접속인 경우 역전류 방지 다이오드를 넣어 전체의 특성을 유지한다.

## 52 태양광 모듈 성능시험을 위한 표준 시험조건 중 일사강도[W/m$^2$] 기준은?

① 500
② 1,000
③ 1,500
④ 2,000

해설

기본적인 변환효율(국제표준시험조건(NOCT))
- 입사조도의 여건과 조건 : 스펙트럼(AM : 대기질량) 1.5, 풍속 1[m/sec], 온도 25[℃], 1,000[W/m$^2$]

## 53 태양광 발전소 정기점검요령으로 틀린 것은?

① 인버터 절연저항이 1[MΩ] 이상일 것
② 접속함 나사는 적정하게 풀려있을 것
③ 태양전지 모듈-접지선 절연저항은 0.2[MΩ] 이상일 것
④ 태양전지 어레이 접지선이 확실하게 접속되어 있을 것



48 ④ 49 ① 50 ① 51 ④ 52 ② 53 ② 정답

접속함 나사의 점검요령 : 풀림이 없을 것

**54** 태양전지회로의 사용전압 구분에서 절연저항 기준치로 틀린 것은?

① 대지전압이 150[V] 이하인 경우 0.1[MΩ] 이상
② 대지전압이 150[V] 초과 300[V] 이하인 경우 0.25[MΩ] 이상
③ 대지전압이 300[V] 초과 400[V] 이하인 경우 0.3[MΩ] 이상
④ 400[V] 초과하는 경우 0.4[MΩ] 이상

해설

배전반 절연저항의 참고값(전기설비기술기준 제52조)

| 전로의 사용전압 구분 | | 절연저항값 [MΩ] |
|---|---|---|
| 400[V] 미만 | 대지전압(접지식 전로는 전선과 대지 간 전압, 비접지식은 전선 간 전압)이 150[V] 이하 경우 | 0.1 이상 |
| | 대지전압 150[V] 초과 300[V] 이하 경우 (전압 측 전선, 중성선 또는 대지 간의 절연저항) | 0.2 이상 |
| | 사용전압 300[V] 초과 400[V] 미만 | 0.3 이상 |
| 400[V] 이상 | | 0.4 이상 |

**55** 큐비클식 축전지 설비와 발전설비와의 보안거리는?

① 1[m] ② 1.5[m]
③ 2[m] ④ 2.5[m]

해설

큐비클식 축전지 설비와 발전설비의 보안거리는 1[m]이다.

**56** 다음 중 태양광발전시스템의 신뢰성 평가 분석 항목이 아닌 것은?

① 트러블
② 경제성
③ 운전 데이터 결측 상황
④ 계획 정지

해설

신뢰성 평가 분석 항목
- 트러블
  - 시스템 트러블 : 인버터 정지, 직류지락, 계통지락, RCD트립, 원인불명 등에 의한 시스템 운전정지 등
  - 계측 트러블 : 컴퓨터 전원의 차단, 컴퓨터의 조작 오류, 기타 원인불명
- 운전 데이터의 결측 상황
- 계획정지 : 정전 등(정기점검-개수 정전, 계통 정전)

**57** 태양광 발전설비 중 사업용 전기설비의 사용 전 검사 시 제출 필요서류 목록이 잘못된 것은?

① 사용 전 검사 신청서
② 전기안전관리담당자 선임신고필증
③ 공사계획신고서
④ 전기사업허가서

해설

사용 전 검사의 대상 · 기준 및 절차 등(전기사업법 시행규칙 제31조)

사용 전 검사를 받으려는 자는 사용 전 검사 신청서에 다음의 서류를 첨부하여 검사를 받으려는 날의 7일 전까지 한국전기안전공사(이하 "안전공사"라 한다)에 제출하여야 한다.
- 공사계획인가서 또는 신고수리서 사본(저압 자가용 전기설비의 경우는 제외한다)
- 설계도서 및 감리원 배치확인서(저압 자가용 전기설비의 설치공사인 경우만을 말하며, 저압 자가용 전기설비의 증설공사 및 변경공사의 경우는 제외한다)
- 자체감리를 확인할 수 있는 서류(전기안전관리자가 자체감리를 하는 경우만 해당한다)
- 전기안전관리자 선임신고증명서 사본

**58** 소형 태양광발전용 인버터(계통연계형, 독립형) 정상특성시험에 해당하지 않는 것은?

① 누설전류 시험
② 온도상승 시험
③ 자동가동 · 정지시험
④ 내전압시험

정답 54 ② 55 ① 56 ② 57 ④ 58 ④

해설

| 시험항목 | | 독립형 | 계통연계형 |
|---|---|---|---|
| 정상 특성 시험 | 교류전압, 주파수 추종범위 시험 | X | O |
| | 교류출력전류 변형률 시험 | X | O |
| | 누설전류시험 | O | O |
| | 온도상승시험 | O | O |
| | 효율시험 | O | O |
| | 대기손실시험 | X | O |
| | 자동기동·정지시험 | X | O |
| | 최대전력 추종시험 | O | O |
| | 출력전류 직류분 검출 시험 | O | O |

## 59 시스템 성능평가 분류 중 사이트 평가방법 항목으로 틀린 것은?

① 설치 용량　② 설치 형태
③ 설치 단가　④ 설치 대상기관

해설

사이트 평가방법
- 설치 대상기관
- 설치시설의 분류
- 설치시설의 지역
- 설치형태
- 설치용량
- 설치각도와 범위
- 시공업자
- 기기 제조사

## 60 피뢰기의 점검 내용이 아닌 것은?

① 단자부의 볼트 조임의 이완 여부
② 애자 등의 균열, 파손, 변형 손상 여부
③ 부하의 용도 및 부하의 적정사용량을 합산하여 설치 용량 산정 여부
④ 밀봉금속 뚜껑 등의 파손, 팽창, 섬락(Flash Over) 등의 흔적 여부

해설

피뢰기 점검사항
- 콤파운트 이상유무
- 접지선의 단선 손상 유무
- 오염, 녹, 균열 유무
- 접속 볼트의 조임 상태

# 제4과목 신재생에너지관련법규

## 61 전기설비기술기준의 판단기준에서 154[kV] 변전소의 울타리·담 등의 시설에 대한 사항으로 틀린 것은?

① 울타리·담 등의 높이는 2[m] 이상으로 할 것
② 지표면과 울타리·담 등의 하단 사이의 간격을 20[cm] 이하로 할 것
③ 울타리의 높이와 울타리로부터 충전부분까지의 거리의 합계를 6[m] 이상으로 할 것
④ 울타리 출입구에는 출입금지의 표시를 할 것

해설

발전소 등의 울타리·담 등의 시설(판단기준 제44조)

(1) 고압 또는 특고압의 기계기구·모선 등을 옥외에 시설하는 발전소·변전소·개폐소 또는 이에 준하는 곳에는 다음 각 호에 따라 구내에 취급자 이외의 사람이 들어가지 아니하도록 시설하여야 한다. 다만, 토지의 상황에 의하여 사람이 들어갈 우려가 없는 곳은 그러하지 아니하다.
　① 울타리·담 등을 시설할 것
　② 출입구에는 출입금지의 표시를 할 것
　③ 출입구에는 자물쇠장치 기타 적당한 장치를 할 것

(2) (1)의 울타리·담 등은 다음의 각 호에 따라 시설하여야 한다.
　① 울타리·담 등의 높이는 2[m] 이상으로 하고 지표면과 울타리·담 등의 하단 사이의 간격은 15[cm] 이하로 할 것
　② 울타리·담 등과 고압 및 특고압의 충전 부분이 접근하는 경우에는 울타리·담 등의 높이와 울타리·담 등으로부터 충전부분까지 거리의 합계는 다음 표에서 정한 값 이상으로 할 것

| 사용전압의 구분 | 울타리·담 등의 높이와 울타리·담 등으로부터 충전부분까지의 거리의 합계 |
|---|---|
| 35[kV] 이하 | 5[m] |
| 35[kV] 초과 160[kV] 이하 | 6[m] |
| 160[kV] 초과 | 6[m]에 160[kV]를 초과하는 10[kV] 또는 그 단수마다 12[cm]를 더한 값 |

(3) 고압 또는 특고압의 기계기구, 모선 등을 옥내에 시설하는 발전소·변전소·개폐소 또는 이에 준하는 곳에는 다음 각 호의 어느 하나에 의하여 구내에 취급자 이외의 자가 들어가지 아니하도록 시설하여야 한다. 다만, (1)의 규정에 의하여 시설한 울타리·담 등의 내부는 그러하지 아니하다.
　① 울타리·담 등을 (2)의 규정에 준하여 시설하고 또한 그 출입구에 출입금지의 표시와 자물쇠장치 기타 적당한 장치를 할 것
　② 견고한 벽을 시설하고 그 출입구에 출입금지의 표시와 자물쇠장치 기타 적당한 장치를 할 것



59 ③ 60 ③ 61 ② 정답

(4) 고압 또는 특고압 가공전선(전선에 케이블을 사용하는 경우는 제외함)과 금속제의 울타리·담 등이 교차하는 경우에 금속제의 울타리·담 등에는 교차점과 좌, 우로 45[m] 이내의 개소에 제1종 접지공사를 하여야 한다. 또한 울타리·담 등에 문 등이 있는 경우에는 접지공사를 하거나 울타리·담 등과 전기적으로 접속하여야 한다. 다만, 토지의 상황에 의하여 제1종 접지저항값을 얻기 어려울 경우에는 제3종 접지공사에 의하고 또한 고압 가공전선로는 고압 보안공사, 특고압 가공전선로는 제2종 특고압 보안공사에 의하여 시설할 수 있다.

(5) 공장 등의 구내(구내 경계 전반에 울타리, 담 등을 시설하고, 일반인이 들어가지 않게 시설한 것에 한한다)에 있어서 옥외 또는 옥내에 고압 또는 특고압의 기계기구 및 모선 등을 시설하는 발전소·변전소·개폐소 또는 이에 준하는 곳에는 "위험" 경고 표지를 하고 제31조 및 제36조 규정에 준하여 시설하는 경우에는 (1) 및 (3)의 규정에 의하지 아니할 수 있다.

(6) 기술기준 제21조제5항에 따라 내진설계를 하는 경우에는 한국전기기술기준위원회 표준 KECG 9701-2014 및 KECC 7701-2014를 참고할 수 있다.

**62** **전기설비기술기준의 판단기준에서 22.9[kV] 특고압 가공전선로에서 건조물의 상부 조영재 옆쪽 또는 아래쪽에서 접근상태로 시설하는 경우 특고압 절연전선(다중접지를 한 중성선 제외)과 건조물의 조영재 사이의 최소이격 거리[m]는?**

① 1.0 ② 1.2
③ 1.5 ④ 2.0

해설

25[kV] 이하인 특고압 가공전선로의 시설(판단기준 제135조)
특고압 가공전선(다중접지를 한 중성선을 제외한다)이 건조물과 접근하는 경우에 특고압 가공전선과 건조물의 조영재 사이의 이격거리는 다음 표에서 정한 값 이상일 것

| 건조물의 조영재 | 접근형태 | 전선의 종류 | 이격거리[m] |
|---|---|---|---|
| 상부 조영재 | 위 쪽 | 나전선 | 3 |
| | | 특고압 절연전선 | 2.5 |
| | | 케이블 | 1.2 |
| | 옆쪽 또는 아래쪽 | 나전선 | 1.5 |
| | | 특고압 절연전선 | 1.0 |
| | | 케이블 | 0.5 |
| 기타의 조영재 | | 나전선 | 1.5 |
| | | 특고압 절연전선 | 1.0 |
| | | 케이블 | 0.5 |

**63** **전기판매사업자가 전기요금과 그 밖의 공급조건에 관한 약관을 작성하여 누구에게 인가를 받아야 하는가?**

① 대통령
② 시·도지사
③ 산업통상자원부장관
④ 한국전력공사사장

해설

전기의 공급약관(전기사업법 제16조)
전기판매사업자는 대통령령으로 정하는 바에 따라 전기요금과 그 밖의 공급조건에 관한 약관(이하 "기본공급약관"이라 한다)을 작성하여 산업통상자원부장관의 인가를 받아야 한다. 이를 변경하려는 경우에도 또한 같다.

**64** **전기설비기술기준의 판단기준에서 저압 옥내 배선이 약전류 전선 등 또는 수관·가스관이나 이와 유사한 것과 접근하거나 교차하는 경우에 저압 옥내배선을 애자사용 공사에 의하여 시설하는 때에는 저압 옥내배선과 약전류 전선 등 또는 수관·가스관이나 이와 유사한 것과의 이격거리는 몇 [cm] 이상 하여야 하는가?(단, 전선이 나전선인 경우가 아님)**

① 10 ② 20
③ 30 ④ 40

해설

저압 옥내배선과 약전류전선 등 또는 관과의 접근 또는 교차(판단기준 제196조)
저압 옥내배선이 약전류전선 등 또는 수관·가스관이나 이와 유사한 것과 접근하거나 교차하는 경우에 저압 옥내배선을 애자사용공사에 의하여 시설하는 때에는 저압 옥내배선과 약전류전선 등 또는 수관·가스관이나 이와 유사한 것과의 이격거리는 10[cm](전선이 나전선인 경우에 30[cm]) 이상이어야 한다. 다만, 저압 옥내배선의 사용전압이 400[V] 미만인 경우에 저압 옥내배선과 약전류전선 등 또는 수관·가스관이나 이와 유사한 것과의 사이에 절연성의 격벽을 견고하게 시설하거나 저압 옥내배선을 충분한 길이의 난연성 및 내수성이 있는 견고한 절연관에 넣어 시설하는 때에는 그러하지 아니하다.

정답 62 ① 63 ③ 64 ①

**65** 전기설비기술기준의 판단기준에서 사용전압 35[kV] 이하 특고압용 기계기구(이에 부속하는 특고압의 전기로 충전하는 전선으로서 케이블 이외의 것을 포함한다)를 시설하는 경우 울타리의 높이와 울타리로부터 충전부분까지의 거리의 합계 또는 지표상의 높이는 몇 [m] 이상으로 하여야 하는가?

① 5 ② 6
③ 6.12 ④ 6.24

해설

특고압용 기계기구의 시설(판단기준 제31조)

| 사용전압의 구분 | 울타리의 높이와 울타리로부터 충전부분까지의 거리의 합계 또는 지표상의 높이 |
|---|---|
| 35[kV] 이하 | 5[m] |
| 35[kV] 초과 160[kV] 이하 | 6[m] |
| 160[kV] 초과 | 6[m]에 160[kV]를 초과하는 10[kV] 또는 그 단수마다 12[cm]를 더한 값 |

**66** 신재생에너지 공급의무자에 해당되지 않는 것은?

① 50만킬로와트 이상의 발전설비를 보유한 자
② 한국수자원공사법에 따른 한국수자원공사
③ 국토기본법에 따른 한국토지주택공사
④ 집단에너지사업법에 따른 한국지역난방공사

해설

신재생에너지 공급의무자(신에너지 및 재생에너지 개발·이용·보급 촉진법 시행령 제18조의 3)

신재생에너지 공급의무화 등에서 "대통령령으로 정하는 자"란 다음 각 호의 하나에 해당하는 자를 말한다.

- 발전사업자, 발전사업의 허가를 받은 것으로 보는 자에 해당하는 자로서 500,000[kW] 이상의 발전설비(신재생에너지 설비는 제외한다)를 보유하는 자
- 한국수자원공사법에 따른 한국수자원공사
- 집단에너지사업법에 따른 한국지역난방공사

**67** 재생에너지의 종류에 해당되지 않는 것은?

① 태양에너지 ② 해양에너지
③ 풍 력 ④ 수소에너지

해설

용어의 정의(신에너지 및 재생에너지 개발·이용·보급 촉진법 제2조)

재생에너지란 햇빛·물·지열·강수·생물유기체 등을 포함하는 재생 가능한 에너지를 변환시켜 이용하는 에너지로서 다음 각 목의 하나에 해당하는 것을 말한다.

- 태양에너지
- 풍 력
- 수 력
- 해양에너지
- 지열에너지
- 생물자원을 변환시켜 이용하는 바이오에너지로서 대통령령으로 정하는 기준 및 범위에 해당하는 에너지
- 폐기물에너지(비재생폐기물로부터 생산된 것은 제외한다)로서 대통령령으로 정하는 기준 및 범위에 해당하는 에너지
- 그 밖에 석유·석탄·원자력 또는 천연가스가 아닌 에너지로서 대통령령으로 정하는 에너지

**68** 전기설비기술기준의 판단기준에서 저압 옥내배선으로 금속 덕트 공사 시 금속 덕트에 넣은 전선의 단면적의 합계는 덕트의 내부 단면적의 몇 [%] 이하로 하여야 하는가?

① 20 ② 30
③ 50 ④ 60

해설

금속 덕트 공사(판단기준 제187조)

금속 덕트 공사에 의한 저압 옥내배선은 다음 각 호에 따라 시설하여야 한다.

- 전선은 절연전선(옥외용 비닐절연전선을 제외한다)일 것
- 금속 덕트에 넣은 전선의 단면적(절연피복의 단면적을 포함한다)의 합계는 덕트의 내부 단면적의 20[%](전광표시 장치·출퇴표시 등 기타 이와 유사한 장치 또는 제어회로 등의 배선만을 넣는 경우에는 50[%])이하일 것
- 금속 덕트 안에는 전선에 접속점이 없도록 할 것. 다만, 전선을 분기하는 경우에는 그 접속점을 쉽게 점검할 수 있는 때에는 그러하지 아니하다.
- 금속 덕트 안의 전선을 외부로 인출하는 부분은 금속 덕트의 관통부분에서 전선이 손상될 우려가 없도록 시설할 것
- 금속 덕트 안에는 전선의 피복을 손상할 우려가 있는 것을 넣지 아니할 것



65 ① 66 ③ 67 ④ 68 ① 정답

**69** 저탄소 녹색성장 기본법에서 사용하는 용어 중 적외선 복사열을 흡수하거나 재방출하여 온실효과를 유발하는 대기 중의 가스 상태의 물질을 말하는 것은?

① 온실가스　② 온실가스 배출
③ 지구온난화　④ 기후변화

해설

용어의 정의(저탄소 녹색성장 기본법 제2조)

- 온실가스
  이산화탄소($CO_2$), 메탄($CH_4$), 아산화질소($N_2O$), 수소불화탄소(HFCs), 과불화탄소(PFCs), 육불화황($SF_6$) 및 그 밖에 대통령령으로 정하는 것으로 적외선 복사열을 흡수하거나 재방출하여 온실효과를 유발하는 대기 중의 가스 상태의 물질을 말한다.
- 온실가스 배출
  사람의 활동에 수반하여 발생하는 온실가스를 대기 중에 배출·방출 또는 누출시키는 직접배출과 다른 사람으로부터 공급된 전기 또는 열(연료 또는 전기를 열원으로 하는 것만 해당한다)을 사용함으로써 온실가스가 배출되도록 하는 간접배출을 말한다.
- 지구온난화
  사람의 활동에 수반하여 발생하는 온실가스가 대기 중에 축적되어 온실가스 농도를 증가시킴으로써 지구 전체적으로 지표 및 대기의 온도가 추가적으로 상승하는 현상을 말한다.
- 기후변화
  사람의 활동으로 인하여 온실가스의 농도가 변함으로써 상당 기간 관찰되어 온 자연적인 기후변동에 추가적으로 일어나는 기후체계의 변화를 말한다.

**70** 전기안전관리대행사업자가 전기안전관리업무를 대행할 수 있는 전기설비의 규모가 아닌 것은?

① 용량 500킬로와트 미만의 비상용 예비발전설비
② 용량 500킬로와트 미만의 발전설비
③ 용량 1천킬로와트 미만의 전기수용설비
④ 용량 1천킬로와트 미만의 태양광발전설비

해설

안전관리업무의 대행 규모(전기사업법 시행규칙 제41조)

- 안전공사 및 대행사업자
  다음 각 호의 어느 하나에 해당하는 전기설비(둘 이상의 전기설비 용량의 합계가 2,500[kW] 미만인 경우로 한정한다)
  - 용량 1,000[kW] 미만의 전기수용설비
  - 용량 300[kW] 미만의 발전설비. 다만, 비상용 예비발전설비의 경우에는 용량 500[kW] 미만으로 한다.
  - 신에너지 및 재생에너지 개발·이용·보급 촉진법에 따른 태양에너지를 이용하는 발전설비(이하 "태양광발전설비"라 한다)로서 용량 1,000[kW] 미만인 것

**71** 전기설비기술기준의 판단기준에서 과전류차단기로 저압전로에 사용하는 퓨즈가 견디어야 할 전류는 정격전류의 몇 배인가?

① 1.1배　② 1.2배
③ 1.25배　④ 1.5배

해설

저압전로 중의 과전류차단기의 시설(판단기준 제38조)

과전류차단기로 저압전로에 사용하는 퓨즈(전기용품 및 생활용품 안전관리법의 적용을 받는 것, 배선용차단기와 조합하여 하나의 과전류차단기로 사용하는 것 및 제5항에 규정하는 것을 제외한다)는 수평으로 붙인 경우(판상 퓨즈는 판면을 수평으로 붙인 경우)에 다음 각 호에 적합한 것이어야 한다.

- 정격전류의 1.1배의 전류에 견딜 것
- 정격전류의 1.6배 및 2배의 전류를 통한 경우에 다음 표에서 정한 시간 내에 용단될 것

| 정격전류의 구분 | 시 간 | |
|---|---|---|
| | 정격전류의 1.6배의 전류를 통한 경우 | 정격전류의 2배의 전류를 통한 경우 |
| 30[A] 이하 | 60분 | 2분 |
| 30[A] 초과 60[A] 이하 | 60분 | 4분 |
| 60[A] 초과 100[A] 이하 | 120분 | 6분 |
| 100[A] 초과 200[A] 이하 | 120분 | 8분 |
| 200[A] 초과 400[A] 이하 | 180분 | 10분 |
| 400[A] 초과 600[A] 이하 | 240분 | 12분 |
| 600[A] 초과 | 240분 | 20분 |

**72** 신에너지 및 재생에너지 개발·이용·보급 촉진법의 목적으로 적당하지 않은 것은?

① 에너지 소비의 다양화
② 온실가스 배출의 감소
③ 에너지 구조의 환경친화적 전환
④ 에너지의 안정적인 공급

해설

목적(신에너지 및 재생에너지 개발·이용·보급 촉진법 제1조)
이 법은 신에너지 및 재생에너지의 기술개발 및 이용·보급 촉진과 신에너지 및 재생에너지 산업의 활성화를 통하여 에너지원을 다양화하고, 에너지의 안정적인 공급, 에너지 구조의 환경 친화적 전환 및 온실가스 배출의 감소를 추진함으로써 환경의 보전, 국가경제의 건전하고 지속적인 발전 및 국민복지의 증진에 이바지함을 목적으로 한다.

정답　69 ①　70 ②　71 ①　72 ①

**73** 교육연구시설(제2종 근린생활시설에 해당하는 것은 제외한다)의 용도의 건축물로서 신축·증축 또는 개축하는 부분의 연면적 1천제곱미터 이상의 건축물을 대상으로 예상 에너지사용량에 대한 신재생에너지 공급의무 비율이 30[%]에 해당하는 연도는?

① 2011~2012년 ② 2015년
③ 2018년 ④ 2020년 이후

해설
신재생에너지 공급의무 비율 등(신에너지 및 재생에너지 개발·이용·보급 촉진법 시행령 제15조)
건축법 시행령의 용도별 건축물 종류에 따라 신축·증축 또는 개축하는 부분의 연면적이 1,000[m$^2$] 이상인 건축물(해당 건축물의 건축 목적, 기능, 설계 조건 또는 시공 여건상의 특수성으로 인하여 신재생에너지 설비를 설치하는 것이 불합리하다고 인정되는 경우로서 산업통상자원부장관이 정하여 고시하는 건축물은 제외한다) : 별표 2에 따른 비율 이상
※ 신재생에너지의 공급의무 비율(별표 2)

| 해당 연도 | 공급의무비율[%] |
|---|---|
| 2011~2012 | 10 |
| 2013 | 11 |
| 2014 | 12 |
| 2015 | 15 |
| 2016 | 18 |
| 2017 | 21 |
| 2018 | 24 |
| 2019 | 27 |
| 2020 이후 | 30 |

**74** 녹색산업투자회사의 등록을 취소할 수 있는 기관은?

① 한국에너지공단
② 금융위원회
③ 녹색성장위원회
④ 한국신재생에너지협회

해설
녹색산업투자회사의 설립과 지원(저탄소 녹색성장 기본법 제29조)
(1) 녹색기술 및 녹색산업에 자산을 투자하여 그 수익을 투자자에게 배분하는 것을 목적으로 하는 녹색산업투자회사(자본시장과 금융투자업에 관한 법률 제9조제18항의 집합투자기구를 말한다. 이하 같다)를 설립할 수 있다.
(2) 녹색산업투자회사가 투자하는 녹색기술 및 녹색산업은 다음 각 호에서 정하는 사업 또는 기업으로 한다.
① 제2조제3호에 따른 녹색기술에 대한 연구와 시제품의 제작 및 상용화를 위한 연구개발 또는 기술지원 사업
② 제2조제4호에 따른 녹색산업에 해당하는 사업
③ 녹색기술 또는 녹색산업에 대한 투자 또는 영업을 영위하는 기업
(3) 정부는 공공기관의 운영에 관한 법률 제4조에 따른 공공기관이 녹색산업투자회사에 출자하려는 경우 이를 위한 자금의 전부 또는 일부를 예산의 범위에서 지원할 수 있다.
(4) 금융위원회는 (3)의 규정에 따라 공공기관이 출자한 녹색산업투자회사(해당 회사의 자산운용회사·자산보관회사 및 일반사무관리회사를 포함한다. 이하 이 조에서 같다)에게 해당 회사의 업무 및 재산 등에 관한 자료의 제출이나 보고를 요구할 수 있으며, 관계 중앙행정기관은 금융위원회에 해당 자료의 제출을 요구할 수 있다.
(5) 관계 중앙행정기관은 (4)에 의하여 제출된 자료나 보고 내용에 대하여 검사가 필요하다고 인정하는 경우 금융위원회에게 해당 녹색산업투자회사에 대한 업무 및 재산 등에 관한 검사를 요청할 수 있으며, 해당 검사 결과 중대한 문제가 있다고 여겨지는 경우에는 금융위원회는 관계 중앙행정기관과 협의하여 해당 녹색산업투자회사의 등록을 취소할 수 있다.
(6) (1) 내지 (5)에 따른 녹색산업투자회사의 설립·운영 및 재정지원과 그 밖에 필요한 세부사항은 대통령령으로 정한다.

**75** 전기설비기술기준의 판단기준에서 최대사용전압 7[kV] 초과 25[kV] 이하인 중성점 접지식 전로(중성선을 가지는 것으로서 그 중성선을 다중접지하는 것에 한한다)의 절연내력 시험전압은 최대사용전압의 몇 배 전압으로 시험하는가?

① 0.92 ② 1.1
③ 1.25 ④ 1.5

해설
전로의 절연저항 및 절연내력(판단기준 제13조)
- 사용전압이 저압인 전로의 절연성능은 기술기준 제52조를 충족하여야 한다. 다만, 저압 전로에서 정전이 어려운 경우 등 절연저항 측정이 곤란한 경우 저항성분의 누설전류가 1[mA] 이하이면 그 전로의 절연성능은 적합한 것으로 본다.
- 고압 및 특고압의 전로(제12조 각 호의 부분, 회전기, 정류기, 연료전지 및 태양전지 모듈의 전로, 변압기의 전로, 기구 등의 전로 및 직류식 전기철도용 전차선을 제외한다)는 다음 표에서 정한 시험전압을 전로와 대지 사이(다심케이블은 심선 상호 간 및 심선과 대지 사이)에 연속하여 10분간 가하여 절연내력을 시험하였을 때에 이에 견디어야 한다. 다만, 전선에 케이블을 사용하는 교류 전로로서 다음 표에서 정한 시험전압의 2배의 직류전압을 전로와 대지 사이(다심케이블은 심선 상호 간 및 심선과 대지 사이)에 연속하여 10분간 가하여 절연내력을 시험하였을 때에 이에 견디는 것에 대하



73 ④ 74 ② 75 ① 정답

여는 그러하지 아니하다.

| 전로의 종류 | 시험전압 | |
|---|---|---|
| 1. 최대사용전압 7[kV] 이하인 전로 | 최대사용전압의 1.5배의 전압 | |
| 2. 최대사용전압 7[kV] 초과 25[kV] 이하인 중성점 접지식 전로(중성선을 가지는 것으로서 그 중성선을 다중 접지 하는 것에 한한다) | 최대사용전압의 0.92배의 전압 | |
| 3. 최대사용전압 7[kV] 초과 60[kV] 이하인 전로(2란의 것을 제외한다) | 최대사용전압의 1.25배의 전압 (10,500[V] 미만으로 되는 경우는 10,500[V]) | |
| 4. 최대사용전압 60[kV] 초과 중성점 비접지식전로(전위 변성기를 사용하여 접지하는 것을 포함한다) | 최대사용전압의 1.25배의 전압 | |
| 5. 최대사용전압 60[kV] 초과 중성점 접지식 전로(전위 변성기를 사용하여 접지하는 것 및 6란과 7란의 것을 제외한다) | 최대사용전압의1.1배의 전압 (75[kV] 미만으로 되는 경우에는 75 [kV]) | |
| 6. 최대사용전압이 60[kV] 초과 중성점 직접접지식 전로 (7란의 것을 제외한다) | 최대사용전압의 0.72배의 전압 | |
| 7. 최대사용전압이 170[kV] 초과 중성점 직접 접지식 전로로서 그 중성점이 직접 접지되어 있는 발전소 또는 변전소 혹은 이에 준하는 장소에 시설하는 것 | 최대사용전압의 0.64배의 전압 | |
| 8. 최대사용전압이 60[kV]를 초과하는 정류기에 접속되고 있는 전로 | 교류 측 및 직류 고전압 측에 접속되고 있는 전로는 교류 측의 최대사용전압의 1.1배의 직류전압 | |
| | 직류 측 중성선 또는 귀선이 되는 전로(이하 이장에서 "직류 저압 측 전로"라 한다)는 아래에 규정하는 계산식에 의하여 구한 값 | |

## 76 전기사업자가 유지하여야 하는 표준주파수의 허용오차는?

① 60[Hz] 상하로 0.1[Hz] 이내
② 60[Hz] 상하로 0.2[Hz] 이내
③ 60[Hz] 상하로 0.3[Hz] 이내
④ 60[Hz] 상하로 0.5[Hz] 이내

**해설**

전기의 품질기준(전기사업법 시행규칙 제18조)
법 제18조제1항에 따라 전기사업자와 전기신사업자는 그가 공급하는 전기가 별표 3에 따른 표준전압·표준주파수 및 허용오차의 범위에서 유지되도록 하여야 한다.
[별표 3] 표준전압·표준주파수 및 허용오차
(1) 표준전압 및 허용오차

| 표준전압 | 허용오차 |
|---|---|
| 110[V] | 110[V]의 상하로 6[V] 이내 |
| 220[V] | 220[V]의 상하로 13[V] 이내 |
| 380[V] | 380[V]의 상하로 38[V] 이내 |

(2) 표준주파수 및 허용오차

| 표준주파수 | 허용오차 |
|---|---|
| 60[Hz] | 60[Hz] 상하로 0.2[Hz] 이내 |

(3) 비 고
(1) 및 (2) 외의 구체적인 품질유지 항목 및 그 세부기준은 산업통상자원부장관이 정하여 고시한다.

## 77 신재생에너지정책심의회의 심의를 거쳐 신재생에너지의 기술개발 및 이용·보급을 촉진하기 위한 기본계획 목표수립으로 틀리 것은?

① 신재생에너지 기술수준의 평가와 보급전망 및 기대효과
② 기본계획의 계획기간은 5년 이상으로 수립
③ 신재생에너지 기술개발 및 이용·보급에 관한 지원방안
④ 신재생에너지 분야 전문인력 양성계획

**해설**

기본계획의 수립(신에너지 및 재생에너지 개발·이용·보급 촉진법 제5조)

- 산업통상자원부장관은 관계 중앙행정기관의 장과 협의를 한 후 신재생에너지정책심의회의 심의를 거쳐 신재생에너지의 기술개발 및 이용·보급을 촉진하기 위한 기본계획(이하 "기본계획"이라 한다)을 5년마다 수립하여야 한다.
- 기본계획의 계획기간은 10년 이상으로 하며, 기본계획에는 다음 각 호의 사항이 포함되어야 한다.
  - 기본계획의 목표 및 기간
  - 신재생에너지원별 기술개발 및 이용·보급의 목표
  - 총전력생산량 중 신재생에너지 발전량이 차지하는 비율의 목표
  - 에너지법에 따른 온실가스의 배출 감소 목표
  - 기본계획의 추진방법
  - 신재생에너지 기술수준의 평가와 보급전망 및 기대효과
  - 신재생에너지 기술개발 및 이용·보급에 관한 지원 방안

정답 76 ② 77 ②

– 신재생에너지 분야 전문 인력 양성계획
– 직전 기본계획에 대한 평가
– 그 밖에 기본계획의 목표달성을 위하여 산업통상자원부장관이 필요하다고 인정하는 사항

• 산업통상자원부장관은 신재생에너지의 기술개발 동향, 에너지 수요·공급 동향의 변화, 그 밖의 사정으로 인하여 수립된 기본계획을 변경할 필요가 있다고 인정하면 관계 중앙행정기관의 장과 협의를 한 후 신재생에너지정책심의회의 심의를 거쳐 그 기본계획을 변경할 수 있다.

**78** 신재생에너지 설비 설치의무기관으로서 대통령령으로 정하는 비율 또는 금액 이상을 출자한 법인에 해당하는 것은?

① 납입자본금으로 100분의 25 이상을 출자한 법인
② 납입자본금으로 100분의 50 이상을 출자한 법인
③ 납입자본금으로 10억원 이상을 출자한 법인
④ 납입자본금으로 30억원 이상을 출자한 법인

**해설**

**신재생에너지 기술개발 등에 관한 계획의 사전협의(신에너지 및 재생에너지 개발·이용·보급 촉진법 제7조, 영 제3조)**

국가기관, 지방자치단체, 공공기관, 그 밖에 대통령령으로 정하는 자가 신재생에너지 기술개발 및 이용·보급에 관한 계획을 수립·시행하려면 대통령령으로 정하는 바에 따라 미리 산업통상자원부장관과 협의하여야 한다.

(1) 신재생에너지 기술개발 등에 관한 계획의 사전협의에서 "대통령령으로 정하는 자"란 다음 각 호의 어느 하나에 해당하는 자를 말한다.
　① 정부로부터 출연금을 받은 자
　② 정부출연기관 또는 ①에 따른 자로부터 납입자본금의 100분의 50 이상을 출자 받은 자

**79** 전기공사기술자의 인정기준 중 기사의 자격을 취득한 후 5년 이상 전기공사업무를 수행한 전기공사기술자는?

① 특급전기공사기술자
② 고급전기공사기술자
③ 중급전기공사기술자
④ 초급전기공사기술자

**해설**

**전기공사기술자의 인정 신청 등(전기공사업법 시행령 제12조의 2)**

(1) 전기공사기술자로 인정을 받으려는 사람은 산업통상자원부장관에게 신청하여야 한다(법 제17조의 2)는 규정에 따라 전기공사기술자로 인정을 받으려는 사람은 산업통상자원부령으로 정하는 바에 따라 신청서를 제출하여야 한다. 등급의 변경 또는 경력인정을 받으려는 경우에도 또한 같다.
(2) 산업통상자원부장관은 신청인이 국가기술자격법에 따른 '전기 분야의 기술자격을 취득한 사람이나 일정한 학력과 전기 분야에 관한 경력을 가진 사람을 전기공사기술자로 인정하여야 한다'라는 규정에 따라 전기공사기술자로 인정한 사람의 경력 및 등급 등에 관한 기록을 유지·관리하여야 한다.
(3) '기술자격·학력·경력의 기준 및 범위 등은 대통령령으로 정한다'라는 규정에 따른 전기공사기술자의 등급 및 인정기준은 별표 4의 2와 같다.

※ 전기공사기술자의 등급 및 인정기준(별표 4의 2)

| 등 급 | 국가기술자격자 | 학력·경력자 |
|---|---|---|
| 특급 전기공사 기술자 | • 기술사 또는 기능장의 자격을 취득한 사람 | |
| 고급 전기공사 기술자 | • 기사의 자격을 취득한 후 5년 이상 전기공사업무를 수행한 사람<br>• 산업기사의 자격을 취득한 후 8년 이상 전기공사업무를 수행한 사람<br>• 기능사의 자격을 취득한 후 11년 이상 전기공사업무를 수행한 사람 | |
| 중급 전기공사 기술자 | • 기사의 자격을 취득한 후 2년 이상 전기공사업무를 수행한 사람<br>• 산업기사의 자격을 취득한 후 5년 이상 전기공사업무를 수행한 사람<br>• 기능사의 자격을 취득한 후 8년 이상 전기공사업무를 수행한 사람 | • 전기 관련 학과의 석사 이상의 학위를 취득한 후 5년 이상 전기공사업무를 수행한 사람<br>• 전기 관련 학과의 학사학위를 취득한 후 7년 이상 전기공사업무를 수행한 사람<br>• 전기 관련 학과의 전문학사 학위를 취득한 후 9년(3년제 전문학사 학위를 취득한 경우에는 8년) 이상 전기공사업무를 수행한 사람<br>• 전기 관련 학과의 고등학교를 졸업한 후 11년 이상 전기공사업무를 수행한 사람 |



78 ② 79 ② 정답

| 등 급 | 국가기술자격자 | 학력 · 경력자 |
|---|---|---|
| 초급 전기 공사 기술자 | • 산업기사 또는 기사의 자격을 취득한 사람<br>• 기능사의 자격을 취득한 사람 | • 전기 관련 학과의 학사 이상의 학위를 취득한 사람<br>• 전기 관련 학과의 전문학사 학위를 취득한 후 2년(3년제 전문학사 학위를 취득한 경우에는 1년) 이상 전기공사업무를 수행한 사람<br>• 전기 관련 학과의 고등학교를 졸업한 후 4년 이상 전기공사업무를 수행한 사람<br>• 전기 관련 학과 외의 학사 이상의 학위를 취득한 후 4년 이상 전기공사업무를 수행한 사람<br>• 전기 관련 학과 외의 전문학사 학위를 취득한 후 6년(3년제 전문학사 학위를 취득한 경우에는 5년) 이상 전기공사업무를 수행한 사람<br>• 전기 관련 학과 외의 고등학교 이하인 학교를 졸업한 후 8년 이상 전기공사업무를 수행한 사람 |

**80** 전기설비기술기준의 판단기준에서 태양전지 모듈은 최대사용전압의 몇 배의 직류전압을 충전부분과 대지사이에 연속하여 10분간 가하여 절연내력을 시험하였을 때에 견디어야 하는가?

① 0.5　　② 1.0
③ 1.2　　④ 1.5

해설

**연료전지 및 태양전지 모듈의 절연내력(판단기준 제15조)**

연료전지 및 태양전지 모듈은 최대사용전압의 1.5배의 직류전압 또는 1배의 교류전압(500[V] 미만으로 되는 경우에는 500[V])을 충전부분과 대지 사이에 연속하여 10분간 가하여 절연내력을 시험하였을 때에 이에 견디는 것이어야 한다.

정답 80 ④

# 최근 기출문제

## 제1과목 태양광발전시스템 이론

**01** 옴의 법칙에서 전류에 대한 설명으로 옳은 것은?

① 저항에 반비례하고, 전압에 비례한다.
② 저항에 비례하고, 전압에 반비례한다.
③ 저항에 비례하고, 전압에도 비례한다.
④ 저항에 반비례하고, 전압에도 반비례한다.

**해설**

옴의 법칙
- 전압법칙 : $V = IR$[V]
- 저항법칙 : $R = \frac{V}{I}$[Ω]
- 전류법칙 : $I = \frac{V}{R}$[A]

**02** 수 개 또는 수십 개의 태양광발전 전지를 직렬로 연결하기 위해서 납땜하는 제조공정은?

① Lay-Up 공정
② Laminator 공정
③ 시뮬레이터 공정
④ Tabbing & String 공정

**해설**

태양광발전 전지의 공정
- LAY-UP : 회로가 만들어진 내층 기판과 Prepreg(Bonding Material : 접착제) 그리고 외층이 가공될 동박을 겹쳐서 쌓는 작업을 하는 공정이다.
- Laminator : 태양전지를 직·병렬 연결하여 장기간 자연환경 및 외부 충격에 견딜 수 있는 구조로 만들어진 형태로서 전면에는 투과율이 좋은 강화유리, 뒷면에는 Tedlar를 사용하고 태양전지와 앞·뒷면의 유리, Tedlar는 EVA를 사용하여 접합시키는 것을 공정이다.
- 시뮬레이터 : 태양광발전설비의 전체의 과정을 모듈형식으로 하여 실제의 전지에 충전되거나 활용되는 것을 확인하는 공정이다.
- Tabbing & String : Cell Test(Sorting)를 거친 Cell은 Tabbing 공정을 거쳐 Cell을 직렬로 연결하는 String 공정에 투입된다.

**03** 태양광발전 모듈에 설치하는 바이패스 소자에 대한 설명으로 틀린 것은?

① 일반적으로 모듈 뒷면의 단자함에 설치한다.
② 바이패스 소자로 대부분 다이오드를 사용한다.
③ 고저항의 셀에 전류가 흘러 발열하게 되는 것을 방지한다.
④ 바이패스 소자는 태양광발전 모듈 내의 셀과 직렬로 접속하여 사용한다.

**해설**

태양광발전 모듈에 설치하는 바이패스 소자
- 대부분 다이오드를 사용한다.
- 모듈 뒷면의 단자함에 설치한다(보통 단자함에 내장되어 있다).
- 높은 저항의 셀에 전류가 흘러 발열하게 되는 경우 방지용으로 사용된다.
- 태양광발전 모듈 내의 셀과 병렬로 접속하여 전류의 손실을 막는다.

**04** 다음 전지 중 광기전력 효과에 의해 빛에너지를 직접 변환해서 전기에너지를 얻을 수 있는 것은?

① 2차전지 ② 연료전지
③ 태양전지 ④ 인산전지

**해설**

전지의 정의
- 연료전지
  수소와 산소의 화학반응으로 생기는 화학에너지를 직접 전기에너지로 변환시키는 기술이다. 또는 연료의 화학에너지를 이용해 전기화학반응으로 생성되는 화학에너지를 직접 전기적인 에너지로 변환시키는 기술을 말한다.
- 인산전지(PAFC ; Phosphoric Acid Fuel Cell)
  연료전지의 일종으로 1970년대 민간차원에서 처음으로 기술개발된 1세대 연료전지이며 병원, 호텔, 건물 등 분산형 전원으로 이용되고 있다.
- 2차 전지 : 충전해서 쓰는 축전지를 말한다.

정답 1 ① 2 ④ 3 ④ 4 ③

## 05 태양광발전시스템 중 타 에너지원의 발전시스템과 결합하여 전력을 공급하는 방식은?

① 독립형　　② 계통연계형
③ 건물일체형　　④ 하이브리드형

**해설**

태양광발전시스템의 분류

- 계통연계형 시스템(Grid Connected System)
  태양광시스템에서 생산된 전력을 지역 전력망에 공급할 수 있도록 구성되어 있으며, 주택용이나 상업용 태양광발전의 가장 일반적인 형태이다. 초과 생산된 전력을 계통에 보내거나 전력 생산이 불충분할 경우 계통으로부터 전력을 받을 수 있으므로 전력 저장장치가 필요하지 않아 시스템 가격이 상대적으로 낮다.
- 계통지원형 시스템(Grid Support)
  지역 전력 계통과 연결되어 있을 뿐 아니라 축전지와도 연결되어 있는 구조로서 시스템에서 생산된 전력을 축전지에 저장해 두었다가 지역 전력사업자에 판매하게 된다.
- 독립형 시스템(Off Grid/Stand Alone System)
  - 전력 계통과 분리된 발전방식으로 축전지에 태양광 전력을 저장하여 사용하는 방식이다. 생산된 직류 전력을 그대로 사용할 수 있도록 직류용 가전제품과 연결하거나 인버터를 통해 교류로 바꿔 준다.
  - 오지 및 도서산간지역의 주택 전력공급용이나 통신, 양수펌프, 백신용의 약품냉동보관, 안전표지, 제어 및 항해 보조도구 등 소규모 전력공급용으로 사용된다. 설치 가격이 비싸며, 유지보수 비용이 많이 들어간다. 축전지의 교환 주기는 2~3년 정도이고, 야간이나 태양이 일시적으로 적을 때를 대비하여 축전지를 설치하기 때문에 태양이 장기간 적을 때를 대비해서 비상발전기(디젤발전기)를 설치해야 한다.
- 하이브리드형
  태양광발전시스템과 다른 발전시스템을 결합하여 발전하는 방식으로 지역 전력계통과는 완전히 분리 또는 계통연계할 수 있는 발전방식으로 태양광, 풍력, 디젤 기타 발전기를 사용하여 충전장치와 축전지에 연결시켜 생산된 전력을 저장하고 사용하는 방식이다. 두 가지 이상의 발전방식을 결합하였으므로 주간이나 야간에도 안정적으로 전원을 공급할 수 있다.

## 06 전력변환장치(PCS)의 자동운전정지 기능에 대한 설명 중 틀린 것은?

① 해가 완전히 없어지면 운전을 정지한다.
② 흐린 날이나 비가 오는 날에는 운전을 하지 않는다.
③ 태양광발전 모듈의 출력을 스스로 감시하여 자동적으로 운전한다.
④ 태양광발전 모듈의 출력을 얻을 수 있는 조건이 되면 자동적으로 운전을 시작한다.

**해설**

자동운전 정지기능

인버터는 일출과 함께 일사강도가 증대하여 출력을 얻을 수 있는 조건이 되면 자동적으로 운전을 시작한다. 운전을 시작하면 태양전지의 출력을 스스로 감시하여 자동적으로 운전을 한다. 전력계통이나 인버터에 이상이 있을 때 안전하게 분리하는 기능으로서 인버터를 정지시킨다. 해가 질 때도 출력을 얻을 수 있는 한 운전을 계속하며, 해가 완전히 없어지면 운전을 정지한다. 또한 흐린 날이나 비오는 날에도 운전을 계속할 수 있지만 태양전지의 출력이 작아져서 인버터의 출력이 거의 0으로 되면 대기 상태가 된다. 인버터는 직류를 교류로 변환시키는 것뿐만 아니라 태양전지의 성능을 최대한 끌어내기 위한 기능과 이상 발생 시나 고장 시를 위한 보호 기능이 있다.

## 07 뇌서지 등에 의한 피해로부터 태양광발전시스템을 보호하기 위한 대책으로 틀린 것은?

① 뇌우 발생지역에서는 교류 전원측에 내뢰트랜스를 설치한다.
② 피뢰 소자를 어레이 주회로 내에 분산시켜 설치함과 동시에 접속함에도 설치한다.
③ 저압 배전선으로부터 침입하는 뇌서지에 대해서는 분전반에 피뢰 소자를 설치한다.
④ 뇌서지가 내부로 침입하지 못하도록 피뢰소자를 설비 인입구에서 먼 장소에 설치한다.

**해설**

뇌 서지 대비 방법

- 광역 피뢰침뿐만 아니라 서지보호장치를 설치한다.
- 저압 배전선에서 침입하는 뇌 서지에 대해서는 분전반과 피뢰소자를 설치한다.
- 피뢰소자를 어레이 주회로 내부에 분산시켜 설치하고 접속함에도 설치한다.
- 뇌우 다발지역에서는 교류 전원측으로 내뢰트랜스를 설치하여 보다 완전한 대책을 세워야 한다.

## 08 태양광발전시스템을 계통과 연계하기 위한 인버터의 인자가 아닌 것은?

① 전 압　　② 전 류
③ 위 상　　④ 주파수

정답　5 ④　6 ②　7 ④　8 ②

해설

태양광발전시스템을 계통과 연계하기 위한 인버터의 인자
- 전 압
- 주파수
- 위 상

**09** 250[W] 태양광발전 모듈의 가로와 세로 길이가 각각 1,650[mm]와 960[mm]일 경우 변환효율은 약 몇 [%]인가?(단, STC조건을 기준으로 한다)

① 14.89　② 15.02
③ 15.32　④ 15.78

해설

$$변환효율(\eta)=\frac{전력\times STC조건}{모듈면적(가로\times세로)}\times 100$$
$$=\frac{250\times 1,000}{1,650\times 960}\times 100 \fallingdotseq 15.7828[\%]$$

**10** "임의의 폐회로에서 기전력의 총합은 저항에서 발생하는 전압강하의 총합과 같다"는 법칙은?

① 패러데이의 법칙
② 키르히호프의 제1법칙
③ 키르히호프의 제2법칙
④ 플레밍의 오른손 법칙

해설

전자계 법칙
- 패러데이 법칙
  자기선 속의 변화가 기전력을 발생시킨다는 법칙으로 1831년 영국의 물리학자 마이클 패러데이가 발견하였다. 맥스웰 방정식 중 하나이며, 패러데이 법칙에서 자기선 속의 양자화가 유도된다.
- 플레밍의 오른손 법칙
  자기장 내에서 자기력선에 수직으로 놓은 도선을 자기장에 수직으로 움직이게 할 때, 오른손의 집게손가락과 엄지손가락을 각각 자기장의 방향과 도선의 운동 방향으로 향하게 하면, 유도전류는 이들 방향에 수직으로 향하게 한가운데 손가락의 방향을 흐른다.
- 키르히호프의 법칙
  - 전류의 법칙(제1법칙) : 들어오는 전류와 나가는 전류의 합이 같다.
  - 전압의 법칙(제2법칙) : 회로에 가해진 전원 전압과 소비되는 전압강하의 합이 같다.

**11** P-N 접합에 의한 태양광발전의 진행단계가 아닌 것은?

① 광흡수　② 전하생성
③ 단락전류　④ 전하수집

해설

태양광의 발전원리 순서
광흡수 → 전하생성 → 전하분리 → 전하수집

**12** 태양광발전 전지의 열손실 요소가 아닌 것은?

① 전 도　② 대 류
③ 풍 속　④ 복 사

해설

태양광발전 전지의 열 손실 요소
- 대 류
- 전 도
- 복 사

**13** 실횻값이 220[V]인 교류전압을 1.2[kΩ]의 저항에 인가할 경우 소비되는 전력은 약 몇 [W]인가?

① 14.4　② 18.3
③ 26.4　④ 40.3

해설

$$전력(P)[W]=I^2\cdot R=I\cdot I\cdot R=I\cdot V=\frac{V}{R}\cdot V=\frac{V^2}{R}$$
$$=\frac{220^2}{1.2\times 10^3}\fallingdotseq 40.33[W]$$

**14** 그림과 같은 태양광 인버터 회로방식은?

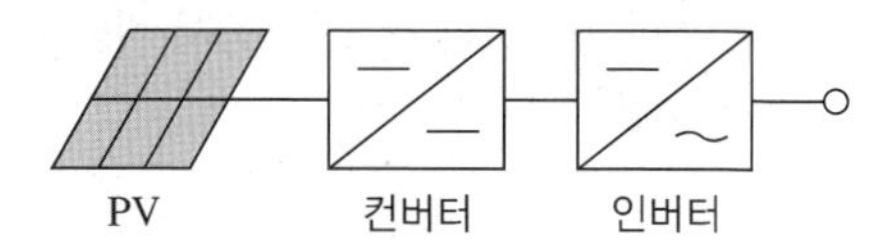


① 트랜스 방식
② 트랜스리스 방식
③ 고주파 변압기 절연방식
④ 상용주파 변압기 절연방식



9 ④　10 ③　11 ③　12 ③　13 ④　14 ② 정답

해설

인버터 회로방식

- 고주파 변압기 절연방식(저주파 변압기 절연방식)
  태양전지(PV) → 인버터(DC → AC) → 변압기
- 고주파 변압기 절연방식
  태양전지(PV) → 고주파 인버터(DC → AC) → 고주파 변압기(AC → DC) → 인버터(DC → AC) → 공진회로
- 트랜스리스 방식
  태양전지(PV) → 승압형 컨버터 → 인버터

## 15 수평축 풍력발전기로 분류되는 것은?

① 튜블러형
② 프로펠러형
③ 다리우스형
④ 사보니우스형

해설

풍력발전기의 분류

| 분류 | 내용 |
|---|---|
| 분구조상분류<br>(회전축 방향) | 수평축 풍력시스템(HAWT) : 프로펠러형 |
| | 수직축 풍력시스템(VAWT) : 다리우스형, 사보니우스형 |
| 출력제어방식 | Pitch(날개각) Control |
| | Stall Control(한계풍속 이상이 되었을 때 양력이 회전날개에 작용하지 못하도록 날개의 공기역학적 형상에 의한 제어) |
| 전력사용방식 | 독립전원(동기발전기, 직류발전기) |
| | 계통연계(유도발전기, 동기발전기) |
| 운전방식 | 정속운전(Fixed Roter Speed Type) : 통상 Geared형 |
| | 가변속운전(Variable Roter Speed Type) : 통상 Gearless형 |
| 공기역학적 방식 | 양력식(Lift Type) 풍력발전기 |
| | 항력식(Drag Type) 풍력발전기 |
| 설치장소 | 육 상 |
| | 해 상 |

## 16 인버터의 정격효율을 계산하는 식은?

① 변환효율 × 추적효율
② 변환효율 × 유로효율
③ 유로효율 × 최대출력
④ 추적효율 × 유로효율

해설

인버터의 정격효율($\eta$) = 변환효율 × 추적효율

## 17 태양광발전 모듈의 뒷면 표시사항에 해당되지 않는 것은?

① 공칭 질량
② 내진등급
③ 공칭 단락전류
④ 내풍압성의 등급

해설

태양전지 모듈의 뒷면 표시(KSC-IEC 규격)

- 제조연월일 및 제조번호
- 제조연월을 알 수 있는 제조번호
- 공칭 질량[kg]
- 제조업자명 또는 그 약호
- 공칭 개방전압
- 공칭 개방전류
- 공칭 최대출력
- 내풍압성의 등급
- 공칭 최대출력 동작전압
- 공칭 최대출력 동작전류
- 최대시스템 전압 · 어레이의 조립 형태
- 역내전압 : 바이패스 다이오드의 유무

## 18 $n$개의 태양광발전 전지를 직 · 병렬로 접속한 경우의 설명으로 옳은 것은?

① 태양광발전 전지를 직렬로 접속하면 전압은 $n$배로 높아진다.
② 태양광발전 전지를 직렬로 접속하면 전류는 $n$배로 높아진다.
③ 태양광발전 전지를 병렬로 접속하면 전압은 $n$배로 높아진다.
④ 태양광발전 전지를 병렬로 접속하면 전류는 변하지 않는다.

해설

태양전지를 직렬로 접속하면 전압은 $n$배로 높아지게 된다.

정답 15 ② 16 ① 17 ② 18 ①

**19** **계통연계형 태양광발전시스템 중 방재대응형 축전지 용량 산출 시 고려되는 항목이 아닌 것은?**

① 보수율
② 방전시간
③ 허용최대전압
④ 평균방전전류

해설
부하평준화 대응형 축전지의 용량산출 방식(일반식)

$C = \frac{KI}{L}$

- $C$ : 온도 25[℃]에서 정격방전율 환산용량(축전지의 표시용량)
- $K$ : 방전시간, 축전지 온도, 허용최저전압으로 결정되는 용량환산 시간
- $I$ : 평균방전전류
- $L$ : 보수율(수명 말기의 용량 감소율)

**20** **일의 단위로 틀린 것은?**

① [J]
② [N · m]
③ [W · s]
④ [kgf · m/s]

해설
일의 단위
일의 SI 유도단위는 1[N]의 힘이 1[m]의 거리를 이동하게 하는 일로 정의한 줄[J]이다.
[J] = [N · m] = [W · s] = [kg · m²/s²]

## 제2과목 태양광발전시스템 시공

**21** **가공전선로와 비교하여 지중전선로의 장점으로 틀린 것은?**

① 고장이 적다.
② 보안상의 위험이 적다.
③ 공사 및 보수가 용이하다.
④ 설비의 안정성에 있어서 유리하다.

해설
지중전선로공사는 가공전선로와 비교하여 설치 및 유지 보수가 어렵고 비용이 크다.

**22** **태양광발전시스템의 시공절차로 옳은 것은?**

① 모듈설치 → 기초공사 → 가대설치 → 기기설치 → 배관배선 → 시운전
② 기초공사 → 가대설치 → 모듈설치 → 기기설치 → 배관배선 → 시운전
③ 모듈설치 → 가대설치 → 기초공사 → 배관배선 → 기기설치 → 시운전
④ 기초공사 → 모듈설치 → 배관배선 → 가대설치 → 기기설치 → 시운전

해설
태양광발전시스템의 시공절차
기초공사 → 가대설치 → 모듈설치 → 기기설치 → 배관배선 → 시운전

**23** **감리보고와 관련하여 분기보고서는 누가 작성하여 누구에게 제출 보고하여야 하는가?**

① 공사업자가 작성하여 발주자에게 제출
② 책임감리원이 작성하여 발주자에게 제출
③ 공사업자가 작성하여 감리업자에게 제출
④ 책임감리원이 작성하여 감리업자에게 제출

해설
감리보고 등(전력시설물 공사감리업무 수행지침 제17조)
책임감리원은 다음 사항이 포함된 분기보고서를 작성하여 발주자에게 제출하여야 한다. 보고서는 매분기 말 다음 달 7일 이내로 제출한다.

- 공사추진 현황(공사계획의 개요와 공사추진계획 및 실적, 공정현황, 감리용역현황, 감리조직, 감리원 조치내역 등)
- 감리원 업무일지
- 품질검사 및 관리현황
- 검사요청 및 결과통보내용
- 주요기자재 검사 및 수불내용(주요기자재 검사 및 입 · 출고가 명시된 수불현황)
- 설계변경 현황
- 그 밖에 책임감리원이 감리에 관하여 중요하다고 인정하는 사항



19 ③ 20 ④ 21 ③ 22 ② 23 ② 정답

**24** **금속관의 굵기는 전선의 피복절연물을 포함한 단면적의 총합계가 관 내 단면적의 최대 몇 [%] 이하가 되어야 하는가?(단, 동일 굵기의 절연전선을 동일 관 내에 넣는 경우이다)**

① 32　　② 40
③ 48　　④ 52

해설
전선관 굵기는 전선 피복을 포함한 단면적의 합계는 48[%] 이하로 한다. 굵기가 다른 케이블의 경우는 32[%] 이하를 원칙으로 한다.

**25** **전압 동요에 의한 플리커의 경감대책으로 전력 공급측에 실시하는 대책으로 틀린 것은?**

① 공급 전압을 승압한다.
② 전용 계통으로 공급한다.
③ 전용 변압기로 공급한다.
④ 단락용량이 적은 계통에서 공급한다.

해설
전력공급자측 플리커 경감대책
- 전용 변압기로 공급
- 전용 계통으로 공급
- 공급 전압의 격상
- 전선의 굵기 증대
- 신뢰도 높은 배전방식 채택
- 단락용량 큰 계통에서 공급

**26** **태양광발전 어레이의 출력이 500[W] 이하일 때 접지선의 굵기는 몇 [$mm^2$]인가?**

① 1
② 1.5
③ 2
④ 2.5

**27** **태양광발전시스템의 지지대 부속자재의 설치 시 고려사항으로 틀린 것은?**

① 건축물의 방수 등에 문제가 없도록 설치한다.
② 볼트 조립은 헐거움이 없이 단단히 조립한다.
③ 바람, 적설하중 및 구조하중은 고려하지 않고 설치한다.
④ 모듈지지대의 고정 볼트에는 스프링 와셔 또는 풀림 방지너트 등으로 체결한다.

해설
태양광발전시스템의 지지대 부속자재 설치 시, 바람, 적설하중 및 구조하중에 견딜 수 있도록 설치하여야 한다.

**28** **특고압 또는 고압을 저압으로 강압하는 변압기의 저압측 전로에 실시하는 접지공사로 옳은 것은?**

① 제1종 접지공사
② 제2종 접지공사
③ 제3종 접지공사
④ 특별 제3종 접지공사

해설
제2종 접지공사는 특고압 또는 고압을 저압으로 감압하는 변압기 저압측 전로에 실시하는 접지공사이다.

**29** **태양광발전시스템 시공 시 필요한 대형장비에 해당하지 않는 것은?**

① 굴삭기
② 지게차
③ 컴프레서
④ 크레인

해설
대형장비는 굴삭기, 크레인, 지게차 등이 해당된다.

**30** **공사업자가 감리원에게 제출하는 착공신고서류에 포함되지 않는 것은?**

① 공사 준공 사진
② 품질관리계획서
③ 안전관리계획서
④ 공사 예정공정표

정답　24 ③　25 ④　26 ②　27 ③　28 ②　29 ③　30 ①

**해설**

착공신고서류

- 시공관리책임자 지정통지서(현장관리조직, 안전관리자)
- 공사 예정공정표
- 품질관리계획서
- 공사도급 계약서 사본 및 산출내역서
- 공사 시작 전 사진
- 현장기술자 경력사항 확인서 및 자격증 사본
- 안전관리계획서
- 작업인원 및 장비투입 계획서
- 그 밖에 발주자가 지정한 사항

## 31 태양광발전 모듈 출력전압이 500[V]일 경우 인버터 외함에 시설하여야 하는 접지공사는?

① 제1종 접지공사
② 제2종 접지공사
③ 제3종 접지공사
④ 특별 제3종 접지공사

**해설**

400[V] 이상의 저압용의 것이므로 특별 제3종 접지공사를 시설한다.

## 32 태양광발전시스템의 사용 전 검사 시 태양광발전 전지 검사 중 전지 전기적 특성시험이 아닌 것은?

① 충진율
② 개방전압
③ 단독운전방지 시험
④ 최대출력 전압 및 전류

**해설**

태양전지의 전기적 특성 확인

검사자는 수검자로부터 제출받은 태양전지 규격서상의 규격으로부터 다음의 사항을 확인한다.

- 최대출력 : 태양광발전소에 설치된 태양전지 셀의 셀당 최대출력을 기록한다.
- 개방전압 및 단락전류 : 검사자는 모듈 간 제대로 접속되었는지 확인하기 위해 개방전압이나 단락전류 등을 확인한다.
- 최대출력 전압 및 전류 : 태양광발전소 검사 시 모니터링 감시 장치 등을 통해 하루 중 순간최대출력이 발생할 때 인버터의 교류전압 및 전류를 기록한다.
- 충진율 : 개방전압과 단락전류와의 곱에 대한 최대출력의 비(충진율)를 태양전지 규격서로부터 확인하여 기록한다.
- 전력변환효율 : 기기의 효율을 제작사의 시험성적서 등을 확인하여 기록한다.

## 33 계통연계형 태양광 발전의 송·변전설비 중 저압에서 사용되는 차단기는?

① 진공차단기
② 기중차단기
③ 공기차단기
④ 유입차단기

**해설**

기중차단기(ACB)

전기회로에서 접촉자 간의 개폐동작이 공기 중에서 이상적으로 행해지는 차단기이다. 전류비를 고려하여 전류의 손실이 없도록 과전류를 미리 예측하여 자동적으로 회로를 개방하거나 수동적인 방법으로 회로를 개폐하며, 교류 1,000[V] 이하의 회로에서 사용한다.

## 34 태양광발전시스템 시공 완료 후 검사에 필요하지 않은 장비는?

① 절연저항계
② 모듈테스터
③ 디지털멀티미터
④ 레이저거리측정기

## 35 전력계통의 무효전력을 조정하여 전압조정 및 전력손실의 경감을 도모하기 위한 설비는?

① 조상설비
② 보호계전장치
③ 계기용 변성기
④ 부하 시 Tap 절환장치

**해설**

조상설비는 무효전력을 공급, 소비하는 설비를 의미하고 전압조정 및 전력손실의 저감 및 무효전력의 조정을 통하여 역률 개선을 한다.



31 ④ 32 ③ 33 ② 34 ④ 35 ① 정답

**36** 설계감리원이 설계도면의 적정성을 검토할 때 확인사항으로 틀린 것은?

① 도면상에 사업명을 부여했는지 여부
② 설계 입력자료가 도면에 맞게 표시되었는지 여부
③ 도면작성이 의도하는 대로 경제성, 정확성 및 적정성 등을 가졌는지 여부
④ 발주자 및 설계자가 설계수행을 위하여 요청하는 사항이 표시되었는지 여부

해설

설계용역 성과검토(설계감리업무 수행지침 제10조)
설계감리원은 설계도면의 적정성을 검토함에 있어 다음의 사항을 확인하여야 한다.
- 도면작성이 의도하는 대로 경제성, 정확성 및 적정성 등을 가졌는지 여부
- 설계 입력 자료가 도면에 맞게 표시되었는지 여부
- 설계결과물(도면)이 입력 자료와 비교해서 합리적으로 되었는지 여부
- 관련 도면들과 다른 관련 문서들의 관계가 명확하게 표시되었는지 여부
- 도면이 적정하게, 해석 가능하게, 실시 가능하며 지속성 있게 표현되었는지 여부
- 도면상에 사업명을 부여 했는지 여부

**37** 태양광발전시스템의 공사감리의 법적 근거는?

① 전기사업법 ② 전기공사업법
③ 전력기술관리법 ④ 전기설비기술기준

해설

목적(전력기술관리법 제1조)
전력기술수준을 향상시키고 전력시설물 설치의 적절하게 하여 공공의 안전확보와 국민경제를 발전에 이바지하는 전력기술관리법의 근거로 공사감리를 실시한다.

**38** 태양광발전시스템 구성기기 간의 배선공사가 아닌 것은?

① 태양광발전 모듈 간의 배선
② 접속함과 인버터 간의 배선
③ 태양광발전 전지 간의 배선
④ 태양광발전 어레이와 접속함 간의 배선

해설

전기배관배선공사
- 태양전지 모듈 간 배선공사
- 어레이와 접속함의 배선공사
- 접속함과 파워컨디셔너(PCS) 간 배선공사
- 파워컨디셔너(PCS)와 분전반 간 배선공사

**39** 태양광발전시스템에 적용하는 피뢰방식이 아닌 것은?

① 접지방식
② 돌침방식
③ 수평도체방식
④ 메시도체방식

해설

접지방식은 전력망의 중성점을 처리하는 방식을 말한다.

**40** 태양광발전 모듈과 인버터, 인버터와 계통연계점 간의 전압강하는 각 최대 몇 [%]를 초과하지 않아야 하는가?(단, 전선의 길이는 60[m] 이하이다)

① 3
② 5
③ 7
④ 8

해설

태양전지 모듈에서 인버터 입력단 간 및 인버터 출력단과 계통연계점 간의 전압강하는 각 3[%]를 초과하지 말아야 한다.

## 제3과목 태양광발전시스템 운영

**41** 태양광발전 모듈의 고장 원인이 아닌 것은?

① 제조결함
② 시공불량
③ 동결파손
④ 새의 배설물

정답 36 ④ 37 ③ 38 ③ 39 ① 40 ① 41 ③

**해설**

태양광발전 시스템 모듈 고장원인

- 제조불량
- 시공불량
- 운영과정에서의 외상
- 전기적, 기계적 스트레스에 의한 셀의 파손

## 42 태양광발전시스템의 일상점검 점검항목이 아닌 것은?

① 인버터 – 통풍 확인
② 접속함 – 절연저항 측정
③ 인버터 – 표시부의 이상표시
④ 태양광발전 모듈 – 표면의 오염 및 파손

**해설**

접속함의 절연저항 측정은 정기점검 항목이다.

## 43 성능평가 측정 중 시험 장치에 관한 설명이다. ( ) 안의 ㉠, ㉡에 들어갈 내용으로 옳은 것은?

> 항온항습장치는 태양광발전 모듈의 온도 사이클 시험, 습도-동결 시험, 고온고습 시험을 하기 위한 환경 챔버이며, KS C IEC 61215에서 규정하는 온도 ( ㉠ ) 이내, 습도 ( ㉡ ) 이내이어야 한다.

① ㉠ ±2[℃], ㉡ ±2[%]
② ㉠ ±5[℃], ㉡ ±2[%]
③ ㉠ ±2[℃], ㉡ ±5[%]
④ ㉠ ±5[℃], ㉡ ±5[%]

**해설**

항온항습장치에서 KS C IEC 61215에서 온도 ±2[℃] 이내 습도 ±5[%] 이내이어야 한다.
시험은 IEC 60068-2-78에 따라서 다음 항목에 대하여 실시한다.

- 전처리 : 실온의 모듈을 전처리를 위해 시험 챔버에 넣는다.
- 조 건
  - 시험 온도 : 85[℃] ± 2[℃]
  - 상대 습도 : 85[%] ± 5[%]
  - 시험 지속 시간 : 1,000시간

## 44 정전을 시켜 놓고 무 전압 상태에서 기기의 이상(異常) 상태를 점검하고, 필요한 경우 기기를 분리하여 점검을 수행해야 하는 점검은?

① 일상점검
② 임시점검
③ 정기점검
④ 최종점검

**해설**

정기점검

- 사업용 전기설비나 자가용 전기설비로 구분되는 태양광발전 설비의 소유자 또는 점유자는 전기설비의 공사, 유지 및 운용에 관한 안전관리업무를 수행하기 위해 전기사업법(전기안전관리자 선임)에서 규정하고 있는 전기안전관리자를 선임하여야 한다. 다만, 태양광발전 설비 용량이 1,000[kW] 미만의 것은 안전관리업무를 대행기관 또는 대행업체에 일임할 수 있다.
- 태양광발전 설비의 정기점검 주기는 설비용량에 따라 월 1~4회 이상 실시한다.
- 정부지원금(주택지원 사업)으로 설치된 태양광발전 설비는 설치 공사업체가 하자보수기간인 3년 동안 연 1회 점검을 실시하여 신재생에너지센터에 점검결과를 보고하여야 한다.
- 정기점검은 원칙적으로 정전을 시켜 놓고 무전압 상태에서 기기의 이상상태를 점검하고 필요에 따라서는 기기를 분리하여 점검한다.
- 태양광발전 시스템을 정전하지 않고 점검을 하여야 할 경우에는 안전사고가 일어나지 않도록 주의하여야 한다.

## 45 태양광발전시스템에서 발전하지 못하거나 발전한 전력이 부하공급에 부족할 경우, 계통으로부터 부족한 전력 공급 유무를 확인할 수 있는 시험은?

① 단독운전 방지시험
② 제어회로 경보장치
③ 역방향운전 제어시험
④ 전력변환장치 자동·수동 절체시험

**해설**

역방향운전 제어시험
태양광발전에서 발전하지 못하거나 발전한 전력이 부하공급에 부족할 경우, 부족한 전력을 계통으로부터 공급 가능 여부를 확인하는 시험이다.



42 ② 43 ③ 44 ③ 45 ③ 정답

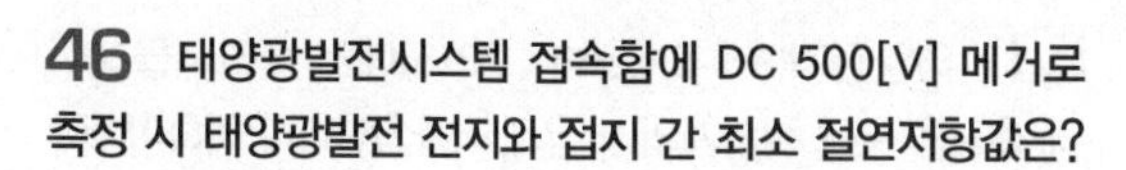

## 46 태양광발전시스템 접속함에 DC 500[V] 메거로 측정 시 태양광발전 전지와 접지 간 최소 절연저항값은?

① 0.1[MΩ] ② 0.2[MΩ]
③ 0.4[MΩ] ④ 0.5[MΩ]

**해설**

| 설 비 | 점검항목 | | 점검요령 |
|---|---|---|---|
| 중간 단자함 (접속함) | 육안 점검 | 외함의 부식 및 파손 | 부식 및 파손이 없을 것 |
| | | 방수처리 | 전선 인입구가 실리콘 등으로 방수처리 |
| | | 배선의 극성 | 태양전지에서 배선의 극성이 바뀌어 있지 않을 것 |
| | | 단자대 나사의 풀림 | 확실하게 취부하고 나사의 풀림이 없을 것 |
| | 측 정 | 접지저항(태양전지-접지 간) | 0.2[MΩ] 이상 측정전압 DC 500[V] |
| | | 절연저항 | 1[MΩ] 이상 측정전압 DC 500[V] |
| | | 개방전압 및 극성 | 규정의 전압이고 극성이 올바를 것 |

## 47 발전소 허가기준에 포함되지 않는 것은?

① 전기사업이 계획대로 수행될 수 있을 것
② 발전소가 해당지역에 집중되어 전력계통의 운영이 용이할 것
③ 전기사업을 적정하게 수행하는 데 필요한 재무능력 및 기술능력이 있을 것
④ 구역전기사업의 경우 특정한 공급구역 전력수요의 50퍼센트 이상으로서 대통령령으로 정하는 공급능력을 갖출 것

**해설**

전기사업의 허가기준

- 전기사업 수행에 필요한 재무능력 및 기술능력이 있을 것
  재무능력은 신용평가가 양호하고 소요재원 조달계획이 구체적이어야 하며, 기술능력은 발전설비 건설 및 운영계획, 기술인력 확보계획이 구체적으로 적시되어 있어야 한다.
- 전기사업이 계획대로 수행될 수 있을 것
  사업계획이 예측 가능하고, 부지확보 가능여부, 적정한 이윤확보 방안 등 건설이 차질 없이 진행될 수 있는지 여부를 검토한다.
- 발전소가 특정지역에 편중되어 전력계통의 운영에 지장을 주지 말 것
  발전소 건설로 인하여 송전계통의 보강이 필요하므로, 사업개시 예정일까지 송전계통 보강이 곤란한지 여부를 검토한다.
- 발전연료가 어느 하나에 편중되어 전력수급에 지장을 주지 말 것
  원자력, 석탄, 중유, 천연가스, 신재생에너지 등 발전연료의 편중에 따른 전력수급의 지장 여부를 검토한다.

## 48 일상점검을 할 때 볼트 조임 방법이 틀린 것은?

① 조임은 너트를 돌려서 조여 준다.
② 조임은 지정된 재료, 부품을 정확히 사용한다.
③ 2개 이상의 볼트를 사용하는 경우 한쪽만 심하게 조이지 않도록 주의한다.
④ 볼트의 크기에 맞는 파이프렌치를 사용하여 규정된 힘으로 조여 준다.

**해설**

볼트 조임

- 조임 방법
  - 토크렌치를 사용하여 규정된 힘으로 조여 준다.
  - 조임은 너트를 돌려서 조여 준다.
- 조임 확인 : 접촉저항에 의해 열이 발생하여 사고 발생이 우려되므로 규정된 힘으로 조여야 한다.
- 볼트 크기별 조이는 힘
  - 모선의 경우

| 볼트 크기 | 힘[kcal/m$^2$] | 볼트 크기 | 힘[kcal/m$^2$] |
|---|---|---|---|
| M6 | 50 | M12 | 400 |
| M8 | 120 | M16 | 850 |
| M10 | 240 | | |

  - 구조물의 경우

| 볼트 크기 | 힘[kcal/m$^2$] | 볼트 크기 | 힘[kcal/m$^2$] |
|---|---|---|---|
| M3 | 7 | M8 | 135 |
| M4 | 18 | M10 | 270 |
| M5 | 35 | M12 | 480 |
| M6 | 58 | M16 | 1,180 |

정답 46 ② 47 ② 48 ④

**49** 태양광발전 전지의 개방전압의 측정과 관련하여 틀린 것은?

① 교류전압계를 사용하여 측정한다.
② 각 스트링의 P-N 단자 간의 전압을 측정한다.
③ 각 모듈이 그림자에 의해 영향을 받지 않는 상황에서 측정한다.
④ 측정하고자 하는 스트링의 MCCB 또는 퓨즈를 개방(off)한 상태에서 측정한다.

해설

측정시각은 일사강도, 맑을 때(온도의 변동을 극히 적게 하기 위해), 태양이 남쪽에 있을 때의 전후 1시간에 실시하는 것이 바람직하다. 개방전압은 직류전압계로 측정한다.

**50** 태양광발전시스템이 작동되지 않는 경우 응급조치 순서는?

| 가. 인버터 OFF 후 점검<br>나. 접속함 내부 차단기 OFF<br>다. 접속함 내부 차단기 ON<br>라. 인버터 ON |
|---|

① 가 → 나 → 다 → 라
② 나 → 가 → 라 → 다
③ 다 → 가 → 라 → 나
④ 라 → 가 → 나 → 다

해설

응급조치 방법
- 태양광발전 설비가 작동되지 않는 경우
  - 접속함 내부 DC 차단기 개방(Off)
  - AC 차단기 개방(Off)
  - 인버터 정지 확인(제어 전원 S/W가 있는 경우 제어 전용 S/W 개방(Off))
  - 인버터 점검

**51** 태양전지(KS C 8566 : 2015)에서 솔라시뮬레이터 측정용 분광 복사계의 파장 간격을 몇 [nm] 이하이어야 하는가?

① 3　　② 5
③ 7　　④ 10

해설

솔라시뮬레이터 분광 복사계의 파장 간격은 5[nm] 이하이어야 한다.
분광 복사계
분광 복사계(Spectroradiometer)는 CIE 63-1984에 규정된 것으로 태양전지 시료의 분광 응답 파장 영역에서 솔라시뮬레이터의 분광 조사강도를 측정할 수 있어야 한다. 측정결과로부터 KS C IEC 60904-3에서 규정한 기준 태양광 스펙트럼 분포와 인공광원의 스펙트럼(KS C IEC 60904-9에 정한 바와 같이 400[nm]에서 1,100[nm] 구간) 조사강도 분포와의 정합도를 구할 수 있다. 솔라시뮬레이터 측정용 분광 복사계의 파장 간격은 5[nm] 이하이어야 한다.

**52** 태양광발전시스템의 계측 · 표시에 관한 설명으로 틀린 것은?

① 시스템의 소비전력을 낮추기 위한 계측
② 시스템에 의한 발전 전력량을 알기 위한 계측
③ 시스템의 운전상태 감시를 위한 계측 또는 표시
④ 시스템의 기기 및 시스템의 종합평가를 위한 계측

해설

계측기구 · 표시장치의 설치 목적
- 시스템의 운전 상태를 감시하기 위한 계측 또는 표시
- 시스템에 의한 발전 전력량을 파악하기 위한 계측
- 시스템 기기 또는 시스템 종합평가를 위한 계측
- 시스템의 운전상황을 견학하는 사람 등에게 보여주고, 시스템 홍보를 위한 계측 또는 표시



49 ① 50 ② 51 ② 52 ① 정답

**53** 결정질 실리콘 태양광발전 모듈(성능)(KS C 8561 : 2016)에서 최대 출력 결정 시험의 품질기준으로 틀린 것은?

① 시험시료의 출력균일도는 평균출력의 ±3[%] 이내일 것
② 시험시료의 최종 환경시험 후 최대 출력의 열화는 최초 최대 출력의 -8[%]를 초과하지 않을 것
③ 해당 태양광발전 모듈의 최대 출력을 측정하되, 시험시료의 평균 출력은 정격출력 이상일 것
④ 최대 시스템 전압의 두 배에 1,000[V]를 더한 것과 같은 전압을 최대 500[V/s] 이하의 상승률로 태양전지 모듈의 출력단자와 패널 또는 접지단자(프레임)에 1분간 유지할 것

해설

KS C 8561 : 2016 품질기준

- 해당 태양광 모듈의 최대출력을 측정하되, 시험시료의 평균출력은 정격출력 이상일 것
- 시험시료의 출력균일도는 평균 출력의 ±3[%] 이내일 것
- 시험시료의 최종 환경시험 후 최대출력의 열화는 최초 최대출력의 -8[%]를 초과하지 않을 것

**54** 태양광발전시스템 계측에 관한 설명 중 틀린 것은?

① 풍향·풍속 등도 중요하므로 이에 대한 계측도 필요하다.
② 직류회로의 전압은 직접 또는 PT, CT를 통해서 검출한다.
③ 태양광발전 전지는 온도에 따라 변환효율이 변동되므로 온도 계측도 이루어진다.
④ 일사계는 보통 대지에 수평으로 설치되나 어레이와 같은 각도로 설치하는 경우도 있다.

해설

직류회로의 전압은 직접 또는 분압기로 분압하여 검출하며, 직류회로의 전류는 직접 또는 분류기를 사용하여 검출한다.

**55** 태양광발전설비 운영 매뉴얼 내용으로 틀린 것은?

① 황사나 먼지 등에 의해 발전효율이 저하된다.
② 풍압에 의해 모듈과 형강의 체결부위가 느슨해 질 수 있다.
③ 모듈 표면은 강화유리로 제작되어 외부충격에 파손되지 않는다.
④ 고압 분사기를 이용하여 모듈 표면에 정기적으로 물을 뿌려 이물질을 제거해 준다.

해설

모듈 표면은 특수 처리된 강화유리로 되어 있어 강한 충격이 있을 시 파손될 우려가 있으므로 충격이 발생되지 않도록 주의가 필요하다.

**56** 태양광발전시스템에 사용되는 인버터 중 계통연계형 인버터의 시험항목이 아닌 것은?

① 부하 불평형시험
② 입력전압 급변시험
③ 최대전압 추종시험
④ 출력전류 직류분 검출시험

해설

부하 불평형시험은 내전기 환경시험에 속한다.

**57** 의무안전인증이 필요한 보호구가 아닌 것은?

① 안전모 ② 안전화
③ 안전대 ④ 안전장갑

**58** 전기안전관리자의 직무에 의거하여 태양광발전시스템 전기안전관리를 수행하기 위하여 계측장비를 주기적으로 교정하고 안전장구의 성능을 유지하여야 한다. 권장 교정 및 시험주기가 틀린 것은?

① 저압검전기 - 1년
② 절연안전모 - 2년
③ 고압절연장갑 - 1년
④ 고압·특고압 검전기 - 1년

정답 53 ④ 54 ② 55 ③ 56 ① 57 ① 58 ②

**해설**

절연안전모 교정 및 시험주기는 1년이다.

**59** 태양광발전시스템의 성능평가를 위한 사이트 평가방법으로 틀린 것은?

① 설치용량
② 설치각도와 방위
③ 설치시설의 지역
④ 설치지역의 기후

**해설**

사이트 평가방법
- 설치 대상기관
- 설치시설의 분류
- 설치시설의 지역
- 설치형태
- 설치용량
- 설치각도와 방위
- 시공업자
- 기기 제조사

**60** 고압 활선작업 시의 안전조치사항이 아닌 것은?

① 절연용 보호구 착용
② 절연용 방호구 설치
③ 단락접지기구의 철거
④ 활선작업용 기구 사용

**해설**

활선작업 시의 유의사항

전류가 통하고 있는 채로 충전전로, 지지애자의 점검, 수리 및 청소 등을 활선작업이라 한다. 활선장구 및 보호장구 착용, 작업 통지, 활선조장 임명, 절연로프를 사용(링크스틱 삽입)하고, 작업 전 작업 장소의 도체(전화선 포함)는 대지전압이 7,000[V] 이하일 때는 고무 방호구를, 7,000[V] 초과 시에는 활선장구를 이용한다.

## 제4과목 신재생에너지관련법규

**61** 신에너지 및 재생에너지 개발 · 이용 · 보급 촉진법에 의거하여 산업통상자원부장관은 몇년마다 신재생에너지 관련 기술 개발의 수준 등을 고려하여 연도별 의무공급량의 비율을 재검토하여야 하는가?

① 1년 ② 2년
③ 3년 ④ 4년

**해설**

연도별 의무공급량의 합계 등(신에너지 및 재생에너지 개발 · 이용 · 보급 촉진법 시행령 제18조의4)

산업통상자원부장관은 3년마다 신재생에너지 관련 기술개발의 수준 등을 고려하여 별표 3에 따른 비율을 재검토하여야 한다. 다만, 신재생에너지의 보급목표 및 그 달성 실적과 그 밖의 여건 변화 등을 고려하여 재검토 기간을 단축할 수 있다.

**62** 신에너지 및 재생에너지 개발 · 이용 · 보급 촉진법에 의거하여 산업통상자원부장관이 정하여 고시하는 신재생에너지의 가중치의 산정 시 고려 사항으로 틀린 것은?

① 전력 판매가
② 지역주민의 수용 정도
③ 전력 수급의 안정에 미치는 영향
④ 온실가스 배출 저감에 미치는 효과

**해설**

신재생에너지의 가중치(신에너지 및 재생에너지 개발 · 이용 · 보급 촉진법 시행령 제18조의9)

신재생에너지의 가중치는 해당 신재생에너지에 대한 다음의 사항을 고려하여 산업통상자원부장관이 정하여 고시하는 바에 따른다.
- 환경, 기술개발 및 산업 활성화에 미치는 영향
- 발전 원가
- 부존 잠재량
- 온실가스 배출 저감에 미치는 효과
- 전력 수급의 안정에 미치는 영향
- 지역주민의 수용 정도



59 ④ 60 ③ 61 ③ 62 ① 정답

**63** 저탄소 녹색성장 기본법에 의거 저탄소 녹색성장 대책을 수립·시행할 때 지역적 특성과 여건을 고려하여야 하는 기관은?

① 품질검사기관
② 공급인증기관
③ 지방자치단체
④ 신재생에너지센터

**해설**

지방자치단체의 책무(저탄소 녹색성장기본법 제5조)
- 지방자치단체는 저탄소 녹색성장 실현을 위한 국가시책에 적극 협력하여야 한다.
- 지방자치단체는 저탄소 녹색성장대책을 수립·시행할 때 해당 지방자치단체의 지역적 특성과 여건을 고려하여야 한다.
- 지방자치단체는 관할구역 내에서의 각종 계획 수립과 사업의 집행과정에서 그 계획과 사업이 저탄소 녹색성장에 미치는 영향을 종합적으로 고려하고, 지역주민에게 저탄소 녹색성장에 대한 교육과 홍보를 강화하여야 한다.
- 지방자치단체는 관할구역 내의 사업자, 주민 및 민간단체의 저탄소 녹색성장을 위한 활동을 장려하기 위하여 정보제공, 재정지원 등 필요한 조치를 강구하여야 한다.

**64** 최대 사용전압이 22.9[kV]인 중성선 접지식 가공전선로는 약 몇 [V]의 절연내력 시험전압에 견디어야 하는가?

① 16,488 ② 21,068
③ 28,625 ④ 34,350

**해설**

전로의 절연저항 및 절연내력(판단기준 제13조)
최대 사용전압이 22.9[kV]인 중성선 접지식 가공전선로는 약 21,068[V]의 절연내력 시험전압에 견디어야 한다.

**65** 전기설비기술기준에 의거하여 발전용 풍력설비 중 풍력터빈의 구조에 대한 설명으로 틀린 것은?

① 분진 등에 의한 손모를 고려할 것
② 태양광에 대하여 구조상 안전할 것
③ 운전 중 풍력터빈에 손상을 주는 진동이 없도록 할 것
④ 부하를 차단하였을 때에도 최대속도에 대하여 구조상 안전할 것

**해설**

풍력터빈의 구조(전기설비기술기준 제169조)
풍력터빈은 다음에 따라 시설하여야 한다.
- 부하를 차단하였을 때에도 최대속도에 대하여 구조상 안전할 것
- 풍압에 대하여 구조상 안전할 것
- 운전 중 풍력터빈에 손상을 주는 진동이 없도록 할 것
- 설계허용 최대풍속에 있어서 취급자의 의도와 다르게 풍력터빈이 기동하지 않도록 할 것
- 운전 중에 다른 시설물, 식물 등에 접촉하지 않도록 할 것
- 풍력터빈의 점검 또는 수리를 위하여 회전부의 정지 및 고정할 수 있는 구조일 것
- 한랭지에 시설하는 경우 눈·비에 의한 착빙을 고려할 것
- 분진 등에 의한 손모를 고려할 것
- 지진에 대하여 안전할 것
- 해상 및 해안가에 시설하는 경우 염분 및 파랑하중에 대한 영향을 고려할 것

**66** 신에너지 및 재생에너지 개발·이용·보급 촉진법에 의거 산업통상자원부장관이 청문을 통하여 내리는 처분으로 옳은 것은?

① 건축물 인증 취소
② 발전설비의 지정 취소
③ 송전설비의 지정 취소
④ 공급인증기관의 지정 취소

**해설**

청문(신에너지 및 재생에너지 개발·이용·보급 촉진법 제24조)
산업통상자원부장관은 다음에 해당하는 처분을 하려면 청문을 하여야 한다.
- 공급인증기관의 지정 취소
- 관리기관의 지정 취소

**67** 신에너지 및 재생에너지 개발·이용·보급 촉진법에 의거 신재생에너지 공급의무자에 해당하지 않는 것은?

① 한국석유공사
② 한국수자원공사
③ 한국지역난방공사
④ 50만[kW] 이상의 발전설비(신재생에너지발전설비는 제외한다)를 보유하는 자

정답 63 ③ 64 ② 65 ② 66 ④ 67 ①

해설

신재생에너지 공급의무자(신에너지 및 재생에너지 개발 · 이용 · 보급 촉진법 시행령 제18조의3)

(1) 신재생에너지 공급의무화 등에서 "대통령령으로 정하는 자"란 다음의 하나에 해당하는 자를 말한다.
  ① 발전사업자, 발전사업의 허가를 받은 것으로 보는 자에 해당하는 자로서 500,000[kW] 이상의 발전설비(신재생에너지 설비는 제외한다)를 보유하는 자
  ② 한국수자원공사법에 따른 한국수자원공사
  ③ 집단에너지사업법에 따른 한국지역난방공사

(2) 산업통상자원부장관은 (1)에 해당하는 자(이하 "공급의무자"라 한다)를 공고하여야 한다.

**68** 전기설비기술기준의 판단기준에 의거하여 ( ) 안의 ㉮, ㉯에 들어갈 내용으로 옳은 것은?

> 두 개 이상의 전선을 병렬로 사용하는 경우 각 전선의 굵기는 동선 ( ㉮ )[$mm^2$] 이상 또는 알루미늄 ( ㉯ ) [$mm^2$] 이상으로 하고, 전선은 같은 도체, 같은 재료, 같은 길이 및 같은 굵기의 것을 사용하여야 한다.

① ㉮ 25, ㉯ 35
② ㉮ 35, ㉯ 50
③ ㉮ 50, ㉯ 70
④ ㉮ 70, ㉯ 100

해설

전선의 접속법(판단기준 제11조)

두 개 이상의 전선을 병렬로 사용하는 경우에는 다음에 의하여 시설할 것

- 병렬로 사용하는 각 전선의 굵기는 동선 50[$mm^2$] 이상 또는 알루미늄 70[$mm^2$] 이상으로 하고, 전선은 같은 도체, 같은 재료, 같은 길이 및 같은 굵기의 것을 사용할 것
- 같은 극의 각 전선은 동일한 터미널러그에 완전히 접속할 것
- 같은 극인 각 전선의 터미널러그는 동일한 도체에 2개 이상의 리벳 또는 2개 이상의 나사로 접속할 것
- 병렬로 사용하는 전선에는 각각에 퓨즈를 설치하지 말 것
- 교류회로에서 병렬로 사용하는 전선은 금속관 안에 전자적 불평형이 생기지 않도록 시설할 것

**69** 전기설비기술기준의 판단기준에 의거하여 이차전지를 이용한 전기저장장치 시설에 대한 설명으로 틀린 것은?

① 침수의 우려가 없는 곳에 시설할 것
② 이차전지를 시설하는 장소는 보수점검을 위한 최소한의 작업공간을 확보하고 조명설비를 시설할 것
③ 이차전지를 시설하는 장소는 폭발성 가스의 축적을 방지하기 위한 환기시설을 갖추고 적정한 온도와 습도를 유지할 것
④ 이차전지의 지지물은 부식성 가스 또는 용액에 의하여 부식되지 아니하도록 하고 적재하중 또는 지진 등 기타 진동과 충격에 대하여 안전한 구조일 것

해설

전기저장장치 일반 요건(판단기준 제295조)

이차전지를 이용한 전기저장장치는 다음에 따라 시설하여야 한다.

- 충전 부분이 노출되지 않도록 시설하고, 금속제의 외함 및 이차전지의 지지대는 제33조에 따라 접지공사를 할 것
- 이차전지를 시설하는 장소는 폭발성 가스의 축적을 방지하기 위한 환기시설을 갖추고 적정한 온도와 습도를 유지할 것(관련 법령 개정으로 "전기저장장치를 시설하는 장소는 폭발성 가스의 축적을 방지하기 위한 환기시설을 갖추고 제조사가 권장하는 온도 · 습도 · 수분 · 분진 등 적정 운영환경을 상시 유지"로 변경됨 〈개정 2019.11.21〉)
- 이차전지를 시설하는 장소는 보수점검을 위한 충분한 작업공간을 확보하고 조명설비를 시설할 것
- 이차전지의 지지물은 부식성 가스 또는 용액에 의하여 부식되지 아니하도록 하고 적재하중 또는 지진 등 기타 진동과 충격에 대하여 안전한 구조일 것
- 침수의 우려가 없는 곳에 시설할 것

**70** 전기설비기술기준의 판단기준에 의거한 전기부식방지 시설의 시설 기준으로 틀린 것은?

① 회로의 사용전압 직류 30[V] 이하일 것
② 지중에 매설하는 양극의 매설깊이는 75[cm] 이상일 것
③ 전기부식방지용 전원장치에 전기를 공급하는 전로의 사용전압은 저압일 것
④ 전선을 직접 매설식에 의하여 시설하는 경우에는 전선을 피방식체의 아랫면에 밀착하여 시설하는 경우 이외에는 매설깊이를 차량 기타의 중량물의 압력을 받을 우려가 있는 곳에서는 1.2[m] 이상일 것



68 ③ 69 ② 70 ① 정답

해설

전기부식방지 시설(판단기준 제243조)

전기부식방지 시설(지중 또는 수중에 시설되는 금속체(이하 이 조에서 "피방식체"라 한다)의 부식을 방지하기 위하여 지중 또는 수중에 시설하는 양극과 피방식체 간에 방식 전류를 통하는 시설을 말하며 전기부식방지용 전원장치를 사용하지 아니하는 것을 제외한다)는 다음에 따라 시설하여야 한다.

(1) 전기부식방지 회로(전기부식방지용 전원 장치로부터 양극 및 피방식체까지의 전로를 말한다. 이하 이 조에서 같다)의 사용전압은 직류 60[V] 이하일 것
(2) 양극(陽極)은 지중에 매설하거나 수중에서 쉽게 접촉할 우려가 없는 곳에 시설할 것
(3) 지중에 매설하는 양극(양극의 주위에 도전 물질을 채우는 경우에는 이를 포함한다)의 매설깊이는 75[cm] 이상일 것
(4) 수중에 시설하는 양극과 그 주위 1[m] 이내의 거리에 있는 임의 점과의 사이의 전위차는 10[V]를 넘지 아니할 것. 다만, 양극의 주위에 사람이 접촉되는 것을 방지하기 위하여 적당한 울타리를 설치하고 또한 위험 표시를 하는 경우에는 그러하지 아니하다.
(5) 지표 또는 수중에서 1[m] 간격의 임의의 2점((4)의 양극의 주위 1[m] 이내의 거리에 있는 점 및 울타리의 내부점을 제외한다) 간의 전위차가 5[V]를 넘지 아니할 것
(6) 전기부식방지 회로의 전선 중 가공으로 시설하는 부분은 제69조(제1항제4호를 제외한다), 제72조, 제79조부터 제84조까지 및 제89조의 저압 가공전선의 규정에 준하는 이외에 다음에 의하여 시설할 것
  ① 전선은 케이블인 경우 이외에는 지름 2[mm]의 경동선 또는 이와 동등 이상의 세기 및 굵기의 옥외용 비닐절연전선 이상의 절연효력이 있는 것일 것
  ② 전기부식방지 회로의 전선과 저압 가공전선을 동일 지지물에 시설하는 경우에는 전기부식방지 회로의 전선을 밑으로 하여 별개의 완금류에 시설하고 또한 전기부식방지 회로의 전선과 저압 가공전선 사이의 이격거리는 30[cm] 이상일 것. 다만, 전기부식방지 회로의 전선 또는 저압 가공전선이 케이블인 경우에는 그러하지 아니하다.
  ③ 전기부식방지 회로의 전선과 고압 가공전선 또는 가공약전류 전선 등을 동일 지지물에 시설하는 경우에는 각각 제75조 또는 제91조의 저압 가공전선의 규정에 준하여 시설할 것. 다만, 전기부식방지 회로의 전선이 450/750[V] 일반용 단심 비닐 절연전선 또는 케이블인 경우에는 전기부식방지 회로의 전선을 가공약전류전선 등의 밑으로 하고 또한 가공약전류전선 등과의 이격거리를 30[cm] 이상으로 하여 시설할 수 있다.
(7) 전기부식방지 회로의 전선 중 지중에 시설하는 부분은 제136조 제1항 · 제2항 및 제137조의 규정에 준하는 이외에 다음에 의하여 시설할 것
  ① 전선은 공칭단면적 4.0[$mm^2$]의 연동선 또는 이와 동등 이상의 세기 및 굵기의 것일 것. 다만, 양극에 부속하는 전선은 공칭단면적 2.5[$mm^2$] 이상의 연동선 또는 이와 동등 이상의 세기 및 굵기의 것을 사용할 수 있다.
  ② 전선은 450/750[V] 일반용 단심 비닐절연전선, 클로로프렌 외장 케이블, 비닐외장 케이블 또는 폴리에틸렌 외장 케이블일 것
  ③ 전선을 직접 매설식에 의하여 시설하는 경우에는 전선을 피방식체의 아랫면에 밀착하여 시설하는 경우 이외에는 매설깊이를 차량 기타의 중량물의 압력을 받을 우려가 있는 곳에서는 1.2[m] 이상, 기타의 곳에서는 30[cm] 이상으로 하고 또한 전선을 돌 · 콘크리트 등의 판이나 몰드로 전선의 위와 옆을 덮거나 전기용품 및 생활용품 안전관리법의 적용을 받는 합성수지관이나 이와 동등 이상의 절연효력 및 강도를 가지는 관에 넣어 시설할 것. 다만, 차량 기타의 중량물의 압력을 받을 우려가 없는 것에 매설깊이를 60[cm] 이상으로 하고 또한 전선의 위를 견고한 판이나 몰드로 덮어 시설하는 경우에는 그러하지 아니하다.
  ④ 입상(立上)부분의 전선 중 깊이 60[cm] 미만인 부분은 사람이 접촉할 우려가 없고 또한 손상을 받을 우려가 없도록 적당한 방호장치를 할 것
(8) 전기부식방지 회로의 전선 중 지상의 입상부분에는 (7)의 ① 및 ②의 규정에 준하는 이외에 지표상 2.5[m] 미만의 부분에는 사람이 접촉할 우려가 없고 또한 손상을 받을 우려가 없도록 적당한 방호장치를 할 것
(9) 전기부식방지 회로의 전선 중 수중에 시설하는 부분은 다음에 의하여 시설할 것
  ① 전선은 (7)의 ① 및 ②의 규정한 것일 것
  ② 전선은 KS C 8431에 적합한 합성수지관이나 이와 동등 이상의 절연효력 및 강도를 가지는 관 또는 한국전기기술기준위원회 표준 KECS 1502-2009에 적합한 금속관에 넣어 시설할 것. 다만, 전선을 피방식체의 아랫면이나 옆면 또는 수저(水底)에서 손상을 받을 우려가 없는 곳에 시설하는 경우에는 그러하지 아니하다.
(10) 전기부식방지용 전원장치는 다음에 적합한 것일 것
  ① 견고한 금속제의 외함에 넣고 또한 이에 제3종 접지공사를 한 것일 것
  ② 변압기는 절연변압기이고 또한 교류 1[kV]의 시험전압을 하나의 권선과 다른 권선, 철심 및 외함 사이에 연속하여 1분간 가하여 절연내력을 시험하였을 때에 이에 견디는 것일 것
  ③ 1차측 전로에는 개폐기 및 과전류차단기를 각 극(과전류차단기는 다선식 전로의 중성극을 제외한다)에 시설한 것일 것
(11) 전기부식방지용 전원장치에 전기를 공급하는 전로의 사용전압은 저압일 것

**71** 저탄소 녹색성장 기본법에서 정한 온실가스의 종류가 아닌 것은?

① 메 탄　　② 질 소
③ 아산화질소　　④ 수소불화탄소

정답 71 ②

**해설**

정의(저탄소 녹색성장기본법 제2조)
"온실가스"란 이산화탄소($CO_2$), 메탄($CH_4$), 아산화질소($N_2O$), 수소불화탄소(HFCs), 과불화탄소(PFCs), 육불화황($SF_6$) 및 그 밖에 대통령령으로 정하는 것으로 적외선 복사열을 흡수하거나 재방출하여 온실효과를 유발하는 대기 중의 가스 상태의 물질을 말한다.

**72** 전기설비기술기준의 판단기준에서 정의하는 "리플프리직류"는 교류를 직류로 변환할 때 리플성분이 몇 [%](실횻값) 이하 포함한 직류를 말하는가?

① 10 ② 15
③ 20 ④ 25

**해설**

정의(판단기준 제2조)
"리플프리직류"는 교류를 직류로 변환할 때 리플성분이 10[%](실횻값) 이하 포함한 직류를 말한다.

**73** 전기사업법에서 정의하는 "전기사업"의 구분으로 틀린 것은?

① 발전사업
② 송전사업
③ 변전사업
④ 구역전기사업

**해설**

정의(전기사업법 제2조)
"전기사업자"란 발전사업자 · 송전사업자 · 배전사업자 · 전기판매사업자 및 구역전기사업자를 말한다.

**74** 국가기관, 지방자치단체, 공공기관 그 밖에 대통령령으로 정하는 자가 신재생에너지 기술개발 및 이용 · 보급에 관한 계획을 수립 · 시행하려면 대통령령으로 정하는 바에 따라 미리 누구와 협의를 하여야 하는가?

① 시 · 도지사
② 국가기술표준원장
③ 한국전력공사사장
④ 산업통상자원부장관

**해설**

신재생에너지 기술개발 등에 관한 계획의 사전협의(신에너지 및 재생에너지 개발 · 이용 · 보급 촉진법 제7조, 신에너지 및 재생에너지 개발 · 이용 · 보급 촉진법 시행령 제3조)
국가기관, 지방자치단체, 공공기관, 그 밖에 대통령령으로 정하는 자가 신재생에너지 기술개발 및 이용 · 보급에 관한 계획을 수립 · 시행하려면 대통령령으로 정하는 바에 따라 미리 산업통상자원부장관과 협의하여야 한다.

**75** 전기설비기술기준의 판단기준에 의거하여 고압 옥측전선로의 전선으로 사용할 수 있는 것은?

① 케이블
② 나경동선
③ 절연전선
④ 다심형 전선

**해설**

고압 옥측전선로의 시설(판단기준 제95조)
고압 옥측전선로는 전개된 장소에 제195조제2항의 규정에 준하여 시설하고 또한 다음에 따라 시설하여야 한다.

- 전선은 케이블일 것
- 케이블은 견고한 관 또는 트라프에 넣거나 사람이 접촉할 우려가 없도록 시설할 것
- 케이블을 조영재의 옆면 또는 아랫면에 따라 붙일 경우에는 케이블의 지지점 간의 거리를 2[m](수직으로 붙일 경우에는 6[m]) 이하로 하고 또한 피복을 손상하지 아니하도록 붙일 것
- 케이블을 조가용선에 조가하여 시설하는 경우에 제69조(제3항을 제외한다)의 규정에 준하여 시설하고 또한 전선이 고압 옥측전선로를 시설하는 조영재에 접촉하지 아니하도록 시설할 것
- 관 기타의 케이블을 넣는 방호장치의 금속제 부분, 금속제의 전선 접속함 및 케이블의 피복에 사용하는 금속제에는 이들의 방식조치를 한 부분 및 대지와의 사이의 전기저항값이 10[Ω] 이하인 부분을 제외하고 제1종 접지공사(사람이 접촉할 우려가 없도록 시설할 경우에는 제3종 접지공사)를 할 것

**76** 전기사업법에서 전력수급의 안정을 위하여 전력수급기본계획을 수립하는 자는?

① 대통령
② 구청장
③ 시 · 도지사
④ 산업통상자원부장관



72 ① 73 ③ 74 ④ 75 ① 76 ④ 정답

전력수급기본계획의 수립(전기사업법 제25조)

(1) 산업통상자원부장관은 전력수급의 안정을 위하여 전력수급기본계획(이하 "기본계획"이라 한다)을 수립하여야 한다.
(2) 산업통상자원부장관은 기본계획을 수립하거나 변경하고자 하는 때에는 관계 중앙행정기관의 장과 협의하고 공청회를 거쳐 의견을 수렴한 후 전력정책심의회의 심의를 거쳐 이를 확정한다. 다만, 산업통상자원부장관이 책임질 수 없는 사유로 공청회가 정상적으로 진행되지 못하는 등 대통령령으로 정하는 사유가 있는 경우에는 공청회를 개최하지 아니할 수 있으며 이 경우 대통령령으로 정하는 바에 따라 공청회에 준하는 방법으로 의견을 들어야 한다.
(3) 기본계획 중 대통령령으로 정하는 경미한 사항을 변경하는 경우에는 (2)에 따른 절차를 생략할 수 있다.

## 77 직류 750[V] 이하, 교류 600[V] 이하의 전압을 무엇이라 하는가?

① 저 압
② 고 압
③ 특고압
④ 초고압

해설

정의(전기사업법 시행규칙 제2조)

- "저압"이란 직류에서는 750[V] 이하의 전압을 말하고, 교류에서는 600[V] 이하의 전압을 말한다.
- "고압"이란 직류에서는 750[V]를 초과하고 7,000[V] 이하인 전압을 말하고, 교류에서는 600[V]를 초과하고 7,000[V] 이하인 전압을 말한다.
- "특고압"이란 7,000[V]를 초과하는 전압을 말한다.

## 78 전기사업법에서 대통령령으로 정하는 기본계획의 경미한 사항을 변경하는 경우 중 전기설비별 용량의 몇 [%]의 범위에서 그 용량을 변경하는 경우를 말하는가?

① 20 ② 25
③ 30 ④ 35

해설

기본계획의 경미한 사항의 변경(전기사업법 시행령 제15조의2)
"대통령령으로 정하는 경미한 사항을 변경하는 경우"란 다음의 하나에 해당하는 경우를 말한다.

- 전기설비 설치공사의 착공 또는 준공 등의 기간을 2년의 범위에서 조정하는 경우
- 전기설비별 용량의 20[%]의 범위에서 그 용량을 변경하는 경우
- 연도별 전기설비 총용량의 5[%]의 범위에서 그 총용량을 변경하는 경우

## 79 신에너지 및 재생에너지 개발·이용·보급 촉진법에 따른 산업통상자원부장관의 권한은 그 일부를 대통령령으로 정하는 바에 따라 위임할 수 있다. 위임받을 수 있는 자가 아닌 것은?

① 특별시장
② 소속 기관의 장
③ 특별자치도지사
④ 신재생에너지 발전사업자

해설

권한의 위임·위탁(신에너지 및 재생에너지 개발·이용·보급 촉진법 제32조)

- 이 법에 따른 산업통상자원부장관의 권한은 그 일부를 대통령령으로 정하는 바에 따라 소속 기관의 장, 특별시장·광역시장·도지사 또는 특별자치도지사(이하 "시·도지사"라 한다)에게 위임할 수 있다.
- 이 법에 따른 산업통상자원부장관 또는 시·도지사의 업무는 그 일부를 대통령령으로 정하는 바에 따라 센터 또는 에너지법에 따른 한국에너지기술평가원에 위탁할 수 있다.

## 80 전기설비기술기준의 판단기준에 의거 저압 연접 인입선의 시설에 대한 설명으로 틀린 것은?

① 옥내를 통과하지 아니할 것
② 폭 5[m]를 초과하는 도로를 횡단하지 아니할 것
③ 전선의 높이는 도로를 횡단하는 경우 노면상 2.5[m] 이상일 것
④ 인입선에서 분기하는 점으로부터 100[m]를 초과하는 지역에 미치지 아니할 것

해설

저압 연접인입선의 시설(판단기준 제101조)
저압 연접인입선은 제100조의 규정에 준하여 시설하는 이외에 다음에 따라 시설하여야 한다.

- 인입선에서 분기하는 점으로부터 100[m]을 초과하는 지역에 미치지 아니할 것
- 폭 5[m]을 초과하는 도로를 횡단하지 아니할 것
- 옥내를 통과하지 아니할 것

정답 77 ① 78 ① 79 ④ 80 ③

# 최근 기출문제

## 제1과목 태양광발전시스템 이론

**01** 인버터의 교류 출력을 저압계통으로 접속할 때 사용하는 차단기를 수납하는 것은?

① 접속함　② 분전반
③ 송수전반　④ 적산전력량계

해설
교류측 기기
• 분전반
상용전력계통과 계통 연계하는 경우에 인버터의 교류출력을 계통으로 접속할 때 사용하는 차단기를 수납하는 함이다. 분전반은 대다수의 주택에 이미 설치되어 있기 때문에 태양광발전시스템의 정격출력전류에 맞는 차단기가 있으면 그것을 사용하도록 한다.
• 적산전력량계
역송전이 있는 계통연계 시스템에서 역송전한 전력량을 계측하여 전력회사에 판매할 전력요금을 산출하기 위한 계량기로 계량법에 의한 검정을 받은 적산전력량계를 사용할 필요가 있다. 역송전한 전력량만을 분리 · 계측하기 위해서 역전방지장치가 부착된 것을 사용한다. 기존 전력회사가 설치한 수요전력계량용 적산전력량계도 역송전이 있는 계통연계 시스템에 설치할 경우에는 옥외 사양으로 하거나 옥내용에 창문을 만들어 옥외용 접속함 속에 설치한다. 역송전 계량용 적산전력량계는 수용전력계량용 적산전력량계와는 달리 수용가측을 전원측으로 접속한다. 또한 역송전 계량용 적산전력량계의 비용부담은 수용가 부담으로 되어 있다.
• 접속함
접속함은 여러 개의 태양전지 모듈의 스트링을 하나의 접속점에 모아 보수 · 점검 시에 회로를 분리하거나 점검 작업을 용이하게 하는 장치이다.

**02** 부하의 허용 최저전압이 92[V], 축전지와 부하 간 접속선의 전압강하가 3[V]일 때, 직렬로 접속한 축전지의 개수가 50개라면 축전지 한 개의 허용 최저전압은 몇 [V/cell]인가?

① 1.9[V/cell]
② 1.8[V/cell]
③ 1.6[V/cell]
④ 1.5[V/cell]

해설
축전지 1개의 허용최저전압

$$V_{\min} = \frac{\text{부하의 허용최저전압+전압강하}}{\text{축전지의 개수}} = \frac{92+3}{50} = 1.9[\text{V/cell}]$$

**03** 무변압기형 인버터의 장점이 아닌 것은?

① 무게 감소　② 크기 감소
③ 높은 효율　④ 전자기 간섭 감소

해설
트랜스리스(Transformerless, 무변압기)방식
소형, 경량으로 저렴하게 구현할 수가 있으며 신뢰도가 높다.

**04** P형 반도체에 대한 설명으로 옳은 것은?

① 정공을 다수 캐리어로 가진다.
② 불순물이 거의 없거나 매우 적다.
③ 자유전자의 밀도가 정공 밀도보다 높다.
④ 인, 비소, 안티몬과 같은 5가 원소를 첨가한다.

해설
P형 반도체
• 정공(+)이 다수캐리어이다.
• 불순물 반도체의 일종이다.
• 알루미늄, 붕소, 갈륨과 같은 3가 원소를 첨가한다.
• 자유전자의 밀도가 정공의 밀도보다 낮다.

**05** 박막 실리콘 태양광발전 전지에 대한 설명 중 틀린 것은?

① 재료는 인듐을 사용한다.
② 실리콘의 사용량이 적어 저렴하다.
③ 아몰퍼스 실리콘 박막을 적층한 방식이다.
④ 텐뎀형 실리콘 태양광발전 전지의 변환효율은 12[%] 정도이다.



정답 1 ② 2 ① 3 ④ 4 ① 5 ①

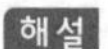

박막형 태양전지(2세대)
유리, 금속판, 플라스틱 같은 저가의 일반적인 물질을 기판으로 사용하여 빛흡수층 물질을 마이크론 두께의 아주 얇은 막을 입혀 만든 태양전지로서 턴뎀형 실리콘 태양광발전 전지의 변환효율을 12[%] 정도이다.

- 비정질 실리콘 박막형 태양전지
  실리콘의 두께를 극한까지 얇게 한 것으로, 실리콘의 사용량을 약 1/100까지 줄일 수 있어서 결정질보다 제조비용이 낮아서 좋다. 결정질보다는 배열이 비규칙적으로 흩어져 있어서 변환효율이 낮다.

## 06 연료전지의 특징으로 틀린 것은?

① 천연가스, 메탄올, 석탄가스 등 다양한 연료사용이 가능하다.
② 저렴한 재료 사용으로 경제성 및 효율성이 뛰어나다.
③ 발전효율이 40~60[%]이며, 열병합 발전 시 80[%] 이상의 효율이 가능하다.
④ 도심 부근에 설치가 가능하여 송·배전 시의 설비 및 전력손실이 적다.

해설

연료전지의 특징

| 장 점 | 단 점 |
|---|---|
| • 도심 부근에 설치가 가능하여 송·배전 시의 설비 및 전력 손실이 적다.<br>• 천연가스, 메탄올, 석탄가스 등 다양한 연료사용이 가능하다.<br>• 회전부위가 없어 소음이 없으며, 기존 화력발전과 같은 다량의 냉각수가 불필요하다.<br>• 발전효율이 40~60[%]이며, 열병합발전 시 80[%] 이상 가능하다.<br>• 부하변동에 따라 신속히 반응한다.<br>• 설치형태에 따라서 현지설치용, 분산배치형, 중앙집중형 등의 다양한 용도로 사용이 가능하다.<br>• 환경공해가 감소한다. | • 내구성과 신뢰성의 문제 등 상용화를 위해서는 아직 해결해야 할 기술적 난제가 존재한다.<br>• 고도의 기술과 고가의 재료 사용으로 인해 경제성이 많이 떨어진다.<br>• 연료전지에 공급할 원료(수소 등)의 대량 생산과 저장, 운송, 공급 등의 기술적 해결이 어렵다.<br>• 연료전지의 상용화를 위한 인프라 구축 역시 미비한 상황이다. |

## 07 최대눈금이 50[V]인 직류전압계가 있다. 이 전압계를 사용하여 150[V]의 전압을 측정하려면 배율기의 저항은 몇 [Ω]을 사용하면 되는가?(단, 전압계의 내부저항은 5,000[Ω]이다)

① 1,000
② 2,500
③ 5,000
④ 10,000

해설

$$\text{배율기 저항}(R_S) = \frac{V - I_m R_m}{I_m} = \frac{V}{I_m} - R_m = \frac{150}{1\times10^{-2}} - 5,000 = 10,000[\Omega]$$

$$I_m(\text{계기의 최대 편위전류}) = \frac{\text{최대눈금 전압계}}{\text{전압계 내부저항}} = \frac{50}{5,000} = 1\times10^{-2}[\mathrm{A}]$$

$R_m$ : 계기의 내부저항
$V$ : 계기의 최대눈금전압
※ 배율기 전압($V$)= $I_m(R_S + R_m)$

## 08 결정질 태양광발전 전지에서 에너지 손실이 가장 큰 부분은?

① 공간 전하 영역에서의 전지 전위차
② 전면 접촉으로 초래된 반사와 차광
③ 장파장 복사에서 너무 낮은 광자에너지
④ 단파장 복사에서 너무 높은 광자에너지

해설

결정질 태양전지는 단파장 복사에서 너무 높은 광자에너지를 받게 되면 에너지 손실이 커지게 되고 단파장 영역에서의 반응도가 낮아지게 된다.

정답 6 ② 7 ④ 8 ④

**09** 뇌, 서지 등의 피해로부터 태양광발전시스템을 보호하기 위한 대책으로 적절하지 않은 것은?

① 피뢰소자의 접지측 배선은 되도록 길게 유지하면서 설치한다.
② 피뢰소자를 접속함 어레이 주회로 내부에 분산시켜 설치한다.
③ 뇌우 다발 지역에서는 교류 전원측에 내뢰 트랜스를 설치한다.
④ 저압 배전선으로 침입하는 뇌, 서지에 대해서는 분전반에 피뢰소자를 설치한다.

**해설**

뇌 서지 대비 방법
- 광역 피뢰침뿐만 아니라 서지보호장치를 설치한다.
- 저압 배전선에서 침입하는 뇌 서지에 대해서는 분전반과 피뢰소자를 설치한다.
- 피뢰소자를 어레이 주회로 내부에 분산시켜 설치하고 접속함에도 설치한다.
- 뇌우 다발지역에서는 교류 전원측으로 내뢰 트랜스를 설치하여 보다 완전한 대책을 세워야 한다.
- 피뢰소자의 배선은 입력측이나 접지측 모두 짧게 유지하면서 설치해야 한다.

**10** 연료전지 구성요소 중 개질기에 대한 설명으로 옳은 것은?

① 연료전지에서 나오는 직류를 교류로 변환시키는 장치
② 전해질이 함유된 전해질 판, 연료극, 공기극으로 구성된 장치
③ 수소가 함유된 일반연료(천연가스, 메탄올, 석탄 등)로부터 수소를 발생시키는 장치
④ 원하는 전기출력을 얻기 위해 단위전지 수십에서 수백 장을 직렬로 쌓아 올린 본체

**해설**

개질기(Reformer)
화석연료(천연가스, 메탄올, 석유 등)로부터 수소를 발생시키는 장치로서 시스템에 악영향을 주는 황(10[ppb] 이하), 일산화탄소(10[ppm] 이하) 제어 및 시스템 효율향상을 위한 Compact가 핵심기술이다.

**11** PN 접합 다이오드에 공핍층이 생기는 경우는?

① (-) 전압만 인가할 때 생긴다.
② 전압을 가하지 않을 때 생긴다.
③ 전자와 정공의 확산에 의해 생긴다.
④ 다수 전송파가 많이 모여 있는 순간에 생긴다.

**해설**

PN접합 다이오드에 공핍층이 생기는 이유는 전자(N)와 정공(P)의 확산에 의해서 생긴다.

**12** 점전하를 정전계와 반대방향으로 1[m] 이동시키는 데 360[J]의 에너지가 소모되었다. 두 점 사이의 전위차가 60[V]라면 점전하의 전하량(C)은?

① 2　　② 4
③ 6　　④ 8

**해설**

$$\text{전하량[C]} = \frac{\text{전력량[W]}}{\text{전위차[V]}} = \frac{360}{60} = 6$$

※ 기본공식
　전력량[W][J] = 전위차[V] · 전하량[C] = $Pt$[W · sec]

**13** 인버터의 단독운전방지 기능 중 능동적 방식에 해당하지 않는 것은?

① 부하 변동방식
② 무효전력 변동방식
③ 주파수 시프트 방식
④ 전압위상 도약 검출방식

**해설**

인버터의 능동적 방식
항상 인버터에 변동요인을 인위적으로 주어서 연계운전 시에는 그 변동요인이 출력에 나타나지 않고 단독운전 시에는 변동요인이 나타나도록 하여 그것을 감지하여 인버터를 정지시키는 방식이다.
- 무효전력 변동방식
- 유효전력 변동방식
- 부하 변동방식
- 주파수 시프트방식



9 ① 10 ③ 11 ③ 12 ③ 13 ④ 정답

**14** 풍력발전시스템에서 한계 풍속 이상이 되었을 때 양력이 회전날개에 작용하지 못하도록 하는 날개의 공기역학적 형상에 의한 제어 방식은?

① 요제어(Yaw Control)
② 피치제어(Pitch Control)
③ 스톨제어(Stall Control)
④ 브레이크제어(Brake Control)

해설

풍력발전시스템의 제어
- Yaw Control : 바람이 부는 방향을 향하도록 블레이드의 방향을 조절한다.
- Pitch Control : 날개의 경사각(Pitch)을 조절하여 출력을 능동적으로 제어한다.
- Stall(실속) Control : 한계풍속 이상 시 양력이 회전날개에 작용하지 못하도록 날개의 공기역학적 형상에 의하여 제어한다.

**15** 태양광발전 모듈에서 최대출력($P_{mpp}$)의 의미는?

① $I_{sc} \times V_{oc}$
② $I_{mpp} \times V_{oc}$
③ $I_{sc} \times V_{mpp}$
④ $I_{mpp} \times V_{mpp}$

해설

최대출력($P_{mpp}$) = 최대출력전류($I_{mpp}$) × 최대출력전압($V_{mpp}$) [W]

**16** 태양광발전 전지의 전류-전압 곡선에 대한 설명 중 옳은 것을 모두 고른 것은?

[보 기]
ㄱ. 전압이 0인 경우에 흐르는 전류를 단락전류라 한다.
ㄴ. 생산되는 전력이 최대인 경우의 전압을 개방전압이라 한다.
ㄷ. 곡선인자(Fill Factor)가 클수록 변환효율이 높아진다.
ㄹ. 부하저항이 클수록 변환효율이 높아진다.

① ㄱ, ㄴ　　② ㄱ, ㄷ
③ ㄷ, ㄹ　　④ ㄴ, ㄹ

해설

태양광발전 전지의 전류-전압 곡선
- 단락전류($I_{SC}$) : 정부극 간을 단락한 상태에서 흐르는 전류로서 임피던스가 낮을 때 단락회로 조건에 상응하는 셀을 통해 전달되는 최대전류를 말한다. 이 상태는 전압이 0일 때 스위프 시작에서 발생한다. 즉, 이상적인 셀은 최대전류값이 빛 입자에 의해 태양전지에서 생성된 전체 전류이다.
- 개방전압($V_{OC}$) : 정부극 간을 개방한 상태의 전압으로서 셀 전반의 최대전압차이이고, 셀을 통해 전달되는 전류가 없을 때 발생한다.
- 최대출력 동작전압($V_m$) : 최대출력 시의 동작전압
- 최대출력 동작전류($I_m$) : 최대출력 시의 동작전류

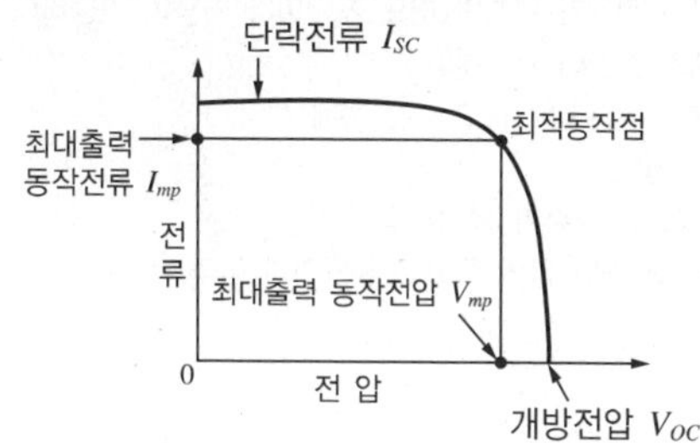


- 충진율$(FF) = \dfrac{I_m \times V_m}{I_{SC} \times V_{OC}}$
- 효율$(\eta) = \dfrac{I_m \times V_m}{A_{cell} \times P_{light}}$

($A_{cell}$ : 태양전지 면적, $P_{light}$ : 입사광의 조사강도)

**17** 내부저항이 각각 0.3[Ω], 0.2[Ω]인 1.5[V] 두 개 전지를 직렬로 연결한 후에 외부에 2.5[Ω]의 저항 부하를 직렬로 연결하였다. 이 회로에 흐르는 전류는 몇 [A]인가?

① 0.5
② 1.0
③ 1.2
④ 1.5

해설

전류$(I) = \dfrac{\text{전압}(V)}{\text{저항}(R)} = \dfrac{3}{3} = 1[\text{A}]$

- 전압($V$)은 내부저항이 각각 0.3[Ω] 및 0.2[Ω]인 1.5[V]의 두 전지를 직렬로 연결했기 때문에 전압($V$)은 1.5[V] + 1.5[V]이므로 3[V]이다.
- 저항($R$)은 내부저항과 외부저항이 직렬로 모두 연결되어 있기 때문에 내부저항 0.3[Ω] + 0.2[Ω] = 0.5[Ω]이 되고, 외부저항이 2.5[Ω]이기에 합계 저항은 3[Ω]이 된다.

정답 14 ③ 15 ④ 16 ② 17 ②

**18** 태양광발전에 대한 설명으로 틀린 것은?

① 무한 청정에너지이다.
② 주간에만 발전이 가능하다.
③ 발전량은 계절에 관계없이 일정하다.
④ 일사량과 관계는 있지만 어느 지역이나 이용가능하다.

해설
태양광발전의 특징
• 자원이 거의 무한대이고 환경오염이 없는 청정에너지이다.
• 에너지의 밀도가 낮아 큰 설치면적이 필요하다.
• 일사량과 관계가 있지만 어느 지역이나 이용이 가능하다.
• 주간에만 발전이 가능하다.
• 발전량은 여름철에 많고, 겨울철에 적다.
• 수명이 길다.
• 유지관리 및 보수가 용이하다.
• 초기투자비용이 많이 들고 발전단가가 높다.

**19** 음영이 있는 외벽 등에 설치된 소형 태양광발전시스템에 가장 적절한 인버터는?

① 모듈 인버터
② 중앙 집중식 인버터
③ 고전압 방식의 인버터
④ 마스터-슬레이브 제어형 인버터

해설
소형 태양광발전시스템에 사용되는 인버터는 모듈형 인버터이다. 다른 인버터 방식은 중대형 인버터 방식이다.

**20** 태양광발전 모듈로부터 발생한 직류 전력을 교류 전력으로 바꾸어 주는 역할을 하는 것은?

① 퓨 즈
② 축전지
③ 태양광발전 어레이
④ 태양광발전용 인버터

해설
인버터
태양광 모듈의 직류입력전력을 교류출력전력으로 변환해 주는 장치

## 제2과목 태양광발전시스템 시공

**21** 지붕형 태양광발전 어레이 기초공사에 포함되는 것은?

① 방수공사
② 접지공사
③ 구조물공사
④ 모듈 설치공사

해설
지붕형 태양광발전 어레이 기초공사는 태양광발전 어레이의 가대를 지붕 위에 고정시키거나 지붕의 하부 구조물에 포인트 형식으로 고정, 고정 포인트 주위의 모든 층(단열, 방수 등)은 해당 공사의 시방규정을 지킨다.

**22** 인버터 선정 시 검토사항으로 틀린 것은?

① 소음 발생이 적을 것
② 고조파의 발생이 적을 것
③ 기동 · 정지가 안정적일 것
④ 야간의 대기전압 손실이 클 것

해설
야간의 대기전압 손실이 적을수록 인버터의 효율이 높다.

**23** 태양광발전시스템의 점검기록표에 작성하는 내용으로 틀린 것은?

① 태양광발전 전지의 판매가격
② 태양광발전 전지의 최대동작전압
③ 태양광발전용 전력변환장치의 정격용량
④ 태양광발전용 전력변환장치의 입력전압범위

해설
태양광발전시스템의 점검기록표는 태양광발전 전지에 대한 점검 사항이 기재되어 있는 표로서 판매가격은 점검 항목에 없다.



18 ③ 19 ① 20 ④ 21 ① 22 ④ 23 ① 정답

## 24 기초의 형식 결정을 위한 고려사항 중 지반조건으로 틀린 것은?

① 지반종류
② 지하수위
③ 지반의 균일성
④ 지반의 대지저항률

**해설**
기초의 형식을 결정할 때 지반의 물리특성, 기초지반 지지력, 지층조건 및 지반의 역학 특성을 검토한다.

## 25 사용 전 검사 실시 전 준비사항으로 틀린 것은?

① 전기안전관리자의 입회
② 시공관리책임자의 입회
③ 시험성적서 등 해당 검사에 필요한 서류준비
④ 감리원의 기성검사원에 대한 사전검토 의견서

**해설**
기성 및 준공검사(전력시설물 공사감리업무 수행지침 제57조)
감리원의 기성검사원에 대한 사전검토 의견서는 기성검사의 경우에 실시한다.

## 26 제3종 접지공사의 최대 접지저항값으로 옳은 것은?

① 2
② 3
③ 10
④ 100

**해설**
접지공사의 종류와 접지저항값(판단기준 제18조)

| 접지공사의 종류 | 접지저항값 |
|---|---|
| 제1종 접지공사 | 10[Ω] |
| 제2종 접지공사 | 변압기의 고압측 또는 특고압측 전로의 1선 지락전류의 암페어수로 150을 나눈 값과 같은 [Ω]수 |
| 제3종 접지공사 | 100[Ω] |
| 특별 제3종 접지공사 | 10[Ω] |

## 27 피뢰기의 정격전압이란?

① 충격파의 방전 개시 전압
② 상용주파수의 방전 개시 전압
③ 속류가 차단되는 최고의 교류전압
④ 충격 방전전류가 통하고 있을 때의 단자전압

**해설**
피뢰기 정격전압은 속류가 차단되는 최고의 교류전압으로서, 피뢰기는 낙뢰 등의 이상전압을 방전하고 속류는 차단한다. 피뢰기의 정격전압이 높을수록 속류의 차단특성이 향상된다.

## 28 태양광발전시스템 시공기준 중 인버터에 관한 설명으로 옳은 것은?

① 인버터의 출력단 표시사항은 전압, 전류만 표시된다.
② 옥내용을 옥외에 설치하는 경우는 10[kW] 이상이어야 한다.
③ 각 직렬군의 태양광발전 전지 최대전압은 입력전압 범위 안에 있어야 한다.
④ 인버터에 연결된 모듈의 설치용량은 인버터 설치용량의 105[%] 이내이어야 한다.

**해설**
인버터의 설치용량은 설계용량 이상이고 인버터에 연결된 모듈의 설치용량은 인버터 설치용량 105[%] 이내이어야 한다.

## 29 태양광발전 전지에서 인버터까지의 직류전로(어레이 주회로) 접지에 대하여 옳은 것은?

① 제1종 접지공사
② 제2종 접지공사
③ 제3종 접지공사
④ 원칙적으로 접지공사를 하지 않는다.

**해설**
태양전지 어레이에서 인버터까지의 직류전로는 원칙적으로 접지공사를 실시하지 않는다.

정답 24 ④ 25 ④ 26 ④ 27 ③ 28 ④ 29 ④

**30** 설계업자로부터 설계감리원이 착수신고서를 제출받고 적정성 여부를 검토할 서류는?

① 검사요청서 ② 예정공정표
③ 착수신고서 ④ 상세공정표

해설
설계용역의 관리(설계감리업무 수행지침 제8조)
설계감리원은 설계업자로부터 착수신고서를 제출받아 다음 사항에 대한 적정성 여부를 검토하여 보고하여야 한다.
- 예정공정표
- 과업수행계획 등 그 밖에 필요한 사항

**31** 태양광발전에 쓰이는 케이블의 단말처리를 할 때 사용하는 절연테이프의 종류가 아닌 것은?

① 보호테이프
② 비닐절연테이프
③ 고무절연테이프
④ 자기융착 절연테이프

해설
케이블의 단말처리 시 자기융착 절연테이프, 보호테이프 및 비닐절연테이프를 사용한다.

**32** 감리원은 공사업자로부터 월간, 주간 상세공정표를 어느 시기에 제출받아 검토 · 확인하여야 하는가?

① 월간 상세공정표 : 작업 착수 3일 전 제출,
주간 상세공정표 : 작업 착수 3일 전 제출
② 월간 상세공정표 : 작업 착수 7일 전 제출,
주간 상세공정표 : 작업 착수 4일 전 제출
③ 월간 상세공정표 : 작업 착수 15일 전 제출,
주간 상세공정표 : 작업 착수 7일 전 제출
④ 월간 상세공정표 : 작업 착수 20일 전 제출,
주간 상세공정표 : 작업 착수 15일 전 제출

해설
공사 진도관리(전력시설물 공사감리업무 수행지침 제44조)
감리원은 공사업자로부터 전체 실시공정표에 따른 월간, 주간 상세공정표를 사전에 제출받아 검토 · 확인하여야 한다.
- 월간 상세공정표 : 작업 착수 7일 전 제출
- 주간 상세공정표 : 작업 착수 4일 전 제출

**33** 설계감리원이 필요한 경우 비치하여야 할 문서가 아닌 것은?

① 준공검사부
② 근무상황부
③ 설계감리기록부
④ 설계감리지시부

해설
설계감리원의 문서 비치 및 준공 시 제출서류(설계감리업무 수행지침 제8조)
설계감리원은 필요한 경우 다음 문서를 비치하고, 그 세부 양식은 발주자의 승인을 받아 설계감리 과정을 기록하여야 하며, 설계감리 완료와 동시에 발주자에게 제출하여야 하며, 필요한 경우 전자매체(CD-ROM)로 제출할 수 있다.
- 근무상황부
- 설계감리일지
- 설계감리지시부
- 설계감리기록부
- 설계자와 협의사항 기록부
- 설계감리 추진현황
- 설계감리 검토의견 및 조치 결과서
- 설계감리 주요검토결과
- 설계도서 검토의견서
- 설계도서(내역서, 수량산출 및 도면 등)를 검토한 근거서류
- 해당 용역관련 수 · 발신 공문서 및 서류
- 그 밖에 발주자가 요구하는 서류

**34** 역률을 개선하였을 경우 그 효과로 틀린 것은?

① 전력손실의 감소
② 전압강하의 감소
③ 설비용량의 여유분 증가
④ 설비용량의 무효분 증가

해설
역률이 개선되면 설비용량의 여유분(유효전력)이 증가한다.



30 ② 31 ③ 32 ② 33 ① 34 ④ 정답

## 35 태양광발전 모듈의 시공기준에 대한 설명으로 틀린 것은?

① 전선, 피뢰침, 안테나 등의 경미한 음영도 장애물로 본다.
② 모듈 설치 열이 2열 이상일 경우 앞열은 뒷열에 음영이 지지 않도록 설치하여야 한다.
③ 일조시간은 장애물로 인한 음영에도 불구하고 1일 5시간(춘계(3~5월), 추계(9~11월) 기준) 이상이어야 한다.
④ 모듈의 설치용량은 사업계획서상의 모듈 설계용량과 동일하여야 하나 동일하게 설치할 수 없는 경우에 한하여 설계용량의 110[%] 이내까지 가능하다.

해설

전깃줄, 피뢰침, 안테나 등 경미한 음영은 장애물로 보지 않는다.

## 36 송전방식 중 교류방식의 장점이 아닌 것은?

① 송전효율이 좋다.
② 회전자계를 쉽게 얻을 수 있다.
③ 전압의 승압, 강압 변경이 용이하다.
④ 교류방식으로 일관된 운용을 기할 수 있다.

해설

교류 송전방식은 직류 송전방식보다 효율이 낮다. 교류 송전방식은 선로의 임피던스 등으로 송전용량이 제한을 받아 송전효율이 직류 송전방식 대비 낮다.

## 37 태양광발전시스템 시공 시 추락방지 및 감전방지 대책이 아닌 것은?

① 저압 절연장갑을 사용한다.
② 절연 처리된 공구를 사용한다.
③ 강우 시 미끄러짐에 유의하여 작업을 한다.
④ 안전모, 안전대, 안전화, 안전 허리띠 등을 반드시 착용한다.

해설

강우 시에는 감전사고뿐만 아니라 미끄러짐으로 인한 추락사고로 이어질 우려가 있으므로 작업을 금지하고, 강한 일사 시에는 작업량을 조절하여 인력의 투입을 고려한다.

## 38 감리원의 공사시행 단계에서의 감리업무가 아닌 것은?

① 인허가 관련업무
② 품질관리 관련업무
③ 공정관리 관련업무
④ 환경관리 관련업무

해설

인허가 관련업무는 공사시행 전 공사계획 인가 신고 시 행하는 업무이다.

## 39 전력계통에서 3권선 변압기(Y − Y − △)를 사용하는 주된 이유는?

① 노이즈 제거
② 전력손실 감소
③ 제3고조파 제거
④ 2가지 용량 사용

해설

Y-Y-△결선은 △결선으로 제3고조파(크기와 위상이 동일)를 순환시켜 제거한다.

## 40 태양광발전시스템 공사가 설계도서 및 관계규정 등에 적합하게 시공되는지 여부를 확인하는 감리업무는?

① 품질관리
② 시공관리
③ 안전관리
④ 공정관리

해설

시공관리 감리업무(공사감리)는 전력시설물 공사에 대하여 발주자의 위탁을 받은 감리업자가 설계도서, 그 밖의 관계서류의 내용대로 시공되는지 여부를 확인하고, 품질관리 · 공사관리 및 안전관리 등에 대한 기술 지도를 하며, 관계 법령에 따라 발주자의 권한을 대행하는 것을 말한다.

정답 35 ① 36 ① 37 ③ 38 ① 39 ③ 40 ②

## 제3과목 태양광발전시스템 운영

**41** 태양광발전 모듈의 유지관리 사항이 아닌 것은?

① 모듈의 유리표면 청결유지
② 셀이 병렬로 연결되었는지 여부 확인
③ 방수커넥터의 접속 상태 및 케이블의 극성 확인
④ 나무 등 외부물질에 의한 음영이 발생하지 않도록 주변 정리

해설
셀이 병렬로 연결되었는지 여부는 설치 단계에서의 점검 사항이다.

**42** 태양광발전시스템 보수점검 작업 시 점검 전 유의사항이 아닌 것은?

① 회로도 검토
② 오조작 방지
③ 접지선 제거
④ 무전압 상태확인

해설
점검 전의 유의사항
- 준비작업 : 응급처치 방법 및 설비, 기계의 안전 확인
- 회로도의 검토 : 전원계통이 Loop가 형성되는 경우, 대비 조치
- 연락처 : 비상연락망을 사전 확인하여 만일의 상태에 신속히 대처
- 무전압 상태확인 및 안전조치 : 관련된 차단기, 단로기 개방 등
- 잔류전압 주의 : 콘덴서 및 케이블의 접속부 점검 시 접지 실시
- 오조작 방지 : 인출형 차단기, 단로기는 쇄정 후 "점검 중" 표찰 부착
- 절연용 보호 기구를 준비
- 쥐, 곤충 등의 침입대책을 세움

**43** 송전설비의 배전반에서 주회로의 인입부분 및 인출부분에 대한 일상점검의 내용이 아닌 것은?

① 부싱부분에서 접지 및 절연저항값을 측정하고 점검한다.
② 볼트 종류의 이완상태에 따른 진동음 발생 여부를 점검한다.
③ 케이블의 접속부분에서 과열현상에 의한 이상한 냄새의 발생 여부를 점검한다.
④ 케이블의 관통부분에서 곤충이나 벌레 등의 침입 가능성이 있는지 점검한다.

해설
일상점검은 주로 점검자의 감각(오감)을 통해 실시하는 것으로 이상한 소리, 냄새, 손상 등을 점검항목에 따라 실시한다.

**44** 태양광발전시스템용 축전지의 일상점검 시 육안점검 항목으로 틀린 것은?

① 변 색
② 팽 창
③ 단자전압
④ 액면 저하

해설
단자전압은 태양광발전시스템 축전지의 정기점검에서 측정한다.

**45** 태양광발전시스템용 인버터의 일상점검 항목으로 틀린 것은?

① 절연저항 측정
② 외함의 부식 및 파손
③ 외부배선(접속케이블)의 손상
④ 이음, 이취, 연기 발생 및 이상 과열

해설
절연저항 측정은 인버터의 정기점검 사항이다.

**46** 태양광발전용 파워 컨디셔너의 효율 측정 방법 관련 기준은?

① KS C 8533
② KS C 8683
③ KS C 8541
④ KS C 61683

해설
KS C 8533은 태양광발전용 파워 컨디셔너의 효율 측정 방법이다.



정답 41 ② 42 ③ 43 ① 44 ③ 45 ① 46 ①

## 47 접지용구 사용 시 주의사항이 아닌 것은?

① 접지용구의 철거는 설치의 역순으로 한다.
② 접지 설치 전에 관계 개폐기의 개방을 확인하여야 한다.
③ 접지용구의 취급은 반드시 전기 안전관리자의 책임하에 행하여야 한다.
④ 접지용구 설치·철거 시에는 접지도선이 신체에 접촉하지 않도록 주의한다.

해설
접지용구의 취급은 작업책임자 책임하에 시행한다.

## 48 정전 작업 시 정전절차에 대한 국제사회안전협회(ISSA)의 5대 안전수칙이 아닌 것은?

① 단락접지
② 보호장구의 착용
③ 전원투입의 방지
④ 작업 전 전원차단

해설
정전절차 국제사회안전협의(ISSA)의 5대 안전수칙 준수
- 작업 전 전원차단
- 전원투입의 방지
- 작업장소의 무전압 여부 확인
- 단락접지
- 작업장소 보호

## 49 태양광발전시스템 중 접속함의 고장원인이 아닌 것은?

① 퓨즈 고장
② 이상 진동음
③ 결합상태 불량
④ 다이오드 불량

해설
접속함의 고장 원인은 주로 전기·전자 부품에서 발생하므로 역류방지 다이오드, 차단기, T/D, PT, CT, 단자대 등의 누수나 습기침투 여부에 대한 정기적 점검이 필요하다.

## 50 태양광발전(PV) 모듈 안전 조건 – 제2부 : 시험요건(KS C IEC 61730-2 : 2014)에 해당하지 않는 것은?

① 화재 위험 시험
② 기계적 응력 시험
③ 역전압 과부하 시험
④ 전기 충격 위험 시험

해설
KS C IEC 61730-2 : 2014 시험요건에는 예비 시험, 일반 검사 시험, 전기 충격 위험 시험, 화재 위험 시험, 기계적 응력 시험, 부품 시험 등이다.

응용 등급에 따라 요구되는 시험

| 응용 등급 | | | 시 험 |
|---|---|---|---|
| A | B | C | |
| | | | 예비(Preconditioning) 시험 |
| × | × | × | MST 51 온도 사이클 시험(TC50 또는 TC200) |
| × | × | × | MST 52 습도 동결 시험(HF10) |
| × | × | × | MST 53 고온 고습 시험(DH1000) |
| × | × | × | MST 54 자외선 전처리 |
| | | | 전기 충격 시험 |
| × | × | – | MST 11 접근성 시험 |
| × | × | – | MST 12 절단 취약성(Cut Susceptibility) 시험 |
| × | × | × | MST 13 접지 연속성 시험 |
| × | ×* | – | MST 14 충격 전압 시험 |
| × | ×* | – | MST 16 절연 내성 시험 |
| × | × | – | MST 17 습윤 누설 전류 시험 |
| × | × | × | MST 42 단말 처리 견고성 시험 |
| | | | 화재 위험 시험 |
| × | × | × | MST 21 내열 시험 |
| × | × | × | MST 22 열점내구성 시험 |
| ×** | – | – | MST 23 내화 시험 |
| × | × | – | MST 26 역전류 과부하 시험 |
| | | | 기계적 응력 시험 |
| × | – | × | MST 32 모듈 손상 시험 |
| × | × | × | MST 34 기계적 하중 시험 |
| | | | 부품 시험 |
| × | – | – | MST 15 부분 방전 시험 |
| × | × | – | MST 33 전선관 휨 시험 |
| × | × | × | MST 44 단자함의 쉽게 떨어지는 덮개 시험 |

정답 47 ③ 48 ② 49 ② 50 ③

**51** 태양광발전 모듈의 고장원인으로 적당하지 않은 것은?

① 습기 및 수분침투에 의한 내부회로의 단락
② 기계적 스트레스에 의한 태양전지 셀의 파손
③ 염해, 부식성 가스 등 주변 환경에 의한 부식
④ 경년 열화에 의한 태양전지 셀 및 리본의 노화

해설

태양전지 모듈의 고장
- 모듈의 개방전압 문제
  - 개방전압의 저하는 대부분 셀이나 바이패스 다이오드의 손상이 원인이므로 손상된 모듈을 찾아 교체한다.
  - 전체 스트링 중 중간지점에서 태양전지 모듈의 접속 커넥터를 분리하여, 그 지점에서 전압을 측정(모듈 1개의 개방전압×모듈의 직렬 개수)하여 모듈 1개 개방전압이 1/2 이상 저감되는지 여부를 확인하여 개방한다.
  - 개방전압이 낮은 쪽 구간으로 범위를 축소하여 불량 모듈을 선별한다.
- 모듈의 단락전류 문제
  - 음영과 불량에 의한 단락전류가 발생한다.
  - 오염에 의한 단락전류인지 해당 스트링의 모듈 표면 육안 확인, 위의 개방전압 문제해결순으로 불량 모듈을 찾아 교체한다.
- 모듈의 절연저항 문제
  - 파손, 열화, 방수 성능저하, 케이블 열화, 피복 손상 등으로 발생되며 먼저 육안 점검을 실시한다.
  - 모듈의 절연저항이 기준값 이하인 경우, 해당 스트링의 절연저항을 측정하여 불량 모듈을 선별한다.

**52** 태양광발전시스템 운전 중 설비의 안정성 확보를 위하여 전기사업법에 따라 정기검사를 신청한다. 이때 검사를 하는 기관으로 옳은 것은?

① 한국전력공사
② 한국전기안전공사
③ 한국에너지관리공단
④ 한국전기기술인협회

해설

한국전기안전공사에서 정기검사를 업무를 관할한다.

**53** 태양광발전용 인버터가 고장으로 정지 시 원인제거 후 재 기동 지연시간은?

① 1분　　② 3분
③ 5분　　④ 즉시기동

해설

흐린 날, 낮은 구름이 많은 날 등은 일사량의 급격한 변화가 있으므로 인버터의 MPP제어의 실패로 인한 인버터 정지현상이 발생할 수 있으며, 인버터는 일정시간(5분) 경과 후 자동으로 재기동한다. 인버터 고장이 의심되더라도 이러한 현상이 있음을 유의하고 점검을 실시한다.

**54** 태양광발전시스템용 배전반의 무정전 문제 진단을 위한 일상점검 시 작업요령으로 틀린 것은?

① 이상한 냄새 유무를 맡아 본다.
② 과열로 인한 변색 유무를 관찰한다.
③ 보호계전기 Alarm 이력을 확인한다.
④ LBS 접촉부 볼트 조임이 느슨한지 조여 본다.

해설

단자의 조임 상태 확인은 감전의 위험이 있고 단선될 수 있으므로 발전시스템을 정지시킨 후에 점검해야 하므로 일상점검과 관련이 없다.

**55** 절연 고무장갑의 종류 및 사용전압에 대한 내용으로 틀린 것은?

① A종 : 300[V]를 초과하고 교류 600[V] 또는 직류 700[V] 이하의 작업에 사용
② B종 : 600[V] 또는 직류 750[V]를 초과하고 3,500[V] 이하의 작업에 사용
③ C종 : 3,500[V]를 초과하고 7,000[V] 이하의 작업에 사용
④ H종 : 7,000[V] 초과의 작업에 사용

해설

절연 고무장갑은 A종, B종, C종으로 나눈다. A종은 300[V] 초과, 직류 600[V], 교류 750[V] 이하의 작업에 사용한다.



51 ① 52 ② 53 ③ 54 ④ 55 ①, ④ 정답

**56** 태양광발전시스템의 정전 시 운영조작 순서를 옳게 나열한 것은?

> ㄱ. 한전 전원 복구 여부 확인
> ㄴ. 태양광발전용 인버터 DC전압 확인 후 운전 시 조작 방법에 의한 재시동
> ㄷ. 메인 VCB반 전압 확인 및 계전기를 확인하여 정전여부 확인 및 부저 OFF
> ㄹ. 태양광발전용 인버터 상태 확인(정지)

① ㄹ → ㄷ → ㄱ → ㄴ
② ㄹ → ㄴ → ㄱ → ㄷ
③ ㄷ → ㄱ → ㄴ → ㄹ
④ ㄷ → ㄹ → ㄱ → ㄴ

**57** 태양광발전시스템의 유지보수를 위한 점검계획 시 고려해야 할 사항이 아닌 것은?

① 설비의 사용 기간
② 설비의 상호 배치
③ 설비의 주위 환경
④ 설비의 고장 이력

해설

점검계획 시 고려사항
- 설비의 사용 기간
- 설비의 중요도
- 환경조건
- 고장이력
- 부하상태

**58** 중대형 태양광 발전용 인버터(KS C 8565 : 2016)의 시험 중 절연성능 시험 항목이 아닌 것은?

① 내전압 시험
② 감전보호 시험
③ 누설전류 시험
④ 절연거리 시험

해설

절연성능 시험 항목은 절연저항 시험, 내전압 시험, 감전보호 시험, 절연거리 시험 등이 있다.

**59** 태양광발전용 접속함(KS C 8567 : 2017)에 사용되는 직류(DC)용 퓨즈는 회로 정격전류에 대하여 몇 [%]의 과부하 내량을 가져야 하는가?

① 110
② 125
③ 135
④ 150

해설

태양광발전용 접속함에 사용하는 직류용 퓨즈는 회로 정격전류의 135[%]의 과부하 내량을 가져야 한다.

직류(DC)용 퓨즈

모듈 및 어레이의 과전류 보호를 위해 접속함의 개별 스트링 회로의 양극 및 음극에 각각 직류(DC)용 퓨즈를 설치하여야 하며, 사용되는 퓨즈는 다음의 조건을 준수하여야 한다.
- 퓨즈는 IEC 60269-6("gPV"형)의 규격품을 사용하여야 한다.
- 퓨즈는 회로 정격전류에 대하여 135[%]의 과부하 내량을 가져야 한다.
- 퓨즈는 과전류 보호 정격의 회로 정격전류의 1.5배 이상 2.4배 이하 이어야 한다.
- 퓨즈가 소손되는 경우 경고음 또는 램프를 통해 확인할 수 있어야 한다.

**60** 중대형 태양광 발전용 인버터(KS C 8565 : 2016) 표준의 적용 범위로 틀린 것은?

① 정격 출력 전류 2,000[A] 이하
② 직류 입력 전압 1,500[V] 이하
③ 교류 출력 전압 1,000[V] 이하
④ 정격 출력 10[kW] 초과 250[kW] 이하

## 제4과목 신재생에너지관련법규

**61** 신재생에너지 개발·이용·보급 촉진법에서 정한 신재생에너지 설비가 아닌 것은?

① 풍력 설비
② 전기에너지 설비
③ 태양에너지 설비
④ 바이오에너지 설비

정답 56 ④ 57 ② 58 ③ 59 ③ 60 ① 61 ②

해설

정의(신에너지 및 재생에너지 개발·이용·보급 촉진법 제2조)

- "신에너지"란 기존의 화석연료를 변환시켜 이용하거나 수소·산소 등의 화학 반응을 통하여 전기 또는 열을 이용하는 에너지로서 다음 각 목의 어느 하나에 해당하는 것을 말한다.
  - 수소에너지
  - 연료전지
  - 석탄을 액화·가스화한 에너지 및 중질잔사유를 가스화한 에너지로서 대통령령으로 정하는 기준 및 범위에 해당하는 에너지
  - 그 밖에 석유·석탄·원자력 또는 천연가스가 아닌 에너지로서 대통령령으로 정하는 에너지
- "재생에너지"란 햇빛·물·지열·강수·생물유기체 등을 포함하는 재생 가능한 에너지를 변환시켜 이용하는 에너지로서 다음 각 목의 하나에 해당하는 것을 말한다.
  - 태양에너지
  - 풍 력
  - 수 력
  - 해양에너지
  - 지열에너지
  - 생물자원을 변환시켜 이용하는 바이오에너지로서 대통령령으로 정하는 기준 및 범위에 해당하는 에너지
  - 폐기물에너지로서 대통령령으로 정하는 기준 및 범위에 해당하는 에너지
  - 그 밖에 석유·석탄·원자력 또는 천연가스가 아닌 에너지로서 대통령령으로 정하는 에너지

## 62 신에너지 및 재생에너지 개발·이용·보급 촉진법에 의거하여 정부는 어떤 대상의 자발적인 신재생에너지 기술개발 및 이용·보급을 장려하고 보호·육성하여야 한다. 그 대상에 해당되지 않는 것은?

① 기업체　　② 공공기관
③ 외국기관　　④ 지방자치단체

해설

신재생에너지사업에의 투자권고 및 신재생에너지 이용의무화 등(신에너지 및 재생에너지 개발·이용·보급 촉진법 제12조)

(1) 산업통상자원부장관은 신재생에너지의 기술개발 및 이용·보급을 촉진하기 위하여 필요하다고 인정하면 에너지 관련 사업을 하는 자에 대하여 조성된 사업비의 사용 각 호의 사업을 하거나 그 사업에 투자 또는 출연할 것을 권고할 수 있다.
(2) 산업통상자원부장관은 신재생에너지의 이용·보급을 촉진하고 신재생에너지산업의 활성화를 위하여 필요하다고 인정하면 다음 각 호의 하나에 해당하는 자가 신축·증축 또는 개축하는 건축물에 대하여 대통령령으로 정하는 바에 따라 그 설계 시 산출된 예상 에너지사용량의 일정 비율 이상을 신재생에너지를 이용하여 공급되는 에너지를 사용하도록 신재생에너지 설비를 의무적으로 설치하게 할 수 있다.
  ① 국가 및 지방자치단체
  ② 공공기관
  ③ 정부가 대통령령으로 정하는 금액 이상을 출연한 정부출연기관
  ④ 국유재산법에 따른 정부출자기업체
  ⑤ 지방자치단체 및 ②~④의 규정에 따른 공공기관, 정부출연기관 또는 정부출자기업체가 대통령령으로 정하는 비율 또는 금액 이상을 출자한 법인
  ⑥ 특별법에 따라 설립된 법인

## 63 전기설비기술기준의 판단기준에서 합성수지관 공사 시 관 상호 간 및 박스와의 접속은 관에 삽입 깊이를 관의 바깥지름 몇 배 이상으로 하여야 하는가?(단, 접착제를 사용하는 경우는 제외한다)

① 0.5배　　② 0.8배
③ 1.2배　　④ 1.5배

해설

합성수지관공사(판단기준 제183조)

합성수지관 및 박스 기타의 부속품은 다음에 따라 시설하여야 한다.

(1) 관 상호 간 및 박스와는 관을 삽입하는 깊이를 관의 바깥 지름의 1.2배(접착제를 사용하는 경우에는 0.8배) 이상으로 하고 또한 꽂음 접속에 의하여 견고하게 접속할 것
(2) 관의 지지점 간의 거리는 1.5[m] 이하로 하고, 또한 그 지지점은 관의 끝, 관과 박스의 접속점 및 관 상호 간의 접속점 등에 가까운 곳에 시설할 것
(3) 습기가 많은 장소 또는 물기가 있는 장소에 시설하는 경우에는 방습 장치를 할 것
(4) 저압 옥내배선의 사용전압이 400[V] 미만인 경우에 합성수지관을 금속제의 박스에 접속하여 사용하는 때 또는 제2항제1호 단서에 규정하는 분진방폭형 플렉시블 피팅을 사용 하는 때는 박스 또는 분진방폭형 플렉시블 피팅에는 제3종 접지공사를 할 것. 다만, 다음 중 1에 해당하는 경우에는 그러하지 아니하다.
  ① 건조한 장소에 시설하는 경우
  ② 옥내배선의 사용전압이 직류 300[V] 또는 교류 대지전압이 150[V] 이하인 경우에 사람이 쉽게 접촉할 우려가 없도록 시설하는 경우
(5) 사용전압이 400[V] 이상인 경우에 합성수지관을 금속제의 박스에 접속하여 사용하는 때 또는 제2항제1호 단서에 규정하는 분진 방폭형 플렉시블피팅을 사용하는 때에는 박스 또는 분진 방폭형 플렉시블피팅에 특별 제3종 접지공사를 할 것. 다만, 사람이 접촉할 우려가 없도록 시설하는 때에는 제3종 접지공사에 의할 수 있다.
(6) 합성수지관을 풀박스에 접속하여 사용하는 경우에는 (1)의 규정에 준하여 시설할 것. 다만, 기술상 부득이한 경우에 관 및 풀박스를 건조한 장소에서 불연성의 조영재에 견고하게 시설하는



62 ③ 63 ③ 정답

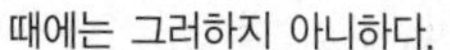

때에는 그러하지 아니하다.

(7) 난연성이 없는 콤바인덕트관은 직접 콘크리트에 매입(埋入)하여 시설하는 경우 이외에는 전용의 불연성 또는 난연성의 관 또는 덕트에 넣어 시설할 것

(8) 합성수지제 휨(가요) 전선관 상호 간은 직접 접속하지 말 것

**64** 전기설비기술기준의 판단기준에서 저압 가공전선(다중접지된 중성선은 제외한다)과 고압 가공전선을 동일 지지물에 시설하는 경우 저압 가공전선과 고압 가공전선 사이의 이격거리는 몇 [cm] 이상이어야 하는가?

① 50 ② 100
③ 150 ④ 200

해설

저·고압 가공전선 등의 병가(판단기준 제75조)

저압 가공전선(다중접지된 중성선은 제외한다. 이하 같다)과 고압 가공전선을 동일 지지물에 시설하는 경우에는 다음에 따라야 한다.

- 저압 가공전선을 고압 가공전선의 아래로 하고 별개의 완금류에 시설할 것
- 저압 가공전선과 고압 가공전선 사이의 이격거리는 50[cm] 이상일 것. 다만, 각도주(角度柱), 분기주(分岐柱) 등에서 혼촉(混觸)의 우려가 없도록 시설하는 경우에는 그러하지 아니하다.

**65** 전기설비기술기준의 판단기준에서 관·암거·기타 지중전선을 넣은 방호장치의 금속제 부분(케이블을 지지하는 금구류는 제외한다)·금속제의 전선 접속함 및 지중전선의 피복으로 사용하는 금속체에는 어떤 접지공사를 해야 하는가?

① 제1종 접지공사
② 제2종 접지공사
③ 제3종 접지공사
④ 특별 제3종 접지공사

해설

지중전선의 피복금속체 접지(판단기준 제139조)

관·암거·기타 지중전선을 넣은 방호장치의 금속제 부분(케이블을 지지하는 금구류는 제외한다), 금속제의 전선 접속함 및 지중전선의 피복으로 사용하는 금속체에는 제3종 접지공사를 하여야 한다. 다만, 이에 방식조치(防蝕措置)를 한 부분에 대하여는 그러하지 아니하다.

**66** 전기공사업법에 의거 전기공사 수급인의 하자담보책임 기간의 범위는?

① 전기공사의 완공일부터 5년
② 전기공사의 완공일부터 10년
③ 전기공사의 완공일부터 15년
④ 전기공사의 완공일부터 20년

해설

전기공사 수급인의 하자담보책임(전기공사업법 제15조의2)

수급인은 발주자에 대하여 전기공사의 완공일부터 10년의 범위에서 전기공사의 종류별로 대통령령으로 정하는 기간에 해당 전기공사에서 발생하는 하자에 대하여 담보책임이 있다.

**67** 신에너지 및 재생에너지 개발·이용·보급 촉진법에 의해 신재생에너지의 기술개발 및 이용·보급을 촉진하기 위한 기본계획에 대한 설명으로 틀린 것은?

① 기본계획의 계획기간은 10년 이상으로 한다.
② 신재생에너지 분야 전문인력 양성계획이 포함된다.
③ 에너지법에 따른 온실가스의 배출 감소 목표가 포함된다.
④ 신재생에너지 기술수준의 평가와 개발전망 및 기대효과가 포함된다.

해설

기본계획의 수립(신에너지 및 재생에너지 개발·이용·보급 촉진법 제5조)

기본계획의 계획기간은 10년 이상으로 하며, 기본계획에는 다음의 사항이 포함되어야 한다.

- 기본계획의 목표 및 기간
- 신재생에너지원별 기술개발 및 이용·보급의 목표
- 총 전력생산량 중 신재생에너지 발전량이 차지하는 비율의 목표
- 에너지법에 따른 온실가스의 배출 감소 목표
- 기본계획의 추진방법
- 신재생에너지 기술 수준의 평가와 보급전망 및 기대효과
- 신재생에너지 기술개발 및 이용·보급에 관한 지원 방안
- 신재생에너지 분야 전문 인력 양성계획
- 직전 기본계획에 대한 평가
- 그 밖에 기본계획의 목표달성을 위하여 산업통상자원부장관이 필요하다고 인정하는 사항

정답 64 ① 65 ③ 66 ② 67 ④

## 68 전기설비기술기준의 판단기준에서 두 개 이상의 전선을 병렬로 사용하는 경우에 전선의 시설방법으로 틀린 것은?

① 병렬로 사용하는 전선에는 각각에 퓨즈를 설치할 것
② 같은 극의 각 전선은 동일한 터미널러그에 완전히 접속할 것
③ 같은 극인 각 전선의 터미널러그는 동일한 도체에 2개 이상의 리벳 또는 2개 이상의 나사로 접속할 것
④ 병렬로 사용하는 동선의 굵기는 50[$mm^2$] 이상으로 하고 전선은 같은 도체, 같은 재료, 같은 길이 및 같은 굵기의 것을 사용할 것

**해설**

전선의 접속법(판단기준 제11조)
두 개 이상의 전선을 병렬로 사용하는 경우에는 다음에 의하여 시설할 것

- 병렬로 사용하는 각 전선의 굵기는 동선 50[$mm^2$] 이상 또는 알루미늄 70[$mm^2$] 이상으로 하고, 전선은 같은 도체, 같은 재료, 같은 길이 및 같은 굵기의 것을 사용할 것
- 같은 극의 각 전선은 동일한 터미널러그에 완전히 접속할 것
- 같은 극인 각 전선의 터미널러그는 동일한 도체에 2개 이상의 리벳 또는 2개 이상의 나사로 접속할 것
- 병렬로 사용하는 전선에는 각각에 퓨즈를 설치하지 말 것
- 교류회로에서 병렬로 사용하는 전선은 금속관 안에 전자적 불평형이 생기지 않도록 시설할 것

## 69 저탄소 녹색성장 기본법에 의해 국가의 저탄소 녹색성장과 관련된 주요 정책 및 계획과 그 이행에 관한 사항을 심의하기 위하여 국무총리 소속으로 두는 녹색성장위원회의 구성으로 옳은 것은?

① 위원장 1명을 포함한 30명 이내의 위원으로 구성한다.
② 위원장 1명을 포함한 50명 이내의 위원으로 구성한다.
③ 위원장 2명을 포함한 30명 이내의 위원으로 구성한다.
④ 위원장 2명을 포함한 50명 이내의 위원으로 구성한다.

**해설**

녹색성장위원회의 구성 및 운영(저탄소 녹색성장 기본법 제14조)

(1) 국가의 저탄소 녹색성장과 관련된 주요 정책 및 계획과 그 이행에 관한 사항을 심의하기 위하여 국무총리 소속으로 녹색성장위원회(이하 "위원회"라 한다)를 둔다.
(2) 위원회는 위원장 2명을 포함한 50명 이내의 위원으로 구성한다.
(3) 위원회의 위원장은 국무총리와 (4)의 ② 위원 중에서 대통령이 지명하는 사람이 된다.
(4) 위원회의 위원은 다음의 사람이 된다.
  ① 기획재정부장관, 과학기술정보통신부장관, 산업통상자원부장관, 환경부장관, 국토교통부장관 등 대통령령으로 정하는 공무원
  ② 기후변화, 에너지 · 자원, 녹색기술 · 녹색산업, 지속가능발전 분야 등 저탄소 녹색성장에 관한 학식과 경험이 풍부한 사람 중에서 대통령이 위촉하는 사람
(5) 위원회의 사무를 처리하게 하기 위하여 위원회에 간사위원 1명을 두며, 간사위원의 지명에 관한 사항은 대통령령으로 정한다.
(6) 위원장은 각자 위원회를 대표하며, 위원회의 업무를 총괄한다.
(7) 위원장이 부득이한 사유로 직무를 수행할 수 없는 때에는 국무총리인 위원장이 미리 정한 위원이 위원장의 직무를 대행한다.
(8) (4)의 ② 위원의 임기는 1년으로 하되, 연임할 수 있다.

## 70 전기설비기술기준의 판단기준에서 금속제 외함을 가지는 사용전압이 50[V]를 초과하는 저압의 기계기구로서 사람이 쉽게 접촉할 우려가 있는 곳에 시설하는 것에 전기를 공급하는 전로에 지락차단장치를 생략할 수 없는 것은?

① 기계기구를 건조한 곳에 시설하는 경우
② 기계기구가 고무 · 합성수지 기타 절연물로 피복된 경우
③ 대지전압이 220[V] 이상인 기계기구를 물기가 있는 곳 이외의 곳에 시설하는 경우
④ 기계기구를 발전소 · 변전소 · 개폐소 또는 이에 준하는 곳에 시설하는 경우

**해설**

지락차단장치 등의 시설(판단기준 제41조)
금속제 외함을 가지는 사용전압이 50[V]를 초과하는 저압의 기계기구로서 사람이 쉽게 접촉할 우려가 있는 곳에 시설하는 것에 전기를 공급하는 전로에는 전로에 지락이 생겼을 때에 자동적으로 전로를 차단하는 장치를 하여야 한다. 다만, 다음의 어느 하나에 해당하는 경우는 적용하지 않는다.

- 기계기구를 발전소, 변전소, 개폐소 또는 이에 준하는 곳에 시설하는 경우
- 기계기구를 건조한 곳에 시설하는 경우
- 대지전압이 150[V] 이하인 기계기구를 물기가 있는 곳 이외의 곳에 시설하는 경우
- 전기용품 및 생활용품 안전관리법의 적용을 받는 2중 절연구조의 기계기구를 시설하는 경우
- 그 전로의 전원측에 절연변압기(2차 전압이 300[V] 이하인 경우에 한한다)를 시설하고 또한 그 절연변압기의 부하측의 전로에 접지하지 아니하는 경우
- 기계기구가 고무, 합성수지 기타 절연물로 피복된 경우



68 ① 69 ④ 70 ③ 정답

- 기계기구가 유도전동기의 2차측 전로에 접속되는 것일 경우
- 기계기구가 제12조제8호에 규정하는 것일 경우
- 기계기구 내에 전기용품 및 생활용품 안전관리법의 적용을 받는 누전차단기를 설치하고 또한 기계기구의 전원연결선이 손상을 받을 우려가 없도록 시설하는 경우

**71** 전기사업법에 의거 산업통상자원부장관은 전기사업자가 파산선고를 받고 복권되지 않은 경우 전기위원회의 심의를 거쳐 그 허가를 취소하거나 몇 개월 이내의 기간을 정하여 사업정지를 명할 수 있는가?

① 3 ② 6
③ 9 ④ 12

해설

등록의 결격사유 및 취소 등(전기사업법 제73조의6)

(1) 다음의 어느 하나에 해당하는 자는 제73조의5제1항제1호 및 제2호에 따른 등록을 할 수 없다.
① 피성년후견인
② 파산선고를 받고 복권되지 아니한 자
③ 이 법을 위반하여 징역 이상의 실형을 선고받고 그 집행이 종료(집행이 종료된 것으로 보는 경우를 포함한다)되거나 집행이 면제된 날부터 2년이 지나지 아니한 자
④ 이 법을 위반하여 징역 이상의 형의 집행유예를 선고받고 그 유예기간 중에 있는 자
⑤ (2)에 따라 등록이 취소(① 또는 ②의 결격사유에 해당하여 등록이 취소된 경우는 제외한다)된 날부터 2년이 지나지 아니한 자(법인인 경우 그 등록취소의 원인이 된 행위를 한 자와 대표자를 포함한다)
⑥ 대표자가 ①부터 ⑤까지의 어느 하나에 해당하는 법인

(2) 산업통상자원부장관 또는 시·도지사는 제73조의5제1항제1호 및 제2호에 따라 전기안전관리업무를 전문으로 하는 자 또는 전기안전관리대행사업자로 각각 등록한 자가 다음의 어느 하나에 해당하는 경우에는 그 등록을 취소하거나 산업통상자원부령으로 정하는 바에 따라 6개월 이내의 기간을 정하여 업무의 전부 또는 일부의 정지를 명할 수 있다. 다만, ①에 해당하는 경우에는 그 등록을 취소하여야 한다.
① 거짓이나 그 밖의 부정한 방법으로 등록한 경우
② 제73조제2항제1호 및 제3항제2호에 따른 대통령령으로 정하는 요건에 미달한 날부터 1개월이 지난 경우
③ 제73조의5제3항에 따라 발급받은 등록증을 다른 사람에게 빌려준 경우
④ 제73조제6항에 따른 전기안전관리 대행업무의 범위 및 업무량을 넘거나 최소점검횟수에 미달한 경우
⑤ ①의 어느 하나에 해당하게 된 경우((1)의 ⑥에 해당하게 된 법인이 그 대표자를 6개월 이내에 결격사유가 없는 다른 대표자로 바꾸어 임명하는 경우는 제외한다)

**72** 전기설비기술기준의 판단기준에서 최대사용전압이 23,000[V]인 중성선 다중접지계통에 접속된 변압기 전로의 절연내력 시험전압은 몇 [V]인가?

① 20,700
② 21,160
③ 24,150
④ 25,300

해설

전로의 절연저항 및 절연내력(판단기준 제13조)
최대사용전압이 23,000[V]인 중성선 다중접지계통에 접속된 변압기 전로의 절연내력 시험전압은 21,160[V]이어야 한다.

**73** 신에너지 및 재생에너지 개발·이용·보급 촉진법에서 산업통상자원부장관은 신재생에너지 설비의 설치계획서를 받은 날부터 며칠 이내에 타당성을 검토한 후 그 결과를 해당 설치의무기관의 장 또는 대표자에게 통보하여야 하는가?

① 10일
② 20일
③ 30일
④ 50일

해설

신재생에너지 설비의 설치계획서 제출 등(신에너지 및 재생에너지 개발·이용·보급 촉진법 시행령 제17조)

- 신재생에너지사업에의 투자권고 및 신재생에너지 이용의무화 등(법 제12조)에 따른 각 호의 하나에 해당하는 자(이하 "설치의무기관"이라 한다)의 장 또는 대표자가 신재생에너지 공급의무 비율 등(영 제15조)에 각 호의 하나에 해당하는 건축물을 신축·증축 또는 개축하려는 경우에는 신재생에너지 설비의 설치계획서(이하 "설치계획서"라 한다)를 해당 건축물에 대한 건축허가를 신청하기 전에 산업통상자원부장관에게 제출하여야 한다.
- 산업통상자원부장관은 설치계획서를 받은 날부터 30일 이내에 타당성을 검토한 후 그 결과를 해당 설치의무기관의 장 또는 대표자에게 통보하여야 한다.
- 산업통상자원부장관은 설치계획서를 검토한 결과 신재생에너지 공급의무 비율 등에 따른 기준에 미달한다고 판단한 경우에는 미리 그 내용을 설치의무기관의 장 또는 대표자에게 통지하여 의견을 들을 수 있다.

정답 71 ② 72 ② 73 ③

**74** 전기설비기술기준의 판단기준에서 이동하여 사용하는 전기기계기구의 금속제 외함 등에 제1종 접지공사 및 제2종 접지공사를 3종 및 4종 클로로프렌캡타이어케이블로 사용할 때 접지선의 단면적은 몇 [$mm^2$] 이상을 사용해야 하는가?

① 0.75 ② 1.5
③ 6 ④ 10

**해설**

각종 접지공사의 세목(판단기준 제19조)

이동하여 사용하는 전기기계기구의 금속제 외함 등에 제18조제1항의 접지공사를 하는 경우에는 각 접지공사의 접지선 중 가요성을 필요로 하는 부분에는 다음 표에서 정한 값 이상의 단면적을 가지는 접지선으로서 고장 시에 흐르는 전류를 안전하게 통할 수 있는 것을 사용하여야 한다.

| 접지공사의 종류 | 접지선의 종류 | 접지선의 단면적 |
|---|---|---|
| 제1종 접지공사 및 제2종 접지공사 | 3종 및 4종 클로로프렌캡타이어케이블, 3종 및 4종 클로로설포네이트폴리에틸렌캡타이어케이블의 일심 또는 다심 캡타이어케이블의 차폐 기타의 금속체 | 10[$mm^2$] |
| 제3종 접지공사 및 특별 제3종 접지공사 | 다심 코드 또는 다심 캡타이어케이블의 일심 | 0.75[$mm^2$] |
| | 다심 코드 및 다심 캡타이어케이블의 일심 이외의 가요성이 있는 연동연선 | 1.5[$mm^2$] |

**75** 신에너지 및 재생에너지 개발·이용·보급 촉진법에 따라 신재생에너지 공급인증서를 발급받으려는 자는 공급인증서 발급 및 거래시장 운영에 관한 규칙에 의거 신재생에너지를 공급한 날부터 며칠 이내에 공급인증서 발급 신청을 하여야 하는가?

① 15일 ② 30일
③ 60일 ④ 90일

**해설**

신재생에너지 공급인증서의 발급 신청 등(신에너지 및 재생에너지 개발·이용·보급 촉진법 시행령 제18조의 8)

① 공급인증서를 발급받으려는 자는 공인인증기관에 대통령령으로 정하는 바에 따라 공급인증서의 발급을 신청해야 한다는 규정에 따라 공급인증서를 발급받으려는 자는 공급인증기관이 업무를 시작하기 전 제정하여 산업통상자원부장관의 승인 받아야 한다는 규정에 따른 공급인증서 발급 및 거래시장 운영에 관한 규칙에서 정하는 바에 따라 신재생에너지를 공급한 날부터 90일 이내에 발급 신청을 하여야 한다.

② ①에 따라 발급 신청을 받은 공급인증기관은 발급 신청을 한 날부터 30일 이내에 공급인증서를 발급하여야 한다.

**76** 전기사업법에서 전기의 원활한 흐름과 품질 유지를 위하여 전기의 흐름을 통제·관리하는 체제는?

① 전기사업 ② 전기설비
③ 전력시장 ④ 전력계통

**해설**

정의(전기사업법 제2조)

"전력계통"이란 전기의 원활한 흐름과 품질유지를 위하여 전기의 흐름을 통제·관리하는 체계를 말한다.

**77** 전기사업에 종사하는 자로서 정당한 사유 없이 전기사업용전기설비의 유지 또는 운용업무를 수행하지 아니함으로써 발전·송전·변전 또는 배전에 장애가 발생하게 한 자에 대한 전기사업법상 벌칙 기준은?

① 2년 이하의 징역 또는 2천만원 이하의 벌금
② 3년 이하의 징역 또는 3천만원 이하의 벌금
③ 5년 이하의 징역 또는 5천만원 이하의 벌금
④ 10년 이하의 징역 또는 8천만원 이하의 벌금

**해설**

벌칙(전기사업법 제100조)

(1) 다음의 어느 하나에 해당하는 자는 10년 이하의 징역 또는 1억원 이하의 벌금에 처한다.
 ① 전기사업용 전기설비를 손괴하거나 절취하여 발전·송전·변전 또는 배전을 방해한 자
 ② 전기사업용 전기설비에 장애를 발생하게 하여 발전·송전·변전 또는 배전을 방해한 자

(2) 다음의 어느 하나에 해당하는 자는 5년 이하의 징역 또는 5천만원 이하의 벌금에 처한다.
 ① 정당한 사유 없이 전기사업용 전기설비를 조작하여 발전·송전·변전 또는 배전을 방해한 자
 ② 전기사업에 종사하는 자로서 정당한 사유 없이 전기사업용 전기설비의 유지 또는 운용업무를 수행하지 아니함으로써 발전·송전·변전 또는 배전에 장애가 발생하게 한 자

(3) (1) 및 (2)의 ① 미수범은 처벌한다.



74 ④ 75 ④ 76 ④ 77 ③ 정답

**78** 신에너지에 해당되지 않는 것은?

① 연료전지
② 해양에너지
③ 수소에너지
④ 석탄을 액화·가스화한 에너지

해설

정의(신에너지 및 재생에너지 개발·이용·보급 촉진법 제2조)
"신에너지"란 기존의 화석연료를 변환시켜 이용하거나 수소·산소 등의 화학 반응을 통하여 전기 또는 열을 이용하는 에너지로서 다음 각 목의 어느 하나에 해당하는 것을 말한다.

- 수소에너지
- 연료전지
- 석탄을 액화·가스화한 에너지 및 중질잔사유를 가스화한 에너지로서 대통령령으로 정하는 기준 및 범위에 해당하는 에너지
- 그 밖에 석유·석탄·원자력 또는 천연가스가 아닌 에너지로서 대통령령으로 정하는 에너지

**79** 전기설비기술기준의 판단기준에서 차량 기타 중량물의 압력을 받을 우려가 있는 장소에 지중전선로를 직접 매설식에 의하여 시설하는 경우 매설 깊이는 몇 [m] 이상으로 하여야 하는가?

① 0.8 ② 1.2
③ 1.5 ④ 1.8

해설

지중전선로의 시설(판단기준 제136조)

- 지중전선로는 전선에 케이블을 사용하고 또한 관로식·암거식(暗渠式) 또는 직접 매설식에 의하여 시설하여야 한다.
- 지중전선로를 관로식 또는 암거식에 의하여 시설하는 경우에는 다음에 따라야 한다.
  - 관로식에 의하여 시설하는 경우에는 매설 깊이를 1.0[m] 이상으로 하되, 매설 깊이가 충분하지 못한 장소에는 견고하고 차량 기타 중량물의 압력에 견디는 것을 사용할 것. 다만 중량물의 압력을 받을 우려가 없는 곳은 60[cm] 이상으로 한다.
  - 암거식에 의하여 시설하는 경우에는 견고하고 차량 기타 중량물의 압력에 견디는 것을 사용할 것
- 지중전선을 냉각하기 위하여 케이블을 넣은 관 내에 물을 순환시키는 경우에는 지중전선로는 순환수 압력에 견디고 또한 물이 새지 아니하도록 시설하여야 한다.
- 지중전선로를 직접 매설식에 의하여 시설하는 경우에는 매설 깊이를 차량 기타 중량물의 압력을 받을 우려가 있는 장소에는 1.2[m] 이상, 기타 장소에는 60[cm] 이상으로 하고 또한 지중 전선을 견고한 트라프 기타 방호물에 넣어 시설하여야 한다.

**80** 저탄소 녹색성장 기본법에서 정의하는 녹색기술에 해당하지 않는 것은?

① 청정소비기술
② 청정생산기술
③ 온실가스 감축기술
④ 에너지 이용 효율화 기술

해설

정의(저탄소 녹색성장기본법 제2조)
"녹색기술"이란 온실가스 감축기술, 에너지 이용 효율화 기술, 청정생산기술, 청정에너지 기술, 자원순환 및 친환경 기술(관련 융합기술을 포함한다) 등 사회·경제 활동의 전 과정에 걸쳐 에너지와 자원을 절약하고 효율적으로 사용하여 온실가스 및 오염물질의 배출을 최소화하는 기술을 말한다.

정답 78 ② 79 ② 80 ①

# 최근 기출문제

## 제1과목 태양광발전시스템 이론

**01 바이패스 다이오드에 대한 설명으로 틀린 것은?**

① 열점(Hot Spot)의 손상을 피할 수 있다.
② 태양광발전 모듈의 스트링과 직렬로 연결한다.
③ 태양광발전 모듈 단자함 출력의 정극(+)과 부극(-) 간에 설치한다.
④ 스트링의 공칭 최대출력 동작전압의 1.5배 이상의 역내압을 가져야 한다.

**해설**

바이패스 다이오드에 대한 내용
- 태양광발전 모듈 단자함 출력의 정극(+)과 부극(-) 간에 설치한다.
- 열점(Hot Spot)의 손상을 줄일 수 있다.
- 스트링의 공칭 최대출력 동작전압의 1.5배 이상의 역내압을 가져야 한다.
- 모듈의 집합체 어레이는 직렬접속인 경우 바이패스 다이오드를 사용하고, 병렬인 경우에는 역류방지 다이오드를 넣어 전체의 특성을 유지한다.
- 태양광발전 모듈의 스트링과 병렬로 연결해야 한다.

**02 파워컨디셔너시스템(PCS)의 구성 방식 중 모든 모듈에 인버터를 설치하고, 각 인버터의 교류출력을 병렬로 연결하여 사용하는 구성 방식은?**

① 모듈 인버터 방식
② 스트링 인버터 방식
③ 마스터 슬레이브 방식
④ 중앙 집중형 인버터 방식

**해설**

인버터의 종류
- 모듈 인버터(Module Inverter)
  모듈의 출력단에 내장되는 인버터이다. 모듈 인버터는 모듈의 뒷면에 붙어 있으며 교류 모듈이라고도 한다. 또한 각 인버터의 교류출력을 병렬로 연결하여 사용하는 구성방식이다.
- 스트링 인버터(String Inverter)
  태양광발전 모듈로 이루어지는 스트링 하나의 출력만으로 동작할 수 있도록 설계한 인버터이다. 교류출력은 다른 스트링 인버터의 교류출력에 병렬로 연결시킬 수 있다.

**03 줄의 법칙에서 발열량[cal] 계산식으로 옳은 것은?(단, $I$ : 전류[A], $R$ : 저항[Ω], $t$ : 시간[s]을 나타낸다)**

① $H=0.24I^2R$
② $H=0.24I^2R^2$
③ $H=0.24I^2Rt$
④ $H=0.024I^2Rt^2$

**해설**

줄의 발열량($H$)$=0.24I^2Rt$[cal]

**04 태양광발전용 인버터의 기능에 대한 설명으로 틀린 것은?**

① 계통 정전에 따른 단독운전 방지기능
② 일조량의 변화에 따른 자동운전 · 정지기능
③ 계통에 고조파 영향을 주지 않기 위한 직류지락 검출기능
④ 날씨 변동에서도 최대 출력이 가능하게 하는 최대전력 추종제어기능

**해설**

인버터의 기능
- 자동운전 정지기능
  - 인버터는 일출과 함께 일사강도가 증대하여 출력을 얻을 수 있는 조건이 되면 자동적으로 운전을 시작한다. 운전을 시작하면 태양전지의 출력을 스스로 감시하여 자동적으로 운전을 한다.
  - 전력계통이나 인버터에 이상이 있을 때 안전하게 분리하는 기능으로서 인버터를 정지시킨다. 해가 질 때도 출력을 얻을 수 있는 한 운전을 계속하며, 해가 완전히 없어지면 운전을 정지한다.
  - 또한 흐린 날이나 비오는 날에도 운전을 계속할 수 있지만 태양전지의 출력이 적어져 인버터의 출력이 거의 0으로 되면 대기상태가 된다.



1 ② 2 ① 3 ③ 4 ③ 정답

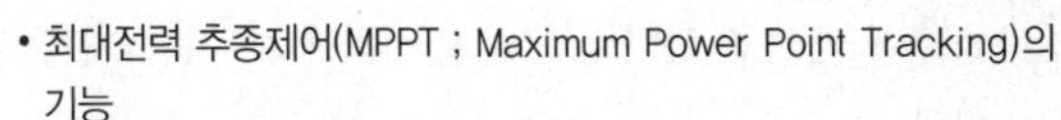

- 최대전력 추종제어(MPPT ; Maximum Power Point Tracking)의 기능
  태양전지의 출력은 일사강도나 태양전지의 표면온도에 의해 변동이 된다. 이러한 변동에 대해 태양전지의 동작점이 항상 최대출력점을 추종하도록 변화시켜 태양전지에서 최대출력을 얻을 수 있는 제어이다. 즉, 인버터의 직류동작전압을 일정시간 간격으로 변동시켜 태양전지 출력전력을 계측한 후 이전의 것과 비교하여 항상 전력이 크게 되는 방향으로 인버터의 직류전압을 변화시키는 것이다.
- 단독운전 방지기능
  태양광발전시스템은 계통에 연계되어 있는 상태에서 계통측에 정전이 발생했을 때 부하전력이 인버터의 출력전력과 같은 경우 인버터의 출력전압·주파수 계전기에서는 정전을 검출할 수가 없다. 이와 같은 이유로 계속해서 태양광발전시스템에서 계통에 전력이 공급될 가능성이 있다. 이러한 운전 상태를 단독운전이라 한다. 단독운전이 발생하면 전력회사의 배전망이 끊어져 있는 배전선에 태양광발전시스템에서 전력이 공급되기 때문에 보수점검자에게 위험을 줄 우려가 있는 태양광발전시스템을 정지할 필요가 있지만, 단독운전 상태의 전압계전기(UVR, OVR)와 주파수 계전기(UFR, OFR)에서는 보호할 수 없다. 따라서 이에 대한 대책의 일환으로 단독운전 방지기능을 설정하여 안전하게 정지할 수 있도록 한다.
- 자동전압 조정기능
  태양광발전시스템을 계통에 접속하여 역송전 운전을 하는 경우 전력 전송을 위한 수전점의 전압이 상승하여 전력회사의 운용범위를 초과할 가능성이 있다. 따라서 이를 예방하기 위해 자동전압 조정기능을 설정하여 전압의 상승을 방지하고 있다.
- 직류 검출기능
  인버터는 직류를 교류로 변환하기 위하여 반도체 스위칭 소자를 주파수로 스위칭하기 때문에 소자의 불규칙 분포 등에 의해 그 출력은 적지만 직류분이 잡음형태로 포함된다. 즉, 직류에 포함되어 있는 교류분(Ripple)을 제거하는 기능을 말한다. 또한 상용주파 절연변압기 방식은 절연변압기에 의해 줄일 수 있기 때문에 유출되지 않으며, 고주파 변압기 절연방식과 트랜스리스 방식에서는 인버터 출력이 직접 계통에 접속되기 때문에 직류분이 존재하게 되면 주상변압기의 자기포화 등 계통측에 악영향을 주게 된다.
- 직류 지락 검출기능
  일반적으로 수·배전설비의 배전반 또는 분전반에는 누전경보기 또는 누전차단기가 설치되어 옥내 배선과 부하기기의 지락을 감시하고 있지만, 태양전지 어레이의 직류측에서 지락사고가 발생하면 지락전류에 직류성분이 중첩되어 일반적으로 사용되고 있는 누전차단기는 이를 검출할 수 없는 상황이 발생한다.
- 계통 연계 보호장치
  이상 또는 고장이 발생했을 경우 자동적으로 분산형 전원을 전력계통으로부터 분리해 내기 위한 장치를 시설해야 한다.

**05** 태양광발전 모듈 전면적 1,000[m$^2$]에서 일조강도가 1,000[W/m$^2$]이고, 최대출력이 100[kW]이면 변환효율은 몇 [%]인가?

① 5　② 10
③ 15　④ 20

**해설**

$$변환효율(\eta)=\frac{최대출력(P_{\max})}{모듈\ 전면적\times 일조강도}\times 100$$
$$=\frac{100\times 10^3}{1,000\times 1,000}\times 100=10[\%]$$

**06** 축전지의 사용연수 경과 및 사용조건에 따라 용량이 변화되는 것을 보상하는 보정값은 무엇인가?

① 보수율
② 방전심도
③ 방전종지전압
④ 용량환산시간

**해설**

축전지 용어의 정의
- 방전심도(DOD ; Depth Of Discharge)
  전기 저장장치에서 방전상태를 나타내는 지표의 값으로 보통은 축전지의 방전상태를 표시하는 수치이다. 일반적으로 정격용량에 대한 방전량은 백분율로 표시한다.
- 방전종지전압(DFV ; Discharge Final Voltage)
  축전지를 사용하는 경우에 단자전압이 0[V]로 되기까지 방전시키지 않고, 어느 한도의 전압까지 강하하면 방전을 멈추게 한다. 이것을 방전종지전압이라 한다.
- 용량환산시간($K$)
  축전지의 소요용량을 결정하는 경우에 사용하는 계수로서 방전전류를 $I$라 하고, 소요용량을 [Ah]로 놓았을 때 [Ah]$=KI$로 산출된다.

**07** 어떤 도선을 통과하는 전하량이 62[ms] 마다 0.32[C]이다. 이때 흐르는 전류는 몇 [A]인가?

① 2　② 3
③ 4　④ 5

**해설**

$$도선에\ 통하는\ 전류(I)=\frac{전하량(Q)}{시간(t)}=\frac{0.32}{64\times 10^{-3}}=5[\mathrm{A}]$$

정답 5 ② 6 ① 7 ④

## 08 태양광발전 전지의 표면에 입사한 태양에너지를 전기에너지로 변환하는 효율은?

① 열전변환효율
② 압전변환효율
③ 충진변환효율
④ 광전변환효율

**해설**

태양광발전 전지의 표면에 입사한 태양에너지를 전기에너지로 변환하는 효율 즉, 빛에너지를 전기에너지로 변환하는 효율을 광전변환효율이라고 한다.

## 09 선로에 들어오는 이상전압의 크기를 완화하고 파고값을 낮추기 위하여 설치하는 것은?

① 피뢰침
② 종단저항
③ 서지흡수기
④ 바이패스장치

**해설**

태양광발전시스템과 하위 전자기기를 용량, 유도결합과 그리드 과전압으로부터 보호하기 위해 설치하는 장치로는 서지흡수기가 있다. 이는 선로에 들어오는 이상전압의 크기를 완화하고 파고값을 낮추기 위하여 설치하는 것이다.

## 10 어느 회로에 전압과 전류의 실횻값이 각각 50[V], 10[A]이고 역률이 0.8이다. 소비전력은 몇 [W]인가?

① 300 ② 400
③ 500 ④ 600

**해설**

역률을 이용한 소비전력($P$) = 전압($V$) × 전류($I$) × 역률
= 50 × 10 × 0.8 = 400[W]

## 11 태양광발전시스템의 접속함에 대한 설명으로 틀린 것은?

① 피뢰기(LA)가 설치되어 있다.
② 역류방지소자가 설치되어 있다.
③ 스트링 배선을 하나로 모아 인버터에 보내는 역할을 한다.
④ 보수, 점검 시 회로를 분리하여 점검을 용이하게 한다.

**해설**

접속함의 특징
- 역류방지소자가 설치되어 있다.
- 스트링 배선을 하나로 모아 인버터로 보내는 기기이다.
- 보수와 점검을 할 때 회로를 분리해서 점검을 쉽게 한다.

## 12 태양광발전 모듈의 단면을 보면 여러 층으로 이루어져 있다. 이러한 층을 이루는 재료 중에 태양광발전 전지를 외부의 습기와 먼지로부터 차단하기 위하여 현재 가장 일반적으로 사용하는 충전재는?

① FRP ② EVA
③ Glass ④ Tedlar

**해설**

충전재
실리콘 수지, 폴리비닐부티랄(PVB ; Polyvinyl Butyral), 에틸렌초산비닐(EVA ; Ethylene Vinyl Acetate)이 많이 사용된다. 처음 태양광 모듈을 제조할 때에는 실리콘 수지가 대부분이었으나 충전할 때 기포방지와 셀이 상하로 움직이는 균일성 유지에 시간이 걸리기 때문에 현재는 PVB와 EVA가 많이 이용된다.
- EVA의 종류
  - Fast Cure용 : 동일한 라미네이터 내에서 라미네이션과 큐어링을 동시에 수행할 때 사용된다.
  - Standard Cure용 : 대규모 자동화 라인에서 많이 사용하는 방법으로 별도의 큐어 오븐에서 큐어링을 실시하게 된다.
- EVA Sheet용

## 13 트랜스리스 방식의 인버터 회로 구성요소가 아닌 것은?

① 변압기
② 컨버터
③ 인버터
④ 개폐기

**해설**

트랜스리스 방식
태양전지(PV) → 승압형 컨버터 → 인버터 → 공진회로
※ 변압기는 트랜스를 이야기 한다. 이 방식은 트랜스가 없는 방식이다.



8 ④ 9 ③ 10 ② 11 ① 12 ② 13 ① 정답

## 14 실리콘 결정계 태양광발전 전지에 해당되지 않는 것은?

① 리 본 ② 구 형
③ HIT ④ 턴뎀형

해설

실리콘 결정계 태양광발전 전지의 종류

- 원 형
- 구 형
- 리본형
- HIT형

## 15 다결정 실리콘 제조공정 순서로 옳은 것은?

① 실리콘 입자 → 웨이퍼 슬라이스 → 잉곳 → 셀 → 모듈
② 실리콘 입자 → 잉곳 → 셀 → 웨이퍼 슬라이스 → 모듈
③ 실리콘 입자 → 셀 → 웨이퍼 슬라이스 → 잉곳 → 모듈
④ 실리콘 입자 → 잉곳 → 웨이퍼 슬라이스 → 셀 → 모듈

해설

다결정 실리콘 제조공정 순서

규석(모래) → 폴리실리콘 → 잉곳(사각형 긴 덩어리) → 웨이퍼(사각형 얇은 판) → 셀(웨이퍼를 가공한 상태 모양) → 모듈(셀 여러 개를 배열하여 결합한 상태의 구조물)

## 16 태양광발전용 인버터의 단독운전 이행 시 발전전력과 부하 사용전력 사이의 불균형에 따른 주파수 급변을 검출하는 방식은?

① 부하변동방식
② 주파스 시프트방식
③ 주파스 변화율 검출방식
④ 고조파 전압급증 검출방식

해설

단독운전 방지기능의 종류

- 수동적 방식
  연계운전에서 단독운전으로 이행했을 때 전압 파형이나 위상 등의 변화를 포착하여 단독운전을 검출하도록 하는 방식이다. 수동적 방식의 구분유지시간은 5~10초, 검출시간은 0.5초 이내이다.
  - 주파수 변화율 검출방식
    주로 단독운전 이행 시 발전전력과 부하의 불평형에 의한 주파수 급변을 검출한다.
  - 제3차 고주파 전압급증 검출방식
    단독운전 이행 시 변압기에 여자전류 공급에 따른 변압 왜곡의 급증을 검출한다. 부하가 되는 변압기와의 조합이기 때문에 오작동의 확률이 비교적 높다.
  - 전압 위상 도약 검출방식
    계통과 연계하는 인버터는 상시 역률 1에서 운전되어 전압과 전류는 거의 동상이며, 유효전력만 공급하고 있다. 단독운전 상태가 되면 그 순간부터 무효전력도 포함시켜 공급해야 하므로 전압 위상이 급변한다. 이때 전압 위상의 급변을 검출하는 것이 바로 전압 위상 도약 검출방식이다. 이 방식에서는 계통에 접속되어 있는 변압기의 돌입전류 등으로부터 오작동이 발생하지 않도록 설계되어 있다. 단독운전 이행 시에 위상변화가 발생하지 않을 때는 검출되지 않으며, 오작동이 적고 실용적이다.
- 능동적 방식
  항상 인버터에 변동요인을 부여하고 연계운전 시에는 그 변동요인이 출력에 나타나지 않고 단독운전 시에만 나타나도록 하여 이상을 검출하는 방식이다. 능동적 방식의 구분검출시간은 0.5~1초이다.
  - 유효전력 변동방식
    인버터의 출력에 주기적인 유효전력 변동을 부여하고, 단독운전 시에 나타나는 전압·주파수 변동을 검출한다.
  - 무효전력 변동방식
    인버터의 출력전압 주기를 일정 기간마다 변동시키면 평상시 계통측의 Back-Power가 크기 때문에 출력주파수는 변하지 않고 무효전력의 변화로서 나타난다. 단독운전상태에서는 일정한 주기마다 주파수의 변화로서 나타나기 때문에 이 주파수의 변화를 빨리 검출해서 단독운전을 판정하도록 한다. 또한, 오동작을 방지하기 위해 주기를 변동시켰을 경우에만 출력변동을 검출하는 방법을 취하는 것도 있다.
    ⓐ 부하 변동방식 : 인버터의 출력과 병렬로 임피던스를 순간적 또는 주기적으로 삽입하여 전압 또는 전류의 급변을 검출하는 방식이다.
    ⓑ 주파수 시프트 방식 : 인버터의 내부 발전기에 주파수 바이어스를 부여하고 단독운전 시에 나타나는 주파수 변동을 검출하는 방식이다.

## 17 PN접합 다이오드의 P형 반도체에 (+)바이어스를 가하고 N형 반도체에 (−)바이어스를 가할 때 나타나는 현상은?

① 공핍층의 폭이 작아진다.
② 공핍층 내부의 전기장이 증가한다.
③ 전류는 소수캐리어에 의해 발생한다.
④ 다이오드는 부도체와 같은 특성을 보인다.

정답 14 ④ 15 ④ 16 ③ 17 ①

**해설**

PN 접합 다이오드의 P형 반도체에 (+) 바이어스를 가하고 N형 반도체에 (−) 바이어스를 가하게 되면 순방향 바이어스를 걸어주었기 때문에 공핍층 내부에 전기장이 감소하고, 폭이 좁아지게 된다. 따라서 다수캐리어가 증가하는 현상이 나타나기 때문에 도체와 같은 특성을 보이게 되어 전류가 원활하게 흐르게 된다.

## 18 연료전지발전의 원리에 대한 설명으로 틀린 것은?

① 열과 전기에너지 발생
② 반응생성물로 물이 생성
③ 연료극에 공급된 수소이온과 전자가 결합
④ 수소이온이 전해질층을 통해 공기극으로 이동

**해설**

연료전지의 발전원리(단위전지)
연료 중 수소와 공기 중 산소가 전기화학 반응에 의해 직접 발전한다.

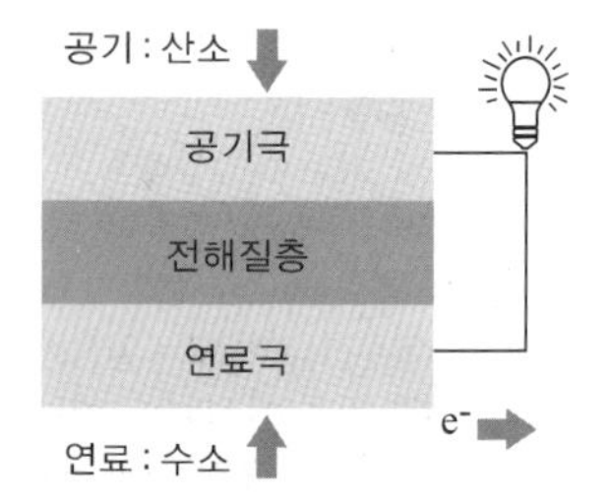


- 연료극에 공급된 수소는 수소이온과 전자로 분리
- 수소이온은 전해질 층을 통해 공기극으로 이동, 전자는 외부 회로를 통해 공기극으로 이동
- 공기극 쪽에서 산소이온과 수소이온이 만나 반응생성물(물)을 생성 → 최종적인 반응은 수소와 산소가 결합하여 전기, 물 및 열 생성
- $H_2$(수소) + $\frac{1}{2}$ $O_2$(산소) → $H_2O$(물) + 전기, 열

## 19 해양에너지에 대한 설명으로 틀린 것은?

① 조력발전은 밀물과 썰물 사이의 낮은 낙차를 이용한 것이다.
② 파력발전은 파도에 의한 해면의 상하운동을 이용한 것이다.
③ 소수력발전은 밀물과 썰물로 발생하는 조류를 이용한 것이다.
④ 해양온도차발전은 해수 표층과 심층과의 온도차를 이용한 것이다.

**해설**

해양에너지
해양의 조수 · 파도 · 해류 · 온도차 등을 변환시켜 전기 또는 열을 생산하는 기술로써 전기를 생산하는 방식은 조력 · 파력 · 조류 · 온도차 발전 등이 있다.

- 해양에너지 발전기술
  - 조력발전
    조석간만의 차를 동력원으로 해수면의 상승 하강 운동을 이용하여 전기를 생산하는 기술이다. 즉, 밀물과 썰물 사이의 낮은 낙차를 이용한 발전방식이다.
  - 파력발전
    연안 또는 심해의 파랑에너지를 이용하여 전기를 생산하는 기술이다. 즉, 파도에 의한 해면의 상하운동을 이용한 것이다.
  - 조류발전
    해수의 유동에 의한 운동에너지를 이용하여 전기를 생산하는 발전기술이다.
  - 온도차발전
    해양 표면층의 온수(예 25~30[℃])와 심해 500~1,000[m] 정도의 냉수(예 5~7[℃])와의 온도차를 이용하여 열에너지를 기계적 에너지로 변환시켜 발전하는 기술이다.

## 20 풍력발전시스템에서 저속 블레이드 회전수를 발전기용 고속 회전수로 변환시키는 장치는?

① 로터(Rotor)
② 나셀(Nacelle)
③ 인버터(Inverter)
④ 증속기(Gearbox)

**해설**

풍력발전시스템의 구성장치

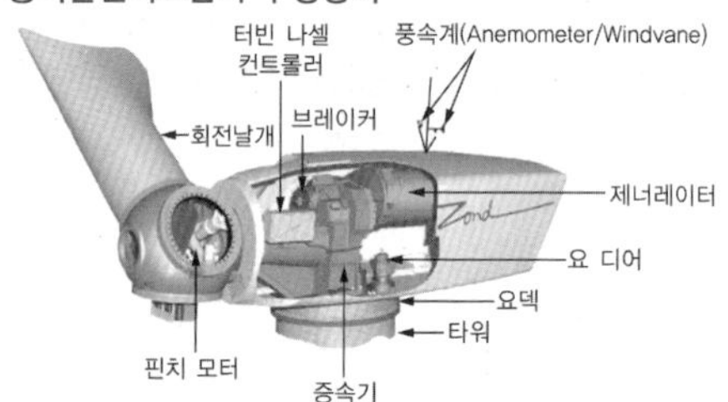


- 허브로터(Hub Rotor)
  바람의 에너지를 기계적 에너지로 변환하는 가장 중요한 부분이다.
- 나셀(Nacelle)
  메인 프레임은 동력전달장치의 장착 및 정확한 고정을 위한 장치로서 강한 구조물 특성이 요구된다.
- 인버터(Inverter)
  바람으로 생성된 직류(DC)전원을 교류(AC)전원으로 변환시켜 주는 장치이다.



18 ③ 19 ③ 20 ④ 정답

• 증속기(Gearbox)
저속 블레이드 회전수를 발전기용 고속 회전수로 변환시키는 장치이다.

## 제2과목 태양광발전시스템 시공

**21** **화재 시 전선배관의 관통부분에서의 방화구획조치가 아닌 것은?**

① 충전재 사용
② 난연 레진 사용
③ 난연 테이프 사용
④ 폴리에틸렌(PE) 케이블 사용

**해설**
폴리에틸렌 케이블에 화재가 발생 시 녹으면서 연소하므로 방화구획 조치가 아니다.

**22** **저압 배전선로의 구성 중 저압 뱅킹 방식의 특징이 아닌 것은?**

① 전압변동 및 전력손실이 크다.
② 변압기의 용량을 저감할 수 있다.
③ 고장 보호 방식이 적당할 때 공급 신뢰도는 향상된다.
④ 부하의 증가에 대응할 수 있는 탄력성이 향상된다.

**해설**
저압 뱅킹 방식
동일 모선의 고압 배전선로에 접속되어 있는 2대 이상의 배전용 변압기를 경유해서 저압측 간선을 병렬접속하는 방식을 저압 뱅킹 방식이라고 한다.
• 장 점
 - 변압기의 공급전력을 융통시켜 변압기 용량을 저감
 - 전압변동 및 전력손실의 경감
 - 공급 신뢰도 향상
• 단 점
 - 캐스케이딩 장애 발생
 - 정전범위가 넓다.

**23** **케이블트레이 및 부속재 선정 시 고려사항으로 옳은 것은?**

① 전선의 피복에 돌기 등이 있어도 된다.
② 케이블트레이의 안전율은 0.5 이상으로 하여야 한다.
③ 비금속제 케이블트레이는 방식성 재료의 것이어야 한다.
④ 옆면 레일 또는 이와 유사한 구조재를 설치하여야 한다.

**해설**
케이블트레이 및 부속재 선정
• 트레이 내에 포설하는 모든 전선을 지지할 수 있는 적합한 강도가 있어야 하며 트레이의 안전율은 1.5 이상으로 한다.
• 지지대는 케이블트레이의 하중과 포설된 케이블 하중을 충분히 견딜 수 있는 강도를 가져야 한다.
• 전선의 피복을 손상시킬 수 있는 돌기 등이 없는 매끈한 구조이어야 한다.
• 금속재 트레이는 적절한 방식처리를 하거나 내식성 재료의 것이어야 한다.
• 측면 레일 또는 이와 유사한 구조재를 취부하여야 한다.
• 배선의 방향 및 높이를 변경하는 데 필요한 부속재를 사용하여야 한다.
• 비금속재 케이블트레이는 난연성 재료의 것이어야 한다.
• 케이블트레이공사에 사용하는 케이블트레이 및 그 부속재의 규격은 전력산업기술기준(KEPEC) ECD 3000을 준용할 수 있다.

**24** **태양광발전 어레이 설치 후 확인 점검이 필요한 항목으로만 짝지어진 것은?**

① 전압·극성의 확인, 단락전류의 측정, 비접지의 확인
② 전압·극성의 확인, 단락전류의 측정, 대지저항률 측정
③ 전압·극성의 확인, 단락전류의 측정, 소음발생정도 확인
④ 전압·극성의 확인, 단락전류의 측정, 진동발생정도 확인

**해설**
태양광발전 어레이 설치 후 각 모듈의 극성 확인, 전압 확인, 단락전류 확인, 비접지의 확인 및 접지의 연속성을 확인한다.

정답 21 ④ 22 ① 23 ④ 24 ①

**25** 전력시설물 공사감리업무 수행지침에 의해 상주감리원은 공사현장(공사와 관련한 외부 현장점검, 확인 등 포함)에서 운영요령에 따라 배치된 일수를 상주하여야 하며, 다른 업무 또는 부득이한 사유로 며칠 이상 현장을 이탈하는 경우에는 반드시 감리업무일지에 기록하고, 발주자(지원업무담당자)의 승인(부재 시 유선보고)을 받아야 하는가?

① 1　　② 3
③ 5　　④ 7

해설
감리원의 근무수칙(전력시설물 공사감리업무 수행지침 제5조)
상주감리원은 공사현장(공사와 관련한 외부 현장점검, 확인)에서 운영요령에 따라 배치된 일수를 상주하여야 하고, 다른 업무 또는 부득이한 사유로 1일 이상 현장을 이탈하는 경우에는 반드시 감리업무일지에 기록하며, 발주자(지원업무담당자)의 승인(부재 시 유선보고)을 받아야 한다.

**26** 설계감리업무 수행지침에 따른 설계감리의 업무 범위가 아닌 것은?

① 설계감리 결과보고서의 작성
② 시공성 및 유지관리의 용이성 검토
③ 주요 기자재 및 지급자재의 검수 및 관리
④ 사업기획 및 타당성조사 등 전 단계 용역수행 내용의 검토

해설
설계감리원의 업무(설계감리업무 수행지침 제4조)
- 주요 설계용역 업무에 대한 기술자문
- 사업기획 및 타당성조사 등 전 단계 용역 수행 내용의 검토
- 시공성 및 유지관리의 용이성 검토
- 설계도서의 누락, 오류, 불명확한 부분에 대한 추가 및 정정 지시 및 확인
- 설계업무의 공정 및 기성관리의 검토·확인
- 설계감리 결과보고서의 작성
- 그 밖에 계약문서에 명시된 사항

**27** 전기설비기술기준의 판단기준에 따라 제1종 접지공사 또는 제2종 접지공사에 사용하는 접지선을 사람이 접촉할 우려가 있는 곳에 시설하는 경우 접지극은 지하 몇 [cm] 이상으로 하되 동결 깊이를 감안하여 매설하여야 하는가?

① 50　　② 75
③ 100　　④ 125

해설
각종 접지공사의 세목(판단기준 제19조)
제1종 접지공사 또는 제2종 접지공사에 사용하는 접지선을 사람이 접촉할 우려가 있는 곳에 시설하는 경우에는 ②의 경우 이외에는 다음 각 호에 따라야 한다. 다만, 발전소·변전소·개폐소 또는 이에 준하는 곳에 접지 극을 제27조제1항제1호의 규정에 준하여 시설하는 경우에는 그러하지 아니하다.
① 접지극은 지하 75[cm] 이상으로 하되 동결 깊이를 감안하여 매설할 것
② 접지선을 철주 기타의 금속체를 따라서 시설하는 경우에는 접지극을 철주의 밑면(底面)으로부터 30[cm] 이상의 깊이에 매설하는 경우 이외에는 접지극을 지중에서 그 금속체로부터 1[m] 이상 떼어 매설할 것
③ 접지선에는 절연전선(옥외용 비닐절연전선을 제외한다), 캡타이어케이블 또는 케이블(통신용 케이블을 제외한다)을 사용할 것. 다만, 접지선을 철주 기타의 금속체를 따라서 시설하는 경우 이외의 경우에는 접지선의 지표상 60[cm]를 초과하는 부분에 대하여는 그러하지 아니하다.
④ 접지선의 지하 75[cm]로부터 지표상 2[m]까지의 부분은 전기용품 및 생활용품 안전관리법의 적용을 받는 합성수지관(두께 2[mm] 미만의 합성수지제 전선관 및 난연성이 없는 콤바인덕트관을 제외한다) 또는 이와 동등 이상의 절연효력 및 강도를 가지는 몰드로 덮을 것

**28** 전력시설물 공사감리업무 수행지침에 따라 감리원이 준공 후 발주자에게 인계할 주요 문서목록이 아닌 것은?

① 준공도면　　② 준공사진첩
③ 착공신고서　　④ 시설물 인수·인계서

해설
현장문서 인수·인계(전력시설물 공사감리업무 수행지침 제64조)
감리원은 해당 공사와 관련한 감리기록서류 중 다음의 서류를 포함하여 발주자에게 인계할 문서의 목록을 발주자와 협의하여 작성하여야 한다.



25 ① 26 ③ 27 ② 28 ③ 정답

- 준공사진첩
- 준공도면
- 품질시험 및 검사성과 총괄표
- 기자재 구매서류
- 시설물 인수 · 인계서
- 그 밖에 발주자가 필요하다고 인정하는 서류

**29** 수전단 전압이 송전단 전압보다 높아지는 현상은?

① 표피효과 ② 코로나 현상
③ 역섬락 현상 ④ 페란티 현상

해설

심야 경부하의 충전전류에 의해서 수전단 전압이 송전단 전압보다 높아지는 현상을 페란티 현상이라고 한다.

**30** 3상 변압기의 병렬운전 결선방식이 아닌 것은?

① △－△와 △－△ ② Y－△와 Y－△
③ △－△와 Y－Y ④ Y－△와 Y－Y

해설

3상 변압기의 병렬운전 결선방식은 Y－△와 Y－Y결선방식은 1, 2차 간 위상차 각변위 차이로 채택하지 않는다.

**31** 전력시설물 공사감리업무 수행지침에 따라 감리원은 매 분기마다 공사업자로부터 안전관리 결과보고서를 제출받아 이를 검토하고 미비한 사항이 있을 때에는 시정하도록 조치하여야 한다. 안전관리 결과보고서에 포함되는 서류가 아닌 것은?

① 안전관리 조직표 ② 직원 건강기록부
③ 안전교육 실적표 ④ 안전보건 관리체제

해설

안전관리 결과보고서의 검토(전력시서룰 공사감리업무 수행지침 제49조)

감리원은 매 분기마다 공사업자로부터 안전관리 결과보고서를 제출받아 이를 검토하고 미비한 사항이 있을 때에는 시정하도록 조치하여야 하며, 안전관리 결과보고서에는 다음의 서류가 포함되어야 한다.

- 안전관리 조직표
- 안전보건 관리체제
- 재해발생 현황
- 산재요양신청서 사본
- 안전교육 실적표
- 그 밖에 필요한 서류

**32** 전기설비기술기준의 판단기준에 따라 대지와의 사이에 전기저항값이 몇 [Ω] 이하인 값을 유지하는 건물의 철골 기타의 금속제는 이를 비접지식 고압 전로에 시설하는 기계기구의 철대(鐵臺) 또는 금속제 외함에 실시하는 제1종 접지공사나 비접지식 고압 전로와 저압 전로를 결합하는 변압기의 저압 전로에 시설하는 제2종 접지공사의 접지극으로 사용할 수 있는가?

① 2 ② 3
③ 4 ④ 5

**33** 태양광발전시스템 시공 시 감전방지 대책이 아닌 것은?

① 안전띠를 착용한다.
② 강우 시 작업을 하지 않는다.
③ 저압 선로용 절연장갑을 착용한다.
④ 모듈 표면에 차광시트를 부착한다.

해설

안전띠(안전허리띠)는 높은 곳에서 추락을 방지하기 위한 장비이다.

**34** 모듈에서 인버터 입력단 간 및 인버터 출력단과 계통연계점 간의 전선길이가 60[m]를 넘고 120[m] 이하일 경우 전압강하는 몇 [%]를 초과하지 말아야 하는가?

① 3 ② 4
③ 5 ④ 6

해설

태양전지판에서 파워컨디셔너(PCS) 입력단 간 및 파워컨디셔너(PCS) 출력단과 계통 연계점 간의 전압강하는 각 3[%]를 초과하여서는 안 된다. 단, 전선길이가 60[m]를 초과할 경우에는 다음 표에 따라 시공할 수 있다. 전압강하 계산서(또는 측정치)를 설치확인 신청 시에 제출하여야 한다.

| 전선길이 | 전압강하 |
|---|---|
| 120[m] 이하 | 5[%] |
| 200[m] 이하 | 6[%] |
| 200[m] 초과 | 7[%] |

정답 29 ④ 30 ④ 31 ② 32 ① 33 ① 34 ③

## 35 태양광발전 모듈 가대의 구조 설계 시 고려하는 상정하중이 아닌 것은?

① 적설하중 ② 지진하중
③ 고정하중 ④ 온도하중

해설
지지대 구조물 제작 · 설치는 고정하중, 적재하중, 적설하중, 풍압, 지진 등을 포함하여 태풍, 강풍 시 풍속 40[m/s] 이상, 최대순간풍속 60[m/s] 이상에 견디는 구조로 6홀 이상의 평지붕(베이스판)을 기반으로 안전하게 설치하여야 한다.

## 36 모듈에서 접속함까지의 직류 배선길이가 50[m]이며, 모듈 전압이 600[V], 전류가 8[A]일 때, 전압강하는 몇 [V]인가?(단, 전선의 단면적은 4.0[$mm^2$]이다)

① 1.56 ② 2.56
③ 3.56 ④ 4.56

해설
전압강하 및 전선 단면적 계산식

| 회로의 전기방식 | 전압강하 | 전선의 단면적 |
|---|---|---|
| 직류 2선식<br>교류 2선식 | $e=\frac{35.6LI}{1,000A}$ | $A=\frac{35.6LI}{1,000e}$ |
| 3상 3선식 | $e=\frac{30.8LI}{1,000A}$ | $A=\frac{30.8LI}{1,000e}$ |

전압강하 $e=\frac{35.6LI}{1,000A}=\frac{35.6\times50\times8}{1,000\times4}=3.56[\text{V}]$

## 37 전력시설물 공사감리업무 수행지침에 따라 감리업자는 공사감리업을 수행하기 위해 누구에게 등록을 해야 하는가?

① 시 · 도지사
② 한국전기안전공사장
③ 산업통상자원부장관
④ 한국전기기술인협회장

해설
정의(전력시설물 공사감리업무 수행지침 제3조)
감리업자는 공사감리를 업으로 하고자 시 · 도지사에게 등록한 자를 말한다.

## 38 태양광발전 모듈의 단락전류를 측정하는 계측기는?

① 저항계 ② 전력량계
③ 직류전류계 ④ 교류전류계

해설
단락전류의 측정은 태양전지 모듈의 설명서에 기재된 단락전류가 흐르는지 여부를 직류전류계로 측정한다.

## 39 전력시설물 공사감리업무 수행지침에 따라 감리원은 공사 시작과 동시에 공사업자에게 가설시설물의 면적, 위치 등을 표시한 가설시설물 설치계획표를 작성하여 제출하도록 하여야 한다. 이 가설시설물에 포함이 되지 않는 것은?

① 자재 야적장
② 공사용 임시전력
③ 공사용 도로(발 · 변전설비, 송 · 배전설비 제외)
④ 가설사무소, 작업장, 창고, 숙소, 식당 및 그 밖의 부대설비

해설
현장사무소, 공사용 도로, 작업장부지 등의 선정(전력시설물 공사감리업무 수행지침 제14조)
감리원은 공사 시작과 동시에 공사업자에게 다음에 따른 가설시설물의 면적, 위치 등을 표시한 가설시설물 설치계획표를 작성하여 제출하도록 하여야 한다.
- 공사용 도로(발 · 변전설비, 송 · 배전설비에 해당)
- 가설사무소, 작업장, 창고, 숙소, 식당 및 그 밖의 부대설비
- 자재 야적장
- 공사용 임시전력

## 40 설비용량 1,000[kVA]인 오피스빌딩의 변압기 용량을 결정하고자 한다. 설비의 수용률 60[%], 부등률은 1.2이다. 이때 변압기 용량[kVA]은 얼마인가?

① 300 ② 400
③ 500 ④ 600

해설
수용가 상호 간, 배전 변압기 상호 간에서 최대부하는 같은 시각에 발생하지 않는다. 이 최대전력의 발생 시각 또는 발생 시기의 분산을 나타내는 지표가 부등률이다.



35 ④ 36 ③ 37 ① 38 ③ 39 ③ 40 ③ 정답

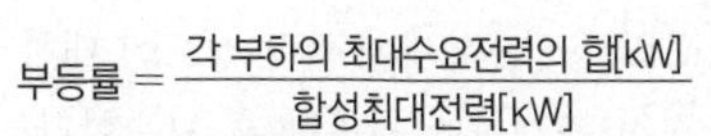

$$부등률 = \frac{각\ 부하의\ 최대수요전력의\ 합[kW]}{합성최대전력[kW]}$$

부등률은 1보다 큰 값을 가지게 되며 [%]로 나타내지 않는다. 부등률은 변압기의 용량을 결정할 때 사용하는 값이고 합성최대전력이 변압기 용량을 가리킨다.

$$수용률 = \frac{최대수요전력[kW]}{부하설비합계[kW]} \times 100[\%]$$

최대수요전력 = 1,000 × 0.6 = 600

$$변압기용량(합성최대전력) = \frac{각\ 부하의\ 최대수요전력의\ 합[kW]}{부등률}$$

$$= \frac{600}{1.2} = 500[kVA]$$

## 제3과목 태양광발전시스템 운영

**41** 안전모의 종류 중 물체의 낙하 또는 비래 및 추락에 의한 위험을 방지 또는 경감하고, 머리부위 감전에 의한 위험을 방지하기 위한 것은?

① AE ② AB
③ ABD ④ ABE

해설

안전모 종류

| 등급 | 사용 구분 | 재 질 | 내전압성 |
|---|---|---|---|
| A | 낙하, 비래, 방지 및 경감 | 합성수지, 금속 | × |
| AB | 낙하, 비래, 추락방지 및 경감 | 합성수지 | × |
| AE | 낙하, 비래, 감전방지 및 경감 | 합성수지 | 내전압성 |
| ABE | 낙하, 비래, 감전, 추락방지 및 경감 | 합성수지 | 내전압성 |

**42** 고온·다습, 영하의 저온 등의 가혹한 자연환경에 반복 장시간 놓았을 때, 열팽창률의 차이나 수분의 침입·확산, 호흡작용 등에 의한 구조나 재료의 영향을 시험하는 것은?

① 고온고습 시험 ② 습도-동결 시험
③ 온도 사이클 시험 ④ 열점 내구성 시험

**43** 소형 태양광발전용 인버터(KS C 8564 : 2016)의 자동 기동·정지 시험 시 품질기준 중 채터링은 몇 회 이내이어야 하는가?

① 1 ② 2
③ 3 ④ 4

해설

자동 기동·정지시험 시 품질기준으로 채터링은 3회 이내이어야 한다.

- 기동·정지 절차가 설정된 방법대로 동작할 것
- 채터링은 3회 이내일 것

※ 채터링 : 자동 기동·정지 시에 인버터가 기동·정지를 불안정하게 반복하는 현상

**44** 인버터(파워컨디셔너)의 일상점검 항목이 아닌 것은?

① 외함의 부식 및 파손
② 가대의 부식 및 오염 상태
③ 외부배선(접속케이블)의 손상
④ 통풍 확인(통풍구, 환기필터 등)

해설

가대의 부식 및 녹 발생은 태양전지 어레이의 해당 사항이다.

**45** 태양광발전시스템 접속함의 점검 사항이 아닌 것은?

① 퓨즈 상태 확인
② 조도계 센서 동작 여부
③ 역전류 방지 다이오드 이상 유무
④ 접속부의 볼트 조임 상태 및 발열 상태

해설

조도는 태양광 모듈의 전기적 성능평가에 필요한 사항이다.

**46** 일반적으로 태양광발전시스템의 유지보수를 위하여 비치하는 물품으로 틀린 것은?

① 멀티테스터 ② 절연저항계
③ 스페이서 댐퍼 ④ 적외선 온도측정기

정답 41 ④ 42 ② 43 ③ 44 ② 45 ② 46 ③

**해설**

스페이스 댐퍼는 송전선로의 소도체의 간격을 유지하기 위해 설치하는 기자재이다.

**47** 태양광발전 접속함(KS C 8567 : 2019)에서 통상적으로 태양광발전 접속함을 실외에 설치할 때 보호등급으로 옳은 것은?

① IP20 이상 ② IP35 이상
③ IP44 이상 ④ IP54 이상

**해설**

보호등급은 소형 접속함의 경우는 IP54 이상, 중·대형 접속함의 경우는 실내형 IP20 이상, 실외형 IP54 이상이어야 한다.

**48** 전기사업용 전기설비 중 태양광 전기설비 계통의 정기검사 시기는?

① 2년 이내 ② 3년 이내
③ 4년 이내 ④ 5년 이내

**49** 태양광발전시스템의 배선에 대한 고장으로 보기 어려운 것은?

① 핫스팟 ② 전선 경화
③ 표면 크랙 ④ 전선의 늘어짐

**해설**

핫스팟은 모듈을 구성하고 있는 태양전지의 어느 한 점에서 과도한 역전압이 인가되거나 다른 어떤 손상으로 인해 접합에서 절연파괴가 발생하여 국부적으로 심하게 과열되는 현상을 말한다.

**50** 단락접지기구를 설치하거나 철거할 경우 주의사항으로 틀린 것은?

① 개폐장치 내부에 설치된 단락접지기구는 문이나 덮개로 가려서는 안 된다.
② 설치하기 전 도체 내에 끊어진 연선이 있는지, 클램프 기구의 결함이 있는지 등을 검사한다.
③ 케이블 및 클램프의 용량, 상세한 관련 정보에 대하여는 점검자가 직접 측정하여 기록한 후 보관한다.
④ 정전된 가공전로 도체에 단락접지기구를 설치하거나 철거할 때에는 절연봉, 절연장갑 또는 기타 이와 유사한 보호구를 사용한다.

**51** 태양광발전시스템 운영에 대한 설명으로 틀린 것은?

① 태양광발전시스템의 발전량은 여름철이 봄철, 가을철보다 많다.
② 태양광발전시스템의 일상점검, 정기점검 등 주기에 맞춰 점검한다.
③ 태양광발전 모듈 표면의 온도가 높을수록 발전효율이 저하되므로 정기적으로 물을 뿌려 온도를 조절해준다.
④ 태양광발전시스템의 고장요인은 대부분 인버터에서 발생하므로 정기적으로 정상가동 유무를 확인한다.

**해설**

일반적인 태양광발전 설비의 발전량은 봄·가을이 많으며, 여름과 겨울에는 기후여건에 따라 현저하게 감소한다.

**52** 태양광발전 모듈에서 발생하는 고장으로 틀린 것은?

① 황색 변이
② 백화 현상
③ 전선관 침수
④ 프레임 변형

**해설**

모듈에서 발생하는 고장

- 태양전지 모듈을 고정형이나 추적형으로 설치 시 설치 직전과 시공 중에 태양전지 셀에 금이 가거나 부분 파손 또는 변색이 있는지 확인한다.
- 태양전지 모듈의 표면유리도 금이 가거나 변형 또는 프레임 변형이 있는지 확인한다. 일상점검이나 정기점검의 경우에는 태양전지 어레이의 외관을 관찰하여 태양전지 모듈표면의 오염, 유리에 금이 가는 손상, 변색, 낙엽의 유무, 가대의 녹 발생을 확인한다. 먼지가 많은 곳에서는 모듈표면의 오염검사와 청소 상태를 확인한다.



47 ④ 48 ③ 49 ① 50 ③ 51 ① 52 ③ 정답

## 53 전기사업 허가신청서에 작성하는 내용 중 신청내용에 해당하지 않는 것은?

① 설치장소
② 전기신사업 종류
③ 사업에 필요한 준비기간
④ 전기사업용 전기설비에 관한 사항

**해설**

전기사업 허가신청서 기재 내용(전기사업법 시행규칙 제4조)
- 사업의 종류
- 설치장소
- 사업구역 또는 특정한 공급구역
- 전기사업용 전기설비에 관한 사항
- 사업에 필요한 준비기간 등

## 54 바이패스 다이오드(Bypass Diode) 고장의 원인이 아닌 것은?

① 빈번한 차광
② 외부의 충격
③ 낙뢰 및 서지
④ 인버터 용량과다

**해설**

태양전지에 그늘이 지게 되면 그 부위가 저항 역할을 하게 되어 모듈에 악영향을 미치므로 일부 태양전지의 출력을 포기하고 나머지 태양전지로 회로를 구성하기 위해 바이패스 다이오드를 사용한다. 바이패스 다이오드 고장의 원인은 빈번한 차광, 개방전압의 저하, 외부의 충격 및 낙뢰와 서지 등이다.

## 55 태양광발전 모듈의 육안점검 항목으로 틀린 것은?

① 가대의 부식 및 녹 확인
② 프레임 파손 및 변형 확인
③ 유리 등 표면의 오염 및 파손 확인
④ 볼트가 규정된 토크 수치로 조여 있는지 확인

**해설**

| 설 비 | 점검항목 | | 점검요령 |
|---|---|---|---|
| 태양전지 어레이 | 육안점검 | 표면의 오염 및 파손 | 오염 및 파손의 유무 |
| | | 프레임 파손 및 변형 | 파손 및 두드러진 변형이 없을 것 |
| | | 가대의 부식 및 녹 발생 | 부식 및 녹이 없을 것 |
| | | 가대의 고정 | 볼트 및 너트의 풀림이 없을 것 |
| | | 가대접지 | 배선공사 및 접지접속이 확실할 것 |
| | | 코 킹 | 코킹의 망가짐 및 불량이 없을 것 |
| | | 지붕재의 파손 | 지붕재의 파손, 어긋남, 뒤틀림, 균열이 없을 것 |
| | 측 정 | 접지저항 | 접지저항 100[Ω] 이하(제3종 접지) |

## 56 소형 태양광발전용 인버터(KS C 8564 : 2016)에서 교류 출력 전류 변형률 시험의 품질기준에 대한 설명으로 옳은 것은?

① 교류 출력 전류 종합 왜형률은 3[%] 이내, 각 차수별 왜형률은 5[%] 이내일 것
② 교류 출력 전류 종합 왜형률은 5[%] 이내, 각 차수별 왜형률은 3[%] 이내일 것
③ 교류 출력 전류 종합 왜형률은 5[%] 이내, 각 차수별 왜형률은 10[%] 이내일 것
④ 교류 출력 전류 종합 왜형률은 10[%] 이내, 각 차수별 왜형률은 10[%] 이내일 것

**해설**

교류 출력 전류 종합 왜형률은 5[%] 이내, 각 차수별 왜형률은 3[%] 이내일 것

## 57 태양광발전시스템의 유지보수 기본계획 수립 시 고려 사항이 아닌 것은?

① 토지매입
② 환경조건
③ 고장이력
④ 설비의 사용기간

**정답** 53 ② 54 ④ 55 ④ 56 ② 57 ①

해설

유지보수 기본계획 시 고려사항
- 설비의 사용기간
- 설비의 중요도
- 환경조건
- 고장이력
- 부하상태

## 58 인버터 출력회로의 절연저항 측정방법으로 틀린 것은?

① 분전반 내의 분기 차단기를 개방
② 태양전지 회로를 접속함에서 분리
③ 직류단자와 대지 간의 절연저항 측정
④ 직류측의 모든 입력단자 및 교류측의 전체 출력단자를 각각 단락

해설

인버터 출력회로 측정방법
인버터의 입출력 단자 단락 후 출력단자와 대지 간 절연저항을 측정한다(분전반까지의 전로를 포함하여 절연저항 측정/절연변압기 측정).

## 59 건물일체형 태양광 모듈(BIPV)–성능평가 요구사항(KS C 8577 : 2016)에서 최대 출력결정 시험의 품질기준 중 박막 BIPV 모듈의 경우로 틀린 것은?

① 시험시료의 출력 균일도는 평균 출력의 ±3[%] 이내일 것
② 광조사 시험 후 STC 조건에서의 균일도는 10[%] 이내일 것
③ 해당 태양광 모듈의 최대출력을 측정하되, 시험시료의 평균출력은 정격출력 이상일 것
④ 광조사 시험 후 STC 조건에서의 측정값은 제조사가 표시한 정격출력 최솟값의 90[%] 이상일 것

해설

- 결정질 BIPV 모듈의 경우
  - 해당 태양광 모듈의 최대출력을 측정하되, 시험시료의 평균출력은 정격출력 이상일 것
  - 시험시료의 출력 균일도는 평균출력의 ±3[%] 이내일 것
  - 시험시료의 최종 환경시험 후 최대출력의 열화는 최초 최대출력의 -8[%]를 초과하지 않을 것
- 박막 BIPV 모듈의 경우
  - 해당 태양광 모듈의 최대출력을 측정하되, 시험시료의 평균출력은 정격출력 이상일 것
  - 시험시료의 출력 균일도는 평균출력의 ±3[%] 이내일 것
  - 광조사 시험 후 STC 조건에서의 측정값은 제조자가 표시한 정격출력 최솟값의 90[%] 이상일 것. 균일도는 5[%] 이내일 것

## 60 오염된 절연장갑의 세척방법으로 틀린 것은?

① 순한 비누나 세제와 물로 세척해야 한다.
② 세정제는 절연장갑의 절연성능을 저하시키지 않아야 한다.
③ 비누, 세제, 표백제는 고무표면에 침심하거나 해를 입히지 않을 정도로 사용해야 한다.
④ 세척 후 절연장갑은 비누나 세제를 물로 완전히 헹군 후 고온의 건조기를 이용하여 신속하게 건조시켜야 한다.

해설

오염된 절연장갑의 세척방법
- 순한 비누나 세제와 물로 세척해야 한다.
- 비누, 세제, 표백제는 고무표면에 침식하거나 해를 입히지 않을 정도로 사용해야 한다.
- 세정제는 절연장갑 및 슬리브의 절연성능을 저하시키지 않아야 한다.
- 세척 후 절연장갑 및 슬리브는 비누나 세제를 물로 완전히 헹군 후 건조시킨다.
- 텀블형(Tumble Type) 세척기기를 사용할 수 있으나, 절연장갑 및 슬리브의 표면이나 모서리에 끼임, 절단, 마모, 구멍이 생기는 것을 주의해야 한다.



58 ③ 59 ② 60 ④ 정답

## 제4과목 신재생에너지관련법규

**61** 전기설비기술기준의 판단기준에서 저압 및 고압 가공전선로(전기철도용 급전선로는 제외)와 기설 가공약전류전선로가 병행하는 경우 유도작용에 의하여 통신상의 장해가 생기지 않도록 전선과 기설 약전류전선 간의 이격거리는 몇 [m] 이상으로 하여야 하는가?

① 0.5 ② 1
③ 1.5 ④ 2

해설
가공 약전류전선로의 유도장해 방지(판단기준 제68조)
저압 가공전선로(전기철도용 급전선로는 제외한다) 또는 고압 가공전선로(전기철도용 급전선로는 제외한다)와 기설 가공약전류전선로가 병행하는 경우에는 유도작용에 의하여 통신상의 장해가 생기지 아니하도록 전선과 기설 약전류전선 간의 이격거리는 2[m] 이상이어야 한다.

**62** 전기설비기술기준에 따라 발전기·변압기·조상기·계기용 변성기·모선 및 애자는 어떤 전류에 의하여 생기는 기계적 충격에 견디어야 하는가?

① 충전전류
② 정격전류
③ 단락전류
④ 유도전류

해설
발전기 등의 기계적 강도(전기설비기술기준 제23조)
발전기·변압기·조상기·계기용 변성기·모선 및 이를 지지하는 애자는 단락전류에 의하여 생기는 기계적 충격에 견디는 것이어야 한다.

**63** 전기설비기술기준의 판단기준에 따라 피뢰기의 설치장소로 틀린 것은?

① 가공전선로와 지중전선로가 접속하는 곳
② 저압 가공전선로로부터 공급을 받는 수용장소의 인입구
③ 고압 및 특고압 가공전선로로부터 공급을 받는 수용장소의 인입구
④ 발전소·변전소 또는 이에 준하는 장소의 가공전선 인입구 및 인출구

해설
피뢰기의 시설(전기설비기술기준의 판단기준 제42조)
(1) 고압 및 특고압의 전로 중 다음에 열거하는 곳 또는 이에 근접한 곳에는 피뢰기를 시설하여야 한다.
① 발전소·변전소 또는 이에 준하는 장소의 가공전선 인입구 및 인출구
② 가공전선로에 접속하는 제29조의 배전용 변압기의 고압측 및 특고압측
③ 고압 및 특고압 가공전선로로부터 공급을 받는 수용장소의 인입구
④ 가공전선로와 지중전선로가 접속되는 곳
(2) 다음의 어느 하나에 해당하는 경우에는 (1)의 규정에 의하지 아니할 수 있다.
① (1)의 각 호의 곳에 직접 접속하는 전선이 짧은 경우
② (1)의 각 호의 경우 피보호기기가 보호범위 내에 위치하는 경우

**64** 신에너지 및 재생에너지 개발·이용·보급 촉진법에 따라 공급의무자가 의무적으로 신재생에너지를 이용하여 공급하여야 하는 발전량의 합계는 총전력생산량의 몇 [%] 이내의 범위에서 연도별로 대통령령으로 정하는가?

① 2.5
② 3
③ 5
④ 10

해설
신재생에너지 공급의무화 등(신에너지 및 재생에너지 개발·이용·보급 촉진법 제12조의5)
공급의무자가 의무적으로 신재생에너지를 이용하여 공급하여야 하는 발전량(이하 "의무공급량"이라 한다)의 합계는 총전력생산량의 10[%] 이내의 범위에서 연도별로 대통령령으로 정한다. 이 경우 균형 있는 이용·보급이 필요한 신재생에너지에 대하여는 대통령령으로 정하는 바에 따라 총의무공급량 중 일부를 해당 신재생에너지를 이용하여 공급하게 할 수 있다.

정답 61 ④ 62 ③ 63 ② 64 ④

**65** 전기사업법에 따라 소규모전력자원 중 "대통령령으로 정하는 종류 및 규모"란 신에너지 및 재생에너지 개발 · 이용 · 보급 촉진법에 따른 신에너지 및 재생에너지의 발전설비로서 발전설비용량이 몇 [kW] 이하를 말하는가?

① 1,000
② 1,500
③ 2,000
④ 3,000

**해설**

목적(소규모 신재생에너지발전전력 등의 거래에 관한 지침 제1조)
이 지침은 발전사업자 등이 발전설비용량 1,000[kW] 이하의 신재생에너지발전설비 · 전기발전보일러, 총 저장용량이 1,000[kWh] 이하이면서 총 충 · 방전설비용량이 1,000[kW] 이하인 전기저장장치 · 전기자동차시스템을 이용해 전기사업법 시행령 제19조 제1항 내지 제3항에 따라 생산한 전력을 전기판매사업자와 거래하는 경우의 전력거래절차 및 그밖에 필요한 사항을 정함을 목적으로 한다.

**66** 전기설비기술기준의 판단기준에 따라 저압 가공전선과 도로 등이 접근 또는 교차하는 경우 저압 가공전선과 도로 · 횡단보도교 · 철도 또는 궤도 등의 이격거리(도로나 횡단보도교의 노면상 또는 철도나 궤도의 레일면상의 이격거리는 제외)는 몇 [m] 이상으로 하여야 하는가? (단, 저압 가공전선과 도로 · 횡단보도교 · 철도 또는 궤도와의 수평 이격거리가 1[m] 이상인 경우는 제외한다)

① 1
② 3
③ 5
④ 7

**해설**

저 · 고압 가공전선과 도로 등의 접근 또는 교차(판단기준 제80조)

| 도로 등의 구분 | 이격거리 |
|---|---|
| 도로, 횡단보도교, 철도 또는 궤도 | 3[m] |
| 삭도나 그 지주 또는 저압 전차선 | 60[cm]<br>(전선이 고압 절연전선, 특고압 절연전선 또는 케이블인 경우에는 30[cm]) |
| 저압 전차선로의 지지물 | 30[cm] |

**67** 전기사업법에서 정의하는 용어에 대한 설명으로 틀린 것은?

① '전력시장'이란 전력거래를 위하여 한국전력거래소가 개설하는 시장을 말한다.
② '전기사업'이란 발전사업 · 송전사업 · 배전사업 · 전기판매업 및 구역전기사업을 말한다.
③ '보편적 공급'이란 전기판매사업자가 언제 어디서나 최소한의 요금으로 전기를 판매할 수 있도록 전기를 공급하는 것을 말한다.
④ '발전사업'이란 전기를 생산하여 이를 전력시장을 통하여 전기판매사업자에게 공급하는 것을 주된 목적으로 하는 사업을 말한다.

**해설**

정의(전기사업법 제2조)
- "전력시장"이란 전력거래를 위하여 제35조에 따라 설립된 한국전력거래소(이하 "한국전력거래소"라 한다)가 개설하는 시장을 말한다.
- "전기사업"이란 발전사업 · 송전사업 · 배전사업 · 전기판매사업 및 구역전기사업을 말한다.
- "보편적 공급"이란 전기사용자가 언제 어디서나 적정한 요금으로 전기를 사용할 수 있도록 전기를 공급하는 것을 말한다.
- "발전사업"이란 전기를 생산하여 이를 전력시장을 통하여 전기판매사업자에게 공급하는 것을 주된 목적으로 하는 사업을 말한다.

**68** 신에너지 및 재생에너지 개발 · 이용 · 보급 촉진법에 따라 신재생에너지의 공급인증서에 포함되어야 하는 기재사항이 아닌 것은?

① 유효기간
② 수요 전력의 예상량
③ 신재생에너지 공급자
④ 신재생에너지의 종류별 공급량 및 공급기간

**해설**

신재생에너지 공급인증서 등(신에너지 및 재생에너지 개발 · 이용 · 보급 촉진법 제12조의7)
신재생에너지의 종류별 공급량 및 공급기간 등을 확인한 후 다음의 기재사항을 포함한 공급인증서를 발급하여야 한다. 이 경우 균형있는 이용 · 보급과 기술개발 촉진 등이 필요한 신재생에너지에 대하여는 대통령령으로 정하는 바에 따라 실제 공급량에 가중치를 곱한 양을 공급량으로 하는 공급인증서를 발급할 수 있다.
- 신재생에너지 공급자
- 신재생에너지의 종류별 공급량 및 공급기간
- 유효기간



65 ① 66 ② 67 ③ 68 ② 정답

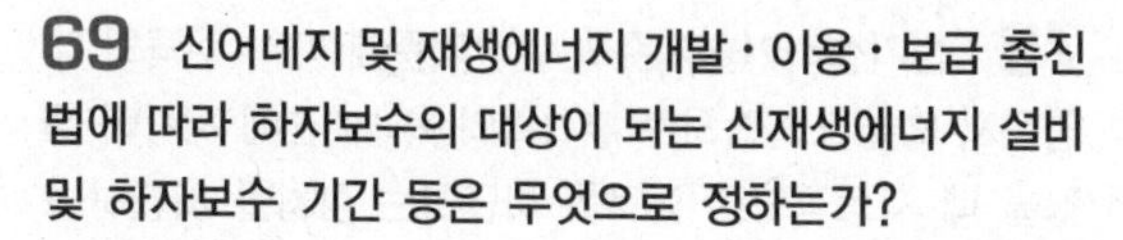

**69** 신어네지 및 재생에너지 개발 · 이용 · 보급 촉진법에 따라 하자보수의 대상이 되는 신재생에너지 설비 및 하자보수 기간 등은 무엇으로 정하는가?

① 대통령령
② 기획재정부령
③ 행정안전부령
④ 산업통사자원부령

해설

하자보수(신에너지 및 재생에너지 개발 · 이용 · 보급 촉진법 제30조의3)

(1) 신재생에너지 설비를 설치한 시공자는 해당 설비에 대하여 성실하게 무상으로 하자보수를 실시하여야 하며 그 이행을 보증하는 증서를 신재생에너지 설비의 소유자 또는 산업통상자원부령으로 정하는 자에게 제공하여야 한다. 다만, 하자보수에 관하여 국가를 당사자로 하는 계약에 관한 법률 또는 지방자치단체를 당사자로 하는 계약에 관한 법률에 특별한 규정이 있는 경우에는 해당 법률이 정하는 바에 따른다.
(2) (1)에 따른 하자보수의 대상이 되는 신재생에너지 설비 및 하자보수 기간 등은 산업통상자원부령으로 정한다.

**70** 전기설비기술기준의 판단기준에 따라 가공전선로의 지지물에 하중이 가하여지는 경우에 그 하중을 받는 지지물의 기초의 안전율은 얼마 이상이어야 하는가?

① 1 ② 2
③ 3 ④ 4

해설

가공전선로 지지물의 기초의 안전율(판단기준 제63조)

가공전선로의 지지물에 하중이 가하여지는 경우에 그 하중을 받는 지지물의 기초의 안전율은 2(제117조제1항에 규정하는 이상 시 상정하중이 가하여지는 경우의 그 이상 시 상정하중에 대한 철탑의 기초에 대하여는 1.33) 이상이어야 한다.

**71** 신에너지 및 재생에너지 개발 · 이용 · 보급 촉진법에 따른 기본계획의 계획기간은?

① 3년 이상
② 5년 이상
③ 7년 이상
④ 10년 이상

해설

기본계획의 수립(신에너지 및 재생에너지 개발 · 이용 · 보급 촉진법 제5조)

기본계획의 계획기간은 10년 이상으로 해야 한다.

**72** 저탄소 녹색성장 기본법에 따라 경제 · 금융 · 건설 · 교통물류 · 농림수산 · 관광 등 경제활동 전반에 걸쳐 에너지와 자원의 효율을 높이고 환경을 개선할 수 있는 재화(財貨)의 생산 및 서비스의 제공 등을 통하여 저탄소 녹색성장을 이루기 위한 모든 사업을 의미하는 용어는?

① 발전산업
② 전기산업
③ 녹색산업
④ 에너지산업

해설

정의(저탄소 녹색성장 기본법 제2조)

"녹색산업"이란 경제 · 금융 · 건설 · 교통물류 · 농림수산 · 관광 등 경제활동 전반에 걸쳐 에너지와 자원의 효율을 높이고 환경을 개선할 수 있는 재화(財貨)의 생산 및 서비스의 제공 등을 통하여 저탄소 녹색성장을 이루기 위한 모든 산업을 말한다.

**73** 전기사업법에 따라 전기공급의 의무와 관련하여 대통령령으로 정하는 정당한 사유 없이 전기의 공급을 거부하여서는 안 되는 사업자로 틀린 것은?

① 발전사업자
② 전기판매사업자
③ 구역전기사업자
④ 전기자동차충전사업자

해설

전기공급의 의무(전기사업법 제14조)

발전사업자, 전기판매사업자 및 전기자동차충전사업자는 대통령령으로 정하는 정당한 사유 없이 전기의 공급을 거부하여서는 아니 된다.

정답 69 ④ 70 ② 71 ④ 72 ③ 73 ③

## 74 저탄소 녹색성장 기본법에 따라 저탄소 녹색성장 추진의 기본원칙으로 틀린 것은?

① 정부는 시장기능을 최대한 활성화하여 정부가 주도하는 저탄소 녹색성장을 추진한다.
② 정부는 사회·경제 활동에서 에너지와 자원 이용의 효율성을 높이고 자원순환을 촉진한다.
③ 정부는 국민 모두가 참여하고 국가기관, 지방자치단체가 협력하여 저탄소 녹색성장을 구현하도록 노력한다.
④ 정부는 국가의 자원을 효율적으로 사용하기 위하여 성장잠재력과 경쟁력이 높은 녹색기술 및 녹색산업 분야에 대한 중점 투자 및 지원을 강화한다.

**해설**

저탄소 녹색성장 추진의 기본원칙(저탄소 녹색성장 기본법 제3조)
저탄소 녹색성장은 다음의 기본원칙에 따라 추진되어야 한다.

- 정부는 기후변화·에너지·자원 문제의 해결, 성장동력 확충, 기업의 경쟁력 강화, 국토의 효율적 활용 및 쾌적한 환경 조성 등을 포함하는 종합적인 국가 발전전략을 추진한다.
- 정부는 시장기능을 최대한 활성화하여 민간이 주도하는 저탄소 녹색성장을 추진한다.
- 정부는 녹색기술과 녹색산업을 경제성장의 핵심 동력으로 삼고 새로운 일자리를 창출·확대할 수 있는 새로운 경제체제를 구축한다.
- 정부는 국가의 자원을 효율적으로 사용하기 위하여 성장잠재력과 경쟁력이 높은 녹색기술 및 녹색산업 분야에 대한 중점 투자 및 지원을 강화한다.
- 정부는 사회·경제 활동에서 에너지와 자원 이용의 효율성을 높이고 자원순환을 촉진한다.
- 정부는 자연자원과 환경의 가치를 보존하면서 국토와 도시, 건물과 교통, 도로·항만·상하수도 등 기반시설을 저탄소 녹색성장에 적합하게 개편한다.
- 정부는 환경오염이나 온실가스 배출로 인한 경제적 비용이 재화 또는 서비스의 시장가격에 합리적으로 반영되도록 조세(租稅)체계와 금융체계를 개편하여 자원을 효율적으로 배분하고 국민의 소비 및 생활 방식이 저탄소 녹색성장에 기여하도록 적극 유도한다. 이 경우 국내산업의 국제경쟁력이 약화되지 않도록 고려하여야 한다.
- 정부는 국민 모두가 참여하고 국가기관, 지방자치단체, 기업, 경제단체 및 시민단체가 협력하여 저탄소 녹색성장을 구현하도록 노력한다.
- 정부는 저탄소 녹색성장에 관한 새로운 국제적 동향(動向)을 조기에 파악·분석하여 국가 정책에 합리적으로 반영하고, 국제사회의 구성원으로서 책임과 역할을 성실히 이행하여 국가의 위상과 품격을 높인다.

## 75 전기설비기술기준의 판단기준에 따라 주택의 태양전지 모듈에 접속하는 부하측의 옥내배선에 지락이 생겼을 때 자동적으로 전로를 차단하는 장치를 시설하는 경우 옥내전로의 대지전압을 직류 몇 [V]까지 적용할 수 있는가?

① 300 ② 400
③ 500 ④ 600

**해설**

옥내전로의 대지전압의 제한(판단기준 제166조)
주택의 태양전지 모듈에 접속하는 부하측 옥내배선(복수의 태양전지 모듈을 시설하는 경우에는 그 집합체에 접속하는 부하측의 배선)을 다음에 따라 시설하는 경우에 주택의 옥내전로의 대지전압은 직류 600[V]까지 적용할 수 있다.

- 전로에 지락이 생겼을 때 자동적으로 전로를 차단하는 장치를 시설할 것
- 사람이 접촉할 우려가 없는 은폐된 장소에 합성수지관공사, 금속관공사 및 케이블공사에 의하여 시설하거나, 사람이 접촉할 우려가 없도록 케이블공사에 의하여 시설하고 전선에 적당한 방호장치를 시설할 것

## 76 전기공사업법에 따른 전기공사에 해당되지 않는 것은?

① 공항 전기설비공사
② 저수지에 수반되는 구조물의 공사
③ 건축물 및 구조물의 전기설비공사
④ 발전·송전·변전 및 배전 설비공사

**해설**

전기공사(전기공사업법 시행령 제2조)
전기공사업법(이하 "법"이라 한다) 제2조제1호에 따른 전기공사는 다음의 공사(저수지, 수로 및 이에 수반되는 구조물의 공사는 제외한다)로 한다.

(1) 발전·송전·변전 및 배전 설비공사
(2) 산업시설물, 건축물 및 구조물의 전기설비공사
(3) 도로, 공항 및 항만 전기설비공사
(4) 전기철도 및 철도신호 전기설비공사
(5) (1)부터 (4)까지의 규정에 따른 전기설비공사 외의 전기설비공사
(6) (1)부터 (5)까지의 규정에 따른 전기설비 등을 유지·보수하는 공사 및 그 부대공사



74 ① 75 ④ 76 ② 정답

**77** 신에너지 및 재생에너지 개발·이용·보급 촉진법에 따라 신재생에너지 공급의무에 있어 공급의무자가 다음 연도로 공급의무의 이행을 연기할 수 있는 양은?(단, 공급의무의 이행이 연기된 의무공급량은 포함하지 아니한다)

① 연도별 의무공급량의 100분의 10 이내
② 연도별 의무공급량의 100분의 20 이내
③ 연도별 의무공급량의 100분의 30 이내
④ 연도별 의무공급량의 100분의 40 이내

해설

연도별 의무공급량의 합계 등(신에너지 및 재생에너지 개발·이용·보급 촉진법 시행령 제18조의4)

(1) 법 제12조의5제2항 전단에 따른 의무공급량(이하 "의무공급량"이라 한다)의 연도별 합계는 공급의무자의 다음 계산식에 따른 총전력생산량에 별표 3에 따른 비율을 곱한 발전량 이상으로 한다. 이 경우 의무공급량은 법 제12조의7에 따른 공급인증서(이하 "공급인증서"라 한다)를 기준으로 산정한다.
총전력생산량 = 지난 연도 총전력생산량 − (신재생에너지 발전량 + 전기사업법 제2조제16호나목 중 산업통상자원부장관이 정하여 고시하는 설비에서 생산된 발전량)
(2) 산업통상자원부장관은 3년마다 신재생에너지 관련 기술개발의 수준 등을 고려하여 별표 3에 따른 비율을 재검토하여야 한다. 다만, 신재생에너지의 보급목표 및 그 달성 실적과 그 밖의 여건 변화 등을 고려하여 재검토 기간을 단축할 수 있다.
(3) 법 제12조의5제2항 후단에 따라 공급하게 할 수 있는 신재생에너지의 종류 및 의무공급량에 대하여 2015년 12월 31일까지 적용하는 기준은 별표 4와 같다. 이 경우 공급의무자별 의무공급량은 산업통상자원부장관이 정하여 고시한다.
(4) (3)에 따라 공급하는 신재생에너지에 대해서는 산업통상자원부장관이 정하여 고시하는 비율 및 방법 등에 따라 공급인증서를 구매하여 의무공급량에 충당할 수 있다.
(5) 공급의무자는 법 제12조의5제4항에 따라 연도별 의무공급량(공급의무의 이행이 연기된 의무공급량은 포함하지 아니한다. 이하 같다)의 100분의 20을 넘지 아니하는 범위에서 공급의무의 이행을 연기할 수 있다. 이 경우 공급의무자는 연기된 의무공급량의 공급이 완료되기까지는 그 연기된 의무공급량 중 매년 100분의 20 이상을 연도별 의무공급량에 우선하여 공급하여야 한다.
(6) 공급의무자는 법 제12조의5제4항에 따라 공급의무의 이행을 연기하려는 경우에는 연기할 의무공급량, 연기 사유 등을 산업통상자원부장관에게 다음 연도 2월 말일까지 제출하여야 한다.

**78** 전기설비기술기준에 따라 중성점 직접접지식 전로에 접속하는 변압기를 설치하는 곳에 절연유의 구외 유출 및 지하 침투를 방지하기 위한 설비를 갖추어야 하는 경우, 이때 중성점 직접접지식 전로의 사용전압은 몇 [kV] 이상인가?

① 20 ② 50
③ 70 ④ 100

해설

절연유(전기설비기술기준 제20조)

- 사용전압이 100[kV] 이상의 중성점 직접접지식 전로에 접속하는 변압기를 설치하는 곳에는 절연유의 구외 유출 및 지하침투를 방지하기 위한 설비를 갖추어야 한다.
- 폴리염화비페닐을 함유한 절연유를 사용한 전기기계기구는 전로에 시설하여서는 아니 된다.

**79** 전기설비기술기준의 판단기준에 따라 가반형(可搬型)의 용접전극을 사용하는 아크용접장치의 시설 방법으로 틀린 것은?

① 용접변압기는 절연변압기일 것
② 용접변압기의 1차측 전로의 대지전압은 300[V] 이하일 것
③ 용접변압기의 1차측 전로에는 용접변압기에 가까운 곳에 쉽게 개폐할 수 있는 개폐기를 시설할 것
④ 피용접재 또는 이와 전기적으로 접속되는 받침대·정반 등의 금속체에는 제1종 접지공사를 할 것

해설

아크용접장치의 시설(판단기준 제247조)
가반형(可搬型)의 용접 전극을 사용하는 아크용접장치는 다음에 따라 시설하여야 한다.

- 용접변압기는 절연변압기일 것
- 용접변압기의 1차측 전로의 대지전압은 300[V] 이하일 것
- 용접변압기의 1차측 전로에는 용접변압기에 가까운 곳에 쉽게 개폐할 수 있는 개폐기를 시설할 것
- 용접변압기의 2차측 전로 중 용접변압기로부터 용접전극에 이르는 부분 및 용접변압기로부터 피 용접재에 이르는 부분(전기기계기구 안의 전로를 제외한다)은 다음에 의하여 시설할 것
  - 전선은 용접용 케이블이고 전기용품 및 생활용품 안전관리법의 적용을 받는 것, KS C IEC 60245-6(2005)의 용접용 케이블에 적합한 것 또는 캡타이어케이블(용접변압기로부터 용접전극에 이르는 전로는 0.6/1[kV] EP 고무절연 클로로프렌 캡타이어케이블에 한한다)일 것. 다만, 용접변압기로부터 피용접재에 이르는 전로에 전기적으로 완전하고 또한 견고하게 접속된 철골 등

정답 77 ② 78 ④ 79 ④

을 사용하는 경우에는 그러하지 아니하다.
- 전로는 용접 시 흐르는 전류를 안전하게 통할 수 있는 것일 것
- 중량물이 압력 또는 현저한 기계적 충격을 받을 우려가 있는 곳에 시설하는 전선에는 적당한 방호장치를 할 것
- 피용접재 또는 이와 전기적으로 접속되는 받침대 · 정반 등의 금속체에는 제3종 접지공사를 할 것

**80** **저탄소 녹색성장 기본법에 따라 온실가스 감축 목표는 2030년의 국가 온실가스 총배출량을 2030년의 온실가수 배출 전망치 대비 얼마까지 감축하는 것으로 하고 있는가?**

① 100분의 25
② 100분의 32
③ 100분의 37
④ 100분의 40

**해설**

온실가스 감축 국가목표 설정 · 관리(저탄소 녹색성장 기본법 시행령 제25조)
법 제42조제1항제1호에 따른 온실가스 감축 목표는 2030년의 국가 온실가스 총배출량을 2030년의 온실가스 배출 전망치 대비 100분의 37까지 감축하는 것으로 한다.
※ 관련 법령 개정으로 인해 다음과 같이 변경됨〈개정 2019.12.31〉
법 제42조제1항제1호에 따른 온실가스 감축 목표는 2030년의 국가 온실가스 총배출량을 2017년의 온실가스 총배출량의 1,000분의 244만큼 감축하는 것으로 한다.



80 ③ 정답

# 참/고/문/헌


- 지구과학사전, 한국지구과학회 저, 북스힐
- 건축도면 공동 표준화지침, 건축사사무소연합
- 전력시설물감리업무수행지침서, 한국전기기술인협회
- 전기관련관계법령의 전력 기술관리 법(내선규정), 대한전기협회 저
- 도해 기계용어사전, 기계용어편찬회 저, 일진사
- 태양광발전 시스템 운영·유지보수, 김용로 저, D.B.Info
- 태양광발전 시스템 설계, 김용로 저, D.B.Info
- 태양광발전시스템 이론, 정석모 저, 에듀한올
- 태양광발전시스템 운영, 정석모 저, 에듀한올
- 태양광발전시스템 시공, 정석모 저, 에듀한올
- 태양광발전이론, 신재생에너지자격고시연구원 저, 혜전
- 태양광발전 시스템 이론 및 설치 가이드북, 이형연·김대일, 신기술
- 태양광발전시스템 설계 및 시공(개정3판), 나가오 다케히코, 태양광발전협회, 오옴사
- 태양광 발전시스템 설계 및 시공, 일본태양광발전협회 저, 인포더북스
- 태양광 발전시스템 설계 및 시공, 일본태양광발전협회 저, 성안당
- 알기 쉬운 태양광발전의 원리와 응용, 태양광발전연구회 저, 기문당
- 알기 쉬운 태양광발전, 박정화 저, 문운당
- 태양전지 실무 입문, 김경해·이준신 공저, 두양사
- 태양전지, 하마카와 요시히로·한동순 저, 기술정보
- 태양전지공학, 이준신·김경해 공저, 그린
- 신재생에너지공학, 정한식 외4명 공저, 문운당
- 전력시스템 연계 신재생에너지, 차준민 외3명 공저, 그린
- PV CDROM 태양광개론, 윤경훈 옮김, 한국에너지기술연구원
- 최신 송배전공학, 송길영 저, 동일출판사
- 신재생에너지 발전설비 기능사 태양광 필기, 김대범 저, 시대고시기획
- 신재생에너지 발전설비 태양광 기능사, 김종택 전호엽 공저, 금호

# 참 / 고 / 문 / 헌


- 신재생에너지 발전설비 태양광 기사, 봉우근 외4명 공저, 엔트미디어
- 신재생에너지 발전설비기사 산업기사[태양광], 황호득 저, 구민사
- 전기기술인, 한국전기기술인 협회
- 태양광발전시스템 점검 검사 기술지침
- 태양광발전 용어 모음, 지식경제부 기술표준원 저
- 태양광 발전소의 경제적인 부지선정, 이동규, 한전산업개발
- 태양광발전설비 점검, 검사 기술지침, 한국전기안전공사
- 태양광 발전소 설립에 따른 입지분석, 이정 외 2명, 한국지식정보기술학회 논문집
- 태양광 발전솔루션, 한국전력공사 예산지사 기술총괄팀 저
- 한국전력 분산형 전원 계통 연계기준
- 한국에너지공단 신재생에너지센터, http://www.knrec.or.kr
- 국가법령정보센터, www.law.go.kr
- 기상레이더센터, www.radar.kma.go.kr
- 국가표준인증종합정보센터, www.standard.or.kr
- 건설계약연구원, www.csr.co.kr
- KS C IEC 62305-1 피뢰시스템, 산업통상부 기술표준원
- 한전산업개발주식회사
- 대한주택공사
- 신재생 에너지 관련 법규 전기설비 기술기준 전력관리법

## 신재생에너지발전설비산업기사 필기 한권으로 끝내기


| | |
|---|---|
| **개정4판1쇄 발행** | 2020년 03월 05일 (인쇄 2020년 01월 31일) |
| **초 판 발 행** | 2016년 06월 10일 (인쇄 2016년 04월 15일) |
| **발 행 인** | 박영일 |
| **책 임 편 집** | 이해욱 |
| **편 저** | 백국현 · 김태우 |
| **편 집 진 행** | 윤진영 · 김현열 |
| **표지디자인** | 조혜령 |
| **편집디자인** | 심혜림 |
| **발 행 처** | (주)시대고시기획 |
| **출 판 등 록** | 제10-1521호 |
| **주 소** | 서울시 마포구 큰우물로 75 [도화동 538 성지 B/D] 9F |
| **전 화** | 1600-3600 |
| **팩 스** | 02-701-8823 |
| **홈 페 이 지** | www.sidaegosi.com |
| **I S B N** | 979-11-254-6774-8(13560) |
| **정 가** | 26,000원 |

# 국가기술자격검정답안지

| 성명 |
| --- |
| |

| 교시(차수) 기재란 | | | |
| --- | --- | --- | --- |
| (　　)교시 · 차 | ① | ② | ③ |
| 문제지 형별 기재란 | | | |
| (　　　)형 | Ⓐ | Ⓑ | |
| 선택과목 1 | | | |
| | | | |
| 선택과목 2 | | | |
| | | | |

| 수험번호 | | | | | | | |
| --- | --- | --- | --- | --- | --- | --- | --- |
| | | | | | | | |
| ⓪ | ⓪ | ⓪ | ⓪ | ⓪ | ⓪ | ⓪ | ⓪ |
| ① | ① | ① | ① | ① | ① | ① | ① |
| ② | ② | ② | ② | ② | ② | ② | ② |
| ③ | ③ | ③ | ③ | ③ | ③ | ③ | ③ |
| ④ | ④ | ④ | ④ | ④ | ④ | ④ | ④ |
| ⑤ | ⑤ | ⑤ | ⑤ | ⑤ | ⑤ | ⑤ | ⑤ |
| ⑥ | ⑥ | ⑥ | ⑥ | ⑥ | ⑥ | ⑥ | ⑥ |
| ⑦ | ⑦ | ⑦ | ⑦ | ⑦ | ⑦ | ⑦ | ⑦ |
| ⑧ | ⑧ | ⑧ | ⑧ | ⑧ | ⑧ | ⑧ | ⑧ |
| ⑨ | ⑨ | ⑨ | ⑨ | ⑨ | ⑨ | ⑨ | ⑨ |

| 감독위원 확인 |
| --- |
| ㉑인 |

| 번호 | 답 | 번호 | 답 | 번호 | 답 | 번호 | 답 | 번호 | 답 | 번호 | 답 | 번호 | 답 |
| --- | --- | --- | --- | --- | --- | --- | --- | --- | --- | --- | --- | --- | --- |
| 1 | ① ② ③ ④ | 21 | ① ② ③ ④ | 41 | ① ② ③ ④ | 61 | ① ② ③ ④ | 81 | ① ② ③ ④ | 101 | ① ② ③ ④ | 121 | ① ② ③ ④ |
| 2 | ① ② ③ ④ | 22 | ① ② ③ ④ | 42 | ① ② ③ ④ | 62 | ① ② ③ ④ | 82 | ① ② ③ ④ | 102 | ① ② ③ ④ | 122 | ① ② ③ ④ |
| 3 | ① ② ③ ④ | 23 | ① ② ③ ④ | 43 | ① ② ③ ④ | 63 | ① ② ③ ④ | 83 | ① ② ③ ④ | 103 | ① ② ③ ④ | 123 | ① ② ③ ④ |
| 4 | ① ② ③ ④ | 24 | ① ② ③ ④ | 44 | ① ② ③ ④ | 64 | ① ② ③ ④ | 84 | ① ② ③ ④ | 104 | ① ② ③ ④ | 124 | ① ② ③ ④ |
| 5 | ① ② ③ ④ | 25 | ① ② ③ ④ | 45 | ① ② ③ ④ | 65 | ① ② ③ ④ | 85 | ① ② ③ ④ | 105 | ① ② ③ ④ | 125 | ① ② ③ ④ |
| 6 | ① ② ③ ④ | 26 | ① ② ③ ④ | 46 | ① ② ③ ④ | 66 | ① ② ③ ④ | 86 | ① ② ③ ④ | 106 | ① ② ③ ④ | | |
| 7 | ① ② ③ ④ | 27 | ① ② ③ ④ | 47 | ① ② ③ ④ | 67 | ① ② ③ ④ | 87 | ① ② ③ ④ | 107 | ① ② ③ ④ | | |
| 8 | ① ② ③ ④ | 28 | ① ② ③ ④ | 48 | ① ② ③ ④ | 68 | ① ② ③ ④ | 88 | ① ② ③ ④ | 108 | ① ② ③ ④ | | |
| 9 | ① ② ③ ④ | 29 | ① ② ③ ④ | 49 | ① ② ③ ④ | 69 | ① ② ③ ④ | 89 | ① ② ③ ④ | 109 | ① ② ③ ④ | | |
| 10 | ① ② ③ ④ | 30 | ① ② ③ ④ | 50 | ① ② ③ ④ | 70 | ① ② ③ ④ | 90 | ① ② ③ ④ | 110 | ① ② ③ ④ | | |
| 11 | ① ② ③ ④ | 31 | ① ② ③ ④ | 51 | ① ② ③ ④ | 71 | ① ② ③ ④ | 91 | ① ② ③ ④ | 111 | ① ② ③ ④ | | |
| 12 | ① ② ③ ④ | 32 | ① ② ③ ④ | 52 | ① ② ③ ④ | 72 | ① ② ③ ④ | 92 | ① ② ③ ④ | 112 | ① ② ③ ④ | | |
| 13 | ① ② ③ ④ | 33 | ① ② ③ ④ | 53 | ① ② ③ ④ | 73 | ① ② ③ ④ | 93 | ① ② ③ ④ | 113 | ① ② ③ ④ | | |
| 14 | ① ② ③ ④ | 34 | ① ② ③ ④ | 54 | ① ② ③ ④ | 74 | ① ② ③ ④ | 94 | ① ② ③ ④ | 114 | ① ② ③ ④ | | |
| 15 | ① ② ③ ④ | 35 | ① ② ③ ④ | 55 | ① ② ③ ④ | 75 | ① ② ③ ④ | 95 | ① ② ③ ④ | 115 | ① ② ③ ④ | | |
| 16 | ① ② ③ ④ | 36 | ① ② ③ ④ | 56 | ① ② ③ ④ | 76 | ① ② ③ ④ | 96 | ① ② ③ ④ | 116 | ① ② ③ ④ | | |
| 17 | ① ② ③ ④ | 37 | ① ② ③ ④ | 57 | ① ② ③ ④ | 77 | ① ② ③ ④ | 97 | ① ② ③ ④ | 117 | ① ② ③ ④ | | |
| 18 | ① ② ③ ④ | 38 | ① ② ③ ④ | 58 | ① ② ③ ④ | 78 | ① ② ③ ④ | 98 | ① ② ③ ④ | 118 | ① ② ③ ④ | | |
| 19 | ① ② ③ ④ | 39 | ① ② ③ ④ | 59 | ① ② ③ ④ | 79 | ① ② ③ ④ | 99 | ① ② ③ ④ | 119 | ① ② ③ ④ | | |
| 20 | ① ② ③ ④ | 40 | ① ② ③ ④ | 60 | ① ② ③ ④ | 80 | ① ② ③ ④ | 100 | ① ② ③ ④ | 120 | ① ② ③ ④ | | |

※ 본 답안지는 마킹연습용 모의 답안지입니다.

| 주의 | 바르게 마킹한 것… ● |
|---|---|
| | 잘못 마킹한 것… ⊘ ⊖ ✱ ⊙ ⊠ |

| 성 명 |
|---|
| 홍 길 동 |

| 교시(차수) 기재란 | | | |
|---|---|---|---|
| ( )교시 · 차 | ① | ② | ③ |
| 문제지 형별 기재란 | | | |
| ( )형 | Ⓐ | Ⓑ | |
| 선택과목 1 | | | |
| | | | |
| 선택과목 2 | | | |
| | | | |

| 수 험 번 호 | | | | | | | |
|---|---|---|---|---|---|---|---|
| | | | | | | | |
| ⓪ | ⓪ | ⓪ | ⓪ | ⓪ | ⓪ | ⓪ | ⓪ |
| ① | ① | ① | ① | ① | ① | ① | ① |
| ② | ② | ② | ② | ② | ② | ② | ② |
| ③ | ③ | ③ | ③ | ③ | ③ | ③ | ③ |
| ④ | ④ | ④ | ④ | ④ | ④ | ④ | ④ |
| ⑤ | ⑤ | ⑤ | ⑤ | ⑤ | ⑤ | ⑤ | ⑤ |
| ⑥ | ⑥ | ⑥ | ⑥ | ⑥ | ⑥ | ⑥ | ⑥ |
| ⑦ | ⑦ | ⑦ | ⑦ | ⑦ | ⑦ | ⑦ | ⑦ |
| ⑧ | ⑧ | ⑧ | ⑧ | ⑧ | ⑧ | ⑧ | ⑧ |
| ⑨ | ⑨ | ⑨ | ⑨ | ⑨ | ⑨ | ⑨ | ⑨ |

| 감독위원 확인 |
|---|
| 김 (인) 독 |

## 수험자 유의사항

1. 시험 중에는 통신기기(휴대전화 · 소형 무전기 등) 및 전자기기(초소형 카메라 등)를 소지하거나 사용할 수 없습니다.
2. 부정행위 예방을 위해 시험문제지에도 수험번호와 성명을 반드시 기재하시기 바랍니다.
3. 시험시간이 종료되면 즉시 답안작성을 멈춰야 하며, 종료시간 이후 계속 답안을 작성하거나 감독위원의 답안카드 제출지시에 불응할 때에는 당해 시험이 무효처리 됩니다.
4. 기타 감독위원의 정당한 지시에 불응하여 타 수험자의 시험에 방해가 될 경우 퇴실조치 될 수 있습니다.

## 답안카드 작성 시 유의사항

1. 답안카드 기재 · 마킹 시에는 반드시 검정색 사인펜을 사용해야 합니다.
2. 답안카드를 잘못 작성했을 시에는 카드를 교체하거나 수정테이프를 사용하여 수정할 수 있습니다.
   그러나 불완전한 수정처리로 인해 발생하는 전산자동판독불가 등 불이익은 수험자의 귀책사유입니다.
   – 수정테이프 이외의 수정액, 스티커 등은 사용 불가
   – 답안카드 왼쪽(성명 · 수험번호 등)을 제외한 '답안란'만 수정테이프로 수정 가능
3. 성명란은 수험자 본인의 성명을 정자체로 기재합니다.
4. 해당차수(교시)시험을 기재하고 해당 란에 마킹합니다.
5. 시험문제지 형별기재란은 시험문제지 형별을 기재하고, 우측 형별마킹난은 해당 형별을 마킹합니다.
6. 수험번호란은 숫자로 기재하고 아래 해당번호에 마킹합니다.
7. 시험문제지 형별 및 수험번호 등 마킹착오로 인한 불이익은 전적으로 수험자의 귀책사유입니다.
8. 감독위원의 날인이 없는 답안카드는 무효처리 됩니다.
9. 상단과 우측의 검은색 띠(▌▌▌) 부분은 낙서를 금지합니다.

## 부정행위 처리규정

시험 중 다음과 같은 행위를 하는 자는 당해 시험을 무효처리하고 자격별 관련 규정에 따라 일정기간 동안 시험에 응시할 수 있는 자격을 정지합니다.

1. 시험과 관련된 대화, 답안카드 교환, 다른 수험자의 답안 · 문제지를 보고 답안 작성, 대리시험을 치르거나 치르게 하는 행위, 시험문제 내용과 관련된 물건을 휴대하거나 이를 주고받는 행위
2. 시험장 내외로부터 도움을 받아 답안을 작성하는 행위, 공인어학성적 및 응시자격서류를 허위기재하여 제출하는 행위
3. 통신기기(휴대전화 · 소형 무전기 등) 및 전자기기(초소형 카메라 등)를 휴대하거나 사용하는 행위
4. 다른 수험자와 성명 및 수험번호를 바꾸어 작성 · 제출하는 행위
5. 기타 부정 또는 불공정한 방법으로 시험을 치르는 행위

시대에듀

# 시대북 통합서비스 앱 안내

연간 1,500여 종의 수험서와 실용서를 출간하는 시대고시기획, 시대교육, 시대인에서 출간 도서 구매 고객에 대하여 도서와 관련한 "실시간 푸시 알림" 앱 서비스를 개시합니다.

이제 시험정보와 함께 도서와 관련한 다양한 서비스를 스마트폰에서 실시간으로 받을 수 있습니다.

## 사용방법 안내

### 1. 메인 및 설정화면

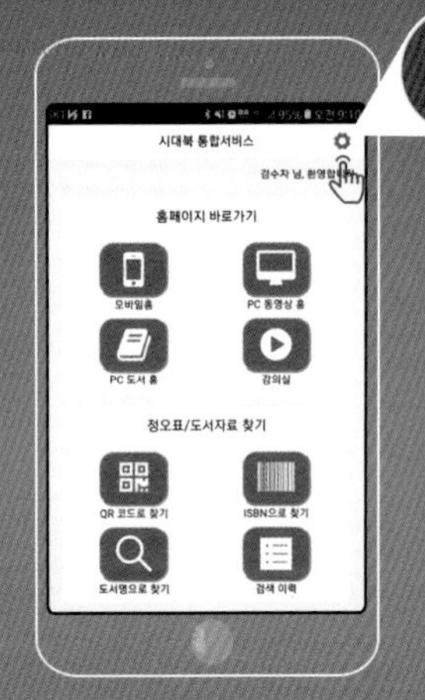

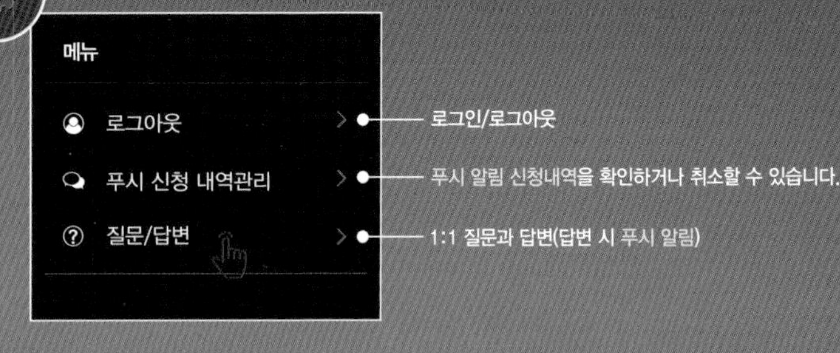


### 2. 도서별 세부 서비스 신청화면

메인의 "도서명으로 찾기" 또는 "ISBN으로 찾기"로 도서를 검색, 선택하면 원하는 서비스를 신청할 수 있습니다.

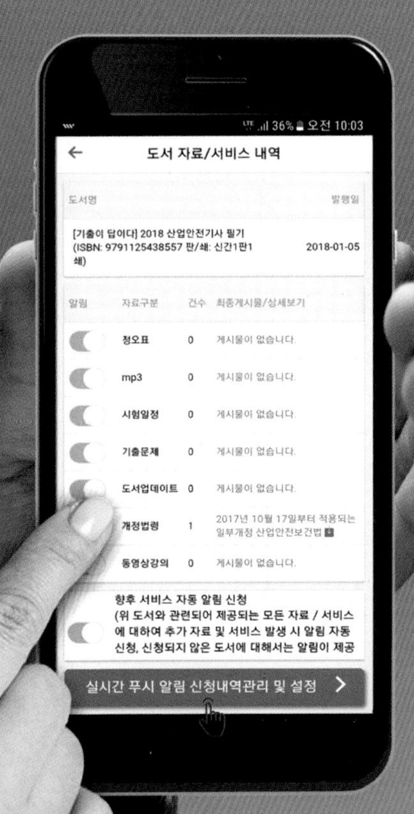


**| 제공 서비스 |**

- 최신 이슈&상식 : 최신 이슈와 상식(주 1회)
- 뉴스로 배우는 필수 한자성어 : 시사 뉴스로 배우기 쉬운 한자성어(주 1회)
- 정오표 : 수험서 관련 정오 자료 업로드 시
- MP3 파일 : 어학 및 강의 관련 MP3 파일 업로드 시
- 시험일정 : 수험서 관련 시험 일정이 공고되고 게시될 때
- 기출문제 : 수험서 관련 기출문제가 게시될 때
- 도서업데이트 : 도서 부가 자료가 파일로 제공되어 게시될 때
- 개정법령 : 수험서 관련 법령이 개정되어 게시될 때
- 동영상강의 : 도서와 관련한 동영상강의 제공, 변경 정보가 발생한 경우

* 향후 서비스 자동 알림 신청 : 추가된 서비스에 대한 알림을 자동으로 발송해 드립니다.

* 질문과 답변 서비스 : 도서와 동영상강의 등에 대한 1:1 고객상담

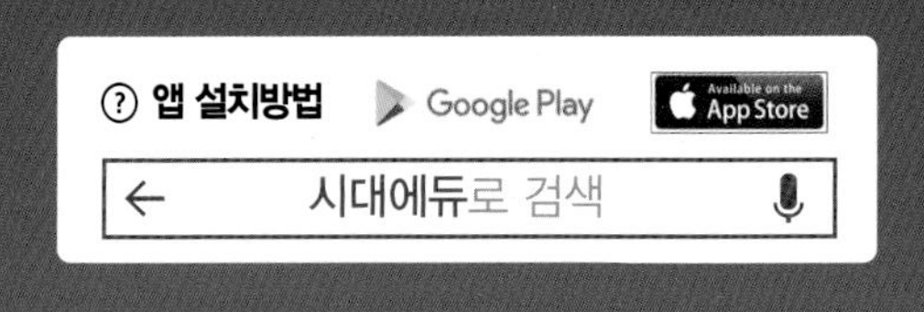


**[고객센터]**

1:1문의 http://www.sdedu.co.kr/cs

대표전화 1600-3600

본 앱 및 제공 서비스는 사전 예고 없이 수정, 변경되거나 제외될 수 있고, 푸시 알림 발송의 경우 기기변경이나 앱 권한 설정, 네트워크 및 서비스 상황에 따라 지연, 누락될 수 있으므로 참고하여 주시기 바랍니다.